上　册

稀有金属手册

《稀有金属手册》编辑委员会　编著

冶金工业出版社

内 容 简 介

《稀有金属手册》分上、下册出版。上册从横的方面系统地介绍稀有金属生产和科研中的有关共性知识，即以提取冶金和材料加工为重点，阐述过程的理论、方法、设备、分析测试及材料的应用等；下册则从纵的方面对每种稀有金属逐个进行全面介绍。

本书为上册，包括总论及元素的基本物理化学性质，稀有金属矿产地质，矿山开采，选矿，提取冶金和材料加工，稀有金属生产中的环境保护及综合利用，稀有金属腐蚀与表面技术，稀有金属分析测试，稀有金属材料的应用及发展等10篇54章。本书供从事稀有金属生产、科研、设计、应用及教学的有关人员使用，也可供高等院校有关专业学生参考。

图书在版编目(CIP)数据

稀有金属手册. 上/《稀有金属手册》编辑委员会编著—北京：冶金工业出版社，1992.12(2008.1 重印)

ISBN 978-7-5024-0769-8

Ⅰ. 稀… Ⅱ. 稀… Ⅲ. 稀有金属－手册 Ⅳ. TF84－62 TG146.4－62

中国版本图书馆 CIP 数据核字(2008)第 000942 号

出 版 人 曹胜利
地　　址 北京北河沿大街嵩祝院北巷 39 号，邮编 100009
电　　话 (010) 64027926 电子信箱：postmaster@cnmip.com.cn
责任编辑 肖 放 美术编辑 李 心 责任印制 牛晓波
ISBN 978-7-5024-0769-8
北京兴华印刷厂印刷；冶金工业出版社发行；各地新华书店经销
1992 年 12 月第 1 版，2008 年 1 月第 3 次印刷
787mm×1092mm 1/16；86.5 印张；2575 千字；1358 页；3201～4700 册
199.00 元
冶金工业出版社发行部 电话：(010)64044283 传真：(010)64027893
冶金书店 地址：北京东四西大街 46 号(100711) 电话：(010)65289081
(本书如有印装质量问题，本社发行部负责退换)

稀有金属手册》编辑委员会

前　言

从1954年发行第一部美国莱因·尔特公司出版的《稀有金属手册》(Rare Metal Handbook) 到现在，已经过去三十多年了。在这三十多年中，稀有金属工业发展迅速，出现了许多稀有金属提取和加工的新工艺、新技术、新方法、新设备；发现稀有金属许多新的特性，开发和研制出了许多新型稀有金属材料，稀有金属的应用领域不断扩大，稀有金属已成为国民经济各部门和高技术发展的重要物质基础。

中国稀有金属资源丰富，依靠自己的力量建立并发展起来的稀有金属工业为国民经济建设和国防建设作出了贡献。在三十多年的工作中，我们积累了大量的资料、数据和经验，研究出了许多具有中国特色的工艺。为了总结这些经验和成就，由孙洪儒倡议，在中国有色金属工业总公司科技局的领导下，从1986年开始，组织有色金属工业总公司、冶金工业部、核工业部、航空航天工业部、机械电子工业部所属的一些研究单位，如北京有色金属研究总院、北京有色金属设计总院、西北有色金属研究院、广州有色金属研究院、宁夏有色金属研究所、北京矿产地质研究所、长沙矿山研究院、昆明贵金属研究所、航空材料研究院和清华大学、中南工业大学、北京科技大学、东北工学院等院校的专家、学者及科技人员近二百人编写了这本《稀有金属手册》，以供具有大专以上文化程度的从事稀有金属生产、科研、设计、应用、管理及教学的有关人员使用。

本手册全面、系统地总结了中国稀有金属生产、科研、设计、应用及教学的实践经验，并收进对中国有一定参考价值的外国技术资料。在取材中，既重点着眼当前实际，资料、数据力求准确可靠，突出手册的实用性，又简要介绍国内外开始使用和正在研究的带方向性、实用性的新工艺、新技术，使它具有一定的先进性。手册不同于一般教科书和专著，书中公式不进行推导，定义、概念、术语只作简要介绍。为了突出手册的特点，尽可能多采用图表，文字说明力求精炼。在编写过程中，我们力图把本手册编写成一部理论与实践相结合，内容全面、自成体系，深度与广度兼备的具有中国特色的专业性工具书。

《稀有金属手册》分上、下两册。上册内容按地质、采矿、选矿、冶炼、加工的过程来编排，主要涉及稀有金属生产和科研中的共性问题，即理论、方法、设备和应用等。上册的重点是提取冶金和材料加工，包括有关过程的基本原理和最新理论，目的是为了更好地指导稀有金属冶金和材料加工的实践。稀有金属的冶炼和加工工艺方法繁多，本书着重介绍工业上常用的方法和今后有发展前途的方法，对其他方法只作简要的叙述。对于设备，也按同一原则处理，主要是选择具有典型性、代表性的设备。鉴于材料表面科学和技术的迅速发展，特别是稀有金属能明显改善材料表面的抗蚀性、抗磨性和耐高温性能，能赋予材料特殊功能，因此，将表面技术与腐蚀专列一篇。鉴于半导体材料的重要性，单列一篇半导体材料，主要介绍硅、锗和化合物半导体。材料是当代科学技术和人类文明的重要支柱，而稀有金属在一些材料中，特别是在如电子信息材料、光电子材料、新能源材料、高性能结构材料和新型陶瓷材料等高技术领域具有突出的重要地位，为此，书中单列了稀有金属材料的应用和发展一篇。

《稀有金属手册》下册按金属分篇叙述。即从纵的方面，对每种金属作比较全面的介绍，包括矿物资源、主要物理化学性质、采矿和选矿、冶炼、金属加工及制品、金属学、分析检测、应用及发展趋势，重点是介绍各稀有金属的工艺实践。

金属的排列根据稀有金属的分类，先后为稀有轻金属、稀有难熔金属、稀散金属、稀土金属、稀贵金属、稀有放射性金属、半导体材料。在稀有放射性金属篇中，只介绍铀、镭、钍三个天然放射性元素，没有涉及人造放射性元素。

上册和下册编写的侧重面不同，在编写中力求彼此互为补充而不前后重复，为了论述的方便和各自的完整性，有些交叉的篇章内容上有少量的重复。限于水平，恐难以圆满地实现原定的目标。此外，全书篇幅大，不妥与疏漏之处在所难免，欢迎批评指正。

编　者

1989年10月

目　录

总　论

第一篇　元素的基本物理化学性质

第二篇 稀有金属矿产地质

第三篇 稀有金属采矿

第四篇 稀有金属选矿

第五篇　稀有金属提取冶金

第六篇 稀有金属材料加工

第九篇 稀有金属分析与测试

第十篇 稀有金属材料的应用及发展

总　论

第一章　稀有金属

编写人　钟俊辉

一、稀有金属的定义和分类

稀有金属生产的发展往往是同尖端科学技术的发展密切联系着的。第二次世界大战以后，稀有金属的应用得到迅速的发展，需求量不断上升。由于冶金新工艺、新方法的出现，这些金属的产量逐渐增多，成本不断降低。近年来，稀有金属作为高技术产业不可缺少的材料引起人们的极大关注。

稀有金属还没有严格的定义，一般说来，这类金属中有的地壳丰度小，地球上的储量十分稀少；有的地壳丰度虽大，地球储量虽多，但赋存状态分散，不容易经济地提取；有的在物理、化学性质上近似而不容易分离成单一金属；有的对其特性尚不清楚而没有开发。由于过去对这类金属制取和使用得很少，19世纪即有稀有元素一词，20世纪20年代，在此基础上定名为稀有金属。稀有金属由于开发较晚，所以有时还被称为新金属。

上述稀有金属的定义并非很严格，所以被认为稀有金属的元素也有含糊的地方，各个国家对稀有金属包括的元素也不尽相同。如美国1961年修订出版的《稀有金属手册》中把碱土金属（钙、锶、钡）、半金属硅、硼等列为稀有金属。日本从尖端科学技术出发，把镍也包括在稀有金属的范畴中。加上科学技术的进步，稀有金属的范围也是发展变化的，如钛在现代技术中应用日益广泛，被称为“第三金属”，所以有时也被列为轻金属。随着勘探技术和冶金分离提取技术的发展，许多稀有金属的储量和供需量都变得很大，有些稀有金属已经“不稀”。如稀土金属已应用到工业的各个领域，进入人们生活的千家万户之中。为了突出稀土金属的重要性，也有把它从稀有金属中单列出来的。

稀有金属根据各种元素的物理和化学性质、赋存状态、生产工艺及其他一些特性，一般从技术上分为以下六类：

（1）稀有轻金属。包括锂、铷、铯、铍，它们的密度较小，化学活性强。

（2）稀有难熔金属。包括钛、锆、铪、铌、钽、钼、钨，它们的熔点较高，与碳、氮、硅、硼等生成难熔的化合物。

（3）稀有分散金属。简称稀散金属，包括镓、铟、铊、锗、铼以及硒、碲，大部分赋存于其他元素的矿物中。

（4）稀有稀土金属。简称稀土金属，包括钪、钇及镧系元素（镧、铈、镨、钕、钷、钐、铕、钆、铽、镝、钬、铒、铥、镱、镥）共17个金属。

（5）稀有放射性金属。包括天然存在的钫、镭、钋和锕系金属中的锕、钍、镤、铀，以及人工制造的锝、钷、锕等其他元素和104～107号元素。

（6）稀有贵金属。简称稀贵金属，包括铂族元素中的铂、锇、铱、钌、铑、钯 6 个金属。

表 0-1-1　主要稀有金属被发现的年代

元　素	发现的年代	制得金属的年代	找到重要用途的年代
Mo	1778	1782	1910年掺钼到钢中
W	1781	1783年碳还原氧化钨制得	1900年作钢的添加剂
Te	1782		1909年制得延性钨丝，
U	1789		1940年用作半导体
Zr	1789	1824年钾还原K_2ZrF_6制得	20世纪50年代作原子能发电站燃料
Y	1794		1947年作原子反应堆材料
Ti	1795	1910年钠还原$TiCl_4$制得	60年代作荧光材料
Be	1798	1928年制得单质铍	1943年发现有可能用于喷气机
Nb	1801	1886年用氢还原氯化铌制得	1926年用于铍青铜
Ta	1802	1903年制得塑性金属钽	1936年作钢添加剂
Pd	1803		1940年用于钽电容器
Rh	1803		
Ce	1803	1926年用金属钾、钠还原无水氯化铈	1903年作稀土合金打火石
Os	1804		
Ir	1804		
Se	1817		1890年用于玻璃脱气、着色
Li	1817	1818年电解碳酸锂制得	1950年用氢弹
V	1830	1930年分离出元素钒	1896～1900年作钢添加剂
La	1839		
Tb	1839		
Er	1843		
Ru	1844		
Cs	1860	1881年电解氰化铯制得	
Rb	1861	1861年用熔盐电解法制得	
Tl	1861	1862年制得金属铊	
In	1863		1950年作晶体管合金材料
Ga	1875		1952年作化合物半导体
Yb	1878		
Ho	1879		
Tm	1879		
Sm	1879		60年代用作永磁材料
Sc	1879		
Gd	1880		
Pr	1885		
Nd	1885		80年代用作永磁材料
Dy	1886		
Ge	1886		1946年用作微波检波器
Ra	1898	1911年蒸馏镭汞齐制得	
Pa	1898		
Ac	1899		
Eu	1901		60年代用作荧光材料
Hf	1923		1951年用铪控制核反应
Re	1925		
Fr	1939		

此外，还有半金属硅等。

上述分类不是十分严格的。有些稀有金属既可列入这一类，又可列入另一类。例如铼，可列入稀散金属，也可列入稀有难熔金属。

二、稀有金属发展简史

稀有金属的发现经历了漫长的历史过程，随着科学技术的发展，人类逐步地将稀有金属一个一个地辨认出来，又经过艰苦的努力把它们分离提炼出来。从1778年瑞典化学家C.W.舍勒（Scheele）用硝酸分解辉钼矿从中发现了第一个稀有金属——钼以来，到1939年法国的M.佩雷（Perey）发现并分离出最后一个稀有金属——天然放射性元素钫，共花费了162年（人工放射性元素除外）。主要稀有金属被发现年代列在表0-1-1中。

稀有金属的发展与它的应用是分不开的。它的发展经历了萌芽、开发应用和蓬勃发展三个阶段。

1. 萌芽阶段

稀有金属被发现后，人们不断在寻找其应用。在工业上最早应用的多是稀有金属化合物和矿石。绿柱石和红锆石等都作为珍贵的宝石使用。后来发展到使用稀有金属化合物，如1860年钒化合物用作着色剂。1886年发明硝酸钍（含1%CeO_2）灯罩。稀有金属的应用可以算作从20世纪开始，当时出现了钒钢、钼钢、含钨工具钢，用钨丝取代白炽灯中的碳促进了灯泡工业的发展，研制出了合金打火石，等等。这一阶段一直延续到第二次世界大战前。这个阶段的特点是稀有金属及其应用逐渐被发现，但用途比较零散，生产量和应用量都不很大。

2. 应用开发阶段

在第二次世界大战期间，稀有金属的应用得到大力开发。各种含稀有金属的合金钢用于创造武器，特别是含铌或含钽的超合金用于制造喷气发动机；铍青铜用于飞机制造和电子工业；以钨丝为阴极的电子管大量用于战时通讯；氢氧化锂用于净化潜艇的空气。雷达和原子弹在第二次世界大战中显示了巨大的威力，稀有金属材料在其中起了极关键的作用。硅、锗检波器用于雷达中。铀是原子弹的核燃料，铍用作铀的包套材料。到第二次世界大战结束时，人们对稀有金属就刮目相看了，稀有金属的地位愈来愈显得重要。

3. 蓬勃发展阶段

第二次世界大战以后，出现了许多新技术，这些新技术的发展，大多以新材料为前提，而在新材料中稀有金属起着举足轻重的作用。如半导体工业中的硅、锗材料；氢弹用锂材；超音速飞机用的钛材；卫星用钛合金和半导体硅太阳能电池，以及激光用的钇铝石榴石、钕玻璃、砷化镓等化合物半导体材料。这些新技术的兴起促进了稀有金属工业的发展，生产量不断增加，需求量不断扩大，使稀有金属工业成为独立的现代化工业。目前，稀有金属年产量和需求量超过千吨的有钛、稀土、钨、钼、锆、铌、锂、钒、铍和半导体硅等。在稀有金属工业中，由于大量采用了新技术，产量质量都有了提高，生产成本显著下降。据报道，半导体硅的价格，1975年为1955年的1/40。随着稀有金属价格的下降，它的应用更加广泛，不但应用在军事上、工业各个部门，而且进入民用的各个领域。如稀有金属在农业和医药卫生中的应用已经崭露头角。

4. 高技术发展的新阶段

80年代以来，世界发达国家在高技术方面的竞争十分激烈。当代公认的高技术领域主要包括：电子信息技术，生物技术，新材料技术，新能源技术，航空与航天技术，海洋开发技术等方面。新材料本身既是高技术的一个方面，也是其他高技术发展的基础，而稀有金属材料在新材料开发中起着极其重要的作用。稀有金属作为高功能材料开发的核心原材料。由于稀有金属具有特殊的电子、光学性能和磁性能等。除用于各种功能材料外，还通过添加微量稀有金属，来提高特殊钢和合金材料的强度，耐热及耐蚀性能，使之成为能承受严酷条件的优良结构材料。

随着稀有金属的高纯化和新的光、电、磁性能的发现，在特殊合金、电子和光学材料、半导体材料、磁性材料、超导材料、原子能、核聚变材料、精密陶瓷材料、触媒材料等各个领域中，与尖端技术相结合，开发出多种多样的新用途，稀有金属和其化合物的使用量预计会迅速增加，稀有金属工业将进入一个崭新的发展阶段。

三、稀有金属在国民经济、军事工业及高技术中的地位

稀有金属应用十分广泛，应用的领域越来越多。目前稀有金属主要应用在钢铁、电子、光学和

表 0-1-2　稀有金属应用领域举例

领域	应用对象	应用的稀有金属及其化合物
冶金	钢中合金元素	V、W、Mo、Nb、Ti、Y、La、Ce
	特殊合金	Mo、W、V、Ta、Nb、Ti、Zr、Li
	硬质合金	WC、TiC、TiN、TaC、NbC
	铸　铁	RE
	铸　造	ZrO_2
化工触媒	耐腐蚀材料	Ti、Zr、Ta、Nb-Ta合金
	触媒	RE、V、Mo、W、SiO_2、Li、Ti、Re、铂族金属
电子工业	集成电路	Si、GaAs、W、Mo、Ta铂族金属
	电子元件	Ta、Nb、Ti、Zr、Sm、Nd、$LiNbO_3$
	电真空材料	W、Mo、Zr
光学、光通讯		RE、GaAs、GaInAsP、Ge、SiO_2、ZnSe、ZnTe、CdTe、Te、In、Zr、GaP、InP
磁性材料		Sm、Nd
能　源		Be、Zr、Hf、Gd、非晶硅、Si、GaAs、CdTe、Se、Ti-Nb、Nb_3Sn、V_3Ga、RE_2O_3、Ti、RE、Cs
玻璃陶瓷		Se、Te、Zr、RE、Li、ZrO_2、RE_2O_3、Nb_2O_5

光通讯、能源、磁性材料、化工触媒和精密陶瓷等方面，见表0-1-2。

稀有金属在军事工业、民用工业和高技术中都有极其重要的应用。

（1）在军事技术中广泛应用。稀有金属的应用与军事科学技术的发展是紧密相连的。例如氢弹中的锂，喷气式战斗机中的钛、铌，导弹中的半导体材料、稀有难熔金属，激光技术中的稀土、镓、碲、硒等，红外技术中的锗、硅、镓、碲等，通讯及电子对抗中的硅、锗和各种半导体材料以及稀有金属磁体等材料，潜艇中的钛，反坦克炮弹中的钨，等等。总之，在当代军事工业中，是绝对少不了稀有金属的。一些国家都把主要的稀有金属列为战略物资。

（2）在工业的各个领域中发挥重要作用。在钢铁工业中，稀有金属作为重要的合金元素，使特殊钢迅速地发展起来。稀有金属对改善钢材的耐热、耐蚀、耐磨、淬火等起着重大的作用，钢铁部门是稀有金属消费的重要部门。稀有金属对一些工业的发展起着决定性的作用。在电子工业中，钨钼材料应用使电子管迅速发展起来；锗、硅材料的出现，进入了晶体管阶段；大规模和超大规模硅、砷化镓集成电路的出现，进入了微电子时代。激光、光纤和其他光学材料的出现，发展到光电子时代。在原子能工业中，铀、钍、钚是原子裂变反应堆燃料，铍及其化合物为中子减速及反射材料，铪、镝、钐，铕、钆及其合金是控制材料，锆、铌及其合金为结构材料。原子能发电的成功，使能源进入了新的时代——核能时代。稀有金属在民用工业中的应用不断扩大，如稀土金属广泛用作石油工业的催化剂，稀土、锂、锆用于玻璃陶瓷工业，钛白是优质涂料，锂盐用于铝电解工业，锂、硒、锗等用于医药工业。稀土、钛、钼等用作微量元素，对提高农作物的产量有良好的作用。

（3）在高技术中显露头角。无论是信息技术、生物技术、空间与海洋技术、新能源技术，还是新材料技术，稀有金属材料都起着举足轻重的作用。在信息技术方面，稀有金属材料是核心材料，如超大规模集成电路用硅，光集成电路用砷化镓，发光材料用磷化镓、磷化铟，约瑟夫逊元件、传感器、激光、光纤、光盘等用的稀有金属材料。在航天和海洋工程中，钛和其他稀有难熔金属及其合金更是必不可少的。如“阿波罗”宇宙飞船共使用钛材68t。稀有难熔金属及其合金用于火箭发动机的壳体喷嘴、压力容器、燃料贮箱、人造卫星外壳、载人飞行器的表皮及骨架、起落架、登月舱及其推进系统。正在研制的铝锂合金具有低密度、高比强度和高刚性的特性，是很有发展前途的航天航空材料。钛合金在制造潜艇、深海调查耐压舱等方面具有潜在应用前景。在新能源方面，稀有金属也是核心材料。锂是核聚变材料，也是新型锂电池材料。无论是原有的还是高温新超导材料都以稀有金属为主，如Nb-Tj、Nb_3Ga、Nb_3Ge、YBaCuO等。贮氢材料有Ti-Fe、$LaNi_5$等，太阳能材料有硅、非晶硅、砷化镓等。在新型材料中，如形状记忆合金、光盘存储和平面显示、非晶磁性体和大容量磁泡存储器、精密陶瓷等都要大量使用稀有金属及其化合物。以前的材料开发是以铁、铝、铜等基础金属为中心，稀有金属多数作为添加元素处于协从地位。但现在稀有金属已在尖端材料的开发中，以单独金属或金属化合物的形态发挥各种新功能的作用。

第二章　新中国的稀有金属工业

编写人　钟俊辉

一、中国稀有金属资源的特点

概括地说，中国稀有金属资源具有以下特点：

（1）资源丰富、品种比较齐全。已探明的钨、稀土、钒、钛、钽、铌、钼、锂和稀散金属的储量均居世界前列，国外一些稀缺的金属如钨、重稀土等，在中国相当丰富。中国是钨、稀土、钛资源最多的国家。从资源上看，可以说，在有色金属工业中，稀有金属属于中国的优势产业之一。

（2）类型多、分布广。例如中国的稀土矿床类型有20多种，从内生、变质到外生矿床均有发现，其中规模较大的花岗岩矿床、离子吸附型矿床则是我国特有的。规模巨大的沉积变质-氟、钠交代型稀土、铌、铁矿床，亦是举世罕见的新型矿床。稀土矿床的分布也很广，许多省、市、自治区都有。

（3）矿床伴生组分多、综合利用价值大。中国稀有金属矿物大部分为金属共生矿物，例如包头铁、稀土、铌矿中含有氟、锰、磷、锆、钛、钍等多种有价元素。四川攀枝花的钒钛磁铁矿中含有锰、铬、钴、镓、钪、镓等多种有用元素。钨矿床伴生组分有锡、钼、铜、铅、锌、锑、金、银、铍、锂、铌、钽、铼等20多种元素，同时还伴生有硫、砷、萤石、水晶等非金属。钽铌矿中伴生有锂、锡、铷、铯、钾、钨等。这些矿石伴生元素多，综合回收价值高，这是有利的一面。但它们原矿品位一般较低，矿物结构比较复杂，给选冶技术带来较大的难度。因此要研究出适合中国矿物特点的选矿、冶炼工艺，综合利用其中有用元素，解决环境污染，这是发展中国稀有金属工业至关重要的问题。

二、中国稀有金属工业的发展历程

旧中国的稀有金属冶炼、加工工业可以说是空白。新中国成立后，党和国家十分重视稀有金属的科研和生产工作，根据资源的特点进行研究，发扬自力更生的精神，经过40年的艰苦奋斗逐步建立了稀有金属工业。目前已经建立了比较完整的稀有金属工业体系和科研体系；培养和建立了一支既有实践经验，又有一定理论水平的科技队伍；为国防军工和国民经济部门提供了一批新型材料；研究出了一批具有中国特色的稀有金属冶炼技术成果。

中国稀有金属工业的发展大体上经历了三个发展阶段：1953～1962年的创业阶段；1963～1977年的工业化阶段；1978年以后进入加强综合利用、扩大民用新的发展阶段。

1. 创业阶段

1953年，中国开始实行第一个五年计划，重工业部有色金属工业综合试验所开始了稀有金属选矿、冶炼方面的一些研究工作。为了发展国防工业和新技术，国家急需稀有金属材料，国务院组织制定了《1956～1967年科学技术发展远景规划纲要》（草案），确定了57项国家重要科学技术任务，其中稀有金属占了3项。十二年科学规划对中国科学技术和国防建设带来了重大的影响，中国稀有金属的发展也是沿着这条轨道前进的。中国的一些有识之士已经看到了稀有金属对于发展国民经济和国防尖端技术的重要性，从1956年起，在老专家的指导下，依靠自己的力量，开始建立一支稀有金属的科学研究队伍。建立和扩大了以稀有金属为主攻方向的研究单位，如重工业部有色金属综合研究所等。在中南矿冶学院、东北工学院、北京钢铁学院等高等院校先后设立了稀有金属冶金专业，为稀有金属培养了一批科技人才。

在中国第一个五年计划期间，一些研究单位开展了提取钛、铍、锂、锆、钽、铌等金属的探索试验，制得了样品。同时有色金属冶炼厂开始回收稀散金属，如山东铝厂从氧化铝生产系统中回收镓，沈阳冶炼厂从炼锌残渣和铜阳极泥中回收铟、砷、硒。1954～1957年中国获得了13种稀有金属及其化合物的样品，但金属纯度不高，一些提取流程也不适合工业生产。

1958年中国把重点发展稀有金属作为第二个五年计划的一个方针问题来考虑，要求用最大的努力使中国能够尽快掌握64种有色金属的生产工艺技术。冶金工业部随即决定成立北京有色金属研究院，全面开展对稀有金属的研究。在国家大力的支持下，经过广大科技人员和工人的艰苦劳动，用二、三年时间，逐一攻克了16种稀土元素的分离、锆铪分离和钽铌分离三大难关。并研究成功稀散金属、高纯金属、难熔金属和半导体材料的制备加工工艺技术，使中国达到能够生产64种有色金属和稀有金属，这是中国有色金属发展史上的一项重大突破。

2．实现稀有金属工业化生产阶段

1963年中国基本完成十二年科学规划任务后，又制定了1963～1972年的十年科学技术规划（草案）。该规划确定了这十年稀有金属的发展目标，中心任务是实现稀有金属的工业化生产，加速研究稀有金属选冶新技术、新方法、新工艺和基础理论，进一步提高稀有金属的科学技术水平。

为了加速实现稀有金属的工业化，在短短的几年内新建、扩建稀有金属工厂、车间二十几个，为稀有金属工业化奠定了基础，并为国防尖端技术提供了急需的材料，促进了中国核工业、航天工业的发展。从1963年起，陆续建立起一批钛、铍、锂、锆、铪、钽、铌、钨、钼、稀土和稀散金属的冶炼和加工工厂，初步形成了稀有金属工业生产体系。在此期间由于文化大革命的干扰和破坏，影响了稀有金属工业化的进程，使一些稀有金属生产的技术经济指标与世界先进水平的差距拉大了。

3．加强综合利用、扩大民用的新发展阶段

中国共产党十一届三中全会以来，中国稀有金属工业进入一个新的发展时期。国家十分重视稀有金属资源的综合利用，继续大力开展金川、包头、攀枝花三大共生矿资源综合利用的攻关会战；新技术的迅速发展，要求不断提高稀有金属产品的质量，增加品种规格。同时由军工为主转向保证军工，扩大民用，这就要解决大幅度降低稀有金属产品的价格问题，要降低价格必须使用新工艺、新技术、新设备，扩大生产规模，提高劳动生产率。这些都为稀有金属的生产和科研提出了新任务，有力地推动了稀有金属工业的进一步发展。

这一时期，在稀有金属资源综合利用方面取得了可喜的进展。在包头资源综合利用上，解决了包头高品位稀土精矿的选矿问题。研究出了具有中国特色的包头稀土处理和分离的新工艺，使包头稀土矿的提取、分离、冶炼等工艺基本定型，并实现工业化生产。加上江西离子型稀土资源的开发利用，加速了中国稀土工业的发展。稀土产品大量进入国际市场，高纯稀土分离技术已经出口，标志着中国稀土冶金特别是湿法冶金工业达到国际先进水平。包头铁水提铌研究也取得了新进展。在攀枝花资源综合利用方面，解决了铁水提钒工艺，并用于工业生产。研究成功攀矿精选钛精矿工艺，并已建厂投产。在海绵钛生产中，高钛渣的密闭电炉熔炼法和高钙、镁钛渣的无筛板沸腾氯化等都处于世界先进水平；研究成功的还原-蒸馏联合法制取海绵钛新工艺，对降低能耗、镁耗成本，提高产品质量都有重要意义。在金川资源综合利用方面，研究成功贵金属提取新工艺，提高了铂族金属的综合回收率，取得了显著的经济效益。

在提高稀有金属产品质量方面也取得了很大的进展。例如，由于新技术的发展，迫切需要的大规模和超大规模集成电路用硅材料，经过几年的努力，多晶硅、单晶硅质量明显提高，满足了大规模集成电路的需要，使半导体硅生产技术提高一步。又如高比容电容器钽粉、高压高可靠钽粉技术取得了突破性的进展。同时有选择地引进了一批国外先进的稀有金属冶炼和材料制造设备，提高了稀有金属工业的装备水平。

在这个时期内，中国十分重视稀有金属的应用推广工作。经过多年的艰苦努力，稀有金属在民用方面取得了可喜成绩。稀土产品在冶金、机械制造、石油化工、轻纺、玻璃陶瓷和光、电、磁等新技术领域的应用推广，特别是扩大到农、牧业方面的应用，大大拓宽了稀土产品的国内市场，应用量大幅度增加。钛在氯碱工业、沿海电站汽凝管、形状记忆合金、涂层钛阳极、钛包铜等方面的应用取得了良好的经济效益。铌在钢铁、电焊条、独石电容器、铌酸锂等方面的应用研究，改变了铌的积压状态。此外，开展了锆在化学工业、农药生产和消气剂，钽在硬质合金、化纤；锂在电池、橡胶、润滑脂等方面的应用，都取得了良好的效果，使稀有金属工业出现崭新的局面。但是，中国稀有金属工业与世界先进水平相比，尚有一定的差距，面临的任务还十分艰巨，必须继续努力，迎接新技术革命的挑战，使中国丰富的稀有金属资源发挥更大的作用。

第一篇 元素的基本物理化学性质

第一章 元素的一般性质

编写人 乔芝郁

一、元素的名称

化学元素名称如表1-1-1所示。

表 1-1-1 化学元素名称

原子序数	符号	中文名称	拉丁文名	英文名	俄文名	德文名	日文名	法文名
1	H	氢	Hydrogenium	Hydrogen	Водород	Wasserstoff	水 素	Hydrogène
2	He	氦	Helium	Helium	Гелий	Helium	ヘリウム	Hélium
3	Li	锂	Lithium	Lithium	Литий	Lithium	リチウム	Lithium
4	Be	铍	Beryllium	Beryllium	Бериллий	Beryllium	ベリウム	Béryllium
5	B	硼	Borium	Boron	Бор	Bor	ホウ素	Bore
6	C	碳	Carbonium	Carbon	Углерод	Kohlenstoff	炭素	Carbone
7	N	氮	Nitrogenium	Nitrogen	Азот	Stickstoff	窒素	Azote
8	O	氧	Oxygenium	Oxygen	Кислород	Sauerstoff	酸素	Oxygène
9	F	氟	Fluorum	Fluorine	Фтор	Fluor	フッ素	Fluor
10	Ne	氖	Neonum	Neon	Неон	Neon	ネオン	Néon
11	Na	钠	Natrium	Sodium	Натрий	Natrium	ナトリウム	Sodium
12	Mg	镁	M gnesium	Magnesium	Магний	Magnesium	マグネシウム	Magnésium
13	Al	铝	Aluminium	Aluminum	Алюминий	Aluminium	アルミニウム	Aluminium
14	Si	硅	Silicium	Silicon	Кремний	Silicium	ケイ素	Silicium
15	P	磷	Phosphorum	Phosphorus	Фосфор	Phosphor	リン	Phosphore
16	S	硫	Sulphur	Sulfur	Сера	Schwefel	イオウ	Soufre
17	Cl	氯	Chlorum	Chlorine	Хлор	Chlor	塩素	Chlore
18	Ar	氩	Argonium	Argon	Аргон	Argon	アルゴン	Argon

续表 1-1-1

原子序数	符号	中文名称	拉丁文名	英文名	俄文名	德文名	日文名	法文名
19	K	钾	Kalium	Potassium	Калий	Kalium	カリウム	Potassium
20	Ca	钙	Calcium	Caleium	Кальций	Calcium	カルシウム	Calcium
21	Sc	钪	Scandium	Scandium	Скандий	Scandium	スカンジウム	Scandium
22	Ti	钛	Titanium	Titanium	Титан	Titan	チタン	Titane
23	V	钒	Vanadium	Vanadium	Ванадий	Vanadium	バナジウム	Vanadium
24	Cr	铬	Chromium	Chromium	Хром	Chrom	クロム	Chrome
25	Mn	锰	Manganum	Manganese	Марганец	Mangan	マンガン	Manganése
26	Fe	铁	Ferrum	Iron	Железо	Eisen	鉄	Fer
27	Co	钴	Cobaltum	Cobalt	Кобальт	Kobalt	コバルト	Cobalt
28	Ni	镍	Niccolum	Nickel	Никель	Nickel	ニッケル	Nickel
29	Cu	铜	Cuprum	Copper	Медъ	Kupfer	銅	Cuivre
30	Zn	锌	Zincum	Zinc	Цинк	Zink	亜鉛	Zine
31	Ga	镓	Gallium	Gallium	Галлий	Gallium	ガリウム	Gallium
32	Ge	锗	Germanium	Germanium	Германий	Germanium	ゲルマニウム	Germanium
33	As	砷	Arsenium	Arsenic	Мышъяк	Arsen	ヒ素	Arsenic
34	Se	硒	Selenium	Selenium	Селен	Selen	セレン	Sélénium
35	Br	溴	Bromium	Bromine	Бром	Brom	臭素	Brome
36	Kr	氪	Kryptonum	Krypton	Криптон	Krypton	クリプトン	Krypton
37	Rb	铷	Rubidium	Rubidium	Рубидий	Rubidium	ルビジウム	Rubidium
38	Sr	锶	Strontium	Strontium	Стронций	Strontium	ストロンチウム	Strontium
39	Y	钇	Yttrium	Yttrium	Иттрий	Yttrium	イットリウム	Yttrium
40	Zr	锆	Zirconium	Zirconium	Цирконий	Zirkonium	ジルコニウム	Zirconium
41	Nb	铌	Niobium	Niobium	Ниобий	Niob	ニオブ	Niobium
42	Mo	钼	Molybdanium	Molybdenum	Молибден	Molybdün	モリブデン	Molybdène
43	Tc	锝	Technetium	Technetium	Технеций	Technetium	テクネチウム	Technétium
44	Ru	钌	Ruthenium	Ruthenium	Рутений	Ruthenium	ルテニウム	Ruthénium
45	Rh	铑	Rhodium	Rhodium	Родий	Rhodium	ロジウム	Rhodium
46	Pd	钯	Palladium	Palladium	Палладий	Palladium	パラジウム	Palladium
47	Ag	银	Argentum	Silver	Серебро	Silber	銀	Argent
48	Cd	镉	Cadmium	Cadmium	Кадмий	Cadmium	カドミウム	Cadmium
49	In	铟	Indium	Indium	Индий	Indium	インジウム	Indium
50	Sn	锡	Staunum	Tin	Олово	Zina	スズ	Etain
51	Sb	锑	Stibium	Antimony	Сурьма	Antimon	アンチモン	Antimoine
52	Te	碲	Tellurium	Tellurium	Теллур	Tellur	テルル	Tellure
53	I	碘	Iodium	Iodine	Иод	Jod	ヨウ素	Iode
54	Xe	氙	Xenonum	Xenon	Ксенон	Xenon	キセノン	Xénon
55	Cs	铯	Caesium	Caesium	Цезий	Cäsium	セシウム	Césium
56	Ba	钡	Baryum	Barium	Барий	Barium	バリウム	Barium
57	La	镧	Lanthanum	Lanthanum	Лантан	Lanthan	ランタン	Lanthane
58	Ce	铈	Cerium	Cerium	Церий	Cerium	セリウム	Cérium
59	Pr	镨	Praseodymium	Praseodymium	Празеодим	Praseodym	プラセオジム	Praséodyme
60	Nd	钕	Neodymium	Neodymium	Неодим	Neodym	ネオジム	Néodyme
61	Pm	钷	Promethium	Promethium	Прометий	Promethium	プロメチウム	Prométhéum
62	Sm	钐	Samarium	Samarium	Самарий	Samarium	サマリウム	Samarium
63	Eu	铕	Europium	Europium	Европий	Europium	ユーロピウム	Europium
64	Gd	钆	Gadolinium	Gadolinium	Гадолиний	Gadolinium	ガドリニウム	Gadolinium

续表 1-1-1

原子序数	符号	中文名称	拉丁文名	英文名	俄文名	德文名	日文名	法文名
65	Tb	铽	Terbium	Terbium	Тербий	Terbium	テルビウム	Terbium
66	Dy	镝	Dysprosium	Dysprosium	Диспрозий	Dysprosium	ジスプロシウム	Dysproisium
67	Ho	钬	Holmium	Holmium	Гольмий	Holmium	ホルシウム	Holmium
68	Er	铒	Erbium	Erbium	Эрбий	Erbium	エルビウム	Erbium
69	Tm	铥	Thulium	Thulium	Тулий	Thulium	ツリウム	Thulium
70	Yb	镱	Ytterbium	Yiterbium	Иттербий	Ytterbium	イッテルビウム	Ytterbium
71	Lu	镥	Lutetium	Lutetium	Лютеций	Lutetium	ルテシウム	Lutécium
72	Hf	铪	Hafnium	Hafuium	Гафний	Hafnium	ハフニウム	Hafnium
73	Ta	钽	Tantalum	Tant lum	Тантал	Tantal	タンタル	Tantale
74	W	钨	Wolfram	Tungsten	Вольфрам	Wolfram	タングステン	Tungstène
75	Re	铼	Rhenium	Rhenium	Рений	Rhenium	レニウム	Rhénium
76	Os	锇	Osmium	Osmium	Осмий	Osmium	オスシウム	Osmium
77	Ir	铱	Iridium	Iridium	Иридий	Iridium	イリジウム	Iridium
78	Pt	铂	Platinum	Platinum	Платина	Platin	白金	Platine
79	Au	金	Aurum	Gold	Золот	Gold	金	Or
80	Hg	汞	Hydrargyrum	Mercury	Ртуть	Quecksilber	水銀	Mercure
81	Tl	铊	Thallium	Thallium	Таллий	Thallium	タリウム	Thallium
82	Pb	铅	Plumbum	Lead	Свинец	Blei	鉛	Plomb
83	Bi	铋	Bismuthum	Bismuth	Висмут	Wismut	ビスマス	Bismuth
84	Po	钋	Polonium	Polonium	Полоний	Polonium	ポロニウム	Polonium
85	At	砹	Astatium	Astatine	Астатин	Astatin	アスタチン	Astate
86	Rn	氡	Radon	Radon	Радон	Radon	ラドン	Radon
87	Fr	钫	Francium	Francium	Франций	Francium	フランシウム	Fr ncium
88	Ra	镭	Radium	Radium	Радий	Radium	ラジウム	Radium
89	Ac	锕	Actinium	Acfinium	Актиний	Aktinium	アクチニ ム	Actinium
90	Th	钍	Thorium	Thorium	Торий	Thorium	トリウム	Thorium
91	Pa	镤	Protactinium	Protactinium	Протактиний	Protaktinium	プロトアクチニウム	Protactiniu
92	U	铀	Uranium	Uranium	Уран	Uran	ウラン	Uranium
93	Np	镎	Neptunium	Neptunium	Нептуний	Neptunium	ネプツニウム	Neptunium
94	Pu	钚	Plutonium	Plutonium	Плутоний	Plutonium	プルトニウム	Plutonium
95	Am	镅	Americium	Americium	Америций	Americium	アメリシウム	Américium
96	Cm	锔	Curium	Curium	Кюрий	Curium	キュリウム	Curium
97	Bk	锫	Berkelium	Berkelium	Берклий	Berkelium	バークリウム	Berkélium
98	Cf	锎	Californium	Californium	Калифорний	Californium	カリホルニウム	Californium
99	Es	锿	Einsteinium	Einsteinium	Эйнштейний	Einsteinium	アインシュタイニウム	Einsteinium
100	Fm	镄	Fermium	Fermium	Фермий	Fermium	フェルミウム	Fermium
101	Md	钔	Mendelevium	Mendelevium	Менделевий	Mendelevium	メンデレビウム	MendéIévium
102	No	锘	Nobelium	Nobelium	Нобелий	Nobelium	ノーベリウム	Nobélium
103	Lr	铹	Lawrencium	Lawrencium	Лауренций	Lawrencium	ローレンシウム	Lawrencium
104	Rf (Ku)	(钅卢)	Ruthorfordium	Rutherfordium	Курчатовий			Rutherfordium
105	Ha	(钅罕)	H hnium	Hahnium				Hahnium

二、元素的相对原子质量

表 1-1-2　元素的相对原子质量(1985)、中子数和发现年份

原子序数	符　号	相对原子质量①	中子数②	发现年份	原子序数	符　号	相对原子质量①	中子数②	发现年份
1	H	1.00794	0	1766	47	Ag	107.8682	60	古代
2	He	4.002602	2	1895	48	Cd	112.411	66	1817
3	Li	6.941	4	1817	49	In	114.82	64	1863
4	Be	9.012182	5	1798	50	Sn	118.710	70	古代
5	B	10.811	6	1808	51	Sb	121.75	70	古代
6	C	12.011	6	古代	52	Te	127.60	78	1798
7	N	14.006747	7	1772	53	I	126.90447	74	1811
8	O	15.9994	8	1774	54	Xe	131.29	78	1898
9	F	18.9984032	10	1771	55	Cs	132.90543	78	1860
10	Ne	20.1797	10	1898	56	Ba	137.327	82	1808
11	Na	22.989768	12	1807	57	La	138.9055	82	1839
12	Mg	24.3050	12	1755	58	Ce	140.115	82	1803
13	Al	26.981539	14	1827	59	Pr	140.98765	82	1885
14	Si	28.0855	14	1823	60	Nd	144.24	82	1885
15	P	30.973762	16	1669	61	Pm		〔84〕	1947
16	S	32.066	16	古代	62	Sm	150.36	90	1879
17	Cl	35.4537	18	1774	63	Eu	151.965	90	1896
18	Ar	39.948	22	1894	64	Gd	157.25	94	1880
19	K	39.0983	20	1807	65	Tb	158.92534	94	1843
20	Ca	40.08	20	1808	66	Dy	162.50	98	1886
21	Sc	44.955910	24	1879	67	Ho	164.93032	98	1878
22	Ti	47.88	26	1791	68	Er	167.26	98	1843
23	V	50.9415	28	1830	69	Tm	168.93421	100	1879
24	Cr	51.9961	28	1797	70	Yb	173.04	104	1878
25	Mn	54.93805	30	1774	71	Lu	174.967	104	1907
26	Fe	55.847	30	古代	72	Hf	178.49	108	1923
27	Co	58.93320	32	1735	73	Ta	180.9479	108	1802
28	Ni	58.69	30	1751	74	W	183.85	110	1781
29	Cu	63.546	34	古代	75	Re	186.207	110	1925
30	Zn	65.39	34	1746	76	Os	190.2	116	1803
31	Ga	69.723	38	1875	77	Ir	192.22	116	1803
32	Ge	72.61	42	1886	78	Pt	195.08	116	1735
33	As	74.92159	42	古代	79	Au	196.96654	118	古代
34	Se	78.96	46	1817	80	Hg	200.59	122	古代
35	Br	79.904	44	1826	81	Tl	204.3833	124	1861
36	Kr	83.80	48	1898	82	Pb	207.2	126	古代
37	Rb	85.4678	48	1861	83	Bi	208.98037	126	1753
38	Sr	87.62	50	1790	84	Po		〔125〕	1898
39	Y	88.90585	50	1794	85	At		〔125〕	1940
40	Zr	91.224	50	1789	86	Rn		〔136〕	1900
41	Nb	92.90638	52	1801	87	Fr		〔136〕	1939
42	Mo	95.94	56	1778	88	Ra		138	1898
43	Tc		〔54〕	1937	89	Ac		138	1899
44	Ru	101.07	58	1844	90	Th		142	1828
45	Rh	102.90550	58	1803	91	Pa		140	1917
46	Pd	106.42	60	1803	92	U		146	1789

续表 1-1-2

原子序数	符 号	相对原子质量①	中子数②	发现年份	原子序数	符 号	相对原子质量①	中子数②	发现年份
93	Np		144	1940	99	Es		〔155〕	1955
94	Pu		〔150〕	1940	100	Fm		〔153〕	1955
95	Am		〔148〕	1945	101	Md		〔155〕	1955
96	Cm		〔151〕	1944	102	No		〔151〕	1958
97	Bk		〔150〕	1950	103	Lr		〔154〕	1961
98	Cf		〔153〕	1950					

① 1985年相对原子质量以$C^{12}=12$为基准；② 〔 〕内是最稳定同位素的中子数。

表 1-1-3 放射性元素的相对原子质量

原子序	元素		符号	同位素	原子质量	半衰期	衰变方式
	中文名	英文名					
43	锝	Technetium	Tc	99		2.12×10^5a	β^-
61	钷	Promethium	Pm	147		2.52a	β^-
84	钋	Polonium	Po	210	209.9829	138.4d	α、γ
85	砹	Astatine	At	210		8.3h	α、γ、κ－电子俘获
86	氡	Radon	Rn	222	222.0175	3.823d	α
87	钫	Francium	Fr	223	223.0198	22 min	β^-、α、γ
88	镭	Radium	Ra	226	226.0254	1620a	α、γ
89	锕	Actinium	Ac	227	227.0278	22a	α、β^-
90	钍	Thorium	Th	232	232.0382	1.41×10^{10}a	α、γ、自发裂变
91	镤	Protactinium	Pa	231	231.0359	3.4×10^4a	α、γ
92	铀	Uranium	U	238	238.0508	4.51×10^9a	α、γ、自发裂变
93	镎	Neptunium	Np	237	237.0480	2.14×10^6a	α、γ
94	钚	Plutonium	Pu	242	242.0587	3.80×10^5a	α、自发裂变
95	镅	Americium	Am	243	243.0614	7.95×10^3a	α、γ
96	锔	Curium	Cm	247		10^7a	α、γ
97	锫	Berkelium	Bk	247	247.0702	1.4×10^3a	α
98	锎	Californium	Cf	249	249.0748	360a	α、γ、自发裂变
99	锿	Einsteinium	Es	254	254.0881	1a	α、自发裂变
100	镄	Fermium	Fm	253		3d	α
101	钔	Mendelevium	Md	256		1.5h	κ-电子俘获、自发裂变
102	锘	Nobelium	No	254		55s	α
103	铹	Lawrencium	Lr	257		0.6s	α
104	钅卢	Rutherfordium	Rf				
105	钅罕	Hahnium	Ha				

三、元素的离子半径

离子晶体中正负离子的中心距是正负离子的半径之和，即$d=r_1+r_2$。d可通过晶体X射线分析测定。然后根据正负离子的分界线确定正负离子的半径。由于晶体结构的不同，正负离子的中心距也有所不同。因此在当提到某一种离子的半径时，还要明确是什么构型的离子。一般常用NaCl构型离子的半径作为校正其他构型离子的半径的标准。表1-1-4是以配位数为6的NaCl型离子为标准进行计算的，对其他构型的离子，可视其配位数按下列数据校正。

在表1-1-6中，哥希密特（Goldschmidt）离子半径是根据球形离子堆积的几何观点进行计算的，

配位数	4	6	8	9	12
离子半径校正因素	0.94	1.00	1.03	1.05	1.12

而鲍林（Pauling）晶体半径则是考虑了核对外层电子吸引力，首先计算出一价离子的半径，再换算成多价离子的晶体半径。离子半径见表1-1-4。

四、元素的原子半径

由于电子在原子核外空间出现几率密度分布（电子云），原子并不像小球那样有明确的界面。一般所谓的原子半径是实验测得各类单质中两个原子核间距离的一半，有共价半径、金属原子半径和范德华半径之分。

1．共价半径

连接相同原子的共价单键键长（即构成该共价键的两个原子的核间距离）的一半为共价半径。

2．金属原子半径

金属晶体中，金属原子是紧密堆接的，两个最邻近的金属原子核间平均距离的一半为金属原子半径，其值随配位数不同稍有变化。

3．范德华半径

在惰性气体的单原子分子的分子型晶体中，原子核间距离的一半为范德华半径；在卤族等元素的双原子或多原子分子的分子型晶体中，不属于同一分子的两个最接近的原子核间距离的一半为范德华半径。原子半径见表1-1-5。

五、水溶液中离子的有效半径

水溶液中离子的有效半径见表1-1-6。

六、元素的电离能

基态元素的气态原子失去一个电子所需的能量称为该元素的电离能。电离能定为正值，其大小表示原子失去电子的难易程度。原子的电离能越大，表示它越难失去电子。第一电离能是移去第一个电子所需能量，再移去一个电子所需的能量称为第二电离能。第二电离能比第一电离能大得多，第三电离能则更大。移去的电子愈多，所需的能量也愈大。元素第一电离能及周期性见表1-1-7和图1-1-1。

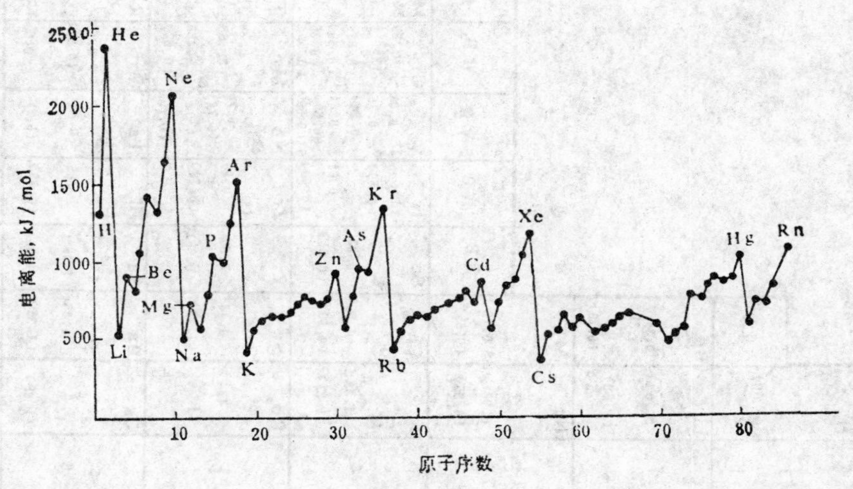

图 1-1-1　第一电离能的周期性

表 1-1-4 离子半径（Å）

族 周期	IA	IIA	IIIB	IVB	VB	VIB	VIIB	VIIIB			IB	IIB	IIIA	IVA	VA	VIA	VIIA	0
1	H 1^- (2.09)																	He
2	Li 1^+ 0.70 (0.68)	Be 2^+ 0.34 (0.31) 3^+ (0.20)											B 3^+ (0.20)	C 4^- (2.60) 4^+ 0.20 (0.15)	N 1^+ (0.25) 3^- (1.71) 3^+ 0.16 (0.13) 5^+ 0.15 (0.11)	O 1^+ (0.22) 1^- (1.76) 2^- 1.35 (1.40) 6^+ (0.09)	F 1^- 1.33 (1.36) 7^+ (0.07)	Ne
3	Na 1^+ 0.98 (0.95)	Mg 2^+ 0.75 (0.65)											Al 3^+ 0.55 (0.50)	Si 4^- 1.98 (2.71) 4^+ 0.40 (0.41)	P 3^- 1.86 (2.12) 3^+ 0.44 (0.42) 5^+ 0.35 (0.34)	S 1^- (2.19) 2^- 1.82 (1.84) 4^+ 0.37 (0.37) 6^+ 0.30 (0.29)	Cl 1^- 1.81 (1.81) 5^+ 0.34 (0.34) 7^+ (0.26)	Ar
4	K 1^+ 1.33 (1.33)	Ca 2^+ 1.05 (0.99)	Sc 3^+ 0.83 (0.81)	Ti 3^+ 0.70 (0.69) 4^+ 0.64 (0.68)	V 2^+ 0.88 3^+ 0.75 (0.74) 4^+ 0.61 (0.60) 5^+ (0.59)	Cr 2^+ 0.89 (0.84) 3^+ 0.65 (0.64) 4^+ (0.56) 6^+ 0.36 (0.52)	Mn 2^+ 0.91 (0.80) 3^+ (0.62) 4^+ 0.52 (0.54) 7^+ (0.46)	Fe 2^+ 0.83 (0.76) 3^+ 0.67 (0.64)	Co 2^+ 0.6 (0.74) 3^+ 0.65 (0.63)	Ni 2^+ 0.78 (0.72) 3^+ (0.62)	Cu 1^+ (0.96) 2^+ 0.72 (0.72)	Zn 2^+ 0.83 (0.74)	Ga 3^+ 0.62 (0.62)	Ge 4^- (2.72) 2^+ 0.65 (0.70) 4^+ 0.55 (0.53)	As 3^- 1.91 (2.22) 3^+ 0.69 (0.58) 5^+ (0.47)	Se 2^- 1.93 (1.98) 4^+ 0.5 (0.69) 6^+ 0.35 (0.42)	Br 1^- 1.96 (1.95) 5^+ 0.47 (0.47) 7^+ (0.39)	Kr
5	Rb 1^+ 1.49 (1.48)	Sr 2^+ 1.18 (1.13)	Y 3^+ 0.95 (0.93)	Zr 4^+ 0.80 (0.79)	Nb 4^+ 0.74 (0.74) 5^+ (0.70)	Mo 4^+ 0.88 (0.66) 6^+ 0.65 (0.62)	Tc 2^- (0.95) 4^+ (0.72) 7^+ (0.58)	Ru 3^+ (0.77) 4^+ 0.65 (0.63) 8^+ (0.54)	Rh 2^+ (0.86) 3^+ 0.75 (0.75) 4^+ 0.65 (0.67)	Pd 2^+ 0.80 (0.86) 4^+ 0.65 (0.64)	Ag 1^+ 1.13 (1.26) 2^+ 0.89 (0.97)	Cd 2^+ 0.99 (0.97)	In 1^+ (1.32) 3^+ 0.92 (0.81)	Sn 4^- (2.94) 2^+ 1.02 (1.02) 4^+ 0.74 (0.71)	Sb 3^- 2.03 (2.45) 3^+ 0.90 (0.90) 5^+ (0.62)	Te 2^- 2.12 (2.21) 4^+ 0.89 (0.81) 6^+ (0.56)	I 1^- 2.20 (2.16) 5^+ 0.94 (0.62) 7^+ (0.50)	Xe
6	Cs 1^+ 1.70 (1.69)	Ba 2^+ 1.38 (1.35)	La 3^+ 1.15 (1.06)	Hf 4^+ 0.86 (0.76)	Ta 5^+ 0.73 (0.2)	W 4^+ 0.68 (0.66) 6^+ 0.65	Re 4^+ 0.72 (0.72) 6^+ (10.62) 7^+ 0.56 (0.60)	Os 2^+ (8.89) 3^+ (0.81) 0.88 4^+ (0.65) 0.99 6^+ (0.6) 8^+ (0.53)	Ir 2^+ (0.89) 3^+ (0.75) 4^+ 0.66 (0.64) 6^+ (0.56)	Pt 2^+ 1.06 (0.85) 4^+ 0.97 (0.70)	Au 1^+ 1.37 2^+ (1.05) 3^+ 0.85 (0.91)	Hg 1^+ 1.27 (1.27) 2^+ 1.12 (1.10)	Tl 1^+ 1.49 (1.44) 3^+ 1.05 (0.95)	Pb 4^- 2.15 2^+ 1.32 (1.20) 4^+ 0.84 (0.84)	Bi 3^- (2.13) 3^+ 1.20 (0.96) 5^+ (0.74)	Po 2^- (2.30) 4^+ (0.65) 6^+ (0.56) 0.67	At 1^- (2.27) 5^+ (0.57) 7^+ 0.62 (0.51)	Rn
7	Fr 1^+ 1.80 (1.76)	Ra 2^+ 1.42 (1.40)	Ac 3^+ 1.18 (1.11)															

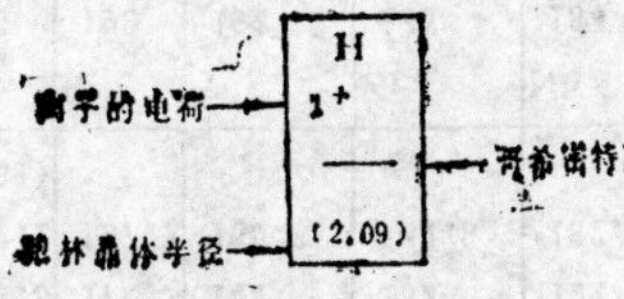

Ce	Pr	Nd	Pm	Sm	Eu	Gd	Tb	Dy	Ho	Er	Tm	Yb	Lu
3^+ 1.18 (1.03) 4^+ 1.01 (0.92)	3^+ 1.16 (1.01) 4^+ 1.00 (0.90)	3^+ 1.15 (1.00)	3^+ (0.98)	2^+ 1.11 3^+ 1.13 (0.96)	2^+ 1.29 (1.12) 3^+ 1.13 (0.95)	3^+ 1.11 (0.94)	3^+ 1.09 (0.92) 4^+ 0.81 (0.84)	3^+ 1.07 (0.91)	1.05 (0.89)	3^+ 1.01 (0.88)	3^+ 1.04 (0.94) 4^+ (0.87)	2^+ (1.13) 3^+ 1.04 (0.86)	3^+ 0.99 (0.85)
Th	**Pa**	**U**	**Np**	**Pu**	**Am**	**Cm**	**Bk**	**Cf**	**Es**	**Fm**	**Md**	**No**	**Lr**
3^+ (1.08) 4^+ 1.07 (0.99)	3^+ 1.13 (1.05) 4^+ 0.98 (0.96) 5^+ 0.89 (0.90)	3^+ (1.03) 4^+ 0.97 (0.93) 5^+ (0.87) 6^+ 0.80 (0.83)	3^+ 1.10 (1.01) 4^+ 0.95 (0.92) 5^+ (0.88) 6 (0.82)	3^+ 1.08 (1.00) 4^+ 0.93 (0.90) 5^+ (0.87) 6^+ (0.81)	3^+ 1.07 (0.99) 4^+ 0.92 (0.89) 5^+ (0.86) 6^+ (0.80)	2^- (1.19) 3^+ (0.99) 4^+ (0.88)	2^- (1.18) 3^- (0.98) 4^+ (0.87)	2^+ (1.17) 3^+ (0.98) 4^+ (0.86)	2^+ (1.16) 3^+ (0.98) 4^+ (0.85)	2^+ (1.15) 3^+ (0.97) 4^+ (0.84)	2^+ (1.14) 3^+ (0.96) 4^+ (0.84)	2^+ (1.13) 3^+ (0.95) 4^+ (0.83)	2^+ (1.12) 3^+ (0.84) 4^+ (0.83)

表 1-1-5 原子半径（pm①）

族 周期	IA	IIA	IIIB	IVB	VB	VIB	VIIB	VIIIB			IB	IIB	IIIA	IVA	VA	VIA	VIIA	0
1	H 37.1 — (120)																	He (122)
2	Li 123 152	Be 89 111.3											B 88 83 (208)	C 77 — (185)	N 70 — (154)	O 66 — (140)	F 64 71.7 (135)	Ne 131 — (160)
3	Na 157 153.7 (231)	Mg 136 160											Al 125 143.1	Si 117 — (200)	P 110 108 (190)	S 104 — (185)	Cl 99 — (181)	Ar 174 — (191)
4	K 202.5 227.2 (231)	Ca 174 197.3	Sc 144 160.6	Ti 132 144.8	V 122 132.1	Cr 117 124.9	Mn 117 124	Fe 116.5 124.1	Co 116 125.3	Ni 115 124.6	Cu 117 127.8	Zn 125 133.2	Ga 125 122.1	Ge 122 122.5	As 121 124.8 (200)	Se 117 — (200)	Br 114.2 (195)	Kr 189 (198)
5	Rb 216 247.5 (244)	Sr 192 215.1	Y 162 181	Zr 145 160	Nb 134 142.9	Mo 129 136.2	Tc — 135.8	Ru 124 132.5	Rh 125 134.5	Pd 128 137.6	Ag 134 144	Cd 141 148.9	In 150 162.6	Sn 140 140.5	Sb 141 — (220)	Te 137 143.2 (220)	I 133.3 — (215)	Xe 209 218
6	Cs 235 265.4 262	Ba 198 217.3	La 169 187.7	Hf 144 156.4	Ta 134 143	W 130 137	Re 128 137	Os 126 134	Ir 126 135.7	Pt 129 138	Au 134 144.2	Hg 144 160	Tl 155 170.4	Pb 154 175	Bi 152 154.7	Po 153 167	At — —	Rn 214 —
7	Fr — 270	Ra — 220	Ac — 187.8															

Ce	Pr	Nd	Pm	Sm	Eu	Gd	Tb	Dy	Ho	Er	Tm	Yb	Lu
164.6 182.5	164.8 182.8	164.2 182.1	— 181	166 180.2	185 204.2	161.4 180.2	159.2 178.2	158.9 177.3	158 176.6	156.7 175.7	156.2 178	169.9 194	155.7 173.4

H
37.1 ←— 共价半径
金属半径 —→ —
(120) ←— 范德华半径

①pm $=10^{-12}$m $=10^{-2}$ Å。

表 1-1-7 元素第一电离能

周期 \ 族	IA	IIA	IIIB	IVB	VB	VIB	VIIB	VIIIB			IB	IIB	IIIA	IVA	VA	VIA	VIIA	0
1	H 13.598 1312																	He 24.587 2373
2	Li 5.392 520	Be 9.322 899											B 8.298 801	C 11.260 1087	N 14.534 1403	O 13.618 1314	F 17.422 1681	Ne 21.564 2081
3	Na 5.139 496	Mg 7.646 738											Al 5.986 578	Si 8.151 787	P 10.486 1012	S 10.360 999	Cl 12.967 1251	Ar 15.759 1521
4	K 4.341 419	Ca 6.113 590	Sc 6.54 631	Ti 6.82 658	V 6.74 650	Cr 6.766 653	Mn 7.435 717	Fe 7.870 760	Co 7.86 758	Ni 7.65 737	Cu 7.726 746	Zn 9.394 907	Ga 5.999 579	Ge 7.899 762	As 9.81 917	Se 9.752 941	Br 11.814 1140	Kr 13.999 1351
5	Rb 4.177 403	Sr 5.695 549	Y 6.38 616	Zr 6.84 660	Nb 6.88 664	Mo 7.099 685	Tc 7.28 703	Ru 7.37 711	Rh 7.46 720	Pd 8.34 805	Ag 7.576 731	Cd 8.993 868	In 5.786 558	Sn 7.344 709	Sb 8.641 834	Te 9.009 869	I 10.451 1009	Xe 12.130 1170
6	Cs 3.894 376	Ba 5.212 503	La 5.577 538	Hf 7.0 676	Ta 7.89 761	W 7.98 770	Re 7.88 760	Os 8.7 840	Ir 9.1 878	Pt 9.0 869	Au 9.225 890	Hg 10.437 1007	Tl 6.108 589	Pb 7.416 716	Bi 7.289 703	Po 8.482 818	At 9.45 912	Rn 10.748 1037
7	Fr	Ra 5.277																

H 13.598 ← 电子伏特 (eV)

千焦·摩尔$^{-1}$(kJ·mol^{-1}) → 1312

注：数据录自Lange's "Handbook of Chemistry" (1979年) 第40～42页。

表 1-1-6　水溶液中离子的有效半径(25°C)

离子半径 Å	无机离子
2.5	Rb^+、Cs^+、NH_4^+、Tl^+、Ag^+
3	K^+、Cl^-、Br^-、I^-、CN^-、NO_2^-、NO_3^-
3.5	OH^-、F^-、NCS^-、NCO^-、HS^-、ClO_3^-、ClO_4^-、BrO_3^-、IO_4^-、MnO_4^-
4	Na^+、$CdCl^+$、Hg_2^{2+}、ClO_2^-、IO_3^-、HCO_3^-、$H_2PO_4^-$、HSO_3^-、$H_2AsO_4^-$、SO_4^{2-}、$S_2O_3^{2-}$、$S_2O_3^{2-}$、SeO_4^{2-}、CrO_4^{2-}、HPO_4^{2-}、$S_2O_6^{2-}$、$PO_4^{3-}$$[Fe(CN)_6]^{3-}$、$[Cr(NH_3)_6]^{3+}$、$[Co(NH_3)_6]^{3+}$、$[Co(NH_3)_5H_2O]^{3+}$
4.5	Pb^{2+}、CO_3^{2-}、SO_3^{2-}、MoO_4^{2-}、$Co(NH_3)_5Cl^{2+}$、$Fe(CN)_5NO^{2-}_2$
5	Sr^{2+}、Ba^{2+}、Ra^{2+}、Cd^{2+}、Hg^{2+}、S^{2-}、$S_2O_4^{2-}$、WO_4^{2-}、$Fe(CN)_6^{4-}$
6	Li^+、Ca^{2+}、Cu^{2+}、Zn^{2+}、Sn^{2+}、Mn^{2+}、Fe^{2+}、Ni^{2+}、Co^{2+}、$[Co(en)_3]^{3+}$、$[Co(S_2O_3)(CN)_6]^{4-}$
8	Mg^{2+}、Be^{2+}
9	H^+、Al^{3+}、Fe^{3+}、Cr^{3+}、Sc^{3+}、Y^{3+}、La^{3+}、In^{3+}、Ce^{3+}、Pr^{3+}、Nd^{3+}、Sm^{3+}、$[Co(SO_3)_2(CN)_4]^{5-}$
11	Th^{4+}、Zr^{4+}、Ce^{4+}、Sn^{4+}
离子半径 Å	**有机离子**
3.5	$HCOO^-$、$CH_3NH_3^+$、$(CH_3)_2NH_2^+$、H_2Cit^-
4	$NH_3^+CH_2COOH$、$CH_{3/3}NH^+$、$C_2H_5NH_3^+$
4.5	CH_3COO^-、CH_2ClCOO^-、$(CH_3)_4N^+$、$(C_2H_5)_3NH_2^+$、$NH_2CH_2COO^-$、$(COO)_2^{2-}$、HCit①
5	$CHCl_2COO^-$、CCl_3COO^-、$(C_2H_5)_3NH^+$、$(C_3H_7)NH_3^+$、$H_2C(COO)_2^{2-}$、$(CH_2COO)_2^{2-}$、$(CHCHCOO)_2^{2-}$-Cit^{3-}①
6	$C_6H_5COO^-$、$C_6H_4OHCOO^-$、$ClC_6H_4COO^-$、$C_6H_5CH_2COO^-$、$CH_2=CHCH_2COO^-$、$(CH_3)_2C=CHCOO^-$、$(C_2H_5)_4N^+$、$(C_3H_7)_2NH_2^+$、$C_6H_4(COO)_2^{2-}$、$H_2C(CH_2COO)_2^{2-}$、$(CH_2CH_2COO)_2^{2-}$
7	$[OC_6H_2(NO_2)_3]^-$、$(C_3H_7)_3NH^+$、$CH_3OC_6H_4COO^-$、$OOC(CH_2)_5COO^{2-}$、$OOC(CH_2)_6COO^{2-}$
8	$(C_6H_5)_2CHCOO^-$、$(C_3H_7)_4N^+$

① Cit.——柠檬酸根。

七、电子亲合能

原子（离子、分子）的电子亲合能是指一个气态原子（离子、分子）在得到一个电子而形成气态阴离子时所放出的能量。各元素的第一电子亲合能如表1-1-8所示。

八、元素的电负性

元素的电负性是表示原子在化合物中争夺电子的相对能力。元素的电负性至今还无法直接测定。密立根（Milliken）认为它是元素电离能和电子亲合能之间的性质，因而用两者的平均值表示。阿尔莱特（Allred）和罗乔（Rochow）认为，分子中元素的电负性与其有效核电荷及共价半径有关，并提出了经验计算公式。鲍林认为，元素电负性相差越大，则形成化合物时放出能量越多，并据此提出了元素电负性之差和反应热之间的关系式，在规定氟的电负性后，得到了一套元素的相对电负性数据（表1-1-9）。

九、原子的电子层结构

原子的电子层构型见表1-1-10，原子的电子层结构见表1-1-11。

表 1-1-8 元素的第一电子亲合能(kJ/m ol)

族 周期	IA	IIA	IIIB	IVB	VB	VIB	VIIB	VIIIB			IB	IIB	IIIA	IVA	VA	VIA	VIIA	0
1	H −72.766 −72.9																	He 21 0
2	Li −59.8 −59.8	Be −240 >0											B −29 −23	C −113 −122	N 58 −0±20	O −120 −141	F −312 −322	Ne 29 >0
3	Na −52 −52.9	Mg 230 >0											Al −48 −44	Si −134 −120	P −75 −74	S −205 −200.4	Cl −343 −348.7	Ar 35 >0
4	K −45 −48.4	Ca 156 >0	Sc	Ti −37.7 —	V −90.4 —	Cr −94.6 −63	Mn	Fe −56.2 —	Co −90.0	Ni −123.1 −111	Cu −173.8 −123	Zn 87 —	Ga −17～−48 −36	Ge −116～−132 −116	As −58 −77	Se −204 −195	Br — −324.5	Kr 39 >0
5	Rb 169 −46.9	Sr	Y	Zr	Nb	Mb — −96	Tc	Ru	Rh	Pd	Ag	Cd 58 −126	In −19～−69 −34	Sn −142 −121	Sb −59 −101	Te −220 −190.1	I — −295	Xe 40 >0
6	Cs — −45.5	Ba 52 —	La	Hf	Ta — −80	W — −50	Re — −15	Os	Ir	Pt — −205.3	Au — −222.7	Hg	Tl −117 −50	Pb −173 −100	Bi 33 −100	Po −180 —	At −270 —	Rn 40 —
7	Fr — −44.0																	

H
−72.766 ←理论值
实验值→ −72.9

表 1-1-9 元素的电负性

周期 \ 族	IA	IIA	IIIB	IVB	VB	VIB	VIIB	VIIIB			IB	IIB	IIIA	IVA	VA	VIA	VIIA	0
1	H 2.20 2.2																	He 3.2
2	Li 0.98 0.97	Be 1.57 1.47											B 2.04 2.01	C 2.55 2.50	N 3.04 3.07	O 3.44 3.50	F 3.98 4.10	Ne — 5.1
3	Na 0.93 1.01	Mg 1.31 1.23											Al 1.61 1.47	Si 1.90 1.74	P 2.19 2.06	S 2.58 2.44	Cl 3.16 2.83	Ar — 3.3
4	K 0.82 0.91	Ca 1.00 1.04	Sc 1.36 1.20	Ti 1.54 1.32	V 1.63 1.45	Cr 1.66 1.56	Mn 1.55 1.60	Fe 1.83 1.64	Co 1.88 1.70	Ni 1.91 1.75	Cu 2.0 1.75	Zn 1.65 1.66	Ga 1.81 1.82	Ge 2.01 2.02	As 2.18 2.20	Se 2.55 2.48	Br 2.96 2.74	Kr 2.9 3.1
5	Rb 0.82 0.89	Sr 0.95 0.99	Y 1.22 1.11	Zr 1.33 1.22	Nb 1.60 1.23	Mo 2.16 1.30	Tc 1.9 1.36	Ru 2.2 1.42	Rh 2.28 1.45	Pd 2.20 1.35	Ag 1.93 1.42	Cd 1.69 1.46	In 1.78 1.49	Sn 1.96 1.72	Sb 2.05 1.82	Te 2.1 2.01	I 2.66 2.21	Xe 2.6 2.4
6	Cs 0.79 0.86	Ba 0.89 0.97	La 1.10 1.08	Hf 1.3 1.23	Ta 1.5 1.33	W 2.36 1.40	Re 1.9 1.46	Os 2.2 1.52	Ir 2.20 1.55	Pt 2.28 1.44	Au 2.54 1.42	Hg 2.00 1.44	Tl 1.62 1.44	Pb 1.87 1.55	Bi 2.02 1.67	Po 2.0 1.76	At 2.2 1.90	Rn
7	Fr 0.7 0.86	Ra 0.9 0.97	Ac 1.1 1.00															

Ce	Pr	Nd	Pm	Sm	Eu	Gd	Tb	Dy	Ho	Er	Tm	Yb	Lu
1.12	1.13	1.14	—	1.17	—	1.20	—	1.22	1.23	1.24	1.25	—	1.27
1.08	1.07	1.07	1.07	1.07	1.01	1.11	1.10	1.10	1.10	1.11	1.11	1.06	1.14

Li
0.98 —— 鲍林数据
阿尔莱特和罗乔数据 —— 0.97

表 1-1-10 原子的电子层构型

A	B	C	IA	IIA	IIIB	IVB	VB	VIB	VIIB	VIII	VIII	VIII	IB	IIB	IIIA	IVA	VA	VIA	VIIA	0
1	1s	2	1 H s^1																	2 He s^2
2	2s2p	8	3 Li s^1	4 Be s^2											5 B $(s^2)p^1$	6 C p^2	7 N p^3	8 O p^4	9 F p^5	10 Ne p^6
3	3s3p	8	11 Na s^1	12 Mg s^2	过滤元素										13 Al $(s^2)p^1$	14 Si p^2	15 P p^3	16 S p^4	17 Cl p^5	18 Ar p^6
4	4s3d4p	18	19 K s^1	20 Ca s^2	21 Sc s^2d^1	22 Ti s^2d^2	23 V s^2d^3	24 Cr s^1d^5	25 Mn s^2d	26 Fe s^2d^6	27 Co s^2d^7	28 Ni s^2d^8	29 Cu s^1d^{10}	30 En s^2d^{10}	31 Ga $(s^2d^{10})p^1$	32 Ge p^2	33 As p^3	34 Se p^4	35 Br p^5	36 Kr p^6
5	5s4d5p	18	37 Rb s^1	38 Sr s^2	39 Y s^2d^1	40 Zr s^2d^2	41 Nb s^1d^4	42 Mo s^1d^5	43 Tc s^2d^5	44 Ru s^1d^7	45 Rh s^1d^8	46 Pd s^2d^{10}	47 Ag s^1d^{10}	48 Cd s^2d^{10}	49 In $(s^2d^{10})p^1$	50 Sn p^2	51 Sb p^3	52 Te p^4	53 J p^5	54 Xe p^6
6	6s4f5d6p	32	55 Cs s^1	56 Ba s^2	57～71 s^2df	72 Hf $(f^{14})s^2d^2$	73 Ta s^2d^3	74 W s^2d^4	75 Re s^2d^5	76 Os s^2d^6	77 Ir s^2d^7	78 Pt s^1d^9	79 Au s^1d^{10}	80 Hg s^2d^{10}	81 Tl $(f^{14}s^2d^{10})p^1$	82 Pb p^2	83 Bi p^3	84 Po p^4	85 At p^5	86 Rn p^6
7	7s5f6d……	未完	87 Fr s^1	88 Ra s^2	89～103 s^2df															
同族元素的外层电子构造特征			s^1	s^2									s^1d^{10}	s^2d^{10}	p^1	p^2	p^3	p^4	p^5	p^6
			s区		d区								ds区		p区					

f区		57	58	59	60	61	62	63	64	65	66	67	68	69	70	71
57～71 镧系元素	s^2df	57 La d^1	58 Ce d^1f^1	59 Pr f^3	60 Nd f^4	61 Pm f^5	62 Sm f^6	63 Eu f^7	64 Gd d^1f^7	65 Tb f^9	66 Dy f^{10}	67 Ho f^{11}	68 Er f^{12}	69 Tm f^{13}	70 Yb f^{14}	71 Lu d^1f^{14}
89～103 锕系元素	s^2df	89 Ac d^1	90 Th d^2	91 Pa d^1f^2	92 U d^1f^3	93 Np d^1f^4	94 Pu f^6	95 Am f^7	96 Cm d^1f^7	97 Bk f^9	98 Cf f^{10}	99 Es f^{11}	100 Fm f^{12}	101 Md f^{13}	102 No f^{14}	103 Lr d^1f^{14}

注：A=周期=能级组别；B=能级组内状态；C=能级组内可容纳电子数=周期内元素数。

表 1-1-11 原子的电子层结构

周期	原子序数	元素符号	电子层																	
			K	*L*		*M*			*N*				*O*				*P*			*Q*
			1*s*	*s*	2*p*	3*s*	3*p*	3*d*	4*s*	4*p*	4*d*	4*f*	5*s*	5*p*	5*d*	5*f*	6*s*	6*p*	6*d*	7*s*
1	1	H	1																	
	2	He	2																	
2	3	Li	2	1																
	4	Be	2	2																
	5	B	2	2	1															
	6	C	2	2	2															
	7	N	2	2	3															
	8	O	2	2	4															
	9	F	2	2	5															
	10	Ne	2	2	6															
3	11	Na	2	2	6	1														
	12	Mg	2	2	6	2														
	13	Al	2	2	6	2	1													
	14	Si	2	2	6	2	2													
	15	P	2	2	6	2	3													
	16	S	2	2	6	2	4													
	17	Cl	2	2	6	2	5													
	18	Ar	2	2	6	2	6													
4	19	K	2	2	6	2	6		1											
	20	Ca	2	2	6	2	6		2											
	21	Sc	2	2	6	2	6	1	2											
	2	Ti	2	2	6	2	6	2	2											
	23	V	2	2	6	2	6	3	2											
	24	Cr	2	2	6	2	6	5	1											
	25	Mn	2	2	6	2	6	5	2											
	26	Fe	2	2	6	2	6	6	2											
	27	Co	2	2	6	2	6	7	2											
	28	Ni	2	2	6	2	6	8	2											
	29	Cu	2	2	6	2	6	10	1											
	30	Zn	2	2	6	2	6	10	2											
	31	Ga	2	2	6	2	6	10	2	1										
	32	Ge	2	2	6	2	6	10	2	2										
	33	As	2	2	6	2	6	10	2	3										
	34	Se	2	2	6	2	6	10	2	4										
	35	Br	2	2	6	2	6	10	2	5										
	36	Kr	2	2	6	2	6	10	2	6										

续表 1-1-11

周期	原子序数	元素符号	电子层																	
			K	L		M			N				O				P			Q
			1s	2s	2p	3s	3p	3d	4s	4p	4d	4f	5s	5p	5d	5f	6s	6p	6d	7s
	37	Rb	2	2	6	2	6	10	2	6			1							
	38	Sr	2	2	6	2	6	10	2	6			2							
	39	Y	2	2	6	2	6	10	2	6	1		2							
	40	Zr	2	2	6	2	6	10	2	6	2		2							
	41	Nb	2	2	6	2	6	10	2	6	4		1							
	42	Mo	2	2	6	2	6	10	2	6	5		1							
	43	Tc	2	2	6	2	6	10	2	6	5		2							
	44	Ru	2	2	6	2	6	10	2	6	7		1							
	45	Rh	2	2	6	2	6	10	2	6	8		1							
	46	Pd	2	2	6	2	6	10	2	6	10									
5	47	Ag	2	2	6	2	6	10	2	6	10		1							
	48	Cd	2	2	6	2	6	10	2	6	10		2							
	49	In	2	2	6	2	6	10	2	6	10		2	1						
	50	Sn	2	2	6	2	6	10	2	6	10		2	2						
	51	Sb	2	2	6	2	6	10	2	6	10		2	3						
	52	Te	2	2	6	2	6	10	2	6	10		2	4						
	53	I	2	2	6	2	6	10	2	6	10		2	5						
	54	Xe	2	2	6	2	6	10	2	6	10		2	6						
	55	Cs	2	2	6	2	6	10	2	6	10		2	6			1			
	56	Ba	2	2	6	2	6	10	2	6	10		2	6			2			
	57	La	2	2	6	2	6	10	2	6	10		2	6	1		2			
	58	Ce	2	2	6	2	6	10	2	6	10	2	2	6			2			
	59	Pr	2	2	6	2	6	10	2	6	10	3	2	6			2			
	60	Nd	2	2	6	2	6	10	2	6	10	4	2	6			2			
	61	Pm	2	2	6	2	6	10	2	6	10	5	2	6			2			
	62	Sm	2	2	6	2	6	10	2	6	10	6	2	6			2			
	63	Eu	2	2	6	2	6	10	2	6	10	7	2	6			2			
	64	Gd	2	2	6	2	6	10	2	6	10	7	2	6	1		2			
	65	Tb	2	2	6	2	6	10	2	6	10	9	2	6			2			
	66	Dy	2	2	6	2	6	10	2	6	10	10	2	6			2			
6	67	Ho	2	2	6	2	6	10	2	6	10	11	2	6			2			
	68	Er	2	2	6	2	6	10	2	6	10	12	2	6			2			
	69	Tm	2	2	6	2	6	10	2	6	10	13	2	6			2			
	70	Yb	2	2	6	2	6	10	2	6	10	14	2	6			2			
	71	Lu	2	2	6	2	6	10	2	6	10	14	2	6	1		2			
	72	Hf	2	2	6	2	6	10	2	6	10	14	2	6	2		2			
	73	Ta	2	2	6	2	6	10	2	6	10	14	2	6	3		2			
	74	W	2	2	6	2	6	10	2	6	10	14	2	6	4		2			
	75	Re	2	2	6	2	6	10	2	6	10	14	2	6	5		2			
	76	Os	2	2	6	2	6	10	2	6	10	14	2	6	6		2			
	77	Ir	2	2	6	2	6	10	2	6	10	14	2	6	7		2			
	78	Pt	2	2	6	2	6	10	2	6	10	14	2	6	9		1			
	79	Au	2	2	6	2	6	10	2	6	10	14	2	6	10		1			
	80	Hg	2	2	6	2	6	10	2	6	10	14	2	6	10		2			

续表 1-1-11

周期	原子序数	元素符号	电子层																	
			K	*L*		*M*			*N*				*O*				*P*			*Q*
			1s	2s	2p	3s	3p	3d	4s	4p	4d	4f	5s	5p	5d	5f	6s	6p	6d	7s
	81	Tl	2	2	6	2	6	14	2	6	10	14	2	6	10		2	1		
	82	Pb	2	2	6	2	6	10	2	6	10	14	2	6	10		2	2		
6	83	Bi	2	2	6	2	6	10	2	6	10	14	2	6	10		2	3		
	84	Po	2	2	6	2	6	10	2	6	10	14	2	6	10		2	4		
	85	At	2	2	6	2	6	10	2	6	10	14	2	6	10		2	5		
	86	Rn	2	2	6	2	6	10	2	6	10	14	2	6	10		2	6		
	87	Fr	2	2	6	2	6	10	2	6	10	14	2	6	10		2	6		1
	88	Ra	2	2	6	2	6	10	2	6	10	14	2	6	10		2	6		2
	89	Ac	2	2	6	2	6	10	2	6	10	14	2	6	10		2	6	1	2
	90	Th	2	2	6	2	6	10	2	6	10	14	2	6	10		2	6	2	2
	91	Pa	2	2	6	2	6	10	2	6	10	14	2	6	10	2	2	6	1	2
	92	U	2	2	6	2	6	10	2	6	10	14	2	6	10	3	2	6	1	2
	93	Np	2	2	6	2	6	10	2	6	10	14	2	6	10	4	2	6	1	2
	94	Pu	2	2	6	2	6	10	2	6	10	14	2	6	10	6	2	6		2
	95	Am	2	2	6	2	6	10	2	6	10	14	2	6	10	7	2	6		2
	96	Cm	2	2	6	2	6	10	2	6	10	14	2	6	10	7	2	6	1	2
7	97	Bk	2	2	6	2	6	10	2	6	10	14	2	6	10	9	2	6		2
	98	Cf	2	2	6	2	6	10	2	6	10	14	2	6	10	10	2	6		2
	99	Es	2	2	6	2	6	10	2	6	10	14	2	6	10	11	2	6		2
	100	Fm	2	2	6	2	6	10	2	6	10	14	2	6	10	12	2	6		2
	101	Md	2	2	6	2	6	10	2	6	10	14	2	6	10	13	2	6		2
	102	No	2	2	6	2	6	10	2	6	10	14	2	6	10	14	2	6		2
	103	Lr	2	2	6	2	6	10	2	6	10	14	2	6	10	14	2	6	1	2
	104		2	2	6	2	6	10	2	6	10	14	2	6	10	14	2	6	2	2
	105		2	2	6	2	6	10	2	6	10	14	2	6	10	14	2	6	3	2

参 考 文 献

[1] Smithells, Colin, J., Metals Reference Book, 6th. Ed., Butterworths, London & Boston, 1983.

[2] Robert, C. W., "Handbook of Chemistry and Physics", CRC Press Inc. Boca Raton Florida, 63rd. Ed. (1982~1983), 65th. Ed. (1984~1985).

[3] Самсонов, Г. В., Справошник свойства элементов, Москва, Металлургия, 1976.

[4] 北京师范大学化学系无机化学教研室，简明化学手册，北京出版社，1980.

[5] James E. Huheey, Inorganic Chemistry, 1977.

第二章 元素的物理性质

编写人 乔芝郁

一、元素的基本物理性质

元素的基本物理性质见表1-2-1。

表 1-2-1 元素的基本物理性质

元 素	符号	天然同位素质量数	状态及室温颜色	熔点，℃	沸点，℃	密度（20℃）g/cm³
氢	H	1,2,3*	气，无色	−259.14	−252.5	0.08987
锂	Li	6,7	固，银白	181	1342	0.534
钠	Na	23	固，银白	97.8	883	0.97
钾	K	39,40*,41	固，银白	63.2	759	0.86
铷	Rb	85,87*	固，银白	38.8	688	1.53
铯	Cs	133	固，银白	28.5	670	1.87
铍	Be	9	固，浅灰	1287	2470	1.848
镁	Mg	24,25,26	固，银白	649	1090	1.74
钙	Ca	40,42,43, 44,46,48	固，银白	839	1484	1.54
锶	Sr	84,86,87,88	固，银白	770	1375	2.6
钡	Ba	130,132,134～138	固，银白	729	2130	3.50
镭	Ra	226*	固，银白	700	1500	5（计算值）
硼	B	10,11	固，黄（单斜） 棕（无定形）	2300	2550（升华）	3.33
铝	Al	27	固，银白	660.1	2520	2.70
镓	Ga	69,71	固，灰白	29.7	2205	5.93
铟	In	113,115	固，银白	156.4	2070	7.3
铊	Tl	203,205	固，蓝白	304	1473	11.85
碳	C	12,13,14*	固，黑（无定形） 黑（石墨） 无色（金刚石）	>3550	4827	 3.25（石墨） 3.51（金刚石）
硅	Si	28,29,30	固，晶态，灰	1412	3270	2.34
锗	Ge	70,72,73,74,76	固，浅灰	937	2830	5.32
锡	Sn	112,114～120 122,124	固，银白	231.9	2625	5.75（灰） 7.28（白）
铅	Pb	204,206,207,208	固，银白	327.4	1750	11.68
氮	N	14,15	气，无色	−209.86	−195.8	1.2505
磷（白）	P	31	固，黄或白 固，红	44.1	280	1.82
砷（灰）	As	75	固，银灰（六方晶体） 固，黄（立方晶体）	817（2.84×10^6Pa）	613	5.73
锑	Sb	121,123	固，银白	630.5	1590	6.68

续表 1-2-1

元素	符号	天然同位素质量数	状态及室温颜色	熔点，℃	沸点，℃	密度（20℃）g/cm³
铋	Bi	209	固，白或粉红	271	1564	9.80
氧	O	16,17,18	气，无色	－218.4	－183	1.43
硫	S	32,33,34,36	固，黄，正交硫（α-硫）	112.8	444.6	2.06
			固，黄，单斜硫（β-硫）	119.0		
硒（灰）	Se	74,76,77,78,80,82	固，灰 固，红	217	684.9±1.0	4.80(灰)
碲	Te	120,122,123,124～126,128,130	固，银白	450	988	6.24
氟	F	19	气，苍黄	－219.62（1大气压）	－188.14（1大气压）	1.11
氯	Cl	35,37	气，黄绿	－100.98	－34.6	1.56
溴	Br	79,81	液，棕红	－7.2	58.78	3.12
碘	I	127	固，紫黑 金属光泽	113.5	184.35	4.93
氦	He	3,4	气，无色	－272.2（26大气压）	－268.6	0.1785
氖	Ne	20,21,22	气，无色	－248.67	－245.92	0.9002
氩	Ar	36,38,40	气，无色	－189.2	－185.7	1.7809
氪	Kr	78,80,82,83,84,86	气，无色	－156.6	－152.30	3.708
氙	Xe	124,126,128～132,134,136	气，无色	－111.9	－107.1±3	5.851
氡	Rn	222*	气，无色	－71	－61.8	
钪	Sc	45	固，银白	1539	2727	2.989
镧	La	139	固，银白	920	3469	6.166
钍	Th	232*	固，灰	1755	4290	11.5
铀	U	234*,235*,238*	固，银	1132	4400	18.89(β)
钛	Ti	46,47,48,49,50	固，银灰	1667	3285	4.5
锆	Zr	90,91,92,94,96	固，浅灰	1852	4400	6.49
钒	V	50*,51	固，浅灰	1902	3410	6.1
铌	Nb	93	固，钢灰	2467	4740	8.6
钽	Ta	180,181	固，灰黑	2980	5370	16.6
铬	Cr	50,52,53,54	固，钢灰	1860	2680	7.20
钼	Mo	92,94,95,96,97,98,100	固，银白	2615	4610	10.2
钨	W	180,182,183,184,186	固，灰黑	3400	5555	19.3
锰	Mn	55	固，灰桃红	1244	2060	7.4
铼	Re	185,187	固，银白	3180	5690	21.0
铁	Fe	54,56,57,58	固，银白	1536	2860	7.87
钌	Ru	96,98,99,100,101,102,104	固，灰	2310	4120	12.2
锇	Os	184,186～190,192	固，灰蓝	3030	～5000	22.5
钴	Co	59	固，银白	1492	2930	8.90
铑	Rh	103	固，灰白	1966	3700	12.4
铱	Ir	191,193	固，银白	2454	4390	22.4
镍	Ni	58,60,61,62,64	固，银白	1455	2915	8.90
钯	Pd	102,104,105,106,108,110,	固，银白	1552	2960	12.0

续表 1-2-1

元　素	符号	天然同位素质量数	状态及室温颜色	熔点，℃	沸点，℃	密度（20℃），g/cm³
铂	Pt	190*,192*,194, 195,196,198	固，银	1769	3830	21.45
铜	Cu	63,65	固，红	1083.4	2560	8.92
银	Ag	107,109	固，银白	960.8	2163	10.5
金	Au	197	固，黄	1063	2860	19.3
锌	Zn	64,66,67,68,70	固，青白	419.5	911	7.14
镉	Cd	106,108, 110～114,116	固，银白	320.9	767	8.64
汞	Hg	196,198.199, 200,201,202,204	液，银白	−38.87	357	13.546

注：1.带有“*”者为放射性同位素；2.天然同位素的质量数中带有“—”者，为天然混合物中同位素的百分数最大者。

二、金属元素熔点的周期性

金属元素熔点的周期性见图1-2-1。

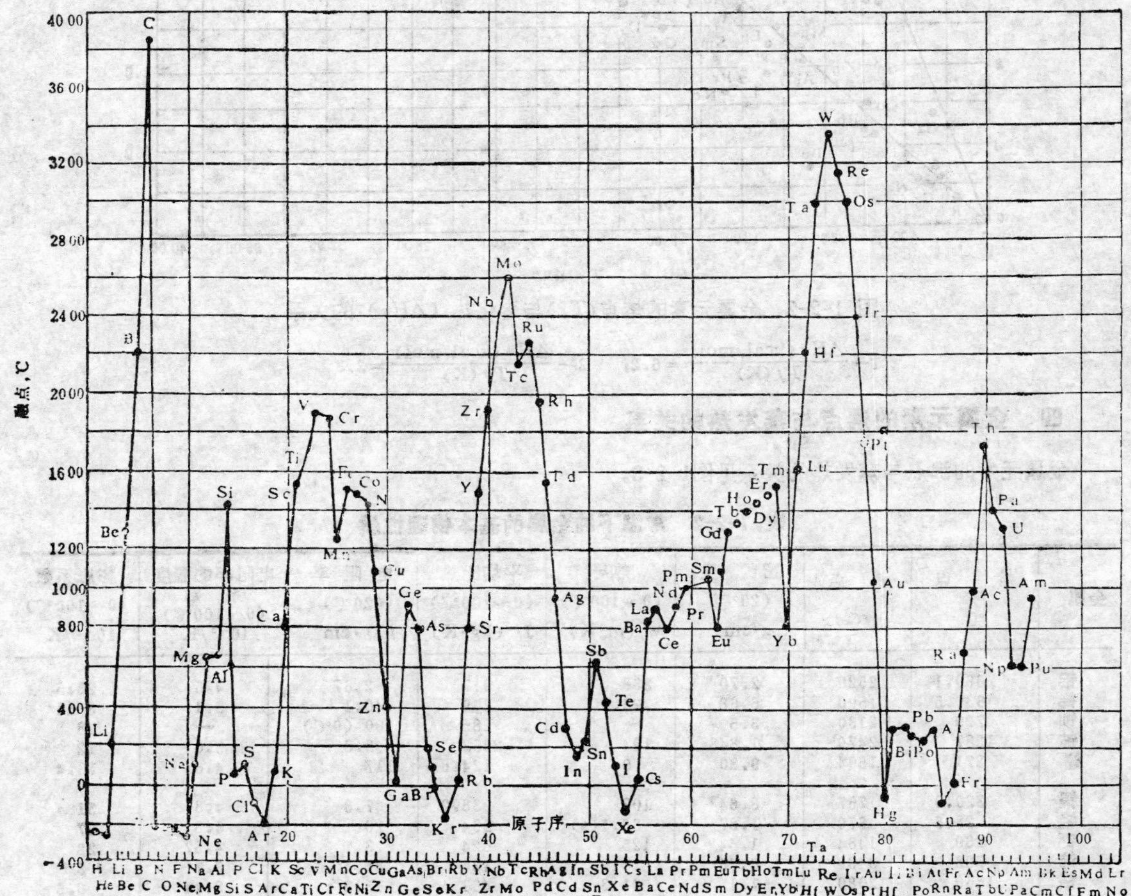

图 1-2-1　金属元素熔点的周期性

三、金属元素的熔点与熔化热的关系

金属元素的熔点与熔化热的关系见图1-2-2。

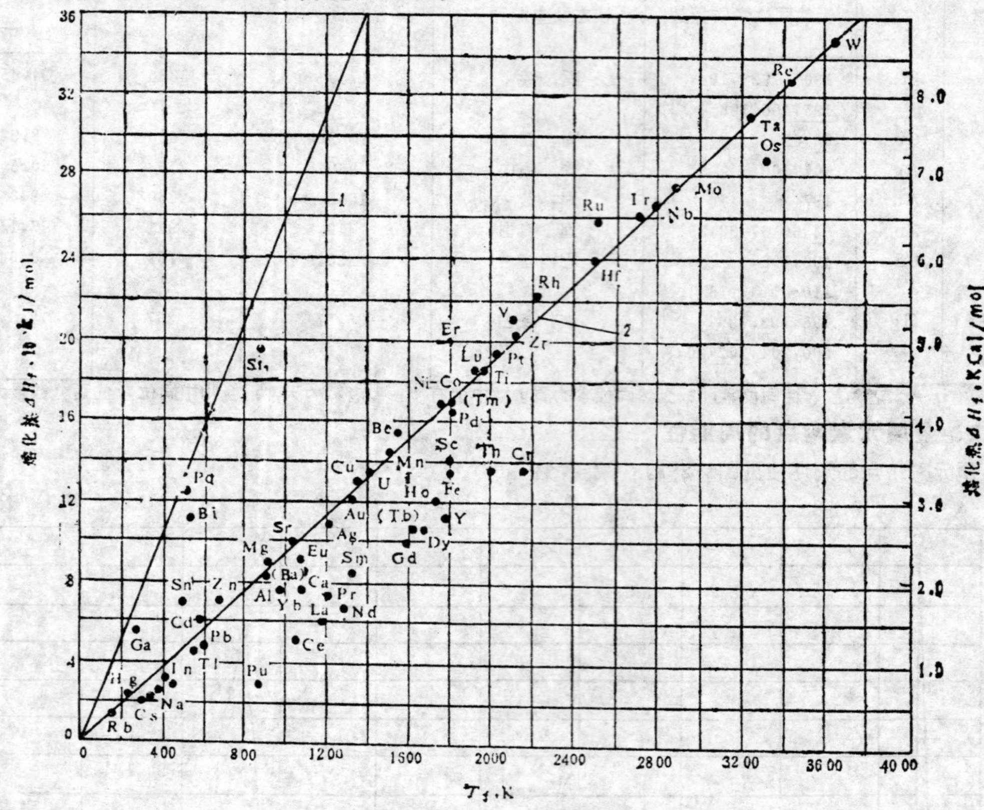

图 1-2-2 金属元素的熔点(T_f)与熔化热(ΔH_f)的关系

$$1-\frac{\Delta H_f\,(\text{kcal/mol})}{T_f\,(\text{K})}=6.2;\qquad 2-\frac{\Delta H_f\,(\text{kcal/mol})}{T_f\,(\text{K})}=2.3$$

四、金属元素的沸点与蒸发热的关系

金属元素的沸点与蒸发热的关系见图1-2-3。

表 1-2-2 常温下纯金属的基本物理性质

金属	熔点 ℃	沸点 ℃	密度 (20℃) g/cm³	热导 (0～100℃) w/(m·K)	平均比热 (0～100℃) J/(kg·K)	电阻率 (20℃) μΩ·cm	电阻率的温度系数 (0～100℃) 10^{-3}/K	膨胀系数 (0～100℃) 10^{-6}/K
铝	660.1	2520	2.70	238	917	2.67	4.5	23.5
锑	630.5	1590	6.68	23.8	209	40.1	5.1	8-11
钡	729	2130	3.5	—	285	60 (0℃)	—	18
铍	1287	2470	1.848	194	2052	3.3	9.0	12
铋	271	1564	9.80	9	124.8	117	4.6	13.4
镉	320.9	767	8.64	103	233.2	7.3	4.3	31
铯	28.5	670	1.87	36.1(s)	234	20	4.8	97
钙	839	1484	1.54	125	624	3.7	4.57	22
铈	798	3130	6.75	11.9	188	85.4	8.7	8
铬	1860	2680	7.1	91.3	461	13.2	2.14	6.5
钴	1492	2930	8.9	96	427	6.34	6.6	12.5
铜	1083.4	2560	8.96	397	386.0	1.694	4.3	17.0

续表 1-2-2

金属	熔点 ℃	沸点 ℃	密度 (20℃) g/cm³	热导 (0～100℃) W/(m·K)	平均比热 (0～100℃) J/(kg·K)	电阻率 (20℃) μΩ·cm	电阻率的温度系数 (0～100℃) 10^{-3}/K	膨胀系数 (0～100℃) 10^{-6}/K
镓	29.7	2205	5.91	41.0(s)	377		—	18.3
锗	937	2830	5.32	56.4	310	～89×10³	—	5.75
金	1063	2860	19.3	315.5	130	2.20	4.0	14.1
铪	2227	4600	13.1	22.9	147	32.2	4.4	6.0
铟	156.4	2070	7.3	80.0	243	8.8	5.2	24.8
铱	2454	4390	22.4	146.5	130.6	5.1	4.5	6.8
铁	1536	2860	7.87	78.2	456	10.1	6.5	12.1
铅	327.4	1750	11.68	34.9	129.8	20.6	4.2	29.0
锂	181	1342	0.534	76.1	3517	9.29	4.35	56
镁	649	1090	1.74	155.5	1038	4.2	4.25	26.0
锰	1244	2060	7.4	7.8	486	160(α)	—	23
汞	−38.87	357	13.546	8.65	138	95.9	1.0	61
钼	2615	4610	10.2	137	251	5.7	4.35	5.1
镍	1455	2915	8.9	88.5	452	6.9	6.8	13.3
铌	2467	4740	8.6	54.1	268	16.0	2.6	7.2
锇	3030	5000	22.5	87.5	130	8.8	4.1	4.57
钯	1552	2960	12.0	75.5	247	10.8	4.2	11.0
铂	1769	3830	21.45	71.5	134.4	10.58	3.92	9.0
钾	63.2	759	0.86	104(s)	754	6.8	5.7	83
镭	700	1500	5	—	—	—	—	—
铼	3180	5690	21.0	47.6	138	18.7	4.5	6.6
铑	1966	3700	12.4	149	243	7.7	4.4	8.5
铷	38.8	688	1.53	58.3(s)	356	12.1	4.8	9.0
钌	2310	4120	12.2	116.3	234	7.7	4.1	9.6
硅	1412	3270	2.34	138.5	729	10³～10⁶	—	7.6
银	960.8	2163	10.5	425	234	1.63	4.1	19.1
钠	97.8	883	0.97	128	1227	4.7	5.5	71
锶	770	1375	2.6	—	737	23(0℃)	—	100
钽	2980	5370	16.6	57.55	142	13.5	3.5	6.5
碲	450	988	6.24	3.8	134	1.6×10⁵(0℃)	—	①
铊	304	1473	11.85	45.5	130	16.6	5.2	30
钍	1755	4290	11.5	49.2	100	14	4.0	11.2
锡	231.9	2625	7.3	73.2	226	12.6	4.6	23.5
钛	1667	3285	4.5	21.6	528	54	3.8	8.9
钨	3400	5555	19.3	174	138	5.4	4.8	4.5
铀	1132	4400	19.05(α) 18.89(β)	28	117	27	3.4	②
钒	1902	3410	6.1	31.6	498	19.6	3.9	8.3
锌	419.5	911	7.14	119.5	394	5.96	4.2	31
锆	1852	4400	6.49	22.6	289	44	4.4	5.9

①平行c轴为1.7；垂直c轴为27.5；②α-U(25～300℃)——平行a轴为2.3，平行b轴为−3.5，平行c轴为17；β-U(20～720℃)——平行c轴为4.6，垂直c轴为23。

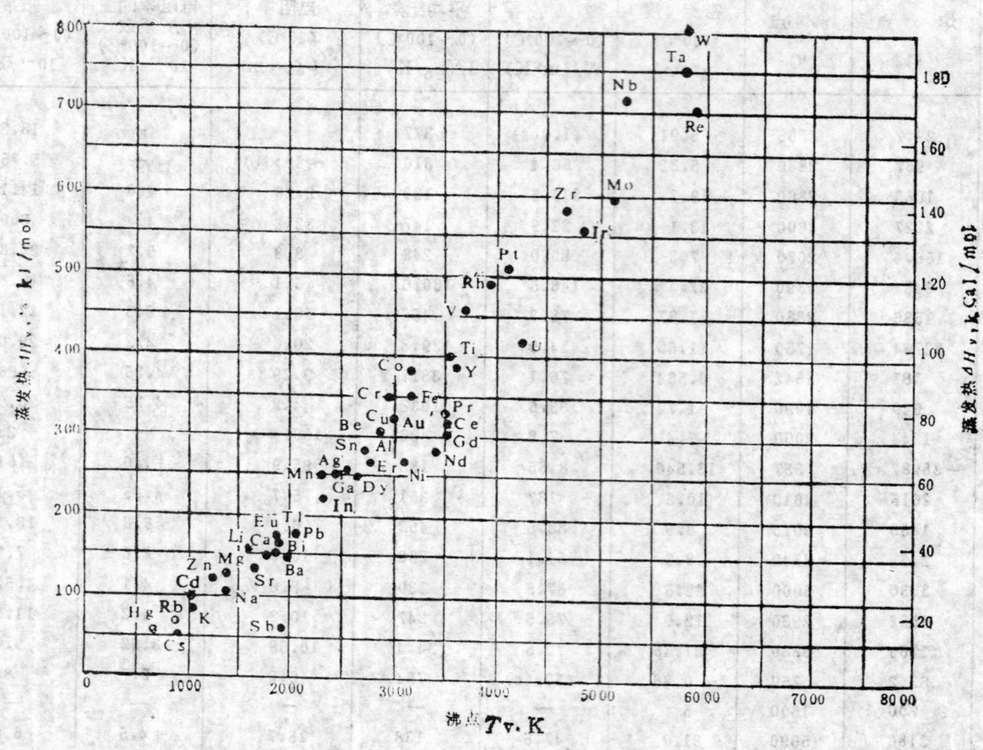

图 1-2-3 金属元素的沸点(T_V)与蒸发热(ΔH_V)的关系

五、常温下纯金属的基本物理性质

常温下纯金属的基本物理性质见表1-2-2。

六、不同温度下纯金属的基本物理性质

不同温度下纯金属的膨胀系数、电阻率、热导率和比热见表1-2-3。

表 1-2-3 不同温度下纯金属的膨胀系数、电阻率、热导和比热

金属	温度, ℃	膨胀系数(20～t℃) 10^{-6}/K	电阻率 μ·Ωcm	热导率 W/(m·K)	比热 J/(kg·K)
铬	20	—	13.2	91.3	444
	100	6.6	18(152℃)	—	490
	400	8.4	31(407℃)	76.2(426℃)	582
	700	9.4	47(652℃)	67.4(760℃)	649
铜	20	—	1.694	394	385
	100	17.1	—	394	389
	200	17.2	2.93	389	402
	500	18.3	4.6(497℃)	341(538℃)	(427)
	1000	20.3	8.1(977℃)	244(1037℃)	(473)

续表 1-2-3

金属	温度，°C	膨胀系数(20～t°C) 10⁻⁶/K	电阻率 μΩ·cm	热导率 W/(m·K)	比热 J/(kg·K)
金	20	—	2.8	293	126
	100	14.2	2.8	293	130
	500	15.2	6.8	—	142
	900	16.7	11.8	—	151
铱	20	—	5.1	148(0°C)	130
	100	6.8	6.8	143	134
	500	7.2	15.1	—	142
	1000	7.8	—	—	159
铁	20	—	10.1	73.3	444
	100	12.2	14.7	68.2	477
	200	12.9	22.6	61.5	523
	400	13.8	43.1	48.6	611
	600	14.5	69.8	38.9	699
	800	14.6	105.5	29.7	791
铅	20	—	20.6	34.8	130
	100	29.1	27.0	33.5	134
	200	30.0	36.0	31.4	134
	300	31.3	50	29.7	138
镁	20	—	4.2	167	1022
	100	26.1	5.6	167	1063
	200	27.0	7.2	163	1110
	400	28.9	12.1	130	1197
铝	20	—	2.67		900
	100	23.9	3.55		938
	200	24.3	4.78	238	984
	300	25.3	5.99		1030
	400	26.49	7.30		1076
锑	20	—	40.1	18.0	205
	100	8.4～11.0	59	16.7	214
	500	9.7～11.6	154	19.7	239
铍	20	—	3.3	180	1976
	100	12	5.3	152	2081
	200	13	10.5	130.2	(2215)
	300	14.5	11.1	117.7	(2353)
	500	16	21.8	103.0	(2621)
	700	17	26	85.8	(2889)
铋	20	—	117	8.0	121
	100	13.4	156	7.5	130
	250	—	260	7.5	147
镉	20	—	7.3	84	131
	100	31.8	9.6	87.9	139
	300	(38)	18.0	104.7	200

续表 1-2-3

金属	温度 ℃	膨胀系数(20～t℃) 10^{-6}/K	电阻率 μΩ·cm	热导 W/(m·K)	比热 J/(kg·K)
钼	20	—	5.7	142	247
	100	5.2	7.6	138	260
	500	5.7	17.6	121	285
	1000	5.75	31	105	310
	1500	6.51	46	84	339(mean)
	2500	—	77	—	—
镍	20	—	6.9	88	435
	100	13.3	10.3	82.9	477
	200	13.9	15.8	73.3	528
	300	14.4	22.5	63.6	578
	400	14.8	30.6	59.5	519
	500	15.2	34.2	62.0	535
	900	16.3	45.5	—	595
钯	20	—	10.8	75	243
	100	11.1	13.8	74	247
	500	12.4	27.5	—	268
	1000	13.6	40	—	297
铂	20	—	10.58	72	134
	100	9.1	13.6	72	134
	500	9.6	27.9	—	147
	1000	10.2	43.1	67	159
	1500	11.31	55.4	63	176
铼	20	12.4	18.7}	48	134
	100	4.7	25		138
	2500	7.29(2000℃)	132	—	209(2527℃)
铑	20	—	4.7	149	243
	100	8.5	6.2	147	255
	500	9.8	14.6	—	289
	1000	10.8	—	—	331
银	20	—	1.63	419	234
	100	19.6	2.1	419	222
	500	20.6	4.7	(377)	(230)
	900	22.4	7.6	—	(243)
钽	20	—	13.5	57	138
	100	6.5	17.2	54	142
	500	6.6	35	—	151
	1500	—	71	—	167
	2500	—	102	—	234(2727℃)
铊	20	—	16.6	46	134
	100	30	—	45	138
	200	—	—	45	142

续表 1-2-3

金属	温度 °C	膨胀系数(20～t°C) 10^{-6}/K	电阻率 μΩ·cm	热导 W/(m·K)	比热 J/(kg·K)
锡	20	—	12.6	65	222
	100	23.8	15.8	63	239
	200	24.2	23.0	60	260
钛	20	—	54	16	519
	100	8.8	70	15	540
	200	9.1	88	15	569
	400	9.4	119	14	619
	600	9.7	152	13	636
	800	9.9	165	(13)	682
钨	20	—	5.4	167	134
	100	4.5	7.3	159	138
	500	4.6	18	121	142
	1000	4.6	33	111	151
	2000	5.4	65	93	—
	3000	6.6	100	—	—
锌	20	—	5.96	113	389
	100	31	7.8	109	402
	200	33	11.0	105	414
	300	34	13.0	101	431
	400	—	16.5	96	444

七、液态金属的密度、表面张力和粘度

1．密度

大多数液态金属的密度（D）随温度（t）的变化符合下列线性方程：

$$D = D_0 + (t - t_0)(\mathrm{d}D/\mathrm{d}t)$$

式中 D_0 —— 熔点t_0时液态金属的密度。

2．表面张力

大多数液态金属的表面张力（γ）在通常温度范围内与温度（t）的关系符合下列方程：

$$\gamma = \gamma_0 (t - t_0)(\mathrm{d}\gamma/\mathrm{d}t)$$

式中 γ_0 —— 熔点t_0时液态金属的表面张力。

3．粘度

大多数液态金属的粘度（η）随温度（t）的变化符合下列方程：

$$\eta = \eta_0 \exp(E/RT)$$

式中 R —— 气体常数，8.3144 J/(mol·K)；

η_0、E —— 常数，列于表1-2-4。

表 1-2-4 液态金属的密度、表面张力和粘度

金属	温度 °C	密度 D_0 g/cm³	密度 $\mathrm{d}D/\mathrm{d}t$ mg/(cm³·K)	表面张力 γ_0 mN/m	表面张力 $\mathrm{d}\gamma/\mathrm{d}t$ mN/(m·K)	粘度 η_{mp} mN·s/m²	粘度 η_0 mN·s/m²	粘度 E kJ/mol
Ag	960.7	9.346	−0.907	903	−0.16	3.88	0.4532	22.2
Al	660.0	2.385	−0.28	914	−0.35	1.30	0.1492	16.5
As	817	5.22	−0.535	—	—	—	—	—
Au	1063	17.36	−1.5	1140	−0.52	5.0	1.132	15.9

续表 1-2-4

金属	温度 ℃	密度 D_0 g/cm³	密度 dD/dt mg/(cm³·K)	表面张力 γ_0 mN/m	表面张力 dγ/dt mN/(m·K)	粘度 η_{mp} mN·s/m²	粘度 η_0 mN·s/m²	粘度 E kJ/mol
Ba	727	3.321	−0.526	224	−0.095	—	—	—
Be	1283	1.690	−0.1162	1390	(−0.29)	—	—	—
Bi	271	10.068	−1.33	378	−0.07	1.80	0.4458	6.45
Ca	865	1.365	−0.221	361	−0.10	1.22	0.0651	27.2
Cd	321	8.02	−1.16	570	−0.26	2.28	0.3001	10.9
Ce	804	6.685	−0.227	740	−0.33	2.88	—	—
Co	1493	7.76	−0.988	1873	−0.49	4.18	0.2550	44.4
Cr	1875	6.28	−0.30	1700	(−0.32)	—	—	—
Cs	28.6	1.854	−0.6381	69	−0.047	0.68	0.1022	4.81
Cu	1083	8.000	−0.801	1285	−0.13	4.0	0.3009	30.5
Fe	1536	7.015	−0.883	1872	−0.49	5.5	0.3699	41.4
Fr	18	(2.35)	(−0.792)	(62)	(−0.044)	(0.765)	—	—
Ga	29.8	6.09	−0.60	718	−0.10	2.04	0.4359	4.00
Gd	1312	(7.14)	—	810	−0.16	—	—	—
Ge	934	5.60	−0.625	621	−0.26	0.73	—	—
Hf	1943	11.1	—	1630	(−0.21)	—	—	—
Hg	−38.87	13.691	−2.436	498	−0.20	2.10	0.5565	2.51
	0	13.5951	(0～100℃的平均值)					
	20	13.5459						
	100	13.3515						
In	156.6	7.023	−0.6798	556	−0.09	1.89	0.3020	6.65
Ir	2443	(20.0)	—	2250	(−0.31)	—	—	—
K	63.5	0.8270	−0.2285	111.0	−0.0625	0.51	0.1340	5.02
La	930	5.955	−0.237	720	−0.32	2.45	—	—
Li	180.5	0.525	−0.1863	395	−0.150	0.57	0.1456	5.56
Mg	651	1.590	−0.2647	559	−0.35	1.25	0.0245	30.5
Mn	1241	5.73	−0.7	1090	−0.2	—	—	—
Mo	2607	(9.34)	—	2250	(−0.30)	—	—	—
Na	96.5	0.927	−0.2361	195	−0.0895	0.68	0.1525	5.24
Nb	2468	(7.83)	—	1900	(−0.24)	—	—	—
Nd	1024	6.688	−0.528	689	−0.09	—	—	—
Ni	1454	7.905	−1.160	1778	−0.38	4.90	0.1663	50.2
Os	2727	(20.1)	—	2500	(−0.33)	—	—	—
Pb	327	10.678	−1.3174	468	−0.13	2.65	0.4636	8.61
Pd	1552	10.49	−1.266	1500	(−0.22)	—	—	—
Pr	935	6.611	−0.240	—	—	2.80	—	—
Pt	1769	19	−2.9	1800	(−0.17)	—	—	—
Pu	640	16.64	−1.450	550	(−0.10)	6.0	1.089	5.59
Rb	38.9	1.437	−0.486	83	−0.052	0.67	0.0940	5.15
Re	3158	(18.8)	—	2700	(−0.34)	—	—	—
Rh	1966	10.8	—	2000	(−0.30)	—	—	—
Ru	2427	(10.9)	—	2250	(−0.31)	—	—	—
Sb	630.5	6.483	−0.565①	367	−0.05	1.22	0.0812	22.0
Se	217	3.989	−1.44	106	−0.1	24.8	—	—
Si	1410	2.51	−0.32	865	(−0.13)	0.94	—	—

续表 1-2-4

金属	温 度	密	度	表面张力		粘		度
	℃	D_0 g/cm³	dD/dt mg/(cm³·K)	γ_0 mN/m	$d\gamma/dt$ mN/(m·K)	η_{mp} mN·s/m²	η_0 mN·s/m²	E kJ/mol
Sn	232	7.000	−0.6127	544	−0.07	1.85	0.5382	—
Sr	770	2.48	—	303	−0.10	—	—	—
Ta	2977	(15.0)	—	2150	(−0.25)	—	—	—
Te	451	5.71	−0.360	180	(−0.06)	~2.14	—	—
Th	1691	10.5	—	978	(−0.14)	—	—	—
Ti	1685	4.11	−0.702	1650	(−0.26)	5.2	—	—
Tl	302	11.280	−1.43	464	−0.08	2.64	0.2983	10.5
U	1133	17.90	−1.031	1550	−0.14	6.5	0.4848	30.4
V	1912	5.7	—	1950	(−0.31)	—	—	—
W	3377	(17.6)	—	2500	(−0.29)	—	—	—
Yb	824	—	—	—	—	1.07	—	—
Zn	419	6.575	−1.10	782	−0.17	3.85	0.4131	12.7
Zr	1850	(5.8)	—	1480	(−0.20)	8.0	—	—

①直至1000℃，液态Sb的密度D与$T(K)$的关系为：$D=6.596+2.022\times10^{-4}T-3.629\times10^{-7}T^2$。

八、不同温度下液态金属的比热、热导和电阻率

不同温度下液态金属的比热、热导和电阻率见表1-2-5。

表 1-2-5　不同温度下液态金属的比热、热导率和电阻率

金 属	温 度,℃	比热,J/(g·K)	热导率,W/(m·K)	电阻率,μΩ·m
银	960.7	0.283	174.8	0.1725
	1000	0.283	176.5	0.1760
	1100	0.283	180.8	0.1845
	1200	0.283	185.1	0.1935
	1300	0.283	189.3	0.2023
	1400	—	193.5	0.2111
铝	660	1.08	94.03	0.2425
	700	1.08	95.37	0.2483
	800	1.08	98.71	0.2630
	900	1.08	102.05	0.2777
	1000	—	105.35	0.2924
砷	817	—	—	(2.10)
铜	1063	(0.149)	104.44	0.3125
	1100	(0.149)	105.44	0.3180
	1200	(0.149)	108.15	0.3315
	1300	(0.149)	110.84	0.3481
	1400	(0.149)	113.53	0.3631
	2077	2.91	—	(2.10)
	727	0.228	—	1.33
	1283	3.48	—	(0.45)

续表 1-2-5

金 属	温 度,℃	比热,J/(g·K)	热导率,W/(m·K)	电阻率,μΩ·m
铋	271	0.146	17.1	1.290
	300	0.143	15.5	
	400	0.1475	15.5	
	500	0.1375	15.5	
	600	0.1336	15.5	
	700	—	15.5	
钙	865	(0.775)	—	(0.250)
镉	321	0.264	42	0.337
	400	0.264	47	0.3430
	500	0.264	54	0.3510
	600	0.264	(61)	0.3607
铈	804	0.25	—	1.268
	1000	0.25	—	1.294
	1200	0.25	—	1.310
钴	1493	(0.59)	—	1.02
铬	(1903)	(0.78)	—	(0.316)
铯	28.6	0.28	19.7	0.370
	100	0.265	0.2	0.450
	200	0.240	20.8	0.565
	400	0.21	20.2	0.810
	600	0.22	18.3	1.125
	800	0.25	16.1	1.570
	1600	—	4.0	—
铜	1083	0.495	165.6	0.200
	1100	0.495	166.1	0.202
	1200	0.495	170.1	0.212
	1400	0.495	176.3	0.233
	1600	0.495	180.4	0.253
铁	1536	(0.795)	—	1.386
钫	18	(0.142)	—	(0.87)
	700	(0.134)	—	
钙	29.8	0.398	(25.5)	0.26
	100	0.398	30.0	0.27
	200	0.398	35.0	0.28
	300	0.398	(39.2)	0.30
镓	(1350)	(0.213)	—	(0.278)
锗	934	(0.404)	—	0.672
	1000	(0.404)	—	0.727

续表 1-2-5

金 属	温 度,℃	比热,J/(g·K)	热导率,W/(m·K)	电阻率,μΩ·m
锆	(2227)	—	—	(2.18)
汞	-38.87	(0.142)	6.78	0.905
	0	(0.142)	7.61	0.940
	20	0.139	8.03	0.957
	100	0.137	9.47	1.033
	500	(0.137)	12.67	1.600
	1000	—	8.86	3.77
	1460(临界温度)		~0.0004	~1000
钬	1500	(0.203)	—	(1.93)
铟	156.6	(0.259)	(42)	0.3230
	200	(0.259)		0.3339
	400	(0.259)		0.4361
	600	(0.259)		(0.5131)
钾	63.5	0.820	53.0	0.1365
	100	0.810	51.7	0.154
	200	0.790	47.7	0.215
	500	0.761	37.8	0.444
	1000	(0.838)	24.4	(0.110)
	1500	—	15.5	
镧	930	(0.0575)	(21.0)	1.38
	1000	(0.0575)	—	1.43
	1100	(0.0575)	—	1.50
	1200	(0.0575)	—	1.56
锂	180.5	4.370	46.4	0.240
	200	4.357	47.2	—
	400	4.215	53.8	—
	600	4.165	57.5	—
	800	4.148	58.6	—
	1000	4.147	58.4	—
	1600	(4.36)	52.0	—
镁	650	(1.36)	78	0.274
	700	(1.36)	81	0.277
	800	(1.36)	88	0.282
	1000	(1.36)	100	—
锰	124	0.838	—	0.40
钼	2607	0.57	—	(0.605)
钠	97	1.386	89.7	0.0964
	100	1.385	89.6	0.099
	200	1.340	82.5	0.134

续表 1-2-5

金属	温度,°C	比热,J/(g·K)	热导率,W/(m·K)	电阻率,μΩ·m
钠	400	1.278	71.6	0.224
	600	1.255	62.4	0.326
	800	1.270	53.7	0.469
	1000	(1.316)	45.8	—
	1200	(1.405)	38.8	—
铌	2468	—	—	(1.05)
钕	1024	0.232	—	(1.26)
镍	1454	0.620	—	0.850
铅	327	0.152	15.4	0.9485
	400	0.144	16.6	0.9863
	500	0.137	18.2	1.0344
	600	0.135	19.9	(1.0825)
	800	—	—	(1.169)
	1000	—	—	(1.263)
钋	254	—	—	(3.98)
镨	935	(0.238)	—	(1.38)
铂	1770	(0.178)	—	(0.73)
钚	640	—	—	(1.33)
镭	960	(0.136)	—	(1.71)
铷	38.8	0.398	33.4	0.2283
	100	0.383	33.4	0.2730
	200	0.364	31.6	0.3665
	500	0.348	26.1	0.6890
	1000	(0.378)	17.0	(1.71)
	1500	—	8.0	(5.32)
铼	3158	—	—	(1.45)
钌	2427	—	—	(0.84)
锑	630.5	(0.258)	21.8	1.135
	700	(0.258)	21.3	1.154
	800	(0.258)	20.9	1.181
	1000	(0.258)	—	1.235
钪	1539	(0.745)	—	(1.31)
硒	217	0.445	0.3	~10^6
硅	1410	1.04	—	0.75
	1500	1.04	—	0.82
	1600	1.04	—	0.86

续表 1-2-5

金属	温度℃	比热J/(g·K)	热导率W/(m·K)	电阻率μΩ·m
钐	1072	(0.223)	—	1.90)
锡	232	0.250	30.0	0.4720
	300	0.242	31.4	0.4906
	400	0.241	33.4	0.5171
	500	(0.24)	35.4	0.5435
	1000	(0.26)	—	(0.670)
锶	770	0.354	—	(0.58)
钽	(2996)	—	—	(1.18)
铽	1365	—	—	(2.44)
碲	450	(0.295)	2.5	5.50
	500	(0.295)	3.0	4.80
	600	(0.295)	4.1	4.30
	800	(0.295)	(6.2)	(3.9)
	1000	(0.295)		(3.8)
钛	1685	(0.700)	—	(1.72)
铊	303	0.149	(24.6)	0.731
	400	0.149	—	0.759
	500	0.149	—	0.788
铥	1600	—	—	(1.88)
铀	1133	(0.161)	—	0.636
	1200	(0.161)	—	0.653
	1300	(0.161)	—	(0.678)
钒	1912	(0.780)	—	(0.71)
钨	3377	—	—	(1.27)
钇	1530	(0.377)	—	(1.04)
镱	824	—	—	(1.64)
锌	419.5	0.481	49.5	0.374
	500	0.481	54.1	0.368
	600	0.481	59.9	0.363
	800	0.481	(60.7)	0.367
锆	1850	(0.367)		(1.53)

九、元素的蒸气压

不同元素相应蒸汽压下所对应的温度见表1-2-6。

表 1-2-6　不同元素相应蒸气压下所对应的温度　(°C)

元素	Pa									
	133.3224	1333.224	13332.24	53328.96	101352	202704	506760	1013520	2027040	4054080
Al	1540	1780	2080	2320	2467	2610	2850	3050	3270	3530
Sb		960	280	1570	1750	1960	2490			
As	380	440	510	580	610					
Ba	860	1050	1300	1520	1640	1790	2030	2230		
Be	1520	1860	2300	2770	2970	3240	3730	4110	4720	5610
Bi		1060	1280	1450	1560	1660	1850	2000	2180	
B	2660	3030	3460	3810	4000					
Br	−60	−30	+9	39	59	78	110			
Cd	393	486	610	710	765	830	930	1030	1120	1240
Ca	800	970	1200	1390	1490	1630	1850	2020	2290	
Cs		373	513	624	690					
Cl	−123	−101	−71	−46	−34	−17	+9	30	55	97
Cr	1610	1840	2140	2360	2480	2630	2850	3010	3180	
Co	1910	2170	2500	2760	2870	3040	3270			
Cu		1870	2190	2440	2600	2760	3010	3500	3460	3740
F			−203	−193	−188	−180.7	−169.1	159.6		
Ga	1350	1570	1850	2060	2180	2320	2560	2730		
Ge		2080	2440	2710	2830	2970	3200	3430		
Au	1880	2160	2520	2800	2940	3120	3490	3630	3890	
In				1960	2080	2230	2440	2600		
Ir	2830	3170	3630	3960	4130	4310	4650			
Fe	1780	2040	2370	2620	2750	2900	3150	3360	3570	
I	40	72	115	160	185	216	265			
La				3230	3420	3620	3960	4270		
Pb	970	1160	1420	1630	1740	1880	2140	2320	2620	
Li	750	890	1080	1240	1310	1420	1518			
Mg	620	740	900	1040	1110	1190	1330	1430	1560	
Mn		1510	1810	2050	2100	2360	2580	2850		
Hg			260	330	356.9	398	465	517	581	657
Mo	3300	3770	4200	4580	4830	5050	5340	5680	5980	
Nd				2870	3100	3300	3680	3990		
Ni	1800	2090	2370	2620	2730	2880	3120	3300	3310	
Pd	1470	2290	2670	2950	3140	3270	3560	3840		
P		127	199	253	283	319				
Pt	2600	2940	3360	3650	3830	4000	4310	4570	4860	
Po	472	587	752	890	960	1060	1200	1340		
K			590	710	770	850	950	1110	1240	1420
Rh	2530	2850	3260	3590	3760	3930	4230	4440		
Rb		390	527	640	700					
Se		429	547	640	685	750	850	920	1010	1120
Ag	1310	1540	1850	2060	2210	2360	2600	2850	3050	3300
Na	440	546	700	830	890	980	1120	1230	1370	
Sr	740	900	1100	1280	1380	1480	1670	1850	2030	
S		246	333	407	445	493	574	640	720	
Te	520	633	792	900	962	1030	1160	1250		
Tl		1000	1210	1370	1470	1560	1750	1900	2050	2260

续表 1-2-6

元素	Pa									
	133.3224	1333.224	13332.24	53328.96	101352	202704	506760	1013520	2027040	4054080
Sn	1610	1890	2270	2580	2750	2950	3270	3540	3890	
Ti	2180	2480	2860	3100	3260	3400	3650	3800		
W	3980	4490	5160	5470	5940	6260	6670	7250	7670	
U	2450	2800	3270	3620	3800	4040	4420			
V	2290	2570	2950	3220	3380	3540	3800			
Zn		590	730	840	907	970	1090	1180	1290	

十、元素的磁化率

元素的磁化率见表1-2-7。

表 1-2-7　元素的质量磁化率X_0

元素	原子序	质量磁化率 10^{-8}/kg	元素	原子序	质量磁化率 10^{-8}/kg	元素	原子序	质量磁化率 10^{-8}/kg	元素	原子序	质量磁化率 10^{-8}/kg
H	1	−2.49	Cr	24	+3.85	Ag	47	−0.25	Yb	70	+1.8
He	2	−0.59	Mn	25	+14.7	Cd	48	−0.23	Lu	71	—
Li	3	+0.62	Fe	26		In	49	−0.14	Hf	72	+0.53
Be	4	−1.25	Co	27		Sn	50	−0.31	Ta	73	+1.16
B	5	−0.86	Ni	28		Sb	51	−1.09	W	74	+0.35
C	6	−0.61	Cu	29	−0.11	Te	52	−0.39	Re	75	+0.45
N	7	−1.00	Zn	30	−0.19	I	53	−0.45	Os	76	+0.06
O	8	+133	Ga	31	−0.30	Xe	54	—	Ir	77	+0.19
F	9		Ge	32	−0.15	Cs	55	−0.28	Pt	78	+1.38
Ne	10	−0.41	As	33	−0.39	Ba	56	+1.12	Au	79	−0.19
Na	11	+0.64	Se	34	−0.40	La	57	+1.30	Hg	80	−0.21
Mg	12	+0.69	Br	35	−0.49	Ce	58	+18.8	Tl	81	−0.30
Al	13	+0.81	Kr	36	−0.49	Pr	59	+31.2	Pb	82	−0.15
Si	14	−0.16	Rb	37	+0.26	Nd	60	+45.0	Bi	83	−1.69
P	15	−1.13	Sr	38	−0.25	Pm	61		Po	84	—
S	16	−0.61	Y	39	+6.62	Sm	62		At	85	—
Cl	17	−0.71?	Zr	40	−0.56	Eu	63	+15.5	Rn	86	—
Ar	18	−0.56	Nb	41	+1.88	Gd	64	+275	Fr	87	—
K	19	+0.65	Mo	42	+0.05	Tb	65	+1150	Ra	88	—
Ca	20	+1.38	Tc	43	+3.42	Dy	66	+795	Ac	89	—
Sc	21	+9.10	Ru	44	+0.63	Ho	67	—	Th	90	+0.14
Ti	22	+1.56	Rh	45	+1.39	Er	68	+330	Pa	91	+3.25
V	23	+1.75	Pd	46	+6.75	Tm	69	+189	U	92	+2.15

十一、元素的超导性质

元素的超导性质见表1-2-8及表1-2-9。

表 1-2-8 超导元素的临界温度和临界磁场强度

元素	T_c, K	H_0(0K), 10^4T	元素	T_c, K	H_0(0K), 10^4T
铝	1.14	99	铑	1.70	201
铍	6.50		钌	0.47	60
镉	0.54	30	钽	4.50	830
镓	1.10	51	锝	11.20	
铪	0.35		铊	1.14	162
铟	3.35	283	钍	1.32	
镧	5.0		锡	3.69	306
	5.95	1～600	钛	0.40	100
铅	7.26	803	钨	0.012	
汞	4.15	411	铀	0.60	2000
	3.95	340		1.80	
钼	0.98		钒	5.1	1310
铌	9.22	1944	锌	0.79	53
锇	0.71	65～82	锆	0.70	47
铱	0.14				

临界磁场强度(H_c)和温度(T)的关系符合下式：

$$H_c = H_0\left[1-\left(\frac{T}{T_c}\right)^2\right]$$

式中 H_0——0K时的临界磁场强度；

T_c——临界温度。

表 1-2-9 一些重要的超导合金和化合物的性质

材	料	晶体结构	临界温度, K	4.2K时的临界磁场 T	4.2K时的临界电流 A/cm²
合金	Pb-Bi	共晶	7.3～8.8	1.5	10^2
	Mo-Re	B.C.C.	10.0	1.6	10^4
	$Nb_{0.75}$-$Zr_{0.25}$	B.C.C.	10.9	11.0	10^4～10^5
	$Nb_{0.3}$-$Ti_{0.7}$	B.C.C.	7.2	14.0	10^4～10^5
	$Ti_{0.6}$-$V_{0.4}$	B.C.C.	7.0	11.0	—
化合物	Nb_3Sn	β-W	18.0	25.0	10^6～10^7
	V_3Ga	β-W	14.8	20.8	—
	V_3Si	β-W	17.1	23.5	10^5～10^7
	Nb_3Al	β-W	18.9	29.5	—
	Nb_3Ga	β-W	20.3		—
	$Nb_3(AlGe)$	β-W	20.7	41.0	—

参 考 文 献

[1] John A. Dean, Lange's Handbook of Chemistry, Twelfth Edition, McGraw-Hill, N. Y., 1979.

[2] Smithells, Colin, J., Metals Reference Book, Si×th Edition, Butterworths, London & Boston, 1983.

[3] Robert, C. W., Handbook of Chemistry and Physics, 65th Edition, CRC Press Inc. Ecca Raton Florida, (1984～1985).

[4] 北京师大化学系无机化学教研室，简明化学手册，北京出版社，1980.

[5] 日本金属学会，金属データブツク丸善株式会社，1982.

第三章　元素的基本热化学数据

编写人　程述武

一、元素的热化学性质数据表说明

热化学性质数据表中，第一栏为物质的化学式，包括元素与无机化合物；第二栏为物质所处的相态，如固、液、气或固-α、固-β等；第三栏为ΔH°_{298}，即在298K时物质的标准生成自由能（生成热负值），正值吸热，负值放热，单位为kJ/mol；第四栏为S°_{298}，即在298K时该物质的标准绝对熵值，单位为J/(mol·K)；第五栏为T_1、T_2，是指该行所适用的温度范围，T_1指该物质所处某一相态的低温点，本表最低温度都是从298K或298.15K开始，T_2指该物质所处某一相态的高温点或实验所达到的最高温度，高温点T_2往往同时是相变温度，如晶形变温度、熔点、沸点等；第六栏为相变热，是标准状态下相转变过程的ΔH值，吸热为正，放热为负，单位为kJ/mol，该数值排在两行之间，表示由上一相转入下一相态过程中的ΔH值；第七栏为热容c_p，单位为J/mol·K，c_p表示式：

$$c_p = A + B\times10^{-3}T + C\times10^{-6}T^2 + D\times10^{-5}/T^2 + E\times10^{8}/T^3$$

本表列出A、B、C、D、E数值，使用手册时应注意乘以10^{-3}、10^{-6}……等指数。

本表没有列出ΔG°_{298}数值，其原因在于过去规定单质的标准生成自由能为零，同时又规定单质的标准生成自由能为零，这种规定使公式：

$$\Delta G^\circ = \Delta H^\circ - T\Delta S^\circ$$

在数值上出现不合理的现象。因为若ΔG°与ΔH°皆为零，则$T\Delta S^\circ$必须是零，但单质在298K时的T或S事实上却不为零。本表格规定ΔG°_{298}由查表所得的ΔH°_{298}与S°_{298}数值计算得到。使用本表时应该注意$\Delta Ч^\circ$往往以kJ为单位，而S、c_p往往以J为单位，计算时应自行调整。

例题 1　计算500K时La固-α的ΔH°_{500}、S°_{500}与ΔG°_{500}。

解：
$$\Delta H^\circ_{500} = \Delta H^\circ_{298} + \int_{298}^{500} c_p \mathrm{d}T$$
$$= 0 + \int_{298}^{500}(26.338 + 2.59\times10^{-3}T)\mathrm{d}T$$
$$= 5529.02\mathrm{J/mol}$$

$$S^\circ_{500} = S^\circ_{298} + \int_{298}^{500}\frac{c_p}{T}\mathrm{d}T$$
$$= 56.902 + \int_{298}^{500}(26.338 + 2.59\times10^{-3}T)\frac{\mathrm{d}T}{T}$$
$$= 71.06\mathrm{J/(mol\cdot K)}$$

$$\Delta G^\circ_{500} = \Delta H^\circ_{500} - TS^\circ_{500}$$
$$= 5529.02 - 500\times71.06$$
$$= -30000.98\mathrm{J/mol}$$

例题 2　计算3000K时La的ΔH°_{3000}、S°_{3000}与ΔG°_{3000}。

解：
$$\Delta H^\circ_{3000} = \Delta H^\circ_{298} + \int_{293}^{550}(26.338 + 2.59\times10^{-3}T)\mathrm{d}T + \Delta H_{\alpha-\beta} + $$
$$+ \int_{550}^{1134}(21.79 + 8.088\times10^{-3}T + 3.155\times10^{-6}T^2)\mathrm{d}T + \Delta H_{\beta-\gamma}$$
$$+ \int_{1131}^{1193}39.539\mathrm{d}T + \Delta H_{\gamma-l} + $$
$$+ \int_{1193}^{3000}34.309\mathrm{d}T$$

查表：$\Delta H_{\alpha-\beta} = 364$，$\Delta H_{\beta-\gamma} = 3121$；$\Delta H_{\gamma-l} = 6197$。

$$\Delta H^\circ_{3000} = 98980.77\mathrm{J/mol}$$

$$S^\circ_{3000} = S^\circ_{298} + \int_{298}^{550}(26.338 + 2.59\times10^{-3}T)\frac{\mathrm{d}T}{T} + \frac{\Delta H_{\alpha-\beta}}{T_{\alpha-\beta}} + $$

$$+\int_{550}^{1134}(21.79+8.088\times10^{-3}T+3.155\times10^{-6}T^{2})\frac{dT}{T}$$

$$+\frac{\Delta H_{\beta-\gamma}}{T_{\beta-\gamma}}+\int_{1134}^{1193}39.539\frac{dT}{T}+\frac{\Delta H_{\gamma-l}}{T_{\gamma-l}}+\int_{1193}^{3000}34.309\frac{dT}{T}$$

$$=136.38\text{J/(mol·K)}$$

$$\Delta G^{\circ}_{3000}=\Delta H^{\circ}_{3000}-TS^{\circ}_{3000}=-310154.13\text{J/mol}$$

二、元素的热化学性质数据表

表 1-3-1 元素的热化学性质数据表

化学式	相	ΔH°_{298}	S°_{298}	温度范围，K		相变热	c_p，J/(mol·K)				
		kJ/mol	J/(mol·K)	T_1	T_2	kJ/mol	A	B	C	D	E
Ag	固	0.0	42.677	298.000	600.000		23.820	5.117	0.0	0.0	0.0
						0.0					
				600.00	1223.950		19.732	9.598	0.0	5.330	0.0
						11.297					
	液			1223.950	2436.000		33.472	0.0	0.0	0.0	0.0
Ag	气	284.094	172.883	298.150	2500.000		20.786	0.0	0.0	0.0	0.0
AgCl	固	−127.068	96.232	298.150	728.150		62.258	4.184	0.0	−11.297	0.0
						13.054					
	液			728.150	1300.000		58.576	0.0	0.0	0.0	0.0
Ag_2O	固	−30.543	121.754	298.150	500.000		59.329	40.794	0.0	−4.184	0.0
Au	固	0.0	47.488	298.150	900.000		24.016	4.368	0.0	0.0	0.0
						0.0					
				900.000	1100.000		67.228	−61.513	28.560	−57.116	0.0
						0.0					
				1100.000	1337.580		1425.133	−1572.403	5019.465	−3279.533	0.0
						12.552					
	液			1337.580	1526.200		50.212	−12.765	0.0	0.0	0.0
						0.0					
				1526.200	3130.000		30.962	0.0	0.0	0.0	0.0
Au	气	368.192	180.393	298.150	800.000		20.786	0.0	0.0	0.0	0.0
						0.0					
				800.000	2000.000		25.016	−5.832	2.268	−6.544	0.0
						0.0					
				2000.000	3200.000		−6.653	14.774	−1.527	219.011	0.0
AuCl	固	−34.727	92.885	298.150	600.000		45.606	20.920	0.0	0.0	0.0
$AuCl_3$	固	−115.060	148.114	298.000	527.000		97.906	5.439	0.0	−4.184	0.0
Be	固	0.0	9.540	298.000	800.000		20.698	6.945	0.0	−5.632	0.0
						0.0					
				800.000	1556.000		17.468	9.887	0.0	0.0	0.0
						11.715					
	液			1556.000	2757.000		25.501	2.109	0.0	0.0	0.0
Be	气	327.457	136.193	298.000	2757.000		20.786	0.0	0.0	0.0	0.0
						0.0					
				2757.000	3000.000		20.920	0.0	0.0	0.0	0.0
BeCl	气	60.668	217.501	298.000	2273.000		36.146	0.979	0.0	−4.473	0.0
$BeCl_2$	气	−360.242	251.040	298.000	2000.000		59.371	1.510	0.0	−7.640	0.0
$BeCl_2$	固-β	−496.222	75.814	298.000	676.000		66.994	18.694	0.0	−9.025	0.0

续表 1-3-1

化学式	相	ΔH°_{298} kJ/mol	S°_{298} J/(mol·K)	温度范围，K T_1	T_2	相变热 kJ/mol	c_p，J/(mol·K) A	B	C	D	E
						6.820					
	固-α			676.000	688.000		80.295	6.351	0.0	−15.481	0.0
						8.661					
	液			688.000	805.000		121.420	0.0	0.0	0.0	0.0
BeF	气	−169.870	205.639	298.000	2000.000		36.535	0.741	0.0	−18.887	3.820
BeF_2	气	−796.094	227.384	298.000	800.000		48.187	12.175	0.0	−4.858	0.0
						0.0					
				800.000	1447.354		60.856	0.565	0.0	−26.552	0.0
						0.0					
				1447.354	2000.000		60.856	0.565	0.0	−26.552	0.0
BeI_2	固	−211.710	120.499	298.000	753.000		83.320	3.535	0.0	−11.770	0.0
						20.920					
	液			753.000	760.000		96.186	0.0	0.0	0.0	0.0
BeI_2	气	−65.689	294.553	298.000	2000.000		61.731	0.305	0.0	−5.456	0.0
BeO	固-1	−598.730	14.142	298.000	1000.000		21.217	55.057	−26.342	−8.678	0.0
						0.0					
	固-1			1000.000	2325.000		41.777	4.351	0.0	0.0	0.0
						0.251					
	固-2			2325.000	2820.000		53.103	3.314	0.0	0.0	0.0
						63.178					
	液			2820.000	3000.000		66.944	0.0	0.0	0.0	0.0
Ce	固-α	0.0	69.454	298.150	999.000		22.368	13.422	1.925	0.364	0.0
						2.992					
	固-β			999.000	1071.000		37.614	0.0	0.0	0.0	0.0
$CeCl_3$	固	−1057.715	149.787	298.000	1090.000		97.487	13.598	0.0	−5.021	0.0
						53.555					
	液			1090.000	1300.000		145.185	0.0	0.0	0.0	0.0
CeF_3	固	−1778.200	115.269	298.000	1710.000		80.333	16.736	0.0	0.0	0.0
						56.484					
				1710.000	2400.000		133.888	0.0	0.0	0.0	0.0
Cs	固	0.0	85.149	298.150	301.550		49.618	−22.041	11.351	−10.531	0.0
						2.088					
	液			301.550	951.600		29.907	0.874	0.008	2.015	0.0
Cs	气	230.120	210.455	298.000	2273.000		29.384	8.648	−2.385	−1.862	0.0
CsCl	固-α	−442.834	101.182	298.000	743.000		45.857	22.096	0.0	0.0	0.0
						3.766					
	固-β			743.000	918.000		59.731	4.937	0.0	0.0	0.0
						15.899					
	液			918.000	1597.450		77.404	0.0	0.0	0.0	0.0
CsCl	气	−240.162	255.956	298.000	2273.000		36.932	1.069	0.0	0.0	0.0
CsO_2	固	−317.984	146.440	298.000	705.000		72.383	30.962	0.0	0.0	0.0
Cs_2O	固	−317.565	127.612	298.000	763.000		67.362	33.472	0.0	0.0	0.0
Cs_2O_3	固	−564.840	234.304	298.000	775.000		120.081	48.116	0.0	0.0	0.0
Dy	固-α	0.0	74.894	298.150	1000.000		31.359	−18.284	12.740	−0.632	0.0
						0.0					

续表 1-3-1

化学式	相	ΔH°_{298} kJ/mol	S°_{298} J/(mol·K)	温度范围，K T_1	T_2	相变热 kJ/mol	c_p，J/(mol·K) A	B	C	D	E
				1000.000	1400.000		−37.100	58.392	−5.991	164.565	0.0
						0.0					
				1400.000	1657.000		13.347	7.640	8.799	0.0	0.0
						4.163					
	固-β			1657.000	1682.000		28.033	0.0	0.0	0.0	0.0
						11.058					
	液			1682.000	2835.000		49.915	0.0	0.0	0.0	0.0
$DyCl_3$	固	−999.976	146.858	298.000	924.000		94.558	17.991	0.0	−1.423	0.0
						25.522					
	液			924.000	1000.000		144.766	0.0	0.0	0.0	0.0
Dy_2O_3	固	−1863.135	149.787	298.000	2000.000		128.449	19.246	0.0	−16.736	0.0
Er	固	0.0	73.178	298.150	1795.000		28.384	−1.992	5.712	−0.188	0.0
						19.903					
	液			1795.000	3136.000		38.702	0.0	0.0	0.0	0.0
$ErCl_3$	固	−958.554	146.858	298.000	1049.000		95.563	17.573	0.0	−1.046	0.0
						32.635					
	液			1049.000	1200.000		148.532	0.0	0.0	0.0	0.0
Er_2O_3	固	−1897.863	153.134	298.000	2000.000		113.177	29.288	0.0	−14.644	0.0
Eu	固	0.0	80.793	298.150	800.000		22.343	11.920	1.464	0.962	0.0
						0.0					
				800.000	1090.000		30.125	−13.941	21.866	0.0	0.0
						9.213					
	液			1090.000	1870.000		38.116	0.0	0.0	0.0	0.0
Eu	气	175.310	188.686	298.150	1200.000		20.786	0.0	0.0	0.0	0.0
						0.0					
				1200.000	1900.000		22.418	−2.515	0.962	0.0	0.0
$LuCl_3$	固	−922.154	125.520	298.000	896.000		90.500	26.150	0.0	0.0	0.0
						33.054					
	液			896.000	1200.000		142.256	0.0	0.0	0.0	0.0
Eu O_3	固 α	−1725.481	146.440	298.000	895.000		123.846	27.112	0.0	−8.703	0.0
						0.544					
	固 β			895.000	2000.000		129.955	17.405	0.0	0.0	0.0
Ga	固	0.0	40.827	298.150	302.900		−51.647	260.935	0.0	0.0	0.0
						5.590					
	液			302.900	500.000		39.066	−50.936	52.873	0.0	0.0
						0.0					
				500.000	700.000		27.447	−1.255	0.0	0.0	0.0
						0.0					
				700.000	2478.000		26.568	0.0	0.0	0.0	0.0
Ga	气	271.960	168.929	298.150	700.000		37.627	−17.954	3.540	−6.439	0.0
						0.0					
				700.000	1800.000		26.706	−5.552	1.452	9.552	0.0
						0.0					
				1800.000	2700.000		25.029	−2.686	0.469	0.0	0.0
GaCl	气	−81.755	239.994	298.000	2000.000		37.999	0.0	0.0	−2.013	0.0
$GaCl_3$	固	−524.673	135.143	298.000	351.000		118.407	0.0	0.0	0.0	0.0

续表 1-3-1

化学式	相	ΔH°_{298} kJ/mol	S°_{298} J/(mol·K)	温度范围，K T_1	T_2	相变热 kJ/mol	c_p，J/(mol·K) A	B	C	D	E
						11.506					
	液			351.000	575.000		128.030	0.0	0.0	0.0	0.0
Ga_2O_3	固	−1089.095	84.977	298.000	2068.000		112.884	15.439	0.0	−21.004	0.0
Gd	固-α	0.0	67.948	298.150	600.000		−90.680	305.620	−214.811	49.534	0.0
						0.0					
				600.000	1300.000		32.497	−5.623	6.485	−8.427	0.0
						0.0					
				1300.000	1533.000		27.455	0.548	4.422	0.0	0.0
						3.912					
	固-β			1533.000	1585.000		28.284	0.0	0.0	0.0	0.0
						10.054					
	液			1585.000	3539.000		37.154	0.0	0.0	0.0	0.0
$GdCl_3$	固	−1004.578	146.002	298.000	875.000		86.483	34.309	0.0	1.423	0.0
						40.585					
	液			875.000	1000.000		139.515	0.0	0.0	0.0	0.0
GdOCl	固	−983.658	95.395	298.000	1000.000		66.944	16.401	0.0	−3.096	0.0
Ge	固	0.0	31.087	298.000	600.000		25.765	0.079	0.0	−2.163	0.0
						0.0					
				600.000	900.000		22.677	4.142	0.0	0.0	0.0
						0.0					
				900.000	1210.000		19.853	7.355	0.0	0.0	0.0
						36.945					
	液			1210.000	2600.000		27.614	0.0	0.0	0.0	0.0
Ge	气	374.468	167.791	298.000	2600.000		39.903	−15.949	0.0	−3.929	0.0
$GeCl_4$	液	−5397.359	248.237	298.000	356.270		151.670	0.0	0.0	0.0	0.0
$GeCl_4$	气	−504.590	347.690	298.000	356.270		106.985	0.0	0.0	−9.540	0.0
						0.0					
				356.270	1000.000		106.985	0.0	0.0	−9.540	0.0
GeO	气	−30.669	223.802	298.000	2000.000		37.028	0.0	0.0	−5.648	0.0
GeO_2(H)	固-β	−558.351	55.271	298.000	1389.000		68.910	9.832	0.0	−17.698	0.0
Ho	固-α	0.0	75.019	298.150	600.000		23.485	16.544	−14.251	0.0	0.0
						0.0					
				600.000	900.000		39.689	−36.401	28.978	0.0	0.0
						0.0					
				900.000	1200.000		−48.057	84.927	−19.397	143.716	0.0
						0.0					
				1200.000	1701.000		−8.284	21.652	6.673	123.675	0.0
						4.690					
	固-β			1701.000	1743.000		28.033	0.0	0.0	0.0	0.0
						12.180					
	液			1743.000	2968.000		43.932	0.0	0.0	0.0	0.0
$HoCl_3$	固	−1005.415	146.858	298.000	993.000		95.563	12.970	0.0	−0.962	0.0
						30.543					
	液			993.000	1100.000		143.720	0.0	0.0	0.0	0.0
HoF_3	固-α	−1707.072	110.876	298.000	1343.000		106.859	0.481	0.0	−21.087	0.0

续表 1-3-1

化学式	相	ΔH°_{298}	S°_{298}	温度范围，K		相变热	c_p，J/(mol·K)				
		kJ/mol	J/(mol·K)	T_1	T_2	kJ/mol	*A*	*B*	*C*	*D*	*E*
						0.0					
	固-β			1343.000	1416.000		163.343	−16.443	0.0	−213.970	0.0
						56.317					
	液			1416.000	1800.000		95.604	0.163	0.0	3.556	0.0
Ho_2O_3	固	−1881.127	158.155	298.000	1500.000		125.855	6.945	0.0	−11.506	0.0
In	固	0.0	57.823	298.150	430.000		41.618	−103.558	179.874	0.0	0.0
						3.264					
	液			430.000	900.000		29.878	−0.887	0.0	0.0	0.0
						0.0					
				900.000	2346.000		29.079	0.0	0.0	0.0	0.0
In	气	242.672	173.665	298.150	700.000		16.619	7.012	5.000	1.485	0.0
						0.0					
				700.000	1400.000		18.736	16.426	−7.284	−11.673	0.0
						0.0					
				1400.000	2500.000		41.857	−11.042	1.682	−55.672	0.0
InCl	固-α	−186.188	94.977	298.000	393.000		35.146	41.840	0.0	0.0	0.0
						6.904					
	固-β			393.000	498.000		58.576	0.0	0.0	0.0	0.0
						9.205					
	液			498.000	881.000		62.760	0.0	0.0	0.0	0.0
$InCl_2$	固	−362.753	122.173	298.000	463.000		58.576	50.208	0.0	0.0	0.0
						0.0					
	固			463.000	509.000		58.576	50.208	0.0	0.0	0.0
$InCl_3$	固	−537.225	141.001	298.000	856.000		78.659	55.647	0.0	0.0	0.0
In_2O_3	固-α	−925.919	107.947	298.000	1523.000		123.846	7.950	0.0	−23.054	0.0
						0.0					
	固-β			1523.000	2183.000		123.846	7.950	0.0	−23.054	0.0
Ir	固	0.0	35.505	298.150	800.000		23.585	4.322	1.125	0.0	0.0
						0.0					
				800.000	2400.000		24.317	5.443	0.423	−7.531	0.0
						0.0					
				2400.000	2716.000		−902.438	485.323	−69.421	10204.08	0.0
						26.137					
	液			2716.000	4701.000		41.840	0.0	0.0	0.0	0.0
Ir	气	668.511	193.468	298.150	1000.000		20.573	−1.854	4.782	0.301	0.0
						0.0					
				1000.000	2600.000		16.309	9.305	−1.569	−5.146	0.0
						0.0					
				2600.000	5000.000		33.413	−0.636	0.088	−171.803	0.0
$IrCl_3$	固	−254.387	114.851	298.000	1100.000		84.935	18.828	0.0	−4.184	0.0
IrO_2	固	−240.162	57.321	298.000	1300.000		38.367	63.597	0.0	0.0	0.0
IrO_3	气	13.389	290.369	298.000	1800.000		82.174	1.757	0.0	−5.523	0.0
La	固-α	0.0	56.902	298.150	550.000		26.338	2.590	0.0	0.0	0.0
						0.364					
	固-β			550.000	1134.000		21.790	8.088	3.155	0.0	0.0

续表 1-3-1

化学式	相	ΔH°_{298} kJ/mol	S°_{298} J/(mol·K)	温度范围，K T_1	T_2	相变热 kJ/mol	c_p，J/(mol·K) A	B	C	D	E
	固-γ			1134.000	1193.000	3.121	39.539	0.0	0.0	0.0	0.0
	液			1193.000	3730.000	6.197	34.309	0.0	0.0	0.0	0.0
$LaCl_3$	固	−1070.686	144.348	298.000	1128.000		97.194	21.464	0.0	0.0	0.0
	液			1128.000	2085.000	54.392	125.520	0.0	0.0	0.0	0.0
	气			2085.000	2273.000	192.046	80.751	0.251	0.0	−2.929	0.0
LaF_3	固-α	−1782.384	113.386	298.000	1766.000		77.730	19.953	0.0	0.0	0.0
	液			1766.000	2000.000	50.246	152.716	0.0	0.0	0.0	0.0
LaH_2	固	−189.117	51.672	298.000	1200.000		39.246	15.146	0.0	0.0	0.0
La_2O_3	固-α	−1793.263	128.030	298.000	1200.000		120.750	12.887	0.0	−13.724	0.0
LaOCl	固	−1020.478	82.843	298.000	1200.000		70.500	12.259	0.0	−4.602	0.0
Li	固	0.0	29.096	298.150	453.690		−40.966	226.785	−189.991	13.217	0.0
	液			453.690	700.000	3.000	33.024	−5.782	0.0	0.0	0.0
				700.000	1638.000	0.0	29.832	−0.954	0.079	−1.121	0.0
Li	气	160.707	138.658	298.000	2000.000		20.769	0.025	0.0	0.0	0.0
LiCl	固	−408.266	59.300	298.150	883.000		44.706	17.928	1.862	−1.946	0.0
	液			883.000	2000.000	19.832	73.308	−9.431	0.0	0.331	0.0
LiCl	气	−195.719	212.815	298.000	2273.000		36.802	0.891	0.0	−3.494	0.0
LiF	固	−616.931	35.660	298.000	1121.300		42.689	17.418	0.0	−5.301	0.0
	液			1121.000	1990.000	27.087	64.183	0.0	0.0	0.0	0.0
LiF	气	−340.891	200.163	298.000	2500.000		37.380	0.590	0.0	−13.083	2.243
Li_2O	固	−598.730	37.890	298.000	1843.000		69.580	17.857	0.0	−19.041	0.0
	液			1843.000	2836.000	58.576	100.416	0.0	0.0	0.0	0.0
Li_2O	气	−166.942	228.999	298.000	3000.000		60.283	0.774	0.0	−10.163	0.0
Lu	固	0.0	50.961	298.150	700.000		29.811	−10.381	10.740	−0.791	0.0
				700.000	1700.000	0.0	29.008	−7.427	9.008	−2.828	0.0
				1700.000	1936.000	0.0	1.837	23.799	0.0	0.0	0.0
	液			1936.000	3668.000	18.648	47.907	0.0	0.0	0.0	0.0
Lu_2O_3	固	−1881.963	110.039	298.000	1500.000		112.612	23.012	0.0	−15.682	0.0
Mo	固	0.0	28.606	298.000	700.000		25.568	2.845	0.0	−2.184	0.0
				700.000	1500.000	0.0	33.911	−11.912	6.958	−9.205	0.0
						0.0					

续表 1-3-1

化学式	相	ΔH°_{298} kJ/mol	S°_{298} J/(mol·K)	温度范围，K T_1	T_2	相变热 kJ/mol	c_p，J/(mol·K) A	B	C	D	E
				1500.000	2000.000		16.669	9.694	0.0	0.0	0.0
						0.0					
				2000.000	2892.000		206.346	−126.620	27.338	−1053.295	0.0
						27.832					
	液			2892.000	3800.000		41.840	0.0	0.0	0.0	0.0
Mo(G)	气	658.143	181.837	298.150	1000.000		20.786	0.0	0.0	0.0	0.0
						0.0					
				1000.000	1600.000		21.464	−1.243	0.561	0.0	0.0
						0.0					
				1600.000	3600.000		36.673	−14.435	3.778	−60.149	0.0
						0.0					
				3600.000	4800.000		−168.163	61.404	−4.151	4431.523	0.0
						0.0					
				4800.000	6000.000		−208.715	75.860	−5.535	5129.750	0.0
MoC	固	−10.042	34.309	298.000	1000.000		48.116	9.121	0.0	−11.757	0.0
MoO	气	387.020	238.070	298.000	3000.000		35.932	0.816	0.0	−4.971	0.0
MoO	固	−587.852	49.999	298.000	2000.000		56.183	26.418	0.0	−6.648	0.0
MoO_2	气	−12.970	277.817	298.000	3000.000		56.902	0.749	0.0	−26.644	4.356
MoO_3	固	−745.170	77.822	298.000	1068.000		75.186	32.635	0.0	−8.786	0.0
						48.396					
	液			1068.000	1428.000		126.951	0.0	0.0	0.0	0.0
MoO_3	气	−360.661	279.909	298.000	3000.000		74.877	6.950	−1.469	−15.443	0.0
Mo_2C	固	−46.024	65.689	298.000	1400.000		69.036	9.623	0.0	−11.464	0.0
Nb	固	0.0	36.401	298.000	2740.000		23.723	4.017	0.0	0.0	0.0
						26.359					
	液			2740.000	5009.000		33.472	0.0	0.0	0.0	0.0
NbC	固	−140.582	36.401	298.000	1800.000		45.145	7.238	0.0	−8.996	0.0
$NbCl_2$	固	−407.103	117.152	298.000	1000.000		73.220	13.389	0.0	−5.021	0.0
$NbCl_3$	固	−581.576	147.277	298.000	800.000		96.232	16.318	0.0	−7.113	0.0
$NbCl_4$	固	−694.544	184.096	298.000	728.000		133.470	0.0	0.0	−12.134	0.0
						129.704					
	气			728.000	1000.000		107.947	0.0	0.0	−8.368	0.0
$NbCl_5$	固	−797.470	245.182	298.000	477.000		111.755	147.277	0.0	0.0	0.0
						36.819					
	液			477.000	523.000		184.096	0.0	0.0	0.0	0.0
						55.229					
	气			523.000	1000.000		132.214	0.0	0.0	−15.481	0.0
NbF_5	固	−1813.764	160.247	298.000	352.000		158.992	0.0	0.0	0.0	0.0
						12.217					
	液			352.000	506.000		177.820	0.0	0.0	0.0	0.0
NbF_5	气	−1737.151	328.971	298.000	2000.000		130.666	1.088	0.0	−24.686	0.0
NbI_5	固	−270.705	343.088	298.000	600.000		129.620	87.320	0.0	0.0	0.0
						37.656					
	液			600.000	620.000		184.096	0.0	0.0	0.0	0.0
NbO	固	−408.777	50.208	298.000	2218.000		42.007	9.832	0.0	−3.276	0.0

续表 1-3-1

化学式	相	ΔH°_{298} kJ/mol	S°_{298} J/(mol·K)	温度范围，K T_1	T_2	相变热 kJ/mol	c_p，J/(mol·K) A	B	C	D	E
						54.392					
	液			2218.000	3000.000		62.760	0.0	0.0	0.0	0.0
NbO_2	固-α	−796.215	54.392	298.000	1090.000		48.953	39.999	0.0	−3.012	0.0
						3.012					
	固-β			1090.000	1200.000		92.885	0.0	0.0	0.0	0.0
						0.0					
	固-γ			1200.000	2270.000		83.052	0.0	0.0	0.0	0.0
						62.760					
	液			2270.000	3000.000		83.680	0.0	0.0	0.0	0.0
Nb_2C	固	−194.974	64.015	298.000	1800.000		66.442	12.552	0.0	−8.577	0.0
Nb_2O_5	固-α	−1902.047	137.235	298.000	1785.000		154.390	21.422	0.0	−25.522	0.0
						102.926					
	液			1785.000	2500.000		242.254	0.0	0.0	0.0	0.0
Nd	固 α	0.0	71.086	298.150	900.000		27.086	−1.112	16.154	−0.698	0.0
						0.0					
				900.000	1128.000		22.754	8.408	10.812	0.0	0.0
						3.029					
	固-β			1128.000	1289.000		44.560	0.0	0.0	0.0	0.0
						7.142					
	液			1289.000	3341.000		48.785	0.0	0.0	0.0	0.0
$NdCl_3$	固	−1040.979	143.930	298.000	1032.000		78.032	61.086	0.0	0.0	0.0
						48.534					
	液			1032.000	1947.000		146.440	0.0	0.0	0.0	0.0
Nd_2O_3	固-α	−1807.907	154.390	298.000	1395.000		115.771	29.790	0.0	−11.883	0.0
						0.0					
	固-β			1395.000	2545.000		155.645	0.0	0.0	0.0	0.0
NdOCl	固	−1011.273	94.558	298.000	1100.000		68.618	19.121	0.0	−3.975	0.0
Os	固	0.0	32.635	298.150	3300.000		23.571	3.809	0.0	0.0	0.0
						31.757					
	液			3300.000	5285.000		35.982	0.0	0.0	0.0	0.0
Os	气	788.265	192.460	298.150	1000.000		21.448	−3.865	5.518	0.0	0.0
						0.0					
				1000.000	2400.000		10.618	13.965	−2.367	8.858	0.0
						0.0					
				2400.000	5500.000		19.719	5.189	0.0	0.0	0.0
OsO_2	固	−294.553	51.882	298.000	1200.000		69.956	10.376	0.0	−14.184	0.0
OsO_4	气	−334.067	297.834	298.000	404.000		85.981	20.418	0.0	−15.983	0.0
						0.0					
				404.000	1000.000		85.981	20.418	0.0	−15.983	0.0
Pd	固	0.0	37.823	298.150	700.000		29.318	−7.472	9.305	−1.720	0.0
						0.0					
				700.000	1400.000		24.535	5.377	0.0	0.0	0.0
						0.0					
				1400.000	1600.000		316.191	−256.551	66.258	−1074.281	0.0
						0.0					
				1600.000	1825.000		4503.320	−3495.178	769.940	769.940	−21648.918

续表 1-3-1

化学式	相	ΔH°_{298}	S°_{298}	温度范围，K		相变热	c_p，J/(mol·K)				
		kJ/mol	J/(mol·K)	T_1	T_2	kJ/mol	A	B	C	D	E
						17.560					
	液			1825.000	3237.000		34.727	0.0	0.0	0.0	0.0
Pd	气	376.560	166.950	298.150	500.000		20.786	0.0	0.0	0.0	0.0
						0.0					
				500.000	800.000		20.701	0.170	0.0	0.0	0.0
						0.0					
				800.000	1200.000		29.990	−19.013	10.924	−6.070	0.0
						0.0					
				1200.000	1900.000		−26.759	32.862	−1.776	178.046	0.0
						0.0					
				1900.000	2800.000		−92.374	91.138	−15.781	374.809	0.0
						0.0					
				2800.000	3300.000		−5.262	35.335	−6.353	0.0	0.0
$PdCl_2$	气	121.524	313.591	298.000	1608.000		62.342	0.0	0.0	−4.184	0.0
$PdCl_2$	固	−173.176	103.763	298.000	952.000		69.036	20.920	0.0	0.0	0.0
						18.410					
	液			952.000	1608.000		94.140	0.0	0.0	0.0	0.0
PdO	固	−112.550	39.330	298.000	1143.000		45.304	7.033	0.377	−1.272	0.0
Pr	固-α	0.0	73.931	298.150	500.000		68.918	−145.858	151.106	−10.148	0.0
						0.0					
				500.000	800.000		22.891	9.943	7.377	0.0	0.0
						0.0					
				800.000	1068.000		−146.764	257.641	−93.553	231.776	0.0
						3.167					
	固-β			1068.000	1204.000		38.451	0.0	0.0	0.0	0.0
						6.887					
	液			1204.000	3785.000		42.970	0.0	0.0	0.0	0.0
$PrCl_3$	固	−1056.878	144.348	298.000	1059.000		86.190	47.698	0.0	0.0	0.0
						50.626					
	液			1059.000	1300.000		133.888	0.0	0.0	0.0	0.0
PrO_2	固	−974.453	79.914	298.000	1100.000		77.571	25.020	0.0	−10.753	0.0
Pr_2O_3	固	−1825.479	158.574	298.000	1100.000		99.412	52.300	0.0	0.0	0.0
Pt	固	0.0	41.631	298.150	2041.000		24.448	5.206	0.0	−0.127	0.0
						19.648					
	液			2041.000	4100.000		34.727	0.0	0.0	0.0	0.0
Pt	气	564.840	192.297	298.150	800.000		40.580	−26.952	10.407	−7.057	0.0
						0.0					
				800.000	2200.000		23.707	−2.835	0.957	16.161	0.0
						0.0					
				2200.000	4000.000		20.719	0.634	0.066	0.0	0.0
$PtCl_2$	固	−110.876	129.704	298.000	700.000		64.434	36.819	0.0	0.0	0.0
$PtCl_3$	固	−174.054	148.532	298.000	500.000		121.336	0.0	0.0	0.0	0.0
$PtCl_4$	固	−236.814	205.016	298.000	400.000		150.624	0.0	0.0	0.0	0.0
PtO_2	气	168.615	255.852	298.000	2000.000		55.438	2.092	0.0	−11.506	0.0
Rb	固	0.0	76.776	298.000	312.640		3.515	92.399	0.0	0.0	0.0

续表 1-3-1

化学式	相	ΔH°_{298} kJ/mol	S°_{298} J/(mol·K)	温度范围，K T_1	T_2	相变热 kJ/mol	c_p，J/(mol·K) A	B	C	D	E
						2.192					
	液			312.640	961.000		40.869	−26.213	14.150	0.339	0.0
Rb	气	80.877	169.979	298.150	1300.000		20.786	0.0	0.0	0.0	0.0
RbCl	固	−430.533	91.630	298.000	988.000		48.116	10.418	0.0	0.0	0.0
						18.410					
	液			988.000	1654.000		64.015	0.0	0.0	0.0	0.0
Rb_2O	固	−330.117	114.642	298.000	900.000		67.362	33.472	0.0	0.0	0.0
Re	固	0.0	36.526	298.150	3453.000		23.689	5.447	0.0	0.0	0.0
						33.229					
	液			3453.000	5869.000		41.840	0.0	0.0	0.0	0.0
Re	气	774.877	188.824	298.150	1000.000		20.786	0.0	0.0	0.0	0.0
						0.0					
				1000.000	2400.000		29.756	−9.354	2.720	−23.368	0.0
						0.0					
				2400.000	3500.000		31.759	−12.434	3.586	0.0	0.0
						0.0					
				3500.000	5000.000		−184.211	71.324	−5.602	4329.266	0.0
						0.0					
				5000.000	6000.000		−76.247	42.097	−3.382	0.0	0.0
$ReCl_3$	固	−263.592	123.846	298.000	700.000		105.479	27.614	0.0	−19.079	0.0
ReO_2	固	−432.625	62.760	298.000	1300.000		67.362	12.678	0.0	−12.929	0.0
ReO_3	固	−610.864	80.751	298.000	433.000		108.784	0.0	0.0	0.0	0.0
Re_2O_7	固	−1248.505	207.275	298.000	570.000		121.964	184.096	0.0	−9.414	0.0
						62.760					
	液			570.000	600.000		297.482	0.0	0.0	0.0	0.0
Rh	固	0.0	31.506	298.150	1800.000		21.005	13.077	−2.107	0.233	0.0
						0.0					
				1800.000	2233.000		21.295	13.165	−2.243	0.0	0.0
						21.489					
				2233.000	3970.000		41.840	0.0	0.0	0.0	0.0
Rh	气	553.125	185.711	298.150	1200.000		13.774	19.715	−7.180	1.778	0.0
						0.0					
				1200.000	2600.000		34.405	−4.226	0.732	−45.693	0.0
						0.0					
				2600.000	4000.000		23.782	1.163	−0.038	77.735	0.0
$RhCl_3$	固	−275.307	126.775	298.000	1200.000		105.437	27.614	0.0	−19.079	0.0
RhO	固	−90.793	54.015	298.000	1100.000		41.171	22.301	0.0	0.0	0.0
RhO_2	气	−195.811	263.592	298.000	1500.000		58.576	0.0	0.0	−13.807	0.0
Rh_2O	固	−94.977	114.642	298.000	1000.000		65.229	27.070	0.0	0.0	0.0
Rh_2O_3	固	−382.386	92.048	298.000	1300.000		86.776	57.739	0.0	0.0	0.0
Ru	固	0.0	28.535	298.150	1000.000		21.367	5.920	0.796	0.760	0.0
						0.0					
				1000.000	1800.000		31.244	−6.632	4.962	−14.152	0.0
						0.0					
				1800.000	2523.000		−6.263	24.684	−2.465	154.290	0.0

续表 1-3-1

化学式	相	ΔH°_{298} kJ/mol	S°_{298} J/(mol·K)	温度范围，K T_1	T_2	相变热 kJ/mol	c_p，J/(mol·K) A	B	C	D	E
						24.280					
	液			2523.000	4423.000		41.840	0.0	0.0	0.0	0.0
Ru	气	651.449	186.393	298.150	1000.000		14.701	23.535	−11.973	0.772	0.0
						0.0					
				1000.000	2200.000		34.525	−9.237	2.905	−18.532	0.0
						0.0					
				2200.000	4500.000		8.894	9.776	−0.965	104.224	0.0
$RuCl_3$	固	−253.132	127.612	298.000	1000.000		115.060	0.0	0.0	0.0	0.0
$RuCl_3$	气	56.066	397.480	298.000	1500.000		56.902	7.657	0.0	−3.012	0.0
RuO_2	固	−304.595	60.668	298.000	1300.000		69.873	10.460	0.0	−14.853	0.0
RuO_3	气	−78.241	276.144	298.000	1900.000		78.659	2.510	0.0	−17.782	0.0
RuO_4	气	−184.096	290.662	298.000	2000.000		101.797	3.054	0.0	−24.100	0.0
Se	固	0.0	42.258	298.000	493.000		17.891	25.104	0.0	0.0	0.0
						5.858					
				493.000	958.000		35.146	0.0	0.0	0.0	0.0
Se	气	235.350	176.607	298.000	2000.000		21.464	1.506	0.0	−0.920	0.0
$SeCl_2$	气	−33.472	295.599	298.000	2000.000		57.948	0.134	0.0	−3.950	0.0
$SeCl_4$	固	−188.698	194.556	298.000	528.000		133.888	0.0	0.0	0.0	0.0
SeF_6	气	−1117.128	313.800	298.000	2273.000		145.850	8.201	0.0	−34.016	0.0
SeO	气	62.342	233.886	298.000	2000.000		34.936	1.506	0.0	−3.682	0.0
SeO_2	固	−225.099	66.693	298.000	600.761		69.580	3.891	0.0	−11.046	0.0
SeO_2	气	−107.947	264.889	298.000	600.761		52.844	3.088	0.0	−9.895	0.0
						0.0					
				600.761	2000.000		52.844	3.088	0.0	−9.895	0.0
Sm	固-α	0.0	69.496	298.150	600.000		−15.653	143.368	−89.269	9.230	0.0
						0.0					
				600.000	900.000		−33.614	151.126	−77.990	42.512	0.0
						0.0					
				900.000	1190.000		177.148	−194.991	82.669	195.551	0.0
						3.113					
	固-β			1190.000	1345.000		46.944	0.0	0.0	0.0	0.0
						8.619					
	液			1345.000	2064.000		50.208	0.0	0.0	0.0	0.0
$SmCl_3$	固	−1025.917	145.603	298.000	951.000		82.257	47.698	0.0	0.753	0.0
						44.350					
	液			951.000	1200.000		143.511	0.0	0.0	0.0	0.0
Sm_2O_3	固-α	−1832.173	151.042	298.000	1195.000		128.658	19.414	0.0	−17.991	0.0
						1.046					
	固-β			1195.000	2000.000		154.390	0.0	0.0	0.0	0.0
Ta	固	0.0	41.505	298.000	500.000		27.351	−0.929	0.0	−1.527	0.0
						0.0					
				500.000	1200.000		25.020	2.469	0.0	0.0	0.0
						0.0					
				1200.000	1700.000		22.786	3.979	0.0	6.761	0.0
						0.0					

续表 1-3-1

化学式	相	ΔH°_{298} kJ/mol	S°_{298} J/(mol·K)	温度范围，K T_1	T_2	相变热 kJ/mol	c_p，J/(mol·K) A	B	C	D	E
				1700.000	2600.000		10.648	8.581	0.0	132.963	0.0
						0.0					
				2600.000	3000.000		−65.153	28.234	0.0	1806.166	0.0
						0.0					
				3000.000	3287.000		−655.683	158.243	0.0	19842.892	0.0
						31.631					
	液			3287.000	4400.000		41.840	0.0	0.0	0.0	0.0
Ta	气	781.571	185.104	298.000	800.000		14.799	13.088	0.0	1.920	0.0
						0.0					
				800.000	2400.000		21.983	9.188	−1.602	−17.790	0.0
						0.0					
				2400.000	4000.000		28.635	2.464	0.0	0.0	0.0
TaC	固	−143.093	42.258	298.000	4000.000		43.292	11.351	0.0	−8.799	0.0
$TaCl_3$	固	−553.125	154.808	298.000	1000.000		96.232	16.318	0.0	−7.113	0.0
$TaCl_4$	固	−707.514	192.464	298.000	700.000		133.470	0.0	0.0	−12.134	0.0
$TaCl_4$	气	−570.279	384.928	298.000	2000.000		107.947	0.0	0.0	−8.368	0.0
$TaCl_5$	固	−858.975	233.923	298.000	489.650		138.072	0.0	0.0	−12.552	0.0
						37.263					
	液			489.650	506.000		184.096	0.0	0.0	0.0	0.0
$TaCl_5$	气	−764.417	424.258	298.000	506.000		132.214	0.0	0.0	−15.481	0.0
						0.0					
				506.000	2000.000		132.214	0.0	0.0	−15.481	0.0
TaF_5	固	−1903.301	171.544	298.000	368.000		161.084	0.0	0.0	0.0	0.0
						18.828					
	液			368.000	502.000		177.820	0.0	0.0	0.0	0.0
TaF_5	气	−1822.132	353.368	298.000	2000.000		130.604	1.087	0.0	−24.674	0.0
TaN	固	−252.295	42.677	298.000	3363.000		55.271	2.720	0.0	−12.636	0.0
						66.944					
	液			3363.000	3500.000		62.760	0.0	0.0	0.0	0.0
TaO	气	217.442	245.057	298.000	3500.000		33.769	0.536	0.0	−3.310	0.0
TaO_2	气	−195.426	261.613	298.000	3000.000		53.497	7.895	−1.121	−8.678	0.0
Ta_2C	固	−202.924	83.680	298.000	3773.000		66.442	13.933	0.0	−8.577	0.0
Ta_2O_5	固	−2045.976	143.093	298.000	2150.000		154.808	27.447	0.0	−24.769	0.0
						151.126					
	液			2150.000	3500.000		234.304	0.0	0.0	0.0	0.0
Tb	固-α	0.0	73.304	298.000	600.000		77.501	−166.453	154.037	−11.249	0.0
						0.0					
				600.000	1200.000		25.865	5.510	4.833	−3.443	0.0
						0.0					
				1200.000	1560.000		25.958	3.351	6.406	0.0	0.0
						5.021					
	固-β			1560.000	1630.000		27.740	0.0	0.0	0.0	0.0
						10.795					
	液			1630.000	3496.000		46.484	0.0	0.0	0.0	0.0
$TbCl_3$	固-α	−997.047	147.695	298.000	783.000		94.115	25.753	0.0	−3.084	0.0

续表 1-3-1

化学式	相	ΔH°_{298} kJ/mol	S°_{298} J/(mol·K)	温度范围，K T_1	T_2	相变热 kJ/mol	c_p，J/(mol·K) A	B	C	D	E
						14.226					
	固-β			783.000	855.000		123.930	0.0	0.0	0.0	0.0
						19.456					
	液			855.000	1000.000		144.474	0.0	0.0	0.0	0.0
TbO_2	固	−971.525	82.843	298.000	1300.000		64.810	17.698	0.0	−7.594	0.0
Tc	固	0.0	33.472	298.000	2473.000		21.757	8.368	0.0	0.0	0.0
						23.799					
	液			2473.000	3500.000		41.820	0.0	0.0	0.0	0.0
TcO_2	固	−433.044	58.576	298.000	1200.000		68.618	11.506	0.0	−14.560	0.0
TcO_3	固	−539.736	71.128	298.000	400.000		107.947	0.0	0.0	0.0	0.0
Tc_2O_7	固	−1112.944	184.096	298.000	392.000		238.488	0.0	0.0	0.0	0.0
						48.116					
	液			392.000	585.000		251.040	0.0	0.0	0.0	0.0
Te	固	0.0	49.497	298.000	722.650		19.121	22.092	0.0	0.0	0.0
						17.489					
	液			722.650	1282.000		37.656	0.0	0.0	0.0	0.0
Te	气	211.710	182.590	298.000	2000.000		19.414	1.841	0.0	0.753	0.0
$TeCl_2$	气	−112.968	305.553	298.000	2000.000		58.028	0.092	0.0	−3.297	0.0
$TeCl_4$	固	−323.842	200.832	298.000	497.000		138.490	0.0	0.0	0.0	0.0
						18.887					
	液			497.000	700.000		230.120	0.0	0.0	0.0	0.0
$TeCl_4$	气	−207.049	396.166	298.000	700.000		96.713	0.155	0.0	−5.494	0.0
						0.0					
				700.000	2000.000		96.713	0.155	0.0	−5.494	0.0
TeO	气	−74.475	240.580	298.000	2000.000		35.313	1.339	0.0	−3.473	0.0
TeO_2	固	−323.423	74.057	298.000	1006.000		65.187	14.560	0.0	−5.021	0.0
						29.079					
	液			1006.000	1200.000		112.633	2.176	0.0	0.0	0.0
T	固-α	0.0	30.627	298.150	1155.000		26.316	1.109	5.183	−1.829	0.0
						4.142					
	固-β			1155.000	1933.000		27.536	−2.234	3.276	0.0	0.0
						18.619					
	液			1933.000	3591.000		35.564	0.0	0.0	0.0	0.0
						425.220					
	气			3591.000	3900.000		4.456	9.854	−0.510	95.763	0.0
						0.0					
				3900.000	6000.000		0.992	12.631	−0.933	−45.170	0.0
Ti	气	472.792	180.188	298.150	1800.000		23.474	−5.268	2.915	2.014	0.0
						0.0					
				1800.000	3900.000		4.452	9.853	−0.506	95.763	0.0
						0.0					
				3900.000	6000.000		9.937	12.631	−0.933	−45.170	0.0
TiC	固	−184.096	24.225	298.000	3290.000		47.668	0.979	1.889	14.774	0.0
						71.128					
	液			3290.000	3500.000		62.760	0.0	0.0	0.0	0.0

续表 1-3-1

化学式	相	ΔH°_{298} kJ/mol	S°_{298} J/(mol·K)	温度范围，K T_1	T_2	相变热 kJ/mol	c_p，J/(mol·K) A	B	C	D	E
TiCl	气	154.390	249.107	298.150	800.000		33.167	25.556	−15.514	−1.866	0.0
						0.0					
				800.000	2400.000		44.568	−0.778	0.368	−5.071	0.0
						0.0					
				2400.000	6000.000		46.447	−0.310	0.046	−71.919	0.0
$TiCl_2$	固	−515.469	87.362	298.000	1581.500		68.362	18.025	0.0	−3.456	0.0
$TiCl_2$	气	−237.492	278.161	298.000	1581.500		60.128	2.218	0.0	−2.770	0.0
						0.0					
				1581.000	2000.000		60.128	2.218	0.0	−2770	0.0
$TiCl_3$	固	−721.740	139.746	298.000	1104.250		95.814	11.062	0.0	−1.791	0.0
$TiCl_3$	气	−539.317	316.729	298.000	2273.000		87.257	−0.715	0.0	−12.937	0.0
$TiCl_4$	液	−804.165	252.404	298.000	409.000		142.787	8.711	0.0	−0.163	0.0
$TiCl_4$	气	−763.161	354.803	298.000	2273.000		107.177	0.473	0.0	−10.552	0.0
TiF	气	−66.944	237.233	298.000	2273.000		43.484	0.335	0.0	−7.560	0.0
TiF_2	气	−688.268	255.642	298.000	2000.000		59.467	2.561	0.0	−6.485	0.0
TiF_3	气	−1188.675	291.206	298.000	2273.000		85.546	0.0	0.0	−18.179	0.0
TiF_4	固	−1649.333	133.972	298.000	558.750		123.315	36.238	0.0	−17.640	0.0
TiF_4	气	−1551.427	314.804	298.000	2273.000		104.249	1.979	0.0	−18.041	0.0
TiI_2	气	−19.610	323.745	298.000	1358.200		60.191	2.197	0.0	0.0	0.0
						0.0					
				1358.200	2500.000		60.191	2.197	0.0	0.0	0.0
TiI_3	固	−322.168	192.464	298.000	1000.000		114.600	7.280	0.0	0.0	0.0
TiI_4	固-α	−375.723	246.019	298.000	379.000		78.262	158.992	0.0	0.0	0.0
						9.916					
	固-β			379.000	428.000		148.114	0.0	0.0	0.0	0.0
						19.832					
	液			428.000	652.600		156.482	0.0	0.0	0.0	0.0
TiN	固	−337.858	30.292	298.000	3223.000		49.831	3.933	0.0	−12.385	0.0
						62.760					
	液			3223.000	3500.000		66.944	0.0	0.0	0.0	0.0
TiO	固-α	−519.611	51.045	298.000	1264.000		44.225	15.062	0.0	−7.782	0.0
						3.473					
	固-β			1264.000	2023.000		56.480	8.326	0.0	0.0	0.0
						54.392					
	液			2023.000	3000.000		54.392	0.0	0.0	0.0	0.0
TiO_2	固	−944.747	50.334	298.000	2143.000		62.856	11.360	0.0	−9.958	0.0
						66.944					
	液			2143.000	3000.000		87.864	0.0	0.0	0.0	0.0
Ti_2O_3	固-α	−1520.842	78.785	298.000	473.000		152.432	0.0	0.0	−50.041	0.0
						0.900					
	固-β			473.000	2112.000		145.110	5.439	0.0	−42.706	0.0
						110.458					
	液			2112.000	3000.000		156.900	0.0	0.0	0.0	0.0
Ti_3O_5	固-α	−2459.146	129.432	298.000	450.000		231.028	−24.773	0.0	−61.254	0.0
						11.757					

续表 1-3-1

化学式	相	ΔH°_{298} kJ/mol	S°_{298} J/(mol·K)	温度范围，K		相变热 kJ/mol	c_p，J/(mol·K)				
				T_1	T_2		A	B	C	D	E
	固-β			450.000	2047.000		174.699	33.740	0.0	0.025	0.0
						138.072					
	液			2047.000	3000.000		234.304	0.0	0.0	0.0	0.0
Tl	固 α	0.0	64.183	298.150	507.000		28.390	−20.360	44.977	0.0	0.0
						0.377					
	固 β			507.000	577.000		27.154	9.581	0.0	0.0	0.0
						4.142					
	液			577.000	1800.000		29.706	0.0	0.0	0.0	0.0
Tl	气	180.958	180.853	298.150	700.000		20.786	0.0	0.0	0.0	0.0
						0.0					
				700.000	1800.000		23.598	−4.556	2.084	−3.167	0.0
TlCl	固	−204.179	111.294	298.000	702.000		50.208	8.368	0.0	0.0	0.0
						15.899					
	液			702.000	1089.000		59.413	0.0	0.0	0.0	0.0
$TlCl_3$	固	−315.055	152.298	298.000	500.000		68.827	133.888	0.0	0.0	0.0
Tl_2O	固	−167.360	134.306	298.000	852.000		56.066	41.840	0.0	0.0	0.0
						30.292					
	液			852.000	1000.000		94.977	0.0	0.0	0.0	0.0
Tl_2O_3	固	−390.367	137.235	298.000	1107.000		131.880	3.556	0.0	−22.259	0.0
Tm	固	0.0	74.015	298.150	700.000		34.366	−24.222	22.987	−1.920	0.0
						0.0					
				700.000	1600.000		32.195	−0.889	2.380	−21.833	0.0
						0.0					
				1600.000	1818.000		25.182	6.769	0.0	0.0	0.0
						16.841					
	液			1818.000	2300.000		41.380	0.0	0.0	0.0	0.0
$TmCl_3$	固	−986.587	146.858	298.000	1118.000		95.604	11.715	0.0	−1.255	0.0
						34.936					
	液			1118.000	1300.000		148.532	0.0	0.0	0.0	0.0
Tm_2O_3	固	−1888.657	139.746	298.000	1800.000		128.658	19.456	0.0	−15.899	0.0
W	固	0.0	32.660	298.000	2500.000		22.912	4.686	0.0	0.0	0.0
						0.0					
				2500.000	3680.000		−211.995	64.237	5409.148	0.0	0.0
						35.397					
	液			3680.000	5936.000		35.564	0.0	0.0	0.0	0.0
						806.776					
	气			5936.000	6000.000		18.351	3.778	0.0	0.0	0.0
WC	固	−40.166	32.091	298.000	2650.000		40.777	12.418	−2.115	−7.619	0.0
WCl	气	553.543	263.173	298.000	3000.000		36.242	1.586	0.0	−1.632	0.0
WCl_2	固	−257.316	130.541	298.000	862.000		71.283	21.903	0.0	−0.008	0.0
WCl_2	气	−12.552	309.616	298.000	2273.000		58.166	4.506	0.0	−0.996	0.0
WCl_4	固	−443.085	198.322	298.000	771.000		106.491	77.881	−18.623	1.314	0.0
WCl_4	气	−335.975	379.070	298.000	2273.000		107.412	0.460	0.0	−7.766	0.0
WCl_5	固	−512.958	217.568	298.000	526.000		124.449	109.922	0.0	−1.402	0.0
						20.573					

续表 1-3-1

化学式	相	ΔH°_{298} kJ/mol	S°_{298} J/(mol·K)	温度范围，K T_1	T_2	相变热 kJ/mol	c_p，J/(mol·K) A	B	C	D	E
	液			526.000	561.250		182.004	0.0	0.0	0.0	0.0
WCl_5	气	−412.542	405.429	298.000	2273.000		131.373	1.406	0.0	−10.276	0.0
WCl_6	固 α_1	−593.709	238.488	298.000	450.000		125.570	167.230	0.0	0.0	0.0
						4.184					
	固 α_2			450.000	503.000		209.200	0.0	0.0	0.0	0.0
						15.77					
	固 β			503.000	555.000		188.280	0.0	0.0	0.0	0.0
						6.694					
	液			555.000	613.750		200.832	0.0	0.0	0.0	0.0
WCl_6	气	−493.712	419.237	298.000	2273.000		157.544	0.188	0.0	−12.238	0.0
WO	气	425.094	245.601	298.000	2273.000		34.895	1.439	0.0	−4.598	0.0
WO_2	固	−589.693	50.543	298.000	1997.000		77.417	−7.008	8.866	−18.493	0.0
WO_2	气	76.567	285.349	298.000	2273.000		49.095	10.000	−2.904	−7.318	0.0
WO_3	固-1	−842.908	75.898	298.000	1050.000		87.655	16.167	0.0	−17.497	0.0
						1.485					
	固-2			1050.000	1745.000		80.952	13.360	0.0	0.0	0.0
						73.429					
	液			1745.000	2110.000		131.796	0.0	0.0	0.0	0.0
WO_3	气	−292.880	286.186	298.000	2273.000		70.915	13.393	−3.883	−12.309	0.0
W_2C	固	−26.359	73.346	298.000	3068.000		70.291	8.326	0.0	−11.422	0.0
Yb	固-α	0.0	59.831	298.000	553.000		−0.435	55.271	0.0	9.502	0.0
						0.0					
				553.000	1033.000		26.673	5.234	0.0	0.0	0.0
						1.749					
	固-β			1033.000	1097.000		36.108	0.0	0.0	0.0	0.0
						7.657					
	液			1097.000	1467.000		36.777	0.0	0.0	0.0	0.0
Yb	气	152.009	172.849	298.000	1467.000		20.786	0.0	0.0	0.0	0.0
						0.0					
				1467.000	2000.000		20.786	0.0	0.0	0.0	0.0
$YbCl_2$	固	−799.562	130.541	298.000	1000.000		77.822	17.154	0.0	0.0	0.0
$YbCl_3$	固	−959.810	147.695	298.000	1127.000		94.684	9.330	0.0	−1.883	0.0
						35.355					
	液			1127.000	1500.000		121.336	0.0	0.0	0.0	0.0
Yb_2O_3	固	−1814.601	133.051	298.000	1800.000		128.658	19.456	0.0	−17.154	0.0
Zr	固 α	0.0	38.911	298.000	1135.000		21.974	11.632	0.0	0.0	0.0
						4.017					
	固 β			1135.000	2125.000		23.238	4.644	0.0	0.0	0.0
						20.920					
	液			2125.000	3000.000		33.472	0.0	0.0	0.0	0.0
ZrC	固	−196.648	33.321	298.000	3500.000		51.116	3.385	0.0	−12.983	0.0
ZrCl	气	205.434	254.195	298.150	1000.000		36.204	0.669	2.824	−1.464	0.0
						0.0					
				1000.000	2400.000		35.062	7.104	−1.443	−11.715	0.0
						0.0					

续表 1-3-1

化学式	相	ΔH°_{298}	S°_{298}	温度范围，K		相变热	c_p，J/(mol·K)				
		kJ/mol	J/(mol·K)	T_1	T_2	kJ/mol	A	B	C	D	E
				2400.000	6000.000		45.974	−0.778	0.088	−57.936	0.0
$ZrCl_2$	固	−430.952	110.039	298.000	1000.000		68.178	18.359	0.0	0.0	0.0
						26.778					
	液			1000.000	1565.000		91.002	0.0	0.0	0.0	0.0
$ZrCl_2$	气	−186.238	292.236	298.000	1565.300	0.0	60.639	1.695	0.0	−3.079	0.0
				1565.300	2000.000		60.639	1.695	0.0	−3.079	0.0
$ZrCl_3$	固	−714.209	145.603	298.000	1045.900		99.843	12.619	0.0	−6.586	0.0
$ZrCl_3$	气	−526.083	337.155	298.000	1045.900		82.605	4.142	0.0	−6.971	0.0
						0.0					
				1045.900	1200.000		82.605	4.142	0.0	−6.971	0.0
						0.0					
				1200.000	2000.000		86.785	0.377	0.0	0.0	0.0
$ZrCl_4$	固	−979.767	181.418	298.000	606.800		124.968	14.142	0.0	−8.368	0.0
$ZrCl_4$	气	−869.259	368.142	298.000	606.800		107.458	0.289	0.0	−8.259	0.0
						0.0					
				606.800	2000.000		107.458	0.289	0.0	−8.259	0.0
ZrF	气	82.843	242.672	298.000	800.000		30.903	9.615	0.0	0.0	0.0
						0.0					
				800.000	2000.000		34.966	4.916	0.0	0.0	0.0
ZrF_2	固	−962.320	75.312	298.000	1200.000		56.329	1.506	0.0	−7.243	0.0
						0.0					
				1200.000	2529.000		50.534	4.770	0.0	19.995	0.0
						0.0					
				2529.000	3000.000		50.534	4.770	0.0	19.995	0.0
ZrF_3	固	−1401.640	87.864	298.000	800.000		95.726	14.380	0.0	−14.163	0.0
						0.0					
				800.000	1468.350		116.868	−3.067	0.0	−60.208	0.0
ZrF_3(G)	气	−1105.417	305.432	298.000	600.000		71.291	18.535	0.0	−8.000	0.0
						0.0					
				600.000	1200.000		86.358	1.381	0.0	−25.183	0.0
						0.0					
				1200.000	1468.350		83.977	1.916	0.0	0.0	0.0
						0.0					
				1468.350	2000.000		83.977	1.916	0.0	0.0	0.0
ZrF_4	固-α	−1911.251	104.700	298.000	723.000		117.269	18.548	0.0	−17.221	0.0
						0.0					
	固 β			723.000	1179.000		117.269	18.548	0.0	−17.221	0.0
ZrF_4	气	−1673.914	318.687	298.000	1179.000		105.621	1.192	0.0	−16.129	0.0
						0.0					
				1179.000	2000.000		105.621	1.192	0.0	−16.129	0.0
ZrI	气	591.199	275.600	298.000	2273.000		37.401	0.912	0.0	−0.678	0.0
ZrI_2	固	−259.408	150.206	298.000	700.000		91.973	7.774	0.0	−0.050	0.0
						25.104					
	液			700.000	1300.000		36.706	86.952	0.0	−0.653	0.0
ZrI_2	气	−66.944	344.761	298.000	2273.000		58.191	0.008	0.0	−0.845	0.0

续表 1-3-1

化学式	相	ΔH°_{298} kJ/mol	S°_{298} J/(mol·K)	温度范围，K T_1	T_2	相变热 kJ/mol	c_p，J/(mol·K) A	B	C	D	E
ZrI_3	固	−397.480	204.598	298.000	970.000		107.671	0.033	0.0	−3.372	0.0
ZrI_3(G)	气	−221.752	397.689	298.000	2273.000		83.111	0.021	0.0	−2.042	0.0
ZrI_4	固	−484.926	256.939	298.000	704.000		127.612	4.180	0.0	−4.690	0.0
ZrI_4(G)	气	−355.221	446.767	298.000	2273.000		108.039	0.029	0.0	−2.736	0.0
ZrO_2	固-α	−1097.463	50.359	298.000	1478.000		69.622	7.531	0.0	−14.058	0.0
						5.941					
	固-β			1478.000	2950.000		74.475	0.0	0.0	0.0	0.0
						87.027					
	液			2950.000	3300.000		87.864	0.0	0.0	0.0	0.0

参 考 文 献

[1] I. Barin, O. Knacke, Thermochemical Properties of Inorganic Substances, Springer-Verlag, Berlin, 1973.

[2] O. Kubaschewski, C. B. Alcock, Metallurgical Thermochemistry, 5th Edition, Pergamon Press, 1979.

[3] 陈述武等，冶金热力学数据库，北京科技大学，1987.

[4] Landolt-Börnstein, Zalenwerte und Funktionen, 2 Band Eigenschaften der Materie in ihren Aggregatzuständen, 4 Teil: Kalorische Zustandsgrößen, Springer-Verlag, Berlin, 1961.

[5] JANAF Thermodynamical Tables, (1965 ~1968)., Michigan, U. S. Department of Commerce/National Bureau of Standars/Institute for Applied Technology.

[6] R. Hultgren *et al*, Selected Values of Thermodynamic Properties of Metals and Alloys, John Wiley & Sons, New York, 1963.

第四章 元素的电化学性质

编写人 乔芝郁

一、标准电极电位

25°C下水溶液中的标准电极电位见表1-4-1。

表 1-4-1 25°C下水溶液中的标准电极电位表（标准氢电极为参比电极）

编号	电 极 反 应	E°, V	编号	电 极 反 应	E°, V
1	$Li^+ + e = Li$	−3.024	34	$Lu^{3+} + 3e = Lu$	−2.25
2	$Cs^+ + e = Cs$	−3.02	35	$1/2H_2 + e = H^-$	−2.23
3	$Ca(OH)_2 + 2e = Ca + 2OH^-$	−3.02	36	$U(OH)_4 + e = U(OH)_3 + OH^-$	−2.2
4	$b^+ + e = Rb$	−2.99	37	$U(OH)_3 + 3e = U + 3OH^-$	−2.17
5	$Sr(OH)_2 \cdot 8H_2O + 2e = Sr + 2OH^- + 8H_2O$	−2.99	38	$H^+ + e = H(g)$	−2.10
6	$Ba(OH)_2 \cdot 8H_2O + 2e = Ba + 2OH^- + 8H_2O$	−2.97	39	$Sc^{3+} + 3e = Sc$	−2.08
7	$H(g)$① $+ OH^- = H_2O + e$	−2.93	40	$Pu^{3+} + 3e = Pu$	−2.07
8	$K^+ + e = K$	−2.924	41	$AlF_6^{3-} + 3e = Al + 6F^-$	−2.07
9	$Ra^{2+} + 2e = Ra$	−2.92	42	$Th^{4+} + 4e = Th$	−1.90
10	$Ba^{2+} + 2e = Ba$	−2.90	43	$Np^3 + 3e = Np$	−1.86
11	$Sr^{2+} + 2e = Sr$	−2.89	44	$H_2PO_2^- + e = P + 2OH^-$	−1.82
12	$Ca^{2+} + 2e = Ca$	−2.87	45	$U^{3+} + 3e = U$	−1.80
13	$La(OH)_3 + 3e = La + 3OH^-$	−2.80	46	$ThO_2 + 4H^+ + 4e = Th + 2H_2O$	−1.80
14	$Lu(OH)_3 + 3e = Lu + 3OH^-$	−2.72	47	$H_2BO_3^- + 3e = B + 4OH^-$	−1.79
15	$Na^+ + e = Na$	−2.714	48	$Ti^{2+} + 2e = Ti$	−1.75
16	$Mg(OH)_2 + 2e = Mg + 2OH^-$	−2.68	49	$SiO_3^{2-} + 3H_2O + 4e = Si + 6OH^-$	−1.73
17	$ThO_2 + 2H_2O + 4e = Th + 4OH^-$	−2.64	50	$HPO_3^{2-} + 2H_2O + 3e = P + 5OH^-$	−1.71
18	$Sc(OH)_3 + 3e = Sc + 3OH^-$	−2.6	51	$Hf^{4+} + 4e = Hf$	−1.70
19	$HfO(OH)_2 + H_2O + 4e = Hf + 4OH^-$	−2.50	52	$Be^{2+} + 2e = Be$	−1.70
			53	$HfO^{2+} + 2H^+ + 4e = Hf + H_2O$	−1.68
			54	$Al^{2+} + 3e = Al$	−1.67
20	$Ce^{3+} + 3e = Ce$	−2.48	55	$HPO_3^{2-} + 2H_2O + 2e = H_2PO_2^- + 3OH^-$	−1.65
21	$Nd^{3+} + 3e = Nd$	−2.44			
22	$Pu(OH)_3 + 3e = Pu + 3OH^-$	−2.42	56	$Na_2UO_4 + 4H_2O + 2e = U(OH)_4 + 2Na^+ + 4OH^-$	−1.61
23	$Sm^{3+} + 3e = Sm$	−2.41			
24	$Gd^{3+} + 3e = Gd$	−2.40	57	$Zr^{4+} + 4e = Zr$	−1.53
25	$UO_2 + 2H_2O + 4e = U + 4OH^-$	−2.39	58	$[Fe(CN)_6]^{4-} + 2e = Fe + 6CN^-$	−1.5
26	$La^{3+} + 3e = La$	−2.37	59	$Mn(OH)_2 + 2e = Mn + 2OH^-$	−1.47
27	$Y^{3+} + 3e = Y$	−2.37	60	$ZnS + 2e = Zn + S^{2-}$	−1.44
28	$H_2AlO_2^- + H_2O + 3e = Al + 4OH^-$	−2.35	61	$ZrO_2 + 4H^+ + 4e = Zr + 2H_2O$	−1.43
29	$Mg^{2+} + 2e = Mg$	−2.34	62	$2SO_3^{2-} + 2H_2O + 2e = S_2O_4^{2-} + 4OH^-$	−1.4
30	$H_2ZrO_3 + H_2O + 4e = Zr + 4OH^-$	−2.32	63	$UO_2 + 4H^+ + 4e = U + 2H_2O$	−1.40
31	$Am^{3+} + 3e = Am$	−2.32	64	$As + 3H_2O + 3e = AsH_3 + 3OH^-$	−1.37
32	$Al(OH)_3 + 3e = Al + 3OH^-$	−2.31	65	$MnCO_3 + 2e = Mn + CO_3^{2-}$	−1.35
33	$Be_2O_3^{2-} + 3H_2O + 4e = 2Be + 6OH^-$	−2.28	66	$Cr(OH)_3 + 3e = Cr + 3OH^-$	−1.3

续表 1-4-1

编号	电极反应	$E°$, V	编号	电极反应	$E°$, V
67	$[Cr(CN)_6]^{4-}=[Cr(CN)_6]^{3-}+e$(在KCN溶液中)	−1.28	108	$P+3H_2O+3e=PH_3+3OH^-$	−0.88
68	$[Zn(CN)_4]^{2-}+2e=Zn+4CN^-$	−1.26	109	$Fe(OH)_2+2e=Fe+2OH^-$	−0.877
69	$Zn(OH)_2+2e=Zn+2OH^-$	−1.245	110	$NiS(\alpha)+2e=Ni+S^{2-}$	−0.86
70	$CdS+2e=Cd+S^{2-}$	−1.23	111	$SbS_2^-+3e=Sb+2S^{2-}$	−0.85
71	$H_2GaO_3^-+H_2O+3e=Ga+4OH^-$	−1.22	112	$2NO_3^-+2H_2O+2e=N_2O_4+4OH^-$	−0.85
72	$ZnO_2^{2-}+2H_2O+2e=Zn+4OH^-$	−1.216	113	$Si+2H_2O=SiO_2+4H^++4e$	−0.84
73	$CrO_2^-+2H_2O+3e=Cr+4OH^-$	−1.2	114	$[Co(CN)_6]^{3-}+e=[Co(CN)_6]^{4-}$	−0.83
74	$SiF_6^{2-}+4e=Si+6F^-$	−1.2	115	$PtS+2e=Pt+S^{2-}$	−0.83
75	$TiF_6^{2-}+4e=Ti+6F^-$	−1.19	116	$2H_2O+2e=H_2+2OH^-$	−0.828
76	$In_2O_3+3H_2O+6e=2In+6OH^-$	−1.18	117	$UO_2^{2+}+4H^++6e=U+2H_2O$	−0.82
77	$V^{2+}+2e=V$	−1.18	118	$[Ni(CN)_4]^{2-}+e=[Ni(CN)_3]^{2-}+CN^-$	−0.82
78	$16H_2O+HV_6O_{17}^{3-}+30e=6V+33OH^-$	−1.15	119	$Cd(OH)_2+2e=Cd+2OH^-$	−0.81
79	$N_2+4H_2O+4e=N_2H_4+4OH^-$	−1.15	120	$Ta_2O_5+10H^++10e=2Ta+5H_2O$	−0.81
80	$HCO_2^-(aq)$②$+2H_2O+2e=HCHO(aq)+3OH^-$	−1.14	121	$CdCO_3+2e=Cd+CO_3^{2-}$	−0.8
81	$Nb^{3+}+3e=Nb$	−1.1	122	$ZnSO_4\cdot7H_2O+2e=Zn$(汞齐)$+SO_4^{2-}$	−0.799
82	$NiS(\gamma)$③$+2e=Ni+S^{2-}$	−1.07	123	$HSnO_2^-+H_2O+2e=Sn+3OH^-$	−0.79
83	$ZnCO_3+2e=Zn+CO_3^{2-}$	−1.06	124	$Se+2e=Se^{2-}$	−0.78
84	$BF_4^-+3e=B+4F^-$	−1.06	125	$Zn^{2+}+2e=Zn$	−0.762
85	$Mn^{2+}+2e=Mn$	−1.05	126	$TlI+e=Tl+I^-$	−0.76
86	$PO_4^{3-}+2H_2O+2e=HPO_3^{2-}+3OH^-$	−1.05	127	$CuS+2e=Cu+S^{2-}$	−0.76
87	$N_2O+5H_2O+4e=2NH_2OH+4OH^-$	−1.05	128	$FeCO_3+2e=Fe+CO_3^{2-}$	−0.755
88	$MoO_4^{2-}+4H_2O+6e=Mo+8OH^-$	−1.05	129	$AsS_2^-+3e=As+2S^{2-}$	−0.75
89	$WO_4^{2-}+4H_2O+6e=W+8OH^-$	−1.05	130	$CrCl_2^-+e=Cr+2Cl^-$	−0.74
90	$Tl_2S+2e=Tl+S^{2-}$	−1.04	131	$Co(OH)_2+2e=Co+2OH^-$	−0.73
91	$[Zn(NH_3)_4]^{2+}+2e=Zn+4NH_3(aq)$	−1.03	132	$H_3BO_3+3H^++3e=B+3H_2O$	−0.73
92	$FeS(\alpha)$③$+2e=Fe+S^{2-}$	−1.01	133	$N_2O_2^{2-}+6H_2O+4e=2NH_2OH+6OH^-$	−0.73
93	$In(OH)_3+3e=In+3OH^-$	−1.0	134	$Cr^{3+}+3e=Cr$	−0.71
94	$PbS+2e=Pb+S^{2-}$	−0.98	135	$Ag_2S+2e=2Ag+S^{2-}$	−0.71
95	$CNO^-+H_2O+2e=CN^-+2OH^-$	−0.96	136	$AsO_4^{3-}+2H_2O+2e=AsO_2^-+4OH^-$	−0.71
96	$Sn(OH)_6^{2-}+2e=HSnO_2^-+3OH^-+H_2O$	−0.96	137	$HgS+2e=Hg+S^{2-}$	−0.70
97	$Pu(OH)_4+e=Pu(OH)_3+OH^-$	−0.95	138	$[Mn(CN)_6]^{3-}+e=[Mn(CN)_4]^{2-}+2CN^-$	−0.7
98	TiO_2(无定形)$+4H^++4e=Ti+2H_2O$	−0.95	139	$Te+2H^++2e=H_2Te$	−0.7
99	$Cu_2S+2e=2Cu+S^{2-}$	−0.95	140	$Ni(OH)_2+2e=Ni+2OH^-$	−0.69
100	$CO_3^{2-}+2H_2O+2e=HCO_2^-+3OH^-$	−0.95	141	$AsO_2^-+2H_2O+3e=As+4OH^-$	−0.68
101	$SnS+2e=Sn+S^{2-}$	−0.94	142	$Ag_2S+H_2O+2e=2Ag+OH^-+SH^-$	−0.67
102	$CoS(\alpha)+2e=Co+S^{2-}$	−0.93	143	$Fe_2S_3+2e=2FeS+S^{2-}$	−0.67
103	$Te+2e=Te^{2-}$	−0.92	144	$SbO_2^-+2H_2O+3e=Sb+4OH^-$	−0.66
104	$Cd(CN)_4^{2-}+2e=Cd+4CN^-$	−0.90	145	$TlBr+e=Tl+Br^-$	−0.658
105	$SO_4^{2-}+H_2O+2e=SO_3^{2-}+2OH^-$	−0.90	146	$Ga^{3+}+e=Ga^{2+}$	−0.65
106	$Cr^{2+}+2e=Cr$	−0.9	147	$CoCO_3+2e=Co+CO_3^{2-}$	−0.632
107	$HGeO_3^-+2H_2O+4e=Ge+5OH^-$	−0.9	148	$Nb_2O_5+10H^++10e=2Nb+5H_2O$	−0.63
			149	$U^{4+}+e=U^{3+}$	−0.61

续表 1-4-1

编号	电极反应	E°, V
150	$SO_3^{2-}+3H_2O+6e=S^{2-}+6OH^-$	−0.61
151	$Au(CN)_2^-+e=Au+2CN^-$	−0.60
152	$AsS_4^{3-}+2e=AsS_2^-+2S^{2-}$	−0.6
153	$[Cd(NH_3)_4]^{2+}+2e=Cd+4NH_3\ (aq)$	−0.597
154	$ReO_4^-+2H_2O+3e=ReO_2+4OH^-$	−0.594
155	$H_3PO_3+2H^++2e=H_3PO_2+H_2O$	−0.59
156	$HCHO(aq)+2H_2O+2e=CH_3OH(aq)+2OH^-$	−0.59
157	$ReO_4^-+4H_2O+7e=Re+8OH^-$	−0.584
158	$NO_3^-+NO+e=2NO_2$	−0.58
159	$2SO_3^{2-}+3H_2O+4e=S_2O_3^{2-}+6OH^-$	−0.58
160	$2CuS+2e=Cu_2S+S^{2-}$	−0.58
161	$PbO+H_2O+2e=Pb+2OH^-$	−0.578
162	$ReO_2+H_2O+4e=Re+4OH^-$	−0.576
163	$TeO_3^{2-}+3H_2O+4e=Te+6OH^-$	−0.57
164	$Fe(OH)_3+e=Fe(OH)_2+OH^-$	−0.56
165	$PbS+H_2O+2e=Pb+OH^-+SH^-$	−0.56
166	$O_2^-=O_2+e$	−0.56
167	$TlCl+e=Tl+Cl^-$	−0.557
168	$2NH^+_4+2e=2NH_3(aq)+H_2$	−0.55
169	$S_4^{2-}+2e=S+S_3$	−0.55
170	$As+3H^++3e=AsH_3$	−0.54
171	$HPbO_2^-+H_2O+2e=Pb+3OH^-$	−0.54
172	$Cu_2S+2e=2Cu+S^{2-}$	−0.54
173	$Ga^{3+}+3e=Ga$	−0.52
174	$S_2^{2-}+2e=2S^{2-}$	−0.51
175	$[Ag(CN)_3]^{2-}+e=Ag+3CN^-$	−0.51
176	$Sb+3H^++3e=SbH_3(g)$	−0.51
177	$H_3PO_2+H^++e=P+2H_2O$	−0.51
178	$S+2e=S^{2-}$	−0.508
179	$PbCO_3+2e=Pb+CO_3^{2-}$	−0.506
180	$H_3PO_3+2H^++2e=H_3PO_2+H_2O$	−0.50
181	$2CO_2+2H^++2e=H_2C_2O_4\ (aq)$	−0.49
182	$H_3PO_3+3H^++3e=P+3H_2O$	−0.49
183	$[Ni(NH_3)_6]^{2+}+2e=Ni+6NH_3\ (aq)$	−0.48
184	$NO_2^-+H_2O+e=NO+2OH^-$	−0.46
185	$BiOOH+H_2O+3e=Bi+3OH^-$	−0.46
186	$ClO_3^-+H_2O+e=ClO_2(g)+2OH^-$	−0.45
187	$NiCO_3+2e=Ni+CO_3^{2-}$	−0.45
188	$In^{3+}+e=In^{2+}$	−0.45
189	$Fe^2+2e=Fe$	−0.441
190	$CdSO_4\cdot 8/3H_2O+2e=$ Cd（汞齐）$+SO_4^{2-}$	−0.435
191	$Eu^{3+}+e=Eu^{2+}$	−0.43
192	$[Cu(CN)_2]^-+e=Cu+2CN^-$	−0.43
193	$[Co(NH_3)_6]^{2+}+2e=Co+6NH_3\ (aq)$	−0.422
194	$2H^+([H^+]=10^{-7}m)$① $+2e=H_2$	−0.414
195	$Cr^{3+}+e=Cr^{2+}$	−0.41
196	$Cd^{2+}+2e=Cd$	−0.402
197	$Mn(OH)_3+e=Mn(OH)_2+OH^-$	−0.40
198	$Ga_2O+2H^++2e=2Ga+H_2O$	−0.4
199	$Hg(CN)_4^{2-}+2e=Hg+4CN^-$	−0.37
200	$Ti^{3+}+e=Ti^{2+}$	−0.37
201	$SeO_3^{2-}+3H_2O+4e=Se+6OH^-$	−0.366
202	$PbI_2+2e=Pb+2I^-$	−0.365
203	$Cu_2O+H_2O+2e=2Cu+2OH^-$	−0.361
204	$Se+2H^++2e=H_2Se$	−0.36
205	$Hg_2(CN)_2+2e=2Hg+2CN^-$	−0.36
206	$PbSO_4+2e=Pb+SO_4^{2-}$	−0.355
207	$In^{2+}+e=In^+$	−0.35
208	$Tl(OH)+e=Tl+OH^-$	−0.344
209	$In^{3+}+3e=In$	−0.340
210	$InCl+e=In+Cl^-$	−0.34
211	$Tl^++e=Tl$	−0.338
212	$PtS+2H^++2e=Pt+H_2S$	−0.30
213	$[Ag(CN)_2]^-+e=Ag+2CN$	−0.30
214	$NO_3^-+5H_2O+6e=NH_2OH+7OH^-$	−0.30
215	$PbBr_2+2e=Pb+2Br^-$	−0.280
216	$Co^{2+}+2e=Co$	−0.277
217	$H_3PO_4+2H^++2e=H_3PO_3+H_2O$	−0.276
218	$HCNO+H^++e=1/2(CN)_2+H_2O$	−0.27
219	$Cu(CNS)+e=Cu+CNS^-$	−0.27
220	$PbCl_2+2e=Pb+2Cl^-$	−0.268
221	$CuS+2H^++2e=Cu+H_2S$	−0.259
222	$V^{3+}+e=V^{2+}$	−0.255
223	$Sb_2O_3+6H^++6e=2Sb+3H_2O$	−0.255
224	$V(OH)_4^-+4H^++5e=V+4H_2O$	−0.253
225	$Ni^{2+}+2e=Ni$	−0.250
226	$SnF_3^{2-}+4e=Sn+6F^-$	−0.25
227	$CH_3OH(aq)+H_2O+2e=CH_4+2OH^-$	−0.25
228	$HO_2^-+H_2O+e=OH+2OH^-$	−0.24
229	$2H_2SO_3+H^++2e=HS_2O_4^-+2H_2O$	−0.23
230	$N_2+5H^++4e=N_2H_5^+$	−0.23
231	$Cu(OH)_2+2e=Cu+2OH^-$	−0.224
232	$2SO^2{}_4^-+4H^++2e=S_2O_3^{2-}+2H_2O$	−0.22
233	$Mo^{3+}+3e=Mo$	−0.2
234	$CuI+e=Cu+I^-$	−0.187
235	$2NO_3^-+2H_2O+4e=N_2O_3^{2-}+4OH^-$	−0.180

续表 1-4-1

编号	电　极　反　应	E°, V
236	$PbO_2 + 2H_2O + 4e = Pb + 4OH^-$	−0.16
237	$AgI + e = Ag + I^-$	−0.151
238	$GeO_2 + 4H^+ + 4e = Ge + 2H_2O$	−0.15
239	$Sn^{2+} + 2e = Sn$	−0.140
240	$CO_2 + 2H^+ + 2e = HCOOH(aq)$	−0.14
241	$CH_3COOH(aq) + 2H^+ + 2e = CH_3CHO(aq) + H_2O$	−0.13
242	$Pb^{2+} + 2e = Pb$	−0.126
243	$CrO_4^{2-} + 4H_2O + 3e = Cr(OH)_3 + 5OH^-$	−0.12
244	$[Cu(NH_3)_2]^+ + e = Cu + 2NH_3$	−0.11
245	$2Cu(OH)_2 + 2e = Cu_2O + H_2O + 2OH^-$	−0.09
246	$WO_3 + 6H^+ + 6e = W + 3H_2O$	−0.09
247	$O_2 + H_2O + 2e = HO_2{}^- + OH^-$	−0.076
248	$N_2O + H_2O + 6H^+ + 4e = 2NH_3OH^+$	−0.05
249	$[Cu(NH_3)_4]^{2+} + 2e = Cu + 4NH_3(aq)$	−0.05
250	$Tl(OH)_3 + 2e = TlOH + 2OH^-$	−0.05
251	$MnO_2 + H_2O + 2e = Mn(OH)_2 + 2OH^-$	−0.05
252	$Hg_2I_2 + 2e = 2Hg + 2I^-$	−0.0405
253	$HgI_4^{2+} + 2e = Hg + 4I^-$	−0.04
254	$Ti^{4+} + e = Ti^{3+}$	−0.04
255	$P + 3H^+ + 3e = PH_3$	−0.04
256	$AgCN + e = Ag + CN^-$	−0.04
257	$RuO_2 + 2H_2O + 4e = Ru + 4OH^-$	−0.04
258	$Fe^{3+} + 3e = Fe$	−0.036
259	$Ag_2S + 2H^+ + 2e = 2Ag + H_2S$	−0.036
260	$TeO_3^{2-} + 2H_2O + 4e = Te + 6OH^-$	−0.02
261	$HCOOH(aq) + 2H^+ + 2e = HCHO(aq) + H_2O$	−0.01
262	$2De^+ + 2e = De_2$	−0.0034
263	$H_2MoO_4(aq) + 6H^+ + 6e = Mo + 4H_2O$	0.0
264	$CuI_2^- + e = Cu + 2I^-$	0.0
265	$[Cu(NH_3)_4]^{2+} + e = [Cu(NH_3)_2]^+ + 2NH_3(aq)$	0.0
266	$2H^+ + 2e = H_2$	0.0000
267	$[Ag(S_2O_3)_2]^{3-} + 3 = Ag + 2S_2O_3^{2-}$	0.01
268	$NO_2^- + H_2O + 2e = NO_3^- + 2OH^-$	0.01
269	$Os + 9OH^- = HOsO_5{}^- + 4H_2O + 8e$	0.02 0.02
270	$[Fe(C_2O_4)_3]^{3-} + e = [Fe(C_2O_4)_2]^{2-} + C_2O_4^{2-}$	0.02
271	$SeO_4^{2-} + H_2O + 2e = SeO_3^{2-} + 2OH^-$	0.03
272	$CuBr + e = Cu + Br^-$	0.033
273	$2Rh + 6OH^- = Rh_2O_3 + 3H_2O + 6e$	0.04
274	$UO_2^+ = UO_2^{2+} + e$	0.05
275	$CuBr_2^- + e = Cu + 2Br^-$	0.05
276	$CuCO_3 + 2e = Cu + CO_3^{2-}$	0.053
277	$PH_3(g) = P + 3H^+ + 3e$	0.06
278	$PbS + 2H^+ + 2e = Pb + H_2S$	0.07
279	$Pd(OH)_2 + 2e = Pd + 2OH^-$	0.07
280	$AgBr + e = Ag + Br^-$	0.073
281	$AgCNS + e = Ag + CNS^-$	0.09
282	$HgO + H_2O + 2e = Hg + 2OH^-$	0.098
283	$Si + 4H^+ + 4e = SiH_4$	0.102
284	$Pd(OH)_2 + 2e = Pd + 2OH^-$	0.1
285	$N_2H_4 + 4H_2O + 2e = 2NH_4OH + 2OH^-$	0.1
286	$Ir_2O_3 + 3H_2O + 6e = 2Ir + 6OH^-$	0.1
287	$[Co(NH_3)_6]^{3+} + e = [Co(NH_3)_6]^{2+}$	0.1
288	$2NO + 2e = N_2O_2^{2-}$	0.1
289	$TiO^{2+} + 2H^+ + e = H_2O + Ti^{3+}$	0.1
290	$Mn(OH)_3 + e = Mn(OH)_2 + OH^-$	0.1
291	$Hg_2O + H_2O + 2e = 2Hg + 2OH^-$	0.123
292	$CuCl + e = Cu + Cl^-$	0.124
293	$C + 4H^+ + 4e = CH_4$	0.13
294	$Hg_2Br_2 + 2e = 2Hg + 2Br^-$	0.139
295	$S + 2H^+ + 2e = H_2S$	0.141
296	$Np^{4+} + e = Np^{3+}$	0.147
297	$Sn^{4+} + 2e = Sn^{2+}$	0.15
298	$ReO_4{}^- + 8H^+ + 7e = Re + 4H_2O$	0.15
299	$2NO_2^- + 3H_2O + 4e = N_2O + 6OH^-$	0.15
300	$Sb_2O_3 + 6H^+ + 6e = 2Sb + 3H_2O$	0.152
301	$BiCl_4^- + 3e = Bi + 4Cl^-$	0.16
302	$Pt(OH)_2 + 2e = Pt + 2OH^-$	0.16
303	$BiOCl + 2H^+ + 3e = Bi + H_2O + Cl^-$	0.16
304	$Cu^{2+} + e = Cu^+$	0.167
305	$S_4O_6^{2-} + 2e = 2S_2O_3^{2-}$	0.17
306	$ClO_4^- + H_2O + 2e = ClO_3^- + 2OH^-$	0.17
307	$CuCl_2^- + e = Cu + 2Cl^-$	0.19
308	$Ag_4[Fe(CN)_6] + 4e = 4Ag + [Fe(CH)_6]^{4-}$	0.194
309	$SO_4^{2-} + 4H^+ + 2e = H_2SO_3 + H_2O$	0.20
310	$S_8O_6^{2-} + 4H + 2e = 2H_2SO_3$	0.20
311	$2SO_4^{2-} + 4H^+ + 2e = S_2O_6{}^{2-} + 2H_2O$	0.20
312	$Co(OH)_3 + e = Co(OH)_2 + OH^-$	0.20
313	$HgBr_4^{2-} + 2e = Hg + 4Br^-$	0.21
314	$SbO^+ + 2H^+ + 3e = Sb + H_2O$	0.212
315	$AgCl + e = Ag + Cl^-$	0.222
316	$Hg_2(CNS)_2 + 2e = 2Hg + 2CNS^-$	0.22
317	$(CH_3)SO_2 + 2H^+ + 2e = (CH_3)_2SO + H_2O$	0.23

续表 1-4-1

编号	电 极 反 应	E°, V
318	$H_3AsO_3(aq)+3H^++3e=As+3H_2O$	0.24
319	$HCHO(aq)+2H^++2e=CH_3OH(aq)$	0.24
320	$Hg_2Cl_2+2e=2Hg+2Cl$ (饱和的KCl)	0.244
321	$HAsO_2(aq)+3H^++3e=As+2H_2O$	0.247
322	$PbO_2+H_2O+2e=PbO+2OH^-$	0.248
323	$Pb_3O_4+H_2O+2e=PbO+2OH^-$	0.25
324	$ReO_2+4H^++4e=Re+2H_2O$	0.252
325	$IO_3^-+3H_2O+6e=I^-+6OH^-$	0.26
326	$PuO_2(OH)_2+e=PuO_2OH+OH^-$	0.26
327	$Hg_2Cl_2+2e=2Hg+Cl^-(a_{Cl^-}=1)$	0.267
328	$Hg_2Cl_2+2e=2Hg+2Cl^-$(NKCl)	0.283
329	$[Ag(SO_3)_2]^{3-}+e=Ag+2SO_3^{2-}$	0.30
330	$VO^{2+}+2H^++e=V^{3+}+H_2O$	0.314
331	$BiO^++2H^++3e=Bi+H_2O$	0.32
332	$Hg_2CO_3+2e=2Hg+CO_3^{2-}$	0.32
333	$UO_2^{2+}+2e=UO_2$	0.33
334	$(CN)_2+2H^++2e=2HCN$	0.33
335	$UO_2^{2+}+4H^++2e=U^{4+}+2H_2O$	0.334
336	$Hg_2Cl_2+2e=2Hg+2Cl^-$ (0.1N KCl)	0.336
337	$Ag_2O+H_2O+2e=2Ag+2OH^-$	0.344
338	$Cu^{2+}+2e=Cu$	0.345
339	$ClO_3^-+H_2O+2e=ClO_2^-+2OH^-$	0.35
340	$Fe(CN)_6^{3-}+e=Fe(CN)_6^{4-}$	0.36
341	$Hg_2(CH_3COO)_2+2e=2Hg+2CH_3COO^-$	0.36
342	$AgIO_3+e=Ag+IO_3^-$	0.37
343	$Ti^{3+}+e=Ti^{3+}$	0.37
344	$[Ag(NH_3)_2]^++e=Ag+2NH_3(aq)$	0.373
345	$HgCl_4^{2-}+2e=Hg+4Cl^-$	0.38
346	$Hg(IO_3)_2+2e=Hg+2IO_3^-$	0.40
347	$2H_2SO_3+2H^++4e=3H_2O+S_2O_3^{2-}$	0.40
348	$U^{6+}+2e=U^{4+}$	0.4
349	$TeO_4^{2-}+H_2O+2e=TeO_3^{2-}+2OH^-$	0.4
350	$O_2^-+H_2O+e=OH^-+HO_2^-$	0.4
351	$FeF_6^{3-}+e=Fe^{2+}+6F^-$	0.4
352	$O_2+2H_2O+4e=4OH^-$	0.401
353	$Hg_2C_2O_4+2e=2Hg+C_2O_4^{2-}$	0.417
354	$NH_2OH+2H_2O+2e=NH_4OH+2OH^-$	0.42
355	$H_2N_2O_2+6H^++4e=2NH_3OH^+$	0.44
356	$RhCl_6^{3-}+3e=Rh+6Cl^-$	0.44
357	$Ag_2CrO_4+2e=2Ag+CrO_4^{2-}$	0.446
358	$2BrO^-+2H_2O+2e=Br_2+4OH^-$	0.45
359	$H_2SO_3+4H^++4e=S+3H_2O$	0.45
360	$Ag_2C_2O_4+2e=2Ag+C_2O_4^{2-}$	0.47
361	$Ag_2CO_3+2e=2Ag+CO_3^{2-}$	0.47
362	$4H_2SO_3+4H^++6e=6H_2O+S_4O_6^{2-}$	0.48
363	$Sb_2O_5+2H^++2e=Sb_2O_4+H_2O$	0.48
364	$PdI_6^{-}+3e=PdI_4^{2-}+2I^-$ (在1NKI溶液中)	0.48
365	$Ag_2MoO_4+2e=2Ag+MoO_4^{2-}$	0.49
366	$NiO_2+2H_2O+2e=Ni(OH)_2+2OH^-$	0.49
367	$IO^-+H_2O+2e=I^-+2OH^-$	0.49
368	$AuI+e=Au+I^-$	0.50
369	$AuO_2^-+2H_2O+3e=Au+4OH^-$	0.5
370	$ReO_4^-+4H^++3e=ReO_2+2H_2O$	0.51
371	$ClO_4^-+4H_2O+8e=Cl^-+8OH^-$	0.51
372	$C_2H_4+2H^++2e=C_2H_6$	0.52
373	$2ClO^-+2H_2O+2e=Cl_2+4OH^-$	0.52
374	$Cu^++e=Cu$	0.522
375	$TeO_2+4H^++4e=Te+2H_2O$	0.529
376	$Ag_2WO_4+2e=2Ag+WO_4^{2-}$	0.53
377	$I_2+2e=2I^-$	0.534
378	$I_3^-+2e=3I^-$	0.535
379	$BrO_3^-+2H_2O+4e=BrO^-+4OH^-$	0.54
380	$MnO_4^-+e=MnO_4^{2-}$	0.54
381	$Hg_2CrO_4+2e=2Hg+CrO_4^{2-}$	0.54
382	$AgBrO_3+e=Ag+BrO_3^-$	0.55
383	$H_3AsO_4+2H^++2e=H_3AsO_3+H_2O$	0.559
384	$TeOOH^++3H^++4e=2H_2O+Te$	0.559
385	$IO_3^-+2H_2O+4e=IO^-+4OH^-$	0.56
386	$Cu^{2+}+Cl^-+e=CuCl$	0.56
387	$AgNO_2+e=Ag+NO_2^-$	0.564
388	$Te^{4+}+4e=Te$	0.568
389	$MnO_4^-+2H_2O+3e=MnO_2+4OH^-$	0.57
390	$2AgO+H_2O+2e=Ag_2O+2OH^-$	0.57
391	$CH_3OH(aq)+2H^++2e=CH_4(g)+H_2O$	0.58
392	$MnO_4^{2-}+2H_2O+2e=MnO_2+4OH^-$	0.58
393	$PtBr_4^{2-}+2e=Pt+4Br^-$	0.58
394	$Sb_2O_5+6H^++4e=2SbO^++3H_2O$	0.581
395	$ClO_2^-+H_2O+2e=ClO^-+2OH^-$	0.59
396	$OsCl_6^{3-}+3e=Os+6Cl^-$	0.6

续表 1-4-1

编号	电　极　反　应	E°, V
397	$PdBr_4^{2-} + 2e = Pd + 4Br^-$	0.6
398	$RuCl_5^{2-} + 3e = Ru + 5Cl^-$	0.60
399	$RuO_4^- + e = RuO_4^{2-}$	0.60
400	$2NO + 2H^+ + 2e = H_2N_2O_2$	0.60
401	$BrO_3^- + 3H_2O + 6e = Br^- + 6OH^-$	0.61
402	$Hg_2SO_4 + 2e = 2Hg + SO_4^{2-}$	0.615
403	$ClO_3^- + 3H_2O + 6e = Cl^- + 6OH^-$	0.62
404	$HNO_2 + 5H^+ + 4e = NH_3OH^+ + H_2O$	0.62
405	$UO_2^{2+} + 4H^+ + 2e = U^{4+} + 2H_2O$	0.62
406	$PtBr_6^{2-} + 2e = PtBr_4^{2-} + 2Br^-$	0.63
407	$2HgCl_2 + 2e = Hg_2Cl_2 + 2Cl^-$	0.63
408	$PdCl_4^{2-} + 2e = Pd + 4Cl^-$	0.64
409	$AgC_2H_3O_2 + e = Ag + CH_3COO^-$	0.643
410	$Au(CNS)_4^- + 2e = Au(CNS)_2^- + 2CNS^-$	0.645
411	$Ag_2SO_4 + 2e = 2Ag + SO_4^{2-}$	0.653
412	$Cu^{2+} + Br^- + e = CuBr$	0.657
413	$HN_3 + 11H^+ + 8e = 3NH_4^+$	0.66
414	$Au(CNS)_4^- + 3e = Au + 4CNS^-$	0.66
415	$ClO_2^- + H_2O + 2e = ClO^- + 2OH^-$	0.66
416	$AgBrO_3 + e = Ag + BrO_3^-$	0.68
417	$Sb_2O_4 + 4H^+ + 2e = 2SbO^+ + 2H_2O$	0.68
418	$3H_2SO_3 + 2e = S_3O_2^{5-} + 3H_2O$	0.68
419	$O_2 + 2H^+ + 2e = H_2O_2$	0.682
420	$Cu^{2+} + 2I^- + e = CuI_2^-$	0.690
421	$Au(CNS)_2^- + e = Au + 2CNS^-$	0.69
422⑥	$C_6H_4O_2 + 2H^+ + 2e = C_6H_6O_2$	0.699
423	$H_3IO_6^{2-} + 2e = IO_3^- + 3OH^-$	0.70
424	$Te + 2H^+ + 2e = H_2Te$	0.70
425	$IrO_2 + 4H^+ + e = Ir^{3+} + 2H_2O$	0.7
426	$PtCl_6^{2-} + 2e = PtCl_4^{2-} + 2Cl^-$	0.72
427	$IrCl_6^{3-} + 3e = Ir + 6Cl^-$	0.72
428	$PtCl_4^{2-} + 2e = Pt + 4Cl^-$	0.73
429	$[Mo(CN)_6]^{3-} + e = [Mo(CN)_6]^{4-}$	0.73
430	$H_2SeO_3 + 4H^+ + 4e = Se + 3H_2O$	0.740
431	$2NH_2OH + 2e = N_2H_4 + 2OH^-$	0.74
432	$Ag_2O_3 + H_2O + 2e = 2AgO + 2OH^-$	0.74
433	$H_3SbO_4 + 2H^+ + 2e = H_3SbO_3 + H_2O$	0.75
434	$NpO_2^+ + 4H^+ + e = Np^{4+} + 2H_2O$	0.75
435	$BrO^- + H_2O + 2e = Br^- + 2OH^-$	0.76
436	$(CNS)_2 + 2e = 2CNS^-$	0.77
437	$Fe^{3+} + e = Fe^{2+}$	0.771
438	$Hg_2^{2+} + 2e = 2Hg$	0.789
439	$RuO_2 + 4H^+ + 4e = Ru + 2H_2O$	0.79
440	$Ag^+ + e = Ag$	0.7991
441	$2NO_3^- + 4H^+ + 2e = N_2O_4 + 2H_2O$	0.80
442	$Pd(OH)_4 + 2e = Pd(OH)_2 + 2OH^-$	0.8
443	$Rh^{3+} + 3e = Rh$	~0.8
444	$AuBr_4^- + 2e = AuBr_2^- + 2Br^-$	0.82
445	$OsO_4 + 8H^+ + 8e = Os + 4H_2O$	0.85
446	$2HNO_2 + 4H^+ + 4e = H_2N_2O_2 + 2H_2O$	0.86
447	$Cu^{2+} + I^- + e = CuI$	0.86
448	$HNO_2 + 7H^+ + 6e = NH_4^+ + 2H_2O$	0.86
449	$AuBr_4^- + 3e = Au + 4Br^-$	0.87
450	$2IBr_2^- + 2e = I_2 + 4Br^-$	0.87
451	$HO_2^- + H_2O + 2e = 3OH^-$	0.88
452	$N_2O_4 + 2e = 2NO_2^-$	0.88
453	$ClO^- + H_2O + 2e = Cl^- + 2OH^-$	0.89
454	$CoO_2 + H_2O + 2e = CoO + 2OH^-$	0.9
455	$FeO_4^{2-} + 2H_2O + 3e = FeO_2^- + 4OH^-$	0.9
456	$2Hg^{2+} + 2e = Hg_2^{2+}$	0.920
457	$PuO_2^{2+} + e = PuO_2^+$	0.93
458	$NO_3^- + 3H^+ + 2e = HNO_2 + H_2O$	0.94
459	$NO_3^- + 4H^+ + 3e = NO + 2H_2O$	0.96
460	$AuCl_4^- + 2e = AuCl_2^- + 2Cl^-$	0.96
461	$AuBr_2^- + e = Au + 2Br^-$	0.96
462	$Pu^{4+} + e = Pu^{3+}$	0.97
463	$Pt(OH)_2 + 2H^+ + 2e = Pt + 2H_2O$	0.98
464	$Pd^{2+} + 2e = Pd$	0.987
465	$HIO + H^+ + 2e = I^- + H_2O$	0.99
466	$IrBr_6^{3-} + e = IrBr_6^{4-}$	0.99
467	$ICl(s)$⑤ $+ 2e = ICl$（溶液）$+ 2Cl^-$	0.99
468	$HNO_2 + H^+ + e = NO + H_2O$	1.00
469	$OsO_4 + 6Cl^- + 8H^+ + 4e = OsCl_6^{2-} + 4H_2O$	1.0
470	$AuCl_4^- + 3e = Au + 4Cl^-$	1.00
471	$V(OH)_4^+ + 2H^+ + e = VO^{2+} + 3H_2O$	1.00
472	$IrCl_6^{2-} + e = IrCl_6^{3-}$	1.017
473	$H_5TeO_6 + 2H^+ + 2e = TeO_2 + 4H_2O$	1.02
474	$2IBr$(溶液)$ + 2e = I_2 + 2Br^-$	1.02
475	$N_2O_4 + 4H^+ + 4e = 2NO + 2H_2O$	1.03
476	$VO_4^{3-} + 6H^+ + e = VO^{2+} + 3H_2O$	1.031
477	$PuO_2^{2+} + 4H^+ + 2e = Pu^{4+} + 2H_2O$	1.04
478	$2ICl_3(s) + 6e = I_2(s) + 6Cl^-$	1.05
479	$ICl_2^- + e = 2Cl^- + 1/2I_2$	1.06
480	$Se_2Cl_2 + 2e = 2Se + 2Cl^-$	1.06
481	$Br_2(l)$⑦ $+ 2e = 2Br^-$	1.0652
482	$N_2O_4 + 2H^+ + 2e = 2HNO_2$	1.07
483	$IO_3^- + 6H^+ + 6e = I^- + 3H_2O$	1.085
484	$HVO_3 + 3H^+ + e = VO^{2+} + 2H_2O^+$	1.1

续表 1-4-1

编号	电　极　反　应	$E°$, V
485	$Cu^{2+}+2CN^-+e=Cu(CN)_2^-$	1.12
486	$AuCl_2^-+e=Au+2Cl^-$	1.13
487	$PuO_2^++4H^++e=Pu^{4+}+2H_2O$	1.15
488	$SeO_4^{2-}+4H^++2e=H_2SeO_3+H_2O$	1.15
489	$NpO_2^{2+}+e=NpO_2^+$	1.15
490	$ClO_2+e=ClO_2^-$	1.16
491	$CCl_4+4H^++4e=4Cl^-+C+4H^+$	1.18
492	$ClO_4^-+2H^++2e=ClO_3^-+H_2O$	1.19
493	$2ICl$(溶液)$+2e=I_2(s)+2Cl^-$	1.19
494	$IO_3^-+6H^++5e=1/2I_2+3H_2O$	1.195
495	$BrCl+2e=Br^-+Cl^-$	1.20
496	$Pt^{2+}+2e=Pt$	~1.2
497	$PdO_3(s)+H_2O+2e=PdO_2(s)+2OH^-$	1.2
498	$ClO_3^-+3H^++2e=HClO_2+H_2O$	1.21
499	$O_2+4H^++4e=2H_2O$	1.229
500	$IO_3^-+6H^++2Cl^-+4e=ICl_2^-+3H_2O$	1.23
501	$S_2Cl_2+2e=2S+2Cl^-$	1.23
502	$MnO_2+4H^++2e=Mn^{2+}+2H_2O$	1.23
503	$O_3+H_2O+2e=O_2+2OH^-$	1.24
504	$Tl^{3+}+2e=Tl^+$	1.25
505	$AmO_2^++4H^++e=Am^{4+}+2H_2O$	1.26
506	$N_2H_4^++3H^++2e=2NH_4^+$	1.275
507	$ClO_2+H^++e=HClO_2$	1.275
508	$PdCl_6^{2-}+2e=PdCl_4^{2-}+2Cl^-$	1.288
509	$2HNO_2+4H^++4e=N_2O+3H_2O$	1.29
510	$Au^{3+}+2e=Au^+$	~1.29
511	$HBrO+H^++2e=Br^-+H_2O$	1.33
512	$Cr_2O_7^{2-}+14H^++6e=2Cr^{3+}+7H_2O$	1.33
513	$ClO_4^-+8H^++7e=1/2Cl_2+4H_2O$	1.34
514	$NH_3OH^++2H^++2e=NH_4^++H_2O$	1.35
515	$Cl_2+2e=2Cl^-$	1.3595
516	$T^{3+}+Cl^-+2e=TlCl$	1.36
517	$IO_4^-+8H^++8e=I^-+4H_2O$	1.4
518	$RhO^{2+}+2H^++e=Rh^{3+}+H_2O$	1.4
519	$2NH_3OH^++H^++2e=N_2H_4^++2H_2O$	1.42
520	$BrO_3^-+6H^++6e=Br^-+3H_2O$	1.44
521	$Au(OH)_3+3H^++3e=Au+3H_2O$	1.45
522	$ClO_3^-+6H^++6e=Cl^-+3H_2O$	1.45
523	$HIO+H^++e=1/2I_2+H_2O$	1.45
524	$PbO_2+4H^++2e=Pb^{2+}+2H_2O$	1.455
525	$ClO_3^-+6H^++5e=1/2Cl_2+3H_2O$	1.47
526	$HClO+H^++2e=Cl^-+H_2O$	1.49
527	$Au^{3+}+3e=Au$	1.50
528	$CeO_2+4H^++e=Ce^3+2H_2O$	1.4
529	$HO_2+H^++e=H_2O_2$	1.5
530	$Mn^{3+}+e=Mn^{2+}$	1.51
531	$MnO_4^-+8H^++5e=Mn^{2+}+4H_2O$	1.51
532	$BrO_3^-+6H^++5e=1/2Br_2+3H_2O$	1.52
533	$HClO_2+3H^++4e=Cl^-+2H_2O$	1.56
534	$HBrO+H^++e=1/2Br_2+H_2O$	1.59
535	$2NO+2H^++2e=N_2O+H_2O$	1.59
536	$Bi_2O_4+4H^++2e=2BiO^++2H_2O$	1.59
537	$H_5IO_6+H^++2e=IO_3^-+3H_2O$	1.6
538	$Bk^{4+}+e=Bk^{3+}$	1.6
539	$Ce^{4+}+e=Ce^{3+}$	1.61
540	$2HClO+2H^++2e=Cl_2(g)+2H_2O$	1.63
541	$AmO_2^{2-}+e=AmO_2^+$	1.64
542	$HClO_2+2H^++2e=HClO+H_2O$	1.64
543	$NiO_2+4H^++2e=Ni^++2H_2O$	1.68
544	$PbO_2+SO_4^{2-}+4H^++2e=PbSO_4+2H_2O$	1.685
545	$AmO^{2+}+4H^++3e=Am^{3+}+2H_2O$	1.69
546	$Pb^{4+}+2e=Pb^{2+}$	1.69
547	$MnO_4^-+4H^++3e=MnO_2+2H_2O$	1.695
548	$AmO_2^++4H^++2e=Am^{3+}+2H_2O$	1.725
549	$H_2O_2+2H^++2e=2H_2O$	1.77
550	$Co^{3+}+e=Co^{2+}$	1.82
551	$FeO_4^{2-}+8H^++3e=Fe^{3+}+4H_2O$	1.9
552	$NH_3+3H^++2e=NH_4^++H_2$	1.96
553	$Ag^{2+}+e=Ag^+$	1.98
554	$OH+e=OH^-$	2.0
555	$S_2O_8^{2-}+2e=2SO_4^{2-}$	2.01
556	$O_3+2H^++2e=O_2+H_2O$	2.07
557	$F_2O+2H^++4e=H_2O+2F^-$	2.1
558	$Am^{4+}+e=Am^{3+}$	2.18
559	$O(g)+2H^++2e=H_2O$	2.42
560	$F_2+2e=2F^-$	2.65
561	$OH+H^++e=H_2O$	2.8
562	$H_2N_2O_2+2H^++2e=N_2+2H_2O$	2.85
563	$F_2+2H^++2e=2HF(aq)$	3.06

① g为气态，以下同； ② aq为水溶液，以下同； ③ γ、α为物相，以下同； ④ m为重量摩尔分子浓度； ⑤ 醌氢醌； ⑥ S为固态，以下同； ⑦ l为液态。

二、式量电位

在含有某个浓度的电解质（支持电解质）溶液中，由一个参比电极和一个指示电极组成电池，当能斯特方程式中log项的浓度（活度）比率等于1时，这个电池的电位称为式量电位。该电解质（支持电解质）的浓度远比氧化还原对中氧化态或还原态的浓度要浓，这足以使液接电位和活度不随氧化态或还原态的浓度而变化。这个电解质（支持电解质）的成分，如氢离子、氢氧根、氯离子，它们的浓度是固定的，并规定不在log项中表示出来。例如，在12mol/L HCl中As(V)-As(Ⅲ)对的式量电位（$E°'$）由下面方程式表示：

$$E°' = E_{电池} + \frac{0.05915}{2}\log\frac{[As(V)]}{[As(Ⅲ)]}\ (25°C)$$

在log项中既无氢离子也无氯离子，而在电位测定过程中不考虑这两种离子存在的事实，因为每个离子的浓度是固定的及它的影响已归并到$E°'$值中。

表1-4-2列出了某些氧化还原对的式量电位，该表是以元素或化合物的英文字母顺序排列，式量电位单位为伏特，以标准氢电极为参比电极。

表 1-4-2 式量电位

电极反应	式量电位，V	溶液成分
$Ag^{+}+e=Ag$	+0.792	1mol/L $HClO_4$
	+0.77	1mol/L H_2SO_4
$Ag^{2+}+e=Ag^{+}$	+2.00	4mol/L $HClO_4$
	+1.93	4mol/L HNO_3
$AgI+e=Ag+I$	−1.37	1mol/L KI
$H_3AsO_4+2H^{+}+2e=HAsO_2+2H_2O$	+0.577	1mol/L HCl或$HClO_4$
$AuCl_2^{-}+e=Au+2Cl^{-}$	+1.11	1mol/L Cl^{-}
$AuCl_4^{-}+2e=AuCl_2^{-}+2Cl^{-}$	+0.93	1mol/L HCl
$Ce^{4+}+e=Ce^{3+}$	+0.06	2.5mol/L K_2CO_3
	+1.28	1mol/L HCl
	+1.70	1mol/L $HClO_4$
	+1.60	1mol/L HNO_3
	+1.44	1mol/L H_2SO_4
$Co^{3+}+e=Co^{2+}$	+1.85	4mol/L HNO_3
	+1.82	8mol/L H_2SO_4
$Co[乙二胺]_3^{3+}+e=Co[乙二胺]_3^{2+}$	−0.2	0.1mol/L 乙二胺+0.1mol/L KNO_3
$Cr^{3+}+e=Cr^{2+}$	−0.26	饱和$CaCl_2$
	−0.40	5mol/LHCl
	−0.37	0.1～0.5mol/L H_2SO_4
$Cr(CN)_6^{3-}+e=Cr(CN)_6^{4-}$	−1.13	1mol/L KCN
$CrO_4^{2-}+2H_2O+3e=CrO_2^{-}+4OH^{-}$	−0.12	1mol/L NaOH
$Cr_2O_7^{2-}+14H^{+}+6e=2Cr^{3+}+7H_2O$	+0.93	0.1mol/L HCl
	+1.00	1mol/L HCl
	+1.08	3mol/L HCl
	+0.84	0.1mol/L $HClO_4$
	+1.025	1mol/L $HClO_4$
	+0.92	0.1mol/L H_2SO_4
	+1.15	4mol/L H_2SO_4
$Cu(CN)_3^{2-}+e=Cu+3CN^{-}$	−1.0	7mol/L KCN
$CuCl_3^{-}+2e=Cu+3Cl^{-}$	+0.178	1mol/L HCl
$Cu^{2+}+e=Cu^{+}$	+0.01	1mol/L NH_3+1mol/L NH_4^{+}
	+0.52	1mol/L KBr
	+0.3	0.1mol/L 吡啶+0.1mol/L 吡啶盐

续表 1-4-2

电极反应	式量电位，V	溶液成分
$Cu(C_2O_4)_2^{2-}+2e=Cu+2C_2O_4^{2-}$	+0.06	1mol/L $K_2C_2O_4$
$Cu(EDTA)^{2-}+2e=Cu+EDTA^{4-}$	+0.13	0.1mol/L EDTA，pH4～5
Eu（Ⅲ）+e=Eu（Ⅱ）	−0.43	0.1mol/L HCOOH
	−0.92	0.1mol/L EDTA，pH6～8
Fe（Ⅲ）+e=Fe（Ⅱ）	+0.71	0.5mol/L HCl
	+0.64	5mol/L HCl
	+0.53	10mol/L HCl
	−0.68	10mol/L NaOH
	+0.735	1mol/L $HClO_4$
	+0.01	1mol/L $K_2C_2O_4$，pH5
	+0.46	2mol/L H_3PO_4
	+0.68	1mol/L H_2SO_4
	+0.07	0.5mol/L 酒石酸钠，pH5～6
$Fe(CN)_6^{3-}+e=Fe(CN)_6^{4-}$	+0.56	0.1mol/L HCl
	+0.71	1mol/L HCl
	+0.72	1mol/L $HClO_4$
$FeO_4^{2-}+2H_2O+3e=FeO_2^-+4OH^-$	+0.55	10mol/L NaOH
$Fe(EDTA)^-+e=Fe(EDTA)^{2-}$	+0.12	0.1mol/L EDTA，pH4
$2H^++2e=H_2$	±0.0000	标准电位
	+0.005	1mol/L HCl或$HClO_4$
$Hg_2^{2+}+2e=2Hg$	+0.776	1mol/L $HClO_4$
$I_3^-+2e=3I^-$	+0.545	0.5mol/L H_2SO_4
$2ICl_2^-+2e=I_2+4Cl^-$	+1.06	1mol/L HCl（或标准电位）
$In^{3+}+2e=In^+$	−0.40	稀H_2SO_4
$IrCl_6^{2-}+e=IrCl_6^{3-}$	+1.02	1mol/L HCl
$Mn(CN)_6^{4-}+e=Mn(CN)_6^{5-}$	−1.08	1mol/L NaCN
$MnO_4^-+8H^++5e=Mn^{2+}+4H_2O$	+1.45	1mol/L $HClO_4$
Mo(Ⅳ)+e=Mo(Ⅲ)	+0.1	4.5mol/L H_2SO_4
$Mo(CN)_8^{3-}+e=Mo(CN)_8^{4-}$	+0.8	0.25mol/L KBr，KCl，或KNO_3
Mo(Ⅴ)+2e=Mo(Ⅲ)（绿色）	−0.25	2mol/L HCl
（红色）	+0.11	2mol/L HCl
Mo(Ⅵ)+e=Mo(Ⅴ)	+0.53	2mol/L HCl
	+0.7	8mol/L HCl
Mo(Ⅵ)+e=Mo(Ⅴ)	+0.5	2mol/L KSCN+1mol/L HCl
$NO_3^-+3H^++2e=HNO_2+H_2O$	+0.92	1mol/L HNO_3
$NbO^{3+}+2H^++2e=Nb^{3+}+H_2O$	−0.34	2～6mol/L HCl或1.5～3mol/L H_2SO_4
Nb(Ⅴ)+e=Nb(Ⅳ)	−0.21	12mol/L HCl
$Ni(CN)_4^{2-}+e=Ni(CN)_4^{3-}$	−0.82	1mol/L KCN
Np(Ⅳ)+e=Np(Ⅲ)	+0.14	1mol/L HCl
	+0.15	1mol/L $HClO_4$
Np(Ⅴ)+e=Np(Ⅳ)	+0.739	1mol/L $HClO_4$
$NpO_2^{2+}+e=NpO_2^+$	+1.14	1mol/L HCl
	+1.137	1mol/L $HClO_4$
Os(Ⅳ)+e=Os(Ⅲ)	+0.35	2mol/L HBr
	+0.37;	0.5mol/L HCl
	+0.14	
	−0.04;	5mol/L HCl

续表 1-4-2

电　极　反　应	式量电位，V	溶　液　成　分
	−0.24	
Os(Ⅵ)+2e=Os(Ⅳ)	+0.66	0.5mol/L　HCl
	+0.84	5mol/L　HCl
	+0.97	9mol/L　HCl
Os(Ⅷ)+4e=Os(Ⅳ)	+0.79	5mol/L　HCl
Pb(Ⅱ)+2e=Pb	−0.32	1mol/L　NaAc
$PbO_3^{2-}+H_2O+2e=PbO_2^{2-}+2OH^-$	+0.21	8mol/L　KOH
$PbSO_4+2e=Pb+SO_4^{2-}$	−0.29	1mol/L　H_2SO_4
$Pd^{2+}+2e=Pd$	+0.987	4mol/L　$HClO_4$
$PdBr_6^{2-}+2e=PdBr_4^{2-}+2Br^-$	+0.99	1mol/L　KBr
$PdI_6^{2-}+2e=PdI_4^{2-}+2I^-$	+0.48	1mol/L　KI
Po(Ⅳ)+4e=Po	+0.6	1mol/L　HCl
	+0.8	1mol/L　HNO_3
Po(Ⅳ)+2e=Po(Ⅱ)	+0.7	1mol/LHCl
$PtBr_6^{2-}+2e=PtBr_4^{2-}+2Br^-$	+0.64	1mol/L　NaBr
$PtCl_6^{2-}+2e=PtCl_4^{2-}+2Cl^-$	+0.720	1mol/L　NaCl
$PtI_6^{2-}+2e=PtI_4^{2-}+2I^-$	+0.39	1mol/L　NaI
$Pt(SCN)_3^{2-}+2e=Pt(SCN)_4^{2-}+2SCN^-$	+0.47	1mol/L　NaSCN
Pu(Ⅳ)+e=Pu(Ⅲ)	+0.40	1mol/L　HAc=NaAc
	+0.970	1mol/L　HCl
	+0.50	1mol/L　HF
	+0.92	1mol/L　HNO_3
	+0.59	0.5mol/L　H_2PO_4+1mol/L　HCl
	+0.75	1mol/L　H_2SO_4
$PuO_2^{2+}+4H^++2e=Pu^{4+}+2H_2O$	+1.05	1mol/L　HCl
	+1.04	1mol/L　$HClO_4$
$PuO_2^{2+}+e=PuO_2^+$	+0.916	1mol/L　$HClO_4$
对苯醌+$2H^+$+2e=对苯二酚	+0.696	1mol/L　HCl或$HClO_4$
$Re^++2e=Re^-$	−0.23	0.4～2mol/L　H_2SO_4
$ReCl_6^{2-}+e=ReCl_4^-+2Cl^-$	约−0.25	1mol/L　HCl
Re(Ⅴ)+2e=Re(Ⅲ)	+0.14	2mol/L　NaCN
Rh(Ⅳ)+e=Rh(Ⅲ)	+1.43	0.5mol/L　H_2SO_4
Rh(Ⅵ)+2e=Rh(Ⅳ)	+1.5	0.1mol/L　H_2SO_4
Ru(Ⅲ)+e=Ru(Ⅱ)	+0.08	HCl溶液，外推至$\mu=0$
$Ru(CN)_6^{3-}+e=Ru(CN)_6^{4-}$	+0.8	0.05mol/L　H_2SO_4
Ru(Ⅳ)+e=Ru(Ⅲ)	+0.91	0.5mol/L　HCl
	+0.86	2mol/L　HCl
$SO_4^{2-}+4H^++2e=SO_2+2H_2O$	+0.07	1mol/L　H_2SO_4
$SbO_2^-+2H_2O+3e=Sb+4OH^-$	+0.675	10mol/L　KOH
Sb(Ⅴ)+2e=Sb(Ⅲ)	+0.75	3.5mol/L　HCl
	+0.82	6mol/L　HCl
$SbO_3^-+H_2O+2e=SbO_2^-+2OH^-$	−0.589	10mol/L　NaOH
$SnCl_4^{2-}+2e=Sn+4Cl^-$	−0.19	1mol/L　HCl
Sn(Ⅳ)+2e=Sn(Ⅱ)	+0.154	HCl溶液，延至$\mu=0$
	+0.14	1mol/L　HCl
	+0.13	2mol/L　HCl
Te(Ⅳ)+4e=Te	+0.56	2mol/L　HCl

续表 1-4-2

电极反应	式量电位，V	溶液成分
$TiOCl^+ + 2H^+ + 3Cl^- + e = TiCl_4^- + H_2O$	−0.09	1mol/L HCl
	+0.24	6mol/L HCl
Ti(Ⅳ)+e=Ti(Ⅲ)	−0.05	1mol/L H_3PO_4
	−0.15	5mol/L H_3PO_4
	−0.24	0.1mol/L KSCN
	−0.01	0.1mol/L H_2SO_4
	+0.12	2mol/L H_2SO_4
	+0.20	4mol/L H_2SO_4
$Ti(EDTA) + e = Ti(EDTA)^-$	+0.03	μ①=0.1，pH1～2.5
$Tl(Ⅲ) + 2e = Tl^+$	+0.89	0.1mol/L HCl+0.9mol/L HClO
	+0.78	1mol/L HCl
U(Ⅳ)+e=U(Ⅲ)	−0.64	1mol/L HCl
	−0.63	1mol/L $HClO_4$
$UO_2^{2+} + 4H^+ + 2e = U(Ⅳ) + 2H_2O$	+0.41	0.5mol/L H_2SO_4
$UO_2^{2+} + e = UO_2^+$	+0.062	0.1mol/L Cl^-
$U(EDTA)^- + e = V(EDTA)^{2-}$	−1.02	0.001～0.02mol/L EDTA
V(Ⅲ)+e=V(Ⅱ)	−0.217	0.1～1mol/L NH_4SCN
$VO^{2+} + 2H^+ + e = V^{3+} + H_2O$	+0.360	1mol/L H_2SO_4
W(Ⅴ)+2e=W(Ⅲ)（绿色）	+0.1	12mol/L HCl
（红色）	−0.2	12mol/L HCl
W(Ⅴ)+e=W(Ⅳ)	−0.3	12mol/L HCl
W(Ⅵ)+e=W(Ⅴ)	+0.26	浓HCl
$Yb^{3+} + e = Yb^{2+}$	−1.15	0.1mol/L NH_4Cl

① μ表示溶液的离子强度。

三、参比电极

1. 甘汞电极

甘汞电极是由含饱和甘汞的KCl溶液与金属汞组成的电极系。其电极反应为：

$$\frac{1}{2}Hg_2Cl_2 + e \rightleftharpoons Hg + Cl^-$$

当温度一定时，甘汞和汞的活度为常数，电极电位决定于溶液中氯离子的活度：

$$E = E^\circ - \frac{R}{F}\ln a_{Cl^-}$$

表 1-4-3 列出了从 0～100°C，氯化钾的浓度为0.1 mol/L、1 mol/L、饱和溶液时的电极电位。甘汞电极是由纯甘汞和少量纯汞在玛瑙研钵中研磨混匀，加入饱和氯化钾溶液调制成灰色糊状物，将这糊状混合物覆盖到纯汞上数毫米厚，加入所需要浓度的氯化钾溶液即成。

其他汞盐参比电极电位见表1-4-4。

2. 银-氯化银等电极

银-氯化银电极的电极反应为：

$$AgCl + e \rightleftharpoons Ag + Cl^-$$

其电极电位决定于溶液中氯离子活度。Ag-AgBr、Ag-AgI电极与Ag-AgCl电极相似。在氯（溴、碘）离子活度为1时，Ag-AgCl、Ag-AgBr、Ag-AgI电极的标准电位，对NHE见 表 1-4-5。在3.5mol/L、饱和KCl中Ag-AgCl电极的电位见表 1-4-6。

表 1-4-3 甘汞电极电位（对NHE）

温度，℃	电解质			温度，℃	电解质		
	0.1mol/L KCl	1mol/L KCl	饱和KCl		0.1mol/L KCl	1mol/L KCl	饱和KCl
	电极电位，V				电极电位，V		
0	0.3380	0.2888	0.2601	28	0.3363	0.2821	0.2418
1	0.3379	0.2886	0.2594	29	0.3363	0.2818	0.2412
2	0.3379	0.2883	0.2588	30	0.3362	0.2816	0.2405
3	0.3378	0.2881	0.2581	31	0.3361	0.2814	0.2399
4	0.3378	0.2878	0.2575	32	0.3361	0.2811	0.2393
5	0.3377	0.2876	0.2568	33	0.3360	0.2809	0.2386
6	0.3376	0.2874	0.2562	34	0.3360	0.2806	0.2379
7	0.3376	0.2871	0.2555	35	0.3359	0.2804	0.2373
8	0.3375	0.2869	0.2549	36	0.3358	0.2802	0.2366
9	0.3375	0.2866	0.2542	37	0.3358	0.2799	0.2360
10	0.3374	0.2864	0.2536	38	0.3357	0.2797	0.2353
11	0.3373	0.2862	0.2529	39	0.3357	0.2794	0.2347
12	0.3373	0.2359	0.2523	40	0.3356	0.2792	0.2340
13	0.3373	0.2857	0.2516	41	0.3355	0.2790	0.2334
14	0.3372	0.2854	0.2510	42	0.3355	0.2787	0.2327
15	0.3371	0.2852	0.2503	43	0.3354	0.2785	0.2321
16	0.3370	0.2850	0.2497	44	0.3354	0.2782	0.2314
17	0.3370	0.2847	0.2490	45	0.3353	0.2780	0.2308
18	0.3369	0.2845	0.2483	46	0.3352	0.2778	0.2301
19	0.3369	0.2842	0.2477	47	0.3352	0.2775	0.2295
20	0.3368	0.2840	0.2471	48	0.3351	0.2773	0.2288
21	0.3367	0.2838	0.2464	49	0.3351	0.2770	0.2282
22	0.3367	0.2835	0.2458	50	0.3350	0.2768	0.2275
23	0.3366	0.2833	0.2451	60	—	—	0.2199
24	0.3366	0.2830	0.2445	70	—	—	0.2124
25	0.3365	0.2828	0.2438	80	—	—	0.2047
26	0.3364	0.2826	0.2431	90	—	—	0.1967
27	0.3364	0.2823	0.2425	100	—	—	0.1885

表 1-4-4 汞盐参比电极的标准电极电位（25°C，对NHE）

电极	E°，V	备注
Hg |HgI_2| HCl，KI	−0.0405	
Hg |HgO| KOH（a=1）	−0.098	
Hg |Hg_2Br_2| HBr	0.13917	5°C：0.14095，15°C：0.14041，20°C：0.13985，35°C：0.13726，45°C：0.13503
Hg |HgO| NaOH（a=1）	0.140	
Hg| HgC | NaOH（a=0.1）	0.165	
Hg |$Hg_2(IO_3)_2$| KIO_3	0.3944	
Hg |$Hg_2C_2O_4$| $H_2C_2O_4$	0.4166	
Hg |$Hg_2(Ac)_2$| HAc	0.5117	
Hg |Hg_2SO_4| H_2SO_4	0.61515	$E^\circ=0.63495-781.44\times10^{-6}t-426.89\times10^{-9}t^2$，（$t$为测定时的温度）
Hg |Hg_2HPO_4| H_3PO_4	0.6359	
Hg |Hg_2SO_4| K_2SO_4	0.65	

表 1-4-5 Ag-AgCl,Ag-AgBr,Ag-AgI电极的标准电位（V）

温度，℃	Ag-AgCl	Ag-AgBr	Ag-AgI	温度，℃	Ag-AgCl	Ag-AgBr	Ag-AgI
0	0.23655	0.08168	—	45	0.20835	0.05997	—
5	0.23413	0.07994	0.14717	50	0.20449	0.05668	—
10	0.23142	0.07804	0.14810	55	0.20056	—	—
15	0.22857	0.07594	0.14925	60	0.19649	—	—
20	0.22557	0.07379	0.15067	70	0.18782	—	—
25	0.22234	0.07129	0.15230	80	0.17870	—	—
30	0.21904	0.06874	0.15401	90	0.16950	—	—
35	0.21565	0.06604	0.15591	95	0.16510	—	—
40	0.21208	0.06302	0.15792				

表 1-4-6 3.5mol/L、饱和KCl中，Ag-AgCl电极的标准电位[①]（对NHE）（V）

温度 ℃	3.5mol/L KCl溶液	饱和KCl溶液	温度 ℃	3.5mol/L KCl 溶液	饱和KCl溶液
10	0.2152	0.2138	30	0.2009	0.1939
15	0.2117	0.2089	35	0.1971	0.1887
20	0.2082	0.2040	40	0.1933	0.1835
25	0.2046	0.1989			

① 电极电位包括液接电位。

表 1-4-7 某些甘汞电极和Ag-AgCl电极电位（25°C）

电极	电位（对NHE），V
Hg/Hg_2Cl_2（sat.），KCl（sat.）〔SCE〕	+0.244
Hg/Hg_2Cl_2（sat.），1.0mol/L-KCl〔NCE〕	+0.281
Hg/Hg_2Cl_2（sat.），0.1mol/L-KCl	+0.336
Hg/Hg_2SO_4（sat.），K_2SO_4（sat.）	+0.64
Hg/Hg_2SO_4（sat.），0.05-4mol/L-H_2SO_4	+0.615
Ag/AgCl（sat.），KCl（sat.）	+0.199
Ag/AgCl（sat.），1.0mol/L-KCl	+0.227
Ag/AgCl（sat.），0.10mol/L-KCl	+0.290
Ag/AgCl（sat.），3.5mol/L-KCl	+0.205

注：1. sat.为饱和溶液；

2. SCE为饱和甘汞电极；

3. NCE为标准甘汞电极。

3．铊汞齐-氯化亚铊等电极

该电极由饱和KCl溶液、TlCl（固体）、40%铊汞齐组成，其标准电位（包括液接电位）见表1-4-8。

表 1-4-8　铊汞齐-氯化亚铊电极的标准电位（对NHE）

温　度，℃	$E^\circ+E_j$①，V	温　度，℃	$E^\circ+E_j$①，V
5	−0.5624	38	−0.5872
10	−0.5652	40	−0.5889
15	−0.5687	50	−0.5971
20	−0.5727	60	−0.6057
25	−0.5767	70	−0.6144
30	−0.5806	80	−0.6229
35	−0.5846	90	−0.6309

① E_j 表示溶液接界电位。

表 1-4-9　钠汞齐在氯化钠溶液中的电极电位（对NHE）（V）

温　度	在钠汞齐中钠的浓度，%（重量）								
℃	0.489	0.398	0.296	0.237	0.203	0.148	0.099	0.051	0.010
	NaCl浓度，300g/L溶液								
40	1.850	1.836	1.816	1.810	1.801	1.787	1.768	1.750	1.692
60	1.846	1.831	1.812	1.802	1.798	1.781	1.761	1.740	1.686
80	1.844	1.823	1.805	1.800	1.795	1.774	1.752	1.731	1.710
	NaCl浓度，250g/L溶液								
40	1.859	1.848	1.829	1.819	1.812	1.797	1.779	1.760	1.705
60	1.854	.844	1.823	1.812	1.809	1.790	1.771	1.752	1.695
80	1.854	1.840	1.818	1.809	1.806	1.784	1.762	1.743	1.684
	NaCl浓度，200g/L溶液								
40	1.871	1.859	1.833	1.831	1.822	1.808	1.789	1.773	1.719
60	1.868	1.855	1.833	1.825	1.820	1.802	1.783	1.764	1.707
80	1.867	1.851	1.826	1.822	1.818	1.796	1.773	1.758	1.697
	NaCl浓度，150g/L溶液								
40	1.884	1.872	1.851	1.844	2.834	1.821	1.802	1.785	1.728
60	1.880	1.869	1.850	1.837	1.831	1.814	1.795	1.777	1.719
80	1.878	1.871	1.844	1.832	1.829	1.808	1.785	1.769	1.710

4．非水介质中的参比电极

非水介质中的参比电极的电极电位见表1-4-10。

非水溶液中金属电极和气体电极的标准电极电位见表1-4-11。

表 1-4-10 非水介质中参比电极的电位

溶 剂	电 极	$E°$, V	参比电极	温度, ℃
乙 酸	Ag |AgCl (固), KCl (固)①	+0.23	水溶液S.C.E.③	22±0.5
	Ag |$AgNO_3$ (固)	+0.87	水溶液S.C.E.	22±0.5
	Hg |Hg_2Cl_2 (固), KCl (固)	+0.27	水溶液S.C.E.	22±0.5
	Hg |Hg_2Cl_2 (固), LiCl (固)	−0.055	水溶液S.C.E.	25
		+0.186	NHE②	25
异丙醇	Hg |$Hg_2(Ac)_2$ (固), LiAc (固)	+0.209	水溶液S.C.E.	25
		+0.450	NHE	25
乙 腈	Ag |$AgNO_3$ (0.01mol/L)	+0.30	水溶液S.C.E.	25
	Ag |AgCl(0.015mol/L) $(CH_3)_3(C_2H_5)NCl$(0.118mol/L)	$+0.638-6\times10^{-4}(t-25)$	水溶液S.C.E.	25
氨	Cd |$CdCl_2$ (固)	−0.93	氨液, Hg |Hg_2I_2 (固)	−36.5
	Hg |$HgCl_2$ (固)	−0.068±0.004	氨液Hg |Hg_2I_2 (固)	−36.5
甲 醇	Hg |$Hg_2(Ac)_2$(固), NaAc (固)	+0.179	水溶液S.C.E.	25
		+0.420	NHE	25
	Hg |$Hg_2(Ac)_2$(固)HAc(3.39mol/L)	+0.390	水溶液S.C.E.	25
		+0.631	NHE	25
甲 酸	Pt1醌氢醌(0.05mol/L),甲酸钠(0.25mol/L)	+0.538±0.0005	水溶液S.C.E.	25
2,4-二甲基吡啉	Hg |Hg_2Cl_2(固), KCl (固)	+0.33	水溶液S.C.E.	22±0.5
	Hg |Hg_2SO_4 (固), K_2SO_4 (固)	+0.29	水溶液S.C.E.	22±0.5
2,6-二甲基吡啉	Hg |Hg_2Cl_2 (固), KCl (固)	+0.45	水溶液S.C.E.	22±0.5
	Hg |Hg_2SO_4 (固), K_2SO_4 (固)	+0.36	水溶液S.C.E.	22±0.5
2-皮考啉	Hg |Hg_2Cl_2 (固), KCl (固)	+0.42	水溶液S.C.E.	22±0.5
	Hg |Hg_2SO_4 (固), K_2SO_4 (固)	+0.39	水溶液S.C.E.	22±0.5
吡 啶	Hg| Hg_2SO_4 (固), K_2SO_4 (固)	+0.34	水溶液S.C.E.	22±0.5
喹 啉	Ag |AgCl (固), KCl (固)	+0.17	水溶液S.C.E.	22±0.5

① (固) 表示饱和溶液; ② 水溶液S.C.E.表示水溶液饱和甘汞电极; ③ NHE表示标准氢电极。

表 1-4-11 非水溶液中金属电极和气体电极的标准电极电位 (对NHE)

电 极	CH_3OH	C_2H_5OH	NH_3	N_2H_4	HCO_2H	CH_3CN
	电极电位, V					
Li/Li^+	−3.095	−3.042	−2.24	−2.20	−3.48	−3.23
Na/Na^+	−2.728	−2.657	−2.01	−1.82	−3.42	−2.87
K/K^+	—	—	−1.98	−2.02	−3.36	−3.16
Rb/Rb^+	—	—	−1.93	−2.01	−3.45	−3.17
Cs/Cs^+	—	—	−1.95	—	−3.44	−3.16
Ca/Ca^{2+}	—	—	−1.64	−1.91	−3.20	−2.75
Zn/Zn^{2+}	−0.74	−0.64	−0.53	−0.41	−1.05	−0.74
Cd/Cd^{2+}	−0.43	−0.38	−0.20	−0.10	−0.75	−0.47
Tl/Tl^+	−0.379	−0.343	—	—	—	—
Pb/Pb^{2+}	−0.20	−0.15	+0.32	+0.35	−0.72	−0.12
Pt, $H_2/2H^+$	0	0	0	0	0	0
Cu/Cu^+	—	—	+0.41	+0.22	—	−0.38
Cu/Cu^{2+}	+0.34	+0.21	+0.43	—	0.14	−0.28
$2Hg/Hg_2^{2+}$	+0.74	+0.76	—	—	0.18	—
Hg/Hg^{2+}	—	—	+0.75	—	—	+0.25
Ag/Ag^+	+0.764	+0.749	+0.83	+0.77	+0.17	+0.23
$2I^-/I_2$	+0.357	+0.305	+1.42	—	—	—
$2Br^-/Br_2$	+0.887	+0.777	+1.83	—	—	—
$2Cl^-/Cl_2$	+1.116	+1.048	+2.03	—	—	—

5．氧化物电极的标准电极电位

氧化物电极的标准电极电位见表1-4-12。

表 1-4-12 氧化物电极的标准电极电位（对NHE）

电　　极	$E°$, V	电　　极	$E°$, V
Au/Au_2O_3	+1.45	Sn/SnO_2	−0.11
Ag/Ag_2O	+1.18	Zn/ZnO	−0.42
$Pt/Pt(OH)_2$	+0.98	Cr/Cr_2O_3	−0.60
Ir/IrO_2	+0.93	Nb/Nb_2O_5	−0.65
Hg/HgO	+0.926	Na/Na_2O	−0.74
Pd/PdO	+0.87	Ta/Ta_2O_5	−0.81
Os/OsO_4	+0.85	Si/SiO_2	−0.86
Cu/Cu_2O	+0.42	Ti/TiO_2	−0.86
Bi/Bi_2O_3	+0.38	V/V_2O_3	−1.02
Pb/PbO	+0.25	Ge/GeO	−1.12
As/As_2O_3	+0.23	Ce/CeO_2	−1.13
Sb/Sb_2O_3	+0.15	Al/Al_2O_3	−1.35
Co/CoO	+0.10	Zr/ZrO_2	−1.43
Ni/NiO	+0.08	Hf/HfO_2	−1.57
Mn/MnO_2	+0.03	Be/BeO	−1.76
Cd/CdO	+0.01	Mg/MgO	−1.77
Mo/MoO_2	−0.04	Th/ThO_2	−1.79
Fe/Fe_3O_4	−0.08	Ca/CaO	−1.90

注：计算电极反应的自由能所得。

四、国际韦斯顿标准电池的电动势

国际韦斯顿标准电池的电动势见表1-4-13。

表 1-4-13 国际韦斯顿标准电池的电动势

t, ℃	E_t, V	t, ℃	E_t, V	t, ℃	E_t, V	t, ℃	E_t, V
1	1.019004	11	1.018927	21	1.018609	31	1.018109
2	1.019009	12	1.018905	22	1.018566	32	1.018051
3	1.019011	13	1.018881	23	1.018522	33	1.017992
4	1.019010	14	1.018854	24	1.018476	34	1.017931
5	1.019007	15	1.018825	25	1.018428	35	1.017869
6	1.019000	16	1.018794	26	1.018379	36	1.017806
7	1.018991	17	1.018761	27	1.018328	37	1.017742
8	1.018979	18	1.018726	28	1.018275	38	1.017676
9	1.018964	19	1.018689	29	1.018221	39	1.017610
10	1.018947	20	1.018650	30	1.018166	40	1.017542

注：设20℃时该标准电池的电动势为1.018650V，E_t 与t的关系为：$E_t=1.018650-[39.94(t-20)+0.929(t-20)^2-0.0090(t-20)^3+0.00006(t-20)^4]\times10^{-6}$。

五、不同温度下金属熔融氯化物的电极电位

不同温度下金属熔融氯化物的电极电位见表1-4-14。

表 1-4-14 不同温度下金属熔融氯化物的电极电位，V

编号	金属离子	25°C水溶液	25°C固体	100°C	200°C	300°C	400°C	500°C	600°C	800°C	1000°C	1500°C
1	Ra^{2+}	4.28	4.336	4.272	4.189	4.108	4.029	3.952	3.876	3.723	3.569	┌3.096
2	K^{+}	4.285	4.232	4.158	4.056	3.954	3.854	3.755	3.658	┌3.441	3.155	2.598
3	Sm^{2+}	小于4.52	4.206	4.147	4.071	3.998	3.926	3.856	3.787	┌3.661	3.559	3.317
4	Ba^{2+}	4.26	4.202	4.139	4.056	3.975	3.888	3.808	3.728	3.568	┌3.412	3.079
5	Cs^{+}	4.283	4.169	4.109	4.002	3.896	3.191	3.692	3.599	┌3.362	3.078	2.667 (1300V)
6	Rb^{+}	4.285	4.177	4.101	3.998	3.897	3.795	3.695	3.595	┌3.314	3.001	2.428 (1381V)
7	Sr^{2+}	4.25	4.048	3.987	3.909	3.832	3.757	3.684	3.612	3.469	┌3.333	2.977
8	Li^{+}	4.405	4.011	3.955	3.881	3.800	3.722	3.646	3.571	┌3.457	3.352	3.122 (1382V)
9	Na^{+}	4.074	3.980	3.910	3.810	3.712	3.615	3.519	3.424	3.240	┌3.019	2.366 (1465V)
10	Ca^{2+}	4.230	3.888	3.830	3.754	3.680	3.607	3.534	3.462	┌3.323	3.208	2.926
11	La^{3+}	3.88	3.565	3.504	3.426	3.350	3.277	3.205	3.134	2.997	┌2.876	2.607
12	Ce^{3+}	3.84	3.517	3.456	3.378	3.303	3.229	3.157	3.086	2.945	┌2.821	2.540
13	Pr^{3+}	3.83	3.481	3.420	3.342	3.266	3.192	3.120	3.049	2.911	┌2.795	2.523
14	Nd^{3+}	3.80	3.430	3.369	3.291	3.215	3.140	3.067	2.994	┌2.856	2.736	2.455
15	Pm^{3+}	3.78	3.410	3.353	3.279	3.208	3.139	3.072	3.006	┌2.884	2.784	2.554
16	Sm^{3+}	3.77	3.380	3.322	3.249	3.178	3.109	3.041	2.975	┌2.861	2.763	2.712 (1107D)
17	Eu^{3+}	3.77	3.340	3.283	3.210	3.139	3.076	3.002	2.936	┌2.823	2.815 (827D)	—
18	Gd^{3+}	3.76	3.317	3.260	3.187	3.116	3.047	2.979	2.913	┌2.807	2.709	2.483
19	Tb^{3+}	3.75	3.261	3.204	3.130	3.059	2.990	2.923	┌2.858	2.754	2.657	2.433
20	Dy^{3+}	3.71	3.200	3.149	3.075	3.004	2.935	2.868	2.802	┌2.690	2.599	2.359
21	Y^{3+}	3.73	3.163	3.106	3.032	2.961	2.892	2.824	2.758	┌2.643	2.548	2.329
22	Ho^{3+}	3.68	3.134	3.077	3.003	2.932	2.863	2.796	2.729	┌2.610	2.511	2.283
23	Er^{3+}	3.66	3.119	3.062	2.989	2.918	2.849	2.781	2.715	┌2.589	2.488	2.257 (1497V)
24	Tm^{3+}	3.64	3.086	3.029	2.956	2.884	2.815	2.748	2.682	2.553	┌2.447	2.221 (1487V)
25	Yb^{3+}	3.63	3.075	3.017	2.944	2.873	2.804	2.736	2.670	2.542	┌2.434	2.449 (1027D)
26	Mg^{2+}	3.73	3.070	3.006	2.922	2.840	2.760	2.680	2.602	┌2.460	2.346	1.974 (1418V)
27	Lu^{3+}	3.61	3.049	2.988	2.909	2.834	2.760	2.687	2.616	2.478	┌2.356	2.108 (1477V)

续表 1-4-14

编号	金属离子	25℃水溶液	25℃固体	100℃	200℃	300℃	400℃	500℃	600℃	800℃	1000℃	1500℃
28	Sc^{3+}	3.44	2.946	2.885	2.807	2.731	2.657	2.585	2.514	2.375	⌐2.264 (967*V*)	—
29	Zr^{2+}	—	2.905	2.847	2.772	2.699	2.629	2.560	2.508 (577*D*)	—	—	—
30	U^{3+}	3.16	2.846	2.788	2.713	2.639	2.566	2.494	2.423	2.280	2.162	1.886
31	Th^{4+}	3.26	2.840	2.779	2.699	2.622	2.546	2.474	2.399	⌐2.264	2.268 (921*V*)	—
32	Zr^{3+}	—	2.790	2.736	2.668	2.603	2.540	2.492 (477*D*)	—	—	—	—
33	Hf^{4+}	3.06	2.537	2.481	2.409	2.340	—	—	—	—	—	—
34	U^{4+}	2.86	2.493	2.436	2.362	2.289	2.217	2.146	⌐2.078	1.974	1.953 (827*V*)	—
35	Be^{2+}	3.21	2.435	2.382	2.315	2.252	2.192	2.144	—	—	—	—
36	Mn^{2+}	2.54	2.287	2.235	2.166	2.098	2.032	1.967	1.902	⌐1.807	1.725	1.649 (1190*V*)
37	Zr^{4+}	2.89	2.266	2.209	2.135	2.063	—	—	—	—	—	—
38	Ti^{2+}	2.99	2.255	2.202	2.134	2.069	2.006	1.945	1.885	—	—	—
39	$(Al^{3+})_2$	3.02	2.200	2.150	2.097 (180*S*)	—	—	—	—	—	—	—
40	Ti^{3+}	Ga2.57	2.154	2.097	2.024	1.954	1.886	1.836 (475*D*)	—	—	—	—
41	V^{2+}	Ca2.54	2.103	2.044	1.970	1.898	1.828	1.761	1.695	1.566	1.441	⌐1.269 (1377*V*)
42	Ti^{+}	1.696	1.906	1.865	1.798	1.732	1.660	1.606	1.561	1.473	1.470 (876*V*)	—
43	Zn^{2+}	2.123	1.914	1.854	1.776	⌐1.706	1.655	1.603	1.552	1.476 (756*V*)	—	—
44	Cr^{2+}	2.27	1.846	1.795	1.729	1.664	1.600	1.537	1.474	1.352	1.262	1.137 (1302*V*)
45	$(S.^{3+})_2$	—	1.778	1.736	1.713 (145*V*)	—	—	—	—	—	—	—
46	Cd^{2+}	1.763	1.775	1.715	1.637	1.560	1.481	1.403	⌐1.331	1.193	1.002 (980*V*)	—
47	Ti^{4+}	—	1.748	1.700	1.678 (136*V*)	—	—	—	—	—	—	—
48	V^{3+}	Ca2.23	1.735	1.674	1.596	1.576 (227*D*)	—	—	—	—	—	—
49	Gd^{2+}	Ca1.81	1.713	1.659	⌐(200*D*)	—	—	—	—	—	—	—
50	In^{+}	Ca1.61	1.709	1.654	1.581	⌐1.520	1.465	1.414	1.364	1.360 (609*V*)	—	—
51	Cr^{3+}	2.10	1.706	1.646	1.567	1.489	1.412	1.336	1.261	1.113	1.006 (947*S*)	—
52	In^{2+}	Ca1.66	1.657	1.601	1.528	⌐1.464	1.407	1.361 (485*V*)	—	—	—	—

续表 1-4-14

编号	金属离子	25°C 水溶液	25°C 固体	100°C	200°C	300°C	400°C	500°C	600°C	800°C	1000°C	1500°C
53	In^{3+}	1.702	1.641	1.588	1.519	1.451	1.384	1.321 (498*S*)	—	—	—	—
54	Pb^{2+}	1.486	1.627	1.569	1.493	1.420	1.345	⌈1.271	1.215	1.112	1.039 (954*V*)	—
55	Ga^{3+}	1.89	1.619	⌈1.572	1.528 (200*V*)	—	—	—	—	—	—	—
56	Sn^{2+}	1.496	1.607	1.556	1.490	⌈1.428	1.373	1.320	1.270	1.259 (623*V*)	—	—
57	Fe^{2+}	1.80	1.565	1.516	1.451	1.388	1.327	1.267	1.207	⌈1.118	1.050	1.041 (1026*V*)
58	Si^{4+}	—	1.484	1.466 (57*V*)	—	—	—	—	—	—	—	—
59	Co^{2+}	1.637	1.464	1.408	1.337	1.296	1.203	1.140	1.079	⌈0.977	0.900	0.881 (1050*V*)
60	Ni^{2+}	1.610	1.412	1.355	1.282	1.210	1.139	1.070	1.003	⌈0.875	0.763 (987*V*)	—
61	V^{4+}	—	1.323	0.281	1.253 (152*V*)	—	—	—	—	—	—	—
62	Cu^{+}	0.839	1.232	1.191	1.140	1.093	1.050	1.024	1.003	0.970	0.943	0.862
63	Sn^{4+}	1.35	1.228	1.184	1.176 (113*V*)	—	—	—	—	—	—	—
64	Ge^{4+}	—	1.225	1.190 (83*V*)	—	—	—	—	—	—	—	—
65	Fe^{3+}	1.396	1.197	1.147	1.084	⌈1.023	—	—	—	—	—	—
66	Ag^{+}	0.560	1.137	1.093	1.037	0.984	0.935	⌈0.896	0.870	0.826	0.784	0.665
67	Sb^{3+}	—	1.122	1.077	1.028	1.019 (221*V*)	—	—	—	—	—	—
68	Bi^{3+}	—	1.102	1.051	0.986	⌈0.926	0.867	—	—	—	—	—
69	$(Hg^{+})_2$	0.571	1.092	1.022	0.930	0.840	0.730	0.597	—	—	—	—
70	As^{3+}	—	1.019	0.986	0.973 (130*V*)	—	—	—	—	—	—	—
71	Hg^{2+}	0.506	0.952	0.892	0.614	⌈0.743	—	—	—	—	—	—
72	Cu^{2+}	1.023	0.846	0.791	0.721	0.654	0.589	0.528	—	—	—	—
73	Ir^{+}	—	0.794	0.751	0.699	0.650	0.603	0.558	0.515	0.433 (799*D*)	—	—
74	Pd^{2+}	0.373	0.768	0.714	0.646	0.581	0.518	0.457	0.397	⌈0.331 (737*D*)	—	—
75	Mo^{2+}	—	0.759	0.711	0.651	0.593	0.538	0.485	—	—	—	—
76	Sb^{5+}	—	0.742	0.701	0.656 (172*V*)	—	—	—	—	—	—	—
77	Ir^{2+}	小于0.26	0.733	0.685	0.625	0.567	0.512	0.458	0.406	0.320 (771*D*)	—	—
78	Mo^{3+}	1.56	0.723	0.669	0.602	0.536	—	—	—	—	—	—

续表 1-4-14

编号	金属离子	25℃水溶液	25℃固体	100℃	200℃	300℃	400℃	500℃	600℃	800℃	1000℃	1500℃
79	Ir^{3+}	Ca0.21	0.665	0.610	0.539	0.472	0.406	0.342	0.280	0.180 (765*D*)	—	—
80	Mo^{4+}	—	0.650	0.600	0.582 (127*D*)	—	—	—	—	—	—	—
81	W^{2+}	—	0.629	0.582	0.512	0.463	0.408	—	—	—	—	—
82	Mo^{5+}	—	0.597	0.350	┌0.491	0.463 (268*V*)	—	—	—	—	—	—
83	Rh^{3+}	Ca0.56	0.593	0.539	0.471	0.406	0.343	0.281	0.221	0.104	0.020 (948*D*)	—
84	Rh^{2+}	Ca0.76	0.575	0.524	0.460	0.398	0.339	0.281	0.225	┌0.142	0.093 (953*D*)	—
85	Pt^{+}	—	0.572	0.525	0.465	0.407	0.353	0.300	0.257 (583*D*)	—	—	—
86	Pt^{2+}	Ca0.16	0.564	0.513	0.449	0.387	0.328	0.270	0.225 (581*D*)	—	—	—
87	W^{4+}	—	0.564	0.513	0.449	0.432 (227*D*)	—	—	—	—	—	—
88	Ru^{3+}	—	0.546	0.494	0.428	0.364	0.303	0.243	0.185	0.170 (627*D*)	—	—
89	Rh^{+}	Ca0.76	0.520	0.478	0.425	0.376	0.328	0.282	0.238	0.153	0.084 (965*D*)	—
90	W^{5+}	—	0.538	0.491	0.431	┌0.392 (276*V*)	—	—	—	—	—	—
91	W^{6+}	—	0.513	0.464	0.401	┌0.343	—	—	—	—	—	—
92	Pt^{3+}	—	0.484	0.426	0.351	0.279	0.209	—	—	—	—	—
93	Pt^{4+}	—	0.465	0.412	0.344	0.278	—	—	—	—	—	—
94	Au^{3+}	−0.140	0.211	0.162	0.101	┌0.043	−0.001	—	—	—	—	—
95	Au^{+}	Ca −0.320	0.182	0.138	0.082	0.037 (287*D*)	—	—	—	—	—	—
96	C^{4+}	—	0.178	0.147 (77*V*)								

注：1. “厂”的左边为固体，右边为液体；2. （ ）内的数值为温度（℃），*S*表示升华，*V*表示蒸发，*D*表示分解。

六、不同温度下金属熔融氟化物的电极电位

不同温度下金属熔融氟化物的电极电位见表1-4-15。

七、不同温度下金属熔融溴化物的电极电位

不同温度下金属熔融溴化物的电极电位见表1-4-16。

八、不同温度下金属熔融碘化物的电极电位

不同温度下金属熔融碘化物的电极电位见表1-4-18。

九、不同温度下金属熔融氧化物的电极电位

不同温度下金属熔融氧化物的电极电位见表1-4-17。

表 1-4-15 不同温度下金属熔融氟化物的电极电位

金属离子	$E°$, V												
	25°C 水溶液	25°C固体	100°C	200°C	300°C	350°C	400°C	450°C	500°C	550°C	600°C	800°C	1000°C	1500°C
Eu^{2+}	6.266	6.234	6.167	6.080	5.996	5.955	5.914	5.874	5.834	5.795	5.756	5.602	5.453	⌈5.101
Li^{+}	5.911	6.054	5.931	5.881	5.775	5.722	5.669	5.617	5.564	5.512	5.461	5.256	⌈5.071	4.495
Ca^{2+}	5.736	6.021	5.953	5.864	5.776	5.732	5.689	5.646	5.603	5.560	5.517	5.350	5.182	⌈4.785
Sm^{2+}	<6.03	6.017	5.950	5.863	5.779	5.738	5.698	5.657	5.617	5.578	5.539	5.385	5.236	4.884
Sr^{2+}	5.756	6.012	5.943	5.854	5.768	5.726	5.684	5.643	5.602	5.562	5.522	5.364	5.203	⌈4.768
Ba^{2+}	5.766	5.952	5.885	5.797	5.712	5.670	5.629	5.588	5.547	5.507	5.468	5.310	5.154	⌈4.803
Ra^{2+}	5.786	5.941	5.871	5.781	5.694	5.651	5.608	5.566	5.524	5.483	5.442	5.277	5.111	4.566
La^{3+}	5.386	5.811	5.743	5.656	5.571	5.530	5.489	5.448	5.408	5.368	5.329	5.174	5.020	4.648
Ce^{3+}	5.346	5.739	5.671	5.584	5.499	5.457	5.416	5.376	5.335	5.295	5.255	5.097	4.938	4.555
Pr^{3+}	5.336	5.710	5.645	5.563	5.483	5.444	5.405	5.367	5.329	5.291	5.254	5.109	4.965	4.621
Nd^{3+}	5.306	5.652	5.584	5.496	5.411	5.369	5.327	5.286	5.245	5.204	5.164	5.004	4.843	4.458
Pm^{3+}	5.286	5.637	5.573	5.490	5.410	5.370	5.332	5.294	5.256	5.218	5.181	5.035	4.894	4.560
Na^{+}	5.580	5.607	5.534	5.429	5.325	5.273	5.221	5.170	5.119	5.068	5.017	4.818	4.529	3.781
Sm^{3+}	5.276	5.594	5.530	5.447	5.367	5.328	5.289	5.250	5.213	5.175	5.138	4.992	4.850	4.517
Gd^{3+}	5.266	5.580	5.515	5.433	5.352	5.313	5.274	5.236	5.198	5.161	5.123	4.977	4.836	4.504
K^{+}	5.791	5.525	5.446	5.338	5.230	5.176	5.123	5.070	5.017	4.965	4.913	4.674	4.355	3.630
Tb^{3+}	5.256	5.522	5.457	5.375	5.295	5.255	5.217	5.178	5.140	5.103	5.065	4.920	4.778	4.447
Dy^{3+}	5.216	5.493	5.429	5.346	5.266	5.226	5.188	5.149	5.111	5.074	5.036	4.891	4.749	4.419
Y^{3+}	5.236	5.478	5.414	5.331	5.251	5.212	5.173	5.135	5.097	5.059	5.022	4.876	4.735	4.407
Ho^{3+}	5.186	5.449	5.385	5.302	5.222	5.183	5.144	5.106	5.068	5.030	4.993	4.847	4.706	4.376
Mg^{2+}	5.236	5.438	5.369	5.278	5.188	5.144	5.100	5.056	5.013	4.969	4.926	4.746	4.567	3.994
Rb^{+}	5.791	5.421	5.348	5.250	5.153	5.105	5.057	5.009	4.961	4.913	4.865	4.583	4.274	⌈3.670
Lu^{3+}	5.116	5.407	5.342	5.259	5.179	5.140	5.100	5.062	5.025	4.987	4.950	4.804	4.662	4.336
Er^{3+}	5.166	5.406	5.342	5.259	5.179	5.140	5.101	5.063	5.025	4.987	4.950	4.804	4.662	4.333
Eu^{3+}	5.276	5.392	5.327	5.245	5.164	5.125	5.086	5.048	5.010	4.973	4.935	4.790	4.648	4.316
Tm^{3+}	5.146	5.392	5.327	5.245	5.164	5.125	5.086	5.048	5.010	4.973	4.935	4.789	4.648	4.320
Cs^{+}	5.789	5.217	5.140	5.037	4.935	4.884	4.833	4.783	4.733	4.682	4.632	4.367	4.055	⌈3.677
Yb^{3+}	5.136	5.175	5.111	5.028	4.948	4.908	4.870	4.831	4.793	4.756	4.719	4.573	4.431	4.104
Sc^{3+}	5.946	5.059	4.999	4.921	4.845	4.809	4.772	4.736	4.701	4.666	4.631	4.495	4.363	4.076
Th^{4+}	4.766	4.925	4.864	4.786	4.710	4.673	4.637	4.600	4.565	4.529	4.494	4.355	4.220	3.962
Zr^{3+}	—	4.813	4.753	4.676	4.601	4.565	4.559	4.493	4.458	4.424	4.389	4.255	4.123	3.825
Be^{2+}	4.716	4.705	4.652	4.586	4.524	4.494	4.464	4.435	4.407	4.379	4.352	4.247	4.073	⌈4.058
Zr^{4+}	4.396	4.586	4.527	4.452	4.380	4.345	4.310	4.276	4.242	4.208	4.175	4.045	3.964 (903S)	
U^{4+}	4.366	4.564	4.505	4.430	4.357	4.322	4.287	4.252	4.217	4.183	4.149	4.015	3.881	⌈3.626
Hf^{4+}	4.566	4.477	4.419	4.344	4.271	4.236	4.202	4.168	4.134	4.100	4.067	3.939	3.860 (927S)	
Ti^{3+}	ca4.076	4.329	4.274	4.204	4.137	4.104	4.072	4.040	4.009	3.978	3.947	3.828	3.712	3.499
$(Al^{+3})_2$	4.526	4.250	4.188	4.107	4.026	3.986	3.946	3.906	3.867	3.828	3.789	3.629	3.471	3.275
V^{3+}	4.086	3.896	3.841	3.771	3.704	3.671	3.639	3.608	3.577	3.546	3.516	3.398	3.284	3.087
Mn^{2+}	4.046	3.881	3.828	3.760	3.695	3.663	3.632	3.601	3.570	3.540	3.510	3.391	3.289	3.044
Ti^{4+}	—	3.794	3.741	3.673	3.619 (284V)									

续表 1-4-15

金属离子	E°, V													
	25℃ 水溶液	25℃固体	100℃	200℃	300℃	350℃	400℃	450℃	500℃	550℃	600℃	800℃	1000℃	1500℃
Cr^{2+}	3.77[1]	3.708	3.655	3.587	3.523	3.492	3.461	3.430	3.400	3.371	3.341	3.227	3.115	2.883
V^{2+}	ca4.046	3.664	3.606	3.531	3.460	3.425	3.391	3.358	3.325	3.292	3.260	3.133	3.011	2.754
Cr^{3+}	3.606	3.601	3.543	3.471	3.401	3.366	3.333	3.300	3.267	3.234	3.202	3.076	2.954	⌈2.742
Zn^{2+}	3.629	3.591	3.535	3.465	3.397	3.365	3.332	3.299	3.265	3.231	3.198	3.068	2.912	2.439
Ga^{3+}	3.493	3.440	3.376	3.292	3.211	3.171	3.132	3.093	3.055	3.017	2.980	2.923 (952S)		
Fe^{2+}	3.306	3.417	3.362	3.291	3.223	3.191	3.158	3.126	3.094	3.062	3.030	2.905	2.780	2.529
Cd^{2+}	3.269	3.356	3.303	3.234	3.169	3.135	3.101	3.068	3.035	3.002	2.969	2.826	2.605	2.109
In^{3+}	3.208	3.353	3.289	3.206	3.123	3.083	3.043	3.003	2.964	2.925	2.887	2.736	2.589	⌈2.447
V^{4+}	—	3.307	3.253	3.186	3.121	3.104 (327D)								
Co^{2+}	3.143	3.231	3.177	3.110	3.045	3.014	2.983	2.952	2.922	2.892	2.862	2.746	2.631	2.391
Ni^{2+}	3.116	3.226	3.169	3.096	3.026	2.992	2.958	2.924	2.890	2.857	2.825	2.697	2.573	2.338
Pb^{2+}	2.992	3.221	3.155	3.082	3.011	2.975	2.938	2.901	2.865	2.829	2.793	2.654	2.525	⌈2.350
Mn^{3+}	2.583	3.209	3.152	3.079	3.009	2.975	2.941	2.908	2.875	2.842	2.810	2.682	2.557	⌈2.383
Fe^{3+}	2.902	3.166	3.109	3.036	2.966	2.932	2.899	2.865	2.832	2.800	2.767	2.640	2.513	⌈2.354
Sb^{3+}		2.946	2.898	2.839	⌈2.782	2.758	2.746 (376S)							
Bi^{3+}		2.891	2.834	2.761	2.690	2.652	2.615	2.578	2.542	2.506	2.470	2.381 (1027V)		
V^{5+}		2.706	2.657	⌈2.652 (111V)										
Tl^{+}	3.202	2.602	2.549	2.481	2.416	⌈2.385	2.359	2.333	2.308	2.284	2.260	2.234 (655V)		
Cu^{2+}	2.529	2.526	2.471	2.400	2.333	2.301	2.269	2.237	2.206	2.176	2.145	2.028	⌈1.922	1.693
Co^{3+}	3.288	2.472	2.415	2.342	2.273	2.239	2.205	2.172	2.139	2.107	2.075	1.949	⌈1.826	1.670 (1327V)
Tl^{3+}	2.145	2.306	2.250	2.180	2.113	2.078	2.044	2.011	1.978	⌈1.945	1.918	1.815	1.718 (927V)	
Pd^{2+}	1.879	2.212	2.158	2.091	2.026	1.995	1.964	1.934	1.904	1.874	1.845	1.741	⌈1.660	1.574
Rh^{3+}	2.066	2.081	2.025	1.952	1.882	1.849	1.815	1.782	1.750	1.717	1.684	1.554	1.4241	⌈1.099 (1427S)
Ag^{+}	2.067	1.917	1.871	1.815	1.762	1.736	1.711	⌈1.690	1.674	1.660	1.646	1.597	1.551	1.509 (1147V)
Hg^{2+}	2.012	1.800	1.735	1.653	1.574	1.535	1.476	1.414	1.353	1.293	1.233	⌈1.180 (647D)		
Pd^{3+}		1.518	1.457	1.380	1.360 (227D)									
Au^{3+}	1.366	1.243	1.194	1.131	1.071	1.042	1.014	0.986	0.958	0.931	0.904	⌈0.809	0.734	0.555 (1197V)
Au^{2+}	<1.381	1.019	0.966	0.899	0.834	0.803	0.772	0.742	0.712	0.683	0.654	⌈0.538	0.421	0.144 (1252V)
Au^{+}	1.186	0.607	0.565	0.513	0.464	0.440	0.415	0.391	0.367	0.342	⌈0.318	0.220	0.123	−0.121 (1202V)

注：同表 1-4-14注。

表 1-4-16 不同温度下金属熔融溴化物的电极电位表

金属离子	E°, V													
	25°C 水溶液	25°C 固体	100°C	200°C	300°C	350°C	400°C	450°C	500°C	550°C	600°C	800°C	1000°C	1500°C
Cs^{+}	4.004	3.988	3.918	3.824	3.730	3.683	3.637	3.590	3.544	3.498	3.452⌈	3.204	2.903	2.468 (1300V)
Ra^{2+}	4.001	3.957	3.890	3.803	3.718	3.676	3.635	3.594	3.553	3.513	3.473	3.310⌈	3.154	2.667
K^{+}	4.006	3.946	3.874	3.775	3.677	3.628	3.580	3.532	3.485	3.438	3.391⌈	3.187	2.904	2.335 (1383V)
Rb^{+}	4.006	3.936	3.866	3.773	3.681	3.635	3.589	3.543	3.497	3.452	3.407⌈	3.151	2.852	2.348 (1352V)
Ba^{2+}	3.981	3.814	3.750	3.669	3.590	3.552	3.514	3.476	3.438	3.401	3.364	3.216⌈	3.084	2.791
Sm^{2+}	<4.24	3.708	3.649	3.572	3.498	3.462	3.426	3.391	3.355	3.321	3.286⌈	3.165	3.062	2.822
Sr^{2+}	3.971	3.621	3.559	3.479	3.402	3.363	3.326	3.288	3.251	3.214	3.178⌈	3.053	2.930	2.595
Na^{+}	3.795	3.613	3.544	3.445	3.348	3.299	3.251	3.203	3.156	3.108	3.061⌈	2.889	2.667	2.107 (1392V)
Li^{+}	4.126	3.569	3.514	3.441	3.363	3.324	3.287	3.249	3.212	3.176	⌈8.147	3.040	2.940	2.798 (1310V)
Ca^{2+}	3.951	3.416	3.357	3.2[illegible]0	3.206	3.170	3.134	3.099	3.064	3.028	2.994⌈	2.861	2.740	2.447
La^{3+}	3.601	3.122	3.061	2.983	2.907	2.870	2.833	2.797	2.761	2.725	2.690⌈	2.553	2.438	2.167
Ce^{3+}	3.561	3.050	2.989	2.911	2.835	2.798	2.761	2.724	2.638	2.652	2.616⌈	2.482	2.363	2.085
Pr^{3+}	3.551	3.011	2.951	2.874	2.799	2.763	2.727	2.691	2.655	2.620	2.585⌈	2.462	2.354	2.092
Nd^{3+}	3.521	2.986	2.928	2.852	2.778	2.742	2.706	2.670	2.634	2.599	2.564⌈	2.441	2.327	2.060
Pm^{3+}	3.501	2.934	2.877	2.803	2.732	2.697	2.662	2.628	2.594	2.561	2.527⌈	2.413	2.314	2.086
Sm^{3+}	3.491	2.891	2.833	2.760	2.689	2.653	2.619	2.585	2.551	2.517	2.484⌈	2.372	2.328 (887D)	
Gd^{3+}	3.481	2.862	2.805	2.731	2.660	2.625	2.590	2.556	2.522	2.488	2.455⌈	2.329	2.227	1.998 (1487V)
Tb^{3+}	3.471	2.819	2.761	2.688	2.616	2.581	2.547	2.512	2.478	2.445	2.412	2.282⌈	2.177	1.950 (1487V)
Dy^{3+}	3.431	2.775	2.714	2.636	2.560	2.522	2.485	2.448	2.412	2.376	2.341	2.201⌈	2.079	1.829 (1477V)
Y^{3+}	3.451	2.761	2.700	2.621	2.545	2.508	2.471	2.434	2.398	2.362	2.326	2.187⌈	2.062	1.815 (1467V)
Ho^{3+}	3.401	2.746	2.686	2.607	2.531	2.493	2.456	2.420	2.383	2.347	2.312	2.172⌈	2.047	1.805 (1467V)
Er^{3+}	3.381	2.717	2.657	2.578	2.502	2.464	2.427	2.391	2.354	2.318	2.283	2.143⌈	2.013	1.774 (1457V)
Eu^{3+}	3.491	2.689	2.631	2.558	2.486	2.451	2.417	2.382	2.348	2.315	2.282⌈	2.164	2.120 (887D)	
Tm^{3+}	3.361	2.689	2.628	2.549	2.473	2.435	2.398	2.362	2.325	2.289	2.254	2.114⌈	1.984	1.755 (1437V)
Lu^{3+}	3.331	2.645	2.584	2.506	2.429	2.392	2.355	2.318	2.282	2.246	2.211	2.071⌈	1.940	1.726 (1407V)

续表 1-4-16

金属 离子	E°, V													
	25°C 水溶液	25°C 固体	100°C	200°C	300°C	350°C	400°C	450°C	500°C	550°C	600°C	800°C	1000°C	1500°C
Mg^{2+}	3.451	2.606	2.548	2.474	2.403	2.368	2.333	2.299	2.265	2.232	2.199Γ	2.078	1.980	1.824 (1227V)
Zr^{2+}		2.528	2.471	2.397	2.326	2.292	2.257	2.224	2.190	2.157	2.124Γ	1.992	1.860	1.710 (1227V)
Sc^{3+}	3.161	2.506	2.446	2.367	2.291	2.253	2.216	2.180	2.143	2.107	2.072	1.932Γ	1.846 (929S)	
Zr^{3+}		2.433	2.373	2.296	2.222	2.186	2.150	2.115	2.080	2.044	2.010	1.875Γ	1.857 (827dp)	
Yb^{3+}	3.351	2.428	2.368	2.289	2.213	2.175	2.138	2.102	2.065	2.029	1.994	1.854Γ	1.726 (ca1000D)	
U^{3+}	2.881	2.397	2.342	2.272	2.205	2.171	2.138	2.106	2.073	2.041	2.009Γ	1.889	1.793	1.569
Th^{4+}	2.981	2.378	2.318	2.241	2.164	2.127	2.090	2.053	2.017	1.981	1.945Γ	1.820	1.788 (857V)	
Hf^{4+}	2.781	2.201	2.142	2.066	1.993	1.977 (322S)								
U^{4+}	2.581	2.060	2.003	1.929	1.858	1.823	1.789	1.755	1.721	Γ1.691	1.663	1.573 (ca766V)		
V^{2+}	ca2.261	2.016	1.958	1.883	1.810	1.775	1.740	1.706	1.672	1.639	1.605	1.476Γ	1.374	1.269 (1227V)
Zr^{4+}	2.611	2.006	1.948	1.873	1.801	1.766	1.761 (357S)							
Ti^{2+}	2.711	1.995	1.940	1.869	1.801	1.768	1.735	1.703	1.671	1.639	1.608Γ	1.511	1.424	1.331 (1227V)
Mn^{2+}	2.261	1.908	1.854	1.786	1.719	1.687	1.654	1.623	1.591	1.560	1.529Γ	1.422	1.334	1.322 (1027V)
Be^{2+}	2.931	1.869	1.818	1.755	1.695	1.666	1.638	1.610	Γ1.584	1.581 (527V)				
Ti^{3+}	ca2.281	1.843	1.788	1.717	1.649	1.615	1.582	1.550	1.518	1.486	1.454	1.331 (927dp)		
$(Al^{3+})_2$	2.741	1.761	Γ1.707	1.649	1.617 (257V)									
Tl^{+}	1.417	1.738	1.686	1.619	1.553	1.517	1.480	1.444	Γ1.416	1.391	1.367	1.275	1.267 (819V)	
Ti^{4+}		1.731	Γ1.710	1.687	1.680 (230V)									
In^{+}	ca1.331	1.717	1.659	1.582	Γ1.156	1.487	1.458	1.429	1.401	1.374	1.347	1.318 (662V)		
Zn^{2+}	1.844	1.624	1.567	1.494	1.424	1.390Γ	1.357	1.329	1.301	1.272	1.245	1.192 (702V)		

续表 1-4-16

金属离子	$E°$, V													
	25°C 水溶液	25°C 固体	100°C	200°C	300°C	350°C	400°C	450°C	500°C	550°C	600°C	800°C	1000°C	1500°C
Cr^{2+}	1.985	1.539	1.486	1.418	1.353	1.321	1.289	1.258	1.227	1.197	1.167	1.049┌	0.954	0.900 (1127*V*)
Cd^{2+}	1.484	1.537	1.475	1.395	1.318	1.278	1.238	1.198	1.159	1.120	┌1.085	0.944	0.876 (863*V*)	
Ge^{4+}		1.409	┌1.364	1.316 (189*V*)										
Pb^{2+}	1.207	1.366	1.309	1.234	1.160	1.122	1.089	1.059	┌1.031	1.003	0.976	0.876	0.823 (914*V*)	
$(Sl^{3+})_2$		1.344	1.298	1.245	1.213 (240*V*)									
Sn^{2+}	1.217	1.331	1.280	1.215	┌1.153	1.122	1.093	1.063	1.036	1.008	0.981	0.960 (639*V*)		
In^{3+}	1.423	1.321	1.264	1.189	1.114	1.078	1.062 (371*S*)							
Ga^{3+}	1.611	1.297	1.244	┌1.183 (314*V*)										
Fe^{2+}	1.521	1.247	1.194	1.127	1.062	1.030	0.999	0.968	0.937	0.907	0.876┌	0.780	0.730 (927*V*)	
V^{4+}		1.225	┌1.183	1.131	1.108 (247*V*)									
Co^{2+}	1.358	1.149	1.097	1.030	0.965	0.934	0.902	0.872	0.841	0.811	0.781┌	0.684	0.635 (927*V*)	
Ni^{2+}	1.331	1.106	1.049	0.977	0.907	0.872	0.838	0.804	0.771	0.738	0.705	0.576┌	0.527 (877*V*)	
Cu^{+}	0.560	1.049	1.000	0.939	0.881	0.853	0.826	0.799	┌0.774	0.754	0.736	0.667	0.605	0.454 (1318*V*)
Ag^{+}	0.282	1.011	0.966	0.911	0.860	0.836	0.814	┌0.795	0.781	0.767	0.754	0.706	0.659	0.520
Si^{4+}	—	0.999	┌0.953	0.922 (153*V*)										
Sn^{4+}	1.074	0.987	┌0.939	0.880	0.877 (207*V*)									
$(Hg^{+})_2$	0.292	0.942	0.871	0.779	0.690	0.646	0.582	0.573 (407*D*)						
Fe^{3+}	1.117	0.888	0.836	0.769	┌0.716	0.692	0.669	0.647	0.625	0.604	0.583	0.571 (627*V*)		
Sb^{3+}	—	0.831	┌0.776	0.719	0.672 (288*V*)									
Ti^{3+}	—	0.824	0.774	0.710	┌0.657	0.630	0.604	0.578	0.573 (461*V*)					
B^{3+}	—	0.773	┌0.742 (91*V*)											

续表 1-4-16

金属离子	E°, V													
	25°C 水溶液	25°C 固体	100°C	200°C	300°C	350°C	400°C	450°C	500°C	550°C	600°C	800°C	1000°C	1500°C
Hg^{2+}	0.227	0.737	0.663	0.566	⌈0.483	0.469 (319V)								
Cu^{2+}	0.744	0.662	0.609	0.541	0.476	0.459 (327D)								
As^{3+}	—	0.636	⌈0.597	0.551	0.542 (221V)									
Mo^{2+}	—	0.585	0.538	0.477	0.419	0.391	0.363	0.336	0.309	0.283	0.257	0.198 (727D)		
Rh^{+}	0.481	0.564	0.521	0.468	0.418	0.394	0.370	0.347	0.324	0.301	0.279	0.224 (727D)		
Mo^{3+}	1.281	0.520	0.467	0.399	0.333	0.301	0.270	0.253 (427D)						
Rh^{3+}	0.281	0.506	0.452	0.384	0.318	0.286	0.254	0.223	0.192	0.176 (527D)				
Pd^{2+}	0.094	0.492	0.441	0.376	0.314	0.284	0.254	0.225	0.196	0.167	0.139	0.061	0.028 (927V)	
Ir^{+}	—	0.477	0.435	0.382	0.332	0.308	0.285	0.262	0.240	0.217	0.196	0.184 (627D)		
Mo^{4+}	—	0.434	0.381	0.314	0.249	⌈0.221 (347V)								
Pt^{4+}	—	0.390	0.337	0.268	0.203	0.185 (327D)								
Ir^{2+}	−0.019	0.369	0.315	0.247	0.182	0.150	0.119	0.088	0.071 (477D)					
W^{2+}	—	0.369	0.321	0.260	0.202	0.174	0.146	0.126 (437D)						
In^{3+}	−0.069	0.361	0.308	0.240	0.174	0.142	0.110	0.094 (427D)						
W^{4+}	—	0.325	0.272	0.203	0.138	0.120 (327S)								
Os^{2+}	0.231	0.325	0.277	0.217	0.159	0.131	0.103	0.076	0.049	0.023	−0.003	−0.094	−0.162	−0.202 (1127V)
W^{5+}	—	0.321	0.271	0.207	⌈0.149	0.134 (333V)								
Ru^{3+}	—	0.289	0.236	0.168	0.102	0.085 (327D)								
Pt^{3+}	—	0.289	0.236	0.167	0.101	0.069	0.037	0.035 (405D)						
Pt^{2+}	ca−0.119	0.282	0.228	0.160	0.094	0.063	0.031	0.025 (410D)						
W^{6+}	—	0.275	0.267 (37D) (dp)											
Pt^{+}	—	0.260		0.069	0.063 (212D)									
Au^{+}	−0.599	0.169	0.125											
Au^{3+}	−0.419	0.153	0.106	0.053 (187D)										

注：同表 1-4-14 注。

表 1-4-17 不同温度下金属熔融

$E°$, V

金属离子	25°C（液体）	25°C（固体）	100°C	200°C	300°C	350°C	400°C	450°C	500°C	550°C
Zr^{2+}	—	5.287	5.298	5.199	5.100	5.051	5.002	4.953	4.904	4.856
Ca^{2+}	3.418h	3.131	3.090	3.037	2.984	2.957	2.931	2.9[illegible]5	2.881	2.855
La^{3+}	3.298h	3.085	3.027	2.979	2.933	2.909	2.886	2.863	2.840	2.817
Ac^{3+}	3.09[illegible]i	3.079	3.048	3.005	2.964	2.943	2.922	2.902	2.882	2.862
Pr^{3+}	3.247h	3.058	3.022	2.975	2.930	2.906	2.884	2.861	2.838	2.815
Nd^{3+}	3.242h	3.040	3.009	2.964	2.921	2.899	2.878	2.858	2.836	2.816
Th^{4+}	2.880h	3.018	2.932	2.933	2.883	2.858	2.833	2.808	2.784	2.759
Be^{2+}	3.021i	3.014	2.975	2.922	2.869	2.842	2.815	2.789	2.764	2.737
Th^{2+}	—	3.003	2.970	2.924	2.878	2.855	2.832	2.809	2.786	2.764
Ce^{3+}	3.275h	2.999	2.963	2.915	2.868	2.844	2.820	2.796	2.772	2.748
Ba^{+}	—	2.970	2.931	2.865	2.802	2.771	2.731	2.700	2.669	2.638
Sm^{3+}	3.233h	2.963	2.928	2.881	2.833	2.809	2.785	2.762	2.738	2.714
Mg^{2+}	3.091h	2.952	2.910	2.854	2.798	2.770	2.742	2.714	2.686	2.659
Li^{+}	3.363h	2.903	2.857	2.533	2.406	2.341	2.277	2.212	2.147	2.081
Am^{3+}	3.107h	2.902	2.868	2.824	2.779	2.757	2.735	2.714	2.692	2.670
Sr^{2+}	3.276h	2.901	2.861	2.809	2.758	2.733	2.708	2.683	2.659	2.634
Y^{3+}	3.120h	2.894	2.859	2.813	2.767	2.744	2.721	2.699	2.677	2.654
Sc^{3+}	3.013h	2.826	2.792	2.744	2.697	2.673	2.650	2.626	2.602	2.579
Hf^{4+}	2.901oh	2.797	2.757	2.705	2.654	2.628	2.603	2.577	2.552	2.528
U^{4+}	2.582h	2.786	2.793	2.704	2.659	2.636	2.613	2.591	2.568	2.546
Ba^{2+}	3.209h	2.738	2.701	2.651	2.603	2.579	2.555	2.532	2.508	2.485
Al^{3+}	2.701h	2.723	2.683	2.629	2.575	2.549	2.522	2.494	2.468	2.441
U^{2+}	—	2.667	2.632	2.588	2.544	2.522	2.500	2.478	2.456	2.434
Pu^{3+}	2.821h	2.666	2.633	2.590	2.548	2.527	2.507	2.486	2.466	2.446
Ra^{2+}	2.548o	2.548	2.507	2.458	2.409	2.385	2.361	2.338	2.314	2.291
Ti^{2+}	2.537o	2.537	2.497	2.447	2.397	2.372	2.347	2.323	2.299	2.274
Pu^{4+}	2.457h	2.537	2.500	2.457	2.413	2.392	2.371	2.349	2.328	2.308
Pa^{4+}	—	2.526	2.487	2.439	2.391	2.367	2.343	2.319	2.295	2.272
Np^{4+}	2.529h	2.526	2.494	2.448	2.404	2.381	2.359	2.338	2.316	2.294
Am^{4+}	2.533h	2.504	2.468	2.424	2.379	2.357	2.334	2.312	2.291	2.268
Ti^{3+}	2.50io	2.501	2.463	2.413	2.366	2.342	2.318	2.295	2.272	2.249
Pu^{2+}	—	2.385	2.355	2.320	2.285	2.268	2.252	2.236	2.219	2.203
Pr^{4+}	2.385o	2.385	2.347	2.299	2.250	2.225	2.202	u		
Ce^{4+}	2.374o	2.374	2.341	2.293	2.256	2.234	2.213	2.192	2.171	2.150
Ti^{4+}	2.091ho	2.219	2.177	2.132	2.087	2.065	2.043	2.021	2.000	1.978
Si^{2+}	—	2.125	2.089	2.039	1.991	1.966	1.941	1.916	1.891	1.866
Si^{4+}	2.101i	2.083	2.045	1.999	1.954	1.931	1.908	1.886	1.863	1.841
Np^{5+}	2.025oh	2.077	2.041	1.996	1.952	1.930	1.908	1.886	1.864	1.842
U^{6+}	2.045o	2.045	2.011	1.967	1.921	1.899	1.877	1.855	1.832	1.810
B^{3+}	2.045o	2.045	2.011	1.965	1.920	1.897	1.875	1.852	1.839	1.820
Ta^{5+}	2.041o	2.041	2.005	1.957	1.909	1.886	1.862	1.838	1.815	1.792
Pa^{5+}	—	2.025	1.988	1.940	1.891	1.867	1.843	1.819	1.795	1.771
V^{2+}	—	2.016	1.992	1.944	1.898	1.875	1.852	1.830	1.807	1.785
Nb^{2+}	—	1.973	1.936	1.893	1.850	1.829	1.808	1.787	1.766	1.746
Nb^{4+}	—	1.964	1.932	1.886	1.840	1.817	1.796	1.773	1.750	1.729
V^{3+}	1.959o	1.959	1.925	1.881	1.837	1.815	1.795	1.773	1.753	1.732
Na^{+}	2.678h	1.951	1.904	1.830	1.757	1.721	1.686	1.651	1.616	1.582
Mn^{2+}	1.951h	1.882	1.854	1.816	1.779	1.760	1.742	1.723	1.705	1.686
Nb^{5+}	—	1.873	1.838	1.791	1.746	1.722	1.700	1.677	1.655	1.632
Cr^{3+}	1.883h	1.806	1.669	1.598	1.527	1.491	1.455	1.419	1.383	1.346
V^{4+}	—	1.724	1.690	1.646	1.604	1.583	1.562	1.541	1.521	1.499
Ga^{3+}	1.647h	1.714	1.673	1.613	1.553	1.523	1.493	1.462	1.433	1.403
K^{+}	2.651h	1.652	1.577	1.496	1.415	1.376	1.335	1.296	1.255	1.215
Zn^{2+}	1.646h	1.649	1.610	1.558	1.507	1.482	1.456	1.431	1.403	1.376

氧化物电极电位表

600℃	800℃	1000℃	1500℃	1750℃	2000℃	2250℃	2500℃	2750℃	3000℃
4.807	4.614	4.381	3.947	3.715	3.489	3.254	nd		
2.830	2.728	2.626	2.354	2.114	1.882	1.657	1.439	1.227⌈	nd
2.794	2.703	2.550	2.317	2.204	2.091	1.982	nd		
2.843	2.766	2.687	2.503	2.422⌈	2.350	nd			
2.793	2.702	2.608	2.370	2.254⌈	2.139	2.027	1.917	1.808	1.701
2.796	2.717	2.642	2.334	2.214	2.095	1.979⌈	1.970	u	
2.734	2.636	2.539	2.296	2.173	2.049	1.925	1.799	1.672	1.542
2.712	2.607	2.505	2.309	2.130	1.828	1.670⌈	nd		
2.741	2.649	2.557	2.325	2.207⌈	2.100	2.002	1.905	1.810	1.742 (2977 *V*)
2.724	2.627	2.526	2.280⌈	2.165	2.066	1.969	1.873	1.778	1.685
2.608⌈	2.518 (767 *V*)								
2.691	2.596	2.507	2.260	2.135	2.021	1.917⌈	1.813	1.709	1.607
2.631	2.508	2.366	1.905	1.636	1.370	1.107	0.847	0.588⌈	0.332
2.016	1.752	1.489	1.689⌈	1.291	0.933	0.578	0.470 (2327 *V*)		
2.648	2.563	2.477	2.262	2.161⌈	2.069	nd			
2.610	2.513	2.409	2.105	1.871	1.642	1.416⌈	nd		
2.632	2.545	2.459	2.250	2.141	2.036	1.934	nd		
2.555	2.461	2.367	2.127	2.002	1.878	1.755⌈			
2.502	2.405	2.308	2.074	1.960	1.848	1.739	1.631	1.525⌈	nd,u
2.523	2.434	2.342	2.110	1.995	1.881	u			
2.461	2.361	2.224	2.021	1.860⌈	1.673	1.497	1.323	1.167 (2727 *V*)	
2.414	2.301	2.188	1.909	1.772	1.637⌈	nd			
2.411	2.313	2.213	1.963	1.831	1.699	1.568	nd		
2.426	2.336	2.253	2.061⌈	1.986	1.917	1.850	1.785	1.722	1.663 (2977 *V*)
2.267	2.173	2.077	1.788	1.559	1.335	1.112	0.893	u	
2.250	2.155	2.062	1.838	1.731 (1737 *D*)	nd				
2.287	2.200	2.114	1.906	1.805	1.707⌈	1.620	1.543	1.466	1.390
2.248	2.152	2.056	1.815	1.693	1.570	1.447⌈	nd		
2.273	2.115	2.018	1.750	1.623	1.498	1.375⌈	1.337	nd	
2.247	2.162	2.076	1.863	1.762	1.663	u			
2.226	2.136	2.046	1.828	1.725	1.614⌈	1.509	1.418	1.329	1.241
2.187	2.115	2.043⌈	1.931	1.878	1.826	1.815 (2052 *V*)			
2.129	2.043	1.954	1.734	1.626	1.519	nd			
1.955	1.869	1.776	1.557	1.449⌈	1.340	1.247	1.155	1.064	1.001 (2927 *D*)
1.841	1.740	1.638	1.368	1.203	1.039	0.875⌈	nd		
1.822	1.734	1.647	1.412⌈	1.288	1.166 (1977 *D*)				
1.820	1.809 (627 *D*)								
1.789	1.766 (652 *D*)	u							
1.801	1.727	1.655	1.476	1.387	1.297	1.207 (2247 *V*)	u		
1.768	1.674	1.583	1.356	1.246⌈	1.142	nd			
1.747	1.650	1.554	1.314	1.191⌈	1.081	nd			
1.763	1.675	1.590	1.382	1.283	1.174⌈	1.097	1.025	0.954	0.883
1.725	1.646	1.569	1.390	1.307	1.228	1.153⌈	nd.u		
1.707	1.621	1.536	1.329	1.229	1.129⌈	1.047	0.971	0.896	0.824
1.712	1.632	1.553	1.366	1.271⌈	1.184	1.110	1.037	0.965	0.895
1.549	1.422⌈	1.256	0.743 (1275 *S*)						
1.668	1.591	1.515	1.305	1.190⌈	1.103	nd.u			
1.610	1.522	1.439⌈	1.245	1.169	1.096	1.023	0.950	0.878	0.827 (2927 *V*)
1.310	1.165	1.019	0.651	0.465⌈	u				
1.479	1.400	1.321	1.131⌈	1.053	0.978	0.907	0.837	0.770	0.703
1.374	1.257	1.145	0.881⌈	0.709	0.599	0.489	0.380	0.324 (2627 *V*)	
1.176	1.071	0.805	0.347	0.131	−0.051	nd.u			
1.348	1.239	u							

金属离子									$E°$, V
	25°C (液体)	25°C (固体)	100°C	200°C	300°C	350°C	400°C	450°C	500°C	550°C
Ga^{+}	1.630o	1.630	1.582	1.518	1.453	1.420	1.389	1.357	1.325	1.294
Ca^{4+}	1.550o	1.550	1.516	1.473	1.440 (275D)					
Mn^{3+}	1.387h	1.534	1.500	1.456	1.412	1.390	1.368	1.346	1.324	1.302
Rb^{+}	2.548h	1.507	1.455	1.381	1.306	1.270	1.232	1.194	1.157	1.119
Sr^{4+}	1.507h	1.507	1.469	1.418	1.410 (215D)					
Mg^{4+}	1.497o	1.497	1.511 (88D)							
V^{5+}	1.492o	1.492	1.457	1.412	1.368	1.346	1.323	1.302	1.280	1.259
Ba^{4+}	1.472o	1.472	1.435	1.387	1.337	1.319	1.288⌐	1.264	1.243	1.223
Li^{2+}	1.463o	1.463	1.453	1.380 (197D)						
In^{3+}	1.401h	1.449	1.411	1.358	1.304	1.277	1.250	1.223	1.196	1.169
Ge^{2+}	1.431o	1.431	1.389	1.331	1.276	1.249	1.221	1.194	1.166	1.140
Cs^{+}	2.452h	1.422	1.350	1.250	1.150	1.101	1.051	1.001⌐	0.953	0.909
P^{5+}	1.887i	1.420	1.384	1.333	u					
Cr^{4+}	—	1.388	1.356	1.310	1.265	1.242	1.220	1.208 (427D)		
Ge^{4+}	1.401i	1.377	1.334	1.278	1.222	1.195	1.167	1.139	1.111	1.083
W^{4+}	—	1.349	1.315	1.271	1.228	1.206	1.185	1.164	1.144	1.122
Sn^{4+}	1.237h	1.346	1.307	1.254	1.200	1.173	1.145	1.118	1.090	1.063
Sn^{2+}	1.321h	1.333	1.303	1.258	1.168	1.135	u			
W^{6+}	1.451i	1.321	1.286	1.242	1.199	1.178	1.157	1.136	1.115	1.094
Fe^{3+}	1.170h	1.280	1.245	1.199	1.154	1.132	1.110	1.088	1.066	1.045
Mo^{4+}	1.272o	1.272	1.235	1.191	1.148	1.127	1.106	1.084	1.064	1.043
Fe^{2+}	1.277h	1.266	1.237	1.200	1.165	1.147	1.129	1.112	1.095	1.077
In^{2+}	—	1.258	1.220	1.167	1.113	1.086	1.059	1.032	1.005	0.979
H^{+}	1.229h	1.229	1.169 (100V)							
Mn^{4+}	1.201o	1.208	1.172	1.124	1.077	1.053	1.030	1.006	0.983	0.960
Cd^{2+}	1.209h	1.166	1.127	1.078	1.028	1.004	0.976	0.949	0.922	0.895
Ni^{2+}	1.119h	1.121	1.084	1.037	0.990	0.967	0.943	0.920	0.897	0.875
Na^{2+}	1.114o	1.114	1.075	1.018	0.962	0.933	0.905	0.876	0.849	0.820
Co^{2+}	1.134h	1.106	1.069	1.024	0.980	0.957	0.935	0.912	0.898	0.876
K^{2+}	1.085o	1.085	1.043	0.984	0.927	0.897	0.869	0.840⌐	0.813	0.789
Sb^{3+}	1.061i	1.077	1.041	0.995	0.949	0.938	0.903	0.880	0.858	0.836
Te^{2+}	—	1.062	1.027	0.977	0.928	0.904	0.879	0.854	0.825	0.795
Sb^{4+}	—	1.019	0.982	0.934	0.887	0.863	0.840	0.816	0.793	0.770
As^{3+}	1.081i	0.995	0.959	0.913	0.871⌐	0.857	0.841	0.826	0.824 (457V)	
Tc^{4+}	—	0.985	0.948	0.901	0.854	0.830	0.807	0.783	0.760	0.737
Pb^{2+} red	0.952h	0.981	0.944	0.893	0.844	0.820	0.794	0.768⌐	0.742	0.717
Re^{4+}	0.977o	0.977	0.943	0.897	0.852	0.829	0.806	0.785	0.763	0.741
Bi^{2+}	—	0.943	0.908	0.859	0.809	0.780	0.751	0.720	0.691	0.662
Re^{6+}	0.946i	0.918	0.887	0.846	0.812	u				
Rb^{2+}	0.906o	0.906	0.860	0.799	0.738	0.708	0.678	0.647	0.617	0.58⌐
Sb^{5+}	0.801i	0.869	0.834	0.783	0.733	0.708	0.694 (380D)			

续表 1-4-17

600°C	800°C	1000°C	1500°C	1750°C	2000°C	2250°C	2500°C	2750°C	3000°C
1.262┌	1.201 (727*V*)								
1.281	1.197	1.111	0.892 (1347*D*)						
1.082┌	u								
1.238┌	1.164	1.054	0.931	0.852	0.773	0.757 (2052*V*)	u		
1.203	1.119	1.104 (837*D*)							
1.142	1.035	0.926	0.660┌	0.530	0.419	nd			
1.112	1.052 (710*S*)								
0.866	0.830 (642*V*)								
1.056	0.947	0.836┌	0.574	0.449	0.326	0.206	0.157	u	
1.102	1.022	0.946┌	0.781	0.715	0.689 (1852*D*)				
1.036	0.930	0.824	0.566┌	0.439	0.330	0.227	0.064	−0.097	−0.210 (2927*V*)
1.073	0.991	0.911	0.724	0.651	0.629 (1827*V*)				
1.024	0.939	0.855	0.645	nd,u					
1.021	0.939	0.859	0.662	0.568┌	0.497 (1977*D*)				
1.060	0.982	0.920	0.767	0.695	0.622	0.549	0.498 (2427*V*)		
0.952	0.846	0.742┌	0.516	0.418 (1727*V*)					
0.937	0.828	0.806 (847*D*)	u						
0.867	0.742	0.538	0.036	−0.022 (1559*S*)					
0.852	0.763	0.677	0.476	0.345┌	0.253	nd			
0.792	u								
0.854	0.765	0.676	0.448	0.316┌	0.223	0.131	0.041	−0.004 (2627*V*)	
0.766	0.662	0.497	0.099	0.078 (1527*V*)					
0.814┌	0.731	0.654	0.496 (1425*V*)						
0.764┌	0.650	0.559	0.261	0.259 (1502*V*)					
0.747	0.643	u							
0.714	0.622	0.532	0.314	0.211	0.110┌	0.021	−0.060	−0.139	−0.218
0.692	0.595	0.505	0.318 (1472*V*)						
0.719	0.634	0.550┌	0.377	0.306	0.236	0.171	0.106	0.044	−0.012 (2977*V*)
0.632	0.514┌	0.405	0.153	0.080 (1647*V*)					
0.560	0.416	0.241	−0.183	u					

金属离子										E°, V
	25°C（液体）	25°C（固体）	100°C	200°C	300°C	350°C	400°C	450°C	500°C	550°C
Cr^{6+}	0.867o	0.867	0.832┌	0.791	0.757	0.741	0.725	0.709	0.693	0.677
Bi^{3+}	0.858o	0.858	0.823	0.777	0.731	0.705	0.679	0.654	0.628	0.603
Cs^{2+}	0.848o	0.848	0.811	0.753	0.701	0.675	0.649	0.623	0.598	0.573┌
As^{4+}	—	0.810	0.775	0.726	0.678	0.654	0.630	0.606	0.581	0.557
Tc^{6+}	—	0.802	0.767	0.723	0.679	0.657	0.636	0.615	0.593	0.572
As^{5+}	1.097i	0.801	0.765	0.716	0.668	0.644	0.620	0.596	0.572	0.549
Re^{7+}	0.985i	0.788	0.755	0.712┌	0.671	0.655	0.650 (363 *V*)			
Cu^{+}	0.759o	0.758	0.729	0.690	0.652	0.634	0.614	0.596	0.578	0.560
K^{3+}	0.723o	0.723	0.689	0.642	0.596	0.573	0.550┌	0.529	0.510	0.490
Re^{3+}	—	0.720	0.691┌	0.658 (187V)						
Tl^{+}	0.744h	0.718	0.666	0.598	0.537┌	0.510	0.482	0.455	0.428	
In^{+}	—	0.716	0.669	0.618	0.559┌	0.533	0.512	0.491	0.470	0.459 (527 *V*
Tc^{4+}	0.971i	0.700	0.517	0.471	0.425	0.401	0.379	0.358	0.332	0.307)
Tc^{7+}	—	0.691	0.520	0.488┌	0.455	0.451 (311 *V*)				
Rb^{3+}	0.668o	0.668	0.630	0.578	0.526	0.499	0.473	0.447┌	0.423	0.400
Cu^{2+}	0.620h	0.659	0.626	0.578	0.531	0.508	0.485	0.462	0.439	0.416
Cs^{3+}	0.622o	0.622	0.587	0.541	0.497	0.475	0.453	0.432	0.411	0.393
Pb^{4+}	0.567o	0.567	0.530	0.482	0.438 (290 *D*)					
P^{4+}	—	0.553	0.513	0.478 (180 *S*)						
K^{4+}	0.540o	0.540	0.513	0.479	0.445	0.429	u			
Rb^{4+}	0.513o	0.513	0.481	0.437	0.394	0.372	0.351┌	0.324	0.313	0.285
Na^{4+}	0.504o	0.504	0.481	0.449	0.417	0.401	0.385	0.369	0.354	0.338┌
Cs^{4+}	0.501o	0.501	0.467	0.422	0.378	0.355	0.334┌	0.322	0.304	0.287
Po^{4+}	0.901i	0.499	0.463	0.416	0.368	0.343	0.317	0.292	0.267	0.241┌
Se^{4+}	0.767i	0.450	0.417	0.369	0.320	0.305 (330 *S*)				
Ru^{4+}	0.441o	0.441	0.346	0.358	0.311	0.287	0.263	0.240	0.216	0.193
Rh^{+}	0.414o	0.414	0.393	0.363	0.335	0.321	0.307	0.293	0.280	0.267
Os^{4+}	0.383o	0.383	0.506	0.461	0.414	0.391	0.368	0.345	0.322	0.300
Os^{8+}	0.383o	0.383	0.359	0.350 (130 *V*)						
Rh^{3+}	0.361o	0.361	0.324	0.277	0.229	0.206	0.182	0.160	0.136	0.112
Rh^{2+}	0.347o	0.347	0.314	0.274	0.234	0.215	0.196	0.176	0.158	0.139
K^{6+}	0.316o	0.318	0.286	0.253	0.221	0.206	0.191	0.173 (442 *V*)		
Pd^{2+}	0.332h	0.312	0.269	0.215	0.160	0.134	0.107	0.079	0.053	0.027
Ir^{3+}	0.304o	0.304	0.274	0.235	0.197	0.178	0.159	0.141	0.123	0.105
Ir^{4+}	0.304o	0.304	0.270	0.231	0.193	0.173	0.155	0.136	0.117	0.099
Hg^{2+}	0.303o,l	0.303	0.263	0.208	0.153	0.126	0.075	0.024	−0.026 (500 *D*)	
Ru^{8+}	0.287o	0.287	0.285	u						nd,u
Pt^{2+}	0.251h	0.239	0.198	0.153	0.109	0.088	0.066	0.045	0.024	
Pt^{4+}	0.226i	0.206	0.177	0.131	0.086	0.064	0.041┌	0.019	0.007 (477 *D*)	
Ag^{+}	0.057o	0.057	0.067	−0.097 (187 *D*)						
Ag^{2+}	−0.028o	−0.028	−0.039 (100 *D*)							
Au^{3+}	−0.228h	−0.282	−0.355	−0.415 (160 *D*)						

注：*S*表示升华；*V*表示蒸发；*D*表示分解；*h*表示氢氧化物；O表示氧化物；*oh*表示$HfO(OH)_2$、$NpO_2(OH)$；*ho*表

续表 1-4-17

600℃	800℃	1000℃	1500℃	1750℃	2000℃	2250℃	2500℃	2750℃	3000℃
0.662	0.619 (727 *V*)								
0.579	0.479⌈	nd							
0.549	0.528 (650 *D*)								
0.533	0.416⌈	0.311	0.080	nd					
0.551	0.467	nd							
0.525	0.421	0.407 (827 *D*)							
0.541	0.469	0.400⌈	0.229	0.212	0.202 (1800 *D*)				
0.471	0.482 (702 *V*)								
0.282⌈	0.718	0.084	−0.176	−0.309	nd.u				
0.378	0.260	0.124	u						
0.393	0.303	0.215	0.078 (1336 *D*)	u					
0.376	0.285	0.175	−0.091	−0.219	nd.u				
0.267	0.169	nd							
0.326	0.283	0.220	0.209 (1027 *V*)						
0.274	0.173	0.072	−0.170	−0.287	−0.401	nd			
0.220	0.135	0.050	−0.251	−0.397	−0.539	nd			
0.169	0.076	−0.015	−0.074						
0.254	0.203	0.155	0.126	nd.u					
0.277	0.255 (650 *D*)								
0.090	−0.008	−0.138	−0.197 (1115 *D*)						
0.120	0.049	−0.019	−0.060 (1121 *D*)						
0.001	−0.101	−0.138 (877 *D*)⌈	u						
0.086	0.015	−0.053⌈	−0.204	−0.272	−0.336 (1977 *V*)				
0.081	0.011	−0.057	−0.089 (1100 *D*)						

示TiO_2H_2O。

表 1-4-18　不同温度下金属熔融碘化物的电极电位表

金属离子	E°, V													
	25℃ 水溶液	25℃ 固体	100℃	200℃	300℃	350℃	400℃	450℃	500℃	550℃	600℃	800℃	1000℃	1500℃
Cs^+	3.559	3.557	3.491	3.397	3.303	3.257	3.211	3.164	3.119	3.073	3.028Γ	2.791	2.500	2.080(1280*V*)
Rb^+	3.561	3.474	3.406	3.315	3.224	3.179	3.134	3.089	3.045	3.000	2.956Γ	2.705	2.406	1.967(1304*V*)
K^+	3.561	3.441	3.369	3.269	3.171	3.122	3.074	3.026	2.979	2.931	2.884Γ	2.686	2.387	1.923(1324*V*)
Ra^{2+}	3.556	3.350	3.283	3.195	3.110	3.068	3.027	2.986	2.945Γ	2.905	2.865Γ	2.713	2.578	2.111
Eu^{2+}	4.036	3.231	3.172	3.095	3.021	2.985	2.948	2.913	2.878Γ	2.846	2.819	2.712	2.613	2.384
Ba^{2+}	3.536	3.187	3.124	3.042	2.963	2.924	2.886	2.848	2.811	2.773	2.737Γ	2.598	2.479	2.205
Sm^{2+}	<3.80	3.122	3.063	2.987	2.913	2.876	2.840	2.805	2.769Γ	2.738	2.710	2.604	2.504	2.269
Na^+	3.350	3.035	2.967	2.871	2.776	2.729	2.682	2.636	2.589	2.544	2.498Γ	2.353	2.135	1.703(1304*V*)
Sr^{2+}	3.526	3.014	2.953	2.874	2.797	2.759	2.722	2.685	2.648Γ	2.617	2.589	2.480	2.370	2.036
Li^+	3.681	2.914	2.860	2.788	2.712	2.675	2.639Γ	2.603	2.572	2.541	2.511	2.398	2.292	2.208(1171*V*)
Ca^{2+}	3.506	2.845	2.784	2.705	2.628	2.591	2.554	2.517	2.480	2.444	2.407Γ	2.272	2.150	2.015(1227*V*)
La^{3+}	3.156	2.486	2.423	2.341	2.261	2.222	2.184	2.146	2.108	2.070	2.033Γ	1.891	1.770	1.535(1402*V*)
Ce^{3+}	3.116	2.457	2.398	2.321	2.246	2.209	2.173	2.137	2.101	2.066	2.031Γ	1.897	1.779	1.560(1397*V*)
Pr^{3+}	3.106	2.414	2.352	2.272	2.194	2.156	2.118	2.081	2.044	2.007	1.971Γ	1.836	1.720	1.507(1377*V*)
Nd^{3+}	3.076	2.371	2.309	2.229	2.151	2.113	2.075	2.037	2.000	1.962	1.925Γ	1.782	1.657	1.440(1367*V*)
Pm^{3+}	3.056	2.327	2.266	2.188	2.111	2.074	2.037	2.000	1.964	1.928	1.892Γ	1.752	1.639	1.443(1367*V*)
Sm^{3+}	3.046	2.284	2.220	2.138	2.058	2.019	1.980	1.942	1.904	1.866	1.829	1.682(820*D*)		
Gd^{3+}	3.036	2.201	2.138	2.056	1.977	1.938	1.900	1.861	1.824	1.787	1.749	1.603Γ	1.470	1.282(1337*V*)
Tb^{3+}	3.026	2.183	2.118	2.035	1.953	1.913	1.874	1.835	1.796	1.758	1.719	1.570Γ	1.430	1.240(1327*V*)
Dy^{3+}	2.986	2.154	2.090	2.007	1.927	1.887	1.848	1.810	1.771	1.733	1.696	1.548Γ	1.409	1.228(1317*V*)
Y^{3+}	3.006	2.139	2.077	1.995	1.916	1.878	1.839	1.801	1.764	1.727	1.690	1.545	1.404Γ	1.237(1307*V*)
Ho^{3+}	2.956	2.110	2.046	1.962	1.881	1.841	1.801	1.762	1.723	1.685	1.647	1.497	1.351Γ	1.174(1297*V*)
Er^{3+}	2.936	2.096	2.034	1.954	1.876	1.837	1.800	1.762	1.725	1.688	1.652	1.509	1.370Γ	1.212(1277*V*)
Tm^{3+}	2.916	2.067	2.006	1.926	1.849	1.812	1.774	1.737	1.701	1.664	1.628	1.487	1.350Γ	1.207(1257 V)
Eu^{3+}	3.046	2.038	1.974	1.890	1.809	1.769	1.729	1.691	1.651	1.613	1.575	1.425	1.369(877*D*)	
Zr^{2+}	—	2.038	1.980	1.905	1.833	1.798	1.763Γ	1.733	1.709	1.685	1.661	1.571	1.484	1.473(1027*V*)
Lu^{3+}	2.886	1.995	1.932	1.851	1.772	1.733	1.695	1.657	1.619	1.582	1.545	1.400	1.259Γ	1.137(1207*V*)
Mg^{2+}	3.006	1.951	1.893	1.819	1.747	1.712	1.676	1.643	1.609	1.575	1.542Γ	1.423	1.353(927*V*)	
Zr^{3+}	—	1.922	1.861	1.781	1.704Γ	1.683(327*dP*)								
Sc^{3+}	2.716	1.908	1.847	1.768	1.692	1.655	1.617	1.581	1.544	1.508	1.473	1.333	1.257(909*S*)	
Yb^{3+}	2.906	1.807	1.742	1.659	1.577	1.538	1.498	1.459	1.420	1.382	1.344	1.194	1.048	1.029(1027*D*)
U^{3+}	2.436	1.767	1.714	1.647	1.581	1.549	1.517	1.486	1.455	1.424	1.393	1.270	1.146	0.837
Hf^{4+}	2.336	1.648	1.586	1.507	1.430	1.392	1.335	1.355(427*S*)						

续表 1-4-18

金属离子	E°, V													
	25°C 水溶液	25°C 固体	100°C	200°C	300°C	350°C	400°C	450°C	500°C	550°C	600°C	800°C	1000°C	1500°C
Th^{4+}	2.536	1.496	1.435	1.356	1.279	1.241	1.203	1.166	1.129	1.093	1.060	0.939	0.918 (837V)	
Zr^{4+}	2.166	1.496	1.438	1.363	1.290	1.255	1.220Γ	1.199 (431S)						
U^{4+}	2.136	1.467	1.410	1.336	1.265	1.230	1.195	1.160	1.126	1.092	1.058	0.923	0.788	0.383
V^{2+}	ca1.816	1.453	1.399	1.331	1.266	1.235	1.203	1.172	1.142	1.112	1.083Γ	0.970	0.915 (927V)	
Ti^{2+}	2.266	1.409	1.351	1.277	1.205	1.169	1.135	1.100	1.066	1.033	0.999Γ	0.894	0.799	0.787 (1027V)
Mn^{2+}	1.816	1.388	1.333	1.263	1.196	1.163	1.130	1.098	1.066	1.034	1.002Γ	0.903	0.890 (827V)	
Tl^{+}	0.972	1.388	1.334	1.264	1.196	1.159	1.122Γ	1.087	1.059	1.032	1.005	0.902	0.890 (823V)	
Cr^{2+}	1.541	1.279	1.226	1.157	1.091	1.059	1.027	0.995	0.964	0.933	0.903Γ	0.784	0.771 (827V)	
Ti^{3+}	ca1.846	1.250	1.194	1.122	1.052	1.020 (347cp)								
Ti^{4+}	—	1.212	1.159	Γ1.094	1.037	1.010	0.995 (377V)							
Be^{2+}	2.486	1.203	1.150	1.084	1.020	0.990	0.960	0.930Γ	0.910 (487V)					
Zn^{2+}	1.399	1.185	1.130	1.060	0.993	0.960	0.928Γ	0.895	0.863	0.841	0.815	0.750 (727V)		
$(Al^{3+})_2$	2.296	1.184	1.129	Γ1.057	0.999	0.971	0.952 (386V)							
In^{+}	ca0.886	1.171	1.107	1.020	0.931	0.887	Γ0.853	0.819	0.785	0.752	0.720	0.650 (715V)		
Cd^{2+}	1.039	1.141	1.086	1.016	0.949	0.914	Γ0.882	0.860	0.839	0.819	0.799	0.711 (796V)		
Ge^{2+}	0.636	1.084	1.031	0.962Γ	0.905	0.879	0.854	0.829	0.805	0.781	0.758	0.724 (677V)		
Ge^{4+}	—	1.019	0.963Γ	0.896	0.838	0.810	0.795 (377V)							
Pb^{2+}	0.762	1.008	0.944	0.870	0.799	0.763	0.726Γ	0.696	0.670	0.644	0.620	0.532	0.504 (872V)	
In^{3+}	0.978	0.911	0.860	0.793Γ	0.738	0.713	0.687	0.663	0.639 (500V)					
Ga^{3+}	1.166	0.853	0.797	0.725Γ	0.665	0.638 (349V)								
Sn^{2+}	0.772	0.849	0.794	0.725	0.652Γ	0.612	0.589	0.550	0.520	0.491	0.462	0.396 (714V)		
Cu^{+}	0.115	0.821	0.771	0.707	0.645	0.615	0.586	0.557	0.528	0.500Γ	0.474	0.396	0.324	0.244 (1207V)
Ag^{+}	−0.163	0.788	0.743	0.696	0.659	0.641	0.624	0.607	0.590	0.574Γ	0.563	0.528	0.496	0.401
Fe^{2+}	1.076	0.759	0.706	0.639	0.574	0.542	0.511	0.480	0.449	0.418Γ	0.390	0.306	0.295 ([illegible]27V)	

续表 1-4-18

金属离子	25°C 水溶液	25°C 固体	100°C	200°C	300°C	350°C	400°C	450°C	500°C	550°C	600°C	800°C	1000°C	1500°C
	$E°$, V													
$(Hg^{+})_2$	−0.153	0.677	0.609	0.521	0.444 (290*D*)									
Co^{2+}	0.913	0.646	0.596	0.531	0.469	0.439	0.409	0.379	0.350	0.326	0.306	0.229	0.219 (827*V*)	
Hg^{2+}	−0.218	0.607	0.542	0.459⌐	0.387	0.358	0.355 (354*V*)							
B^{3+}	—	0.549	⌐0.510	0.464	0.460 (210*V*)									
Ni^{2+}	0.886	0.542	0.487	0.415	0.346	0.312	0.278	0.245	0.212	0.179	0.147	0.053 (747*S*)		
Si^{4+}	—	0.452	0.399⌐	0.335	0.282 (288*V*)									
Sb^{3+}	—	0.452	0.403⌐	0.341	0.288	0.263	0.238	0.225 (427*V*)						
Bi^{3+}	—	0.441	0.386	0.315	0.244	0.207	0.170	0.164 (408*D*)						
Mo^{2+}	—	0.369	0.315	0.247	0.182	0.150	0.119	0.088	0.058	0.027	−0.004	−0.127	−0.249	−0.555
Rh^{3+}	−0.164	0.361	0.308	0.239	0.174	0.156 (327*D*)								
Pd^{2+}	−0.351	0.325	0.272	0.203	0.138	0.106	0.074⌐	0.046	0.021	−0.002	−0.026	−0.082 (827*V*)		
Rh^{+}	0.036	0.325	0.277	0.217	0.159	0.132	0.104⌐	0.090 (427*D*)						
A^{3+}	—	0.318	0.268	⌐0.209	0.157	0.132	0.108	0.101 (414*V*)						
Ir^{+}	—	0.304	0.261	0.208	0.159	0.135	0.111	0.088	0.065	0.054 (527*D*)				
Mo^{4+}	—	0.304	0.253	0.187	0.120	0.086	0.053⌐	0.038 (422*V*)						
Ir^{2+}	−0.464	0.217	*dp*											
Pt^{3+}	—	0.217	0.160	0.086	0.032 (277*D*)									
Po^{4+}	—	0.206	0.150	0.078	0.024 (277*D*)									
Pt^{2+}	ca−0.564	0.195	0.112	0.073	0.008	−0.010 (327*D*)								
Au^{+}	−1.044	0.194	0.165	0.138 (177*D*)										
Ir^{3+}	−0.514	0.152	0.060	−0.059	−0.176	−0.233	−0.290	−0.321 (427*D*)						
W^{2+}	—	0.130	0.077	0.009	−0.009 (227*V*)									
Rh^{2+}	0.036	0.108	*dp*											
Pt^{+}	—	0.108	0.061	0.000	−0.058 (300*dp*)									
W^{4+}	—	0.108	0.055	0.029 (137*D*)										

注：同表 1-4-14 注。

十、熔盐化学电池电动势

熔盐化学电池电动势见表1-4-19。

表 1-4-19　熔盐化学电池电动势

熔盐	温度 ℃	电动势 V	温度系数 $\alpha\times10^4$	熔盐	温度 ℃	电动势 V	温度系数 $\alpha\times10^4$
AgBr	500	0.787	2.9	$MgCl_2$	700	2.511	6.73
AgCl	500	0.900	2.9	$PbBr_2$	500	1.032	6.07
AgI	600	0.528	—	$PbCl_2$	500	1.274	6.25
$AlCl_3$	500	1.997	4.57	PbI_2	600	0.54	—
Al_2O_3	1118	2.215	5.7	$ZnBr_2$	500	1.270	6.82
$CdBr_2$	580	1.045	7.4	$ZnCl_2$	500	1.588	6.95
$CdCl_2$	600	1.342	6.3				

注：1. 例：Ag | AgCl | 熔融| Cl_2(C)，Al | Al_2O_3熔融 | O_2(Pt)，Pb | $PbCl_2$熔融 | Cl_2(C)；2. 电动势 t_2＝电动势$t_1-\alpha(t_2-t_1)$。

十一、熔盐原电池在不同温度下的电动势

熔盐原电池在不同温度下的电动势 见表 1-4-20。

表 1-4-20　熔盐原电池在不同温度时的电动势

电池	电动势 V						
−Cd | $CdCl_2$ | $PbCl_2$ | Pb＋	570℃: 0.1207	600℃: 0.1230	650℃: 0.1243	700℃: 0.1265			
−Cd | $CdCl_2$ | $SnCl_2$ | Sn＋	0.157 (600℃)						
−Mg | $MgCl_2$ | $CdCl_2$ | Cd＋	$0.964+1.07\times10^{-3}(t-720)$						
−Mg | $MgCl_2$ | $PbCl_2$ | Pb＋	$1.078+1.075\times10^{-3}(t-720)$						
−Mg | $MgCl_2$ | TlCl | Tl＋	$0.530-0.43\times10^{-3}(t-720)$						
−Mg | $MgCl_2$ | $ZnCl_2$ | Zn＋	$0.759+0.73\times10^{-3}(t-720)$						
−Pb | $PbBr_2$ | AgBr | Ag＋	0.144 (800℃)						
−Pb | $PbCl_2$ | AgCl | Ag＋	500℃: 0.373	550℃: 0.355	600℃: 0.340	620℃: 0.310	730℃: 0.265	800℃: 0.252	900℃: 0.229
−Pb | $PbCl_2$ | $SnCl_2$ | Sn＋	500℃: 0.026	600℃: 0.023					

续表 1-4-20

电池	电动势 V
$-Pb \mid PbCl_2 \mid CuCl \mid Cu+$	0.234（500°C）
$-Pb \mid PbCl_2 \mid AgI \mid Ag+$	0.023（600°C）
$-Sn \mid SnCl_2 \mid AgCl \mid Ag+$	500°C: 0.272; 600°C: 0.232
$-Tl \mid TlCl \mid CdCl_2 \mid Cd+$	600°C: 0.300; 700°C: 0.320
$-Tl \mid TlCl \mid PbCl_2 \mid Pb+$	$0.365+0.39\times10^{-3}(t-500)$
$-Tl \mid TlCl \mid SnCl_2 \mid Sn+$	350°C: 0.356; 380°C: 0.361; 400°C: 0.364; 420°C: 0.370; 440°C: 0.378; 460°C: 0.386; 480°C: 0.386; 550°C: 0.403
$-Zn \mid ZnCl_2 \mid AgCl \mid Ag+$	540°C: 0.481; 600°C: 0.427; 620°C: 0.405
$-Zn \mid ZnCl_2 \mid CdCl_2 \mid Cd+$	510°C: 0.150; 540°C: 0.151; 560°C: 0.150; 575°C: 0.149; 600°C: 0.144; 625°C: 0.142
$-Zn \mid ZnCl_2 \mid PbCl_2 \mid Pb+$	$0.267-0.086\times10^{-3}(t-500)$
$-Zn \mid ZnCl_2 \mid SnCl_2 \mid Sn+$	$0.306-0.1\times10^{-3}(t-500)$
$-Zn \mid ZnCl_2 \mid TlCl \mid Tl+$	$0.11+0.48\times10^{-3}(t-500)$

参考文献

[1] Dobcs, D., Electrochemical Data, Akademia Kiado, (1975).

[2] Charlot, G., Selected Constants: Oxidation Reduction Potentials of Inorganic Substances in Aqueous Solution, (1971).

[3] Milazzo, G., Carol Sergio, Tables of Standard Electrode Potential, Chichester, Wiley, 1978

[4] 杭州大学化学系分析化学教研室，分析化学手册第一分册，化学工业出版社，北京，1979.

[5] 常文保，李克安，简明分析化学手册，北京大学出版社，北京，1981.

[6] Charlot, G., *et al*, Les Reaction Chimiques dans Les Solvant et Les Sels Fondus, Gauthier-Villars ed, Masson, Paris, 1963.

第五章　一些稀有金属的机械性能

编写人　袁　桐

一、铍的机械性能

铍的机械性能如表1-5-1～表1-5-6所示。

表 1-5-1　铍的拉伸性能

类　型	试验温度 ℃	屈服强度 MN/m²	抗拉强度 MN/m²	延伸率 %
真空热压粉末 (QMV)	室温	185.22～260.60	226.38～349.86	1～3.5
	200	—	205.80～294.90	6～15
	400	—	150.92～185.22	19～40
	600	—	137.20～150.92	15～25
	800	—	480.20	7～8
热挤压粉末（a）	室温	308.70	480.20～686.00	10～20
热挤压粉末（b）	室温	—	343.00～411.60	1
交叉轧制粉末（c）	室温	274.40～411.60	411.60～617.40	10～40

注：a：纵向，b：横向，c：取决于压缩比和轧制温度。

表 1-5-2　挤压铍的强度极限和延伸率

温度 ℃	状　态	试验方向	薄片 σ_b MN/m²	薄片 δ %	铸件 σ_b MN/m²	铸件 δ %	粉末 σ_b MN/m²	粉末 δ %
室温	挤压	纵向	319.67	0.55	224.32	0.36	583.10	16.0
		横向	199.62	0.30	133.98	0.30	432.18	1.5
	800℃退火	纵向	436.98	5.0	274.4	1.82	—	—
		横向	174.93	0.3	113.88	0.18	—	—
200	挤压	纵向	—	—	273.71	13.2	425.32	23.5
		横向	—	—	113.88	1.1	301.84	2.2
	800℃退火	纵向	—	—	259.99	13.4	—	—
		横向	—	—	98.09	1.4	—	—
400	挤压	纵向	209.92	14.8	190.02	29.0	294.98	29.0
		横向	190.71	1.9	99.47	3.0	281.26	6.5
600	挤压	纵向	93.29	10.6	177.67	20.8	157.78	8.5
		横向	76.83	2.5	109.76	1.2	154.35	4.5
800	挤压	纵向	32.93	9.1	63.80	25.6	35.67	10.5
		横向	40.47	0.13	47.33	9.6	34.30	6.0

表 1-5-3 真空热压铍的蠕变性能（拉应力与蠕变速率）

应力 MN/m²	温度 ℃	最小蠕变速率 %/h
58.86	427	0.00028
69.21		0.00056
85.68		0.0048
102.90		0.052
123.48		0.142
28.74	538	0.001
33.81		0.01
36.26		0.06
13.72	677	0.0009
15.23		0.018
18.52		0.07
21.88		0.28
4.46	732	0.00036
6.65		0.0072
7.47		0.051
9.53		0.3

表 1-5-4 真空热压铍锭的断裂应力

温度 ℃	应力，MN/m²			
	10h	100h	1000h	2500h
427	150.92	123.48	89.18	72.03
538	50.42	34.30	29.49	27.44
649	42.01	17.15	14.74	13.72
732	8.23	6.51	5.49	4.94
816	2.17	1.57	—	—

二、硅和锗的机械性能

表 1-5-5 硅的机械性能

莫氏划痕硬度	布氏硬度 HB MN/m²	洛氏硬度	肖氏硬度	维氏显微硬度 MN/m²	杨氏模量 MN/m²	剪切模量 MN/m²	泊松比	抗拉强度 MN/m²	弯曲强度 MN/m²	压缩强度 MN/m²
7.0	3354.4	72.6	48	12949.2	106830.9	39730.5	0.42	6.87	62.39	93.10

表 1-5-6 锗的主要机械性能

布氏硬度 HB MN/m²	莫氏硬度 MN/m²	屈服强度 $\sigma_{0.2}$ MN/m²		弹性模量 MN/m²	剪切模量 MN/m²	泊松比
1863.9	58.86	523℃ 10.79	614℃ 0.51	784800	294300	0.32

表 1-5-7　铟的主要机械性能

布氏硬度 MN/m²	抗拉强度 MN/m²	延伸率 %	断面收缩率 %	压缩强度 MN/m²	杨氏模量 GN/m²
8.8	2.6	22	87	2.13	10.83

表 1-5-8　铼的主要机械性能

状　态	抗拉强度 MN/m²	屈服极限 $\sigma_{0.2}$ MN/m²	延伸率 %	弹性模量 GN/m² 室温	弹性模量 GN/m² 800°C
退火的带	1471.5	382.6	19	—	—
10%冷轧带	2668.3	2501.6	3	—	—
20%冷轧带	2815.4	2685.2	2	—	—
退火的棒	1608.8	451.26	24	—	—
				460	370

三、铟和铼的机械性能

铟和铼的机械性能如表1-5-7及表1-5-8所示。

四、钨和钼的机械性能

钨和钼的机械性能如表1-5-9～表1-5-12及图1-5-1～图1-5-22所示。

表 1-5-9　钨的室温抗拉强度和硬度

状　态	抗拉强度 MN/m²	硬度HRC MN/m²
烧结锭	110.4	
棒材，ϕ6mm	483.0	362.97
棒材，ϕ2.5mm	1035.0	392.4
棒材，ϕ1.3mm	1380.0	431.64
线材，ϕ0.64mm	1552.5	431.64
线材，ϕ0.25mm	1725.0	—
线材，ϕ0.13mm	2070.0	—
线材，ϕ0.025mm	4209.0	—
板材，1mm	828.0	431.64
板材，0.5mm	1380.0	441.45
板材，0.25mm	2070.0	461.07

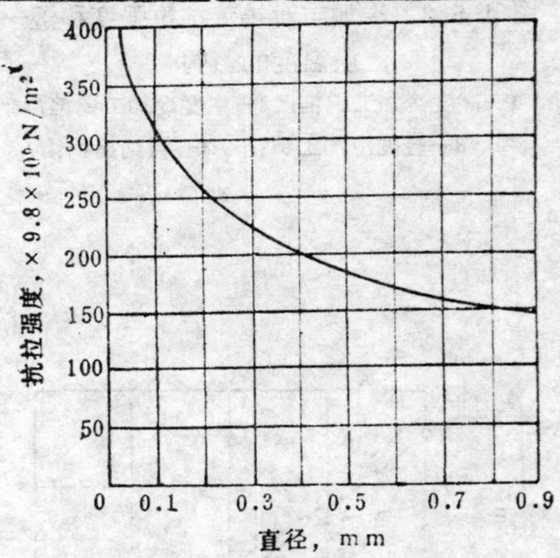

图 1-5-1　抗拉强度与丝直径关系

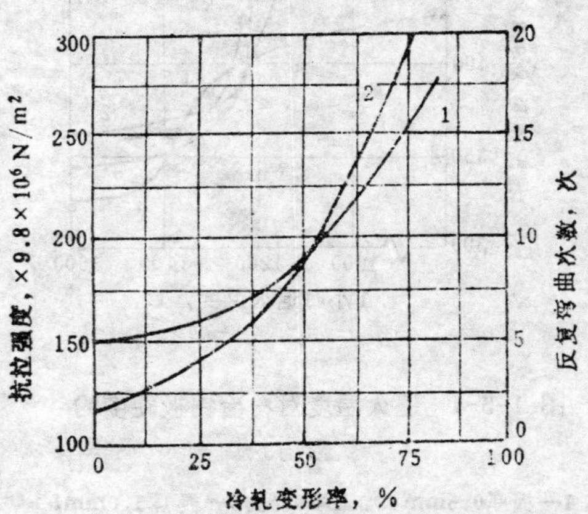

图 1-5-2　冷轧变形率对钨抗拉强力（1）和反复弯曲（2）的影响

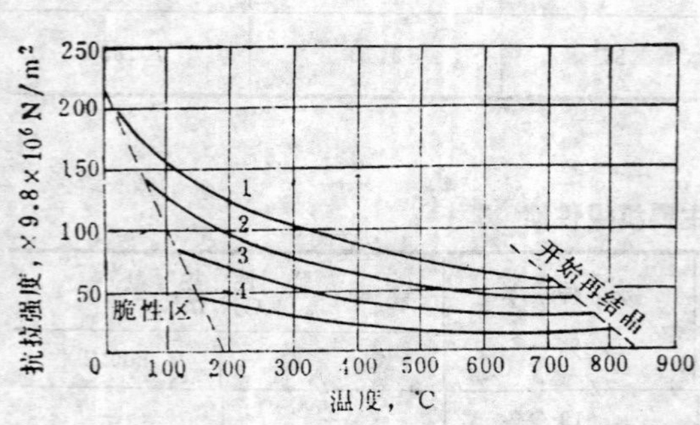

图 1-5-3 冷加工对钨带抗拉强度和塑一脆温度的影响

1—高度冷加工钨箔；2—中度冷加工钨箔；3—轻度冷加工钨箔；4—再结晶钨箔

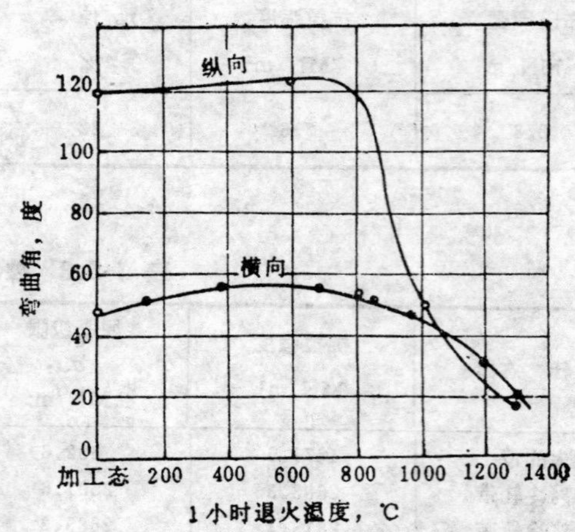

图 1-5-5 退火温度对钨板室温弯曲角的影响

板厚0.22mm

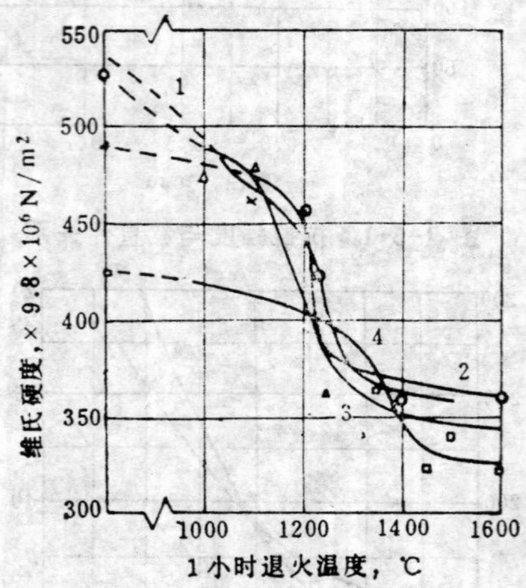

图 1-5-4 退火温度对粉冶钨板硬度的影响

1—板厚0.5mm，加工率97%；2—板厚1.0mm，加工率95%；3—板厚3.0mm，加工率86%；4—板厚10mm，加工率60%

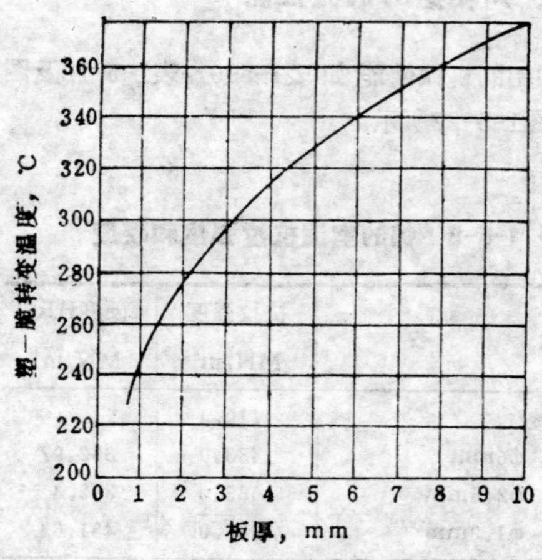

图 1-5-6 塑一脆转变温度与板厚的关系

表 1-5-10 钨的高温机械性能

状态	温度 ℃	屈服极限 $\sigma_{0.2}$ MN/m^2	强度极限 MN/m^2	延伸率 %
锻棒退火	27	197.57	1483.5	0.2
	326	104.27	710.7	24.5
	649	—	528.4	16.0
	871	—	456.78	13.5
	1093	—	406.9	14.5
锻棒再结晶	326	197.57	411.93	16.4
	649	104.27	307.05	55.3
	871	99.47	252.54	57.9
	1093	88.49	231.15	52.0

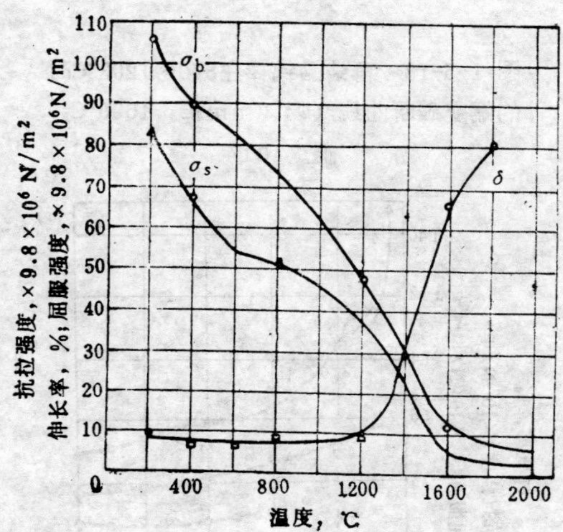

图 1-5-7 1mm厚钨板高温（典型）机械性能（纵向）

粉冶制坯，板材加工率90%

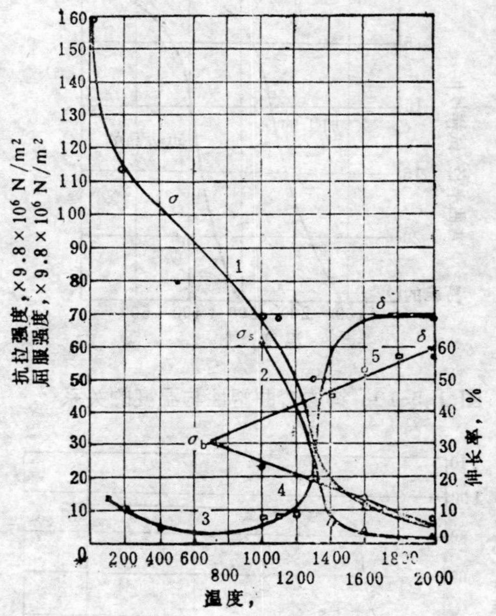

图 1-5-8 0.5mm厚钨板典型高温机械性能（纵向）

1，2，3—加工率97%；4，5—加工率95%，1300℃退火1h

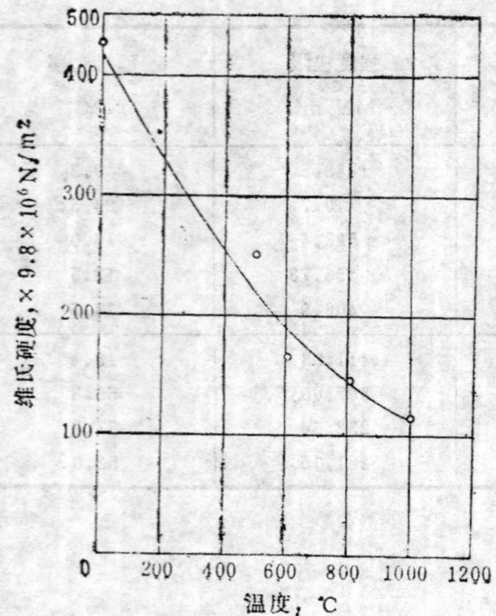

图 1-5-9 粉末冶金钨板的高温硬度

板厚4.5mm，加工率55%

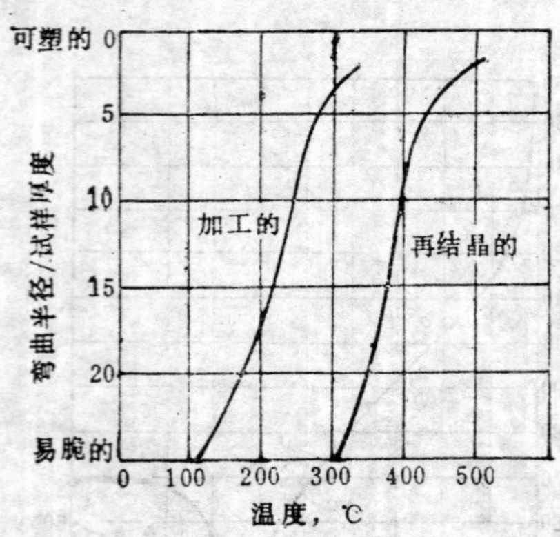

图 1-5-10 钨的弯曲塑性与温度的关系

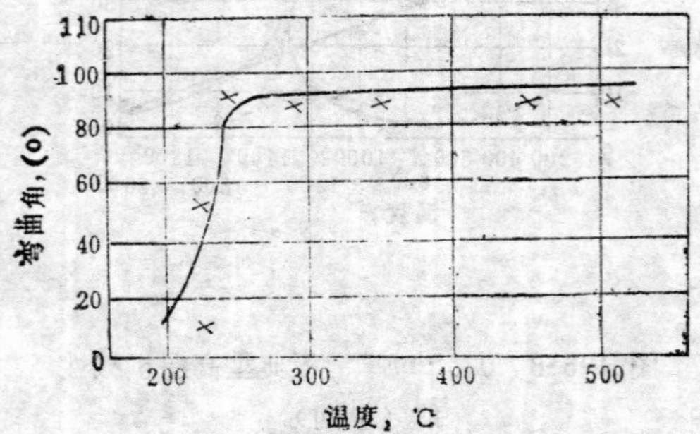

图 1-5-11 温度对钨板弯曲角的影响

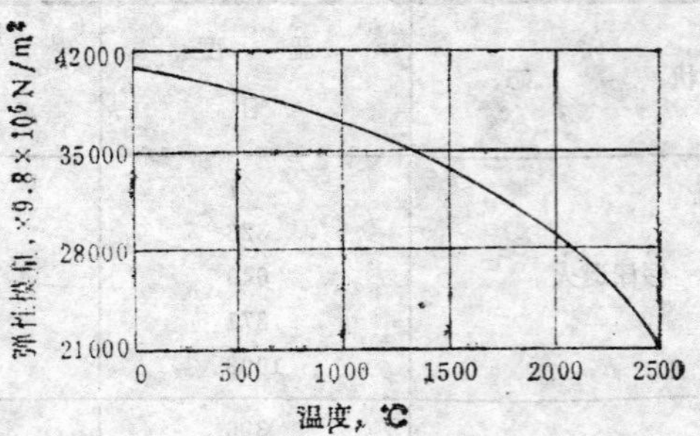

图 1-5-12 弹性模量与温度的关系

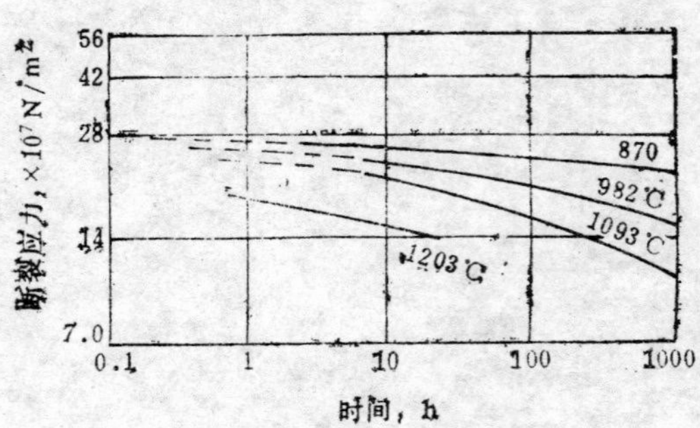

图 1-5-13 再结晶钨棒在870～1203°C时的蠕变破断曲线（φ4.0mm棒，1590°C，退火1h）

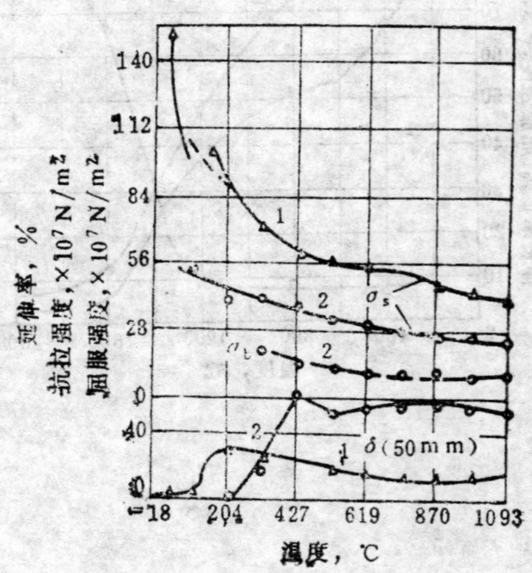

图 1-5-14 试验温度对旋锻钨棒（φ16）拉伸性能的影响

1—982℃，1h退火，2—1593℃，退火1h

表 1-5-11　钼的机械性能

性　　能	单　　位	数　　值	状　　态
泊松比		0.324	
弹性模量	N/m^2	31.59×10^{10}	粉冶，静态
刚性模数	N/m^2	11.94×10^{10}	
维氏硬度	N/m^2	$0.25\sim0.31\times10^{10}$	变形态（<1.0mm板）
	N/m^2	$0.22\sim0.25\times10^{10}$	变形态（>1.0mm板）
	N/m^2	$0.18\sim0.19\times10^{10}$	再结晶（细晶粒）
塑脆转变温度	℃	$-40\sim+40$	大变形90%以上
抗拉强度	N/m^2	$0.05\sim0.11\times10^{10}$	变形态（>1.0mm板丝）
	N/m^2	$0.07\sim0.24\times10^{10}$	变形态（<1.0mm板丝）
	N/m^2	$0.05\sim0.08\times10^{10}$	再结晶（细晶粒）

表 1-5-12　钼管的机械性能

规　　格	抗拉强度	延　伸　率	弯曲性能
mm	MN/m^2	%	绕曲芯棒×可弯角度
φ8×0.75	678.85	42.5	φ40mm×90°
φ6×0.1	671.98	31.5	—
φ2.03×0.27	882.9	27	φ20mm×90°

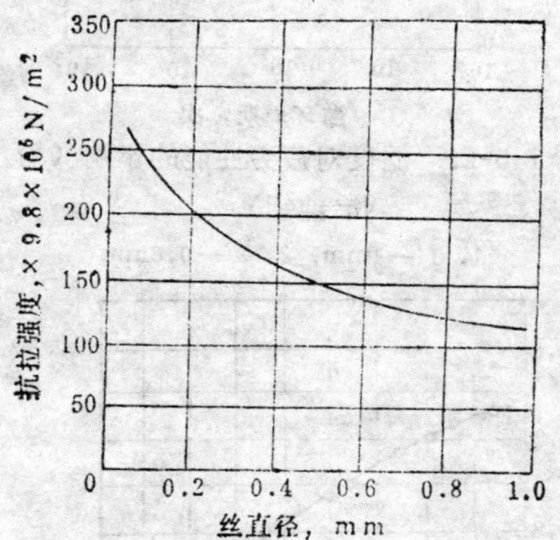

图 1-5-15　拉制钼丝（未退火）的抗拉强度与直径的关系

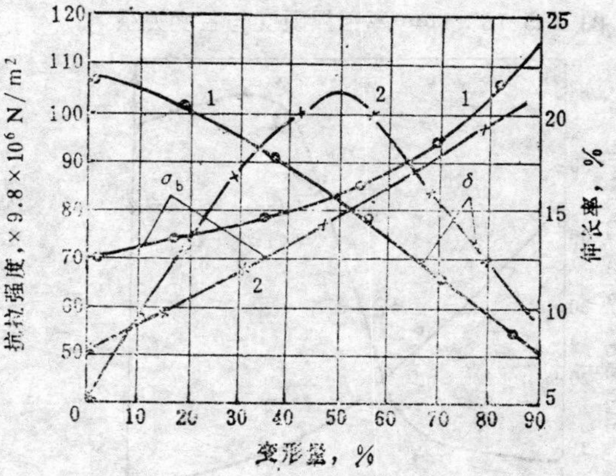

图 1-5-16　纯钼板加工硬化曲线

1—850℃，1h，消除应力退火；2—1100℃，1h，再结晶退火

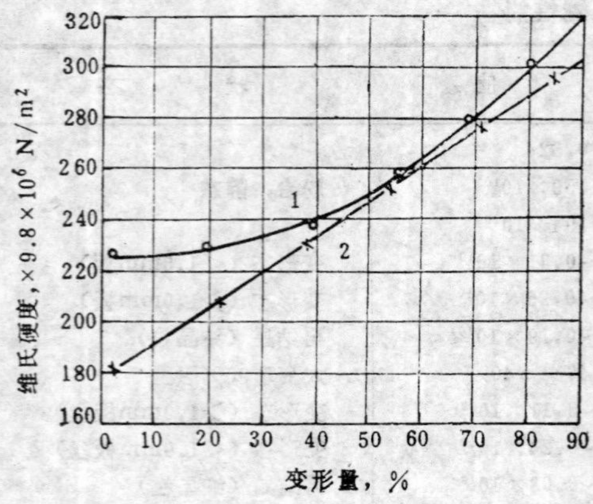

图 1-5-17 钼板硬度与冷加工率的关系

1—消除应力；2—再结晶

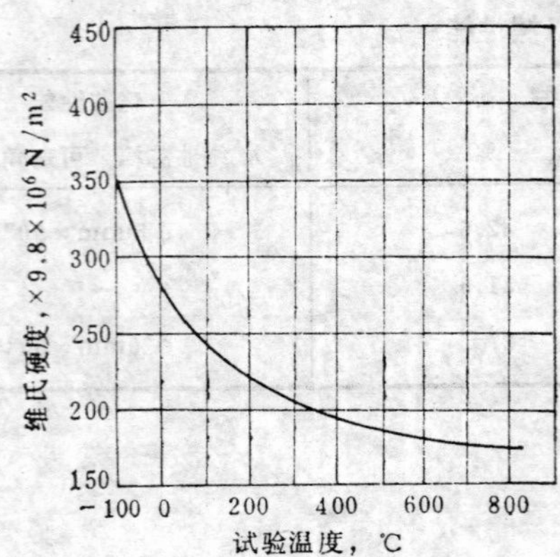

图 1-5-18 1mm厚钼板硬度与温度关系

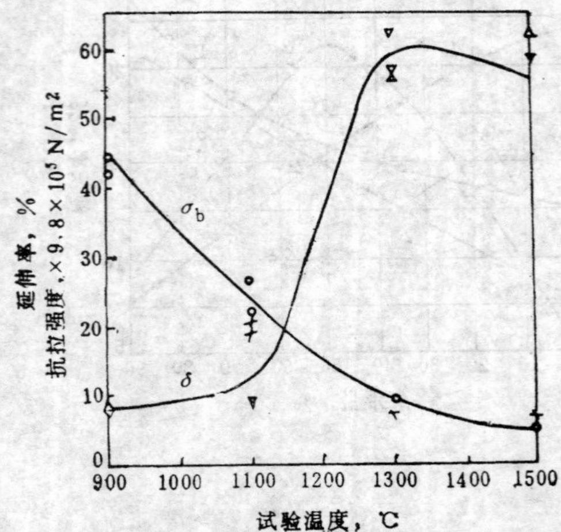

图 1-5-19 1mm厚钼板拉伸性能与温度关系（板坯直接轧制）

○—纵向抗拉强度；+—横向抗拉强度；

△—纵向伸长率；▽—横向伸长率

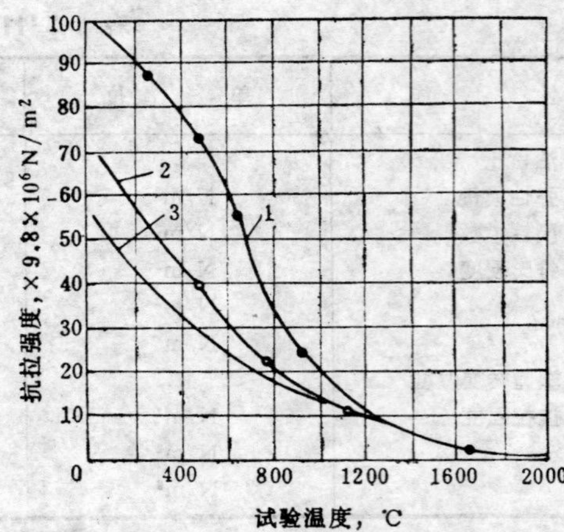

图 1-5-20 1mm厚钼板在不同状态下的高温抗拉强度

1—轧制状态；2—850℃，1h，消除应力；3—1100℃，1h，再结晶

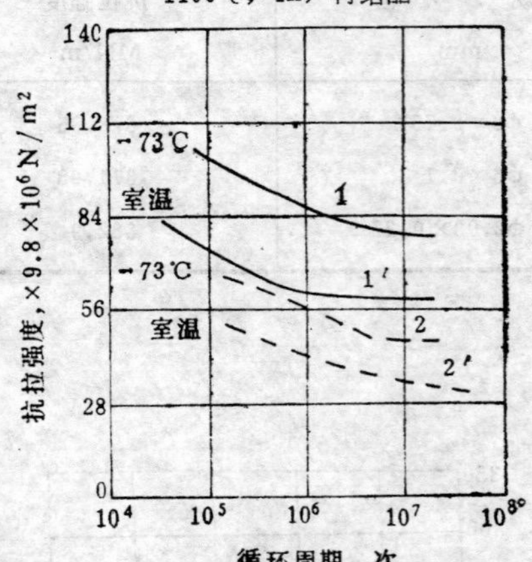

图 1-5-21 温度对疲劳性能的影响（粉冶纯钼）

1，1′—1mm；2，2′—0.6mm

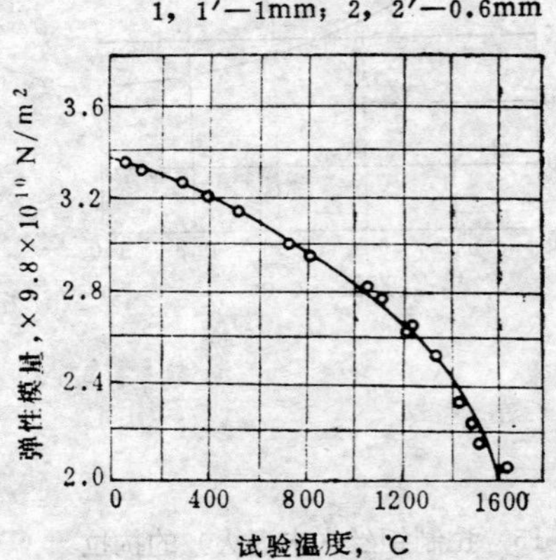

图 1-5-22 钼的弹性模量与温度的关系

五、钽和铌的机械性能

钽和铌的机械性能如表1-5-13～表1-5-19及图1-5-23～图1-5-33所示。

表 1-5-13　钽、铌的弹性模量

温度，℃		-180	-73	-50	25	93	200	204	310	350	427	500	600	800	900
弹性模量E MN/m²	Ta	189	195	186	186	—	179	—	—	176	—	171	—	—	—
	Nb	—	—	—	119	120	—	118	96	—	115	—	112	109	108

表 1-5-14　钽、铌的硬度

温度，℃		20	400	600	800	1000	1200
维氏硬度 HV MN/m²	Ta	873.09	804.42	716.1	362.9	284.5	206.0
	Nb	1716.75	1275.3	765.2	637.6	353.2	156.9

表 1-5-15　钽的抗拉性能（板厚1mm）

生产方式	状　态	抗拉强度 MN/m²	屈服强度 $\sigma_{0.2}$ MN/m²	延伸率 %	弯曲角度
粉末冶金法	退火前	853.47	—	7.5	>140
	1200℃，1h	395.34	309.01	42.5	>140
粉末冶金法	退火前	742.62	—	7.1	>140
	1200℃，1h	392.40	362.97	46.5	>140
电子束熔炼法	退火前	475.79	456.17	9.5	>140
	1200℃，1h	483.63	468.92	—	>140

表 1-5-16　铌的抗拉性能（板厚1mm）

生产方式	状　态	抗拉强度 MN/m²	延伸率 %	弯曲角度
粉末冶金法	退火前	618.03	8.7	<130
	1100℃，1h	343.35	37.5	<130
电子束熔炼法	退火前	552.30	9.0	<140
	1100℃，1h	297.24	51.3	—

表 1-5-17 铌的蠕变性能(再结晶状态)

温度 ℃	时间 h	指定蠕变量的所需应力，MN/m² 0.5%	1%	2%	5%
750	0.1	96.14	105.94	108.89	115.76
	1	84.37	96.14	101.04	105.95
	10	—	86.33	91.23	98.10
	100	76.52	75.53	78.48	89.27
1000	0.1	64.75	71.61	75.54	86.33
	1	41.20	55.92	64.75	74.56
	10	—	43.16	47.58	59.84
	100	—	—	—	37.28
1200	0.1	22.56	25.51	35.81	41.20
	1	13.73	19.23	25.51	30.41
	10	—	13.73	14.32	20.60
	100	—	—	—	11.58
1400	0.1	10.99	14.91	18.64	25.99
	1	7.46	10.20	12.95	17.85
	10	—	—	8.24	11.48

表 1-5-18 铌的蠕变性能

温度 ℃	应力 MN/m²	指定蠕变量所需时间，h 0.05%	0.1%	0.2%	0.3%	实验时总蠕变 h	%	氧含量，% 实验前	实验后
600 (a)	77.50	5	15	35	—	1359	1.08	0.015	<0.1
600 (b)	92.21	40	130	345	1160	—	—	0.04	0.19
600 (c)	61.80	50	160	860	2130	5519	0.306	0.04	<0.021
700 (c)	15.50	40	290	1590	—	2314	0.22	0.04	0.22
700 (c)	30.90	80	205	650	1495	5008	0.36	0.04	<0.1
700 (c)	46.40	120	220	540	1115	3335	0.40	0.04	<0.1

表 1-5-19 几种铌合金室温抗拉性能

合金	试验状态	屈服强度 $\sigma_{0.2}$ MN/m²	抗拉强度 MN/m²	延伸率 %
Nb-5Zr	消除应力	420.85	516.09	15
Nb-10Ti-10Mo-0.1C	再结晶	620.97	675.91	15
Nb-10Ti-5Zr	再结晶	496.39	551.32	20
Nb-10W-1Zr-0.1C	消除应力	39.85	599.39	21
Nb-33Ta-1Zr	消除应力	620.97	675.91	12
Nb-28Ta-10W-1Zr	消除应力	634.70	754.39	14
Nb-10W-2.5Zr	再结晶	482.65	578.79	22
Nb-10W-10Ta	再结晶	413.98	516.99	25
Nb-10Hf-1Ti-0.57Zr	再结晶	345.31	407.12	26
Nb-10W-10Hf	再结晶	496.39	607.24	26
Nb-4V	再结晶	372.78	537.59	32
Nb-5V-5Mo-1Zr	再结晶	523.85	696.51	26
Nb-1Zr	再结晶	241.33	331.58	15

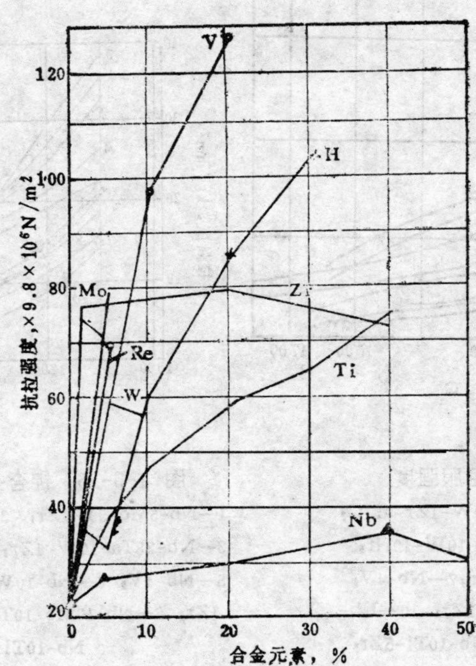

图 1-5-23 二元钽合金室温抗拉性能(再结晶状态)

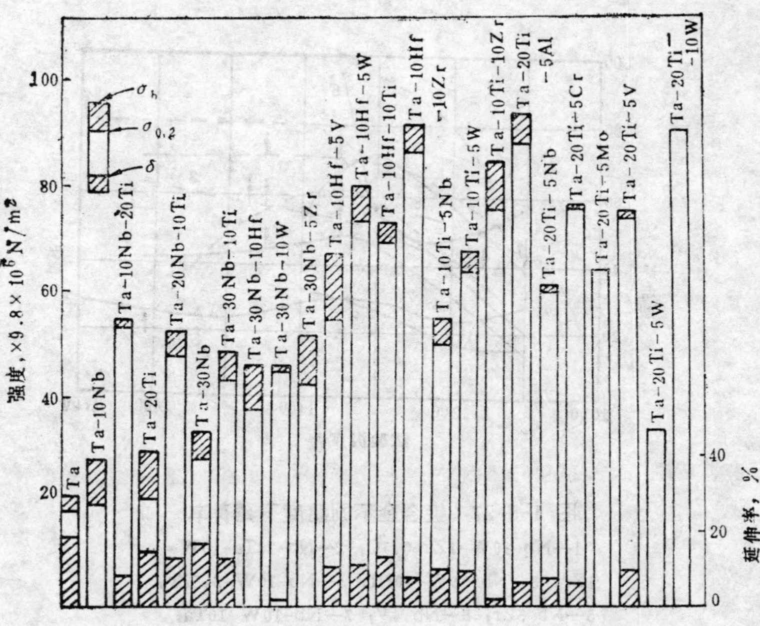

图 1-5-24 三元钽合金室温抗拉性能(再结晶状态)

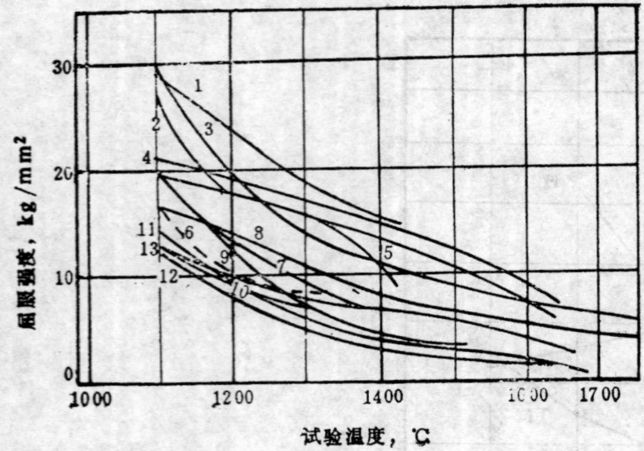

图 1-5-25 铌合金高温屈服强度

1—Nb-5Mo-5V-1Zr；2—Nb-10W-1Zr-0.1C；3—Nb-28Ta-10W-1Zr；4—Nb-10W-10Hf；5—Nb-10W-2.5Zr；6—Nb-5Zr；7—Nb-4V；8—Nb-10W-10Ta；9—Nb-33Ta-1Zr；10—Nb-10Mo-10Ti；11—Nb-1Zr；12—Nb-10Ti-5Zr；13—Nb-10Hf-10Ti

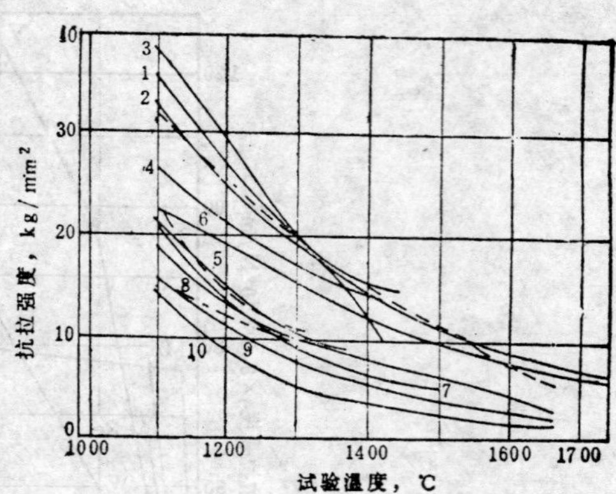

图 1-5-26 铌合金高温抗拉强度

1—Nb-5Mo-5V-1Zr；2—Nb-10W-1Zr-0.1C；3—Nb-28Ta-10W-1Zr；4—Nb-10W-2.5Zr；5—Nb-4V；6—Nb-10W-10Ta；7—Nb-33Ta-1Zr；8—Nb-10Mo-10Ta；9—Nb-1Zr；10—Nb-10Ti-5Zr

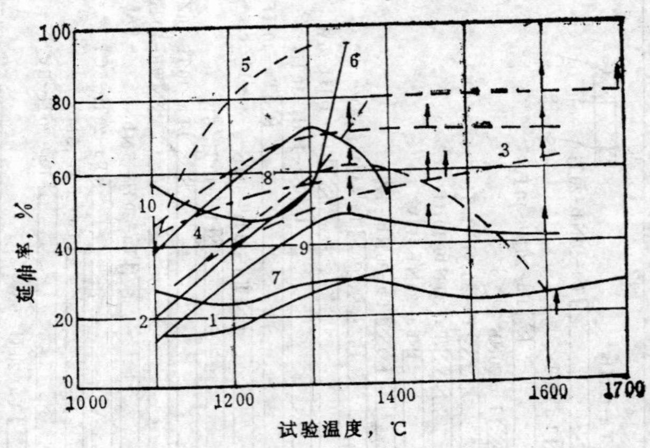

图 1-5-27 铌合金不同温度下延伸率

1—Nb-10W-1Zr-0.1C；2—Nb-28Ta-10W-1Zr；3—Nb-10W-10Hf；4—Nb-10W-2.5Zr；5—Nb-5Zr；6—Nb-4V；7—Nb-10W-10Ta；8—Nb-10Mo-10Ti；9—Nb-1Zr；10—Nb-10Hf-10Ti

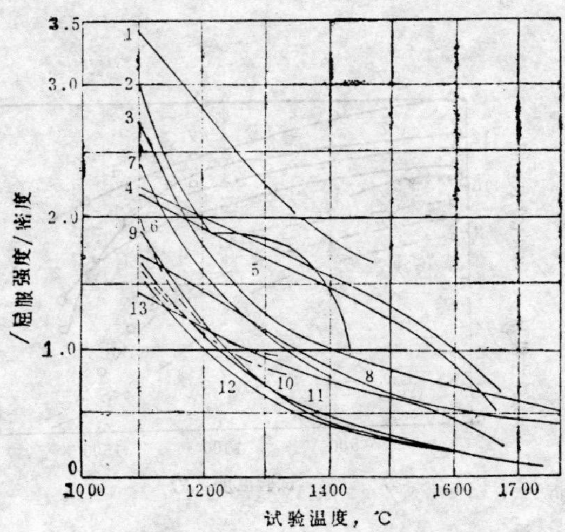

图 1-5-28　铌合金的高温屈服强度/密度
1—Nb-5Mo-5V-1Zr；2—Nb-10W-1Zr-0.1C；3—Nb-28Ta-10W-1Zr；4—Nb-10W-10Hf；5—Nb-10W-2.5Zr；6—Nb-5Zr；7—Nb-4V；8—Nb-10W-10Ta；9—Nb-33Ta-1Zr；10—Nb-10Mo-10Ti；11—Nb-1Zr；12—Nb-10Ti-5Zr；13—Nb-10Hf-10Ti

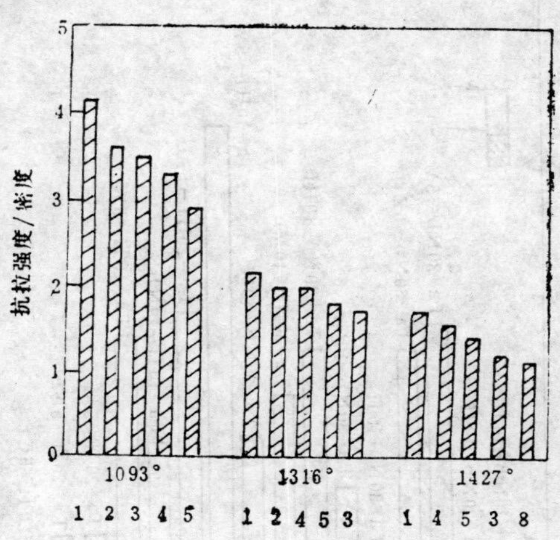

图 1-5-30　不同温度下五种铌合金的抗拉强度/密度

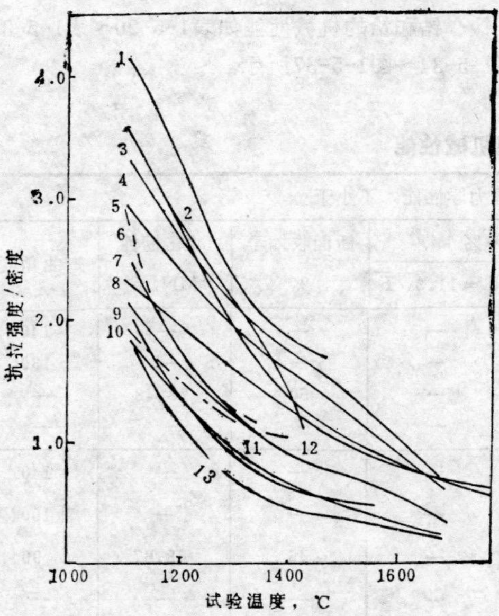

图 1-5-29　铌合金高温抗拉强度/密度
1—Nb-5Mo-5V-1Zr；2—Nb-10W-1Zr-0.1C；3—Nb-28Ta-10W-1Zr；4—Nb-10W-10Hf；5—Nb-10W-2.5Zr；6—Nb-5Zr；7—Nb-4V；8—Nb-10W-10Ta；9—Nb-33Ta-1Zr；10—Nb-10Mo-10Ti；11—Nb-1Zr；12—Nb-10Ti-5Zr；13—Nb-10Hf-10Ti

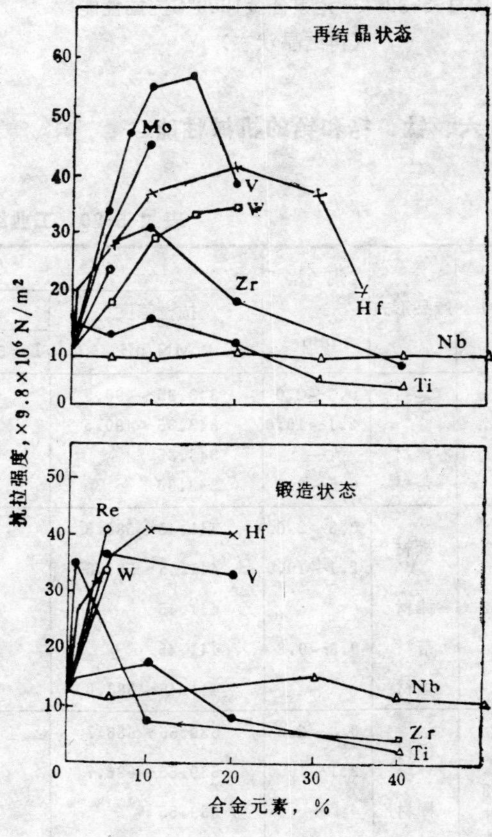

图 1-5-31　二元钽合金1200°C抗拉强度

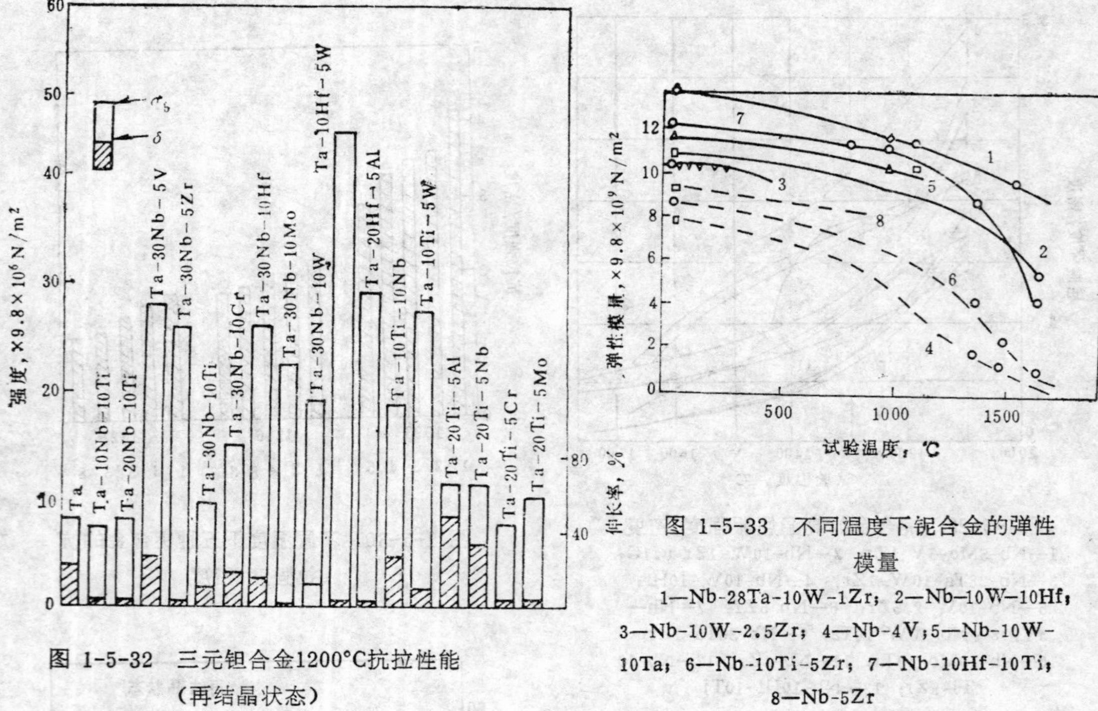

图 1-5-32 三元钽合金1200°C抗拉性能（再结晶状态）

图 1-5-33 不同温度下铌合金的弹性模量

1—Nb-28Ta-10W-1Zr；2—Nb-10W-10Hf；3—Nb-10W-2.5Zr；4—Nb-4V；5—Nb-10W-10Ta；6—Nb-10Ti-5Zr；7—Nb-10Hf-10Ti；8—Nb-5Zr

六、钛、锆和铪的机械性能

钛、锆和铪的机械性能如表1-5-20～表1-5-31及图1-5-34～图1-5-37所示。

表 1-5-20 工业纯钛室温机械性能

牌号	产品形式	规格 mm	室温力学性能，不小于					
			抗拉强度 MN/m²	延伸率% $L=5.65\sqrt{F}$	延伸率% $L=11.3\sqrt{F}$	断面收缩率 %	冲击韧性 MN/m²	弯曲角度
TA1	板材	0.3～2.0	343.35～490.5	40	—	—	—	140
		2.1～10.0	343.35～490.5	30	—	—	—	130
	棒材	—	343.35	25	—	50	78.48	—
	带材	0.5～0.8	343.35	40	—	—	—	—
TA2	板材	0.3～2.0	441.45～588.6	30	—	—	—	140
		2.1～10.0	441.45～588.6	25	—	—	—	100
	棒材		441.45	20	—	45	68.67	90
	带材	0.3～0.8	441.45	30	—	—	—	—
	管材		441.45～588.6	—	20	—	—	130
TA3	板材	0.3～2.0	539.55～686.7	25	—	—	—	—
		2.1～10.0	539.55～686.7	20	—	—	—	90
	棒材	—	539.55	15	—	40	49.05	80
	管材	—	539.55～686.7	—	20	—	—	—

表 1-5-21　退火TA2棒材的高温持久性能

试验温度 ℃	持久时间 h	持久强度 MN/m²
350±3	100	191.30
400±3	100	176.58
450±3	100	98.1

表 1-5-22　试验温度对退火TA2棒材旋转弯曲疲劳性能的影响

试验温度 ℃	疲劳强度 MN/m²	循环次数 次
20	274.68	1×10^7
350±15	162.85	1×10^7
400±15	144.20	1×10^7
450±15	112.82	1×10^7

钛的泊松比μ为0.32；钛的弹性模数E，20°C时为1.12×10^{11}Pa，500°C时为0.80×10^{11}Pa；钛的剪切模数G常温时为0.41×10^{11}Pa。

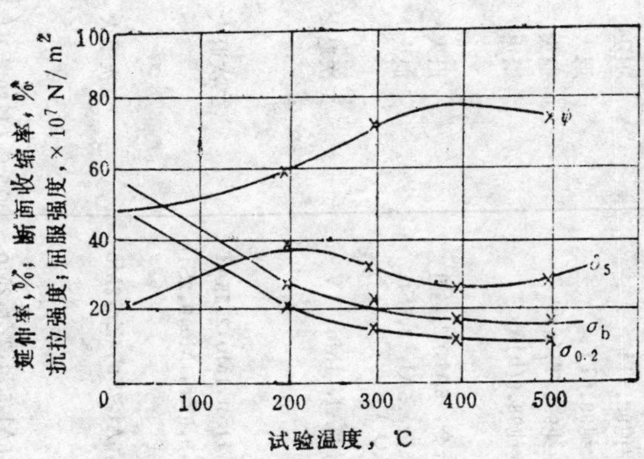

图 1-5-34　试验温度对退火TA2棒材抗拉性能的影响

表 1-5-23 加工钛合金的力学性能

名义成分 %	状态	室温						平均力学性能，极限温度								
		拉伸强度		屈服强度		延伸率	断面收缩率%	试验温度		抗拉强度		屈服强度		延伸率	断面收缩率%	硬度
		MPa	kSi	MPa	kSi	%		℃	°F	MPa	kSi	MPa	kSi	%		
工业纯99.5Ti	退火	331	48	241	35	30	55	315	600	152	22	97	14	32	80	120HB
工业纯99.2Ti	退火	434	63	345	50	28	50	315	600	193	28	117	17	35	75	200HB
工业纯99.1Ti	退火	517	75	448	65	25	45	315	600	234	34	138	20	34	75	225HB
工业纯99.0Ti	退火	662	96	586	85	20	40	315	600	310	45	172	25	25	70	265HB
工业纯99.2Ti(a)①	退火	434	63	345	50	28	50	315	600	186	27	110	16	37	75	200HB
工业纯98.9(b)②	退火	517	75	448	65	25	42	205	400	345	50	248	36	37	—	—
								315	600	324	47	207	30	32	—	—
α-合金，5Al，2.5Sn	退火	862	125	807	117	16	40	315	600	565	82	448	65	18	45	36HRC
α-合金，5Al，2.5Sn（低O_2）	退火	809	117	745	108	16	—	−195	−320	1241	180	1158	168	16	—	35HRC
							—	−255	−423	1579	229	1420	206	15	—	—
近α，8Al，1Mo，1V	二次退火	1000	145	951	138	15	28	315	600	793	115	621	90	20	38	—
								425	800	738	107	565	82	20	44	36HRC
								540	1000	621	90	517	75	25	55	—
近α,11Sn,1Mo,2.25Al	二次退火	1103	160	993	144	15	35	315	600	896	130	758	110	20	44	—
近α,5.0Zr,1Mo,0.2Si								425	800	827	120	676	98	22	48	32HRC
								540	1000	758	110	586	85	24	50	—
近α,6Al,2Sn,4Zr,2Mo	二次退火	979	142	896	130	15	35	315	600	772	112	586	85	16	42	—
								425	800	703	102	586	85	21	55	—
								540	1000	648	94	489	71	26	60	—
近α,5Al,5Sn,2Zr,2Mo,0.25Si	975℃（1780°F）$\left(\frac{1}{2}hr\right)$,AC	1048	152	965	140	13	—	315	600	793	115	565	82	15	—	—
	+595℃(1100°F)(2h),AC							425	800	779	113	531	77	17	—	—
								540	1000	689	100	503	73	19	—	—
近α，6Al,2Cb,1Ta,1Mo	铸态轧制2.5cm板	855	124	758	110	13	34	315	600	586	85	462	67	20	—	30HRC
								425	800	517	75	414	60	20	—	—
								540	1000	483	70	379	55	20	—	—
近α,6Al,2Sn,1.5Zr,1Mo 0.35Bi，0.1Si	β锻造十二次退火	1014	147	945	137	11	—	480	900	724	105	586	85	15	—	—

① 还含0.2Pd；

② 还含0.8Ni和0.3Mo。

表 1-5-24 纯锆的弹性性能

性能名称	条件	碘化法晶条锆	海绵锆（电弧熔炼）
弹性模量，N/m^2	室温，800～1000r/s	95.5×10^9	8.79×10^{10}
	室温，静态	92.0×10^9	—
剪切模量，N/m^2	室温，5×10^6r/s	32.7×10^9	3.60×10^{10}
泊松系数，μ	室温	0.33	0.35

表 1-5-25 纯锆的室温拉伸性能

材料		晶条锆（纵向）		海绵锆（纵向）
状态		电弧熔炼，热轧700°C退火，05h	1100°Cβ淬火	电弧熔炼，1000°C锻造冷轧30%，700°C退火，1h
性能	屈服强度，$\sigma_{0.2}\times10^6N/m^2$	83.78 ± 3.34	262.91	258.00
	抗拉强度，$\times10^6N/m^2$	200.12 ± 3.34	361.99	434.58
	断面收缩率，%	416.93 ± 14.72	539.55	—
	延伸率，%	400.25 ± 5.89	—	294.3
	加工硬化系数	2.26 ± 0.39	—	—

表 1-5-26 冷加工对纯锆室温拉伸性能的影响

材料	状态	屈服强度$\sigma_{0.2}$ MN/m^2	抗拉强度 MN/m^2
电弧熔炼晶条锆	热轧状态	85.84	172.66
	90%冷加工	475.79	554.27
石墨坩埚感应熔炼海绵锆	热轧状态	258.00	421.83
	10%冷加工	435.56	494.42
	20%冷加工	508.16	542.49
	40%冷加工	542.49	572.90
	60%冷加工	577.81	618.03

表 1-5-27 温度对纯锆拉伸性能的影响

温度 °C	屈服强度$\sigma_{0.2}$ MN/m^2	抗拉强度 MN/m^2	断面收缩率 %
室温	52.88	170.69	43
150	42.58	107.91	43
260	31.59	82.40	64
315	32.96	85.83	60
400	33.65	78.28	72
480	35.02	65.92	62

注：材料为晶条锆，经电弧熔炼、锻造、轧制、退火。

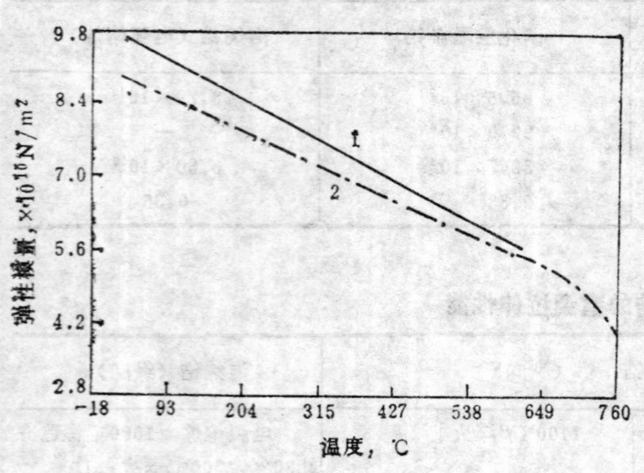

图 1-5-35 纯锆的弹性模量随温度的变化

1—晶条锆；2—海绵锆（退火）

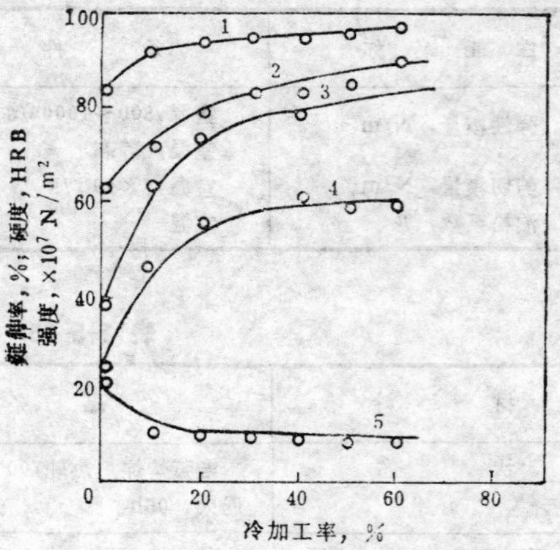

图 1-5-36 冷加工对海绵锆拉伸性能的影响

1—硬度；2—抗拉强度；3—屈服强度；4—比例极限；5—伸长率

表 1-5-28 碘化法铪的拉伸性能

	温 度 ℃	屈服强度$\sigma_{0.2}$ MN/m²	抗拉强度 MN/m²	延伸率 %	断面收缩率 %
纵向（平均）	27	231.52	446.36	23	37
	147	198.16	366.89	29	44
	260	154.02	289.40	36	46
	371	107.91	232.50	43	57
横向（平均）	27	272.72	413.98	25	38
	371	124.59	197.18	50	63

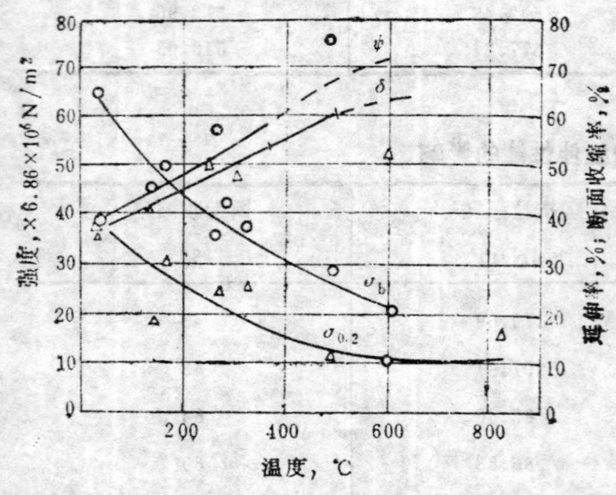

图 1-5-37 电弧熔炼碘化法铪的拉伸性能

750℃，退火30min

表 1-5-29 退火的电弧熔炼晶条铪的冲击性能

温度 ℃	能量吸收 kg·m	备 注
−73	0.22～0.39	整个断裂
−18	0.24～0.41	整个断裂
27	0.32～0.43	整个断裂
93	0.44～0.62	不完全断裂（90%截面断裂）
149	0.54～0.80	不完全断裂（80～90%截面断裂）
260	0.98	不完全断裂（50%截面断裂）
316	0.97	不完全断裂（50%截面断裂）

表 1-5-30　碘化铪在399°C的蠕变性能

应　　力 MN/m²	塑性应变 %	蠕变速率 %/h
151.07	9.2	3.0×10^{-6}
164.80	17.9	7.2×10^{-5}
171.68	18.4	3.6×10^{-4}
185.41	22.2	8.4×10^{-3}

表 1-5-31　铪的疲劳性能（2×10^7次）

试样类型	试验温度 °C	2×10^7时疲劳强度 MN/m²	抗拉强度 MN/m²	强度降低系数 K_f	疲劳系数	切口敏感指数 *g*
（试验横切轧向）						
无切口	20	189.14	379.26	—	0.50	—
无切口	371	120.54	186.2	—	0.65	—
V型切口	20	134.26	—	14.1	—	0.23
V型切口	371	86.24	—	14.0	—	0.23
（试验平行轧向）						
无切口	20	172.48	393.96	—	0.435	—
无切口	371	117.6	213.64	—	0.550	—
V型切口	20	113.68	—	1.52	—	0.26
V型切口	371	86.24	—	1.36	—	0.19

七、钒的机械性能

钒的机械性能如表1-5-32～表1-5-36所示。

表 1-5-32　钒的室温机械性能

状　态	拉伸极限		延伸率	断面收缩率	洛氏硬度		弯曲角度
	σ_b MN/m²	σ_{ys} MN/m²	%	%	HRA MN/m²	HRB MN/m²	
线材，φ4mm，真空	538.2	460.31	25.0	87.5	470.88	—	180
退火，冷拉80%	911.49	761.46	6.8	76.5	529.74	—	180
板材2mm，真空	536.82	452.07	20.0	53.0	—	814.23	180
退火，冷轧84%	828.69	77.26	2.0	40.6	—	981	180
棒，热轧	471.96	436.98	27.0	54.4	—	833.85	—

表 1-5-33 热加工或冷加工后退火的钒的拉伸性能

成分 (%)				状态	屈服极限 $\sigma_{0.2}$ MN/m²	拉伸极限 σ_b MN/m²	延伸率 %	断面收缩率 %	洛氏硬度
C	O	H	N						
0.024	<0.010	0.001	0.005	a	90.55	176.88	38.3	95.0	A21
0.08	0.015	0.006	0.02	b	157.78	257.94	33.7	36.7	A38
0.05	0.08	0.008	0.04	d	288.12	377.30	32	72	B71
0.07	0.08	0.004	0.04	d	432.18	470.60	32	66	B78
0.09	0.06	0.006	0.04	d	384.16	436.30	36	68	B75
0.06	0.08	0.004	0.05	d	356.72	413.66	34	69	B79
0.06	0.10	0.005	0.05	d	439.04	455.50	38	82	B81
0.10	0.09	0.007	0.07	d	439.04	511.76	26	68	B77
0.047	0.07	0.0043	0.052	e	380.04	466.48	34	68	—
0.045	0.048	0.0028	0.047	e	294.98	572.12	24	50	—
0.13	0.045	0.0043	0.0073	f	327.90	384.16	44.5	78.5	—
0.17	0.031	0.0021	0.026	g	377.99	423.26	37.0	79.0	—
0.075	0.032	0.0025	0.009	h	333.40	400.62	33.0	80.5	—

注：a——19mm直径的电弧焊接的碘化钒锭冷锻至11mm直径，1000℃，48h，炉冷；

b——电弧焊接的钙还原的钒锭在400℃轧至45%压下量，900℃，5h，炉冷；

d——钙还原的钒热轧，800℃，0.5h，炉冷；

e——电弧焊的钙还原钒锭，炉冷；

f——1150～1100℃热挤压，冷锻63%，在900～950℃退火1h；

g——同f，但冷锻造为50%；

h——同f，但冷锻47%。

表 1-5-34 退火温度对冷轧和退火钒的拉伸强度及延伸率的影响

带条厚度 (mm)	成分，%				状态	拉伸强度 MN/m²	延伸率 %
	C	O	H	N			
1.5	0.14	0.15	0.001	0.08	A	774.49	5.0
	0.14	0.15	0.001	0.08	B	710.01	14.5
	0.14	0.15	0.001	0.08	C	76.4	25.0
	0.14	0.15	0.001	0.08	D	71.90	28.0
0.6	0.12	0.10	0.003	0.13	B	703.15	8.0
	0.12	0.10	0.003	0.13	C	539.88	22.0
	0.12	0.10	0.003	0.13	D	511.07	24.0
0.3	0.12	0.10	0.003	0.13	B	762.83	4.0
	0.12	0.10	0.003	0.13	C	485.00	22.0
	0.12	0.10	0.003	0.13	D	465.11	24.0

注：A——冷轧75%；

B——冷轧后在600℃真空加热15min；

C——冷轧后在800℃真空加热15min；

D——冷轧后在915℃真空加热15min。

表 1-5-35　热轧钒的高温拉伸性能

成分，%				试验温度	抗拉强度	延伸率	断面收缩率
C	O	H	N	℃	MN/m²	%	%
0.062	0.085	0.0068	0.11	22	652.63	22	48
				400	680.51	19	58
				600	274.4	38	87
				800	158.47	36	89
				1000	48.84	50	99

表 1-5-36　碘化法和钙还原的钒在室温和低温的机械性能

试验温度 ℃	延伸率 %	断面收缩率 %	屈服极限 $\sigma_{0.2}$ MN/m²	抗拉强度 MN/m²	断口性质
碘化法钒①					
20	38.3	95.0	90.55	196.88	韧性
0	37.1	95.0	108.39	203.06	韧性
-20	38.7	95.0	144.06	219.52	韧性
-40	35.2	95.0	111.82	202.17	韧性
-60	32.9	95.0	146.12	246.27	韧性
-80	38.6	95.0	135.83	249.70	韧性
-100	38.2	95.0	171.50	279.20	韧性
-110	23.0	18.8	268.91	297.72	半韧性
-120	2.0	8.7	210.60	677.08	解理
-140	4.2	14.9	266.85	407.48	解理
-150	13.4	18.8	382.10	419.83	半韧性
-179	17.4	30.2	398.57	430.12	半韧性
钙还原的钒②					
22	35.5	51.0	157.78	257.94	韧性
-32	33.7	30.7	185.22	342.31	韧性
-55	34.4	26.3	192.77	340.94	韧性
-71	2.9	1.2	157.78	312.13	解理
-90	1.7	1.6	212.66	351.92	解理
-105	2.4	3.2	373.87	419.15	解理
-132	1.3	0.8	—	458.93	解理

① 19mm直径锭子锻至11mm，在1100℃真空再结晶退火48h，HRA＝21；

② 400g锭子在400℃温轧45％，在900℃真空再结晶退火5h，HRA＝38。

表 1-5-37 稀土金属室温机械性能

金属名称	拉伸性能 抗拉强度 MN/m²	拉伸性能 条件拉伸屈服强度 MN/m²	拉伸性能 延伸率 %	拉伸性能 断面收缩率 %	压缩性能 压缩强度 MN/m²	压缩性能 条件压缩屈服强度 MN/m²	压缩性能 压缩时最大的相对缩短 %	杂质 总含量 ppm	杂质 O_2 ppm	状态	晶粒大小 μm	应变速率 s^{-1}
钪	157.94	—	—	—	—	—	—	8000	4600	铸态	200/400	1.7×10^{-4}
	136.36	135.38	1.0	1.5	—	—	—	8000	4600	铸态，冷加工	100/1000	1.7×10^{-4}
	255.06	173.64	5.0	8.0	—	—	—	8000	4600	退火1h，850℃热加工	6/25	1.7×10^{-4}
	242.31	184.43	2.9	3.1	—	—	—	8000	4600	1000℃退火	40/100	1.7×10^{-4}
	—	—	—	—	531.70	381.61	8.7	8000	4600	铸态	—	6.7×10^{-4}
	—	—	—	—	526.80	292.34	12.8	8000	4600	铸态	—	1.7×10^{-4}
	—	—	—	—	981	—	26.0	20.000	—	铸态	—	—
	—	—	—	—	392.4	—	—	10.000	—	铸态	—	—
	361.01	—	7.7	2.7	—	—	19.0	100	—	加工，退火	—	2×10^{-2}
钇	152.06±3.92	68.67±5.89	25.0	—	—	—	—	7500	780	冷轧，退火1h，800℃	—	—
	151.07±4.91	81.42±0.98	21.0	—	—	—	—	7500	780	冷轧，退火1h，800℃	—	—
	129.50±2.94	57.88±0.98	34.0	—	—	—	—	7410	740	冷轧，退火1h，800℃	—	—
	144.21	116.74	11.0	—	—	—	—	2372	1700	铸态	—	—
	238.38	178.54	7.0	—	—	—	—	—	6600	铸态	—	—
	166.77	114.78	6.1	—	—	—	—	—	2560	铸态	—	—
	103.01	67.69	12.6	—	—	—	—	—	1070	铸态	—	—
	252.12	84.37	24.0	29.3	—	—	—	8450	1900	加工，退火1h，593℃	—	—
	257.02	87.31	17.1	13.9	—	—	—	8410	2500	加工，退火1h，593℃	—	—
	238.38	104.97	15.8	22.6	—	—	—	6550	2960	加工，退火1h，593℃	—	—
	231.52	111.83	27.3	22.7	—	—	—	5050/7020	1500/2150	冲击，挤压92%	—	—
	156.96	—	—	—	784.8	—	17.0	36000	—	铸态	—	—
	224.65	182.47	1.0	5.8	—	—	—	6000/10500	2000/4000	铸态	—	—
	191.30	135.38	2.0	16.0	—	—	—	6000/10500	2000/4000	加工20%，982℃	—	—
	244.27	197.18	8.7	—	—	—	—	7030	3900	铸态	—	—
	185.40	—	16.0	24.0	—	—	—	<2500	800	加工，退火1h，800℃	6.5	2.5×10^{-4}
	310	283.51	7.0	2.0	—	—	—	26.000	—	加工，退火	—	1×10^{-2}

续表 1-5-37

金属名称	拉伸性能				压缩性能			杂质		状态	晶粒大小	应变速率
	抗拉强度 MN/m²	条件拉伸屈服强度 MN/m²	延伸率 %	断面收缩率 %	压缩强度 MN/m²	条件压缩屈服强度 MN/m²	压缩时最大的相对缩短 %	总含量 ppm	O_2 ppm		μm	s^{-1}
镧	130.47	125.57	7.9	—	—	—	—	21600	1800	铸态	—	—
	69.65	—	2.0	4.0	235～334	—	—	20.000	—	—	—	—
	162.85	—	7.0	14.0	—	—	—	14.000	—	加工退火，323℃	—	2.3×10^{-2}
铈(α)	102.02	91.23	23.9	—	—	—	—	2550	500	铸态	—	—
	117.72	—	2.0	5.0	289.40	—	33.0	10.000	—	—	—	—
	116.74	28.45	22.0	30.0	—	—	—	287	40	锻造，退火2h，377℃	10	8.3×10^{-5}
铈(β)	138.32	86.33	—	24.0	—	—	—	287	40	热循环	—	8.3×10^{-5}
镨	147.15	72.60	15.4	67.0	—	—	—	307	148	锻造，退火1h，450℃	5	8.3×10^{-5}
	—	—	—	—	—	—	36.0	10^5	—	加工退火	—	4.7×10^{-3}
	109.87	100.06	9.8	—	—	—	—	2640	1400	铸态	—	—
	93.20	—	20.0	—	196.2	—	31.0	—	—	铸态	—	—
	—	—	—	—	323.73	—	18.0	9800	—	—	—	—
钕	163.83	70.63	25.0	72.0	—	—	—	<259	69	锻造退火2h，527℃	10	8.3×10^{-5}
	133.42	—	17.5	13.5	—	—	—	8400	—	加工态	20	2.3×10^{-2}
	161.98	164.81	10.6	—	—	—	—	2310	1300	铸态	—	—
	127.53	—	0.5	—	245.25	—	36.0	9500	—	铸态	—	—
钷	—	—	—	—	—	—	—	—	—	—	—	—
钐	155.98	67.69	17.0	29.5	—	—	—	<1530	106	热工作状态1h，750℃	30/230	8.3×10^{-5}
	124.59	111.83	2.5	—	—	—	—	<580	200	铸态	—	—
	214.84	—	2.0	—	328.64	—	14.0	—	—	铸态	—	—
铕	—	—	—	—	—	—	—	—	—	—	—	—
钆	117.72	14.72	37.0	56.0	—	—	—	519	150	锻造加工1h，750℃	85	8.3×10^{-5}
	191.30	181.49	7.8	—	—	—	—	<4470	1600	铸态	—	—
	214.84	—	2.0	—	—	—	—	1000	—	铸态	—	—
	162.85	51.99	8.3	—	—	—	—	—	—	铸态，热轧，760℃	—	—

续表 1-5-37

金属名称	拉伸性能				压缩性能			杂质		状态	晶粒大小	应变速率
	抗拉强度 MN/m²	条件拉伸屈服强度 MN/m²	延伸率 %	断面收缩率 %	压缩强度 MN/m²	条件压缩屈服强度 MN/m²	压缩时最大的相对缩短 %	总含量 ppm	O_2 ppm		μm	s^{-1}
铽	—	—	—	—	696.51	—	16.0	—	—	铸态	—	—
	—	—	—	—	—	—	63.0	62.000	—	加工退火	—	—
镝	216.80	126.55	5.3	14.3	—	126.55	—	3500/7500	1000/4000	铸态	—	1.5×10^{-4}
	242.31	224.65	5.6	—	—	—	—	4720	2000	铸态	—	—
	—	—	—	—	510.12	—	20.0	—	—	铸态	—	—
	139.30	43.16	30.0	30.0	—	—	—	<484	294	锻造，退火2h，750℃	35/140	8.3×10^{-5}
钬	261.93	221.71	4.9	—	—	—	—	3990	3800	铸态	—	—
	—	—	—	—	500.31	—	20.0	—	—	铸态	—	—
	261.93	—	2.7	1.0	—	—	33.0	26.000	—	—	—	4.7×10^{-3}
铒	136.36	59.84	11.5	11.9	—	—	—	<1369	160	锻造，退火1h，850℃	38	3.3×10^{-5}
	228.57	121.64	4.7	14.0	—	140.28	—	6000/9600	2000/4000	铸态	—	—
	285.47	266.83	4.0	—	—	—	—	7260	3500	铸态	—	—
	284.49	—	<1.0	—	765.18	—	22.0	7000	—	铸态	—	—
	262.91	—	3.3	—	—	—	31.0	11950	—	热轧	—	2×10^{-2}
铥	—	—	—	—	539.55	—	26.0	—	—	铸态	—	—
镱	76.61	65.73	5.7	—	—	—	—	<650	100	铸态	—	—
	64.75	—	13.0	—	—	—	—	—	—	轧态，450℃退火状态	—	—
	57.88	6.87	43.0	92.0	—	—	—	<1000	203	锻造，退火1h，450℃	62	1.7×10^{-4}
镥	—	—	—	—	999.6	—	12.0	—	—	铸态	—	—
	约304.11	—	~2.0	~2.0	—	~402.01	31.0	12.000	—	—	—	2.3×10^{-2}

表 1-5-38　铸态或退火态的稀土金属的硬度

金属名称	维氏或显微硬度	布氏硬度	洛氏硬度	
	MN/m²	MN/m²	MN/m²	硬度标
钪	490.5	392.4	833.85	H
	353.16	461.1～1922.8		
	353.16 $\{10\bar{1}0\}$	735.8～784.8		
	1294.92(0001)	>981		
	412.02 $\{10\bar{1}0\}$	1402.8		
	1451.88(0001)	932～1177		
	1010.43$\{10\bar{1}0\}$	1177～1275		
	2060.1 (0001)	735.8～981		
	981	490.5～588.6		
	2158.2			
钇	814～1158	784.8～833.9	794.61	E
	618～716	441.5～490.5	245.25	A
	784.8	313.9～657.3	657～873.1	F
	1275.3	392.4～529.7	588.6	H
	441.45	382.6～676.9	598.4	H
	372.78			
	676.9～804.4			
	451.3$\{10\bar{1}0\}$			
	961.4(0001)			
	598.4$\{10\bar{1}0\}$			
	1098.7 (0001)			
镧	362.97	343.4～392	539.6	H
	578.79	372.8	372.8	
	372.78	353.2		
	294.3			
	490.5			
	323.7			
	490.5～510.1			
	274.7～372.8			
铈		245.3～294.3	29.4	H
	243.3	255.1	372.8	
	235.44	186.4		
	284.5～323.7			
	294.3			
	206～284.5			
	215.8～284.5			
镨	235.4～264.9	343.4～490.5		
	255.1～392.4	480.7		
	363.0	441.5		
	304.1	539.6		
	421.8～480.7			
	196.2～363			

续表 1-5-38

金属名称	维氏或显微硬度	布氏硬度	洛 氏 硬 度	
	MN/m²	MN/m²	MN/m²	硬度标
钕	343.4 441.5 784.8～833.9 323.7 176.6～235	343.4～441.5 264.9 451.3 323.7	490.5	H
钷				
钐	441.5 539.6 627.8 382.6～392.4	441.5～637.7	618	H
铕	166.8	147.2～196.2	255.1	L
钆	323.7～559.2 559.2 618 569～725.9 588.6～637.7 362.9～412.0	539.6～686.7 529.7 686.7	657.3 353.2～392.4	H E
铽	451.3 637.7	882.9～1177.2 676.9	608.2	H
镝	382.6～569 412.0 667.1 784.8 784.8 853.5～971.2 569～431.6	539.6～1030.1 500.3	559.2 598.4	H H
钬	412.0 765.2 912.3 882.9	490.5～1226.3 745.6	559.2	H
铒	431.6 716.1 1049.7～1255.7 1324.4	588.6～932.0 814.2	618 726.0	H E
铥	470.9	539.6～882.9 775.0	676.9	H
镱	137.3～176.6 206.0 137.3	196.2～294.3 343.3	～39.2	H
镥	755.4	1177.2～1275.3 892.7	843.7	H

八、稀土金属的机械性能

稀土金属的机械性能如表1-5-37～1-5-38及图1-5-36～图1-5-50所示。

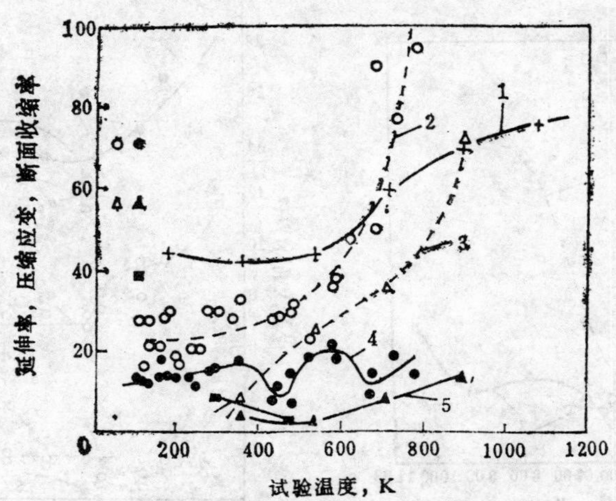

图 1-5-38　钇的拉伸和压缩率与温度的关系

1—压缩应变，$\epsilon'=2\times10^{-3}/s$；2—断面收缩率，$\epsilon'=2.5\times10^{-4}/s$；3—断面收缩率；$\epsilon'=0.01/s$；4—均匀延伸率，$\epsilon'=2.5\times10^{-4}/s$；5—延伸率，$\epsilon'=0.01/s$

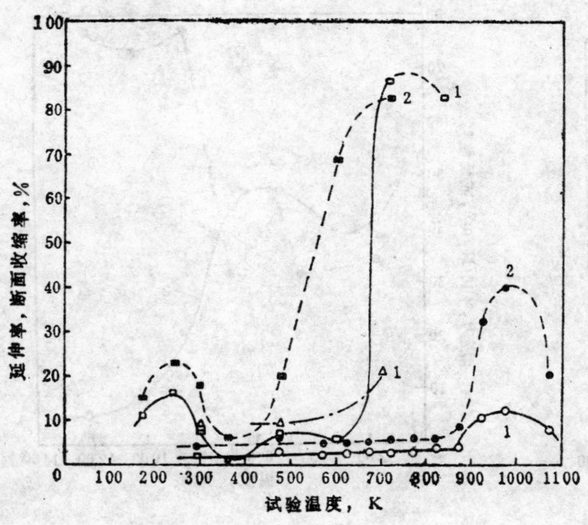

图 1-5-39　镧的拉伸延性与温度的关系

1—延伸率；2—断面收缩率

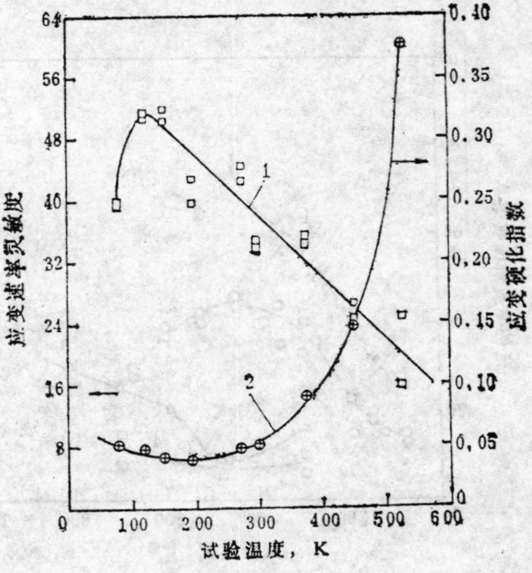

图 1-5-40　镨的拉伸应变硬化指数和应变速率灵敏度与温度的关系

1—应变硬化指数，$\epsilon'=8.3\times10^{-5}/s$；2—应变速率灵敏度，$\epsilon=0.12$

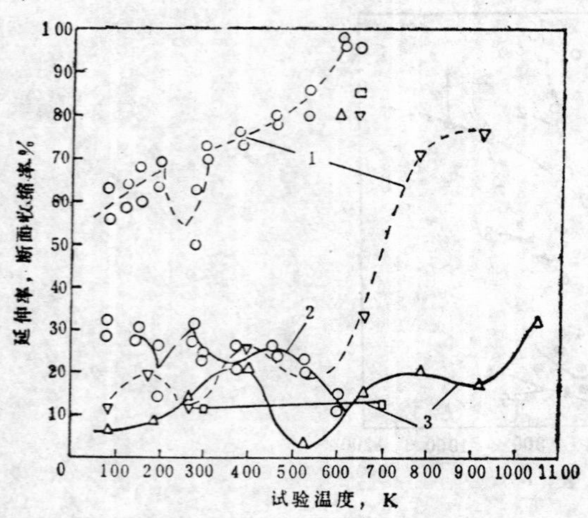

图 1-5-41　钕的拉伸延性与温度的关系

1—断面收缩率；2—均匀延伸率；3—延伸率

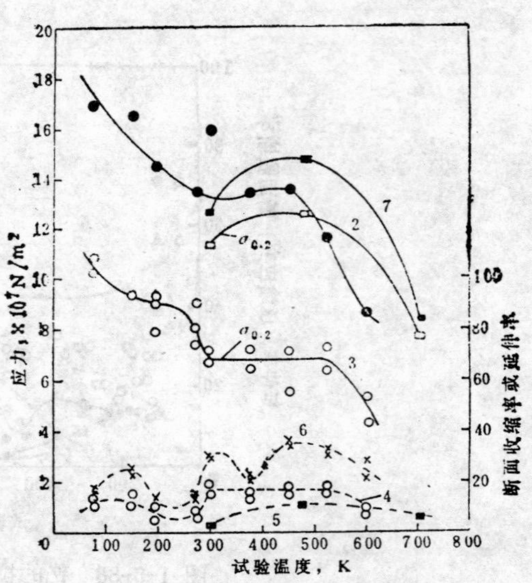

图 1-5-42　钐的拉伸性能与温度的关系

1—拉伸强度；2—屈服应力；3—屈服应力；4—均匀延伸率；5—总延伸率；6—断面收缩率；7—断面收缩率

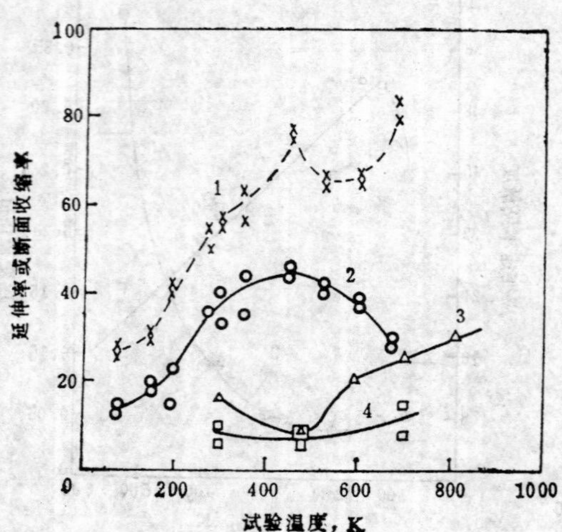

图 1-5-43　钆的拉伸延性与温度的关系

1—断面收缩率；2—均匀延伸率；3，4—延伸率

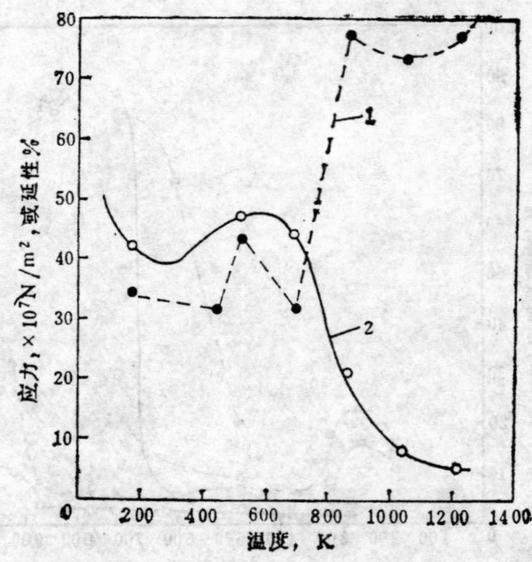

图 1-5-44　镝的应变硬化指数和应变速率灵敏度与温度的关系

1—应变硬化指数；2—应变速率灵敏度

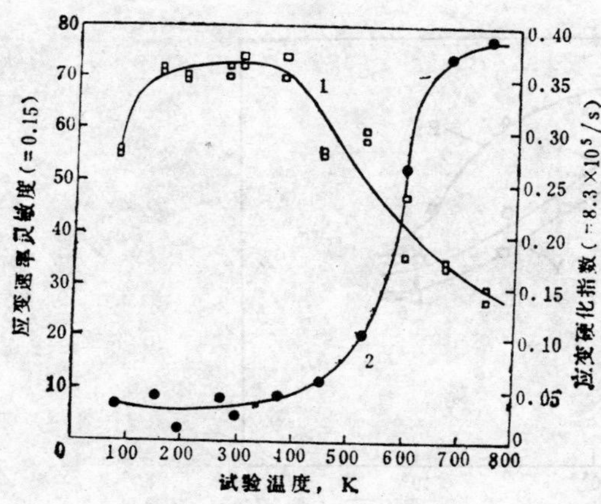

图 1-5-45　钬的最大压应变和应变为20%时的压缩流变应力与温度的关系

1—最大应变（$\epsilon'=4.7\times10^{-3}/s$）；2—低应力（$\epsilon'=2\times10^{-3}/s$）

图 1-5-46　铒的延性与温度的关系

1—压缩应变，$\epsilon'=0.02/s$；2—断面收缩率，$\epsilon'=3.3\times10^{-5}/s$；3—均匀延伸率，$\epsilon'=3.3\times10^{-5}/s$；4—延伸率，$\epsilon'=0.02/s$

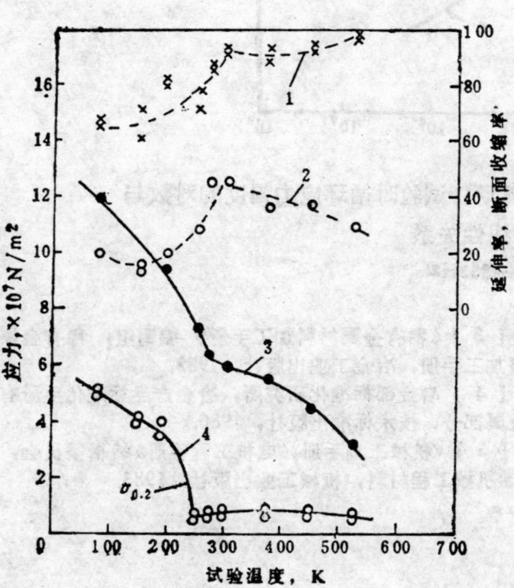

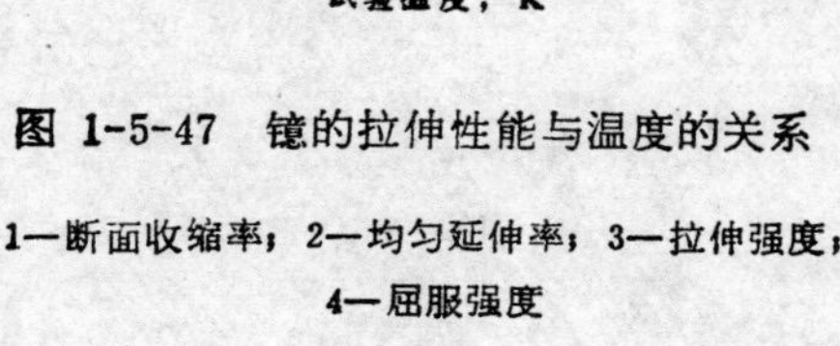

图 1-5-47　镱的拉伸性能与温度的关系

1—断面收缩率；2—均匀延伸率；3—拉伸强度；4—屈服强度

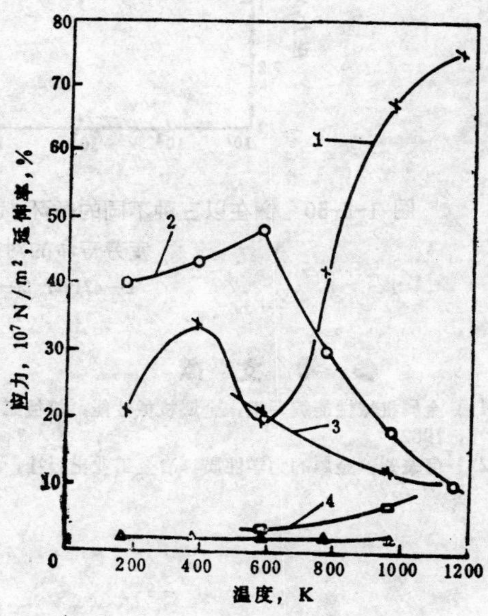

图 1-5-48　镥的强度和延性与温度的关系

1—最大压缩变形，$\epsilon'=2.3\times10^{-2}/s$；2—压缩强度，$\epsilon=0.02$，$\epsilon'=1.5\times10^{-2}/s$；3—拉伸强度；4—断面收缩率；5—延伸率

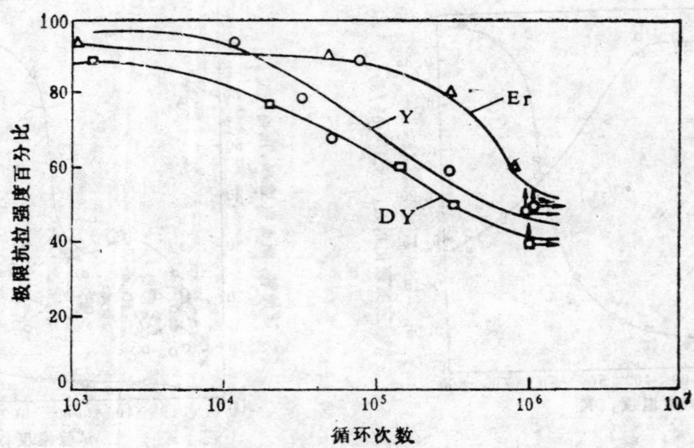

图 1-5-49　钇、镝和铒的室温拉伸-拉伸疲劳寿命曲线（50Hz）

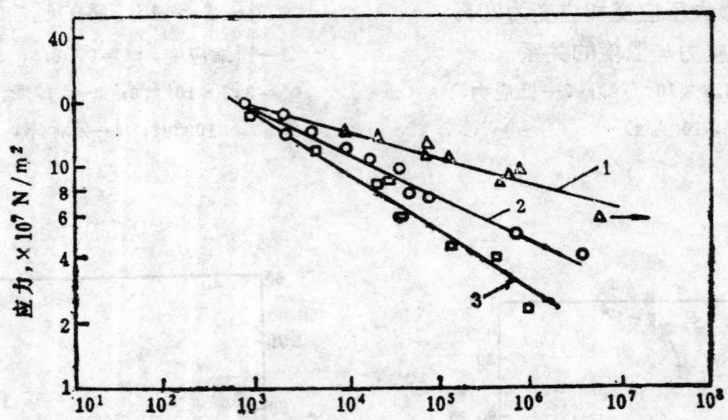

图 1-5-50　镧在以三种不同的循环频率进行转动杆试验时循环应力幅度的对数与疲劳寿命的对数之间的线性关系

1—47Hz；2—100Hz；3—233Hz

参　考　文　献

[1] 金属机械性能编写组，金属机械性能，机械工业出版社，1982.

[2] 何肇基，金属的力学性质，冶金工业出版社，1982.

[3]《稀有金属材料加工手册》编写组，稀有金属材料加工手册，冶金工业出版社，1982.

[4] 冶金部标准化研究所，冶金产品标准化手册有色金属部分，技术标准出版社，1980.

[5]《机械工程手册》《电机工程手册》编辑委员会，第3卷机械工程材料，机械工业出版社，1983.

第六章 金属中的扩散

编写人 潘金生

由于原子的无规则热运动而造成的物质迁移现象叫做扩散。扩散可以从不同的角度来分类。

1．按浓度分布分类

如果合金中存在着浓度梯度，这种情形下的扩散就叫化学扩散或互扩散。

如果合金中没有浓度梯度，那么这种情形下的扩散就叫自扩散。它包括纯金属中的扩散和成分均匀的合金中的扩散。

2．按扩散的途径分类

通过晶粒内部的扩散称为体扩散；通过晶粒边界的扩散称为晶界扩散；沿着物体表面的扩散称为表面扩散。体扩散、晶界扩散和表面扩散的扩散系数分别用D_v、D_{gb}和D_s表示，通常$D_s \gg D_{gb} \gg D_v$。凡未加下标的扩散系数D均指体扩散系数D_v。

一、菲克定律

1．菲克第一定律

该定律是一个表示扩散通量与浓度梯度关系的经验定律：

$$J = -D\frac{\partial C}{\partial x} \qquad (1\text{-}6\text{-}1)$$

式中 J——扩散通量，即单位时间内通过单位面积的扩散物质的量，g/(cm²·s)或mol/(cm²·s)；

D——扩散系数，cm²/s；

x——沿扩散方向的距离，cm；

C——扩散物质的浓度，g/cm³或mol/cm³。

2．菲克第二定律

该定律是描述浓度随时间分布规律的微分方程，也叫扩散方程，可由公式1-6-1导出。

（1）一维扩散方程

$$\frac{\partial C}{\partial t} = \frac{\partial}{\partial x}\left(D\frac{\partial C}{\partial x}\right) \qquad (1\text{-}6\text{-}2)$$

若D为常数（即D与浓度无关），则有：

$$\frac{\partial C}{\partial t} = D\frac{\partial^2 C}{\partial x^2} \qquad (1\text{-}6\text{-}3)$$

（2）三维扩散方程

若D为常数，则三维扩散方程为：

$$\frac{\partial C}{\partial t} = D\nabla^2 C \qquad (1\text{-}6\text{-}4)$$

式中 ∇_2——拉普拉斯算子；

t——扩散时间。

在直角坐标系下，式1-6-4可写成：

$$\frac{\partial C}{\partial t} = D\left(\frac{\partial^2 C}{\partial x^2} + \frac{\partial^2 C}{\partial y^2} + \frac{\partial^2 C}{\partial z^2}\right) \qquad (1\text{-}6\text{-}5)$$

对于柱对称的扩散，式1-6-4可写成：

$$\frac{\partial C}{\partial t} = \frac{D\partial}{r\partial r}\left(r\frac{\partial C}{\partial r}\right) \qquad (1\text{-}6\text{-}6)$$

对于球对称的扩散，式1-6-4可写成：

$$\frac{\partial C}{\partial t} = \frac{D}{r^2}\ \frac{\partial}{\partial r}\left(r^2\frac{\partial C}{\partial r}\right) \qquad (1\text{-}6\text{-}7)$$

只要给定了扩散的初始和边界条件，就可由以上扩散方程中解出$C = C(x, t)$。反之，根据从实验中测得的浓度分布$C = C(x, t)$，也可由扩散方程求出D。

二、影响扩散的因素

1．温度

扩散系数与温度的关系为：

$$D = D_0 e^{-Q/RT} \qquad (1\text{-}6\text{-}8)$$

式中 D_0——频率因子，cm²/s；

Q——扩散激活能，J/mol或kJ/mol；

R——气体常数，1.98J/(mol·°C)；

T——绝对温度，K。

2．浓度

扩散激活能和扩散系数都和浓度有关，一般规律是：如果溶质元素的增加使液相线（熔点）下降，则Q也随之减小，D则随之增加。反之亦然。

3．基体的晶体结构

若基体金属为密排结构，则D较小；若基体金属为非密排结构，则D较大。因此，元素在体心立方晶格中的D往往大于在面心立方晶格中的D。

4．溶质与溶剂的原子半径

一般来说，溶剂与溶质的原子半径差越大，D也越大。

5．晶粒大小

由于$D_{晶界} \gg D_{体}$，故晶粒越细，D越大。

6．第三组元

第三组元可能影响溶质在溶剂中的活度，也可能细化晶粒或形成化合物，因而可能加速扩散，也可能减慢扩散，或对扩散没有影响。

7．晶体取向或织构

对立方晶体或完全紊乱的多晶体，扩散是各向同性的，但对非立方晶系的单晶体或有织构的多晶体，扩散则是各向异性的。

三、分扩散系数

柯肯特尔效应（Kirkendall Effect）表明，在置换式固溶体中，A、B二组元的扩散系数D_A与D_B并不相等。D_A、D_B分别被称为A、B组元的本征扩散系数。通常在扩散实验中测得的D是合金的平均扩散系数，也叫化学扩散系数或互扩散系数。D和D_A、D_B的关系为：

$$D = N_A D_B + N_B D_A \qquad (1\text{-}6\text{-}9)$$

式中 N_A、N_B——A、B组元的原子份额。i组元在合金中的分扩散系数D_i和该组元在N_i成分的均匀合金中的自扩散系数D_i^*有以下的关系：

$$D_i = D_i^*\left(1 + \frac{\mathrm{d}\ln\gamma_i}{\mathrm{d}\ln N_i}\right) \qquad (1\text{-}6\text{-}10)$$

式中 γ_i——i组元的活度系数。

$$D_i^* = B_i kT$$

式中 k——波尔兹曼常数；

B_i——i组元在N_i成分合金中的迁移率（i组元原子在单位力作用下运动的速度）。

D_i^*可通过示踪原子测得。

四、固态和液态金属中的自扩散

表1-6-1、1-6-2分别列举了固态和液态金属中的自扩散数据。

五、化学扩散系数

表1-6-3列举了一些二元合金的化学扩散数据。

表 1-6-1 固态金属中的自扩散数据

元 素	D_0，cm²/s	Q，kcal/mol①	温度范围，℃
Li	$0.125^{+0.024}_{-0.020}$	12.673±0.148	35～178
	0.39±0.02	13.49±0.07	70～170
Rb	0.23	9.4	−23～40
$Be_{//c}$	0.62±0.15	394±0.7	
⊥c	0.52±0.15	37.6±0.7	563～1070
$Y_{//c}$	0.82	60.3	
⊥c	5.2	67.1	900～1300
β-La	$1.5^{+1.2}_{-0.7}$	45.1±1.2	660～840 (β)
γ-Ce	$5.5^{+1.3}_{-1.1}\times10^{-1}$	36.6±0.4	528～692 (γ)
δ-Ce	$1.2^{+0.5}_{-0.4}\times10^{-2}$	21.5±0.7	719～771 (δ)
β-Pr	$8.7^{+5.6}_{-3.4}\times10^{-2}$	29.4±1.1	(β)

续表 1-6-1

元　素	D_0，cm^2/s	Q，kcal/mol①	温度范围，℃
$Er_{//c}$	$3.71^{+0.87}_{-0.71}$	72.05 ± 0.65	1202～1411
$\perp_c$	$4.51^{+0.55}_{-0.49}$	72.27 ± 0.36	
α-Ti	8.6×10^{-6}	35.9	690～880 (α)
β-Ti	1.9×10^{-3}	36.5 ± 0.49	900～1580 (β)
	$A_1=3.58\times10^{-4}$	$Q_1=31.2$	
	$A_2=1.09$	$Q_2=60.0$	898～1540 (β)
α-Zr	2.1×10^{-7}	27.0 ± 2.9	740～857 (α)
β-Zr	$3\times10^{-6}(T/1136)^{15.6}$	$19.6+0.031\times(T-1136)$	900～1750 (β)
α-Hf $_{//c}$	0.86	88.4 ± 3.2	1220～1610 (α)
$\perp_c$	0.28	83.2 ± 4.8	
	7.3×10^{-6}	41.6 ± 2.3	924～1483 (α)
β-Hf	4.8×10^{-3}	43.8 ± 2.2	1785～2160 (β)
α-Th	395	71.6 ± 2.3	690～910 (α)
β-Th	10^4～10^6	99.0 ± 7.0	1450～1550 (β)
V	0.36 ± 0.02	73.65 ± 0.15	880～1356
	214 ± 20	94.14 ± 0.33	1356～1833
Nb	1.1 ± 0.2	96.0 ± 0.9	878～2409
Ta	0.124	98.7	1250～2200
Mo	0.1 ± 0.1	92.2 ± 2.6	1850～2350
W	42.8 ± 4.8	153.1 ± 0.6	2937～3501
	1.88 ± 0.4	140.3 ± 7.2	1800～2403
Ga		$D\times10^3=5.3\pm0.8$	9.8
		$=5.3\pm1.1$	20.0
		$=7.8\pm3.0$	25.0
		$=9.3\pm1.2$	27.5
		$=42\pm11$	29.7
$In_{//c}$	2.7	18.7 ± 0.3	44～144
$\perp_c$	3.7	18.7 ± 0.3	
Si	9000	118.0 ± 2.3	1100～1300
	1800	110.0	1200～1400
Ge	7.8 ± 3.4	68.50 ± 0.96	766～928
	10.8 ± 2.4	69.40 ± 0.44	731～916

① 1kcal/mol＝4.19kJ/mol。

表 1-6-2　液态金属中的自扩散

元　素	D_0，cm^2/s	Q，kcal/mol①	温度范围，℃
Li	$(14.4\pm0.7)\times10^{-4}$	2.87 ± 0.07	192～450
Rb	$(6.6\pm1.1)\times10^{-4}$	1.98 ± 0.16	57～230
Cs	$(4.8)\times10^{-4}$	1.86	50～200
Ga^{72}	0.75×10^{-4}	0.88 ± 0.09	7～77
	4.13×10^{-4}	2.01 ± 0.03	77～400
In	$(2.89\pm0.25)\times10^{-4}$	2.43 ± 0.05	170～750

① 1kcal/mol＝4.19kJ/mol。

表 1-6-3 化学扩散系数

元素 1 %（原子）	元素 2 %（原子）	D_0 cm^2/s	Q kJ/mol (kcal/mol)	D cm^2/s	温度范围 ℃
Al	Be				
	0.015	52	163.4 (39.0)	—	
	0.022	126	168.9 (40.3)	—	500～635
	0.03	550	180.6 (43.1)	—	
Al	Li				
	0～溶解极限	4.5	139.5 (33.3)	—	417～597
Al	Si				
	0～0.5	0.90	127.8 (30.5)	—	465～600
	0～0.7				450～580
Al	Ti				
2.0		1.4×10^{-5}	91.8 (21.9)	—	983～1250
12.0	(β)	9.0×10^{-5}	106.8 (25.5)	—	
10.0	(α)	1.6×10^{-5}	99.3 (23.7)	—	834～900
3.8	(β)			$D_{Al}=14.11\times10^{-9}$ $D_{Ti}=4.61\times10^{-9}$	1250
Be	Cu				
0～15	(α)	0.19		—	550～884
约33	(β)	0.084		—	650～884
约48	(γ(β′))	0.054		—	550～884
约75	(δ)	0.0012		—	550～884
约33	(β)	$A_{Be}=0.035$	$Q_{Be}=121.5(29.0)$	—	
		$A_{Cu}=0.045$	$Q_{Cu}=104.8(25.0)$	—	
Be	Fe				
	0～0.2	1.0	226.3 (54.0)	—	800～1100
Be	H				
	0～溶解极限 (<0.0075)			3×10^{-9}	850～900
Be	Mg				
0～溶解极限		8.06	157.1 (37.5)	—	500～600
C	Re				
2或3～0		0.1	222.1 (53.0)	—	1230～1730
C	Ti				
0.14～溶解极限	(α)	5.06	182.3 (43.5)	—	736～835
0.14～溶解极限	(β)	108.0	202.8 (48.4)	—	950～1150
C	Zr				
	(β)	0.0048	111.9 (26.7)	—	900～1260
Ce	Mg				
		450	176.0 (42.0)	—	500～598

续表 1-6-3

元素 1 %（原子）	元素 2 %（原子）	D_0 cm^2/s	Q kJ/mol (kcal/mol)	D cm^2/s	温度范围 ℃
Ce	Pu				
3.74~7.17	(δ)	1.31×10^{-2}	124.0 (29.6)	—	403~528
Ce	U				
0~溶解极限	(γ)	3.92	278.2 (66.4)	—	800~1000
Co	Mo				
	0~10	0.231	263.1 (62.8)	—	1000~1300
Co	V				
	0~17	0.021	222.1 (53.0)	—	1100~1300
Co	W				
	0~5	0.008	238.4 (56.9)	—	1100~1300
Cr	Ti				
9	(β)	—	—	3.6×10^{-9} $D_{Ti}=2.8\times10^{-9}$ $D_{Cr}=3.7\times10^{-9}$	985
Fe	Mo				
(γ)	0~0.59	0.068	247.2 (59.0)	—	1150~1260
(α)	1.9~36	3.467	241.8 (57.7)	—	930~1260
		10	251.4 (60.0)	—	790~1185
Fe	Si				
(α)	4.5~7.1	0.44	201.1 (48.0)	—	1095~1350
(α)	0~4.21	0.735×(1+0.124% Si)	220.0 (52.5)	—	900~1400
	8.35	1.82	215.4 (51.4)	—	
	8.69	1.87	215.4 (51.4)	—	
	9.04	1.77	214. (51.1)	—	
	9.38	1.32	212.9 (50.8)	—	900~1100
	9.73	1.52	212.0 (50.6)	—	
	10.07	1.55	212.0 (50.6)	—	
	10.41	1.66	212.4 (50.7)	—	
	约0	8	249.3 (59.5)	—	
	4	17	249.3 (59.5)	—	
(α)	5	17	248.9 (59.4)	—	800~1400
	8	35	248.9 (59.4)	—	
α-Fe	3~12	500	287.0 (68.5)	—	400~600(铁磁性)
(γ)	0~2	—	—	4×10^{-10}	1206
		—	—	1.7×10^{-9}	1293
Fe	Ti				
(α)	约0.7	315	248.0 (59.2)	—	1075~1225
(γ)	0~0.7	0.15	251.4 (60.0)	—	1075~1225
	2	68	261.5 (62.4)	—	700~1300
5	(β)	0.60	188.6 (45.0)	—	900~1300
10	(β)	0.77	193.2 (46.1)	—	700~1300
15	(β)	3.6	241.5 (51.2)	—	700~1050
Fe	V				

续表 1-6-3

元素 1 %（原子）	元素 2 %（原子）	D_0 cm^2/s	Q kJ/mol (kcal/mol)	D cm^2/s	温度范围 ℃
	0.7	0.61	267.3 (63.8)		
	5.0	1.9	238.4 (56.9)		
(α)	10.0	1.1	224.2 (53.5)	—	950～1250
	15.0	0.70	220.0 (52.5)		
	20.0	0.71	221.2 (52.8)		
	25.0	0.63	221.2 (52.8)		
	30.0	0.59	222.5 (53.1)		
	10.0				950～1250
(γ)	0.7				950～1300
				5.8×10^{-12}	1100
				2.5×10^{-11}	1162
(γ)	2.0	—		2.9×10^{-11}	1201
				1.1×10^{-10}	1275
				2.6×10^{-10}	1350
				6.3×10^{-12}	1100
				2.0×10^{-11}	1162
(γ)	3.0	—		3.2×10^{-11}	1201
				1.6×10^{-10}	1275
				1.4×10^{-10}	1292
				2.8×10^{-10}	1350
Fe	W				
0～0.13		11.5	59.5 (14.2)		1927～2527
	0～1.3	—	—	3.7×10^{-10}	1280
	0～1.2	—	—	2.4×10^{-9}	1330
	0～3.4	—	—	1.0×10^{-9}	1330
Ga	Pu				
3～7.9	(δ)	1.3	156.7 (37.4)	—	350～517
0.48～2.6	(ε)	5.3×10^{-4}	55.3 (13.2)	—	360～640
2.5～6.5	(δ)	0.0098	138.3 (33.0)	—	400～534
Ga	Ti				
	(α)	4.4×10^{-4}	181.8 (43.4)	—	600～860
25	(Ti Ga)	7.4×10^{-3}	183.5 (43.8)	—	600～860
Ge	H	2.72×10^{-3}	36.5 (8.7)	—	800～910
Ge	He				
约100	体积小	6.1×10^{-9}	67.0 (16.0)	—	795～872
H	Mo				
1～200毛		20	74.6 (17.8)	—	400～1200
H	Nb				
5～17		0.021～5	39.4 (9.4)	—	600～700
0～溶解		0.018～5	423 (10.1)	—	200～700
H	Si				
$0\sim10^{-8}$		9.4×10^{-3}	46.1 (11.0)	—	1090～1200
H	Ta				

续表 1-6-3

元素 1 %（原子）	元素 2 %（原子）	D_0 cm^2/s	Q kJ/mol (kcal/mol)	D cm^2/s	温度范围 ℃
0.5～10		7.5×10^{-3}	43.6 (10.48)	—	270～600
7		7.5×10^{-2}	60.3 (14.4)	—	400～600
H	Ti				
	(α)	1.8×10^{-2}	52.0 (12.48)	—	500～824
	(β)	1.95×10^{-3}	27.7 (6.6)	—	600～1000
H	W				
10^{-5}～600毛		4.1×10^{-3}	37.7 (9.0)	—	830～2130
H	Zr				
	(α)	4.15×10^{-3}	39.8 (9.5)	—	450～700
40～200ppm	(α)	7.0×10^{-3}	44.8 (10.7)	($D_{//c}\approx 2D_{\perp c}$)	275～700
	(α-锆锡合金)	2.17×10^{-3}	35.2 (8.4)	—	260～560
0.41	(β)	5.32×10^{-3}	34.8 (8.3)	—	760～1010
	(β)	7.37×10^{-3}	35.6 (8.5)	—	870～1100
He	Si				
$0\sim4\times10^{-10}$		0.11	121.5 (29.0)	—	1170～1207
He	Ti				
16	(α)	1.1×10^{-9}	67.5 (16.1)	—	615～770
Hf	O				
		0.66	212.9 (50.8)	—	500～1050
La	Mg				
		0.022	102.2 (24.4)	—	540～598
La	U				
	(γ)	117.0	233.4 (55.7)	—	850～1090
Li	Si				
		2.5×10^{-3}	63.3 (15.1)	—	800和1350
Li	W				
		5.0	173.9 (41.5)	—	1090～1230
Li	Zr				
		0.73	141.2 (33.7)	—	775～850
Mn	Ti				
8	(β)	1.10^{-3}	147.5 (35.2)	—	830～1190
Mo	N				
		4.3×10^{-3}	108.9 (26.0)	—	1300～2000
		3×10^{-3}	115.6 (27.6)	—	1500～2000
Mo	Nb				
约0	1.10^{3}	132	—	$D_{Nb}\approx3\sim6\times D_{Mn}$	1800～2165
50	1.10^{3}	137	—	$D_{Nb}\approx3\sim6\times D_{Mn}$	
约100	1.10^{3}	138	—	$D_{Nb}\approx3\sim6\times D_{Mn}$	
20	13.5	102.4	—	—	1400～2375
40	3.8	98.7	—	—	
60	2.1	98.1	—	—	
80	0.052	82.5	—	—	
20～80	1.5	95.4	—	—	

续表 1-6-3

元素 1 %(原子)	元素 2 %(原子)	D_0 cm^2/s	Q kJ/mol (kcal/mol)	D cm^2/s	温度范围 ℃
Mo	Ni				
0～0.93		3.0	288.7 (68.9)	—	1150～1400
0～9		0.853	269.8 (64.4)	—	1000～1300
Mo	Pd				
	61	5.5×10^{-3}	188.6 (45.0)	—	1000～1600
	66	4.0×10^{-3}	165.5 (39.5)	($D_{Pd}\approx10～20\times D_{Mo}$)	
	71	5.0×10^{-3}	178.1 (42.5)	—	
	75	2.4×10^{-4}	200.7 (47.9)	—	
	80	1.6×10^{-3}	218.7 (52.2)	—	
	85	1.6×10^{-2}	253.5 (60.5)	—	
	90	9.0×10^{-1}	293.3 (70.0)	—	
	95	1.4×10^{-1}	282.8 (67.5)	—	
Mo	Ta				
	Ta富集	4.68×10^{-3}	251.4 (60.0)	—	1900～2300
	Mo富集	4.16×10^{-3}	234.6 (56.0)	—	
Mo	Ti				
0		约2×10^{-2}	196.9 (47.0)	—	1210～1600
10		约2×10^{-2}	209.5 (50.0)	D_{Ti}/D_{Mo}约3,在1600℃	
20	(β)	约1×10^{-2}	217.9 (52.0)	约13,在820℃	
30		约9×10^{-2}	264.0 (63.0)	—	
40		约10^{-2}	255.6 (61.0)	—	
0～10	(β)	1.3×10^{-4}	138.7 (33.1)	—	900～1300
	(α)	3.5×10^{-5}	119.0 (28.4)	—	600～800
Mo	U				
2		2.2	199.0 (47.5)	—	850～1050
4		0.58	191.9 (45.8)		
6		20.0	222.1 (53.0)		
8		16.0	230.5 (55.0)		
10		28.0	238.0 (56.8)		
12	(γ)	3.2	218.7 (52.2)		
16		0.096	191.5 (45.7)		
20		3.10^{-3}	165.1 (39.4)		
24		4.5×10^{-4}	161.3 (38.5)		
26		2.1×10^{-4}	142.5 (34.0)		
				D_U D_{Mo}	
6.0		—	—	3.4×10^{-9} 5.2×10^{-10}	850
		—	—	1.4×10^{-8} 2.1×10^{-9}	950
8.0		—	—	1.6×10^{-8} 5.0×10^{-9}	1000
10.0		—	—	3.4×10^{-8} 1.3×10^{-8}	1050
Mo	W (重量%)				
	10	4.48	491.1 (117.2)		
	20	2.41	481.4 (114.9)		
	30	0.64	459.2 (109.6)		

续表 1-6-3

元 素 1 %（原子）	元 素 2 %（原子）	D_0 cm^2/s	Q kJ/mol (kcal/mol)	D_0 cm^2/s	温度范围 ℃
	40	0.48	458.0 (109.3)		
	50	0.30	451.3 (107.7)	—	2000～2500
	60	0.17	441.6 (105.4)		
	70	0.14	438.7 (104.7)		
	80	0.08	430.3 (102.7)		
	90	0.05	422.4 (100.8)		
Mo	Zr				
	0～10	1.6	449.6 (107.3)		1650～1835
	0～10	—	—	1.3×10^{-11}～	1835
(Mo,Zr)	33.3	1.10^{-3}	233.0 (55.6)	3.7×10^{-11}	820～1445
N	Nb				
		0.061	162.6 (38.8)	—	800～1600
N	Ti				
	(α)	0.012	189.8 (45.3)	—	900～1570
	(β)	0.035	141.6 (33.8)	—	900～1570
	(α)	0.2	238.8 (57.0)	—	1350～1700
	(δ)	90.0	238.8 (57.0)	—	
N	W				
0～300乇		2.4×10^{-3}	119.0 (28.4)	—	1400～2200
1～25乇		2.37×10^{-3}	150.4 (35.9)	—	1000～1800
N	Zr				
	(α)	0.3	238.8 (57.0)	—	1350～1750
	(α)	0.15	226.7 (54.1)	—	650～850
	(β)	0.015	128.6 (30.7)	—	920～1640
	(δ)	0.06	251.4 (60.0)	—	1350～1700
N	Zr　Hf				
	(β)　1.8～2.2	0.003	140.8 (33.6)	—	900～1600
N	Zr　Sn				
	(重量%)				
	(β)　1.8	0.011	131.6 (31.4)	—	1165～1640
	2.6	0.014	129.5 (30.9)	—	1100～1530
	5.0	0.011	123.2 (29.4)	—	1050～1490
Nb	Ti				
	0	2.5×10^{-3}	293.3 (70.0)		
	20	2.5×10^{-3}	264.0 (63.0)		
	40	3.2×10^{-3}	238.8 (57.0)	$D_{Ti}\approx2D_{Nb}$	1000～1590
	60	3.8×10^{-3}	209.5 (50.0)		
	80	3.8×10^{-3}	184.4 (44.0)		
	100	3.8×10^{-3}	167.6 (40.0)		
Nb	U(γ)				
	2	2.8×10^{7}	629.9 (148.9)	—	
	12	2.3×10^{7}	604.2 (144.2)	—	1500～1650
	18	9.6×10^{6}	586.6 (140.0)	—	

续表 1-6-3

元素 1 %（原子）	元素 2 %（原子）	D_0 cm^2/s	Q kJ/mol (kcal/mol)	D cm^2/s	温度范围 ℃
	22	0.091	308.0 (73.5)	—	1400～1600
	28	0.113	305.5 (72.9)	—	
	38	0.149	305.0 (72.8)	—	1300～1500
	46	0.064	284.9 (68.0)	—	1150～1400
	54	0.45	292.9 (69.9)	—	1150～1350
Nb	U (γ)				
	62	0.84	287.0 (68.5)	—	1075～1300
	68	1.94	292.0 (69.7)		
	74	0.82	253.1 (60.4)	—	950～1175
	78	1.16	252.7 (60.3)		
	82	1.9×10^{-4}	140.0 (33.4)	—	892～1125
	93	1.63×10^{-4}	126.5 (30.2)	—	693～1025
	97	2.31×10^{-4}	125.3 (29.9)		
	97	$D_U\sim3.82\times10^{-3}$ $D_{Nb}\sim7.1\times10^{-3}$	124.9 (29.8) 164.7 (39.3)	—	693～1025
	4			$D_{Nb}\approx30D_U$	
	10～100			$D_U>D_{Nb}$	
Nb	V				
	0	1.6×10^{-2}	410.6 (98.0)	$D_V\approx3\sim5\times D_{Nb}$	1405～1750
	20	1.95×10^{-2}	343.6 (82.0)		
	40	2.3×10^{-2}	293.3 (70.0)		
	60	2.8×10^{-2}	268.2 (64.0)		
	80	3.3×10^{-2}	264.0 (63.0)		
	100	3.8×10^{-2}	264.0 (63.0)		
Nb	W（重量%）				
	10	81.45	440.0 (105.0)	—	2000～2400
	20	22.2	419.0 (100.0)		
	30	1.97	376.7 (89.9)		
	40	1.4×10^{-2}	280.3 (66.9)		
	50	7.4×10^{-3}	272.4 (65.0)		
	60	3×10^{-3}	255.2 (60.9)		
	70	1.8×10^{-3}	247.6 (59.1)		
	80	1.0×10^{-3}	236.3 (56.4)		
	90	6.0×10^{-4}	228.4 (54.5)		
Nb	Zr				
5			217.9 (52.0)		900～1600
30			247.2 (59.0)		
95			333.1 (79.5)		
0		约10^{-2}	196.9 (47.0)	—	1445～1690
20		约4×10^{-2}	209.5 (50.0)		
40		约10^{-1}	255.6 (61.0)		
60		约3×10^{-1}	301.7 (72.0)		
80		约 2	347.8 (83.0)		
100		约 10	389.7 (93.0)		

续表 1-6-3

元素 1 %（原子）	元素 2 %（原子）	D_0 cm^2/s	Q kJ/mol (kcal/mol)	D cm^2/s	温度范围 ℃
Ni	Si				
	0～<1	1.5	258.5 (61.7)	—	1100～1200
Ni	Ti				
	0～0.9	0.86	257.3 (61.4)	—	1100～1300
Ni	V				
	0～16.5	0.287	248.0 (59.2)	—	1100～1300
Ni	W				
	0～1.5	11.1	321.8 (76.8)	—	1150～1290
	0～5	0.86	295.0 (70.4)	—	1100～1300
	1	2.24	303.4 (72.4)	—	
	2	2.16	303.8 (72.5)	—	
	3	2.11	304.2 (72.6)	—	
	4	2.07	304.6 (72.7)	—	
	5	2.04	304.6 (72.7)	—	
	6	2.01	305.0 (72.8)	—	1000～1316
	7	1.98	305.5 (72.9)	—	
	8	1.95	305.9 (73.0)	—	
	9	1.94	306.3 (73.1)	—	
	10	1.92	306.7 (73.2)	—	
	11	1.90	307.1 (73.3)	—	
	12	1.89	307.5 (73.4)	—	
O	Ta				
0～1.13		0.015	118.9 (26.7)	—	700～1400
O	Th				
25～200ppm	(β)	1.3×10^{-3}	46.1 (11.0)	—	1440～1700
O	Ti				
	(α)	5.08×10^{-3}	140.4 (33.5)	—	700～850
	(α)	0.778	203.6 (48.6)	—	932～1142
	(β)	1.6	202.0 (48.2)	—	950～1414
	(β)	330	246.4 (58.8)	—	932～1142
O	Zr				
	(α)	9.4	217.0 (51.8)	各向异性	400～600
	(α)	0.196	171.8 (41.0)	—	1000～1500
	锆锡合金				
	(β)	0.0453	118.2 (28.2)	—	1000～1500
	锆锡合金				
	(α)	4.44	214.5 (51.2)	—	650～1200
	(β)	0.977	171.8 (41.0)	—	1050～1200
Pt	W				
2	(β)	3.1×10^{2}	582.4 (139.0)	—	1300～1743
50	(γ)	4.7×10^{-3}	350.3 (83.6)	—	1300～1743
55		3.3×10^{-3}	344.0 (82.1)	—	1300～1743
65	(c)	4.4×10^{-2}	385.9 (92.0)	—	1473～1743

续表 1-6-3

元素 1 % (原子)	元素 2 % (原子)	D_0 cm^2/s	Q kJ/mol (kcal/mol)	D cm^2/s	温度范围 ℃
77		1.8×10^{-2}	326.8 (78.0)		
80	(α)	1.2×10^{-2}	315.9 (75.4)	—	1300～1743
85		1.3×10^{-2}	310.9 (74.2)	—	1300～1700
Pu	Ti				
2	(β)	9.4×10^{-4}	124.0 (29.6)	—	900～1100
15	(β)	2.3×10^{-3}	127.8 (30.5)		
Pu	Zr				
20		7×10^{-1}	184.4 (44.0)	—	750～900
30		1×10^{-2}	144.6 (34.5)	—	700～850
40	(εβ)	1.5×10^{-3}	119.4 (28.5)	—	700～900
50		2.5×10^{-4}	98.5 (23.5)	—	700～870
60		9×10^{-5}	77.5 (18.5)	—	700～870
(δ)	4.2～11.4	5.89×10^{-6}	83.8 (20.0)	—	351～475
0.115		0.1	226.3 (54.0)		
	(α)			—	700～800
1.15		11.1	272.4 (65.0)		
		A_{Zr}	Q_{Zr}	A_{Pu}	Q_{Pu}
20		8×10^{-1}	188.6 (45.0)	6×10^{-1}	44.0
30		7.5	205.3 (49.0)	4×10^{-1}	42.0
40	(εβ)	2×10^{-1}	167.6 (40.0)	1×10^{-3}	27.0
50		1.5×10^{-4}	121.5 (29.0)	3×10^{-2}	28.0
Rh	W				
3	(α)	1.3×10^{-6}	243.0 (58.0)		
60	(ε)	1.5×10^{-6}	174.7 (41.7)	—	1300～1800
70		3.1×10^{-6}	181.8 (43.4)		
90	(β)	2.5×10^{-6}	174.3 (41.6)		
Ru	W				
5	(α)	5.5×10^{-3}	391.8 (93.5)	—	1300～2025
39	(σ)	1.2×10^{-5}	255.6 (61.0)	—	1785～2025
70	(β)	1.8×10^{-5}	207.4 (49.5)	—	1300～2025
90		1.0×10^{-5}	239.7 (57.2)		
Si	U				
	(γ)	20	188.6 (45.0)		850～1050
Sn	T				
1.0	(β)	8.4×10^{-7}	64.1 (15.3)		1000～1250
8.0		2.7×10^{-4}	124.9 (29.8)		1090～1250
2.0	(β)	—	—	$D_{Sn}=9.18\times10^{-9}$ $D_{Bi}=2.65\times10^{-9}$	1250
Sn	Zr				
	(α)	3.10×10^{-4}	92.2 (22.0)	—	600～850
0.39	(β)	6.9×10^{-4}	150.8 (36.0)	—	1100～1300
Sr	U				
	(γ)	2.38×10^{-3}	196.9 (47.0)	—	800～1000
Ta	W				

续表 1-6-3

元素 1 %（原子）	元素 2 %（原子）	D_0 cm^2/s	Q kJ/mol (kcal/mol)	D cm^2/s	温度范围 ℃
	Ta富集	1.78	498.6 (119.0)	—	2100～2500
	W富集	4.16×10^{-2}	419.0 (100.0)	—	
Ti	U				
10.0		11×10^{-3}	153.4 (36.6)		
20.0		14×10^{-3}	138.3 (33.0)		
30.0		1.6×10^{-3}	145.8 (34.8)		
40.0		4.0×10^{-3}	160.9 (38.4)		
50.0	(γ)	9.5×10^{-3}	176.0 (42.0)		950～1075
60.0		2.6×10^{-3}	165.1 (39.4)		
70.0		2.6×10^{-3}	165.1 (39.4)		
80.0		2.2×10^{-3}	157.1 (37.5)		
90.0		1.1×10^{-3}	141.6 (33.8)		
95.0		0.46×10^{-3}	126.5 (30.2)		
16.5		—	—	D_{Ti}　　D_0	
				5.8×10^{-9}　2.2×10^{-8}	1075
				1.2×10^{-9}　4.7×10^{-8}	950
18.0		—	—	2.9×10^{-9}　9.5×10^{-8}	1000
				4.1×10^{-9}　1.6×10^{-8}	1050
16.5～18		$Q_r=38.5$; $Q_{Ti}=40.0$			
Ti	V				
(α)		—	—	3.91×10^{-15}	600
				4.7×10^{-15}	700
(β)	0～10	1.25×10^{-2}	173.5 (41.4)		900～1300
(β)	2.0	6.0×10^{-3}	165.9 (39.6)		900～1250
(β)	3.5	—	—	$D_{Ti}=1.31\times10^{-9}$ $D_V=14.9\times10^{-9}$	1250
Ti	Zr				
(α)	0～10	1.7×10^{-12}	49.4 (11.8)	—	600～800
(β)	0～10	1.8×10^{-2}	168.0 (40.1)	—	900～1300
U	Zr				
	10	9.5×10^{-4}	134.1 (32.0)		
	20	1.3×10^{-4}	119.8 (28.6)		
	30	0.35×10^{-4}	110.2 (26.3)		
	40	0.4×10^{-4}	114.8 (27.4)		
	50	0.8×10^{-4}	124.4 (29.7)	—	950～1075
(γ)	60	0.63×10^{-4}	124.4 (29.7)		
	70	0.55×10^{-4}	124.4 (29.7)		
	80	3.2×10^{-4}	143.7 (34.3)		
	90	78×10^{-4}	171.8 (41.0)		
	95	870×10^{-4}	196.9 (47.0)		

参考文献

[1] Rare Metals Handbooks 2nd edition, by clifford A Hampel Reinhold publishing corporation 1961.

[2] Metals Handbook, ASM Eighth Edition Vol.1.

[3] Metals Reference Book, Editor colin J. smithells, FIFTH EDITION 1976, 1983.

[4] 汪复兴主编，金属物理，机械工业出版社 1980.

[5] 《机械工程手册》、《电机工程手册》编辑委员会，机械工程材料第3卷，机械工业出版社，1983.

第七章　元素的原子性质和核性质

编写人　潘金生

第一节　元素的原子性质

一、原 子 模 型

原子是由原子核和绕核旋转的核外电子组成。核外电子按层分布，同一层电子沿不同的轨道运动。电子在绕核旋转的同时还绕通过自身的轴旋转，称为自旋。

沿轨道绕核旋转的电子具有一定的轨道角动量 $\vec{L}$。由于自旋，电子还具有一定的自旋角动量 $\vec{S}$。

按照量子理论，轨道在空间的方位不能是任意的，只能是某些特定的（不连续的）方位，因而 $\vec{L}$ 的大小和方向都只能取分立值，这称为角动量的空间量子化条件。同样，$\vec{S}$ 也只能取分立值。

二、电子状态及其描述

所谓电子状态（或称量子态）是指电子在核外的分布和运动状态。每一个状态对应一定的电子能量。由上述原子模型可见，要描述电子状态就需要指出它所在轨道的大小、形状、方位以及自旋的大小和方位，因而需要用以下五个量子数。

1．主量子数 n

n 代表电子所在的层数，$n=1$，2，3，…（正整数）。体系的能量主要决定于 n。$n=1$ 是距核最近的最内层，位于此层的电子能量 E 最低。n 越大，该层距核越远，该层上电子的能量也越高。

2．角量子数 l

l 决定了体系的角动量，它与轨道角动量 $\vec{L}$ 的模 L 有以下关系：

$$L=\sqrt{l(l+1)}\,\hbar \quad (l=0,\ 1,\ 2,\ 3,\ \cdots,\ n-1) \tag{1-7-1}$$

式中　$\hbar$ ——简约普朗克常数，$\hbar=h/2\pi$；

h —— 普朗克常数。

通常称 $l=0$ 的状态为 s 态；$l=1$ 为 p 态；$l=2$ 为 d 态；$l=3$ 为 f 态。

3．自旋角量子数 s

s 是描写自旋角动量 $\vec{S}$ 的量子数。它和 $\vec{S}$ 的模 S 有以下关系：

$$S=\sqrt{S(S+1)}\,\hbar \tag{1-7-2}$$

对所有电子，$s=1/2$。

4．轨道磁量子数 m_l

m_l 是描写轨道角动量 $\vec{L}$ 的空间量子化条件的量子数。$\vec{L}$ 在某一参考方向（如弱外磁场方向）$\vec{Z}$ 上的投影 L_z 只能取以下数值：

$$L_Z=m_l\hbar \tag{1-7-3}$$

$m_l=0$，±1，±2，…，$\pm l$；共 $(2l+1)$ 个数。

5．自旋磁量子数 m_s：

m_s 是描写自旋角动量 $\vec{S}$ 的空间量子化条件的量子数。$\vec{S}$ 在某参考方向（外场方向）$\vec{Z}$ 上的投影只能取以下数值：

$$S_z=m_s\hbar\ ;\ m_s=1/2 \text{或} m_s=-1/2 \tag{1-7-4}$$

在不考虑轨道—自旋耦合的情况下，一个电子的状态就可以用 n、l、s、m_l、m_s 五个量子数来描述。但在有的情况下，由于电子的轨道运动而产生的内磁场对自旋磁矩有较强烈的相互作用，因而要考虑轨道—自旋耦合，也就是说角动量 $\vec{L}$ 和 $\vec{S}$ 要合成，得到总角动量 $\vec{J}$

$$\vec{J}=\vec{L}+\vec{S} \tag{1-7-5}$$

于是 $\vec{J}$ 的大小也要用总角量子数 j 来描述：

$$J=\sqrt{j(j+1)}\,\hbar \tag{1-7-6}$$

其中，j 为内量子数，$j=l+s$，$l-s\ (l\neq0, s=1/2)$，或 $j=s=\frac{1}{2}(l=0)$。

由 $\vec{J}$ 的空间量子化条件可知，$\vec{J}$ 在某参考方向 $\vec{Z}$ 上的投影 J_z 也只能取分立的数值：

$$J_z = m_j \hbar \quad (1\text{-}7\text{-}7)$$

$m_j = j, j-1, \cdots, -j$；共 $(2j+1)$ 个数。

由上述可知，在考虑轨道—自旋耦合的情况下，电子状态要用 n，l，s，j；m_j 五个量子数来描述（此时 m_l 和 m_s 已不确定或不独立）。由于 $s \equiv 1/2$，因此，电子状态只要用四个量子数来描述。在存在强磁场的情况下用 n，l，m_l 和 m_s 四个量子数；在其它情况下用 n，l，j 和 m_j 四个量子数。

三、原子中的电子层结构

核外各层电子的分布要服从两条原则。第一是泡利不相容原理，第二是能量最低原则。按照泡利不相容原理，不允许有两个或两个以上的电子具有完全相同的量子数。换言之，四个量子数（n、l、m_l、m_s 或 n，l，j，m_j）只能属于一个电子。按照能量最低原理，在符合泡利不相容原理的前提下，电子力图占据低能态，也就是优先排在 n 小的壳层。由以上二原则即可得出各元素自由原子中的电子分布（或组态）。

通常将 $n=1, 2, 3, \cdots$ 的电子壳层分别称为 K 层，L 层，M 层……。

四、原子状态及其描述

原子状态是指整个原子的能量状态。如果各个电子之间没有耦合作用，则周期表中所列的全部电子状态的总和就是原子状态。换言之，只要给出了所有电子的状态（即给出所有电子的四个量子数），就确定了原子状态。然而，原子中的各电子之间存在耦合作用（轨道—轨道、轨道—自旋、自旋—自旋之间都要耦合），耦合后得到总轨道角动量 $\vec{L}$ 和总自旋角动量 $\vec{S}$。如果按照 $\vec{L}$—$\vec{S}$ 耦合模型（常用的模型），则 $\vec{L}$ 和 $\vec{S}$ 耦合成原子的总角动量 $\vec{J}$。$\vec{L}$、$\vec{S}$ 和 $\vec{J}$ 都要用相应的量子数 L，S 和 J 来描写：

$$|\vec{L}| = \sqrt{L(L+1)}\hbar \quad (1\text{-}7\text{-}8)$$

$$L = l_1 + l_2,\ l_1 + l_2 - 1,\ \cdots,\ |l_1 - l_2| \quad (1\text{-}7\text{-}9)$$

$$|\vec{S}| = \sqrt{S(S+1)}\hbar \quad (1\text{-}7\text{-}10)$$

$$S = S_1 + S_2,\ S_1 + S_2 - 1,\ \cdots,\ |S_1 - S_2| \quad (1\text{-}7\text{-}11)$$

$$|\vec{J}| = \sqrt{J(J+1)}\hbar \quad (1\text{-}7\text{-}12)$$

$$J = L+S,\ L+S-1,\ \cdots,\ |L-S| \quad (1\text{-}7\text{-}13)$$

$\vec{L}$、$\vec{S}$ 和 $\vec{J}$ 又都要服从空间量子化条件，因而它们在外场 $\vec{Z}$ 方向的分量应取分立值：

$$L_z = M_L \hbar \ (M_L = 0,\ \pm 1,\ \pm 2,\ \cdots,\ \pm L) \quad (1\text{-}7\text{-}14)$$

$$S_z = M_s \hbar \ (M_s = 0,\ \pm 1,\ \pm 2,\ \cdots,\ \pm S) \quad (1\text{-}7\text{-}15)$$

$$J_z = M_j \hbar \ (M_j = 0,\ \pm 1,\ \pm 2,\ \cdots,\ \pm J) \quad (1\text{-}7\text{-}16)$$

这样一来，为了完全描写原子状态，不仅需要给出各个电子的 n_i、l_i、S_i、还要给出属于整个原子的四个量子数 L、S、J、M_j（无强磁场时）或 L、S、M_L、M_s（有强磁场时）。

由于闭壳层（n 层电子数达到 $2n^2$ 的层）或闭支壳层（轨道电子数达到 $2(2l+1)$ 的支壳层）内各电子的合成角动量为 $\vec{0}$（$\vec{L}=0$，$\vec{S}=0$，$\vec{J}=0$），故反需将价电子耦合，所得的量子数 L，S，J，M_s，M_c，M_j 等也只取决于价电子。

和电子态的命名类似，我们把 $L=0,1,2,3,\cdots$ 的原子态分别称为 S、P、D、$F\cdots$态。由此即可完全表示原子状态。以镓（Ga，$Z=31$）为例，基态的原子组态可表为：$1s^2 2s^2 2p^6 3s^2 3d^{10} 4s^2 4p^1 {}^2P_{1/2}$。这里 ${}^2P_{1/2}$ 称为光谱项，P 代表 $L=1$，下标1/2代表 $J=1/2$，上标 2 代表 J 可以有两个不同的数值，这些数值都是由 $4p^1$ 求得的。因为 $4p^1$ 态只有一个价电子，故 $L=l=1$，$S=s=\frac{1}{2}$，于是 $J=1+\frac{1}{2}$，$\left(1+\frac{1}{2}\right)-1$ 或 $J=\frac{3}{2}$，$\frac{1}{2}$。光谱项的一般表示为：

$${}^{2S+1}(L)_J$$

（括号内要根据 L 值写出相应的态，如 S、P、D、F 等）。

在文献〔1，2〕中列举了各种元素的原子态和各种价态的离子态。

五、能级和简并度

1. 能级

原子具有的能量水平称为能级，它取决于原子的状态，即取决于电子的排列及耦合情况。因此，一组量子数 n，l，s，L，S，J，M_j 就决定了一原子的能量和状态。原子能级主要取决于L和S。L和S值相同但J不同的状态，其能量亦有微少的差别。文献〔1〕给出了所有元素的原子能级和各价离子能级。

2．简并度

在没有外磁场时，原子的能级与量子数M_j无关；但在有外场时，L、S值相同但M_j不同的原子态，其能级也不同。原来的一个能级会分裂成$(2J+1)$个能及　就是说，在没有外场时，一个能级对应着$(2J+1)$个L、S相同，但M_j不同的量子态，即称这时能级是简并的，简并度为$2J+1$。

六、原子的激发和电离跃迁规则

如果原子中各电子都处在尽可能低的能量状态，则称原子处于基态。如果在外场作用下，电子由低能级跃迁到高能级（从内轨道跃迁到外轨道），则整个原子的能量升高，原子就处于激发态。当电子跃迁到原子作用力的范围以外而脱离原子时，则称

表 1-7-1　稀有金属元素的电离势（eV）

Z	元素	离子价态（或电离级次）													
		Ⅰ	Ⅱ	Ⅲ	Ⅳ	Ⅴ	Ⅵ	Ⅶ	Ⅷ	Ⅸ	Ⅹ	Ⅺ	Ⅻ	XIII	XIV
3	Li	5.390	75.619	122.419											
4	Be	9.320	18.206	153.850	217.657										
14	Si	8.149	16.34	33.46	45.13	166.73	205.11	246.41	303.07	350.96	401.3	476.0	523.2		
22	Ti	6.82	13.57	27.47	43.24	99.8	120	141	172	193	217	266	291	788	
23	V	6.74	14.65	29.31	48	65	129	151	174	—	—	—	309	336	897
31	Ga	6.00	20.51	30.70	64.2										
37	Rb	4.176	27.5	40	—	—	—	—	—	—	277				
38	Sr	5.692	11.027	—	57	—	—	—	—	—	—	324			
39	Y	6.38	12.23	20.5	—	77	—	—	—	—	—	—	374		
40	Zr	6.84	13.13	22.98	34.33	—	99								
41	Nb	6.88	14.32	25.04	38.3	50	103	125							
42	Mo	7.10	16.15	27.13	46.4	61.2	68	126	153						
48	Cd	8.991	16.904	37.47											
49	In	5.785	18.86	28.03	54.4										
55	Cs	3.803	25.1												
56	Ba	5.210	10.001												
57	La**	5.61	11.43	19.17	49.95										
58	Ce	5.466	10.85	20.198	36.758										
59	Pr	5.422	10.55	21.624	38.98										
60	Nd	5.489	10.73	22.1	40.41										
61	Pm	5.554	10.90	22.3	41.1										
62	Sm	5.631	11.07	23.4	41.4										
63	Eu	5.666	11.241	24.92	42.6										
64	Gd	6.141	12.09	20.63	44.0										
65	Tb	5.852	11.52	21.91	39.79										
66	Dy	5.927	11.67	22.8	41.47										
67	Ho	6.018	11.80	22.84	42.5										
68	Er	6.101	11.93	22.74	42.65										
69	Tm	6.184	12.05	23.68	42.69										
70	Yb	6.254	12.184	25.03	43.74										
71	Lu	5.426	13.94	20.9596	45.19										
72	Hf	7	14.9												
73	Ta	7.88	16.2												
74	W	7.98	17.7												
75	Re	7.87	16.6												

原子被电离。使一个最低能态的气态原子失去一个电子而形成一价气态正离子时所需的能量叫做原子的第一电离势。由一价正离子再失去一个电子而形成二价正离子时所需的能量叫做原子的第二电离势，依次类推。稀有金属元素的电离势见表1-7-1。

由于激发态的原子不稳定，外层轨道上的电子便会跃迁到内层空轨道上来，同时以光谱、X射线等形式辐射能量，使原子回到基态。但电子并不能在任意两个轨道（或任意两个能级）之间跃迁。电子跃迁要服从以下选择定则：

$$\left.\begin{array}{ll}\left.\begin{array}{l}\Delta L=\pm 1,\ 0\\ \Delta S=0\end{array}\right\}&(\text{对}L\text{—}S\text{耦合})\\ \Delta J=0,\ \pm 1&(\text{但}0 \nrightarrow 0)\\ \Delta M_L=0,\ \pm 1&\\ \Delta M_S=0&\end{array}\right\}\quad(1\text{-}7\text{-}17)$$

式中 ΔL 代表跃迁的二轨道的总角量子数之差，其他类推。

七、γ和X射线对原子的作用

γ和X射线对原子的作用可能引起以下三种效应。

1．光电效应

射线将原子中的电子击出，使原子电离，而入射光子本身消失。所发出的光电子的动能等于入射光子的能量减去电离能。如果被击出的电子是内层电子，那么外层某电子就会向空轨道跃迁，并伴随着发出原子的特征X射线或俄歇电子。

2．产生正负电子对

此时入射光子消失而产生一个正电子和一个负电子。正负电子对的总动能等于入射光子的能量减去这对电子的静止质量能（$2m_eC^2$）。

3．康普顿效应（康普顿散射）

康普顿散射是电子对入射光子的弹性散射，散射前后整个体系（光子加电子）总能量及动量不变。由于反冲电子获得了一定的动能，故散射后的光子能量减小（波长增加）。

八、吸收系数

强度为I_0的γ或X入射线在穿过厚度为x的靶材料后，由于上述三种效应，其强度将减至I。I和I_0有以下关系：

$$I=I_0e^{-\mu x}\qquad(1\text{-}7\text{-}18)$$

式中的μ就称为材料对射线的线吸收系数（cm^{-1}）。

上式也可以写成：

$$I=I_0e^{-\left(\frac{\mu}{\rho}\right)\cdot\rho x}\qquad(1\text{-}7\text{-}19)$$

式中　ρ——靶材料密度；

μ/ρ——靶材料的质量吸收系数（cm^2/g）；

ρx——单位面积靶材料的质量（g/cm^2）。

各种材料的质量吸收系数见表1-7-2。

表 1-7-2　几种稀有金属的质量吸收系数（cm^2/g）

材料	γ射线能量，MeV								
	0.1	0.15	0.2	0.3	0.4	0.5	0.6	0.8	1.0
Be	0.0183	0.0217	0.0237	0.0256	0.0263	0.0264	0.0263	0.0256	0.0248
Si	0.0435	0.0300	0.0286	0.0291	0.0293	0.0290	0.0290	0.0282	0.0274
Mo	0.922	0.294	0.141	0.0617	0.0422	0.0348	0.0315	0.0281	0.0263
W	4.112	1.356	0.631	0.230	0.121	0.0786	0.0599	0.0426	0.0353
材料	γ射线能量，MeV								
	1.25	1.50	2	3	4	5	6	8	10
Be	0.0237	0.0227	0.0210	0.0183	0.0164	0.0151	0.0141	0.0127	0.0118
Si	0.0263	0.0252	0.0236	0.0217	0.0206	0.0198	0.0194	0.0190	0.0189
Mo	0.0248	0.0239	0.0233	0.0237	0.0250	0.0262	0.0274	0.0296	0.0316
W	0.0302	0.0281	0.0271	0.0287	0.0311	0.0335	0.0355	0.0390	0.0426

第二节　元素的核性质

一、原子核的结构

原子核由质子和中子组成。质子带正电，电量为+e，其静止质量为$m_p=1.67261\times10^{-24}$(g)。中子不带电，其静止质量为$m_n=1.67492\times10^{-24}$(g)。

核内的质子总数称为原子序数，用Z表示。因此原子的总核电荷为$+Ze$。核内的中子总数用N表示。核内的核子（质子和中子）总数称为原子质量数，用A表示：

$$A=Z+N \tag{1-7-20}$$

核内含有特定数量的质子和中子的各种原子称为核素。每个核素都用元素的化学符号表示，并以原子质量数为上标。如^{1}H表示是核内只有一个质子的氢核素；^{2}H表示是核内包含一个质子和一个中子的氢核素；^{4}He表示是核内含有两个质子和两个中子的氦核素。为明确起见，有时还可以原子序数Z为下标，如$^{1}_{1}H$，$^{4}_{2}He$等。

核内含有相同质子数而不同中子数的原子称为同位素。例如，氧有三种稳定同位素，即^{16}O，^{17}O和^{18}O（$Z=8$，$N=8$、9、10），以及五种已知的不稳定（放射性）同位素，即^{13}O，^{19}O，^{15}O，^{19}O和^{20}O（$Z=8$，$N=5$、6、7、11、12）。

稳定同位素及少数不稳定同位素都是存在于自然界的天然元素，但其含量并不相同。每种同位素所占的原子百分数称为该同位素的丰度。表1-7-3列举了若干稀有元素的各种重要同位素及其有关性质。

二、原子量、原子的质量和能量

1．原子量M（^{A}Z）

原子量$M(^{A}Z)$是指原子序数为Z，质量数为A的中性原子相对于中性碳原子^{12}C的重量。因规定^{12}C的原子量为12，故：

$$M(^{A}Z)=12\times\frac{m(^{A}Z)}{m(^{12}C)} \tag{1-7-21}$$

式中 m——原子的质量。

由各种同位素组成的混合物的原子量为：

$$M=\sum_{i}\gamma_i M_i/100 \tag{1-7-22}$$

式中 γ_i——第i种同位素的丰度；

M_i——第i种同位素的原子量。

2．原子的质量

根据阿弗加德罗定律可求得一个^{12}C原子的质量为：

$$m(^{12}C)=\frac{12}{6.023\times10^{23}}=1.99264\times10^{-23}g \tag{1-7-23}$$

更合理的原子质量单位是amu（原子质量单位）。1 amu等于^{12}C原子质量的1/12：

$$1amu=\frac{1}{12}xm(^{12}C) \tag{1-7-24}$$

将（1-7-23）代入（1-7-24）可得：

$$1amu=\frac{1}{N_A}=1.66053\times10^{-24}g$$

式中 N_A——阿弗加德罗常数。

又由（1-7-21）可得：

$$m(^{A}Z)=\frac{m(^{12}C)}{12}\times M(^{A}Z)=M(^{A}Z)amu$$

就是说，当用amu作原子质量单位时，原子的质量$m(^{A}Z)$和原子量$M(^{A}Z)$相同。

3．质—能关系

根据爱因斯坦相对论，静止质量为m_0的粒子完全消失后将释放出能量E_{rest}：

$$E_{rest}=m_0C^2 \tag{1-7-25}$$

式中 E_{rest}——静止质量能；

C——光速。

如果粒子以速度V运动，那么它的总能E_{tot}应该是静止质量能与动能之和，其值为：

$$E_{tot}=mC^2 \tag{1-7-26}$$

式中 m——运动粒子的质量，

$m=m_0/\sqrt{1-V^2/C^2}$。

于是粒子的动能E为：

$$E=E_{tot}-E_{rest}=m_0C^2\left(\frac{1}{\sqrt{1-V^2/C^2}}-1\right) \tag{1-7-27}$$

当动能很小时，（1-7-27）式可近似地写成：

$$E=\frac{1}{2}m_0V^2 \tag{1-7-28}$$

三、基态和激发态

核内的核子（质子和中子）也象原子中的电子那样沿各种轨道运动，但此轨道是很不明确的。任何核都有能量最低的基态，也有能量较高的激发态。因此，我们也可以作出核能级图。由于核子很大，核能级的能量和能级之间的能量差都要比原子高得多。

处于激发态的核可以通过辐射高能的γ光子（即γ射线）而回到低能状态。

激发的核也可以通过内转换而释放出激发能。所谓内转换就是核激发能转换成原子的内层电子的动能，使内层电子从原子中射出，然后外层电子向内层空轨道跃迁，产生X射线或俄歇电子。

四、核稳定性和放射性衰变

如前所述，每一个核素都对应着一定的质子数Z，但可能有不同的中子数N。只有某些特定数目的中子和质子组合，才能得到稳定的核。中子数太多或太少的核都是不稳定的，它们会发生放射性衰变。

放射性衰变有三种类型。

1．β衰变

β衰变包括以下两类。

（1）β^+衰变。对于中子数不足的核，质子可以转变成中子，并放出一个正电子β^+和一个中微子ν，这就是β^+衰变。衰变后的核，其原子序数减少1，即成为周期表中前一个元素的同位素，如：

$$^{15}O \xrightarrow{\beta^+} {^{15}N} + \nu \text{（中微子）}$$

（2）β^-衰变。对于中子数过剩的核，中子会转变成质子，放出负电子β^-和一个反中微子$\overline{\nu}$。衰变后原子序数增加1，得到周期表中后面一个元素的同位素，如：

$$^{19}O \xrightarrow{\beta^-} {^{19}F} + \overline{\nu}$$

β衰变并不改变原子的质量数。β衰变中放出的正电子或负电子可以具有各种连续的能量，因而可得到连续能谱。β衰变后形成的新核称为子核。子核往往也不稳定，会继续发生β衰变，从而形成了衰变链，如：

$$^{13}O \xrightarrow{\beta^+} {^{13}N} \xrightarrow{\beta^+} {^{13}C} \text{（稳定）}$$

2．电子俘获

中子数不足的核也可以通过电子俘获而增加中子数，即原子内层（一般是最内层的K层）的电子和核内质子反应，形成一个中子，随后当其它电子跃迁到空的K层时便辐射出γ射线或俄歇电子。由于一般是俘获K层电子，故电子俘获也常称K俘获。

3．α衰变

原子序数大于82的重核往往发生α衰变，放出α粒子^4_2He（氦核），其能量是分立的，如：

$$^{238}_{92}U \longrightarrow {^{234}_{90}Th} + {^4_2He}$$

无论是α衰变，β衰变还是电子俘获，衰变后形成的子核往往都是不稳定的，还会进一步发生γ衰变。大多数核的γ衰变是在非常短的时间内进行的，但也有些核的γ衰变缓慢，形成寿命较长的半稳定核（中间核），这种半稳定状态就称为所论核的同质异能态。同质异能态的核发生γ衰变就称为同质异能转变，用IT(Isomeric Transformation)表示。有时同质异能态也会发生β衰变。

放射性衰变的计算一般有以下一些内容。

（1）衰变常数。核在单位时间内衰变的几率称为衰变常数，用λ表示。

（2）放射性强度。样品在单位时间内衰变的次数（即单位时间内衰变的原子数）称为样品的放射性强度（或简称放射性），用a表示，单位为居里（C_i），$1C_i = 3.7\times10^{10}$次/s。

样品在t时刻的放射性$a(t)$与初始（$t=0$）放射性a_0的关系为：

$$a(t) = a_0 e^{-\lambda t} \qquad (1\text{-}7\text{-}29)$$

（3）半衰期。放射性强度达到初始放射性强度之半所需的时间称为半衰期，用$T_{1/2}$表示。由(1-7-29)可得：

$$T_{1/2} = \frac{\ln 2}{\lambda} = \frac{0.693}{\lambda} \qquad (1\text{-}7\text{-}30)$$

（4）平均概率寿命，或简称平均寿命，用$\overline{t}$表示：

$$\overline{t} = T_{1/2}/0.693 = 1.44T_{1/2} \qquad (1\text{-}7\text{-}31)$$

在$\overline{t}$时间的放射性强度将减至初始放射性强度的$1/e$。

（5）在衰变链中的放射性核素的放射性强度。设有衰变链：

$$A \rightarrow B \rightarrow C \rightarrow \cdots$$

则在t时刻放射性核素B的放射性强度为：

$$a_B = a_{B_0} e^{-\lambda_B t} + \frac{a_{A_0}\lambda_B}{\lambda_B - \lambda_A}(e^{-\lambda_A t} - e^{-\lambda_B t}) \qquad (1\text{-}7\text{-}32)$$

式中　a_{A_0}、a_{B_0}——A和B的衰变常数。

各种稀有金属同位素的衰变方式及半衰期见表1-7-3。

五、核反应和结合能

1．核反应

两个核粒子通过反应而生成两个或多个核粒子或γ射线的现象称作核反应。如果初始核为a和b，生成的核为c和d，则此核反应可表为：

$$a + b \longrightarrow c + d \qquad (1\text{-}7\text{-}33)$$

核反应要符合四条基本定律，即：

（1）核子守恒，即反应前后总核子数不变；

（2）电荷守恒，即反应前后各粒子总电荷不变；

（3）动量守恒，即反应前后各粒子的总动量不变；

（4）能量守恒，即反应前后粒子总能（包括动能和静止质量能）不变。

由能量守恒定则可以证明，反应前后粒子动能之差等于静止质量能之差：

$$(E_c+E_d)-(E_a+E_b)=[(M_a+M_b)-(M_c+M_d)]C^2 \quad (1\text{-}7\text{-}34)$$

上式右边称为反应的Q值：

$$Q=[(M_a+M_b)-(M_c+M_d)]C^2 \quad (1\text{-}7\text{-}35)$$

Q的单位通常是MeV。

从（1-7-35）式可见，当$Q>0$时反应后动能增加，因而是放热反应；$Q<0$则为吸热反应。

因电荷守恒，有$Z_a+Z_b=Z_c+Z_d$，故Q值也可写成：

$$Q=\{[(M_a+Z_a m_e)+(M_b+Z_b m_e)]-[(M_c+Z_c m_e)-(M_d+Z_d m_e)]\}C^2$$

式中 m_e——电子的静止质量。

上式中各圆括号内的量分别是中性的a、b、c、d原子质量。因此，方程（1-7-35）中的M_a、M_b、M_c和M_d既可以是a、b、c和d四种核的质量，也可以是四种中性原子的质量，而后者是实验中易于测量的。

如果参加反应的一个粒子，例如b是入射到靶上的核粒子，那么反应式（1-7-33）往往可简写成a（b，c）d或a（b，d）c。例如，核反应

$$^{16}O+n\longrightarrow{}^{16}N+{}^{1}H$$

可以简写成：

$$^{16}O(n,\ p)^{16}N$$

2．质量亏损和结合能

核的质量与组成它的核子的总质量之差称为质量亏损，用Δ表示：

$$\Delta=ZM_p+NM_n-M_A \quad (1\text{-}7\text{-}36)$$

式中 M_p、M_n、M_A——分别为质子、中子和核的质量。

上式也可以改写为

$$\Delta=ZM(^{1}H)+NM_n-M \quad (1\text{-}7\text{-}37)$$

式中 $M(^{1}H)$、M——分别为中性氢原子和所论元素原子的质量。

如果用能量表示质量亏损，那么这个能量就代表将核分裂成其组成核子（质子和中子）所需的能量或由组成核子结合成核所放出的能量，这个能量便称为该核的结合能BE。

结合能是质量数A的函数。表1-7-3给出了各种同位素的质量亏损Δ和结合能。显然，结合能越大的核越稳定，这种核在形成时释放出的能量也越多。

一个核反应的Q值也可以用参加反应的各个核的结合能来表示。根据结合能的定义不难得到反应（1-7-33）的Q值为：

$$Q=[BE(c)+BE(d)]-[BE(a)+BE(b)] \quad (1\text{-}7\text{-}38)$$

对A很小的元素，由较轻的核反应生成较重的核时可能$Q>0$，因而新核更稳定；而对A大的元素，由一个较重的核分裂成两个较轻的核时也可使$Q>0$，因而新核也更稳定。人们把由两个轻核结合成更稳定的重核的反应称为聚变反应；由一个重核分裂为两个更稳定的轻核的反应称为裂变反应。

顺便指出，含有2，6，8，14，20，28，50，82或126个中子或质子的核是特别稳定的，因而很少吸收中子，如^{50}Zr就是由于它很少吸收中子而被广泛用作反应堆的结构材料。

六、中子和核的交互作用

中子不带电，它不受原子核的正电荷作用，也不受核外电子的作用，因而它能穿过电子云直接和核发生碰撞。所以，中子和物质的交互作用就是中子和核的交互作用。

（一）中子和核的交互作用方式

中子和核的交互作用方式有以下几种。

1．弹性散射

中子在和核碰撞后仍然存在，且能量也保持不变，核在碰撞前后也始终处于基态。弹性散射可简写为（n，n）反应。

2．非弹性散射

中子在和核碰撞后仍然存在，但能量减小，而核在碰撞后则处于激发态。非弹性散射可简写为（n，n'）反应。这里，n'是碰撞以后能量更低的中子。被激发的核会发生γ衰变（产生非弹性γ射线）。

3．辐射俘获

中子被核俘获，放出一个或多个γ光子（称为俘获γ射线）。辐射俘获可简写为（n，γ）反应。这是一种吸收反应，因为入射中子被核吸收。

4．带电粒子反应

表 1-7-3 若干稀有金属的重要同位素及其有关性质

元素	Z	A	(M-A)	结合能	自旋	磁矩	丰度	衰变			热中子微观截面，b				热中子宏观截面 cm^{-1}	
			a.m.u	MeV		nm	%	$T_{1/2}$	方式	能量，MeV	σ_a	s	σ_γ	σ_t	Σ_a	Σ_s
Li	3	5	+0.012538	26.331												
		6	+0.015125	31.993	1	0.882	7.4					0.72±0.02	$(2.8\pm0.7)\times10^{-2}$	941±4		
		7	+0.016004	39.245	3/2	3.256	92.6	0.95			33±0.005		0.037±0.004			
		8	+0.022487	41.278	2			0.85s	e^-	16.0						
Be	4	7	+0.016929	37.601	3/2			53.6d	*EC*	0.86						
		8	+0.005308	56.497				$\sim10^{-15}$s	2α							
		9	+0.012186	58.163	3/2	1.177	100				0.0092	6.14±0.008	$(9.2\pm1.0)\times10^{-3}$	6.149±0.008	0.001137	0.7589
		10	+0.013534	64.978	0			2.5×10^6y	e^-	0.555			$<1\times10^{-3}$			
Si	14	27	−0.013297	219.360	3/2			4.4s	e^+	3.7						
		28	−0.023071	236.536	0		92.2				0.08±0.03		0.17±0.03			
		29	−0.023504	245.011	1/2	−0.555	4.7				0.27+0.09		0.28+0.09			
		30	−0.026237	255.628	0		3.1				0.41±0.41		0.107±0.002			
		31	−0.024651	262.222	3/2			2.6h	e^-	1.5			0.48+0.09			
		32	−0.025980	271.530	0			710y	e^-	0.1						
Ti	22	44	−0.040428	375.587	0			$\sim10^3$y	*EC*	0.18						
		45	−0.041871	385.003	7/2			3.1h	e^+	1.0						
		46	−0.047368	398.195	0		7.98				0.6±0.2	3.2±0.3	0.6±0.1			
		47	−0.048231	407.070	5/2	−0.787	7.32				1.6±0.3	3.0±0.3	1.7±0.2			
		48	−0.052050	418.698	0		73.99				8.0±0.6	4.2±0.2	7.8±0.3			
		49	−0.052130	426.844	7/2	−1.102	5.46				1.8±0.5	3.2±0.4	2.2±0.3			
		50	−0.055214	437.789	0		5.25				<0.2	3.8±0.27	0.179±0.03			
		51	−0.053397					5.8min	e^-	1.5&2.1						
V	23	47	−0.045101	403.372				33min	e^+	1.9						
		48	−0.047741	413.903				16d	e^+	0.70						
									γ	1.0,1.3						
		49	−0.051477	425.454	7/2	±4.46		330d	*EC*	0.62						
		50	−0.052836	434.791	6	3.341	0.25	4×10^{14}y	*EC*	2.4			70±33			
		51	−0.056039	445.846	7/2	5.139	99.75						4.88±0.04			

续表 1-7-3

元素	Z	A	(M−A) a.m.u	结合能 MeV	自旋	磁矩 nm	丰度 %	变 $T_{1/2}$	方式	能量，MeV	热中子微观截面，b σ_a	σ_s	σ_γ	σ_t	热中子宏观截面 cm^{-1} Σ_a	Σ_s
		52	−0.055220	453.155				3.8min	e^-	3.6						
									γ	1.4						
		53	0.0560	462.0				2.0min	e^-	2.5						
Zr	40	87	−0.08551	750.56				94min	EC	3.5						
									e^-	2.1						
		88	−0.0899	762.8	0			85d	EC							
		89	−0.091086	771.905				79h	EC	2.84						
									e^+	0.9						
		90	−0.095300	783.902	0		51.46				0.1±0.1		0.10+0.07			
		91	−0.094358	791.096	5/2	−1.298	11.23				1.52±0.12		1.03±0.52			
		92	−0.094969	799.736	0		17.11				0.25±0.12		0.26±0.08			
		93	−0.093550	806.486	5/2			1.1×10^6y	e^-	0.056			1.3～4			
		94	−0.093687	814.684	0		17.40				0.08±0.06		0.056±0.04			
		95	−0.091965	821.15				65d	e^-	1.1,0.9,0.4,						
										0.3						
		96	−0.091714	828.99	0		2.80				0.1±0.1		0.017±0.003			
		97	−0.08903	834.56	1/2			17h	e^-	1.9						
Nb	41	89	−0.08692	767.24				1.9h	e^+	2.9						
		90	−0.08974	777.01				15h	e^+	1.5&0.6						
		91	−0.09314	789.18					EC	1.2						
		92	−0.092789	796.92				10d	EC	2.1						
		93	−0.093618	805.767	9/2	6.167	100				1.1±0.1	5±1	1.15±0.05			
		94	−0.09270	812.98				1.8×10^4y	e^-	0.5			13.6±1.5			
		95	−0.093168	821.49				35d	e^-	0.9(1%),0.16						
		96	−0.09194	828.42				23h	e^-	0.7,0.4						
		97	−0.09290	826.45				72min	e^-	1.3						
Mo	42	90	−0.08606	773.73	0			6h	EC	2.5						
									e^+	1.3						
		91	−0.08835	783.93				16min	e^+	3.4						

续表 1-7-3

元素	Z	A	(M−A) a.m.u	结合能 MeV	自旋	磁矩 nm	丰度 %	衰变 $T_{1/2}$	衰变 方式	衰变 能量，MeV	热中子微观截面，b σ_a	σ_s	σ_γ	σ_t	热中子宏观截面 cm^{-1} Σ_a	Σ_s
		92	−0.093190	796.514	0		15.86				<0.3		4.5×10^{-2}			
		93	−0.09317	804.57				>2y	EC							
		94	−0.094910	814.26	0		9.12						1.6×10^{-2}			
Hf	72	174	−0.05964	1403.64	0		0.16				1500±1000		390±55			
		175	−0.0584	1410.6				70d	EC							
		176	−0.05843	1418.66	0		5.21				15±15		38±6			
		177	−0.05660	1425.03	7/2	0.61	18.56				380±30		365±20			
		178	−0.05612	1432.65	0		27.1				75±10		86±7			
		179	−0.05397	1438.72	9/2	−0.47	13.75				65±15		45±5			
		180	−0.05318	1446.05	0		35.22				13±5		12.6±0.7			
		181	−0.05089	1452.00				45d	e^-	0.40						
Ta	73	176						8.0h	EC							
		177	−0.05535	1423.08				53h	EC	1.16						
		178	−0.05407	1429.96				2.1h	EC							
									e^+	约1						
		179	−0.05384	1437.82				600d	EC	0.094						
		180	−0.05246	1444.60			0.012						700±200			
		181	−0.05199	1452.24	7/2	2.1	99.988				21.3±1.0	6.2±0.6	$(10.3\pm2.5)\times10^{-3}$			
		182	−0.04983	1458.30				115d	e^-	0.51,0.44,0.36			8200±600			
		183	−0.04853	1654.16	7/2			5d	e^-	0.6						
		184	−0.04602	1470.90				8.7h	e^-	1.26						
W	74	180	−0.05300	1444.32	0		0.135				60±6		3.5			
		181	−0.05179	1451.27	9/2			145d	EC							
		182	−0.05170	1459.26	0		26.4				19±2		20.7±0.5			
		183	−0.04968	1465.44	1/2	0.115	14.4				11±1		10.2±0.3			
		184	−0.04897	1472.86	0		30.6				2.0±0.3		1.8±0.2			
		185	−0.04648	1478.61	3/2			76d	e^-	0.43						
		186	−0.04556	1485.82	0		28.4				34±3		37.8±1.5			
		187	−0.04276	1491.28	3/2			24h	e^-	1.3,0.6	90±40		64±10			

续表 1-7-3

元素	Z	A	(M−A) a.m.u	结合能 MeV	自旋	磁矩 nm	丰度 %	衰变 $T_{1/2}$	方式	能量，MeV	热中子微观截面，b σ_a	σ_s	σ_γ	σ_t	热中子宏观截面 cm^{-1} Σ_a	Σ_s
Re	75	181						20h	EC							
		182	−0.04865	1455.61				13h	EC							
		183	−0.0487	1463.8	5/2			64h	EC							
		184	−0.0472	1470.4				50d	EC							
		185	−0.04694	1478.26	5/2	3.172	37.07									
		186	−0.04498	1485.50	1	±1.72		89h	e^-	1.07	100±8		112±3			
									EC							
		187	−0.14502	1492.57	5/2	3.204	62.93				63±5		74±4			
		188	−0.04274	1498.53	1	±1.76		17h	e^-	2.12			<2			

表 1-7-4 稀有金属元素的微观和宏观截面

Z	元素	原子量	原子密度	热中子微观截面，b σ_a	σ_s	热中子宏观截面，cm^{-1} Σ_a	Σ_s
3	Li	6.942	0.04600	70.7		3.252	
4	Be	9.0122	0.1236	0.0092	6.14	0.001137	0.7589
14	Si	28.086	0.04996	0.16	2.2	0.007994	0.1099
21	Sc	44.956	0.03349	26.5	24	0.8875	0.8038
22	Ti	47.90	0.05670	6.1	4.0	0.3459	0.2268
23	V	50.942	0.07212	5.04	4.93	0.3635	0.3556
31	Ga	69.72	0.05105	2.9	6.5	0.1480	0.3318
32	Ge	72.59	0.04447	2.3	7.5	0.1023	0.3335
37	Rb	85.47	0.01078	0.37	6.2	0.003989	0.06684
38	Sr	87.62	0.01787	1.21	10	0.02162	0.1787
39	Y	88.906	0.03733	1.28	7.60	0.04778	0.2837
40	Zr	91.22	0.04291	0.185	6.40	0.007938	0.2746
41	Nb	92.906	0.05555	1.15		0.06388	
42	Mo	95.94	0.06403	2.65	5.8	0.1697	0.3714
49	In	114.82	0.03834	193.5		7.419	

续表 1-7-4

Z	元　　素	原 子 量	原 子 密 度	热中子微观截面，b		热中子宏观截面，cm^{-1}	
				σ_a	σ_s	Σ_a	Σ_s
55	Cs	132.905	0.008610	29.0		0.2497	
57	La	138.91	0.02684	9.0	9.3	0.2416	0.2496
58	Ce	140.12	0.02914	0.63	4.7	0.01836	0.1370
59	Pr						
60	Nd	144.24	0.02914	50.5	16	1.472	0.4662
61	Pm						
62	Sm	150.35	0.02776	5800		161.0	
63	Eu	151.96	0.02069	4600	8.0	95.17	0.1655
64	Gd	157.25	0.03045	49000		1492	
65	Tb	158.925	0.03157	25.5	20	0.8050	0.6314
66	Dy	162.50	0.03172	930	100	29.5	3.172
67	Ho	164.930	0.03199	66.5	9.4	2.127	0.3007
68	Er	167.26	0.03203	162	11.0	5.189	0.3523
69	Tu	168.934	0.03314	103	12	3.413	0.3977
70	Yb	173.04	0.02440	36.6	25.0	0.8930	0.6100
71	Lu	174.97	0.03353	77	8	2.581	0.2682
72	Hf	178.49	0.04508	102	8	4.598	
73	Ta	180.948	0.05525	21.0	6.2	1.160	0.3426
74	W	183.85	0.06289	18.5		1.163	
75	Re	186.2	0.06596	88	11.3	5.804	0.7453
81	Tl	204.37	0.03492	3.4	9.7	0.1187	0.3387
83	Bi	208.980	0.02824	0.033		0.0009319	

中子被核吸收后产生α粒子或质子，因而也属于吸收反应，简记作（n，α）反应或（n，p）反应。

5．产生中子的反应

一个入射中子被吸收后产生两个或三个中子，简记作（n，$2n$）反应或（n，$3n$）反应。

6．裂变

中子和某些核碰撞后引起核分裂。

以上各种反应除弹性和非弹性散射外，都属于吸收反应。

（二）截面

由于在靶材料中原子核占的空间很小，因而大部分入射中子将从核之间穿过，而不发生碰撞。这样就存在一个碰撞几率问题，截面就是度量碰撞几率的一个量。

1．微观截面

当一束强度为I的单能中子入射到横截面积为A、厚为x的薄靶上时，一部分中子将和核发生碰撞。在整个靶内每秒所发生的碰撞次数为：

$$\text{碰撞次数}=\sigma INAx \qquad (1\text{-}7\text{-}39)$$

其中，N是靶材料的原子密度；I是单位时间内通过单位面积的中子数，称为中子强度或中子通量。I和中子密度n（单位体积的中子束内的中子数）及中子速度v的关系为：

$$I=nv \qquad (1\text{-}7\text{-}40)$$

(1-7-39)式中的比例系数σ就称为碰撞截面。由于NAx是靶内总原子核数，故从（1-7-39）式可知，σ就是每秒钟单位强度（$I=1$）的中子束和一个核（$NAx=1$）发生碰撞的次数，另一方面(1-7-39)式的右边也可以看成是能发生碰撞的有效中子数（σI）与总核数（NAx）的乘积。于是σ就是靶材料的有效截面，而不是实际截面A。显然，碰撞几率$p=\sigma/A$。由于σ是中子和一个核碰撞的截面，故称为微观截面，单位为靶恩（b），$1\text{b}=10^{-28}\text{cm}^2$。

前面指出，中子和核有多种交互作用方式，每种方式都有相应的截面。例如，弹性散射截面σ_s，非弹性散射截面σ_i，俘获截面σ_r（即n，γ反应的截面），裂变截面σ_f，（n，α）反应截面σ_α，（n，p）反应截面σ_p等等。

各种可能的交互作用（或反应）截面的总和称为总截面，用σ_t表示，即：

$$\sigma_t=\sigma_s+\sigma_i+\sigma_\gamma+\sigma_f+\sigma_p+\sigma_\alpha+\cdots \qquad (1\text{-}7\text{-}41)$$

σ_t是发生任一种反应的几率的度量。

各种吸收反应截面的总和称为吸收截面，用σ_a表示：

$$\sigma_a=\sigma_\gamma+\sigma_f+\sigma_p+\sigma_\alpha+\cdots \qquad (1\text{-}7\text{-}42)$$

若将（1-7-42）式代入（1-7-41）式，并令弹性和非弹性散射的总截面为σ_s，则（1-7-41）式可写成：

$$\sigma_t=\sigma_s+\sigma_a \qquad (1\text{-}7\text{-}43)$$

2．宏观截面

原子密度N与微观截面σ的乘积称为宏观截面，用Σ表示：

$$\Sigma=N\sigma \qquad (1\text{-}7\text{-}44)$$

因此，宏观总截面为$\Sigma_t=N\sigma_t$；宏观散射截面为$\Sigma_s=N\sigma_s$等等。宏观截面的单位为cm^{-1}。

可以证明，Σ_t是中子在介质内运动单位距离与核碰撞的几率：

$$\Sigma_t=-\text{d}I/I(x)\text{d}x \qquad (1\text{-}7\text{-}45)$$

式中 $I(x)$——在介质内x点处的中子通量。

Σ_t与中子平均自由程λ有以下关系：

$$\Sigma_t=1/\lambda \qquad (1\text{-}7\text{-}46)$$

3．混合物和化合物的截面

由原子密度为N_x，微观截面为σ_x的x核和原子密度为N_y、微观截面为σ_y的y核组成的均匀混合物，其总截面Σ为：

$$\Sigma=\Sigma_x+\Sigma_y=N_x\sigma_x+N_y\sigma_y \qquad (1\text{-}7\text{-}47)$$

对于分子式为x_my_m的化合物，其分子截面为：

$$\sigma=\frac{\Sigma}{N}=m\sigma_x+n\sigma_y \qquad (1\text{-}7\text{-}48)$$

4．截面σ和中子能量E的关系

各种截面都和入射中子能量及靶材料的核性质有关。人们把动能为0.025电子伏（相当于速度为2200m/s）的中子称为热中子。

表1-7-5和表1-7-4分别列举了稀有金属同位素和元素的有关截面。文献〔5〕详尽地列举了各种元素的各种重要截面及其和中子能量的关系。

参考文献

[1] Charlotte E. Moore, Atomic Energy Levels, NSRDS—NBS 35, 1971.

[2] Handbook on the physics and chemistry of Rare. Earths, Vol 1.—Metals, *by* karl A Gshneidner, 1978, pp.79~80.

[3] Tables of Isotopes, Seventh edition, Edited by C. Michael Lederer, Virgina S. Shirley, 1978.

[4] Brookhaven National Laboratory Report BNL—325 Neutron Cross Sections.

[5] W. M. Gibson, The Physics of Nuclear Reactions, 1980.

[6] John R.Lamarsh, Introduction to Nuclear Engineering, 2nd Edition, 1983.

第八章 晶 体 结 构

编写人 贾厚生 孙丽虹

一、晶体学基本概念

（一）晶体和空间点阵

单晶体是一种外形对称的固体，这种对称的外形是晶体内部质点（又叫结构基元，实指原子，离子或原子群）在三维空间作周期性的，规则的排列的结果。这种排列的几何抽象就是空间点阵。用一系列平行线从三维方向将这些质点联结起来，空间点阵就划分为一系列大小及形状完全相同的，彼此邻接的平行六面体（网格）或叫重复单元。

（二）原胞

在固体物理中，只需反映出晶格周期性，因此常选取最小的重复单元（即上述平行六面体）作为原胞又叫单位晶胞。但在结晶学中，为了反映出晶格的周期性和晶体的对称性，常选取最小重复单元的几倍作为原胞。这样结晶学原胞的结点（原子、离子或原子群的重心所在的位置）不仅可以在顶角也可以在体心或面心处。选取一个结点作为坐标原点0，原胞的三个基矢 $\vec{a}$，$\vec{b}$，$\vec{c}$ 沿晶体对称轴或对称面法向，并以此构成坐标系称为晶轴。$\vec{a}$ 与 $\vec{b}$ 之间夹角 γ；$\vec{b}$ 与 $\vec{c}$ 之间夹角 α，$\vec{c}$ 与 $\vec{a}$ 之间夹角 β 称为轴角。基矢的大小就是晶格在晶轴上重复的周期，叫做晶格常数，或点阵常数。

（三）晶列指数和密勒（miller）指数

晶格中其它任意一个结点 A 的位矢可以表示成：

$$R_A = m'\vec{a} + n'\vec{b} + p'\vec{c}$$

取 m'，n'，p' 的三个互质整数 m，n，p 表示晶列 DA 的方向（即晶向）。参数 m，n，p 被称为晶列指数，用〔m，n，p〕表示。

同样，用晶体中任何一个晶面在三个轴上截距的倒数的互质整数 h，k，l 就可代表了这个晶面族的取向，并将其称之为晶面族的密勒指数，用（h，k，l）表示。

立方晶系面间距公式：

$$d_{hkl} = \frac{a}{\sqrt{h^2+k^2+l^2}}$$

六方晶系面间距公式：

$$d_{hkl} = \frac{1}{\sqrt{\frac{4}{3}\frac{(h^2+hk+k^2)}{a^2} + \left(\frac{l}{c}\right)^2}}$$

正方晶系面间距公式：

$$d_{hkl} = \frac{1}{\sqrt{\frac{h^2+k^2}{a^2} + \frac{l^2}{c^2}}}$$

斜方晶系面间距公式：

$$d_{hkl} = \frac{1}{\sqrt{\left(\frac{h}{a}\right)^2 + \left(\frac{k}{b}\right)^2 + \left(\frac{l^2}{c}\right)^2}}$$

菱方晶系面间距公式：

$$d_{hkl} = \frac{a\sqrt{1-3\cos^2\alpha+2\cos\alpha}}{\sqrt{(h^2+k^2+l^2)\sin^2\alpha + 2(hk+kl+hl)(\cos^2\alpha-\cos\alpha)}}$$

（四）布喇菲（Bravais）原胞

如果晶体只有一种原子组成，那么原子就在点阵的结点位置，每个结点周围情况都一样，这种点阵叫布喇菲点阵。如果晶体是由二种或二种以上原子所组成，则原子群的重心和点阵结点重合，这种点阵叫复式点阵。其中，同种原子的位置之间所构成的布喇菲点阵和结点的点阵相同，只是有一定的位移。复式点阵就是由二个或二个以上相同的布喇菲点阵相互位移套构而成。按坐标系性质不同，晶体可以划分为7大晶系，共有14种布喇菲原胞，见图1-8-1及表1-8-1。

（五）对称性和点阵

表 1-8-1 7个晶系及所属的布喇菲点阵

晶 系	晶轴的长度和夹角	布喇菲点阵	点阵符号
立方系	三根轴互相相等而呈直角。 $a=b=c$，$\alpha=\beta=\gamma=90°$	简单 体心 面心	P I F
正方系	三根轴互呈直角，其中有两根相等。 $a=b\neq c$，$\alpha=\beta=\gamma=90°$	简单 体心	P I
斜方系	三根轴互呈直角，但互不相等。 $a\neq b\neq c$，$\alpha=\beta=\gamma=90°$	简单 体心 底心 面心	P I C F
菱方系①	三根轴互相相等，并相等地斜交。 $a=b=c$，$\alpha=\beta=\gamma\neq 90°$.	简单	R
六方系	两根共平面的轴相等，并相交呈120°，第三根轴相交呈直角。 $a=b\neq c$，$\alpha=\beta=90°$，$\gamma=120°$	简单	P
单斜系	三根轴互不相等，一对轴不呈直角。 $a\neq b\neq c$，$\alpha=\gamma=90°\neq\beta$	简单 底心	P C
三斜系	三根轴互不相等，交角互不相等，并且其中没有一个是直角。 $a\neq b\neq c$，$\alpha\neq\beta\neq\gamma\neq 90°$	简单	P

① 也叫做三方系。

单晶体在外形上的显著特点就是晶面的对称排列。所谓对称性简单地说，就是晶体中每一点经过一定的对称操作后，在新的位置上能恢复原状。简单的宏观对称操作包括绕某一轴（线）的旋转，经过某一点（叫对称中心）的反映和以某一面（叫对称面）为镜面的镜象。简单的微观对称操作还包括空间点阵中沿某一轴的平移。这些对称操作所依据的几何要素点，线，面被称为对称要素。晶体宏观对称性的对称要素分二类，共有八种，即：

（1）五个旋转对称轴；在国际符号系统分别用轴次1，2，3，4，6表示，晶体不能有5次及6次以上旋转对称轴。

（2）三个象转轴（即旋转一镜象或旋转一反映），分别用符号$\bar{1}$，$\bar{2}$，$\bar{4}$或i，m，$\bar{4}$表示。

（六）倒易点阵

定义：设三维正点阵S的基矢为$\vec{a}$，$\vec{b}$，$\vec{c}$则可按下列定义式得出S的倒易点阵S^*的基矢$\vec{a^*}$，$\vec{b^*}$，$\vec{c^*}$。

$$\vec{a^*}=\frac{\vec{b}\times\vec{c}}{V}$$

$$\vec{b^*}=\frac{\vec{c}\times\vec{a}}{V}$$

$$\vec{c^*}=\frac{\vec{a}\times\vec{b}}{V}$$

V为点阵S的单位晶胞体积：

$$V=\vec{a}\times\vec{b}\times\vec{c}$$

S和S^*是互为倒易点阵。

定理：

（1）点阵S中晶面（h，K，l）与倒易点阵S^*中矢量$\vec{L_S^*}$垂直：

$$\vec{L_S^*}=h\vec{a^*}+k\vec{b^*}+l\vec{c^*}$$

（2）倒易矢量$\vec{L_S^*}$的模是S点阵中晶面族（h，k，l）面晶距d_{hkl}的倒数的倍数：

$$|\vec{L_S^*}|=\frac{n}{d_{hkl}}\quad（n为整数）$$

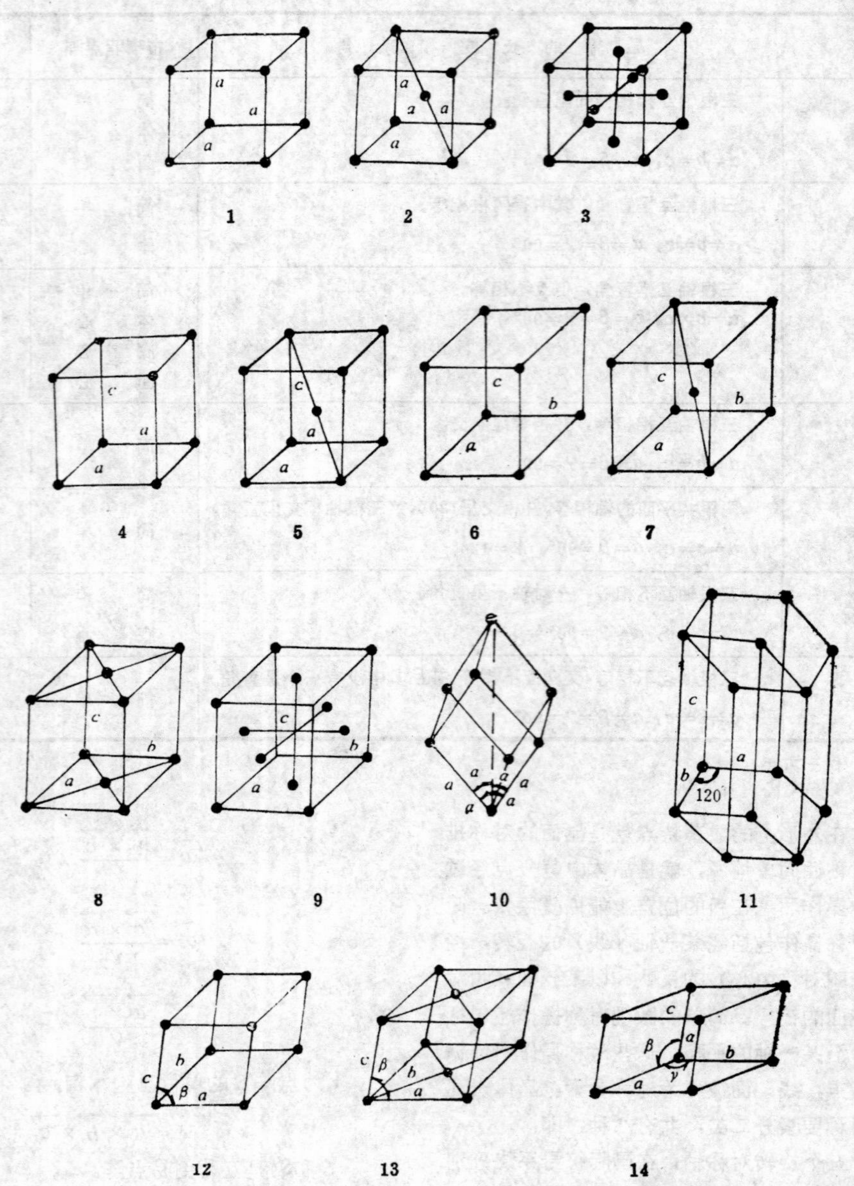

图 1-8-1 14种布喇非点阵

1—简单立方；2—体心立方；3—面心立方；4—简单正方；5—体心正方；6—简单斜方；7—体心斜方；8—底心斜方； 9—面心斜方； 10—菱方；11—六方；12—简单单斜，13—底心单斜；14—三斜

二、晶体结构类型

冶金学上重要的晶体类型及其结构符号、结构原型、对称类型、空间群记号、晶胞中原子位置等见表1-8-2。典型的有代表性的晶体的原型，结构符号、原子位置见表1-8-3。

表 1-8-2 冶金学重要的晶体类型

结构符号	结构原型	晶体对称类型	空间群记号	皮尔逊符号	单胞原子数	原子位置
A1	Cu型	面心立方	Fm3m	cF4	每个晶胞4个原子	在0，0，0；1/2，0，1/2；0，1/2，1/2和1/2,1/2，0
A2	W型	体心立方	Im3m	cI2	每个晶胞2个原子	在0，0，0和1/2，1/2，1/2
A3	Mg型	密排六方	$P6_3/mmc$	hP2	每个晶胞2个原子	在0，0，0和1/3，2/3，1/2
A4	C（金刚石）型	面心立方	Fd3m	cF8	每个晶胞8个原子	在0，0，0；0，1/2，1/2；1/2，0，1/2；1/2，1/2，0；1/4,1/4,1/4；1/4,3/4，3/4；3/4,1/4,3/4,和3/4,3/4,1/4
A5	Sn型（β-Sn，白色）	体心四方	$I4_1/amd$	tI4	每个晶胞4个原子	在0，0，0；1/2，1/2,1/2；0，1/2,1/4和1/2，0，3/4
A6	In型	体心四方	I4/mmm	tI2	每个晶胞2个原子 但常见的有4个原子	在0，0，0和1/2，1/2,1/2 在0，0，0；0，1/2，1/2，1/2，0，1/2和1/2，1/2，0
A7	As型（α-As）	菱形	$R\bar{3}m$	hR2	以六方晶轴为基的晶胞有6个原子	在0，0，z；1/3，2/3，2/3+z；2/3，1/3，1/3+z；0，0，$\bar{z}$；1/2，2/3，2/3-z和2/3，1/3，1/3-z
A8	Se型（γ-Se）	六方	$P3_121$或$P3_221$	hP3	每个晶胞3个原子	在x，0，1/3；0，x，2/3和$\bar{x}$，$\bar{x}$，0（或在x，0,2/3；0，x，1/3和$\bar{x}$，$\bar{x}$,0）。
A9	C（石墨）型	六方	$P6_3/mmc$	hP4	每个晶胞4个原子	在0,0,x；0,0,x+1/2；1/3,2/3,y和2/3,1/3,y+1/2
A10	Hg型	菱形	$R\bar{3}m$	hR1	每个晶胞1个原子	在0，0，0
A11	Ga型	斜方	Cmca	oC8	每个晶胞8个原子	在0，y，z；0，y，z；1/2，y，1/2-z；1/2，$\bar{y}$，1/2+z；1/2，1/2+y，z；1/2，1/2-y，$\bar{z}$；0,1/2+y,1/2-z和0,1/2-y,1/2+z
A12	α-Mn型	立方	I43m	cI58	每个晶胞58个原子	α-Mn可以看作二个或三个在物理学上可以区别的锰原子类型有序排列在结晶学上互不相同的四组位置上。在χ-相结构（$Fe_{36}Cr_{12}Mo_{12}$和$Al_{12}Mg_{17}$）中，这些位置组具有有序排列的原子。其他一些密切相关的结构是μ,P,R和σ相

续表 1-8-2

结构符号	结构原型	晶体对称类型	空间群记号	皮尔逊符号	单胞原子数	原子位置
A13	β-Mn型	立方	$P4_132$	cP20	每个晶胞20个原子	
A15	W_3O或Cr_3Si型	立方	Pm3n	cP8	二个原子 六个原子	在0，0，0和1/2，1/2，1/2；在1/4，0，1/2；1/2，1/4，0；0，1/2，1/4；3/4，0，1/2；1/2，3/4，0和0，1/2，3/4
A20	α-U型	斜方	Cmcm	oC4	每个晶胞4个原子	在0，y，1/4；0，$\overline{y}$，3/4；1/2，1/2+y，1/4和1/2，1/2－y，3/4
Af	$HgSn_{10}$型	六方	P6/mmm		每个晶胞1个Hg或Sn原子	在0，0，0
Ag	B (α-B) 型	四方	$P4_2/nnm$	tP50	每个晶胞50个原子	
Ah	α-Po型	原始立方	Pm3m	oP1	每个晶胞1个原子	在0，0，0
Ai	β-Po型	菱形	$R\overline{3}m$	hR1	每个晶胞1个原子	在0，0，0
Ak	α-Se型（一种亚稳态）	单斜	$P2_1/c$	mP32	每个晶胞包含有32个原子	
	Sm型（α-Sm）	菱形	$R\overline{3}m$	hR3	基于六方晶轴的晶胞中，每个晶胞9个原子	在0，0，0；1/3，2/3，2/3；2/3，1/3，1/3；0，0，z；0，0，$\overline{z}$；1/3，2/3，2/3+z；1/3，2/3，2/3－z；2/3，1/3，1/3+z，2/3，1/3，1/3－z
	La (α-La) 型	六方	$P6_3/mmc$	hP4	每个晶胞4个原子	在0，0，0；0，0，1/2；±（1/3，2/3，1/4）或±（1/3，2/3，3/4）
	β-U型	四方	$P4_2/mnm$	tP30	每个晶胞30个原子	
	α-Pu型	单斜	$P2_1/m$	mP16	每个晶胞16个原子	
B1	NaCl型	面心立方	Fm3m	cF8	每个晶胞4个钠原子 4个氯原子	在0，0，0；0，1/2，1/2；1/2，0，1/2；1/2，1/2，0 在1/2，1/2，1/2；1/2，0，0；0，1/2，0；0，0，1/2
B2	CsCl或β′Cu-Zn型	立方	Pm3m	cP2		在0，0，0 1个铯原子，在1/2，1/2，1/2 1个氯原子

续表 1-8-2

结构符号	结构原型	晶体对称类型	空间群记号	皮尔逊符号	单胞原子数	原子位置
B3	ZnS(闪锌矿)型	面心立方	$F\overline{4}3m$	cF8		在0，0，0；0，1/2，1/2；1/2，0，1/2和1/2，1/2，0，有4个锌原子，在1/4，1/4，1/4；1/4，3/4，3/4；3/4，1/4，3/4和3/4，3/4，1/4有4个硫原子
B4	ZnS(纤锌矿)型	六方	$P6_3mc$	hP4		在1/3，2/3，z和2/3，1/3，1/2+z（z=0）有2个锌原子，在1/3，2/3，z和2/3，1/3，1/2+z（z=0.371）有2个硫原子
$B8_1$	NiAS型	六方	$P6_3/mmc$	hP4		在0，0，0和0，0，1/2有2个镍原子，在1/3，2/3，1/4和2/3，1/3，3/4有2个砷原子
$B8_2$	Ni_2In型	六方	$P6_3/mmc$	hP6		在0，0，0和0，0，1/2有2个镍原子；在1/3，2/3，2/4和2/3，1/3，1/4有2个镍原子，在1/3，2/3，1/4和2/3，1/3，3/4有2个铟原子
B10	PbO型	四方	P4/nmm	tP4		在0，0，0和1/2，1/2，0有2个氧原子；在0，1/2，z和1/2，0，$\overline{z}$（z=0.237）有2个铅原子
$B11_2^1$	γCuTi型	四方	P4/nmm	tP4		在0，1/2，z和1/2，0，$\overline{z}$（z=0.10）有2个铜原子；在0，1/2，z和1/2，0，$\overline{z}$（z=0.65）有2个钛原子
B19	β′AuCd型	斜方	Pmma	oP4		在1/4，1/4，z和3/4，1/2，$\overline{z}$（z=0.812)有2个金原子；在1/4，0，z和3/4，0，$\overline{z}$（z=0.313）有2个镉原子。
B20	FeSi型	立方	$P2_13$	cP8		在x，x，x；1/2+x，1/2−x，$\overline{x}$；$\overline{x}$，1/2+x，1/2−x和1/2−x，$\overline{x}$，1/2+x（x=0.137）有4个铁原子；在x，x，x；1/2+x，1/2−x，$\overline{x}$；$\overline{x}$，1/2+x，1/2−x和1/2−x，$\overline{x}$，1/2+x（x=0.812）有4个硅原子

续表 1-8-2

结构符号	结构原型	晶体对称类型	空间群记号	皮尔逊符号	单胞原子数	原子位置
B31	MnP型	斜方	Pnma	oP8		在x，1/4，z；$\bar{x}$，3/4，$\bar{z}$；1/2－x，3/4，1/2＋z和1/2＋x，1/4，1/2－z（x＝0.20，z＝0.005）有4个锰原子；在x，1/4，z；$\bar{x}$，3/4，$\bar{z}$；1/2－x，3/4，1/2＋z和1/2＋x，1/4，1/2－z（hB＝0.57，x＝0.19）有4个磷原子
Bh	WC型	六方	P$\bar{6}$m2	hP		在0，0，0有1个钨原子；在1/3，2/3，1/2或在2/3，1/3，1/2有1个碳原子
C1	CaF_2（萤石）型	面心立方	Fm3m	cF12		在0，0，0；0，1/2，1/2；1/2，0，1/2和1/2，1/2，0有4个钙原子；在1/4、1/4，1/4；1/4，3/4，3/4；3/4，1/4，3/4；3/4，3/4，1/4；3/4，3/4，3/4；3/4，1/4，1/4，1/4，3/4，1/4和1/4，1/4，3/4有8个氟原子
C2	FeS_2（黄铁矿）型	立方	Pa3	cP12		在0，0，0；0，1/2，1/2；1/2，0，1/2和1/2，1/2，0有4个铁原子；在x，x，x；1/2＋x，1/2－x，$\bar{x}$；$\bar{x}$，1/2＋x，1/2－x；1/2－x，$\bar{x}$，1/2＋x；$\bar{x}$，$\bar{x}$，$\bar{x}$；1/2－x，1/2＋x，x；x，1/2－x，1/2＋x和1/2＋x，x，1/2－x有8个硫原子
C3	Cu_2O型	立方	Pn3m	cP6		在1/4，1/4，1/4；1/4，3/4，3/4；3/4，1/4，3/4和3/4，3/4，1/4有4个铜原子；在0，0，0和1/2，1/2，1/2有2个氧原子
C4	TiO_2（金红石）型	四方	$P4_2$/mnm	tP6		在0，0，0和1/2，1/2，1/2有2个钛原子；在x，x，0；$\bar{x}$，$\bar{x}$，0；1/2＋x，1/2－x，1/2和1/2－x，1/2＋x，1/2有4个氧原子。
C11b	$MoSi_2$型	四方	I4/mmm	tIb		在0，0，0和1/2，1/2，1/2有2个钼原子；在0，0，Z；0，0，$\bar{Z}$，1/2 1/2 1/2＋Z和1/2，1/2，1/2，－Z（Z＝0.333）有4个硅原子

续表 1-8-2

结构符号	结构原型	晶体对称类型	空间群记号	皮尔逊符号	单胞原子数	原子位置
C14	MgZn2型	六方	$P6_3/mmc$	hp12		在1/3，2/3，Z；2/3，1/3，$\overline{Z}$；2/3，1/3，1/2+z,2x,x3/4和$\overline{x}$，x，3/4（x=0.83）有6个锌原子；在0，0，0和0，0，1/2有2个锌原子。和1/3，2/3，1/2−z（z=0.062）有4个镁原子；在x，2x，1/4；2$\overline{x}$，$\overline{x}$，1/4；x，$\overline{x}$，1/4；$\overline{x}$，2$\overline{x}$，3/4
C15	Cu_2Mg型	面心立方	Fd3m	cF24		在0，0，0；0，1/2，1/2；1/2，0，1/2；1/2，1/2，0；1/4，1/4，1/4；1/4，3/4，3/4；3/4，1/4，3/4和3/4，3/4，1/4有8个镁原子；在5/8，5/8，5/8；5/8，1/8，1/8；1/8，5/8，1/8；1/8,1/8,5/8；5/8,7/8,7/8；5/8,3/8,3/8；1/8,7/8,3/8；1/8，3/8,7/8；7/8,5/8,7/8；7/8,1/8,3/8；3/8,5/8,3/8；3/8,1/8,7/8,7/8,7/8,；5/8；7/8,3/8,1/8；3/8,7/8,1/8,3/8，3/8,5/8有16个铜原子
C16	$CuAl_2$型	体心四方	I4/mcm	tI12		在0，0，1/4；1/2，1/2，3/4；0，0，3/4和1/2,1/2,1/4有4个铜原子；在x，1/2+x，0；$\overline{x}$，1/2−x，0；1/2+x，$\overline{x}$，0；1/2−x，x，0；1/2+x，x，1/2；1/2−$\overline{x}$，x，1/2，x,1/2−x,1/2和x,1/2+x,1/2(x=0.158)有8个铝原子
C18	FeS_2（白铁矿）型	斜方	Pnnm	oP6		在0，0，0和1/2，1/2，1/2有2个铁原子；在x，y，0；$\overline{x}$，$\overline{y}$，0；1/2+x，1/2−y，1/2和1/2−x，1/2+y，1/2(x=0.200,y=0.378)有4个硫原子。
C22	Fe_2P型	六方	$P\overline{6}2m$	hP9		在x，0，0；0，x，0，和x，x，O(x=0.256)有3个铁原子；在x，0；1/2，0，x，1/2和$\overline{x}$，$\overline{x}$，1/2（x=0.594）有3个铁原子。在0，0，1/2；1/3，2/3，0和2/3，1/3，0有3个硫原子

续表 1-8-2

结构符号	结构原型	晶体对称类型	空间群记号	皮尔逊符号	单胞原子数	原子位置
C38	Cu_2Sb型	四方	P4/nmm	tP6		在0，0，0；1/2，1/2，0；0，1/2，z和1/2，0 $\bar{z}$ (z=0.27) 有4个铜原子；在0，1/2，z和1/2，0，$\bar{z}$ (z=0.70) 有2个锑原子
DO_3	BiF_3或$BiLi_3$型	面心立方超点阵	Fm3m	cF16		在0，0，0；0，1/2，1/2；1/2，0，1/2和1/2，1/2，0有4个铋原子；在1/2，1/2，1/2；1/2，0，0；0，1/2，0；0，0，1/2；1/4，1/4，1/4；1/4，3/4，3/4；3/4，1/4，3/4；3/4，3/4，1/4；3/4，3/4，3/4；3/4，1/4，1/4；1/4，3/4，1/4和1/4，1/4，3/4有12个氟（或锂）原子
DO_{11}	Fe_3C（碳素体）型	斜方	Pnma	oP16	每个晶胞16个原子	
DO_{19}	Ni_3Sn型	六方	$P6_3/mmc$	hP8		在1/3，2/3，1/4和2/3，1/3，3/4有2个锡原子；在x，2x，1/4；$2\bar{x}$，$\bar{x}$，1/4；x，$\bar{x}$，1/4；$\bar{x}$，$2\bar{x}$，3/4；2x，x，3/4和$\bar{x}$，x，3/4 (x=0.833) 有6个镍原子
DO_{24}	Ni_3Ti型	六方	$P6_3/mmc$	hP16		在0，0，0；0，0，1/2；1/3，2/3，1/4和2/3，1/3，3/4有4个钛原子；在1/2，0，0；0，1/2，0；1/2，1/2，0；1/2，0，1/2；0，1/2，1/2；1/2，1/2，1/2，x，2x，1/4；$2\bar{x}$，$\bar{x}$，1/4；x，$\bar{x}$，1/4；$\bar{x}$，$2\bar{x}$，3/4；2x，x，3/4和$\bar{x}$，x，3/4 (x=0.833)有12个镍原子
$D5_1$	αAl_2O_3型	菱形六方	$R\bar{3}c$	hR10	每个菱形晶胞有10个原子或每个六方晶胞有30原子（还有氧化铝的其他结构）	
$D8_2$	γCu_5Zn_8（γ黄铜）型	体心立方	$I\bar{4}3m$	cI52	每个晶胞52个原子	
$D8_4$	$Cr_{23}C_6$型	面心立方	Fm3m	cF116	每个晶胞116个原子	

续表 1-8-2

结构符号	结构原型	晶体对称类型	空间群记号	皮尔逊符号	单胞原子数	原子位置
$D8_5$	Fe_7W_6（μ-相）型	菱形	$R\overline{3}m$		每个晶胞13个原子	
$D8_b$	σFeCr（σ-相）型	四方	$P4_2/mnm$	tP30	每个晶胞30个原子	
$E2_1$	$CaTiO_3$（钙钛矿）型	立方	Pm3m	cP5		在0，0，0有1个钙原子；在1/2，1/2，1/2，有1个钛原子；在0，1/2，1/2；1/2，0，1/2和1/2，1/2，0有3个氧原子
$E9_3$	Fe_3W_3C（η-碳化物）型	面心立方	Fd3m	cF112	每个晶胞112个原子	
$H1_1$	尖晶石（Al_2MgO_4或FeO_4）型	面心立方	Fd3m	cF56	每个晶胞56个原子	
	R-相（在Co-Cr-Mo中）型	菱形-六方	$R\overline{3}$	hR53	每个晶胞53个原子，参见A12型	
	P—相（在Mo-Cr-Ni中）型	斜方	Pbnm	oP56	每个晶胞56个原子，参见A12	
$L1_0$	AuCuI型	四方超点阵	P4/mmm	tP4		在0，0，0和1/2，1/2，0有2个金原子；在0，1/2，1/2和1/2，0，1/2有2个铜原子
$L1_1$	CuPt型	菱形超点阵	$R\overline{3}m$	hR32		
$L1_2$	$AuCu_3$I型	立方起点阵	Pm3m	cP4		在0，0，0有1个金原子；在0，1/2，1/2；1/2，0，1/2和1/2，1/2，0有3个铜原子
L′2	马氏体（Fe-C）型	四方	I4/mmm			晶胞中在0，0，0和1/2，1/2，1/2有2个铁原子，在1/2，1/2，0和（或）0，0，1/2碳原子无规则排列，使每个晶胞有2个铁原子和高达0.12个碳原子
L′3	Fe_2N或W_2C型	六方	Pb_2/mmc	hP3		在1/3，2/3，1/4和2/3，1/3，3/4有2个铁原子；在0，0，0或0，0，1/2有1个氮原子

续表 1-8-2

结构符号	结构原型	晶体对称类型	空间群记号	皮尔逊符号	单胞原子数	原子位置
长周期超点阵						某些有序态合金具有较之无序态大许多倍的晶胞周期性结构，形成按一个晶轴或二个晶轴长周期性的超点阵。如Au AuⅡ结构就是一维长周期超点阵，某些AB_2合金（Cu-Pd，Au-Zn）就是二维长周期超点阵

表 1-8-3 某些简单金属晶体的原子位置，原型，空间群记号，皮尔逊符号和晶格常数

结构符号	晶体原型	晶胞中原子位置图示
A1	Cu	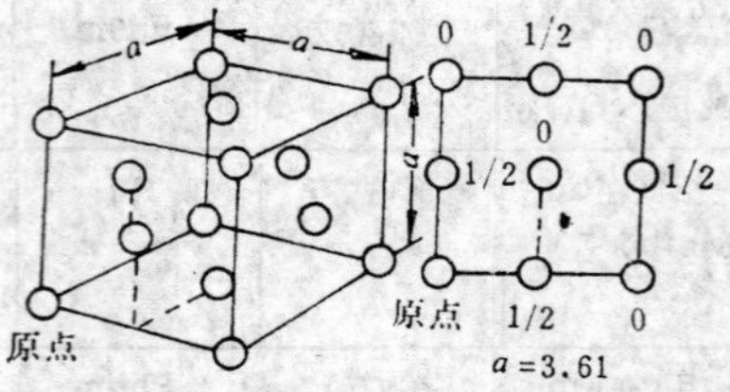 原点；0，1/2，0；1/2，0，1/2；原点，1/2，0；$a=3.61$
A2	W	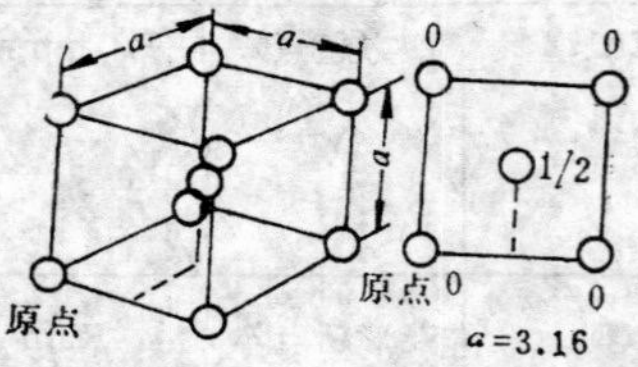 0，0；1/2；原点 0，0；$a=3.16$
A4	C 金刚石	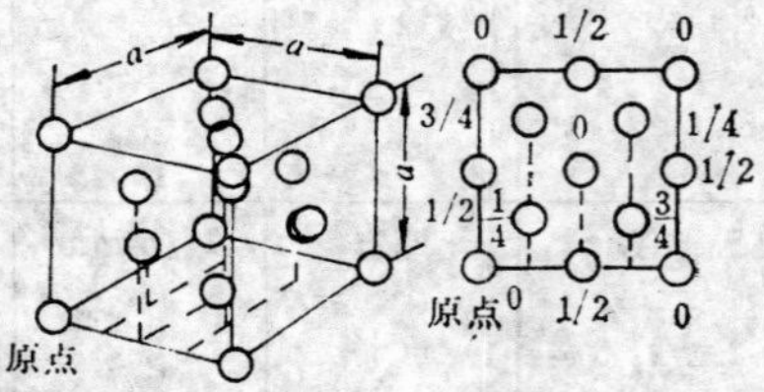 0，1/2，0；3/4，0，1/4；1/2，1/4，3/4，1/2；原点 0，1/2，0；a
A5	β Sn	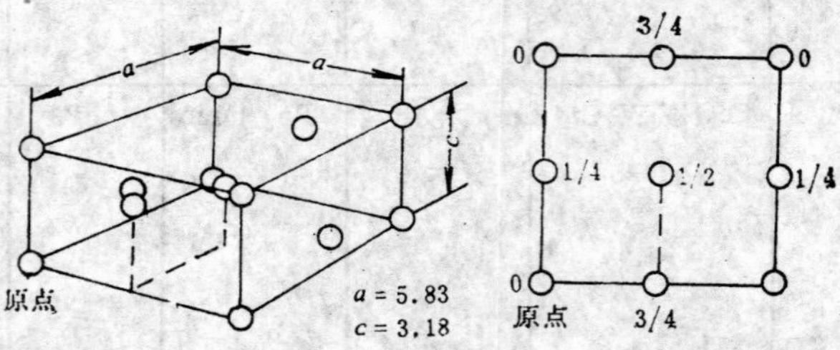 3/4；0，0；1/4，1/2，1/4；0，原点，3/4；$a=5.83$ $c=3.18$

续表 1-8-3

结构符号	晶体原型	晶胞中原子位置图示
A9	C 石墨	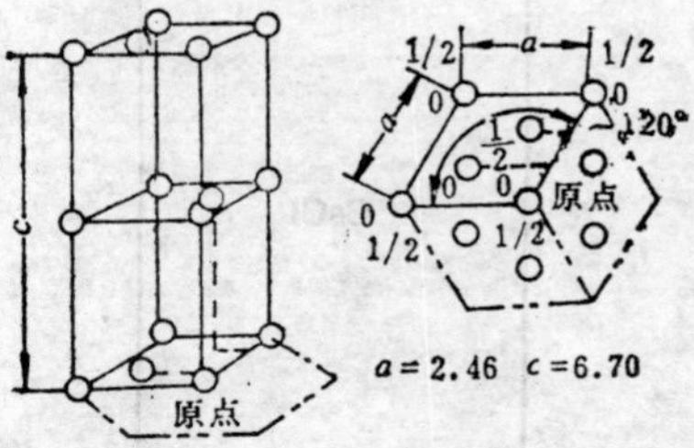 $a=2.46$ $c=6.70$
A15	W_3O	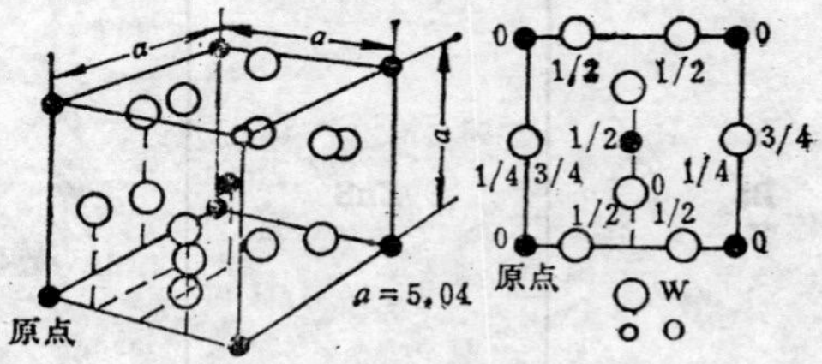 $a=5.04$
An	α-Po	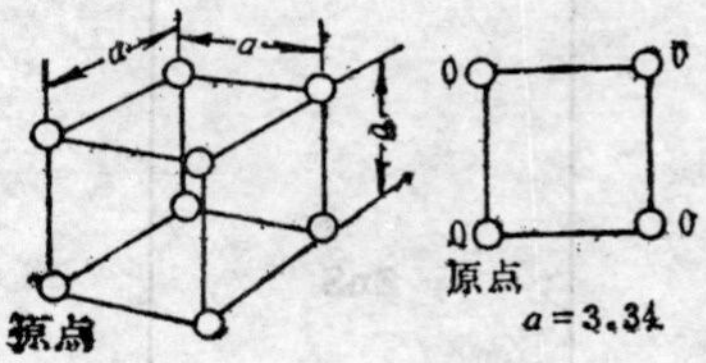 $a=3.34$
A1	β-Po	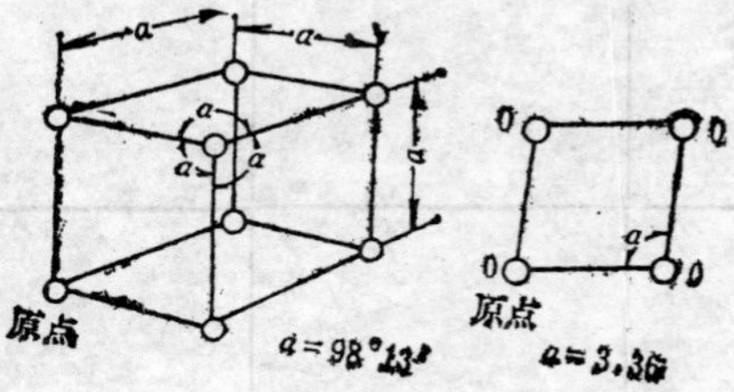 $α=98°13'$ $a=3.36$
B1	NaCl	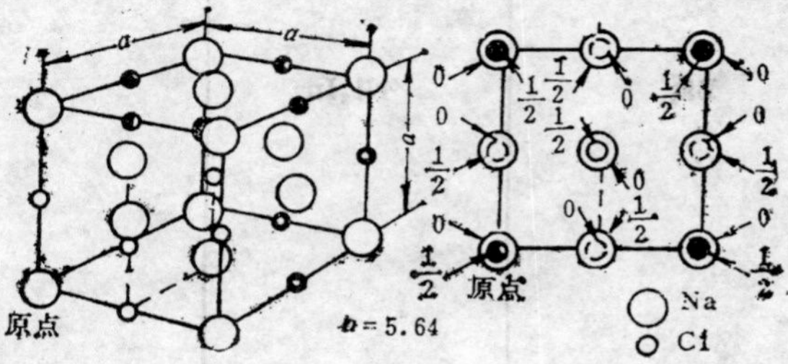 $a=5.64$

续表 1-8-3

结构符号	晶体原型	晶胞中原子位置图示
B2	CsCl	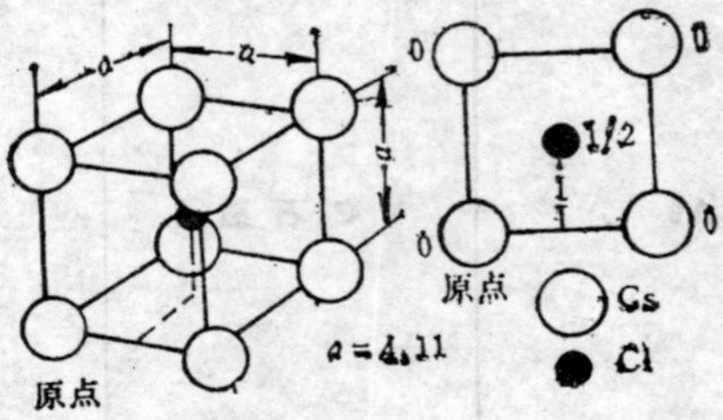 原点 $a=4.11$ 0 1/2 原点 Cs Cl
B3	ZnS	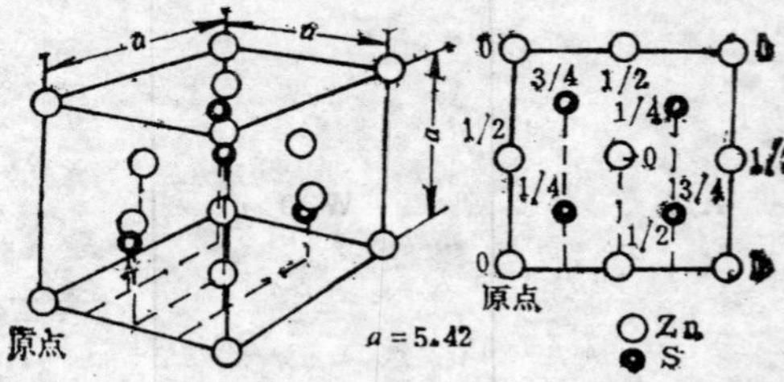 原点 $a=5.42$ 0 3/4 1/2 1/4 1/2 1/4 0 3/4 1/2 原点 Zn S
B4	ZnS	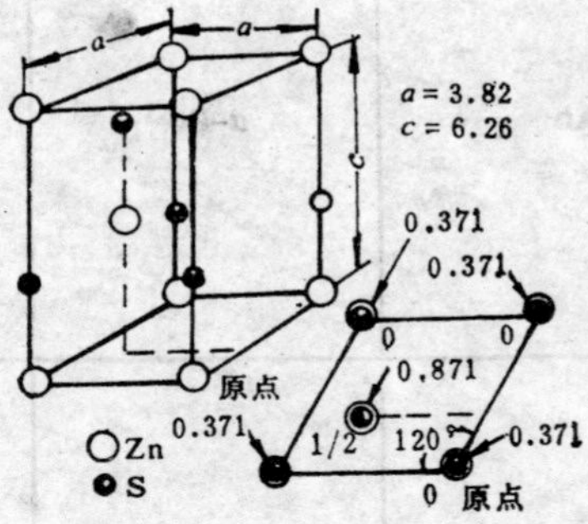 $a=3.82$ $c=6.26$ 原点 0.371 0.371 0 0 0.871 0.371 1/2 120° 0.371 0 原点 Zn S
$B8_2$	Ni_2In	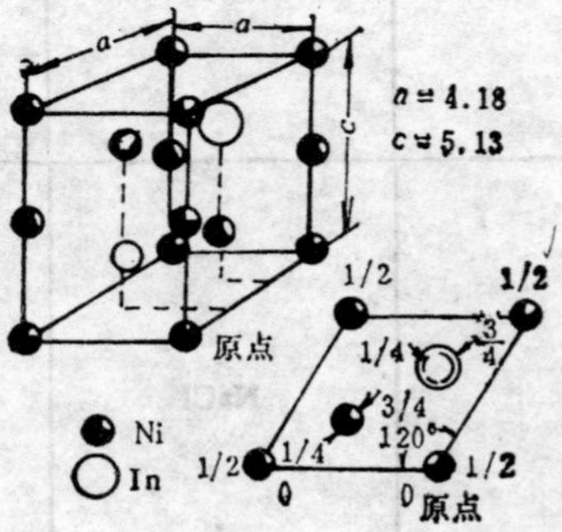 $a=4.18$ $c=5.13$ 原点 1/2 1/2 1/4 3/4 3/4 120° 1/2 1/4 1/2 0 0 原点 Ni In

续表 1-8-3

结构符号	晶体原型	晶胞中原子位置图示
B19	β′ AuCd	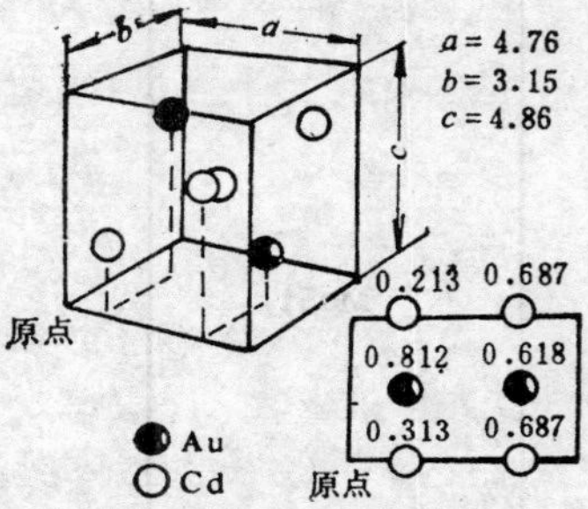 $a=4.76$，$b=3.15$，$c=4.86$；原点；0.213，0.687，0.812，0.618，0.313，0.687；● Au，○ Cd
B10	PbO	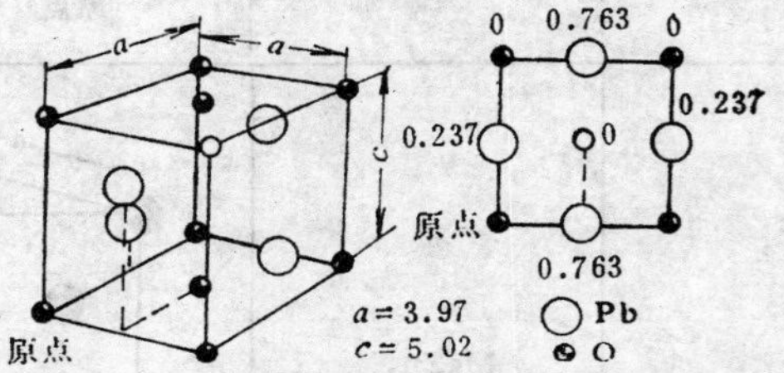 $a=3.97$，$c=5.02$；原点；0，0.763，0，0.237，0.237，0，0.763；○ Pb，◉ O
B11	CuTi	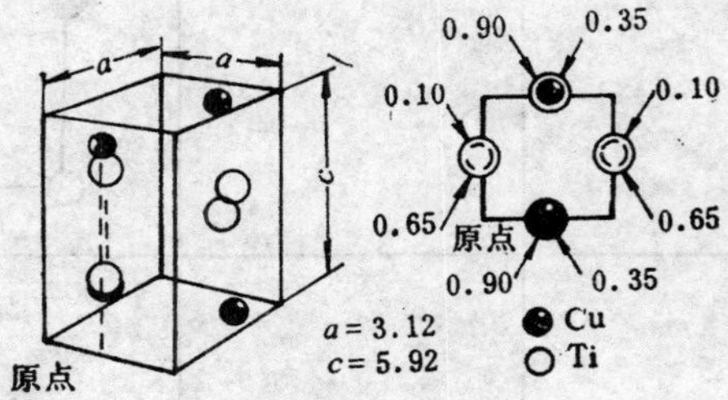 $a=3.12$，$c=5.92$；原点；0.90，0.35，0.10，0.10，0.65，0.65，0.90，0.35；● Cu，○ Ti
C1	CaF_2萤石	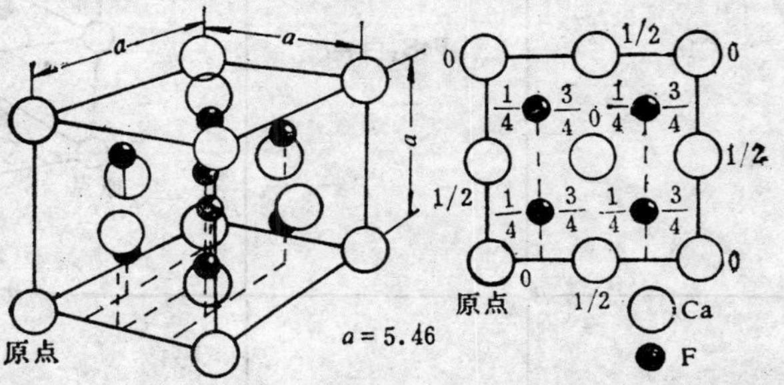 $a=5.46$；原点；0，1/2，0，1/4，3/4，0，1/4，3/4，1/2，1/2，1/4，3/4，1/4，3/4，0，1/2，0；○ Ca，● F
C4	TiO_2金红石	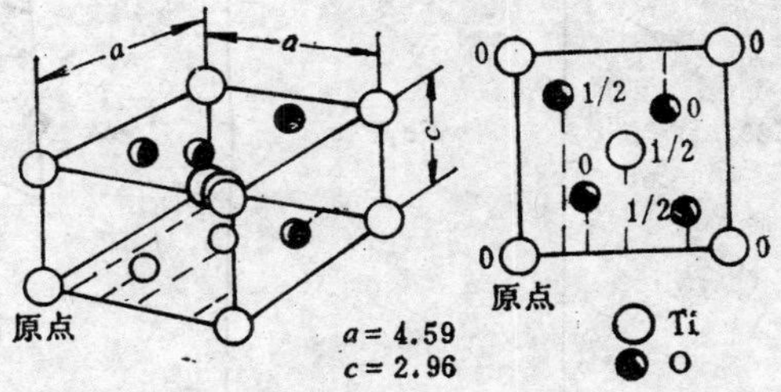 $a=4.59$，$c=2.96$；原点；0，0，1/2，0，1/2，0，1/2，0，0；○ Ti，● O

续表 1-8-3

结构符号	晶体原型	晶胞中原子位置图示
$C11_b$	$MoSi_2$	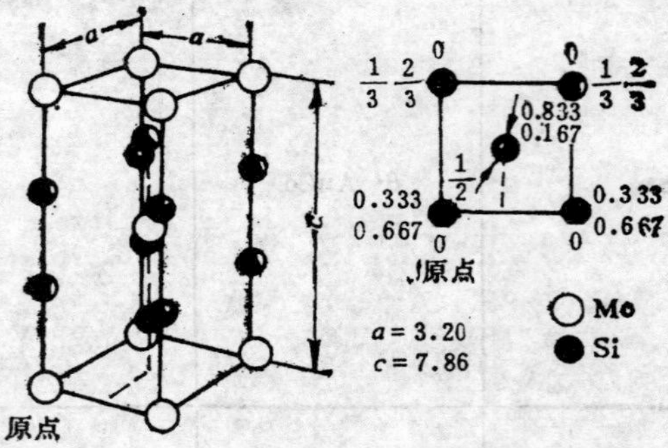 $a=3.20$，$c=7.86$；○ Mo ● Si
C14	$MgZn_2$	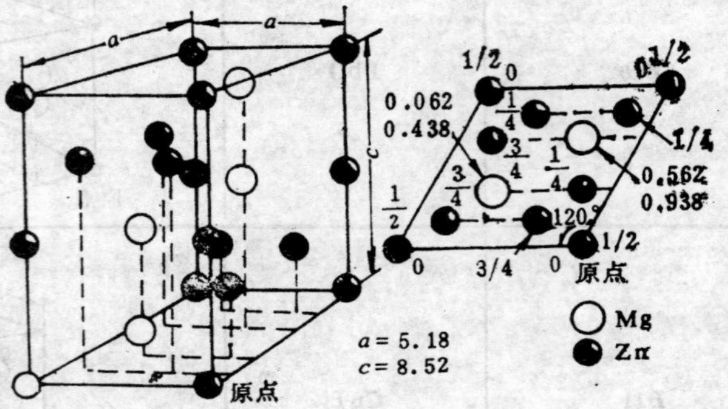 $a=5.18$，$c=8.52$；○ Mg ● Zn
C18	FeS_2白铁矿	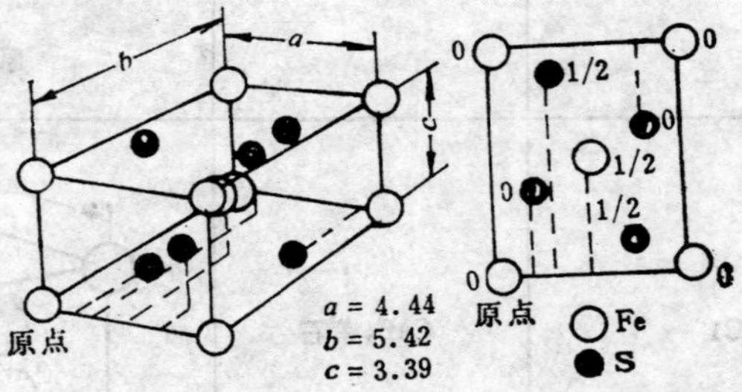 $a=4.44$，$b=5.42$，$c=3.39$；○ Fe ● S
C22	Fe_2P	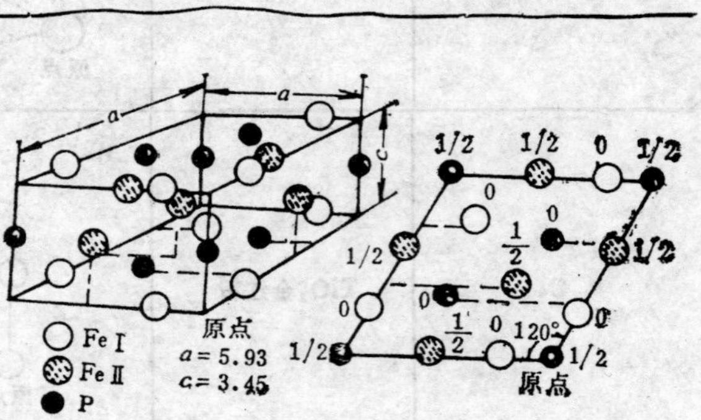 $a=5.93$，$c=3.45$；○ Fe Ⅰ ◍ Fe Ⅱ ● P

续表 1-8-3

结构符号	晶体原型	晶胞中原子位置图示
C38	Cu_2Sb	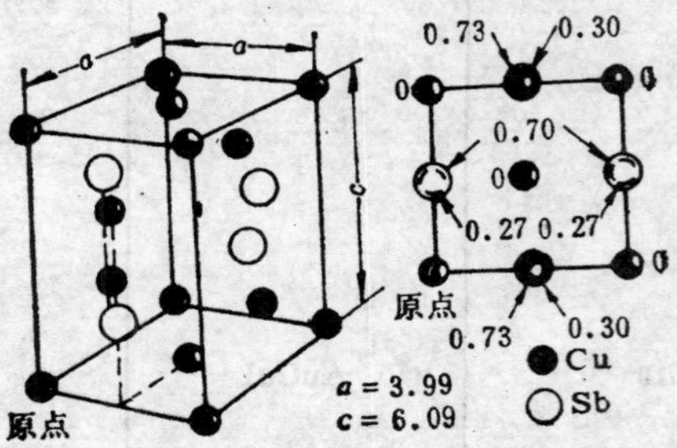
DO3	BiF_3或$BiLi_3$	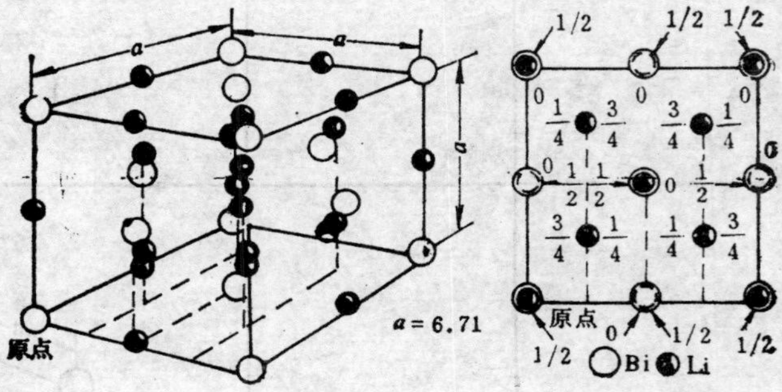
DO11	Fe_3C碳素体	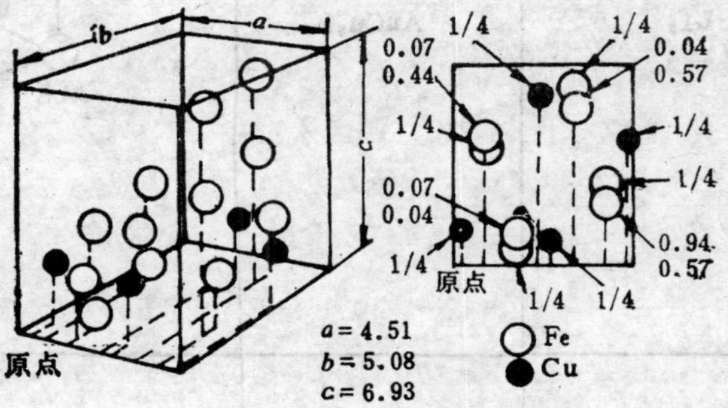
DO19	Ni_3Sn	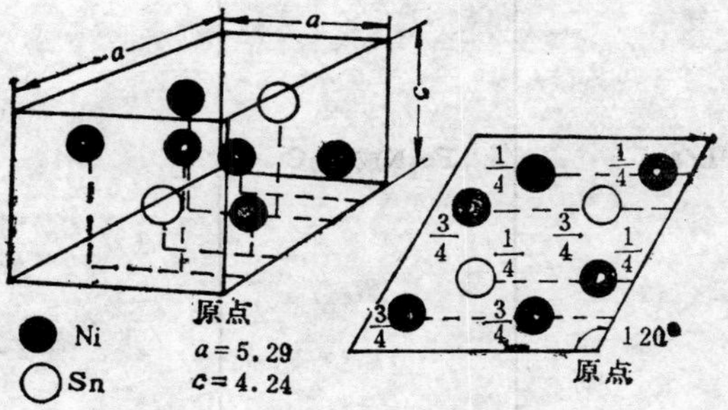

续表 1-8-3

结构符号	晶体原型	晶胞中原子位置图示
L10	AuCuI	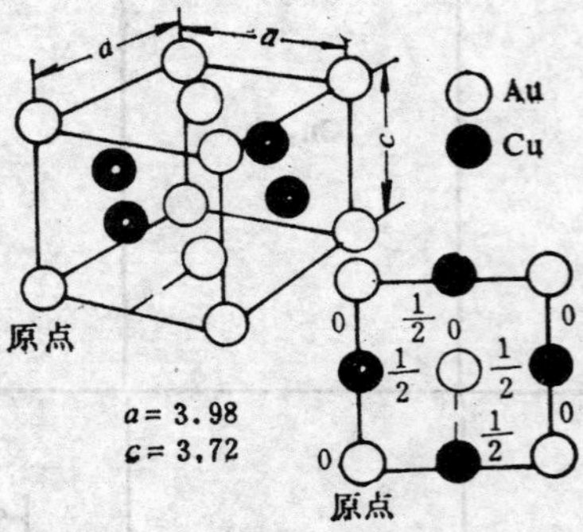 a=3.98 c=3.72
$L1_2$	$AuCu_3I$	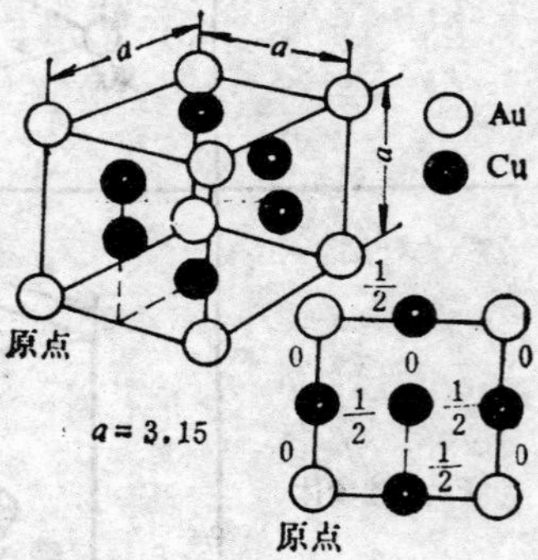 a=3.15
L′3	Fe_2N或W_2C	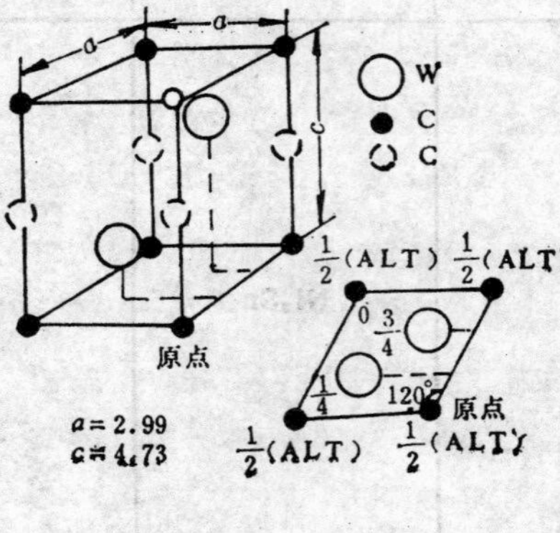 a=2.99 c=4.73

三、金属元素的晶体结构

表 1-8-4 金属元素的晶体结构和点阵常数

金属	晶体结构	点阵常数 a	点阵常数 c
Li	体心立方	3.502	
Na	体心立方	4.282	
K	体心立方	5.333	
Rb	体心立方	5.62 (−173℃)	
Cs	体心立方	6.05Å (−173℃)	
Cu	面心立方	3.6077	
Ag	面心立方	4.0778	
Au	面心立方	4.0704	
Be	密排六方	2.2810	3.5771
Mg	密排六方	3.2028	5.1998
Ca	α面心立方	6.0726	
	β密排六方	4.31	7.05
	γ体心立方	4.38	
Sr	α面心立方	6.0726	
	β密排六方	4.31	7.05
	γ体心立方	4.84	
Ba	体心立方	5.009	
Zn	密排六方	2.6595	4.93369
Cd	密排六方	2.9731	5.6069
Hg	正交	2.999 (α=70°32′)	
Sc	α密排六方	3.3090	5.2733
	β体心立方		
Y	α密排六方	3.6474	5.7306
	β体心立方	4.11	
La	α密排六方	3.770	
	β面心立方	5.304	12.159
	δ体心立方	4.26	
Ce	α面心立方	4.85	
	β密排六方		11.92
	γ面心立方	5.1612	
	δ体心立方	4.11	
Pr	α密排六方	3.6725	11.8354
	β体心立方	4.13	
Nd	α密排六方	3.6579	11.7992
	β体心立方	4.13	
Sm	正交	8.966 (α=23°13′)	
Eu	体心立方	4.5820	
Gd	α密排六方	3.6360	5.7826
Tb	α密排六方	3.6010	5.6936
Dy	密排六方	3.5906	5.6475
Ho	密排六方	3.5773	5.6158
Er	密排六方	3.5588	5.5874
Tm	密排六方	3.5375	5.5546
Eb	α面心立方	5.4862	

续表 1-8-4

金属	晶体结构	点阵常数 a	点阵常数 c
	β体心立方	4.45	
Lu	密排六方	3.5031	5.5509
Al	面心立方	4.0414	
Tl	α密排六方	3.4496	5.5137
	β面心立方	3.874	
Ti	α密排六方	2.9504	4.6832
	β体心立方	3.28	
Zr	α密排六方	3.223	5.123
	β体心立方	3.6089	
Hf	α密排六方	3.1946	5.0511
	β体心立方	3.50	
Sn	α金刚石型的立方结构	6.46	
	β四方结构	5.8197	3.1749
Pb	面心立方	4.9396	
V	体心立方	3.0338	
Nb	体心立方	3.3007	
Ta	体心立方	3.2980	
Sb	正交	4.4979(α=57°67′)	
Bi	正交	4.7364(α=57°14′)	
Cr	体心立方	2.8796	
Mo	体心立方	3.1468	
W	体心立方	3.1584	
Mn	α复杂立方	8.894	
	β复杂立方	6.300	
	γ四方结构	3.767	3.533
	δ体心立方	3.075	
Tc	密排六方	2.735	4.388
Re	密排六方	2.7553	4.4493
Fe	α体心立方	2.8608	
	β体心立方	2.8995	
	γ面心立方	3.649	
	δ体心立方	2.9347	
Rb	密排六方	2.7003	2.2730
Os	密排六方	2.7298	3.3104
Co	α密排六方	2.501	4.066
	β面心立方	3.548	
Ra	面心立方	3.7967	
Ir	面心立方	3.8312	
Ni	面心立方	3.5168	
Pt	面心立方	3.9161	
Ac	面心立方	5.311	
Th	面心立方	5.0741	
U	α斜方	2.852	5.865
	β四方结构	10.52	5.57
	γ体心立方	3.43	

四、稀有金属二元化合物的晶体结构

表 1-8-5 稀有金属二元化合物的晶体结构

化合物	结构类型	点阵常数		
		a	*b*	*c*
Mg				
MgLa	B2	3.97		
Mg_2La	C15	8.71		
Mg_3La	DO_3	7.47		
MgCe	B2	3.90		
Mg_2Ce	C15	8.70		
Mg_3Ce	DO_3	7.42		
$Mg_{12}Nd$	四方			
Mg_3Nd	DO_3			
Mg_2Nd	C15			
MgNd	B2			
$Mg_{23}Th_6$	$D8_4$			
Mg_2Th	C15			
$Mg_{24}Y_5$	立方			
Mg_5Y_2	正交			
MgY	B2			
Be				
$Be_{13}Ce$	D2	10.38		
$BeLi_4$	六方	10.92		8.94
Be_2Ti	C15	6.44		
$Be_{12}Ti$	$D2_a$	29.44		7.33
Be_3Zr	$D_{6h}'P6/mmm$	5.564		3.485
$Be_{17}Zr_2$	R3m	4.694		83.02
Be_2Zr	C32	3.82		3.24
$Be_{13}Zr$	$D2_3$	10.05		
$Be_{13}Th$	$D2_3$	10.40		
Mg_2Th	C36	6.086		19.64（低于700℃）
	C15	8.570（800℃）		
Be_2V	C14	4.39		7.13
Be_2Nb_3	p4/mbm	6.49		3.35（$M=2$）
Be_7Nb_2	R3m	5.599		82.84（$M=1$）
Cr				
Be_2Cr	C14	4.29		6.92
Ti_2Cr	斜方	6.203	6.498	12.63
$TiCr_2$	C15	6.93		
	C14	5.079		8.262
Zr_2Cr	C15	7.195		
$NbCr_2$	C15	6.98		
$TaCr_2$	C15	6.95		
	C14	4.92		8.05
Mo				
Be_2Mo	C14	4.43		7.34
$Be_{12}Mo$	四方	7.271		4.234

续表 1-8-5

化合物	结构类型	点阵常数 (kx) a	b	c
$B_{13}Mo$	四 方	10.27		4.29 ($M=4$)
$Fe_{20}Mo$	O_h^7	11.64		
$BeMo_3$	O_h^3	4.89		
$ZrMo_3$	A15	4.94		
$ZrMo_2$	C15	7.58		
W				
Fe_2W	C14	44.4		7.28
WBe_{20}	O_h^7	11.64		
ZrW_2	C15	7.61		
Mn				
Be_2Mn	C14	4.23		6.91
$TiMn_2$	C14	4.825		7.917
Ti_2Mn	$E9_3$	11.29		
$ZrMn_2$	C14	5.03		8.22
VMn_3	D8b			
$NbMn_2$	C14	4.87		7.96
$TaMn_2$	C14	4.86		7.94
$CrMn_3$	D8b			
Re				
Be_2Re	C14	4.35		7.09
$ZrRe_2$	C14	5.2701		8.6349
$HfRe_2$	C14	5.2478		8.5934
URe_2	斜 方	<180° 5.600	9.180	8.460
	六 方	>180° 5.433		8.561
Fe				
$CeFe_2$	C15			
YFe_2	O^7Fd3m	7.357 ($M=8$)		
$TiFe_2$	C14	4.77		7.75
TiFe	A2	2.97		
Ti_2Fe	$E9_2$	11.31		
$ZrFe_2$	C15	7.04		
$Zr_{0.8}Fe_{2.3}$	C36	4.95		16.12
VFe	D8b			
$NbFe_2$	C14	4.82		7.87
$TaFe_2$	C14	4.80		7.84
MoFe(σ)	D8b	9.188		4.812
Mo_6Fe_7	$D8_5$	8.97 (30°39′)		
WFe_2	C14	4.73		7.70
W_6Fe_7	$D8_5$	9.02 30°31′		
Co				
BeCo	B2	2.61		
$Be_{21}Co_5$	A12	7.66		
YCo_2	O^7Fd3m	7.216 ($M=8$)		
La_3Co	Pnmc	7.279	10.088	6.578 ($M=4$)
$CeCo_5$	D2d	4.96		4.06
Co_5Sm	P6/mmm	5.004		3.971
Co_5Tb	P6/mmm	4.947		3.982

续表 1-8-5

化合物	结构类型	点阵常数 (kx)		
		a	*b*	*c*
Co_5Ho	P6/mmm	4.910		3.966
$CeCo_2$	C15	7.15		
$TiCo_2$	C36	4.72		15.39 (富Co)
	C15	6.73		
TiCo	A2	2.99		
Ti_2Co	$E9_3$	11.28		
$ZrCo_2$	C15	6.89		
VCo_3	$P\bar{6}m2$	5.032		12.27 ($M=6$)
W_6Co_7	$D8_5$	8.95		
		30°41′		
Ni				
BeNi	B2	2.60		
$Be_{21}Ni_5$	$D8_{13}$	7.56		
YNi	斜 方	4.10	5.51	7.12 ($M=4$)
YNi_5	六 方	4.883		3.967 ($M=1$)
$LaNi_5$	D2d	4.95		4.00
$LaNi_2$	C15	7.25		
$CeNi_5$	D2d	4.86		4.00
$CeNi_2$	C15	7.19		
$CeNi_3$	P63/mmc	4.98		16.54
Ti_2Ni	O_h^7-Fd3m	11.278 ($A=96$)		
$TiNi_3$	DO_{24}	5.10		8.31
TiNi	A2	3.01		
Ti_2Ni	$E9_3$	11.29		
ZrNi	b.c.c	6.702		
$ZrNi_5$	C15	6.71		
Zr_2Ni	D_h^{18}/4mcm	6.477		5.241
ZrNi	D_{2h}^1 cmcm	3.268	9.937	4.101
$NbNi_3$	A_3			
$TaNi_3$	DO_a	5.11	4.25	4.54
$MoNi_4$	$D1_a$	5.72		3.56
$MoNi_3$	$TiCu_3$型			
MoNi	A3	2.54		4.18
WNi_4	D1a体心立方	5.73		3.55
Ru				
TiRu	B2	3.06		
$ZrRu_2$	C14	5.13		8.49
Pd				
BePd	B2	2.81		
Be_5Pd	C15	5.98		
$TiPd_3$	DO_{24}	5.48		8.96
Pd_3Zr	$TiNi_3$型	5.612		9.235
Pd_3Hf	$TiNi_3$型	5.595		9.192
$PdTi_2$	C11B	3.090		10.084
$PdZr_2$	C11B	3.306		10.894
$FdHf_2$	C11B	3.251		11.061

续表 1-8-5

化合物	结构类型	点阵常数 (kx) *a*	*b*	*c*
V				
ZrV_2	C15			
ZrV_3	C14	5.28		8.25
TiV(ω)	斜方	6.205	6.597	13.63
Cu				
$LaCu_5$	D2d	5.17		4.12
CeCu	正交p_{nma}	7.30	4.30	6.36
$CeCu_2$	正交 Imma	4.43	7.05	7.45
$CeCu_4$	D2d	5.17		4.12
$CeCu_6$	正交p_{nma}	8.12	5.102	10.162(*M*=4)
Ti_3Cu	L1a	4.16		3.59
$CuTi_2$	面心四方	4.164		3.611
TiCu(δ)	L2a	4.44		2.86
(γ)	B11	3.11		5.89
$TiCu_3$(β)	Ae	2.59	4.53	4.35 (>600°C)
(β)	DO_a	5.15	4.34	4.52 (<600°C)
$CuZr_2$	C11B	3.2204		11.1832
Zr_3Cu	$L1_a$	4.54		3.72
Zn				
$LaZn_5$	D2d	5.43		4.23
LaZn	B2	3.75		
CeZn	B2	3.70		
$TiZn_3$	$L1_2$	3.9322		
$TiZn_2$	C14	5.064		8.210
TiZn	B2			
$ZrZn_4$	f.c.c. Fd/3m	14.11		
ZrZn6	正交	17.8	12.5	8.68
Zr_3Zn_6	四方$p4_2mm$	7.633		6.965
$NbZn_2$	六方P63/mmc	5.05		16.32
Al				
LiAl	B32	6.36		
Y_3Al	正方	8.239		7.648 (*M*=4)
YAl	斜方	3.884	11.522	4.385 (*M*=4)
YAl_2	C15	7.837		
$LaAl_4$	$D1_3$	4.42		10.21
$LaAl_2$	C15	8.14		
CeAl	斜方$C_{mc}2$	9.27	7.68	5.76
$CeAl_4$	$D1_3$	4.31		10.10
$Ce_3Al_{(\alpha)}$	A3	7.04		5.451
NdAl	B2	3.73		
$TiAl_3$	DO_{22}	5.43		8.58
Ti_2Al	—	5.775		4.638
TiAl(α_2)	六方	5.76		4.65
Al_6Ti	同$MnAl_{16}$	6.58	7.63	9.00
Ti_3Al	DO_{19}	5.77		4.62
$ZrAl_3$	DO_{23}	4.01		17.29
Zr_3Al	$L1_2$	4.372		

续表 1-8-5

化合物	结构类型	点阵常数 (kx) a	b	c
Zr_2Al	六方Pb_{3mmc}	4.8939		5.9283
Zr_2Al_3	斜方Fdd2	9.601	13.906	5.57
Zr_3Al_2	正方D_{4h}^{14}- $P_{\frac{4}{2}}/mnm$	7.630		6.998
$NbAl_3$	DO_{22}	5.43		8.58
Nb_2Al	正 方	9.943		5.586
Nb_3Al	O_h^3-P_{m3n}	5.187 ($M=2$)		
TaAl	DO_{22}	5.42		8.54
Ga				
Mg_5Ga_2	$D8_9$	13.72	7.02	6.02
Mg_2Ga	C22	7.85		6.94
Nd_3Ga	$O_h^3P_m3_m$	5.171		
V_3Ga	$O_h^3P_m3_m$	4.816		
In				
LiIn	B32	6.79		
α_2-Ti_3Sn	六方DO_{19}	5.89		4.76
ZrIn	L_2^1型	4.461		
Tl				
LiTl	B2	3.42		
$LaTl_3$	A3	3.45		5.52
LaTl	B2	3.91		
CeTl	B2	3.89		
Si				
$LaSi_2$	C_c	4.27		13.72
$CeSi_2$	C_c	4.14		13.81
YSi	斜方D_{2h}^{17}Cmcm	4.25	10.52	3.82 ($M=4$)
YSi_2	C_c (斜方)			
—TiSi	六 方			
TiSi	C49			
Ti_5Si_3	$D8_8$	7.47		5.16
Zr_2Si	$D8_8$或C16	6.56		5.36
Zr_5Si_3	$D8_8$或C16	7.87		5.54
$ZrSi_2$	C49	3.72	14.69	3.66
$HfSi_2$	C46	3.69	14.46	3.64
VSi_2	C40	4.56		6.36
V_3Si	A15	4.71		
V_5Si_3	$D8_8$	7.52		5.238
$NbSi_2$	C40	4.79		6.58
Nb_5Si_3	$D8_8$	7.52		5.238
$TaSi_2$	C40	4.77		6.55
$MoSi_2$	C11	3.19		7.83
Mo_3Si	A15	4.89		
Mo_5Si_3	$D8_8$	7.27		4.992
WSi_2	C11	3.20		7.81
Ge				
Mg_2Ge	C1	6.37		
Y_5Ge_3	D_8^8	8.47		6.35
$CeGe_2$	$\alpha ThSi_2$型	4.202		14.153

续表 1-8-5

化合物	结构类型	点阵常数 (kx) a	b	c
TiGe	斜方 C_{2v}^{l}	3.80	5.22	6.82
$TiGe_2$	C54	8.58	5.02	8.85
Ti_5Ge_3	$D8_8$	7.54		5.22
$ZrGe_2$	C49	3.80	15.01	3.76
Zr_5Ge_3	$D8_8$	7.99		5.99
Hf_5Ge_3	六方D_{6h}^3-P6_3mcm	7.88	5.53	
V_3Ge	A15	4.76		
$NdGe_2$	C40	4.96		6.77
$TaGe_2$	C40	4.95		6.74
Ta_5Ge_3	$D8_8$	7.58		5.23
Sn				
Ti_5Sn_3	$D8_8$	8.05		5.45
Ti_3Sn	DO_{19}	5.92		4.76
B				
Be_2B	CaF_2型	4.663		
BeB_2	六方P6/mmm	9.79		9.55
BeB_6	正 方			
YB_6	$D2_1$	4.07		
Ti_2B_5	D8h	2.98		13.98
TiB_2	C32	3.03		3.22
Ti_2B	正 方	6.11		4.56 (*M*=4)
ZrB_{12}	D2f	7.41		
ZrB_2	C32	3.17		3.53
ZrB	面心立方	4.65		
VB_2	C32	3.00		3.06
V_3B_4	斜 方	3.030	13.18	2.986
VB	Bf	3.10	8.17	2.98
NbB_2	C32	3.09		3.30
Nb_3B_4	D7b	3.31	14.08	3.14
NbB	Bf	3.30	8.72	3.17
Nb_9B	立 方	4.21 (>800℃)		
Ta_3B_4	D7b	3.29	14.0	3.13
TaB_2	C32	3.08		3.27
TaB	Bf	3.28	0.867	3.16
Ta_2B	C16	5.78		4.86
Mo_2B_5	D8i	3.01		20.93
MoB_2	C32	3.05		3.11
MoB	Bg	3.11		16.97
Mo_2B	C16	5.54		4.74
W_2B_5	D8h	2.98		13.87
WB_2	六 方	6.35		16.4 (*M*=8)
		或8.24		15.60 (*M*=12)
WB	(1)Bf	3.19	8.40	3.07 (>1850℃)
	(2)Bg	3.12		16.93
W_2B	C16	5.56		4.74
S				
Li_2S	C1	5.71		

续表 1-8-5

化合物	结构类型	点阵常数(kx) a	b	c
Ce_2S	$D7_3$	8.617		
Ce_3S_4	$D7_3$	8.608		
CeS	B1	5.77		
TiS_2	C6	3.40		5.69
ZrS_2	C6	3.68		5.85
MoS_2	C7	3.15		12.30
WS_2	C7	3.15		12.3
Ga_2S_3	(α) B3	5.18<550℃		
	(β) B4	3.69		6.03>550℃
InS	P_{mnm}	3.93	4.43	10.62
In_2S_3	(α) B1	5.37<300℃		
	(β) $H1_1$ $H1_1$	10.74>300℃		
TlS	B37	7.79		6.86
Tl_2S	C6	12.20		18.17
AsS	B1	9.27	13.50	6.56 (106°37′)
As_2S_3	D5f	11.46	9.56	4.21 (90°)
C				
LaC_2	体心正方	3.94		6.572
La_2C_3	体心立方	8.803		8.819
CeC_2	C11	5.48		6.48
NdC_2	C11	5.41		6.23
TiC	B1	4.32		
ZrC	B1	4.67		
HfC	B1	4.46		
VC	B1	4.17		
NbC	B1	4.424～4.457		
Nb_2C	密排六方	3.12		4.95
Nb_4C	L′1	～4.40		
TaC	B1	4.95		
Ta_2C	L′3	3.09		4.93
MoC	γ Bh	2.90		2.81
	MoC_{1-x} B1	4.27		
Mo_2C	L′3	3.01		4.74
WC	Bh	2.90		2.83
W_2C	L′3	2.99		4.71
SiC	B3	4.35		
	B5	3.08		10.08
P				
Li_3P	DO_{18}	4.26		7.58
AlP	B_3	5.42		
GaP	B_2	5.4505		
InP	B_3	5.86875		
LaP	B1	6.01		
CeP	B1	5.90		
N				
ScN	B1	4.44		
LaN	B1	5.28		

续表 1-8-5

化合物	结构类型	点阵常数 (kx)		
		a	b	c
CeN	B1	5.01		
TiN	B1	4.24		
ZrN	B	4.63		
NbN	B1	5.14		
TaN	六方	5.181		2.902
Ta_2N	L′3	3.06		4.96
MoN	Fh	2.86		2.80
Mo_2N	(β) L′6	4.18		4.02
	(γ) L′1	4.17		
W_2N	(β) L′1	4.12		
	(γ) 立方	4.12		
$ReN_{0.4}$	L′1	3.92		
AlN	B4	3.10		4.97
GaN	B4	3.18		5.17
InN	B4	3.53		5.69
α Si_3N_4	六方 $D\frac{2}{d}$P31c	7.758		5.623
β Si_3N_4	六方 D^2_{6h}-P6/3m	7.603		2.909
Si_xN	六方	4.534		4.556
Si_3N_4	斜方	13.38	8.60	7.74

参考文献

[1] 李树棠，金属X射线衍射与电子显微分析技术，冶金工业出版社，1980.

[2] B. D. 柯列迪，X射线金属学，中国工业出版社，1965.

[3] 许顺生，金属X射线学，上海科学技术出版社，1964.

[4] Smithells Metals Reference Book, Sixth edition, 1983.

第九章 相 图

编写人 贾厚生 孙丽虹

一、相图基本概念

（1）体系。把所要研究的物质实际地或想象地和其周围物质分开，所要研究的这部分物质叫体系，其周围物质叫环境。

（2）相。体系中具有相同物理和化学性质的均匀部分。相与相之间有相界面隔开，并且可以用机械方法将其分离。

（3）组元。构成平衡体系各相所需要的最少的独立成分。

（4）自由度（自由度数）。在平衡条件下对一系统在一定限度内（在没有一个相消失，也没有一个新相出现的条件下）可任意指定的变量数，即在一定条件下，一个处平衡体系所具有独立变量的数目。

（5）相律。又称吉布斯（W.Gibbs）定律，表示系统在热力学平衡状态下，组元数、相数和自由度数之间关系，可用下式表示：

$$F=C-P+n$$

式中 F——体系的自由度数；

C——体系组元数；

P——体系中平衡共存的相数；

n——影响平衡的外界变量的数目。

如果只考虑温度和压力，则$n=2$。对于凝聚系，压力影响比较小。只考虑温度影响，$n=1$，则相律表达式为$F=C-P+1$。

二、二元相图

二元相图表示二元系中各相可以稳定存在的温度、成分和压力范围。当压力恒定，二元相图就可用直角坐标系平面图表示。纵坐标表示温度，横坐标表示体系成分。可以用重量百分数，也可以用原子百分数表示。

根据相律，当压力恒定时，对二元系，$F=2-P+1=3-P$，故最多相数为3。

当一个二元系分离成二个相，或者反之二个相混合成一个新的二元系，那么这二个相的成分代表点必和体系的成分代表点共线，二相的相对重量符合杠杆关系，（如图1-9-1所示），即：

$$\frac{Q_L}{Q_\alpha}=\frac{cb}{ac}$$

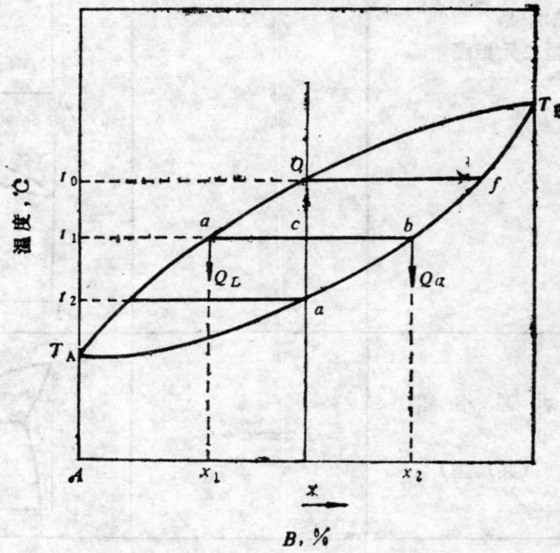

图 1-9-1 杠杆定律示意图

常见的二元相图类型见表1-9-1。

三、三元相图

（一）三元相图表示法

要完整地表示一个三元系的状态，需要用三个坐标轴的立体图通常垂直轴表示温度，用等边三角形底平面表示三个组元的浓度。

1．三元系浓度表示法

等边三角形的三个顶点代表三个组元，三条边分别代表三个二元系，三角形内任一点代表一定成分的三元合金或三元材料，如图1-9-2所示。

2．三元系温度表示法

为了在平面相图中表示出温度坐标，用一系列等温平面切割立体相图中液相面和固相面，把所得交线垂直地投影到底面浓度三角形内，就得到平面相图中一系列等温线。如图1-9-3中，对应于T_1、T_2……时，液相面上等温线为L_1L_1'，L_2L_2'……，固相等温线为S_1S_1'，S_2S_2'……。

表 1-9-1　常见的二元相图类型

类　　型	转变式	图象特征	说　　明
互溶型相图 1. 具有最低点的互溶型二元相图	$L \rightleftharpoons \alpha$	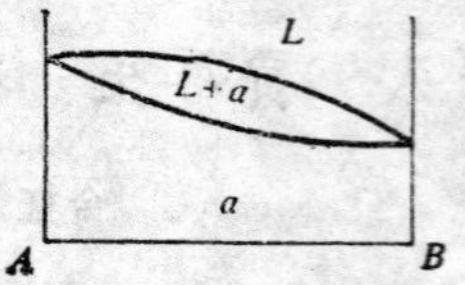	这类体系的特点是，无论在液态或固态，两个组元都能以任何比例互相溶解，成为均匀的单相溶液
2. 具有最高点的互溶型二元相图		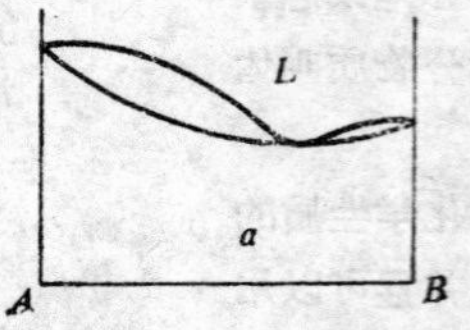 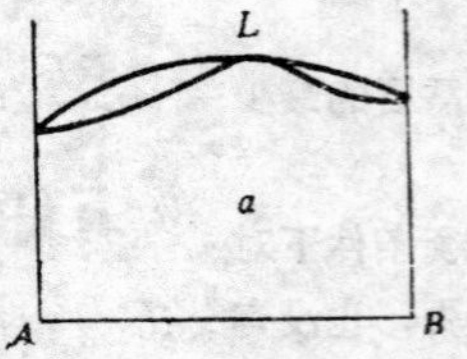	
共晶相图 (共熔型)	$L \rightleftharpoons \alpha+\beta$	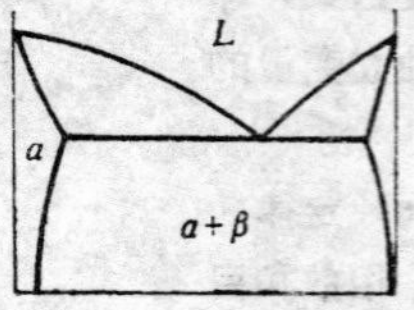	从一个液相同时结晶出两个固相
共析相图	$\beta \rightleftharpoons \alpha+\gamma$	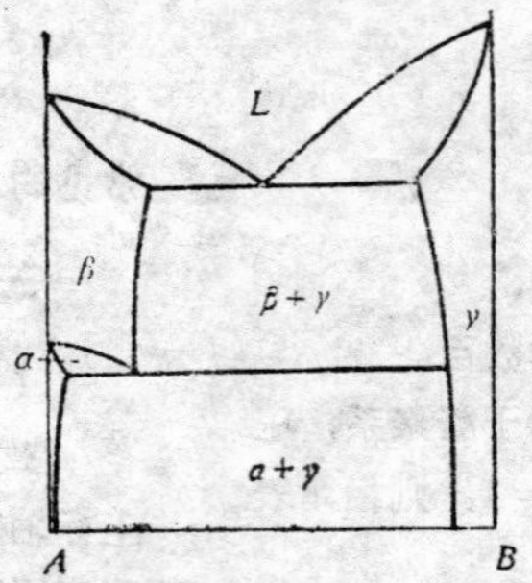	从一个固相形成两个不同的固相
包晶相图 (转熔型)	$L+\beta \rightleftharpoons \alpha$	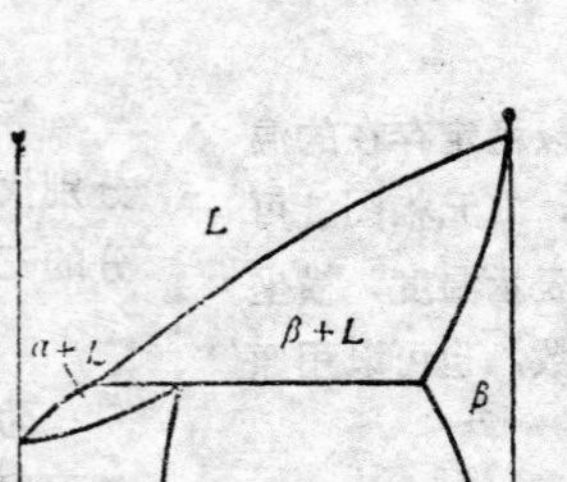	液相与固相相互作用形成另一个固相

续表 1-9-1

类型	转变式	图象特征	说明
气析相图	$\alpha+\beta \rightleftharpoons \gamma$	L, a, p, $\alpha+\beta$, $\gamma+\alpha$, γ, $\gamma+\beta$, A, B	一个固相与另一个固相作用形成第三个固相
液态部分互溶相图——形成偏熔(偏晶)型二元系 1．分溶线与共熔型相图的组合	偏晶反应式 $L_1 \rightleftharpoons L_2 + A$	A′, L_1, d, c, L_2, B′, A+ L_2, A+B, A, B	体系特点是：液态部分互溶，固态完全不互溶
2．分溶线与共熔型相图的组合	偏晶反应式 L_d - $L_c + L_f$	c, f, d, B′, A, D(A$_m$B$_n$), B	体系特点是：液态部分互溶，固态二组元也部分互溶
3．分溶线与化合物型相图的组合此反应叫综晶反应	$D_f \rightleftharpoons L_c + L_d$	A′, f, d, c, a, B′, e, β, A, B	体系特点是：液态部分互溶，固态生成化合物

续表 1-9-1

类 型	转 变 式	图 象 特 征	说 明
化合物型相图 1. 同份熔化化合物		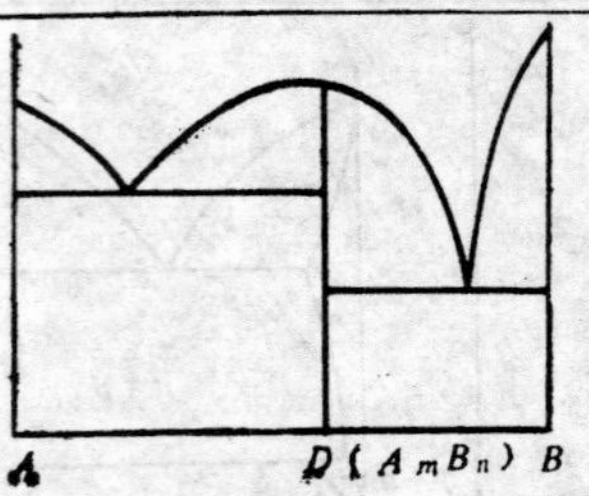 A D（A_mB_n） B	同份熔化化合物是一种稳定的化合物，象纯物质那样，它有一个固定的熔点
2. 异份熔化化合物		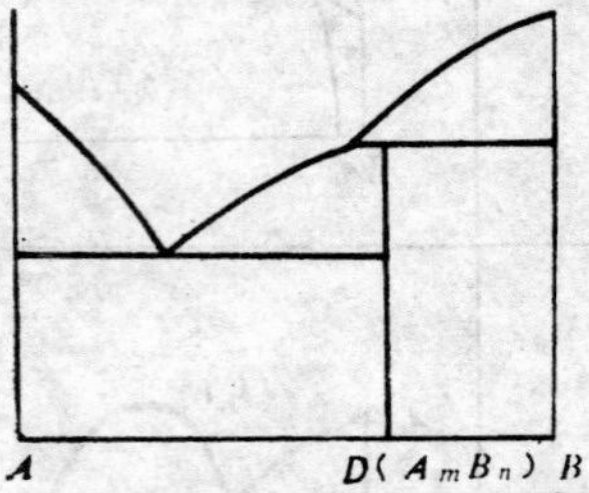 A D（A_mB_n） B	由于熔化后成分与固相化合物不相同，故称异份熔化化合物，又称不稳定化合物
具有各种固态转变的相图 1. 固溶体具有同素异构转变的相图	$\gamma \rightleftharpoons \alpha$	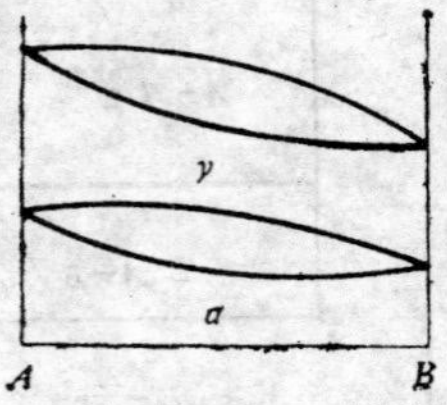 γ α A B	
2. 具有磁性转变的相图		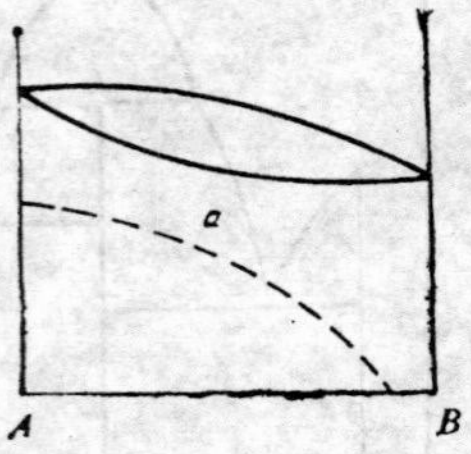 α A B	
3. 固溶体形成中间相的相图	$\alpha \rightleftharpoons \sigma$	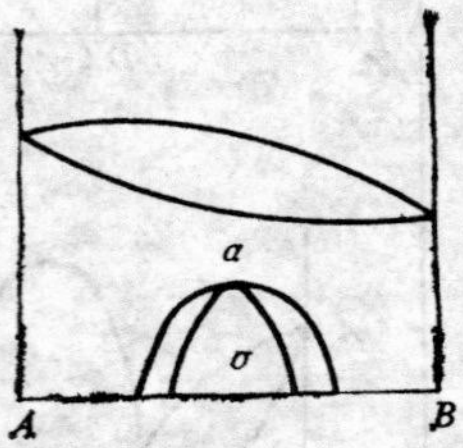 α σ A B	在一定成分和温度范围内固溶体转变为中间相
4. 具有有序—无序转变的相图	$\alpha \rightleftharpoons \alpha'$	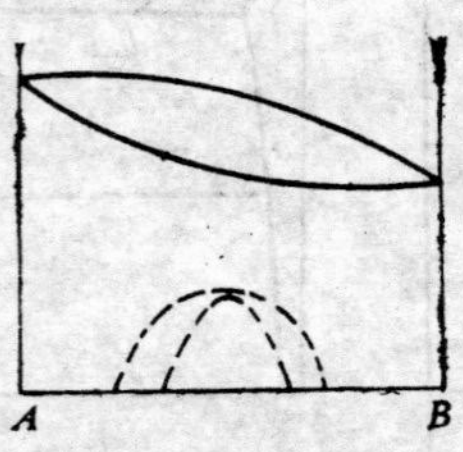 A B	在一定成分和温度范围内发生有序—无序转变

续表 1-9-1

类 型	转 变 式	图 像 特 征	说 明
5．具有脱溶（析出）过程的相图	$\alpha \rightleftharpoons \alpha+\theta$		固溶体α随温度下降，溶解度减少，析出第二相θ

（二）浓度三角形的某些性质

（1）对平行于浓度三角形的任何一边作一直线（如图1-9-4所示EE'线），在此线上的所有点（如M_1，M_2）所代表的三元系中，直线所对的顶角组元（在此是组元A）的浓度皆相同。

（2）从浓度三角形的一个顶点到对边作一任意直线，在此直线上的所有的点所代表的三元系中，另外二个组元浓度之比皆相同。例如，在图1-9-5中CE线上任意的M_1,M_2点所代表的三元系中，组元A和组元B浓度之比皆相同，且等于$\frac{BE}{EA}$。

（三）一些基本规则

以下规则在分析相图时十分重要。

1．杠杆规则

若已知成分和重量的三元系R分离出两个相互平衡的相P和Q（图1-9-6），这两相的成分代表点P和Q必在

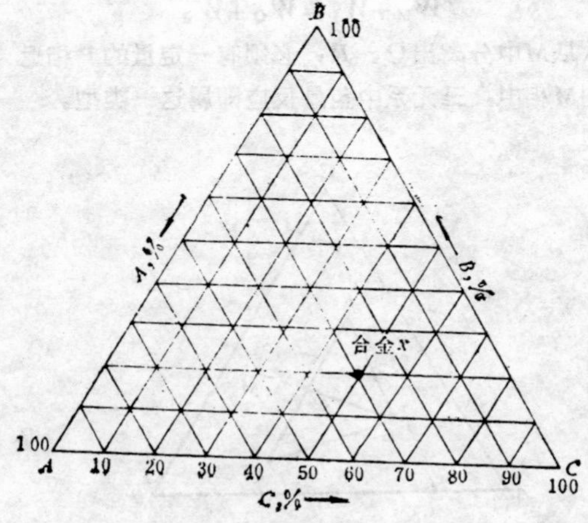

图 1-9-2 三元系的浓度三角形

（合金x含30%A，20%B，50%C）

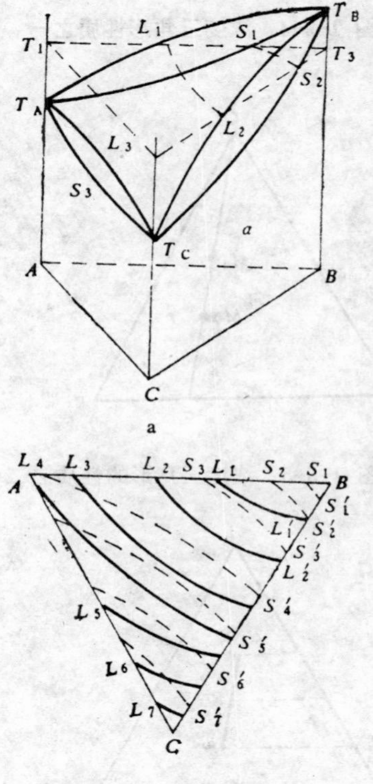

图 1-9-3 三元系平面相图中温度表示法

a—立体图；b—相应的表示法

通过R的直线上，且P和Q的重量由杠杆规则确定，即：

$$W_P=\frac{RQ}{PQ}W_R$$

$$W_Q=\frac{RP}{PQ}W_R$$

连接两个相互平衡相的成分的直线PQ叫结线。

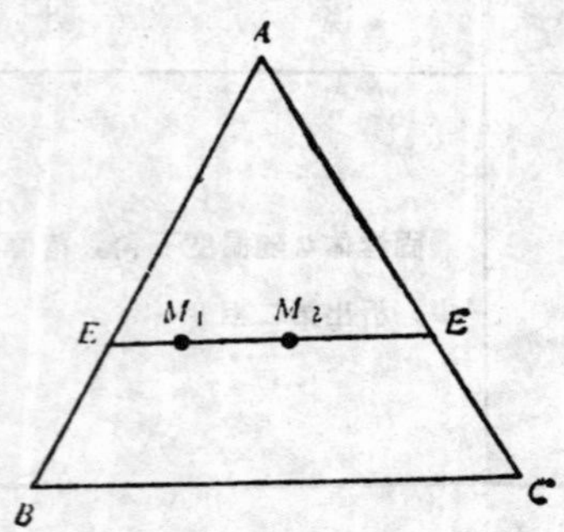

图 1-9-4 浓度三角形性质之一

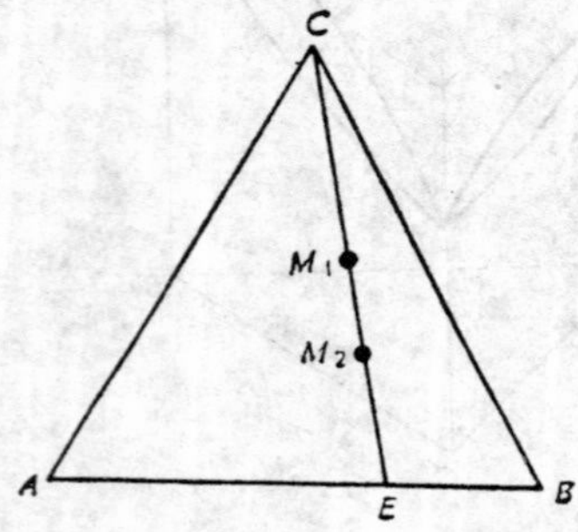

图 1-9-5 浓度三角形的性质之二

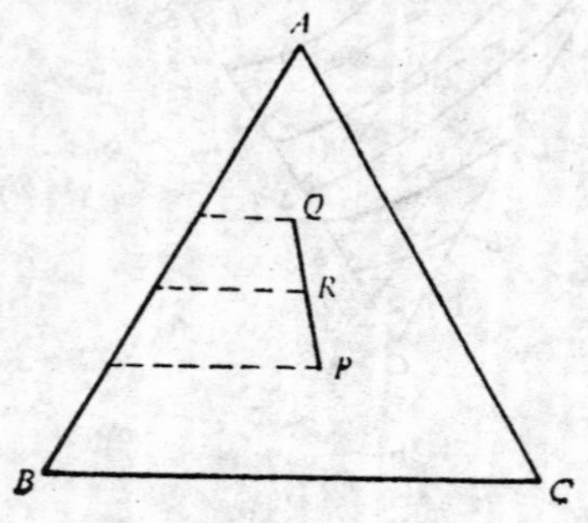

图 1-9-6 杠杆规则

2．重心规则

如果三个已知成分和重量的三元系P、Q、R混合成一个新的三元系M(图1-9-7)，则M的成分代表点必在P、Q、R所围成的三角形之内，且处于重心位置。M点位置可由下式确定：

$$W_M = W_P + W_Q + W_R$$

$$C_A^M = \frac{1}{W_M}(W_P C_A^P + W_Q C_A^Q + W_R C_A^R)$$

$$C_B^M = \frac{1}{W_M}(W_P C_B^P + W_Q C_B^Q + W_R C_B^R)$$

$$C_C^M = \frac{1}{W_M}(W_P C_C^P + W_Q C_C^Q + W_R C_C^R)$$

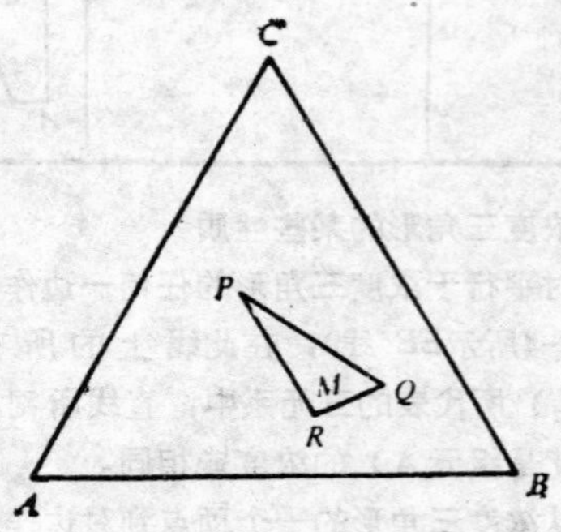

图 1-9-7 重心规则

此规则可推广到多元系。

重心规则还有以下一些特点。

（1）此规则在共晶反应时也成立，即如果由一个已知成分及重量的三元系M中分离出三个已知成分的三元系P、Q、R，则M点必在P、Q、R所围成的三角形之内，并有：

$$W_M = W_P + W_Q + W_R$$

（2）如果M点在△PQR之外且位于相交叉位置（图1-9-8），则有：

$$W_M = W_Q + W_R - W_P$$

或
$$W_M + W_P = W_Q + W_R$$

即欲从M中分离出Q、R，必须有一定量的P相返回到M相中，三元系中包晶反应即属这一类型。

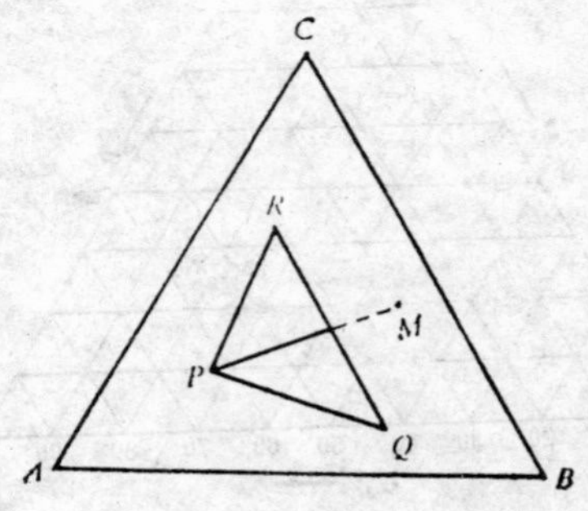

图 1-9-8 M点在△PQR之外

（3）如果M点在$\triangle PQR$之外，且位于共轭位置（图1-9-9），则：

$$W_M + W_P + W_Q = W_R$$

即欲从M中分离出R相，必须有一定量的P相和Q相返回M中。

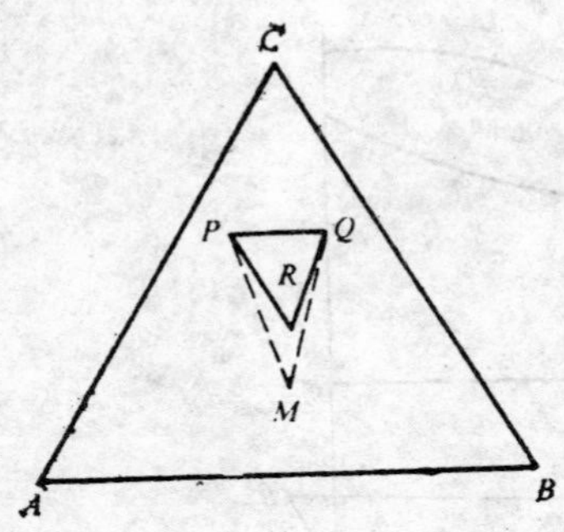

图 1-9-9 M点在$\triangle PQM$之外且位于共轭位置

3．切线规律

此规则常用以判断分界线的性质。

如图1-9-10所示，分界线上某点L_1的切线L_1S_1与相成分点的联线（即BC）相交，如果交点在相成分连线之内（如S点在BC中间），则分界线上该点进行共熔反应，即：

$$L_1 \rightleftharpoons B + C$$

如果交点在相成分连线的延长线上（如S_2点），则分界线上该点进行转熔反应，即：

$$L_2 + C \rightleftharpoons B$$

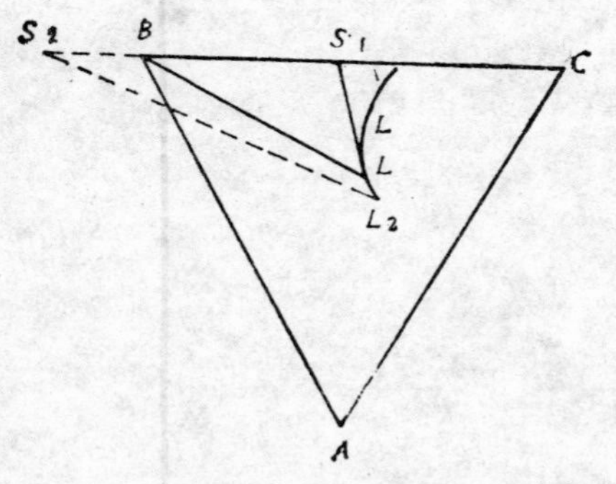

图 1-9-10 切线规则

4．相区邻接规则

此规则常用来检查等温截面是否正确。

在n元相图（立体图，平面图，等温截图）中，某个相区内相的总数与邻接的相区内相的总数之间有如下关系：

$$R_1 = R - D^- - D^+ \qquad (R_1 \geqslant 0)$$

式中 R_1——邻接二个相区的相边界维数；

R——相图的维数；

D^-——从一个相区进入另一相区后，消失的相数目；

D^+——从一个相区进入另一相区后增加的相数目。

（四）三元相图的等温截面

用等边三角形表示三元立体相图于某特定温度的等温截面能完整地表示在该温度下三元系中平衡相和组元成分的关系，并显示出平衡相、相区、相界的位置和关系，但不能表示加热和冷却过程中平衡相和相区的变化。

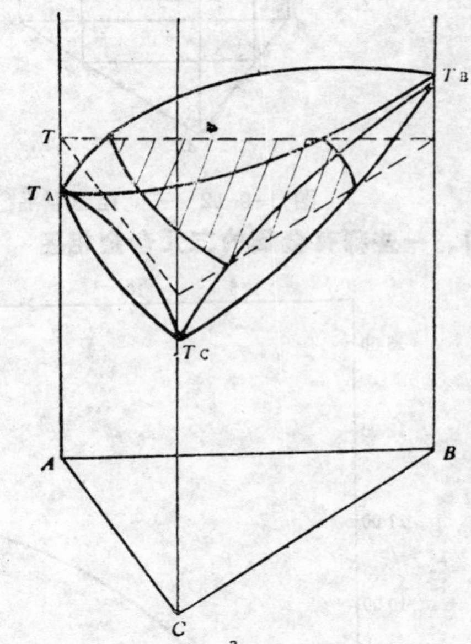

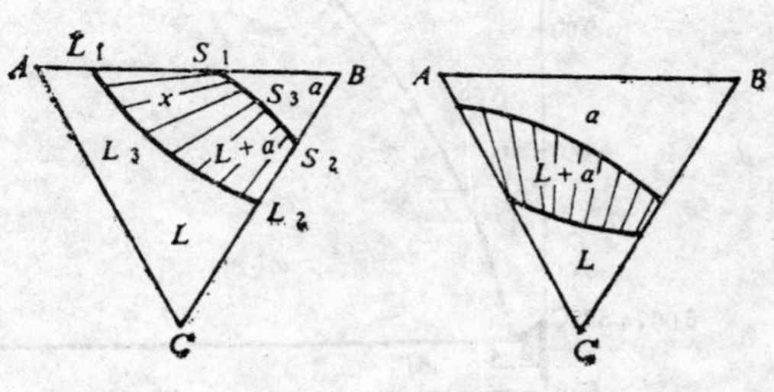

图 1-9-11 三元系相图的两个等温截面

a—立体相图；b—$T_B > T > T_A$

（五）三元相图的垂直截面

该截面又称变温截面。在成分三角形内取任一直线（通过顶点或平行某边或取任意截线）作垂直平面，将三元立体相图各相区与此垂面的交线绘于垂直平面上，即得三元相图的垂直截面。它表明成分位于截面上的各合金在加热和冷却时的相变温度和相变过程。但一般不能用变温截面来确定平衡各相的成分。三元相图的等温截面和垂直截面示例见图1-9-11和图1-9-12。

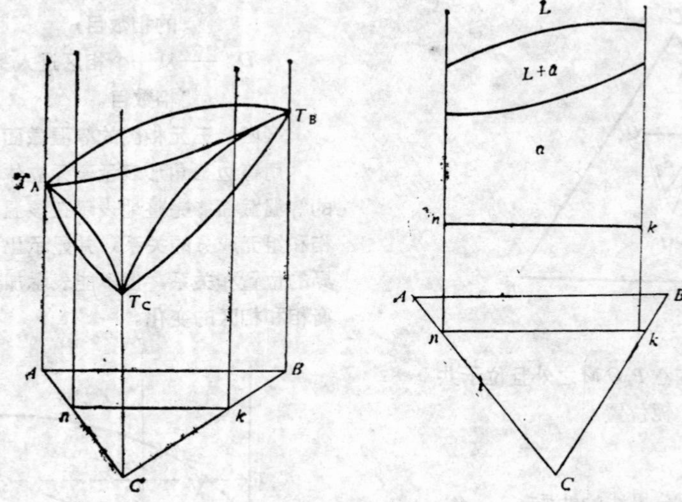

图 1-9-12 三元相图中平行于三角形一边直线上的垂直截面

四、一些稀有金属的二元合金相图

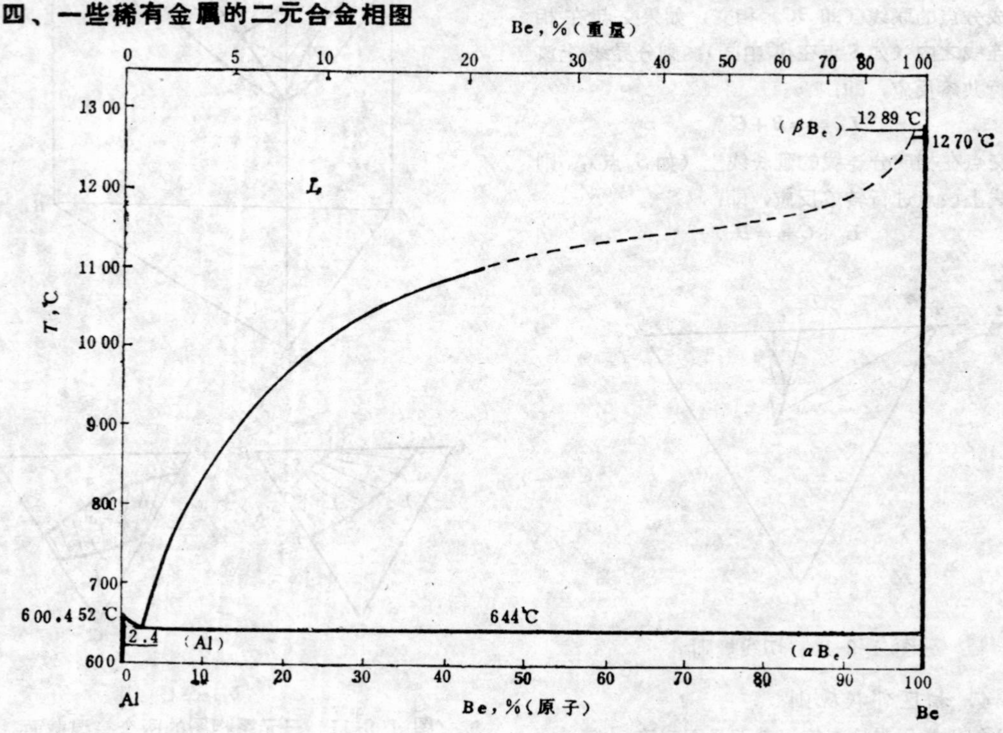

图 1-9-13 Al-Be相图

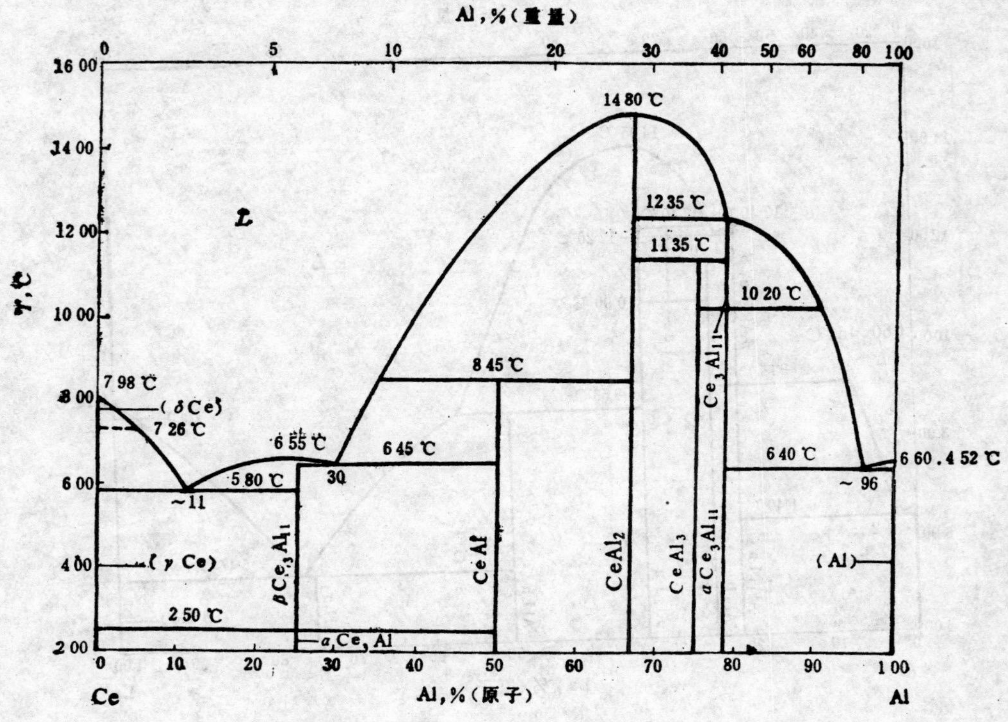

图 1-9-14 Al-Ce相图

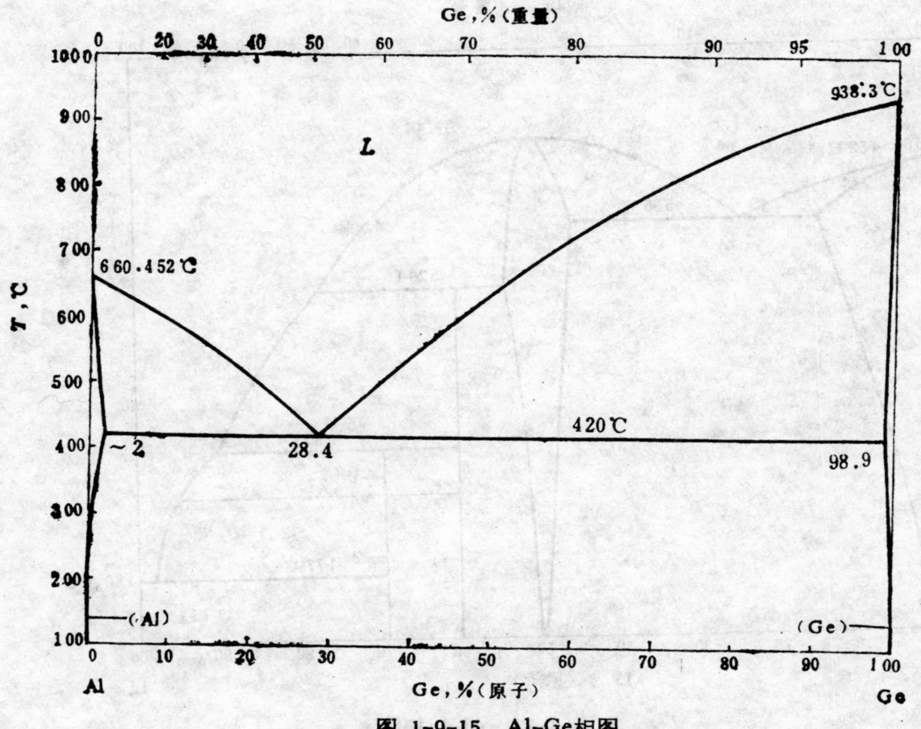

图 1-9-15 Al-Ge相图

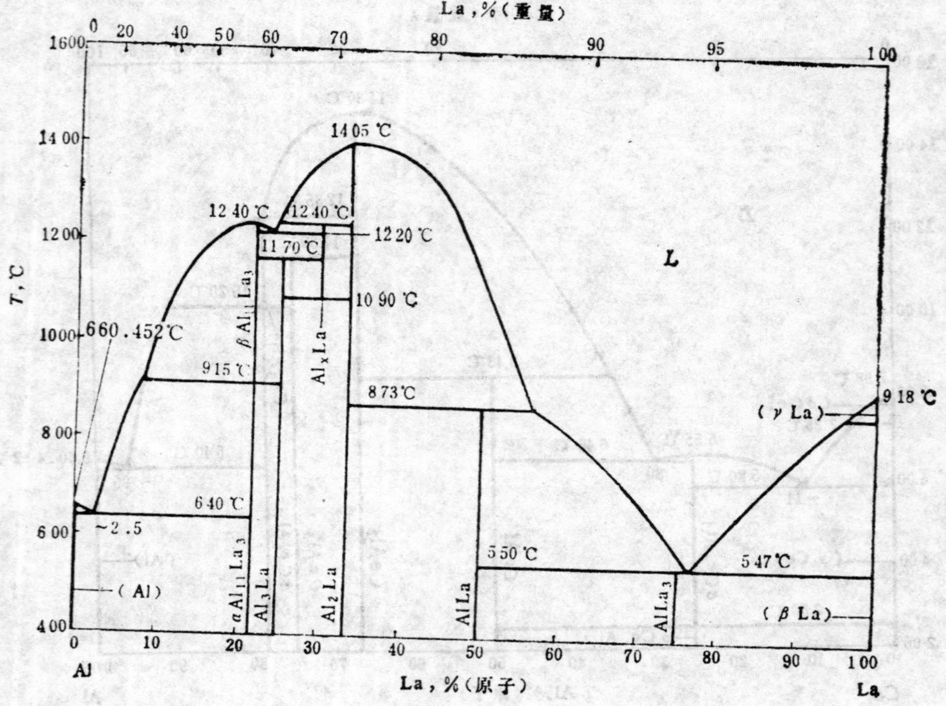

图 1-9-16 Al-La相图

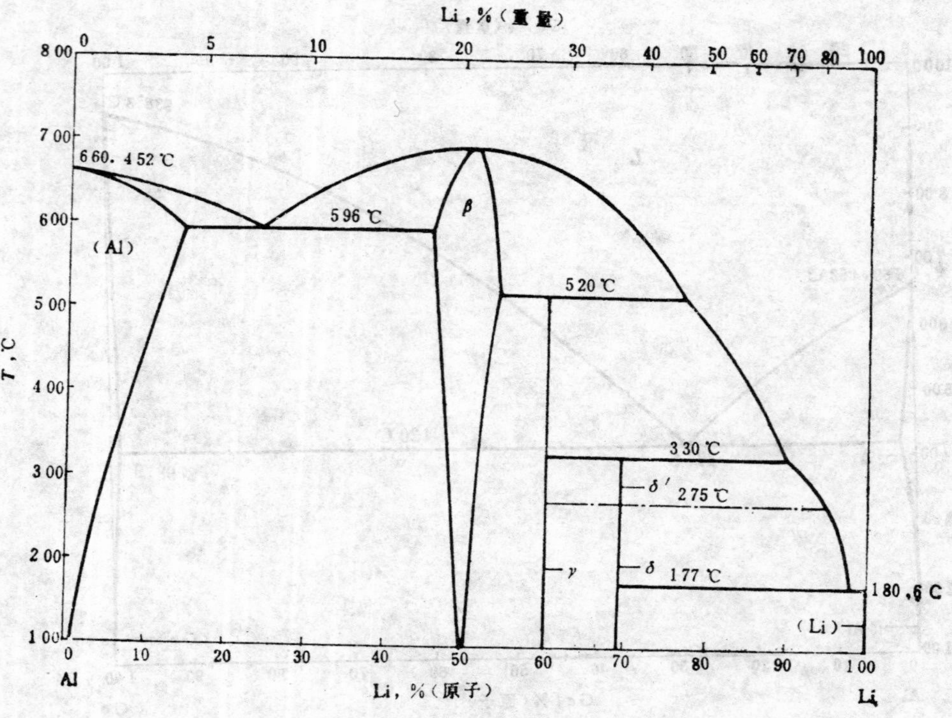

图 1-9-17 Al-Li相图

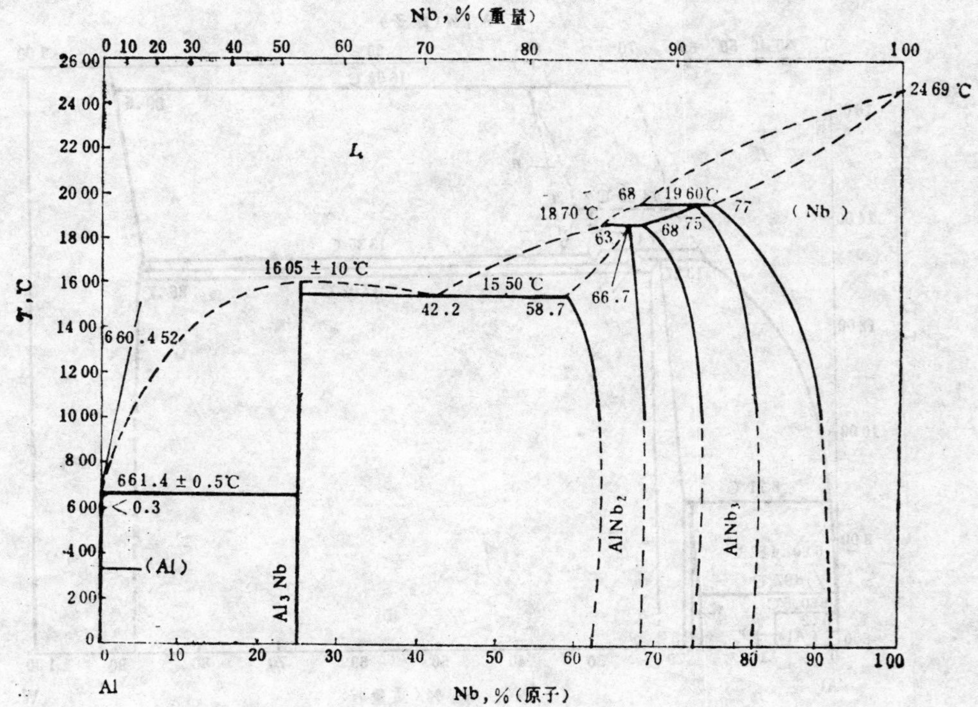

图 1-9-18　Al-Nb相图

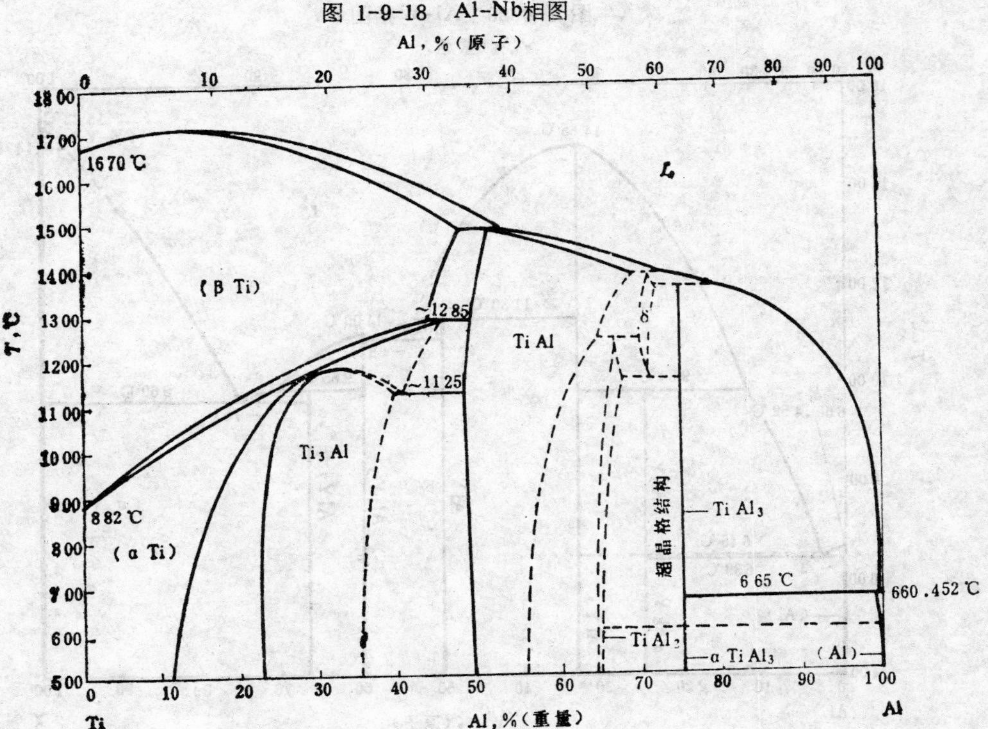

图 1-9-19　Al-Ti相图

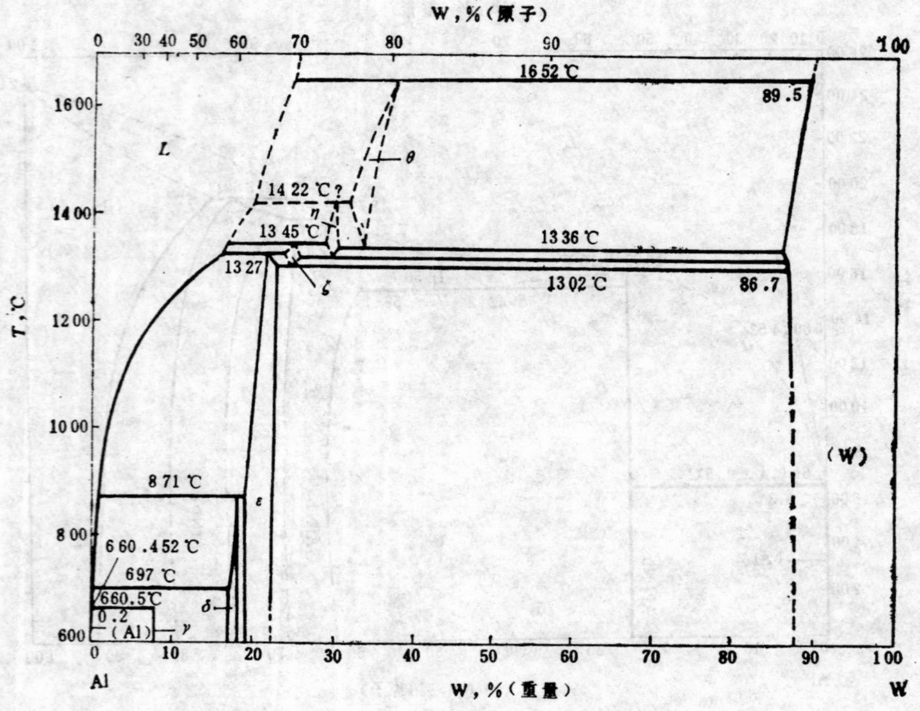

图 1-9-20 Al-W相图

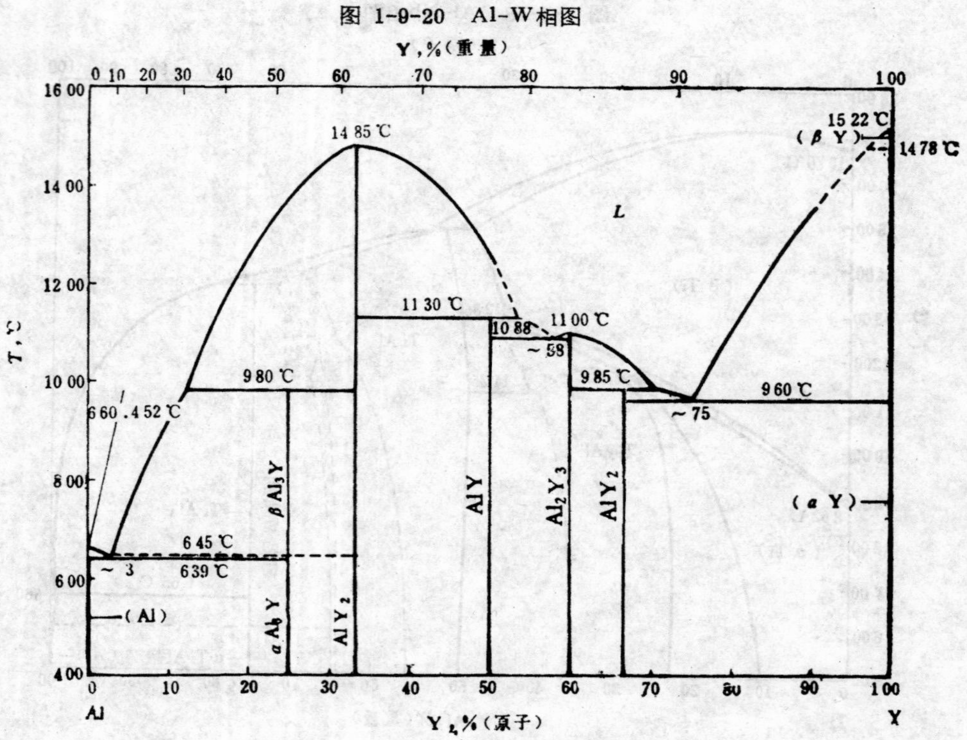

图 1-9-21 Al-Y相图

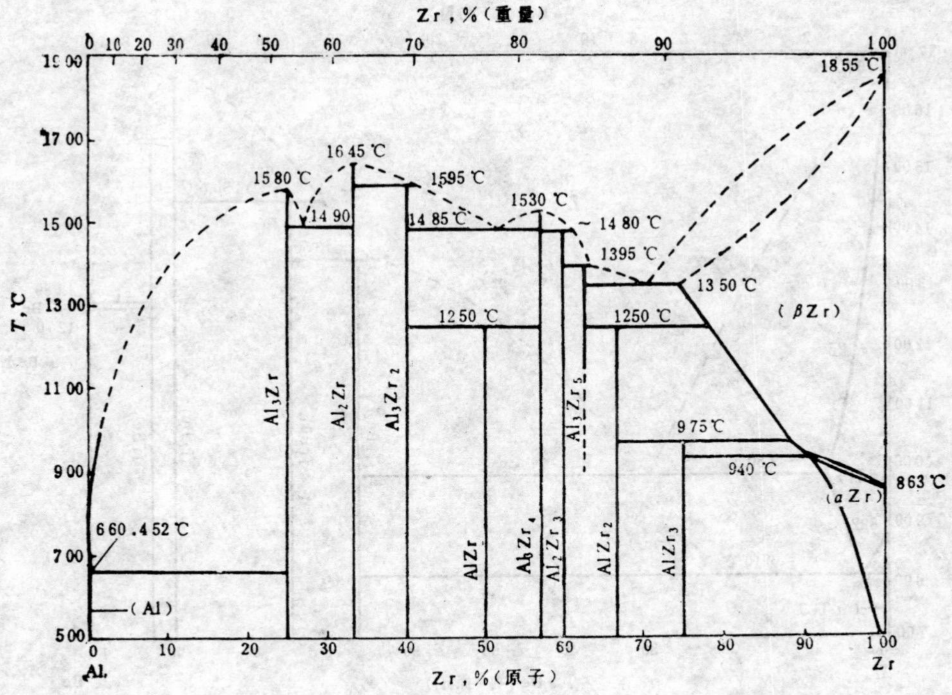

图 1-9-22 Al-Zr相图

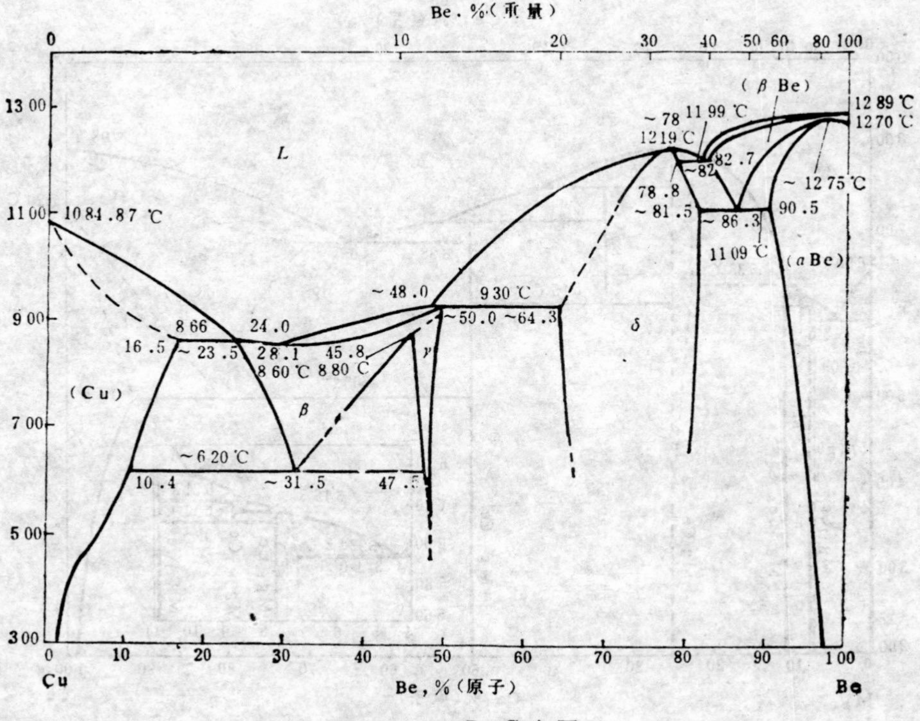

图 1-9-23 Be-Cu相图

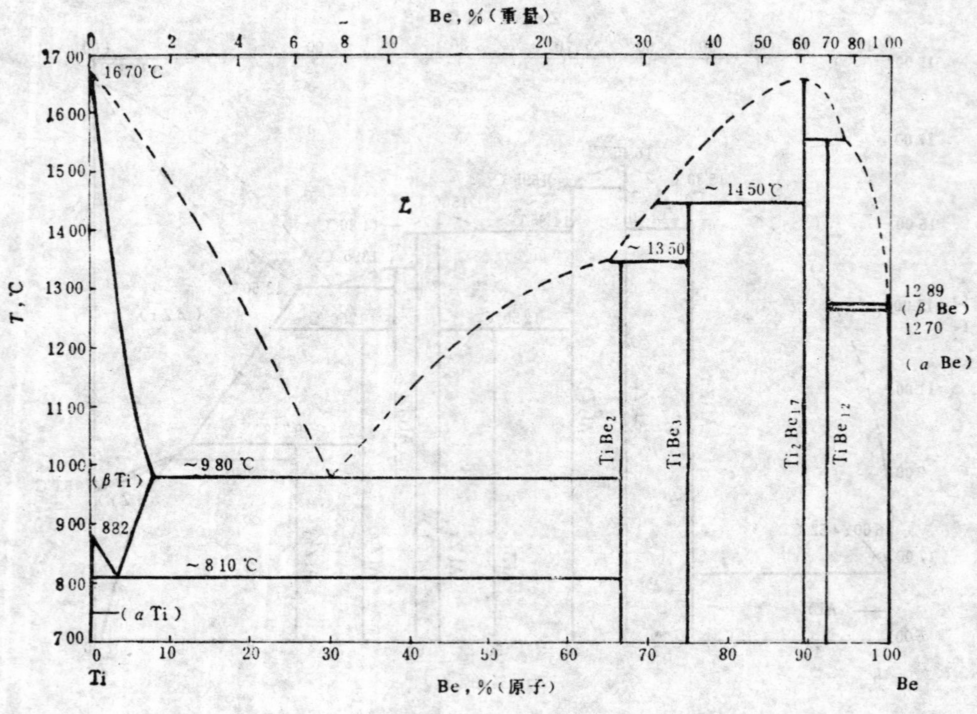

图 1-9-24 Be-Ti相图

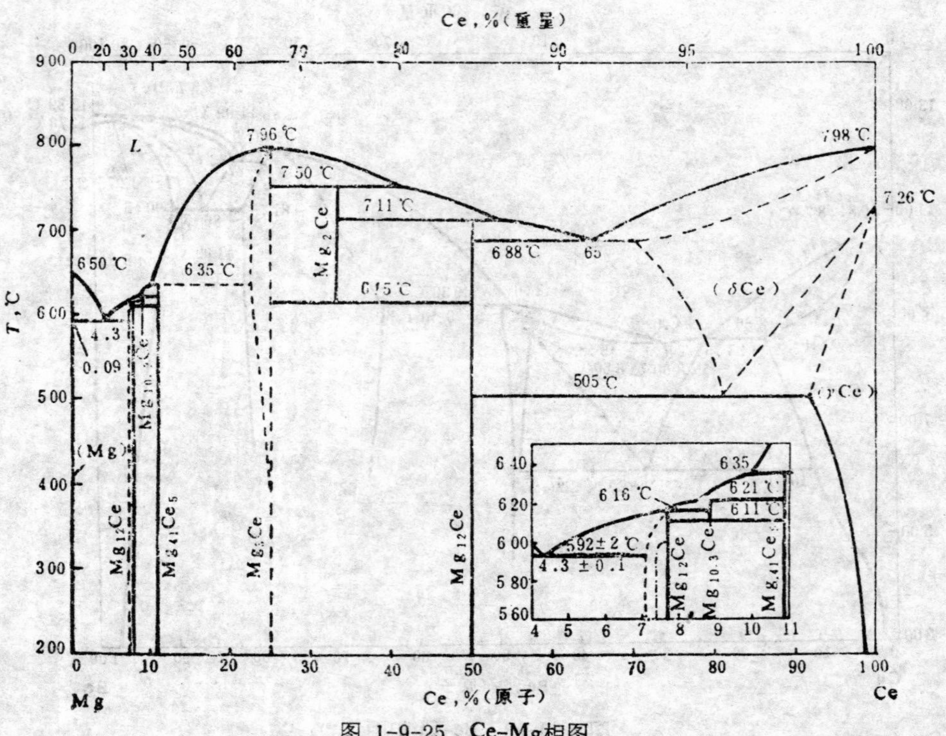

图 1-9-25 Ce-Mg相图

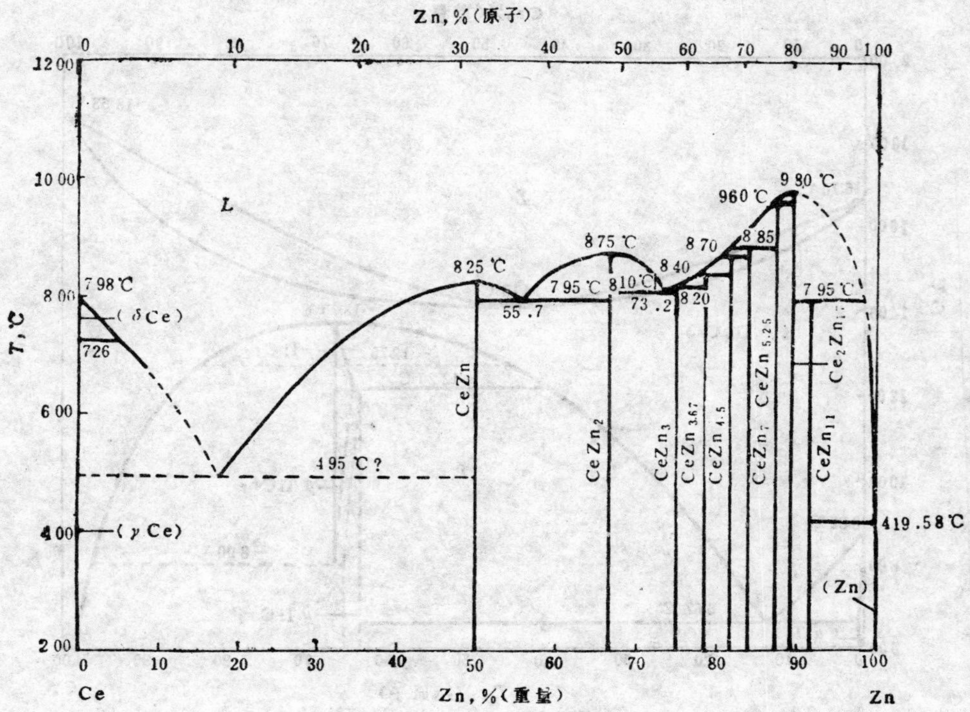

图 1-9-26 Ce-Zn相图

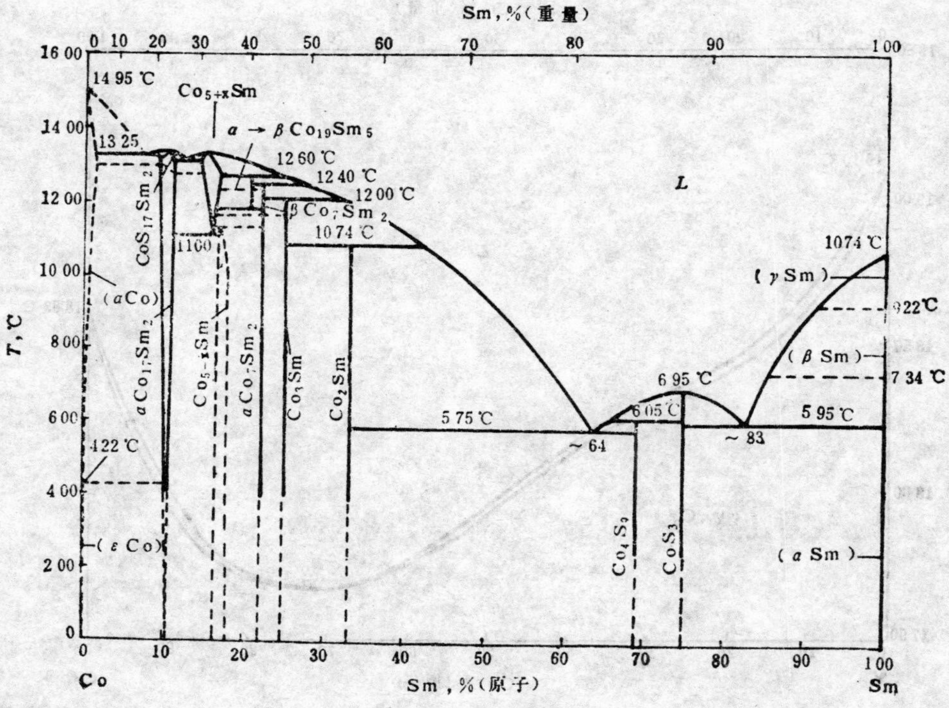

图 1-9-27 Co-Sm相图

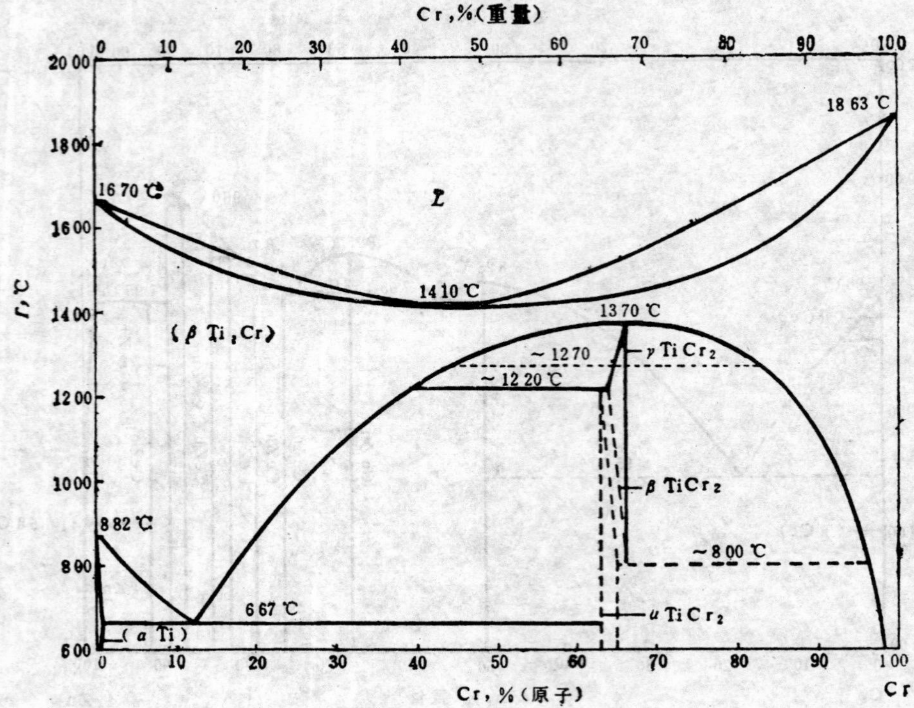

图 1-9-28 Cr-Ti相图

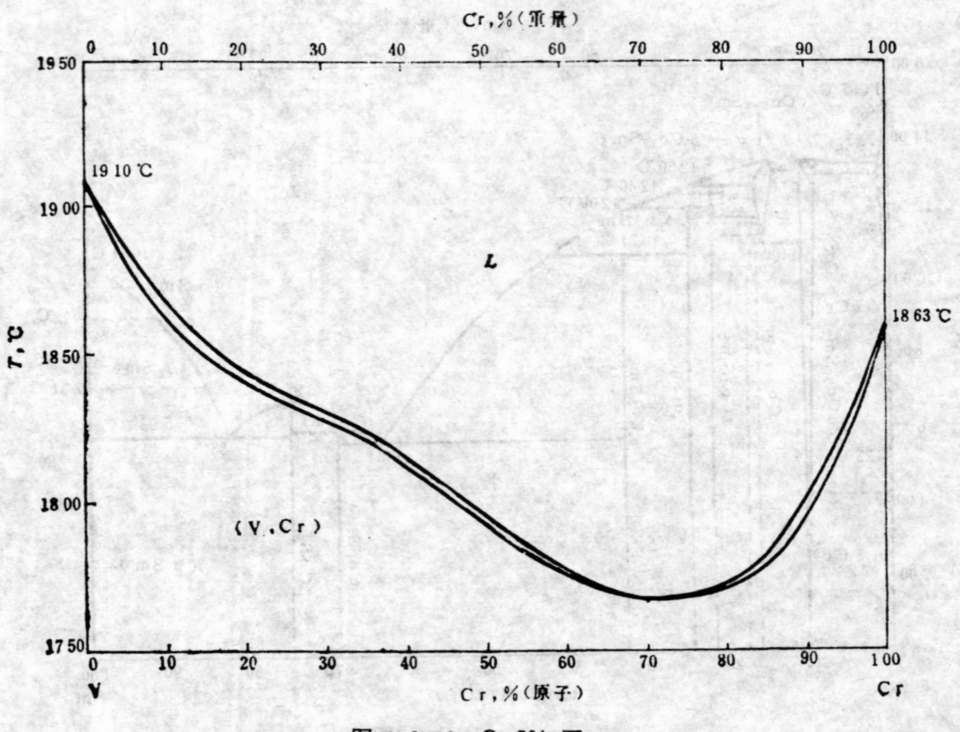

图 1-9-29 Cr-V相图

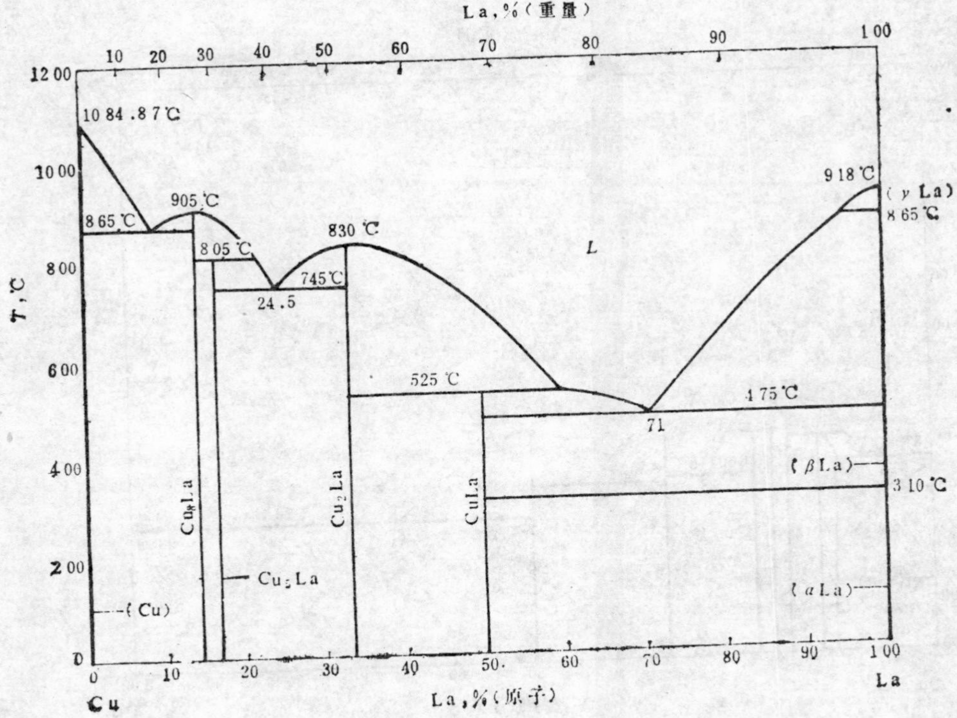

图 1-9-30　Cu-La相图

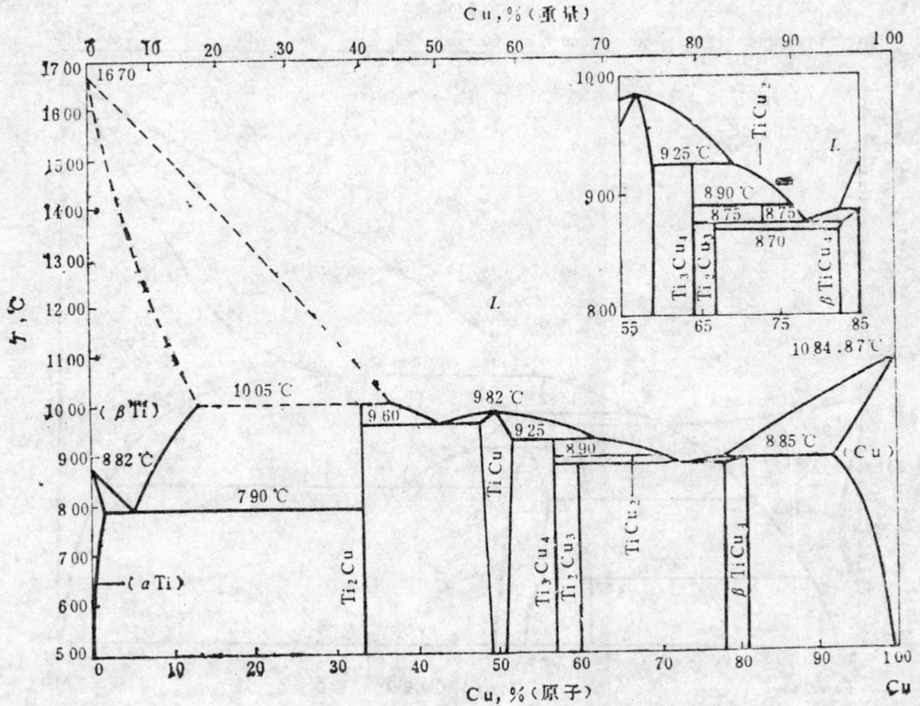

图 1-9-31　Cu-Ti相图

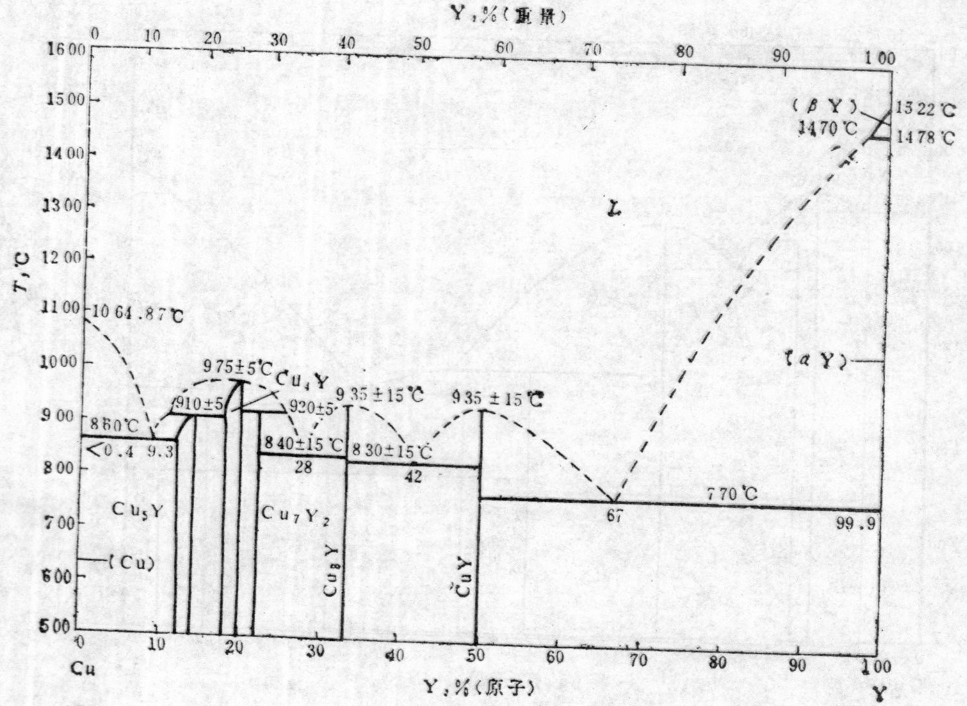

图 1-9-32　Cu-Y相图

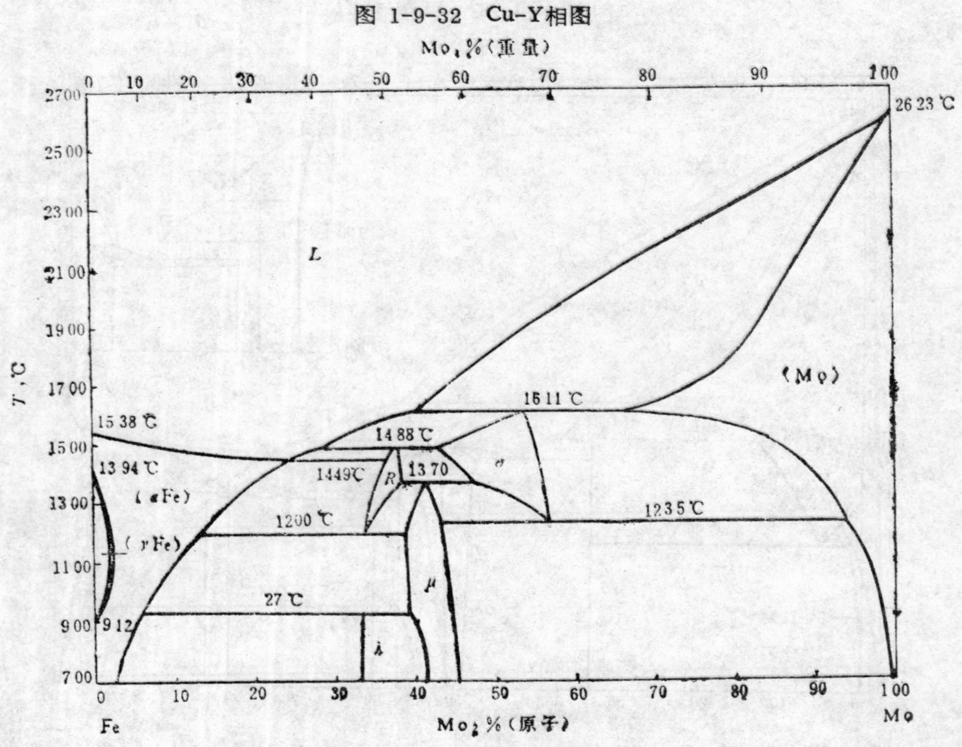

图 1-9-33　Fe-Mo相图

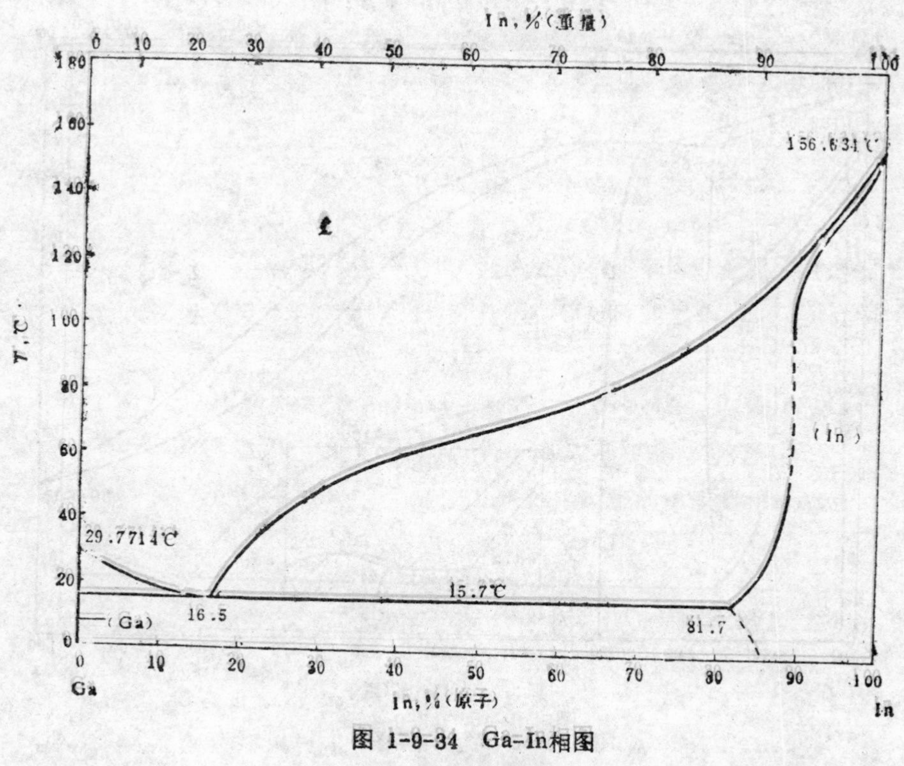

图 1-9-34 Ga-In相图

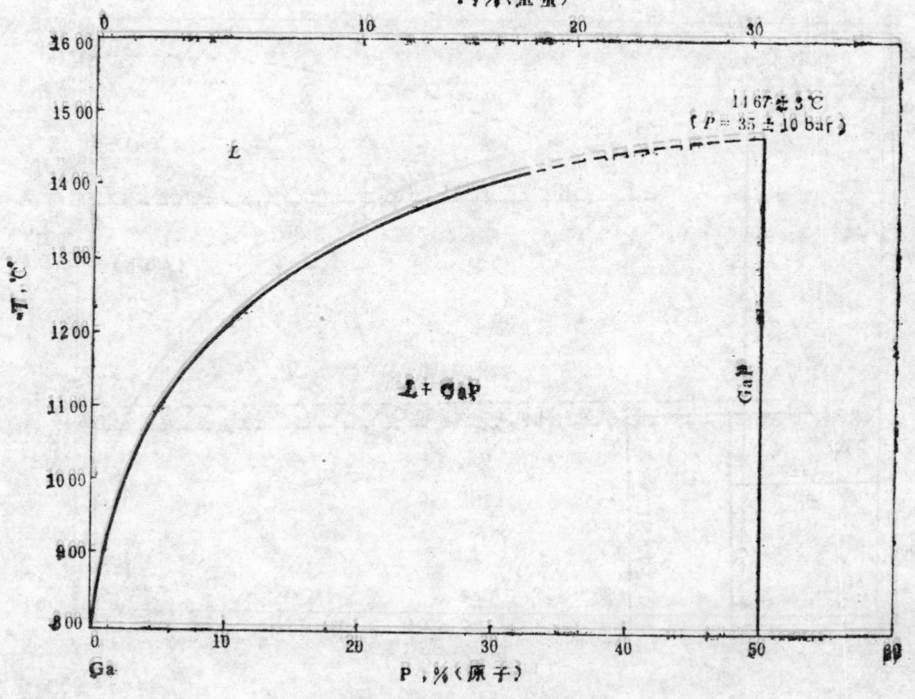

图 1-9-35 Ga-P相图

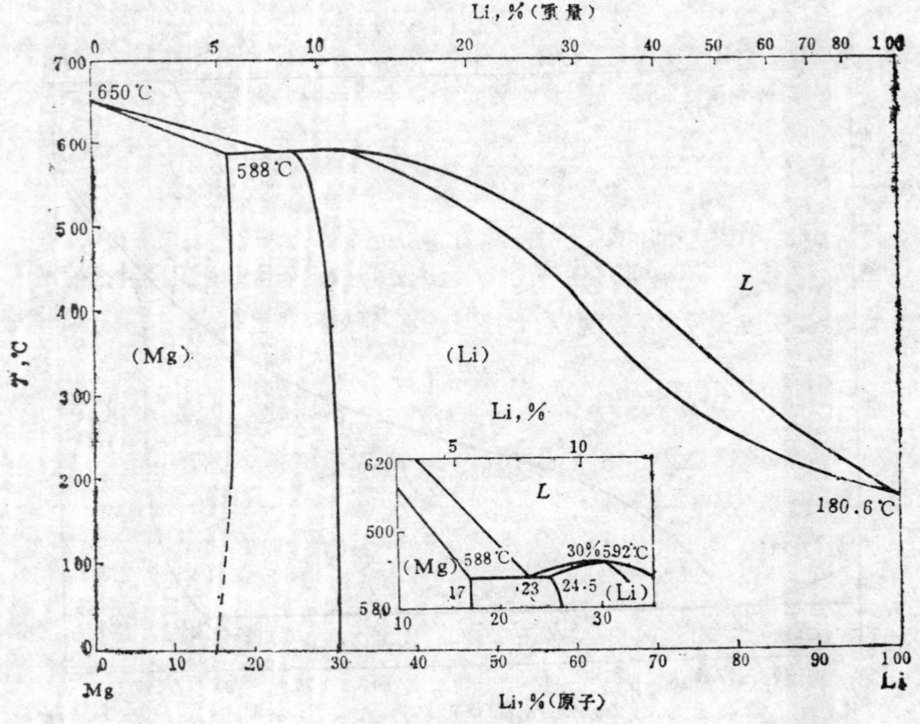

图 1-9-36 Mg-Li相图

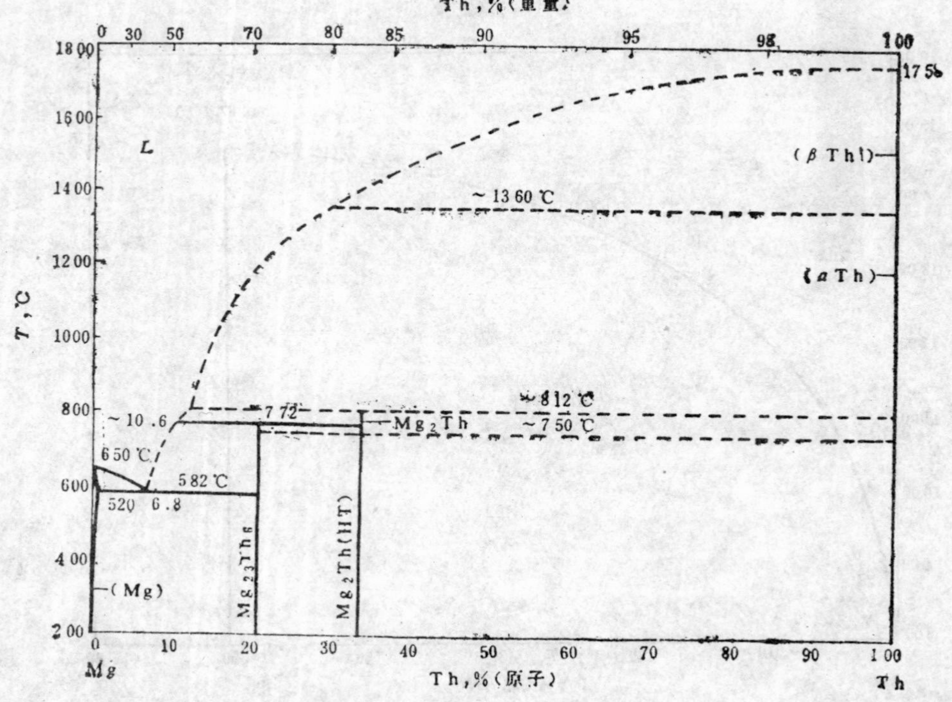

图 1-9-37 Mg-Th相图

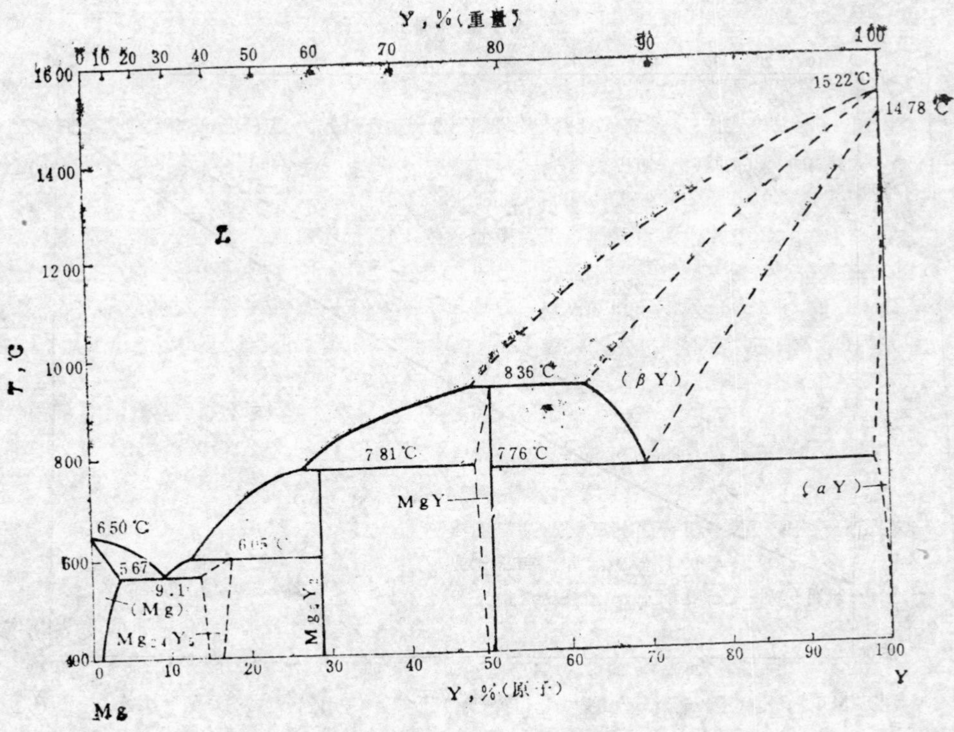

图 1-9-38　Mg-Y相图

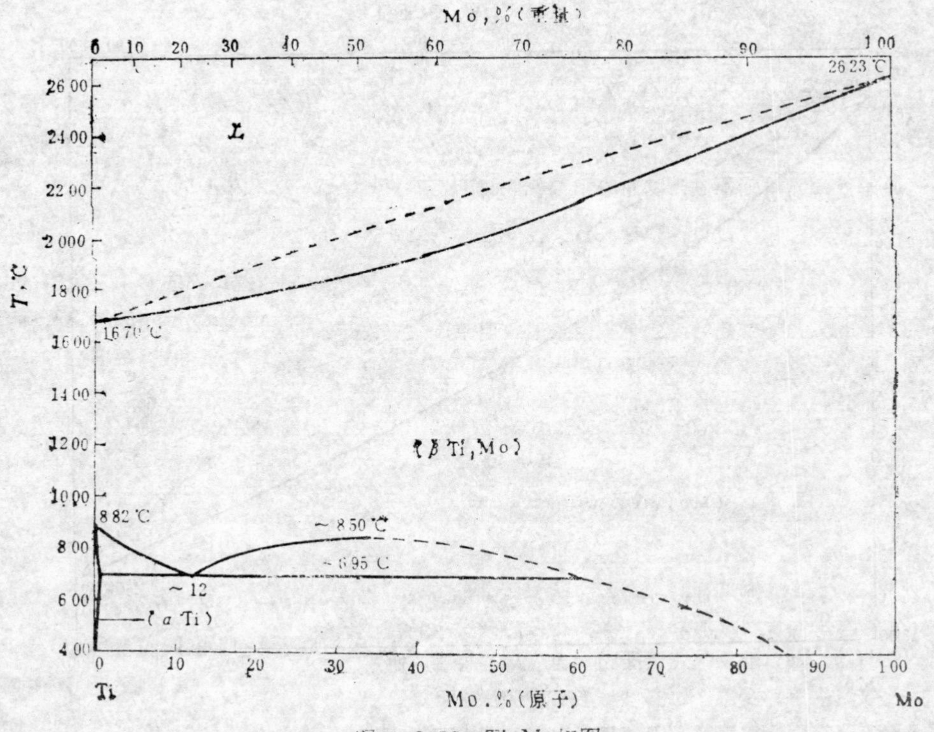

图 1-9-39　Ti-Mo相图

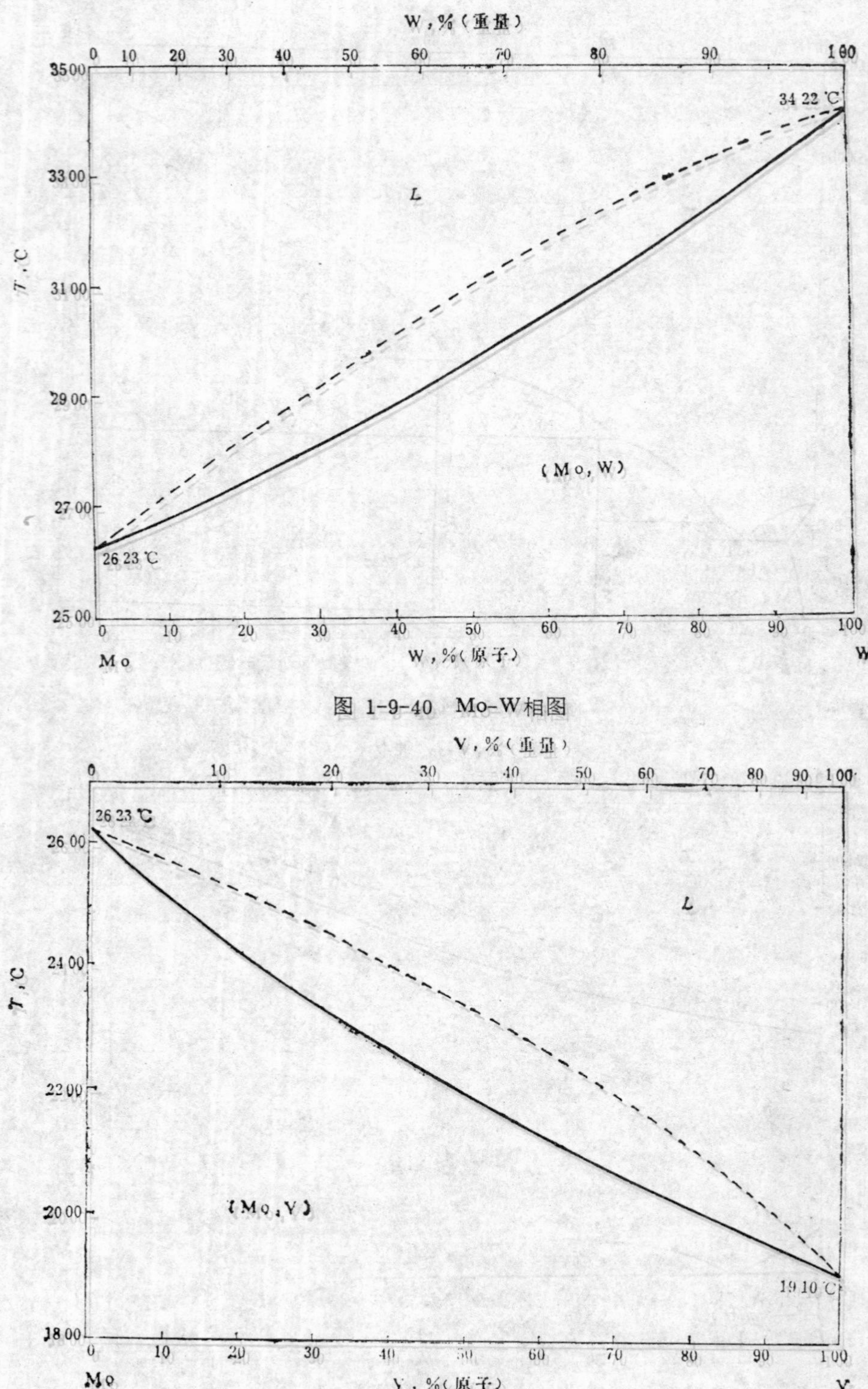

图 1-9-40 Mo-W相图

图 1-9-41 Mo-V相图

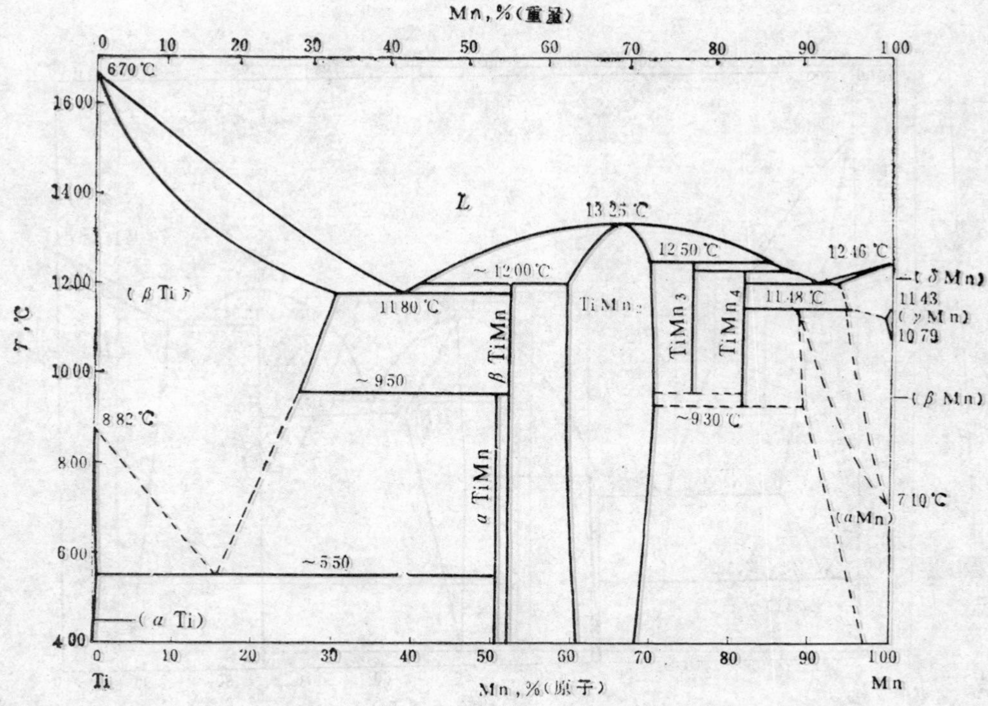

图 1-9-42 Ti-Mn相图

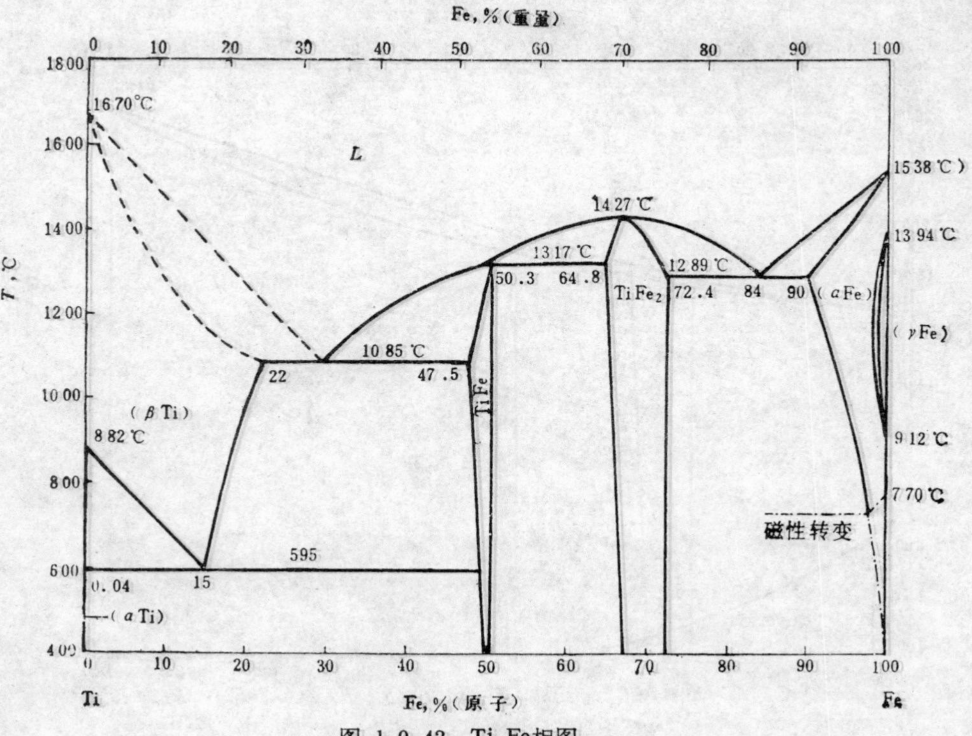

图 1-9-43 Ti-Fe相图

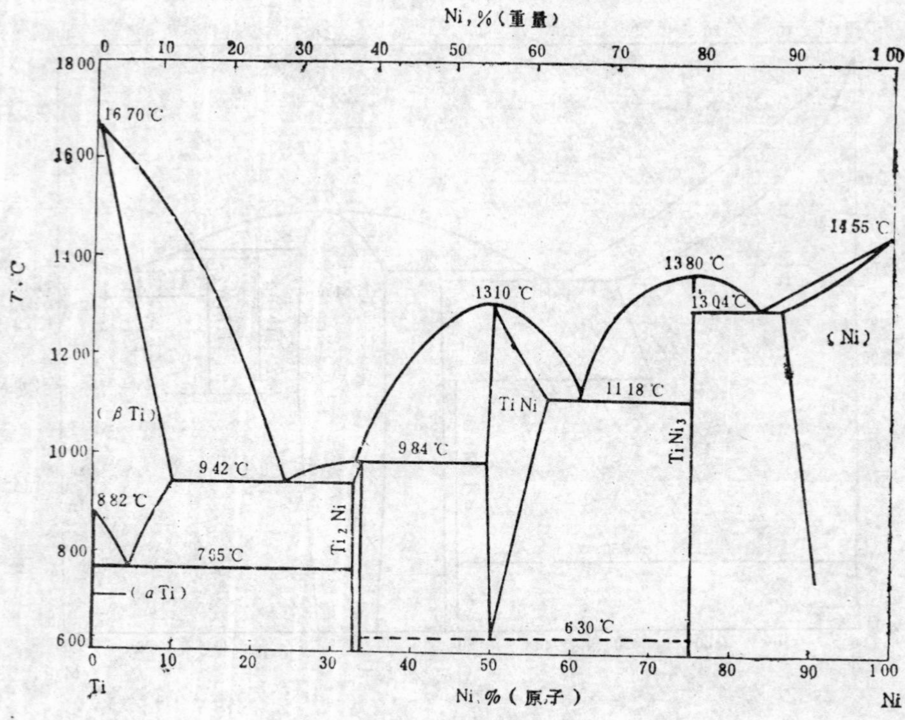

图 1-9-44 Ti-Ni相图

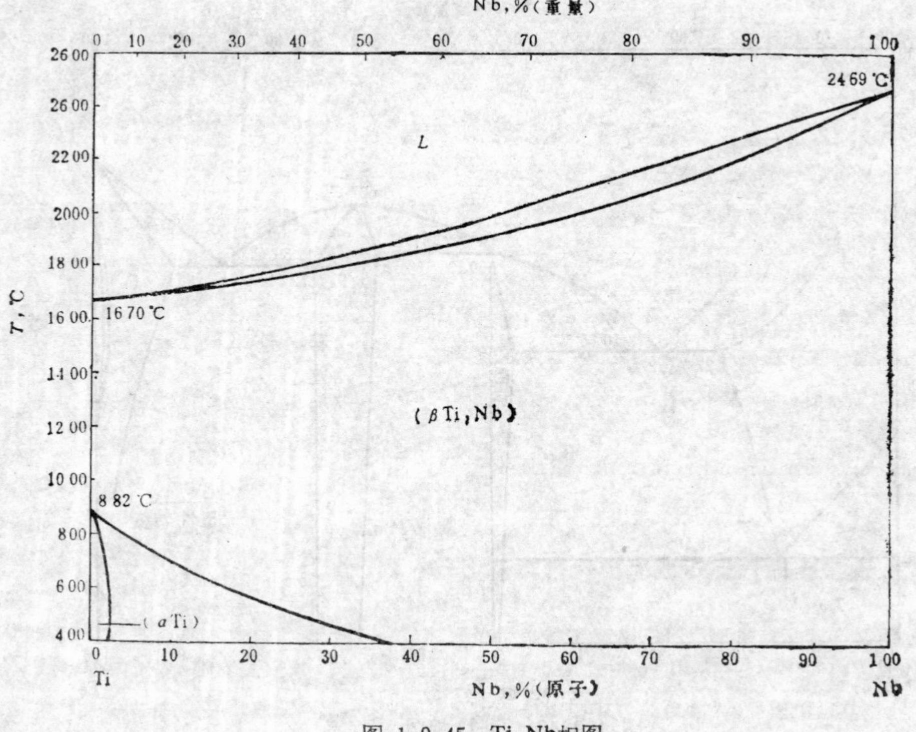

图 1-9-45 Ti-Nb相图

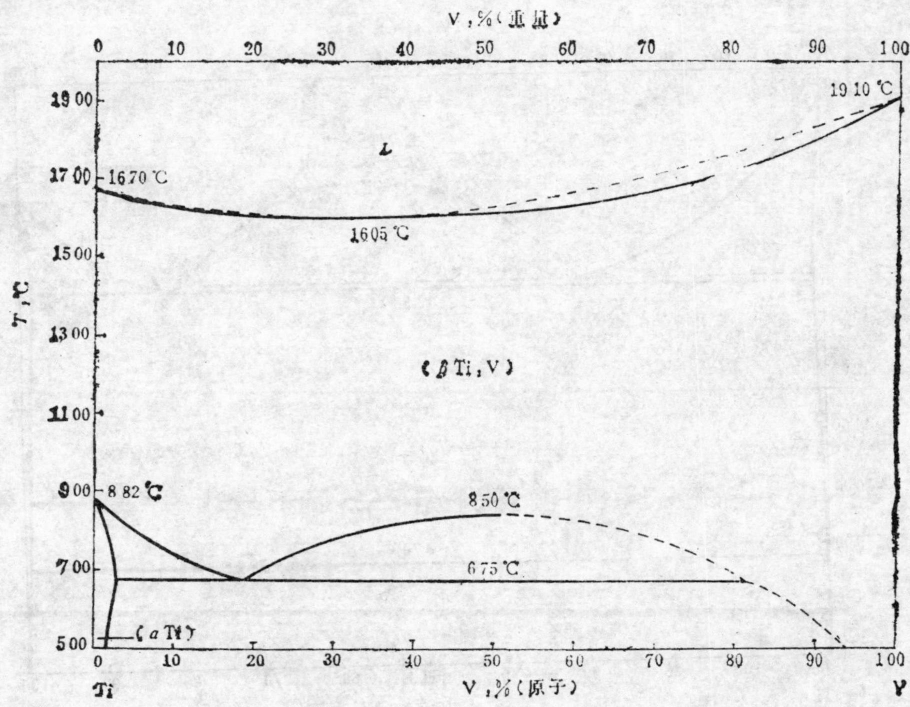

图 1-9-46　Ti-V相图

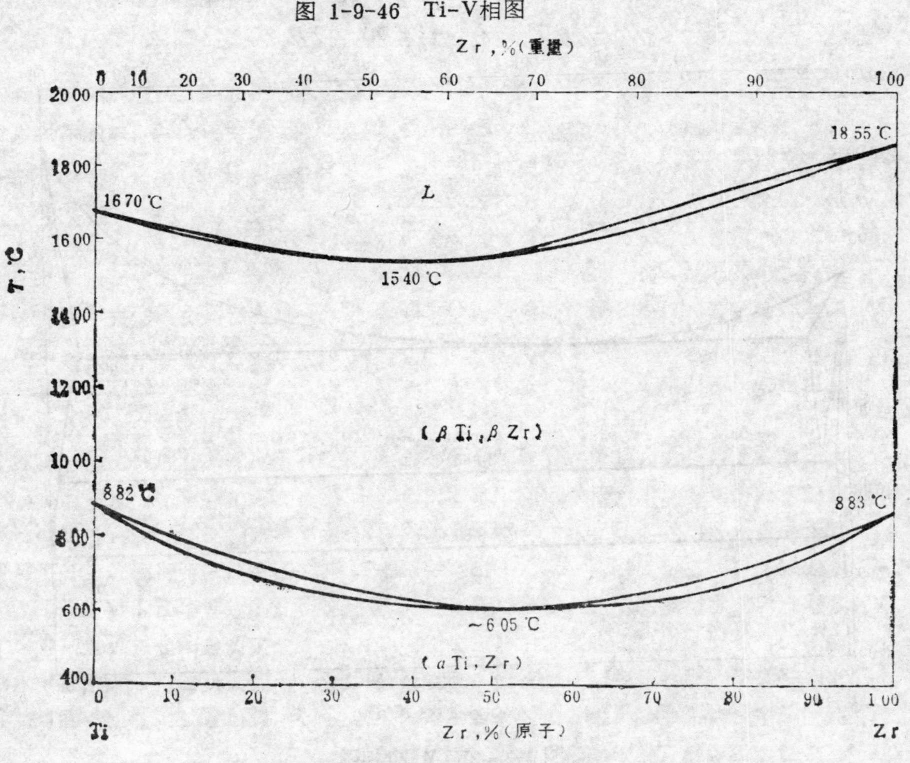

图 1-9-47　Ti-Zr相图

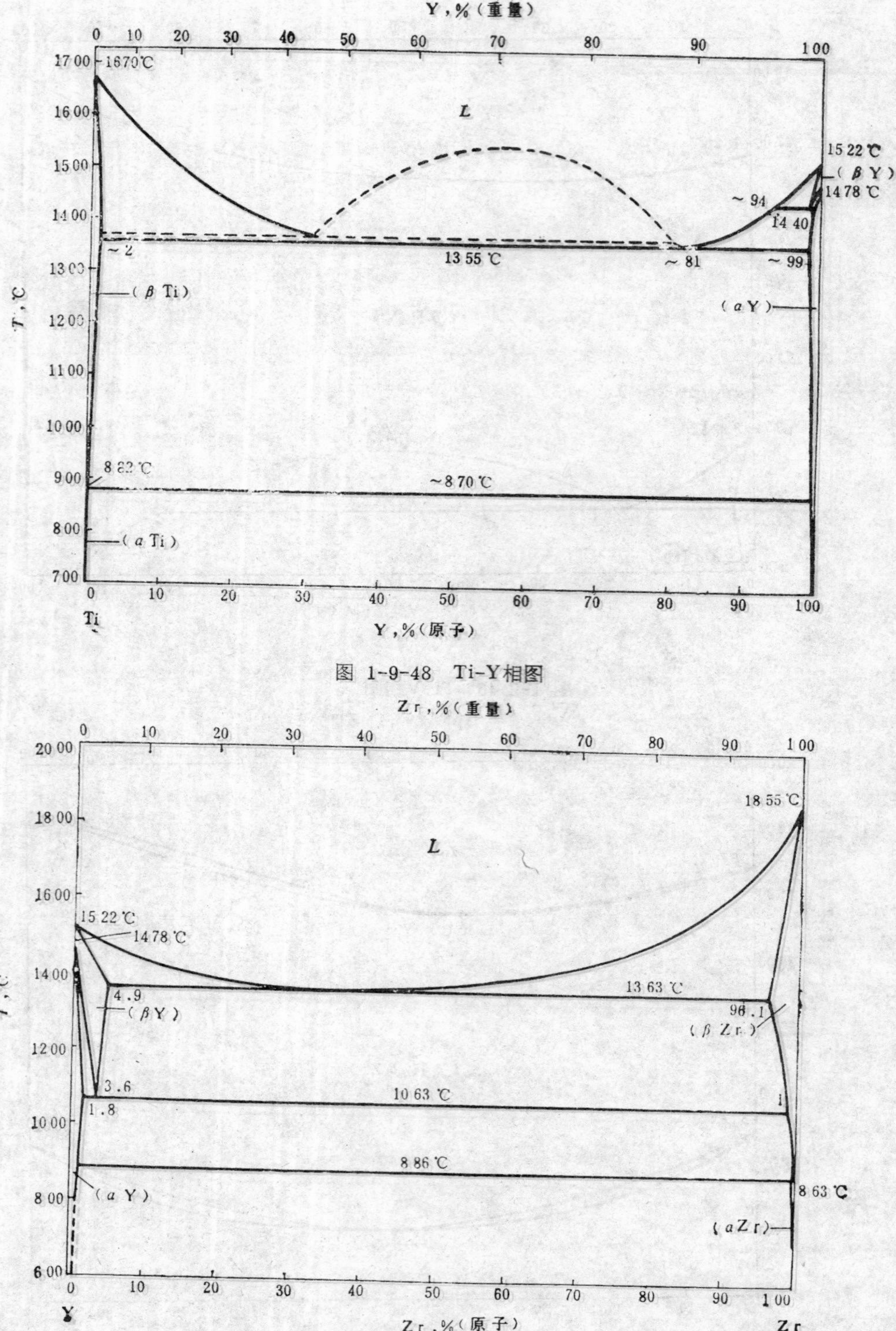

图 1-9-48　Ti-Y相图

图 1-9-49　Y-Zr相图

参 考 文 献

[1] T. B. Massalski (Editor-in-Chief) Binary Alloy Phase Diagrams, Vol. 1. Vol.2, 1986.

[2] W. G. Moffatt, Handbook of Binary Phase Diagrams, G. E. Company, 1982.

[3] 张圣弼、李道子，相图——原理、计算及在冶金中的应用，冶金工业出版社，1986.

[4] 刘国勋，金属学原理，冶金工业出版社，1980.

第二篇

稀有金属矿产地质

第一章　稀有金属矿产地质概况

编写人　孙延绵

第一节　稀有金属在地壳中的丰度

稀有金属（rare metals）有的在地壳中的丰度小，矿产资源少；有的在地壳中的丰度虽大，但赋存状态分散，不易提取；有的在物理-化学性质上近似而不易分离成单一金属。这类金属过去制取和使用得很少，故取名为稀有金属。19世纪即有稀有元素（rare elements）一词，至今地质工作者还在沿用。20世纪20年代，在此基础上定名为稀有金属。

稀有金属即稀有元素在地壳中的丰度，是指它在地壳中相对平均含量，统称为丰度。这种丰度值通常是以克拉克值来表示的。

按中国稀有金属矿产分类，现将地壳中主要稀有元素相对平均含量的各家数据列入表2-1-1。为了简明易见和便于使用，将稀有元素克拉克值简化成表2-1-2。

第二节　稀有金属成矿区带

稀有金属成矿区带是矿产地理分区的一种表现。从全球来看，由于各地区的成矿地质条件不同，而导致矿产分布的不均匀性。因而，出现一个地区内的某些矿产集中，而另一些矿产则少见甚至缺乏的情况，这就构成了通常所说的矿产分布的区域性，形成了地理分布的特点。

许多国家的地质工作者都在致力于研究和划分本国的成矿区带，指导普查找矿和勘探工作。我国稀有金属成矿区带的划分，是根据稀有金属矿床成矿地质特点及所处的地质构造的位置，划分为东部和西部两大成矿域，其界限北起银川南至昆明，即地质工作者通常称为的银川-昆明深大断裂带。在这条深大断裂带以东的地区，称为东部成矿域。在这两大成矿域内，具有不同的稀有金属成矿区带。

在东部成矿域，由北向南构成以下成矿区带：

（1）辽东-吉南稀土（铀）、铌（钽）铍成矿区带。主要矿床类型有绿柱石伟晶岩型、铌铁矿花岗岩型、含铌稀土碱性岩型、混合岩化铍-铁-稀土型、含稀土沉积铁矿型等矿床。

（2）大兴安岭南段稀土、铌成矿区带。目前主要发现有稀土钠长石化碱性花岗岩矿床。

（3）内蒙古稀土、铌、铍成矿区带。主要矿床类型有沉积变质-热液交代型、伟晶岩型矿床。

（4）华北稀土、铌、锆、铍、钽成矿区带（除内蒙、秦岭以外的华北地区）。主要矿床类型有碱性岩型、碳酸盐岩型、花岗岩型、伟晶岩型等矿床。

（5）秦岭稀土、铍、铌（钽、锆）成矿区

带。主要矿床类型有伟晶岩型、碳酸盐岩型、碱性岩型等矿床。

（6）南岭钽、铌、稀土、铍成矿区带。主要矿床类型有花岗岩型（为主）、气成热液型、热液型、伟晶岩型、混合岩型、火山岩型等矿床。

在西部成矿域内，由北向南构成以下成矿区带：

（1）新疆北部阿勒泰铍、铌、钽、锂、铯、

表 2-1-1 地壳中稀有元素的平均含量（ppm）

原子序数	元素符号	克拉克和华盛顿（1924）	费尔斯曼（1933～1939）	戈尔德斯密特（1937）	维诺格拉多夫（1949）	维诺格拉多夫（1962）	泰勒（1964）	苗松（1966）	魏杰波尔（1967）	黎彤（1976）
3	Li	40	50	65	65	32	20	20	30	21
4	Be	10	4	6	6	3.8	2.8	2.8	2	1.3
21	Sc	0.x	6	5	6	10	22	22	14	18
31	Ga	$x\times10^{-5}$	1	15	15	19	15	15	17	18
32	Ge	$x\times10^{-5}$	4	7	7	1.4	1.5	1.5	1.3	1.4
34	Se	0.0x	0.8	0.09	0.6	0.05	0.05	0.05	0.09	0.0
37	Rb	x	80	280	300	150	90	90	120	78
39	Y	—	50	28.1	28	29	33	33	34	24
40	Zr	230	250	220	200	170	165	165	160	130
41	Nb	—	0.32	20	10	20	20	20	20	19
48	Cd	0·x	5	0.18	0.5	0.13	0.2	0.2	0.2	0.2
49	In	$x\times10^{-5}$	0.1	0.1	0.1	0.25	0.1	0.1	0.1	0.1
52	Te	0.00x	0.01	(0.0018)?	0.01	0.001	—	0.01	0.01	0.0006
55	Cs	0.00x	10	3.2	7	3.7	3	3	2.7	1.4
57	La	—	6.5	13.3	18	29	30	30	44	39
58	Ce	—	29	41.6	45	70	60	60	75	43
59	Pr	—	4.5	5.53	7	9	8.2	8.2	7.6	5.7
60	Nd	—	17	23.9	25	37	28	28	30	26
61	Pm	—	??	—	—	—	—	—	—	—
62	Sm	—	7	6.47	7	8	6	6	8.6	6.7
63	Eu	—	0.2	1.06	1.2	1.3	1.2	1.2	1.4	1.2
64	Gd	—	7.5	6.36	10	8	5.4	5.4	8.8	6.7
65	Tb	—	1	0.91	1.5	4.3	0.9	0.9	1.4	1.1
66	Dy	—	7.5	4.47	4.5	5	3	3	6.1	4.1
67	Ho	—	1	1.15	1.3	1.7	1.2	1.2	1.8	1.4
68	Er	—	6.5	2.47	4	3.3	2.8	2.8	3.4	2.7
69	Tm	—	1	0.20	0.8	0.27	0.48	0.5	—	0.25
70	Yb	—	8	2.66	3	0.33	3	3.4	3.4	2.7
71	Lu	—	1.7	0.75	1	0.8	0.5	0.5	1.1	0.8
72	Hf	30	4	4.5	3.2	1	3	3	3	1.5
73	Ta	—	0.24	2.1	2	2.5	2	2	3.4	1.6
75	Re	—	0.001	0.001	0.001	7×10^{-4}	—	0.001	(0.001)	5×10^{-4}
81	Tl	$x\times10^{-4}$	0.1	0.3	3	1	0.45	0.5	1.3	0.4
88	Ra	$x\times10^{-6}$	2×10^{-6}	—	10^{-6}	—	—	—	—	—
89	Ac	—	—	—	$x\times10^{-10}$	—	—	—	—	—
90	Th	20	10	11.5	8	13	9.6	9.6	11	5.8
91	Pa	—	7×10^{-7}	—	10^{-6}	—	—	—	—	—
92	U	80	4	4	3	2.5	2.7	2.7	3.5	1.7

注：引自《稀有元素地质概论》。

表 2-1-2 地壳中稀有元素与普通元素的克拉克值分组

克拉克值分组 重量 %	稀有元素	普通元素
50～10		O, Si
9～1		Al, Fe, Ca, Na, K, Mg
$n\times10^{-1}$		Ti, P, H, Cl
$n\times10^{-2}$	Zr, Rb	Sr, V, F, Mn, Ba, Ni, S, Cr, C, N
$n\times10^{-3}$	Li, Y, La, Ce, Nd, Th, Ga, Nb	B, Co, Pb, W, Cu, Zn, Sn
$n\times10^{-4}$	Gd, Dy, Sm, Eu, Er, Pr, Be, Ge, Hf, Yb, Tb, Ho, Lu, U, Cs, Ta, Sc, Tl	As, Br, Mo, Ar, Sb
$n\times10^{-5}$	In, Cd, Tm, Se	Bi, I, Ag, Hg
$n\times10^{-6}$		Pt, Pd, I
$n\times10^{-7}$	Re, Te	He, Ne, Tc, Ru, Rh, Au, Os
$n\times10^{-8}$		Kr
$n\times10^{-9}$		Xe
$n\times10^{-10}$	Ra	
$n\times10^{-11}$	Pa	
$n\times10^{-14}$	Ac, Po	
$n\times10^{-16}$	Rn	
$n\times10^{-17}$	Np	
$n\times10^{-19}$	Pu	
$n\times10^{-23}$	At, Fr	

铯、铪成矿区带。主要矿床类型有花岗伟晶岩型（为主）、气成热液型、花岗岩型矿床。

（2）甘肃北山铌、稀土、铍、钽成矿区带。主要矿床类型有花岗伟晶岩型、含稀土、铌碳酸盐岩型矿床。

（3）青海柴达木盆地锂、铷、铯成矿区带，主要是盐湖型矿床。

（4）康滇铍、铌、稀土（钽、锂）成矿区带。主要矿床类型有碱性岩及派生岩脉型（为主）、碳酸盐岩型、花岗岩型、气成热液型脉状矿床。

（5）川西锂、铍、铷（铯）、铌、钽成矿区带。主要矿床类型有伟晶岩型（为主）、花岗岩型矿床。

（6）滇西铍、铌、稀土成矿区带。主要矿床类型有花岗岩型、伟晶岩型、混合岩型。

第三节 稀有金属矿床类型

地质工作者根据工作目的不同，将矿床划分为成因类型和工业类型。所谓成因类型，是指矿床的成矿作用（成因）不同而划分的矿床，称为成因类型。根据成矿物质来源、成矿环境和成矿作用综合考虑，首先把矿床划分为内生矿床、外生矿床和变质矿床三大类。然后再按一定的地质条件和主要成矿作用划分出岩浆矿床、伟晶岩矿床、接触交代矿床、热液矿床、风化矿床、沉积矿床、变质矿床等。这种划分方法，便于研究矿床形成机理和分布规律，指导找矿勘探和矿山开发。矿床工业类型，是在成因类型基础上建立起来的，是根据矿床的成矿地质条件、开采条件、工业矿石特点以及选冶性能来划分的，具有工业利用价值的矿床，称为矿床工业类型。

按矿床工业类型分类，具有重要的实用意义。地质工作者利用工业类型来评价矿床的经济意义；采矿工作者利用工业类型进行开采设计，指导采矿工作；选冶工作者，利用工业类型，按矿床地质特点、矿石工业类型、工业品位等，确定合理的选冶工艺流程，达到充分利用资源的目的。

稀有金属矿床的分类，各国地质工作者根据本国的地质条件、资源特点，提出了各自的分类方案。苏联早在60年代由A.И.金兹堡提出一个比较详细的成因分类，我国陈德潜最近综合了国外稀有

表 2-1-3 国外稀有金属矿床分类表

矿床类型			与矿床有关的侵入-喷发岩类		
大类	亚类		酸性岩类	碱性岩类	碱性-超基性岩类
内生矿床	岩浆(包括自交代)矿床		1. 独居石-锆石的黑云母花岗岩(ΣCe、Zr、Th) 2. 铌铁矿-锡石的黑云母花岗岩(Nb、Ta、Sn) 3. 黑钨矿-绿柱石的白云母花岗岩(W、Be、Mo、Bi) 4. 铌钽铁矿-细晶石-钽铁金红石-锡石的锂云母花岗岩(Sn、Ta、Nb、Hf、Li、Rb、Cs) 5. 烧绿石-水锆石-氟碳铈矿-硅铍钇矿的碱性花岗岩(Nb、Ta、Zr、TR、Hf、Th、U、Rb)	1. 铈铌钙钛矿的暗霞正长岩和磷霞岩(Nb、Ta、ΣCe、Ti、Th) 2. 异性石和水硅钠铁矿的异性霞石正长岩 3. 烧绿石-锆石的钠霞正长岩和钠长岩(Nb、Zr、Th、ΣCe) 4. 褐钇铌矿-钇易解石-水锆石的钠长岩(ΣY、Nb、Ta、Zr、U、Th)	1. 铈钙钛矿-钛磁铁矿的超基性岩(ΣCe、Nb、Ta、Zr、Fe、Ti) 2. 铜镍硫化矿床(Ni、Cu、Pt、Se、Te) 3. 橄榄石-磁铁矿-烧绿石岩(Nb、ΣCe、Th)
	伟晶岩矿床		1. 铀-稀土的伟晶岩(ΣY、Sc、Nb、Ta、U) 2. 绿柱石-白云母的伟晶岩(Be、Nb、U、白云母) 3. 钽铁矿-绿柱石的伟晶岩(Ta、Be、Sn、Nb) 4. 锂辉石-锂云母-铯榴石-锂磷铝石-透锂长石-锰钽锡矿的伟晶岩(Li、Cs、Be、Ta、Sn、Nb)	1. 烧绿石-锆石的伟晶岩(Nb、Zr、TR) 2. 易解石-硅钛铈钇矿的伟晶岩(TR、Nb、Th) 3. 铌铁金红石的伟晶岩(Nb、Ti) 4. 异性石-水硅钠钛矿-褐硅钠钛矿-闪叶石的伟晶岩(Zr、Nb、TR) 5. 胶绿层硅铈钛矿的伟晶岩(ΣCe、TR、Th)	
	气成热液矿床	在酸性铝硅酸盐岩石中	1. 含绿柱石的钠长石-云英岩破碎带(Be、Li、Rb、W、Sn) 2. 含黑钨矿、辉钼矿、绿柱石的网状脉(Be、W、Mo、Sc) 3. 含锡石、锂磷铝石脉(Li、Sn) 4. 含羟硅铍石的蚀变凝灰岩(Be、Li、U、Y)	1. 含烧绿石、锆石的钠长石化-碳酸盐化破碎带(Nb、Zr) 2. 含稀土矿化的钠长石化破碎带(ΣY、ΣCe、Nb、Ta、Th、U)	
		在基性与超基性岩石中	1. 含祖母绿的云母岩(Be、Mo) 2. 含铯黑云母的云母岩(Cs)		1. 含烧绿石、铌钙钛矿、铌铁矿碳酸岩(Nb、Ta、Zr、ΣCe、P) 2. 方柱石化与碳酸盐化基性岩中的铈钙钛矿矿化(TR、U、Cu、Mo)

续表 2-1-3

矿床类型			与矿床有关的侵入-喷发岩类		
大类	亚类		酸性岩类	碱性岩类	碱性-超基性岩类
内生矿床	气成热液矿床	在碳酸盐岩石中	1. 绿柱石-萤石-磁铁矿矽卡岩(Be、Sc) 2. 似晶石-珍珠云母-萤石交代岩(Be、Li、Sn)	1. 含铈磷灰石等的萤石-钠长岩(TR、Be、Th、Ti) 2. 含似晶石、钍石的萤石岩(Be、Th、TR) 3. 含铈磷灰石-硅钛铈钇矿-萤石矽卡岩(Ce、Zn)	
内生矿床	热液矿床		1. 石英-锡石-黑钨矿-辉钼矿矿脉(Be、Sc、Li、Sn、W、Bi、Mo、Re、Te) 2. 锡石-硫化物矿脉(Sn、In、Cd) 3. 黄铜矿-辉钼矿-斑铜矿矿脉(Ce、Re、Se、Te、Cu、Mo、Ge、Ga、Zn) 4. 含铜黄铁矿矿脉(Ge、Cd、Tl、Ga、Se、Cu、Zn) 5. 多金属矿脉(Cd、In、Ga、Ge) 6. 方铅矿-闪锌矿-黄铁矿-白铁矿矿脉(Tl、In、Cd、Sc、Pb、Zn、U、As、Sb) 7. 沥青铀矿-硫化物矿脉(U)	1. 石英-霓石-长石矿脉(Nb) 2. 含稀土氟碳酸盐、独居石的重晶石-碳酸盐矿脉(Ce、Ba) 3. 含稀土氟碳酸盐的磁铁矿-赤铁-萤石矿脉(TR、Nb、Th、Ba) 4. 含稀土氟碳酸盐、磷酸盐、萤石、多金属矿脉(TR、Zr、Ta、Nb、Sn、Be、Pb、Zn、In)	1. 铁白云石碳酸岩(ΣCe、Th、Nb、Pb、Mo)
外生矿床	碎屑沉积矿床		1. 现代海滨砂矿(锆石、独居石、钛铁矿、金红石) 2. 埋藏的古代海滨砂矿(锆石、独居石、白钛石、金红石、钛铁矿) 3. 湖成砂矿(烧绿石、铈铌钙钛矿) 4. 坡积—淤积和淤积砂矿(铌铁矿、铌铁矿、褐钇铌矿、易解石、烧绿石、锆石、独居石、氟碳铈矿)		
外生矿床	风化壳矿床		花岗岩风化壳(Nb、TR、Zr、Ta)	霞石正长岩与碱性正长岩风化壳(Zr、Nb、TR)	碳酸岩风化壳(Nb、TR、Zr)
外生矿床	生物、化学沉积矿床		1. 钾盐矿床(Rb、Cs) 2. 石盐、苏打和芒硝矿床、湖泊的天然盐水(Li、Rb、Cs) 3. 硼酸盐矿床(Li) 4. 铝土矿矿床(Ga、V、Ti、Ge) 5. 沉积铁矿床(Ge、Sc、V) 6. 沉积锰矿床(Tl) 7. 含铜页岩(Sc、Re) 8. 含铜、铀砂岩(U、Re、Se) 9. 沉积与沉积-淋滤铀矿床(U、Se、Ge、Te、ΣY、V、Mo) 10. 磷灰石矿床(Th、Sc、Zr、U) 11. 磷酸盐化的骨骼遗体矿床(TR、Se、Zr、U) 12. 煤与褐煤矿床(Ge、Se、Sc、Be、ΣY、U)		

续表 2-1-3

矿床类型		与矿床有关的侵入-喷发岩类		
大类	亚类	酸性岩类	碱性岩类	碱性-超基性岩类
变质矿床		1. 沉积变质铁矿床（Ge、Ga） 2. 变质砾岩（尤其是金-钛铀矿-沥青铀矿砾岩）（TR、U、Th、Au） 3. 锆石-金红石石英岩（Zr、Ti） 4. 褐帘石与独居石片麻岩（ΣCe、Th） 5. 近断裂的长石交代岩（Ta、Nb、Be、U、Zr、TR） 6. 长霓岩化片麻岩中的硅铍钡石矿床（Be）		

注：根据陈德潜（1982年）。

表 2-1-4　中国稀有金属矿床类型

内生矿床	与花岗岩类岩石有关的矿床	稀有金属花岗岩型矿床 稀有金属伟晶岩型矿床 稀有金属细晶岩型矿床 稀有金属条纹岩型矿床 稀有金属热液脉型矿床
	与碱性岩类岩石有关的矿床	稀有金属碱性岩型矿床 稀有金属伟晶岩型矿床 稀有金属钠长岩型矿床 稀有金属碳酸岩型矿床 稀有金属矽卡岩型矿床 稀有金属热液脉型矿床
变质矿床	稀有金属混合岩型矿床 稀有金属变碳酸岩型矿床	
外生矿床	稀有金属风化壳矿床 稀有金属残坡积、冲积砂矿 稀有金属海滨砂矿	
	稀有金属沉积矿床	含稀有金属磷块岩 含稀有金属铝土矿 含稀有金属碎屑岩 含稀有金属碳质页岩（包括煤） 含稀有金属盐类矿床

注：引自《中国稀有金属矿床类型》（1975年）。

金属矿床分类，详见表2-1-3。

中国地质工作者，根据国内地质条件，资源特点，划分了中国稀有金属矿床类型。1975年中国地质科学院矿床地质所提出中国稀有金属矿床类型分类表，详见表2-1-4。全国矿产储量委员会于1984年颁发了《稀有金属矿地质勘探规范（试行）》时，也提出了一个简明的分类方案，详见表2-1-5。

此外，全国储量委员会在总结勘探和矿山生产的经验基础上，根据矿床地质特点等，划分了勘探类型，使地质勘探工作有所遵循，其标准、参数，详见《稀有金属矿地质勘探规范（试行）》（1984年2月）。

第四节　稀有金属赋存状态及工业矿物

稀有金属赋存状态，基本上有独立矿物、类质

表 2-1-5 稀有金属矿床分类简表

- 内生矿床
  - 1．碱性长石花岗岩矿床
    - （1）钾长石花岗岩类矿床
    - （2）钠长石（化）花岗岩类矿床
  - 2．碱性花岗岩矿床
  - 3．碱性岩—碳酸岩矿床
  - 4．伟晶岩矿床
    - （1）花岗伟晶岩类矿床
    - （2）碱性伟晶岩类矿床
  - 5．气成—热液矿床
    - （1）氟硼镁石-电气石-萤石组合类矿床
    - （2）矽卡岩类矿床
    - （3）云母-石英组合类矿床
    - （4）石英脉类矿床
      - ① 含黑钨矿、锡石石英脉型矿床
      - ② 含绿柱石石英脉型矿床
  - 6．火山岩矿床
  - 7．其他、白云鄂博型铌-稀土矿床
- 外生矿床
  - 1．风化壳矿床
  - 2．砂矿矿床
    - （1）残-坡积类砂矿床
    - （2）河流类砂矿床
    - （3）滨海类砂矿床
  - 3．盐湖矿床

注：引自《稀有金属矿地质勘探规范》（1984年）。

同像和吸附等三种状态。

独立矿物，是指稀有金属在不同的地质作用过程中，在一定的物理、化学条件下与普通元素相结合而形成天然矿物，其中结晶完好的称为晶体。但晶体大小不一，大者从几厘米到数米。如伟晶岩中的绿柱石，小者为0.n～0.0$n$mm。又如花岗岩中的稀有金属矿物，有的在显微镜下也难以识别，成为一种显微包体，包裹在其它矿物晶体之中，用电子探针或扫描电镜才能发现。

地质工作者把相对富含稀有金属矿物的岩石称为稀有金属矿石。选冶部门通过选矿把稀有元素矿物从矿石中分选出来，获得稀有金属精矿，然后经过冶炼提取稀有金属，供给工业利用。

稀有元素种类繁多，加之元素之间类质同像置换复杂，使得稀有元素矿物成分与结构千变万化，造成矿物种类也很多。现已发现800多种矿物，约占地壳上已发现的矿物26%左右。稀有元素矿物一般多呈复杂的氧化物与硅酸盐形式出现，其次为磷酸盐、碳酸盐、氟碳酸盐、氢氧化物、氟化物、硫化物以及硼酸盐、砷酸盐、钒酸盐等。

稀有元素呈类质同像状态也很多。所谓类质同像，是指矿物晶体结构中某种质点（原子、离子或分子）为它种类似的质点所代替，使晶格常数发生不大的变化，而结构型式并不改变。矿物学家把这种现象叫做类质同像。这种状态的稀有金属矿石，不能用机械选矿方法选取精矿，只能通过载体矿物富集成混合精矿，再从冶炼过程中提取稀有金属。

稀有元素呈吸附状态，是指吸附在其它矿物表面上，这是矿物学研究工作尚未搞清楚的问题。往往经过多种手段鉴定，既没有发现独立矿物也没有确定是类质同像的元素，则暂定为吸附状态。

如上所述，稀有元素矿物虽然达800多种，但作为当今工业所利用的只有50多种，称为工业矿物。

所谓工业矿物，是指在地壳上分布较广，能够大量聚集，而且含量较高，加工工艺简单、易于利用的那些矿物。现将主要稀有金属工业矿物列入表2-1-6、2-1-7、2-1-8、2-1-9、2-1-10、2-1-11、2-1-12。

（1）锂、铯（铷）矿物。目前已发现有150多种矿物，其中常见的20多种，其工业矿物见表2-1-6。

（2）铍矿物。目前已发现60多种，其中较为常见的有40多种，工业矿物仅有7种，见表2-1-7。

（3）锆铪矿物。有50多种，其中较常见的达20多种，主要工业矿物有4种，见表2-1-8。

（4）铌钽矿物。有130多种，其中常见的30余种，工业矿物有16种，见表2-1-9。

（5）稀土矿物。目前世界上已知稀土矿物有150种，如果将含稀土矿物统计在内，至少有250多种。但含稀土较高的只有60多种，其中具有工业意

表 2-1-6 锂、铯(铷)主要工业矿物

矿物名称	晶体化学式	主要化学成分，%			晶系	形状	颜色	比重	产状
		Li_2O	Rb_2O	Cs_2O					
锂辉石	$LiAl[Si_2O_6]$	5.8～8.1	0.002～0.007	0.002～0.008	单斜	柱、板、针状	白、灰、浅绿、玫瑰、浅紫等色	3.02～3.22	多产在花岗伟晶岩中，有时也产于二云母花岗岩与细晶岩中
锂云母	$K_2(Li,Al)_{5\sim6}[Si_{6\sim7}Al_{2\sim1}O_{20}](OH,F)_4$	3.2～6.45	1.51～3.80	0.02～1.082	单斜	鳞片状或叶片状集合体	玫瑰、紫、浅紫、灰、黄等色	2.8～3.3	产于花岗伟晶岩与花岗岩中，有时在高温石英脉中
锂磷铝石	$LiAl[PO_4]F$	7.1～10.1			三斜	不规则块状、近等轴状	灰、黄白、绿白、浅蓝白等色	2.92～3.15	产于花岗伟晶岩中，有时也见于云英岩、高温石英脉中
透锂长石	$Li[AlSi_4O_{10}]$	2.9～4.8			单斜	块、板、针状	灰白-白色，偶见粉红-绿色	3～2.5	产于花岗伟晶岩中
铁锂云母	$KLiFeAl[AlSi_3O_{10}](F, OH)_2$	1.1～5			单斜	鳞片状、板状	灰、褐、暗绿、暗紫等色	2.9～3.3	产于云英岩与高温石英脉中，有时也产于花岗岩与花岗伟晶岩中
铯榴石	$Cs[AlSi_2O_6]\cdot nH_2O$	0.13～0.25	0.22～1.62	23.5～36.5	等轴	粒状集合体、立方晶体	无色与白色，有时为灰、粉红、紫色	2.67～3.03	产于花岗伟晶岩、蚀变花岗岩中

表 2-1-7 铍主要工业矿物

矿物名称	晶体化学式	主要化学成分，%		晶系	形状	颜色	比重	产状
		BeO	SiO_2					
绿柱石	$Be_3Al_2[Si_6O_{18}]$	9.26～14.4	66.9	六方	六方柱状、束状集合体	无色、白色、淡蓝绿、浅黄绿等色	2.64～2.91	产于花岗岩、花岗伟晶岩、云英岩与石英脉中
金绿宝石	Al_2BeO_4	21.15	5.35	斜方	板、柱或短柱状	黄绿、黄、浅褐、宝石绿等色	3.631～3.835	产于花岗伟晶岩、花岗岩与镁质石灰岩的接触交代产物中，蚀变细晶岩中等
硅铍石	$Be_2[SiO_4]$	43.82	54.40	三方	针、柱、粒状	无色、酒黄、粉红、黄、褐等色	2.93～3.00	产于伟晶岩、云英岩、热液脉中
羟硅铍石	$Be_4[Si_2O_7](OH)_2$	42.77	49.83	斜方	板、片状	无色、黄色等	2.59～2.62	产于花岗伟晶岩、云英岩及石英脉中
日光榴石	$Mn_4[BeSiO_4]_3S$	13.01		等轴	四面体、三角、四面体或块状	灰、褐、红、灰黄黄绿	3.17～3.37	产于花岗伟晶岩，云英岩和热液矿脉、接触交代产物
锌日光榴石	$Zn_4[BeSiO_4]_3S$	12.00		等轴	四面体、八面体、不规则粒状	无色、浅蓝、绿、粉红等色	3.55～3.66	产于正长岩、霞石-正长伟晶岩中
铍榴石	$F_4[BeSiO_4]_3S$	15.5		等轴	十二面体、不规则状	灰、亮红、红、柠檬黄、褐色	3.44～3.46	产于花岗伟晶岩、接触交代产物中，云英岩和热液脉中

表 2-1-8 锆铪工业矿物

矿物名称	晶体化学式	主要化学成份，%		晶系	形状	颜色	比重	产状
		ZrO_2	HfO_2					
锆石（锆英石）	$ZrSiO_4$	55.3～67.3	<2	四方	四方双锥柱状、锥状、柱状或复杂晶形	无色或灰白、玫瑰、浅紫、褐色、浅红褐色	4.0～4.7	产于酸性、碱性岩及伟晶岩，中酸性与基性岩，稀有金属碳酸岩，热液脉冲以及某些沉积岩、变质岩和砂矿中
铪石	$HfSiO_4$	1.21	72.52	四方	柱状或碎片状等	无色到棕色或橙红色	5.8～7.0 或 5.42～6.64	产于含钽花岗伟晶岩中
斜锆石	ZrO_2	98.9		单斜	板状、具聚片双晶	无色或浅黄、淡棕、浅绿、暗褐色	5.4～6.02	产于稀有金属碳酸岩，磁铁石辉长岩，热液蚀变霞石正长岩与霞霓脉岩和砂矿中
异性石	$(Na, Ca)_6Zr\text{-}Si_6O_{17}(OH,Cl)_2$	11.84		三方	板状、短柱状、长柱状	黄褐、褐红色	2.74～2.98	产于霞石正长岩及碱性伟晶岩，暗色碱性正长岩，霞石-异性石暗色基性岩，碱性花岗岩及石英-长石脉中

表 2-1-9 铌钽工业矿物

矿物名称	晶体化学式	主要化学成分，%		晶系	形状	颜色	比重	产状
		Nb_2O_5	Ta_2O_5					
铌铁矿-钽铁矿	$(Fe,Mn)(Nb,Ta)_2O_6$	71.97	4.30	斜方	短柱、板、针、粒状	黑-褐黑色	5.2～6.25	产于花岗伟晶岩、蚀变花岗岩、稀有金属碳酸岩、砂矿中
	$(Fe, Mn)(Ta,Nb)_2O_6$	7.23	77.20	斜方	长柱、薄板状	黑-褐黑-褐红色	6.25～8.25	产于花岗伟晶岩、蚀变花岗岩、砂矿中

续表 2-1-9

矿物名称	晶体化学式	主要化学成分，%		晶系	形状	颜色	比重	产状
		Nb_2O_5	Ta_2O_5					
烧绿石-细晶石	$(Ca, Na)_2Nb_2O_6(O, OH, F)$	57.84	1.44	等轴	八面体、粒状	暗褐、红褐、黄绿、灰黑等	4.12～5.35	产于碱性伟晶岩、碱性花岗岩、碳酸岩、云英岩、花岗伟晶岩中
	$(Ca, Na)_2Ta_2O_6(O, OH, F)$			等轴	八面体、菱形、十二面体、粒状等	浅黄、褐-橄榄绿色	4.2～6.4	产于花岗伟晶岩、花岗岩、钠长石化花岗岩、细晶岩、砂矿中
褐钇铌矿-黄钇钽矿	$(Y, Dy, b)(Nb, Ta, Ti)O_4$	42.90	2.50	四方	四方柱状、双锥状、纺锤状	黄、黄褐、黑褐	4.89～5.82	黑云母花岗岩、花岗伟晶岩，钠长岩、花岗岩的残坡层与冲积砂矿中
	$(Y, Dy, Yb)(Ta, Nb, Ti)O_4$	9.15	49.38	四方	长柱状、板状、板柱状	灰、黄、褐、黑	6.24～7.03	产于花岗伟晶岩、钠长石化白云母化细粒花岗岩和砂矿中
铌铁金红石-钽铁金红石	$(Ti, Nb, Fe)O_2$			四方	柱、板、针、块状	棕褐、黑褐、黑	4.3～5.6	产于花岗伟晶岩、花岗岩、正长伟晶岩、火山成因稀有金属碳酸岩中
	$(Ti, Ta, Nb, Fe)O_2$			四方	四方柱与双锥的聚形	黑色	5.3～6.24	产于花岗伟晶岩、云英岩化、钠长石化花岗岩中
易解石-钇易解石	$Ce, Th, Y)(Ti, Nb)_2O_6$	23.59	0.26	斜方	板、柱、针块状及束状集合体	黑、褐、黄、紫红、浅棕	4.9～5.4	产于碱性岩、伟晶岩、热液交代矿床、火山沉积成因的稀有金属碳酸岩和砂矿中

续表 2-1-9

矿物名称	晶体化学式	主要化学成分，%		晶系	形状	颜色	比重	产状
		Nb_2O_5	Ta_2O_5					
易解石-钇易解石	(Y, Er, U, Th)(Ti, Nb)$_2$O$_6$	28.91	5.54	斜方	短柱状、板状	褐黑、棕黄、浅红褐	4.61～5.05	产于花岗伟晶岩、钠长石化花岗正长岩等气成热液交代产物及白云母化花岗岩中
黑稀金矿-复稀金矿	(Y,U,Th)(Nb,Ti)$_2$O$_6$	33.70		斜方	板、柱状	浅绿、黄褐、红褐、黑	4.5～5.9	产于花岗伟晶岩、花岗岩、碱性正长岩及其伟晶岩和砂矿中
	(Y,U,Th)(Ti, Nb)$_2$O$_6$	17.99	0.89	斜方	柱状、薄板状	黑（带浅褐、浅绿）	4.7～5.4	同上
重铌铁矿-重钽铁矿	(Fe,Mn)(Nb,Ta)$_2$O$_6$	31.00	52.00	四方	复四方双锥、柱状	浅褐黑、黑	6.45	产于花岗伟晶岩中
	(Fe,Mn)(TaNb)$_2$O$_6$	1.37	82.55	四方	复四方双锥、柱状	浅褐黑、黑	7.3～7.85	产于花岗伟晶岩和砂矿中
铌钇矿	(Y, U, Fe)$_2$(Nb,Ti, Fe)$_2$O$_6$	51.35	3.27	斜方	板状、薄、板状、长条状柱状	脂黑、棕褐、褐黑色	4.501～5.76	产于花岗伟晶岩、中粒黑云母花岗岩和砂矿中
铈铌钙钛矿	(Na, Ce, Ca)(Ti, Nb)O$_3$	9.49	0.38	等轴	立方体、八面体、菱形十二面体	浅棕、灰、黑色	4.64～4.89	产于霞石正长岩等碱性岩及其伟晶岩、蚀变花岗岩中

表 2-1-10 稀土工业矿物

矿物名称	晶体化学式	主要化学成分，%		晶系	形状	颜色	比重	产状
		ΣCe_2O_3	ΣY_2O_3					
独居石	$(Ce,La,Nd)[PO_4]$	33.83	2.09	单斜	柱状、锥状、粒状	橙黄、浅黄、黄绿、红褐色	4.83～5.42	产于花岗岩及花岗伟晶岩、稀有金属碳酸岩、云英岩及石英脉、云霞正长岩与碱性正长伟晶岩、混合岩以及砂矿中
氟碳铈矿	$(Ce,La,Nd)[(CO_3)_2F]$	74.89		三方	板状、柱状	红褐、浅褐、棕、黄、浅绿色	4.72～5.12	产于稀有金属碳酸岩、花岗岩及花岗伟晶岩、与花岗正长岩有关的石英脉及砂矿中
氟碳钙铈矿	$Ce_2Ca[(CO_3)_3F_2]$	70.30		三方	六方柱状、板状、柱状	黄、黄褐色	4.2～4.36	产于稀有金属碳酸岩、白云母化霞石正长岩、钠长石化碱性正长岩、碱性伟晶岩、热液矿床及花岗岩中
褐帘石	$(Ca,Ce)_2(Al,Fe)_3[SiO_4](Si_2O_7)O(OH)$	10.87	1.02	单斜	板状、柱状、不规则粒状	褐黑、黑、红褐等色	3.2～4.2	产于黑云母花岗岩及伟晶岩、与花岗岩有关的云英岩及热液脉、碱性正长岩、霞石伟晶岩、稀有金属碳酸岩中
硅钛铈矿	$Ce_4Fe_3Ti_3[Si_2O_7]_2O_8$	45.82	0.42	单斜	板状、短柱状及粒状	黑、褐黑色	4.3～4.67	产于稀有金属碳酸岩、碱性花岗岩、正长岩及伟晶岩、石英脉及碳酸岩脉中
磷钇矿	$(Y,Yb,Dy)[PO_4]$	2.50	59.52	四方	四方双锥、柱状或粒状	白、浅黄、浅棕、浅黄绿	4.37～4.83	产于花岗岩、花岗伟晶岩及热液矿床，碱性伟晶岩及热液矿床，片麻岩、石英云母片岩以及砂矿中
氟碳钇钙矿	$YCa[(CO_3)_2F]$		42.11 (TR_2O_3)	单斜	六方短柱状或细粒集合体	乳白、浅黄褐色	3.39～3.80	产于蚀变花岗岩及黑钨矿石英脉、碱性花岗伟晶岩、稀有金属碳酸岩中
硅铍钇矿	$Y_2Fe_2Be_2[SiO_4]_2O_2$	13.05	38.46	单斜	短柱状、粒状	黑绿、褐绿色	4.0～4.65	产于花岗岩、花岗伟晶岩及热液脉，与花岗岩有关的云英岩、脉钨矿床以及碱性花岗岩中

表 2-1-11 铀钍工业矿物

矿物名称	晶体化学式	主要化学成分，%			晶系	形状	颜色	比重	产状
		UO_2	UO_3	ThO_2					
晶质铀矿	$pUO_2 \cdot cUO_3 \cdot rPbO$	53.63	26.32	3.22	等轴	立方体、八面体、菱形十二面体	铁黑、褐黑色	7.6～10.8	产于花岗伟晶岩、高温热液矿床、矽卡岩及花岗岩中
沥青铀矿	$pUO_2 \cdot cUO_3 \cdot rPbO$	42.30	33.19		等轴	隐晶质胶体、肾状、葡萄状、球状	沥青黑色、褐黑色	6.5～7.5	产于与酸性岩有关的中低温热液矿脉、沉积或沉积变质型铀矿床中
铀黑	$pUO_2 \cdot cUO_3 \cdot rPbO$	11.70	27.97		等轴	非晶质、土状、烟末状	灰黑、暗灰、浅绿灰色	2.8～4.8	产于各种铀矿床的氧化带及沉积型铀矿床中
钛铀矿	$(U,Ca,Fe,Y,Th)_3Ti_5O_{16}$	13.62	26.86	4.18	单斜	板状、柱状、针状	黑色、黄褐色	4.5～5.4	产于花岗岩与花岗伟晶岩、气成热液脉、矽卡岩及含金砂矿中
铀石	$U(SiO_4)_{1-x}(OH)_{4x}$	27.24	35.07		四方	球粒状集合体	黑色、钢灰色	5.18	产于花岗岩型热液铀矿床、砂岩型铀矿床中
钍石	$Th[SiO_4]$		1.09	69.92	四方	四方双锥与四方柱的聚形	黑、黑褐、棕、橙黄、绿褐色	4.0～5.5	产于花岗岩及花岗伟晶岩、花岗闪长岩与花岗正长岩、碱性岩以及砂矿中

表 2-1-12 分散元素工业矿物

矿物名称	晶体化学式	主要化学成分，%		晶系	形状	颜色	比重	产状
		ΣY_2O_3	Ge					
钪钇矿	$(Sc, Y)_2[Si_2O_7]$	17.7		单斜	长板状	灰绿色	3.58	产于花岗伟晶岩、细晶岩中
锗石	Cu_6FeGeS_8			等轴(?)	微密块状细粒状集合体	玫瑰灰色	4.46～4.59	产于中温热液铅锌矿床、某些含铜黄铁矿床及铜钼矿床中

义的矿物有8种，见表2-1-10。

（6）铀钍矿物。已知铀钍矿物和含铀钍矿物近200种，其中铀钍矿物130多种，工业矿物6种，见表2-1-11。

（7）分散元素矿物。分散元素是在地壳上极其分散，独立矿物甚少，不能做单独开采的一些元素。分散元素通常是指铟、镓、锗、铊、镉、铼、钪、碘、碲九种元素。迄今为止，世界还没有发现可做为单独开采的分散元素矿床，只是从主金属矿床中综合回收。目前发现含分散元素的矿物较多，已达200多种，呈独立矿物存在的只有钪钇矿和锗石，其特征见表2-1-12。

第五节 世界稀有金属矿床分布及资源概况

世界稀有金属矿床分布及资源概况，在本节里只介绍国外的矿床，所引用的储量数字，是引自美国矿务局1984年出版的《矿产品概况》储量表的数字。我国稀有金属矿床分布、资源概况，将在第二章里介绍。

一、锂矿资源

国外锂矿主要分布在美国、加拿大、智利、澳大利亚、苏联、扎伊尔、津巴布韦等国家。主要矿床类型有花岗伟晶岩型矿床。主要国家锂矿储量详见表2-1-13。

表 2-1-13 锂的储量及产量（含锂量，t）

国家	金属储量	产量[②]	
		1982年	1983年
世界总计	2267500	无资料	无资料
美国	417220	无资料	无资料
阿根廷	少量	2	2
澳大利亚	22675	—	—
巴西	少量	59	63
加拿大	181400	—	—
智利	1179100	—	—
葡萄牙	少量	16	18
扎伊尔	181400	—	—
津巴布韦	113375	290	299
其它非洲国家[①]	少量	—	—
其它市场经济国家	4535	2	2
苏联	90700	1088	1088
其它中央计划经济国家	不明	—	—

① 包括纳米比亚、卢旺达及南非（阿扎尼亚，以下同）；② 系运给选矿厂的矿石。

美国已查明的锂资源总量为86万t，其余市场经济国家拥有720万t。

1. 伟晶岩型矿床

这类矿床的特点是品位高（Li_2O一般1～1.5%）、储量大并伴生大量绿柱石、铌钽铁矿、铯榴石等，综合利用价值大。美国、苏联、瑞典、津巴布韦、纳米比亚等国都有这类花岗伟晶岩型矿床。

美国锂矿资源主要分布在西部地区，北卡罗来纳洲的伟晶岩带长达45km，宽3～4km，由数百个富锂伟晶岩组成，分布在片麻岩、片岩以及石英二长岩中。伟晶岩体一般长500～550m，厚度约为10m。少数长达800～1000m，厚度为120m，锂矿石储量为1997.2万t，平均品位为Li_2O1.53%。另外，在其周围还有推算的储量为1576.9万t。金格斯山是该伟晶岩带中最大的绿柱石-锡石-锂辉石矿床，其矿石储量为1880万t，平均品位为Li_2O 1.68%。

加拿大也是锂矿比较多的国家，著名的矿床有魁北克省波雷萨克-拉科恩地区锂辉石伟晶岩矿床。马尼托巴省伯尼克湖地区锂辉石伟晶岩矿床是世界上锂品位最高的矿床，Li_2O平均品位达3%，

表 2-1-14 铍的储量及产量（含铍量，t）

国家	储量		产量①	
	矿石量	金属量	1982年	1983年*
世界总计			114	120
阿根廷			1	1
巴西			32	36
南非			3	3
卢旺达			4	5
其它市场经济国家			3	3
其它中央计划经济国家			73	73

① 美国从伟晶岩中能手选出有价值的绿柱石极少，犹他州斯波尔山地区拥有大量羟硅铍石储量，美国羟硅铍石矿床中的矿石约含25396 t 铍，世界储量尚未确定。

金属锂储量为13万 t。此外，近年来在安大略尼比根湖附近还发现了大量锂辉石伟晶岩体，估计储量近20万 t。

苏联在科拉半岛和阿尔泰山等地区，蕴藏有丰富的锂辉石和透锂长石锂矿资源。

2．非伟晶岩型矿床

非伟晶岩型锂矿床，主要是卤水锂矿床，是提取锂的重要来源。美国加利福尼亚州的西尔斯湖卤水是资本主义国家非伟晶岩型锂的唯一来源。该湖是一个结晶盐类的盆地。由盐类和软泥组成的沉积厚度300m，盐中含 Li_2O 0.02～0.03%，Li_2O 储量为7万 t，远景储量为36万 t。

此外，美国阿肯色-得克萨斯含油气建造的油井卤水中的锂具有很大的潜在远景，估计超过1000万 t。这种与油田伴生的富锂卤水，近年来在世界各地不断发现，这是锂的较大潜在资源。但目前主要是解决开发这些资源的化学工艺问题。

二、铍矿资源

目前世界铍的来源主要是绿柱石，其次是硅铍石、似晶石、日光榴石以及金绿宝石等。国外铍矿主要分布在巴西、印度、苏联、阿根廷以及美国等，其储量详见表2-1-14。矿床类型主要有以下几种：

有关外国的含铍矿物与矿石资源的数量资料都不可靠。已查明的美国已知矿床中铍的资源量估计为80000 t 铍。该资源量足以满足美国在可预见的将来一切用途的需要。

1．含铍伟晶岩矿床

该类型是铍矿主要工业类型，占世界内生铍矿床总储量57%，60年代以前是铍矿唯一来源。巴西、印度、苏联、阿根廷的铍矿床主要是这种类型。矿石BeO品位为0.05～0.1%，工业矿物主要是绿柱石。成矿时代以元古代为主。

2．含铍长石交代岩矿床

这种类型矿床是苏联近年来查明的一种新类型，BeO含量高、易选，被认为颇有远景的铍矿工业类型。该矿床分布在古老褶皱区、陆台以及古老地质边缘活化带。矿化主要与局部交代作用——微斜长石化、钠长石化及少量的云英岩化、角岩化有关。矿体为形态复杂的交代矿体。

3．含铍矽卡岩矿床

此类矿床规模大，铍以金绿宝石呈细粒浸染状产出，选矿困难。已知的典型矿床有美国的新墨西哥州的铁山含铍磁铁矿矽卡岩矿床，苏联也发现了这一类型的矿床。

4．萤石-硅铍石矿床

该类型矿床分布在盆地-洼陷的边缘，受固结褶皱区活化带区域性断裂所控制。与成矿有关的含铍花岗岩类浅成小侵入体有关。这类小浸体主要是正长岩、花岗岩和白岗岩等。岩体普遍遭受不同程度的微斜长石化、钠长石化和云英岩化作用而形成矿床。苏联、墨西哥及美国等都有这类矿床，具有一定的经济价值。

5．硅铍石矿床

该类矿床是属于浅成、低温矿床。主要分布于中-新生代中心式火山-构造盆地的边缘及活化带内。矿化受构造及围岩所控制，主要发育在断裂交叉复合部位与巨大构造断裂有关的酸性-次碱性火山岩正长斑岩、玻璃凝灰岩、流纹岩质凝灰熔岩及流纹凝灰岩里，尤其是有萤石产出的地区矿化更为有利。美国犹他州的汤姆斯山和斯波山铍矿床和墨西哥的亚格契累等地矿床，均属这一类型。

三、铌钽矿资源

国外铌矿资源，据美国矿务局1984年出版的《矿产品概况》一书的资料表明，铌的储量最多的是巴西，其次是加拿大、尼日利亚、扎伊尔等国家，详见表2-1-15。其主要矿床类型如下：

表 2-1-15　铌储量及产量（含铌量，t）

国　　家	金属储量	产　　量	
		1982年	1983年
世界总计	3946294	14316	12247
美　国	忽略不计	少　量	—
巴　西	3628776	11943	10886
加拿大	158759	2193	1270
尼日利亚	90719	82	64
扎伊尔	45360	9	9
其它市场经济国家	8618	89	68

世界上已查明的铌资源大部分不在美国。铌资源主要呈烧绿石矿物形式产在碳酸盐类矿床中。就世界范围来说，现有的铌资源远远大于生产的需要。美国在已查明的矿床中有36.28万 t 铌资源，若以1983年铌的价格来计算，认为开采这些矿是不经济的。

1. 碳酸岩烧绿石矿床

60年代以前，铌主要来自尼日利亚的含铌铁矿花岗岩及其砂矿。自挪威1961年首次从烧绿石中提取铌获得成功以来，烧绿石则成为铌的重要来源，据苏联统计的资料，60年代资本主义国家发现和探明了100多个碳酸岩类型烧绿石矿床，其中有15个矿石储量在3000～5000万 t 的大型矿床，著名的矿床有以下几个：

（1）巴西的阿腊夏矿区。该矿床是50年代发现、60年代探明的大型碳酸岩型矿床，Nb_2O_5平均品位为3～4%，矿石储量37000万 t 。矿床产于碱性侵入岩内并含有可供综合回收的铀、钍及稀土矿物，是个大型综合性的矿床。矿山生产能力为年产1.9万 t 精矿，目前巴西铌精矿产量的80%以上来自这里。

（2）加拿大魁北克的奥尔卡碳酸岩烧绿石矿床。该矿床是加拿大的重要铌矿产地。矿床产于前寒武纪地盾上的碳酸岩-碱性杂岩体里，矿石储量4260万 t ，平均Nb_2O_5品位为0.432%。另一个矿床是魁北克尼沃贝克矿床，于60年代发现，1974年勘探完一个富含烧绿石碳酸岩的杂岩体，矿石储量达700万 t ，Nb_2O_5平均品位为0.72%。

（3）美国科罗拉多州冈尼森德台恩碳酸岩烧绿石矿床。它是美国已知最大的原生铌矿床，有4000万 t 矿石储量，Nb_2O_5平均品位为0.25%。

（4）非洲的这类矿床。如坦桑尼亚的恩贝亚，其Nb_2O_5储量27万t，平均品位0.4%；乌干达的苏库卢，其Nb_2O_5储量40万t，平均品位0.2%；肯尼亚的姆里马山，其Nb_2O_5储量20万t，平均品位0.7%。

2. 含铌铁矿-钽铁矿的花岗岩及花岗伟晶岩矿床

这类矿床的铌储量在各类型铌矿床中所占比例很小。目前国外铌矿山产量的大约20%来自这类矿床。主要矿床有尼日利亚北部焦斯高原含铌矿花岗岩及其残积、坡积矿床；巴西的米纳斯吉拉斯伟晶岩矿床；苏联近年来发现的含锡石和钽铁矿的白云母-钠长石化花岗岩矿床，铌作为钽的副产品回收。

3. 砂矿矿床

含铌砂矿一般规模较小，但易采易选，仍是铌、钽的重要来源。国外产铌砂矿的主要是扎伊尔、泰国、马来西亚、澳大利亚、美国等。主要开采锡砂时，综合回收铌钽铁矿。

国外钽资源，60年代初期，主要是开采花岗岩中的铌钽铁矿，作为铌的副产品回收钽。近二十年来，由于各国大力开展钽的普查找矿，发现不少重要产地和矿床类型。主要有伟晶岩型、碱性岩型、钠长石化花岗岩型以及风化壳矿床。主要国家钽矿储量和产量见表2-1-16。

目前，资本主义国家钽的储量有70%以上来自伟晶岩矿床。加拿大、巴西、美国以及非洲一些国家都发现了这类矿床。如加拿大已知的235处钽(铌)产地有168处是伟晶岩型矿床。

此外，与次碱性和碱性岩有关的钽矿床，是近十多年来发现的一种钽矿床，储量大、品位高，含Ta_2O_5量在0.02%以上，其储量可达几万吨。据苏联1977年资料估计，这种类型钽矿床钽的储量占所有内生钽矿床类型中的57.5%。因此，预计未来钽的主要来源可能属于这种类型矿床。

钠长石化花岗岩矿床，也是钽矿床一种重要类型。其主要工业矿物为细晶石、钽铁矿、锰钽铁矿等。

此外，值得注意的是，国外从锡石、黑钨矿中提取大量钽。在一些富含钽的锡石-黑钨矿区中，锡石中含Ta_2O_5可达1～30%，一般为1.8～15%。泰国、马来西亚、澳大利亚、尼日利亚及扎伊尔的钽储量，主要集中在这类矿床中，这些国家开采砂矿时获得的含铌铁矿-钽铁矿的锡石精矿，在冶炼粗锡剩下的炉渣中含$Ta_2O_5$1.5%到7～10%，是提取钽的重要矿物原料。苏联一些锡-钨-钽成矿区中心，矿床中的黑钨矿含Ta_2O_5量达1～1.6%。据报道，国外钽产量约有一半是从冶炼厂的锡石、黑钨矿炉渣中提取的，美国、西德、日本从进口这种矿渣中提取钽。泰国钽的产量90%是来自这种矿渣中。

表 2-1-16 钽储量及产量 （含钽量，t）

国家	金属储量	产量	
		1982年	1983年
世界总计	30845	335	218
美国	忽略不计	少量	—
澳大利亚	6804	104	68
巴西	1361	77	68
加拿大	2722	77	—
马来西亚	1814	1	1
尼日利亚	4536	11	14
泰国	9072	9	14
扎伊尔	2722	9	9
其它市场经济国家	1814	46	45
中央计划经济国家	无资料	无资料	无资料

世界上的钽资源大部分不在美国。从全球来说，已查明的钽资源是可以满足生产的需要。这些钽资源主要蕴藏在澳大利亚、巴西、加拿大、埃及、马来西亚、尼日利亚、泰国和扎伊尔。美国已查明的矿床中，蕴藏着1542 t的钽资源。这些钽资源若以1983年价格计算，尚没有工业意义。

四、稀土矿资源

60年代以前，稀土主要来源是独居石砂矿，如澳大利亚、印度、马来西亚和巴西等国家有大量砂矿，从中回收稀土。60年代以后，除开采砂矿外，主要转移到开采内生矿床，如美国的芒庭-帕斯矿床和我国的白云鄂博矿床。

国外稀土矿产储量概况，详见表2-1-17。稀土矿床主要分布在美国、加拿大、巴西、苏联、芬兰、挪威、瑞典以及马来西亚、印度、南非、澳大利亚、斯里兰卡等。

美国加利福尼亚州的芒庭-帕斯碳酸岩型矿床是资本主义国家最大的轻稀土矿床，占国外稀土产量60%。矿床产于碳酸岩体中，矿体长804m、宽21.4m，矿石成分主要氟碳铈矿、独居石、重晶石、方解石等。稀土氧化物总储量为500万t，品位8～10%。近年来，在南非发现的皮兰内斯堡矿床，也属于这种类型，稀土氧化物品位较高，约15～20%，目前估计矿石储量可能有3000万t。

钇族稀土，各国主要从综合性矿床中回收。如加拿大从加工铀矿石的残渣中提取。马来西亚、澳大利亚、巴西等国从开采砂矿时，回收磷钇矿，运至日本和欧洲提取钇族稀土。有的国家从开采锡石-黑钨矿矿床以及含铌钽稀土伟晶岩中，获得重稀土副产品。

值得注意的是，近年来国外从磷灰石中提取稀土。苏联、波兰利用磷灰石生产磷酸时，回收稀土副产品。苏联科拉半岛的磷灰石中含稀土氧化物0.5～5%，估计有1.6亿t矿石量。此外，磷灰岩中稀土含量也较高，美国1964年处理了约600万t磷灰岩，其中含有近3500 t稀土。

表 2-1-17 稀土储量及产量（稀土氧化物，t）

国家	金属储量	产量	
		1982年	1983年
世界总计	44000000	无资料	无资料
美国①	3320000	17501	17300
澳大利亚	276000	5229	6000
巴西	23000	1061	1000
加拿大	48000	—	—
印度	2800000	4000	4000
马来西亚	30000	320	300
南非	84000	无资料	无资料
泰国	无资料	59	60
其他市场经济国家	450000	167	200
中国	36000000	无资料	无资料
其他中央计划经济国家	500000	无资料	无资料

① 美国的稀土储量数字只限于由氟碳铈矿计算出的储量。

稀土金属组的某些元素在地壳中含量是丰富的，但达到开采品位的不常见。在美国和中国都广泛地开采氟碳铈矿（氟碳酸盐）。独居石（一种磷酸盐）在世界各地，尤其是在澳大利亚，作为处理砂矿的副产品大量回收。稀土金属也产在其它许多矿物中，并从磷灰岩和提过铀的溶液中作为副产品回收。世界上尚未发现的稀土资源会大大超过世界的需要。

五、钨矿资源

目前在地壳上已发现的钨矿物和含钨矿物有20余种，其中具有工业价值的主要是黑钨矿(Fe、Mn)WO_4含76%WO_3和白钨矿$CaWO_4$含80.6%WO_3。

世界钨矿储量（金属量）和主要国家钨矿储量详见表2-1-18。

从钨矿分布来看，主要沿太平洋带的中、新生代造山带分布，约占世界钨矿资源的86%。国外钨矿主要分布在加拿大、苏联、澳大利亚、玻利维亚和美国。

加拿大是国外钨矿最多的国家之一。据美国矿务局1984年出版的《矿产品概况》统计的资料为67.4万t金属储量，主要分布在西北地区和育空地区，其次为新布伦瑞克省。著名的矿床有马克通矿床，位于育空地区与西北地区交界处的麦克米伦山口地区，是国外最大的钨矿床。还有西北地区的唐斯顿矿山和普莱曾特山斑岩钨矿床，也是世界知名的大型钨矿床。

苏联钨矿资源仅次于加拿大，主要集中在哈萨克斯坦、乌兹别克斯坦、高加索、外贝加尔和远东地区。多数矿床是低品位的，现有储量49万t。主要矿床有哈萨克斯坦的准噶尔-巴尔喀什地区南部的一些低品位网脉型矿床，西伯利亚英库尔地区的斯帕科依宁斯克、巴伦斯韦恩斯克网脉型黑钨矿床，北高加索的特尔内-敖兹钨-钼矿床等。

澳大利亚的钨矿，主要分布在东部和东南部。知名的矿床有塔斯马尼亚州的金岛白钨矿床和昆士兰的卡宾山矿床。

玻利维亚的钨矿，主要分布在东安第斯地区。钨矿床以脉型黑钨矿为主，钨与锡密切伴生。

美国的钨矿，主要分布在加利福尼亚、科罗拉多和内华达州。钨主要为钼的伴生产品。派因克里克和克莱梅克斯矿床是世界著名钨矿床。

目前，国外开发的钨矿床，主要是矽卡岩型、热液型、斑岩型、层控型等4种类型。前两种类型矿床的储量和产量占世界总储量和产量95%以上。

矽卡岩型钨矿床　一般产于地槽区和地台及地盾区的活化带内。在地槽内，矿化主要受造山晚期侵入体控制。在地台区，矿化主要受中生带活化带控制。从局部构造控矿来看，矿化一般产于深断裂与复向斜或复背斜的交切地段、接触带受叠加断裂破坏的地段、断裂破碎带和断层复杂交汇处。

矽卡岩型钨矿，根据矿床主要成分可分为矽卡岩型钼-钨、铜-钨、锡-钨矿床。加拿大的马克通矽卡岩型矿床，是世界公认的矽卡岩型钨矿。矿床与晚白垩世石英二长岩岩株伴生。岩体与矽卡岩接触带较陡，附近产有大量的石英细脉，含有白钨矿和硫化物。矿化矽卡岩产于平卧的石灰岩或大理岩内。该矿床已探获储量54万t，品位含0.95%WO_3。

热液型钨矿　按成矿温度分为高、中、低温热液矿床，其中以高温和中温矿床为主。根据矿体特征又划分为石英大脉型和细脉型。这类矿床产出的区域构造位置基本上与矽卡岩型矿床相同。高温热液矿床常伴生有云英化蚀变，故亦称为云英岩型矿床。这种矿床与酸性花岗岩有关，矿床产于侵入体接触带上，矿脉赋存在裂隙中。矿石主要由黑钨矿、锡石、辉钼矿和辉铋矿组成。中温热液矿床主要为石英黑钨矿矿床和石英钨锰矿矿床。低温热液矿床有金-辉锑矿-钨铁矿矿床。

葡萄牙的帕纳什凯拉矿床，是西欧较大的热液型钨矿床。矿脉空间上与几个云英岩化的花岗岩岩钟伴生。矿床由几百条产于片岩和花岗岩中的近水平石英脉组成。主要矿石矿物为黑钨矿、锡石和黄铜矿。平均含0.3%WO_3。矿山年产钨精矿1500t以上。大部分储量已采完。

斑岩型钨矿　通常产于大面积火山岩和浅成侵入体发育地区。根据矿床成分可分为斑岩钼-钨矿床和斑岩钨矿床。如美国的克莱梅克斯钼-钨斑岩型矿床、加拿大的普莱曾特山斑岩钨矿，是斑岩型钨矿典型代表。

层控型钨矿　是近年来国外确认的一种有远景的钨矿类型。在奥地利、南斯拉夫、意大利、西班牙、挪威、法国、美国、巴西等均有发现。矿床产在一定的地层层位和一定的岩性地层中，矿体呈整合层状、透镜状产出。这种类型钨矿目前已划分出两种类型：一是片麻岩岩系中的白钨矿-硫化物-似矽卡岩型；二是碳酸盐-片岩岩系中的白钨矿-硫化物-石英岩型。这种类型矿床多为大型矿床，颇有经济价值，如近年来已投产的奥地利费尔别尔塔尔大型白钨矿床，含$WO_3$16840t，平均含0.75%WO_3。

除上述类型外，还有砂矿型、伟晶岩型、卤水型和热泉型矿床等，但这些矿床规模不大，工业意义较小，未做为主要勘查对象。

表 2-1-18 钨储量及产量

（含钨量：储量，万t 产量，t）

国家	金属储量	产量	
		1982年	1983年
世界总计	328	44872	37350
美国	15.6	1575	1100
澳大利亚	14.3	2588	2000
奥地利	1.8	1406	1200
玻利维亚	4.6	2534	3000
巴西	2	1089	1000
缅甸	1.5	844	500
加拿大	67.4	2947	250
法国	2	599	750
南朝鲜	5.8	2233	2000
墨西哥	1.7	99	100
葡萄牙	2	1361	1200
泰国	3.1	856	700
土耳其	5.6	150	200
英国	7.1	50	50
其它市场经济国家	10	2841	2000
苏联	49	8900	9000
其它中央计划经济国家	11.5	2300	2300

估计的世界钨资源量中，90%以上不在美国，而中国的钨资源量则几乎占总量的55%。其它有显著潜在钨资源量的国家有澳大利亚、奥地利、缅甸、加拿大、马来西亚、墨西哥、朝鲜、葡萄牙、南朝鲜、南美、泰国、土耳其及苏联。

六、钼矿资源

钼矿物及含钼矿物在地壳中目前已发现有30余种，其中具有工业开采价值的主要是辉钼矿(MoS_2)，含59.96%Mo。其它较常见的含钼矿物还有铁钼华、钼华、钼钙矿、钼铅矿等。

世界钼金属储量，据美国矿务局1984年出版的《矿产品概况》统计资料为984.3万t，各国储量概况详见表2-1-19。

国外大部分钼储量主要蕴藏在北美和南美州西部山区，从美国阿拉斯加州和加拿大的不列颠哥伦亚省，经过美国西部和中美州，直达智利的安第斯山脉。

美国是国外钼矿资源最丰富的国家，主要矿床分布在阿拉斯加、科罗拉多、爱达荷、内华达、新墨西哥和犹他诸州。

加拿大钼矿主要分布在不列颠哥伦比亚省以及魁北克和新不伦瑞克省等地。

中、南美洲的钼矿储量主要集中在大型斑岩铜钼矿床中，如智利的丘基卡马塔和埃尔特尼恩特矿床中，这两个矿床占智利钼矿储量85%。墨西哥的拉卡里达德斑岩铜钼矿床也是国外大型钼矿山之一。

表 2-1-19 钼储量及产量（含钼量，t）

国家	金属储量	产量	
		1982年	1983年
世界总计	9843055	90266	54432
美国	5352445	37649	13608
加拿大	635036	16461	9072
智利	2449424	19958	14515
秘鲁	226799	2586	2722
其它市场经济国家	272158	499	907
中央计划经济国家	907194	13154	13608

美国已查明的钼资源总计为861.83万t，世界已查明的钼资源量约2086.5万t。钼既作为主要的金属硫化物赋存在大型的低品位的斑岩钼矿床中，又作为次要的金属硫化物产在低品位的斑岩铜矿床中。钼资源在未来的一段时间内，足以满足世界的需要。

国外钼矿主要有以下三种类型：

1. 斑岩钼矿和铜钼矿床

据统计，在资本主义国家储量中，斑岩钼矿占34.5%，斑岩铜-钼矿床占64.6%。在资本主义国家产量中，斑岩钼矿占57.3%，斑岩铜-钼矿床占41.5%。

斑岩钼矿的主要特征是：(1)成矿时代，主要是中生代和第三纪，如著名的美国科罗拉多-新墨西哥钼矿区矿床年龄17～140百万年，时代最老的加拿大的恩达科矿床，年龄约140百万a，苏联发现有侏罗纪斑岩钼矿，格陵兰有中更新世钼矿；（2）矿床规模大，如美国的科罗多州的克莱梅斯钼矿储量达400万t，含0.45%MoS_2；亨德逊钼矿储量300万t，含0.49%MoS_2；（3）容矿岩石主要是花岗斑岩、石英二长岩、流纹斑岩等并具有与斑岩铜矿床围岩相似的蚀变分带。

2．矽卡岩型钼矿床

这种类型矿床的规模在各国的储量、产量不一，在资本主义国家不是一种重要类型，而在苏联等国家是一种重要类型。

3．石英脉型钼矿

这种矿床类型规模不大，但品位较富，而且常伴生铜、铋等有益元素，多数属于综合性矿床。

七、钒矿资源

钒在地壳中多为分散状态，不易富集成独立的工业矿床。通常在钛磁铁矿、多金属矿、铝土矿、铀矿、磷矿等矿床中以伴生状态产出，在开发这些矿床时加以综合回收。目前已知较重要的含钒矿物有绿硫钒矿、钒云母、硫钒铜矿、钒铅锌矿等。

世界现已探获钒金属储量，据美国矿务局1984年出版的《矿产品概况》统计资料为1655.63万t，各国储量概况详见表2-1-20。

国外钒矿资源，主要分布在南非、苏联、澳大利亚、芬兰、智利、印度、新西兰等国家。在探获的钒矿资源中，约有46%赋存在钛磁铁矿-钛铁矿矿石和某些磁铁矿-赤铁矿矿石以及钛铁矿砂矿中；约有39%赋存在磷灰石和含磷页岩中；其余的赋存在含铀砂岩、钒锌矿、钒铅矿和铝土矿以及原油中。

在探明钒的储量中，占比例最大的是南非约占47%，苏联占24.6%，美国占13.1%。

表 2-1-20 钒储量及产量（含钒量，t）

国家	金属储量	产量	
		1982年	1983年
世界总计	16556291	33113	29711
美国	2177266	3718	1633
澳大利亚	244942	100	—
芬兰	90719	3148	3130
南非	7801869	11975	9979
其它市场经济国家	544316	109	—
中国	1632949	4536	4990
苏联	4082373	9526	9979

如上所述，钒是以伴生形式产出在某些矿床中，目前已知含钒的矿床类型主要岩浆型、淋积型、沉积型、变质型等4类。

1．岩浆型的钒矿床

这种类型矿床系指钒钛磁铁矿、钛铁矿-磁铁矿、钛铁矿-赤铁矿和金红石-磷灰石矿床。其中，钒钛磁铁矿工业价值最大，目前世界钒的产量约有80%来自这种矿床。

钒钛磁铁矿和钛铁矿-磁铁矿矿床，规模巨大，但品位较低，V_2O_5的含量一般不超过0.1～0.3%，仅在个别的矿床中达到1～1.5%。如南非的布什维尔德杂岩上带的钒钛磁铁矿层和岩颈中蕴藏着世界最大的钒矿储量。该矿床位于南非德兰士瓦区内，含钒钛磁铁矿限于上带底部磁铁矿层主群，钒金属的储量为58.8万t，矿石含1.4～1.9%V_2O_5。苏联乌拉尔东坡的卡奇卡纳尔和古谢沃戈尔钒钛磁铁矿床位于斯维德洛夫地区。含矿的辉长-辉岩侵入体面积约110km²，其特征是具有原生分层、自上而下分别为辉长岩、橄榄石辉岩和橄榄岩。钛磁铁矿化赋存在异剥岩中，由浸染状和条带状钛磁铁矿矿石组成。矿石矿物主要是钒钛磁铁矿，矿石中含14～34%Fe，平均为16.6%，含0.05～0.31%V_2O_5、0.8～2%TiO_2。估计卡奇纳尔和古谢沃戈尔矿床的矿石储量分别为26和35亿t。

2．淋积矿床

这种矿床是指与沥青岩有关的绿硫钒矿建造矿床以及产于碳酸盐岩和片岩中的某些多金属矿床的氧化带。秘鲁米纳斯拉格拉沥青岩矿床是绿硫钒矿建造的典型矿床。该矿床产于白垩纪红色泥质页岩中，呈一系列穿插的和部分平行裂隙的脉和透镜体。主矿体沿走向可追索1000m，矿石的主要储量集中在厚9～12m、长60m的矿柱中。主要矿石矿物为黑色非晶质的绿硫钒矿。矿石很富，其中经拣选的矿石含V_2O_5可达11%。贫矿经焙烧后，其灰渣含22%V_2O_5。富集钒的铀矿床氧化带，主要分布在美国的科罗拉多高原和犹他州以及澳大利亚等国。这些矿床的氧化带中发育有钒钾铀矿和钒云母。矿石中UO_3平均含量约为0.2%，V_2O_5为0.7～1.5%。此外，在一些多金属矿床中的含钒氧化带的特征是发育钒铅矿，如纳米比亚的别尔格-奥卡斯、阿别纳布、楚梅尔矿床，以及赞比亚的布罗肯希尔矿床。这类矿床规模较小，品位也较低。

3．沉积矿床

这种矿床主要是在某些铁、铝土矿、磷块岩以及煤和石油等矿床中富集有钒，如洛林（主要在法国）、刻赤半岛（苏联）鲕状褐铁矿中含0.05～0.1%V_2O_5。美国落基山二迭纪磷块岩矿床中V_2O_5的含量达0.11～0.45%。典型的沉积钒矿床是苏联的卡拉塔乌矿区。该矿床为含钒页岩层、碳质、泥质和硅质页岩形成互层，分层厚度不超过0.5～2m，总厚度为几十米。钒主要富集在碳质物中，含量达1～2%，在硅质夹层中钒含量较低，为0.2～0.3%。

此外，在钛磁铁矿、钛铁矿和金红石的海滨砂矿中，也常赋存有钒．一般含0.02～0.16%V_2O_5，有时达0.67%。如新西兰的海滨钛磁铁矿砂矿，平均含0.7%V_2O_5，储量为80万t。

4．变质矿床

这类矿床目前发现不多，较有代表性的矿床是芬兰的奥坦马基钛铁矿-磁铁矿矿床。矿区是由含角闪岩夹层的花岗片麻岩组成。角闪岩中产有两个由磁铁矿和钛铁矿组成的透镜体矿带，矿石中钒的平均含量为0.62%。此外，在碱性火成岩杂岩体与结晶片岩接触带中的泥岩化带内，有时也形成钒的富集，如美国威尔逊斯普林矿床的霞石正长岩与结晶片岩之间的泥岩化带内，V_2O_5的含量高达1%，粘土矿物是钒的主要富集矿物。该矿床钒储量约为3万t。

八、钛矿资源

目前在地壳中发现的钛矿物及含钛矿物约计50余种。但作为开发利用的钛矿物主要是金红石、钛铁矿、钛磁铁矿以及钛铁矿的风化产物白钛矿。

世界现已探获的钛铁矿、金红石储量，据美国矿务局1986年出版的《矿产品概况》统计资料：钛铁矿73400万t，金红石13340万t。各国储量概况详见表2-1-21、表2-1-22。

国外钛铁矿资源主要分布在加拿大、挪威、南非、澳大利亚、美国、印度、苏联、斯里兰卡、巴西、芬兰等国家。金红石主要分布在巴西、意大利、澳大利亚、南非、苏联、印度、塞拉利昂、美国等国家。

钛矿床按成因可分为岩浆型、残积型、砂矿型、火山-沉积型、变质型5大类型。其中岩浆型和砂矿型钛矿床工业意义最大，是当前世界上开发钛铁矿和金红石的主要类型。

表 2-1-21　世界钛铁矿储量　（精矿，万t）

国家	储量	产量	
		1984年	1985年
美国	6800	—	—
澳大利亚	8700	121	134
巴西	300	5.5	5.5
加拿大	16000	80	82
芬兰	600	18.4	14
印度	6300	16.5	17
马来西亚	200	21.5	20
挪威	12000	60.6	70
南非	10000	46	46
斯里兰卡	800	8.8	9.0
中国	9000	15.4	15.5
苏联	2700	48.5	48.5
世界总计	73400	442.2	461.5

表 2-1-22　世界金红石矿储量（矿石，万t）

国家	储量	产量	
		1984年	1985年
美国	170	—	—
澳大利亚	1000	20	20
巴西①	8800	0.1	—
印度①	500	0.8	0.9
意大利	1500	—	—
塞拉利昂①	250	10.1	10
南非①	530	6.2	6.2
斯里兰卡	90	0.9	1.0
中央计划经济国家①	500	1.1	1.1
世界总计	13340	39.2	39.2

①为估计数。

1．岩浆型矿床

岩浆型钛矿床的成因与基性、超基性岩和碱性岩侵入体关系极为密切。矿化岩体特征是分异作用明显，通常呈岩盆或层状、似层状岩体产出，成岩成矿时代多为前寒武纪和早古生代，并主要分布在古地台、结晶地盾及其边缘范围和古地台的活化带以及地槽区、造山区等地质环境。矿石类型有三种主要类型：（1）钛铁矿-磁铁矿型；（2）钛铁矿-赤铁矿型；（3）钛铁矿-金红石型。这三种类型矿石，在基性、超基性岩石中分布有所不同。在斜长岩和辉长斜长岩岩体中的矿石主要是钛铁矿、赤铁矿-钛铁矿和磁铁矿-钛铁矿；辉长岩、辉长苏长岩和辉长角闪岩岩体中的矿石主要是钛铁矿-磁铁矿；在超基性岩岩体中主要是含钛较少的钛磁铁矿。

国外岩浆型钛矿床有以下几个著名矿床：

（1）美国的桑福德湖矿床。位于纽约州东北埃塞克斯区，矿床成因与阿迪龙达克山脉的前武寒纪辉长岩、斜长岩的杂岩体关系密切。矿体长约1600m，宽270m，下盘岩石为致密粗粒斜长岩，上盘为浸染状或致密状细粒、中粒辉长岩。矿体含32%钛铁矿、37%磁铁矿。矿石储量约计1亿t，含18～20%TiO_2、34%Fe、0.45%V_2O_5。该矿床是美国最大的钛矿床，现已开采，具有较大的工业利用价值。

（2）挪威的特耳尼斯矿床。矿床产于埃格松斜长岩-苏长岩杂岩体东部，由脉状辉长岩组成。矿体长2.3km，宽400m，埋深约350m。矿石为均匀细粒致密状，含30%钛铁矿、2%磁铁矿。矿石储量约3亿t，是欧洲最大的钛矿床，目前已开采。

（3）芬兰的奥坦梅基矿床。位于奥托孔普西北约150km，主要由许多急倾斜的透镜状矿体组成，长50～100m，厚达15m，倾斜延伸达100m。矿体产于盆状的辉长岩和斜长岩杂岩中，矿石主要为糖粒状致密矿石，含20%钛铁矿、25～30%磁铁矿，矿石储量约为1500万t，平均含13%TiO_2、35～40%Fe、0.25%V_2O_5。

（4）加拿大的阿莱德湖矿床。位于魁北克省萨格纳区，产于长45km、宽15km的椭圆状阿莱德湖斜长岩杂岩层内。矿体长约1100m，宽约1050m，厚7～60m。矿石特点是在致密状钛铁矿中包含有极细微的薄片状赤铁矿（约占15%）。现已探明矿石储量1.25亿t，含32～36%TiO_2、39～43%Fe。

（5）美国、巴西、苏联等国家的与碱性岩侵入体有关的钛矿床多为钛、铌、锆、稀土、磷综合性矿床。含钛矿物主要是钛铁矿、金红石、锐钛矿、板钛矿和钙钛矿、铈钙钛矿。这类型矿床仅在某些国家开发利用。如美国阿肯色州的马格尼科夫碱性岩中的金红石-锐钛矿-板钛矿综合矿床。巴西的纳斯吉拉斯州的塔皮拉和帕特鲁西尼乌-萨利特耳，戈亚斯州的卡塔拉奥等矿床。其中塔皮拉碱性岩体规模最大，面积约35km²，呈椭圆状，由碳酸岩-橄榄岩-辉岩等岩石组成，也见有霞石正长岩和响岩。现已探明矿石储量达3.2亿t，含16.3%TiO_2，并伴生有铌、稀土、磷等元素，具有综合利用价值。

2．残积型矿床

该矿床是在炎热和潮湿气候环境中形成的。国外典型矿床有乌克兰洛林辉长岩岩体风化壳中的斯特列米戈罗德矿床。在该矿床辉长岩体上发育着由高岭土组成的风化壳，含有15%的白钛矿化钛铁矿和4～5%的磷灰石。

3．砂矿型矿床

钛铁矿砂矿是钛矿资源主要类型之一，多数是指滨海砂矿而言的。一般分为古滨海型砂矿和现代滨海型砂矿。

古滨海型砂矿是指晚第三纪、早第三纪、白垩纪和侏罗纪弱胶结或压实的砂矿。苏联这种类型砂矿较多，分布广泛，如第聂伯罗夫锆石-金红石-钛铁矿矿床是这种类型矿床的典型实例。

现代滨海砂矿，又分为岸滩砂矿和沙丘砂矿。岸滩砂矿一般延长数公里，具有较大的工业意义。如澳大利亚东部海滨中部的岸滩砂矿，断续延伸75km以上。含矿岸滩层宽度不一，仅在局部达800m。砂矿的平均厚度约1.8m。金红石含量为18～20kg/m³，钛铁矿为15～16kg/m³。金红石现已探明储量估计为80万t。又如，塞拉利昂舍尔勃里超大型滨海砂矿延长56km，现已探获储量为300万t，TiO_2平均含量为1.2%。

砂丘砂矿规模大，但品位较低。如澳大利亚发现的大型沙丘型金红石-锆石-钛铁矿砂矿即是其中一例。

4．火山沉积型矿床

这种矿床在前苏联沃罗涅日省南部发现古代火山沉积岩中的钛铁矿堆积层，厚达35m，带状产出，宽20～40km，延长达100km。钛铁矿富集在粗碎屑凝灰岩、层凝灰岩和凝灰砂岩中。

5．变质岩型矿床

这种矿床是由含矿砂的变质作用和含矿砂转变为砂岩和石英岩而形成的，有的矿床具有较大的工业价值。如美国弗吉尼亚州的罗宾宗科普矿床。矿体为透镜状，富含金红石和钛铁矿，产于早寒武世砂岩层中。

参考文献

[1] 地质科学院地质矿产所稀有组，中国稀有金属矿床类型，地质出版社，1975年.

[2] 陈德潜，稀有元素地质概论，地质出版社，1982年.

[3] 地质矿产部资料局，世界矿产储量及产量年报，1984年.

[4] 中国大百科全书，矿冶，1984年.

[5] 地质矿产部情报研究所，国外矿产资源，1988年.

第二章　中国稀有金属矿产分布特征

编写人　孙延绵

第一节　稀有金属矿产分布

中国稀有金属矿产丰富，在六大行政区几乎均有分布。现根据主要稀有金属矿产在各大行政区中的分布规模，概括在表2-2-1。

根据稀有金属矿产产出的地质条件和分布特征以及元素共生组合、矿床类型等，划分12个成矿带。

表 2-2-1　各大行政区主要稀有金属矿产分布概况

矿种	东北区	华北区	华东区	中南区	西南区	西北区
	规模					
锂矿	未形成规模	同左	同左	中型	中型	大型
铍矿	小型	小型	小型	中型	中型	大型
铌钽矿	小型	中型	中型	中型	大型	大型
轻稀土矿	中型	大型	中型	中型	小型	中型
重稀土矿	未形成规模	中型	小型	大型	小型	小型
锆铪矿	同上	未形成规模	中型	中型	小型	小型
铯铷矿	同上	同上	未形成规模	小型	未形成规模	大型
分散金属矿	中型	同上	小型	中型	大型	未形成规模

一、南岭成矿带

南岭成矿带蕴藏着丰富的稀有金属资源，被誉为稀有金属之乡，盛产钽、铌、稀土（主要是重稀土）和铍等稀有金属矿。其主要矿床类型有花岗岩型、气成热液型、伟晶岩型、混合岩型以及火山岩型等稀有金属矿床。已勘探和开采的矿床有江西414钽（铌）矿、广西栗木钽（锡）矿、富贺钟风化壳型褐钇铌矿、赣南地区石英脉型钨矿床伴生的稀土以及锂、铍、铌、钽、钪等。湘南地区分布有规模较大的条纹岩型铍矿。在湘、赣、粤等地区分布规模可观的风化壳稀土矿床。在湘、赣、桂、粤等地还分布有大量的伟晶岩，富含锂、铍、钽，具有开采价值。

二、新疆北部成矿带

新疆北部成矿带是我国锂、铍、铌、钽的主要矿产地之一。绿柱石、锂辉石不论储量规模和开采量均占全国首位，铯、铷、钽、铌也占有重要位置。此外，锆、铪也相当可观。

该带稀有金属矿床类型，主要是花岗伟晶岩型，其次为热液型、花岗岩型矿床，多属云母型、两云母型和锂辉石型。有些地区出现分带极为完好的、富钠长石的锂云母或白云母伟晶岩，富含绿柱石、钽锰矿、细晶石、铌钽铁矿、锂辉石、铯榴石、锂云母等重要的铍、锂、铌、钽、铯等易选的工业矿物。其矿化规律，凡是钠长石化强烈者，均富含铍、锂、铌、钽、铯等稀有元素，已成为该区的重要找矿标志和成矿规律。

三、内蒙成矿带

内蒙成矿带是我国稀土、铌等的重要成矿带特别是稀土资源闻名世界。其中，白云鄂博铁、稀土、铌综合性矿床是世界上最大的稀土矿床之一，其储量占世界稀土总量的80%，占我国稀土资源的97%。

此外，在内蒙其它地区，还分布有一定规模的含稀有元素的伟晶岩，主要含有稀土、铌、铀、钍的黑云母型的花岗伟晶岩以及含铍、锂、铌、钽的白云母型伟晶岩。

四、川西成矿带

四川西部的稀有金属资源也是相当丰富的，具有较好的成矿条件。在川西地区印支地槽内岩浆活动十分频繁，岩性是以中-酸性侵入岩和基性喷发岩为主，主要成矿稀有元素为锂、铍、铷（铯）铌、钽。其矿床类型为伟晶岩和花岗岩型，其工业矿物为锂辉石、绿柱石及铌钽铁矿。特别是锂矿，它是四川富有稀有金属资源，现已探明的锂矿储量居全国第二位。主要分布在金川乾宁、康定、九龙等县，构成南北向的川西高原稀有金属成矿带。矿脉主要产于花岗岩内、外接触带，受断裂、节理、裂隙控制，成群、成组出现，现已发现矿(化)区、点70余处。成矿条件较好，已知大中型矿床有金川可尔因、乾宁容须卡、康定呷基卡等，主要工业矿物为锂辉石、铌钽铁矿、绿柱石等，矿石品位较富。

五、滇西成矿带

滇西成矿带稀有元素成矿规模及性质与岩浆活动相适应，据目前地质调查表明，与加里东期混合岩有关的是含稀土、铌（钽）伟晶岩，与印支期花岗闪长岩有关的是稀土、钍、铌黑云母型伟晶岩。在燕山期，岩浆侵入作用加强，出现含褐钇铌矿的黑云母花岗岩（早期），含绿柱石、铌钽铁矿的白云母花岗岩（晚期）及白云母型伟晶岩。

六、康滇成矿带

康滇地区的岩浆活动，除加里东期外，从晋宁期至燕山期均有出现。超基性、基性、中性、酸性至碱性岩较为发育。特别是含稀有元素的碱性岩类-超基性岩、碱性岩、碱性花岗岩以及派生岩脉的广泛分布是该区稀有元素成矿的重要特征，有别于其它稀有元素成矿区。从时空分布规律来看，在空间上与基性超基性岩关系密切，并受深大断裂构造控制。在时间上，碱性岩多在岩浆旋回晚期出现。如在康滇地轴中部，沿深大断裂，海西早期有大量玄武岩喷发，之后有超基性-基性岩侵入，并形成了钒钛磁铁矿床，在晚期则有广泛的正长岩、含褐钒铌矿的钠闪石花岗岩、碱性伟晶岩（含烧绿石、锆石、褐钇铌矿等）和含稀土、铀、钍多金属的重晶石-萤石-碳酸盐脉等。在地轴的南部，也有大量的碱性岩类如磷霞岩、霓霞岩、白榴碱玄岩、碱性正长岩与霞石正长岩出现，也发现一些有关的碳酸盐岩。这些岩体含铌、稀土较高。其岩体形成时代主要是燕山期。

七、秦岭成矿带

在秦岭成矿带，目前发现的稀有金属矿床类型主要是花岗伟晶岩型、碳酸盐岩型和碱性岩型。

秦岭东段的老变质岩分布地区，有大量的伟晶岩脉分布，多呈脉状产出，并受东西向大断裂之次级断裂控制。在分带良好的地方，外带为正长岩带，中带为石英带，内带为碳酸盐带。在内带富含稀土、铌，有时含有铀、钍、锶、铷、钡等。主要工业矿物为氟碳铈矿、氟碳钙铈矿、磷钇矿、独居石、烧绿石、铌钛铀矿等。个别地区还有早古生代含铌稀土的正长岩及粗面岩。

八、华北成矿带

本区是指除上面所叙述的内蒙、秦岭以外的华北地台地区。在这一地区的稀有金属矿床类型主要是伟晶岩、碱性岩、碳酸盐及花岗岩型等。

在本区的前震旦纪形成了分布广泛的含稀土、铀、钍、铌、钽、锆、钛黑云母型及两云母型伟晶岩，尤其在辽宁、山东等地区更为密集。沿着中生代大断裂及其附近，有碱性岩、脉状碳酸盐岩及基性、超基性岩浆侵入。碱性正长岩和霞石正长岩富含锆、铌、钛、稀土，如辽东南地区。稀有元素矿物有钛铌钙铈矿、烧绿石、铌铁矿、铌铁金红石、独居石、锆石、晶质铀矿、钍石等。

九、柴达木盆地成矿带

柴达木盆地位于青藏高原的北缘，青海省的西北部，为昆仑、阿尔金、祁连山等脉环抱，蕴藏着丰富的有色、稀有金属资源，素有“聚宝盆”之称。其中锂矿，规模巨大，驰名中外。锂矿富集于盐湖相沉积地层，与石盐、硼、钾、镁等氯化物伴生，呈现代湖水，晶间卤水和孔隙卤水状态赋存，以孔隙卤水含锂最富。与美国同类型的西尔斯湖矿床相比，高10～30倍。柴达木盆地的锂矿，主要集中分布在东台吉乃尔湖、西台吉乃尔湖。

十、北山成矿带

甘肃北山有规模可观的花岗伟晶岩出露，富含绿柱石、锂辉石以及铌钽铁矿、黑稀金矿等，是寻找铍、锂、稀土、铌、钽一个有希望的远景区，但由于地质工作程度较低，尚未引起重视。

十一、辽东-吉南成矿带

在辽宁东部和吉林南部，已初步勘查有沉积变质、混合岩型的稀土、铀、硼、铁等综合矿床，花岗岩型的铌钽矿床，伟晶岩型的铍、铀矿床，碱性岩型的稀土铌钽矿床。

十二、大兴安岭南段成矿带

该区已查明不仅是锡、铅、锌重要成矿区，也是寻找稀有（尤其是稀土）金属矿产较有希望的成矿区，但工作程度不高。目前除已发现的“801”矿区外，其它成矿区段或矿点，尚未开展工作。

第二节 稀有金属矿床特征

我国稀有金属矿床具有以下特点：一是与花岗岩类有关的花岗岩型和花岗伟晶岩型矿床特别发育，这类矿床分布广、类型多、矿种全、规模大，具有重要工业意义，是我国铍、锂、铌、钽等稀有金属重要来源；二是与碱性岩有关的矿床（包括岩浆矿床和伟晶岩矿床）不发育；三是与碱性-超基性杂岩有关的碳酸岩矿床（如象苏联科拉半岛等地的碱性岩或世界各地岩浆成因的碳酸岩矿床）也不发育，但我国呈层状或似层状的稀有稀土金属碳酸盐岩矿床却相当发育，如规模巨大、成分复杂、世界罕见的白云鄂博铁、氟、稀土、稀有元素矿床，这类矿床是我国稀土重要来源；四是华南地区由于花岗岩类分布广泛，且处于亚热带气候条件，故风化壳矿床和离子吸附型稀土矿床相当发育，这类矿床是稀土、特别是重稀土的主要来源，经济价值很大；五是矿床成分复杂，有一部分与有色金属矿床共生，具有重要综合利用价值，由于颗粒细微，结构复杂，选矿困难。

现将我国稀有金属矿床主要类型地质特征简述如下：

一、内生矿床

（一）碱性长石花岗岩矿床

这种矿床的花岗岩与普通花岗岩不同，它在化学成分上富含钠、钾及二氧化硅，长石以钾长石、钠长石为主，而且钠化、钾化强烈，具独特的叶片状钠长石镶边于石英晶体周围，变晶结构发育。岩体时代多为燕山中晚期，个别是燕山早期。如江西414钽矿床钠长石化花岗岩为131Ma。

矿床多产于复式花岗岩体的顶部。围岩有早期的岩浆岩、火山岩或沉积变质岩。矿体形态受侵入体与围岩接触构造控制，多为不规则透镜体。矿体长由数百米至千余米，宽由数十米至数百米，厚数十米至近百米。矿体因结晶分异与蚀变作用形成了似层状的岩相带。分异愈强，岩相带愈发育。稀有金属矿化与岩相带关系密切，沿矿体的垂直方向常出现一定的渐变规律。矿石结构为细-中粒花岗变晶结构，局部嵌晶结构，块状构造。主要稀有元素矿物有细晶石、铌钽铁矿、富锰铌钽铁矿、钽锡矿、锂云母、绿柱石、褐钇铌矿、锆石、磷钇矿等。按造岩矿物和稀有元素矿物组合，又可分为两大亚类：

（1）钾长石（化）花岗岩类矿床，富含褐钇铌矿及稀土矿物。

（2）钠长石（化）花岗岩类矿床，富含钽、铌、锂、铯、铷、铍等矿物。钠长石化花岗岩矿床，按矿物组合、岩石结构构造及稀有金属矿化情况，由上向下，由边缘向中心，可分出主要岩相带：

1）似花岗伟晶岩（矿体与围岩接触的边缘相带）；

2）钠长石花岗岩（主要含矿岩相带）；

3）微斜-钠长石花岗岩（次要含矿岩相带）。

这类矿床，是我国稀有金属矿床主要类型之一，其规模一般都是大中型的，如江西宜春、广西栗木、新疆青河阿斯喀尔特等矿床。

（二）碱性花岗岩矿床

这类矿床与碱性长石花岗岩矿床的区别是富含钠质暗色矿物多，相对富含铁和镁，贫硅和磷。

矿区主要含矿地段为硅化钠长石化钠闪石花岗岩带和晶洞状钠闪石花岗岩带，矿石多为稀土矿物。一般规模巨大，是铌、稀土重要矿床类型之一，但目前发现的产地尚不多。现以“801”钠闪石钠长石化碱性花岗岩矿床为例，介绍这类矿床地质特征。该矿区位于大兴安岭隆起带南段。矿床产于中侏罗统火山碎屑岩及火山熔岩内的岩株状钠闪石花岗岩侵入体隆起部位的顶部，呈透镜状产出，规模巨大。岩体侵入时代为燕山期，具有明显的蚀变分带现象，自上而下划分出6个带：晶洞状钠闪石花岗岩带，伟晶状花岗岩带，硅化钠长石化花岗岩带，中钠长石化钠闪石花岗岩带，弱钠长石化似斑状钠闪石花岗岩体，似斑状钠闪石花岗岩带。矿石多为细-中粒或不等粒变余花岗结构、嵌晶结构，块状构造。主要组成矿物为钠长石、条纹长石、石英、钠闪石、镁钠闪石、霓石、星叶石等。主要稀有元素矿物有铌铁矿、烧绿石、锆石、硅铍钇矿、氟碳铈矿、独居石、铈铀钛铁矿、黑稀金矿、铁钍石、锌日光榴石。副矿物为金红石、磁铁矿、赤铁矿以及金属硫化物等。

(三) 碱性岩-碳酸岩矿床

碱性岩-碳酸岩矿床，一般规模较大，是铌、稀土矿床的重要类型之一，据目前现有资料，可归纳出以下几种矿床类型或矿化类型：

1．岩浆矿床

(1) 含褐钇铌矿碱性花岗岩；(2) 含硅铍钇矿、铌铁矿碱性花岗岩；(3) 含异性石霞石正长岩；(4) 含锆石碱性正长岩；(5) 含绿层硅铈钛矿霓霞正长岩。

2．伟晶岩矿床

(1) 含烧绿石锆石碱性花岗伟晶岩；(2) 含烧绿石锆石碱性正长伟晶岩。

3．钠长岩矿床

含锆石烧绿石钠长岩脉。

4．碳酸岩矿床

(1) 浅成侵入碳酸岩矿床；(2) 火山沉积碳酸盐。

5．热液矿床

(1) 含烧绿石方解石石英脉；(2)含烧绿石的霓辉石石英脉；(3) 含烧绿石的方解石钠闪石脉；(4) 含易解石的方解石脉；(5) 含磷钇矿的重晶石脉；(6) 含氟碳铈矿的萤石方解石脉；(7) 含氟碳铈矿的石英重晶石碳酸盐脉。

与稀有元素成矿有关的碱性岩，实际上是一大类碱性杂岩体，在一个地区往往既有侵入岩又有喷出岩以及与其有关的各种脉岩及岩浆期后产物。一个地区的碱性杂岩体的各种岩石是碱性岩浆分异演化的产物，稀有元素矿化最富的多在分异后期形成的岩石。这些岩石出露面积不大，最大的不过数十平方公里，小的不到一平方公里。喷出相岩石呈层状、似层状，侵入相岩石呈岩株状（如赛马、个旧）、环状（紫金山）、岩墙状（方城、路枯）、岩床状及岩盘状（姚安、阳原）。碱性超基岩及霞石正长岩多呈岩盘状、环状及岩株状，碱性正长岩多呈岩墙状。国内这些碱性杂岩体，在化学成分上与国外不同。岩石钠质系数不高，$(K_2O+Na_2O)/Al_2O_3>1$者很少；$Fe_2O_3\gg FeO$的较多，$K_2O>Na_2O$常见，含钙、镁量较高。

(四) 伟晶岩矿床

伟晶岩型矿床是目前我国稀有金属最重要的矿床类型，易采易选，是开采铍、锂、铌、钽矿的主要对象。

根据伟晶岩产出的地质条件、矿物共生组合和所含的稀有元素，划分为花岗伟晶岩和碱性伟晶岩两大类。

1．花岗伟晶岩矿床

花岗伟晶岩脉多产于花岗岩、中-基性岩、混合岩及变质岩内，常成群成组地出现，形成伟晶岩矿田。

一个花岗伟晶岩型矿床，通常由数条、几十条甚至上百条伟晶岩脉所组成。但脉体大小不一，有的长度从数十米到数百米甚至千米以上，宽度从几米到数十米，少数达百米以上，延深从几十米至数百米以上。脉体形态，有脉状、透镜状、巢状及不规则状。

花岗伟晶岩体的内部构造，有成带与不成带之分，岩脉与带是由单一的或多种矿物组合体构成，而矿体则可由一种或多种矿物组合体、一个或几个带甚至由整个脉体构成。矿体所含矿种和矿化程度，都与矿物组合有关。组成花岗伟晶岩的矿物有微斜长石、钠长石（糖晶状、薄片状及叶片状）、石英、钠-更长石、黑云母、白云母等；稀有元素矿物有锂辉石、锂云母、锂磷铝石、磷锰锂矿、透锂长石、铯榴石、绿柱石、金绿宝石、锆石、富铪锆石、铌铁矿-钽铁矿、锰铌铁矿、锰钽铁矿、重钽铁矿、细晶石、褐钇铌矿等；次要矿物有锡石、钨锰铁矿、多色电气石、石榴子石、黄玉、金红石、萤石、磷灰石及金属硫化物等。

根据主要矿物组合及矿化特征，将花岗伟晶岩脉划分为以下亚类：

(1) 斜长石-微斜长石型花岗伟晶岩脉，常含铍、白云母及稀土。

（2）微斜长石型花岗伟晶岩脉，常含铍、白云母。

（3）钠长石型花岗伟晶岩脉，常含铍、钽、铌。

（4）微斜长石-钠长石型花岗伟晶岩脉，常含铍、钽、铌。

（5）锂辉石-钠长石型花岗伟晶岩脉，常含锂、钽、铌、铍、铯、铷、锆、铪。

花岗伟晶岩矿床，分布广泛，具有重要经济价值，不仅有贵重的稀有金属，而且还有重要特种非金属材料以及宝石等，综合利用价值大。在新疆阿尔泰山、内蒙大青山、湖北幕阜山、四川康定以及南岭广大地区，均有花岗伟晶岩型矿床分布。

2．碱性伟晶岩矿床

碱性伟晶岩脉，多产于大理岩、白云岩或其接触带处，常成群成组地产出。一般规模不大，长由十几米至百米，宽几至几十米。形态复杂，有脉状、透镜状、串珠状、囊状、浑圆状、网状等。内部有不同的矿物组合体所构成的，矿物晶颗大小不一。组成碱性伟晶岩脉主要矿物有微斜长石、条纹长石、钠长石、钠-更长石、霞石、方解石、金云母-黑云母、钠闪石、霓辉石、镁铁钠闪石、透闪石、磁铁矿、石英等。稀有元素矿物有烧绿石、锆石、异性石、钍石、铀钍矿等。

碱性伟晶岩矿床，在我国产出较少，仅见于新疆拜成、四川会理等地。

（五）气成-热液矿床

这类矿床产于不同种类的围岩中，其特点是单个脉体较小，多呈脉体群产出，有些呈网脉状产出。两侧围岩通常遭受蚀变，形成了较宽大的蚀变带。按产出地质特征和矿物组合分以下四个类型。

1．含铍条纹岩型矿床

这种含铍条纹岩型矿床，在南岭地区以湘南香花岭矿床为代表。该矿床赋存于花岗岩侵入体的外接触带白云岩、大理岩的断裂带内及侵入体顶部凹陷处，呈密集的小脉、细脉、微脉产出，构成了似条带状-条纹状构造。含矿条带的主要组成矿物有萤石、方解石、电气石、氟硼镁石、铁镁尖晶石、金绿宝石、塔菲石、云母、磁铁矿、沸石、符山石、锡石及硫化物矿物等，构成了一种特殊的铍-硼-氟矿物组合的条纹岩矿床。其主要稀有元素矿物有金绿宝石、塔菲石和少量的香花石、硅铍石、日光榴石、双晶石及锂铍石等。矿物颗粒为0.03～2mm，多在0.03～0.074mm之间。

这种矿床虽规模大，品位富，但因铍矿物粒度细微，结构复杂，选矿困难，尚未开发。

2．矽卡岩型矿床

稀有金属的矽卡岩型矿床，呈独立存在的很少，多数是与其它主金属共生在一起的综合性矿床。如在湘南柿竹园符山石-石榴子石-透辉石矽卡岩型钨多金属矿床中已发现有绿柱石、日光榴石呈浸染状产于矽卡岩体内、石英脉及云英岩中。在其它地区的矽卡岩白钨矿床和矽卡岩铁矿也发现有日光榴石等含铍矿物。但这些矿床的工业意义还有待研究。

3．云英岩型矿床

这类矿床的特点是，矿体产于花岗岩、火山岩、板岩等类岩石中，长数米至数百米，宽为十厘米至几米，呈板状、脉状、不规则集体状产出。矿体主要由黑云母、白云母、石英、绿柱石、硅铍石以及萤石、黄玉、黄铁矿、辉钼矿、黑钨矿等组成。矿石品位较富，部分绿柱石晶体较大，可手选。

这类矿床在华南地区发现多处，具有开采价值，但规模不大，是一种小而富的铍矿床，为地方开采手选绿柱石的矿床之一。

4．石英脉型矿床

这类矿床也是钨、锡、铍、钇族稀土综合性矿床，在赣南地区分布比较普遍。按矿床产出地质条件和矿物组合划分出两种类型。

（1）含铍、钇族稀土脉钨（锡）矿床。矿脉产于砂岩、粉砂岩、板岩、千枚岩片岩及花岗岩内，脉长由数十米至数百米，宽由数厘米至几米，矿脉多成群成组出现，形成矿带。根据脉幅大小，分为大脉、中脉、小脉、细脉等。围岩蚀变主要钾微斜长石化、云英岩化。绿柱石常与黑钨矿、锡石等共生产出，分布不均匀，在个别矿脉局部富集，其中绿柱石晶体较大，可供手选。如江西的荡坪、画眉坳等脉钨矿床，是目前手选绿柱石矿床之一。另一种类型是江西西华山脉钨矿床，富含磷钇矿、硅铍钇矿、钇萤石、钇氟碳铈矿以及独居石、钇族稀土铌钽矿物等，选钨矿时可综合回收稀土矿物。

（2）含绿柱石石英脉矿床。矿脉产于花岗片麻岩、花岗岩及片岩裂隙中，矿脉一般较小，长数米至数十米，宽数厘米至一米左右。矿脉中的主要矿物种类有绿柱石以及黄铜矿、黄铁矿、辉钼矿、钛铁矿、白云母、磷灰石等。这种矿床矿脉虽然小，绿柱石较富集，可手选。目前仅见于江西、新疆等地。一般由数条至十余条矿脉组成，是个小而富的铍矿床。

（六）火山岩矿床

稀有金属火山岩，是铍矿的重要矿床类型，国外近二十年来发现不少这类矿床，而且规模较大。我国近年来在新疆地区、浙闽地区的火山岩带内，也均有发现。

这类矿床多产于火山岩（凝灰岩、流纹岩）的破碎蚀变带中。矿体呈似层状。铍矿物主要是硅铍石及羟硅铍石，呈极细粒状浸染于萤石及黄玉化火山岩蚀变带内，一般品位较富。如新疆已发现这类矿床。

（七）白云鄂博型矿床

对白云鄂博型矿床，目前还不能确切地划分是属于哪一种成因类型矿床。它既不同于世界知名的苏联科拉半岛的与碱性岩有关的铌-稀土矿床，也不同于美国的芒庭-帕斯碳酸岩型矿床。我国地质界对白云鄂博矿床的成因看法，众说纷云。先后提出过有“特种高温热液交代”、“沉积变质-热液交代”、“火山-沉积稀有金属碳酸岩”、“碳酸岩浆”、“沉积变质”以及“沉积-动力变质”等成因说法。由于看法不一致，所以在稀有金属矿床成因分类上把它划为一种特殊类型，称为白云鄂博式类型。

白云鄂博型矿床的特征是，成分复杂，规模巨大，颇有综合利用价值，成为世界最大的含铌(钽)-稀土铁矿床，矿物及元素组合极为丰富和复杂多样。目前已发现有71种元素，114种矿物。矿床产于前寒武系白云鄂博群白云岩、板岩及石英岩带中。铌-稀土矿分布在铁矿体、白云岩及板岩中，呈厚大的层状、似层状产出，与地层产状基本一致。矿带自东向西分为都拉哈拉、东矿、主矿及西矿四个大区段。整个矿带内的岩层均有铌-稀土矿化。主要矿石类型有磁铁矿矿石（铁矿石型铌-稀土矿石），白云岩矿石（白云岩型铌-稀土矿石），板岩矿石（板岩型铌-稀土矿石）。在这三大矿石类型中，又根据矿物组合、结构构造，划分出若干个亚类。

二、外生矿床

我国稀有金属外生矿床类型主要有风化壳矿床、砂矿矿床、盐湖矿床等三大类型。根据成矿地质条件、原岩类型、矿物组合、元素特性等，又划出若干亚类。现将这三大类型主要特征简述如下：

（一）风化壳矿床

稀有金属风化壳矿床，是稀有元素花岗岩或混合岩经风化作用而形成的。湿热的气候条件和有利的地貌是决定风化壳的形成及形态的主要条件。我国南岭地区这类矿床比较发育，是铌、钽矿床重要类型之一。其特征是原岩的造岩矿物经过长期风化作用，长石变成高岭土，有用矿物达到基本单体解离，便于采选，因而使一些含矿较贫的岩体或岩脉成为矿体。根据工业矿物单体解离的程度，可将矿石分为全风化矿石和半风化矿石。矿床形态简单，厚度由地表向下10～20m，最厚可达50m，多为中小型矿床，主要分布在华南地区。

稀有金属风化壳矿床值得重视的近年来新发现的稀土离子吸附型矿床，在华南地区分布广泛。目前已确定具有开采价值的两种类型：一种是与含氟碳钇钙矿白云母化花岗岩有关的重稀土风化壳矿床；另一种是轻稀土，特别是含钕的混合岩风化壳矿床。这两种类型矿床，都是原岩经风化作用后，稀土矿物遭受分解，钇、钕等稀土呈离子状态被风化壳粘土矿物所吸附。所以称为离子吸附型风化壳矿床。这种矿床，由于经风化淋滤，稀土元素进一步富集，矿石品位高，加工提取简单，经济价值大。

（二）砂矿矿床

稀有金属砂矿床，具有易采、易选的特点，经济价值大，是开采铌、钽、稀土、钛、锆的重要矿床类型。我国稀有金属砂矿床主要有残-坡积类砂矿、河流类砂矿、滨海类砂矿。

1. 残-坡积类砂矿床

主要发育在原生矿体旁侧堆积物中，规模不大，多属小型，同原生矿床同时开采。这类砂矿有绿柱石残-坡积型砂矿，铌铁矿-钽铁矿残-坡积型砂矿。

2. 河流类砂矿床

这类矿床，主要是铌铁矿-钽铁矿砂矿、褐钇铌矿砂矿、锆英石砂矿。这类矿床是由河流搬运沉积作用而形成的，在南岭地区较为发育，含矿层一般较稳定，呈层状，多分布于阶地、河漫滩、现代河床以及底部厚层河流冲积沉积层中。矿层规模一般长达为3～20km，宽0.4～1.2km，厚2～7.5m。铌钽铁矿品位在50～185g/m³，此外尚有少量锆英石、钛铁矿等。矿床多属中小型，如广东增城板潭、尤门永汗等砂矿。

3. 滨海类砂矿

这类矿床是目前开采稀有金属矿床最经济的矿床类型，一般规模较大、品位富、易采易选。滨海砂矿主要分布在我国东南沿海及山东半岛、辽东半岛之东南部，尤以海南岛、广东、福建、台湾省等地著称，成为我国采锆英石、钛铁矿、独居石等资源重要基地。滨海砂矿，按成因可分为海成砂矿和海陆混合成因砂矿两类。后者，又可分为海河混合成因砂矿和海湖混合成因砂矿。海河混合成因砂矿，一般见于河口三角洲地区；海湖混合成因砂矿常见于海滨泻湖地带。海陆混合成因砂矿工业意义不大，规模较小。具有重要工业意义的主要是海成砂矿，其矿体呈长条状环海岸线分布，矿带长达数百公里，严格受地貌控制。矿体多呈层状，矿层产状一般均微向海倾斜，底板平坦，规模大、品位富。按从海到大陆的方向，可分为潮汐型砂矿、沙堤型砂矿、沙地型砂矿等三种亚类。

（三）盐湖矿床

盐湖矿床是钠、硼、钾、锂、镁、铷、铯、溴、碘等综合矿床，具有规模大、品位富的特点。

在湖泊内，如盐类的浓度超过3.5%时，在适当的自然条件下，湖水会自沉积盐类，称这类湖为盐湖。含锂、铷、铯的盐类矿床，主要分布在青海现代盐湖中，如东台吉乃尔湖、西台吉乃尔湖，均含有极丰富的锂，构成世界罕见的盐湖锂矿床。锂在盐湖中以离子状态赋存于卤水中，卤水按产出地质情况分地表卤水（即湖水）、孔隙卤水及晶间卤水（盐类晶体孔隙间与盐溶中的卤水）。地表卤水中锂品位随季节不同而变化。

此外，属于外生矿床类型的还有稀有金属沉积矿床，含稀土磷块岩和含铌铝土矿。这两种类型，在我国具有广泛的分布。如在云南、贵州、四川等省稀土矿化的磷矿层中，已发现有丰富的稀土，规模较大。但稀土可能以类质同像形式存在于胶磷矿中，目前尚未开发利用。在贵州、山西、辽宁等地铝土矿中含有铌、钽、锆等稀有元素，其赋存状态，尚未查明。这两种类型矿床所含的稀有元素，随着今后选冶技术的进步，可能成为具有较大的综合利用的矿床。

三、变质矿床

稀有金属变质矿床，目前研究的不够。近年来国内外均已发现混合岩含稀有元素，具有工业品位，规模较大。因而引起地质工作者的重视，把稀有元素矿化的混合岩已列入稀有金属矿床类型之列。

混合岩型稀有金属矿床的特点是，含矿混合岩的原岩多为硅铝质岩石，局部见有碳酸盐岩石。主要为黑云母片岩、云母石英片岩、石英云母片岩及变质砂岩和变粒岩等。这些岩石分布在华南地区的，时代属寒武奥陶纪。含矿混合岩的矿物成分与花岗岩的矿物成分类似。主要是石英、长石、云母类，稀有元素矿物以副矿物形式存在，较均匀地分布在造岩矿物颗粒之间。与稀有元素矿化有关的混合岩，按混合岩化作用强度，从弱到强，可分为注入混合岩或条带状混合岩，条痕-阴影混合岩和混合花岗岩三类。矿化强的常是混合岩化作用中等强度的条痕-阴影混合岩。在一些混合花岗岩中如有原沉积变质岩残余的地段，稀有元素或稀有矿物品位较高。

这类矿床主要富集稀土及锆、铪等。有用矿物为磷钇矿、含铪锆英石、独居石等。这类矿床目前主要勘探其风化壳。由于风化，岩石疏松，探矿采矿成本低，相对提高了矿床的经济利用价值。目前，在东北地区、广东等均发现了这类矿床。

第三节 稀有金属矿床工业指标

稀有金属工业指标的确定，是根据各国资源特点和当前生产技术水平、技术经济条件来制订的。现将主要各类矿床规定了参考性工业指标，列入表2-2-2～2-2-7。

工业指标的项目与内容包括矿床类型、边界品位、最低品位、最低可采厚度和夹石剔除厚度等。

表 2-2-2　铍矿床参考性工业指标

矿床类型	边界品位		最低工业品位		最低可采厚度	夹石剔除厚度
	机选BeO,%	手选绿柱石,%	机选BeO,%	手选绿柱石,%	m	m
气成-热液矿床	0.04～0.06	0.05～0.10	0.08～0.12	0.2～0.7	0.8～1.5	≥2.0
花岗伟晶岩类矿床	0.04～0.06	0.05～0.10	0.08～0.12	0.2～0.7	0.8～1.5	≥2.0
碱性长石花岗岩类矿床	0.05～0.07		0.10～0.14		1～1.5	≥4.0
残-坡积类砂矿床		0.6kg/m³		2～2.5kg/m³	1.0	

表 2-2-3　锂矿床参考性工业指标

矿床类型	边界品位		最低工业品位		最低可采厚度	夹石剔除厚度
	机选Li_2O,%	手选锂辉石，%	机选Li_2O,%	手选锂辉石，%	m	m
花岗伟晶岩类矿床	0.4～0.6		0.8～1.1	5.0～8.0	1.0	≥2.0
碱性长石花岗岩类矿床	0.5～0.7		0.9～1.2		1.0～2.0	≥4.0
盐湖矿床(卤水中的氯化锂)		1000mg/L				

表 2-2-4　钽铌矿床参考性单项工业指标

矿床类型	$\frac{Ta_2O_5}{Nb_2O_5}$	边界品位		最低工业品位		最低可采厚度 m	夹石剔除厚度 m
		$(Ta,Nb)_2O_5$ %	或Ta_2O_5,%	$(Ta,Nb)_2O_5$ %	或Ta_2O_5,%		
花岗伟晶岩类矿床	≥1.0	0.012～0.015	0.007～0.008	0.022～0.026	0.012～0.014	0.8～1.5	≥2
碱性长石花岗岩矿床	≥1.0	0.015～0.018	0.008～0.01	0.024～0.028	0.012～0.015	1.5～2.0	≥4
风化壳（褐钇铌矿或铌铁矿）矿床	—	0.008～0.010	重砂品位 80～100g/m³	0.016～0.020	重砂品位 250～280g/m³	0.5～1.0	
原生铌矿床	—	0.05～0.06		0.08～0.12		5.0	≥5
河流类砂矿床（铌铁矿或褐钇铌矿）	—	0.004～0.006	重砂品位 40g/m³	0.01～0.012	重砂品位 ≥250g/m³	0.5	≥2

表 2-2-5　锆矿床参考性工业指标

矿床类型	边界品位		最低工业品位		最低可采厚度锆英石	夹石剔除厚度
	ZrO_2,%	锆英石,kg/m³	ZrO_2,%	kg/m³	m	m
滨海类砂矿床	0.04～0.06	1～1.5	0.16～0.24	4～6	0.5	
风化壳矿床	0.3		0.8		0.8～1.5	
内生矿床	3.0		6.0		0.8～1.5	≥2.0

表 2-2-6 伴生铯铷综合回收参考性工业指标

金属种类	矿床类型	边界品位	最低工业品位	
		机选氧化物,%	机选氧化物,%	手选铯榴石,%
铯	花岗伟晶岩类矿床			0.3
	含锂云母矿石的碱性长石花岗岩类与花岗伟晶岩类矿床		0.05～0.06	
	盐湖矿床		0.02	
铷	含锂云母矿石的碱性长石花岗岩类与花岗伟晶岩类矿床	0.04～0.06	0.1～0.2	
	盐湖矿床		0.06	

表 2-2-7 伴生铍锂钽铌综合回收参考性工业指标

矿床类型	铍	锂	铌	钽
	BeO,%	Li_2O,%	$(Ta,Nb)_2O_5$ $\frac{Ta_2O_5}{Nb_2O_5}>0.4$	或Ta_2O_5
花岗伟晶岩类矿床与气成-热液矿床	≥0.04	≥0.2	≥0.007～0.01	≥0.003
碱性长石花岗岩类矿床	≥0.04～0.06	≥0.3	≥0.01～0.015	≥0.005
盐湖矿床		≥200～300mg/L		

所谓品位，是指矿石中有用组分的单位含量（以%、g/t、g/m³、g/L等表示），是衡量矿石质量的主要标志。

边界品位是圈定矿体的单个样品中有用组分含量的最低标准，作为划分矿体与岩体（脉）或围岩的依据。

最低工业品位即经济平衡品位，亦称最低可采品位。它是确定能利用的（表内）储量的最低质量标准。

最低可采厚度是根据采矿工艺确定的矿体的最小厚度。

最低米百分值等于最低工业品位与最低可采厚度的乘积。它只适用于最低可采厚度的富矿体。

夹石剔除厚度，若矿体中存在夹石，大于或等于这一指标者须剔除，小于这一指标者不于剔除。

参 考 文 献

[1] 刘义茂等，全国稀有元素地质会议论文集，第一集，1975年，科学出版社，p1~23.

[2] 全国矿产储量委员会，稀有金属矿地质勘探规范，1984年。

第三章　中国稀有金属矿床成矿规律

编写人　孙延绵　马力

第一节　成矿规律

稀有金属矿床同金属、非金属矿床一样具有一定的成矿规律。地质工作者利用成矿规律指导普查勘探和矿山开发工作。

所谓成矿规律，是指矿床形成的空间关系、时间关系、物质共生关系以及在内在成因关系等的总和。从空间关系来说，矿床表现在地理上的分布规律，即通常说的成矿区域；从时间关系来说，矿床表现为地史上的分布规律，即通常讲的成矿时代；从矿质分散聚集来说，表现为矿床、矿体和富矿体的形成及分布规律和矿种及矿床的共生规律。

研究矿床成矿规律，对开展成矿预测，指导普查找矿、地质勘探、矿床开采都具有十分重要意义，也是矿床学研究的根本任务之一。下面简要地叙述我国稀有金属矿床的成矿区域分布规律和成矿时代的规律性。

一、区域分布规律

矿产资源分布的不均匀性，是客观存在的，是由各种成矿区域地质条件所决定的。矿产分布的不均匀性，必然形成一个地区内某些矿产的集中，而某些矿产缺乏，这就构成了所谓矿产区域分布特点，形成地区分布的优势。例如，稀土、铍、锂、铌、钽等矿产具有明显区域性的地理分布的特点。在我国，稀土矿产资源主要集中分布在内蒙白云鄂博地区，铍矿主要分布在新疆、四川、江西、云南等省区。锂矿主要分布在青海柴达木盆地盐湖中，

表 2-3-1　中国内生稀有元素主要成矿区

主要成矿区	成矿区域的大地构造类型	成矿时期	成矿的稀有元素	矿床类型
南岭Ta、Nb、TR、Be成矿区	断块型	燕山为主 加里东次之	Ta、Nb、TR(ΣY为主)、Be、(Hf、Rb、Cs)——燕山，TR、Zr——加里东	花岗岩型（为主）、气成热液型、热液型、伟晶岩型、混合岩型、火山岩型
新疆北部Be、Nb、Ta、Li、Rb、Cs、Hf成矿区	地槽褶皱带型	海西为主	Be、Ta、Nb、Li、Rb、Cs、Hf	花岗伟晶岩型（为主）、热液型、花岗岩型
内蒙TR、Nb、Be成矿区	地台活动带型古老隆起型	海西为主 前震旦纪次之	TR、Nb、Be(Ta、Li)——海西，TR、Nb、U、Th——前震旦纪	沉积变质-热液交代型、伟晶岩型
四川西部Li、Be、Rb(Cs)、Nb、Ta成矿区	地槽褶皱带型	印支（燕山）	Li、Be、Rb(Cs)、Nb、Ta	伟晶岩型（为主）、花岗岩型
滇西Be、Nb、TR（Ta、Li）成矿区	地槽褶皱带型	燕山为主 加里东次之	Be、Nb、TR(Ta、Li)——燕山，TR、Nb——加里东	花岗岩型、伟晶岩型、混合岩型
秦岭TR、Be、Nb(Ta、Zr)成矿区	地台活动带型地槽褶皱带型	海西为主 燕山次之	Be、Nb、Ta——海西 TR——海西、燕山	伟晶岩型、碳酸盐岩型、碱性岩型
康滇Nb、TR、Zr、Be(Ta)成矿区	地台活动带型	海西为主 燕山次之	Nb、TR、Zr、Be、Ta	碱性岩及派生岩脉型（为主）、碳酸盐岩型、花岗岩型、气成热液脉型
华北TR、Nb、Zr、Be、Ta成矿区	地台活动带型 古老隆起型	燕山为主	TR、Nb、Zr、Be、Ta	碱性岩型、花岗岩型、碳酸盐岩型、伟晶岩型
北山Nb、TR、Be、Ta成矿区	地台活动带型 古老隆起型	海西为主	Nb、TR、Be、Ta	变质大理岩（热液？）型、伟晶岩型

注：根据刘义茂。

表 2-3-2 稀有元素成矿期特征简表

构造旋回	地质时代 $\times10^6$a①			成矿期 10^6a		矿床类型	成矿的母岩	主要成矿元素	主要稀有元素矿物	标型矿物	矿床产地
喜马拉雅期	新生代			喜马拉雅期							
			67±3								
燕山期	中生代	白垩纪		燕山晚期	90±	花岗岩型 云英岩型	白云母花岗岩、二云母花岗岩、黑云母花岗岩	Be、(Sn)	绿柱石、锡石	电气石、钠长石、白云母	滇西 滇南 粤东
				燕山中晚期	125±	花岗岩型(主) 伟晶岩型(次)	黑鳞云母花岗岩、二云母花岗岩	Ta、Nb、Hf、Li、Be	钽铌铁矿、铁锂云母、细晶石、锂云母、铌铁金红石（绿柱石）、富铪锆石（香花石）	黄玉、锂白云母、钠长石	江西 湖南 广西
			137±5								
		侏罗纪		燕山中期	145±	花岗岩型	云母花岗岩	Nb	铌铁矿、变种锆石	萤石、钠长石、黑鳞云母	浙江 江苏
				燕山早期	170±	花岗岩型	角闪石黑云母花岗岩、黑云母花岗岩	ΣY、Nb、(W)	褐钇铌矿、磷钇矿、硅铍钇矿、氟碳钇钙矿	萤石、钾微斜长石（菱铁矿）	广西 江西
			195±5								
印支期		三迭纪		印支期	200±	花岗岩型 伟晶岩型	碱性花岗岩、二云母花岗岩	ΣY、Nb、Ta、Be、Li、Zr、Hf	锆石（变种）、氟碳铈矿、褐钇铌矿、铌钽铁矿、绿柱石、锂辉石	钠闪石、钠长石	四川
			230±10								
海西期	古生代	二迭纪		海西晚期	230±	伟晶岩型	二云母花岗岩	Be、Nb、Ta、Li、Rb、Cs、Hf	绿柱石、锂云母、钽铌铁矿、富铪锆石、锂辉石、铯榴石、细晶石	钠长石、黄玉	新疆
				海西中期	260±	伟晶岩型	黑云母花岗岩	Be、Nb、Ta、Li	绿柱石、细晶石、钽铌铁矿、锂辉石、铌铁矿、钽锰矿	钠长石、黄玉、电气石	内蒙 陕西
			285±10								
		石炭纪		海西早期	300±	热液交代脉型沉积变质-热液交代型	黑云母花岗岩	ΣCe、Nb	独居石、褐铈铌矿、氟碳铈矿、铌铁矿、易解石	菱铁矿、萤石、碳酸盐矿物	内蒙 甘肃
			350±10								
加里东期		泥盆纪		加里东晚期		花岗岩型	黑云母花岗岩	Zr、Ti、TR	锆石、钛铁矿、独居石、磷钇矿		广西
			405±10								
		志留纪									
			440±10								
		奥陶纪		加里东早期							
			500±10								
		寒武纪									
			570±10								
吕梁期（前寒武纪）	元古代—太古代	前寒武纪		晚	700±	伟晶岩型	黑云母花岗岩	Zr、TR、Nb	锆石、复稀金矿、独居石、褐钇铌矿、黑稀金矿		辽宁
				中	1500±	伟晶岩型	黑云母花岗岩	Zr、ΣCe、Be Nb	锆石、复稀金矿、独居石、铌铁矿、褐帘石、绿柱石		内蒙 河北
				（前寒武纪）							

① 地质年龄暂依据1967年国际地质年代学委员会所推荐的年龄表。

注：根据蔡仁安。

其次是四川、新疆、江西的锂辉石和锂云母。近年来在西藏的盐湖发现固体富锂镁硼酸盐矿床，远景较好。铌、钽矿，主要分布在江西、广东、广西、湖南、内蒙等省区。

就内生稀有金属矿床来说，根据矿床分布特征与大地构造发展历史、构造-岩浆活动性质等，划分出9个成矿区域，详见表2-3-1。

这些成矿区域的大地构造类型，在稀有元素组合及矿床类型的出现，也反映出一定的规律性。

1．古老隆起型

在古老隆起区主要发育稀土、钍、锆、铀、铌、铍为主的花岗伟晶岩，多属黑云母型或两云母型。如内蒙的稀土、铌、铍成矿区等。

2．地台活动带型

在地台边缘与地槽邻接地区，是地台的活动带。在这一带上稀有金属矿类型具有复杂多样的特点，有碱性岩型、碳酸盐岩型、碱性花岗岩型、伟晶岩型、混合岩型及气成、热液型等。属于地台活动带的成矿区有内蒙的稀土、铌、铍成矿区，康滇铌、稀土、锆、铍成矿区等。

3．地槽褶皱带型

地槽区的稀有元素成矿作用主要发育在地槽褶皱上升阶段，形成了许多稀有元素伟晶岩密集区，以铍、锂、铷、铯、铌、钽、铪的组合为特征。其次，发育着含稀有元素花岗岩。在地槽褶皱阶段，也可形成含稀土混合岩以及含稀土、铌的碳酸盐岩矿床。属这种构造类型的成矿区有新疆北部铍、铌、钽、锂、铷、铯、铪成矿区，四川西部锂、铍、铯、铌、钽成矿区以及秦岭稀土、铌、钽成矿区等。

4．断块型

在中国东部、南部地区，因受太平洋运动影响，在古生代地槽皱褶上升后，地壳仍有较强的活动性，中生代晚期最强烈，在南岭地区尤为显著，有大量花岗岩浆侵入、喷发。含稀有元素花岗岩及综合性的气成-热液矿床发育，是钽、铌、稀土、铍的重要成矿区域，并常与钨、锡矿床伴生。

稀有金属矿床在一个大地构造单元中，具有带状分布规律的特点。如南岭钨、锡、稀有、多金属矿带，新疆北部稀有元素矿带，四川西部稀有元素矿带。以南岭地区为例，从沿海向西北方向，存在着三个北东向稀有元素矿带。沿海为铌、铍（稀土、钽）矿带，中部为稀土（钽、铌、铍）矿带，西北部为钽、铍（铌、稀土）矿带。

二、成矿时代分布规律

稀有金属矿床，从内生矿床的分布规律来说，与岩浆活动关系极为密切，并具有一定成矿时期，按主要构造岩浆旋回期，划分稀有元素成矿期，详见表2-3-2。

综上所述，中国稀有金属矿床时空分布规律，概括起来，成矿时期主要是燕山期、海西期，其次是印支期和吕梁期，而加里东期仅局部地区有矿化。总体上从吕梁期到燕山期，矿种、类型由少而多，由简单到复杂。从时空关系上来看，北方地区以海西期为主，南方地区以燕山期为主，印支期次之。总的趋势是从北到南成矿期由老到新，从大陆至东部沿海地区的矿区，也是从老到新的分布。这些成矿规律，对指导找矿是非常重要的。

第二节　找矿标志

地质工作者在长期找矿勘探和矿山开发过程中，从稀有金属矿床分布规律、地质构造、岩石特征、矿物组合等，总结出若干找矿标志。归纳起来有以下几个主要方面。

一、时空找矿标志

如前所述，时空标志是指矿床的成矿时代和在空间上所处的大地构造、地理位置。大量事实表明，中国稀有金属矿床有其特定的成矿时期和大地构造位置。就中国主要稀有金属矿床类型来说，稀有金属花岗岩型矿床的成矿时代多为燕山中晚期，同位素年龄约为125～145Ma，如江西、湖南、广西、浙江、江苏等地的花岗岩型矿床。当然个别也有例外，有的为燕山早期或燕山晚期，如有的为169Ma，有的为90Ma。花岗伟晶岩矿床，以印支期、海西期为主，约为200～260Ma，如四川、新疆、内蒙、陕西等地。海相火山沉积变质稀有稀土碳酸岩矿床多为吕梁期产物。

从稀有金属矿产分布与大地构造关系来看，稀有金属花岗岩型矿床分布在地槽褶皱带的断陷区或地台活化区。伟晶岩型矿床多分布在地台区和地槽褶皱带中的相对隆起区。海相火山沉积变质稀有稀土碳酸岩型和碱性岩型矿床多分布在深大断裂带附近。

这些矿床的时空找矿标志，对寻找稀有稀土矿床具有重要参考价值，是制订普查找矿规划的重要依据之一。

二、找矿岩石学标志

稀有元素成矿作用与岩石关系极为密切。因而岩石特征便成为一种重要的找矿标志。如岩相特征、岩石蚀变作用、矿化元素比值以及某些元素和矿物与矿化的关系等均可做为寻找和评价稀有金属矿床的依据。

1. 稀有元素花岗岩分相特征

大量地质资料表明，含矿花岗岩一般可分出边缘相、中心相和过渡相。边缘相多半具细粒及细粒斑状结构，中心相一般具中、粗粒结构。从边缘相到中心相，在矿物成分及结构构造上是渐变的，界限不明显。岩石矿化最富集部位，一般是边缘相和过渡相。如广西富贺钟地区褐钇铌矿花岗岩就具有这种分期分相的特点。

2. 稀有元素花岗岩的蚀变作用及其类型

中国稀有元素花岗岩的交代蚀变作用特别明显，大多数都发育在岩浆晚期和岩浆期后阶段。岩石蚀变类型主要有微斜长石化、天河石化、白云母化、钠长石化、黑鳞云母化、锂白云化、黄玉化、电气石化及云英岩化等。稀有元素与这些蚀变交代作用的关系是：稀土，特别是钇，矿化与钾长石化、白云母化关系最为密切；铌的矿化与钠长石化、黑鳞云母化关系最为密切；钽、铪的矿化与锂云母化或含锂云母化关系密切，同时也与叶片状钠长石化关系密切；铍的矿化与钠长石化、云英岩化关系密切。这些矿化，如果挥发组分矿物大量出现，是稀有元素成矿富集的最有利的标志。如黄玉、萤石、电气石及云母等，通常是寻找稀有金属花岗岩型矿床的有利标志。

3. 矿化元素比值标志

普查稀有元素花岗岩时，常以$Nb\ O_5/Ta_2O_5$的比值作为矿化类型标志之一。从中国一些已知花岗岩中的铌钽稀土的分布特点来看，大致具有这样的比值变化范围：稀土矿化花岗岩体中为6～10，铌矿化花岗岩体中为5～10，钽矿化花岗岩体中为不到1～2.5。

花岗岩中富含某种稀有元素是形成某种矿化花岗岩的物质基础。据现有资料统计，铌矿化花岗岩中Nb_2O_5含量比一般花岗岩体中的平均含量通常要高出1～60倍，而高出3倍者就可能有矿化，高出15～20倍以上的则矿化较好。钽矿化花岗岩体Ta_2O_5含量比一般花岗岩中的平均含量通常要高出10～160倍，高出10倍左右出现矿化，高出40倍以上矿化较好。

4. 岩石中某些元素和矿物与矿化关系

利用岩中的氟、钛等元素以及铌钽等元素在云母中配分情况，是判别矿化与否的重要标志。

大量的元素地球化学研究资料表明，氟等挥发组分是稀有元素成矿作用的有利条件。花岗岩中铌钽含量与氟的关系密切，氟与铌、钽呈现出正消长关系，氟高钽铌也高。如钽矿化花岗岩氟含量高达1.4%，铌矿化花岗岩中的氟在0.23～0.43%，而非矿化花岗岩中的氟均低于这个含量范围。

岩石中钛、钙、镁、铁的含量变化也是判别矿化与否的标志。一般的规律是，岩石中钛高对铌、钽矿化不利。在花岗岩中TiO_2超过0.1%时，经常出现较多的榍石、钛铁矿和含钛高的黑云母等。由于钛和铌、钽相互置换能力大，因而钛高对铌、钽起分散作用。一般来说，岩石中TiO_2含量高于0.1%以上，同时铁、镁、钙的含量也高时，则铌钽矿物出现的可能性较小。如果岩石中TiO_2含量虽高，但钙、镁、铁含量很低时，同时碱金属含量高时，可能出现黑稀金矿、易解石等钛铌钽酸盐矿物。

岩石中云母成分与矿化关系密切，也是判别矿化的重要标志。在评价花岗岩体时，要对云母中的铌（钽）进行配分计算。如果岩石中的铌分散到云母中占60%以上时，不利于铌（钽）矿化；如果在60%以下，同时岩石中含铌量比一般花岗岩的平均含量高3倍时，铌可能矿化；如果高出3倍以上，而在云母中分散的铌不足30%时，矿化可能性较大。这种现象的出现，是由于花岗岩在岩浆结晶阶段铌钽容易进入黑云母中，只有当黑云母中的铌钽饱和后，岩浆中还有多的铌钽才有可能形成铌钽矿物。在富含挥发组分的气化岩浆阶段形成黑鳞云母、锂云母等，由于云母中含钛低、铝高等使铌钽进入受到限制，自然对铌钽形成独立矿物成为一种有利条件。

三、找矿矿物学标志

稀有金属矿床除伟晶岩型矿床以外，其它类型因稀有元素含量低、矿物颗粒细、元素赋存状态复杂而不易被发现，因而利用矿物共生组合、岩石类型、蚀变特征等标志进行找矿。其找矿标志如下：

1．矿物共生组合标志

对花岗岩型稀有金属矿床，已初步总结出一些矿物共生组合标志：

（1）含稀土、铌黑云母花岗岩的造岩矿物特征以条纹长石、条纹微斜长石、奥钠长石为主；副矿物以钛铁矿、锆石、独居石、褐钇铌矿、黑稀金矿、磷钇矿为主。

（2）含钨、铌、钽、铍、钇黑云母或二云母花岗岩，造岩矿物特征以条纹微斜长石为主，深部岩相条纹较明显，钠长石、奥长石较少；副矿物以铌铁矿、绿柱石、黑钨矿、锡石、氟碳钇钙矿为主。

（3）含钨、锡、钽、铌、钇锂云母花岗岩，其造岩矿物特征是，钾长石的条纹不明显，或不具条纹的微斜长石、奥长石较少；副矿物主要是铌铁矿、细晶石、锡石、黑钨矿、富锂云母、富铪锆石。

（4）含锆、稀土、铌碱性花岗岩，其造岩矿物特征是霓石钠铁闪石发育，长石以条纹微斜长石、条纹正长石为主，斜长石以奥钠长石为主，钠长石少；副矿物以锆石、氟碳铈镧矿、独居石、褐钇铌矿、钇烧绿石、铌铁矿、铌铁金红石为主。

2．典型矿物标志

稀有金属矿床起特殊指示作用的是富含挥发性组分的矿物，这就是含氟的矿物。因为氟是许多成矿元素的萃取剂和搬运剂。氟络合物分解后产生含氟矿物——萤石、氟镁石、黄玉、氟铈镧矿、氟钙钠钇石以及氟碳酸盐类矿物等。这些典型矿物均是寻找稀有金属矿化的极为重要的指示矿物。

3．矿物颜色标志

矿物颜色标志对寻找稀有金属矿床具有重要意义，已引起人们的重视。矿物颜色具有重要找矿意义的典型例子是电气石、长石、萤石等。

电气石的颜色在寻找和评价稀有金属伟晶岩矿床时，在没有发生交代作用的伟晶岩中，只能见到黑色电气石，一般与黑云母伴生。如果钠长石化作用强烈，而出现铌铁矿-钽铁矿时，则电气石为深蓝色、蓝色和绿色；如果锂云母化作用发育，形成了含锂、钽和铯的矿石矿物，则电气石常为粉红色、红色、白色和多色性电气石。

长石的颜色，特别是绿色，具有重要的找矿指示意义。长石出现绿色，是标志岩石受到热液改造时往往带进来铅或出现铁（Ⅱ）而发生天河石化作用。这是寻找花岗岩型矿床的重要标志之一。

萤石的颜色也有找矿指示意义。在花岗岩类岩株或各种岩墙周围的灰岩中，如果出现典型的网状结构的深紫色、黑色的萤石时，则是肉眼看不到的硅铍石-羟硅铍石矿化的明显标志。

4．氧化带和风化壳矿物标志

氧化带和风化壳矿物特征过去多数应用在有色金属矿床普查找矿工作上，很少应用在普查稀有金属矿床。近年来研究稀有金属矿床氧化带，总结出有意义的找矿标志。如在伟晶岩中出现大黑色薄膜和根须状的锰的氧化物和大量表生铁、锰磷酸盐矿物时，则是稀有金属矿化的明显普查标志。

四、几种矿床类型的主要找矿标志

1．伟晶型矿床

伟晶岩矿床是锂、铍、钽、铌、铯、铷等矿产的重要稀有金属矿床类型，而且是易采易选，具有重要工业价值。寻找这种矿床有以下主要标志：

（1）伟晶岩矿床分布是受一定的构造和岩相控制的，主要分布在古老隆起或褶皱带中，围岩是各个古老时代的结晶基底。

（2）成矿时期，主要是前震旦纪、海西期及燕山期。中国东北部，包括华北地台的矿床主要形成于前震旦纪成矿期；西部古生代地槽区的矿床，主要形成于海西期；西南部、东南部的矿床，主要形成于燕山期。

（3）伟晶岩内部构造及矿化标志是，岩体大、分异好，即分带清楚的伟晶岩有利于矿化，稀有元素富集多与后期交代作用有关。

（4）典型矿物与某些稀有元素矿化标志。在伟晶岩中如糖粒状、叶片状钠长石广泛发育以及玫瑰色绿柱石和玫瑰色白云母存在，是钽的矿化重要标志，如果出现含锂云母、玫瑰色绿柱石和玫瑰色电气石、铯榴石等典型矿物则是寻找锂、铍矿伟晶岩的重要标志。

（5）各成矿时代具有不同的稀有元素组合，成为寻找不同矿种的标志。如震旦纪的伟晶岩矿床富含稀土和放射性元素；海西期所形成的伟晶岩富含铍、铌、钽等稀有元素，一般形成的矿床规模较大；燕山期所形成的伟晶岩矿床则以锂、铍、铌、钽、钨、锡为特征。形成这种组合特征是与区域地球化学在时间上、空间上的分布和分异作用有关。因而出现矿化强度和矿化广度从西北到东南逐渐减弱趋势，而且矿化特点也有所不同。我国北部伟晶岩矿床几乎不含或很少含钨、锡，而南部却普遍有钨、锡矿化，往往形成与钨锡伴生的稀有元素矿床。这一点是区域地球化学找矿的重要标志。

2. 花岗岩型矿床

稀有金属花岗岩是锂、铍、铌、钽、锆、铪及重稀土等主要矿床类型，目前世界上开采的钽矿，除伟晶岩外，就是来自稀有金属花岗岩型矿床。

在中国具有重要工业价值的富钽花岗岩矿床分布较广，特别是在南岭地区较为发育，但不易识别，往往被忽略。寻找这种矿床有以下主要标志：

（1）含矿岩体多在背斜构造中或大断裂带附近出现，多数呈小侵入体，也可单独侵入，也可在同一构造岩浆旋回中晚期侵入。这些小侵入体多属燕山期产物。出露面积也不大，一般在1～10km，对形成这类矿床有利。

（2）岩石化学成分特点。SiO_2 含量一般低于73%，Al_2O_3含量一般大于15%，(K_2O+Na_2O)的含量大于8%，而且Na_2O大于K_2O。其中Na_2O/K_2O的分子数比值大于1.5，Al_2O_3/K_2O分子数比值大于3。因此，根据岩石化学成分可做为普查这类矿床的标志。

（3）这类矿床往往含有锡石和黑钨矿，有时在岩体中或附近围岩中有钨、锡矿化，因而在钨、锡矿化的地区出露的燕山期花岗岩应注意寻找这种类型矿床。

（4）富钽花岗岩体交代作用强烈，钠长石化、锂云母化、锂白云母化广泛发育，其中有较多的黄玉是寻找这类矿床的重要标志。岩体交代作用自下而上逐渐加强，具有分带现象。富钽分异交代花岗岩与含钽低的岩体之间没有明显界限，多数为渐变过渡关系，有时富钽分异交代花岗岩也可形成大的岩枝或岩床。在岩体内接触带上经常见有厚十几厘米至1.2m的由石英、云母、黄玉和长石组成的似伟晶岩，产状较平缓。

3. 与碱性岩类岩石有关的矿床

与碱性岩类岩石有关的矿床，是开采锆、稀土、铌、铀及钍的对象，以其稀有元素含量高，曾引起国内外普遍注意。这类矿床钠长石化、霓石化和钠闪石化、碳酸盐化、萤石化发育，可做为找矿标志。钠交代作用与铌、锆的矿化关系密切；碳酸盐化常与铌、稀土矿化关系密切。我国许多碱性岩体中霓石和钠闪石的大量出现，可以作为寻找烧绿石的有利标志。钠长石大量出现，可做为找锆石及铌铁矿的有利标志；碳酸盐及重晶石的大量出现，可做为寻找氟碳铈矿等轻稀土矿物的有利标志。

参考文献

〔1〕蔡仁安等，全国稀有元素地质会议论文集，第一集，1975年，科学出版社，p.24～29。

〔2〕刘义茂等，全国稀有元素地质会议论文集，第一集，1975年，科学出版社，p.1～9。

第四章　中国典型稀有金属矿床实例

编写人　孙延绵

第一节　可可托海稀有金属矿床

新疆阿勒泰被誉为稀有金属宝库，盛产铍、锂、铌、钽、铯等稀有金属矿产，开采历史悠久，蜚声中外。从50年代以来对可可托海、柯鲁木特等地进行了勘探、开发建设。

可可托海是国内罕见的、典型的、大型稀有金属花岗伟晶岩矿床，富含铍、锂、铌、钽、铯、铷等稀有金属。矿床分带良好，规模巨大。矿脉产于角闪辉长岩中，除矿脉的岩钟顶部有露头外，其余的均呈隐伏矿脉。呈阶梯状向西南200°渐次倾斜，倾角10°～15°称为缓倾部分。在矿脉东北部发育大小两个岩钟。缓倾斜部分和岩钟的形状各异，内部构造也不相同。在缓倾斜部分，构造带与矿脉产状平行呈似层状；大岩钟内，构造带呈环带；小岩钟内，构造带呈半环带状-半层带。岩钟部分和缓倾斜部分的伟晶岩带的构造、分带各具特点。

（1）岩钟部分。地表形状似肾状，长轴南北。西南侧与围岩接触面直立，东北侧矿体与围岩接触呈阶梯状向下变大。内部按矿物组合划分为9个带（由边缘向中心）。

1）文象变文象石英微斜长石带（次要含铍矿带）；

2）糖晶状钠长石巢体带（主要含铍矿带）；

3）块体微斜长石带（无矿带）；

4）石英-白云母巢体带（含铍矿带）；

5）叶片状钠长石-锂辉石带（含铍、钽、铌的锂矿带）；

6）石英-锂辉石带〔与5）带是三号脉主要含铍、钽、铌的锂矿带〕；

7）白云母-薄片状钠长石带（含锂、铍的铌、钽矿带）；

8）薄片状钠长石-锂云母带（含钽、铌的锂带矿）；

9）块体石英带（石英核）。

（2）缓倾部分。呈陡缓交替、膨胀与狭缩连接的缓倾矿体。在膨胀部分形成矿脉的构造带较多，稀有元素矿化也较好。带与矿脉产状基本一致。综合矿体由上盘到下盘一般可分为7个带：

1）文象变文象石英微斜长石带（含锂铍矿带）；

2）块体微斜长石带（含铍矿带）；

3）石英-白云母巢体带（含铍矿带）；

4）糖粒状钠长石巢体带（含锂的铍矿带）；

5）叶片状钠长石-石英-锂辉石带（含铯、铍的锂矿带）；

6）锂云母带；

7）细粒伟晶岩带（含少量细晶绿柱石）。

该矿床的矿物成分，在脉体中已发现有60多种矿物，主要脉石矿物为微斜-条纹长石、钠长石(细粒钠长石、薄片状钠长石、叶片状钠长石)、奥长石、石英、白云母等。稀有元素矿物有锂辉石、绿柱石、磷锂铝石、磷锰锂石、褐磷锰锂矿、金绿宝石、铌锰矿、钽铌锰矿、钽锰矿、铋钽矿、铋细晶石、铀细晶石、细晶石、铯榴石、锆英石、铪锆石等。其他矿物有电气石、萤石、石榴子石、磷灰石、黑云母以及金属硫化物等。

第二节　宜春钽（铌）矿床

宜春钽（铌）矿，是我国目前开采的一个大型稀有金属钠长石化花岗岩型矿床。

一、矿床地质概况

矿区位于武功山复式背斜的北东端东翼。主要构造线为北东向，褶皱和断裂发育，有多期花岗岩侵入。

矿区出露地层主要有震旦系老虎塘组，分布于雅山花岗岩岩株四周，为矿体顶板围岩。主要岩性为变质砂岩、粉砂岩、千枚岩、结晶灰岩、炭质板岩等。

雅山花岗岩体，出露面积9.5km²，呈北西向展布。同位素地质年龄 131～157Ma。矿体产于小侵体顶部，受小侵入体构造控制。花岗岩交代作用发育，钠长石化、锂云母化强烈而普遍。随花岗岩蚀变强度变化，矿床物质成分、矿石结构构造、稀有元素含量等，产生明显的分带现象，自上而下分为6个带：似伟晶岩带，强钠长石化、锂云母化花岗岩带，中钠长石化、锂云母化花岗岩带，弱钠长石化花岗岩带，中粒二云母花岗岩带，中粗粒-粗粒黑云母花岗岩带。各带呈渐变关系，似层状产出，产状平缓。

矿体主要由强钠长石化、锂云母化花岗岩带和中钠长石化、锂云母化花岗岩带组成。矿体分为表土、全风化、半风化、原生矿等四种矿石类型，它们之间也呈过渡关系，以原生矿为主，其他类型零星分布。矿化上富下贫，向下渐变为非矿体。

主矿体长1700m，平均宽664m，平均厚60m。矿石中约有60多种矿物，主要工业矿物为细晶石、锰铌钽铁矿、含锡石、锂云母等。矿石品位随钠长石减弱而铌、钽、锂、铍、铯含量而降低。

二、矿床成因类型

宜春钽（铌）矿床自60年代末期发现以来，许多矿床地质工作者进行过大量的研究和考察，对其成因解释尚不一致。有的认为该矿床的成因与花岗岩岩浆有关或者是花岗岩浆分异作用形成的，归为岩浆矿床，称之岩浆自变质矿床或者是岩浆期后气化热液形成的。最近又有的认为是非岩浆作用形成的花岗岩型钽铌矿床，认为这类矿床是通过花岗岩化及碱质交代作用将变质岩就地改造而成的。

三、找矿标志

根据矿床成矿地质条件和矿床特征，总结出如下找矿标志。

（1）隆起区断裂构造发育并相互交截，是成矿岩体的有利控矿构造。岩体边缘顶部或突入围岩中的岩枝、岩脉，是找矿有利部位。

（2）岩石化学成分特点，燕山期的细粒白云母花岗岩具有钠、氟、锰含量高和铁、钛、镁、钙、稀土、铀、钍等含量低时，是良好的成矿岩体的标志。

（3）花岗岩中钽、铌、锂、铷、铯等稀有元素含量高，是成矿岩体的标志。

（4）岩体具有明显的钠长石化、锂云母化、黄玉化等现象，是直接找矿标志。

（5）岩体顶部有似伟晶岩盖层，其下部可能是隐伏矿体，可做为找隐伏矿的标志。

第三节 江西脉钨矿床

钨为稀有难熔金属。江西钨矿丰富，几乎遍及全省，但南部更为集中。据统计赣南矿产地占全省的钨矿区(点)76%，占探明储量77%。已探获约8个大型钨矿床，其中赣南地区就占有6个，即大吉山、西华山、盘古山、画眉坳、漂塘、黄沙；中型的有23处，赣南地区占20处。可见赣南地区的钨矿是极其丰富的，而且还含有大量稀有金属，颇有综合利用价值。现以大吉山、西华山两个大型脉钨矿床为例，简述如下：

一、大吉山钨矿及其他稀有金属矿床

大吉山钨矿位于江西全南县，距县城西南41km，是我国采钨历史悠久的矿山之一。大吉山矿田实际上是一个多矿种、多类型的钨及其他稀有金属综合性矿床，它既是一个规模巨大的脉钨矿床，也是花岗岩型稀有金属矿床。

矿床地质特征是，从地质构造上来说，矿床位于南岭东西构造带及区域性北东构造的复合部位，断裂构造发育，岩浆岩活动频繁，为成矿提供了良好的条件。

燕山早期岩浆活动频繁，在矿区形成了一系列的岩体。根据同位素年龄测定，成矿前有石英斑岩、闪长岩（为194Ma）；成矿期有中粒似斑状黑云母花岗岩（为180Ma）、中粒二云母花岗岩、细粒白云母花岗岩、伟晶岩、细晶岩等以及岩浆期后含钨石英脉（为178Ma）。

上述成矿的岩石和含钨石英脉不仅在时间上和空间上具有密切关系，而且从黑云母花岗岩到白云母花岗岩具有一定的演化规律：岩石结构从粗到细，长石减少，石英增多；黑云母由多到无，白云母由无到多；钠长石化，白云母化等自变质交代作用增强。在岩浆演化早期的黑云母花岗岩中，与成矿有关的微量元素具有丰度高的特点，钽、铌、钨、铍分别为酸性岩的平均含量的3.1、1.5、140、3.6倍。在岩浆演化过程中，促使这些元素得以富集，形成钨→稀土→铌→钽富集系列，加上本区具备风化作用条件，出现了脉钨矿床、钠长石化花岗岩型稀土铌矿床。这两种矿床基本特征简述如下：

1. 脉钨矿床

含钨石英脉产于变质砂岩及板岩中，其次产于白云母花岗岩及二云母花岗岩内。中组矿脉主要产于闪长岩中。全区主要矿脉总体走向270°～310°，倾向北东，倾角68°～81°。

矿脉在垂向变化上，一般地表下200m内为小脉，中部625m标高以下合并为大脉，深部317m标高以下，变小尖灭。

矿石以致密块状为主，顶部梳状构造，晶洞构造较常见，深部局部出现角砾状构造。矿脉中矿物组合复杂，金属矿物有黑钨矿、白钨矿、辉钼矿、辉铋矿等16种，脉石矿物有石英、白云母、长石、方解石等15种。钨的品位具有中部富、上下变贫的趋势，品位变化系数80～260。矿化的特征是，从上到下具有垂直分带现象，钨矿化上强下弱。矿物组合由黑钨矿、石英→绿柱石、黑钨矿、长石→微斜长石、石英组合。

围岩蚀变，有电气石化、黑云母化、硅化、绢云母化、云英岩化、钠长石化、白云母化及萤石化。一般在砂、板岩中有电气石化、黑云母化、硅化及云英岩化，绢云母化呈小鳞片状，细条带状产于脉壁或围岩裂隙中。花岗岩中发育着云英岩化。

在黑钨矿中含铌、钽、钇等元素，它们呈类质同像存在，含量可观，规模较大，具有综合利用价值。

2. 花岗岩型钽铌铍矿床

在大吉山矿区深部隐伏着一些形态不一的钠长石化细粒白云母花岗岩体，具有程度不同的钽、铌、钨、铍矿化，规模较大的5个岩体，其中有一个岩体为最大。该岩体富含钽、铌、钨、铍等稀有元素，已构成矿体，隐伏于矿区中组脉带下部的细粒白云母花岗岩体中，处于钨矿床开拓范围内。矿物成分复杂，已鉴定的有46种矿物，工业矿物有细晶石、铌钽铁矿、黑钨矿、白钨矿、绿柱石、羟硅铍石、似晶石等。

钽在矿体中具有上富下贫的变化规律，岩体顶部富，向深部变贫。品位变化系数为70。钽赋存状态的分配情况为，呈独立矿物的占64.6%（主要由细晶石、铌钽铁矿组成），分散在造岩矿物中占28.40%。

铌在矿体中分布较均匀，常随钨而富集，品位变化系数为123.1。主要矿物为铌钽铁矿、易解石、细晶石等。

含矿岩体的蚀变作用强烈，主要有钠长石化、白云母化、云英岩化以及碳酸盐化和绢云母化等。钽、铌、钨、铍的主要工业矿物与钠长石化、白云母化关系密切。

该矿床的成因为裂隙充填型晚期分异交代矿床，属钠长石化花岗岩型矿床。

3. 找矿标志

（1）处于构造-岩浆活动频繁地区，多组断裂构造发育复合部位，具有燕山期黑云母花岗岩→二云母花岗岩→白云母花岗岩演化系列的花岗岩发育地段，内外接触带有石英脉型钨矿时，是寻找该类型矿床的有利条件。

（2）花岗岩中，钽、铌、钨、铍等元素丰度高，是成矿的物质基础。在花岗岩中具有钠、锰、硅逐渐增加，钙、镁、铁、钛、磷等逐渐减少演化特点的晚期白云母花岗岩小侵入体，是找矿标志。岩体前峰或顶部是找富矿的有利部位。

（3）白云母花岗岩中具有钠长石化、白云母化以及有石英壳和似伟晶岩壳者，是找矿有利标志。

（4）含矿岩体上方，常出现含铌钽的石英-钠长石脉或细晶岩脉，可做为找隐伏矿体的标志。

二、西华山稀有金属脉钨矿床

西华山钨矿位于江西省大余县，距县城9km，是我国开采钨矿历史悠久的矿山。据查明，该矿除蕴藏大量钨之外，还有为数可观的钇族稀土矿物具有综合利用价值。

1. 地质概况

西华山钨矿处于南岭东西构造带东段。矿床赋存于西华山花岗岩岩株之中。岩株周围的地层为寒武系变质岩系。岩株为同期同源多次侵入体，形成时间为141～184Ma，属燕山早期产物。岩石成分特点是，属超酸性、铝过饱和、富碱性岩石系列，而铁、镁、钙偏低，富挥发组分，具有程度不同的钾长石化、钠长石化、云英岩化、硅化等作用，是钨、锡、稀有元素矿化的良好条件。特别是在含钨石英脉两侧蚀变更为强烈，形成交代岩类，即钾微斜长石岩、石英钾微斜长石钠长岩、云英岩、钠长岩等。在含钨石英脉两侧蚀变围岩排列有一定规律，在水平方向上依次为富云母云英岩、云英岩、富石英云英岩、钾微斜长石岩和钠长石类，但一般只同时出现二相或三相，且厚度变化较大。在垂直方向，从上到下云英岩化相对减弱乃至消失，而钾长石化、钠长石化相对增强，深部较为发育，个别地段形成钾微斜长石岩和钠长岩类。

矿床位于西华山花岗岩株的西南缘。东、西、南为变质岩覆盖。矿脉主要赋存于中粒黑云母花岗岩和斑状中粒黑云母花岗岩中。矿脉成组出现，分南、中、北区。

矿脉产于花岗岩的顶部边缘，形成典型的含钨石英脉内接触带矿床，这一点有别于大吉山和粤北锯板坑大型脉钨矿床。近年来，矿山在开发过程中，通过采矿和矿山地质工作证实，西华山矿床具有两层矿化特征，有两层矿化的矿脉，并各自形成独立的工业矿脉群和相应的富矿带，中间为无矿带或贫矿带所隔开。两层矿化的形成是该岩株成岩成矿作用演化的结果，其模式是黑云母花岗岩→钾（钠）长石化花岗岩（钇族稀土矿化）→云英岩化花岗岩（钨、锡、铋、钼矿化）→石英脉型钨矿床。

矿脉形态，在中粒黑云母花岗岩中较简单，矿体膨缩变化较小，脉幅、产状稳定，单脉较长；在斑状中粒黑云母花岗岩中，形态变化大，常呈树枝状、叉状、网状。矿脉形态变化，不论水平或垂直方向，往往一条脉是由多数的透镜体脉组成，尖灭、侧现、分枝复合，折曲、弯曲、交切现象，到处可见。

矿脉中的矿石矿物，主要是黑钨矿、白钨矿、锡石、辉钼矿、辉铋矿以及绿柱石和稀土矿物等。

2. 稀土矿化特点及其赋存状态

西华山脉钨矿床的稀有金属矿化有以下特点：

（1）各种花岗岩及其蚀变交代岩类，普遍含有稀土，其配分特点是钇族稀土大于铈族稀土。在钾微斜长石岩和钠长岩类为钇族稀土强选择配分类型，$\Sigma Ce_2O_3/\Sigma Y_2O_3 = 1/13$。

（2）稀土主要组成独立稀土矿物，利于工业应用。现已查出的稀土矿物有硅铍钇矿、磷钇矿、氟碳钇钙矿、独居石、稀土钛钽铌矿物（黑稀金矿、褐钇铌矿）及少量钇萤石。在石英、长石、云母萤石、石榴子石、黑钨矿中也含有少量稀土，这部分称为分散状态，其中有的呈类质同象存在，有的呈细小包裹体存在。经配分计算，稀土60%组成独立矿物，40%呈分散状态。

（3）稀土矿物在各类岩石分布的情况有所不同。在斑状中粒黑云母花岗岩中，主要是硅铍钇矿、磷钇矿及独居石；在中粒黑云母花岗岩和细粒黑云母花岗岩中，主要是硅铍钇矿、氟碳钇钙矿及少量磷钇矿；在富云母云英岩中，以磷钇矿、硅铍钇矿、独居石为主；在钾微斜长石岩中主要是磷钇矿，其次为氟碳铈矿、黑稀金矿、褐钇铌矿；在钠长岩中，主要是磷钇矿、氟碳钇钙矿、硅铍钇矿、黑稀金矿；在含钨石英脉中，主要是磷钇矿、硅铍钇矿、钇萤石等。

3. 找矿标志

（1）在区域大断裂及其次级断裂构造交叉复合地段，寻找与钨矿床有成因关系的燕山期黑云母花岗岩、复式岩体更为有利。

（2）岩体中，钨、锡、铋、钼、铍、稀土比同类正常花岗岩高者，岩体顶部和边部，裂隙发育，当出现矿化石英标志带或云母线时，是有希望的找矿部位。

（3）围岩具有云英岩化、硅化等蚀变现象是西华山式钨矿床的重要找矿标志。

（4）花岗岩出现钾微斜长石化、钠长石化、云英岩化是寻找稀土矿化的明显标志。

第四节 风化壳离子吸附稀土矿床

离子吸附型稀土矿床是我国近年来发现的一种重要的稀土矿床类型。它是由富含稀土氟碳酸盐、稀土硅酸盐类矿物的酸性岩，经化学风化作用后而形成的面型风化壳，并由高岭石等粘土矿物吸附稀土离子而形成的矿床。因此，稀土矿化的原岩是成矿的物质基础，化学风化作用是重要的外界条件。

70年代以来，在江西、广东、湖南等地陆续发现和勘探了这种矿床，有的已开发利用。这种矿床，一般规模较大，露天开采，用化学方法提取稀土工艺简单，适合民采民办，经济效益好。现以两个矿床为例，简述如下：

一、花岗岩风化壳离子吸附稀土矿床

矿床位于南岭东西构造带及区域性北东向构造带的复合部位。矿区出露黑云母花岗岩，侵入在寒武系和侏罗系地层中，风化强烈，呈面型风化壳。黑云母花岗岩中含有稀土矿物，主要有独居石、磷

钇矿、黑稀金矿、氟碳钇钙矿等，铌钽矿物、钨、铍、硫化物较贫乏。原生稀土元素矿物，因含量少，尚不能形成独立的工业矿床。当花岗岩经过长期风化淋滤次生富集作用，使稀土元素阳离子得以富集，被风化后的粘土矿物所吸附，从而形成花岗岩风化壳离子吸附型稀土矿床。

该矿床的稀土品位分布较均匀，其稀土配分的特点是富含中稀土钐、铕、钆。这些稀土元素具有重要的经济价值，而且采、选、冶工艺简单，现已开采利用。

二、火山岩风化壳离子吸附稀土矿床

矿床位于南岭东西复杂构造带与武夷山新华夏隆起带交接复合地段。火山岩时代为晚侏罗世，是一套陆相酸性火山岩建造。

除火山岩外，在矿区中东部出露有花岗斑岩，呈岩株产出，为次火山岩，同位素年龄为114Ma。岩石易于风化，在裸露范围内常形成白色风化岩，成为该矿床的主要组成部分。

火山岩化学成分特点是（K_2O+Na_2O）超过8%，而且K_2O/Na_2O超过1.5，其稀土含量大于酸性岩。

含稀土火山岩，经过化学风化作用，逐步发育成厚层面型风化壳，稀土也相对富集成具有工业意义的稀土矿床。

稀土在风化壳垂直剖面中具有分层特点，在地表腐蚀层、残积层稀土品位低，淋积层品位高，往下到了母质层品位变低。

稀土在该床配分的特点是，属铈族稀土选择配分类型，铈族稀土约占稀土总量76～86%，相对富集于风化壳的上部和中部，钇族稀土相对富集于风化壳的下部。$\Sigma Ce/\Sigma Y$的比值，在腐植-残积层为11，淋积层为7.4，母质层为4.4。这是由于铈族和钇族稀土被吸附的性能不同造成的。因为在粘土层中，铈族稀土的吸附性能比钇族稀土要好，而粘土主要发育在风化壳的中上部。

第五节　白云鄂博铁铌稀土矿床

白云鄂博矿区蕴藏着丰富的铁、氟及稀有稀土资源，同世界上已知类似的矿床相比，具有许多独特之处，是世界上罕见的特大型稀土矿床。

一、矿区地质概况

白云鄂博矿区位于内蒙地轴的北部边缘，矿区内所出露最老地层为上太古界的二道洼群。主要由一套绿色片岩（绿泥石片岩、绿泥石石英片岩、黑云母绿泥石石英片岩）、石英岩、二云母片岩、角闪斜长片麻岩和大理岩等组成。该时代经同位素测定其年代为1667～2352Ma之间。元古界白云鄂博群，不整合地覆盖于二道洼群之上。该群由石英岩、板岩、千枚岩、石灰岩等组成一套浅海相碎屑岩建造。总厚度大约为9000m，在矿区内（从H_1至H_9）的厚度达3000m，为本区最主要的含矿层位。

矿区内有辉长-闪长岩的侵入和黑云母花岗岩侵入。经同位素年龄测定，黑云母花岗岩及细粒黑云母花岗岩中的黑云母年龄分别为270±和250±Ma，属海西期产物。

白云鄂博矿区范围东起巴音博格都，西至阿布达断层，从东到西，可分为4个主要矿段。

（1）东部巴音博格都矿段。该矿段主要与矽卡岩化有关的铌和稀土矿化。

（2）东矿矿段。这个矿段是白云鄂博矿区的主要铁、铌、稀土矿床之一。铁矿矿体与围岩中钠、氟交代作用广泛发育，具有丰富的稀土、铌钽矿化，矿体分带现象明显。

（3）主矿矿段。主矿矿段是白云鄂博矿区最主要的铁、稀土、铌矿床。矿体与围岩均广泛遭受钠、氟交代作用，伴有强烈的稀土、铌钽矿化。

（4）西矿矿段。该矿段由大小16个矿体所组成，经近年勘探科研工作证实，也含有丰富的稀土及其他稀有元素，具有开发利用价值。

二、矿石类型和稀有元素矿物

白云鄂博矿床是由多种元素、多种矿物、多种矿石类型和几种不同的矿床类型所组成的矿床群，其物质来源不是一种，成矿期不是一次，成因也不一样。因此，被称为多来源、多阶段、多成因的“三多性”的综合性矿床，即物质成分来源的多源性，成岩成矿的多次或多阶段性以及成因的多样性。

目前在白云鄂博矿区已发现有71种元素，而且组合关系复杂，亲石元素与亲铁元素大量伴生，并夹杂有部分亲铜元素，因而形成了多种矿物。现已发现和鉴定出的达117种，估计今后还会有新的发现，其中稀有矿物以及发现的新矿物有黄河矿、包头矿、大青山矿等35种。在这35种当中可供工业利

用的有氟碳铈矿、氟碳钡铈矿、氟碳钙铈矿、黄河矿、独居石、镧石、磷镧镨矿、易解石、铌易解石、钛易解石、铌铁矿、烧绿石、铌铁金红石、铌钙矿、褐铈铌矿等。

根据有用元素富集的特点、蚀变交代作用和原岩特性等，将矿石类型分为铌-稀土-铁矿石；铌-稀土矿石和铌矿石3个大类和13个亚类。

1．铌-稀土-铁矿石

含有6个亚类，即（1）块状铌-稀土-铁矿石；（2）萤石型稀土-铁矿石；（3）霓石型铌-稀土-铁矿石；（4）碱性角闪石型铌-稀土-铁矿石；（5）白云石型铌-稀土-铁矿石；（6）黑云母型铌-稀土-铁矿石。

2．白云大理岩铌-稀土矿石

含有3个亚类，即（1）萤石型铌-稀土矿石；（2）钠闪石型铌-稀土矿石；（3）矽卡岩型铌-稀土矿石。

3．硅酸盐岩铌矿石

含有4个亚类，即（1）金云母-透闪石型铌矿石；（2）黑云母型铌-稀土矿石；（3）霓石型铌-稀土矿石；（4）长石板岩型铌-稀土矿石。

稀土配分特点是，铈族稀土选择配分类型，其中镧、铈、镨、钕、钐含量占主导地位。矿体与围岩蚀变交代作用呈现多期多样交代的特点。主要有钾微斜长石化、钠长石化、云母化、碱性角闪石化、磷灰石化、重晶石化、硅镁石化、霓石化、绿泥石化、碳酸盐化、透闪石化、褐帘石化、粘土化等。这些蚀变交代类型形成多种矿物组合，从典型接触交代作用的矿物组合、热液矿物组合、低温热液矿物组合到沉积变质矿物组合，均可见到。这种蚀变作用和矿物组合反映出成矿物质来源、成矿作用阶段、成矿类型的多样性的特点。

从现有资料来看，形成白云鄂博矿床物质来源主要有下盘的白云岩，上盘板岩及海西期花岗岩。上盘板岩原岩很可能是偏碱性的基性岩，其中相对富铌、钛、钍及铈族稀土等。大约在1500Ma前沉积时白云岩和板岩相对富集了稀土、铌、铁等。约在270Ma左右，由于海西期酸性岩浆活动，并与围岩作用，又带来了部分成矿元素，由岩浆分异产生的气热溶液，改造了原有的沉积变质矿床，形成新的矿石类型和多种矿物组合，大部分稀有元素矿物、接蚀交代矿物和热液成因矿物，主要是在这个阶段形成的。

三、矿床成因

综上所述，形成白云鄂博这种巨大的铁-氟-铌-稀土矿床的因素是多方面的，物质成分复杂，矿化多期多阶段，因而对其成因有过多种解释和不同的看法。随着对本区的勘探、开发和大量的地质研究工作之深入，对其成因认识不断深化。先后提出过“特种高温热液交代”、“沉积变质-热液交代”、“火山沉积稀有金属碳酸盐”、“碳酸岩浆”、“沉积变质”、“沉积-动力变质”、“岩浆倒贯”等成因的说法。

第六节 攀枝花钒钛磁铁矿床

钒、钛为稀有难熔金属。四川攀枝花、河北大庙等地蕴藏着丰富的钒、钛资源，仅就攀枝花矿区的钛的储量相当于国外钛储量总和，因而攀枝花矿区早已蜚声中外。

攀枝花矿区位于四川省渡口市以北，因以前盛产攀枝花树而得名。现已查明，它是我国目前发现的特大型钒钛磁铁矿并伴生有丰富的铜、钴、镍、铬以及贵金属、稀有金属等20多种有价元素，颇有综合利用价值，成为我国矿物三大综合利用基地之一。

攀枝花地区钒钛磁铁矿床是由攀枝花、红格、白马、太和等十几个矿区组成的。从大地构造位置来看，它位于我国川滇南北构造体系的北段。区内安宁河大断裂近南北向纵贯本区中部。矿床受这个大断裂带所控制，广泛地发育基性、超基性岩体。经同位素年龄测定为334～356Ma。岩体呈南北分布，向西陡倾斜，岩体规模大小不等，一般长达5～20km。现已发现三十多个岩体，侵入在古生代及古生代以前的地层之中。矿床多数产在流层状辉长岩体的中、下部，少数赋存在辉石岩和杆栏岩体中。矿床类型为晚期岩浆分凝矿床。

矿石类型主要为致密块状、浸染状矿石。矿石主要金属矿物有钛磁铁矿、钛铁矿、钛铁晶石；其次有磁赤铁矿、褐铁矿、针铁矿等；硫化物以磁黄铁矿为主，还有钴镍黄铁矿、硫钴矿、硫镍钴矿、紫硫铁镍矿以及黄铁矿、黄铜矿、墨铜矿等。

矿石中的钛矿物主要为粒状钛铁矿和钛铁晶石。另外还有少量的片状钛铁矿。从矿物可选性来看，粒状钛铁矿可以单独回收。但存在于钛磁铁矿中的钛铁晶石、钛铁矿片以及存在于脉石中的微量钛铁矿片晶等不能单独回收。

矿石中的钒，在铁矿物中大部分呈类质同象存在，因而在选矿过程中钒进入到铁精矿产品中，在冶炼时加以回收。

为综合利用、综合回收攀枝花钒钛磁铁矿，我国选冶工作者，在地质科研和矿石物质部分研究的基础上，进行了大量的选冶试验综合回收工作。成功地创造了高炉冶炼高钛型钒钛磁铁矿，高炉铁水提钒等新工艺以及在制成高钛渣、人造金红石、钛白等方面，均取得了重要进展，为开发攀枝花地区的钒钛资源做出了重要贡献。

第七节　杨家仗子钼矿床

钼是稀有难熔金属之一，但从矿产资源来看，在我国并非稀有。经地质勘探工作证实，我国钼矿资源相当丰富，规模大、储量可观，居世界前列，是我国优势矿产资源。

目前我国开采的大型钼矿床，主要是辽宁杨家仗子、陕西金堆城、河南栾川三大钼矿生产基地，还有许多中小型钼矿。现仅举杨家仗子钼矿为例予以说明。

杨家仗子钼矿，是我国钼精矿生产的主要基地之一，开采历史悠久，驰名中外。它以杨家仗子本区和肖家营子和下兰家沟三个大型矿床为主兼有一批中小矿床（点），构成了著名的辽西钼矿成矿带。

杨家仗子钼矿床位于辽宁省锦州市之西，距锦西城关28km，有公路及铁路通往，交通方便。从地质构造位置来看，位于中期准地台北缘，燕辽沉陷带内的山海关隆起与北票内陆断陷的过渡带上。

矿化主要发育在花岗岩体外接触带寒武系、奥陶系石灰岩地层内沿层发育的层状矽卡岩体中，少量钼矿化也分布在灰岩、页岩和花岗岩中。金属矿物主要为辉钼矿，呈细脉状、浸染状分布，还有黄铁矿、磁铁矿及少量方铅矿、闪锌矿、黄铜矿等。已发现并勘探的主要矿体有21条。走向沿长120～2150m，延深150～550m，厚2～30m。矿床类型为矽卡岩型钼矿床。其中最大矿体长2150m，延深550m，最大厚度30m。

此外，在杨家仗子钼矿区之西约7km处为北松树卯矿区斑岩型钼矿。矿化分布在花岗岩体的顶部靠西侧及岩体上盘接触带和灰岩的矽卡岩体中，辉钼矿呈细脉状及浸染状分布，花岗斑岩普遍遭受石英-绢云母化和轻微的钾长石化。分枝矿体15条，延长45～420m，延深60～170m。主矿体长1100m，延深280m。

在杨家仗子矿床外围还有一个大型钼矿床，它就是下兰家沟钼矿，仅距杨家仗子矿务局选厂12km，是继杨家仗子钼矿的重要基地。1984年完成勘探工作。

该矿床分布在虹螺山粗粒似斑状花岗岩体的中部，岩体出露面积约180km²，同位素年龄约180Ma。在虹螺山大岩体的轴部及边缘有细粒斑状花岗岩小侵入体分布其中，同位素年龄约140Ma。钼矿化赋存在细粒斑状花岗岩体中，西南端以上兰家沟开始，经中兰家沟到下兰家沟及其两侧的西山、元宝山一带，构成一条长约6.5km的北东向钼矿化带，其中以北东端的下兰家沟区段矿化最富集。

在下兰家沟矿床中已发现有近百条矿脉，分5个矿体群，主要矿体有13条，矿体呈脉状，分枝复合显著。

岩体中围岩蚀变主要呈线状分布，与钼矿体基本一致，主要蚀变有钾长石化、硅化-伊利石-水白云母化、黄铁绢英岩化、绿泥石碳酸盐化等，而且多数表现互相叠加产出，分带不明显。

该矿床类型，根据地质条件、矿体形态、产状、矿石结构构造以及围岩蚀变特征等，具有脉型钼矿床特点，也有斑岩型矿床特征，故定为脉型-斑岩型的过渡型钼矿床。

参考文献

[1] 孙延绵等，全国稀有元素地质会议论文集，第二集，1975年，科学出版社，p.339～346.

[2] 冶金部天津地质调查所，白云鄂博铁矿成因问题讨论，1978年，冶金工业部天津地质调查研究所。

[3] 王成发，矿床地质，5(1982)，No.2，p.85～95

[4] 李哲等，新中国有色金属地质事业，1987年，当代中国有色金属工业编委会.

[illegible]

[illegible]

[illegible]

第三篇 稀有金属采矿

第一章 稀有金属矿山开采概况

编写人 周晋华 邓洪贵

第一节 稀有金属矿床的赋存和开采特点

中国稀有金属矿床除海滨砂矿、河流冲积砂矿与含稀碱金属盐类矿床外，多属内生矿床。由于成矿原因与构造所致，稀有金属的矿种较多，矿体形态多种，埋藏深浅不一，矿石品位一般偏低，矿物结构复杂，矿床的地质工业类型多样，大都是多种元素共生或伴生，除钨、钼、锂铍、钽铌、金和铀等金属为独立工业矿床外，其它稀有金属都是与有色金属或钢铁金属共生，形成多金属工业矿床。如钛与铁共生形成钛铁矿，钒钛与磁铁矿共生形成钒钛磁铁矿，稀土与铁共生形成铁稀土共生矿床。

锂铍、钽铌矿床产于伟晶岩型的锂辉石和花岗岩型及其风化壳的锂云母中。埋藏较浅，形态相对稳定，呈似层状、似皮壳状或脉状、巢状、凸镜状及不规则状。典型矿山有可可托海锂铍铌钽矿，宜春钽铌矿，江西龙南、广东平远、湖南江华等地的风化壳离子吸附型稀土矿床等；含稀碱金属盐类矿床，产于盐湖沉积层及湖水（卤水）中，占我国锂金属储量的79.2%，世界储量约一半产自此类矿床。

钨矿床的地质工业类型有五大类，以矽卡岩钨矿和石英脉钨矿较为重要，它们大部分属急倾斜薄矿脉，矿体分枝复合，尖灭再现、膨胀收缩等现象较常见，矿脉多成组出现，矿体形态为矿脉和矿化带，也有网状脉，如西华山钨矿、大吉山钨矿、盘古山钨矿、湘东钨矿、瑶岗仙钨矿等属之。

钼矿床，总的看来，分布广、储量大，大型矿床多，矿体埋藏浅，露天开采的剥采比小，交通方便，开发条件好，除杨家杖子、金堆城、栾川和大黑山外，全国拥有单一钼矿床和伴生钼的多金属矿床约169座，分布于25个省、市、自治区。按矿床含钼金属量计，特大型矿床3座，大型矿床16座，中型矿床25座。杨家杖子、金堆城、栾川和大黑山则占我国钼金属储量的80%。矿体厚度，中厚以上者居多。

金矿有砂金和脉金之分。以脉金为主，砂金次之。砂金主要产于河流冲积物或洪积物内，次为残坡积和湖海滨砂矿，黑龙江的兴隆沟、内蒙的金盆等属之。脉金矿床则以含金石英脉型、破碎带蚀变岩型和斑岩型最为重要，火山热液型次之。前者多为大、中型矿床，后者多属小型矿床。矿体不稳定，分枝复合，尖灭侧现，膨胀收缩等现象较为常见，矿体厚度变化较大，绝大多数为1～2m以下的薄和极薄矿脉，倾角多为急倾斜，缓倾斜也为数不少，矿石品位分布不均匀。相应的典型矿山有河北金厂峪金矿、吉林夹皮沟金矿、山东焦家金矿、三山岛金矿、黑龙江团结沟金矿、广西叶曼金矿等。

中国铀矿资源丰富，铀矿床主要集中在南方，其特点是矿体形态变化大，成矿机理复杂。按赋矿围岩分，火山岩型占58%，其中花岗岩型约占储量的38%；砂岩型约占储量的19%；碳硅泥岩型约占储量的14%；其它类型约占储量的9%。

有些稀有金属元素，多与其它金属矿物共生、伴生，成为其开采的附产品。如四川攀枝花的钒钛磁铁矿中的钒钛，内蒙古包头白云鄂博的铁稀土矿中的稀土等，它们属大型矿体，埋藏不深，矿体厚大，连续性好，有些矿体已出露地表。

海滨砂矿是中国当前的钛铁矿和锆英石的主要来源，矿床特点是，矿石松散，粒度均匀，含泥量少，有用矿物的单体解离度好，多数出露地表，无覆盖层，开采条件好，属易选矿石。

除上述这些具有以单独开采稀有金属矿物的矿床外，其它稀有金属则与别的金属矿物伴生或共生，形成以别的金属矿物为主的矿床。

总之，中国稀有金属矿床，就已探明矿体看，矿石无高硫、无氧化、自燃、结块等现象，容易开采利用。

第二节 稀有金属矿山开采的现状

中国稀有金属矿山，露天（包括海滨砂矿、河流冲积砂矿）和地下矿山都有。据粗略统计，地下矿98座，占总矿山数72%，露天矿只有38座（见表3-1-1）。但矿石产量则是露天多于地下，露天矿产量约占总产量的65～70%，地下矿占30～35%。稀有金属矿的地下开采，主要采用浅眼留矿采矿方法，约占65%左右。

表 3-1-1 几种稀有金属的露天矿和地下矿

序号	矿 种	露天开采座	地下开采座	备 注
1	钨		29	不含地方中小矿
2	钼	3	4	同 上
3	锂 铍	3	2	同 上
4	钽 铌	3	3	同 上
5	钒 钛	4	2	
6	锆	12	2	含地方中小矿
7	金	5	24	不含地方中小矿
8	铀	8	32	同 上
	总 计	38	98	

锂、铍、铌钽多为露天开采，约占总产量的95%以上，如新疆可可托海的锂、铍、铌钽，江西的宜春钽铌矿；地下开采的多以附产品形式产出，如石华山钨矿中的钽铌，钨矿几乎全用地下方式开采，采矿方法80%以上是浅眼留矿法及其各种变型方案。钼矿露天和地下开采约各占一半，露天有金堆城钼矿等，地下开采有杨家杖子岭前矿、小寺沟新华钼矿等。金矿除少量砂金外，脉金是主要的开采对象，采矿方法则逐渐以充填法和浅眼留矿法为主，V.C.R采矿法已推广应用于开采金矿。采金船开采砂金占80%，露天机械化开采占17～18%。铀矿地下开采中，充填法占76%，崩落法占13%，浅眼留矿法占7%，其它方法占4%。

参 考 文 献

［1］《采矿手册》编辑委员会主编，采矿手册，第一卷，冶金工业出版社，1989年.

［2］周晋华等编，新中国有色金属采矿工业，《当代中国有色金属工业》编辑委员会出版，1987年.

第二章 露 天 开 采

编写人 李公照 周晋华

第一节 露天开采的开拓运输和采剥方法

露天开采是在敞露条件下，采用采掘设备剥离矿体的覆盖物和围岩，以逐步暴露矿体并加以开采的方法。因此，进行露天矿山开采设计时，首先要根据矿床的埋藏条件和技术经济状况，圈定出开采境界。

一、露天开采的评价

中国拥有丰富的稀土及钛、钽、铌等稀有金属资源，对于这些资源的开发，目前绝大部分采用露天开采。

露天开采较地下开采的优点较多，其评价见表3-2-1。

二、开拓运输方法

露天矿开拓运输方法划分为公路开拓运输方法等7种，见表3-2-2。

三、采剥方法

采剥方法是露天矿开采生产过程中的中心环节。它决定着露天开采的开采方式、技术装备、矿床的开采强度和经济效果。露天矿采剥的特点列于表3-2-3。

第二节 穿孔作业

露天开采中硬以上的坚硬矿岩时，目前均需进行穿孔爆破作业。穿孔方法按钻进或能量利用方式，目前可分为机械和热力穿孔两种。机械穿孔是当前国内外应用最普遍的方法，适用于各种硬度的矿岩；而热力穿孔法因成本过高和存在一些技术问题，只少量应用在极坚硬的矿岩中。

机械穿孔法按使用的设备类型分为：（1）牙轮钻机穿孔作业；（2）潜孔钻机穿孔作业；（3）凿岩机和钻车钻孔作业。

一、牙轮钻机穿孔作业

牙轮钻机具有钻孔效率高，作业成本低，机械化、自动化程度高和能适应各种硬度的矿岩穿孔作业等优点，是当今最先进的穿孔设备。近期，国内外都在研究应用微机自动控制，可依岩石条件变化而自动调节钻机的轴压、转速、扭矩、推进速度和排渣量，实现最佳配合。国产牙轮钻机的主要型号及其性能见表3-2-4。

牙轮钻机穿孔效率指标可通过计算方法或参考类似生产矿山指标直接选取。

牙轮钻机穿孔速度和效率的参考指标，分别列于表3-2-5和表3-2-6。

确定钻机数量的关键参数是每米炮孔的爆破量，该值可参考表3-2-7选取。

二、潜孔钻机穿孔作业

潜孔钻机具有机动灵活、设备重量轻、价格低、穿孔角度变化范围大等优点，但穿孔技术和穿孔效率不如牙轮钻机。它是中小型露天矿的主要穿孔设备，适用于中硬矿岩穿孔。国产潜孔钻机的型号及主要技术性能见表3-2-8。

潜孔钻机的台班穿孔效率可用公式计算，一般

表 3-2-1 露天开采方法的评价

优点	1.生产空间大，作业条件好，有利于采用各种大型高效的机械设备，能实行大量爆破，开采能力大，建设速度快，劳动生产率高，生产成本低 2.便于控制矿石的开采品位和进行选别开采，资源损失贫化率小，便于回收矿体的伴生资源和经地下开采后的残留资源 3.生产过程中的影响、制约因素较少，便于组织生产和实行现代化管理 4.生产较安全，各类职业病和事故的发生率均较低
缺点	1.占用土地较多，对地貌的破坏较大，环境污染和噪声、爆破震动的影响均较突出 2.其应用受矿体埋藏深度的限制，生产受气候影响较明显

表 3-2-2 露天矿各种开拓方式的适用条件及主要特点

开拓运输方式		适用条件	主要特点
1.公路开拓运输		（1） 地形条件和矿体产状复杂，矿点多且分散的矿床 （2） 矿体薄、倾角缓，需要分采分运的矿床 （3） 用陡帮开采工艺 （4） 运距不长，一般在3km内，但对采用电动轮自卸汽车的大型露天矿，其合理运距可适当加大 （5） 不适于泥质、多水和全松散砂层的露天矿，也不适于多雨或水文地质条件复杂，且疏干效果不好，含泥量高的露天矿	（1） 线路坡度大，转弯半径小，因而线路工程量少，基建时间短，基建投资少 （2） 便于采用高、近分散排弃场 （3） 机动灵活，适应性强，可提高挖掘机效率20～30%（与机车运输相比） （4） 深凹露天矿可减少基建剥离量和扩帮量 （5） 燃油和轮胎消耗量大，设备利用率低，运输成本高，经济运距短 （6） 汽车排出废气污染环境（比铁路运输）较严重
2.铁路开拓运输		（1） 准轨铁路适用于地形和矿体产状简单的大型露天矿 （2） 山坡露天矿比高可达200m左右 （3） 深凹露天矿比高在160m以内，如采用牵引机组运输，可达300m深 （4） 窄轨铁路适用于地形简单，比高较小的中、小型露天矿	（1） 运输量大 （2） 线路工程量大，基建投资多，基建时间长 （3） 采场和剥离物排弃场移道工作量大 （4） 线路坡度小（比汽车公路），因此，采深受限制，一般为200～250m （5） 经济合理的运距长，一般在4km以上
3.公路-铁路联合开拓运输		（1） 走向长、宽度和垂深均较大的深凹露天矿。其浅部用铁路运输，深部用公路运输 （2） 上部露天地形复杂，比高较大，中部露天采场较宽广，地形允许布置准轨铁路线，深部露天采场尺寸较窄小且高差大的露天矿。其上部及深部用公路运输，中部用铁路运输 （3） 地表地形平缓、平面尺寸很大的大型深凹露天矿，如山坡部分比高在200m以内，可优先考虑用外部堑沟的公路-铁路联合运输	（1） 充分发挥公路运输和铁路运输各自的优点，如汽车公路爬坡能力大，机动灵活，铁路运量大等 （2） 除小型矿山直接转载外，多数矿山一般均设置转载站（或转载矿仓）
4.公路（或窄轨）-斜坡提升联合开拓运输	1)斜坡矿车组	（1） 地形比高在100m左右的中、小型露天矿其提升量： 单端提升＜15万t/a； 双端提升在30万t/a以下 （2） 斜坡道倾角在7°～25°范围内	（1） 设备简易 （2） 修筑斜坡道工程量少基建时间短，易投资 （3） 人工摘挂钩，劳动强度大，不太安全，劳动生产率低
	2)斜坡箕斗	（1） 适用于大、中、型山坡和深凹露天矿 （2） 斜坡道坡度一般在30°以下 （3） 山坡露天矿不能用平峒溜井运输时才采用	（1） 斜坡道倾角大于串车提升的倾角 （2） 运距短，运输设备少 （3） 提升量大，设备维修方便 （4） 比矿车组提升耗电省，但运输环节多，矿岩需经转载，要设置装载栈桥
5.公路（或窄轨）-平硐溜井联合开拓运输		（1） 比高较大的高山型矿床，一般要求比高大于120m，地形坡度小于30° （2） 溜井一般只适用于溜放矿石，只有当废石不能直接运往排弃场或不经济，且岩性较好时，才用溜井溜放岩石 （3） 一个溜井一般只适用于溜放一种矿石，多品级矿山应有专用溜井	（1） 利用矿岩自重向下溜放，可减少运输设备和运输线路工程量 （2） 可缩短运距，使矿石生产成本低，经济效果好 （3） 溜井平硐基建工程量较大，施工工期较长

续表 3-2-2

开拓运输方式	适用条件	主要特点
5.公路（或窄轨）-平硐溜井联合开拓运输	（4） 矿石粘结性大，在溜井放矿中产生堵塞或矿石易碎，溜放中产生大量粉矿，严重降低矿石价值时，不宜用平硐-溜井运输 （5） 平硐溜井位置，只适用于布置在工程地质条件较好，岩层整体性好的坚固地段，避免布置于水文地质复杂、有较大断裂破碎带地段	
6.公路-破碎站-胶带机联合开拓运输	（1） 运量较大，运距较长、垂高较深和服务年限较长的大型或特大型露天矿，一般当矿石产量超过1000万t/a较合适 （2） 一般不适于开采深度小于100m的露天矿	（1） 生产能力大 （2） 能克服较大的地形高差 （3） 矿岩运输低于汽车运输的运费
7.自溜-斜坡卷扬提升联合开拓运输	（1） 地形高差大、复杂，不适于展线且采场标高高于卸矿点的露天矿 （2） 不适于大、中型露天矿	（1） 设备简易 （2） 基建工程量小，基建时间短、投资少，投产快 （3） 劳动生产率低 （4） 运量少

可参考表3-2-9选取。

确定钻机数量的关键参数是每米炮孔的爆破量，该值可参考表3-2-10选取。

第三节 爆破作业

一、爆破技术

露天矿爆破方法的选择原则是爆破安全，效果良好和经济效益显著。爆破方法有以下几种：

（1）按爆破作用的不同形式可分为松动爆破和抛掷爆破两种方法。其中松动爆破又分为减弱松动、正常松动和加强松动；抛掷爆破又可分为标准抛掷爆破、加强抛掷爆破、扬弃爆破和定向爆破。

（2）按装药结构可分为裸露药包爆破、浅孔和深孔爆破，以及峒室爆炸等四种方法。

（3）按对控制爆破工程规格等要求可分为普通爆破和控制爆破两种方法。其中控制爆破包括光面爆破、预裂爆破、缓冲爆破和挤压爆破四种方法。一般情况均采用普通爆破法，但控制爆破技术在不断发展，应用面也在不断扩大。

限于篇幅，下面仅对露天矿山应用最广的深孔爆破方法作一些介绍。

1. 爆破设计的基本要求

（1）矿岩破碎要求无根底，大块率少；（2）爆堆堆积形态要求集中且有一定的松散度，有利于铲装设备效率的提高；（3）地震、飞石和噪音等危害要控制在允许范围内，并能控制后冲、后裂和侧裂现象；（4）经济效益好，使穿孔、爆破、装运、破碎等工序的综合成本最低。

2. 钻孔及其布置

钻孔有垂直钻孔和倾斜钻孔两种。牙轮钻机用于钻垂直孔；钻倾斜孔多用潜孔钻机。

钻孔的布置有单排孔和多排孔两种。大型爆破多用多排孔，其孔的布置分为方形、矩形和梅花形，采用梅花形布孔时能量分布较均匀，爆破效果较好，应用也较普遍。

3. 爆破参数的确定

（1）孔径。取决于选用的钻机类型。目前国内露天矿的孔径有80、100、150、170、200、250、310mm。

（2）孔深。孔深L取决于台阶高度H。按式3-2-1和式3-2-2计算：

垂直孔时 $$L=H+h \qquad (3\text{-}2\text{-}1)$$

倾斜孔时 $$L=\frac{H}{\sin\alpha}+h \qquad (3\text{-}2\text{-}2)$$

式中 α——阶段边坡角；

h——超钻深度。根据国内露天矿山的统计资料，$h=0.36\sim0.5$m，一般可取

表 3-2-3 露天矿采剥方法及其特点

序号	采剥方法	主要特点
1	单斗挖掘机采剥法 (1) 缓坡开采法 (2) 陡坡开采的组合阶段工作帮法	1.由若干同时作业的相邻工作平台组成，在国内应用广泛 2.工作帮坡角较缓，一般为8°～15° 3.阶段高度的大小，主要受挖掘机工作参数、矿岩性质和运转条件所限制
2	轮斗挖掘机采剥法	1.该法由轮斗挖掘机、胶带输送机和推土机（或汽车、机车）等设备组成的一套连续式作业工艺 2.一般只适用于中硬以下的矿岩采剥作业，特别是缓倾斜矿层上部覆盖岩土的剥离作业
3	前装机采剥法	1.运距不大或运距和坡度经常变化的中小型露天矿，常把前装机作采、装、运设备使用 2.与挖掘机相比，前装机移动灵活，一机多能，在低爆堆时便能取得较高的装载效率。因此，国外一些采用挖掘机的大型矿山都配有前装机配合作业
4	推土机采剥法	1.由于其结构简单，工作灵活可靠，效率较高，维修工作量少，在国外砂矿开采中得到广泛应用 2.适用排土场运距不超过100～150m；重载爬坡的坡度＜20%，采剥的深度一般＜3～5m
5	铲运机采剥法	1.配套设备有铲运机、推土机及平地机等 2.适用条件：易装、易散开的土壤或易碎的岩石，容重＜3t/m³；土壤湿度为5～8%，特殊条件下也不得超过25%，否则车辆将陷入土中而不能作业，运距不超过0.5～3.5km
6	索斗挖掘机采剥法 1.索斗挖掘机剥离法 (1)直接捣堆剥离法 (2)再捣堆剥离法 (3)索斗挖掘机与挖掘机配合剥离法 (4)索斗挖掘机与推土机配合剥离法 2.索斗挖掘机采矿法 (1)索斗挖掘机翻捣式采矿法 (2)索斗挖掘机-汽车采矿法 (3)索斗挖掘机-胶带输送机采矿法 (4)索斗挖掘机直接向浮式选厂供矿的采矿法	1.索斗挖掘机较单斗挖掘机的优点：索斗机的臂架长，工作尺寸大，在斗容同为4m³和10m³时，其工作半径和卸载高度分别大两倍和三倍，挖掘过程中无冲击载荷，机体无振动，机械磨损少；地迈前式索斗挖掘机的地面承载的压强较小，可以在很松软的岩土上运行和作业 2.适于在覆盖岩石厚（40～60m）的缓倾斜矿体，此时，可用索斗挖掘机剥离覆盖层，并将废石、土直接排至采场内部的采空区回填，经济效果好

0.5m。

其它爆破参数如底盘最小抵抗线、孔距和排距、单位炸药消耗量、单孔装药量等参数的确定，以及装药、填塞和起爆方法等内容，可参阅《采矿设计手册》有关内容。

4．微差爆破

其实质是以相邻或分组炮孔以毫秒差起爆的一种控制爆破技术。它利用微差雷管或起爆器，使药包依次按毫秒计的时间起爆，从而在极短时间内爆炸大量炸药，并降低其地震强度，提高矿岩破碎质量的方法。它是目前露天多排孔爆破的主要方法。

（1）爆破延迟时间的选定

1）选取的原则。在先爆炮孔明显脱离原岩的瞬间，后爆炮孔再行起爆，并使岩块相互碰撞，起到再破碎作用；相邻各段起爆药包产生的地震波主震相不发生重叠，两个地震波互相干扰，从而有效地降低地震波效应。

2）按岩石移动条件计算

$$\Delta t = KW + L/v_c \qquad (3\text{-}2\text{-}3)$$

式中 Δt—— 排间延迟时间，ms；

表 3-2-4 牙轮钻机型号及其技术性能

技术性能	型号					
	KY-310	YZ-55	YZ-35	KY-250A	KY-200	KY-150
1	2	3	4	5	6	7
钻孔直径，mm	250 310	250 380	170～270	220～250	150～200	120～150
钻孔深度，m	17.5	16.5	17.5	17	15～21	20
钻孔角度，(°)	90	90	90	90	70～90	70～90
钻进速度，m/min	0.1～1	0～0.92	1.2	0～0.94(0～2.1)	0～3	0.17～3.4
回转速度，r/min	0～100	0～120	0～90	0～85	0～120	45;60;90
回转扭矩，N·m	78450	83357	63743	61488	36775	46778;37815;29714
轴向压力，kN	500	550	350	350	160	130
风压，MPa	0.3432	0.2746	0.2452	0.3432	0.3923	0.4～0.7
空压机气量，m^3/min	40	37	28	30	18	25
钻杆直径，mm	219;273	219;273;325	140;219	180;219;194	114;140;159	104;114;168
钻杆长度，m	9130	不换杆	不换杆	8.98; 8.95	7.55;17	9.5
安装电机总功率，kW	394	350	280	400		最大304;工作260
行走电机总功率，kW	54	95	50	55	30×2	22×2
提升速度，m/min	1～10	0～30	0～36.7	6.6～14.8		0.79～15.72
行走速度，km/h	0.6	0～1.2	0～1.3	0.73	1	0.85
行走方式	履带	履带	履带	履带	履带	履带
爬坡能力，°	12	14	15%	12	12	14
适应岩石硬度，*f*	6～20	各种矿岩	8～18	6～18	4～16	4～14
钻机总重量，t	120	140	85	93	40	40
外形尺寸(长×宽×高)工作时，mm	13670×5700×25000	14248×6110×27085	13306×5910×24517	12108×6215×25622	8720×3590×12355	7800×3200×14550
行走时，mm	26610×5700×7620	27033×6110×7547		24276×6215×7214	12225×3590×5100	13600×3200×5680
最大件重量，t	18.578	平台13.7～35	9.2～2.5	10.5	4.41	3692
最大件尺寸，mm	13835×3350×3240	12390×3175×3050	10416×3195×3016	11310×3290×3660	7960×3590×2305	7760×3200×400

表 3-2-5 牙轮钻机穿孔速度参考值

项目	单位	孔径 220～250 mm	孔径 250～310 mm	孔径 310～380 mm
回转速度	r/min	0～120	0～120	0～120
回转功率	kW	40	50～55	55～75
轴压	9.8×10^3N	32～36	(40～45)	(45～50)
排渣风量	m^3/min	30	40	740
钻进速度	cm/min	0～250	0～200	0～200

表 3-2-6 牙轮钻机效率设计参考指标

钻机型号	孔径 mm	岩石硬度系数 f	台班效率 m	台日效率 m	台年效率 m
KY—250	250	6～12	25～50	70～150	2500～3500
		12～18	15～35	50～100	20000～30000
KY—310	310	6～12	35～70	100～200	30000～45000
		12～18	25～50	70～150	
45R	250	8～20			30000～35000
60R	310	8～20			35000～45000

表 3-2-7 每米孔爆破量参考指标

炮孔直径 mm	矿岩种类	每米孔爆破量 t/m
250	矿石	100～140
	岩石	90～130
310	矿石	120～150
	岩石	100～130

K——系数，一般取$K=2\sim3$ms/m；

L——形成裂缝宽度，一般取$L=10$mm；

ν_c——裂缝开裂速度，一般取$\nu_c=3\sim5$mm/ms；

W——底盘抵抗线，m。

3）瑞典U.兰格弗斯提出的计算公式

$$\Delta t=K_1W$$

式中 K_1——与岩体结构，岩石性质及爆破条件等有关的系数。孔间微差起爆时，$K_1=3\sim6$ms/m（硬岩取小值，软岩取大值），多排孔起爆时，排间延迟时间应适当增加，$K_1=5\sim12$ms/m；如果采用小抵抗线、大孔距爆破时，$K_1=10\sim25$ms/m。

（2）微差起爆方法。起爆使用的器材有电微差雷管（毫秒雷管）、导爆索、导火线、导爆管微差雷管和单段导爆管微差雷管接力起爆5种。后一种具有联接简单，不受雷管段数限制，可实现数十段爆破等优点，应用广泛。

常用的微差起爆方式有：

1）方格布孔，排间微差（图3-2-1a）；

2）方格布孔，对角微差（图3-2-1b）；

3）方格布孔，中间“V”形微差（图3-2-1c）；

4）方格布孔，波浪式微差（图3-2-1d）。

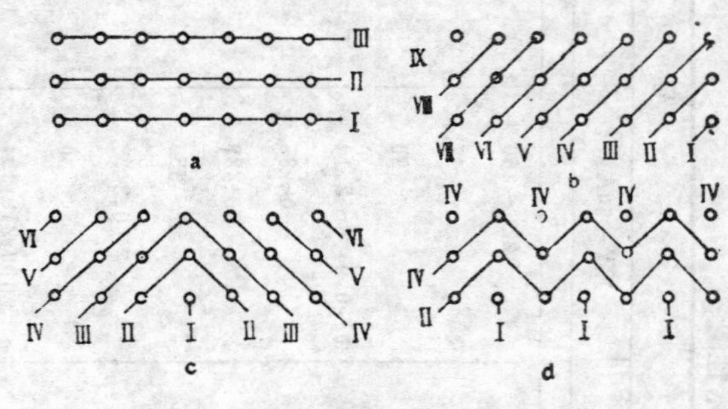

图 3-2-1 微差爆破起爆方式

a—排间微差；b—对角微差；c—“V”形微差；d—波浪微差

（3）孔内微差起爆。其实质是在同一炮孔中进行分段装药，各段装药之间进行微差起爆，它兼有微差爆破和间隔装药的优点，可以增强炸药的爆炸能对岩石的破碎效益，是近期爆破技术的新发展。

孔内微差时间与阶段高度、岩石性质、炸药爆能等因素有关，一般通过实验确定。选取时可考虑：

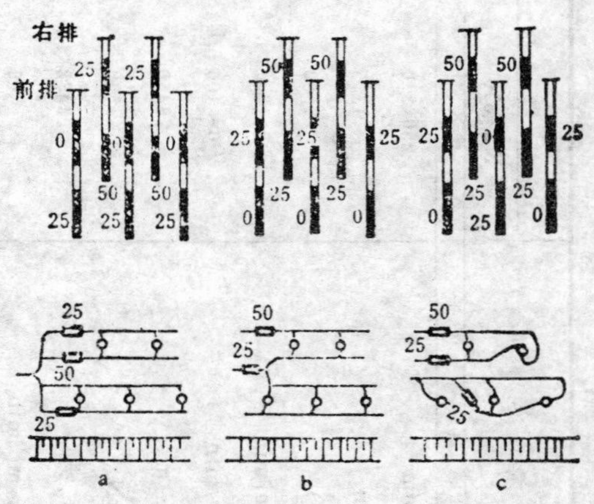

图 3-2-2 孔内微差起爆顺序

a—先上后下起爆；b—先下后上起爆；c—上下混合起爆

表 3-2-8　潜孔钻机型号及主要技术性能表

技术性能	型号				
	KQ250	KQ200	KQ150	KQD80/120（多方位潜孔钻）	SQ--100J
1	2	3	4	5	6
钻孔直径，mm	230～250	200～220	150～170	80～120	80～127
钻孔深度，m	16	17.8～19.3	17.5	20	30
钻具转速，r/min	17.9,22.3	17,13.5,27.2	29.2,21.7,42.9	35,45,53,67,77,115	33
回转扭矩，N·m	6920,8620	4910,5520,4000	2490,2960,2180	1110,1010,860,800,500,460	200
推进马达功率，kW		8.09	推进力0～7000N	推进力0～10000N	
推进行程，m	16	6	9	2～5	
钻杆直径，mm	219，203	168	133	60	
钻杆长度，m	8.5	10.2,9.5	9	2;3; 1.5	3
冲击器型号	C230,C250	J-200	C150B	C80;C100	
冲击频率，次/min	850，650	790		1650～1900	
除尘马达压气量，m^3/min		13kW	湿式除尘	水除尘	
使用气压，MPa	0.5～0.6	0.5～0.7	0.5～0.6	0.5～0.7	6;1.0;1.5
总耗气量，m^3/min	30	20～25	15.4	9	12～17
电机最大容量，kW	316	331(290工作245)	58.5	30	
电压，V	6000	3000,6000	380	380	
行走速度，km/h	0.77	0.755	[illegible]	1	2
爬坡能力，°	10	14	14	25	17
钻机重量，t	45	41.6	14	8	5.2
外形尺寸：长×宽×高					
工作时，mm	10200×5930×21330	9760×5740×14380	6590×3125×12900	6000×2520×2770	5610×2600×2500
运输时，mm	20445×5930×5120	13770×5740×6631	12000×3125×3865	6000×2520×2770	
耗水量，m^2/班	3.0～5.0	3.0～4.0	1.5～2.0	1.0～1.5	1.5～2.5

表 3-2-9 潜孔钻机台班穿孔效率

（m/台班）

矿岩硬度 f	金-80型	YQ-150型	KQ-170型	KQ-200型	KQ-250型
4～8	27	32	32	35	37
8～12	20	25	25	38	30
12～16	12	20	20	22	24
16～18		15	15	18	20

阶段高度12～15m的硬岩，并采用高威力炸药时，取10ms为宜；

阶段高度大于15m或采用低威力炸药时，以10～20ms为宜。

起爆顺序见图3-2-2。

（4）微差爆破实例。金堆城钼业公司露天矿进行了大区多排孔微差爆破试验，最大一次爆破矿岩量达46万t，最多一次微差起爆10排17段154个炮孔，各项指标和导爆管起爆系统均达到国内先进水平，见表3-2-11。

表 3-2-10 每米炮孔的爆破量

钻机型号		单位	段高10m				段高12m				段高15m			
			f				f				f			
			4～6	8～10	12～14	15～20	4～6	8～10	12～14	15～20	4～6	8～10	12～14	15～20
KQ-150	底盘抵抗线	m	5.5	5.0	4.5		5.5	5.0	4.5					
	孔距	m	5.5	5.0	4.5		5.5	5.0	4.5					
	排距	m	4.8	4.4	4.0		4.8	4.4	4.0					
	孔深	m	12.64	12.64	12.64		14.77	14.77	14.77					
	米孔爆破量	m^3/m	20.86	17.33	14.13		21.42	17.80	14.51					
KQ-200	底盘抵抗线	m	6.5	6.0	5.5	5.0	7.0	6.5	6	5.5	7	6.5	6	5.5
	孔距	m	6.5	6.0	5.5	5.0	7.0	6.5	6	5.5	7	6.5	6	5.5
	排距	m	5.5	5.0	4.5	4.0	6.0	5.5	5	4.5	6	5.5	5	4.5
	孔深	m	12.64	12.64	12.64	12.64	14.77	14.77	14.77	14.77	17.96	17.96	17.96	17.96
	米孔爆破量	m^3/m	28.56	24.14	20.03	16.33	34.3	29.32	24.76	20.57	35.26	30.10	25.45	21.14
KQ-250	底盘抵抗线	m		8.5	8.0	7.5		9	8.5	8		9.5	9	8.5
	孔距	m		6.5	6.0	5.5		7	6.5	6		7.5	7	6.5
	排距	m		5.5	5.0	4.5		6	5.5	5		6.5	6	5.5
	孔深	m		11.3	11.6	12.0		13.56	13.92	14.4		10.95	17.4	18
	米孔爆破量	m^3/m		35.61	29.56	24.01		41.3	34.09	28.57		47.41	40.23	33.55

表 3-2-11 金堆城钼矿等采用微差爆破的效益

项目	单位	矿山		
		金堆城钼矿	德兴铜矿	水厂铁矿
阶段高	m	12	12	12
孔径	mm	250	250	250
延米炮孔爆破量提高	%	63.6	13.1～17.6	33
炸药平均单耗降低	%	19.7	23.4～31.8	10
大块率降低	%	由1.4%降到0.5%	51.9～85.2	由2%降到0.32%
挖掘机率提高	%	26.7	14.5	10～37
每次爆破排数	排	10		3～5

5．留碴挤压爆破

其实质是利用上一循环崩落的矿岩，留一部分堆在待爆破工作面前方，使下次第一排炮孔爆破的矿岩破碎中，受爆破作用及堆碴作用的挤压。

挤压爆破的主要参数是堆碴厚度和碴堆的松散系数。其选取原则和数值如下：

（1）正常条件下的压碴厚度应小于前排的底盘抵抗线；

（2）堆碴松散系数，为防止压实形成硬墙，要求保持在1.15～1.4之间；

（3）最后一排孔的排距应比一般爆破设计减少10%左右；

（4）如果前排堆碴厚度大于底盘抵抗线或堆碴松散系数小于1.15，则应把第一排炮孔的装药量增加15～20%；

（5）挤压爆破爆堆的宽度与堆碴宽度的关系，可参照表3-2-12选取。

表 3-2-12 爆堆宽度与碴堆厚的关系

岩石坚固系数 f	单位炸药消耗量 kg/m^3	碴堆厚度对应的爆堆前移距离，m						
		10	15	20	25	30	35	40
17～20	0.7～0.95	31	27	20	15	10	5	0
13～17	0.5～0.8	27	21	13	5	0	—	—
8～13	0.3～0.6	15	11	0	—	—	—	—

二、爆破器材

（一）炸药

不少矿山都建立了炸药加工厂，除少数外购2号岩石炸药外，大都使用自制炸药。炸药品种有铵油类炸药（包括普通铵油炸药、铵松蜡炸药、铵沥蜡炸药、多孔粒状铵油炸药）、浆状炸药和乳化炸药。

（1）铵油炸药。加工成本低，但抗水性差，爆炸威力低于2号岩石炸药，适用于中硬以下矿岩的无水孔的爆破作业，是目前应用最广的炸药；

（2）铵松蜡、铵沥蜡炸药。加工成本低，爆炸威力和感度相当于铵油炸药，久贮不变质，具有一定抗水性能，露天矿应用不如较地下矿普遍；

（3）多孔粒状铵油炸药。加工简单，成本低，但不抗水，且由于原料来源限制，应用不广；

（4）浆状炸药。抗水性能好，爆炸威力相当于铵油炸药1.8～2倍。但加工成本高，加工工艺复杂，多用于水孔爆破或在雨季作业；

（5）乳化炸药。是一种抗水性强，爆炸威力高的新型工业炸药。加工成本与浆状炸药相当，但爆炸性能优于浆状炸药，可用于露天各种条件的爆破作业。几种国产乳化炸药的组分见表3-2-13。

表 3-2-13 几种国产乳化炸药的组分（%）

炸药型号	EL-101	EL-102	EL-103	EL1-104	EL-105	RJ-1	RJ-2	不粘袋大孔直径型	安全型
硝酸铵	54.5～79.5	56.5～73.5	53.5～71.3	51.7～68.5	42.7～58.5	58.0～61.3	64.0～67.3	32.7～47.7	56.0～65
硝酸钠	8.0～16.0	10.0～15.0	10.0～15.0	10.0～15.0	8.0～12.0	10.0	12.0	4.8～9.5	10.0～15.0
硝酸甲胺					15～25	15～25			
尿素	1.0～2.5	1.0～2.5	1.5～2.5	1.5～3.0	2.0～3.0	3	3	0.5～1.5	
水	8.0～12.0	8.0～12.0	9.0～13.0	9.0～13.0	8.0～10.0	10.0～13.0	14.0	4.8～7.2	8.0～13.0
乳化剂	0.5～1.5	0.5～1.5	0.5～1.5	0.5～1.5	0.5～1.5	1.0	1.0～1.25	0.3～0.9	0.8～1.2
乳化稳定剂	0.1～0.5	0.1～0.3	0.1～0.3	0.1～0.3	0.1～0.3	0.5～1.0	0.3～0.5	0.1～0.2	
油	1.0～2.0	1.0～2.0	0.1～1.5	0.5～1.5	0.5～1.0	1.0	1.25	1.5～2.3	3.0～5.0
蜡	2.0～3.0	2.0～3.0	1.8～3.5	1.8～3.5	2.5～3.5	3.0	3.75	2.2～2.8	
硫磺	3～5	1～2	0.5～1.5						
铝粉		1～3	3～5	4～8	0.5～1.0			1.0～3.0	
干硝酸铵								37.0	
消焰剂									5.0～10.0
密度调整剂	0.1～0.3	0.1～0.3	0.1～0.3	0.1～0.3	0.1～0.3			0.1～0.2	2.0～2.5
密度，g/cm^3	1.05～1.35	1.05～1.35	1.05～1.35	1.05～1.35	1.05～1.35			1.15～1.30	1.00～1.25

（二）起爆器材

国产矿用起爆材料有火雷管、电雷管、秒延期雷管、毫秒延期雷管、导火索、导爆索、非电导爆系统等。可根据不同要求加以选用。

杂散电流超过规定的爆破地段，应选用非电导爆的起爆器材。

（三）材料消耗定额

深孔爆破时，当阶段高度为12m，1000m^3矿岩（实方）的爆破材料消耗定额见表3-2-14。

表 3-2-14 深孔爆破设计1000m³矿岩材料消耗定额

穿孔直径 mm	岩石硬度系数 f	2号岩石炸药 kg	铵油炸药 kg	电雷管 m	火雷管 个	导火索 m	区域线 m	母线 m
80 (阶段高8m)	4～6	27.54	346.85	42.86	31.68	47.53	409	7.05
	7～10	35.95	465.41	59.8	48.57	72.86	553.21	8.43
	11～14	47.93	588.56	87.69	67.12	100.67	797.46	9.13
150	4～6	18.11	357.22	11.44	31.68	47.53	168.33	6.81
	7～10	22.23	470.46	13.77	48.57	72.86	199.65	8.20
	11～14	26.69	611.93	16.89	67.12	100.67	241.97	8.80
200	4～6	15.82	358.65	7.14	23.59	35.78	110.78	2.98
	7～10	18.50	472.24	8.35	31.20	46.80	127.65	3.48
	11～14	21.26	614.23	9.90	40.47	60.70	149.25	3.75
	15～20	24.66	708.57	11.91	51.28	76.92	177.25	4.14
250	7～10	18.05	472.87	6.46	32.56	48.84	91.46	3.37
	11～14	20.66	615.03	7.5	41.83	62.75	107.25	3.90
	15～20	23.86	709.60	8.8	52.33	78.50	128.75	4.07
310	7～10	17.76	473.18	5.51	32.56	48.84	80.42	1.43
	11～14	20.30	615.42	6.31	41.83	62.75	93.17	1.54
	15～20	23.41	710.09	7.31	52.33	78.50	109.9	1.69

注：表列定额系用电雷管起爆，火雷管二次破碎。如使用非电导爆管网路，则将电雷管数量换成非电导爆管微差雷管数量，区域线长度换成非电导爆管长度。

第四节 采装作业

采、装作业是指以一定的采装设备对爆破的矿岩或松软实体进行挖掘，并将掘取物装入运输容器或直接卸至指定地点的过程。

采装作业主要以所采用的采装设备来分类，主要分为：（1）单斗挖掘机作业；（2）索斗挖掘机作业；（3）轮斗挖掘机作业；（4）前端式装载机作业；（5）推土机作业；（6）铲运机（拖拉铲运机）作业；（7）机械犁-推土机作业。下面对矿山应用较多的单斗挖掘机采装作业、前端式装载机采装作业和铲运机采装作业，分别加以介绍。

一、单斗挖掘机采装作业

单斗挖掘机是一种适应性很强，应用广泛的采装设备。

（一）设备的分类

（1）按铲取形式分为正铲和反铲两种，正铲应用较多。只有在水平或缓倾斜矿体，表面不规整时，用反铲铲刮和清扫表面土岩；矿体底板不平整不适于车辆行走时，用反铲作下挖平装采掘。

（2）按动力分为电力和柴油挖掘机两类。一般采用电力挖掘机。

（3）按传动方式分为机械传动和液压传动两种。多用机械传动挖掘机。液压挖掘机工作平稳、轻便灵活、自动化程度高；但易损坏，在严寒地区作业困难。

（4）按用途分为采矿型和剥离型两类。中国主要应用前一类，后者的特点是臂架长，勺斗容积大，主要用于向采空区倒排岩石。

（5）按铲臂形式分为直臂机械铲与曲臂机械铲两种，前者应用最广。国内应用较多的几种型号的主要技术性能见表3-2-15。下面主要介绍这类设备的采装情况。

（二）设备选型

主要根据矿山规模、矿岩采剥总量、开采工艺、矿岩物理力学性质及设备供应情况而定。选取时可参考表3-2-16。

（三）设备生产能力及数量

1．设备台班生产能力Q_c

$$Q_c = \frac{3600 E K_H T u}{t K_p}, \ m^3 \qquad (3\text{-}2\text{-}4)$$

表 3-2-15 国内所用几种直臂机械正铲的主要技术性能

项目	单位	机型										
		WK—4	WD—800	WK—1000	P&H 1900A	P&H 2100B	W—501（柴油）	W—502（电动）	W1001（柴油）	W1002（电动）	W1002A（电动）	W2002
铲斗容积	m^3	4.6	8～10	10～12	7.6	13	0.5	0.5	1.0	1.0	1.0	2.0
动臂倾角	0°	45			45		45.6	45,60	45,60	45,60	45,60	45,60
斗杆长度	m	7.29	9.00				4.5	4.5	4.9	4.9	4.9	6.1
动臂长度	m	10.50	13.00				5.5	5.5	6.8	6.8	6.3	8.6
最大提升力	t			115.00	93.00							
最大挖掘半径	m	14.3	18.70		17.80	20.1	7.8,7.2	7.8,7.2	9.8,90	9.8,90	9.4,8.75	11.5,10.8
最大挖掘高度	m	10.00	13.53		12.90	14.6	6.5,7.9	6.5,7.9	8.0,9.0	8.0,9.0	6.9,8.6	9.0,10.0
最大卸载半径	m	12.60	16.25		16.20	17.5	7.1,6.5	7.1,6.5	8.7,8.0	8.7,8.0	8.1,7.45	10.0,9.6
最大卸载高度	m	6.30	8.60		8.20	9.5	4.5,5.6	4.5,5.6	5.5,6.8	5.5,6.8	4.7,6.15	6.0,7.0
最大爬坡度	0°	12	13	20								
对地压力	kg/cm^2	1.8	2.3	2.95			0.62	0.62	0.927	0.927		1.27
行走速度	km/h	0.5	0.7	1.22	1.6	1.45	1.5～3.6	1.5～3.6	1.50	1.49	2.2/1.33	0.36～1.46
工作重量	t	180	442	465	365	494	20.5		42.2	42.2	32	77.5

表 3-2-16 单斗挖掘机造型参考表

矿山型别	单位	选用机型的勺斗容积	备注
特大型露天矿	m^3	不少于8～10	采用汽车运输时，挖掘机铲斗容积与汽车载重量要合理配套，一般一车应装4～6斗
大型露天矿	m^3	4～10	
中型露天矿	m^3	2～4	
小型露天矿	m^3	1～2	

式中 E——挖掘机铲斗容积，m^3；

t——铲斗循环时间，s（参考值见表3-2-17）；

K_H——铲斗装满系数(参考值见 表3-2-18)；

K_P——矿岩在铲斗中的松散系数（参考值见表3-2-18)；

u——班工作时间利用系数，铁道运输时取 $u=0.35\sim0.45$，汽车运输时 $u=0.45\sim0.6$。

表 3-2-17 挖掘机铲装循环时间(s)

岩石硬度	铲斗容积，m^3				
	1	2	4	6	8
土 砂	30	32	34	37	39
$f=2\sim5$	32	34	36	39	41
$f=5\sim6$	34	36	38	41	43
$f=6\sim8$	36	38	40	43	45
$f>8$	38	40	42	45	47

表 3-2-18 松散系数及满斗系数

指标	岩石硬度				
	土 砂	$f=2\sim5$	$f=5\sim6$	$f=6\sim8$	$f>8$
松散系数	1.1～1.23	1.23～1.33	1.33～1.40	1.4～1.45	1.45～1.5
满斗系数	0.95～1.0	0.9～0.95	0.85～0.9	0.75～0.85	0.75～0.85

2．设备台年生产能力Q_a

$$Q_a=Q_c Nn,\ m^3 \tag{3-2-5}$$

式中 N——年工作日数，d；

n——日工作班数。

3．矿山所需的挖掘机数N_1

$$N_1=\frac{A}{Q_a},\ 台 \tag{3-2-6}$$

式中 A——矿山年采剥量，$\times10^4 m^3/a$。

挖掘机设备一般不设备用，但一个矿山至少要有两台。

（四）工作面有关参数

使用这种设备时，开采工作面的参数与所用铲型的工作参数相关。台阶高度一般为铲的最大挖掘高度的1.2～1.3倍(矿岩经一般方式爆破时)或等于台阶高度（矿岩经多排微差爆破破碎或挖掘松软实体时)。采区长度应能保持7～10 d 以上所需爆破量和满足进行下一循环穿爆工作与进行运输作业所需长度的要求。汽车运输时，采区长度一般为150～200m以上，铁道运输时则为300～500m以上。采掘带的宽度一般为所用铲的挖掘半径的1.5～1.6倍。

目前国内各露天矿应用斗容3～4m³铲的生产能力是：当配合汽车运输时为180～210万t/台a，当配合铁道运输时为125～165万t/台a。

二、前端式装载机采装作业

前端式装载机是具有采装、短距离运输、排弃和其他辅助作业能力的多功能工程机械。

（一）设备类型

主要有轮胎式和履带式两种。前者行走速度快，机动灵活，应用较广；后者主要用于松软粘土质矿床或表土的装载工作。

国产前装机型号及主要技术性能见表3-2-19。

（二）设备生产能力的计算

1．只作装载时的生产能力Q_1

$$Q_1 = \frac{3600 v K_H r u}{t_1}, \ t/h \qquad (3\text{-}2\text{-}7)$$

式中 v —— 铲斗容积，m³；

K_H —— 铲斗装满系数，按表3-2-20选取；

r —— 松散状态的矿岩体重，t/m³；

u —— 时间利用系数，一般取0.75～0.85；

t_1 —— 一次作业循环时间，s，一般较接为24s，刚性车架为30s，作业内容包括装卸、改变方向等。

2．用作采装运时的生产能力Q_2

当运距较近，装载机可完成采装运工作时，Q_2值为：

$$Q_2 = \frac{3600 v K_H r u}{t_2}, \ t/h \qquad (3\text{-}2\text{-}8)$$

式中 t_2 —— 采装运工作循环时间，s，$t_2 = t_a + t_b + t_c + t_d$；

t_a —— 装载工序所需时间，s，一般为8～12s；

t_b —— 卸载工序所需时间，s，一般为3～4s；

t_c —— 重载运行到卸载点所需时间，s，$t_c = \frac{L}{v_1}$；

t_d —— 空载回程运行时间，s，$t_d = \frac{L}{v_2}$；

L —— 运行距离，m；

v_1、v_2 —— 重、空程平均运行速度，m/s。

3．轮胎式装载机生产能力与斗容、采掘矿岩的关系

（三）设备数量

$$N = \frac{K_1 A}{mnQ} \qquad (3\text{-}2\text{-}9)$$

式中 N — 装载机台数，台；

Q — 装载机的生产能力，t/h；

A — 矿山年采掘量，t；

K_1 — 工作不平衡系数，一般取1.1～1.2；

m — 每天工作小时数，h；

n — 装载机工作系数，d。

当用装载机作辅助设备时，不足4个采剥工作面配备1台，工作面多于4小时，每增加4个增加1台。

三、铲运机采装作业

铲运机在露天矿中主要用作表土和松软物料的采掘、排弃，并可作复土回填工作。它可作为主要采掘设备和辅助设备，其适用条件见表3-2-22。

（一）设备选型

铲运机按卸土岩方式分，有自由卸土岩型和强烈卸土岩型两种。当铲运松散的砂质及比较干燥的土壤时，选用前者；后者则适用于铲运粘土和过湿的土壤。

铲运机按牵引方式分，有拖拉式和自行式两种。前者与推土机统一选型；后者行驶速度快，机动性好，适用于运距较长的土方转移工程中。

当铲取较致密的土壤时，需采用轮式拖拉机助推，以提高铲运机的生产能力。

中国铲运机的主要型号及技术性能列于表3-2-23。

（二）设备生产能力及数量

1．台班生产能力Q_c

$$Q_c = 480 \frac{q K_H K_B}{T K_p}, \ m^3 \qquad (3\text{-}2\text{-}10)$$

式中 q —— 铲运机的铲斗容积，m³；

K_H —— 铲斗装满系数，它取决于土岩类别和铲取方式，见表3-2-24；

K_p —— 土岩的松散系数，见表5-26；

K_B —— 工作时间利用系数，两班和三班工作时，分别取0.85和0.7；

表 3-2-19　国产前装机型号及主要技术性能表

技术性能	型号					
	DC-10	ZL-15	ZL-20	ZL--20A	ZL—30	IL 460
铲斗容量，m³	0.5	0.75	1.0	1.0	1.5	4.6
铲斗宽度，mm	1400	2050	2150	2150	2350	3300
载重量，t	1	1.5	2	2	3.0	8.38
最大卸载高度，mm	2200	2400	2600	2600	2700	3300
最大卸载距离，mm		800	951	900	723	1440
动臂提升时间，s	升5;降30;卸1.5	5	升5.5;降3;卸1.3	升5.5;降4;卸2	升8.2;降7;卸2.5	升7.3;降3.8;卸2
最大牵引力，N	11000	40000	64000		75000	23000
额定功率，kW	33.1	53	59.57	58.84	69.87	221
轴距，mm	1800	2200	2400		2500	3600
轮距，mm	前1080；后1070	1600	1700		1800	2450
车体最大转角，°			±38	±35	±38	±36
最小转弯半径，mm	3000	4950	5026	4600	5325	7720
行驶速度：前进Ⅰ档，km/h			0～9		0～9.5	0～13
前进Ⅱ档，km/h	0～28	26	0～30	31	0～31	0～33
倒档，km/h			0～12		0～12.5	0～16
爬坡能力，°	20%	25	30	30	30	25
外形尺寸：长×宽×高，mm	4050×1400×2430	5285×2050×2790	5886×2150×2851	5700×2150×2760	5993×2350×2968	9095×3300×3800
机重，t		6	7.6	7.5	10	28.5

表 3-2-20　前端式装载机铲斗装满系数

铲装难易程度	物料名称及其状态	K_H
易于装载	不需挖掘力而容易堆积在铲斗内的砂和土	1.0～1.25
中等困难程度的装载	普通土、条件好的粘土和柔软的砂土	0.75～1.0
比较困难的装载	硬粘质土，粘土，凝固的砾质土	0.65～0.75
困难的装载	爆破的石块、卵石、砾石	0.45～0.65

表 3-2-21　轮胎式装载机生产能力与斗容、采掘矿岩的关系

采掘矿岩类型	装载机斗容，m³									
	0.57	0.955	1.53	2.1	2.63	3.06	3.45	3.82	4.21	4.53
	装载机生产能力，m³/h（单向运距20m）									
在很好的条件下开采物料	73	112	158	193	234	260	283	306	331	355
泥和砂	63	96	135	166	200	222	242	261	283	303
砂和卵石	59	88	126	160	193	212	229	246	265	283
黑土	51	80	115	145	173	195	214	231	246	261
硬的或粘性的泥	42	69	101	128	154	172	187	203	218	231
干的或粘性的泥	27	46	70	95	118	131	147	160	173	187
坚硬的块状岩石	19	36	61	82	103	116	130	139	157	168

T——一个工作循环需要的时间，min，可根据运距和运行速度计算，或测定选取。

2．台年生产能力Q_a

$$Q_a = Q_c h \quad , \ m^3/a \qquad (3\text{-}2\text{-}11)$$

式中 h——年工作班数，班/a。

表 3-2-22 铲运机的适用条件和优缺点

适用条件	优缺点
1.可直接挖掘松散土岩，而对较致密的土岩，需先机械犁预先松动 2.土壤湿度不超过10～15%，土壤中不含砾石 3.不同斗容允许的运距是： 斗容6～10m³，运距＜500～600m 斗容15m³，运距＜1000m 斗容＞15m³，运距可达1500m 4.作业区的纵向坡度因牵引方式而不同 (1) 用拖拉牵引时： 空载上坡＜13°，下坡＜22°； 重载上坡＜10°，下坡＜15° (2) 自行式铲运机：上坡＜9°，下坡＜15°	1.优点： (1) 机动性能好，可以开采分散的矿体 (2) 铲运机以平铲法取土，不仅能开采厚的矿层，对薄的水平或缓倾斜矿层均能适应。能剔除缓倾斜夹层，可按品位分采分运 (3) 铲运机具有采、装、运功能，设备简单，条件适合时，成本低，劳动生产率高 (4) 对运输道路要求不高，可以在斜道上作业 (5) 可将剥离与复田适当结合进行 2.缺点： (1) 作业有效性受气候影响较大 (2) 只能挖松软的不夹杂砾石和含水少的土岩 (3) 经济合理的运距有限

表 3-2-23 中国铲运机型号及主要技术性能

技术性能	型号			
	C4-3A	C3-6	CL7	CT6
行走方式	轮胎式	轮胎式	轮胎式	轮胎式
牵引情况	东方红—54履带式拖拉机	履带式拖拉机	同左	同左
铲斗容积，m³	2.5；2.75(堆尖)	6；8(堆尖)	7；9(堆尖)	6；8（堆尖）
生产率，m³/h	22～28(运距100m) 15～16(运距200m)		58(Ⅱ级土壤运距400m)	
推土板(铲刀)宽度，mm	2160	2600	2700	2600
最大铲土深度，mm	150	300	300	300
铲刀切土角，°	35～38	30	30	30
行走速度，km/h	3.59～7.9	4.2(前进)；4.8(后退)	39(前进)；9(后退)	
爬坡角度，°			20	
离地最小间隙，mm	230	380	320	450
外形尺寸：长，mm	5600	8770	9800	8800
宽，mm	2440	3120	3200	3100
高，mm	2400	2540	2980	2540
发动机功率，kW	55	73.5	132	73.5
轴距，mm	3500	4840	5900	4840
轮距：前轮，mm	900	1400	2100	2080（2020）
后轮，mm	1650	1980	2100	1929（1980）
轮胎规格：前轮	9.00～20	14.00～20	23.5～25	14.00～20
后轮	9.00～20	18.00～24	23.5～25	18.00～24
自重，kg		7300(山东)；6785(沈阳)	15000	7300
回转半径，mm	2700	3750	7000	3750
回转角度，°		0～90(前轮)		±90
操纵方式	液压	钢绳	单轴	钢绳

表 3-2-24 铲运机作业的装满系数及松散系数表

土岩类别	原土容重 t/m³	不同作业坡度的装满系数K_H			松散系数 K_p
		−10%	0	+5%	
干砂	1.5～1.6	0.6	0.65	0.7	1.1
湿砂(湿度为12～15%)	1.6～1.7	0.75	0.9	0.9	1.15～1.2
砂土和粘性土(湿度4～6%)	1.6～1.8	1.2	1.1	—	1.2～1.4
干粘土	1.7～1.8	1.1	1.0	—	1.2～1.3

3. 所需的设备台数N

$$N=\frac{A}{Q_a}\text{，台}\qquad(3\text{-}2\text{-}12)$$

式中 A——年物料装运量，m³/a。

第五节 运输作业

露天矿运输是指将露天开采的矿、岩从开采工作面经运输网路分别运至选厂、破碎站及排土场。露天矿的运输方式有自卸汽车运输，机车列车运输、胶带运输机运输、斜坡箕斗运输及联合运输等。其中以自卸汽车应用最广，自卸汽车-胶带运输机联合运输的应用正在发展，机车列车运输正在被取代。

一、自卸汽车运输

自卸汽车运输获得广泛应用。它具有爬坡能力强、相对运距较短、机动灵活、能适应各种地形条件和矿床条件、便于分采分运，与采装设备的作业配合较密切，能提高采装设备效率；运输系统的建设工程量较小，建设速度快；投资少等优点。但这种运输方式的运费较高、设备维修保养工作量大，合理运距较小。

矿用自卸汽车按驱动传动形式有液力机械传动汽车与电动轮（或电动桥）汽车。

自卸汽车的载重量通常为30～154t，更大型的则达180～250t。其中，载重30～80t自卸汽车均系液力机械传动汽车，载重80t以上的则为电动轮汽车。近些年来，已出现多种载重达100～160t的液力机械传动汽车，打破了在大吨位自卸汽车中由电动轮(桥)汽车一统天下的局面。中国已研制成载重108 t及154 t的电动轮汽车及载重65 t的液力机械传动汽车，此外还有数种载重20～32 t以内的国产矿用自卸汽车。中国自产汽车的品种数量尚不能满足生产的需要，需进口载重10 t以上至154 t的各种矿用汽车。

矿山运输公路的坡度通常不超过8%，但局部地段也可达10～12%，干线公路的平均坡度不宜过大，一般在5.5%以内。

二、铁路运输

铁路运输的最大优点是运输成本低和设备使用寿命长，维修工作量也较少。但其建设投资大，线路工程及辅助工作量大，建设速度慢，爬坡能力小，易受地形和矿体埋藏条件的影响，且随开采深度的加深，运输效率显著下降。因此，近期多为汽车运输方式所取代。但在我国目前铁路运输量仍占有较大的比重。

准轨固定线路的限制坡度一般为30～350%，而移动线路的限制坡度则为10～150%。线路最小曲线半径依所用机车及矿车规格的不同而异，对于粘重80～150 t电机车和载重60～100 t自翻矿的列车，其线路最小曲线半径为150～180m（固定线路）及80～120m（移动线路)。当采用折返运输线路时，各折返台阶的列车渡线长度一般为列车长度的1.5～1.8倍。

采用铁路运输的露天矿，应于接近卸矿地点或排土场的适当地点分别设置矿石站及剥离站，以便根据受矿要求和分级排土要求对列车进行编组发运、卸载。

中国矿用大型机车均系普通电机车，粘重80～150 t，所用侧翻式矿车的载重量为60 t及100 t，列车净载重一般在500 t以内。随着开采深度的加大，机车运输效率明显下降，列车运行周期高达4h以上。

中国部分中型露天矿也使用准轨铁路运输，常用800马力蒸汽机车牵引。其余采用铁路运输的中、小型露天矿则多用粘重24 t、10 t、7 t电机车牵引。

三、胶带运输机运输

胶带运输机运输是一种有效的连续运输方式，其主要优点是运输能力大，成本低，提升坡度大，运转可靠，便于实现自动化，维修简单，其主要缺点是运送的矿、岩块度不能过大，一处发生故障即影响全线，受气候条件的影响明显。

胶带运输机的运输能力依其带宽与带速的大小而定。目前大型露天矿所用运输胶带的带宽最大达1.8～2.1m，带速为2～5m/s左右。小时运输能力可达7000 t 以上。

运输机的胶带是运送的牵引机构，也是物料的取载机构，故这种运输方式的单位能耗较低，且因缩短了运距，运输成本较低。在它的成本中，胶带的消耗约占运输总成本的一半左右。胶带的服务寿命一般为1～2a。

胶带运输机有提升型及平地型。提升式胶带运输机的最大提升坡度可达18°，一般实用13°～16°（重载下坡的最大倾角为14°）。特种胶带运输机（如夹心式）的倾角可达35°～45°以上。露天金属矿的单机运送长度已达2200m以上。

由于胶带在受料和运送过程中承受强烈的冲击载荷，因而其磨损较为严重。为延长胶带的服务寿命，除选定带速外，还需根据带宽限定最大运送矿

表 3-2-25 剥离物排弃场分类及适用条件

分类标志	排弃场类型	特征	适用条件
设置地点	内部排弃场	在露天采场境界内，不另征用土地，岩土运距短	一般多用于开采缓倾斜矿床，多矿体矿山合理安排开采顺序时，可实现部分内部排弃
	外部排弃场	在露天采场境界外，需占用大量土地，岩土运输距离比内部排弃场远	用于无条件采用内部排弃场的矿山
场地地形	平地排弃场	在较平缓的地面修筑较低的初始路堤，然后交替排弃，逐步达到要求标高	适用于地形平缓的地区
	山地排弃场	在山坡上修建初始路基，利用高差向坡下排弃	适用于地形起伏较大的地区
存在时间	临时排弃场	堆存物将被二次搬运	用于有综合利用价值的岩土，充填材料及复垦用表土，腐植土的临时堆存，为减少近期运距而设置临时排弃场
	永久排弃场	堆存物不再搬运，改变原地形地貌，可适时复垦	排弃不再回收的岩土
分层（阶段）数量	单层（阶段）排弃场	在同一场地单层排弃，有利于尽早复垦	通常用于地形高差大、采场同时工作阶段数较少、排弃量不大及需要大面积填洼补充的排弃场
	多层（阶段）排弃场	在同一场地有二层以上同时排弃，能充分利用空间	采场同时工作阶段数较多、需充分利用排弃场空间时
运输方式	铁路排弃场	准轨或窄轨铁路运输，一般采用挖掘机、排土犁、推土机转排；岩土力学性质差、和高阶段排弃场、采用装载机或铲运机转排	用于铁路开拓的矿山或经铁路转运剥离物的矿山
	汽车排弃场	汽车运输、推土机排弃。排弃工艺较简单	用于汽车开拓或汽车辅助剥离的矿山
	胶带机排弃场	胶带机运输，排土机转排	用于连续或半连续运输开拓的矿山或提高排弃场的排弃标高的矿山
	水力排弃场	水力剥离自流或压力管道输送排放	松散剥离物，水力开采的矿山
	人造山	卷扬机或架空索道运输	窄轨运输剥离物的小型露天矿或地下开采矿山

岩的块度。对于坚硬矿岩，其最大块度为350～450mm。因此需对爆破后的大块矿岩，在进入胶带运输机之前，进行再破碎。

第六节 排土作业

剥离物的排弃是露天矿的主要生产工序之一，其排弃场一般占全矿用地面的39～55%，为露天采场的2～3倍。

一、排弃场的分类及适用条件

排弃场位置应满足如下的基本要求：

（1）尽量利用内部场地，有条件时可论证二次转排的技术经济的合理性；

（2）不占良田，少占耕地，避免迁移村庄；

（3）尽可能靠近露天采场，并在剥离区重点一侧，以利缩短剥离物运距；

（4）场地地形横坡一般宜在24°以内。一般不布置在工业场地、居住区、交通干线和主要输电通讯线路附近；

（5）有利于设置酸性水、泥石流的处理和防护设施。

二、汽车运输的排土

汽车运输时多采用推土机排土，即汽车卸载后用推土机推平，并修整好排土场的公路。排土段高可达100m以上。

为保证汽车在排土场的卸载安全，在排土线边缘应筑高0.5～0.8m的挡墙。

由于排弃土岩的密实性小，孔隙大，日后会产生下沉现象。为保持排土场的作业条件和充分利用排土容积，堆弃岩土时通常应保持2%左右的反向坡度。

汽车卸载后需推土机平整的土岩量约为汽车卸载量的20～40%，大体上可据此计算所需推土机的数量。当各排土场相距较远时，通常每一排土场需配用一台推土机。

目前国产推土机的功率有100马力、180马力及320马力等，主要机型及其主要技术性能列于表3-2-26。

表 3-2-26 国产推土机的主要机型及技术性能表

机型	TY180型	TY320型
发动机功率，kW	180	320
机重，t	21.8	31.0
行走速度，km/h	0～10	12.7
外形：长，mm	5954	6695
宽，mm	4200	4200
高，mm	2925	3200
推土板：宽，mm	4200	4200
高，mm	1100	1600

三、铁路运输的排土

1．单斗挖掘机（机械铲）排土

它是用单斗机械铲（排土铲）在列车卸载线路的一侧构筑低于列车卸载平台高度的受料平台，该铲即在此受料平台上将列车逐车卸于此平台内侧的土岩向外、向前捣卸；随着受料平台沿列车卸载线路平行前移，该铲同时将土岩堆卸在受料平台的后侧之上。

2．排土犁排土

其排土方法是：列车沿排土线路一侧先按前进方向依次卸载，直至线路终端；然后列车再从线路终端沿后退方向依次卸载，直至填满全线；第三步是用排土犁将堆满的土岩推平，造成列车新的卸载空间；再重复以上全部过程，然后将排土线路向外侧移设。如此反复进行，直至排土境界。

移道工作一般采用移道机或推土机进行，移道机的一次移动步距约为0.6～0.8m。

四、胶带运输机运输的排土

在采用胶带运输机运输的条件下，排土量往往很大，为保持作业的连续化和提高排土能力，宜采用胶带排土机排土。

胶带排土机是一履带自行式设备，它备有臂式受料胶带和臂式卸料胶带、回转盘及塔架悬吊机构。卸载臂的长度决定着排土分区的宽度、高度及胶带运输机的移动周期。

胶带排土机的排土高度由上排部分与下排部分组成，卸载臂上排的倾角一般为7°～18°。

第七节 辅助作业

露天矿的辅助作业包括采区地表防水、矿场排水、矿区疏干、滑坡防治、开采工作面清理、公路维护、铁道移设以及其它。

一、露天矿的防、排水

露天开采中需防止地表雨水汇集危害，为此通常在露坑的内、外围修建截水沟系，以导流场内外地表的汇水。在露天坑内一般于下降水平的适当地点应开掘水仓，以汇集采场内的降水，而后再以水泵排出。

为了改善露天开采的作业条件，尤其是为改善爆破条件和消除或降低地下水对边坡稳定性的不利影响，需采取事前疏干的措施。疏干方式有钻孔疏干和巷道疏干两种。前者是在露天矿场的周边根据地下水文情况布置超前疏水孔。巷道疏干是于露天开采境界的下方掘进与地表相通的巷道网，以疏干采区。后一种疏水方式的疏干效率优于前者，但投资较高。

二、滑 坡 防 治

露天开采中，由于岩石性质、岩体构造、地下水、爆破震动以及其它冲击载荷等因素可能发生规模不等的滑坡问题，或存在着滑坡的危险。大型滑坡对露天开采造成毁灭性破坏或严重影响生产。各种中、小规模的滑坡也可能对局部人员和设备造成严重后果。

对于已经发生的滑坡事故，在经济合理的前提下，通常用清理滑落体的方式进行恢复，即修建通往滑坡体的通道，应用各类装载、运输设备清理。对于可能发生的大型滑坡，则视安全条件可在其上方采取减载的方式消除滑落的威胁，即用各类设备剥离掉潜在滑体上方的部分岩石，减轻潜在滑体上方的荷载，进而制止滑坡的发生。

就局部地段的潜在较小的滑体，可用锚索加固。锚索的长度应能使锚索穿过潜在滑体固接在稳定岩体内，必要时可在其表面将各台阶坡底的各锚索端头用水平梁连接起来。

对于坡体表面裂隙发育的岩体可再用绳丝网覆盖，以防止表面碎裂岩石滑落。表面岩石碎裂严重时，可用钢丝网覆盖其台阶坡面，并于台阶的上部平台和台阶坡底分别用锚索（杆）和连接这些锚索（杆）头的水平梁将钢丝网固定。此外，也可以设置挡墙或砌护坡体处理表面碎裂岩石的塌落。

在开采作业接近边坡时，采用控制爆破技术，减轻爆破对边坡岩体的破坏影响也是预防滑坡的一种有效措施。

第八节 露天开采境界设计

一、露天开采境界的构成要素

1. 构成要素

构成要素包括（1）露天矿场的底部周界；（2）开采深度；（3）最终边坡。

由此可见，同一矿床的不同开采境界内，其可采矿量与所需剥离岩量是不同的，即有不同的剥采比值。

2. 剥采比

从不同角度反映剥采关系的剥采比的类别有（1）平均剥采比；（2）分层剥采比；（3）生产剥采比；（4）境界剥采比；（5）经济合理剥采比。

经济合理剥采比的计算方法及其适用条件，见表3-2-27。

表 3-2-27 经济合理剥采比的计算方法及适用条件

计算方法名称		适用条件
一、成本比较法	1.原矿成本法	因它没有考虑露天和地下开采在矿石损失和贫化方面的差别，以及采出矿石的数量和质量不同对企业经济效益的影响，也没有涉及到矿石的价值。因而只有在两种采矿方法的矿石损失、贫化率相差不大，且地下开采成本低于产品售价时才采用
	2.精矿成本法	它虽考虑了两种采矿方法的采出矿石品位和选矿指标，但未考虑矿石损失的因素，因此，只在两种开采方法的贫化率相差较大，损失率接近，以及地下开采的最终产品成本低于售价时采用
二、盈利比较法		它综合考虑了露天和地下两种开采方法在采出矿石的数量和质量，选矿指标等技术经济因素方面的差别，当露天和地下开采的损失、贫化率相差较大，且两种开采方法采出矿石的最终产品成本均低于售价时采用这种方法

二、圈定露天开采境界的一般方法

1. 确定露天开采的深度及底平面

（1）确定长露天采场的深度和底平面。1）在地质横剖面图上计算境界剥采比；2）计算端帮境界的剥采比；3）确定露天采矿场底宽及位置。

（2）确定短露天开采的深度及底平面。主要有（1）平面图法；（2）线性境界剥采比法。

2．绘制露天采矿场终了平面图

按所确定的开拓运输系统、最终边帮构成要素和露天采场底平面周界，绘制露天矿开采终了平面图。其步骤是：（1）将设计的底周界绘在透明纸上；（2）将透明纸覆盖在地形图上，按最终边坡组成要素（阶段高度、坡面倾角、平台宽度）从底部周界开始由内而外（标高是自下而上），依次绘出各台阶坡底线、坡顶角、平台宽度和边坡上的运输线路。

三、露天分期开采境界

1．露天分期开采的目的

在储量较大，开采年限较长时，选择条件好的地段划为第一期开采，因而把大量岩石推迟到以后剥离，以减少基建投资，降低矿石成本，并使矿山早日投产和达产。

2．露天分期开采的原则和优点

（1）经济效益好，投产早，达产快；

（2）最终开采境界的储量大，服务年限在40～50a以上；

（3）露天开采第一期境界的生产年限应不小于10～15a；

（4）露天过渡时期的生产剥采比不应超过经济合理剥采比，并力争与第一期生产剥采比不要相差太大。

3．露天分期开采的边帮构成要素

（1）其边帮一部分是最终边帮，其余部分是临时的，有时全是临时边帮；

（2）临时边坡的阶段坡面角及运输平台宽度的确定，与普通开采时相同；

（3）为了给扩帮创造有利条件，除运输及接碴平台外，其余平台宽度为10～15m；

（4）为确保扩帮时下部采矿平台的安全，在临时边帮上．每隔60～100m高度需设置一个25～40m宽的接碴平台，以截住上部滚石。

四、用电子计算机确定露天矿开采境界

方法可分为两大类：

（1）模拟法。主要包括断面图法，平面投影法和浮动圆锥法；

（2）数学优化法。主要包括线性规划法、图论法、三维动态规划法、网络流法。

近几年来，国内有关设计研究单位主要进行了浮动圆锥法，三维动态规划法、网络流法和平面投影法等方法的实践，取得一定的进展。

几种确定露天开采境界的计算法评述见表3-2-28。

表 3-2-28 部分确定露天开采境界的计算机方法

方法名称	方法实质	评述	实践情况
断面图法	模拟人工方法	数学模型简单，但未实现优化	苏联、南非、美国都有发表过文章
平面投影法	模拟人工方法	数学模型简单，没有实现优化，计算工程量较大	马鞍山矿山研究院和武汉钢铁学院编写过计算程序，并作了试算
多重圆法	模拟法	数学模型简单，直观，并能满足生产工艺要求，得不到最优解，但能达到次优解	国外普遍采用，国内编写及使用也较多，比较成熟
三维动态规划法	最优化方法	能得到数学上最优化露天开采境界，但境界端帮是尖的，露天矿底部起伏较大，不能满足生产工艺要求	国外发表文章较多，但未见用于矿山设计；马鞍山矿山研究院与马鞍山钢铁设计研究院合作于1972年编写了计算程序对马钢高村铁矿进行了试算，证明此法尚需进一步完善
图论法	最优化方法	数学模型复杂，计算时间长	尚停留在理论阶段，没有用于具体设计
网络流法	最优化方法	数学模型较复杂，计算时间较长，能得到最优解，能满足工艺要求	1982年中南工业大学曾编出了三原程序，对老岭铁矿的开采境界进行了计算

参 考 文 献

[1] 张富民等主编，采矿设计手册——矿床开采卷（上册），中国建筑工业出版社，1987年.

[2] 解世俊主编，金属矿山露天开采，冶金工业出版社，1986年.

[3]《采矿手册》编委会主编，采矿手册，第三卷，冶金工业出版社，1989年.

[4] 周晋华等编，新中国有色金属采矿工业，《当代中国有色金属工业》编辑委员会出版，1987年.

[5] 张键之编，第二次全国采矿学术会议论文集——国外金属露天矿开采技术现状及2000年的发展，金属分册，1986年.

第三章 地 下 开 采

编写人 周晋华 邓洪贵 钟耀英

第一节 矿床及其开拓方法

一、矿床及其分类

矿床是天然矿物在地壳内的聚集体。矿床含有某种稀有金属元素时，称稀有金属矿床。

矿床的形状、厚度和倾角对开拓、开采方法和回采工艺的选择，都有很大影响。矿床按其产状、厚度和倾角进行分类，见表3-3-1。

二、矿床开采步骤及三级矿量

矿床按开拓、采准和切割，以及回采等三个步骤顺序进行。其主要内容见表3-3-2。

由矿床开拓、采准和切割工程所圈定的矿石量，统称为三级矿量。

（1）开拓储量。由开拓工程圈定的矿石量，一般应保有3 a 的开采储量；

（2）采准储量。在开拓储量中，做完规定的采准工程量的矿块或矿壁中的储量，一般应保有1a左右的开采储量；

（3）备采储量。在采准储量中，做完切割工程量的矿块或矿壁中的矿量，一般应保有六个月左右的开采储量。

矿山企业按规定保有三级储量，是贯彻“采掘并举，掘进先行”的方针和生产正常化的必要条件。

三、矿床开拓方法

矿床开拓方法的选择，在矿山设计中是一个非常重大的带有全局性的问题。矿床开拓方法及其适用条件见表3-3-3，表3-3-4列出中国几个钨钼矿山采用平硐开拓法的一些情况。

表 3-3-1 矿床分类表

矿床序号	按形状分	按 倾 角 分	按 厚 度 分
1	层状矿床	水平和微倾斜矿床，倾角<5°	极薄矿体，厚度0.8m以下
2	脉状矿床	缓倾斜矿床，倾角5°～30°	薄矿体，厚度为0.8～2.0m
3	块状矿床	倾斜矿床，倾角30°～60°	中厚矿体，厚度为2.0～5.0m
4		急倾斜矿床，倾角>60°	厚矿体，厚度为5～20m
5			极厚矿床，厚度在20m以上

表 3-3-2 矿床开采步骤及基本工作内容

开采阶段	基本工作和用途
1.矿床开拓	1.它是矿山井下开采的基本建设工作。即从地面掘进竖井（或斜井、平硐）、石门、主充溜井和运输水平层的主要平巷等基本巷道和硐室 2.使矿体和地表连通，构成一个完整的井下运输通风、排水、压气、供风和供水系统
2.采准和切割	1.它是在完成开拓工程的矿体范围内，在阶段为形成回采单元—矿块(采场或矿房)而掘进一些采准切割巷道，如天井、拉底平巷、堑沟和漏斗等 2.为直接崩落矿石，创造工作空间和工作面
3.回采	它是在已完成采准切割工作的矿块中进行生产作业，包括崩矿、矿石运搬和地压管理等

第二节 井巷掘进工艺与设备

井巷工程包括竖井、斜井、天（溜）井、平巷和硐室等。其掘进工艺和设备近10多年来有了长足的进步。

一、竖井掘进

竖井是地下矿山生产的咽喉工程。它是提升矿石、废石、运输采掘设备、器材以及通风、排水、压气动力管道的铺设和上下人员的通道。

（一）井筒施工作业

作业方式及其选择见表3-3-5。

表 3-3-3 矿床开拓方法分类及适用条件

开拓方法分类		井巷型式	典型开拓方案	适用条件
单一开拓法	平硐开拓法（图3-3-1）	平硐	沿矿床走向平硐开拓 垂直矿床走向上盘平硐开拓 垂直矿床走向下盘平硐开拓	在矿区范围内，矿体距地表运输水平相对高度很大而又不宜用露天开采时，采用此法经济、基建时间短、安全可靠。钨矿山应用很广。见表5-3-4
	斜井开拓法（图3-3-2）	斜井	脉内斜井开拓 下盘斜井开拓 侧翼斜井开拓	1.用于开拓倾角为20°～40°的矿体 2.斜井一般位于矿体的下盘或侧翼 3.斜井布置在矿体上盘或矿体中时，要留保安矿柱。应用较少
	竖井开拓法（图3-3-3）	竖井	竖井多水平分区式开拓 竖井阶段分区式开拓	平原和丘陵地区，矿体位于矿区地表之下时，此法应用很广泛。杨家杖子钼矿便采用此法
	无轨斜坡道开拓法（图3-3-4）	斜坡道	直线式斜坡道开拓 螺旋式斜坡道开拓 折返式斜坡道开拓	在应用无轨自行采装运设备，且要求无轨运输设备直通地表的矿山，需采用无轨斜坡道开拓。有与地表相通的主斜坡道和连接阶段间的辅助斜坡道两种
联合开拓法	平硐与井筒联合开拓法	平硐与竖井斜井 平硐与盲竖井或盲斜井	平硐与竖井开拓 平硐与斜井开拓 平硐与盲竖井开拓 平硐与盲斜井开拓	采用平硐开拓的矿山，如果平硐水平以下尚有一部分矿体时，则需用竖井或斜井（包括盲竖井或盲斜井）进行下部矿床开拓
	明井与盲井联合开拓法	明竖井或明斜井与盲竖井或盲斜井	明竖井与盲竖井开拓 明竖井与盲斜井开拓 明斜井与盲竖井开拓 明斜井与盲斜井开拓	1.明盲竖井联合开拓主要适用于矿体走向长，厚度大，延深较深的急倾斜矿体 2.明竖盲斜联合开拓主要适用于井筒开在下盘，开采深度大，且深部矿体变缓，或井筒开在上盘，矿床倾向深部反向倾斜等条件 3.明盲斜井联合开拓，适用于倾角不大，而矿体倾向延伸较长的矿体等
	平硐或井筒与斜坡道联合开拓法	平硐、竖井、斜井、斜坡道	平硐与斜坡道开拓 斜井与斜坡道开拓 竖井与斜坡道开拓	1.竖井与斜坡道联合开拓，主要适用埋藏较深的大中小型矿山，用竖井提升矿石，斜坡道用于辅助作业 2.当下部矿体变小变缓，储量又不大，或为了采边缘另星矿体，采取下部为斜坡道的方式

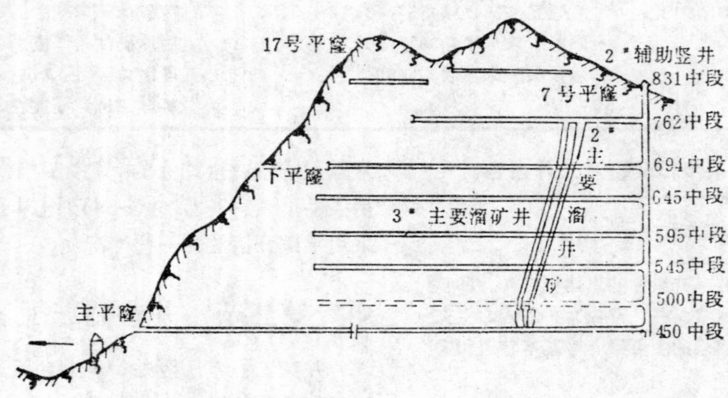

图 3-3-1 平硐开拓系统示意图

确定井筒施工方式时，应根据现行政策的有关规定，结合地形、地质条件、水文情况、井筒直径和深度、设备材料供应情况，以及施工力量等因素，因地制宜地进行技术经济比较加以选择。

确定炮眼深度时，应根据具体情况使掘进每米井筒所需要的时间最短。在爆破效果不变和炮眼利用率相同的条件下，增大眼深是有利的。可根据不同要求和条件，分别按月平均进度或采用的机械生产率，或按劳动定额来分别计算炮眼深度与循环时间。

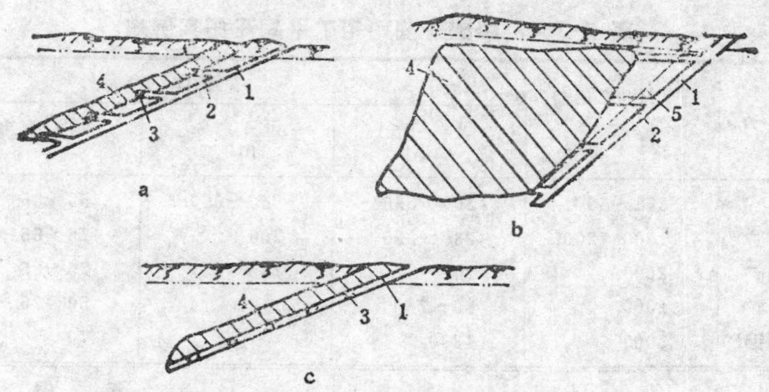

图 3-3-2　几种斜井开拓系统示意图

a—下盘斜井开拓；b—侧翼斜井开拓；c—斜井在矿体中的开拓

1—斜井；2—石门；3—平巷；4—矿体；5—下盘岩层移动线

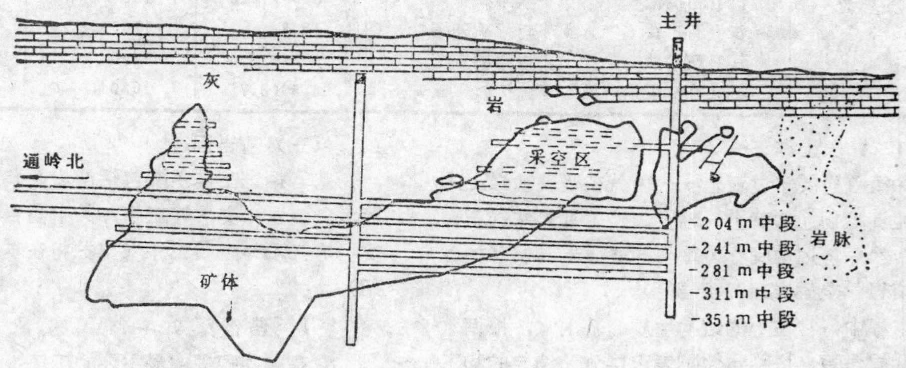

图 3-3-3　竖井开拓系统示意图

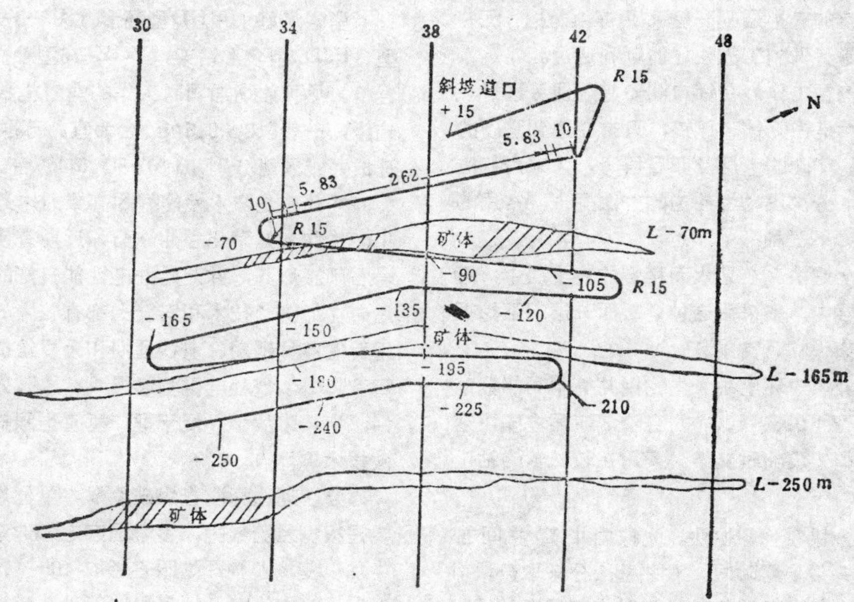

图 3-3-4　三山岛金矿斜波道开拓平面

表 3-3-4 中国一些钨钼矿平硐开拓实例表

序号	矿山名称	矿山生产能力 t/d	矿体赋存条件			
			延长 m	延深 m	倾角 °	厚度 m
1	瑶岭钨矿	350～500	300～350	350～650	55～85	0.2～0.3
2	岿美山钨矿	1500～2000	280～320	400	75～85	0.1～1.6
3	西华山钨矿	2000	200	75	75～85	0.2～0.5
4	大吉山钨矿	2000	80～750		50～75	0.01～0.8
5	小寺沟铜钼矿	3000	1300		70	40

序号	采矿方法	平硐开拓位置	主平硐参数		
			净断面 m^2	长度 m	个数 条
1	浅孔留矿法	上盘双平硐开拓	2.4×2.54	2×4409	2
2	浅孔留矿法	下盘平硐开拓	8.5～12.8	1300	1
3	浅孔留矿法	下盘平硐开拓	12.8	1700	1
4	浅孔留矿法	上盘平硐开拓	9.7～13.6	3650	1
5	无底柱分段崩落法	下盘无轨平硐开拓	4.5×3.75	1036	1

（二）表土施工

井筒首先要穿过表土——覆盖在坚硬基岩上的松散性沉积物（如黄土、粘土、砂砾等）和岩石风化带，然后再掘进到称为基岩的坚固岩石层（如各种岩浆岩、变质岩、沉积岩等）。

工程中，常在土的结构性质的基础上，根据水土的共同作用，按稳定性把表土层分为稳定的和不稳定的两大类。稳定的表土层可采用普通施工方法，而不稳定的表土层则一般采用冻结法、沉井法、注浆法等特殊施工方法才能顺利通过。

表土的挖掘工作，在锁口圈安好后便可进行。主要挖掘工具是锹、镐和风镐，只有在遇到坚硬的粘土胶结物、坚硬的土层及卵石层时，才采用打浅眼、少装药，分次震动性放炮的办法掘进。常用的挖掘方法有如下三种：

（1）全挖法。在无水而稳定的表土层中，特别是硬粘土层中，多采用这种全断面分层向下挖掘法，并随时架设临时支架。

（2）阶梯式环挖法。先挖掘井筒中间部分，在井帮周围留下0.5～1.0m的台阶，随后立即快速挖沿帮台阶和架设临时支架。多用在较松软的粘土层掘进中。

（3）分块对称开挖法。先挖掘井筒中间部分，为减少井帮暴露时间，对井壁部分采取分块对称开挖，并及时分节分组架设临时支架或砌壁。多用在松软岩层和不稳定的表土层掘进中。

（三）基岩掘进

基岩掘进工作主要包括凿岩、装药联线、爆破通风、装岩和支护等工序，其中凿岩爆破、装岩和支护等三项为主要工序（支护将在本章第四节中介绍）。

1．凿岩爆破工作

它是竖井掘进中最主要的工序，约占循环时间的20～30%。

凿岩最好采用HD型环形（图3-3-5）或FJD_6型、FJD_9型伞形钻架，YGZ-70型独立回转式凿岩机。尽可能增加同时工作的凿岩机数是一种发展趋势，一般以2～2.5m^2/台为宜，苏联和南非创快速成井纪录时分别为1.67～1.5m^2/台。

炸药应是防水性能好的高威力炸药。曾长期沿用62%和40%硝化甘油炸药，近期有使用4号抗水岩石硝铵炸药，并开始推广性能良好的乳化炸药，后者在经济、技术和安全上都有较大的优越性。采用瞬发、秒延期、毫秒延期和无桥丝抗杂散电流电雷管起爆。毫秒电雷管起爆具有爆破效率高、质量好，拒爆事故少，便于推广垂直炮眼掏槽和光面爆破技术等优点。

要合理选择凿岩爆破参数。单位炸药消耗量主要是根据经验数据，参考国家定额选定，并在实践中加以复核调整；炮眼直径取40～45mm；眼深为2.0～3.0m为宜，但采用钻架时，应提高到3.5～4m；炮眼排列方法目前以圆锥形炮眼掏槽用得较

表 3-3-5 井筒施工作业方式及选择

作业方式	单行作业		平行
	长段单行	短段单行或混合作业	长段平行
主要特点	掘砌同段交替反向作业：段高30～60m，可达100m；掘进用井圈背板或喷锚支护作临时支护；在吊盘上砌筑永久井壁	掘砌同段在同一循环内顺序作业或混合作业；段高2～6m，可达10m，应与模板高度一致；不用临时支护；一般在岩堆上砌筑永久井壁；可一掘一砌（喷）或二掘一砌（喷），或三掘一砌（喷）	掘砌异段同时反向或同向作业；段高50～60m，掘砌工作面间最大距离100～120m；下段在稳绳盘保护下掘进用井圈背板或喷锚支护或掩护筒作临时支护；上段在吊盘上自下而上砌壁，有时也可自上而下砌壁
优点	1.工作组织简单 2.需用设备少，布置简单 3.使用条件不受井深，井径限制 4.掘砌互相干扰少，但砌壁占施工工期	同前围岩爆露时间短，施工安全；无需临时支护；井壁接荐多，封水性差；节省了掘砌转换时间集中排水和清底时间以及吊盘、管路的反复起落时间，但掘砌交替频繁	砌壁不单独占用施工期，掘砌成井速度比单行作业提高15～35%；井壁接茬少，整体性和封水性好；掘砌施工组织较复杂，安全工作要求高；所需设备多，布置较复杂；吊桶通过吊盘，稳绳盘要两次减速，不利于绞车司机操作
使用条件	在井径≤5m，井深≤400m条件下效果好	井深和井径不限；中等及不稳定的软岩层；广东凡口铅锌矿新副井采用短段掘喷单行作业，月成井 12 0.1m	基岩段井深400m以上；井筒净径＞5.5m；岩层稳定、井筒涌水量小

作业方式	作业	掘砌安一次成井			反井刷大分段多头作业
	短段平行	掘砌安顺序作业	掘砌、掘安平行作业	掘砌安混合作业	
主要特点	掘砌异段同时同向作业；砌壁在多层吊盘上自上而下进行；砌壁段高与掘进循环进尺相适应，一般为3～6m；围岩用挂在吊盘下的柔性掩护网或刚性掩护筒或喷锚支护作临时支护	在同一段高内，掘砌按顺序作业；段高30～40m，可达60m，先自上而下掘砌，再自下而上砌壁，最后自上而下在吊盘上安装罐梁，并在罐梁上自上而下安装罐道和管路	在两个段高内，下段掘进和上段砌壁，安装平行作业，而砌安则为顺序作业；段高30～60m；安装自上而下进行	在采用短段掘砌混合作业的同时，利用吊盘上盘进行井筒安装；段高2～6m	先将巷道掘到未来井筒的下部，自下而上打小反井，而后自上而下刷大井筒；井筒分成若干段，进行多头平行作业，但各段工序可错开，掘进方式也可不同
优点	掘砌机械化程度高，砌壁不单独占用工期，速度快；掘砌工作面近，易协调；临时支护大大简化；井壁接茬多，整体性和封水性差，但随深孔爆破和模板高度增加，接茬可减少；施工设备多，布置较复杂；岩石爆破时，易将掩护网或掩护筒卡住	可利用罐梁卡固凿井用的管路和设备，将地面悬吊方式改为井内悬吊，从而简化凿井设备，减少井架荷载；安装不单独占用施工期，有利于及早转入井底车场和巷道施工	井筒内管线卡挂后，有效断面增加，有利于提升安全；工序转换频繁，施工组织复杂		可充分利用矿山工人打反井的经验；井筒刷大时不需抓岩和排水设备，爆破和通风容易，因此所需凿井设备少、速度快、成本低；多头平行，可缩短建井工期
使用条件	基岩段井深400m以上；井筒井壁＞5.5m；岩层稳定，无断层破碎带；井筒涌水量小在深井中很有发展前途	凿井设备不足	捷克斯洛伐克斯召里克3号主井用掘砌安混合作业一次成井创月成井284.02m的成绩		在井深中有几个阶段水平上有巷道可提前通至井筒位置的情况下

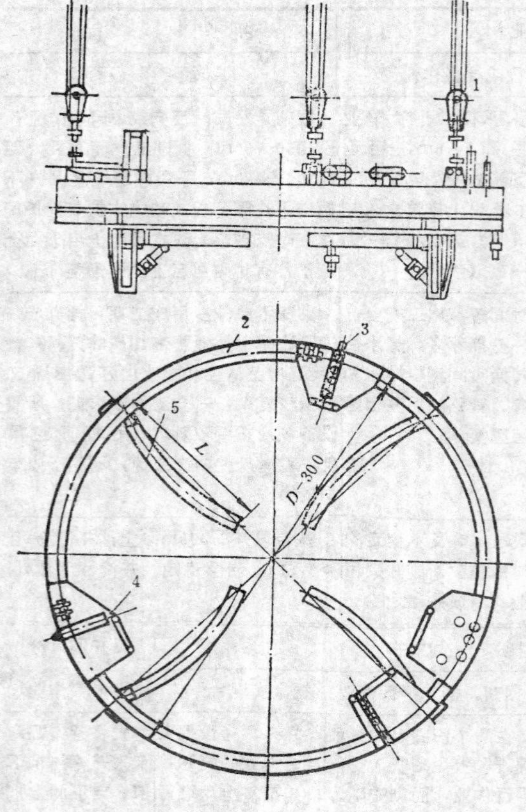

图 3-3-5 HD型环形钻架

1—悬吊装置；2—环形滑道；3—套筒千斤顶；4—撑紧气缸；5—外伸滑道

多，但垂直炮眼掏槽方法（3-3-6）具有如可降低岩碴飞扬高度、适于打深炮眼、钻架结构及操作都较简单等优点。只有当在急倾斜的岩层中，层理、裂隙均相当明显时才采用楔形或其它形式的掏槽。

要积极推广应用光面爆破技术。必须掌握好光面爆破的有关参数，如炮眼间距与最小抵抗线的比值应在0.8～1.0以下，硬岩取大值；装药结构和炸药消耗量，周边眼应采用威力低、密度低的炸药，要均匀装药和控制药量，采用的药包直径约为眼径的$\frac{1}{2}$时能取得较好的效果；采用毫秒雷管起爆，并要求周边眼同时起爆；炮眼要深浅一致，互相平行。眼底至轮廓线的距离控制在50mm左右。

2. 装岩与提升工作

装岩工作约占掘进总循环时间的50～60%，是影响掘进速度的主要因素。

近10多年来，研制推广了较先进的液压靠壁式、中心回转式抓岩机和长绳悬吊大抓斗装岩，改变了过去国内只用NZQ_2-0.11型抓岩机装岩的落后状态。

近期研制和推广的几种不同型式的机械化操纵的大抓岩机，与其它凿井设备配套，形成了具有我国特点的竖井机械化作业线。

上述几种抓岩机各具优缺点，选用时根据井筒等具体条件参照抓岩机的结构特点和技术性能而定。一般可参照下面原则选择：

（1）在井筒直径为4～5m，井深较浅，同时

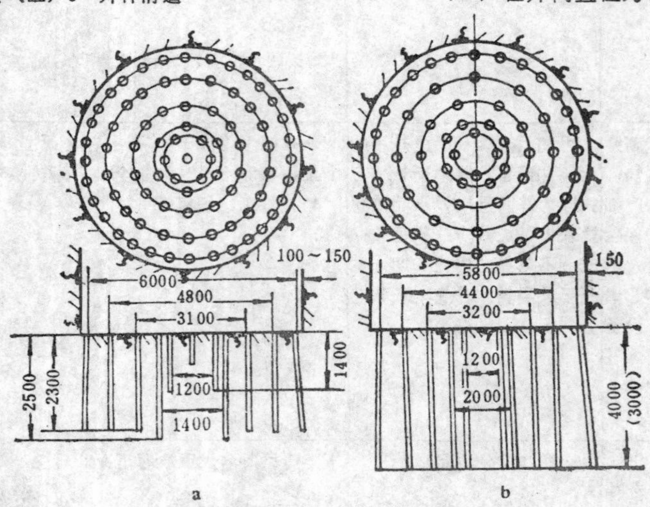

图 3-3-6 竖井垂直炮眼掏槽示意图

a—多阶复式掏槽；b——般直线掏槽

实行短段掘砌（喷）或单行作业时，宜选用HK-4（HDK-4）型抓岩机；当井筒较深时，可选用HZ-4型抓岩机。

（2）在井筒直径5.5～6.0m，井深较浅时，可考虑选用HK（HDK）-6型抓岩机．或选用HZ-6型抓岩机；当井深较大或要求较高的掘进速度时，应考虑选用HH-6型抓岩机，或两台HK型抓岩机；当采用平行作业时，最好采用HH-6型抓岩机；

（3）在井径大于6.5m的深井中，不论采用何种作业方式，为取得较高的成井速度，选用2HH-6型抓岩机较为适宜；

（4）对围岩松软或岩层破碎的井筒，不宜选用HK型抓岩机，在淋水较大的井筒中不宜选用HDK型抓岩机；

（5）凿岩钻架的类型对抓岩机选型影响也较大。一般来说，环形钻机与HK型抓岩机在作业时经常互相干扰，因此，选用环形钻架的井筒，应选用HZ型或HH-6型抓岩机；采用伞形钻架时应选用HK型抓岩机（当采用活动金属模板的短段掘砌作业时，抓岩机的选择不受钻架类型的影响）；

（6）在自上而下全断面延深的井筒中，只适宜采用HK型抓岩机。其结构见图3-3-7。

兹将靠壁式的主要技术性能列于表3-3-6。

提升方式多用单钩提升，极少用双钩提升。有的井筒，虽然采用单行作业也常使用两套单钩提升。

提升设备有吊桶、提升机和稳车等。吊桶常用的容积为1.5、2和$3m^3$，个别矿井开始用$4m^3$，主要视井筒断面和抓岩、提升设备而定。提升机近期有较大改进，最大静拉力和静张力都有较大幅度的提高。近期研制的JKZ型提升机和JZ2型等新型稳

表 3-3-6　靠壁式抓岩机的主要技术特征

项目		型号			
		HK-4	HDK-4	HK-6	HDK-6
适用井筒净径，m		4～5.5		5～6.5	
抓岩能力，m^3/h		40		60	
机器总重量，kg		5450		7340	
机器收拢后的外形尺寸长×宽×高，mm		1190×900×5840		1300×1100×6325	
驱动动力	(1)电动机型号		BJO_262-4		BJO-72-4A302
	(2)电动机功率，kW		17		30
	(3)气动马达型号，	DI-20		DI-20	
	气动马达功率，kW（马力）	14.71(20)		1.47×14.71 (2×20)	
	风压，kg/cm^2	5～7		5～7	
	最大耗气量，m^3/mm	20		40	
抓斗	容积，m^3	0.4		0.6	
	张开直径，mm	1965		2130	
	闭合直径，mm	1296		1600	
	进气管直径，mm	38		51	
	重量，kg	1450		2305	
提升机构	提升能力，kg	2900		4000	
	提升速度，m/s	0.3		0.35～0	
	提升高度，m	6.2		6.8	
	钢丝绳直径，mm	15.5		20	
	钢丝绳容量，m	22		28	
回转变幅机构	回转速度，r/min	1.5～2		1.5～3	
	回转角度，°	120		120	
	变幅平均速度，m/s	0.4		0.4	
	变幅最大径向位移，m	4		4.3	

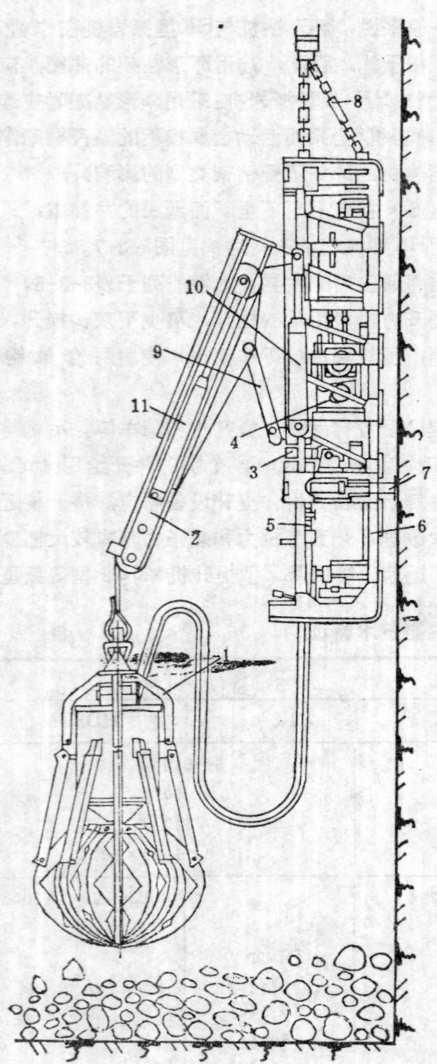

图 3-3-7 HK—6型抓岩机结构

1—抓斗；2—提升机构；3—回转变幅机构；4—液压系统；5—气动系统；6—机架；7—支撑固定装置；8—悬吊装置；9—支杆；10—变幅油缸；11—提升油缸

车的技术性能都较好。

二、平 巷 掘 进

地下矿山无论是基建时期，还是生产时期，平巷掘进的工程量都占很大比重。目前基本上采用普通掘进法。其施工的主要工序有凿岩、爆破、装岩和支护，辅助工序有撬浮石、通风、铺轨、接风水管和开挖排水沟等。

（一）平巷掘进的技术质量要求

（1）断面、坡度应符合设计要求，断面不允许欠挖，超挖应尽量减少，一般不应超过5～10%；

（2）在保证爆破效果的前提下，凿岩工作量要小，爆破材料消耗要少；

（3）炮眼利用率要高，一般应达到85～90%；

（4）爆下的岩石块度不要过大，爆堆要集中，以利装岩；

（5）爆破后的巷道壁要光滑，围岩龟裂要小，以利巷道稳定和喷锚支护方法的应用。

（二）施工方式及作业组织

1. 施工方式

巷道工程施工可分为3种方式：

（1）掘进与永久支护平行作业的一次成巷施工方案，又称掘砌平行作业法；

（2）掘进与永久支护顺序作业的二次成巷施工方案，又称掘砌顺序作业法；

（3）掘进与永久支护交替作业的施工方案，又称掘砌交替作业法。

实践证明，应该创造条件尽可能地采用一次成巷的掘砌平行作业法。

2. 施工组织

主要有两种形式：

（1）单一专业性的组织形式——专业工作队（组）。其主要特征是各工种严格分工，基本上是一个工种只担负某一工序；

（2）综合性的组织形式——综合工作队（组）。其主要特征是将各工种从组织上组合起来，共同完成整个施工任务。

上述两种组织形式各具特点，可根据工程要求和工人数量、素质（能否掌握多种操作技术）而定。

3. 掘进循环与进尺

掘进循环次数与循环进尺有密切关系，且是互相制约的。深炮眼多循环是掘进高速度的基本要求。关键是编制好作业循环图表。

炮眼深度的决定，除要考虑每班的循环数为一整数外，总的发展趋势是：加大炮眼深度（有的达3～4m），减少辅助作业时间，提高掘进效率。

（三）凿岩工作

1. 凿岩机

表 3-3-7 风动凿岩机型号及主要技术性能表

技术性能	型							号		
	Y24	Y26	YT—24 (YT—30)	7655	YT25DY	YTP26	YT27	YT28	YSP44	YSP45
机重，kg	24	29	24	24	24.5	26.5	26	26	44	44
钻孔直径，mm	34～42	34～42	34～38	34～38	34～42	39～46	34～42	34～42	38～42	35～42
钻孔深度，m	3	5	5	5	5	5～7	5	5	6	6
使用气压，MPa	0.5	0.5	0.5	0.5	0.5～0.64	0.4～0.6	0.5	0.5	0.5	0.5
耗气量，m³/min	0.32	2.5	2.8	3.2	3～4.5	3	3.3	3.3	4.5	5
使用水压，MPa	—	0.3～0.4	0.2～0.3	0.2～0.3	0.3～0.4	0.2～0.4	0.2～0.3	0.2～0.3	0.2～0.3	0.2～0.3
耗水量，L/min	—	2	3	3	4	4	4	4	5	5
缸径×冲程，mm	70×70	65×70	70×70	76×60	90×70	95×50	80～60	80×60	95×50	95×47
冲击频率，min⁻¹	≥1800	1600	1800	2100	2100	2600	2200～2450	2100	2600	2700
冲击功，J	—	45	60	60	65～75	60	65	65	90	70
扭矩，N·m	—	900	1300	1500	1900～2200	1800	1800	1800	3000	1800
风管内径，mm	19	19	19	25	25	25	25	25	25	25
水管内径，mm	—	13	13	13	13	13	13	13	13	13
钎尾规格，mm	22×108	22(25)×108	22.2×108	22×108	22×108	22(25)×108	22×108	22×108	22×108	22×108
外形尺寸，mm	长604	650×235×108	678×235×186	长628	660	680×2250	668	661	1489×354×186	1420×390×160
气腿型号	手持式	手持式	FT—140B	FT160A(或B)	FT160X	FT170	FT160A	FT160B—C(BD)	FT190	FT190
最大高度，mm	—	—	2900	3006[2526]	2980	2980	3006	3165[2365]	2400	2400
最小高度，mm	—	—	1650	1668[1428]	1710	1710	1668	1800[1400]	1650	1650
推进长度，mm	—	—	1250	1338[1098]	1270	1270	1338	1365[965]	750	750
注油器型号	FY200A	FY200A	FY200A	FY200A	FY250X	FY700	FY250	FY200B	FY500A	FY500A
制造厂	(2)	(3)	(2)(1)	(3)	(4)	(4)(5)	(3)	(2)	(3)	(3)
备注	用于露天		YT30重25.5kg 配FT140气腿 上海生产		85年7月鉴定				上向式	上向式

注：1.制造厂：(1)上海风动工具厂，(2)天水风动工具厂，(3)沈阳风动工具厂，(4)湘潭风动机械厂，(5)兖州煤矿机械厂；

2.轻型凿岩机7655及YTP26型选用较多，YT25DY是新型机种，用户也较满意。

表 3-3-8 中国几种轨轮式凿岩台车规格性能表

序 号	规 格		华-1型 (华铜铜矿)	CGJ-Ⅱ型双机液压台车 (华铜铜矿)	PYT-2C型双机液压台车 (湘东钨矿)
1	外形尺寸 mm	长 宽 高	3200 1150 1400	4300 1000 1500	4405 950 1575
2	轨距,mm		600(508)	600(508)	600
3	最小转向半径,m		8	7	8
4	推进器行程,mm		1700	—	1000
5	行走方式及动力		人推或自行4.5瓩直流电机	自行用3.5瓩的ZQ-4-Z型直流电机	行走电机ZQ-4(6)3.5千瓦
6	装配的凿岩机型号及台数		YT-30型二台	YT-30型或40、50公斤中型凿岩机	YSP-45,YGP-28或YG-40
7	工作臂动作范围		托盘沿水平面回转±30°	悬臂:上扬角42°,下俯角28°,外摆角40°,内摆角30°;滑架:上扬角30°,下俯角30°,外摆角25°,内摆角42°	大臂:水平内转24°,水平外转37°,垂直上摆32°,垂直下摆26°;滑架:水平内摆32°,水平外摆24°,垂直下摆32°,垂直上仰26°
8	适用巷道断面 m²		1.8×1.8; 2.2×2.5	2×1.8; 2.8×3.2	2×2～2.6×3.2
9	总重,kg		—	1800	1850

目前,稀有金属矿山中多用轻型的低频、内回转机构的凿岩机,分别装在气腿子和台车上。兹将主要型号的技术性能列于表3-3-7。

2. 凿岩台车

目前,中国稀有金属矿山中,多采用轨轮式凿岩台车。兹将PYT-2C型凿岩台车等主要型号的技术性能列于表3-3-8。

3. 凿装联合机组

这类机组是为了一机多用,提高机械化水平。其组合方式有:

(1)耙斗式凿装联合设备。即在耙斗链板装载机上加设液压凿岩支臂;

(2)蟹爪式凿装联合设备。即在蟹爪式装载机上加设液压凿岩支臂;

(3)带凿岩支臂的凿岩机组与装岩机配套使用组成联合设备。即凿岩机组沿悬架式单轨送入工作面,并安装在装岩机上工作。

4. 提高凿岩效率的基本措施

(1)采用高效率的凿岩机,当应用台车时务必配备中型、高频、外回转式凿岩机或液压凿岩机;

(2)实行多机凿岩。当应用气腿式凿岩机时务必采取多机同时凿岩措施;

(3)合理选取炮眼直径和深度。

(四)爆破工作

爆破效果的优劣对掘进速度、巷道质量、支护效果和掘进工效、成本等都有较大的影响。

1. 爆破技术

爆破技术的进步,主要表现在能保证良好的巷道规格,减少对周帮岩石的破坏和提高爆破效率的控制爆破(光面和预裂爆破)、微差爆破技术和直线型掏槽方法的发展和应用上。

光面爆破和预裂爆破技术是以保证巷道规格质量为主要目的和特征的。而微差爆破技术,则以其起爆间隔时间十分短暂（以毫秒计）为特征。它的起爆方法和工具主要有四种：微差电雷管起爆法；利用导爆线和继电器起爆法；导爆线起爆法；特殊电气网路及起爆器控制的起爆法。

2．炮眼排列方法

确定炮眼排列方法时，应全面考虑岩石的性质、巷道断面、选用的炸药和药包装填结构，以及凿岩工作是否方便等因素。

（1）掏槽炮眼排列法。常用的掏槽方法有下列几种：

1）楔形掏槽法。本法有垂直楔形(图3-3-8)和水平楔形掏槽两种。前者应用广，而后者只是在极有利岩石地质条件下才采用。掏槽炮眼大都布置在巷道中部；

2）直线型掏槽。本法有桶形掏槽和龟裂掏槽两种。前者应用较广。

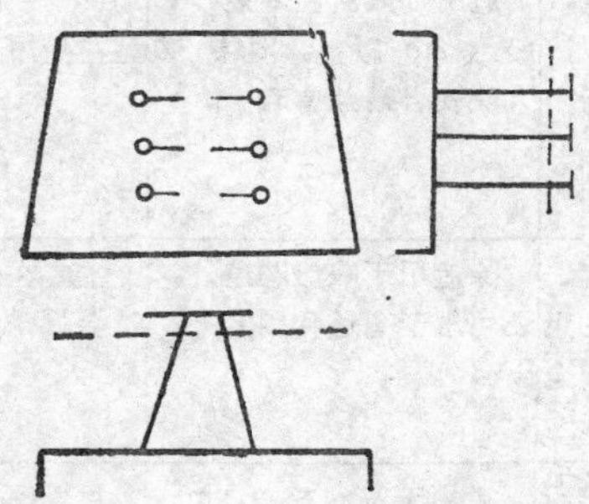

图 3-3-8 垂直楔形掏槽示意图

桶形掏槽法的几种槽眼布置方案，见图3-3-9。根据岩石性质和凿岩设备，有普通形、螺旋桶形和带有大深孔桶形（见图3-3-10）等三种。

（2）辅助炮眼和周边炮眼的排列。这两类炮眼的排列，应能满足：

1）岩石依设计的轮廓线崩落；

2）崩落的岩石，不崩坏支架和设备；

3）一个炮眼药包的起爆，不会引起相邻炮眼药包的殉爆或带出；

4）岩块的大小均匀，能适应装岩机工作的要求。

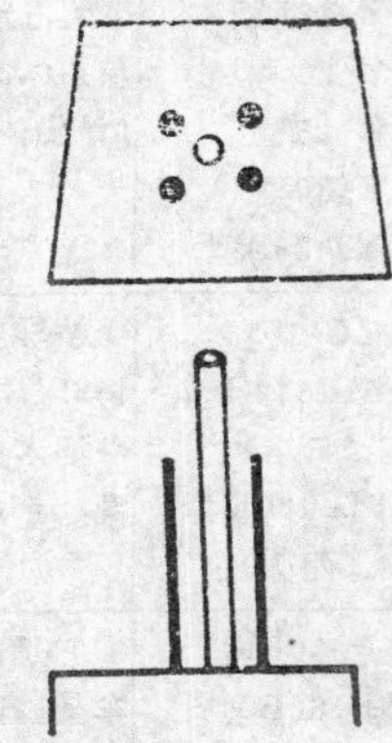

图 3-3-10 带有大深孔桶形掏槽示意图

为达到好的爆破效果，排列时应注意以下几点：

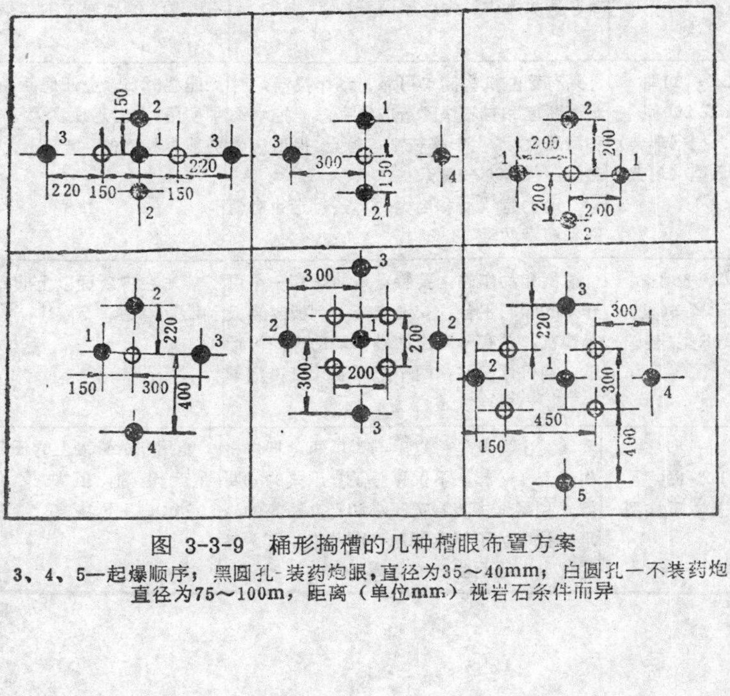

图 3-3-9 桶形掏槽的几种槽眼布置方案

1、2、3、4、5—起爆顺序；黑圆孔-装药炮眼，直径为35～40mm；白圆孔—不装药炮眼，直径为75～100m，距离（单位mm）视岩石条件而异

（1）周边眼的眼口距岩帮一般为100～250mm，岩石愈硬，此距离愈小；反之，则可适当加大；

（2）帮、顶眼的眼底位置，应根据岩石的坚固程度而定。软岩时，帮、顶眼垂直于工作面；f为4～8时，眼底正好落于巷道轮廓线上；当中硬以

表 3-3-9 平巷掘进装载设备分类及适用条件

序号	装载机类型	主要型号	基本特点	适用条件	备注
1	铲斗正装后卸式	ZQ 26型 2CQ-1型 F2H-5型 2CQ-4型 2-30型	为气动轨道式；铲斗直接向后卸载，容积为0.13～0.5m³；生产能力为15～90m³/h；行走速度为0.75～1.57m/s	适用巷道断面为1.8×1.8 m²～3.5×3.2m²；气压最低为0.35～0.45MPa；装岩块度为300～700mm；所有有轨的中、小断面巷道均可使用	目前中国矿山中、小断面巷道中应用最广
		Z-17型 Z-20C型 Z-25型 Z-30型 YJ-30B型	为电动轨道式；铲斗直接向后卸载，容积为0.17～0.30m³；生产能力为20～60m³/h；行走速度为0.8～1.16m/s	适用巷道断面为1.8×2m²～2.5×2.3m²；装岩块度为500mm；所有有轨的中、小断面巷道均可使用	
2	铲斗正装侧卸式	ZC-1型 ME632H型（日本） HL180K型（西德）	铲斗正面铲装，在设备前方侧转卸载，铲斗仅有一侧挡板，或双侧均无挡板；铲斗插入力大，斗容大，(0.6m³)，生产能力高；铲取面宽，不移动机器可铲4m宽	适用于大断面巷道，一般为12m²以上，对铲装大块硬岩最为有利	目前中国只有ZC-1型在使用
3	耙斗式	P-30B型 P-60B型 PY-90B型	它是由耙斗、装车台、卸料槽和铰车、车架，以及主尾绳和滑轮等部件组成的组合机械，具有结构简单、操作容易、安全可靠、生产率高、适用面广等特点	除适用于一般巷道外，还可用于弯道和斜巷	主要在煤矿巷道斜井及金属矿的斜井中应用
4	铲插式	CCZ-150型	以行走前进铲斗插入和铲取相配合进行装岩，具有结构简单、工作平稳、运行可靠、事故点少、生产率高等特点	适用于宽2.4～3.2m、高2m以上的巷道，在岩石块度大的硬岩中工作很有利	目前CCZ-150型在矿山应用效果好
5	立爪式	LZ-100型 LZ-200型 9HR型（瑞典） 8HR型（瑞典）	具有耙随机构简单可靠、动作灵活，对巷道断面和岩石块度适应性强，能挖水沟和清理底板，生产率较高等特点，但爪齿易磨损，操作亦较复杂 动力有气动和电力两种，行走也有轨道和履带两种	能在5m²以上任何断面中使用，在岩石块度大时，亦能保持高的生产率	该类装岩机只有几个矿山使用
6	蟹爪式	LB-80型 ZXZ-60型 18HR型（美国）	结构和动作的主要特点是前端有一个可升降的倾斜平台，安设皮带、刮板或链板运输机，并有一对由曲轴带动的两个耙爪，随机体前移，两个耙爪连续交错耙取岩石，形成连续装岩	能用在中断面以上的各种断面巷道	国内煤矿使用较多，马万水工程队月进1400m时采用这类装岩机
7	蟹立爪组合式	新-1型 LBZ-150型 蟹立爪式型	其突出特点是将立爪与蟹爪两种耙岩机构组合在一起，不仅克服了立爪式的间断耙岩和蟹爪式装岩宽度小和耙高密集的岩堆时铲取力不够等问题，而是集中了两者的优点，因而生产能力高	能用于6m²以上的任何断面巷道，但块度在500mm以下为宜	LBZ-150型（江西矿山机械厂）已在多处推广，新晃汞矿月进1056.8m时便采用这类装载机

上岩石时，眼底应稍超出巷道轮廓线的范围。

（3）底眼眼口距底板一般为150～200mm，并稍许向下倾斜；

（4）周边眼的眼口距一般为500～800mm（底眼间距稍小）；

（5）辅助眼的眼口距一般为400～600mm，其眼口应正好落在掏槽眼与帮眼眼口的中间位置；

（6）所有辅助眼与帮、顶眼的眼底，均应保持在同一深度的平面上。

3．炮眼直径的选择

选择时，最主要的是根据本单位的凿岩工具和爆破器材，进行必要的试验和观测，弄清前述的眼径与凿速、眼数和爆破效果的关系，以寻求凿岩时间短和爆破效果好的合理眼径。

4．炮眼深度的确定

在确定合理眼深时，一般应全面考虑的因素有：

（1）要适应施工的具体条件；（2）要保证较高的爆破效率；（3）应尽可能使每班完成整数循环。

确定炮眼的具体数值时，可用实测的方法求得合理深度；也可以在分析各工序所需时间及相互关系的基础上，列式加以计算。

5．工作面总炮眼数的计算

表 3-3-10　蟹爪、立爪和蟹立爪装载机规格性能表

技术性能	单　位	立爪式		蟹爪式		蟹立爪式	
		LZ-100型	LZ-200型	ZXZ-60型	LB-80型	LBZ-150型	蟹立爪式
装载能力	m^3/h	100	200	60	80	150	100～120
最大装载宽度	mm	3300	4150	1600	1800	2850	1940
卸载高度	mm	1400	1700		2000		1400～1950
最大装载块度	mm	500～600	800		600	600	500～600
适用最小巷道断面	m^2	2.2×2.2	3×2.8	6	2.7×2.6	>6.0	>6
适用巷道最小曲率半径	m	9	9	>12		>12	12
总功率	kW	40	45	64.5	89.5	59.75	79
立爪耙取次数	次/min					15	
立爪耙取高度	mm					1230	
立爪耙取距离	mm					1290	
立爪耙取宽度	mm					2850	
立爪超挖深度	mm					204	
蟹爪耙取次数	次/min			31.8		40	
蟹爪耙取宽度	mm			1600		1700	
机头链带运输机宽度	mm			405		650	640
机头链带速度	m/s			0.81		0.8	
运输机皮带宽度	mm			450		650	
运输机皮带速度	m/s			1.25		1.17	
履带行走速度	m/min			12.8；20		12	
履带接地比压	kg/cm^2			1.27		1.5	
油泵流量	L/min			32		84	
油泵压力	kg/cm^2			0～140		100	
机器重量	t	7	11.3	约15		12	16.56
机器最大外形尺寸（长×宽×高）							
装岩时	mm	5470×1600×1900	6190×1900×2360	8100×1600×1980	8700×1800×1700	8957×2850×2120	8370×2110×2460
行走时	mm	4900×1300×1500	6850×1600×2015	8100×1600×1770		8520×1700×1720	8370×2110×1731
生产厂家		南昌通用机械厂	同左	淄博矿山机械厂	焦作矿山机械厂	江西矿山机械厂	太原矿山机械厂

首先用常用的简单公式求出单位面积所需的炮眼数n：

$$n = 2.7\sqrt{\frac{f}{S}} \qquad (3\text{-}3\text{-}1)$$

式中 f——苏联普氏岩石坚硬系数；

S——巷道断面积，m^2。

故总眼数N为：

$$N = nS = 2.7S\sqrt{\frac{f}{S}} = 2.7\sqrt{fS} \qquad (3\text{-}3\text{-}2)$$

一般说来，上式求出的炮眼数稍为偏小，应经试验确定。

6．炸药量的计算

炸药量可用公式计算，其总炸药量也可用统计法计算，即根据确定的合理炮眼数和炮眼长度，并根据岩石的物理力学性质，通过试验摸索找出工作面各类炮眼所需的装药长度系数（如一般掏槽眼为0.7～0.9；其它炮眼为0.5～0.7，视岩石条件和炸药性质、炮眼直径等因素而定）；最后，根据各炮眼的实际装药量统计出工作面的总装药量，这种方法得出的数值，更为切合实际。

（五）岩石的装载与转运工作

平巷掘进过程中，岩石的装载与转运工作是最繁重、最费时的工序。一般情况下，这一工序约占掘进循环时间的35～50%。

1．装载设备及其选择

平巷掘进使用的装载设备的类型和型号很多，其特点和适用条件等情况列于表3-3-9。

选用装岩机时，应考虑巷道规格以及对掘进速度和机械化程度的要求。一般采用铲斗正装后卸式（气动或电动）装岩机和铲插式装岩机；如要求机械化程度高，掘进速度快，且巷道断面允许，则应尽可能采用蟹立爪或蟹爪式装载机。国产的蟹爪、立爪和蟹立爪装载机的规格性能列于表3-3-10。

2．调车方法及转运设备

在装运工作中，合理选择调车方法及转运设备以缩短调车时间，是加快巷道掘进速度的重要措

表 3-3-11 调车转载方法及设备情况表

调车转载方法		基本特点及评价	适用条件
错车道调车法	固定错车道法	方法简单，可用机车调车，人力辅助；错车道不能紧跟工作面 装岩机的工时利用率只有20～30%	适用于工程量不大，掘进速度要求不高的巷道
	活动式调车法	将固定道岔改为简单的平移调车器、气动调车器、浮放道岔等专用调车设备。这些设备移动灵活，可紧跟工作面前移，装岩机工时利用率可达30～40%	适用于单双轨巷道，在没有转载设备的矿山，要求达到较高掘进时，都应采用这种调车方法及选用相应设备
胶带转载机调车法	悬臂式胶带机法	结构简单，长度较短，行走方便，但容纳的矿车数量过少，装岩仍需停机待车，连续装载能小	适用掘进速度要求不太高的巷道，弯道也能应用
	支撑式胶带机法	设有辅助轨道，专供支撑架行走；可以存放较多矿车，连续装载能力较大	适用于长直巷道掘进
	悬挂式胶带机法	转载机悬挂在巷道顶部单轨架空轨道上；容纳矿车多，移动灵活，可使装岩机基本连续作业；要挂设架空轨道，辅助工作量大	仅适于长直巷道掘进
转载运输机械化作业线法	转载斗车作业线法（见图3-3-11）	由转载斗车和一列专用矿车及一台架线式蓄电池机组成，有的用双斗转载车，转载效率更高；操作较复杂，铺轨质量要求高	适用于中、小断面巷道
	新-1型胶带转载车法（见图3-3-12）	由一台新-1型过桥胶带转载机和一列新-1型胶带转载车、一列大容积专用矿车及架线机车组成；每辆1.8m³矿车都有一台胶带转载车，可在矿车上移动，装岩机基本上连续工作，效率高，设备繁多	适用要求高速掘进的长巷道、新晃汞矿创月进1056.8m时便采用此设备
	梭式矿车法(见图3-3-13)	梭车既是转载设备，又是运输设备，其特点是加大矿车容积(4～8m³)，减少调车次数，实现装岩机基本连续作业	因车身较长，井下拐弯困难，一般适用于长的平直巷道掘进，马万水工程队创月进1403m时便采用此设备

施。其主要特点及适用条件等情况列于表3-3-11。

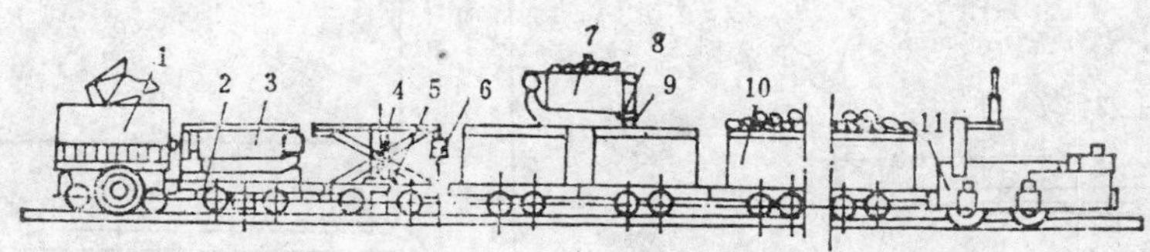

图 3-3-11 斗式转载列车转载工作示意图

1—华-1型装岩机；2—升降台；3—短途斗车；4—升降气缸；5—配电箱；6—操纵阀门钮；7—长途斗车；8—升斗气缸；9—自动定位器；10—矿车；11—华-1型电机车

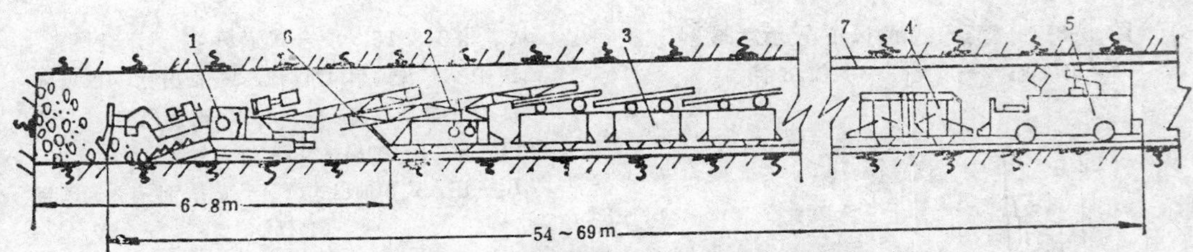

图 3-3-12 皮带矿车转载装运机械化作业线示意图

1—LBZ-150型蟹立爪装载机；2—新-1型过桥皮带车；3—新-1型皮带矿车；4—平巷人车；5—7t电机车；6—钢轨；7—电机车架线

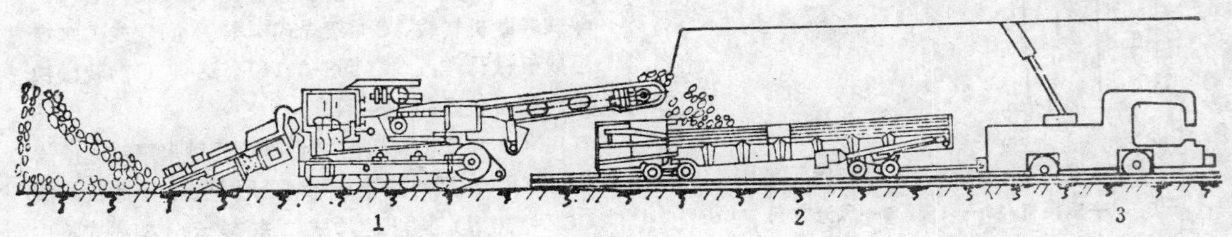

图 3-3-13 梭车矿车转运机械化作业线示意图

1—ZXZ—60型蟹爪式装载机；2—梭式矿车；3—10t架线式电机车

（六）通风防尘工作

1．掘进中的通风方法

目前，我国矿山绝大部分都采用机械通风方法，几乎都已建成整个矿井的通风系统。而在平巷掘进中，则均采用局部通风方法。局部通风主要有如下三种方式：

（1）压入式通风。它是由局扇吸入新鲜空气，通过风筒压送到掘进工作面，以稀释并排出工作面的有毒有害气体和粉尘，并使之流经整个掘进巷道进入主回风巷，见图3-3-14。它不宜用于长巷道通风。

（2）抽出式通风。这种方法是由局扇直接将掘工作面爆破产生的有毒有害气体，通过风筒吸出送至主回风巷，见图3-3-15。因此，污风流不会流经巷道的全长，故宜于掘进长巷道使用。

（3）混合式通风。单独采用吸出式或压入式通风方式，均有其难以克服的缺点。混合式是吸出式和压入式的联合使用，能克服它们的缺点，实现快速通风和巷道空气清新的效果，见图3-3-16。一般长巷道掘进和组织快速掘进时均采用这种通风方式。

2．掘进中的防尘工作

掘进中的防尘工作的基本措施是加强通风和喷雾洒水工作。一般应做好减尘、降尘、排尘和个体

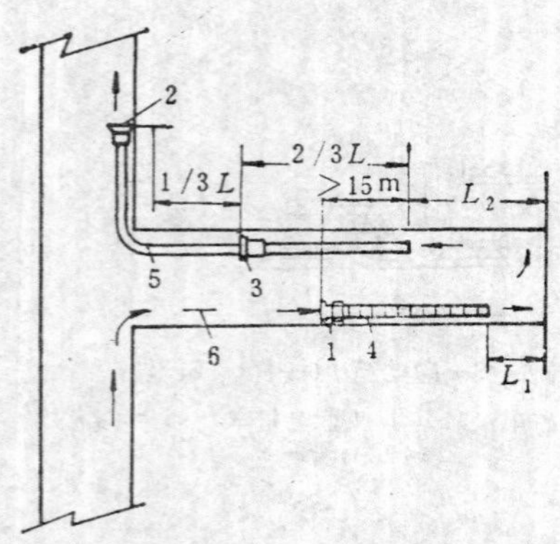

图 3-3-14　压入式通风布置示意图

1—扇风机；2—风筒；3—风流方向

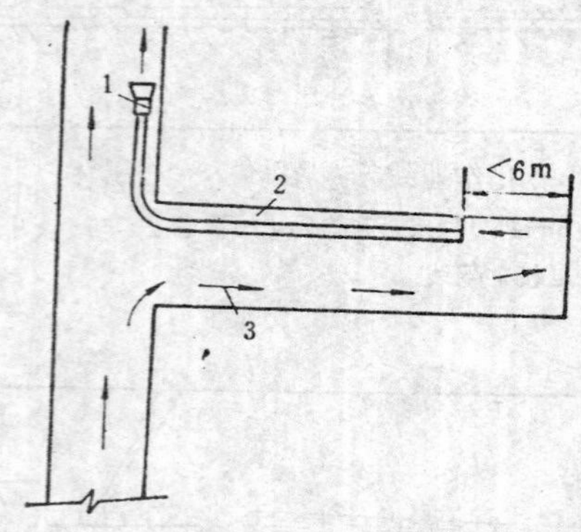

图 3-3-15　抽出式通风布置示意图

1—扇风机；2—风筒；3—风流方向

防护等四个环节的工作。

上述四个环节中，首先是减尘，即采取措施尽量减少凿岩爆破和装岩等工序中的粉尘产生量；降尘是将已产生的粉尘从飞扬状态中降落下来，或抑制其飞扬；排尘是用有效的通风把粉尘排出工作面，送到主回风巷。

（七）平巷掘进机械化作业线

平巷掘进机械化作业线设备配套，是指掘进各工序所用的机械设备，特别是主要工序的施工机械在规格和生产能力上要基本相适应，形成配套的机械化作业线，使之充分发挥每一施工机械的生产能力，从而提高掘进机械化水平和综合的技术经济效果。

目前，国内矿山平巷掘进机械化作业线的配套形式，主要有如下6种：

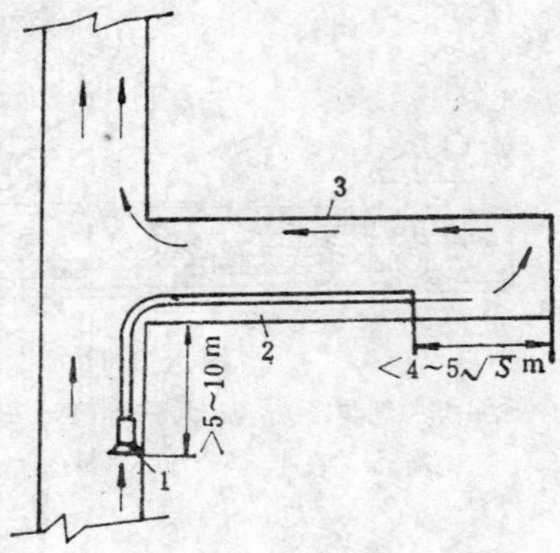

图 3-3-16　混合式通风布置示意图

1—压入风流的扇风机；2，3—抽出污风的扇风机；4—软质风筒；5—铁皮或软质风筒；6—风流方向；L—抽出式风筒的总长度（m）；L_1，L_2—压入式和抽出式风筒至工作面有效通风距离（m）

（1）双机凿岩台车（PYT-2型或CGJ-2型）、YT-25型（7655型等轻型）凿岩机凿岩，华-1型（或ZCZ-26型等装岩机）装岩机装岩，斗式转载机转载，2 t架线式机车及固定式矿车等组成机械化作业线（图3-3-11）。这是目前我国钨矿山用得较多的一种形式。

（2）三机液压凿岩台车，高频率高钻速凿岩机（YG-30型）凿岩，液压顶耙式装载机（或CCZ-150型）装岩，梭式矿车转运，架线式机车牵引组成机械化作业线。

（3）双机凿岩台车、立爪式装载机、斗式转载车、固定式矿车、架线电机车等组成机械化作业线。

（4）双机凿岩台车、华-1型铲斗式装载机、顶耙式大矿车和7 t架线机车等组成机械化作业线。

（5）多台7655型凿岩机凿岩、LBZ-150型蟹立爪装载机装岩、皮带转载矿车及7 t架线机车及卸载台等组成装运卸机械化作业线(图3-3-12)。

（6）多台7655型凿岩机凿岩、ZXZ-60型蟹爪式装载机装岩、梭式矿车转运、10 t架线机车等组成机械化作业线（图3-3-13）。

此外，有些矿山还配备支护机械化设备，组成更为完备的凿、装、运、支的综合机械化作业线。

三、天井掘进

天井掘进有普通法、吊罐法、爬罐法、深孔分段爆破法和钻进法等多种方法。

中国50年代末至60年代初研制推广了吊罐掘进法，利用中心大孔通风、吊罐作凿岩平台，能取得较好的技术经济效果，但仍存在安全隐患。60年代中期以后，曾引进并少量推广爬罐法，爬罐沿导轨升降，亦作凿岩平台用，但不需开凿中心大孔。与吊罐法比较，适用范围较广，但设备投资大，安装复杂。深孔分段爆破法在掘进50m以内的天井是一种好方法，在解决深孔钻机和深孔爆破技术后，应积极推广。

钻进法是使用天井钻机和扩孔刀头刀具来钻扩天井，因而不需装药爆破，人员不进入工作面，施工全部机械化连续作业的掘进方法。它具有掘进速度快、劳动生产率高、作业安全、劳动强度低、工作可靠、且可实现遥控和采用电子计算机技术来提高钻进效率等优点，应当积极推广应用。

1．天井钻机的钻进方式

（1）上扩法。天井钻机安在上中段，先用牙轮钻头向下钻一条导孔与下部中段相通。之后，换上扩孔刀头自下而上扩孔（图3-3-17，a）。这是主要的钻进方式。岩碴可借自重坠落，不会出现岩碴重复破碎情况。

（2）下扩法。天井钻机安在下中段，先用牙轮钻头向上钻一条导孔与上部中段相通，之后，换上扩孔刀头自上而下扩孔（图3-3-17 b）。这种方式缺点较多一般不宜采用。

（3）全断面上向钻进法。使用盲井钻机，钻机安在工作中段后，全断面上向钻掘井筒（图3-3-17 c）。本法除用于盲井钻进外，新型盲井钻机亦可钻掘一般天井，钻进程序同下扩法。其优点是可用外形较小的盲井钻机，扩较大直径的井筒，也可消除岩碴重复破碎的缺点。

2．天井钻机的型号及技术性能

现将中国现有天井钻机的型号及规格性能列于表3-3-12。

四、斜井及斜坡道掘进

斜井掘进，其倾角较大时，与竖井掘进相类似；倾角较小时，则与平巷掘进相类似。目前，斜井工程在稀有金属矿山中很少。但由于螺旋形斜坡道开拓日益显示了它的优越性，斜坡道工程将会逐渐增多。兹将斜井掘进工艺技术简述如下：

1．井口段表土施工

其方法根据井筒倾角大小、表土层的稳定情况及地表地形而定。当倾角大于45°时，其施工类似竖井，即在地表稳定时，先竖起大井架和安装提升设备及其它准备工作后，便可破土开挖。而表土不稳定时，才使用三角架、龙门架及稳车作为井口段掘的提升；当倾角小于45°时，一般只在工业广场

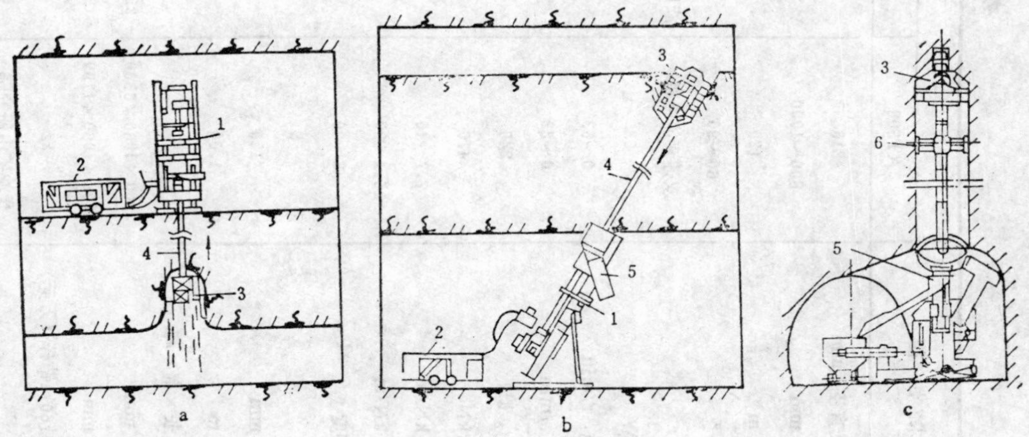

图 3-3-17 天井钻进法的钻进方法

a—上扩法；b—下扩法；c—盲井钻进

1—天井钻机；2—动力组件；3—扩孔钻头；4—导向孔；5—漏斗；6—稳定器

表 3-3-12 天井钻机型号及主要技术性能表

技术性能	型号					
	AT500	TYZ500	TYZ100	TYZ1500	AT1500	AT2000
钻（导）孔直径，mm	216	216	216	250	250	250
扩孔直径，mm	500~1000	500~800	1000	1500	1200~2000	1800~2500
钻进深度，m	120	120	120	120	120	120
成井角度，°	60~90	60~90	60~90	60~90	60~90	60~90
驱动方式	双速直流电机	液压NJM—2/4FB	液压NJM—2/4FB	液压NJM—2/4FB	液压AT—M6.3	液压LJMD125
总功率，kW	63	72	92	75	125	149
钻孔转速，r/min	0~63	0~70	0~40	0~40	0~60	0~54
扩孔转速，r/min	0~32	0~35	0~20	0~13	0~12	0~13
钻孔推进力，kN	240	320	320	320	0~650	0~75
扩孔拉力，kN	470	480	720	1000	0~1150	0~134
钻孔扭矩，kN·m	7.7~10	5.6~8.2	9.24~15.23	124.2	13.4~17.0	17.8~24.8
扩孔扭矩，kN·m	15.4~20	11.2~13.4	18.48~24.64	37	68.4~86.6	69.2~96.3
适应岩石硬度 f	8~20	8~16	8~16	8~16	8~20	8~20
主机重，t	5	3.4	4.5	5.5	9	10
钻杆直径，mm	180	180	176	200	200	200
钻杆长度，m	1.05	1.05	1.14	1.14	1.08	1.18
外形尺寸：长×宽×高						
工作时，mm	2200×1060×3300	2580×1340×2650	2940×1320×2833	3050×1630×3289	3050×1376×3730	4550×1380×4030
运输时，mm	2208×1060×1190	1900×1040×1220	1920×1000×1130	2200×1200×1375	2890×1370×1397	2890×1380×1398
参考价格（带60m钻杆）（万元）	22	22	26	36	36	42
制造厂家	长沙矿山研究院	长沙矿山研究院	长沙矿山研究院	衡阳冶金机械厂	南京工程机械厂	嘉兴冶金机械厂

的平整之后，便可破土施工。

斜井井口坑侧壁的坡度可采用表土层的自然安息角值。

2．斜井基岩掘进

由于倾角大都在30°以下，故与平巷掘进近似，特别是凿岩爆破作业。但因斜井工作面在下前方，爆破不仅要破碎岩石，还需一部分爆破能消耗在克服破碎岩体的自重上。所以在相同条件下，斜

表 3-3-13 采矿方法分类表

按地压管理分	采矿方法类别	采矿方法分组	采矿方法名称	采矿方法主要分类
自然支撑法	空场法	分层（单层）空场法	全面采矿法	（1）普通全面法 （2）留矿全面法
			房柱采矿法	（1）浅孔落矿房柱法 （2）中深孔落矿房柱法
			留矿采矿法	（1）极薄矿脉留矿法 （2）浅孔落矿留矿法
		分段空场法	分段采矿法	（1）有底柱分段采矿法 （2）连续退采分段采矿法
			爆力运矿采矿法	
		阶段空场法	阶段矿房法	（1）水平深孔阶段矿房法 （2）垂直深孔阶段矿房法
崩落法	崩落法	分层（单层）崩落法	壁式崩落法	（1）长壁崩落法 （2）短壁崩落法 （3）进路崩落法
			分层崩落法	（1）进路回采分层崩落法 （2）长工作面回采分层崩落法
		分段崩落法	无底柱分段崩落法	（1）典型方案 （2）高端壁无底柱分段崩落法
			有底柱分段崩落法	
		阶段崩落法	阶段强制崩落法	（1）典型方案 （2）分段留矿崩落法
			阶段自然崩落法	
人工支撑法	充填法	分层（单层）充填法	上向分层充填法 上向进路充填法 点柱分层充填法 下向分层充填法 壁式充填法	
		分段充填法	分段充填法	
		阶段充填法	分段空场事后充填法 阶段空场事后充填法 VCR事后充填法 留矿采矿事后充填法 房柱采矿事后充填法	
	支柱法	方框支柱、横撑支柱法		

井掘进所需的炮眼数和装药量较平巷多，在靠底板边炮眼所需炸药量更多。

装岩工作较平巷困难，还有一些斜井掘进采用人工装岩。但近几年来多数采用优点较多的耙斗式装岩机。目前主要有ZYP-17型（斗容0.3～0.4m^3）和ZYPD-1/30型（斗容0.7m^3）两种。

国外掘进斜坡道多采用凿岩台车打眼，铲运机出碴。这种方法在金川等矿区也得到应用。

斜井掘进提升设备有矿车和箕斗两种。除井筒较短时为简化井口临时设施，可考虑采用矿车外，一般都应采用箕斗提升。

目前，中国矿山采用的箕斗有后卸式，前卸式和无卸载轮前卸式3种。后一种去掉了两侧的卸载轮，不仅结构简单，可以扩大箕斗的有效装载宽度，从而增大容量、缩短卸载时间，且可避免发生挂坏井筒管线、设备和误伤人等事故。因此得到较多的应用。

通风与平巷相似。当斜井特别是斜坡道的长度很大时，为了解决工作面通风的困难，采用了在斜坡道通过的位置上自地面打大直径通风深孔的措施。但排水则与竖井掘进近似，必须采用机械排水方法，如一般情况下采用潜水泵；当涌水过大时，则应采用普通水泵，且为减少水泵移动次数，常辅以移动方便的喷射泵将工作面积水排至中间转水站，由普通水泵转排至地面。

第三节 采矿方法

一、采矿方法分类

采矿方法是研究矿块的开采方法。从生产工艺和管理看，地压管理是决定采场能否安全生产、高效崩矿和出矿的关键，且地压与采场结构也密切相关，故下面以矿块回采时地压管理方法作为分类的依据，其分类见表3-3-13。对在稀有金属矿山应用较多的留矿采矿法等几种方法加以介绍。

二、留矿法

留矿法适用于矿石和围岩中等以上稳固、矿石无氧化、结块和自燃的急倾斜薄和极薄矿脉的开采。此法在稀有金属矿山中使用广泛。据粗略统计，用此法采出的矿石量约占稀有金属矿石总量的$\frac{1}{3}$～$\frac{1}{2}$；其中，钨矿占85%以上，脉金矿占42%，铀矿占7%。

（一）采区构成要素

采区构成要素如图3-3-18所示。阶段高度一般为40～50m，走向长度一般为50～60m，个别也有达100～200m的；采幅宽度，当矿脉宽大于0.8m时，采幅宽与脉宽一致，当矿脉宽小于0.8m时，则采幅宽不少于0.8m，且从拉底层起以上两个分层的采幅宽多为1.2m；顶柱高度2～3m，底柱高度2.5～3m，间柱宽度为6～8m（目前很少留间柱和底柱）。当底柱中矿石品位较高时，多用人工假底即用木材或钢筋混凝土做底部结构。

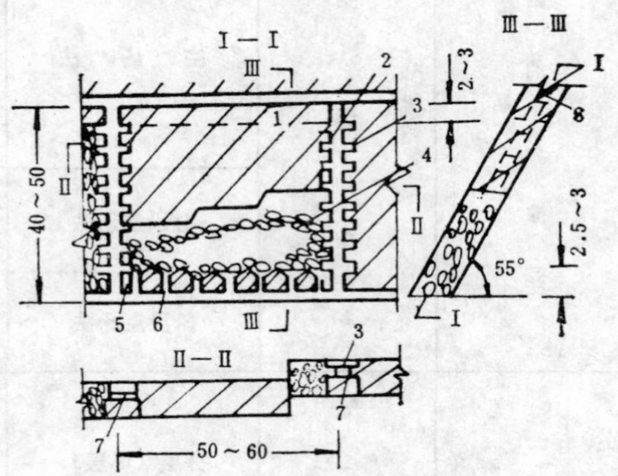

图 3-3-18 留有矿柱的留矿法

1—顶柱；2—天井；3—联络道；4—崩落的矿石；5—中段运输平巷；6—矿石溜口；7—间柱；8—回风平巷

（二）回采特点

在矿房中用浅眼由下向上逐层回采，一次采高不超过2m，每次放出的矿石只相当于回采分层爆破后碎胀的部分，这样可保持留矿堆表面至矿脉顶板之间有高度为2m左右的工作空间。一般放出崩矿量的30%左右，其余矿石暂留采场中，平整后作为继续上采作业的临时工作平台和支护两帮用。待矿房的回采作业全部结束后，才进行大量放矿，将暂留的矿石全部放出，然后封闭漏斗。

（三）留矿法的几种变形方案

为了有效地维护两帮，降低矿石的损失和贫化，在维护方式、采场结构上进行了各种各样的改革，创造了我国特有的适于不同地质条件的多种变形方案，扩大了留矿法的应用范围，提高了留矿法回采的经济效益。其中比较常用的方案列于表3-3-14中。

（四）留矿法的评价

表 3-3-14 浅眼留矿法的变形方案

序号	方案名称	特征及简要说明
1	标准方案留矿法	留有顶底柱和间柱，间柱中有天井和联络道，因此，采准工作量较大，间柱回采的损失贫化较大而且困难，在急倾斜薄矿脉中已很少采用
2	顺路天井留矿法	不留间柱，有时不用底柱，用人工矿柱取代高品位的底柱，随着回采的向上推进，用横撑支柱构筑顺路天井，节省了天井和联络道，在钨矿中普遍使用此方案
3	全面留矿法	在矿脉的中央或一侧开凿一条天井后，以连续阶梯式工作面回采整条矿脉，用于产状稳定，走向长度不大的矿脉
4	分段留矿法	矿石崩落在横撑支柱架设的工作台上，分段高度10m左右（即每隔10m的高度架设一次工作台）。采场中暂留矿石少，采场已采部分为空场，用于倾角不够陡的矿脉。架设工作台的劳动强度大
5	支柱留矿法	围岩不够稳固，为防止片帮，在采场中架设横撑支柱、丛柱、方框支架和棱棚，配合留矿支撑围岩的留矿法
6	杆柱留矿法	随着回采工作进行，用锚杆加固围岩，防止其片帮的留矿法
7	小矿块留矿法	将大采场划分为两个或四个小矿块进行回采，缩短回采时间，以期在片帮发生之前结束最终大量放矿的作业
8	工作面手选留矿法	围岩与矿脉的色泽区分明显，围岩不含有用成分，为了提高出矿品位，节省运输和选矿费用，在工作面剔除废石并将选出废石用以支撑围岩
9	爬罐留矿法	用爬罐升降人员，搬运回采所需的设备工具和材料
10	振动放矿留矿法	用振动放矿机取代木漏斗或气动阀门，以改善矿石流动性，减少矿石卡斗和悬空
11	电耙出矿留矿法	倾角不够陡，重力放矿有困难时采用；或平底式底部结构、利用溜井转运矿石时采用
12	装岩机出矿留矿法	平底式底部结构，装岩机出矿，脉外采准
13	铲运机出矿留矿法	平底式底部结构，脉外采准，铲运机出矿

本法采场结构简单，管理方便，操作容易，工人容易掌握等。暂留采场的矿石虽然有调节出窿矿石品位的作用但是积压矿石，影响资金周转。要全面推广"高风压、小钎头、集中作业、多循环"的经验，以实现控制采幅，提高工效和采场生产能力；推广振动放矿，改进振动放矿机，使之具有重量轻和可移动的特点；要简化底部结构，实现铲运机出矿，特别是在无轨化矿山；研制具有平场、松石等多功能的微型机，减轻工人的劳动强度，提高处理松石的安全性；加强采场地压的研究，改进地压管理。

极薄矿脉浅孔留矿法的主要技术经济指标见表3-3-15及表3-3-16。

三、充填采矿法

本法在富矿、稀有金属矿床开采中的应用比重，近几年来有较快的增长。据不完全统计，在金矿中由1980年占2%，上升到1985年的31%；铀矿由1980年不到50%，上升到1986年的76%。

（一）充填采矿法的适用条件

地表不允许陷落；有自然火灾危害的矿床；矿体形态复杂；采选的综合经济效益较好，要求贫化

表 3-3-15 极薄矿脉浅孔留矿法主要技术经济指标

指标名称	西华山钨矿	盘古山钨矿	瑶岗仙钨矿	大吉山爬罐浅孔留矿法	瑶坑矿块石砌壁浅孔留矿法	湘东钨矿横撑支柱留矿法	银山铅锌矿平底结构浅孔留矿法
采场生产能力，t/d	50～60	42				50～70	55～75
采矿掌子面工效，t	12.5	12.4	10.2	14.6	4.74	5.3	10～12
采矿凿岩台班效率，t	66	64	41.4	81.4	41.5	38	50～70
采切比，m/kt			21				12～16
损失率，%	6.1	4.7	13		14.2	6～7	12.6
贫化率，%	78	66～76	73～78	74	71.8	56.2	12～14
每吨矿石主要材料消耗							
炸药，kg	0.62	0.76	0.72	0.64	0.40	0.7～0.75	0.6
雷管，个	0.82	0.73	0.88	0.91	0.91	0.84	0.68
导火线，m	1.70	1.95	1.75	2.66	1.40	1.47	2.00
合金片，g	2.6	3.99	3.3		5.0	6～7	2～3
钎子钢，kg	0.027	0.05	0.055	0.089	0.071	0.070	0.045
坑木，m^3	0.006	0.0023	0.0022	0.0009	0.013	0.01～0.012	0.0019
直接成本，元	3.4	4.9～5.8	4.7～5.8	5.99		5.3	3.53

表 3-3-16 极薄矿脉留矿法矿山实际矿块能力

矿山名称	走向长 m	矿脉厚 m	倾角 °	矿块规格，m			矿块生产能力 t/d
				长度	采幅	高	
大吉山钨矿	600～800 最长1150	0.1～3.0 平均0.4	65～80	40～60 个别80	0.8～5.0	50	33
盘古山钨矿	800～1350	0.1～2.35 平均0.17～0.39	80～90	50～60	0.8～1.2	40～70	35
西华山钨矿	150～450 最长900	0.1～3.6 平均0.38	70～85	50～70	～1.0	38～56	56
画眉坳钨矿	30～950	0.1～3.0 平均0.43	74～86	40～60	1.2～1.4	40～50	36
下垄樟斗矿区	10～300	0.03～1.12	75～88	40～60 个别80～100	1.0～2.0	40～50	43
银山铅锌矿	100～600	1～5	60～80	30～60	1.0～5.0	43～55	46

注：1.矿山出矿均采用手动木漏斗，2.本表均系南昌有色冶金设计研究院调查整理。

损失率低的富矿、稀有金属矿床；矿体的上下盘围岩不稳固或者矿石、围岩都很破碎的矿床；贫矿在上部、富矿在下部，要求先采富矿或需自下而上开采的矿床等。几个金矿采用此法的原因如表3-3-17。

（二）对充填法的评价

优点：采准切割工程量少，适应矿体形态变化能力强，矿石的损失、贫化率小；可进行选别回采，可适用于极薄矿脉或多品种矿石的矿体；能防止内因火灾，有利于深热矿井工作面降温。

缺点：增加充填工序，回采工艺相对复杂，采矿成本亦较高；回采循环时间较长，生产能力相对较低。

（三）充填采矿法的主要方案

表 3-3-17　几个金矿选用充填采矿法的原因

矿山名称	采　矿　方　法	选用充填采矿法的原因
三山岛金矿	点柱分层充填采矿法	防止海水渗入坑内
焦家金矿	上向进路充填法；上向（分层尾砂）胶结充填法	保护地表高产农田
湘西金矿	壁式充填法；单斜削壁充填法	保护地表，矿脉极薄
新城金矿	上向（分层）充填法	保护地表果园

表 3-3-18　充填采矿法的主要方案表

充填料名称	所用方法	输送方式	基本材料	材　料　特　点
干式充填料	干式充填法	人力、风力、机械	废石、专用块石	惰性，不自燃，不挥发有害气体，块度200～300mm，用抛掷机时为70～80mm，压气输送时，小于输送管直径的1/3已很少采用
水力充填料	水砂充填法	管道	泥砂、河砂山砂、人造砂，水淬炉渣	渗透性不低于5～7cm/h，含泥量不超过3%，0.037mm以下粒级不超过10～15%，沉降率不超过3～5%。
胶结充填料	胶结充填法	管道	水泥、分级尾砂，全尾砂	含泥量不超过3%，含硫量不超过1%，龄期强度20～30号
	混凝土充填法	管道电耙	水泥、砂、碎石	水灰比1～2
	块石胶结充填法	管道送砂浆，矿车皮带机送块石	块石、水泥砂浆	作嗣后充填，处理采空区

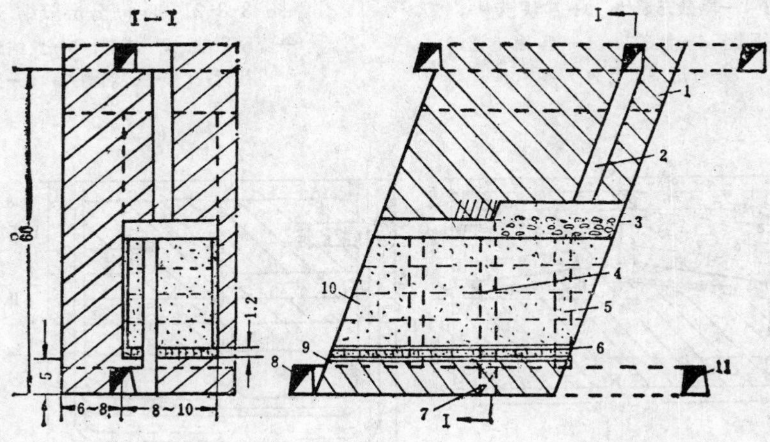

图 3-3-19　上向水平分层水力充填采矿法

1—顶柱；2—充填天井；3—矿石堆；4—人行滤水井；5—放矿溜井；6—主副钢筋；7—人行滤水天井通道；8—上盘运输巷道；9—穿脉巷道；10—充填体；11—下盘运输巷道

充填采矿法在充填材料、充填方法本身和充填料的输送方式等演变形成多种方案列于表3-3-18。

1．水力充填采矿法

按照不同的矿体赋存条件和回采工作面的推进方向，可分为：

（1）上向水平分层水力充填采矿法。它的特点是，将矿房划为分层进行回采（图5-21)。回采工作面自下而上逐层推进，每向上回采一分层，即用充填料充填采空区。充填时，要留出继续向上作业的工作空间。

回采作业的工序是：凿岩、爆破、通风、出矿、充填准备和充填作业等循环进行。

（2）下向水平分层水力充填法。该法用于回采矿石和围岩均不稳固、矿石品位较高、地表不许崩落的矿体（图3-3-20)。它的特点，是在人工假顶的保护下进行回采作业，其回采推进方向与上向水平分层水力充填法相反，是自上而下分层回采。每采完一层，即用木底梁、混凝土或钢筋混凝土铺设假顶，然后将充填料送人上部空区。

2．胶结充填采矿法

本法是在水力充填采矿法的基础上发展起来的。其目的在于克服水力充填法的充填体的强度低所引起的缺点，以便提高矿石回收率。

胶结充填的充填料，目前主要使用300～500标号的硅酸盐水泥作胶凝剂，5～100mm（甚至更大

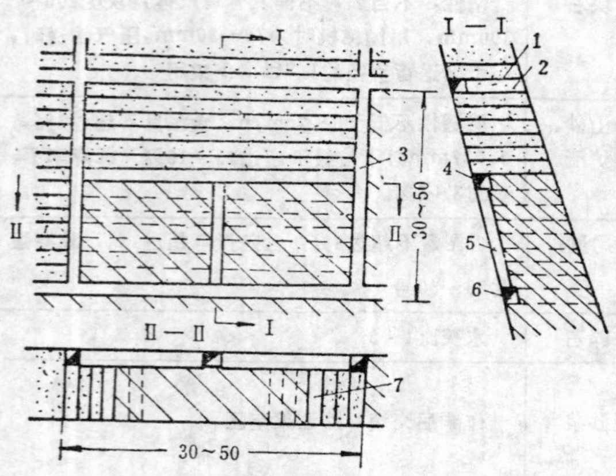

图 3-3-20 下向分层水力充填采矿法

1—人工假顶；2—尾砂充填体；3—矿块天井；4—分层切割平巷；5—溜矿井；6—运输巷道；7—分层采矿巷道

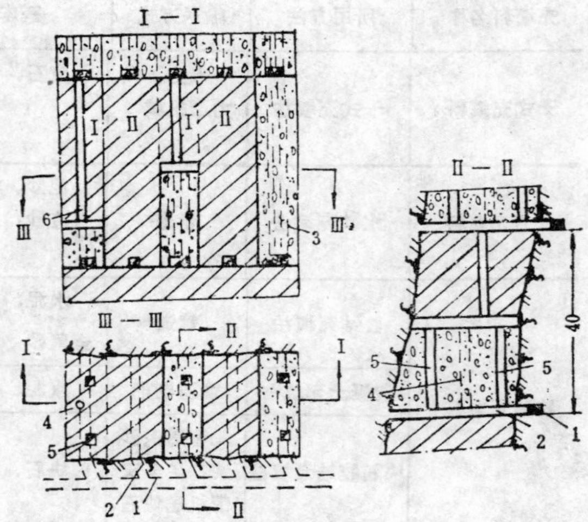

图 3-3-21 上向分层胶结充填采矿法

1—阶段平巷；2—横巷；3—胶结充填体；4—人行天井；5—矿石溜井；6—充填天井

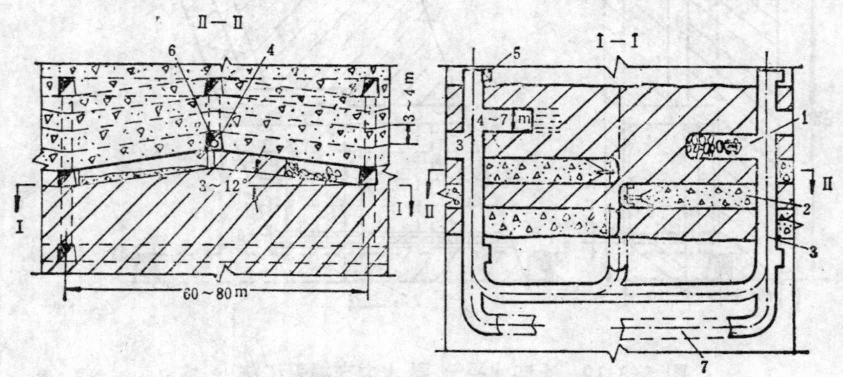

图 3-3-22 下向分层胶结充填采矿法

1—巷道回采；2—进行充填的巷道；3—分层运输巷道；4—分层充填巷道；5—矿石溜井；6—充填管路；7—斜坡道

一些）的碎石作粗骨料，0.15～5mm的砂粒作细骨料和适量的水。

由于矿体和围岩的稳固程度及回采工作面推进的方向不同，同水力充填法一样，胶结充填采矿法也分为上向分层胶结充填采矿法和下向分层胶结充填采矿法。

（1）上向分层胶结充填采矿法。其特点是将采区分为矿房和矿柱，用两步骤回采(图3-3-21)。回采的第一步骤是用胶结充填料充填，使之形成高强度的人工矿柱，然后用其它方法回采另一部分，具体工序与水力充填法相同。

（2）下向分层胶结充填采矿法。除回采工作面的推进方法是自上而下外，余者均与上向分层胶结充填采矿法相同（图3-3-22)。但其通风问题较难解决。

四、崩落采矿法

本法特点是随着矿石的崩落，有计划、有步骤地强制或自然崩落围岩，以控制采区地压和处理采空区。目前，它在钼矿中占地下采矿量的25.6%，在铀矿中它占13%，在金矿中不到1%。

根据稀有金属矿床赋存条件和采区回采时的特点，本类采矿方法有。单分层崩落法、分层崩落法、分段崩落法和阶段崩落法。现择其常用方案分述如下：

1. 分层崩落采矿法

此法的特点是，矿块被划分为2～3m高的水平分层，自上而下逐层回采，每分层又划分为2～3m宽的进路（或分条），用进路（或长工作面）进行回采，回采工作面在推进过程中，用立柱支撑假顶（图3-3-23)。一条进路采完后，假顶崩落，其上覆盖的崩落岩石随即下移。回采作业是在人工假顶保护下进行的，矿石和崩落的岩石被假顶隔开，使得矿石的损失贫化最小。

分层崩落法具有工作安全，矿石损失贫化小，可在回采工作面剔除废石，对矿体形态适应性大等优点。缺点是坑木消耗量大，有火灾危险，劳动生产率低，回采工作面通风困难，成本高等。

2. 无底柱分段崩落法

本法的特点是将矿块分成若干个10m左右高的分段，每个分段又沿走向按10m左右间距掘进进路，由上往下逐段按进路回采。回采中的凿岩、爆

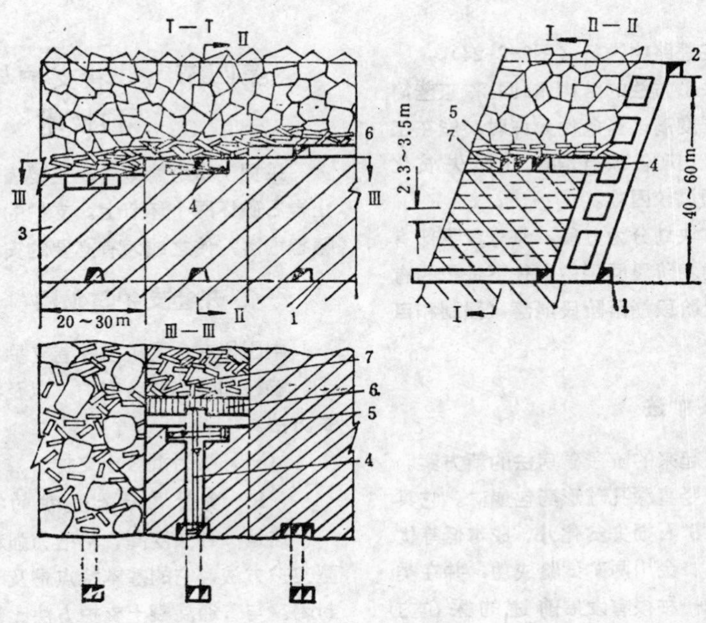

图 3-3-23　分层崩落法典型方案

1—阶段运输巷道；2—回风巷道（上阶段运输巷道）；3—矿块边界；4—分层运输巷道；5—回采巷道；6—垫板；7—假顶

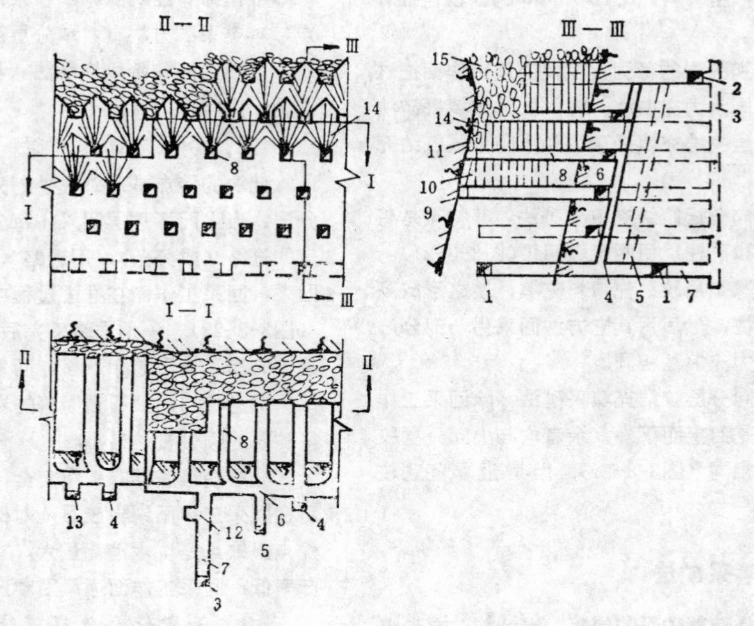

图 3-3-24 无底柱分段崩落采矿法

1—阶段平巷；2—上阶段平巷；3—设备井；4—矿石溜井；5—通风天井；6—分段联络道；7—设备井联络道；8—回采巷道；9—切割巷道；10—切割天井；11—切割槽；12—机修硐室；13—废石溜井；14—扇形炮孔；15—覆盖岩层

破、出矿等作业均在进路中进行（图3-3-24）。

它的优点是，采矿方法的结构和回采工艺简单；作业的机械化程度高；当条件允许时，能在工作面剔除废石和分级出矿。缺点是矿石损失贫化大，回采进路中的通风较困难。

此外，还有将矿块划分为分段，每分段下部有出矿专用的底部结构。阶段回采由上往下进行的有底柱分段崩落法和全阶段崩落阶段崩落（强制和自然崩落）法。

五、V·C·R采矿法

它是近几年发展起来的阶段矿房法的新方案。它的特点是以大直径竖直深孔球形药包崩矿。它具有安全好、效率高、矿石损失贫化小、成本低等优点。已在中国的凡口、金川两矿试验成功，并在类似矿山推广应用，是一种很有发展前途的采矿方法。

在金矿中正在进行试验研究。这种采矿方法的优点较多，今后在条件适宜的稀有金属矿床中将会得到应用。

第四节 井巷支护与采场护顶技术

采掘工序纷繁复杂，主要表现在破碎岩石和防止岩石破坏两个环节上。支护的目的便是防止岩石随意塌落，使之成为有必要的安全工作空间。

一、井巷支护与加固

中国稀有金属矿山井巷支护主要采用喷射混凝土、锚杆和喷锚联合支护，以及注浆加固岩层等支护方法。

（一）喷射混凝土支护

1．喷射混凝土支护的特点和作用

这是一种强度高、粘结力强和抗渗性能好的新型支护方法，它的基本特点是及时、密贴、早强、封闭。与普通混凝土支护方法比较，施工时它无需模板，可将输送、浇灌和捣固结合在一起；且便于长距离输送和实行机械化施工；能使混凝土与岩层紧密结合，具有很高的粘结力，并能充填和封闭顶部围岩的裂缝和凹穴，防止岩层松动和风化；其早

表 3-3-19　喷射混凝土浆液渗透深度与裂隙宽度的关系

裂隙宽度，cm	0.2	0.3	0.6	0.9	1.0	1.0	1.5	1.6	1.6	1.7	1.8	2.0
浆液渗透深度，cm	2.5	3	11	17	19	30	38	29	48	36	38	47
饱满程度						较饱满	较饱满		饱满	饱满	较饱满	饱满

表 3-3-20　喷射混凝土浆液充满裂隙的粘结能力

裂隙类型	平直缝			劈裂缝(凹凸不平缝)		
	1	2	3	1	2	3
设计裂隙面，mm	250×150	250×150	250×150	250×150	250×150	250×150
设计裂隙宽度，mm	10	10	10	10	10	10
砂浆充实度，%	100	100	100	40	40	—
劈裂破坏荷载，t	1.5	2.8	1.1	1.1	1.7	—

强性能使之能及时有效地阻止围岩的离层和松动，并和岩层共同作用来维护巷道，因此可以大大减小支护层的厚度，从而减少岩石开挖量，节约支护材料和劳动力，提高施工机械化水平，加快巷道的施工速度。它对裂隙的渗透和粘结能力见表3-3-19和表3-3-20。

由于喷射混凝土与稳定和不稳定的岩层组成的复合拱平均承载能力比单一喷射混凝土拱分别高5.5倍和3.6倍，通常只有较薄的一层混凝土成为具有足够支撑围岩安全可靠的主要原因。

2．喷射混凝土原料的配比

喷射混凝土的干混合料水泥/砂子/石子的重量比为1/2.5/2、1/2/2和1/2.5/1.5。喷后新鲜混凝土的分离试验结果表明，配比为1/2/2时，水灰比为0.45左右较合适。

速凝剂的渗量应根据所采用水泥和速凝剂的品种通过测定确定。

3．喷射混凝土的设备

主要设备有混凝土喷射机、喷射机械手、喷射混凝土配料、搅拌和上料装置，以及混凝土喷射、上料等联合机组等。

混凝土喷射机有罐式、螺旋式、转子式（如图3-3-25所示的ZHP-2型混凝土喷射机）和鼓轮式等结构类型。

混凝土喷射联合机组（一般包括喷射机、上料机和喷射机械手）目前主要有PCH-6型混凝土喷射台车、JP-4-HPH6-SP-30喷射机组和HSP-2型气动上料喷射机组等三种。

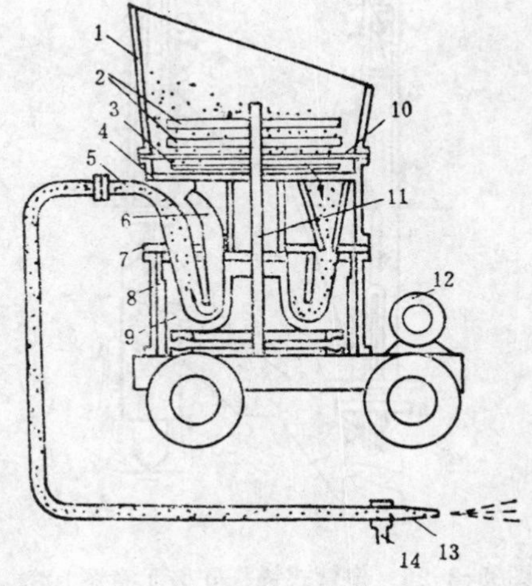

图 3-3-25　ZHP-2型混凝土喷射机

1—料斗；2—搅拌叶片；3—定量叶片；4—上筒体；5—出料弯头；6—进风管；7—胶板；8—下筒体；9—旋转体；10—减速箱；11—主轴；12—电动机；13—喷头；14—水管

（二）锚杆支护

1．锚杆支护的特点和作用

锚杆在支护中能起悬吊、组合梁和挤压连结与加固拱的作用。因此，它的作用不再是消极地支承围岩压力，而是尽量保持围岩的完整性、稳定性，积极地控制围岩力学性态的变化，限制岩石的变形、位移和裂隙的发展，把围岩由荷载变为承载结构，充分发挥岩体自身的支撑作用。

2．锚杆的类型

按锚固原理可分为机械锚固型、全面胶结型、机械和膨胀结合型等三类。近期推广了性能先进的楔管式锚杆，该锚杆的结构及安装情况如图3-3-25所示。它综合了楔缝式和缝管式锚杆的优点，并兼备有预应力粘结式锚杆的特点。对岩层的加固比上述锚杆更有效和可靠，施工也很方便。

3．锚杆的设计和成本

锚杆支护的设计，主要是根据地质岩层情况选择杆体材料，锚固方法、确定锚杆长度、安装间距及排距等技术参数、提出锚杆布置方案等。当采用喷锚支护时，考虑大块岩石主要由锚杆承受；而锚杆之间的不稳定岩层则由喷射混凝土承受的原则进行。

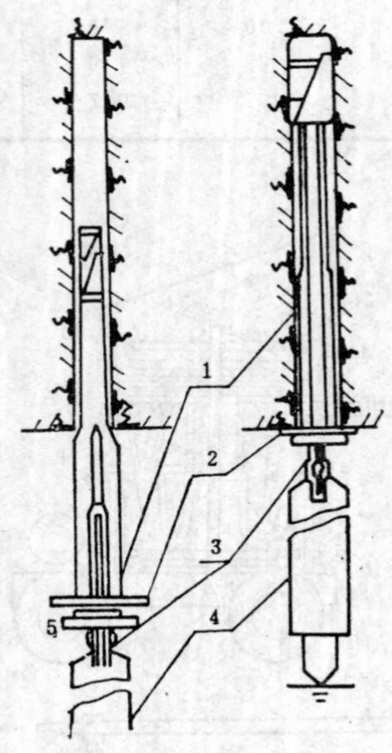

图 3-3-26 楔管式锚杆安装示意图

1—锚杆；2—垫板；3—钢钎；4—凿岩机；5—圆环

锚杆成本包括锚杆材料加工费和安装费。湘西金矿1984年采场支护的锚杆成本见表3-3-21。

可采用锚杆作临时支护；同时，在软弱岩层中开挖直墙拱形巷道。在有底鼓的膨胀性围岩需加固底板时、在需保持较高垂直边墙的稳定性时、以及在高低拱联接处、岔口、马头门等围岩应力集中的地方，均可采用锚杆来加强支护；但更多的情况是用锚杆和喷射混凝土、或与喷射混凝土和金属网等组合使用，才能收到更好的支护效果。

（三）喷锚（网、钢筋）联合支护

在井巷工程支护中，往往由于工程性质和地质条件的要求和限制，除了单一的喷射混凝土或锚杆支护外，还常常采用多种支护联合的支护方法。主要的有如下几种：

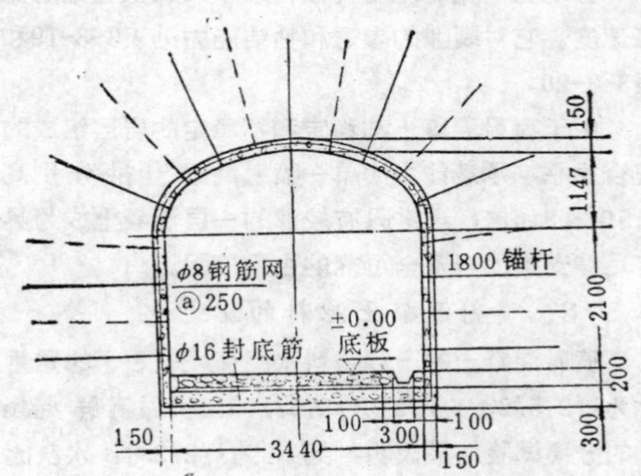

图 3-3-27 喷、锚、网合支护示意图

表 3-3-21 湘西金矿锚杆成本

锚杆类型	直径 mm	长度 mm	材料及加工费，元/根	安装费 元/根	总成本 元/根
西翼张壳式锚杆	16	200	9.00	0.92	9.92
金属楔缝式锚杆	22	200	8.80	1.07	9.87
金属楔缝式锚杆	25	200	9.10	1.07	10.17
楔管-1型锚杆	33.5	200	6.90	1.07	7.97
楔管-2型锚杆	41.5	200	6.50	1.07	7.57
螺纹钢筋砂浆锚杆	16	200	2.53	2.21	4.74
废钢绳砂浆锚杆	15.5	200	0.74	2.21	2.95
废钢绳砂浆锚杆	12.5	200	0.56	2.21	2.77

1．喷、锚联合支护

此时喷层的作用是保护防止岩层风化和松动，从而维护和增强了围岩自身的承载能力；而锚杆与其穿过的岩体则是形成加固圈。

2．喷、锚、网联合支护

本法一般只适用于特别松软、破碎和严重断裂的岩层中，或受爆破震动影响大的巷道。图3-3-27为喷、锚、网（钢筋）联合支护示意图。

3．喷、锚、混凝土块（注浆或混凝土浇灌）支护

它只是在特殊软弱破碎岩层中采用。

（四）注浆堵水加固技术

注浆法是在含水的裂隙性岩层或松散性岩层中，注入可凝结的浆液（如水泥或有机和无机类的化学浆液），以充塞裂隙或粘结砂土，从而达到封闭水源或加固岩层的目的。

近期发展起来的旋喷注浆技术，扩大了注浆技术的应用范围和技术经济效果。其特点是以高压喷射流直接冲击破坏土体，浆液自行拌合为均匀的固结体，此固结体可作为人工加固的地基，又可做为防治地下水的防渗帷幕。因此，较静压注浆法具有更多的优点。

二、采场顶板支护

在采场回采过程中，为防止严重的岩层移动和顶板冒落，保持安全的作业空间，根据不同情况有计划地采取措施（如架设支架、留矿柱、充填空区、锚杆及长锚索支护、喷射混凝土浆等）维护采场顶板和空区。应着重推荐采用锚杆、长锚索，特别是它们联合维护顶板的支护方法。

1．联合支护方法的实质

长锚索与短锚杆联合加固采场顶板岩层，以及用光面爆破技术减轻爆破对顶板岩层的破坏作用，是近期采场顶板控制的新技术。

本法的实质是，一般在采场用小圆矿柱（有的还留薄矿壁）支撑顶板的情况下，采用长锚索维护小圆矿柱之间的岩体，而用短锚杆维护长锚索之间的小岩块从而达到加固矿房顶板的目的。这样便形成了小矿柱、长锚索、短锚杆的联合支护系统。

2．联合支护的基本参数

（1）小圆矿柱。它是联合支护系统的重要部分，其尺寸视岩层状况而定。直径一般为4～5m。采用长锚索、短锚杆后，一般可缩为3～4m；

（2）长锚索。钻孔直径为60mm，长13～20m。锚索直径为22～24.5mm，长13.5～20.5m；

（3）塑料排气管。内径5mm，外径7.5mm，长度比锚索长2～3m；

（4）注浆管。采用内径为19mm，外径为25mm的硬聚乙烯塑料管；

（5）砂浆配比。水泥/砂子/水为1/1/0.4或1/0.75/0.4；水灰比一般为1/0.4或1/0.36；

（6）长锚索布置的网度。一般为4×4m，4×5m，5×6m；

（7）锚杆的规格及布置网度。采用直径为23～25mm长度为1.5～1.8m的楔缝式或楔管式锚杆，网度按1.3×1.3m或1.5×1.5m布置。

（8）光面爆破的参数。沿采场顶板轮廓线打一排孔距为0.6～0.8m的水平孔，孔深为2～3m；炮眼采取间隔装药，只装3个药包（其中2个起爆药包）。

3．长锚索施工工艺设备

采用前进式注浆工艺。其工艺流程是：打眼→清洗钻孔→捆扎排气管和钢丝绳（长锚索）推送→封孔并插入注浆管→孔内注浆。

打眼采用YGZ-90型导轨式独立回转式凿岩机，与TJ25型圆盘凿岩台架配套使用；推送长锚索用摩擦型钢丝绳推送机或利用凿岩机推力加一套推绳夹具；注浆采用HB6-3型等型号的灰浆泵。

长锚索已用于加固围岩，使不稳固岩体成为稳固的，为回采提供有利条件，显著地改善了采矿方法的技术经济指标。

参考文献

[1] 张富民等主编，采矿设计手册——矿床开采卷（下册），中国建筑工业出版社，1987年.

[2] 周晋华、朱柏石、马良玉主编，井巷掘进丛书第一、二、三分册，冶金工业出版社，1986年、1987年、1989年.

[3] 徐小荷，解世俊主编，采矿手册第二、第三卷，冶金工业出版社，1987年.

[4] 周晋华等编，新中国有色金属采矿工业，《当代中国有色金属工业》编辑委员会出版，1987年.

[5] 中国有色金属工业总公司等主办，国外采矿技术快报(旬刊)，1986～1987年分册.

第四章 砂 矿 开 采

编写人 李公照

中国内陆及沿海地带，广泛分布有不同类型的金属砂矿床。在开发中国金属资源中，尤其是稀有、贵金属矿物，如金红石、独居石、锆英石、磷钇矿、氟碳铈镧矿及黄金、金刚石等，砂矿开采具有重要的地位。

中国的砂矿开采，除采用机械开采方式外，水力机械化开采及采砂船开采更加显得重要。在机械开采方式中，中国主要采用直臂单斗挖掘机（机械铲）、拖拉铲运机及推土机等采装设备和自卸汽车、窄轨铁路等运输装备，也有采用斗轮挖掘机开采的。

第一节 水枪开采

水枪开采是利用水枪的低压射流冲击破碎矿层及土岩，形成矿浆或泥浆，然后用加压或自流水力运输运往选矿厂或排土场。这种开采方式的主要工艺特征是以同一水流完成冲采和运输，是一种连续性生产工艺过程。

一、水枪开采的优点和适用条件

水枪开采的评价及适用条件见表3-4-1。所推荐的水枪开采土岩分类标准，兹结合土岩分类及其所需相应的水压、耗水量等要求，综合列于表3-4-2。可供选择水压、水耗量和工作面最小坡度等参数时参考。

二、水枪开采的设备

1．水枪

水枪开采的主要设备，其性能主要取决于枪筒及喷嘴。枪筒为一圆锥管，用以收缩压力水流，增大水的流速。为降低枪筒内水流的涡流损失，提高水流质量，其内装有稳流器。枪筒长度一般为1.0～2.0m；为改善水流质量，枪筒长也有4～6m的，但操作、移位均不方便。

喷嘴亦为一圆锥短管，它对射流质量有极大的影响。水流经枪筒收缩后再经喷嘴收缩，即形成高速射流。喷嘴由圆锥段与圆柱段两部分组成。圆柱段可降低射流柱体的扩散角，减少射流的压力损失，圆锥段的锥角一般小于13°，圆柱段的长度一般为喷嘴直径的2～4倍。喷嘴全长最大可达喷嘴直径的7～8倍。目前中国常用喷嘴直径为38～50mm。国产水枪的型号及主要技术性能列于表3-4-3。

2．砂泵

砂泵是加压水力运输的主要设备。砂矿开采中，因需吸入较大的固体颗粒，故多采用离心式砂泵，我国常用此类砂泵的主要技术性能列于表3-3-25。

目前，国外水枪及砂泵的发展趋向大型化（喷嘴直径一般达50～100mm以上，砂泵的小时流量达数千m^3）并发展自行式、遥控水枪，提高射流能

表 3-4-1 水枪开采方法的评价及适用条件

评价		适用条件
优点	缺点	
1.工艺简单，设备轻便，作业的机动性好； 2.开采效率高，成本低； 3.投资少，建设速度快； 4.采矿回收率高（可达90～95%）资源开发利用好； 5.有利于提高选矿实收率和精矿质量； 6.作业条件较好，不受雨水的影响	1.受矿床条件及气温的限制，对于非松散砂质矿床不能采用，气温在－10℃以下也不能采用； 2.单位耗电量及耗水量较大； 3.剥离泥浆对环境的污染严重； 4.对块石需用其他机械处理	1.矿床地质条件可以由低压水射流（出口压头在20～30kg/cm²以内）裂散，砾石含量不超过30～40%，底板渗漏水性小； 2.接近水源有充足的水量供应； 3.有充足的电力供应； 4.有水力排土场，且位置恰当

表 3-4-2 水枪工作时的土岩分类及压头、耗水量表

土岩组别	土岩名称	土岩粒状特征（含量%，粒径mm）							阶段高度								
		岩土质的	粉状的	砂粒			砾石	卵石	3～5			5～15			>15		
		<0.005	0.005～0.05	小粒 0.05～0.25	中粒 0.25～0.5	大粒 0.5～2	2～40	40～60	单位耗水量 m^3/m^3	压头 10^4Pa	工作面最小允许坡度，%	单位耗水量 m^3/m^3	压头 10^4Pa	工作面最小允许坡度，%	单位耗水量 m^3/m^3	压头 $10^{-4}Pa$	工作面最小允许坡度，%
Ⅰ	预先松散的不粘结土岩	<40	不规定		<50		<1	—	5	30	2.5	4.5	40	3.5	3.5	50	4.5
Ⅱ	细粒砂	<3	<15	>50			<1	—	6	30	2.5	5.4	40	3.5	4	50	4.5
	粉状砂	<3	不规定		>50		<1	—		30	2.5		40	3.5		50	4.5
	轻亚砂土	3—6					<1	—		30	1.5		40	2.5		50	3
	松散黄土	<8	<10	不规定			<1	—		40	2.0		50	3		60	4
	风化泥炭		不规定				—	—		40	—		50	—		60	—
Ⅲ	中粒和杂粒砂	<3	不规定		<50	<50	<5	<1	7	30	3	6.3	40	4	5	50	5
	中等亚砂土	6—10	不规定							40	1.5		50	2.5		60	3
	轻砂质粘土	<15					5—15			50	1.5		60	2.5		70	3
	致密黄土		<70	不规定			<5			60	2		70	3		80	4
Ⅳ	大粒砂	<3	不规定			>50	5～15	<1	9	30	4	8.1	40	5	7	50	6
	重亚砂土	<10								50	1.5		60	2.5		70	3
	中级重砂质粘土	15～30	不规定			>50	<10			70	1.5		80	2.5		90	3
	瘦粘土（砂土）	<40								70	1.5		80	2.5		90	3
Ⅴ	含砾石土	<5	不规定				<25	<25	12	40	5	10.8	50	6	9	60	7
	丰油性粘土	40～50					<15	<15		80	2		100	3		120	4
Ⅵ	含卵石土	<5					<40	<40	14	50	5	12.6	60	6	10	70	7
	油性粘土	50～60					<15	<15		100	2.5		120	3.5		140	4.5

表 3-4-3 国产水枪技术性能表

水枪型号	SQ-80	SQ-150	SQ-250	平桂 Ⅰ	平桂 Ⅲ
进水管径，mm	80	150	250	100	150
喷嘴直径，mm	25,30,35	44.5	45～80	43	38,44,50
枪筒长度，mm	1481,1458,1474	2228,2302	2290	1100	1200
水平转角，°	360	360	360	360	360
上下仰俯角，°	30	30	30	26	29.5
外形长×宽×高，mm	2081×360×1088	2807×398×1297	4800×500×1500	—	2239×350×1200
重量，kg	59	160	275	50～60	90

表 3-4-4 国产离心式砂泵技术性能表

型号	流量，m³/h	扬程，米水柱	功率，kW	重量，kg
平桂-100	80～150	8～25	14～28	880
平桂-125	160～200	10～33	28～50	1150
平桂-150	220～350	25～40	60～70	2305
平桂-200	360～550	25～59	84～165	4432
5PS	180～320	36～25	55、75	980
6PS	320～500	29～26	115	1460
8PS	500～750 600～550	39～25	215、115、75	2100、1900
6PN	230～320	27～25	75	1200
8PN	450～600	65～62	215	4000
10PN	768～1290	98～85	780	4600
12PN	1350～1600	53～50	550	4500

表 3-4-5 各种开拓方法及其适用条件和优缺点

开拓方法	图示	适用条件	优点	缺点
堑沟开拓法	图3 4-1	1.矿床有足够的倾斜。可以实现自流运输；2.堑沟线路的掘进高度约在8m以内，掘进工程量不大	1.施工时间短；2.生产可靠，事故少，3.投资省，水电耗用小，成本低	1.砂矿低洼部分不能回采，需用基坑法辅助；2.由于工作面平台坡度而残留的矿石，需要进行二次回采
平硐溜井开拓法	图3-4-1	1.卡斯特地区，储量较多的低凹矿块。经开拓平硐而能实现自流运输，2.冲矿沟通过山坡，而剥离高度不大于8m	1.水电耗用少，生产成本低；2.生产可靠，事故少	1.基建工程量大、投资多、施工时间长；2.如发生平硐堵塞事故，则安全威胁大
基坑开拓法	图3-4-1	1.矿床位置低于主冲矿沟；2.储量较少的低凹矿块，用以上两法不经济者	1.可开采低凹矿块及残矿，回采率高；2.施工时间短，投产快	1.使用设备多，投资多、水电耗用多、生产成本高；2.砂泵事故多，生产可靠性差、生产管理与设备维修量大；3.砂泵搬迁次数多，矿浆池开掘和砂泵安装工程量大

的利用。

三、水枪开采的开拓与冲采、运输

1．开拓方法

开拓的目的是开辟通往采场工作面的通道，建立供水、供电、供料、水力运输及排洪系统。主要开拓方法有堑沟开拓、平硐溜井开拓和基坑开拓三种，其优缺点及适用条件见表3-3-26。

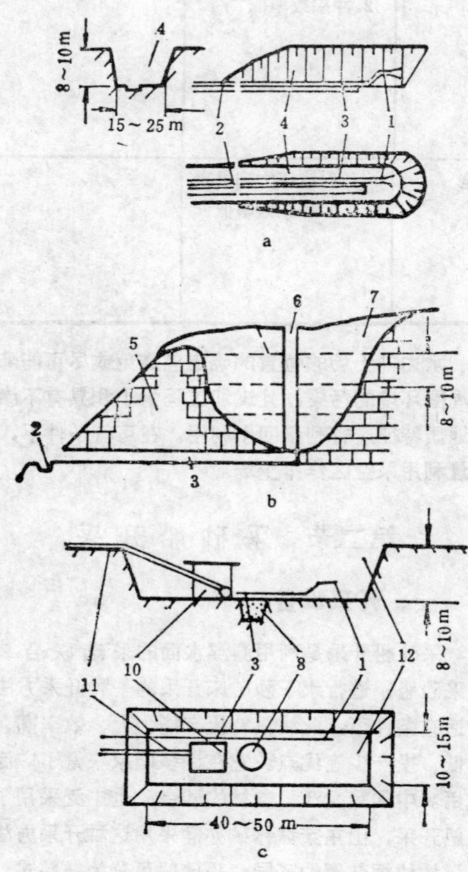

图 3-4-1　主要开拓方法示意图

a—堑沟开拓法；b—平硐溜井开拓法；c—基坑开拓法

1—水枪；2—冲矿沟；3—供水管；4—堑沟；5—围岩；6—溜井；7—砂矿；8—矿浆池；9—平硐；10—砂泵房；11—输浆管；12—基坑

2．冲采方法

水枪冲采方法有逆向冲采、顺向冲采及侧向冲采等。

（1）逆向冲采。这种方式的水枪射流冲采方向与矿浆或泥浆的流动方向相反。水枪置于生产台阶的下部平盘，射流垂直于冲采工作面，先在台阶底部掏槽，台阶的上部因失去支撑而崩塌，再冲采崩塌的松散体。

（2）顺向冲采。将水枪置于开采台阶的下部平盘进行冲采。

（3）侧向冲采。将水枪置于台阶的下部平盘，先由逆向冲采形成超前工作面，然后用水枪对其一帮或两帮进行侧向冲采。侧向冲采可利用掏槽-崩塌的冲采形式，故水枪冲采效率较高，侧向冲采的工作面呈扇形推进。

兹将各种冲方法的优缺点及适用条件列于表3-4-6。

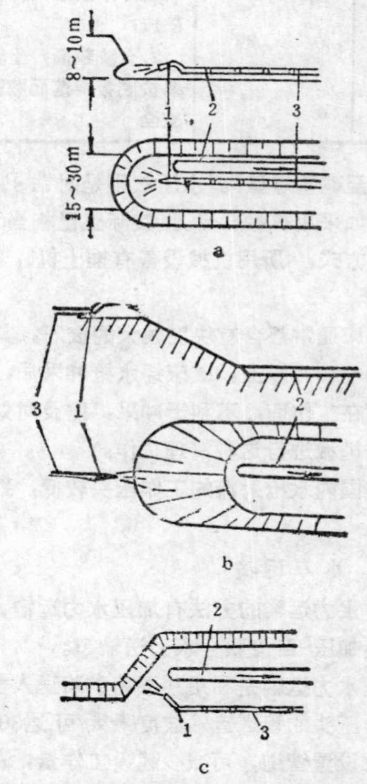

图 3-4-2　各种冲采方法示意图

a—逆向冲采法；b—顺向冲采法；c—侧向冲采法

1—水枪；2—冲矿沟；3—供水管

对于致密性土岩，单纯以水枪冲采效果不良时，则往往预先松动土岩，然后再以水枪冲采造浆运输。土岩预松动的方式有爆破法、水压法及机械法等。爆破法松动是于开采台阶上钻孔爆破（或药

表 3-4-6 各种冲采方法及其适用条件和优缺点

冲采方法	图示	适用条件	优点	缺点	备注
逆向冲采法	图3-4-2a	1.矿层厚度大；2.砂矿致密粘性大、难冲采；3.砂矿易于流运	1.水枪射流的冲击力利用充分；2.耗水量较少	水枪距工作面必须有安全距离，致使工作面较远，降低了冲采能力，如用遥控水枪，此缺点则可克服	水枪射流在阶段底部掏槽，槽深0.6～0.9m
顺向冲采法	图3-4-2b	1.开采薄矿层；2.砂矿粘结性差含砾石多易冲采；3.砂矿难于流运；4.回采底板残矿；5.开掘堑沟	劳动条件较好	1.耗水量较大；2.冲采效率低	
侧向冲采法	图3-4-2c	1.开采山坡较陡的矿床；2.台阶较高，土容易按底板滑落而威胁安全	作业安全	1.射流压力利用率低；2.冲采效率低	

壶爆破以至硐室爆破）。水压法则是对钻孔进行压水松动。如采用机械松动，则实际上已相当于机采-水运开采方式，所用机械设备有推土机、机械铲等。

砂矿床通常都含有块度较大的废石，其含量有时高达20～30%以上。矿床经水枪冲采后，这些废石即集留在工作面，不利于冲采，需及时处理。可采用各类机械进行这种清理工作。

目前国内水枪射流的工作压头较低，约40～60米水柱。

3. 水力运输

砂矿水力运输的方法有加压水力运输、自流水力运输及加压-自流联合水力送输等。

加压水力运输是利用砂泵将矿浆送入管道。这种有工作压头的管道运输坡度最大可达30°。按地形的变化设置管道，可减少建设工作量，占地少。但耗电量大，且管道易磨损。云锡公司使用φ250铸铁管与钢管的寿命约为100～200万 t。

自流水运输是一种最经济的运输方法，它利用重力自流，多采用明槽形式，也可采用管道。槽底坡度一般为4～5%；若砂矿颗粒较大，则达6～7%以上。矿浆的流速一般以2～3m/s为宜。槽沟的材料有铸铁及石材两类，其形状有梯形及矩形两种，其尺寸根据运输量和运输矿砂的颗粒大小而定。

水力排土场的位置的确定应避免或尽可能降低对周围环境的污染，且筑坝工程量小和具有不渗漏的地质特征，有利于回水利用。在可行条件下，应尽量利用采空区作排土场。

第二节 采砂船开采

一、开采设备

采砂船开采是利用漂浮水面的采选联合装置（采砂船）进行水下砂矿床开采的一种开采方法。在适宜条件下，此法具有生产能力大、效率高、成本低、投产少等优点。它在许多国家获得了广泛的应用。中国黑龙江、吉林的砂金矿也广泛采用了采砂船开采，山东荣城锆矿亦需采用这种开采方法。

按挖掘装置的不同，采砂船可分为链斗式、吸扬式、铲斗式及抓斗式等，其中链斗式采砂船在世界上应用最广。中国目前也主要采用链斗式采砂船，荣城锆矿曾采用过绞吸式采砂船。中国桩柱式链斗采砂船主要由行走、挖掘、排尾、选矿、供水、船体等系统组成。

采砂船开采，要求有充足的水源和有较大的储量和作业场地，矿床底板应较平坦，底板纵坡一般应小于0.025，巨砾含量应小于10%左右，矿砂具有可选性。在各类采砂船中，链斗采砂船的应用范

表 3-4-7 中国桩柱式采砂船技术性能

技术性能	单位	红旗50—1	红旗50—2	红旗Ⅱ50—2	兴隆—50	红旗—100	150	250	300H
挖斗容积	L	50	50	50	50	100	150	250	300
斗链节距	mm	500	500	500	—	615	720	850	900
卸斗数	斗/min	31	20	32×2	20	30	32	0～40	30
挖斗数	个	80	38	77+82=159	38	72	81	83	74
斗桥长度	m	15	14	剥离斗桥18.7 采矿斗桥17.0	14	19.85	26	31.2	27.4
挖方量	m³/h	45	25	90	25	9.5	180	320～550	24.3万m³/月
水下最大挖深	m	5	4.5	6.5	4.5	1.5	9.6	13	11
水上最大干帮高度	m	1.5	1.5	1.5	1.5	1.5	1.5	3.5	20
平底船尺寸(长×宽×高)	m	18×10×1.6	18×9.6×1.6	22.2×11.4×1.7	17×9.6×1.6	27×13.4×1.9	35.2×15.4×2.4	42.8×20×2.7	39×18×3.4
平均吃水深度	m	0.95	0.95	0.95～1	0.95	1.14	1.6	2～2.2	2.5
横移速度	m/min	7.5	6.0	7.5	12	9.8	7.5	0～16.35	0.187
横移方式		桩柱	同左	同左	同左	同左	同左	桩柱钢绳	钢绳
选矿工艺		圆筒筛—溜槽	同左	同左	同左	同左			全跳汰
供水量	m³/h			360～660		400，600	612，720	3560	
装机容量	kW	136	124	236	104	378	620	1082	943.5
安装总重量	t	138	135	216	132	420	615	1353	
总排水量	t	158	145	246	150	470	765	1450	

表 3-4-8 主要开拓方法分类与技术比较表

开拓方法分类			特　点	优　点	缺　点	使用条件
掘坑型	码头式掘坑开拓	码头式掘坑开拓	建船于码头中，在码头上建船后，进行开拓	基建工程量小，投产快	易受洪水危胁	1.保持安全水位；2.无洪水期建船；3.建船所需工具齐全
		码头式超挖掘坑开拓	通往矿体的通道需要超挖	同上	1.易受洪水危胁；2.设备磨损大、电耗大、成本高	1.保持安全水位；2.Ⅵ级土岩超挖深度不应大于0.4m
	河漫滩式掘坑开拓	河漫滩式掘坑开拓	基坑设于河漫滩上	1.地面开阔，建船速度快；2.一般供水方式简单；3.基坑易用机械化施工，工期短	1.岩体松散，需护帮；2.易受洪水危胁；3.建船期间需供水或排水	1.无永冻带设基坑；2.应采取防洪措施；3.潜水位埋深一般小于2m
		河漫滩式超挖掘坑开拓	与码头式超挖掘坑开拓及河漫滩式掘坑开拓相同	同　上	1.岩体松散，需扩帮；2.设备磨损大、电耗大，成本高	1.同上，无永冻带设基坑；2.Ⅵ级土岩超挖深度不应大于0.4m
		阶地式掘坑开拓	基坑位于Ⅰ级阶级以上，且一般用水泵供水	不需筑坝，成本低	1.损失率大；2.供水系统工程量大，管理复杂；3.渗透系数大时，需设备用电源，投资大	1.矿床渗透系数小；2.阶地宽阔；3.需设备用电源
坝型	人工机械筑坝开拓	普通坝开拓	用明渠引水，筑墙式坝	可充分利用资源，不需筑坝，成本低	1.成本高；2.损失率大；3.供水系统工程量大，管理复杂；4.渗透系数大时，需用设备电源	1.矿体厚度小，或底板坡度大，局部达不到安全水位；
		拦河坝开拓	用拦河筑坝形式，提高水位来达到供水目的			1.矿床渗透系数小；2.无洪水威胁的小溪
	采掘船筑坝开拓	围堰开拓	船采中用废石堆自然围墙，形成基坑开拓	基建投资低	出坑复杂	1.分批建船的矿床
		阶梯围堰开拓	用横向开采路线，靠废石堆自然筑成横向坝，来提高水位	经营费用低	管理复杂	1.河谷狭窄，缺水地区；2.无洪水危胁
联合型	阶段开拓		地表用工程机械剥离，水下用船采	1.企业生产能力大；2.船纯采矿时间长；3.经营效益好	1.一次性投资高，2.剥离要求严格；3.损失贫化大	距水面0.5～1.0m时停剥
	预留矿柱式筑坝开拓		减少采池水的漏损，于矿体上筑坝	易保采池水位	1.损失贫化大，2.成本高	缺水或渗透系数大的矿床
	转运筑坝开拓		与围堰开拓相似，只是采池溢流段，用调船方式把废石堆加成筑坝（还需要人工修补）来达到设计水位高度	减少基建投资	1.调船频繁，易于触礁 2.生产能力低	临时性措施
	超挖筑坝开拓		与筑坝开拓相似，只是通往矿体中，局部底板采取超挖方式	减少筑坝费用	1.生产能力低 2.设备磨损大，电耗大，成本高	与普通筑坝开拓和河漫滩超挖掘坑开拓中的第二条相同

表 3-4-9　国内采砂船开采的技术经济指标

采砂船斗容，L	50	100	150	280	300
采矿损失率，%	5	5	5	5	5
采矿贫化率，%	5	5	5	5	5
选矿回收率，%	75	75	80	80	90
生产能力，m^3/h	45	90	165	230～260	285
生产小时数，h/d	18	18	18	18	18
工作日数，d/a	180～200	180	180～210	220	300
挖掘总量，万m^3/年	13.5	26	54	99	151
成本，元/m^3	1.3	1.3	1.35	1.28	1.32

围最为广泛，它可开采软质砂土、硬质砂土以至软质岩石。

中国制造的桩柱链斗式等采砂船的主要技术性能列于表3-4-7。

二、开 拓 方 法

采砂船开采常用的开拓方法有掘坑开拓、坝型开拓和联合开拓等。其中又可分为若干种开拓方法。兹将主要开拓方法分类及其技术性能比较列于表3-4-8。

三、采 池 供 水

采砂船作业时，采池内需保持必要的水位高度。因开采中需排除部分污水，以及由于水的渗漏损失，故需向采池不断补充供水。供水方式有直流供水、循环供水等，并以筑坝、引渠、泵送等进行。

直流供水是在水流充足条件下常用的方式，费用少，但污染下游。可筑沉淀池，使污水澄清后再排出。在水源不足条件下，可采用循环供水。

四、开 采 方 法

采砂船开采时，船的开采移动顺序对作业时间的有效利用、开采成本及矿床回采损失与贫化等均产生明显的影响，因此，船的移动顺序是区分其开采方法的主要依据。

1. 桩柱式采砂船开采方法

有单工作面开采法、相邻多工作面开采法及联合开采法等类。各类方法各有纵向推进与横向推进两种。这些开采方法的应用取决于矿床的赋存条件，以获得最大生产能力为选择依据。

2. 钢绳式采砂船开采方法

这是一种横向开采法，分为平行横移和斜向交叉横移两种。当开采范围不宽时，后者即扇形开采法。一般多采用纵向单工作面开采法，分层挖掘，底板掏槽。

中国采砂船开采的主要技术经济指标列于表3-4-9。

参 考 文 献

[1] 张富民等主编，采矿设计手册——矿床开采卷（上册），中国建筑工业出版社，1987年。

[2] 李宝祥主编，采矿手册第三卷，冶金工业出版社，1989年。

[3] 孙盛湘主编，砂矿床露天开采，冶金工业出版社，1984年。

第四篇 稀有金属选矿

第一章　稀有金属选矿工艺矿物学

编写人　涂翰勤

选矿工艺矿物学是矿物学与选矿学之间的一门边缘科学，它是用矿物学的理论及方法研究选矿物料及其在选矿工艺过程中行为的科学。它的研究对象是各种入选物料及选矿产品中的矿物及其集合体，研究它们的组织特征，相互关系，研究它们的物理化学性质及差异，研究各种选矿工艺条件对它们的组成、嵌布关系及物化性质的影响，也研究如何扩大它们的性质差异以适应选矿工艺的需要。选矿工艺矿物学的研究成果是选矿流程及其指标拟定的依据，是检验选矿实验及生产的重要手段，并能为及时发现和改进选矿工艺中出现的问题和提高生产指标提供建设性意见。还能为扩大资源利用，发展无尾矿选矿提供指导性的研究方向。因而它是选矿研究和生产中必不可少的组成部分。一切最合理的选矿工艺必定是选矿学家与工艺矿物学家创造性合作的结果。

随着近代工业发展的需要及科学技术（特别是测试技术）水平的提高，当前国内外选矿及其它矿资源应用部门的岩矿工作均已由过去单纯的岩矿鉴定转为综合性的工艺矿物学研究，这就为选矿及其它有关工业提供了更为科学的研究基础，也势必会为它们的发展带来更广阔的前景。

第一节　稀有金属工艺矿物学的研究试样

进行选矿工艺矿物学研究必须由选矿部门提供专门的，对所选矿石具有代表性的工艺矿物学研究试样。如表4-1-1。

除样品来源外，样品重量决定着样品对入选物料的代表性，也是决定研究成果适用性的重要关键。因而研究样品必须从选矿试样中规范地缩分而来，其重量应满足切乔特公式：

$$Q=Kd^2$$

式中　Q——样品的最小可靠重量，kg；

d——样品的最大颗粒直径，mm；

K——据矿石特性确定的缩分系数。

缩分系数K可通过试验确定或参考表4-1-2选用。

第二节　稀有金属选矿工艺矿物学的研究内容

一、矿石的物质组成研究

（一）矿石的化学成分

表 4-1-1 稀有金属工艺矿物学的研究试样

样 品	研究手段	研 究 目 的	样品来源	样品重量 kg
物质组成研究样	矿物分离、富集及显微镜研究 X光粉晶及衍射分析、单矿物提纯、单矿物的差热分析、红外光谱分析 电子探针、电子显微镜、俄歇谱仪等离子光学分析	查明矿石中矿物组成及其含量、矿物的结构及晶格常数、矿物间的连生关系 单矿物的成分、结构、物化性质、表面性质 矿石中有益、有害元素的赋存状态	从选矿试样中缩分	n～10
化学分析样	光谱分析 化学全分析或多元素分析 物相分析 X荧光光谱分析 原子吸收	定性和半定量查明样品中全部元素、矿石中全部元素或主要元素及有益有害组分的定量分析 有益有害元素的化学物相分析钽、铌、锆、铪及稀土配分等定量分析 微量难熔稀有元素定量分析	从选矿试样或物质组成研究样中缩分	0.n
岩矿手标本样	肉眼鉴定 显微镜鉴定 单矿物提纯	确定矿物形态特征，粒度分布、结构 嵌布关系、原生及次生蚀变及变化 单矿物成分、结构、物化性质	取自生产矿山或勘探工程中的露头、废石堆及未破碎的选矿原样	视矿石复杂程度而定，一般数十到数百块
选矿产品	化学分析 显微镜鉴定 单矿物提取	测定有益有害元素含量、鉴定产品质量 查明各产品矿物组成，含量、单体解离状况、检查工艺过程及效果 查明单矿物基体和表面的成分形态、物化性质及在工艺过程中的变化	取自选矿实验及生产流程中的各级产品	0.0n～0.n

表 4-1-2 缩分系数参考值

矿石等级	矿 石 特 征	缩分系数 K值
Ⅰ	极均匀的和均匀的	0.05
Ⅱ	不均匀的	0.1
Ⅲ	极不均匀的（类似含细粒金的均匀矿石）	0.2
Ⅳ	类似含中粒金（0.2～0.6mm）的极不均匀矿石	0.4～0.8
Ⅴ	类似粗粒金（大于0.6mm）的极不均匀矿石	0.8～1.0

通过各种化学及物理分析手段查明矿石化学成分上的特征，一般应包括表4-1-3所列内容。

（二）矿石矿物组成的定性及定量

1. 矿石矿物的分离与富集

矿石中的矿物组成是多样的，其中稀有元素矿物除伟晶岩矿石外大多均具有贫、细、杂的特点，因此在矿物组成的定性定量之先，常常须通过人工重砂分离工作使各种矿物在不同分离产品中得以相对富集，便于无遗漏地逐个发现与研究它们。

图4-1-1所示为稀有元素矿物分离、富集的一般流程。实际工作中往往要随矿物种类、粒度大

表 4-1-3 矿石化学成分研究内容

研究内容	主要研究手段
(1) 矿石中存在的所有主要及次要元素	光谱定性及半定量分析
(2) 矿石中稀有元素及主要造岩元素（SiO_2、Al_2O_3、Fe_2O_3、FeO、CaO、MgO、K_2O、Na_2O等）以及可综合利用的有价元素及有害杂质含量	矿石的化学全分析或多元素分析、X荧光光谱及原子吸收光谱分析
(3) 主要回收有价元素及有害杂质的化学相分析	化学物相定量分析
(4) 矿石的稀土配分	X荧光光谱分析
(5) 稀有元素矿物及其它综合回收矿物的化学组成、含量或主要组分含量、表层组分含量	单矿物化学分析、电子探针分析、俄歇能谱分析
(6) 含稀有元素载体矿物中稀有元素组分含量	单矿物化学分析、电子探针分析
(7) 有害杂质矿物的有害组分含量	同上
(8) 其他有价元素载体矿物中有价组分含量	同上
(9) 选矿产品中有益有害元素组分含量	化学分析等
(10) 选矿产品中特征矿物的特征元素组分含量	同上

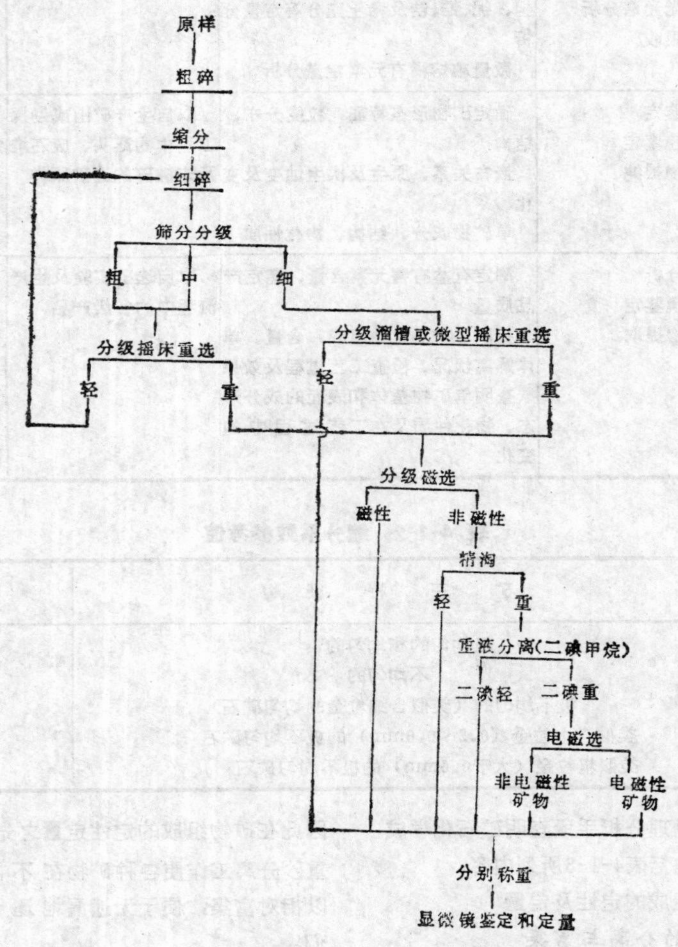

图 4-1-1 稀有元素矿物分离、富集的一般流程

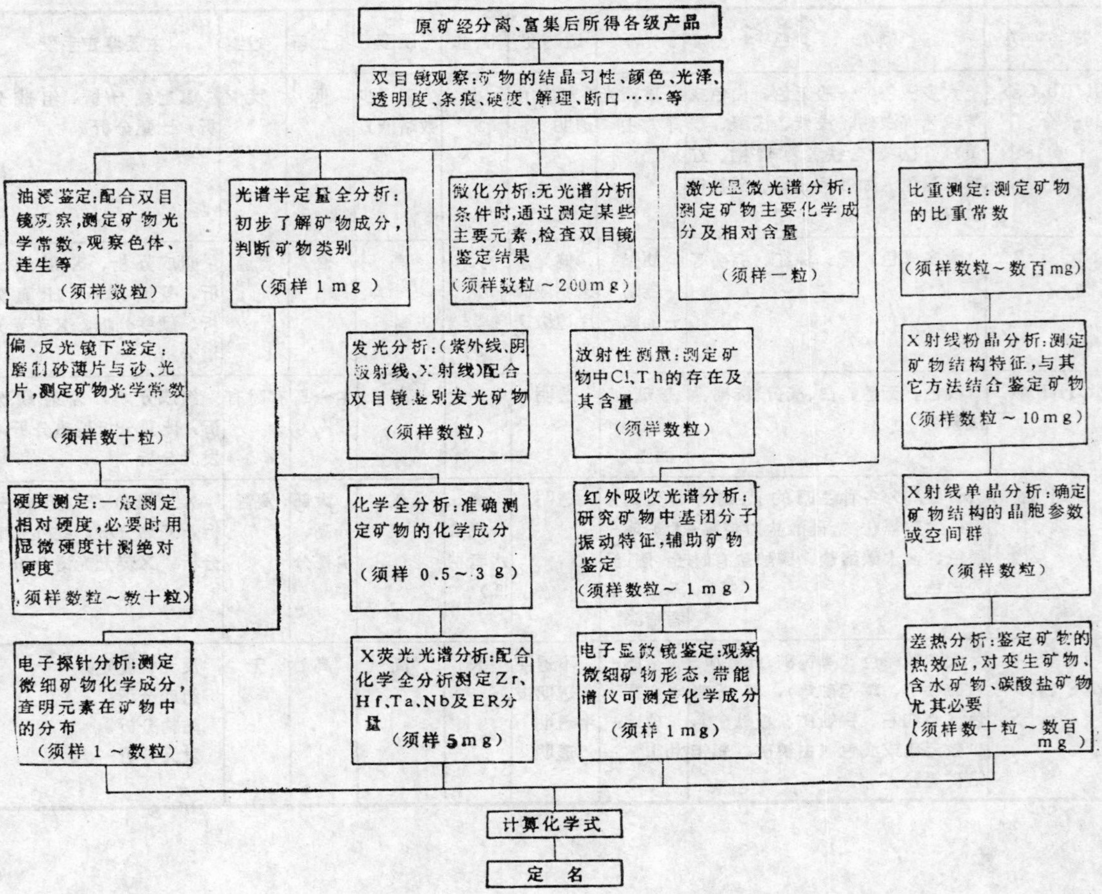

原矿经分离、富集后所得各级产品

双目镜观察：矿物的结晶习性、颜色、光泽、透明度、条痕、硬度、解理、断口……等

油浸鉴定：配合双目镜观察，测定矿物光学常数，观察色体、连生等（须样数粒）

偏、反光镜下鉴定：磨制砂薄片与砂、光片，测定矿物光学常数（须样数十粒）

硬度测定：一般测定相对硬度，必要时用显微硬度计测绝对硬度（须样数粒～数十粒）

电子探针分析：测定微细矿物化学成分，查明元素在矿物中的分布（须样1～数粒）

光谱半定量全分析：初步了解矿物成分，判断矿物类别（须样1mg）

发光分析：（紫外线、阴极射线、X射线）配合双目镜鉴别发光矿物（须样数粒）

化学全分析：准确测定矿物的化学成分（须样0.5～3g）

X荧光光谱分析：配合化学全分析测定Zr、Hf、Ta、Nb及ER分量（须样5mg）

微化分析：无光谱分析条件时，通过测定某些主要元素，检查双目镜鉴定结果（须样数粒～200mg）

激光显微光谱分析：测定矿物主要化学成分及相对含量（须样一粒）

放射性测量：测定矿物中Cl、Th的存在及其含量（须样数粒）

红外吸收光谱分析：研究矿物中基团分子振动特征，辅助矿物鉴定（须样数粒～1mg）

电子显微镜鉴定：观察微细矿物形态，带能谱仪可测定化学成分（须样1mg）

比重测定：测定矿物的比重常数（须样数粒～数百mg）

X射线粉晶分析：测定矿物结构特征，与其它方法结合鉴定矿物（须样数粒～10mg）

X射线单晶分析：确定矿物结构的晶胞参数或空间群（须样数粒）

差热分析：鉴定矿物的热效应，对变生矿物、含水矿物、碳酸盐矿物尤其必要（须样数十粒～数百mg）

计算化学式

定　名

图 4-1-2　稀有元素矿物鉴定方法及一般程序

小、形态、嵌布关系等因素而有相应的变化与选择，使之能达到各种矿物分别在不同产品中富集，以便于定性、定量和提供进一步研究用单矿物。

分离方法除图中所涉及外，尚有介电分离、静电分离、磁重分离、电磁振动重液分离、光电效应分离、焙烧分离、浮选及粒浮分离、形态分离、孔隙吸附分离等等。

由于稀有矿物大多粒细、性脆、故要特别注意细粒级的分级与回收，要坚持逐步破碎与勤过筛的原则，以避免样品的过粉碎。

2．矿物组成的鉴定

矿石中各种矿物的鉴定主要在光学显微镜下进行。对于粒度细小，光学性质相近的矿物尚须以微化分析、X粉晶或衍射分析、电子探针分析、差热及热分析、红外光谱分析等等其它手段确定其在成分及结构上的特征。

各主要稀有元素工业矿物鉴定特征见表4-1-4。

稀有元素矿物鉴定方法及一般程序如图4-1-2。

各类稀有元素矿物的物理化学性质各有其特殊性如表5-1-4，故实际工作中对上图所示之鉴定方法及程序应有所选择，以获理想之效果。其中双筒显微镜及颗粒油浸法鉴定是所有矿物鉴定之基础，通过它们的初步鉴定可大致确定矿物类别，缩小研究范围，有目的的选择合适的研究手段，以达到迅速而正确鉴定的目的。

3．矿物组成的定量

确定了矿石的矿物组成后，要进一步查明各矿物在矿石中的百分含量。其定量方法如表4-1-5。

表 4-1-4 稀有元素矿物类的一般特征

矿物种类	颜色	光泽	透明度	比重	硬度	折光率	变生	主要鉴定手段
Li(Rb.Cs) Be矿物	大多浅色，一般无色、白色或带浅色（浅粉、浅紫、浅绿、浅黄），仅少数含铁者为暗褐、红褐等深色（如铁锂云母、磷铁锂矿等）	玻璃光泽为主	薄片中透明	小	高（少数略低）	低	无	X射线分析，组成分析，比重分析
Nb、Ta矿物	大多深色、黑、棕红、棕褐等	油脂-金刚-金属	偏光下透明或碎片边缘透明	大	高	高	普遍	组成分析、X射线分析，差热分析，比重分析、硬度分析、X荧光光谱分析
Zr.Hf矿物	浅色、无色、白、浅黄、浅褐、浅紫等	玻璃-金刚-油脂	透明	中～大	高	中～高	有时有	组成分析，X射线分析，比重分析差热分析，发光分析
TR矿物	一般均为各种色调的黄或绿色，少数氧化物、硅酸盐为暗褐-黑色、含水碳酸盐、磷酸盐有时为白色	大部分为玻璃-金刚光泽，含水者暗淡	透明	大（含水者稍低）	高	大部分高、少部分中	发育	X射线分析，组成分析，差热分析，红外光谱分析，X荧光光谱分析
Ti(V)W Mo矿物	大多数深色（黑钨矿、钛铁矿、钛磁铁矿、辉钼矿等），部分彩色（金红石、锐钛矿、板钛矿），少数无色或浅色（白钨矿、彩钼铅矿等）	金属-半金属 玻璃-油脂	不透明 透明或半透明 透明	大	高	高	无	反光镜鉴定，组成分析，结构分析、发光分析

表 4-1-5 矿物定量方法简表

定量方法	适用范围	优缺点
显微镜定量法： 重砂矿物或光薄片中定量矿物的目估法、数粒法、线段法、面积法、体积法、称重法等	主要用于矿石中大量存在的脉石矿物及含量较高、镜下易于鉴别的稀有元素及其他有价矿物	设备要求条件不高，方便。定量前辅助工作少（少量矿物须事先富集），但定量劳动强度大，速度慢，效率低，定量者的技术水平、设备条件等人为因素影响较大
化学定量法： 对矿石和单矿物中特征元素的化学分析及数字统计定量 选择性溶解称重定量 薄膜反应称重定量	适应用于含量低、光学性质近似、镜下难于大量区分的稀有元素及其它矿物	定量前辅助工作多（如确定单矿物特征元素品位及特征元素在其他矿物中的分散，试验选择性溶解条件等）分析条件要求高。但一旦具备上述条件，即可大量定量，速度快，成本低、准确度高
近代物理学定量法： X光光谱定量 激光光谱定量 X射线衍射定量 电子探针定量 图象分析定量	适用于大量或少量的各类矿物	要求设备条件高，但可大量定量，速度快、准确度高，但有些方法尚未十分成熟，有待进一步改进和完善

影响矿物定量准确性的因素很多，除定量方法的选择、设备及分析技术条件、定量人员技术水平外，还必须充分注意定量样品的代表性、矿物共生组合特征及矿物缩分、矿物分离富集的质量等等。为保证定量质量，应该严格按照乔切特公式确定定量样品的重量和根据矿物的共生组合正确选定分离富集流程，在分离富集过程中样品的损失量不得超过2％。

稀有元素矿物的定量精度目前尚无统一的规范可循，实际工作中是参照一般元素矿物定量误差不得大于5％执行。对于某些极微量、复杂和难于处理的稀有元素矿物，显微镜定量难于保证精度时，最好在完成足够的辅助工作基础上采用化学或物理方法定量。

二、矿石嵌布关系及破碎、磨矿条件的研究

矿石的破碎及磨矿是选矿工艺极为重要的阶段，其目的是应使有用矿物最大限度地解离并尽量避免过粉碎。选矿工艺矿物学研究应提供矿石中有

表 4-1-6　矿物嵌布关系分类表

编号	嵌布类型	嵌布特征	成因	实例
1	自形或它形块状嵌布	有用矿物在矿石中成块状或致密粒状、粗大脉状嵌布、脉石矿物极少，这种矿石易于破碎解离	多为岩浆分异熔离，或热液充填交代	攀枝花钒钛磁铁矿 湖北铌-稀土碳酸盐矿石
2	自形、半自形或它形粒状或斑状浸染嵌布	有用矿物成细小或较大的自形、半自形或它形粒状在脉石或其它基质中呈散状分布、二者界限平滑、或少有溶蚀现象，这种矿石当粒度过细时难于充分解离	岩浆分异或热液交代产物	赣南花岗岩浸染型铌、钽、钨矿石
3	自形或它形带状嵌布	矿物集合体在基质中条带状或条带浸染状分布，这种矿石一般难于充分解离	岩浆作用、热液作用、变质应用作用产物	包头Fe-Nb-TRE矿石，湖南条纹岩型铍矿石
4	不规则柱状或放射状嵌布	自形针状、柱状矿物呈束状、帚状、放射状或不规则分布于基质中。此种矿石有时难于充分解离	岩浆分异作用热液交代或充填作用	新疆锂、铍伟晶岩矿石
5	细脉状或网脉状嵌布	有用矿物集合体成粗的或细的脉状穿插或交错或很细小的网脉状嵌布，很难充分解离	热液充填或交代作用，沉积变质作用，次生风化作用	吉林大里山钼矿 陕西金堆城钼矿
6	角砾状嵌布	有用矿物成角砾被脉石或其他基质所胶结，边界完整，易于解离	热液充填交代，应力压碎作用，风化作用	江西某些钨矿石，云、贵、川沉积钼镍矿石
7	溶蚀交代嵌布	有用矿物成包含或半包含状存在于其他矿物内部或旁侧，或成结状不规则存在于其他矿物间，边界成各种大小的溶蚀港湾状，一般难于充分解离	内生或外生交代作用	辽宁矽卡岩型钼矿，赣南钨矿
8	乳滴状、文象状、格子状、叶片状嵌布	有用矿物在其他矿物内部成乳滴状、文象状、布纹状、格子状、叶片状分布，边界圆滑平整，由于极其细小，故极难解离	固溶体分解	攀枝花钒钛磁铁矿
9	反应边嵌布	后生矿物存在于原生矿物的边缘，形成镶边，极难解离	原生或次生的后期交代	若干多金属矿石
10	胶体状嵌布	存在于其它矿物空隙中，切面上具形状复杂而弯曲的条带	热液作用次生胶体沉积作用	云南稀土磷块岩矿石
11	被膜状、蜂窝状嵌布	成土状、粉末状、皮壳状被覆于其它矿物表面或残留于裂隙中，极难解离	次生风化沉积作用	次生钨、钼、稀土矿石

用矿物粒度大小、结晶习性及嵌布关系等资料为选择磨矿方案的依据，对已磨矿石和各级产品尚须测定各粒级中有用矿物粒度分布及单体解离度数据，以判断磨矿作业的效果和检查产品质量。在某些特殊情况下，尚须研究矿物颗粒间介面性质，颗粒的缺陷及位错等情况，用以分析磨矿中可能出现的种种问题。

（一）矿物的嵌布关系分类

矿物的嵌布关系与矿物和岩石的结构构造有类似的含意，但它具有更大的应用性，因而其分类应远比地质学上矿物及矿石的结构构造分类简化而实用。矿物嵌布关系分类如表4-1-6。

（二）有用矿物工艺粒度分析

系统测定未破碎原矿光、薄片中有用矿物及有用矿物集合体的粒度，以粒度大小（为简化测量、分类及统计，可根据处理工艺及要求以粒度范围代表）及其百分含量为纵横坐标绘出粒度分布曲线，配合矿物物理性质及嵌布关系资料，为磨矿流程及磨矿细度的选择提供依据。

（三）有用矿物的解离度测定

对不同条件加工后的矿石或各级选矿产品按不同粒级范围测量其单体及连生体的百分含量，有时尚须测定连生体大小和连生矿物种类及其大小，分别列出含量百分数和绘出其变化曲线，进行解离分析，以便考察磨矿效果，选择最佳磨矿方案和进行产品质量分析。

三、有益及有害元素的赋存状态研究

元素赋存状态是工艺矿物学研究的重要内容之

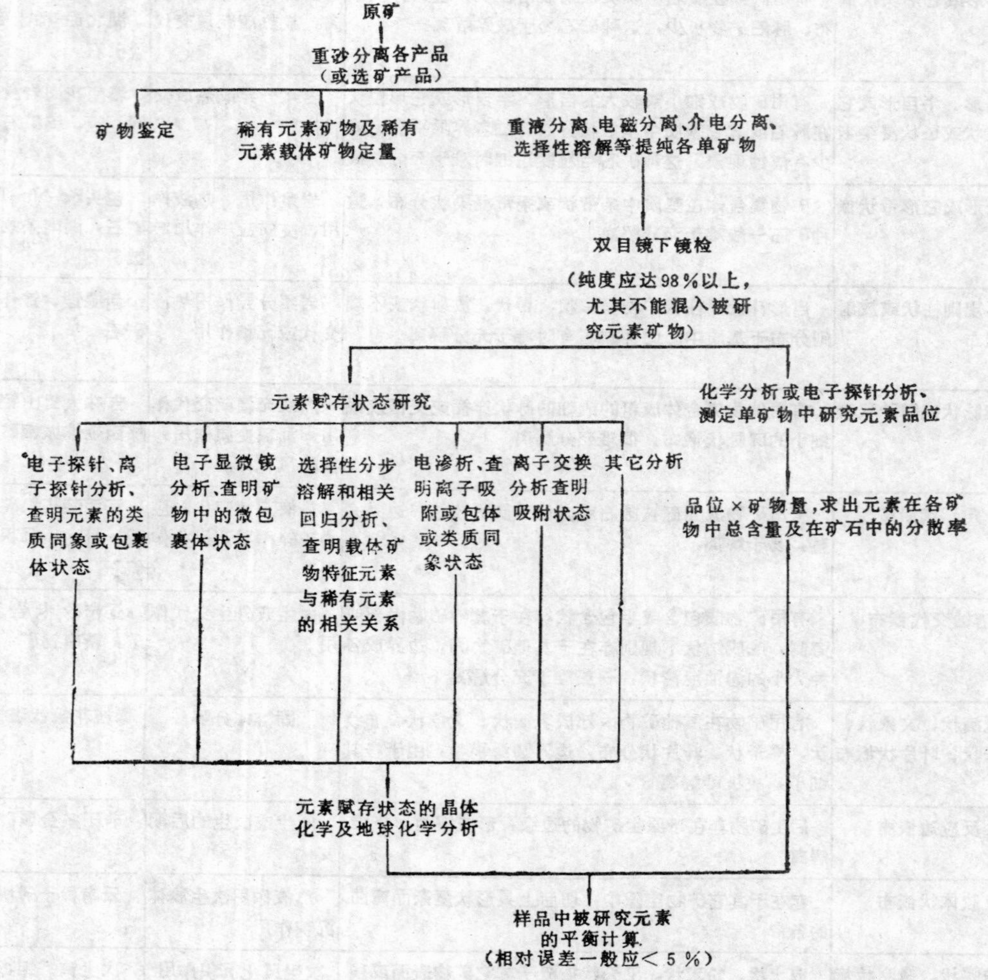

图 4-1-3 稀有元素赋存状态研究的方法及程序

一。对于选矿工艺矿物学来说，它是选矿指标及尾矿合理损失品位拟定的依据，也是检验与解释工艺效果及水平的重要手段，因而具有极其重大的实用价值。

（一）自然界中元素的赋存状态

元素的赋存状态是指元素在地质体中的存在形式，目前一般认为有下列七种：

（1）元素本身或与其它元素结合成简单的或复杂的单体或化合物（即矿物），它们组成一定结构类型的晶格，并在各晶格中占有自己特定的位置。这是周期表上绝大多数元素的主要存在形式。

（2）元素按一定位置进入其它元素组成的晶格，代替其中晶体化学性质相近的组分而保持原有的晶体结构，只是稍微或成倍地改变其晶格常数。此即类质同象状态（包括所谓内潜同晶）。

（3）以离子或离子团状态被异价胶体质点吸附。即离子吸附状态。

（4）成细小的微包裹体分散存在于其他矿物之中。实际上也是化合物状态，只是粒度过于细小（一般指小于4μm的颗粒，多数小于2μm），普通光学显微镜难于观察和鉴别。

（5）分散而不规则地存在于其他矿物的晶格缺陷或晶格空隙中。这实际上是类质同象的另一种方式，所谓缺席类质同象和间隙类质同象。

（6）以离子或离子团（络离子）状态存在于火山熔浆、热水、地下水、地表水及选冶等工艺处理用水中。

（7）以有机化合物形式存在于生物体中

表 4-1-7　白云鄂博主东矿混合型矿石中铌赋存状态及平衡计数表

赋存状态	矿物名称	矿物量 %	Nb_2O_5 品位 %	Nb_2O_5 分散量 %	Nb_2O_5 占有率 %	矿石中 Nb_2O_5 分配率 %
独立铌矿物	易解石[1]	0.0207	30.97	0.0064	7.32	5.54
	烧绿石	0.0447	62.70	0.028	32.08	24.25
	铌铁矿	0.0595	70.57	0.042	48.06	36.37
	铌铁金红石	0.1009	10.90	0.011	12.58	9.25
	合　计	0.2258		0.00874[3] (0.08119)	100.00	75.68
包裹体	磁性铁矿物	14.73	0.007	0.00103	10.41	0.8
	赤铁矿	23.55	0.022	0.00518	52.38	4.49
	霓　石	11.67	0.009	0.00105	10.62	0.91
	云　母	5.16	0.010	0.00052	5.26	0.45
	萤　石	13.21	0.016	0.00211	21.33	1.83
	合　计	68.32		0.00989	100.00	8.57
类质同象	磁性铁矿物	14.73	0.025[2]	0.00368	20.23	3.19
	赤铁矿	23.55	0.038	0.00895	49.20	7.75
	霓　石	11.67	0.014	0.00163	8.96	1.41
	云　母	5.16	0.015	0.00077	4.23	0.67
	氟碳铈矿	5.89	0.015	0.00088	4.84	0.76
	独居石	2.56	0.014	0.00036	1.98	0.31
	重晶石	3.40	0.024	0.00082	4.51	0.71
	钠闪石	5.84	0.005	0.00029	1.60	0.25
	石英、长石	10.14	0.008	0.00081	4.45	0.70
	合　计	82.94		0.01819	100.00	15.75
总计		96.38		0.11548[4] (0.10927)		100.00

①　包括铌易解石和钛易解石；　②　指包裹体状态或类质同象状态部分之品位；　③　表中独立铌矿物含铌总量应为0.0874，但据物相分析方法，其数据中包括有氧化铁矿物中包裹体状态之Nb_2O_5，故应除去该部分（0.00103+0.00518），实为0.08119；　④　实为0.10927，其他内容同上。

表 4-1-8 常见稀有元素载体矿物及其含量范围

元素	载体矿物及其含量，%		
	>0.1	0.1～0.01	<0.01
Li	黑云母、白云母、闪叶石、钠铁闪石、绿柱石、电气石	绿柱石、电气石、磷灰石、正长石、黑云母、白云母、绢云母、绿泥石、角闪石、霞石	云母、长石、闪石类、辉石类
Rb	铯榴石、霞石、正长石、天河石、微斜长石、透长石、黑云母、金云母、绿柱石、锂辉石、白云母、绢云母、锂云母、铁锂云母	黄钾铁矾、正长石、微斜长石、黑云母、白云母、金云母、绿柱石、阳起石、铯榴石、锂云母、绢云母、黄玉、辉石类	角闪石、磷铝锂石、绿泥石、绿帘石、锂辉石、绿柱石、石榴石、榍石
Cs	黑云母、绿柱石、白云母、天河石、锂云母	锂云母、黑云母、铁锂云母，微斜长石、霓石	天河石、冰长石、钠长石、奥长石、金云母、电气石、石榴石、角闪石、锂辉石
Ta	铌铁矿、钙钛矿、斜锆石、榍石、异性石、锡石、黑钨矿	钛铁矿、金红石、板钛矿、锐钛矿、榍石、黑钨矿、锡石、赤铁矿、石榴石、异性石、黑云母、白云母、锡石	锡石、黑钨矿、白钨矿、锆石、钛铁矿、金红石、赤铁矿、钛磁铁矿、磁铁矿、铬铁矿、针铁矿、褐铁矿、黄玉、电气石、角闪石类、辉石、石榴石、金云母、黑云母、白云母、锂云母、霞石
Nb	钽铁矿、细晶石、钛铁矿、钙钛矿、金红石、板钛矿、锐钛矿、榍石、星叶石、闪叶石、曲晶石、异性石、磁铁矿、石榴石、绿泥石、黑钨矿、锆石	钛铁矿、钙钛矿、金红石、板钛矿、锐钛矿、榍石、星叶石、闪叶石、曲晶石、锆石、赤铁矿、磁铁矿、褐铁矿、褐帘石、石榴石、辉石类、闪石类、金云母、黑云母、黑钨矿、锡石	钛铁矿、钙钛矿、磁铁矿、钛磁铁矿、石榴石、电气石、辉石、闪石类、黑云母、锂云母、黑钨矿、白钨矿
Be	石榴石、符山石、褐帘石、曲晶石、钠长石、珍珠云母、变生铌钽酸盐	白云母、金云母、钠长石、微斜长石、霞石、符山石、锂云母、曲晶石、褐帘石	黑云母、锂云母、白云母、锂辉石、霓石、角闪石类、石榴石、黄玉、萤石、电气石、异性石
Zr	锡石、烧绿石、霓石、榍石、钛磁铁矿、钛榴石、磷钇矿、星叶石、高岭石	钛铁矿、锡石、铌铁矿、辉石、角闪石、石榴石、榍石、磷灰石、独居石	磁铁矿、正长石、透长石、钠长石、霞石、白云母、黑云母、辉石、闪石、电气石、绿柱石、橄榄石
Hf	锆石、水锆石、曲晶石、钽锡矿、异性石、硅铁锆石、苗末石、斜锆石、单斜辉石	霓石、钠闪石、单斜辉石、	
ER	方钍石、钙铝石、萤石、黑钨矿、白钨矿、钙钛矿、钛铀矿、铌钙矿、烧绿石、铌铁矿、磷灰石、闪叶石、榍石、石榴石、锆英石、异性石、钍石、黄玉、绿帘石、晶质铀矿	斜锆石、萤石、黑钨矿、白钨矿、钨华、菱铁矿、方解石、钙钛矿、钛铀矿、重钽铁矿、铌铁矿、钽铌铁矿、磷氯铅矿、闪叶石、榍石、绿帘石、石榴石、锆英石、黄钾铁矾、明矾石、曲晶石、粘土矿物	方解石、钙钛矿、榍石、重钽铁矿、铌铁矿、曲晶石、斜长石、石榴石
Ti	磁铁矿、赤铁矿、铌铁矿、钽铁矿，含铀、钍的铌钽酸盐，钨酸盐、锆石、辉石、角闪石、石榴石、黑云母	含铁硅酸盐、铌钽酸盐、磁铁矿、赤铁矿、黑云母、辉石、角闪石、金云母	角闪石、辉石、长石、白云母等
V	磁铁矿、钛铁矿、铬尖晶石、铀钛磁铁矿、榍石、钍石、云母、绿柱石、铝土矿等	金红石、辉石、角闪石、黑云母、热液硫化物、铁质粘土、铝土矿	长石、橄榄石、铝土矿、红土、煤灰等

续表 4-1-8

元素	载体矿物及其含量，%		
	>0.1	0.1～0.01	<0.01
W	铌铁矿、细晶石、锡石、钛铁矿、金红石、榍石、锂云母、磁铁矿、赤铁矿、褐钇铌矿、钼钙矿	磁铁矿、赤铁矿、黑云母、白云母、钼钙矿	斜长石、钾长石、石英、铁锰质粘土、碳质沉积物
Mo	白钨矿、磁铁矿、钛铁矿、榍石、辉石、黑云母	角闪石、榍石、钛铁矿、褐铁矿、橄榄石、黑云母、辉石	斜长石、石英、角闪石、铁锰氧化物、次生铜矿物

（二）元素赋存状态的研究内容

（1）查明元素在矿石中的分配，定性和定量地查明元素在矿石中形成的独立矿物及在其它矿物中的分散，最终进行元素在各矿物中的分散量与矿石中元素总含量的平衡计算。

（2）查明元素在载体矿物中的存在形式。

（3）对已查明的各种存在形式进行合理的晶体化学和地球化学解释。

（三）元素赋存状态研究的一般方法及程序

元素赋存状研究的一般方法及程序如图4-1-3所示。

最终列出元素的赋存状态及平衡计算表，如表4-1-7所示（以包头白云鄂博主东矿混合型矿石中铌赋存状态及平衡计算的研究结果为例）。

误差计算：

混合型矿石Nb_2O_5分析值0.113%

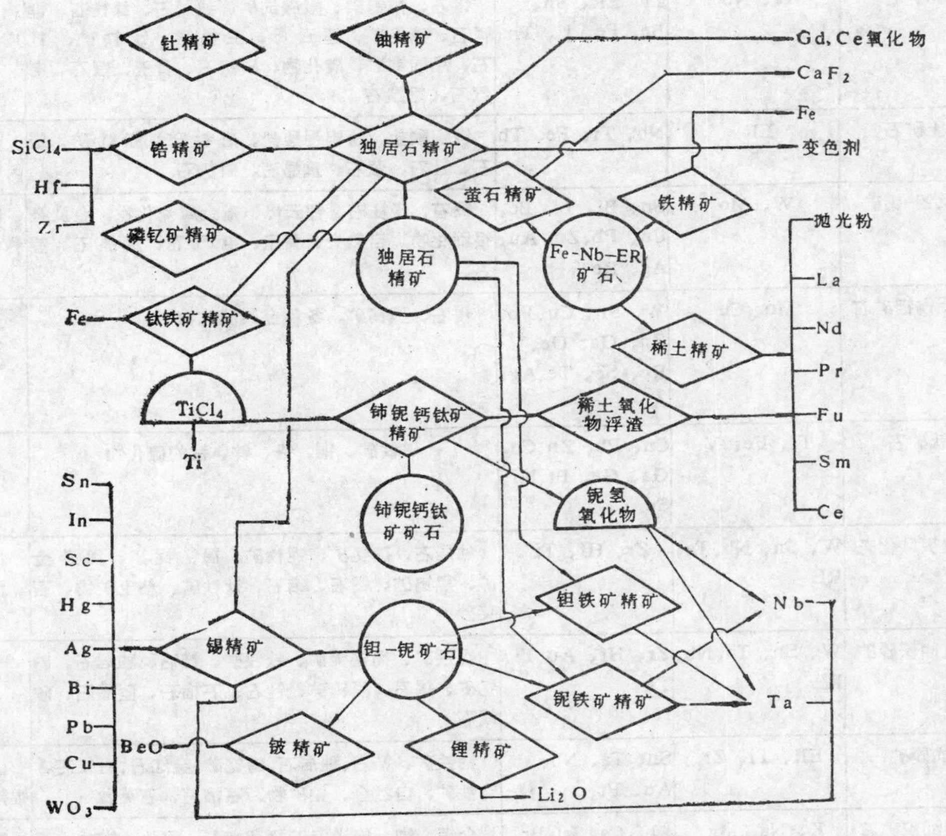

图 4-1-4　钽-铌、稀土矿石综合利用图解

故绝对误差：0.113－0.10927＝0.00373％

相对误差：$\frac{0.0373}{0.113}\times 100\% = 3.30\%$

平衡系数：$\frac{0.10927}{0.113}\times 100\% = 96.70\%$

如平衡系数低于80％，应查找原因。

由于地球化学作用的复杂性，稀有元素可以各种形式或多或少地存在于自然界的绝大多数矿物（特别是硅酸盐及各种氧化物、含氧盐矿物）中，使得它们均能作为稀有元素的载体矿物而存在。因而应该充分研究矿石中95％以上的各种矿物中稀有元素的分散状况。只有对矿石中微量和偶见的非稀有元素矿物可以不予考查，因为它们中可能存在的稀有

表 4-1-9 稀有金属矿石中可能的伴生有益组分

矿石	主回收元素	伴生有益组份	伴生有用矿物	实例
稀有金属伟晶岩矿石	Li、Be、Ta、Nb	Rb、Cs、Sn、Zr、Ti、U、Th	锡石、锆石、独居石、钛铁矿、金红石、黑钨矿、钍石、沥青铀矿、白云母、黄玉、微斜长石、磷灰石、萤石、宝石（黄玉、绿柱石、多色、电气石、紫锂、辉石、石榴石）、压电石英等	新疆可可托海、四川丹巴
气成热液及热液型锂、铍矿石	Be、Li	Ta、Nb、W、Sn、Mo、Bi、Cu、Pb、Zn、Fe、In、Cd、Ag	黑钨矿、锡石、磁铁矿、赤铁矿、菱铁矿、锆石、多种金属硫化物、磷灰石、萤石、电气石、黄玉、钾长石	湖南香花岭 广东万寿山
钽-铌矿石	Ta、Nb	Ti、ER、Sn、Be、Fe、U、Th	锡石、黑钨矿、氟碳铈矿、独居石、绿柱石、锂辉石、磷钇矿、锂云母、磁铁矿、钛铁矿、钍石、晶质铀矿、硫化物、磷灰石、黄玉、萤石、电气石、重晶石	江西宜春 广西栗木
稀土矿石	ER	Nb、Ti、Fe、Th	铌钽酸盐、钛钽铌酸盐、磁铁矿、赤铁矿、锆石、钍石、萤石、重晶石、磷灰石	山东微山 内蒙包头
钨及钼-钨矿石	W、Mo	Sn、Bi、Li、Be、Cu、Pb、Zn、Au、Ag、Re	锡石、绿柱石、锂云母、重金属硫化物、金及金银碲化物、自然金、黄玉、电气石、重晶石、萤石、	赣南大庾 粤北石人嶂
铜及铜钼矿石	Mo、Cu	W、Sn、Cu、Pb、Zn、Ga、Ge、Re、Se、Te、Ag、Au	锡石、黑钨矿、各种金属硫化物	辽宁杨家杖子 江西城门山
钒-钛矿石	Ti、Fe、V	Cu、Pb、Zn、Co、Ga、Ge、Pt、Ni、Sc	磁铁矿、铜、铅、锌、钴的硫化物	四川会理
残坡积风化壳矿石	W、Sn、Nb、Ta、RE	Zr、Hf、Ti	独居石、磷钇矿、铌铁矿、褐钇铌矿、黑希金矿、黑钨矿、锡石、锆石、钛铁矿、粘土矿物、石英砂	广东博罗、江西．寻乌．
河流冲积砂矿	W、Sn、Ta、Nb、RE	Zr、Hf、Au、Ti、Th	铌铁矿、褐钇铌矿、钛铁矿、锆石、独居石、磷钇矿、锡石、黑钨矿、钍石、石榴石、蓝晶石、矽线石	广东台山
海滨砂矿	ER、Ti、Zr	Sn、Ta、Nb、Au、Pt	钛铁矿、锆石、独居石、磷钇矿、金红石、白钛石、铬铁矿、自然金、铂矿物、石榴石、石英砂	山东荣城、福建厦门
盐湖沉积矿石	K、Na、Mg	Rb、Cs、Li、Br、I、B	含锂、铷、铯光卤石及杂卤石、岩盐、镁盐、石膏、硬石膏、芒硝、天然碱等	青海 四川自贡

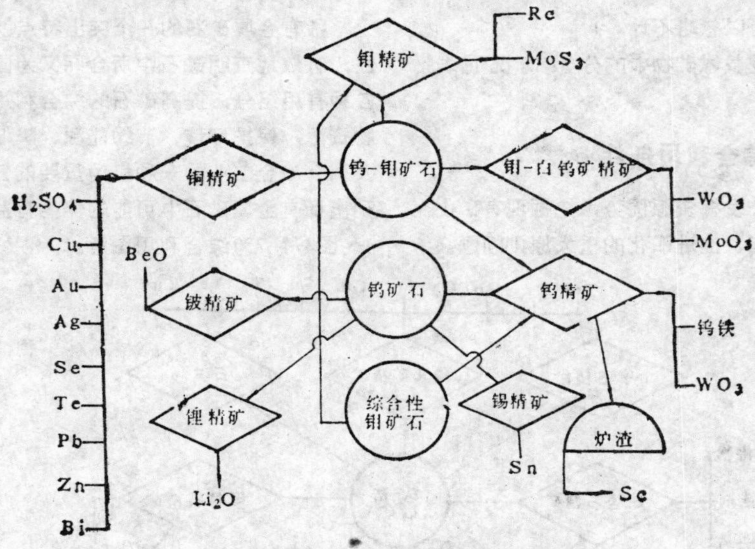

图 4-1-5 钨矿石综合利用图解

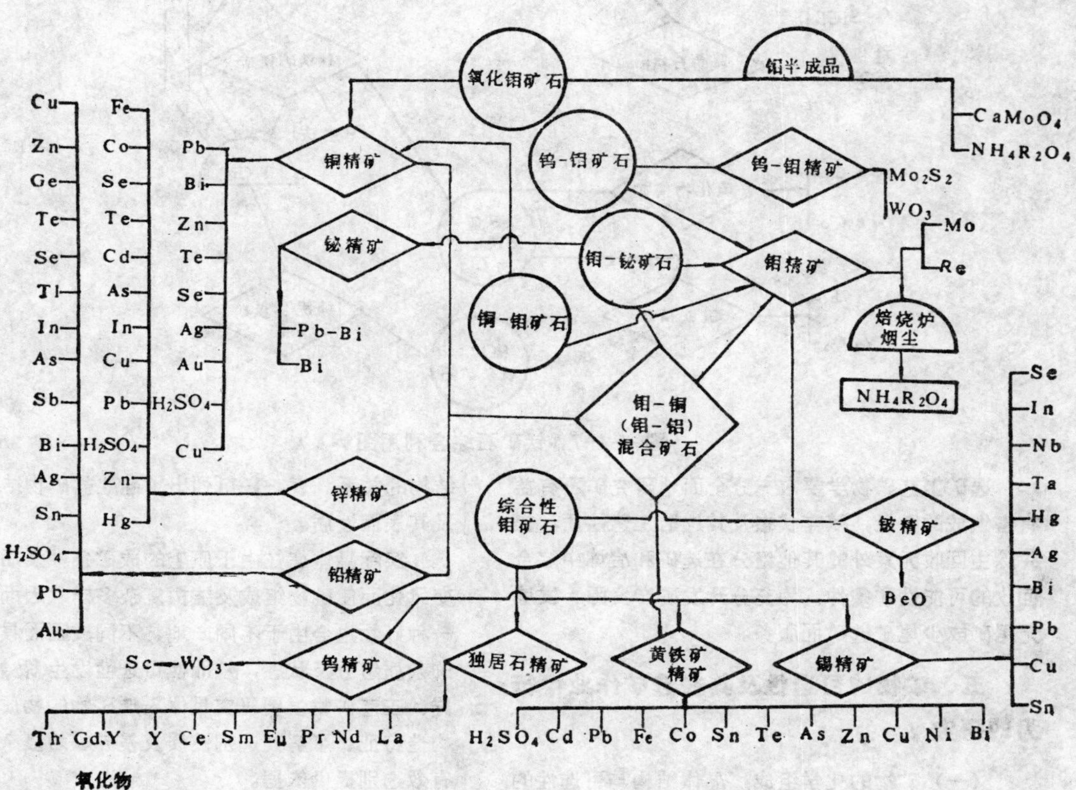

图 4-1-6 钼矿综合利用图解

元素由于含量太低可以忽略不计。

稀有元素在常见载体矿物中的分散情况见表4-1-8。

四、矿石的综合利用条件

综合利用是充分发挥资源优势，挖掘现有矿山生产潜力，勤俭建国、推进四化的重大原则问题。

稀有金属矿石的一个突出特点就是矿石的综合性。有效地查明矿石中所含而又为国民经济需要的各种有用组分，提高矿石的综合利用系数、开发矿物资源，保护环境、节约能源、降低成本、是有色及稀有冶金工业的一项极为重要的任务。表4-1-9列出稀有金属矿石中可能的伴生有益组分，图4-1-4～图4-1-7为综合利用图解。

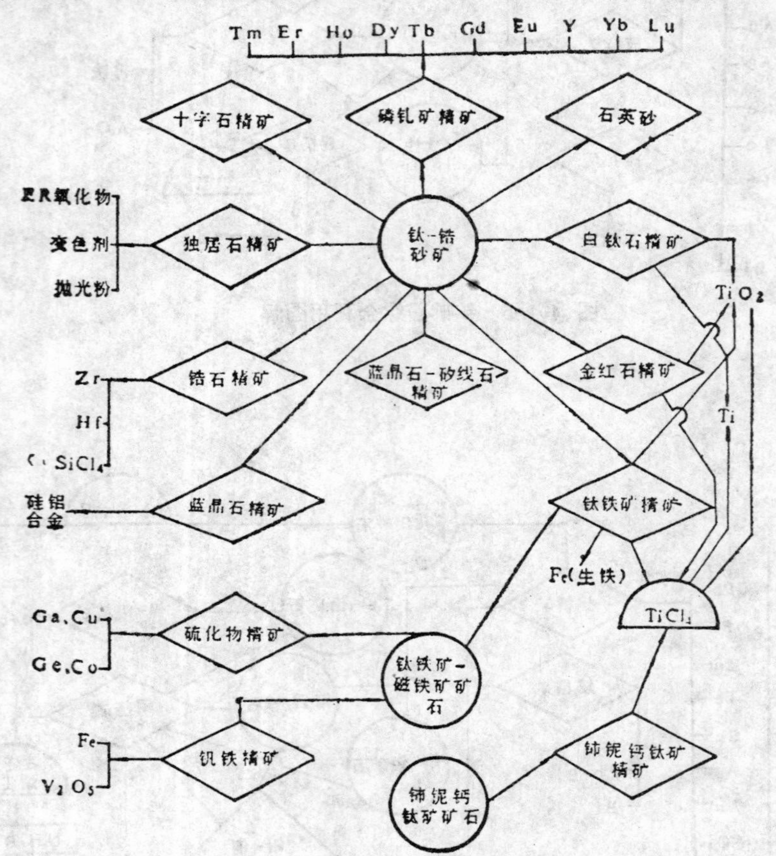

图 4-1-7 钛矿石综合利用图解

选矿工艺矿物学要求充分全面地研究矿石有益有害组成的含量，赋存状态及其选冶工艺性质，提共除主回收元素外的其他组分在选矿和冶炼中综合回收的可能性和条件，为充分开发矿产资源、发展无尾矿或少尾矿选矿而服务。

五、矿物的可选性及其在选矿作业中行为的研究

（一）矿物的化学组成，晶体结构与可选性的关系。

表4-1-10列出了矿物可选性与化学组成及晶体结构的关系。表4-1-11列出了硅酸盐矿物结构特征及其表面性质。

实际晶体往往由于原生的成矿条件及后生的蚀变风化而使矿物组成及结构复杂多样，因而即或同一种矿物也会由于不同产地、不同成因而具有不同的杂质组分及状态，从而使可选性发生微妙的差异。工艺矿物学要研究具体入选矿物的物质组成、构造特征、了解其选别性质及差异、为复杂矿石的有效选别提供依据。

（二）选矿作业中矿物可选性的变化

选矿作业是一种包括多种矿物及选矿介质在内

表 4-1-10　矿物的可选性与化学组成及晶体结构的关系

可选性	化学组成特征	晶体结构特征
硬度	组成元素电价高则硬度大，杂质含量及次生变化将改变矿物的硬度	典型的离子晶格、原子晶格硬度高，配位键使硬度显著降低。金属晶格硬度一般较低并具延展性，分子晶格及分子键化合物硬度最低。键性相同时，硬度随原子间距增加而减小，随配位数增加而增高
比重	组成元素原子量大、原子半径小，则比重大，杂质含量及次生风化可以改变比重	晶格内质点堆集紧密程度高，配位数高则比重大
磁性	具有内电子层3d或4f未充满的高自旋态电子（未配对电子）的过渡族和镧系元素具磁性	共价饱合程度增加导致磁化率降低，金属键增加导致磁化率增高。磁性可随晶体结构而呈各向异性
导电性	天然金属、金属互化物和少数硫化物具导电性	金属晶格具高导电性，共价键及分子键不导电，离子晶格成熔体时导电
浮游性	矿物表面元素能量系数低，静电力强度低，水化作用弱，有利于浮选。矿物表面污染吸附有活化离子或因化学反应形成活性薄膜有利浮选	矿物表面主要为分子键疏水性强，共价键、金属键疏水性中等，离子键亲水性强。 矿物中活性质点裸露或距表层近，则可浮性强， 晶体构造缺陷严重，表面粗糙有利浮选。 层状构造有利浮选，如受扭转弯曲等缺陷破坏则影响浮选 晶体比表面、晶棱、晶角增加、矿物表面吸附加强，有利浮选。

表 4-1-11　硅酸盐矿物结构特征及其表面性质

结构类型	聚合型式	断裂性质	表面性质
岛状硅酸盐	硅与氧由共价键联结成$[SiO_4]^{4-}$四面体在结构中孤立存在，彼此由其它阳离子以离子键相联	主要是金属阳离子与四面体间键断裂，极少四面体内部键断裂	主要是金属阳离子占优势的高能区，与阴离子亲和性极强，具强亲水性
环状硅酸盐	三个、四个或六个四面体联结成封闭的环，环间由其它金属阳离子或具净正电荷的复合离子相联结	主要是金属阳离子与四面体环间的断裂，有少量环内硅氧键的断裂	表面有较多的金属阳离子，具较强的亲水性，与阴离子捕收剂亲和性较强
链状硅酸盐	$[SiO_4]^{4-}$分别以两个或三个角顶与相邻的四面体联结成一维延伸的单链或双链，链间由其它阳离子实现联结	常为一向延伸柱状，垂直柱面为硅氧键断裂，平行柱面为金属阳离子与四面体间键断裂	有强烈的异向性。以垂直柱面断裂为主则亲水性稍强，以平行柱面断裂为主则疏水性稍强
层状硅酸盐	各四面体均以三个顶角与相邻的三个四面体相联形成二维空间延伸的层，层间与其它复合阳离子的残余电价以分子键或氢键相联	为层片状，主要是层间的分子键断裂，有极少数垂直层面的硅氧键断裂	表面分子键为主，有很好的疏水性，常带有由单位层间阳离子补偿的负电荷$(OH)^-$或F^-，对阳离子捕收剂有很好的亲和力
架状硅酸盐	各四面体用四个顶角与相邻的四个四面体联结，形成三维扩展的空间骨架，其中部分$[SiO_4]^{4-}$被$[AlO_4]^{5-}$代替，出现过剩负电荷接纳其它阳离子或离子团	Si-O、Al-O键很难破裂，断裂主要发生在四面体过剩负电荷与为补偿电而进入晶格的阳离子或附加阴离子之间	表面形成$SiOH^-$和SiO^-活性区、与阳离子捕收剂有极好的亲和力

的极其复杂的综合体的工艺过程、随着作业进程综合体内各组分势必发生各种物理的和化学的反应，从而改变了矿物及介质的组合及其物理化学性质，并给选矿作业带来相应的后果。研究矿物在选矿作业中的行为实质上就是要研究矿物在选矿作业及介质条件中化学成分及结构构造的变化，其特征是尤其要研究表面形态、表面成分及表面结构的变化。研究对象应是选矿作业各阶段的各级产品。

为此，须要研究各种选矿阶段的作业条件、产品的矿物组合、粒度特性、嵌布关系；研究入选矿物与介质的物理化学反应及其所产生的杂质成分的带入和带出、晶体缺陷的形成、分布和变化、矿物表面成分及杂质的质点分布、组分间价态与键力性质、浮选药剂在矿物表面的吸附作用及在氧和水参与下形成矿物表面化合物的性质、分布…等等。

随着近代科学技术水平的发展，使用各种粒子光学及谱学分析测试技术，解决这些问题已是可以实现的了。

（三）人工改造矿物的可选性

力学方法：矿物的破碎、研磨改变矿物的比表面及晶棱、晶角数量、改造矿物形态、大小及粗糙度。

热学方法：矿物加热和加热后的急冷和缓冷改变矿物组分（失去水或挥发分）及结构（质点的重新排列，或形成晶格缺陷，产生晶格空位，以利于活性杂质元素的进入）。

还原焙烧和氧化焙烧改变矿物组成的价态和磁性。

热介质中的选矿作业改变矿物的亲水性等。

化学方法：氧化或还原反应改变元素的价态。

酸碱作用除去晶格中某些质点，形成空位或新的缺陷。

药剂作用形成新的组分与结构层，或吸附某些成分形成矿物表面薄膜。

辐射方法：高速微波辐射、促使吸附组分分解、清洗矿物表面杂质。

高速粒子轰击矿物，使之选择性地产生缺陷。高速粒子与晶格中原子相撞，产生核反应，引起原子蜕变，从而使矿物获得新的杂质原子。

人工改造矿物选别性能以适应选矿作业的需要是一项很有意义，很有前途的工作，有待广大工艺矿物、矿物物理及选矿工作者的努力以总结更多的经验及成果。

选矿工艺矿物学的研究内容十分丰富、涉及范围十分广泛，实际工作中应根据研究目的有所选择，有所侧重。

一般对于大型矿床和为提供选矿厂设计依据的矿石选矿试验应作较为全面和深入的工艺矿物学研究。而对小型矿床、简单矿石或为地评价服务的矿石可选性试验，则可适当减少研究内容和深度。只有在特定情况下（如解决新型矿石或难选矿石选矿途径及某些工艺矿物学理论问题研究）才有必要进行矿物可选性质及其在选矿中行为的研究。对于各级选矿产品，研究内容更应根据选矿工艺条件及选别目的进行个别问题的考察。

第三节 工艺矿物学的分析测试技术及设备

对矿物原料及各级工艺产品的组成、结构、物理化学性质及表面特性的分析检测是工艺矿物学研究必不可少的手段。它们的发展进化是近代科学技术发展的需要，也是它们发展的产物。

一、常规的矿物学鉴定测试技术

常规的矿物学鉴定测试技术见表4-1-12。

二、近代微区微量分析技术

随着近代科学技术的发展，已有可能满足近代工业发展及生产技术对矿物分析检测提出的微区、微量、无损、高选择性、快速、准确等要求。它们补充和日益代替了传统的矿物学研究技术，在研究工具、研究内容、研究对象及研究成果等方面均促进了矿物学及其有关学科的划时代的发展。

（一）粒子光学分析技术

用入射粒子（电子、质子、中子、光子、离子、中性粒子或分子）束（即探针）轰击样品，部分粒子将发生四向散射或回跳，部分将穿过样品，激发样品中的原子产生二次粒子或穿过样品形成透射粒子（见图5-1-8）。它们的数量与能级特征是样品组分、结构、样品表面粗糙度及入射粒子能量的函数。分析样品发射的各种反射、散射、透射粒子的谱线及其强度，就可获得矿物定性、定量及形态、结构等方面的信息。人们可以通过各种装置使入射粒子聚焦小于100μ和利用高精度的电子检测及放大系统以实现对微区微量的分析鉴定，并与近代电子计算技术连用以达快速准确之目的。理论上分

表 4-1-12　常规矿物学鉴定测试技术

类　别	方　法	原理及其应用	样品制备
光学显微镜	双筒体视显微镜	利用实体放大镜，观察矿石矿物表面形貌特征及相互关系，检查、分离、挑选矿物	矿石矿物块体或颗粒
	偏光显微镜	利用可见光透过透明矿物发生的透射、折射、干涉等现象测定透明矿物的光学常数	磨制矿石或矿物颗粒为0.03mm的薄片
	反光显微镜	利用可见光通过不透明矿物表面发生的反射及干涉现象测定不透明矿物的光学常数	磨制矿石或矿物颗粒成光片
	红外光显微镜	将透过矿物的看不见的红外图象转换成可见图象对不透明矿物进行透射光的光性测定	样品制成厚度小于0.03mm不加盖的薄片
化学组成分析	化学分析法	以化学原理及化学反应为基础，对矿石和矿物的元素组成进行定性及定量测定	样品细磨成－200目的粉末
	物相分析法	用化学分析法对同一元素的不同化合相态进行定性、定量分析	
	光谱分析	对光谱仪对矿物中特征元素的发射光谱进行定性、定量分析	
	原子吸收分析	用原子吸收光谱仪研究矿物中特征元素的吸收光谱进行定性和定量分析	
	X荧光光谱分析	用X射线荧光分析仪检测由X射线激发样品产生的特征二次X射线，以其频率作为定性，强度作为定量的基础	
	染色及微化分析	用显微镜观察矿物中特征元素与试剂反应的产物特征	矿物颗粒
X射线结构分析	粉晶法	用X光机分析晶质矿物的结构，用矿物的德拜图求出面网间距d值和计算晶格常数，与已知矿物X射线衍射资料对比，定出矿物种属名称	晶质矿物的粉末
	衍射法	用衍射仪计算管收集二次X射线脉冲在自动记录纸上绘出衍射曲线，以峰的位置、高度或面积与已知矿物X射线衍射对比定名和计算晶格常数	
	差热分析	用差热分析仪研究矿物在连续加热条件下产生的热效应得出以加热温度为横坐标，样品温度差为纵坐标的差热曲线，与已知矿物差热曲线对比进行矿物的定性和定量估计，也可用以研究矿物中水的赋存形式矿物的风化蚀变程度等	矿物粉末（特别适宜于研究胶体分散矿物含结构水、氢氧根矿物，稀土碳酸盐及非品质铌钽矿物）
	热重分析	用热天平连续测量矿物加热过程中重量的变化，得出以温度为横坐标，样品失重为纵坐标的热重曲线与已知矿物的热重曲线对比	
物性及表面性质分析	比重、硬度、导电性、比磁化系数、发光性、放射性、湿润性、可浮性等	测定方法可参考有关文献	
数理统计分析	统计推理 相关分析 回归分析	可参考有关文献	

表 4-1-13 应用于矿物学研究中的主要粒子光学设备及其特征

设备	检测范围	最小检测微区 μm	检测深度	成分分析			形貌分析		应用范围及优缺点	样品要求
				检测极限 $\times10^{-6}$	相对灵敏度	相对误差 %	放大倍数	分辨率		
电子探针（电子X射线显微分析仪）	原子序数 Z>4	1	1～3μ	100～500	10^{-4}	1～5		1μm	(1)矿物中特征元素的定性、定量及赋存状态分析 (2)研究简单化合物的晶胞常数、晶体缺陷 (3)进行矿物的颗粒分析、体积分析、矿物定量、解离度测定等 (4)利用二次电子和背散射电子获得样品表面形态图象 (5)采用波谱仪及能谱仪分析元素的特征X射线，前者分辨率及准确度高；后者分析速度快，微区小，可适于较粗糙表面，但准确度差，不能检测Z<11的元素	(1)固体或涂于金属片上的粉末 (2)大小适于样品座（一般<10^2mm） (3)尽可能光滑、平坦、表面无污染 (4)样品导电或镀膜导电
激光光谱仪（激光显微探针）	除非金属外各元素	>20 一般 50～80	20～80μ	1～10	10^{-4}	定性为主，含量<5%元素可定量			(1)矿物成分的快速定性和半定量，可同时测定多种元素，适宜与电子探针及其它设备配合使用 (2)描准器为光学显微镜，便于观察样品和选点，设备简单，操作条件要求不高，分析速度快 (3)大多数非金属不能测定 (4)定量有困难	(1)无盖光薄片，大小适于显微镜载物台 (2)块状样要切片、抛光、无污染，砂粒样制砂光薄片，粉末样用粘结剂压制成型
离子探针（离子探针显微分析仪）	全部元素及同位素	1～400	10Å	1～100	10^{-6}～10^{-9}	较大			(1)分析灵敏度高，可检测矿物中微量、超微量元素 (2)可用于矿物主体也可用于表层元素的定性分析，通过离子刻蚀可进行连续的深部分析 (3)二次离子象及二次电子象可进行表面形貌分析 (4)定量误差大，大部不能定量，但能作超轻元素、同位素测量	(1)同电子探针，对污染极敏感，要用超声波清洗； (2)表层分析样品不要研磨
俄歇电子能谱仪（俄歇显微探针）	Z≥3	n～1	10～20Å		10^{-4}	5～50（半定量）		0.2～3 μm	(1)适于表面成分分析，与离子溅射刻蚀结合可进行深度组成变化分析 (2)与扫描电镜连用，可进行选点分析和扫描，了解矿物表面形貌、结构及其与元素分布的关系 (3)定量困难	(1)固体大小适于样品台，一般为10×10×1(cm^3) (2)粉末压块成型或使用粘结剂 (3)表面无污染
X光电子能谱仪	Z>3	数毫米	5～30Å	10～100	10^{-4}	30±（半定量）		1～4mm	(1)主要用于表层分析，据光电子能谱峰的位置及强度对元素定性和半定量，据峰的有规律位移及微细变化确定化学结构及氧化状态和表面元素化学键的关系 (2)与离子刻蚀结合进行表层元素深度变化分析； (3)与扫描电镜连用，可获得样品表面图象及有关信息	(1)块状样大小适于样品座，一般5×15(mm^2)或R=10mm，粉末应压片或粘接 (2)表面无污染 (3)表层分析样不要研磨
透射电子显微镜	Z=11～92	0.2～1		1000～10000		较大	n×10～160万	最高0.98Å，一般数百到数Å	(1)用于微粒或薄膜样品的表面或断面形貌分析、可获得放大数十万倍的物体图象 (2)可获得电子衍射图进行晶体结构分析 (3)带X射线能谱仪和波谱仪可作最小微区的组成分析	(1)微细颗粒可直接在镜下观察 (2)块状样品表面形态观察需制复型
扫描电子显微镜	Z=11～92	0.5～1		500～1000		较大	一般15～20万	一般60～100Å	(1)主要用于颗粒表面形貌的显微和超显微结构研究，适于研究微细矿物及矿物中的包体 (2)带X射线能谱仪即具电子探针性能、可作微细矿物及细小包体的成分分析	(1)样品要求与电子探针同 (2)大小一般<10×5×1(cm^3)

表 4-1-14 谱学方法技术

设　备	基　本　原　理	应　用	样品要求
电子顺磁共振（EPR）（电子自旋共振ESP）波谱仪	研究在外加磁场中原子、离子或分子中未成对电子（具磁距）自旋亚能级分裂与微波量子（频率1000～8000MHz、波长10～0.375cm）的共振吸收谱。可以获得具有精细及超精细结构的微波功率的吸收对磁场强度变化的微分曲线	用以研究矿物中顺磁性杂质离子（铁族、稀土族、钯铂族等具未配对 d 和 f 电子）和矿物中天然和人工辐射产生的电子-空穴心（它们可使缺陷转变成顺磁状态），确定它们在晶格中的位置、价态、数量、配位及化学键性；研究晶体缺陷及晶格中的有序与无序；研究晶体杂质的赋存状态并对其进行定量	研究元素含量范围 1～0.0001%，样品最好是2～9mm的晶体，粉末样品效果较差
核磁共振（NMR）波谱仪	研究外加磁场对核自旋亚能级分裂与射频量子（频率0.1～100MHz、波长 3～3000m）的共振吸收。可测出磁场强度与共振吸收率的关系曲线、核的化学位移及自旋耦合常数等物质分子结构的重要参数。所得图谱以峰的位置及其精细和超精细结构作为定性及结构判断的依据，峰的面积作为定量的依据	用以研究元素在结构中的位置，结晶水的位置、类型及其活动性，晶格中的缺陷、空位以及水化作用、脱水作用等化学反应及扩散现象	研究元素含量超过 3 %样品重量数十毫克。一般常制成溶液，也可以是单晶或制成块的粉末，大小约3cm³
核四极共振（NQR）波谱仪	研究在非立方对称的外电场和核密度的相互作用下核能级发生的分裂和跃迁与射频量子的共振吸收谱	研究原子及基团在晶体中的配置，化学键性及杂质存在形式等，最适于研究砷、锑、铋三种元素的核，故主要应用于硫化物及硫盐研究中	要求同上，样品大小约2cm³
穆斯鲍尔（无反冲的核 γ 共振吸收谱）波谱仪	当激发态的原子核由高能级向低能级跃迁时产生 γ 射线，但因反冲而失去部分能量致使与吸收体原子核能级有差值而不能实现共振，为此采取措施补偿反冲能量损失，使之实现共振所获得的吸收谱是为穆斯鲍尔（Mössbauer）谱，谱仪记录样品相对于放射源运动的不同速度下所测得的 γ 光子，获得以速度为横坐标、相对强度为纵坐标的 γ 射线与速度关系的共振吸收曲线	可以进行矿物组成的快速分析，区分同质多形体；研究杂质的存在形式，元素在结构中的位置、价态、电子自旋态、配位及化学键性，可研究矿物的磁性（内磁场）及其有序化。目前矿物学中仅比较成熟地用于研究铁这一个元素	样品量一般100mg可是各种晶体、非晶体、粉末等物质
红外光谱仪	测定矿物中分子或原子团中引起偶极矩改变的振动，转动能级跃迁对红外波段辐射的共振吸收谱。不同矿物有其特定的红外光谱，又可因其组成结构的微小差异而有微弱的变化。因此可用之进行矿物鉴定	用于进行矿物鉴定，研究矿物的类质同象系列及杂质组分，确定矿物中水的状态、位置，研究矿物内包裹体、固态反应的相变化、脱玻化、固溶体形成及矿物表面性质等。可以研究非晶质矿物，弥补了X衍射结构分析之不足	样品细磨至小于2μm，重量数毫克
激光拉曼光谱仪	研究激光辐射在试样表面非弹性碰撞而产生的散射（即拉曼辐射）光谱。拉曼散射线的频率位移与入射光频率无关而决定于分子的振动和转动频率	可用于研究分子的结构，最便于鉴定含有Mo、和MO，官能团的各种盐类矿物，特别是透明、浅色矿物	样品溶液、粉末、晶体均可，需样数微克到数毫克

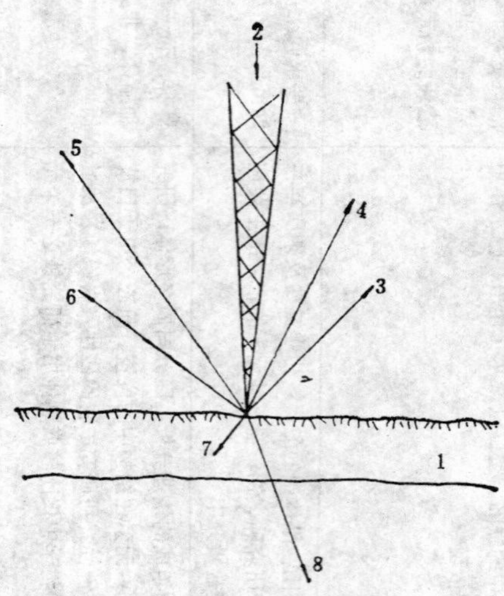

图 5-1-8 粒子光学分析原理示意

1—样品；2—入射粒子束；3—电子（二次电子散射电子，俄歇电子）；4—光子（各波段的发射光谱）；5—离子(二次离子，散射离子)；6—中性粒子（分子解吸）；7—吸收粒子；8—透射粒子

析技术可据入射和反射、透射、吸收粒子的组合而有多样，由于种种原因不是所有组合都能实际加以应用，目前应用于矿物学研究的如表4-1-13。

表4-1-13所列激光光谱仪及电子探针是用于矿物本体成分分析的主要设备，前者迅速、方便、使用条件较低，后者准确可靠，但分析条件高、成本高，二者可互为补充使用。俄歇谱仪，离子探针及X光电子能谱仪为三种表层分析探针，是用来解决表层问题的互为补充的分析工具，它们通过离子刻蚀也可解决深部成分问题。电子显微镜则是微细和超微细颗粒形貌及结构分析的工具，最高倍的电子显微镜已能直接观察原子的排列情况了，它们与X射线能谱仪或波谱仪连用，即可同时具电子探针性能进行成分分析。

（二）谱学分析技术

谱学分析方法就是在各种频谱波段上研究化合物中呈束缚状态的个体（原子、离子、分子、分子团、缺陷等）由于本身或外加场（磁场、电场等）引起核、电子、分子的振动、转动（或自旋）能级的跃迁而产生的光谱或能谱曲线及其精细或超精细结构，用以全面鉴定晶体和原子种类（即化学成分）、原子在样品中的配置（即结构）及它们在该结构中的性质（电子结构、化学键状态等）以及晶体的对称性、缺陷等等，从而解释矿物物理化学性质及工艺性质以及成因、演化等理论问题。

目前在矿物学研究中的固体谱学方法列于表4-1-14。

矿物的谱学分析技术主要的不是用来测定矿物的化学组成，而是用来研究矿物元素的核和电子结构，以及它们之间和与周围原子的核与电子结构的关系，用以解释矿物性质的理论问题。而且几乎只有它才是唯一完善和综合的研究方法。

三、图像分析仪在矿物定量分析中的应用

图像分析仪是近20年发展起来的现代化的定量测试仪器，它可以应用到使用光学显微镜分析的一切领域、能适应国民经济各部门对宏观及微观图像定量分析处理的需要。

（一）图像分析仪的原理及性能

将光学显微镜下视场图像用电视摄像管转换成电视屏幕图像后用电子束扫描，检测出图象产生的电脉冲讯号，由于不同矿物在图像中具有不同的亮度（即灰度），因此据脉冲的强度及脉冲在扫描方向上的持续时间（即脉冲宽度）就可以进行定量分析。

一般是对显微镜下的光、薄片逐行逐点或隔行隔点进行扫描，将各点脉冲讯号按灰度分级、检测出图象特征（面积、周长、投影长、计数等），输入计算机进行程序运算，最后打印出测定结果及其统计学参数，或绘出各种曲线、图形。也可将结果储存或显示在监视器上，监视器可带光笔，以实现人与图像的对话或操作。

图像分析仪以灰度作为矿物相辩别的标准，虽然仪器的可辩灰度分得很细（可达60～80级），但由于样品表面不平及电视图像转移等多种因素的干扰、在实际可辩相间的反应较大(经常大于10%)，致使一些肉眼可辩相而仪器往往不能辩别，特别对于脉石矿物，透明矿物及反射率相近的矿物难于区别。此外，仪器本身由于设备的复杂在光电转换、信号检测、整形、分析处理等过程中也会增加系统的误差因素，影响其测定精度。目前一般认为其精度尚未超出光学显微镜的精度范围。

（二）图像分析仪的应用

矿石及磨矿、选矿产品中矿物含量、粒度分布及单体解离度是工艺矿物学研究必须提供的三种基本定量参数。使用图像分析仪使此一工作大大简化而迅速地进行，不仅提高了效率、减低劳动强度、消除了主观误差，而且由于速度快、数据多，也有利于提高精度。对于那些粒度较细、嵌布关系极其复杂（如网纹状、细脉浸染状、文象状等）用光学显微镜测量工作量极大或几乎不能进行定量分析的矿物，图像分析为唯一可行的光学定量方法。

随着电子计算技术的进展，仪器正向小型、价廉、易于操作方向发展，并不断改进其分辩率和精确度。

由于光学灰度分辨的缺陷、仪器的另一主要发展方向是向非光学图像分析方向发展，即将图像分析仪与扫描电镜或电子探针联用，用矿物组成的电子图像或特征X射线图像即成分图像进行定量分析，这无疑将会大大提高其分辨率及准确度，并可同时获得组成、结构等其他方面的信息。

四、分析测试技术的评述与展望

（1）矿物的粒子光学及谱学分析技术就其微观、快速、准确、高效来说是矿物检测的发展方向。今后其发展特点是尽量利用粒子与物质交换产生的各种微观信息，使观察和分析范围越向微观和多功能发展、配备多种附件使大多数仪器都能进行组分、结构、形貌及其他多种用途的研究、除用电子计算机处理分析数据外、并用控制仪器操作，以实现更高度的自动化。

（2）微区微量分析对于矿物工艺来说尚有局部与整体、微区与常区的代表性及重复性问题，因而就其应用发展来说尚须与传统的显微镜研究和数学分析方法密切配合，将微观分析结果与宏观和半宏观分析所得到的统计数据进行综合性分析，避免大海捞针和把支流当主流的错误。

（3）就目前国内条件，常规的矿物学研究方法仍是基本的，主要的和广泛应用的。激光显微光谱，电子探针及电子显微镜在国内工艺矿物学研究中已有一定应用，大部分科研单位已陆续购置与引进有关设备，在解决微粒、微量矿物组分测定，形貌观察及赋存状态研究方面起了重要作用。表面探针由于设备的缺乏仅在个别问题上不算深入的试验性研究，而谱学分析技术在工艺矿物学领域内的应用尚是空白，这些都有待不断实践与总结经验。

（4）图像分析技术是工艺矿物研究中的重要革新，对解放生产力，缩短研究周期有重大意义，但由于灰度分辩的缺陷，也须配合显微镜定量方能加以应用。

（5）各种分析测试手段在研究目的、对象及研究成果等方面均各有其特殊性，所提供的信息也各有其局限性，因此必须互相配合、补充和验证，以求得完整准确的结论。

第四节 主要稀有元素工业矿物的鉴定

主要稀有元素工业矿物的物理化学性质及鉴定方法分别列于表4-1-15～4-1-21。

表 4-1-15 主要锂、铷、

矿物		锂辉石 Spcdumene	锂云母 Lipidolite	铁锂云母 Zinnwaldite
化学式		$LiAl[Si_2O_6]$	$K_2(Li,Al)_{5-6}[Si_{6-7}Al_{2-1}O_{20}](OH,F)$	$KLiFeAl(AlSi_3O_7)(F,OH)_2$
晶系及晶胞参数		单斜 $a_0=9.50Å$ $b_0=8.30Å$ $c_0=5.24Å$ $\beta=110°20'$	单斜 $a_0=5.3Å$ $b_0=9.2Å$ $c_0=10.2Å$ $\beta=100°$	单斜 $a_0=5.27Å$ $b_0=9.09Å$ $c_0=10.01Å$ $\beta=100°$
肉眼及双筒镜鉴定	结晶习性	板、柱、针、粒状	鳞片、叶片、短柱、厚板状等	短柱、板、片、鳞片状
	颜色	无、淡绿、淡黄、淡紫、灰白等	无、灰白、玫瑰、紫、粉紫等	灰、褐、暗绿、暗紫
	条痕	白色	无色	
	光泽	玻璃，有时绢丝	玻璃-珍珠	玻璃-珍珠
	解理	(110)清楚，(100)(010)有裂理	(001)极完全	(001)极完全
	断口	不平、参差、半贝壳		
	硬度	6.5～7	2.5～4	2～3
	比重	3.03～3.15	2.80～3.30	2.9～3.3
	电磁性	无	中	中
偏光镜鉴定	颜色	无	无	无、浅褐
	多色性	有时有浅紫、紫红、绿-粉红、浅紫、浅绿	有时有浅粉、淡紫-无色	有微弱的淡黄-褐
	突起	中等：$N_p=1.648\sim1.663$，$N_m=1.655\sim1.699$，$N_g=1.662\sim1.679$	低：$N_p=1.524\sim1.537$ $N_m=1.543\sim1.565$ $N_g=1.545\sim1.566$	低：$N_p=1.535\sim1.558$ $N_m=1.570\sim1.589$ $N_g=1.572\sim1.590$
	干涉色	二级：$\Delta N=0.014\sim0.027$	二级：$\Delta N=0.021\sim0.029$	二级顶：$\Delta N=0.032\sim0.037$
	光性	二轴(+)	二轴(−)	二轴(−)
	光轴角	58°～68°	23°～63°，偶见2v=0	30°～38°
	消光角	$c\wedge N_g=22°\sim26°$	$b//N_m$ $a\wedge N_g=0\sim7°$	与(001)解理近于平行
化学成分	主元素	Li_2O 7.24(8.1)① SiO_2 62.53(64.5) Al_2O_3 27.31(27.4)	Li_2O 6.45 SiO_2 45.49 Al_2O_3 27.85 K_2O 10.62 F 7.60 H_3O 1.33	Li_2O 3.26 SiO_2 39.59 Al_2O_3 24.25 Fe_2O_3 10.99 FeO 4.89 K_2O 9.49
	杂质	Fe、Mg、Ca、Na、Cr等	Rb、Cs、Pe、Ta、Nb、Na、Mg、Mn、Fe等	Rb、Cs、Ba、Na、Mn、Mg等
X射线衍射谱	I_0	10 9 6 6 5	10 10 10 5 5	10 8 8 5 4
	d,Å	2.908 2.789 4.21 2.447 1.565	3.23 2.51 1.75 4.84 2.79	9.73 3.325 2.615 2.425 3.69
主要产状		花岗伟晶岩中与绿柱石、锂云母、铌铁矿等共生	(1)同左 (2)石英脉中与锡石、黄玉、萤石共生 (3)钠长石化花岗岩中与细晶石、绿柱石共生	(1)同左(1) (2)同左(2) (3)接触交代条纹岩中与金绿宝石、铍镁晶石共生

①括号内系理论值。

铯工业矿物

透锂长石 Petalite	铯榴石 Pollucite	锂磷铝石 Amblygonite
$Li[AlSi_4O_{10}]$	$Cs[AlSi_2O_6]\cdot nH_2O$	$LiAl[PO_4]F$
单斜 $a_0=11.76Å$ $b_0=5.14Å$ $c_0=7.62Å$ $\beta=112°4'$	等轴$a_0=13.64-13.74Å$	三斜 $a_0=5.06Å$ $b_0=5.16Å$ $c_0=7.08Å$ $\alpha=109°52'$ $\beta=107°30'$ $\gamma=97°54'$
块、板、针状	粒状，有时为立方体	块 状
灰白-灰，偶见粉红-绿	无，白有时带灰、粉红、浅紫等色	灰、黄白、绿白、浅蓝白等色
无 色		无 色
玻 璃	玻璃-油脂	玻璃-珍珠-油脂
(001)(201)完全	无	(001)完全，(100)较完全
	不平或贝壳	不 平
6～6.5	6.5～7	5.5～6
2.3～2.5	2.67～3.03	2.95～3.15
无	无	无
无 色	无 色	无 色
无	无	无
低：$N_p=1.504～1.507$ $N_m=1.510～1.513$ $N_g=1.516～1.523$	低：$N=1.507～1.526$	低～中：$N_p=1.578～1.596$ $N_m=1.585～1.607$ $N_g=1.598～1.617$
1～2级：$\Delta N=0.011～0.017$		二级：$\Delta N=0.02～0.021$
二轴(+)	均 质	二轴(-)
82°～84°		50°～80°
$b//N_g$ $c\wedge N_m 24°～30°$		
Li_2O 4.74(4.90) SiO_2 78.00(78.40) Al_2O_3 17.03(16.70)	Cs_2O 30.77(42.53) SiO_2 46.38(40.72) Al_2O_3 16.71(75.34) Rb_2O 1.60	Li_2O 10.16(10.10) Al_2O_3 33.73(34.46) P_2O_5 47.83(48.00) F5.50(12.85)
Fe、Na、K等	Li、Na、K、Fe等	K、Na、Ca、Fe等
10 9 6 7 6 6 5	10 8 7 6 5	10 9 8 7 7
3.74 3.65 3.50 2.06 1.93 1.897 1.632	3.43 2.925 1.740 2.424 1.863	4.56 2.96 3.075 1.281 1.251
同左(1)	同左(1)	同左(1)、(2)

表 4-1-16 主要铍工

矿 物		绿柱石 Beryl	羟硅铍石 Bertrandite
化学式		$Be_3Al[Si_6O_8]$	$Be_4[Si_2O_7](OH)_2$
晶系及晶胞参数		六方 $a_0=9.118$Å $c_0=9.189$Å	斜方 $a_0=15.22$Å $b_0=8.69$Å $c_0=4.54$Å
肉眼及双筒镜鉴定	结晶习性	柱、板、粒、块状	薄板状、片状
	颜 色	无、白、蓝、黄绿、蓝绿、粉红等	无、白、浅黄等
	条 痕	白	无 色
	光 泽	玻 璃	玻 璃
	解 理	(0001)不完全	(001)完全、(110)(010)(100)清楚
	断 口	参 差	参 差
	硬 度	7～8	6～7
	比 重	2.63～2.91	2.95～2.62
	电磁性	无一弱	
偏光镜鉴定	颜 色	无-浅黄绿	无 色
	多色性	弱：海绿-浅黄绿	无
	突 起	低：$N_o=1.560\sim1.602$ $N_e=1.564\sim1.595$	低-中：$N_p=1.584\sim1.591$ $N_m=1.594\sim1.601$ $N_g=1.602\sim1.614$
	干涉色	一级灰白：$\Delta N=0.004\sim0.008$	二级：$\Delta N=0.023\sim0.027$
	光 性	一轴（－）	二轴（－）
	光轴角	有时可达17°	73°～81°
	消光角	平行消光	平行消光
化学组成	主元素	BeO13.32 $SiO_2$63.92 $Al_2O_3$18.75	BeO42.77 $SiO_2$49.83 $Al_2O_3$2.82
	杂 质	Li、K、Na、Zr、Nb、Sn、Fe、Mn、Ca、Mg等	Fe、Mg、Ca等
X射线衍射谱	I_0	10 10 8 8 7	10 8 7 6 5
	d Å	3.24 2.849 7.95 2.997 1.736	4.33 3.15 2.518 1.302 3.92
主要产状		(1)花岗伟晶岩与锂辉石、锂云母、铌铁矿共生 (2)云英岩中与日光榴石、锡石、黄玉等共生 (3)高温石英脉中与黑钨矿硅铍钇矿共生 (4)钠长石化花岗岩中与黑钨矿硅铍钇矿共生	(1)同左(1) (2)火山凝灰岩、角砾岩中与黄玉、萤石、硅铍石碳酸盐、粘土矿物共生

业矿物

金绿宝石 Chrysoberyl	硅铍石 Phenakite	日光榴石 Helvite
Al_2BeO_4	$Ee_2[SiO_4]$	$Mn_4[BeSiO_4]_3S$
斜方 $a_0=5.48$Å $b_0=4.43$Å $c_0=9.41$Å	三方 $a_0=12.45$Å $c_0=8.23$Å	等轴 $a_0=8.29$Å
板、柱、短柱、粒状 黄绿、黄、淡黄褐、宝石绿 无　色 玻　璃 (011)清楚、(010)(001)不完全 不平-贝壳 8～8.5 3.631～3.835 无-弱	针、柱、粒状 无、酒黄，少有粉红、黄褐等 无　色 玻　璃 $(11\bar{2}0)$清楚、$(10\bar{1}1)$不完全 贝壳状 7.5～8 2.93～3.0 无	四面体、八面体、粒状、块状 灰、褐、黄褐、灰黄、黄绿等 无　色 玻璃-油脂 (111)不完全 不平-贝壳 6～6.5 3.15～3.44 中-强
无、绿、橙红等 浅紫红-橙黄-宝石绿 高：$N_p=1.744～1.747$ $N_m=1.747～1.749$ $N_g=1.753～1.758$ 一级灰白：$\Delta N=0.009～0.011$ 二轴(+) 10°～71° 平行消光	无　色 无 中：$N_o=1.654$ $N_e=1.670$ 一级：$\Delta N=0.016$ 一轴(+) 平行消光	无、浅褐 无 高：$N=1.728～1.747$ 均　质
BeO21.15 $Al_2O_3$68.67 Ca、Fe、Mn、Mg、Si等	BeO43.82 $Al_2O_3$5440 Ca、Mg、Fe等	BeO13.01(13.52) MnO50.65(51.12) $SiO_2$31.04(32.46)S6.77(5.78) Zn、Fe等
10　10　9　7　7 2.090　1.617　3.23　2.561　1.366	10　10　10　10　9 3.09　2.49　2.17　1.625　3.62	10　9　6　6　4 3.26　1.942　3.70　3.203　2.602
(1)同左(1) (2)含铍条纹岩与铍镁晶石、萤石、磁铁矿共生 (3)砂矿中与金刚石、刚玉、锡石等共生	(1)同左(1) (2)、(3)同绿柱石(1)(2)	(1)、(2)、(3)均同左

表 4-1-17 主要钽铌

矿物		铌铁矿 Columbite	钽铁矿 Tantalite	烧绿石 Pyrochlore
化学式		$FeNb_2O_4$	$FeTa_2O_4$	$(Ca,Na)_2Nb_2O_6(OH,F)$
晶系及晶胞参数		斜方 $a_0=5.74$ Å $b_0=14.37$ Å $c_0=5.09$ Å $a/b/c=0.402/1/0.357$	斜方 $a/b/c=0.401/1/0.357$	等轴 $a_0=10.331\sim10.338$ Å
肉眼及双筒镜鉴定	结晶习性	柱、板、针、粒状	柱、板状	八面体、粒状
	颜色	铁黑、褐黑	铁黑、褐黑、红褐	暗褐、红褐、黄绿、淡黄、灰黑等
	条痕	灰褐、暗红褐	灰褐、青	淡褐、黄褐
	光泽	半金属	半金属、树脂	油脂
	解理	(010)清楚、(100)不完全	(010)清楚、(100)不完全	(111)不完全
	断口	不平	不平-半贝壳	贝壳
	硬度	4.2～6	5.7～6.8	5～6
	比重	5.2～6.25	6.25～8.25	4.0～5.4
	电磁性	中	中	无-极弱
	放射性	有时有	有时有	有（有时变生）
偏光镜鉴定	颜色	黄褐、暗褐、暗红褐	暗褐红、黑	无、浅黄、浅褐、浅红
	透明度	碎屑边缘微透明	碎屑边缘微透明	透明
	多色性	红褐-深红褐-黑	黄、红褐、深红褐	无
	突起	极高：$N=2.40$	极高：$N_p=2.26$ $N_m=2.32$ $N_g=2.43$	高：$N=1.96\sim2.27$
	干涉色	常被颜色所掩盖	常被颜色所掩盖	
	光性	二轴(+)	二轴(+)	均质
	光轴角	70°～85°	65°～72°	
反光镜鉴定	反射色	灰带淡棕	灰带淡红褐	
	反射率	15.5～20.95	16.15～19	8.2～13.7
	内反射	褐红-暗樱桃红	红褐	褐、黄、浅黄绿
	非均性	弱非均质（平行消光）	弱非均质	均质
化学组成	主元素	$Nb_2O_5$71.97 $Ta_2O_5$54.30 FeO 17.01 MnO4.19	$Ta_2O_5$77.20 $Nb_2O_5$7.23 MnO0.81 FeO+$Fe_2O_3$14.00	$Nb_2O_5$57.84 CaO18.06 Na_2O4.92 $Ta_2O_5$1.44
	杂质	Ti、W、Sn、RE、Zr、Hf、U、Th等	Mn可达15.78%,RE、U、Th、Sn、Ti等	RE、U、Th、Ti、Sn、Al、Mg等
X射线衍射谱	I_0	10 9 7 6 6	10 9 9 7 7	10 7 7 7 6
	d, Å	2.969 3.67 1.722 1.775 1.464	9.27 1.72 1.458 3.64 1.77	3.10 1.834 1.563 1.991 1.191
差热分析				变生者在500～550℃有放热效应
变种		含Ta,Mn更高者为钽铌铁矿，锰铌铁矿，钽铌锰矿，锰钽铌铁矿或铌锰矿（含MnO达15.12%）等	含Nb、Mn更高者为铌钽铁矿，锰钽铁矿，铌锰钽铁矿，富锰钽铁矿或锰钽矿（含MnO达16.17氧化铁仅0.52）	含铀、铈、钽、铅、水者分别为铀烧绿石，铈烧绿石，钽烧绿石，铅烧绿石，水烧绿石
主要产状		(1)花岗伟晶岩、花岗岩及蚀变花岗岩 (2)层控铁-铌-稀土矿床 (3)砂矿中	同铌铁矿	(1)碱性正长岩、碱性伟晶岩、与碱性超基性杂岩有关的碳酸岩 (2)云英岩及花岗伟晶岩 (3)铁-铌-稀土矿床

工业矿物

细晶石 Microlite	褐钇铌矿 Fergusonite	黄钇钽矿 Formanite
$(Ca,Na)_2Ta_2O_6(OH,F)$	$YNbO_4$	$Y(Ta,Nb,Ti)O_4$
等轴a_0=10.37～10.40Å	四方a_0=5.15～5.19Å c_0=10.8～10.9Å	四方
八面体、粒状 浅黄、黄、褐黄、橄榄绿等 浅黄、浅褐 玻璃、油脂 贝壳、锯齿 5～5.5 4.2～6.4 无-弱 有（有时变生）	柱、桶、纺缍状 黄、黄褐、黑褐 浅黄-黄褐 油脂-暗淡 贝　壳 5.5～6.5 4.89～5.82 中　强 有时强（多有变生）	板　状 灰、黄、褐、黑 浅　黄 玻璃-油脂 二组解理完全 参差-贝壳 5.5～6.5 6.24～7.03 中 有时强（多有变生）
无、淡黄、褐 透　明 无 高：N=1.93～2.023 均　质	浅黄、黄褐、褐 透明-不透明 不　显 极高：$N_p\geqslant2.18$ $N_m\leqslant2.28$ N_g=2.28变晶N=2.05～2.21 高ΔN=0.08～0.1 一轴或二轴、变生者显均质 约34°	浅黄褐 透明-不透明 极高：N=2.007 有异常干涉色 一轴(+)、多为均质
 8.2～13.7 黄、浅黄绿 均　质	灰白-乳灰 11～14 金黄-褐红	 12.3 无-浅褐
$Ta_2O_5$68.43　CaO11.80 Na_2O2.86　$Nb_2O_5$7.74 U、RE、Sn、W、Pb、Mg等	$Nb_2O_5$42.90　〔Y〕$_2O_3$37.03 〔Ce〕$_2O_3$2.91　$UO_2$3.96　$ThO_2$1.03 Si、Ti、Al、Fe、Mn等	$RE_2O_3$32.98　$Ta_2O_3$49.36 $Nb_2O_5$9.15　$UO_2$2.15　$ThO_2$1.67 Ca、Fe、Mg等
10　9　9　6　5 2.98　1.836　1.563　5.98　3.11	10　8　7　6　6 3.06　1.881　2.733　1.633　1.566	10　9　6　6　6 3.16　2.93　2.73　1.893　1.860　（加热900℃，2h）
变生者在500～600℃有放热效应	变生者在575～720℃或465～980℃有明显的放热效应	
	含Ti、Ce高者为钛褐钇铌矿和铈褐钇铌矿	
(1)钠长石化花岗伟晶岩和花岗岩 (2)云英岩化花岗岩 (3)钠长石化细晶岩	(1)黑云母花岗岩与独居石、锆石、钍石共生 (2)花岗伟晶岩、蚀变花岗岩 (3)残坡积、冲积砂矿	同褐钇铌矿

表 4-1-18 主要锆铪

矿物		锆石 Zircon	变种锆石
化学式		$Zr(SiO_4)$	$(Zr,Hf,Th,U,RE)[(Si,Pe)O_4]$
晶系及晶胞参数		四方 $a_0=6.63Å$ $c_0=6.02Å$	四方 a_0较锆石大 c_0较锆石小
肉眼及双筒镜鉴定	结晶习性	四方双锥、四方柱、锥柱、板或复杂晶形	四方双锥、柱、等轴、陀螺状等，常为简单晶形
	颜色	无、灰白、褐、褐红、玫瑰等色	铪锆石多浅红褐、浅紫，其它多浅棕、乳白、褐、红等
	条痕	无色	无色
	光泽	玻璃-金刚	油脂-沥青
	解理	(110)不完全、(111)少见	
	断口	不平坦-贝壳	
	硬度	6.5～8	6
	比重	4.0～4.7	铪锆石4.89～5.42，水锆石3.9～4.2，曲晶石3.8～4.0
	电磁性	无-很弱	无-弱
	放射性	有时有	有时有
偏光镜鉴定	颜色	无-浅黄	无-浅色
	透明度	透明-半透明	半透明
	多色性	很弱	
	突起	很高：$N=1.973-2.04$	铪锆石$N=1.950～2.023$ 水锆石$N=1.787～1.840$
	干涉色	很高 $\Delta N=0.053-0.08$	铪锆石高$\Delta N=0.053$ 水锆石低$\Delta N=0.003～0.010$
	光性	一轴(+)	一轴(+)，有时均质
	光轴角	0～10°	
化学组成	主元素	$(Zr,Hf)O_2$65.50 $SiO_2$29.98	富铪锆石$HfO_2$3.7～9.42，大山石$RE_2O_3$17.7 $P_2O_5$7.6 铪锆石$HfO_2$11～50 铍锆石BeO14.73 曲晶石 H_2O9.83 苗木石$ThO_2$5.10 $(Ta,Nb)_2O_3$7.64 水锆石 H_2O4.0～16.6
	杂质	Ti、RE、Th、Fe、Al、Ca、Mg等	
X粉晶衍射谱	I_0 dÅ	6 5 10 7 8 4.43 3.63 3.36 2.516 1.711	与锆石类似
主要产状		(1)酸性、碱性岩浆岩及其碱性岩、中酸性、基性岩 (2)稀有金属碳酸岩 (3)热液矿脉 (4)砂矿	(1)花岗伟晶岩 (2)蚀变花岗岩 (3)铪锆石产于富钽的锂伟晶岩

工业矿物

斜锆石 Baddeleyite	异性石 Eudialite
ZrO_2	$(Na,Ce)_3(Zr,Fe,Mn)[Si_6O_7](O,OH,Cl)$
单斜 $a_0=25.169Å$ $b_0=5.232Å$ $c_0=5.341Å$ $\beta=99°15'$	三方 $a_0=14.34Å$ $c_0=30.21Å$
板，块状 无、淡红、淡绿、褐、黑 白-褐白 玻璃-油脂-半金属 (001)完全、(010)(110)较完全 不平-半贝壳 6.5 5.40～6.42 无 有时有	板、柱状 黄褐、褐红 玻璃-油脂 5～5.5 2.74～2.98 弱 无
无-褐 透明-不透明 黄绿-淡褐、淡绿-淡红、褐 高：$N=2.13～2.24$ 高 $\Delta N=0.07～0.1$ 二轴(+) 30°	粉红、黄 有时有 中：$N_e=1.554～1.633$　$N_0=1.591～1.623$ 一级$\Delta N=0.003～0.010$ 一轴(+)或(−) 0～15°
$ZrO_2$98.9	Na_2O12.45 CaO10.74 FeO4.83 ZrO11.84 $SiO_2$46.04 MnO2.17
SiO_2、Fe_2O_3、CaO等	RE、Nb、Ti、Mg、Al等
10　9　8　7　6 3.160　1.812　2.831　1.540　2.623	5　10　10　7　6 3.15　2.97　2.87　1.78　1.380
(1)碳酸岩与烧绿石、磷灰石共生 (2)磁铁辉石岩与钛锆钍石、钙钛矿共生 (3)热液蚀变霞石正长岩和霞霓岩与沸石、粘土等共生 (4)砂矿中与金刚石、钛铁矿、石榴石等共生	(1)霞石正长岩、碱性伟晶岩中与榍石、钛磁铁矿共生 (2)碱性正长岩碱性花岗岩中与榍石、黑云母、磁铁矿共生 (3)暗色基性岩中与钙钛矿、霞石、磷灰石、磁铁矿共生

表 4-1-19 主要钛(钒)

矿物		钛铁矿 Ilmenite	钛磁铁矿 Titanomagnetite	金红石 Rutile
化学式		$TiFeO_3$	$Fe^{2+}_{nx}Fe^{3+}_{2-2x}Ti^{4+}_{x}O_4(0<x<1)$	TiO_2
晶系及晶胞参数		三方 $a_0=5.083Å$ $c_0=14.04Å$	等轴	四方 $a_0=4.59Å$ $c_0=2.96Å$
肉眼及双筒镜鉴定	结晶习性	厚板、薄板、粒、块状	粒，块状	针、柱、粒状
	颜色	钢灰、铁黑	钢灰-黑	褐红、褐黄、金黄、蓝、黑等色
	条痕	黑或带褐	褐黑	浅褐
	光泽	半金属	半金属	金刚
	解理	无	无	(110)中等
	断口	次贝壳	壳	
	硬度	5～6	6	6
	比重	4.7	4.7～5.2	4.2～4.3
	电磁性	强	中-强	弱
	放射性	无	无	
偏光镜鉴定	颜色	黑	黑	黄-红褐
	透明度	不透明、极薄边缘微透明	不透明	透明
	多色性	暗褐-紫褐		微弱：黄褐-暗红、暗褐
	突起	极高		极高：$N_e=2.616$ $N_o=2.903$
	干涉色			极高：$\Delta N=0.287$
	光性			一轴(+)
	光轴角			
	消光角			
反光镜鉴定	反射色	灰微带淡棕	灰白带浅褐	灰白（略带蓝）
	反射率	17	16～17	20
	内反射	暗棕（少见）	无	黄、褐
	非均性	弱（绿灰-棕灰-淡黄）	均质	弱非均质
化学组成	主元素	$TiO_2$52.16 FeO47.34	$Fe_2O_3$43.21 FeO34.77 $TiO_2$12.20	Ti60
	杂质	V、Al、Mn等	V、Si、Al、Mg、Mn等	Ta、Nb、Fe、Mn、Sn等
X粉晶衍射谱	I	10 9 8 8 7	10 8.5 7 6 4	10 9 9 7 7
	d(Å)	2.75 2.00 1.726 1.48 2.54	2.53 2.097 1.714 2.965 2.731	1.69 3.25 1.36 2.49 1.62
变种		风化成白钛石，灰白色，瓷状光泽，不透明	钒代替铁形成钒钛磁铁矿，含V>5%，与钛磁铁矿复杂混溶	风化成白钛石
主要产状		(1)基性岩中与磁铁矿、金红石、钽铁矿共生 (2)砂岩中与独居石、锆石、金红石等共生	基性侵入岩中与钛铁矿、钛铁晶石、硫化物共生	(1)火成岩中副矿物 (2)伟晶岩中 (3)砂矿中

工业矿物

锐钛矿 Anatase	板钛矿 Brookite	钙钛矿 Perovskite
TiO_2	TiO_2	$CaTiO_3$
四方 $a_0=3.73$Å $c_0=9.73$Å	斜 $a_0=5.44$Å $b_0=9.17$Å $c_0=5.135$Å	斜方 $a_0=5.51$Å $b_0=5.53$Å $c_0=5.55$Å
双锥、板柱、粒状 褐黄、蓝灰、黑 无-浅黄 金刚 (001)(011)完全 5.5～6 3.82～3.97 弱	板状，偶有短柱状 黄褐-深褐、红褐、褐黑 无-黄 金刚 (110)不完全 5.5～6 4.14 弱	立方体、八面体、粒状 褐、灰黑、红褐、橙黄 白-灰黄-深褐 金刚 无 5.5～6 3.97～5 中
无、浅黄、浅褐 透明-半透明 有时微弱：黄蓝，绿-褐，深蓝，天蓝 极高：$N_o=2.561$ $N_e=2.488$ 高：$\Delta N=0.127$ 一轴(-) 平行或对称	黄，褐、金褐等 弱：橙、浅黄-紫褐-柠檬黄 极高：$N_p=2.583\sim2.584$ $N_m=2.585\sim2.588$ $N_g=2.700\sim2.741$ 高，级白：$\Delta N=0.121\sim0.158$，有时有异常干涉色 二轴(+) 0～30° 不见真正消光	无色、黄、深褐 弱，带褐色色调 极高：$N_m=2.38$ 极低：$\Delta N=0.002$
灰白 20 白-蓝灰 弱非均质		灰 15～16 棕黄 不明显
$TiO_2>90$ 少量Fe等	同金红石	CaO4.24 $TiO_2$58.76 Ce、Nb、Th、Na、Fe等
10 9 9 7 3.51 2.372 1.887 1.696	10 6 10 6 4 5 3.5 3.44 2.890 1.884 1.685 1.659	10 9 7 7 6 2.70 1.91 1.56 1.55 1.34
800～900℃时可转变为金红石	700℃时可变为金红石	可变为白钛石
(1)岩浆岩、变质岩中副矿物 (2)砂矿中	(1)同左(1) (2)热液脉中与锐钛矿、金红石、榍石等共生 (3)粗砂岩、砂岩及近代砂矿中	(1)碱性岩与碳酸岩中与钛铁矿、金红石、磁铁矿、铌铁矿、独居石共生 (2)基性岩中与钛磁铁矿共生

表 4-1-20 主要钨钼

矿物		钨铁矿 Ferberite	钨锰矿 Huebnevite	钨锰铁矿 Wolframite
化学式		$Fe(WO_4)$	$Mn(WO_4)$	$(Fe,Mn)(WO_4)$
晶系及晶胞参数		单斜 $a_0=4.07Å$ $b_0=5.69Å$ $c_0=4.93Å$ $\beta=90°$	单斜 $a_0=4.84Å$ $b_0=5.76Å$ $c_0=4.97Å$ $\beta=90°53'$	单斜 $a_0=4.70\sim4.84Å$ $b_0=4.69\sim5.76Å$ $c_0=4.93\sim4.97Å$ $\beta=90°\sim90°53'$
肉眼及双筒镜鉴定	结晶习性	板、短柱、刃片、粒	板、短柱、刃片、粒状	板、短柱、刃片、粒状
	颜色	黑	红褐	黑、褐黑
	条痕	褐黑	黄褐	红褐
	光泽	金属	树脂	树脂-金刚
	解理	(010)完全	(010)完全	(010)完全
	断口			
	硬度	4.5	5～5.5	4.5～5.5
	比重	7.51	6.7～7.3	6.7～7.1
	电磁性	弱-中	弱-中	中
偏光镜鉴定	颜色	黑、褐黑	黑、褐红	黑、褐红
	多色性	不透明，碎片边缘微透明	碎片边缘微透明	碎片边缘微透明
	透明度			
	突起	极高	极高	极高
	干涉色			
	光性			
反光镜鉴定	反射色	灰带黄	灰	灰，稍带黄褐
	反射率	17.9	17.1	17～18
	内反射	无	红	棕红
	非均性	弱非均质（黄绿-暗灰）	非均质清楚	弱非均质（黄-深灰，有时微带紫绿）
化学组成	主元素	FeO23.65 $WO_3$76.35	MnO23.42 $WO_3$76.58	FeO4.8～18.9 MnO4.7～18.7 $WO_3$76.4～76.5
	杂质	Mn、Ta、Nb、Sn、Zn、Mg、Ca等	Ta、Nb、Sn、Zn、Fe、Mg等	Ta、Nb、Sn、Mg、C等
X射线衍射谱	I_0	100 35 35 30 30	10 7 4 4	4 2 2
	d,Å	2.344 3.745 3.844 2.474 1.712	2.99 2.55 2.21 1.747	2.917 2.46 2.18
主要产状		与黑钨矿同。形成温度略低	与黑钨矿同	(1)伟晶岩脉、高温气成脉、热液脉中与锡石、石英、硫化物共生 (2)砂矿中

工业矿物

白 钨 矿 Scheelite	辉 钼 矿 Molybdenite	钼 铅 矿 Wulfenite
$Ca(WO_4)$	MoS_2	$Pb(MoO_4)$
正方 $a_0=5.25Å$ $c_0=11.40Å$	三方（3R型）$a_0=3.16Å$ $c_0=18.33Å$ 六方（2H型）$a_0=3.15Å$ $c_0=12.30Å$	正方 $a_0=5.43Å$ $c_0=12.11Å$
四方双锥、板、块、粒状等	片、鳞片、六方板状	四方板、锥、双锥、粒、块状等
灰白、浅黄、浅绿、浅褐等	铅 灰	橙黄-蜡黄，有时带浅灰、浅绿、浅褐
无色或淡黄	灰黑微带绿	白或微带浅色
油脂-金刚	金 属	金刚、树脂
(101)中等	(0001)极完全	(101)清楚
参差状		
4.5~5	1~1.5	3
5.8~6.2	4.62~4.73	6.3~7.0
无	无	
无 色	黑	
透 明	不透明	
无		
极高：$N_o=1.918$ $N_e=1.934$	极高：$N_o=4.336$ $N_e=2.035$ （红外光λ=852mm）	
一级顶 $\Delta N=0.016$	极高：$\Delta N=2.301$	
一轴（+）	一轴（－）	
灰	灰白带浅蓝	
10	35和15	
有时有（淡黄）	清晰（灰白，灰带暗蓝）	
弱非均质	强非均质（白带玫瑰紫 暗蓝）	
CaO19.47 $WO_3$80.53 MnO有时可达24%，CuO有时可达7%	Mo59.94 S40.06 Re、Sc等	PbO60.79 $MoO_3$39.21 W、V、Ca等
100 53 31 310 4.76 3.07	10 10 10 9 2.045 1.862 1.524 2.27	10 8 8 9 6 8 7 3.23 2.02 1.784 1.650 1.622 1.307 1.155
(1)高温气成石英脉、云英岩脉等与锡石、黑钨矿共生 (2)伟晶岩中浸染状 (3)中、低温热液与硫化物共生	(1)岩浆熔离硫化镍矿床 (2)接触交代矿床 (3)热液脉状矿床 (4)沉积或沉积变质铜钼矿床	(1)铅锌矿床氧化带与磷氯铅矿、钒铅矿、白铅矿共生 (2)低温热液脉中偶见

表 4-1-21 主要稀土

矿物		氟碳铈矿 Bastnaesite	氟菱钙铈矿 Parisite	独居石 Monazite
化学式		$Ce[(CO_3)F]$	$Ce_2Ca[(CO_3)_3F_2]$	$Ce[PO_4]$
晶系及晶胞参数		三方 $a_0=7.16$Å $c_0=9.79$Å	三方 $a_0=7.11$Å $c_0=54.7$Å	单斜 $a_0=6.79$Å $b_0=7.04$Å $c_0=6.47$Å $\beta=104°24'$
肉眼及双筒镜鉴定	结晶习性	板、薄板、六方柱	板、柱、六方板柱状	板状、粒状
	颜色	黄、黄绿、黄褐、灰褐等	黄、黄褐、黄绿	黄、橙黄、黄绿、褐等色
	条痕	白-黄	浅黄	白
	光泽	玻璃-油脂	玻璃-油脂	玻璃-油脂
	解理	(0001)完全	(0001)完全	(001)(100)清楚
	断口	参差状	半贝壳状	不平
	硬度	4.3～4.5	4.5	5～5.5
	比重	4.3～4.7	4.2～4.3	4.97～5.42
	电磁性	弱	弱	弱
	放射性		有时有	有时强
偏光镜鉴定	颜色	无、淡黄	无、浅黄、浅褐	无、浅褐、黄褐
	多色性	弱	有弱的浅黄-金黄	弱
	突起	高，$N_o=1.712$～1.723 $N_e=1.798$～1.837	高：$N_e=1.754$～1.771 $N_o=1.672$～1.679	高 $N_p=1.785$ $N_m=1.787$ $N_g=1.840$
	干涉色	高，$\Delta N=0.10$	高：$\Delta N=0.075$～0.099	高：$\Delta N=0.055$
	光性	一轴(+)	一轴(+)	二轴(+)
	光轴角			6°～9°
	消光角	柱状切面平行消光	柱状切面平行消光	$C\wedge Ng$时3°～6°
化学组成	主成分	$[La]_2O_3$37.62 $[Ce]_2O_3$37.27 $CO_2$17.31 F7.01	$[La]_2O_3$37.44 $[Ce]_2O_3$22.68 CaO10.59 $CO_2$22.67 F6.72	$Ce_2O_3$29.21(34.99) $[Y]_2O_3$2.09 $[Ce]_2O_3$33.83(34.74) $P_2O_5$26.09(30.27)
	杂质	Cu、Sr、Ba、Fe、Th、Mg、Si、Al等	Nb、U、Mg、Fe、Si、Al等	Nb、Ta、Y、Th、Zr、Mg、Fe等
X射线衍射谱	I_0	10 9 8 7 6	10 9 7 6 5	10 7 5 4 4
	d(A)	3.54 2.861 4.87 2.053 2.10	2.82 3.54 2.040 1.942 1.786	3.09 3.29 2.860 2.127 1.868
变种		羟氟碳铈矿含H_2O4.0% 钍氟碳铈矿含$ThO_2$46.8%		
主要产状		(1)层控铁-铌-稀土矿床 (2)花岗岩、碱性花岗伟晶岩 (3)与碱性花岗岩、正长岩有关的石英、重晶石、碳酸盐脉	同左	(1)同左(1) (2)同左(3) (3)云英岩中与辉钼矿、锡石、黑钨矿共生 (4)砂矿中与磷钇矿、钛铁矿、金红石等共生

工业矿物

磷钇矿 Xenotime	硅铍钇矿 Gadolinite	硅钛铈矿 Chevkinite
$Y[PO_4]$	$Y_2FeBe_2[SiO_4]_2O_2$	$Ce_4Fe_2Ti_3[(Si_2O_7)]_2O_8$
四方 $a_0=6.89Å$ $c_0=6.04Å$	单斜 $a_0=9.89Å$ $b_0=7.55Å$ $c_0=4.66Å$ $\beta=90°34'$	单斜 $a_0=13.39Å$ $b_0=5.75Å$ $c_0=11.08Å$ $\beta=100°54'$
四方双锥、短柱、粒状 白、灰、淡黄、淡黄绿、淡黄褐 无色-淡黄-浅褐 油脂-玻璃 (110)清楚 不平 4～5 4.4～4.8 弱-中 有	柱、粒、块状 黑绿、褐绿、黑 绿灰 玻璃、油脂 贝壳状 6.5～7 4.0～4.65 中 有（有时变生）	板、短柱、粒状 黑、褐黑 褐 油脂、沥青、玻璃 无 贝壳状 5.5～6 4.3～4.67 中弱 有（有时变生）
无、浅黄、浅褐 有弱的浅黄褐-黄褐 高 $N_0=1.721$ $N_e=1.816$ 高：$\Delta N=0.095$ 一轴(+) 柱状切面平行消光	绿-褐 有橄榄绿-草绿 高 $N_p=1.772～1.801$ $N_m=1.780～1.812$ $N_g=1.777～1.824$ 一至二级：$\Delta N=0.01～0.023$ 二轴(+)有时均质 85° $C\wedge N_g$时6°～10°	无-暗褐 有明显的无-红褐-暗褐 高 $N_p=2.05$ $N_m=2.02$ $N_g=1.967～1.973$ 一至二级：$\Delta N=0.03～0.053$ 二轴（-）变生者均质 60° $C\wedge N_p$时10°～26°
$[Y]_2O_3$59.52(61.40) $P_2O_5$32.93(38.60) Ce、Th、Zr、Ca、Fe等	$[Y]_2O_3$39.46(55.40) $[Ce]_2O_3$7.19 BaO9.81(9.20) $SiO_2$23.41(22.20) $Ce_2O_3$5.86 $ThO_2$0.31、U、Fe、Mg、Ca等	$Ce_2O_3$23.58 $[La]_2O_3$22.24 $[Y]_2O_3$0.42 $SiO_2$18.16 $TiO_2$17.62 FeO8.27 Zr、Nb、Ta、U、Th、Ca、Sr等
10 8 7 6 6 3.45 1.736 2.560 4.54 2.144	10 10 8 8 5 3.14 2.840 4.74 2.591 1.662	10 8 7 6 5 2.725 3.19 1.981 2.190 3.49
	铈硅铍钇矿、钙硅铍钇矿含CaO11.91	钍硅钛铈矿含$ThO_2$20.91、铌硅钛铈矿含$Nb_2O_5$7.40、富钛硅钛铈矿含$TiO_2$23.24
(1)碱性花岗岩及碱性花岗伟晶岩 (2)气成热液脉 (3)砂矿	(1)花岗岩、碱性花岗岩及其伟晶岩与氟碳铈矿、磷钇矿、水锆石等共生 (2)砂矿中与独居石黑稀金矿等共生	(1)接触交代镁矽卡岩 (2)火山灰及火山玻璃中成斑晶 (3)碱性花岗岩、正长岩及其伟晶岩 (4)花岗岩外接触带热液脉 (5)晚期石英脉及碳酸盐脉

矿物		褐帘石 Orthite	铈磷灰石 Britholite
化学式		$(Ca、Ce)_2(Al,Fe)_3[SiO_4][Si_2O_7](O,OH)$	$Ce_3Ca_2[(SiO_4,PO_4)_3](F,OH)$
晶系及晶胞参数		单斜 $a_0=8.95Å$ $b_0=5.75Å$ $c_0=10.22Å$ $\beta=115°$	六方（或斜方） $a_0=9.63Å$ $c_0=7.03Å$
肉眼及双筒镜鉴定	结晶习性	板、短柱、粒	六方柱、粒
	颜色	褐黑、褐、红褐	黄、褐
	条痕	灰绿、浅红、褐	
	光泽	油脂、沥青	金刚
	解理	无	
	断口	贝壳、不平坦	贝壳状
	硬度	5～6	5
	比重	3.2～4.2	4.6～4.69
	电磁性	弱-中	弱
	放射性	有（有时变生）	有（有时变生）
偏光镜鉴定	颜色	无-棕红	无
	多色性	有褐黄无-红棕、褐黄-浅棕绿	有时有，无-褐
	突起	中-高 N_p 1.67～1.77 N_m 1.65～1.80 N_g 1.66～1.81	高 $N_m=1.77～1.81$
	干涉色	高：$\Delta N=0.01～0.02$	低：$\Delta N=0.005～0.008$
	光性	二轴（-）有时（+）或均质	一轴或二轴（-）
	光轴角	50°～80°	有时达40°
	消光角	$C\wedge N_g$ 时30°～40°	
化学组成	主成分	Ce_2O_3 11.23 $[Ce]_2O_3$ 10.87 CaO 11.25 FeO 11.12 SiO_2 29.26 Al_2O_3 11.11	$[Ce]_2O_3$ 22.48 $[Y]_2O_3$ 36.01 SiO_2 19.85(22.8) H_2O 1.94 CaO 11.71(14.1)
	杂质	Th、Zr、Y、Ti、Ca、Mg等	Y、Th、Fe、Al、Mn等
X射线衍射谱	I_0	10　8　6　6　5	9　8　8　6　5
	dÅ	2.902　2.693　3.51　2.611　1.633	2.879　1.484　1.896　1.935　1.825
变种		钇褐帘石、镁褐帘石、锰褐帘石、钙褐帘石、钍褐帘石、水褐帘石，磷褐帘石	钇铈磷灰石，钇高、黑色；凤凰石，含Th，比重小于3.3
主要产状		(1)花岗岩、花岗伟晶岩 (2)碱性岩 (3)与花岗伟晶岩有关的云英岩、矽卡岩及热液矿床中 (4)付片麻岩中	(1)碱性岩 (2)接触交代矿床 (3)花岗伟晶岩

续表 4-1-21

黑希金矿 Euxenite	复稀金矿 Polycr se	易解石 Eschynite
$(Y,U)(Nb,Ti)_2O_6$	$(Y,U,Th)(Ti,Nb)_2O_6$	$(Cc,Th)(Ti,Nb)_2O_6$
斜方 $a_0=5.70Å$ $b_0=14.73Å$ $c_0=5.18Å$	$a_0=5.53\sim5.70Å$ 斜方$b_0=14.50\sim14.73Å$ $c_0=5.16\sim5.18Å$	$a_0=5.38Å$ 斜方$b_0=11.08Å$ $c_0=7.56Å$
柱、板状 浅、绿、黄褐、红褐、黑 浅黄、浅红褐 半金属 无 贝壳状 5.5～6.5 4.3～5.9 中 有时特强（常有变生）	柱、薄板状 黑带浅褐或浅绿 浅黄、浅红褐 半金属 无 贝壳状 5.5～6.5 4.7～5.4 弱-中 有时特强（常变生）	板、柱、针、块状 黑、褐、黄、浅棕 黑 褐 玻璃、油脂、金刚 不完全 贝壳状 5～6 4.9～5.4 弱 有时特强（有变生）
浅棕、暗红 碎片透明 无 高：$N_p=2.18$ $N_m=2.21$ $N_g=2.26$ 均质$N=2.06\sim2.26$ 高$\Delta N=0.08$ 二轴(+)变生者均质 70°	褐带浅黄、浅红 无 高 $N=2.248$ 均质(变生)	棕、红褐、暗樱桃红 半透明或碎片透明 显著（浅棕黄-棕 褐） 高 $N_p=2.28$ $N_m=2.27$ $N_g=2.34$ 均质者2.27 高 $\Delta N=0.06\pm$ 二轴(+)或(-)，变生者均质 75°±
灰 白 15.5～16.5 黄、褐红（很弱）		灰 13～16.5 褐
$Nb_2O_5$33.70 $[Y]_2O_3$18.38 $TiO_2$19.10 $UO_2$16.40 $[Ce]_2O_3$,Th,Al,Ca等	$Nb_2O_5$17.79 $[Y]_2O_3$28.76 $TiO_2$32.91 $UO_2$4.01 $ThO_2$7.69 Ta,[Ce],Zr,Sn,Si,Ca等	$Nb_2O_5$23.59 $Ce_2O_3$29.30 $TiO_2$26.65 $ThO_2$13.06 Y,Ta,Ca,Al等
10 8 5 5 5 2.969 1.815 3.64 1.724 1.546 加热900℃	10 7 5 4 4 2.89 2.96 1.184 2.22 1.970 加热800℃	10 10 6 5 4 3.01 2.935 1.587 1.202 2.010 加热850℃
在705～780℃有放热效应	在760～780℃有放热效应	
(1)花岗伟晶岩与绿柱石、铌铁矿共生 (2)蚀变花岗岩与锆石、褐钇铌矿共生 (3)碱性正长岩及其伟晶岩与磷灰石、钛铁矿、褐帘石等共生 (4)砂矿中与独居石、铌铁矿共生	(1)花岗岩中与黑稀金矿、钇易解石等共生 (2)花岗伟晶岩与绿柱石共生 (3)正长伟晶岩与磷灰石、钛铁矿共生 (4)同左4	(1)碱性岩及有关伟晶岩和热液交代矿床 (2)白云岩与花岗岩接触带 (3)黑云母正长岩中付矿物 (4)铁-铌-稀土矿床 (5)砂矿中

续表 4-1-21

矿物		铈铌钙钛矿 Loparite	铌铁金矿 Ilmenorulite	钽锡矿 Torolite
化学式		$(Na,Ce,Ca)(Ti,Nb)O_3$	$(Ti,Nb,Fe)O_2$	$Sn(Ta,Nb)_2O_7$
晶系及晶胞参数		等轴$a_0=3.85\sim3.90$Å	四方 $a_0=4.615$kx $c_0=2.978$kx	单斜 $a_0=4.58$Å $b_0=17.10$Å $c_0=5.56$Å $\beta=90°54'$
肉眼及双筒镜鉴定	结晶习性	立方体、八面体、粒状	板、柱、针、粒、块状	柱、块状
	颜色	浅棕、灰、黑	黑、褐黑、棕褐	褐
	条痕	浅棕褐、黑褐	褐、浅绿褐、灰黑	黄（带绿）
	光泽	半金属、油脂	金刚、油脂	油脂-金刚
	解理	无	(110)清楚	(100)完全、(011)不完全
	断口	不平-贝壳	参差	
	硬度	5.5～6.3	6～6.5	5.5～6
	比重	4.64～4.89	4.35～5.6	6.8～7.9
	电磁性	弱	弱-中	无
	放射性	弱（有时变生）	无	
偏光镜鉴定	颜色	浅红褐、浅褐棕	红褐、褐绿	黄
	透明度	半透明或碎片透明	透明-碎片透明	碎片透明
	多色性	无	强	无-弱
	突起	高 $N=2.26\sim2.38$	高 $N_o=2.5\sim2.66$	高 $N_p=2.377$ $N_m=2.38$ $N_g=2.43$
	干涉色		高	高 $\Delta N=0.053$
	光性	均质	一轴(+)	二轴(+)
	光轴角			25°～35°
反光镜鉴定	反射色		褐、浅蓝绿	硅白
	反射率		15.8～20.8	10.8～18.7
	内反射		褐	亮黄、浅黄
	非均性		弱非均质	弱非均质
化学组成	主元素	$Nb_2O_5$9.49 $RE_2O_3$28.71 $TiO_2$36.83 $SiO_2$2.06 $ThO_2$0.52 N $_2$O5.85	$Nb_2O_5$23.67 $TiO_2$63.04 FeO13.23	$Ta_2O_5$72.83(74.87) $SiO_2$21.88(25.13)
	杂质	Ta,Sr,Fe,Al,Mg等	Ta,Mn等	Nb,Pb,Mn,Mg等
X射线主要衍射谱	I_0	10 8 7 7 5	10 8 6 4 4	10 5 4.5 4.5 4
	d,Å	2.734 1.037 1.934 1.579 1.368	3.27 1.698 2.502 2.195 1.637	2.85 2.63 3.08 1.422 1.68
差热分析				
主要产状		碱性岩及其伟晶岩中与霞石、霓石、异性石、星叶石等共生	(1)花岗伟晶岩与绿柱石、独居石等共生 (2)花岗正长伟晶岩与钛铁矿、独居石、烧绿石等共生 (3)铁-铌-稀土矿床中与铌铁矿、磁铁矿、氟碳铈矿、独居石共生	花岗伟晶岩与锡石共生

参考文献

[1] 桂林冶金地质研究所，岩矿鉴定与物质成分研究参考手册，桂林冶金地质研究所，1974.

[2] 陈德潜等，稀有元素地质概论，地质出版社，1982.

[3] 中国科学院贵阳地球化学研究所，稀有元素矿物鉴定手册，科学出版社，1972.

[4] 地质科学研究院地矿所稀有组，稀土矿物鉴定手册，1973.

[5] 地质科学院地质矿产所，金属矿物显微镜鉴定，地质出版社，1978.

[6] 叶大年等，岩矿实验室工作方法，地质出版社，1981.

[7] 周剑雄，矿物微区分析概论，科学出版社，1980.

第二章 稀有金属选矿原理、选矿设备及选矿药剂

编写人 王纲乾 刘锦堂 陈竟清

第一节 选矿一般原理

一、重力选矿一般原理

重力选矿（以下简称重选）法早在两千多年前就开始应用。目前，尽管浮选法被认为是当今矿物选别的重要方法，但重选法随着生产流程和所采用的机械设备不断改进创新，仍广泛应用于矿物密度差较大的稀有金属钨、钽铌、钛锆、稀土等矿石的选别。

重力选矿是在水或空气中进行的。它借助于矿物因重力和一种或多种其它力的作用而产生相对运动来分选不同密度的矿物。其它力系指一种粘滞流体，例如水或空气对运动的阻力。

为有效分选，矿物之间必须存在明显的密度差。按式4-2-1求得的数据便可判断属何种可能分选类型，如表4-2-1所示。

$$E=\frac{D_h-D_f}{D_l-D_f} \qquad (4\text{-}2\text{-}1)$$

式中 E —— 难易度系数；

D_h —— 重矿物密度；

D_l —— 轻矿物密度；

D_f —— 流体介质密度。

表 5-2-1 矿物按密度分选的可选性

E 值	>2.5	2.5～1.75	1.75～1.5	1.5～1.25	<1.25
难易度	极容易	容 易	中 等	困 难	极困难

就重选而言，介质效用是很重要的。所用的介质有空气、水、重液或重悬浮液，其中最常用的是水。在介质内，矿粒借浮力和阻力的推动而运动，不同密度和颗粒产生不同的运动速度和轨迹，达到分选目的。

颗粒在流体中的运动，不仅取决于颗粒的密度，而且还取决于矿粒的大小，大颗粒受到的影响大于小颗粒。因此，重选的效率随粒度而提高，应大得足以依照牛顿定律

$$V=\left(\frac{3gd(D_s-D_f)}{D_f}\right)^{1/2}$$

（该式称之为紊流阻力）而运动。太小的颗粒，其运动主要受表面摩擦力的影响，分选效率就低些。为使颗粒的相对运动受密度的支配，在重选生产实践中，应控制好粒度，以尽量减小粒度对分选的影响。

依据介质运动形式和作业的目的不同，重选可分分级、重介质选矿、跳汰选矿、摇床选矿、溜槽选矿和洗矿等。粒度范围对常用的重选设备分类和粒度效率示于图4-2-1。

从图4-2-1可看出，重选法选别极细粒级效率很低。

二、浮游选矿一般原理

浮游选矿（以下简称浮选）法分为全油浮选、表层浮选和泡沫浮选。为使水悬浮液中的两种或两种以上的矿物中的某一种或某几种矿物粘附于气泡上而其他矿物遗留于矿浆中，然后将矿化气泡分离的过程称之为泡沫浮选。目前在工业上广泛使用泡沫浮选法，而前两种浮选法已被淘汰。

浮选法和重选、磁选、电选等选矿方法一样是一种机械选矿法。它是利用矿物之间表面的物理化学性质的差异实现有用矿物和脉石的分离。浮选法是当今矿物选别的重要方法。

浮选是利用各种矿物表面对水的不同润湿性，能被水润湿的称为亲水性矿物，不能被水润湿的称

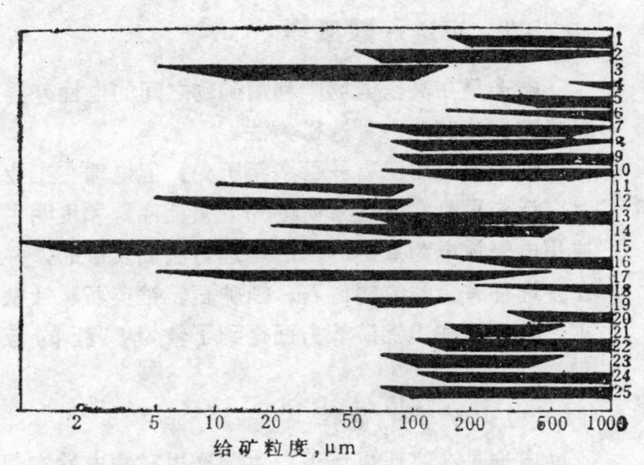

图 4-2-1　应用常规选矿技术的有效粒度范围

1—湿式筛分；2—湿式分级；3—水力旋流器；4—重介质圆筒分选机；5—重介质旋流器；6—跳汰机；7—水力摇床；8—螺旋选矿机；9—圆锥选矿机；10—水力摇床；11—倾斜翻床；12—莫兹尼（Mozley）翻床；13—湿式弱磁场磁选；14—湿式强磁场磁选；15—加介质磁选；16—凝聚浮选；17—泡沫浮选；18—干式筛分；19—干式旋流器；20—风力跳汰机；21—风力摇床；22—干式弱磁场磁选；23—干式强磁场磁选；24—静电选；25—电动力选矿

为疏水性矿物。可利用某些药剂与矿物表面发生作用而改变矿物表面为亲水性或疏水性。浮选时还需要同时导入空气，它使矿粒与气泡相遇，此时有用矿物便附着在气泡上而被带到液面，构成一层矿化泡沫层而被刮出。浮选法只能用于较细的矿粒，如矿粒太大，矿粒和气泡间的附着力就会小于颗粒重量而使其负载的矿粒脱落。

只有当气泡能排挤矿物表面的水层时它才能附着于矿粒。也就是只有矿物表面呈现某种程度的疏水性时这一现象才能发生，并使其形成稳定的泡沫，气泡才能继续支撑住矿粒。反之，气泡会破裂而使矿粒脱落。为此，在浮选过程中必须使用多种浮选药剂。

水中矿物表面对浮选药剂的活性取决于作用于矿物表面上各种力。使颗粒和气泡趋于分离的各种力示于图4-2-2。

各种张力导致形成矿粒表面和气泡表面之间的接触角。在平衡条件下

$$\gamma_{S/A}=\gamma_{S/W}+\gamma_{W/A} \qquad (4\text{-}2\text{-}2)$$

式中　$\gamma_{S/A}$——固相与空气相界面的表面能；

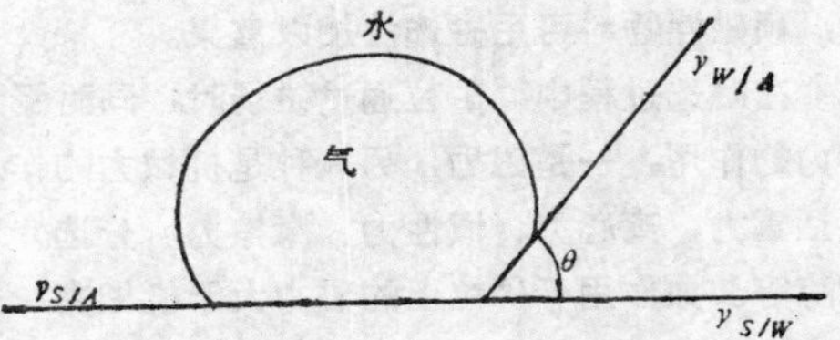

图 4-2-2　水介质中气泡和矿粒之间的接触角

$\gamma_{S/W}$——固相与水相界面的表面能；

$\gamma_{W/A}$——水相与空气相界面的表面能。

使矿粒-气泡界面破裂所需的力称之为粘着功$W_{S/A}$；粘着功等于分离固-气界面并产生独立的气-水及固-水界面所需的功，即：

$$W_{S/A}=\gamma_{W/A}+\gamma_{S/W}-\gamma_{S/A} \qquad (4\text{-}2\text{-}3)$$

将式4-2-2代人式（5-2-3）得：

$$W_{S/A}=\gamma_{W/A}(1-\cos\theta) \qquad (4\text{-}2\text{-}4)$$

由此可见，接触角愈大，颗粒和气泡之间的粘着功就愈大，该体系对于破裂力更具有弹性。因此，矿物的可浮性随接触角的增大而提高；接触角大的矿物称之为亲气，这类矿物对空气的亲合力大于对水的亲合力。但大多数矿物的天然状态并非疏水的，因此需往矿浆中添加浮选药剂。最重要的药剂是捕收剂，捕收剂吸附于矿物表面，使之疏水（亲气），并促进气泡附着。起泡剂有助于保持泡沫的稳定性。调整剂用于调节浮选过程，促进或抑制矿粒向气泡的附着，也用来调节浮选体系的pH值。

三、磁力选矿一般原理

磁选的应用已有一百多年的历史。自1855年提出采用电磁铁来产生磁场后，磁选机才日趋完善，并出现了多种多样的电磁选机，从而使磁选法的应用日益广泛，并成为重要的选矿方法之一。

磁选是利用矿物之间的磁性差异而使不同矿物分选的一种选矿方法。

所有矿物被置于磁场中，在某种程度上都受到影响。物料根据其被磁铁吸引或排斥而分为两类：

抗磁性物料沿磁力线被排斥到磁场强度低的某一点，此时所产生的力很小，因而抗磁性物料不能用磁选法富集。

顺磁性物料沿磁力线吸引到磁场强度高的点

上，顺磁性物料可用磁选法加以富集。

在磁选过程中，矿粒通过磁场时，同时受到两种力的作用，一是磁力，另一种是机械力的作用，包括重力、离心力、惯性力、摩擦力、分选介质阻力等等。如作用于矿粒上的磁力大于机械力，则成为磁性产物。反之，则成为非磁性产物。

欲使两种不同磁性矿物分离，必须具备下列必要条件：

（1）要有一个磁场强度和磁场梯度足够大的不均匀磁场。这样才能产生克服机械力的磁力。

（2）矿物之间要有一定的磁性差异，即必须满足：

$$K=\frac{x}{x'}>1 \text{ 或 } K-1>0 \quad (4\text{-}2\text{-}5)$$

式中　K——两种矿物的比磁化系数之比；

x——磁性矿物的比磁化系数；

x'——非磁性矿物的比磁化系数。

（3）作用于矿粒上的磁力和机械力的比值必须满足：

对于磁性矿粒　$F_{磁}>\Sigma F_{机}$ 或 $\frac{F_{磁}}{\Sigma F_{机}}>1$

对于非磁性矿粒　$F'_{磁}<\Sigma F'_{机}$ 或 $\frac{F'_{磁}}{\Sigma F_{机}}<1$

式中　$F_{磁}$、$F'_{磁}$——磁性和非磁性矿粒所受的磁力；

$\Sigma F_{机}$、$\Sigma F'_{机}$——磁性和非磁性矿粒所受的与磁力方向相反的机力的合力。

在磁选中常按矿物比磁化系数的大小，将矿物分成强磁性矿物、弱磁性矿物和非磁性矿物。

强磁性矿物的比磁化系数$x\geqslant3000\times10^{-6}cm^3/g$。属于这类的稀有金属矿物有钛磁铁矿。

弱磁性矿物的比磁化系数$x=(15-600)\times10^{-6}cm^3/g$。属这类稀有金属的矿物有黑钨矿、钛铁矿、金红石等。这类矿物中有反铁磁质，但多数是顺磁质的。

非磁性矿物的比磁化系数$x<15\times10^{-6}cm^3/g$。属这类稀有金属矿物有白钨矿等。这类矿物有一部分是顺磁质，也有一些是属于逆磁质的。

由于影响矿物磁性的因素很多，因此同类矿物的磁性不完全相同。各类磁性矿物和非磁性矿物的比磁化系数详见本篇第一章稀有金属工艺矿物学。

四、电选一般原理

电选是在高压电场中利用矿物之间的电性差异而使它们分离的一种选矿方法。

电选的应用已有一百多年历史。但电选在工业上广泛应用是在发现了矿物的“整流性”和发明了应用电晕放电为基础的新的电选方法后发展的，并在分选稀有金属钨锡矿石、锂矿石、锆英石、钛铁矿、独居石和钽铌矿等方面得到了较为广泛的应用。

1．矿物的电性

电选是在高压电场下，主要通过矿物电性实现的。

（1）矿物的导电率和介电常数。在电选中起作用的主要电性是矿物的导电率（即导电系数），介电常数和比导电度。按导电率大小可将矿物分为三类：

1）导体矿物。它的导电率$\gamma=10^4\sim10^5\Omega^{-1}\cdot cm^{-1}$，只有自然金属，石墨等属于这一类。

2）半导体矿物。它的导电率$\gamma=10^2\sim10^{-10}\Omega^{-1}\cdot cm^{-1}$，属于这一类的矿物很多，如硫化矿和金属氧化矿物，含铁锰的硅酸盐矿物等等。

3）非导体矿物。它的导电率$\gamma\leqslant10^{-12}\Omega^{-1}\cdot cm^{-1}$，属于这一类的矿物如硅酸盐和碳酸盐矿物等。

介电常数：介电常数是介电体（非导体、绝缘体）的一个重要电性指标，通常以ε来表示。

导体矿物的介电常数$\varepsilon\approx\infty$，非导体矿物的介电常数$\varepsilon\approx1$，半导体矿物介于两者之间。

主要稀有金属矿物和常见稀有金属伴生矿物的导电率和介电常数请查阅第一章稀有金属工艺矿物学。

2．矿物的比导电度和整流性

电子流入或流出矿粒的难易程度，同矿粒和电极间的接触界面电阻有关，而界面电阻又与矿粒和电极的接触面（或接触点）的电位差有关。以石墨作为标准（石墨导电性好，所需电位差最低，只有2800V），与其他各种矿物的电位差比较，其比值称比导电度。两者的比导电度相差越大，越易分离。

测定发现，有些矿物只有在高压电极带正电时才起导体作用，而另一些矿物则只有在高压电极带负电时才起导体作用。矿物的这种电性，称为整流性。

获得负电的矿物称为负整流性矿物，如石英；获得正电的，称正整流性矿物，如方解石；不论高压电极带正电或负电而都能获得电荷的称全整流性矿物，如钛铁矿、金红石等等。

各种稀有金属矿物和常见稀有金属伴生矿物的比导电度和整流性请查阅本篇第一章稀有金属工艺矿物学。

3. 矿物带电方式

矿物带电方法很多，但在实践中使矿粒带电并使其分选的主要有下列四种带电方式：

直接传导带电、感应带电、电晕带电、摩擦带电。

其他带电方法还有机械压力、加热、放射性元素的放射线照射等，也可使某些矿物获得电荷。

在电选中应用最多的是前三种，即传导带电、感应带电和电晕带电，其次是摩擦带电。其他方法只对某些特殊矿物使用。

4. 电选分离的基本条件

被选矿粒进入电选机电场后，受到电力和机械力的作用。作用在矿粒上的电力有库仑力，非均匀电场引起的吸力和界面吸力等。作用在矿粒上的机械力有重力和离心力。

（1）作用在矿粒上的电力

1）库仑力。作用在矿粒上的库仑力应是：

$$f_1 = Q_{(R)}E \tag{4-2-6}$$

式中 $Q_{(R)}$——矿粒上的剩余电荷，

$Q_{(R)} = Q_t f(R)$，

其中 $f(R)$ 为矿粒界面电阻（接触电阻）的函数，对于导体矿粒它接近于零（$R \to 0$）；对于非导体矿粒，它接近于1（$R \to \infty$）；

E——矿粒所在位置的电场强度。

上式也可写成：

$$f_1 = \left(1+2\frac{\varepsilon-1}{\varepsilon+2}\right)E^2r^2Mf(R)$$

库仑力的作用是促使矿粒被吸引在圆筒表面上。

2）非均匀电场引起的力。这种力也称为有质动力，可由下式确定：

$$f_2 = p\frac{\mathrm{d}E}{\mathrm{d}x} \tag{4-2-7}$$

式中 f_2——由非均匀电场引起作用在矿柱的力；

p——偶极距，$p = aVE$，其中a为矿粒的极化率，V为矿粒的体积和；

$\frac{\mathrm{d}E}{\mathrm{d}x}$——为电场梯度。

3）界面吸力（又称镜象力）。界面吸力是由荷电矿粒的剩余电荷和圆筒表面相应位置的感应电荷之间而产生的吸引力（此感应电荷和剩余电荷大小相等，符号相反），此力可由下式确定：

$$f_3 = \frac{Q^2(R)}{r^2} = \left(1+2\frac{\varepsilon-1}{\varepsilon+2}\right)^2E^2r^2M^2f^2(R) \tag{4-2-8}$$

式中 f_3——矿粒的界面吸力；

r——矿粒的半径。

界面吸力促使矿粒被吸向圆筒表面。

（2）作用在矿粒上的机械力

1）重力

$$f_4 = \mathrm{mg} \tag{4-2-9}$$

式中 f_4——矿粒的重力；

m——矿粒的质量。

矿粒在分选中所受的重力f_4在整个过程中在径向和切线方向的分力是变化的。

2）离心力

$$f_5 = m\frac{v^2}{R} \tag{4-2-10}$$

式中 f_5——作用在矿粒上的离心力；

v——矿粒的运动速度；

R——圆筒半径。

为了确保不同电性的矿粒的分离，应：

A．对于导体矿粒：在分选带AB段内分出导体矿粒，必须$f_1+f_3+mg\cos\alpha<f_2+f_5$

式中 α——矿粒在圆筒表面所在的位置，(°)。

B．对于半导体矿粒：在分选带BC段内分出半导体矿粒（通称中矿），必须$f_1+f_3+mg\cos\alpha<f_2+f_5$。

C．对于非导体矿粒：在分选带CD段内分出非导体矿粒，必须$f_3>mg\cos\alpha+f_5$。

目前应用于工业生产的电选机中，就其电场特征而言，应用最广的是电晕-静电复合电场选矿机；就矿粒的带电方法而言，应用最广的是在电晕放电电场中吸附离子而带电和直接与金属带电电极接触而带电；就其结构特征，应用最广的是辊式电选机。

第二节 矿石破碎、磨矿、分级设备

一、破碎设备

（一）概述

破碎是使大块矿石变成小块矿石的过程。

破碎的主要任务，是使不同矿物彼此间达到最大程度的解理，而又不使其过度粉碎。其分选前的最终粒度，应视其矿物的嵌布粒度而定。有时矿物粒度的大小是构成选矿方法、设备和工艺流程的先决条件。

为了达到分选的目的，矿石必须经过破碎和磨碎。因此破碎在选矿厂中占有重要地位。目前破碎和磨矿作业在生产费用和设备投资约占选厂总投资的40～60%。因此提高破碎和磨矿作业的生产能力，降低破碎所需的能耗是有重要意义的。

矿石的破碎，主要是利用机械力的作用。最常见的方法有如下几种，如图4-2-3所示。

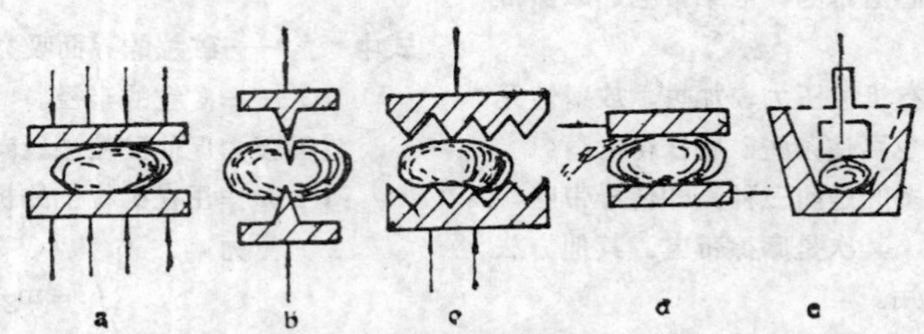

图 4-2-3 各种破碎方法

a—压碎；b—劈碎；c—折断；d—磨剥；e—冲击

所使用的破碎机械，往往同时是几种方法的组合。

除机械力的破碎方法之外，还可以采用气流冲击、电弧作用、水电效应，超声波、高频振动、热碎、激光等等方法。这些方法由于不是利用机械力，可避免安装能耗高，大而笨的破碎机而有发展前途。但是，这些新方法在应用时有其一定的条件，因此，机械力的破碎方法，在目前选矿厂中仍是主要破碎方法。

（二）破碎方法

（1）压碎。利用两破碎工作面逼近矿石时加压而使矿石破碎。这种方法的特点是作用力逐渐加大后，矿石因压应力达到其抗压强度限而破碎。

（2）劈碎。利用尖齿楔入矿石的劈力，矿石将沿着压力作用线的方向劈裂。劈裂的原因是由于劈裂平面上的拉应力达到或超过矿石拉伸强度限。矿石的拉伸强度比抗压强度限小很多而发生局部破裂。

（3）折断。矿石受到相对方向，力量集中的弯曲力，使矿石折断而破碎。此法的特点是除在外力作用点处受劈力外，还受到弯曲力的作用，因而易于使矿石破碎。

（4）磨剥。矿石与运动的表面相对移动，从而产生对矿石的剪切力。当剪应力达到矿石的剪切强度限时，矿石即被破碎。此法适宜于对细粒物料的磨碎。

（5）冲击。矿石受高速回转机件的冲击力而破碎，它的破碎力是瞬时作用在矿石上的，所以又可称为动力破碎。

在选矿厂中一般采用二段或三段破碎。其破碎产品再经磨矿磨至所需的选别粒度。按破碎产品粒度的不同，大致可分为：

粗碎：给矿粒度为500～1500mm，破碎到400～125mm；

中碎：给矿粒度为400～125mm，破碎到100～50mm；

细碎：给矿粒度为100～50mm，破碎到25～5mm。

（三）破碎设备的分类

选矿厂常用的破碎机，根据其结构特征和工作原理可分为：颚式破碎机、圆锥破碎机、对辊破碎机、冲击（反击）破碎机、锤式破碎机。如图4-2-4所示。

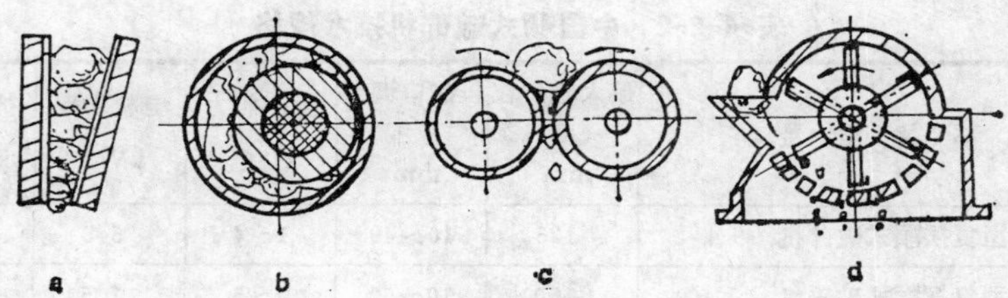

图 4-2-4 破碎机的主要型式

a—颚式破碎机；b—旋回破碎机和圆锥破碎机；c—辊式破碎机；d—锤式破碎机

1. 颚式破碎机的分类

颚式破碎机（俗称老虎口），1858年首先广泛应用于筑路工程，以后应用于矿山工业。由于该类破碎机构造简单，工作可靠，因而现在仍得到广泛应用。

颚式破碎机适用于破碎硬和中硬矿石。在选矿厂中多作为粗碎或中碎设备。颚式破碎机的破碎过程见图4-2-5。

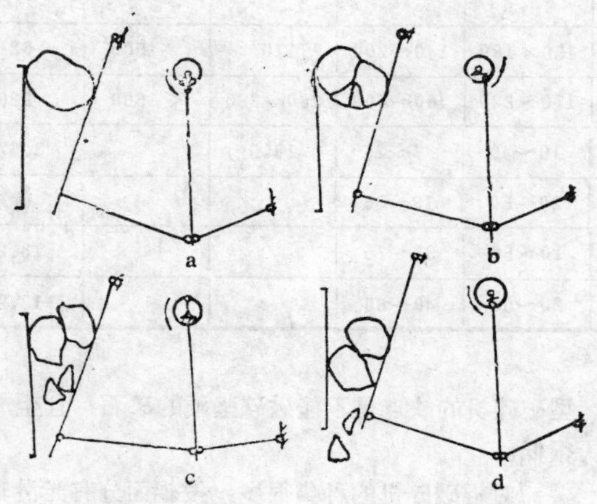

图 4-2-5 颚式破碎机的破碎过程

颚式破碎机的种类很多，但在我国选矿厂中使用的只有两种，简单摆动式颚式破碎机（图4-2-6a）和复杂摆动式颚式破碎机（图4-2-6b）。国产颚式破碎机技术规格列于表4-2-2。颚式破碎机的故障及排除方法列于表4-2-3。

2. 圆锥破碎机的分类

圆锥破碎机，始用于1898年，由于工作可靠，生产能力大，因而至今仍被广泛应用于选矿厂和其他工业中。

圆锥破碎机的主体，是由可动锥和固定锥两个圆锥体组成。当矿石从上部给入后，可动锥的锥体由偏心轴周期性地靠近与离开固定锥的锥面，当动锥靠近定锥时，产生破碎作用，离开时破碎物从破

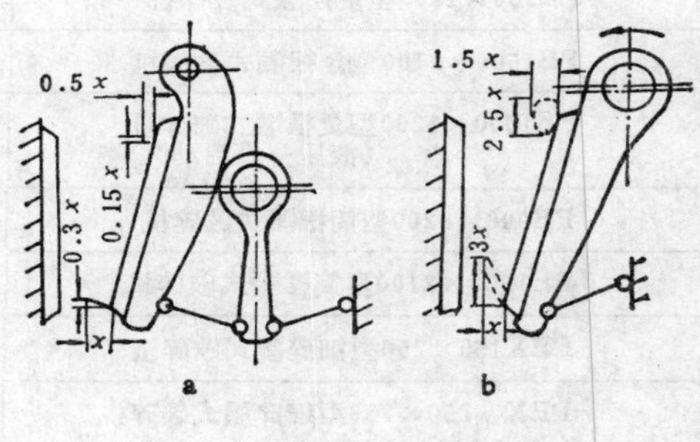

图 4-2-6 颚式破碎机的主要类型

a—简单摆动颚式破碎机；b—复杂摆动颚式破碎机

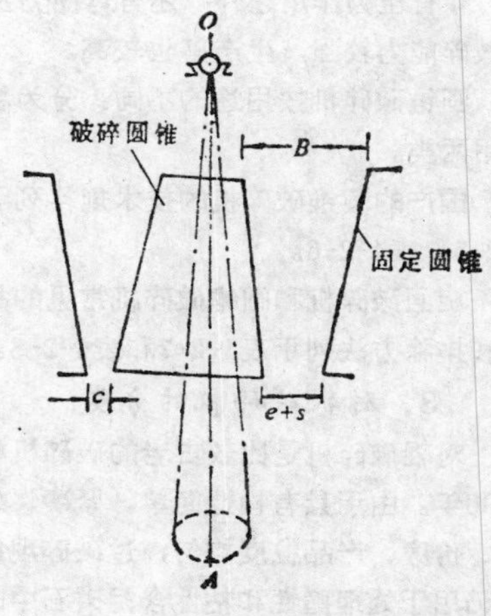

图 4-2-7 旋回破碎机的工作原理

表 4-2-2 中国颚式破碎机技术规格

设备名称及型号	最大给矿粒度 mm	排矿口调节范围 mm	生产能力 t/h	电机功率 kW	抗压强度 kg/cm²	设备重量 t
PE150×250型复摆颚式破碎机	125	10～40	1～4	5.5	<2000	1.1
PE250×350型复摆颚式破碎机	160	10～50	2～5	7.5	<2000	1.6
PE250×400型复摆颚式破碎机	200～210	20～80	5～20	17	<2000	2.5～2.97
PE250×500型（单撑）复摆颚式破碎机	220	20～80	5～40	17	<2000	3.4
PE250×500型（双撑）复摆颚式破碎机	200	12～63	4.2～22	20	<2000	4.2
PE400×600型复摆颚式破碎机	320	40～100	25～64	30	<2500	6.5
PE500×750型复摆颚式破碎机	350	50～170	70	55	<2500	13.5
PE600×750分段型复摆颚式破碎机					<2500	7.5
PE600×900型复摆颚式破碎机	480	75～200	50～190	80	<2500	19.5
PE900×1200型复摆颚式破碎机	750	100～200	150～300	110		49
PE1500×2100型复摆颚式破碎机	1250	170～220	460～600	260	<1600	225
PE1500×1200型复摆颚式破碎机（液压分段启动）	850	130～180	150～170	180	<1600	130
PE900×1200型简摆颚式破碎机	650	150×180	140～200	110	1500	62
PE1500×2100型简摆颚式破碎机	1100	170～220	460～600	260～280	<1600	220
PEX150×750型细碎颚式破碎机	120	10～40	7～25	18.5		3.67
PEX$_{20}$250×750型细碎颚式破碎机	210	20～50	13～35			6
PEX$_{30}$250×1000型细碎颚式破碎机	210	20～50	33～70			13.9
PEX$_{40}$250×1200型细碎颚式破碎机	210	20～50	40～85			13.9

碎腔中排出（图4-2-7）。圆锥破碎机对矿石的作用力，除有压力作用之外，还有弯曲力及磨剥力，故其破碎能力较强，生产率也较高。

圆锥破碎机按用途的不同，分为粗碎用和中细碎用两类。

国产的圆锥破碎机的技术规格列于表4-2-4，表4-2-5，表4-2-6。

旋回破碎机和圆锥破碎机常见的故障、产生原因和排除方法列于表4-2-7和表4-2-8。

3．对辊破碎机的分类

对辊破碎机是比较古老的破碎机械，它始用于1806年。由于具有构造简单、紧凑、轻便、工作可靠、价廉、产品粒度均匀，过破碎现象少等优点，故仍用于处理脆性和粘性含泥矿石中的中小型选矿厂（主要是重力选矿厂），作为中细碎之用。该类型破碎机的缺点是不能破碎坚硬的矿石，且生产率很低。

对辊破碎机的种类很多，按辊面分有光滑辊面和非光滑辊面。按辊子轴承的构造不同，分为固定轴式，单可动轴式和双可动轴式三种。目前在选矿厂中应用的多为单可动轴式的光滑辊面对辊破碎机，而选煤厂中则常用非光滑面的对辊破碎机。

由于海绵钛性质特殊，国际市场对海绵钛的粒度要求甚严，为此，我国北京冶金设备研究所研制成功专用于破碎海绵钛的YPT型单辊破碎机，见图4-2-8。这种破碎硬塑性物料的单辊破碎机是利用剪切、压缩和弯曲原理对物料进行破碎和排料，不仅对破碎海绵钛有效，对于破碎其他硬塑性物料也是适用的。

YPT型海绵钛破碎机的关键是齿牙的形状和配

表 4-2-3 颚式破碎机的故障、产生原因和排除方法

故　　障	原　　因	排　除　方　法
(1) 滑动轴承温度过高（通常温度为60℃）	(1) 轴承间隙不合适，或与轴承接触不好 (2) 润滑油循环系统故障	(1) 用垫片调节轴承松紧程度，或修正轴瓦 (2) 调节油量，更换润滑油，清洗或更换油泵等部件
(2) 冷却器排水温度过高	冷却水不足，或热传导减弱	调节水量，清理冷却系统
(3) 油流指示器断油	(1) 油泵及油路不畅通 (2) 油温过低	(1) 检查油泵，调整油路中开关 (2) 检查油加热装置
(4) 压力计表明油压增高	油路堵塞	检查滤油器，阀门
(5) 齿板松动，产生金属撞击声	齿板固定螺钉或侧楔板松动或损坏	把紧或更换螺钉或侧楔板
(6) 推力板支承垫产生撞击声	(1) 弹簧拉力不足 (2) 支承垫磨损或松动	(1) 调整弹簧力或更换弹簧 (2) 紧固或修正支承垫
(7) 破碎产品粒度变粗	齿板磨损	将齿板翻转或调整排矿口宽度
(8) 飞轮旋转但动颚停止摆动	(1) 推力板折断 (2) 连杆损坏	(1) 更换推力板 (2) 修复连杆
(9) 机器跳动	地脚紧固螺钉松弛	拧紧或更换螺钉

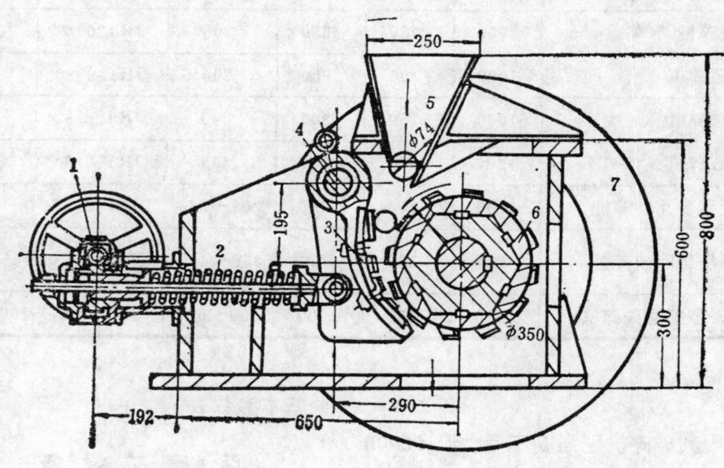

图 4-2-8 YPT型海绵钛破碎机

1—排料口宽度调节装置；2—弹簧；3—固定齿板；4—心轴；5—给料部；6—辊子齿板；7—飞轮

置。齿牙除压碎和施弯曲力矩之外，还迫使料块向下排送，而固定齿板对物料的摩擦力方向朝上，阻挠物料向下运动。两者产生了剪切作用，有利于物料粉碎并使碎粒分离，而产生的压实作用较少。

对辊破碎机的规格是以破碎辊的直径和长度表示。

目前国产的对辊破碎机的技术规格列于表4-2-9。

4．冲击式破碎机的分类

冲击式破碎机的类型很多，但目前使用最广的有锤式破碎机和反击式破碎机。

（1）锤式破碎机。锤式破碎机的基本结构如

表 4-2-4 中国圆锥破碎机技术规格

设备名称及型号规格	给矿口宽度 mm	排矿口宽度 mm	最大给矿粒度 mm	生产能力 t/h	传动电动机			设备重量 t
					型号	功率 kW	电压 V	
500/75旋回破碎机	500	75	400	170	JR127-8	130	380	43.5
900/150旋回破碎机	900	150	750	500	JR136-8	180	220～380	143.6
500/60液压旋回破碎机	500	60	420	140～170	JK128-10	130	220～380	44.1
700/100液压旋回破碎机	760	100	580	310～400	JR136-8 JR128-8	145 155	3000/380	91.9
900/90液压旋回破碎机	900	90	750	380～510	JR137-8	210	380	
900/130液压旋回破碎机	900	130	750	625～770	JR137-8	210	380	141
900/170液压旋回破碎机	900	170	750	815～910	JR137-8	210	380	141
1200/160液压旋回破碎机	1200	160	1000	1250～1720	JR158-10	310～350	6000	228.8
1200/210液压旋回破碎机	1200	210	1000	1560～1720	JR158-10	310～350	6000	229
1400/170液压旋回破碎机	1400	170	1200	1750～2060	JR1510-10	340～400	3000～6000	314.6
1400/220液压旋回破碎机	1400	220	1200	2160～2370	JR1510-10	340～400	3000～6000	305
1600/180液压旋回破碎机	1600	180	1350	2400～2800	JR158-10	310	6000	481
1600/230液压旋回破碎机	1600	230	1350	2800～2950	JR158-10	310	6000	481
700/130颚旋破碎机	700	130	560	300	JR126-8	110	380	53
1000/100颚旋破碎机	1000	100	800	300	JR128-8	155	380	99.7
1000/150颚旋破碎机	1000	150	800	300	JR128-8	155	380	96
1200/150颚旋破碎机	1200	150	1000	400	JR136-8	180	380	138
700/100液压轻型旋回破碎机	700	100	580	200～240	JR128-10	130	380	45
900/130液压轻型旋回破碎机	900	130	750	350～400	JR136-8/ JR128-8	145/155	3000/380	86.5/ 86.7
1200/150液压轻型旋回破碎机	1200	150	1000	600～680	JR137-8	200～210	380	144

图5-2-9所示。

锤式破碎机因其破碎抗压强度不大于98000kPa(1000kg/cm²)，适用于煤、石膏等软性物料，因而它不适用于破碎金属矿石。

（2）反击式破碎机。反击式破碎机的基本结构如图4-2-10所示。

我国目前生产的单转子反击式破碎机和双转子反击式破碎机的基本参数列于表4-2-10和表4-2-11。

锤式破碎机因其破碎抗压强度不大于98000kPa(1000kg/cm²)，不适用于破碎金属矿石，故不列基本参数表。

二、磨矿设备

（一）概述

由于矿石中各种有用矿物的嵌布粒度不同，结构复杂，仅用破碎法难以使有用矿物达到必要的单体解离状态，因此必须再经磨矿，使矿石继续磨碎，直到所需的粒度。

磨矿所消耗的动力约占选厂总动力消耗的25～40%，对技术经济指标有显著影响，并决定着选矿厂的总生产能力。

表 4-2-5 中国弹簧式圆锥破碎机技术规格

设备名称及型号规格	给矿口宽度 mm	排矿口调整范围 mm	最大给矿粒度 mm	生产能力 t/h	主电机			弹簧组数	弹簧总压力/单压力 t	设备重量 t
					型号	功率 kW	电压 V			
φ600标准型	75	12～25	65	40	JO_2-82-8	30	380	8	40/5	5.6
φ600短头型	40	3～13	36	12～23	JO_2-82-8	30	380	8	40/5	5.6
φ900标准型	135	15～50	115	50～90	JO_2-92-8	55	380	10	70/7	10.8
φ900中间型	70	5～20	60	20～65	JO_2-92-8	55	380	10	70/7	10.8
φ900短头型	50	3～13	40	15～50	JO_2-92-8	55	380	10	70/7	10.9
φ1200标准型	170	20～50	145	110～168	JS126-8	110	220/380	10	150/15	25
φ1200中间型	115	8～25	100	42～135	JS126-8	110	220/380	10	150/15	25
φ1200短头型	60	3～15	50	18～105	JS126-8	110	220/380	10	150/15	25.7
φ1750标准型	250	25～60	215	280～430	JS128-8	155	220/380	12	300/25	50.3
φ1750中间型	215	10～30	185	115～320	JS128-8	155	220/380	12	300/25	50.5
φ1750短头型	100	5～15	85	75～230	JS128-8	155	220/380	12	300/25	50.5
φ2200标准型	350	30～60	300	590～1000	JS1510-12 JS158-12	280/260	6000/3000	16	400/25	84
φ2200中间型	275	10～30	230	200～580	JS1510-12 JS158-12	280/260	6000/3000	16	400/25	85
φ2200短头型	130	5～15	100	120～340	JS1510-12 JS158-12	280/260	6000/3000	16	400/25	85
φ600超细碎圆锥	20～30	3～13	20～30	10～20	Z_2-102	40	220	8	40/5	2.6

表 4-2-6 中国单缸液压圆锥破碎机技术规格

设备名称及型号规格	给矿口尺寸 mm	排矿口调整范围 mm	最大给矿粒度 mm	生产能力 t/h	主电机			破碎锥旋摆次数 次/min	保险动作前最大破碎力 t	设备重量 t
					型号	功率 kW	电压 V			
PYY-900/135单缸液压圆锥破碎机	135	15～40	115	40～100	JO292-8	55	380	335	63	9.14
PYY-900/75单缸液压圆锥破碎机	75	6～20	65	17～55	JO292-8	55	380	335	63	9.05
PYY-900/60单缸液压圆锥破碎机	60	4～12	50	15～50	JO292-8	55	380	335	63	9.09
PYY-1200/190单缸液压圆锥破碎机	190	20～45	160	90～200	JS125-8	95	380	300	120	19.33
PYY-1200/150单缸液压圆锥破碎机	150	9～25	130	45～120	JS125-8	95	380	300	120	19.0
PYY-1200/80单缸液压圆锥破碎机	80	5～13	70	40～100	JS125-8	95	380	300	120	18.93
PYY-1650/285单缸液压圆锥破碎机	285	25～50	240	210～425	JS137-10	155	380	250	200	37.8
PYY-1650/230单缸液压圆锥破碎机	230	13～30	195	120～280	JS137-10	155	380	250	200	37.7
PYY-1650/100单缸液压圆锥破碎机	100	7～14	85	100～200	JS137-10	155	380	250	200	37.6
PYY-2200/350单缸液压圆锥破碎机	350	30～60	300	450～900	JSQ1510-12	280	6000	220	300	79.7
PYY-2200/290单缸液压圆锥破碎机	290	15～35	230	250～580	JSQ1510-12	280	6000	220	300	78.94
PYY-2200/130单缸液压圆锥破碎机	130	8～15	110	200～380	JSQ1510-12	280	6000	220	300	78.9

表 4-2-7 旋回破碎机常见的故障、产生原因及排除方法

故障	产生原因	排除方法
(1) 润滑油中浸入水	过滤冷却器中的水压高于油压	水压应低于油压0.5kg/cm²，冷却器不应漏水
(2) 过滤器前、后的压力差过大	过滤器不通畅	压力差如大于0.4kg/cm²，清理过滤器
(3) 油压不足	油泵磨损，油箱中油温过低	检修油泵，油温及油路中各开关
(4) 油压及回油温度升高	油路堵塞	停车、检查原因并排除
(5) 回油温度超过60℃	摩擦部位产生故障	停车，检查有关的摩擦部位
(6) 过滤器排出的油温超过45℃	冷却水不足或水温过高	增加冷却水流量并检查水温
(7) 油流指示器的油流中断	指示器管路堵塞或油温过低	清理管路，将油加热
(8) 回油少，油箱中的油量减少	漏油，回油油路堵塞，给油过多使油从防尘装置处漏掉	查找有无漏油或油路堵塞，调整给油量，开车前应向油箱注满油
(9) 工作时有金属冲击声	衬板松动	将衬板把紧
(10) 皮带轮松动，但破碎锥停止旋摆	传动轴或齿轮损坏	更换损坏零件
(11) 产生断裂声后破碎锥停止旋摆	传动轴或主轴折断	更换损坏零件
(12) 破碎突然停车	由于油温、油压、流量等不正常致使连锁继电器动作，电源中断，或大块非破碎物卡住机器	检查油路有关参数，清除积存破碎腔内物料，用气割等方法排除非破碎物

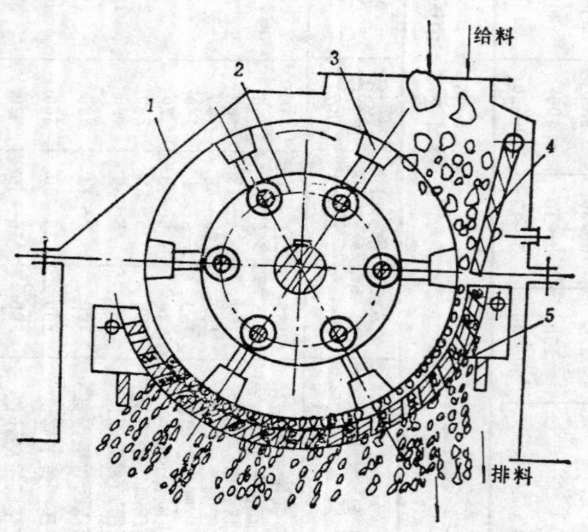

图 4-2-9 锤式破碎机结构示意图

1—机架；2—转子；3—锤头；4—破碎板；5—筛条

为了提高经济效益，磨矿技术的发展是采取种种技术措施降低能耗和钢耗。在降低能耗和钢耗的前提下，改进磨矿设备并使工艺不断完善。

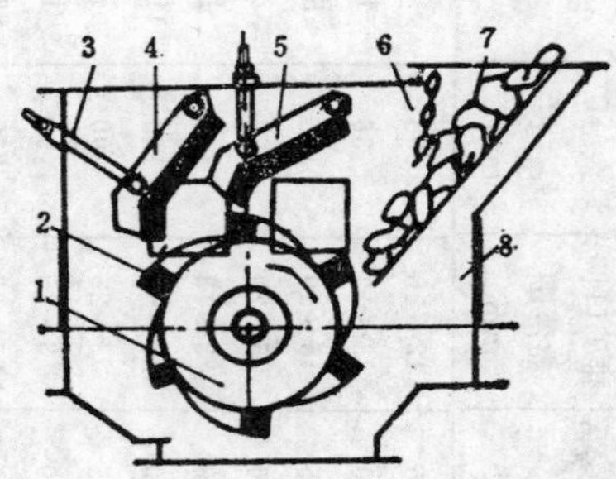

图 4-2-10 反击式破碎机结构示意图

1—转子；2—锤头；3—拉杆；4—第二级反击板；5—第一级反击板；6—链条；7—进料口；8—机体

磨矿在磨矿机中进行。磨矿机是由两端带盖的圆筒和轴承等组成，圆筒内装有各种不同规格的破碎介质（如钢球、钢棒或砾石等）。当圆筒绕水平轴线按规定的转数旋转时，筒内的破碎介质和矿石在离心力和摩擦力的作用下，随着筒壁上升到一定高度，然后脱离筒壁自由落下或滚下，矿石的磨碎是

表 4-2-8　圆锥破碎机常见的故障、原因及排除方法

故　障	原　因	排　除　方　法
(1) 油流指示器没有油流、油泵运转，但油压小于0.049MPa	(1) 油温低 (2) 油路开关未调好 (3) 油泵有故障	(1) 将油加热 (2) 检查油路开关 (3) 检查油泵
(2) 过滤器前后压差太大	过滤器堵塞	压差大于0.4kg/cm²时须清理过滤器
(3) 油温超过60℃，但油压正常	摩擦部位的故障	检查各润滑点，排除故障
(4) 油箱中油量减少	(1) 底部端盖或传动法兰处漏油 (2) 球面支承瓦上的回油槽堵塞，油从水封防尘处外漏	(1) 紧固螺栓或更换垫片 (2) 清洗油路，油槽排除故障后应补加油量
(5) 油中有水，油箱中油位增高	(1) 水压过高，冷却器漏水 (2) 水封给水量过多 (3) 回水管堵塞	(1) 使水压低于油压0.0245～0.490MPa (2) 调整给水量 (3) 清理回水管
(6) 破碎机振动过度	(1) 给料不均匀 (2) 给料潮湿，排矿口宽度过小，产生堵塞 (3) 弹簧紧度不足	(1) 检查给料情况 (2) 调节给料口宽度 (3) 扭紧弹簧
(7) 破碎物料时有异常声响	衬板松动	紧固螺旋 重新灌浇锌合金衬垫
(8) 破碎机突然停车	(1) 油温、油位或油压异常，使继电器动作 (2) 油泵或运输机发生故障，联锁装置动作 (3) 有过大非破碎物进入破碎腔，卡住机器	(1) 检查油温、油位、油压，找出故障并排除 (2) 检查油泵和运输机 (3) 用气割等方法清除卡住的物料

依靠介质落下时的冲击力和运动时的磨剥作用（图4-2-11）。矿石从一端的空心轴颈不断给入，经磨碎后的矿石从另一端空心轴颈不断排出。磨矿机内的矿石移动是利用不断给入的矿石的压力来实现的。湿磨时，矿石被水流带出，干磨时矿石被向筒外抽出的气流带出。

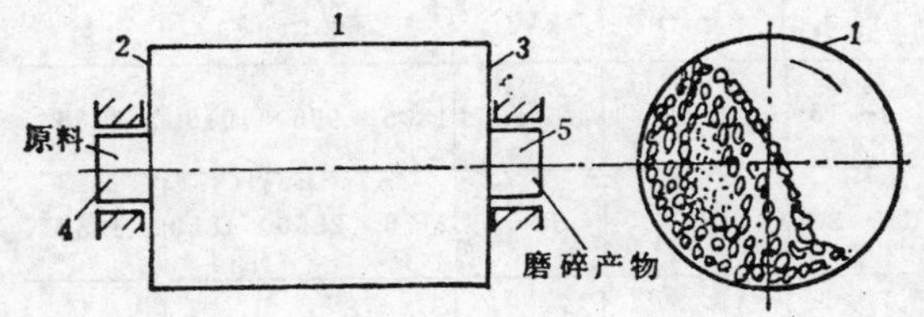

图 4-2-11　磨矿机的工作原理

1—空心圆筒；2、3—端盖；4、5—空心轴颈

（二）磨矿过程的基本理论

磨矿机在运转时，磨矿介质（钢球或棒）与矿石一起，在离心力和摩擦力的作用下被提升到一定高度后，由于重力作用而脱离筒壁沿抛物轨迹下落。如此循环，使处于磨矿介质之间的矿石受冲击力作用而被破碎。同时，由于磨矿介质的滚动和滑动，使矿石又受压力和磨剥作用而被磨碎。

磨矿机转数的快慢直接影响着筒体内磨矿介质的运动状态和磨矿作业效果（见图4-2-12）。当转速较慢时，钢球被提升的高度较低，由于球本身的重力作用从球荷顶部滑滚下来，呈泻落状态，见图4-2-12 a 所示，此时球的冲击力很小，而研磨作用很强，矿石主要被磨剥而粉碎，磨矿效率不高，棒磨机一般属于此种工作状态。图4-2-12 b 为转速较高时球被提升到一定高度后脱离筒体，沿抛物线轨

迹下落，处于抛落工作状态。在抛落点具有较大的冲击作用，矿石受冲击而破碎。这种运动状态的磨矿效率最高。当磨矿机转速超过某一限度时，球就随筒体旋转，处于图4-2-12 c所示的离心运动状

表 4-2-9 中国产的对辊破碎机技术规格

设备名称及型号规格	给矿粒度 mm	排矿粒度 mm	生产能力 t/h	转子转速 r/min	电机功率 kW	设备重量 t	抗压强度
φ300×300双辊破碎机	<20	0～6.5		60	2.2	0.543	中等硬度矿石
φ400×250辊式破碎机	20～32	2～8	5～10	200	11	1.3	中等硬度矿石
φ600×400辊式破碎机	8～36	2～9	4～15	120	11	2.55	中等硬度矿石
φ750×500辊式破碎机	40	2	3.4	50	30	12.25	中等硬度矿石
		4	7				
		6	11				
		8	13.6				
		10	17				
φ450×500双齿辊式破碎机	200	0～25	20	64	11	3.75	低硬度脆性矿石
		0～50	35				
		0～75	45				
		0～100	55				
φ600×750双齿辊式破碎机	600	0～50	60	50	22	6.71	低硬度矿石
		0～75	80				
		0～100	100				
		0～125	125				
φ900×900双齿辊式破碎机	800	0～100	125	37.5	30	13.3	低硬度矿石
		0～125	150				
		0～150	180				
φ1830×915沟槽双辊破碎机	360	50	550	50	65	90	

表 4-2-10 中国产单转子反击式破碎机基本参数

设备名称及型号	转子尺寸 mm	最大给矿粒度 mm	排矿粒度 mm	生产能力 t/h	转子转速 r/min	电机功率 kW	设备外形尺寸 mm	设备重量 t
PF-54型单转子反击式破碎机	φ500×400	100	<20	4～10	960	7.5	1305×996×1010	1.35
PF-107型单转子反击式破碎机	φ1000×700	250	<30	15～30	680	37	2170×2650×1850	5.54
PF-1210型单转子反击式破碎机	φ1250×1000	250	<50	40～80	475	95	3357×2255×2460	15.25
单转子反击式破碎机	φ1600×1400	500	30	80～120	228；326；456	155	3800×1950×2320	35.63

表 4-2-11　中国产双转子反击式破碎机基本参数

设备名称及型号	转子尺寸 mm	最大给矿粒度 mm	排矿粒度 mm	生产能力 t/h	电机功率，kW		转子线速度，m/s	
					第一转子	第二转子	第一转子	第二转子
2PF-0606型双转子反击式破碎机	φ650×650	350	<20	20～30	28	28	25～35	40～50
2PF-1010型双转子反击式破碎机	φ1000×1000	450	<20	50～70	60	75	25～35	40～50
2PF-1212型双转子反击式破碎机	φ1250×1250	850	<25	100～140	130	155	25～35	40～50
2PF-1416型双转子反击式破碎机	φ1400×1600	300	<20	300	155	155	25～35	40～50
2PF-1602型双转子反击式破碎机	φ1600×2250	1100	<25	260～340	320	380	25～35	40～50
2PF-2022型双转子反击式破碎机	φ2000×2250	1200	<25	440～560	570	650	25～35	40～50
2PF-2030型双转子反击式破碎机	φ2000×3000	1400	<25	750～1000	1250	1250	25～35	40～50

态。此时无球的冲击作用。因此在生产中应控制磨矿机的转数，使球处于最佳的抛落状态工作。

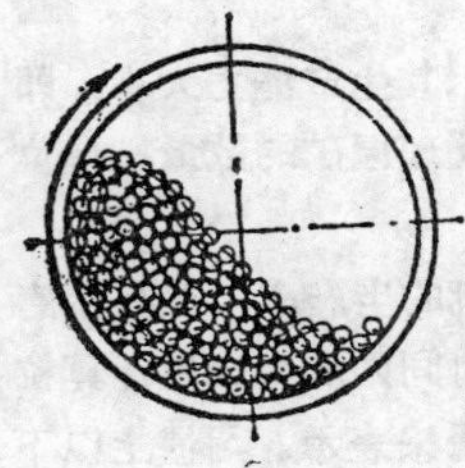

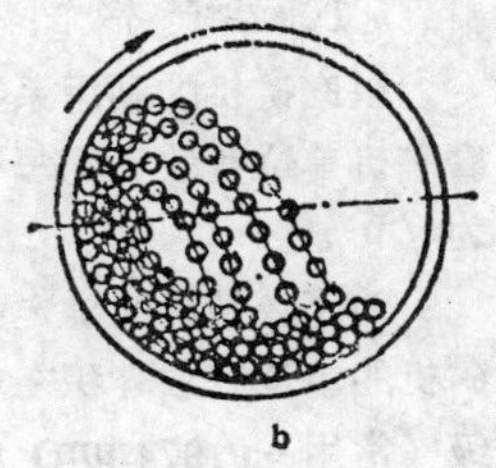

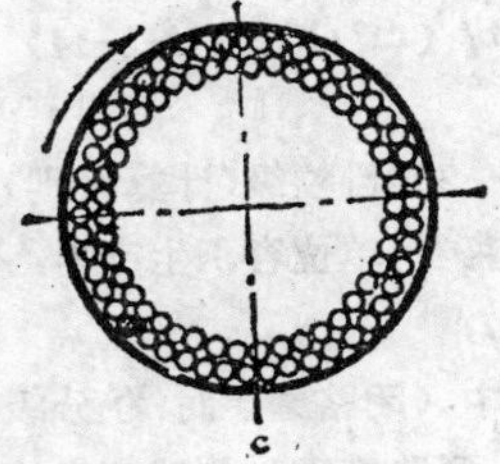

图 4-2-12　磨矿介质的运动轨迹

a—球磨机在泻落状态下工作；b—球磨机在抛落状态下工作；c—球磨机在离心运动状态

1．球磨机的临界转数

球磨机中最外层钢球刚刚随筒体一齐旋转而不下落时球磨机的转数称为临界转数。各种球磨机的临界转数与其直径D成正比例，临界转数的绝对数值不易求得，目前只有理论临界转数的计算公式被广泛应用。

理论临界转数以n_0表示。假设球磨机筒体内只装有一个钢球；球与筒体间无滑动，也不考虑摩擦力的影响；球的半径可忽略不计，把球看作质点，其回转半径可用筒体的半径表示。在上述假设条件下，磨矿机旋转时，作用在钢球上的力就只有离心力P和重力G。

由此得出球磨机的临界转数

$$n_0=\frac{30}{\sqrt{R}}=\frac{42.4}{\sqrt{D}}\text{r/min} \qquad (4\text{-}2\text{-}11)$$

式中　D——球磨机的内直径，m。

理论临界转数n_0的计算公式4-2-11，在球磨机采用非光滑衬板，球荷充填率在40～50%，磨矿浓度较大时，计算结果是比较接近实际的。但在其他条件下，计算结果偏差较大。虽式4-2-11的结果与各种球磨机临界转数的绝对值有出入，但多年来使用结果证明尚能指导实践，因而能得到广泛应用。

2．磨矿机的工作转数

磨矿机工作转数是指磨矿机的实际转数。工作转数的出发点是使球处于抛落工作状态，在一般情况下，工作转数都低于磨矿机的临界转数。

磨矿机的工作转数n与其理论临界转数n_0的百分比称为转速率，以数学形式表示为：

$$\text{转速率}=3.33n\sqrt{R}\%=2.36n\sqrt{D}\% \qquad (4\text{-}2\text{-}12)$$

表 4-2-12 磨矿机的分类

类 型	磨矿介质	筒体形状	L/D	排矿方式	传动方式	筒体支承方式
球磨机	金属球 (钢球或铁球)	短筒形	$L\leqslant 2D$	(1) 溢流排矿 (2) 格子排矿	(1) 周边齿轮传动 (2) 摩擦传动	(1) 轴承支承 (2) 托滚支承 (3) 混合支承
		管形	$L=(3\sim6)D$	(1) 溢流排矿 (2) 格子排矿	(1) 中央传动 (2) 周边齿轮传动	轴承支承
		锥形	$L=(0.25\sim1.0)D$	(1) 溢流排矿 (2) 格子排矿	(1) 周边齿轮传动	轴承支承
棒磨机	金属棒	筒形		(1) 溢流排矿 (2) 开口式低水平排矿	(1) 周边齿轮传动 (2) 摩擦传动	轴承支承
无介质磨矿机	不装磨矿介质或加不多于4%的钢球	短筒形	$L=(0.3\sim0.14)D$	利用吹风装置的风力排矿	周边齿轮传动	轴承支承

根据式4-2-12可按已知磨矿机的工作转数n和有效半径R（或有效直径D）算出该磨矿机的转速率。同样，按给定的转速率和有效内径也可算出磨矿机的工作转数n。

从理论上导出的磨矿机的适宜转速率为76～88%，则适宜的工作转速为：

$$n=(0.76\sim0.88)n_0,\ \mathrm{r/min} \quad (4\text{-}2\text{-}13)$$

由于理论推导的出发点都有片面性，因此用4-2-13式计算的结果与实际都不完全符合。目前大多数磨矿机的转速率在85%左右。

3. 高转数磨矿

在生产中磨矿机的转速率小于76%称为低转速工作；高于88%者称为高转速磨矿；转速率大于100%则称为超临界转数磨矿。

生产证明，采用光滑衬板的球磨机，其介质充填率在30～40%之间，在适当降低磨矿浓度的情况下，使球磨机转速率提高到100～140%时，能增加处理量。例如某厂将钢球充填率由40.2%降至34.8%，磨矿浓度由80%降至70%左右，球磨机转速率由85%增加到104%，台时生产率提高15～30%。

我国从60年代开始研究和推广高转数磨矿以来，取得了很多经验，不少选厂确定了各自接近或超过理论临界转数的适宜工作转数。对提高转数出现的问题，正在研究和解决。但就全国而言，大多数选厂球磨机转速率仍控制在76～88%之间。

(三) 磨矿机的主要工作指标

通常用生产率、粒度合格率、作业率和工作效率等四项指标考核磨矿机。

1. 生产率

以磨矿机的利用系数表示其生产能力大小，即磨矿机单位有效容积每小时处理原矿的数量，单位为t/m³。

为了较精确的确定磨矿机的生产率，往往按磨矿机的单位有效容积在单位时间内所生成的计算粒级（常用－0.074mm）的数量来表示。习惯上以下式表示：

$$q_{-200}=\frac{Q(b_2-b_1)}{V}\ \mathrm{t/(m^3\cdot h)} \quad (4\text{-}2\text{-}14)$$

式中 q_{-200}——按新生成－200目粒级(计算级别)计算的磨矿机单位容积生产率，t/(m³·h)；

b_2——磨矿产品中（闭路磨矿时为分级机溢流，开路磨矿时为球磨机的排矿）－200目粒级含量，%；

b_1——磨矿机原矿中－200目粒级含量，%；

Q——磨矿机的原给矿量，t/h；

V——磨矿机的有效容积，m³。

2. 粒度合格率

常用粒度合格率来衡量磨矿机产品质量。以检查产品合格的次数与总检查次数的百分比表示。

表 4-2-13　国产球磨机技术规格

设备名称 类型	规格 mm	有效容积 m³	筒体转数 r/min	装球量 t	生产能力 t/h	电机功率 kW	设备重量 t
湿式格子型球磨机	900×900	0.45	40	0.67	0.2～1.7	15	4.3
	900×1800	0.90	43	1.6	0.4～3.4	22	7.0
	1200×1200	1.15	35.7	2.2	0.6～5	28	14.5
	1200×2400	2.30	35.7	4.2	1.2～10	55	18.4
	1500×1500	2.50	29.2	5.0	1.4～4.5	60	13.7
	1500×2250	3.4	26.5～29.8	7.2		75	16
	1500×3000	5.0	29.2	10.0	2.8～9.0	95	16.9
	2100×2200	6.6	23.8	16.0	5～29	155	46.9
	2100×3000	9.0	23.8	20.0	6.5～36	210	50.6
	2400×2400	9.8	20.8～23.5	20.7		210	45
	2400×3000	12.2	20.8～23.5	25.8		240	47
	2700×2100	10.4	21.7	24	6.5～84	240	69.2
	2700×2700	13.8	19.6～22.2	29.2		320	75
	2700×3600	17.7	21.7	41.0	12～145	400	77.3
	3200×3500	25.6	18～20.4	54		630	125
	3200×4500	32.0	18.6	70～75	95～110	900	141
	3600×4000	36.0	18	80	170	1250	160
	3600×4500	41	17～19.2	87～90	170	1250	160
	3600×6000	54.5	17～19.2	115～120	230	1600	190
溢流型球磨机	900×1800	0.90	35.0	1.6	0.58～2	20	7.2
	1200×2400	2.2	25.2～33.3	4.3		55	12.5
	1500×2250	3.4	22.5～29.8	6.4		75	14
	1500×3000	5.0	29.2	8	2.5～8	95	16.6
	2100×3000	9.0	23.8	20	4～30	210	49.0
	2400×2400	9.8	17.8～23.5	18.4		210	44
	2400×3000	12.2	17.8～23.5	22.9		240	46.5
	2700×3600	17.7	21.7	32～34.6	10.5～130	400	74.7
	3200×4500	32.0	18.6	75	86～100	900	135.0
	3600×6000	54.5	14.5～19.2	102		1600	180

表 4-2-14　中国棒磨机技术规格

设备名称及规格	有效容积 m³	筒体转数 r/min	装棒量 t	生产能力 t/h	电机功率 kW	设备重量 t
溢流型棒磨机600×1200				0.60	7.5	
溢流型棒磨机900×1800	0.9	29～31.3；43	1.8～2.3	0.4～3.4	20	5.25
溢流型棒磨机900×2400	1.4	43	4.0	2.3～3.6	28	6.87
溢流型棒磨机1200×2400	2.2	25.2～27.1	5.9		34	13
溢流型棒磨机1500×3000	5.0	26	11.0	2.4～7.5	95	16.7
溢流型棒磨机2100×3000	9.0	20	24.0	14～35	155	49
溢流型棒磨机2100×3600	11	19～20.5	28.2		210	45.5
溢流型棒磨机2700×3600	17.7	18	48.0	36～75	400	74
溢流型棒磨机3200×4500	32	16	75.0	82	900	131
溢流型棒磨机3600×4500	41	14.5～15.6	105		1200	160

表 4-2-15 中国干式球磨机技术规格

设备名称及规格	有效容积 m^3	筒体转数 r/min	装球量 t	生产能力 t/h	电机功率 kW	设备重量 t
干式球磨机550×450		46	0.052	0.04～0.08	3	1.3
干式球磨机900×960	0.45		0.67	0.23～0.74	13	4.5
干式球磨机900×1800	0.9	43	1.92	0.3～2.6	20～22	5.25
干式球磨机1200×1200	1.1		2.4	0.16～2.6	28	12
干式球磨机1200×2400	2.2		4.8		55	12.5
干式球磨机1500×1500	2.2		4	1.4～4.5	60	14
干式球磨机1500×3000	4.4	32.7	8.4	2.2～12	95	18
干式球磨机1500×5700			12.5	4～12	130	25
干式球磨机1800×6400				6～8.5	210	36.3
干式球磨机2200×6500			22	14～16	310	48.2

表 4-2-16 中国自磨机技术规格

设备名称	规格mm		转数	给矿粒度	生产能力	电机功率	机重
	筒径	筒长	r/min	mm	t/h	kW	t
干式自磨机	1500	600		200～0	0.3～0.8	30	5
干式自磨机	4000	1400	18	＜500	30～35	240	81.5
干式自磨机	6000	2000	14.4	400	100～150	800	197.5
湿式自磨机	2000	900		250～0	1.4～2.5	55	
湿式自磨机	4000	1400	16/18	＜350		245	69
湿式自磨机	5500	1800	15	＜400	55～75	800～900	171
湿式自磨机	7500	2500	12.6	⩽500		2×1000	363
湿式自磨机	7500	2800		＜400		2500	
无介质自磨机	4000	1200					97

表 4-2-17 中国离心环磨矿机技术规格

设备名称及规格	转子转速 r/min	给矿粒度 mm	排矿粒度 mm	生产能力 t/h	电机功率 kW	机重 t	备注
ϕ500×400离心环磨机	400	15		30～100	40	1.955	只准逆时针方向回转
ϕ530×400离心环磨机	400	15		30～100	40	1.955	只准逆时针方向回转
ϕ1000×450离心环磨机	340，400	30		200～350（昼夜）	100（如排矿粒度要求－0.5时应用 155）	5.3	只准逆时针方向回转

3．磨矿机作业率

作业率是反映选厂管理水平的指标。数值大表明磨矿机运转时间长，反之则少，作业率计算公式

$$\mu=\frac{\text{磨矿机实际工作的总时数}}{\text{某段时间内日历总时数}}\times 100\%$$

4．磨矿机的工作效率

工作效率是评价能源（电能）消耗的指标，它以单位时间内磨碎物料的数量对单位时间能耗数量之比来表示。也可用新生的计算粒级物料吨数表示。

（四）磨矿机的分类

磨矿机根据磨矿介质，机壳形状和排矿方法进行分类。一般分类如表4-2-12。我国生产的球磨机、棒磨机、自磨机（无介质磨矿机）和离心环磨机的技术规格。分别列于表4-2-13～表4-2-17。

三、分级设备

分级设备可以归纳为筛分级、水力分级、机械

表 4-2-18　筛分设备技术规格

类型	规格型号	工作面积 m^2	筛孔尺寸 mm	双振幅 mm	振次 次/min	筛面倾角 °	最大给料粒度 mm	生产能力 t/h
重型振动筛	$SZX_1$1500×3000	4.5	25；50；75；100	10	750	23	400	350
	$SZX_2$1500×3000	4.5	25；50；75；100	9	750	23	400	
	$SZX_1$1750×3500	6.12	25；50；75；100	9	750	20	350	
	$SZX_2$1750×3500	6.12	25；50；75；100	8	750	22	250	500
惯性振动筛	$SZ_1$1250×2500	3	40～6	4	1440		100	100
	$SZ_2$1250×2500	3	40～6	4.8	1300		100	100
直线振动筛	悬挂S×G 1500×3700	5.5	100～13	2.3～1.4	1000～1200		500	300
	双轴SSZ_2 1500×5500	7	100～0.5	9	800		300	
	单轴ZS 1800×5600	9		9	800			
	双轴座式 2000×6500	12		9	800		300	80
自定中心振动筛	$SZZ_1$900×1800	1.62	1；2；3；6；10；13；20；25	6	1000	15～25	40	20～25
	$SZZ_1$1250×2500	3.13	6；8；10；13；16；25；30；40	2～7	850	15～20	100	150
	$SZZ_1$1500×3000	4.5	6；8；10；13；16；25；30；40	8	800	20～25	100	245
	$SZZ_1$1800×3600	6.48	6；8；10；13；20；25	8	750	25	150	300
共振筛	ZSZG1200×3000		6；8；10；13；16；25；30；40	10～20	700～900		100	
	ZSZG1500×4000		6；8；10；13；16；25；30；40	10～24	700～900		100	
弧形筛	HSR1018×1580×45°		0.25；0.5；1.0					
	HSR1018×1300×45°		0.25；0.5；1.0					
	CTS筛（英国Bartlas公司）						可分离：-0.05	
	Hydrosieve筛（西德Bioqest系列沉降设备公司）		0.25～1.5					
摩根森筛	摩根森筛（西德Moqensen有限公司）		最小筛孔为0.1					
	日本（荏原工机株式会社）						分离粒度最小为0.05	
超声波筛	日本（大塚铁工株式会社）						0.044	

分级和离心力分级四种类型。

（一）筛分分级

筛分是比较严格地按几何尺寸分开，广泛应用于粗、中颗粒分级。近年来也普遍应用于细颗粒分级。目

续表 4-2-18

类型	规格型号	工作面积 m²	筛孔尺寸 mm	双振幅 mm	振次 次/min	筛面倾角 °	最大给料粒度 mm	生产能力 t/h
振动细筛	K48 96MS-3型德瑞克三路给矿筛	0.71 m²/块	三层筛网： 主筛网—0.11，0.4 防堵筛网—0.15，0.44 支持筛网—0.4～0.5 0.5～0.6	0.8	电动机振频：3000		0.35	16～40
	Vibro-Verken振动筛（瑞典vibro-verken公司）		0.1～0.6					
	Leahy型振动筛（美国）							
	高速振动筛（日本住友机械工业）		最小筛孔为0.15					
	Vibrecon振动筛（瑞士Garicke股份公司）		0.05					
	DALTON振动筛（日本三英制作所）						最小为0.03	
	UR型圆型筛（联邦德国Haver公司）						可达－0.1	
	WAF型细筛（联邦德国Rhewum有限公司）							
其他细筛	缝隙筛（联邦德国Bakaert Deutschl nd有限公司）		最小筛孔为0.05					
	胡基筛（芬兰）						可达－0.1	

表 4-2-19 分泥斗技术规格

直径 mm	沉降面积 m²	容积 m³	深度 mm	给矿粒度 mm	进矿管径 mm	排矿管径 mm	分级粒度 μm	分级效率 %
1000	0.78	0.27	1000	>2		25	74	
1500	2	0.83	1385	>2		38	74	
2000	3	2.27	2400	>2	150	50	74	55
2500	4.9	4		>2	150	50～68	74	
3000	7	6.65	2900	>2	150	68	74	50

前用的细筛有弧形筛、摩根森筛、德里克筛和超声波筛等。一般筛网开孔率大，最小筛孔为50μm。处理能力大，筛分效率高。主要用在磨矿回路中取代螺旋分级机和水力旋流器，及时将单体矿物筛出，防止过磨碎，提高选别指标。它一般可使磨矿能力增加25%，能耗减少20%。其设备技术规格列于表4-2-18。

（二）水力分级

水力分级是按沉降速度差分开，但矿物颗粒在

表 4-2-20　倾斜板浓密箱技术规格

规格 mm	处理能力 t/h	沉降面积 m^2	倾斜板角度 °	倾斜板 长度 mm	宽度 mm	厚度 mm	板数 块	稳定板长 mm	倾斜板间距 mm	倾斜板材质
900×900	0.15～0.2	0.81	45～55	480	900	3～6	49～63	240	15～20	普通玻璃，硬塑料板或薄木板
1800×1800	0.3～0.6	3.24	55	480	1800	3～6	49～63	240	25～30	

表 4-2-21　云锡式分级箱技术规格

分级箱（宽×长×高），mm 个数	第一箱	第二箱	第三箱	第四箱	第五箱	排矿管径 mm	给矿粒度 mm	给矿浓度 %	上升水压 kg/cm^2	耗水量 m^3/t	生产能力（每个箱） t/h
4～8	200×800 ×1000	300×800 ×1000	400×800 ×1000	600×800 ×1000	800×800 ×1000	25	<2	18～25	1～2	5～6	0.5～1.5

表 4-2-22　水力分离机技术规格

规格 mm	进矿管径 mm	排矿管径 mm	溢流管径 mm	冲洗管径 mm	给矿粒度 mm	生产能力 t/d	容积 m^3	分级粒度 mm
φ5000	125	100	240	38	1～2	220	17.3	0.074～0.05
φ12000	250	200	200	50	1～2	1750	27.7	0.074～0.05

表 4-2-23　水力分级机技术规格

规格 mm	给矿粒度 mm	给矿浓度 %	生产能力 t/h	上升水压 kg/cm^2	排矿口，mm 一室	二室	三室	四室
KP-4C机械搅拌式水力分级机	-2	15～25	15～25	1.5～2	28～30	26～28	24	20
筛板式水力分级机(典瓦尔式)200×200	-2	15～25						

水中的降落速度与密度和形状有关，故颗粒按粒度分级的同时也伴随着按密度和形状的分离，因此密度和形状都影响按粒度分离的精确度。通常用的水力分级设备有云锡分级箱、水冲箱、分泥斗、倾斜板浓密箱、筛板式水力分级机、机械搅拌式水力分级机等。前五种水力分级设备结构简单，不耗动力，但分级效率低。后两种结构复杂，需要动力传动，但分级效率较好。其技术规格列于表4-2-19～4-2-23。

（三）机械分级

机械分级是根据矿粒的沉降速度原理进行分级的。主要是在磨矿回路中作为控制用的机械。通常用的有耙式分级机和螺旋分级机。但由于矿粒在矿浆中按降落速度进行分级，因此，常有一些已经单体解离的重矿物进入沉砂返回磨矿机再磨，造成过磨细，尤其对钽铌、钨、锡等易碎矿物过粉碎现象更为严重。它们的机械结构比较复杂，需要动力传动。技术规格列于表4-2-24。

（四）离心力分级

常用设备是水力旋流器（图4-2-13）。它还可作为浓缩、脱水和选别的设备。近年来出现的用水力旋流器与分级机，或与细筛配合的新工艺，不但可以提高分级精度，也降低了电耗，在工业上得到推广使用。英国液-固分离公司（Liquid-Soild Separation Ltd）制造的φ30mm 多室小直径旋流器对20～10μm 粒级的脱泥效率可达95%；10～5μm 可

表 4-2-24　螺旋分级机技术规格

型　　式	型号及规格	螺旋转速 r/min	槽底倾角 (°)	处理能力，t/d	
				按返砂计	按溢流计
高堰式单螺旋	FLG-750	3.5	14～18	100～445	31～163
	FLG-1000	7.6	14～18	130～700	50～260
	FLG-1200	5～7	12	1140～1600	150
	FLG-1500	2.5～6	16	1120～2680	230
	FLG-2000	2.1～6.1	18	3280～6450	400
	FLG-2400	2.62～5.32	17	4750～9500	550
高堰式双螺旋	2FLG-1500	2.5～6	16	2240～5360	460
	2FLG-2000	3.1～6.3	18	6560～12900	800
	2FLG-2400	2.6～5.4	17	9140～19000	1100
	2FLG-3000	1.5～3.0	18.5	10935～21870	1788
浸入式双螺旋	2FLG-2000	3.5～5.4	15	5600～11600	640
	2FLG-2400	3.5	18.3	16970	1900
	2FLG-3000	1.5～3	18.3	15635～31270	3226

表 4-2-25　水力旋流器技术规格

类　　别	分级用旋流器			脱泥用旋流器		短锥旋流器		
规格，mm	ϕ500	ϕ300	ϕ250	ϕ125	ϕ75	ϕ300	ϕ125	ϕ75
分离粒度，mm	0.074	0.074	0.037	0.019	0.010			
给矿口　直径，mm			50	23	13			
给矿口　长×宽，mm	60×140		30×70	15×30				
沉砂口直径，mm	30～50	22～25	20～30	9～14	7～8			
溢流管直径，mm	150	80～100	75	32	17			
圆柱高度，mm	300	400	250	200	100			
溢流管插入深度，mm	200	118～115	170	100	70			
锥角，°	30	60	20	15～20	15	120	120	120
给矿压力，Pa	5.88～6.86	4.90～3.92	6.86～9.81	14.71～19.61	7.65～19.61			
给矿浓度，%	10～20	3～4	8～12	<10	3～8			
给矿中负粒级含量，%	50～78	90.5	40～60	50～70	40～80			
溢流中负粒级含量，%	90～95	99	—	90～95	95～97			
沉砂中正粒级含量，%	68～85	45～55	—	60～85	75～85			
处理能力，m^3/h	95～100	26.6～32.1	26.7～28.3	8.4～10	3.3～3.8			
分级效率，%	75～85	83～84	70	80	70～80			
沉砂浓度，%	>50	22～52	>40	>40	>25			

达91%。苏联在磨矿回路中加短锥旋流器取代跳汰机，使金的回收率从26.71%提高到76.40%。据报道，短锥旋流器与离心选矿机组合使用，可以代替摇床，使回收粒度下限由0.1～0.074mm，下降到0.01～0.05mm。水力旋流器技术规格列于表 4-2-25。

第三节　预选设备

稀有金属资源日益贫化，矿物嵌布粒度不断变细，加强矿石破碎或选别前的预选富集，丢弃大量废石，提高人选原矿品位，是增大处理量，减少碎磨量，降低原材料和能源消耗、降低生产成本的重

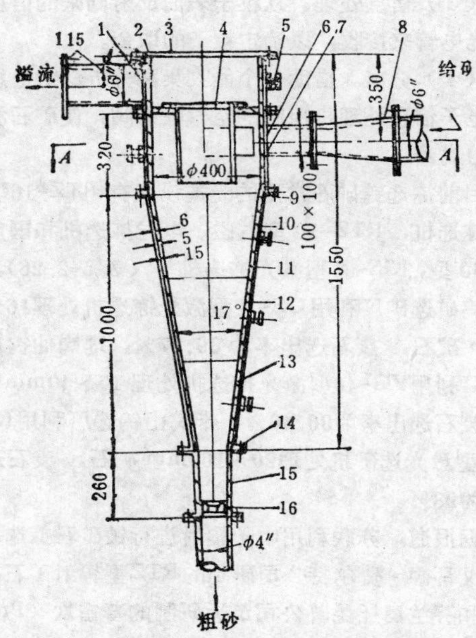

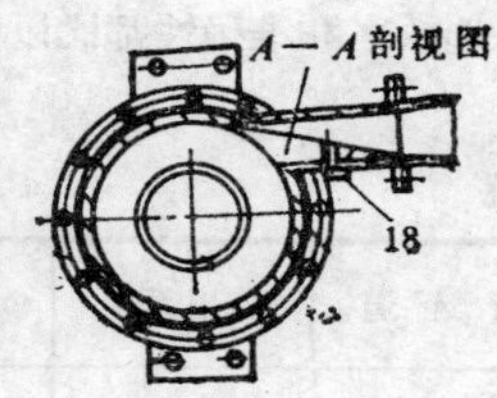

图 4-2-13　带耐磨衬板的水力旋流器

1—上箱；2—衬板；3—盖；4—连管；5—直径12毫米的螺栓；6—衬板；7—头部；8—管道；9—直径12毫米的螺栓；10—圆锥；11—上部衬板；12—中部衬板；13—下部衬板；14—直径12mm螺栓；15—排矿管；16—可换环；17—可换衬里；18—直径17mm的螺栓

注：衬板、可换环和衬里是由锰铁制成的。

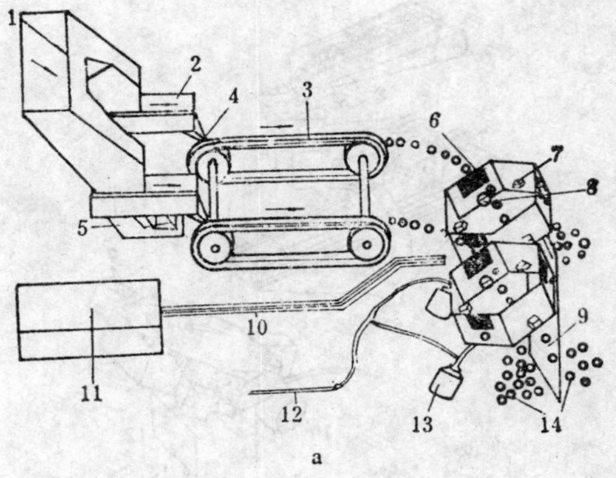

图 4-2-14a　光选机示意图

1—给料；2—给料盘；3—给矿皮带；4—尖形给矿口和槽形带的调准；5—振动器；6—背景滑片；7—光敏电池；8—灯；9—产品分离器；10—电联接；11—电子元件（放大器；能源；排出控制装置）；12—压缩空气供给；13—压缩空气排出阀；14—分离的各产品

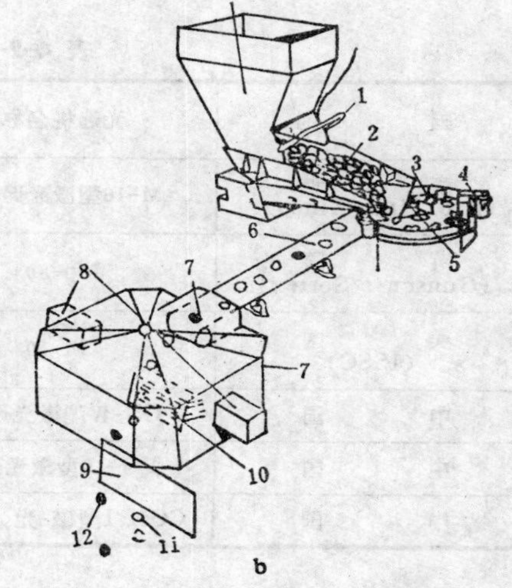

图 4-2-14b　光选机示意图

1—喷水管（只润湿机器）；2—振动给料机；3—调准的圆盘；4—皮带传动的马达；5—调准的皮带；6—槽形皮带运输机；7—光室；8—照射机；9—分离片；10—高速空气阀；11—主流；12—偏流

大技术和经济的措施。稀有金属矿石的预选方法，通常有手选、机械拣选和重介质分选等。预选的设备多采用光选和重介质选矿设备。

一、光选设备

光选是根据矿物的光学性能（表现的颜色、反射能力、物料的透明度）和天然放射性等的差异，利用光电效应的原理而进行分选的。光选设备类型很多，发展很快，其结构与型式虽不一样（见图4-2-14a、b、c），但不管哪一种类型的光选机都是由给料、扫描、信息处理和分离四个部分组成。

（1）给料。是将入选物料排队，从单道或多道以预定的速度送入扫描区。

（2）扫描。是对每一粒子进行照射检测。

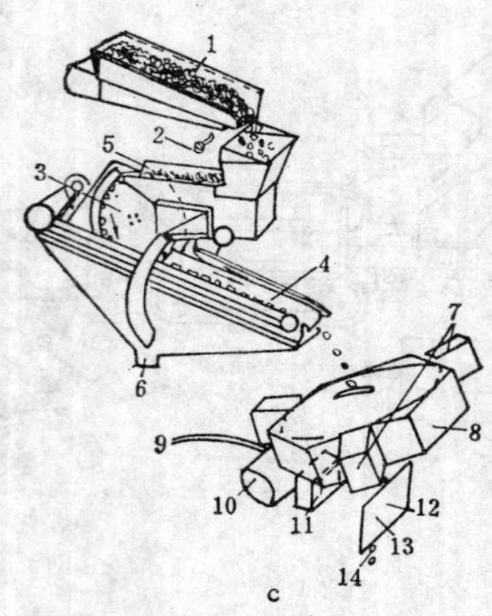

图 4-2-14c 光选机示意图

1—振动给料机；2—喷水管；3—旋转的调准圆盘；4—运输机；5—加速流槽；6—排水；7—检查照射机；8—具有内照明的光室；9—压缩空气；10—空气贮藏器；11—排出器；12—偏流；13—分离片；14—主流

（3）信息处理。从粒子表面反射回来的信息通过光电管来接收，以确定粒子的取舍。

（4）分离。借助一个能收集和分析反射信息的受电子信息处理机控制的空气喷射阀，使矿石和废石分离。

目前拣选钨矿石常用的光选设备有RTZ-16型激光拣选机，RTZ-19型电磁、电导拣选机和国产YG-40型，GS-Ⅲ型激光拣选机等（表5-2-26）。小龙钨矿选矿厂利用GS-Ⅲ型激光拣选机处理16～30mm矿石，废石选出率为89.77%，瑶岗仙钨矿选矿厂利用YG-40型激光拣选机处理15～40mm矿石，废石选出率为90.40%。卡宾山钨选厂利用RTZ-16型激光选矿机处理20～160mm矿石，废石选出率为98%。

据报道，苏联利用中子辐射进行铍矿石拣选。南非戈耳德·费尔特公司研制的RTZ型辐射矿石拣选机和芬兰奥托昆普公司最近研制的普雷坎（Precon）拣选机，都采用微机处理取代电子信息处理机处理，使分选效率和准确性都比以前有所提高。

表 4-2-26 目前常用的几种光选机

国别	光选机名称	给矿粒度 mm	分选道	拣出系统	处理能力 t/h
南非 (Rio Tinto-Zinco)	M-16型激光选矿机	160～35	多道	气动	45～120
英国 (Gunscn's Sortex)	Mp-80	10～150	单带	气动	45～150
美国 (ISSC)	M-10	13～51	圆盘	气动	>25
中国	GS-Ⅳ型激光选矿机	16～30	多道	气动	5～10
中国	YG-40型激光选矿机	15～40	多道	气动	15～20
中国	CGX-I型磁-光分选机	20～30	多道	气动	

表 4-2-27 常用的加重质

种类	密度 g/cm³	硬度	颗粒粒度 -200目%	加重介质在悬浮液中的浓度 %	配成悬浮液的最大物理密度 g/cm³	磁性	回收方法
硅铁	6.9	6	60～80	60～80	3.8	强磁性	磁选
方铅矿	7.5	2.5～2.7	60～80	60～80	3.3	非磁性	浮选
磁铁矿	5.0	6	60～80	60～80	2.5	强磁性	磁选
黄铁矿	4.9～5.1	6	60～80	60～80	2.5	非磁性	浮选
毒砂	5.9～6.2	5.5～6	60～80	60～80	2.8	非磁性	浮选
石英	2.65	7	60～80	60～80	1.5	非磁性	浮选

表 4-2-28　圆锥形重悬浮液分选机技术规格

规　格（长×宽×高） mm	圆锥直径 mm	工作容积 m^3	空气提升器直径 mm	空气压力 kg/m^2	空气量 m^3/min	给矿粒度 mm	生产能力 t/h	搅拌器转速 r/min
6640×650×12070	6000	84	250～300	3.5	25	100～2	300～700	1.56～2.69

二、重介质选矿设备

重介质选矿是将不同密度的矿粒混合物(100～1.5mm）给到平稳运动的介质中，按密度得以分离。使用的加重质有硅铁、方铅矿、磁铁矿、黄铁矿等（表 4-2-27）。在选择介质时必须考虑介质的密度要大于物料中小密度矿物的密度，以使轻矿物的矿粒浮在上面。

重介质分选机常用的有圆锥形重悬浮液分选机，鼓形重悬浮液分选机，重介质振动溜槽，重介质涡流旋流器和重介质旋流器等。

（一）圆锥形重悬浮液分选机

圆锥形重悬浮液分选机为一倒立的圆锥，其直径为2～6m，锥角50°，给矿粒度一般为50～5mm。优点是槽体较深，分选面积大，分选精确度高，工作稳定，适于处理粒度细，轻矿物含量大的物料。但要求使用细粒加重质。介质循环量大，增加了介质制备和回收的工作量，而且需要配备专门的压气装置。其技术规格列于表4-2-28。

（二）鼓形重悬浮液分选机

该机的优点是：结构简单，运转可靠，便于操作。分选机内悬浮液的密度分布均匀，动力消耗少，适于分选粒度大，重矿物多的物料。但分选面积小，搅动大，不适于处理细粒级物料。其技术规格列于表4-2-29。

表 4-2-29　鼓形重悬浮液分选机技术规格

转鼓长度 mm	转鼓直径 mm	分选面积 m^2	给矿粒度 mm	生产能力 t/h	转鼓转速 r/min
1800	1800	3.24	50～30	15～20	2

（三）重介质振动溜槽

重介质振动溜槽是一种适于分选粗粒矿石的设备（见图 4-2-15）。由于槽体的振动和槽底高压水力的作用，使床层能够较好地松散。可以使用较粗粒的加重质（粒度可到 －1.5～0.15mm)。介质固体容积浓度达到55～60%，而粘度仍较小。因此可采用价廉的较低密度的加重质。由于加重质粒度粗，不需用介质净化过程，回收也很方便，如混入

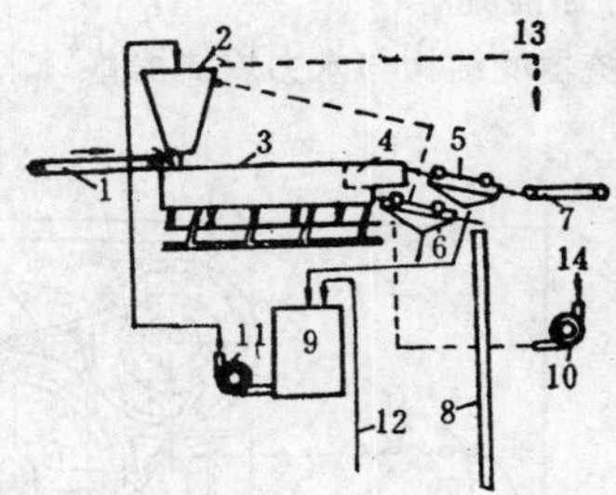

图 4-2-15　重介质振动溜槽装置选别矿石示意图

1—矿石运输机；2—加重质圆锥；3—振动溜槽；4—分离板；5—轻矿物振动筛；6—重产品振动筛；7—轻产品运输机；8—重产品的振动溜槽；9—混合集液器；10—振动溜槽给水泵；11—泵；12—由选矿厂磨浮工段定期给入加重质；13—摇床中矿送泵池；14—水

表 4-2-30　重介质振动溜槽技术规格

规　格 宽×长 mm	给矿粒度 mm	生产能力 t/h	冲　程 mm	冲　次 次/min	补加水量 t/h	水　压 kg/cm^2	倾　角 (°)
400×5000	75～6	25～30	18	300,380,400	—	—	3
800×5500	75～6	60	16～22	380	35～40	3～4	3
1000×5500	75～6	70～80	18～24	360～380	82.5	—	3

表 4-2-31 重介质旋流器技术规格

重介质旋流器规格						给矿压力	加重质				给矿粒度
圆筒直径 mm	圆筒高度 mm	给矿管径 mm	溢流管径 mm	沉砂管径 mm	锥角 度		粒度 mm	密度 g/cm³	悬浮液密度 g/cm³	浓度 %	mm
300	220	70×46	125	38	70	自然高差 5.5m	−0.074 占95%	4.2	2.3	—	13～2
430	—	80×80	90	64	20	0.012M	−0.066 占84.5%	4.8	2.4～2.6	70～80	20～3
500	—	—	155	50～60	20	自然高差 4.5m	−0.074 占57%	4.67	2～2.2	56～71	10～2

表 4-2-32 重介质涡流旋流器技术规格

圆筒直径 mm	圆筒高度 mm	溢流管径 mm	沉砂管径 mm	锥角 °	加重质粒度 −200目%	重悬浮液密度 g/cm³	矿石与介质体积比	给矿压力（介质柱高） mm	生产能力 t/h
300	320	148.75	150	20	45～48	3.25～2.35	1:8～10	6200	20～24

的矿泥达20%，对分选效果也影响不大。其技术规格列于表4-2-30。

（四）重介质旋流器

重介质旋流器的结构与水力旋流器基本相同，只是给入的介质不是水而是重悬浮液。它的单位面积处理能力大，给矿粒度一般不超过20毫米，粒度下限为 0.5mm。可以采用密度较低，价格便宜的加重质（磁铁矿、黄铁矿等）。其技术规格列于表

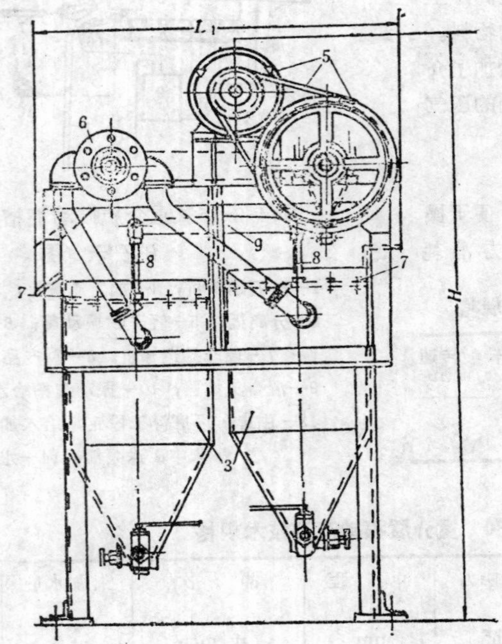

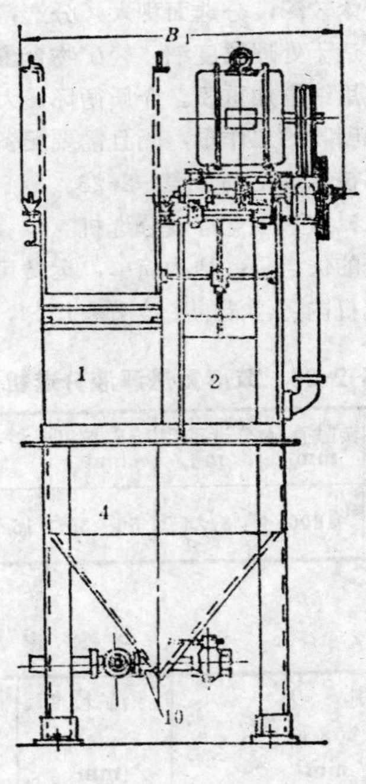

图 4-2-16 隔膜跳汰机示意图

1—跳汰室；2—隔膜室；3—角锥形水箱；4—机架；5—传动机构；6—水阀；7—隔膜；8—连杆；9—摇臂；10—水管

表 4-2-33　中国常用的几种跳汰机技术规格

设备名称	上动型隔膜跳汰机	下动型隔膜跳汰机		吉山-Ⅱ型跳汰机	梯形跳汰机	广东型跳汰机	
		LTA-55/2	LTA-1010/2			甲　型	丙　型
规　格 mm	300×450	500×500	1000×1000	600×900	(1200～2000)×3600	2657×3186	2412×1800
单室面积 m^2	0.135	0.25	1.00	0.54	5	8.46	4.34
列　数	单　列	单　列	单　列	单　列	双　列	双　列	双　列
室　数	2	2	2	2	8	3	3
给矿粒度 mm	12～0.2	5	5	12	6	10～6	10～6
隔膜冲程 mm	0～25	0～25	0～25	0～50	0～50	一室：9～12 二室：8～11 三室：7～10	4～5 3～4 2～3
隔膜冲次 次/min	320,420	250～350	250～350	100～450	130,200,270,350	一室：140～176 二室：160～208 三室：200～240	270～308 273～346 250～380
床层厚度 mm						40～70	90～110
给矿浓度 %	25	25	25	25	25	15	8
处理能力 t/h	2～6	1～5	5～15	6～9	15～20	17～18	2～8
耗水量 t/h	4～15	4～20	20～60	40～60	30～50	42～93	40～56
电机功率 kW	1.1	1.1	2.2	1.5	1.7×2		
设备重量 kg	750	600	1520	1420	3600	9474	4195

4-2-31。

湘东黑钨矿采用手选加重介质旋流器，使粗选处理能力提高46～82%，废石选出率提高4～10%，劳动力减少约6%，选矿总成本下降5～10%。

（五）重介质涡流旋流器

重介质涡流旋流器实质上是一个倒置的旋流器。其特点是角锥比（沿砂口直径/溢流管直径近于1）和沉砂口较大，可以处理粒度较宽，密度较小的矿石，生产能力较大，分选效率较高，可以采用粒度较粗的加重质。其技术规格列于表4-2-32。

广东红岭钨矿，采用重介质涡流旋流器使选矿厂日处理能力提高25～66%，废石选出率提高4.58%。

据报道，近几年美国生产的D.W.P重介质旋涡旋流器，处理粒度为50～0.2mm，最高处理能力100t/h。其优点是分选效率高，给料和产物不需用泵送，设备磨损少，产物过粉碎少，允许给料有波动。英国Inpromin Ltd和意大利Inpromin公司根据D.W.P重介质旋涡旋流器，又生产一种用两台D.W.P改进串联而成的Tri-Flo Separator重介质旋流器，有三个排矿口，可获得三种产品。与普通重介质旋流器相比，在回收率相似的情况下，精矿品位约高一倍，如精矿品位相同时，回收率可高10%。英国赫默顿钨选厂，采用D.W.P重介质旋涡旋流器处理9～1.7mm粒级矿石，原矿含WO_3为0.17%，废石选出率80～90%。

第四节 重力选矿设备

重力选矿是利用矿物的密度、粒度，借助于介质（水和空气）的动力而进行分选的，它具有生产成本低，能耗少，环境污染极少等特点，是稀有金属矿石的重要选矿方法。常用的重选设备有跳汰机、摇床、圆锥选矿机，螺旋选矿机（含旋转螺旋溜槽，螺旋溜槽）和溜槽等。

一、跳汰机

跳汰机是用来处理粗、中粒物料的重选设备。物料在跳汰机中是根据在垂直的变速介质中进行的选别过程。处理物料粒度上限为30～50mm，回收粒度下限为0.2～0.074mm。它具有单位面积处理能力大，操作简单，对粗粒矿石的选别效果比其他重选设备好的优点，在生产中多用于粗选。

跳汰机的类型很多，常用的有上动型隔膜跳汰机、下动型隔膜跳汰机(图5-2-16)、吉山-Ⅱ型跳汰机、梯形跳汰机、广东型跳汰机等。其技术规格列于表4-2-33。

六十年代，荷兰I.H.C海洋采矿公司与美国诺尔曼·克列夫兰德（Norman·Cleaveland）合作研制出圆形跳汰机（IHC-Cleaveland型）。

据报道，该设备既适于选别粗粒物料，也适于选别细粒物料，不需要筛下补加水，与一般跳汰机（加筛下水）相比用水量可省一半，分选指标也比较高。其技术规格列于表4-2-34。

二、摇床

摇床是用以处理中粒级、细粒级物料的高效重选设备。矿粒在床面上受横向水流和纵向往复运动的作用达到按比重和粒度分选的目的(图4-2-17)。它具有富集比高，分选效率高，原矿经过一次选别可以获得高品位精矿或最终尾矿，操作方便等优点。但单位面积处理能力低，占用厂房面积大。为了提高处理能力，近三十年来国内外成功地研制出

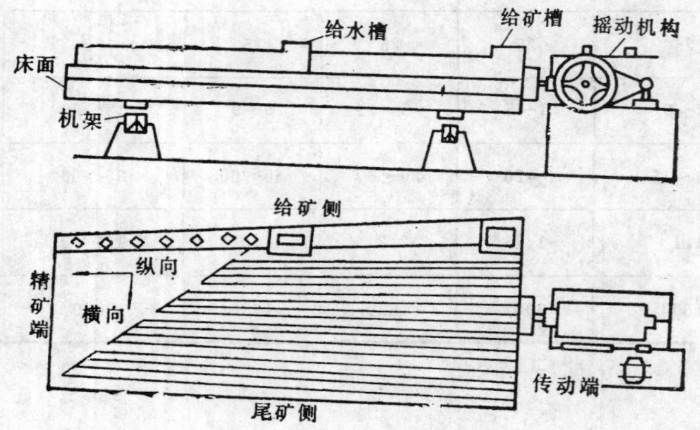

图 4-2-17 摇床工作示意图

表 4-2-34 圆形跳汰机技术规格

型 号	5	8	12	18	25
跳汰机直径，m	1.5	2.4	3.6	5.5	7.5
室数，个	1	1	3	6	12
给矿管直径，m	0.4	0.4	0.7	1.1	1.8
跳汰室面积，m^2/每室	1.64	4.40	3.26	3.80	3.47
隔膜直径，m	1.325				
最大给矿粒度，mm	25	25	25	25	25
处理能力，m^3/h	10	19～38	38～85	85～175	175～350
单位筛面处理能力，$m^3/(m^2\cdot h)$	6.1	4.3～8.6	3.9～8.7	3.7～7.7	4.2～8.4

表 4-2-35 中国常用的几种摇床技术规格

类型		6-S摇床		云锡式摇床			弹簧摇床	
		粗砂床	矿泥床	粗砂床	细砂床	矿泥床	细砂床	矿泥床
床面	长×宽，mm	4520×1825	4520×1825	4330×1810	4330×1810	4330×1810	4500×1833	4500×1833
	面积，m^2	7.6	7.6	7.4	7.4	7.4	7.43	7.43
	形状	平整表面	平整表面	三坡四平①	一坡两平②	一坡两平③	平整表面	平整表面
来复条	形状	矩形	三角形	梯形	锯齿形	刻槽		
	数量，根	46	44	28	27	60条		
	尖灭角，°	40	30	32°30′；42	45	40		
摇动机构		偏心连杆式	偏心连杆式	凸轮杠杆式	凸轮杠杆式	凸轮杠杆式	偏心弹簧式	偏心弹簧式
冲程，mm		18～24	8～16	16～20	11～16	8～11	11～17	8～14
冲次，次/min		250～300	300～340	270～290	290～320	320～360	300～315	330～360
传动轮偏心距，mm							29～32	22～26
最大给矿粒度，mm		<3	<0.5	<2	<0.5	<0.074	<0.5	<0.074
处理能力，t/d		80～108	7～19	25～35	10～20	4～8	8～12	3～8
横坡调节范围，度		0～10	0～10	0～4	0～4	0～4	1～4	1～4
用水量，m^3/d		120～140	20～30	70～100	30～50	25～30	9～16	9～16
电动机功率，kW		1.1		1.1	1.1	1.1	1.1	1.1
优缺点		优点：冲程易调、弹簧位置好，调纵坡容易	优点：冲程易调，弹簧位置调纵极容易	优点：结构简单	优点：结构简单	优点：结构简单	优点：冲程易调、结构简单	优点：冲程易调、结构简单
		缺点：结构复杂	缺点：结构复杂	缺点：冲程难调、弹簧位置不好、调纵坡难	缺点：冲程难调、弹簧位置不好，调纵度难	缺点：冲程难调、弹簧位置不好、调纵度难	缺点：弹簧位置不好，调纵坡难	缺点：弹簧位置不好、调纵坡难

① 粗砂床面"三坡四平"—即床面由三个坡度为1.4%的斜面连接四个平面构成，总升高为10.5mm；

② 细砂床面"一坡两平"—即床面由一个坡度为0.92%的斜面连接两个平面构成，总升高为5mm；

③ 矿泥床面"一坡两平"—即床面由一个坡度为0.73%的斜面连接两个平面构成，总升高为4mm。

多种型式的多层悬挂式摇床，提高了单位占地面积的处理能力，节省了动力，正逐步取代单层摇床。

摇床的类型很多。根据选别的矿石粒度的不同，可以分为粗砂（大于0.5mm）型摇床，细砂（0.5～0.074mm）型摇床和矿泥（0.074～0.037mm）型摇床三类。目前我国常用的摇床有6-S摇床（衡阳式摇床），云锡式摇床和弹簧摇床等。近年来北京矿冶研究总院研制的四层悬挂式摇床，经生产试用效果良好。摇床技术规格列于表4-2-35。

三、溜槽

溜槽的种类很多，根据选别物料的粒度，可以归纳为粗、细砂溜槽和矿泥溜槽两类。常用的粗、细溜槽有螺旋选矿机（含螺旋溜槽）、扇形溜槽和圆锥选矿机。矿泥溜槽有摇动翻床、离心选矿机、皮带溜槽、横流皮带溜槽和振摆皮带溜槽等。

（一）粗、细砂溜槽

1．螺旋选矿机

螺旋选矿机(含螺旋溜槽)是一种螺旋形溜槽，由3～6圈螺旋槽联结而成，螺旋槽曾经由橡皮轮胎、陶瓷、衬胶的钢板或内表面经热处理的铸铁等制成，但近年来逐渐为衬胶玻璃钢所取代。矿浆给入螺旋槽后，矿粒在矿浆中沿槽向下作回转运动，受重力、摩擦力和水流冲力的作用，按矿粒形状和比重进行分离，称之为流膜选矿。重矿物靠近螺旋槽内缘，轻矿物靠近螺旋槽的外缘，细泥和大部分水靠近螺旋槽的最外缘，分成精矿、中矿、尾矿和细泥四条矿带，然后分别接取。

螺旋选矿机具有结构简单，占地面积小，动力消耗少，单位面积处理能力大（从单头发展到3～4个头）等优点，广泛用于粗选和扫选。处理矿石粒度：螺旋选矿机为2～0.074mm；螺旋溜槽为0.4～0.02mm。近几年来我国新疆冶金研究所研制成的旋转式螺旋溜槽，处理粒度为1～0.08mm，经过一次选别即可获得精矿，不需再用摇床精选。在可可托海矿用以处理伟晶岩钽铌矿，取代了原工艺中的螺旋选矿机和摇床，回收率还有所提高。奥地利布典教授研制出一种塔形螺旋选矿机，取消了精矿截取器，日处理能力达到25～30t，在印度、南非用以处理黑钨矿和铁矿。澳大利亚生产的LG、HG型螺旋选矿机采用复合断面和不同螺距的螺旋槽，用于选别重砂矿物含量不同的物料，选别效果好、富集比高。螺旋选矿机的技术规格列于表4-2-36。

2. 尖缩溜槽（扇形溜槽）

尖缩溜槽是一个平底的由给矿端向排矿端尖缩的倾斜槽子。矿浆（固体含量50～55%）沿槽流动，由于槽子向排矿端尖缩，致使矿浆流速逐渐增加，矿层逐渐变厚，在槽子的前半部矿浆的流态近似于层流，矿粒按析离分层，粗粒在上层，细粒在下层，到槽子的后半部矿浆流逐渐转变为紊流，重矿粒重新按干涉沉降速度分层，粗而重的颗粒集中到下层，细而轻的颗粒集中在上层，当流至槽子末端窄口，因下层流速慢，接近于垂直落下，上层流速快冲出较远，致矿浆排出形成一个扇形，用截取

表 4-2-36 螺旋选矿机技术规格

类型	螺旋选矿机						螺旋溜槽			旋转式螺旋溜槽
	φ1000	φ750	φ600	LG7	LG5	HG7	φ1200	φ900	φ600	
生产国家	中国	中国	中国	澳大利亚	澳大利亚	澳大利亚	中国	中国	中国	中国
直径，mm	1000	750	600	600	600	600	1200	900	600	940
断面形状	复合椭圆	复合椭圆	复合椭圆	复合断面	复合断面	复合断面	立方抛物线	立方抛物线	立方抛物线	
螺距，mm	550	480	360	360	390	340	720	405	360	500
螺旋圈数	5	5	5	6	6	6	5	5	5	5
螺距与直径比	0.55	0.64	0.6				0.6	0.45	0.6	
转速，r/min										12～16
处理矿石粒度 mm	2～0.1	1～0.1	1～0.1	2～0.04	2～0.04	2～0.04	0.4～0.04	0.4～0.04	0.1～0.02	1.0～0.08
给矿浓度，%	10～20	10～20	10～20	25～45	25～45	25～45	30～35	30～35	30～35	
处理能力 t/(头·h)	1.9～2.5	1.2～1.6	1～1.5	1～2	1～2	1～3	1.2～1.5	0.8～1.0	0.2～0.3	1.2～1.5
富集比，倍	13	13	13	10～20	10～20		16～20	16～20	16～20	22～30

表 4-2-37 尖缩溜槽技术规格

槽长 mm	给矿端宽度 mm	排矿端宽度 mm	尖缩比	倾角 °	给矿浓度 %	处理能力 kg/h
1200	300	16	19	18～19	50	
800	240	12	20	18～19	50～55	600
600	230	12	19	15～19	52	250

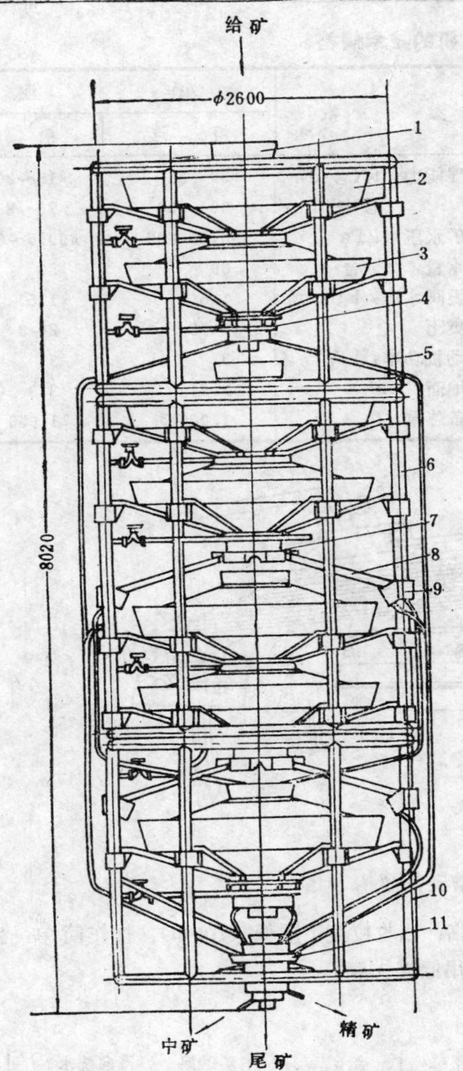

图 4-2-18　多层圆锥选矿机结构示意图

1—给矿斗；2—双斗；3—单斗；4—接矿器；5—上支架；6—中支架；7—接矿器；8—扇形溜槽；9—接分矿器；10—下支架；11—总接矿器

器分别截取不同产品，从而获得选别的精矿、中矿和尾矿。它的优点是结构简单，制造容易，处理能力大，本身不需要动力。但由于槽子的“侧壁效应”影响了微细颗粒的选别效果，富集比不高。其技术规格列于表4-2-37。

3．圆锥选矿机（赖克特圆锥选矿机）

圆锥选矿机（图4-2-18），是由尖缩溜槽发展而成的，它是由没有侧壁的尖缩溜槽拼成的一个倒置圆锥。它的直径为1.8～2.0m，锥面水平倾角为13°～20°，锥体由玻璃钢制成，选别面涂有耐磨橡胶（聚氨甲酸脂合成橡胶），在靠近锥体中心处有1～2条精矿排矿环形缝，其宽度一般为6.4mm。标准圆锥选矿机由7～9个单、双圆锥斗组成。分选原理与尖缩溜槽相同。矿浆(固体含量55～65%)，由正立的分配圆锥均匀地给到倒置的分选圆锥周边上，由于锥面向排矿端尖缩，矿浆由边缘向中心流动的过程中矿浆层逐渐变厚，重而细的矿粒集中到矿浆流的下层，由环形缝排出。轻矿物集中在上层越过环形缝流向圆锥中心的尾矿排矿管。该设备的优点是处理能力大，耗水量少，生产费用低，适于大型选厂使用。必须注意的是，如给矿中 $-20\mu m$ 细泥含量高于20%时将会影响圆锥的选别指标。其技术规格列于表4-2-38。

（二）矿泥溜槽

1．离心选矿机

离心选矿机是中国研制的用于矿泥粗选的有效设备。它的分选原理与平面溜槽中的流膜选矿基本相同，只是由于引入离心力而强化了流膜选矿过程。

离心选矿机的选别过程是在旋转着的空心锥形转鼓（锥角8°～10°）内进行的。矿浆给入转鼓后，在流膜和离心力的作用下，矿粒按比重分层，重矿

表 4-2-38　圆锥选矿机技术规格

圆锥直径 mm	锥面倾角 °	组　合　型　式	给矿粒度 mm	给矿浓度 %	截料缝宽度 mm	处理能力 t/(台·h)
φ2000②	16.5～17	DSV①；2DSV；3DSV；DSVSV；2DSVSV；3DSVSV；2DSVSV-DSV；DSV 2DSVSV；2DSVSV；3DS6-DS；DSV-2DS6·DSV 可根据工艺需要，随意组合	3.0～0.04	55～65	7～14	50～80

① D—双层圆锥，S—单层圆锥，V—可变换的插入件，首部数字为选别段数，尾部数字为精选用尖缩溜槽的个数；

② 近年来澳大利亚研制成功φ3500mm直径圆锥，每台处理能力为180～300t/(台·h)。

表 4-2-39 离心选矿机的技术规格

参数	作业 粗选	作业 精选	参数	作业 粗选	作业 精选
转鼓给矿端直径，mm	800	800	处理能力 t/(台·d)	30～35	15～20
转鼓排矿端直径，mm	884	884	L/台·min	90～100	75～85
转鼓长度，mm	600	600	冲矿水压，kPa	490.5～686.5	490.5～686.5
转鼓角度，°	4	5	耗水量，m^3/台·d	60	50
转鼓转速，r/min	450	400	皮膜阀水压，kg/cm^2	1.5	1.5
选矿周期，min·s	2′30″	2′30″	富集比	2～3	2～3
排矿时间，s	30″	30″	电动机功率，kW	3	3
给矿粒度，mm	0.074～0.01	0.074～0.01	占地面积，m^2	2.3	2.3
给矿浓度，%	25～30	15～20	设备总重，t	1.066	1.066

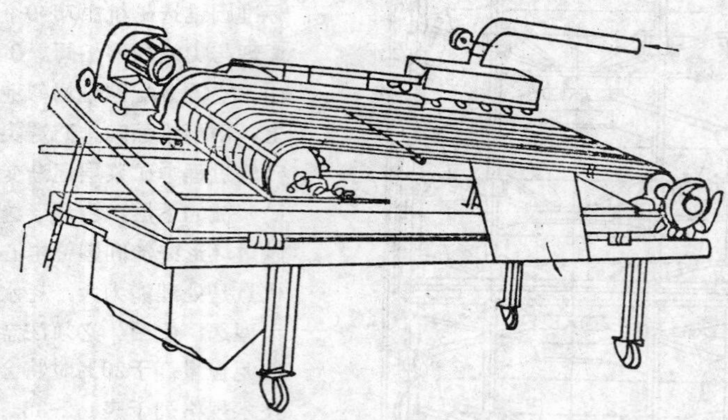

图 4-2-19 振动刻槽皮带溜槽

粒附着在转鼓的内壁上，成为精矿，轻矿粒位于表层，被流膜冲到转鼓的大头而排至尾矿槽中。经过一定时间后，停止给矿，用高压水将紧贴在鼓内壁上的精矿冲下，即获得精矿。精矿排完，停止冲水，又重新给矿。该设备的优点是处理能力大（500～700kg/(h·m^2)），比矿泥摇床高8～18倍。回收粒度下限可达10μm。但富集比不高，一般只能达到2～3倍，工作系间断作业。现在，离心选矿机的制正向大型化，排矿连续化的方向发展。其技术规格列于表4-2-39。

2.40 层摇动翻床、皮带溜槽和横流皮带溜槽

40层摇动翻床（即巴特莱斯-莫兹利翻床）、振动刻槽皮带溜槽（图4-2-19）和横流皮带溜槽（图4-2-20）均属可动矿泥溜槽类设备，所不同的是摇动翻床床面在摇动作用下作平面轨道运动，使矿粒受到剪切力作用，促使矿粒松散和轻重矿粒分层。它广泛用于矿泥粗选，具有占地面积生产率高，回收粒度下限低（10μm），操作简单，生产费用低等优点。

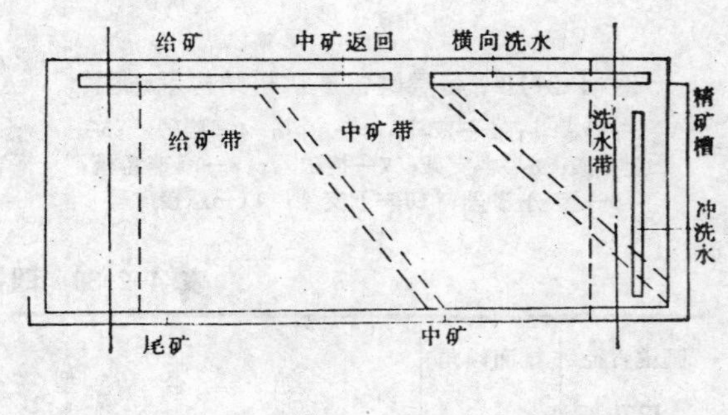

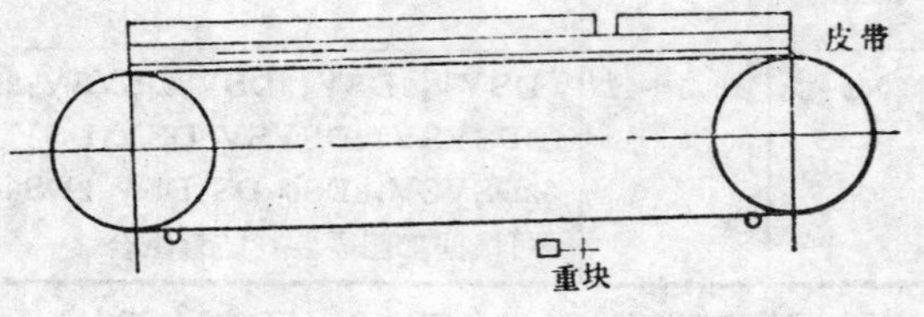

图 4-2-20 横流皮带溜槽工作示意图

表 4-2-40 翻床、皮带溜槽、横流皮带溜槽技术规格

类别	矿泥粗选设备		矿泥精选设备		
				皮带溜槽	
	40层摇动翻床	五层自动溜槽	横流皮带溜槽	粗选	精选
规格，mm	长×宽×层 1220×1525×40	1800×1800×5	长×宽 3000×1000 3000×2500 1200×2750	长×宽 3000×1200 3000×2500	长×宽 3000×1000
坡度，(°)	1.5			12～13	16～17
选矿表面积，m²	74.4	16.2			
摇动频率，r/min	230				
带面速度，m/min			0～20mm/s	1.8	1.8
给矿时间，min	10				
停矿时间，s	5				
冲洗时间，s	25				
给矿粒度，μm	74～5	74～19	100～5	74～10	74～10
给矿浓度，%	5～10	15	10～30	25～35	25～35
处理能力，t/(台·d)	60	30	4～5	2～3	0.9～1.2
不平衡重块重量，kg			7.25		
重块转速，r/min			320		
精矿端横向倾角，°			$1\frac{1}{2}$		
尾矿端横向倾角，(°)					
耗水量，t/(台·d)	7	40	0～3	17～22	17～22
耗电量，kW/(台·d)	0.37	0.56		0.4	0.4
富集比，倍	4～6	2～3	40～50	5～6	5～6

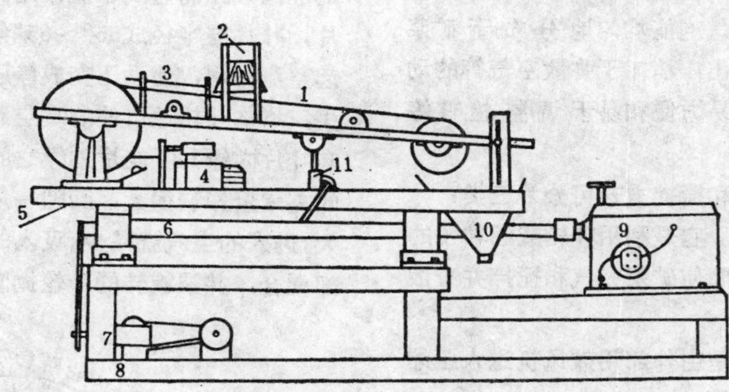

图 4-2-21 振摆皮带溜槽

1—选别皮带；2—给矿槽；3—冲洗水管；4—带动选别皮带运转的马达；5—精矿接取槽；6—传动轴；7—带动振动运动的马达；8—下支架；9—床头；10—尾矿接取槽；11—升降机构

表 4-2-41 振摆皮带溜槽技术规格

皮带规格 mm	给矿粒度 mm	给矿浓度 %	冲程 mm	冲次 次/min	摆角 (°)	摆次 次/min	皮带速度 m/min	皮带纵向倾角 °	洗涤水量 L/min	处理能力 t/(台·d)	电机功率，kW 摆动	电机功率，kW 差动振动	电机功率，kW 皮带运行	设备重量 t
长×宽 2500×800	0.2～0	30～40	4～8	300～350	11～15	14～18	0.8～0.2	1～4	2～3	1.2～1.68	0.6	1.1	0.6	1.63

皮带溜槽是利用不同比重的矿粒在斜面水流中的运动差别进行分选的。它主要用于矿泥精选，能连续作业，回收37～10μm矿泥的效率比摇床高，但富集比不高（5～6倍），处理能力低（1.2～3t/(台·d)）。

横流皮带溜槽具有上述两种溜槽的运动，是一种新出现的矿泥精选设备。具有富集比高（40～50倍），回收粒度下限低（5～10μm）等优点，但处理能力不高。此类设备技术规格列于表4-2-40。

3．振摆皮带溜槽

振摆皮带溜槽（图4-2-21）是1973年研制成功的一种新型矿泥精选设备。它的运动兼有振动、摆动和连续移动三种动作。具有分选效率高，富集比高（4～8倍）等优点。但单位面积处理能力低，结构复杂。其技术规格列于表4-2-41。

第五节 浮游选矿设备和选矿药剂

一、浮游选矿设备

（一）概况

浮选机种类很多，但无论哪种型式的浮选机都应具有下列基本条件：工作是连续的；应使矿浆中的空气能很好的弥散；气泡能均匀地分布于矿浆中；矿化泡沫能完全分出；消耗于弥散空气等的动力应最少；尾矿排出简易方便和易于调整检修等等。

浮选机按矿浆通气和搅拌方式可分为三类：

（1）机械搅拌式。它是利用叶轮或回转子的旋转（同时形成负压）而使矿浆充气和搅拌并分散成微小的气泡。

（2）压气式。它是由外部用鼓风机送入压缩空气来使矿浆充气和搅拌。

（3）混合式。该类型浮选机除由叶轮或回转子的旋转进入充气和搅拌之外，还从外部用鼓风机送入压缩空气，通过导管从浮选槽的上部或下方压入一部分补充空气，以加强矿浆的充气和搅拌作用。

（二）浮选机的分类、结构和工作原理及技术规格

1．常规浮选机

国内外常规浮选机发展很快，种类繁多。机械搅拌式浮选机国外有美国的维姆科、阿基泰尔、丹佛D-R、布斯、道尔-奥利维，芬兰的OK，挪威的阿克，瑞典的萨拉AS，法国的DS，西德的维达格，苏联的ФПМ、ФПР等。中国有CHF-X型、JJF型、KYE型、SF型、LCF-X型、XJC型、XJa型、棒型、JZF型和环射式浮选机等。压气式浮选机国外有各种类型浮选柱、达夫克拉浮选机和西德维达格旋流浮选机等等。我国目前只有浮选柱一种。各类型浮选机构造和工作原理简介于下：

（1）机械搅拌式浮选机。机械搅拌式浮选机主要由叶轮、定子、垂直轴、进气管和轴承装配而成。各类型机械搅拌式浮选机的区别仅是叶轮和定子的形状不同而已。混合式机械搅拌式浮选机在结构方面除与机械搅拌式浮选机相同之外，它通过导管还从外部压入一部分补充空气。简介下列几种性能较好、应用较广的浮选机。

1）叶轮式浮选机（米哈诺布尔型）。叶轮式浮选机是由金属制长方形槽子组成，其间可用隔板分隔成几个浮选槽。每个机内装有竖轴，其下端装有叶轮，在叶轮上有定子，它与中心套筒相连。定子在浮选机内起着重要作用。由于叶轮的旋转，在定子下形成负压，因而空气从进气管被吸入槽中。其次，定子能使强烈充气搅拌区与其它部分有一定的隔离，从而起到稳流作用。在定子上带有导向叶片，叶片与半径成55°～65°倾角。定子上导向叶片起整流作用，使动压变成静压，减少出口时压力损失，增加叶轮进口处的真空而加大充气量。定子导向叶片内缘与叶轮片外缘之间的间隙大小对浮选机的充气量影响很大，间隙一般为8mm，如间隙增大，进入的空气就减少。吸入的空气和矿浆在叶轮上部混合，并被旋转的叶轮抛向槽体周围。为了防止

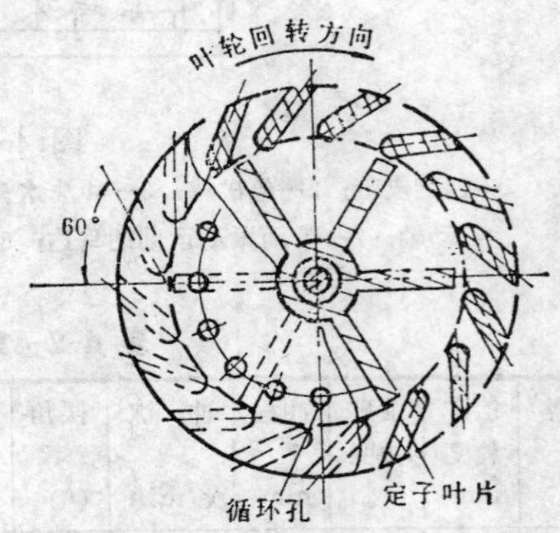

图 4-2-22 叶轮式浮选机的叶轮定子结构图

矿浆产生涡流，在槽内装有稳流器-垂直翅板。被浮矿物被气泡带至矿浆表层形成矿化泡沫层而被刮板刮出。每个机组的矿浆水平由闸门调节控制。为了减少叶轮和定子导向叶片的磨损，可采用衬胶叶轮和定子，或采用耐磨合金材料。图4-2-22为叶轮式浮选机叶轮定子的结构图。

2）棒型浮选机。棒形浮选机（图4-2-23）与其他机械搅拌式浮选机一样，它是利用斜棒叶轮回转时所产生的负压，经空心主轴吸入空气，并弥散形成泡沫，靠棒轮强烈搅拌与抛射作用，使空气与矿浆充分混合，并由混合区向下排出，借助于压盖、稳流器的导向作用，使之连续、均匀地流向槽体四周，而后扩大上升到液面。这样，既能使矿粒和气泡有较多的接触，又能使矿流在分选区稳定流动。该机具有结构简单、吸气量大、搅拌力强、浮选速度快、效率高等优点。

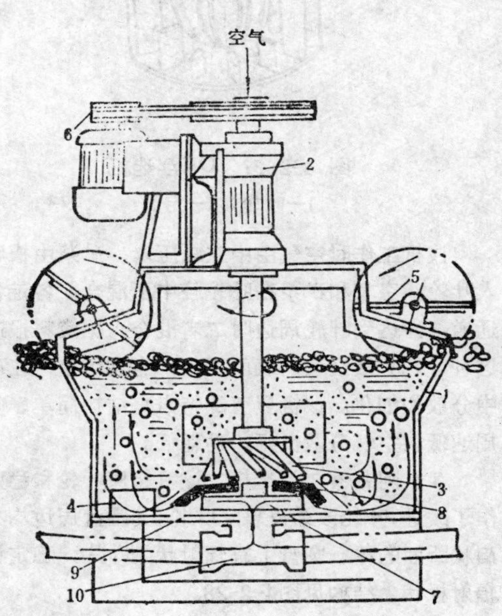

图 4-2-23　棒型浮选机的结构及工作示意图

1—槽体；2—轴承体；3—斜棒叶轮；4—稳流器；5—刮板；6—传动装置；7—提升叶轮；8—压盖；9—底盖；10—导浆管

3）维姆科浮选机。维姆科浮选机是美国维姆科公司生产的自吸气机械搅拌式浮选机。深型叶轮，形状为星形，叶轮为辐射状；定子为圆筒状，其上均布长孔作为矿浆通道。定子遮盖叶轮高度仅三分之二，定子上部固定有分散罩。槽下部设置假底和导流管装置作为矿浆循环通道。结构见图4-2-24。

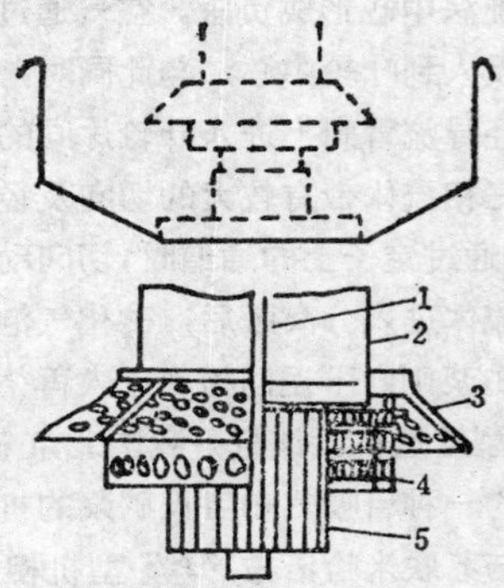

图 4-2-24　维姆科浮选机

1—轴；2—竖管；3—分散罩；4—定子；5—转子

该机的特点是，叶轮高度大，叶片面积大，安装深度浅，既能保证自吸足够空气，又有较强的搅拌力；矿浆通过假底和导流管装置进行下部大循环；叶轮直径小，周速低，叶轮与定子间隙大，因此叶轮与定子磨损小。

4）JJF型浮选机。JJF型浮选机是我国参考美国维姆科浮选机工作原理而设计，属于一种槽内矿浆下部大循环自吸气机械搅拌式浮选机。结构见图4-2-25。

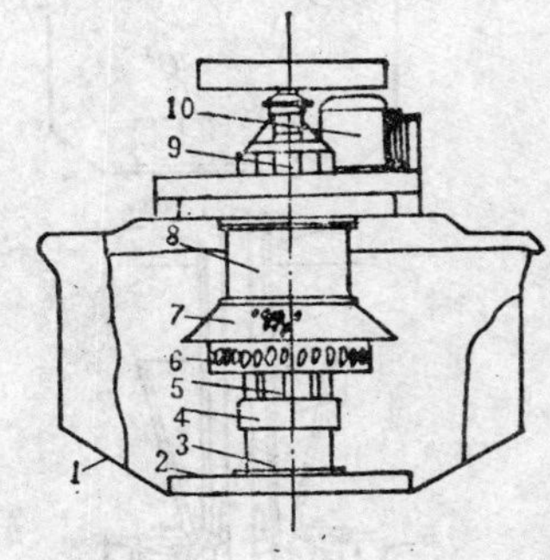

图 4-2-25　JJF型浮选机结构简图

1—槽体；2—假底；3—导流管；4—调节环；5—叶轮；6—定子；7—分散罩；8—竖筒；9—轴承体；10—电机

该机主要部件是叶轮机构，它是由叶轮、分散罩、竖筒、轴及轴承体组成。此外在槽下部安装有假底、导流管和调节环装置。

该机工作原理是，叶轮旋转，使叶轮附近的矿浆产生液体旋涡，这个旋涡的气液界面向上延伸到竖筒的内壁，向下穿过叶轮中心区延伸到导流管内，在这个旋涡中心形成负压。空气通过竖筒盖上的进气孔被吸入到叶轮中心，与此同时，循环矿浆从假底下边经导流管向上进入叶轮片间的空间，与空气混合。三相流体带有较大的切向及径向动量离开叶轮叶片，通过定子上的通道时，切向动量转变成径向。三相流体进入分离区后，矿化气泡上升到上部泡沫区，矿浆则向下返回槽底进入再循环。

5）SF型浮选机。该机是我国北京矿冶研究总院所研制的一种自吸气和自吸矿浆的机械搅拌式浮选机。它与苏联米哈诺布“A”型机相比，吸气量大，功耗低，叶轮周速低，叶轮与盖板磨损轻。

该类型浮选机可方便流程布置，对流程复杂，精选次数多的中小选厂尤为合适。目前规格有10、4、0.37、0.25和0.15m³等。

（2）充气机械搅拌式浮选机

1）丹佛D-R浮选机。该机是由丹佛沙布A型发展而来。1964年丹佛公司为提高粗颗粒矿物的选别效率，将丹佛沙布A型浮选机增加了一个矿浆循环筒，并由自吸气改为外加充气，形成目前广泛应用的丹佛D-R浮选机。结构见图4-2-26。

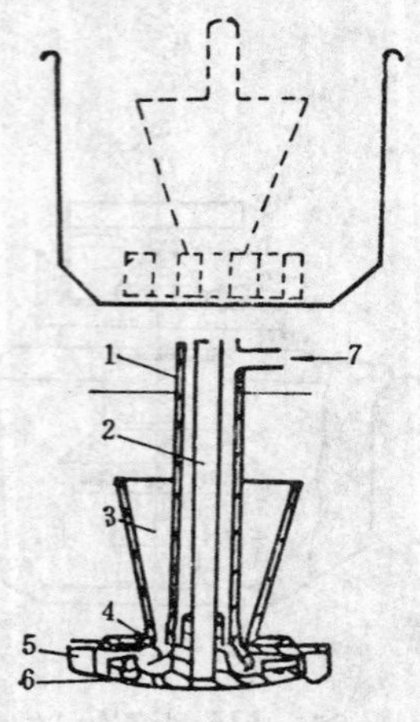

图 4-2-26　丹佛D-R浮选机

1—竖管；2—轴；3—循环筒；4—钟形体；5—盖板；6—叶轮；7—空气

该机叶轮机构设计的依据是，强调空气和矿浆在叶轮腔内混合，使矿浆经叶轮进行大循环，这对改善选别是很重要的。其主要特点是采用外加充气，增设循环筒使矿浆进行垂直向上大循环，改善了矿浆循环特性，槽内形成的垂直上升流，有利于矿粒悬浮，增加了选别粗重矿物的可能性。该机单槽最大容积达36.1m³。

2）OK浮选机。OK浮选机是芬兰奥托昆普公司研制成功的，现在单槽容积已扩大到60m³，容积100m³以上的浮选机也将进入使用阶段。该机叶轮断面为旋涡状，叶片成V型、叶片间有空气通道，定子是由固定在槽底的辐射板组成，槽体形状原为矩形，后改为U形。结构见图4-2-27。

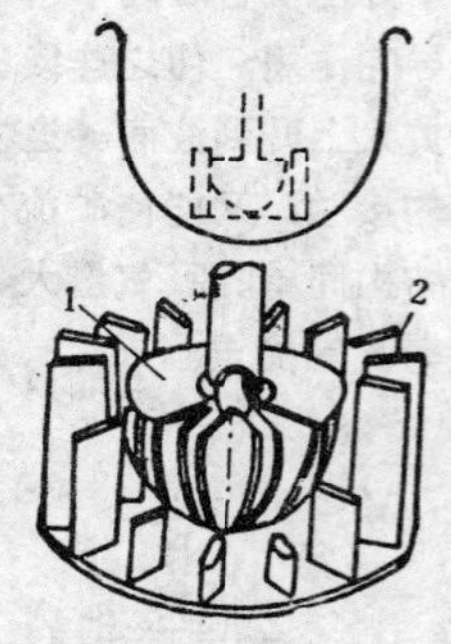

图 4-2-27　OK浮选机

1—叶轮；2—定子

该机工作时空气由中空轴压入，矿浆由槽底吸入叶轮，空气和矿浆在叶轮腔中不混合，各走各的通道，当达到叶轮周边时二者混合。据资料报道，这种叶轮分散空气的表面积大，有利于空气在矿浆中分散和细化。该机显著的特点是结构简单、叶轮周速低、空气分散良好、功耗低。

3）阿基泰尔浮选机。该机将原叶轮和稳定板作了改进，叶轮改为皮普隆叶轮，其圆盘周边均布泪滴状断面的棒、圆盘上有辐射状副叶片，稳定板为辐射板状。结构见图4-2-28。

叶轮的改进，使该机形成一种独特的矿浆循环方式，下部棒叶产生一个下循环的矿浆流，上部叶片产生一个上循环的矿浆流。改进后该机矿浆循环量和循环区域加大，固体悬浮情况良好。其特点是，结构简单，矿浆循环量和循环区域大，叶轮周速低，叶轮与稳定板间隙要求不严，叶轮与定子磨损轻。

4）道尔-奥利维浮选机。该机槽容积从2.8到70m³，据报道现已研制100m³的。结构见图4-2-29。该机是单壁叶片旋涡断面叶轮，定子为悬空

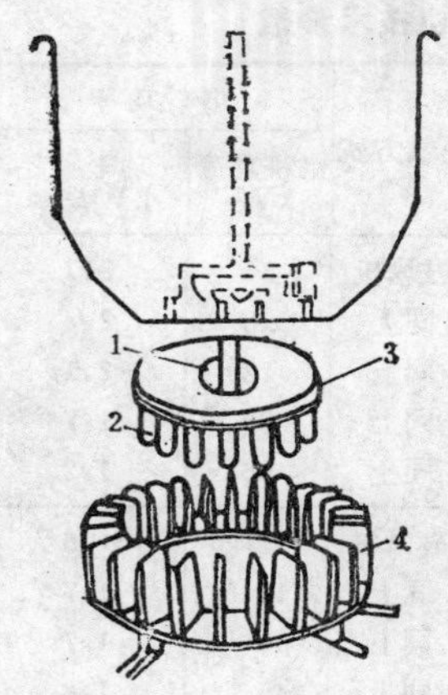

图 4-2-28　阿基泰尔浮选机

1—矿浆进口；2—棒；3—皮普隆叶轮；4—稳定板

式。工作时空气由中空轴压入，矿浆由槽底部吸入，矿浆与空气在叶轮腔中混合。据称，该机叶轮像一个强有力的泵，能量得以有效利用，以低的能耗产生良好的固体颗粒悬浮和空气弥散。

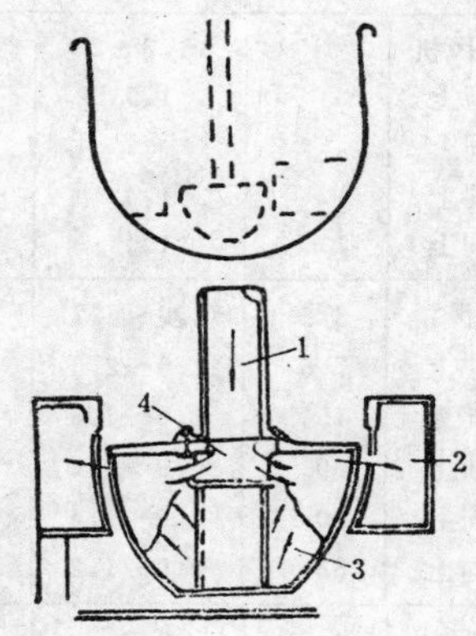

图 4-2-29　道尔-奥利维浮选机

1—空气；2—空气·矿浆；3—矿浆；4—气室

5）阿克浮选机。阿克浮选机是挪威阿克特龙迪拉格重工业公司生产的。容积从0.3到40m³。叶轮为星形，辐射板定子。结构见图4-2-30。

该机工作时空气由中空轴压入，通过叶轮毂上的孔排出，矿浆由叶轮上下端吸入，二者在叶轮腔内混合。其特点是，叶轮直径小而长，周速低，矿浆循环量大，空气分散能力强，固体颗粒悬浮好，液面稳定，功耗低。

6）CHF-X型浮选机。这是我国按美国丹佛

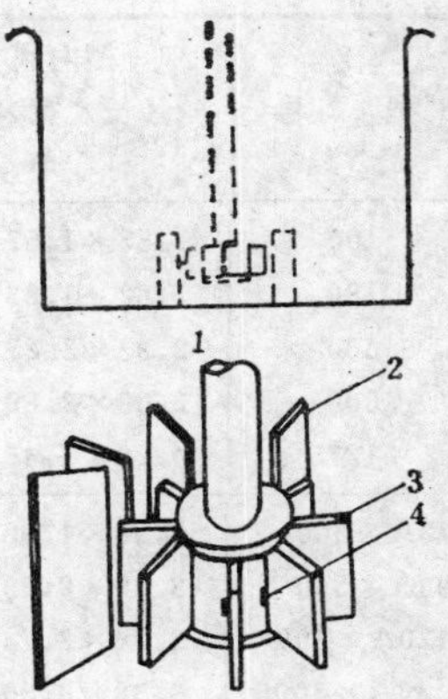

图 4-2-30　阿克浮选机

1—转向；2—稳定板；3—叶轮；4—空气出口

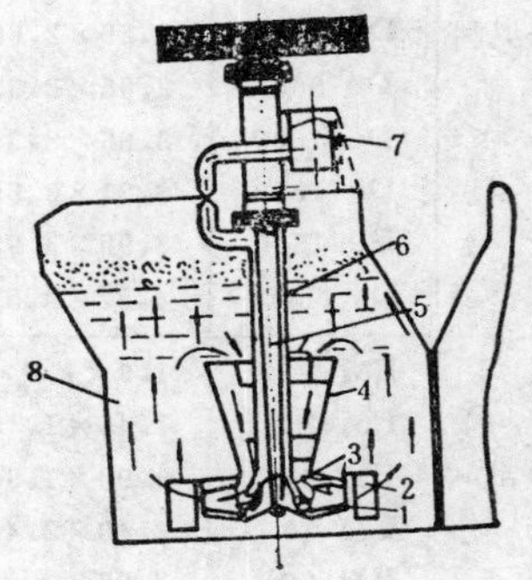

图 4-2-31　CHF-X型浮选机简图

1—叶轮；2—定子；3—钟形物；4—循环筒；5—轴；6—竖管；7—风管；8—槽体

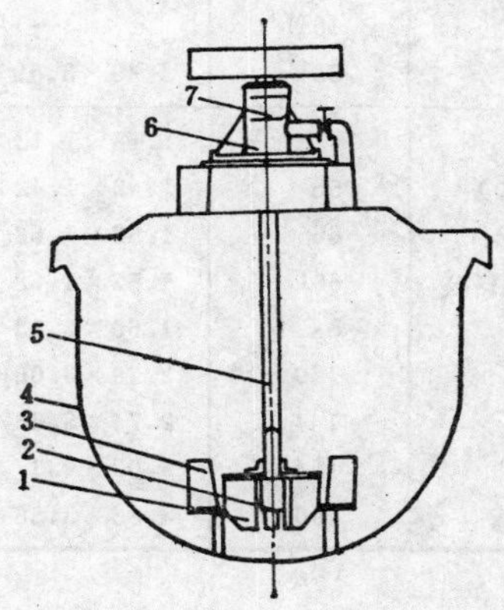

图 4-2-32　KYF-16浮选机结构简图

1—叶轮；2—空气分配器；3—定子；4—槽体；5—立轴；6—轴承体；7—空气调节阀

表 4-2-42 国外几种机械搅拌式浮选机技术参数

名称	型号	槽内尺寸（长×宽×高）m	有效容积 m^3	叶轮直径 m	进气方式	叶轮功率		空气流量 $m^3 \cdot min^{-1}$
						电机功率 kW	功率消耗 kW/m^3	
丹佛D-R	100	1.53×1.57×1.21	2.8	0.61	鼓风机	11	3.1	1.4
(Derer)	180	1.82×1.83×1.62	5.1	0.69	同上	15	2.4	1.0
(美国乔艾公司)	300	2.23×2.23×1.82	8.6	0.84	同上	22	2.1	0.9
	500	2.69×2.69×2.01	14.2	0.84	同上	30	1.7	0.8
	1275	4.26×3.45×2.59	36.1	1.27	同上	55	1.2	0.6
阿基泰尔	78A×200	1.98×1.98×1.45	5.7	0.69	鼓风机	11	1.5	0.9
(Agitair)	90A×300	2.29×2.29×1.73	8.5	0.76	同上	18.5	1.7	0.8
(美国加利加公司)	120A×500	2.74×2.74×2.01	14.2	0.84	同上	30	1.7	0.7
	144A×1000	3.58×3.30×2.24	28.3	1.02	同上	45	1.8	0.6
	165A×15000	4.21×3.66×2.98	42.5	1.14	同上	55	1.1	0.5
道尔-奥利维	Do-100	1.52×1.52×1.22	3	0.497	鼓风机	7.5		
(Dorre Oliver)	Do 300	2.29×2.29×1.88	8.5	0.650	同上	15		
(美国道尔-奥利维公司)	Do 500	2.69×2.69×2.26	14	0.650	同上			
	Do-600	2.95×2.69×2.46	17	0.752	同上	30		
	Do-1000	3.35×3.35×2.90	28.3	0.751	同上	40		
	Do-1350	3.81×3.58×3.23	38	0.900	同上	50		
	Do-1500	3.96×3.96×3.23	44	0.900	同上	60		
	Do 2500	4.57×4.57×3.96	70	1.116	同上	75		
阿克	FM-1	1.0×1.0×0.75	0.75	0.23	鼓风机		1.7～2	1.5
(Aker)	FM-2	1.45×1.45×1.00	2.10	0.31	同上		1.5	1.5
(挪威阿克公司)	FM-5	1.90×1.90×1.40	5.10	0.38	同上			1.5
	FM-10	2.40×2.40×1.80	10.45	0.51	同上		1.4	1.5
	FM-20	3.00×3.00×2.25	20.3	0.85	同上		1.1	1.1
OK	1.5R	—	1.5	0.43	鼓风机	5.5	1.0～2.7	0.3～1.3
(芬兰奥托昆普公司)	3R	1.52×1.52×1.21	3	0.50	同上	7.5	1.0～2.0	0.3～1.0
	8R	2.29×2.29×1.88	8	0.63	同上	15	1.0～1.6	0.5～1.3
	16R	2.95×2.69×2.46	16	0.75	同上	30	0.9～1.4	0.5～1.1
	16U	—	16	0.75	同上	30	0.9～1.4	0.5～1.1
	38U	3.49×3.59×3.23	38	0.90	同上	55	0.9～1.2	0.3～0.8
维姆科	44	1.12×1.12×0.51	0.57	0.22	自吸气	3.75	3.9	1.0
(Wemco)	56	1.42×1.42×0.61	1.1	0.28	同上	5.5	3.8	1.0
(1+1)	66	1.52×1.68×0.69	1.7	0.32	同上	7.5	3.5	1.0
(美国维姆科公司)	66D	1.52×1.68×1.19	2.8	0.33	同上	7.5	2.1	0.9
	84	1.60×2.13×1.35	4.2	0.41	同上	11	2.1	0.8
	120	2.29×3.05×1.35	8.5	0.56	同上	22	2.1	0.8
	144	2.74×3.66×1.60	14.2	0.66	同上	30	1.7	0.8
	164	3.02×4.17×2.36	28.3	0.76	同上	45/55	1.3/1.6	0.7
	190	4.83×3.56×2.67	42.5	0.94	同上			

D-R浮选机原理于1977年研制成功的浮选机。叶轮定子结构及其工作原理同丹佛D-R浮选机。结构见图4-2-31。

该机无吸气和吸矿能力，需由鼓风机供气，中矿返回需用泡沫泵。

7）KYF-16浮选机。该机是我国北京矿冶研

表 4-2-43　中国叶轮式浮选机技术规格

设备名称及型号规格	有效容积	生产能力	叶轮			空气吸入量	电机功率
			直　径	转　速	圆周速度		
	m^3	m^3/min	mm	r/min	m^3/s	m^3/min	kW
XJ-1型叶轮式浮选机 500×500×550	0.13	0.05～0.16	200	593	6.3	0.25	1.5
XJ-2型叶轮式浮选机 600×600×650	0.23	0.12～0.28	250	504	6.5	0.35	3.0
XJ-3型 700×700×710	0.35	0.18～0.4	300	483	7.6	0.50	1.5
XJ-6型 900×820×850	0.62	0.3～0.9	350	400	7.3	1.0	3.0
XJ-11型 1000×1100×1000	1.1	0.6～1.6	500	330	8.6	1.1	5.5
XJ-28型 1750×1600×1100	2.8	1.5～3.5	600	280	8.8	2.5	10
XJ-58型 2200×2200×1200	5.8	3～7	750	240	9.4		22

表 4-2-44　中国机械搅拌式浮选机技术规格

设备名称及型号规格	有效容积	生产能力	叶轮			空气吸入量	电机功率
			直　径	转　速	圆周速度		
	m^3	m^3/min	mm	r/min	m/s	m^3/min	kW
2.8米³机械搅拌式浮选机 1500×1650×1200	2.8	1.3～3.5	360	317～345	6～6.5	0.1～1（可调）	10
4米³机械搅拌式浮选机 1600×2100×1400	4	2～5	400	290～315	6.1～6.6	0.1～1（可调）	13
8米³机械搅拌式浮选机 3000×2200×1400	8	4～10	570	230	6.2～6.6	0.1～1	22
16米³机械搅拌式浮选机 2000×3048×1700	16	8～20	700	180	6.6		37
XJQ-160型机械搅拌式浮选机 1800×3800×1700	16	8～20	700	170～180	6.2～6.6		30～40
XJQ-40型机械搅拌式浮选机 1600×2100×1350	4	2～5	400	290～315	6.1～6.6	0.1～1（可调）	10～13

究总院最近研制成功的充气机械搅拌式浮选机。槽容积为16m³。结构见 图4-2-32。

该机叶轮为高比转速离心泵轮型式，呈倒锥台形，带有后向叶片，叶轮中部设有空气分散器，叶轮周围装有辐射板式定子，通过中空轴充气、槽断面呈U形。特点是，选别效率高，功耗极低，结构相当简单，磨损件少，液面平稳，维护与检修容易。

国外几种性能较好和应用较广的浮选机和国产浮选机技术规格列于表4-2-42～表4-2-47。

2．压气式浮选机（浮选柱）

浮选柱是一种无搅拌机构的空气压入式浮选机。它出现于60年代初，结构简单，矿浆由上部给矿管给入，均匀地流入柱内。压缩空气是经柱体下端的充气室通过竖置的空气管向柱内充气，形成大量细小气泡，均匀地分布在整个断面上。矿浆在重力作用下缓缓下降，气泡由下往上升起，与矿浆中所要选的有用矿物在柱中不断相遇。在对流运动中实现分选。所要选的矿物附着于气泡表面，在柱体上部形成矿化泡沫层，由刮板或自溢到精矿槽中，

表 4-2-45 中国产JJF深、浅槽型浮选机技术规格（仿维姆科）

设备名称及型号规格	有效容积	生产能力	叶轮				吸气量	电机功率
	m^3	m^3/min	直径 mm	高度 mm	转速 r/min	圆周速度 m/s	$m^3/m^2\cdot min$	kW
JJF-5深槽型浮选机 1600×2150×1550	5	2～6	410	410	305	6.55	1.0	13
JJF-10深槽型浮选机 2200×2900×1700	10	4～12	540	540	233	6.6	1.0	22
JJF-20深槽型浮选机 2850×3800×2000	20	5～20	700	700	180	6.6	1.0	40
JJF-4浅槽型浮选机 1600×2150×1250	4	2～6	410	410	305	6.55	1.0	13
JJF-8浅槽型浮选机 2200×2900×1400	8	4～12	540	540	233	6.6	1.0	22
JJF-16浅槽型浮选机 2850×3800×1700	16	5～16	700	700	180	6.6	1.0	40

表 4-2-46 中国充气机械搅拌式浮选机技术规格

设备名称及型号规格	有效容积	生产能力	叶轮			充气量	风压	电机功率
	m^3	m^3/min	直径 mm	转速 r/min	圆周速度 m^3/s	$m^3/m^2\cdot min$	kg/cm^2	kw
CHF-X3.5b充气机械搅拌式浮选机 1700×1700×1300	3.75	2～7	700	180		1.5～1.8	0.13	10
CHF-X7b充气机械搅拌式浮选机 2000×2000×1800	7.2	3～12	900	150	7	1.5～1.8	0.245	17
CHF-X14b充气机械搅拌式浮选机 2000×4000×1800	14.4	6～15	900	150	7	1.5～1.8	0.245	17
BS-X4m³充气机械搅拌式浮选机 1700×1700×1600	4		700	190	7	2.2～3.5	0.08～0.12	10
BS-X8m³充气机械搅拌式浮选机 2200×2200×1800	8	4～8	900	170	8	6～8	0.1～0.15	22
LCH-X5m³充气机械搅拌式浮选机 1800×1800×1600	52	2～10	550	207	6	2.0	0.16	13

其他矿物则从柱体下部锥底的尾矿管排出。

浮选柱分自溢式和刮板式。自溢式整个柱体为圆形。刮板式柱体为上方下圆形。

浮选柱出现后在国外并未马上得到推广。在60年代中、后期，我国一度广泛使用浮选柱，并研制了多种型式的充气器。但由于结构、运转、控制以及充气器结垢等问题，至今仅有极少数选厂在使用。最近几年国外浮选柱有较大进展，使用和研究又有回升的趋向。浮选柱具有节能显著，有利于细粒物料分选和设备大型化、结构简单、占地面积

表 4-2-47　中国棒型浮选机技术规格

技术规格		XJB-2.5	XJB-10	XJB-20D
槽体尺寸，mm			1300×1300×680	
有效容积，m^3		0.25	1	2
生产能力，m^3/min		0.13～0.3	1.5～1.7	
主轴转速，r/min	浮选槽		410	
	吸入槽		440	
浮选轮直径，mm	浮选槽		—	
	吸入槽		410	
吸浆轮直径，mm	浮选槽		—	
	吸入槽		400	
浮选轮线速度，m/s	浮选机		8.8	
	吸入槽		9.45	
浮选轮与凸台间隙，mm	浮选槽		25～30	
	吸入槽		20～25	
吸浆轮与底盘间隙，mm	浮选槽		—	
	吸入槽		6～8	
吸气量，$m^3/m^2\cdot min$	浮选槽		1.1～1.2	
	吸入槽		1.05～1.1	

小、基建和生产费用低等优点。是一种有前途的分选设备。简介国内外浮选柱概况于下：

（1）加拿大加斯佩选厂于1980年正式使用浮选柱，现有三个选厂使用三种规格的浮选柱，柱高4～5m，充气器为孔胶管，上部设有冲洗水，为保证各操作参数稳定，实现了自动控制。结构见图4-2-33。

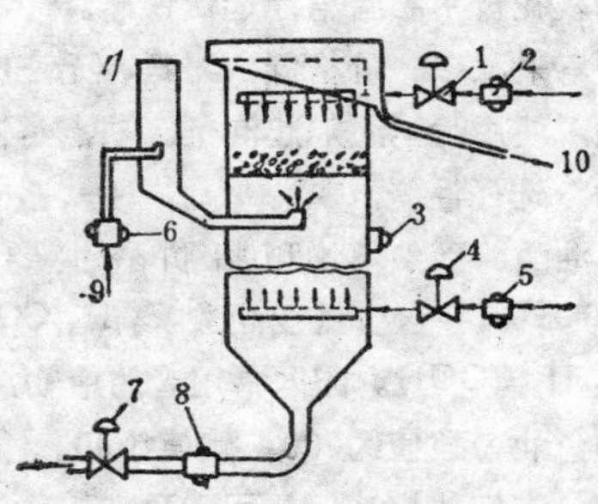

图 4-2-33　加拿大有控制仪器的浮选柱

1、7—自动控制的闸门；2—冲洗水流量计；3—微分压力表；4—手控闸门；5—空气流量计；6—给矿流量计；8—尾矿流量计；9—原矿；10—精矿

（2）苏联ФП浮选柱，结构见图4-2-34。

该浮选柱的主要特点是，中部和下部各有一层扎孔胶管主充气器，下部锥体内有一个叠层胶板辅助充气器，供负荷下起动用；分两处给矿，其一是给到中心泡沫层中，其二是从柱体四周给入泡沫层下的矿浆中；尾矿从锥底排出，有液面自动控制。浮选柱容积有10、40、80和100m^3四种。

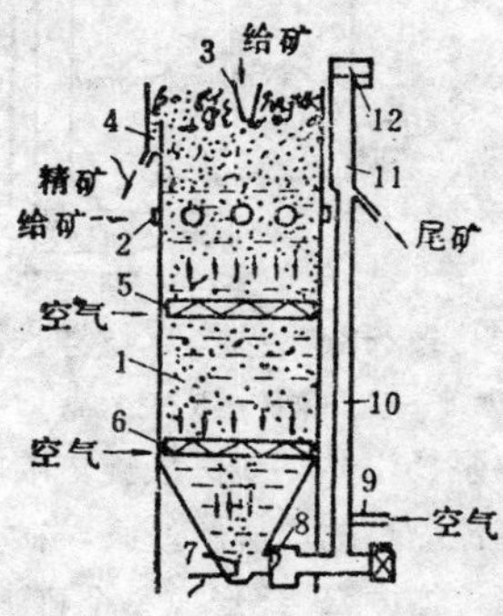

图 4-2-34　苏联ФП系列浮选柱

1—柱体；2—给矿管；3—泡沫层给矿管；4—溜槽；5、6—主充气管（上下）；7—辅助充气器；8—止逆阀；9—升液器；10—卸矿管；11—升液控制器；12—操纵机构

（3）中国的浮选柱。中国典型的浮选柱结构见图4-2-35。充气器型式有卧管式、立管式、喷射式、旋流式等，材质有帆布管、橡胶管、微孔塑料管等。喷射式、旋流式和扎孔胶管充气器可用于碱性矿浆中，面帆布管和微孔塑料管可用于酸性或中性矿浆中。

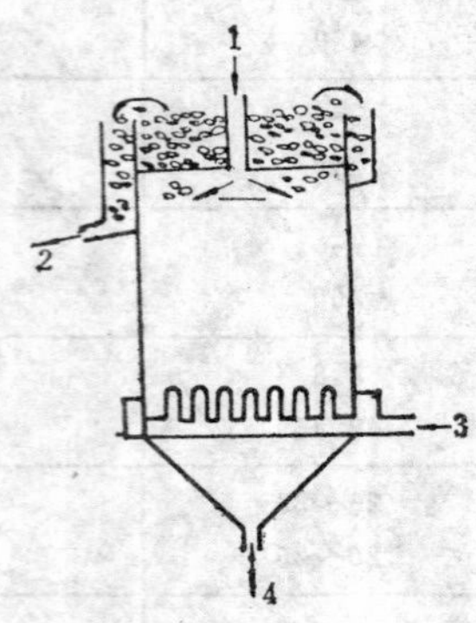

图 4-2-35 中国浮选柱

1—给矿；2—精矿；3—空气；4—尾矿

（4）达夫克拉浮选机（Davcra）。澳大利亚锌有限公司根据全部矿浆必须通过气泡接触区；获得最佳的空气分散；产生大量细化气泡；以及排出不含气泡的矿浆为原则，研制了达夫克拉浮选机。结构见图4-2-36。

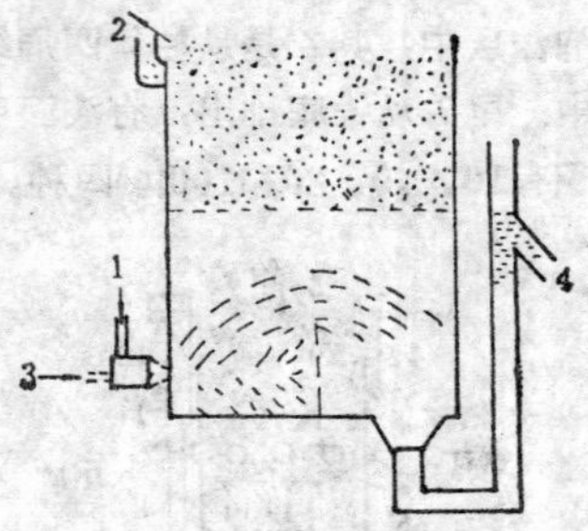

图 4-2-36 达夫克拉浮选机

1—原矿；2—精矿；3—空气；4—尾矿

矿浆由泵扬送并切线进入旋流喷嘴，同时压缩空气通过旋流喷嘴的中心管压入，矿浆与空气一起通过喷嘴喷入槽内，矿浆形成一个锥形旋转流，锥形矿浆内形成一个空气核，核外矿浆流受槽内矿浆影响，流速降低，而内部空气流不受影响，快速流动的空气与慢速流动的矿浆相互作用引起喘流，这个喘流使空气分散成微泡。喷嘴前方的挡板使空气进一步分散并能防止排出的矿浆不含气泡。喷嘴磨损严重，采用二硼化钛喷嘴可延长使用达4000h，或采用氮链碳化硅（Refrox）衬里，使用期可延长到2500h。该机的特点是富集比高，基建费低，但能耗略高。

二、选矿药剂

稀有金属矿大部分以氧化矿物形式赋存（除辉钼矿外），适用的浮选药剂与一般氧化矿浮选药剂相似。由于氧化矿捕收剂一般具有起泡性能，新起泡剂发展品种较少，调整剂品种也不多，而在捕收剂的研制和应用方面，国内外有不少新成就。

国内常用和正在试用的稀有金属矿浮选药剂见表4-2-48。

中国常规使用和新研制的稀有金属矿浮选药剂有：

1．捕收剂

（1）脂肪酸类

1）氧化石腊皂。氧化石腊皂属合成脂肪酸皂，是传统的氧化矿捕收剂，由饱和石腊烃氧化皂化而得，其通式为$C_nH_{2n+1}COONa$（$n=12\sim18$）。

氧化石腊皂的外观、性质随原料石蜡平均碳链数和直链与支链之比而稍有不同。一般呈黄褐色肥皂状，也可制成干粉，如营口润滑油脂厂生产的733粉。石腊皂易溶于水，不变质，除主要成分合成脂肪酸皂外，尚含有少量羟基酸、不皂化物、游离碱及水分。

新疆可可托海和柯鲁特矿一直采用石腊皂浮选分离绿柱石和锂辉石；江西荡坪钨矿采用731皂浮选白钨矿；包头用过石腊皂和微生物发酵脂肪酸选稀土；攀枝花曾用石腊皂浮选钛铁矿。

石腊皂来源广、价格低、无毒、无三废问题。捕收力强，使用时不必加起泡剂。缺点是性质随成分而波动，选择性差。

2）油酸。天然不饱和脂肪酸主要含油酸$C_{17}H_{33}COOH$，并含少量亚油酸$C_{17}H_{31}COOH$和亚麻油酸$C_{17}H_{29}COOH$。国内常用者为植物油酸，外观为黄褐色油，酸值约200，碘值约90。

目前广东韶关精选厂使用油酸选钨，湘西沃溪白钨矿用山苍子油酸选白钨。

油酸因为含双键，选择性比饱和脂肪酸好，但由于脂肪酸本身基团所限，不能满足选取高质量稀有金属精矿的要求。

3）环烷酸（皂）。环烷酸是石油炼制工业

表 4-2-48 国内常用和正在试用的稀有金属矿浮选药剂

药剂名称	形态	一般用量，g/t	使用方法	用途
氧化石腊皂	膏状、粉状	500～1500	1～10%水溶液	白钨、锂铍、钛铁矿捕收剂
油酸	液体	200～800	直接滴加或配成1～10%皂液	黑、白钨矿捕收剂
环烷酸	粘稠液体	500～1000	1～10%皂液	锂、铍矿捕收剂
磺化琥珀酰胺酸钠盐	膏状	500～1000	1～10%	黑、白钨矿捕收剂
$C_{7\sim9}$异羟肟酸	膏状	500～1000	1～10%碱水溶液	稀土、钽铌、钛铁矿捕收剂
环烷异羟肟酸	膏状	500～1000	1～10%碱水溶液	稀土、钨矿捕收剂
水杨羟肟酸钾	固体	400～800	1～5%水溶液	稀土捕收剂
邻羧基苯羟肟酸	固体	500～1000	1～10%水溶液	分离稀土精矿
混合甲苯胂酸	粉末	400～800	1～10%碱水溶液	黑、白钨矿、钽铌矿捕收剂，稀土分离精选
苄基胂酸	粉末	400～800	1～10%碱水溶液	黑、白钨、钛铁、钽铌矿等捕收剂
甲苄胂酸	粉末	250～500	1～10%碱水溶液	黑钨矿捕收剂
苯乙烯膦酸	粉末	400～800	1～10%碱水溶液	黑钨、钽铌、钛铁矿捕收剂
α-羟基苄基膦酸	粉末	400～800	1～10%碱水溶液	稀土矿捕收剂
椰子油单甘油硫酸酯	液体	20～100	直接添加	辉钼矿、稀土捕收剂
丁基黄原酸甲酸乙酯	液体	20～100	直接添加	硫化钼捕收剂
硫氨异丙酯	液体	20～80	直接添加	铜钼矿捕收剂
硫氮腈酯	液体	20～80	直接添加	铜钼矿捕收剂
胺磺基甲酸乙酯	液体	20～80	直接添加	铜钼矿捕收剂
混合胺	膏状	50～500	配成盐酸溶液	锂云母捕收剂
醚胺	油液	50～500	水溶液	锂云母捕收剂
2# 油	油液	20～200	直接添加	黑白钨、钽铌矿浮选起泡剂
醚醇	液体	20～100	水溶液	钼矿浮选起泡剂

续表 4-2-48

药剂名称	形态	一般用量，g/t	使用方法	用途
ADTM-双酮醇	液体	20～200	水溶液	稀土矿浮选起泡剂
P_1-MPA-六碳醇	液体	20～200	水溶液	钼矿浮选起泡剂
甘苄油	液体	20～200	直接添加	钨矿浮选起泡剂
腐殖酸（钠）	粉末	200～500	水溶液	稀有金属矿浮选时抑制铁矿
T_2-5抑制剂	粘稠液	200～500	水溶液	代替淀粉抑制铁矿
聚丙烯酸调整剂	胶体	50～200	碱水溶液	分散碳酸钙、镁矿石
稻草纤维素	粉末	500～1000	碱水溶液	稀土矿、石英等抑制剂
水玻璃	胶状	500～1000	水溶液	石英、长石等脉石矿物抑制剂
聚丙烯酰胺	胶体、干粉	20～100	水溶液	稀土浮选调整剂及其他矿物絮凝剂
水解聚丙烯酰胺	胶体、干粉	20～100	水溶液	矿物絮凝剂
磺化聚丙烯酰胺	胶体、干粉	20～100	水溶液	矿物絮凝剂
氟硅酸钠	固体	100～500	水溶液	脉石矿物抑制剂
六偏磷酸钠	固体	100～500	水溶液	脉石矿物抑制剂

的副产品，其分子结构式为：

$$\begin{matrix} CH_2-CH_2 \\ | \\ CH_2-CH_2 \end{matrix} \Big\rangle \overset{H}{C}-(CH_2)_n-COOH \quad (n=5\sim6)$$

其外观为黄褐色膏状，石油酸含量>43%，不皂化物<15%，酸值190，无机盐小于6%。

新疆锂铍矿采用环烷酸皂与石蜡皂共用，江西曾研究以环烷酸皂浮选锂云母。

实践证明，环烷酸（皂）可作为油酸（皂）代用品，而价格比油酸低。

脂肪酸在稀有金属矿表面同时存在可逆吸附与不可逆吸附，由于稀有金属矿的脉石也大多为氧化物，如碳酸盐、石英、萤石等，因此，脂肪酸对脉石产生同样的吸附，这是脂肪酸选择性差的症结所在。

（2）脂肪酸衍生物。不少脂肪酸含氮和含硫衍生物可作为氧化矿捕收剂，在钨浮选中较突出的是磺化琥珀酰胺酸盐。昆明冶金研究所试制的A-22，即N-十八烷基-N-（1,2二羧乙基）磺化琥珀酰胺酸四钠盐，已在中国应用。合成方法为十八胺与顺丁烯二酸二乙酯加成，再与顺丁烯二酸酐反应，并引入磺基及皂化水解得产品：

$$NaO_3S-\underset{\underset{CH_2COONa}{|}}{\overset{H}{C}}-\overset{\overset{O}{\|}}{C}-\overset{C_{18}H_{37}}{\overset{|}{N}}-\underset{\underset{H_2C-COONa}{|}}{\overset{H}{C}}-COONa$$

A-22为乳白色粘稠液体，固体含量40%，可以用冷水配成不同比例的水溶液加于矿浆中。

A-22在浮选江西西华山黑钨工业试验中取得成功，并在江西、湖南对其他黑、白钨矿进行试验，取得可喜效果。

A-22生产无三废，价格不贵，由于结构中兼有羧基、磺基，水溶性好。但其烃链大，几乎可以无选择地捕收所有矿物，形成多分子层的物理吸附与化学吸附，因此选择性不强。在酸性介质中选钨，并且必须与强抑制剂配合使用。

（3）异羟肟酸类。七十年代初起，我国涌现出多种含不同非极性基团的异羟肟酸，计有下列几种用于稀有金属矿浮选：

1）$C_{5\sim9}$或$C_{7\sim9}$异羟肟酸。70年代初生产的$C_{5\sim9}$或$C_{7\sim9}$异羟肟酸（钠）$C_{7\sim9}H_{15\sim19}CONHOH(Na)$是由$C_{5\sim9}$或$C_{7\sim9}$酸甲酯、硫酸羟胺水溶液和烧碱在水介质中制取的。产品为红棕色油状液体或粘稠膏状，比重0.98，溶于柴油等矿物油及醇中，其钠盐则易溶于水。$C_{5\sim9}$异羟肟酸中主要成分肟酸含量>60%，脂肪酸和水分各约15%。异羟肟酸皂中水分约50～60%，肟酸皂约35%。

$C_{5(7)\sim9}$异羟肟酸用于取代石蜡皂浮选包头稀土矿，首次使稀土品位突破60%。对广东泰美钽铌矿及攀枝花钛铁矿的浮选也取得较好的效果。

2）环烷基异羟肟酸（铵）。由包头稀土研究院所制取的环烷基异羟肟酸铵$C_nH_{2n-1}CONHOH(NH_4)$是由环烷酰氯在弱碱性介质中与羟胺缩合而成的。由于碳链数较$C_{5\sim9}$异羟肟酸大，因此水溶损失较少。对包头稀土矿使用结果为稀土品位60%以上，回收率70%以上。

3）水杨羟肟酸钾。包头矿山研究所研制的水杨羟肟酸钾$C_6H_4OHCONHOK$是由水杨酸甲酯在甲醇介质中与羟胺、氢氧化钾反应制取的。纯品为透明晶体，无色、无味、无嗅，易溶于水及甲醇，熔点167～169°C。用它浮选包头稀土，选择性比其他异羟肟酸好，经一次浮选，稀土精矿品位>60%，回收率>80%。

4）邻羟基苯羟肟酸。包头稀土研究院制取的另一种异羟肟酸——邻羟基苯羟肟酸（代号802）是由苯酐在氢氧化铵中羟胺化制取的，分子式为$C_6H_4COOHCONHOH$。纯品为针状结晶、氮含量为6.6，低毒、适宜于弱酸性介质。由于邻苯二甲酸（代号L_{247}）在分离氟碳铈镧矿方面有独特功效，所以802对浮选分离高纯稀土精矿有特效，它可以从含REO31.81%的稀土中选出品位70%以上的高纯稀土精矿。1984年工业试验，稀土精矿品位为70.3%，回收率为28.7%。

异羟肟酸在浮选稀有金属矿时，分子中的氮和氧能与稀有金属离子形成螯合物，产生异羟肟酸离子和分子的共吸附。另外在有水解金属离子产生时，在矿物表面生相应的羟基络合物。与脂肪酸相比，异羟肟酸对稀有金属具有较好的选择性，因为它与稀有金属离子及与脉石碱（碱土）金属离子形成的络合物之间的稳定常数差值大。

（4）胂酸类

1）混合甲苯胂酸。用化工厂硝基甲苯废液经铁粉还原得混合甲苯胺，重氮化后再与亚砷酸钠作用得到混合甲苯胂酸

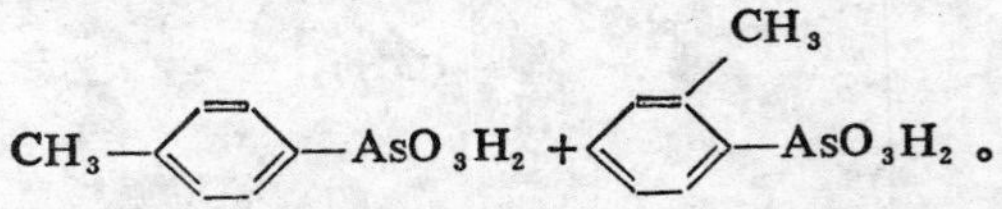

$$CH_3-\langle\bigcirc\rangle-AsO_3H_2 + \langle\bigcirc\rangle(-CH_3)-AsO_3H_2 。$$

产品为灰白色或黄色粉末，工业品含量>70%，水分25～30%，As_2O_3<1%。混合甲苯胂酸可用于黑钨与稀土矿物的分选及混合浮选黑白钨矿石。

2）苄基胂酸。苄基胂酸直接由苄氯和亚胂酸钠作用而得，其结构式为$\langle\bigcirc\rangle-CH_2AsO_3Na_2$。纯品为白色针状结晶体，熔点196～197°C，难溶于冷水，溶于热水及碱溶液。工业品为白色粉末，含量>75%。苄基胂酸用于工业生产浮选黑白钨，对浮选钽铌矿也获得较好结果，浮选攀枝花的细粒钛铁矿也能得到高质量精矿。

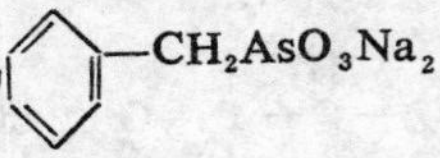

3）甲基苄基胂酸。甲基苄基胂酸

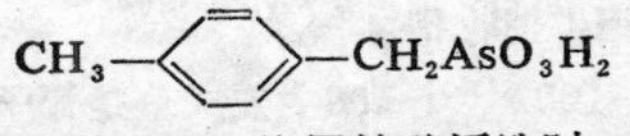

$$CH_3-\langle\bigcirc\rangle-CH_2AsO_3H_2$$

是另一胂酸系列。浒坑黑钨矿浮选时，用量仅为苄基胂酸的一半，品位及回收率均有提高。

胂酸能与钨、钽铌等稀有金属矿形成牢固的表面化合物、烃基向外，使矿物疏水，但与脉石矿物不存在这种化学吸附，因此选择性好。缺点是含胂物质在生产和使用上都存在污染问题。

（5）膦酸类

1）苯乙烯膦酸。长沙矿冶研究院研制的苯乙烯膦酸$\langle\bigcirc\rangle-\overset{H}{C}=\overset{H}{C}-\underset{OH}{\overset{OH}{P}}=O$是由三氯化磷氯化得到五氯化磷，后者与苯乙烯反应再水解而制得。产品为白色片状结晶，易溶于乙醇，能溶于水，溶解度随温度升高而升高。其水溶液性质稳定，不具起

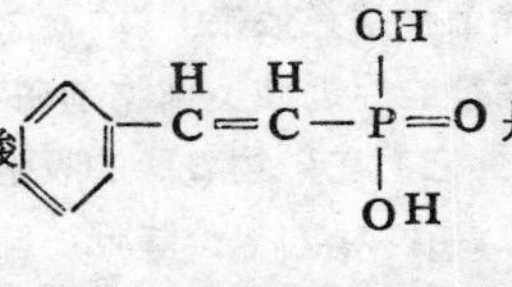

泡性。

用苯乙烯膦酸选江西浒坑钨矿及西华山钨细泥，指标良好，对湖北金红石浮选也有效。浮选攀枝花钛铁矿，精矿品位TiO_2>48%，而不必加抑制剂。栗木锡矿曾用苯乙烯膦酸浮选细泥中的钽铌，比重选法提高回收率8～12%。也可以选锂辉石中的钽铌及山东的稀土矿。

2）羟烷基烷叉双膦酸。以C_{5-9}酸、三氯化磷、磷酸为原料制取羟烷基烷叉双膦酸

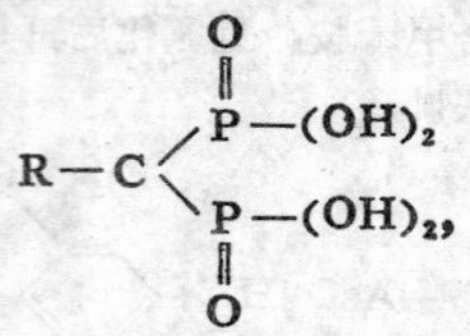

$$R-C\begin{cases}\overset{\displaystyle O}{\overset{\|}{P}}-(OH)_2\\ \underset{\|}{\underset{\displaystyle O}{P}}-(OH)_2,\end{cases}$$

中和后得钠盐，可用以选钨、锡。

3）α-羟基苄基膦酸。合成的甲苯膦酸、苄基膦酸(1-羟基-1、3-二甲基)丁基膦酸及α-羟基苄基膦酸等。对山东稀土矿试验证明，α-羟基苄基膦酸

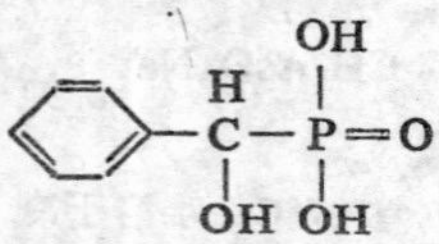

$$C_6H_5-\underset{OH}{\overset{H}{C}}-\underset{OH}{\overset{OH}{P}}=O$$效果最好。

膦酸能与稀有金属形成螯合物，也可借氢键固着在矿物表面，或固定在配位不饱和中心与晶格缺陷的阳离子一起存在，因此有很好的捕收性和选择性。但膦酸也能与钙离子和三价铁离子生成难熔盐，因此浮选时要加抑制剂以去除钙、铁的影响。

（6）钼矿捕收剂

1）PF-100。PF-100主要成分是椰子油单甘油硫酸酯CH_2OSO_3Na。它是由甘油和发烟硫酸反

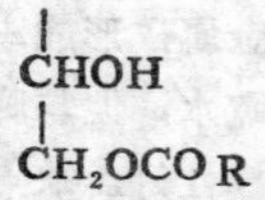

$$\begin{array}{l}CH_2OSO_3Na\\ |\\ CHOH\\ |\\ CH_2OCOR\end{array}$$

应生成甘油三硫酸酯，再与椰子油进行酯交换后中和而得。产品为无色无味淡黄色液体，易溶于水。经杨家杖子钼矿浮选，回收率比原药剂提高4%以上。在稀土浮选上也初具效果。

PF-100表面活性剂能促进油类捕收剂在水介质中的弥散，从而增强它们在矿物表面的吸附。因为矿物吸附PF-100后、MoS_2的电位降低，疏水性增加，尤其是增加了对粗粒辉钼矿的捕收性。

2）丁基黄原酸甲酸乙酯。北京矿冶研究总院制取的丁基黄原酸甲酸乙酯$C_4H_9CSSCOOC_2H_5$也是一种硫化钼矿新捕收剂。

（7）阳离子型捕收剂

1）混合胺。混合胺$C_nH_{2n+1}NH_2$，是由脂肪酸氨化脱水成腈再加氢制得的，碳链数10～20。外观黄色半固体状，不溶于水，使用时配制成盐酸溶液。

江西宜春锂云母使用混合胺浮选，选择性良好。

2）醚胺。用辛醇通过氰乙基化反应生成醚腈，再氢化生成醚胺。辛氧基醚胺外观黄色液体，溶解度比混合胺好，浮选宜春锂云母时，用量比混合胺低，但选择性不如混合胺。

2．起泡剂

中国使用最广泛的起泡剂为2#油、近年来还有几种新起泡剂应用于稀有金属选矿。

（1）ADTM起泡剂。ADTM双酮醇类有机化合物，是以碱金属盐为催化剂，丙酮为原料缩合而成的。其主要成分为双丙酮醇

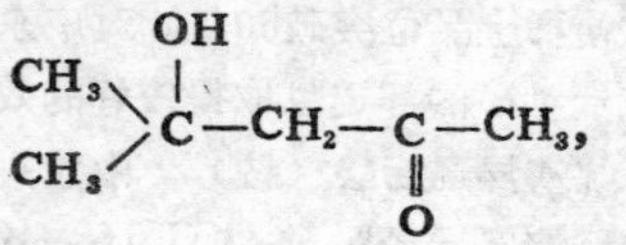

$$(CH_3)_2\overset{OH}{\overset{|}{C}}-CH_2-\underset{\underset{\displaystyle O}{\|}}{C}-CH_3,$$

异丙叉丙酮

$$(CH_3)_2\overset{H}{\overset{|}{C}}-\underset{\underset{\displaystyle O}{\|}}{C}-CH_3,$$

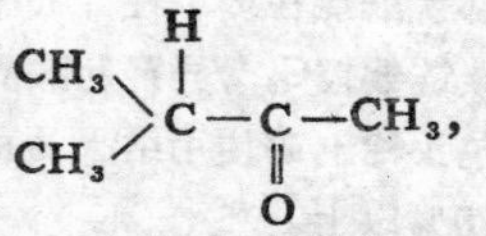

少量丙酮及水。已用于包头浮选高品位氟碳铈镧矿。

（2）P_1-MPA起泡剂。采用镍催化剂将丙烯聚合得到六碳烯，再用硫酸水合法制得的六碳醇$C_6H_{13}OH$。产品中六碳醇含量>80%，聚合物约6%，六碳烯约12%。以P_1-MPA浮选金堆城的钼，如果用量合适，可达到甲基异丁基甲醇MIBC的效果。

（3）醚醇起泡剂。学名为多丙二醇烷基醚$R(OCH_2CH)_nOH$。它们是各种脂肪醇与环氧丙（乙）烷的加成物，是一种非离子型表面活性剂。曾在金堆城钼矿进行选矿工业试验，取得满意结果。

（4）甘苄油。甘苄油是多缩乙二醇二苄醚及苄基多缩乙二醇醚的混合物。起泡性能比2#油强，不受pH影响。已用于浮选湘东钨矿中的黄铜矿，浒坑黑钨细泥，平桂钨锡中矿等。

表 4-2-49　中国稀有金属矿浮选的药剂制度

矿物名称	主要捕收剂	辅助捕收剂	起泡剂	调整剂	抑制剂	活化剂
钛铁矿	石蜡皂 $C_{7\sim9}$羟肟酸 苄胂酸 苯乙烯膦酸			硫　酸 硫　酸 硫　酸 硫　酸	草　酸 水玻璃	
绿柱石 锂辉石	石蜡皂、环烷酸皂	柴　油		碳酸钠 苛性钠	木素磺酸铵	
锂云母	混合胺 醚　胺 环烷酸皂			氢氧化钠 硅酸钠	石　灰	
稀　土	各类异羟肟酸 苯乙烯膦酸 邻苯二甲酸（L247）	煤　油	松　油 ADTM	氟硅酸钠 硅酸钠 六偏磷酸钠		氯化铵 明　矾
白钨矿	石蜡皂 苄基胂酸、甲苯胂酸		松　油	硫　酸 硫　酸	硅酸钠 碳酸钠、硫化钠	
黑钨矿	苄胂酸、甲苯胂酸 苯乙烯膦酸 油　酸 A-22		松　油	硫酸、碳酸钠 硫　酸 碳酸钠 硫　酸	明　矾 水玻璃 水玻璃 氟硅酸钠	腐殖酸钠 氟硅酸钠 硝酸铅 硫酸铜
金红石	苯乙烯膦酸	低　碳 脂肪酸		硫　酸		
钽铌矿	苄基胂酸 苯乙烯膦酸 $C_{7\sim9}$羟肟酸			硫　酸 硫　酸 硫　酸	氟硅酸钠 羧甲基纤维素 草　酸	硝酸铅 硝酸铅
辉钼矿	黄　药 丁基铵黑药 PF-100	煤　油	松　油 醚　醇	石灰、硫化钠 诺克斯系列	氰化钠、硅酸钠	漂白粉

表 4-2-50　世界新研制的稀有金属矿浮选药剂

名　称	类别	浮选矿石	浮选效果	研制国家
α-烷基 α-氯代酸 $CH_3(CH_2)_n-\underset{Cl}{\overset{R}{C}}-COOH$	捕收剂	钨细泥及含钼白钨矿	品位及回收率均有提高	苏　联
α, α 二氯羧酸 $CH_3(CH_2)_n-\underset{Cl}{\overset{Cl}{C}}-COOH$	捕收剂	白　钨	品位及回收率均有提高	苏　联

续表 4-2-50

名　　称	类　别	浮选矿石	浮选效果	研制国家
α-磺化硬脂酸 $CH_3(CH_2)_n-\overset{H}{\underset{SO_3}{C}}-COOH$	捕收剂	分离锆英石和铝硅酸盐	锆英石品位87.7% 回收率76.1%	美　国
醚基羧酸-辛氧基乙酸 $C_8H_{17}OCH_2COONa$	捕收剂	含白钨的铜矿	精矿$WO_3$25% 回收率60%	美　国
油酸钠与烷基磷酸钠共用	捕收剂	含锆的异性石	用量比油酸钠低一倍	苏　联
醚基磺化脂肪酸与胺共用(配比1/1)	捕收剂	多种稀有金属	选择性好	苏　联
VC-2，VC-4等棉籽油皂脚	捕收剂	绿柱石、白钨、锂辉石	比原用药剂的品位和回收率高	苏　联
塔尔油酸与邻苯二甲酸、顺丁烯二酸的$C_{8\sim14}$烷基酯共用	捕收剂	钛铁矿		日　本
苯乙基乙二醇酸、油基苯乙醇酸、蓖麻油苯乙基乙二醇酸	捕收剂	锆矿物		美　国
N酰基氨基酸 $R\underset{\|O}{C}-\overset{H}{N}-(CH_2)_nCOOH$	捕收剂	黑钨细泥	用量比油酸钠低品位、回收率均提高	苏　联
Аспарал-Ф 磺化琥珀天冬酰胺酸盐	捕收剂	伟晶岩中钽铌含钨矽卡岩	比原用药剂品位及回收率都高	苏　联
氨-基酸 $\begin{matrix}R_1\\R_2\end{matrix}>N-(CH_2)_n-COOH$	捕收剂	白钨、萤石的选择分离		瑞　士
氨基二羧酸 $(CH_3)_3N<\begin{matrix}(CH_2)_3COOH\\(CH_2)_3COOH\end{matrix}$	捕收剂	稀　土		美　国
辛基异羟肟酸	捕收剂	稀　土		美　国
苯乙烯异羟肟酸 R(R)(R)C₆H₂—$(CH=CH)_n-\overset{R}{\underset{R}{C}}-\underset{\|O}{C}-\overset{H}{N}-OH$	捕收剂	稀有金属矿		苏　联
ИМ-50 ($C_{7\sim9}$异羟肟酸)	捕收剂	烧绿石、钙钛矿、钇氟碳钙铈矿		苏　联

续表 4-2-50

名　称	类　别	浮选矿石	浮选效果	研制国家
СНГК环烷异羟肟酸	捕收剂	黑钨矿		苏　联
烷基或烷基苯基磷酸盐	捕收剂	钛　矿		苏　联
苯乙烯膦酸	捕收剂	伟晶岩细粒铌铁矿		苏　联
环乙基烷基（苯基）膦酸	捕收剂	黑钨矿		澳大利亚
正辛基酰亚铵双甲叉双膦酸 $R-N\langle^{CH_2-PO(OH)_2}_{CH_2-PO(OH)_2}$	捕收剂	黑钨矿	捕收性好	英　国
1-羟基-烷基双膦酸 (HOTOL　7-9)	捕收剂	黑、白钨矿		苏　联
十二烷基硫醇 (Penfloat)	捕收剂	铜钼矿	用量比黄药低，可提高回收率	美　国
烷基三硫代硫酸盐 (ORFOM系列)	捕收剂	辉钼矿		英　国
硫醇基乙酸钠	捕收剂	辉钼矿		
聚乙醇烷基单醚	捕收剂	钼　矿		南　非
羊　毛　脂	调整剂	白钨矿		美　国
诺克斯系列 (含硫代亚肿酸盐、硫化钠)	抑制剂	选钼抑铜		
低分子部分水解聚丙烯酰胺	抑制剂	辉钼矿中分选铜，钛铁矿中分选磷灰石		德　国
丙二酰硫脲 α-硫脲嘧啶	抑制剂	铜钼矿分离		美　国
硫　代　腈 $\frac{CH_3}{CH_3}\rangle\frac{H}{C}-CH_2-S-CH_2-CH_2-CN$	起泡剂	铜钼矿		美　国
D×AL　T-80，T-81	起泡剂	多种矿石	与MIBC相仿	苏　联
丹宁酸-安替比朴	选择絮凝剂	金红石		意大利

续表 4-2-50

名　　称	类　别	浮选矿石	浮选效果	研制国家
磺化琥珀酸二辛酯	助滤剂	多种矿石		美　国
三乙醇胺，聚羧酸盐	助磨剂			
十二烷醇硫酸盐	电选剂		调整矿物表面	

3．调整剂（抑制剂、活化剂）

（1）腐殖酸钠和氧化腐殖酸H-35。用腐殖酸及氧化腐殖酸H-35为脱泥剂及抑制剂，均取得较好效果。

（2）T_2-5抑制剂。T_2-5可代替淀粉作为铁抑制剂，其原料取自山胡椒粉，是一种以半纤维素、纤维素、多糖为主要成分的高分子化合物，在抑制氧化铁上，效果与玉米淀粉相仿。

（3）聚丙烯酸调整剂。用腈纶废丝为原料研制聚丙烯酸及其纳盐调整剂，由于分子链上存在大量羧基，能与钙、镁作用，因此对金属矿浆中的碳酸钙镁脉石有强烈的分散作用，能防止此类脉石矿泥团聚及覆盖于有用矿物表面。

（4）稻草纤维素。用稻草、一氯醋酸和氢氧化钠合成的稻草纤维素可代替棉花羧甲基纤维素作为稀土、石英、锡石等的抑制剂。

（5）石英抑制剂——磺化酚焦油甲醛缩合物。以异丙苯法生产丙酮和苯酚时的釜底残液酚焦油为原料，用工业硫酸磺化，再与工业甲醛缩合得到磺化酚焦油甲醛，这是一种以两个分子芳环磺酸为主的混合物。它不但是碳酸盐脉石矿物的有效抑制剂，对硅酸盐也有良好的抑制作用。

4．絮凝剂

国内常用的合成絮凝剂以聚丙烯酰胺为主，并研究了其部分水解产品、磺化产品与其它药剂共用。例如氧化石蜡皂与部分水解聚丙烯酰胺共用；部分水解聚丙烯酰胺及磺化聚丙烯酰胺共用对黑钨、萤石、石英等进行絮凝作用。马鞍山矿山研究院试生产的磺化聚丙烯酰胺，是由聚丙烯酰胺与甲醛起羟甲基化作用后再与亚硫酸钠磺化而得的。已对江西浒坑矿进行了半工业试验。

包头矿在选稀土前，采用选择絮凝法分离铁和含铁硅酸盐，此方法已经过工业试验取得成功。所采用的选择絮凝剂为水玻璃与氢氧化钠的组合剂。

中国稀有金属矿浮选的药剂制度见表4-2-49。世界新研制的稀有金属矿浮选药剂见表4-2-50。

第六节　磁选设备

磁选是利用矿物在磁场内的磁性差异而达到分离的目的。

磁选机类型很多，按磁场的强度和磁力可以分为弱磁场磁选机和强磁场磁选机两大类：

一、弱磁场磁选机

该类磁选机磁场强度H小于127392A/m(1600 Oe)，磁力CH^2小于6.4×10^5。稀有金属矿选矿厂多用于从磨矿产品或粗精矿中选出磁铁矿和铁屑。常用的永磁弱磁选机有CYT型永磁双筒干式磁选机（图4-2-37），永磁筒式湿式磁选机等；电磁选机有XCRS-74型鼓形湿式磁选机和感应辊湿式磁选机。其技术规格列于表4-2-51。

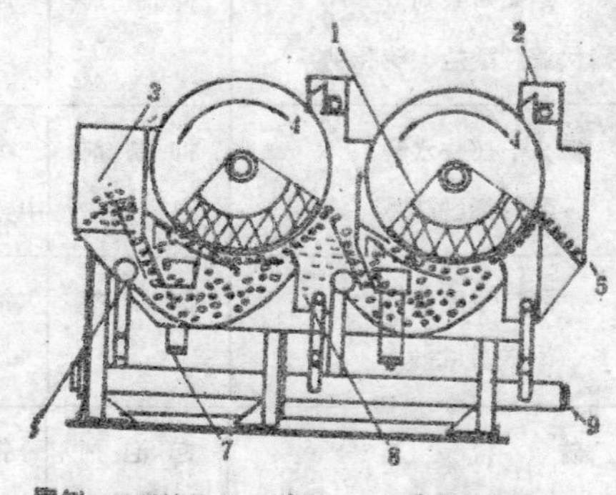

图 4-2-37　双圆筒WPD磁选机

1—固定磁系；2—喷水装置；3—给矿；4—圆筒转向；5—精矿排出口；6—给矿辅助水管；7—尾矿及溢流排出口；8—精矿清洗箱；9—进水管

表 4-2-51 弱磁场磁选机技术规格

名称	CYT型永磁双筒干式磁选机	永磁筒式湿式磁选机	XCRS-74型鼓形湿式磁选机	CDS-15型电磁筒式磁选机
规格，mm	φ600×900	φ600×1800	φ400×300	φ750×1500
筒转数，r/min	上筒120～140 下筒180～200		25	32
磁场强度，A/m(Oe)	79620～95544 (1000～1200)	119430 (1500)	95544 (1200)	127392 (1600)
功率消耗，kW	8.14（激磁功率）			
处理粒度，mm	1～0	0.45～0	2～0	6～0
处理能力，t/h	粗粒：20～22 细粒：5	40～75		21～38
给矿浓度，%				<45

二、强磁磁选机

该类磁选机磁场强度 H 大于318480～2070120 A/m（4000～26000Oe），磁场力CH^2大于40×10^5，稀有金属选矿厂多用于精选。对粗粒弱磁性矿物，一般采用干式强磁选机。对细粒弱磁性矿物，一般采用湿式强磁选机。对微细粒弱磁性矿物，一般采用高梯度磁选机。通常用的干式强磁选机有永磁对辊强磁选机、双盘（单盘）电磁强磁选机等。湿式强磁选机有永磁圆筒式强磁选机（图4-2-38），永磁双辊强磁选机，吉尔（Gill）型强磁选机等。新型湿式强磁选机类型较多，但目前在工业上使用较为成功的有西德洪堡-维达克公司生产的琼斯（Jones）湿式强磁选机（图4-2-39）。中国近几年来研制的新型结构湿式强磁选机有双立环强磁选机，永磁笼式强磁选机，双层平环强磁选机和SQC型环式强磁选机、经工业试验和生产实践都取得较好的技术经济指标。强磁选机的技术规格列于表4-2-52。

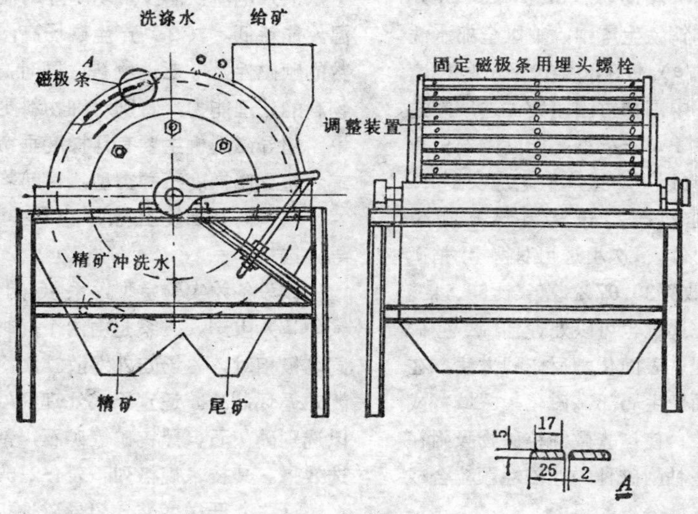

图 4-2-38 永磁圆筒式强磁选机外观示意图

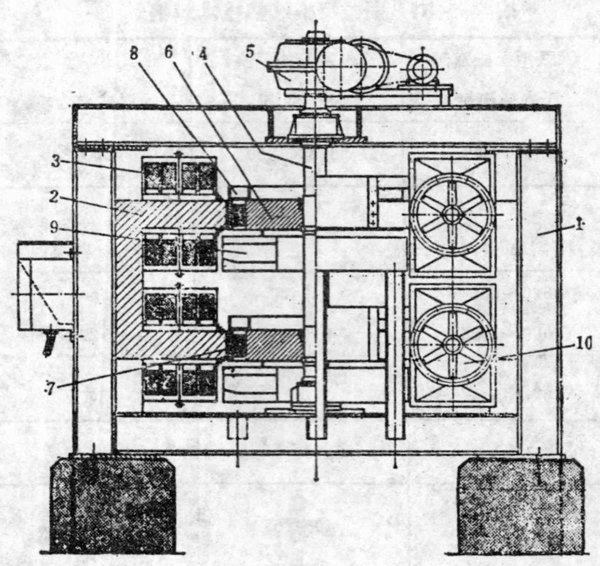

图 4-2-39　琼斯湿式强磁选机

1—极板区域；2—磁轭；3—励磁线圈；4—垂直中心轴；5—蜗杆传动装置；6—圆盘；7—分选箱；8—矿浆流套环；9—产品接收槽；10—带冷却装置的线圈外壳

三、高梯度磁选机

该磁选矿（HGMS）是七十年代初发展起来的一种选别微细粒弱磁性矿物的新技术。它利用矿物在磁场中受到不同的磁力、重力、流体粘滞力的作用而达到分离的目的。目前使用的高梯度磁选机有周期式和连续式两种类型。磁场和磁场梯度的数量级分别约为1T(10^4Gs/cm) 和10^3T/cm(10^7Gs/cm)。主要用于高岭土工艺和钢铁生产中，美国全部水洗高岭土生产（约500万t/a）将在80年代采用高梯度磁选机取代强磁选机。中国柿竹园东坡试选厂浮选白钨精矿降锰，采用ϕ 1 m连续型高梯度磁选机可将锰从0.4%降到0.04%以下。栗木矿老虎头选厂尾矿采用高梯度磁选机，经试验当原矿品位$(TaNb)_2O_5$为0.0095%，一次粗选可获得粗精矿0.51%$(TaNb)_2O_5$，回收率39.07%，富集比53.7倍。

据报道，高梯度磁选机也可以处理非磁性矿物。但必须通过一种促进表面化学反应的方法，在非磁性微细粒矿物表面产生局部高磁化率区域，或者使用添加磁种的方法，使这些微细粒矿物吸附在磁种上，从而增加这些粘附磁种的非磁性颗粒合成磁化强度，可以达到磁性分离的目的。

高梯度磁选机技术规格列于表4-2-53。

四、超导磁选机

超导磁选机（图4-2-40）是利用某些金属和合金在其温度下降到绝对温度4.2K（K为绝对温度，0K＝－273°C）时电阻消失，线圈通电闭环后产生高磁场〔1592400A/m（20000奥斯特以上）〕的分离设备。其主要优点是（1）节约能耗，超导线圈一次通入电流仅需少量功率开动制冷设备保持低温，能耗低。（2）产生磁场高，可分离低磁化系数的顺磁性及非磁性物料，同时高磁场可提高待选物料的处理能力，特别对细物料更为有效。

超导磁选机主要有开梯度垂帘式、开梯度鼓式、超导高梯度三种类型，目前均处于试验阶段。

（一）开梯度垂帘式（Falling Curfain）超导磁选机

该设备为实验室型，系英国低温咨询公司（CCL）生产。磁系是由两个同轴反向线圈组成，同名极相对，磁场向外发散。制冷系统由三级氦气闭式循环制冷。适宜干式处理40μm以上物料，用以选别磷灰石、黑钨矿等矿石，都能获得较好的分选效果。其技术规格列于表4-2-54。

（二）开梯度鼓式超导磁选机

该机装置由西德KHD公司设计制造。磁体浸

表 4-2-52 强磁场磁选机技术规格

类别	名称	国名	规格 mm	转数 r/min	磁场强度 A/m (Oe)	功率消耗 kW	处理粒度 mm	处理能力 t/h	给矿浓度 %	介质粒度 mm	特点
永磁强磁选机类	CQY永磁对辊强磁选机（干式）	中国	φ560×400	辊：26	398100～2070120 (5000～26000)		<3	1.5～2			结构简单，使用方便，不需用电源
	鼓式永磁强磁选机（干湿式）	芬兰	槽沟式：φ800×2000				0.1～3	干选时：5～10 湿选时：10～20			比电磁分选机结构简单、易于维修，水耗少、能耗低
			光滑式：φ400～700×2000				0.1～3	干选时：3～7 湿选时：5～10			
	永磁环式强磁选机(湿式)		φ2300	圆环：3	636960～955440 (8000～12000)		<0.15	约10			
	笼式永磁强磁选机（湿式）	中国	φ1500×1000 φ1000×500	转笼：1.7 2.85～8.91							转速慢、介质球在笼内只有轻微的滚动，磨损小。结构简单操作方便
	永磁双辊强磁选机(湿式)	中国	φ560×540	辊：18～60	875820～1433160 (11000～18000)		0～2	1～1.5			
电磁强磁选机类	双盘强磁选机（干式）	中国、苏联	φ576	盘：39～40	1114680～1433160 (14000～18000)	用于励磁：1.7	0～2	0.2～1.0			可在一次作业中能分出磁性不同的多种产品
	单盘强磁选机（干式）	中国			875820 (11000)		>5	0.8～1.6			
	感应辊强磁选机（干式）	苏联	φ150×300 φ150×600	辊：35×50	1194300 (15000)	用于励磁：1.6～2.8	0～3	0.9～2.2			

续表 4-2-52

类别	名称	国名	规格 mm	转数 r/min	磁场强度 A/m (Oe)	功率消耗 kW	处理粒度 mm	处理能力 t/h	给矿浓度 %	介质粒度 mm	特点
电磁强磁选机类	洪堡-琼斯强磁机（湿式）	西德	φ710；900；1120；3170	盘：3.6～4.0	851934～1114680 (10700～14000)	φ3170 型电机功率 18.5	<1.0	10；15 100～120	50～55		结构合理、四个给矿点，给矿浓度大处理量大，板头宽、齿板介质高、有利于提高分选指标
	吉尔型强磁选机（湿式）	澳大利亚	φ990 φ2438		1433160～1592400 (18000～20000)	1.0 3.3		0.45～2.2 0.9～8.8	20～25 20～50		结构简单、多用于选别砂矿
	双立环强磁选机（湿式）	中国	φ1500	环：3.5～6.5	1592400 (20000)	用于励磁：25 用于传动：2	0.02～1	14～17	35～50	6～20	设备结构简单、体积小，处理量大，适用于粗选和扫选
	SHP型强磁选机（湿式）	中国	φ1000 φ2000	3～6 4	1273920 (16000) 1114680～1273920 (14000～16000)	用于励磁： 21；60	0.6～0.9（上限） 0.9（上限）	10～15 40～50	35～50 40～50		设备结构简单，运转平稳，适应性强
	SQC-2型强磁选机（湿式）	中国	φ700	5～6	1353540 (17000)	8.05	－0.5	0.5～0.8	15～20		
			φ1100	4～5	1353540 (17000)	14.6	－0.5	2～3	15～20		
	卡普科型强磁选机（湿式）	美国			1592400 (20000)			1.0			
	ZBK-3型强磁选机（湿式）	苏联	φ1000(外径)	盘为立式旋转 0.1m/s	1194300～1433160 (15000～18000)		0～0.5	3.0			分选盘为立式旋转同时加上使球倾斜的清洗装置，解决排矿困难
	RF型 旋转过滤式磁选机(湿式)	日本			1990500 (25000)						
	MSBK-1型强磁选机（湿式）	捷克	φ579	筒：3.3～21.8	1273920～1433160 (16000～18000)		0.015～1	3.0			能处理细粒物料，干扰少，电耗少

表 4-2-53　高梯度磁选机技术规格

名　　称	萨拉高梯度强磁选机		L-5高梯度强磁选机	自动周期式高梯度强磁选机	
国　　名	瑞　　典		美　国	中　　国	
产品型号	SALA-HGMS-10cm 10-1M-20	10-1M-10	L-5HGMS	XCG-ϕ100周期式HGMS	
分选筒个数	1	1	1	5	
分选筒直径，mm	ϕ102×127	ϕ102×127	ϕ127×102	ϕ50×120；ϕ100×100 ϕ100×150；ϕ100×200 ϕ100×300	
磁场强度，A/m (Oe)	1592400 (20000)	796200 (10000)	1592400 (20000)	1090794 (13700)；1194300 (15000)；1074870 (13500)； 955440 (2000)；636960 (8000)	
磁性介质	430号不锈钢毛		钢　毛	2号不锈导磁钢毛	
磁介质充填率%				4	14
给矿粒度mm				-0.074	-0.15
给矿浓度，%				5～15	10～20
功耗kW	100	25	70	42.5	42.5

泡在不对称形液氦容器中，外部安装树脂塑料旋转圆筒，磁体为多极开放磁系，约占圆筒周长的1/3，即120°。采用闭式循环制冷。分选原理与常导鼓式磁选机相同。经选别赤铁矿和磷灰石，获得较好的

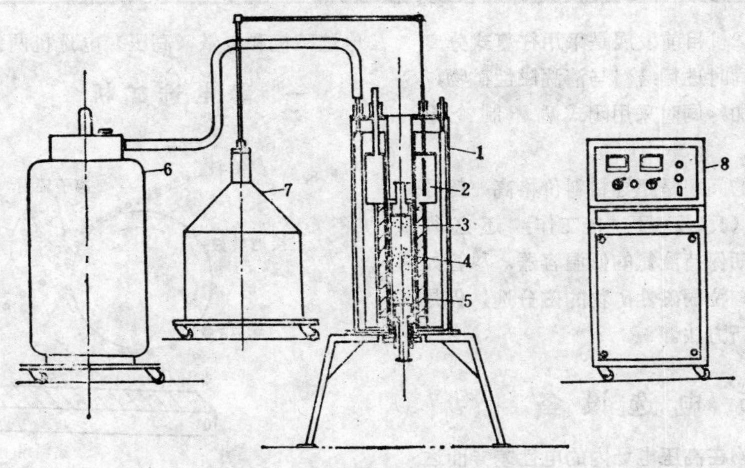

图 4-2-40　MCA超导磁选机的结构图

1—杜瓦；2—氦容器；3—超导线圈；4—介质；5—可移动的分选箱；6—液氮；7—液氦；8—电源

分离效果。其技术规格列于表4-2-55。

（三）超导高梯度磁选机

该机研制的厂家较多，分离的对象范围较广，但分选原理一致，基本上与常导高梯度磁选机相同。一般都是在超导螺旋管内用分选筒进行分离，到目前为止，仍处于试验阶段。依利兹公司（Eriez）研制的实验室超导磁选机经处理高岭土，分选重铀矿和煤中脱硫等方面，均获得较好的效果。其技术规格列于表4-2-56。

表 4-2-54　开梯度垂帘式超导磁选机技术规格(MK-Ⅲ型)

氦压机（长×宽×高）mm	恒温器（全高×直径）mm	超导磁体直径 mm	最大激磁电流 A	最高表面磁场强度，mT (Oe)	磁体温度 K	系统中氦气总体积 (L)	磁体周围形成液氦体积 (mL)	给矿粒度 μm
1400×1000×920	1000×550	ϕ352	65	3500 (35000)	4.5	1000	100	>40

表 4-2-55　开梯度鼓式超导磁选机技术规格

圆鼓直径 mm	圆鼓长度 mm	圆鼓转速 r/min	圆鼓表面最高磁场强度，mT (Oe)	给矿粒度 μm	处理能力 t/h	最低温度 K
1200	1500	40	3200 (32000)	最小可达 10	100	3.5

表 4-2-56　超导高梯度磁选机技术规格

超导磁体材料	分选筒规格 mm		磁场强度 A/m (Oe)	室温操作孔 mm		分选筒内充填材料	给料时间 s	清洗时间 s
	高	直径		孔径	长			
Ni, Ti	940	ϕ864	3981000 (50000)	ϕ152 ϕ120	508 508	不锈钢毛	36	27

超导高梯度磁选机目前发展是采用往复式分离机构，两个分选筒同时进行给料与清洗磁性矿物，使处理量大幅度增加，同时采用闭式循环制冷系统、降低液氦消耗。

超导磁选存在的问题是超导材料价格高，超导磁体必须在极低温（4.2K）下才能工作，还必须有一套复杂的能长期保持液氦的低温容器。尽管如此，超导磁选对微细粒弱磁性矿物的磁分选，仍是一种有广阔前景的新方法。

第七节　电选设备

电选是利用矿物在高压电场内的电性差异而达到分离目的。电选机示意图见图4-2-41。

电选机的类型较多，按其电场特征主要分为静电选矿机和电晕（高压）电选机两大类。

一、静电选矿机

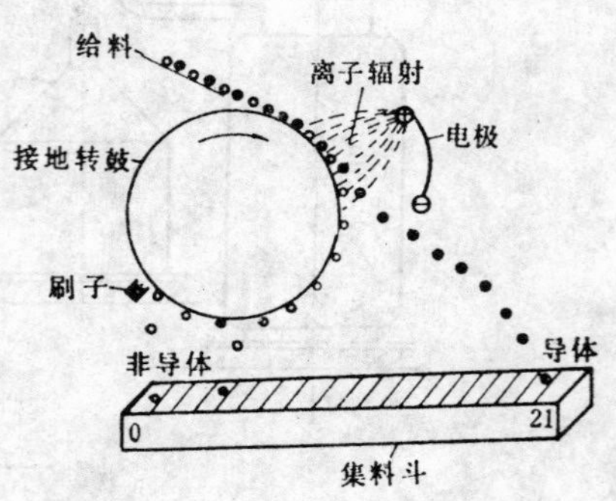

图 4-2-41　静电选矿机示意图

表 4-2-57 静电电选机技术规格

名称	国名	辊筒		电极直径	高压电		加热器		处理粒度	生产能力	注
		个数	速转 r/min	mm	极性	输出电压 kV	最大功率 kW	有效容积 m³	mm	t/h	
双辊筒电选机 D_x，φ120×1500 mm	中国	2	120 160 200 300 400 500	0.3～0.5（1根）	负	0～22	13	0.3	<3	0.3～0.5	
MKⅢ型板式电选机	澳大利亚			电极与板极平行		40			0.59～0.06	9	加热器给矿温度90～120℃
MKⅢ型筛式电选机	澳大利亚			电极与板极平行		40			0.59～0.06	9	加热器给矿温度90～120℃
萨顿型电选机，150×1200,mm	苏联		处理-20～28目物料为110～130处理65～150目物料为250～400								

该类型电选机主要有辊筒型电选机、板式电选机和筛板式电选机三种。辊筒型电选机由主机、高压静电发生器和加热器等部分组成。结构简单，占地面积小，但电压低（最大为22kV），电极为单电

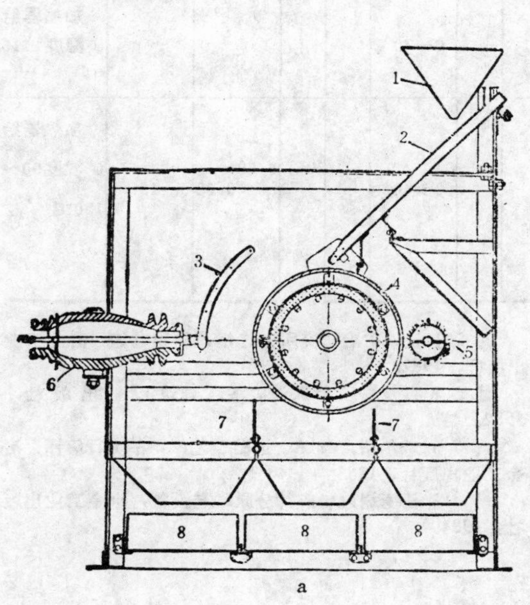

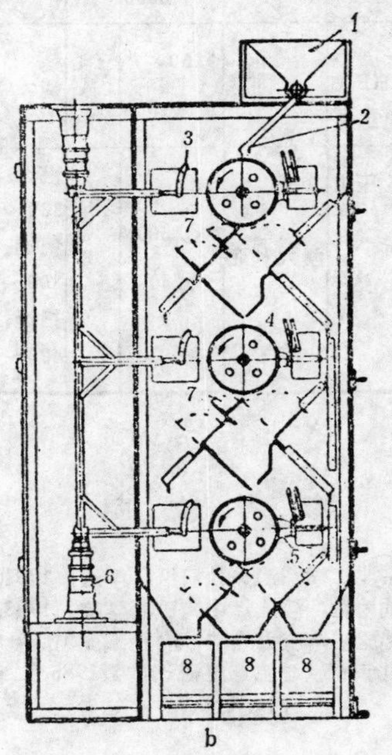

图 4-2-42 实验室用（a）和工业用(b) ИГДАН型圆筒式电晕选矿机简图

1—矿仓；2—给矿机；3—电晕电极；4—带有管状加热器的接地电极；5—刷；6—绝缘子；7—分隔面；8—承料槽

晕丝电极，分选区窄，处理能力小，矿粒荷电不足，分选效果不理想，难得最终产品。

板式电选机和筛板式电选机由给矿槽、给矿板、电极、筛子(分离器)和高压发生器等部分组成。最高电压为40kV。选别富导体物料通常是采用高电压。选别贫导体物料通常是采用低电压。板式电选机适宜于处理含导体多的矿物，而筛板式适宜于处理含非导体多的矿物。该种电选机处理能力大、分选效果好。塞拉利昂砂矿金红石和锡石分离，原采用卡普科高压电选机，分离困难，后改用板式电选机，可使金红石精矿品位（TiO_2）提高到96%。

静电选矿机技术规格列于表4-2-57。

二、电晕（高压）电选机

此类电选机（图4-2-42）由高压直流电源和机械两部分组成。电极有采用束状电极的，有采用多丝弧形电极或弧形刀片电晕电极的。最高电压可达60kV。电场力强，电晕电场区域大，矿粒荷电机会多，分选效果好。

高压电选机技术规格列于表4-2-58。

表 4-2-58 高压电选机技术规格

名称	国名	规格 mm	辊筒 个数	辊筒 转速 r/min	电极直径 mm 电晕电极	电极直径 mm 偏向电极	高压电 极性	高压电 输出电压 kV	加热器 最大功率 kW	加热器 有效容积 m³	处理粒度 mm	生产能力 t/h	注
YD-2型高压电选机	中国	φ300×300	1	20 40 60 80 120	0.3～0.5（8根）	45	负	0～60	6	0.23	<3	5～7	
YD-3型高压电选机	中国	φ300×2000	3	45～274	刀片电极（7片）	45	负	0～60	6	0.6	<1.0	0.5～2.5	
卡普科(Carpco) HP16-114型高压电选机	美国	φ150×1500	4	0～600				0～40					加热器给矿温度 115℃
MKⅢ型高压电选机	澳大利亚	φ150 φ240	3	粗选：330～400 精选：300～350 扫选：420～500				0～40			0.59～0.06	12	加热器给矿温度90～120℃

参考文献

[1] 东北工学院选矿教研组，浮选，1981.
[2] 胡为柏，浮选，中南矿冶学院，1983.
[3] 孙玉波，重力选矿，冶金工业出版社，1982.
[4] 北京钢铁学院，电磁选矿，1985.
[5] 长沙矿冶研究所电选组，矿物电选，冶金工业出版社，1982.
[6] 袁楚雄，特殊选矿法，建筑工业出版社，1982.
[7] 威尔斯．P．A．选矿工艺学，胡力行等译，冶金工业出版社，1985.
[8] 任德树，粉碎筛分原理与设备，冶金工业出版社，1984.

第三章 稀有金属选矿工艺

编写人 马天民 刘锦堂 向延松 刘承宗 杜泰康

第一节 锂铍矿选矿

一、锂矿和铍矿的选矿方法

锂的工业矿物主要的有锂辉石、锂云母、铁锂云母、锂磷铝石和透锂长石；铍的主要工业矿物为羟硅铍石和绿柱石。除近期美国犹他州羟硅铍石矿开采后直接冶炼外，其他锂铍矿通常都需通过某种选矿方法富集成精矿。长期来，锂铍矿主要采自伟晶岩矿床，由于矿物晶体粗大，易于手选，在锂铍精矿的生产中手选占有特殊地位。浮选可以处理细嵌布矿石、劳动效率和选别指标高，逐渐占据重要地位，手选和浮选是锂铍矿石的主要选矿方法。与其他稀有金属矿石的选矿不同，锂铍矿物与伴生脉石矿物在密度上的差别小，在锂铍矿选矿中重力选矿不占重要地位，其他选矿方法如重介质选矿磁选、辐射选矿、热裂选矿、应用十分有限。现就锂铍矿的选矿方法分述如下。

1. 手选法

手选是根据锂矿物或铍矿物与伴生脉石矿物间在外观特征（颜色、光泽和晶形）上的差异进行人工拣选，得出锂和铍精矿。手选常在慢速运动的皮带上进行，通常用来选别粒度大于10～25mm的矿石，其选别粒度下限主要取决于劳动力的贵贱程度或经济效果。为了提高手选效率，矿石在手选前常需预先筛分，必要时还需洗矿，且工作区应有良好的照明。

在国内外锂铍精矿的生产中，手选法占有特殊地位，例如1959年新疆、湖南等省区手选生产的绿柱石精矿达2800t之多，1962年世界绿柱石精矿产量为7400t，其中手选精矿占91%。应该看到，手选劳动强度大、生产效率低、资源浪费大、选别指标低，它正在逐渐地为其他机械选矿方法所取代。然而伟晶岩中锂铍矿物结晶粗大、易选、在劳动力便宜的发展中国家里，手选仍然是生产锂铍精矿的重要方法。

2. 浮选法

锂铍矿浮选的研究和应用较早，30年代浮选法已用于锂辉石精矿的工业生产，四十年代美国制定出浮选绿柱石的拉姆法（Lamb）。在锂铍矿石中，对锂辉石矿、锂云母矿和绿柱石矿的浮选研究得较深，工业上的应用也较早。锂辉石浮选有采用反浮选的，也有用正浮选的；锂云母易浮，常用正浮选；至于绿柱石的工业浮选报导极少，文献介绍巴西、苏联已实现绿柱石的工业浮选，然而有关它的规模、流程和药方等细节未见叙述。

50年代末，中国开始锂辉石、绿柱石的浮选研究，随后又进行了锂云母浮选、锂铍分离和其他锂铍矿的研究，制定出锂辉石、绿柱石、锂云母的浮选工艺流程，并在我国新建的锂铍选矿厂中得到应用。

3. 热裂选矿法

热裂选矿法是选别锂辉石的一种方法，它是基于天然锂辉石在1000～1100°C条件下焙烧时，其晶体会从α型转变为β型，同时体积膨大易碎裂成粉末，从而可用选择性磨矿和筛分，达到锂辉石与伴生矿物的分离目的。

应用热裂法必须注意两点：

（1）严格控制焙烧温度在1050°C上下，因为焙烧温度过高，矿石中存在的云母会烧结，温度过低，则锂辉石从α型向β型转变不完全，分选效果变坏。

（2）矿石中不能含有大量的焙烧时会熔融的矿物或具有热裂特性的其他矿物，否则达不到分离锂辉石的目的。

热裂法在加拿大选厂、苏联和我国实验室均应用过。例如我国曾用含Li_2O 1.58%的原矿，在1050°C温度下焙烧1h，冷却后置于橡皮球磨机中选择性磨矿，最后用150目筛子筛分，结果得到了品位达到4.9%Li_2O的筛下精矿，回收率74%。

4. 放射性选矿法

γ-射线照射绿柱石矿石后，绿柱石呈现诱导的放射性，计数器将其记录并操纵执行机构将绿柱石矿块扔到精矿收集器内。1958年美国加利福尼亚州一选厂用以代替手选。

5．粒浮法

粒浮法在选别绿柱石矿中获得应用，其过程是：将手选绿柱石低品位精矿闭路碎到－2mm，脱泥后进行调浆，此时加入油酸钠、煤油，并人工搅拌之，然后静置1～2h，最后用溜槽进行粒浮。50年代江西曾用以加工手选绿柱石精矿，通常给矿品位含BeO2～3%，粒浮精矿品位达9%左右。回收率85～90%。粒浮选矿由于药耗高，劳动强度大，在铍矿中应用有限。

6．化学或化学-浮选联合法

盐湖沉积锂矿床是锂的重要来源，美国、苏联、智利、玻利维亚和我国有丰富的这类矿床，工业上采用化学法或化学-浮选联合法从中提取锂盐。

化学法就是将卤水在晒场上蒸发，钠盐和钾盐沉淀析出，氯化锂浓度提高到6%左右，然后将其送入工厂，用苏打法将氯化锂转变成碳酸锂固体产品。

美国从加利福尼亚州西尔斯湖提取锂盐时曾采用另一种工艺即化学-浮选法。该法的主要过程是：将含有钠、钾、硼和锂等多种有价元素的卤水抽到预热器中加热，然后送往温度分别为50、85和120°C的蒸煮器组中分离结晶，结果从卤水中结晶出KCl、Na_2CO_3、Na_2SO_4和$LiNaPO_4$，接着进到水力分级机处理，KCl结晶粗大，进入沉砂中，而Na_2CO_3、Na_2SO_4和$LiNaPO_4$呈悬浮状态进到溢流中，经过滤而到滤饼中，此后将滤饼调浆，加入脂肪酸、热碱处理后给到浮选机中，添加起泡剂并充气，结果$LiNaPO_4$呈泡沫产品刮出，尾矿进一步处理以回收苏打。

二、锂矿和铍矿的选矿工艺流程

（一）手选流程

工业上生产锂精矿和铍精矿最早采用的选矿方法是手选。其后手选与其他选矿法相结合处理锂铍矿，手选成为选别锂铍矿工艺流程中的一部分。图4-3-1和图4-3-2分别示出了锂矿石和绿柱石矿的手选原则流程。

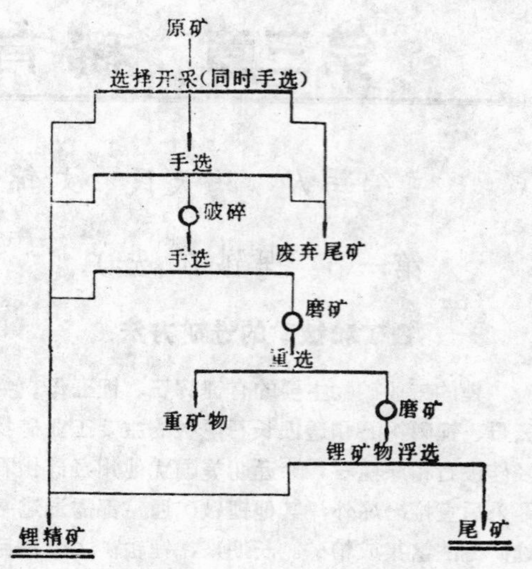

图 4-3-1 用于手选法选别伟晶岩锂矿石的原则流程

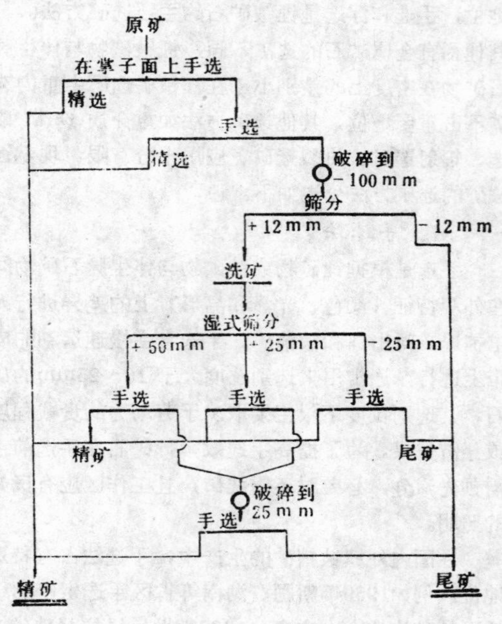

图 4-3-2 绿柱石手选原则流程

（二）浮选流程

1．锂辉石的浮选流程

锂辉石的浮选流程可以分为两类：一为反浮选，二为正浮选。

（1）反浮选流程。在锂辉石矿工业浮选的实践中曾一度采用过反浮选流程，其实质是在碱性介质中添加糊精、淀粉之类浮选剂抑制锂辉石，用阳离子捕收剂浮出硅酸盐类脉石矿物，槽内产品即是锂辉石精矿。如果精矿中含铁较高，可以采用浮选或磁选除铁，以获得质量更高的锂辉石精矿。图4-3-3所示为美国北卡罗莱纳州金丝山选厂的反浮选

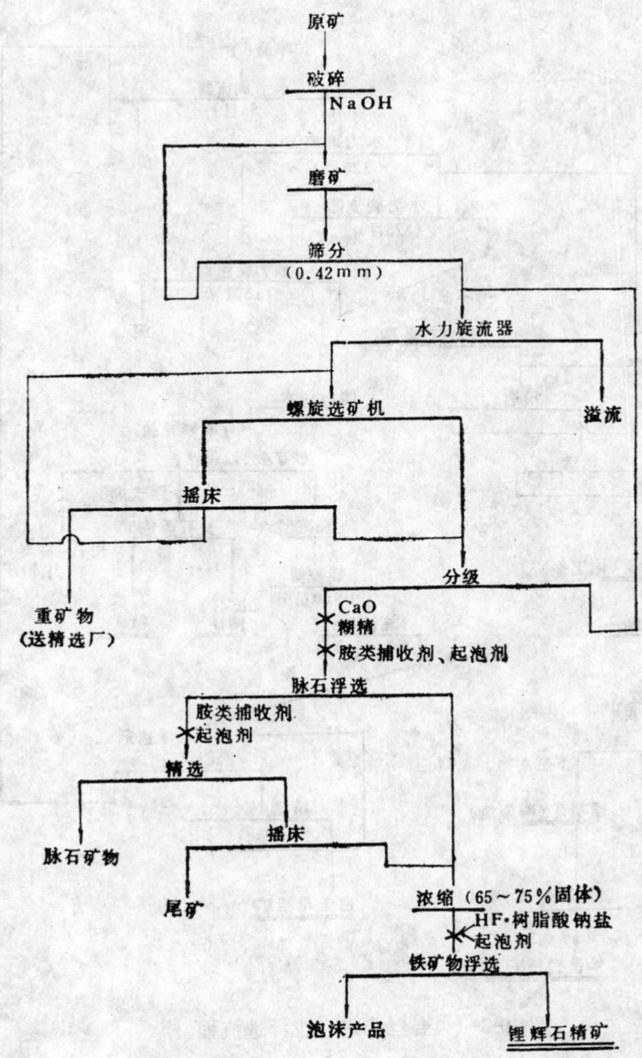

图 4-3-3　金丝山选厂反浮选流程

流程。

（2）正浮选流程。锂辉石矿的正浮选流程即优先浮选锂辉石的流程。其实质是：磨细的矿石在氢氧化钠或碳酸钠的碱性介质中高浓度、强搅拌并多次洗矿脱泥后，添加脂肪酸或其皂类作捕收剂，直接浮选锂辉石。

美国金丝山矿区福特公司和锂公司所属的选厂均采用优先浮选流程。两公司的选厂的生产能力分别为2650和2400t/d，日产锂辉石精矿530和480t，另产长石1300t、石英700多t、云母100t。生产的锂辉石精矿的品位为6.3%Li_2O，回收率75～78%，每吨原矿耗药一公斤多，生产流程如图4-3-4所示。

1960年中国科学工作者对新疆锂辉石进行选矿研究时，首先发明和制定出不脱泥、不洗矿的碱法正浮选简化流程（见图4-3-5），该工艺于1961年用于生产，其工业生产指标为：给矿含Li_2O1.3～2%，锂辉石精矿含Li_2O4～5%，回收率85～90%，从而为发展具有中国特点的锂铍碱法浮选新工艺迈出了第一步。

70年代中国在新疆建立的锂铍钽铌稀有金属选矿厂中采用了类似的流程，如图4-3-6所示。

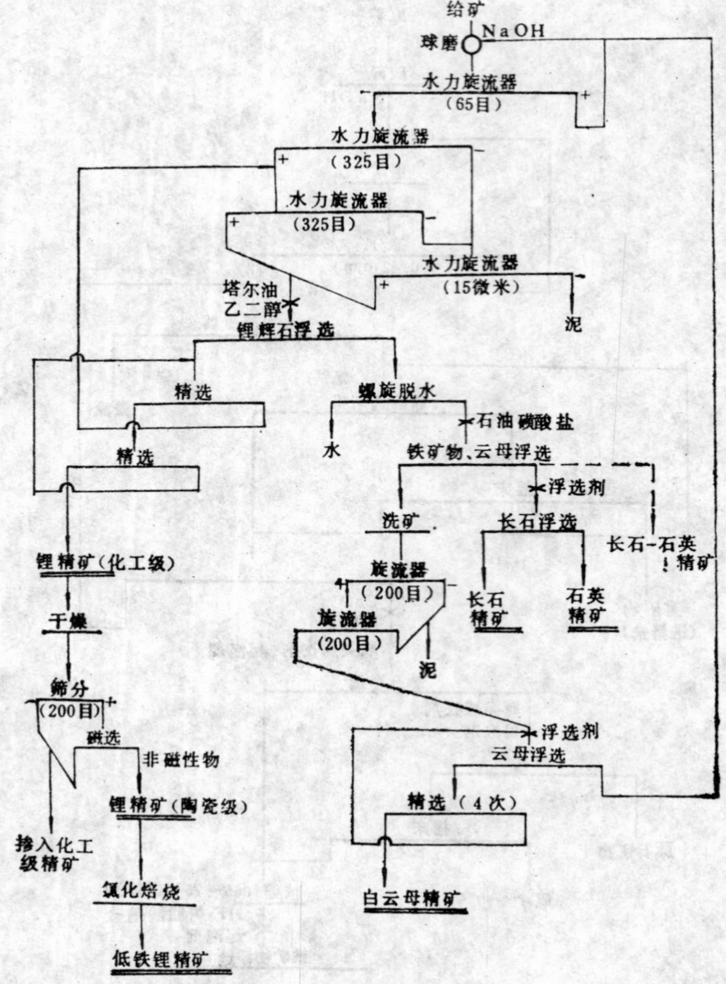

图 4-3-4 金丝山选厂正浮选流程

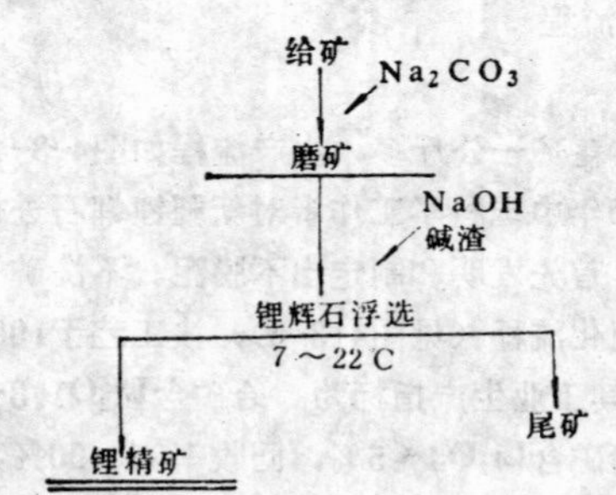

图 4-3-5 不脱泥、不洗矿碱法正浮选简化流程

锂云母特别易浮，常用正浮选生产锂云母精矿，70年代在江西建立的锂云母选矿车间的生产流程如图4-3-7所示。

2．铍矿浮选流程

（1）绿柱石浮选流程。选矿工作者对绿柱石开展了广泛深入的研究，提出了诸如拉姆法（Lamb)、拉比德西蒂法（Rabid_ity)、朗克法（Runke)、卡尔冈法（Calgon)、爱格列斯法（Eigeles）等许多浮选绿柱石的方法。根据浮选前使用酸类还是碱类调整剂进行预先处理，把绿柱石的浮选流程分为两大类，一是酸法流程，二是碱法流程。

1）酸法流程。浮选前矿浆预先用氟氢酸（或硫酸和氟化钠）处理，然后加入捕收剂和起泡剂浮选绿柱石，这类流程称为酸法流程。根据绿柱石的选出顺序又可将酸法浮选流程细分为两种：一种叫

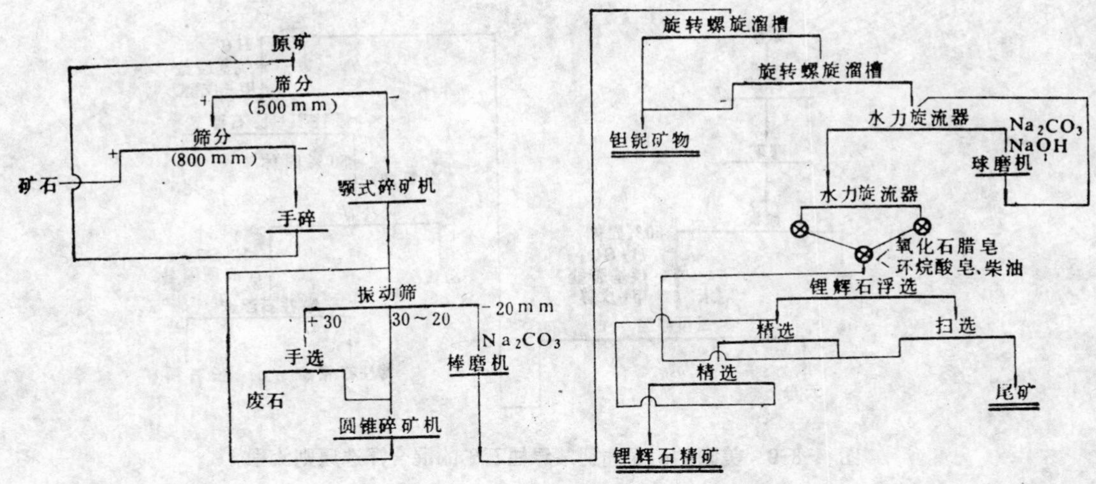

图 4-3-6　新疆某选厂锂辉石浮选流程

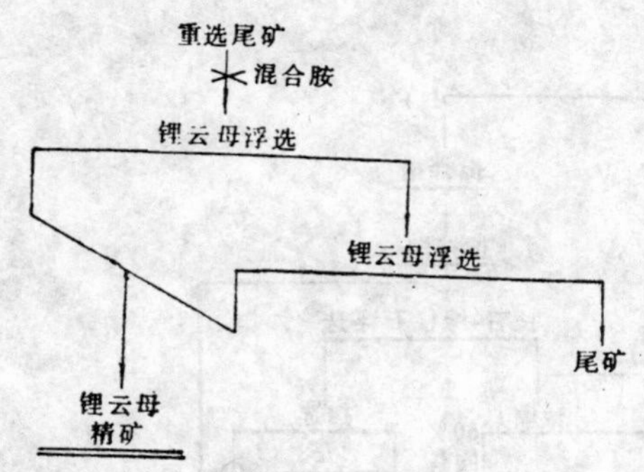

图 4-3-7　江西某选厂锂云母车间生产流程

酸法优先浮选流程，另一种为混合浮选流程。

酸法优先浮选流程，该流程先用硫酸和阳离子捕收剂浮出云母，然后洗矿、浓缩、加氟氢酸处理，在苏打介质中浮选绿柱石。美国一绿柱石矿含绿柱石1.3%（BeO0.14%）、云母21%、长石47%、石英27%、其他矿物3.7%，采用优先浮选流程获得四种产品即：

绿柱石精矿	品位8.05%BeO	回收率69.3%
云母精矿：	产率21.5%	云母含量93%
长石精矿：	产率43.5%	长石含量93.3%
石英精矿：	产率29.6%	石英含量98.2%

原则流程示于图4-3-8。

酸法混合浮选流程，该流程在硫酸介质中用阳离子捕收剂浮出云母，往云母浮选的尾矿中加入氟氢酸活化绿柱石和长石，再用阳离子捕收剂混合浮选绿柱石和长石，混合精矿经洗矿、脱药后加阴离子捕收剂浮选绿柱石。

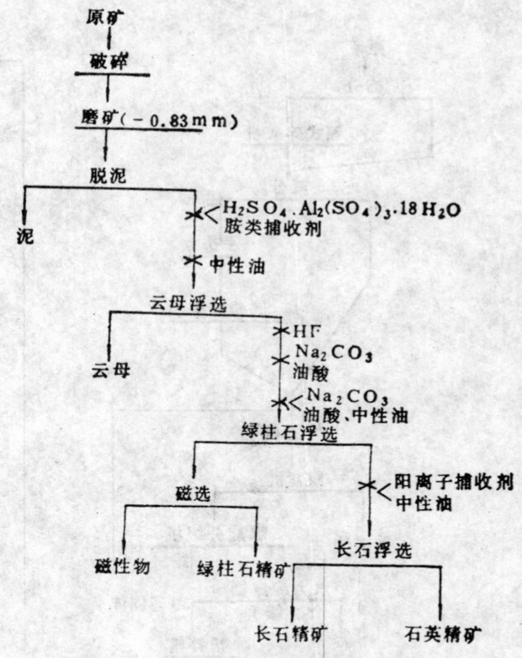

图 4-3-8　选别美国某绿柱石矿的优先浮选原则流程

美国矿山局曾用混合浮选流程选别某绿柱石矿，获得绿柱石-长石混合精矿后分离之。原矿含绿柱石0.25%时，最终绿柱石精矿含绿柱石66.5%，回收率74 1%；原矿含绿柱石10.1%时，得到的绿柱石精矿含绿柱石97.4%，回收率82%。原则流程示于图4-3-9。

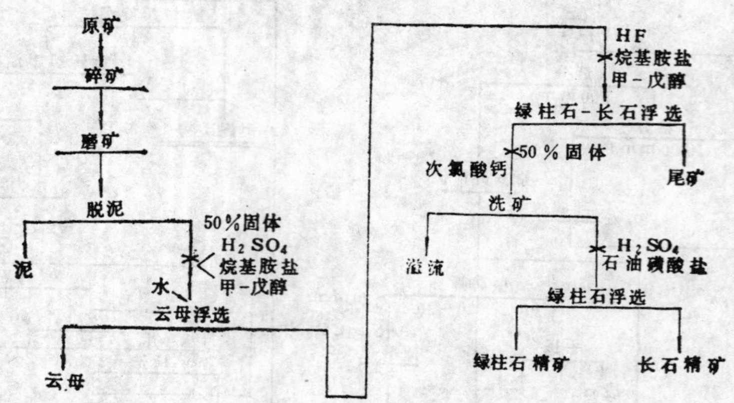

图 4-3-9　美国矿山局选别某绿柱石矿的混合浮选原则流程

图4-3-10为丹佛公司制定的混合浮选流程。该公司处理含BeO 0.95%的原矿，获得了含BeO 8.61%的绿柱石精矿，回收率87.8%。

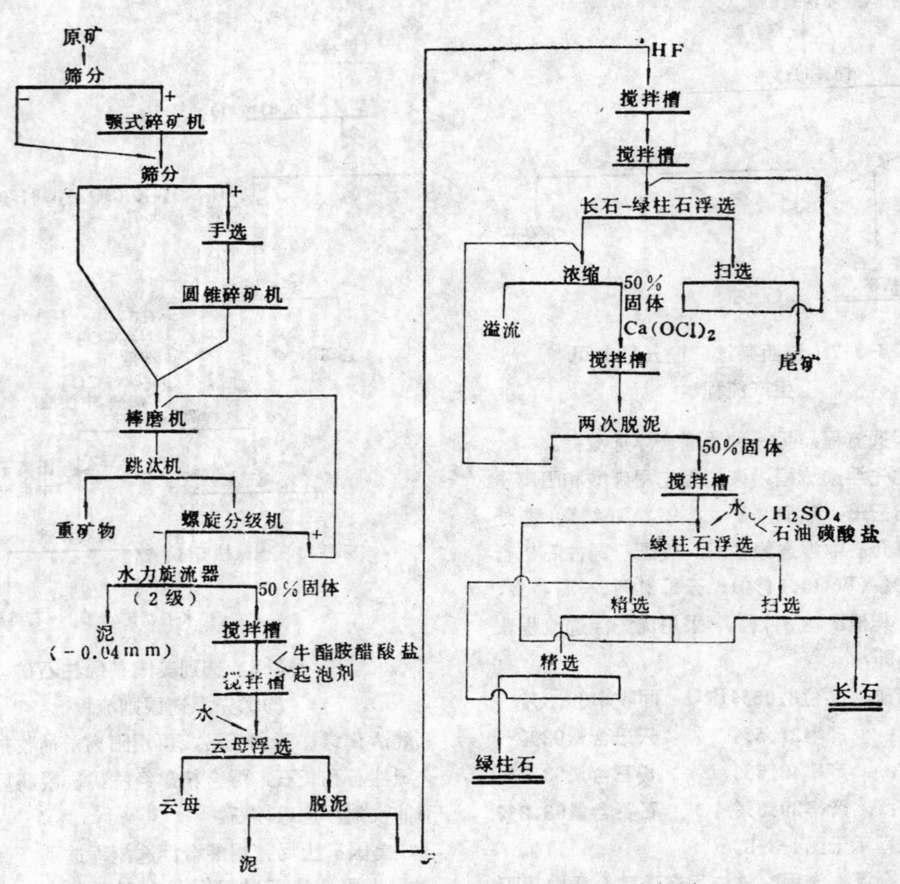

图 4-3-10　丹佛公司制定的混合浮选流程

2）碱法流程　矿石在磨矿或浮选前用碱处理并洗矿、脱泥，然后加入脂肪酸类捕收剂和起泡剂浮选绿柱石。拉姆（Lamb）曾用美国一伟晶岩绿柱石矿进行试验，从含有1.3% BeO的原矿中选出了品位12.2%BeO的绿柱石精矿，回收率74.7%。

苏联制定的一种碱法流程添加的是热油酸，他们认为热油酸与矿浆搅拌能保证捕收剂对绿柱石表面有良好的选择作用，不仅减少了捕收剂用量，同时还提高了绿柱石精矿品位。

60年代初，中国研制的一种碱法流程与前述的莫尔流程有一点相似，即先浮选重矿物。该流程是在绿柱石的浮选之前进行1～2次易浮矿物的浮选，它预先排出了相当数量的与绿柱石浮游性相近的矿物如柘榴石、黑云母、电气石、角闪石及部分矿泥，从而也取代或省略了脱泥作业，为获得高品位绿柱石精矿创造了条件。图4-3-11所示为中国某选厂采用的碱法不脱泥浮选绿柱石的生产流程。

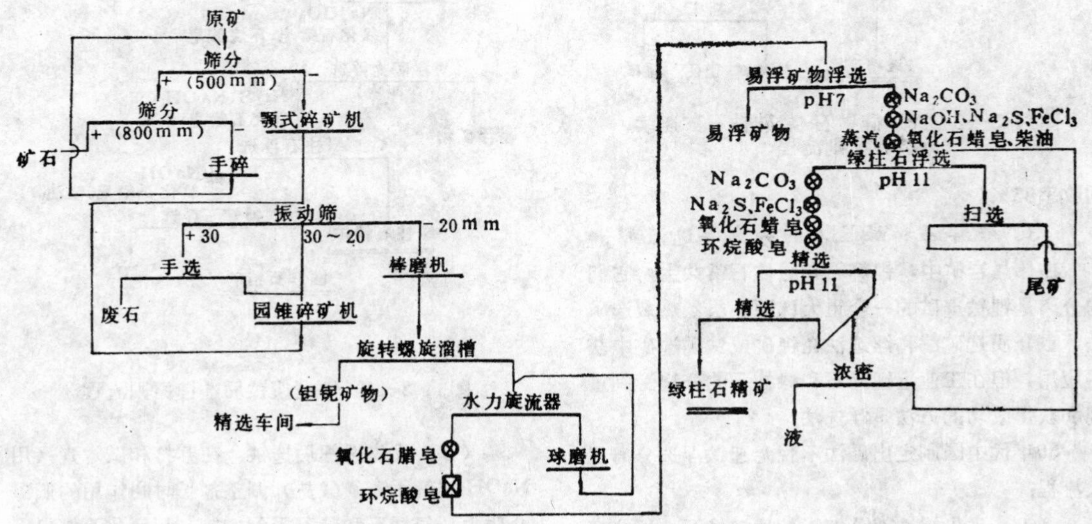

图 4-3-11　中国某选厂绿柱石碱法浮选生产流程

表 4-3-1　三种试料矿物组成

试　料	品位 BeO%	矿物成分，%							
		羟硅铍石	硅铍石	绿柱石	石　英	方解石	萤　石	长　石	云母
堆积矿（1）	0.47	0.9	0.3	0	18	40	16	7	13
堆积矿（2）	0.78	0.8	1.0	痕	25	15	21	10	20
高品位矿	4.7	痕	11	0	35	5	5	1	35

表 4-3-2　连续试验指标

试验矿样	精矿品位 BeO%	回收率，%
堆积矿（1）	12.2	75
堆积矿（2）	21	78.3
高品位矿	25	85.5

（2）其他铍矿的浮选流程。美国于1959年在内华达州发现一个硅铍石-羟硅铍石矿，矿山局组织了小型试验和连续试验。连续试验的规模为23kg/h，三种试料的矿物组成列于表4-3-1。原则流程示于图4-3-12。试验结果列于表4-3-2。

在美国于60年代末开始采用萃取工艺直接从羟硅铍石矿石中提取铍化物之前铍资源公司曾用正浮选工艺处理羟硅铍石粘土矿以生产低品位羟硅铍石精矿，该厂规模为250t/d，细磨原矿经浮选选出云母和长石后，在特制的能产生微泡的浮选机中浮选羟硅铍石，获得的铍精矿品位不高，含BeO3～7%，

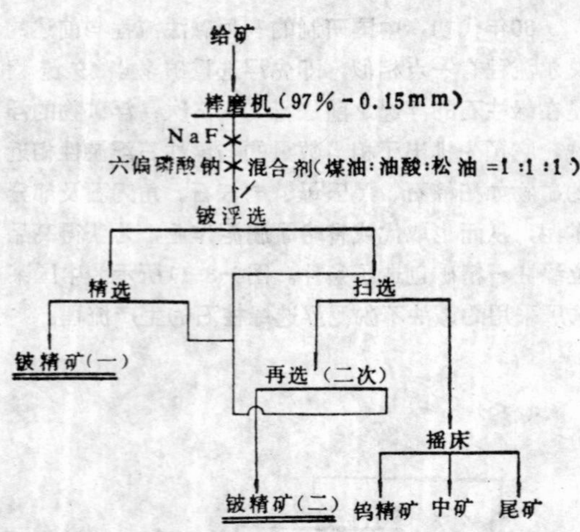

图 4-3-12 选别硅铍石-羟硅铍石矿连续试验原则流程

回收率85%。

3. 锂辉石和绿柱石的分离浮选流程

在伟晶岩矿中，锂辉石和绿柱石常共生，它们的分离是锂铍选矿的一个重大课题。虽然热裂选矿法、重介质选矿法和浮选法在锂矿或铍矿选矿中获得应用，但在工业上锂辉石和绿柱石的分离受到重视和获得成功的方法是浮选法。

60年代中国制定出碱法不脱泥锂铍浮选分离三大流程：

（1）优先浮选部分锂，然后锂铍混选再分离流程。用NaF、Na_2CO_3作调整剂，用脂肪酸皂优先浮选部分锂辉石，添加NaOH和Ca^{++}，再用脂肪酸皂浮选锂辉石-绿柱石，最后将泡沫产品锂辉石-绿柱石用Na_2CO_3·NaOH和酸、碱性水玻璃加温处理后，浮选分离出绿柱石。原则流程示于图4-3-13。

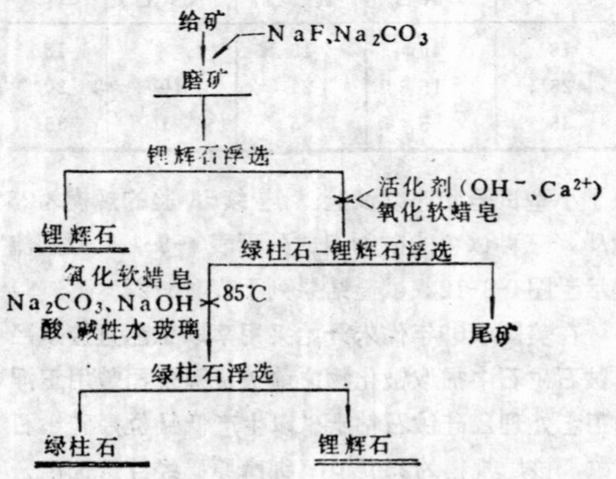

图 4-3-13 优先浮选部分锂后锂铍混选再分离原则流程

（2）优先选铍后选锂。在苏打介质中用氧化石蜡皂和环烷酸皂先进行两次易浮矿物（或称重矿物）的浮选作业，然后在Na_2CO_3、Na_2S和NaOH的高碱介质中，添加氧化石蜡皂、环烷酸皂和柴油浮选绿柱石，浮铍尾矿经NaOH活化，用氧化石蜡皂和柴油浮选锂辉石。原则流程如图4-3-14所示。

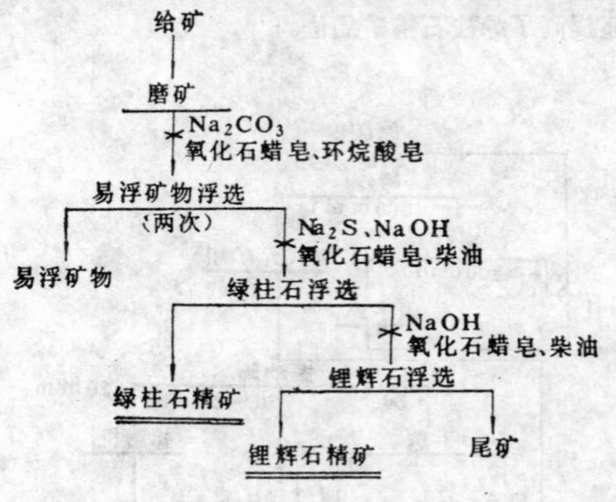

图 4-3-14 优先选铍后选锂原则流程

（3）优先选锂后选铍。在苏打和碱木素（用NaOH溶解木素磺酸盐）调整剂长时间作用的低碱介质中，绿柱石和脉石受到抑制，用氧化石蜡皂、环烷酸皂和柴油浮选锂辉石。浮锂尾矿经NaOH、Na_2S和$FeCl_3$作用，绿柱石受到活化而脉石受到抑制，用氧化石蜡皂和柴油可将绿柱石浮出。原则流程示于图4-3-15。

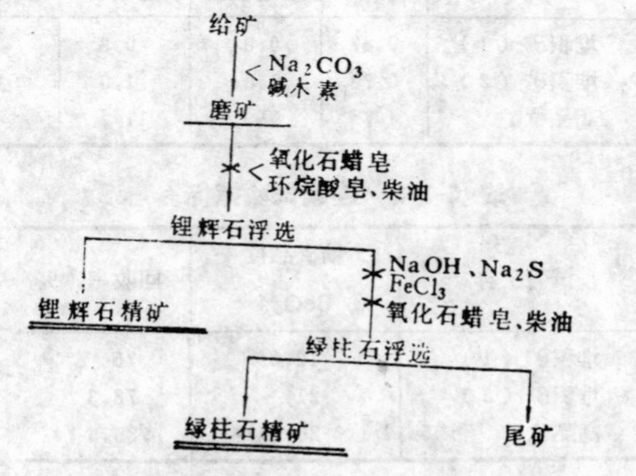

图 4-3-15 优先选锂后选铍原则流程

表 4-3-3 三大流程半工业试验指标

流程类型	原矿品位，%		铍精矿，%		锂精矿，%	
	BeO	Li_2O	品位 BeO	回收率	品位 Li_2O	回收率
（1）优先浮选部分锂、锂铍混选再分离	0.045	0.99	9.62	54.5	5.84	84.4
（2）优先浮选铍，然后再选锂	0.054	0.895	8.82	60.2	6.01	84.6
（3）优先选锂，然后再选铍	0.0457	1.097	8.44	49.9	5.67	84.61

60年代初，用新疆可可托海伟晶岩锂铍矿先后进行了半工业试验，都取得了满意指标(见表4-3-3)。在此基础上设计了中国第一座锂铍钽铌稀有金属选矿厂，采用后两流程分别处理高铍低锂和高锂低铍矿石。

1959年美国的J.S.布朗宁等人利用北卡罗莱纳州金丝山选厂选出了云母和部分锂辉石的尾矿进行了锂铍分离半工业试验。试验规模为1.5t/h，给矿含BeO0.068%，Li_2O0.44%，矿物组成为（%）：绿柱石0.6，锂辉石5.1，云母1.8，长石50.9，石英41.5，其他0.1。

半工业试验按两个方案进行：在碱性介质中用脂肪酸浮选；在酸性介质中用石油磺酸盐浮选。结果表明，后一方案操作易控制，指标较好，副产长石、经济效益高，其流程示于图4-3-16。总药耗 2 kg/t，获得的指标如下：

绿柱石精矿：品位6.4%BeO　回收率76.8%

锂辉石精矿：品位5.9% Li_2O　回收率49.2%

长 石 精 矿：品位98%长石

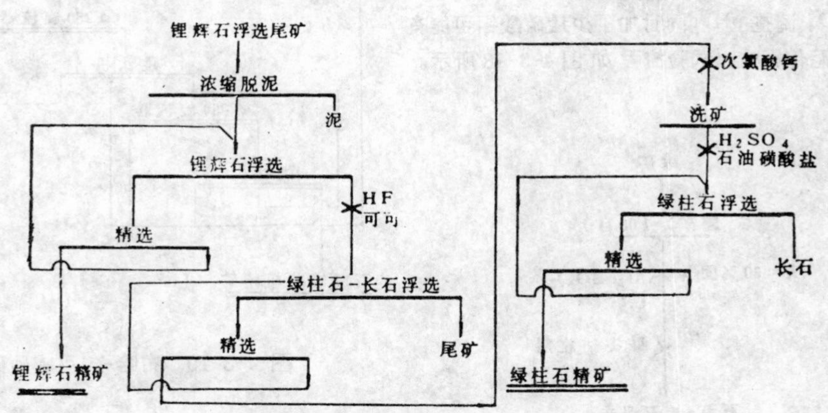

图 4-3-16 酸介质-石油磺酸盐流程

（三）热裂选矿流程

图4-3-17为加拿大一选厂采用热裂法选别锂辉石矿的生产流程。原矿含1.85%Li_2O，选出的锂辉石精矿含4.39%Li_2O，回收率85%。

三、铷和铯的选矿

迄今人们知道的铯矿物有三种，即铯榴石、铯锰星叶石和硼铍锂矿。但没有发现铷的独立矿物。铷和铯常分散在锂云母、光卤石、天河石、钾长石等矿物中。因此处理锂云母、光卤石等矿物时作副产品回收的铷和铯是工业上铷铯的重要来源。中国宜春的锂云母中含有Cs_2O0.2%，Rb_2O1.51%，宜春锂云母精矿不仅是中国提取锂化物的重要原料，同时还是铷和铯最重要的来源。

含铯矿物中最常见的为铯榴石、加拿大、津巴布韦等国都产铯榴石，中国新疆亦有少量生产。

铯榴石的选矿研究开展得不多。由于铯榴石无磁性，密度为 2.68～2.98g/cm³，这些性质与其伴生的大量脉石矿物（如石英、长石）十分相近，难用常规磁选、重选方法达到有效分离。美国矿山局的试验说明，采用反浮选工艺是有希望的。矿山局曾对美国缅因州一铯榴石矿石进行过反浮选试验，

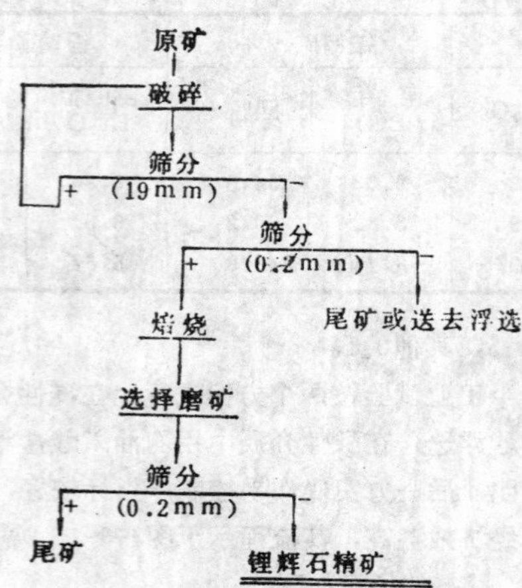

图 4-3-17　加拿大某厂热裂选矿流程

结果从含8.1%Cs的原矿中选出了含Cs达20.4%的铯精矿，回收率86.6%。该工艺是用HF抑制铯榴石，用胺类捕收剂浮选长石和石英等脉石矿物，添加H_2SO_4调整pH，同时加了少量硫酸铝可能有助于减少泥化影响，试验流程如图4-3-18所示。

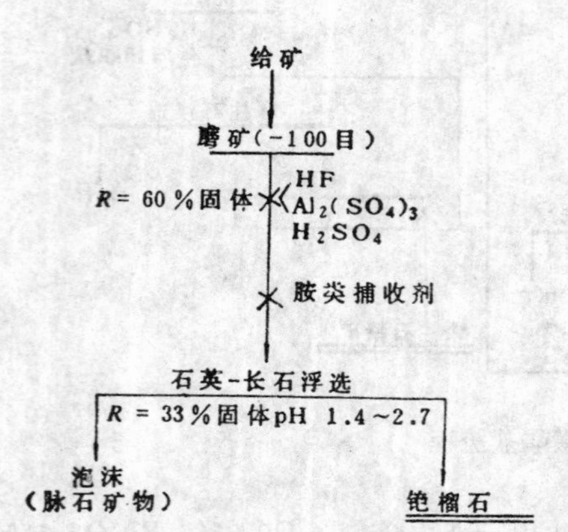

图 4-3-18　铯榴石浮选流程

第二节　钽铌矿选矿

一、钽铁矿、铌铁矿和褐钇铌矿石的选矿

钽铌原矿品位（$(TaNb)_2O_5$）一般为0.01~0.13%，由于品位低，组成复杂，钽铌矿物密度大（>5.3）。性脆易碎等特点，选矿方法一般需要利用多种方法组合，选矿工艺一般分为粗选和精选两部分。

（一）粗选工艺流程

粗选主要是采用重选流程，但个别也有采用重选-浮选-重选或重选-磁选-重选联合流程的。

1．重选流程

（1）跳汰机选别。多用于处理粗、中晶钽铌原生矿和砂矿。如尼日利亚布哈-包可威铌铁矿砂矿，原矿含铌铁矿-锡石平均为0.6kg/m³，个别地区为7kg/m³，采用跳汰机分选，经过一次粗选、二次精选（图4-3-19），获得锡石-铌铁矿粗精矿含锡石44%，铌铁矿11%，回收率锡石为98%，铌铁矿为95%。

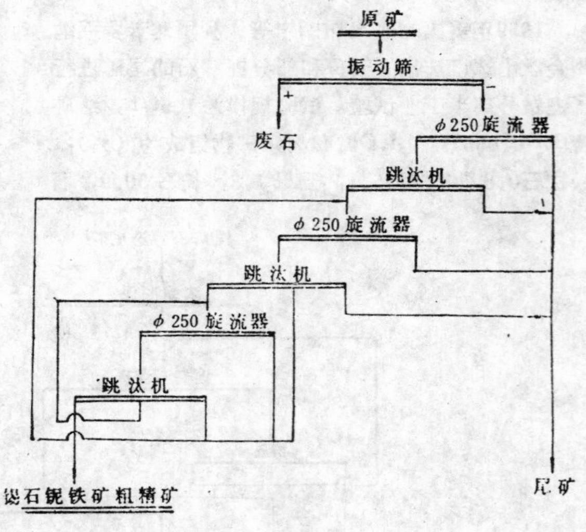

图 4-3-19　布哈-包可威砂矿粗选流程

（2）摇床选别。多用于选别中、小型细粒不均匀浸染的钽铁矿、铌铁矿和褐钇铌矿石。某花岗岩不均匀浸染的钽铌铁矿石含$(TaNb)_2O_5$0.0281%、Sn0.0627%，矿石中主要金属矿物有铌钽铁矿和锡石，共生矿物有毒砂、黄铁矿、黑钨矿、长石、石英、云母等。有用矿物粒晶最大为0.3mm，一般为0.1~0.03mm，经采用两段磨矿的摇床选别（图4-3-20）获得钽铌粗精矿含$(TaNb)_2O_5$0.648%，Sn1.66%，回收率$(TaNb)_2O_5$64.13%，Sn73.58%。

（3）螺旋选矿机（或螺旋溜槽）-摇床选别。此流程将逐步取代用跳汰机和摇床选别流程。

某花岗岩钽铌矿石含（$(TaNb)_2O_5$0.0283%（Ta : Nb = 1/1），Sn0.06%。矿石中主要金属矿物有锰钽铌铁矿、钽金红石、细晶石、锡石。主要

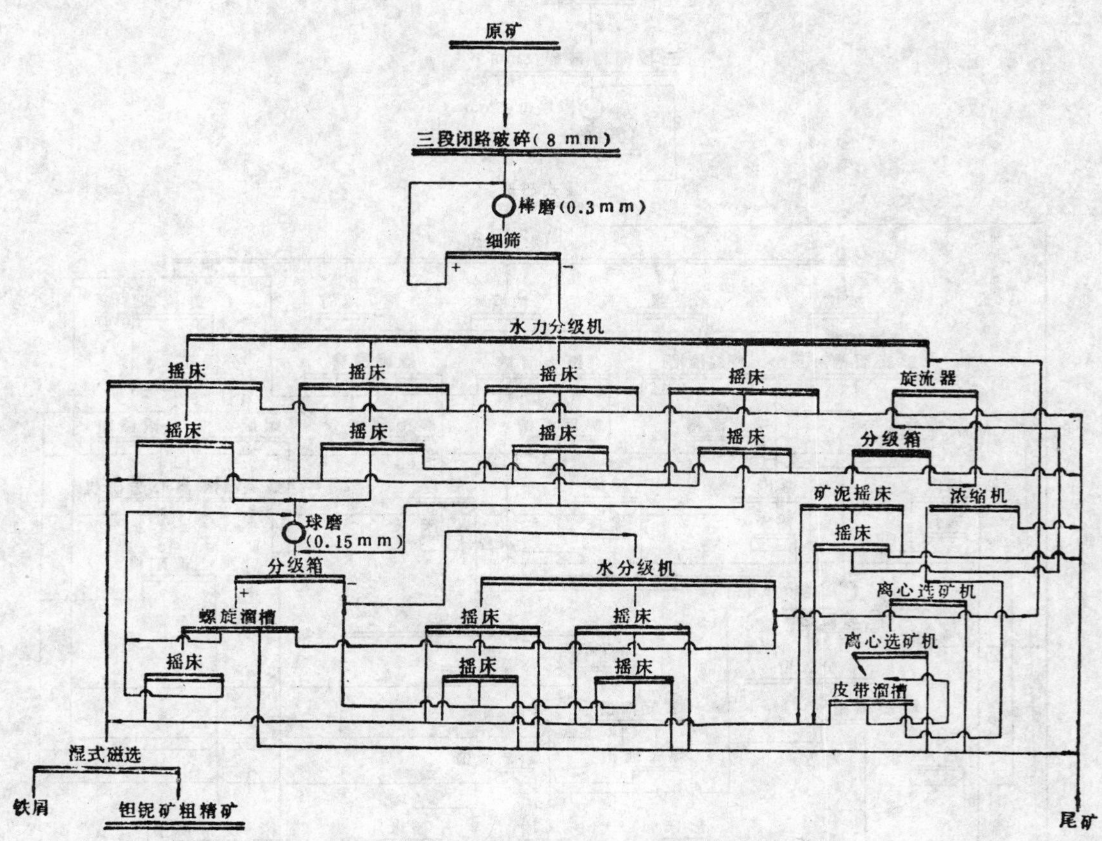

图 4-3-20 含钽铌花岗岩矿石用摇床粗选流程

脉石有长石、石英。钽铌矿物和锡石粒晶最大为0.3mm，一般为0.1～0.03mm。采用两段磨矿的螺旋选矿机或螺旋溜槽-摇床流程（图4-3-21）。获得的钽铌铁矿-锡石混合粗精矿含 $(TaNb)_2O_5$ 1.303％，Sn3.472％，回收率 $(TaNb)_2O_5$63.55％，Sn79.42％。此流程与用摇床粗选流程相比较，选矿技术指标相近，建筑物投资和水电耗均有较大的减少。

2．重选-浮选-重选联合流程

此流程处理钽铁矿-铌铁矿矿石中的粗、细粒级部分，采用螺旋选矿机（含螺旋溜槽）—摇床。处理钽铌细泥部分，采用浮选。浮选前一般先将重选细泥用离心选矿机或小直径旋流器脱除微粒细泥，然后用烷基磺化琥珀酸或苯乙烯膦酸等捕收剂浮选钽铌矿，浮选精矿用横流皮带溜槽，矿泥摇床精选。如伯尼克湖伟晶岩钽矿石含 $Ta_2O_5$0.13％，钽铌矿物主要有锡锰钽矿、重钽铁矿、钽锆矿、钽锡矿、铌钽锑矿和细晶石。采用此流程获得钽精矿含 $Ta_2O_5$38.55％，回收率73％。

钽铌矿浮选药剂：捕收剂用烷基磺化琥珀酸，调整剂用硅酸钠和草酸，pH＝2～3。

宜春钽铌矿重选厂细泥，先经离心选矿机二次选别，离心选矿机精矿浓缩后加入氟硅酸钠，硝酸铅和苯乙烯膦酸，氟硅酸钠不但能强烈抑制硅酸盐矿物，而且在低用量时对钽铌矿还有一定的活化作用。硝酸铅是钽铌矿物浮选的有效活化剂，在pH值6的条件下浮出钽铌精矿，然后将钽铌粗精矿给入横流皮带溜槽或振摆皮带溜槽精选，当给矿含 $(TaNb)_2O_5$0.017％，可获得钽铌精矿含 $(TaNb)_2O_5$15.91％，回收率46.94％的试验指标。

3．重选-磁选-重选联合流程

此流程处理钽铌矿中的粗粒级采用重选，细粒级采用湿式强磁选，强磁选精矿用重选精选。如

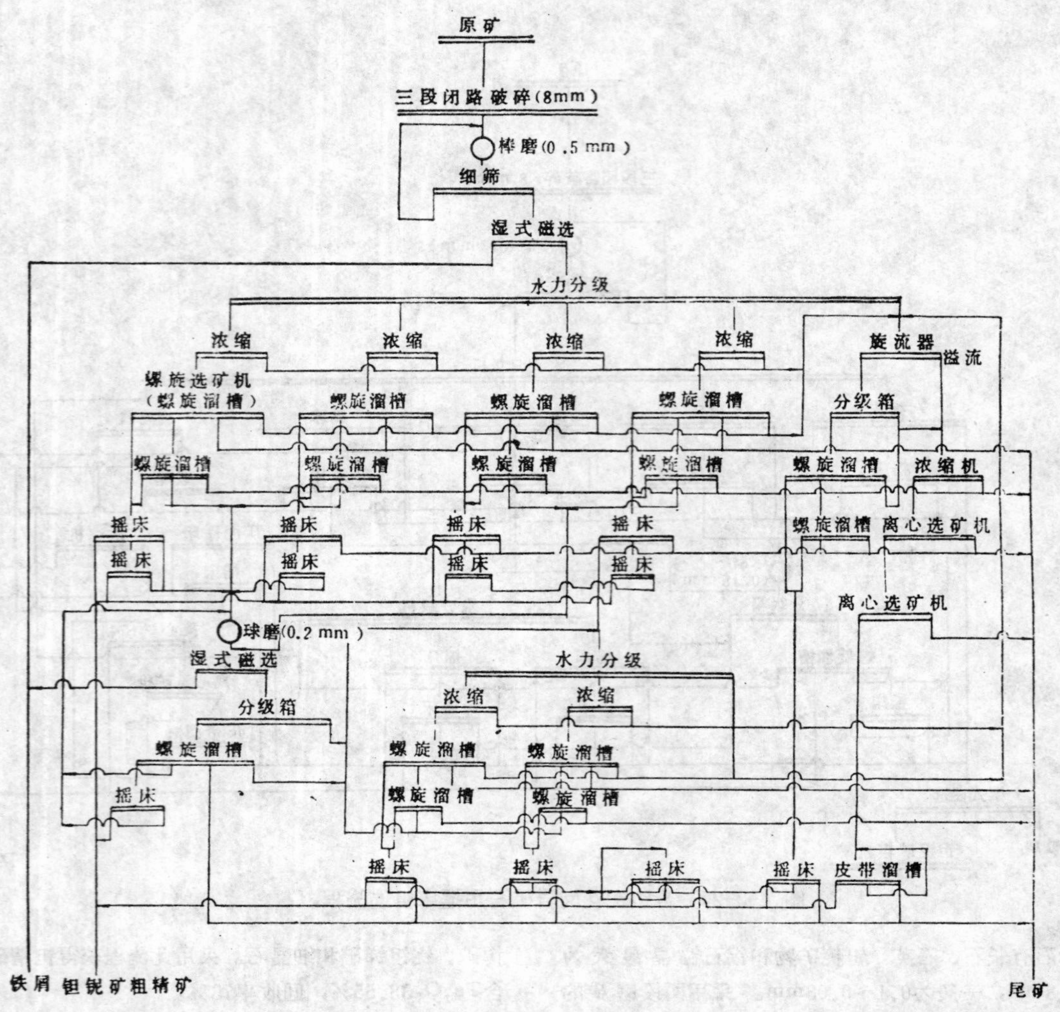

图 4-3-21 含钽铌花岗岩矿石用螺旋选矿机粗选流程

泰美花岗岩风化壳铌铁矿，原矿含$Nb_2O_5$0.029%，共生金属矿物主要有富铪锆石、钍石、磷钇矿。采用此流程获得铌铁矿粗精矿含$Nb_2O_5$7～8%，回收率44.75%。

（二）精选工艺流程

1．黑钨矿-钽铌铁矿混合粗精矿精选

粗精矿含$WO_3$5.344%，$(TaNb)_2O_5$0.273%（Ta：Nb＝1.6 1）。钽铌矿物呈矿物存在的占60%，分散在黑钨矿及石英、长石中的占40%。钽铌矿物主要是钽铌铁矿、细晶石、钨矿物主要是黑钨矿。共生金属矿物有黄铁矿、辉钼矿、菱铁矿。脉石有石英、长石、方解石、石榴石。采用重选－浮游重选-磁选-浮选-水冶联合流程，首先将粗精矿给入水力分级机分成＋0.4，0.4～0.2，0.2～0.1，0.1～0.04mm和－0.04mm五级（图4-3-22）。＋0.4mm物料加入丁基黄药、煤油、盐酸等，在pH值2的条件下浮游重选选出硫化矿和部分钨钽混合精矿。0.4～0.04mm物料给入摇床，－0.04mm物料给入横流皮带溜槽，经摇床和横流皮带溜槽选出的精矿用10%盐酸（固/液＝1/2）搅拌15min，然后加水清洗至pH值5，干燥后给入磁选机选出铁矿物和石榴石。非磁选部分加入硫酸铜，丁基黄药浮出硫化矿（主要是黄铁矿）含Bi2.8%和浮选尾矿分别送水冶处理。

硫化矿氧化浸出铋按图4-3-23将硫化矿给入球磨机磨至100目以下，加入30%盐酸（矿/酸＝1/1），

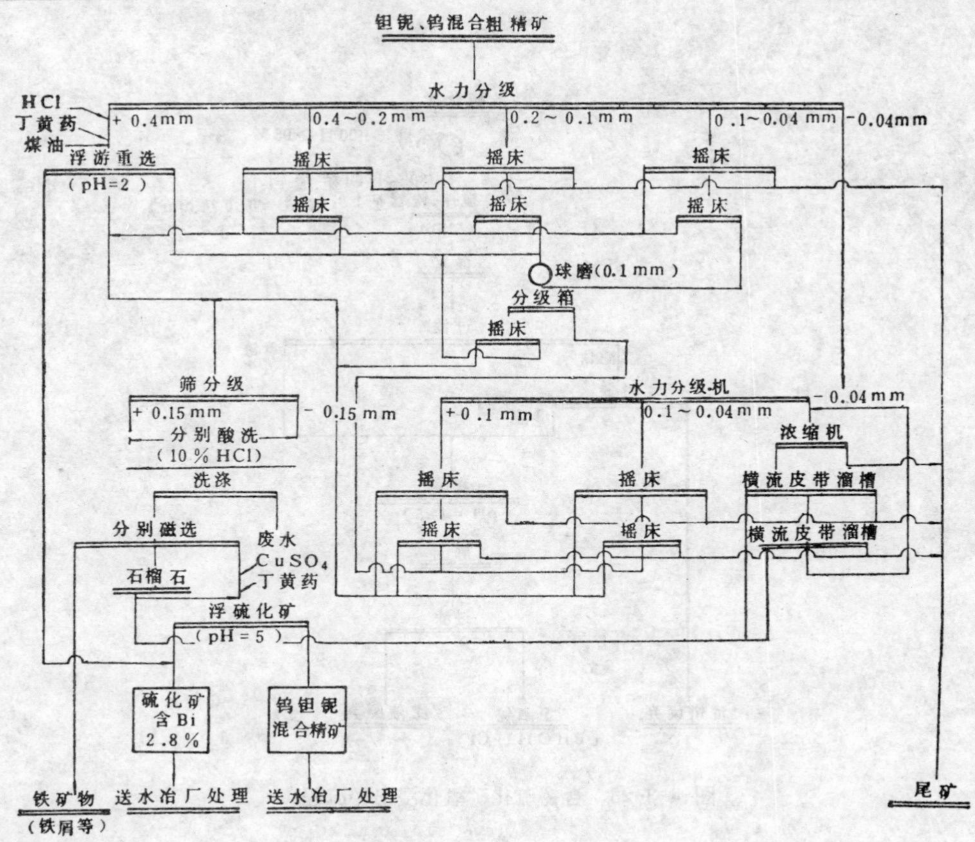

图 4-3-22 白云母花岗岩钨-钽铌矿石重选粗精矿精选流程

4%软锰矿，氧化浸出氯氧铋〔$Bi(OH)_2Cl$〕。

浮选尾矿（钨-钽铌精矿）、含$WO_3$51.43%，$(TaNb)_2O_5$2.78%，按图4-3-24处理。经过磨矿-焙烧-浸出-萃取，获得三氧化钨和人造钽铌精矿。选冶总指标：三氧化钨品位99.5%，回收率79.71%；人造钽铌精矿含 $(TaNb)_2O_5$31～34.53%，回收率59.64～61.70%；氯氧铋含Bi71.2%，回收率67.81%。

2．锡石（含磁性锡石）-钽铁矿、铌铁矿混合粗精矿精选

粗精矿含Sn3.21%，$(TaNb)_2O_5$1.029%（Ta/Nb＝1/1）、$WO_3$0.25%。锡矿物主要是锡石、磁性锡石，钽铌矿物主要是锰钽铌铁矿、铌铁矿、钽金红石、细晶石、钨矿物主要是黑钨矿，其他矿物有闪锌矿、黄铜矿、黄铁矿、毒砂、石英、长石、黄玉等。采用浮选-磁选-重选-电选-焙烧-磁选组合流程（图4-3-25）。粗精矿首先经5%盐酸洗涤，然后加入丁基黄药、2#油，在pH值5～5.5的条件下浮选硫化矿，浮选尾矿给入弱磁选机选出铁矿物，非磁性产品给入强磁选机，分选成磁性和非磁性两部分，磁性部分含钽铌铁矿、磁性锡石、黑钨矿等。经过电选-氧化焙烧（800～900°C1h，磁性锡石的磁性消失）-磁选，分选成钽铌铁矿-黑钨矿与锡石两种产品。钽铌铁矿-黑钨矿送水冶进一步分离。非磁性部分含锡石、细晶石、黄玉、石英、长石等，经过重选-电选分选出锡石与细晶石两种产品。选矿技术指标：锡精矿含Sn55.25%，回收率71.33%，钽铌铁矿-黑钨矿混合精矿含$(TaNb)_2O_5$46.96%，$WO_3$11.27%，钽铌回收率50.17%。

3．钽铌铁矿-锡石-独居石混合精矿精选

粗精矿含钽铌铁矿和锡石占30～45%，并含有不同数量的钛铁矿、磁铁矿、独居石、锆英石、钍

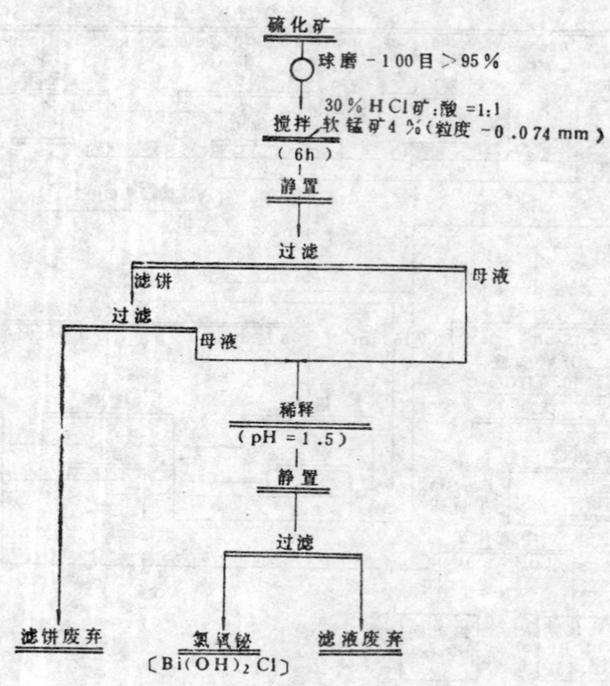

图 4-3-23 含铋硫化矿氧化浸出铋流程

石和黄玉。采用磁选-重选-风力摇床-电选组合精选流程（图4-3-26）。获得钽铌精矿、锡精矿、独居石精矿三种产品。

4．细晶石与锡石分离

粗、中、细粒级采用电选（电压35kV左右）分离。微细粒（-200目）电选效果差，可采用浮选，先用2%盐酸处理15min，然后用烷基硫酸钠（600g/t）作捕收剂，在pH2～2.3的条件下，用氟硅酸钠抑制细晶石，浮出锡石，槽内产品即为细晶石精矿。

5．钽铌铁矿与石榴石、电气石分离

通常采用磁选、电选、浮选。它们的比磁化系数：钽铁矿为2.4×10^{-5}；铌铁矿为2.5×10^{-5}；褐钇铌矿为5.8×10^{-5}。但是，石榴石、电气石的磁化系数是随其中铁的含量多寡而变更。石榴石当Fe_2O_3含量由7%上升到25%时，磁化系数则由11×10^{-6}增加到$124\times10^{-6}cm^3/g$（增加11倍）；电气石当Fe_2O_3含量由0.3%上升到13.8%时，磁化系数则由1.1×10^{-6}增加到$30\times10^{-6}cm^3/g$（增加28倍）。为了提高矿物在磁场中分离的选择性，在磁选前一般先用酸（固/液=1/5）作短时间（5～15min）处理，以清除矿物表面铁质，但长时间搅拌，会降低磁性产品中钽铌铁矿的回收率。

电选分离，先将物料进行窄分级，然后分别加温电选，+0.2mm粒级，一般用低电压（20～3.5kV），大极距（80～100mm），慢转速（转鼓33～38r/min）；-0.2～0.08mm粒级，一般采用高电压（35～45kV），小极距（50～80mm），快转速（转鼓70～118r/min）。

浮选分离，用十六烷基磺酸钠作捕收剂，氟化物作调整剂，可将铌铁矿与石榴石分离。

6．细粒钽铌铁矿-锡石-褐铁矿、赤铁矿-石榴石、电气石混合粗精矿精选

可采用浮选，首先浮出铁，浮铁尾矿经过脱泥洗涤，用硅酸钠处理并加入脂肪酸，浮出大部分石榴石和电气石，浮选尾矿经洗涤除去硅酸钠，加入油酸，浮出锡石、石榴石，槽内产品在碱性介质中浮出钽铌铁矿粗精矿，粗精矿经过3～5次精选，可

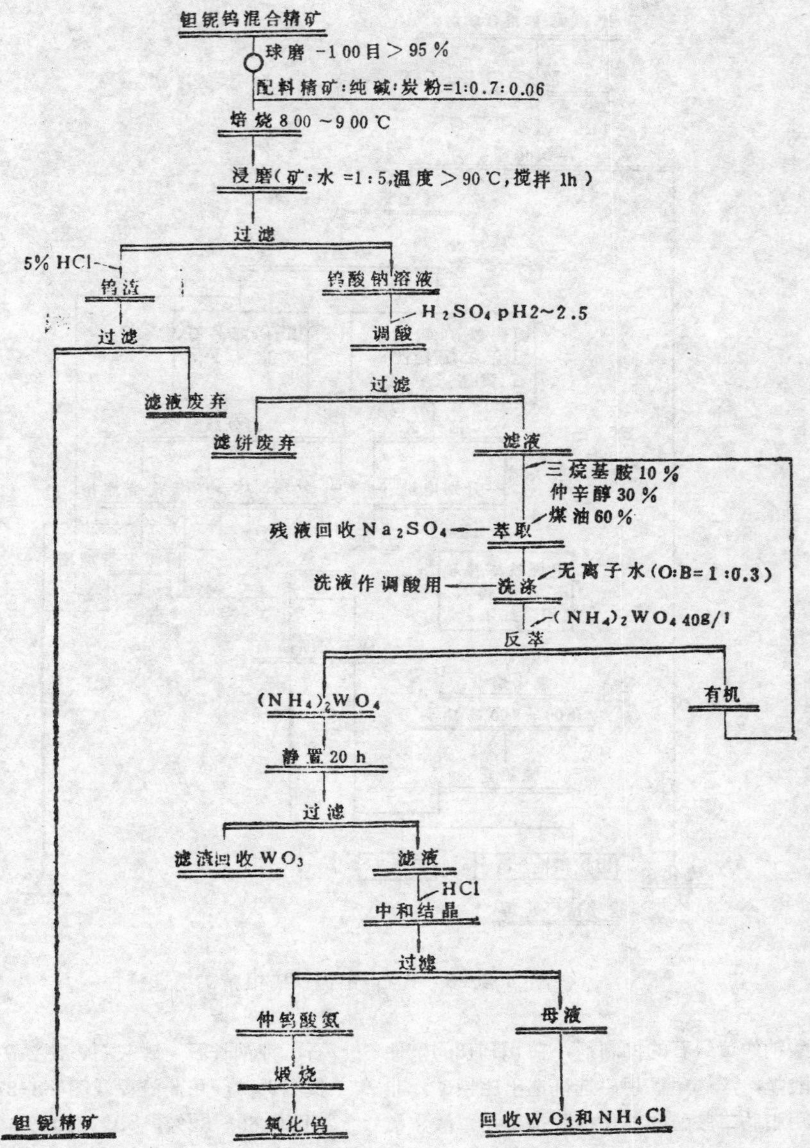

图 4-3-24 钨-钽铌混合精矿水冶流程

获得钽铌铁矿精矿。

二、碳酸盐黄绿石矿石的选矿

碳酸盐黄绿石矿石是铌的极重要工业类型，储量大、品位高（Nb_2O_5含量0.5～3.5%）。铌矿物主要是黄绿石、水钡锶黄绿石，少量的铌铁矿。共生矿物有方解石、白云石、磷灰石、磁铁矿、黄铁矿、钛铁矿等。是当前铌的主要来源。

碳酸盐黄绿石矿石选矿主要采用浮选-磁选-浸出-浮选联合流程。碳酸盐水钡锶黄绿石〔含Nb_2O_5 63.42%，BaO16.51%，$(RE)_2O_3$3.29%，ThO_2 2.34%〕矿石选矿主要采用磁选-浮选-焙烧-浸出。浮选前由于矿泥严重恶化浮选过程，常用水力旋流器脱泥、分级，分别进行浮选。

碳酸盐黄绿石矿石选别。原矿经磨矿、脱泥、分级、粗细粒级分别进行浮选。首先用脂肪酸作捕

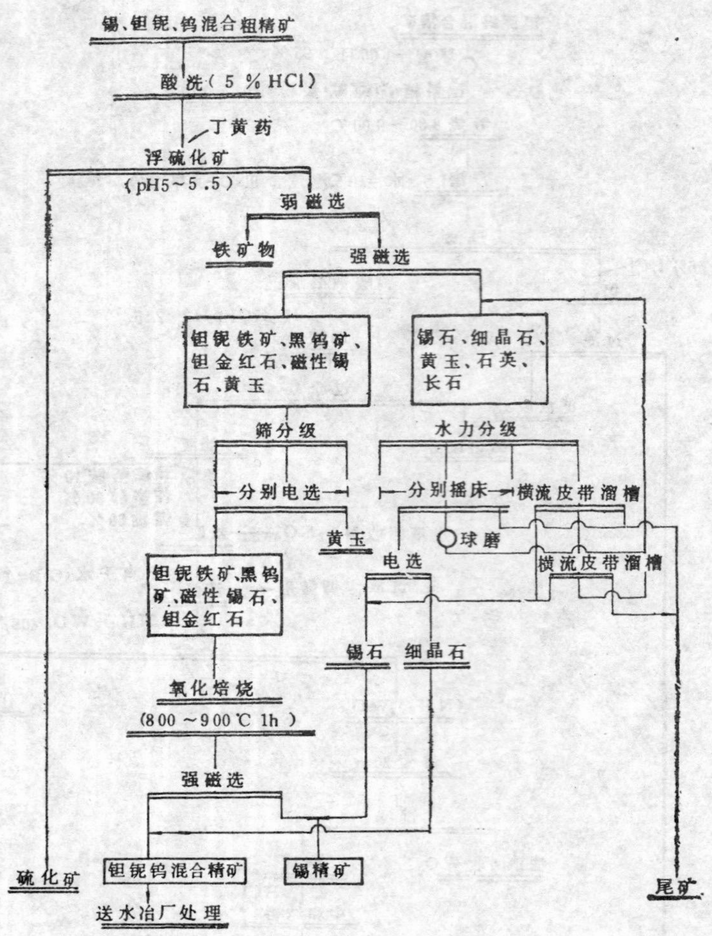

图 4-3-25 锡石-钽铌铁矿粗精矿精选流程

收剂、硅酸钠作黄绿石的抑制剂，在pH值8的条件下浮出碳酸盐，浮选尾矿用磁选机选出磁铁矿，非磁性产品用脂肪二胺醋酸盐作捕收剂，用单酸、氟硅酸作调整剂，在粗选pH值为6.8～7.5，精选pH值为2.7～5.5的条件下浮出黄绿石。黄绿石泡沫产品用氢氧化钠调整矿浆pH值到11，加入木薯淀粉抑制黄绿石，用戊基黄药浮出黄铁矿，浮选尾矿（黄绿石-铌铁矿产品）加入盐酸浸出磷灰石、铁矿物及残余碳酸盐。经过过滤，滤饼给入搅拌槽加硫酸铜活化剩余的硫化矿，加氢氧化钠调整pH值到10.5，用戊基黄绿浮出残余的硫化矿后即为商品铌精矿。圣霍诺雷碳酸盐黄绿石矿，原矿含Nb_2O_5 0.58～0.66%，铌矿物主要是黄绿石，少量铌铁矿，粒晶小于0.2mm，共生矿物有方解石、白云石、钾钠长石、磷灰石、磁铁矿、黄铁矿等。尼奥贝克选矿厂用此流程（图4-3-27），获得铌精矿含$Nb_2O_5$60～62%，$SiO_2$2.02%，S小于0.1%，P_2O_5小于0.07%，铌回收率65～67%。

碳酸盐水钡锶黄绿石矿石的选别。原矿经磨矿、磁选选出磁铁矿，非磁性产品经脱泥、分级、粗细粒分别进行浮选，用胺类阳离子捕收剂浮水钡锶黄绿石，加入一种润湿剂及氟硅酸钠调浆15min，用氟硅酸钠作黄绿石活化剂，用盐酸调整矿浆pH值到2.5～3.5。浮出水钡锶黄绿石精矿，精矿经过滤，滤饼加入25%氯化钙、5%石灰，混匀给入回转窑，在温度800～900°C的条件下进行焙烧、脱除铅、硫。焙烧物料经冷却，用5%盐酸（50%固体浓度）浸出脱磷。采用此流程，可获得铌精矿含

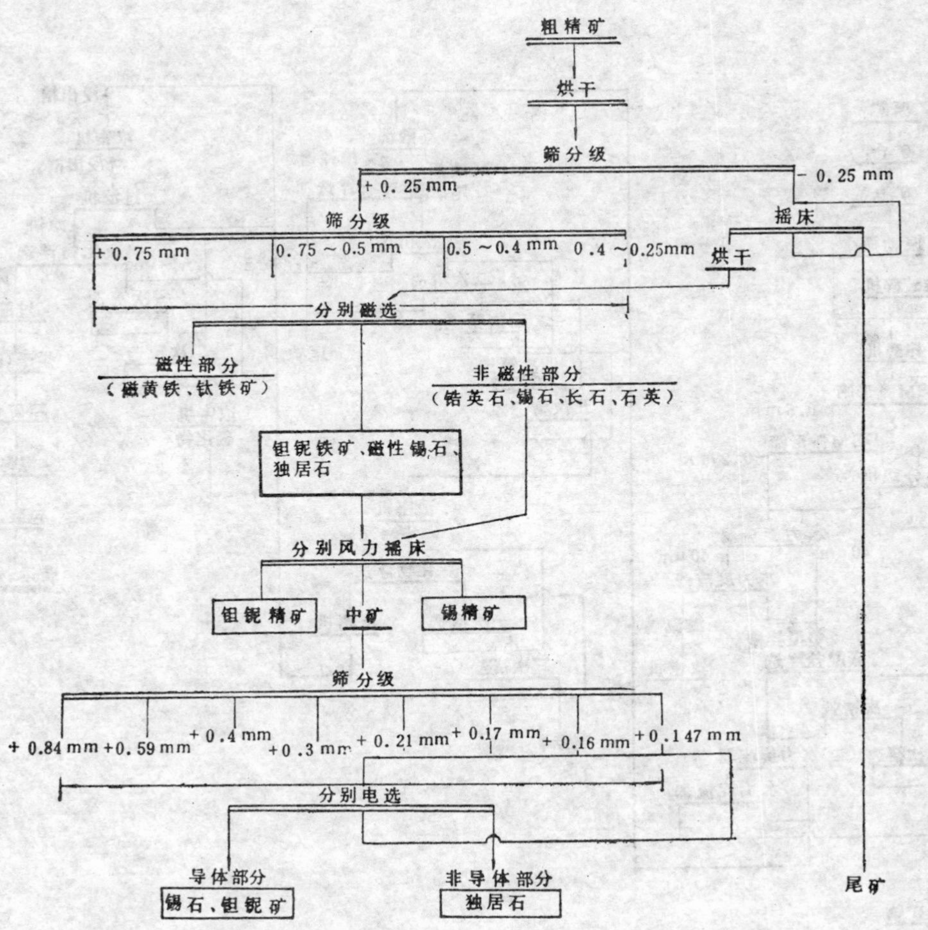

图 4-3-26 钽铌铁矿-锡石-独居石混合粗精矿精选流程

$Nb_2O_5$59～65%，P0.05～0.1%，S0.01～0.05%，Pb0.01～0.05%，回收率70%左右。

三、伟晶岩黄绿石矿石的选矿

伟晶岩黄绿石矿规模不大，品位（Nb_2O_5）一般在0.1～0.3%，铌矿物主要是黄绿石，共生矿物有钠长石、微斜长石、霓石、霞石、磷灰石、锆英石、钛铁矿等。目前由于黄绿石与锆英石分离困难，在工业上仅处理含锆低的粗晶黄绿石矿石。

伟晶岩黄绿石矿石选矿多采用重选-磁浮-浮游重选-电选-浮选-重选联合流程。原矿经磨矿、分级、分别进行重选，重选粗精矿采用浮游重选，加入硫酸和丁基黄药浮出硫化矿，浮硫尾矿加入碳酸钠、硅酸钠、油酸浮出磷灰石，浮磷尾矿加入1～2kg/t含20～25个碳原子长链脂肪酸处理15～20min，经过干燥筛分，分成若干粒级，分别进行电选，可使黄绿石与锆英石分离。

重选细粒粗精矿用浮选，加入碳酸钠、硅酸钠、丁基黄药浮出硫化矿，浮硫尾矿加入油酸浮出磷灰石，浮磷尾矿给入摇床，摇床精矿加入硅酸钠、油酸浮出榍石和石榴石，然后用5%的硫酸进行处理，在pH值2的条件下，加入氟硅酸钠，烷基硫酸盐浮出锆英石，将锆尾矿用摇床分选，可获得黄绿石精矿。某伟晶岩黄绿石矿石含$Nb_2O_5$0.1～0.2%，共生矿物有长石、霓石、云母、锆英石、磁铁矿、黄铁矿、磷灰石等。黄绿石粒晶最大为1～2mm，一般为0.1～0.4mm，采用此流程（图5-3-28），获得黄绿石精矿含$Nb_2O_5$37～40%，回收率50～55%。

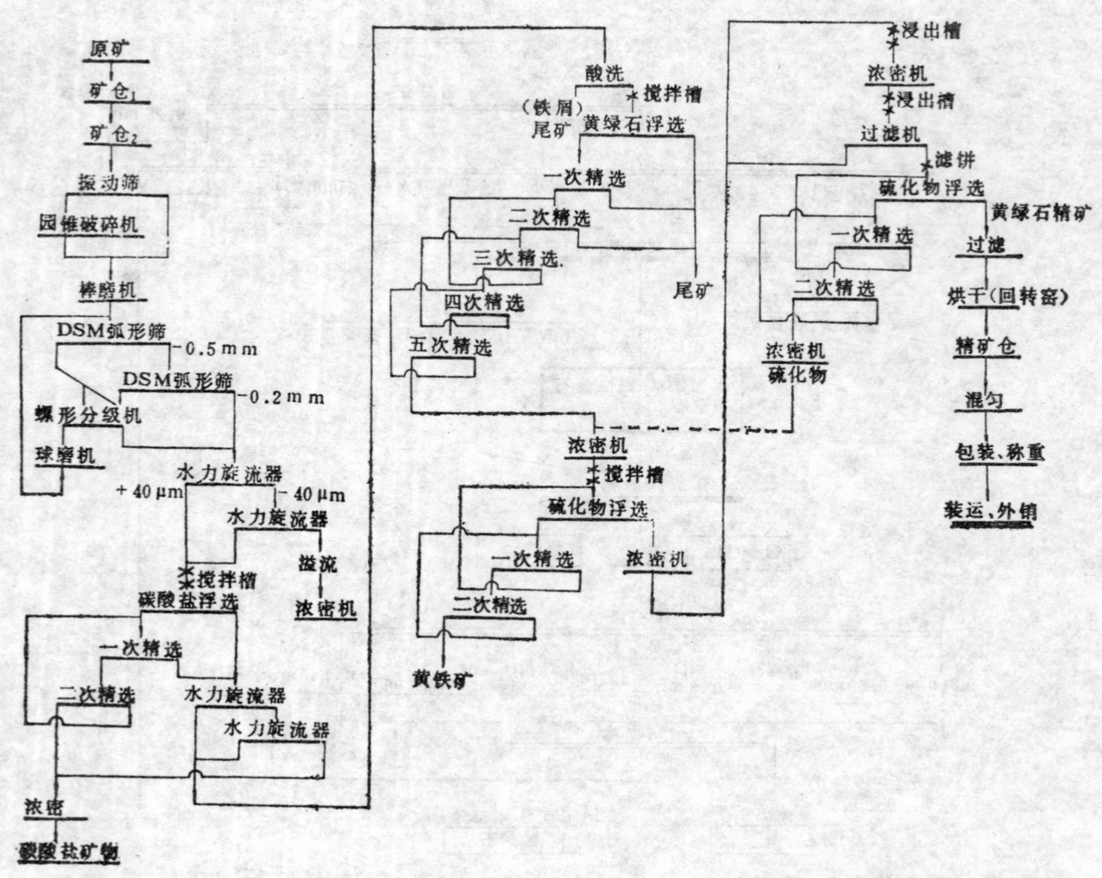

图 4-3-27 尼奥贝克铌选矿厂工艺流程

四、黑稀金矿、钛铌钙铈矿、等轴钽钙石矿的选矿

(一) 黑稀金矿石的选别

黑稀金矿 (Y、Ce、U、Ca、Th)×(Ti,Nb,Ta)$_2$O$_6$主要产于岩浆矿床，气成热液矿床和外生矿床中，规模一般不大，共生矿物有石英、长石、褐钇铌矿、钛铀矿、独居石、磁铁矿、金红石、石榴石等，是综合利用铌、钽、铀、钍、稀土的有价值矿床。

处理细粒嵌布黑稀金矿原生矿矿石，通常采用浮选流程。首先将原矿磨至所需粒度，加入氢氧化钠、硅酸钠、在浓度50%的固体下，搅拌10～15分钟，脱除细泥，然后用氟硅酸钠作云母、石英、长石的抑制剂，用油酸作黑稀金矿的捕收剂，在pH值6～6.5的条件下浮出的黑稀金矿加入氟硅酸钠、硫酸，在pH值4的条件下进行精选，可获得黑稀金精矿。

处理黑稀金矿砂矿，采用重选流程粗选，采用磁选-电选-风力-摇床-重选-化学处理联合流程精选。罗乌曼黑稀金砂矿粗选在采砂船上进行，采用的是跳汰-摇床，选出的粗精矿含黑稀金矿、独居石、铌铁矿、褐钇铌矿、钛铀矿、磷钇矿、磁铁矿、钛铁重红石、石榴石等。其中磁铁矿、钛铁金红石和石榴石占85%。采用流程图4-3-29，获得黑稀金矿-铌铁矿精矿含Nb_2O_5 20～25%，Ta_2O_5 2～5%，U_3O_8 6～10%，ThO_2 1%，REO18～22%。进一步化学处理，提取其中的钽、铌、铀、钍和稀

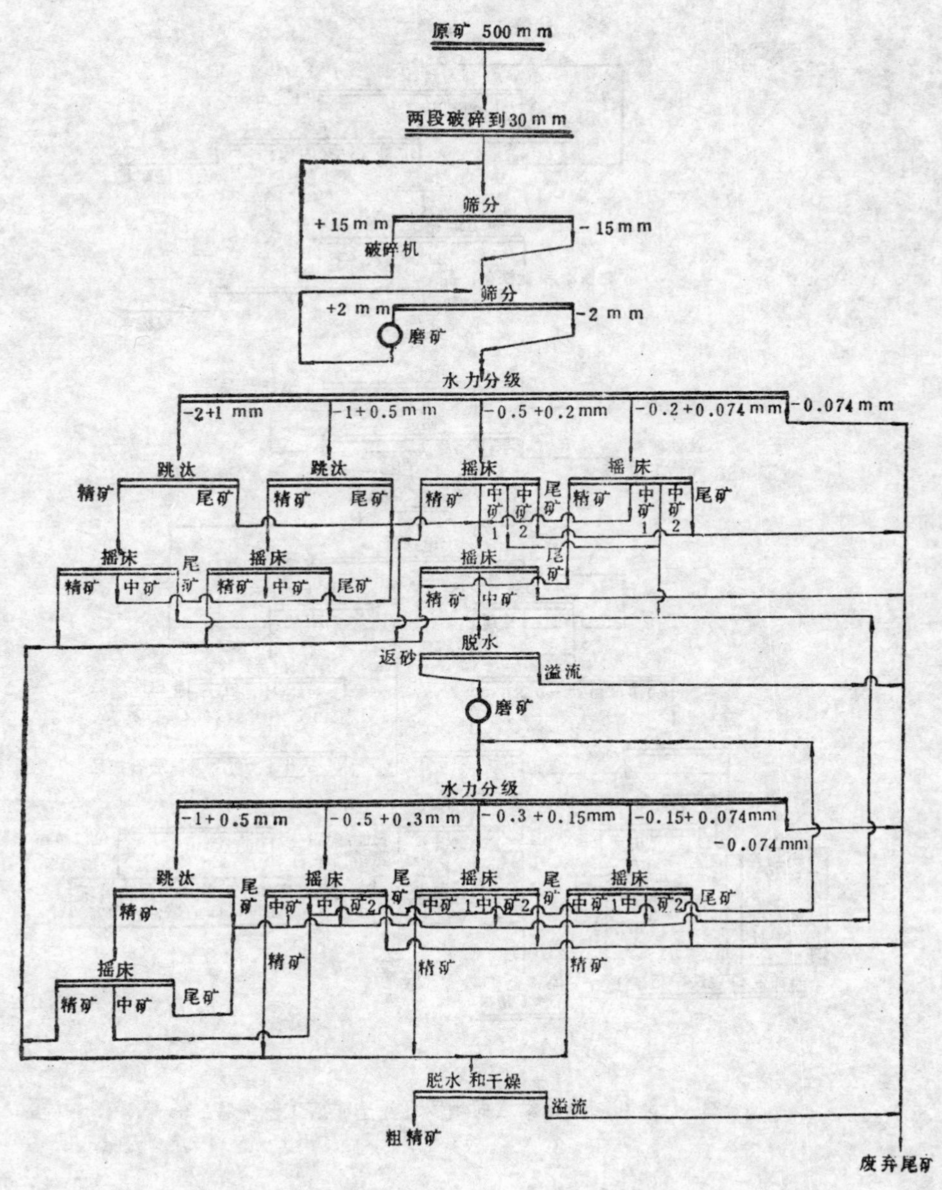

图 4-3-28 伟晶岩黄绿石的选矿工艺流程

土。

(二) 钛铌钙铈矿 (Na, Ca,Sr,Ce)×(Nb, Ti)O_3矿石的选别

钛铌钙铈矿多产于岩浆矿床中，储量大，矿化均匀，是一重要工业类型。共生矿物有霞石、霓石、微斜长石、电气石、磁铁矿等。是综合利用铌、稀土和钛的有价值矿床。

该矿石多采用跳汰机（或螺旋选矿机）-摇床流程（图4-3-30），摇床精矿经过磁选机选出霓石后即为最终精矿，一般含钛铌钙铈矿为89～91%，

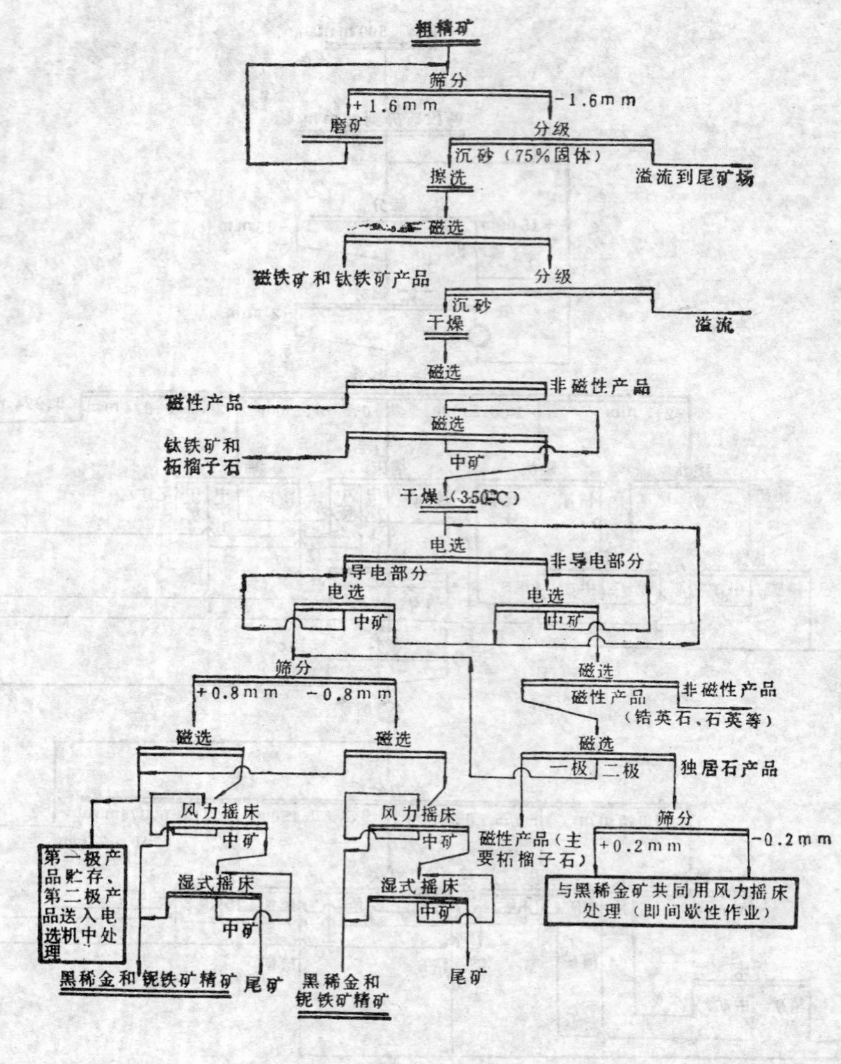

图 4-3-29 美国爱达荷州罗乌曼选矿厂工艺流程

回收率可达70～75%。

（三）等轴钽钙石矿 $(Na, Ca, Th, RE)_2 \times (Nb, Ta, Ti)_2 \times (O, OH, F)_7$ 的选别

该矿多产于碳酸岩和矽卡岩中，是铌的重要工业类型，共生矿物有方解石、白云石、磷灰石、磁铁矿、黑云母、黄铁矿等。等轴钽钙石多呈微细颗粒包裹在磷灰石和方解石中。是综合利用铌、钽、铀、稀土的极有价值的矿床。

选矿工艺流程多采用重选-浮选-磁选-浸出或浸出-重选-磁选联合流程。矿石经过破碎和磨矿，用摇床选别，摇床精矿用浮选选出黄铁矿，浮硫尾矿用磁选机选出磁铁矿和黑云母，尾矿用硝酸浸出，浸出渣即等轴钽钙石精矿。一般含Nb_2O_5约50%，回收率80～90%（图4-3-31）。硝酸钙做肥料。

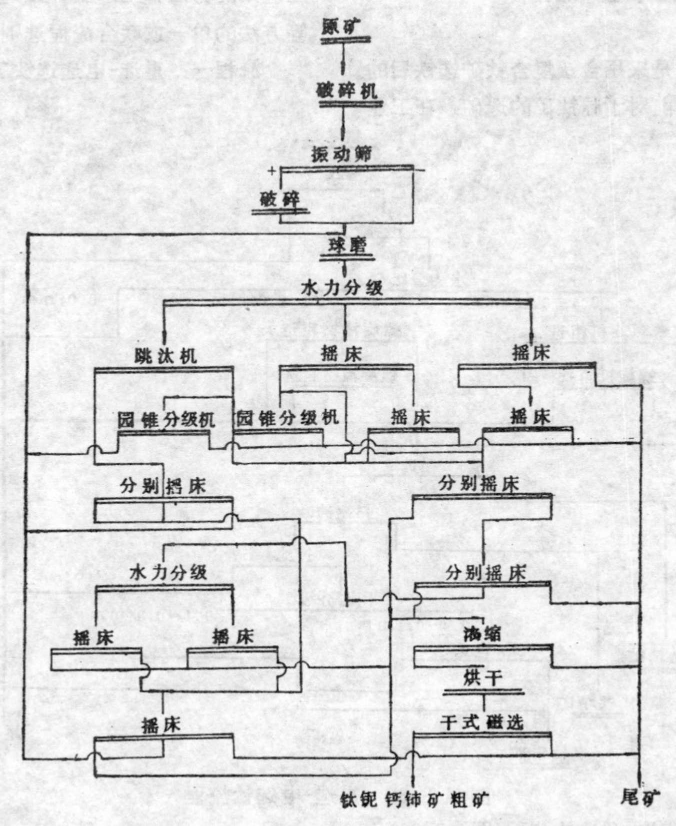

图 4-3-30 钛铌钙铈矿矿石的选矿工艺流程

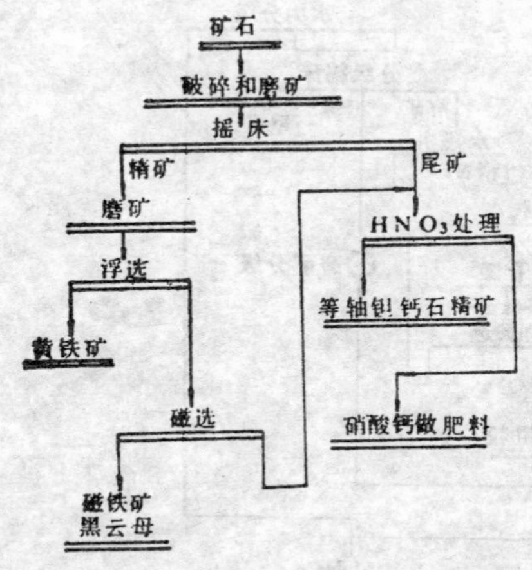

图 4-3-31 等轴钽钙石矿石处理工艺流程

第三节 钛锆矿选矿

一、钛锆矿的选矿

(一) 钛原生矿的选矿

目前工业利用的脉钛矿均系含钛复合铁矿类矿床，为利用其中的钛资源，其选矿工艺流程可分为预选、选铁及选钛三个阶段。

1. 预选

预选先丢弃部分尾矿，达到提高选矿厂处理能力和入选品位以及降低生产成本的目的。预选作业常用的选矿方法及设备有磁滑轮磁选、重介质旋流器及粗粒跳汰机重选等方法。

2. 选铁

对含钛复合铁矿，选铁的目的是获得供炼铁用的铁精矿；对于含钒高的钒钛磁铁矿矿石则是获得供炼铁及提钒的钒铁精矿。

选铁通常采用的是简单有效的磁选法。采用筒筒式、带式湿式弱磁场磁选机选出磁铁矿精矿，磁选尾矿即为综合利用钛的原料。

有的矿石由于铁、钛矿物间呈致密共生状态产出，采用选矿方法不能将其进行有效的分离，则采用重介质选矿法，选出铁钛混合精矿，直接进行熔炼，生产出高纯生铁及钛渣产品。

3．选钛

脉钛矿钛的回收是采用含钛复合铁矿选铁后的尾矿为原料进行。目前对于脉钛矿的选矿，在工业上应用的方法有重选法、磁选法、电选法及浮选等方法的单一或联合流程选别。典型流程如下：

流程一：重选-电选选钛工艺流程(图4-3-32)。

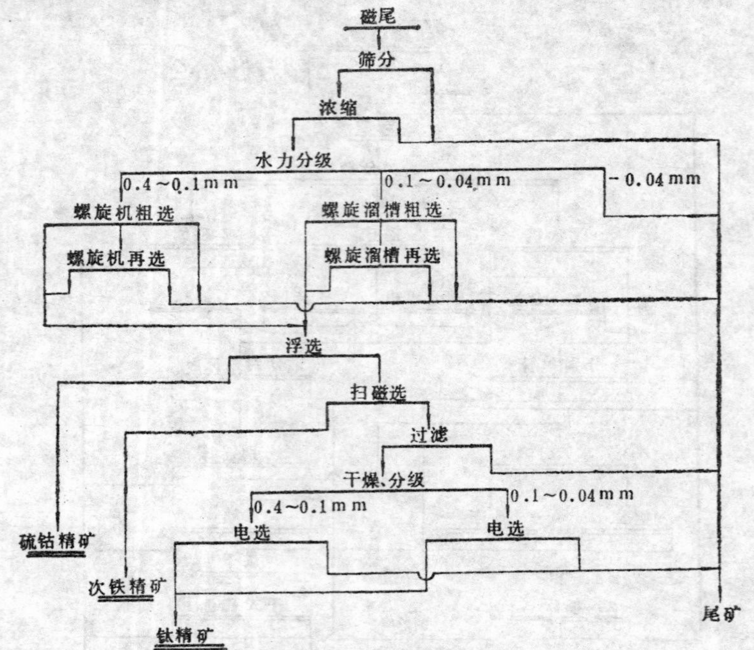

图 4-3-32 重选-电选钛流程

流程二：重选-磁选-浮选钛流程(图4-3-33)。

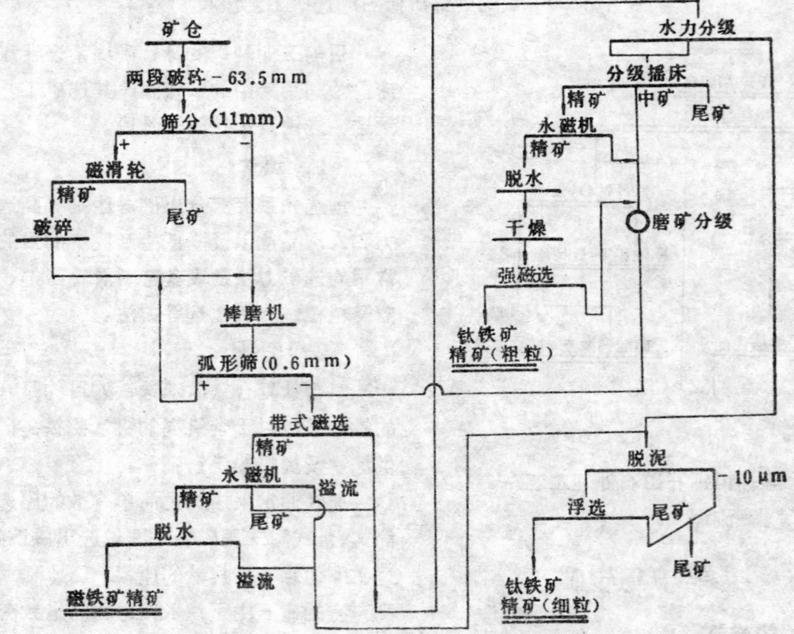

图 4-3-33 重选-磁选-浮选钛流程

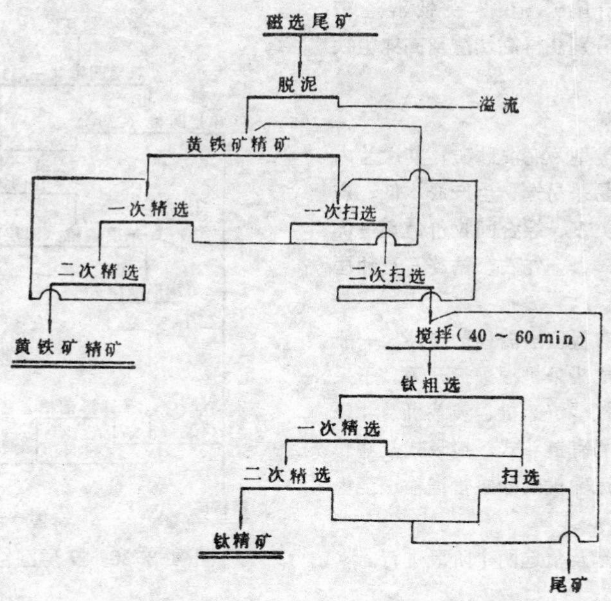

图 4-3-34　钛浮选工艺流程

流程三：钛浮选流程。

图4-3-34所示的浮选法选钛工艺流程。原矿入选厂，经破碎、粗选预先丢弃部分尾矿后，粗精矿经磨矿分级，然后先采用磁选法选出磁铁矿精矿，磁选尾矿进入钛浮选流程后，先浮选脱硫，选出黄铁矿精矿、脱硫尾矿经搅拌，一次粗选，二次精选及一次扫迸，获得合格钛精矿及尾矿。

流程四：重选-焙烧-熔炼流程（图4-3-35）

该工艺适用于铁、钛矿物致密共生嵌布，采用常规选矿方法不易将其有效分离的矿石类型。该工

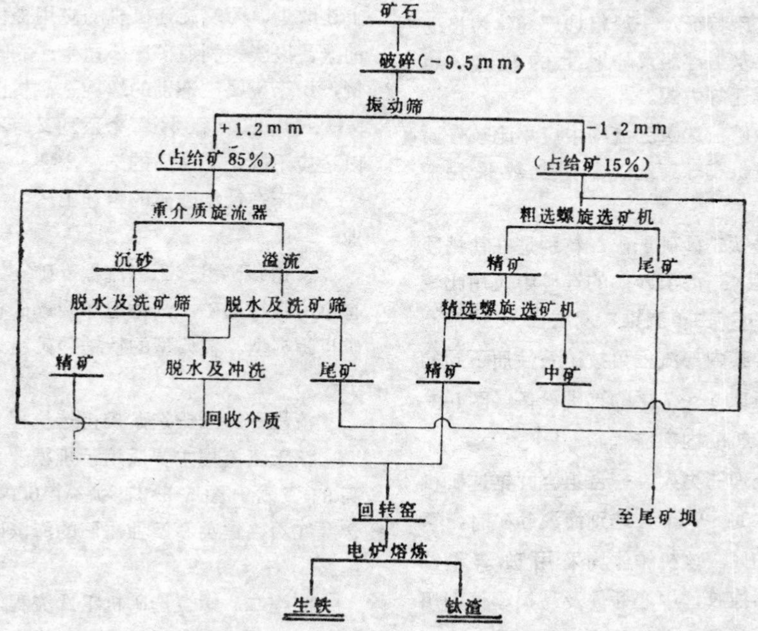

图 4-3-35　重选-焙烧-熔炼流程

艺特征是采用重选法丢弃尾矿，获得铁钛混合精矿，然后经焙烧、熔炼分别获得高钛渣及高纯生铁两种产品。

（二）钛锆砂矿选矿

钛锆砂矿主要矿床类型为海滨砂矿，其次为内陆砂矿。钛锆砂矿具有易采易选、生产成本低、产品质量好、伴生矿物种类多、综合回收价值大等优点。是目前世界上钛铁矿、金红石、锆英石及独居石等矿产品的主要来源。

钛锆砂矿床除少数有覆盖层需经剥离外，一般不需剥离即可采用干采或船采机械进行开采。干采用的采矿机械有：推土机、铲运机、装载机及斗轮挖掘机等；船采所用采船有链斗式、搅吸式及斗轮式三种。采出矿经皮带运输机或砂泵管道输送至粗选厂进行选别。

钛锆砂矿选厂分粗选及精选两个阶段进行。

1．粗选

采出矿送到粗选厂首先经过除渣、筛分、分级、脱泥及浓缩等必要的准备作业，然后给入粗选流程进行选别。

粗选的目的是将入选矿石按矿物密度不同进行分离，丢弃低密度脉石矿物（尾矿），获得重矿物含量达90%左右的重矿物混合精矿，作为精选厂给料。

粗选厂一般与采矿作业纳为一体，组成采选厂。为适合砂矿矿床特征，一般粗选厂均建为移动式，其移动方式有水上浮船及陆地上的轨道、履带、托板及定期拆迁等方式。

目前，钛锆砂矿粗选工艺流程中应用比较普遍的设备是圆锥选矿机和螺旋选矿机，少数采用摇床。

圆锥选矿机是钛锆砂矿选矿，特别是在钛锆砂矿的主要矿床类型——海滨砂矿的选矿中应用比较普遍。该机直径2m，由单层锥、双层锥及尖缩溜槽三种组件组成，其内部流程可按矿石性质不同的选别需要，随意组成5～7层的选别设备。图4-3-36为7层圆锥选矿机的内部流程。

圆锥选矿机处理能力大，一台组合圆锥选矿机每小时处理量可达60～90 t，选别海滨砂矿时，重矿物回收率可达90%。该机锥体均采用玻璃钢制造，表面衬聚胺脂橡胶，中心插件及易损零件则用聚胺脂橡胶铸造，使用寿命可长达五年以上，而且操作方便，调整灵活。

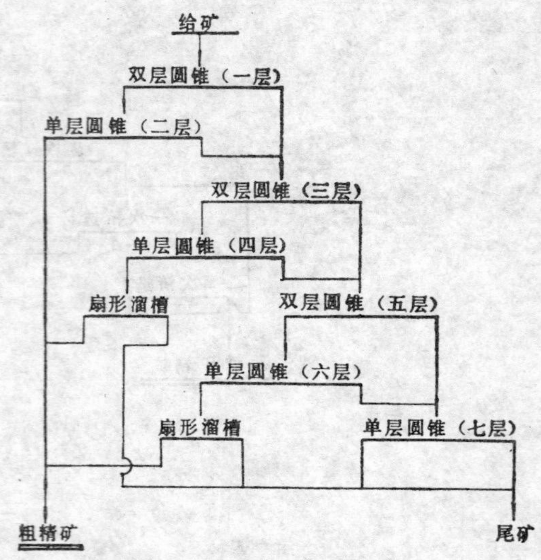

图 4-3-36 7层圆锥选矿机内部流程

螺旋选矿机经长期的生产实践证明，该设备是简单有效的重选设备之一。通常被用于规模较小的选厂，以及圆锥精矿的再精选作业中。

近年来玻璃钢制造的螺旋选矿机，表面喷涂聚胺脂橡胶，重量轻，使用寿命长，螺旋断面形状作了改进，使处理量提高了三倍，大部分型号不需要加冲洗水，富集比进一步提高，提高了分选效果。上述改进，为螺旋选矿机的应用提供了更加广阔的前景。以澳大利亚矿床公司生产的螺旋选矿机为例，用于金属矿选别的螺旋选矿机已有WW、LG、MG、HG四个系列，每个系列又有不同型号产品，以适应不同矿石性质的选矿需要。

摇床在钛锆砂矿的粗选工艺中主要用于精选作业。

钛锆砂矿粗选工艺流程依矿石性质而异，主要有单一圆锥选矿，圆锥配螺旋选矿机，单一螺旋选矿机等类型。较典型的钛锆砂矿粗选流程列举如下：

流程一：圆锥选矿机粗选流程（图4-3-37）。

该工艺流程主要适用于规模较大及重矿物含量高的资源。图5-3-37为一个600t/h采选厂选别含金红石、锆英石及独居石的海滨砂矿的生产流程。

流程二：螺旋选矿机粗选流程（图4-3-38）。

该工艺流程多用于生产规模小于200t/h以下采选厂。图4-3-38为60t/h，选别含钛铁矿、锆英石、

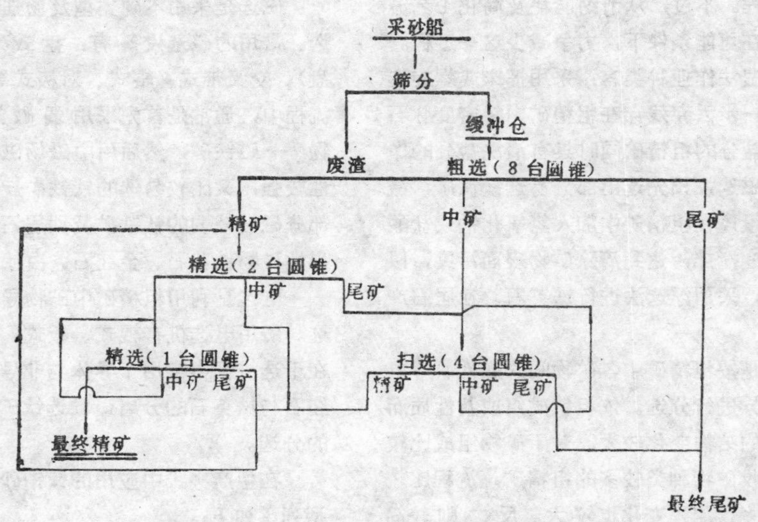

图 4-3-37　圆锥选矿机粗选流程

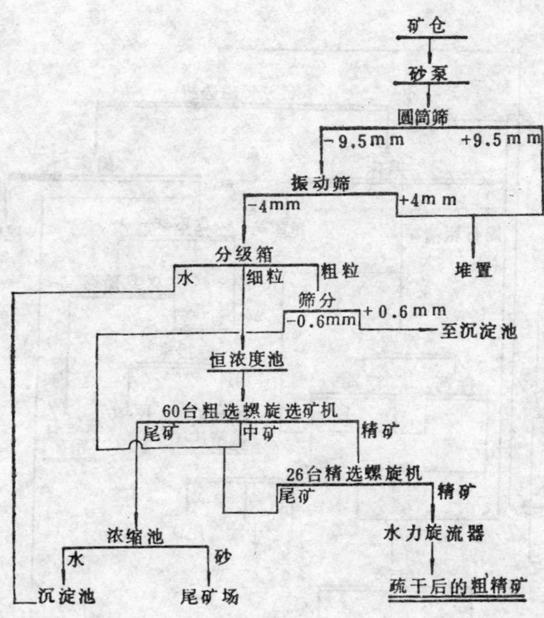

图 4-3-38　螺旋选矿机粗选流程

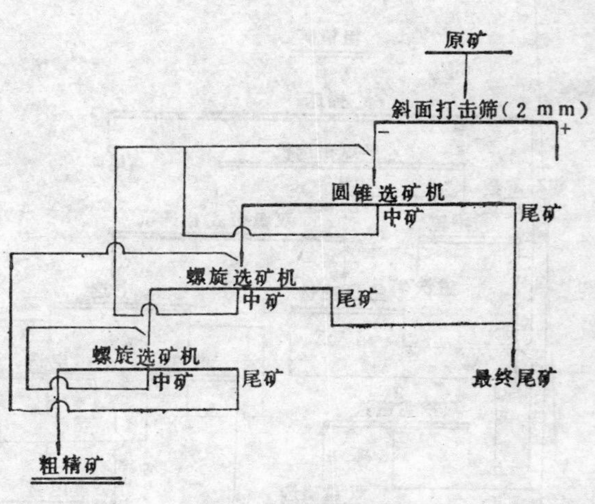

图 4-3-39　圆锥及螺旋选矿机组合粗选流程

独居石、金红石、白钛石的海滨砂矿粗选流程。粗精矿重矿物品位93～98%，重矿物回收率90%左右。

流程三：圆锥及螺旋选矿机组合粗选流程（图4-3-39）。

该工艺流程有比较广泛的适应性，它既发挥了圆锥选矿机处理量大，回收率高的优点，又发挥了螺旋选矿机富集比高的优点，使粗选的精矿品位和回收率均可保持较佳效果。同时，流程配置及设备选择也比较灵活方便。图5-3-39为日处理能力1500t采选厂选别含钛铁矿、锆英石、独居石等海滨砂矿生产流程。粗精矿品位$TiO_2$35～37%，回收率$TiO_2$75～80%。

2．精选

精选厂一般为固定式。采选厂所获得的粗精矿采用汽车、火车或管道输送到精选厂处理。精选作业大体上可分为湿法及干法两个阶段，以干法作业为主。根据粗精矿性质，在精选工艺的前段，通常采用部分湿法作业，有时在精选过程中还有干法、湿法交替的过程。不过，从节约能耗及简化工艺流程角度考虑，在可能条件下，力争减少这一过程。

精选厂的湿法作业种类有：采用摇床或螺旋选矿机重选，进一步丢弃残存在粗精矿中轻密度脉石矿物，对于含盐分的粗精矿同时具有清洗盐分的作用；采用湿式磁选，预先选出部分易选钛铁矿，减少干选入选矿量；在粗精矿中加入氢氧化钠或盐酸等，进行高浓度搅拌，达到清除矿物表面污染，以提高精选效果；采用浮选法进行锆英石、独居石产品的精选。

干法精选是按粗精矿中各矿物间的磁性、导电性、密度等差异进行分选。依粗精矿组成及性质而异，干选流程的结构变化较大。对于矿物组成比较复杂，综合回收矿物种类较多的粗精矿，流程比较复杂，作业较多，流程变化也较大。反之则较简单。

磁选是采用不同类型及场强的磁选机进行分选。常用的磁选设备有：盘式（单盘、双盘、三盘）、交叉带式、辊式、对极式等磁选机，在干选流程中，通常是首先采用弱磁选分选出强磁性矿物——磁铁矿，然后用中磁场磁选机选出大部分磁性较强，又比较易选的钛铁矿产品。强磁选则用于部分磁性较弱的钛铁矿及独居石的选别，以及与非磁性矿物锆英石、金红石、白钛石等矿物的分离。

电选是利用粗精矿中矿物导电性的差异进行分选。所用电选机有辊式、板式、筛板式三种。电选在干选流程中常用于导体与非导体矿物的分组，金红石与锆英石的分离，难选钛矿与锆英石、独居石的分选。

在生产实践中应用的钛锆砂矿精选流程主要类型列举如下：

流程一：

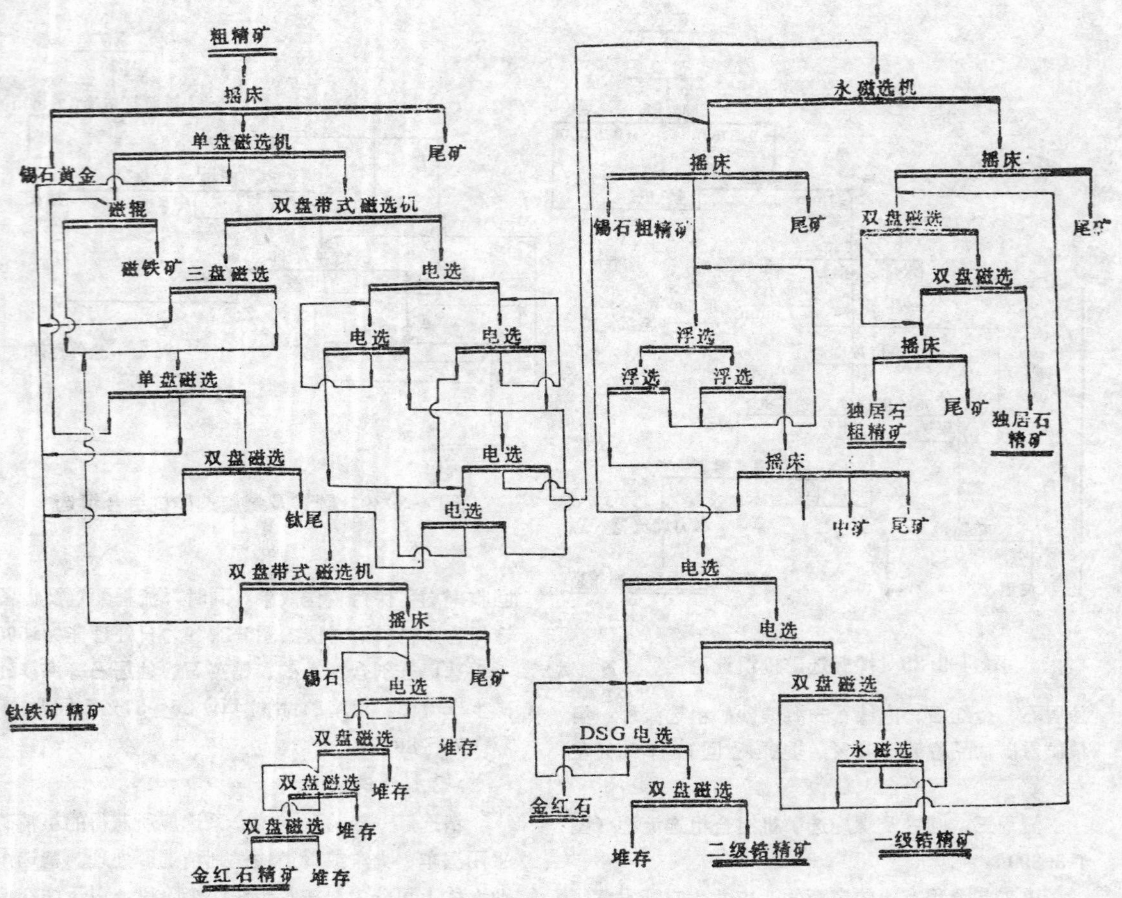

图 4-3-40 精选流程一

该流程用于含钛铁矿、锆英石、独居石、金红石、锡石、黄金等海滨砂矿粗精矿的精选。流程特点是预先重选丢弃轻密度脉石，同时接取出高密度矿物——黄金、锡石的粗精矿。摇床粗精矿烘干后以干式磁选法为主回收钛铁矿精矿，磁选尾矿采用电选将导体与非导体分组，导体部分采用重选及强磁选回收金红石，非导体部分再采用强磁选精选，将锆英石与独居石分离，磁性部分经重选、磁选得出独居石产品，而非磁性部分经重选、浮选、电选、磁选获得锆英石精矿。详细流程见图4-3-40。

流程二：

该流程是选别含钛铁矿为主并综合回收锆英石、独居石、金红石、锡石、黄金等矿物的海滨砂矿精选流程。该流程特点是粗精矿经烘干、筛分除渣后，先用磁选法回收钛铁矿，磁选尾矿再用重选法丢弃低密度尾矿及将重矿物在摇床选别中初步分组。摇床精矿带产品采用强磁选分离，非磁性产品用电选结合强磁选精选，获得锆英石精矿。磁性产品采用磁选精选，获得独居石精矿。锆英石电选精选尾矿与摇床中矿合并，先用浮选回收锆英石，浮选尾矿经重选富集，并回收黄金、锡石，其余部分产品再用电选法、磁选法精选获得金红石精矿。该流程详见图4-3-41。

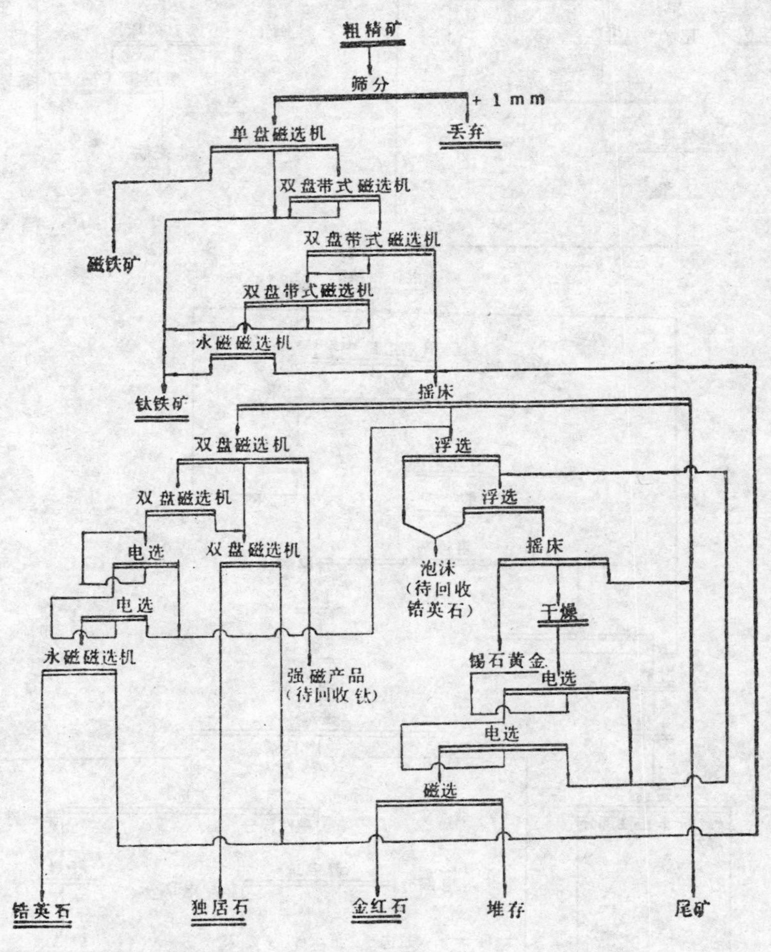

图 4-3-41　精选流程二

流程三：

该流程是选别以钛铁矿为主，综合回收独居石、锆英石、白钛石的海滨砂矿粗精矿精选流程。流程特点是采用干式磁选机首先选出钛铁矿精矿，采用筛板式电选机及风力摇床分选出蚀变钛铁矿。选钛铁矿和蚀变钛铁矿的尾矿再经螺旋选矿机富

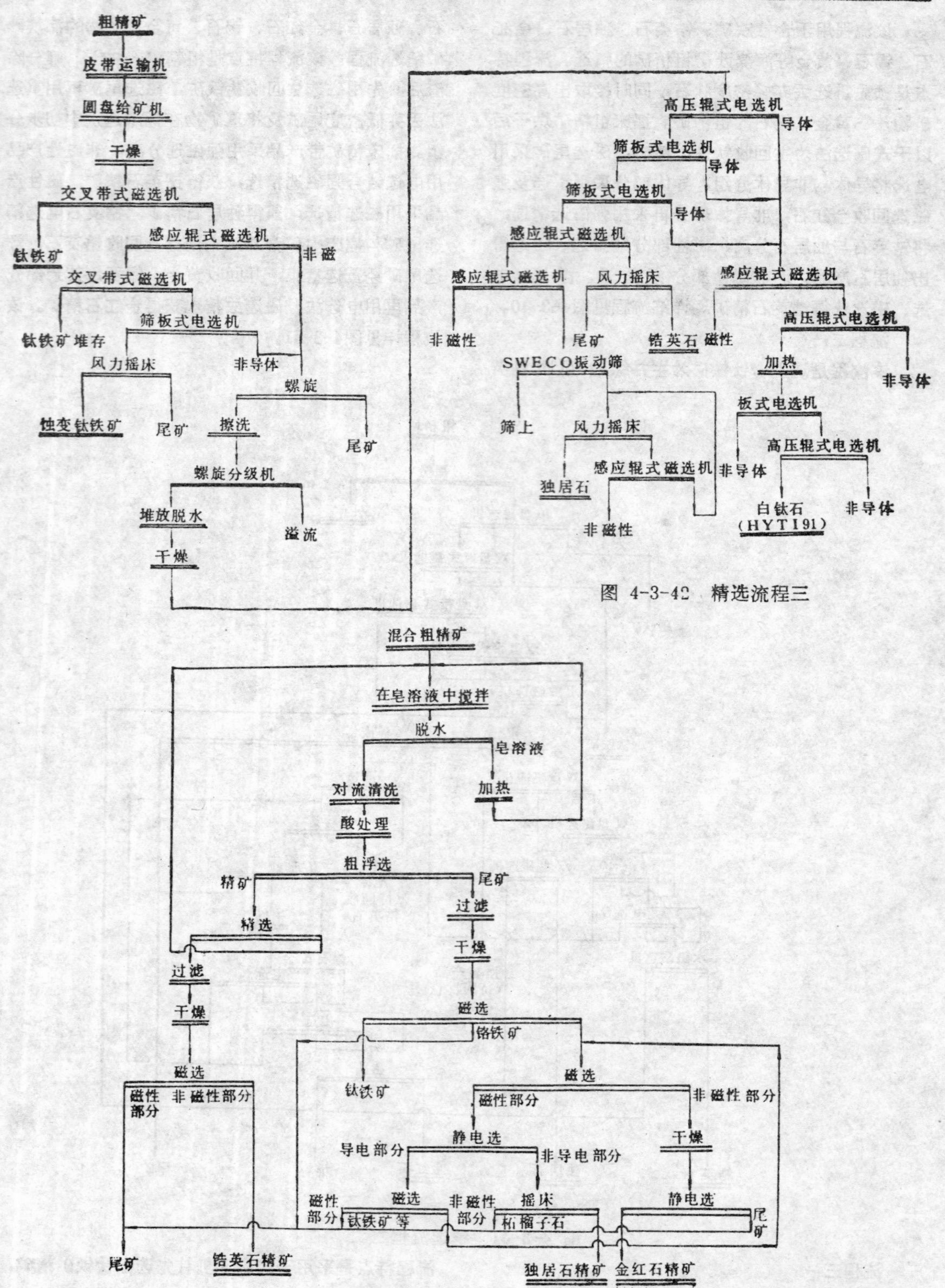

图 4-3-42 精选流程三

图 4-3-43 精选流程四

集，丢弃尾矿，其精矿经擦洗干燥后再用电选机分成导体及非导体两部分。非导体部分用强磁选分离，磁性产品经磁选及风力摇床精选获得独居石精矿，非磁性部分经风力摇床精选，获得锆英石精矿。导体部分经辊式及板式电选机精选，获得白钛石精矿。该流程详见图4-3-42。

流程四：

该流程是选别含锆英石为主，综合回收独居石、金红石的工业生产流程。其特点是将粗精矿先用皂液及酸洗，采用浮选选出锆英石粗精矿，经干燥磁选获得锆英石精矿。浮选尾矿采用磁选、电选、摇床精选，分别获得独居石及金红石精矿。该流程详见图4-3-43。

二、钛锆精矿的产品质量标准

钛锆精矿产品质量，目前尚无国际通用标准。

表 4-3-4 中国钛精矿国家标准

类别	用途	级别		化学成分，% TiO_2	杂质含量 P	S	CaO+MgO	Fe_2O_3	粒度 mm
砂矿钛铁矿精矿	人造金红石、钛铁合金、高钛渣、电焊条	一级品①	一类	52	0.030	—	0.5	—	—
			二类	50	0.025	—	0.5	—	
		二级品		50	0.030	—	0.5	—	
		三级品		49	0.040	—	0.6	—	
		四级品		49	0.050	—	0.6	—	
		五级品		48	0.070	—	1.0	—	
	钛白等用	一级品②	一类	50	0.020	—	—	10	
			二类	50	0.020	—	—	13	
		二级品	一类	49	0.020	—	—	10	
			二类	49	0.025	—	—	13	
天然金红石精矿	电焊条、钛金属及化合物	一级品		93	0.020	0.02	—	0.5	砂矿：－0.18mm 100% 脉矿－0.25mm 100%
		二级品		90	0.030	0.03	—	0.8	
		三级品		87	0.040	0.04	—	1.0	
		四级品		85	0.050	0.05	—	1.2	

① TiO_2大于57%，CaO+MgO小于0.6%，P小于0.045%作为一级品；

② TiO_2大于52%，Fe_2O_3小于10%，P小于0.025%作为一级品。

表 4-3-5 中国锆英石精矿国家标准

级别	化学成分，% $(Zr.Hf)O_2$	杂质含量 TiO_2	P_2O_5	Fe_2O_3	Al_2O_3	SiO_2	粒度 mm
特级品	65.50	0.3	0.20	0.10	0.80	34	－0.4
一级品	65.00	0.5	0.25	0.25	0.80	34	－0.4
二级品	65.00	1.0	0.35	0.30	0.80	34	－0.4
三级品	63.00	2.5	0.50	0.50	1.0	33	－0.4
四级品	60.00	3.5	0.80	0.80	1.2	32	－0.4
五级品	55.00	8.0	1.50	1.50	1.5	31	－0.4

各生产厂均根据资源情况，生产技术条件及用户要求，制定各自的精矿质量标准。

中国对钛、锆精矿产品质量定有国家标准。分别见表4-3-4、4-3-5。

第四节　钨钼矿选矿

一、钨选矿方法及工艺流程

（一）概述

钨的选矿是根据钨矿物种类、结晶、浸染程度等矿石特性及伴生矿物组成情况，采用不同的选矿方法和工艺流程得出适于冶金需要的钨精矿及一些伴生矿物精矿。重选、浮选、枱浮脱硫、磁选、电选、焙烧以及化学处理等方法在钨的选矿中都需要综合地采用，以达到综合利用矿石的目的。表4-3-6列出了白钨矿、黑钨矿与其共生矿物分选的通用方法。而与白钨矿共生的一些矿物的分选特性列于表4-3-7。

黑钨矿由于具有密度高、浸染粒度又多较粗大和性脆等特点，所以重力选矿是处理黑钨矿石的常用而最有效的方法。通常分粗选和精选两部分。粗选前常采用预选。粗选几乎都采用阶段磨矿，多段重选流程。精选常采用重选、浮选、磁选、电选以及焙烧挥发、浸出等选矿方法的联合流程。在重选过程中的矿泥，可采用重选、浮选、磁选或联合的选矿方法得出较低品位的粗精矿。

对于白钨矿石，浮选已成为主要的选矿方法。但对粗粒或粗细浸染不均匀的白钨矿，一般采用重选、浮选的联合流程。钨矿石分选原则流程见图4-3-44。

在处理黑钨矿泥或在浮选白钨矿所产出的一些低品位钨精矿和在精选加工中产生的一些不宜于继续用机械选矿方法处理的中矿，可用化学方法处理生产三氧化钨，偏钨酸铵、仲钨酸铵等产品。

（二）选矿方法及工艺流程

1．洗矿筛分

洗矿筛分一般采用双层振动筛，分为+50、-50+12、-12mm三级，在筛上喷水（水压为1.5～2.0kg/cm²、耗水量为0.6～1.0m³/t)。

2．预选

预选方法一般有手选、光选和重介质选矿。

手选。手选是耗费劳动力多、劳动强度大的作业，但生产成本低。

表 4-3-6　钨矿物分选的通用方法

矿　石	方　法
白钨矿，简单矿物	重选，浮选，磁选
白钨矿，硫化矿	重选，硫化矿浮选，焙烧，磁选
白钨矿-锡石精矿	静电选
白钨矿-方解石-磷灰石	浮选，重选，浸出
白钨矿-钼钙矿精矿	化学处理
黑钨矿，简单矿物	重选，浮选，磁选
黑钨矿-锡石	重选，浮选，磁选
黑钨矿-白钨矿精矿	磁选
黑钨矿-硫化矿	硫化矿浮选，重选，磁选

表 4-3-7　矿物分选特性①

比重	随白钨矿浮选的矿物			不被浮选的矿物		
	磁　性	弱磁性	非磁性	磁性	弱磁性	非磁性
7.5		钨锰铁矿				
	钨铁矿		锡石			
7.0						
6.5						
6.0			白钨矿			
5.5						
	磁铁矿					
5.0			黄铁矿			
	钛铁矿					
	磁黄铁矿②		辉钼矿			
4.5			钼钙矿			
			黄铜矿			
				石榴石		
3.5			蓝晶石			
					绿帘石	
					橄榄石	
			硅线石			
		磷灰石				
			萤石			
3.0						
					黑云母	
						白云母
						绿柱石
						长　石
						方解石③
						石　英
2.5						

① 采用油酸、硅酸钠和白雀树皮汁（丹宁）的典型条件，pH=10；

② 用氰化物抑制；

③ 浮选不完全。

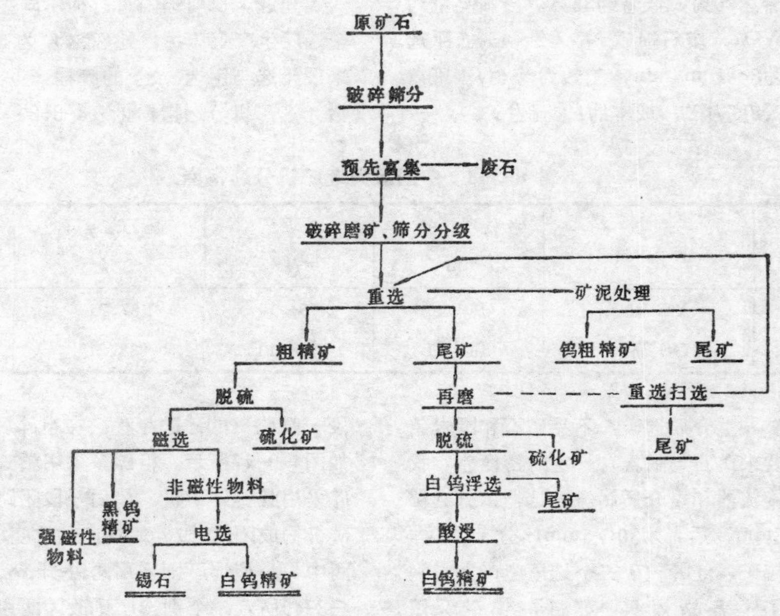

图 4-3-44　钨矿石分选原则流程

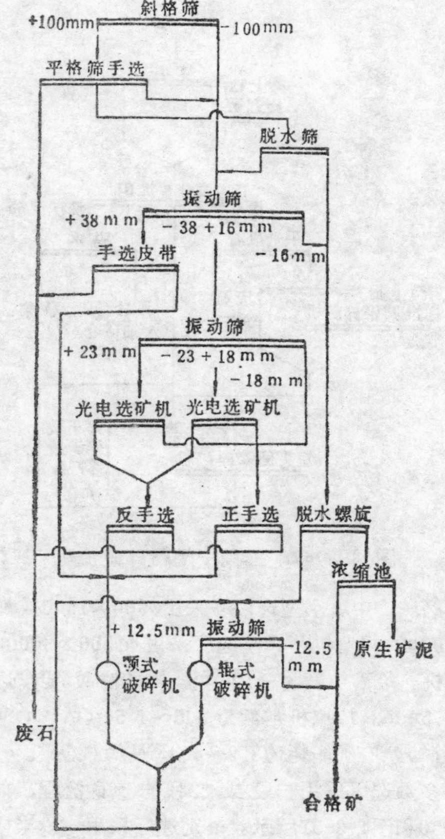

图 4-3-45　两级手选流程

对大于100～75mm的出窿原矿，先在格筛上进行手选，选出率一般为10～20%。对100～12mm粒级矿石，目前采用的手选流程有两级的和三级的流程（见图4-3-45和图4-3-46）。粗、中粒级为反手选，细粒级为正手选。选出的废石量占原矿

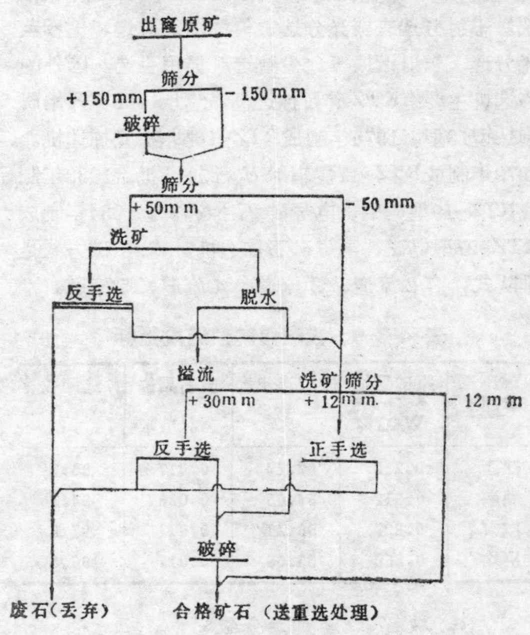

图 4-3-46　三级手选流程

量的50%，高者达70%，低者约35%。废石品位约0.01～0.02%WO_3，废石损失率为2～4%。手选皮带运行速度为8～10m/min，工效约为6t/工班，耗电约1.95～2.2度/t矿，成本约1.4元/t矿。

光选。目前国内有七种不同型号的光选机在八个选厂生产上应用。处理粒度为50～18mm粒级，采用光选与手选结合的流程（见图4-3-45）。中国激光选矿机分选指标见表4-3-8。

表 4-3-8 中国激光选矿机分选指标

选厂名称	机 型	处理粒度 mm	处理量 t/h	脉石选出率 %	废石丢弃率 %
瑶岗仙	YG-40	15～40	5～10	87.71	90.40
小 垄	GS-Ⅲ	16～30	5～13	88.21	89.77

重介质选矿。重介质选矿，不受矿石和围岩色泽的限制，但要求矿石与围岩有一定的密度差。我国采用重介质旋流器和重介质涡流分选器，分选粒度前者为12～3mm，后者为30～5mm，分别在洋塘钨矿、湘东钨矿、红岭钨矿三个选厂生产上得到应用，均获得了显著的效果。如湘东钨矿采用ϕ430mm旋流器，加重剂为黄铁矿，工作介质密度为2.4，给矿压力为1.4kg/cm²，处理量为30～45t/h。该矿用重介质选矿配合手选，废石选出率由原来的43%提高到57%，预选段回收率不变，而选矿成本降低了5～11%。

中国钨矿预选段作业指标见表4-3-9。

国外预选采用辐射分选、光度分选和重介质分选。辐射分选有荧光分选、伦琴辐射分选、伦琴荧光分选、辐射谐振等。少数选厂仍用手选。国外的拣选机主要有KTZ矿石拣选机，它从1966年开始研制12型13型。1976年制成RTZ-16型激光拣选机。1979年制成RTZ-17型辐射矿石拣选机。1983年制成RTZ-19型电磁、电导矿石拣选机。1984年制成RTZ-27型电磁、电导矿石拣选机。其给矿方式是排队式，有2流道、3流道、4流道、5流道。

表 4-3-9 我国钨矿预选段指标

省别	原矿品位 WO_3%	废石选出率 %	废石品位 WO_3%	预选回收率 %
江西	0.252	52.44	0.017	96.7
湖南	0.312	54.05	0.023	94.2
广东	0.227	56.41	0.011	97.3
平均	0.256	53.69	0.017	96.3

3. 破碎、磨矿、分级

破碎。目前我国大型的钨选矿厂一般采用“三段一闭路”的碎矿流程。在粗碎后进行手选废石，如图4-3-47所示。粗碎多采用颚式破碎机，中、细碎采用圆锥碎矿机。最后一段闭路采用振动筛与碎矿机构成闭路，破碎最终产品粒度小于10～12mm。而中、小型选厂则采用两段开路碎矿流程，如图4-3-49所示。个别选厂则改为两段一闭路流程（见图4-3-48）。

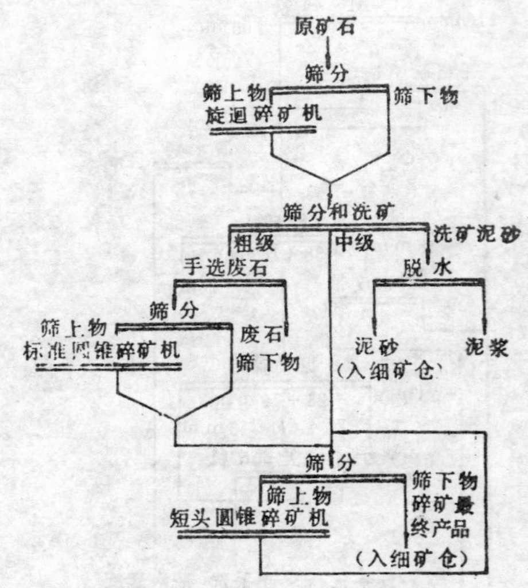

图 4-3-47 三段一闭路碎矿流程

磨矿 中、小型选厂多采用ϕ900×1500或ϕ900×2400mm棒磨机，大型选厂采用ϕ1500×3000mm棒磨机。给矿粒度为-12mm，排矿粒度要求达到2～1.5mm。棒磨机定额为3.5～4.5t/(m³·h)（对合格矿）。磨矿能耗为3.2～4.4kW·h/t给矿。

多数选厂采用一段或二段的磨矿流程，如图4-3-50和图4-3-51所示。个别选厂采用一段半或三段磨矿流程。一段半磨矿流程是另设磨矿机，将中

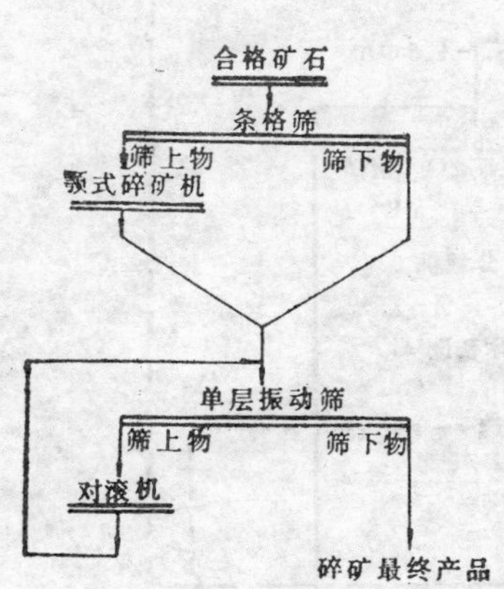

图 4-3-48 两段闭路碎矿流程

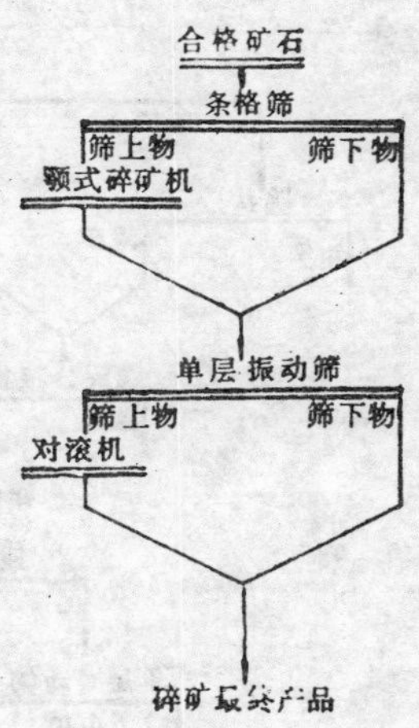

图 4-3-49 两段开路碎矿流程

矿再磨再选。这种流程适应性强，宜处理粗、中粒不均匀嵌布的矿石。三段磨矿用于处理中、细粒不均匀嵌布的矿石。细磨是采用球磨机。闭路磨矿的检查分级设备不宜采用螺旋分级机，宜采用高效率的细筛。

国外与磨矿机构闭路的多为筛子。普遍采用莫根森筛、德瑞克筛、萨拉型双筒筛、尤拉斯筛、DSM筛等。国外钨选厂采用细筛概况见表4-3-10，某些选厂也用水力旋流器加细筛，进行分级与磨矿机构成闭路。

水力分级。水力分级在大型选厂中使用KP-4C型机械搅拌水力分级机，而中、小型选厂多采用200×200mm四室或六室水力分级机。根据实际情况，小型选厂中的细泥工段还采用水力分级箱。

4．重选

我国目前开采的钨矿基本呈粗、中粒嵌布，均采用三级跳汰，五级摇床，细泥集中处理的流程。丢弃90％以上的最终尾矿，得出低品位粗精矿。黑钨矿石中、小型选厂选别流程如图4-3-52和图4-3-53。

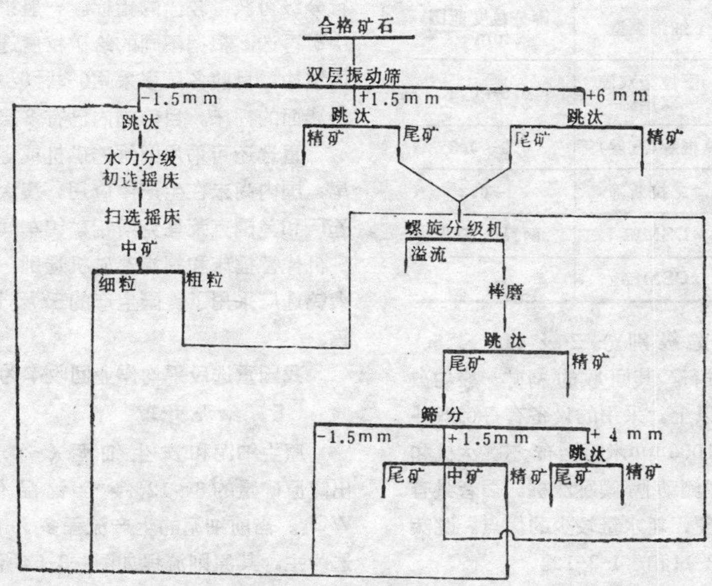

图 4-3-50 一段开路磨矿流程示意图

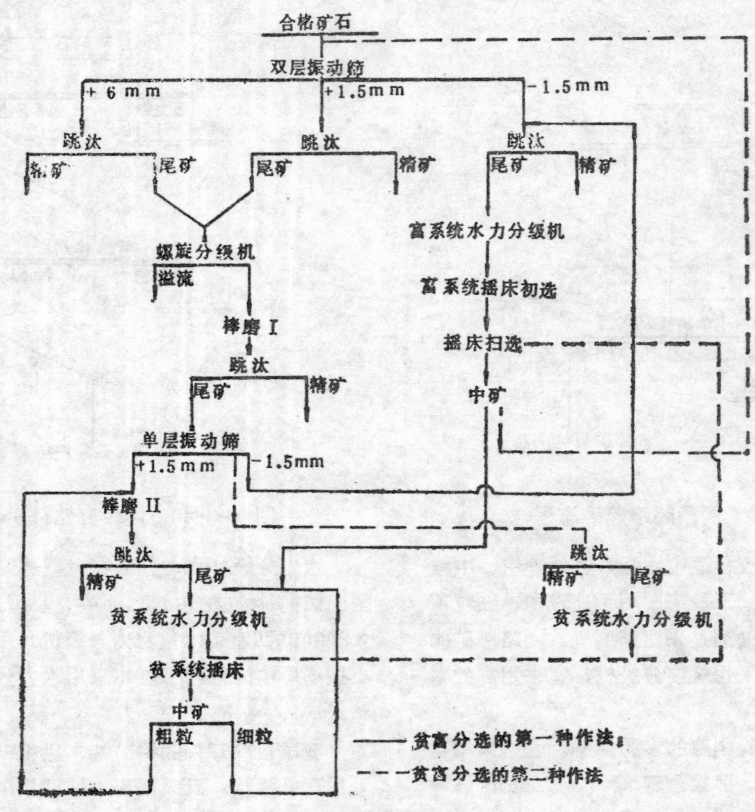

图 4-3-51 二段开路磨矿流程示意

表 4-3-10 国外钨选厂采用细筛概况

国别	选厂名	细筛类型	筛分粒度范围 mm
加拿大	加拿大	萨拉型双筒双层筛	0.5～0.3
澳大利亚	王 鸟	莫根森(五层)筛	0.9～0.3
日本	钟 打	龙拉斯筛	−0.3
秘鲁	拉阿米塔德	DSM筛	两段或三段
土耳其	乌卢达格	DSM筛	

跳汰作业普遍按宽级别分三级（10～4.5、4.5～2、2～0mm）进行，其回收的精矿一般均占全厂总回收率的70%以上。采用的设备有丹佛双斗隔膜跳汰机，1000×1000mm米哈诺布尔跳汰机和670×920mm大吉山型侧动隔膜跳汰机。后者具有分选效率高、维修方便，耗水量较少的优点。跳汰机生产指标列于表4-3-11和表4-3-12。

摇床是回收−2mm粒级的有效设备，富集比高，可直接获得粗精矿丢弃尾矿。矿石进入摇床选别之前，采用水力分级进行分级脱泥，按窄级别进行分级可获得较佳的指标。一般采用4～5级摇床，中矿再选。根据不同的给矿粒度选用不同型式的床面结构。目前各厂多采用6-s肘板式床头，矩形格条床面的摇床。目前国内已有多层摇床供应。

重选还可采用圆锥选矿机或螺旋选矿机粗选丢尾，国内尚未在生产中应用。澳大利亚卡宾山钨矿选厂和美国克莱马克斯钼矿钨车间分别采用圆锥选矿机代替摇床和螺旋选矿机选别，效果显著。加拿大钨选厂采用了美国生产的三层悬挂摇床回收白钨。

我国重选段平均作业回收率为91.3%。

5. 细泥处理

原生细泥和次生细泥（−0.074mm）矿量占出窿原矿量的8～12%，含钨品位为0.3～0.6% WO_3。当前细泥的生产流程多为以流膜选矿的重选为主。其原则流程如图4-3-54所示。采用的主要设备为矿泥摇床（刻槽摇床）、离心选矿机、平皮带溜槽、振摆皮带溜槽。近几年来湿式强磁选和浮

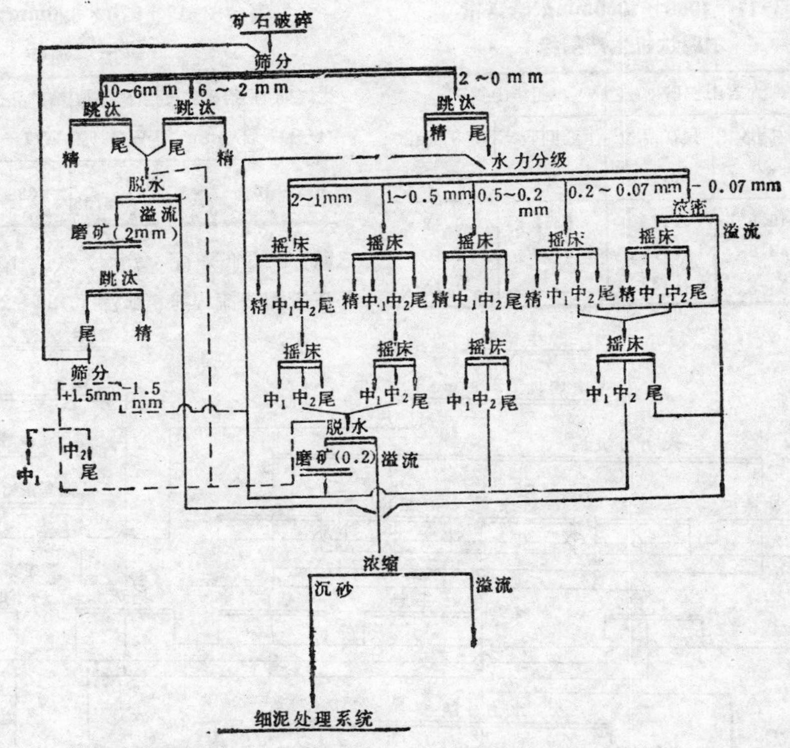

图 4-3-52 黑钨矿石中型选厂选别流程

注：中$_1$为高硫中矿，中$_2$为石英中矿。

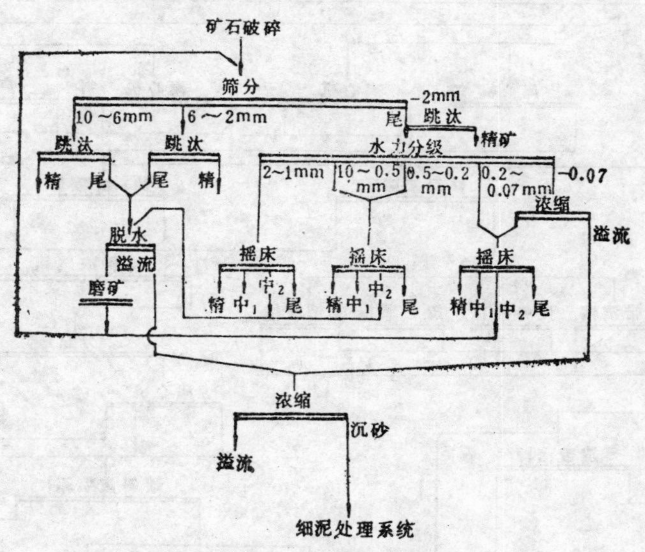

图 4-3-53 黑钨矿石小型选厂选别流程

注：中$_1$为高硫中矿，中$_2$为石英中矿

选在生产中也得到了应用。因此，目前细泥处理流程有以下几种类型。

重选流程：瑶岭钨矿采用摇床-离心选矿机-皮带溜槽流程，当给矿品位为0.3%WO_3时，精矿品位18.06%WO_3，回收率73.07%；盘古山钨矿采用离心选矿机-摇床-皮带溜槽流程，精矿品位10～

表 4-3-11　1000×1000mm米哈诺布尔跳汰机生产指标

入选粒度 mm	大吉山钨矿		西华山钨矿	
	作业回收率 %	尾矿品位 WO_3%	作业回收率 %	尾矿品位 WO_3%
4.5～8	45.0	0.17	63.2	0.12
1.5～4.5	82.9	0.076	63.8	0.10
合计		0.139		0.11

表 4-3-12　670×920mm大吉山型跳汰机生产指标

生产能力 t/台·h	给矿粒度 mm	给矿品位 WO_3%	精矿品位 WO_3%	尾矿品位 WO_3%	作业回收率 %
6.7～10	2～8	0.35～0.38	38	0.08	79.15

18%，回收率60～70%；大吉山钨矿的摇床-振摆皮带溜槽流程，精矿品位20～25%WO_2，回收率

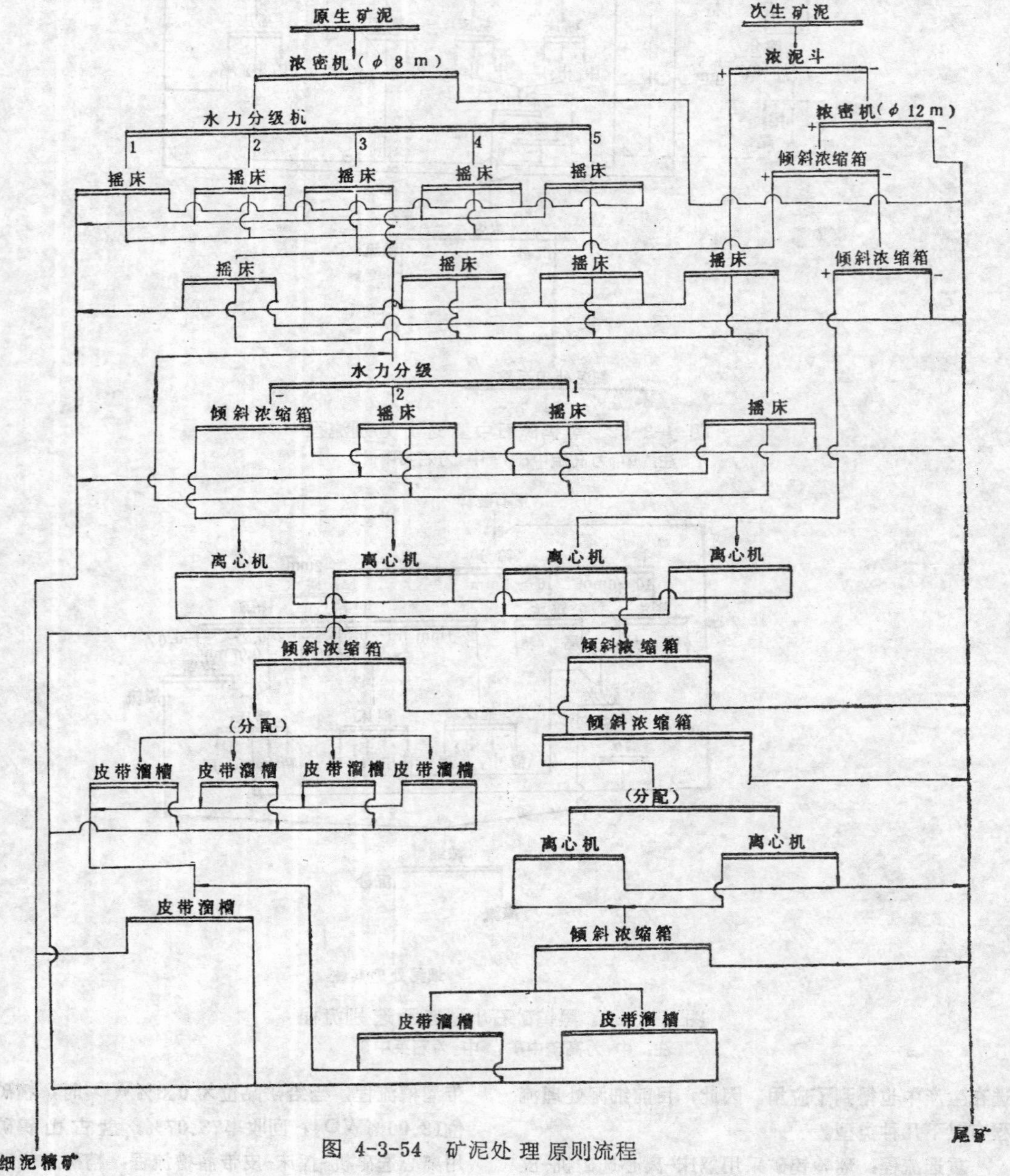

图 4-3-54　矿泥处理原则流程

40～45%。

重浮流程：铁山垅杨坑山选厂采用离心选矿机-浮选流程，其精矿品位49%WO_3，回收率为60.18%。

磁浮流程：浒坑选厂采用湿式强磁选-浮选流程，精矿品位47.8%WO_3，回收率72.8%。

浮选流程：瑶岗仙钨矿细泥，当给矿品位0.58%WO_3，浮选精矿品位为16～18%WO_3，回收率71%。

高梯度磁选：当细泥品位为0.4%WO_3，场强为1194300A/m(15000Oe)，精矿品位为21.89% WO_3，回收率为77.11%。

表 4-3-13 钨矿石中伴生矿物的比磁化系数

矿物	比磁化系数χ	矿物	比磁化系数χ
磁铁矿	80000×10^{-6}	黄铁矿	$40-75\times10^{-6}$
磁黄铁矿	5400×10^{-6}	黄铜矿	5×10^{-6}
赤铁矿	$300-50\times10^{-6}$	方铅矿	5×10^{-6}
褐铁矿	250×10^{-6}	闪锌矿	5×10^{-6}
菱铁矿	47×10^{-6}	毒砂	5×10^{-6}
钨锰铁矿	$150-25\times10^{-6}$	孔雀石	15×10^{-6}
钨铁矿	$150-25\times10^{-6}$	菱锌石	14×10^{-6}
钨锰矿	82×10^{-6}	辉锑矿	6×10^{-6}
黑云母	$40-50\times10^{-6}$	辉钼矿	8.5×10^{-6}
柘榴石	160×10^{-6}	斑铜矿	14×10^{-6}
白云石	27×10^{-6}	锡石	5×10^{-6}
锆英石	15×10^{-6}	长石	5×10^{-6}
独居石	14×10^{-6}	萤石	5×10^{-6}
电气石	12×10^{-6}	方解石	3×10^{-6}
磷灰石	19×10^{-6}	绿柱石	8×10^{-7}
石英	$<10\times10^{-6}$	自然金	10×10^{-6}

6. 精选和综合回收

由于各矿的粗精矿性质不同，所以采用了众多不同的工艺流程，对粗精矿进行精选加工和综合回收。现采用的方法有枱浮、浮选脱硫、干式和湿式磁选、电选、重选、焙烧脱砷、酸浸除磷等多种手段，构成各种不同的精选流程。精选回收率95～97%。

钨粗精矿中常见伴生矿物的比磁化系数、导电率和介电系数以及与其分离的方法分别见表4-3-13、表4-3-14和表4-3-15。

精选原则流程见图4-3-55。

目前各选厂对大于0.2mm部分粗精矿通常用枱浮脱硫，而小于0.2mm细粒部分则采用浮选脱硫。硫化矿混合粗精矿用浮选分离，分别得出相应的精矿。

干式强磁选适于处理＋0.2mm粒级的粗精矿。各厂多采用φ900mm单盘MCⅡ-3型磁选机，场强为636960～875820A/m（8000～11000Oe），可使黑钨与锡石、白钨、石英分离。

湿式强磁选适于处理－0.2mm粗精矿。大吉山钨矿和韶关精选厂分别采用φ1100和φ700mm的SQC型湿式强磁选机处理粗精矿，对降低磷、钙和磷、钙、锡等杂质都取得了明显效果。

静电选矿应用于白钨与锡石的分离，个别选厂用于磷钇矿与黑、白钨的分离，采用的设备有乐昌生产的φ125×1200电选机、YD-3型φ320×2000高压电选机。

焙烧作业在某些选厂用于脱除砷、硫。个别选厂用氯化焙烧脱锡。

表 4-3-14 钨粗精矿中常见伴生矿物的导电率和介电系数

矿物名称	导电率 $\Omega^{-1}\cdot cm^{-1}$	介电系数ε	矿物名称	导电率 $\Omega^{-1}\cdot cm^{-1}$	介电系数ε
钨锰铁矿	$<10^{-10}$	15.0	独居石	$<10^{-12}$	12.0
钨酸钙矿	$<10^{-10}$	12.0	赤铁矿	3×10^{-4}	81.0
锡石	10^{-9}	27.7	黑云母	$<10^{-12}$	9.8
石英	$10^{-4}\sim5\times10^{-17}$	6.5	钛铁矿	$<10^{-6}$	—
方解石	2×10^{-15}	6.3	方铅矿	$<10^{-6}$	5.0
长石	$2^5\times10^{-14}$	—	磁铁矿	$<10^{-6}$	—
萤石	$<10^{-12}$	7.1	辉钼矿	$<10^{-6}$	—
柘榴石 (21.2%Fe)	$<10^{-12}$	5.0	黄铁矿	$<10^{-6}$	—
电气石	—	6.9	闪锌矿	—	7.8
绿柱石	—	6.0～7.8	黄铜矿	10^{-6}	—

酸浸作业用于精矿降磷。一般采用稀盐酸浸出磷灰石，使含磷量达到标准。

表 4-3-15 钨矿物与其伴生矿物的分离方法

元素	矿物	分离方法
硫	黄铁矿 磁黄铁矿 黄铜矿及其他硫化矿	粒浮、浮选、焙烧及磁选 粒浮、浮选、磁选 粒浮、浮选、磁选、湿法冶金
砷	毒砂及斜方砷铁矿 亚砷酸盐	粒浮、浮选，黑钨精矿磁选，焙烧酸处理
磷	磷灰石及其他	黑钨精矿磁选、浮选，白钨精矿酸浸
铜	硫化铜 氧化铜	粒浮、浮选、黑钨精矿磁选 黑钨精矿磁选、酸处理
锡	锡石 黝锡矿	黑钨精矿磁选、白钨精矿电选、矿泥黑钨精矿用苏打烧结法 黑钨精矿磁选、粒浮、浮选
锑	辉锑矿	粒浮、浮选、焙烧
钼	辉钼矿	粒浮、浮选、黑钨精矿磁选、筛选
钽及铌	钽铁矿 铌铁矿	用苏打烧结法使钽及铌留于不溶性残渣中，不能用碳酸钾，因为钽和铌的钾盐是可溶性的
锰	菱锰矿 氧化锰	磁选 浸出与风选
铅	方铅矿 白铅矿	粒浮、浮选、黑钨精矿磁选 碳酸铅用浸出法
锌	闪锌矿 氧化锌	粒浮、浮选、黑钨精矿磁选 黑钨精矿磁选
铋	辉铋矿 泡铋矿	粒浮、浮选、黑钨精矿磁选 粒浮、浮选、白钨精矿电选。黑钨精矿 磁选、酸处理
铁	磁铁矿 赤铁矿 黄铁矿	磁选 重选、及酸处理 粒浮、浮选、焙烧、磁选
其他矿物	萤石 方解石与白云石 硅酸盐及铝	重选、用化学法处理净化白钨 白钨精矿用高压浸出法 重选、用苏打处理、提纯白钨精矿

7. 黑钨矿浮选

我国在1982年以前，浮选黑钨采用731氧化石蜡皂、A-22、苯乙烯膦酸和甲苯胂酸。从1982年开始用苄基胂酸。当用硝酸铅为活化剂时，丁黄药和苄基胂酸或甲苯胂酸混合使用比单用胂酸类捕收剂有更好的捕收作用，控制pH在5.5～7时，黑钨与硅酸盐类脉石分选效果较好。若添加水玻璃和腐殖酸可改善黑钨与碳酸盐脉石矿物分选效果。对有异性凝结现象的矿石，加进水玻璃铁盐组合剂使矿物分散，然后用胂酸类捕收剂和油酸混用有利于分选。

简单矿石的浮选：对简单矿石采用油酸或731氧化石腊皂、甲苯胂酸和苄基胂酸在弱碱性或中性矿浆中浮选。

较复杂矿石浮选：对较杂质的矿石往往是使用多种药剂配合，先混合浮选，再精选分成硫化矿和含钨产品，黑钨矿最终浮选是在中性矿浆或弱碱性介质中进行。

复杂难处理矿石浮选：对这类矿石在硫化矿浮选后加入氟硅酸钠，在强酸性矿浆中浮选，用胂酸和磷酸与美狄兰作捕收剂。使用该法能从含0.59% WO_3的给矿中得到17～18% WO_3的精矿，回收率约75%。使用另一体系的捕收剂是8-羟基喹啉，在pH值8.5条件下与中性油一起使用，它与黑钨矿晶格中铁和锰生成螯合物，从给矿品位0.57% WO_3的原矿中，获得的精矿品位15.7% WO_3，回收率94%。另外一种方法是粗精矿精选，借用胺盐作捕收剂反浮选脉石以提高品位，从给矿品位0.46% WO_3中，获得的精矿品位74.3% WO_3，回收率61.6%。并推荐分支浮选，可减少浮选药剂用量和提高浮选效果。

载体浮选：加入载体大于10μm的不同粒级的黑钨矿，对-5μm粒级的黑钨矿进行载体浮选，提高了黑钨浮选速率，极大地改善了微细粒级黑钨的浮选效果。

选择性絮凝：用部分水解聚丙烯酰胺(HPAM)和磺化聚丙烯酰胺（PAMS）为絮凝剂，对黑钨矿、萤石、石英进行絮凝，发现在适宜pH值和合适用量条件下，黑钨絮凝作用最强，石英基本不发生絮凝。

8. 白钨矿选矿

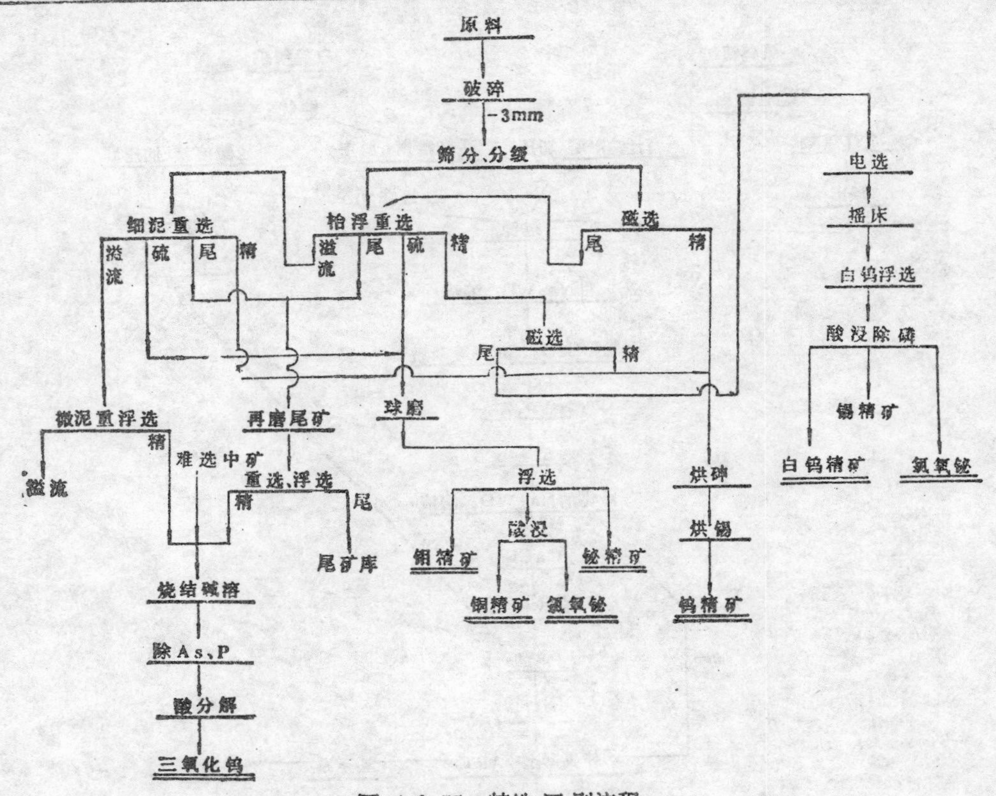

图 4-3-55 精选原则流程

粗嵌布的白钨矿，一般先用重选回收再精选除杂。对细嵌布的白钨矿石，几乎都采用浮选流程。白钨浮选通常是在碱性介质中进行。用碳酸钠，氢氧化钠调整矿浆pH值至9～10.5，用氧化石腊皂、油酸、油酸钠、油酸-亚油酸的混合物、塔尔油、环烷酸、有时还加AP830（美国氰胺公司的一种磺酸盐），以及煤油或燃料油等相配合作捕收剂。为了提高浮选选择性，必须添加调整剂。常用的调整剂有碳酸钠、氢氧化钠、水玻璃、磷酸盐和白雀树皮汁（Quebracho）等。

硅酸钠（$Na_2O \cdot mSiO_2$）既是矿泥的有效分散剂，也是白钨浮选广泛使用的抑制剂。

在白钨浮选工艺中，除了"加温浮选法"（即彼德洛夫法）外，新近研制了一种新的"石灰法"，该法能在萤石存在下，对白钨矿有极好的选择性。方法的实质是先用适量的石灰搅拌矿浆，加苏打和硅酸钠作调整剂，然后用油酸和环烷酸（1/1）的混合物作捕收剂浮选白钨矿。

对细粒浸染难选的白钨矿的选矿，在产品结构上并不一味追求优质钨精矿，常利用选-冶联合流程，选矿只生产低品位精矿或中矿，然后转送化学处理，以利提高回收率。

应当指出，在白钨浮选新工艺中，剪切絮凝浮选，已经首次成功地应用在伊克斯约贝格白钨选厂，取得显著成效。该新工艺用于处理超细粒白钨矿，最近又在澳大利亚完成了半工业试验，取得了满意的结果。

9. 化学处理

随着矿石的不断开采，当今开采的钨矿大都面临原矿品位日趋下降、嵌布粒度细小、矿石组分复杂的情况。这不仅使选矿的成本增加，同时也使选矿的难度加大。可见，凭借某一单项选矿方法、欲从低品位矿石中获得高的精矿质量和高的回收率是难以实现的。为了扩大资源的利用，尽量减少金属损失和谋求经济上的最大效益，借助多种选矿方法相互结合，和采用选冶联合流程已成为发展的趋势。

今天钨的化学处理，就白钨来说，采用苏打高压浸出或盐酸浸出；对黑钨则可采用高压苛性钠浸出或苏打锻烧浸出，这是近代常用的四种工艺流

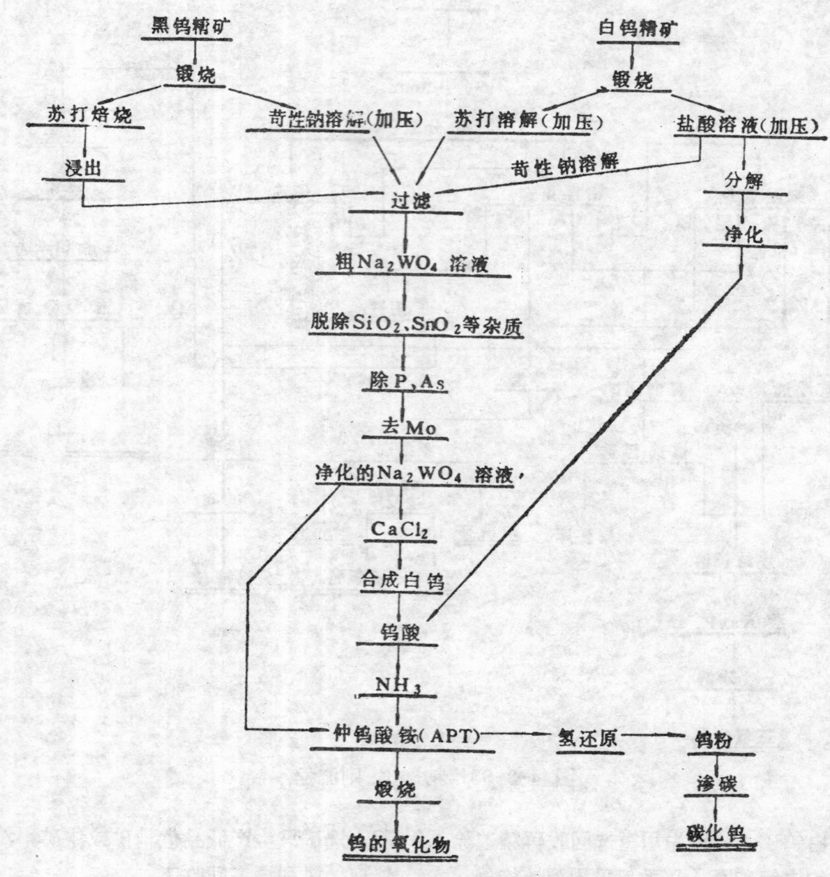

图 4-3-56 钨精矿化学处理流程

程。

近十多年来，由于市场上供应的低品位钨精矿比例越来越大，为适应原料供应上的变化，新建仲钨酸铵厂多选择压煮法处理钨精矿，以生产仲钨酸铵。压煮法的基本工序可概括为分解、净化、溶剂萃取与结晶四大工序。图4-3-56为钨精矿化学处理原则流程。

二、钼选矿方法及工艺流程

（一）概述

辉钼矿是最易浮的硫化矿物，这与它的结晶构造有关。辉钼矿表面主要为分子键，表现为有一定的自然疏水性，可浮性好。新鲜的辉钼矿很好浮，仅用起泡剂（松油、甲酚等）就能浮选。但一般辉钼矿表面都难免受到氧化作用，使其可浮性减低。因此，在浮选时要加入非极性的烃类捕收剂（如煤油、变压器油等）。有时为了富集矿石中的其他硫化矿物，可在粗选前添加少量黄药与烃类油配合使用。

浮选辉钼矿时，为了抑制铜、铅等硫化矿物，则需加抑制剂。常用的抑制剂为硫酸钠、氰化物以及重铬酸钾等。如果矿石中矿泥较多，还要加水玻璃以分散矿泥。

钼矿石中的含钼量较低，不管是以辉钼矿为主的矿石还是以其他元素为主的含钼硫化矿石，用浮选所得的粗精矿都需经几次再磨再选，得到标准的钼精矿。如果铜、铁、铅等杂质超过标准，有时用浮选法除之，有时用浸出法除之。

（二）选矿方法及工艺流程

由于辉钼矿柔软且呈片状，在磨矿过程中要避免过粉碎，所以要采用多段磨矿，多段浮选流程。

钼矿石从加工工艺观点可分成三种类型。

1．单一钼矿石浮选

该类型矿石主要金属矿物是辉钼矿。此外尚有

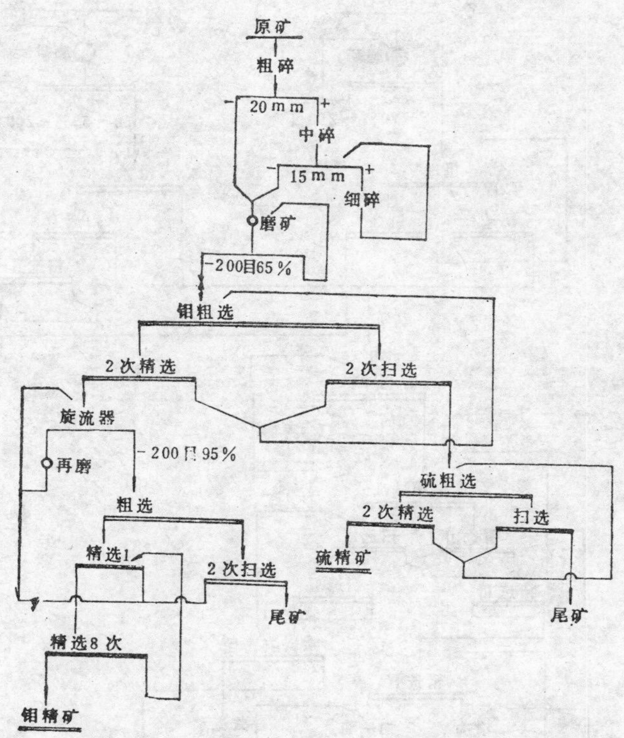

图 4-3-57　单一钼矿石选矿流程

少量铜、铅、铁硫化物，但这些矿物通常没有工业价值。在浮选这类钼矿石时，抑制铜、铅、铁硫化物是主要任务。但这类矿石中含黄铁矿较多时，亦应在浮选过程中综合回收。

据报导，国外通常在弱碱性或碱性介质中进行浮选，pH值为8～9.5。调整剂为石灰、苏打等，其目的在于改变除辉钼矿以外的矿物的表面性质，以实现辉钼矿的优先浮选。当矿石中含有绢云母时，通常用苏打作pH调整剂，并对水玻璃严格限量，当矿石中含有黄铁矿时，则常用石灰作pH调整剂。

捕收剂是采用以Syntex＋Vapor油为特色的药剂制度进行优先浮选钼。长期的生产实践证明，采用松油-碳氢化合物-Syntex-Vapor油的钼的回收率比用松油-碳氢化合物的钼的回收率高2%以上。中国已研制了PF-100和硫单甘酯作捕收剂。这两种药剂系仿制美国的SYNTEX的产品，与常规浮选药剂相比，在粗磨条件下（－0.074mm为50～80%）钼的粗选回收率提高2～4%。分选原则流程见图4-3-57和图4-3-58。

图4-3-58中的水冶原料用次氯酸浸出法回收中矿中的钼。产品为钼酸钙。生产钼酸钙的原则流程见图4-3-59。主要工艺条件和技术指标如下：

（1）浸出工序。浸出剂为次氯酸钠，其反应方程式：

$$MoS_2 + 9NaClO + 6NaOH = Na_2MoO_4 + 9NaCl + 2Na_2SO_4 + 3H_2O$$

操作条件：Mo：NaClO＝1：9～10；

浸出时间：2h；

浸出方法：间断浸出；

浸出温度：控制在50°C以下（放热反应）。

（2）沉淀工序。沉淀剂为氯化钙，其反应方程式：

$$Na_2MoO_4 + CaCl_2 = CaMoO_4 + 2NaCl$$

操作条件：用盐酸将浸出液调至pH值为5～6；氯化钙加入量按理论量的120%；用蒸气加热至沸（100°C）后10～20分钟放出。

（3）技术指标。浸出率85～90%；沉淀率95～97%；总回收率80～85%；精矿品位35～40%。

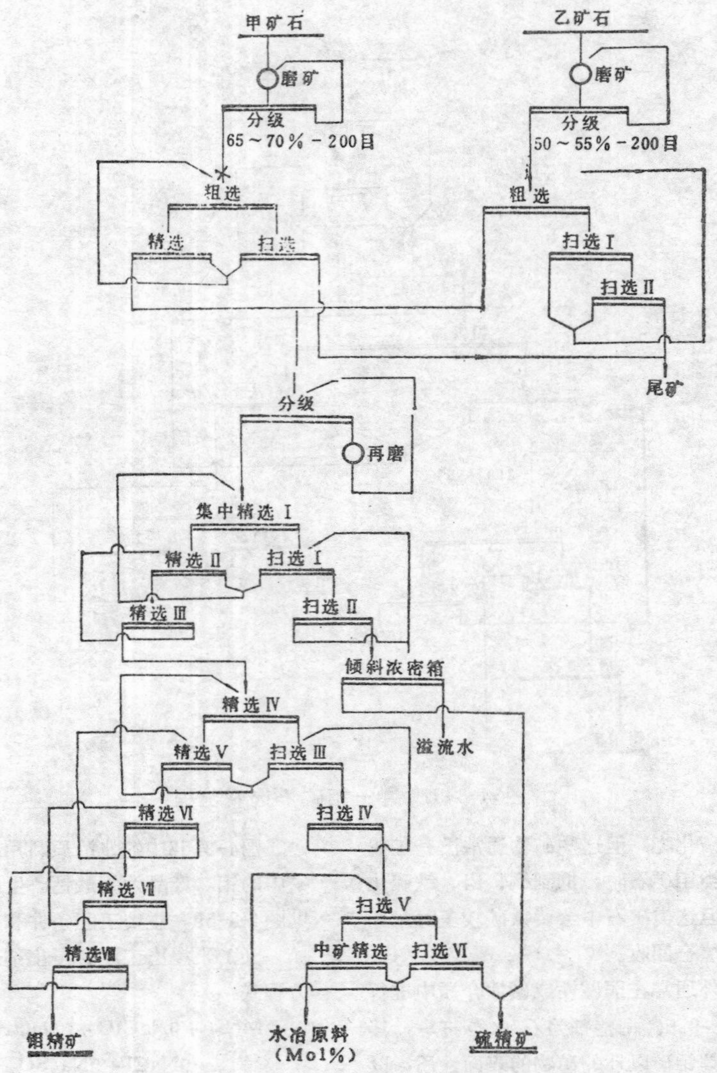

图 4-3-58 矽卡岩型钼矿选别流程

2．铜-钼矿石浮选

该类型矿石主要金属矿物为辉钼矿、黄铜矿。选别这类矿石要分别得到钼和铜两种精矿。目前有两种处理方案。

先浮钼的优先浮选流程。首先是利用碳氢化合物、中性油及其他的辉钼矿捕收剂来回收钼。采用硫化钠抑制硫化铜和黄铁矿。硫化钠与碳氢油一起加入磨矿机内，浮钼尾矿用黄药或黑药来浮选硫化铜。在铜浮选回路中，必须考虑抑制黄铁矿。此流程缺点是流程长、设备多、占地面积大、能耗高、耗药量大、操作人员多、经济效益差等。目前生产中应用不多了，逐步为混合浮选所取代。

铜-钼矿石混合浮选流程。通常实行一段粗磨（－0.074mm60～70％），然后在弱碱性或碱性介质中进行铜钼混合浮选。铜钼混合浮选常用石灰作pH调整剂。捕收剂主要是用黄药类、黑药类和中性油。为了保证铜和钼的粗选最佳回收率，中性油类药剂应与其他药剂巧妙搭配 起泡剂主要是松根油。

铜钼混合精矿的分离：铜钼混合精矿中除铜和钼的矿物外，往往还会有一定数量的黄铁矿、磁黄铁矿、方铅矿、闪锌矿，以及一些粘土质泥和石英

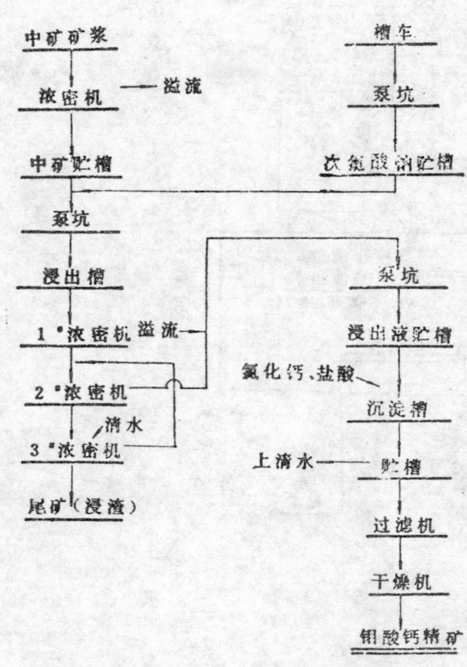

图 4-3-59 钼中矿次氯酸钠直接浸出前后工序的联系示意

等。铜钼分离流程原则上有两种。

1）抑制辉钼矿而浮选铜矿物。

2）抑制铜及其他硫化矿物而浮选钼矿物。每个选厂所采用的分离流程是根据矿石中铜和钼矿物的相应浮游特性、矿物特征、混合浮选时所采用的药剂和其他因素而选定的。

具体的铜钼分离方法以所用药剂种类不同可分为四大类：

1）无机药剂类。包括硫化钠法、氰化钠(钾)法、亚铁氰化物法、诺克斯法（又分为磷-诺克斯、砷-诺克斯、锑-诺克斯法），以及诸种药剂的联合法。

2）有机药剂类。包括淀粉、胶和其他有机胶质、糊精、石灰-糊精、酒精-糊精等法。

3）加温。实质是氧化类型，包括低温焙烧法、石灰蒸吹法、硫化钠蒸吹法、药剂氧化法。

4）重选。在钼精矿中积聚有机碳（煤）和石墨，可用摇床等重选法分离。

目前中国常用的分离方法主要是硫化钠法和氰化钠法。氰化钠法只有金堆城选厂用。铜钼分离时，还要添加水玻璃抑制脉石矿物。

当钼精矿的钼品位虽然合乎标准，而其所含的杂质如铝、硅、钙、镁、铜、铅、锌、钨、铋等不合要求时，需要用盐酸-三氯化铁浸出钼精矿中的杂质。金堆城钼选厂的浸出条件：温度80°CpH 0.22～0.78（用盐酸调pH），Fe^{3+}浓度为21～51g/L，矿浆浓度为25～42%固体，浸出时间为1h。浸出以后，钼精矿中的铅平均由0.174%降到0.032%；氧化钙平均由0.54%降到0.048%。

铜钼矿石的选矿原则流程见图4-3-60和图4-3-61。

3．钨钼矿石选矿

根据矿石性质，通常采用重浮流程。即采用重选得出钨钼精矿，重选尾矿和细泥用常规浮选方法回收钼。钨粗精矿在精选时，对硫化矿进行综合回收也得出钼精矿。其选矿流程如图4-3-62所示。

第五节 稀土矿选矿

稀土矿床按其成因及其特征分为内生稀土矿床和外生稀土矿床。所谓内生稀土矿床即稀土原生矿床。外生矿床，系内生稀土矿床经地壳变迁、风化、水力冲刷、淘洗、搬迁、沉积等作用形成的次生矿床。它包括风化壳矿床、坡积和冲积砂矿床、海滨砂矿床。两类稀土矿床的上述差异，构成在选矿方法上的各自特点。

一、内生稀土矿选矿

我国内蒙包头白云鄂博铁、铌、稀土多金属共生矿，是世界稀土储量最大的内生稀土矿床，而美国加利福尼亚州芒廷帕斯稀土矿床，则是国外稀土储量最大的内生稀土矿床。这两个世界著名的稀土矿床均以浮选为主回收稀土，但其矿床成因、矿物组成、矿物共生关系，矿物嵌布粒度上的明显差异，其稀土选别的工艺流程及药剂制度各具特色。

（一）内蒙包头白云鄂博铁、铌、稀土多金属共生矿

该矿矿物种类多、结晶粒度细、且共生关系极为复杂、造成综合回收有价矿物的困难，并导致选矿工艺流程的复杂化。矿石中含有的铁矿物有磁铁矿、假象半假象赤铁矿、赤铁矿、褐铁矿（约占40～45%），主要的稀土矿物为氟碳铈矿和独居石（约占8～10%，比例为6/4～7/3），伴生的主要矿物还有萤石（约占10～20%）、重晶石、白云石、方解石、磷灰石（约占8～20%），含铁硅酸盐矿物和

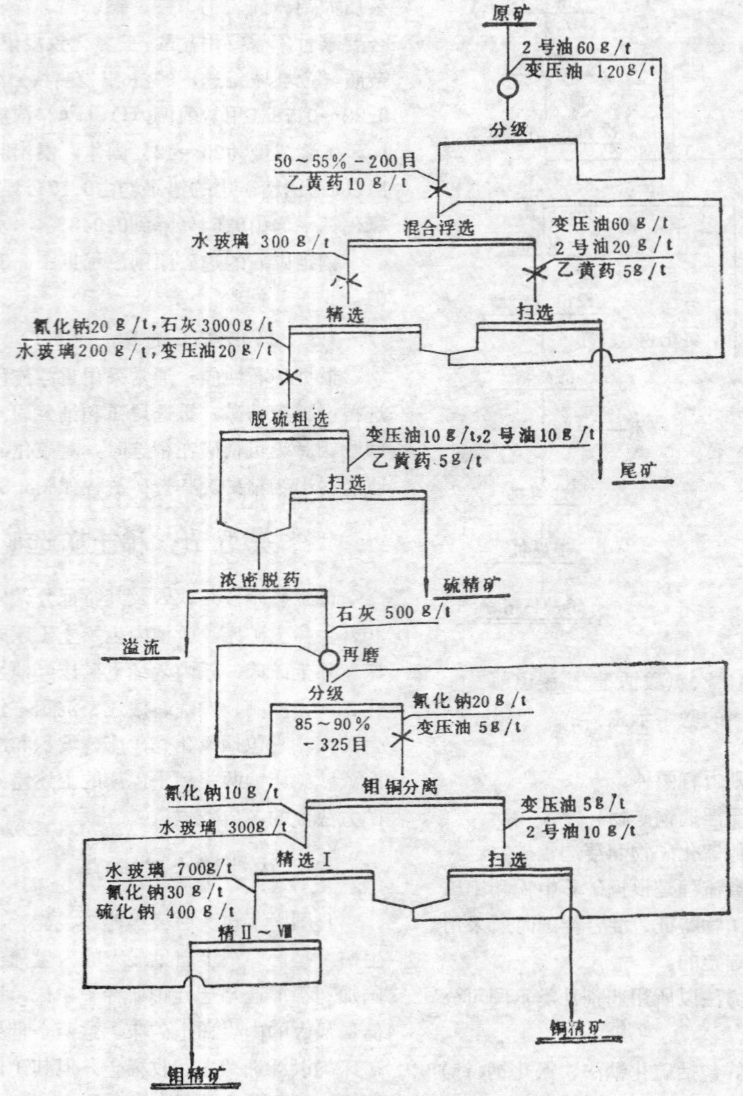

图 4-3-60 某细脉浸染型钼矿选别流程

硅酸盐矿物钠辉石、钠闪石、云母、石英、长石等（约占10～15%）。稀土矿物晶粒大多数为20～40μm，并多与铁矿物、萤石呈致密嵌布，矿石必须磨细到0.074mm占95%以上才有可能分选。

1. 初期回收稀土的选矿工艺

该矿原设计的选矿工艺流程只考虑回收铁，60年代展开了回收稀土的选矿研究，但未取得突破。选厂为满足稀土用户的需要。从萤石、稀土混合浮选泡沫（铁反浮选的尾矿），用重选方法（摇床）回收稀土精矿，稀土品位仅达到20～30%REO。其工艺流程的实质是，在添加碳酸钠的弱碱性介质中，用水玻璃抑制铁矿物和硅酸盐矿物，用氧化石腊皂为捕收剂将萤石、稀土以及易浮的重晶石、方解石、白云石等一起浮出。这一混合泡沫产品用摇床再选别时，从摇床尾矿中丢掉大量萤石、方解石及细泥，而在精矿中富集得到稀土，同时铁矿物及重晶石等高密度的矿物也在精矿中被富集。因此，这种浮选-重选工艺流程只能获得杂质含量很高的稀土粗精矿，并且由于稀土粒度细小，在重选中大量损失稀土是显而易见的。

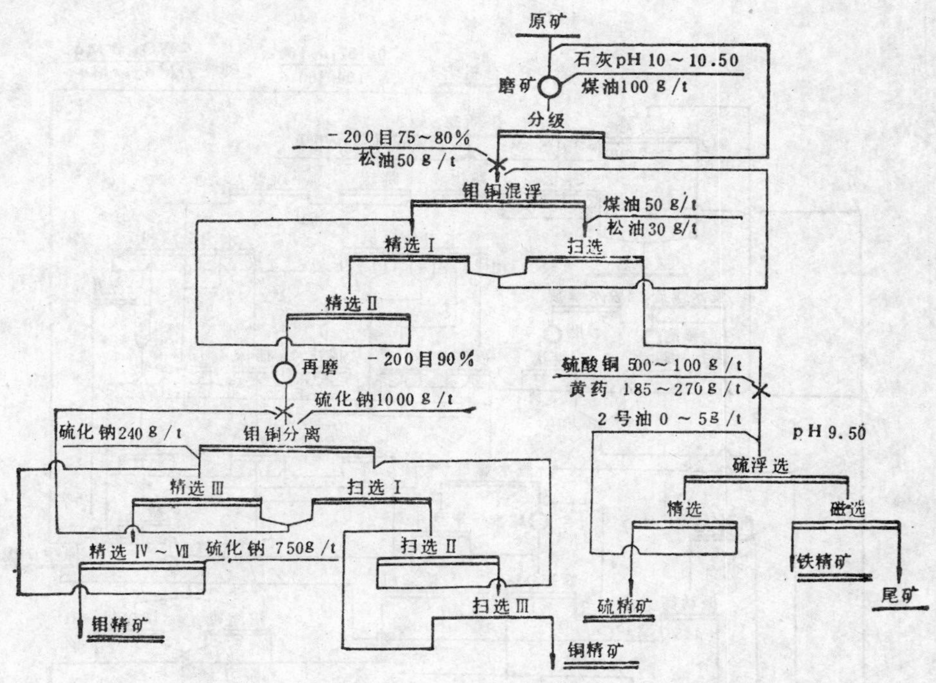

图 4-3-61　某矽卡岩型钼铜矿选别流程

2．以异羟肟酸为捕收剂的稀土浮选工艺

（1）从稀土重选粗精矿中浮选稀土的工艺流程。1975年，广州有色金属研究院采用$C_{5\sim9}$异羟肟酸为捕收剂，从萤石、稀土混合浮选-重选获得的稀土重选粗精矿中进行稀土浮选，首次使稀土精矿品位突破60%REO大关，并于1976年进行了半工业试验，1978年转入生产。从此，开创了从包头白云鄂博丰富稀土资源中选取优质稀土精矿的历史。包钢公司和中国稀土公司三厂，据此设计了两个年产5000吨高品位稀土精矿的生产车间。

稀土重选粗精矿的矿物组成列如表4-3-16，浮选稀土的工艺流程如图4-3-63，所获得的试验指标如表4-3-17。

这一稀土浮选工艺的实质是，在碳酸钠作调整剂的介质中，添加超常量的水玻璃和适量的氟硅酸钠，造成对萤石、重晶石、铁矿物的强烈抑制和对稀土的活化，继而多段、贫量添加稀土矿物的良好选择捕收剂——异羟肟酸，实现稀土矿物的浮选。在流程结构上采取完全开路。从表4-3-17结果可以看出，不论浮选给矿的稀土品位高或低，以及矿物组成上杂质矿物含量的差异，在所确定的工艺制度下，均能选出高品位稀土精矿。并且浮选回收率达到72～79%。此外，低于60%REO的扫选精矿可以作为三级稀土精矿加以利用。

（2）原矿优先浮选稀土的工艺流程及混合浮选-分离稀土工艺流程。将异羟肟酸类捕收剂用于稀土矿物的浮选，这是包头白云鄂博矿稀土浮选取得突破性进展的关键。在稀土重选粗精矿浮选高品位稀土精矿取得成功的基础上，国内各有关单位从包头白云鄂博矿的原矿出发，展开了选别稀土新工艺的大量研究，并取得了新的进展。

原矿优先浮选稀土工艺流程：包头稀土研究院以异羟肟酸铵为捕收剂、碳酸钠、水玻璃、硅酸钠为调整剂及抑制剂，对包头白云鄂博主东矿氧化矿带的两种原矿（萤石型及混合型），进行了优先浮选稀土的研究，获得了良好的指标。再一次证实了异羟肟酸类捕收剂对稀土矿物的高选择性，以及稀土重选粗精矿浮选时所确定的几种药剂组合的有效性。原矿优先浮选稀土的工艺流程见图4-3-64，其试验结果见表4-3-18。

原矿混合浮选-分离稀土工艺流程：北京矿冶包究总院、包头稀土研究院与中国稀土公司三厂、研钢选矿厂合作，先后对该工艺流程进行了半工业

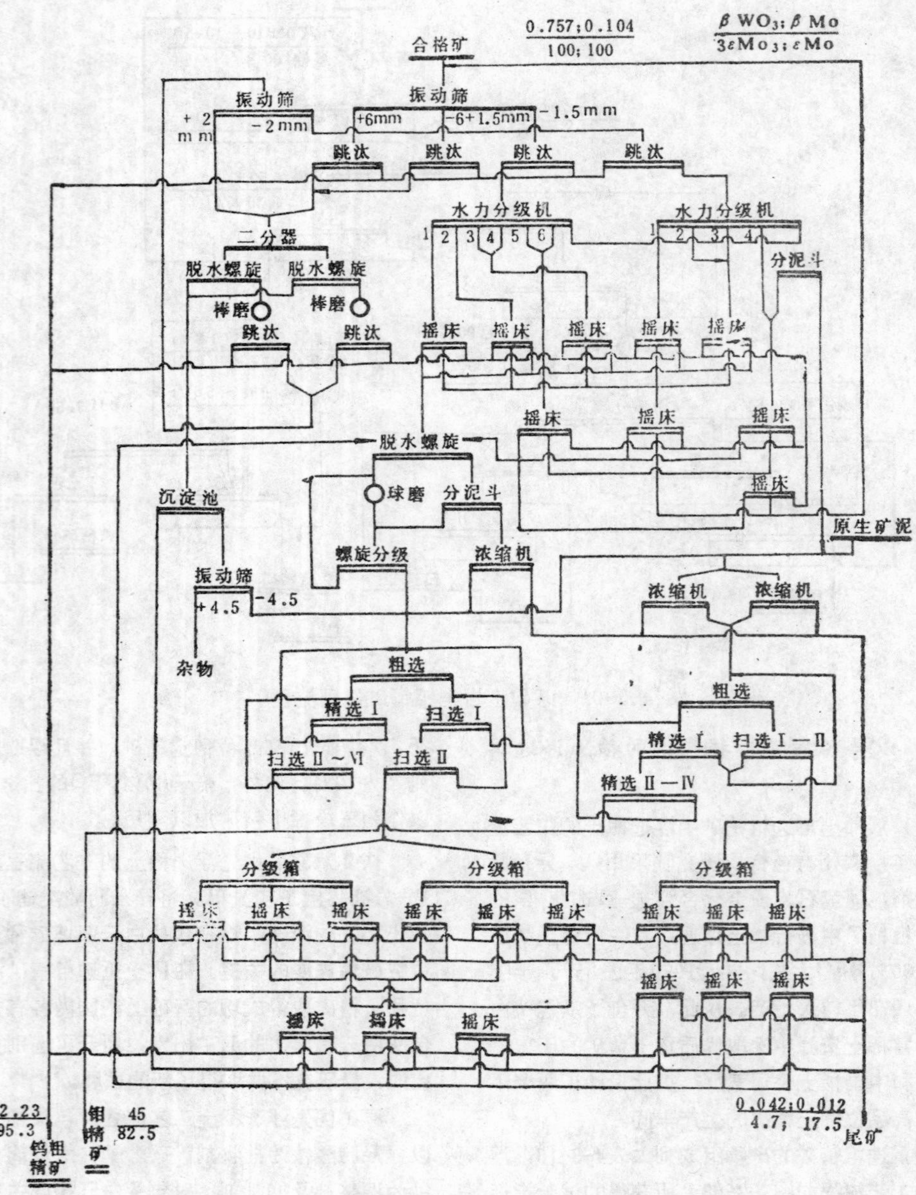

图 4-3-62 钨钼矿石选矿原则

表 4-3-16 稀土重选粗精矿矿物组成

矿物组成及含量 / 稀土粗精矿品种	矿物含量，%							
	独居石	氟碳铈矿	萤石	重晶石	铁矿物	长石、石英云母	角闪石	合计
20%REO粗精矿	14.67	11.75	13.55	20.05	39.95	0.01	0.02	100.00
30%REO粗精矿	18.08	22.09	18.47	20.83	19.29	0.23	0.11	100.00

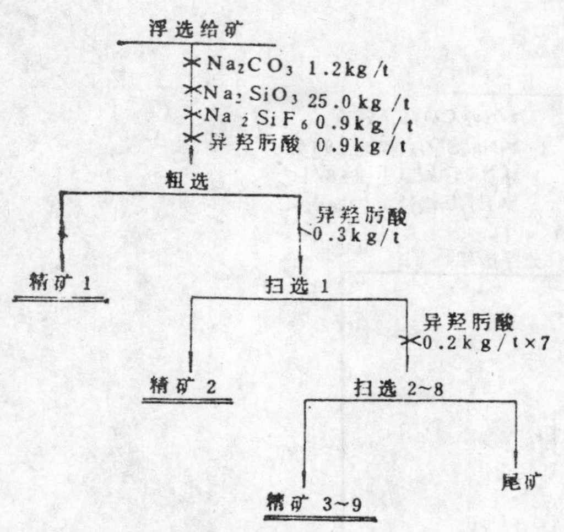

图 4-3-63　稀土重选粗精矿浮选稀土工艺流程

试验和工业试验。该工艺的特点是，先以碳酸钠为调整剂（或氢氧化钠），水玻璃为抑制剂，用氧化石腊皂为捕收剂，使萤石、稀土（包括其他易浮的矿物）充分浮游，与铁及硅酸盐矿物分离。此时，稀土及萤石在混合泡沫中的回收率高达85%和90%，而铁在槽内的回收率亦达90%。然后对混合泡沫进行脱药，再重新添加碳酸钠为调整剂，水玻璃为抑制剂，氟硅酸钠为活化剂，以异羟肟酸铵为捕收剂浮选稀土。该工艺的工业试验流程见图4-3-65。其半工业试验及工业试验结果如表4-3-19。

3. 浮选单-氟碳铈矿稀土精矿的工艺

包头高品位稀土精矿（REO60%）实际上是氟碳铈矿和独居石两种稀土矿物的混合精矿，而两种稀土矿物的冶金工艺不尽相同，因而为简化冶金工艺过程，有必要进一步研究使稀土混合精矿再进一步分离的工艺。在小型试验和连续性试验的基础上，1984年包头稀土研究院和包钢选矿厂合作，进行了从稀土混合精矿中分选氟碳铈矿精矿的工业试验。该工艺采用了802、L247、新型捕收剂；ADTM起泡剂；氯化铵、明矾、水玻璃分别作为氟碳铈矿的活化剂，独居石的抑制剂，非稀土矿物的抑制剂。用明矾调整pH值为4.5～5，采用L247捕收剂是分选氟碳铈矿的技术关键。该工艺流程见图4-3-66，给矿的矿物组成如表4-3-20，所获得的分离指标如表4-3-21。

表 4-3-17　两种稀土重选粗精矿稀土浮选结果

稀土浮选指标 / 产品名称	30%REO稀土粗精矿						20%REC稀土粗精矿					
	产率，%		品位，(REO) %		回收率，%		产率，%		品位，(REO) %		回收率，%	
	个别	累积	个别	平均	个别	累积	个别	累积	个别	平均	个别	累积
精矿 1	7.40		59.87		14.84		18.60		63.09		53.72	
精矿 2	4.11	11.51	59.98	59.91	8.26	23.10	2.88	20.94	57.77	62.48	7.84	61.56
精矿 3	4.32	15.83	63.39	60.86	9.17	32.27	4.56	25.50	53.11	61.76	11.42	72.98
精矿 4	5.35	21.18	64.67	61.82	11.59	43.86	9.05	34.55	41.69	55.72	17.79	90.27
精矿 5	7.03	28.21	60.83	61.57	14.33	58.19	2.39	36.94	29.16	54.00	3.28	94.05
精矿 6	6.09	34.30	58.80	61.08	12.00	70.19	—					
精矿 7	5.23	39.53	53.90	60.13	9.44	79.63	—					
精矿 8	2.88	42.41	52.08	59.58	5.02	84.65	—					
精矿 9	1.65	44.06	46.10	59.08	2.55	87.20	—					
尾矿	55.94	100.00	6.83		12.80	100.00	63.06	100.00	2.00		5.95	
合　计	100.00		29.85		100.00				21.21		100.00	

从表4-3-20和表5-3-21可以看出，从稀土品位约为30%REO的给矿。采用新的药剂和新的工艺，浮选出了高纯度的氟碳铈矿精矿，虽然其作业回收率还不高，但能使稀土混合精矿采用浮选的方法达到一定程度的分离，也是一种突破。

（二）美国芒廷帕斯稀土矿

该矿床含稀土的主要矿物是氟碳铈镧矿和少量独居石、稀土氧化物的含量平均10%左右，主要脉石矿物为重晶石，平均含量达20%，其他矿物有方解石、石英及白云石。美国进行大量研究表明，干挠稀土选别的最主要因素是重晶石，它的密度与氟碳铈镧矿相近，自然浮游性比氟碳铈镧矿好，在常温下用脂肪酸浮选时，氟碳铈矿的回收率可达95%，此时方解石、重晶石也大量上浮，选择性很差。当温度提高到50°C时，脉石的可浮性降低。因此，

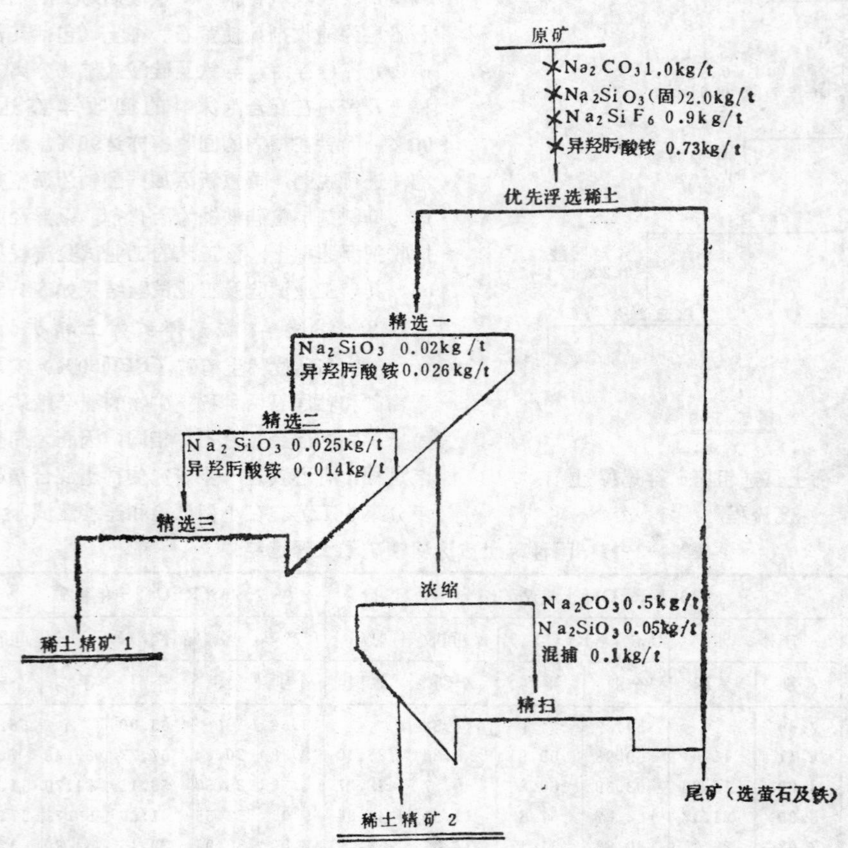

图 4-3-64 原矿优先浮选稀土工艺流程

表 4-3-18 两种原矿优先浮选稀土结果

原矿类型	产品名称	产率%	品位,% Fe	品位,% REO	品位,% F	品位,% $BaSO_4$	回收率,% Fe	回收率,% REO	回收率,% F	回收率,% $BaSO_4$
萤石型矿样	稀土精矿 1	6.34	6.93	60.69	6.57	0.72	1.41	51.33	3.09	0.94
	稀土精矿 2	9.28	14.91	24.53	14.94	0.38	4.46	30.40	10.24	0.72
	尾矿	84.38	34.78	1.63	13.96	5.66	94.13	18.27	86.67	98.34
	原矿	100.00	31.17	7.50	13.58	4.86	100.00	100.00	100.00	100.00
混合型矿样①	稀土精矿 1	5.19	4.10	60.91	5.57	3.80	0.71	50.97	4.27	7.14
	稀土精矿 2	5.73	12.81	28.74	9.37	5.69	2.49	26.61	7.95	11.79
	尾矿	89.08	31.86	1.56	6.69	2.58	96.80	22.42	87.78	81.07
	原矿	100.00	29.33	6.20	6.79	2.82	100.00	100.00	100.00	100.00

① 混合矿样的稀土精矿1，为五次精选，后两次精选添加$Na_2CO_3$300g/t。

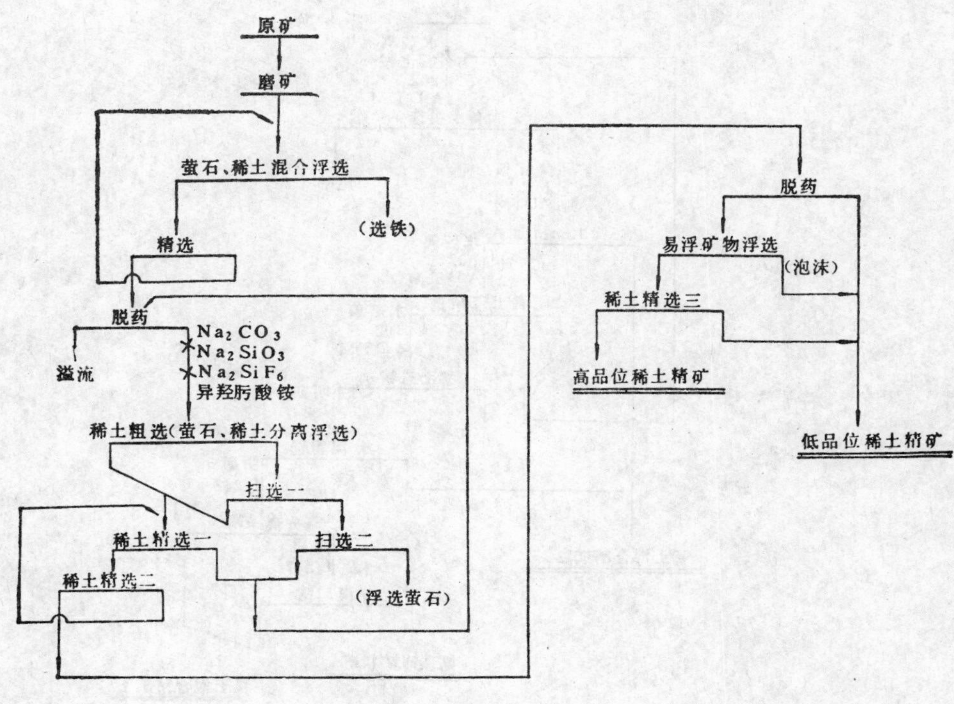

图 4-3-65 原矿混合浮选-分离稀土工艺流程

在高温下采用脂肪酸类捕收剂时，严格控制pH值和抑制剂木素磺酸盐的用量，对提高选择性起决定性作用。

芒廷帕斯稀土选矿厂的选矿工艺流程：矿石经破碎、磨矿、分级，给入浮选，浮选粒度为 −100目80%，浮选前用 6 个φ1.83m搅拌槽调浆，用蒸汽加热，在第一个搅拌槽加碳酸钠（2.5～3.3kg/t），氟硅酸钠（0.4kg/t），在通蒸汽条件下第三个搅拌槽加木质磺酸铵(2.2～3.3kg/t)，第四、五个搅拌槽继续通蒸汽。第六个搅拌槽在通蒸汽条件下加C-30塔尔油(0.3kg/t)，浮选粗选矿浆浓度为30～35%，pH值为8.8，粗选采用12个1.7m^3的浮选机，粗选精矿品位30%REO,.在浓度50%条件下，进行四次精选，获得REO60～63%的稀土精矿，回收率

表 4-3-19 原矿混合浮选-分离稀土工艺半工业试验和工业试验结果

试验规模 \ 稀土精矿指标	高品位稀土精矿		低品位稀土精矿		稀土总回收率 %
	REO%	回收率，%	REO%	回收率，%	
半工业试验	61.10	25.13	39.44	14.31	39.44
工业试验	61.14	34.69	33.48	34.86	69.55

表 4-3-20 给矿矿物组成

矿物名称	氟碳铈矿	独居石	重晶石	萤 石	铁矿物	磷灰石	方解石白云石	硅酸盐矿物
含量，%	25±	15±	15～20	10～15	10～13	5～7	5～6	3～4

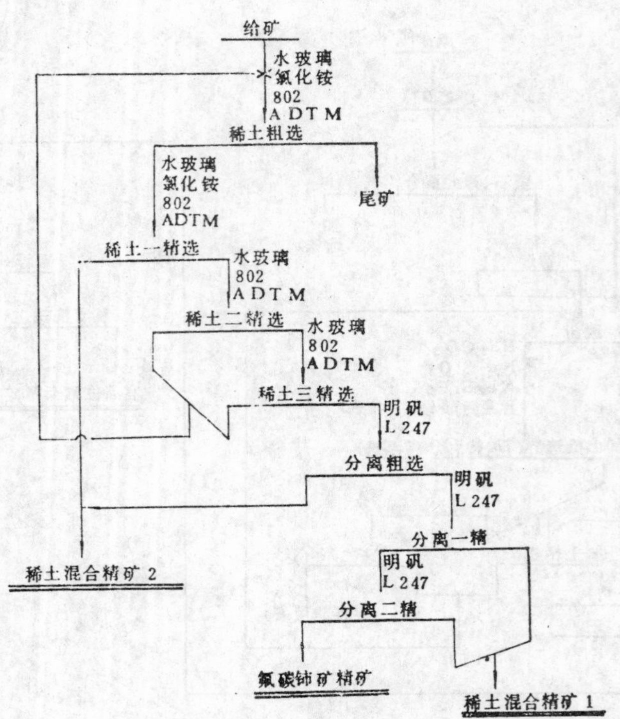

图 4-3-66 从稀土混合精矿中分选氟碳铈矿精矿工艺流程

表 4-3-21 分选氟碳铈矿精矿工业试验结果

取样编号	氟碳铈矿精矿					混合精矿 1		混合精矿 2	
	精矿成分，%			回收率	氟碳铈矿精矿	REO	回收率	REO	回收率
	REO	Fe	P	%	纯度 %	含量，%	%	含量，%	%
稳定试验 E～6	69.80	0.70	0.64	31.46	98.28	53.82	9.77	30.94	48.62
稳定试验 C～16	71.40	0.87	0.34	26.17	97.76	54.84	19.79	31.38	33.19
稳定试验 A～9	69.80	1.30	0.55	28.54	98.07	57.01	18.71	32.64	24.71
平均结果	70.30	0.96	0.51	28.72	98.04	55.22	16.09	31.65	35.51

65～70%，浮选精矿用盐酸处理，可获得REO68～72%的富集物，再焙烧可获得REO85～90%的稀土产品。

芒廷帕斯稀土矿，是世界所发现的最大的单一稀土矿床，其选矿厂的处理能力1974年已扩大到60万t/a（日处理量约1600t），年产稀土精矿约30000 t，垄断了西方稀土原料市场。

另外，值得指出的是，中国山东微山稀土矿，也是一个类似美国芒廷帕斯的单一稀土矿床，主要稀土矿物为氟碳铈矿、氟碳钙铈矿及少量独居石，矿脉一般含REO7～10%，个别高达 20%，嵌布粒度较粗（0.5～0.04mm），主要脉石矿物为石英、长石、重晶石，其次为云母、钠辉石以及褐铁矿等。采用油酸与煤油的混合捕收剂，经一粗，两精，两扫的简单浮选工艺，在矿浆温度为60°C条件下，可获得稀土精矿品位54.82%REO，回收率 83.6%的指标。近年来，采用新研制的捕收剂L247进行了浮选研究，在弱酸介质（pH＝5）条件下，配合适宜的调整剂，可选得REO69.55％，回收率64.47％的高纯稀土精矿，另外也可综合回收重晶石，指标是精矿含$BaSO_4$95.51％，回收率68.35％。

二、外生稀土矿选矿

（一）风化壳矿床

由于其风化程度的差异，又可分为全风化矿床和半风化矿床。前者由于矿物的自然解离度好，在选别前通常不用破碎、磨矿，后者则需轻微的碎矿作业才能解离矿物。

风化壳矿床的选矿一般先用重选法（跳汰机、摇床、溜槽等）粗选，丢弃大量硅酸盐脉石矿物，获得粗精矿，然后根据粗精矿的矿物组成，矿物的磁电性的差异，制定磁选-电选联合流程，进行精选分离。分别获得稀土精矿（包括独居石、磷钇矿、黑稀金矿等）以及其他伴生的有用矿物。磁电选工艺流程的组合或繁或简，取决于矿物的组成性质及磁电选设备的造型。

值得指出的另一种类型风化壳矿床是，广泛分布于我国江西、广东、湖南、福建的离子吸附型矿床，它是由原生稀土矿床风化淋滤所形成。稀土元素为具有离子交换吸附能力的高岭石、黑云母等矿物所吸附。根据稀土的含量配分的不同，含铈、镧为主的称为轻稀土矿，含钇、镝、铒为主的称为重稀土矿。该类矿床不需选矿作业，采掘的矿石可直接用化学方法浸出，加沉淀剂使稀土沉淀，经灼烧、水洗、烘干即可获得混合稀土氧化物、浸出液也可以用萃取的方法分离成单一稀土产品。我国江西、广东等地，用食盐水池浸、草酸沉淀的简单工艺已生产多年，现已达到年产2000t稀土氧化物能力。近年已研制成功机械化浸出工艺，用三段螺旋浸取，板框压滤进行渣液分离，或用连续水平真空过滤机浸取、洗涤、干燥。从而简化了工艺，提高了劳动生产率。

（二）坡积和冲积砂矿床

该类矿床多产自峡谷、河床、湖泊等地。一般含有较多的砾石、卵石、矿泥等。矿物解离度较差，粒度极不均匀，颗粒形状不规则。矿石入选前，往往需要较多的筛分、洗矿等作业，其选别原则流程与海滨砂矿相似。

（三）海滨砂矿矿床

该类矿床系经水力搬运的摩擦，海浪的冲刷和淘洗而在滨海地区形成。因此具有矿泥量少，矿物解离度好，重矿物含量较高，有价矿物种类较多，矿粒呈均匀圆滑形状的单体等特点。该类矿床由于采掘容易，可选性好，成本低，是获取有价矿物的理想资源。具有海滨砂矿资源的国家，均列为优先开采的对象。

海滨砂矿中的独居石、磷钇矿是稀土原料的重要来源之一，澳大利亚，巴西、印度等国家均是从海滨砂矿中选别独居石的主要国家。中国目前的独居石及磷钇矿精矿也主要是来自广东、海南的海滨砂矿。

来自海滨砂矿的独居石、磷钇矿，往往均系作为钛锆矿物的伴生综合回收对象而一起采选，其采选工艺及精选分离工艺流程详见本章第三节钛锆矿选矿一节，本节从略。

参考文献

[1] 崔广仁，稀有金属选矿，冶金工业出版社，1975.

[2] 刘锦堂等，有色金属进展下篇第六分册钽铌，中国有色金属工业总公司，1984.

[3] 刘承宗，有色金属进展下篇第七分册海滨砂矿，中国有色金属工业总公司，1984.

[4] 中国稀有金属矿床类型编写组，中国稀有金属矿床类型，1975.

[5] 邹图仪等，有色金属进展下篇第二十分册钨矿采选，中国有色金属工业总公司，1984.

[6] 赵明林等，有色金属进展下篇第二十一分册钼矿采选，中国有色金属工业总公司，1984.

第五篇 稀有金属提取冶金

第一章 卤化冶金

编写人 马慧娟 汪 珂

第一节 概 述

卤化冶金一般指由原料制取卤化物、并由卤化物制取金属的过程。制取卤化物包括氯化、氟化等方法，目前应用最多的是氯化法，并以氯气作氯化剂。

在稀有金属氯化冶金中，主要用氯作氯化剂。本章主要介绍以氯气作氯化剂制取稀有金属氯化物的基本原理及工艺设备，并简要介绍氯化物的分离提纯及其它卤化方法。

氯化冶金有如下特点：

（1）氯化物易于制得，做为氯化剂氯的化学活性强，几乎能和所有的金属氧化物、硫化物、碳化物等作用生成相应的氯化物，它可以用来处理复杂的多金属共生矿或贫矿，对原料适应性强，分解率高，便于综合回收。

（2）氯化物有比相应元素的氧化物或其它化合物更低的熔点与沸点，这一重要性质使得它能够在较低温度下用更简单的方法从原料中分离出某种有价值的元素。

（3）由于各种金属氯化物的物理化学性质互有明显区别，使分离和提纯工艺简便，一般用蒸馏及分步冷凝方法，较易获得纯的氯化物。

（4）金属氯化物较容易为活泼的金属还原成金属，而该金属又容易与还原时产生的氯化物分离。同时，所得氯化物也容易电解制得纯金属。

（5）氯化剂——氯较容易制得，价格比较便宜。氯碱工业的发展为氯化冶金提供充足的氯气，氯化冶金的发展又为氯气的利用开辟广阔的前景。

象钛、锆、铪、钽、铍、铀、稀土等，通常以氧化物的形式存在于原料中的稀有金属，其氧化物稳定性一般较高，产品又易被氧污染，在难于找到直接从其氧化物制取金属的工业方法时，转而采用氯化（或氟化）冶金法，正是基于上述工艺特点。这也是卤化冶金在稀有金属提取冶金领域获得迅速发展的原因。

由于氯化物一般更易于提纯，有时制取纯氧化物亦经过氯化物的途径。例如，生产钛白粉采用氯化氧化法即是先制取四氯化钛，经提纯后再气相氧化得TiO_2。

一、卤化冶金在稀有金属冶金中的应用

卤化法近年来在稀有金属冶金中得到了日益广泛的应用，有关情况汇总于表5-1-1中。对某些稀有金属如钛、锆，可以认为：离开氯化冶金就没有钛、锆冶金工业。对钛而言，四氯化钛是用各种工业方法（镁法、钠法以及熔盐电解法）制取金属钛的唯一中间原料；也是气相氧化法制取钛白的重要原料；还是制取钛的低价氯化物（$TiCl_3$）的原料。

表 5-1-1 卤化法在稀有金属冶炼工业中应用实例

卤化产物	原料	卤化剂	主要化学反应式	工艺方法及规模
AgCl AuCl $HAuCl_4$	金银烧渣	$CaCl_2$	"光和工艺"：烧渣与$CaCl_2$和$Ca(OH)_2$按比例混合并球化，干燥后在1000～1050℃下焙烧，金银呈氯化物挥发进入淋洗液，用分步沉淀法回收。此工艺在日本已工业化	
		NaCl	加入10%左右NaCl在600℃下进行氯化焙烧，使银成为AgCl后，用氰化法提取	
	阳极泥	盐酸、Cl_2	$2Au+3Cl_2+2HCl=2HAuCl_4$ $2Ag+Cl_2=2AgCl$	盐酸介质中通入氯气
Na_2BeF_4	绿柱石	Na_2SiF_6	$3BeO\cdot Al_2O_3\cdot 6SiO_2+6Na_2SiF_6\xrightarrow{750\sim800℃}$ $3Na_2BeF_4+2Na_3AlF_6+9SiO_2+3SiF_4$	绿柱石烧结法
$BeCl_2$	BeO	Cl_2	$2BeO+(1+\eta)C+2Cl_2=2BeCl_2+(1-\eta)CO_2+2\eta CO$	原料经制团、焦化后，在700～900℃下氯化
BeF_2	$Be(OH)_2$	HF	$Be(OH)_2$溶于氟氢化铵($NH_4F\cdot HF$)溶液中，制得氟铍酸铵($(NH_4)_2BeF_4$)沉淀物，再经热分解得BeF_2	
CsCl	铯榴石	浓盐酸	原料以浓盐酸搅拌浸出，由浸出液制得复盐沉淀，再经水解处理得CsCl溶液	
$GeCl_4$	锗精矿	浓盐酸	将浓盐酸加热至沸处理精矿，生成的$GeCl_4$、$AsCl_3$与部分HCl、H_2O蒸馏出冷凝下来，而与大部分元素（Fe、Cu、Cd、Zn、Pb、Si等）分离。粗$GeCl_4$进一步提纯除砷	
$HfCl_4$	HfO_2	Cl_2	$HfO_2+(1+\eta)C+2Cl_2=Hf+2\eta CO+(1-\eta)CO_2$	工业生产
LiCl	Li_2CO_3	盐酸	$Li_2CO_3+2HCl=2LiCl+H_2O+CO_2$	经氯化、浓缩、结晶、干燥制得无水氯化锂
钼精矿	钼精矿	HCl—$FeCl_3$溶液	$PbS+2FeCl_3=PbCl_2+FeCl_2+S$ $CaCO_3+2HCl=CaCl_2+H_2O+CO_2$	用于去除钼精矿中Ca、Pb等杂质，以提高精矿品位
$NbCl_5$ $TaCl_5$	黄绿石精矿 钽铌精矿	Cl_2	$Nb_2O_5+5/2C+5Cl_2=2NbCl_5+5/2CO_2$ $Ta_2O_5+5/2C+5Cl_2=2TaCl_5+5/2CO_2$ $CO_2+C=2CO$	熔盐氯化法，钽铌精矿氯化已用于工业生产
$NbCl_5$	铌铁	Cl_2	$Fe-Nb+NaCl+7NaFeCl_4=NbCl_5+8NaFeCl_3$ $2NaFeCl_3+Cl_2=2NaFeCl_4$	铌铁和NaCl混合物连续加入到氯化钠和氯化铁的熔盐中通Cl_2进行氯化
H_2TaF_7 H_2NbF_7	钽铁矿 铌铁矿	氢氟酸	$Fe(TaO_3)_2+16HF=2H_2TaF_7+FeF_2+6H_2O$ $Mn(TaO_3)_2+16HF=2H_2TaF_7+MnF_2+6H_2O$ $Fe(NbO_3)_2+16HF=2H_2NbF_7+FeF_2+6H_2O$ $Mn(NbO_3)_2+16HF=2H_2NbF_7+MnF_2+6H_2O$	在加热条件下用浓氢氟酸分解经磨碎的精矿
$RECl_3$	稀土精矿	Cl_2	$RE_2O_3+3C+3Cl_2=2RECl_3+3CO$ $RE_2O_3+3/2C+3Cl_2=2RECl_3+3/2CO_2$	1000～1100℃下氯化制得无水$RECl_3$以熔体由炉内排出
	氟碳铈镧矿	浓盐酸	$RE_2(CO_3)_3\cdot REF_3+9HCl=2RECl_3+REF_3+3HCl+3H_2O+3CO_2$	残渣主要成分为REF_3，再用NaOH水溶液浸煮处理
REF_3	RE_2O_3	HF	$RE_2O_3+6HF=2REF_3+3H_2O$	700～750℃下用HF气体作用制取无水REF_3

续表 5-1-1

卤化产物	原料	卤化剂	主要化学反应式	工艺方法及规模
$SiHCl_3$	硅粉	HCl	$Si+3HCl=SiHCl_3+H_2$	硅粉在流化床中与氯化氢反应生成粗$SiHCl_3$，再用精馏法提纯
$SiCl_4$	粗硅	Cl_2	$Si+2Cl_2=SiCl_4$	合成法得粗$SiCl_4$，再提纯
$TiCl_4$	钛渣、金红石	Cl_2	$TiO_2+(1+\eta)C+2Cl_2=TiCl_4+2\eta CO+(1-\eta)CO_2$	沸腾氯化或熔盐氯化法均工业生产
	钛精矿	Cl_2	$FeTiO_3+3C+7/2Cl_2=TiCl_4+FeCl_3+3CO$	钛精矿直接氯化
TiO_2	钛精矿	Cl_2	$FeTiO_3+1/2C+3/2Cl_2=TiO_2+FeCl_3+1/2CO_2$	钛精矿选择氯化制人造金红石
		盐酸	$FeTiO_3+2HCl=TiO_2+FeCl_2+H_2O$	盐酸浸出法制取人造金红石
TiI_4	工业纯钛	I_2	$Ti+2I_2\xrightarrow{100\sim200℃}TiI_4\xrightarrow{1[illegible]00\sim1[illegible]00℃}Ti+2I_2$	碘化物热离解法制取纯钛
UF_6	UO_2	HF,F	$UO_2+4HF=UF_4+2H_2O$ $UF_4+F_2=UF_6$	
H_2WO_4	钨精矿	盐酸	$(Fe、Mn)WO_4+2HCl=H_2WO_4+FeCl_2(MnCl_2)$ $CaWO_4+2HCl=H_2WO_4+CaCl_2$	盐酸分解法
WCl_6	WO_3	Cl_2	$WO_3+3/2C+3Cl_2=WCl_6+3/2CO_2$ $WO_3+3C+3Cl_2=WCl_6+3CO$	流化床氯化、试验阶段
$ZrCl_4$	锆英石	Cl_2	$ZrSiO_4+4C+4Cl_2=ZrCl_4+SiCl_4+4CO$	锆英石直接氯化
	ZrO_2		$ZrO_2+(1+\eta)C+2Cl_2=ZrCl_4+2\eta CO+(1-\eta)CO_2$	
	ZrC、ZrN		$ZrC+2Cl_2=ZrCl_4+C$ $ZrN+2Cl_2=ZrCl_4+1/2N_2$	
ZrI_4	工业纯锆	I_2	$Zr+2I_2\xrightarrow{250℃}ZrI_4\xrightarrow{1300\sim1500℃}Zr+2I_2$	碘化物热离解法制取纯锆

二、氯化过程分类及氯化剂

按在稀有金属冶炼过程中的应用，氯化(卤化)过程可分为四类：

(1) 分解处理矿石。如：选择氯化法处理钛铁精矿；锆英石直接氯化；氯化法处理黄绿石精矿、稀土精矿；钨精矿盐酸分解等。

(2) 制取氯化物用作制取金属的原料。如：分别由富钛料、ZrO_2（或ZrC)、HfO_2制取金属钛、锆、铪的氯化物。

(3) 用于金属提纯。如：碘化法制取纯钛、纯锆；用氯气氯化粗铼粉制取氯化铼，再经水解得高纯ReO_2，再用氢还原制得纯度超过99.5%Re粉；用HCl气与硅作用制取$SiHCl_3$，再用氢还原制得超纯硅。

(4) 用于分离杂质元素。如：以$HCl-FeCl_3$溶液浸出辉钼矿去除铅、钙等杂质。

按使用氯化剂分类：

(1) 气体氯化剂。氯、氯化氢，就卤化剂而言，尚有：氟化氢、碘蒸气。

(2) 固体氯化剂。$CaCl_2$、NaCl，一般常用于从复杂重有色金属矿物以及贵金属、稀有金属原料中回收有价金属。

(3) 氯化浸出。在水溶液介质中进行的一类氯化过程，如用盐酸作氯化剂，分解白钨精矿、浸出钛铁精矿；在盐酸介质中通入氯气提取金银等。盐酸既是氯化剂，又是一种溶剂。

上述第（1）、（2）类为火法氯化过程，第（3）类则为湿法氯化过程。最重要的氯化剂有氯气、盐酸等。

氯（Cl_2）原子序数17，原子量35.4527(9)；溶点$-102.4°C$，沸点$-34.5°C$，重度（0.101MPa，0°C）3.214kg/m^3，比热（15°C）0.481$J/g\cdot C$，

表 5-1-2　液氯的蒸气压

温度，℃	-30	-20	-10	0	10	30	50	70
蒸气压，MPa	0.12	0.19	0.26	0.37	0.50	0.87	1.43	2.18

氯在常温下是黄绿色的有毒气体。由表 5-1-2 可看出，氯气较易液化。液氯比重0℃时 1.4685kg/L；1L液氯相当于463 L气体氯，液氯的比热为 0.946 J/(g·℃)（0～24℃），-34.5℃下的气化潜热为282J/g。

氯与CO的作用。当有阳光照射或有催化剂（如活性碳）存在时，在常温下按下列反应生成有剧毒的光气：

$$CO+Cl_2=COCl_2$$

光气在高温时是不稳定的，500℃以上即完全分解。

氯与水蒸气反应为吸热反应，随着温度的升高，反应更为剧烈。

$$2Cl_2+2H_2O=4HCl+O_2-123kJ$$

常压下，氯在饱和水溶液中，约有三分之一被分解，按反应

$$Cl_2+H_2O=HOCl+HCl$$

产生的次氯酸是一种强氧化剂，在氯化浸出过程中，起着重要的作用。氯在一些非极性溶剂如：CS_2、S_2Cl_2、CCl_4中的溶解度是比较大的。

氯在水中的溶解度（Cl_2及H_2O的总压为0.101MPa下，100g水中溶解氯的克数）很小，当温度为10℃及20℃时，其溶解度分别为0.9969及0.7291。中国液氯规格：含Cl_2≥99.5%（体积），H_2O≤0.06%（重量）。中国居民区大气中氯气最高允许浓度（mg/m^3）一次为0.1；月平均为0.03。车间空气中氯气最高允许浓度为$2mg/m^3$。一些国家规定，经处理后的排放尾气中氯气浓度不得超过1×10^{-6}。

第二节　氯化过程的热力学

一、金属氧化物、碳化物及氮化物的氯化

（一）金属氧化物的氯化

由于元素对氧和氯的亲和力不同，某些氧化物能与氯或氯化物作用转变为氯化物。以二价金属氧化物为例，它与元素氯的反应可用下式表示：

$$MeO+Cl_2=MeCl_2+1/2O_2$$

该反应的标准自由能变化ΔG°可由金属氯化物的标准生成自由能$\Delta G^\circ_{MeCl_2}$与金属氧化物的标准生成自由能ΔG°_{MeO}之差求得。即：

$$\Delta G^\circ=\Delta G^\circ_{MeCl_2}-\Delta G^\circ_{MeO} \quad (5\text{-}1\text{-}1)$$

若$-\Delta G^\circ_{MeCl_2}>-\Delta G^\circ_{MeO}$，即所给金属对氯的亲和力大于对氧的亲和力，则在标准状态下ΔG°为负值，反应向右进行，即可发生氯化反应。

表5-1-3列出稀有金属及有关元素的卤化、氧化等反应标准自由能变化。

1mol氧与金属反应生成氧化物的标准生成自由能变化ΔG°-T关系如图5-1-1所示。

1mol氯与金属反应生成氯化物的标准生成自由能变化ΔG°-T关系如图5-1-2所示。

根据金属氧化物及金属氯化物的标准生成自由能变化，按上式计算即可得出金属氧化物与元素氯反应的ΔG°-T值，并可绘制如图5-1-3所示的金属氧化物氯化反应的ΔG°-T关系图。

对图5-1-1、图5-1-2和图5-1-3简要说明如下：

（1）同一图中，反应物中氧量或氯量（均取1mol）相同，故可以进行相同温度下的比较，不同图间的比较则应注意化合物的摩尔数相当。

（2）图5-1-1及图5-1-2中所有金属氧化物或氯化物的标准生成自由能ΔG°都是负值，这表明所有金属在标准状态下都能氧化或氯化。

（3）对图5-1-1、图5-1-2言，在一定温度下，图中直线表明各种氧化物（或氯化物）稳定性的次序，其位置愈低，它所代表的氧化物（或氯化物）ΔG°负值愈大，其稳定性愈大，说明该元素对氧（或氯）的亲和力愈大。因此，这种元素就可以使图中直线位置较高的氧化物（或氯化物）还原，而该元素则转变为氧化物（或氯化物）。此即热还原法制取金属的热力学基础。

同样，图5-1-3表明不同金属氧化物和氯反应的难易程度与氯化顺序。此即氧化物氯化的热力学基础。由图可知，在标准状态下，并不是所有反应

表 5-1-3 反应标准自由能变化

$\Delta G_T^\circ = A + BT\lg T + CT$，J

反　　应	A	B	C	误　差 ±kJ	温度范围 K
AgCl(液)=Ag(液)+1/2Cl_2(气)	104474		−23.01	4.18	1234～1837
Al(固)+3/2Cl_2(气)=$AlCl_3$(气)	−578061	10.38	19.87	20.92	453～933
Al(液)+3/2Cl_2(气)=$AlCl_3$(气)	−587434	10.46	29.50	33.47	>933
Al_2O_3(固)=2Al(固)+3/2O_2(气)	1676989	16.65	−366.69	12.55	298～923
Al_2O_3(固)=2Al(液)+3/2O_2(气)	1697700	15.69	−385.85	16.74	923～1800
$BeCl_2$(气)=Be(液)+Cl_2(气)	379572		5.86	16.74	1560～2273
BeF_2(固)=Be(固)+F_2(气)	1017549	64.43	−324.67	20.92	298～818
BeF_2(液)=Be(固)+F_2(气)	992780	82.13	−364.01	20.92	818～1455
BeF_2(气)=Be(液)+F_2(气)	813683		−2.34	8.37	1560～2273
2BeO(固)=2Be(固)+O_2(气)	1200390	13.89	−234.72	41.84	298～1557
2BeO(固)=2Be(液)+O_2(气)	1221310	13.89	−248.19	54.39	1557～2000
C(固)+2Cl_2(气)=CCl_4(气)	−109830	−21.59	206.35	4.18	350～800
C(固)+1/2O_2(气)=CO(气)	−111713		−87.65	4.18	298～2500
C(固)+O_2(气)=CO_2(气)	−394133		−0.84	4.18	298～2000
$CaCl_2$(固)=Ca(固)+Cl_2(气)	794542		−142.26	12.55	298～1055
$CaCl_2$(液)=Ca(液)+Cl_2(气)	817554	102.26	−471.12	20.92	1120～1900
2CaO(固)=2Ca(固)+O_2(气)	1266288		−197.99	12.55	298～1124
2CaO(固)=2Ca(液)+O_2(气)	1284906		−214.56	12.55	1124～1760
$CeCl_3$(固)=Ce(固)+3/2Cl_2(气)	1067757	76.99	−480.74	16.74	298～900
CeF_3(固)=Ce(固)+3/2F_2(气)	1774016		−251.88	41.84	298～1071
CeO_2(固)=Ce(固)+O_2(气)	1091606	20.92	−273.01	12.55	298～1000
Ce_2O_3(固)=2Ce(固)+3/2O_2(气)	1788032		−286.60	4.18	298～1071
$FeCl_2$(固)=α−Fe(固)+Cl_2(气)	346310	29.20	−212.71	4.18	298～950
$FeCl_2$(液)=Fe(固)+Cl_2(气)	286395		−63.68	4.18	950～1300
$FeCl_2$(气)=γ−Fe(固)+Cl_2(气)	105646	−96.23	375.10	16.74	1300～1812
$FeCl_3$(气)=Fe(固)+3/2Cl_2(气)	259910		−26.44	4.184	605～2273
FeO(固)=Fe(固)+1/2O_2(气)	264889		−65.35	12.55	298～1642
FeO(液)=Fe(液)+1/2O_2(气)	232714		−45.31	12.55	1808～2000
Fe_3O_4(固)=3Fe(固)+2O_2(气)	1102191		−307.36	2.09	298～1870
Fe_2O_3(固)=2Fe(固)+3/2O_2(气)	814123		−250.66	2.09	298～1773
Ga_2O_3(固)=2Ga(液)+3/2O_2(气)	1089932		−323.59	12.55	303～2068
GeO_2(固)=Ge(固)+O_2(气)	573208		−187.78	12.55	298～1211
1/2H_2(气)+1/2Cl_2(气)=HCl(气)	−91086	4.14	−21.84	2.51	298～2100
2HF(气)=H_2(气)+F_2(气)	544757		7.95		298～2500
H_2O(气)=H_2(气)+1/2O_2(气)	247484		−55.86	1.26	298～2273
HfC(固)=Hf(固)+C(固)	230120		−7.53	20.92	298～2273
HfO_2(固)=Hf(固)+O_2(气)	1062736		−174.05	20.92	298～1973
In_2O_3(固)=2In(液)+3/2O_2(气)	918806		−309.41	12.55	430～2183
IrO_2(固)=Ir(固)+O_2(气)	218405	52.93	−323.21	16.74	298～1366
Ir(固)+3/2O_2(气)=IrO_3(固)	17364		45.19		1473～1673
$LaCl_3$(固)=La(固)+3/2Cl_2(气)	1062736		−225.52	20.92	298～1128
LaF_3(固)=La(液)+3/2F_2(气)	1782384		−241.42	20.92	298～1193
La_2O_3(固)=2La(固)+3/2O_2(气)	1871085	38.49	−405.43	16.74	298～1000
LiCl(液)=Li(液)+1/2Cl_2(气)	382041		−52.38	0.42	883～1656
LiCl(气)=Li(气)+1/2Cl_2(气)	360242		−42.22	12.55	1656～2273

续表 5-1-3

反应	A	B	C	误差 ±kJ	温度范围 K
Li_2O(固)=2Li(液)+1/2O_2(气)	602747		−135.14	2.09	454～1615
Li_2CO_3(液)=Li_2O(固)+CO_2(气)	147863		−78.74	0.84	993～1843
$MgCl_2$(固)=Mg(固)+Cl_2(气)	646177	41.34	−285.27	4.18	298～923
$MgCl_2$(液)=Mg(液)+Cl_2(气)	618604	56.82	−304.47	6.28	987～1376
$MgCl_2$(液)=Mg(气)+Cl_2(气)	770274	86.65	−508.44	6.28	1380～1691
$MgCl_2$(气)=Mg(气)+Cl_2(气)	562748	−9.58	−75.06	20.92	1691～2000
MgO(固)=Mg(固)+1/2O_2(气)	603960	12.34	−142.05	6.28	298～923
MgO(固)=Mg(液)+1/2O_2(气)	608144	1.00	−112.76	6.28	923～1380
MgO(固)=Mg(气)+1/2O_2(气)	759814	30.84	−316.73	12.55	1380～2500
$MnCl_2$(固)=α-Mn(固)+Cl_2(气)	486599	35.02	−234.30	4.18	298～923
$MnCl_2$(液)=β-Mn(固)+Cl_2(气)	451746	38.12	−205.64	4.18	993～1373
$MnCl_2$(液)=γ-Mn(固)+Cl_2(气)	443211	17.03	−133.22	6.28	1400～1504
$MnCl_2$(气)=Mn(液)+Cl_2(气)	223635	−68.62	285.35	8.37	1517
MnO(固)=Mn(固)+1/2O_2(气)	384719		−72.80	12.55	298～1500
MnO(固)=Mn(液)+1/2O_2(气)	399153		−82.42	12.55	1500～2050
MoO_2(固)=Mo(固)+O_2(气)	587852	19.25	−237.65	25.10	298～1300
MoO_3(固)=MoO_2(固)+1/2O_2(气)	161921		−81.59	12.55	298～1300
MoS_2(固)=Mo(固)+S_2(气)	397480		−182.00	16.74	298～1458
NaCl(固)=Na(液)+1/2Cl_2(气)	414216		−98.74	6.28	298～1073
NaCl(液)=Na(气)+1/2Cl_2(气)	478231		−149.79	8.37	1183～1738
Na_2O(固)=2Na(液)+1/2O_2(气)	421580		−141.34	8.37	371～1405
Nb_2C(固)=2Nb(固)+C(固)	193719		−11.72	12.55	298～1773
NbC(固)=Nb(固)+C(固)	136900		−2.43	4.18	298～1773
NbO(固)=Nb(固)+1/2O_2(气)	414216		−86.61	20.92	298～2210
Nb_2O_5(固)=2Nb(固)+5/2O_2(气)	1888239		−419.70	12.55	298～1785
NbO_2(固)=Nb(固)+O_2(气)	783663		−166.99	10.46	298～2423
OsO_2(固)=Os(固)+O_2(气)	289784		−175.14	12.55	298～1173
PCl_3(气)=1/2P_2(气)+3/2Cl_2(气)	474466		−209.20	12.55	298～1573
PCl_5(气)=1/2P_2(气)+5/2Cl_2(气)	419655		−279.28	12.55	298～1973
PO(气)=1/2P_2(气)+1/2O_2(气)	77822		11.59	12.55	298～1973
PO_2(气)=1/2P_2(气)+O_2(气)	385765		−60.25	12.55	298～1973
P_4O_{10}(气)=2P_2(气)+5O_2(气)	3155991		−1010.85		631～1973
PdO(固)=Pd(固)+1/2O_2(气)	93722	24.06	−154.39	8.37	298～1133
PtO_2(气)=Pt(固)+O_2(气)	164431		0.0	12.55	298～1973
$PuCl_3$(液)=Pu(液)+3/2Cl_2(气)	874456		−141.84	20.92	1040～2063
PuF_3(固)=Pu(液)+3/2F_2(气)	1539712		−228.45	20.92	913～1699
PuO_2(固)=Pu(液)+O_2(气)	1046000		−177.90	12.55	913～2663
RbCl(液)=Rb(气)+1/2Cl_2(气)	476976		−147.28		988～1654
Rb_2O(固)=2Rb(液)+1/2O_2(气)	334720		−153.97	20.92	298～961
ReO_2(固)=Re(固)+O_2(气)	428442		−169.74	12.55	298～1473
Rh_2O_3(固)=2Rh(固)+3/2O_2(气)	376560		−265.98	12.55	298～1273
RhO_2(气)=Rh(固)+O_2(气)	199158		19.62	12.55	298～1473
$RuCl_4$(气)=Ru(固)+2Cl_2(气)	90584	−20.21	−35.15	8.37	298～1400
$RuCl_3$(固)=Ru(固)+3/2Cl_2(气)	258571	43.30	−361.92		
RuO_2(固)=Ru(固)+O_2(气)	307942	28.87	−261.08		298～1850
RuO_3(气)=Ru(固)+3/2O_2(气)			−60.67	20.92	298～1873

续表 5-1-3

反　　　　应	*A*	*B*	*C*	误　差 ±kJ	温度范围 K
RuO_4(气)=Ru(固)+2O_2(气)	179912		−142.67	16.74	298～1973
SO(气)=1/2S_2(气)+1/2O_2(气)	57781		4.89	1.26	718～2273
S_2(气)+2O_2(气)=2SO_2(气)	−724836		144.85	4.18	298～2000
S_2(气)+3O_2(气)=2SO_3(气)	−913953		323.59	12.55	318～1800
$ScCl_3$(固)=Sc(固)+3/2Cl_2(气)	891192		−229.70	41.84	298～1240
ScF_3(固)=Sc(固)+3/2F_2(气)	1648496		−230.12		298～1273
Sc_2O_3(固)=2Sc(固)+3/2O_2(气)	1902046		−290.87	12.55	298～1812
SeO(气)=1/2Se_2(气)+1/2O_2(气)	9205		4.18		958～1973
SeO_2(气)=1/2Se_2(气)+O_2(气)	177820		−66.11	12.55	958～1973
$SiCl_4$(气)=Si(固)+2Cl_2(气)	651030	15.23	−183.68	12.55	298～1000
SiO(气)=Si(固)+1/2O_2(气)	104182		82.51	12.55	298～1685
SiO_2(固)=Si(固)+O_2(气)	902070		−173.64	12.55	700～1700
SiO_2(固)=Si(液)+O_2(气)	952697		−203.76	12.55	1700～2000
SiC(固)=Si(固)+C(固)	58576	5.44	−23.77	10.46	298～1686
SiC(固)=Si(液)+C(固)	113386	11.42	−75.73	8.37	1686～2000
$TaCl_5$(气)=Ta(固)+5/2Cl_2(气)	753957		−169.41	8.37	507～2273
T F_5(气)=Ta(固)+5/2F_2(气)	1814182		−183.05	12.55	497～1973
Ta_2O_5(固)=2Ta(固)+5/2O_2(气)	2054344	86.61	−704.59	20.92	298～2000
TeO_2(固)=Te(液)+O_2(气)	331373		−192.05		723～1006
$ThCl_4$(固)=Th(固)+2Cl_2(气)	1178633		−288.07	12.55	298～1043
ThF_4(固)=Th(固)+2F_2(气)	2102042		−296.06	12.55	298～1383
ThO(气)=Th(固)+1/2O_2(气)	66944		52.72	4.18	1873～2273
ThO_2(固)=Th(固)+O_2(气)	1227586	6.74	−199.58	20.92	298～1800
$TiCl_4$(气)=Ti(固)+2Cl_2(气)	756049	7.53	−144.98	12.55	298～1700
TiI_4(气)=Ti(固)+2I_2(气)	401664		−117.57	20.92	653～1943
TiO(固)=Ti(固)+1/2O_2(气)	511703		−89.12	16.74	600～2000
TiO_2(固、金红石)=Ti(固)+O_2(气)	940932		−177.57	2.09	298～1943
Ti_2O_3(固)=2Ti(固)+3/2O_2(气)	1502056		−258.07	10.46	298～1943
Ti_3O_5(固)=3Ti(固)+5/2O_2(气)	2435088		−420.49	20.92	298～1943
2TiN(固)=2α-Ti(固)+N_2(气)	671532		−185.77	16.74	298～1155
2TiN(固)=2β-Ti(固)+N_2(气)	676553		−190.54	16.74	1155～1500
TiC(固)=Ti(固)+C(固)	183050		−10.08	12.55	298～1155
TiC(固)=Ti(固)+C(固)	186606		−13.22	12.55	1155～2000
UCl_3(固)=U(固)+3/2Cl_2(气)	887008		−210.04		298～1110
UCl_4(固)=U(固)+2Cl_2(气)	1058970	59.83	−471.96		298～861
UCl_4(液)=U(固)+2Cl_2(气)	990353		−217.57		861～1060
UCl_5(气)=U(液)+5/2Cl_2(气)	962320		−172.80		1405～1973
UCl_6(气)=U(液)+3Cl_2(气)	1031356		−258.99	16.74	1405～1973
UF_6(气)=U(固)+3F_2(气)	2135514		−273.72	12.55	330～1405
UF_4(固)=U(固)+2F_2(气)	1876524		−282.00		289～1309
UF_4(液)=U(固)+2F_2(气)	1812090		−232.63		1309～1405
UO_2(固)=U(固)+O_2(气)	1079472		−167.36		289～1405
UO_2(固)=U(液)+O_2(气)	1128425	64.43	−405.85		1405～2000
UO_3(固)=U(固)+3/2O_2(气)	1226749		−250.54	12.55	298～873
VO(固)=V(固)+1/2O_2(气)	424676		−80.04	8.37	298～2073
V_2O_3(固)=2V(固)+3/2O_2(气)	1202900		−237.53	8.37	298～2343

续表 5-1-3

反　　应	A	B	C	误差 ±kJ	温度范围 K
VO_2(固)＝V(固)＋O_2(气)	706259		−155.31	12.55	298～1633
V_2O_5(液)＝2V(固)＋5/2O_2(气)	1447371		−321.58	8.37	943～2273
V_2C(固)＝2V(固)＋C(固)	146440		−3.35		298～1973
VC(固)＝V(固)＋C(固)	102090		−9.58	12.55	298～2273
WO_2(固)＝W(固)＋O_2(气)	579484		−153.13	20.92	298～1500
WO_3(固)＝W(固)＋3/2O_2(气)	843076	42.68	−383.67	20.92	298～1400
WC(固)＝W(固)＋C(固)	37656		−1.67	12.55	298～2000
YCl_3(固)＝Y(固)＋3/2Cl_2(气)	967759		−227.19	12.55	298～994
YF_3(固)＝Y(固)＋3/2F_2(气)	1711256		−219.24	16.74	293～1428
Y_2O_3(固)＝2Y(固)＋3/2O_2(气)	1897862		−281.96	12.55	298～1799
$ZrCl_4$(气)＝Zr(固)＋2Cl_2(气)	871067		−116.32	2.09	609～2273
$ZrCl_4$(固)＝Zr(固)＋2Cl_2(气)	962320		−291.21		298～604
ZrI_4(气)＝Zr(固)＋2I_2(气)	488398		−112.80	8.37	706～2273
α-ZrO_2(固)＝α-Zr(固)＋O_2(气)	1087589	18.12	−247.36	16.74	298～1143
β-ZrO_2(固)＝β-Zr(固)＋O_2(气)	1088677	26.94	−276.10	16.74	1478～2138
2α-ZrN(固)＝2α-Zr(固)＋N_2(气)	728016		−186.65	12.55	298～1135
2β-ZrN(固)＝2β-Zr(固)＋N_2(气)	735756		−193.38	12.55	1135～1500
ZrC(固)＝Zr(固)＋C(固)	184514		−9.20	12.55	298～2200
$ZrO_2\cdot SiO_2$(固)＝ZrO_2(固)＋SiO_2(固)	26778		−12.55	20.92	298～1980

的$\Delta G°$值均为负值，如Al_2O_3，TiO_2，Fe_2O_3以及MgO等很难与氯气反应。

（4）金属对氧（或氯）的亲和力随温度升高而减小，由于生成各种氧化物（或氯化物）的 $\Delta S°$ 不同，故$\Delta G°-T$线斜率亦不同，因此，图中有许多这样的线将会相交，在相交前后，亲和力的相对顺序也将随之改变。温度对氧化物（或氯化物）的稳定性的影响即可由图中直线斜率的特性来确定。

（5）$\Delta G°-T$线在相交温度处发生转折，如果参与反应的物质之一由液态转变为气态，就会出现更明显的转折。由于氯化物的熔点和沸点较低，因此在不太高的温度范围内，图5-1-2中的$\Delta G°-T$线转折点比图5-1-1要多些。

（二）金属碳化物或氮化物的氯化

金属碳化物、氮化物氯化反应的$\Delta G°-T$有关数据及图示亦可由金属碳化物、氮化物的标准生成自由能与温度的关系有关数据和金属氯化物的标准生成自由能与温度的关系有关数据得出。

在通常条件下，稀有金属碳化物和氮化物与氯作用生成相应氯化物的标准自由能变化均为负值，因此在标准状态下氯化反应有可能自动进行。

二、有还原剂存在时金属氧化物的氯化

在一定温度范围内大部分稀有金属氧化物直接氯化的标准自由能变化为正值。所以在标准状态下，这些金属氧化物直接氯化是不可能的。

有还原剂存在时，金属氧化物氯化反应（以二价金属为例）的通式为：

$$MeO+Cl_2+C=MeCl_2+CO \quad (5\text{-}1\text{-}2)$$

$$MeO+Cl_2+1/2C=MeCl_2+1/2CO_2 \quad (5\text{-}1\text{-}3)$$

上述两个反应是相应氧化物直接氯化分别与碳的燃烧反应之和。

$$MeO+Cl_2=MeCl_2+1/2O_2 \quad (5\text{-}1\text{-}4)$$

$$C+1/2O_2=CO \quad (5\text{-}1\text{-}5)$$

$$1/2C+1/2O_2=1/2CO_2 \quad (5\text{-}1\text{-}6)$$

故 $\Delta G°_{5\text{-}1\text{-}2}=\Delta G°_{5\text{-}1\text{-}4}+\Delta G°_{5\text{-}1\text{-}5}$

即 $$\Delta G°=\Delta G°_{MeCl_2}+\Delta G°_{CO}-\Delta G°_{MeO} \quad (5\text{-}1\text{-}7)$$

$\Delta G°_{5\text{-}1\text{-}3}=\Delta G°_{5\text{-}1\text{-}4}+\Delta G°_{5\text{-}1\text{-}6}$

即 $$\Delta G°=\Delta G°_{MeCl_2}+1/2\Delta G°_{CO_2}-\Delta G°_{MeO} \quad (5\text{-}1\text{-}8)$$

由于 $\Delta G°_{5\text{-}1\text{-}5}$ 和 $\Delta G°_{5\text{-}1\text{-}6}$ 在很宽的温度范围内

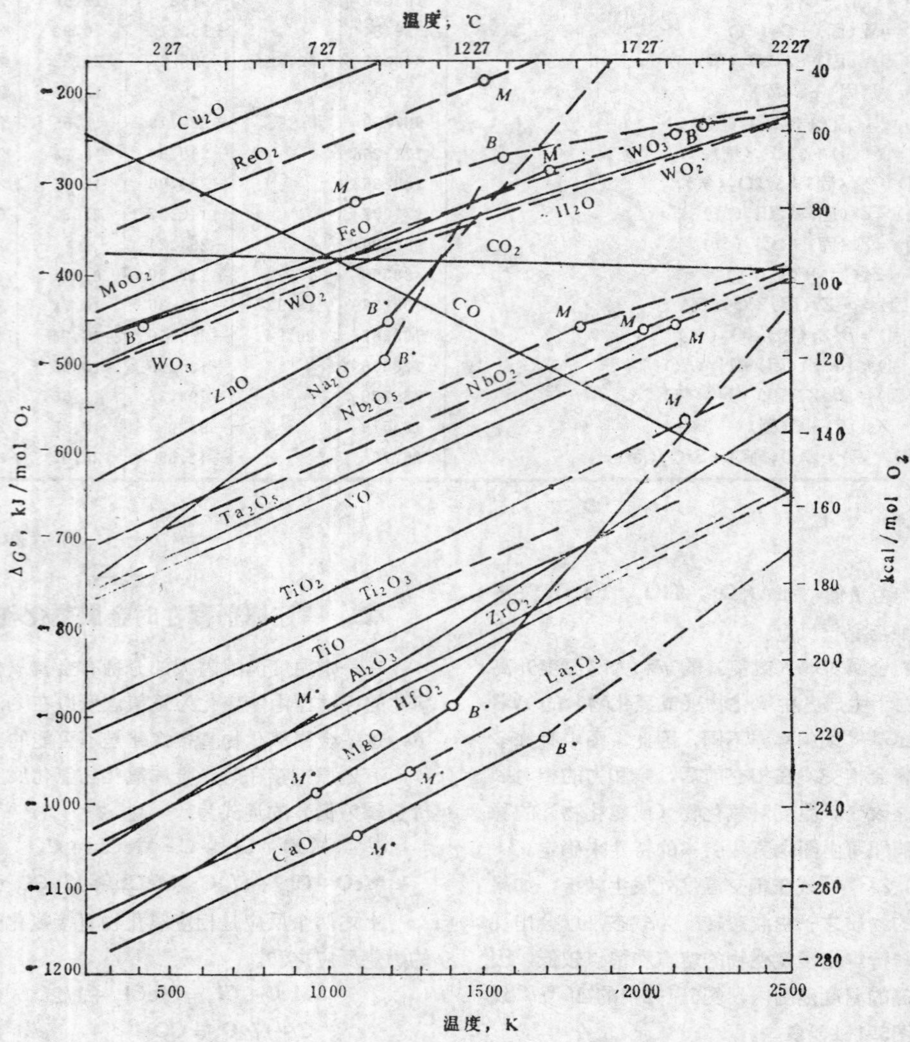

图 5-1-1 某些金属氧化物 的 $\Delta G°$ 值与温度的关系

M、*B*—氧化物的熔点和沸点；*M**、*B**—金属的熔点和沸点

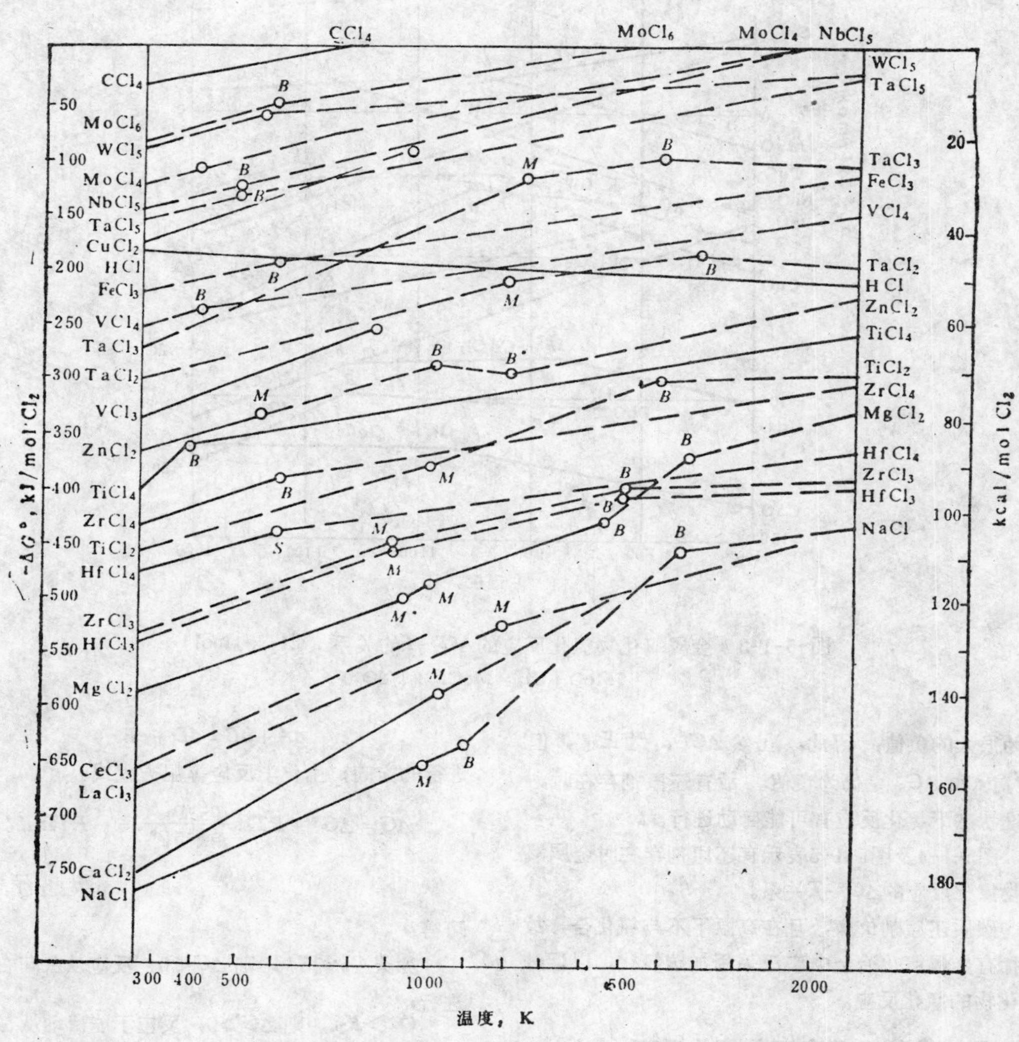

图 5-1-2　某些金属氯化物的ΔG°值与温度的关系

*M**、*B**—金属熔点和沸点；*M*、*B*—氯化物熔点和沸点；虚线表示计算值，实线表示实测值

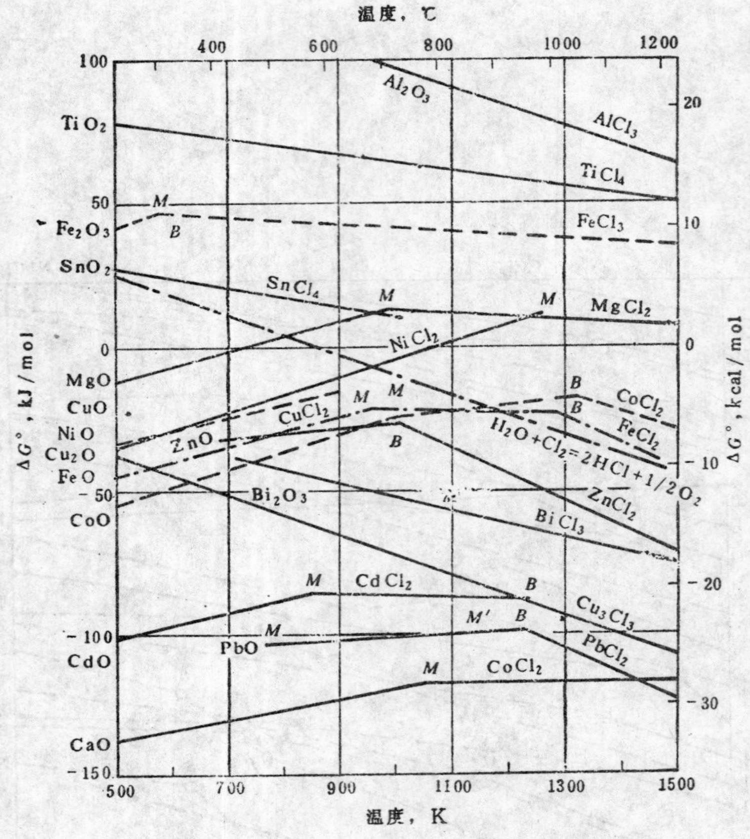

图 5-1-3 金属氧化物氯化反应的ΔG°-T的关系（Cl_2为1mol）

（$MeO+Cl_2=MeCl_2+1/2O_2$）

均为很大的负值，因此，虽然$\Delta G^\circ_{5\text{-}1\text{-}4}$为正值，但$\Delta G^\circ_{5\text{-}1\text{-}2}$和$\Delta G^\circ_{5\text{-}1\text{-}3}$仍为负值。故有还原剂存在时，标准状态下氯化反应有可能自动进行。

图5-1-4及图5-1-5表示有还原剂存在时金属氧化物氯化反应的ΔG°-T关系。

碳质还原剂价廉，且在高温下不与氯化合，故在稀有金属氯化冶金中广泛采用加碳氯化，以促进氧化物的氯化反应。

三、非标准状态下的氯化反应

对标准状态下氯化反应进行的方向和趋势，用标准自由能变化ΔG°即可判断。实际上，氯化过程并非都在标准状态下进行，所以氯化反应能否进行，用自由能变量来衡量更为确切。

一般说来，对非标准状态下体系，判断反应：

$$aA+bB=dD+eE$$

进行的方向，由化学反应等温方程式

$$\Delta G=\Delta G^\circ+RT\ln\frac{p_D'^{\,d}p_E'^{\,e}}{p_A'^{\,a}p_B'^{\,b}}=-RT\ln K_p+RT\ln Q_p$$

可得：

如果$Q_p<K_p$，则$\Delta G<0$，反应从左向右自动进行；

$Q_p>K_p$，则$\Delta G>0$，反应不能自动从左向右进行，而自动从右向左进行；

$Q_p=K_p$，则$\Delta G=0$，反应处于平衡状态。

对氧化物氯化反应，假定$MeCl_2$和MeO为纯凝聚相，活度均为1，此时反应为：

$$MeO+Cl_2=MeCl_2+1/2O_2$$

自由能变量可由下式表示：

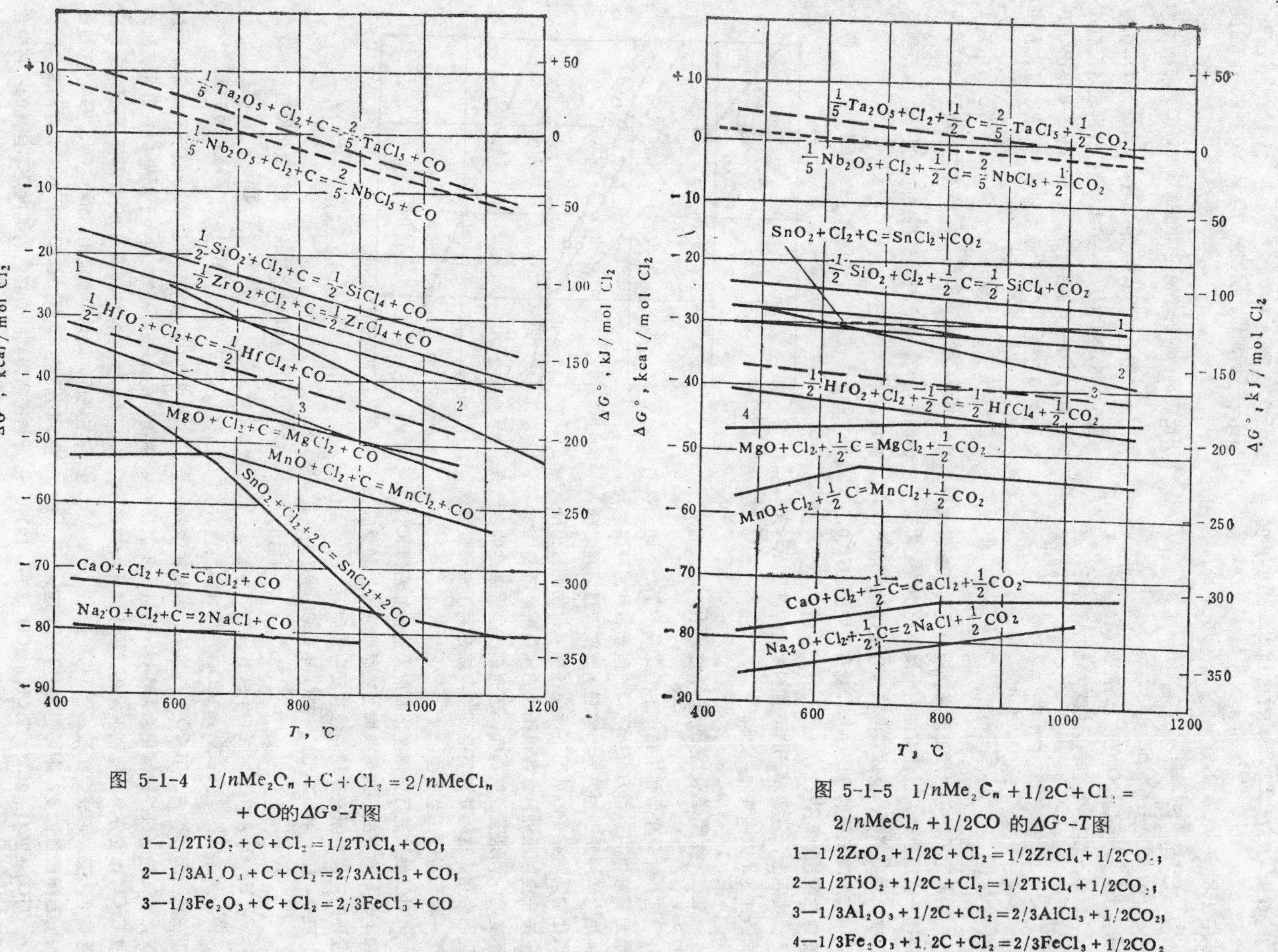

图 5-1-4 $1/nMe_2O_n + C + Cl_2 = 2/nMeCl_n + CO$的$\Delta G^\circ$-$T$图

1—$1/2TiO_2 + C + Cl_2 = 1/2TiCl_4 + CO$;

2—$1/3Al_2O_3 + C + Cl_2 = 2/3AlCl_3 + CO$;

3—$1/3Fe_2O_3 + C + Cl_2 = 2/3FeCl_3 + CO$

图 5-1-5 $1/nMe_2O_n + 1/2C + Cl_2 = 2/nMeCl_n + 1/2CO_2$ 的ΔG°-T图

1—$1/2ZrO_2 + 1/2C + Cl_2 = 1/2ZrCl_4 + 1/2CO_2$;

2—$1/2TiO_2 + 1/2C + Cl_2 = 1/2TiCl_4 + 1/2CO_2$;

3—$1/3Al_2O_3 + 1/2C + Cl_2 = 2/3AlCl_3 + 1/2CO_2$;

4—$1/3Fe_2O_3 + 1/2C + Cl_2 = 2/3FeCl_3 + 1/2CO_2$

$$\Delta G=-RT\ln\frac{p_{O_2}^{1/2}}{p_{Cl_2}}+RT\ln\frac{p'^{1/2}_{O_2}}{p'_{Cl_2}} \quad (5\text{-}1\text{-}9)$$

式中 R—— 气体常数；

T—— 绝对温度；

p_{Cl_2}、p_{O_2}——Cl_2和O_2的平衡分压；

p'_{Cl_2}，p'_{O_2}——Cl_2和O_2的实际分压。

显然，要使反应向生成氯化物方向进行，必须保持：

$$\frac{p'^{1/2}_{O_2}}{p'_{Cl_2}}<\frac{p_{O_2}^{1/2}}{p_{Cl_2}}$$

由此可见，可以通过改变反应温度和气相组成来选择合适条件，以使有关的金属氧化物转变为氯化物。对上式言，使体系中氯气分压(p'_{Cl_2})增大，并相应地降低氧的分压(p'_{O_2})，就有可能使$\Delta G<0$，使氯化反应顺利进行。

实际上，只要$\Delta G°$的正值不太大，满足$\Delta G<0$的条件是不太困难的。

四、金属氧化物的选择性氯化

选择性氯化是利用在一定温度条件下，不同金属元素对氯的亲和力有所不同的原理。利用金属这种热力学性质上的差异，控制还原剂碳量，在多种氧化物同时存在的情况下，使各种氧化物的氯化反应按一定顺序进行。各氧化物的氯化程度不是固定不变的，而是随温度高低、还原剂多少等条件的变化而变化。这为处理复杂矿物，综合利用资源提供了一种可行的工艺方法。

对钛铁矿进行选择氯化制取人造金红石(TiO_2)和$FeCl_3$的方法，就是根据上述原理通过控制反应过程的还原气氛来实现的。其反应式如下：

$$FeO\cdot TiO_2+CO+Cl_2=TiO_2+FeCl_2+CO_2 \quad (5\text{-}1\text{-}10)$$

$$Fe_2O_3\cdot TiO_2+3CO+2Cl_2=TiO_2+2FeCl_2+3CO_2 \quad (5\text{-}1\text{-}11)$$

即在高温沸腾炉内、于CO的气氛下，钛铁矿中的氧化铁优先还原并被氯化为$FeCl_2$，再进一步氯化成$FeCl_3$挥发分离，钛则不氯化或很少氯化，并进行晶型转变，形成金红石。

若配碳量过多，则可能发生下列反应：

$$TiO_2+2CO+2Cl_2=TiCl_4+2CO_2 \quad (5\text{-}1\text{-}12)$$

炉内还存在碳的气化反应：

$$C+CO_2=2CO \quad (5\text{-}1\text{-}13)$$

从反应式看出：反应过程受炉内CO和CO_2的分压比$\frac{p_{CO_2}}{p_{CO}}$所制约。根据热力学计算，如以不同温度下反应平衡时的绝对温度的倒数（$1/T$）对$\lg\frac{p_{CO_2}}{p_{CO}}$作图，可得出反应5-1-10～5-1-13的热力学平衡图（图5-1-6）图中线1～线4，它们分别表示反应式5-1-10～5-1-13的平衡线。分析图5-1-6得出如下结论：图上线1～3将平衡图分成Ⅰ、Ⅱ、Ⅲ、Ⅳ四个区。

在Ⅰ区内，实际的$\frac{p_{CO_2}}{p_{CO}}$值大于反应5-1-10平衡时的p_{CO_2}/p_{CO}值，反应5-1-10向左进行，故为钛铁矿稳定区。

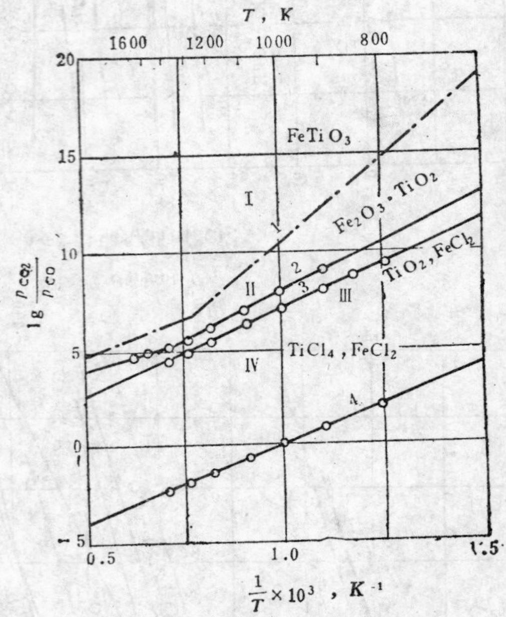

图 5-1-6 钛铁矿选择氯化反应热力学平衡图

p_{Cl_2}为0.101MPa，$FeCl_2$活度为1

在Ⅱ区内，实际的p_{CO_2}/p_{CO}值小于反应5-1-10平衡时的p_{CO_2}/p_{CO}值，但大于反应5-1-11平衡时的p_{CO_2}/p_{CO}值，故反应5-1-10向右进行，而反应5-1-11向左进行，即FeO被氯化，而Fe_2O_3、TiO_2不被氯化。因此是Fe_2O_3、TiO_2与FeCl共存的稳定区。此相区所得到的金红石的纯度是不会高的，其中含有未被氯化的Fe_2O_3。

在Ⅲ区内，实际的p_{CO_2}/p_{CO}值小于反应5-1-11

平衡时的p_{CO_2}/p_{CO}值，但大于反应5-1-12平衡时的p_{CO_2}/p_{CO}值，反应5-1-10和5-1-11都向右进行，反应5-1-12向左进行，即FeO和Fe_2O_3均被氯化，而TiO_2稳定。故从理论上讲可得到优质金红石。但是Ⅲ区比较狭窄，因此需严格控制碳比以满足反应条件。

在Ⅳ区内，实际的p_{CO_2}/p_{CO}值小于反应5-1-12平衡时的p_{CO_2}/p_{CO}值，故反应5-1-12向右进行，$TiCl_4$稳定。

第三节　氯化过程的动力学

一、氯化反应过程的步骤

稀有金属化合物的氯化主要是固态物料和氯气之间发生的气-固相反应过程。整个反应过程可分为以下几个步骤：

（1）外扩散。氯分子通过边界层向固体物料表面扩散。

（2）吸附。氯分子吸附在固体物料表面上。

（3）内扩散。被吸附的氯分子通过渣层扩散到未反应的物料表面。

（4）化学反应。被吸附的氯与未反应的固体物料发生化学反应。

（5）化学反应生成的气态产物通过渣层扩散到固体物料表面。

（6）解吸。气态产物的脱附解吸。

（7）解吸后的气态产物，由相界面向气相空间扩散。

氯化过程的速度取决于其中最慢的步骤。一般说来，吸附和解吸步骤的速度都较快，因而氯化过程的控制步骤可能是化学反应步骤或某一扩散步骤。

可以认为，反应的速度决定于如下三个因素：

（1）相界面上的化学反应速度。

（2）反应物和产物的扩散速度。

（3）相界面的大小、性质和有无新相产生。

二、影响氯化过程的主要因素

以含钛物料加碳氯化为例说明氯化温度、氯气流速、氯气浓度以及物料粒度等对氯化过程的影响。

（一）氯化温度的影响

温度是化学反应用来供给一般分子形成活化分子所需要的能量条件。有人研究了固定层氯化温度对TiO_2团块氯化比速度（单位时间内在单位炉料面积上被氯化的量）$g/(cm^2 \cdot s)$的影响(图5-1-7)

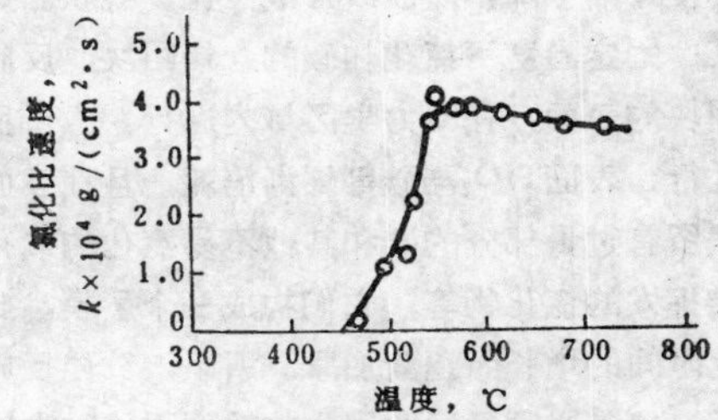

图 5-1-7　TiO_2氯化比速度与温度的关系

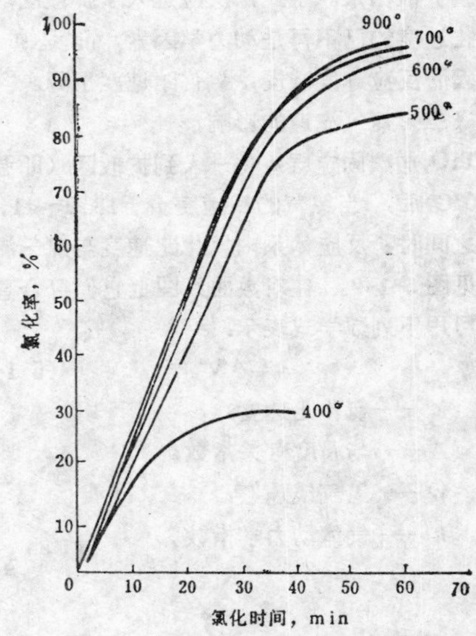

图 5-1-8　TiO_2氯化率与温度的关系

和对氯化率的影响（图5-1-8）。

由图5-1-7可以看出，在445°C时TiO_2的氯化开始，在低温时（<550°C）氯化过程处在反应动力学区域。此时，提高温度是加速反应最有效的方法。随着温度的升高氯化比速度迅速增加，温度550～600°C是过渡范围。在温度超过600°C时，氯化过程处在扩散区域，此时氯化速度受温度的影响不大。

由图5-1-8亦可看出，低温时的氯化速度比高温时低，当提高温度时，氯化率及氯化速度大幅度增加；但达到一定温度（>600°C）之后，温度再升高，氯化率和氯化速度少许或不甚明显地上升，以致600°C，700°C，900°C时氯化率曲线几乎互相重合。由该图还可看出，在同一温度下氯化时，反应的初期氯化速度较大，并保持一定数值，图中曲线的前部几乎接近直线；但当反应趋近末期时，反应速度逐渐下降，而曲线形成一抛物线状。这说明在某一固定温度下氯化加碳的含钛团块，反应开始于团块的表面，在动力学区域内进行。由于反应继续进行，表面TiO_2与碳等逐渐消耗，且在表面上还会残留有过量部分的碳和其他不易氯化的氧化物以及难挥发的氯化物等，它们构成一个层膜，此膜随氯化时间的增长而逐渐加厚。所以，欲使反应不断进行，氯气必须通过此层膜扩散到团块的内部，与未反应的TiO_2和碳作用；另外，反应产物也须经过该层膜扩散出来。至此，反应进入了扩散区域，决定氯化速度的已不再是动力学因素，而是扩散因素。因而反应速度减慢，氯化比速度下降。

（二）氯气流速的影响

TiO_2加碳固定层氯化进入到扩散区（即温度高于600°C)后，当氯气的线速度介于13.0～41.0cm/min 之间时，反应体系内氯化比速度与氯气流速的关系见图 5-1-9。在对数曲线图上它们符合直线关系，可用下列数学式表示：

$$k = Aw^n \qquad (5\text{-}1\text{-}14)$$

式中 k ——氯化比速度；

A ——与温度有关常数；

w ——氯气线速度；

n ——气体动力学指数。

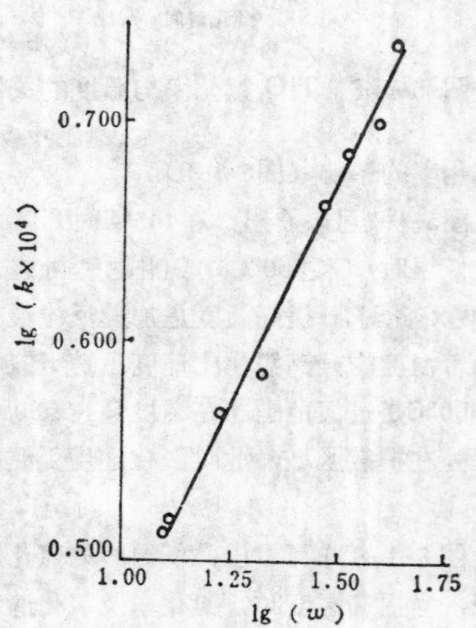

图 5-1-9 在600°C下TiO_2氯化比速度与氯气流速的关系

上式反映了氯化比速度与温度、气体动力学指数之间的关系。

氯化过程中属于扩散反应的程度可由气体动力学指数n来判断。如果氯化过程完全属于扩散反应，则n应为0.4～0.5，对于TiO_2团块在600°C下氯化，n等于0.431。

当w^n不变时，氯化比速度k随温度的变化是通过A值的变化而变化；当温度一定时，氯化比速度k随氯气流速的增加成指数关系增加。气体动力学指数n对氯化比速度k的影响表明，当流速增加到一定值后，氯气流速对反应速度的影响是通过气体动力学特性改变起作用的，即氯气流动性质逐步由层流向湍流过渡，造成气流强烈的搅动。这有利于氯气分子向反应界面扩散和气体产物从反应界面离开，减少扩散阻力，更新反应表面，从而提高反应速度。

在工业生产中，钛渣加碳氯化是在800～1000°C温度下进行。因此，在工业生产条件下，限制氯化速度的环节是扩散过程，而扩散过程又是气体动力学特性和温度的函数。扩散速度包括由温度梯度和浓度梯度引起的分子扩散和由湍流气体引起的对流扩散。所以，强化生产过程的关键是改善扩散条件。

（三）氯气浓度的影响

当氯化过程的控制步骤处在氯气的扩散步骤时，氯气浓度，即系统内氯气分压对反应速度的影响很大。氯气浓度增大，扩散动力增加，单位时间内扩散到反应区的氯气量增加，反应速度增快。

图5-1-10表示，在600°C温度下，TiO_2团块固定层氯化时，反应速度与氯气浓度的关系，表明氯

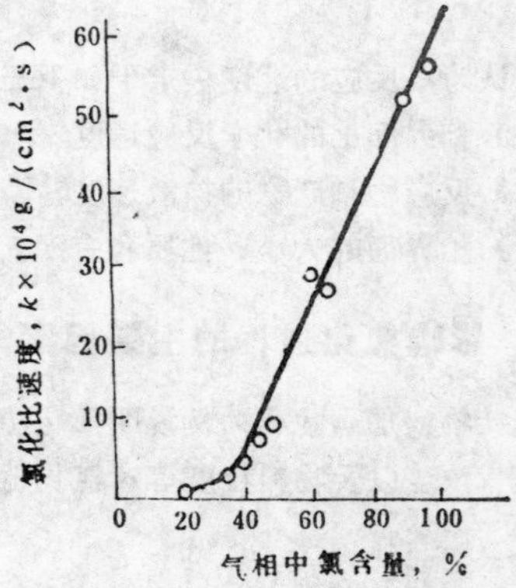

图 5-1-10 氯化速度与氯气分压的关系

化比速度随反应体系内氯气浓度的增加而增加。

在700～1000°C温度范围内氯气在反应体系中的分压与氯化比速度的关系K可用下式表示：

$$K=\frac{abp}{1+bp} \qquad (5\text{-}1\text{-}15)$$

式中 p——氯气在反应系统中的分压，atm；

a、b——常数。

即反应速度与氯气分压的一次方成正比。

（四）物料粒度的影响

物料粒度代表其反应界面积的大小。对于多相反应，反应界面积越大，反应速度也越大。粒度越细物料与氯气接触的表面积越大，反应速度也越大。但是，物料粒度过细反而会降低团块物料的孔隙率，使反应界面积减小。

就沸腾氯化而言，物料粒度是确定氯气流速的主要因素。为建立均匀稳定的流化床，物料应有一定筛分范围，粒度不宜过细，并应有相应的氯气流速。

第四节 氯化工艺方法及设备

稀有金属氯化的工艺方法一般有沸腾层氯化、熔盐氯化、竖炉氯化。

一、沸腾层氯化

流化床的特点是床层内气-固相接触良好，有激烈的搅拌作用。因此，料层各部分温度均匀，气-固相之间热交换、物质交换效率高，反应速度快，生产强度大。

（一）沸腾层氯化工艺要求

在沸腾氯化实践中，为了得到稳定而良好的流态化状态，工艺上有一系列要求。主要有以下几方面：

1．床层高度与气体分布板结构

沸腾氯化要求有一定床层高度，它影响氯气利用率及流态化质量。床层高度可由沸腾压差判定。沸腾压差为床层的阻力与气体分布板阻力之和。沸腾床料层的阻力，即压降（ΔP）与液柱静压力相类似，等于单位面积上料层的有效重量。可按下式计算：

$$\Delta P=G/F=L(\rho_s-\rho_g)(1-\varepsilon)$$
$$=L_0(\rho_s-\rho_g)(1-\varepsilon_0) \qquad (5\text{-}1\text{-}16)$$

式中 G——流化床颗粒重量，kg；

F——流化床截面积，m²；

L——流化床层高度，m；

L_0——开始流化时床层高度（近似固定层高），m；

ε——流化床层空隙率；

ε_0——固定床层空隙率；

ρ_s——颗粒重度，kg/m³；

ρ_g——气体重度，kg/m³。

为保证气体分布板有一定阻力，并保持较高气流孔眼速度，以造成对床层的充分搅拌，要求分布板的开孔率（分布板上小孔的总面积与分布板面积之比）及孔径大小适当。孔眼分布要均匀，使物料获得良好的起始流态化条件。

2．气流速度

气流速度直接影响沸腾状态、炉产能的大小与有价金属的实收率。气流速度过小，沸腾状态不良，炉产能降低；气速过大，带出的粉料多，金属实收率降低。气流操作线速度界于临界流化速度与颗粒带出速度之间。

临界流化速度u_0可用下式计算：

$$u_0=\frac{(\rho_s-\rho_g)g}{1650\mu}d_p^2 \quad (Re<20) \qquad (5\text{-}1\text{-}17)$$

式中 u_0——临界流化速度，cm/s；

d_p——颗粒（平均）直径，cm；

ρ_s——固体颗粒密度，g/cm³

ρ_g——气体密度，g/cm³；

g——重力加速度，981cm/s²；

μ——气体粘度，g/(cm·s)；

Re——颗粒雷诺数，无因次。

一般气体密度ρ_g相对于固体颗粒密度ρ_s而言，非常小，可忽略不计。上式可简化为：

$$u_0=\frac{\rho_s g}{1650\mu}d_p^2 \quad (Re<20) \qquad (5\text{-}1\text{-}18)$$

颗粒带出速度u_t（cm/s），即最大流化速度或称终端速度，可用下式计算：

$$u_t=\left[\frac{4}{225}\times\frac{(\rho_s-\rho_g)^2g^2}{\rho_s\mu}\right]^{1/3}\phi_s d_0$$
$$(0.4<Re<500) \qquad (5\text{-}1\text{-}19)$$

式中 d_0——颗粒（具有相当数量的最小颗粒）直径，cm；

ϕ_s——颗粒的球形度（对球形颗粒$\phi_s=1$），无因次。

此式适用于中等颗粒（$1>d>10^{-2}$mm）的情况。

在选定气流操作线速度时，还要考虑温度、化学反应前后气体摩尔数变化的影响。上述理论计算结果一般用作参考数据，实践中多是通过实测值定为最佳操作速度。

气流空膛线速度u(m/s)可由下式求出：

$$u=\frac{W}{A\times 3600} \qquad (5\text{-}1\text{-}20)$$

式中 W——气体体积流量，m^3/h；

A——炉膛反应段截面积，m^2；

3．物料粒度

细粒度物料有利于气-固相反应，但粒度过细，会增加粉尘量。在同一气流速度下，不同重度物料的粒度应相互匹配，即密度大的物料粒度取小些，密度小的物料粒度取大些，以保证物料在床层中混

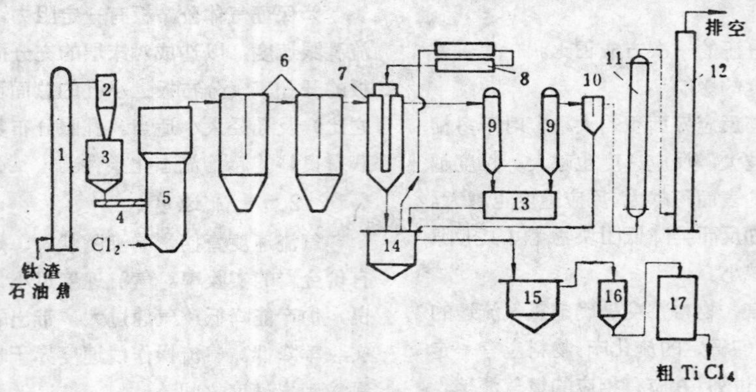

图 5-1-11 沸腾氯化设备流程示意图

1—竖井粉碎机；2—旋风收尘器；3—混合料仓；4—螺旋加料机；5—沸腾氯化炉；6—收尘器；7—淋洗塔；8—$TiCl_4$冷却器；9—冷凝器；10—折流板槽；11—尾气吸收塔；12—烟囱；13—$TiCl_4$中间贮槽；14—循环泵槽；15—沉降槽；16—过滤器；17—粗$TiCl_4$贮槽

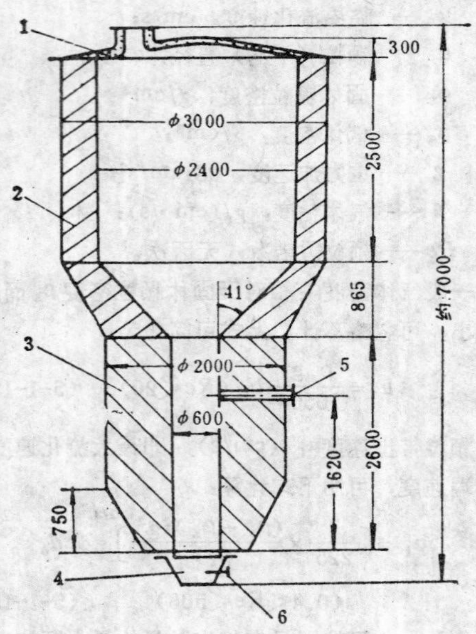

图 5-1-12 沸腾氯化炉

1—炉盖：耐火混凝土捣固层$\delta=50\sim70$mm；2—扩大段：耐火砖$\delta=120$mm；耐火混凝土捣固层$\delta=180$mm；3—反应段：磷酸铝混凝土预制圈$\delta=150$mm，电极糊防腐层$\delta=200$mm；耐火砖$\delta=165$mm；耐火混凝土捣固层$\delta=185$mm，(由炉膛至炉壁)；4—氯气分布板，石墨质、开孔率0.8%，孔径φ4毫米；5—加料口；6—氯气进口

合均匀而不分层。为此，不同物料粒径(d_1、d_2)与其密度(ρ_{s_1}、ρ_{s_2})的关系应保持：

$$\frac{d_1}{d_2}=\left(\frac{\rho_{s_2}}{\rho_{s_1}}\right)^{2/3} \qquad (5\text{-}1\text{-}21)$$

（二）钛渣的沸腾氯化

钛渣沸腾氯化生产四氯化钛，基本化学反应式是：

$$TiO_2+2Cl_2+2C=TiCl_4+2CO$$
$$TiO_2+2Cl_2+C=TiCl_4+CO_2$$

钛渣中钛的低价氧化物Ti_3O_5、Ti_2O_3、TiO以及TiC、TiN均被氯化生成$TiCl_4$。其它杂质氧化物FeO、MgO、CaO、MnO、SiO_2、Al_2O_3等均不同程度地被氯化生成相应的氯化物。钛渣沸腾氯化生

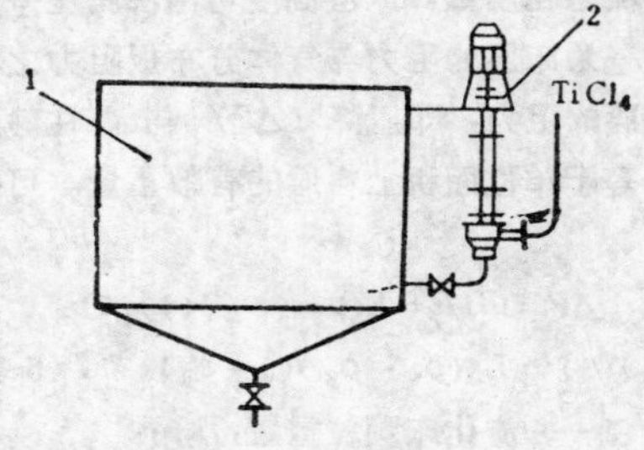

图 5-1-13 跨泵

1—泵槽φ1500×1200；2—跨泵2"

产四氯化钛工艺设备流程如图5-1-11所示。

某厂所用设备沸腾氯化炉，跨泵，管式过滤器主要尺寸分别示于图 5-1-12、图 5-1-13 及图 5-1-14。

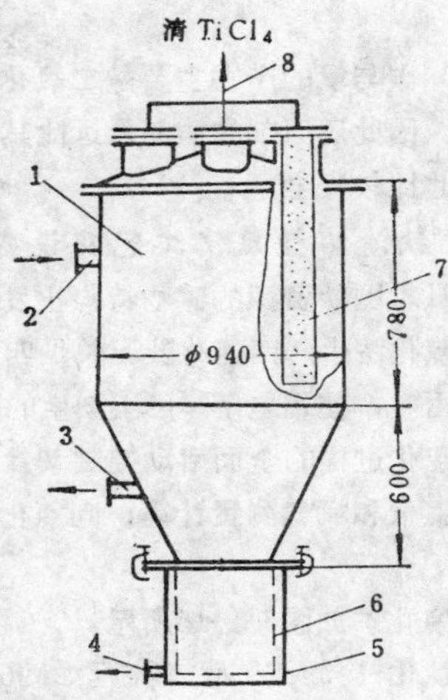

图 5-1-14 管式过滤器

1—缸体；2—粗四氯化钛进口；3—粗四氯化钛出口；4—粗四氯化钛出口；5—泥浆 桶 φ480×500mm；6—网筐；7—塑料过滤 器 φ159×1000mm6个；8—清四氯化钛出口

钛渣与石油焦以粉料按一定配比（100/26～27）混合均匀后入炉，氯化反应温度800～1000℃。氯化产物混合炉气由炉出口排出，经收尘、淋洗、冷凝、沉降过滤得粗$TiCl_4$，再经净化除硅、钒等杂质制得精四氯化钛。未被氯化的残渣及过剩石油焦由炉下部定期排出。

反应段一般为圆柱形，亦有采用锥形床的。锥形床具有沿床高气流线速度逐渐降低的特点，即反应段底部气速高，上部气速低，这正好与反应段内物料粒度沿床高逐渐变细的特性相适应。锥形床亦适于处理宽筛分的物料。

沸腾炉上部为扩大段，扩大段与反应段的截面比约为10～16/1。它的作用是使气流速度下降，使被气流夹带的颗粒充分反应，减少出炉损失。

二、熔盐氯化

（一）钛渣熔盐氯化

1．基本原理与工艺特点

钛渣熔盐氯化是将磨细的钛渣和石油焦悬浮在熔盐介质（碱金属和碱土金属氯化物）中，通氯气氯化生成四氯化钛的一种氯化方法。碱金属氯化物（NaCl、KCl）和碱土金属氯化物($CaCl_2$、$MgCl_2$）本身并不直接参与反应，但它们的物理化学性质（粘度、表面张力等）对氯化过程却有重要影响。

当高速（20m/s以上）的氯气流由炉底部进入熔盐后使熔盐和反应物料产生强烈搅动。氯气流本身分散成许多细小气泡（氯气在液相介质中溶解度非常小）逐渐由底部向上移动，在表面张力作用下，悬浮于熔盐中的固体粒子粘附于熔盐与氯气泡的界面上，随熔盐和气泡的流动而分散于整个熔体中，使反应物料之间有良好接触，这就为氯化反应过程创造了必要条件。反应产物按其性质差异，具有低蒸气压的$MgCl_2$、$CaCl_2$、$MnCl_2$、$FeCl_2$以熔融态转入熔盐中，成为熔盐介质的组分，钙镁氯化物在较大浓度范围内，对氯化过程不产生有害影响；高蒸气压的组分$TiCl_4$、$SiCl_4$、$AlCl_3$、$FeCl_3$以气态从熔盐中逸出进入收尘冷凝系统。钛渣中难氯化组分SiO_2及过剩碳逐渐以固体渣形式在熔盐中积累。

钛渣熔盐氯化反应是在气（氯气）、固（钛渣和石油焦）、液（熔盐）三态体系中进行，反应过程比较复杂。

当熔盐中不存在高价金属氯化物时，氯化过程首先是附着在气泡表面的碳与氯反应生成不稳定氯化物，然后该氯化物再与二氧化钛反应。

当熔盐中存在变价元素，如铁、铝等的氯化物时，钛的氯化速度成倍地增加，这已经为试验所证实，其中氯化铁起到了为金属氧化物传递氯的催化作用。在熔盐中氯化铁（$FeCl_3$和$FeCl_2$）与熔盐作用生成络合物$KFeCl_4$和$KFeCl_3$。因此，当存在氯化铁时，二氧化钛氯化过程反应式如下：

$$4FeCl_3^- + 2Cl_2 = 4FeCl_4^-$$

$$4FeCl_4^- + TiO_2 + C = TiCl_4 + 4FeCl_3^- + CO_2$$

熔盐氯化的主要特点：

（1）熔盐氯化速度较快，炉产能力高（$TiCl_4$ 20～25t/(d·m²)），过程可连续化。

（2）可以处理各种原料，既可处理高品位钛渣，又可处理低品位钛渣；也可处理金红石和含钙镁高的钛渣，更适用于处理含氧化镁高及氧化钙低的富钛料。

（3）粉料直接入炉，不需经制团、焦化，对原料粒度没有特殊要求，粒度细小的物料也能适用。粉料入炉后被熔盐润湿，吹损大大减少。

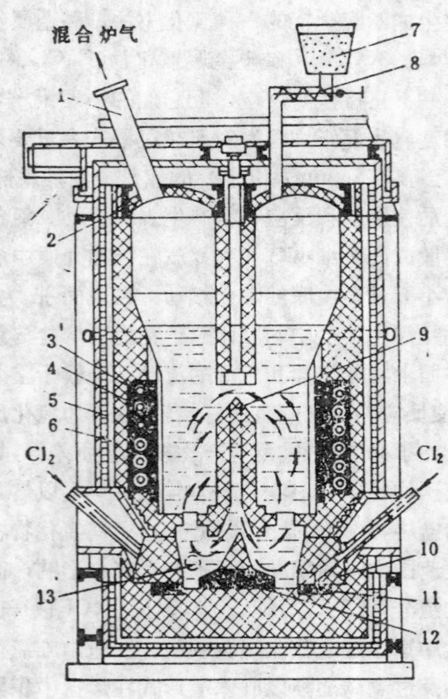

图 5-1-15　熔盐氯化炉

1—炉气出口；2—炉顶；3—电极；4—水冷管；5—炉壳；6—粘土砖炉衬；7—料斗；8—螺旋加料器；9—熔盐循环隔墙；10—进气口；11、12—底部石墨电极；13—下部熔盐排出口

（4）氯化反应温度较低，对炉衬材质腐蚀小，工业四氯化钛中铁铝等杂质也较少。

（5）易于实现将含四氯化钛的泥浆返回至氯化炉内，不但处理了泥浆，回收了四氯化钛，还可降低炉温，为提高熔盐氯化炉生产能力提供了条件。

（6）碳与氧的产物主要是二氧化碳，而不是一氧化碳。因此还原剂的消耗量远比其它氯化方法少，操作也比较安全。

2. 钛渣熔盐氯化工艺及设备

苏联从本国钛资源的矿物特点出发，研制并发展了熔盐氯化法生产四氯化钛。单炉四氯化钛日产量已超过百吨，使用电解$MgCl_2$产生的阳极氯气，并实现了氯化过程的全面自动控制（钛渣和油焦计量给料；氯气和氧气测量计算；向氯化炉喷淋泥浆）。

熔盐氯化炉如图5-1-15所示。

熔盐氯化-冷凝工艺设备流程如图5-1-16所示。

熔盐可使用电解$MgCl_2$用过的电解质，它的大致成分为（%）：70～80KCl，10～15NaCl，5～7$CaCl_2$，5～7$MgCl_2$，1～3（$FeCl_2+MnCl_2$）。熔盐层高2.3～3.2m。熔盐中TiO_2浓度为2～3%，碳为7～9%，氯化温度800～850°C。在氯化过程中，由于非挥发性氯化物（$MgCl_2$、$CaCl_2$等）在熔盐

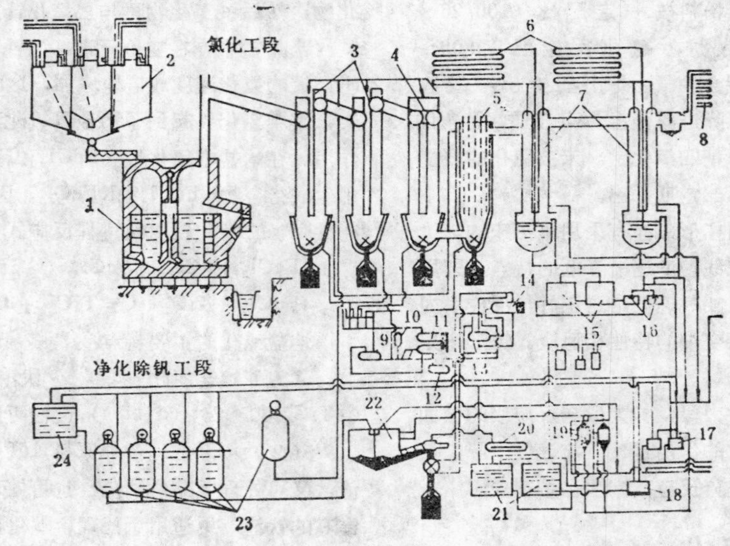

图 5-1-16　熔盐氯化-冷凝工艺设备流程图

1—氯化炉；2—料仓；3、4—干式冷凝器；5—过滤器；6—$TiCl_4$热交换器；7—喷淋式冷凝器；8—气体净化；9～14—恒温调节系统；15—$TiCl_4$贮罐；16～18—泵；19、20—$TiCl_4$和料液计量器；21、24—$TiCl_4$容器；22—浓密机；23—净化除钒反应罐

中积累到一定数量后会使熔盐性能变坏，故需定时地更新熔盐。此外，熔盐氯化反应的余热需要有效地排出，以保证有较高的炉生产能力。

（二）黄绿石精矿熔盐氯化

黄绿石的通式为 (Na、Ca、Th、RE)$_2$(Nb、Ta、Ti)$_2$O$_6$(OH、F)。其成分复杂且不固定，大致为（%）：$Nb_2O_5$37.54～65.6，$Ta_2O_5$0～5.86，$TiO_2$0.8～12，$RE_2O_3$0.7～13，$ThO_2$0.3～9。处理精矿最简单的方法是氯化法。

黄绿石精矿中各有用组分的氯化反应如下：

$$Nb_2O_5+3Cl_2+\frac{3}{2}C=2NbOCl_3+\frac{3}{2}CO_2$$

$$Nb_2O_5+5Cl_2+\frac{5}{2}C=2NbCl_5+\frac{5}{2}CO_2$$

$$Ta_2O_5+5Cl_2+\frac{5}{2}C=2TaCl_5+\frac{5}{2}CO_2$$

$$TiO_2+2Cl_2+C=TiCl_4+CO_2$$

$$RE_2O_3+3Cl_2+\frac{3}{2}C=2RECl_3+\frac{3}{2}CO_2$$

$$CO_2+C=2CO$$

还有如下反应：

$$Nb_2O_5+3CO+3Cl_2=2NbOCl_3+3CO_2$$

$$TiO_2+2CO+2Cl_2=TiCl_4+2CO_2$$

氯化过程中生成的其它氯化物还有$CaCl_2$、NaCl、$AlCl_3$、$FeCl_3$、$SiCl_4$。

氯化生成的各种氯化物的挥发性相差很大，它们的这一特点可用来使精矿的主要成分与杂质分离。它们分别被炉气带走、收集在冷凝器中或是留在氯化器中。

黄绿石精矿熔盐氯化装置如图5-1-17所示。

氯化黄绿石精矿时，熔池是由氯化生成的钠、钾、钙和稀土元素氯化物组成的。熔体的大致组成为（%）：约55$RECl_3$、约20$CaCl_2$、约15NaCl及其它元素氯化物。熔盐的凝固温度为520℃。氯化作业温度为850～900℃。

氯化器为一方形截面的竖井，其中熔盐高度为3.1～3.2m。熔盐中黄绿石精矿的平均含量为1.5%，碳的平均含量约为5%，炉气中CO_2/CO平均为16/1。

黄绿石氯化后得到的三种产品为含稀土氯化物的熔体，钽、铌氯化物以及工业四氯化钛。

三、竖炉氯化

竖炉氯化是将精矿粉按一定配比与石油焦和粘结剂混合，压制成团块并经烘干、焦化后入炉，在竖式炉中以固定层方式进行氯化。故亦称团块氯化或固定层氯化。

1．钛渣氯化

图5-1-18所示为氯化钛渣用的竖式连续氯化炉。其结构比较简单，没有电加热设备和碳素格子填料层，氯化过程靠自热进行。过程的连续性靠均匀而连续地向炉内加入含钛焦化团块、均匀而连续

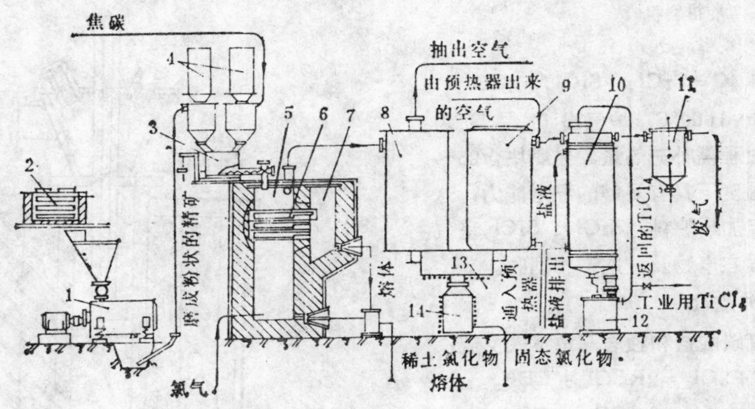

图 5-1-17 黄绿石精矿熔盐氯化装置示意图

1—振动球磨机；2—精矿烘箱；3—螺旋送料器；4—料斗顶部的袋滤器；5—氯化器；6—多孔石墨过滤器；7—稀土金属氯化物熔盐贮罐；8—带刮板的固体氯化物冷凝器；9—袋滤器；10—四氯化钛冷凝器；11—捕集器；12—带潜孔泵的氯化物收集器；13—氯化物冷凝液混合蒸发器；14—氯化物收集器

地由炉底部密封排渣装置排出氯化残渣，以及维持一定的料面高度。

2．锆英石氯化

图5-1-19所示为直接氯化锆英石精矿制取$ZrCl_4$用竖式电炉。过程的主要反应为：

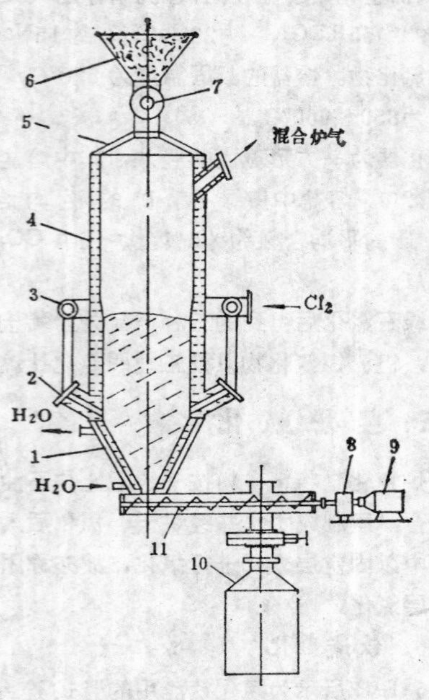

图 5-1-18 竖式连续氯化炉

1—水冷锥体；2—通氯管；3—氯气环行管；4—炉壳；5—水冷炉顶；6—料斗；7—滑阀式给料机；8—变速器；9—电动机；10—渣罐；11—螺旋排料机

$$ZrSiO_4+4Cl_2+4C=ZrCl_4+SiCl_4+4CO$$

氯化温度为900～1000°C，炉气出口温度为600～700°C。氯化过程需补充热量。当团块含25～30%碳时，在氯化温度下具有足够的导电能力，这就有可能借石墨电极加热炉料。$ZrCl_4$、$SiCl_4$呈气态离炉分别冷凝为固态产物及液态产物回收。

3．稀土精矿氯化

在氯化过程中氟碳酸盐和独居石按下式反应：

$$3REFCO_3+3C+3Cl_2=2RECl_3+REF_3+3CO_2+3CO$$

$$REPO_4+3C+3Cl_2=RECl_3+POCl_3+3CO$$

精矿中其它杂质与氯气作用，生成相应的氯化物

在950～1100°C氯化温度下，一部分沸点低的

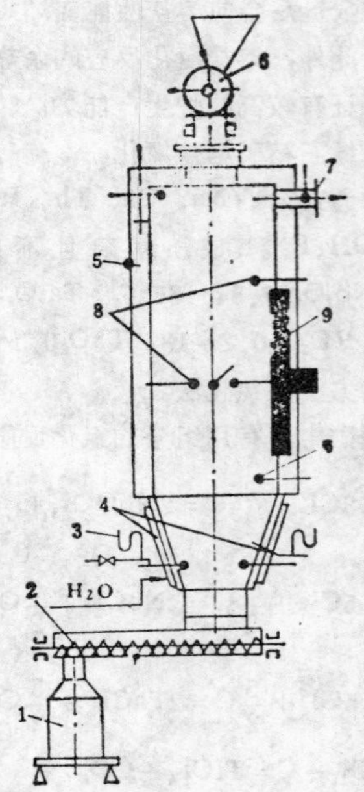

图 5-1-19 锆精矿竖式氯化电炉

1—渣罐；2—螺旋排料机；3—压力计；4—通氯管；5—炉壳；6—滑阀给料机；7—混合炉气出口；8—热电偶；9—电极

杂质如$FeCl_3$、$AlCl_3$、$SiCl_4$、$POCl_3$等随炉气排出炉外，另一些氯化物如$CaCl_2$，$BaCl_2$等与稀土氯化物一起进入熔盐产品中。

采用的设备如图5-1-20所示。炉中部装设多孔筛板，将氯化炉分为上部氯化区与下部熔盐贮存

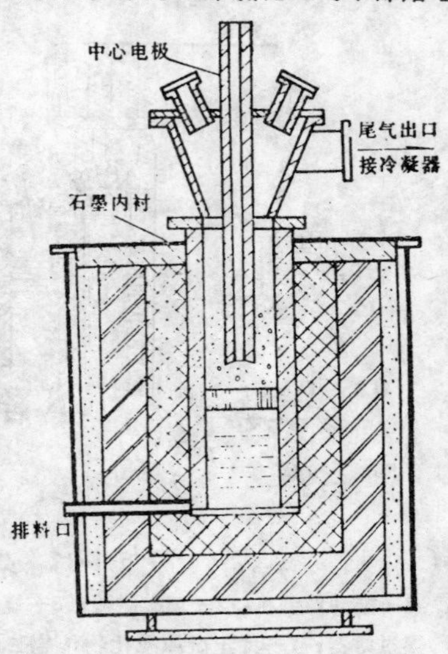

图 5-1-20 石墨内衬单相电热氯化炉示意图

区。炉内采用石墨套筒做炉衬，炉中心插入一根中空的石墨中心电极兼作氯气导管，交流电通过中心电极和石墨内衬加热氯化炉，团块从炉体上部加料器分批定量加入炉内；氯化得到的无水氯化稀土产物定期地从炉底部排料口放出。

四、氯化冶金中的三废处理

（一）氯化冶金过程中氯化剂闭路循环

氯化冶金最完善的工艺过程是按氯化剂平衡的闭路循环。然而，对原料中杂质的氯化，部分未反应的氯化剂随废气和通风气体跑掉，以及氯化物水解时，氯以氯离子形态转入母液或废水中，会导致氯化剂的损失。为减小这一不良影响，应提高原料质量，注意综合回收副产物，减少废物排入环境(工艺设备密封好，改进对废气的捕集和生产污水的净化）、处理利用含氯废物，使之真正形成闭路工艺循环（见图5-1-21）。

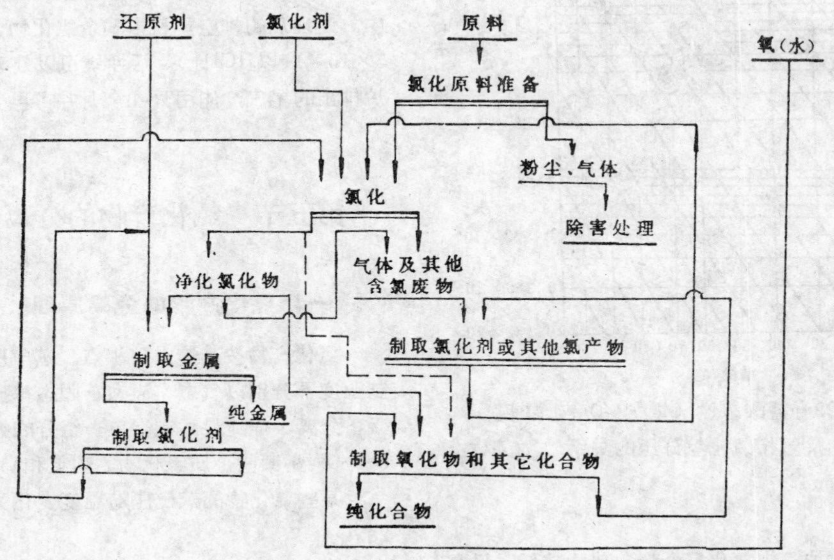

图 5-1-21 氯化冶金过程中氯化剂闭路工艺循环的原理示意图

表 5-1-4 氯化氢在水中的溶解度($HCl-H_2O$系总压为0.101MPa)

温度，℃	0	10	20	30	40	50	60
溶解度、L/L水	506.5	473.9	442.0	411.5	385.9	361.6	338.7

（二）氯化炉尾气处理

氯化作业尾气一般含有Cl_2、HCl、CCl_4、$COCl_2$、CO、CO_2、N_2、O_2等。对其中Cl_2、HCl等经处理后，放空尾气才能达到排放标准。否则，将污染环境，直接影响人体健康和农作物生长。此外，尾气比空气重不经处理排空也较困难。处理尾气的方法主要有以下几种：

1．循环水洗涤回收盐酸

尾气通过吸收塔，用耐酸泵使洗涤水循环，吸收HCl气体，回收盐酸。此时尾气中$TiCl_4$亦被水解而生成HCl气体：

$$TiCl_4+4H_2O \longrightarrow Ti(OH)_4+4HCl$$

$$TiCl_4+H_2O \longrightarrow TiOCl_2+2HCl$$

溶解于水的氯亦有部分被水解生成HCl：

$$Cl_2+H_2O \longrightarrow HOCl+HCl$$

采用水吸收盐酸气是基于氯化氢在水中溶解度相当大（表5-1-4），室温下1个体积的水能溶解450个体积的氯化氢。由图5-1-22亦可看出，随温度升高，盐酸水溶液上方氯化氢分压将增大，而降低吸收效率。

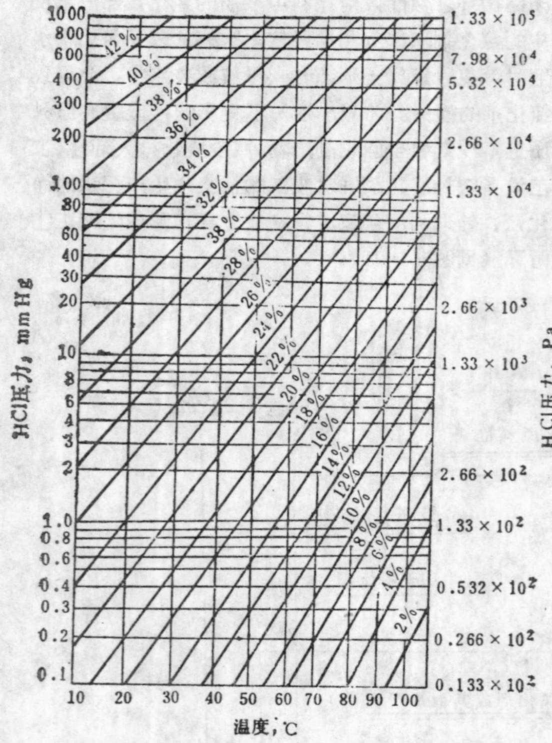

图 5-1-22 盐酸浓度（重量%）与温度及气相氯化氢分压的关系

由于氯化炉气中氯化氢含量一般比较低，只有使循环吸收液维持较低温度，才能增大回收盐酸的浓度。为此，在用水吸收氯化氢过程中，使用石墨热交换器移去溶液的热量，以降低循环吸收液的温度。

2．$FeCl_2$溶液洗涤法

氯在水中溶解度很小，难于被水完全吸收。采用$FeCl_2$溶液清除尾气中氯气是有效方法。$FeCl_2$淋洗液是预先由铁屑溶于盐酸或者将铁屑和水一道加入到三氯化铁溶液中制成。$FeCl_2$溶液与尾气中的氯气反应后得到副产品$FeCl_3$溶液，可用来做自来水的净水剂和地下工程的防水剂等。上述化学反应式为：

$$Fe + 2HCl = FeCl_2 + H_2$$

$$2FeCl_2 + Cl_2 = 2FeCl_3$$

$$2FeCl_3 + Fe = 3FeCl_2$$

3．碱洗涤中和法

用NaOH、$Ca(OH)_2$、NH_4OH等洗涤中和尾气。常用的是$Ca(OH)_2$和NaOH，相应得到的副产品为次氯酸钠和次氯酸钙溶液，其反应式为：

$$Cl_2 + 2NaOH = NaOCl + NaCl + H_2O$$

$$HCl(气) + NaOH = NaCl + H_2O$$

$$2Cl_2 + 2Ca(OH)_2 = Ca(OCl)_2 + CaCl_2 + 2H_2O$$

次氯酸钠可用做漂白剂，次氯酸钙一般弃去。NH_4OH与氯气的反应不激烈，所以不常用。

4．活性炭法

国外研究出一种用活性炭处理氯化炉尾气的新方法，已在工业规模上用于钛原料的氯化冷凝作业中。处理后的排空尾气中残余氯化物含量不超过5×10^{-6}（以HCl计）。活性炭可以处理从沸腾氯化炉排出的尾气，能用4～6个月并可再生使用。

第五节 氯化产物的分离与提纯

一、氯化产物的分离原理

氯化产物按其熔点、沸点、蒸气压在氯化炉控制温度下分别以气态、液态、固态排出炉外，经冷凝、分离、提纯最后制得单一组分的纯氯化物。表5-1-5列举某些金属氯化物的熔点和沸点。

某些氯化物的蒸气压随温度变化关系见图5-1-23。

可以用上述熔点、沸点、蒸气压这些数据来估计和比较各种金属氯化物在氯化，挥发或冷凝过程中的行为，以便根据具体情况选择适当的冶金温度条件。

可以认为，整个氯化过程（包括冷凝、分离）是在对精矿或有关物料完成氯化分解转变为氯化物的同时，又是利用各种氯化物的不同挥发性使氯化产物实现初步分离的过程。对选择氯化而言，更能有效地实现金属（以化合物形式）初步分离和富集。

由上述有关数据中可以看出，常压下$MgCl_2$、$MnCl_2$、$CaCl_2$、$FeCl_2$、KCl、NaCl、$REC1_3$等沸点均在1000°C以上，在氯化温度条件下，一般呈熔体状态存在。$TiCl_4$、$ZrCl_4$、$HfCl_4$、$FeCl_3$、$SiCl_4$、$VOCl_3$、$AlCl_3$、$TaCl_5$、$NbCl_5$、$MoCl_5$、WCl_6等沸点均在350°C以下，在氯化温度条件下，皆以气态挥发，并与CO、CO_2、$COCl_2$、HCl、Cl_2以及N_2、O_2，等一同以混合炉气出炉；在续后的冷凝、

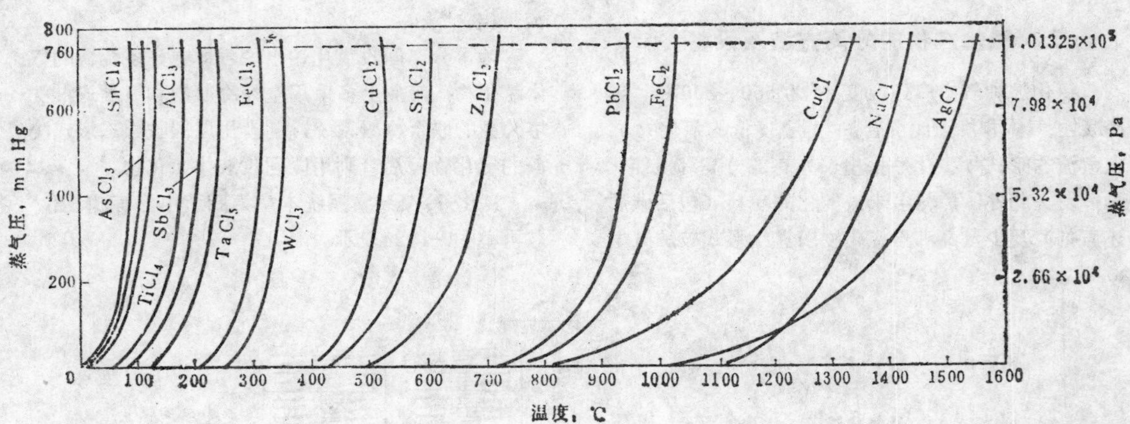

图 5-1-23　氯化物蒸气压与温度的关系图

表 5-1-5　某些金属氯化物的熔点与沸点

氯化物	熔点，℃	沸点，℃	氯化物	熔点，℃	沸点，℃
$AgCl$	455	1550	$NbCl_5$	205	247
$AlCl_3$	(193)	181	$NbOCl_3$		335
$AuCl$	288		$NdCl_3$	760	
$BeCl_2$	415	532	$RbCl$	715	1381
$CaCl_2$	772	(2000)	$ScCl_3$	966	967
$CeCl_3$	800	1731	$SiCl_4$	−70	58
$CsCl$	645	1324	$SmCl_3$	678	
PCl_3	−91	75	$TaCl_5$	217	234
PCl_5	160	159	$TbCl_3$	582	
$POCl_3$	1	107	$TeCl_4$	224	416
$PdCl_2$	678		$ThCl_4$	770	942
$PrCl_3$	786		$TiCl_2$	升华	1308
$PuCl_3$	767	1790	$TiCl_3$	升华	831
$FeCl_2$	677	1012	$TiCl_4$	−24	136
$FeCl_3$	308	315	$TiOCl_2$	920	
$GaCl_3$	78	302	$TiCl$	431	820
$GeCl_4$	−50	84	UCl_4	590	789
$HfCl_4$		316	UCl_5		527
$InCl_3$	583		UCl_6		392
KCl	772	1437	VCl_4	−26	160
$LaCl_3$	855	1812	$VOCl_3$	−79	127
$LiCl$	610	1382	WCl_5	253	288
$MgCl_2$	714	1418	WCl_6	284	337
$MnCl_2$	650	1221	$ZrCl_4$	437	335(升华)
$MoCl_5$	194	264	YCl_3	721	(1510)
$MoCl_4$	317	410	$YbCl_3$	854	
$NaCl$	801	1465			

分离过程中依其挥发性的差别以及能否溶解在某种液态产物中的特性，进一步以固态产物（$ZrCl_4$、$HfCl_4$、$AlCl_3$、$FeCl_3$、$MoCl_5$、WCl_6等）或液态产物（$TiCl_4$、$SiCl_4$、$VOCl_3$等）收集。

二、氯化产物的分离方法及设备

氯化炉炉气出口处温度约为550～800°C，非冷凝性气体和沸点比混合炉气温度低的氯化物，以气流的形式从氯化炉排出；亦有部分高沸点氯化物挥发。此外，炉料中未被氯化的粉料（包括碳质还原剂）及少量高沸点氯化物以雾状形式被炉气气流带出。

为了分离回收氯化炉出炉气体中许多金属的气体氯化物，工业上多采用空腔冷凝器和喷洒式淋洗塔为主的联合冷凝系统，前者用以回收固态形式冷凝的氯化物，后者则用以回收液体氯化物。

氯化-冷凝装置系统本章第四节中已有介绍，兹再举图5-1-24表示。

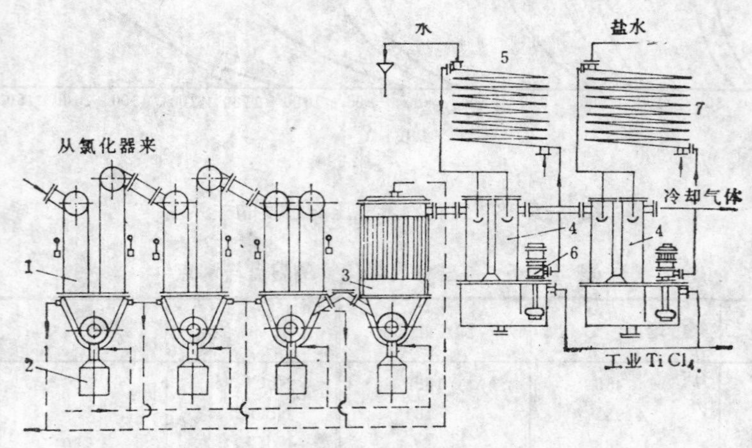

图 5-1-24 冷凝系统图（虚线表示热载体循环路线）

1—表面冷却器；2—固体氯化物收集器；3—袋滤器；4—喷淋冷凝器；5—水冷却器；6—浸入式泵；7—盐水冷却器

冷凝是使气态组分转化为液体或固体，其过程必然伴随有热量的释出。释出热量的数值等于蒸发或升华时消耗的热量。所以，冷凝设备应满足的工艺条件，除能控制一定温度（要考虑炉气组成和分压的波动将改变各物质的露点）提供将气态产物转化为液体或固体的合适装置（要考虑冷凝面积，淋洗强度等）外，还能有效地排出热量。

常用的重要冷凝设备有以下几类：

（1）空腔冷凝器或吸尘器。是一种气-固分离设备，用于沉降气流裹带的固体微粒，并使高沸点氯化物冷凝分离。在钛、锆工业中亦用于控制一定温度，使$FeCl_3$（选择氯化或直接氯化钛铁矿）或$ZrCl_4$（氯化$ZrSiO_4$、或ZrC、ZrO_2）冷凝析出，获得固体产物或副产物。

（2）淋洗塔。是将低沸点氯化物由气态转变为液态产物的设备。如用降温后的$TiCl_4$作淋洗液将炉气中的$TiCl_4$冷凝下来，与此同时$SiCl_4$、$VOCl_3$等低沸点氯化物亦冷凝下来。

（3）列管冷凝器。用于使进气流中残存的低沸点氯化物冷凝，并与气体分离。

（4）过滤器与沉降槽。属液-固分离设备。经过滤、沉降，使悬浮在液体中的固体微粒或泥浆与之分离。

三、氯化产物的净化提纯

工业上用于氯化产物的净化方法主要有精馏、选择还原等。例如，$TiCl_4$-$SiCl_4$均为液态物质，二者无限互溶，但沸点相差较大，可在浮阀塔上精馏分离。控制一定温度塔顶馏出液富集$SiCl_4$，塔底产品为$TiCl_4$。$VOCl_3$亦为液体，与$TiCl_4$亦无限互溶，但沸点与$TiCl_4$沸点相近，不宜用精馏法除钒，故选用铜或铝、H_2S作还原剂，使之选择还原为$VOCl_2$（沸点为154°C，为一种不溶于$TiCl_4$的固体物质），经过滤或在蒸馏塔中控制塔顶温度（136°C）可直接得到净化后的$TiCl_4$而将杂质钒分离除去。

又例如，工业四氯化锆提纯除铁采用升华法，由于$ZrCl_4$与$FeCl_3$的沸点相近，故在升华前在20～

300°C下，用氢气将杂质$FeCl_3$选择还原成$FeCl_2$（沸点为1012°C），然后在450～660°C下将$ZrCl_4$挥发而后冷凝为纯$ZrCl_4$，此时，$FeCl_2$不挥发，以残渣形态与$ZrCl_4$分离。

可见，上述氯化物的分离与提纯主要依据它们挥发性的差异。表征此一特性的指标是相对挥发度（α），即两组分的挥发度之比。双组分A和B的相对挥发度α按下式计算：

$$\alpha = y_A/y_B \Big/ x_A/x_B \qquad (5\text{-}1\text{-}22)$$

式中　y_A和y_B——A、B组分在蒸气相中的浓度，摩尔分率；

x_A和x_B——A、B组分在平衡液相中的浓度，摩尔分率。

上式定量地表达了气液两相组成与相对挥发度的关系。

相对挥发度也可用相同条件下纯的易挥发组分A的蒸气压和纯的难挥发组分B的蒸气压的比值来表示：

$$\alpha = p_A^{\bullet}/p_B^{\bullet} \qquad (5\text{-}1\text{-}23)$$

式中　$p_A^{\bullet}$、$p_B^{\bullet}$——A、B组分的蒸气压。

当两组分挥发度相同，即$\alpha_{AB}=1$时，可得

$$y_A/1-y_A = x_A/1-x_A$$

所以　$y_B = x_A$

即气液两相浓度相同，不能用普通蒸馏方法分离。

当两组分的挥发度不同，即$\alpha_{AB}>1$时，为：

$$y_A/1-y_A > x_A/1-x_A$$

所以　$y_A > x_A$

于是　$y_B < x_B$

即气相中易挥发组分含量大于液相，可用蒸馏方法分离。α_{AB}愈大，则气相浓度比液相浓度大得愈多，也就愈容易分离。利用这一特性，不但能使低沸点杂质分离，也能分离高沸点杂质（此时，产物为易挥发组分），从而达到提纯氯化产品的目的。因此，相对挥发度可以用来判别混合物（液）分离的难易。

第六节　其它氯化方法和氟化法

一、金属氧化物用氯化氢进行氯化

氯化氢气体在高温下是稳定的化合物，可用作氯化剂来氯化金属氧化物，但其氯化能力较氯气为弱。

金属氧化物与氯气反应：

$$MeO + Cl_2 = MeCl_2 + \frac{1}{2}O_2 \qquad (5\text{-}1\text{-}24)$$

$$\Delta G^{\bullet}_{5-1-24} = \Delta G^{\bullet}_{MeCl_2} - \Delta G^{\bullet}_{MeO}$$

水蒸气与氯气相互作用：

$$H_2O + Cl_2 = 2HCl + \frac{1}{2}O_2 \qquad (5\text{-}1\text{-}25)$$

$$\Delta G^{\circ}_{5-1-25} = 2\Delta G^{\circ}_{HCl} - \Delta G^{\circ}_{H_2O}$$

反应5-1-24减去反应5-1-25即得：

$$MeO + 2HCl = MeCl_2 + H_2O \qquad (5\text{-}1\text{-}26)$$

$$\Delta G^{\circ}_{5-1-26} = \Delta G^{\circ}_{5-1-24} - \Delta G^{\circ}_{5-1-25}$$

即　$$\Delta G^{\circ} = \Delta G^{\circ}_{MeCl_2} + \Delta G^{\circ}_{H_2O} - \Delta G^{\circ}_{Me} - 2\Delta G^{\circ}_{HCl} \qquad (5\text{-}1\text{-}27)$$

因此，将图5-1-3中某一温度下任一金属的MeO-$MeCl_2$曲线上的ΔG°值减去H_2O-HCl曲线上对应的ΔG°值，即可求得该温度下此种金属的氧化物与HCl反应的ΔG°值。据此，可绘制出HCl与氧化物反应的$\Delta G^{\circ}-T$关系图（5-1-25）。由图5-1-3结合图5-1-25可看出：H_2O-HCl线从左向右下方倾斜，即HCl的稳定性随温度升高而增大。这表明，若用HCl作氯化剂，随着温度的升高其氯化能力将下降。显然，位于$\Delta G^{\circ}_{H_2O-HCl}$线上方的由氧化物（MeO）与氯气作用生成的氯化物$NbCl_5$、$SiCl_4$、$AlCl_3$、$CrCl_3$、$TiCl_4$、$MgCl_2$等遇水蒸气后易被水解，即这些元素的氧化物在标准状态下都不能被HCl气体氯化。

例如

$$\frac{1}{2}TiCl_4 + H_2O = 2HCl + \frac{1}{2}TiO_2$$

$$TiCl_4 + H_2O = TiOCl_2 + 2HCl$$

生成的氧氯化物可能堵塞管道，给操作和输送带来麻烦。使续后生产出来的金属含氧量增高，影响产品质量。所以，在以氯气作氯化剂的氯化过程中，为了防止氯化物发生水解，应充分注意，在作业前尽可能将物料及设备系统干燥，使之不含或少含水分，并应注意使用含氢量低的碳质还原剂以控制氯化作业气相中的水蒸气分压。此外，若气相中有水蒸气存在，高温下与氯气作用将产生下列反应：

$$H_2O + Cl_2 = 2HCl + \frac{1}{2}O_2$$

其反应的$\Delta G^{\circ}-T$关系线位置如图5-1-3所示。该反

应低温时易向生成氯气的方向进行。600°C以上则易向生成HCl的方向进行。

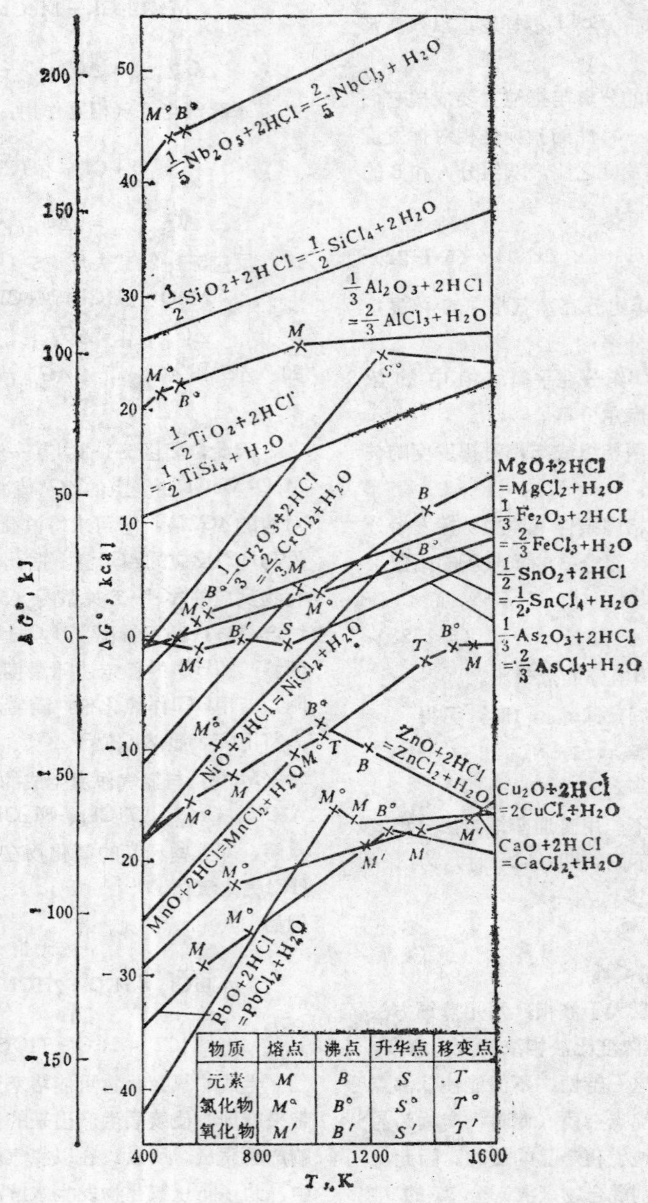

物质	熔点	沸点	升华点	移变点
元素	M	B	S	T
氯化物	M°	B°	S°	T°
氧化物	M′	B′	S′	T′

图 5-1-25 HCl与氧化物反应的$\Delta G°$-T关系

二、氯化浸出（湿法氯化冶金）

氯化浸出是指在水溶液介质中进行的湿法氯化过程，亦即通过氯化使原料中的有关组分以氯化物形态溶出的过程。与火法氯化过程相比较，氯化浸出可以在常温常压下进行，不会污染大气，处理的原料对象广泛。

工业上常用的氯化浸出液为盐酸，用来分解白钨精矿、浸出钛铁精矿等（详见本篇第二章）。

在盐酸介质中通入氯气提取金银等贵金属的方法（即氯气浸出法），是应用较早和较广泛的方法。氯溶于水后，发生水解反应：

$$Cl_2 + H_2O \rightleftharpoons HCl + HOCl$$

生成的次氯酸具有比氯更正的氧化电位，能使包括金在内的所有贵金属氯化。

对铜镍阳极泥的综合回收，盐酸介质水溶液氯化具有极重要的意义。如铜电解精炼残泥中含金、银、铂等贵重金属，将盐酸水溶液加入到残泥中，使之稀释为浓稠糊状物，然后在80～100°C通入氯气，控制酸度为0.5～1mol/L，金、铂等金属溶解转为氯化物，而银呈氯化银沉淀在浸出渣中。分离后的氯化溶液，利用还原法将金还原成金属金。

三、固体氯化剂在稀有金属氯化冶金中的应用

固体氯化剂常用于氯化焙烧工艺处理重有色金属及贵金属原料以提取有价金属。工业上常用的固体氯化剂有$CaCl_2$、NaCl等。

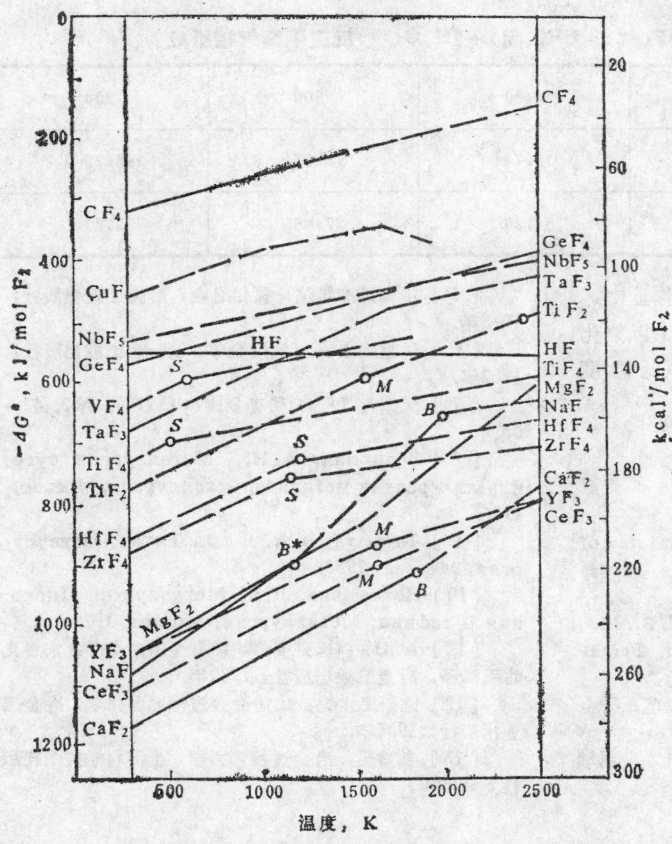

图 5-1-26 某些金属氟化物的$\Delta G°$值与温度关系

M—氟化物熔点；B*—金属沸点；S—氟化物升华点；B—氟化物沸点；实线表示实测值，虚线表示计算值

用固体氯化剂氯化，主要是靠氯化剂与焙烧炉气中的氧、水、SO_2、或SO_3气体作用，分解放出氯气或HCl气体来实现。以NaCl的氯化作用为例：

$$2NaCl + SO_2 + O_2 = Na_2SO_4 + Cl_2$$

$$2NaCl + SO_3 + \frac{1}{2}O_2 = Na_2SO_4 + Cl_2$$

$$H_2O + Cl_2 = 2HCl + \frac{1}{2}O_2$$

氯气及HCl进而再使MeO氯化。前面讨论的氯气、HCl与物料组分进行氯化反应的热力学规律，在用固体氯化剂时仍具有指导意义，其氯化能力与气相中低浓度氯气或HCl所进行的氯化情况相似。

以固体$CaCl_2$作氯化剂提取金银，成功地应用于生产的例子主要有日本的“光和工艺”。工艺的核心是将含金银的黄铁矿烧渣与$CaCl_2$和$Ca(OH)_2$按比例混合并球化，干燥后在1000～1050°C下焙烧，金银呈氯化物挥发进入淋洗液，用分步沉淀法回收。回收率均在90%以上。

固体NaCl作氯化剂应用于工业的例子是离析法。金银含量高的烧渣，一般含铁较低，而含SiO_2、CaO和砷则较高，不宜用“光和工艺”处理，用酸浸时耗酸量大，因此常采用离析法处理这类物料。离析法是在预处理原料中掺入少量煤和食盐，在中性或弱还原性气氛中加热到680～750°C，金银呈氯化物状态挥发到炭表面上，还原成金属，然后经浮选富集。回收率达90%以上。

四、氟化冶金

（一）金属氟化物的稳定性

某些金属氟化物的标准生成自由能与温度的关系示于图5-1-26。由图可见，大多数金属氟化物的标准生成自由能的负值都很大，几乎比相应的氯化物要大一倍。这表明所有的金属都可以与氟反应，生成稳定的氟化物。位于图中下部的金属，在标准状态下，可以作为位于其上部金属氟化物的还原剂。例如，金属镁可以用来还原钛、铋、锆、铍及铀等的氟化物。

位于2HF线以下的金属氟化物不能用氢气来还原。$1/2CF_4$曲线位于图中最上部，因而碳也不能作为金属氟化物的还原剂。

（二）金属氧化物的氟化

在冶金中用氟化法提取金属，一般是先将原料中欲提取的金属制备成纯的氧化物，然后再用氟化剂将氧化物转化为氟化物，并利用金属氟化物的特性进一步提纯，最后用金属热还原或熔盐电解法制取纯金属。工业上常用的氟化剂是元素氟或氟化氢气体。

金属氧化物用氟进行氟化的反应式如下：

$$\frac{1}{y}Me_2O_y + F_2 = \frac{2}{y}MeF_y + \frac{1}{2}O_2$$

$$\Delta G^\circ = \frac{2}{y}\Delta G^\circ_{MeF_y} - \frac{1}{y}\Delta G^\circ_{Me_2O_y} \tag{5-1-28}$$

式中y为金属的原子价。

（三）金属氧化物用氟化氢气体进行氟化

气体氟是很昂贵的试剂，在生产中通常用氟化氢来代替，其反应式为

$$\frac{1}{y}Me_2O_y + 2HF = \frac{2}{y}MeF_y + H_2O$$

$$\Delta G^\circ = \frac{2}{y}\Delta G^\circ_{MeF_y} - \frac{1}{y}\Delta G^\circ_{Me_2O_y} - (2\Delta G^\circ_{HF} - \Delta G^\circ_{H_2O}) \tag{5-1-29}$$

在冶金反应温度范围内，氟化氢与水蒸气标准生成自由能的差值约为$2\Delta G^\circ_{HF} - \Delta G^\circ_{H_2O} \approx -340kJ$。氟化氢的氟化能力比氟弱得多。

（四）氟化法应用实例

由二氧化铀提取铀的第一步，是将二氧化铀用氟化氢氟化制得四氟化铀后，再与氟反应制成六氟化铀，其反应式为

$$UO_2(固) + 4HF(气) = UF_4(固) + 2H_2O(气)$$

$$UF_4(固) + F_2(气) = UF_6(气)$$

表 5-1-6 UO_2(固)+4HF(气)=UF_4(固)+$2H_2O$(气)反应平衡气相组成

t，℃	200	400	600	800
%HF	0.37	15.74	72.05	96.29
$\%H_2O$	99.63	84.26	27.95	3.71

表5-1-6中数值表明，制取UF_4的氟化作业中，在低温下，气相中以水蒸气为主，在高温下以氟化氢为主。因此，该氟化反应应当控制在较低温度（400～500°C）下进行。

参考文献

[1] Turkdogan, E. T., Physical Chemistry of High Temperature Technology, Academic Press, New York, 1980.

[2] Kubaschewski, O. and Alcock C. B., Metallurgical Thermochemistry, 5th Edition, Pergamon Press, Oxford, 1979.

[3] 李洪桂主编，稀有金属冶金原理及工艺，冶金工业出版社，1981年.

[4] 日本金属学会编，非铁金属製錬，日本金属学会，1980.

[5] 中南矿冶学院，氯化冶金，冶金工业出版社，1978年.

[6] 马慧娟主编，钛冶金学，冶金工业出版社，1982年.

[7] 天津化工厂，稀有金属，(1978)，№2，47～53.

[8] Зеликман, А. Н., Металлургия тугоплавких редких металлов, металлургия, Москва, 1986.

[9] Тармата, В. А. и др., Титан, Металлургия, Москва, 1983.

[10] Нехамкина, Л. Г., Металлургия Циркония и гафния, Металлургия, Москва, 1979.

[11] А. Н. 泽里克曼等，稀有金属冶金学，宋晨光陆雨泽译，冶金工业出版社，1982年.

[12] 陈新民主编，火法冶金过程物理化学，冶金工业出版社，1984年.

[13] 魏寿昆，冶金过程热力学，上海科学技术出版社，1980年.

第二章　浸　　出

编写人　李洪桂

第一节　概　　述

一、浸出过程的分类

目前浸出过程的分类方案繁多，根据浸出时进行的主要反应的实质，可分为下列几类：

（1）简单溶解。待浸出的元素本来就是呈易溶于水的化合物形态，浸出过程仅是此化合物的简单溶入水相的过程（当然也可能伴随着进行水合反应），如钨精矿苏打烧结块的水浸过程主要是烧结块中Na_2WO_4的简单溶解。

（2）无价态变化的化学溶解。浸出过程中发生化学反应，但主要反应中无价态变化。例如氧化矿的直接酸浸出或碱浸出以及发生复分解反应的浸出过程等。独居石的碱分解、白钨矿的酸分解等都属于此类。

（3）有氧化还原反应的化学溶解。即浸出过程的主要反应中有价态变化。如辉钼矿的高压氧分解和原生铀矿的碳酸盐浸出等。

（4）有复杂化合物生成的浸出。即浸出过程中不仅发生上述各种反应，同时生成复杂化合物如络合物等，如钽铌铁矿的HF分解及自然金矿的氰化浸出。

此外，在有PO_4^{3-}、AsO_4^{3-}等存在下，用HCl分解钨精矿时，钨呈杂多酸形态进入溶液亦属此类。

二、稀有金属矿物的分类及其适用的浸出方法

稀有金属矿物采用湿法分解（浸出）时，其具体方法取决于矿物中稀有金属的形态及具体成分。根据矿物中稀有金属的形态，稀有金属矿物的分类及其大致的湿法分解方法归纳如表5-2-1所示。

三、浸出剂的选择

（一）浸出剂的选择原则

选择浸出剂应遵循下列原则：

（1）热力学上的可能性，即浸出剂对物料的浸出反应在热力学上是可能的。

（2）浸出剂与物料反应时，应有较快的反应速度。

（3）有较强的选择性，即能选择性地与物料中某些组分作用，而与其它组分难起作用，以达到较大的分离效果。

（4）易找到适当的耐腐蚀材料。

（5）价廉易得，安全。

（二）常用浸出剂的主要性质

稀有金属冶金中常用的浸出剂有水、盐酸、硫酸、硝酸、NaOH溶液，氨水、$FeCl_3$溶液、Na_2CO_3溶液等，它们有关浸出过程的重要性质如表5-2-2～表5-2-8所示。

第二节　浸出过程的热力学基础

浸出过程的热力学主要是研究在一定条件下浸出反应的可能性、反应进行的限度及使反应进行所需的热力学条件。为解决这些问题，最重要的方法是计算在给定温度下反应的标准自由能变化ΔG°及平衡常数、给定条件下反应的自由能变化ΔG；对有氧化还原的浸出反应而言，电位-pH图是研究其热力学的有效工具，此外对研究某些浸出过程而言，溶解度图亦有很大价值。分别介绍如下：

一、浸出反应标准自由能变化的计算

对任何反应，ΔG_T°值均可按下式计算

$$\Delta G_T^\circ = \Delta G_{298}^\circ - (T-298)\Delta S_{298}^\circ + \int_{298}^{T} \Delta C_p^\circ \mathrm{d}t - T\int_{298}^{T} \frac{\Delta C_P}{T}\mathrm{d}t \qquad (5\text{-}2\text{-}1)$$

式中　ΔG_T°、ΔG_{298}°——分别为TK和298K时反应的标准自由能变化，J；

表 5-2-1 稀有金属矿物的分类及其可供考虑的浸出（湿法分解）方法

种 类	矿 物 举 例	可供考虑的湿法分解方法
稀有金属呈含氧阴离子形态	白钨矿$CaWO_4$，黑钨矿$(Fe,Mn)WO_4$，钛铁矿$FeTiO_3$，钽铌铁矿（Fe，Mn）（Ta，Nb）$_2O_6$，褐钇钶矿（Y，Yb，Dy，Nd）（Nb，Ta，Ti）O_4（对其中的Ta，Nb，Ti而言）	（1）用碱或金属盐分解，使稀有金属成可溶性的碱金属盐类进入水相，主要伴生元素（如铁、锰、钙等）成氢氧化物或难溶盐入渣相，如黑钨矿的NaOH或Na_2CO_3分解 （2）用酸分解使主要伴生元素溶解入水相，稀有金属成含水氧化物入渣相（如白钨矿的盐酸分解）或成络合物、杂多酸进入水相（如钽铌铁矿的氟氢酸分解，及有PO_4^{3-}、AsO_4^{3-}等存在时钨精矿的酸分解）
稀有金属呈阳离子形态	独居石（Ce，La……）PO_4，褐钇钶矿（Y，Yb，Dy，Nd）(Nb,Ta,Ti) O_4（对其中稀土而言），氟碳铈矿（Ce，La，Pr…)FCO_3,磷钇矿YPO_4，锆英石$ZrSiO_4$，钍石——橙黄石$ThSiO_4$	对磷酸盐、碳酸盐矿而言，可： （1）用碱分解使PO_4^{3-}、CO_3^{2-}成相应的碱金属盐进入水相，稀有金属成氢氧化物保留在固相，如独居石的碱分解。 （2）用酸分解使稀有金属成可溶于水的盐进入水相，如氟碳铈矿的硫酸分解 对硅酸盐形态的矿而言，由于比较稳定故常用火法分解
稀有金属呈硫化物形态	辉钼矿MoS_2，硫钒铜矿$3Cu_2S\cdot V_2S_3$	高压氧浸出或有其他氧化剂存在下浸出，如硝酸浸出，氯酸盐浸出等，亦可电溶浸出
稀有金属呈氧化物形态	金红石TiO_2,方钍石ThO_2,斜锆石ZrO_2,晶质铀矿$UO_2\cdot xUO_3$	
稀有金属呈离子吸附形态	离子吸附型稀土矿	用食盐或氯化铵溶液浸出
稀有金属呈类质同相存在于其它矿物中	铟、铊、锗、硒、碲等存在于重有色金属硫化矿中，铼存在于辉钼矿中，铪存在于斜锆矿中	一般不直接从矿物原料中提取，而从处理这些矿物提取主金属（如重有色金属、钼、锆等）的废料中或中间产品中提取
呈自然金属形态存在	自然金矿	在有氧及络合剂存在下浸出，如氰化法

注：表中所列的浸出（湿法分解）方法指矿物直接进行浸出的方法，矿物进行某些预处理（如焙烧等）后的浸出方法则有所不同。

表 5-2-2 NaOH溶液的沸点及蒸气压

浓度		10	20	30	40	50	60
	%（重量）	10	20	30	40	50	60
	g/L	111	244	399	573	764	941
沸点，℃		103.5	108	117.5	128	143	162
蒸气压，MPa	115.6℃	0.155	0.135				
	126.7℃	0.225	0.197	0.15			
	137.7℃	0.314	0.272	0.211	0.15		
	147℃	0.418	0.361	0.280	0.211		

表 5-2-3 氨水的总蒸气压（$P=p_{H_2O}+p_{NH_3}$）与温度及NH_3浓度的关系

温度，℃	NH_3浓度，%（mol）					
	5	10	15	20	25	30
	NH_3蒸气压，kPa					
0	1.95	3.83	6.60	10.89	17.00	26.10
20	6.89	11.70	19.05	29.95	44.72	65.95
40	17.57	30.33	47.12	72.50	102.22	152.48
60	42.19	68.94	102.97	149.76	208.75	288.33
80	90.23	140.99	203.55	287.13	389.24	523.60
100	176.09	264.20	370.17	508.41	673.56	886.58
120	318.13	460.92	629.85	844.91	1097.43	1416.50

表 5-2-4 氨水中氨的蒸气压（p_{NH_3}）与氨浓度的关系（25℃）

氨浓度 $gHN_3/1000gH_2O$	5.21	8.7	12.46	17.5	22.25	35.8
p_{NH_3}，kPa	0.50	0.86	1.24	1.80	2.89	3.73

表 5-2-5 无水HNO_3的蒸气压与温度的关系

温度，℃	0	10	20	30	40	50	60	70	80	90
p_{HNO_3}，kPa	1.46	2.93	5.60	10.26	17.73	28.66	42.65	61.32	83.31	109.30

表 5-2-6 硫酸溶液的沸点与浓度的关系

溶液密度，g/cm^3	1.84	1.78	1.678	1.607	1.543	1.464	1.4015	1.32
硫酸浓度，%	95.3	84.3	75.3	69.5	64.3	56.4	50.3	41.5
沸点，℃	297	228	185.5	169	151.5	133.5	124	115

表 5-2-7 盐酸溶液的沸点与浓度的关系

盐酸浓度，%	1	3.5	7	11	14.9	19	21.5	22.8	25.5	31.4
沸点，℃	100.2	100.9	102.2	104.1	106.2	108.5	108.3	107.6	104.3	85.3

ΔS°_{298}——温度为298K时，反应的标准熵变化，J/K；

Δc°_p——生成物与反应物热容之差，J/K。

在水溶液中进行的浸出反应，通常以1mol的理想溶液为标准状态。同时计算ΔS°及Δc°_p时，应根据生成物及反应物的标准偏摩尔熵$\overline{S^\circ}$和标准偏摩尔热容$\overline{c^\circ_p}$计算。目前许多离子的$\overline{c^\circ_p}$值与温度的关系尚不知道，但根据离子熵对应原理可求出其在温度为298K和TK之间的平均值$\overline{c^\circ_{p(i)}}\big|^{T}_{298}$

表 5-2-8 某些常用浸出剂的平均活度系数（$\gamma_{\pm}$）

浸出剂	浸出剂浓度 mol/L	温度，℃ 20	30	40	50	60	70
		$\gamma_{\pm}$					
氢氧化钠溶液	4.0	0.916	0.911	0.895	0.872	0.839	0.800
	6.0	1.35	1.32	1.27	1.21	1.14	1.07
	8.0	2.17	2.06	1.93	1.78	1.63	1.48
	10.0	3.61	3.31	3.00	2.67	2.34	2.03
	12.0	5.80	5.11	4.43	3.79	3.19	2.65
硫酸溶液	3.0	0.151	0.132	0.117	0.104	0.0926	
	6.0	0.289	0.242	0.205	0.174	0.150	
	9.0	0.527	0.425	0.346	0.285	0.237	
	12.0	0.840	0.656	0.521	0.418	0.339	
	15.0	1.254	0.957	0.741	0.583	0.462	
	17.5	1.703	1.275	0.972	0.752	0.589	
盐酸溶液	1.110	0.818	0.817	0.803	0.779		
	2.775	1.194	1.160	1.111	1.051		
	3.700	1.682	1.607	1.516	1.436		
	5.551	3.171	2.938	2.707	2.457		
	6.938	5.795	5.245	4.731	4.191		
	9.251	11.544	10.196	9.009	7.960		

表 5-2-9 不同离子的α_T，β_T值

温度 K	简单阳离子		简单阴离子及OH^-		含氧阴离子〔$AO_n{}^{m-}$-型〕		型酸性含氢氧离子〔$AO_2(OH)^{m-}$-型〕	
	α_T	β_T	α_T	β_T	α_T	β_T	α_T	β_T
333	146.37	−0.41	−192.37	−0.28	−531.1	1.96	−510.2	3.44
373	192.37	−0.55	−242.56	0.00	−577.1	2.24	−564.6	3.97
423	192.37	−0.59	−255.10	−0.03	−556.2	2.27	(−598.0)	(3.95)
473	(209.10)	(−0.63)	(−271.83)	(−0.04)	(−606.4)	(2.53)	(−635.7)	(4.24)

注：括号内数据误差较大。

$$\overline{c^{\circ}_{p(i)}}\Big|^{T}_{298}=\alpha_T+\beta_T\overline{S^{\circ}_{(i)298}}\text{（绝对）}\tag{5-2-2}$$

式中 $\overline{c^{\circ}_{p(i)}}\Big|^{T}_{298}$——i离子在298K和TK i间偏摩尔热容的平均值，J/(mol·K)；

$\overline{S^{\circ}_{(i)298}}$（绝对）——i离子在298K时的绝对标准偏摩尔熵，简称i离子在298K时的绝对熵，J/mol·K。其数值可通过298K时该离子的相对熵$\overline{S^{\circ}_{(i)298}}$（相对）与$H^+$的绝对熵〔$\overline{S^{\circ}_{(H^+)298}}$（绝对）= −20.9J/(mol·K)〕及离子价数（z_+或z_-）求出：

$$\overline{S^{\circ}_{(i)298}}\text{（绝对）}=\overline{S^{\circ}_{(i)298}}\text{（相对）}+\overline{S^{\circ}_{(H^+)298}}\text{（绝对）}\times(z_+\text{或}z_-)\tag{5-2-3}$$

（若为阴离子，则z_-为负号）

α_T、β_T——根据离子熵对应原理求出的常数，它与温度T及离子种类有关，具体值如表5-2-9所示。

表 5-2-10 某些难熔金属化合物的溶度积K_{sp}

化合物	温度，℃	K_{sp}	化合物	温度，℃	K_{sp}
Ti_2O_3	25		$Ba_3(VO_4)_2$	22	$(4.0\pm0.5)\times10^{-25}$
$(\frac{1}{2}Ti_2O_3+\frac{3}{2}H_2O=Ti^{3+}+3OH^-)$		1×10^{-40}	$V(OH)_4$	20	$(1.51\pm0.02)\times10^{-25}$
$TiO(OH)_2$	25	10^{-29}	$VO(OH)_2$		6.6×10^{-23}
$Ti(OH)_3$	18	5.14×10^{-38}	$CaNb_2O_6$	20	(溶解度1.3×10^{-6}mol/L)
$Ti(OH)_4$	25	7.95×10^{-54}	$CaTa_2O_6$	25	(溶解度1.17×10^{-6}mol/L)
TiBr	25	3.9×10^{-6}	$PbMcO_4$		1.2×10^{-13}
$TiBrO_3$	25	3.9×10^{-4}	$B_3H_3Mo_6O_{21}$		5.2×10^{-20}
$ZrO(OH)_2$	25	1×10^{-26}	Ag_2WO_4	18	5.2×10^{-10}
$HfO(OH)_2$	25		$PbWO_4$		8.4×10^{-11}
$[\frac{1}{2}HfO(OH)_2=2OH^-+HfO_2^{2+}]$		1×10^{-25}	$CaWO_4$	20	2.13×10^{-9}
$Ca_2V_2O_7\cdot2H_2O$	22	$(5.8\pm0.4)\times10^{-8}$		90	6.4×10^{-11}
$Sr_2V_2O_7\cdot1.5H_2O$	22	$(5.2\pm0.5)\times10^{-11}$	$FeWO_4$	25	9.1×10^{-12}
$Ba_2V_2O_7\cdot0.5H_2O$	22	$(1.2\pm0.6)\times10^{-13}$	$MnWO_4$	25	3.8×10^{-8}
$Ca_3(VO_4)_2\cdot4H_2O$	22	$(3.3\pm0.5)\times10^{-18}$	$Pb(ReO_4)$		6.9×10^{-9}
$Sr_3(VO_4)_2$	22	$(2.6\pm0.6)\times10^{-21}$			

表 5-2-11 某些稀土金属及放射性金属化合物的溶度积K_{sp}

化合物	温度，℃	K_{sp}	化合物	温度，℃	K_{sp}
$La(OH)_3$*	25	1.0×10^{-19}	$Eu(OH)_{2.75}Ce_{0.25}$	25	1.38×10^{-25}
	25	1.74×10^{-23}	$Gd(OH)_{2.5}Cl_{0.5}$	25	4.57×10^{-24}
$Ce(OH)_3$*	25	1.5×10^{-20}	$Tb(OH)_{2.5}Cl_{0.5}$	25	2.29×10^{-23}
	25	7.9×10^{-21}	$Dy(OH)_{2.5}Cl_{0.5}$	25	5.37×10^{-23}
$Pr(OH)_3$	25	2.7×10^{-20}	$Ho(OH)_{2.5}Cl_{0.5}$	25	3.72×10^{-23}
$Nd(OH)_3$*	25	1.9×10^{-21}	$Ho(OH)_{2.75}Cl_{0.25}$	25	1.41×10^{-25}
		2.24×10^{-26}	$Er(OH)_{2.5}Cl_{0.5}$	25	7.76×10^{-23}
$Sm(OH)_3$	25	6.8×10^{-22}	$Tu(OH)_{2.5}Cl_{0.5}$	25	3.47×10^{-22}
$Eu(OH)_3$	25	3.4×10^{-22}	$Yb(OH)_{2.66}Cl_{0.34}$	25	4.47×10^{-24}
$Gd(OH)_3$	25	2.1×10^{-22}	$Lu(OH)_{2.5}Cl_{0.5}$	25	2.04×10^{-23}
$Tb(OH)_3$	25	2.99×10^{-27}	LaF_3	20	7.58×10^{-18}
$Er(OH)_3$	25	1.3×10^{-23}	CeF_3	20	8.70×10^{-18}
$Tm(OH)_3$	25	3.3×10^{-24}	PrF_3	20	1×10^{-17}
$Yb(OH)_3$	25	2.9×10^{-24}	NdF_3	20	8.31×10^{-18}
$Lu(OH)_3$*	25	2.5×10^{-24}	SmF_3	20	1.1×10^{-16}
		6.67×10^{-28}	EuF_3	20	4.17×10^{-16}
$Y(OH)_3$	25	1.17×10^{-26}	GdF_3	20	4.78×10^{-16}
$Sc(OH)_2Cl$	25	6.17×10^{-23}	TbF_3	20	1.70×10^{-15}
$Y(OH)_{2.5}Cl_{0.5}$	25	6.92×10^{-23}	DyF_3	20	2.57×10^{-15}
$La(OH)_{2.5}Cl_{0.5}$	25	2.95×10^{-19}	HoF_3	20	2.45×10^{-15}
$Ce(OH)_2Cl$	25	2.57×10^{-16}	ErF_3	20	2.95×10^{-15}
$Pr(OH)_{2.5}Cl_{0.5}$	25	2.51×10^{-20}	TmF_3	20	2.45×10^{-15}
$Nd(OH)_2Cl$	25	1.78×10^{-19}	YbF_3	20	2.63×10^{-15}
$Sm(OH)_{2.5}Cl_{0.5}$	25	1.15×10^{-22}	LuF_3	20	2.69×10^{-15}
$Eu(OH)_{2.5}Cl_{0.5}$	25	8.70×10^{-23}	YF_3	20	1.55×10^{-15}

续表 5-2-11

化合物	温度，℃	K_{sp}	化合物	温度，℃	K_{sp}
$Ce_2(C_2O_4)_3$		2.48×10^{-25}	$Am_2(C_2O_4)_3$		6.4×10^{-20}
		$\sim1.39\times10^{-29}$	$Th(OH)_4$	25	1×10^{-50}
$Nd_2(C_2O_4)_3$		6.4×10^{-28}	$U(OH)_4$	25	7.58×10^{-60}
$Gd_2(C_2O_4)_3$		2.7×10^{-26}	$UO_2(OH)_2$	25	2×10^{-15}
$La(C_4H_4O_6)_3$	18	2×10^{-19}	$Cu(UO_2PO_4)\cdot8H_2O$		1.58×10^{-13}
$Ce(C_4H_4O_6)_2\cdot9H_2O$	25	9.7×10^{-20}	$Ni(UO_2PO_4)_2\cdot7H_2O$		3.16×10^{-10}
$La(IO_3)_3$	18	5.97×10^{-10}	$Co(UO_2PO_4)_2\cdot7H_2O$		1.26×10^{-10}
La_2S_3		2×10^{-13}	$NpO_2(OH)$		$(1.85\pm0.42)\times10^{-10}$
$Ce(IO_3)_3$	20	3.5×10^{-10}	$RaSO_4$		4.3×10^{-11}
Ce_2S_3		6×10^{-11}			

注：表中有＊者为同一化合物中有两个不同作者的K_{sp}数据。

表 5-2-12 某些稀散金属及稀有轻金属化合物的溶度积K_{sp}

化合物	温度，℃	K_{sp}	化合物	温度，℃	K_{sp}
$Ga(OH)_3$	25	5×10^{-37}	$GeO_2+H_2O=(H^++HGeO_3^-)$	25	1.1×10^{-10}
$In(OH)_3$		1×10^{-33}	$Ge(SeO_3)_2$	20	3.38×10^{-26}
$Tl(OH)_3$		5.4×10^{-48}	$Sn(SeO_3)_2$	20	2.8×10^{-39}
Tl_2O_3		2.5×10^{-47}	$Pb(SeO_3)_2$	20	3.12×10^{-13}
Tl_2S	18	4.5×10^{-23}	$TeO(OH)_2$	25	1×10^{-11}
TlCNS	25	5.8×10^{-4}	$Te(OH)_4$	18	7×10^{-53}
TlCl	25	1.9×10^{-4}	$Be(OH)_2$	25	2.7×10^{-10}
$TlIO_3$	25	4.5×10^{-6}	H_2BeO_2	25	2×10^{-30}
GeO_2			$Be_2O(OH)_2$	25	4×10^{-19}

表 5-2-13 某些贵金属化合物的溶度积K_{sp}

化合物	温度，℃	K_{sp}	化合物	温度，℃	K_{sp}
Ag_3AsO_3	25	4.5×10^{-19}		55	8.5×10^{-15}
Ag_3AsO_4	25	1×10^{-19}	Ag_2ScO_3		9.7×10^{-16}
AgBr	12	1×10^{-13}	Ag_3VO_4	20	5×10^{-7}
	25	6.3×10^{-13}	$AgIO_3$	25	3.2×10^{-8}
	40	2.5×10^{-12}	$AgMnO_4$	25	3.1×10^{-11}
	60	2.4×10^{-11}	AgOH	20	1.5×10^{-8}
	70	5.0×10^{-11}	Ag_2CO_3	25	6.15×10^{-12}
$AgBrO_3$	25	5.77×10^{-5}	$Ag_2C_2O_4$	25	1.1×10^{-11}
AgCN	25	7×10^{-15}	Ag_2CrO_4	25	4×10^{-12}
AgCNO	19	2.3×10^{-7}	$Ag_2Cr_2O_7$	25	2×10^{-7}
AgCNS	18	4.9×10^{-13}	Ag_2MoO_4	18	3.1×10^{-11}
AgCl	10	0.4×10^{-10}	Ag_2S	25	6×10^{-51}
	20	1.8×10^{-10}	$Ag_2[Fe(CN)_5NO]$	25	7.8×10^{-13}
	30	2.3×10^{-9}	Ag_2WO_4	18	5.2×10^{-10}
	50	1.3×10^{-9}	$Ag_3[Fe(CN)_6]$	25	9.8×10^{-26}
AgI	25	2.3×10^{-16}	Ag_3PO_4	20	1.8×10^{-18}

续表 5-2-13

化合物	温度，℃	K_{sp}	化合物	温度，℃	K_{sp}
$Ag_4[Fe(CN)_6]$	25	1.5×10^{-41}	$Pt(OH)_2$	25	$\sim10^{-25}$
Au_2O_3	25	8.5×10^{-46}	PtS	25	$\sim10^{-68}$
$Au(OH)_3$		5.5×10^{-45}	K_2PtCl_6	18	1.1×10^{-5}
$AuNa(SNC)_4$		4×10^{-4}	K_2PdCl_6	25	5.97×10^{-6}
$AuK(SNC)_4$		6×10^{-5}	$Ru(OH)_3$		10^{-36}
$AuCS_2N_3$	25	$(8.3\pm0.6)\times10^{-9}$	$Ru(OH)_4=Ru(OH)^{3+}+3(OH)^-$		
Ir_2O_3	25	$\sim10^{-5}$	$Ru(OH)_4$		10^{-34}
$\left(\frac{1}{2}Ir_2O_3+\frac{3}{2}H_2O=Ir^{3+}+3OH^-\right)$			PaI_2	25	$(2.5\pm0.4)\times10^{-23}$
$Pd(OH)_2$	25	$\sim10^{-24}$			

表 5-2-14　稀有金属某些主要伴生元素化合物的溶度积K_{sp}

化合物	温度，℃	K_{sp}	化合物	温度，℃	K_{sp}
$Al(OH)_3$（酸）	18	1.1×10^{-15}	MgF_2	18	1.7×10^{-9}
$Al(OH)_3$（碱）	25	1.9×10^{-33}	$MgNH_4PO_4$	25	2.5×10^{-13}
$Al(OH)F_2$	25	$(2.55\pm0.34)\times10^{-14}$	$Mg_3(PO_4)_2$	25	1.62×10^{-25}
	70	$(2.49\pm0.28)\times10^{-13}$		100	4.47×10^{-32}
As_2S_3	18	4×10^{-29}	$Mg_3(AsO_4)_2$	25	2.04×10^{-29}
Bi_2S_3	18	1.6×10^{-72}	$MnCO_3$	25	5.05×10^{-19}
$CaCO_3$	15	9.9×10^{-9}	$Mn(OH)_2$	18	4×10^{-14}
	25	5×10^{-9}	MnS	18	5.6×10^{-16}
$CaC_2O_4\cdot H_2O$	25	3×10^{-9}	$PbCO_3$	25	1.5×10^{-13}
CaF_2	18	3.45×10^{-11}	$Pb(OH)_2$	25	2.8×10^{-16}
$Ca(OH)_2$	18	5.47×10^{-6}	PbO	25	5.5×10^{-16}
$Ca_3(PO_4)_2$	25	1×10^{-25}	PbS	25	1.1×10^{-29}
$CaSO_4$	25	6.3×10^{-5}	$PbSO_4$	25	1.8×10^{-8}
$CuCO_3$	25	2×10^{-10}	$Sb(OH)_3$	18	4.0×10^{-42}
$Cu(OH)_2$	25	5.6×10^{-20}	SbO(OH)	25	约10^{-11}
Cu_2S	18	2×10^{-47}	Sb_2S_3	18	1×10^{-30}
CuS	25	3.5×10^{-38}	H_2SiO_3	25	1×10^{-10}
$FeCO_3$	25	2.11×10^{-11}	$Sn(OH)_2$	25	5×10^{-26}
FeC_2O_4	25	2.1×10^{-7}	$Sn(OH)_4$	25	1×10^{-56}
$Fe(OH)_2$	18	4.8×10^{-16}	SnS	18	1×10^{-28}
$Fe(OH)_3$	18	3.8×10^{-38}	$ZnCO_3$	25	6×10^{-11}
FeS	25	3.7×10^{-39}	ZnC_2O_4	25	1.4×10^{-9}
Fe_2S_3	22	1×10^{-88}	$Zn(OH)_2$	20	2×10^{-17}
$Mg(OH)_2$	25	5×10^{-12}	$ZnS(\alpha)$	20	6.9×10^{-26}
$MgCO_3\cdot3H_2O$	12	2.6×10^{-5}	$ZnS(\beta)$	25	1.1×10^{-24}

因此根据表5-2-9的数据及式5-2-1、5-2-2、5-2-3即可算出ΔG_T°值。

二、浸出反应平衡常数的计算

（一）根据ΔG_T°值

已知一定温度T下反应的标准自由能变化，则根据等温方程可直接求出活度平衡常数K_a

$$\lg K_a = -\Delta G_T^\circ/19.137T \qquad (5\text{-}2\text{-}4)$$

（二）根据生成物及反应物的溶度积

对生成物和反应物中均有一种难溶性化合物的浸出过程，其平衡常数K亦可根据难溶性反应物和生成物的溶度积计算，例如用氟化物溶液分解白钨矿：

$$CaWO_4(固) + 2F^- = WO_4^{2-} + CaF_2(固)$$

其平衡常数

$$K = \frac{[WO_4^{2-}]}{[F^-]^2} = \frac{[WO_4^{2-}][Ca^{2+}]}{[F^-]^2[Ca^{2+}]}$$

$$= \frac{K_{sp(CaWO_4)}}{K_{sp(CaF_2)}}$$

式中 $K_{sp(CaWO_4)}$——$CaWO_4$的溶度积；

$K_{sp(CaF_2)}$——CaF_2的溶度积。

已知20°C时$K_{sp(CaWO_4)}$，$K_{sp(CaF_2)}$分别为2.13×10^{-9}和3.45×10^{-11}，故可算出上反应在20°C时平衡常数为61.7。

又如反应$Ca_3(PO_4)_2 + 6F^- = 3CaF_2 + 2PO_4^{3-}$

其平衡常数

$$K = \frac{[PO_4^{3-}]^2}{[F^-]^6} = \frac{[PO_4^{3-}]^2[Ca^{2+}]^3}{[F^-]^6[Ca^{2+}]^3}$$

$$= \frac{K_{sp(Ca_3(PO_4)_2)}}{K_{sp(CaF_2)}^3}$$

故已知一定温度下CaF_2和$Ca_3(PO_4)_2$的K_{sp}值，亦可算出该温度下的K值。

因此对上述类型的反应（即反应物和生成物中都有一种难溶化合物的复分解反应）而言，都可通过K_{sp}值求反应的平衡常数，某些稀有金属化合物及某些常见的伴生元素化合物的K_{sp}值如表5-2-10～5-2-14所示。

三、电位-pH图在浸出过程中的应用

电位-pH图是研究有氧化还原反应的浸出过程以及消耗酸、碱的浸出过程热力学条件的重要手段。例如利用Fe-W-H_2O系的电位pH图就能找出使$FeWO_4$分解的条件。25°C下Fe-W-H_2O系的电位pH图如图5-2-1所示。从图可知A区域为$FeWO_4$（黑钨矿）的稳定区，若电位和pH处于A区，则黑钨矿不被分解，为使$FeWO_4$分解可采用下列途径：

（1）酸分解。从图可知，当pH<4左右时，

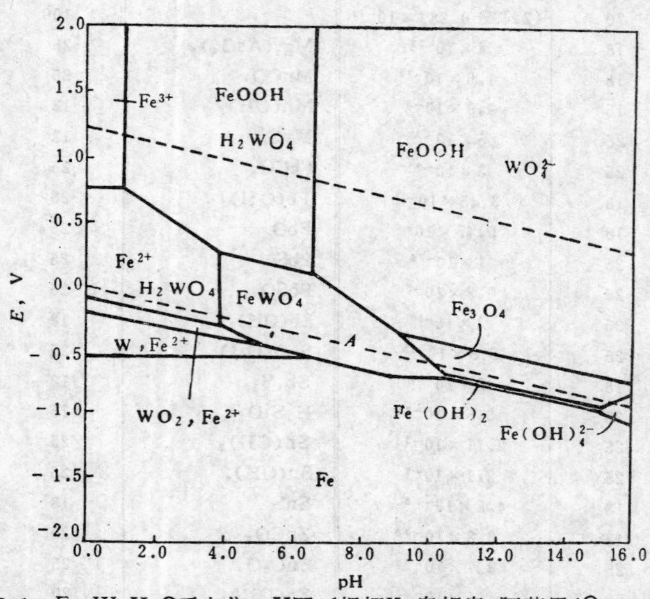

图 5-2-1 Fe-W-H_2O系电位-pH图〔根据K.奥锡奥-阿萨里(Osseo-Asare)，编者对原图进行了简单综合〕

25°C，$a_W = a_{Fe} = 10^{-3}$

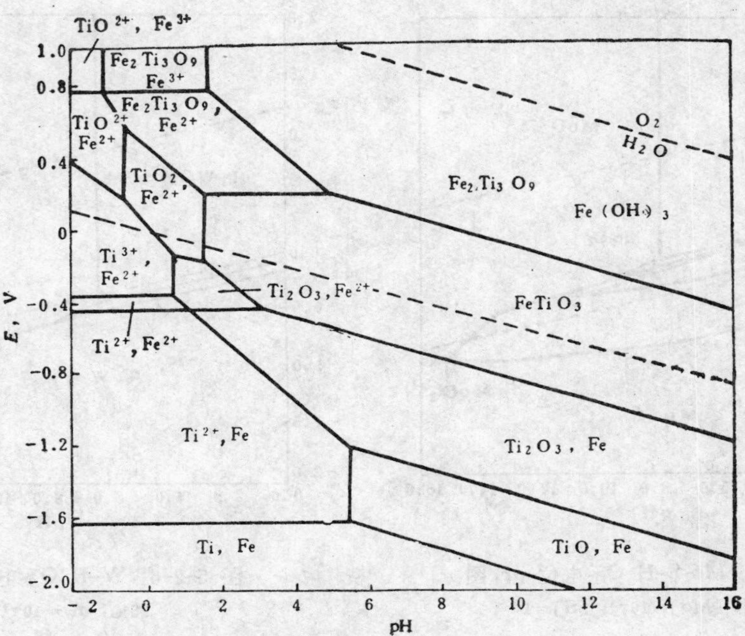

图 5-2-2 钛铁矿-水系电位-pH图〔根据夏方宁等，矿冶工程，3(1983)，No.3〕

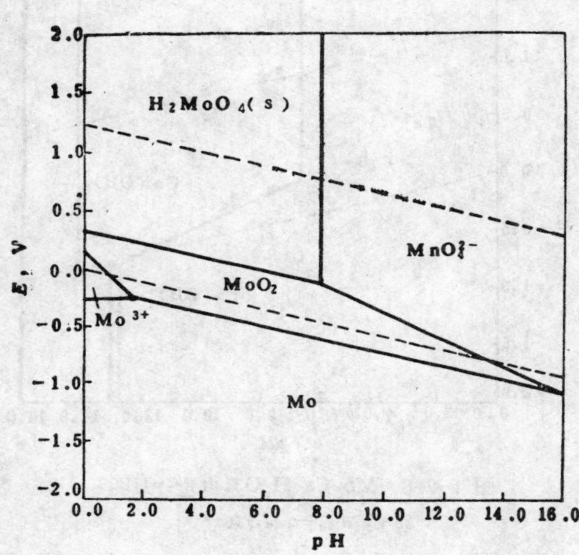

图 5-2-3 Mo-H_2O系电位-pH图

25℃，$a_{Mo}=10^{-3}$

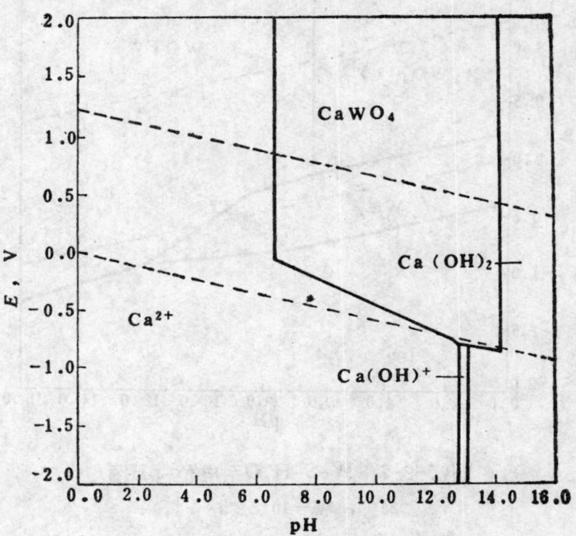

图 5-2-4 Ca-W-H_2O系电位-pH图

25℃，$a_W=a_{Ca}=10^{-3}$

$FeWO_4$便变成Fe^{2+}和H_2WO_4；

（2）碱分解。使$FeWO_4$变成Fe_3O_4和WO_4^{2-}；

（3）在氧化气氛下同时控制一定的pH值，使$FeWO_4$变成FeOOH与H_2WO_4或WO_4^{2-}（视pH值而定）。

图中各平衡线的位置具体说明了各反应所需的

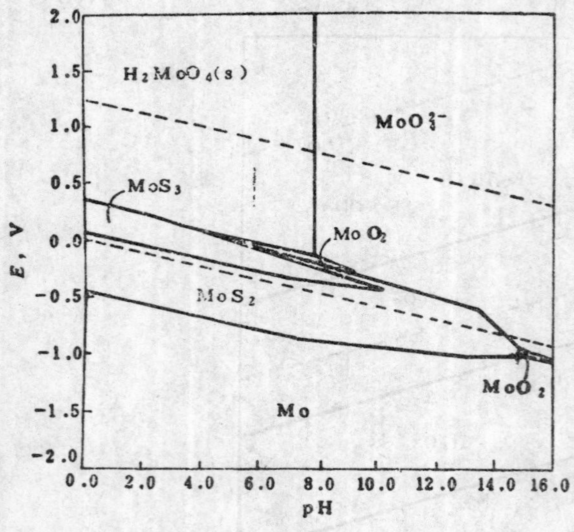

图 5-2-5 Mo-S-H_2O系电位-pH图

25℃，[Mo]=10^{-3}，[S]=1

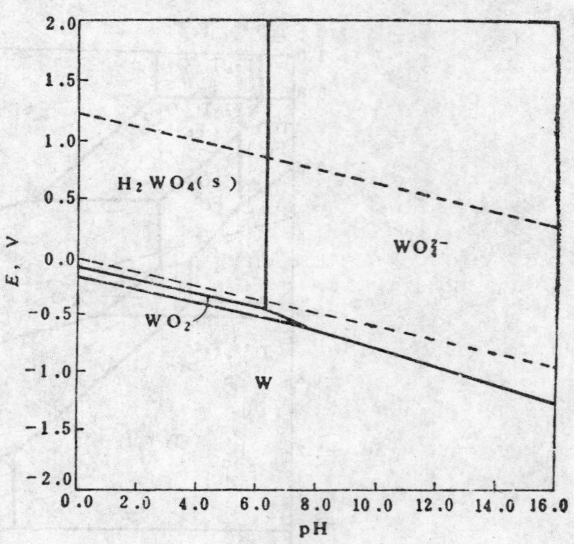

图 5-2-6 W-H_2O系电位-pH图

25℃，$a_W=10^{-3}$

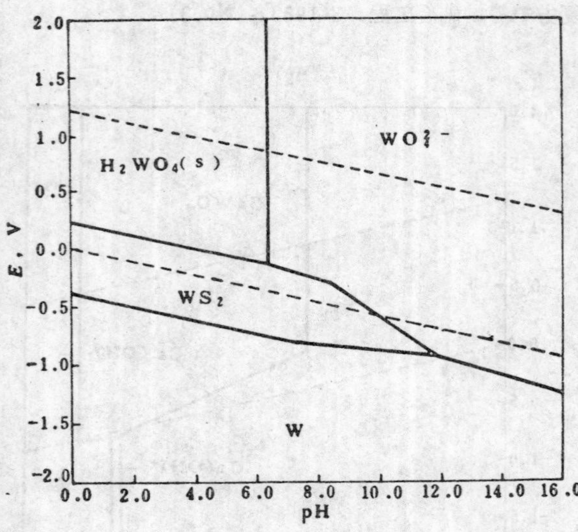

图 5-2-7 W-S-H_2O系电位-pH图

25℃，$a_W=10^{-3}$ ，$a_S=1.0$

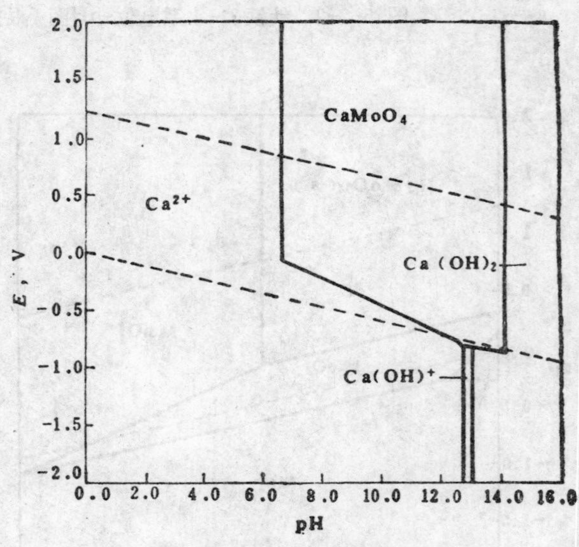

图 5-2-8 Mo-Ca-H_2O系电位-pH图

25℃，$a_{Mo}=a_{Ca}=10^{-3}$

热力学条件及各种参数对过程的影响。例如从图就可明显看出在氧化气氛下碱分解所需的pH降低，即氧化剂的存在有利于黑钨矿的碱分解过程。

为了便于研究其它稀有金属矿物的浸出过程，现将有关的电位-pH图汇集于图5-2-2～5-2-29。此外，在有关文献中还介绍了许多金属-水系的电位-pH图，本文不再一一列举。

将图5-2-1、5-2-8、5-2-9分别与图5-2-10、5-2-12、5-2-11对照可知，CO_3^{2-}的存在大大缩小了$FeWO_4$、$CaWO_4$、$MaWO_4$的稳定区，这表明从热力学角度来说用碳酸钠浸出较氢氧化钠有利。

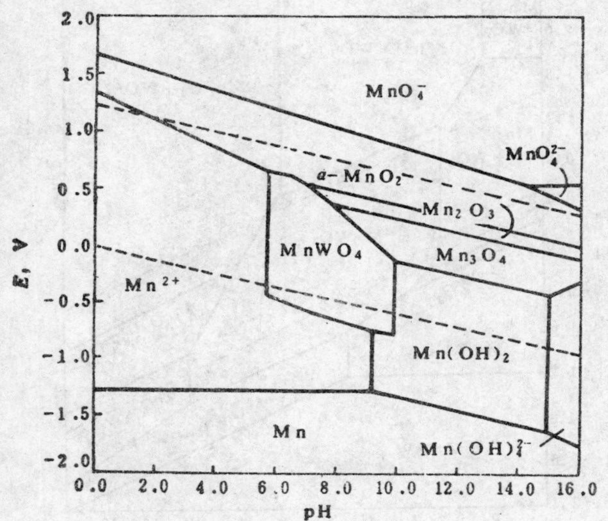

图 5-2-9 W-Mn-H_2O系电位-pH图

25°C，$a_W=a_{Mn}=10^{-3}$

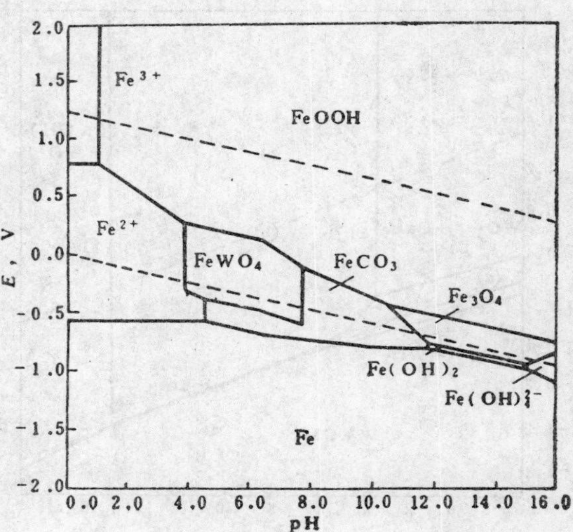

图 5-2-10 W-Fe-CO_3-H_2O系电位-pH图

25°C，$a_W=a_{Fe}=10^{-3}$，碳酸盐活度为 1

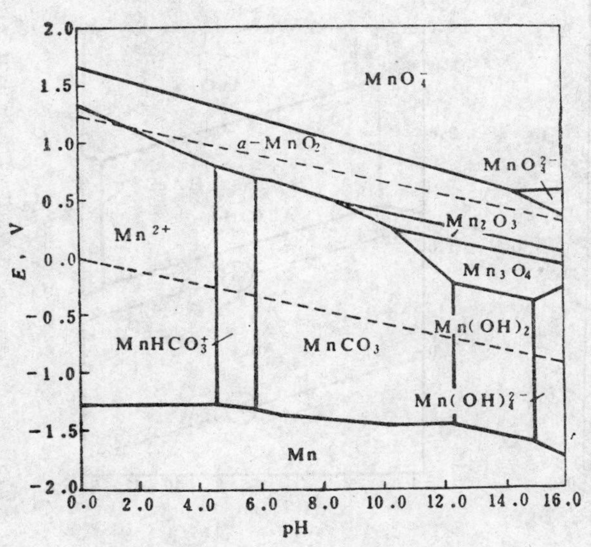

图 5-2-11 W-Mn-CO_3-H_2O系电位-pH图

25°C，$a_W=a_{Mn}=10^{-3}$，溶解的碳酸盐活度为 1

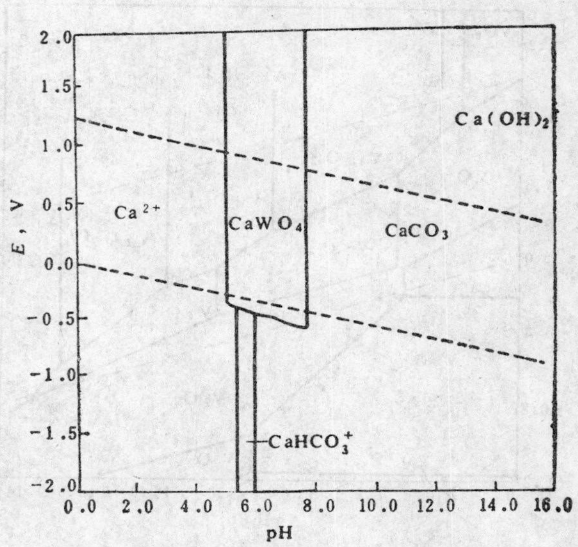

图 5-2-12 W-Ca-CO_3-H_2O系电位-pH图

25°C，$a_W=a_{Ca}=10^{-3}$，溶解的碳酸盐 活度为 1

四、化合物-水系溶解度图的应用

化合物-水系溶解度图直接反映系统中物质溶解度与成分、温度的关系，以Na_2O-V_2O_5-H_2O系溶解度图为例（如图5-2-30）。该图反映着该体系中V_2O_5（或钠的钒酸盐）在水相的溶解度与成分、温度的关系。图中各曲线分别为不同温度下的溶解度等温线，在一定成分下，当温度高于该成分处液相面的温度时，全部为水溶液，低于液相面温度时，便进入固-液相混合区，因此当系统的成分相当于*A*点，为使之完全浸出，温度应高于50°C。同理，

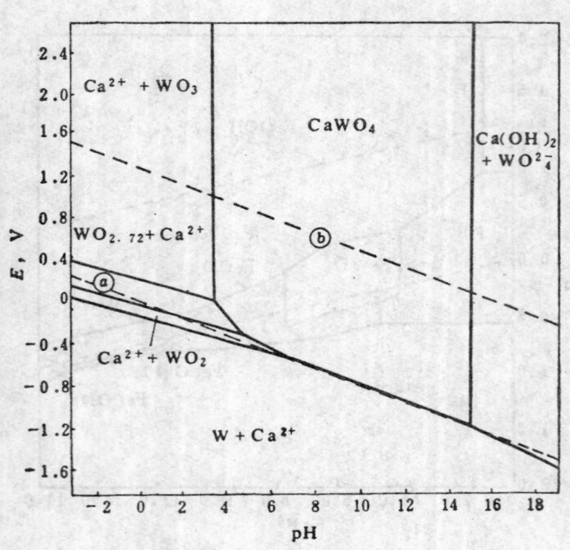

图 5-2-13 W-Ca-H_2O系电位-pH图

200°C，$a_{Ca}=a_W=1$

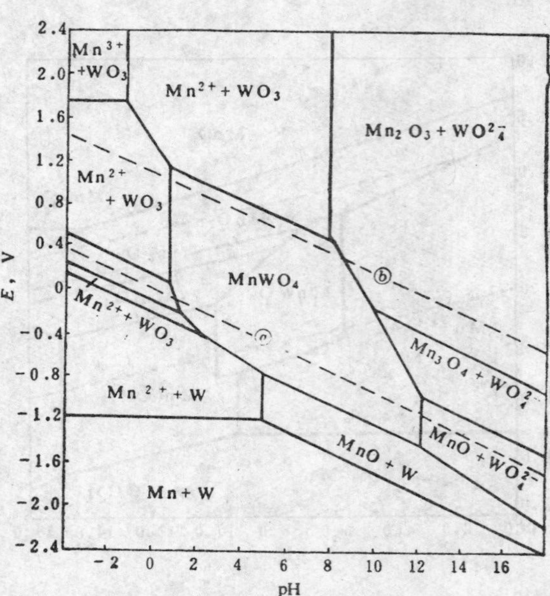

图 5-2-14 W-Mn-H_2O系电位-pH图

200°C，$a_W=a_{Mn}=1$

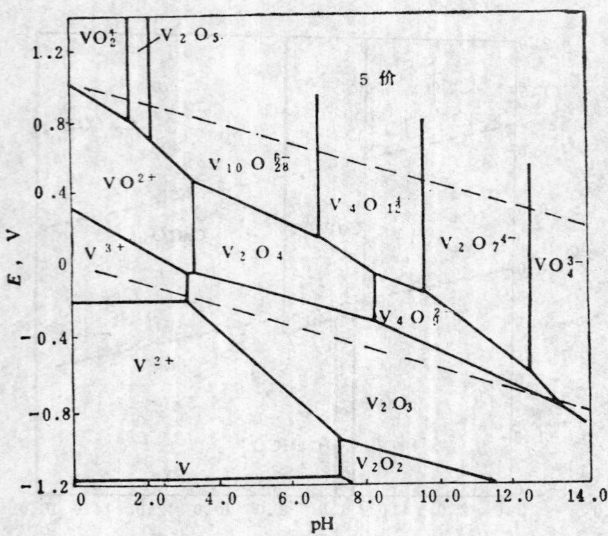

图 5-2-15 V-H_2O系电位-pH图(25°C)

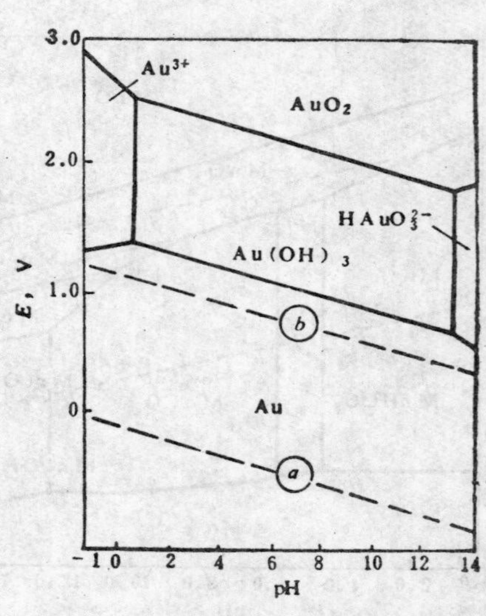

图 5-2-16 Au-H_2O系电位-pH图(25°C)

根据该图亦可找出为使原料中 V_2O_5 完全被浸出应采用的V_2O_5/Na_2O的最佳配料比（一般经配料后，还应进行高温烧结，使之变成相应的钠盐）。

$Ca_3V_{10}O_{28}$-$Mg_3V_{10}O_{28}$-H_2O系溶解度图对钒的提取亦有一定的指导意义，如图5-2-31所示。

第三节 浸出过程的动力学基础

一、浸出过程的基本步骤、动力学方程及特征

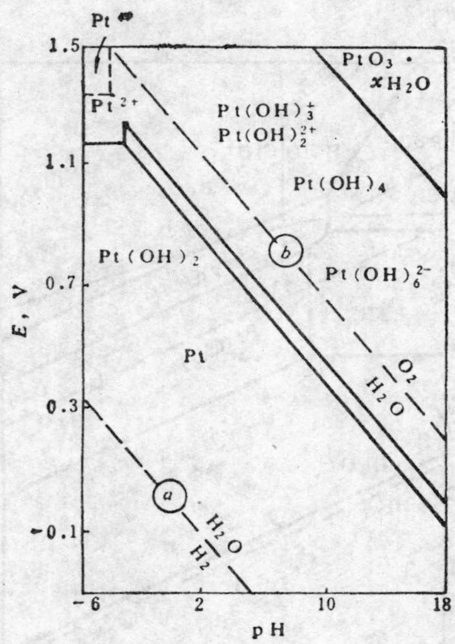

图 5-2-17 Pt-H_2O系电 位-pH图(25°C)

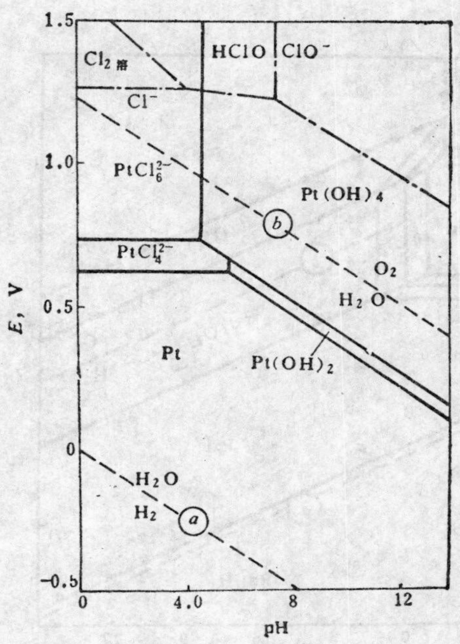

图 5-2-18 Pt-Cl^--H_2O系 电位-pH图

25°C，〔Cl^-〕=2mol，〔Pt(Ⅱ或Ⅲ)〕=10^{-2}mol，P_{Cl_2}=10132.5Pa(0.1atm)，〔HClO〕=〔ClO^-〕=6×10^{-3}mol

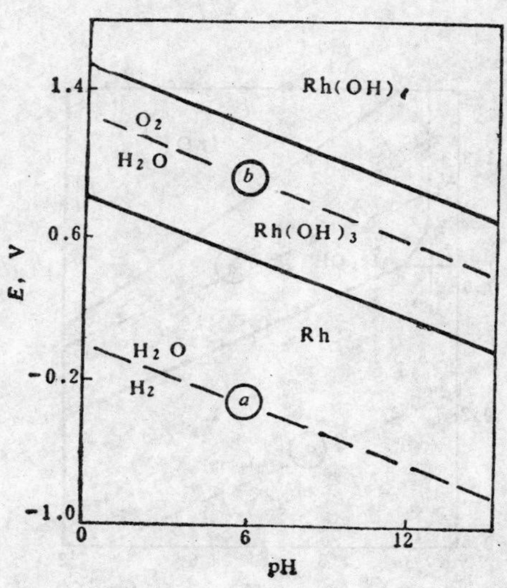

图 5-2-19 Rh-H O系电位-pH图(25°C)

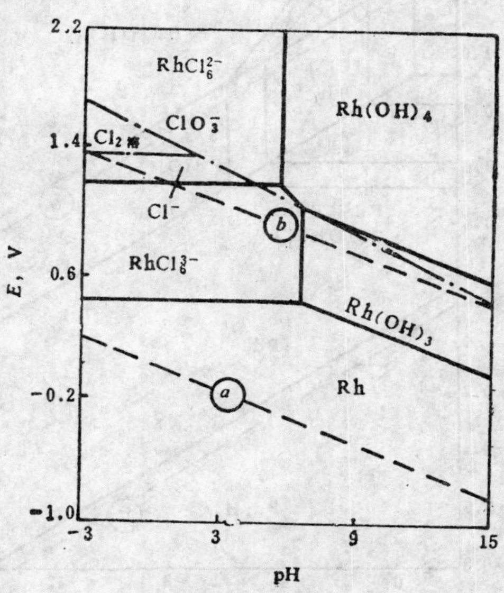

图 5-2-20 Rh-Cl^--H_2O系电位-pH图

25°C，$a_{RhCl_6^{2-}}=a_{RhCl_4^{3-}}=a_{ClO_3^-}=a_{Cl_2}$(溶)=1，〔$Cl^-$〕=2mol

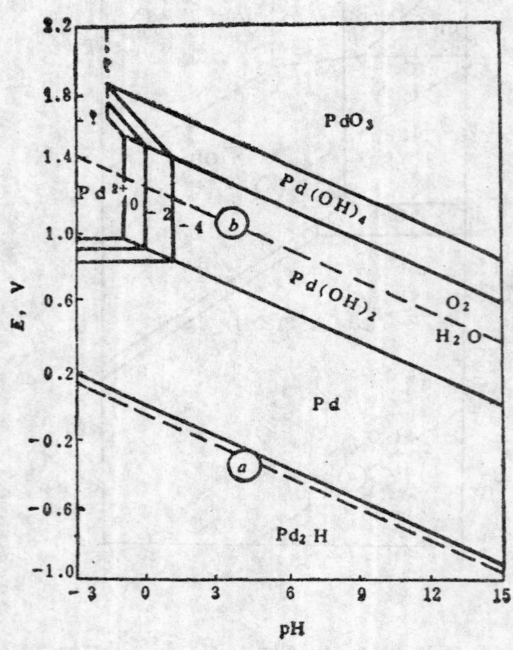

图 5-2-21 Pd-H_2O系电位-pH图(25°C)

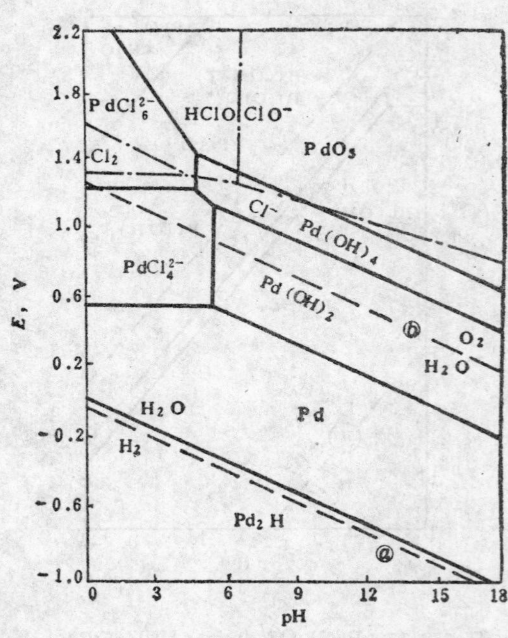

图 5-2-22 Pd-Cl^--H_2O系电位-pH图

25°C, $a_{PdCl_6^{2-}}=a_{PdCl_4^{2}}=a_{ClO}=a_{Cl_2}$(溶)=1, [$Cl^-$]=2mol

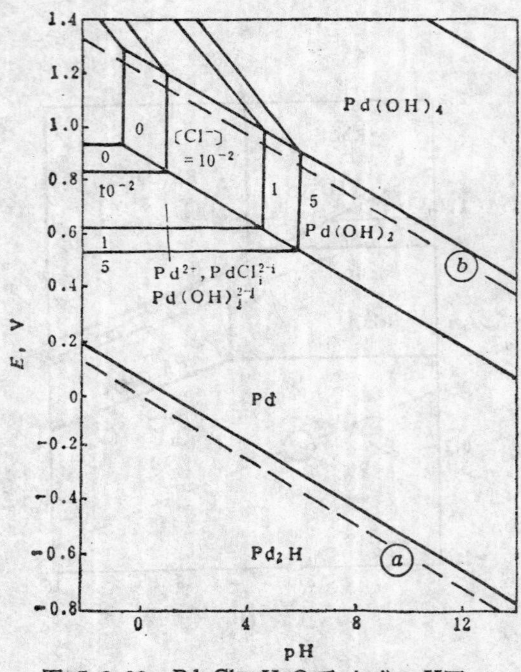

图 5-2-23 Pd-Cl^--H_2O系电位-pH图

(根据何蔼平,贵金属,3(1982),No.2)

25°C, $[Pd]_T=1mol$

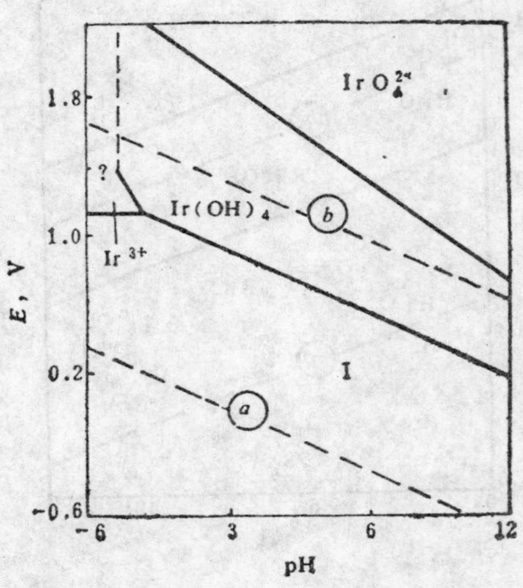

图 5-2-24 Ir-H_2O系电位-pH图(25°C)

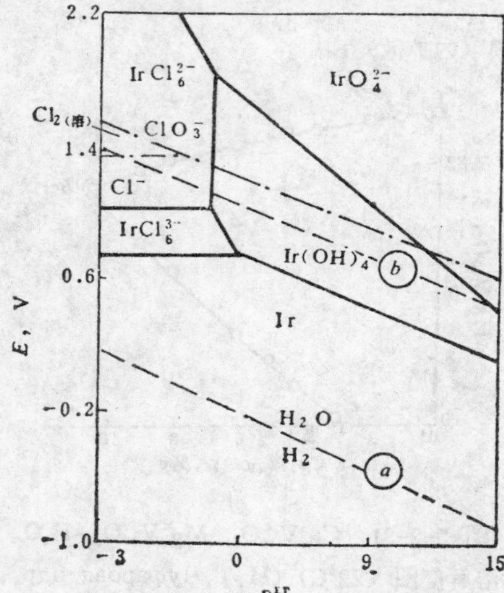

图 5-2-25 Ir-Cl$^-$-H$_2$O系 电位-pH图

25℃，$a_{IrCl_6^{2-}}=a_{IrCl_6^{3-}}=a_{ClO_3^-}=a_{Cl_2(溶)}=1$，$[Cl^-]=2mol$

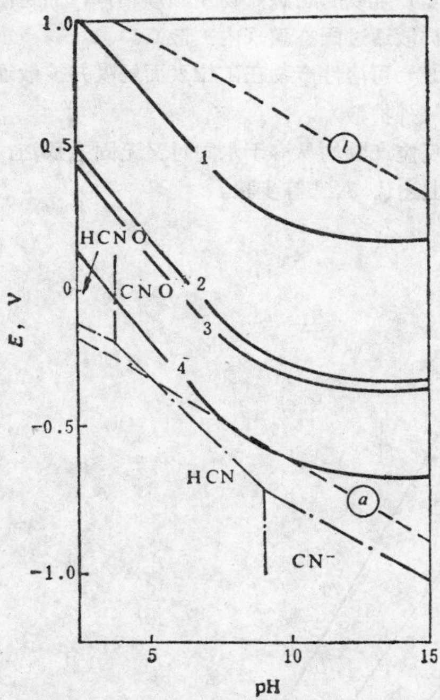

图 5-2-26 Au(Ag、Pt、Pd)-CN$^-$-H$_2$O系电位-pH图

25℃，$[CN^-]_T=1mol$

1—$Pt(CN)_4^{2-}+2e=Pt+4CN^-$ $a_{Pt(CN)_4^{2-}}=10^{-5}$；

2—$Ag(CN)_2^-+e=Ag+2CN^-$ $a_{Ag(CN)_2^-}=10^{-4}$；

3—$Pd(CN)_4^{2-}+2e=Pd+4CN^-$ $a_{Pd(CN)_4^{2-}}=10^{-5}$；

4—$Au(CN)_2^-+e=Au+2CN^-$ $a_{Au(CN)_2^-}=10^{-5}$

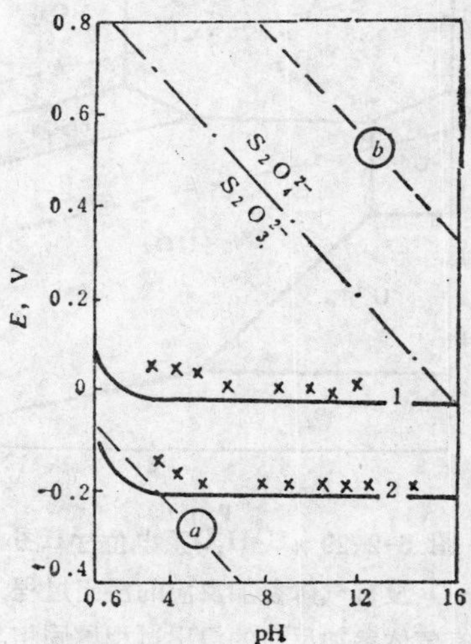

图 5-2-27 Au(Ag)-S$_2$O$_3^{2-}$-H$_2$O系电位-pH图

25℃，$[S_2O_3]_T^{2-}=0.5mol$，$a_{Au(S_2O_3)_2^{3-}}=a_{Ag(S_2O_3)_2^{3-}}=10^{-4}$

1—$Au(S_2O_3)_2^{3-}+e=Au+2S_2O_3^{2-}$；2—$Ag(S_2O_3)_2^{3-}+e=Ag+2S_2O_3^{2-}$

×—实测值；实曲线—理论计算值

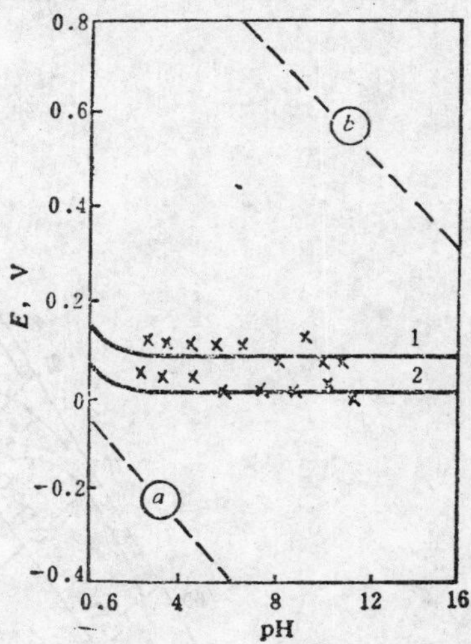

图 5-2-28 Pt(Pd)-S$_2$O$_3^{2-}$-H$_2$O系 电 位-pH图

25℃，$[S_2O_3^{2-}]_T=0.5mol$，$a_{Pt(S_2O_3)_2^{2-}}=a_{Pd(S_2O_3)_2^{2-}}=10^{-3}$

1—$Pt(S_2O_3)_2^{2-}+2e=Pt+2S_2O_3^{2-}$；2—$Pd(S_2O_3)_2^{2-}+2e=Pd+2S_2O_3^{2-}$

×—实测值；实曲线——理论 计算值

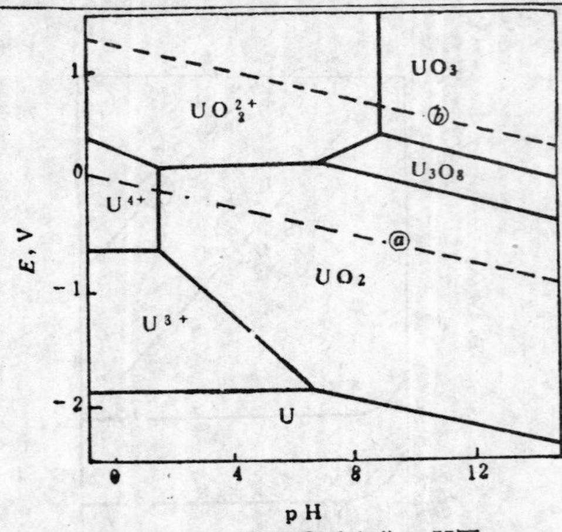

图 5-2-29 $U-H_2O$系电位-pH图

（一）没有气体参加反应的浸出过程

没有气体参加反应的浸出过程属固相与液相之间的多相反应，浸出剂必须扩散通过两相间的扩散层及矿粒外围的固态生成物层才能与矿粒进行反应，因此如生成固态产物的浸出过程（例如独居石用Na，OH分解生成固态氢氧化稀土），应经历下列步骤：

（1）浸出剂通过扩散层向矿粒表面扩散（外扩散）。

（2）浸出剂被吸附并进一步扩散通过固态生

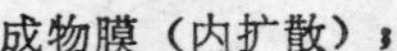
成物膜（内扩散）；

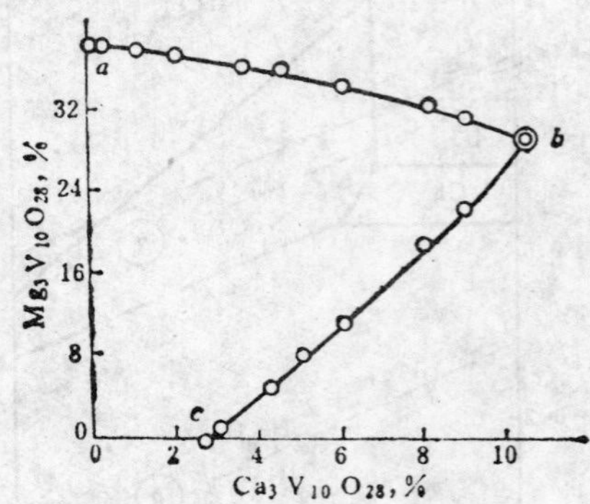

图 5-2-31 $Ca_3V_{10}O_{28}-Mg_3V_{10}O_{28}-H_2O$系溶解度图（22°C）〔И.Т.Чуфарова идр., Ж.Н.Х.,5（1978），1356〕

（3）与矿粒进行化学反应。

（4）生成的固态产物使固膜增厚，而可溶性产物则扩散通过固态膜（内扩散）。

（5）可溶性产物在矿粒表面解吸并扩散通过扩散层（外扩散）。

若反应产物均易溶于水同时又无固态残渣，则只经历上述1、3、5等步骤。

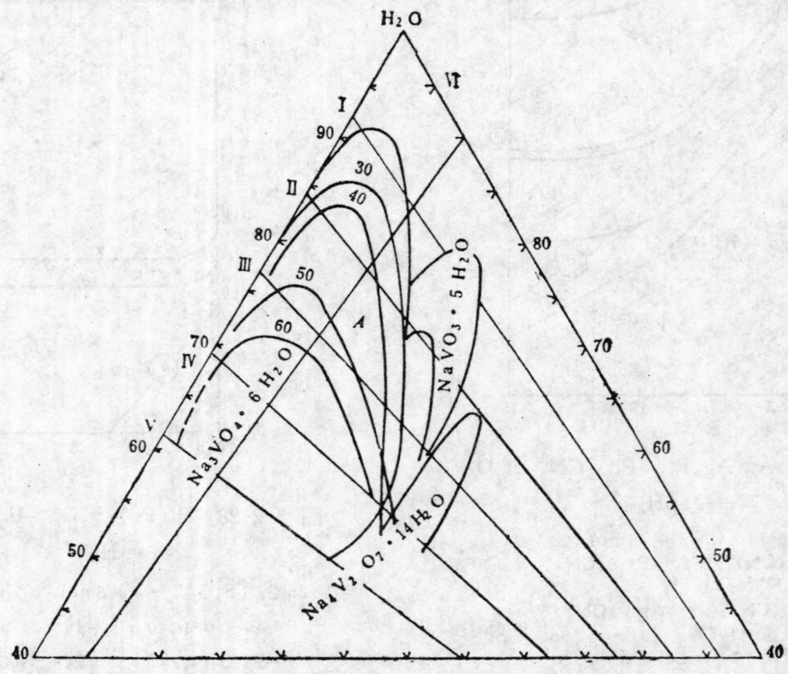

图 5-2-30 $Na_2O-V_2O_5-H_2O$系溶解度图（И.В.Виаров и др., Ж.Н.Х.7(1978),1926）

表 5-2-15 不同控制步骤的动力学方程、表观活化能及其它特征

控制步骤	动力学方程及其适用条件	表观活化能 kJ/mol	搅拌作用对浸出速度影响	浸出剂浓度对浸出速度影响	注 释
化学反应控制	$1-(1-\alpha)^{\frac{1}{F_P}}=\frac{k_{ct}}{r_0\rho}$ 或 $1-(1-\alpha)^{\frac{1}{F_P}}=k't$(5-2 5) 在原始颗粒均匀，浸出过程中浸出剂浓度基本不变（例如浸出剂大大超过理论量或连续补充时），反应为一级反应且可视为不可逆的条件下适用	>42	不明显	速度随浓度增加而成 n 次方增加，表观级数 $n\geqslant1$	α—浸出分数 F_P—矿粒的形状因素，片状、针状或长棍状、球状可分别取1、2、3 A_P—矿粒的表面积 V_P—矿粒的摩尔体积 r_0—矿粒的原始半径 c—浸出剂浓度 n—浸出反应的表观级数 t—浸出时间 t^*—无因次时间，$t^*=\frac{bkc}{\rho}\left(\frac{A_P}{F_PV_P}\right)t$ k_m—外传质系数 D—通过固膜的扩散系数 b—化学计量系数 k—化学反应速度常数 ρ—矿粒的密度
外扩散控制	$t^*=\frac{k\alpha}{k_mF_P}$(5-2-6) 在原始颗粒均匀，浸出过程中浸出剂浓度基本上不变的条件下适用	5～15	明显	速度随浓度的增加而成直线增加，表观级数 $n=1$	
固膜扩散控制	$1-\frac{2\alpha}{3}-(1-\alpha)^{2/3}=\frac{2V_PDCt}{br_0}$ (5-2-7) 在原始颗粒为均匀的球状，浸出过程中浸出剂浓度基本不变，浸出率小于90%的情况下基本适用	5～15	不明显	速度随浓度增加而增加	

上述各步骤中最慢的步骤成为过程的控制性步骤，通常浸出过程可能是浸出剂（或生成物）通过外扩散控制或者是通过固膜的扩散控制（内扩散控制）或者是化学反应控制，也可能为其中两个步骤的混合控制。

浸出过程的控制性步骤不同，则各种参数（如温度、搅拌速度、浸出剂浓度等）对浸出速度的影响程度亦不同，同时表征其浸出率与时间关系的动力学方程式、表观活化能亦各不相同。通过实测某浸出过程的动力学方程及表观活化能等特征，可判断该浸出过程属何过程控制，并进而有针对性地找出强化措施。不同控制性步骤的动力学方程，表观活化能及其他特征如表5-2-15所示。

某浸出过程的控制性步骤，可根据其动力学方程式判断，但为了从多方面确证，应进一步测定温度对过程的影响，相应地计算其表观活化能，从表观活化能大小判断。

对不可逆反应而言，反应表观活化能 E 可通过

$$(\lg t_1-\lg t_2)=\frac{E}{R}\left(\frac{1}{T_1}-\frac{1}{T_2}\right) \quad (5\text{-}2\text{-}8)$$

下式计算：

式中 T_1、T_2——两个不同的反应温度；

t_1、t_2——在温度分别为T_1、T_2而其他条件相同的情况下达到同样浸出率所需的时间。

表观反应级数 n 对判断过程属化学反应控制还是扩散控制也有一定意义，当浸出剂用量很大以至浸出过程中c可视为不变，n 值一般可用下式计算：

$$t_1/t_2=(c_2/c_1)^n \quad (5\text{-}2\text{-}9)$$

式中 c_1、c_2——浸出剂的两种不同浓度；

t_1、t_2——在浸出剂浓度分别为c_1、c_2而其他条件相同的情况下达到一定浸出率所需的时间。

混合控制，情况比较复杂，难以直接推导其动力学方程式，此时一般通过表观活化能判断，对化学反应步骤与扩散步骤的混合控制而言，其表观活化能为15～42kJ/mol之间。

（二）有气体参加反应的浸出过程

有气体参加反应的浸出过程除多一个气体反应剂（如氧气）在浸出液中的溶解步骤外，其它都与

表 5-2-16 某些稀有金属矿物浸出(或湿法分解)动力学研究情况综合

矿物及其分解方法	作者及著作发表年代	结 论
白钨矿盐酸分解	郑昌琼等 (1980)	大体上符合固膜扩散动力学方程，人造白钨的表观活化能为37.93kJ/mol(40～98℃)，白钨精矿的表观活化能为43.62kJ/mol(40～109℃)
	В.Л.巴尔赫莫夫斯基 (Пархомовский) (1968)	机理与盐酸浓度有关，在60℃下，当[HCl]为1～4mol时属固膜控制，当[HCl]为8mol左右时固膜的阻碍减轻
白钨矿硝酸分解	Х.Р.伊斯马诺夫(Исматов)等 (1977)	100～175℃为扩散控制，表观活化能为12.4kJ/mol
白钨矿苏打压煮	В.В.别里克夫(Пеликов)等 (1965)	在强烈搅拌的情况下，在150～250℃为化学反应控制，表观活化能为75.3～92.0kJ/mol
	Р.В.奎奈(Queneau)等 (1969)	100～155℃为生成物$CaCO_3$膜的扩散控制，表观活化能为58.9kJ/mol，在155℃时$CaCO_3$膜有脱落现象
白钨矿NaF浸出	Р.В.奎奈等 (1969)	99.5～104℃遵从抛物线规律，为通过生成物CaF_2层的扩散控制；高于110℃ CaF_2膜有脱落现象，遵从直线规律，浸出速度随搅拌速度增加而增加
黑钨矿NaOH浸出	李军等 (1985)	在搅拌速度足够快的情况下为化学反应控制，表观活化能为77.37kJ/mol，表观级数为二级
辉钼矿HNO_3分解	В.М.涅列佐夫(Нерезов)等 (1982)	80℃±2℃下，当浸出率为10～15%时，表观级数n为1.5，表观活化能为126.7kJ/mol；浸出率大于15%时，n为1.0，表观活化能为24.3kJ/mol，过程为由化学反应控制过渡到化学反应与扩散的混合控制
钼焙砂氨浸	陈劲松等 (1985)	为化学反应与孔隙内扩散的混合控制，表观活化能为47.3kJ/mol
铀氧化矿的苏打浸出	W.E.斯乔尔曼(Schortmann)等 (1958)	控制步骤为表面吸附有氧的UO_2的结晶转变过程，即 $UO_2\cdot O$（表面）$=UO_3$（表面）
	R.L.皮尔逊(Pearsom)等 (1958)	控制步骤为表面吸附氧的UO_2与HCO_3^-结合成二碳酸铀酰的过程，即 $UO_2\cdot O+2HCO_3^-=H_2O+UO_2(CO_3)_2^{2-}$ 浸出速度与氧分压的$\frac{1}{2}$次方成正比
金矿的氰化浸出		反应速度的温度系数为1.218，属扩散控制

没有气体参加的浸出过程大同小异。在研究其控制性步骤时，除应充分注意气体溶解步骤的作用外，表 5-2-15中所列的规律性完全适用。

应当指出，浸出过程的控制步骤是随着条件的改变而改变的。例如许多浸出过程在低温下化学反应速度甚小，过程为化学反应控制，但随着温度的升高，化学反应速度迅速增加，以至接近进而超过扩散步骤的速度，相应地过程经混合控制进一步转化为扩散控制，同样，当某过程为外扩散控制时，加快搅拌速度也可能导致过渡为化学反应控制或过渡为内扩散控制。因而不应将某一特定条件下研究的结论不加分析地推广到其它条件。

二、某些稀有金属矿物浸出过程动力学研究结果

稀有金属矿物浸出过程动力学的研究目前尚处于初始阶段，现将其中某些研究结果综合于表5-2-16中。

三、浸出过程的强化

为了强化浸出过程，加快浸出速度以提高生产能力和经济效益，可采取的主要方法有：

（一）正确选择各种工艺参数

即根据上述动力学原理，找出具体浸出过程的控制步骤，再有针对性地选择适当的工艺参数。当属于化学反应控制时，主要应提高反应温度，提高浸出剂浓度，减小粒度以增大反应面积；当属于外扩散控制时，则除提高温度外，应加强搅拌；当属于内扩散控制时，则应着眼于减小粒度并采取适当措施以破坏固态生成物膜。

（二）使原料活化

即用物理的或机械的作用使矿物的活性增加，方法有：

1．矿物原料的机械活化

1967年人们在研究黑钨矿的HCl分解时，发现经球磨后精矿的分解率大大提高，即认为球磨对精矿起了活化作用。以后不少学者特别是苏联的A.H.泽里克曼（Зеликман）等用离心式行星磨机对精矿进行了大量活化研究，取得了显著的成绩。某些研究结果汇集于表5-2-17。

在研究机械活化的过程中，人们发现有下列规律性：

表 5-2-17 某些精矿机械活化的研究结果

作者及著作发表年代	研究对象及活化条件	浸出条件	活化效果		
			浸出率，%		其它
			未活化	经活化	
A.H.泽里克曼（1978）	白钨精矿离心式行星磨机活化15min 液/固＝1/1	Na_2CO_3为理论量200% 200℃ 固/液＝1/4	84.9	96.9	反应的表观活化能由52.7kJ/mol降为16.7kJ/mol
A.H.泽里克曼（1980）	低品位矿（含2% WO_3）活化15min 固/液＝1/1	10～20%NaOH 120℃	26.5	61.75	
	干活化	同上	26.5	34.5	
A.H.泽里克曼（1980）	白钨精矿	NH_4F+NH_4OH 浸出0.5h	22.38（150℃） 95.13（200℃）	83.75（150℃） 98.18（200℃）	表观活化能由66kJ/mol降为33.5kJ/mol
A.H.泽里克曼（1982）	白钨精矿	17.5%HNO_3浸出2h 80℃	53	～100	
A.H.泽里克曼（1985）	黑钨精矿 干活化	10%NaOH浸出20min90℃	12	99	
李军等（1985）	黑钨精矿 球磨	［NaOH］200～400g/L 75～105℃			球磨活化后表观活化能77.37kJ/mol，退火料表观活化能95.77kJ/mol
A.H.泽里克曼等（1979）	锆英石精矿（含66.6%ZrO_2） 离心式行星磨机活化5～7min	活化料经与$CaCO_3$高温烧结后浸出			为达到同样的分解效果，活化可使烧结温度由1400～1500℃降至1100℃

（1）机械活化后的矿样浸出率普遍上升，反应的活化能普遍下降，大部分下降到活化前的1/2左右。

（2）经活化后的矿样如进行高温退火则活化效果消失。如A.H.泽里克曼在研究黑钨精矿碱浸时，在NaOH浓度为10%、温度为90°C的条件下，矿样经机械活化20min，浸出率接近100%；而活化后的矿样在650°C于氩气中退火，则浸出率仅19%。同样，若浸出温度过高，因在浸出过程中同时发生退火作用，故高温浸出时反映出的活化效果不如低温。

（3）活化效果与活化条件（如时间、干式活化或湿式活化等）有关。

为了查明机械活化的机理，专家们进行了许多工作。首先查明：活化后浸出率的提高远不是单纯由粒度变细可完全解释的，A.H.泽里克曼曾分别将两种矿样进行浸出试验，一种是精矿，另一种是精矿经活化后再退火的矿样，后者的比表面积比前者大4.5倍，但前者的浸出率却高于后者（分别为84.9%和53%），因此仅由粒度的变细不足以说明机械活化的机理。

A.H.泽里克曼的研究表明：经活化后的矿样中嵌镶块的尺寸由活化前的76μm减小到活化后的23μm，由于嵌镶块之间富集了各种点缺陷和线缺陷，嵌镶块尺寸减少意味着晶体内的缺陷增多，内能增加。有的作者也指出经机械活化后矿中出现了局部的非晶质化，E.F.阿布瓦库莫夫(Абвакумов)在研究TiO_2、SnO_2、WO_3的机械活化时还发现内部形成缺氧的非化学组成化合物。总之，在机械活化后，矿样内部出现各种物理的、化学的缺陷而导致内能增高，这些可能是机械活化使浸出率提高，反应活化能降低的主要原因。

2．浸出过程的超声波活化

早在50年代就发现超声波能强化浸出过程，60年代中期H.H.哈夫斯基（Хавский）等开始研究用超声波强化白钨矿的苏打浸出过程，发现能使浸出率成倍地提高，A.A.别尔什茨基（Ееришцкий）等在研究白钨矿的硝酸分解过程时，证明由于超声波破坏了矿粒表面的H_2WO_4膜，而使过程由固膜扩散控制过渡到化学反应控制。在90～95°C、HNO_3过量50%、HNO_3浓度30%的条件分解1h，分解率达99%。Б.Н.什马列依（Шмалей）等在工业条件下研究表明：在硝酸分解白钨精矿时，不用超声波活化，在90°C、硝酸用量为理论量360%的条件下分解4h，分解率仅93%；而用超声波活化时，在80°C及硝酸用量为理论量的150%条件下，分解1.5h，分解率达99.4%。显然，超声波的活化作用是明显的。

超声波活化作用的机理尚未完全弄清，不少专家认为超声波的作用主要在于加强液相对固相的传质过程，同时它也破坏矿粒表面的固体生成物膜，因而强化了固膜扩散过程。此外，不少专家试验证明，超声波能使表观活化能降低。别尔什茨基等试验表明，硝酸分解白钨矿时，超声波使表观活化能由28.1kJ/mol降为6.4kJ/mol。其他人亦得到类似结果。这方面的工作还在深入进行。

第四节 浸出设备及工艺

一、浸出设备

浸出过程主要发生固-液反应，同时在许多物料的浸出过程中还包括气相的作用（如辉钼矿的高压氧浸），因此浸出设备应保证液-固之间或液-固-气相之间充分接触，且能控制良好的传质和温度条件，同时应有足够的耐腐性能。为满足这些条件，设备应有合理的结构，材质选择要适当，内衬要合适。

（一）常用的浸出设备

1．机械搅拌浸出槽

其简单结构如图5-2-32所示，槽体附有加热及搅拌系统，搅拌机械通常有锚式、螺旋式和框式等类型。

2．空气搅拌浸出槽

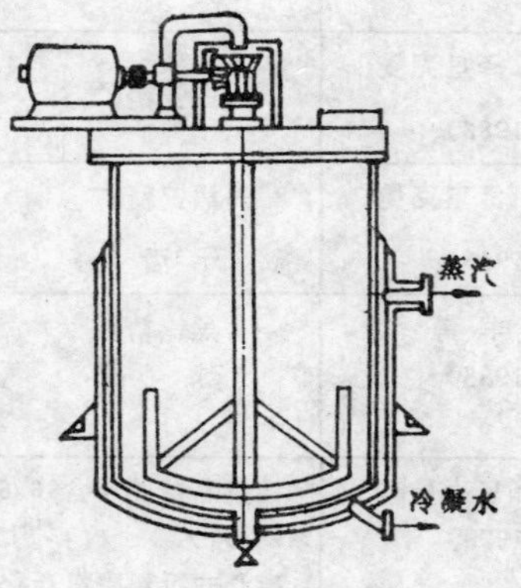

图 5-2-32 机械搅拌浸出槽

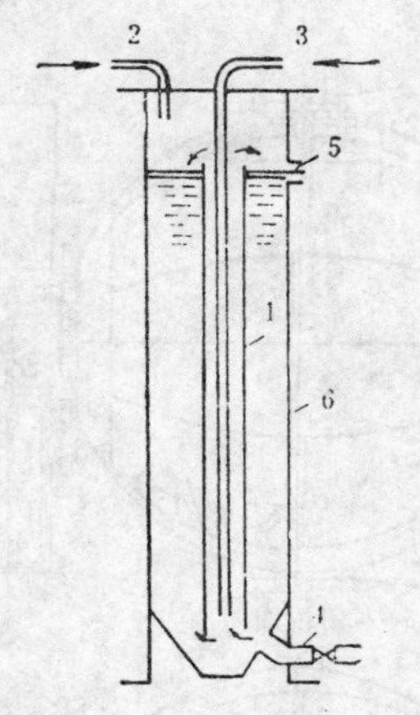

图 5-2-33 空气搅拌浸出槽

其结构如图5-2-33所示。槽内设中心管1，压缩空气经管3导入中心管的下部，气泡沿管1上升过程中矿浆由管1的下部被吸入并上升，由管的上端流出，在管外向下流动和循环。

3．高压釜

由于浸出速度一般随温度的升高而明显增加，某些浸出过程需在溶液的沸点以上进行，同时某些有气体参与反应的浸出过程中，气体反应剂的压力增加，有利于浸出过程，故浸出过程有时都在高压下进行，常用的设备为高压釜。高压釜的工作原理与机械搅拌浸出槽相似，但能耐高压，同时密封良好。高压釜有立式及卧式两种。卧式釜的结构如图5-2-34所示。

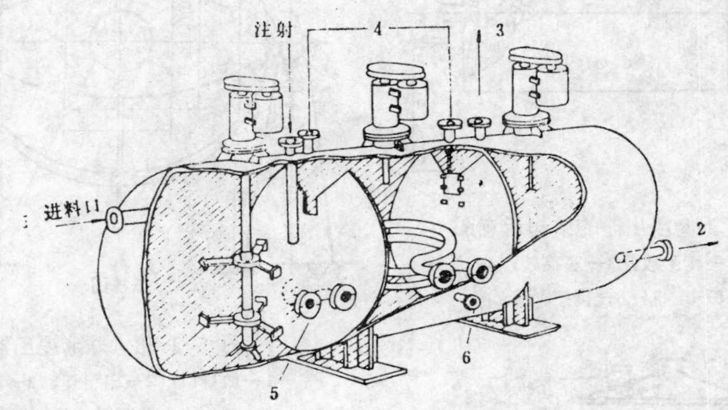

图 5-2-34 卧式高压釜结构示意图

1—进料口；2—出料口；3—放气阀；4—挡板阀的操作管口；5—冷却管接口；6—空气管接头

4．管道浸出器

其工作原理如图5-2-35所示。

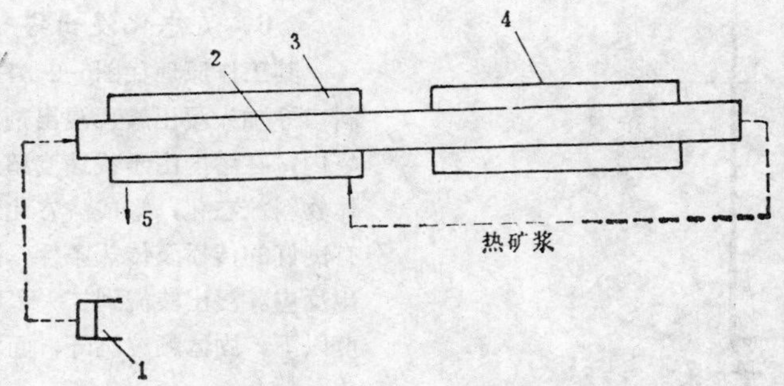

图 5-2-35 管道浸出器工作原理示意图

1—隔膜泵；2—反应管；3—热交换器；4—过热器；5—料浆出口

混合好的矿浆利用隔膜泵1以较快的速度（0.5～0.7m/s）通过反应管2，反应管外有加热装置3对矿浆进行加热，在反应管的前部主要利用已反应后的矿浆的余热夹套加热，后部则用高压蒸气或工频感应加热到浸出所需的最高温度（如铝土矿浸出需290°C），矿浆通过管道的过程中温度逐步升高并进行反应。管道反应器的特点是由于矿浆快速流动，管内处于高度紊流状态，传质及传热的效果良好，加上温度高，因而效率高，一般反应时间远比搅拌浸出短。

5．热磨浸出器

其结构如图5-2-36所示。这种设备的特点是在磨矿的同时进行浸出，它充分利用了磨矿过程对矿粒的机械活化作用，对矿浆的搅拌作用，因而浸出速度及浸出率远比搅拌浸出高，特别是当过程为固膜控制时更为明显。在采取严格的密封和耐压措施时，亦可在高压下〔例如1013250Pa（10大气压)〕工作。

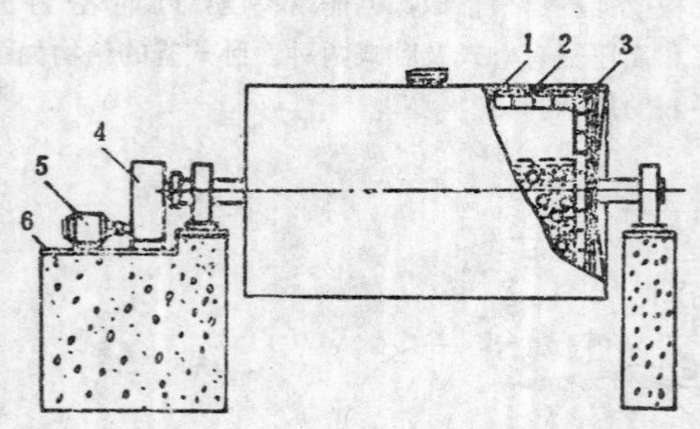

图 5-2-36 热磨浸出器的结构示意图

1—钢制圆筒；2—耐酸胶；3—石英砖；4—减速机；5—电机；6—机座

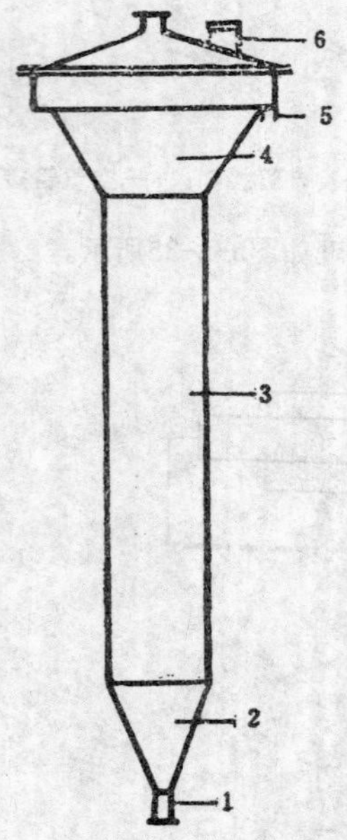

图 5-2-37 流态化浸出塔示意图

1—喷嘴；2—圆锥体；3—塔身；4—扩大段；5—溢流口；6—加料口

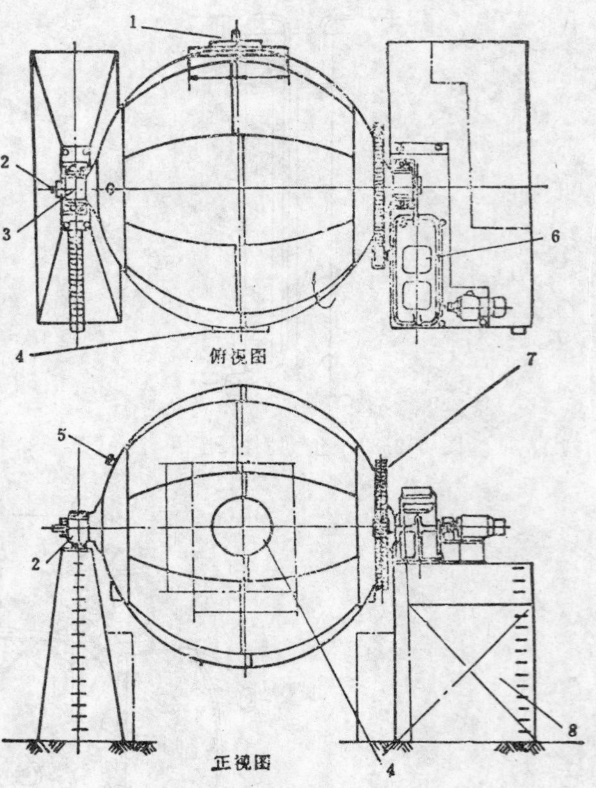

图 5-2-38 球形浸出器结构示意图

1—加料口；2—出料口；3—轴承；4—重量平衡件；5—热电偶套管；6—传动部分；7—齿轮；8—基座

6．流态化浸出塔

其工作原理如图5-2-37所示。矿物原料通过加料口6加入浸出塔，浸出剂溶液连续由喷嘴1进入塔内，在塔内由于线速度超过临界速度，因而使固体物料流态化，形成流态化床，在床内由于两相间有良好的传质及传热条件，因而可迅速进行各种浸出反应。浸出液流到扩大段时，流速降低到临界速度以下，固体颗粒沉降，而清液则从溢流口5流出。

为保证浸出的温度，塔可做成夹套式以通蒸气加热，亦可用其他加热方式加热。

流态化浸出过程中，液相在塔内的直线速度为重要参数。密度在4g/cm^{3}左右的60～160目物料，其直线速度约0.3～0.4cm/s。

表 5-2-18 某些非金属材料的性能

材料名称	性能		
	耐腐蚀性能	机械性能	其他
化工陶瓷	除氢氟酸、强碱、热磷酸外，耐其他酸、有机物、氧化性介质的腐蚀性能好	脆、耐冲击性差，抗拉强度低	
化工搪瓷	类似于化工陶瓷	类似于化工陶瓷	与金属结合紧密，表面光滑，有一定导热性能
玻璃	除氢氟酸、强碱、热磷酸外，耐稀碱、盐酸、硫酸、有机溶剂的腐蚀性能好	类似于化工陶瓷	表面光滑，不易结垢
耐酸酚醛塑料	耐大部分非氧化性酸（特别是盐酸、低浓度或中浓度硫酸）及有机溶剂的腐蚀，不耐氧化性酸及碱	冲击韧性差，脆、热稳定性好	工作温度－30～＋130℃
硬聚氯乙烯塑料	除强氧化剂（如浓硝酸）及某些有机物外，能耐大部分酸、碱、盐及有机溶剂的腐蚀	易于加工和焊接，有一定强度	单独使用温度为－10～＋50℃，高温下机械性能差，现广泛采用
聚四氟乙烯塑料	耐腐蚀性极好，耐浓硝酸、硫酸、盐酸、碱	强度及刚度较差，热膨胀系数较大	工作温度－195～＋250℃
氟塑料合金	耐各种酸、碱的腐蚀性能好	强度较好，便于加工	可在介质沸点下工作
酚醛玻璃钢	耐酸、溶剂性好，耐碱差		耐温150℃
环氧玻璃钢	耐碱好，耐酸、溶剂性尚好	机械强度高，可加工	耐温100℃
呋喃玻璃钢	耐酸、碱性能好	机械强度高，耐冲击好	耐温150～180℃
聚酯玻璃钢	耐稀酸性好，耐油好	韧性好	耐温70～100℃
不透性石墨	耐腐蚀性（包括酸、碱、盐、有机物等）强，对氧化性介质抵抗力差	机械强度好，易加工，脆、热稳定性好	耐温180～200℃
橡胶	除强氧化性介质外，耐酸、碱、盐腐蚀		与金属粘结牢

流态化浸出的特点是：溶液在塔内的流动近似于活塞流，容易进行溶液的转换，易实行多段逆流浸出；相对于搅拌浸出而言，颗粒的磨细作用小，因而对要求浸出后的固态产品保持一定的粒度有利；流态化床内有较好的传质和传热条件，因而有较快的反应速度。

7. 球形浸出器

其结构如图5-2-38所示。整个浸出设备为球形，通过传动装置球体可绕一定轴旋转。直径6m左右的球形浸出器，转速可控制为每分钟1转左右。待浸出的矿浆由加料口加入后，将加料口封闭，借助于球的转动而使物料均匀混合并强化外扩

表 5-2-19　某些金属材料的耐腐蚀性能

腐蚀介质	灰铸铁		高硅铁 Si-15		碳　钢		铬镍钢 8-18		铬镍钼 钢18-8+Mo		铝		铅		钛	
	%	℃	%	℃	%	℃	%	℃	%	℃	%	℃	%	℃	%	℃
氢氧化钠	任	(480°)	34	(100)	≥70	260	≤70	100	20	沸	×	×	×	×	10	沸
氨　水		60				60		100								
液　氨	耐	耐			耐	耐	耐	耐	耐	耐	耐	耐				
硝　酸	×	×	≥40 <40	≤沸 <70	×	×	<50 95	沸 40	(40~80)	(沸)	×	×	<60	<80	任	沸
硫　酸	(80~100)	70	50~100	<120	(80~100)	(70)	80~100	<40	80~100	40	×	×	<60	<80	5	35
盐　酸	×	×	(<35)	(30)	×	×	×	×	×	×	×	×	×	×	<10	<40
氢氟酸	×	×	×	×	60~100	沸	×	×	10	20	×	×	(60) 任	(85) 20	×	×
磷　酸	×	×	任	100	×	×	<70	105	任	90	×	×	≤85	95		≤35
碳酸钠	稀	沸	稀	沸	稀	沸	饱	沸	饱	沸	(稀)	(20)		60	20	沸
氯化铵	稀	20	饱	沸	稀	20	75	100	饱	100	10	20	10	100	饱	100
硝酸铵	(60)	(20)	饱	沸	(稀)	(20)	90	130	90	130	浓	80	耐	耐		沸
硫酸钠	任	(20)	任	沸	(任)	(20)	饱	沸	饱	沸	10	80	耐	耐	饱	60

注：1.表中“任”—任意浓度，“沸”—沸点，“饱”—饱和浓度，“稀”—稀溶液；

2.表中带“（　）”者表示尚耐腐蚀，腐蚀深度0.1～1mm/a；不带括号表示耐腐蚀，腐蚀深度<0.1mm/a；“×”表示不耐腐或不宜用；空白为无数据。

散过程，为保证浸出的温度，球内可通蒸汽或用其他方式加热，待反应一定时间后，矿浆可由卸料口卸出。

球形浸出器的特点是浸出过程中不致因搅拌作用而使物料粉碎，基本上能保持物料的原始粒度，适用于对产品粒度有一定要求的浸出过程。

（二）浸出设备的材质

要求浸出设备（包括有关管道及阀门）的材质在工作温度下有足够的强度和耐腐蚀性能，有时还要求有一定的导热性能，为此应采用适当的材料或内衬。某些非金属材料的性能及金属材料的耐腐蚀性能分别列入表5-2-18和5-2-19。

二、浸出工艺

浸出的工艺过程可分为下列几种：

1．间歇浸出

将浸出剂、精矿、水一起加入浸出槽。在强烈搅拌下进行浸出。经过足够的时间达到一定浸出率后卸料，过滤进行液固分离。这种方式操作简单，但装卸料的辅助时间长，设备利用率低。

2．串联并流连续浸出

精矿、浸出剂连续加入浸出槽进行浸出，而浸

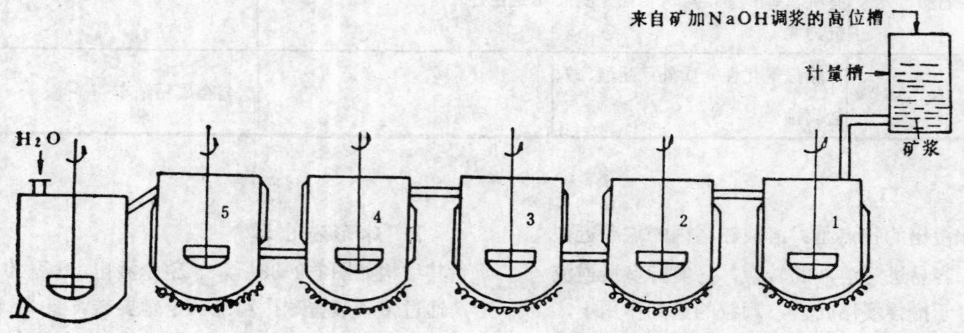

图 5-2-39　串联并流连续浸出示意图

出后的溶液和矿浆连续排出。为保证矿粒在槽内有较长的停留时间，防止短路，常将几个槽串连，如图5-2-39所示。

这种工艺的特点是连续化，易于自动控制，生产能力较高。

3．逆流浸出

作业过程如图5-2-40所示。

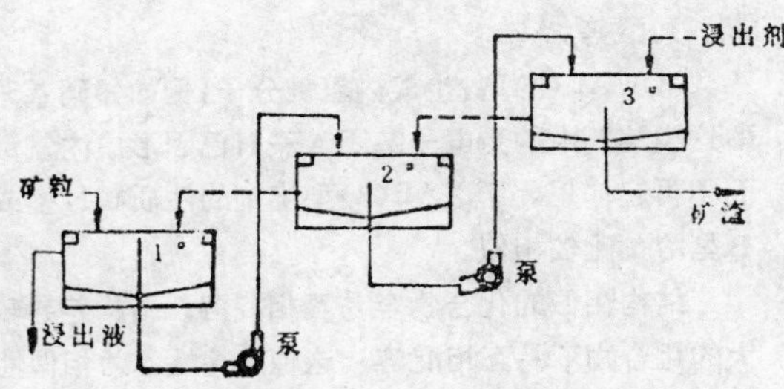

图 5-2-40 逆流浸出示意图

逆流浸出的特点是新鲜的浸出剂总是与经多次浸出的渣接触反应，而经多次浸出的母液则总是与新的矿物接触，因而既有利于提高回收率，又有利于提高浸出液的浓度，但过程中需多次进行固液分离，操作程序较繁。

4．错流浸出

一批浸出剂在浸出一批新矿并进行液固分离后，再去处理另一批新矿，这种工艺适用于处理低品位矿，有利于降低浸出剂用量，提高浸出液中金属的浓度。

5．管道浸出（见本节第一小节之4）

6．堆浸

矿石固定地堆放在浸出槽中或自然堆放，浸出液连续流过（或静止地浸泡）矿石，使其中的有价元素溶出，这种方式常用以处理低品位矿。

参考文献

[1] 傅崇说，湿法冶金原理，中南矿冶学院情报科，1988，6.

[2] Gmclin's Handbuch der Anorganischen Chemie, 23. Ammonium.

[3] C. M. Criss and J. W. Cobble, *J. Am. Chem. Soc.*, 86(1964), 5385—93.

[4] 朱元保等，电化学数据手册，湖南科技出版社，1985.

[5] B. B. Спиваковский, *Ж. Н. Х.*, 22(1977), №5, 1178—83.

[6] Г. Н. Королева, *Докл АН СССР*, 226 (1976), №6, 1384—6.

[7] Н. Е. Брежнева, *Радиохимия*, 22(1980), №3, 451—6.

[8] Hisahiko Eihaga, *J. Inorg. Nucl Chem.*, 43(1981), №10, 2443—8.

[9] K. Osseo Asare *Metallurgical Trans. B.* 13(1982) № B12, 555.

[10] 储建华，贵金属，4(1983)，№1，№3,№4; 5(1984)，№4.

[11] 李月娥等，贵金属，5(1984)，№3.

[12] F. 哈伯斯，冶金原理，第7—11章，冶金工业出版社，1978.

第三章　溶　剂　萃　取

编写人　黄芝英

第一节　概　述

溶剂萃取法具有生产量大、设备简单、便于自动控制、操作安全快速，成本低等优点，因而获得广泛应用。

近年来，液膜分离技术发展很快，已运用来从矿浸取液或废水中分离金属离子等。实际上，应用液膜分离金属离子的过程就是一个萃取与反萃取的过程。

一、各类溶剂的互溶性规律

液体分子间的作用力有两种，即范德华引力和氢键。范德华力存在于任何分子之间，其大小随分子的极化率和偶极矩的增加而增加。氢键比范德华力强得多，氢键 A-H…B的生成依赖于两分子分别包含负电性大而半径小的原子A和B（如O、N、F等）其中一个有给电子原子B和受电子的A—H键，因此一些有机溶剂可以按照是否含有A—H或B分为四种类型：

（1）N型溶剂，即惰性溶剂，例如烷烃类、苯、四氯化碳、二硫化碳、煤油等，它们不能生成氢键。

（2）A型溶剂，即受电子溶剂，例如氯仿、二氯甲烷、五氯乙烷等，它们含有A—H基团，能与B型溶剂生成氢键。

（3）B型溶剂，即给电子溶剂，如醚、醛、酮、酯、叔胺等含有B原子，能与A型溶剂生成氢键。

（4）AB型溶剂，即给受电子溶剂，分子中同时具有H—A和B，可以缔合成多聚分子，因氢键结合的形式不同，又可细分为三类：

1）AB(1)型，交链氢键缔合溶剂，例如水、多元醇、胺基取代醇、羟基羧酸、多元羧酸、多元酚等。

2）AB(2)型，直链氢键缔合溶剂，例如醇、胺、羧酸等。

3）AB(3)型，生成内氢键分子，例如邻硝基苯酚这类溶剂中的受电子基团A—H已因形成内氢键而不再起作用。所以AB(3)型溶剂的性质和N型或B型溶剂比较相似。

结构相似的化合物容易互相混溶，结构差异较大的化合物不易互相混溶，这种规律性称为相似性原理。例如化合物结构与水相似性愈大，在水中溶解度也愈大；反之，化合物结构与水相似性愈小，在水中的溶解度也愈小。图 5-3-1 所示为溶剂的互溶情况。溶剂互溶次序如表5-3-1所示。各类溶剂的相互混溶情况有以下一些规律：

（1）AB型和N型，几乎完全不互溶，例如水和N型溶剂苯、四氯化碳、煤油等，不能互溶。

（2）AB型和A型、AB型和B型、AB型和AB型等混合前后均有氢键，互混程度取决于混合前后氢键的强弱和多少。

（3）A型和B型溶剂，因在混合后生成氢键，故特别有利于混溶，例如氯仿与丙酮。

（4）A型和A型、B型和B型、N型和A型、N型和B型，混合前后均无氢键，其互溶程度决定于混合前后范德华引力的大小，即与分子的偶极矩及极化率有关，一般可利用相似性原理判断互溶度的大小。

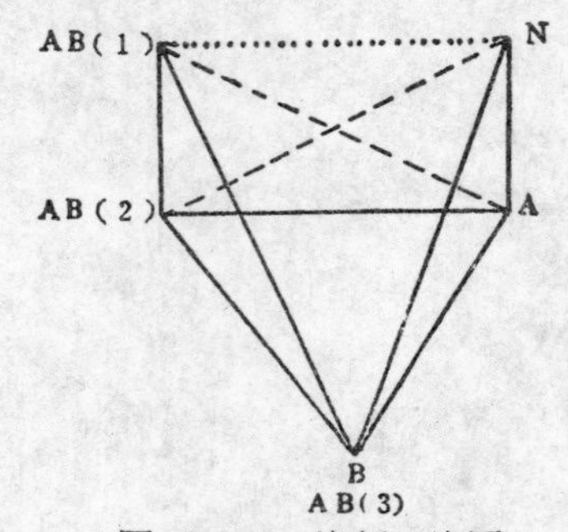

图 5-3-1　溶剂互溶图

—完全混溶；---部分混溶；……不相混溶

（5）生成内氢键的AB型（即AB(3)型），其行为与一般AB型溶剂不同，而与N型或B型溶剂比较相似。

表 5-3-1　溶剂互溶次序表

序号	类　别	溶　剂	分 子 式	序号	类　别	溶　剂	分 子 式
1	AB (1)	盐水溶液		19	B	吡啶	C_6H_5N
2	AB (1)	无机酸水溶液		20	B	硝基苯	$C_6H_5NO_2$
3	AB (1)	水	H_2O	21	B	甲乙酮	$CH_3COC_2H_5$
4	AB (1)	乙二醇	$CH_2OH—CH_2OH$	22	B	戊酮	$CH_3CH_2COCH_2CH_3$
5	AB (2)	甲酰胺	$HCONH_2$	23	B	乙醚	$C_2H_5OC_2H_5$
6	AB (2)	乙酸及其同系物	$C_nH_{2n+1}COOH$	24	A	二氯代甲烷	CH_2Cl_2
7	AB (2)	甲醇	CH_3OH	25	A	四氯代乙烷	$CHCl_2CHCl_2$
8	AB (2)	乙二醇甲醚	CH_2OHCH	26	A	氯仿	$CHCl_3$
9	AB (2)	乙醇	C_2H_5OH	27	A	三氯代乙烷	$CHCl_2CH_2Cl$
10	AB (2)	丙醇	C_3H_7OH	28	A	二氯代乙烷	CH_2ClCH_2Cl
11	AB (2)	丁醇	C_4H_9OH	29	N	苯	C_6H_6
12	AB (2)	戊醇	$C_5H_{11}OH$	30	N	甲苯	$C_6H_5CH_3$
13	AB (2)	酚	C_6H_5OH	31	N	四氯化碳	CCl_4
14	B	苯胺	$C_6H_5NH_3$	32	N	二硫化碳	CS_2
15	B	磷酸三丁酯	$(C_4H_9O)_3PO_4$	33	N	环己烷	C_6H_{12}
16	B	丙酮	CH_3COCH_3	34	N	己烷	C_6H_{14}
17	B	二氧六圜	$O<\begin{smallmatrix}CH_2—CH_2\\CH_2—CH_2\end{smallmatrix}>O$	35	N	硅油	
18	B	四氢呋喃	$\begin{smallmatrix}CH_2—CH_2\\CH_2—CH_2\end{smallmatrix}>O$	36	N	石蜡油	

表中所处位置愈近者愈能混溶，相距愈远者愈不能混溶，其次序与"溶剂互溶图"所示次序AB(1)→AB(2)→B→A→N型一致。

中性有机磷酸酯、某些有机溶剂与水的互溶数据分别列于表5-3-2和表5-3-3。

表 5-3-2　中性有机磷酸酯与水的互溶溶解度

化　合　物	酯在水中的溶解度 g/L	水在酯中的溶解度	
		g/L	水与酯的摩尔比
磷酸酯			
磷酸二乙基戊酯	7.5	180	2.2
磷酸二乙基癸酯	0.1	130	2.1
磷酸二正丁基甲酯	7.1	145	1.8
磷酸二正丁基乙酯	3.4	120	1.7
磷酸二正丁基正己酯	0.1	49	0.8
磷酸二正丁基正辛酯	0.1	44	0.8
磷酸二正丁基正癸酯	0.1	42	0.8
磷酸正丁基二苯基酯	0.2	16	0.3
磷酸二正丁基乙氧基丁酯	0.7	111	1.9
磷酸三正丁氧基乙酯	1.1	73	1.3
磷酸三正丁酯	0.39	64	—
	0.414	54	—
磷酸三正丁酯	0.422	64.372	1.045
	—	64.4	1.05
	—	64.44	1.103
磷酸三异丁酯	—	—	1.142
磷酸三仲丁酯	—	—	0.784
磷酸三-β-氯乙酯	0.2	78	1.2
膦酸酯			
膦酸二甲基正辛酯	—	910①	12.8
膦酸二乙基正己酯	0.6	275	3.4
膦酸二乙基正辛酯	0.2	172	2.4
	—	235①	3.9
膦酸二乙基苯基酯	23.65	200	2.7
膦酸二乙基苄基酯	—	292①	4.0
膦酸二正丙基苯基酯	3.63	—	—

续表 5-3-2

化合物	酯在水中的溶解度 g/L	水在酯中的溶解度	
		g/L	水与酯的摩尔比
膦酸二异丙基苯基酯	6.56	—	—
膦酸二正丁基甲酯	—	270	3.1
膦酸二正丁基乙酯	—	175	2.2
膦酸二正丁基正丁酯	0.5	103	1.4
		104①	1.4
膦酸二正丁基正己酯	0.2	75	1.2
膦酸二正丁基异辛酯	0.2	54	0.9
膦酸二正丁基正癸酯	0.2	55	1.0
膦酸二正丁基正十六烷酯	0.2	50	1.1
膦酸二正丁基苯基酯	0.43	64	1.0
膦酸二异丁基苯基酯	0.46	—	—
膦酸二仲丁基苯基酯	0.84	—	—
膦酸二叔丁基苯基酯	1.90	—	—
膦酸二异戊基甲酯	1.90	121	1.8
膦酸二异戊基苯基酯	0.069	—	—
膦酸二正己基苯基酯	0.013	—	—
膦酸二正辛基苯基酯	0.002	20	0.5
	—	22	0.5
膦酸二异辛基苯基酯	0.004	25	0.6
膦酸二-β-氯乙基苯基酯	2.8	—	—
膦酸二-2-乙基己基苯基酯	0.002	—	—
次膦酸酯			
次膦酸乙基二正丁酯	13	416	4.8
次膦酸乙基二正己酯	0.1	150	2.2
次膦酸正丁基二正丁酯	4.5	160	2.3
次膦酸正辛基二乙酯	—	1260①	18.4
烷基氧膦			
三正丁基氧膦	40	330	4.0
	55	530	7.3
二膦酸酯			
甲撑二膦酸四正丁酯	—	132	3.3
乙撑二膦酸四正丁酯	—	150	3.9
丙撑二膦酸四正丁酯	—	190	5.1
丁撑二膦酸四正丁酯	—	180	5.0
甲撑二膦酸四正己酯	0.015	—	—

注：除①的数据为30℃外，其余数据均适合于25℃。

表 5-3-3 某些有机溶剂与水的互溶溶解度（25°C）

化合物	水相		有机相	
	有机溶剂的重量%	$100X_{溶剂}$	水的重量%	$100X_{水}$
（1）烃及其卤代物和硝基苯				
正己烷	0.001	0.0002	—	—
正庚烷	0.0003	0.00005	—	—
正辛烷	0.0001	0.00002	—	—
环戊烷	0.016	0.004	—	—
环己烷	0.006	0.0013	—	—
甲基环己烷	0.0014	0.0003	—	—
苯	0.178	0.042	0.072	0.31
甲苯	0.050	0.01	0.042	0.22
邻二甲苯	0.018	0.003	—	—
乙苯	0.006	0.001	—	—
氯仿	0.705	0.107	0.072	0.48
四氯化碳	0.077	0.009	0.009	0.076
氯苯	0.18	0.029	0.11	0.69
硝基苯	0.19	0.028	0.25	1.71
（2）醚				
二乙醚	6.04	1.54	1.26	4.97
二正丙醚	0.49	0.09	0.45	2.34
甲基正丙醚	3.05	0.76	—	—
二异丙醚	1.2	0.21	0.63	3.48
甲基异丙醚	6.5	1.66	0.19	1.3
二正丁醚	0.03	0.005	—	—
二正己醚	0.01	0.001	0.12	1.2
β,β′-二氯乙醚	1.12	0.16	0.28	2.1
1,5-二甲氧基戊烷	7.2	1.05	—	—
1,5-二乙氧基戊烷	1.7	0.27	—	—
二乙基溶纤剂	1.0	0.16	3.4	10.1
二丁基溶纤剂	0.2	0.02	0.6	5.5
二丁基卡必醇（二丁基乙二醇乙醚）	0.3	0.03	1.4	15.0
（3）酮				
二乙酮	4.81	1.07	1.62	7.1
二异丁酮	0.06	0.008	0.45	3.3
甲乙酮	22.6	6.8	9.9	28.9
甲基正丙酮	6.0	1.32	3.6	15.2
甲基正丁酮	3.5	0.65	3.7	17.5
甲基异丁酮	1.7	0.31	1.9	9.8

续表 5-3-3

化合物	水相		有机相		化合物	水相		有机相	
	有机溶剂的重量%	100X溶剂	水的重量%	100X水		有机溶剂的重量%	100X溶剂	水的重量%	100X水
甲基正戊酮	0.43	0.07	1.50	8.8	丙酸异戊酯	0.3	0.4	—	—
乙基正丁酮	0.43	0.07	0.78	4.8	(5)醇				
环己酮	5.0	0.94	8.7	34.1	正丁醇	7.31	1.88	20.4	48.8
甲基环己酮	3.0	0.5	—	—	异丁醇	8.0	2.07	16.5	45.0
(4)酯					仲丁醇	20.3	5.85	38.0	71.5
甲酸乙酯	8.2	2.12	—	—	正戊醇	2.19	0.45	7.5	28.3
乙酸乙酯	7.48	1.63	3.20	13.9	异戊醇	2.5	0.52	9.0	32.7
正丁酸乙酯	0.68	0.11	0.75	4.6	正己醇	0.56	0.10	7.2	42.1
乙酸正丙酯	2.6	0.44	1.9	9.9	仲庚醇	0.35	0.06	5.1	25.9
乙酸异丙酯	2.9	0.54	1.9	9.9	正辛醇	0.03	0.05	—	—
乙酸正丁酯	1.0	0.17	1.37	8.2	仲辛醇	0.05	0.008	0.1	0.7
乙酸异丁酯	0.67	0.10	1.65	9.8	异辛醇	0.1	0.016	2.55	15.9
乙酸仲丁酯	0.74	0.12	2.1	12.2	异壬醇	0.1	0.014	2.9	19.4
丙酸正丁酯	0.15	0.02	0.58	4.0	正癸醇	0.02	0.002	3.0	21.4
甲酸异戊酯	0.3	0.05	—	—	环己醇	6.0	1.15	11.8	42.6
乙酸异戊酯	0.2	0.03	1.0	6.8	2-甲基环己醇	1.1	0.19	3.0	16.3

二、常用有机溶剂的物理常数

表 5-3-4 萃取常用有机溶剂及其物理常数

分类	溶剂名称	分子式	密度 g/mL	沸点 ℃	折射率 n_D	介电常数 ε	偶极矩 μ 10^{-30} cm	粘度 η 10^{-3} Pas	表面张力 a 10^{-3} N/m	在水中的溶解度
烷烃	己烷	$CH_3(CH_2)_4CH_3$	0.65937 (20℃)	69	1.37486 (20℃)	1.9	0.27	0.2923 (20℃)	18.94 (15℃)	0.138g/L (20℃)
	环己烷	C_6H_{12}	0.7831 (15℃)	80.7	1.42623 (20℃)	2.0	0.00	0.898 (25℃)	25.64 (15℃)	0.01g/100g (20℃)
	庚烷	$CH_3(CH_2)_5CH_3$	0.6879 (15℃)	98.4	1.38765 (20℃)	1.924	0.00	0.3903 (25℃)	20.85 (15℃)	0.005g/100g (15.5℃)
	辛烷	$CH_3(CH_2)_6CH_3$	0.69849 (25℃)	125.7	1.39742 (20℃)	1.948	—	0.5138 (25℃)	21.75 (20℃)	0.0142g/100g (20℃)
芳烃	苯	C_6H_6	0.87368 (25℃)	80.1	1.50110 (20℃)	2.3	0.00	0.6028 (25℃)	28.78 (20℃)	0.180g/100g (25℃)
	甲苯	$C_6H_5CH_3$	0.86231 (25℃)	110.8	1.49693 (20℃)	2.4	1.30	0.5516 (25℃)	28.53 (20℃)	0.47g/L (16℃)
	邻二甲苯	$C_6H_4(CH_3)_2$	0.8745 (20℃)	144	1.50543 (20℃)	2.6	2.07 (气态)	0.756 (25℃)	30.03 (20℃)	—
	间二甲苯	$C_6H_4(CH_3)_2$	0.85990 (25℃)	138.8	1.49721 (20℃)	2.4	1.23	0.581 (25℃)	26.63 (20℃)	0.196g/L(25℃)
	对二甲苯	$C_6H_4(CH_3)_2$	0.8611 (20℃)	138.5	1.49581 (20℃)	2.3	0.00	0.605 (25℃)	28.31 (20℃)	0.19g/L (25℃)
取代烃	氯仿	$CHCl_3$	1.4892 (20℃)	61.3	1.44858 (15℃)	4.806	3.83	0.514 (30℃)	27.16 (20℃)	0.822g/100g (20℃)
	四氯化碳	CCl_4	1.595 (20℃)	76.8	1.46030 (20℃)	2.238	0.00	1.45759 (25℃)	26.75 (20℃)	0.077g/100mL (25℃)
	1,1-二氯乙烷	CH_3CHCl_2	1.18350 (15℃)	57.31	1.41715 (20℃)	10.0	6.50	0.505 (25℃)	24.75 (20℃)	0.505g/100g (25℃)

续表 5-3-4

分类	溶剂名称	分子式	密度 g/mL	沸点 ℃	折射率 n_D	介电常数 ε	偶极矩 μ 10^{-30} cm	粘度 η 10^{-3} Pas	表面张力 a 10^{-3} N/m	在水中的溶解度
取代烃	1,2-二氯乙烷	$CH_2Cl—CH_2Cl$	1.26000 (15℃)	83.5	1.41460 (20℃)	10.36	6.87	0.730 (30℃)	32.23 (20℃)	0.81%（重量）
	均四氯乙烷	$CHCl_2—CHCl_2$	1.60255 (20℃)	146.2	1.49423 (20℃)	8.20	6.17	1.456 (30℃)	36.04 (20℃)	—
	三氯乙烯	$CHCl—CCl_2$	1.4556 (25℃)	87.2	1.4777 (20℃)	3.4	3.0	0.532 (25℃)	28.8 (25℃)	0.07%（容积） (20℃)
	氯　苯	C_6H_5Cl	1.10630 (20℃)	131.68	1.52481 (20℃)	5.621	5.2	0.715 (30℃)	33.28 (20℃)	0.488g/1000g (30℃)
	硝基甲烷	CH_3NO_2	1.14476 (15℃)	101.25	1.38189 (20℃)	35.87	10.57	0.595 (30℃)	36.98 (20℃)	9.5mL/100mL (20℃)
	硝基乙烷	$C_2H_5NO_2$	1.0528 (20℃)	114.0	1.3920 (20℃)	28.06	10.63	0.661 (25℃)	31.31 (25℃)	4.5mL/100mL (20℃)
	硝基苯	$C_6H_5NO_2$	1.20824 (15℃)	210.8	1.5525 (20℃)	34.82	13.3	1.634 (30℃)	43.35 (20℃)	0.206g/100g (30℃)
醇类	乙　醇	C_2H_5OH	0.78934 (20℃)	78.3	1.36139 (20℃)	24.3	5.6 (蒸气)	1.076 (25℃)	22.32 (20℃)	完全互溶
	丙　醇	C_3H_7OH	0.80749 (15℃)	97.15	1.38556 (20℃)	20.1	5.52	2.004 (25℃)	23.70 (20℃)	—
	异丙醇	ISO C_3H_7OH	0.78512 (20℃)	82.4	1.3747 (25℃)	18.3	5.60 (蒸气)	1.765 (30℃)	21.79 (15℃)	7.45%（重量） (25℃)
	丁　醇	C_4H_9OH	0.81337 (15℃)	117.7	1.39922 (20℃)	17.1	5.80	2.271 (30℃)	24.57 (20℃)	—
	异-丁醇	$(CH_3)_2CHCH_2OH$	0.8169 (20℃)	107.9	1.3939 (25℃)	17.7	5.97	3.91 (25℃)	22.98 (20℃)	95g/L
	戊　醇	$C_5H_{11}OH$	0.8144 (20℃)	138.1	1.40999 (20℃)	13.9	6.0	3.347 (25℃)	25.60 (20℃)	2.19%（重量） (25℃)
	异戊醇	$(CH_3)_2CHCH_2CH_2OH$	0.81289 (15℃)	130.5	1.40658 (20℃)	14.7	6.07	2.96 (30℃)	24.77 (15℃)	2.67%（重量） (25℃)
	己　醇	$C_6H_{13}OH$	0.82239 (15℃)	157.5	1.41816 (20℃)	13.3	—	4.592 (25℃)	24.48 (20℃)	0.706%（重量） (20℃)
	环己醇	$C_6H_{11}OH$	0.9684 (25℃)	161.1	1.4629	15.0	6.33	41.07 (30℃)	33.91 (25.5℃)	3.75%（重量） (20℃)
	甲基异丁基甲醇	$CH_3CH(OH)CH_2CH(CH_3)_2$	0.80247 (25℃)	131.8	1.4089 (25℃)	—	—	—	—	1.64%（重量） (25℃)
	辛　醇	$C_8H_{17}OH$	0.82555 (20℃)	155.28	1.42913 (20℃)	10.34	5.60	6.125 (30℃)	26.06 (20℃)	0.0538%（重量） (25℃)
	2-辛醇	$CH_3(CH_2)_5CH(OH)CH_3$	0.8193 (20℃)	178.5	1.4260 (20℃)	8.2	—	—	—	不　溶
	2-乙基己醇	$C_4H_9CH(C_2H_5)CH_2OH$	0.8340 (20℃)	183.5	1.4300	—	—	—	30 (22℃)	0.10g/100mL水 (20℃)
	苄　醇	$C_6H_5CH_2OH$	1.04127 (25℃)	205.5	1.5371 (25℃)	13.1	5.53	4.650 (30℃)	38.94 (30℃)	—
	糠　醇	$CH{=}CHCH{=}CCH_2OH$（环中以 O 相连）	1.1238 (30℃)	170	1.4801 (30℃)	—	5.40	—	—	溶
	苯　酚	C_6H_5OH	1.05760 (41℃)	181.8	1.54178 (41℃)	9.78	5.77	4.076 (45℃)	37.77 (50℃)	8.66%（重量） (25℃)
	间甲酚	m-$CH_3C_6H_4OH$	1.0380 (20℃)	202.7	1.5438 (20℃)	11.8	5.14	9.807 (30℃)	36.54 (30℃)	2.4%（容积） (20℃)
醚类	乙　醚	$(C_2H_5)_2O$	0.71925 (15℃)	34.5	1.35272 (20℃)	4.335	3.83	0.242 (20℃)	17.06 (20℃)	7.24%（重量） (20℃)
	丙　醚	$(C_3H_7)_2O$	0.75178 (15℃)	90.1	1.3803 (20℃)	3.39	3.93	0.376 (30℃)	20.53 (20℃)	0.25%（重量）

续表 5-3-4

分类	溶剂名称	分子式	密度 g/mL	沸点 ℃	折射率 n_D	介电常数 ε	偶极矩 μ 10^{-30} cm	粘度 η 10^{-3} Pa·s	表面张力 α 10^3 N/m	在水中的溶解度
醚类	异丙醚	$(CH_3)_2CHOCH(CH_3)_2$	0.72813 (20℃)	68.27	1.36888 (20℃)	3.88	4.07	0.379 (25℃)	17.34 (24.5℃)	0.65%（容积）
	丁醚	$(C_4H_9)_2O$	0.76889 (20℃)	141.97	1.39925 (20℃)	3.06	4.07	0.602 (30℃)	23.40 (15℃)	实际不溶
	β,β-二氯乙醚	$(ClCH_2CH_2)_2O$	1.2192 (20℃)	178.75	1.45750 (20℃)	21.2	8.60	2.14 (25℃)	37.6 (20℃)	1.02%
	二噁烷	$OCH_2CH_2OCH_2CH_2$（环）	1.0338 (20℃)	101.32	1.4224 (20℃)	2.21	1.5	1.439 (15℃)	34.45 (15℃)	完全互溶
醚醇衍生物	乙二醇单甲醚（甲基溶纤剂）	$CH_3OC_2H_4OH$	0.96848 (15℃)	124.4	1.4017 (20℃)	16.0	6.8	1.6 (25℃)	31.82 (14.9℃)	完全互溶
	甲基溶纤剂乙酯	$CH_3OC_2H_4OOCCH_3$	1.0067 (20℃)	143～145	1.4025 (20℃)	—	—	—	—	完全互溶
	乙二醇单乙醚（乙基溶纤剂）	$C_2H_5OC_2H_4OH$	0.9297 (20℃)	134.8	1.4075 (20℃)	—	6.93	1.861 (25℃)	32 (25℃)	完全互溶
	乙基溶纤剂乙酯	$C_2H_5OC_2H_4OOCCH_3$	0.976 (15℃)	145～166	1.4030 (25℃)	—	—	1.205 (25℃)	31.8 (25℃)	—
	乙二醇单丁醚（丁基溶纤剂）	$C_4H_9OC_2H_4OH$	0.9027 (20℃)	170.6	1.4190 (25℃)	—	—	3.318 (25℃)	31.5 (25℃)	与等体积水互溶
	丁基溶纤剂乙酯	$C_4H_9OC_2H_4OOCH_3$	0.943 (20℃)	188～192	—	—	—	—	—	—
酮类	丙酮	CH_3COCH_3	0.79079 (20℃)	56.24	1.35880 (20℃)	20.7(	9.07	0.2954 (30℃)	23.32 (20℃)	完全互溶
	甲乙酮	$CH_3COC_2H_5$	0.80473 (20℃)	79.50	1.37850 (20℃)	18.51	9.157	0.423 (15℃)	23.97 (24.8℃)	26.3%（重量）(22℃)
	甲基异丁基酮	$CH_3COCH_2CH(CH_3)_2$	0.8006 (20℃)	115.8	1.3958 (20℃)	18.3	9.33	1.803 (30℃)	35.12 (15℃)	2%（容积）(20℃)
	2-庚酮	$CH_3CO(CH_2)_4CH_3$	0.822 (15℃)	150	1.4110	11.9	—	0.766 (25℃)		微溶
	环己酮	$CC(CH_2)_4CH_2$（环）	0.95099 (15℃)	155.65	1.45097 (20℃)	18.3	9.33	2.453 (15℃)	35.12 (15℃)	—
	乙酰丙酮	$CH_3COCH_2COCH_3$	0.9753 (20℃)	140.5	1.45178 (18.5℃)	25.7	—	—	—	溶于被HCl酸化过的水中
	苯乙酮	$C_6H_5COCH_3$	1.02810 (20℃)	202.1	1.5322 (25℃)	17.9	9.23	1.642 (25℃)	38.21 (30℃)	—
酯类	乙酸乙酯	$CH_3COOC_2H_5$	0.90063 (20℃)	77.114	1.37239 (20℃)	6.02	6.03	0.4263 (25℃)	23.75 (20℃)	8.08g/100g (25℃)
	乙酸丁酯	$CH_3COOC_4H_9$	0.8813 (20℃)	126.114	1.39406 (20℃)	5.01	6.14	0.688 (25℃)	25.2 (20℃)	
	乙酸戊酯	$CH_3COOC_5H_{11}$	0.8753 (20℃)	149.2	1.40228 (20℃)	4.75	6.37	0.862 (25℃)	25.8 (20℃)	0.2%（容积）(20℃)
	苯甲酸甲酯	$C_6H_5COOCH_3$	1.09334 (15℃)	199.50	1.51701 (20℃)	6.59	6.2	2.298 (15℃)	38.14 (20℃)	不溶
	磷酸三丁酯	$(C_4H_9O)_3PO$	0.9727 (27℃)	177～178	1.4226 (20℃)	8.0	10.23	3.32 (25℃)	—	0.6%（容积）
胺类	二丁胺	$(C_4H_9)_2NH$	0.7001 (20℃)	159～161	1.41766 (20℃)	—	—	0.89 (25℃)	22.63 (40.9℃)	溶于水
	二苄胺	$(C_6H_5CH_2)_2NH$	1.026 (20℃)	300	1.57432 (22℃)	3.6	—	—	—	不溶
	三丁胺	$(C_4H_9)_3N$	0.7771 (20℃)	212～213	1.4278 (25℃)	—	2.60	—	24.64 (20℃)	—

续表 5-3-4

分类	溶剂名称	分子式	密度 g/mL	沸点 ℃	折射率 n_D	介电常数 ε	偶极矩 μ 10^{-30} cm	粘度 η 10^{-3} Pa·s	表面张力 a 10^{-3} N/m	在水中的溶解度
胺类	三辛胺	$(C_8H_{17})_3N$	0.8110 (20℃)	365~367	1.4449 (20℃)	—	2.67	—	28.35 (20℃)	—
	吡啶	C_6H_5N	0.9878 (15℃)	115.58	1.5100 (20℃)	12.3	7.33	0.829 (30℃)	35.70 (30℃)	完全互溶
其他	乙腈	CH_3CN	0.7857 (20℃)	81.60	1.3441 (20℃)	37.5	11.23	0.325 (30℃)	27.8 (30℃)	完全互溶
	N,N-二甲基甲酰胺	$HCON(CH_3)_2$	0.9445 (25℃)	153.0	1.4269 (25℃)	37.6	—	—	—	完全互溶
	N,N-二丁基乙酰胺	$CH_3CON(C_4H_9)_2$	0.878 (20℃)	243~250	1.447 (25℃)	—	—	4.30 (25℃)	—	—
	二甲基亚砜	$(CH_3)_2SO$	1.1014 (20℃)	183	1.4783 (21℃)	46.7	—	—	—	完全互溶
	糠醛	CH=CH—CH=CCHO（环中O连接）	1.1614 (20℃)	161.8	1.52624 (20℃)	41.9	12.03	1.49 (25℃)	43.85	8.3%（重量）(20℃)

三、萃取体系的分类

萃取体系的分类方法列于表5-3-5～5-3-9。

表 5-3-5 库兹湟佐夫(Кузнедов)的萃取体系分类法

编号	类别	例子
(1)	以某种盐的形式被萃取	(1) 乙醚在盐酸溶液中萃取三价铁 (2) 三辛胺在硫酸溶液中萃取六价铀
(2)	丧失亲水性的萃取	8-羟基喹啉、铜铁试剂、β-双酮类螯合剂等对金属离子的萃取
(3)	物理分配的元素萃取	(1) 氯仿从水溶液中萃取碘 (2) TBP从硝酸溶液中萃取硝酸铀酰

表 5-3-6 莫里森(Morrison)和弗雷泽(Freiser)的萃取体系分类法

编号	类别	例子
(1)	离子缔合体系	(1) 三辛胺在硫酸溶液中萃取六价铀 (2) TBP从硝酸溶液中萃取硝酸铀酰
(2)	螯合物体系	与表5-3-5中丧失亲水性的萃取相当

表 5-3-7 Irving的萃取体系分类法

编号	类别	例子
(1)	以共价化合物的形式萃取	(1) 氯仿从水溶液中萃取碘 (2) 四氯化碳水溶液中萃取OsO_4
(2)	以螯合物的形式萃取	
(3)	以无机酸及其盐类或络合金属酸萃取	大致与表5-3-5第1类相当
(4)	大型阴离子或阳离子萃取	氯仿萃取$[(C_6H_5)_4As]^+\cdot[ReO_4]^-$

表 5-3-8 按萃取剂种类或被萃取金属离子的外层电子构型分类

分类依据	例子
按萃取剂种类划分	P型（或磷型）萃取体系 N型（或胺型）萃取体系 C型（或螯型）萃取体系 O型（或锌盐型）萃取体系
按被萃金属离子的外层电子构型划分	5*f*区（即锕系）元素的萃取 4*f*区（即镧系）元素的萃取 d区（即过渡金属）元素的萃取 p区（即第Ⅲ第Ⅶ主族）元素的萃取 s区（即碱金属和碱土金属）元素的萃取 惰性气体的萃取
按底液的不同划分	硝酸底液萃取 其他强酸底液萃取 混合酸底液萃取 弱酸底液萃取 中性和碱性底液萃取
按萃取机理或萃取过程中生成的萃合物的性质划分	简单分子萃取体系 中性络合萃取体系 螯合萃取体系 离子缔合萃取体系 协同萃取体系 高温萃取体系

表 5-3-9 徐光宪的萃取体系分类法

大类	名称	符号	举例	按萃取剂种类数目的分类
(1)	简单分子萃取体系	D	$OsO_4/H_2O/CCl_4$	零元萃取体系(物理分配)
(2)	中性络合萃取体系	B	Zr^{4+}/HNO_3-$NaNO_3$/TBP-C_6H_6	单元萃取体系
(3)	螯合萃取体系	A	Se^{3+}/pH4～5/HO_x-$CHCl_3$	单元萃取体系
(4)	离子缔合萃取体系	C	$Fe^{3+}/HCl/R_2O$	单元萃取体系
		A+B	$UO_2^{2+}/H_2SO_4/\left\{\begin{matrix}HDEHP\\TBP\end{matrix}\right\}$-$C_6H_6$	二元萃取体系
(5)	协同萃取体系	A+B+B′	$UO_2^{2+}/HNO_3/\left\{\begin{matrix}PMBP\\TBP\\\Phi_2SO\end{matrix}\right\}$-$C_6H_6$	三元萃取体系
		A+B+C	$UO_2^{2+}/H_2SO_4/\left\{\begin{matrix}HDEHP\\TBP\\R_3N\end{matrix}\right\}$-煤油	三元萃取体系
(6)	高温萃取体系		$RE(NO_3)_3/LiNO_3$-KNO_3(熔融)/TBP-多联苯(150℃)	

第二节 萃取剂及几种主要萃取体系的分配比

一、用于稀有金属的一些主要萃取剂

稀有金属的主要萃取剂列于表5-3-10。

表 5-3-10 用于稀有金属的一些主要萃取剂

类型		名称	商品名或简称	分子式
中性络合萃取剂	醚	乙 醚	Et_2O	$C_2H_5OC_2H_5$
	醇	辛 醇		$CH_3(CH_2)_7OH$
	酮	甲异丁酮	MiBK	$CH_3-\overset{O}{\overset{\Vert}{C}}-CH_2-CH(CH_3)_2$
	醛	糠 醛		C_4H_3O-CHO
	磷酸酯	磷酸三丁酯	TBP	$(C_4H_9O)_3PO$
		二丁基亚膦酸丁酯	DBBP	$(C_4H_9O)(C_4H_9)_2PO$
	磷酸酯	甲基膦酸二异戊酯	DAMP	$CH_3PO(OC_5H_{11}\text{-is})$
	磷酸酯	甲基膦酸二甲庚酯	P350	$CH_3PO(O-CH(CH_3)-C_6H_{12})$
	膦氧化物	三丁基氧化膦	TBPO	$(C_4H_9)_3PO$
		三辛基氧化膦	TOPO	$(C_8H_{17})_3PO$
	焦磷酸酯	焦磷酸四丁酯		$(C_4H_9O)_2P(O)O(O)P(OH_9C_4)_2$
	双膦酸酯	亚甲基双膦酸四丁酯		$(C_4H_9O)P(O)(CH_2)P(O)(OC_4H_9)_2$
	膦硫化物	三丁基硫化膦		$(C_4H_9)_3PS$
	砜	二烷基亚砜		R_2SO (DOSO＝二辛基亚砜)
	取代酰胺	二烷基乙酰胺	DRAA	$CH_3-\overset{O}{\overset{\Vert}{C}}-NR_2$
		N,N二正混合基乙酰胺	A101	$CH_3-\overset{O}{\overset{\Vert}{C}}-N(C_{7\sim9}H_{15\sim19})_2$
		N,N二(甲庚基)乙酰胺	N503	$CH_3-\overset{O}{\overset{\Vert}{C}}-N(C_8H_{17}\text{-sec})_2$
	取代酰胺	N苯基N辛基乙酰胺	A404	$CH_3-\overset{O}{\overset{\Vert}{C}}-N(C_6H_5)(C_8H_{17})$
	烷基磷酸	十二烷基磷酸	DDPA	$CH_3-CH(CH_3)-CH_2-CH(CH_3)-CH_2-CH(CH_2-CH(CH_3)-CH_3)-O-P(=O)(OH)(HO)$
		十七烷基磷酸	HTPA	$CH_3(CH_2)_3CH(CH_2-CH_3)(CH_2)_2CH[(CH_2)_2CH(CH_2-CH_3)-CH_2-CH_3]-O-P(=O)(OH)(HO)$

续表 5-3-10

类型		名称	商品名或简称	分子式
中性络合萃取剂	烷基磷酸	环己基膦酸仲烷基酯		$C_6H_5-P(=O)(OH)-O-CH(R)(R')$ $(R+R'=C_9\sim C_{12})$
		苯基膦酸(2-乙基己基)酯		$C_6H_5-P(=O)(OH)-O-CH_2CH(C_2H_5)-(CH_2)_3-CH_3$
阳离子萃取剂	烷基磷酸	单-2-乙基己基磷酸	M2EHPA (HMEHP)	$C_4H_9-CH(C_2H_5)-CH_2-O-P(=O)(OH)_2$
		二-(2-乙基己基)磷酸	D2EHPA (HDEHP或P204)	$[C_4H_9-CH(C_2H_5)-CH_2-O]_2P(=O)OH$
		异辛基膦酸异辛酯	P507	$iC_8H_{17}-(O)P(OH)(OC_8H_{17}i)$
		二丁基磷酸		$(C_4H_9-O)_2P(=O)OH$
		二-(2-甲庚基)磷酸		$(C_6H_{13}CH(CH_3)O)_2P(=O)OH$
		二-(2-乙基己基) 焦磷酸	P2EHPA	$C_4H_9-CH(C_2H_5)-CH_2O-P(=O)(OH)-O-P(=O)(OH)-OH_2C-CH(C_2H_5)-C_4H_9$
	羧酸	$C_{7\sim9}$脂肪酸		$C_nH_{2n+1}COOH,\ (n=7\sim9)$
		环烷酸		环(R,R,R,R)$-(CH_2)_nCOOH$
		α-溴代月桂酸		$CH_3(CH_2)_9-CH(Br)-COOH$

续表 5-3-10

类型		名称	商品名或简称	分子式
阳离子萃取剂	羧酸	异构酸（叔碳羧酸）	Versatic911	$R_1R_2C(CH_3)COOH$
			Versatic9	$H_3C-C(CH_3)_2-CH_2-C(CH_3)_2-COOH$(56%) $+H_3C-CH(CH_3)-C(CH_3)(CH(CH_3)_2)-COOH$(27%)
		异构酸（叔碳羧酸）	Versatic 10 13 15 19	具有类似结构，带有高支链的叔碳羧酸
			SRS100	50%Versatic15＋50%中性油
阴离子萃取剂	伯胺	1-(3-乙基戊基)-4-乙基辛胺	Amine 21F81	$H_2N-CH(CH_2)_2CH(CH_2)_3CH_3$，其中第一个CH连 $CH_2CH_2CH(CH_2CH_3)CH_2CH_3$，第二个CH连 CH_2CH_3
		三烷基甲胺	Primene JM-T	$H_2N-C(R)(R')(R'')$ $R+R'+R''=18\sim24$个碳原子
			Primene JMT	$CH_3-C(CH_3)_2-(CH_2-C(CH_3)_2-)_n-NH_2$ $n=3、4、5$
		仲烷基伯胺	N1923	R_2CH-NH_2
			Primene 81-R	$H_2N-C(R)(R')(R'')$ 分子量在185～213之间
	仲胺	N-十二烯(三烷基甲基) 胺	Amberlite LA1	$HN(C(R)(R')(R''))(CH_2CH=CH-[CH_2-C(CH_3)_2-]_2-CH_3)$
			Amine 90—178	$R+R'+R''=11\sim14$个C原子

续表 5-3-10

类型		名称	商品名或简称	分子式
阴离子萃取剂	仲胺	N-月桂(三烷基甲基)胺	Amberlite LA2	$HN<\begin{matrix}C(R)(R')(R'')\\CH_2(CH_2)_{10}CH_3\end{matrix}$
		二(1-异丁基-3,5-二甲基己基)胺	Amine S24	$HN\left[-CH<\begin{matrix}CH_2CH(CH_3)CH_2CH(CH_3)CH_3\\CH_2CH(CH_3)CH_3\end{matrix}\right]_2$
		N-苄基-1-(3-乙基戊基)-4-乙基辛基胺	NBHA	$HN<\begin{matrix}CH_3-C_6H_5\\CH(CH_2)_2CH(CH_2)_3CH_3\end{matrix}$；$CH$ 上接 $(CH_2)_2-CH(CH_2CH_3)-CH_2CH_3$，$CH(CH_2)_2CH$ 的第二个 CH 上接 CH_2CH_3
	叔胺	三正辛胺	TNOA 或TOA	$N-[-CH_2(CH_2)_6CH_3]_3$
		三异辛胺	TiOA (Adogen381)	$N-[CH_2-CH_2CH(CH_3)-CH_2CH(CH_3)-CH_3]_3$
		甲基二正辛胺	MDOA	$CH_3-N[-CH_2(CH_2)_6CH_3]_2$
		三苄胺	TBA	$N-[-CH_2-C_6H_5]_3$
		三月桂胺	TLA	$N-[-CH_2(CH_2)_{10}CH_3]_3$
		三癸胺	TNDA	$N-[-CH_2(CH_2)_8CH_3]_3$
		三异癸胺	TiDA	$N-\left[-CH_2(CH_2)_6CH<\begin{matrix}CH_3\\CH_3\end{matrix}\right]_3$
		三烷基胺	Alamine336 (或TOA、N235)	$N-[-CH_2(CH_2)_{6\sim10}CH_3]_3$
			Adogen368 Adogen364	$R=C_8\sim C_{10}$ 40%辛基 25%癸基 30%十二烷基 60%辛基 35%癸基
		二(十二烯基)正丁胺	Amberlite	$CH_3(CH_2)_3-N-[CH_2CH{=}CHCH_2C(CH_3)_2CH_2CH_3]_2$
			Amine 9D-178	叔胺的混合物
	季铵盐	氯化三烷基甲铵	Aliquat336 (或MTC、N263)	$[CH_3N-\{-(CH_2)_{6\sim10}CH_3\}_3]^+Cl^-$
			Adogen464	$R=C_8\sim C_{10}$

续表 5-3-10

类型		名称	商品名或简称	分子式
阴离子萃取剂	季铵盐	氯化二（十二烯基）二甲铵	B104	$[(CH_3)_2N(CH_2CH{=}CHCH_2C(CH_3)_2CH_2C(CH_3)_3)_2]^+Cl^-$
		氯化二烷基二甲铵	Arquad2c	$[R_2N(CH_3)_2]^+Cl^-$ $R=C_{16}H_{33}$
		硝基季丁铵	TEAN	$[N-(CH_2CH_2CH_2CH_3)_4]^+NO_3^-$
		氯化十六基二甲基苄铵	CMMBA	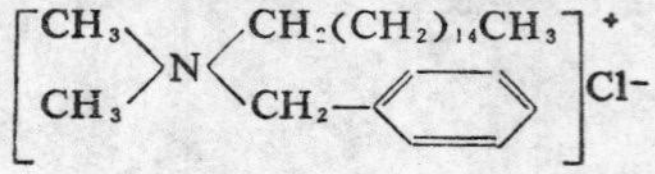 $[(CH_3)_2N(CH_2(CH_2)_{14}CH_3)(CH_2-C_6H_5)]^+Cl^-$
螯合萃取剂	β-双酮	乙酰丙酮	HAA	$CH_3-C(=O)-CH_2-C(=O)-CH_3$
		三氟乙酰丙酮		$CF_3-C(=O)-CH_2-C(=O)-CH_3$
		苯甲酰丙酮	HBA	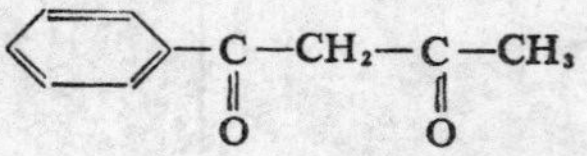 $C_6H_5-C(=O)-CH_2-C(=O)-CH_3$
		苯甲酰三氟丙酮		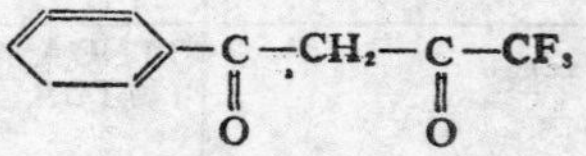 $C_6H_5-C(=O)-CH_2-C(=O)-CF_3$
		二苯甲酰乙酮	HDM	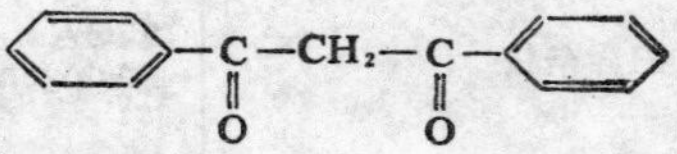 $C_6H_5-C(=O)-CH_2-C(=O)-C_6H_5$
		呋喃甲酰三氟丙酮	HETA	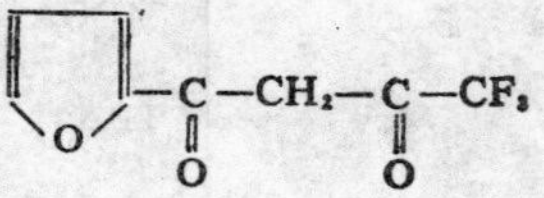 $C_4H_3O-C(=O)-CH_2-C(=O)-CF_3$
		噻吩甲酰三氟丙酮	HTTA	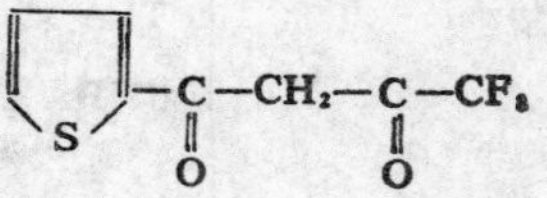 $C_4H_3S-C(=O)-CH_2-C(=O)-CF_3$
		单硫代噻吩甲酰三氟丙酮	HSTTA	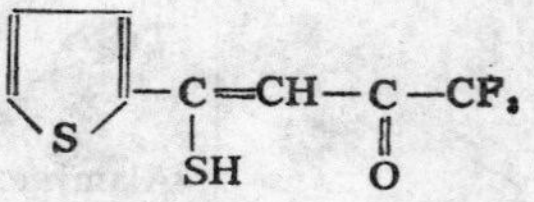 $C_4H_3S-C(SH){=}CH-C(=O)-CF_3$
		单硫代二苯酰甲烷	HSDBM	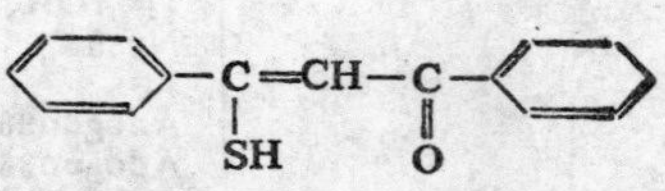 $C_6H_5-C(SH){=}CH-C(=O)-C_6H_5$
	8-羟基喹啉及其衍生物	8-羟基喹啉（喹啉醇-8，喔星）	HO_x	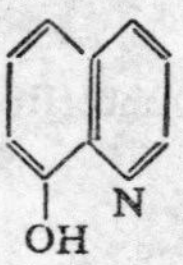 OH N
		5,7-二卤代-8-羟基喹啉		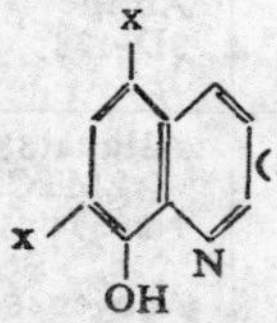 X X OH N (X=Cl、Br、I)

续表 5-3-10

类型		名称	商品名或简称	分子式
螯合萃取剂	8-羟基喹啉及其衍生物	取代8-羟基喹啉	Kelex 100,120	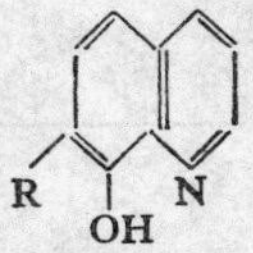 R, OH, N
		2-甲基-8-羟基喹啉（或称为8-羟基喹哪啶）	HMOx	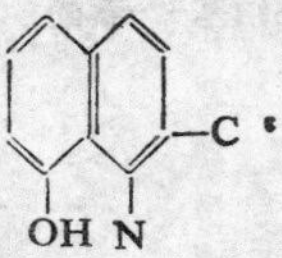 —C, OH, N
		5-甲基-8-羟基喹啉		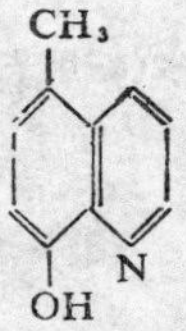 CH_3, OH, N
	肟	α-二苯乙醇酮肟		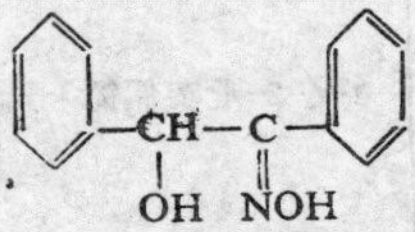 CH—C, OH, NOH
		5,8-二乙基-6-羟基-十二烷-6-酮肟	Lix63	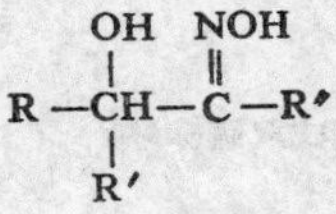 OH, NOH, R—CH—C—R″, R′
		2-羟基-5-十二烷基二苯甲酮肟	Lix64	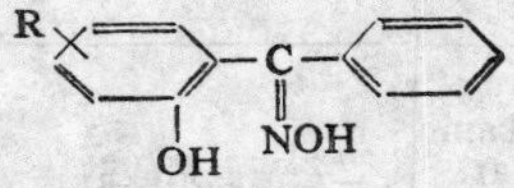 R, C, OH, NOH
			Lix64N	Lix63 + Lix64
		2-羟基-3-氯代-5-壬基二苯甲酮肟	Lix70	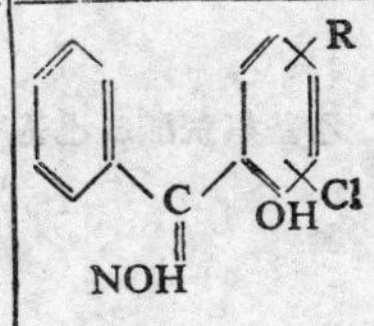 R, C, OH, Cl, NOH
	铜铁灵（N-亚硝基苯胺铵）及其类似物	铜铁灵（N-亚硝基苯胺铵）	HCup	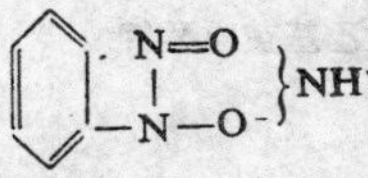 N=O, N—O⁻, NH_4^+
		N-苯甲酰-苯胺	BPH	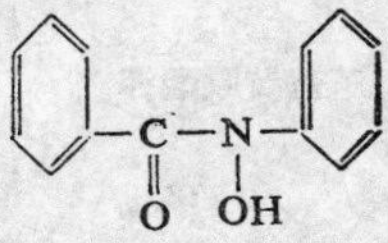 C—N, O, OH
		N-2-噻吩甲酰苯胺	TPHA	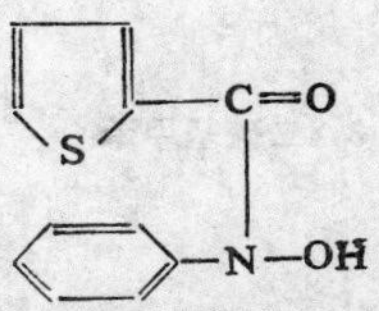 S, C=O, N—OH

续表 5-3-10

类 型		名 称	商品名或简称	分 子 式
螯合萃取剂	铜铁灵（N-亚硝基苯胲铵）及其类似物	羟肟酸		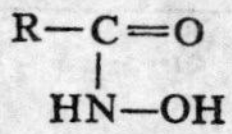 R—C=O HN—OH
	酚及其衍生物	1-亚硝基-2-萘酚		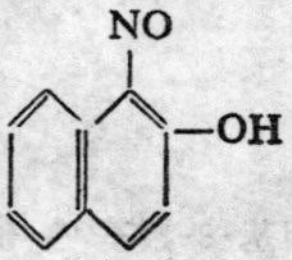 NO —OH
		4-仲丁基-2(α-甲苄基）酚	BAMBP	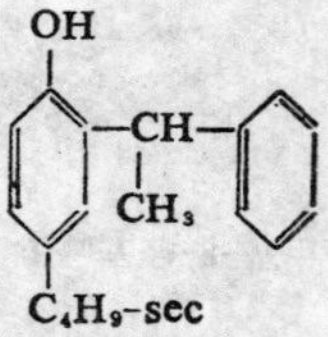 OH —CH— CH₃ C₄H₉-sec
		1-(-2-吡啶偶氮)-2-萘酚	PAN	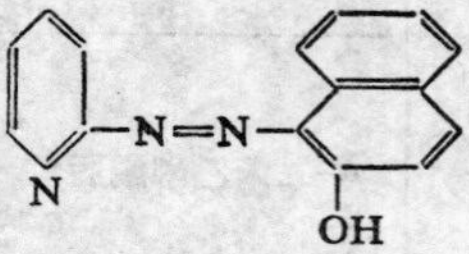 —N=N— N OH
	双硫腙	酮式双硫腙	HD_z （或H_2D_2）	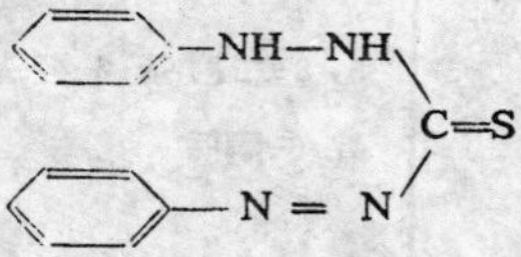 —NH—NH C=S —N = N
	Dithiocarbamate Xanthat dithiolo	二乙基氨荒酸钠	NaDDC	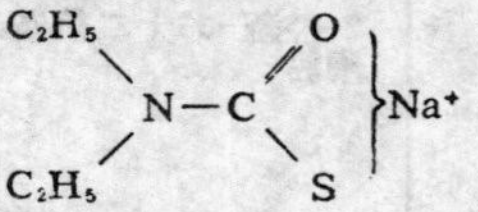 $(C_2H_5)_2N-C(O)S$ }Na⁺
		二乙基氨荒酸二乙基季铵盐	DDDC	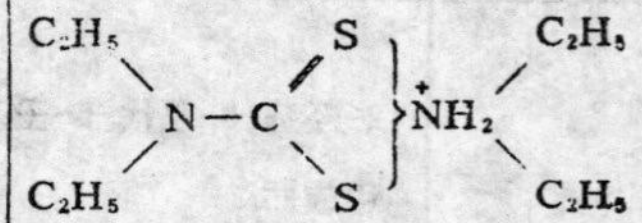 $(C_2H_5)_2N-C(S)S$ } $\overset{+}{N}H_2(C_2H_5)_2$
		乙基黄原酸钾		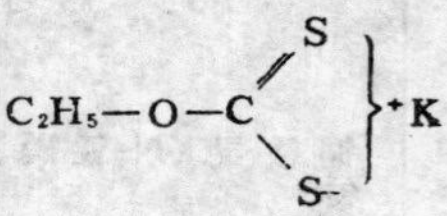 $C_2H_5-O-C(S)S^-$ }⁺K
		苄基黄原酸钾		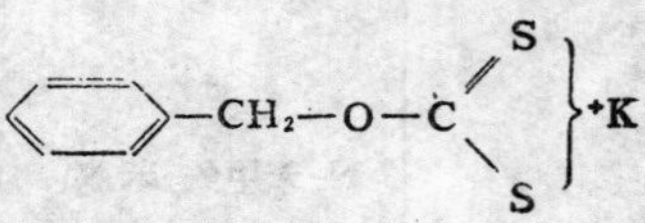 —CH_2—O—C(S)S }⁺K
		3,4二硫基甲苯		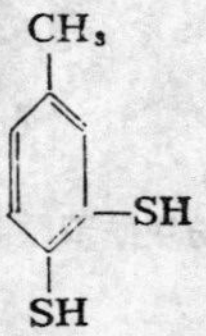 CH_3 —SH SH

二、几种主要萃取体系对稀有元素及其他元素的分配比

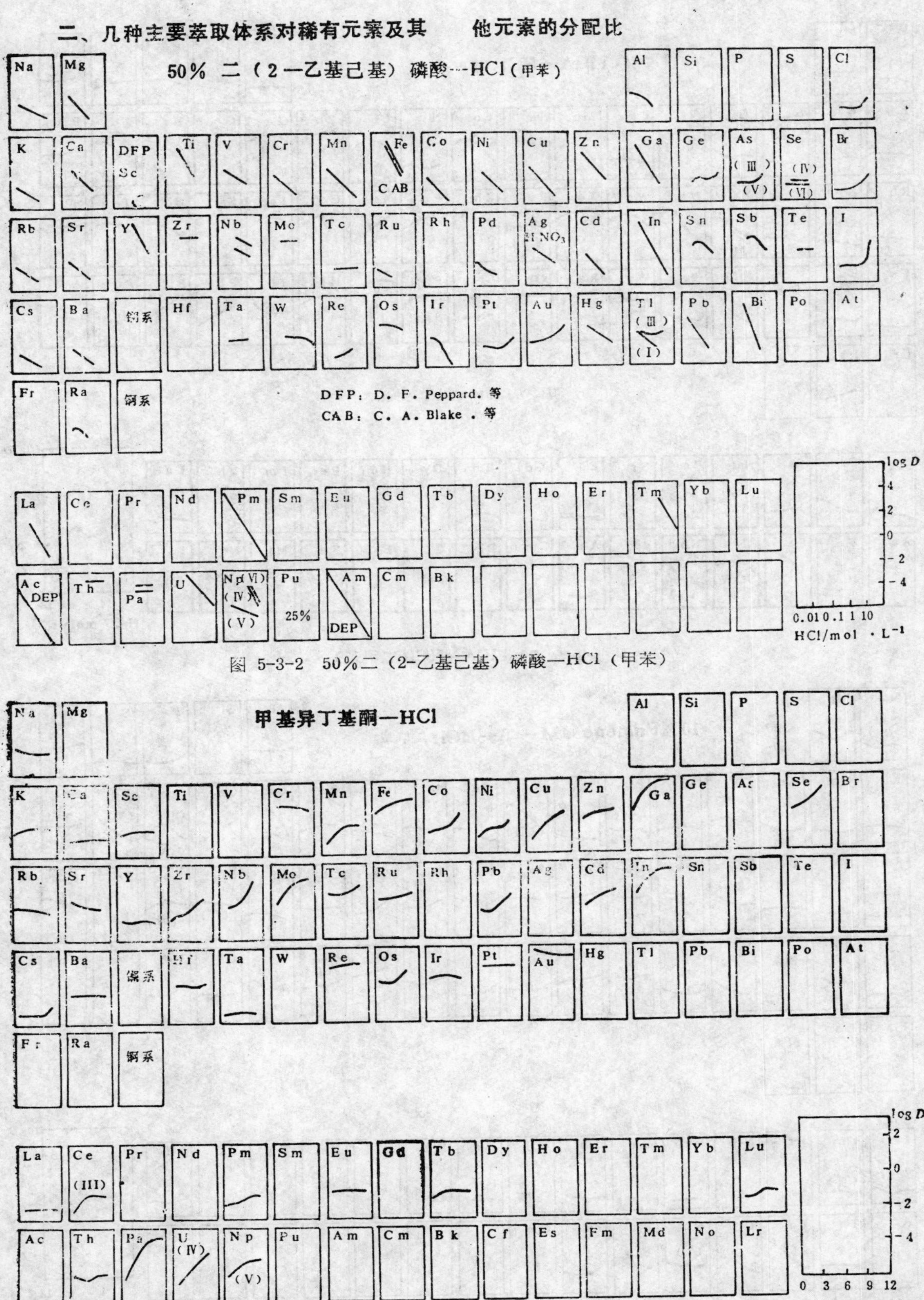

图 5-3-2 50%二（2-乙基己基）磷酸—HCl（甲苯）

图 5-3-3 异丁基甲基酮—HCl

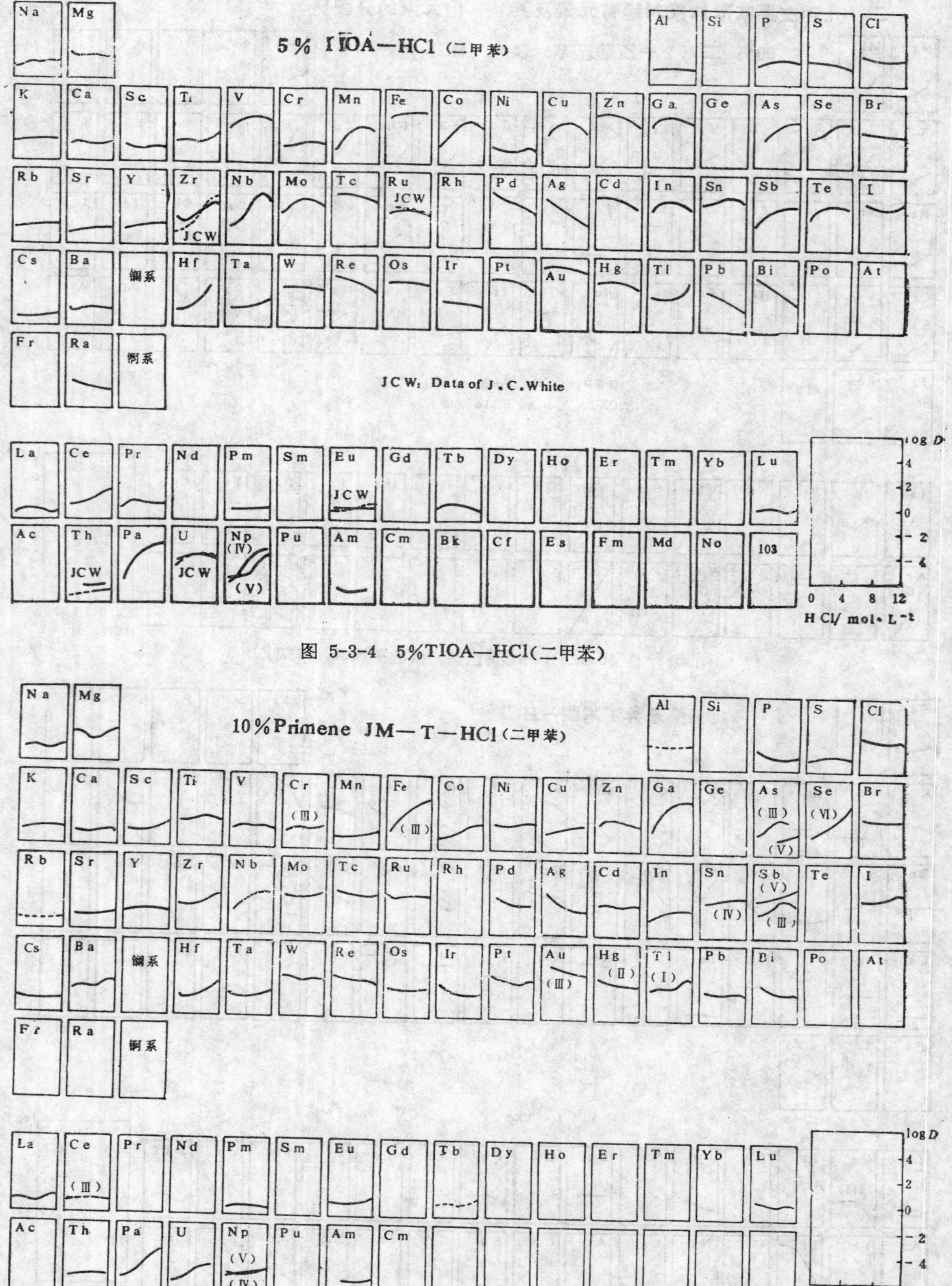

图 5-3-4 5%TIOA—HCl(二甲苯)

图 5-3-5 10% Primene JM—T—HCl (二甲苯)

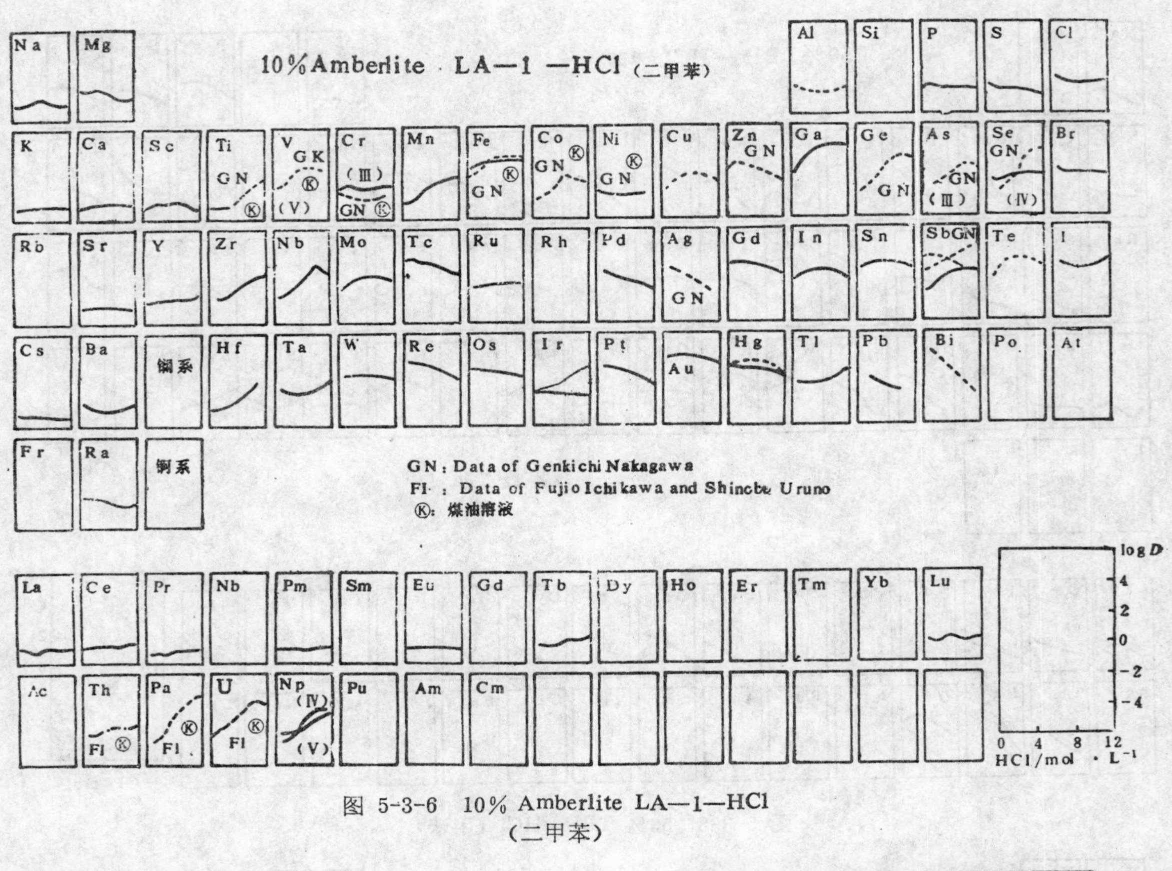

图 5-3-6 10% Amberlite LA—1—HCl
(二甲苯)

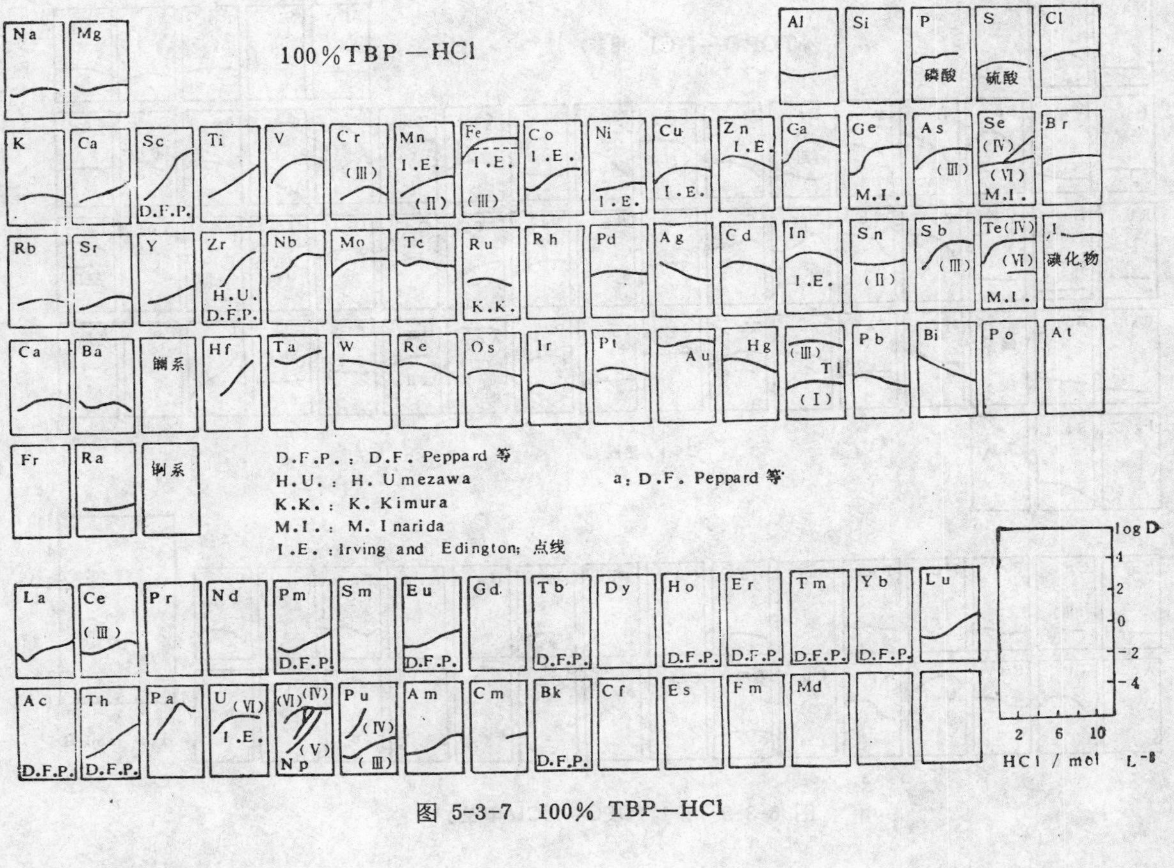

100%TBP—HCl

Na Mg Al Si P S Cl

磷酸 硫酸

K Ca Sc Ti V Cr Mn Fe Co Ni Cu Zn Ga Ge As Se Br

Rb Sr Y Zr Nb Mo Tc Ru Rh Pd Ag Cd In Sn Sb Te I

碘化物

Cs Ba 镧系 Hf Ta W Re Os Ir Pt Au Hg Tl Pb Bi Po At

Fr Ra 锕系

D.F.P.: D.F. Peppard 等

H.U.: H. Umezawa

K.K.: K. Kimura

M.I.: M. Inarida

I.E.: Irving and Edington; 点线

a: D.F. Peppard 等

La Ce Pr Nd Pm Sm Eu Gd Tb Dy Ho Er Tm Yb Lu

Ac Th Pa U Np Pu Am Cm Bk Cf Es Fm Md

log D

HCl / mol L⁻¹

图 5-3-7 100% TBP—HCl

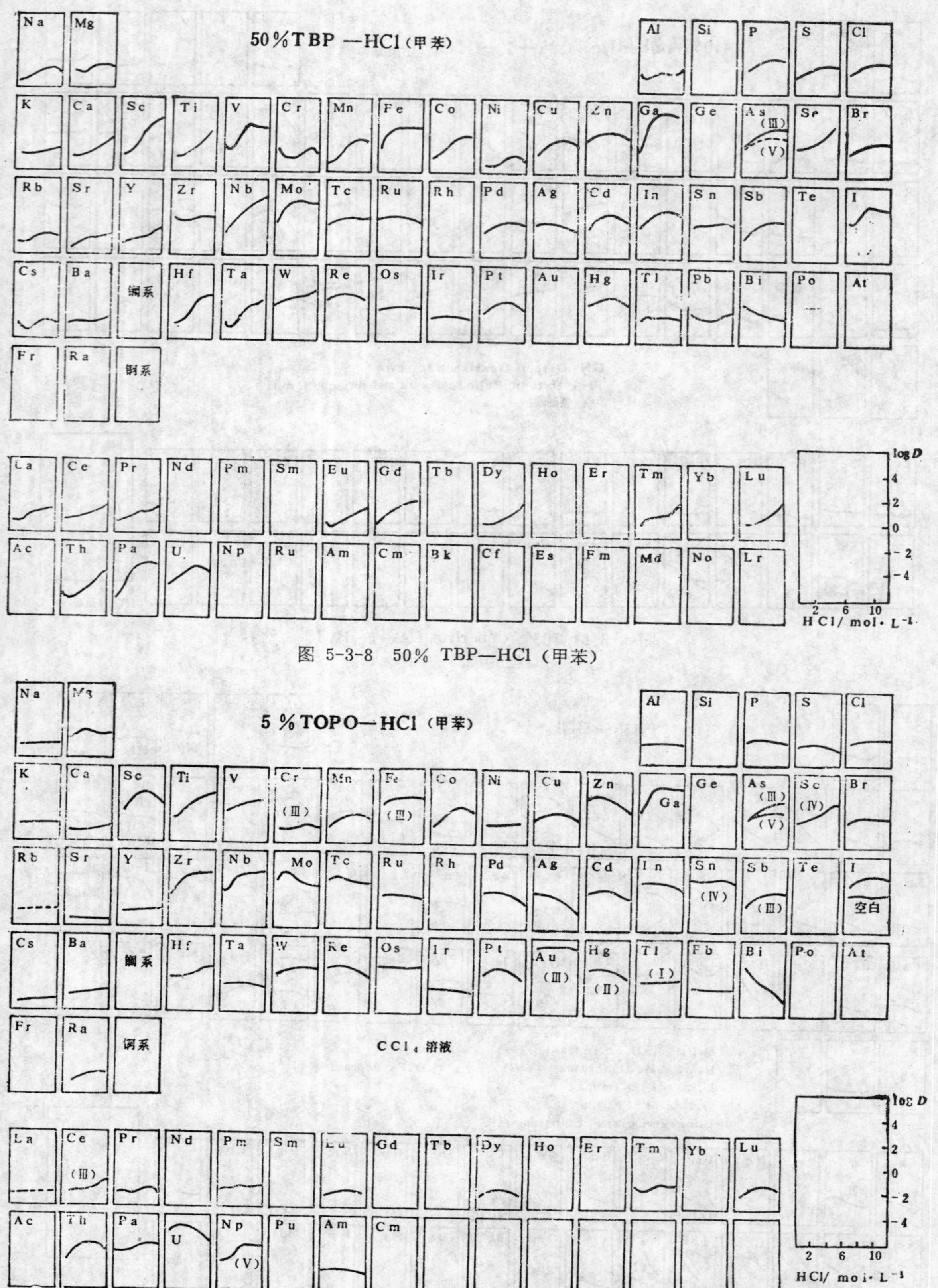

图 5-3-8 50% TBP—HCl (甲苯)

图 5-3-9 5%TOPO—HCl(甲苯)

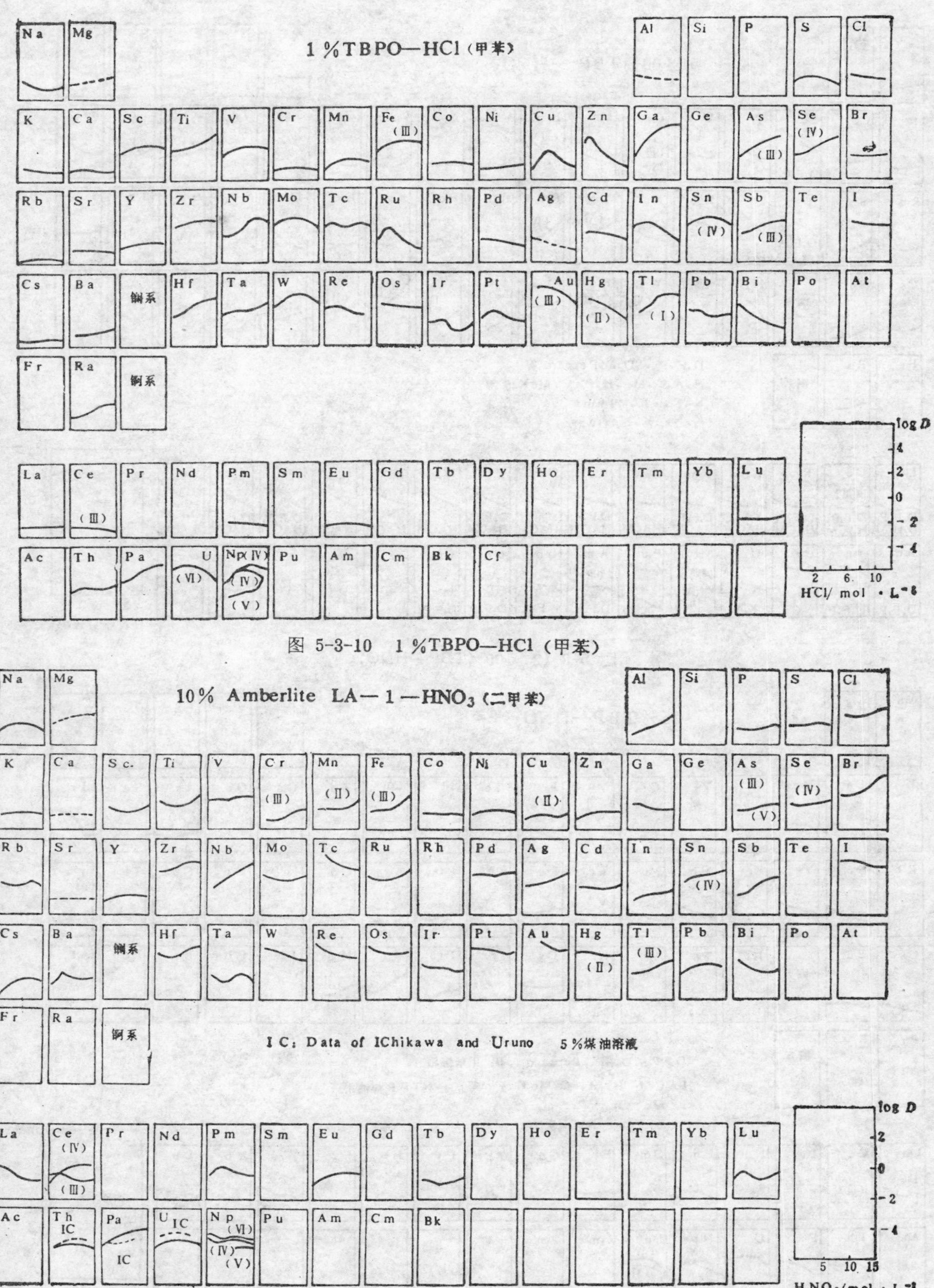

图 5-3-10 1%TBPO—HCl（甲苯）

图 5-3-11 10% Amberlite LA—1—HNO$_3$（二甲苯）

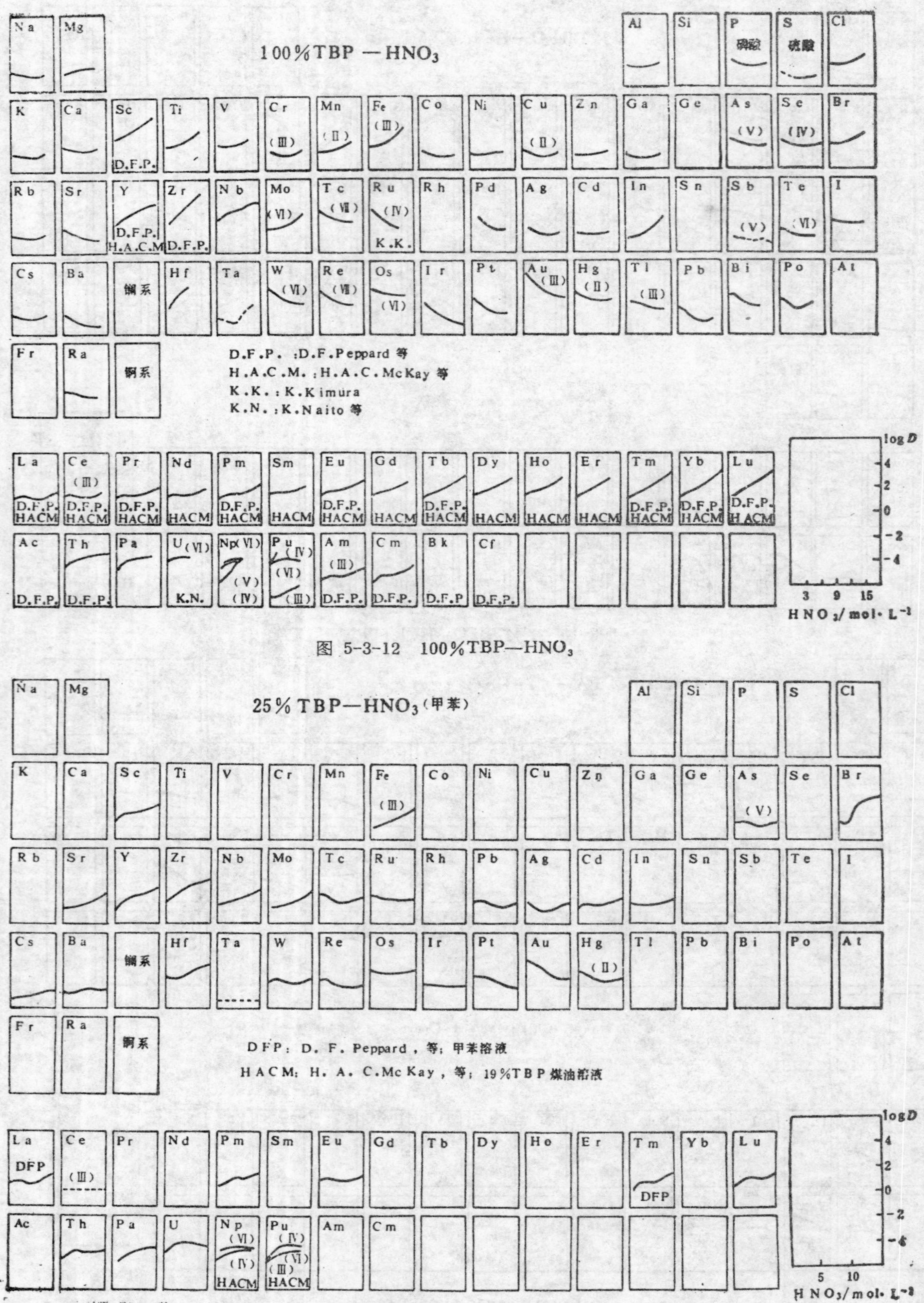

图 5-3-12 100%TBP—HNO$_3$

图 5-3-13 25%TBP—HNO$_3$（甲苯）

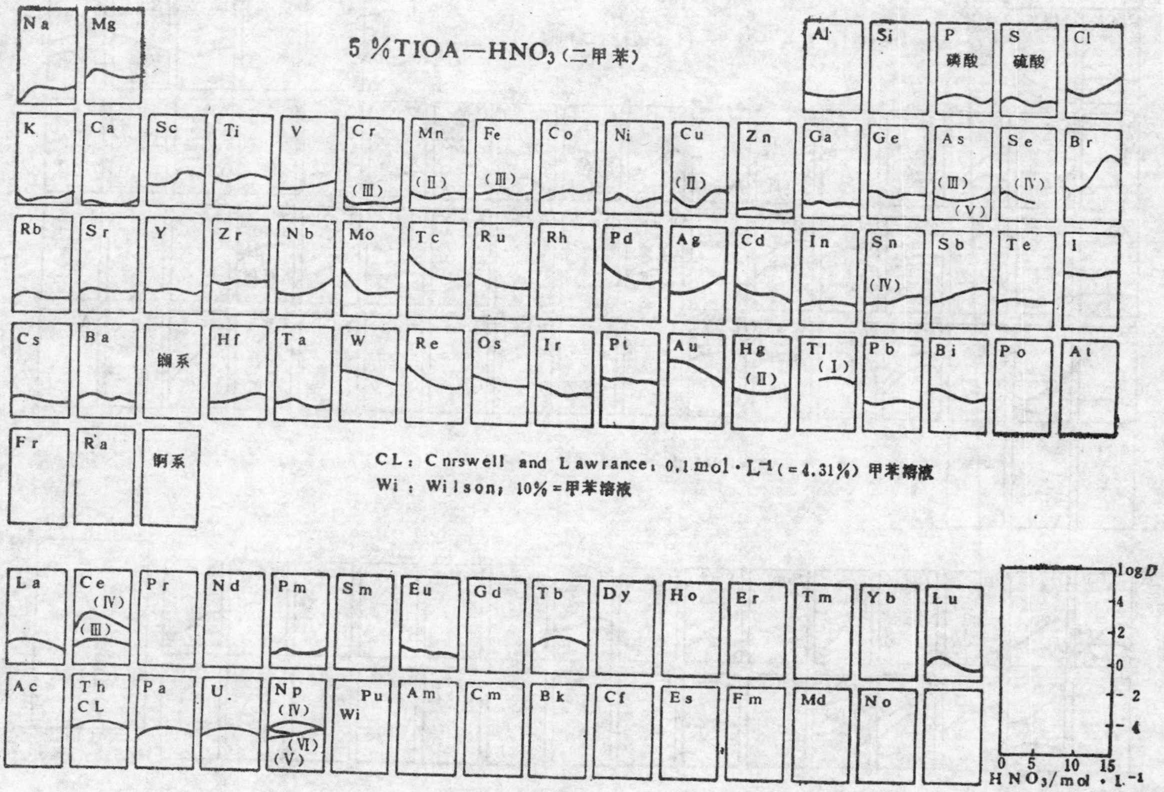

5 %TIOA—HNO_3(二甲苯)

Na Mg Al Si P 磷酸 S 硫酸 Cl

K Ca Sc Ti V Cr (Ⅲ) Mn (Ⅱ) Fe (Ⅲ) Co Ni Cu (Ⅱ) Zn Ga Ge As (Ⅲ) (Ⅴ) Se (Ⅳ) Br

Rb Sr Y Zr Nb Mo Tc Ru Rh Pd Ag Cd In Sn (Ⅳ) Sb Te I

Cs Ba 镧系 Hf Ta W Re Os Ir Pt Au Hg (Ⅱ) Tl (Ⅰ) Pb Bi Po At

Fr Ra 锕系

CL：Carswell and Lawrance：0.1 mol·L^{-1} (=4.31%) 甲苯溶液

Wi：Wilson；10%=甲苯溶液

La Ce (Ⅳ) (Ⅲ) Pr Nd Pm Sm Eu Gd Tb Dy Ho Er Tm Yb Lu

Ac Th CL Pa U Np (Ⅳ) (Ⅵ) (Ⅴ) Pu Wi Am Cm Bk Cf Es Fm Md No

logD：4 2 0 −2 −4

HNO_3/mol·L^{-1}：0 5 10 15

图 5-3-14 5 %TIOA—HNO_3(二甲苯)

5 %TOPO—HNO_3(甲苯)

Na Mg Al Si P S Cl

K Ca Sc Ti V Cr (Ⅲ) Mn (Ⅱ) Fe (Ⅲ) Co Ni Cu (Ⅱ) Zn Ga Ge As (Ⅴ) Se (Ⅳ) × Br

Rb Sr Y Zr Nb Mo (Ⅵ) Tc Ru Rh Pd Ag Cd In Sn (Ⅳ) Sb (Ⅴ) Te I

Cs Ba 镧系 Hf Ta W (Ⅵ) Re (Ⅶ) Os (Ⅵ) Ir Pt Au (Ⅲ) Hg (Ⅱ) Tl (Ⅲ) Pb Bi Po At

Fr Ra 锕系

*：二甲苯溶液

La Ce (Ⅳ) Pr Nd Pm Sm Eu Gd Tb Dy Ho Er Tm Yb Lu

Ac Th Pa U (Ⅵ) Np (Ⅳ) (Ⅵ) (Ⅴ) Pu Am Cm * Bk Cf

logD：4 2 0 −2 −4

HNO_3/mol·L^{-1}：0 5 10 15

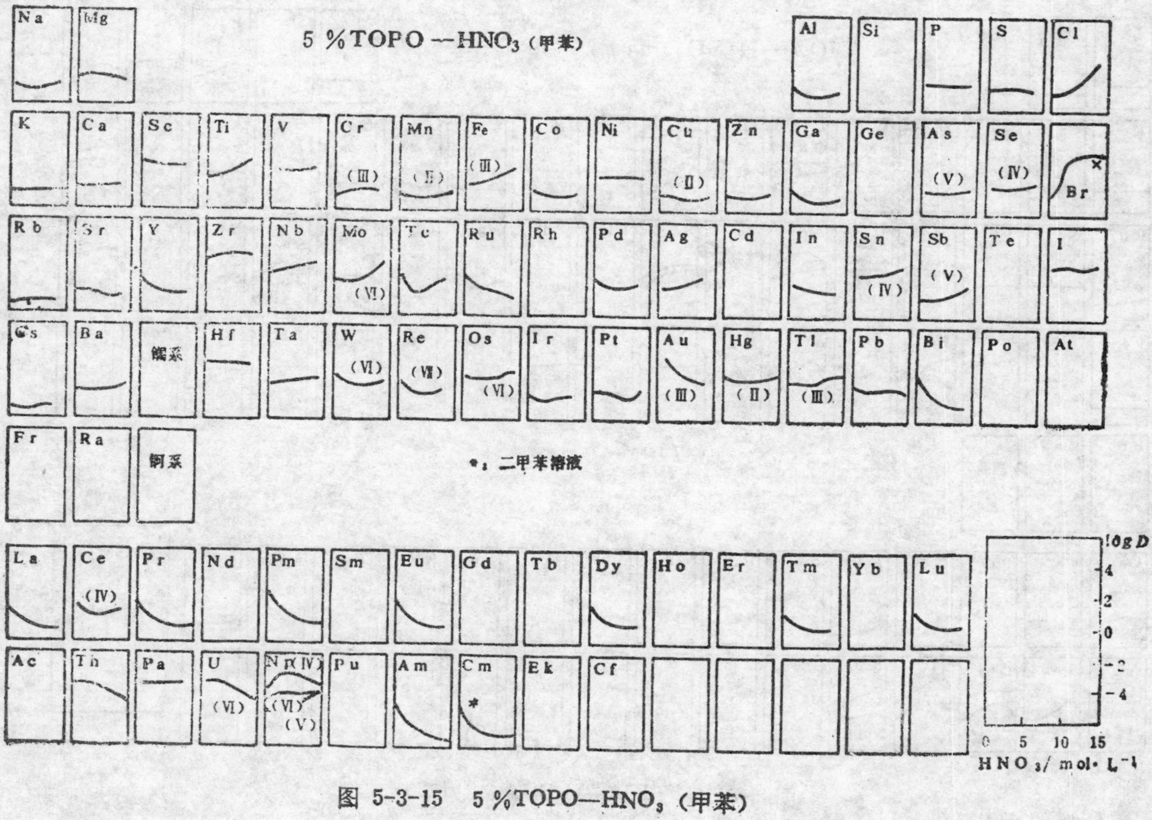

图 5-3-15 5 %TOPO—HNO_3(甲苯)

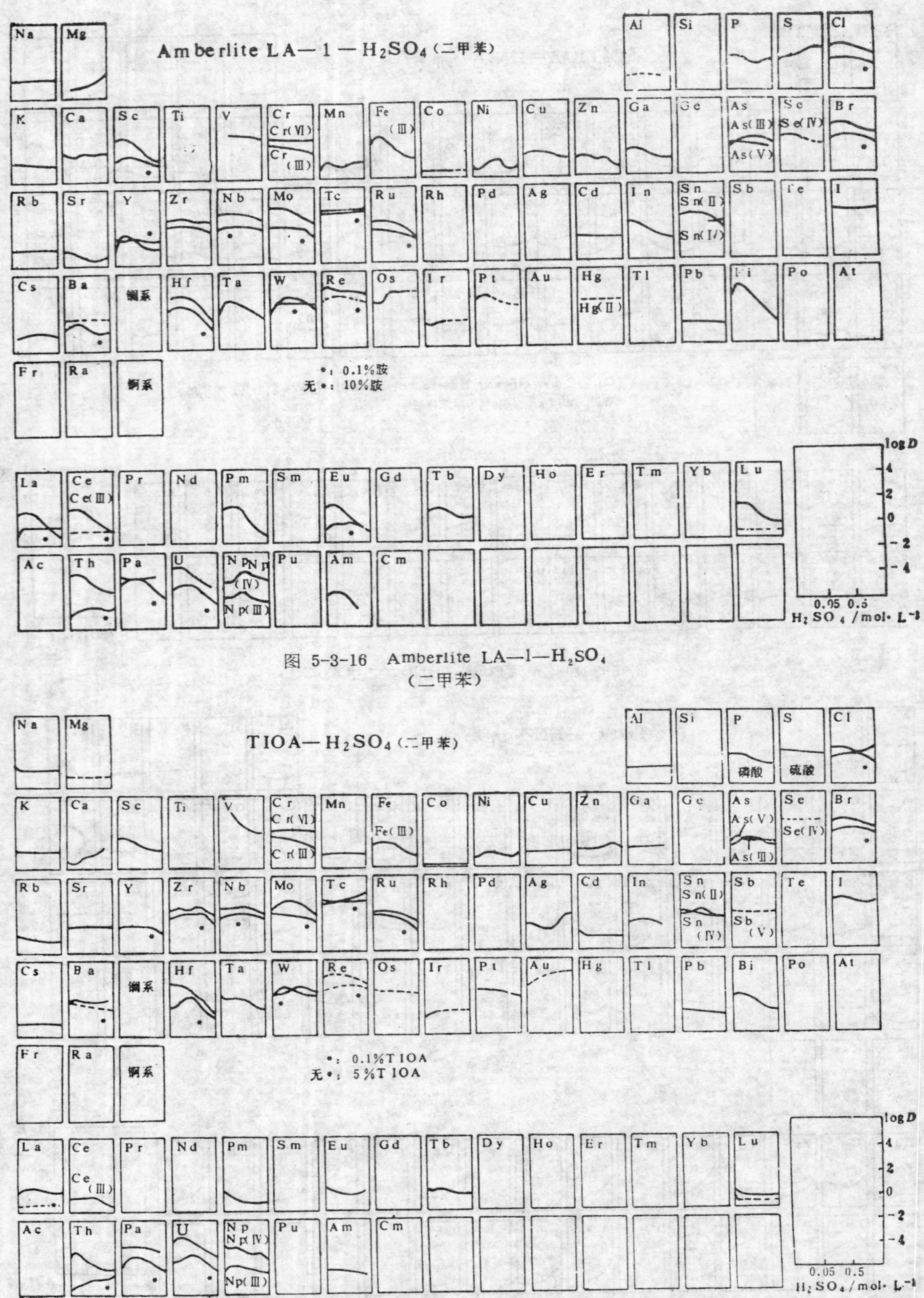

图 5-3-16 Amberlite LA—1—H_2SO_4（二甲苯）

图 5-3-17 TIOA—H_2SO_4（二甲苯）

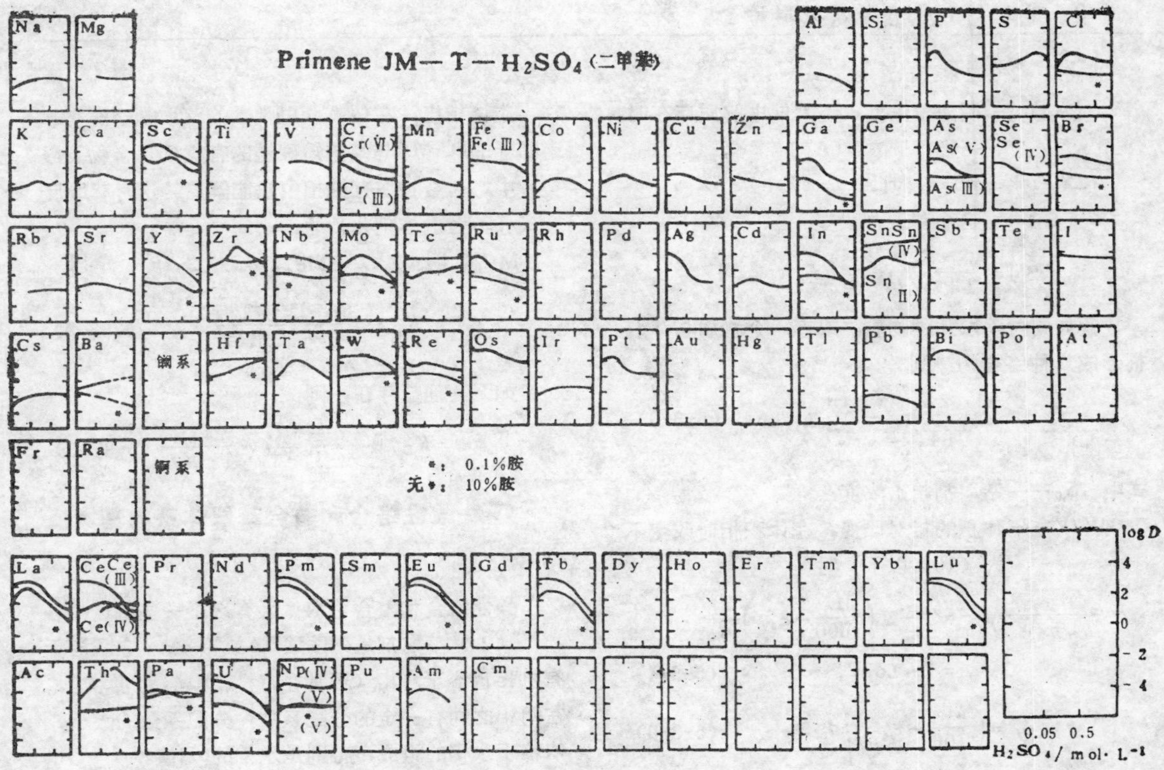

图 5-3-18 Primene JM—T—H_2SO_4
(二甲苯)

第三节 萃取的基本原理和影响因素

一、中性络合萃取体系的基本反应

中性络合萃取体系有如下一些特点

(1) 被萃取金属化合物呈中性分子存在(如$RE(NO_3)_3$等);

(2) 萃取剂和溶剂本身也是中性分子(如TBP, P_{350}等);

(3) 中性的萃取剂或溶剂与被萃物成中性的溶剂络合物如$RE(NO_3)_3\cdot 3P_{350}$。

1. 萃取基本反应

和金属盐类形成萃合物是通过官能团的孤对电子和金属原子形成配价键如中性磷氧萃取剂和金属盐MX_n生成萃合物。即

$$mG-\underset{G}{\overset{G}{P}}=O+MX_n=[G-\underset{G}{\overset{G}{P}}=O]_m\rightarrow MX_n$$

G代表烷基R、烷氧基RO或芳香基

2. 中性磷氧萃取剂的萃取性能

配价键O→M越强,则$G_3P=O$的萃取能力越强,如果G基团是烷氧基,它和金属原子生成配价键O→M的能力较弱。反之如果G是R基,萃取能力则较强。萃取能力按下列次序增加

$$(RO)_3P=O<(RO)_2\underset{R}{P}=O<R_2\underset{OR}{P}=O<R_3P=O$$

如果将$(RO)_3P=O$中的R由烷基改为吸电子能力较强的芳香基,则其萃取能力减弱。

3. 萃取常数及其根据实验数据的计算

中性有机磷化合物与醚类的介电常数较小,因而萃合物在其中一般来说是不解离的,此时金属盐或无机酸(如形成水化络合物)的萃取可用下面方程式描述

$$Me^{z+}+zA^-+hH_2O+qS=MeA_z\cdot hH_2O\cdot qS \tag{5-3-1}$$

式中 S——萃取剂分子;

q、h——溶剂化与水化数。

反应的表观(浓度)平衡常数为

$$K_D=\frac{[MA_z\cdot hH_2O\cdot qS]}{[M^{z+}][A^-]^z[S]^q}=\frac{\alpha}{[A^-]^z[S]^q} \tag{5-3-2}$$

式中 $\alpha=\frac{Y}{X}$——分配系数;

Y、X——金属在有机相与水相中的平衡浓

度；

〔A^-〕— 阴离子浓度；无其他电解质存在时一般离子浓度〔A^-〕= ZX，

有其他化合物存在时〔A^-〕$= zX + \Sigma Z_i X_i$；

〔S〕——自由萃取剂浓度，

$$〔S〕= \frac{S_0}{1+\Delta V/V} - qY。$$

假如同时萃取几种物质，或者一个物质与萃取剂形成几种络合物，则

$$〔S〕= \frac{S_0}{1+\frac{\Delta V}{V}} - \sum_{i=1}^{n} q_i Y_i \quad (5\text{-}3\text{-}3)$$

式中 S_0——萃取剂起始浓度；

$\Delta V/V$——体积的相对改变，在体积相对改变不大（10%以下）时

$$\frac{1}{(1+\Delta V)/V} \approx 1 - \Sigma\left(\frac{M_i}{1000} - \xi_i\right)\frac{Y_i}{d_0}$$

$$= 1 - \Sigma\delta_i Y_i \quad (5\text{-}3\text{-}4)$$

$$\delta_i = \left(\frac{M_i}{100} - \xi_i\right)\Big/ d_0 \quad (5\text{-}3\text{-}5)$$

式中 M_i——第 i 个化合物的分子量；

Y_i——第 i 个化合物在有机相中的浓度，mol/L；

ξ_i——有机相比重与第 i 个化合物浓度相关的系数；

d——溶液（萃取剂在稀释剂中的溶液）密度，$d = d_0 + \Sigma\xi_i Y_i$；

δ'、δ——体积改变校正值$\delta = \delta_0\delta'$。

根据式5-3-4及5-3-3

$$〔S〕= S_0 - \Sigma(q_i + \delta_i)y \quad (5\text{-}3\text{-}6)$$

即体积改变导致自由萃取剂浓度的降低与溶剂化数的相应增加。

表观萃取常数K_D可用热力学常数K表示：

$$K_D = K a^h_{H_2O} \gamma_\pm^{z+1} \gamma_s^q / \gamma_c$$

式中 $\gamma_\pm$、γ_s与γ_c——水相中金属、萃取剂与络合物的活度系数；

a_{H_2O}——水的活度；

h——水化数。

$\gamma_\pm$ 值与相应的K值在相当大的程度上受化合物浓度的支配、假如表观常数用有效常数表示，则对浓度的依赖显著减弱。

$$\overline{K} = K_D / \gamma_\pm^{q+1} a^h_{H_2O} = K\gamma_s^q/\gamma_c \quad (5\text{-}3\text{-}7)$$

$\overline{K}$ 值在大多数情况下只与稀释剂性质及萃取剂浓度有关。

应该指出，在较高介电常数的萃取剂（醇类、未稀释的DAMP与某些短碳链的有机磷化合物及酮类）中，化合物在有机相中也能解离。这时萃取反应式（不考虑溶剂化）为：

$$Me^{z+}_{水相} + zA^-_{水相} \rightleftharpoons Me^{z+}_{有机相} + zA^-_{有机相} \quad (5\text{-}3\text{-}8)$$

$$K_D = \alpha\frac{〔A^-〕^z 有机相}{〔A^-〕^z 水相} \quad (5\text{-}3\text{-}9)$$

如无其他盐存在，则

$$\alpha = K_D^{\frac{1}{1+z}} = \overline{K}^{\frac{1}{1+z}} \cdot \frac{\gamma_{\pm 水相}}{\gamma_{\pm 有机相}} \quad (5\text{-}3\text{-}10)$$

二、酸性络合和螯合萃取体系的基本反应

酸性络合和螯合萃取体系有以下一些特点：

（1）萃取剂是一弱酸HA或 H_2A，它既溶于有机相也溶于水相（通常在有机相中溶解度大）。在两相之间有一定的分配系数，分配系数的大小，依赖于水相的组成，特别是水相的pH值。

（2）在水相中金属离子以阳离子 M^{n+} 的形式，或以能离解成 M^{n+} 的络离子ML_x^{n-xb}（b 为配位体L的负价）的形式存在。

（3）在水相中M^{n+}与HA或 H_2A 生成中性螯合物MA_n或$M(HA)_n$，或以其它形式存在。

（4）生成的中性螯合物不含亲水基团，因而难溶于水而易溶于有机溶剂，所以能被萃取。

（5）在螯合萃取中，按生成螯合物的性质可分为中性螯合萃取，阴离子螯合物（内络合阴离子）萃取和阳离子螯合物（内络合阳离子）萃取。在螯合萃取反应中存在如下的一系列平衡

$$M^{n+} + nHA = MA_n + nH^+$$

因为萃取平衡常数与H^+的 n 次方有关，所以pH的变化对螯合物萃取影响很大，在金属离子不发生水解范围内，增加pH有利于萃取，因此利用pH的不同，可以达到分离的目的。

1. 酸性萃取剂在两相间的分配

酸性萃取剂 HA 既能溶于有机相，也能溶于水相，它在两相之间有一定的分配常数 λ

$$HA \rightleftharpoons HA_{(0)} \qquad \lambda = \frac{(HA)_0}{(HA)}$$

在萃取剂分子中，引入长碳链可以增加在有机相的溶解，减少水溶性，使 λ 值增加。反之，引入亲水

性基团如OH、NH、SO_3H、COOH等，使λ减小。作为萃取剂，λ值应大于100。

2．酸性萃取剂的电离平衡

$$HA \rightleftharpoons H^+ + A^- \quad K_a = \frac{[H^+][A^-]}{[HA]} \quad (5\text{-}3\text{-}11)$$

式中K_a为酸电离常数；$[H^+]$为氢离子活度，可以直接由pH计测定；(HA)、(A^-)分别为其浓度。

3．两相电离常数K_{aE}

如果$\lambda \gg 1$，则水相中HA的浓度很小，因此可表示为：

$$HA_{(0)} \rightleftharpoons HA \rightleftharpoons H^+ + A^-$$

$$K_{aE} = \frac{[H^+][A^-]}{(HA)_0} = \frac{[H^+][A^-]}{(HA)} \times \frac{(HA)}{(HA)_0} = \frac{K_a}{\lambda} \quad (5\text{-}3\text{-}12)$$

4．HA在有机相中的聚合，二聚常数K_2

$$2HA_{(\ )} \rightleftharpoons H_2A_{2(0)} \quad K_2 = \frac{(H_2A_2)_0}{(HA)_0^2} \quad (5\text{-}3\text{-}13)$$

例如HDEHP在惰性溶剂中以二聚形式存在

$$\begin{matrix}RO \\ RO\end{matrix}\!\!>P\!\!\begin{matrix}\diagup O\cdots H-O \diagdown \\ \diagdown O-H\cdots O \diagup\end{matrix}\!\!P\!\!<\!\!\begin{matrix}OR \\ OR\end{matrix}$$

，K_2值随溶剂而不同，在极性溶剂中K_2值比在非极性溶剂中小。

5．萃取剂阴离子A^-与金属阳离子M^{n+}的络合反应

$$M^{n+} + nA^- = MA_n \quad \beta_n = \frac{(MA_n)}{(M^{n+})(A^-)^n} \quad (5\text{-}3\text{-}14)$$

β_n称为络合物MA_n的稳定常数

6．MA_n在两相间的分配

MA_n易溶于有机相而难溶于水相，它在两相之间的分配

$$MA_n \rightleftharpoons MA_{n(0)} \quad \Lambda = \frac{(MA_n)_0}{(MA_n)} \quad (5\text{-}3\text{-}15)$$

在萃取情况下，一般$\Lambda \gg \lambda \gg 1$。

7．HA萃取M^{n+}的反应

$$nHA_{(0)} + M^{n+} \rightleftharpoons MA_{n(0)} + nH^+$$

$$K = \frac{(MA_n)_0[H^+]^n}{(HA)_0^n(M^{n+})} = \frac{K_a^n \beta_n \Lambda}{\lambda^n} \quad (5\text{-}3\text{-}16)$$

式中K为萃取平衡常数，简称萃合常数。

金属元素在两相间的分配为

$$D = \frac{(MA_n)_0}{(M^{n+})} = \frac{K(HA)_0^n}{[H^+]^n} \quad (5\text{-}3\text{-}17)$$

在计算自由萃取剂浓度$(HA)_0$时，因$\Lambda \gg \lambda \gg 1$，$\beta_n \gg 1$，所以水相(HA)、$(A^-)$和$(MA_n)$可以忽略不计，又假定有机相不发生二聚作用，则

$$(HA)_0 = C_{HA} - n(MA_n)_0 \quad (5\text{-}3\text{-}18)$$

式中C_{HA}为萃取剂的起始浓度，上式两边取对数则

$$\log D = \log K + n\log(HA)_0 + npH \quad (5\text{-}3\text{-}19)$$

8．萃取机理的确定

对于给定的萃取体系，欲确定它是否符合式5-3-16或5-3-19所表示的萃取机理，可在维持自由萃取剂浓(度HA)$_0$不变的条件下，测定不同pH下的分配比D，以$\log D$对pH作图，应得直线，其斜率为n，截距为$\log K + n\log(HA)_0$，因n与$(HA)_0$为已知，便可计算萃合常数K。在pH恒定时，变更$(HA)_0$测出D，以$\log D$对$\log(HA)_0$作图，也得直线，其斜率为n。当以上两个图都得到直线，且斜率都等于金属离子的价数n时，式5-3-16所示机理才算成立。

9．影响分配比与分离系数的各种因素

酸性萃取剂HA萃取金属离子M^{n+}的分配比D如式5-3-16、5-3-17所示：（1）D与自由萃取剂浓度的n次方成正比；（2）D与$[H^+]$的n次方成反比；（3）D与萃合常数K成正比，对过渡金属离子和以氧原子为配位原子的萃取剂，金属离子价态越高，β_n越大K值越大；同价离子半径越小β_n越大，K值越大；（4）D随萃取剂酸度的增加即K_a的增加而增加；（5）稀释剂主要影响Λ/λ^n，HA在两相间的分配常数愈小分配比愈大。

对分离系数的影响因素有（1）不同价元素间的分离系数随pH升高而增高，随自由萃取剂浓度$(HA)_0$的增大而增高；（2）利用空间阻碍效应可以增加萃取剂的选择性。

三、离子缔合萃取体系的基本反应

离子缔合萃取有以下一些特点：

（1）金属以络合阴离子或阳离子的形式进入有机相；

（2）有机相萃取金属能力的强弱决定于萃取剂中反应基团的活性，即给出质子或电子的能力愈强，萃取金属的能力愈大；

（3）水相中金属离子本身被萃取的能力强弱决定于离子的电荷及半径，电荷愈小而半径愈大者愈易于被萃取。

金属形成络合阴离子，萃取剂与H^+结合成阳

离子，两者构成离子缔合体进入有机相的阴离子萃取，按照萃取剂成盐原子，可分为鎓盐、铵盐、钾盐、膦盐、锍盐等多种类型。

胺类萃取剂有伯、仲、叔及季胺盐：

$$R-N\begin{matrix}H\\H\end{matrix}\quad \begin{matrix}R\\R'\end{matrix}\!\!>N-H\quad \begin{matrix}R\\R'\end{matrix}\!\!>N-R''$$

伯胺　　仲胺　　叔胺

$$\left[\begin{matrix}R\\R'\end{matrix}\!\!>N<\!\!\begin{matrix}R''\\R'''\end{matrix}\right]^{+}X^{-}$$

季铵盐

用作萃取剂的有机胺的分子量通常在250～600之间，分子量小于250的烷基胺在水中的溶解度较大，会在水相中溶解损失。分子量大于600的烷基胺则往往呈固体，在有机溶剂（稀释剂）中的溶解度较小，萃取时分相困难，萃取容量低。

伯、仲、叔胺属于中等强度的碱性萃取剂，它们必须与强酸作用生成胺盐阳离子（如RNH_3^+、$R_2NH_2^+$、R_3NH^+）后，才能萃取金属络合阴离子，所以萃取只有在酸性溶液中才能进行，在中性、碱性溶液中不能萃取。而季胺盐属于强碱性萃取剂，因为它本身就含有阳离子R_4N^+，所以能够直接与金属络合阴离子缔合。因此季铵盐在酸性、中性和碱性溶液中均可萃取。

萃取剂结构对萃取能力有显著影响。当烷基碳链加长或烷基被芳基取代时，其油溶性增加，有利于萃取。但这一因素往往是次要的，萃取能力主要决定于萃取剂的碱性和空间效应。

$$\log K=\log K_0+p\Sigma\sigma+\alpha\Sigma E_s \quad (5\text{-}3\text{-}20)$$

式中的K_0、K分别是取代前后化合物萃取反应的平衡常数；p对一定类型的反应是一常数并为负值；参数σ表征取代基效应也是负值，它与反应类型及条件无关，称取代基常数，当有多个取代基时，它们的影响可将σ加和起来；E_s是与反应类型无关的空间取代基常数；α为与取代基性质无关的另一反应常数，为正值。

一般随着伯、仲、叔胺次序的变化及烷基支链化程度的增加，其诱导效应增加，碱性增加使萃取能力也增加，但同时随着这个次序的变化、空间效应也增加，因而使萃取能力减弱，空间效应增加可使萃取剂的萃取选择能力加大。

稀释剂的作用主要是通过促进或抑制萃取剂的缔合来增加或降低萃取能力，其次，稀释剂的介电常数，对离子缔合物的稳定常数也有很大的影响。

1．胺盐或季铵盐的聚合反应

在介电常数比较小的非极性溶剂（如煤油、芳烃、烷烃等）中往往能发生聚合或生成胶束，例如

$$2[R_3NH^+\cdot NO_3^-]_O \rightleftharpoons [R_3NH^+\cdot NO_3^-]_{2(O)}$$

$[R_3NH^+\cdot NO_3^-]_2$称“四离子缔合物”，即二聚物，其二聚常数

$$K_2=\frac{(R_3NH^+\cdot NO_3^-)_{2(O)}}{(R_3NH^+\cdot NO_3^-)^2_{(O)}} \quad (5\text{-}3\text{-}21)$$

季胺盐和胺盐一样，也有类似的聚合反应，脂肪胺盐还有可能生成多聚物

$$n(R_3NHX)_{(O)}=(R_3NHX)_{n(O)}$$

$n=2$、3、……，甚至高达几十，一般说来，聚合现象具有下列趋势：

（1）对硫酸盐以外的其他阴离子，聚合难易的顺序为：伯胺盐＜仲胺盐＜叔胺盐＜季胺盐；

（2）稀释剂的介电常数愈小，则聚合常数愈大；

（3）脂肪烃比芳香烃易聚合；

（4）胺类硫酸盐的聚合大于其他盐类，聚合现象的存在，降低对金属离子的萃取，引起萃取反应缓慢，并常有第三相生成等。

2．胺和季胺盐与酸的反应

与酸中和生成相应的胺盐，例如叔胺与HNO_3反应

$$R_3N_{(O)}+H^++NO_3^-=R_3NH^+\cdot NO^-_{3(O)}$$

$$K_{11}=\frac{(R_3NH^+\cdot NO_3^-)_O}{(R_3NH)_O(H^+)(NO_3^-)} \quad (5\text{-}3\text{-}22)$$

K_{11}表示离子缔合物中胺与酸的分子比为1/1，对一给定的胺，其K_{11}与稀释剂有关，并随溶剂的极性或可极化性增加而增加。K_{11}随酸变化的次序是

$$HClO_4>HSCN>HI>HBr>HNO_3>HCl$$

对于给定的酸和稀释剂，胺萃取酸的能力（1）随伯—仲—叔胺顺序下降；（2）随烷基链增长或支链增多而下降。

3．胺盐对金属盐类的萃取反应有

（1）$$(n-m)R_3NH\cdot X_{(O)}+MX_n^{(n-m)-} \rightleftharpoons (R_3NH)_{n-m}\cdot MX_{n(O)}+(n-m)X^- \quad (5\text{-}3\text{-}23)$$

（2）$$(n-m)R_3NH\cdot X_{(O)}+M^{m+}+mX^- \rightleftharpoons (R_3NH)_{n-m}\cdot MX_{n(O)} \quad (5\text{-}3\text{-}24)$$

胺类萃取金属离子有以下规律性：(1)凡是在水相中能与酸根阴离子形成金属络合阴离子的都能被萃取，目前胺类主要用于锕系、(铀、钍)、稀土元素以及锆、铪、铌、钽等的分离分析；(2)凡是在水相中能以含氧酸根或其他阴离子形式存在的元素也能被萃取，例如TcO_4^-、ReO_4^-、OsO_4^-、RuO_5^{2-}等；(3)碱金属、碱土金属离子，因不能生成络合阴离子，所以不能被萃取。

四、影响萃取率的各种因素

影响萃取率的一些因素见表5-3-11。

五、萃取中的乳化及第三相的生成和消除

(一)乳化液的生成和消除

1. 乳化稳定剂

产生乳化的原因很多，可能因水相、也可能因有机相引起，一般乳化液之所以稳定，是一种叫乳化稳定剂物质的作用，乳化稳定剂可分为以下三类：

(1) 某些具有极性基团之长链化合物。

(2) 大分子的亲水物质。

(3) 某些不溶性的微细固体粒子。

如常用之肥皂及长链的磺酸和酸性硫酸酯

如蛋白质、树胶和琼脂等

如铁、铜或镍的盐基硫酸盐、硫酸铅、氧化铁、氢氧化铁、泥土、硅的悬浮物、碳酸钙等均能稳定水包油型乳化液，而炭黑则能稳定油包水型乳化液。

表 5-3-11 影响萃取率的各种因素

符号	因素	对萃取率的影响
Aq Aq	水相空腔作用	E_{Aq-Aq}愈大，愈有利于萃取
S-S	有机相空腔作用	E_{S-S}愈大，愈不利于萃取
		综合考虑以上两项，被萃物M愈大，即空腔愈大，愈有利于萃取
M-Aq	被萃物与水相作用	E_{Aq-Aq}愈大，愈不利于萃取
	1. 离子水化作用	离子势Z^2/r愈大，水化愈强，愈不利于萃取
	(1) 离子电荷效应	离子电荷愈小，愈有利于萃取，M是中性分子有利于萃取
	(2) 离子半径效应	离子半径r愈大，愈有利于萃取
	2. 亲水基团作用	M含—OH、—NH_2—COOH、—SO_3H、—$CONH_2$等亲水基团，不利于萃取
	3. 丧失亲水性作用	任何能消除离子或分子水化的作用均有利于萃取
	(1) 螯合作用	螯合萃取剂HA与M^{n+}生成中性的螯合物MA_n，有利于萃取
	(2) 中性溶剂络合作用	TBP等中性萃取剂与中性无机盐如$UO_2(NO_2)_2\cdot xH_2O$络合，挤掉其中配位的水分子，有利于萃取
	(3) 协萃作用	螯合物的配位数未饱和时，仍带有水化分子，不利于萃取，利用添加中性萃取剂挤掉水分子，生成协萃络合物，有利于萃取
	4. 抑萃络合作用	不利于萃取
	5. 助萃络合作用	有利于萃取
	6. 金属离子的水解或水解聚合作用	不利于萃取
	7. 盐析作用	有利于萃取
M-S	被萃物与有机相的作用	E_{M-S}愈大愈有利于萃取
		M与S生成氢键有利于萃取
	1. 溶剂氢键作用	铵盐、鉡盐等大的萃取剂阳离子可以与水相金属
	2. 离子缔合作用	络阴离子缔合而萃入有机相，大的萃取剂阴离子与水相金属阳离子缔合而萃入有机相

注：Aq-Aq——水分子间有氢键和范德华引力；E_{Aq-Aq}——破坏Aq-Aq所需能量；

S-S——溶剂分子间作用力；E_{S-S}——破坏S-S所需能量；

M-Aq——被萃物与水分子间结合力；E_{M-Aq}——破坏M-Aq所需能量；

M-S——被萃物与溶剂分子间结合力；E_{M-S}——破坏M-S所需能量。

2. 根据实践消除乳化的办法归纳如下：

表 5-3-12 乳化液的生成和消除方法

生成原因	例	消除方法
（1）体系中含有呈胶粒状态的极微细的固体细粒	未分解矿石，氢氧化物或金属离子水解析出的氢氧化物形成油包水型或水包油型乳化液	（1）可用砂滤或活性炭过滤等方法除去水相中固体细粒，控制其含量在5ppm以下 （2）在固液分离时选用适宜的絮凝剂，以提高固液分离的效率 （3）采用事先将易分解的金属除去，或在矿石浸出过程中用较浓的酸，以避免形成胶体溶液
（2）水相进液中的SiO_2含量过高时	铀的萃取中，水相进料中SiO_2>0.7g/L时，SiO_2对水包油型乳化液起稳定作用	（1）浸出矿石时，采用浓酸熟化浸出以减少矿石中SiO_2的溶出量 （2）浸出后进行矿浆液固分离前，加入动物胶或聚醚型絮凝剂以沉淀出SiO_2悬浮物，如同时再加入聚丙烯酰胺能有效的除去浸出液中的SiO_2悬浮物 （3）采用返回循环有机相，以保证有机相为连续相，使乳化减轻
（3）水相进料液中杂质含量多时引起的乳化	铀的萃取中以叔胺为萃取剂，水相进料液中钼含量过高时萃取中会形成钼胺合物	（1）在水相进料液中控制钼的含量 （2）加入某种醚类表面活性剂，如二甘醇、二正丁醇等以除去钼的影响
（4）因有机相引起的生成一些易乳化的有机物造成乳化	萃取剂抗氧化还原能力差，化学稳定性不好，在萃取中发生裂解，质量不好的稀释剂，煤油由于磺化不彻底，含有一些不饱和烃及其他极性杂质	注意选择萃取剂及稀释剂
（5）有机相与进料水相受剧烈搅拌时容易造成两相极细分散而乳化		萃取设备中，脉冲筛板塔在两相混合中较和缓，如采用混合澄清萃取槽时，应特别注意选择合适的混合室、搅拌方式和搅拌转数，通常选择n^3d^2小于1.9（n为每秒钟转数；d为搅拌涡轮直径）

3. 根据乳化类型可采用的破乳法

表 5-3-13 乳化类型及破乳法

乳化类型	可使用破乳法
油包水型（W/O）	（1）沉降法 （2）在常压下加热或蒸馏 （3）在高压下加热或蒸馏 （4）电力去水法 （5）化学处理（加入破乳剂，变型破乳，在矿浆萃取时加入胺的木质素磺酸盐破乳很有效） （6）离心过滤
水包油型（O/W）	（1）化学处理（加入破乳剂，加酸处理，加酸配以辅助钙盐沉淀） （2）离心法破乳 （3）机械破乳（对乳化液进行慢速搅拌）有助于二相凝聚可减轻乳化

（二）第三相的生成和消除

表 5-3-14 第三相的生成及其避免方法

第三相生成的原因	避免第三相的措施
（1）胺类萃取剂在有机相溶解度愈小愈易生成第三相，直链胺比支链胺溶解度大，前者不易生成第三相，后者较易生成	（1）分子量为250～600的烷基胺适用于萃取 （2）采用芳烃有机溶剂，其溶解度比在烷烃中要大一些不易生成第三相 （3）加入添加剂（助溶剂）折散烷基胺的聚合体，增加其烷基胺在煤油中的溶解度 （4）叔胺或季胺萃取分离稀土时，常用提取甲苯、二甲苯后的混合芳烃作稀释剂，而不采用煤油，如要用煤油，需添加高碳醇、TBP、MIBK等
（2）胺盐生成第三相，还受成盐后酸根阴离子的影响，例如叔胺与硝酸相互作用，在低酸度生成$R_3NH^+ \cdot NO_3^-$，在高酸度生成$\left[\begin{matrix} R_3NH^+ \cdot NO_3^- \\ NO_3^- \cdot H_3O \end{matrix}\right]$两者的溶解度不同，前者大于后者，对于相同的烷基胺，与无机酸根所成的盐形成第三相的倾向为$(R_3NH)_2SO_4 > (R_3NH)HSO_4 > R_3NHCl > R_3NHNO_3$	（1）采用低酸度 （2）选择适当的无机酸
（3）有机相中有两种离子缔合物存在，例如叔胺的盐酸盐并不生成第三相，当萃取了UO_2Cl_2后，随有机相中$(R_3NH)_2UO_2Cl_4$浓度增加，出现第三相，当接近饱和萃取时，有机相中的R_3NHCl几乎全生成$(R_3NH)_2UO_2Cl_4$这时第三相也趋消失	（1）通过提高某一萃合物的浓度，使之形成的有机相占优势
（4）由于萃合物在有机相中的溶解度不够大萃取过程中达到了饱和，它就从有机相中析出，例如用D_2EHPA萃取Ce^{4+}时，由于D_2EHPA萃取容量较小，如果料液浓度过高，或有机相相比较小，就会出现$D_2EHPA-Ce^{4+}$盐的第三相	（1）增大有机相相比或降低料液的浓度
（5）温度的影响，一般随温度升高两个部分互溶的有机相的互溶度增加，达到某一临界温度以上，才能完全互溶，在临界温度以下，易生成第三相	提高温度

第四节 萃取设备

萃取设备，按两相的接触方式可分为两大类：连续接触式（也称微分接触式）和间断接触式（也称阶段接触式）。

选择萃取设备时，必须考虑：（1）有效接触所需的级数；（2）通过的流量；（3）停留的时间。另外还需考虑两相的比重，设备清洗的难易及场地大小等。

一、萃取设备的分类和各种型式萃取设备的优缺点

萃取设备分类情况列于表5-3-15，各种型式设备的优缺点列于表5-3-16。

二、各种萃取设备

1．喷雾塔

这种喷雾塔主要结构为一竖直塔身，如图5-3-19所示。其内充满着某一连续相，另一分散相喷成

表 5-3-15 萃取设备的分类

有无能量补充			
无	有搅拌装置	有转动设备	有脉冲装置
喷雾塔 简易填料塔 筛板塔	转盘塔 夏伯尔（Scheibel）塔 多段混合塔 杜斗斯（Tudose）塔 霍勒利-莫特（Holley-Mott）搅拌泵或混合澄清器克尔文（Colven）混合澄清器 温多卡尔（Vindocal）混合澄清器 翰逊（Hanson）混合澄清器	波德比尔尼克（po dbielniak）离心萃取器 路威斯达（Luwesta）离心萃取器	脉冲筛板塔 脉冲填料塔 脉冲式混合澄清器

表 5-3-16 各种型式萃取设备的优缺点

优缺点	澄清萃取器	无动力萃取塔	有动力萃取塔	离心萃取器
优点	相接触好，级效率高 相比范围宽，级数可以多 操作容易、维修费低 厂房高度小	结构简单 成本低 操作容易 维修费低	相分散好 相接触好 效率高 可以多级操作	适用于两相比重差小的体系 适用于易发生乳化的萃取体系 萃取效率高，停留时间短，体积小 占用厂房面积少
缺点	消耗能量大 在设备中停留的有机相多 有机相使用的效率低 占用厂房面积多	两相比重差不能太小 相比的范围变化小 要求场地房屋高 效率低，生产量小	两相比重差不能太小 不适用于易乳化的萃取体系 不适用于高的流速比	成本高 维修费高 虽然可多至20级，但级数仍有限制

细滴通过。这种塔效率较低，1～2个理论级数要有6～15m的高度，效率低的原因是分散相液滴的流

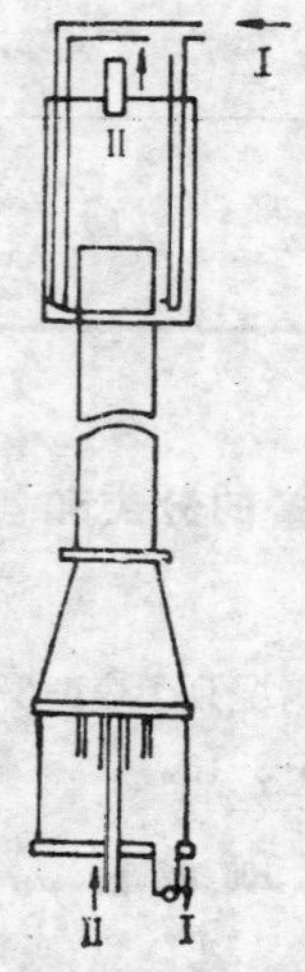

图 5-3-19 喷雾塔

Ⅰ—水相；Ⅱ—有机相

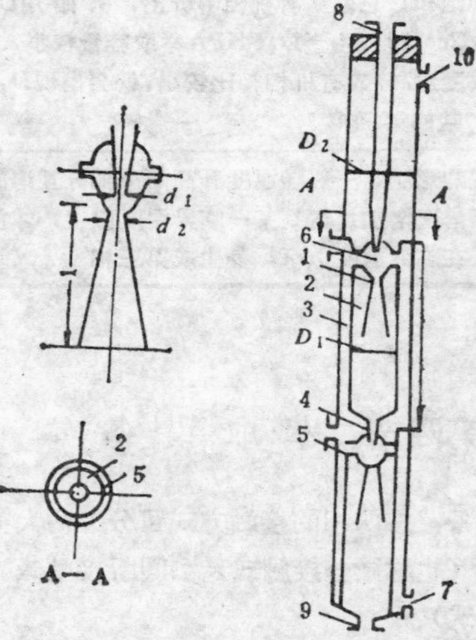

图 5-3-20 新型喷雾塔

1—喷射混合室；2—澄清室；3—环形外室；4、5—管子；6—喷嘴；7,10—水相进出口；8,9—有机相进出口

动造成连续相的循环。当连续相通过塔身时，随分散相液滴而运行，造成在塔壁上往相反的方向回流。这样，实际上两相不是逆流而成了并流。而新型多级立式萃取塔（图5-3-20）可以克服以上缺点，在不需要外界补助能量的条件下，就可达到高的萃取效率。

2. 简易填料塔

填料塔的结构与喷雾塔相似（图5-3-21）。填料的作用是使二相的接触面积扩大，同时减小连续相的返流，并能使分散相聚结和再分散。这种塔的处理量比喷雾塔小。因此，虽然其理论级的当量高度小得多，但直径较大。它的主要缺点是效率随塔直径增加而减小。

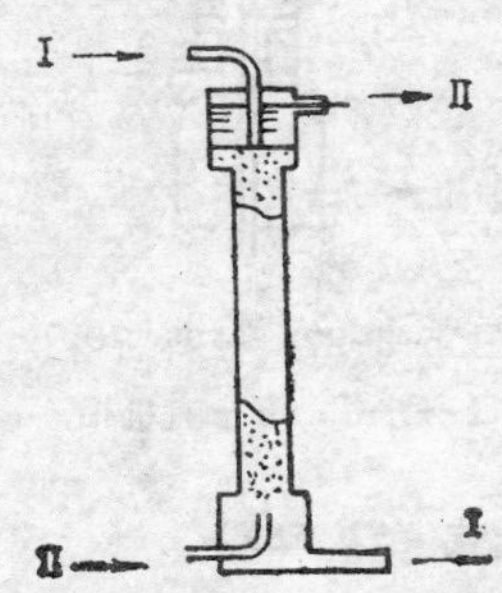

图 5-3-21 简易填料塔

Ⅰ—水相；Ⅱ—有机相

3. 筛板塔

筛板塔（图5-3-22）的作用和填料的作用相似，筛板上的开孔率通常为15～20%，过大或过小都对萃取操作不利。通常采用较小的筛板距以获得较好的效果。如将塔中筛板换成档板，便成为挡板塔，挡板塔的作用是引导分散相流体的流动。

往复式筛板塔（图5-3-23）的设计与脉冲塔的原理基本相同，唯一不同的是：不是液体相对于筛板组进行周期变化的运动，而是筛板相对通过液体进行往复运动。在相同操作条件下与脉冲塔的性能就流量和效率而言基本相同，其特点是在低振幅高频率和低频率高振幅下都可进行工作，而通常脉冲塔，在低振幅高频率下受到限制。

4. 转盘塔

转盘塔（图5-3-24）内设有一系列的挡板和圆盘，圆盘随同轴体可高速转动，运转时会出现旋涡，但因旋涡被限制在环形挡板之间，所以纵向混合有所减小，随着直径增加引起的效率下降并不急剧。这种塔的优点是操作灵活，弹性大，可借助调节转速来控制效率与处理量，对中等数目的段数而处理量大的情况最为适宜。

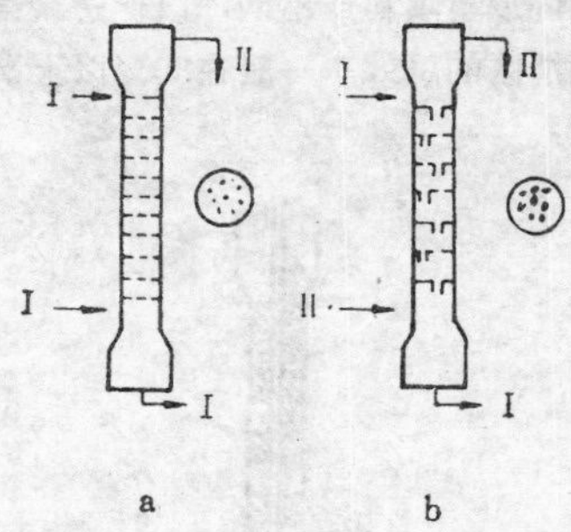

图 5-3-22 筛版塔

a—筛板上均匀分布小孔；b—筛板上带有溢流管

Ⅰ—水相；Ⅱ—有机相

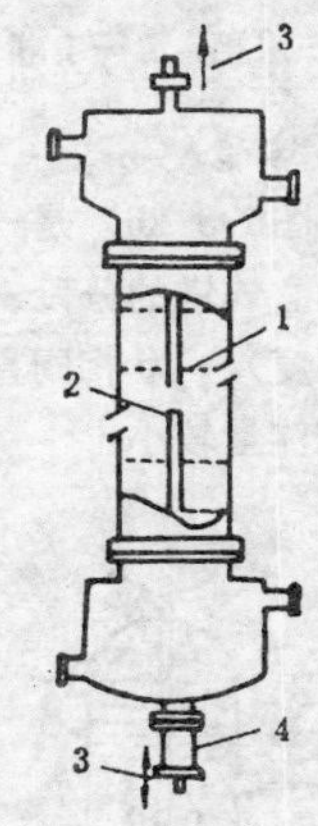

图 5-3-23 往复式筛板塔

1—筛板；2—杆；3—偏心转动；4—密封箱

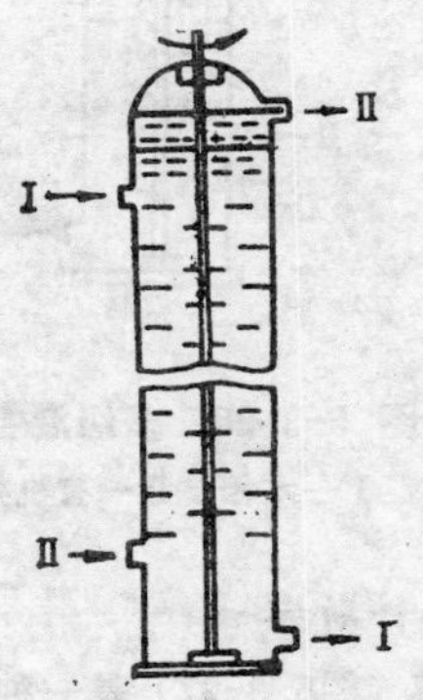

图 5-3-24 转盘塔

Ⅰ—水相；Ⅱ—有机相

5．夏伯尔塔

夏伯尔塔（图5-3-25）塔内设有交替的混合区和澄清区，在混合区中央装有叶轮，以进行搅拌，而澄清区内放置填料或格网，以促进聚结作用。混合区和澄清区的总效率一般在80%以上，实际上可达到100%。

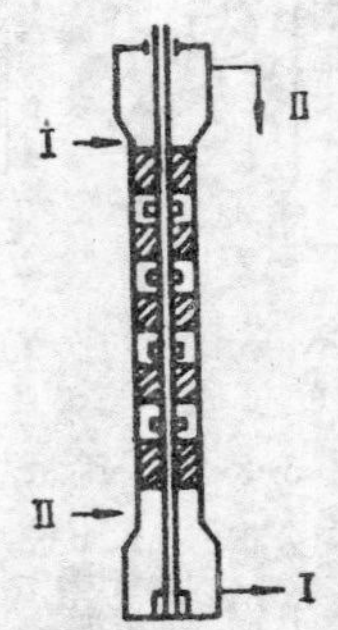

图 5-3-25 夏伯尔塔
Ⅰ—水相；Ⅱ—有机相

6．多段混合塔

多段混合塔（图5-3-26）是一种无交替沉降区的夏伯尔塔，这种立式塔的分段效率为40～90%（理论塔板当量高度），为相同直径的填料塔的一半，缺点是通过的流量较小。

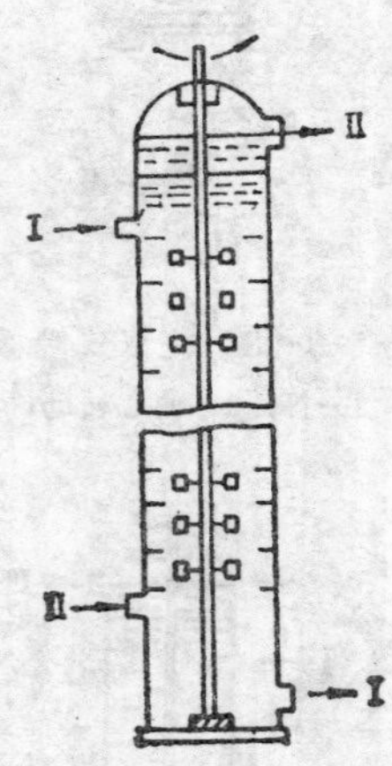

图 5-3-26 多级混合塔
Ⅰ—水相；Ⅱ—有机相

7．杜科斯塔

杜科斯塔（图5-3-27）是一种同夏伯尔塔相类似的萃取塔，分混合区和澄清区，混合区由塔的自由截面组成。在塔的横截面上配置分布盘。在分布盘上穿有小孔，其上固定着上下交替内转动叶片，当此分布盘转动时，叶片就使液体上下通过小孔。直径76mm的萃取塔，当转数为200r/min时，各段效率约为30%。

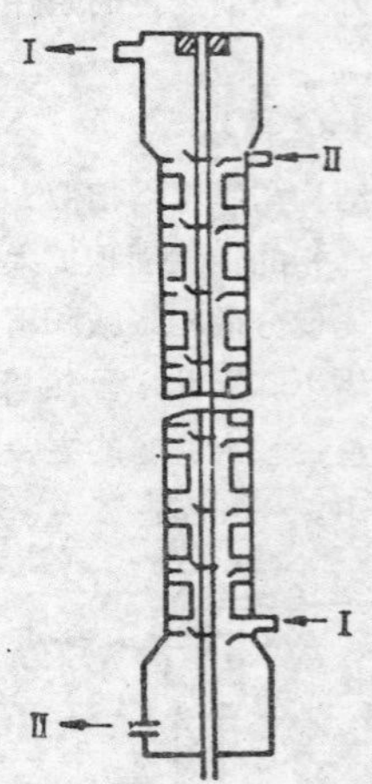

图 5-3-27 杜科斯塔
Ⅰ—水相；Ⅱ—有机相

8．波氏离心萃取器

波氏离心萃取器（图5-3-27）的转筒是由一条呈螺旋形的多孔长板条构成，它与机壳一起形成狭长的矩形通道、逆流的液相进入并穿过轴封，由此再达到转筒的另一端，在转筒中借离心力的作用，混合和分离便不断地发生。

这种萃取器处理量大，而滞液量小、它还可以处理两相密度差小而易于乳化的体系。如有固体粒子存在，可经专门的开口，定时予以清除。主要缺点是所需费用较多，而轴封也需要不断维护。

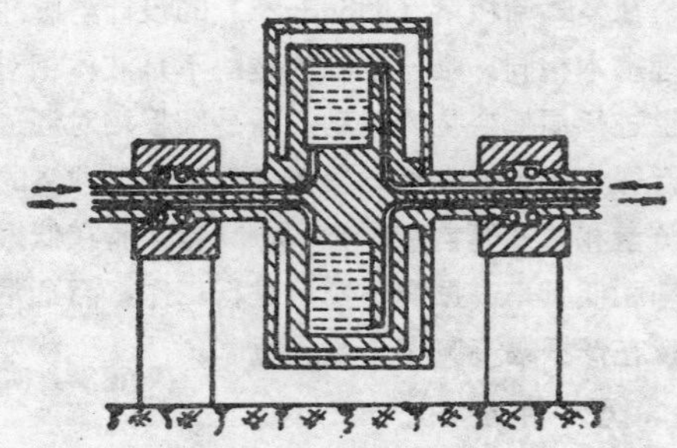

图 5-3-28 波氏离心萃取器

9．路威斯达（Luwesta）离心萃取器

路威斯达离心萃取器（图5-3-29）也是借助于

离心作用的一种萃取设备，在一壳体内有 3 个接触段，每一段由一喷洒混合盘和相应的离心室组成。其特点是能够处理带有固体粒子的体系。固体粒子集中于壳体周围，拆开萃取器即可将其除去。这种萃取器可以减轻或完全防止乳化的发生，另一优点是处理量大。

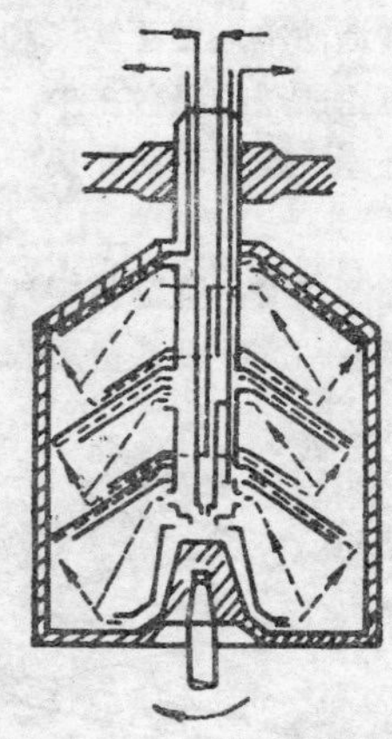

图 5-3-29 路威斯达离心萃取器

10．脉冲填料塔和脉冲筛板塔

这两种萃取塔由于有脉冲器而使液体发生脉冲，提高塔的效率，降低理论塔板当量高度。与工业上常用的萃取设备比较，脉冲筛板塔(图5-3-30)具有最高的效率因数。在脉冲筛板塔中，塔板上的均布小孔孔径通常为1～2mm，开孔率为20～25%，脉冲强度（频率乘振幅）依具体体系而不同。

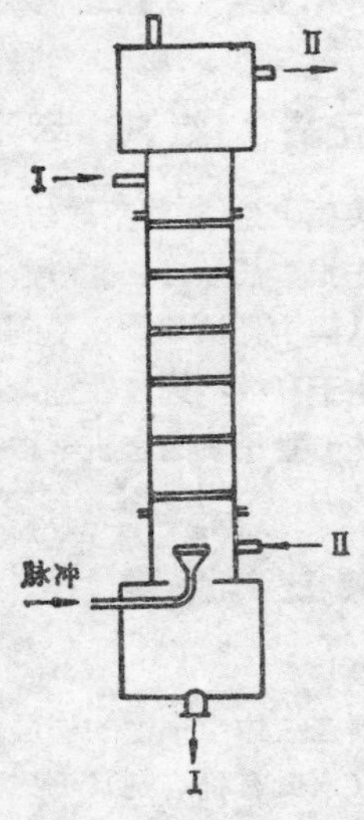

图 5-3-30 带有脉冲的筛板塔

Ⅰ—水相，Ⅱ—有机相

11．混合澄清器

这类设备又称为复级萃取器（Stagewise contact units)。它是由一系列萃取梯段组成。在运转中，两相首先接触混合，然后进行分离。梯段间互相连接成梯形。造成两相逆流。这种设备最主要的优点是，可以精确掌握萃取级数，级效率几乎可达100%；其次是相比可以变化，产量的伸缩性大。缺点是占地面积大，相的周转率小，特别是澄清器造成有机相大量存积。但由于简单可靠，广为使用。

霍勒利—莫特混合澄清器的混合室与澄清室以两根或三根传输管连接。由于混合室上半部的混合液体与澄清室分离后的轻相之间有密度差，而形成液体的循环流动，所以混合室的相比能独立控制。在一些大的装置中，这种萃取器应用得颇有成效。

克尔文、温多卡尔、输逊式等混合澄清器都是在霍勒利—莫特式上发展起来的。其基本原理相同。经过使用和发展，已将箱式水平萃取槽（图5-3-31）看成是典型、标准而又广为应用的一种型式。其特点是两相的流动借助混合室的机械搅拌或空气脉冲，使各级都在同一水平面上；因而在结构上非常紧凑。有的将混合室放在同一侧(图5-3-32)更利于操作管理。

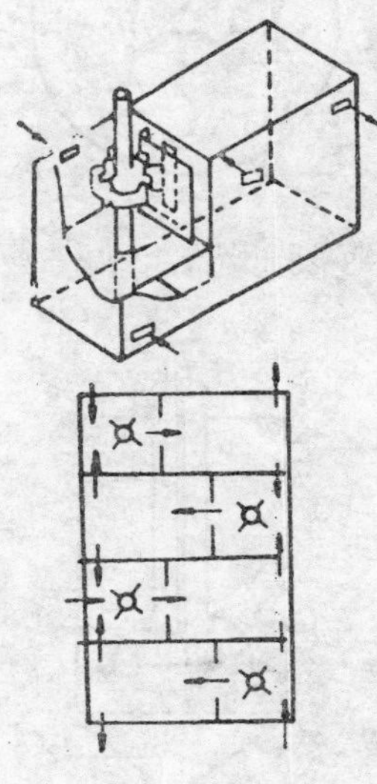

图 5-3-31 箱式水平萃取槽

12．其它萃取设备

除前述之外还有喷淋式料管萃取器（图5-3-33)，内装式混合澄清器（图5-3-34）及邦提克斯

(Fulex)萃取装置(图5-3-35)。后者螺旋状倾斜管为萃取段，管的上下两端分别设有分离液体用的静止段，并有气体从塔底静止段上部通入进行搅拌。该装置有以下特点：

(1)因装置没有填料或筛板以及可动部分，避免了堵塞、漏液现象，可以长期运转；

(2)由于处理量大，操作范围广，可在高效率稳定条件下进行操作；

(3)构造简单，便于洗涤和防腐蚀；

(4)不论所需的级数多少，都能适用；

(5)处理危险性物质如放射性物质等安全可靠；

(6)控制点少，且容易控制；

(7)容易制造，设备费用低。

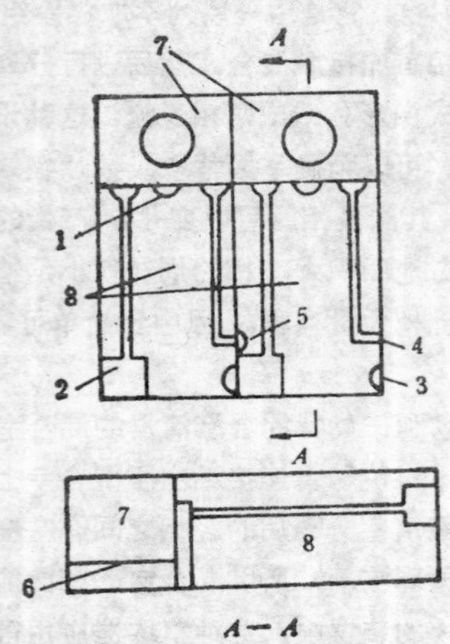

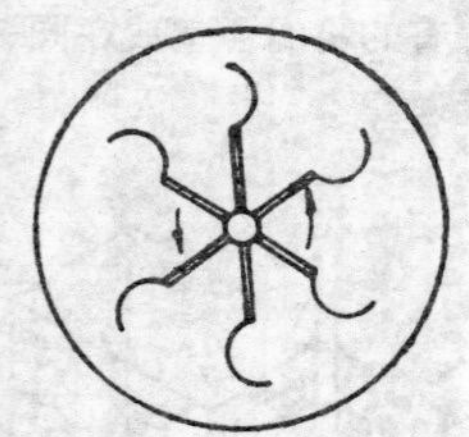

图 5-3-32　混合室在一边的混合澄清萃取槽结构

1—溢流口；2—水相进口；3—水相出口；4—有机相进口；5—有机相出口；6—假底；7—混合室；8—澄清室

图 5-3-33　喷淋式料罐萃取器

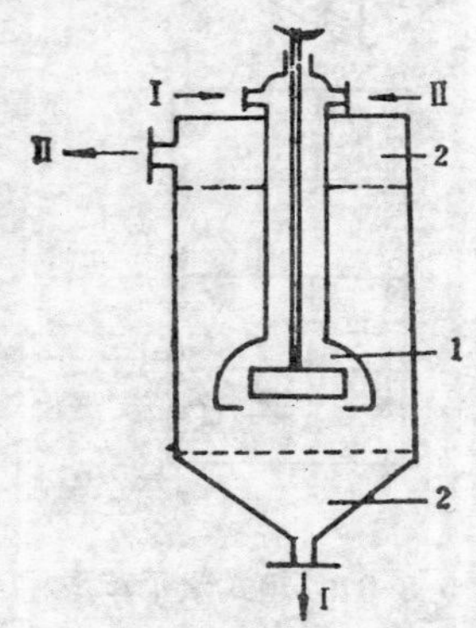

图 5-3-34　内装式混合澄清器

I—重相；II—轻相；

1—混合段；2—澄清段

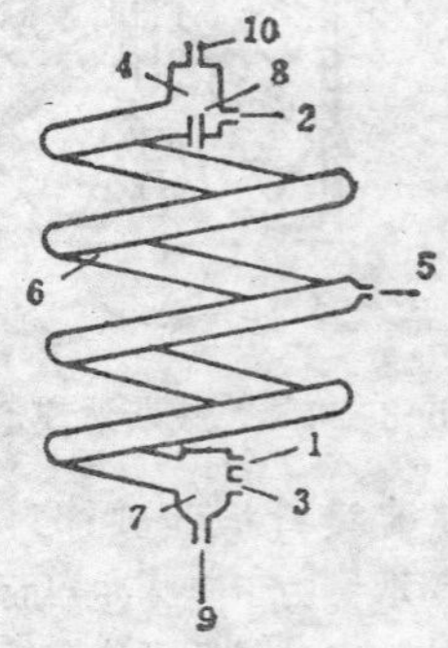

图 5-3-35　弗捷克斯萃取装置

1—轻相入口；2—重相入口；3—气体入口；4—塔顶静止段；5—液体侧喷嘴；6—萃取段；7—塔底静止段；8—轻相入口；9—重相入口；10—气体出口

第五节　液膜萃取

液膜萃取实质上是液-液萃取与反萃取相结合的过程，即首先把溶质从外相的溶液中萃取到膜中，然后又从膜中把被萃物反萃到膜内相试剂中去。液膜萃取由于高效，选择性好，萃取速度快，设备能力大，能节省昂贵的有机萃取剂等特点而具有广阔前景。

一、液膜及其分类

(一)液膜

液膜为悬浮在液体中很薄的一层乳液微粒，乳液通常由溶剂(水或有机溶剂)、表面活性剂(即乳化剂)和添加剂(膜强化剂)等组成。溶剂构成膜的基体，表面活性剂含有亲水基团和疏水基团，可以定向排列，以固定油水分界面来稳定膜形。通常膜的内相试剂与液膜不互溶，而膜的内相（分散相）与膜的外相（连续相）却是互溶的。乳液分散在第三相（连续相）中就形成了液膜体系。

（二）液膜的形状及其特点

液膜的形状及其特点见表5-3-17。

表 5-3-17 液膜的形状及特点

液滴型	隔膜型	乳化型
寿命短， 不稳定， 易破裂	是用赛璐珞膜从两侧以夹层状把液膜溶液包围起来，或使液膜溶液浸在聚四氟乙烯膜内。这种膜主要用于研究	是液滴直径小到呈乳化状的液膜，这是目前研究和使用最多的一种液膜。液滴直径范围为10^{-2}～10^{-4}cm，膜内有效厚度为1～10μm

（三）液膜的分类

按其组成不同，分为油包水型（W/O）和水包油型（O/W）两种，如表5-3-18所列。

表 5-3-18 液膜按组成分类

分类	油包水型（油膜）	水包油型（水膜）
特点及应用	内相和外相都是水相，膜是油膜，用于金属离子的分离 欲形成此类液膜，可选亲水亲油平衡值（HLB）为3～6的表面活性剂	内相和外相都是油相，膜是水质膜，用于有机混合物的分离 欲形成此类液膜，可选用HLB为8～18的表面活性剂

按传质机理不同，可分为无载体输送的和有载体输送的液膜，如表5-3-19所列。

表 5-3-19 液膜按传质机理分类

分类	无载体输送的液膜	有载体输送的液膜
特点	是把表面活性剂加到有机溶剂或水中所形成的液膜，它是利用溶质或溶剂的渗透速度差进行分离，若渗透速度差愈大，则分离效果愈好。主要用于分离物理、化学性质相似的碳氢化合物，从水溶液中分离无机盐及从废水中除去有机物	是由表面活性剂、溶剂和载体形成液膜，分离效果主要取决于所加入的载体。载体在两个介面之间来回穿梭地传递被迁移的物质，通过载体和被迁移的物质在液膜中的有效溶解度，特别是通过不断的给载体输送能量可以实现从低浓区向高浓区连续地迁移物质。目前这种类型的液膜研究最多，发展最快

液膜的分类可以归纳如下：

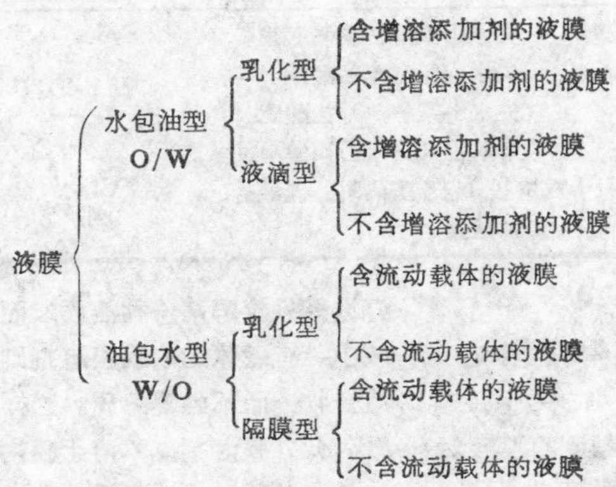

二、液膜组分的选择

(一) 表面活性剂的选择

表面活性剂在液膜分离中的主要作用是控制液膜的稳定性，其选择条件为：

(1) 不与载体相互作用，以免载体的选择性受到破坏。

(2) 表面活性剂的溶解性质，在邻接的溶液中必须具有低的溶解度，并能优先促进所需要迁移的溶质在膜中进行渗透。

(3) 表面活性剂的分子结构中，亲水基团的长度对液膜分离的渗透速度和分离系数有明显的影响，各种不同的表面活性剂对物质渗透速度的影响如表5-3-20。

表 5-3-20 不同表面活性剂的渗透速度

表面活性剂	渗透速度10^{-2}g/(h·cm²)	表面活性剂	渗透速度10^{-2}g/(h·cm²)
吐温 (Tween)	10.2	聚乙烯醇	16.6
夷加膘 (Igepal)	10.3	氯化十二烷基三甲铵	26.5
皂角甙 (Saponin)	12.1	十二烷基硫酸钠	30.2

(4) 表面活性剂的浓度和用量，对液膜的厚度、强度、乳化型液膜珠滴直径大小等都有直接影响。形成一个耐久的液膜，要求有某一最低量的表面活性剂溶液，如果低于此量值，由于液膜没有复盐所有的乳液滴，会使分离系数变小。因此必须根据不同体系的要求，选择适当的表面活性剂以构成油膜或水膜。因不同油类乳化时也要求具有某一特定的HLB值乳化剂，如表5-3-21所列。一些表面活性剂的HLB列于表5-3-22。

表 5-3-21 一般油类要求乳化剂具有的HLB值

被乳化物	要求乳化剂具有的HLB值		被乳化物	要求乳化剂具有的HLB值	
	W/O型乳化液	O/W型乳化液		W/O型乳化液	O/W型乳化液
煤油	6～9	12.5	硬脂酸	—	7
高粘度矿物油	4	10.5	椰子油	—	7～9
低粘度矿物油	4	10.0	十六醇	—	13
四氯化碳	—	16～18	油 酸	7～11	16～18
石蜡	4	9	月桂酸	—	16

表 5-3-22 一些表面活性剂的HLB值

商品名	组 成	HLB
Span85	失水山梨醇三硬脂酸醇	2.1
Span80	失水山梨醇单油酸酯	4.3
Span20	失水山梨醇单月桂酸酯	8.6
Tween80	聚氧乙烯失水山梨醇单油酸酯	15.0
AHASG-263	N-十六烷基-N-乙基码啉基硫酸盐	25～30
肥 皂	油酸盐	18.0

(二) 膜溶剂的选择

选择膜溶剂主要考虑它组成的液膜体系的稳定性以及它对溶质、络合物等溶解度的大小。为保持液膜有适当的稳定性，应选择具有适当粘度的膜溶剂。对溶质的溶解度方面，无载体的液膜膜溶剂最好选择只溶解某一种溶质，而对其它溶质的溶解度较小，有载体的液膜膜溶剂则最好选择能溶解载体络合物，而不溶解溶质。这样能提高体系的分离系数。此外膜溶剂应不溶于膜内相和膜外相，以减少溶剂的损失，同时还要求膜溶剂具有毒性小、不易挥发、比重适中和难溶于邻接的溶液等性质。

在油膜中，一般多采用中性油和异链烷烃作膜溶剂，其物理性质如表5-3-23所示。

表 5-3-23 中性油和异链烷烃物理性质

溶剂	碳原子数	芳香剂 %	密度 (15.6°C) g/cm³	闪点 °C	运动粘度 mm²/s
中性油	～35	9	0.865	193.3	22.6(37.8°C)
异链烷烃	～20	0.2	0.784	76.67	3.14 (25°C)

（三）流动载体的选择

在有载体的液膜分离中，流动载体的选择是实现选择性分离的关键，流动载体分类如下：

- 流动载体
  - 离子（带电）载体
    - 正电性载体
      - 选择性载体
      - 非选择性载体
    - 负电性载体
      - 选择性载体
      - 非选择性载体
  - 非离子（中性）载体

作为液膜分离的流动载体，必须具备下列条件：

（1）载体及其溶质形成的络合物必须溶于膜相，而不溶于膜的内相和外相，并且不沉淀，否则，引起载体损失并大大降低分离效果。

（2）载体与欲分离溶质所形成的络合物，稳定性必须适宜，要求载体在膜的一侧所形成的络合物能在膜中扩散，并能在膜的另一侧较容易地解络。

（3）载体不与表面活性剂反应，以免降低膜的稳定性。选择载体的方法可按一般液-液萃取的成功经验来选择。常用载体中有一般的萃取剂如羧酸、Aliguat 336(N263)、Alamine(N235)、LiX64和LiX65N混合物，D_2EHPA等。

（四）添加剂的选择

液膜的稳定性是它能否应用的关键，在分离阶段要求它具有一定的稳定性，但到破乳阶段，又要它容易破碎。为此往液膜组分中加入添加剂（即稳定剂）以达到整个液膜在分离操作中稳定性比较适当，如聚丁二烯。

三、液膜制备方法

（1）对无载体的液膜，一般组成配方是：

0.1% Span80作乳化剂，3％中性载体聚酰胺作增强剂，96％异链烷烃作溶剂。

（2）制备液膜乳液的一般程序是：在一个带挡板的2 L塑料桶中先加入表面活性剂、添加剂和溶剂，其总量为100g，然后在搅拌情况下，一滴滴地加入搜集剂（内相试剂）的水溶液，其总量为50g，再以1000～2000r/min的转速，在室温下搅拌10～20min，以保证生成包囊完好的乳液。

（3）有载体的液膜，为了除去料液中的无机离子，在油相中加入流动载体即成为有载体输送的液膜。

（4）液膜稳定性可由乳液破损率检测：

$$破损率\xi=\frac{W_{水}}{W_{乳内}}\times100\%=\frac{[Na^+]_{水}V_{水}}{[Na^+]_{乳内}V_{乳内}}\times100\%=3V_{水}\frac{[Na^+]_{水}}{[Na^+]_{乳内}}$$

式中 $W_{水}$——外水相中NaOH的重量，g；

$W_{乳内}$——起始时乳液内相中NaOH的重量，g；

$[Na^+]_{水}$、$[Na^+]_{乳内}$——外水相和起始时乳液内相中钠离子浓度，mol/L；

$V_{水}$——停止搅拌后，分层得到水相的体积，ml；

$V_{乳内}$——起始时乳液内相NaOH水溶液的体积，33.3ml。

液膜稳定性与其界面张力、表面压、粘度及表面电化学性质等有关。影响稳定性的主要因素有膜的粘度、乳滴大小、接触时间、表面活性剂浓度及离子强度等。

四、液膜萃取的操作程序

（一）乳化型液膜的制备

一般是将膜相试剂与内相试剂按一定配比混合，在强力搅拌下（如1000～2000r/min）使其乳化。

（二）液膜萃取

乳液与待处理溶液在混合槽中搅拌混合，使乳液分散在料液（连续相）中，有效地除去其中溶质，然后再将乳液与被处理料液分离。

（三）破乳

为了将用过的乳液重新使用需要将乳液打破，分出膜相和内相，将膜相返回制乳液，内相试剂进行回收或处理，破乳的方法有：

（1）化学法：加入破乳剂使膜张开破裂，但不破坏膜的组分，此法有一定局限性。

（2）静电法：在乳液中加入3000～30000V高压电场，使油膜破裂。

（3）高速离心法。

（4）升温法。

五、液膜萃取所用设备

液膜萃取设备有液膜混合澄清器（图5-3-36）及搅拌式接触器(图5-3-37)等。

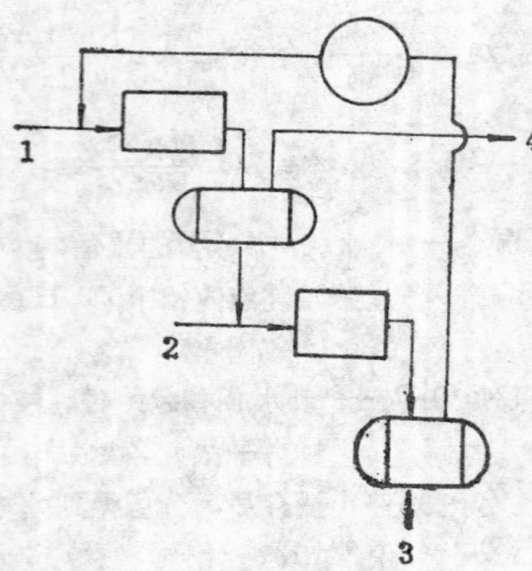

图 5-3-36 液膜混合澄清器

1—水溶液入口；2—液膜入口；3—水溶液出口；4—液膜出口

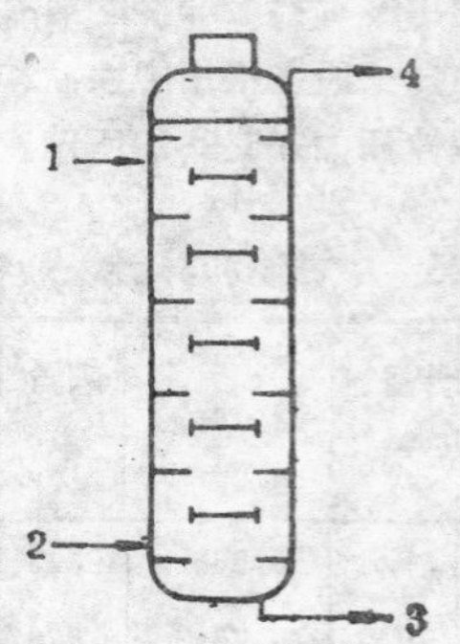

图 5-3-37 搅拌式接触器

1—水溶液入口；2—液膜入口；3—水溶液出口；4—液膜出口

参 考 文 献

[1] Sekine T.Y. et al., Solvent Extraction Chemisty: Fundmentals and Applications, Marcel Dekker, New York, (1977).

[2] 徐光宪，萃取化学原理，上海科学技术出版社，1984.

[3] 马荣骏，溶剂萃取在湿法冶金中的应用，冶金工业出版社，1979.

[4] З.И. 尼科洛托娃，萃取手册，V.1，原子能出版社，1981.

[5] Э.А. 麦若夫，萃取手册，V.2，原子能出版社，1982.

[6] 李以圭，李洲等，液-液萃取过程和设备(上册)，(下册)，原子能出版社，(1981).

[7] Lo, Teh C., et. al. ed.,Hand book of Solvent extraction, New York, Wiley(1983).

[8] 稀土编写组，稀土，冶金工业出版社，1978上册，p 370—636.

[9] 徐光宪，袁承业等，稀土的溶剂萃取，科学出版社，1987.

第四章 离子交换

编写人 孙金治

第一节 概 述

一、离子交换体的分类

- 离子交换体
  - 无机离子交换体（天然及人工合成沸石等）
  - 有机离子交换体
    - 碳质离子交换体（磺化煤等）
    - 合成树脂离子交换体
      - 阳离子交换树脂
      - 阴离子交换树脂

二、离子交换树脂的种类

离子交换树脂按功能团的性质及其在溶液中与离子交换作用的不同，可分为 8 类，见表 5-4-1。

表 5-4-1 离子交换树脂的种类

种类名称	功 能 团
强酸性阳离子	磺酸基（$-SO_3H$）
弱酸性阳离子	羧酸基（$-COOH$）、磷酸基（$-PO_3H_2$）、酚基（$-C_6H_4-OH$）
强碱性阴离子	季胺基〔$-N(CH_3)_3^+$、$-N(CH_3)_2(CH_2)OH$〕等
弱碱性阴离子	伯、仲、叔胺基〔$-NH_2$、$-NHR$、$-NR_2$〕等
两性树脂	强碱—弱酸〔$-N(CH_3)_2-COOH$〕、弱碱—弱酸〔$-NH_2-COOH$〕等
氧化还原树脂	硫醇基〔$-CH_2SH$〕、对苯二酚基 $OH-C_6H_4-OH$ 等
螯合树脂	胺羧基〔$-CH_2-N(CH_2COOH)_2$、$-CH_2-N(CH_3)C_6H_8(OH)_5$ 等
萃淋浸渍树脂	TBP、P_{204}、P_{507} 等

按树脂的物理结构又可分为三大类：

（1）凝胶型离子交换树脂。这类树脂球内没有毛细孔，交换反应是离子通过被交联的大分子链间距扩散到交换基团附近进行的。

（2）大孔型离子交换树脂。这类树脂内具有毛细孔结构，树脂球是非均相凝胶结构，适用于交换吸附分子较大的物质及在非水溶液中使用。

（3）载体型离子交换树脂。这类树脂是以球形硅胶或玻璃球等非活性材料载体做中心核，表面覆盖一离子交换树脂薄层，而制成的树脂。

三、离子交换树脂的应用

树脂在应用上的特点是：

（1）效率高。在分离、提纯、浓缩等方面，树脂柱的效率很容易达到数千个理论板数，特别适用于性质相近、其它方法不易分离的元素或微量有害物质。

（2）不溶于各种溶剂，易与产物分离，不引人杂质，不造成污染。

（3）操作简便，占地少，易于自动化，有利改善劳动条件、保护环境。

（4）树脂性能易于设计和控制，灵活性大，应用范围广。

（5）树脂可长期使用，只消耗普通试剂、再生剂和淋洗剂。

（6）树脂品种繁多，性能差别大，体系复杂，选择较难。

离子交换树脂的应用领域如表5-4-2所示。

表 5-4-2 离子交换树脂的应用领域

领域	应用
水的处理	水的软化、脱碱、脱盐，高纯水的制取等
糖及多元醇的处理	葡萄糖的脱色精制，蔗糖、甜菜糖浆的软化、脱色精制，甘油的纯化，山梨糖醇的软化
工业废水处理	含重金属有害物质废水的处理，含金、银废水处理及回收
原子能工业	钍、铀的提取，反应堆用水的净化，放射性污水的处理
催化剂	酯化，酯的水解，醇醛缩合，烷基化反应，水解，水合反应，脱水反应等的催化剂
制药工业	抗菌素的分离提纯精制，生化药物的分离精制，氨基酸、蛋白质的分离，生物碱的分离，药物添加剂
石油化工产品的纯化	用于各种石油产品的提纯、分离、分析催化，对铅、铜、汞、银、铝、铁、锌等金属离子、氮、硫以及催化裂解等引入杂质的去除效果尤佳
分析化学	稀土元素的分析，全电解质、碱金属及维生素类等的定量，牛奶中铜的定量分析等
稀有元素色层分离	稀土元素、稀有难熔金属贵金属等的分离提纯及回收等

第二节 离子交换树脂结构、性质及常用树脂

一、离子交换树脂的结构

离子交换树脂一般由三部分组成：

（1）高分子部分。它是构成离子交换树脂的骨干，有一定的机械强度，不易破裂，不易被各种溶剂溶解等性质。

（2）交联剂部分。它的作用是把整个线性分子链交联起来，使它具有三维空间的网状结构，构成树脂骨架。在骨架之间具有一定大小的孔隙（网眼），可允许游离离子自由往来。树脂中含有交联剂的质量称之为交联度。如下式：

$$交联度(DVB)=\frac{交联剂质量}{高分子部分质量+交联剂质量}\times 100\%$$

商品树脂的交联度(DVB)常用符号“×”表示，如×4、×10等，交联度大小反映了结构紧密程度，对树脂性能有较大影响。表5-4-3列出了二乙烯苯用量对离子交换树脂性能的影响。

表 5-4-3 二乙烯苯用量对离子交换树脂性能的影响

量多	量少
交联多	交联少
磺化困难	磺化容易
阳离子交换速度小	阳离子交换速度大
大离子或水合度大的离子很难进入树脂内部	大离子或水合度大的离子容易进入树脂内部
膨胀度小	膨胀度大

（3）功能团部分。它是联接在树脂上的活性离子基团，如—SO_3H、—COOH等，它们在溶液中能电离产生游离的可交换离子。依活性离子基团不同而分为阳离子和阴离子交换树脂，它决定着树脂的性质及交换能力。图5-4-1、5-4-2分别表示出苯乙烯系阳离子交换树脂的结构及其网状结构。

二、离子交换树脂的物理性质

离子交换树脂有以下一些主要性质：

（1）溶胀性。树脂浸入水中，由于水分子渗入树脂网状结构内，使体积增大，此现象称溶胀

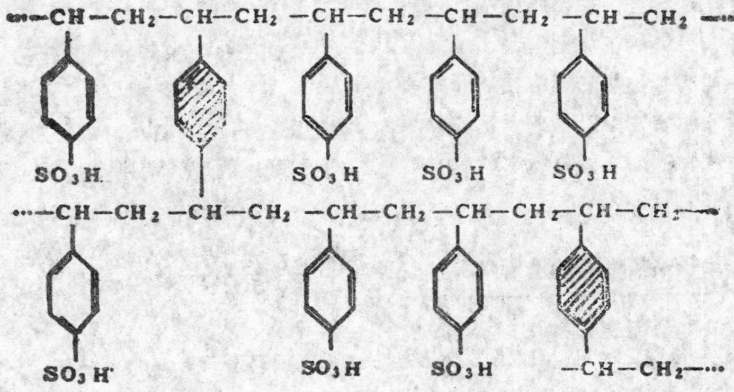

图 5-4-1　苯乙烯系阳离子交换树脂的构造

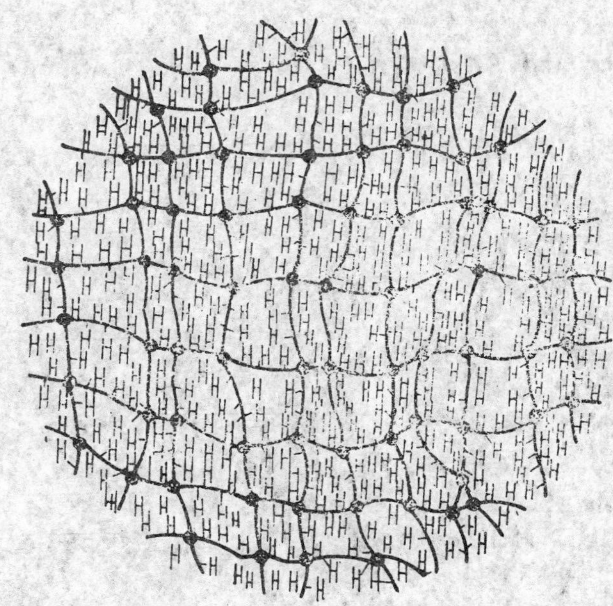

图 5-4-2　苯乙烯系阳离子交换树脂网状结构（网线交叉点为二乙烯的交联）

性。树脂上功能团具有亲水性，也促使树脂溶胀。

在强酸性阳离子交换树脂中，氢型树脂溶胀性比盐型大，其顺序如下：$H^+>Li^+>Na^+>NH_4^+>K^+>Ag^+$。

在强碱性阴离子交换树脂中，功能团上可以交换离子对溶胀性影响顺序为：$F^->CH_3COO^->OH^->HCO_3^->Cl^->NO_3^->Br^->I^-$。

弱酸（或弱碱）型树脂，其H^+（或OH^-）被其他离子置换，即转为盐型时，体积膨胀较大。

（2）外形和颗粒大小。树脂颜色依据牌号不同有白、黄、黑、棕褐等色，多是半透明或不透明球状颗粒，阻力小耐磨性好。颗粒大小与交换速度和压强降有关，颗粒小时比表面积大交换速度大，压强降损失不大。颗粒大小常用充分溶胀后再通过标准筛的目数来表示。国产树脂的颗粒一般在10～50目之间，用于纯水制备的树脂一般在20～40目，用于稀有金属分离的树脂常为60～150目。

（3）耐用性。其中以耐磨、耐热性最为重要。因树脂反复使用，次数主要取决于耐磨、耐热程度，也是应用经济价值的重要因素。

（4）稳定性。树脂在反复使用与再生时，连续发生收缩与溶胀变化，均会引起树脂破损。一般必须有良好的稳定性和足够的机械强度。

（5）溶解性。树脂是理想的不溶物，开始使用时，必须注意合成树脂结构中夹杂的低聚物分解而生成的物质，因这些物质溶解度都较大。表5-4-4列出了一些树脂的溶解情况。

表 5-4-4 一些离子交换树脂的溶解情况

树脂种类	相反离子型		溶解情况	
强酸性阳离子交换剂	Na	H	不溶	小
弱酸性阳离子交换剂	Na	H	大	小
强碱性阴离子交换剂	Cl	OH	不溶	小
弱碱性阴离子交换剂	Cl	OH	大	小

（6）密度。树脂密度分湿视密度、湿真密度、干燥树脂真密度，一般用树脂的湿视密度及湿真密度来表示。

1）湿视密度D_a。系指树脂在水中充分溶胀后的表观密度。其数学式为：

$$D_a = S/V_a, \ g/mL$$

式中 S——溶胀后树脂质量，g；

V_a——树脂溶胀后体积，包括树脂本身体积和颗粒间隙容积，mL。

2）湿真密度D_W。系指树脂充分溶胀后，树脂本身真密度，其数学式为：

$$D_W = S/V_W, \ g/mL$$

式中 V_W——湿树脂本身体积，不包括树脂颗粒间隙的容积，mL。

为了使树脂在水中不上浮，树脂湿真密度必须大于1，常在1.04～1.30左右。由湿视密度及湿真密度可计算空隙率或空隙容积：

$$空隙率\% = (1 - D_a/D_W) \times 100\%$$

三、离子交换树脂的化学性质

离子交换树脂的主要化学性质有：

（1）离子交换作用。交换作用是树脂的重要性质之一，它具有酸碱反应性能。如以强酸型阳离子和弱碱阴离子树脂交换反应为例（R代表树脂基体，上面横线表示树脂相）

强酸型阳离子交换树脂的交换反应：

$$\overline{R-SO_3^-H^+} + Na^+OH \rightleftharpoons \overline{R-SO_3^-Na^+} + H_2O$$

（中和反应）

$$\overline{R-SO_3^-H^+} + Na^+Cl^- \rightleftharpoons \overline{R-SO_3^-Na^+} + HCl$$

（中性盐分解反应）

$$\overline{R-SO_3^-Na^+} + K^+Cl^- \rightleftharpoons \overline{R-SO_3^-K^+} + Na^+Cl^-$$

（复分解反应）

$$\overline{R(-SO_3^-Na^+)_2} + Ca^{+2}Cl_2 \rightleftharpoons \overline{R(-SO_3^-)_2Ca^{+2}} + 2Na^+Cl^-$$

（复分解反应）

弱碱型阴离子交换树脂的交换反应：

$$\overline{R-NH_3^+OH^-} + H^+Cl^- \rightleftharpoons \overline{R-NH_3^+Cl^-} + H_2O$$

（中和反应）

$$\overline{R-NH_2} + H^+Cl^- \rightleftharpoons \overline{R-NH_3^+Cl^-}$$

（中和反应）

$$\overline{R-NH_3^+OH^-} + Na^+Cl^- \rightleftharpoons \overline{R-NH_3^+Cl^-} + Na^+OH^-$$

（中性盐分解反应）

$$\overline{R-NH_3^+Cl^-} + Na^+Br^- \rightleftharpoons \overline{R-NH_3^+Br^-} + Na^+Cl^-$$

（复分解反应）

$$\overline{R(-NH_3^+Cl^-)_2} + Na_2^{+2}SO_4^{-2} \rightleftharpoons \overline{R(-NH_3^+)_2SO_4^{-2}} + 2Na^+Cl^-$$

（复分解反应）

离子交换反应发生在可动离子复层中，其反应过程示意于图5-4-3。

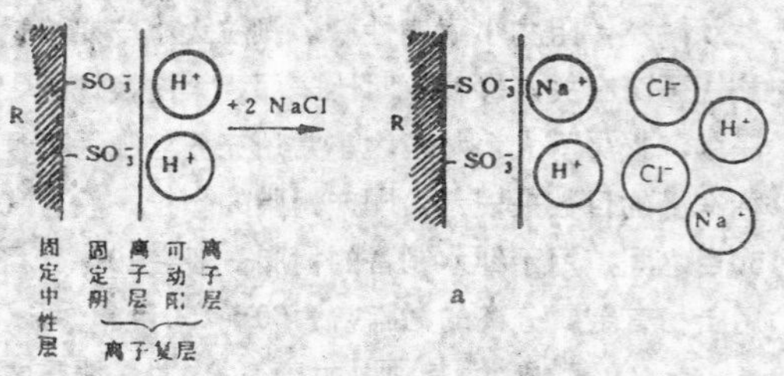

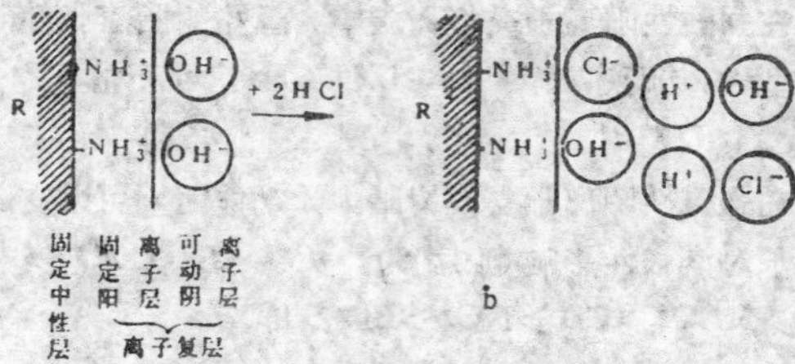

图 5-4-3 离子交换树脂的交换作用

a—强酸型树脂的交换作用；b—弱碱型树脂的交换作用

表 5-4-5 国产离子交换树脂主要产品规格性能

产品型号	产品名称	外观	总交换容量 meq/g	机械强度 %	溶胀率 %	粒度	湿真密度 g/mL
701# (331)	弱碱性环氧系阴离子交换树脂	金黄至琥珀色球状颗粒	⩾9	⩾90	$OH^- \rightarrow Cl^-$ ⩽+20	10～15目 占90%以上	1.05～1.09
704# (303×2)	弱碱苯乙烯系阴离子交换树脂	淡黄色球状颗粒	⩾5	—	$OH^- \rightarrow Cl^-$ +12.5	16～50目 占95%以上	1.04～1.08
711# (201×4)	强碱性季胺Ⅰ型阴离子交换树脂	淡黄色至金黄色球状颗粒	⩾3.5	—	在水溶液中 +85①	16～50目 占95%以上	1.04～1.08
717# (201×7)	强碱性季胺Ⅰ型阴离子交换树脂	淡黄色至金黄色球状颗粒	⩾3	⩾95	在水溶液中 +32.5① $Cl^- \rightarrow H^+$ +5	16～50目 占95%以上	1.06～1.11
强碱201# 201×7	强碱性季胺Ⅰ型阴离子交换树脂	淡黄色透明球状颗粒	2.7	长期使用后磨损极微	1.3～1.8	0.3～1.0 mm	>1.13
763# (D202)	大孔强碱季胺Ⅱ型阴离子交换树脂	淡黄至黄色球状颗粒	⩾3.4	—	—	0.3～1.84 mm	1.06～1.10
703# (D311)	大孔弱碱性丙烯酸系阴离子交换树脂	淡黄至褐色	⩾6.5	—	—	—	1.06～1.10
强酸1# (001×7)	强酸性苯乙烯系阳离子交换树脂	淡黄色透明颗粒	⩾4.5	长期使用磨损极微	1.8～2.2	0.3～1.2 mm	>1.4
强酸010# (001×7)	强酸性苯乙烯系阳离子交换树脂	黄棕色或金黄色透明球状颗粒	4-5	长期使用磨损极微	1.8～2.2	0.3～1.2 mm	>1.4
732# (001×7)	强酸性苯乙烯系阳离子交换树脂	淡黄至褐色球状颗粒	⩾4.5	—	在水溶液中 +22.5①	16～50目 占95%以上	1.24～1.29
724# (112×1)	弱酸性丙烯酸系阳离子交换树脂	乳白色球状颗粒	⩾9	—	$H^+ \rightarrow Na^+$ 150～190	20～50目 占80%以上	—

续表 5-4-5

产品型号	产品名称	湿视密度 g/mL	活性基团	含水量 %	出厂离子型式	pH值允许范围	允许温度 ℃	主要用途	生产厂家
701# (331)	弱碱性环氧系阴离子交换树脂	0.60～0.75	$-NH_3^+$ $=NH_2^+$ $\equiv NH^+$	58～68	OH^-	0～9	<80	水的处理及提炼抗菌素等	上海树脂厂
704# (303×2)	弱碱苯乙烯系阴离子交换树脂	0.65～0.75	$-NH_3^+$ $=NH_2^+$	45～55	Cl^-	0～9	<90	水的处理及提炼抗菌素等	上海树脂厂
711# (201×4)	强碱性季胺Ⅰ型阴离子交换树脂	0.65～0.75	$-N(CH_3)_3^+$	50～60	Cl^-	0～12	<70（氯型）<50（氢氧型）	制取高纯水及提炼放射性元素	上海树脂厂
717# (201×7)	强碱性季胺Ⅰ型阴离子交换树脂	0.65～0.75	$-N(CH_2)_3^+$	40～50	Cl^-	0～12	<60	制取高纯水及提炼放射性元素	上海树脂厂 丹东鞣料厂
强碱201# 201×7	强碱性季胺Ⅰ型阴离子交换树脂	0.64～0.68	$-N(CH_3)_3^+$	40～50	Cl^-	0～12	<60	与717#同	天津南开大学化工厂
763# (D202)	大孔强碱季胺Ⅱ型阴离子交换树脂	0.65～0.75	$-N(CH_3)_2\cdot(C_2H_4-OH)^+$	50～60	Cl^-	0～12	<40	—	上海树脂厂
703# (D311)	大孔弱碱性丙烯酸系阴离子交换树脂	0.70～0.75	—	58～64	Cl^-	0～9	<100	—	上海树脂厂
强酸1# (001×7)	强酸性苯乙烯系阳离子交换树脂	0.76～0.8	$-SO_3^-$	45～55	Na^+	0～14	<110	制取高纯水及分离稀土元素	天津南开大学化工厂
强酸010# (001×7)	强酸性苯乙烯系阳离子交换树脂	0.76～0.8	$-SO_3^-$	45～55	Na^+	0～14	<120（钠型）<100（氢型）	与732#同	宜宾化工厂
732# (001×7)	强酸性苯乙烯系阳离子交换树脂	0.75～0.85	$-SO_3^-$	46～52	Na^+	0～14	<110	与732#同	上海树脂厂 丹东鞣料厂
724# (112×1)	弱酸性丙烯酸系阳离子交换树脂	—	$-COO^-$	≤65	H^+	—	—	水处理及提炼抗菌素等	上海树脂厂

注：表中数字注有①者为某设计院测定，仅供参考。

表 5-4-6 离子交换树脂分类名称及代号

代 号	分 类 名 称
0	强酸性
1	弱酸性
2	强碱性
3	弱碱性
4	螯合性
5	两 性
6	氧化还原

表 5-4-7 离子交换树脂的骨架物系及代号

代 号	所代表的骨架物系
0	苯乙烯系
1	丙烯酸系
2	酚醛系
3	环氧系
4	乙烯吡啶系
5	脲醛系
6	氯乙烯系

表 5-4-8 国内外离子交换树脂对照表

国产型号（生产单位）	基本结构	日 本	美 国	英 国	德 国	法 国	苏联	捷 克
强酸001 （南开大学） 735、732 （上海树脂厂）	$-CH_2-CH-$ SO_3H	Diaion K Diaion BK Dialion SK Diaion SK-1B	Amberlite IR—120 Dowex 50 Nalcite 11CR Nalcite 1—16 Permutit Q Ionac 240	Zeokarb 225 Zerolit 215 Zerolit 225 Zerolit 325 Zerolit 425 Zerolit SRC	（西）Lewatit S 100 Lewatit 115 Lewatit 1080 西)Lonenaustauscher11 （东）Wofatit KPS	All ssion CS Duolite C—20 Duolite C—21 Duolite C—25 Duolite C—27 Duolite C—202 Duolite C—204 Duollte ARC—351	KY—2 SDB—3 SDV—3	Ostion KS Katex SKM
大孔强酸 D001， D001—CC， D72，D61 D31，D51 （南开大学） 742B （上海树脂厂）		Diaion PK Diaion HPK	Amberlite 200 Amberlite 252 Amberlyst 15 Amberlyst XN 1004 Amberlyst XN 1005 Amberlyst XN 1010 Permutit QX Dowex 50W	Zerolit S—1104 Zerolit S—625 Zerolit S—925	（西）Lewatit SP—100 Lewatit SP—112 Lawatit SP120 Lewatit CA—9259HL （东）Wofatit KS—10 Wofatit KS—11 Wofatit OK—80	Allassion AS Duolite C20HL Duolite C-26 Duolite C-261 Duolite ES—26 Duolite ES—264	KY—2—12P KY—23	Katex KP—1 Ostion KSP

续表 5-4-8

国产型号 (生产单位)	基本结构	日　本	美　国	英　国	德　国	法　国	苏联	捷　克
强酸110 (南开大学) 724 (上海树脂厂)		Diaion WK20	Amberlite IRC-50 BiO-Rad 70	Zeokarb 226 Zeokarb 236 Zerolit 236	(东)Wofatit CP—300	Allassion CC Duolite CC	КБ-1:4 KM KP	
大孔弱酸 151，152 (南开大学) 720，725 (上海树脂厂) D111 (丹东化工厂)	$-CH_2-CH-CH_3$ $O=C$ OH	Diaion WK10 Diaion WK11	Amberlite IRC-84 Permutit 216 Dowex CCR-2 Ionac 270 Ionac CC Ionac CNN Permutit H-70 Permutit C Permutit Q210		(西)Lewatit CNP—80 (东) Wofatit CA—20 (西) Ioncnaustau-scher IY	Duolite C—432 Duolite C—464	КБ—3	Ostion KM
强酸 201×4 201×7 (南开大学) 强碱 707、711、717 (上海树脂厂) 强碱 214 (宜宾化工厂)	$-CH_2-CH-$ (苯环) CH_3 CH_3-N-CH_3 CH_3 Cl^-	Diaion.SA—10A Diaion.SA—10B Diaion.SA—11A Diaion.SA—11B Diaion.SA—100 Diaion.SA—101 Diaion.SA—11B 神胶800 神胶801	Amberlite LRA—400 Amberlite CG—400 Amberlite IRA—401 Dowex 1 Permutit S Nalcite SBR Ionac A—540 Bio-Rad AG—1 Illco A244	DeAcidite FF DeAcidite IP DeAcidite SRA DeAcidite61～64 Zerolit FF Zerolit FX Zerolt P(1P) Zerolit FF(1P) Zerolit FS(1P)	(西) Lewatit M500 (西) Ionenauslau-scher Ⅲ (东) Wofatit ES Wofatit RS Wofatit RO Wofatit SBT Wofatit SBW	Allassion AG217 Allassion AR-12 Allassion AS Duolite A101 Duolite A104 Duolite A109 Duolite A121 Duolite A143 Duolite A12 ES、ESA、ARA	АБ—17 АБ—19	Anex SD—TM Ostion AT Ostion SD—TM

续表 5-4-8

国产型号 (生产单位)	基本结构	日　本	美　国	英　国	德　国	法　国	苏联	捷　克
大孔强碱 D290，D296 D261 （南开大学） 1299 （宜宾化工厂） 259 （北京五所）	$-CH_2-CH-$ (benzene ring) CH_2 CH_3-N-CH_3 CH_3 Cl^-	Diaion PA	Amberlite IRA—900 Amberlite IRA—904 Amberlite IRA—938 Ambersorb XE—352 Amberlyst A—26 Amberlyst A—27 Amberlyst XN—1001 Amberlyst XN—1006 Dowex AG21K Dowex MSA—1 Ionac A—641	DeAcidite.K-MP Zerolit S—1095 Zerolit S—1102 Zerolit K(MP) Zerolit MPF	(西)Lewatiit MP—500 （东）Wofatit SZ—30 Wofatit EA—60	Allasion AR—10 Duolite A—110 Duolite A—161 Duolite ES—143 Duolite ES—161	АБ—17П	Katex AP—1 Ostion ADP
强碱202（2206） GA204、 （宜宾化工厂）	$-CH_2-CH-$ (benzene ring)	Diaion SA—20A Diaion SA—20B Diaion SA—21A Diaion SA—21B Diaion SA—200 Diaion SA—201	Amberlite IRA—410 Amberlite IRA—411 Dowex 2 Nalcite SAR Permutit A—300D	Zerolit N (1P)	（西）Lewatit M—600 （西）Permutit ES （东）Wofatit SBK	Allassion AQ227 Duolite A—10 Duolite A—102	АБ—27 АБ—29	Anex SD Anex D
大孔强碱Ⅱ型 D206(0610) （南开大学）， 763A、B （上海树脂厂）， D252 （争光化工厂）	CH_2 CH_3-N-CH_3 Cl^-CH_2 CH_2 OH	Diaion PA—404 Diaion PA406 Diaion PA408 Diaion PA410 Diaion PA420	Amberlite IRA—910 Amberlite IRA—911 Amberlite XE—224 Amberlyst A—29 Amberlyst XN—1002 Inoac A651	Zerolit S—1106、 Zerolit MPN	（西）Lewatit MP—600 （东）Wofatit SL—30	AllassionAR—20 AllassionDC—22 Duolite A400C Duolite A—160	АБ—27П АБ—29П	Ostion ADP
弱碱311 （宜宾化工厂） 704 （上海树脂厂）			Amberlite IRA—45 Nalcite WBR	Zerolit H (1P) Zerolit M (1P) Zerolit M DcAcldite GHJ	（西）Ionenaustauscher Ⅱ	Duolite FS106 Duolite A114 Duolite A303	AH—17 AH—18 AH—19 AH—20	Ostion—AMP Ostion AW

续表 5-4-8

国产型号 （生产单位）	基本结构	日 本	美 国	英 国	德 国	法 国	苏联	捷 克
大孔弱碱 D301（370）、 D390，D396 （南开大学）， D351 （西安电力树脂厂）， 709、710A、B （上海树脂厂）	$-CH_2-CH-$（苯环）$-CH_2-N(CH_3)-CH_3$	Diaion WA—20 Diaion WA—21	Amberl'te IRA—93 Amberlitc IRA—94 Amberlite IRA—94S Amberlyst A—21 Amberlyst XE—1003 Ionac A—320 Dowex MWA—1 Permutit S—440	Zerolit MPH Zerolit S—1101	（西）Lewatit MP—60 Lewatit MP60 Lewatit OC—1002 Lewatit CA—9247HL Lewatit CA—9222 （东）Wofatit AD—40 Wofatit AD—41 Wofatit RO—71	Duolite A—305 Duolite ES—308 Duolite ES—368	АН—80П ×77Ⅱ	Anex AP—DM Ostion AWP
弱碱330 （华北制药厂、山东新华制药厂、福州制药厂）， 332（370）、701 （上海树脂厂）	$-NH-CH_2-N-$，CH_2，$HO-CH$，CH_3-N-CH_3，$Cl^{\ominus}CH_2$		Dowex WGR Ionac A—300 Ionac A—310	DeAcidite A	（东）Wofalit L150 Wofalit MD	Duolite A30B Duolite A30 Duolite A57 Duolite A340 Duolite ES—57 Duolite ES—371	ПЭК ЭДЭ—10 ЭДЭ—10П	
702、703、705 （上海树脂厂）	$-CH_2-CH-CH_3$，$O=C$，NR_2	Diaion WA—10 Diaion WA—11 Diaion WA—30	Amberlite IRA—68 Amberlite XE—163 Amberlite XE—236		（西）Lewatit MP—64	Duolite ES—366		
EDTA型螯合树脂 D401 （南开大学）	CH_2COOH，$-H$，CH_2COOH	Diaion CR—10	Amberlite IRC—718 Dowex A—1 Bo-chelex 100	Zerolit S—1006	（西）Lewatit TP207 （东）Wofatit MC—50	Duolite ES—166 Duolite A—371	KT-1 KT-2 KT-3 KT-4 XKA-1	

注：本表参照各厂家商品说明书编制，D表示大孔型。

（2）交换容量。系指交换能力的大小。通常分为总交换容量和操作交换容量。总交换容量系指树脂中功能团的总数亦称饱和交换容量。操作交换容量系指在一定条件下树脂平衡交换容量亦称工作交换容量。其单位可用重量单位（meq/g干树脂）和体积单位（meq/mL湿树脂）表示。

四、常用离子交换树脂

将有机离子交换树脂、交换膜、螯合树脂简介如下：

（一）国内常用树脂的性能及代号

（二）国内外离子交换树脂对照表(表5-4-8)

（三）其它离子交换树脂

1. 离子交换膜

离子交换膜的工作原理如图5-4-4 所示。离子交换膜的种类和性质列于表5-4-9。

离子交换膜主要用途有：

（1）电渗析法。海水浓缩（制盐），工业废水、地下水的脱盐再用，盐水淡化，从电镀废液中回收有价成分，显影液再生。

（2）扩散渗析法。从各种无机酸废液中回收酸（HCl、H_2SO_4、HF、HNO_3等）及在有机合成过程中脱酸、精制。

（3）电解渗析法。食盐电解，有机物电解还原、氧化，有价金属的电析回收。

2. 离子交换布

离子交换布是采用木棉纤维经尿素与磷酸处理，使其磷酸化就可制成交换容量1.1～1.3meq/g的阳离子交换布。由于它面积大，交换速度快而引起人们的兴趣，但目前尚未被工业所采用。

3. 高选择性离子交换树脂

（1）溶剂浸渍树脂。是把树脂浸泡在萃取剂里，使树脂交联骨架内含有萃取剂，萃取剂为P_{204}和P_{507}等，其吸附量可达19.1mg〔Zn〕/g树脂。

这种树脂吸附水相中的金属离子时与普通树脂不同，它吸附的离子从表面向内部逐渐减少。这种现象是因为树脂中的萃取剂是以均匀的液层甚至以单分子层分布在整个树脂孔隙的表面，树脂苯环部

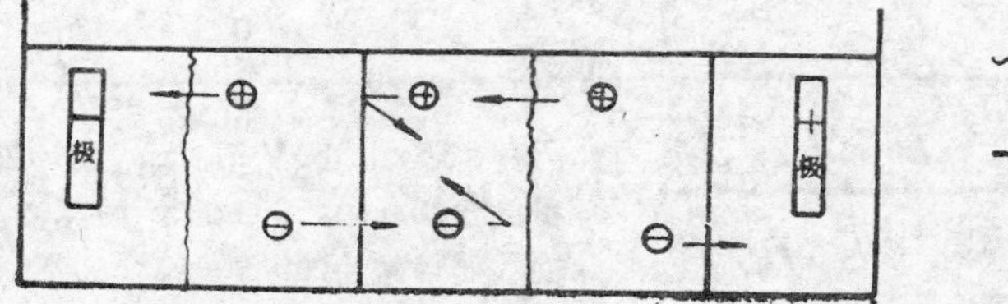

图 5-4-4 离子交换膜工作原理

表 5-4-9 离子交换膜的种类和性质

名称	交换基	厚度 mm	交换容量 meq/g	含水量 g/g	传输率 %	电阻率 Ω·cm	破裂强度 kg/cm²	特征
阳离子交换膜					全阳离子			阳离子选择透过
CL—257	强酸性	0.15～0.17	1.5～1.8	0.25～0.35	98	2.2～3.0	3～5	
CM—1	强酸性	0.13～0.16	2.0～2.5	0.35～0.40	98	1.2～2.0	3～5	
CM—2	强酸性	0.13～0.16	1.6～2.2	0.25～0.35	98	2.0～3.0	3～5	低扩散型
CMS	强酸性	0.14～0.17	2.0～2.5	0.35～0.45	98	1.5～2.5	3～4	一价离子选择透过
CLE—E	强酸性	0.8 ～1.3	1.3～1.8	0.3 ～0.4	98	1.5～2.5	8～10	高强度型
C66—10F	强酸性	0.25～0.35	1.7～1.2	0.3 ～0.4	98	3.8～5.3	6～8	有机电解用
阴离子交换膜					全阴离子			阴离子选择透过
AM—1	碱性	0.13～0.16	1.8～2.2	0.25～0.35	98	1.3～2.0	3～5	
AM—2	碱性	0.13～0.16	1.6～2.0	0.2～0.3	98	2.0～3.0	3～5	
AM—3	碱性	0.13～0.16	1.3～2.0	0.15～0.25	98	3.0～4.0	3～5	低扩散型
ACS	碱性	0.15～2.0	1.4～2.0	0.2～0.3	98	2.0～2.5	4～6	一价离子选择透过
AFN	碱性	0.15～2.0	1.8～2.5	0.35～0.45	98	1.2～2.0	5～7	扩散透析用
ACLE—5P	碱性	0.2 ～0.3	1.3～2.0	0.2～0.3	98	15～25	8～10	耐碱性

表 5-4-10　典型螯合剂

与金属离子络合的原子	螯合剂名称	化学式
N，N	乙二氨	$H_2NCH_2CH_2NH_2$
	二乙基三氨	$H_2NCH_2CH_2NHCH_2N_2$
	2，2′-联吡啶	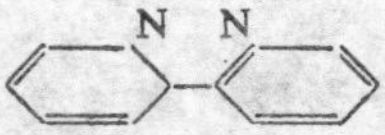 （结构式：两个吡啶环相连，N　N）
N，O	氨基乙酸	H_2NCH_2COOH
	8-羟基喹啉	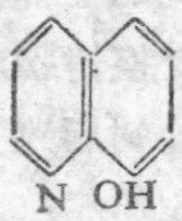 （结构式：喹啉环，N　OH）
	乙二胺四乙酸	$CH_2-N(CH_2COOH)_2$ $\vert$ $CH_2-N(CH_2COOH)_2$
O，O	乙酰丙酮	$CH_3-\underset{\Vert}{\overset{}{C}}-CH_2-\underset{\Vert}{C}-CH_3$ O　　　　O

表 5-4-11　螯合树脂

金属捕集基的类型	螯合树脂的化学结构
N，N型 （聚烷基聚氨）	$R^*-CH_2NH(CH_2CH_2NH)_nH$
N，O型 （亚氨基二乙酸）	$R^*-CH_2-N(CH_2COOH)_2$
S，S型 （二硫代氨基甲酸盐）	$R^*-CH_2-NH-C(=S)SNa$

注：R^*表示 （苯环）$-CH_2-CH_2-$。

分和萃取剂的碳氢部分之间不存在化学键，而以范德华引力相互吸引着。

（2）萃淋树脂。是以乙烯-二乙烯苯为骨架，且基本上是大孔结构并含选择性萃取剂的共聚物的总称。与浸渍树脂的区别在于制法不同，即将萃取剂先加在苯乙烯和二乙烯的单体混合物中，然后聚合成球。二乙烯交联剂可占5～10%。这种树脂堆装密度较低，约为600g/L，湿真密度约1.0g/cm³，活性物质通常为25～50%，含水率小于0.3%。其选择性主要取决于所含萃取剂，使用中萃取剂的溶解可以忽略，因此应用价值较高。

由于氢氧化钠与P_{204}、TBP等起化学作用，故不能用氢氧化钠为淋洗剂，分离时最好采用HCl、H_2SO_4、HNO_3、有机酸和水淋洗。

（3）螯合树脂。是以聚苯乙烯或聚丙烯等高分子树脂为载体，把螯合剂固定在高分子链上的一种高选择性树脂。螯合剂是靠化学键固定在内表面积大的多孔基质的树脂上，这种螯合剂亦称作金属捕集基。

螯合树脂通常是一些直径0.13～1.5mm的球体，其选择性主要依据金属离子与螯合剂形成螯合物的平衡常数的差异在不同pH值下使金属离子分离。表5-4-10列出典型螯合剂，表5-4-11列出主要螯合树脂。

第三节　离子交换平衡

离子交换平衡过程一般遵循质量作用定律。

离子交换选择性直接受交换反应可逆倾向程度支配，各种离子交换反应的可逆倾向往往有很大差别。有如下三种情况见图5-4-5。图中纵坐标为平衡时离子在树脂相中浓度q与树脂总交换容量Q之比；横坐标为溶液中离子浓度C与溶液中离子总浓度C_0之比。其平衡关系可用树脂与离子亲和力大小进行定性解释。

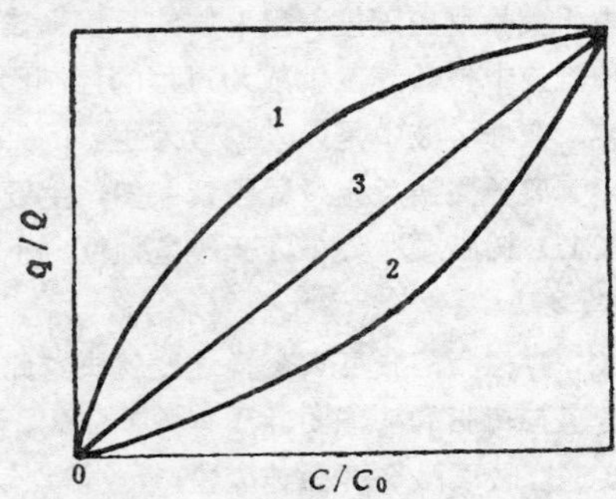

图 5-4-5　各种类型离子交换平衡

1—正平衡；2—逆平衡；3—线性平衡

一、选择性系数K′

选择性系数K'系指树脂中可交换离子与溶液中待交换离子发生离子交换时的表观平衡常数。如

$$\overline{[R-H]}+\frac{1}{n}[Me^{n+}]_s \rightleftharpoons \frac{1}{n}\overline{[R-Me]}+[H^+]_s$$

$$K'=\frac{\overline{[R-Me]}^{1/n}[H^+]_s}{\overline{[R-H]}[Me^{n+}]^{1/n}}=\frac{[\overline{Me}]^{1/n}[H]_s}{[\overline{H}][Me]_s^{1/n}}$$

式中　$\overline{[R-H]}$——平衡时树脂相中H^+浓度，简化为$[\overline{H}]$；

$\overline{[R-Me]}$——平衡时树脂相中Me^{n+}浓度，简化为$[\overline{Me}]$；

$[H^+]_s$、$[Me^{n+}]_s$——分别为平衡时H^+、Me^{n+}在溶液中浓度，简化为$[H]_s$、$[Me]_s$。

选择性系数用来表示树脂交换能力大小或离子对树脂相对亲和力大小。其规律如下：

（1）在常温稀溶液中，树脂对离子的相对亲和力随着离子价数增加而增大。如$Th^{4+}>RE^{3+}>Cu^{2+}>H^+$。

（2）在常温稀溶液中，离子价数相同时，离子相对亲和力随着水合离子半径的增大而减小。如：$Tl^+>Ag^+>Cs^+>Rb^+>K^+>NH_4^+>Na^+>H^+>Li^+$；$Ba^{2+}>Pb^{2+}>Sr^{2+}>Ca^{2+}>Ni^{2+}>Cd^{2+}>Cu^{2+}>Co^{2+}>Mg^{2+}>UO_2^{2+}$；$La^{3+}>Ce^{3+}>Pr^{3+}>Nd^{3+}>Sm^{3+}>Eu^{3+}>Gd^{3+}>Tb^{3+}>Dy^{3+}>Y^{3+}>Ho^{3+}>Er^{3+}>Tm^{3+}>Yb^{3+}>Lu^{3+}>Sc^{3+}$。

（3）离子与溶液中电荷相反的离子或络合剂形成络合物的作用愈强则离子对树脂的相对亲和力就愈小。

（4）阴离子与通常使用的强碱性阴离子交换树脂的相对亲和力次序如下：$SO_4^{2-}>C_2O_4^{2-}>I^->NO_3^->CrO_4^->Br^->SCN^->Cl^->OH^->CH_3COO^->F^-$。

（5）对H^+、OH^-的相对亲和力，与树脂中固定离子基团性质有关。强酸性阳离子交换树脂H^+的相对亲和力位于Na^+和Li^+之间，弱酸性阳离子交换树脂H^+的相对亲和力受树脂中活性基团的酸性影响较大，当酸性很弱时，H^+的相对亲和力甚至大于Tl^+。强碱性阴离子交换树脂OH^-的相对亲和力通常位于Cl^-、F^-之间，弱碱性树脂OH^-的相对亲和力远在上述阴离子亲和力次序的左边，碱性愈弱OH^-的亲和力位置愈向左移，即亲和力愈大。

（6）引起树脂溶胀较小的离子，其亲和力较大。

除上述规律之外，离子对树脂的亲和力尚与许多因素有关，如交联度、浓度、温度、压力等。表5-4-12列出树脂在不同交联度下的选择系数。

表 5-4-12　树脂在不同交联度下的选择系数(Dowex 50)

阳离子	交联度			阳离子	交联度		
	4%	8%	10%		4%	8%	10%
Li^+	1.0	1.0	1.0	Rb^+	2.46	3.16	4.19
H^+	1.3	1.26	1.45	Cs^+	2.67	3.25	4.15
Na^+	1.49	1.88	2.23	Ag^+	4.73	8.51	19.4
NH_4^+	1.75	2.22	3.07	Tc^+	6.71	12.4	22.2
K^+	2.09	2.63	4.15	La^{3+}	7.6	10.7	—

二、分配比 D

分配比系指平衡条件下金属离子在树脂相$\overline{[Me]}$浓度与溶液相$[Me]_s$浓度的比值。如：

$$D=\overline{[Me]}/[Me]_s=\overline{Me}(\text{mmol/g干树脂})/Me(\text{mmol/mL溶液})$$

即 $$D=K'\overline{[H]}/[H]_s$$

三、分离系数 β

分离系数系指两种离子的分离程度，在数值上等于平衡条件下两种离子的分配比的比值。即：

$$\beta_{A/B}=D_A/D_B=(\overline{[A]}/[A]_s)/(\overline{[B]}/[B]_s)$$
$$=(\overline{[A]}/\overline{[B]})/([A]_s/[B]_s)$$

β值大小反映了A、B两种离子通过树脂后被分离的程度。

四、离子交换反应

离子交换反应过程实属多项反应。如：

$$\overline{R-A}+B \rightleftharpoons \overline{R-B}+A$$

离子交换反应一般按下列步骤进行：

（1）溶液中B离子通过树脂表面液体膜扩散到树脂表面；

（2）B离子在树脂内毛细孔中扩散；

（3）B离子与树脂上功能团上离子进行交换反应；

（4）A离子由树脂内部向树脂表面扩散；

（5）A离子由树脂表面扩散到溶液中。

由于交换反应速度一般非常快，因此离子在树脂相和溶液中扩散速度就成为过程的控制因素。实践证实，在稀溶液中是以外扩散为主。

影响离子交换反应过程因素甚多，主要有：

（1）树脂颗粒大小，一般是颗粒愈小交换速度愈快；

（2）树脂溶胀度大交换速度就快。此外，交换速度还与树脂的功能团性质有关，强酸、强碱树脂交换速度较弱酸、弱碱速度快；

（3）温度高扩散系数大，交换速度也就快。温度每提高1 °C，扩散速度约加快4～8%；

（4）交换离子的性质，离子价数愈高扩散系数就愈小。如不同价态离子在10%交联度的磺酸型聚苯乙烯系树脂中扩散系数列入表5-4-13。

表 5-4-13 不同价态离子在树脂相中扩散系数(25°C)

离　子	Na^+	Zn^{2+}	Y^{3+}	Th^{4+}
扩散系数 mm^2/s	2.76×10^{-7}	2.89×10^{-9}	3.18×10^{-9}	2.15×10^{-10}

第四节 淋洗剂与延缓离子

一、淋洗剂

淋洗剂也是一种溶液，它能与金属离子生成稳定性不同的化合物或络合物，将被树脂吸附的离子洗脱以达到提取、分离的目的。按性质淋洗剂（洗脱液）可分为无机和有机两大类：

淋洗剂
- 无机淋洗剂：HCl、HNO_3、H_2SO_4、$NaOH$、$NaCl$等
- 有机淋洗剂
  - 羟基酸类：柠檬酸、苹果酸、酒石酸、乳酸等
  - 胺基多乙酸类：NAT、EDTA、HEDTA、DCTA、DTPA等

（一）淋洗剂的选择

在离子交换提取、分离等过程中，依据离子在树脂相的存在状态、树脂性质和工艺要求，选择淋洗剂通常要考虑以下几个条件：

（1）分离系数大，选择性强；

（2）淋洗剂与树脂相间离子交换速度快；

（3）淋洗剂与其形成的络合物，常温下在水中具有一定溶解度；

（4）较昂贵的淋洗剂易于回收，以便循环使用；

（5）价格低廉、易得。

（二）几种常用淋洗剂的生成络合物稳定常数

几种常用淋洗剂的生成络合物稳定常数列在表5-4-14～5-4-16。

二、延缓离子

在稀有金属离子交换过程中，只靠对吸附柱的淋洗作用，往往不能将络合物稳定常数相近的金属

表 5-4-14 酒石酸与中心离子的生成络合物稳定常数

中心离子	$\lg K_1$	中心离子	$\lg K_1$
Li^+	0.76	—	—
Na^+	0.56	Mg^{2+}	1.49
K^+	0.40	Ca^{2+}	2.00
Rb^+	0.36	Sr^{2+}	1.96
Cs^+	0.36	Ba^{2+}	1.86

表 5-4-15 钛、锆、铪与水杨醛肟的络合物稳定常数

中心离子	Ti^{4+}	Zr^{4+}	Hf^{4+}
$\lg K_1$	16.30	12.43	11.05

表 5-4-16 一、二族元素几种络合物的稳定常数（$\mu=0$）

中心离子	$C_2O_4^{2-}$	OH^-	$S_2O_3^{2-}$	IO_3^-	SO_4^{2-}	NO_3^-
	温度，℃					
	18	25	25	25	18	25
Mg^{2+}	3.43	2.58	1.84	0.72	2.11	0
Ca^{2+}	3.0	1.37	1.98	0.89(18℃)	2.22	0.23
Sr^{2+}	2.54	0.82	2.04	1.00	—	0.82
Ba^{2+}	2.31	0.64	2.33	1.11	—	0.92
Li^+	—	0.18	—	—	0.64	—
Na^+	—	−0.48	0.68	−0.47(18℃)	0.70	−0.59(18℃)
K^+	—	—	0.92	−0.30(18℃)	0.82	−0.14(18℃)

表 5-4-17 稀土与络合剂生成稳定常数

中心离子	HEDTA	EDTA	NTA	DCTA	DTPA	NH_4AC
	25℃	20℃	25℃	20℃	25℃	20℃
La^{3+}	13.46	14.72	10.36	16.35	19.48	1.56
Ce^{3+}	14.11	15.39	10.83	17.41	20.50	1.68
Pr^{3+}	14.61	15.75	11.07	17.23	21.07	1.81
Nd^{3+}	14.86	16.06	11.26	17.69	21.60	1.90
Sm^{3+}	15.28	16.55	11.53	18.63	22.34	2.01
Eu^{3+}	15.35	16.69	11.52	18.77	22.39	~1.94
Gd	15.22	16.70	11.54	18.80	22.46	1.84
Tb	15.32	17.25	11.59	19.30	22.71	—
Dy	15.30	17.57	11.74	19.69	22.82	1.67
Ho	15.32	17.67	11.90	19.89	22.78	1.63
Er	15.42	17.98	12.30	20.20	22.74	1.60
Tm	15.59	18.59	12.22	20.46	22.72	—
Yb	15.88	18.68	12.40	20.80	22.62	1.64
Lu	15.88	19.06	12.49	20.91	22.44	1.94
Y	14.65	17.38	11.48	19.41	22.05	1.97

离子完全分离，故常借助延缓离子来形成完整色层进行分离。

表 5-4-18 常见离子与EDTA的络合物稳定常数

离子	Cu^{2+}	Ni^{2+}	Zn^{2+}	Pb^{2+}	Fe^{3+}
$\lg K_1$	18.86	18.45	16.58	18.20	25.10

所谓延缓离子系指能与淋洗剂生成比待分离离子更稳定的络合物的金属离子。其作用有助于形成更为分明的色带，使交换反应在稳定的pH值条件下进行。如对稀土分离常用铜、镍、铅、锌、铁等做延缓离子（见表5-4-18）。

第五节 离子交换技术的应用

离子交换技术的应用已由无机溶液扩大到非水溶液物质的净化与分离领域。在分离提纯方面主要有使产物保留在树脂上与杂质分离和杂质与树脂结合产物直接流出两种。如：

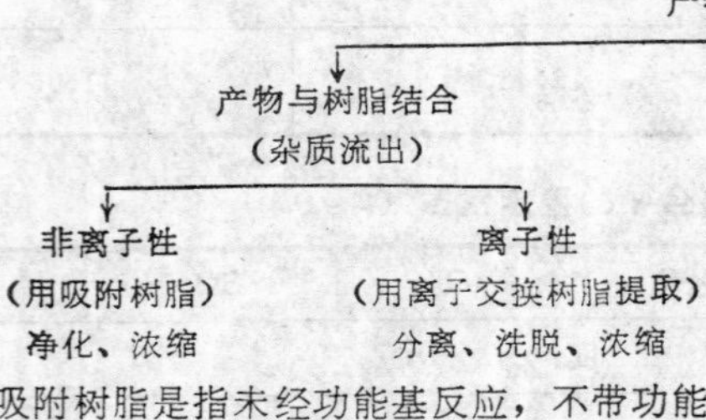

所谓吸附树脂是指未经功能基反应，不带功能基的树脂，它与交换树脂很难严格区分。

一、离子交换树脂的选择

过去只重视树脂类别，而忽略了强型与弱型树脂的不同。树脂类型与实用性列入表5-4-19中。

具体选择时应遵循下述原则：

（1）对吸附性强的离子，应选用弱酸性或弱碱性离子交换树脂；对吸附性弱的离子应选用强酸性或强碱性离子交换树脂。

（2）在形成盐的离子交换吸附中选用盐型树脂，进行酸、碱吸附时应分别选用碱型或酸型树脂，否则会在吸附交换过程中产生酸或碱的情况：

对弱酸性离子交换时：

$$R(-COONH_4)_3 + RECl_3 \rightleftharpoons R(-COO)_3RE + 3NH_4Cl$$

$$R(-COOH)_3 + RECl_3 \rightleftharpoons R(-COO)_3RE + 3HCl$$

对弱碱离子交换时：

$$R(-NH_3Cl)_2 + Na_2SO_4 \rightleftharpoons R(-NH_3)_2SO_4 + 2NaCl$$

$$R(-NH_3OH)_2 + Na_2SO_4 \rightleftharpoons R(-NH_3)_2SO_4 + 2NaOH$$

上述都是单独使用阳离子或阴离子交换树脂时的情况。若混合使用酸型、碱型交换树脂时，就可使过程生成的酸、碱逐步中和除去。如：

$$R(-COOH)_3 + RECl_3 + R(-NH_3OH) \longrightarrow R(-COO)_3RE + R(-NH_3Cl)_3 + 3H_2O$$

$$R(-NH_3OH)_2 + CuSO_4 + R(-COOH)_2 \longrightarrow R(-NH_3)_2Cu + R(-COO)_2SO_4 + 2H_2O$$

（3）在完全脱盐过程中，可把强酸型与强碱型交换树脂配合使用。如果进行部分脱盐，即可用弱酸型与强碱型树脂组合起来使用。

（4）当以分离为目的时，可用吸附性弱的交换树脂，然后依次用吸附性强的交换树脂。为使离子彼此分离，原则上应先用离子交换树脂将要分离的不同电荷的离子除去，然后用吸附性弱的离子交换树脂，把要分离的离子群吸附分离，再用盐型交换树脂及游离型树脂，利用离子间吸附性的差异进行分离。

（5）尽可能选择交换容量大的树脂，但还必须注意再生周期与费用及淋洗剂、再生剂的消耗。

二、离子交换工艺

离子交换过程通常包括离子变换（负载）、饱和后对离子交换树脂的淋洗（洗脱）和树脂再生（清洗）三个步骤。根据工艺要求，工业离子交换过程可分为间歇式工艺、固定床工艺和连续式工艺三类。

1. 间歇式工艺

间歇式工艺是在反应器中使树脂与溶液充分接触并进行交换的过程。其效率决定于离子交换平衡

表 5-4-19 树脂类型和实用性能

项目		实用性能	使用原则
强型和弱型	游离酸碱式	强型具有中性盐分解能力，强型穿漏少，有效利用系数高，再生难，强型催化活性高	从中性盐溶液中除阳、阴离子用强性，若尽可能把少量离子除去时用强型，相反，则用弱型（经济有利），作催化用强型
	盐式	弱型选择性强	对特定离子吸附和洗脱用弱型
交联度		交联度大，树脂坚固；交联度大，酸性、碱性选择性变大；交联度大，反映速度慢	酸性、碱性选择性稍大的情况下，可用交联度大的树脂；对于大分子，离子的交换吸附用交联度较小的树脂
大孔结构		大孔型树脂物理-化学性质稳定性好，大孔型树脂有较大内表面积	在物理、化学条件变化激烈的情况下，应使用大孔树脂；对于大分子，以使用大孔型树脂为佳，非水溶液适用大孔型树脂

状态，只有树脂对被交换离子比原结合在树脂上的离子具有更高的选择性，才能获得较好效果。单位体积树脂的溶液处理量约为其本身体积的0.4～1.5。

2. 固定床工艺

固定床操作是把离子交换树脂填充在一个交换塔中，吸附、淋洗、再生在塔中分步进行的过程。其工艺主要有单床式、复床式、混合床、多床式和多层床式五种。

（1）单床式主要用于除去或回收某一种离子。

（2）复床和混合床。把阳离子和阴离子树脂分别装入两个交换塔中串联起来，进行离子交换的方式为复床式。若把阳、阴离子树脂混在一起装入一个交换塔中，进行离子交换的方式为混合床。复床和混合床的比较列入表5-4-20。

（3）多床式。上述组合实际上是离子交换过程的基本组合单元。为了实际需要和更合理的操作，常把各种基本单元再加以组合，即成为多床式。多床式主要有两种体系，即复床-混合床体系和强型树脂-弱型树脂组合体系。

表 5-4-20 混合床与复床比较

精制程度	混合床比复床高得多
溶液pH变化	混合床几乎始终使处理液维持在中性附近，而在复床的两塔间溶液的pH值下降或上升
树脂利用率	混合床中有5～10%的树脂未被利用
设备和操作	混合床的技术更复杂
经济性	一般小型装置宜用混合床，大型装置宜用复床
树脂破裂	混合床更易使树脂破裂
其它	在混合床中的集流环部分有沉淀

（4）双层床式。把弱型和强型树脂分层放入一个交换塔中构成双层床式。与混合床的区别在于，双层床是由两种同是阴离子（或阳离子）的强型和弱型树脂在一个交换塔中组成树脂床，弱型树脂在上层强型树脂在下层，分层进行交换，树脂的再生方式亦不同。

3. 连续式工艺

是使被饱和的树脂连续地转移去再生，新再生好的树脂又连续地补充到交换区来，如此连续进行交换、再生的一种理想操作方式。

与固定床比较，连续式离子交换工艺具有如下特点：

（1）树脂用量少，为固定床的30～50%；

（2）再生剂用量仅为固定床的0.5～0.7；

（3）置换水用量只有固定床的几分之一；

（4）连续式工艺适用于大量溶液连续处理；

（5）连续式工艺设备复杂、投资较大，工艺技术条件要求严格；

（6）连续式工艺对树脂要求交换速度快、物理强度高、水力学性能好、耐污染能力强。

三、工业废水处理

离子交换技术对于有害物质含量较低、但量大的工业废水是十分有效的处理方法之一。关于离子交换技术在处理稀有金属工业废水中的应用参见本手册第七篇有关章节。

四、离子交换在湿法冶金中的应用

离子交换技术在湿法冶金中的应用汇集于表5-4-21中。

表 5-4-21 离子交换在湿法冶金中的应用

金属	离子状态	湿法冶金作业	操作条件	规模	树脂种类
金	$Au(CN)_2^{2-}$	矿浆浓缩液 络合浸沥溶液的分离	氰化物矿浆 氰化物溶液与Ag、Fe、Cu、Co、Ni、Zn分离	工 业 洗脱分离 工 业	AW，AS AS
	$AuCl_4^-$	络合阴离子浓缩	纯溶液	工 业	AW盐式
银	Ag^+ $Ag(S_2O_4)^-$ $Ag(CN)^-$	富 集 回 收 浓 缩	海 水 显 影 液 氰化物电镀液	工 业 小 规 模 工 业	CS锰式 AW盐式 AW盐式
铂	$PtCl_6^{2-}$	分 离	硝酸及氯化物溶液	选择洗脱	CS氢式
钯	$PdCl_6^{2-}$	分 离	氯络合物	实 验 室	AW盐式
铱	$IrCl_6^{2-}$	浓 缩	合成溶液	实 验 室	AS
铼	$Re(Cit)^-$	与钼分离	钼酸铵溶液	工 业	CS
铑	$RhCl^{2-}$	提 纯	络合阴离子	实 验 室	CS
镭	Ra^{2+}	与钡分离	氯化物溶液	实 验 室	CS
锶	Sr^{2+}	与杂质分离	柠檬酸络合	洗脱分离	AS氯式
砷	AsO_3^{3-}，AsO_4^{3-} AsO_2^-	由铁中分出 从锡和锑中分离	盐 溶 液 由酸中吸附	实 验 室 洗脱分离	CS CS
钨	WO_4^{2-}	碱溶液提取 含钨废酸液	钨酸盐溶液 钨酸溶液	工 业 工 业	AW氯式 AW
钼	MoO_4^{2-} $Mo(Cit)^-$ $MoOCl_n^{n-3}$	浓 缩 与铼分离 与钨分离	盐 溶 液 钼 络 合 酸 溶 液	工 业 钼不吸附 工 业	AW氯式 CS AS
钒	VO_3^-	分离PO_4^{3}	H_3PO_4溶液	回 收 钒	CS、AS
铍	Be^{2+}	与铝分离	盐 溶 液	吸 附 铍	CS
钽	Ta^{5+}	与铌分离	强HCl	洗脱分离	AS
锆	Zr^{4+} Zr^{4+}、Hf^{4-}	与铪分离 纯 化	HCl-HF混酸 稀HNO_3	工 业 实 验 室	CS CS
钛	Ti^{4+}	与锆、钍分离	柠檬酸溶液	选择洗脱	AS
钍	Th^{4+}	与稀土分离	用柠檬酸盐络合洗脱	纯 化	CS
铀	$UO_2(SO_4)_3^{4-}$ $UO_2(SO_4)_2^{2-}$	浓 缩 浓 缩	溃沥溶液 溃沥溶液	工 业 工 业	AS AS
稀土	RE^{3+}	彼此分离	盐溶液络合洗脱	工 业	CS

注：CS—强酸性阳离子交换树脂，AW—弱碱性阴离子交换树脂，AS—强碱性阴离子交换树脂。

参 考 文 献

[1] 钱庭宝等译，离子交换技术，科学出版社，1960.

[2] 许景文编译，离子交换树脂，上海科学技术出版社，1960.

[3] 夏笃祎编译，离子交换树脂，化学工业出版社，1983.

[4] 徐和德等译，现代离子交换专论，广东科技出版社，1982.

[5] 佐田俊胜，機能性膜としてのイオン交換膜，别册化学工業（新增补）1985.

第五章　沉淀与结晶

编写人　郑清远

第一节　沉　淀　过　程

一、沉淀过程的热力学分析

（一）形成氢氧化物和碱式盐沉淀

向溶液中加碱使某些金属阳离子形成氢氧化物沉淀。此时的反应为：

$$Me^{n+}+nOH^{-}=Me(OH)_n \qquad (5\text{-}5\text{-}1)$$

当沉淀物$Me(OH)_n$与溶液平衡时应：

$$\mu^*_{Me^{n+}}+RT\ln a_{Me^{n+}}+n\mu^*_{OH^-}+nRT\ln a_{OH^-}=\mu^\circ_{Me(OH)_n}$$

式中　μ^*——溶液中溶质的标准化学位；

μ°——$Me(OH)_n$的标准化学位；

a——溶质离子的活度。

由此得

$$\ln a_{OH^-}=\frac{\mu^\circ_{Me(OH)_n}-\mu^*_{Me^{n+}}-n\mu^*_{OH^-}}{nRT}-\frac{1}{n}\ln a_{Me^{n+}}$$

式中，$\mu^\circ_{Me(OH)_n}-\mu^*_{Me^{n+}}-n\mu^*_{OH^-}=\Delta G^\circ$。

ΔG°是反应5-5-1的标准自由能变化，以$a_{OH^-}=\frac{K_w}{a_{H^+}}$代入上式得：

$$pH=\frac{\Delta G^\circ}{2.303nRT}-\log K_w-\frac{1}{n}\log a_{Me^{n+}} \qquad (5\text{-}5\text{-}2)$$

因为$Me(OH)_n$的溶度积$K_{sp}=a^n_{OH^-}a_{Me^{n+}}$，

故以$\log K_{sp}=\frac{\Delta G^\circ}{2.303RT}$代入上式后得：

$$pH=\frac{1}{n}\log K_{sp}-\log K_w-\frac{1}{n}\log a_{Me^{n+}} \qquad (5\text{-}5\text{-}3)$$

式中K_w为水的离子积，在298K时，$K_w=1.0\times10^{-14}mol^2\cdot L^{-6}$。

由此可见，各种金属离子形成氢氧化物的pH与该金属的热力学性质（ΔG°、K_{sp}）及溶液中的离子活度有关。如果以pH对$\frac{1}{n}\log a_{Me^{n+}}$作图，就可从所得的pH-活度图中直接看出它们之间的关系。离子的活度愈小，需要沉淀的pH愈大。

某些金属氢氧化物沉淀pH计算式和根据这些计算式所作的pH-活度图分别示于表5-5-1和图5-5-1中。

应当指出，沉淀物的类型除了取决于pH值外，还与阳离子和阴离子的种类和浓度有关。例如，金属硫酸盐溶液在很大程度上由于pH、金属离子浓度、硫酸根或酸式硫酸根的浓度的不同而生成碱式硫酸盐、水合硫酸盐、氧化物、氢氧化物和羟基氧化物沉淀。如果是形成碱式盐沉淀，其热力学规律是：

$$(\alpha+\beta)Me^{n+}+\frac{n}{y}\alpha A^{y-}+n\beta OH^{-}=\alpha MeA_{n/y}\cdot\beta Me(OH)_n$$

按照上述推导可得：

$$pH=\frac{\Delta G^\circ}{2.303n\beta RT}-\log K_w-\frac{\alpha+\beta}{n\beta}\log Me^{n+}-\frac{\alpha}{y\beta}\log a_{A^{y-}} \qquad (5\text{-}5\text{-}4)$$

从上式看出，形成碱式盐的pH值与被沉淀金属离子活度和价态、阴离子活度和价态、碱式盐的组成（$\alpha+\beta$）等有关。

温度对水解反应也有很大影响，例如硝酸铁水溶液在80°C以下调节pH时，水解生成$Fe(OH)_3$沉淀，在80～120°C之间生成羟基氧化铁FeOOH（针铁矿），而在更高温度下则能生成Fe_2O_3（赤铁矿）沉淀。

（二）形成难溶硫化物沉淀

金属硫化物沉淀也是湿法冶金中常见的，例如用H_2S作沉淀剂，使金属阳离子生成硫化物从溶液中沉淀出来。下面以沉淀二价金属阳离子的硫化物为例进行讨论。

沉淀反应为：

$$Me^{2+}+H_2S=MeS+2H^+$$

表 5-5-1 某些金属氢氧化物溶度积和沉淀pH计算式（25°C）

反应式	$-\log K_{sp}$	pH计算式
$Al^{3+}+3OH^-=Al(OH)_3$	31.7	$pH=3.43-\frac{1}{3}\log a_{Al^{3+}}$
$Ca^{2+}+2OH^-=Ca(OH)_2$	5.26	$pH=11.37-\frac{1}{2}\log a_{Ca^{2+}}$
$Ce^{3+}+3OH^-=Ce(OH)_3$	19.8	$pH=7.4-\frac{1}{3}\log a_{Ce^{3+}}$
$Er^{3+}+3OH^-=Er(OH)_3$	23.39	$pH=6.2-\frac{1}{3}\log a_{Er^{3+}}$
$Eu^{3+}+3OH^-=Eu(OH)_3$	23.05	$pH=6.3-\frac{1}{3}\log a_{Eu^{3+}}$
$Fe^{2+}+2OH^-=Fe(OH)_2$	15.1	$pH=6.45-\frac{1}{2}\log a_{Fe^{2+}}$
$Fe^{3+}+3OH^-=Fe(OH)_3$	37.4	$pH=1.53-\frac{1}{2}\log a_{Fe^{3+}}$
$Gd^{3+}+3OH^-=Gd(OH)_3$	22.74	$pH=6.42-\frac{1}{3}\log a_{Gd^{3+}}$
$Hf^{4+}+4OH^-=Hf(OH)_4$	25.4	$pH=7.65-\frac{1}{4}\log a_{Hf^{4+}}$
$In^{3+}+3OH^-=In(OH)_3$	33.2	$pH=2.93-\frac{1}{3}\log a_{In^{3+}}$
$La^{3+}+3OH^-=La(OH)_3$	18.7	$pH=7.77-\frac{1}{3}\log a_{La^{3+}}$
$Lu^{3+}+3OH^-=Lu(OH)_3$	23.72	$pH=6.1-\frac{1}{3}\log a_{Lu^{3+}}$
$Mn^{2+}+2OH^-=Mn(OH)_2$	12.72	$pH=7.64-\frac{1}{2}\log a_{Mn^{2+}}$
$Nd^{3+}+3OH^-=Nd(OH)_3$	21.49	$pH=6.84-\frac{1}{3}\log a_{Nd^{3+}}$
$Pr^{3+}+3OH^-=Pr(OH)_3$	21.17	$pH=6.94-\frac{1}{3}\log a_{Pr^{3+}}$
$Sc^{3+}+3OH^-=Sc(OH)_3$	30.1	$pH=4.0-\frac{1}{3}\log a_{Sc^{3+}}$
$Sm^{3+}+3OH^-=Sm(OH)_3$	22.08	$pH=6.64-\frac{1}{3}\log a_{Sm^{3+}}$
$Ti^{4+}+4OH^-=Ti(OH)_4$	40.0	$pH=4.0-\frac{1}{4}\log a_{Ti^{4+}}$
$Tl^{3+}+3OH^-=Tl(OH)_3$	16.0	$pH=8.67-\frac{1}{3}\log a_{Tl^{3+}}$
$Tm^{3+}+3OH^-=Tm(OH)_3$	23.5	$pH=6.17-\frac{1}{3}\log a_{Tm^{3+}}$
$Yb^{3+}+3OH^-=Yb(OH)_3$	23.6	$pH=6.13-\frac{1}{3}\log a_{Yb^{3+}}$
$Zr^{4+}+4OH^-=Zr(OH)_4$	52.0	$pH=1.0-\frac{1}{4}\log a_{Zr^{4+}}$
$Y^{3+}+3OH^-=Y(OH)_3$	22.1	$pH=6.63-\frac{1}{3}\log a_{Y^{3+}}$

续表 5-5-1

反应式	$-\log K_{sp}$	pH 计算式
$Bi^{3+}+3OH^-=Bi(OH)_3$	30.4	$pH=3.87-\frac{1}{3}\log a_{Bi^{3+}}$
$Cd^{2+}+2OH^-=Cd(OH)_2$	13.6	$pH=7.2-\frac{1}{2}\log a_{Cd^{2+}}$
$Cr^{3+}+3OH^-=Cr(OH)_3$	30.2	$pH=3.94-\frac{1}{3}\log a_{Cr^{3+}}$
$Cu^{2+}+2OH^-=Cu(OH)_2$	19.66	$pH=4.17-\frac{1}{2}\log a_{Cu^{2+}}$
$Mg^{2+}+2OH^-=Mg(OH)_2$	10.92	$pH=8.54-\frac{1}{2}\log a_{Mg^{2+}}$
$Ni^{2+}+2OH^-=Ni(OH)_2$	14.7	$pH=6.65-\frac{1}{2}\log a_{Ni^{2+}}$
$Pb^{2+}+2OH^-=Pb(OH)_2$	14.93	$pH=6.54-\frac{1}{2}\log a_{Pb^{2+}}$
$Sn^{2+}+2OH^-=Sm(OH)_2$	27.85	$pH=0.075-\frac{1}{2}\log a_{Sn^{2+}}$

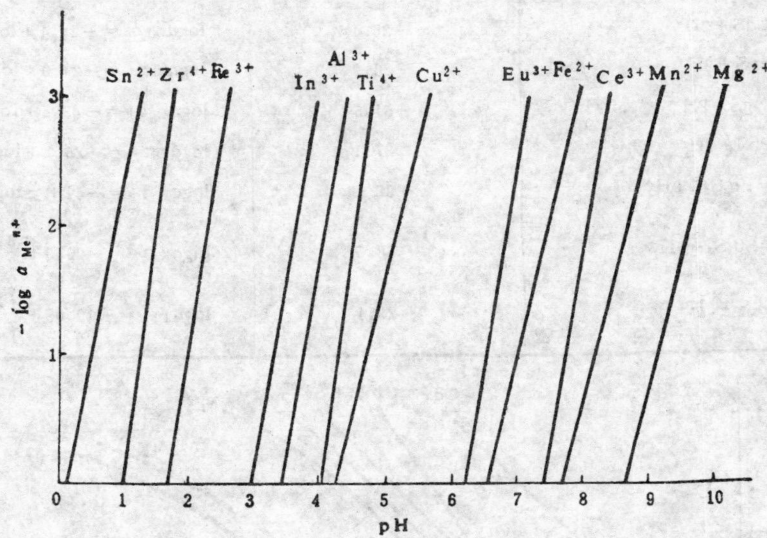

图 5-5-1 金属氢氧化物在25°C的沉淀pH-活度图

硫化物的溶度积为：

$$\log K_{sp}=\log a_{Me^{2+}}+\log a_{S^{2-}} \qquad (5\text{-}5\text{-}5)$$

已知H_2S在水溶液中为二级离解反应，即

$$H_2S=H^++HS^- \quad K_1=9.1\times10^{-8}$$

$$HS^-=H^++S^{2-} \quad K_2=1.1\times10^{-12}$$

在平衡时 $[H_2S]_{总}=[H_2S]+[HS^-]+[S^{2-}]$

$$=[S^{2-}]\left(1+\frac{[H^+]}{K_2}+\frac{[H^+]^2}{K_1K_2}\right)$$

$$=[S^{2-}](1+10^{pK_2-pH}+10^{pK_1+pK_2-2pH})$$

$$=[S^{2-}]\phi(pH)$$

式中pK_1、pK_2分别表示H_2S的一级和二级电离常数的负对数。

由上式得$\log[H_2S]_{总}=\log[S^{2-}]+\log\phi(pH)$

或 $\log[S^{2-}]=\log[H_2S]_{总}-\log\phi(pH)$

如果H_2S在溶液中的浓度足够小，则可近似认为：

$$\log a_{S^{2-}}=\log a_{H_2S总}-\log\phi(pH)$$

将上式代入式5-5-5后得：

$$\log a_{Me^{2+}} = \log K_{sp} - \log a_{H_2S总} + \log\phi(pH) \quad (5\text{-}5\text{-}6)$$

设H_2S在溶液中活度为10^{-2}mol/L，根据式5-5-6和已知的溶度积数据，得如表5-5-2所列的pH-活度关系式及图5-5-2。

表 5-5-2 某些金属硫化物的溶度积和沉淀pH-活度关系式（25°C）

反 应 式	$\log K_{sp}$	关 系 式
$2Cu^+ + H_2S = Cu_2S + 2H^+$	−48.0	$\log a_{Cu^+} = -23 + \frac{1}{2}\log\phi(pH)$
$2Ag^+ + H_2S = Ag_2S + 2H^+$	−49.2	$\log a_{Ag^+} = -23.6 + \frac{1}{2}\log\phi(pH)$
$Fe^{2+} + H_2S = FeS + 2H^+$	−17.3	$\log a_{Fe^{2+}} = -15.3 + \log\phi(pH)$
$Mn^{2+} + H_2S = MnS + 2H^+$	−16.7	$\log a_{Mn^{2+}} = -14.7 + \log\phi(pH)$
$Co^{2+} + H_2S = CoS + 2H^+$	−22.1	$\log a_{Co^{2+}} = -20.1 + \log\phi(pH)$
$Ni^{2+} + H_2S = NiS + 2H^+$	−20.7	$\log a_{Ni^{2+}} = -18.7 + \log\phi(pH)$
$Cu^{2+} + H_2S = CuS + 2H^+$	−35.1	$\log a_{Cu^{2+}} = -33.1 + \log\phi(pH)$
$Zn^{2+} + H_2S = ZnS + 2H^+$	−21.5	$\log a_{Zn^{2+}} = -19.5 + \log\phi(pH)$
$Cd^{2+} + H_2S = CdS + 2H^+$	−26.1	$\log a_{Cd^{2+}} = -24.1 + \log\phi(pH)$
$Sn^{2+} + H_2S = SnS + 2H^+$	−26.9	$\log a_{Sn^{2+}} = -24.9 + \log\phi(pH)$
$Hg^{2+} + H_2S = HgS + 2H^+$	−51.5	$\log a_{Hg^{2+}} = -49.5 + \log\phi(pH)$
$Pb^{2+} + H_2S = PbS + 2H^+$	−27.1	$\log a_{Pb^{2+}} = -25.1 + \log\phi(pH)$
$2Fe^{3+} + 3H_2S = Fe_2S_3 + 6H^+$	−88	$\log a_{Fe^{3+}} = -41 + \frac{3}{2}\log\phi(pH)$
$2Sb^{3+} + 3H_2S = Sb_2S_3 + 6H^+$	−58.5	$\log a_{Sb^{3+}} = -26.3 + \frac{3}{2}\log\phi(pH)$
$2Tl^+ + H_2S = Tl_2S + 2H^+$	−22.1	$\log a_{Tl^+} = -10.05 + \frac{1}{2}\log\phi(pH)$

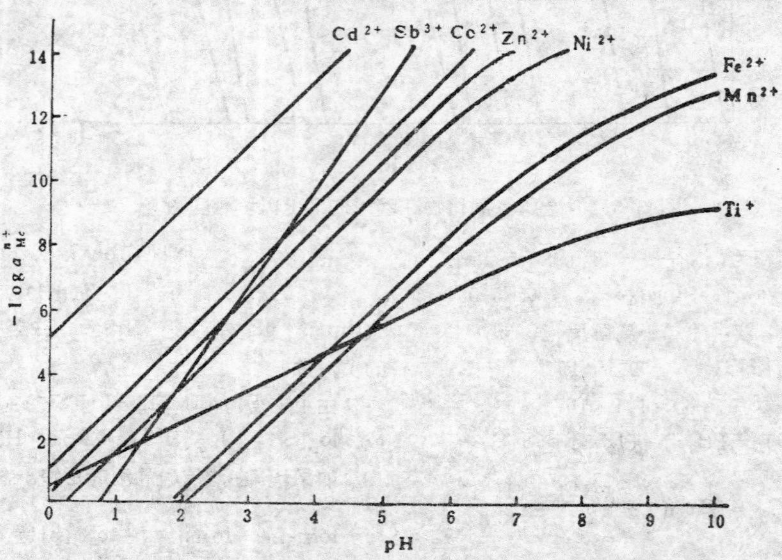

图 5-5-2 金属硫化物在25°C的沉淀pH-活度图

表 5-5-3　某些金属草酸盐溶度积和沉淀pH-活度关系式（25°C）

反　应　式	$\log K_{sp}$	关　系　式
$2Ag^+ + H_2C_2O_4 = Ag_2C_2O_4 + 2H^+$	−11.0	$\log a_{Ag^+} = -4.5 + \frac{1}{2}\log\phi(pH)$
$Mg^{2+} + H_2C_2O_4 = MgC_2O_4 + 2H^+$	−4.0	$\log a_{Mg^{2+}} = -2.0 + \log\phi(pH)$
$Ca^{2+} + H_2C_2O_4 = CaC_2O_4 + 2H^+$	−8.0	$\log a_{Ca^{2+}} = -6.0 + \log\phi(pH)$
$Fe^{2+} + H_2C_2O_4 = FeC_2O_4 + 2H^+$	−6.7	$\log a_{Fe^{2+}} = -4.7 + \log\phi(pH)$
$Cu^{2+} + H_2C_2O_4 = CuC_2O_4 + 2H^+$	−9.4	$\log a_{Cu^{2+}} = -7.4 + \log\phi(pH)$
$Zn^{2+} + H_2C_2O_4 = ZnC_2O_4 + 2H^+$	−8.6	$\log a_{Zn^{2+}} = -6.6 + \log\phi(pH)$
$Ba^{2+} + H_2C_2O_4 = BaC_2O_4 + 2H^+$	−7.8	$\log a_{Ba^{2+}} = -5.8 + \log\phi(pH)$
$Pb^{2+} + H_2C_2O_4 = PbC_2O_4 + 2H^+$	−11.1	$\log a_{Pb^{2+}} = -9.1 + \log\phi(pH)$
$Sr^{2+} + H_2C_2O_4 = SrC_2O_4 + 2H^+$	−7.3	$\log a_{Sr^{2+}} = -5.3 + \log\phi(pH)$
$2Sb^{3+} + 3H_2C_2O_4 = Sb_2(C_2O_4)_3 + 6H^+$	−26.6	$\log a_{Sb^{3+}} = -10.3 + \frac{3}{2}\log\phi(pH)$
$2Ce^{3+} + 3H_2C_2O_4 = Ce_2(C_2O_4)_3 + 6H^+$	−28.6	$\log a_{Ce^{3+}} = -11.3 + \frac{3}{2}\log\phi(pH)$

（三）形成难溶草酸盐沉淀

用草酸作沉淀剂从溶液中沉淀某些金属阳离子时，根据前面的讨论，以二价金属阳离子为例可得：

$$\log a_{M^{2+}} = \log K_{sp} - \log a_{H_2C_2O_4总} + \log\phi(pH)$$

式中　$\phi(pH) = (1 + 10^{pK_2 - pH} + 10^{pK_1 + pK_2 - 2pH})$

式中$pK_1 = 1.23$和$pK_2 = 4.19$分别表示$H_2C_2O_4$的一级和二级电离常数的负对数。

设$H_2C_2O_4$总活度为10^{-2}mol/L，则根据上式和已知的溶度积数据，得到5-5-3所列的pH-活度关系式及图5-5-3。

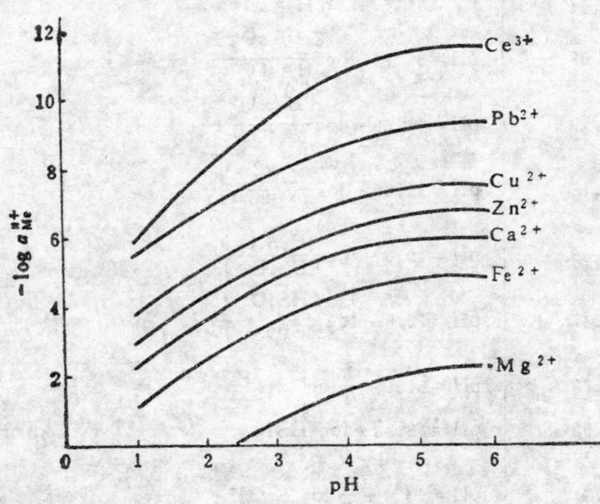

图 5-5-3　金属草酸盐在25°C的沉淀pH-活度图

（四）形成难溶磷、砷、硅酸盐沉淀

例如在钨酸钠溶液净化除磷、砷、硅杂质时，加入氯化镁使这些杂质分别形成难溶的镁盐沉淀。此时发生的主要化学平衡和pH计算式见表5-5-4。

（五）有氧化还原反应的沉淀

有氧化还原反应的沉淀也是常见的，例如当溶液中有二价铁阳离子时，为了将铁从溶液中沉淀出来，可以采用加氧化剂氧化的方法形成$Fe(OH)_3$沉淀。在稀土元素分离中也常用氧化的方法使三价铈变成四价铈的氢氧化物沉淀。下面以铈的氧化沉淀为例结合电位-pH图进行讨论。

25°C时，Ce-H_2O系中一些主要反应的平衡电极电位与pH值关系的计算式列于表5-5-5，根据此表所作的状态图如图5-5-4。

从图5-5-4中可以看出，在3线之右，5线之下是$Ce(OH)_3$的稳定区，若要把$Ce(OH)_3$氧化成$Ce(OH)_4$，只要选择一种适当的氧化剂，使它的平衡线位于5线之上即可。如图所示，6线正好在5线之上，所以氧气有可能把$Ce(OH)_3$氧化成$Ce(OH)_4$。在$Ce(OH)_3$变成$Ce(OH)_4$之后，Ce^{3+}离子浓度降低，3线将右移，故溶液的pH选择在8～9之间为宜。

对于不同温度下水系电位-pH关系可根据通常的水溶液中还原反应判断：

$$aA + xH^+ + ze = bB + cH_2O$$

表 5-5-4 钨酸钠溶液中加氯化镁除磷、砷、硅时体系中一些主要化学平衡和pH计算式（25°C）

反　应　式	ΔG°_{298}，kJ/mol	pH　计　算　式
$Mg_3(PO_4)_2+4H^+=3Mg^{2+}+2H_2PO_4^-$	−109.93	$pH=3.42-\frac{3}{4}\log[Mg^{2+}]-\frac{1}{2}\log[H_2PO_4^-]$
$Mg_3(PO_4)_2+2H^+=3Mg^{2+}+2HPO_4^{2-}$	−4.318	$pH=0.757-\frac{3}{2}\log[Mg^{2+}]-\log[HPO_4^{2-}]$
$Mg_3(PO_4)_2+6H_2O=3Mg(OH)_2+2HPO_4^{2-}+4H^+$	−282.61	$pH=12.38+\frac{1}{2}\log[HPO_4^{2-}]$
$Mg_3(PO_4)_2+6H_2O=3Mg(OH)_2+2PO_4^{3-}+6H^+$	−423.32	$pH=12.36+\frac{1}{3}\log[PO_4^{3-}]$
$Mg(OH)_2+2H^+=Mg^{2+}+2H_2O$	−95.60	$pH=8.37-\frac{1}{2}\log[Mg^{2+}]$
$Mg_3(PO_4)_2+6H^+=3Mg^{2+}+2H_3PO_4$	−128.53	$pH=3.75-\frac{1}{2}\log[Mg^{2+}]-\frac{1}{3}\log[H_3PO_4]$
$H_2PO_4^-+H^+=H_3PO_4$	−12.96	$pH=2.12-\log\frac{[H_3PO_4]}{[H_2PO_4^-]}$
$HPO_4^{2-}+H^+=H_2PO_4^-$	−41.08	$pH=7.20-\log\frac{[H_2PO_4^-]}{[HPO_4^{2-}]}$
$PO_4^{3-}+H^+=HPO_4^{2-}$	−70.18	$pH=12.3-\log\frac{[HPO_4^{2-}]}{[PO_4^{3-}]}$
$Mg_3(AsO_4)_2+4H^+=2H_2AsO_4^-+3Mg^{2+}$	−97.19	$pH=4.26-\frac{1}{2}\log[H_2AsO_4^-]-\frac{3}{4}\log[Mg^{2+}]$
$Mg_3(AsO_4)_2+2H^+=2HAsO_4^{2-}+3Mg^{2+}$	−20.04	$pH=1.76-\log(HAsO_4^{2-})+\frac{3}{2}\log[Mg^{2+}]$
$Mg_3(AsO_4)_2+6H_2O=3Mg(OH)_2+2HAsO_4^{2-}+4H^+$	266.73	$pH=11.68+\frac{1}{2}\log[HAsO_4^{2-}]$
$Mg_3(AsO_4)_2+6H_2O=3Mg(OH)_2+AsO_4^{3-}+6H^+$	399.08	$pH=11.66+\frac{1}{3}\log[AsO_4^{3-}]$
$Mg_3(AsO_4)_2+6H^+=3Mg^{2+}+2H_3AsO_4$	−122.8	$pH=3.59-\frac{1}{2}\log[Mg^{2+}]-\frac{1}{3}\log[H_3AsO_4]$
$H_2AsO_4^-+H^+=H_3AsO_4$	−12.80	$pH=2.24-\log\frac{[H_3AsO_4]}{[H_2AsO_4^-]}$
$HAsO_4^{2-}+H^+=H_2AsO_4^-$	−38.58	$pH=6.76-\log\frac{[H_2AsO_4^-]}{[HAsO_4^{2-}]}$
$AsO_4^{3-}+H^+=HAsO_4^{2-}$	−66.19	$pH=11.60-\log\frac{[HAsO_4^{2-}]}{[AsO_4^{3-}]}$
$Mg^{2+}+OH^-=MgOH^+$	−13.18	$pH=11.69-\log\frac{[Mg^{2+}]}{[MgOH^+]}$
$HSiO_3^-+H^+=H_2SiO_3$	−57.06	$pH=10.0-\log\frac{[H_2SiO_3]}{[HSiO_3^-]}$
$SiO_3^{2-}+H^+=HSiO_3^-$	−68.47	$pH=12.0-\log\frac{[HSiO_3^-]}{[SiO_3^{2-}]}$
$MgSiO_3+2H^+=Mg^{2+}+H_2SiO_3$	−13.79	$pH=5.06-\frac{1}{2}\log[Mg^{2+}]$
$MgSiO_3+2H_2O=Mg(OH)_2+HSiO_3^-+H^+$	22.95	$pH=16.83+\log[HSiO_3^-]$
$MgSiO_3+2H_2O=Mg(OH)_2+SiO_3^{2-}+2H^+$	39.31	$pH=14.4+\frac{1}{2}\log[SiO_3^{2-}]$
$Mg^{2+}+2OH^-=Mg(OH)_2$	70.50	$pH=10^{16.85-2pH}$

表 5-5-5 Ce-H_2O系中一些主要化学平衡的电位及pH计算式

编号	反应式	计算式	备注
1	$Ce^{4+}+e=Ce^{3+}$	$E=1.61-0.05916\log\frac{a_{Ce^{3+}}}{a_{Ce^{4+}}}$	25℃
2	$Ce(OH)_4+4H^+=Ce^{4+}+4H_2O$	$pH=0.3-\frac{1}{4}\log a_{Ce^{4+}}$	
3	$Ce(OH)_3+3H^+=Ce^{3+}+3H_2O$	$pH=\frac{2}{3}-\frac{1}{3}\log a_{Ce^{3+}}$	
4	$Ce(OH)_4+4H^++e=Ce^{3+}+4H_2O$	$E=1.68-0.05916\log a_{Ce^{3+}}-0.236pH$	25℃
5	$Ce(OH)_4+H^++e=Ce(OH)_3+H_2O$	$E=0.497-0.05916pH$	25℃
6	$O_2+4H^++4e=2H_2O$	$E=1.229-0.05916pH$	25℃,101325Pa(1大气压)
7	$2H^++2e=H_2$	$E=-0.05916pH$	25℃,101325Pa(1大气压)

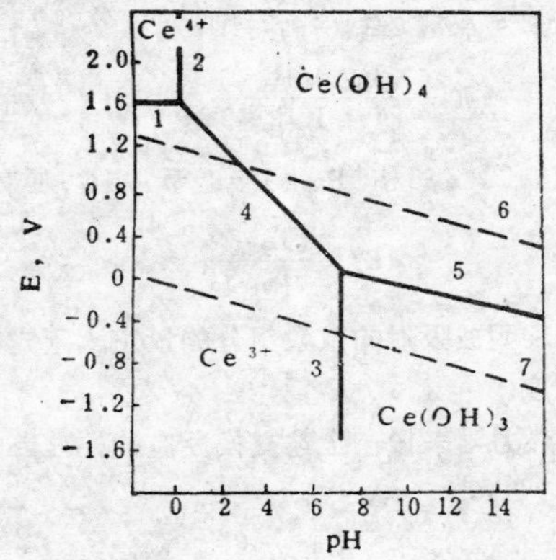

图 5-5-4 Ce-H_2O系的电位-pH值图
($a_{Ce^{3+}}=a_{Ce^{4+}}=1$时)

因此，在温度T的还原电位为：

$$E_T=E_T^\circ-\frac{RT}{zF}\ln\frac{a_B^b a_{H_2O}^c}{a_A^a a_{H^+}^x}$$

假定水的活度为1，而$-\log a_{H^+}$为pH和$\Delta G_T^\circ=-zFE_T^\circ$

则 $$\frac{zFE_T}{2.303RT}=-\frac{\Delta G_T^\circ}{2.303RT}+\log\frac{a_A^a}{a_B^b}-x\text{pH}$$

在电位-pH图上上式呈线性关系。

在特定体系中，在某一温度下每种反应的自由能变化ΔG_T°可用下列方程式计算：

$$\Delta G_T^\circ=\Delta G_{298}^\circ-\Delta T\Delta S_{298}^\circ+\Delta T\Delta C_p^\circ]_{298}^T$$

$$-T\Delta C_p^\circ]_{298}^T\times\ln\frac{T}{298}$$

式中ΔG_{298}°、ΔS_{298}°和热容数据可从有关文献中找到，而离子热容可用“离子熵对应原理”确定。

计算出ΔG_T°后再求得E_T，最后可作出该温度下的E_T-pH图。同时，可用$\Delta G_T^\circ=-RT\ln K_{sp}$关系式，由不同温度的$\Delta G_T^\circ$求出相应的沉淀物溶度积$K_{sp}$值。

二、沉淀物的形式与陈化

在一定条件下，当溶液中的化合物浓度超过其平衡浓度而达到临界过饱和浓度时，晶体成核过程是自发的。当晶核生长到一定尺寸时就会形成沉淀。产生沉淀的速度取决于晶核形成速度和晶体生长的速度。

哈别尔（Haber）用聚集速度和定向速度来描述沉淀作用。在高度过饱和溶液中，分子之间开始是形成任意形态混合的聚集物，并且分离出的粒子是无定形的，这个过程的速度就是聚集速度。但这种无序聚集物趋向于达到有序状态，这个过程的速度即称为定向作用速度。

1. 无定形沉淀

在溶液达到临界过饱和时，生成临界核的典型尺寸是几个单位晶胞的大小。在溶液浓度非常高时，临界核非常小，在这种情况下通常会形成无定形微晶或部分结晶物质。

导致生成无定形沉淀的主要原因是高的过饱和度和过快的成核速度。小微晶的聚集也有利于无定形物质的形成。

2. 胶态沉淀

因为水是强极性溶剂，故沉淀粒子对水分子也有很大的吸引作用。与水的吸引作用小的粒子形成疏水的胶粒，与水有强的吸引作用的粒子则形成亲水的胶粒或凝胶。当粒子形成胶态系时，它们相互接近并相互附着在一起，结果就有大量的物质从溶液中很快地沉淀出来。这种物质称为胶态沉淀。

胶态沉淀在结构上是不规则的，并表现为大量的无定形物质。因为它们有着很大的吸附能力，所以胶态沉淀能将溶液中一些其它成分共沉淀下来。

3．陈化

在形成沉淀以后，发生在沉淀中的陈化包括所有不可逆的化学变化和结构变化。起初是形成具有无序晶格的非常细小的结晶沉淀，这就是常说的沉淀的"活性形态"。在活性沉淀与溶解液之间建立了亚稳定平衡。活性沉淀表现出有最大的溶解度、吸附性以及胶溶作用，而且对于微溶物质来说，很快就达到极限过饱和。这时往往产生由无定形的或具有无序晶格的非常细的晶体组成新鲜的活性沉淀。

陈化的主要作用在于使沉淀的活性形态变成非活性形态，使得到的沉淀具有粗大的完善晶体结构。陈化过程一般是再结晶和晶体完善的过程。再结晶的重要参数是溶液的成分、温度和时间。

随着陈化时间的增加，可获得更好的结晶体，因为物质通过相界面的转移是需要一定时间的。提高温度也会大大地加快陈化过程，于是就改善了沉淀的沉降性和过滤性质。在室温下产生沉淀时，往往开始是无定形的，但是在加热（或煮沸）下经过一定时间后可变成完善的晶体组成。加热过程主要是微晶相互接合的过程。

应该指出，有些陈化过程使沉淀物质自发地脱除凝聚水，因而有利于形成粒状沉淀物。

三、共沉淀机理及影响共沉淀的因素

在溶液中形成的沉淀总是受溶液中其它离子的玷污。可溶性物质被结合进沉淀的整个过程通常称为共沉淀。这种结合的发生主要有吸附、固溶体形成和夹带三种机理。

（一）吸附

可溶物质在沉淀晶体上的吸附有化学吸附和物理吸附两种。如果形成了新的化学键则称为化学吸附。如果不形成新的化学键，表明被吸附物是由较弱的、非方向性的力（例如静电力或范德华力）保持着，此种吸附称为物理吸附。

有三个主要因素控制着沉淀物吸附外来离子的量，它们是表面积、表面电荷以及外来离子与沉淀晶格中相反电荷离子的结合能力。表面积取决于沉淀粒子的大小，表面电荷的符号取决于组成沉淀晶格的离子在溶液中哪种是过剩的，而电荷量则取决于该离子的浓度。

表面吸附受过程条件的影响，而且特别受溶液的组成、各组分的浓度以及温度的影响。表面吸附又可以分为下面两种情形。

1．以离子交换方式进行的吸附

离子交换只是一种表面反应，与类质同晶现象无关。离子的交换程度取决于竞争离子的浓度比例。可用下列反应式表示：

$$P_{表面}+I_{溶液}\rightleftharpoons I_{表面}+P_{溶液}$$

式中P表示沉淀（晶格）离子，I表示外来微量组分离子。当反应达到平衡时则：

$$K=\frac{[I_{表面}][P_{溶液}]}{[I_{溶液}][P_{表面}]} \tag{5-5-7}$$

假如$[P_{溶液}]$和$[P_{表面}]$接近于常数，便有

$$K'=\frac{[I_{表面}]}{[I_{溶液}]}$$

这表明被吸附的微量组分的量正比于它在溶液中的浓度。

从热力学来说，上述交换反应的标准自由能变化为：

$$\Delta G^{\circ}=-RT\ln\left(\frac{a_{I_{表}}a_{P_{液}}}{a_{I_{液}}a_{P_{表}}}\right)$$

或 $\Delta G^{\circ}=-2.303RT(\log a_{I_{表}}+\log a_{P_{液}}-\log a_{I_{液}}-\log a_{P_{表}})$

假定吸附在沉淀物上的微量组分很少，则近似看成$a_{P_{表}}=1$，此时有

$$\log a_{I_{表}}=\frac{-\Delta G^{\circ}}{2.303RT}+\log a_{I_{液}}-\log a_{P_{液}} \tag{5-5-8}$$

上式表示微量组分吸附在沉淀上的活度（或量）与交换反应的自由能以及常量组分和微量组分在溶液中的活度有关。

2．以分子进行的吸附

包括有范德华引力的非电解质的吸附及离子对的吸附。例如，KI在AgI上的吸附，或$KBrO_3$在$BaSO_4$上的吸附。这时常常用弗伦德里希（Freund lich）或朗格缪尔（Langmuir）的经验吸附等

温线来表示。

弗伦德里希等温线用下式表示：

$$\frac{x}{m}=KC^{\frac{1}{n}} \qquad (5\text{-}5\text{-}9)$$

式中K和n是常数，C是在溶液中被吸附物质的平衡浓度，x为吸附的重量，m为沉淀物的重量。此方程式通常适合于微量分子和离子的吸附（不是离子交换）。

对于中等吸附密度以及当被吸附物的浓度足够高而数据显示出吸附与浓度无关时，则用朗格缪尔等温线来描述：

$$\frac{x}{m}=\frac{qKC}{1+KC} \qquad (5\text{-}5\text{-}10)$$

式中q和K为常数。在高浓度时，1与KC相比可以忽略不计，则方程式变成$\frac{x}{m}=q$，表示吸附量有一个极限；在低浓度时，KC与1的比较可以忽略不计，方程式则变成$\frac{x}{m}=qKC$，此时吸附量正比于溶液中的浓度。

（二）形成固溶体

固溶体形成的程度取决于吸附离子或离子对是否容易与沉淀相结合，这就包括了吸附物质和基质沉淀两者的化学性质和结构性质。要确定在结合过程中哪一种性质为主往往是困难的。

一般，假如被吸附物与基质沉淀同晶并形成固溶体，那么它即能有效地被共沉淀。假如两种化合物的晶体内部结构相同，则称为同晶型。但是，由同晶型的晶体形成固溶体只能在两种晶体的原子键也相似时才发生。

假如一种组分在另一种组分中的溶解度是连续地从0～100%，在这种情况下，某些通常被基质化合物的原子或离子所占的位置就能被同晶型化合物的原子或离子所填充。

固溶体的形成主要发生在晶体生长时与被吸附物相结合，但也有发生微量组分扩散入基质点阵中的情况（特别是在高温下陈化时）。

两种金属以氢氧化物的同晶型固溶体共沉淀时，它们将遵循氢氧化物沉淀规律。这里以两种二价金属为例加以说明。

对于基质金属Me_1，有

$$pH=\frac{1}{2}\log\frac{K_{sp_1}}{K_w^2}-\frac{1}{2}\log a_{Me_1}+\frac{1}{2}\log a_{Me_1(OH)_2}$$

或 $$\log a_{Me_1(OH)_2}=\log a_{Me_1}-\log\frac{K_{sp_1}}{K_w^2}+2pH$$

对于杂质金属Me_2，有

$$pH=\frac{1}{2}\log\frac{K_{sp_2}}{K_w^2}-\frac{1}{2}\log a_{Me_2}+\frac{1}{2}\log a_{Me_2(OH)_2}$$

或 $$\log a_{Me_2(OH)_2}=\log a_{Me_2}-\log\frac{K_{sp_2}}{K_w^2}+2pH$$

如果杂质Me_2在固溶体中的含量很低，则近似地认为$a_{Me_1(OH)_2}=1$

将上两式代换后得

$$a_{Me_2(OH)_2}=\frac{a_{Me_2}K_{sp_1}}{a_{Me_1}K_{sp_2}} \qquad (5\text{-}5\text{-}11)$$

可见，杂质在固相中的平衡浓度（或含量）与两种金属离子在溶液中的活度以及两种金属的氢氧化物溶度积有关。

（三）夹带

夹带在用共沉淀方法进行浓缩的技术中起着很重要的作用。由夹带所形成的共沉淀量主要取决于下列因素：在沉淀表面上电荷的符号和数量；微量组分和沉淀表面之间吸附力的强弱；微量组分的浓度；被吸附的微量组分的夹带速度，即共沉淀形成速度。

（四）影响共沉淀的因素

在湿法冶金中，当从溶液中沉淀杂质或者从溶液中沉淀或分离有价金属时，通常不希望有共沉淀发生。但有时共沉淀却是有益的，例如用共沉淀方法从溶液中浓缩某些微量元素时。在这种情况下，用硫酸钡共沉淀镭，或用氢氧化铝共沉淀锂。所以，概括阐明影响共沉淀的因素具有实际意义。

1．沉淀物的性质

通常，共沉淀形成的程度与基质沉淀物的形态（胶态或晶态），表面性质（表面电荷的符号）与量有关。另方面还与溶液中离子或分子的性质有关。这就说明为什么有的组分容易形成共沉淀，而有的则不易形成。因此，采用合适的沉淀剂以及用氧化还原方法改变溶液中离子的价态以达到预期共沉淀的目的有着重要的意义。

2．溶液的浓度

如果常量组分是基质沉淀物，则微量组分的浓度大时，由于吸附、夹带或形成固溶体所引起的共沉淀量也增大。同样，如果微量组分是沉淀物，则常量组分的浓度大时，被共沉淀的量也增大。

3．温度及保温时间

在较低温度下沉淀时，容易形成胶态沉淀，而这种沉淀对溶液中的组分有强的表面吸附能力。在较高温度下沉淀时，开始会形成微细结晶，而晶体生长是很快的，有时也会由于夹带而引起共沉淀。保温时间长，能导致较完全的共沉淀（特别是对于那些成核及晶体生长速度较慢的沉淀过程）。因此，在一些沉淀工艺中，为了使某些杂质更好地共沉淀，常常要求较长的保温时间（例如从钨酸钠溶液中沉淀除磷和砷）。

4．沉淀形成速度

沉淀形成速度在共沉淀中是一个非常重要的参数，它决定沉淀粒子的物理特性，并强烈地影响着共沉淀的机理、选择性和沉淀量。通常，沉淀速度愈大，由吸附和夹带机理所引起的共沉淀也愈多。

溶液的过饱和度对沉淀速度有很大影响。高的过饱和度会加快成核和晶体生长，即引起高的沉淀速度。沉淀剂的局部过浓现象也会引起迅速产生局部沉淀，这也是造成共沉淀的原因。因此，最好的控制沉淀形成速度是采用均匀相沉淀技术。它是在溶液内部由均相化学反应来控制沉淀的形成速度。在这种情况下有利于慢沉淀，共沉淀主要由固溶体形成而发生，这时表面吸附和夹带形成的玷污达到最小。例如在稀土草酸盐分步沉淀法分离时多用均相沉淀法。在此沉淀操作中，将混合稀土草酸盐溶解在络合剂EDTA的氨水溶液中，生成可溶的稀土络合物 $(NH_4)_3[RE(EDTA)C_2O_4]$（式中RE表示三价稀土离子），然后以6mol/L HCl溶液进行酸化，这时稳定常数较小的稀土络合物被破坏而形成草酸稀土沉淀。

此外，较稀的沉淀剂浓度和较慢的加入速度，以及较高的温度和搅拌速度也可避免出现局部沉淀速度过快现象。

四、分步沉淀法

分步沉淀法是使相似元素分离的一种较有效的传统方法。其基本原理是利用不同化合物的溶解度（或溶度积）的差异，溶解度较小的首先沉淀。这样，可以在一定条件下按溶解度不同而达到元素的彼此分离。但是，对于物理和化学性质很相似的元素来说总会产生如上所说的共沉淀现象。为此需要经过多次的沉淀—溶解—沉淀的过程，最后将这些元素逐一分离。下面以稀土硫酸复盐分步沉淀法分离铈组-钇组元素为例加以说明。

在室温及不断搅拌下，将粉状硫酸钠逐渐加入稀土氯化物或硝酸盐的酸性溶液中，直至溶液中生成硫酸复盐沉淀及钕的吸收谱线大大减弱为止。硫酸钠的加入量取决于所分离的混合物中两组元素之间的比例。然后将浆液逐渐加热到70～80°C。若仍然看到钕的吸收谱线，则再补加一些硫酸钠，直到钕的吸收谱线消失为止。将沉淀工序重复5～10次，就可使钇组元素与铈组元素彻底分离。

将沉淀铈组元素后的溶液按类似上述方法接着进行铽组元素的分离。

第二节 结晶过程

在第一节中也涉及到一些结晶问题，但主要是讨论有化学反应参加的沉淀过程。本节主要讨论结晶过程，其内容包括：过饱和溶液及其稳定性，成核，晶体生长，结晶过程中杂质的作用，影响晶粒尺寸的因素，以及分步结晶法等。

一、过饱和溶液

（一）过饱和溶液的稳定性

过饱和溶液的表示方法有绝对过饱和度ΔC，相对过饱和度δ，过饱和系数s。分别为：

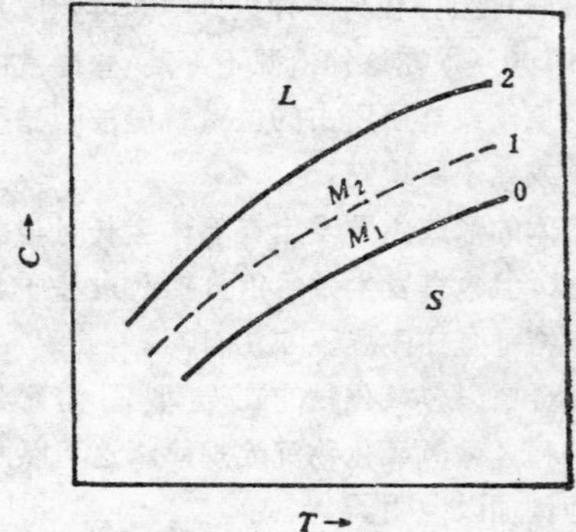

图 5-5-5 溶液的稳定性分区图

0—溶解度曲线；1—第一稳定界限曲线；2—第二稳定限曲线

$$\Delta C=C-C_{eq},\ \delta=(C-C_{eq})/C_{eq}$$
$$s=C/C_{eq}$$

式中C表示过饱和溶液浓度，C_{eq}表示平衡浓度。

过饱和溶液的稳定性通常可用溶解度与温度的关系图来说明（图5-5-5)。

S为稳定区，在这个区域内不可能析出结晶。M_1和M_2为第一和第二介稳定区，在这两个区域内，溶液可能析出结晶。L为不稳定区，在这个区域内溶液可自动地析出结晶。可以看出只有溶液达到极限过饱和度时才能自动析出结晶。过饱和溶液所以能存在是与新相的种子很难产生这一点分不开的，因为最初析出的新相粒子极其微小，使得该物质的自由能升高，因此这时微粒也就比较不稳定。

（二）制备过饱和溶液的方法

过饱和溶液的制备方法主要有冷却法、蒸发法和化学相互作用法。

冷却法适用于那些具有较大温度系数，即温度强烈影响溶解度的溶液。此时，当把溶液从较高温度冷却到较低温度时，往往能形成过饱和溶液，而且冷却速度愈大则过饱和形成速度愈大：

$$\dot{S}=K(-\dot{T}) \qquad (5\text{-}5\text{-}12)$$

式中 $\dot{S}$——过饱和形成速度；

$\dot{T}$——冷却速度，dT/dt；

K——温度系数，dC_{eq}/dT。

蒸发法是用提高温度的办法来蒸发溶液中的水分，使浓度不断地升高直到形成过饱和溶液。显然，蒸发速度愈快则过饱和形成速度也愈大。必须指出，在蒸发过程中有的化合物会发生分解反应生成新物质，因而随着分解反应的不断进行而形成新物质的过饱和溶液。例如在钨酸铵溶液蒸发结晶仲钨酸铵时就是这种情形。

化学相互作用法是在溶液中加入某种化学试剂，与原来的化合物作用而形成新物质的过饱和溶液，或者向溶液中加入与已存在于溶液中的化合物具有相同阴离子的盐类由盐析作用形成过饱和溶液。

（三）影响过饱和溶液稳定性的因素

除溶液温度的影响外，搅拌、不溶性杂质和可溶性杂质的存在也都对过饱和溶液有很大影响。搅拌会使过饱和溶液其稳定性降低，介稳区的宽度减小和介稳态时间缩短。不溶性杂质也影响介稳区的宽度和介稳态时间。可溶性杂质的影响则是各种各样的，可能提高系统的稳定性，也可能降低其稳定性，其作用机理在于改变主要物质的溶解度，改变溶液的真正过饱和度。杂质对成核过程的催化作用也可能导致过饱和溶液稳定性的改变。

二、成　核

（一）晶核的生成

能否自动形成晶核取决于由分子和离子形成某种组合可能性，如果晶体具有比较对称的结构，则上述分子或离子相组合的可能性也较大。

在过饱和溶液中，晶核往往能自动地生成。但只有形成的晶核等于临界晶核尺寸时，它们才有可能存在。或者说，当任何晶核小于临界晶核尺寸时才会再溶解。

临界核尺寸可表示为：

$$R=\frac{2\sigma_L V}{\mu-\mu^*} \qquad (5\text{-}5\text{-}13)$$

式中 R——临界核平均尺寸；

σ_L——与溶液平衡的晶核的表面自由能；

V——晶核的摩尔体积；

$\mu-\mu^*$——溶质在相同温度下在所指溶液中的化学位μ与在饱和溶液中的化学位μ^*之差。

可以看出，过饱和度愈大，即μ愈大，则临界核尺寸愈小，这说明在过饱和度大的溶液中能形成稳定的小晶核。

但另一方面，当溶液的过饱和度过大时，或温度很低时，溶液的粘度提高，降低了分子或离子成一定组合的可能性，而这一定的组合却是生成结晶核所必须的过程。可见，溶液过饱和度太大，或过冷度高，反而阻碍结晶核的形成。

（二）均相物系中的成核

所指物系不含杂质。新相可以在不稳态下和个别在介稳态下生成。在第一介稳定区不发生自发成核。

根据相形成的吉布斯能量变化，可导出成核速度为：

$$N=K_N\exp\left[-\frac{\kappa\sigma^3V^2}{(KT)^3(\ln S)^2}\right] \qquad (5\text{-}5\text{-}14)$$

式中 N——成核速度；

K_N——成核过程速率常数；

κ——波尔茨曼常数；

σ——比表面能；

S——过饱和度；

V——体积。

成核速度N与溶液的过饱和度S有如图5-5-6所示的关系。

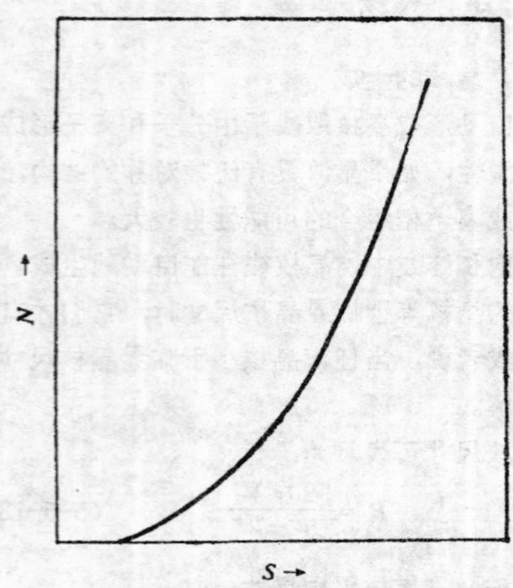

图 5-5-6 成核速度与过饱和度的关系

事实上，均相成核是难以实现的，只有作为成核中心的痕量不溶物质不存在或结晶容器足够大时才有可能出现。

（三）多相体系的成核

它是指有固体表面（如容器表面）和固体杂质或结晶物质自身晶种存在的体系。以存在固体杂质为例，结晶中心的形成可能是由于杂质表面上存在着活性中心，这种情况在相变的第一阶段，即新相产生的阶段，其相变速率取决于活性中心的浓度及其能态。显然，固相杂质的存在可使相变加快。正是因为在表面上生成晶核的能小于在溶液本体内成核的能，不管杂质的影响机理如何，多相成核可以在溶液的介稳区域内产生，这时新相粒子的生成速率与溶液的过饱和度之间通常没有明显的关系。

（四）影响成核速度的因素

成核速度除了与溶液过饱和度或过冷度有关外，也与温度、各种不同的机械作用（如搅拌）、电场与磁场等有关。溶液温度的变化会导致粘度、粒子运动能、溶剂结构及溶解度等的变化。按照式5-5-14，温度对N的影响是成核随T的提高而增大。这是假定其它数值与T无关而说的。

三、晶体的生长

物质从溶液中结晶时，起初是形成一批晶核，与此同时，结晶物质从溶液本体向晶核表面扩散并被晶面所吸附，然后它们以一定方式排列和嵌入晶核的晶格中。这样，一层覆盖一层地不断长大，最后成为较大的晶体。在晶体生长过程中还会发生晶体之间碰撞，这种碰撞的结果，可能导致晶体缺陷式破碎。

晶体生长速度通常随过饱和度或过冷度的提高而加快。在较低的过饱和度或过冷度下一般可以得到结构较规则，缺陷较少的晶体。

温度对晶体生长速度的影响是比较复杂的，因为一方面温度升高可提高结晶物质的扩散速度和相界面上的过程速度，因而也提高晶体生长速度；但另方面由于溶液的过饱和度随温度的提高而降低，因而又减慢了晶体的生长速度，所以温度的影响要视具体的结晶体系而定。此外，溶液中的杂质以及溶液的搅拌程度对晶体的生长也有影响。

（一）结晶过程中杂质的影响

在结晶过程中，溶液中的杂质往往被吸附在晶核表面上，这对晶核的生长产生抑制作用。另一方面，由于吸附在晶核表面上的杂质对每个晶面生长的影响可能不同，就使得晶体或者被拉长，或者呈薄片状，或者具有等轴形状。但是，每个晶面线生长速度的不同不会影响晶体的结构。关于杂质对晶形的影响机理，有如下几点：（1）由于吸附，导致选择性的晶面生长的线速度发生不同的变化，因而使晶体形状发生变化；（2）可能生成有限的和无限的固溶体，因而对晶体形状产生影响；（3）若杂质不进入晶格而集中在晶体表面周围，也可导致晶体形状的变化。

溶液中的杂质除了对晶体生长速度和晶形的影响外，对结晶产品性质也有影响。结晶物质的物理性能在某种程度上取决于杂质的含量，特别是以某种形式深入到晶格中去的那一部分杂质。如果杂质以独立晶体形式（或独立相）存在结晶物质中，那么它对晶体的物理性能没有明显的影响。

（二）陈化对结晶物质的影响

在过饱和溶液中开始形成的结晶常常是由无定形的或具有无序晶格的非常细的晶体构成的沉淀。但是，在提高温度并经过一定时间的保温后，其中有一部分微小晶体被重新溶解，而溶解了的物质又在其它晶体的表面上重新结晶出来。所以，通过陈化再结晶作用，往往可得到由较大粒子组成的比较均一的结晶物质。

（三）晶体粒度组成与结晶条件的关系

结晶产品的粒度组成取决于结晶条件。它不仅取决于成核速度和晶体生长速度，而且也取决于出现结晶中心的时间。如果全部晶核同时出现，则可获得粒度单一的结晶沉淀物。当然，这是当晶体在完全相同的条件下生长时才会发生的。可是，任何生产中结晶器的不同区域内结晶条件并不完全相同，故实际上不可能得到粒度单一的沉淀物，只有在很短的时间内在很大的过饱和条件下，以及在结晶器的各个区域内的结晶条件（浓度、温度、搅拌程度等）大体相同时，才有可能获得接近粒度单一的结晶物质。

四、分步结晶法

用分步结晶法分离相似元素的基本原理是基于不同盐类之间的溶解度的差别。溶解度较小的盐类容易结晶析出；相反，溶解度较大的则保留在液相中，这样就可实现分离的目的。不过，在生产中要达到令人满意的分离，必须根据各种盐类在固-液之间的分配不同，采用重复的结晶—溶解—结晶的分配过程。

在生产中一般采用以下两种方法进行：（1）蒸发结晶法，即蒸发除去部分溶剂而结晶析出；（2）冷却结晶法。对于具有较大溶解度温度系数的盐类，用第二种方法较为适宜。

目前所用的一些分步结晶操作方法，原则上相

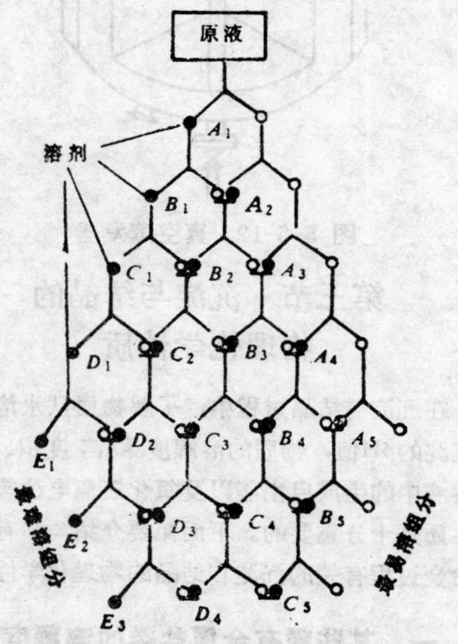

图 5-5-7 无预分馏分的分步结晶流程

○—母液；●—结晶体

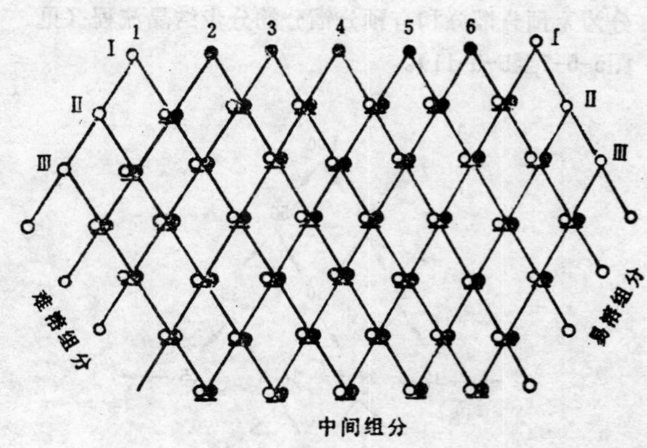

图 3-5-8 有预分馏分的分步结晶流程

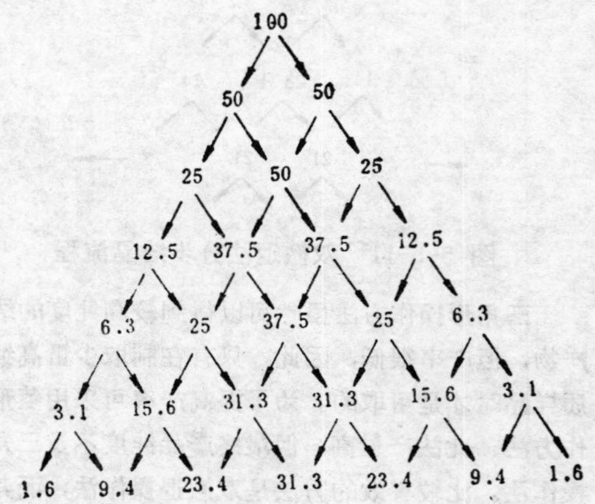

图 5-5-9 三角形分步结晶流程

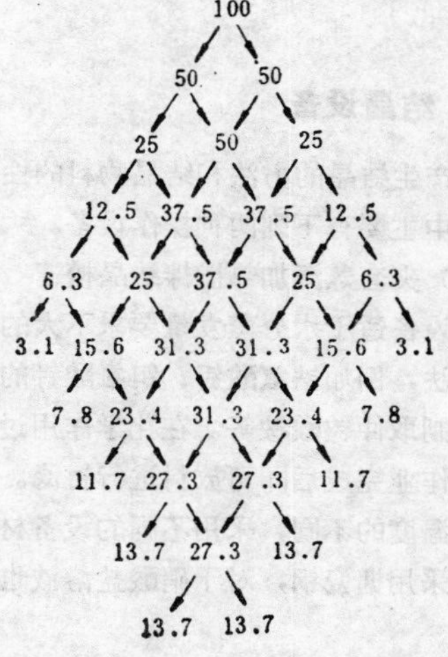

图 5-5-10 菱形分步结晶流程

同，只是在开始阶段和收尾阶段有些不同。其中可分为无预分馏分和有预分馏分的分步结晶流程（见图5-5-7至5-5-11）。

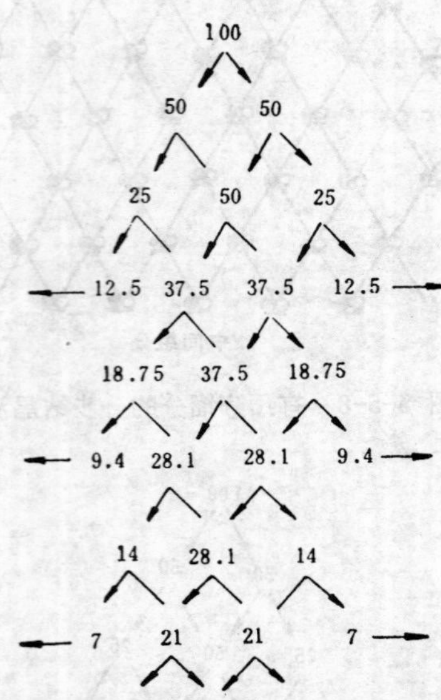

图 5-5-11 双撤退法分步结晶流程

三角形操作方法虽然可以得到较高纯度的结晶产物，但产率很低，因此，只有在制取少量高纯物质样品时才是可取的。为了提高产率可采用菱形操作方法，此法产量高，但最终产品纯度不及三角形操作法。比较有效的方法是双撤退操作法，而其作法是当每份处理至上下垂直份数的组成相同就停止，然后合并，这样就能同时提高产品的纯度和产率。

五、结晶设备

根据产生结晶的方法和结晶物料的性质不同，工艺实践中主要有下列两种操作设备。

（一）夹套蒸汽加热搅拌结晶槽

这种设备适于水分蒸发量要求不大的化学相互作用结晶法，例如锆氟酸钾、钽氟酸钾的制取，以及中和法制取仲钨酸铵等。在化学作用过程中产生结晶体，作业完成后即可放料进行过滤。应根据操作溶液和温度的不同，采用不同的设备材料，对酸性介质可采用搪瓷锅，对于硝酸盐溶液也可用不锈钢槽。

（二）蒸发结晶器

这种设备适合于要求水分蒸发量大的蒸发结晶法，例如氯化稀土、硝酸钍的制取，以及蒸发法制取仲钼酸铵和仲钨酸铵等。

为了加快蒸发速度，大规模生产常采用真空蒸发器，如图5-5-12所示。在制取仲钨酸铵时，还可同时使用压缩空气鼓泡以加速带走氨。例如在夹套蒸汽加热带有搅拌器的搪瓷蒸发器的顶盖上装有与真空系统联接的真空管道，蒸发时真空度维持10665.76～13333.2Pa。另外还从盖上插入两根压缩空气导管，伸入到溶液中作鼓泡之用。在蒸发浓缩过程中产生结晶体，作业完成后放料进行过滤，有时部分滤液返回进料循环蒸发。应当指出，对于某些结晶物料，必须在蒸发浓缩至溶液一定密度时趁热放入另外的结晶器中冷却结晶（例如氯化稀土蒸发结晶时），否则将在蒸发器中冷凝成坚硬的整块结晶物。

蒸发结晶器通常是用搪瓷蒸发器或不锈钢蒸发锅。

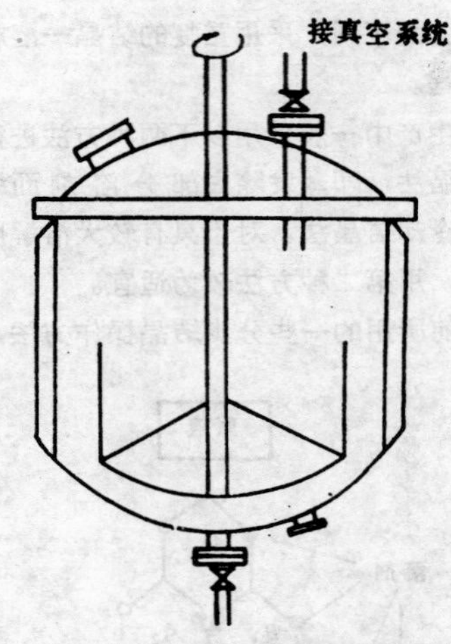

图 5-5-12 真空蒸发器

第三节 沉淀与结晶的物理化学性质

在沉淀与结晶过程中，了解物质从水溶液中开始沉淀的pH值，物质的溶解度和溶度积、物质在水溶液中的生成自由能以及氧化还原电位等物理化学性质是十分重要的。下面扼要介绍与稀有金属湿法冶金过程有关的沉淀和结晶的物理化学性质。

一、某些稀有金属盐类的溶解度

某些稀有金属盐类的溶解度列于表5-5-6～

表 5-5-6 钨酸钠在水中溶解度

温 度，℃	0	4	6	9	10	15.5	32	51.5	100
无水盐溶解度，%	30.63	33.83	35.58	38.16	39.28	39.27	39.82	41.27	45.5
	$Na_2WO_4 \cdot 10H_2O$				$Na_2WO_4 \cdot 2H_2O$				

表 5-5-7 仲钨酸钠在水中溶解度

温 度，℃	12.4	39.6	101.8
无水盐溶解度，%	5.52	17.94	70.6

表 5-5-8 仲钨酸铵在水中的溶解度

温 度，℃	17	29	45	49	52	70
无水盐溶解度，%	0.064	2.014	3.467	4.341	3.280	7.971
	$5(NH_4)_2O \cdot 12WO_3 \cdot 11H_2O$ 针状晶体				$5(NH_4)_2O \cdot 12WO_3 \cdot 5H_2O$ 片状晶体	

表 5-5-9 钼酸H_2MoO_4在水中的溶解度

温 度，℃	14.8	24.6	36	45	52	60	80
溶解度，MoO_3 g/1000g溶液	2.112	2.612	3.075	3.648	4.167	4.665	5.185

注：温度低于60℃时，结晶呈白色针状的钼酸一水水合物α变体，高于60℃时，结晶析出一水水合物β变体。

表 5-5-10 钼酸钙$CaMoO_4$在水中溶解度

温 度，℃	0	20	50	80	100
溶解度，%	0.0044	0.0058	0.0058	0.0236	0.02

表 5-5-11 $Zr(SO_4)_2 \cdot 4H_2O$在硫酸中溶解度

硫酸浓度，%	ZrO_2 g/100g溶液	硫酸浓度，%	ZrO_2 g/100g溶液
31.2	19.50	48.7	0.46
33.1	18.81	51.5	0.33
35.6	16.20	57.4	0.14
39.6	9.60	69.5	0.15
42.5	5.30	70.5	0.50
44.1	3.51	72.9	2.0
46.7	1.03		

表 5-5-12 K_2ZrF_6和Na_2ZrF_6在水中的溶解度

温度 ℃	溶解度，%（重量）	
	K_2ZrF_6	Na_2ZrF_6
20	1.22	0.38
50	2.94	—
90	11.11	—
100	23.53	1.64

注：稀土盐类溶解度见参考文献〔6，9〕。

5-5-12。

二、某些金属电极反应的标准电位

表5-5-13收集的只是一些金属离子之间的电极反应、有沉淀的电极反应以及通常作为氧化剂的电极反应的标准电位。

表 5-5-13 某些金属电极反应的标准电位

元素	电极反应	标准电位，V
Fe	$Fe^{3+}+e=Fe^{2+}$	+0.771
	$Fe(OH)_3+e=Fe(OH)_2+OH^-$	−0.56
Ti	$Ti^{3+}+e=Ti^{2+}$	约−0.37
Tl	$Tl(OH)_3+2e=Tl(OH)+2OH^-$	−0.05
V	$V^{3+}+e=V^{2+}$	−0.255
	$VO_2^++2H^++e=VO^{2+}+H_2O$	+1.00
La	$La(OH)_3+3e=La+3OH$	−2.90
Ce	$Ce^{4+}+e=Ce^{3+}$	+1.61，+1.74
	$Ce(OH)_3+3e=Ce+3OH^-$	−2.87
Pr	$Pr^{4+}+e=Pr^{3+}$	+2.86
	$Pr(OH)_3+3e=Pr+3OH^-$	−2.86
Na	$Na(OH)_3+3e=Na+3OH^-$	−2.84
Pm	$Pm(OH)_3+3e=Pm+3OH^-$	−2.84
Sm	$Sm^{4+}+e=Sm^{3+}$	−1.55
	$Sm(OH)_3+3e=Sm+3OH^-$	−2.83
Eu	$Eu^{3+}+e=Eu^{2+}$	−0.35，−0.43
	$Eu(OH)_3+3e=Eu+3OH^-$	−0.83
Gd	$Gd(OH)_3+3e=Gd+3OH^-$	−2.83
Tb	$Tb(OH)_3+3e=Tb+3OH^-$	−2.79
Dy	$Dy(OH)_3+3e=Dy+3OH^-$	−2.78
Ho	$Ho(OH)_3+3e=Ho+3OH^-$	−2.77
Er	$Er(OH)_3+3e=Er+3OH^-$	−2.75
Tm	$Tm(OH)_3+3e=Tm+3OH^-$	−2.74
Yb	$Yb^{3+}+e=Yb^{2+}$	−0.7628，−1.15
	$Yb(OH)_3+3e=Yb+3OH^-$	−2.73
Lu	$Lu(OH)_3+3e=Lu+3OH^-$	−2.72
Y	$Y(OH)_3+3e=Y+3OH^-$	−2.81
Hf	$HfO(OH)_2+H_2O+e=Hf+4OH^-$	−2.50
Mn	$Mn(OH)_3+e=Mn(OH)_2+OH^-$	+0.1
	$MnO_4^-+4H^++3e=MnO_2+2H_2O$	+1.695
O	$O_2+4H^++4e=2H_2O$	+1.229
	$H_2O_2+2H^++2e=2H_2O$	+1.77

三、某些物质在水溶液中标准生成自由能

表 5-5-14 某些物质在水溶液中的标准生成自由能（298.2K）

水溶液中物质	ΔG_f°，kJ/mol	水溶液中物质	ΔG_f°，kJ/mol
H^+	0	Pm^{2+}	−427.0
H_2O	−237.3	Sm^{2+}	−514.9
OH^-	−157.4	Sm^{3+}	−661.4
NH_4^+	−79.5	Eu^{2+}	−540.0
H_2S	−27.4	Eu^{3+}	−573.5
H_2SO_4	−742.6	Gd^{2+}	−184.2
HSO_4^-	−753.5	Gd^{3+}	−657.2
SO_4^{2-}	−742.6	Tb^{2+}	−322.3
Al^{3+}	−485.6	Tb^{3+}	−657.2
Sc^{3+}	−586.9	Ti^{4+}	−354.3
Y^{3+}	−694.0	Zr^{4+}	−522.0
La^{3+}	−685.7	Hf^{4+}	−555.1
Ga^{3+}	−159.1	Fe^{2+}	−91.3
In^{3+}	−98.0	Ce^{2+}	−267.9
Tl^{3+}	+214.7	Ce^{3+}	−672.7
Ti^{2+}	−157.0	Ce^{4+}	−504.0
HCl	−131.3	Pr^{2+}	−385.1
Cl^-	−131.3	Dy^{2+}	−418.6
Li^+	−293.9	Dy^{3+}	−669.8
Na^+	−262.0	Ho^{2+}	−406.0
K^+	−283.4	Ho^{3+}	−414.4
Be^{2+}	−455.0	Er^{3+}	−673.5
Mg^{2+}	−455.0	Tm^{2+}	−460.5
Ca^{2+}	−553.8	Tm^{3+}	−665.6
Pr^{3+}	−677.7	Yb^{2+}	−540.0
Nd^{2+}	−406.0	Yb^{3+}	−644.6
Nd^{3+}	−673.1	ReO_4^{2-}	−699.5

参 考 文 献

[1] E.B. 哈特斯基，化学工业中的结晶，化学工业出版社，1984年11月版。

[2] E. 罗利亚，湿法冶金过程中沉淀和共沉淀的理论和实践，冶金工业部长沙矿冶研究院编，1980年5月。

[3] 傅崇说，有色冶金原理，冶金工业出版社，1984年11月第1版。

[4] 李自强，稀有金属，(1985)，№5, P 16.

[5] 傅献彩等，物理化学，人民教育出版社，1980.

[6] International Symposium On Hydrometallurgy, Chicago, Illinois, February 25-March 1, 1973, Editors: D. J. I. Evans and R. S. Shoemaker. New York, 1973.

[7] I. W. Mnllin, Industrial Crystallization, New York and London 1976.

[8] 《稀土》编写组编，稀土（上），冶金工业出版社，1978.

[9] 泽里克曼，稀有金属冶金学，冶金工业出版社，1982.

[10] 北京师范大学，简明化学手册，北京出版社，1980.

[11] 中山大学，稀土物理化学常数，冶金工业出版社，1978.

第六章 水溶液电解

编写人 段淑贞

第一节 水溶液电解理论基础

一、法拉第定律

法拉第第一定律——反应物质的量与通过电解池的电量成正比。

$$\Delta m = kIt = kq \quad (5\text{-}6\text{-}1)$$

式中 Δm——化学反应物质的量；

q——电量，等于电流 I 和时间 t 的乘积；

k——比例因数。

若 $q = It = 1$，则 $\Delta m = k$，即系数 k 表示单位电量所产生的化学变化量。系数 k 称为电化当量。表5-6-1列出某些稀有金属的电化当量。

法拉第第二定律——当相同的电量通过各种不同的电解质溶液时，在电极上析出或溶解的物质具有相同的物质的量值，每通过96500C（库仑）时，电极上将有1mol物质的量析出或溶解，通常把96500C电量称为1法拉第电量，并用 F 表示：

$$\Delta m = \frac{c}{F}q = \frac{c}{F}It \quad (5\text{-}6\text{-}2)$$

二、电导及电导率

电解质的离子电导，用比电导或电导率 κ 来表示，或者用摩尔电导 λ 来表示。

$$\kappa = \frac{1}{\rho} \quad (5\text{-}6\text{-}3)$$

摩尔电导和比电导关系如下

$$\lambda = \frac{\kappa}{zC} \quad 和 \quad \lambda = \kappa\frac{V}{z} \quad (5\text{-}6\text{-}4)$$

$$\lambda_m = \frac{\kappa}{C} \quad 和 \quad \lambda_m = \kappa V \quad (5\text{-}6\text{-}5)$$

式中 C——电解质溶液的浓度，(meq/mL或mol/mL)；

V——在给定浓度 C 时含1mol溶质溶液体积；

z——参加反应的电子数。

一些物质的比电导、摩尔电导分别列于表5-6-2～5-6-4。

表 5-6-1 某些稀有金属的电化当量

金属	价数	原子量	电化当量 g/(A·h)	金属	价数	原子量	电化当量 g/(A·h)
Li	1	6.94	0.2589	U	3	238.02	2.9589
Be	2	9.012	0.16826	U	4	238.02	2.2265
Sc	3	44.95	0.5608	Eu	3	151.9	1.8904
Y	3	88.90	1.1058	Gd	3	157.2	1.9510
La	3	138.92	1.7276	Tb	3	158.92	1.9798
Ce	3	140.12	1.7426	Tb	4	158.92	1.4848
Ce	4	140.12	1.3070	Dy	3	162.5	2.0203
Pr	3	140.90	1.7525	Ho	3	164.9	2.050
Nd	3	144.2	1.7942	Er	3	167.2	2.079
Sm	3	150.4	1.8707	Tu	3	168.9	2.1067
Hf	4	178.49	1.6648	Yb	3	173.04	2.1519
Nb	5	92.91	0.6933	Lu	3	174.97	2.17
Ta	5	180.94	1.3946	Ti	4	47.90	0.4467
Th	4	232.03	2.1647	Zr	4	91.22	0.8508

表 5-6-2　钠汞齐、钾汞齐、钙汞齐的比电导（30°C）

汞齐	浓度，%（重量）	比电导 $\times 10^{-2}$ $s\cdot m^{-1}$	汞齐	浓度，%（重量）	比电导 $\times 10^{-2}$ $s\cdot m^{-1}$
钠汞齐	0.0183	1.0269	钾汞齐	0.0100	1.0290
	0.0314	1.0235		0.0211	1.0228
	0.0524	1.0176		0.0407	1.0139
	0.0702	1.0115		0.0513	1.0153
	0.0790	1.0395		0.0612	1.0068
	0.1068	1.0330		0.0776	1.0041
	0.1226	1.0273		0.0907	0.9960
	0.1313	1.235		0.1006	1.0052
	0.1696	1.0148		0.1069	1.0041
	0.1776	1.0118		0.1140	0.9990
	0.2026	1.0051		0.1223	0.9980
	0.2254	0.9990		0.1429	0.9920
	0.2364	0.9930		0.1624	0.9881
	0.2680	0.9852		0.1693	0.9825
	0.2714	1.0473		0.1783	0.9980
	0.2899	1.0310		0.2030	0.9901
	0.2987	1.0237		0.2113	0.9862
	0.3174	1.0102		0.2271	0.9804
钙汞齐	0.0097	1.0356		0.2462	0.9730
	0.0206	1.0366		0.2659	0.9655
	0.0225	1.0373			
	0.0236	1.0373			

表 5-6-3　La离子的摩尔电导 λ（$s\cdot mm^2/mol$）

离子	0°C	18°C	25°C	50°C	75°C	100°C	128°C	156°C
La	105	183	216	357	519	705	936	1164

三、正负离子迁移数

正负离子迁移数为：

$$t_+ = \frac{I_+}{I} \qquad t_- = \frac{I_-}{I} \tag{5-6-6}$$

t_+、t_-分别为正离子和负离子的迁移数。

二元电解质离子的迁移数可以用离子迁移率λ_+°和λ_-°表示，即：

$$t_+ = \frac{\lambda_+^\circ}{\lambda_+^\circ + \lambda_-^\circ} \tag{5-6-7}$$

$$t_- = \frac{\lambda_-^\circ}{\lambda_+^\circ + \lambda_-^\circ} \tag{5-6-8}$$

$$t_+ + t_- = 1$$

$$\lambda_+^\circ = F\nu_+^\circ \qquad \lambda_-^\circ = F\nu_-^\circ$$

式中ν_+°和ν_-°分别为离子速度，F为法拉第常数。

对于任一电解质溶液和含有几种电解质的溶液来说，i 种离子的迁移数可以用下列方程式表示：

表 5-6-4　电解质在水溶液中的摩尔电导（25°C）

化合物	浓度，mol/L							
	无限稀	0.0005	0.001	0.005	0.01	0.02	0.05	0.1
$LaCl_3$	437.4	418.8	411.0	382.5	365.4	345.6	318.6	297.3
LiCl	115.03	113.15	112.40	109.40	107.40	104.65	100.11	95.86
$LiClO_4$	105.98	104.18	103.44	100.57	98.61	96.18	92.20	88.56

$$t_i = \frac{I_i}{\Sigma I_i} \tag{5-6-9}$$

在这种情况下

$$\Sigma t_i = 1$$

表 5-6-5　LiCl、$LaCl_3$水溶液中阳离子的迁移数（25°C）

电解质	浓度，mol/L				
	0.01	0.02	0.05	0.1	0.2
LiCl	0.329	0.326	0.321	0.317	0.311
$LaCl_3$	1.389	1.374	1.344	1.314	1.269

其中，迁移数的总和号是对溶液中各种离子进行加和的。一些稀有金属化合物的离子迁移数列于表5-6-5～5-6-7。

表 5-6-6　RbBr、RbCl、RbI及Tl_2SO_4水溶液中阴离子的迁移数（18°C）

浓度 mol/L	RbBr	RbCl	RbI	Tl_2SO_4
0.02	0.505	0.503	0.502	1.575
0.05				1.575
0.1	0.508	0.506	0.503	1.575

表 5-6-7 LiCl、LiOH水溶液中阴离子的迁移数（18°C）

浓 度 mol/L	LiCl	LiOH
0.005	0.670	
0.01	0.670	
0.02	0.672	
0.05	0.684	
0.1	0.687	0.85
0.2	0.700	0.85
0.5	0.730	0.861
1.0	0.740	0.87
1.5	0.741	0.890
2.0	0.745	
3.0	0.752	
5.0	0.763	

四、电解质溶液的活度

活度的概念与浓度不同，它包括实际溶液中存在的相互作用力，为浓度和活度系数γ的乘积：

$$a=C\gamma$$

活度系数包含着对相互作用力的修正。平均活度由下式表示：

$$a_{\pm}=(a_{+}^{\nu_{+}}+a_{-}^{\nu_{-}})^{\frac{1}{\nu_{+}+\nu_{-}}} \tag{5-6-10}$$

式中ν^{+}、ν^{-}为电解质电离成ν_{+}正离子和ν_{-}负离子。

二元电解质的平均活度数为：

$$a_{\pm}=\sqrt{a_{+}a_{-}} \tag{5-6-11}$$

平均活度系数为

$$\gamma_{\pm}=(\gamma_{+}^{\nu_{+}}+\gamma_{-}^{\nu_{-}})^{\frac{1}{\nu_{+}+\nu_{-}}}$$

二元电解质的平均活度系数为

$$\gamma_{\pm}=\sqrt{\gamma_{+}\gamma_{-}} \tag{5-6-12}$$

用不同方法得到的KCl溶液的平均活度系数列于表5-6-8。

溶液的离子强度表示为：

$$J=\frac{1}{2}\Sigma C_{i}z_{i}^{2} \tag{5-6-13}$$

表 5-6-8 25°C时用不同方法得到的KCl溶液的平均活度系数

测量方法	活度系数	KCl 浓度，mol/L							
		0.001	0.01	0.05	0.1	0.5	1.0	2.0	4.0
蒸气压法	$\gamma_{\pm}$	0.965	0.900	0.813	0.763	0.638	0.596	0.563	0.564
同上	$\gamma_{\pm}$				0.772				
凝固点下降	$\gamma_{\pm}$	0.965	0.899	0.809	0.762				
电动势	$\gamma_{\pm}$	0.966	0.899	0.815	0.764	0.644	0.597	0.569	0.581

强电解质稀溶液平均活度系数的对数与离子强度平方根成直线关系：

$$\log\gamma_{\pm}=-h\sqrt{J} \tag{5-6-14}$$

当浓度大时，这一规律就不适用了。一些稀有金属盐类溶液的活度系数列于表5-6-9～5-6-20。

第二节 原电池及电池电动势

一、浓差电池

浓差电池分两类：第一类浓差电池和第二类浓差电池。

第一类浓差电池由化学性质相同而活度不同的两个电极组成，两个电极都浸在相同的溶液中。汞齐电池是第一类浓差电池的典型例子，它的两个电极的差别仅仅在于溶解在汞齐中的金属活度不同。

$$\underset{(a_{\mathrm{I}})}{\mathrm{Me,\ Hg}}|\mathrm{MeA}|\underset{(a_{\mathrm{II}})}{\mathrm{Me,\ Hg}}$$

如果$a_{\mathrm{I}}>a_{\mathrm{II}}$，这一体系的电动势表示为

$$E=\frac{RT}{zF}\ln\frac{a_{\mathrm{I}}}{a_{\mathrm{II}}} \tag{5-6-15}$$

第一类浓差电池也可以用由不同压力下的两个相同气体电极组成的简单气体体系来说明。这种体系的电动势可以从1mol气体由高压p'转移到低压p''时所作的机械功来求得。如氯气电池

$$\underset{(P'_{Cl_2})}{\mathrm{Cl_2,\ Pt}}|\mathrm{HCl}|\underset{(P''_{Cl_2})}{\mathrm{Cl_2,\ Pt}}$$

其电池电势 $E=-\frac{PT}{zF}\ln\frac{p'_{Cl_2}}{p''_{Cl_2}}$ (5-6-16)

第二类浓差电池是由两个相同电极浸到活度不同的相同电解质溶液中所组成的。根据电极对何种离子可逆，第二类浓差电池可分为阳离子浓差电池和阴离子浓差电池。阳离子浓差电池如：

$$\mathrm{K,\ Hg}|\underset{(a_{\mathrm{I}})}{\mathrm{HCl}}|\underset{(a_{\mathrm{II}})}{\mathrm{KCl}}|\mathrm{H,\ Hg}$$

表 5-6-9　各种离子在不同离子强度溶液的活度系数

离子	离子强度							
	0.0005	0.001	0.0025	0.005	0.01	0.025	0.05	0.1
	活度系数							
Li^+	0.975	0.965	0.948	0.929	0.907	0.87	0.835	0.80
Rb^+、Cs^+、Ag^+、Tl^+	0.975	0.964	0.945	0.924	0.898	0.85	0.80	0.75
Ra^{2+}、WO_4^{2-}	0.903	0.868	0.805	0.744	0.67	0.555	0.465	0.38
Be^{2+}	0.906	0.872	0.813	0.755	0.69	0.595	0.52	0.45
Sc^{3+}、Y^{3+}、La^{3+}	0.802	0.738	0.432	0.54	0.445	0.325	0.245	0.18
In^{3+}、Ce^{3+}、Pr^{3+}、Nd^{3+}、Sm^{3+}	0.468	0.57	0.425	0.31	0.20	0.10	0.048	0.021
Th^{4+}、Zr^{4+}、Ce^{4+}	0.678	0.588	0.455	0.35	0.255	0.155	0.10	0.065

表 5-6-10　高浓度LiCl溶液的平均活度系数（温度25°C）

化学式	浓度，mol/L														
	6	7	8	9	10	11	12	13	14	15	16	17	18	19	20
LiCl	2.72	3.71	5.10	5.96	9.40	12.55	16.41	20.9	26.2	31.9	37.9	43.8	49.9	56.3	62.4

表 5-6-11　不同离子强度下离子的近似活度系数

离子价数	离子强度					
	0	0.005	0.01	0.05	0.1	0.2
一　价	0.97	0.93	0.90	0.81	0.76	0.70
二　价	0.87	0.74	0.66	0.44	0.33	0.24
三　价	0.73	0.51	0.39	0.15	0.08	0.04
四　价	0.56	0.30	0.19	0.04	0.01	0.003

表 5-6-12　CsCl、CsI、$CsNO_3$、CsOH、Cs_2SO_4、CsBr溶液的平均活度系数(25°C)

浓度 mol/L	CsCl	CsI	$CsNO_3$	CsOH	Cs_2SO_4	CsBr
0.05				0.831		
0.1	0.755	0.753	0.729	0.809	0.464	0.754
0.2	0.693	0.691	0.651	0.774	0.390	0.692
0.3	0.653	0.651	0.598	0.757	0.345	0.652
0.4				0.752	0.317	
0.5	0.604	0.599	0.526	0.752	0.297	0.603
0.6				0.755	0.279	
0.7	0.573	0.566	0.475	0.761	0.267	0.570
0.8				0.767	0.256	
0.9				0.775	0.247	
1.0	0.543	0.532	0.419	0.785	0.240	0.537
1.2					0.226	
1.4					0.218	
1.5	0.514	0.495	0.354			0.504
1.6					0.211	
1.8					0.205	

续表 5-6-12

浓度 mol/L	CsCl	CsI	$CsNO_3$	CsOH	Cs_2SO_4	CsBr
2.0	0.495	0.470				0.486
2.5	0.485	0.450				0.474
3.0	0.480	0.434				0.468
3.5	0.476					0.462
4.0	0.474					0.460
4.5	0.474					0.459
5.0	0.476					0.460
7.0	0.486					
8.0	0.496					
9.0	0.503					
10.0	0.508					
11.0	0.512					

表 5-6-13 $EuCl_3$、$Ga(ClO_4)_3$溶液的平均活度系数（25°C）

浓度 mol/L	$EuCl_3$	$Ga(ClO_4)_3$	浓度 mol/L	$EuCl_3$	$Ga(ClO_4)_3$
0.001			0.7	0.367	0.697
0.005			0.8		0.814
0.01			0.9		0.961
0.05	0.447		1.0	0.448	1.150
0.1	0.385	0.443	1.2	0.527	1.704
0.2	0.342	0.422	1.4	0.637	2.63
0.3	0.329	0.439	1.6	0.781	4.21
0.4		0.477	1.8	0.973	6.85
0.5	0.334	0.532	2.0	1.237	11.20
0.6		0.604			

表 5-6-14 $LaCl_3$、$La(NO_3)_3$、LiAc、LiBr、LiCl及$LiClO_4$溶液的平均活度系数（25°C）

浓度 mol/L	$LaCl_3$	$La(NO_3)_3$	LiAc	LiBr	LiCl	$LiClO_4$
0.001	0.790	0.792				
0.002	0.729	0.630				
0.05	0.636					
0.01	0.560	0.551				
0.02	0.483					
0.05	0.388	0.380				
0.1	0.383	0.317	0.782	0.794	0.792	0.812
0.2	0.337		0.740	0.764	0.761	0.794
0.3	0.323		0.718	0.757	0.748	0.792
0.5	0.328		0.698	0.755	0.742	0.808
0.7	0.354		0.691	0.770	0.754	0.834
1.0	0.424		0.690	0.811	0.781	0.887
1.2	0.493					0.931
1.4	0.587					0.979
1.5			0.709	0.899	0.841	
1.6						1.034

续表 5-6-14

浓度 mol/L	$LaCl_3$	$La(NO_3)_3$	LiAc	LiBr	LiCl	LiClO
2.0			0.734	1.016	0.931	1.158
2.5			0.769	1.166	1.043	1.350
3.0			0.807	1.352	1.174	1.582
3.5			0.847	1.589	1.324	1.866
4.0			0.893	1.903	1.531	2.180
5.0				2.74	2.03	
6.0				3.92	2.75	
7.0				5.76	3.75	
8.0				8.61	5.13	
9.0				12.92	6.98	
10.0				19.92	9.43	

表 5-6-15 LiI、$LiNO_3$、LiOH、甲苯磺酸锂及Li_2SO_4溶液的平均活度系数（25°C）

浓度 mol/L	LiI	$LiNO_3$	LiOH	甲苯磺酸锂	Li_2SO_4
0.1	0.811	0.788	0.718	0.773	0.478
0.2	0.800	0.751	0.663	0.729	0.406
0.3	0.799	0.737	0.628	0.698	0.369
0.4			0.603		0.344
0.5	0.819	0.728	0.583	0.664	0.326
0.6			0.566		0.313
0.7	0.848	0.731	0.553	0.642	0.303
0.8			0.541		0.295
0.9			0.532		0.288
1.0	0.907	0.746	0.523	0.621	0.283
1.2			0.512		0.277
1.4			0.503		0.273
1.5	1.029	0.783		0.595	
1.6			0.496		0.271
1.8			0.489		0.270
2.0	1.196	0.840	0.485	0.574	0.269
2.5	1.423	0.903	0.475	0.565	0.280
3.0	1.739	0.973	0.467	0.563	0.294
3.5		1.052	0.460	0.566	
4.0		1.133	0.454	0.573	
4.5		1.324		0.584	
5.0		1.317			
5.5		1.413			
6.0		1.517			
7.0		1.723			
8.0		1.952			
9.0		2.19			
10.0		2.44			

表 5-6-16 $PrCl_3$、$NdCl_3$、$CeCl_3$的平均活度系数（25°C）

浓度 mol/L	$PrCl_3$	$NdCl_3$	$CeCl_3$	浓度 mol/L	$PrCl_3$	$NdCl_3$	$CeCl_3$
0.0005				0.5	0.322	0.322	0.324
0.001				0.6			
0.002				0.7	0.346	0.348	0.350
0.005				0.8			
0.01				0.9			
0.02				1.0	0.413	0.418	0.420
0.05	0.447	0.447	0.447	1.2	0.482	0.488	0.488
0.1	0.380	0.381	0.380	1.4	0.573	0.581	0.577
0.2	0.333	0.333	0.333	1.6	0.686	0.703	0.696
0.3	0.319	0.318	0.319	1.8	0.834	0.862	0.862
0.4				2.0	1.033	1.079	1.067

表 5-6-17 RbAc、RbBr、RbCl、RbI、$RbNO_3$及Rb_2SO_4溶液的平均活度系数（25°C）

浓度 mol/L	RbAc	RbBr	RbCl	RbI	$RbNO_3$	Rb_2SO_4
0.1	0.797	0.763	0.764	0.762	0.730	0.460
0.2	0.771	0.706	0.709	0.705	0.656	0.382
0.3	0.759	0.674	0.675	0.673	0.603	0.338
0.4						0.308
0.5	0.760	0.634	0.634	0.631	0.534	0.285
0.6						0.269
0.7	0.769	0.606	0.607	0.602	0.484	0.254
0.8						0.243
0.9						0.233
1.0	0.795	0.579	0.583	0.57	0.429	0.224
1.2						0.211
1.4						0.200
1.5	0.859	0.552	0.559	0.548	0.365	
1.6						0.193
1.8						0.186
2.0	0.940	0.537	0.547	0.533	0.319	
2.5	1.034	0.527	0.540	0.525	0.284	
3.0	1.139	0.521	0.538	0.519	0.256	
3.5	1.255	0.518	0.539	0.518	0.235	
4.0		0.517	0.541	0.517	0.216	
4.5		0.517	0.544	0.519	0.200	
5.0		0.518	0.547	0.520		

表 5-6-18 $ScCl_3$、$SmCl_3$溶液的平均活度系数（25°C）

浓度 mol/L	ScCl	$SmCl_3$	浓度 mol/L	ScCl	$SmCl_3$
0.05	0.447	0.447	0.4		
0.1	0.385	0.384	0.5	0.333	0.355
0.2	0.340	0.341	0.6		
0.3	0.329	0.333	0.7	0.363	0.403

续表 5-6-18

浓度 mol/L	ScCl	$SmCl_3$	浓度 mol/L	ScCl	$SmCl_3$
0.8			1.4	0.632	0.813
0.9			1.6	0.761	1.033
1.0	0.442	0.523	1.8	0.941	1.326
1.2	0.520	0.647	2.0	1.182	1.706

表 5-6-19　$ThCl_4$、$Th(NO_3)_4$、TlAC、TlCl、$TlClO_4$及$TlNO_3$溶液平均活动系数(25°C)

浓度 mol/L	$ThCl_4$	$Th(NO_3)$	TlAC	TlCl	TlClO	$TlNO_3$
0.001				0.962		
0.002				0.946		
0.005				0.912		
0.01				0.876		
0.1	0.292	0.279	0.748		0.730	0.701
0.2	0.257	0.225	0.684		0.652	0.605
0.3	0.253	0.203	0.643		0.599	0.544
0.4	0.261	0.192			0.599	0.500
0.5	0.275	0.189	0.588		0.527	
0.6	0.297	0.188				
0.7	0.327	0.191	0.552			
0.8	0.364	0.195				
0.9	0.409	0.201				
1.0	0.463	0.207	0.513			
1.2	0.583	0.224				
1.4	0.729	0.246				
1.5		—	0.472			
1.6	0.966	0.269				
1.8		0.296				
2.0		0.326	0.444			
2.5		0.405	0.422			
3.0		0.486	0.405			
3.5		0.568	0.390			
4.0		0.647	0.377			
4.5		0.722	0.365			
5.0		0.791	0.354			

表 5-6-20　UO_2Cl_2、$UO_2(ClO_4)_2$、$UO_2(NO_3)_2$、UO_2SO_4及YCl_3溶液的平均活动系数(25°C)

O 浓度 mol/L	UO_2Cl_2	$UO_2(ClO_4)_2$	$UO_2(NO_3)_2$	UO_2SO_4	YCl_3
0.05					0.447
0.1	0.539	0.604	0.543	0.150	0.382
0.2	0.505	0.612	0.512	0.102	0.337
0.3	0.497	0.646	0.510	0.081	0.326
0.4	0.500	0.698	0.518	0.069	
0.5	0.512	0.762	0.534	0.061	0.338
0.6	0.527	0.841	0.555	0.057	

续表 5-6-20

浓度 mol/L	UO_2Cl_2	$UO_2(ClO_4)_2$	$UO_2(NO_3)_2$	UO_2SO_4	YCl_3
0.7	0.544	0.935	0.568	0.052	0.373
0.8	0.565	1.049	0.608	0.048	
0.9	0.589	1.183	0.641	0.046	
1.0	0.614	1.341	0.679	0.044	0.465
1.2	0.671	1.741	0.761	0.041	0.559
1.4	0.737	2.30	0.855	0.039	0.686
1.6	0.808	3.06	0.943	0.038	0.858
1.8	0.885	4.14	1.083	0.037	1.091
2.0	0.968	5.70	1.218	0.037	1.417
2.5	1.216	12.90	1.602	0.037	
3.0	1.535	29.8	2.00	0.038	
3.5		67.9	2.37	0.040	
4.0		154.6	2.64	0.043	
4.5		345	2.85	0.047	
5.0		724	3.01	0.050	

阴离子浓差电池如：

$$Ag,\ AgCl|HC \vdots 1HCl|AgCl,\ Ag$$
$$(a_{\rm I})\ (a_{\rm II})$$

在这类电池中，产生电动势的过程就是电解质从浓溶液向稀溶液转移的过程，因此这种电池也叫做有迁移的浓差电池。由于两种溶液之间有界面，离子被输送越过界面并产生扩散电位，所以也叫有液体接界的浓差电池。第二类阴离子浓差电池的电动势为：

$$E = E^\circ + \frac{RT}{F}\ln\frac{a^{t_+}_{H^+_{(\rm I)}}\,a^{t_+}_{Cl^-_{(\rm I)}}}{a^{t_+}_{H^+_{(\rm II)}}\,a^{t_-}_{Cl^-_{(\rm II)}}} \quad (5\text{-}6\text{-}17)$$

或

$$E = t_+\frac{RT}{F}\ln\frac{a_{H^+_{(\rm I)}}\,a_{Cl^-_{(\rm I)}}}{a_{H^+_{(\rm II)}}\,a_{Cl^-_{(\rm II)}}} \quad (5\text{-}6\text{-}18)$$

其电池电动势

$$E = -2t_+ 2.303\frac{RT}{F}\log\frac{a_{\pm HCl(\rm I)}}{a_{\pm HCl(\rm II)}} \quad (5\text{-}6\text{-}19)$$

在上述第二类阴离子浓差电池中，电能来自t_+克当量的氯化氢从较浓溶液到较稀溶液的转移。

二、化学电池

化学电池通常分为简单电池和复杂电池两类。在简单化学电池中，一个电极对电解质阳离子可逆，另一个电极则对电解质阴离子可逆。简单化学电池的这种特性不适用于复杂化学电池

1. 简单化学电池

如标准韦斯顿电池：

$$Cd,\ Hg|CdSO_4|Hg_2SO_4,\ Hg$$

总电池反应

$$Cd + Hg_2SO_4 = Cd^{2+} + SO_4^{2-} + 2Hg$$

电池电动势

$$E = E^\circ - \frac{RT}{F}\ln a_{\pm CdSO_4}$$

该电池的电动势由硫酸镉溶液的活度所控制，其中最常用的是电解质为硫酸镉饱和溶液的韦斯顿电池。在此电池中，汞齐电极含12.5%镉。在接近室温时，饱和韦斯顿电池的电动势由下式确定：

$$E_t = 1.0183 - 4.0\times10^{-5}(t-20)$$

又如铅蓄电池：

$$Pb,\ PbSO_4|H_2SO_4|PbO_2,\ Pb$$

其总电池反应

$$Pb + PbO_2 + 4H^+ + 2SO_4^{2-} = 2PbSO_4 + 2H_2O$$

$$E = E^\circ + \frac{RT}{F}\ln\frac{a_{H_2SO_4}}{a_{H_2O}}$$

2. 复杂化学电池

如丹聂尔-雅柯比电池：

$$Zn|ZnSO_4 \vdots CuSO_4|Cu$$

电池反应 $Zn + Cu^{2+} = Zn^{2+} + Cu$

电池电动势

$$E=E^{\circ}+\frac{RT}{2F}\ln\frac{a_{Cu^{2+}}}{a_{Zn^{2+}}} \quad (5\text{-}6\text{-}20)$$

第三节 电极电位

一、电极电位

把某一金属片插入含有该金属离子的水溶液中，同时会发生方向相反的两个过程：水分子与构成金属晶格的金属离子发生水化作用，使晶格中的部分离子溶解进入电极附近的溶液，而将电子遗留在电极上，使电极对溶液具有负电位；溶液中带正电荷的金属离子具有从电极附近的溶液中析出，即在电极上沉积的趋势，因而使电极较溶液的电位为正。以上两个相反的过程同时进行，但速度不等，因而使电极与溶液这间产生电位差。在达到一定电位差时，溶解与沉积速度相等，达到平衡。平衡时，对溶液而言，电极的电位称为平衡电位，简称电极电位。

二、可逆电极

按照电极的形式，可逆电极可分为三类：

第一类为金属或非金属与其所形成的离子相接触的电极；第二类可逆电极由一种金属在该金属的难溶盐及同一阴离子的易溶盐的溶液所组成，称为沉积物电极；第三类可逆电极由不起反应的惰性金属及同时含有氧化还原状态物质的溶液所构成，称为氧化还原电极。

以上三种电极的共同点是在电极上都必须发生还原或氧化反应，因而都必然存在着氧化态和还原态物质，其反应可写成

$$\text{氧化态}+ze\longrightarrow\text{还原态} \quad (5\text{-}6\text{-}21)$$

任何电极的还原电位都可通过测量该电极与标准氢电极（SHE）或与甘汞电极（NCE）所组成的原电池的电动势求得，亦可利用如下所示的能斯特公式计算求得：

$$\varepsilon_{还原}=\varepsilon^{\circ}_{还原}-\frac{RT}{zF}\ln\frac{a_{还原态}}{a_{氧化态}} \quad (5\text{-}6\text{-}22)$$

式中 $\varepsilon^{\circ}_{还原}$——标准电极电位，V；

R——气体常数，8.314J/(k·mol)；

F——法拉第常数，等于96496C/mol；

T——绝对温度，K；

a——离子活度；

z——价态变化数。

三、电 极

电极分三类：

（一）第一类电极

第一类金属电极可用图式表示为：$Me^{2+}|Me$，如$Ag^{+}|Ag$

其电极反应为：$Me^{2+}+ze=Me$，如$Ag^{+}+e=Ag$

其电极电位
$$\varepsilon_{Me^{2+}/Me}=\varepsilon^{\circ}_{Me^{2+}/Me}+\frac{RT}{zF}\ln\frac{a_{Me^{2+}}}{a_{Me}} \quad (5\text{-}6\text{-}23)$$

如
$$\varepsilon_{Ag^{+}/Ag}=\varepsilon^{\circ}_{Ag^{+}/Ag}+\frac{RT}{F}\ln a_{Ag^{+}} \quad (5\text{-}6\text{-}24)$$

（二）第二类电极

第二类电极可概括表示为：$A^{2-}|MeA$，Me

电极反应为 $MeA+ze=Me+A^{2-}$

而电极电位的方程式为：

$$\varepsilon_{A^{2-}/MeA,Me}=\varepsilon^{\circ}_{A^{2-}/MeA,Me}+\frac{RT}{zF}\ln\frac{a_{MeA}}{a_{A^{2-}}a_{Me}} \quad (5\text{-}6\text{-}25)$$

或简化为：

$$\varepsilon_{A^{2-}/MeA,Me}=\varepsilon^{\circ}_{A^{2-}/MeA,Me}-\frac{RT}{zF}\ln a_{A^{2-}} \quad (5\text{-}6\text{-}26)$$

第二类电极电位的值很容易重现并很稳定。这些电极常用作标准半电池或参考电极来测量其它电极的电位。在实际中最有意义的是甘汞电极，汞-硫酸亚汞电极，银-氯化银电极，汞-氧化汞电极及锑电极。下面对甘汞电极作简单介绍。

甘汞电极由一个覆盖着汞和甘汞糊状物并浸泡在起电解质作用的氯化钾溶液中的汞池所组成：

$Cl^{-}|Hg_2Cl_2$，Hg

电极反应是甘汞（氯化亚汞）还原成金属和氯阴离子：

$$Hg_2Cl_2+2e=2Hg+2Cl^{-} \quad (5\text{-}6\text{-}27)$$

甘汞电极的电位对氯离子是可逆的：

$$\varepsilon_{Cl^{-}/Hg_2Cl_2,Hg}=\varepsilon^{\circ}_{Cl^{-}/Hg_2Cl_2Hg}-\frac{RT}{zF}\ln a_{Cl^{-}} \quad (5\text{-}6\text{-}28)$$

最常用的电极是氯化钾溶液的饱和溶液，或其浓度等于1.0或0.1克当量/L的甘汞半电池。相对氢标的甘汞电极电位是借助于下列方程式计算的，这些方程式适用于0～100°C的温度范围：

（1）0.1mol/L甘汞电极：

$$\varepsilon_{0.1}=0.3337-8.75\times10^{-5}(t-25)-3\times10^{-6}(t-25)^2$$

（2）1.0mol/L甘汞电极：

$$\varepsilon_{1.0}=0.2801-2.75\times10^{-4}(t-25)-2.5\times10^{-6}(t-25)^2-4\times10^{-9}(t-25)^3$$

（3）饱和甘汞电极：

$$\varepsilon_{饱和}=0.2412-6.61\times10^{-4}(t-25)-1.75\times10^{-6}(t-25)^2-9.0\times10^{-10}(t-25)^3$$

甘汞电极，尤其是饱和甘汞电极，使用方便，因为在电池中饱和氯化钾溶液和研究溶液接界处产生的扩散电位很小，在很多不要求高准确度的情况下，都可以忽略。

（三）第三类氧化还原电极

氧化还原电极这一名称仅限于在金属或气体不直接参加电极反应的那些情况下使用。在氧化还原电极中，提供或接受电子的金属获得相应于稳定氧化还原平衡的电位。

简单氧化还原电极表示为 $Me_{还原态/氧化态}|Pt$

例如 $Tl^{3+}, Tl^{+}|Pt$

电极反应 $Tl^{3+}+2e=Tl^{+}$

电极电位

$$\varepsilon_{Tl^{3+},Tl^{+}}=\varepsilon^{\circ}_{Tl^{3+},Tl^{+}}+\frac{RT}{zF}\ln\frac{a_{Te^{+}}}{a_{Te^{3+}}} \quad (5\text{-}6\text{-}29)$$

气体电极。气体电极是由一种金属导体同时接触相应气体和含有该金属离子的溶液所组成的半电池。此外，气体电极中的金属不仅造成气体和含有该金属离子的溶液之间的电接触，而且也促进电极平衡，即用作电极反应的催化剂，因此，只有对气体及其溶液离子之间的反应具有高度催化活性的那些金属才能在气体电极中应用。而且，在气体电极中，金属的电位必须与溶液中其它离子的活度尤其是金属本身离子活度无关。对气体及其溶液离子之间的反应起催化剂作用的金属，必须同时对体系中可能发生的其它反应是惰性的。最后，金属必须提供尽可能大的表面，在此表面上可能进行气体转变成离子态的可逆反应。经常使用的铂能最好地满足所有这些要求。

（1）氢电极。氢气体电极可表示为：

$H^{+}|H_2, Pt$

相应的电极反应 $2H^{+}+2e=H_2$

电极电位

$$\varepsilon_{H^{+}/H_2}=\varepsilon^{\circ}_{H^{+}/H_2}+\frac{RT}{zF}\ln\frac{a^2_{H^{+}}}{P_{H_2}} \quad (5\text{-}6\text{-}30)$$

当氢气的分压为101325Pa（1大气压）时，方程式5-6-30可简化为：

$$\varepsilon_{H^{+}/H_2}=b\log a_{H^{+}}$$

$$\varepsilon_{H^{+}/H_2}=-b\text{pH} \quad (5\text{-}6\text{-}31)$$

上式中，b为常数。可以认为在一定条件下，氢电极电位是pH值的直接体现。

（2）氯电极。可逆氯气体电极为$Cl^{-}|Cl_2, Pt$

理论上相应电极反应为 $Cl_2+2e=2Cl^{-}$

电极电位为

$$\varepsilon_{Cl^{-}/Cl_2}=\varepsilon^{\circ}_{Cl^{-}/Cl_2}+\frac{RT}{zF}\ln\frac{p_{Cl_2}}{a^2_{Cl^{-}}} \quad (5\text{-}6\text{-}32)$$

（3）汞齐电极。一般汞齐电极可表示为

$Me^{2+}|Me_m, Hg$

汞齐电极电位由下述反应控制

$$m\text{Me}^{2+}+2me=\text{Me}_m(\text{Hg})$$

汞齐电极电位由下式求得

$$\varepsilon_{Me^{2+}/Me_m(Hg)}=\varepsilon^{\circ}_{Me^{2+}/Me_m(Hg)}+2.303\frac{RT}{zmF}\times\ln\frac{a^m_{M^{2+}}}{a_{Me_m(Hg)}} \quad (5\text{-}6\text{-}33)$$

第一篇第五章详细列出了25°C水溶液中的标准电极电位（相对于标准氢电极）、式量电位以及各类参比电极的电极电位。表5-6-21、5-6-22分别列出一些电池的扩散电位和液接电位。

表 5-6-21 浓度相同($C_1=C_2$)而电解质不同溶液的界面扩散电位

溶液对	浓度 mol/L	测定值 mV	计算值 mV
KCl/LiCl	0.1	8.8	7.6
	0.01	8.2	7.1
NaCl/LiCl	0.1	2.6	2.8
	0.01	2.6	2.5

表 5-6-22 MeCl(C)/Me′Cl(C)类型的液接电位

电解质浓度 mol/L	液-液界面		液接电位E_j，mV	
	MeCl	McCl	实验值	计算值
0.1	HgCl	LiCl	+34.86	+36.14
0.1	KCl	L/Cl	+8.79	+7.62
0.1	LiCl	NH_4Cl	−6.93	−7.57

第四节 电 位-pH图

水溶液中各种电极反应究竟哪些可以进行，哪些不能进行，进行到什么程度？寻找这些问题的答案的关键是了解它们的电极电位以及电位与反应条件的关系。在水溶液中反应通常有氢离子或氢氧根离子参加，这时电位与溶液的pH值有关。此外，随pH值的不同，溶液可能会产生沉淀或已有沉淀的溶解。电位-pH图就是把水溶液中的基本反应作为电位、pH、活度的函数，在指定温度、压力下，将电位与pH关系表示在平面图上（利用电子计算机还可绘制出立体或多维图形）。从图中可以看出反应自动进行的条件，看出物质在水溶液中稳定存在的区域和范围。电位-pH图所用参数不只是温度、压力和成分，还包括控制氧化还原反应的电位与控制溶液中溶解、离解反应的pH这两个参数。故电位-pH图是一种电化学的平衡图。最简单的电位-pH图仅涉及某一元素（及其含氧和含氢化合物）与水构成的体系。现汇有90种元素与水构成的电位-pH图册〔Pourbaix et al., Atlas D'Equilibres E'lectrochimiqnes（电化学平衡图谱）1963〕。

一、电位-pH图及其在金属腐蚀和防护中的应用

如Zn-H_2O系电位-pH图，在金属-水系中是比较简单而有代表性的。图5-6-1是为解决腐蚀问题使用的电位-pH图。图中Ⅲ是锌的稳定区域，称

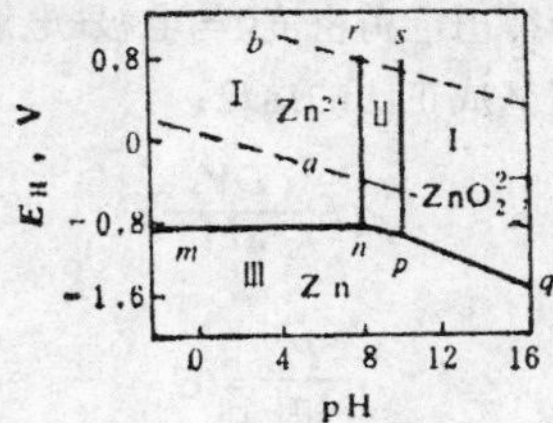

图 5-6-1 Zn-H_2O体系电位-pH图

为锌的免腐区。Ⅱ区是$Zn(OH)_2$的稳定区，即锌在此区域发生阳极反应，在表面形成$Zn(OH)_2$被膜。如果形成的被膜很致密地覆盖锌的表面，则会阻碍锌的进一步溶解。此时锌虽有腐蚀的倾向即氧化生成$Zn(OH)_2$，但动力学因素使这种氧化过程难于继续进行，金属锌受到保护，此时锌处在钝化状态，因此区Ⅱ称为锌的钝化区。金属处于钝化区可能不受腐蚀，但如果金属表面形成的被膜是不致密的，腐蚀过程仍可照常进行，甚至还将集中于被膜的缺陷部分，造成严重的“孔蚀”。故金属处在“钝化区”但不一定是在“钝化状态”，它之是否受到保护还需根据具体条件确定。当金属锌处在图5-6-1中的m、n、r和s、p、q这两个范围时（即区Ⅰ），锌会发生阳极溶解，分别生成可溶性的Zn^{2+}和$HZnO_2^-$或ZnO_2^{2-}离子。此时锌可能被腐蚀，因此两个Ⅰ区都称为“腐蚀区”。应该指出的是，电位-pH图是一种热力学图表，虽然它可以从热力学角度表明某一金属可能腐蚀或不腐蚀，但也必须根据具体条件，结合电化学的原理和方法才能确定这一金属是否腐蚀以及腐蚀的速率如何。

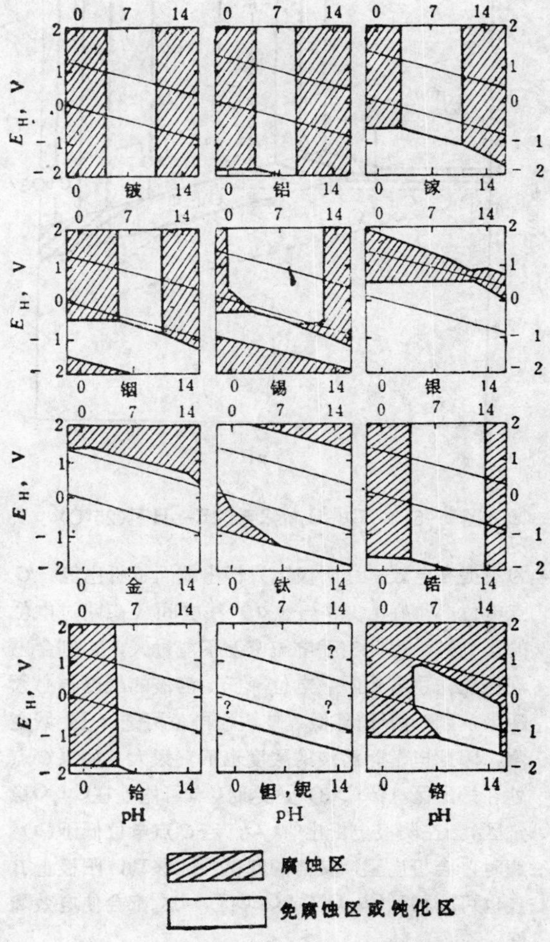

图 5-6-2 不同金属的电位-pH图及其在水中的抗腐蚀能力的比较

二、电位-pH图在金属电沉积中的应用

电位-pH图在金属电沉淀中有一定应用，现举Cu-H_2O系的电位-pH图（图5-6-3）来分析从硫

酸铜溶液中电积铜的电流效率。如果将两个铜电极置于0.5mol/L的$CuSO_4$溶液中，通电前，各电极的平衡电位约为0.34V（A点），当在两个电极外加直流电压进行电解时，阳极电位变正，移至B点，发生铜的溶解反应；阴极电位变负，移至C点，发生Cu^{2+}的沉积反应：

阳极　　$Cu-2e=Cu^{2+}$

阴极　　$Cu^{2+}+2e=Cu$

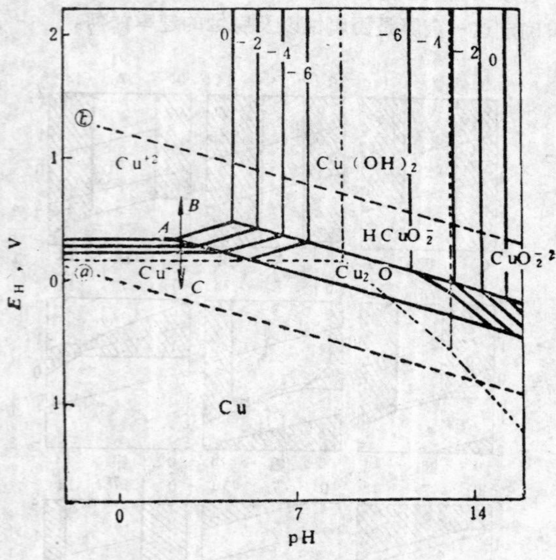

图 5-6-3　$Cu-H_2O$体系的E-pH图(25°C)

为了提高电效，让阴极上只析出铜而不析出氢，C点电位必须在0.34V与（a）线之间（忽略过电位的影响）。因此实际电流密度不能过大，否则会出现极化作用导致阴极电位降低。溶液的酸度也必须适当，因为pH值降低，使阴极电位可选择区域变窄，因此电解时溶液的酸度也不宜太大。如果C点处在弱酸区（pH>3），这时C点可能处在Cu_2O稳定区，会在阴极上析出Cu_2O；若C点电位低于(a)线时，会析出氢，使溶解向碱性区移动，阳极上B点也可能移到Cu_2O区或CuO区，这都会使电效降低。

第五节　电极过程动力学

一、界面电化学

电化学过程中一切反应都发生在电极-电解质溶液界面。界面的性质对电极过程动力学产生巨大的影响。在电化学界面上，通常涉及到的电位差约为0.1～1V，而1V的电位差能使距离1×10^{-10}m（1Å）的双电层产生$10^8V\cdot cm^{-1}$的很强的电场，从而引起电子跃过界面。因此，深入了解这一界面的性质和结构具有一定的理论和实际意义。

在电化学电子通过荷电界面传递的重要性是众所周知的。这里，必须区别相界面和相际这两个概念。前者有明显的边界，一般不超过一个原子层的范围；而后者的范围却不那么明显，一般较宽，可从2个分子的直径延伸至数千Å以上。相际更确切的定义为“在两相之间的区域，而其性质与两相中任何一相的本体性质有所不同”。

界面电化学的主要理论基础是建立在双电层结构模型上的。由于电极的平衡电位决定于相应电化学反应的自由能变化，因而双电层结构对平衡电极电位值不起决定作用。然而，双电层结构在电极过程动力学起着重要作用，包括在平衡条件下离子交换动力学，因为离子交换强度（交换电流I°）依赖于双电层结构，所以双电层结构理论也是联系电极平衡和电极过程动力学的桥梁。

二、电极电解质界面上的双电层理论

1. 双电层的平行板电容器理论

此理论又称为亥姆霍兹（Helmholtz）理论（图5-6-4），它把双电层看成是与平行板电容器相同，因而得出电荷密度q与电极-电解质溶液界面的电位差V成正比的结论：

$$q=\frac{DV}{4\pi l} \qquad (5\text{-}6\text{-}34)$$

$$\frac{P}{4\pi l}=C \qquad (5\text{-}6\text{-}35)$$

式中　C——双电层电容；

D——电容器极板介质的介电常数（电容率）；

l——双电层的厚度。

但式5-6-34不能解释实验中观察到的电容随电位和溶液离子浓度而改变的现象。

2. 分散双电层或扩散双电层理论

扩散双电层模型如图5-6-5所示。由于亥姆霍兹理论没有考虑双电层性质随电解质浓度和温度的变化，古依（Gouy）和查普曼（Chopman）试图把双电层电荷密度和溶液组成联系起来以消除亥姆

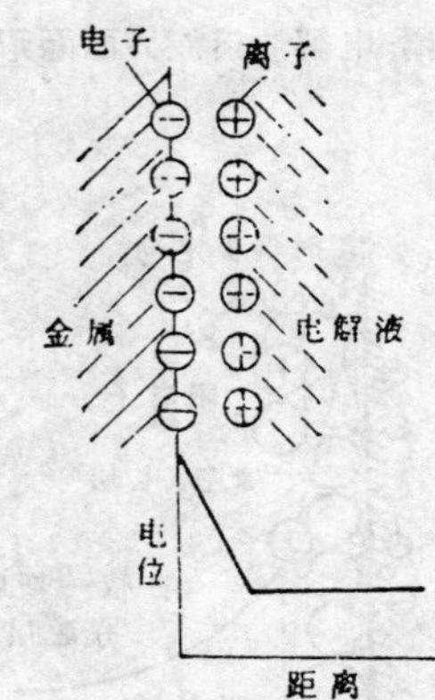

图 5-3-4　平板电容器的双电层模型

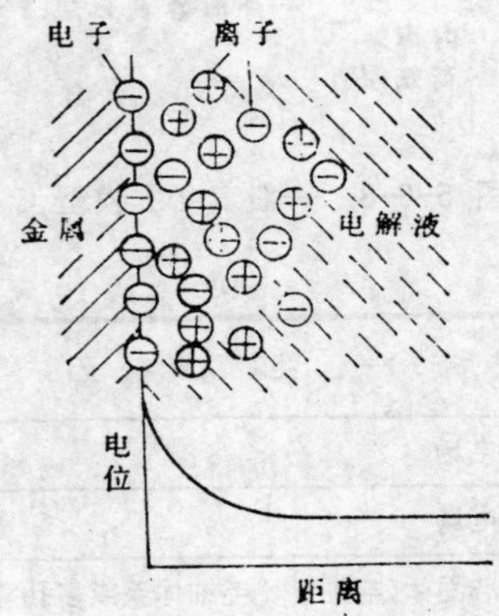

图 5-6-5　扩散双电层模型

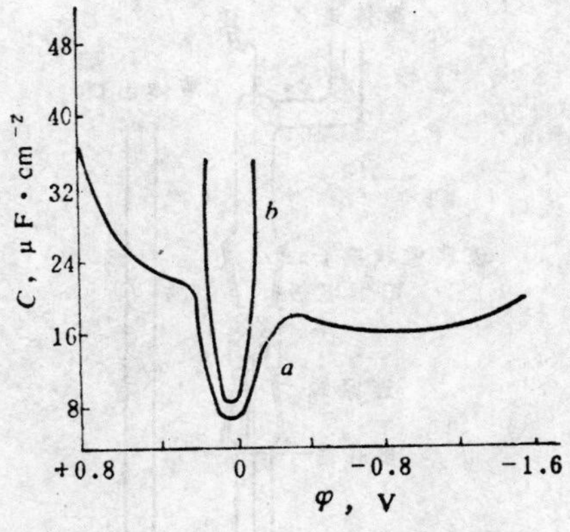

图 5-6-6　0.001mol/LNaF 溶液的实验微分电容曲线（a）和理论微分电容曲线（b）（根据分散双电层理论）的对比

霍兹理论的不足，并导出了扩散双电层的电荷密度 q 与电解质浓度 C 与界面电位差 V 的关系式：

$$q=\sqrt{\frac{DRTC}{2\pi}}\left(\exp\left[\frac{FV}{2RT}\right]-\exp\left[\frac{-FV}{2RT}\right]\right) \tag{5-6-36}$$

图5-6-6所示为格来亨测得的汞电极在0.001 mol/LNaF 水溶液中双电层电容随电位变化的实验曲线和对同一溶液由式5-6-36对电位微分后算出的理论曲线。从图中看出，理论曲线随电位变化的进程及电容的绝对值都与实验数据不一致，说明分散双电层理论有它不完善的地方。

3．双电层吸附理论

综合了平行板电容器理论和分散双电层理论建立了双电层的吸附理论（图5-6-7），其表达式为

$$q_L=q_H+q_d=-q_M$$

式中　q_L——溶液中的净电荷密度；

q_M——电极上的净电荷密度；

q_H——亥姆霍兹电荷密度；

q_d——分散层电荷密度。

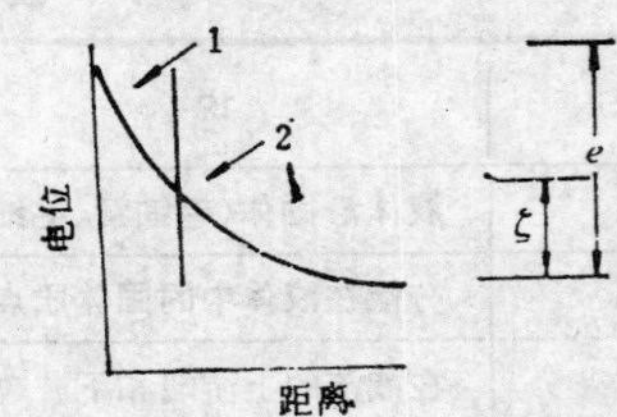

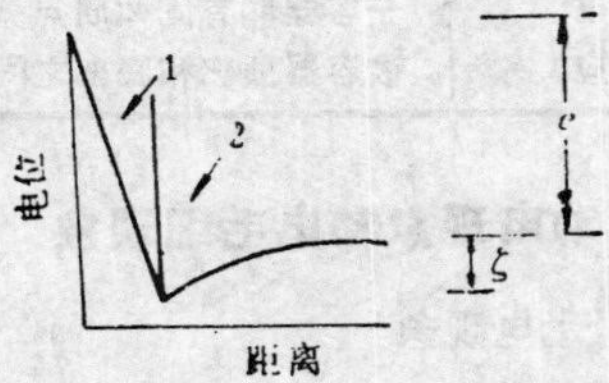

图 5-6-7　吸附双电层模型
1—亥姆霍兹层；2—古依层

斯特恩得出1-1价型电解质的通用方程式：

$$\frac{D}{4\pi r_i}(V-\zeta)=F\Gamma_{最大}\left(\frac{1}{H\cdot\frac{1}{C}\exp\frac{\phi_- - F\zeta}{RT}}-\frac{1}{H\frac{1}{C}\exp\frac{\phi_+ + F\zeta}{RT}}\right)+\sqrt{\frac{DRPC}{2\pi}}\left(\exp\frac{F\zeta}{2RT}\right.$$

$$-\exp\frac{-F\zeta}{2RT}\Big) \quad (5-6-37)$$

式中 r_i——距离；

ζ——动电电位；

$\Gamma_{最大}$——单位表面所能吸附离子数的最大值；

ϕ_-、ϕ_+——电解质阴离子和阳离子的吸附能。

斯特恩理论正确地解释了电毛细曲线形状付电解液浓度和性质的依赖关系，但也存在不足之处。

4．一般双电层模型

一般双电层理论（图5-6-8）认为，在双电层的紧密部分应该区分两个平面：内亥姆霍兹平面和外亥姆霍兹平面。内亥姆霍兹平面（IHP）由特性吸附离子所组成，这些离子是部分或全部去水化的，并与金属形成偶极。外亥姆霍兹平面（OHP）含有被静电力吸引到金属表面的水化离子。在外亥姆霍兹平面和溶液之间是分散层。该理论能解释一些实验规律，目前正在被用来研究溶剂分子和被吸附中性质点在金属-电解质溶液界面而形成双电层时所起的作用。

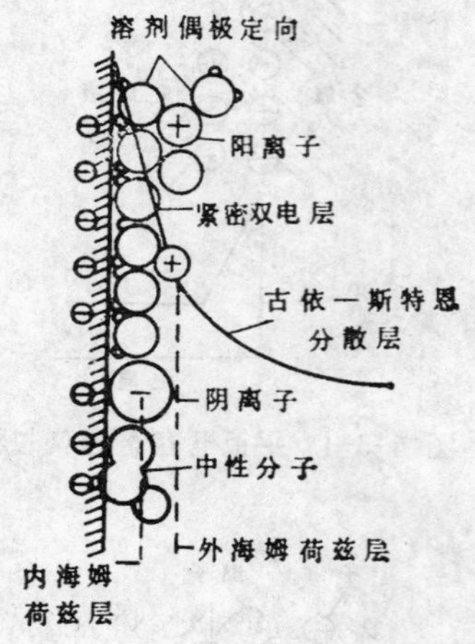

图 5-6-8 一般双电层模型

表 5-6-23 动电现象的分类

现象	说明	产生原因
电渗	液体沿固体（毛细管、毛细体系或孔塞）的运动	外加电场
电泳	分散在液体中的固体质点的运动	外加电场
流动电位	在液流的上游端和下游端之间形成电位差	液体沿固体（毛细管、毛细体系或多孔塞）的运动
沉积电位（多应效应）	一容器盛有固体质点分数在液体中的悬浮液，该容器顶部和底部之间形成电位差	悬浮在液体中的固体质点的沉积（固体质点相对于静态液相的运动）

三、动电现象和电毛细现象

（一）动电现象

动电现象反映了两相（经常是一种液体和一种固体）相对运动和两相界面电学性质之间的相互关系。当一相分散在另一相中时，即体系可描述为微多相体系的那种情况下，出现动电现象。动电现象分类如表5-6-23所列。

动电效应，特别是电渗和电泳，在许多过程中已得到应用。例如，多种材料的脱水和纯化，橡胶、皮革和其它涂料在非导电材料上的沉积，酶、蛋白质、病毒及其他复杂体系的测定和分离。

1．流动电位

流动电位可用如下理论公式求得

$$E_s = -(D\zeta/4\pi\eta\kappa) \quad (5-6-38)$$

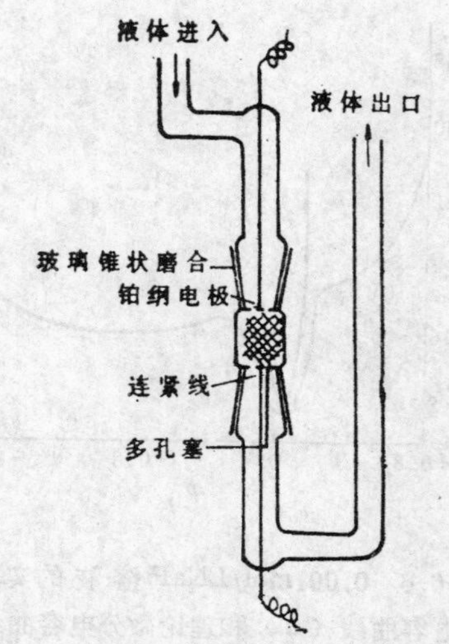

图 5-6-9 Govtner测流动电位装置

式中　E_s——流动电位；

D——液体的介电常数；

ζ——动电电位；

η——管中液体的粘度；

κ——管中液体的比电导。

也可通过试验测得，流动电位的测定装置示于图5-6-10。

2. 电渗

电渗流动率 u

$$u = D\zeta/4\pi\eta \qquad (5\text{-}6\text{-}39)$$

电渗压力：

$$P = 2D\zeta E/\pi R^2 \qquad (5\text{-}6\text{-}40)$$

式中　E——施加的电位；

R——管子的半径。

方程式5-6-40表示电渗压力和施加于一定长度管子的电位成正比，而和半径的平方成反比。所以电渗压力对于管子直径的变化很敏感。

3. 电泳

电泳是电渗的逆作用，电泳移动率 u 为：

$$u = q/4\pi\eta R \qquad (5\text{-}6\text{-}41)$$

式中　q——在一个介电常数为 D 的介质中带有的电荷；

R——粒子的半径。

对于在电解质中较大的球形粒子，其电泳移动率，可用下式求得：

$$u = \frac{q}{4\pi\eta R} \times \frac{1}{1+KR} \qquad (5\text{-}6\text{-}42)$$

式中　$\frac{1}{K}$为离子长10^{-7}～10^{-6}cm。

图5-6·10所示为电泳分离用的蒂塞利厄（Tiselius）装置示意图。

4. 沉积电位

粉末粒子通过导电水柱下降时，双电层被剪开，电荷的位移使在液柱中形成一个向下的电位梯度，下降的速度可由粒子大小来控制，形成的电位和粒子的速度成正比。

（二）电毛细现象

电毛细现象反映表面张力和界面电位差之间的关系。当两相接触时，就形成了边界层，此边界层与两邻近相比有一自由能过剩。单位界面的能量过剩即为比自由能，称为表面张力 σ（或界面张力）。表面张力常常作为一个表征相互吸引力超过排斥力

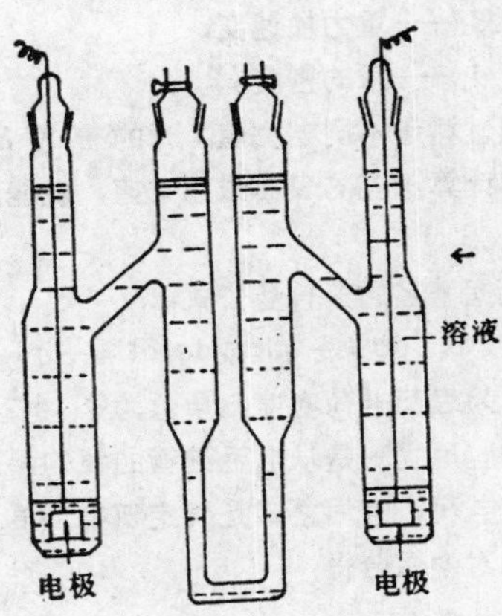

图 5-6-10　电泳分离用的蒂塞利厄装置

的量来处理。表面能过剩依赖于两相间的电位差。电毛细现象反映表面张力和界面电位差之间的关系。这个关系可用图解表示为电毛细曲线的形式。

在用毛细管静电计的电毛细测量中(图5-6-11)对毛细管的汞微电极（与溶液相接触）加一定的电位，测量为了使毛细管中的弯月面保持在参考标记处所需要的汞柱高度 h。这种汞柱高度是汞-溶液界面上表面张力的一种度量。这两个量的关系可以写如下式

$$\sigma = \frac{h}{2}rgd \qquad (5\text{-}6\text{-}43)$$

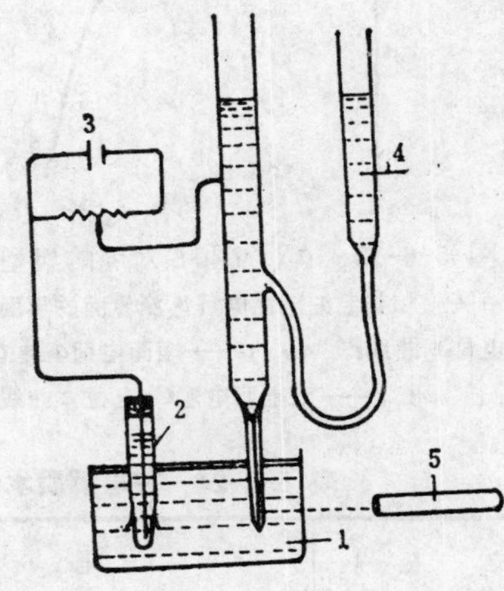

图 5-6-11　Lippmanu毛细静电计

1—电解质；2—汞半电池；3—电位计；4—汞；5—观测器

式中　r——毛细管的半径；

g ——重力加速度；

d ——汞的密度。

通过测量不同电位值 ε 时的高度 h，并由式5-6-43计算相应的表面张力 σ 值，就能画出电毛细曲线。

根据著名的李普曼公式：

$$d\sigma=-q d\varepsilon \text{或} d\sigma/d\varepsilon=-q \quad (5\text{-}6\text{-}44)$$

式中 q 为表面电荷密度，单位为 $Q\cdot cm^{-2}$。李普曼公式的应用之一是从电毛细管曲线的斜率来计算双电层的电荷；应用之二是确定双电层的电容。将式5-6-44对 ε 微分得：

$$\frac{dq}{d\varepsilon}=\frac{d^2\sigma}{d\varepsilon^2} \quad (5\text{-}6\text{-}45)$$

式中 $\frac{dq}{d\varepsilon}$ 是双电层的微分电容 C_d，根据式5-6-45，可利用 σ 对 ε 的电毛细曲线求得 σ 对 q 曲线，这条曲线上任一 ε 值处的切线就是 C_d 值。

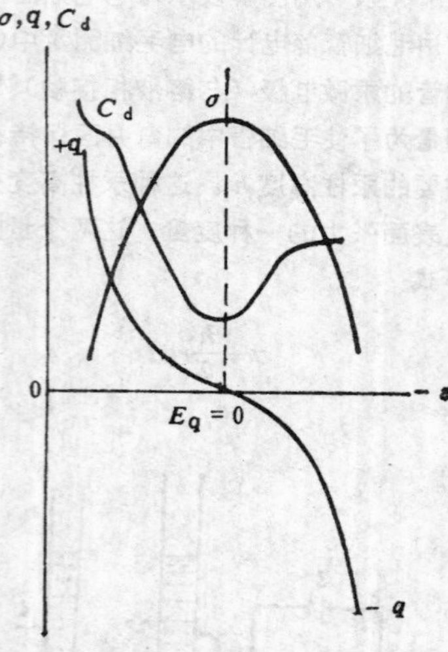

图 5-6-12 σ、q 和 C 对 ε 的典型曲线

σ ——汞和非毛细活性电解溶液界面的界面张力 σ-电位 ε 曲线；$+q$、$-q$——表面电荷 q-电位 ε 曲线；C_d ——双电层电容 C-电位 ε 曲线

四、零电荷电位

零电荷电位是一个可以实际测量得到的参数。电极-溶液界面的许多重要性质都是由相对于零电荷电位的电极电位数值所决定或参与决定的。这些性质最主要的有表面剩余电荷的符号与数量，双电层中的电位分布情况，参加反应和不参加反应的各种无机离子和有机粒子在界面上的吸附行为，电极表面上气泡附着情况和电极溶液润湿情况等。一些电极在水溶液中的零电荷电位列于表5-6-24、5-6-25。

五、电荷传递及电化学反应速度

电化学过电位理论首先出现的是氢阴极析出理论，后来才扩展到其它电极过程。直到最近，这个理论都还是以多相化学反应动力学的一些经典定律为基础的。过电位 η 和电流密度 i 之间的定量关系是应用一系列相似反应活化能 U_0 和热效应 Q（或自由能变化 ΔG）之间的布仑斯惕（Bronsted）平行原理得到的。用量子力学来分析这种关系只是在最近才开始出现的事。

巴赫—沃尔梅（Baher-Volmer）方程式，把电化学反应的净电流密度与过电位联系起来：

$$i=i^{\circ}\{\exp(-\alpha F\eta/RT)-[\exp(1-\alpha)F\eta/RT]\} \quad (5\text{-}6\text{-}46)$$

式中 η ——电化学过电位；

i° ——交换电流密度，即 $\vec{i}=\overleftarrow{L}=i^{\circ}$；

α ——传递系数。

当体系明显地离开平衡态，有一个高电流通过。塔费尔（Tafel）根据氢离子放电的大量试验结果导出了

$$\eta=a+b\log i \quad (5\text{-}6\text{-}47)$$

表 5-6-24 在电解质水溶液中一些电极对标准氢电极的零电荷电位(室温)

电极	电解质溶液	E,V
Pt（纯铂）	$0.05mol/LH_2SO_4+0.5mol/LNa_2SO_4$	0.27
Pt（镀铂）	$0.005mol/LH_2SO_4+0.5mol/LNa_2SO_4$	0.4～1.0
Te	$0.5mol/LH_2SO_4$	0.61
Tl	0.001mol/LKCl	−0.80
Tl（Hg）	$0.5mol/LNa_2SO_4$	−0.65

表 5-6-25　汞电极在电解质水溶液中对标准甘汞电极的零电荷电位（室温）

电解质	电解质浓度，mol					
	0.001	0.01	0.1	0.5	1.0	3.0
	E,V					
CsCl	—	—	−0.51	—	−0.56	—
LiCl	—	—	−0.52	—	−0.56	—

5-6-47式为塔费尔方程式，a、b称为塔费尔常数。

分析电化学过电位现象的动力学方程式表明；其最重要的特征是交换电流$i°$和传递系数α。电极电位对平衡值的偏离相同时，交换电流密度越大，反应速度（净电流密度）越高。而交换电流又依赖于电化学反应本性、电极材料和溶液组成。传递系数表示电子电场影响电化学步骤活化能的特性，也决定阴极过程和阳极过程的对称性。它与电极材料关系较少，通常α接近于0.5。

以η—$\log i$作图，则直线斜率b等于$2.3RT/\alpha nF$，因此可求α

$$\alpha=\frac{RT}{nFb}$$

交换电流密度$i°$可由$\log i=0$即单位电流密度下的过电位值a来确定。

而

$$\ln\frac{i}{1-e^{nF\eta/RT}}=\ln i°-\frac{\alpha nF\eta}{RT}$$

已知α就可求$i°$。

表5-6-26、5-6-27列出了一些金属电极的交换电流密度，表5-6-28列出了一些金属的塔费尔数。

表 5-6-26　金属铊电极的交换电流密度

金属电极	交换电流密度$i°$，A/cm^2
过氯酸盐溶液Tl/Tl⁺	10^{-3}
硫酸盐溶液Tl/Tl⁺	2×10^{-3}

表 5-6-27　氢析出反应的交换电流i_0

（在1mol/LH_2SO_4溶液中）

金属	i_0，A/cm^2	金属	i_0，A/cm^2
铱	2.0×10^{-4}	钛	6.3×10^{-9}
钨	1.3×10^{-6}	镉	1.6×10^{-11}
铌	1.6×10^{-7}	铊	1.0×10^{-11}

第六节　电极的极化

一、电极的极化作用和去极化作用

工作电极电位φ与平衡电位$\varphi_平$之差叫电极的极化作用，或称之为过电位$\Delta\varphi$：

$$\Delta\varphi=\varphi-\varphi_平$$

电极电位φ和超电位$\Delta\varphi$都是电流强度的函数，在没有电流通过的情况下，它们分别等于$\varphi_平$和零。

超电位分三种，即电阻超电位，浓差超电位和活化超电位。在电解阴极析出金属的情况下，活化超电位很小。通常观察到的超电位基本上是浓差超电位。当电极上析出气体，特别是氢气和氧气时，活化超电位就很大，两种极化都不可忽略。

能增加反应速度的新途径的出现可能降低电极电位，在某些情况下，如当电极过程性质改变时，它可能变得比可逆电位或平衡电位更低。这种电极电位的降低及其产生过程叫做去极化作用。

二、电化学体系中的液相传质过程

在电解质溶液中传质过程有三种类型，即

（1）扩散过程。过程趋向于减少浓度梯度。

（2）离子迁移过程。此过程是电场对荷电离

表 5-6-28　氢在不同金属阴极上析出时的塔费尔数a和b（$t=20\pm2$°C）

金属		Tl	Ag	Ge	Ti	Nb	Mo	W	Au	Pt
酸性溶液	a	1.55	0.95	0.97	0.82	0.80	0.66	0.43	0.40	0.10
	b	0.14	0.10	0.12	0.14	0.10	0.08	0.10	0.12	0.03
碱性溶液	a		0.73		0.83		0.67			0.31
	b		0.12		0.14		0.14			0.10

子施加一种静电力，把它们拉向界面。

（3）对流过程。分强制对流与自然对流。强制对流可以人为地控制流动方向，如旋转圆盘电极在电极过程的理论研究中起了很大的作用。自然对流的影响因素十分复杂，很难从理论上概括。

三、菲克第一、第二定律在水溶液电解中的应用

菲克扩散第一定律是一个经验定律，其定义为单位面积每秒通过物质的流量$\frac{dQ}{dt}$与该横截面上浓度梯度成正比，其数学式：

$$-\frac{dQ}{dt}=D\frac{dC}{dx} \qquad (5\text{-}6\text{-}48)$$

式中D为扩散系数（$m^2 \cdot s^{-1}$）。

菲克第二扩散定律的数学式为：

$$\left(\frac{\partial C}{\partial t}\right)_x=D\left(\frac{\partial^2 C}{\partial x^2}\right)_x \qquad (5\text{-}6\text{-}49)$$

一些浓电解质溶液的扩散系数列于表5-6-29。

表 5-6-29 一些电解质溶液的扩散系数（25°C）

溶质	浓度，mol/L															
	0.00	0.05	0.10	0.2	0.3	0.5	0.7	1.0	1.5	2.0	2.5	3.0	3.5	4.0	5.0	6.0
	$D\times 10m^2/s$															
LiCl	1.366	1.280	1.296	1.267	1.269	1.278	1.288	1.302	1.331	1.363	1.397	1.430	1.464			
LiBr	1.377	1.300	1.297	1.285	1.296	1.328	1.360	1.404	1.473	1.542	1.597	1.650	1.693			
$LiNO_3$	1.337		1.240	1.243		1.260		1.293	1.317	1.332	1.336	1.332		1.292	1.238	1.157

四、浓差极化

通电后，由于浓差极化引起的浓差超电位η的计算公式为：

$$\eta_{浓差}=-\Delta\varphi=\Delta\varphi_{平}-\varphi=-\Delta\varphi=\frac{RT}{nF}\ln\frac{a^{\circ}_{[O]}}{a^{表}_{[O]}}\times\frac{a^{表}_{[R]}}{a^{\circ}_{[R]}} \qquad (5\text{-}6\text{-}50)$$

习惯上$\eta_{浓差}$为正值。式中$a^{\circ}_{[O]}$和$a^{表}_{[O]}$分别表示溶液本体中和表面上氧化态粒子的活度，$a^{\circ}_{[R]}$和$a^{表}_{[R]}$分别表示溶液本体中和表面上还原态产物的活度。

当反应产物生成独立相（气泡或固相沉积层）时的浓度差极化方程为

$$\eta_{浓差}=\frac{RT}{nF}\ln\frac{i_d}{i_d-i_{阴}}$$

当反应产物可溶时的浓差极化方程为：

$$\varphi=\varphi_{1/2}+\frac{RT}{nF}\ln\frac{i_d-i_{阴}}{i_{阴}} \qquad (5\text{-}6\text{-}51)$$

式中 $i_{阴}$、i_d分别为阴极电流密度和阴极极限电流；$\varphi_{1/2}$为半波电位，它是一个与浓度无关的而只决定于离子本性的常数。

第七节 分解电位与残余电流

对于两极的反应都是不可逆的实际电解，在工作的电解槽中，槽反应速率由电流确定。一般施加在电解槽上的电位愈大，槽反应的速率也大。在一电解槽中，施加电位和在槽中流过电量的关系，如图5-6-13所示。图中的D点值叫分解电压，即一个外加的最低电位，能使电解质在两极继续不断的进行分解。例如，$LiNO_3$（1mol/L）在铂电极上电解的分解电压为2.11V。

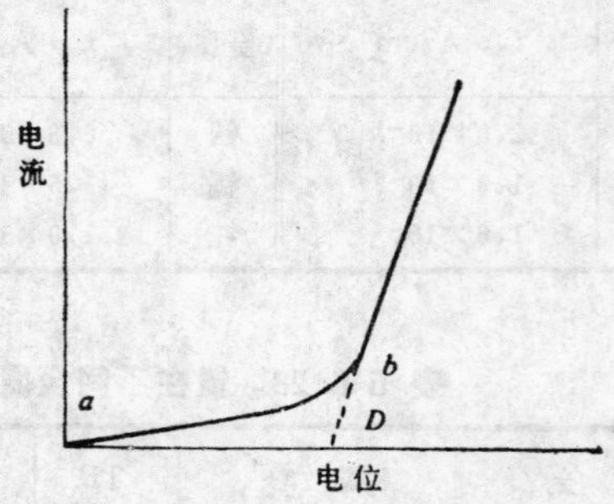

图 5-6-13 分解曲线的形式

而从a到b这段电流称为残余电流，是由于电

解槽中杂质的影响；再就是电解产品从两极慢慢向外扩散，因而它们在两极附近的浓度略有减少。为了补偿这个损失，必须通过少量电流重新产出这些物质，造成残余电流。

表 5-6-30 影响氢在纯金属上析出超电位(V)的a、b值①

金 属	a	b
铂	0.48	0.12
金	0.8	0.123
钼	1.7	

①氢在纯金属上析出超电位服从方程式$\eta=a+b\lg i$，i为电流密度（A/cm^2）。

表 5-6-31 影响在一定组成溶液中某些金属超电位(V)的a、b值(20°C)①

金 属	溶 液 组 成	a（V）	b×2.303
铊	0.85mol/LH_2SO_4	1.55	0.140
银	1.0mol/LHCl	0.95	0.116
铂(光滑)	1.0mol/LHCl	0.10	0.13

①算式：$\eta=a+b\times2.303\lg i$

第八节 电压衡算

电解的电压V，即电极间的电位差，等于电解槽内各部分电压降的和：

$$V=\varepsilon_a+\varepsilon_k+\eta_a+\eta_k+e_1+e_2+e_3+e_4+e_5 \tag{5-6-52}$$

式中 ε_a、ε_k——阳极和阴极的可逆电位，其和等于理论分解电压；

η_a、η_k——阳极和阴极上的超电压；

e_1——电解液中的电压损耗；

e_2——隔膜的电压损耗；

e_3——电极中的电压损耗；

e_4——接触点内的电压损耗；

e_5——浓差极化。

第九节 热量衡算

水溶液电解中热量收入包括：（1）电流通过电解槽内所释出的热量；（2）气体与阳极反应（如该阳极燃烧）发出的热量；（3）加入到电解槽内的材料带到电解槽来的物理热。

热量支出包括：（1）投入原料分解所消耗的热量；（2）产品所带走的热量；（3）废气带走的热量；（4）从电解槽各部分（阳极、侧部槽壁、槽底等）向周围空间的热损失。熔盐电解还可能有电解质结壳的热损失。

计算电能所得到的焦耳热利用如下方程式：

$$Q=0.864IEt \tag{5-6-53}$$

式中 I——平均电流强度；

E——电解槽上的平均发热电压V；

t——时间，通常取作1h。

加热与熔化电解槽内的材料的热量消耗，通常根据材料的热容量及熔化热按如下方程式计算（按1h算）：

$$Q_{材}=C_{p固}q(t_2-t_1)+\lambda q+C_{p液}q(t_3-t_2) \tag{5-6-54}$$

式中 $C_{p固}$、$C_{p液}$——恒压下在固体状态与液体状态时物体的平均热容量；

t_2-t_1——到熔点的温度差°C；

t_3-t_2——超过熔点的温度差°C；

q——每小时所入材料的数量；

λ——熔融潜热。

电解槽外表面各部分的热损失是由传导、对流与辐射所造成的。

单层壁传导所造成的热损失按下方程式计算：

$$Q_{传}=\lambda\frac{t_2-t_1}{\delta}F \tag{5-6-55}$$

式中 λ——导热系数，W/(m·°C)；

t_2——壁内侧温度，°C；

t_1——壁外侧温度，°C；

δ——壁厚，m；

F——壁之表面积，m^2。

对多层壁按下式计算：

$$Q_{传}=K(t_2-t_1) \tag{5-6-56}$$

式中 K——传热系数，而

$$\frac{1}{K}=\frac{\delta_1}{\lambda_1F_1}+\frac{\delta}{\lambda_2F_2}+\frac{\delta_3}{\lambda_3F_3}\cdots\cdots$$

对流所造成的热损失，按下式计算：

$$Q=\alpha(t_1-t_0)F \tag{5-6-57}$$

式中 α——给热系数，W/(m·°C)；

t_1——壁外侧温度，°C；

t_0——周围空气温度，°C。

垂直壁 给热系数$\alpha=2.2\sqrt[4]{t_1-t_0}$

水平壁 给热系数$\alpha = 2.8\sqrt[4]{t_1 - t_0}$

辐射所造成的热损失按下式计算：

$$Q_{辐} = C\left[\left(\frac{T_1}{100}\right)^4 - \left(\frac{T_0}{100}\right)^4\right]F \tag{5-6-58}$$

式中 C—— 壁的辐射系数，绝对黑体 $C = 4.96$；

T_1—— 壁外侧的绝对温度， $T_1 = t_1 + 273$；

T_0—— 壁内侧的绝对温度， $T_0 = t_0 + 273$。

第十节 电化学过程中的相变

一、相过电位

电化学过程常包含新相的形成，如电解金属盐溶液时，新的液相镓、汞等或固相铜、镍等金属在阴极上形成。若新相形成过程是电化学过程的缓慢步骤，其他步骤都以较快的速度进行并认为是可逆的，则相过电位 $\Delta\varphi_{相} = \varphi - \varphi_{平}$， 并具有下列关系式：

（1）电极过程控制步骤是由三维晶核生成而引起时，有

$$\frac{1}{\Delta\varphi^2_{三维}} = a - b\log i \tag{5-6-59}$$

在用铂单晶作阴极研究银、汞和铅的析出时证实上式是正确的，然而在析出气体产物的实验中，尚未观察到此关系。

（2）形成二维晶核时的相过电位时，有

$$\frac{1}{\Delta\varphi_{二维}} = a - b\log i \tag{5-6-60}$$

（3）表面扩散迟缓引起的相过电位时，表面上的吸附原子必须经过扩散步骤才能进入晶格位置，这种情况下所要克服的阻力类似欧姆定律，即

$$\Delta\varphi_{表面扩散} = \Omega i \tag{5-6-61}$$

综上所述新相生成的过电位 $\Delta\varphi$ 相是多种极化现象的总和，即

$$\Delta\varphi_{相} = \Delta\varphi_{三维} + \Delta\varphi_{二维} + \Delta\varphi_{表面扩散} \tag{5-6-62}$$

在实际结晶过程中，三种相过电位并不都是同等重要的，随电解时间、电流密度、金属本性、溶液组成，特别是表面活性质的性质和浓度、添加剂、温度、搅拌和晶面缺陷等因素的影响，使其中一种或两种相过电位呈优势而决定整个相变极化过程的特征。在上述三种相过电位中，表面扩散所引起的过电位被认为是最重要的。

二、影响电结晶生长的因素

研究金属的电结晶过程对理论和实践都有重要意义。如电镀工业要求获得致密、平整、粘着好的镀层；而电解提取和精炼对阴极产物的表面状态虽不象电镀那样要求严格，但也力求避免树枝状结晶，粉末冶金工业中常用电解方法生产某些金属粉末。因此需要对电结晶的机理及影响电结晶生长因素有深入的了解。

1．过电位与交换电流密度的影响

过电位与交换电流密度的大小影响到析出颗粒的粗细。如表5-6-32所列，镉在交换电流密度为10^{-3}A·cm^{-2}析出时的颗粒粗大，容易形成树枝状结晶。实验发现，在相同条件下，不同晶面对过电位也有很大的影响，从而影响金属电结晶颗粒的大小。

2．电解液组成的影响

在简单的盐溶液中析出金属时发现，阴离子对过电位的影响按下列顺序减小：

$$PO_4^{3-} > NO_3^- > SO_4^{2-} > ClO_4^- >$$
$$NH_2SO_3^- > Cl^- > Br^- > I^-$$

但析出金属颗粒的线性大小随这个顺序增大。

惰性阳离子的存在，可使金属析出的过电位增加。在水溶液电解中，增加H^+离子浓度，常使析出金属离子的过电位增大。因此在用电解法制取粉末金属时，常使用高酸度溶液。电镀中添加惰性阳离子可得到细颗粒结晶。

络合剂的加入，常使金属的标准电极电位明显

表 5-6-32 从简单盐溶液中析出金属时交换电流密度与析出金属颗粒的关系数据

性质	金属 Tl Cd Sn	金属 Bi Cu Zn	金属 Co Ni Ee
过电位，V	0～10^{-3}	约10^{-2}	约10^{-1}
交换电流密度，A/cm²	10^{-1}～10^{-3}	10^{-4}～10^{-5}	10^{-8}～10^{-9}
沉积物颗粒平均线性大小，cm	≥10^{-3}	10^{-3}～10^{-4}	≤10^{-5}

表 5-6-33　某些金属络合物的电极电位

金属	Au	Ag		Cu		Zn		Sn
溶液组成	1mol/L KAu(CN)$_2$	1mol/L KAg(CN)$_2$	0.1mol/L KAg(CN)$_2$	0.05mol/L KCu(CN)$_2$	0.05mol/L KCu(CN)$_2$ +2mol/LKCN	1mol/LNaOH +Na$_2$ZnO$_2$	0.5mol/L K$_2$Zn(CN)$_4$ +1molKCN	0.5mol/L Na$_2$SnO$_2$ +1NNaOH
电极电位 V	+0.10	−0.29	−0.39	−0.6	−1.28	−1.2	−1.25	−0.901

地向负值移动，与简单盐溶液中离子相比，使得金属离子析出电位大大增加。表5-6-33列出某些金属络合物的电极电位。

3．金属离子浓度和电流密度的影响

在一定浓度范围内，晶核产生的数目$N_{晶核}$对电流密度i和析出金属离子浓度C的关系可用下式表示：

$$N_{晶核}=a+b\lg\frac{i}{C} \tag{5-6-63}$$

式5-6-63表明，随着电流密度的增加和离子浓度的减少，使晶核的数目增加，因而可以获得致密结晶。

4．晶体缺陷对电结晶的影响

在晶体生长过程中，因为实际晶体（电极材料）的晶面常有隆起的台阶，只要有原子层大小的台阶就足以引起不需再度形成二维晶核的螺旋错位式生长，并由此形成块状和层状的晶体。

5．有机表面活性添加剂的影响

在电沉积过程中，加入少量有机表面活性添加剂可以得到细而致密的沉积物。目前对表面活性物质的选择和应用，尚缺乏一般性的理论指导，主要是依靠在实践中摸索。实践表明，同一表面活性物质在不同金属电极上吸附电位相差不大，亦即各种类型表面活性物质的脱附电位大致是确定的，如表5-6-34所示。该表所给数据对根据电解条件，选择适宜的表面活性添加剂，有一定的指导意义。

表 5-6-34　若干表面活性物质（浓度为0.1%）的脱附电位范围

表面活性物质	脱附电位，V
有机阴离子（磺酸，脂肪酸）	−0.8～−1.1
芳香烃，酚	−0.8～−1.1
脂肪醇　胺	−1.1～−1.3
有机阴离子（季胺盐等）	−1.4～−1.6
多聚性活性物质，动物胶等	−1.6～−1.8

第十一节　汞齐电解

在汞阴极上析出金属与汞形成合金，可以引起沉积或溶解电位的变化。氢在汞阴极上放电有很高的过电位，因此用汞齐电解法能从很稀的溶液中回收有价金属，并可保持较高的电流效率。用汞阴极在中性或碱性溶液中制取高纯稀有金属，第一步是金属在汞阴极上沉积以除去溶液中较负电位的金属，然后将所得的金属汞齐阳极溶解而在固体阴极上析出。这时较正电位的金属杂质留在阳极汞齐中。用这种方法制得的高纯铟，纯度可达99.99995%以上。

碱和碱土金属的还原电位都很负，一般不能从水溶液中析出，然而它们在汞阴极上却有很大的去极化作用，故能在汞阴极上析出。

周期表中Ⅲa族金属也能在汞阴极上析出，但是这些金属与汞形成的金属间化合物产生的去极化作用不大，因此其电解的电流效率小于0.1%。Ⅳa～Ⅵa族的元素的汞齐在水溶液中不稳定，易形成氢氧化物，因此在汞阴极上较难析出。Ⅶa族的锰、碲、铼比Ⅵa族元素较易析出，但只有在中性缓冲溶液中锰和铼的阴极析出电流效率才能达到60～80%。第Ⅷ族元素可在任何酸度的电解液中于汞阴极上析出，没有明显的过电位。但铁族金属在电极上发生不可逆反应，因而有较大的过电位。

综上所述，可以利用各种元素在汞阴极上放电的过电位的差别，来达到金属分离的目的。典型的例子是粗铊的汞齐精炼，用铊汞齐作阳极在硫酸电解液中进行电解，在此过程中锌、镉等金属与有机试剂乙二胺四醋酸钠复盐形成稳定的内络合物，其电位向负值更大的方向移动。采用这种试剂在碱性溶液中进行阳极溶解，不仅可除去较铊负电位的金属，而且能除去较铊正电位的金属镉、锌、铅、铜及其他杂质与电解质一起被除去。然后利用含有高氯酸钠的电解质从净化了的汞齐中析出铊，纯度可达99.999%。汞齐电解虽有许多优点，但由于汞的价格昂贵和汞蒸气具有毒性，而限制其在大规模工业中的应用。

第十二节 置换沉淀

以镓的置换沉淀来说明。在镓酸盐中采用比镓具有较负的电动势的铝进行置换。在铝置换时，其它离子不进入镓酸盐-铝酸盐溶液，此溶液在析出镓后可用于生产铝。

镓酸铝是在置换器中将铝直接溶于液态镓中，并在碱溶液层下搅拌而得到的。

置换沉淀时发生的两个主要反应如下：

$$[Ga(OH)_4]^- + Al \longrightarrow [Al(OH)_4]^- + Ga$$

$$2Al + 2(OH)^- + 6H_2O \longrightarrow 2[Al(OH)_4]^- + 3H_2$$

从置换沉淀的动力学研究表明，在镓酸盐表面的扩散和往表面供给镓酸盐离子是最慢的过程，所以搅拌会使过程强化。

参考文献

[1] 朱元保，沈子琛等，电化学数据手册，1985.

[2] 北京师范大学化学系无机化学教研室，简明化学手册，北京出版社，1980.

[3] 泽里克曼等，稀有金属冶金学，冶金工业出版社，1982.

[4] Robert, C. Weast, Handbook of Chemistry and Physices, 61th Edition, 1980—1981.

[5] Parsons and Roger, Handbook of Electrochemical Constants, London, Batterworths Scientific Pwb., 1959.

[6] Аитропов Л. И. Теоретическая электрохимия издательство, высшая школа, 1975.

第七章 熔 盐 电 解

编写人 段淑贞

第一节 概 述

一、熔盐电解法分类

熔盐电解法按其被电解的稀有金属化合物成分，可分为氧化物电解、氯化物电解和氟络盐电解三种。

1．氧化物电解

被电解的是稀有金属氧化物，如电解法生产钽时，主要是将Ta_2O_5溶解在K_2TaF_7-NaCl-KCl或K_2TaF_7-KF-NaF中，以石墨为阳极进行电解，在阴极析出钽，阳极析出氧，氧进一步与石墨作用生成CO或CO_2，故总反应为：

$$Ta_2O_5+5C=2Ta+5CO(\text{或}CO_2)$$

电解过程中消耗的是Ta_2O_5，若不断补充Ta_2O_5，就能保持电解质成分不变，即能连续电解。

2．氯化物电解

被电解的为稀有金属氯化物，此时阴极析出金属，阳极析出氯气。如电解生成混合稀土金属时，将混合稀土氯化物溶于碱金属氯化物中进行电解：

$$2RECl_3=2RE+3Cl_2$$

和氧化物电解一样，只要不断补充氯化物，则电解连续进行。这种氯化物电解在稀有金属冶金中应用较广，如钛及单一稀土金属铈、镧等，都是电解其氯化物制取的。

3．氟络盐电解

被电解的为稀有金属氟络盐，如生产锆时，可将K_2ZrF_6溶于NaCl-KCl电解质中电解，阴极析出锆，阳极析出氯气：

$$K_2ZrF_6+4NaCl\longrightarrow Zr+2KF+4NaF+2Cl_2$$

在此类电解过程中生成的KF、NaF留在电解质中，因而电解过程中电解质的组成不断改变，因此电解质不可能连续使用，电解过程难以连续进行。

二、熔盐电解对电解质的主要要求

（1）在电解质中没有比被电解制取的稀有金属更正电性的金属，否则会影响产品纯度及降低电流效率。

（2）电解质在熔融状态下，对被电解的稀有金属化合物的溶解度要大，对所析出稀有金属的溶解度要小。

（3）对液态阴极电解而言，电解质的熔点（初晶温度）应比被电解的稀有金属的熔点低100°C左右，过大过小都不行；电解质的密度与被电解的稀有金属的密度之间应有一定的密度差，以有利于制取金属与电解质分离；对固体阴极而言，电解质的熔点应低，以利于降低电解温度。

（4）在电解温度下，电解质的粘度要小，流动性要好，以有利于阴极气体的排出及电解质成份的均匀，也有利于阴极金属的凝聚和与电解质分离。

（5）熔融电解质的导电度要高，以便在电流密度和极距一定时获得尽可能低的槽电压，使电能消耗降低。

（6）熔融电解质对槽底、槽衬和阳极的侵蚀性小。

（7）在电解的温度下，电解质的挥发性要小。

（8）电解质在固体、液体状态下化学稳定性好，不与空气中水分等作用。

（9）电解质对被制取的稀有金属（特别是液态稀有金属）及渣的界面张力应大，以利于它们的分离；

（10）电解质各组分应价廉易得。

实际上要完全满足上述条件是不可能的，因此应结合具体情况进行选择。

三、熔盐电解法在稀有金属冶金中的地位

熔盐电解法是稀有金属生产的重要工艺。现今用该法进行工业化生产的金属有锂、铍、混合稀土金属、某些单一稀土金属（如镧、铈等）以及钍和铀等。高熔点金属中的钽、锆和铌也可采用熔盐电解法生产。钛的熔盐电解工艺的研究已进入半工业化试验的阶段。熔盐电解精炼和分离是高熔点金属提纯的重要手段，而熔盐电镀和熔盐电化学表面合金化等更是表面处理和制取各种优异性能的表面材料的重要方法。熔盐电解法还可用于生产液态合金和回收废屑等。因此，熔盐电解法在稀有金属冶金和新材料工艺中具有重要的地位。

第二节 熔盐的物理化学性质

一、熔盐结构和热力学性质

1．熔盐的结构

近代理论认为，液体的结构（当温度与熔点相差不太多时）与固体（结晶状态）的结构相接近。近30年来人们已承认熔盐是由高度电离的离子所组成，如熔融NaCl可以产生可移动的Na^+和Cl^-，但另一方面，经伦琴射线照像研究发现，熔融液态物质在当温度接近其结晶温度时，其组成粒子的相对排列很有秩序，同时这种排列与相应晶体所特有的排列很接近，因而证实了物质的固态与液态之间在结构上存在一定的联系。在工业上，熔盐电解主要是在接近盐的熔点时进行，因此对于这些熔体的性质及行为，在很大程度上可以根据相应的固态盐晶体的结构特性、晶体中键的性质以及构成晶体的离子的相互极化作用来说明。

2．熔盐热力学性质

在理想溶液中，不同种类的离子间没有相互作用，但在大多数盐类体的熔体中则不然，它们的离子间要发生相互作用，结果导致熔体结构的变化，同时使它们的物理化学性质也发生变化。

在理想溶液中对组元 i 而言有：

$$\overline{G}_i = G_i^\circ + RT\ln N_i$$

$$\overline{G}_i - G_i^\circ = RT\ln N_i$$

$$\overline{S}_i - S_i^\circ = -R\ln N_i$$

$$\overline{H}_i - H_i^\circ = 0$$

但在真实溶液中，$\overline{H}_i'$、$\overline{G}_i'$、$\overline{S}_i'$不服从上述规律，其与理想溶液$\overline{H}_i$、$\overline{G}_i$、$\overline{S}_i$之差被称为溶液中 i 组元的过剩热力学函数，分别用$\overline{G}_i^E$、$\overline{H}_i^E$、$\overline{S}_i^E$表示：

$$\overline{G}_i^E = \overline{G}_i' - \overline{G}_i$$

$$\overline{S}_i^E = \overline{S}_i' - \overline{S}_i$$

$$\overline{H}_i^E = \overline{H}_i' - \overline{H}_i$$

在理想溶液中$\overline{G}_i^E = 0$，$\overline{S}_i^E = 0$，$\overline{H}_i^E = 0$。AgCl-$PbCl_2$熔盐体系满足这一条件，这种熔盐的相图为共晶体类型，如$PbBr_2$-AgBr、LiCl-$PbCl_2$体系。

在正规溶液中，$\overline{S}_i^E = 0$，$\overline{G}_i^E = \overline{H}_i^E \neq 0$。AgBr与碱金属溴化物的二元溶液属于这一类，它们在固相时都形成连续固体。还有一些非电解质与液态金属合金也属于正规溶液。

在无化学作用且缔合分子发生解离的溶液中，$\overline{S}_i^E > 0$，$\overline{G}_i^E > 0$。PbBr-$ZrBr_2$及AgCl-LiCl属于这类体系。AgCl-LiCl体系中形成分别以AgCl和LiCl为基的两个固溶体，同时有包晶反应；在MgCl-LiCl体系熔度图中有连续固溶体。

在有化学相互作用并由缔合组分形成的溶液中，$\overline{G}_i^E < 0$，$\overline{S}_i^E > 0$。$MgCl_2$-KCl，$MgCl_2$-RbCl体系属于这一情况。

二、盐类的熔点、挥发性和导电性

研究盐的熔点、挥发性和导电性，不仅对了解盐的性质和结构有很大意义，而且在工业实践中也有很大价值。

1．单盐的熔点、挥发性和导电性

单盐的熔点、蒸气压和电导决定于其键的结构。一般纯离子晶体由于粒子间引力大，故熔点高，蒸气压低（即液态的沸点高），液态导电性能良好；而分子晶体则熔点低，其液态沸点低，且不导电。因此，同类型化合物的熔点、沸点及当量电导应随其组成成分在周期表的位置不同而有一定规律性。

某些氯化物的熔点、沸点及当量电导如表5-7-1所示。但许多高熔点金属低价氯化物的熔点

表 5-7-1 不同温度下熔盐的导电度

熔盐	T_m,℃	T,℃	不同温度下熔盐的导电度，$(\Omega\cdot cm)^{-1}$						
			T_m	T	$T+50$℃	$T+100$℃	$T+150$℃	$T+200$℃	$T+250$℃
$BeCl_2$	405	450	—	1.1×10^{-3}	6.5×10^{-3}	—	—	—	—
BeF_2	800		—						
BeI_2	510		—						
$CeCl_3$	—	828	—	1.12		1.17(844) 1.30(895)	1.21(858) 1.38(931)	1.23(868)	1.29(886)
CeI_3	761	796	—	0.448		0.470(814)	0.499(836)	0.523(860)	
CsBr	635	650	—	0.84	0.97	1.09	1.21	1.31	—
CsCl	645	650	—	1.12	1.27	1.42	1.57	1.71	1.83
CsF	—	—		$K_T=-4.511+1.642\times10^{-2}T-7.632\times10^{-6}T^2$					
CsI	630	650		0.69	0.80	0.91	1.00	1.09	
$CsNO_3$	417	—	$K_T=-0.2452+1.88785\times10^{3}T$						
$GaBr_2$	—	—	$\log K_T=1.142-865/(T+273)$						
$GaBr_3$	125	—	5.0×10^{-8}	—	—	—	—	—	—
$GaCl_2$	—	—	$\log K_T=1.180-784/(T+273)$						
$GaCl_3$	77	—	10^{-8}	—	—	—	—	—	—
Ga_2I_4	—	—	$\log K_T=-2.887-1401/(T+273)$						
Ga_2I_6	—	—	$\log K_T=-0.068-1041/(T+273)$						
$InBr_3$	436	450	0.168	0.167	0.162	0.156	—	—	—
InCl	225	250	0.88	1.04	1.33	1.62	1.89	—	—
$InCl_2$	235	250	0.23	0.26	0.36	0.46	0.56	0.64	0.72
$InCl_3$	498	500	0.50	0.50	0.46	0.41	0.37	0.32	0.28
InI_3	210	250	0.052	0.066	0.080	0.092	0.100	—	—
K_2TaF_7	—	750	—	0.750	0.919	0.981	1.052	—	—
K_2TiF_6	—	850	—	1.359	1.462	1.559	1.650	—	—
K_2WO_4	—	—	—	$K_T=-8.2953+1.7633\times10^{-2}T-8.0295\times10^{-6}T^2$					
$LaCl_3$	885	900	1.20	1.25	1.40	1.54	1.64	—	—
Li_3AlF_6	—	800	—	3.45	3.65	3.80	3.95	—	—
LiBr	550	600	4.69	4.97	5.23	5.49	5.73	—	—
LiCl	614	650	5.9	6.0	6.2	6.4	6.6	6.8	6.9
$LiClO_3$	—	131.8	—	0.1151		0.1231(135.7) 0.1420(143.0)	0.1258(136.5)	0.1370(140.8)	
LiF	844	875	—	8.663		8.889(915)	9.058(958)	9.216(1008)	9.306(1037)
LiI	465	500		3.800	4.067	4.250	4.417	4.570	4.703

续表 5-7-1

熔 盐	T_m,℃	T,℃	不同温度下熔盐的导电度，$(\Omega\cdot cm)^{-1}$ T_m	T	$T+50$℃	$T+100$℃	$T+150$℃	$T+200$℃	$T+250$℃
Li_2MoO_4	—	—		$K_T=43.2596-10.71\times10^{-2}T+72.668\times10^{-6}T^2$					
$LiNO_3$	254	300	0.82	1.08	1.37	1.70	2.03	2.28	—
Li_2WO_4	—	—		$K_T=-7.5067+1.8733\times10^{-2}T-8.8034\times10^{-6}T^2$					
MoO_3	795	—		$K_T=-5.7537+1.4563\times10^{-2}T-8.1949\times10^{-6}T^2$					
Na_2TaF_7	—	750	—	0.750	0.919	0.981	1.052	—	—
Na_2WO_4	696			$K_T=-1.4108+0.3451\times10^{2}T-0.2058\times10^{-6}T^2$					
$NbCl_5$	210	228	—	$0.22\cdot10^{-6}$	—	—	—	—	—
$NdBr_3$	—	713	—	0.466		0.498(731) 0.519(743) 0.541(759) 0.563(772) 0.603(797)			
$NdCl_3$	761	800	0.587	0.692	0.821	0.945	1.058		
NdI_3	787	799	—	0.396			0.416(818) 0.440(842)		
$PrBr_3$	—	727	—	0.52			0.56(750) 0.60(770)		
$PrCl_3$	—	—		$K_T=-1.189+2.75\times10^{-3}T$					
PrI_3	738	763	—	0.399			0.426(786) 0.452(809)		
RbBr	692	700	—	1.132	1.263	1.360	1.454	1.526	1.586
RbCl	722	750	1.50	1.58	1.72	1.85	1.97	—	—
RbI	647	650	—	0.86	0.96	1.04	1.12	1.19	1.25
$RbNO_3$	316	350	0.42	0.50	0.61	0.72	0.82	0.91	—
$ScCl_3$	960	980	0.56	0.63	0.66(1000)		—	—	—
$TaCl_5$	221	235	—	0.3×10^{-6}	—	—	—	—	—
$TeCl_2$	175	200	0.005	0.034	0.089	0.145	—	—	—
$TeCl_4$	224	250	0.100	0.131	0.186	—	—	—	—
$ThCl_4$	770	800	0.54	0.61	0.71		0.86		—
TiI_4	150	—			$1\times10^{-7}\sim6\times10^{-7}$				
TlBr	460	—		$K_T=-0.461+3.105\times10^{-3}T-0.732\times10^{-6}T^2$					
TlCl	430	450	1.088	1.164	1.350	1.532	1.700	1.865	—
$TlCl_3$	60	—	$<5.0\times10^{-5}$	—	—	—	—	—	—
TlI	440	450	0.371	0.551	0.651	0.747	0.840	0.927	
$TlNo_3$	206	250	0.35	0.47	0.60	—	—	—	—
Tl_2S	448	—							
UCl_4	567	—		$K_T=-0.318+1.22\times10^{-6}T$					
WCl_5	248	250	0.61×10^{-6}	0.67×10^{-6}	1.84×10^{6}	—	—	—	—
WCl_6	275	300	1.86×10^{-6}	2.60×10^{-6}	4.05×10^{-6}		6.94×10^{-6}		—
YCl_6	721	750	0.42	0.48	0.58	0.69	0.79	—	—

和沸点要比其高价氯化物高得多，同时可以预计它们的导电性能将比其高价化合物要好。钛、锆、铪的低价氯化物的熔点沸点如表5-7-2所示。

表 5-7-2　Ti、Zr、Hf低价氯化物的溶点、沸点

氯化物	$TiCl_3$	$TiCl_2$	$ZrCl_3$	$ZrCl_2$	$HfCl_3$	$HfCl_2$
熔点，℃	920	1030±10	627	727	627	727
沸点，℃	695(升华)	1515±10	1207	1387	1227	1477

表 5-7-3　单一稀土氯化物的熔点、沸点及产生266.6Pa蒸气压所需的温度

稀土氯化物	熔点，℃	沸点，℃	温度，℃	稀土氯化物	熔点，℃	沸点，℃	温度，℃
$LaCl_3$	855	1750	1100	$TbCl_3$	591	1550	960
$CeCl_3$	805	1730	1090	$DyCl_3$	657	1530	950
$PrCl_3$	779	1710	1080	$HoCl_3$	721	1510	950
$NdCl_3$	773	1690	1060	$ErCl_3$	777	1500	950
$PmCl_3$	740	1670	1050	$TmCl_3$	824	1490	940
$SmCl_2$		2030	1310	$YbCl_2$		1930	1250
$SmCl_3$	681	分解	1010	$YbCl_3$	857	分解	940
$EuCl_2$		2030	1310	$LuCl_3$	859	1480	950
$EuCl_3$	626	分解	940	YCl_3	703	1510	950
$GdCl_3$	612	1580	980				

表 5-7-4　$RECl_3$-KCl体系在给定蒸气压下的温度

体系	蒸气压，Pa				体系	蒸气压，Pa			
	133.3	421.2	1333.2	4212.2		133.3	421.2	1333.2	4212.2
	温度，℃					温度，℃			
$2KCl·LaCl_3$	959	1016	1083	1155	$3KCl·2CeCl_3$	945	1037	1145	1271
$3KCl·3CeCl_3$	888	985	1099	1237	$3KCl·2PrCl_3$	853	953	1052	1169
$KCl·3CeCl_3$	1033	1105	1186	1277	$KCl·2PrCl_3$	924	1011	1114	1235
$KCl·3LaCl_3$	1087	1152	1225	1306	$3KCl·NdCl_3$	846	923	1014	1121

表 5-7-5　稀有金属氯化物和氟化物的蒸气压

$$\log p = \frac{A}{T} + B + C\log T + 10^{-3}DT\,(\text{mmHg})^{①}$$

化合物	*A*	*B*	*C*	*D*	温度范围，K	化合物	*A*	*B*	*C*	*D*	温度范围 K
BeF_2	-13000	24.56	-3.79		熔点～沸点	$GeCl_4$	-2940	34.27	-9.08		熔点～沸点
$BeCl_2$	-7800	27.15	-5.03		298～熔点	$HfCl_4$	-5200	11.71			476～681
$BeCl_2$	-7220	26.28	-5.03		熔点～沸点	InCl	-4640	8.03			熔点～沸点
$CeCl_3$	-18750	36.38	-7.05		298～熔点	$InCl_3$	-8270	13.62			500～升华点
$GaCl_2$	-4886	29.14	-6.44		熔点～沸点	IrF_6	-1657	7.952			熔点～沸点

续表 5-7-5

化合物	*A*	*B*	*C*	*D*	温度范围，K	化合物	*A*	*B*	*C*	*D*	温度范围，K
$LaCl_3$	−19.040	36.20	−7.05		298～熔点	RbCl	−11670	20.157	−3.0		298～熔点
LiF	−14560	23.56	−4.02		熔点～沸点	RbCl	−10300	18.77	−3.0		熔点～沸点
LiCl	−10760	22.30	−4.02		同 上	$SrCl_3$	−14200	14.37			1065～1223
MoFs	−2772	8.58			同 上	SeF_4	−2457	9.44			熔点～沸点
MoF_6	−1500	7.77			同 上	$SiCl_4$	−1572	7.64			273～333
$MoCl_5$	−5210	13.1			298～熔点	$TaCl_5$	−6275	34.305	−7.04		298～熔点
NbF_5	−4900	14.397			同 上	$TaCl_5$	−2975	8.68			熔点～沸点
NbF_5	−2780	8.37			熔点～沸点	$TeCl_2$	−3350	8.51			同上
$TiCl_3$	−9620	21.47	−3.27		298～熔点	$ThCl_4$	−12900	14.30			974～1043
$TiCl_4$	−2919	25.129	−5.788		298～沸点	$ThCl_4$	−7980	9.57			1043～1186
TlF	−7710	17.66	−2.18		298～熔点	TiF_4	−5332	9.51	−2.57		298～升华点
TlCl	−7370	16.49	−2.11		同 上	$TiCl_2$	−15230	19.36	−2.51		298～熔点
TlCl	−6650	16.92	−2.62		熔点～沸点	$TiCl_2$	−13110	17.93	−2.51		熔点～沸点
VF_5	−2423	10.43			同 上	WCl_4	−3253	8.195			555～598
VCl_4	−2875	25.56	−6.07		298～熔点	WCl_6	−3050	7.87			熔点～沸点
$NbCl_5$	−4370	11.51			430～熔点	ZrF_4	−14700	30.80	−5.3		298～升华点
$NbCl_5$	−2870	8.37			熔点～沸点	$ZrCl_4$	−5400	11.765			480～689
$NdCl_3$	−18220	36.27	−7.05		298～熔点	UF_4	−16400	22.60	−3.02		298～熔点
$PrCl_3$	−18490	36.31	−7.05		同 上	UF_4	−15300	29.05	−5.03		熔点～沸点
RbF	−11230	18.26	−2.66		熔点～沸点	UF_6	−2858	16.36	−1.91		273～升华点

①1mmHg＝133.32Pa。

表 5-7-6 某些熔融稀土氯化物的比电导

氯 化 物	$K=a+bt+ct^2,(\Omega cm)^{-1}$			温度范围，℃
	a	$b\times10^3$	$c\times10^6$	
$LaCl_3$	−2.1376	4.930	−1.324	892～1034
$PrCl_3$	−3.0331	7.0871	−2.7592	845～999
$NdCl_3$	−1.4670	3.2227	−0.3931	844～995
$GdCl_3$	−1.5036	3.3316	−0.7796	745～991
$DyCl_3$	−2.8508	6.6109	−2.9420	785～997

表 5-7-7 几种熔盐的电导活化能E_λ离子扩散活化能E_{D^-}和粘度活化能E_μ对照表

熔 盐	E_λ		E_{D^+}		E_{D^-}		E_μ	
	kJ/mol	kcal/mol	kJ/mol	kcal/mol	kJ/mol	kcal/mol	kJ/mol	kcal/mol
NaCl	12.5	2.99	29.8	7.14	31.0	7.43	38.9	9.31
$NaNO_3$	13.4	3.22	20.7	4.97	21.2	5.08	16.9	4.04
$AgNO_3$	12.1	2.90	15.6	3.73	16.0	3.84	15.1	3.62
KNO_3	15.1	3.61	23.1	5.53	24.0	5.76		
$CaCl_2$	22.1	5.29	41.4	9.9	37.0	8.86	50.1	12.0
$BaCl_2$	17.3	4.14	50.9	12.17	44.5	10.62	110.0	26.3
$PbCl_2$	17.1	4.09	32.4	7.76	32.4	7.76	28.2	6.76

注：E_{D^+}为正离子扩散活化能，E_{D^-}为负离子扩散活化能。

单盐的电导除取决于其结构外，还与温度有关。在各种温度范围下，可用阿累尼乌斯公式求出当量电导：

$$\lambda = A_\lambda e^{-E_\lambda/RT}$$

式中　A_λ——经验常数；

E_λ——电导活化能。

从上式可知，随着温度升高，电导增加，其增加程度与电导活化能有关。从表5-7-7看出一些熔盐的E_λ值变化在8～25kJ/mol之间。

2. 熔盐混合物的电导

研究表明，各种熔盐混合物的电导与组成的关系是各不相同的。熔盐混合物的电导等温线的形状主要取决于下列两个因素：

（1）熔体结晶时，盐类体系中新的化合物的形成，也就是熔体中新的络离子的出现；

（2）原来两个组元的电导数值以及熔体结晶时所形成的化合物的电导数值。

当熔盐中两组分之间形成简单溶液时，其当量电导λ可以下式表示：

$$\lambda = N_1^2 A_{\lambda_1} e^{-E_{\lambda_1}/RT} + N_2^2 A_{\lambda_2} e^{-E_{\lambda_2}/RT} + 2N_1N_2A_{\lambda_{1-2}} e^{-E_{\lambda_{1-2}}/RT}$$

式中　N_1，N_2——混合盐中第一盐和第二盐的摩尔分数；

E_{λ_1}，E_{λ_2}——第一盐和第二盐的电导活化能；

$E_{\lambda_{1-2}}$——二元盐结合的电导活化能；

A_{λ_1}，A_{λ_2}，$A_{\lambda_{1-2}}$——经验常数。

表 5-7-8　$LaCl_3$-NaCl体系的比电导

$LaCl_3$%mol	$K=a+bt+ct^2$，$(\Omega\cdot cm)^{-1}$			温度范围℃
	a	$b\times10^3$	$c\times10^6$	
0.00	5.5935	−6.419	4.527	843～933
4.99	−1.0939	19.161	−11.439	861～942
13.17	−1.7952	6.892	−2.732	815～948
20.87	−4.8636	12.310	−5.541	834～951
33.30	−5.3039	12.352	−5.313	836～949
45.11	−3.7242	9.364	−3.2092	791～933
55.02	−15.9240	35.321	−17.974	863～949
70.22	−0.8995	2.139	−0.259	891～953
84.86	−1.5372	3.453	−0.484	882～991

表 5-7-9　$LaCl_3$-KCl 体系的比电导

$LaCl_3$ %mol	$K=a+bt+ct^2$，$(\Omega\cdot cm)^{-1}$			温度范围 ℃
	a	$b\times10^3$	$c\times10^6$	
0.0	−5.7416	−16.408	−8.374	800～924
5.2	−0.8456	3.820	−1.212	807～960
16.9	−2.5990	6.828	−2.817	795～960
24.9	−1.6079	4.222	−1.186	784～950
38.3	−1.1009	2.934	−0.404	770～944
50.3	−1.2162	3.422	−0.480	811～938
59.3	−2.7239	6.456	−2.273	831～941
69.9	−4.4667	10.423	−4.481	819～943
84.5	−1.7387	3.976	−0.789	881～988
100.0	−2.1376	4.930	−1.324	892～1034

已知比电导后，可根据下式算出单纯熔盐或混合盐的当量电导。

$$\lambda = Ke/d$$

式中　λ——单盐或混合盐的当量电导，$\Omega^{-1}\cdot cm^2$；

K——单盐或混合盐的比电导，$\Omega^{-1}\cdot cm^{-1}$；

e——单盐的当量或混合盐的平均当量，g；

d——单盐的密度或混合盐的平均密度，g/cm^3。

三、熔盐相图

在稀有金属熔盐电解等的实际应用中，二元和三元系熔盐相图中关于固-液相平衡的信息是最重要的。据此，我们可以选择具有适当熔点的熔盐电解质体系。当然，相图对熔体中是否存在络合物也能提供有用的信息。关于相图的一般知识及熔盐相图的来源可参阅第一篇第九章。

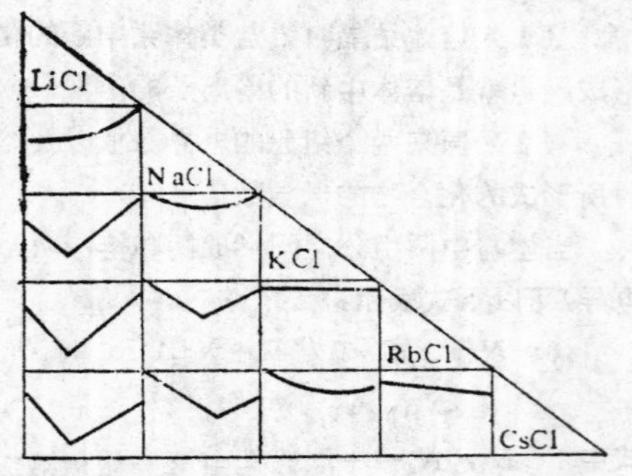

图 5-7-1 碱金属氯化物二元系相图的变化规律

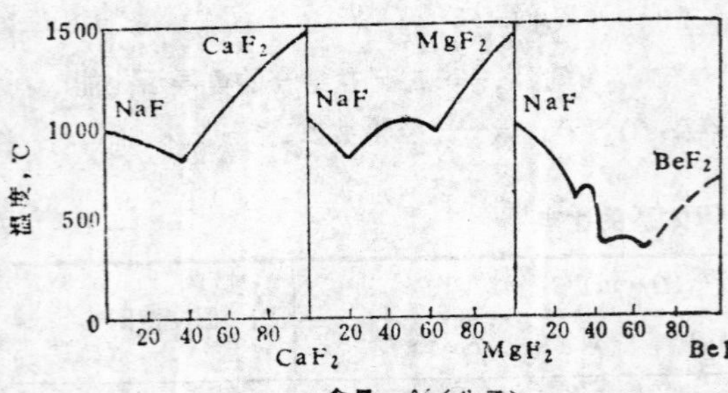

图 5-7-2 氟化钠-两价金属氟化物体系熔度图

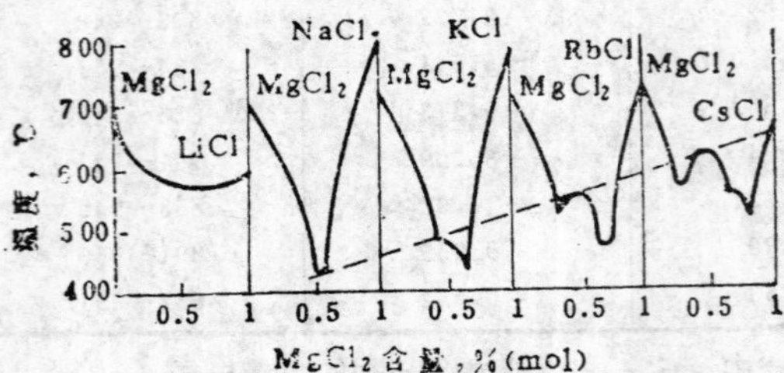

图 5-7-3 氯化镁-碱金属氯化物体系的熔度图

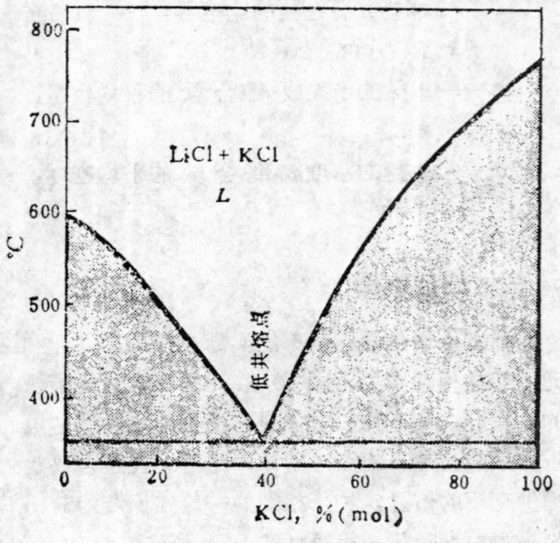

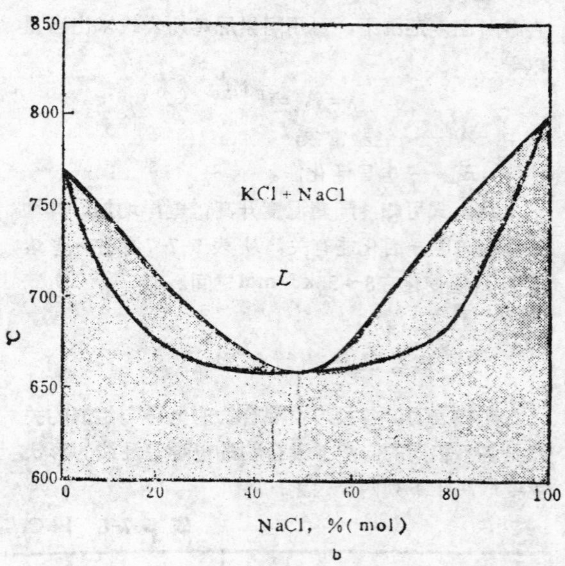

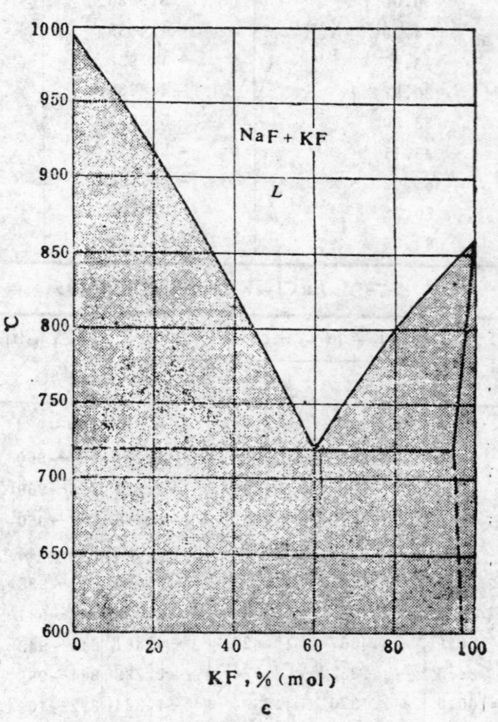

图 5-7-4 二元系熔盐相图

a—LiCl-KCl；b—NaCl-KCl；c—NaF-KF

应该特别指出的是，相图的构形与物质结构有密切关系。图5-7-1表明了周期表第一族碱金属所形成的二元系相图的变化规律。从纵行看，随Me半径的增大，液相限温度逐渐降低，最后在LiCl-CsCl体系中形成化合物。从最后一个横行来看，MeCl-CsCl随着离子半径互相接近，最后形成无限互溶的固溶体。

其他各族都有类似的规律，但随着极化的增大，相图也趋于复杂。比较NaF-CaF_2、NaF-MgF_2和NaF-BeF_2等体系的相图（图5-7-2）可以看出，从Ca^{2+}到Be^{2+}，随着阳离子半径及极化系数的减小，相图趋于复杂。同时在各种碱金属氯化物与氯化镁的相图中也可看到由锂到铯也存在着一定的规律性（图5-7-3），并且相图的构形随碱金属氯化物中阳离子半径的增加而趋于复杂。

在稀有金属熔盐电解中，溶剂主要是具有低共熔点和最低熔点的碱金属二元系、三元系以及碱金属和碱土金属的二元和三元系（图5-7-4）。通常利用这些体系的熔盐电解，电解温度约在450°C～850°C之间。值得指出的是，随着低温和室温熔盐电解技术的发展，NaCl-$AlCl_3$(共晶温度154°C)，NaCl-KCl-$AlCl_3$（共晶温度93°C）以及$AlCl_3$-N-乙基砒啶（有机熔盐，共晶温度仅27°C）等被用作低温熔盐电解的溶剂（见图5-7-5，图5-7-6）。表5-7-1中列有作为溶盐溶剂的一些单盐的熔点，表5-7-10为作为熔盐溶剂的一些二元和三元体系的熔化温度、通常使用温度及电导值。该表对选择熔盐熔剂具有重要的参考价值。

四、熔盐的密度

对液态阴极电解，熔盐与阴极上析出金属密度的相对大小决定着该金属在电解质中的行为和阴极产品与熔盐的分离效果。密度数据也是决定电解槽结构的最重要因素之一。

单盐的密度决定于其本性和温度：

$$d_t = d_m - \alpha(t - t_m)$$

式中 d_t——熔盐在温度t时的密度，g/cm³；

d_m——熔点时盐的密度，g/cm³；

t_m——熔点，°C；

α——与盐的性质有关的系数。

一些纯熔盐、二元熔盐及其他熔融物的密度列于表5-7-12～14。

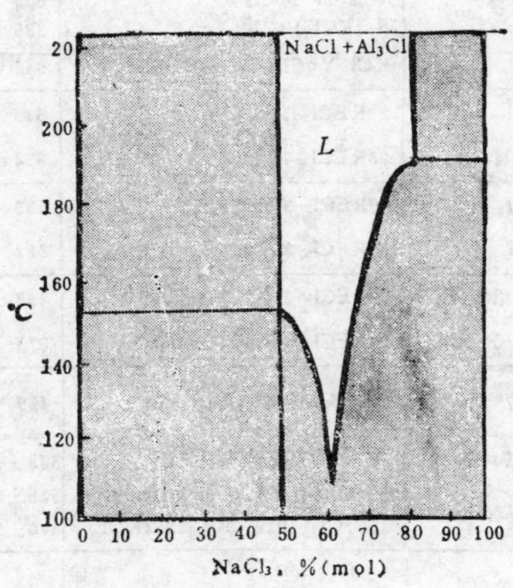

图 5-7-5 NaCl-$AlCl_3$相图

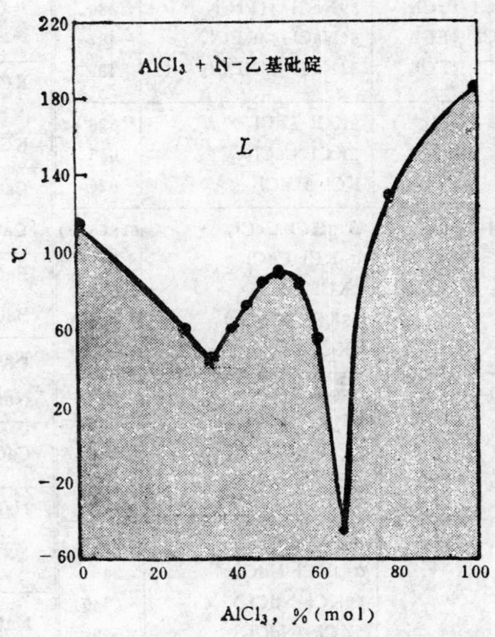

图 5-7-6 $AlCl_3$-N-乙基砒啶相图

表 5-7-10　常用二元和三元熔盐溶剂的性质

组　　成	%(mol)	熔化温度，℃	应用温度，℃	电导，$(\Omega\cdot cm)^{-1}$
LiCl-KCl	59,41	352	450	1.57
NCl-KCl	50,50	658	727(10^3K)	2.42
$MgCl_2$-NaCl-KCl	50,30,20	396	475	1.18
LiF-NaF-KF(FLINAK)	46.5,11.5,42	459	500	0.95
$LiNO_3$-KNO_3	43,57	132	170	0.22
$LiNO_3$-$NaNO_3$-KNO_3	30,17,53	120		
Li_2SO_4-K_2SO_4	71.6,28.4	535	675	1.28
Li_2SO_4-Na_2SO_4-K_2SO_4	78,13.5,8.5	512		
Li_2CO_3-Na_2CO_3	50,50	500	700	1.73
Li_2CO_3-Na_2CO_3-K_2CO_3	43.5,31.5,25	397		
$LiPO_3$-KPO_3	64,36	518		
$Li_4P_2O_7$-$Na_4P_2O_7$	38.5,61.5	720		
$LiBO_2$-KBO_2	56,44	582		
$LiCH_3CO_2$-KCH_3CO_2-$NaCH_3CO_2$	32,38,30	162	222	0.05

表 5-7-11　某些稀土金属氯化物与碱金属或碱土金属氯化物的相平衡性质

体　系	化合物或混合物 %(mol)	熔点或稳定最高温度，℃
NaCl-$CeCl_3$	60NaCl-40$CeCl_3$	510
NaCl-$PrCl_3$	59NaCl-41$PrCl_3$	480
NaCl-$RECl_3$	53NaCl-47$RECl_3$	487
NaCl-$RECl_3$	54NaCl-46$RECl_3$	499
KCl-$LaCl_3$	3KCl-$LaCl_3$	625
	2KCl-$LaCl_3$	645
	KCl-3$LaCl_3$	620
KCl-$CeCl_3$	β-3KCl-$CeCl_3$	628(640)
	α-KCl-$CeCl_3$	512
	2KCl-$CeCl_3$	623
	(3KCl-2$CeCl_3$)	(675)
	(KCl-3$CeCl_3$)	(548)
KCl-$PrCl_3$	β-3KCl-$PrCl_3$	682
	α-3KCl-$PrCl_3$	512(675)
	2KCl-$PrCl_3$	620
	3KCl-2$PrCl_3$	645
KCl-$NdCl_3$	β-3KCl-$NdCl_3$	682(690)
	α-3KCl-$NdCl_3$	345
	(2KCl-$NdCl_3$)	(640)
	3KCl-2$NdCl_3$	590
KCl-$SmCl_2$	KCl-2$SmCl_2$	620

体　系	化合物或混合物 %(mol)	熔点或稳定最高温度，℃
KCl-$SmCl_3$	3KCl-$SmCl_3$	750
	2KCl-$SmCl_3$	570
	KCl-2$SmCl_3$	530
KCl-$YbCl_3$	α-3KCl-$YbCl_3$	800
	β-3KCl-$PrCl_3$	385
KCl-$YbCl_2$	KCl-$YbCl_2$	640
$CaCl_2$-$RECl_3$	22$RECl_3$-78$CaCl_2$	613
$CaCl_2$-$RECl_3$	25$RECl_3$-75$CaCl_2$	624
$BaCl_2$-$RECl_3$	69$RECl_3$-31$BaCl_2$	683
$BaCl_2$-$RECl_3$	65$RECl_3$-35$BaCl_2$	672
NaCl-$CaCl_2$-$RECl_3$	21$RECl_3$-31NaCl-48$CaCl_2$	458
NaCl-$BaCl_2$-$RECl_3$	36$RECl_3$-42NaCl-22$BaCl_2$	373
$CaCl_2$-$BaCl_2$-$RECl_3$	30$RECl_3$-49$CaCl_2$-21$BaCl_2$	490
NaCl-KCl-$PrCl_3$	18$PrCl_3$-26NaCl-56KCl	538±3
	29.8$PrCl_3$-23.4NaCl-48.8KCl	525±3
	48$PrCl_3$-19.6NaCl-32.4KCl	440±3
$NaCl_3$-KCl-NdCl	13.4$NdCl_3$-33NdCl-53.6KCl	535±3
	30.8$NdCl_3$-31NaCl-38.2KCl	520±3
	45.9$NdCl_3$-36.7NaCl-17.4KCl	425±3

表 5-7-12　二元熔盐及其他混合熔融物的密度

熔　盐	数			值				
AgBr LiBr	P	68.5						
	a	4.504						
	b	0.877						
	r	517～555						
AgBr-RbBr	P	53.2						
	a	4.470						
	b	1.23						
	r	514～624						
$AgNO_3$-$TlNO_3$	P	25	45	50	60	75	90	100
	d_{100}	—	4.671	4.630	4.554	—	—	—
	d_{150}	—	4.575	4.526	4.435	—	—	—
	d_{200}	4.638	4.452	4.410	4.319	4.183	4.074	
	d_{225}	4.579	4.406	4.351	4.261	4.132	4.024	3.922
$AlCl_3$-LiCl	P	75.9	79.3	82.5	85.4	87.9	90.4	
	a	1.735	1.737	1.757	1.759	1.768	1.741	
	b	0.77	0.68	0.80	0.84	0.90	0.80	
	r	180～330	175～225	175～225	175～225	175～225	175～225	
B_2O_3 Li_2O	P	71.3	85.2	89.4	93.5	97.2	100.0	
	a	2.340	2.400	2.281	2.103	1.901	1.662	
	b	0.467	0.467	0.402	0.335	0.260	0.153	
	r	800～1000	800～1000	700～1000	600～1000	600～1000	600～1200	
BeF_2 LiF	P	51.5						
	a	2.09						
	b	0.27						
	r	500～800						
Ce $CeCl_3$	P	0.28	0.57	1.14	2.31	3.50	4.70	
	d_{850}	3.1655	3.1695	3.1800	3.2055	3.2390	3.2875	
	d_{900}	3.1275	3.1327	3.1440	3.1700	3.2041	3.2490	
	d_{950}	3.0877	3.0932	3.1040	3.1333	3.1740	3.2288	
KBr TlBr	P	5.7	15.2	37.0	41.4	57.6	60.5	74.6
	a	6.4935	6.9084	—	5.7328	—	—	3.9787
	A	—	—	1.7816	—	3.2183	6.4253	—
	B	—	—	2.8789	—	6.6319	14.1605	—
	C	—	—	4.1928	—	6.0870	10.3478	—
	b	1.9342	3.4214	—	3.084	—	—	1.8936
	r	490～628	584～732	707～759	750～799	721～798	747～857	758～797
KCl LiCl	P	0	28.2	42.6	55.8	72.2	87.6	100
	a	1.766	1.835	1.856	1.885	1.923	1.968	1.977
	b	0.433	0.489	0.507	0.528	0.561	0.509	0.583
	r	620～780	530～750	460～600	390～590	590～750	690～850	780～940

续表 5-7-12

熔盐		数			值			
KF-LiF-NaF	P_{KF}	59.0						
	P_{LiF}	29.2						
	a	2.47						
	b	0.68						
	r	600～800						
K_2MoO_4-MoO_3	P	17.5	27.5	43.0	52.2	60.0	79.4	91.0
	a	3.9974	3.9371	3.7813	3.6534	3.4282	3.1637	3.036
	b	1.1337	1.0997	1.1189	1.0529	0.9951	0.7146	0.6340
	r	761～869	614～750	637～792	632～779	574～766	783～933	882～978
KNO_3-$LiNO_3$	P	16.7	26.7	40.9	59.5	71.0	81.9	92.2
	a	1.954	1.974	1.997	2.033	2.055	2.083	2.102
	b	0.599	0.623	0.638	0.683	0.696	0.729	0.735
	r	257～403	264～350	219～445	328～476	306～454	294～425	318～452
LiCl-$LiNO_3$	P	6.4	13.3	20.8				
	a	1.911	1.903	1.899				
	b	0.537	0.538	0.524				
	r	278～446	340～497	378～497				
$LiClO_4$ KNO_3-$NaNO_3$	P_{LiClO_4}	5	10	15				
	a	2.1201	2.1275	2.1394				
	b	0.7110	0.7232	0.7441				
	r	—	230～400	—				
$LiClO_4$-$LiNO_3$	P	34.0	57.3	82.3				
	a	2.014	2.088	2.134				
	b	0.610	0.629	0.629				
	r	240～357	198～347	225～336				
Li_2MoO_4-MoO_3	P	19.5	33.9	51.5	60.5	71.3	85.2	91.0
	a	3.9932	3.8951	3.7359	3.5641	2.9856	3.4559	3.3520
	b	0.9502	0.8451	0.7723	0.6448	0.0317	0.5930	0.5317
	r	766～921	755～924	760～934	802～962	799～950	781～905	825～924
$LiNO_3$-NH_4NO_3	P	0	5					
	d_{180}	1.426	1.430					
Li_2O SiO_2	P	16.1	21.8	25.9	31.9	42.8	48.1	
	a	2.311	2.355	2.359	2.344	1.980	1.955	
	b	0.13	0.19	0.20	0.22	—	—	
	r	1100～1400		1250～1400			1400	
Li_2WO_4-WO_3	P	54.6	59.7	69.0	77.5	85.2	92.3	
	a	5.9718	6.0776	5.7696	5.5275	5.2819	5.0160	
	b	1.1628	1.3411	1.1903	1.1124	0.9913	0.8511	
	r	809～939	764～968	755～978	736～930	714～923	733～959	

续表 5-7-12

熔　盐	数				值			
MoO_3-Na_2MoO_4	*P*	21.4	26.4	51.2	62.2	71.2	83.7	86.2
	a	2.79	3.63	3.92	4.02	3.88	3.74	3.81
	b	—	1.0	1.2	1.2	1.0	0.8	0.9
	r	700～830	690～790	660～760	650～810	650～750	730～840	780～880
NaF-UF_4-ZrF_4	P_{NaF}	19.0						
	P_{UF_4}	11.4						
	a	3.93						
	b	0.93						
	r	600～800						
NaF-ZrF_4	*P*	17.05	22.0	27.3	31.8	51.1		
	a	3.83	3.71	3.61	3.52	3.23		
	b	0.91	0.89	0.87	0.86	0.81		
	r			300～800				
Na_2WO_4-WO_3	*P*	45.9	50.9	55.9	65.1	74.2	83.0	91.6
	a	5.9636	5.7113	5.8825	4.4159	5.2325	4.9976	3.9344
	b	1.4244	1.2289	1.5570	−0.0312	1.2262	1.1167	−0.0510
	r	782～926	775～898	758～899	737～882	688～880	654～815	685～880
PbO-SiO_2-V_2O_5	P_{PbO}	28.5	38.6	58.4	60.0	68.5	80.0	
	P_{SiO_2}	10.3	10.4	10.4	10.1	10.6	5.2	
	d_{1000}	3.8	3.8	4.0	4.0	4.0	5.2	
$Nd(NO_3)_2$ KNO_3-$NaNO_3$	$P_{Nd(NO_3)_2}$	1.3	6.4	12.0	21.4	29.1	35.3	
	a	2.1285	2.1587	2.2186	2.2741	2.3371	2.4183	
	b	0.7317	0.7254	0.7571	0.6867	0.7087	0.7533	
	r				230～400			
$Nd(NO_3)_2$ KNO_3-$LiClO_4$-$NaNO_3$ 45%-10%-45%	$P_{Nd(NO_3)_2}$	35.3						
	a	2.4128						
	b	0.7071						
	r	230～240						
PbO-V_2O_5	*P*	15.3	39.6	52.8	65.4	79.0	85.1	92.1
	d_{1000}	3.1	4.0	5.0	5.0	6.2	6.8	7.8
TiCl-$ZnSO_4$	*P*	55.23	57.99	59.86	61.04	63.55	69.24	74.82
	d_{450}	(4.116)	4.146	4.196	4.223	4.277	4.421	(4.573)
	d_{500}	4.076	4.094	4.155	4.177	4.277	4.376	4.512

注：1.$d_t = a - 10^{-3}bt$或$d_t = 10^6At^{-2} - 10^3Bt^{-1} + C$，其中$d_t$为第一化合物给定组成时的熔盐密度g/cm³；2.*a*、*b*、*A*、*B*、*C*为常数，*r*为温度范围，*P*为第一化合物的重量百分数。

表 5-7-13 纯熔盐密度与温度关系数据

熔 盐	*a*	*b*	温度范围，℃	熔 盐	*a*	*b*	温度范围，℃
CeF_3	5.997	0.936	1427～1927	RbCl	2.880	0.883	熔点～925
CsBr	3.911	1.22	熔点～860	RbF	3.707	1.011	820～1005
CsCl	3.478	1.06	670～905	RbI	3.638	1.14	655～905
CsF	4.5489	1.2806	712～912	$RbNO_3$	2.782	0.97	350～550
CsI	3.918	1.18	645～855	Rb_2SO_4	3.260	0.665	1100～1310
$CsNO_3$	3.3023	1.1600	415～491	ReF_6	3.776	8.51	熔点～47.6
Cs_2SO_4	3867	0.8	1040～1220	Re_2O_7		$d_{331}=4.30$	
$GaBr_2$	3.753	1.69	160～175	ReO_3Cl	3.94	4.0	16～37
$GaBr_3$	3.507	2.95	熔点～230	$ReOF_4$	3.921	5.1	40～60
GaCl	2.652	1.36	166～177	Se_2Cl_2		$d_{25}=2.774$	
$GaCl_3$	2.223	2.05	熔点～195	SeF_4		$d_{室温}=2.8$	
Ga_2I_4	4.380	1.688	181～265	SeF_6		$d_{熔点}=2.3$	
Ga_2I_6	4.128	2.377	185～255	$SeOBr_2$		$d_{50}=3.38$	
$HfCl_4$		$d_{435}=1.71$		$SeOCl_2$	2.478	2.08	熔点～80
LaBr	5.0089	0.0960	796～912	$SeOF_2$		$d_{室温}=2.7$	
$LaCl_3$	3.8773	0.7774	873～973	$TeCl_4$	2.965	1.64	230～430
LaF_3	5.607	0.682	1477～2177	TeF_6	2.442	6.02	熔点～(-10)
LiBr	2.888	0.650	熔点～740	$TiBr_4$	3.043	2.25	40～120
LiCl	1.762	0.432	熔点～985	$TiCl_4$	1.761	1.72	熔点～135
$LiClO_4$	2.1712	0.6223	—	TiI_4	3.755	2.19	166～270
Li_2CO_3	2.071	0.34	800～1000	TlBr	6.908	1.922	493～750
LiF	2.2243	0.4902	876～1047	TlCl	6.402	1.80	熔点～640
LiI	3.540	0.918	熔点～670	$TlNO_3$	5.312	1.95	熔点～290
Li_2MoO_4	3.2008	0.4152	781～963	UCl_4	2.50	1.7	—
$LiNO_3$	1.924	0.548	熔点～550	V_2C_5		$d_{1000}=2.5$	
Li_2SO_4	2.346	0.402	熔点～1110	$VOCl_3$	1.865	1.83	0～125
Li_2WO_4	4.9055	0.8053	764～901	WF_6	3.529	5.84	熔点～19
MoF_6	2.637	4.91	熔点～34	YCl_2	2.87	0.5	熔点～845
MoO_3	4.4436	1.4983	821～918	$ZrCl_4$		$d_{448}=1.54$	
RbBr	3.446	1.07	700～910				

注：$d_t=a-10^{-3}bt$，其中d_t为密度g/cm³，*a*、*b*为常数，*t*为温度℃。

表 5-7-14 一些固体化合物在室温下的密度

化合物	密度，g/cm³	化合物	密度，g/cm³	化合物	密度，g/cm³	化合物	密度，g/cm³	化合物	密度，g/cm³
CsBr	4.43	$InBr_3$	4.74	$LiNO_3$	2.38	Re_2O_7	6.10	TlCl	7.00
CsCl	3.97	InCl	4.19	Li_2SO_4	2.22	$ReOF_4$	4.03	TlI	7.1[illegible]
CsF	4.12	$InCl_2$	3.66	RbBr	3.35	$TeCl_4$	3.26	$TlNO_3$	5.8
CsI	4.51	$InCl_3$	3.46	RbCl	2.80	$ThCl_4$	4.59	WCl_5	3.88
$CsNO_3$	3.69	$LaCl_3$	3.84	RbF	3.50	$TiBr_4$	3.40	WCl_6	3.52
$CsSO_4$	4.24	LiBr	3.46	RbI	3.55	TiF_4	2.80	WO_3	7.2
$GaBr_3$	3.69	LiCl	2.07	$RbNO_3$	3.11	TiI_4	4.40	UCl_4	4.86
$GaCl_3$	2.47	Li_2CO_3	2.11	Rb_2SO_4	3.61	TiO_2	4.23	YCl_3	2.8
GaI_3	4.15	LiF	2.60	ReF_6	4.25	TlBr	7.56	InI_3	4.69

五、熔盐的粘度

1．单盐的粘度

粘度随温度变化关系具有这样的特点：高温时粘度降低的程度比低温时小。利用阿伦纽斯公式可得到粘度与温度关系式：

$$\mu=\mu_0 e^{E\mu/RT}$$

式中　μ——粘度；

μ_0——经验常数；

E_μ——粘度活化能。

应当指出，熔盐的粘度一般是比较小的，如KCl在其熔点时的粘度与0°C时水的粘度相近。

2．熔盐混合物的粘度

熔盐混合物的粘度与熔体的组成有一定的关系，这关系反映出熔体结构中发生的变化。

某些熔盐的粘度列于表5-7-15～5-7-17中。

表 5-7-15　一些熔融稀土氯化物的粘度

氯化物	$\eta=a+bt+Ct^2+dt^3$，×10Pa·s				温度范围，°C
	a	$-b\times10^2$	$-c\times10^6$	$d\times10^8$	
$PrCl_3$	14.1166	1.0965	1.1776	1.0503	855～999
$NdCl_3$	32.4892	3.9029	1.8720	2.7019	886～967
$GdCl_3$	16.6960	−4.6156	9.7631	5.1603	787～960
$DyCl_3$	41.8454	3.4900	4.9510	4.5152	932～999

六、熔盐的表面性质

熔盐的表面张力、熔盐与金属的界面张力以及熔盐与炭质（石墨）电极间的界面张力在稀有金属的熔盐电解中有很大的实际意义。一般来说，金属与熔盐之间界面张力愈大，则金属在熔盐中溶解度愈小，同时当析出液态金属时，则液态金属小珠易聚合成大块，而不致呈小颗粒分散在电解质中。要使熔盐、金属、泥渣分离得好，也要求它们相互之间的界面张力大。此外，电解槽衬里对电解质组成的选择性吸收和阳极效应等也与熔盐的表面性质密切相关。

表5-7-18列出了不同温度下某些熔盐的表面张力γ，有关单一熔盐和二元熔盐体系的表面张力数据列于表5-7-18、5-7-19中。

表 5-7-16　一些纯熔盐在不同温度下的粘度（×10Pa·s）

$CaBr_2$	a	−1.793	LiBr	η_{550}	2.75	$TiBr_4$	η_{40}	1.92
	b	1158		η_{700}	1.65		η_{70}	1.43
	r	116～18		η_{850}	1.15		η_{100}	1.16
							η_{130}	0.98
CaCl	a	−1.768	LiI	η_{450}	2.50	$TlNO_3$	a	−1.04
	b	1022		η_{550}	1.70		b	565
	r	171～189		η_{650}	1.30		r	207～250
$CaCl_3$	η_{70}	2.06	$LiNO_3$	η_{260}	5.5			
	η_{80}	1.76		η_{300}	4.0			
	η_{90}	1.52		η_{350}	2.9			

注：$\log\eta_t=a+b/(t+273)$，a、b为常数，t为温度°C。

表 5-7-17　一些二元熔盐和其他混合熔融物在不同温度下的粘度（×10Pa·s）

B_2O_3-Li_2O	P	85.2	87.1	92.0	95.5	97.2	100	
	η_{600}	—	—	—	355000	141000	158000	
	η_{800}	3630	3020	5370	3630	7240	21400	
	η_{900}	460	520	790	980	3090	11500	
	η_{1000}	—	—	250	320	1440	6460	
Li_2O-SiO_2	P	12.0	16.1	21.8	25.9	28.9	33.2	37.9
	η_{1100}	—	50100	12000	4470	—	—	—
	η_{1300}	42700	8320	2190	1000	510	220	72
	η_{1400}	17800	3890	1120	580	300	140	52
	η_{1500}	8320	2040	710	400	200	100	41

注：$\log\eta_t=a+b/(t+273)$，a、b为常数，t为温度°C，P为第一化合物的重量百分比。

表 5-7-18 一些纯熔盐在不同温度下的表面张力

熔盐	γ_t	γ
K_2MoO_4	γ_{900}	151
	γ_{1200}	135
	γ_{1500}	114
K_2WO_4	γ_{900}	162
	γ_{1200}	132
	γ_{1500}	107
La_2O_3	γ_{2320}	560
LiCl	γ_{600}	138
	γ_{800}	124
	γ_{1000}	110
LiF	γ_{850}	251
	γ_{1050}	231
	γ_{1250}	205
$LiNO_2$	a	115.4
	b	0.053

熔盐	γ_t	γ
$LiNO_2$	t_0	255
	γ	276～425
Li_2SO_4	γ_{900}	223
	γ_{1000}	216
	γ_{1100}	209
	γ_{1200}	202
Na_2MoO_4	γ_{700}	213
	γ_{900}	195
	γ_{1100}	180
	γ_{1200}	175
Na_2WO_4	γ_{700}	200
	γ_{1000}	184
	γ_{1300}	163
	γ_{1600}	142
RbBr	γ_{700}	90

熔盐	γ_t	γ
RbBr	γ_{900}	76
	γ_{1100}	62
RbCl	γ_{750}	96
	γ_{900}	83
	γ_{1000}	74
	γ_{1150}	61
RbF	γ_{800}	128
	γ_{900}	116
	γ_{1000}	108
RbI	γ_{700}	77
	γ_{900}	63
	γ_{1000}	56
$RbNO_3$	γ_{300}	110
	γ_{500}	95
	γ_{700}	80

熔盐	γ_t	γ
Rb_2SO_4	γ_{1100}	131
	γ_{1300}	118
	γ_{1500}	110
$TlNO_2$	a	94.8
	b	0.078
	t_0	206
	γ	226～458
Tl_2S	a	215.6
	b	0.0356
	t_0	445
	γ	500～700
V_2O_5	γ_{1000}	86

注：$\gamma_t = a - b(t - t_0)$，$\gamma_t$ 为温度 t 时的表面张力，a、b、t_0为常数。

表 5-7-19 二元熔盐及其他熔融混合物的表面张力

$AgNO_3$-$CsNO_3$	P	22.5	46.5	72.4	88.8		
	a	126.1	130.3	140.1	148.4		
	b	0.075	0.072	0.073	0.072		
	t_0	0	0	0	0		
	γ						
$AgNO_3$-$LiNO_3$	P	45.0	71.2	88.1	100		
	a	137.8	145.7	153.5	163.7		
	b	0.064	0.068	0.067	0.066		
	t_0	0	0	0	0		
	γ						
$AgNO_3$-$RbNO_3$	P	27.8	53.5	77.7	91.3		
	a	134.0	136.9	143.4	151.7		
	b	0.077	0.073	0.070	0.069		
	t_0	0	0	0	0		
	γ						
B_2O_3-Li_2O	P	71.3	79.9	87.1	92.0	95.5	100
	γ_{700}	—	121	—	120	84	74
	γ_{900}	231	207	158	121	92	80
	γ_{100}	—	—	152	125	101	88

续表 5-7-19

$BaCl_2$-Li_2SO_4	P	0	9.0	17.3	44.6	65.3	84.9	100
	γ_{1000}	220	198	192	167	163	161	175
	γ_{1050}	216	190	180	164	158	159	172
$CsCl$-Li_2SO_4	P	0	1.6	3.2	4.8	15.2	61.8	100
	γ_{900}	224	205	193	189	163	102	72
	γ_{1000}	220	201	188	185	160	92	64
	γ_{1100}	211	194	181	177	154	—	—
$CsCl$-$PbCl_2$	P	12.4	27.4	38.6	49.0	64.7		
	γ_{500}	116	—	—	—	103		
	γ_{600}	—	97	—	93	94		
	γ_{625}	—	94	91	90	92		
$CsNO_3$-KNO_3	P	39.1	66.0	85.3				
	a	133.7	129.4	125.1				
	b	0.079	0.077	0.074				
	t_0	0	0	0				
	γ							
$CsNO_3$ $LiNO_3$	P	48.5	73.9	89.4				
	a	124.3	124.3	122.9				
	b	0.070	0.076	0.075				
	t_0	0	0	0				
	γ							
$CsNO_3$-$NaNO_3$	P	43.1	67.6	87.3				
	a	130.5	127.3	123.4				
	b	0.068	0.074	0.072				
	t_0	0	0	0				
	γ							
Cs_2O-SiO_2	P	47.2	54.0	69.0	78.9			
	γ_{1300}	166.1	165.1	144.3	120.5			
	γ_{1400}	163.8	162.5					
FeO-TiO_2	P	81.9	85.1	100				
	γ_{1410}	510	522	585				
KCl-Li_2SO_4	P	0	7.0	26.6	40.2	66.8	85.8	100
	γ_{9000}	224	182	145	128	109	97	91
	γ_{1000}	220	178	142	123	101	90	85
	γ_{1100}	211	173	135	116	92	81	75
KNO_3-$LiNO_3$	P	0	37.9	59.5	81.5	100		
	a	129.9	127.9	129.6	133.6	139.8		
	b	0.055	0.056	0.062	0.070	0.081		
	t_0	0	0	0	0	0		
	γ							

续表 5-7-19

KNO_3 $RbNO_3$	P	0	18.6	40.7	67.4			
	a	134.3	135.0	136.9	138.5			
	b	0.083	0.082	0.083	0.083			
	t_0	0	0	0	0			
	γ							
K_2SO_4-RbCl	P	92.9	96.5	98.6	100			
	γ_{1075}	134	139	141	143			
LiCl-$RbCl_2$	P	6.1	7.8	12.8	13.4	24.9	27.1	
	γ_{500}	133	134	134	133	—	—	
	γ_{550}	130	129	129	129	128		
	γ_{600}	124	—	—	—	—	124	
LiCl-RbCl	P	0	75.9	86.9	919	94.5	97.2	100
	γ_{750}	96	113	118	119	121	122	127
Li_2O SiO_2	P	12.9	17.8	23.9	27.8	33.5	43.1	49.1
	γ_{1100}	—	315	328	328	—	—	—
	γ_{1300}	311	317	328	334	352	369	381
	γ_{1400}	316	317	328	332	349	364	374
$LiNO_3$-$RbNO_3$	P	13.5	31.8	58.3				
	a	130.0	129.6	125.0				
	b	0.075	0.074	0.059				
	t_0	0	0	0				
	γ							
Li_2SO_4-NaCl	P	0	38.8	65.5	81.6	94.5	98.7	100
	γ_{900}	109	131	148	168	198	208	224
	γ_{1000}	104	125	143	164	194	204	220
	γ_{1100}	95	116	134	157	187	196	211
Li_2SO_4-RbCl	P	0	38.0	57.9	68.1	78.6	89.2	100
	γ_{900}	83	105	126	140	155	179	224
	γ_{1000}	74	97	120	134	149	174	220
	γ_{1100}	66	92	114	—	145	168	211
$NaNO_3$-$RbNO_3$	P	16.1	36.5	63.4				
	a	132.5	133.7	135.4				
	b	0.076	0.073	0.068				
	t_0	0	0	0				
	γ							
Na_2SO_4RbCl	P	0	1.7	3.4	4.3	8.6		
	γ_{1050}	183	173	171	169	162		
$PbCl_2$-RbCl	P	46.7	62.8	69.0	83.1	90.3	98.2	
	γ_{475}	—	112	112	116	124	—	
	γ_{525}	—	107	107	111	118	130	
	γ_{575}	104	104	104	107	113	124	

续表 5-7-19

$PbO-V_2O_5$	P	15.3	39.6	52.8	65.4	79.0	851	92.1
	γ_{1000}	92	135	168	174	205	202	192
$PbO-SiO_2-V_2O_5$	P_{PbO}	28.5	38.6	58.4	60.0	68.5	80.0	
	P_{SiO_2}	10.3	10.4	10.4	10.1	10.6	10.0	
	γ_{1000}	128	142	150	190	210	202	
Rb_2O-SiO_2	P	39.1	43.9	49.5	59.5	67.3		
	γ_{1200}	—	—	—	175.1	155.0		
	γ_{1300}	200.1	192.7	188.0	173.4	146.3		
	γ_{1400}	197.1	188.8	183.5	170.9	—		

注：温度t(℃)时的表面张力$\gamma_t = a - b(t - t_0)$，$a$、$b$、$t_0$为常数，$P$为第一化合物的重量百分比。

七、熔盐体系中离子的迁移数

表 5-7-20 一些纯熔盐电解质阴、阳离子迁移数

电解质	温度，℃	t_+	t_-	电解质	温度，℃	t_+	t_-
CsCl	685	0.64	0.36	RbCl	785	0.58	0.42
$CsNO_3$	450	0.46	0.54	$RbNO_3$	450	0.49	0.51
LiCl	600	0.75	0.25	TlCl	500	0.49	0.51
$LiNO_3$	350	0.84	0.16	$TlNO_3$	220	0.31	0.69

表 5-7-21 熔盐中一些离子的迁移数

熔 盐	温度，℃	%(mol)	迁 移 数
LiCl	600	纯	$t_+ = 0.75 \pm 0.03$
$NaCl-TiCl_3$	750	21.7	−0.73
$KCl-TiCl_3$	750	22.2	−0.85
$RbCl-TiCl_3$	750	24.3	−1.14
$CsCl-TiCl_3$	750	21.9	−0.61

八、熔盐体系中金属离子的扩散系数

表 5-7-22 熔盐体系中金属离子的扩散系数

离 子	熔盐电解质体系	温度，℃	扩散系数 $m^2 \cdot s^{-1}$
Ag	42%KCl-58%LiCl	400	2.4×10^{-9}
Bi^{3+}	KCl LiCl	400	0.6×10^{-9}
Cd^{2+}	KCl LiCl	400	1.2×10^{-9}
	$KNO_3-LiNO_3-NaNO_3$	160	1.5×10^{-10}
Cs^+	$NaNO_3$	350	1.2×10^{-9}
Cu	KCl LiCl	500	6.7×10^{-9}
Ni^{2+}	KCl LiCl	500	4×10^{-9}
	KNO_3 $LiNO_3$ $NaNO_3$	160	1.2×10^{-10}
Pb^{2+}	42%KCl 58%LiCl	530	2.0×10^{-9}
	KNO_3 $LiNO_3$ $NaNO_3$	160	1.8×10^{-10}
Pt^{2+}	KCl LiCl	400	0.8×10^{-9}

九、金属及其化合物和气体在熔盐中的溶解

（一）金属在熔盐中的溶解

1．金属在熔盐中的溶解分类

金属在熔盐中的溶解分为两类：

（1）金属与含有本身离子的熔盐相互作用称为金属在熔盐中的溶解，这种情况在熔盐电解中有特别重要的意义；

（2）金属与不含本身离子的熔盐相互作用，称为置换反应。

金属与熔盐的相互作用是十分复杂的，曾提出过多种模型来阐明金属在熔盐中溶解过程的本质，如生成低价化合物理论，生成原子-分子溶液，生成离子-电子熔体等，然而至今还没有一种模型能解释全部实验事实。

2．影响金属溶解的因素

表 5-7-23　若干金属在熔融卤化物中的溶解度

金　属	盐　类	温　度 ℃	金属溶解度 %(mol)
Cs	CsF	692	6.0
Ce	$CeCl_2$	800	9.5
Ga	$GaCl_3$	250	2

由表5-7-23可见，周期表内同族金属的溶解度随原子序数增加而增加，按碘化物、溴化物、氯化物、氟化物的顺序降低。当加入某些惰性电解质时，金属的溶解度大大降低；当加入的盐可增大金属-盐之间的界面张力时，则金属溶解度下降。应该指出的是，金属在熔盐中的溶解往往使熔盐的导电性大大增加。

3．金属在其本身熔盐中的平衡

曾经研究过在NaCl和KCl熔体中的下列反应：

$$2TiCl_3 + Ti = 3TiCl_2$$

在800°C时根据氧化—还原电位（相对氯参比电极）：$\varphi^{\circ}_{Ti^{3+}/Ti^{2+}} = -1.34V$，$\varphi^{\circ}_{Ti^{3+}/Ti} = -1.69V$，$\varphi_{Ti^{2+}/Ti} = -1.80V$，可以判断两价钛离子的还原反应电位最负。

因此把钛片放入含Ti^{3+}的熔体中，应进行最负电位的阳极（氧化）反应：

$$Ti \longrightarrow Ti^{2+} + 2e \qquad (a)$$

所释放的电荷用于最正电性的阴极（还原）反应：

$$2Ti^{3+} + 2e \longrightarrow 2Ti^{2+} \qquad (b)$$

（a）和（b）合并得：

$$2Ti^{3+} + Ti \rightleftharpoons 3Ti^{2+}$$

由此可知，当钛片放进 $TiCl_3$ + KCl（或 NaCl）熔体中时会相互作用生成$TiCl_2$，从而建立起上述平衡，这是周期系中过渡金属的特性。

表 5-7-24　轻稀土在其自身熔融氯化物中的溶解度

金　属	熔　盐	温度 ℃	金属在熔盐中的溶解度摩尔原子金属/100mol熔盐
La	$LaCl_3$	1000	12
Ce	$CeCl_3$	900	9
Pr	$PrCl_3$	927	22
Nd	$NdCl_3$	900	31
Sm	$SmCl_3$	>850	33.3
Li	LiCl	640	0.5±0.2

4．金属在非本身熔盐中的溶解平衡

金属在非本身熔盐中的溶解通常发生下列置换反应：

$$Cd + PbCl_2 \longrightarrow CdCl_2 + Pb$$

这种类型的反应平衡实际上是雅可比-丹尼尔电池反应：

$$Cd|\ CdCl_2 \parallel PbCl_2\ |Pb$$

（二）气体在熔盐中的溶解

气体在熔盐中的溶解的有关数据见表5-7-25～

表 5-7-25　惰性气体在熔盐中的溶解亨利定律常数

熔　盐	气体	T,℃	$K_p \times 10^3$ mol/(cm³·Pa)	$K_c \times 10^3$
LiF-NaF-KF 46.5 11.5 42.0 %（分子）	He	600	11.15±0.7	8.09
		700	17.27±0.2	14.00
		800	22.69±0.7	20.30
	Ne	600	4.30±0.2	3.12
		700	7.05±0.22	6.00
		800	11.03±0.26	9.84
	Ar	600	0.88±0.04	0.645
		700	1.77±0.04	1.43
		800	3.35±0.03	2.99

27。

表 5-7-26 HF在$NaF-ZrF_4$中的溶解亨利定律常数

NaF，%(mol)	K_P .mol/(cm³·Pa)		
	600℃	700℃	800℃
45.0	0.77	0.64	0.50
53.0	1.21	0.91	0.72
60.0	1.51	1.01	0.80
65.0	(2.14)	1.44	1.04
80.5	(12.63)	(7.10)	4.37

表 5-7-27 $TiCl_4$在熔盐中的溶解度

溶 剂	溶解度，%(重量)			
	650℃	700℃	750℃	800℃
NaCl+KCl(1/1mol)	约0.4	约0.3	约0.2	
KCl				1.2
NaCl+KCl(1/1mol)+15%NaF		3.14		

第三节 熔盐参比电极

熔盐中的参比电极不象水溶液中的参比电极那样具有通用性，迄今还没有找出一个通用的熔盐标准电极，因此只能在各种不同条件下选用不同的熔盐参比电极。对参比电极的要求主要是：

（1）稳定性和重现性良好；

（2）电化学可逆性；

（3）结构简单，操作方便，适用性广。

熔盐中的参比电极种类甚多，一般可以分为两类。一类是对阴离子可逆的，如卤素电极，尤其是Cl_2/MCl_2型电极；另一类是对阳离子可逆的，其中最重要的是金属参比电极，如用于氯化物的Ag/AgCl参比电极和用于氟化物的Ni/NiF参比电极。此外还有对不同碱金属离子可逆的玻璃电极。

此外，还可采用惰性金属导体（如铂、金、钨、钼、镍等）浸在含有不同价态离子的熔盐中作为参比电极。

下面简要介绍几种熔盐中常用的参比电极。

一、卤素电极

应用最广泛的卤素电极是在氯化物熔盐中使用的氯电极，其结构如图5-7-7所示。

氯电极的电极反应为：

$$\frac{1}{2}Cl_2(p)+e\longrightarrow Cl^-(a_{Cl^-})$$

其电极电位表示为：

$$E_{Cl^-/Cl_2}=E^\circ{}_{Cl^-/Cl_2}+\frac{RT}{F}\ln\frac{p_{Cl_2}^{1/2}}{a_{Cl^-}}$$

显然，氯电极的电位是氯气压力和熔盐中氯离子活度的函数，当$p_{Cl_2}=1$大气压，$a_{Cl^-}=1$时，即为标准氯参比电极。

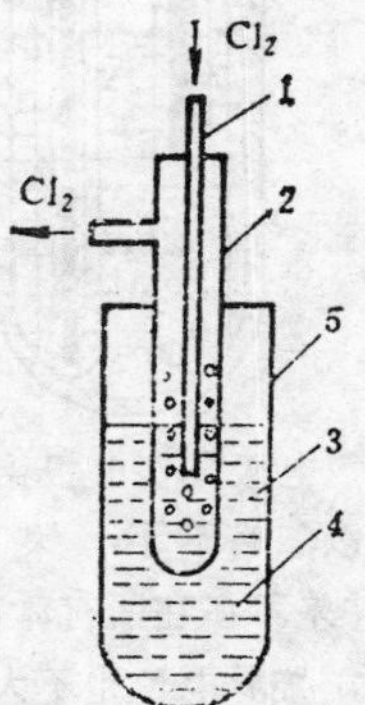

图 5-7-7 氯参比电极

1—石墨管或石墨棒；2—带有侧管的石英管；3—石棉塞；4—熔盐；5—石英管

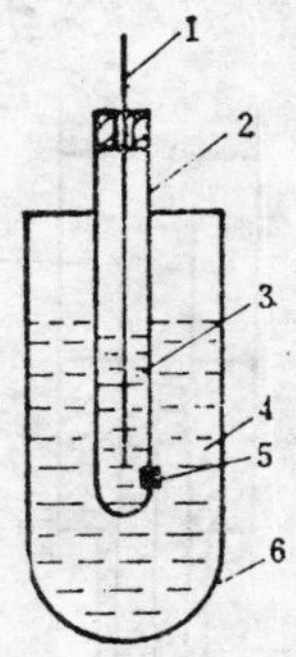

图 5-7-8 银参比电极（根据弗兰加斯）

1—银；2—带侧管的石英管；3—熔有AgCl的等克分子NaCl-KCl熔盐；4—待测盐；5—石棉塞；6—石英管

二、金属参比电极

在金属参比电极中银是最好的电极材料，因为银只有一种稳定的价态，生成的Ag_2O能在温度高于300°C时迅速分解。银在其本身离子的熔盐中的

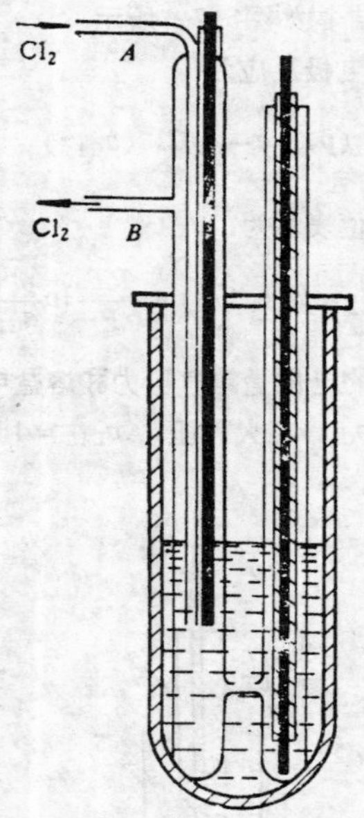

图 5-7-9 氯电极和银电极组成的电池

溶解度极小，可以忽略不计。银电极反应为：$Ag^{+}+e=Ag$，并差不多在所有体系中都可逆，且平衡建立得很快，接界电位也不大。银参比电极结构见图5-7-8。

在氯化物熔盐中常用下列参比电极：Ag/AgCl(1mol%)；LiCl-KCl(共晶)/石棉（或玻璃隔膜)；Ag/AgCl(1mol%)；KCl-NaCl(1/1mol)/石棉(或多孔陶瓷隔膜)。典型的Ag/AgCl参比电极的结构如图5-7-9所示。

混合硝酸盐熔体中的参比电极为：$Ag/AgNO_3$(0.1mol)/1000g$NaNO_3$-KNO_3(共晶)/石棉。

在氟化物熔盐中，金属镍也是一种好的电极材料，一种典型的Ni/NiF_2参比电极的结构示于图5-7-10。该参比电极使用多孔氮化硼管作为隔膜，即Ni/NiF_2(1%mol),NaF-LiF(1/1mol)/氮化硼隔膜。

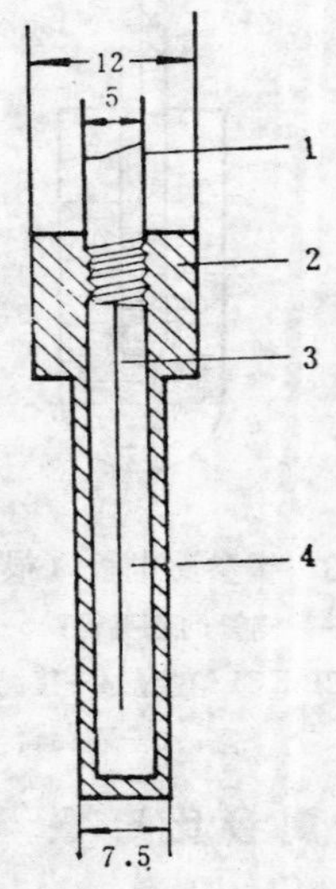

图 5-7-10 Ni/NiF_2参比电极

1—镍导杆；2—氮化硼管；3—镍丝；4—含NiF_2的LiF-NaF溶液

某些研究表明，该电极具有好的重现性、稳定性和电化学可逆性，在熔盐中约6h就能达到稳定的电位值，在700～800°C范围内连续使用的寿命约为60h。

第四节 熔盐电极过程基础

一、金属在熔盐中的电极电位

1. 金属的平衡电极电位

金属与熔盐接触时，金属晶格（或在近程规律上保持相应位置的液体金属）中的阳离子，因受熔盐中阴离子的影响，与相邻阳离子间的键被削弱，从而使一部分表面阳离子离开金属相进入靠近金属相表面的熔盐相中，并使熔盐相带正电荷，而金属相表面带负电荷。相反的电荷相互吸引，使其分别聚集在两相的界面上，并且阻止金属离子继续进入盐相直至建立动态平衡。此时，在金属相与盐相的界面上形成电化学双层，并建立起相间电位差。该电位差称为金属在熔盐中的平衡电极电位。

在水溶液中利用“氢标”（标准氢电极）的规定，能够得到电极的相对平衡电位。为了在电化学中保持统一的电极电位标度，在熔盐中把氢的标准电极电位也定为零应该是合理的。但对大多数熔盐来说，氢电极电位没有物理意义，因为在熔融电解质中（除了强吸水性的以外）是不存在氢离子的。因此，目前在熔盐中尚没有通用的标准电极，人们常用钠电极电位$E^{\circ}_{Na^{+}/Na}$为零，或以卤素电极（如氯电极）电位为零编制金属在熔盐中的电极电位。表5-7-28和表5-7-29的数据都是以钠电极为零所得出的。

显然，若已知$E^{\circ}_{Na^{+}/Na}=0$时的$E^{\circ}_{H^{+}/H_2}$或$E^{\circ}_{Cl_2/Cl^{-}}$，也可换算成以$E^{\circ}_{Cl_2/Cl^{-}}$或以$E^{\circ}_{H^{+}/H_2}$为零时的电极电位值。例如已知700°C下$E^{\circ}_{Na^{+}/Na}$为零时$E^{\circ}_{Cl_2/Cl^{-}}=+3.39V$，则根据表5-7-28可换算出700°C下$E^{\circ}_{Cl_2/Cl}=0$时，

$E^{\circ}_{K^+/K} = -0.217 + (-3.39) = -3.607V$； $E^{\circ}_{Ce^{3+}/Ce} = 0.317 + (-3.39) = -3.073V$

表 5-7-28 某些金属在其熔融氯化物中的电极电位 ($E^{\circ}_{Na^+/Na}=0$)(热力学计算值)

电极	电极电位，V			电极	电极电位，V		
	700℃	800℃	1000℃		700℃	800℃	1000℃
Ba^{2+}/Ba	−0.314	—	−0.393	Hf^{4+}/Hf	+1.092	—	—
K^+/K	−0.217	−0.201	−0.136	Be^{2+}/Be	+1.292	—	—
Sr^{2+}/Sr	−0.208	—	−0.314	U^{4+}/U	+1.306	+1.266	+1.192
Li^+/Li	−0.182	−0.217	−0.313	Mn^{2+}/Mn	+1.478	+1.433	+1.294
Cs^+/Cs	−0.128	−0.122	−0.059	Zr^{4+}/Zr	+1.516	—	—
Ca^{2+}/Ca	−0.060	−0.083	−0.189	Al^{3+}/Al	+1.602	—	—
Rb^+/Rb	−1.22	−0.074	+0.018	Tl^+/Tl	+1.815	+1.767	—
Na^+/Na	0.000	0.000	0.000	Zn^{2+}/Zn	+1.818	+1.770	—
La^{3+}/La	+0.266	—	+0.143	Cr^{2+}/Cr	+1.919	+1.888	+1.757
Ce^{3+}/Ce	+0.317	—	+0.198	Ti^{4+}/Ti	+2.039	—	—
Pr^{3+}/Pr	+0.352	+0.329	+0.224	Ga^{3+}/Ga	+2.054	—	—
Nd^{3+}/Nd	+0.407	+0.384	+0.283	In^{3+}/In	+2.137	—	—
Sm^{3+}/Sm	+0.409	+0.389	+0.256	Cr^{3+}/Cr	+2.145	+2.127	+2.013
Eu^{3+}/Eu	+0.450	+0.412	+0.204	Sn^{2+}/Sn	+2.167	+1.981	—
Gd^{3+}/Gd	+0.472	+0.433	+0.310	Pb^{2+}/Pb	+2.169	+2.128	—
Tb^{3+}/Tb	+0.474	—	+0.462	Fe^{2+}/Fe	+2.169	+2.122	+1.969
Dy^{3+}/Dy	+0.586	+0.550	+0.420	Co^{2+}/Co	+2.278	+2.263	+2.119
Y^{3+}/Y	+0.532	—	+0.471	Cu^+/Cu	+2.339	+2.270	+2.066
Ho^{3+}/Ho	+0.668	+0.630	+0.508	Ni^{2+}/Ni	+2.396	+2.365	+2.356
Er^{3+}/Er	+0.680	+0.651	+0.631	Ag^+/Ag	+2.484	+2.414	+2.235
Tm^{3+}/Tm	+0.715	+0.687	+0.572	Fe^{3+}/Fe	+2.542	—	—
Yb^{3+}/Yb	+0.726	+0.698	+0.585	Sb^{3+}/Sb	+2.544	—	—
Lu^{3+}/Lu	+0.785	+0.762	+0.763	Bi^{3+}/Bi	+2.632	—	—
Mg^{2+}/Mg	+0.801	+0.780	+0.773	Hg^+/Hg	+2.852	—	—
Sc^{3+}/Sc	+0.887	+0.865	+0.755	Hg^{2+}/Hg	+2.873	—	—
Th^{4+}/Th	+1.001	+0.976	+0.811	Mo^{3+}/Mo	+3.016	—	—

表 5-7-29 某些金属在卤化物熔盐中的电极电位

($E^{\circ}_{Na^+/Na}=0$，温度相当于盐类的熔点)

金属电极	电极电位，V				金属电极	电极电位，V			
	氟化物	氯化物	溴化物	碘化物		氟化物	氯化物	溴化物	碘化物
Li^+/Li	−0.23	−0.28	−0.29	−0.38	Zn^{2+}/Zn	—	+1.62	+1.57	+1.39
K^+/K	−0.06	−0.15	−0.18	−0.16	Cd^{2+}/Cd	—	+1.89	+1.75	+1.49
Ba^{2+}/Ba	−0.04	−0.19	−0.12	—	Pb^{2+}/Pb	—	+2.00	+1.83	+1.70
Sr^{2+}/Sr	+0.27	−0.16	−0.15	−0.19	Sn^{2+}/Sn	—	+1.91	+1.84	+1.53
Na^+/Na	0.00	0.00	0.00	0.00	Cu^+/Cu	—	+2.28	+2.13	+1.97
Ca^{2+}/Ca	+0.32	−0.03	−0.11	−0.01	Hg^{2+}/Hg	—	+2.09	+2.07	+2.07
Mg^{2+}/Mg	+0.52	+0.66	+0.72	+0.74	Ag^+/Ag	—	+2.33	+2.11	+1.75
Be^{2+}/Be	—	+1.17	—	—	Co^{2+}/Co	—	+2.30	+2.25	+2.23
Al^{3+}/Al	—	+1.36	+1.46	+1.50	Bi^{3+}/Bi	—	+2.23	+2.15	+2.05
Tl^+/Tl	—	+1.61	+1.51	+1.25	Sb^{3+}/Sb	—	+2.50	+2.21	+2.09
Mn^{2+}/Mn	—	+1.33	+1.47	+1.38					

表 5-7-30 某些电极在LiCl-KCl（共晶）体系中（450°C）以Pt^{2+}/Pt，Ag^{+}/Ag和Cl^{-}/Cl_2为参比电极时的表观标准电极电位（以摩尔分数为标度）

电　极	Pt^{2+}/Pt V	Ag^{+}/Ag V	Cl^{-}/Cl_2 V	电　极	Pt^{2+}/Pt V	Ag^{+}/Ag V	Cl^{-}/Cl_2 V
Li^{+}/Li	−3.410	−2.773	−3.626	Cu^{+}/Cu	−0.851	−0.214	−1.060
Mg^{2+}/Mg	−2.580	−1.943	−2.796	In^{3+}/In	−0.835	−0.198	−1.051
Mn^{2+}/Mn	−1.849	−1.212	−2.065	Ni^{2+}/Ni	−0.795	−0.158	−1.011
Al^{3+}/Al	−1.797	−1.160	−2.013	Sb^{3+}/Sb	−0.670	−0.033	−0.886
Zn^{2+}/Zn	−1.566	−0.929	−1.782	Ag^{+}/Ag	−0.637	0	−0.853
V^{2+}/V	−1.533	−0.896	−1.749	Cr^{3+}/Cr^{2+}	−0.631	+0.006	−0.847
Cr^{2+}/Cr	−1.425	−0.788	−1.641	Bi^{3+}/Bi	−0.588	+0.049	−0.804
Tl^{+}/Tl	−1.370	−0.733	−1.586	Hg^{2+}/Hg	−0.500	+0.137	−0.716
Cd^{2+}/Cd	−1.316	−0.679	−1.532	Pd^{2+}/Pd	−0.214	+0.423	−0.430
Fe^{2+}/Fe	−1.171	−0.534	−1.387	Fe^{3+}/Fe^{2+}	−0.200	+0.717	−0.236
Pb^{2+}/Pb	−1.101	−0.464	−1.317	Pt^{2+}/Pt	0	+0.637	−0.216
Sn^{2+}/Sn	−1.082	−0.445	−1.298	Cu^{2+}/Cu	+0.045	+0.682	−0.171
Co^{2+}/Co	−0.991	−0.354	−1.207	Cl^{-}/Cl_2	+0.216	+0.853	0
Ga^{3+}/Ga	−0.880	−0.234	−1.096	Au^{+}/Au	+0.311	+0.948	+0.095
V^{3+}/V^{2+}	−0.854	−0.217	−1.070				

表观标准电极电位是指在无限稀的溶液中，溶质为1mol分数的指定标准状态时的电极电位。

由表5-7-28和图5-7-11可以看出熔盐中金属电极电位的若干规律性。

（1）由于电极电位的产生与原子外层电子逸出功有关，所以金属的电极电位首先决定于它们在周期表中的位置。碱金属和碱土金属的电极电位最负，重金属的电极电位最正，而稀有高熔点金属则大体上处于碱金属，碱土金属与重金属之间。

（2）温度对电极电位有一定的影响，但影响不大，故从表上看，各行中各种金属的相对位置基本上保持一致，但在个别情况下，也使它们之间的相对次序发生变化，如铷的电极电位在700°C时比钠负，而在1000°C时则比钠正。在氟化物或其他混合熔盐中也有类似的规律性。

（3）同一金属在氯化物、溴化物、碘化物中的电极电位不同，但差别不大，说明阴离子对电极电位有一定的影响，但不大。

2．零电荷电位

电极表面的电荷密度等于零时的电极电位称为金属零电荷电位或零电点。

二、熔盐分解电压及电压序

1．熔盐分解电压

对单一熔盐来说，在没有极化和去极化作用的情况下，理论分解电压等于相应的可逆化学电池的电动势。因此，化合物的理论分解电压可以从该化合物的标准生成自由能变化ΔG°计算出来：

表 5-7-31 熔融金属零电点的实验值

金属	熔融电解质	t,°C	方　法	E_N,V	金属	熔融电解质	t,°C	方　法	E_N, V
Ga	KCl+LiCl低熔混合物	450	毛细管静电计法	−0.60	Mo	KCl+NaCl(1:1)	700	微分电容法	−0.50
					Ti	同　上	700	同　上	−1.35
Ga	KCl+LiCl(1:1)	700	微分电容法	−0.65	Tl	KCl+LiCl低熔混合物	420	毛细管静电计法	−0.84
In	KCl+LiCl低熔	450	毛细管静电计法	−0.72					
In	KCl+NaCl(1:1)	700	微分电容法	−0.82	Tl	KCl+N Cl(1:1)	700	同　上	−0.87
Pt	同　上	700	同　上	+0.20	Tl	同　上	700	微分电容法	−0.87
Ta	同　上	700	同　上	−0.55					

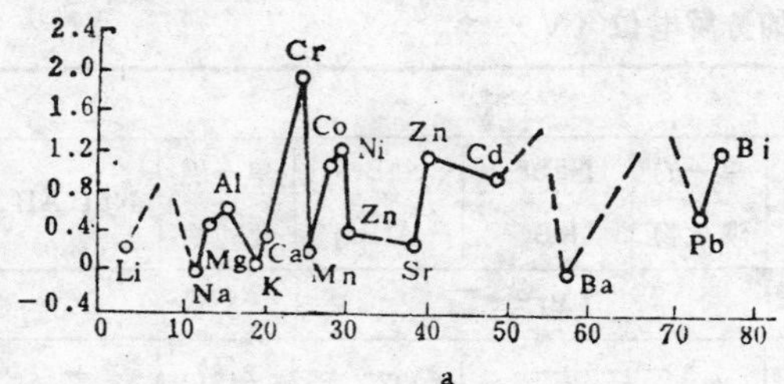

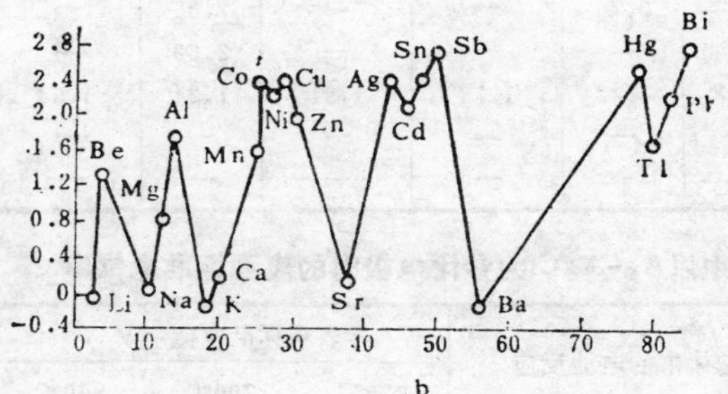

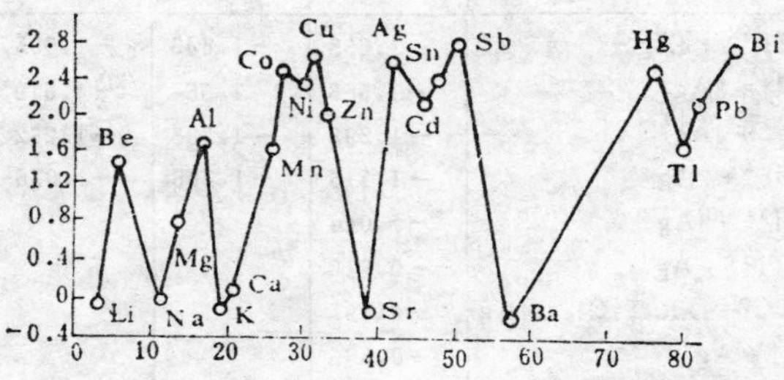

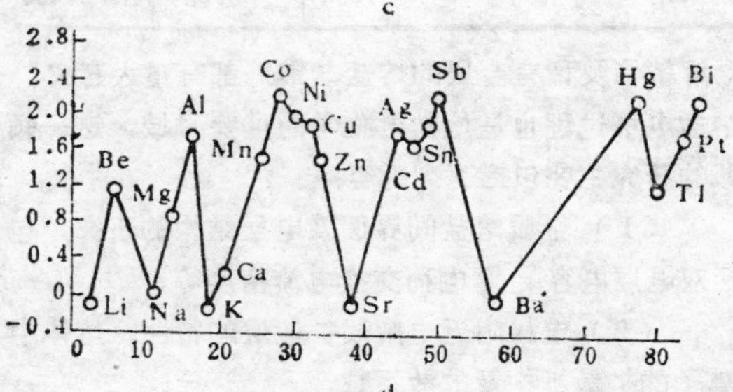

图 5-7-11 单-卤化物熔盐中的电极电位与原子序数的关系（相对于Na^+/Na参比电极）

a—氟化物；b—氯化物；c—溴化物；d—碘化物

$$\Delta G^\circ = -nE^\circ_{理论}F$$

$$E^\circ_{理论} = -\Delta G^\circ / nF$$

式中 $E^\circ_{理论}$——可逆电池电动势，即理论分解电压；

n——离子的化学价；

F——法拉第常数。

应该注意的是单一熔盐的理论分解电压和平衡电极电位的关系。以氯化物为例，单一氯化物$MeCl$的理论分解电压在数值上等于以氯电极作为参比电极的Me^{n+}/Me平衡电极电位。

第一篇第五章中详细地列出了固体和熔融金属氟化物，氯化物、溴化物，碘化物和氧化物在不同温度下的理论分解电压。

一些熔盐电解质的实际分解电压和熔点下盐类的分解电压列于表5-7-32～33中。

2. 熔盐中金属的电化序

熔盐中金属的电化序是以分解电压为基础建立的。在不同的熔盐中，金属的电化序是不同的。熔盐本身阴离子的性质，以及作为该盐“溶剂”的熔融介质的性质，都会对电化序中各金属的相对位置发生影响。根据电化序中各种金属的位置，每个金属都能将后面的金属从其化合物中置换出来。

三、熔盐中的交换电流

电极的平衡电位等概念仅涉及电极平衡电位建立的可能性或倾向性，而要讨论平衡电位建立的现实性，就涉及到金属和熔盐相界面上迁越反应的速率问题，也就是动力学的问题。由于离子的移动就是电荷的移动（即电流），所以迁越反应正、负方向的速率也就是电极上存在的正、负方向的电流，这种电流被称为部分电流。由于电极面积可以有不同大小，为了便于对比，引入了部分电流密度的概念。根据动态平衡的原理，平衡时的正向反应速率(i°_+)必须等于平衡时的负向反应速率(i°_-)，即

表 5-7-32 一些熔融盐电解质的实际分解电压

电解质	温度，℃	分解电压，V	电解质	温度，℃	分解电压，V
$BeCl_2$	700	1.92	$RbCl_2$	720	3.62
$CeCl_3$	700	2.95	RbI_2	700	2.25
$CsCl$	700	3.68	$LiCl$	700	3.41
CsI	700	2.40	$MgCl_2$	700	2.60
$RbBr_2$	700	2.73			

表 5-7-33 熔点下的盐类的分解电位（V）

阳离子	溶					剂				
	单一的氟化物	NaF	单一的氯化物	NaCl-KCl-$SrCl_2$	NaCl-$AlCl_3$	单一的溴化物	NaBr-KBr	NaBr-$AlBr_3$	单一碘化物	NaI AlI_3
	F^-		Cl^-			Br^-			I	
Li^+	2.55	—	3.53	—	—	3.22	—	—	2.87	—
Rb^+	—	—	3.60	—	—	2.76	—	—	2.35	—
Cs^+	—	—	3.77	—	—	—	—	—	2.50	—
Tl^+	—	—	1.64	1.86	1.87	1.42	1.78	1.91	1.24	1.53
Zr^{4+}	—	1.95	—	2.33	—	—	—	—	—	—
Th^{4+}	—	2.14	—	—	—	—	—	—	—	—

表 5-7-34 某些电极在1/1KCl-NaCl（共晶）体系中以Ag-AgCl为参比电极时的表观标准电位序

电极	在KCl-NaCl熔体中的负极反应	在KCl-NaCl熔体中的电池反应	表观标准电位，V		
			670℃	700℃	800℃
Th^{4+}/Th	$Th \longrightarrow Th^{4+}+4e$	$Th+4Ag^+ \longrightarrow Th^{4+}+4Ag$	−1.655	−1.643	−1.605
U^{3+}/U	$U \longrightarrow U^{3+}+3e$	$U+3Ag^+ \longrightarrow U^{3+}+3Ag$	−1.563	−1.554	−1.519
U^{4+}/U	$U \longrightarrow U^{4+}+4e$	$U+4Ag^+ \longrightarrow U^{4+}+4Ag$	−1.293	−1.285	−1.252
Ti^{2+}/Ti	$Ti \longrightarrow Ti^{2+}+2e$	$Ti+2Ag^+ \longrightarrow Ti^{2+}+2Ag$	−1.115	−1.106	−1.076
Ti^{3+}/Ti	$Ti \longrightarrow Ti^{3+}+3e$	$Ti+3Ag^+ \longrightarrow Ti^{3+}+3Ag$	−1.046		
Ti^{3+}/Ti^{2+}	$Ti^{2+} \longrightarrow Ti^{3+}+e$	$Ti^{2+}+Ag^+ \longrightarrow Ti^{3+}+Ag$	−0.910		
Ti^{4+}/Ti	$Ti \longrightarrow Ti^{4+}+4e$	$Ti+4AgCl+2KCl \longrightarrow K_2TiCl_6+4Ag$	−0.697		
Tl^+/Tl	$Tl \longrightarrow Tl^++e$	$Tl+Ay^+ \longrightarrow Tl^++Ag$	−0.665		
U^{4+}/U^{3+}	$U^{3+} \longrightarrow U^{4+}+e$	$U^{3+}+Ag^+ \longrightarrow U^{4+}+Ag$	−0.494	−0.483	−0.459

$|i^\circ_+| = |i^\circ_-| = i^\circ$。我们定义平衡时的部分电流密度为交换电流密度$i^\circ$。

为要建立起真正的平衡，交换电流密度必须有足够大的值，否则电极电位就很容易受周围环境的影响，不易建立稳定的电位。也就是说，交换电流的大小与电极的可极化性有密切关系，交换电流大，表明电极不易极化，而交换电流密度小，则电极的极化性大。A.H.弗鲁姆金（Фрумкин）曾经推导出极化电位与交换电流密度的关系：

$$\Delta\varphi = \frac{RT}{nF} \times \frac{i}{i^\circ}$$

式中 i°——交换电流密度；

i——电极极化时通过的电流密度。

电极和熔盐界面的交换电流密度远大于水溶液中的交换电流密度。因此，在熔盐中比在水溶液中易于建立稳定的电极平衡电位。

四、熔盐电极过程的特点

熔盐电极过程的研究对稀有金属的电解生产、电解精炼及稀有金属的熔盐电镀等都有重大意义。熔盐电极过程也是熔盐电化学的重要领域，这一领域的研究主要包括下列内容：

（1）金属熔盐间界面双电层结构的研究，包括双电层电容，零电荷交换电流密度等。

（2）电极附近电解质扩散层的特性，熔体中离子的扩散机构及扩散系数。

（3）电极的极化与去极化。

（4）阳极反应机理和阳极效应。

（5）阴极还原的机理。

（6）熔盐中金属的电结晶，合金的电沉积等。

与水溶液相比，熔盐电极过程有以下特点：

（1）熔盐电解一般在高温下进行，高温下离子放电要容易得多，所以熔盐电解时的极化作用大多是浓差极化，但近来发现某些熔盐电极极化中也包含有化学极化。

（2）由于在熔盐中没有一个通用的一般性参比电极，因此与水溶液不同，各种金属-熔盐间的

表 5-7-35 用快速法测量的某些熔盐电极过程动力学参数

金属	体系	温度，℃	a	K cm/s	i_0 A/cm²	测量方法	浓度 mol/mL
Ag	LiCl-KCl-AgCl	450	0.16	0.65	190	双脉冲法	1×10^{-3}
	LiCl-KCl-AgCl	450	0.32	0.20	—	脉冲法	1×10^{-3}
	LiCl-KCl-AgCl	450	0.32	0.115	—	库仑法	1×10^{-3}
Ni	LiCl-KCl-$NiCl_2$	450	0.25	0.10	110	双脉冲法	1×10^{-3}
	LiCl-KCl-$NiCl_2$	450	0.17	0.074	45	示波极谱	1×10^{-3}
	Li^+-Be^{2+}-Zr^{4+}-Ni^{2+}-F^-	500	0.23	0.0032	3	脉冲法	1×10^{-3}
Pt	LiCl-KCl-$PtCl_2$	450	0.27	0.03	40	双脉冲法	1×10^{-3}
	LiCl-KCl-$PtCl_2$	450	0.35	0.0021	45	脉冲法	1×10^{-3}
	LiCl-KCl-$PtCl_2$	450	0.30	0.015	—	脉冲法	1×10^{-3}
	LiCl-KCl-$PtCl_2$	450	0.30	0.013	—	库仑法	1×10^{-3}
Co	LiCl-KCl-$CoCl_2$	450	0.55	0.0012	60	示波极谱	1×10^{-3}
Mn	LiCl-KCl-$MnCl_2$	450	0.75	0.0012	38	同上	1×10^{-3}
Mo	LiCl-$MoCl_2$	652	0.54	6.6×10^{-4}	8.0	双脉冲法	1×10^{-3}
	LiBr-$MoBr_2$	610	0.21	4.8×10^{-3}	6.0	同上	1×10^{-3}
	NaCl-KCl-$MoCl_3$	700	0.51	8×10^{-5}	0.70	同上	1×10^{-3}
	LiCl-KCl-$MoCl_3$	456	0.57	2.7×10^{-5}	0.15	同上	1×10^{-3}
	LiBr-KBr-MoBr	477	0.32	1.5×10^{-5}	0.04	同上	1×10^{-3}
Ti^{2+}, Ti^{3+}	LiCl+KCl+$TiCl_2$+$TiCl_3$	450	—	—	0.4	阻抗法	4.86×10^{-5}
Cd, Cl_2	LiCl+KCl+$CdCl_2$	450	—	—	7.7	同上	5.95×10^{-5}
Zn	LiCl+KCl+$ZnCl_2$	450	—	—	1.8	同上	7.16×10^{-5}

电极电位没有统一的标准电极电位序。

（3）由于熔盐中往往没有电离度低的溶质，因此很难测定熔盐电解质中某种离子的迁移数，尤其是纯熔盐的迁移数。

（4）熔盐电极过程中常发生金属与熔盐相互作用而形成低价化合物等副反应，因此无论是平衡电位还是电极极化量都难以测定。电解熔盐时，若有气体在阳极上析出，则有时还会发生“阳极效应”。熔盐中的去极化现象也比较显著，因此难以测量真实的电极电位及极化量。

（5）某些盐吸水性很强，必须严格净化。同时，熔盐有较强的腐蚀作用，所以对每种熔盐都要选择适当的材料作为容器。此外，对稀有金属，特别是高熔点金属的熔盐电极过程研究，往往要在氩气保护下进行，因此对电解池的设计要求比较严格。

在熔盐电极过程的研究中，除了电化学方法的合理性和电化学仪器的可靠性以外，上述问题往往是影响研究结果的重要因素。

第五节 熔盐电解

一、熔盐电解的电流效率

（一）法拉第定律在熔盐电解中的适用性

熔盐电解和水溶液电解一样，服从法拉第定律。但在实际电解中，当通过一定的电量后，在阴极上析出的金属量常常偏低于按法拉第定律计算出的理论量。在熔盐电解中，这种偏差十分显著。工业上，用电流效率 η 来表示对法拉第定律的偏差，它是实得金属量 W_1 与按法拉第定律计算的理论量 W 之比，以百分数表示，即：

$$\eta=\frac{W_1}{W}\times100\%$$

工业上熔盐电解的电流效率一般在30～90%，其主要原因是：

（1）电解产物的再损失。这是由于阴极上析出的金属在熔盐中溶解和溶解金属的不断氧化以及机械损失等造成的；

（2）电流的空耗。一方面由于金属阳离子在阴极上不完全放电，如$TiCl_4$电解时，先生成低价Ti^{2+}和Ti^{3+}，然而又扩散到阳极氧化成四价，因而消耗了电流；另一方面在熔盐电解中，由于金属溶解形成原子溶液或离子-电子溶液，使溶液具有半导体的“电子导电”性，从而造成电流的空耗。当然，由于其他离子的共同放电和电解槽结构不完善，也会使电流空耗。

（二）熔盐电解中影响电流效率的因素

1．温度

电流效率与温度的关系示于图5-7-12。在一定的电解条件下，都有一个最佳温度。实际电解的熔盐电解质一般都选用多元盐系，电解温度以高于电解质熔化温度50～150°C为宜。

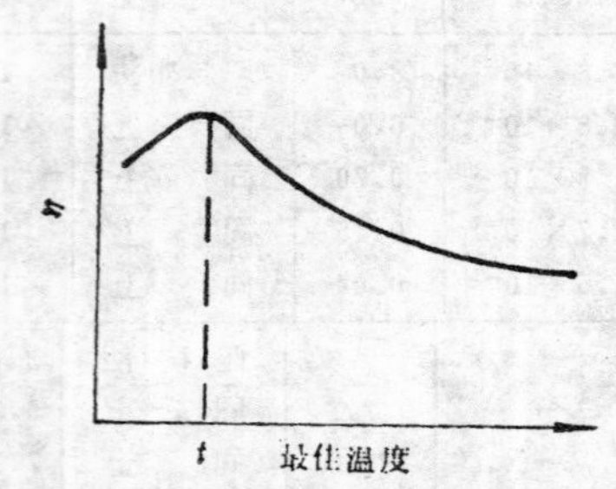

图 5-7-12 熔盐电解时电流效率与温度的关系

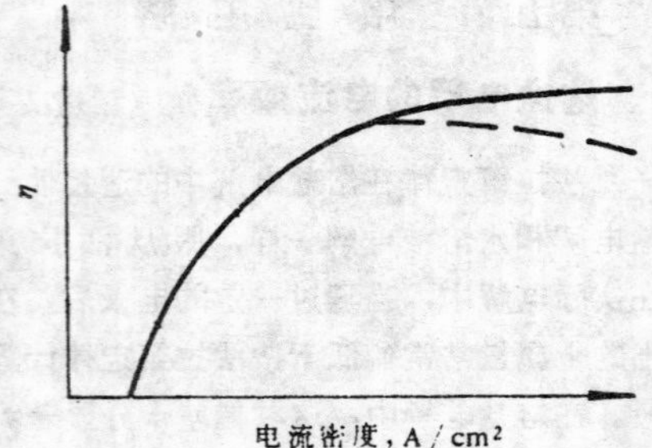

图 5-7-13 熔盐电解时电流效率与电流密度关系

2．电流密度

电流密度对电效有很大影响（图5-7-13）。通常，电流效率随电流密度升高而增加。但是对多组分的熔盐电解质，当电流密度达到某一离子的放电电位时，就会引起共同离子放电，从而降低电流效率。

3．极间距离

随着极距的增加，阴极溶解的金属或电解质夹杂的金属粉末等向阳极扩散的路程增加，因而减少了金属损失，使电流效率增加。但极距过大使熔盐的电阻增加，电能消耗增大，电解质可能过热。

4．电解质组成

电解质的熔点、密度、粘度、表面张力、电导和金属的溶解度等都与电解质的组成有关，因而电解质的组成直接影响电流效率。

5．电解槽结构

槽型对电解质的流动方式和电流分布、槽内温度和浓度的均匀性、阳极气体是否容易从槽内排出、阳极气体是否易与阴极产品作用等均有影响。因此电解槽的槽型结构是否合理是提高电流效率的重要因素。

二、阳极效应及其影响因素

（一）阳极效应

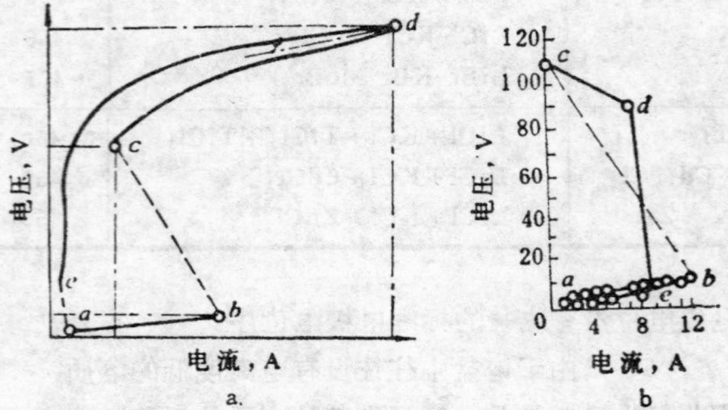

图 5-7-14 阳极效应时电流-电压变化情况

a—氧化铝冰晶石熔体中阳极效应极化曲线；b—$PbCl_2$熔体中阳极效应极化曲线（图中ab为正常极化曲线，cde为阳极效应曲线）

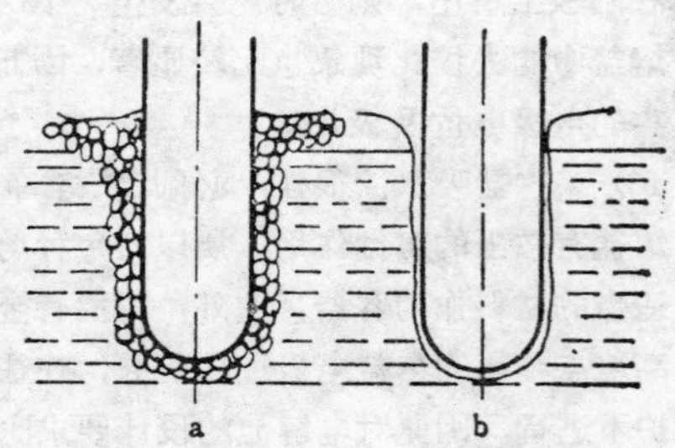

图 5-7-15 正常阳极和发生阳极效应时的阳极情况示意图

a—正常电解时的阳极情况；b—发生阳极效应时的阳极情况

表 5-7-36　各种熔盐中的临界电流密度和实际使用的电流密度

熔 盐 体 系	温　度 ℃	阳 极 材 料	临界电流密度 A/cm²	实际使用电流密度 A/cm²
LiCl-KCl	420～450	石　墨	30	1.4
KCl-$LaCl_3$	930	石　墨	3	<1

表 5-7-37　熔盐对阳极材料的湿润边界角与临界电流密度数值

熔 融 盐	温　度 ℃	阳 极 材 料	湿润边界角	临界电流密度 A/cm²
LiCl	650	炭	—	2.03
LiCl	650	石　墨	—	1.53
LiF	850	炭	134°	0.48

熔盐电解中有时可观察到这样的现象：电解槽的端电压升高（高达12～120V），电流急剧下降，如图5-7-14～5-7-15所示。阳极周围出现细微火花放电的光圈，阳极停止析出气泡，电解质与电极间呈现不良的湿润现象，这种现象叫阳极效应。

（二）临界电流密度

阳极效应只有当电流密度超过某一“临界电流密度”之后才能发生。各种熔盐的临界电流密度随电解温度、电解质组成，阳极材料等而异，如表5-7-36所示。

（三）阳极效应的影响因素

1．电极与熔盐的界面张力

熔盐能愈好地湿润阳极表面（即与阳极间的界面张力愈低），则临界电流密度愈高。表5-7-37中列出了一些熔盐对阳极的湿润角及临界电流密度数据。

2．阳极材料

熔盐对某种电极材料湿润得愈好，则临界电流密度愈大。对同样的熔体，石墨为阳极材料时的湿润角要大于铂为阳极材料时的湿润角，因此用铂为阳极材料时就不会出现有阳极效应。

3．熔盐种类

熔融氯化物的临界电流密度比氟化物大，碱金属氯化物的临界电流密度比碱土金属氯化物的大。

4．温度

温度升高，湿润角减小，相应临界密度增大，从而使发生阳极效应的可能性减少。

阳极效应也有两重性，一方面发生阳极效应时，槽电压升高，使电能消耗增加；另一方面又曾把阳极效应作为了解电解槽是否正常操作的征兆之一，如利用它来控制加料。但阳极效应过多地发生，不仅增加能耗，降低电效，而且往往造成直流发电机组运转不均衡，电解质挥发损失增大等。因此现代多采用无效应操作。

三、熔盐电解法生产稀有金属

对稀有轻金属（锂、铍等）、稀有难熔金属（钽、锆等）和稀土金属的化合物来说，其化学稳定性很高，在水溶液中的电极电位较氢为负，而氢在它们表面的超电位又小，不可能从水溶液中电解制取，因而采用熔盐电解法。熔盐电解法现今已用于生产锂、铍、钍和铀、混合稀土及某些单一稀土金属。难熔金属钽和锆也可采用熔盐电解法生产。钛和铪、铌等也正在研究采用熔盐电解法生产。表5-7-38给出了一些稀有金属熔盐电解的某些技术条件。

1．稀土金属的熔盐电解

熔盐电解制取稀土金属的电解质体系有两类：$RECl_3$-MeCl和REF_3-MeF-RE_2O_3（RE为稀土金属，Me为碱金属），习惯上称为氯化物熔体和氟化物（氧化物）熔体。在电解制取熔点低于1000°C的混合稀土和单一稀土金属时，通常在高于该金属的

表 5-7-38 一些稀有金属熔盐电解的某些技术条件

金属	矿物原料	熔盐组成	温度，℃	电流密度 $\times 10^2 A/cm^2$	槽电压 V	电流效率 %	析出金属纯度，%
Zr	ZrO_2	NaCl：67% K_2ZrF_6：33%	835～855	$D_K=290\sim370$ $D_A=55\sim40$	3.5～4	62～64	纯
Be	$3BeO\cdot Al_2O_3\cdot 6SiO_2$	$2BO\cdot 5BeF_2+BaF_2$ BeO：45～50% BeF_2 50～55	1350～1400		35～80	75～85	99.6～99.7
	$3BeO\cdot Al_2O_3\cdot 6SiO_2$	$BeCl_2+NaCl$ $BeCl_2$：16.6% NaCl：83.4%	730～820		5～6		99.3～99.5
Ce		$CeCl_3+KaCl$	840～850				
Li	Li-Al硅酸盐	LiCl+KCl LiCl：52% KCl：48%	400～420	$D_K=210$ $D_A=140$	8～9	85～90	97
Ti	TiO_2	$NaCl+K_2TiF_6$ NaCl：75～85% K_2TiF_6：25～15%	740～750	(150～250A)	6～7.8	22.4～51	99.5～99.8
Ta，Nb	钽铁矿	$KCl+(NaCl)+K_2TaF_6$ (K_2NbF_7) (Ta_2O_5)	约800	Ta：$D_K=16$ Nb：$D_K=400\sim800$		Ta：59～74 Nb：50～67	99.8

熔点下进行，所得金属均呈液态，冷却则得块状产品。在电解制取钇等重稀土金属的过程中，有时用低熔点金属，如镁、锌或镉等作液态阴极，电解制成合金，然后蒸馏去除低熔点金属而得稀土金属。由于稀土金属活性很强，在其熔盐中的溶解度大，并且稀土离子在熔盐中有多种价态，因此熔盐电解法制取稀土金属具有如下特点。

（1）熔盐的电导大，离子扩散速度和化学反应速度快，稀土离子与液态稀土金属的界面之间具有大的交换电流，所以稀土金属电解的阴极电流密度可以达4～10A/cm²（有的甚至高达30～40A/cm²），这在电化冶金中是罕见的。RE^{3+}在阴极析出时没有显著的阴极极化，其析出电位与其平衡电位相近。

（2）稀土金属离子的析出电位较负，如在电解质中有电位较正的阳离子杂质，就将优先于稀土析出，因此要求原料的纯度高，同时也给电解质的选择带来了更多的限制。

（3）轻稀土金属的活性很强，在高温下几乎能与所有元素作用，因而使电解槽和电极等材料的选择受到很大限制。

（4）稀土氯化物吸水性强，易水解，而稀土金属能分解水，又与氧、硫、氮、碳等都有很强的亲和力，因此在电解槽中常有稀土的氯化物、氧化物、碳化物、氮化物等高熔点化合物生成。它们与熔盐和熔盐中混杂的金属一起形成泥渣。

（5）某些稀土金属，特别是钐、铕等金属在熔盐电解过程中有多种价态变化，从而发生不完全放电，造成电流空耗，降低电流效率。

（6）稀土金属在其熔融氯化物中的溶解度很大，并溶解生成低价化合物，如$RECl_2$。$RECl_2$容易被阳极生成的氯气和空气中的氧所氧化，也容易在阳极上氧化成高价离子，之后又在阴极上还原，如此反复，空耗电流，这也是稀土熔盐电解电流效率不高的一个重要原因。

国内外典型的电解工艺条件和生产结果列于表5-7-39～5-7-40；稀土金属中的杂质分析列于表5-7-41；两种熔体比较列于表5-7-42。

在稀土氧化物电解中，中国普遍应用的是800A石墨槽，也有应用3000A及10000A陶瓷槽。800A及

表 5-7-39　工业电解生产金属镧和铈以及实验室电解制备金属镨和钕的条件和结果

稀土金属	富镧混合稀土	铈	镨	钕	
槽　型	石墨槽	陶瓷槽	石墨坩埚	石墨坩埚	石墨坩埚
结构材料	石　墨	高铝砖	石　墨	石　墨	石　墨
金属盛器	瓷坩埚	高铝砖	氧化铝坩埚	瓷坩埚	氧化铝坩埚
阳　极	石墨槽	石　墨	石墨坩埚	石墨坩埚	石墨坩埚
阴　极	钼	钼	钼	钼	钨
电解质组成	LaCl-KCl	$CeCl_3$-KCl	$PrCl_3$-KCl	$NdCl_3$-NaCl+KCl	$NdCl_3$-KCl
RCl_3，%（重量）	35～50	35～50	50～60	15	（1/2摩尔分子）
电解温度，℃	930	870～910	950	（熔融金属温度1050～1100℃）700～750	1050
极距，mm	30～35	40～50，平行电极间 90～110，上下电极间	15～20	22	
电解槽气氛	敞　口	敞　口	敞　口	敞　口	充氩气
平均电流，A	800	2500	15	40	10
平均电压，V	14～18	10～11	7	7～9	3.3～4.7
阳极电流密度，A/cm²	0.95±0.05	0.8	1左右	0.2～0.6	0.036～0.05
阴极电流密度，A/cm²	5左右	2.3	4	3～40	6.3
体积电流密度，A/cm³	0.18±0.02	0.082			0.035
直收率，%	90			76.1	13
电流效率，%	50～60	63	60	40～45	50.1
电耗，kW·h/kg金属	30左右	15左右			
单耗，kg$RECl_3$结晶料/kg金属	2.7～2.9	3～3.1			

3000A电解槽的槽型示意图如图5-7-16～17所示。

在稀土氧化物-氟化物电解中，适用于钕、镧和钕族混合稀土金属等连续电解的基本槽型见图5-7-18所示。

石墨坩埚底成60度倾斜，底上衬以钼板。从钼衬坩埚底部接一个直径为1.25cm钼制放液管和浸在熔体中的一根钼棒通过交流电（约为15kW），使金属流入铸桶中。

制作1300～1700℃高温电解槽需要解决的主要问题有：

（1）须提供保持电解质温度高于重稀土金属（包括钇和钪）熔点所需的大量能量；

（2）冷凝电解质壳体的温度要低于金属熔点约500℃；

（3）结构材料应能耐高温和盐类腐蚀。

高温电解槽的基本形状如图5-7-19所示。

2. 高熔点金属的熔盐电解

难熔金属包括铍、钪、钇、钛、锆、铪、钍、钒、铌、钽、铬、钼、钨、铼。在这些金属中，除铼能从水溶液中提取外，其他则需要用熔盐电解提取。目前钽、铍的熔盐电解已实现了工业化生产，钛、锆、铪、铌、钒、钍的熔盐电解也进入了中间工厂试验阶段，其他金属的熔盐电解尚处在实验室研究阶段。难熔金属熔盐电解的阴极析出物是固态晶体，一般生成海绵状或树枝状结晶。因此，沉积金属与50%左右的粘附熔盐的分离是电解过程制取高熔点金属的主要困难之一。轻稀土金属之所以能成功地用熔盐电解法大量生产，就在于金属产品呈液态，因而可通过调整液态金属与熔盐之间的界面张力，使金属在熔盐中凝聚，以达到与熔盐分离的目

表 5-7-40　电解工业生产混合稀土金属的条件和结果

槽　型	石墨圆槽 800A	陶瓷方槽3000A	陶瓷椭圆槽10000A	陶瓷圆槽2300A
结构材料	石　墨	高铝砖	高铝砖	耐火砖和泥
阳　极	石墨槽	石　墨	石　墨	碳
阴　极	钼	钼	钼	铁
电解质组成	$RECl_3$-KCl	$RECl_3$-KCl	$RECl_3$-KCl	$RECl_3$-NaCl
$RECl_3$，%（重量）	20～50	35～50	35～50	
平均槽温，℃	870～880	850～870	880～890	850
极距，mm	35～50	40～50平行电极间，90～100上下电极间	40～50平行电极间，120±20上下电极间	
电解槽气氛	敞　口	敞　口	敞　口	电解产生（包括挥发）的气体和空气
平均电流，A	750	2500	9000左右	2300
平均电压，V	14～18	10～11	8～9	14
阳极电流密度，A/cm²	0.95±0.05	0.8±0.05	0.45±0.05	
阴极电流密度，A/cm²	5左右	2.4±0.5	2.4±0.5	
体积电流密度，A/cm²	0.18±0.02	0.08±0.005	0.035	
直收率，%	90左右	80左右	80～85	
电耗，kW·h/kg	30～35	27～30	22～27	15.6
电效，%	一般50左右	电解槽使用三个月可达40	20～30（单槽试验可达35）	45
单耗，kg$RECl_3$结晶料/kg金属	2.7～2.9	3.1左右	2.9～3.1	2.3

表 5-7-41　稀土金属中的杂质分析

杂质元素	杂质含量，%（重量）				杂质元素	杂质含量，%（重量）			
	镧	铈	镨	钕		镧	铈	镨	钕
其他稀土	0.04		0.060	0.020	硅	0.03	0.005	0.003	0.005
铝	0.007	0.012	0.01	0.002	钨	0.006①	0.035	0.020	0.020
钡	<0.01	—	—	—	碳	0.010	0.020	0.010	0.014
钙	0.0009	0.001	0.005	0.005	氟	—	—	0.040	0.030
铜	0.002	0.005	—	—	氮	<0.002	—	0.002	0.001
铁	0.0017	0.030	0.012	0.012	氧	0.04	0.010	0.018	0.015
锂	0.010	0.002	—	0.013	总量	0.18	0.121	0.170	0.150
镁	0.015	0.001	0.003	0.005					

①　钼含量。

表 5-7-42 稀土氧化物-氟化物和稀土氯化物两种熔体的比较

	稀土氧化物—氟化物熔体	稀土氯化物熔体
原料	RE_2O_3易于储存	$RECl_3$易吸湿、水解
溶剂	L_iF、REF_3价格较贵，熔体腐蚀性厉害	碱和碱土金属氯化物较便宜，熔体腐蚀性较小
操作	要严格控制RE_2O_3加料速度，氟盐比较稳定，挥发较小，但废电解质回收处理较难	$RECl_3$浓度可以大幅度波动，$RECl_3$不稳定，吸湿，水解，氧化造渣，金属雾和挥发损失较多
收率，%	95以上	85左右
电流效率，%	50～90以上（实验室和扩大试验），37（氟碳铈简单处理后的原料）	10000A槽在长时间的工业生产中为20～30，800A槽最高为50～60
电解槽结构材料	石墨槽寿命短，对承盛金属的材料要求高	陶瓷槽可用一年左右
电耗，kW·h/kg金属	5.5～13	25～35
产品纯度	可达99.8%（钼作金属承盛器和惰性气体保护）	工业生产一般为98～99%，也能制取更纯的稀土金属
劳动条件	废气为CO_2、CO和少量氟化物	电解废气为Cl_2和HCl

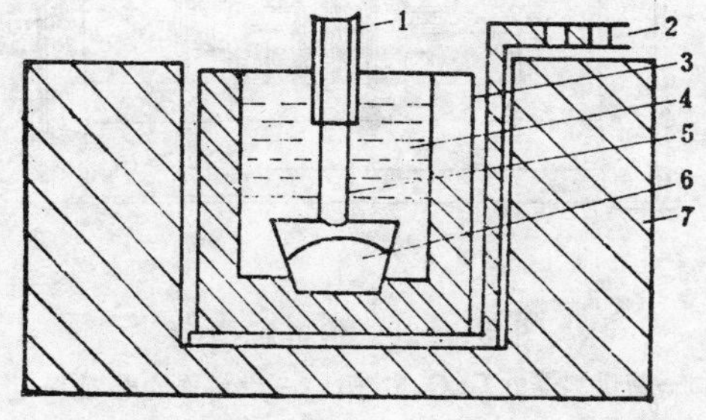

图 5-7-16 800A石墨坩埚电解槽示意图

1—瓷保护管；2—阳极导电极；3—石墨坩埚；4—电解质，5—钼阴极；6—稀土金属；7—耐火土

的。而难熔金属的产品只能采用类似选矿的操作流程来分离，不仅成本高，污染也严重。近十余年来，由于对电结晶机理的深入研究，这些困难已有所克服，其中以钛的熔盐电解的研究工作最为活跃。中国对钛的熔盐电解进行了大量的研究工作，已经扩大到12000A的中间工厂试验规模。

用电解法生产钽粉时，需用氯化钾、氟化钾和氟钽酸钾（K_2TaF_7）组成熔盐电解质，使Ta_2O_5在

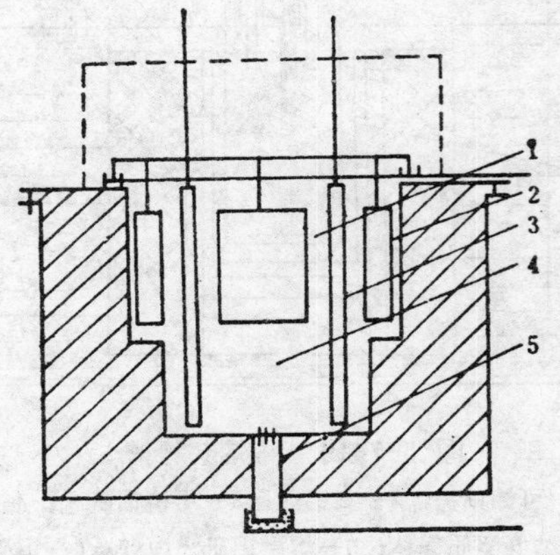

图 5-7-17 3000A陶瓷电解槽示意图

1—大阳极；2—中阳极；3—辅助阴极；4—阴极室；5—阴极导电棒

熔盐中电解。电解质组成可为55%KCl、27.5%KF、17.5%K_2TaF_7。Ta_2O_5在熔体中保持2.5～3%的浓度条件下进行电解，电解温度为750°C。Ta_2O_5的分解电压E为1.65V。图5-7-20所示为苏联设计的一种电解槽结构形式。它是由镍铬坩埚、固

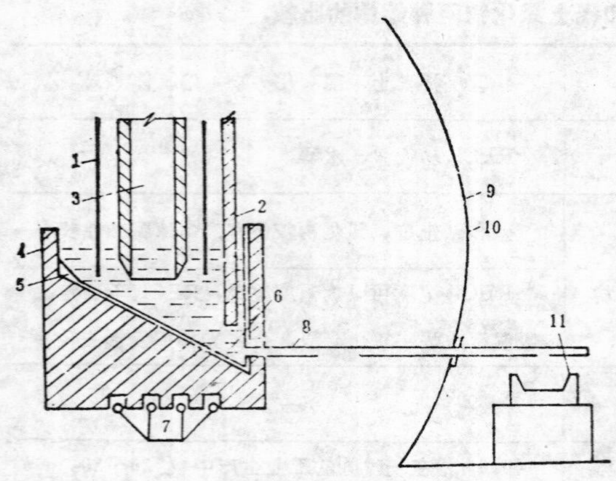

图 5-7-18 连续操作和从电解槽放出液态金属的电解槽

1—阴极；2—钼棒；3—阳极；4—石墨坩埚；5—液态电解质；6—熔融稀土金属；7—加热元件；8—放液态金属的管（钼）；9—主室；10—铸造室；11—铸造桶

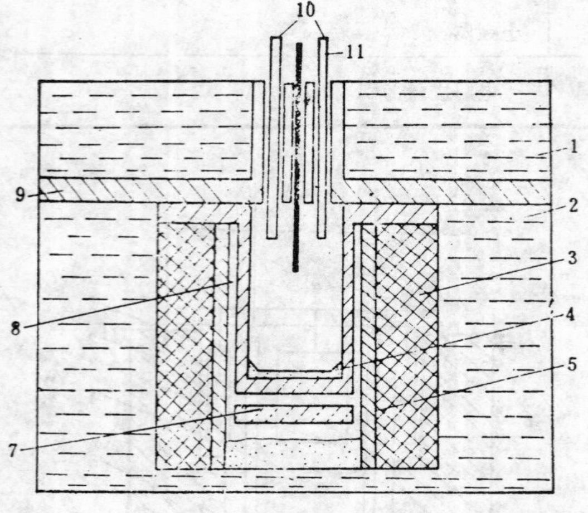

图 5-7-19 高温电解槽

1—可卸顶盖；2—高铝砖；3—可铸铝矾土；4—凝结电解质壳体；5—熔融铝矾土内壁；6—铝矾土颗粒；7—冷却蛇形管；8—石墨坩埚；9—石墨涂层；10—石墨阳极；11—钨阴极

定及提升阳极的装置、加料器和具有隔热层的炉壳所组成。在坩埚下面的锥部上有一个用带导电杆的磨口塞堵的孔，坩埚中间置有带孔的空心石墨阳极。用自动加料器将Ta_2O_5通过空心阳极定期地加入熔池，这种加料方法可防止阴极沉积物被未溶解的Ta_2O_5玷污。为排除电解过程中析出的气体，设计时就预先考虑了从侧面将气体抽走的措施。电解槽通以可调节的直流电。

阴极电流密度约等于50A/dm²，阳极电流密度为120～160A/dm²，当Ta_2O_5在电解质中剩余浓度降低到一定程度时，就会出现阳极效应。因此在电解中，应随时地向电解质中补充Ta_2O_5，电解质温度保持在680～720°C，电解电流效率约为80%，电耗为2300kW·h/t金属钽。

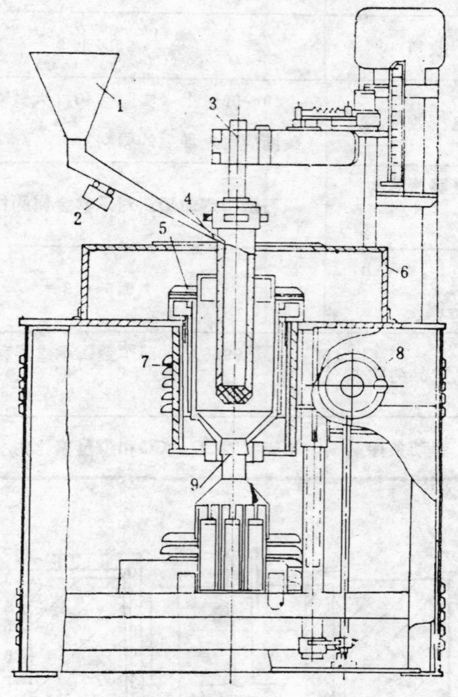

图 5-7-20 钽电解槽

1—带供料器的Ta_2O_5贮槽；2—供料器的电磁振荡器；3—阳极固定杆；4—带孔空心石墨阳极；5—坩埚（镍铬阴极）；6—盖；7—隔热套；8—阳极提升操纵轮；9—杆状导电塞

3. 熔盐电解精炼和电解分离

熔盐电解精炼可以除去金属中的杂质，用以制取高纯金属。如为了回收合金中的有用成分，则称电解分离。电解精炼的原理是基于在熔盐中金属氧化还原电位的差异。在熔盐电解精炼中，一种情况是在电解槽中于一定电位下通过电流，金属从阳极溶解而在阴极上析出，阳极中电位较正的一类杂质形成阳极泥，或仍留在阳极中，电位较负的杂质溶于电解质，之后根据其析出电位，或被沉积于阴极成为杂质，或仍留于电解质中。另一种情况是把阳极中杂质溶于电解质，并沉积于阴极上，阳极材料本身被精炼。电解精炼除能用于精炼熔点较低的金属外，也是提纯难熔金属的重要方法。如随着科学的发展，钛的生产和应用都有很大的增加，但生产及加工过程中废金属的回收利用成为日益重要的问题，而熔盐电解精炼已成了废钛回收的主要方法之一。

熔盐电解精炼与水溶液电解精炼相比，其主要优点是：熔体中没有H^+离子，因此稀土等活性高、电位较负的金属只有在熔盐中才能实现电解精炼；高温常使电极处于熔融状态，过电位可以忽略；交换电流密度i^0大，可在高电流密度下操作。

4．熔盐电解制取合金

熔盐电解制取合金的方式有两种。一种方式是合金成分的两种或多种离子在惰性阴极上共析，其原理是基于离子的共同放电；另一种方式是液态或固态金属（合金组元）阴极上电解析出另一种合金组元。

混合稀土金属的电解生产是工业上采用几种离子共析出的典型实例。由于稀土离子的标准电极电位极其相近，所以熔盐电解质（混合稀土氧化物或氯化物）中的主要稀土成分（镧、铈、镨、钕）都能共析出，只有钐、铕和镱由于变价反应富集于电解质中。离子共析出制取合金的例子还有Mg-Y、Al-Y和Ti-Al等。

在液态阴极上沉积另一种合金成分是汞齐式冶金在熔盐中的应用和发展。对用该方式制取中间合金进行了广泛的研究和应用。液态阴极的主要优点是：

（1）可将难熔金属于较低温度下在液态金属上沉积为熔点较低的合金（而用对掺法制取这种合金则必须先制出高熔点金属），同时可以提高收得率和节省能源；

（2）高活性金属在熔盐中的溶解度高，与空气中氧和水作用严重，用液态金属阴极可降低金属活性，减少损失和污染，提高电流效率；

（3）由于被沉积金属在液态金属中的活度降低，金属离子在液态金属阴极上的析出电位比固态阴极上的低；

（4）利用还原能力强的液态金属铝作阴极，可同时收到化学还原与电化学还原的双重作用。

参 考 文 献

[1] Robert C. Weast, Handbook of Chemistry and Physics, 61th. Ed, 1980-1981.

[2] Parsons and Roger, Handbook of Electrochemical Constants, London, Butterworths Scientific Pub., 1959.

[3] Dobocs D., Electrochemical Data, Elsevir Scientific Pub., 1975.

[4] Morris K. B., Robinson P. L., J. Chem. Engineering Data, 1964.

[5] Janz G. J., Handbook of Molten Salts, 1973.

[6] Eard A. J., *Encyclopedia of Electrochemistry of Elements*, 10(1979).

[7] 朱元保等，电化学数据手册，1985.

第八章　热 还 原

编写人　汪　珂

第一节　概　　述

一、热还原定义及分类

热还原是指用一种还原剂在高温下还原某一种金属的化合物以制取金属的方法。

热还原法通常按还原剂命名分类，如用氢作还原剂称为氢还原法；用碳或金属碳化物作还原剂称为碳还原法。

利用化学活性较强的金属作还原剂将另一种金属的化合物还原以制取后一金属的方法通称为金属热还原法。按所用金属还原剂种类，可分为镁热还原法、钠热还原法、钙热还原法及铝热还原法等。

二、热还原法在稀有金属生产中的地位与应用

热还原法在稀有金属提取冶金中得到广泛的应用（表5-8-1）。它是生产钛、锆、铪、钨、钼、铼、铍、硅、锗、钽、铌、钒、铀等稀有金属的主要方法，也是生产稀土金属的重要方法。几乎所有的稀有金属都可以用热还原法制取。因此，热还原法在稀有金属生产中占有极重要的地位。

三、稀有金属冶金中常用还原剂的选择

（一）选择还原剂的原则

在稀有金属提取冶金中选择还原剂的原则有：

（1）对稀有金属化合物的还原能力较强，能使还原反应进行到底，而不是生成低价化合物或固溶体；

（2）在不太高的温度下即能使还原反应迅速进行并能维持自热生产；

（3）使用的还原剂与还原制得的金属不能相互溶解形成合金、或形成合金易于分离；

（4）还原产物必须易于与生成物渣及剩余的还原剂分离，以获得纯金属；

（5）还原剂的生成物渣及剩余的还原剂应便于回收，以便返回循环使用；

（6）还原剂应资源丰富，制备简单，价格较低；

（7）还原剂应便于使用、储藏和运输。

综合以上要求，在稀有金属提取冶金中最重要和常用的还原剂有氢、碳以及镁、钠、钙、铝等金属。

热还原法所用的稀有金属原料一般为氧化物、氯化物、氟化物及氟络盐等。在还原过程中，除制得金属外，还将相应生成还原剂的氧化物、卤化物。某些常用还原剂及其氧化物、卤化物的熔点与沸点如表5-8-2所示。

（二）常用还原剂

1．氢

与其它还原剂相比，氢价廉易得，易于提纯，而且可回收还原过程中过剩的氢，以返回使用，故比较经济。氢在高温下一般不与金属形成化合物或固溶体，因此其本身不致成为杂质沾污产品，易于保证产品纯度。此外，还原过程中氢相应生成气态的H_2O或HCl，易与还原产品分离，可直接获得金属，简化了流程及操作。

但氢的还原能力较弱，在一般工业温度下，能够被氢还原的金属氧化物、氯化物是有限的。此外，氢是一种易燃、易爆气体，在制取、运输、储存和使用上，其安全技术要求严格。

氢气和氧气混合物的操作范围（按体积含量）：上限为96%H_2及4%O_2；下限为5%H_2及95%O_2。氢气和空气混合物操作范围：上限为73.5%H_2及26.5%空气；下限为5%H_2及95%空气。工业上使用的氢气纯度$H_2\geqslant 99.5\%$。

2．碳

由氧势图（图5-1-1）可看出，金属对氧的亲和力随温度的升高而降低，而碳正好相反，因而碳在高温下可还原金属氧化物，且温度愈高还原能力愈强，再加上碳价廉易得，而且还原生成物为CO

表 5-8-1 热还原法制取稀有金属工业应用实例

方法类别	还原剂	制取的金属	被还原的化合物及其类别	化学反应式	备注
			卤化物		
	Mg	Ti	$TiCl_4$	$TiCl_4 + 2Mg = Ti + 2MgCl_2$	生产钛的主要方法
		Zr	$ZrCl_4$	$ZrCl_4 + 2Mg = Zr + 2MgCl_2$	生产锆的主要方法
金		Hf	$HfCl_4$	$HfCl_4 + 2Mg = Hf + 2MgCl_2$	生产铪的主要方法
		U	UF_4	$UF_4 + 2Mg = U + 2MgF_2$	制取金属铀的主要方法
			UF_6	$UF_6 + H_2 = UF_4 + HF \xrightarrow{+2Mg(2Ca)} U + 2MgF_2(2CaF_2)$	
		Be	BeF_2	$BeF_2 + Mg = Be + MgF_2$	生产金属铍的主要方法
属		Ta	$TaCl_5$	$2TaCl_5 + 5Mg = 2Ta + 5MgCl_2$	已有工业生产实践
	Na		卤化物或氟络盐		
		Ti	$TiCl_4$	$TiCl_4 + 4Na = Ti + 4NaCl$	生产钛的方法之一
		Zr	K_2ZrF_6	$K_2ZrF_6 + 4Na = Zr + 4NaF + 2KF$	
		Nb	K_2NbF_7	$K_2NbF_7 + 5Na = Nb + 5NaF + 2KF$	
热		Ta	K_2TaF_7	$K_2TaF_7 + 5Na = Ta + 5NaF + 2KF$	生产电容器级钽粉的主要方法
	Al		氧化物		
		Nb	Nb_2O_5	$3Nb_2O_5 + 10Al = 6Nb + 5Al_2O_3$	此法与电子轰击相结合已用于工业生产
还		Ta	Ta_2O_5	$3Ta_2O_5 + 10Al = 6Ta + 5Al_2O_3$	
	Ca		卤化物		
		Cs	$CsCl$	$2CsCl + Ca = 2Cs + CaCl_2$	生产铯的重要方法
		Rb	$RbCl$	$2RbCl + Ca = 2Rb + CaCl_2$	
		稀土(RE)	REF_3	$2REF_3 + 3Ca = 2RE + 3CaF_2$	适于制取熔点高的钇组(Yb除外)单一稀土
原			$RECl_3$	$2RECl_3 + 3Ca = 2RE + 3CaCl_2$ (或 $RECl_3 + 3Li = RE + 3LiCl$)	适于制取熔点较低的铈组(除Sm,Eu外)单一稀土
			氧化物		
		V	V_2O_5	$V_2O_5 + 5Ca = 2V + 5CaO$	
法	La	Sm	Sm_2O_3	$RE_2O_3 + 2La = 2RE + La_2O_3$	式中 RE_2O_3 为 Sm_2O_3、Eu_2O_3、Yb_2O_3、Tm_2O_3
	Ce	Eu	Eu_2O_3		镧铈还原法适于制取Sm、Eu、Yb、Tm等
		Yb	Yb_2O_3	$2RE_2O_3 + 3Ce = 4RE + 3CeO_2$	
		Tm	Tm_2O_3		
	H_2		氧化物(或盐)		
氢		W	WO_3(或$WO_{2.90}$)	$WO_3 + 3H_2 = W + 3H_2O$	生产钨的主要方法
		Mo	MoO_3	$MoO_3 + 3H_2 = Mo + 3H_2O$	生产钼的主要方法
		Re	$KReO_4$	$KReO_4 + 7/2H_2 = Re + KOH + 3H_2O$	适于制取工业铼粉
			NH_4ReO_4	$NH_4ReO_4 + 2H_2 = Re + 1/2N_2 + 4H_2O$	制取纯铼粉的方法
还		Ge	GeO_2	$GeO_2 + 2H_2 = Ge + 2H_2O$	制取金属锗的主要方法
			卤化物		
		Si	$SiHCl_3$	$SiHCl_3 + H_2 = Si + 3HCl$	生产多晶硅的主要方法
原			$SiCl_4$	$SiCl_4 + 2H_2 = Si + 4HCl$	可制得多晶硅
			卤化物		
		W	WCl_6	$WCl_6 + 3H_2 = W + 6HCl$	已向工业应用阶段发展
			WF_6	$WF_6 + 3H_2 = W + 6HF$	半工业试验
法		Ta	$TaCl_5$	$TaCl_5 + 5/2H_2 = Ta + 5HCl$	试验阶段
		Nb	$NbCl_5$	$NbCl_5 + 5/2H_2 = Nb + 5HCl$	试验阶段

续表 5-8-1

方法类别	还原剂	制取的金属	被还原的化合物及其类别	化学反应式	备注
碳还原法	C		氧化物		
		Nb	Nb_2O_5	$Nb_2O_5+7C=2NbC+5CO$ $Nb_2O_5+5NbC=7Nb+5CO$	生产金属铌的主要方法
		Ta	Ta_2O_5	$Ta_2O_5+7C=2TaC+5CO$ $Ta_2O_5+5TaC=7Ta+5CO$	
		V	V_2O_5	$V_2O_5+2H_2=V_2O_3+2H_2O$ $V_2O_3+3C=VO+VC+2CO$ $VO+VC=2V+CO$	
		W	WO_3	$WO_3+3C=W+3CO$	该法已被氢还原法取代，目前很少采用

表 5-8-2 某些还原剂及其氧化物、卤化物的熔点与沸点

物质	熔点，℃	沸点，℃	物质	熔点，℃	沸点，℃
H_2	−259	−253	NaCl	801	1465
H_2O	0	100	NaF	996	1787
HCl	−114	−8.5	Na_2O	1132	—
HF	−83	19.5	Ca	839	1484
C	—	—	$CaCl_2$	772	(2000)
CO	−205	−192	CaF_2	1418	2510
CCl_4	−23	77	CaO	2615	(3500)
Mg	649	1090	Al	660	2520
$MgCl_2$	714	1418	$AlCl_3$	(193)	181
MgF_2	1263	2332	AlF_3	升华	1276
MgO	2825	3260	Al_2O_3	2050	—
Na	98	882			

气体，很易与所得金属分离，故碳为金属氧化物的良好还原剂。但是，碳不能用作金属氯化物的还原剂。因为还原生成物 CCl_4 的生成自由能 $\Delta G°$-T 线在氯势图（图5-1-2）上高于所有其它的元素氯化物的 $\Delta G°$-T 线。用作还原剂的碳一般采用石墨粉，纯度为99.5～99.6%，含水份0.05%，灰分0.001%，粒度以−200目为好。

3．金属还原剂

用以还原稀有金属氯化物及氟化物的金属还原剂通常是镁、钠。用钙作还原剂虽很有效，但因钙的生产成本高，较难提纯（易于吸收氮气），故除用于制取稀土金属外，一般较少采用。

实际用于还原稀有难熔金属氟络盐（K_2ZrF_6，K_2TaF_7）的金属还原剂只有钠。这是因为钠还原得到的NaF能溶于水，故可用简便的水洗法使其与被还原的金属分离。镁、钙亦具有还原能力，但因生成不溶于水和稀酸的 MgF_2 及 CaF_2，致使渣与被还原金属难于分离，故一般不采用。

若用金属热还原法还原稀有金属氧化物，可供考虑的还原剂有钙、镁、铝等。然而，由于许多稀有金属能与氧形成固溶体，难以彻底还原使氧除净；许多稀有金属能与还原剂组成合金；所得还原剂氧化物熔点很高，在还原温度下不能熔化，并且一般呈细粒嵌布，与被还原金属颗粒混杂在一起而难于分离等多种原因，此法未能得到广泛应用。已用于工业生产的有铝热还原 Nb_2O_5 制取粗金属铌。

此外，还有使用镧作金属还原剂还原稀土金属氧化物，以生产钐、铕、镱等单一稀土金属。该法的原理是在真空条件下，用很难蒸发的金属镧还原钐，镱，铕的氧化物，并同时将还原后易蒸发的金属钐、铕，镱蒸发出来。

第二节 热还原法生产稀有金属的理论基础

一、金属氧化物还原的一般热力学条件

1．标准状态下还原反应的热力学分析

以Me和X分别表示待还原金属和还原剂，对氧化物还原言，并设金属Me和还原剂X均为二价，其反应通式为：

$$MeO + X = Me + XO \quad (a)$$

式中还原剂X可能是一种金属或一种非金属元素，如镁，铝，碳，氢等，亦可能是一种低价氧化物，如CO。

此反应的ΔG°可由下列两反应求得：

$$Me + \frac{1}{2}O_2 = MeO \quad (b)$$

$$X + \frac{1}{2}O_2 = XO \quad (c)$$

由此可得：

$$\Delta G_a^\circ = \Delta G_c^\circ - \Delta G_b^\circ$$

即

$$\Delta G^\circ = \Delta G_{XO}^\circ - \Delta G_{MeO}^\circ \quad (5\text{-}8\text{-}1)$$

由热力学定律可知，若反应（a）的标准自由能变化ΔG_a°为负值，则在标准状态下该反应有可能自动进行。为使ΔG_a°为负值，必须使$\Delta G_c^\circ < \Delta G_b^\circ$

为比较氧化物的标准生成自由能变化，应注意氧的摩尔数相同。在图5-1-1中示出了1mol氧与金属反应生成氧化物的标准生成自由能变化ΔG°与温度T的关系。图中数值表明，位于下方的曲线所代表的金属或非金属元素氧化物的ΔG°值比上方曲线所代表的金属氧化物的ΔG°值更负些，所以下方曲线所代表的元素（包括金属或非金属）可以用作还原上方曲线所代表的金属氧化物的还原剂。

图中曲线由于斜率不同或因在氧化物相变温度处发生转折可能导致相对位置变化，故判断曲线上下方的位置应联系温度条件。

由图5-1-1可看出，CaO、La_2O_3、MgO位于图的最下方，所以Ca、Mg、La应是很好的还原剂；CO的ΔG°值低于许多金属氧化物（尤其在高温下），故碳亦是良好的还原剂；高温下H_2O的ΔG°值低于ReO_2、MoO_2、WO_3的ΔG°值，氢亦可用作还原剂。但在实际选用还原剂时，还要考虑许多其他因素。

在冶金实践中，许多情况要比上述情况复杂得多。首先，某些稀有金属由于具有生成多种价态化合物的特性或生成金属—氧固溶体，其还原过程可能分段进行；其次，实际生产中往往不是标准状态，反应物和生成物有可能熔合形成渣相或合金。下面将分别介绍各种复杂条件下的还原条件。

2. 各种价态氧化物还原的热力学分析

钛、铌、钒、钨、钼等金属具有多种价态的氧化物。下面以铌（氧化物有Nb_2O_5、NbO_2、NbO等）为例，研究其还原的热力学条件。铌氧化物的生成—离解过程可能存在的反应、反应的标准自由能变化及氧平衡分压（离解压）与温度的关系如表5-8-3和图5-8-1所示。分析表5-8-3与图5-8-1可得出如下结论：

（1）Nb_2O_5的离解过程将按下列次序分阶段进行：

$$Nb_2O_5 \longrightarrow NbO_2 \longrightarrow NbO \longrightarrow Nb$$

（2）图5-8-1中的区域Ⅰ为Nb_2O_5稳定区，区域Ⅱ为NbO_2稳定区，区域Ⅲ为NbO稳定区，区域Ⅳ为金属铌稳定区；

（3）为使还原反应进行到底，对变价金属氧化物而言，要根据最稳定的低价氧化物（铌氧化物中为NbO）选择还原剂。

3. 非标准状态下氧化物还原的热力学分析

冶金实践中，许多还原反应往往是在非标准状

表 5-8-3 铌氧化反应的标准生成自由能变化及氧的平衡分压（离解压）与温度的关系

编 号	反 应	ΔG°, J	$\lg p_{O_2}^\circ$, ×101325Pa
1	$4NbO_2$(固)$+O_2=2Nb_2O_5$(固)	$-653200+182T$	$\frac{-34200}{T}+9.55$
2	$2NbO$(固)$+O_2=2NbO_2$(固)	$-737000+163.8T$	$\frac{-38600}{T}+8.57$
3	$\frac{4}{5}Nb$(固)$+O_2=\frac{2}{5}Nb_2O_5$(固)	$-741600+166.8T$	$\frac{-38800}{T}+8.7$
4	Nb(固)$+O_2=NbO_2$(固)	$-776200+163T$	$\frac{-40500}{T}+8.5$
5	$2Nb$(固)$+O_2=2NbO$(固)	$-815480+162.6T$	$\frac{-42600}{T}+8.44$

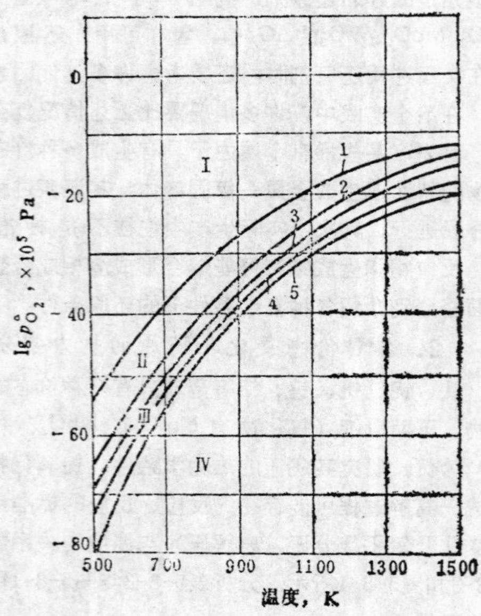

图 5-8-1 铌氧化物离解压与温度的关系

1—$4NbO_2$(固)$+O_2=2Nb_2O_5$(固)；

2—$2NbO$(固)$+O_2=2NbO_2$(固)；

3—$\frac{4}{5}Nb$(固)$+O_2=\frac{2}{5}Nb_2O_5$(固)；

4—Nb(固)$+O_2=NbO_2$(固)；

5—$2Nb$(固)$+O_2=2NbO$(固)

态下进行，如用铝热法还原Nb_2O_5制取金属铌，反应式如下：

$$3Nb_2O_5+10Al=6Nb+5Al_2O_3$$

虽然原料中铝及Nb_2O_5均为纯物质，它们的活度可视为1，但由于铌与铝能形成合金，铌的氧化物（包括低价氧化物）又能溶于Al_2O_3渣，故在开始有少量铌与Al_2O_3生成后，尚未反应的铝将和铌形成合金，Al_2O_3也将与铌的氧化物形成熔渣，进一步的反应实际上是合金相中的铝将渣相中的铌氧化物还原，生成物也是铌铝合金相，因此它们的活度均不为1，故不能按标准状态处理。

非标准状态下氧化物还原反应的自由能变化情况如下。

设待还原金属和还原剂均为二价，则非标准状态下其还原反应为：

$$(MeO)+(X)=(Me)+(XO)$$

反应式中(MeO)、(X)、(Me)、(XO)分别表示处于非标准状态的金属氧化物、还原剂、被制取的金属及还原剂氧化物，它们的活度分别用a_{MeO}、a_X、a_{Me}、a_{XO}表示。反应的自由能变化为：

$$\Delta G=\Delta G^{\circ}+RT\ln(a_{Me}a_{XO}/a_{MeO}a_X)$$

又 $$\Delta G^{\circ}=\Delta G^{\circ}_{XO}-\Delta G^{\circ}_{MeO}$$

故 $$\Delta G=(\Delta G^{\circ}_{XO}-\Delta G^{\circ}_{MeO})+RT\ln(a_{Me}a_{XO}/a_{MeO}a_X)$$

为使还原反应能顺利进行，ΔG必须为负值，亦即上式的右边应小于0，整理后得：

$$\Delta G^{\circ}_{XO}<[\Delta G^{\circ}_{MeO}-RT\ln(a_{Me}a_{XO}/a_{MeO}a_X)] \tag{5-8-2}$$

式中活度项系数为1。若Me和X不是二价，其还原的热力学条件仍与此相似，仅活度项系数不同。

从式5-8-2可知，在非标准状态下，不仅ΔG°_{XO}、ΔG°_{MeO}值对还原反应的进行起着很大作用，而且生成物及反应物的活度也有很大作用，改变其数值有可能影响反应进行的方向。以下分析不同条件对还原过程的影响以及如何使反应向有利方面进行。

（1）反应物及生成物都分别处于某种熔体中（如氧化物处于渣相、金属和还原剂处于合金相），此时还原反应的热力学条件即为式5-8-2所示。

当还原反应达到平衡时，若熔体服从亨利定律，可导出：

$$RT\ln\frac{N_{MeO}}{N^{\circ}_{MeO}}=\Delta G^{\circ}_{XO}-\Delta G^{\circ}_{MeO}+RT\ln\left(\frac{N_{XO}}{N^{\circ}_{XO}}\cdot\frac{N_{Me}}{N^{\circ}_{Me}}\bigg/\frac{N_X}{N^{\circ}_X}\right) \tag{5-8-3}$$

式中 N_X、N_{Me}——平衡后X和Me在合金相的浓度，摩尔分数；

N_{XO}、N_{MeO}——平衡后XO和MeO在渣相的浓度，摩尔分数；

N°_X、N°_{Me}——X和Me在合金相的溶解度，摩尔分数；

N°_{XO}、N°_{MeO}——XO和MeO在渣相的溶解度，摩尔分数。

由式5-8-3可看出，为降低氧化物MeO在渣相的平衡浓度N_{MeO}以提高金属回收率的主要途径有：采用强还原剂（ΔG°_{XO}愈负，N_{MeO}愈小）；还原剂适当过量（可使N_X值增大）；选定的还原剂力求难熔于合金相（可使N°_X减小）；添加适当的助熔剂（可降低N_{XO}，增大N°_{XO}）；用还原法直接制取合金（可降低Me在合金相的活度，即降低N_{Me}/N°_{Me}项）。可见，关键在于对还原剂的选择。如直接制取合金能满足要求，则无论在技术上、经济上都是合适的。

（2）若X、XO及MeO始终处于标准状态，而Me处于某种合金中，其活度不为1，熔体并服从亨利定律，则此时还原的热力学条件可由式5-8-3简化为：

$$\Delta G^\circ_{XO} < [\Delta G^\circ_{MeO} - RT\ln(N_{Me}/N^\circ_{Me})] \quad (5\text{-}8\text{-}4)$$

分析式5-8-4可得出如下结论：

ΔG°_{MeO}值愈大，ΔG°_{XO}值及N_{Me}值愈小，即MeO的稳定性愈差，还原剂愈强，金属在合金相中的浓度愈小，愈易满足式5-8-4的条件。

若$\Delta G^\circ_{XO} > \Delta G^\circ_{MeO}$，则标准状态下X不可能将MeO还原为金属，但$N_{Me}$很小，并满足$RT\ln(N_{Me}/N^\circ_{Me}) < (\Delta G^\circ_{MeO} - \Delta G^\circ_{XO})$条件，则还原反应仍可能自动进行。

此外，还原反应达到平衡时，ΔG°_{XO}愈负，则N_{Me}愈大，即选定的还原剂愈强，得到的金属浓度愈大。

（3）若X、XO及Me均为标准状态，而MeO处于某种熔体中，其活度小于1，熔体并符合亨利定律，则此时还原的热力学条件可由式5-8-3简化为：

$$\Delta G^\circ_{XO} < [\Delta G^\circ_{MeO} + RT\ln(N_{MeO}/N^\circ_{MeO})] \quad (5\text{-}8\text{-}5)$$

分析上式可得出如下结论：MeO在熔体中的实际浓度N_{MeO}愈大，愈易满足上式条件，MeO稳定性愈差愈易被还原；随着还原的进行，N_{MeO}逐渐减小（MeO愈稳定），当$\Delta G^\circ_{XO} = \Delta G^\circ_{MeO} RT\ln(N_{MeO}/N^\circ_{MeO})$时，反应达到平衡；对某一种还原剂而言，熔体中MeO的平衡浓度为一定值，难于全部还原，但还原剂愈强（即ΔG°_{XO}愈小），残余的MeO浓度将愈小。

（4）若MeO及Me均为标准状态，而X及XO为非标准状态，则此时还原的热力学条件可由式5-8-2简化为：

$$[\Delta G^\circ_{XO} + RT\ln(a_{XO}/a_X)] < \Delta G^\circ_{MeO} \quad (5\text{-}8\text{-}6)$$

由上式可看出，使a_X增大，a_{XO}减小，有利于还原反应进行。即使在标准状态下$\Delta G^\circ_{XO} > \Delta G^\circ_{MeO}$，即还原反应不可能自动进行时，只要$a_X$足够大，$a_{XO}$足够小，满足$RT\ln(a_{XO}/a_X) < (\Delta G^\circ_{MeO} - \Delta G^\circ_{XO})$条件，则在非标准状态下还原反应亦可能自动进行。

4．金属-氧固溶体还原的热力学分析

金属-氧固溶体中氧的溶解与析出过程可简单用下式表示：

$$O_2 \rightleftharpoons 2(O)$$

当氧分压为0.101MPa，则氧按上式溶于金属时，其自由能变化$\Delta G_{Me(O)}$（J/molO$_2$）为：

$$\Delta G_{Me(O)} = \Delta G^\circ_{Me(O)} + 2RT\ln\gamma_{(O)} + 2RT\ln C_{(O)} \quad (5\text{-}8\text{-}7)$$

式中 $\Delta G^\circ_{Me(O)}$——标准状态下的溶解自由能变化；

$C_{(O)}$——Me(O)中氧的浓度；

$\gamma_{(O)}$——Me(O)中氧的活度系数（温度一定时$\gamma_{(O)}$为常数）。

由式5-8-7可看出，固溶体中氧浓度愈小，$\Delta G_{Me(O)}$愈小，则Me(O)愈稳定。

下面以铌-氧系为例，说明金属氧化物及固溶体成分与生成自由能的关系。图5-8-2及图5-8-3分别示出Nb-O系相图及1500°C时Nb-O系ΔG值与氧含量关系。由图5-8-2看出，随着氧含量不同，分别形成α固溶体及NbO、NbO_2、Nb_2O_5等化合物。在图5-8-3中，则相应示出不同固溶体及氧化物的

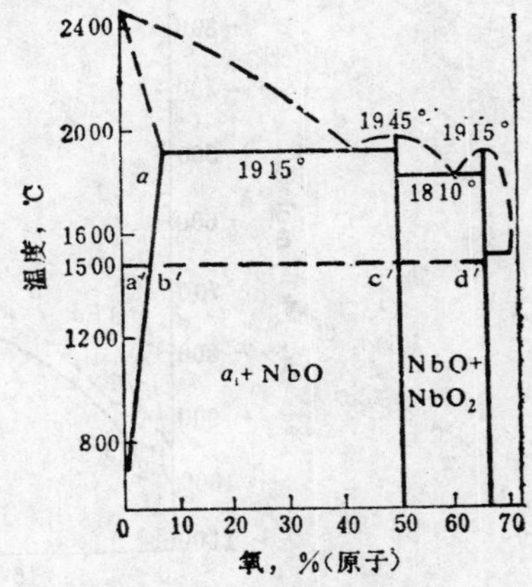

图 5-8-2 Nb-O系相图

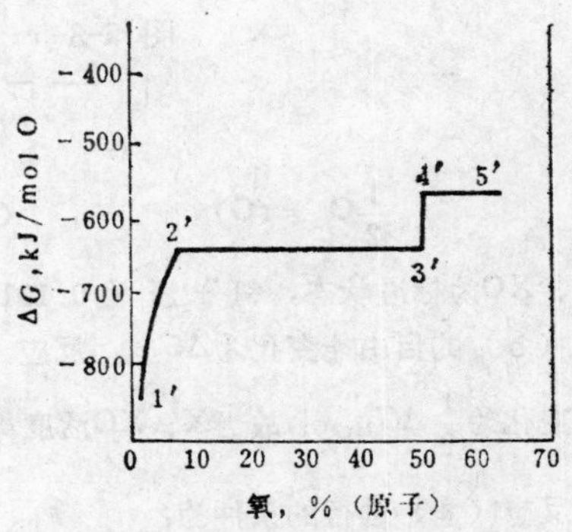

图 5-8-3 1500°C时Nb-O系ΔG值与氧含量关系

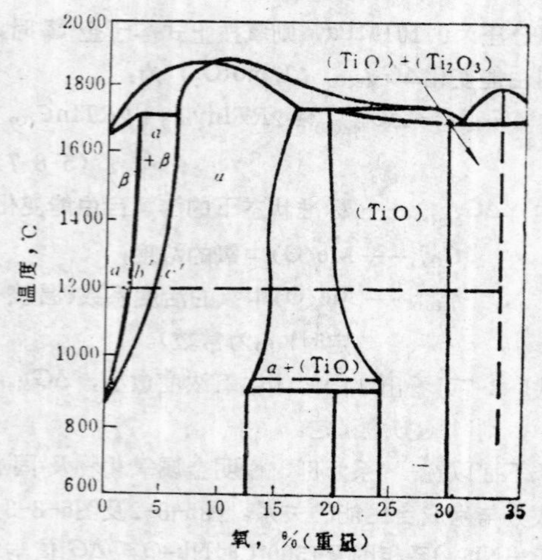

图 5-8-4 Ti-O系相图

氧含量变化所引起的ΔG值变化。图5-8-3中的1′-2′为α相区，服从式5-8-7；2′-3′为$\alpha+NbO$相区，相当于ΔG°_{NbO}；4′-5′相当于$\Delta G^\circ_{NbO_2}$。

钛-氧系相图及钛-氧系ΔG值与成分关系示于图5-8-4及图5-8-5中。就一般情况而言，在金属-氧体系中，固溶体中的氧含量要比各种价态的氧化物中的氧为低，$\Delta G_{Me(O)}$值亦比各种价态氧化物的生成自由能负，固溶体中的氧更为稳定。在讨论各种价态氧化物的还原条件时，强调要根据低价氧化物选择还原剂；在有固溶体生成的条件下，则应从固溶体的脱氧来考虑选择还原剂。

有关固溶体脱氧过程可简单看成下列反应：

$$X+(O)=XO \tag{a}$$

反应(a)也可看成下列两反应式之差：

$$X+\frac{1}{2}O_2=XO \tag{b}$$

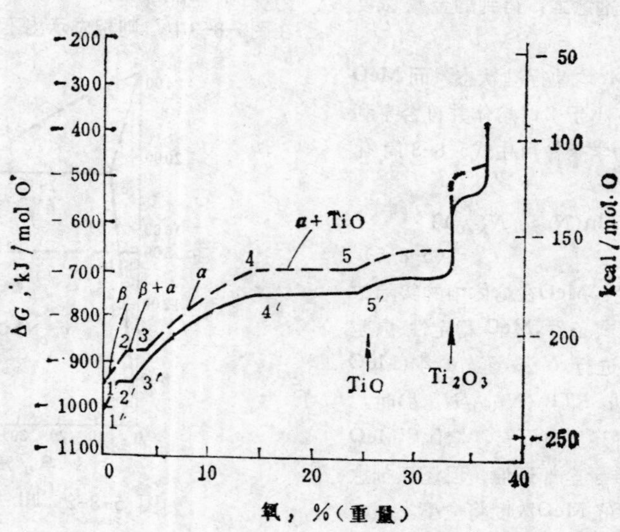

图 5-8-5 Ti-O系ΔG值与成分关系

——1000℃；----1200℃

$$\frac{1}{2}O_2=(O) \tag{c}$$

当X、XO为标准状态，氧分压为0.101MPa时，反应（b）的自由能变化为ΔG°_{XO}，反应（c）的自由能变化为$\frac{1}{2}\Delta G_{Me(O)}$，故当X、XO活度均为1时，还原反应（a）进行的条件为：

$$\Delta G^\circ_{XO}-1/2\Delta G_{Me(O)}<0$$

或

$$\Delta G^\circ_{XO}<1/2\Delta G_{Me(O)}$$

在还原过程中，随着氧含量的降低，$\Delta G_{Me(O)}$愈来愈小，Me(O)愈来愈稳定，当$1/2\Delta G_{Me(O)}$与ΔG°_{XO}相等，即：

$$2\Delta G^\circ_{XO}=\Delta G^\circ_{Me(O)}+2RT\ln C_{(O)}+2RT\ln\gamma_{(O)} \tag{5-8-8}$$

此时，反应达到平衡，Me(O)中氧含量不可能再降低，对某一种还原剂而言，在一定条件下，其残余氧含量为一定值。

式5-8-8仅适用于还原剂X、还原产物XO都为标准状态，且Me(O)也不形成合金的简单情况。

5．复杂化合物中氧化物还原的热力学分析

在稀有金属冶金中，有的氧化物是以复杂化合物形式参加反应的。因此其还原的热力学条件相应也有所改变。现以钛铁矿（$FeTiO_3$）的还原熔炼为例说明如下。

FeO的碳还原反应为：

$$FeO + C = Fe + CO$$

故标准状态下其还原的热力学条件为：

$$\Delta G^\circ_{CO} < \Delta G^\circ_{FeO}$$

热力学计算表明，在标准状态下，当温度约高于1000K时，还原有可能自动进行。但在钛铁矿中，FeO与TiO_2结合成复杂的氧化物$FeTiO_3$，即：

$$FeO + TiO_2 = FeTiO_3 \qquad (a)$$

在选择还原铁时，其主要反应为：

$$FeTiO_3 + C = Fe + TiO_2 + CO \qquad (b)$$

反应（b）相当于下列两反应之差，即：

$$C + \frac{1}{2}O_2 = CO \qquad (c)$$

$$Fe + \frac{1}{2}O_2 + TiO_2 = FeTiO_3 \qquad (d)$$

故标准状态下反应进行的热力学条件为：

$$\Delta G^\circ_{CO} - \Delta G^\circ_{(d)} < 0$$

而 $$\Delta G^\circ_{(d)} = \Delta G^\circ_{FeO} + \Delta G^\circ_{(a)}$$

故还原反应的热力学条件为：

$$\Delta G^\circ_{CO} < (\Delta G^\circ_{FeO} + \Delta G^\circ_{(a)})$$

其中$\Delta G^\circ_{(a)}$为负值，说明要求ΔG°_{CO}值比还原纯FeO要小得多，即要求在更高的温度下（由热力学计算知约为1200K）还原反应才能进行。这说明复杂化合物要比简单化合物难于还原，因为当FeO形成复杂化合物后，其活度比纯态的要小得多。

二、金属卤化物还原的热力学基础

1．金属对氯和氟的亲和力

某些金属氯化物、氟化物的标准生成自由能ΔG°与温度的关系已示于图5-1-2、图5-1-26。图中显示的规律性前已述及，现再强调补充如下：

（1）图中位置愈低的曲线表明金属对氯（或氟）的亲和力愈大，标准状态下能将位于其上方的氯化物（或氟化物）还原成金属。所以原则上讲来，钙、钠、镁、镧等金属是很好的金属还原剂。

（2）由于CCl_4（或CF_4）的生成自由能ΔG°线位于图的最上方，高于其它的元素氯化物（或氟化物）的ΔG°线，所以不能用碳作氯化物（或氟化物）的还原剂。

（3）HCl（或HF）的生成自由能ΔG°线位于图中的上半部，明显位于该线上方的氯化物（或氟化物）可被氢气还原。值得注意的是，图中HCl（或HF）的生成自由能ΔG°随温度升高而略有下降，而大多数金属氯化物（或氟化物）的ΔG°线随温度升高而升高，表明氢对氯（或氟）的亲和力随温度升高而增强，而许多金属对氯（或氟）的亲和力往往随温度升高而减弱，这就为在高温下用氢还原金属氯化物（或氟化物）提供了有利条件。例如，在图5-1-2内未划出$TiCl_4$和HCl二者ΔG°的相交线，而$TiCl_4$的ΔG°线在HCl的ΔG°线下方。这说明在图内给出的温度范围内，氢不能用作$TiCl_4$的还原剂，但在更高温度下，氢对氯的亲和力可能超过钛，因此在一条定件下，可用氢还原$TiCl_4$制取钛（如等离子氢还原）。

2．卤化物还原的热力学条件与氧化物还原热力学条件的比较

卤化物的还原和氧化物的还原均属还原反应，有关氧化物还原的各种热力学条件也基本适用卤化物还原。在标准状态下，卤化物还原的热力学条件同样是金属卤化物的ΔG°值应大于还原剂卤化物的ΔG°值。在为还原具有多种价态金属卤化物而选择还原剂时，应从其最稳定的化合物考虑。在卤化物的还原过程中，同样存在着形成复杂熔体的问题，应按非标准状态下还原的热力学条件处理。

此外，卤化物的还原过程与氧化物还原过程中同样存在着形成复杂化合物问题，使还原过程复杂化，还原的热力学条件也相应有所改变。对此，在选择还原剂以及工艺条件上要充分考虑。

卤化物还原与氧化物还原相比，有以下不同之处：

（1）大多数稀有金属对氧的亲和力很大，仅次于碱土金属和铝，因此适用于金属氧化物的还原剂有限，而稀有金属对氯、氟的亲和力要比碱金属、碱土金属都小，因此易找到合适的还原剂。

（2）稀有金属卤化物体系中，一般只形成各种化合物，很少形成固溶体。从热力学角度看，由

卤化物还原为金属比由能形成固溶体的氧化物还原要合适得多。

（3）除稀土外，一般稀有金属氯化物的沸点较低，氢还原时可使反应在气相进行，并得到一定粒度粉末。同时也可控制条件，使反应在适当的基体表面进行，直接获得某种镀层金属材料。

（4）由于一般稀有金属氯化物的熔点、沸点较低，有可能实现在还原过程中连续加料，而无须象氧化物那样进行一次混装，为生产提供了有利条件。

由于以上特点，加上稀有金属卤化物（特别是氯化物）易于分离提纯，因此广泛采用卤化物热还原法制取稀有金属。

三、还原产物分离的基本原理

在用热还原法生产稀有金属所得的还原产物中，除金属产品外，还有还原剂反应后生成的化合物以及剩余的还原剂。一般用碳还原和氢还原获得的金属产品为凝聚相，而还原剂生成的化合物（CO、H_2O、HCl等）在作业温度下为气态，故两者易于分离。但用金属热还原获得的还原产物均为凝聚相，应利用其性质上的差异进一步处理，使之分离。常用的分离方法有水洗法、真空蒸馏法及液-液分层法。

水洗法，即湿法浸出作业，是利用物质在水中或无机酸中溶解性能的不同，将盐（还原剂生成的化合物）浸出除去获得金属产品。

真空蒸馏法是利用物质在高温下挥发能力的不同，将易挥发的化合物及剩余还原剂蒸馏除去而获得金属产品。

液-液分层法是利用还原产物均为液态时，比重大的金属沉积在底层，反应生成的还原剂化合物在上层，即可进行分层分离。一般氧化物还原时，上层称为渣相；卤化物还原时，上层称为盐相。

（一）真空蒸馏法分离还原产物的基本原理

1．蒸馏过程的热力学分析

通过挥发和后续的冷凝过程分离不同物质的操作称为蒸馏。蒸馏过程包括蒸发和冷凝。

用蒸馏法分离还原产物主要取决于它们具有不同的蒸气压。蒸气压是表示在一定温度下凝聚相物

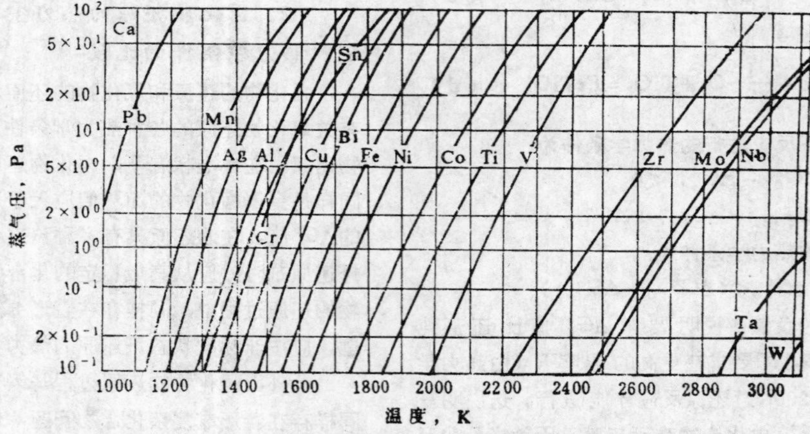

图 5-8-6 某些金属的蒸气压与温度的关系

表 5-8-4 某些金属氯化物的蒸气压

氯化物	蒸气压，Pa				
	500K	700K	1000K	1200K	1500K
$MgCl_2$	2.4×10^{-8}	6.5×10^{-3}	53.3	1.4×10^3	2.9×10^4
NaCl	7.8×10^{-12}	6.07×10^{-5}	6.79	37.3	1.6×10^4
KCl	8.0×10^{-11}	2.77×10^{-4}	13.59	746.4	2.3×10^4

质的挥发能力，其数值与物质的实际数量和存在的体积无关。在一定外压下，纯物质的蒸气压只取决于该物质的温度。某些金属的蒸气压与温度的关系如图5-8-6所示。某些金属氯化物的蒸气压列于表5-8-4。

分析有关纯物质的蒸气压数值可看出下列规律性。

（1）在同样温度，各物质的蒸气压不同，即其相对挥发性不同。在金属中，稀有难熔金属最难挥发，而碱金属、碱土金属较易挥发。因此在还原过程中，如果有过剩的还原剂金属镁等，可用真空蒸馏法将它们除去。

（2）碱金属及碱土金属氯化物的蒸气压要比稀有难熔金属高4～5个数量级。因此从理论上说，对用金属热还原法还原稀有难熔金属氯化物所得的产品都可用真空蒸馏法分离。但在通常工业上易达到的温度下（1000°C左右），NaCl、$CaCl_2$的蒸气压太小，蒸发速度很慢，故实际上并不采用真空蒸馏法去除这两种物质，而对去除$MgCl_2$则可采用真空蒸馏法。

（3）在1000°C左右时，碱土金属及碱金属的氟化物蒸气压很小，其氧化物的蒸气压更小，故其氟化物及氧化物金属热还原产品不能用真空蒸馏法分离。

溶液中各组分的蒸气压p_i°按下式计算：

$$p_i^\circ = p_i^\circ a_i$$

式中 p_i°——纯组分 i 的蒸气压；

a_i——组分 i 在溶液中的活度。

可认为稀溶液中的溶质 i 符合亨利定律，即：

$$p_i^\circ = K_i C_i \qquad (5\text{-}8\text{-}9)$$

式中 C_i——溶质的浓度；

K_i——常数。

由式5-8-9可知，随着蒸馏过程的进行，挥发性物质在溶液中的浓度逐渐降低，平衡蒸气压愈来愈小，分离将愈来愈困难。

恒压下气相达到饱和时的温度称为露点，低于露点就会有液体凝聚。对纯金属（或化合物）蒸气或其它不与此金属（或化合物）共同冷凝组成溶液的气体，其露点可根据蒸气压与温度的关系式求出。对气相有两种或两种以上蒸气，且能同时冷凝组成溶液时，其开始冷凝温度一般应根据气-液平衡图确定。

当系统中同时生成大量非冷凝性气体或系统中还有惰性气体循环时，则在冷凝的同时，还将排出大量废气。此时，冷凝温度及非冷凝性气体浓度将大大影响冷凝效率 η：

$$\eta = \left[1 - \frac{p_1^\circ p_2}{(1-p_1^\circ)p_1}\right] \times 100\% \qquad (5\text{-}8\text{-}10)$$

式中 p_1——冷凝前混合气体中待冷凝物（金属或化合物）的蒸气分压；

p_2——冷凝前混合气体中非冷凝性气体分压；

p_1°——待冷凝物在冷凝温度下的蒸气压。

从式5-8-10可知，温度愈低，p_1°愈小，冷凝效率愈高；同时，p_2愈小，p_1愈大，则冷凝效率愈高。

2. 蒸馏过程的动力学分析

物料中有大量组分挥发的蒸馏过程分如下步骤（参看图5-8-7）。

（1）蒸发。即被蒸馏物从其表面挥发进入气相空间。此时，蒸发温度T_e愈高，在温度T_e下的蒸气压p_e°愈大，蒸发速度愈快。当T_e及p_e°一定时，在蒸发表面上蒸发物质的分压p_1愈大，由气相返回蒸发面的分子数就愈多，相应使蒸发速度下降。p_1随系统的扩散阻力增大而增大。惰性气体分压p，小于7.99Pa时，其影响可忽略不计。此外，熔池表面的清洁状态对蒸发速度有很大影响，例如当局部被其它物质覆盖时，则蒸发速度变小。

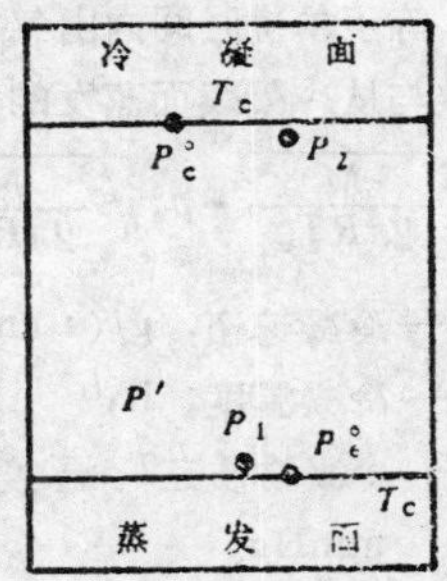

图 5-8-7 蒸发与冷凝示意图

真空〔压力<0.133Pa（10^{-3}mmHg）〕下蒸发速率$V_蒸$可用下式表示：

$$V_蒸 = p_e^\circ\sqrt{\frac{M}{2\pi KT_e}} \qquad (5\text{-}8\text{-}11)$$

式中 $V_蒸$——蒸发速率，g/(s·cm²)；

T_e——蒸发表面及蒸气的温度，K；

p_e°——T_e温度下蒸发物质的蒸气压，mmHg；

M——蒸气的分子量。

当蒸馏空间实际压力大于0.133Pa时，回凝现象已不可忽略，蒸发速率应表示为：

$$V_{蒸}=(p_c^{\circ}-p_1)\sqrt{\frac{M}{2\pi RT_e}} \quad (5\text{-}8\text{-}12)$$

式中 p_1——蒸发表面附近蒸发物质的实际蒸气分压，mmHg。

上式即为扣除蒸气分子返回液体表面速率（称回凝速率）后的净蒸发速率。

（2）气相扩散。即蒸气分子在蒸馏空间扩散到冷凝表面，其速率可用下式计算：

$$V_{扩}=\frac{KDP}{T_cL}\ln\frac{P-p_2}{P-p_1} \quad (5\text{-}8\text{-}13)$$

式中 $V_{扩}$——扩散速率，g/(s·cm²)；

K——与气体（蒸气，惰性气体）种类有关的常数；

D——蒸气扩散系数，cm²/s；

L——蒸发表面与冷凝面之间的距离，cm；

P——蒸馏空间的总压，mmHg；

p_2——冷凝表面附近冷凝物质的实际蒸气分压，mmHg。

由式5-8-13可知，$V_{扩}$随p_1增加而增加，随p_2的增加而降低，随扩散系数D的增加而增加。

（3）冷凝。冷凝速率$V_{冷}$是指单位时间内冷凝物质的量，等于单位时间内由气相碰撞冷凝表面的蒸气分子数与从冷凝表面蒸发的分子数之差，即：

$$V_{冷}=p_2\sqrt{\frac{M}{2\pi RT_e}}-p_c^{\circ}\sqrt{\frac{M}{2\pi RT_c}} \quad (5\text{-}8\text{-}14)$$

式中 $V_{冷}$——冷凝速率，g/(s·cm²)；

T_c——冷凝温度，K；

p_c°——冷凝物质在T_c温度下的蒸气压，mmHg。

由于冷凝过程的进行，使冷凝面附近的压力降低，因而蒸发的蒸气不断向冷凝面扩散补充，使蒸馏过程成为一个连续的过程。当过程达到稳态后，由式5-8-12、5-8-13及5-8-14表示的三种速率互相相等，并等于实际蒸馏速率V，即

$$V=V_{蒸}=V_{扩}=V_{冷}$$

3. 真空蒸馏特点

（1）真空蒸馏过程可在较低温度下进行，并有利于提高产品纯度。在用蒸馏方法分离还原产物时，只有当蒸发物质的蒸气压等于或大于残压时才能获得符合要求的蒸发速率，因此使系统形成真空状态，则在较低温度下即可满足这一要求。由于温度低，由设备材料带入杂质的可能性减少，同时在真空下也免除或减少了气体杂质带入的可能性；此外，蒸馏温度越低，金属间的分离系数，即各金属的蒸气分压之比越大。所有这些均有利于产品纯度的提高。

（2）真空下熔体的蒸发过程都是在表面上进行。这主要是由于在液体内部产生气泡时，其蒸气压不仅要克服气相的压力，而且要克服表面张力和液体的静压力，又因为熔体的密度大、导热性好，所以新相气泡很难在熔体内部生成。因此为了提高蒸馏效率，要求熔体有较大的比表面积，即采用浅熔池，同时表面应尽量清洁，无渣层覆盖。

（3）真空下有利于强化蒸馏过程，这是由于真空下气相阻力小，$V_{蒸}$、$V_{扩}$及$V_{冷}$均比常压下大得多。

（二）液-液分层法分离还原产物

由于稀有金属氧化物或氟化物的金属热还原产物蒸气压低且相互接近，故不能用真空蒸馏分离。同时，某些氟化物（如CaF_2）和某些氧化物难溶于水和酸，因此也不能用水洗法或酸洗法分离。在这种情况下，如果还原获得的金属及还原剂生成的氧化物或氟化物的熔点都不很高，则可将温度控制在它的熔点以上，此时，金属相比重大，沉在底部，而渣或的熔盐相则浮在上部，从而达到分离的目的。然而，实际过程要复杂得多。还原初期形成的液态产物中实际上是含还原剂的合金相和含有稀有金属氧化物（或氟化物）的渣相（或盐相）。合金相在沉降过程中会进一步与渣相（或盐相）发生物质交换，即合金相中的还原剂进一步将渣相中的稀有金属氧化物（或氟化物）还原，使其进入合金相，而合金相中的还原剂则变成氧化物（或氟化物）进入渣相（或盐相）；当还原剂能力足够强且数量又足够多，则经过一段时间后可得到稀有金属相（沉积在底部）和基本上不含有稀有金属氧化物（或氟化物）的渣相（或盐相）。

若还原剂能力不够强或数量不足或反应时间不够（两相间物质交换不完全）或有极少量稀有金属可能溶于渣相（或盐相中），都将使一些稀有金属损失于渣相。对此，应采用正确选择还原剂种类、用量及适当延长作业时间等措施解决。

此外，造成金属损失的另一原因是机械夹杂，即部分金属小珠来不及沉降而夹杂在渣相（或盐

相）中，这可由下式说明：

$$V=\frac{2}{9}\times\frac{g(\rho_{Me}-\rho_s)\gamma_{Me}^2}{\mu} \quad (5\text{-}8\text{-}15)$$

式中 V——自由沉降速度，cm/s；

ρ_{Me}，ρ_s——合金相及渣相（或盐相）的密度，g/cm³；

μ——渣相（或盐相）粘度，Pa·s；

γ_{Me}——合金球的半径，cm；

g——重力加速度，g/s²。

分析式5-8-15可看出，渣相（或盐相）粘度μ愈小，密度ρ_s愈低，金属珠直径γ_{Me}愈大，则沉降速度愈快。为此，可适当提高作业温度，并创造条件使小的金属珠聚集。

第三节 金属热还原法生产稀有金属

一、镁热还原四氯化钛过程原理

1. 镁还原四氯化钛反应的标准自由能变化与平衡常数

镁还原四氯化钛的总反应式可写为：

$$\frac{1}{2}TiCl_4+Mg=\frac{1}{2}Ti+MgCl_2 \quad (5\text{-}8\text{-}16)$$

钛是典型的过渡金属，因此在还原其化合物时，有可能按分步反应进行，即从高价化合物还原为低价化合物，最后还原为金属。分步还原可列出下列反应式：

$$2TiCl_4+Mg=2TiCl_3+MgCl_2 \quad (5\text{-}8\text{-}17)$$

$$TiCl_4+Mg=TiCl_2+MgCl_2 \quad (5\text{-}8\text{-}18)$$

$$2TiCl_3+Mg=2TiCl_2+MgCl_2 \quad (5\text{-}8\text{-}19)$$

$$\frac{2}{3}TiCl_3+Mg=\frac{2}{3}Ti+MgCl_2 \quad (5\text{-}8\text{-}20)$$

$$TiCl_2+Mg=Ti+MgCl_2 \quad (5\text{-}8\text{-}21)$$

上述各反应在不同温度下的标准自由能变化计算结果绘于图5-8-8中。

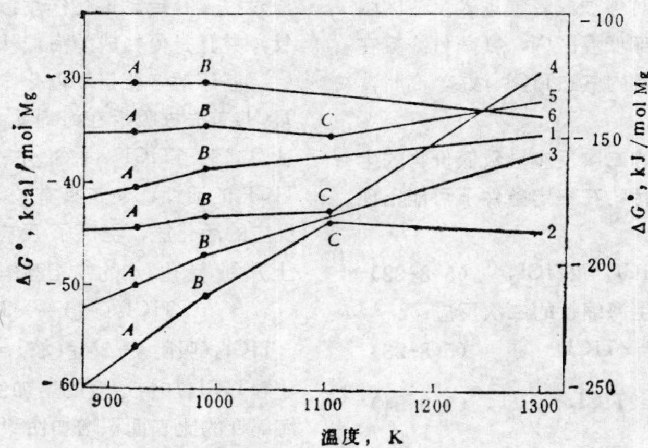

图 5-8-8 镁还原$TiCl_4$反应的$\Delta G°-T$关系

A—Mg熔点923K；B—$MgCl_2$熔点987K；C—$TiCl_3$升华点1104K

1—反应式5-8-16；2—反应式5-8-17；3—反应式5-8-18；

4—反应式5-8-19；5—反应式5-8-20；6—反应式5-8-21

表 5-8-5 $TiCl_4+2Mg=Ti+2MgCl_2$反应平衡常数

温度，K	K_p	$p_{TiCl_4}(\approx\frac{1}{K_p})$，Pa
800	2.64×10^{23}	3.8×10^{-19}
900	5.73×10^{19}	1.7×10^{-15}
1000	6.67×10^{16}	1.5×10^{-12}
1100	6.07×10^{14}	1.6×10^{-10}
1200	1.29×10^{13}	7.9×10^{-9}
1300	5.19×10^{11}	1.9×10^{-7}

由此可看出：上述各反应的ΔG°皆为负值，故反应均可能进行。当限定镁量时，$TiCl_4$与Mg作用生成$TiCl_3$及$TiCl_2$的反应要比$TiCl_4$与镁作用生成钛的反应容易进行。要将钛的低价氯化物再进一步还原成金属钛，却必须有足够量的镁，以保证还原反应进行到底。

按反应$TiCl_4+2Mg=Ti+2MgCl_2$计算平衡常数，其结果列于表5-8-5中。表中数值表明：该反应平衡时，只要镁量足够，镁还原$TiCl_4$反应将进行得十分完全。

2. 钛的低价氯化物生成条件

在镁还原$TiCl_4$过程中，常有钛的低价氯化物（$TiCl_2$、$TiCl_3$）生成，影响海绵钛质量，降低金属收率，并使劳动条件恶化。

从热力学观点看，钛的低价氯化物的生成条件是：

（1）镁量不足时（或$TiCl_4$过量时），在反应器内优先进行生成低价物的反应，这种情况多发生于还原过程后期未能及时停炉或者镁进入反应区困难时形成。在反应器上部低温区内，镁蒸气冷凝在罐上部的内表面上，当罐内气态$TiCl_4$浓度高时，此处亦能形成低价物。

（2）还原过程中的二次反应导致低价物的生成。随着还原反应的进行，在一定条件下可能出现下列二次反应：

$$TiCl_4+TiCl_2=2TiCl_3 \qquad (5\text{-}8\text{-}22)$$

在镁量不足时，可能发生海绵钛的二次反应：

$$3TiCl_4+Ti=4TiCl_3 \qquad (5\text{-}8\text{-}23)$$

$$TiCl_4+Ti=2TiCl_2 \qquad (5\text{-}8\text{-}24)$$

$$2TiCl_3+Ti=3TiCl_2 \qquad (5\text{-}8\text{-}25)$$

在反应温度下，上述各二次反应原则上均可进行。但是，它们的ΔG°值较镁与$TiCl_4$、$TiCl_3$、$TiCl_2$反应的ΔG°值大。这说明只有当镁量不足或还原罐内局部地区缺镁时，钛及其氯化物间的二次反应才有可能进行，并且这种情况多在反应后期发生。当加$TiCl_4$入$TiCl_4$过剩、镁量不足或在罐内局部地区缺镁时，易与露出在熔体上方的钛或$TiCl_2$进行二次反应，结果使还原得到的金属钛又转变为钛的低价氯化物。

（3）反应器内上部顶盖下存在低温区，钛的低价氯化物（特别是有较高蒸气压的$TiCl_3$）挥发至顶盖下冷凝。此处温度较低、缺镁，低价物难于继续被还原为金属钛。

综上所述，热力学分析的一个重要结论是：镁还原$TiCl_4$过程必须保证有足够量的镁才能使反应完全并进行到底，否则易生成钛的低价氯化物。

3. 镁热还原四氯化钛过程的动力学分析

镁热还原$TiCl_4$是在Ti-$TiCl_2$-$TiCl_3$-$TiCl_4$-Mg-$MgCl_2$多元体系中进行的多相反应过程。目前对其还原机理及其动力学规律尚无统一认识，但基本上可综合为两种有代表性的观点。一种观点认为还原过程以气相反应为主，即：

$$TiCl_4(\text{气})+2Mg(\text{气})=Ti(\text{固})+2MgCl_2(\text{液})$$

同时也存在熔体反应，即液体镁与溶解在$MgCl_2$熔体中的低价氯化钛之间的反应。还原产物的海绵状结构是剧烈的放热反应使钛颗粒产生再结晶和烧结等二次作用的结果。因此，过程的热效应也强烈影响到还原过程的机理。

另一种观点认为还原过程基本上是：

$$TiCl_4(\text{气})+2Mg(\text{液})=Ti(\text{固})+2MgCl_2(\text{液})$$

也同时存在熔体反应以及气相反应。同时认为，还原过程具有自动催化作用，催化剂是新生的海绵钛，并且是使钛成为海绵状结构的重要原因。

基于对多相自动催化作用的认识，认为加入的$TiCl_4$首先被吸附在海绵钛表面的“活化”点上，从而减弱了$TiCl_4$内部分子间的吸引力，增加了$TiCl_4$的活性，使其具有较大的反应能力，降低了反应的活化能，提高了反应速度。吸附的$TiCl_4$与上升到“活化”点的镁相互作用，其反应可表示为：

$$TiCl_4(\text{气})\longrightarrow TiCl_4(\text{吸附})$$

$$TiCl_4(\text{吸附})+2Mg(\text{液})=Ti(\text{固})+2MgCl_2(\text{液})$$

随着$TiCl_4$加料速度的增加使其活化吸附量增加、海绵钛的比表面积增加使“活化”点数目增多，从而促进了多相催化作用的发展，使还原反应的表观活化能降低，反应速度增快。然而，活化能的降低是有一定限度的。因为随着$TiCl_4$供给速度的进一步增加，使流动的$MgCl_2$数量增加使从而减少了海绵钛的活化表面。同时，反应速度也受到液态镁沿海绵钛毛细孔上升速度的限制。所以，反应速度与$TiCl_4$的加料速度成正比，只有当$TiCl_4$料速增加到一定程度以后，才不再影响反应速度。

上述不同观点均表述了镁热还原$TiCl_4$是一个十分复杂的多相反应过程。考虑到还原过程的周期性及还原初期、中期、末期等不同阶段，还原反应器内各部位物料形态、浓度、温度等差别所带来的动力学上的不均衡性，亦可认为上述观点可以互为补充。

表 5-8-6 不同温度下镁、氯化镁和钛的蒸气压值

产物名称	蒸气压，Pa								
	700°C	750°C	800°C	850°C	900°C	1000°C	1107°C	1418°C	1660°C
Mg	6.6×10^2	1.6×10^3	3.3×10^3	5.9×10^3	1.0×10^4	3.3×10^4	1.0×10^5	—	—
$MgCl_2$	—	82.6	1.9×10^2	4.5×10^2	9.4×10^2	3.3×10^3	1.0×10^4	1.0×10^5	—
Ti	—	—	—	—	9.7×10^{-6}	3.0×10^{-5}	—	—	6.0×10^{-2}

二、镁热还原法生产海绵钛工艺及设备

在传统镁法制钛工艺中，还原和蒸馏分别在特定的设备和炉子中进行，中间经过一次高温断续。还原产物除海绵钛外，尚有剩余的镁及未排尽的$MgCl_2$。一般采用真空蒸馏法将镁和$MgCl_2$分离除去。这是利用了在700～1000°C高温下，镁及$MgCl_2$的蒸气压很高，而钛的蒸气压极小的特点（表5-8-6）。

还原设备有上排$MgCl_2$（图5-8-9）与底排$MgCl_2$（图5-8-10）之分，还有一种带内坩埚下侧排$MgCl_2$的还原设备（图5-8-11）。真空蒸馏设备如图5-8-12所示。

改进后的镁法制钛工艺是在同一组装置中，使还原与真空蒸馏连续地进行，实现还原蒸馏一体化，因而可缩短周期，降低能耗，并有利于批量生产大型化。现在炉产能可扩大至8～10 t 海绵钛。

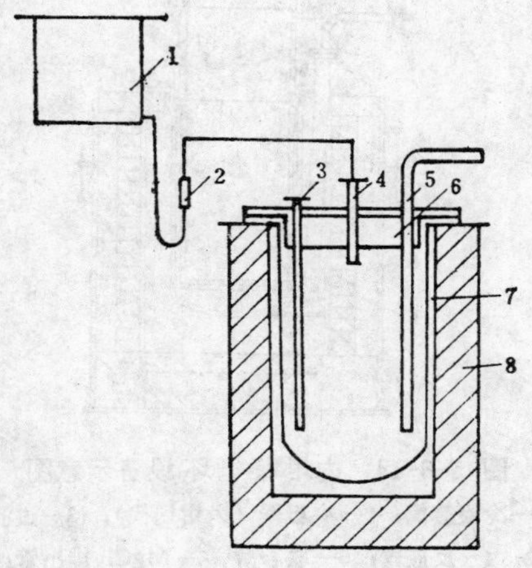

图 5-8-9 无内坩埚上排$MgCl_2$还原设备示意图

1—高位槽；2—流量计；3—热电偶套管；4—加料管；5—排放$MgCl_2$管；6—大盖；7—还原反应器；8—还原炉

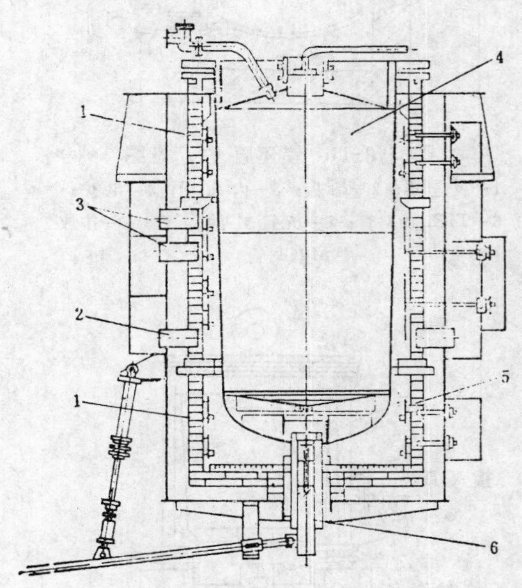

图 5-8-10 镁热还原$TiCl_4$设备示意图

1—电炉；2—排热风出口；3—鼓冷风入口；4—还原罐；5—加热器；6—排放$MgCl_2$管

镁热还原-蒸馏联合法制钛有两种装置：

（1）倒U型。用导管将水平排列的还原反应器与冷凝器连接一体，反应器与冷凝器可互换使用。

（2）I型。在还原反应器上方连接冷凝器，其间有一过渡段（或称结合部），如图5-8-13及图5-8-14所示。

这两种设备的冷凝器与还原反应器（或内坩埚）应均能互换使用，以便在蒸馏结束后，冷凝物（$Mg+MgCl_2$）连同冷凝器一起返回下次还原作业，实现蒸馏镁循环。

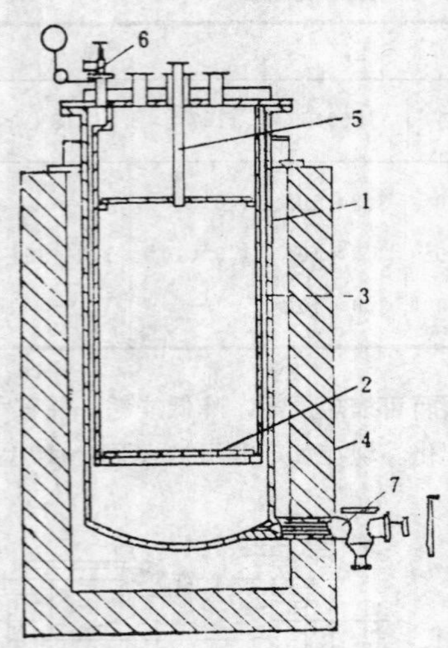

图 5-8-11 镁还原炉示意图

1—反应器；2—筛板；3—内坩埚；4—电炉；5—$TiCl_4$加料管；6—充氩或抽空管；7—排放$MgCl_2$管

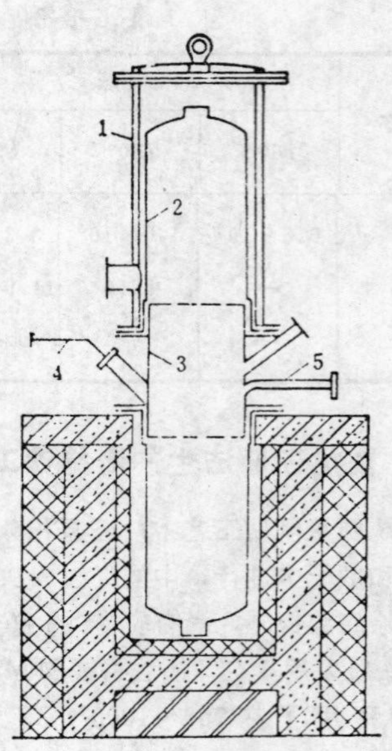

图 5-8-13 反应器循环设备示意图

1—冷凝套筒；2—冷凝器（反应器代）；3—过渡段；4—$TiCl_4$加料管；5—$MgCl_2$排出管

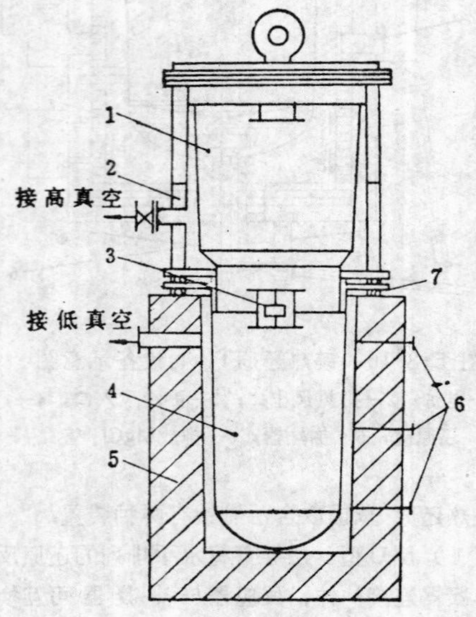

图 5-8-12 上冷式真空蒸馏设备示意图

1—冷凝器；2—冷凝套筒；3—隔热板；4—还原反应罐；5—蒸馏炉；6—热电偶；7—密封垫圈

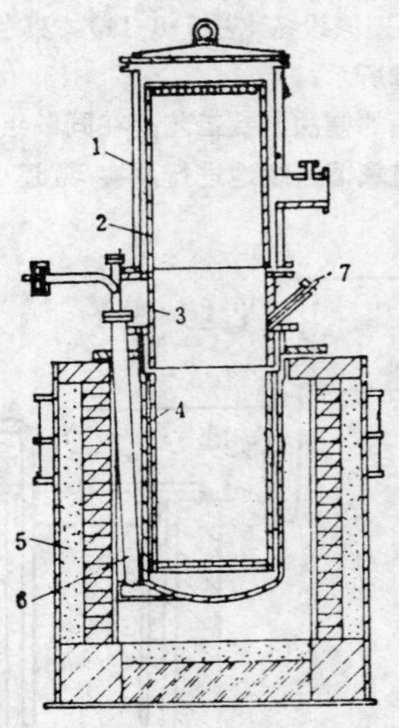

图 5-8-14 内坩埚循环设备示意图

1—冷凝套筒；2—冷凝器（内坩埚代）；3—过渡段；4—反应器；5—联合炉；6—$MgCl_2$排出管；7—$TiCl_4$加料管

三、钠热还原氟钽酸钾生产金属钽

该法是最早用于生产金属钽的工业方法，至今仍为国内外生产电容器级钽粉的主要方法。还原反应如下：

$$K_2TaF_7 + 5Na = Ta + 2KF + 5NaF$$

该还原过程是激烈的放热反应，需注意控制反应速度和反应温度。在还原过程中加入氯化钠等作“稀释剂”，既可缓和反应激烈程度，又可与KF和NaF形成低熔点混合物，降低熔盐的熔点，使反应有可能在较低温度下进行，以利于获得粒度细小的钽粉。反应生成物是金属钽粉与熔融NaF和KF的混合物。由于NaF和KF易溶解于水，故还原产物经湿法处理以后即可得到金属钽粉。

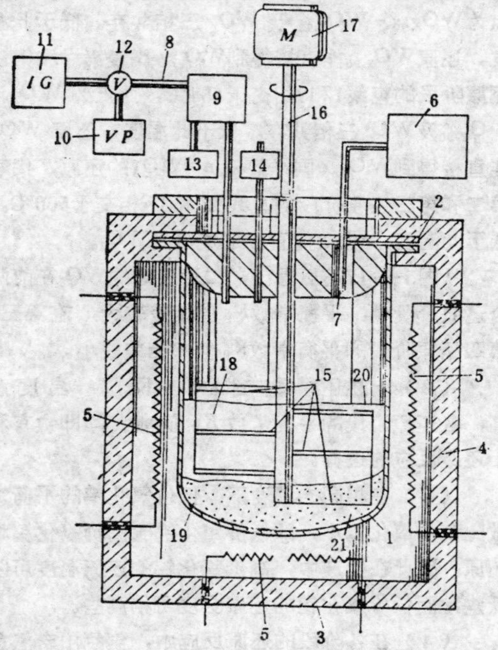

图 5-8-15 搅拌钠还原装置示意图

1—反应容器；2—容器盖；3—炉子；4—绝热层；5—加热器；6—熔钠容器；7—液钠导管；8—抽空管道；9—钠回流冷凝器；10—真空泵；11、12—惰性气体及阀；13—回流钠贮槽；14—降压阀；15—搅拌浆叶（搅拌速度100r/min）；16—搅拌器连轴杆；17—马达；18—白色的固态盐层（冷却后）；19—暗灰色的金属钽层；20—薄的NaK层；21—热电偶（测熔盐温度）

目前国内外多数生产厂家采用的生产工艺是搅拌钠还原法。该法特点是在搅拌条件下使液钠和熔融K_2TaF_7进行反应，用控制料速来控制反应速度和反应温度。使用该法可使物料接触良好，并且不受料层厚度限制，因而产量大，周期短，但设备结构较复杂。目前搅拌钠还原法生产钽粉的规模是每炉100～500kgK_2TaF_7。该法还原装置如图5-8-15所示。

另有一种推舟式连续钠还原工艺，装置如图5-8-16所示，生产规模是每小时处理40kgK_2TaF_7，可生产高比容钽粉。该法是将反应物装入钽制舟皿

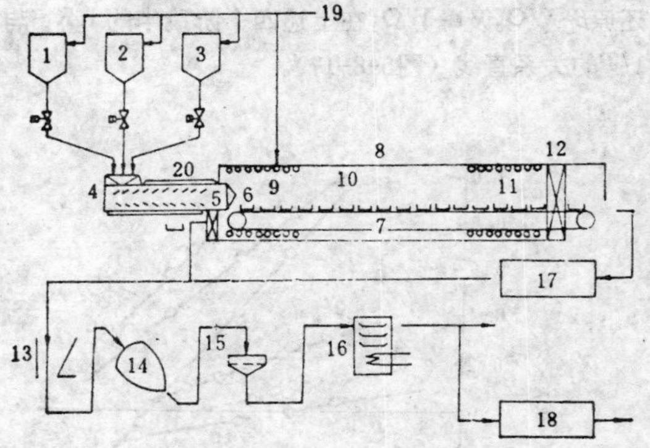

图 5-8-16 料盘式连续钠还原装置

1—氟钽酸钾贮存器；2—氯化钾贮存器；3—金属钠贮存器；4—混料器；5—混料器末端；6—钽舟皿；7—运输装置；8—炉子；9—冷却区；10—反应区（点火）；11—冷却区；12—移出区；13—反应产物破碎；14—洗涤；15—过滤；16—干燥；17、18—料槽；19—保护气体；20—加热器

表 5-8-7 钨氧化物氢还原反应及其平衡常数与温度的关系

还原反应的四个阶段	$\lg K_p$-T（对β-WO_3，温度630～791℃）	$\lg K_p$-T（对α-WO_3，温度640～937℃）
$10WO_3(\alpha,\beta)+H_2=10WO_{2.90}+H_2O$ (5-2-26)	$\lg K_p=-\frac{3266.9}{T}+4.0667$	$\lg K_p=-\frac{3792.0}{T}+4.8268$
$50/9WO_{2.90}+H_2=50/9WO_{2.72}+H_2O$ (5-8-27)	$\lg K_p=-\frac{4508.5}{T}+5.10866$	$\lg K_p=-\frac{1442.5}{T}+1.684$
$50/36W_{2.72}+H_2=50/36WO_2+H_2O$ (5-8-28)	$\lg K_p=-\frac{904.83}{T}+0.90642$	$\lg K_p=-\frac{801.7}{T}+0.8615$
$1/2WO_2+H_2=1/2W+H_2O$ (5-8-29)	$\lg K_p=-\frac{2325}{T}+1.650$	$\lg K_p=-\frac{2219.0}{T}+1.5809$

（350×300×40mm）中，放置在炉内（充氩气保护并分段控制温度）的输送装置上，可连续生产。

第四节 氢还原法生产稀有金属

一、三氧化钨氢还原的理论基础

氢还原WO_3生成钨粉的总反应式为：

$$WO_3 + 3H_2 = W + 3H_2O$$

由于钨为变价元素，钨与氧可生成一系列作为中间产品的低价氧化物。

研究确定，氢还原WO_3制取钨粉反应须经过四个阶段，各阶段反应式及反应的平衡常数K_p与温度的关系列于表5-8-7。

如以$\lg K_p$与$1/T$为坐标作图，则可分别得出氢还原β-WO_3及α-WO_3在上述四个阶段中的$\lg K_p$与$1/T$的关系直线（图5-8-17）。

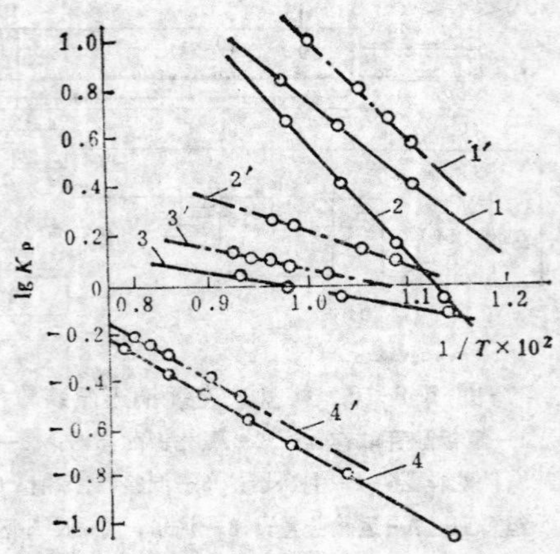

图 5-8-17 氢还原WO_3反应$\lg K_p$与$1/T$的关系

1、2、3、4—氢还原β-WO_3四个阶段反应所得平衡常数与温度的关系；1′、2′、3′、4′—氢还原α-WO_3四个阶段反应所得平衡常数与温度的关系；1、1′—$WO_3 \rightarrow WO_{2.90}$；2、2′—$WO_{2.90} \rightarrow W_{2.72}$；3、3′—$WO_{2.72} \rightarrow WO_2$；4、4′—$WO_2 \rightarrow W$

通过热力学计算及图5-8-17的分析可以说明得出以下几个结论。

（1）图中直线将图分为五个区域，由上至下，分别为WO_3、$WO_{2.90}$、$WO_{2.72}$、WO_2和金属钨五者的稳定区。在温度大于585°C时，各种钨氧化物稳定性的顺序为：$WO_2 > WO_{2.72} > WO_{2.90} > WO_3$。在一定条件下，金属钨只可能与$WO_2$平衡共存，即金属钨只和$WO_2$之间存在平衡化学反应。因此由$WO_3$变成金属钨须经过$WO_{2.90}$、$WO_{2.72}$、$WO_2$等阶段。但对$\beta$-$WO_3$的还原，代表第二和第三还原阶段的直线2和3相交于585°C，在此温度下，反应5-8-27、5-8-28的平衡常数相等，因此此点为$WO_{2.90}$、$WO_{2.72}$及WO_2三相共存。低于此温度，还原$WO_{2.90}$能直接得到WO_2。代表第一和第三还原阶段的直线1和3相交于484°C，此点为WO_3、$WO_{2.90}$及WO_2三相共存。低于此温度，还原WO_3能直接得到WO_2。同样，对α-WO_3的还原，代表第二和第三还原阶段的直线2′和3′相交于506°C。低于此温度，$W_{2.90}$能直接还原得到WO_2。

从图5-8-17还可看出，二种变体的WO_3在前两个还原阶段中，平衡常数K_p值相差较大；在第三、第四还原阶段的平衡常数K_p值却相差较小。

（2）上述还原反应都为吸热反应，温度愈高，各还原阶段的平衡常数K_p值愈大，即愈有利于还原反应的进行。

（3）在相同的温度下，低价氧化钨的平衡常数比高价氧化钨小，即低价氧化钨比高价氧化钨难还原。因此在生产中，高价氧化钨的还原温度可以低些，而低价氧化钨的还原温度可稍高些。

（4）在各阶段的还原反应中，气氛中含氢愈多及水蒸气愈少，则各反应的平衡温度（或开始还原反应所需的最低温度）愈低，这有利于各阶段还原反应的进行，因此在生产中总是采用过量数倍的氢气。

氢还原氧化钨属于气固多相过程，与氢还原固体的金属氧化物过程有着共同的规律，大体上须经过下列几个过程：

（1）氢气经过物料表面的边界层（停滞膜）向颗粒表面扩散；

（2）氢气通过反应的固体产物层向反应区扩散；

（3）在反应区，氢与氧化物进行化学反应并产生金属，即氧化物经历结晶化学变化而成为金属；

（4）反应区的气体产物（H_2O）经过金属层和气体停滞膜向外扩散。

上述过程可分为两类，一类为扩散过程；另一类为结晶化学变化过程。

由于生产上氢气流速较大，外扩散在还原过程中不成为控制步骤。在还原成WO_2阶段，由于生成的WO_2层很致密，扩散阻力很大，因此水蒸气通过WO_2层向外扩散为控制步骤；在还原成金属钨阶段，由于生成的金属钨层是多孔状，气体扩散很快，故还原的化学反应为控制步骤。

文献报道，氢将氧化钨还原成金属钨粉是自动催化过程。一般认为，上述过程（3）属于吸附-自动催化过程，即在结晶化学变化之前，气体还原剂首先在固体氧化物表面吸附，然后才是被吸附的还原剂与氧化物中的氧在表面上反应，以及进行氧化物晶格改变为金属晶格的结晶化学转变，最后则为反应产物H_2O的解吸。

二、氢还原法制取金属钨粉用设备

生产中的氢还原过程通常分两阶段进行，即由WO_3还原到WO_2，再还原到钨。每一阶段都是在单独的一组炉子内进行，这不仅易于控制工艺制度，便于检查WO_2质检量，还可较好地利用设备的有效容积（理论上WO_3密度为7.2g/cm³，WO_2密度为12.1g/cm³；W密度为19.3g/cm³），提高炉产能。也有采用一段还原制度，即由WO_3直接制取钨粉。

1. 钼丝炉

该炉适用于WO_3一段直接还原，允许最高使用温度为1400°C，炉管由两根1100mm的刚玉管对接而成，炉结构如图5-8-18所示。该炉常用于制取粗粒钨粉。

2. 四管马弗炉

该炉由四根矩形炉管组成，其尺寸为（200～300）×（60～70）×（6000～7000）mm，可分两层排列（图5-8-19），亦可按一层排列（图5-8-20），加热区有三带或四带。该炉产量大，适用于第一、二段还原。

3. 十三管电炉

该炉主要结构示于图5-8-21。炉管为十三根φ76mm无缝不锈钢管，分上下二排，有五个加热带，分别控温，可自动推舟并调速。十三管炉常用于第二段还原，其特点是管径小，易密封，炉温均匀，因此产品质量均匀，但生产能力较小。

4. 回转管式电炉

该炉结构如图5-8-22所示。炉管由一个大圆管（φ400×5400mm）内装一个内套管（φ170×4800mm）组成，二管间的环状空间为还原室，炉管倾斜角2.5°～4°，按所需还原时间调节。由于炉管略带倾斜并不断旋转，可增加氧化钨与氢气的接触机会，强化还原过程，大大提高生产率。该炉机械化程度高，可连续作业，常用于第一段还原。该炉不足之处是传动机构较复杂，物料粉尘损失大，而且粉末在高温下容易粘附管壁，使粒度不均匀。

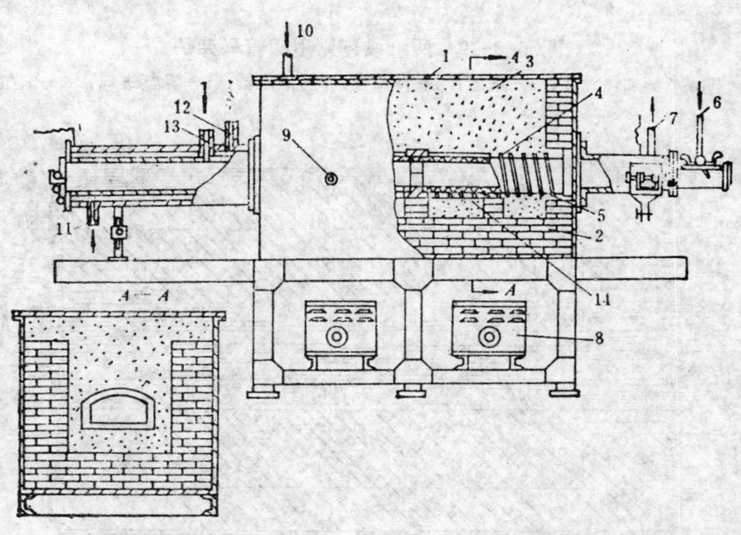

图 5-8-18 一段直接还原用钼丝炉

1—炉壳；2—轻质砖；3—氧化铝；4—钼丝；5—炉管；6—压缩空气进口；7—氢气出口；8—调压器；9—辐射高温计孔；10—炉壳氢气进口；11—冷却水进口；12—冷却水出口；13—氢气进口；14—涂料

三、由仲钨酸铵制取金属钨粉

仲钨酸铵通常的产品是五水化合物，分子式为$5(NH_4)_2O\cdot12WO_3\cdot nH_2O$，简称APT。若将仲钨酸铵以氢直接还原成钨，产出的气体含有大量的氨和水蒸气，使得氢气的回收再生很困难，故实践中一般是将仲钨酸铵转变成氧化钨后再还原成金属钨粉。

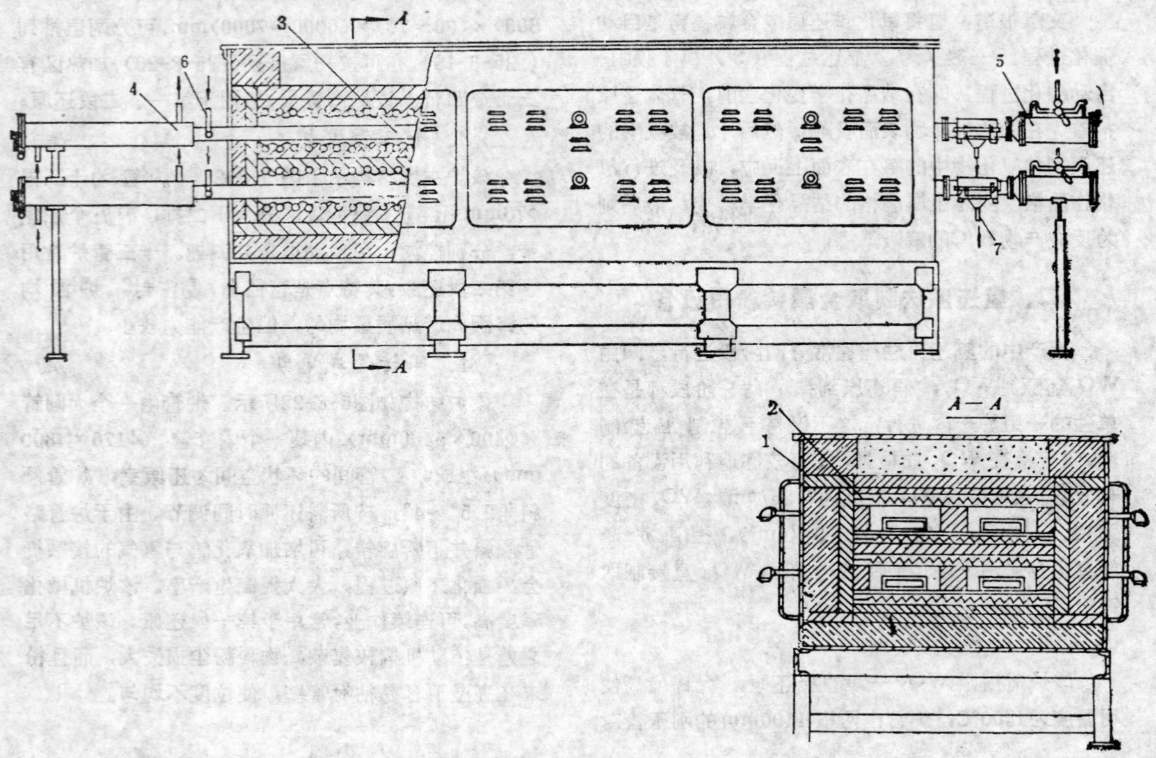

图 5-8-19 两阶段还原用四管马弗炉

1—炉壳；2—加热元件；3—炉管；4—冷却套；5—推进器；6—氢气进口；7—氢气出口

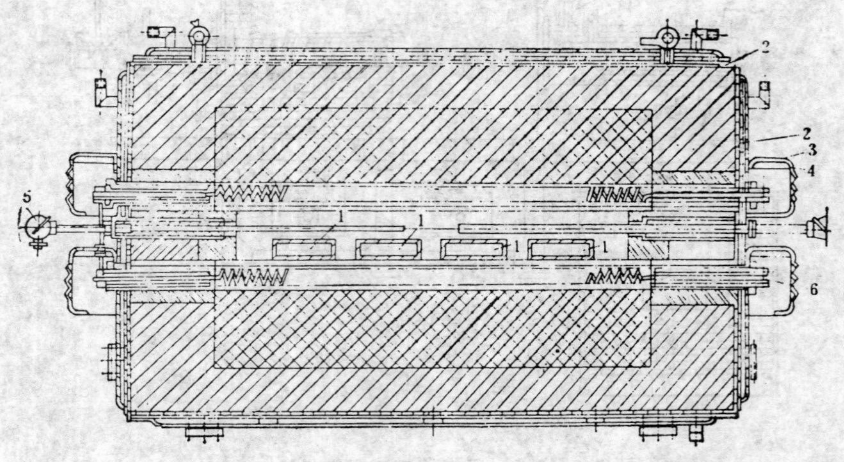

图 5-8-20 四管还原电炉横剖面图

1—炉管；2—水冷却套；3—加热器；4—加热器端头外罩；5—热电偶；6—加热器导电联接端头

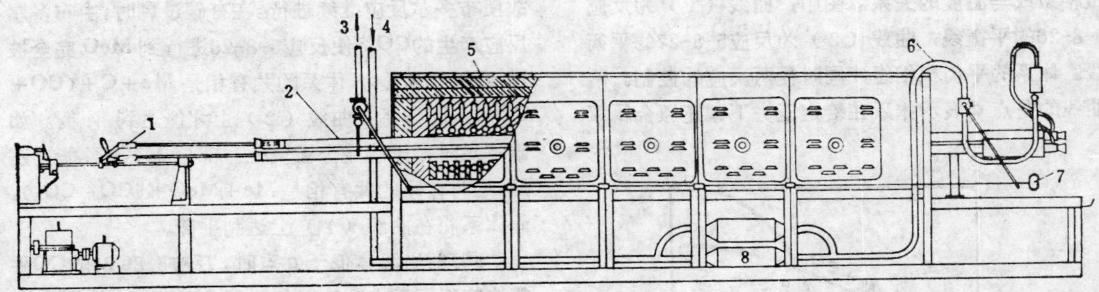

图 5-8-21 还原用十三管电炉

1—推杆；2—炉管；3—氢气出口；4—氢气进口；5—加热元件；6—氢气导管；7—氢气联锁阀；8—防爆器

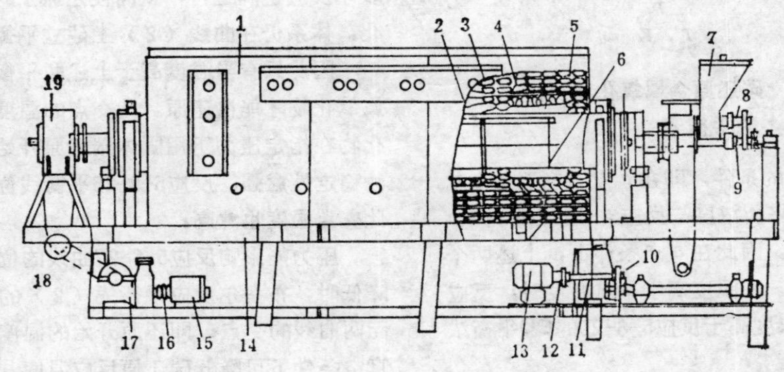

图 5-8-22 还原用回转管式电炉

1—炉壳；2—纵向格板；3—钢管；4—沟槽砖；5—耐火砖；6—隔板；7—加料仓；8—松料器；9—螺旋给料器；10—连轴节；11—减速器；12—皮带轮；13—马达；14—炉架；15—马达；16—离合器；17—减速器；18—卸料器；19—卸料室

仲钨酸铵采用弱还原气氛，使炉内与外面大气稍有隔绝，在大致密封或低真空缺氧条件下使仲钨酸铵热解得蓝色氧化钨，亦可将少量的氢气通入炉内使仲钨酸铵还原成蓝色氧化钨。

蓝色氧化钨一般以$WO_{2.90}$表示，也有文献认为是$W_{18}O_{49}$（组成范围为$WO_{2.02}$～$WO_{2.664}$）与$W_{20}O_{58}$（组成范围为$WO_{2.664}$～$WO_{2.94}$）的混合物，并以W_4O_{11}为其总分子式。由于这种氧化物是蓝色的，所以被称为蓝色氧化钨。

蓝色氧化钨氧含量较黄色氧化钨（WO_3）低，所以在其后的还原作业中所需要的还原剂氢气量较少。更重要的是，蓝色氧化钨表面呈海绵状，有很多裂纹和空洞（$NH_3\cdot H_2O$逸出所致），粉末比表面积大，表面化学活性高，较黄色氧化钨易还原，且粒度易于控制（变化范围可在0.5～20μm之间），因而可制得优质钨粉。所以近年来在工业实践中由仲钨酸铵经蓝色氧化钨制取金属钨粉的方法得到越来越广泛的应用。

第五节 碳还原法生产稀有金属

一、碳还原金属氧化物反应

高温下固体碳还原金属氧化物时，由于有布多尔反应，其过程可用下列反应式表示：

$$MeO + CO = Me + CO_2 \qquad (5\text{-}8\text{-}26)$$

$$+)\quad CO_2 + C = 2CO \qquad (5\text{-}8\text{-}27)$$

$$MeO + C = Me + CO \qquad (5\text{-}8\text{-}28)$$

即包括CO还原MeO及碳的气化两个步骤。

图5-8-23示出恒压下碳还原金属氧化物的平衡

气相组成与温度的关系。图中，曲线（1）为反应5-8-26的平衡线，曲线（2）为反应5-8-27的平衡线。体系的平衡气相组成同时受两反应的控制。两曲线的交点 a 表示体系在给定压力下碳还原金属氧

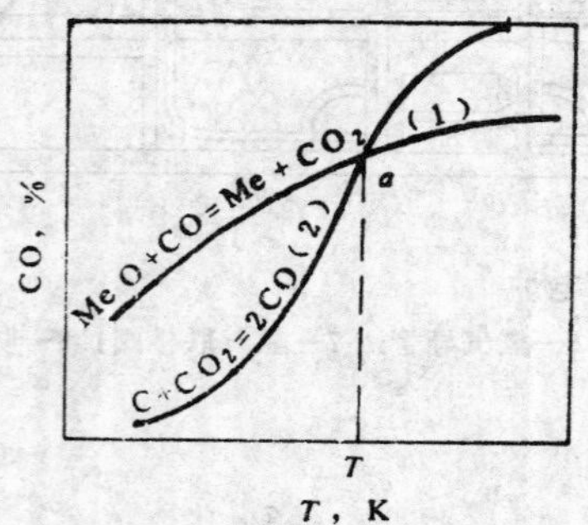

图 5-8-23 碳还原金属氧化物反应的平衡图

化物反应达到平衡的条件，即在 a 点温度下布多尔反应的CO、CO_2 平衡浓度与反应5-8-26的CO、CO 平衡浓度相等。因此在 a 点条件下，上述两个反应都能保持平衡。在温度高于 a 点温度时，反应5-8-27的CO平衡浓度高于反应5-8-26的CO平衡浓度，因而有：

$$MeO + CO \longrightarrow Me + CO_2$$

此还原反应产生的CO_2浓度又大于反应5-8-27的，故使布多尔反应继续进行。在有碳过剩时，由布多尔反应产生的CO将使反应5-8-26进行到 MeO 完全被还原为Me为止，体系的共有相是 $Me + C + (CO + CO_2)$，而体系在曲线（2）上才能达到平衡。如碳不足时，碳将完全被气化，部分 MeO 不能被还原，这时体系的共有相是 $Me + MeO + (CO + CO_2)$，而体系将在曲线（1）上达到平衡。

同理，当温度低于 a 点时，反应5-8-27的CO平衡浓度低于反应5-8-26的，反应5-8-27的CO 平衡浓度则高于反应5-8-26的CO_2平衡浓度。因而有：

$$CO_2 + Me \longrightarrow MeO + CO$$

此反应产生的CO浓度又大于反应5-8-27的，故使布多尔反应逆向进行，从而使还原了的金属受到氧化，体系仍在曲线（2）上建立平衡。

因此只有当温度高于上述两平衡线交点时，金属氧化物才能被还原。此交点的温度即为该金属氧化物在指定压力下用固体碳还原开始的温度。氧化物稳定性愈强，反应5-8-26平衡线位置愈向上移，此交点温度也愈高。

压力能影响反应5-8-27曲线的位置。体系压力降低时，布多尔反应平衡线（2）的位置左移，因而两曲线的交点，即还原开始的温度下降。这表明真空条件下可降低碳还原反应温度。反之，压力增加，曲线（2）的位置右移，还原开始的温度提

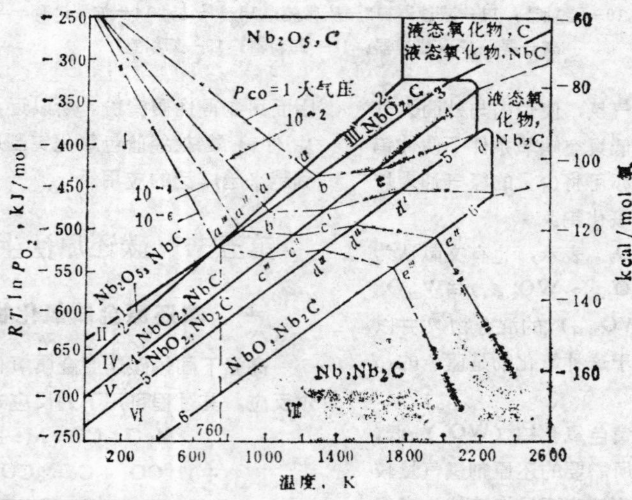

图 5-8-24 Nb-O-C 系自由能与温度关系❶

❶ 大气压 = 1.013×10^5 Pa。

高。

二、五氧化二铌碳还原的热力学分析

Nb_2O_5用碳还原生产金属铌的总反应式可视为：

$$Nb_2O_5+5C=2Nb+5CO$$

但在实际上其还原过程非常复杂，这主要由于：

（1）铌有几种价态，用碳还原Nb_2O_5并非直接得到金属铌，而是依次还原成各种低价氧化物；

表 5-8-8 图5-8-24中各直线所代表的反应

直线	反应	
1	$4/5NbC+O_2=2/5Nb_2O_5+4/5C$	(5-8-29)
2	$4NbO_2+O_2=2Nb_2O_5$	(5-8-30)
3	$NbC+O_2=NbO_2+C$	(5-8-31)
4	$Nb_2C+O_2=NbO_2+NbC$	(5-8-32)
5	$2NbO+O_2=2NbO_2$	(5-8-33)
6	$2Nb+O_2=2NbO$	(5-8-34)

表 5-8-9 图5-8-24中各点划线所代表的反应

区域	稳定的凝聚相	反应	
Ⅰ	Nb_2O_5，C	$2C+O_2=2CO$	(5-8-35)
Ⅱ	Nb_2O_5，NbC	$4/7NbC+O_2=2/7Nb_2O_5+4/7CO$	(5-8-36)
Ⅲ	NbO_2，C	$2C+O_2=2CO$	(5-8-37)
Ⅳ	NbO_2，NbC	$2/3NbC+O_2=2/3NbO_2+2/3CO$	(5-8-38)
Ⅴ	NbO_2，Nb_2C	$2/5Nb_2C+O_2=4/5NbO_2+2/5CO$	(5-8-39)
Ⅵ	NbO，Nb_2C	$2/3Nb_2C+O_2=4/3NbO+2/3CO$	(5-8-40)
Ⅶ	Nb，Nb_2C	$2Nb_2C+O_2=4Nb+2CO$	(5-8-41)

（2）还原剂碳与铌的氧化物可生成不同价态的碳化铌，如NbC、Nb_2C等，这些铌的碳化物与铌的氧化物又能进一步进行多种交互反应，致使在还原过程中可能进行的反应相当多，其热力学条件亦十分复杂。

根据铌的氧化物及碳化物的标准生成自由能与温度的关系，可作出Nb-O-C系的自由能与温度关系图（图5-8-24）以确定Nb_2O_5在碳还原过程中可能存在哪些化学反应及这些反应的热力学条件。

图5-8-24中有6条直线，分别代表6个反应的$RT\ln p_{O_2}$-T关系。其中，直线2、5、6为氧化铌的有关反应；直线1、3、4为碳化铌与氧化铌的交互反应。这些直线实际上反映着铌的氧化物、碳化物的相对稳定性与氧分压的关系。

图中这些直线所代表的各氧化还原反应的标准自由能变化$\Delta G°$用$RT\ln p_{O_2}$表示，p_{O_2}为反应的氧平衡分压。

图中反应的氧平衡分压p_{O_2}自上而下依次降低，表征在不同的区域内有相应的物质可稳定存在。

图中的6条直线将图划分为7个区域，每个区域都是一种氧化铌（以及铌）和一种碳化铌（以及碳）的稳定区。在此稳定区内，实际上存在气固相间平衡反应。图中的4条点划线即代表当CO平衡分压为1.013×10^5Pa、1.013×10^3Pa、10.13Pa、0.101Pa时，在不同区域内某些反应的$RT\ln p_{O_2}$-T关系。以上各线所代表的反应式及各区域存在稳定的凝聚相分别见表5-8-8及表5-8-9。

图5-8-24中不同区域内各点划线代表的反应的ΔG值还与气相平衡分压有关。例如对区域Ⅴ存在的反应5-8-43而言

$$\Delta G_{\text{Ⅴ}}=\Delta G^\circ_{\text{Ⅴ}}+RT\ln\frac{p_{CO}^{2/5}}{p_{O_2}}$$

平衡时

$$\Delta G^\circ_{\text{Ⅴ}}+RT\ln\frac{p_{CO}^{2/5}}{p_{O_2}}=0$$

得

$$RT\ln p_{O_2}=\Delta G^\circ_{\text{Ⅴ}}+2/5RT\ln p_{CO}$$

$\Delta G^\circ_{\text{Ⅴ}}$为温度的函数，故当$p_{CO}$一定时，$RT\ln p_{O_2}$亦随温度而变，图中$cd$、$c'd'$、$c''d''$、$c'''d'''$线即表示$p_{CO}$分别为$1.013\times10^5$Pa、$1.013\times10^3$Pa、10.13Pa、0.1Pa反应5-8-43的$RT\ln p_{O_2}$值与温度的关系。对其他区域内各点划线亦代表类似的关系。

从对图5-8-24的上述分析可得知以下几点。

1. Nb_2O_5碳还原过程的基本反应

Nb_2O_5碳还原过程是分阶段进行的，即在温度一定时，随着系统p_{O_2}值的降低，按下列顺序逐步反应：

$$Nb_2O_5 + C - \begin{matrix} NbO_2 + C\ (>760K) \\ Nb_2O_5 + NbC\ (<760K) \end{matrix} - Nb + O_2 +$$

$NbC - NbO_2 + Nb_2C - NbO + Nb_2C - Nb$

化学反应式如下：

$$Nb_2O_5 + C = 2NbO_2 + CO$$

$$NbO_2 + 3C = NbC + 2CO$$

（温度低于760K时反应首先是$Nb_2O_5 + 7C = 2NbC + 5CO$，$NbC + 3Nb_2O_5 = 7NbO_2 + CO$）。

$$NbO_2 + 5NbC = 3Nb_2C + 2CO$$

$$3NbO_2 + Nb_2C = 5NbO + CO$$

$$NbO + Nb_2C = 3Nb + CO$$

2．Nb_2O_5碳还原过程中各反应的热力学条件

以还原过程中某一中间反应为例说明如下。图5-8-24中d点为CO分压为1.013×10^5Pa时反应5-8-43与5-8-37的$RT\ln p_{O_2}$-T线交点。在d点温度下，两反应的p_{O_2}相等，两反应保持平衡。当温度高于d点温度，反应5-8-37的p_{O_2}大于反应5-8-43，因此当系统中有NbO_2存在时，NbO_2离解析出的氧将使反应5-8-43向右进行，同时由于反应5-8-43的进行消耗了氧，又使NbO_2不断离解。其反应如下：

$$2NbO_2 = 2NbO + O_2$$

$$2/5Nb_2C + O_2 = 4/5NbO_2 + 2/5CO$$

总反应为二者之和，整理后即得反应：

$$3NbO_2 + Nb_2C = 5NbO + CO$$

当温度低于d点温度时，此反应将向左进行。故d点对应的温度实际上是当p_{CO}为1.013×10^5Pa时为使此反应进行的最低温度。

根据上述分析，同样可知d'、d''、d'''对应的温度为p_{CO}分别为1.013×10^3Pa、10.13Pa、0.101Pa时此反应进行的最低温度。其他各点意义依此类推。

同理可得出在不同p_{CO}下反应

$$NbO + Nb_2C = 3Nb + CO$$

所需的最低温度大致如表5-8-10所示。

3．影响还原过程的因素

从图5-8-24及表5-8-10可知，升高温度或降低气相p_{CO}有利于还原反应的进行。

在碳还原Nb_2O_5各阶段反应的反应物及生成物中，若除CO外均为纯凝聚相，则：

表 5-8-10 不同CO分压下得到金属铌所需最低温度

CO分压，Pa	1.013×10^5	1.013×10^3	10.13	0.1013
温度，K		2300	1950	1690

$$\Delta G = \Delta G^\circ + RT\ln p_{CO}$$

显然，当$p_{CO}<1$时，$RT\ln p_{CO}$为负值，ΔG将小于ΔG°，故在真空条件下，降低p_{CO}值有利于还原反应的进行。

三、五氧化二铌碳还原的动力学分析

一般认为过程分四阶段进行，但各阶段的不同反应在一定条件下并不是截然分开而是彼此交错，但有主次之分。例如在第一阶段有可能生成少量NbO；第二阶段即可能出现少量金属铌。

第一阶段主要生成NbO_2与$NbC_{0.8}$：

$$Nb_2O_5 + C = 2NbO_2 + CO$$

$$NbO_2 + 3C = NbC + 2CO$$

$$Nb_2O_5 + 5NbC = 2NbO_2 + 5NbC_{0.8} + CO \quad (5\text{-}8\text{-}42)$$

此阶段的反应在1100～1500℃下进行，除固体碳的直接还原作用外，起主导作用的是CO的再生反应，即：

$$Nb_2O_5(固) + CO(气) = 2NbO_2(固) + CO_2(气)$$

$$+)\ C(固) + CO_2(气) = 2CO(气)$$

$$Nb_2O_5(固) + C(固) = 2NbO_2(固) + CO(气)$$

NbC进行离解：

$$5NbC = 5NbC_{0.8} + C$$

析出游离碳和碳在铌中的固溶体相，其成分为$NbC_{0.71}$～$NbC_{0.99}$，用$NbC_{0.8}$表示。

第二阶段主要生成NbO和Nb_2C：

$$3/2NbO_2 + 5NbC_{0.8} = 3/2NbO + 5/2Nb_2C + 3/2CO \quad (5\text{-}8\text{-}43)$$

反应在1500～1700℃下进行，一般是在有NbO_2存在的条件下，热稳定性差的$NbC_{0.8}$首先离解析出碳：

$$5NbC_{0.8} = 5/2Nb_2C + 3/2C$$

碳进一步起还原作用：

$$3/2NbO_2 + 3/2C = 3/2NbO + 3/2CO$$

也存在下列反应：

$$1/2NbO_2 + 1/2Nb_2C = 1/2NbO + Nb + 1/2CO \quad (5\text{-}8\text{-}44)$$

此阶段及第三阶段主要是以低价氧化铌（NbO_2、NbO）的挥发而进行反应的。NbO_2蒸气吸附在$NbC_{0.8}$的表面上并和$NbC_{0.8}$解离出来的碳作用，生成的NbO继续挥发，与Nb_2C作用生成金属铌和CO。

第三阶段生成金属铌：

$$NbO + Nb_2C = 3Nb + CO \quad (5\text{-}8\text{-}45)$$

反应在1700°C左右进行，还原得的金属铌实际上是C、O在铌中的固溶体。

上述三阶段的各反应可综合写成总反应式：

$$Nb_2O_5 + 5NbC = 7Nb + 5CO$$

第四阶段为最终反应阶段，主要是在1900°C左右高温下和真空度大于0.133Pa（10^{-3}mmHg）的条件下除去Nb（C、O）固溶体中残存的氧、碳及其它杂质。此阶段主要决定于碳和氧在铌中的扩散，并反应成CO排出。

四、五氧化二铌碳还原生产金属铌的工艺与设备

碳还原Nb_2O_5制取金属铌工艺方法有一段还原法与二段还原法之分。

一段还原法是直接用碳作还原剂还原Nb_2O_5，按生成金属铌计量配料，一次在真空炉内反应得金属铌。该法用于生产铌粉。

二段还原法是首先将部分Nb_2O_5制取NbC以用作还原剂，再与Nb_2O_5作用使之还原得金属铌。该法是金属铌条的主要生产方法。

碳还原用真空碳管电阻炉如图5-8-25所示。成型的料坯垂直放在炉中央。炉内石墨电阻体发热可使加热器达到2000°C以上的高温。为防止高温下辐射热的大量损失，在加热器外设置石墨纤维隔热保温层，可使炉内壁的温度降到80°C左右。炉体与真空系统相联，使炉子真空度可达0.0133Pa（10^{-4}mmHg）以上。

制定还原过程合理的升温、保温和真空制度应遵循的原则是：一方面要保证足够的还原反应速度以缩短生产周期，另一方面又要防止升温过急，避免过早烧结的情况发生，以保证还原过程的彻底进行。

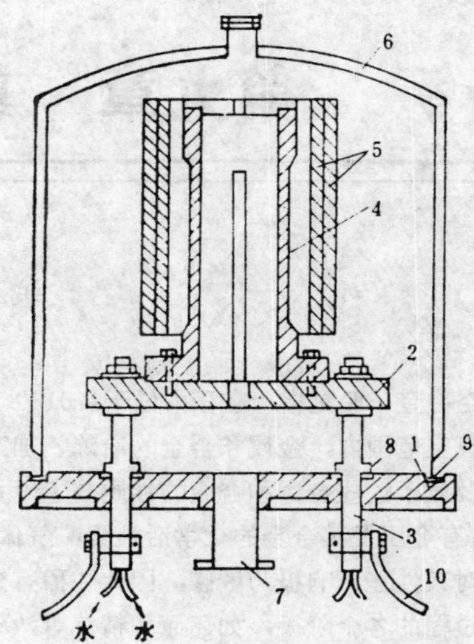

图 5-8-25 真空碳管电阻炉示意图

1—水冷垫板；2—导电石墨半环；3—水冷铜导管；4—石墨加热器；5—碳布保温层；6—水冷罩；7—真空联接管；8—密封物及绝缘体；9—橡皮垫；10—导电母线

参考文献

［1］李洪桂，稀有金属冶金原理及工艺，冶金工业出版社，1981.

［2］Barin, I., Knacke, O., Thermochemical properties of inorganic substances, Springer-Verlag, New York, 1973.

［3］马慧娟，钛冶金学，冶金工业出版社，1982.

［4］Тармата, В. А. и др., Титан, «Металлургия», Москва, 1983.

［5］石塚博，特许公报，昭和59—34218.

［6］辛良佐编译，钽铌冶金，冶金工业出版社，1982.

［7］彭少方，钨冶金学，冶金工业出版社，1981.

［8］莫似浩，钨冶炼的原理和工艺，轻工业出版社，1984.

第九章 真空冶金

编写人 曹志荣

真空冶金一般是指“在压力低于1.013×10^5Pa到超高真空范围内，金属和合金的冶炼、加工与处理，以及对于这些金属和合金的性质与应用的研究。”稀有金属及其合金的化学活性强，气体杂质的含量对其性能影响极为敏感，因此在稀有金属生产工艺过程的各个阶段，如还原和精炼等，不同程度上都需要采用真空，所以，稀有金属的发现、发展和生产与真空技术的发展是紧密相关的。

真空冶金具有如下优点：

（1）降低气体反应产物的压力，使浓度梯度提高，从而在许多情况下提高了反应速率；

（2）可改变有气体反应产物的反应方向，使平衡向所要求的方向移动，从而达到增加产量或改善工作条件的目的；

（3）高真空下，减少了金属蒸气与残余气体的反应，以及减少了在相界面上金属与气体的反应程度；

（4）真空度达到某一数值时，蒸气和气体分子的平均自由程比反应器尺寸还大，这时可获得最大的蒸发速率；

（5）炉气中残余的氧、氮含量低，因而提高了一系列化合物的稳定性，而它们的蒸气压一般要比相应的金属大得多，因此，它们比金属更适宜蒸馏。

真空冶金涉及的范围很广，本章重点论及真空冶金的一般原理、真空精炼过程和真空技术。

第一节 真空冶金中的热力学

一、基本热力学关系

在真空冶金过程的压力范围内，压力变化对自由能的影响通常是可以忽略的。由热力学第一、二定律推导出的基本热力学关系也适用真空冶金过程中的反应。常用的基本热力学关系式见表5-9-1。

二、气体的溶解度

氧、氮、氢的含量对稀有金属的性质影响很大，因此在真空熔炼和精炼过程中必须严格控制这些气体含量。在溶解度的范围内，这些气体几乎都是以原子状态单独溶解于金属中。

气体在金属中的标准溶解自由能（以氧为例）可由下列方法得到。氧在金属中熔解为：$\frac{1}{2}O_2=O_{(\alpha)}$，即氧溶解于$\alpha$固熔体金属中。若$\frac{1}{2}O_2+x Me_{(\alpha)}=Me_xO$，则$\Delta G_1^\circ=\frac{1}{2}RT\ln P_{O_2}$；若$Me_xO=O_{(\alpha)}+xMe_{(\alpha)}$，则$\Delta G_2^\circ=-RT\ln a_{0(\alpha)}\cdot a^x_{Me(\alpha)}$。一般情况下，若$C_0\leqslant10\%$（原子），则$a_0=C_0$，$a_{Me}=1-C_0\approx1$（$C_0$表示氧在$\alpha$固熔体金属中的浓度）。因而对$\frac{1}{2}O_2=O_{(\alpha)}$，有$\Delta G_3^\circ=\Delta G_1^\circ+\Delta G_2^\circ=-RT\ln\frac{C_0}{p_{O_2}^{1/2}}$。若标准自由能变化用两项式表示，则$\Delta G_T^\circ=\Delta H^\circ_{298}-T\Delta S^\circ_{298}=A+BT$，即：

$$\log C_0=\frac{1}{2}\log p_{O_2}-\frac{A'}{T}-B' \tag{5-9-1}$$

式中

$$A'=\frac{A}{2.303R}=\frac{\Delta H^\circ_{298}}{2.303R},$$

$$B'=\frac{B}{2.303R}=\frac{-\Delta S^\circ_{298}}{2.303R}。$$

由（5-9-1）式可以看出，氧在金属中的溶解浓度决定系统内氧的分压，因此降低系统内的压力（即抽空），即能降低氧在金属中的溶解浓度。此外，

表 5-9-1 基本热力学关系式

名称	关系式	应用范围
反应标准自由能变化，带有相变的标准反应自由能变化	$\Delta G_T^\circ = \Delta H_T^\circ - T\Delta S_T^\circ = \Delta H_{298}^\circ - T\Delta S_{298}^\circ + \int_{298}^{T}\Delta C_P \times dT - T\int_{298}^{T}\frac{\Delta C_P}{T}dT$ $\Delta G_T^\circ = \Delta H_{298}^\circ + \int_{298}^{T_{转}}\Delta C_P dT + L_{转} + \int_{T_{转}}^{T_{熔}}\Delta C_P' dT + L_{熔} + \int_{T_{熔}}^{T_{沸}}\Delta C_P'' dT + L_{蒸} + \int_{T_{沸}}^{T}\Delta C_P''' dT - T\Delta S_{298}^\circ + \int_{298}^{T_{转}}\frac{\Delta C_P}{T}dT + \frac{L_{转}}{T_{转}} + \int_{T_{转}}^{T_{熔}}\frac{\Delta C_P'}{T}dT + \frac{L_{熔}}{T_{熔}} + \int_{T_{熔}}^{T_{沸}}\frac{\Delta C_P''}{T}dT + \frac{L_{蒸}}{T_{沸}} + \int_{T_{沸}}^{T}\frac{\Delta C_P'''}{T}dT$	计算标准状态下，任一温度下反应自由能变化计算标准状态下，带有相变的任一温度下的反应自由能变化
标准状态下反应自由能变化简化式	$\Delta G_T^\circ = \Delta H_{298}^\circ - T\Delta S_{298}^\circ$	用于近似计算，及有相变的冶金反应的自由能变化
自由能与温度、压力和浓度关系式	$dG = \left(\frac{\partial G}{\partial T}\right)_{p,n_i} dT + \left(\frac{\partial G}{\partial P}\right)_{T,n_i} dP + \sum_{i=1}^{R} \times \left(\frac{\partial G}{\partial n_i}\right)_{T,P,n_j} dn_i$	温度、压力和浓度改变时反应自由能变化
混合的理想气体中组元 i 化学位	$\mu_i = \mu_i^\circ + RT\ln(P_i/P_i^\circ)$	混合理想气体中，任一组元i的化学位，在真空冶金中把气体看成理想气体引起的偏差不大
物质 i 偏摩尔自由能	$\overline{G}_i = G_i^\circ + RT\ln a_i$	温度、压力不变时，一摩尔物质在溶液中的自由能
亨利定律	$P_i = P_i^\circ f_i^\circ x_i = K_H x_i$	真空精炼时，溶于稀有金属溶液中的微量气体元素，一般符合亨利定律
拉乌尔定律	$P_i = P_i^\circ r_i^\circ N_i = K_R N_i$	真空精炼时，稀有金属熔体一般认为符合拉乌尔定律
化学反应等温式	$\Delta G = -RT\ln K_p + RT\ln Q_P$	等温等压状态下，任一反应自由能变化

注：$\Delta C_P = \Sigma\nu_{产}C_{P(产)} - \Sigma\nu_{反}C_{P(反)}$，$\nu$ 为物质在反应方程式中的系数，亦即参加反应物质的摩尔数，下标(产)为产物，(反)为反应物；$\Delta S_{298}^\circ = \Sigma\nu_{产}S_{298(产)}^\circ - \Sigma\nu_{反}S_{298(反)}^\circ$；$\Delta H_{298}^\circ = \Sigma\nu_{产}H_{298(产)}^\circ - \Sigma\nu_{反}H_{298(反)}^\circ$；$T_{转}$为相变温度；$T_{熔}$为熔点；$T_{沸}$为沸点；$L_{转}$为相变热；$L_{熔}$为熔化热；$L_{蒸}$为蒸发热；$\left(\frac{\partial G}{\partial T}\right)_{p,n_i}dT$中下标$P$，$n_i$分别表示压力和所有物质量保持恒定时，温度改变时引起的自由能变化；$\left(\frac{\partial G}{\partial P}\right)_{T,n_i}dP$中下标$T$、$n_i$分别表示温度和所有物质量保持恒定时，压力改变时，引起的自由能变化；$\Sigma_{i=1}^{k}\left(\frac{\partial G}{\partial n_i}\right)_{T,P,n_j}dn_i$ 中 k 表示系统中含 k个不同物质，下标n_j表示除第 i 物质的量改变，其它物质的量都保持恒定时，在等温、等压下所引起的自由能变化；μ_i° 指温度为 T，压力为 P_i° 时，纯物质的标准化学位；P_i 为组元 i 的分压；a_i、f_i (r_i)、x_i (N_i)分别表示组元 i 的活度、活度系数和浓度，K_H、K_R为常数。

表 5-9-2 氢与稀有金属反应的热力学数据

金属	反应	关系式	温度范围，K
Li	$\frac{1}{2}(H_2)=\{H\}_{Li}$ $\{Li\}+\frac{1}{2}(H_2)=\{LiH\}$	$\log C=\frac{1}{2}\log P_{H_2}-3.66+3100/T$ $\log C_{max}=5.2-3710/T$ $\Delta G^\circ=-78796+67.49T$ $\log P_{H_2}=12.05-8224/T$	873～1173 897～956 873～1173 873～1173
Rb	$\{Rb\}+\frac{1}{2}(H_2)=(RbH)$ $\{Cs\}+\frac{1}{2}(H_2)=(CsH)$	$\Delta G^\circ=-54428+85.4T$ $\log P_{H_2}=13.92-5680/T$ $\Delta G^\circ=-56522+85.4T$	519～623 519～623 518～651
Cs		$\log P_{H_2}=13.91-5900/T$ $\log P_{H_2}=11.37-4410/T$	518～651 613～713
Be	$\frac{1}{2}(H_2)=\langle H\rangle_{\alpha\text{-}Be}$	$\log C=\frac{1}{2}\log P_{H_2}-5.66+95/T$ $\Delta G^\circ=-1842+98.8T$	523～1123 523～1123
Sc	$\frac{1}{2}(H_2)=\langle H\rangle_{\alpha\text{-}Sc}$ $\frac{1}{2}(H_2)+\frac{1}{2-x}\langle Sc\rangle_\alpha=\frac{1}{2-x}(ScH_{2-x})$ $\frac{1}{2}(H_2)=\langle H\rangle_{\alpha-Sc}$	$\log C=\frac{1}{2}\log P_{H_2}-3.56+4700/T$(<5%原子) $\Delta G^\circ=-90435+59.45T$(9%原子) $\Delta G^\circ=-96506+68.91T$(23%原子) $\Delta G^\circ=-90979+70.59T$(35.5%原子) $\Delta G^\circ=-100483+72.85T$ $\log P_{H_2}=12.60-10490/T$ $\log C_{max}=1.7-132/T$	873～1323 873～1323 873～1323 873～1323 873～1323 873～1323 873～1323
Y	$\frac{1}{2}(H_2)=\langle H\rangle_{\alpha-Y}$ $\frac{1}{2}(H_2)+\frac{1}{1.2}\langle Y\rangle_\alpha=\frac{1}{1.2}\langle YH_{1.2}\rangle$ $\frac{1}{2}(H_2)=\langle H\rangle_{\alpha-Y}$ $\frac{1}{2}(H_2)+\frac{1}{x}\langle Y\rangle_2=\frac{1}{x}\langle YH_x\rangle$	$\log C=\frac{1}{2}\log P_{H_2}-3.06+4250/T$(H<10%原子) $\log C_{max}=1.7-171/T$ $\log P_{H_2}=12.64-11870/T$ $\log P_{H_2}=10.92-9709/T$ $\Delta G^\circ=-79340+48.57T$(16%原子) $\Delta G^\circ=-82500+52.34T$(33%原子) $\Delta G^\circ=-92947+56.94T(x=1.2)$	1173～1573 1173～1573 873～1223 1173～1573 1173～1573 1173～1573 1173～1573
La	$\frac{1}{2}(H_2)=\langle H\rangle_{\beta\text{-}La}$ $\frac{1}{x}\langle La\rangle_\beta+\frac{1}{2}(H_2)=\frac{1}{x}\langle LaH_x\rangle$ $\frac{1}{x}\langle La\rangle+\frac{1}{2}(H_2)=\frac{1}{x}\langle LaH_x\rangle$	$\log C=\frac{1}{2}\log P_{H_2}-4.06+4170/T$ $\log C_{max}=2.4-1260/T$ $\Delta G^\circ=-79968+68.24T$ $\Delta G^\circ=-104000+75.78T$ $\log P_{H_2}=12.92-10860/T$	573～923 573～923 573～923 773～1073 573～1023
Ce	$\frac{1}{2}(H_2)=\langle H\rangle_{\gamma\text{-}Ce}$	$\log C=\frac{1}{2}\log P_{H_2}-3.66+3900/T$ $\log C_{max}=2.8-1560/T$ $\Delta G^\circ=-74525+60.29T$	773～973 823～973 773～973

续表 5-9-2

金 属	反 应	关 系 式	温度范围，K
Ce	$\frac{1}{x}\langle Ce\rangle_\gamma+\frac{1}{2}(H_2)=\frac{1}{x}\langle CeH_x\rangle$	$\Delta G^\circ=-104544+75.78T$	573～1023
Pr	$\frac{1}{2}(H_2)+\frac{1}{x}\langle Pr\rangle=\frac{1}{x}\langle PrH_x\rangle$ ($x=2\sim3$)	$\log_{H_2}=12.65-10870/T$(1123K，33%原子) $=12.35-10446/T$(923K，16.5%原子)	873～1073 873～1073
Nd	$\frac{1}{x}\langle Nd\rangle+\frac{1}{2}(H_2)=\frac{1}{x}\langle NdH_x\rangle$ ($x=2\sim3$)	$\log P_{H_2}=12.61-11031/T$ $\log C_{max}=2.5-1265/T$	873～1073 573～953
Sm	$\frac{1}{2}(H_2)+\frac{1}{x}\langle Sm\rangle=\frac{1}{x}SmH_x$ ($x=2\sim3$)	$\log P_{H_2}=13.52-11700/T$	873～1073
Gd	$\frac{1}{2}(H_2)+\frac{1}{x}\langle Gd\rangle=\frac{1}{x}\langle GdH_x\rangle$ ($x=2\sim3$)	$\log P_{H_2}=11.84-10250/T$(1073K，30%原子) $\log P_{H_2}=11.55-9871/T$(923K，25%原子)	873～1073
Tb	$\frac{1}{2}(H_2)+\frac{1}{x}\langle Tb\rangle=\frac{1}{x}TbH_x$ ($x=2\sim3$)	$\log P_{H_2}=12.40-11320/T$	
Dy	$\frac{1}{2}(H_2)+\frac{1}{x}\langle Dy\rangle=\frac{1}{x}DyH_x$ ($x=2\sim3$)	$\log P_{H_2}=13.28-12120/T$	
Ho	$\frac{1}{2}(H_2)+\frac{1}{x}\langle Ho\rangle=\frac{1}{x}\langle HoH_x\rangle$ ($x=2\sim3$)	$\log P_{H_2}=13.52-12110/T$	
Er	$\frac{1}{2}(H_2)+\frac{1}{x}\langle Er\rangle=\frac{1}{x}\langle ErH_x\rangle$ ($x=2\sim3$)	$\log P_{H_2}=12.69-11500/T$ $\log C_{max}=1.66-155/T$	873～1223
Tm	$\frac{1}{2}(H_2)+\frac{1}{x}\langle Tm\rangle=\frac{1}{x}TmH_x$ ($x=2\sim3$)	$\log P_{H_2}=12.94-11750/T$	
Lu	$\frac{1}{2}(H_2)+\frac{1}{x}\langle Lu\rangle=\frac{1}{x}LuH_x$ ($x=2\sim3$)	$\log P_{H_2}=12.32-10730/T$	
Th	$\frac{1}{2}(H_2)=\langle H\rangle_{\alpha\text{-}Th}$ $\frac{1}{2}(H_2)=\langle H\rangle_{Th}$ $\frac{1}{2}\langle Th\rangle_\alpha+\frac{1}{2}(H_2)=\frac{1}{2}\langle ThH_2\rangle$ $\frac{1}{2}(H_2)+\frac{1}{2}\langle Th\rangle_\alpha=\frac{1}{2}\langle ThH_2\rangle$	$\log C=\frac{1}{2}\log P_{H_2}-2.84+2090/T$ $\log C_{max}=2.97-1732/T$ $\Delta G^\circ=-39984+44.8T$ $\Delta G^\circ=-73269+63.22T$ $\log P_{H_2}=11.62-7650/T$	473～1073 573～1073 573～1073 573～1073 573～1073
Ti	$\frac{1}{2}(H_2)=\langle H\rangle_{\alpha\text{-}Ti}$	$\log C=\frac{1}{2}\log P_{H_2}-3.06+2360/T$(H<7%原子)	823～1153

续表 5-9-2

金属	反应	关系式	温度范围，K
Ti	$\frac{1}{2}(H_2)=\langle H\rangle_{\beta\text{-}Ti}$	$\log C=\frac{1}{2}\log P_{H_2}-3.36+3040/T$(H<20%原子)	873～1273
	$\frac{1}{2}(H_2)=\{H\}_{Ti}$	$\log C=\frac{1}{2}\log P_{H_2}-3.06+2460/T$	1928～2073
	$\frac{1}{2}(H_2)=\langle H\rangle_{\alpha\text{-}Ti}$	$\log C_{max}=2.6-1090/T$	317～573
	$\frac{1}{2}(H_2)=\langle H\rangle_{\alpha\text{-}Ti}$	$\Delta G^\circ=-45217+48.99T$(H<7%原子)	823～1153
	$\frac{1}{2}(H_2)=\langle H\rangle_{\beta\text{-}Ti}$	$\Delta G^\circ=-58197+54.85T$(H<20%原子)	873～1273
	$\frac{1}{2}(H_2)=\{H\}_{Ti}$	$\Delta G^\circ=-47102+48.99T$	1928～2073
	$\frac{1}{2}\langle Ti\rangle_\alpha+\frac{1}{2}(H_2)=\frac{1}{2}\langle TiH_2\rangle$	$\Delta G^\circ=-66989+60.29T$	<573
Zr	$\frac{1}{2}(H_2)=\langle H\rangle_{\alpha\text{-}Zr}$	$\log C=\frac{1}{2}\log P_{H_2}-3.482+3110/T$	698～933
		$\log C_{max}=3.0-1870/T$	573～823
		$\Delta G^\circ=-59536+57.07T$	698～933
	$\frac{1}{2}(H_2)=\langle H\rangle_{\beta\text{-}Zr}$	$\log C=\frac{1}{2}\log P_{H_2}-3.31+3350/T$(H<10%原子)	1073～1223
		$\Delta G^\circ=-64142+53.8T$(H<10%原子)	1073～1223
	$\frac{1}{2}\langle ZrH_2\rangle_\delta=\langle H\rangle_{\alpha\text{-}Zr}+\langle Zr\rangle_\alpha$	$\Delta G^\circ=35797-19.09T$	573～823
	$\frac{1}{2}\langle Zr\rangle_\alpha+\frac{1}{2}(H_2)=\frac{1}{2}\langle ZrH_2\rangle_\delta$	$\Delta G^\circ=-95375+76.62T$	673～823
	$\frac{1}{2}\langle Zr\rangle_\beta+\frac{1}{2}(H_2)=\frac{1}{2}\langle ZrH_2\rangle_\delta$	$\Delta G^\circ=-106345+92.1T$	823～1173
Hf	$\frac{1}{2}(H_2)=\langle H\rangle_{\alpha\text{-}Hf}$	$\log C=\frac{1}{2}\log P_{H_2}-2.88+1964/T$	873～1173
		$\log C_{max}=2.3-1460/T$	873～1173
		$\Delta G^\circ=-37597+45.64T$	873～1173
	$\frac{1}{2}\langle HfH_2\rangle_\delta=\langle H\rangle_{\alpha\text{-}Hf}+\langle Hf\rangle_\alpha$	$\Delta G^\circ=27968-5.86T$	873～1173
	$\frac{1}{2}\langle Hf\rangle_\alpha+\frac{1}{2}(H_2)=\frac{1}{2}\langle HfH_2\rangle_\delta$	$\Delta G^\circ=-65565+51.5T$	873～1173
	$\langle HfH_2\rangle_\delta$	$\log P_{H_2}=10.38-6846/T$	873～1173
V	$\frac{1}{2}(H_2)=\langle H\rangle_{\alpha\text{-}V}$	$\log C=\frac{1}{2}\log P_{H_2}-3.68+1695/T$(H<8%原子)	373～773
		$\log C_{max}=2.53-641/T$	223～333
		$\Delta G^\circ=-32456+60.7T$(H<8%原子)	373～773
	$\langle V_xH\rangle_\beta=\langle H\rangle_{\alpha\text{-}V}+x\langle V\rangle_\alpha$	$\Delta G^\circ=2276-10T$	223～353
	$x\langle V\rangle_\alpha+\frac{1}{2}(H_2)=\langle V_xH\rangle_\beta$	$\Delta G^\circ=-41554+64.48T$	283～413
Nb	$\frac{1}{2}(H_2)=\langle H\rangle_{\alpha\text{-}Nb}$	$\log C=\frac{1}{2}\log P_{H_2}-3.91+2070/T$(H<5%原子)	423～1773
		$\log C_{max}=2.58-598/T$	213～373
		$\Delta G^\circ=-39649+65.3T$(H<5%原子)	423～1773

续表 5-9-2

金属	反应	关系式	温度范围，K
Nb	$\frac{1}{2}(H_2)=\{H\}_{Nb}$	$\log C=\frac{1}{2}\log P_{H_2}-3.00+1620/T$	2973～3093
		$\Delta G°=-30982+47.3T$	2973～3093
	$\frac{1}{1-x}\langle NbH_{1-x}\rangle_\beta = \langle H\rangle_{\alpha\text{-}Nb}+\frac{1}{1-x}\langle Nb\rangle_\alpha$	$\Delta G°=11451-11.1T$	213～373
Pa	$\frac{1}{2}(H_2)=\langle H\rangle_{Pa}$	$\log C=\frac{1}{2}\log P_{H_2}-3.18+535/T$（H<3%原子）	273～1273
		$\Delta G°=-10274+51.29T(C\to 0)$	273～1273
	$\frac{1}{x}\langle Pa\rangle_\alpha+\frac{1}{2}(H_2)=\frac{1}{x}\langle PaH_x\rangle$	$\Delta G°=-10274+45.6T$	195～523
Pt	$\frac{1}{2}(H_2)=\langle H\rangle_{Pt}$	$\log C=\frac{1}{2}\log P_{H_2}-3.42-2404/T$	573～1673
		$\Delta G°=46055+56.1T$	573～1673
Rh	$\frac{1}{2}(H_2)=\langle H\rangle_{Rh}$	$\log C=\frac{1}{2}\log P_{H_2}-3.12-1394/T$	1073～1873
		$\Delta G°=26712+50.24T$	1073～1873
Ir	$\frac{1}{2}(H_2)=\langle H\rangle_{Ir}$	$\log C=\frac{1}{2}\log P_{H_2}-3.08-3847/T$	1673～1873
		$\Delta G°=73688+49.4T$	1673～1873
Ru	$\frac{1}{2}(H_2)=\langle H\rangle_{Ru}$	$\log C=\frac{1}{2}\log P_{H_2}-2.87-2807/T$	1273～1773
		$\Delta G°=53759+45.38T$	1273～1773
U	$\frac{1}{2}(H_2)=\langle H\rangle_{\alpha\text{-}U}$	$\log C=\frac{1}{2}\log P_{H_2}-3.37-388/T$	<941
	$\frac{1}{2}(H_2)=\langle H\rangle_{\beta\text{-}U}$	$\log C=\frac{1}{2}\log P_{H_2}-2.28-892/T$	940～1048
	$\frac{1}{2}(H_2)=\langle H\rangle_{\gamma\text{-}U}$	$\log C=\frac{1}{2}\log P_{H_2}-2.74-227/T$	1048～1405
	$\frac{1}{2}(H_2)=\{H\}_U$	$\log C=\frac{1}{2}\log P_{H_2}-2.26-587/T$	>1405
Ta	$\frac{1}{2}(H_2)=\langle H\rangle_{\alpha\text{-}Ta}$	$\log C=\frac{1}{2}\log P_{H_2}-3.56+1900/T$（H<10%原子）	373～773
		$\log C_{max}=5.3-1180/T$	173～273
		$\Delta G°=-36383+58.6T$（H<10%原子）	373～773
Mo	$\frac{1}{2}(H_2)=\langle H\rangle_{Mo}$	$\log C=\frac{1}{2}\log P_{H_2}-2.87-2730/T$	1173～1773
		$\Delta G°=52251+45.2T$	1173～1773
W	$\frac{1}{2}(H_2)=\langle H\rangle_W$	$\log C=\frac{1}{2}\log P_{H_2}-2.54-5250/T$	1173～2023
		$\log C=\frac{1}{2}\log P_{H_2}-4.68-1090/T$	1897～2703
		$\log C=\frac{1}{2}\log P_{H_2}-3.46-4380/T$	2703～3273
		$\Delta G°=100483+38.94T$	1173～2023

续表 5-9-2

金属	反应	关系式	温度范围，K
Ag	$\frac{1}{2}(H_2)=\langle H\rangle_{Ag}$	$\log C=\frac{1}{2}\log P_{H_2}-2.72-3600/T$	823～1134
		$\Delta G^\circ=68957+42.5T$	823～1134
	$\frac{1}{2}(H_2)=\{H\}_{Ag}$	$\log C=\frac{1}{2}\log P_{H_2}-2.36-3512/T$	1134～1473
		$\Delta G^\circ=68957+35.63T$	1134～1473
Au	$\frac{1}{2}(H_2)=\langle H\rangle_{Au}$	$\log C=\frac{1}{2}\log P_{H_2}-4.37-1880/T$	973～1173
		$\Delta G^\circ=36006+74.1T$	873～1173
Ga	(GaH)	$\Delta H^\circ_{298}=217714$	
In	(InH)	$\Delta H^\circ_{298}=213527$，$S^\circ_{298}=207.7$	
Tl	(TlH)	$\Delta H^\circ_{298}=200966$，$S^\circ_{298}=215.6$	
Si	$\frac{1}{2}(H_2)=\langle H\rangle_{Si}$	$\log C=\frac{1}{2}\log P_{H_2}-1.56-9400/T$	1273～1473
		$\log C=\frac{1}{2}\log P_{H_2}+2.81-12700/T$	1523～1673
	$\frac{1}{2}(H_2)=\{H\}_{Si}$	$\log C=\frac{1}{2}\log P_{H_2}-0.43-5780/T$	>1693
	(SiH_4)	$\Delta H^\circ_{298}=30564$，$S^\circ_{298}=204$	

注：〈 〉固体；( )气体；{ }液体；C为浓度，P为压力(Pa)；ΔG°为标准自由焓变化 (J)；ΔH°_{298} J/mol；S°_{298} J/度·mol。

表 5-9-3 氮与稀有金属反应的热力学数据

金属	反应	关系式	温度范围，K
Li	$\frac{1}{2}(N_2)=\{N\}_{Li}$	$\log C_{max}=5.0-3480/T$	523～723
	$3\langle Li\rangle+\frac{1}{2}(N_2)=\langle Li_3N\rangle$	$\Delta G^\circ=-19887+143T$	273～452
	$3\{Li\}+\frac{1}{2}(N_2)=\langle Li_3N\rangle$	$\Delta G^\circ=-210052+168T$	452～773
Y	$\frac{1}{2}(N_2)=\langle N\rangle_{\alpha\text{-}Y}$	$\log C_{max}=1.92-2540/T$	873～1723
	$\langle YN\rangle=\langle N\rangle_{\alpha\text{-}Y}+\langle Y\rangle^{\alpha}$	$\Delta G^\circ=48651+1.55T$	873～1723
Th	$\frac{1}{2}(N_2)=\langle N\rangle_{\alpha\text{-}Th}$	$\log C_{max}=1.9-2150/T$	1073～1773
	$\langle ThN\rangle=\langle N\rangle_{\alpha\text{-}Th}+\langle Th\rangle_{\alpha}$	$\Delta G^\circ=41156+1.93T$	1073～1773
Ti	$\langle Ti\rangle_{\alpha}+\frac{1}{2}(N_2)=\langle TiN\rangle$	$\log P_{N_2}=14.70-35100/T$	298～1473
	$\langle Ti\rangle_{\alpha}+\frac{1}{2}(N_2)=\langle TiN\rangle$	$\Delta G^\circ=-335991+92.95T$	298～1155
	$\langle Ti\rangle_{\beta}+\frac{1}{2}(N_2)=\langle TiN\rangle$	$\Delta G^\circ=-338503+95.04T$	1155～1473

续表 5-9-3

金属	反应	关系式	温度范围，K
Zr	$\langle Zr\rangle_\alpha+\frac{1}{2}(N_2)=\langle ZrN\rangle$	$\log P_{N_2}=14.72-38040/T$	298～1473
	$\langle Zr\rangle_\alpha+\frac{1}{2}(N_2)=\langle ZrN\rangle$	$\Delta G^\circ=-364252+93.37T$	298～1135
	$\langle Zr\rangle_\beta+\frac{1}{2}(N_2)=\langle ZrN\rangle$	$\Delta G^\circ=-368103+96.7T$	1135～1573
Hf	$\langle Hf\rangle_\alpha+\frac{1}{2}(N_2)=\langle HfN\rangle$	$\log P_{N_2}=13.82-38560/T$	
	$\langle Hf\rangle_\alpha+\frac{1}{2}(N_2)=\langle HfN\rangle$	$\Delta G^\circ=-369276+85.0T$	
V	$\frac{1}{2}(N_2)=\{N\}_V$	$\log C=\frac{1}{2}\log P_{N_2}-0.502$（N<20%原子，$N_2$<6666Pa）	2003
	$\frac{1}{2}(N_2)=\langle N\rangle_V$	$\log C_{max}=1.50-831/T$	773～1773
	$\langle V_3N\rangle=\langle N\rangle_V+3\langle V\rangle$	$\Delta G^\circ=15910+9.6T$	773～1773
	$2.15\langle V\rangle+\frac{1}{2}(N_2)=\langle V_{2.15}N\rangle$	$\Delta G^\circ=-282400+96.3T$	298～1798
Nb	$\frac{1}{2}(N_2)=\langle N\rangle_{Nb}$	$\log C=\frac{1}{2}\log P_{N_2}-4.16+9300/T$	1773～2473
	$\frac{1}{2}(N_2)=\{N\}_{Nb}$	$\log C=\frac{1}{2}\log P_{N_2}-0.78$（N<15%原子）	2803
	$\frac{1}{2}(N_2)=\langle N\rangle_{Nb}$	$\log C_{max}=0.06-857/T$	723～1073
	$2\langle Nb\rangle+\frac{1}{2}(N_2)=\langle Nb_2N\rangle$	$\log C_{max}=3.17-4920/T$	1773～2473
	$\frac{1}{2}(N_2)=\langle N\rangle_{Nb}$	$\log P_{N_2}=14.72-28400/T$	1773～2473
	$\langle Nb_2N\rangle=\langle N\rangle_{Nb}+2\langle Nb\rangle$	$\Delta G^\circ=-177939+70.3T$	1773～2473
		$\Delta G^\circ=94203-22.4T$	1773～2473
		$\Delta G^\circ=16747+37.2T$	723～1073
	$2\langle Nb\rangle+\frac{1}{2}(N_2)=\langle Nb_2N\rangle$	$\Delta G^\circ=-272561+92.95T$	1773～2473
Ta	$\frac{1}{2}(N_2)=\langle N\rangle_{Ta}$	$\log C=\frac{1}{2}\log P_{N_2}-3.66+9500/T$	1773～2773
		$\log C=\frac{1}{2}\log P_{N_2}-4.42+10400/T$（N<0.1%原子）	1573～2273
	$\frac{1}{2}(N_2)=\{N\}_{Ta}$	$\log C=\frac{1}{2}\log P_{N_2}-1.11$（N<10%原子）	3113
	$\frac{1}{2}(N_2)=\langle N\rangle_{Ta}$	$\log C_{max}=1.52-1140/T$	573～2773
	$2\langle Ta\rangle+\frac{1}{2}(N_2)=\langle Ta_2N\rangle$	$\log P_{N_2}=10.32-21300/T$	1573～2773
	$\frac{1}{2}(N_2)=\langle N\rangle_{Ta}$	$\Delta G^\circ=-182126+60.29T$	1773～2773
	$\langle Ta_2N\rangle=\langle N\rangle_{Ta}+2\langle Ta\rangle$	$\Delta G^\circ=21771+9.2T$	573～2773
	$2\langle Ta\rangle+\frac{1}{2}(N_2)=\langle Ta_2N\rangle$	$\Delta G^\circ=-203897+51.08T$	1573～2773

续表 5-9-3

金属	反应	关系式	温度范围，K
Mo	$\frac{1}{2}(N_2)=\langle N\rangle_{Mo}$	$\log C=\frac{1}{2}\log P_{N_2}-1.59-4940/T$	1873～2673
		$\log C_{max}=3.72-7940/T$	1173～2073
		$\Delta G^{\circ}=94622+21.06T$	1873～2673
	$\frac{1}{2}(N_2)=\{N\}_{Mo}$	$\log C=\frac{1}{2}\log P_{N_2}-2.52(N_2<0.0467MPa)$	2973
		$\log C=\frac{1}{2}\log P_{N_2}-2.56(N_2<0.067MPa)$	2923
	$\langle Mo_2N\rangle=\langle N\rangle_{Mo}+2\langle Mo\rangle$	$\Delta G^{\circ}=151981-32.87T$	1173～2073
	$2\langle Mo\rangle+\frac{1}{2}(N_2)=\langle Mo_2N\rangle$	$\Delta G^{\circ}=-57359+53.92T$	1173～1673
		$\log P_{N_2}=10.63-5990/T$	1173～2073
W	$\frac{1}{2}(N_2)=\langle N\rangle_W$	$\log C=\frac{1}{2}\log P_{N_2}-1.098-10200/T(N_2=2000\sim53329Pa)$	2673～3323
		$\Delta G^{\circ}=195524+11.5T$	2673～3323
Re	$\frac{1}{2}(N_2)=\langle N\rangle_{Re}$	$\log C=\frac{1}{2}\log P_{N_2}-4.14-3500/T$	2273～3023
		$\Delta G^{\circ}=66989+77.45T$	2273～3023
Si	$\frac{3}{4}\langle Si\rangle+\frac{1}{2}(N_2)=\frac{1}{4}\langle Si_3N_4\rangle$	$\Delta G^{\circ}=-18108+78.7T$	1673
	$\frac{3}{4}\{Si\}+\frac{1}{2}(N_2)=\frac{1}{4}\langle Si_3N_4\rangle$	$\Delta G^{\circ}=-21876+101.3T$	1673～1973
Be	$\frac{3}{2}\{Be\}+\frac{1}{2}(N_2)=\frac{1}{2}\langle Be_3N\rangle$	$\log P_{N_2}=11.51-19520/T$	1643～1973
	$\frac{3}{2}\langle Be\rangle+\frac{1}{2}(N_2)=\frac{1}{2}\langle Be_3N\rangle$	$\Delta G^{\circ}=-281981+84.99T$	298～1003
	$\frac{3}{2}\{Be\}+\frac{1}{2}(N_2)=\frac{1}{2}\langle Be_3N\rangle$	$\Delta G^{\circ}=-186907+62.3T$	1643～1973
Ga	$\{Ga\}+\frac{1}{2}(N_2)=\langle GaN\rangle$	$\log P_{N_2}=15.82-14450/T$	1173～1873
	$\langle Ga\rangle+\frac{1}{2}(N_2)=\langle GaN\rangle$	$\Delta G^{\circ}=-104126+39.8T$	298
	$\{Ga\}+\frac{1}{2}(N_2)=\langle GaN\rangle$	$\Delta G^{\circ}=-138416+104T$	1173～1873
In	$\langle In\rangle+\frac{1}{2}(N_2)=\langle InN\rangle$	$\log P_{N_2}=18.32-14260/T$	783～863
	$\langle In\rangle+\frac{1}{2}(N_2)=\langle InN\rangle$	$\Delta G^{\circ}=-136490+128T$	783～863
	$\langle Ge_3N_4\rangle$	$\Delta H^{\circ}_{298}=-65314,\ S^{\circ}_{298}=167$	

注：同表5-9-2注。

表 5-9-4 氧与稀有金属反应的热力学数据

金属	反应	关系式	温度范围，K
Li	$\frac{1}{2}(O_2)=\{O\}_{Li}$	$\log C_{max}=2.5-2500/T$	523～873

续表 5-9-4

金属	反　应	关　系　式	温度范围，K
Y	$\frac{1}{2}(O_2)=\langle O\rangle_{\alpha\text{-}Y}$	$\log C_{max}=2.17-1480/T$	873～1473
Th	$\frac{1}{2}(O_2)=\langle O\rangle_{\alpha\text{-}Th}$	$\log C_{max}=2.15-4450/T$	1273～1673
	$\langle ThO\rangle=\langle O\rangle_{\alpha\text{-}Th}+\langle Th\rangle_{\alpha}$	$\Delta G^{\circ}=85201-2.93T$	1273～1673
Ti	$\frac{1}{2}(O_2)=\langle O\rangle_{\alpha\text{-}Ti}$	$\log C=\frac{1}{2}\log P_{O_2}-5.36+29300/T$(O＝0～10%原子)	973～1273
		$\Delta G^{\circ}=-561031+92.95T$	973～1273
		$\log C=\frac{1}{2}\log P_{O_2}-5.26+27800/T$(O＝15～33%原子)	973～1273
		$\Delta G^{\circ}=-531724+91T$	973～1273
	$\frac{1}{2}(O_2)=\langle O\rangle_{\beta\text{-}Ti}$	$\log C=\frac{1}{2}\log P_{O_2}-5.36+29300/T$	1173～1873
		$\Delta G^{\circ}=-561031+92.5T$	1173～1873
Zr	$\frac{1}{2}(O_2)=\langle O\rangle_{\alpha\text{-}Zr}$	$\log C=\frac{1}{2}\log P_{O_2}-4.91+(32360-310C)/T$(O＜10%原子)	873～1273
		$\Delta G^{\circ}=-(619646-5862C)+85.7T$(O＜10%原子)	873～1273
		$\log C=\frac{1}{2}\log P_{O_2}-5.76+29500/T$(O＞10%原子)	873～1273
		$\Delta G^{\circ}=-565215+101.3T$(O＝15～30%原子)	873～1273
Mo	$\frac{1}{2}(O_2)=\langle O\rangle_{Mo}$	$\log C_{max}=1.67-4870/T$	1473～1673
		$\log C_{max}=4.54-12110/T$	1873～2273
	$\frac{1}{2}\langle MoO_2\rangle=\langle O\rangle_{Mo}+\frac{1}{2}\langle Mo\rangle$	$\Delta G^{\circ}=93366+6.3T$	1473～1673
		$\Delta G^{\circ}=231949-48.57T$	1873～2273
	$\frac{1}{2}\langle MoO_2\rangle=\frac{1}{2}\langle Mo\rangle+\frac{1}{2}(O_2)$	$\log P_{O_2}=13.79-30150/T$	298～1373
W	$\frac{1}{2}\langle WO_2\rangle=\frac{1}{2}\langle W\rangle+\frac{1}{2}(O_2)$	$\log P_{O_2}=13.88-30020/T$	973～1273
Tc	$\frac{1}{2}\langle TcO_2\rangle=\frac{1}{2}\langle Tc\rangle+\frac{1}{2}(O_2)$	$\log P_{O_2}=11.22-22680/T$	298
Re	$\frac{1}{2}\langle ReO_2\rangle=\frac{1}{2}\langle Re\rangle+\frac{1}{2}(O_2)$	$\log P_{O_2}=14.42-22900/T$	853～1133
Pd	$\langle PdO\rangle=\langle Pd\rangle+\frac{1}{2}(O_2)$	$\log P_{O_2}=15.26-11750/T$	923～1173
Pt	$\frac{1}{2}(O_2)=\langle O\rangle_{Pt}$	$\log C=\frac{1}{2}\log P_{O_2}+9.88-25580/T$	1673～1773
Rh	$\frac{1}{3}\langle RhO_3\rangle=\frac{2}{3}\langle Rh\rangle+\frac{1}{2}(O_2)$	$\log P_{O_2}=13.22-11608/T$	1173～1273
	$(RhO_2)=\langle Rh\rangle+(O_2)$	$\log P_{RhO_2}=\log P_{O_2}+1.079-9866/T$	1473～1773
Ir	$\frac{1}{2}\langle IrO_2\rangle=\frac{1}{2}\langle Ir\rangle+\frac{1}{2}(O_2)$	$\log P_{O_2}=11.95-9700/T$	973～1423

续表 5-9-4

金属	反应	关系式	温度范围，K
Hf	$\frac{1}{2}(O_2)=\langle O\rangle_{\alpha\text{-}Hf}$	$\log C=\frac{1}{2}\log P_{O_2}-4.66+28860/T$（O＜10%原子）	923～1273
		$\Delta G°=-(552658-1968C)+(79.55-0.50C)T$ （O＜25%原子）	923～1273
V	$\frac{1}{2}(O_2)=\langle O\rangle_V$	$\log C=\frac{1}{2}\log P_{O_2}-5.76+22050/T$	873～1373
		$\log C_{max}=1.20-515/T$	473～1023
		$\log C_{max}=1.35-482/T$	823～1373
		$\Delta G°=-422741+100.9T$	873～1373
	$\langle V_xO\rangle_\beta=\langle O\rangle_V+x\langle V\rangle$	$\Delta G°=9211+12.56T$	823～1373
Nb	$\frac{1}{2}(O_2)=\langle O\rangle_{Nb}$	$\log C=\frac{1}{2}\log P_{O_2}-5.51+20020/T$	1573～2273
		$\log C_{max}=1.67-1680/T$	1073～1773
	$\langle NbO\rangle=\langle Nb\rangle+\frac{1}{2}(O_2)$	$\log P_{O_2}=14.42-43700/T$	1073～1773
	$(NbO)=\langle Nb\rangle+\langle O\rangle_{Nb}$	$\log P_{NbO}=\log C_{\langle O\rangle Nb}+11.12-28400/T$	1873～2473
	$(NbO_2)=\langle Nb\rangle+2\langle O\rangle_{Nb}$	$\log P_{NbO_2}=2\log C_{\langle O\rangle Nb}+9.12-24300/T$	1873～2473
	$\frac{1}{2}(O_2)=\langle O\rangle_{Nb}$	$\Delta G°=-386442+96.3T$	1773～2473
	$\langle NbO\rangle=\langle O\rangle_{Nb}+\langle Nb\rangle$	$\Delta G°=32238+6.3T$	1073～1773
Ta	$\frac{1}{2}(O_2)=\langle O\rangle_{Ta}$	$\log C=\frac{1}{2}\log P_{O_2}-5.51-20000/T$	1273～2073
		$\log C_{max}=1.22-980/T$	973～2153
		$\Delta G°=-383092+95.88T$	1273～2073
	$\frac{1}{5}\langle Ta_2O_5\rangle=\frac{2}{3}\langle Ta\rangle+\frac{1}{2}(O_2)$	$\log P_{O_2}=13.42-42000/T$	1373～1823
	$(TaO)=\langle Ta\rangle+\langle O\rangle_{Ta}$	$\log P_{TaO}=\log C_{\langle O\rangle Ta}+10.97-28800/T$	1873～2773
	$(TaO_2)=\langle Ta\rangle+2\langle O\rangle_{Ta}$	$\log P_{TaO_2}=2\log C_{\langle O\rangle Ta}+9.42-24500/T$	1873～2773
	$\frac{1}{5}\langle Ta_2O_5\rangle=\langle O\rangle_{Ta}+\frac{2}{5}\langle Ta\rangle$	$\Delta G°=18841+15.1T$	973～2153
Ru	$\frac{1}{2}\langle RuO_2\rangle=\frac{1}{2}\langle Ru\rangle+\frac{1}{2}(O_2)$	$\log P_{O_2}=13.10-14740/T$	1373～1773
Ga	$\frac{1}{3}\langle Ga_2O_3\rangle=\frac{2}{3}\langle Ga\rangle+\frac{1}{2}(O_2)$	$\log P_{O_2}=16.38-37780/T$	823～1053
	$\langle Ga_2O\rangle$	$\Delta H^{\circ}_{298}=-347504$	
In	$\frac{1}{3}\langle In_2O_3\rangle=\frac{2}{3}\{In\}+\frac{1}{2}(O_2)$	$\log P_{O_2}=15.52-31420/T$	873～1273
Tl	$\langle Tl_2O_3\rangle$	$\Delta H^{\circ}_{298}=-347504$	
Si	$\frac{1}{2}(O_2)=\langle O\rangle_{Si}$	$\log C_{max}=0.5-4830/T$	1273～1673
		$\log C_{max}=1.8-7000/T$	1273～1673
	$\frac{1}{2}\langle SiO_2\rangle=\langle O\rangle_{Si}+\frac{1}{2}\langle Si\rangle$	$\Delta G°=92528+29.2/T$	1273～1673

注：同表5-9-2注。

表 5-9-5　碳与稀有金属反应的热力学数据

金属	反　　应	关　系　式	温度范围，K
Li	$\langle C\rangle=\{C\}_{Li}$	$\log C=1.7-970/T$	473～1273
	Li_2C	$\Delta H^{\circ}_{298}=-59453$	
Y	$\langle C\rangle=\langle C\rangle_{\alpha\text{-}Y}$	$\log C=1.92-1750/T$	873～1793
Ti	$\langle C\rangle=\langle C\rangle_{\alpha\text{-}Ti}$	$\log C=1.74-1800/T$	873～1193
	$\langle C\rangle=\langle C\rangle_{\beta\text{-}Ti}$	$\log C=1.4-2100/T$	1193～1918
	$\langle Ti\rangle_{\alpha}+\langle C\rangle=\langle TiC\rangle$	$\Delta G^{\circ}=-766039+10T$	298～1193
Zr	$\langle C\rangle=\langle C\rangle_{\beta\text{-}Zr}$	$\log C=2.2-3800/T$	1273～2073
	$\langle ZrC\rangle=\langle C\rangle_{\beta\text{-}Zr}+\langle Zr\rangle_{\beta}$	$\Delta G^{\circ}=72850-3.8T$	1273～2073
	$\langle Zr\rangle_{\alpha、\beta}+\langle C\rangle=\langle ZrC\rangle$	$\Delta G^{\circ}=-184638+9.2T$	298～2073
V	$\langle C\rangle=\langle C\rangle_{V}$	$\log C=7.4-12800/T$	1773～1873
	$\langle V_2C\rangle=\langle C\rangle_{V}+2\langle V\rangle$	$\Delta G^{\circ}=245346-103.4T$	1773～1873
	$2\langle V\rangle+\langle C\rangle=\langle V_2C\rangle$	$\Delta G^{\circ}=-48148-2.1T$	973～1273
Nb	$\langle C\rangle=\langle C\rangle_{Nb}$	$\log C=3.65-7600/T$	1773～2473
	$\langle Nb_2C\rangle=\langle C\rangle_{Nb}+2\langle Nb\rangle$	$\Delta G^{\circ}=145701-31.5T$	1773～2473
	$2\langle Nb\rangle+\langle C\rangle=\langle Nb_2C\rangle$	$\Delta G^{\circ}=-158680-8.4T$	1773～2473
	$(CO)=\langle C\rangle_{Nb}+\langle O\rangle_{Nb}$	$\Delta G^{\circ}=-280516+140.3T$	1873～2173
Ta	$\langle C\rangle=\langle C\rangle_{Ta}$	$\log C=3.82-7900/T$	1773～2123
		$\log C=2.67-5520/T$	2123～2573
	$(CO)=\langle C\rangle_{Ta}+\langle O\rangle_{Ta}$	$\Delta G^{\circ}=-272142+118.5T$	1973～2273
	$\langle Ta_2C\rangle=\langle C\rangle_{Ta}+2\langle Ta\rangle$	$\Delta G^{\circ}=15395-34.9T$	1773～2123
		$\Delta G^{\circ}=105633-12.8T$	2123～2573
	$2\langle Ta\rangle+\langle C\rangle=\langle Ta_2C\rangle$	$\Delta G^{\circ}=-126441-38.8T$	1773～2273
Ag	$\langle C\rangle=\langle C\rangle_{Ag}$	$\log C=1.25-3317/T$	1053～1234
		$\Delta G^{\circ}=63514+14.24T$	1053～1234
Au	$\langle C\rangle=\langle C\rangle_{Au}$	$\log C=2.22-4407/T$	1083～1300
		$\Delta G^{\circ}=-84406+4.18T$	1083～1300
U	$\langle C\rangle=\{C\}_{U}$	$\log C=2.87-4000/T$	1930～1673
	$\langle UC\rangle=\{C\}_{U}+\{U\}$	$\Delta G^{\circ}=76618-16.75T$	1390～1673
	$\langle U\rangle+\langle C\rangle=\langle UC\rangle$	$\Delta G^{\circ}=-90435-6.28T$	298～1390
	$\{U\}+\langle C\rangle=\langle UC\rangle$	$\Delta G^{\circ}=-102995+5.02T$	1390～2773
Mo	$\langle Mo_2C\rangle=\langle C\rangle_{Mo}+2\langle Mo\rangle$	$\Delta G^{\circ}=173752-32.7T$	1973～2473
	$\langle Mo\rangle+\langle C\rangle=\langle Mo_2C\rangle$	$\Delta G^{\circ}=-49027-7.5T$	1173～1323
	$(CO)=\langle C\rangle_{Mo}+\langle O\rangle_{Mo}$	$\Delta G^{\circ}=41198+167.9T$	
W	$\langle C\rangle=\langle C\rangle_{W}$	$\log C=2.03-6510/T$	1673～2873
	$\langle W_2C\rangle=\langle C\rangle_{W}+2\langle W\rangle$	$\Delta G^{\circ}=124767-0.59T$	2073～2873
	$2\langle W\rangle+\langle C\rangle=\langle W_2C\rangle$	$\Delta G^{\circ}=-26796-4.2T$	>1573
Re	$\langle C\rangle=\langle C\rangle_{Re}$	$\log C=2.72-5510/T$	1673～2713
		$\Delta G^{\circ}=105507-13.8T$	1673～2713

续表 5-9-5

金属	反应	关系式	温度范围，K
Pd	$\langle C\rangle=\langle C\rangle_{Pd}$	$\log C=1.58-1262/T$	1173～1473
		$\log C=2.42-3022/T$	1073～1673
	$\langle C\rangle=\langle C\rangle_{Pd}$	$\Delta G^{\circ}=24158-8.0T$	1173～1473
		$\Delta G^{\circ}=57862-8.0T$	1073～1673
Pt	$\langle C\rangle=\langle C\rangle_{Pt}$	$\log C=1.4-1800/T$	1143～1523
		$\Delta G^{\circ}=34457+11.3T$	1143～1523
Rh	$\langle C\rangle=\langle C\rangle_{Rh}$	$\log C=3.05-4613/T$	1073～1523
Ir		$\Delta G^{\circ}=88341-20.1T$	1073～1523
	$\langle C\rangle=\langle C\rangle_{Ir}$	$\log C=1.45-3244/T$	1073～1523
		$\Delta G^{\circ}=62132+10.5T$	1073～1523
Ru	$\langle C\rangle=\langle C\rangle_{Ru}$	$\log C=3.02-4438/T$	1073～1523
		$\Delta G^{\circ}=84992-195T$	1073～1523
Be	$2\langle Be\rangle+\langle C\rangle=\langle Be_2C\rangle$	$\Delta G^{\circ}=-91272+1.0T$	298
Si	$\langle C\rangle=\langle C\rangle_{Si}$	$\log C=3.2-10400/T$	1373～1623
	$\langle C\rangle=\{C\}_{Si}$	$\log C=5.3-12900/T$	1687～2573
	$\langle Si\rangle+\langle C\rangle=\langle SiC\rangle$	$\Delta G^{\circ}=-56731+5.3T$	298～1687
	$\{Si\}+\langle C\rangle=\langle SiC\rangle$	$\Delta G^{\circ}=-10425+33.9T$	1687～1903
	$\langle SiC\rangle=\langle C\rangle_{Si}+\langle Si\rangle$	$\Delta G^{\circ}=199166-23.0T$	1273～1673
	$\langle SiC\rangle=\{C\}_{Si}+\{Si\}$	$\Delta G^{\circ}=247021-63.22T$	1687～2573

注：同表5-9-2注。

温度对溶解度的影响主要决定于溶解的热效应，如果溶解过程为吸热反应，则温度升高，溶解度增加；反之，温度升高则溶解度降低。采用类似的方法，可以求出氮、氢在稀有金属中的溶解度与其分压和温度的关系式。

氢、氮、氧和碳与稀有金属反应的有关热力学数据分别见表5-9-2、5-9-3、5-9-4和5-9-5。

对气体与稀有金属反应的热力学数据作以下说明。

（1）气体在金属中的溶解度有时用100g金属中所含气体量（cm³）来表示，或者用重量百分数来表示，它们之间关系为：

$$C(\%原子)=100\Big/\left(1+\frac{1.12\times10^{6}}{C(cm^{3}/100g)A_{Me}}\right) \tag{5-9-2}$$

式中 A_{Me}——金属原子量。

$$C(cm^{3}/100g)=\frac{1.12\times10^{6}}{A_{Me}}\times\frac{C(\%原子)}{100-C(\%原子)} \tag{5-9-3}$$

$$C(\%重量)=100\Big/\left(1+\frac{2.24\times10^{6}}{C(cm^{3}/100g)M_{G}}\right) \tag{5-9-4}$$

式中 M_G——气体分子量。

因为$\frac{10^{6}}{C(cm^{3}/100g)M_{G}}\gg1$，$\frac{10^{6}}{C(cm^{3}/100g)A_{Me}}\gg1$，$C(\%原子)<1$，$C(\%重量)<1$，所以换算关系可以简化为：

$$C(\%原子)=\frac{A_{Me}}{1.12\times10^{4}}C(cm^{3}/100g) \tag{5-9-5}$$

$$C(cm^{3}/100g)=\frac{1.12\times10^{4}}{A_{Me}}C(\%原子) \tag{5-9-6}$$

$$C(\%重量)=\frac{M_{G}}{2.24\times10^{4}}C(cm^{3}/100g) \tag{5-9-7}$$

$$C(cm^3/100g)=\frac{2.24\times10^4}{M_G}C(\%重量)\qquad(5\text{-}9\text{-}8)$$

（2）对$\Delta G°$与$\log K_P$的关系，在采用不同单位时相互换算。

1）气体溶解在金属中（固体或液体），如$\frac{1}{2}(G_z)=\langle G\rangle_{Me}$，或$\frac{1}{2}(G_z)=\{G\}_{Me}$，其溶解的标准自由能变化与温度关系用两项式表示为：

$$\Delta G°=A+BT$$

其平衡常数可表示为：

$$K_p=\frac{x_G}{P_{G_2}^{1/2}}$$

所以有：

$$\log x_G=\frac{1}{2}\log P_G-\frac{B}{4.574}-\frac{A}{4.574}\times\frac{1}{T}-2.50\qquad(5\text{-}9\text{-}9)$$

式中 x_G——气体摩尔分数；

P_{G_2}——气体分压，Pa。

$$\log C_G(\%原子)=\frac{1}{2}\log P_{G_2}-0.502-\frac{B}{4.574}-\frac{A}{4.574}\times\frac{1}{T}\qquad(5\text{-}9\text{-}10)$$

或表示成：

$$\log C_G=\frac{1}{2}\log P_{G_2}+C+D/T\qquad(5\text{-}9\text{-}11)$$

式中 $C=-0.502-\frac{B}{4.574}$；

$D=-\frac{A}{4.574}$。这时有：

$$\Delta G°=-19.15D-19.15(C+0.502)T,\ J\qquad(5\text{-}9\text{-}12)$$

以氢溶解在α锆中为例。从表5-9-2中查出：$\frac{1}{2}(H_2)=\langle H\rangle_{\alpha\text{-}Zr}$，$\log C=\frac{1}{2}\log P_{H_2}-3.482+3110/T$（698～933 K），即$C=-3.482$，$D=3110$。根据（5-9-12）式得到$\Delta G°=-59556+57.07T$，这和表5-9-2所给出的$\Delta G°=-59536+57.07T$是一致的。反之，如果知道$\Delta G°$与温度关系式，也可求出气体溶解度（$C_G$或$x_G$）与温度和气体压力的关系式。

2）金属与气体的化合物分解，产生的气体又溶解在金属中，如$\frac{1}{x}\langle MeG_x\rangle=\langle G\rangle_{Me}+\frac{1}{x}\langle Me\rangle$，这时：

$$\log x_{G,max}=-\frac{B}{4.574}-\frac{A}{4.574}\times\frac{1}{T}\qquad(5\text{-}9\text{-}13)$$

或

$$\log C_{G,max}=2-\frac{B}{4.574}-\frac{A}{4.574}\times\frac{1}{T}=C+D/T\qquad(5\text{-}9\text{-}14)$$

式中 $C=2-\frac{B}{4.574}$；

$D=-\frac{A}{4.574}$。

这时：

$$\Delta G°=-19.15D-19.15(C-2)T,\ J\qquad(5\text{-}9\text{-}15)$$

例如对$\langle Nb_2N\rangle=\langle N\rangle_{Nb}+z\langle Nb\rangle$，从表5-9-3查出：$\Delta G°=94203-22.4T$，即$A=94203=-19.15D$，$D=4919$，$B=-22.40=-19.15(C-2)$，$C=3.17$。根据式5-9-14，氮在固体金属铌中的最大溶解度与温度关系可以得到：$\log C_{N,max}=3.17-4919/T$，这和表5-9-3给出的数据是一致的。

3）金属与气体的化合物分解，如对$\frac{1}{x}\langle MeG_x\rangle=\frac{1}{2}(G_2)+\frac{1}{x}\langle Me\rangle$，$\Delta G°=A+BT=-RT\ln P_{G_2}^{1/2}=-\frac{4.574}{2}T\log P_{G_2}$（$P_{G_2}$—— atm），所以有：

$$\log P_G=5-0.437B-0.437A\cdot\frac{1}{T}=C+D/T,\quad(P_{G_2}\text{—— Pa})\qquad(5\text{-}9\text{-}16)$$

式中 $C=5-0.437B$；

$D=-0.437A$。

这时：

$$\Delta G°=-2.287D-2.287(C-5)T,\ cal.$$

或：

$$\Delta G^{\circ}=-9.58D-9.58(C-5)T,\ \mathrm{J} \tag{5-9-17}$$

例如从表5-9-4查出＜MoO_2＞的分解压力与温度的关系式为：$\log P_{O_2}=13.79-30150/T$（298～1373K），可以求出$\frac{1}{2}\langle MoO_2\rangle=\frac{1}{2}(O_2)+\frac{1}{2}\langle Mo\rangle$的$\Delta G^{\circ}$与温度关系式，已知$C=13.79$，$D=-30150$，根据式5-9-17，求出$\Delta G^{\circ}=-9.58(-30150)-9.58(13.79-5)T=288837-84.2T$（298～1373K）。

三、利用还原过程或低价氧化物挥发脱氧

1. 用碳还原

用碳还原的反应式一般为：

$$\{C\}_{Me}+\{O\}_{Me}=(CO)$$

或

$$\langle C\rangle_{Me}+\langle O\rangle_{Me}=(CO)$$

其平衡常数为：

$$K_p=\frac{P_{CO}}{a_c a_O}=\frac{P_{CO}}{f_O C_O f_C C_C}$$

在碳和氧的浓度较低时，其活度系数一般接近1，这时平衡常数可简化成：

$$K_p=\frac{P_{CO}}{C_O C_c}$$

从式中可以看出，可以通过降低系统压力P_{CO}来降低金属中的含氧量。因为$K_p=\exp\left(\frac{-\Delta H_{反}}{RT}+I\right)$，若脱氧反应为吸热反应，则温度升高有利于降低金属中氧含量；若是放热反应，则降低温度有利于降低金属中的氧含量。金属中残余氧用碳还原的反应自由能变化与温度关系式可查表5-9-5。

2. 用氢还原

用氢还原的反应式为：

$$\{O\}_{Me}+2\{H\}_{Me}=(H_2O)$$

或：

$$\langle O\rangle_{Me}+2\langle H\rangle_{Me}=(H_2O)$$

其平衡常数为：

表 5-9-6 金属的分离系数（蒸发比）

金属	主要蒸发氧化物	蒸发比 R
金属优先蒸发，氧化物在残留物中富集		
Li	Li_2O	10^{-8}
Na	N O	—
K	K_2O	—
Rb	Rb_2O	—
Cs	Cs_2O	—
Mn	MnO	10^{-4}
Pe	Pe_2O_3	—
Mg	MgO	—
Ca	CaO	—
Sr	SrO	—
Zn	ZnO	—
Cd	CdO	$<10^{-6}$
金属和氧化物差不同等速率同时蒸发		
Ba	Ba_2O	1
Sc		1
Ti	TiO	1
Cr	CrO	$10^{0.5}$
Fe	FeO	$10^{0.4}$
Co	CoO	10
Ni	NiO，O	10

金属	主要蒸发氧化物	蒸发比 R
氧化物或氧优先蒸发B、BO和聚合物		
Al	Al_2O	10^3
Ga	Ga_2O	10^6
In	In_2O	$>10^3$
Tl	Tl_2O	10^4
Si	SiO	10^8
Ge	GeO和聚合物	$10^{9.5}$
Sn	SnO和聚合物	$10^{6.3}$
Pb	PbO和聚合物	$10^{2.6}$
Bi	BiO	$10^{1.5}$
Zr	ZrO	10
Hf	—	—
V	VO	10
Nb	NbO	10^3
Ta	TaO	10^5
Mo	Mo_3O_9，MoO_3，MoO_2，O	10^6
W	W_5O_9，WO_3，WO_2，O	10^6
Tc，Re，Ru Os，Rh，Ir Pd，Pt，Ag Au	O_2，O	$\geqslant 10$

表 5-9-7 真空冶金中常用的动力学公式

名 称	公 式		应用范围和条件
蒸发速率	$\omega=7.77P(M/T)^{1/2}f$	(5-9-20)	分子蒸发，残余压力较低，蒸发粒子的平均自由程相当于蒸发器与冷凝器之间距离，该公式计算出来的是最大蒸发速率
	$\omega=7.77(P-P_k)(M/T)^{1/2}f$	(5-9-21)	冷凝器温度较高，最大蒸发速率应减去从冷凝器再蒸发的速率，应用条件为压力小于13Pa
	$\omega=7.77(P-P_1)(M/T)^{1/2}f$	(5-9-22)	适用残余气体的压强（P_1）较高的情况
合金蒸发	$\alpha=\frac{\gamma_B}{\gamma_A}\frac{P_B^{\circ}}{P_A^{\circ}}\sqrt{\frac{M_A}{M_B}}$	(5-9-23)	二元合金蒸发系数
	$y=100-100\left(1-\frac{x}{100}\right)^2$	(5-9-24)	二元合金中已被蒸发的杂质百分数
	$\log\frac{C_{mt}}{C_{mo}}=(2-j)\log\frac{m_t}{m_0}$	(5-9-25)	$C_{mo}\ll m_0$，$C_{mt}\ll m_t$
	$K_B'=\frac{\gamma_A x_A P_A^{\circ}}{\gamma_B P_B^{\circ}}\sqrt{\frac{M_B}{M_A}}+X_B$	(5-9-26)	适用较高浓度和可变活度系数
固态金属脱气	$C_t/C_0=k'\exp(-k_1t)$	(5-9-27)	固体金属脱氮、氧、氢时，扩散为限速步骤时的速率方程
	$k_1=D_0/F_P\exp(-Q_D/RT)$	(5-9-28)	扩散速率常数
	$D=D_0\exp(-Q_D/RT)$	(5-9-29)	扩散系数与温度关系式
	$C_t/C_0=\exp(-k_2t)$	(5-9-30)	表面化学吸附为限速反应时固态金属脱气速率方程
	$k_2=k_0\exp(-Q_{LA}/RT)$	(5-9-31)	表面化学吸附速率常数
	$C_t/C_0=1-\frac{k_3}{C_0}t$	(5-9-32)	表面化学反应为限速步骤，$\theta\simeq1$时的速率方程
	$k_3=k_0\exp(Q_{AG}/RT)$	(5-9-33)	表面化学反应速率常数
	$C_0/C_t=k_4C_0t+1$	(5-9-34)	表面化学反应为限速步骤，$\theta\ll1$时的脱气速率方程
	$k_4=k_0\exp[-(2\Delta\overline{H}_{LA}+Q_{AG})/RT]$	(5-9-35)	两个吸附的气体原子反应，生成气态分子，$\theta\ll1$时，表面化学反应为限速步骤的速率常数
	$C_0/C_t=k_5C_0t+1$	(5-9-36)	气相空间迁移为限速步骤时的脱气速率方程，适用抽速较小的真空系统
	$k_5=k_0\exp[-(2\Delta\overline{H}_{LA}-\Delta\overline{H}_{GA})/RT]$	(5-9-37)	气相空间迁移为限速步骤时反应速率常数
液态金属脱气和杂质去除	$\log\frac{C_{mt}}{C_{mo}}=-\frac{A\beta}{2.3V}t$	(5-9-38)	熔体脱气速率方程，适用$C_{mo}<C_{mt}<C_{mo}$
	$\ln\frac{x_m}{x_{mo}}=\left(\frac{K_2}{K_1}-1\right)\ln(1-AK_1t/n_1)$	(5-9-39)	适用金属一气体化合物，如低价氧化物的脱气速率方程
	$\frac{x_m}{x_{mo}}=\left(1-\frac{AK_1t}{n_1}\right)^{K_2/K_1}$	(5-9-40)	适用金属一气体化合物脱气，但$K_1\ll K_2$
	$\frac{x_m}{x_{mo}}=\exp\left(-\frac{AK_2t}{n_1}\right)$	(5-9-41)	基体金属的蒸发损失忽略不计时，金属一气体化合物脱气速率方程
	$\frac{x_{mo}}{x_m}=\frac{AK_3x_{mo}t}{n_1}+1$	(5-9-42)	适用双原子气体分子脱气，基体金属蒸发损失忽略不计
	$x_{90}=\frac{x_{mo}-x_{mc}}{2x_{mo}x_{mc}+(1-x_{mo}-x_{mc})K_1/K_4}$	(5-9-43)	适用非金属一气体化合物，如CO脱气速率方程

注：ω一蒸发速率(g/s·cm²)；P一蒸气压力(Pa)；M一分子或原子量(g)；T一蒸发温度(K)；f一冷凝系数，在平衡条件下，蒸发表面上冷凝的原子与碰撞的原子的比值，大多数场合，液态金属的f可达到1，但是对于具有高蒸气压力的金属其值会降低；P_k一冷凝器的温度为T_k时的蒸气压力(Pa)；P_1一系统中残余气体分压(Pa)；γ_A、γ_B一元素A和B的活度系数；P_A°、P_B°、M_A、M_B一元素A和B的蒸气压力和原子量；x、y一已被蒸发物质A和B的重量分数；C_{mt}、C_{mo}、m_t、m_0一液态金属在t时及初始时的浓度和重量；x_B一熔体中溶解物质B的摩尔分数；C_t、C_0一固态金属在t时和初始时的气体杂质浓度；D一扩散系数；Q_D、Q_{LA}、Q_{AG}一扩散、迁移和真实活化能；$\Delta\overline{H}_{LA}$、$\Delta\overline{H}_{GA}$一$G_{溶}\to G_{吸}$和$G_{2气}\to 2G_{n2}$的吸附热焓；V、A、β一熔体的容积、表面积和传质系数；n_1一熔体开始的总量；x_m、x_{mo}一熔体在t时和初始时待除去元素的摩尔分数；x_{go}一气相中氧的摩尔分数；x_{mo}、x_{mc}一熔体中氧和碳的摩尔分数。

$$K_p=\frac{p_{H_2O}}{a_O a_H^2}$$

若不能用碳进行还原时（生成稳定的碳化物），用氢还原就特别有利。利用表5-9-2和5-9-4可以求出氢还原反应自由能变化与温度关系式。

以求$\langle O\rangle_{\beta\text{-}Ti}+2\langle H\rangle_{\beta\text{-}Ti}=(H_2O)$的$\Delta G^\circ$与温度关系式为例。从基本热化学数据及表5-9-2和5-9-4可分别查出：$(H_2)+\frac{1}{2}(O_2)=(H_2O)$，$\Delta G_1^\circ=-246314+54.78T$；$\langle O\rangle_{\beta\text{-}Ti}=\frac{1}{2}(O_2)$，$\Delta G_2^\circ=561031-92.5T$；$2\langle H\rangle_{\beta\text{-}Ti}=(H_2)$，$\Delta G_3^\circ=116394-109.7T$。利用盖斯定律求出$\langle O\rangle_{\beta\text{-}Ti}+2\langle H\rangle_{\beta\text{-}Ti}=(H_2O)$，$\Delta G^\circ=\Delta G_1^\circ+\Delta G_2^\circ+\Delta G_3^\circ=431111-147.42T$。

（三）通过低价氧化物脱氧

只有当分离系数R大于1，即：

$$R=\frac{p_{MeO}^\circ/p_{Me}^\circ}{C_O/100}>1 \qquad (5\text{-}9\text{-}18)$$

式中 p_{MeO}°、p_{Me}°——气相中低价氧化物和金属的平衡分压；

C_O——金属中含氧浓度，%原子。

才有可能通过低价氧化物脱氧。但在实践中，为了保证金属相的回收率，要求当杂质挥发达90%以上时，金属损失仍低于5%，这时要求：

$$p_{MeO}^\circ\simeq C_O p_{Me}^\circ \qquad (5\text{-}9\text{-}19)$$

金属及其氧化物的平衡蒸气压力可从本手册查到。利用式5-9-18和式5-9-19就可判断通过低价氧化物脱氧是否可行。一些金属的分离系数R列于表5-9-6。

第二节 真空冶金中的动力学

测定反应过程的一些动力学量，不仅能决定反应的效率，根据所需要的产量确定反应器的大小，而且能预测整个反应过程中不希望有的副反应及其损失。

一、基本的动力学公式

真空冶金中常用的动力学公式列于表5-9-7。

二、动力学公式使用说明

（1）在高温真空烧结或退火过程中去除碳、氧、氮和氢的动力学公式（扩散为限制步骤时）所

表 5-9-8 氢、氮、氧、碳在金属中的扩散系数和扩散活化能

金 属	气体或碳	D_0，cm²/s	Q，J/mol	温度范围，K
〈Y〉α	H	3×10^{2}	−153134	1048～1223
〈Y〉α	C	2×10^{-1}	−123010	1508～1733
〈Y〉α	N	1×10^{-3}	−251040	1508～1733
〈U〉α	H	1.95×10^{-2}	−46317	723～923
〈U〉β	H	3.3×10^{-4}	−15062	933～1023
〈U〉γ	H	1.5×10^{-3}	−47698	1023～1273
〈Th〉α	H	2.92×10^{-3}	−40794	573～1173
	C	2.7×10^{-7}	−158992	1273～1473
〈Th〉β	C	2.2×10^{-2}	−112968	1713～1988
〈Th〉α	N	2.1×10^{-3}	−94140	1173～1673
〈Th〉β	N	3.2×10^{-3}	−71128	1723～1973
〈Th〉α	O	1.3×10^{2}	−205016	1273～1473
〈Th〉β	O	1.3×10^{-3}	−46024	1723～1973
〈Ti〉α	H	1.45×10^{-2}	−53346	923～1123
〈Ti〉β	H	3.75×10^{-3}	−35313	1173～1293
〈Ti〉α	N	1.2×10^{-2}	−189326	1173～1773
〈Ti〉α	O	0.8	−20083	673～1123
〈Ti〉α	C	5.06	−182004	973～1153
〈Ti〉β	C	6×10^{2}	−94558	1573～1873
〈Ti〉β	N	3.5×10^{-2}	−141419	1173～1773
〈Ti〉β	O	0.45	−150624	1173～1673
〈Zr〉α	H	4×10^{-2}	−39622	473～973
〈Zr〉α	N	0.3	−238488	1623～1973
〈Zr〉α	O	5.4	−212547	673～1773
〈Zr〉β	C	3.6×10^{-2}	−142256	1373～2073
〈Zr〉β	N	1.5×10^{-2}	−128449	1173～1873
〈Zr〉β	O	0.98	−171544	1323～2073
〈Zr〉β	H	7×10^{-3}	−35731	1073～1373
〈Hf〉α	C	74	−312126	1373～2013
〈Hf〉β	C	4.2×10^{-2}	−167360	2073～2373
〈Hf〉α	O	0.66	−212547	773～2073
〈V〉α	H	3.5×10^{-4}	−4811	273～573
〈V〉	C	8.8×10^{-3}	−116286	333～2108
〈V〉	N	4.17×10^{-2}	−148365	333～2108
〈V〉	O	2.46×10^{-2}	−123428	333～2098
〈Nb〉α	H	0.9×10^{-4}	−6569	123～273
	H	5.0×10^{-4}	−10230	273～573
	H	1.8×10^{-2}	−41840	473～973
	H	5.4×10^{-4}	−12468	223～573
〈Nb〉	C	1.0×10^{-2}	−141921	403～2613
〈Nb〉	N	9.8×10^{-2}	−161502	473～1873
〈Ta〉α	H	4.4×10^{-4}	−13514	253～573
	H	6.1×10^{-4}	−14644	273～433
	H	4.9×10^{-4}	−15732	283～473
〈Ta〉	C	6.7×10^{-3}	−161502	463～2953
	N	1.23×10^{-2}	−166523	373～1673

续表 5-9-8

金 属	气体或碳	D_0, cm^2/s	Q,J/mol	温度范围,K
⟨Ta⟩	O	1.9×10^{-2}	−114223	373～1673
⟨Mo⟩	H	1×10^{-2}	−58576	— —
	C	3.4×10^{-2}	−171544	1773～2273
{Mo}	C	6.2×10^{-2}	−125520	3053～4273
⟨Mo⟩	N	4.3×10^{-3}	−108784	1473～2273
	O	3×10^{-2}	−92048	373～ —
⟨W⟩	C	1.2×10^{-2}	−188280	1373～3073
{W}	C	2.2×10^{-2}	−125520	3723～4073
⟨W⟩	N	2.4×10^{-3}	−118826	1573～2273
	O	1.3×10^{-4}	−100416	— —
⟨Re⟩	C	0.1	−221752	1573～2073
{Re}	C	1.4×10^{-2}	−167360	3723～4273
⟨Re⟩	N	0.14	−153553	1473～2273
⟨Pa⟩	H	5.25×10^{-3}	−24110	195～773
⟨Pt⟩	H	6×10^{-3}	−24686	573～973
⟨Pt⟩	O	9.3	−32635	1673～1773
⟨Ag⟩	H	2.82×10^{-3}	−31380	473～1053
{Ag}	H	4.54×10^{-2}	−5686	1253～1523
⟨Ag⟩	O	2.72×10^{-2}	−46024	673～1173
⟨Ee⟩$_a$	H	2.3×10^{-7}	−18410	473～1273
{Ga}	O	3.68×10^{-3}	−35020	1023～1223
{In}	O	8.22×10^{-4}	−5272	1023～1223
⟨Si⟩	H	9.4×10^{-3}	−46024	1273～1473
	C	2.0	−304177	— —
	O	0.21	−246019	673～1673
⟨Ge⟩	O	0.17	−194836	573～1213

涉及的扩散系数和扩散活化能。列入表5-9-8。

（2）固体金属脱气一般分以下几个步骤：

1）溶解于固体金属中的气体作为间隙原子而处于金属的晶格中，在脱气时首先扩散到金属表面（扩散过程）；2）扩散到表面的原子或离子离开金属晶格，优先吸附在表面活性位置上（吸附过程）；3）吸附的原子复合（表面化学反应过程）；4）处于物理状态吸附的分子离开固体表面（脱附过程）；5）从表面挥发出来的分子抽出真空室（气相迁移过程）。这些过程类似于串联化学反应过程，整个过程的总速率决定于速率最低的那个步骤，即决定于限速步骤。若固体金属脱气的最慢步骤是扩散，那么整个脱气过程的速率就决定于式（5-9-27）。条件改变，限速步骤也会发生变化。判断过程限制步骤的方法有：1）改变温度对扩散和气相迁移过程速率的影响远不如对表面吸附、脱附和化学反应速率的影响明显；2）表面过程的吸附、脱附、反应所需的活化能要比扩散过程大得多；3）表面过程对材料类型和表面状态敏感，而扩散和气相迁移过程对材料类型和表面状态却不敏感；4）对双原子气体而言，复合并脱附过程服从0～2级反应规律，若发现某脱气过程具有2级反应的特征，则控制步骤可能为上述两者之一，若具有一级反应的特征，则控制步骤可能是表面吸附或扩散过程。

（3）液态金属的高温真空脱气，一般认为经历三个步骤：1）液相内传质，溶解的气体或挥发性元素由内部传至液体表面；2）相间（气—液）迁移；3）气体杂质在气相空间迁移和排气。整个过程的速率决定于最慢的那个步骤。利用实验数据，将$-\log\frac{C_{mt}}{C_{mo}}$对时间$t$作图，从曲线的斜率就可计算出液相传质速率方程（5-9-38）中的传质系数β。在高温真空精炼或蒸发过程通过金属—气体化合物（如低价氧化物）、双原子气体分子、金属—气体化合物（如CO）去除杂质的动力学公式中，涉及到速率常数K_1、K_2、K_3、K_4。这些常数是无法从手册中查到的。但若(5-9-41)式两边取对数，可得到：$\log\frac{x_m}{x_{mo}}=-\frac{AK_2t}{n_1}$，在恒温、恒压下实验测定不同时间的$x_m$值，以$\log\frac{x_m}{x_{mo}}$对$t$作图，从直线的斜率可以求出$K_2$值（因为熔体开始的杂质浓度$x_{mo}$、熔体蒸发的表面积$A$和熔体开始总量$n_1$是已知的）。采用类似的方法，可分别求出$K_1$、$K_3$、$K_4$。但应注意$K$与温度有关。不同温度下的$K$值也可以采用上述方法测定。

第三节 真空技术在提取冶金和金属精炼中的应用

一、真空冶金的还原过程

这部分内容见本手册第八章。

二、金属在真空中蒸馏和精炼

真空蒸馏和精炼在金属提纯中起着重要的作用。真空可降低蒸馏温度，提高蒸发速率，为改善组分的分离提供条件，而且几乎能够避免所不希望的反应发生。如果在精炼过程中生成了气体反应产物，那么真空将加速反应的进行，而使平衡向着降

表 5-9-9 稀土金属蒸馏数据

金属	蒸发温度 K	冷凝器温度 K	蒸馏速率 g/h	实收率 %	压力 Pa	金属	蒸发温度 K	冷凝器温度 K	蒸馏速率 g/h	实收率 %	压力 Pa
Y	2273～2473	1573～1673	65	80	0.067	Tm	1673～1773	1073～1173	1100	>98	—
Tb	2173～2373	1473～1573	50	—	—	Lu	2273～2473	1573～1673	25	—	—
Dy	1873～1973	1173～1273	700	>98	—	Sc	1823	1323		99.5	<0.13
Ho	1873～1973	1173～1273	400	—	—	Sc	1923～1973	—	—	—	0.0013
Er	1873～1973	1173～1273	150	—	—						

表 5-9-10 蒸馏后稀土金属的杂质含量（ppm）

金属	Ca	Ta	Si	Fe	Cu	Mg	O	C	N	F	H	Al	Ni	Ti	Cr	Zr
Y	10	60	10	100	50	5	120	40	25	50	4	60	9	150	50	60
Ce	10	100	25	250	—	—	345	200	150	50	10	—	—	—	—	—
Nd	10	⩽500	25	80	—	15	155	65	55	110	—	—	—	—	—	—
Sc	<100	⩽500	未发现	1100	100	—	2900	280	<100	—	630	1000	未发现	未发现	100	未发现

金属	Ca	Ta	Si	Fe	Cu	Mg	O	C	N	F	H	Al
Gd	50	⩽500	⩽250	20	—	—	90	15	9	28	—	—
Yb	—	⩽500	25	5	—	—	—	35	50	50	—	—
Lu	20	40	25	50	—	—	210	20	12	64	—	—
Sm	20	⩽500	<50	5	—	—	—	95	20	35	—	—

表 5-9-11 真空蒸馏铍的精炼效果（1×10^{-6}）

项目	Na	K	Mg	Ca	Al	Si	Sn	Pb	Ti	Cr	Mn	Fe	Co	Ni	Cu	Zn	C	N	O	F	S	Cl	总计
原料	—	—	—	—	1000	3000	—	50	13	200	500	6500	10	300	250	—	—	100	—	—	—	—	
一次蒸馏后	—	—	—	—	20	100	—	10	10	40	20	60	0.5	10	5	—	—	10	—	—	—	—	
二次蒸馏后	—	—	—	—	10	30	—	10	10	—	10	12	0.5	10	5	—	—	10	—	—	—	—	
原料	—	—	10	150	1000	300	30	50	10	200	500	6000	10	300	250	10	—	100	—	—	10	—	
单级蒸馏 塔中无挡板	—	—	7	10	40	100	2	3	5	40	20	60	3	10	5	<10	—	10	—	—	<10	—	
单级蒸馏 塔中有挡板	—	—	5	10	<10	20	<1	未发现	未发现	10	5	<10	未发现	5	5	<10	200	10	400	—	<10	—	
原料A	<40	—	<4	<7	<10	<5	—	—	—	<2	<0.8	2.4	—	1.5	<0.7	<11	—	—	1020	—	—	—	
原料B	<40	—	5.2	<7	10	26	—	—	—	<2	<0.8	2.4	—	<4	1.7	<11	—	—	1730	—	—	—	
经区域熔炼后A	4	0.06	—	0.6	0.6	0.6	—	—	—	0.025	0.20	3.5	—	5	0.7	0.02	5	<0.02	10	≤0.6	0.2	1.5	32.9
经区域熔炼后B	1	0.3	—	2.0	1	0.3	—	—	—	0.05	<0.07	1.0	—	1.5	0.5	0.08	10	≤0.02	8	0.3	0.2	2.0	28.6
蒸馏后A	≤0.20	0.3	—	—	—	≤0.3	—	—	—	0.04	0.1	0.04	—	0.04	0.2	0.01	2	0.3	3.0	0.3	—	0.4	7.8
蒸馏后B	≤1	0.3	—	0.03	≤0.2	<0.3				0.01~0.1	0.1	0.02	—	0.01~0.06	0.6	0.005	2	<0.2	5.0	<0.2	<0.2	0.1	10.3
在静态真空中蒸馏	—	—	40	—	60	—	—	—	—	—	20	100	—	10	20	<10	—	—	10	—	—	—	300

表 5-9-12 碘化法制备金属的数据

金属	源区温度，K	沉积温度，K	金属	源区温度，K	沉积温度，K	金属	源区温度，K	沉积温度，K	金属	源区温度，K	沉积温度，K
Ti	423	1573	Hf	1073	1773	Th	723	1573	Cr	1173	1273~1573
Ti	523	1473~1573	Hf	873	1873	ThC_2	753	1573	Cr	1073~1123	1323~1373
Zr	573	1473~1573	Th	623~653	1473~1573	U	573~673	1303~1373	Cr	1073~1123	1373~1423
Zr	613	1473~1573	Th	728~758	1173~1973	V	1123	1623			

低杂质浓度的方向进行。脱气、脱氧和脱碳就是这方面的例子。

（一）用真空蒸馏分离金属

1．稀土金属的蒸馏分离和精炼

列入稀土金属蒸馏数据列于表5-9-9。

蒸馏后稀土金属的杂质含量见表5-9-10。

2．铍的蒸馏和精炼

铍的蒸馏温度控制在 1623K，冷凝温度控制在1173～1573K，但在1323～1373K 的温度范围可获得最高纯度，真空度控制在 1.3×10^{-4}～10^{-5}Pa。蒸馏结果列于表5-9-11。

（二）真空中的化学迁移反应

利用粗金属与气体物质（如I_2）反应生成化合物，迁移到另外的部位后再发生逆反应，生成气体产物与纯金属，同时可达精炼和提纯金属的目的。但只有当杂质处于粗金属同样的条件下不发生反应，提纯才是可能的，而且可逆反应在两个反应部位上应具有不同的化学位。钛、锆、铪、钒、铌、钽、铍、锗、钍、钇、铀、钨和硅都可以采用上述的迁移方法进行提纯。但是只有对蒸发比 R 在10^{-1}和10^{1}之间的那些与氧、氮分离困难的金属，采用碘化法进行精炼才可能是经济的。

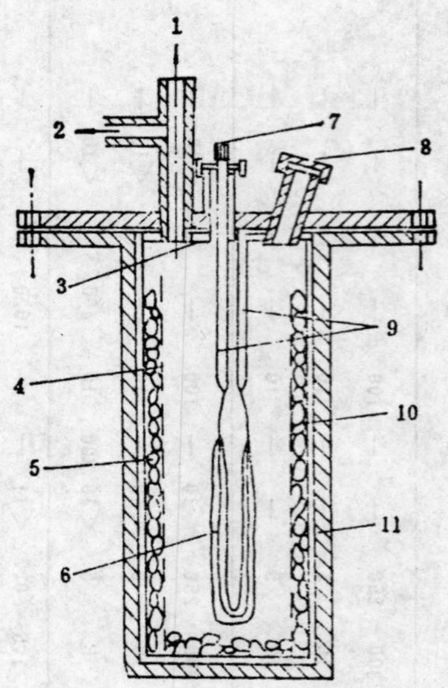

图 5-9-1 碘化法设备示意图

1—碘蒸发器；2—真空泵；3—钼隔热屏；4—带孔钼片；5—粗金属；6—加热丝；7—绝缘电极；8—观察口；9—钼电极；10—钼衬里；11—不锈钢壳

表 5-9-13 化学迁移反应制备的材料

沉积材料	传输剂	迁移方向 K	沉积材料	传输剂	迁移方向 K	沉积材料	传输剂	迁移方向，K
Au	Cl_2	1273→973	$GaAs_{1-x}P_x$	H_2O+H_2	1193→1173	TiTe	I_2	1173→1073
FeO	HCl	1273→1073	GeS	I_2	793→753	TiN	HCl	1863→1623
CdS	I_2	1153→1073	InP	InI_3	1183→1133	U	I_2	1173→1273
CdSe	I_2	1273→773	PtS	I_2	1323→1233	VOCl	VCl_4	1073→973
$CoGeO_3$	NH_4Cl	1273→973	Si	$SiCl_4$	1373→1173	$ZnGa_2Se_4$	I_2	1173→1073
Co	HCl	1173→873	Rh	$Cl_2+Al_2Cl_6$	873→1073	$ZnIn_2S_4$	I_2	1173→1073
Ga	H_2O	1273→ —	Te	I_2	718→623	$PdCl_2$	Al_2Cl_6	623→573
GaAs	GaI_3，I_2	1343→1303	Ta_2O_5	$TaCl_5$	1023→923	YCl_3	$Cl_2+Fe_2Cl_6$	873→773
GaAs	HCl	1123→1023	TaS_2	I_2	1053→973	$LaCl_3$	Al_2Cl_6	873→773
GaP	I_2	1373→1323	TiS_2	I_2	1083→973			

1．钛、锆、铪、钍、铀的精炼与提纯

碘化法已成为精炼钛、锆、铪的一种重要方法。碘化法所用设备见图5-9-1，工艺条件见表5-9-12。

2．化学迁移反应制备新材料

化学迁移反应近来在制备不同性能并用于近代技术的薄膜或涂层方面获得了重要的应用。利用迁移反应制备的材料列于表5-9-13。

第四节 真空技术

稀有金属生产与真空技术是紧密相关的。各类真空冶金工艺过程以及各类真空泵和真空计所适用的压力范围见图5-9-2。

从真空观点来看，工艺过程的压力选择对真空装置的选用和真空设备的设计都有很大的影响。如果能使工艺过程的压力提高，就能显著地降低投

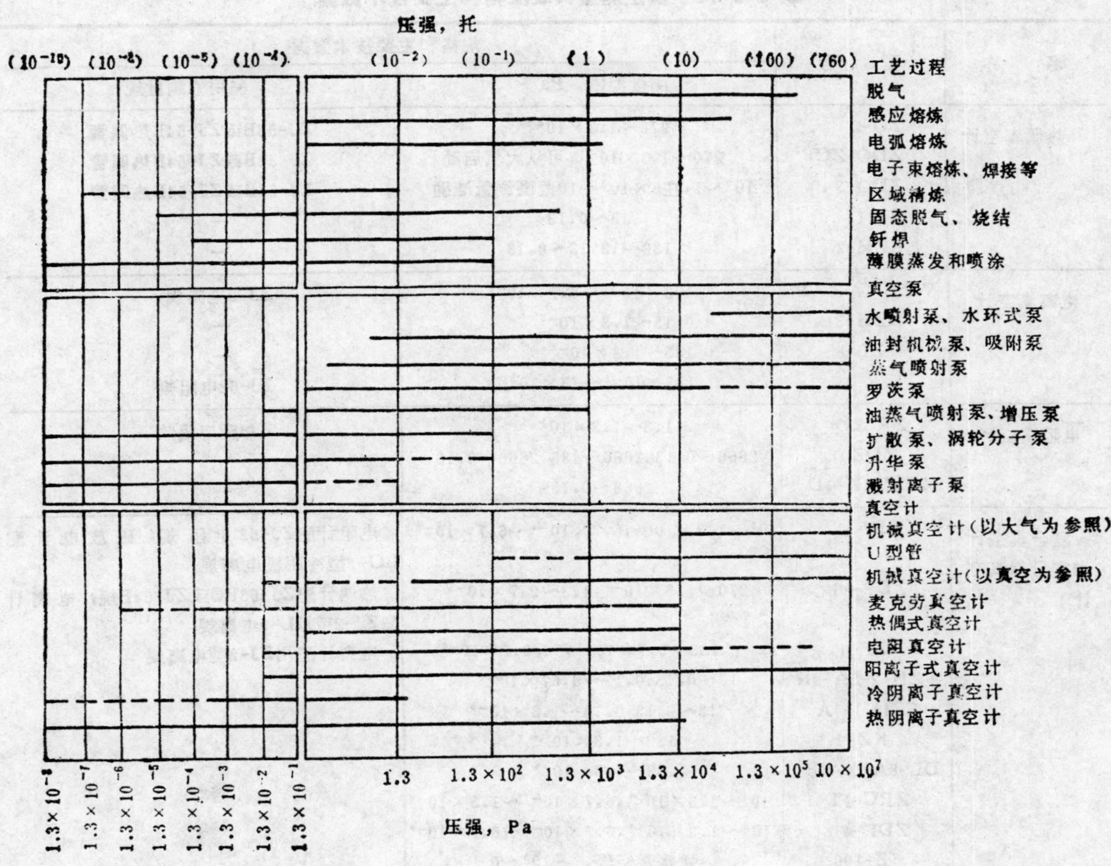

图 5-9-2　真空冶金工艺过程以及各类真空泵和真空计所适用的压力范围

资。因此，恰当的估计所需真空度是很重要的。

一、真空测量仪表

根据不同原理做成的品种繁多的真空计，可以测量的压力范围为1×10^5～1.3×10^{-11}Pa。真空冶金中常用真空计的工作方式有以下几类：静态变形、压缩、电阻、电离、热偶、复合式等。国产真空计的类型和测量范围见表5-9-14。

二、真空系统设计

真空系统的设计计算主要解决：根据真空系统产生的气体量、工作压力、极限真空度及抽气时间等参数，选择主泵的类型，确定管路，计算真空设备的抽气时间，或计算在给定的抽气时间内所达到的真空度。

（一）真空系统设计中的主要参数

1．真空室的极限真空度

真空室所能达到的极限真空度由下式决定：

$$P_j = P_0 + Q_0/S \qquad (5\text{-}9\text{-}44)$$

式中　P_j——真空室所能达到的极限真空度，Pa；

P_0——真空泵的极限真空度，Pa；

Q_0——空载时长期抽气后真空室气体负荷（包括漏气、材料表面放气），PaL/s；

S——真空室抽气口附近泵的有效抽速，L/s。

2．真空室工作压力

真空室正常工作时所需的工作压力由下式决定：

$$P_g = P_j + Q_1/S = P_0 + Q_0/S + Q_1/S \qquad (5\text{-}9\text{-}45)$$

式中　P_g——真空室工作压力，Pa；

表 5-9-14 真空测量仪表规格和主要技术数据

名称	型号	规格和主要技术数据	
		测量范围，Pa	配用的测量规
热偶真空计	ZO-2	$270 \sim 1.3\times10^{-1}$	ZJ-53B或ZJ-54B热偶管
	ZDO-ZC	$270 \sim 1.3\times10^{-1}$.可从大气启动	ZJ-53B或ZJ-54B热偶管
	ZDO-3	$10^5 \sim 1$,在$6\times10^3 \sim 10$范围测量准确	ZJ-53B或ZJ-54B热偶管
	RJ-1	$13 \sim 0.13$	—
	RZH-2	$133 \sim 13, 13 \sim 0.13$	—
电离真空计	WZL-1A-1AP	$1.3\times10^{-1} \sim 6.7\times10^{-6}$	ZJ-2电离规
	DZH-3	$0.13 \sim 1.3\times10^{-5}$	—
	ZL-8	$133 \sim 1.3\times10^{-4}$	—
	ZR-3	$1.3\times10^{-1} \sim 13\times10^{3}$	ZJ-52电阻规
电阻真空计	ZR 3J	$1.3 \sim 1.3\times10^{3}$	ZJ-52电阻规
	ZDZ-1	$2666 \sim 0.13, 2666 \sim 133, 2666 \sim 0.13$	—
	ZDZ-1K-1D	$2666 \sim 0.13$	—
复合真空计和宽量程真空计	ZDF-1	$10^5 \sim 1.3\times10^{-1}, 6.7\times10^{-1} \sim 6.7\times10^{-8}$	电阻计配ZJ-52电阻规，磁放电计配LG-1型冷阴极电离规
	ZDF-11	$270 \sim 1.3\times10^{-1}, 1.3 \sim 2.7\times10^{-6}$	热偶计配ZJ-53BC或ZJ-54B规，电离计配ZJ-2或DL-9电离规
	ZF-1	$133 \sim 6.7\times10^{-1}, \sim 2.7\times10^{-6}$	电离计配用ZJ-2型电离规
	FZH-2-2A-2K	$13 \sim 0.13, 0.13 \sim 6.67\times10^{-6}$	
	FZH-1-1A	$13 \sim 0.13, 0.13 \sim 1.3\times10^{-5}$	
	KZ-1	$133 \sim 1.3\times10^{-4}$	
	DL-8A1-8A1P	$133 \sim 1.3\times10^{-4}$	
	ZRC-1T	$10^5 \sim 1.3\times10^{-1}, 6.7\times10^{-1} \sim 1.3\times10^{-6}$	
	ZDF-41	$10^5 \sim 1.3\times10^{-1}, 6.7\times10^{-1} \sim 6.7\times10^{-8}$	
	Z-100	弹簧真空表，$-10^5 \sim 0$	
	ZB-150	标准弹簧管真空表，$0 \sim 10^5$Pa	
	ZB-160	— —	
	ZY-1	$10^5 \sim 0.13$	

Q_1——真空冶金工艺过程中的气体负荷，PaL/s。

真空室工作压力一般高于极限真空度。工作压力选择越接近极限真空度，真空抽气设备的经济效率就越低。从经济方面考虑，最好在主泵的最大抽速或最大排气量附近选择工作压力，一般选择在高于极限压力半个到一个数量级。各类真空泵的工作压力范围见图5-9-2。

3. 真空室抽气口附近的有效抽速

最简单的真空抽气系统如图5-9-3所示。

真空室的气体负荷Q（PaL/s）通过流导为C的管道被真空机组或真空泵抽走。图中S为真空室抽气口的有效抽速，P和P_p分别为管道入口和出口压力，S_p为真空机组抽速。

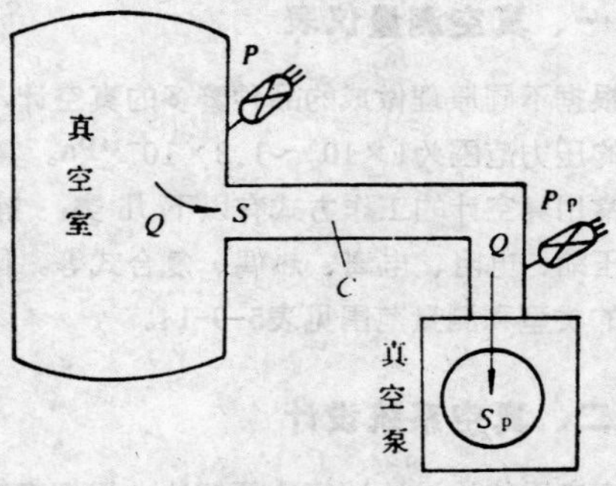

图 5-9-3 抽气系统原理示意图

有效抽速S与泵的抽速和管道的流导之间的关系为：

$$\frac{1}{S}=\frac{1}{S_p}+\frac{1}{C} \qquad (5\text{-}9\text{-}46)$$

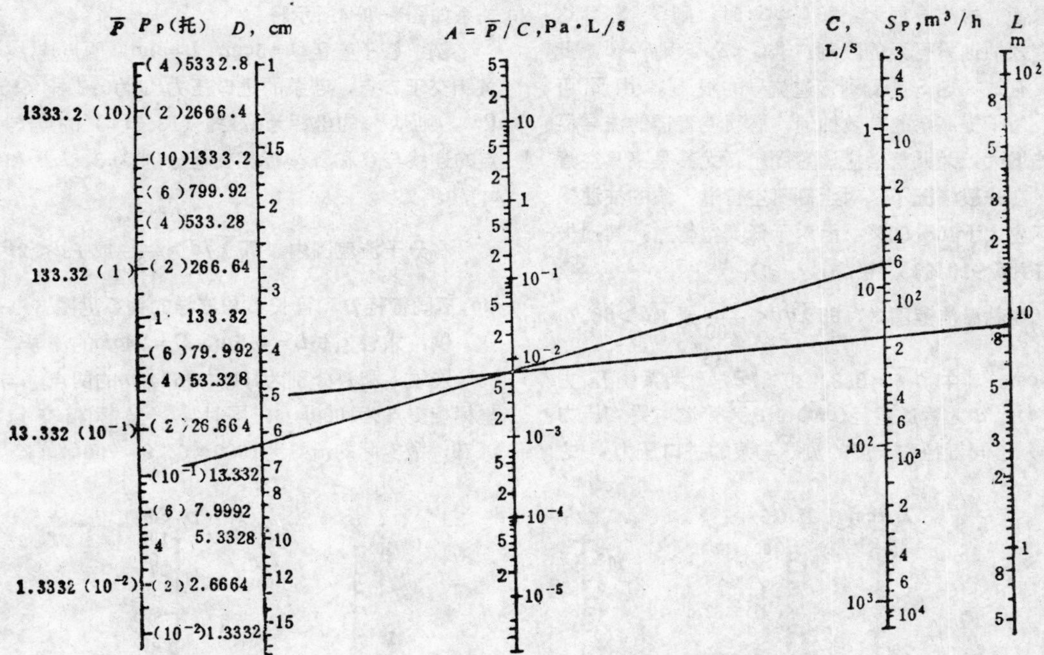

图 5-9-4　在粘滞流范围内对20°C空气图解计算抽气系统$\left(\overline{P}=\dfrac{P+P_p}{2}\right)$

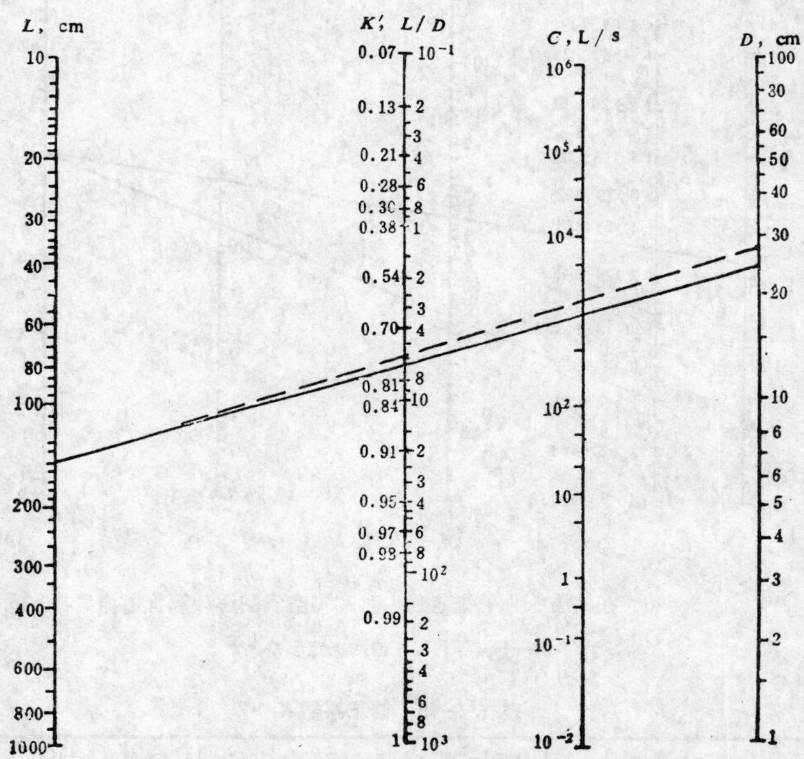

图 5-9-5　在分子流范围内对20°C空气图解计算管道的流导

K′--流导校正系数，决定于I/D

如果管道的流导很大，即$C \gg S_p$时，则$S \approx S_p$，这时有效抽速只受泵的限制；若$C \ll S_p$，则$S \approx C$，此时，有效抽速S就受到管道流导的限制。由此可见，为了提高泵的有效抽速，必须使管道的流导尽可能增大，为此管道应该短而粗，尤其是高真空管道。在一般情况下，对于高真空管道，泵的抽速损失不应大于40～60%，而对于低真空管道，其损失允许为5～10%。

在粘滞流范围内，即$\overline{\lambda}/d < \frac{1}{100}$或$\overline{P}d > 66.7$ Pa·cm。其中，$\overline{\lambda} = 3.8 \times 10^{-5}/P$，$P$为系统压力(Pa)；$d$为管道直径(cm)；$\overline{P}$为管道中平均压力(Pa)。不同管径和长度的流导与泵的进口压力P_p之间关系如图5-9-4所示。

例：管子直径$D = 5$cm，$L = 9$m，两点连线与A相交于E点，若泵的进口压力P_p为0.1托（13.3 Pa），则从P_p的坐标为0.1托（13.3Pa）的点与E点的连线与C和S_p坐标相交值分别为8.6L/s和60 m³/h。

在分子流范围内，即$\overline{\lambda}/d > \frac{1}{3}$或$\overline{P}d < 2$Pa·cm，不同管径$D$和管长$L$与流导的关系见图5-9-5。

例：求管道长$L = 1.5$m，$D = 24$cm的流导。

连结L和D分别为150cm和24cm的两点，与C坐标相交点为1000L/s，同时与K'坐标相交点为0.79，故实际的流导为$1000 \times 0.79 = 790$L/s。

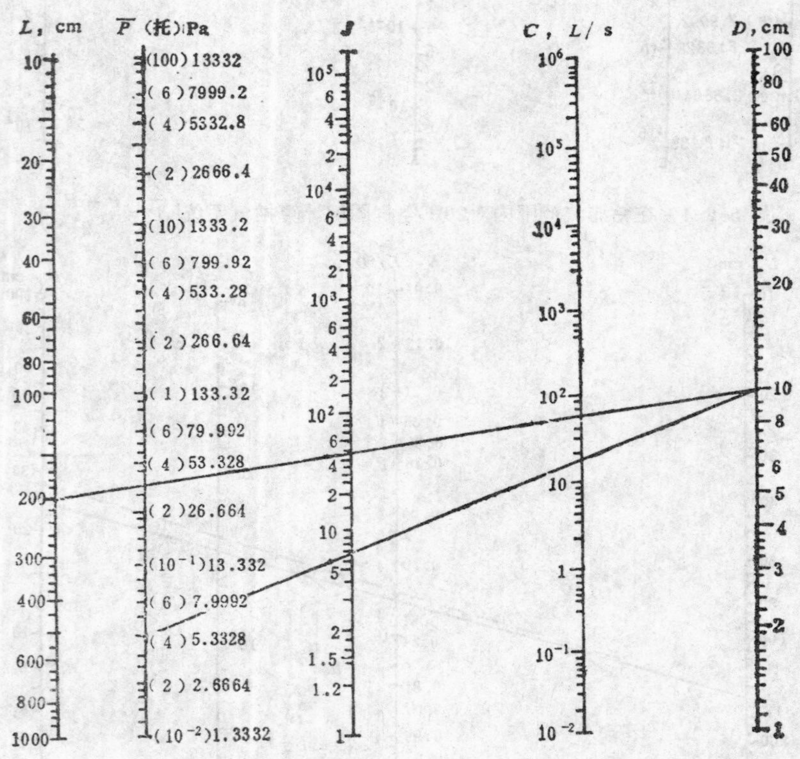

图 5-9-6　在粘滞—分子流范围内对20°C空气图解计算管道流导

J——流导的校正值，决定于D、$\overline{P}$

表 5-9-15　修正系数K

P,Pa	$1.3 \times (10^5 \sim 10^4)$	$1.3 \times (10^4 \sim 10^3)$	$1.3 \times (10^3 \sim 10^2)$	$1.3 \times (10^2 \sim 10^1)$	1.3～13
K	1	1.25	1.5	2	4

在粘滞—分子流范围内，即$\frac{1}{3}<\frac{\overline{\lambda}}{d}<\frac{1}{100}$，或$2<\overline{P}d<66.7$，$D$、$L$、$\overline{P}$、$J$和$C$之间关系见图5-9-6。

例：管道直径为10cm，长为2m，两点连线与C坐标相交于60L/s，若管内平均压力为4×10^{-2}乇（5.3Pa），由这一点和$D=10$cm的点相连，与J坐标相交于6.8，这时流导为$C=60\times6.8=408$L/s。

（二）抽气时间的计算

1．泵的抽速近似常量时的抽气时间计算

若漏气可忽略，真空设备从压力P_i降到P所需要的抽气时间t（s）按下式计算。当流导很大（$C\gg S_p$）时：

$$t=2.3\frac{V}{S}\log\frac{P_i}{P} \tag{5-9-47}$$

式中　V——真空室体积。

当流导为C时：

$$t=2.3V\left(\frac{1}{S_p}+\frac{1}{C}\right)\log\frac{P_i}{P} \tag{5-9-48}$$

2．机械泵的抽速为变量时的抽气时间的计算

$$t=2.3K\frac{V}{S_p}\log\frac{P_i-P_0}{P-P_0} \tag{5-9-49}$$

式中　K——修正系数，与设备终止时压力有关，参见表5-9-15；

P_0——真空设备的极限压力。

3．图解法求真空室抽气时间

在分子流状态下，对于20°C空气，真空室的抽气时间可从图5-9-7求出。

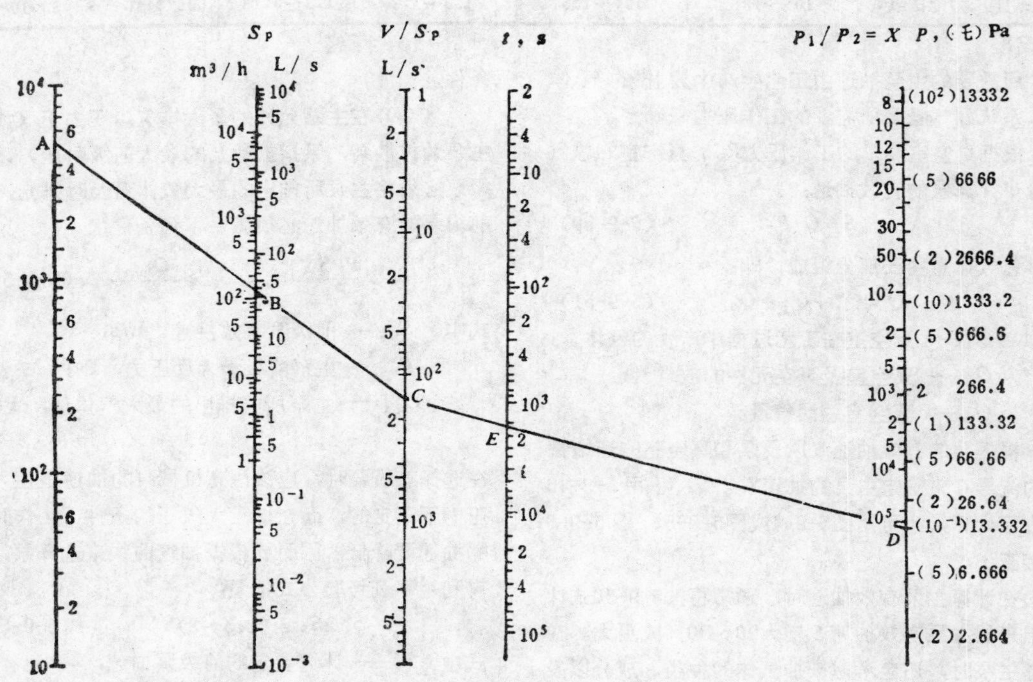

图 5-9-7　分子流状态下，对于20°C空气图解计算抽气时间

图5-9-7使用说明如下。

（1）V线是真空设备的容积（L），S_p线是泵的抽速（右：L/s；左：m³/h），t线表示抽气时间，P线右半部表示设备从大气压下抽到所需压力，如果不是从大气压开始，而是从P_1开始抽到P_2，则应求出$P_2/P_1=X$，将X点与V/S_p相连接并交于t线，交点值即为抽气时间。

（2）在V线上找到设备容积，在S_p线上找到泵抽速的点，两点连线并交于V/S_p线，该交点与P线上对应于所希望达到压强的点相连并与t线相交，即得抽气时间。

（3）此图已考虑了低压力下泵的抽速会减小的问题。

例：真空设备容积为5m^3，泵的抽速为120m^3/h，求从大气抽到13Pa（10^{-1}托）时所需时间。

在V线上找到$V=5000$L一点A，在S_p线上找到$S_p=120000$L/h一点B，A与B两点连线与$\frac{V}{S_p}$线交于C点，再在P线上找到$P=1\times10^{-1}$托(13Pa)一点D，C和D两点连线与t线交于E点，E点即为所求的抽气时间，$t=1800s=30min$。

高真空时的抽气时间计算与低真空相同。由于高真空泵抽速较大，所需的抽气时间很短。实际上高真空的抽气时间主要取决于真空冶金工艺过程中放出的气体。

（三）选泵与配泵

1．选泵

在设计一个既方便又可靠的真空系统时，选取主泵是个关键问题。选择主泵的依据是：

（1）根据空载时真空室所需要达到的极限真空度确定主泵类型，通常所选主泵的极限真空度要比真空室的极限真空度高半个到一个数量级；

（2）根据真空室在冶金过程时所需要的工作压力选择主泵，真空室的工作压力一定要在主泵最佳抽速的压力范围内，工业上常用的真空泵最佳压力的工作范围见表5-9-16。

表 5-9-16 工业上常用真空泵最佳压力范围

泵的种类	油封机械泵	水蒸气喷射泵	罗茨泵	油增压泵	油扩散泵
最佳工作压力范围,Pa	10^5～13	10^5～133	133～1.3	1.3～0.13	6.67×10^{-2}～1.3×10^{-4}

所需要的主泵抽速由工艺生产中放出的气体量、系统漏气量及所需要的工作压力来确定。

根据真空室要求的工作压力P_g、真空室的总气体量Q计算泵的有效抽速：

$$S=Q/P_g \qquad (5\text{-}9\text{-}50)$$

通常总气体量由三部分组成，即：

$$Q=Q_1+Q_2+Q_3 \qquad (5\text{-}9\text{-}51)$$

式中 Q_1——真空室在工艺过程中产生的气体量；
Q_2——真空室及真空元件的放气量；
Q_3——真空室总漏气量。

根据泵的有效抽速S以及泵和真空室的连结管道的流导C来确定主泵的抽速S_p。S_p可用5-9-46式进行计算，也可用图5-9-4或图5-9-5、图5-9-6直接查出。

在计算主泵有效抽速时，通常将按5-9-50式计算出来的主泵有效抽速S增大20～30%或更大。在选择主泵时，还应考虑被抽气体的种类、成分以及气体中含固体尘粒等情况。

2．配泵

主泵确定之后的主要问题是如何选择合适的前级泵（不需要前级泵的抽气机组除外）。选配前级泵的原则如下。

（1）要求前级泵造成主泵工作所需的预真空条件。

（2）在主泵允许的最大排气口压力下（如果主泵为扩散泵，系指扩散泵的最大前级耐压），前级泵必须将主泵所排出的最大气体量及时排走，即前级泵的有效抽速必须满足下列条件：

$$S_q>\frac{P_g S}{P_n} \quad 或 \quad S_g>\frac{Q_{max}}{P_n} \qquad (5\text{-}9\text{-}52)$$

式中 S_q——前级泵有效抽速，L/s；
P_n——主泵前级最大反压力，Pa；
Q_{max}——主泵所能排出的最大气体量，PaL/s。

在选择前级泵时，应该注意机械泵的抽速是在大气压力下测定的，而在低于大气压的条件下工作时泵的抽速要降低，因而要根据抽速曲线来选择泵，也可利用下列经验公式选泵：

$$S_p=(1.5\sim3)S_p' \qquad (5\text{-}9\text{-}53)$$

式中 S_p'——计算要求的前级泵抽速，L/s。

罗茨泵所配的前级泵抽速可按下式确定：

$$S_p=\left(\frac{1}{5}\sim\frac{1}{10}\right)S_{罗} \qquad (5\text{-}9\text{-}54)$$

式中 $S_{罗}$——罗茨泵的抽速。

（3）兼作预抽泵的前级泵要满足预抽时间及预抽真空度的要求。

（四）计算实例

例：真空室的直径为100cm，容积为$1.5m^3$，内表面积为$7.5m^2$，真空室材料为不锈钢（一小时后的出气率为$2.3\times10^{-5}Pa\cdot L/s\cdot cm^2$，二小时后的出气率为$1.5\times10^{-5}Pa\cdot L/s\cdot cm^2$），真空室工作压力$P=1.3\times10^{-3}Pa$，真空室工艺过程中放出的气体量$Q_1=1.3Pa\cdot L/s$，系统总漏气量为$Q_2=6.7\times10^{-1}Pa\cdot L/s$，被抽气体为20°C干燥空气，返流油蒸气对工艺过程有害，设计所需要的真空系统。

设计步骤如下。

（1）确定使真空室中保持$1.3\times10^{-3}Pa$的工作压力所需的真空系统有效抽速S，由公式（5-9-50）可得：

$$S=Q/P_g=(Q_1+Q_2+Q_3)/P_g$$

$$=\frac{(1.3+6.7\times10^{-1}+2.3\times10^{-5}\times75000)}{1.3\times10^{-3}}$$

$$=2842\ (L/s)$$

为了可靠起见，可将S值增大20%，那么实际要求的有效抽速S应为3411L/s。

（2）根据要求的工作压力及使用要求，选油扩散泵作为主泵。为了防止油进入真空室，扩散泵与真空室之间安上挡板，并安上一个高真空挡板阀，扩散泵选用ZX型机械泵组成的真空机组，如图5-9-8。

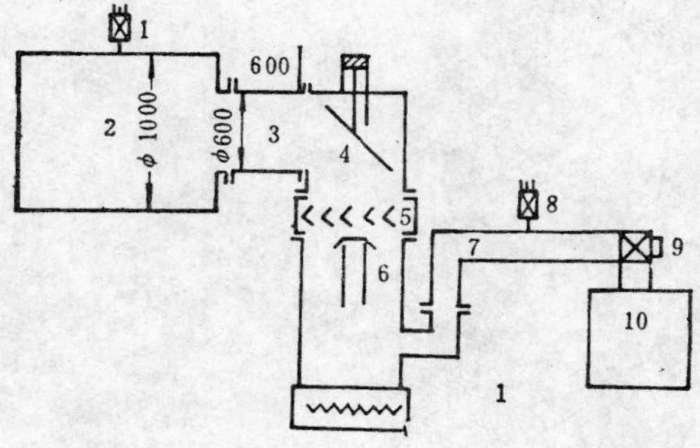

图 5-9-8 高真空油扩散泵系统示意图

1—电离规；2—真空室；3—高真空管道；4—高真空挡板阀；5—挡板；6—扩散泵；7—前级管路；8—热偶规；9—电磁阀；10—机械泵

根据要求，泵的有效抽速为3411L/s，考虑到加上阀门、挡板后的抽速损失（一般泵的有效抽速是泵的抽速1/3左右），暂选抽速为10233L/s的扩散泵进行试算。选用K-600型扩散泵完全可满足要求。

（3）计算扩散泵与真空室排气口间管路的流导，验证K-600扩散泵是否合适。K-600型扩散泵进口口径为600mm，为增大挡板流导，可将其直径扩大到700mm。真空室工作压力P_g为$1.3\times10^{-3}Pa$时，扩散泵入口压力极低，故管路出口压力可以忽略，管路中平均压力$\overline{P}=\frac{1}{2}P_g=6.5\times10^{-4}Pa$，

$\overline{P}d=6.5\times10^{-4}\times60=3.9\times10^{-2}Pacm<2Pacm$，可见管道内为分子流。这时，阀门4、高真空管道3和挡板5的流导分别为$C_3=17000L/s$；$C_4=14000L/s$和$C_5=12000L/s$。因此，总流导应为：$\frac{1}{C}=\frac{1}{C_3}+\frac{1}{C_4}+\frac{1}{C_5}$，$C=4700L/s$。

由公式（5-9-46）计算扩散泵的抽速$\frac{1}{S_p}=\frac{1}{S}-\frac{1}{C}=\frac{1}{3411}-\frac{1}{4700}$，$S_p=12437L/s$，可见选K-600扩散泵是合适的，此泵在$1.3\times(10^{-2}\sim10^{-4})$Pa范围内的平均抽速为11000～13000L/s。

（4）计算前级真空管路，K-600型扩散泵最大前级压力P_n为40Pa。由抽速曲线可知，在2.7×10^{-2}Pa压力下，扩散泵最大排气量$Q_{max}=PS=2.7\times10^{-2}\times11000=293.3PaL/s$。在扩散泵出口管道断面处，要求前级泵抽速不小于：$S_q=\frac{Q_{max}}{P_n}=7.33L/s$。因为K-600扩散泵出口口径为15cm，故前级泵管道直径也为15cm，长度为3m。

扩散泵出口压力为40Pa，而机械泵进气口的压力要比40Pa低得多，因此在计算管道中平均压力时可以忽略，故$\overline{P}=\frac{1}{2}P_n=20Pa$。此时，$\overline{P}d=20\times15=300Pa\cdot cm>66.7Pa\cdot cm$，故为粘滞流。这时前级管道的流导应为：$C=1.37\frac{d^4}{L}\overline{P}\approx4624L/s$，

由此可得前级泵抽速：$S_p=\frac{S_qC}{C-S_q}\doteq7L/s$。通常把$S_p$增大1.5～3倍后选泵。若增大3倍，则$S_p$为21L/s，可选ZX-30型旋片式机械真空泵。

（5）计算抽气时间。真空室的容积为$1.5m^3$，工作压力为$1.3\times10^{-3}Pa$，不考虑管道的容积，用ZX-30机械泵从大气压抽到13.3Pa，其抽速为30L/s（因为管道流导很大，故管道对抽速的影响可

忽略）。由式（5-9-47）得：$t=2.3\frac{V}{S_p}\log\frac{P_i}{P}=$

$2.3\times2\times\frac{1.5\times10^3}{30}\log\frac{760\times133.32}{13.32}=893s$。一般真空系统粗抽时不大于10～30min。故从抽气时间的角度来看，选ZX-30型机械泵做前级泵是合适的。

参 考 文 献

[1] 魏寿昆，冶金过程热力学，上海科学技术出版社，1980.第364页.

[2] Fromm, E, Gebhart, E., Gase und Kohlenstoff in Metallen, Springer-Verlag Berling Heidelberg, New york, 1976. p. 347.

[3] Winkler, O, Vacuum Metallurgy, Elsevier Publishing Company, 1971. p. 30.

[4] Bunshah, R. F, Techniques of Materials Preparation and Handling, Part 2, 1968. p. 627.

[5] 李洪桂，稀有金属冶金原理与工艺，冶金工业出版社，1981. 第352页.

[6] Andreini, R. J, Foster, J. S., *J. Vac. Sci. Technol.*, 11(1974), №6, 1055.

[7] Hiroyuki Yamada *etal*, Proc. 7th Inter. Conf. on Vac. Metallurgy, 1982, Michio Znouye, Tokyo, Japan, The Iron and Steel Institute of Japan, p.1168.

第十章　区域熔炼

编写人　陈燕生

第一节　概　　述

区域熔炼技术（又称“区域熔化”、“区域精炼”、“区域提纯”）出现于50年代初。这种基于简单物理提纯原理——杂质的分凝效应和蒸发效应的新技术一出现，就被迅速地应用于材料的提纯。稀有金属提纯是该技术应用的重要领域之一。

随着区熔技术的发展，人们不仅获得了高纯的稀有金属单晶体，还获得了许多稀有金属化合物，如高熔点碳化物，稀土硼化物，以及各种柘榴石。“薄膜区熔”也是目前区熔技术非常活跃的新领域。

区域熔炼种类示于表5-10-1。区熔在稀有金属中的应用见表5-10-2。

第二节　区域熔炼原理

一、区域熔炼提纯原理

（一）分凝效应

在二元系中，将含溶质均匀分布的金属熔化后再凝固。当固液两相处于平衡状态时，则在固液两相中的溶质浓度是不同的，继续将熔体慢慢凝固，则在凝固的固体中先后凝固的各部分溶质含量也不同。这种现象称为分凝效应。应该指出：只有凝固界面在凝固过程中才存在分凝效应，熔化界面不存在分凝效应。

（二）分配系数

引入平衡分配系数K_0、界面分配系数K^*及有效分配系数K是由于在实际区熔过程中，对于$K_0<1$的溶质，常随着凝固过程向前推进，一部分溶质往往来不及进入固相而被聚集在界面附近液区，当其聚集的速率比溶质向液相中扩散速率高时，则在界面附近将会出现溶质富集层。同理，对于$K_0>1$的杂质则在界面附近出现溶质贫乏层。如图5-10-11所示。

平衡分配系数K_0是指平衡状态下固液两相中的溶质浓度比：

$$K_0=\frac{C_S(\text{溶质在固相中的浓度})}{C_L(\text{溶质在液相中的浓度})} \quad (5\text{-}10\text{-}1)$$

界面分配系数K^*是指当界面凝固速率f不可忽略时实际界面处固液两相中溶质浓度之比：

$$K^*=\frac{C_S(\text{界面处溶质在固相中的浓度})}{C_{L0}(\text{界面处溶质在液相中的浓度})} \quad (5\text{-}10\text{-}2)$$

有效分配系数K是指动态稳定状态下（即凝固界面具有固定凝固速率时）固相中的溶质浓度与液相中边界层之处的溶质浓度之比：

$$K=\frac{C_S(\text{界面处固相中溶质浓度})}{C_L(\text{液区溶质平均浓度})} \quad (5\text{-}10\text{-}3)$$

（三）平衡分配系数K_0

微量杂质的K_0一般为常数。

溶质B在固、液相中的化学位μ_S^B、μ_L^B可用下式表示：

$$\mu_S^B=\mu_0^S+RT\ln a_s \quad (5\text{-}10\text{-}4)$$

$$\mu_L^B=\mu_0^L+RT\ln a_L \quad (5\text{-}10\text{-}5)$$

式中　a_s、a_L——溶质B在固、液相中的活度。

多相体系平衡时溶质在各相中的化学位相等，即：

$$\mu_S^B=\mu_L^B$$

整理式5-10-4、5-10-5可得：

$$\frac{a_S}{a_L}=\text{常数}$$

大多数需要区熔提纯的稀有金属一般在区熔前都已经过不同程度的提纯，其杂质含量往往已降到10^{-6}级，故可以把熔区看成极稀溶液，其活度系数为1，即活度等于浓度，得：

$$\frac{a_S}{a_L}\approx\frac{C_S}{C_L}\approx\text{常数}=K_0$$

K_0为常数还可以从相图来理解。当溶质浓度

表 5-10-1 区域熔炼种类

名称	示意图	说明
氩气氛单匝高频感应加热悬浮区熔	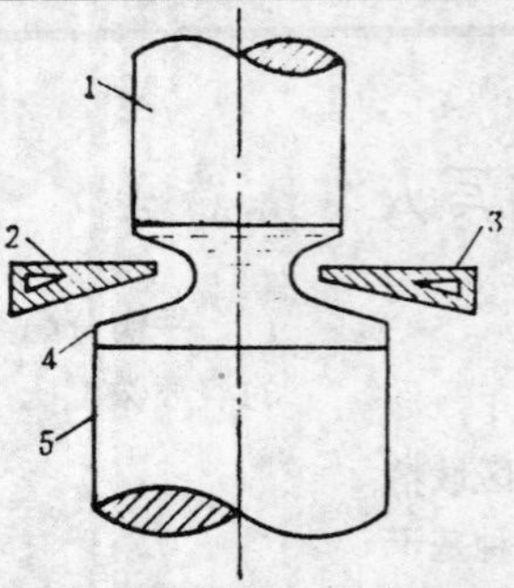 图 5-10-1 氩气氛单匝高频感应加热悬浮区熔示意图 1—原棒；2—单匝线圈；3—冷却水； 4—熔区；5—单晶 用途：硅单晶生产；规模：工业生产	悬浮区熔加热方式： （1）电子束加热 皮尔斯枪 环形枪 （2）感应加热 单匝式 多匝式 （3）光加热 激光加热 聚光加热 （4）等离子加热 悬浮区熔气氛： （1）氩气 （2）氩加氢气 （3）氩加氮气 （4）氢气 （5）真空 熔区移动方式： （1）棒动式 （2）圈动式（热源移动） 悬浮区熔特点： （1）锭料不接触容器产品纯度高 （2）熔区靠表面张力托住，控制熔区形状和熔区的稳定性是悬浮区熔的关键
氩气氛多匝高频感应加热悬浮区熔	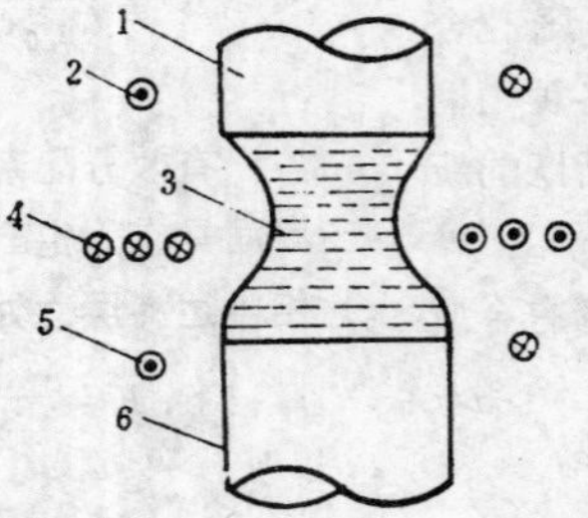 图 5-10-2 氩气氛多匝高频感应悬浮区熔示意图 1—原棒；2—上反线圈；3—熔区； 4—主线圈；5—下反线圈；6—单晶 用途：硅单晶生产　规模：工业生产	
电子束真空悬浮区熔	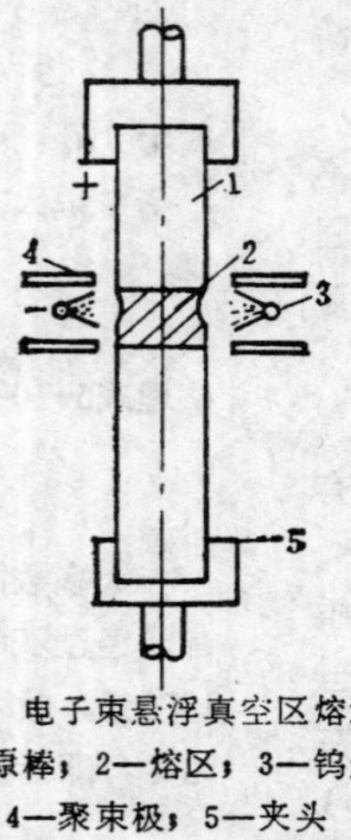 图 5-10-3 电子束悬浮真空区熔示意图 1—原棒；2—熔区；3—钨丝； 4—聚束极；5—夹头 用途：钨、钼、钽、铌、钒、钌提纯或生产单晶，钛、锆、铼、铑、铱、铂提纯。　规模：小批量	

续表 5-10-1

名 称	示 意 图	说 明
电泳悬浮区熔	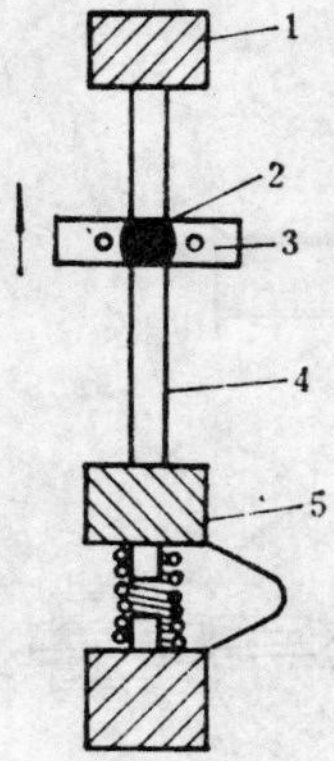 图 5-10-4 电泳悬浮区熔示意图 1—阳极；2—熔区；3—电子枪；4—锭；5—阴极 用途：铈、钇、钆、铽、钕、镥提纯成单晶；规模：研制	电泳悬浮区熔特点： 电流（直流或交流）通过试棒，对杂质（尤其是气体杂质）有一定去除作用，同时易对某些金属（如稀土金属）的熔区进行控制
直拉悬浮区熔	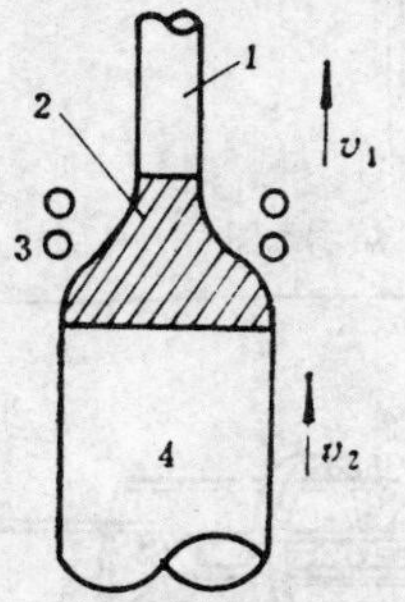 图 5-10-5 直拉悬浮区熔示意图 1—籽晶；2—熔区；3—线圈；4—硅棒 用途：硅芯工业生产	可制备细而长的多晶和单晶体，拉速$V_1>V_2$
磁场悬浮区熔	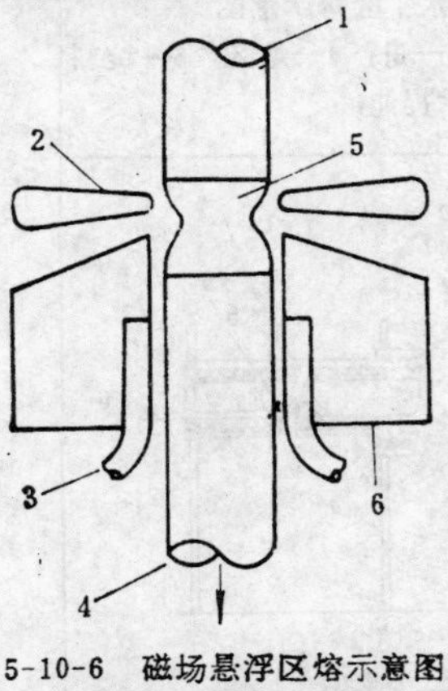 图 5-10-6 磁场悬浮区熔示意图 1—多晶；2—高频工作线圈；3—冷却水；4—单晶；5—熔区；6—磁极 用途：制备硅单晶（研制阶段）	熔区置于磁场中，熔体中的对流受到抑制，凝固界面平坦，使晶体中的微缺陷和杂质分布得到改善

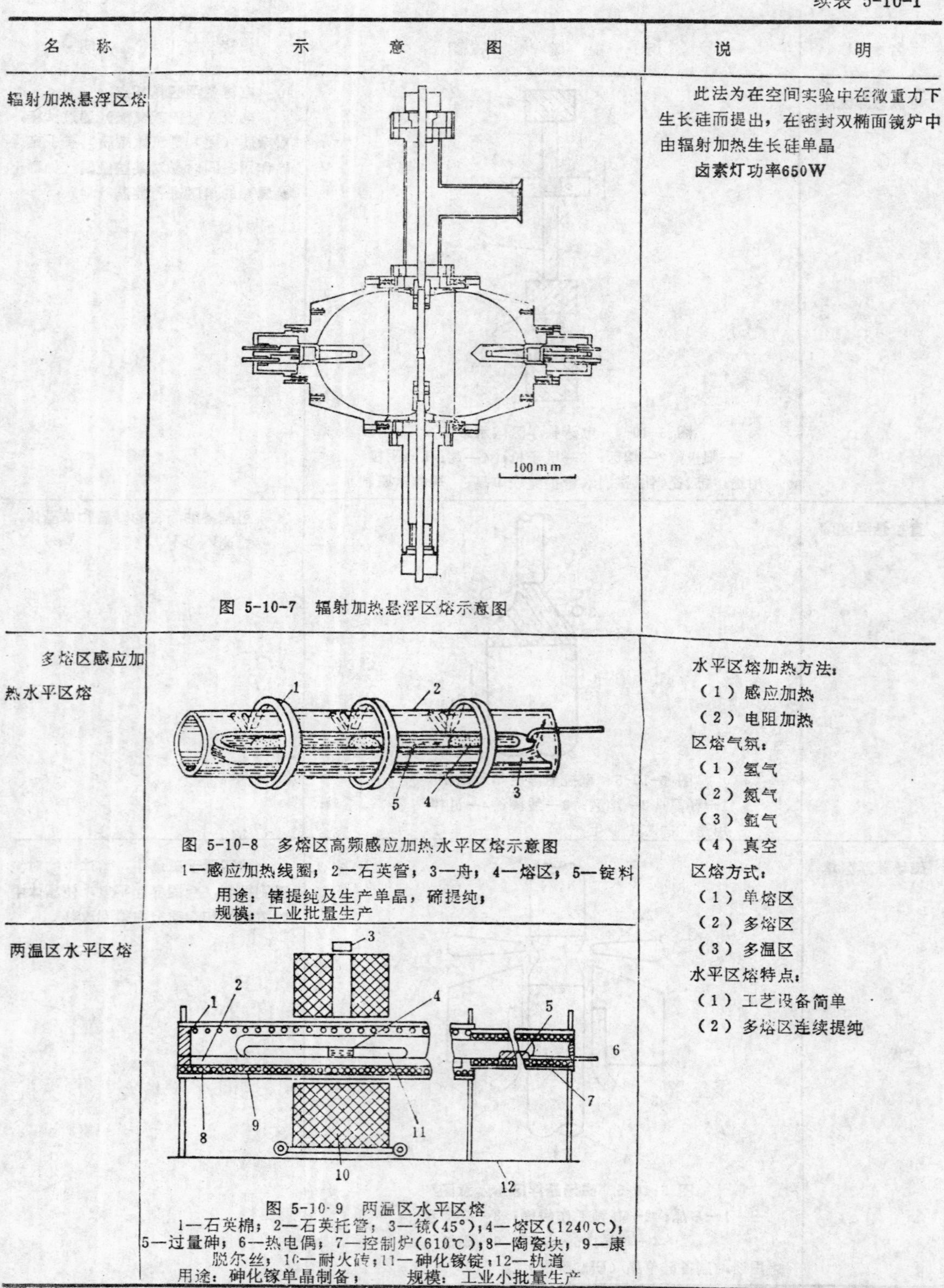

续表 5-10-1

名　称	示　意　图	说　明
辐射加热悬浮区熔	100 mm 图 5-10-7 辐射加热悬浮区熔示意图	此法为在空间实验中在微重力下生长硅而提出，在密封双椭面镜炉中由辐射加热生长硅单晶 卤素灯功率650W
多熔区感应加热水平区熔	图 5-10-8 多熔区高频感应加热水平区熔示意图 1—感应加热线圈；2—石英管；3—舟；4—熔区；5—锭料 用途：锗提纯及生产单晶，碲提纯； 规模：工业批量生产	水平区熔加热方法： （1）感应加热 （2）电阻加热 区熔气氛： （1）氢气 （2）氮气 （3）氩气 （4）真空 区熔方式： （1）单熔区 （2）多熔区 （3）多温区 水平区熔特点： （1）工艺设备简单 （2）多熔区连续提纯
两温区水平区熔	图 5-10-9 两温区水平区熔 1—石英棉；2—石英托管；3—镜（45°）；4—熔区（1240℃），5—过量砷；6—热电偶；7—控制炉（610℃）；8—陶瓷块；9—康脱尔丝；10—耐火砖；11—砷化镓锭；12—轨道 用途：砷化镓单晶制备；　规模：工业小批量生产	

续表 5-10-1

名称	示意图	说明
薄膜水平区熔	1 2 3 Si_3N_4 SiO_2 Si SiO_2 图 5-10-10 薄膜水平区熔示意图 1—热源；2—试样；3—熔区 用途：硅膜、锗膜制备； 规模：研制	薄膜水平区熔加热方式： （1）条形加热 （2）电子束加热 （3）卤素灯加热 薄膜水平区熔特点： 对多层复合材料中某层局部熔化，再结晶可在复膜内制备大面积薄膜单晶

表 5-10-2 区域熔炼在稀有金属中的应用

金属	区熔工艺			目的	规模
	区熔方法	加热方式	气氛		
钨、钼、钽、铌、铪、钒、铼	悬浮区熔	电子束	真空	提纯、成单晶	小批量
钛、锆、钌、铑、铱、铂	同上	同上	同上	提纯	小批量试制
镓、铟、锑	水平区熔	电阻加热		提纯	批量
锗	同上	高频加热	氮、氩、氢	提纯、成单晶	工业生产
硅	悬浮区熔	同上	真空、氩、氢	同上	同上
砷化镓	水平区熔	电阻加热、高频加热		同上	批量
铍、铀	悬浮区熔	高频加热	真空	提纯	试制
铈、钇	电泳悬浮区熔	电子束或高频加热	真空	提纯	同上
钆、铽、镝、镥	同上	电子束	同上	同上	同上

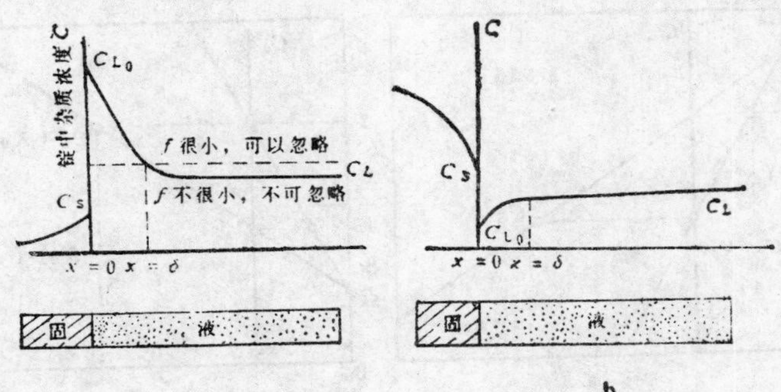

图 5-10-11 溶质边界富集层(a)和贫乏层(b)

a—$K_0<1$; b—$K_0>1$

趋于零时，相图中的液、固相线可以近似用直线表示，如图5-10-12所示。

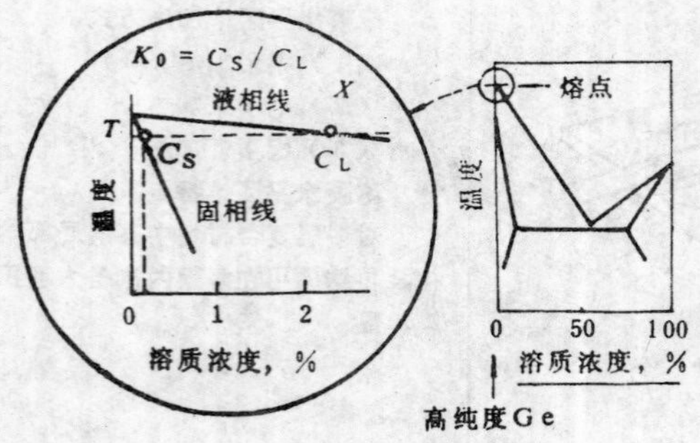

图 5-10-12 极稀溶液的相图

不难证明：

$$\frac{C_S}{C_L}=\frac{C'_S}{C'_L}=\cdots\cdots=K_0$$

对于稀溶液，尽管界面处液相中的溶质浓度随凝固速率而变化，但溶质在界面处固、液相中的浓度比仍可视为常数，从而还可得出：

$$K_0=K^*$$

显然当凝固速率较大时，就应考虑 K^* 与凝固速率 f 的关系。如锌溶解在锡中时，K^* 与 K_0、f 的关系式为：

$$K^*=K_0+\frac{f(1-K^*)}{\beta V} \qquad (5\text{-}10\text{-}6)$$

式中 β——界面上观察到的溶质分子的离解系数，用于描述离开界面进入液体的分子数量；

V——溶质分子扩散速度。

对于$K_0<1$的杂质，因$C_S<C_L$，故杂质的引入使体系熔点下降，区熔提纯后，杂质将富集于锭料尾部。对于$K_0>1$的杂质，因$C_S>C_L$，故杂质的引入使体系熔点上升，区熔提纯后，杂质将富集于锭料头部。如图5-10-13和图5-10-14所示。

显然，K_0值趋于1的杂质很难用区熔方法去除。

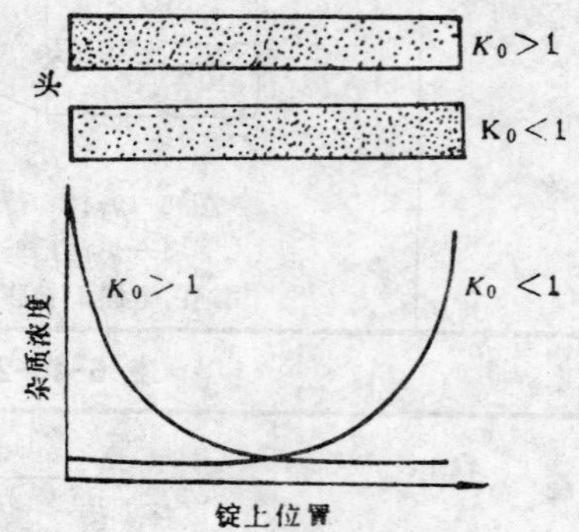

图 5-10-14 不同 K_0 的杂质区熔后在锭料中富集的部位

稀有金属中杂质的 K_0 值原则上可以利用相图或热力学计算，也可用实验求出。一些稀有金属中溶质元素的 K_0 值列于表5-10-3、5-10-4中。

难熔金属中杂质的 K_0值与杂质原子序数有周期性对应关系，见图5-10-15，图5-10-16。也有文献报道，用铝作基体金属时，发现 K_0 与杂质元素的原子序数有关。

（四）有效分配系数K

1. K与K_0和区熔速度f的关系式

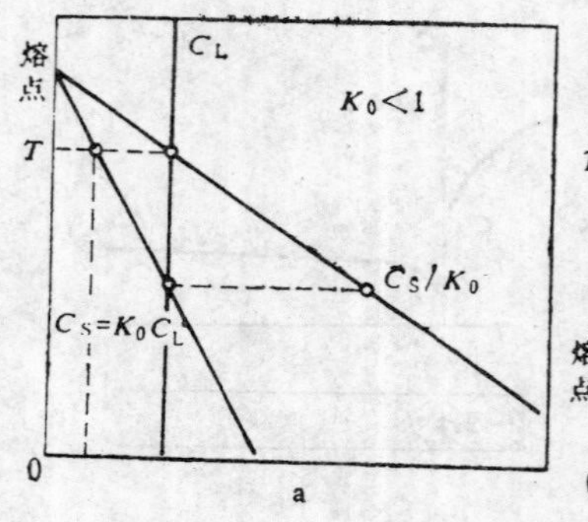

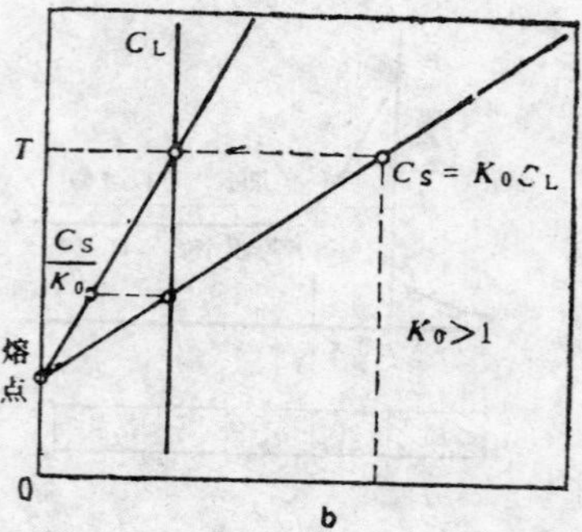

图 5-10-13 不同 K_0 的杂质对熔点的影响

a—$K_0<1$，b—$K_0>1$

勃顿等人用数理方程推导了 K 与 K_0、f 的关系式：

$$K=\frac{K_0}{K_0+(1-K_0)\exp(-f\cdot\delta/D)} \tag{5-10-7}$$

式中 D——溶质扩散系数；

δ——溶质富集层厚度。

2. K 与 $f/\dfrac{D}{\delta}$ 的关系曲线

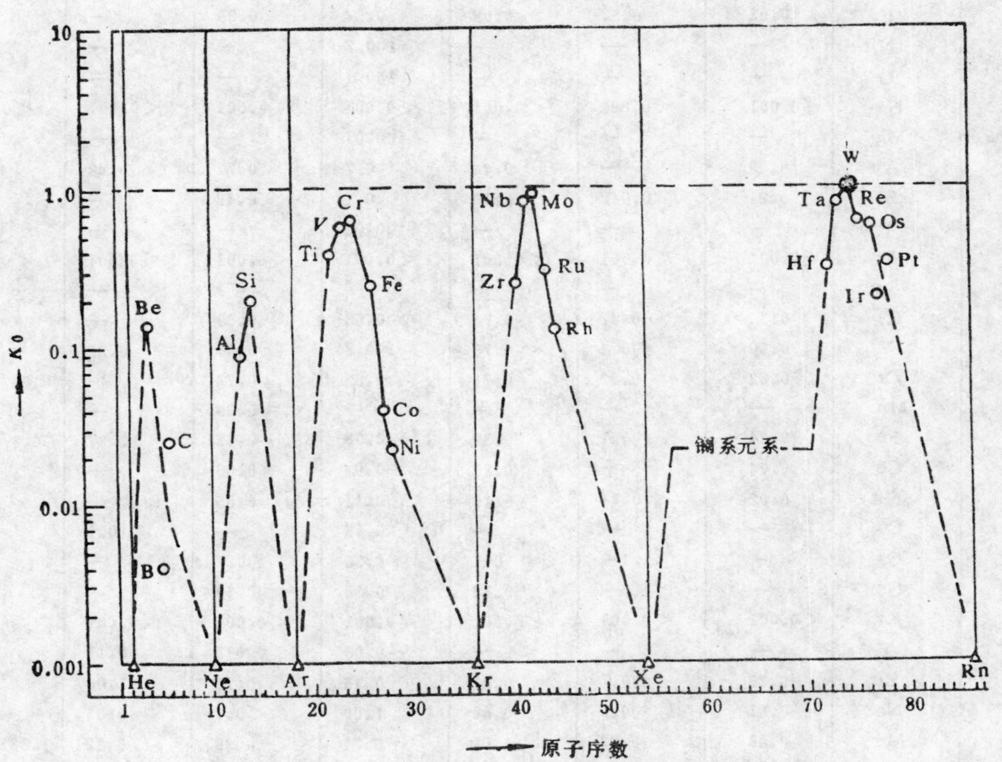

图 5-10-15 钨中杂质 K_0 与杂质原子序数周期性对应关系

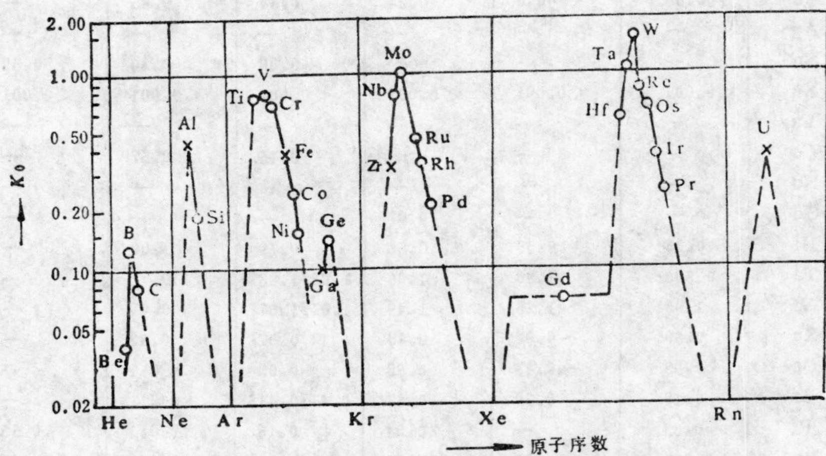

图 5-10-16 钼中杂质 K_0 与杂质原子序数周期性对应关系

表 5-10-3 稀有难熔金属中杂质元素的K_0值

原子序数	杂质	金属 W	Ta	Mo	Nb	Hf	Zr	Ti
2	He	<0.001	<0.001	<0.001	<0.001	<0.001	<0.001	<0.001
4	Be	0.13	—	0.04	—	<0.01	—	—
5	B	约0.004	~0.1	0.12	0.023	0.26	—	0.082
6	C	0.03	0.57	0.08	0.54	0.95	—	2.58
7	N	—	—	—	约0.7	—	—	6.0
8	O	—	—	—	约0.1	—	—	1.5
10	Ne	<0.001	<0.001	<0.001	<0.001	<0.001	<0.001	<0.001
12	Mg	—	—	—	约0.01	—	—	0.067
13	Al	0.09	—	0.44	约0.7	0.71	0.42	—
14	Si	0.21	0.042	0.19	0.1	0.42	—	—
15	P	—	—	—	约0.05	—	—	—
18	Ar	<0.001	<0.001	<0.001	<0.001	<0.001	<0.001	<0.001
21	Sc	—	—	—	—	<1	—	0.44
22	Ti	0.39	0.47	0.74	约0.68	0.66	—	1.00
23	V	0.59	约0.4	0.75	约0.8	0.47	0.32	0.80
24	Cr	0.62	0.32	0.71	0.82	0.74	—	0.56/0.55*
25	Mn	—	—	—	—	0.29	—	0.39
26	Fe	0.24	约0.1	0.39	0.08	0.12	0.27	~0.3/0.34*
27	Co	0.04	—	0.25	0.04	0.06	—	—
28	Ni	0.02	0.44	0.15	0.11	0.05	—	0.44
29	Cu	—	—	—	0.48	—	0.1	0.27
31	Ga	—	—	0.1	0.36	约0.7	—	0.59
32	Ge	—	—	0.14	0.30	约0.19	—	0.40
36	Kr	<0.001	<0.001	<0.001	<0.001	<0.001	<0.001	<0.001
39	Y	—	—	—	~0.05	0.017	0.11	0.15
40	Zr	0.25	约0.7	0.32	0.45	0.73	1.00	0.82
41	Nb	0.81	约0.9	0.80	1.00	<0.7	0.63	1.58
42	Mo	0.88	0.73	1.00	0.71	0.39	0.82	1.832/1.75*
44	Ru	0.31	约0.72	0.47	~0.65	—	—	0.33
45	Rh	0.13	约0.65	0.34	0.36	—	—	—
46	Pd	约0.08	约0.6	0.21	0.54	0.45	—	0.42
47	Ag	—	—	—	—	—	—	0.46
50	Sn	—	—	—	0.39	0.40	0.32	0.44
54	Xe	<0.001	<0.001	<0.001	<0.001	<0.001	<0.001	<0.001
57	La	—	—	—	—	—	—	0.13
58	Ce	—	—	—	0.15	0.57	—	0.07
60	Nd	—	—	—	—	—	—	0.03
64	Gd	—	—	0.07	—	—	—	0.012
72	Hf	0.33	0.55	0.58	0.79	1.00	—	约0.7
73	Ta	0.808	1.00	1.05	1.23/1.23*	0.71	—	2.9
74	W	1.00	~1.25	1.49	1.61/1.61*	0.49	—	2.62/2.02*
75	Re	0.59	~0.92	0.86	0.97	0.32	—	2.53
76	Os	0.59	~0.48	0.69	~0.65	<0.1	—	—
77	Ir	0.19	0.20	0.37	0.41/0.415*	约0.1	—	~0.5
78	Pt	~0.33	—	0.24	0.15	约0.1	0.13	~0.4
86	Rn	<0.001	<0.001	<0.001	<0.001	<0.001	<0.001	<0.001

续表 5-10-3

原子序数	杂　质	金			属			
		W	Ta	Mo	Nb	Hf	Zr	Ti
90	Th	—	0.009	—	约0.001	约0.06	—	0.2
92	U	约0.03	~0.01	0.29	约0.2	0.55	—	0.35
94	Pu	—	—	—	约0.1	0.50	—	0.18

注：此表中K_0值大部分由相图计算得出，仅*者为实验测定。

表 5-10-4　硅、锗、镓、砷化镓中的杂质分配系数

杂质元素	金属及化合物				杂质元素	金属及化合物			
	Si	Ge	Ga	GaAs		Si	Ge	Ga	GaAs
B	8×10^{-1}	20	—	—	Au	2.5×10^{-5}	1.3×10^{-5}	—	—
Al	2×10^{-3}	7.3×10^{-2}	—	3	Ni	3×10^{-5}	3×10^{-6}	—	6×10^{-4}
Ga	8×10^{-3}	8.7×10^{-2}	—	—	Bi	7×10^{-4}	4×10^{-5}	—	—
In	5×10^{-4}	1×10^{-3}	7.5×10^{-2}	0.1	Li	1×10^{-2}	$>1\times10^{-2}$	—	—
P	0.35	8×10^{-2}	—	—	Zn	$\sim1\times10^{-5}$	4×10^{-4}	0.145	—
S	10^{-5}	—	—	0.3	Co	8×10^{-6}	1×10^{-6}	0.31 ± 0.01	8×10^{-5}
Sb	2.3×10^{-2}	3×10^{-3}	—	$<2\times10^{-2}$	Ta	1×10^{-7}	—	—	—
Cu	4×10^{-4}	1.5×10^{-5}	2.5×10^{-2}	$<2\times10^{-3}$	O	1.4;0.25;1.25	—	—	—
Fe	8×10^{-6}	3×10^{-5}	—	3×10^{-3}	Ag	$\sim1\times10^{-6}$	4×10^{-7}	0.1	—
Mn	1×10^{-5}	—	—	2.1×10^{-2}	N	7×10^{-4}	—	—	—
Ge	0.33	—	—	1.8×10^{-2}	C	7×10^{-2}	—	—	—
Sn	2×10^{-2}	2×10^{-2}	4.9×10^{-2}	3×10^{-2}	Te	—	4×10^{-5}	—	0.3
Ca	—	—	—	$<2\times10^{-2}$	Bi	—	4×10^{-5}	—	—
Mg	—	—	—	0.3	Pb	—	—	1.1×10^{-2}	$<2\times10^{-3}$
Cd	—	—	—	$<2\times10^{-2}$	Se	—	—	—	$<0.44\sim0.55$
Si	—	—	—	0.14	Cr	—	—	—	6.4×10^{-4}
As	3×10^{-1}	2×10^{-2}	—	—	Hg	—	—	1.4×10^{-2}	—

将不同的K_0值与$f/\dfrac{D}{\delta}$值代入（5-10-7）式，作图，如图5-10-17所示。

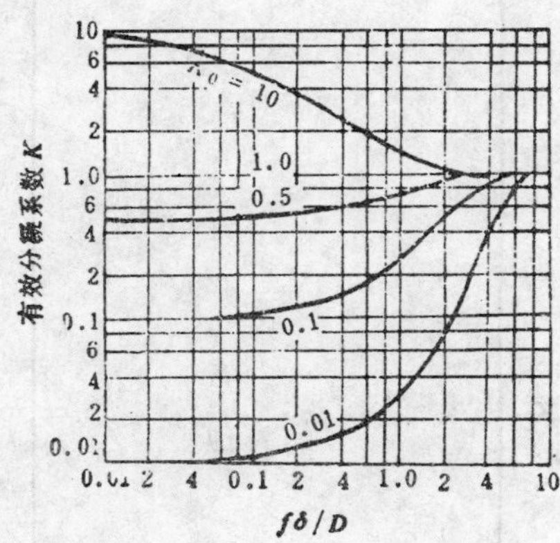

图 5-10-17　K与$f/\dfrac{D}{\delta}$的关系曲线

由图可知，当$f/\dfrac{D}{\delta}\geqslant1$时，或者说当$f\geqslant\dfrac{D}{\delta}$时，$K$的变化速率急速增加，直至趋于1。故为了达到区熔提纯的目的，以$f\leqslant\dfrac{D}{\delta}$为宜，以使$K$值趋于$K_0$。

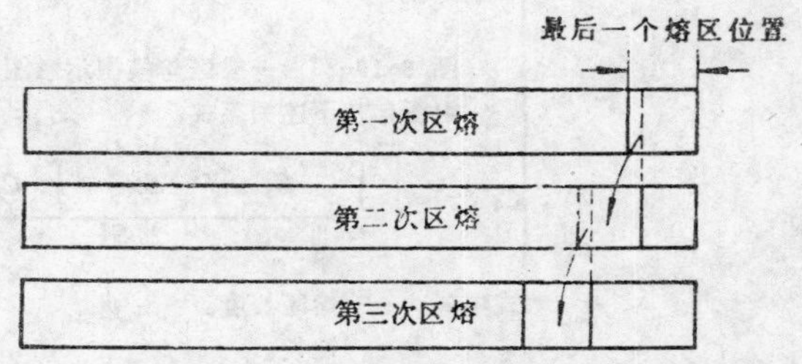

图 5-10-18　熔区对杂质的“混均”作用及杂质“倒流”示意图

表 5-10-5 区域熔炼计算

<table>
<tr><th>名 称</th><th>数 学 模 型</th><th>公 式</th><th>溶质分布曲线图</th></tr>
<tr><td>正常凝固，即区熔过程中最后一个熔区的凝固</td><td> 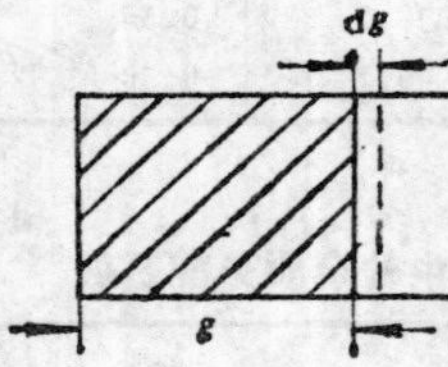
图 5-10-19 正常凝固模型示意图
Q—液相中剩余杂质量；C_L—液相杂质浓度
在凝固 g 部分后，再凝固dg有下列微分方程成立：
$$-\frac{dQ}{dg}=C_S=KC_L=K\frac{Q}{1-g}$$</td><td>$C_S=KC_0(1-g)^{K-1}$ (5-10-10)
式中 C_S——固相中杂质浓度；
K——分配系数；
C_0——原始杂质浓度；
g——已凝固份数</td><td>见图5-10-23</td></tr>
<tr><td>区熔提纯一般公式</td><td> 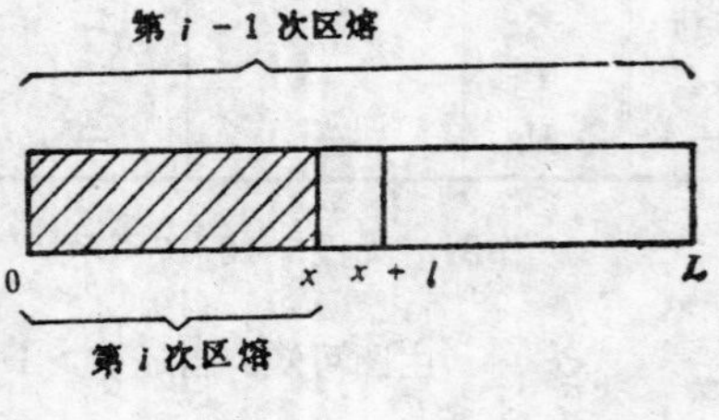
图 5-10-20 一般区熔模型示意图
由图存在下述关系式：
$$C_i(x)=\left[\frac{\int_0^{x+l}C_{i-1}(x)\mathrm{d}xS-\int_0^{x}C_i(x)\mathrm{d}xS}{Sl}\right]K$$
式中 x——熔区长度。
l——锭长。
S——熔区截面积</td><td>$$C_i(x)=\frac{K}{l}\left[\int_0^{x+l}C_{i-1}(x)\mathrm{d}x-\int_0^{x}C_i(x)\mathrm{d}x\right]$$ (5-10-11)
式中 $C_i(x)$——经i次区熔后杂质在固相中的浓度；
$C_{i-1}(x)$——经(i－1)次区熔后杂质在固相中的浓度</td><td></td></tr>
</table>

续表 5-10-5

名称	数学模型	公式	溶质分布曲线图
一次区熔提纯后的杂质分布	第 0 次 0 x x + l L 第一次 图 5-10-21 一次区熔提纯模型示意图 将 $\int_0^{x+l} C_{i-1}(x)\mathrm{d}x=(x+l)C_0$ $C_i(x)=C_1(x)$ 代入区熔提纯一般公式(5-10-11)，微分后得下述微分方程： $$\frac{\mathrm{d}C_1(x)}{C_0-C_1(x)}=\frac{K}{l}\mathrm{d}x$$ 边界条件$x=0$；$C_1=KC_0$	$$C_1(x)=C_0\left[1-(1-K)\exp\left(-K\frac{x}{l}\right)\right]$$ (5-10-12) 式中 $C_1(x)$——一次区熔提纯后，杂质纵向分布； l——熔区宽度	见图 5-10-23
i 次区熔提纯后的杂质分布	$l=10\Delta l$ x_{j-1} x_{j+9} 0 x_j x_{j+10} $L=10l$ 图 5-10-22 汉明区熔模型示意图 汉明模型：用一个锭长为L的锭料分成10个熔区(亦可多或少)，又把每个熔区分成10个单元胞，熔区以跃进一个单元胞的方式移动，当熔区从x_{j-1}移到x_j时，熔区杂质总量Q应等于熔区在x_{j-1}时杂质总量减去分凝在(x_{j-1},x_j)元胞中的杂质量，再加上从元胞(x_{j+9},x_{j+10})进入熔区的杂质量 j为元胞序数，$j=1\sim100$；x_j为熔区位置	$$C_i x_j=\frac{C_{i,j-1}+0.05K(C_{i-1,j+9}+C_{i-1,j+10}-C_{j,j-1})}{1+0.05K}$$ (5-10-13) $1\leqslant j\leqslant 89$ 此式不适于$j=0$和最后一个熔区 $$C_{i,0}=0.1K\left[0.5(C_{i-1,0}+C_{i-1,10})+\sum_{j=1}^{9}C_{i-1,j}\right]$$ $j=0$ (5-10-14) $$C_{i,j}=C_{i,90}(10.1-0.1j)^{k-1}$$ $90\leqslant j\leqslant 99$ (5-10-15)	见图 5-10-25 至图 5-10-31
杂质的极限分布	杂质极限分布是指到第n次时已不能再改变上一次区熔后的杂质分布，即： $C_n(x)=C_{n-1}(x)$ 代入区熔一般公式(5-10-11)得： $$C_n(x)=\frac{K}{l}\int_X^{X+l}C_n(x)\mathrm{d}x$$ 此积分方程通解为： $C_n(x)=A\cdot e^{Bx}$ 边界条件： $$\frac{1}{L}\int_0^{L}C_n(x)\mathrm{d}x=C_0$$	$$\log C_n(x)=\frac{B}{2.303}x+\log A$$ (5-10-16) $$A=\frac{BLC_0}{e^{BL}-1}$$ (5-10-17) $$K=\frac{Bl}{e^{Bl}-1}$$ (5-10-18) (5-10-18)式为超越函数，可用图解法或渐近法求之	在图5-10-25至图5-10-31中均有溶质的极限分布 对于不同K值，不同熔区长度时的溶质极限分布见图5-10-32和图5-10-33

值，从而达到最佳提纯效果。

由图可知，$K_0<1$的杂质，随着区熔速度的改变，K值在$K_0<K<1$之间变化；而$K_0>1$的杂质，其K值在$K_0>K>1$之间变化。

用实验方法可测定δ/D值。整理式(5-10-7)可得：

$$\ln\left(\frac{1}{K}-1\right)=\ln\left(\frac{1}{K_0}-1\right)-f\frac{\delta}{D} \quad (5\text{-}10\text{-}8)$$

用实验方法测量不同f下的K值，然后绘制$\ln\left(\frac{1}{K}-1\right)$与$f$的关系曲线，该线的斜率即为$\left(-\frac{\delta}{D}\right)$值。

从式（5-10-7）可明显看出，δ值大，则K值也大，从而不利于区熔提纯。在区熔过程中，常采用搅拌等措施以尽量减小溶质边界层δ值，使K趋于K_0。

文献还给出了δ的表达式：

$$\delta=1.6D^{1/3}\gamma^{1/6}\omega^{-1/2} \quad (5\text{-}10\text{-}9)$$

式中 γ——熔体的粘滞率；

ω——晶体转动速率；

D——扩散系数。

（五）区域熔炼计算

为定量表示区熔提纯$1-n$次后杂质沿锭料的分布，已有不少计算模型，公式和曲线，详见表

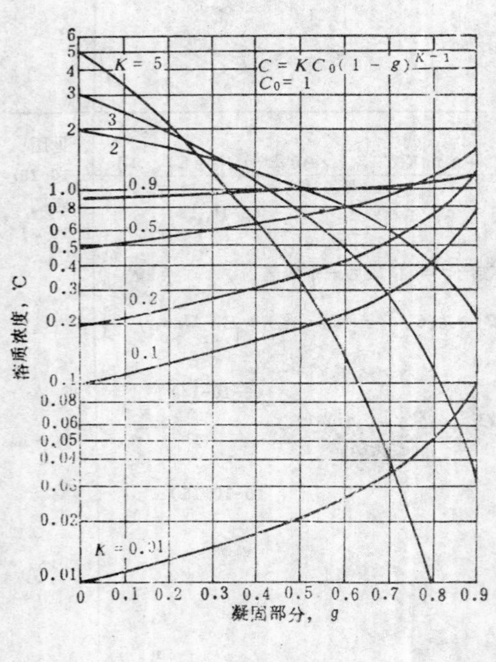

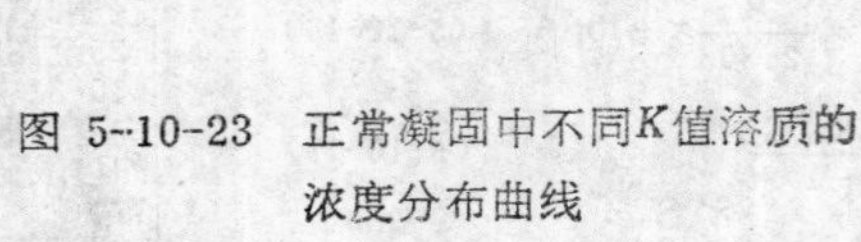
图 5-10-23 正常凝固中不同K值溶质的浓度分布曲线

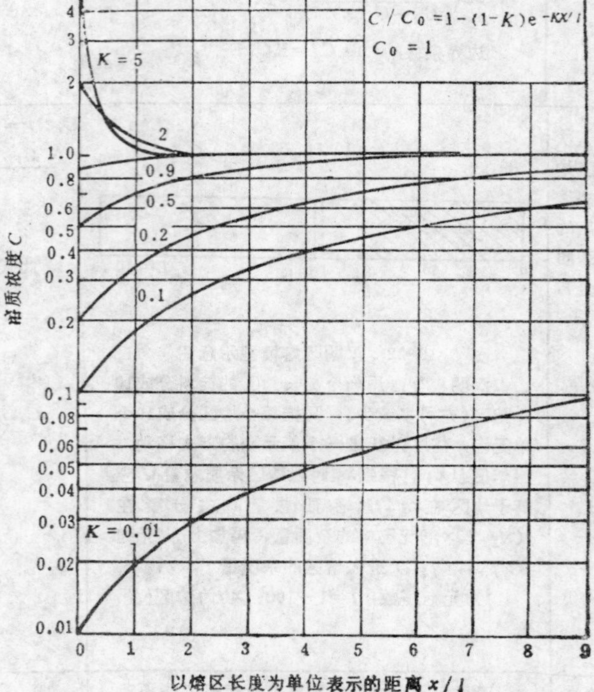

图 5-10-24 一次区熔提纯后不同K值溶质的浓度分布曲线

5-10-5。这些计算均是在一定的假设条件下列出微分方程，并给出边界条件，求解后再绘制曲线。

1. 基本假设

（1）忽略杂质的蒸发和杂质在固相中的扩散，未区熔提纯之前杂质是均匀分布的。

（2）凝固界面平坦，相变过程中固、液相密度不变。

（3）凝固速率（区熔速度）恒定，K为常

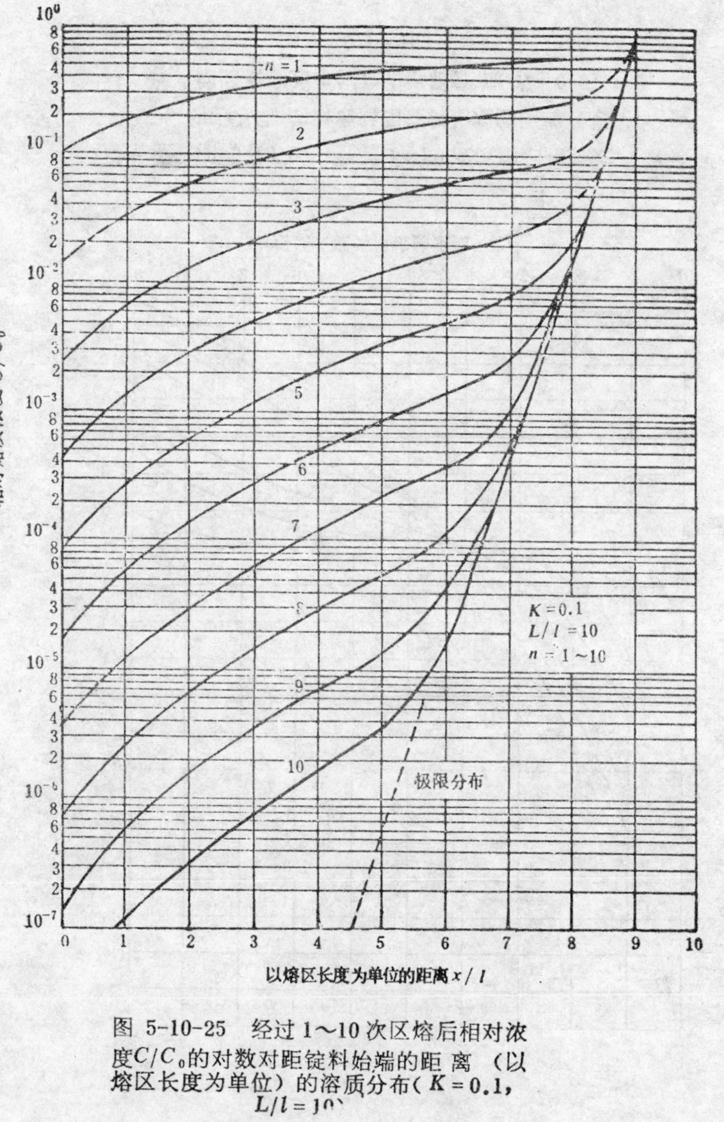

图 5-10-25 经过 1～10 次区熔后相对浓度C/C_0的对数对距锭料始端的距离（以熔区长度为单位）的溶质分布（$K=0.1$，$L/l=10$）

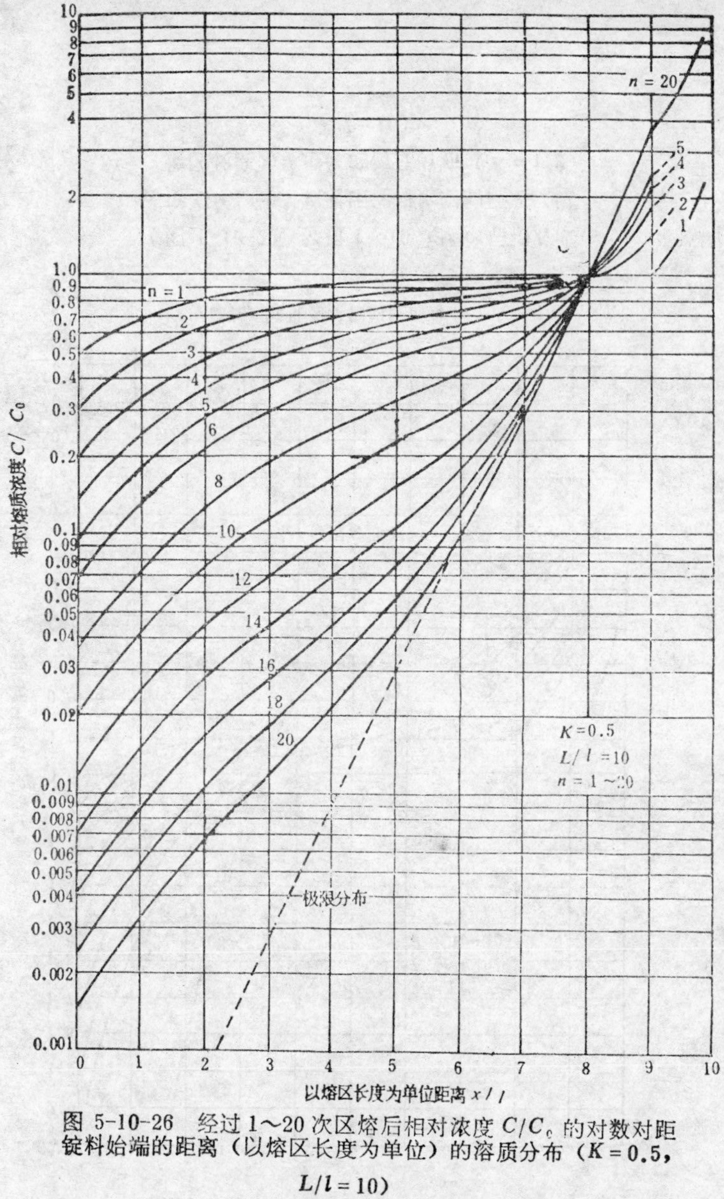

图 5-10-26 经过 1～20 次区熔后相对浓度 C/C_0 的对数对距锭料始端的距离（以熔区长度为单位）的溶质分布（$K=0.5$，$L/l=10$）

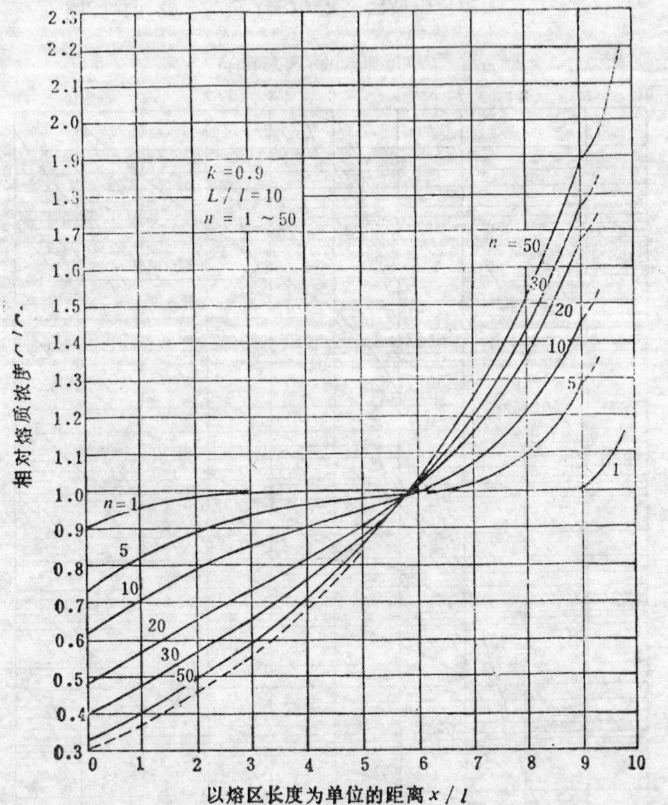

图 5-10-27　经过 1～50 次区熔后相对浓度 C/C_0 的对数对距锭料始端的距离（以熔区长度为单位）的溶质分布（K=0.9，L/l=10）

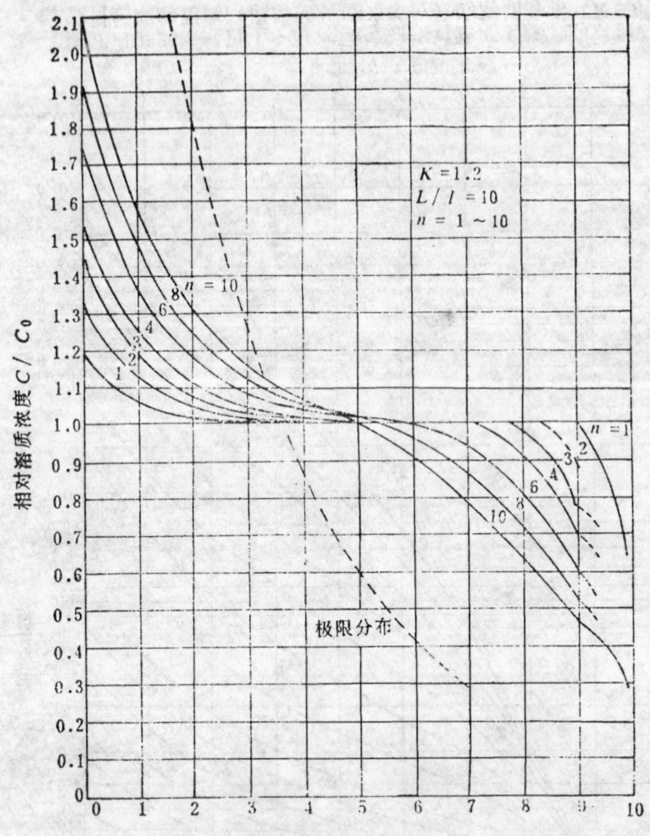

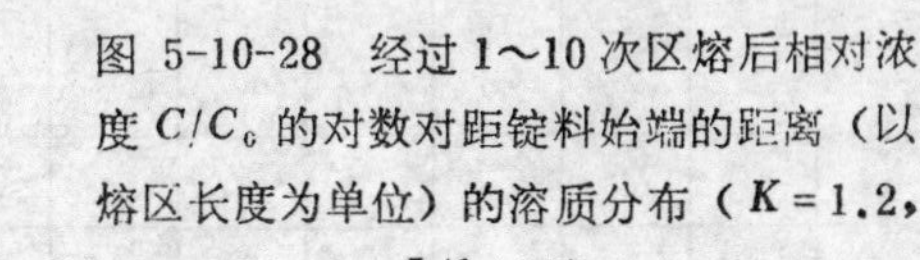
图 5-10-28　经过 1～10 次区熔后相对浓度 C/C_0 的对数对距锭料始端的距离（以熔区长度为单位）的溶质分布（K=1.2，L/l=10）

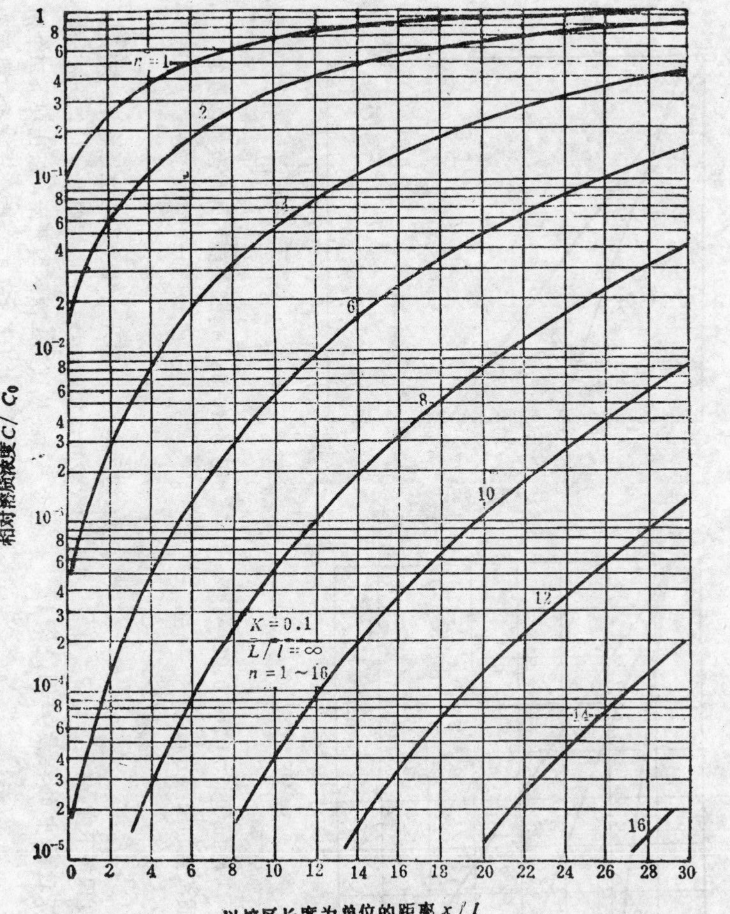

图 5-10-29　半无限长锭料的相对浓度 C/C_0 的对数对距锭料始端（以熔区长度为单位）的熔质分布（$K=0.1$，$L/l=\infty$，$n=1\sim16$）

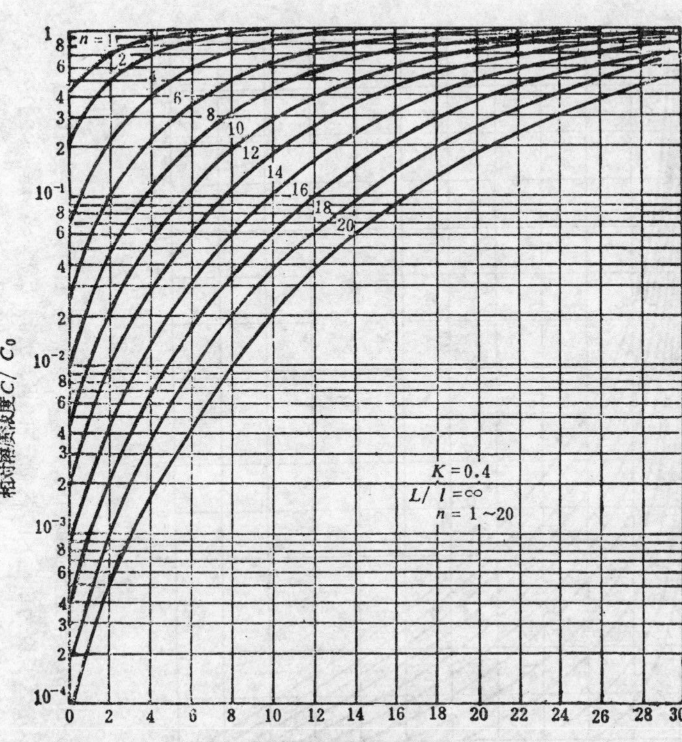

图 5-10-30　半无限长锭料的相对浓度 C/C_0 的对数对距锭料始端（以熔区长度为单位）的熔质分布（$K=0.4$，$L/l=\infty$，$n=1\sim20$）

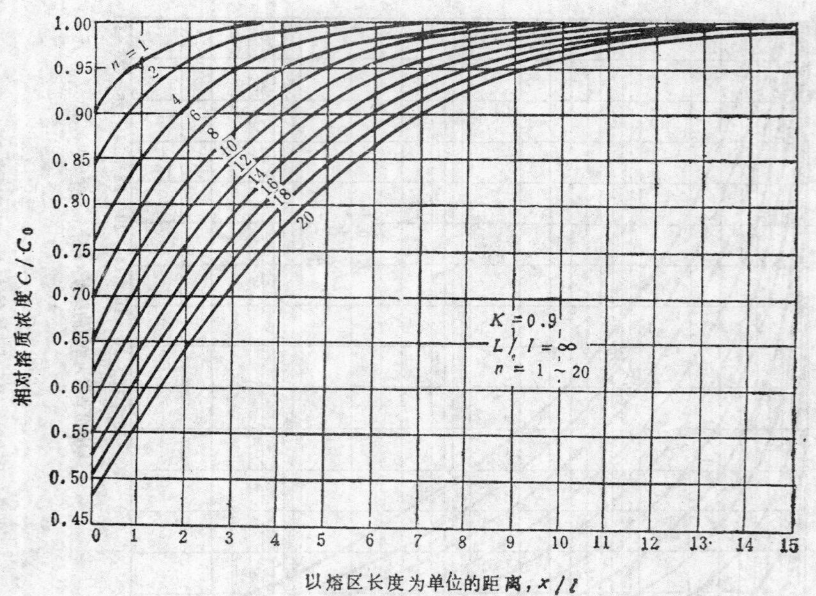

图 5-10-31 半无限长锭料的相对浓度C/C_0的对数对距锭料始端（以熔区长度为单位）的熔质分布（$K=0.9$，$L/l=\infty$，$n=1\sim20$）

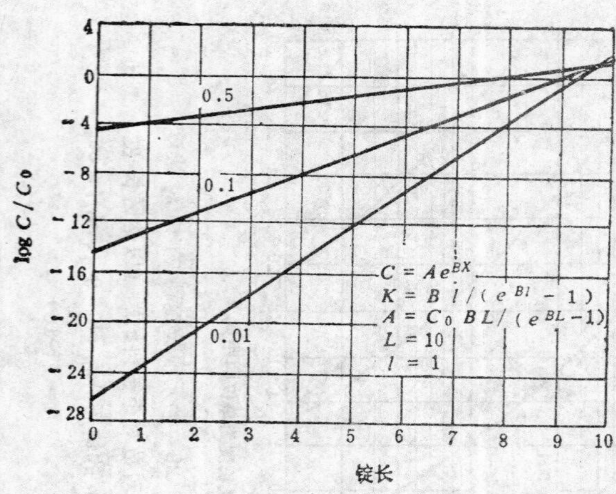

图 5-10-32 不同K值（0.5、0.1、0.01）时杂质浓度的极限分布

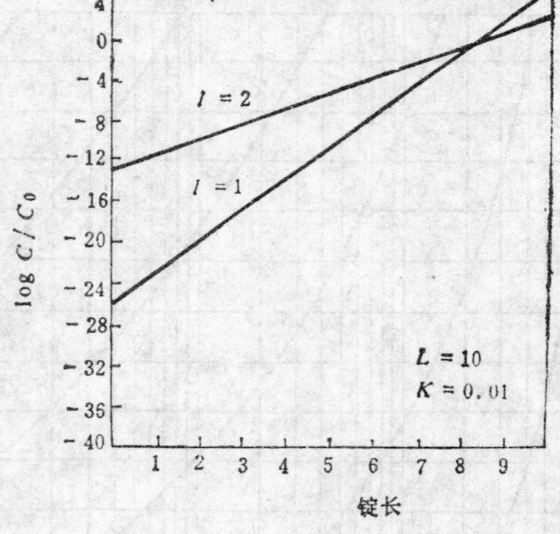

图 5-10-33 熔区长度不同时杂质浓度的极限分布

数。

（4）熔区长度保持不变。

2．区域熔炼过程中的杂质“倒流”现象

熔区对杂质有混合均匀的作用，如图5-10-18所示。熔区愈长，杂质开始“倒流”的位置愈早。随着区熔次数的增加，杂质分布曲线斜率增加，“倒流”也愈严重。故从第二次区熔开始，就出现了二个相矛盾的过程：对于$K_0<1$的杂质，分凝效应引起杂质向尾部富集，而熔区对杂质的混匀作用引起杂质

“倒流”，当两种作用相等时，杂质的分布达到极限分布，再区熔提纯已改变不了杂质的分布。

3．真空区域熔炼提纯

在气氛下区熔（如氢气、氩气、氮气中）均不考虑杂质的蒸发，但是在真空下区熔提纯则应考虑杂质的蒸发效应和被提纯金属本身的蒸发损失。

（1）金属的蒸发损失。只有当金属的蒸气压很低以使蒸发造成的损失能控制在所允许的限度范围（如3～20%）内，方可考虑对该金属进行真空区熔。

熔点时的金属蒸气压及真空区熔情况见图5-10-34和表5-10-6。

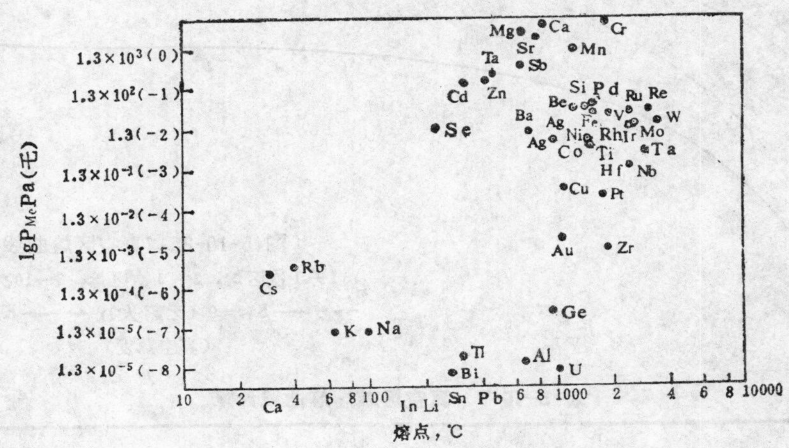

图 5-10-34 熔点时金属蒸气压

表 5-10-6 真空区域熔炼与金属熔点时蒸气压

熔点时蒸气压	金属	真空区熔情况
⩾13.33Pa（10^{-1}乇）	Mg、Ca、Cr、Sr、Mn、Zn、Cd、As	不采取措施，蒸发损失太大，不适合真空区熔
约1.33Pa（10^{-2}乇）	Be、Ba、V、Re、Fe、Ru、Pd、Si、Se、Ir、Mo、W	可以真空区熔，但要考虑蒸发损失，如控制区熔速度f等
1.33～0.133Pa(10^{-2}～10^{-3}乇)	Ti、Zr、Hf、Nb、Ta、Rh、Co、Ni、Pt、Ge、U	适合真空区熔
低熔点低蒸气压	Ga、In、Tl、Sn、Pb、Bi	适合真空区熔

（2）杂质的蒸发效应。需要区熔的金属一般都已经过提纯加工，其杂质含量已大为下降。这些金属的熔体可以视为杂质稀溶液。在不同金属中杂质的蒸发常数可查有关手册。

（3）真空区熔曲线计算。在前述的区熔曲线计算中，若在数学模型里加一项杂质的蒸发量，即可修定为真空区熔曲线，图5-10-35即为杂质的蒸发常数为10^{-4}cm/s时用汉明模型计算的真空区熔曲线。图中曲线的$K=0.5$，$L/l=30$，棒直径为26mm，起始熔区处的锭料为尖头状，放肩角62°，实线为考虑杂质蒸发，虚线为不考虑杂质蒸发，图中分别给出了经1、4、10次区熔后杂质沿锭料的纵向分布。这些曲线曾被用于测定硅中磷的含量。

（4）真空区熔曲线的近似计算。如果杂质的蒸发效应占主导作用，且锭料足够长，则真空区熔曲线的数学表达式可以大大化简，见表5-10-7。表5-10-7的计算中没有杂质的极限分布，这是因为没有考虑杂质蒸发后还有返回熔区的效应。

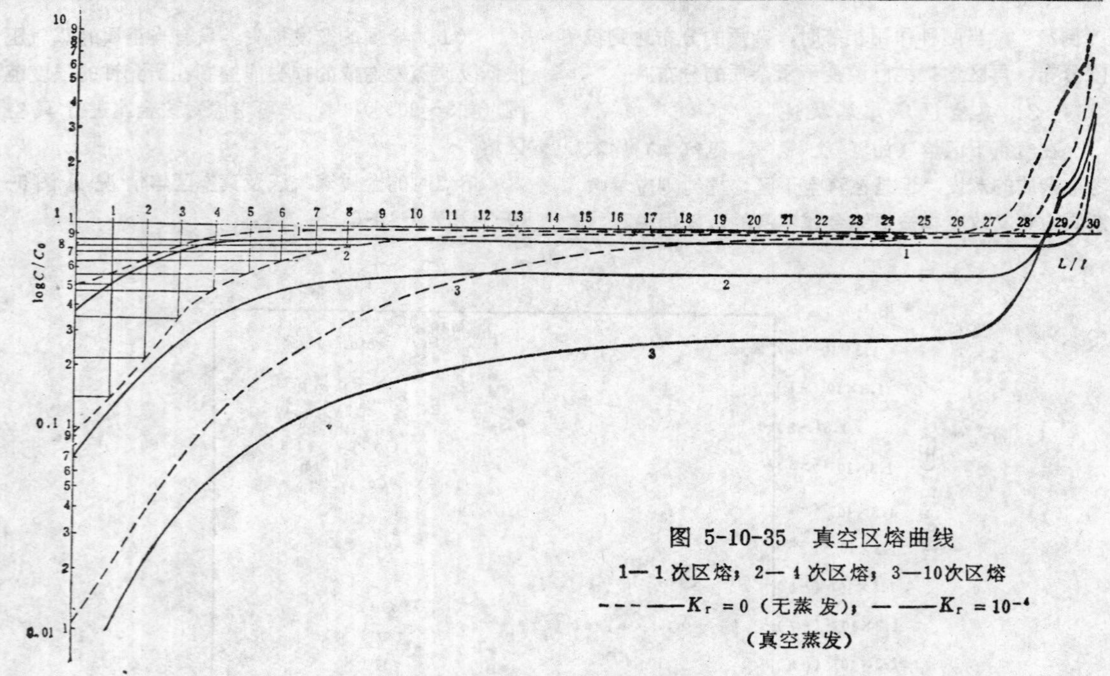

图 5-10-35 真空区熔曲线

1—1次区熔；2—4次区熔；3—10次区熔

------ $K_r=0$（无蒸发）；— — $K_r=10^{-4}$（真空蒸发）

表 5-10-7 真空区域熔炼曲线计算

名称	数学模型	公式	备注
一次真空区熔提纯后杂质分布公式	（图：dx；C_0；0，x，$x+l_f$，L） 图 5-10-36 一次真空区熔模型 当熔区移动dx后，将有$C_0dx\cdot S$的杂质进入熔区，同时进入固相的杂质量为$C_1(x)dx\cdot S$，在熔区移动dx对应的时间dt内，熔区将有$EAC_L(x)dt$的杂质被蒸发，故应有下述微分方程： $VdC_L=S[C_0-C_1(x)]dx-AEC_L(x)dt$ 边界条件：$X=0$，$C_L(x)=C_0$，$C_1(x)=KC_0$ 式中 V——熔区体积；E——蒸发常数；A——熔区表面积；$C_1(x)$——固相中杂质浓度；C_0——原始杂质浓度；S——熔区截面积；l——熔区宽度	$C_1(x)=\frac{KC_0}{K+\lambda}\left\{1-[1-(K+\lambda)]\cdot\exp\left(-\frac{K+\lambda}{l}x\right)\right\}$ (5-10-19) 式中 $\lambda=\frac{EA}{fS}$； f——区熔速度。	当$E=0$时，即不考虑杂质蒸发时，式5-10-19与5-10-12完全一样
i次真空区熔提纯后杂质分布的近似表达式	当熔区移动足够长的距离之后，可以近似认为： $e^{\frac{-(K+\lambda)}{l}x}\to 0$ 式(5-10-19)可以化简为式(5-10-20)	$C_i=\left(\frac{1}{1+\frac{\lambda}{K}}\right)^i C_0$ (5-10-20) 式中 C_i——经i次真空区熔提纯后杂质分布（平坦部分）	此式未考虑杂质挥发后还会返回熔区，故没有极限分布
	若区熔过程改变热场和锭料尺寸，使$\frac{EA}{KS}\approx 1$，则(5-10-20)式可进一步化简	$C_i=\left(\frac{1}{1+\frac{1}{f}}\right)^i C_0$ (5-10-21)	在C_i、i、f、$C_0$4个参数中，一般C_0为已知，C_i为产品要求，区熔提纯时，只考虑f与i 2个工艺参数

表 5-10-8 影响区域熔炼提纯工艺条件及参数

影响区熔提纯因素	工艺条件和参数	对工艺条件和参数的要求
适于区熔提纯的一般条件	K_0：平衡分配系数	$K_0 \neq 1$
	P°_{Me}：金属熔点时蒸气压	一般不大于13.3Pa（10^{-1}乇），使蒸发损失＜20%
	T_m：熔点	熔点高时应考虑用悬浮区熔
	E：杂质蒸发常数	一般大于10^{-4}～10^{-6}cm/s才易真空区熔除去
原材料	C_0：杂质原始浓度	愈低愈好，一般应在ppm数量级以下
	ϕ：直径	以能否建立正常熔区为准，悬浮区熔压粗工艺可使产品直径加大
	L：锭长	以炉子的能力为限
区熔工艺	l：熔区长度	取决于热场，其大小对极限分布影响，见图6-10-33，对提纯效果影响见图5-10-37
	n：区熔次数	达到极限分布所需的区熔次数由下述半经验公式确定(K_0＜1的杂质)： $$n \simeq (1\sim2)\frac{L}{l} \qquad (5\text{-}10\text{-}22)$$ 区熔次数对提纯影响较大，见图（5-10-38）
	f：区熔速度	为综合性工艺参数，就提纯而言： $f \leqslant \frac{D}{\delta}$ f大小还影响成单晶和释放的结晶潜热大小，f不同会改变凝固界面状态和杂质的蒸发量，故f应通过理论分析和实验确定
	P_a：真空度	一般工业炉真空度在0.0133Pa（10^{-4}乇）左右，实验室可达10^{-3}～10^{-5}Pa(10^{-5}～10^{-7}乇)，真空对提纯效果影响见图5-10-39
	ω：转速	要适中，过快熔区不稳定，过慢δ值大
	D：通过锭棒的电流密度	由熔区形状确定电流密度大小，一般由实验确定

4．影响区域熔炼提纯的工艺条件分析

根据前述区熔提纯的理论分析，可以把影响区熔提纯的工艺条件和参数综合列于表5-10-8中。

二、区域熔炼拉制单晶

区域熔炼不仅用于提纯金属，还可将金属制备成单晶体。目前区熔已是从熔体中生长单晶体的一种重要方法。就工艺来看，区熔成单晶比区熔提纯要求更加严格，这是因为区熔成晶除有提纯作用外，还要求晶体完整，成分和外形均匀，直径大等。

（一）区域熔炼拉晶工艺

区熔成晶工艺见表5-10-9。

（二）热场

为了获得一定形状的熔区和平坦的凝固界面，特别是悬浮区熔，需要有合理的以凝固界面为基准面的纵向和径向的温度梯度，如图5-10-44所示。通过改变热场的有关参数，即可获得理想的熔区形状。表5-10-10列出了稀有高熔点金属电子束悬浮熔炼热场尺寸；表5-10-11列出了氢气氛悬浮区熔硅热场尺寸；表5-10-12列出了氩气氛悬浮区熔硅热场尺寸；表5-10-13列出了GaAs单晶判断示意图。

（三）区熔成单晶的几个工艺问题

1．晶向

常用的单晶晶棱和光像图示于表5-10-14。为了获得不同晶向的单晶，在区熔过程中就需要不同晶向的籽晶。不同晶向的籽晶可用定向切割获得。

（111）和（100）极射赤面投影图见图5-10-49。

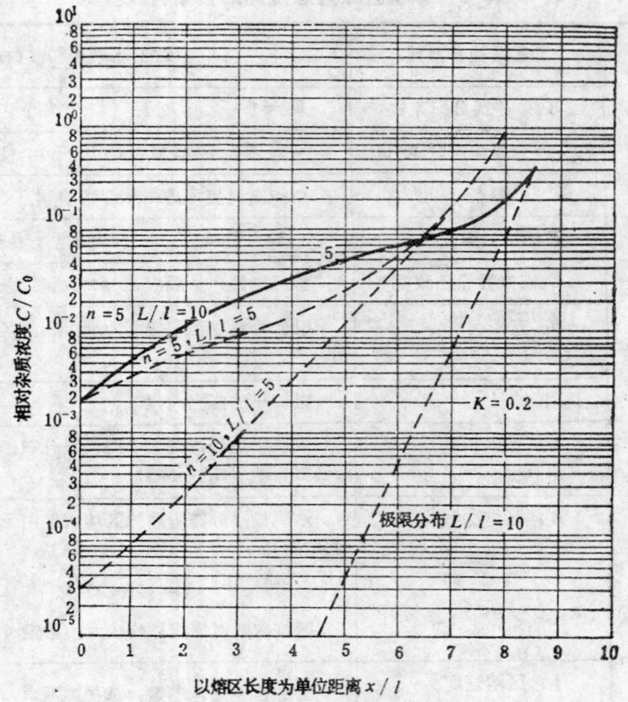

图 5-10-37　熔区长度对区熔效果的影响

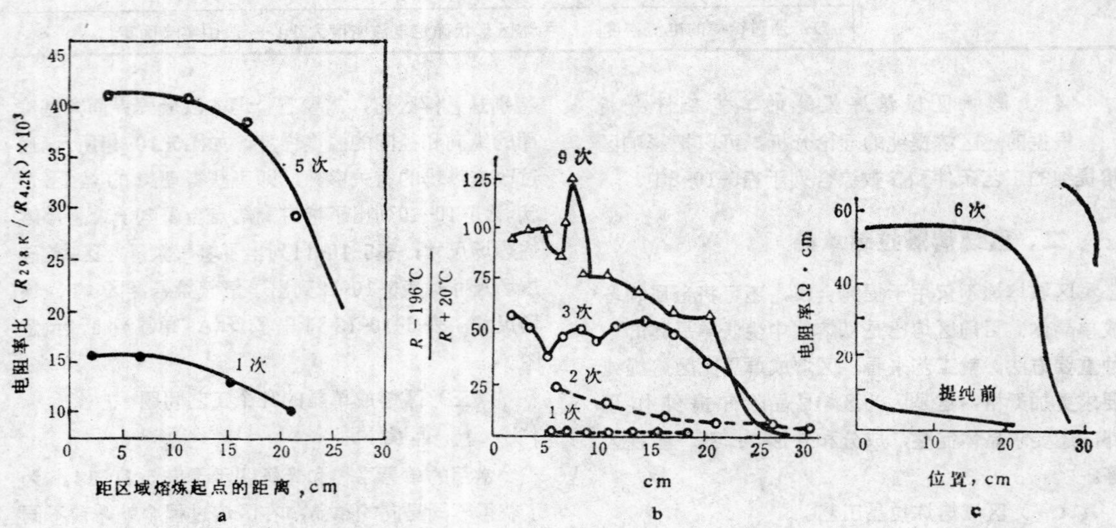

图 5-10-38　区熔次数对提纯效果的影响

a—钨棒；b—碲锭；c—锗锭

表 5-10-9　区域熔炼成晶工艺

区熔工艺名称	示　　意　　图	说　　明
粗籽晶悬浮区熔工艺	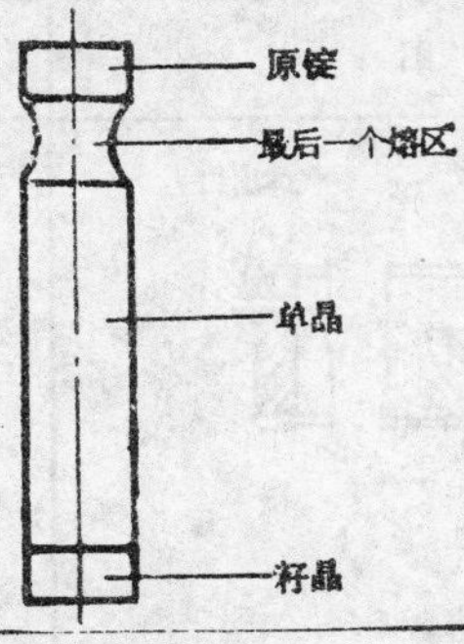 原锭 最后一个熔区 单晶 籽晶 图 5-10-40 粗籽晶工艺示意图	1.钨、钼、钽、铌、铪常用粗籽晶引晶成单晶 2.这种方法拉制的单晶，体内常有位错
细籽晶无位错悬浮区熔工艺	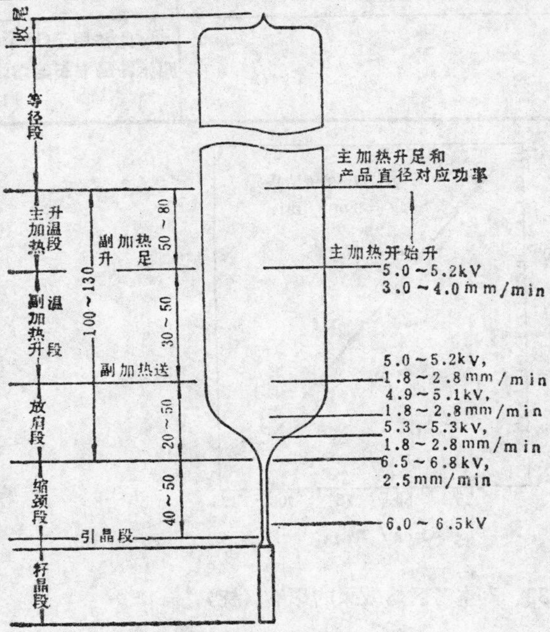 收尾 等径段 主加热升温段 副加热升温段 放肩段 缩颈段 引晶段 籽晶段 100～130 副升加热足　50～80 30～50 副加热送 20～50 40～50 主加热升足和产品直径对应功率 主加热开始升 5.0～5.2kV 3.0～4.0mm/min 5.0～5.2kV, 1.8～2.8mm/min 4.9～5.1kV, 1.8～2.8mm/min 5.3～5.3kV, 1.8～2.8mm/min 6.5～6.8kV, 2.5mm/min 6.0～6.5kV 图 5-10-41　细籽晶工艺示意图	1.通过拉细颈使位错排除体外，可获得无位错单晶 2.这种方法拉制的单晶体，体内易出现微缺陷 3.此工艺已用于硅单晶生产
压粗工艺	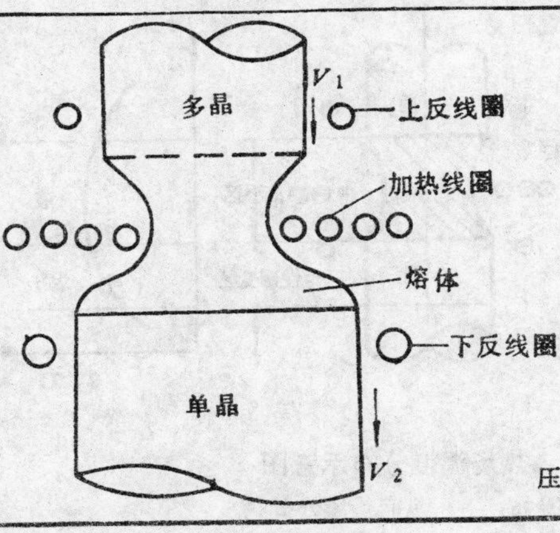 多晶 V_1 上反线圈 加热线圈 熔体 下反线圈 单晶 V_2 图 5-10-42 压粗工艺示意图	1.上棒移动速度V_1大于下棒移动速度V_2，即可加大单晶直径 2.此工艺曾使硅在氢气氛中由原来的30mm压粗成60mm，目前国外已有直径120mm的单晶硅

续表 5-10-9

区熔工艺名称	示意图	说明
有籽晶水平区熔	气体进口 后加热器 气体出口 容船 籽晶 单晶 熔区 图 5-10-43 有籽晶水平区熔	此法用于锗单晶水平区熔成晶
无籽晶多温区水平区熔工艺	见图 5-10-66	此法用于GaAs水平区熔成晶，原始籽晶靠起始熔区获得

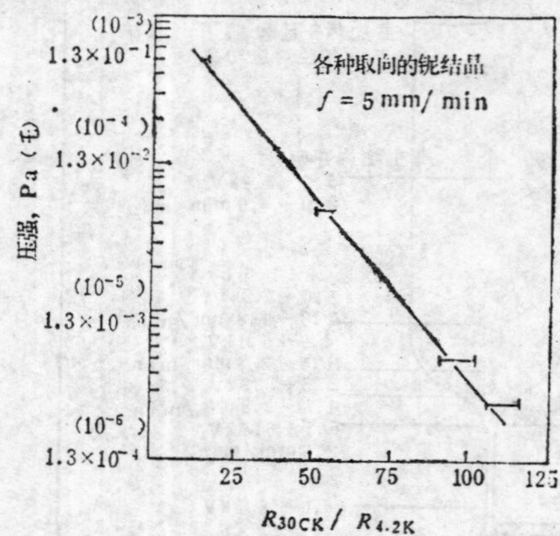

图 5-10-39 真空对区熔效果的影响（铌）

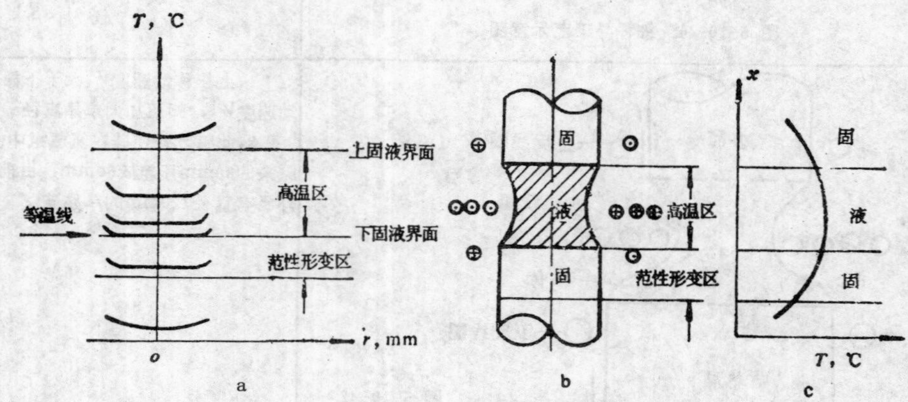

图 5-10-44 热场温度分布示意图

a—径向热场分布；b—纵向热场分布

表 5-10-10 稀有难熔金属电子束悬浮区熔热场尺寸

热场（聚焦系统参数）示意图	产品规格		聚焦系统参数，mm					
	名称	直径，mm	a	b	c	d	e	h
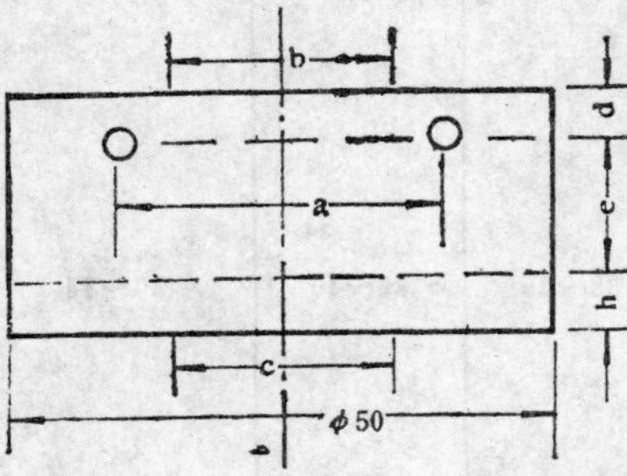 图 5-10-45 电子束悬浮区熔聚焦系统 a—电子枪直径；d—电子枪与上盖间距； b—上盖内径；e—电子枪与底板间距； c—下盖内径；h—垫板高度 电子枪用直径1mm钨丝制成	W	2～9.5	16～30	10～22	10～22	2.5	6.5	3
	Mo	5.2～17.0	25～35	16～28	16～28	2.5	9.5	0
	Ta	5～12.0	25～30	16～22	16～22	2.5	9.5	0
	Nb	5.5～17.6	25～35	16～28	16～28	2.5	9.5	0
	Ti	3.5～16.0	20～30	16～22	16～22	2.5	6.5	3
	Zr	6.3～19.5	20～35	16～30	16～30	2.5	6.5	3
	Hf	5.9～11.8	25～30	16～22	16～22	2.5	6.5	3

表 5-10-11 硅的高频悬浮区熔（氢气氛）热场

热场（加热线圈）示意图	直径，mm		线圈尺寸，mm						
	单晶	多晶	$\phi_主$	$\phi_上$	$\phi_下$	H_1	H_2	H_3	H_4
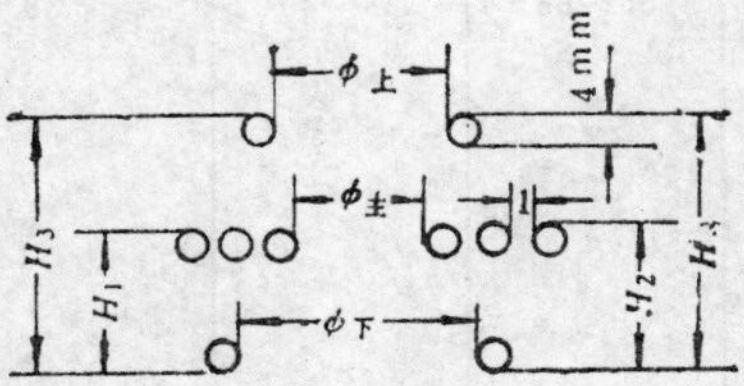 图 5-10-46 三匝线圈示意图	27.5～30	27	32.5	42	40	19.2	18.2	38	39
	35	32	38	45	45	20		40	
	35～40	35	34	45	50	20		38	
	40～50	40	36	61	60	21.5	22.5	41.5	42.5
	50～55	40	35	58	66	21	22	42	
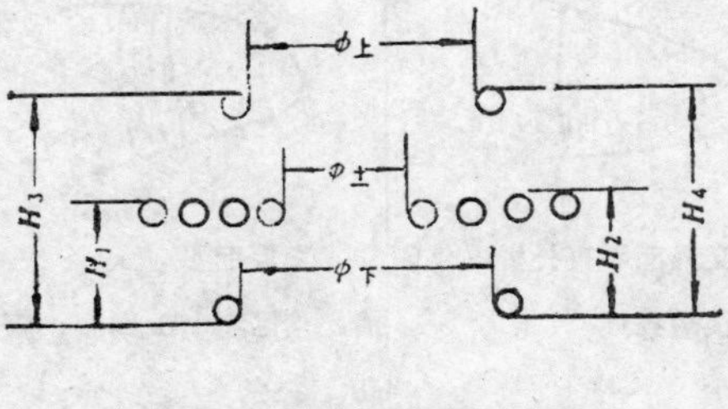 图 5-10-47 四匝线圈示意图	55～60	46～48	36	60	72	23		41	
	55～65	47～50	35.5	55	72	25	26	47	

表 5-10-12 硅的氩气氛悬浮区熔热场

热场（加热线圈）示意图	单晶直径 mm	多晶直径 mm	线圈直径(内径), mm
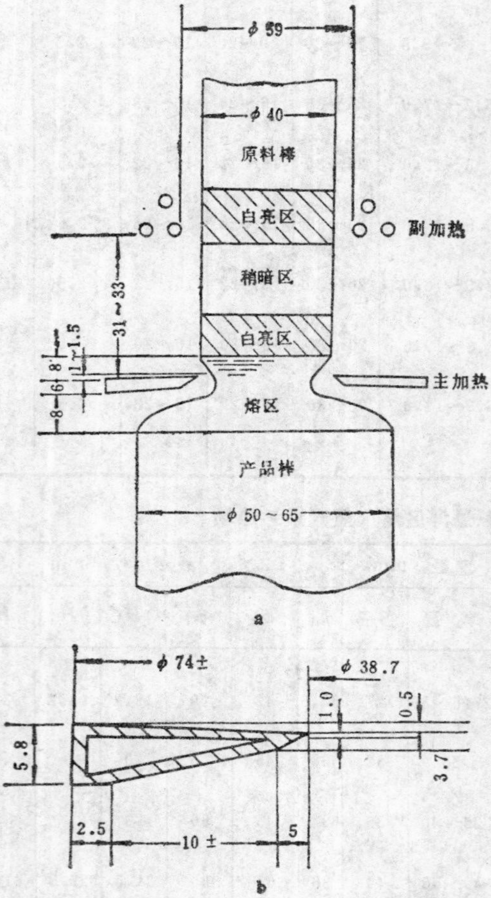 图 5-10-48 单匝线圈示意图	38～45	30～40	30～34
	45～50	35～42	35
	50～60	37～44	37
	55～65	38～45	38

表 5-10-13 观察判断水平区熔是否是单晶的参考图（GaAs）

单晶	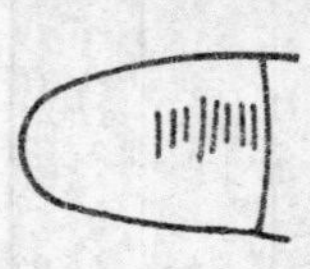 交界面呈梯型，平直，有横向细条纹	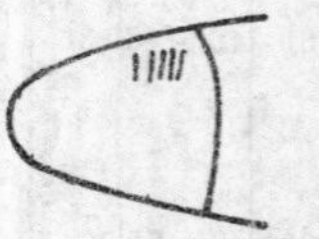 交界面平直内折，内侧有晶棱短条纹	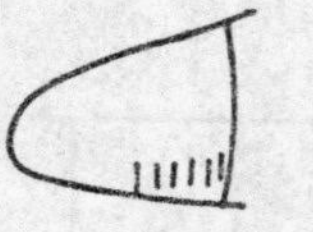 交界面平直外折，外侧有晶棱短条纹	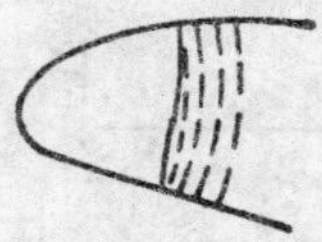 交界面平直，条纹不清，熔区有一圈倒影、熔温高

续表 5-10-13

单晶	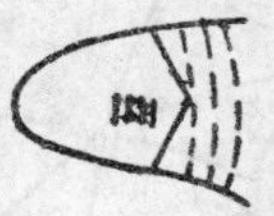 交界面平直对折，折处有短条纹，熔区是一圈倒影	 交界面平直外斜，内侧有短条纹，熔区是一圈倒影、外侧温度低	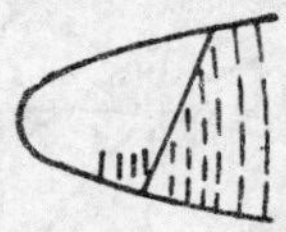 交界面平直内斜，外侧有短条纹，熔区是一圈倒影，内侧温度低	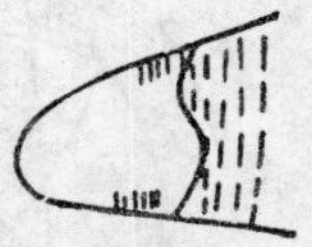 交界面顺连弯曲，两侧有短条纹，熔区倒影单圈
多晶	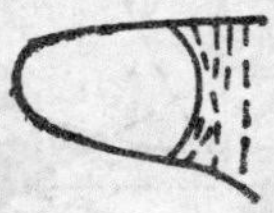 交界面尖角形状，有两圈熔区倒影，双晶	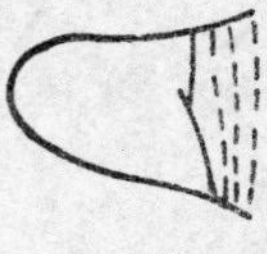 交界面外侧凸起，熔区外侧有小倒影圈，外侧温度低	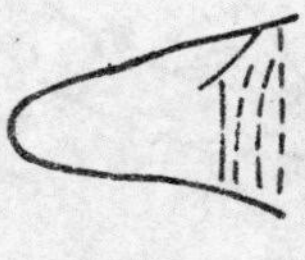 交界面内侧凸起，熔区内侧有小倒影圈，内侧温度低	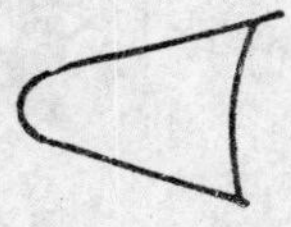 交界面不光直，温度高，多晶
多晶	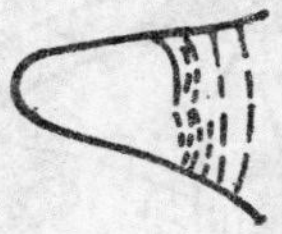 交界面双弯有两圈熔区倒影，双多晶	 交界面凸向熔区，温度低，多晶趋势	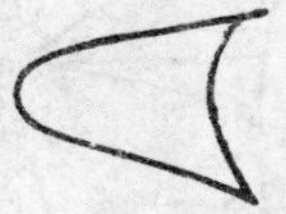 交界面凸形，熔体温度高，但可能是单晶	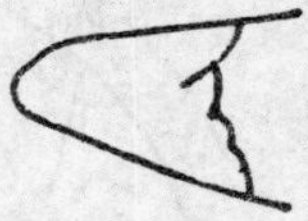 交界面成锯齿形，温度低或梯度大。多晶

表 5-10-14　不同晶面上的晶棱和光像示意图

晶面	(111)	(100)	(110)	(115)	(211)	(221)
晶棱示意图	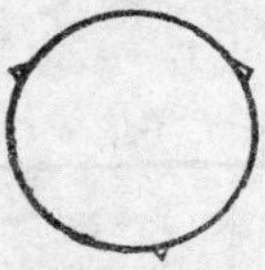	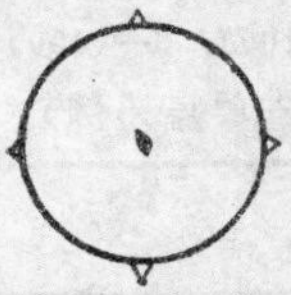	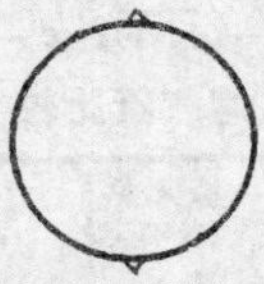	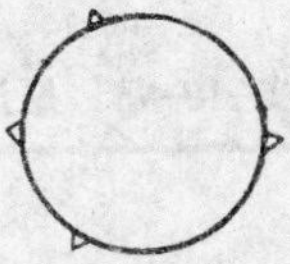		

晶面	(111)	(100)	(110)	(115)	(211)	(221)
光像图						

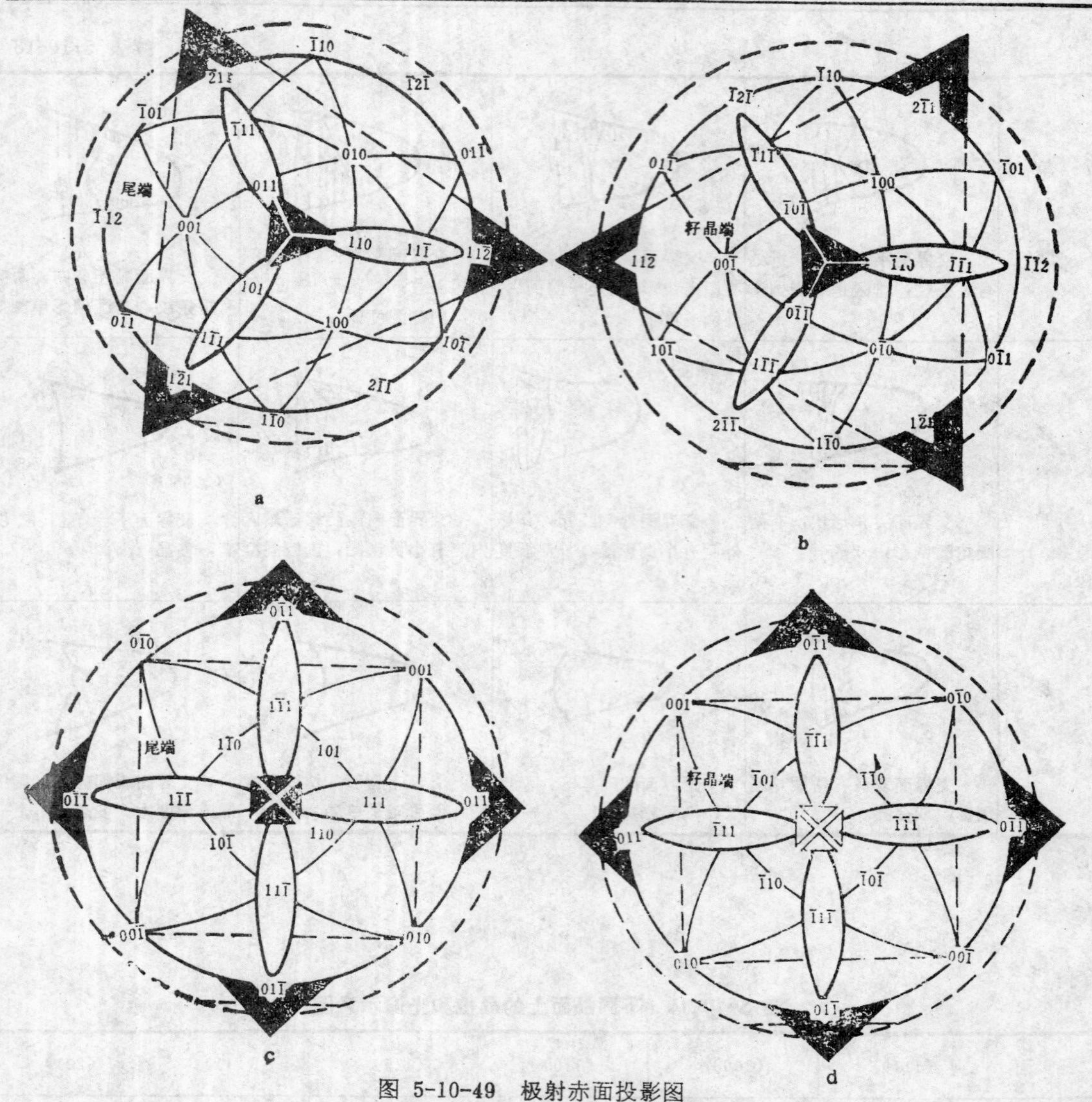

图 5-10-49 极射赤面投影图

a—(111)；b—$(\bar{1}\bar{1}\bar{1})$；c—(100)；d—$(\bar{1}00)$

表 5-10-15 悬浮区熔气氛比较（硅单晶为例）

区熔气氛	目的	效果
真空	杂质挥发并成单晶	1.提纯有利 2.不易拉粗单晶
氩	保护气氛成单晶	1.晶体粗 2.单晶中易出现"旋涡"缺陷
氩加氢	加氢以消除旋涡缺陷成单晶	1.可抑制旋涡缺陷 2.比例不合适出现氢缺陷，一般氢小于3%
氢	保护气氛成单晶	1.热处理后，易出现氢缺陷 2.薄片热处理，可抑制氢缺陷 3.若晶体冷却速度控制不好，晶体脆

2. 区域熔炼气氛

区熔可以在不同气氛下进行，其作用见表5-10-15。

3. 水平区域熔炼的凝固收缩及其解决办法

水平区熔过程中，常因熔体和固体之间密度不同而引起凝固收缩，如图5-10-50 a 所示。克服凝固收缩的办法是使锭料倾斜，使熔入的高度等于凝固高度，如图5-10-50 b 所示。

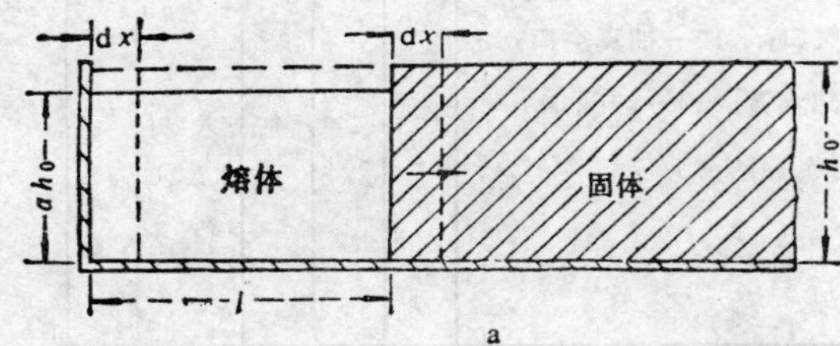

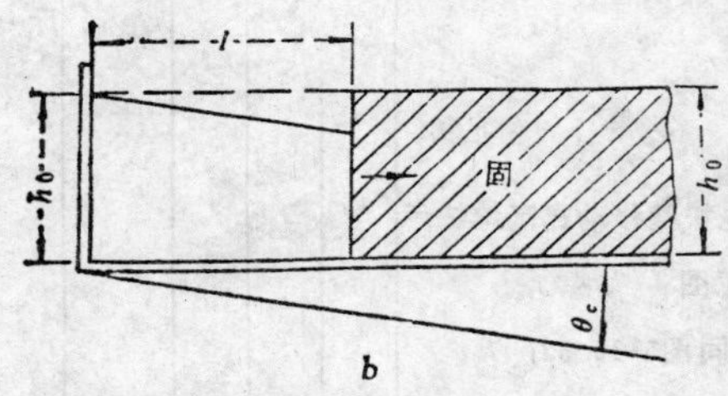

图 5-10-50 水平区熔凝固收缩现象及克服办法

a—引起固体收缩；b—消除固体收缩

倾斜角按下式计算：

$$\theta = \frac{\tan^{-1} 2h_0(1-\alpha)}{l} \quad (5\text{-}10\text{-}23)$$

式中 α — 固、液金属密度之比。

4. 熔体稳定性及磁场拉晶

在区熔工艺中，当采用高频感应加热时，有趋肤效应和热场不对称，会使熔区温度分布不均匀，从而造成熔区内熔体对流，如图5-10-51所示。

30r pm

图 5-10-51 熔区内熔体对流示意图

如果熔体的导电率足够大，则将熔区置于磁场中可有效抑制熔体的热对流，从而可克服熔区温度分布的不均匀，见图5-10-6。磁场可使在垂直于磁场方向的熔体粘度有效增加，粘度的增加与哈满（Harmah）数成正比：

$$H_a = (\sigma B^2 r^2 / \mu C^2)^{1/2} \quad (5\text{-}10\text{-}24)$$

式中 σ —— 导电率；

B —— 磁通量；

μ —— 正常粘度；

C —— 光速；

r —— 晶体半径。

熔体粘度增加，表明熔体稳定性增加，固-液界面平坦度得到改善，晶体缺陷减少，杂质分布均匀。

5. 生长界面稳定性与杂质条纹

热场不对称、熔体对流以及外界的干扰（如功率的波动）常常是周期性的，并将引起温度波动。这种波动发生在生长界面，就表现为界面凝固速率的波动和“回熔”，从而又引起晶体中杂质的微观不均匀分布。用腐蚀的方法可以观察到晶体中的生长条纹。图5-10-52为生长界面形状与杂质径向分布不均匀的观察结果。

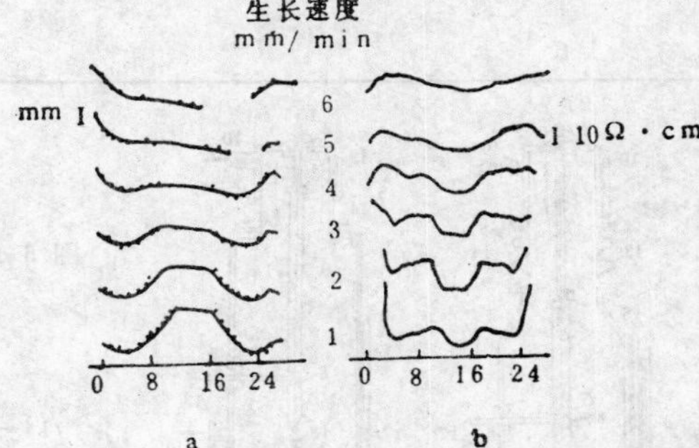

图 5-10-52 1～6mm/min 生长速度下的N型40Ω·cm无位错硅单晶

a—界面形状，其中界面曲线的垂直尺寸大小相等，对于水平线放大4倍；b—界面相应的径向电阻率分布

影响生长界面稳定性的因素很多，如熔体对流，界面处温度梯度不合适，组分过冷，界面能效

表 5-10-16 硅的几种高频感应悬浮区熔炉简介

炉子类型	示意图	功率 kW	炉体高 m	行程 m	单晶直径 mm	产量	说明
小型内热式区熔炉	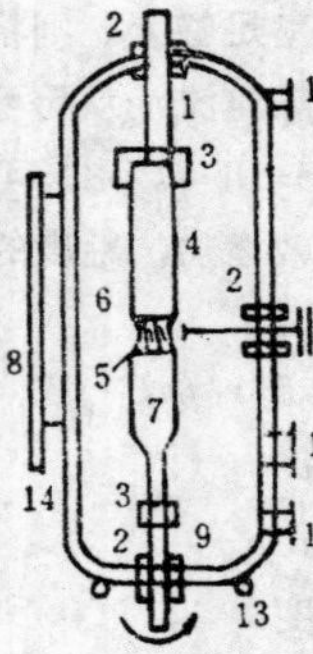 1—上轴；2—轴封； 3—上下夹头；4—多晶； 5—熔区；6—线圈； 7—单晶；8—窥视孔； 9—下轴；10—进气口； 11—出气口；12—抽真空口； 13—冷却水管；14—炉门 图 5-10-53 小型内热式区熔炉示意图	20	4	0.5	35～40	1 kg	中国60～70年代区熔炉
电极筒移动式区熔炉	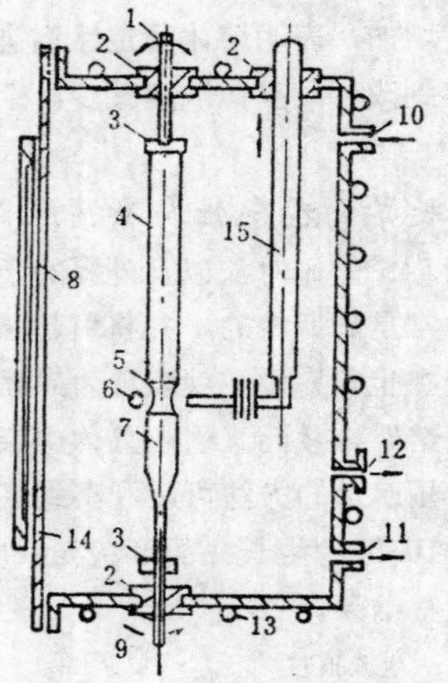 图 5-10-54 电极筒移动式区熔炉示意图 1～14—同图5-10-53； 15—同轴电缆	30	4	1	50～75	数公斤	结构复杂
波纹管轴移动式大型区熔炉	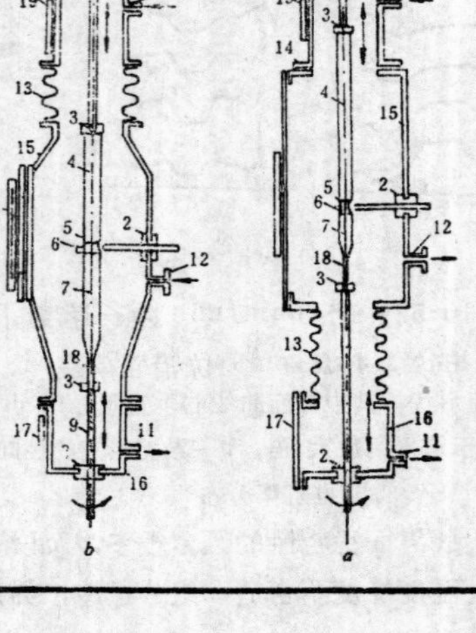 图 5-10-55 波纹管轴移动式区熔炉 *a*—上部；*b*—下部 1～13—同图5-10-53； 14—上炉室；15—中炉室； 16—下炉室；17—下炉门； 18—籽晶；19—上炉室炉门	30～60	9.2	1.5	75～100	数公斤	炉体高 80年代我国开始引进这种炉型

续表 5-10-16

炉子类型	示意图	功率 kW	炉体高 m	行程 m	单晶直径 mm	产量	说明
内传动式大型区熔炉	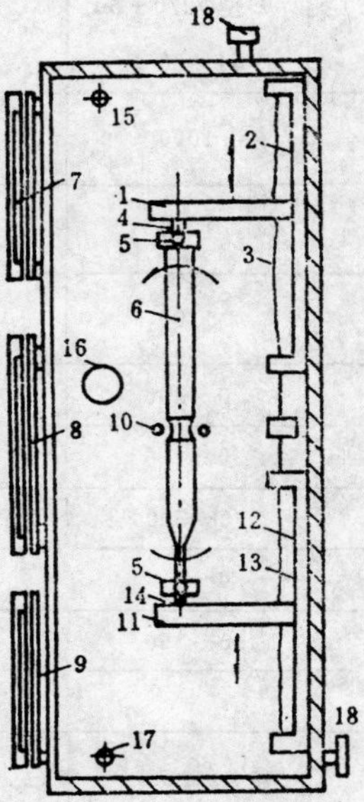 1—上轴滑架；2—上轴滑轨； 3—滚珠丝杠；4—上轴头； 5—夹头；6—多晶； 7—上炉门；8—中炉门； 9—下炉门；10—线圈； 11—下轴滑架；12—下轴滑轨； 13—滚珠丝杠；14—下轴头； 15—进气口；16—抽真空口； 17—出气口；18—导线引入口 图 5-10-56 内传动式区熔炉	30～60	5.5	1.5	75～100	数公斤	易污染
套筒式大型区熔炉	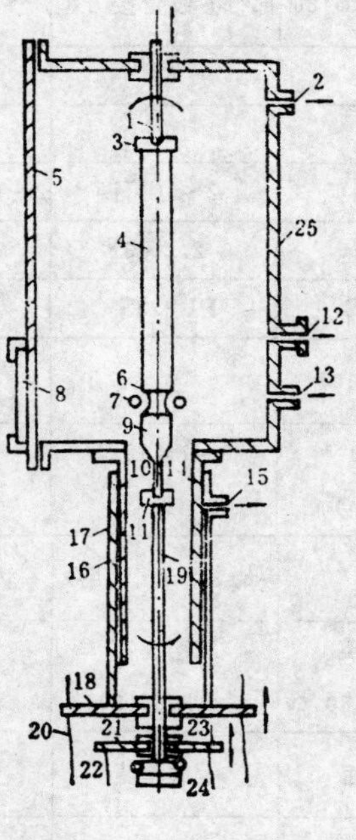 1—上轴；2—上出气口； 3—上夹头；4—多晶； 5—炉内；6—熔区； 7—线圈；8—窥视孔； 9—单晶；10—籽晶； 11—籽晶夹头；12—抽真空口； 13—进气口；14—密封圈； 15—下出气口；16—内套筒； 17—外套筒；18—滑板； 19—下轴；20—丝杠； 21—下轴滑板；22—丝杠； 23—锁轴轮；24—锁轴器； 25—主炉室 图 5-10-57 套筒式区熔炉	30～60	5.1	1.2	75～100	数公斤	传动复杂

表 5-10-17 几种硅的高频感应悬浮区熔炉的主要参数

性能指标		炉型				
		QR-20	QRL-20	FZQ-Ⅰ	FZL-019	FZ-14
主炉室尺寸				D型ϕ270＋50 H1300	D型ϕ270＋50 H1300	D型ϕ270 H1350
上下轴同步有效行程，mm		550	620	940	1000	
上轴单独行程，mm		200	200	1100	1200	1200
下轴单独行程，mm		550	620	940	1100	1300
上下轴同步速度 mm/min	快		10.7～107	0～300	0～500	
	慢		1.5～15	0～8	0.5～6	
上轴单独升降 mm/min	快		10～100	0～300	0～500	400
	慢		0.21～21	0～12	0～6	1～20
下轴单独升降 mm/min	快			0～300	15～150	400
	慢					1～20
上下轴转动，rpm			8～80	正反向0～50	0～50	1～50
下轴偏心				0.5～1.0	0.5～1.0	
下炉室				部分波纹管ϕ160	部分波纹管接方型	套筒刚性伸缩量600mm
主高频发生器	最大输出，kW	20	30	50	60	30
	输入，kVA	40	40～60	100	100	50
	板压，kV		2.5～9	2～10可调	2～10可调	2～10 10～100%
	频率，MHz	2.8	2～4	2～3	2.2～3	2.6～3.7
	振荡管	FU-22S	FU-22S	FU-23S	FU-23S	ITK30-2
副高频发生器		无	无	天津GD-104		
冷态真空度，Pa（乇）		6～7×10^{-3} （5×10^{-5}）	6～7×10^{-3} （5×10^{-5}）	6～7×10^{-3} （5×10^{-5}）	6～7×10^{-3} （5×10^{-5}）	2～1×10^{-3}
晶体支承器		无	无	无	$\phi_{内}$85mm（试用）	内筒ϕ86mm
保温系统		无	无	双层石英 ϕ100H180	双层石英 ϕ100H180	铜质 ϕ95H65
线圈形式		铜质3匝	铜质3匝，4匝	铜质单匝	铜质单匝	铜质单匝
生产国		中国	中国	中国	中国	丹麦

表 5-10-18 大型硅悬浮区熔炉内、晶体夹持器种类和结构

动作方式	机械电磁				机械、液压、气动	
原理种类	漏斗填充式	楔块式	卡环式	斜伸顶针式	平伸顶针式	上伸支架式
示意图	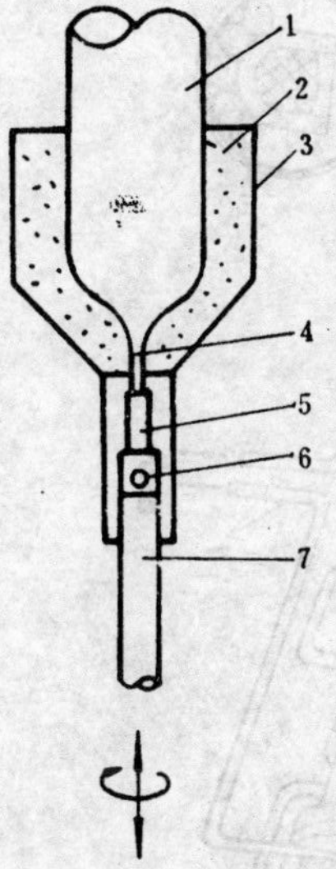 图 5-10-58 漏斗填充式	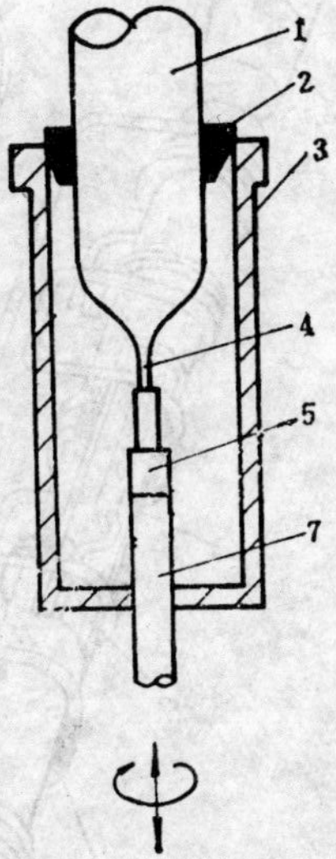 图 5-10-59 楔块式	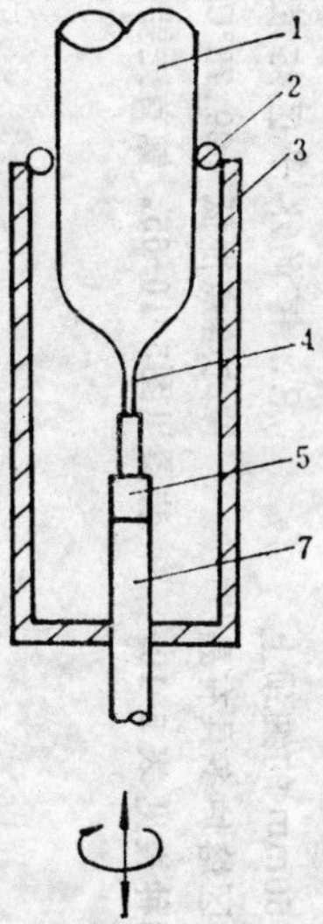 图 5-10-60 卡环式	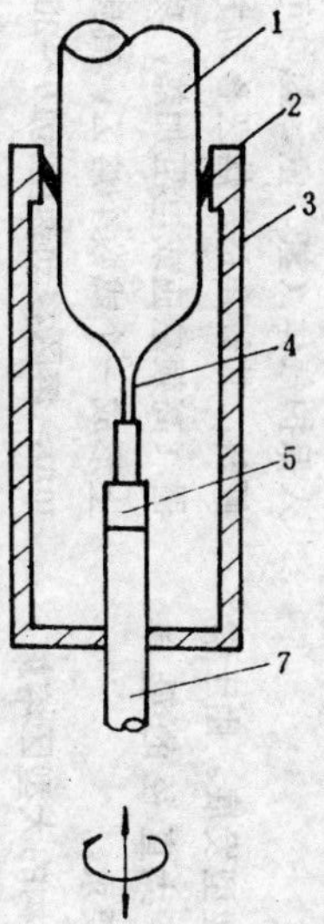 图 5-10-61 斜伸顶针式	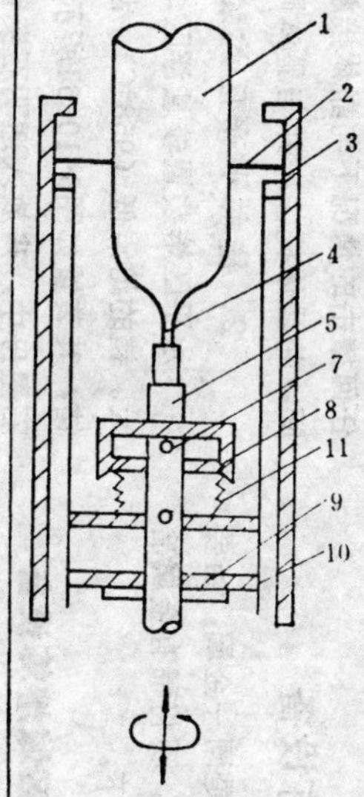 图 5-10-62 平伸顶针式	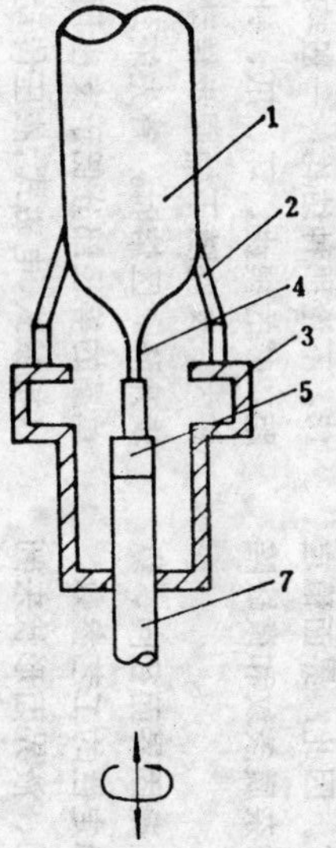 图 5-10-63 上伸支架式
	1—晶体；2—填充物；3—支架座；4—细颈；5—下夹座；6—销子；7—下轴；8、9—活塞；10—升降筒；11—传动弹簧					

应，各种微干扰以及工艺参数等。因此，界面稳定性是综合的结果，晶体中出现的杂质条纹和微缺陷正是界面不稳定的表现。

晶体凝固速度、晶体转速、凝固界面径向、纵向温度梯度均为影响生长界面稳定性的工艺参数。一般可通过化学腐蚀所显示的固、液界面形状来判断和改进这些参数。

第三节 区域熔炼设备

区熔设备因金属而异。即使是同一金属，当要求不同时，区熔设备也不尽相同。现将稀有金属冶炼过程中所用的区熔设备简介如下。

一、半导体和稀散金属区域熔炼设备

1. 硅的悬浮区熔炉

硅的悬浮区熔设备正在向工业型发展。由于需要高纯度、高均匀性、高完整性、大直径的硅单晶，从而对区熔炉提出了高标准要求。

表5-10-16介绍了几种不同结构的大型区熔炉，表5-10-17介绍了几种区熔炉的主要参数。

由于生长无位错硅单晶的工艺采用缩颈法，数公斤重的晶体仅支承在ϕ(3～5)×50mm 的细颈上是十分危险的。故目前大型硅单晶区熔炉多具有晶体夹持机构。晶体夹持器的结构和种类见表5-10-18。不论那种结构，一般均为支座顶部装有三个相距120°的楔块、环、爪、针等，区熔前被锁在支孔座内。支座随下轴同步转动，需要时也可随下轴同步升降。区熔时，首先缩颈，放肩后进入等径。当单晶的等径部分低于支座顶部时，通过执行机构（机械式、电磁式、液压传动式，气动式等）松开三个楔块或环、爪、针等，沿孔道落下，在对晶体无任何撞击的情况下与晶体接触，卡在晶体与支座之间，将晶体托住，并与晶体同步旋转和下降。

2. 锗的水平区熔装置

水平区熔装置较悬浮区熔设备简单，生产能力大。锗的熔点低（958°C），故常用水平区熔提纯锗，其装置如图5-10-64所示。将锗锭放入石英或石墨舟中，舟放入透明石英管中，管内抽真空或通入保护气体（氢、氩、氮均可），石英管装得略带倾斜，其倾角是沿熔区移动方向倾斜2°。利用加热器（高频感应或电阻加热，功率达10kW），使锗锭上形成一个或数个熔区，高频加热区宽度为30～50mm，熔区移动速度为10～20cm/h。当对长度为350～500mm的锭子进行6次区熔后，锭子纯度即可由5个“9”提高到9～10个“9”。

3. 镓的水平区熔装置

镓的熔点很低（29.78°C），适合水平区熔，其装置见图5-10-65。镓首先要经过真空处理，脱去

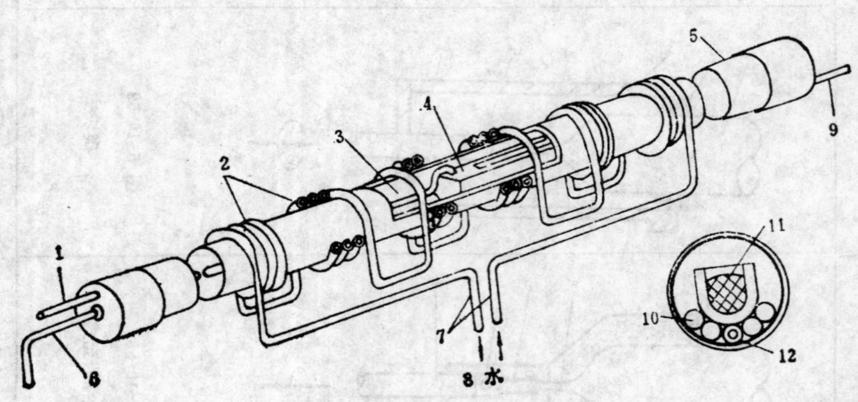

图 5-10-64 锗的区熔装置示意图

1—氮气出口；2—高频线圈；3—石英移动杆；4—高纯度石墨；5—透明石英管；6—石英移动杆；7—高频感应发生器；8—水；9—氮气进口；10—石英滑杆；11—锗；12—石英管（氮气进口）

氧化膜，然后在30～40°C的温度下将镓装在内径为4～8mm，长150mm的透明纯塑料管中，把塑料管绕在架子上可转动的玻璃管上，旋距保持在3～5mm。在螺旋塑料管的侧面于其平行的位置安装一个电阻加热器，保持温度在50°～60°C之间。玻璃管每3小时旋转一周，相当于移动速度为每小时3.9cm，塑料管每次可盛180g镓。

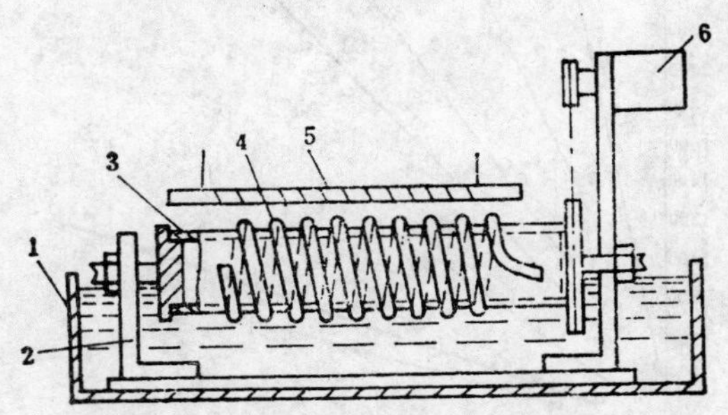

图 5-10-65　镓的螺旋式水平区熔装置

1—冷却水槽；2—支架；3—玻璃管；4—装镓塑料管；5—电阻加热器；6—电动机

4．砷化镓水平区熔装置

砷化镓的熔点为1237°C。在该温度下，砷的分解压力为9.11×10^4Pa。因此，砷化镓的提纯或拉晶都是在砷压力为9.11×10^4Pa的气氛下进行，从而造成技术上的很大困难。目前对砷化镓进行水平式区熔较为普遍，有两温区水平区熔装置（见表5-10-1）和三温区水平区熔装置（见图5-10-66）。其中，三温区炉是为了减少硅对砷化镓的沾污而提出的，效果较佳，但控制温度比较复杂。

砷化镓区熔所需的高纯镓在使用之前需用盐酸处理，然后放入石英管内的舟中，在高真空（6～7×10^{-4}Pa）和温度为650°C的条件下进行数小时的真空脱氧处理，以防石英舟与镓发生反应，造成砷化镓污染。石英舟在使用前需经过吹砂处理。当脱氧完成后，可利用密封石英管中的石英块（图中未画出）撞破砷管的薄膜，然后将石英管放在炉内进行合成与拉晶。

二、稀有难熔金属电子束悬浮区域熔炼装置

稀有难熔金属（W、Mo、Ta、Nb、Ti、Zr、Hf、Re）一般采用电子束悬浮区熔装置进行精炼提纯。该装置如图5-10-67所示。熔化功率与试样截面积关系见图5-10-68。皮尔斯电子枪悬浮区熔炉见图5-10-69。

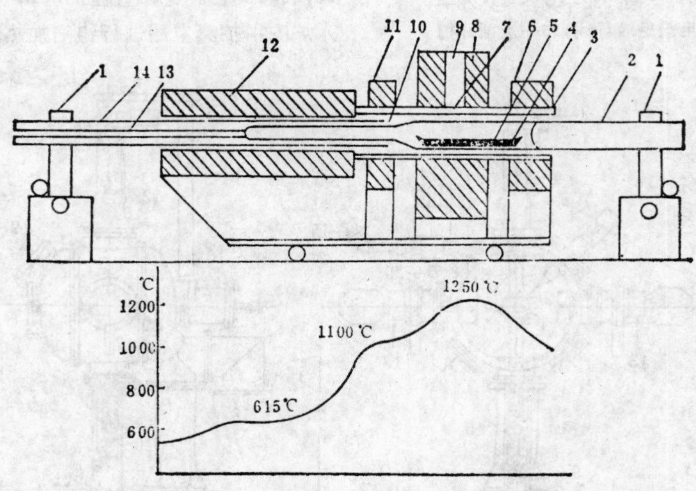

图 5-10-66　砷化镓三温区水平区熔装置

1—调节架；2—石英反应器；3—高中温炉管；4—石英舟；5—砷化镓锭料；6—炉头保温炉；7—高温测点；8—高温保温炉；9—观察孔；10—中温测点；11—中温保温炉；12—低温炉；13—低温热电偶；14—支承瓷套管

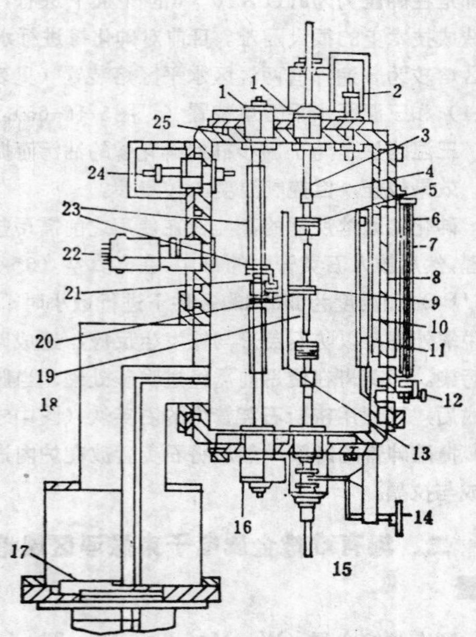

图 5-10-67 稀有金属电子束悬浮区熔装置

1—威尔逊接头；2—高压发生器接头；3—石英绝缘子；4—钼固定块；5—料棒夹头支架；6—金属网屏；7—有色玻璃屏；8—硅玻璃窗；9—阴极；10—可动石英玻璃；11—可动屏；12—可动屏操作钮；13—保护屏；14—料棒下部垂直移动的可动控制器；15—料棒支架；16—无级调速齿轮箱；17—真空阀；18—真空管道；19—料棒；20—聚束极；21—阴极支架；22—真空规；23—无级调速螺旋；24—电流绝缘导线；25—水循环槽

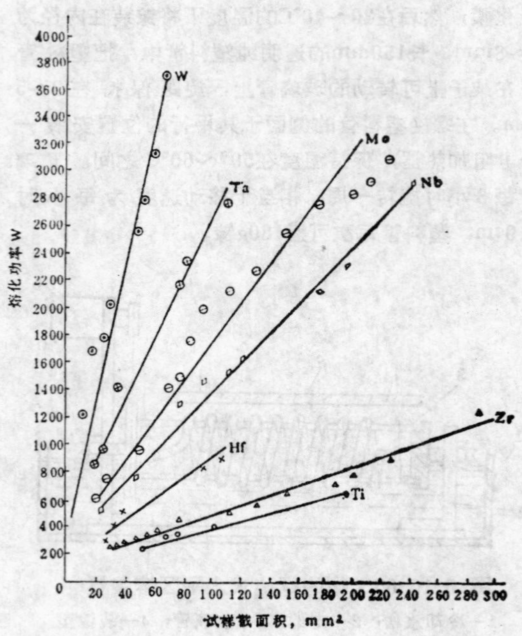

图 5-10-68 熔化功率与试样截面积关系图

三、钇的电泳区域熔炼装置

钇的高频感应悬浮电泳区熔装置示于图 5-10-70及5-10-71。钇棒直径10mm，长 150mm。棒装入炉内，抽真空后进行钽箔加热脱气，直到获得

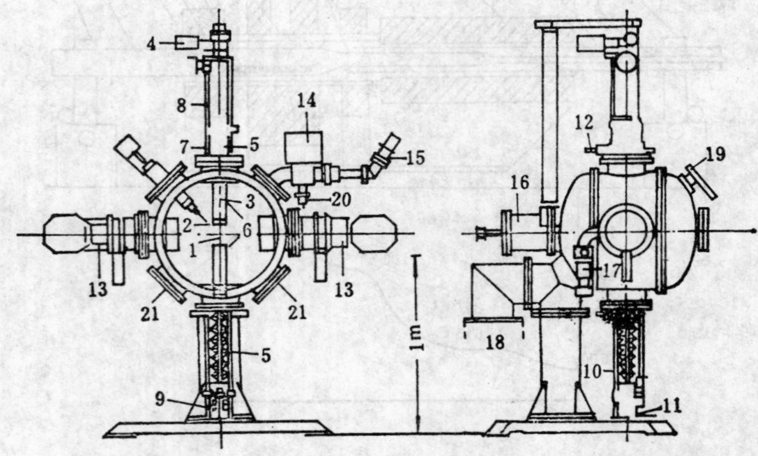

图 5-10-69 备有两支皮尔斯电子枪的区域熔炼设备

1—试样；2—样品夹；3—水冷夹管；4—驱动马达；5—屏蔽；6—屏蔽；7—连结系统；8—驱动丝杆；9—磁偶合；10—转动装置；11—微调；12—压差抽气；13—电子束系统；14—反射电子捕集器；15—四极质谱仪；16—低温泵；17—电子枪辅助泵；18—主扩散泵（1500L/s）；19—观察孔；20—真空规；21—法兰

10^{-4}Pa（10^{-6}乇）真空，随着脱气，炉子通冷却水，加热钛吸气阴极，同时开始通电，使钇棒试样逐渐加热至1100℃，这时电流密度达到450A/cm²，然后样品被感应加热，直至建立起2mm长的熔区。电流通过试样，使熔区稳定，移动熔区即可进行提纯。

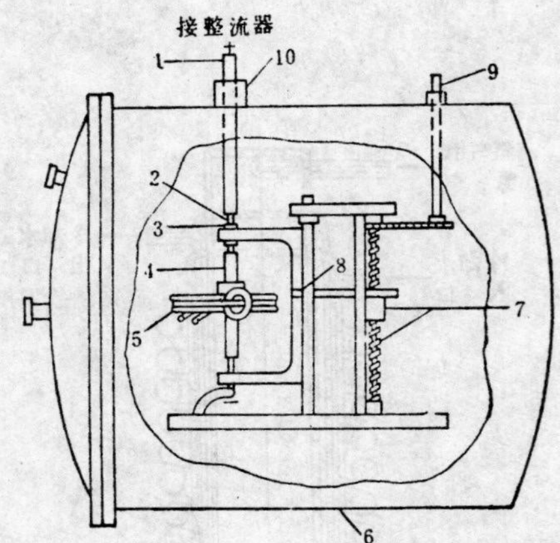

图 5-10-70　钇的高频感应悬浮电泳区熔装置

1—铜棒；2—钼棒；3—BN衬垫；4—钇试样；5—电流聚能器；6—真空室；7—传动机构；8—不锈钢支架；9—调速驱动；10—聚四氟乙烯

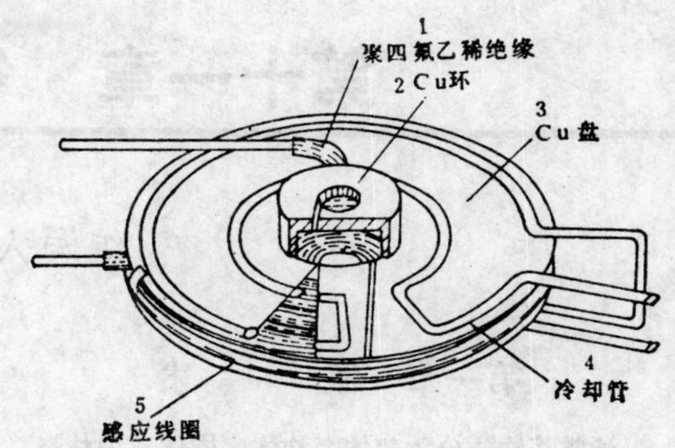

图 5-10-71　电流聚能器

1—聚四氟乙烯绝缘；2—铜环；3—铜盘；4—冷却管；5—感应线圈

参 考 文 献

[1] Pfann W.G., Zone Melting, John Wiley and Sons Inc, New York, 1958.

[2] Bakish R, Vacuum Metallur,y, Amsterdam-London, New York, 1971.

[3] Pamplin B.K, Crystal Crowth, Oxford, New York, 1980, p. 306.

[4] 硅锗单晶的制备，燃料化学工业部出版社，1970.

[5] 半导体材料工艺学，吉林大学，1974.

[6] 张乐惠，晶体生长，科学出版社，1981.

第十一章 等离子冶金

编写人 魏绪钧

第一节 概 述

通常将物质分为气体、液体、固体三种状态。但当将气体加热到几千度（K）以上时，气体会形成特殊的物质第四态，也就是所谓的等离子体。等离子体分为高温等离子体和低温等离子体，分类与特性如表5-11-1所示。

表 5-11-1 等离子体的分类及特性

特性	高温等离子体	低温等离子体	
		冷等离子体	热等离子体
温度,K	10^6～10^7	室 温	<10^5
气体压力	—	133Pa至数百Pa	10^4Pa
状态	完全电离	非平衡态	热力学平衡态
举例	受控热核反应	日光灯	研究和工业用各种等离子体

等离子技术是一门新兴的科学技术，多用于切割、熔融、喷涂、焊接、分析及制备高纯材料等。等离子冶金是在等离子空间技术、等离子机械加工（切割、焊接、喷涂）与等离子熔炼等技术得到比较广泛应用之后才发展起来的新技术，是利用等离子体所产生的高温和激发状态下的高能粒子来进行化学反应以获得所需产品的冶金过程。

等离子体可通过高频感应电弧等离子发生器或交、直流电弧等离子发生器获得。不同装置具有不同的特点，可以灵活应用其特点满足冶金的要求。

图5-11-1示出了实验室规模的高频感应等离子反应器。该反应器的反应室没有电极，可以使用不腐蚀石英的任何气体，这就扩大了该反应器在化学和冶金研究中的应用。

高频感应等离子反应装置的电效一般为50～70%，使用寿命为2000～3000h，功率为10～70kW，目前最大功率为1000kW。高频感应等离子体具有如下特点：可以得到直径大的等离子体；属非电极放电，因此等离子及其中的反应物和生成物不受电

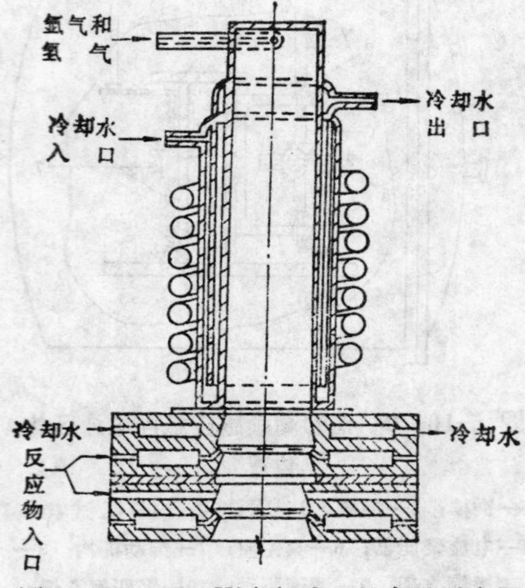

图 5-11-1 30kW高频感应等离子反应器

极物质污染；可迅速地加热各种反应气体。其缺点是需要高昂的高频电源，且电能损耗较大。

高温等离子体由于具有超高温的等离子火焰，可得到大量气化的物质种子，若再加上等离子边缘的温度梯度很大和适当的快速冷却，便会呈现出饱和状态而产生大量的晶核，生成超细粉末。因而高频等离子也广泛应用于粉末制取工艺。

高频感应等离子体的温场根据功率密度、部位、气体种类及气体流量的不同而有较大的差异。

表 5-11-2 高频感应氩气放电的平均功率密度与温度的关系

功率密度,kW/cm³	$T_{最大}$,10^3K	频率,MHz
0.07	8.4	13
0.10	9.2	25
0.31	9.7	25
0.29	9.8	17
1.2	10.3	17
1.5	10.7	10

表5-11-2列出了不同功率密度下高频感应等离子体的最高温度值。其数据是在不同频率下测得的。等离子体的体积是按等离子体的外径及感应线圈的高度计算而得。

图5-11-2示出了直径为14mm的灯具内氩等离子体在不同流量下的温度分布。当气体流量增加时，灯具出口等离子体温度也上升。这与炽热核心从感应线圈区域强烈地被吹出有关，而核心温度随吹气速度的变化却很小。

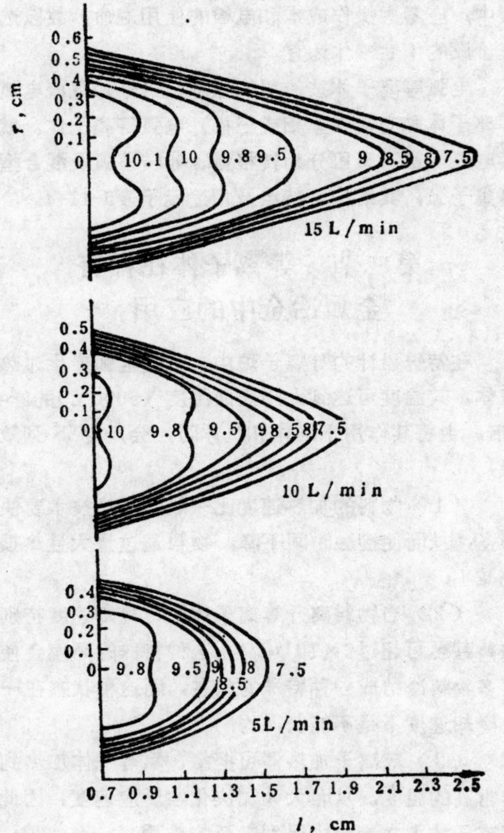

图 5-11-2 不同氩气流量下等离子体尾焰的温度场（10^3K）

图5-11-3(a)示出了不同气体等离子体的径向温度分布。由图看出，当输入功率相同时，氮等离子体的温度最低，其最高温度只达7000K。随着氧含量的增加，等离子体的温度升高，空气等离子体温度为8200K，而纯氧则达到9000K。图5-11-3(b)为氧、氩等离子体中轴向截面的温度分布。其等离子体总功率：氩等离子体为12kW，氧等离子体为8kW；频率$f=10$MHz，气体流量为30L/min。

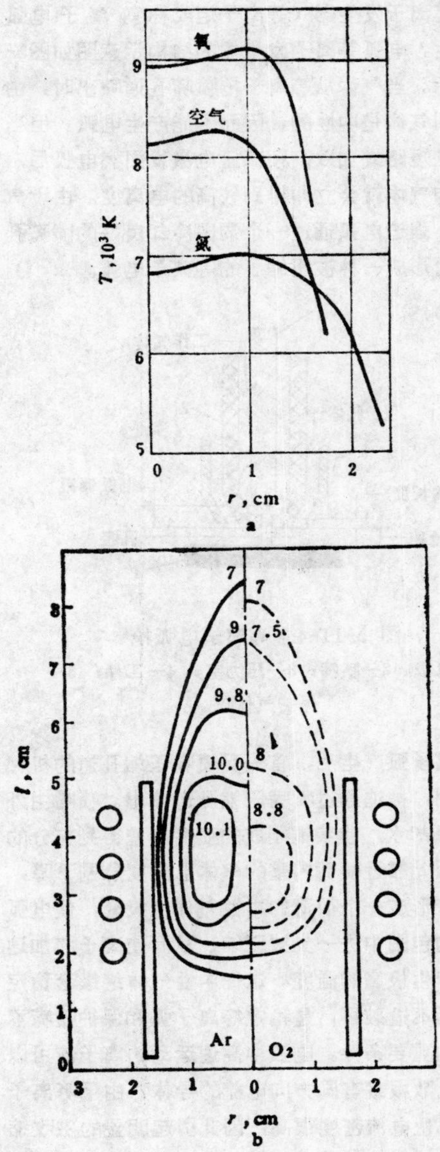

图 5-11-3 高频感应等离子的温度分布

a—径向，b—轴向

电弧等离子体是由电弧放电加热气体而形成的低温等离子体，它是一种可控的高温热源。电弧等离子体与高频感应等离子体相比，其特点是功率大（目前最大功率已达5～8MW），效率高（60～90%），并已在冶金、化工等领域得到较广泛的应用。

电弧等离子体是指具有强烈发光的放电区，该区有电子和正、负离子以及原子。电弧等离子体是由电弧等离子发生器（等离子炬或称等离子电弧枪）产生。电弧等离子发生器的结构示意图如图5-11-4所示。当气体从等离子枪喷嘴孔道喷出时，由于两极间气体是中性的，因而不能产生电弧。但当用细铜丝短路或加以高频高压电激发引燃电弧后，两极间的气体就会立即得到较高的电离度。由于气体吹送，强迫电弧通过一个周围冷却良好的喷嘴孔道，从而形成一种被压缩了的等离子电弧。

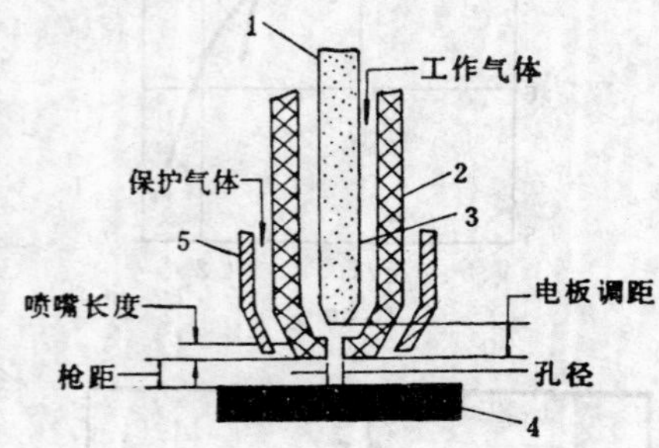

图 5-11-4 等离子电弧枪

1—电极；2—喷嘴；3—压力室；4—工件；5—保护气体罩

等离子弧产生后，首先受喷嘴压缩孔道的机械压缩作用，被迫通过喷嘴压缩孔道喷出。喷嘴由外部通入冷却水，使紫铜制成的喷嘴内壁得到充分的冷却，因此靠近喷嘴内壁的气体电离度急剧下降，沿喷嘴壁形成一个很薄的中性气体绝缘套，使电弧在流体的包围中进一步被压缩，从而使离子流加速飞行，产生极高的温度。这一中性气体绝缘套稳定地存在而不遭破坏，是稳定等离子弧和保护喷嘴不被烧损的重要条件。电弧中高速运动的离子流可以看成是无数根载有同方向电流的导体。由于等离子弧中心部位电流密度很高，因此引起明显的磁收缩效应，使电弧变得很细，电弧中的电流密度更大，电弧更稳定，电弧的温度也进一步提高。当在活泼性气体（氧、空气、氯）下操作时，由于电极材料烧损，电极寿命一般不超过100～200h。因而等离子气体的选择是很重要的。表5-11-3列出了所选气体的有关性能。若希望延长阴极和阳极的使用寿命，则必须使用惰性气体，以防止电极氧化。如果需要低电压电源，就必须选择单原子气体。在工业装置中，应考虑操作成本和电极的使用寿命，故以选择价廉的惰性气体为宜。

电弧等离子体按使用的电源，可分为直流电弧等离子体和交流（单相或三相）电弧等离子体。就其电弧而言，又可分为转移弧、非转移弧及混合型等离子弧，其结构、特点及用途示于表5-11-4。

第二节 等离子体在稀有金属冶金中的应用

在特殊设计的等离子炉中，通过电弧产生过热气体，其温度可达到太阳表面温度（5000°C）的2～3倍，当将其作用于固体和气体时，会产生下列效果：

（1）物料的加热速度比一般的预热技术要快得多，从而使接触时间下降，物料通过量大且热损失减小；

（2）当物料离开等离子体时，冷却速度特别快，甚至可超过2×10^{7}°C/s，这种特殊的环境会使很多物料冷结成一种特殊的状态，而这种状态在一般冷却速度下是不能获得的；

（3）等离子加热器可把氯、氧等气体加热到非常高的温度，从而大大加快化学反应速度，因此等离子技术在冶金中得到广泛的应用。

图5-11-5示出了各种类型的等离子工艺流程。下面具体说明等离子体在稀有金属冶金中的应用。

表 5-11-3 等离子操作中所使用气体的性能

气体	离解能 kJ/mol	离解后的分子	电离电压 V	电弧温度（10%热电离） K	气体的热含量（10%的热电离，标准温度和压力） W/L
Ar	0	Ar	15.68	11000	2.65
He	0	He	24.46	15000	3.88
H_2	435	H	13.53	8300	9.18
O_2	460	O	13.55	8900	15.01
N_2	941	N	14.48	8900	15.01
空气	—	—	—	8900	15.01

表 5-11-4　等离子电弧分类及特点

分　　类	结构示意图	特　　点	用　　途
转移等离子弧		电弧在阴、阳极（被加工材料）之间燃烧	金属切割
非转移等离子电弧		电弧在电极和喷嘴之间，被加工件不作电极	喷涂、焊接、切割较薄的金属和非金属
送丝式混合型等离子弧	电极 气体 R 填充丝 水 母材		适于粉末堆焊
送粉式混合型等离子弧	稳定气 高频电离器 粉末携带气 G_1 值班弧 多孔罩 转移弧 保护气 G_2	G_1供给电极与喷嘴，并联的G_2供给电极与材料	

一、矿石处理

等离子法可直接处理矿石。国外已经应用等离子体进行钛铁矿、绿柱石、黑稀金矿和锆英石等矿石的分解。在分解矿石过程中采用有碳电极的等离子设备，阳极是压型炉料，炉料为被处理的原料和一定数量的石墨。加入石墨是为了有足够的电导率。当在石墨阴极和消耗阳极之间激发起高强度电弧时，阳极材料被蒸发，随之迅速冷却而得到呈微细分散颗粒状的金属氧化物，颗粒直径为0.035～0.05μm。最终产物靠分馏冷凝分离或用水冶法反复处理氧化物而获得。

应用等离子分解矿石还可在高频放电中实现。在感应等离子化学反应器里分解上述矿石，在供料速度不大和有足够的等离子功率时，分离氧化物的混合物会得到很好的效果。

目前，许多国家都在研究钛铁矿、锆英石和钼精矿等矿石的等离子热化学分解和还原，其中有的已实现工业规模生产。如美国的 Ionare Smoltore 公司于1972年开始应用等离子技术分离锆英石，每年可生产ZrO_2 450t。

在等离子分解锆英石时，首先是将锆英石分解为ZrO_2和SiO_2，再用氢氧化钠浸出分解产物，而后离心分离。其工艺流程及设备流程见图5-11-6。该

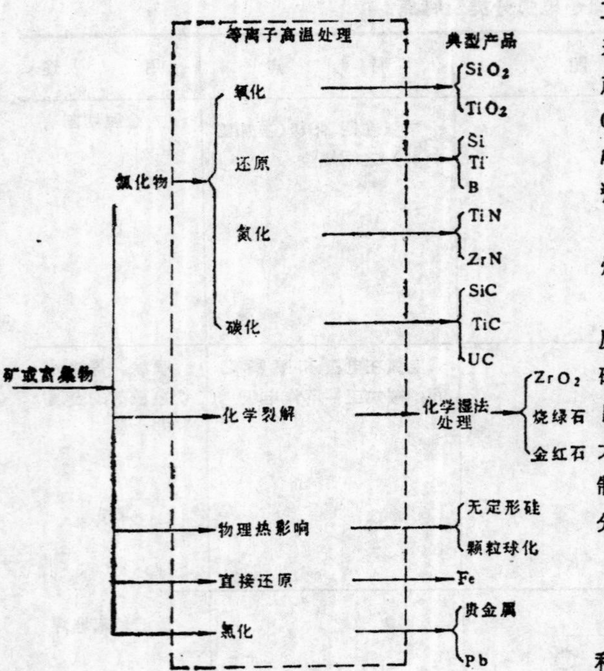

图 5-11-5 等离子应用工艺流程图

工艺依据不同需要可得到三种产品，产品组分如表5-11-5所示。等离子制得的ZrO_2与普通的ZrO_2产品相比，其晶粒非常均匀一致，直径仅为0.1～0.2μm，产品呈多孔颗粒，其直径最大不超过300μm，并很易于磨碎至任何粒度。该产品可作为陶瓷釉色和制造ZrO_2耐熔、耐磨材料。

加拿大的Noranda公司用三相交流等离子电弧炉进行了直接分解钼精矿的研究，离解反应如下：

$$MoS_2 \longrightarrow Mo + 2S$$

反应产物经过滤器，沉降出固体产物金属钼粉，而硫蒸气在冷凝器中冷凝为元素硫。该实验设备的输出功率为1000kW，产品含硫率3.8%，钼回收率大于90%，能耗为165kW·h/kg。该公司现正在研制一种新的等离子电弧炉，该炉以熔铁为阳极，在分解MoS_2的同时获得钼铁。

二、氯化物和其他化合物的还原

在等离子冶金工艺中，可利用固体碳、天然气和氢气作还原剂来还原金属氧化物和氯化物。等离子还原可强化过程，可利用功率、温度、金属蒸气分压、射流速度的调节方式和强度来控制粉料的分

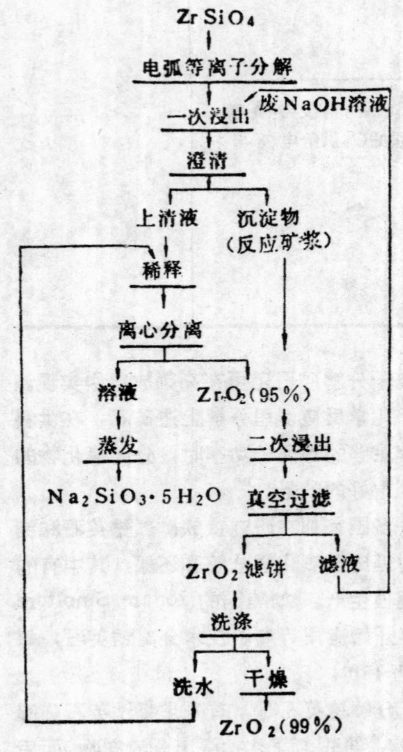

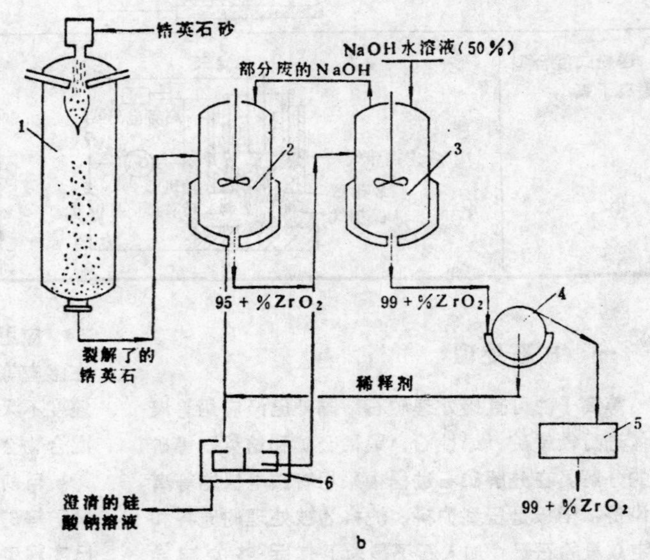

图 5-11-6 等离子处理锆英石工艺流程（a）及设备流程（b）

1—等离子体加热炉；2—一次浸出反应器；3—二次浸出反应器；4—过滤洗涤器；5—干燥器；6—离心分离机

表 5-11-5　三种ZrO_2产品的典型组成

组　　分	70%ZrO_2	95%ZrO_2	99%ZrO_2
$ZrO_2$①	70	96	99.1
SiO_2	30	4	0.1
Al_2O_3	0.21	0.15	0.15
TiO_2	0.10	0.15	0.15
Fe_2O_3	0.06	0.08	0.08
Na_2O	0	0.02	0.02
硫酸盐	0	0	0

①包括约1.6%的天然HfO_2。

散性和形状，其缺点是原料在高温区停留时间短（0.1～10ms），能耗高。

可利用等离子体进行金属氧化物的碳热还原。该法是将金属氧化物和碳还原剂压制成阳极。如将Nb_2O_5和碳按比例混合制成阳极，在等离子电弧的作用下发生还原并放出CO，熔融的铌聚集在电极表面上，纯度可达99.8%。

也可将WO_3、MoO_3等加入直流氢等离子体中还原，以获得相应的金属，回收率高达95～98%。

人们利用等离子体进行了$TiCl_4$的氢还原研究。利用直流或感应氢等离子体将$TiCl_4$还原为$TiCl_3$，其生产率大于60%，当氢气大量过量时能产生一定量的$TiCl_2$，在4000K以上时便出现大量的金属钛。美国的Tafa Division公司已实现了氢等离子还原$TiCl_4$制取钛的过程，并由此获得了可用于粉末冶金的高纯钛粉。等离子法制取钛的流程示意图如图5-11-7所示。

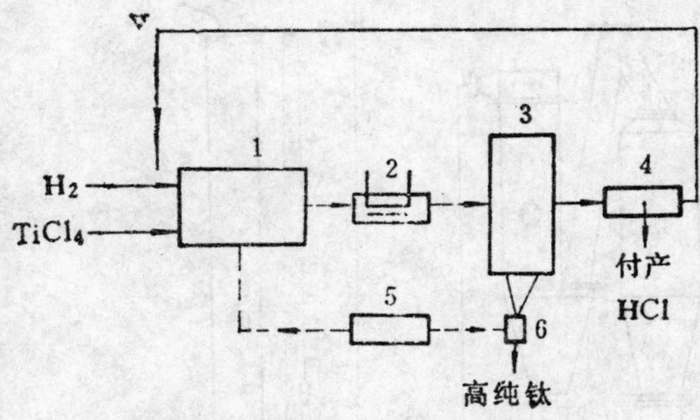

图 5-11-7　等离子法制钛流程示意图

1—等离子反应器；2—热交换器；3—袋式过滤器；4—气体分离器；5—电源；6—连续浇注

三、制取氧化物粉末

在等离子火焰中，气化的物质种子由于等离子边缘具有很大的温度梯度和施加适当的冷却手段而受到急冷，呈现出过饱和状态，以致产生大量的晶核而生成氧化物粉末。

在气相冷凝制取氧化物粉末的方法中，除了不伴有化学反应的单纯蒸发与冷凝外，还有利用化学反应进行后的析出与冷凝。最简单的方法是将金属及其化合物在空气或氧气气氛中蒸发，经高温氧化后再进行急剧冷却。此种工艺适于采用高频等离子设备。

新兴的等离子法制取钛白工艺与经典的硫酸法生产钛白工艺相比，具有生产效率高、氯气可闭路循环、无三废污染等优点。用高频等离子由$TiCl_4$制取钛白的工艺过程如图5-11-8所示。与一氧化碳

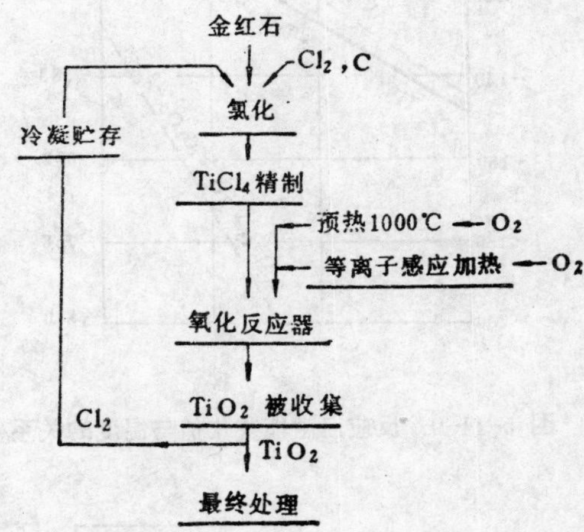

图 5-11-8　高频等离子法制取钛白工艺流程

法制取钛白相比，等离子法工艺更为简便，氧化温度更高，可生产出更为优质的金红石型钛白。高频等离子电弧可产生8000～10000K的高温，使氧气流中存在一定数量的原子氧和离子态氧，从而改变了$TiCl_4$氧化反应的热力学和动力学性质，使反应更易进行。从图5-11-9所示的反应自由能变化值可以看出，原子氧和臭氧与$TiCl_4$反应要比分子氧与$TiCl_4$反应易于进行，这有助于晶核形成，从而加快了$TiCl_4$氧化的整个过程。

等离子气相氧化制取钛白的工艺设备流程如图5-11-10所示。实验用30kW、3.8MHz等离子发生器及氧化炉示于图5-11-11。氧化炉内的等温线如图5-11-12所示。

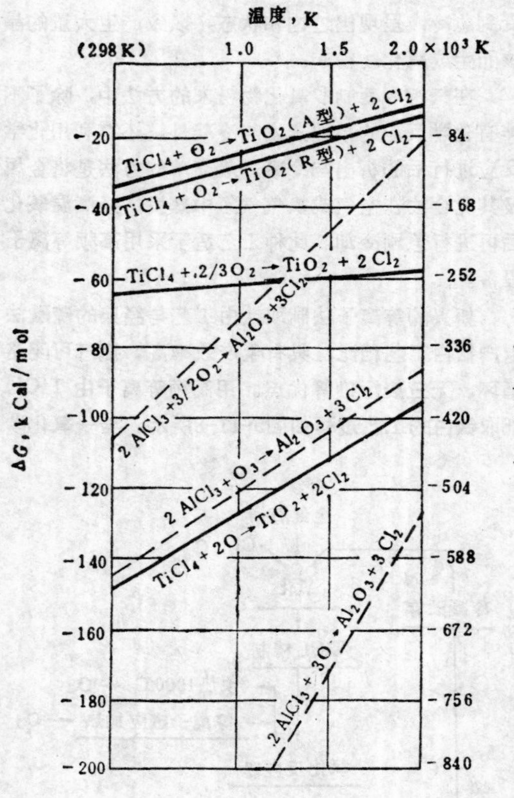

图 5-11-9 反应自由能变化值与温度的关系

四、超细粉末制取

超细粉末的制取方法有沉淀法、电解法、爆炸法、气体蒸发法等。近来对等离子熔融骤冷法进行了广泛研究。该法的原理是，在等离子射流中使目的物质发生物理或化学变化，得到金属或化合物蒸气，然后进行骤冷，从而得到超细粉末。此法多采用无电极的高频感应等离子。由于感应等离子火焰不象化学火焰那样有燃烧产物，因而从根本上消除了对产物的污染，所以可提高制得粉末的纯度和质量。若要制取性能良好的超细粉末，就必须有较好的骤冷技术。等离子体和所供颗粒的速度分别可达500m/s及100m/s。颗粒在等离子体中的停留时间只有几毫秒数量级，其颗粒的冷却速度可达10^6°C/s，这对制取超细粉末是极为有利的。下面分别说明各种超细粉末的制取过程。

1. 球形颗粒的制取

将非球形颗粒加到射流等离子体中，使颗粒表面或整体呈熔融状态，利用熔滴的表面张力而收缩，在形成球状的同时也进行了精制，球体形状通过冷却而保留下来，这就称为等离子球化过程。该法已用于工业规模生产。利用等离子体进行球化的稀有金属化合物有：ZrO_2，$ZrSiO_4$，EeO，UO_2，CeO，TiC，ZrC，NbC等；还有W、Mo、Ta等难熔金属。

2. 纯金属超细粉末的制取

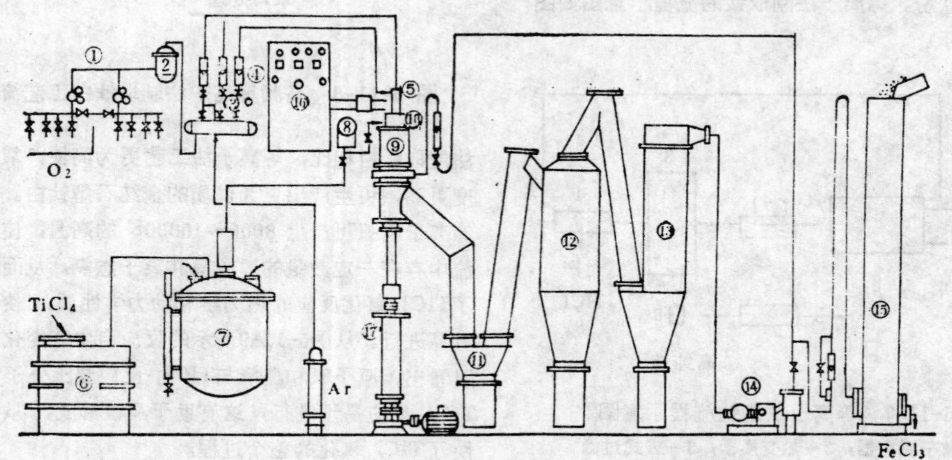

图 5-11-10 30kW 等离子（高频感应）气相氧化制钛白设备流程图

1—供氧；2—阻火器；3—氧缓冲罐；4—气体流量计；5—等离子发生器（灯具）；6—$TiCl_4$贮罐；7—$TiCl_4$蒸发器；8—气运传流量计；9—氧化炉；10—加料环室；11—沉降收集器；12—旋风收集器；13—脉冲布袋收尘器；14—纳氏泵；15—吸收塔；16—高频机；17—机械刮刀

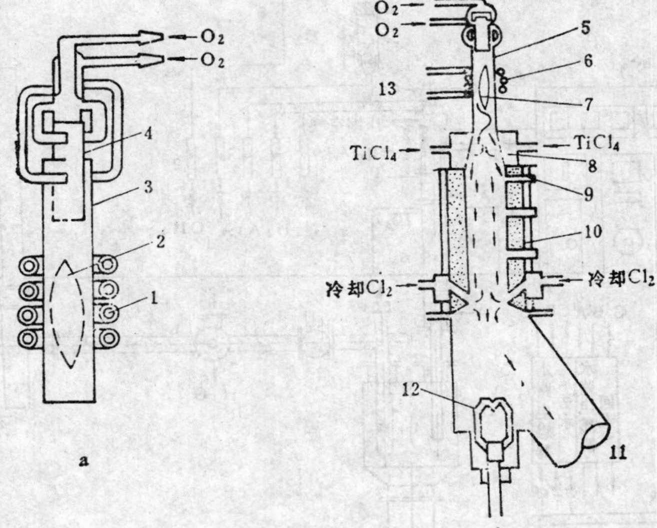

图 5-11-11　高频感应等离子发生器（a）及氧化炉（b）示意图

1—感应线圈；2—高频电弧；3—石英外管；4—石英内管；5—等离子发生器（灯具）；6—电感线圈；7—等离子电弧；8—加料环室；9—测温孔；10—氧化炉；11—接钛白收集系统；12—刮刀；13—接高频机槽路

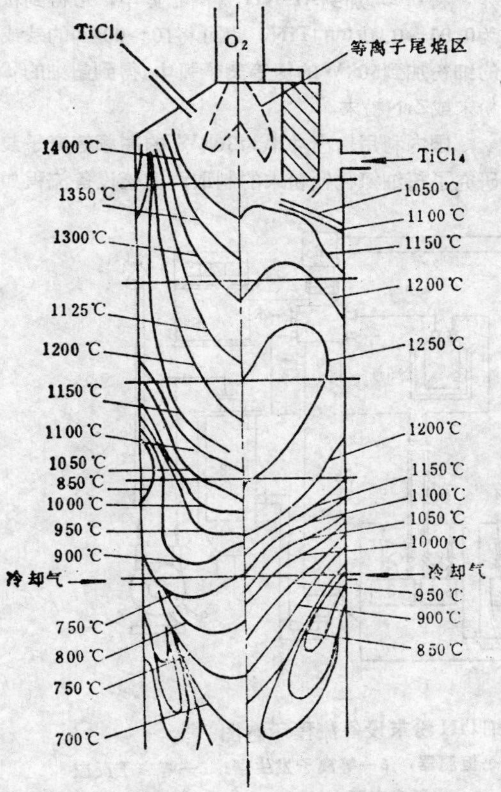

图 5-11-12　氧化炉内等温线示意图

将普通的金属粉末加到等离子射流中，通过还原反应产生金属蒸气，然后用冷气射流以10^6～10^7°C/s的冷却速度凝聚这种金属蒸气，从而获得比表面积高达200m^2/g的金属超细粉末。该粉末具有强烈的化学活性，可直接作为化学合成的原料或催化剂。

中国科学院化学冶金研究所在制取超细钨粉的研究中，采用20kW高频等离子炉，试验设备流程如图5-11-13所示。试验所用氢气流量为11.8m^3/h（边部），氩气流量为1.8m^3/h（中心），仲钨酸铵供料速度为1.0kg/h。当高频电源建立起稳定的H_2+Ar等离子弧后，将仲钨酸铵粉末直接送至弧中心，立即产生一系列化学反应（时间约0.03s），反应物随等离子尾焰进入冷却器，进行骤冷后收集超细粉末，其产物含钨量大于95%。

3. 氧化物超细粉末的制取

一般是将金属卤化物蒸气导入Ar-O_2或纯氧以及空气等离子中，通过氧化反应制取超细粉末。此外，还可将两种金属卤化物导入氢射流等离子体中，制得混合氧化物超细粉末，如TiO_2—Cr O_3超细粉末。也可利用等离子体得到蒸气压不同的两种物质的固溶体。

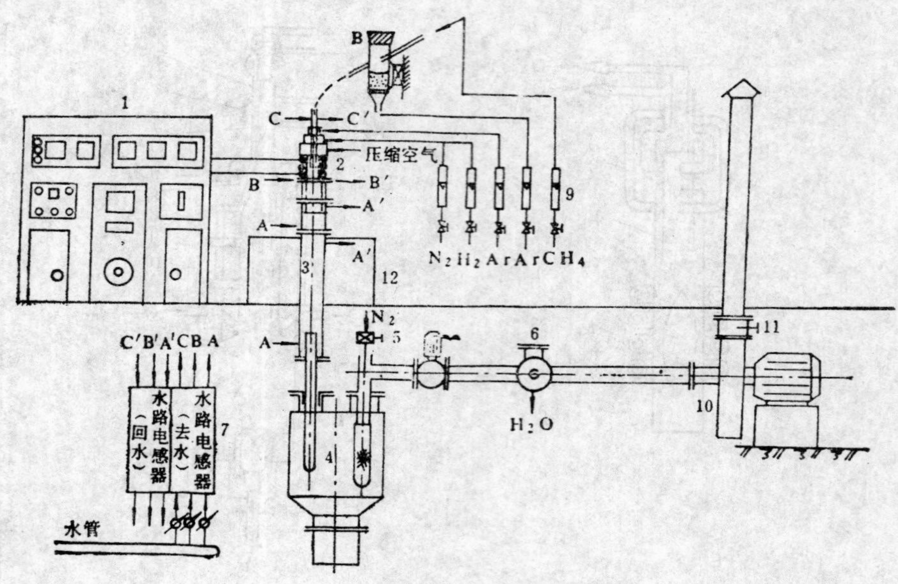

图 5-11-13　等离子法制取超细钨粉设备流程示意图

1—高频机；2—等离子灯具；3—冷却器；4—产品收集器；5—切换电磁阀；6—水冷防爆器；7—水路电感器；8—沸腾振荡送粉器；9—气体流量计；10—尾气引风机；11—蝶板阀；12—支架及绝缘子

4．氮化物超细粉末制取

通常把金属卤化物或纯金属加到Ar-N_2或Ar-NH_3等离子体中，通过氮化反应制取超细的氮化物粉末。为了避免产生HCl腐蚀容器和提高产品纯度，多采用纯金属作为反应物。实践证明，NH_3在氮化效率上要比N_2高几倍。

将$TiCl_4$加到Ar-NH_3等离子体中，可得到粒径为0.05～0.4μm的TiN。也可将10～60μm的钛或锆的细粉加到50kW的氮等离子弧中，得到超细的TiN粉末或ZrN粉末。

国内利用输出功率为30kW的高频等离子装置研究了超细氮化钛粉末的制取，实验设备流程如图

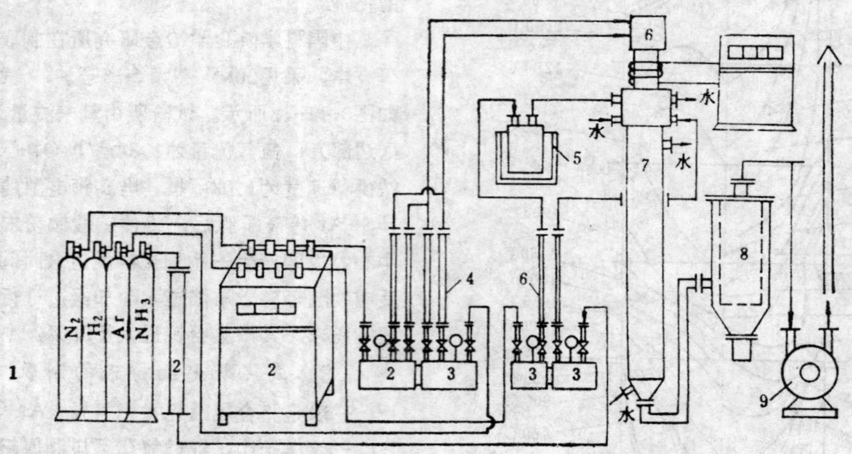

图 5-11-14　等离子法制取超细TiN粉末设备流程示意图

1—钢瓶；2—净化器；3—缓冲器；4—流量计；5—恒温器；6—等离子发生器；7—等离子反应器；8—袋式过滤器；9—水环真空泵

5-11-14所示。它主要包括感应等离子体电源(10)和灯具（6）。该电源的作用是将工频电源转变成高频电源。灯具是高频电磁场的作用空间，它被放置在振荡器工作线圈之中，与电感线圈有效地耦合。电感线圈产生的高频电磁场使通入灯具中的气体电离形成等离子弧。$TiCl_4$被置于恒温器(5)，由氢气带入反应器（7）；N_2、H_2、NH_3等气体经净化器（2）和调节系统(3、4)加入反应器(7)。TiN产品由袋式过滤器（8）收集，尾气经水环式泵（9）排出。此法可有效地合成超细TiN粉末，所得TiN为黑褐色，晶体结构为面心立方体。TiN最高结合N为22.37%，粒度为0.01～0.15μm，比表面积为21.9～45m²/g。

5．碳化物超细粉末制取

高熔点金属碳化物的超细粉末多用于高温结构材料、磨料、涂敷材料、工具材料等方面。目前，大部分碳化物超细粉末是用等离子法制取的，通常是将金属氯化物、金属或金属氧化物加到$Ar-CH_3-H_2$等离子体中，通过碳化反应而得到碳化物超细粉末。

TiC在各种金属碳化物中硬度较大，且具有耐磨、耐蚀、比重小、熔点高等特性，因此对TiC的制取技术研究格外引人注目，从而推动了等离子法制取TiC的技术发展。合成TiC的几种等离子气体如图5-11-15。

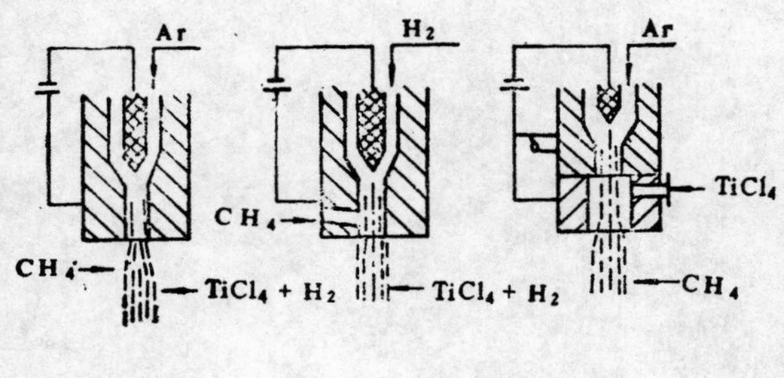

图 5-11-15 合成TiC的几种等离子气体

a—Ar；b—H_2；c—$Ar+TiCl_4$

制取TiC装置可采用电弧等离子或高频感应等离子两种类型。从热效率和功率方面考虑，在实际工程中多采用电弧等离子，其装置包括等离子发生器、反应器及回收TiC设备。装置流程如图5-11-16所示。

目前国外用等离子法制取超细TiC粉末已进入小批量生产。如法国用30kW直流电弧等离子设备制取超细粉末TiC，反应式为：

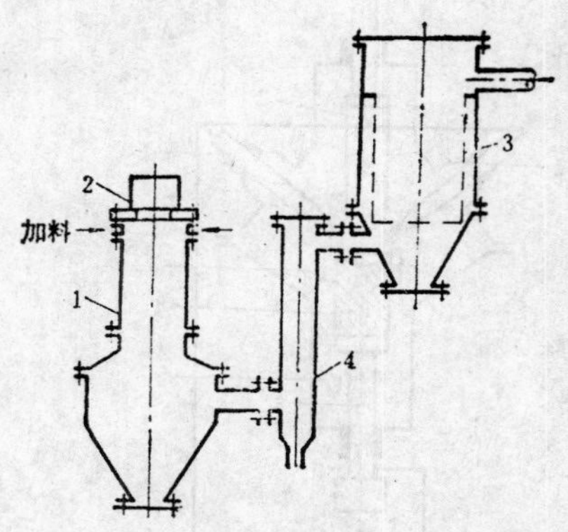

图 5-11-16 制取TiC装置流程图

1—反应器；2—等离子发生器；3—袋式收尘器；4—冷却器

$$TiCl_4 + CH_4 + nH_2 \longrightarrow TiC + 4HCl + nH_2$$

得到的TiC颗粒尺寸为0.03μm，比表面积为80～120m²/g，产物组成（重量）为：TiC＝79%；游离碳＝13.5%；吸收氯＝4%。许多研究表明，无论是直流电弧还是高频等离子，均能获得超细TiC粉末，其典型产品的粒度分布为：粒径小于0.2μm为99%；粒径大于0.04μm为60%；粒径大于0.05μm为45%。

五、等离子熔炼和重熔金属及合金

利用等离子热能高度集中且可灵活控制的特点，对金属或合金进行熔炼和重熔所得到的锭完全无缩孔，不需进一步进行表面整修，且具有高度的物理和化学均匀性。等离子熔炼具有速度快、无碳污染、电源稳定等优点。在等离子熔炼过程中，若使用惰性气体等离子，可避免蒸气压高的金属的损失；若使用氢等离子体，则可同时进行金属的重熔和脱氧；若使用氮等离子体，则在重熔时可同时进行掺氮处理。图5-11-17示出了等离子电弧重熔工艺图。锭在底部可连续下拉的水冷铜模中固化，电极旋转向下供给，等离子流触及电极末端时金属呈滴状进入熔池。

苏联巴顿学院设计的等离子枪的热效率系数为65～85%，并在1.3Pa至数10MPa范围内工作，这样可有效地将元素的蒸发损失控制在最低限度。还

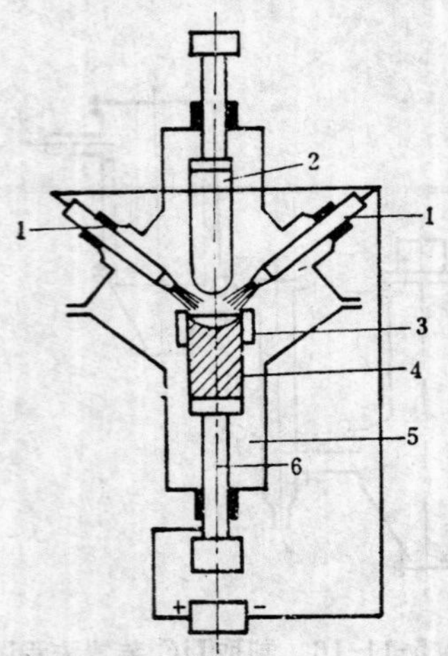

图 5-11-17 等离子电弧重熔工艺示意图

1—等离子枪；2—电极；3—模；4—锭；5—炉室；6—拉锭机构

可根据需要选择不同的等离子体，从而大大强化气体与金属熔体间的相互作用。

参 考 文 献

[1] 格罗斯，B等，等离子体技术，科学出版社，1980.

[2] Королев. А. Э, Плазмохимигеские реакции и процессы, Издательство «Наука», Москва, 1977, СТР. 301~313.

[3] 德列斯文，C, B，低温等离子体物理及技术，科学出版社，1980.

[4] 上松和夫等，日本高温学会誌，4(1978)，№5，214~221.

[5] 古伟良，稀有金属，(1982)，№1，67~72.

[6] 程习琴，化工冶金，(1979)，№2，1~15.

[7] 朱联锡等，稀有金属，(1985)，№5，36~43.

第十二章　冶金反应工程基础

编写人　任鸿九

第一节　概　　述

40年代，曼哈顿计划（即原子弹计划）中的气体扩散法提炼浓缩铀工厂的放大设计成功，给当时的化学工业以极大地推动。此后，人们在实践中认识到“单元过程”❶具有宏观的特征，而经典的化学动力学是不能完整地回答宏观问题的。要解决问题，必须把化学反应规律与工业装置中的传递过程规律综合起来考虑。电子计算机的应用，为解决复杂的工程计算提供了可能。“化学反应工程学”这门新的学科是在实践、实验和数学分析相结合的基础上形成的。

化学反应工程学是有关化学反应过程的设计以及操作的工程理论体系。它研究的是以工业规模进行的化学反应的规律，是改进和强化现有的反应过程和设备，开发新的技术和装备，实现反应器的最优化设计和化学反应过程的最优化控制的基础。化学反应工程学的理论和技巧三十年来在化工领域中获得了成功的应用和发展，同时也有力地影响着冶金工程界。冶金反应工程学虽然在实际工作中有一些成果，但由于冶金过程涉及到复杂的多相反应；中间产物和金属产品常伴有相变、杂质偏析、非金属夹杂物以及表面和晶体缺陷；反应器总具有历史的、经验的结构和操作方法；在内部发生的过程非常复杂，几乎不可能通过小型模拟实验来重现等问题，使得现有的冶金反应工程学理论难以进行正确而系统的分析和研究。所以，冶金反应器的设计目前仍处于利用经验数据进行设计的阶段。因此，作为定量化设计的基础——冶金反应工程学还是属于一门在现代化实验技术、工艺理论和计算技术基础上正在发展而尚未成熟的边缘学科。

一、冶金反应工程学的定义和任务

冶金反应工程学是用化学反应工程学的理论和方法来研究冶金过程及其反应设备的合理设计、最优操作和最优控制的工程理论学科。它是在冶金过程动力学和传输理论的基础上解析冶金过程的各种特性，寻求过程中各主要参变量之间的相互关系，找出其数学表达式（数学模型），并根据各种假设和实验条件，利用计算机算出各参变量之间的定量关系，确定最优的反应设备设计和工艺操作参数，以达到操作自动控制的目的。

冶金反应工程学的具体任务和需要研究的课题如表5-12-1～5-12-2所示。

二、冶金反应器的类型

冶金工业生产过程使用的反应器型式多种多样，分类的方法也有多种，可按反应器的形状分类，也可按操作方式分类；可以按反应器的传热方式分类，也可按反应相态分类。最常用的是按相态或形状进行分类。冶金工业生产应用最广泛的几种反应器见表5-12-3。

为设计的方便，可按物料在反应器内流动状况分类，或按外观形状而简单地分为槽式、管式和塔式反应器，表5-12-3所列举的反应器可分别归纳在这三类中。

1．槽式反应器

槽式反应器主要用于液相系统的间歇式、半间歇式和连续式反应操作。若在槽式反应器中充分搅拌反应混合物，则反应系统的浓度及温度在装置内是一样的，从而成为一种完全混合状态。在间歇操作时，反应器内的浓度和温度是随时间变化而变化，为非稳定过程；在连续操作时，系统为完全混合状态，其浓度和温度在不同的位置和不同的时间都是一定的，为稳定过程；半间歇槽式反应器的操作可以制止不必要的中间产品和有害副反应。

---

❶　属于化学性质的冶金过程有：燃烧、焙解、焙烧、烧结，造锍熔炼、还原熔炼、造渣、氧化吹炼、氧化精炼、浸取、离子交换、沉淀、电解等，这些化学的冶金过程称为单元过程。

表 5-12-1 反应工程学的任务

性质分类	任务内容
新过程的开发与新设备的设计	1. 小实验的规划、整理，建立数学模型，测定参数 2. 反应器型式的选定 3. 反应器的放大（中试或冷模实验的规划、放大），确定最佳尺寸及结构 4. 最优化操作条件的确定
现有设备的改造与挖潜	1. 操作条件的解析 2. 验证性小试的模型研究 3. 最优化结构及操作条件的确定

表 5-12-2 反应工程学研究的课题

研究课题	主要内容
反应器内部规律的分析	反应速率控制步骤，反应速率方程，流动，混合、扩散、传热等过程的分析及建立表达式
反应器的分析	综合上面各个过程，建立综合模型
反应操作的研究	寻求最优操作条件，确定合理的操作方式
反应器的动态特性研究	当外界条件变化时，反应器的稳定性、响应特性
反应器的控制	通过控制系统及检测系统维持反应器在最佳条件下运行

表 5-12-3 常用冶金反应器类型

相态	反应器		火法冶金	湿法冶金
	型式	特征	实例	实例
气-气反应	管式 喷射式	返混小，所需反应器容积较小，比传热面积大	氧化反应器	管道反应器
气-液反应	搅拌塔	结构简单，返混程度与高/径比及搅拌有关	精炼锅	氧化塔
	喷嘴式	传热和传质速率快，流体混合好，反应物易于急冷，适合快速反应，但操作条件限制较严	底吹转炉 顶吹转炉	喷雾塔
液-液反应	搅拌槽式	液-液平衡，不同相易分离，可间歇或连续操作，适用性大，但高转化率时，反应器所需容积大	反射炉	萃取槽
气-固反应或液-固反应	回转筒式	粒子返混小，相接触界面小，传热效能低，设备容积较大	回转窑	转鼓置换器
	喷嘴式	传热和传质速率快，流体混合好，能有效地加热，不需对进料固体进行制块	闪速炉	气流干燥器
	移动床	固体返混小，固气比可变性大，固气间可有效地传热与传质，固体外形尺寸与粒度分布有一定要求，要求有好的固体热强度，可连续操作	石灰窑 球团竖炉	移动洗涤柱
	流化床	传热好温度均匀易控制，床内返混大，对高转化率不利，操作条件限制较大	流态化焙烧炉	流态化浸出槽
固-固反应	固定床	颗粒一次装人，返混小，传热控温不易，对流传热，连续操作	烧结机	渗滤浸出槽

及实验方法研究冶金过程（包括物理过程）的反应

湿法冶金中广泛采用不同型式的槽式反应器，火法冶金中则多用非搅拌式槽式反应器，如底吹转炉、顶吹转炉，从炉底吹入或炉顶吹入气体以搅动熔体；也有从外部摇动整个槽的槽式反应器。

2. 管式反应器

管式反应器用于连续操作。它是一细长的直管或螺旋管，管内流动状态接近于活塞流。所以一般来说，其反应效果比反应槽好。管式反应器的管径越小，单位容积的传热面积就越大，热交换就越容易。因此它适合于伴随有强反应热的反应。固定床流化床和移动床是广泛应用的管式反应器，用于许多流体/固体间的反应操作，如焙烧、煅烧和烧结用竖炉，熔炼鼓风炉，流态化焙烧炉，流态化浸出槽，流态化置换槽以及流态化电解槽等。

3. 塔式反应器

塔式反应器与管式反应器并无明显区别。该反应器可用于气-液反应，有装入填料使混合气体和溶液并流或逆流接触的填料塔和板式塔两种形式（图

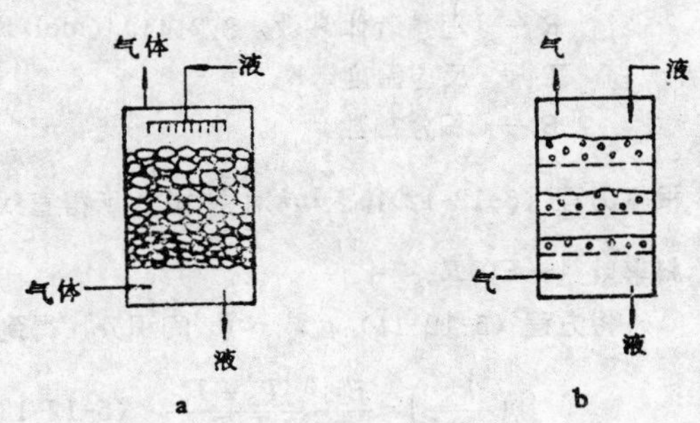

图 5-12-1 填料塔(a)和板式塔(b)

5-12-1)。属于空塔型的有鼓泡塔和湿壁塔以及喷雾塔（图5-12-2)。填料塔不适合于强发热反应；板式塔、泡罩塔等广泛用于蒸馏、气体吸收和萃取等单元操作，但其反应速率慢，需相当长的停留时间；喷雾塔适于快速反应，但温度较难调节；鼓泡塔适于气-液反应，易控温；湿壁塔易调温，液体逆混少，但处理量有限。

第二节 物料在反应器内的反应特性

运用反应工程学的理论和技巧来设计和操作工业反应器，首先从分析物料在反应器内的反应特性和传递特性入手。

物料衡算方程和反应速率方程是描述反应器性能的两个最基本的方程。

一、物料衡算式

现考虑某反应器的一个体积微元，以及其在一短暂时间间隔内发生的变化。对任意反应物质均可列出一物料衡算式，其形式如下：

进入微元的分子数 = 离开微元的分子数
（1） （2）
＋反应掉的分子数＋在微元内分子数的变化
（3） （4）
(5-12-1)

这 4 项构成了物料衡算式。在特定的情况下，4 项中的任意一项可以是零，如在间歇反应器中第 1 和第2项将是零；在物理分离过程中第 3 项将是零；

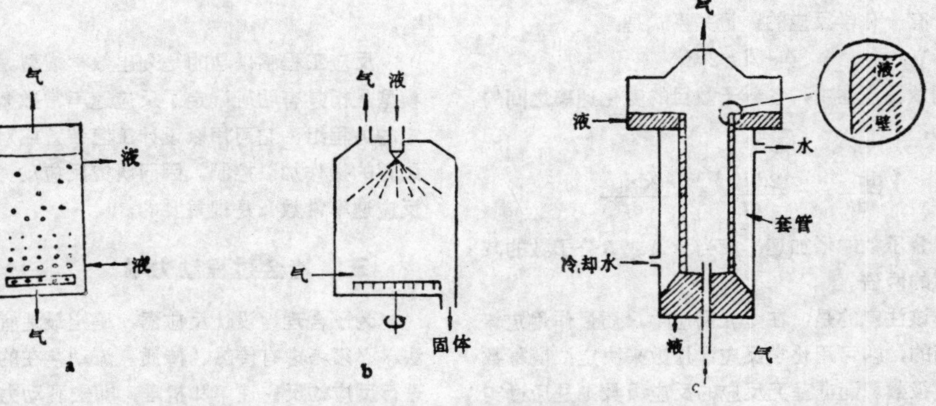

图 5-12-2 鼓泡塔 (a) 喷雾塔 (b) 和湿壁塔 (c)

二、速率方程式

若已知某反应对于给定物质A是n级，则根据化学动力学可给出：

$$\gamma = kC_A^n \qquad (5\text{-}12\text{-}2)$$

式中 γ —— 反应速率，即在单位体积单位时间内反应掉的A分子数；

k —— 反应的速率常数。

如果对于A是一级反应时，则在恒容间歇反应器中，式（5-12-1）的第1和第2项都等于零；第3项，即体积微元dV在dt时间内反应掉的A的量为$kC_A dV dt$；第4项，即微元内分子数的变化为$\frac{d}{dt}(C_A dV)dt$。所以式（5-12-1）可写成：

$$\frac{d}{dt}(C_A dV) = -kC_A dV \qquad (5\text{-}12\text{-}3)$$

若该间歇反应器中的温度和压力是均匀的，则可在给定时间内对整个容积范围进行积分，取C_A和k为恒定值，可得到：

$$\frac{d}{dt}(C_A V) = -kC_A V \qquad (5\text{-}12\text{-}4)$$

因为是恒容间歇反应器，式（5-12-4）可写成：

$$\frac{dC_A}{dt} = -kC_A \qquad (5\text{-}12\text{-}5)$$

如果反应器是等温的，且k与时间无关，则式（5-12-5）是很容易被积分的。

值得指出的是，反应速率可更严格地定义为：

$$\gamma = \frac{1}{V_i V}\frac{dn_i}{dt} \qquad (5\text{-}12\text{-}6)$$

此处V_i是参加反应的物质i的化学反应计量数。这样规定的反应速率对所有物质均具有相同的数值。例如，有一化学反应的计量关系式是：

$$A + B = 2C$$

则在间歇反应器中，各分子数目的变化速率之间的关系为：

$$\frac{dn_c}{dt} = -\frac{2dn_a}{dt} = -\frac{2dn_b}{dt}$$

亦即C分子数的增加速率相当于A或B分子数的减少速率的两倍。

应该注意的是，在基元反应中，质量作用定律是适用的，即可用化学反应计量数来决定浓度幂数和反应级数。而非基元反应的反应级数则是通过实验以经验方法确定的。根据给定C_A和t的实验数据，可用下列方程判断某一特定反应的级数。

零级反应 $$C_A - C_{AO} = -kt \qquad (5\text{-}12\text{-}7)$$

一级反应 $$\lg\left(\frac{C_{AO}}{C_A}\right) = \frac{kt}{2.3} \qquad (5\text{-}12\text{-}8)$$

二级反应 $$\frac{1}{C_A} - \frac{1}{C_{AO}} = kt \qquad (5\text{-}12\text{-}9)$$

为此，只需绘制相应的浓度对时间的曲线，并注意曲线对线性度的偏离量，就可确定反应的级数。

反应速率随温度而剧烈变化。阿伦纽斯方程式：

$$k = A\exp\left(-\frac{E_a}{RT}\right) \qquad (5\text{-}12\text{-}10)$$

微分得：

$$\frac{d(\ln k)}{dt} = \frac{E_a}{RT^2} \qquad (5\text{-}12\text{-}11)$$

积分得：

$$\ln k = -\frac{E_a}{RT} + \ln B \qquad (5\text{-}12\text{-}12)$$

式中 E_a —— 活化能，J/mol；

R —— 理想气体常数，8.3144J/(mol·K)；

T —— 反应温度，K；

B —— 积分常数。

根据方程（5-12-12），以$\ln k$对$\frac{1}{T}$作图，所得直线的斜率就是$-E_a/R$。

将方程（5-12-11）在$T_1 \sim T_2$间积分，得到：

$$\ln\left(\frac{k_2}{k_1}\right) = \frac{E_a}{R}\cdot\frac{T_2 - T_1}{T_2 T_1} \qquad (5\text{-}12\text{-}13)$$

当反应的活化能及与T_1对应的k_1是已知的，则利用方程（5-12-13）就可算出温度由T_1变化到T_2时的k_2。

反应工程感兴趣的是列出数学模型。所谓数学模型是指具有明确确定了反应速率常数k的某一给定的方程组。它可用以设计工艺装置或对某一现有装置的操作加以控制。因而研究反应动力学，求取反应速率常数k是很重要的。

三、冶金过程动力学

为了合理地设计反应器，确定最适宜的操作方法，必须考虑有传热、传质、流动存在的情况下所进行反应的反应速率和机理，即宏观动力学。冶金过程动力学属于宏观动力学范畴，是用动力学理论

表 5-12-4 与冶金反应有关的速率表达式

反 应	反应速率表达式	说 明
均相反应过程 平行反应：$mA \xrightarrow{k_1} R$ $nA \xrightarrow{k_2} S$ 串联反应：$mA \xrightarrow{k_1} nR \xrightarrow{k_2} S$	$\gamma_R = k_1 C_A^m$ $\gamma_S = k_2 C_A^n$ $\gamma_A = -(mk_1 C_A^m + nk_2 C_A^n)$ $\gamma_A = -mk_1 C_A^m$ $\gamma_S = k_2 C_R^n$ $\gamma_R = n(k_1 C_A^m - k_2 C_R^n)$	
化学吸附过程 $A + \sigma \underset{k_2}{\overset{k_1}{\rightleftharpoons}} A\sigma$ $(C_A)(1-\theta_A)$ (θ_A) 多原子分子的吸附伴随解吸时： $A_2 + 2\sigma \underset{k_2}{\overset{k_1}{\rightleftharpoons}} 2A\sigma$	吸附速率为： $\frac{d\theta_A}{dt} = k_1 C_A(1-\theta_A) - k_2\theta_A$ 解吸速率为： $\frac{d\theta_A}{dt} = k_1 C_A(1-\theta_A)^2 - k_2\theta_A^2$ 平衡时： $\theta_A = \frac{KC_A}{1+KC_A}$ 或 $\theta_A = \frac{\sqrt{KC_A}}{1+\sqrt{KC_A}}$	θ_A——已吸附气体分子的部分占总体的比例（覆盖率） $1-\theta_A$——空位吸附点的比例 K——K_1/K_2
界膜传质过程	单位固体表面积的传质速率 $N_A = K_f(C_A - C_{Ai})$ 传质系数K_f对球形颗粒可用 $Sh = 2.0 + 0.60Re^{1/2}SC^{1/3}$ 确定其中舍伍德数（$Sh = K_f d/\mathscr{D}$）、雷诺数（$Re = du\rho_f/\mu$）及施密特数（$Sc = \mu/\rho_f \cdot \mathscr{D}$） 对双重界模： $N_A = K_f(C_A - C_{Ai}) = K'_f(C'_{Ai} - C'_A)$	C_A——流体本体在A区的浓度，mol/cm³ C_{Ai}——界面I上的流体浓度，mol/cm³ C'_A——流体本体在A'区的浓度，mol/cm³ C'_{Ai}——界面II上的流体的浓度，mol/cm³
细孔内扩散过程	$N_A = -D_e \partial C_A/\partial X$ $D_e = D\varepsilon_p\xi$	D_e——单一气孔的有效扩散系数 D——分子扩散系数 ε_p——气孔率 ξ——迷宫度，是综合了细孔的迂曲、扩散，分岔、闭塞等特性的修正系数
固体溶解过程	致密固体溶解于液体的过程，考虑到固体的体积和表面积随溶解而减少 $R_B = K_f S_p(C_B^* - C_{BO})$ $r_B^* = (1-\varepsilon_p)R_B/V_p$ $= K_f S_p(1-\varepsilon_p)(C_B^* - C_{BO})/V_p$ 颗粒溶解率 $f = 1 - \frac{V_p}{V_{p0}}$ $\frac{df}{dt} = R_B/\rho_0 V_{p0}$ $= K_f \cdot S_p(C_B^* - C_{BO})/\rho_0 V_{p0}$	C_B^*——相界面上的平衡浓度 S_p——颗粒表面积，cm² V_p——颗粒体积，cm³ V_{p0}——颗粒初始体积，cm³ ρ_0——颗粒克分子密度，mol/cm³ ε_p——孔隙度 r_B^*——颗粒溶解速率，mol/(cm³·s)

续表 5-12-4

反　　应	反应速率表达式	说　　明
气液反应过程	$A_{(气)}+bB_{(液)}\longrightarrow P$ 横穿气相界膜的传递速率为： $R_{A1}=K_G S(C_A-C_{Ai})$ 通过液态界膜朝向界面B的传递速率为： $R_{B1}=K_L S(C_B-C_{Bi})$ 气液界面的化学反应速率为C_{Ai}，C_{Bi}的函数，则： $R_{B2}=Sf(C_{Ai}C_{Bi})$ 根据似稳定假设$B_{A1}=R_{Bi}/b=R_{A2}=R_A$，有： $R_A=Sf\left(\frac{C_A-R_A}{K_G S},\ \frac{C_B-bR_B}{K_L S}\right)$ 函数f形式由实验决定，若$R_A B_B$乘以反应系中适当的体积倒数即变为r_A，r_B	
液液反应过程	$A_{(金属)}+B^{2+}_{(渣)}=B_{(金属)}+A^{2+}_{(渣)}$ 渣金属界面上的化学反应速率相当大，界面反应物之间A.A^{2+}及B^{2+}的传递速率可表达为： $N_A=K_{fA}(C_A-C_{Ai})$ $-N_{A'}=K_{fA'}(C'_A-C'_{Ai})$ $N_{B'}=K_{fB'}(C'_B-C_{Bi})$ 平衡常数$K=\frac{C'_{Ai}}{C_{Ai}C'_{Bi}}$ 根据稳态假设$N_A=N'_A=N'_B$ 当A的传递过程是控制步骤时： $C_{Ai}=C'_A$ $C_{Bi}=C'_B$ $K=\frac{C'_A}{C_{Ai}\cdot C'_B}$ $C_{Ai}=\frac{C'_A}{KC'_B}$ $N_A=K_{fA}\left(\frac{C_A-C'_A}{KC'_B}\right)$ 当A^{2+}的传递过程是控制步骤时： $C_{Ai}=C_A$ $C'_{Bi}=C'_B$ $C'_{Ai}=KC_A\cdot C'_B$ $N_A=N'_A=K_{fA'}(KC_A\cdot C'_B-C'_A)$	
固相反应过程	Jander方程： $\frac{dy}{dt}=D\frac{C_0}{y}$ 积分得： $y=\sqrt{2DC_0 t}$ 直接测量反应层厚度很困难，故用参加反应物质重量的百分比x表示： $\frac{V_1-V_2}{V_1}=\frac{x}{100}$（反应物与生成物密度相同） $y=d\left(1-\sqrt[3]{\frac{100-x}{100}}\right)$	y——反应产物层的厚度 t——时间 D——扩散系数 C_0——扩散的组分在与反应物质接触表面上的浓度，%重量 d——反应物颗粒的平均直径

续表 5-12-4

反　应	反 应 速 率 表 达 式	说　明
固相反应过程	$\left(1-\sqrt[3]{\frac{100-x}{100}}\right)^2=\frac{2DC_0t}{d^2}=kt$ $k=\frac{2DC_0}{d^2}$	
气固系非催化反应的未反应核模型	$A_{(气)}+bF_{(固)}\longrightarrow R_{(气)}+sS_{(固)}$ 1. 颗粒粒度保持不变时，化学反应控制在单个颗粒中，反应随时间的进度以核的大小表示： $\frac{t}{\tau}=1-\frac{R_c}{R}=1-(1-x_B)^{1/3}$ 完全转化的时间为： $\tau=\frac{\rho_BR}{bk_CC_A}=\frac{\rho_Bd_P}{2bk_cC_A}$ 穿过产物层的扩散控制： $\frac{t}{\tau}=1-3\left(\frac{R_c}{R}\right)^2+2\left(\frac{R_c}{R}\right)^3$ $=1-3(1-x_B)^{2/3}+2(1-x_B)$ $\tau=\frac{\rho_BR^2}{6bD_s^{\sim}C_A}=\frac{\rho_Bd_p^2}{24bD_s^{\sim}C_A}$ 2. 颗粒缩小时化学反应控制 $-\frac{1}{4\pi R^2}\frac{dN_A}{dt}=-\frac{1}{4\pi R^2b}\frac{dN_B}{dt}$ $=\frac{\rho_B}{b}\frac{dR}{dt}=k_cC_A$ 在 t 时间颗粒半径从 R_i 逐渐缩小到 R'： $\frac{t}{\tau}=1-\frac{R'}{R_i}=1-(1-x_B)^{1/3}$ 颗粒完全消失时间为： $\tau=\frac{\rho_BR_i}{bk_cC_A}=\frac{\rho_Bd_P}{2bk_cC_A}$ 3. 对扩散阻力与反应阻力相近的反应 $\frac{1}{\overline{k}}=\frac{1}{k_c}+\frac{1}{k_d}$	k_c——反应速率常数 x_B——已转化的B的分率 C_A——气体反应物浓度 $D_s^{\sim}$——气体反应物穿过产物层的有效扩散系数 ρ_B——在未反应固体中B的摩尔密度 $\overline{k}$——总速率常数 k_d——单个固体颗粒和气流之间的传质系数 R——颗粒起始半径 R_C——颗粒未反应核的半径

速率和机理，但着重研究整个多相反应过程中的速率控制步骤，以便制订强化过程的对策。与冶金反应有关的速率表达式如表5-12-4所示。

第三节　物料在反应器内的传递特性

为预测物料在反应器内的反应程度，或为计算达到特定反应程度所需要的反应器容积，要把反应速率方程表达式与特定反应器的传递特性表达式结合起来。

物料在反应器内的流动情况（即传递特性）可用一组偏微分方程来描述，但其求解过程相当繁杂。因此，常对物料在反应器内的流动情况进行合理简化，提出一个能够反映实际情况，又便于计算的“流动模型”。目前主要是依靠物料在反应器里的停留时间分布函数。停留时间分布函数是对物料在反应器内的流动情况进行数学描述的方法之一。

一、停留时间分布

表征出口物料在反应器内停留时间分布的函数，主要有E函数（停留时间分布密度函数，一般已习惯地称为停留时间分布函数）及F函数（累计的停留时间分布函数）。对某一瞬间的出口物料来说，$E(t)\mathrm{d}t$即为停留时间为$t\sim t+\mathrm{d}t$的那部分所占的分率，而$F(t)$则表示停留时间在$0\sim t$的那部分所占的分率。显然：

$$F(t)=\int_0^t E(t)\mathrm{d}t \tag{5-12-14}$$

$$E(t)=\frac{\mathrm{d}F(t)}{\mathrm{d}t} \tag{5-12-15}$$

而
$$F(\infty)=\int_0^\infty E(t)\mathrm{d}t=1 \tag{5-12-16}$$

对反应器内的物料，则停留时间分布用 I 函数表示。$I(t)dt$即为反应器内物料停留时间为$t\sim t+dt$的那部分所占的分率。同样有：

$$\int_0^\infty I(t)\mathrm{d}t=1 \tag{5-12-17}$$

当流体的平均停留时间为$\tau=V/Q$（V为容器体积，Q为物料体积流量），则可定义无因次时间：

$$\theta\equiv t/\tau \tag{5-12-18}$$

用 t 或θ表示的函数之间的关系为：

$$E(\theta)=\tau E(t) \tag{5-12-19}$$

$$I(\theta)=\tau I(t)=1-F(t) \tag{5-12-20}$$

$$F(\theta)=F(t) \tag{5-12-21}$$

测定$E(t)$ 曲线常用脉冲法和阶梯输入法（阶跃法）。

脉冲法用式（5-12-22）进行计算：

$$E(t)=\frac{Q}{M_0}C \tag{5-12-22}$$

式中 Q——物料的体积流量；

M_0——注入示踪物总量；

C——出口物料中示踪物浓度。

阶梯输入法用式（5-12-24）计算：

$$\frac{C}{C_0}=\int_0^t E(t)\mathrm{d}t=F(t) \tag{5-12-23}$$

$$E(t)=\frac{1}{C_0}\ \frac{\mathrm{d}C}{\mathrm{d}t}=\frac{\mathrm{d}C\left(\frac{C}{C_0}\right)}{\mathrm{d}t} \tag{5-12-24}$$

式中 C_0——示踪物的入口浓度；

C——t 时出口测得的示踪物浓度。

以阶跃法为例。用阶跃法测得 C/C_0-t数据（表5-12-5），然后绘成 C/C_0—t 曲线（图5-12-3），由曲线斜率求得 $E(t)$ 值（表 5-12-5），并标绘成 $E(t)-t$曲线（图5-12-4）。

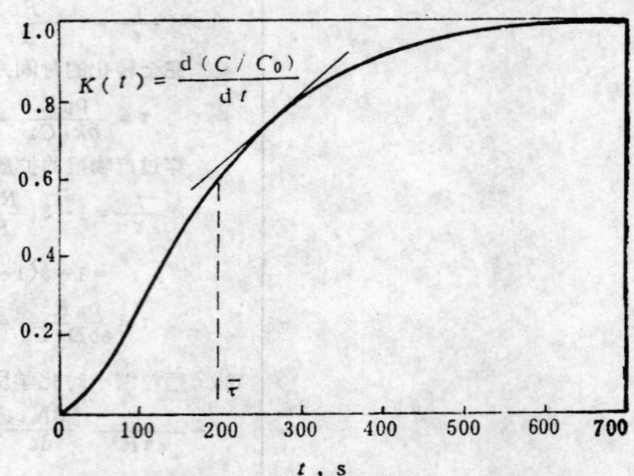

图 5-12-3 阶跃法的C/C_0-t曲线

图5-12-5为理想流动（活塞流及全混流）和非理想流动的E函数及F函数的大致形式。

对全混流可导出：

$$E(t)=\frac{1}{\tau}e^{-t/\overline{\tau}} \tag{5-12-25}$$

对多槽串联的全混流可导出：

$$E(t)=\frac{1}{(N-1)!}\times\frac{1}{\tau}\left(\frac{t}{\tau}\right)^{N-1}e^{-t/\overline{\tau}} \tag{5-12-26}$$

表 5-12-5 用阶跃法测定$E(t)$

t，s	C/C_0	$E(t)$，1/s	t，s	C/C_0	$E(t)$，1/s
0	0	0	160	0.475	0.323×10^{-2}
10	0.005	0.091×10^{-2}	180	0.540	0.302×10^{-2}
20	0.018	0.164×10^{-2}	200	0.595	0.270×10^{-2}
40	0.063	0.268×10^{-2}	250	0.713	0.205×10^{-2}
60	0.124	0.329×10^{-2}	300	0.802	0.148×10^{-2}
80	0.192	0.358×10^{-2}	400	0.910	0.072×10^{-2}
100	0.265	0.368×10^{-2}	500	0.960	0.033×10^{-2}
120	0.340	0.360×10^{-2}	600	0.985	0.013×10^{-2}
140	0.410	0.345×10^{-2}	700	0.993	0.006×10^{-2}

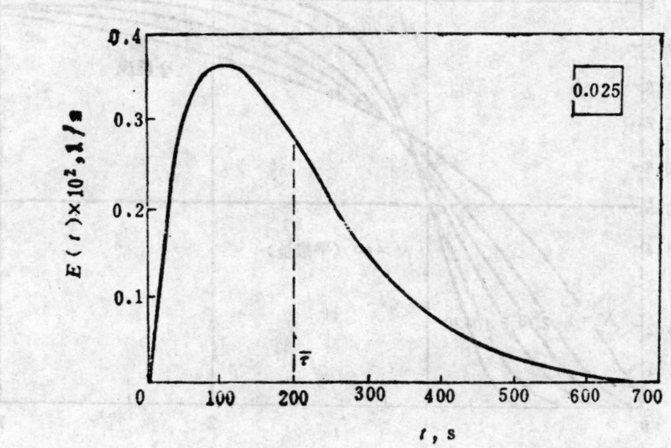

图 5-12-4　由阶跃法C/C_0-t曲线算出的$E(t)$-t曲线

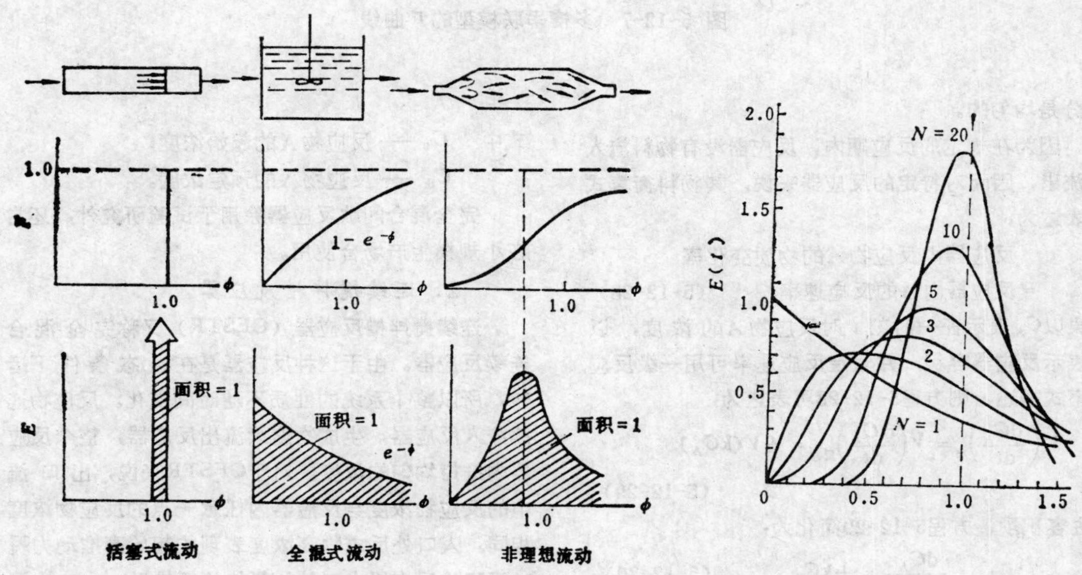

图 5-12-5　几种流动的E函数及F函数

图 5-12-6　多槽串联模型的E曲线

式中　N——串联的槽数；

$\overline{\tau}$——物料经过每一个槽的平均停留时间。

图5-12-6及图5-12-7分别表示多槽串联时的E曲线和F曲线。$N=1$为单槽全混流搅拌槽反应器，$N=\infty$为活塞流反应器的相应曲线，表示非理想流动的多槽串联模型介于两种理想流动之间。

在设计中要求计算物料在反应器内的停留时间。若已知物料在反应器内的停留时间分布函数，可由式（5-12-27）求出物料的平均停留时间：

$$\overline{\tau}=\int_0^{\infty} tE(t)\mathrm{d}t \qquad (5\text{-}12\text{-}27)$$

也可由反应器内的物料衡算求得。

二、物料在典型反应器内的停留时间

1．完全混合间歇反应器

完全混合间歇（CMB）反应器是一封闭系统，即将反应物投入空的容器中，当反应进行到预定程度后排出混合液。该系统中，混合液成分随时间变化，但在任一时刻可以认为整个反应器内混合液的

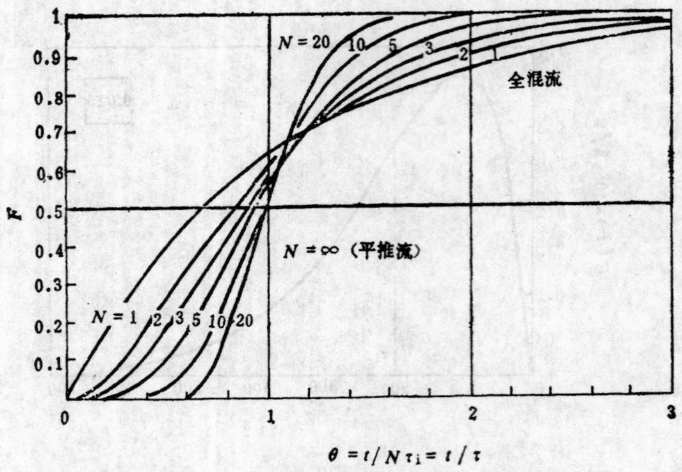

图 5-12-7 多槽串联模型的F曲线

成分是均匀的。

因为在规定的反应期内，反应器没有物料流入或流出，因而对特定的反应器来说，其物料衡算式可表达为：

反应器内反应物A的物质变化率

=反应器内A的反应速率 (5-12-28)

如果以C_A表示任一时刻t时反应物A的浓度，以V表示反应器容积，并假定反应速率可用一级反应速率式描述，则方程5-12-28可表达为：

$$V\left(\frac{dC_A}{dt}\right)_{净}=V\left(\frac{dC_A}{dt}\right)_{反应}=\pm V(kC_A) \tag{5-12-29}$$

消去容积项，方程5-12-29简化为：

$$\frac{dC_A}{dt}=\pm kC_A \tag{5-12-30}$$

如果所研究的反应物浓度随时间减少，则方程5-12-30左边的一项为负值；如果浓度随时间增加，则这一项为正值。

为了确定使反应物达到预定转化率所需的反应时间，可将方程（5-12-30）在C_0和C_d之间积分，则有：

$$t_{CMB}=\frac{1}{k}\ln\left(\frac{C_0}{C_d}\right) \tag{5-12-31}$$

式中 C_0—— 反应物A的起始浓度；

C_d—— 反应物A的预定浓度。

完全混合间歇反应器除用于试验研究外，还常在小规模生产场合使用。

2. 连续搅拌槽反应器

连续搅拌槽反应器（CFSTR）又称完全混合连续反应器。由于这种反应器是在稳态条件下运转，所以整个系统的性质不随时间变化。反应物连续流入反应器，生成物连续流出反应器，整个反应器内维持均匀的浓度。对于CFSTR来说，出口流中的反应物浓度与反应器内任意一点的反应物浓度相同。入口处反应物高浓度表现的起始高推动力瞬时下降为反应器出口处的最终的低推动力。由于CFSTR具有反应物迅速混合，反应器内建立恒定的化学势及均匀的浓度，产品质量易于控制等优点使CFSTR获得了广泛的应用。但在完成同样的反应量下，CFSTR的容积要大于CMB。

由于容积内反应物浓度为常数，不必考虑反应物质量随反应器位置变化而改变，因此CFSTR的物料平衡可表达为：

[反应器内反应物A质量的净变化速率] = [由于进料带入的A造成A的质量增加的速率] − [由于出料带走的A造成A的质量减少的速率] − [由于A在反应器内的反应造成A的质量减少的速率] (5-12-32)

方程5-12-32的数学表达式为：

$$V\left(\frac{dC_A}{dt}\right)_{净}=QC_{A0}-QC_{Ae}-V\left(\frac{dC_A}{dt}\right)_{反应} \quad (5\text{-}12\text{-}33)$$

如果假定反应器内A的反应服从一级反应，则方程5-12-33变为：

$$V\left(\frac{d\varepsilon_A}{dt}\right)_{净}=QC_{A0}-QC_{Ae}-VkC_{Ae} \quad (5\text{-}12\text{-}34)$$

在稳态条件下，反应器内反应物A质量净变化速率等于零，方程5-12-34可简化为：

$$0=QC_{A0}-QC_{Ae}-VkC_{Ae} \quad (5\text{-}12\text{-}35)$$

整理得到：

$$\frac{C_{Ae}}{C_{A0}}=\frac{1}{1+k(V/Q)} \quad (5\text{-}12\text{-}36)$$

如果将CFSTR的平均停留时间定义为：

$$\overline{\tau}_{CFSTR}=V/Q \quad (5\text{-}12\text{-}37)$$

则方程5-12-36可表达为：

$$\frac{C_{Ae}}{C_{A0}}=\frac{1}{1+k\overline{\tau}_{CFSTR}}$$

达到预期反应物浓度所需时间为：

$$\overline{\tau}_{CFSTR}=\frac{1}{k}\left(\frac{C_{A0}}{C_{Ae}}-1\right) \quad (5\text{-}12\text{-}38)$$

3. 多级连续搅拌槽反应器

图6-12-8是两个等容积CFSTR串联系统的流程示意图。C_{A1}及C_{A2}分别表示第一个和第二个反应器的出料反应物浓度。如果假定反应遵循一级反应动力学，则由第一个反应器内反应物A的稳态平衡可得：

$$\frac{C_{A1}}{C_{A0}}=\frac{1}{1+k\overline{\tau}_{CFSTR}} \quad (5\text{-}12\text{-}39)$$

式中 $\overline{\tau}_{CFSTR}$——第一个反应器的平均停留时间。

同样，由第二个反应器内反应物A的稳态平衡可得：

$$\frac{C_{A2}}{C_{A1}}=\frac{1}{1+k\overline{\tau}_{CFSTR}} \quad (5\text{-}12\text{-}40)$$

式中 $\overline{\tau}_{CFSTR}$——第二个反应器的平均停留时间。

因为两个反应器大小相等，故将方程5-12-39和5-12-40相乘，即可得出该系统出料中反应物A的浓度与进料反应物浓度相联系的表达式：

$$\frac{C_{A2}}{C_{A0}}=\frac{C_{A1}}{C_{A0}}\cdot\frac{C_{A2}}{C_{A1}}=\left(\frac{1}{1+k\overline{\tau}_{CFSTR}}\right)^2 \quad (5\text{-}12\text{-}41)$$

对于n个大小相等、串联组成的CFSTR系统，可

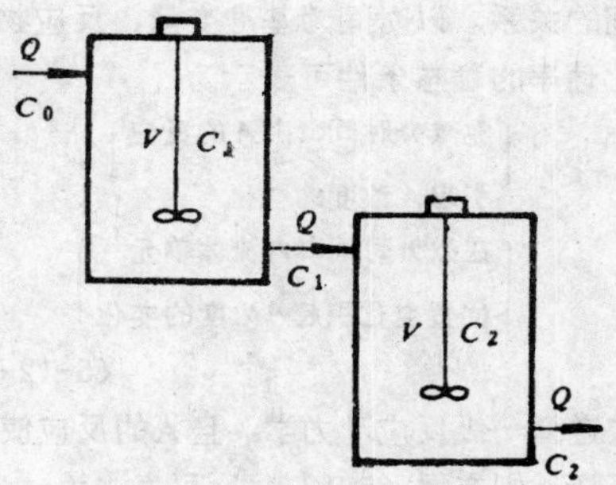

图 5-12-8 串联两个等容积CFSTR的示意图

以导出以下类似的关系式：

$$\frac{C_{An}}{C_{A0}}=\left(\frac{1}{1+k\overline{\tau}_{CFSTR}}\right)^n \quad (5\text{-}12\text{-}42)$$

式中 C_{An}——串联系统中第n个或最后一个反应器出料中的反应物浓度。

然后用n乘以方程6-12-42，并将该式移项成为给出整个反应器系统平均停留时间的形式：

$$n\overline{\tau}_{CFSTR}=\frac{n}{k}\left[\left(\frac{C_{A0}}{C_{An}}\right)^{1/n}-1\right] \quad (5\text{-}12\text{-}43)$$

对于给定的C_{An}值，串联的反应器数目越多，系统所需的反应器总容积越小。这样的系统近似于活塞流反应器。

4. 活塞流反应器

所谓活塞流（PF）是假定前后相邻的流体单元相互之间不发生纵向混合。在CFSTR中要努力保持混合液的均匀性，而在活塞流反应器中，每一个流体单元都类似于一个沿时间坐标运动的完全混合间歇反应器，即活塞流反应器中的位置变量与完全混合间歇反应器中的时间变量相对应。因此，在活塞流反应中，必须知道反应物A的浓度随时间和反应器长度而变化的规律（图5-12-9）。

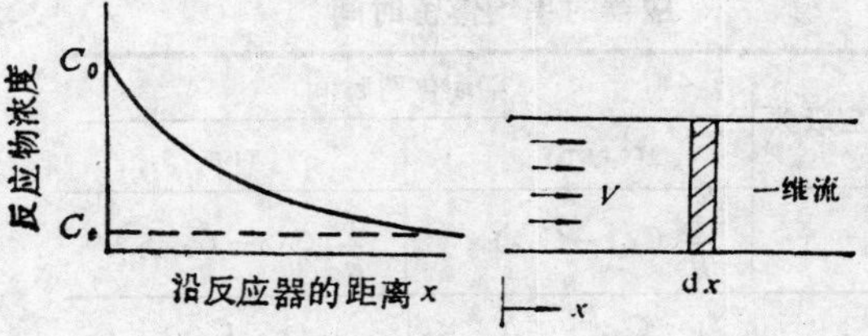

图 5-12-9 理想的活塞流反应器示意图

在分析活塞流反应器时，主要涉及浓度、时间

和距离（反应器中流体单元相对于入口的位置）三变量之间的关系。以时间为基准变量，反应物A的浓度变化速率的稳态条件可表示为：

$$\begin{Bmatrix}\text{在微分时间}dt\text{内}A\text{的反应}\\\text{引起}A\text{浓度的变化}\end{Bmatrix}=\begin{Bmatrix}\text{在微分时间}dt\text{内流体单元}\\\text{位置变化引起}A\text{浓度的变化}\end{Bmatrix} \quad (5\text{-}12\text{-}44)$$

假定反应遵循一级反应动力学，且A的反应使得A的浓度下降，则方程（5-12-44）可表达为：

$$\frac{-dC_A}{kC_A}=\frac{dx}{V} \quad (5\text{-}12\text{-}45)$$

式中 V——流体通过反应器的速度；

dx——沿反应器长度的微分距离改变量。

对方程（5-12-45）积分：

$$-\int_{C_{A0}}^{C_{Ae}}\frac{dC_A}{kC}=\int_0^L\frac{dx}{V} \quad (5\text{-}12\text{-}46)$$

式中 L—— 反应器长度。

得到：

$$\frac{1}{k}\left[\ln\left(\frac{C_{A0}}{C_{Ae}}\right)\right]=\frac{L}{V}=\frac{LF}{VF}=\frac{V}{Q} \quad (5\text{-}12\text{-}47)$$

式中 F—— 反应器的横截面积。

达到所要求的出料反应物浓度，所需的停留时间为：

$$\tau_{P_F}=\frac{1}{k}\ln\frac{C_{A0}}{C_{Ae}} \quad (5\text{-}12\text{-}48)$$

由于PF反应器内反应物A的平均浓度高于CFSTR中A的平均浓度，因此在同样的出料浓度下，PF反应器容积必然小于单个CFSTR反应器的容积。

表5-12-6给出了CFSTR PF反应器的平均停留时间方程。

表 5-12-6 各种反应级数的CFSTR和PF反应器的平均停留时间

反应级数	平均停留时间	
	τ_{CFSTR}	τ_{PF}
0	$\frac{1}{k}(C_{A0}-C_{Ae})$	$\frac{1}{k}(C_{A0}-C_{Ae})$
1	$\frac{1}{k}\left(\frac{C_{A0}}{C_{Ae}}-1\right)$	$\frac{1}{k}\ln\frac{C_{A0}}{C_{Ae}}$
2	$\frac{1}{kC_{Ae}}\left(\frac{C_{A0}}{C_{Ae}}-1\right)$	$kC_{A0}\left(\frac{C_{A0}}{C_{Ae}}-1\right)$

第四节 无因次设计曲线

若已知颗粒反应动力学、给料中的颗粒粒度分布以及颗粒在反应器中的停留时间，就可以借助计算机计算与给料速率相适应的反应器大小以及所希望的转化率。美国学者R.W.Partlett编制了一些无因次的设计曲线，以帮助过程设计工程师们解决反应器设计问题。这些反应器设计曲线将产率或反应分数表示为无因次停留时间的函数，后者与反应器中的平均停留时间$\bar{\tau}$有关，即：

$$\bar{\tau}=V_r/Q_0$$

式中 V_r——反应器工作容积；

Q_0——产品的体积流率。

一、计算得到各种无因次设计曲线

为了描述与流体相中一种组分反应的颗粒体系，并作为反应器平均停留时间的函数来确定反应率，需要有三方面的资料：

（1）颗粒表观动力学模型以及速率控制步骤。

（2）颗粒的粒度分布。

（3）颗粒在反应器内停留时间的分布。

（一）颗粒表观动力学

在这里只考虑两类以等尺寸颗粒（似球体）为基础的情况。一种是在颗粒外表面开始反应，并形成一个未反应的颗粒收缩核，收缩核可能暴露在流体中或被反应产物层所包围。另一种是反应的流体渗透到颗粒的孔隙内，即在颗粒内部发生化学反应的多孔固体模型（或称连续反应模型）。为简便起见，用“转化”一词表示服从缩核模型的颗粒反应，而用“提取”一词表示服从多孔固体模型的提取过程。

颗粒转化反应速率控制步骤有三种可能：

（1）在紧靠颗粒的流体边界层中反应剂的传质。

（2）在缩核表面上的多相化学反应。

（3）通过产物层的扩散。

对于颗粒提取反应来说，也有三种可能步骤：

（1）流体边界层内的传质，

（2）颗粒内表面上的多相化学反应。

（3）内孔隙扩散。

设所有这6个可能的速率控制步骤是在下述4种传质条件之一下进行：

（1）通量自半径不变的球体表面起保持恒

定。

（2）通量自半径改变的收缩球表面起保持恒定（半径的变化可由物料衡算确定）。

（3）通过一个增厚着的固体壳进行似稳定态扩散（此壳在边界层的化学位恒定，而增厚速率受通过它的传质速率所控制）。

（4）自一个半径不变的球体进行非稳定态扩散。

这些设计曲线仅限于在整个颗粒反应中只属一种速率控制步骤的情况，若属于混合控制，则需另外编制专门的计算模型。

（二）颗粒粒度分布

一般只考虑两类给料粒度分布，即单一（均匀）的颗粒粒度和 GGS（Gates-Gandin-Schunmaun）给料颗粒粒度分布。GGS分布适用于描述磨矿作业产出物料的粒度分布。大量研究指出，小于某给定粒度的物料的累积分数对相应粒度的对数图，是一条斜率为m的直线。m一般为1或稍低于1，下限为0.7。这一关系可表为GGS方程：

$$Y(R_i)=(R_i/R_*)^m \quad (0.7<m<1.0) \tag{5-12-49}$$

式中 $Y(R_i)$——粒度小于R_i的颗粒的累计重量分数；

R_*——特征颗粒粒度，即细磨后的最大粒度。

在闭路循环磨矿时一般不允许有大于15%的大粒进入分级机，而在开路磨矿下GGS方程误差很小，因为GGS方程本身预示的大颗粒就比实际存在的要多，故GGS方程在用于反应器设计时求出的是保守的粒度分布。

（三）颗粒在反应器中的停留时间分布

在编制规范化设计曲线时，将反应器归为三类：（1）完全混合间歇式（CMB）或活塞流式（PF）反应器；（2）回混式反应器即连续搅拌槽式反应器（CFSTR）（单级）；（3）回混式多级反应器即多级连续搅拌槽反应器。分别求出在不同型式反应器中的停留时间，就可相应地编制出一系列专用的设计曲线。

为了确定达到一个选定的转化—提取效率所必需的反应器大小，或者为了确定一个给定大小的反应器所能达到的转化—提取效率，设计者只须知道：

（1）给料速率。

（2）给料中特征颗粒的半径。

（3）何种反应机理是速率控制步骤。

（4）特征颗粒完全反应所需的时间τ_m。

后两项通常需要根据适当的实验室动力学研究或相

表 5-12-7 颗粒转化和提取过程以及各种设计曲线一览表

传递条件	速率控制步骤		反应时间与颗粒粒度的关系	设计曲线		
	转化	提取		间歇式或活塞式反应器	回混式单级反应器	回混式多级反应器
通量自半径不变的球体表面起保持恒定	边界层传质（当只形成一个反应物壳的时候）	边界层传质内表面反应	$\tau_{(R)}\propto R$	图 5-12-10 $F=f(t_p/\tau_m)$	图 5-12-14 $F=f(\bar{t},\tau_m)$	图 5-12-18 $F=f(\bar{t}/\tau_m)$
通量自收缩半径球体起保持恒定	表面化学反应，边界层传质（只当没有形成反应产物壳的时候，对恒定的传质系数能成立的固定床或流化床而言）		$\tau_{(R)}\propto R$	图 5-12-11 $F=f(t_p/\tau_m)$	图 5-12-15 $F=f(\bar{t}/\tau_m)$	图 5-12-19 $F=f(\bar{t}/\tau_m)$
通过收缩核周围外半径恒定的产物壳的拟稳定态扩散	通过产物壳的扩散		$\tau_{(R)}\propto R^2$	图 5-12-12 $F=f(t_p/\tau_m)$	图 5-12-16 $F=f(\bar{t}/\tau_m)$	图 5-12-20 5-12-21 $F=f(\bar{t}/\tau_m)$
自球体起的非稳定态扩散		内孔隙扩散	$t/(R)\propto R^2$	图.5-12-13 $F=f(D_{有效}t/R_*^2)$	图 5-12-17 $F=f(D_{有效}\bar{t}/R_*^2)$	图 5-12-22 $F=f(D_{有效}\bar{t}/R_*^2)$

当的研究来确定。

适用于单一颗粒粒度和GGS分布的各种设计曲线如图5-12-10～22所示。表5-12-7是一个索引，可用以选择适合于不同速率控制步骤和反应器流动条件的设计曲线。表5-12-7中还列举了颗粒反应完成所需时间与颗粒半径R之间的关系。

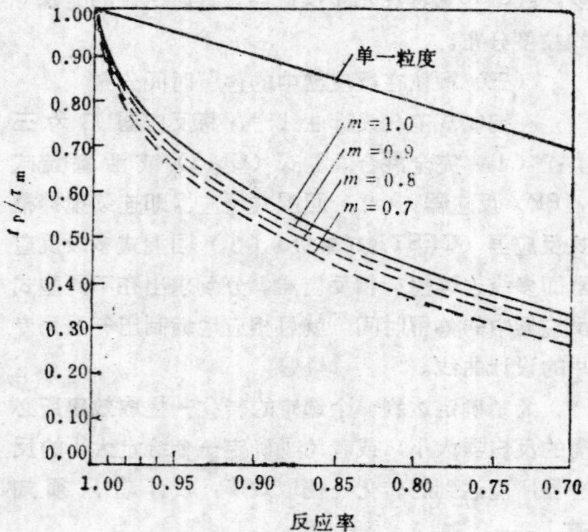

图 5-12-10　活塞流与间歇式反应器效率曲线（适用于边界层传质速率控制下的提取；内部表面化学反应速率控制下的提取；半径不变的颗粒在边界层传质速率控制下的转化）

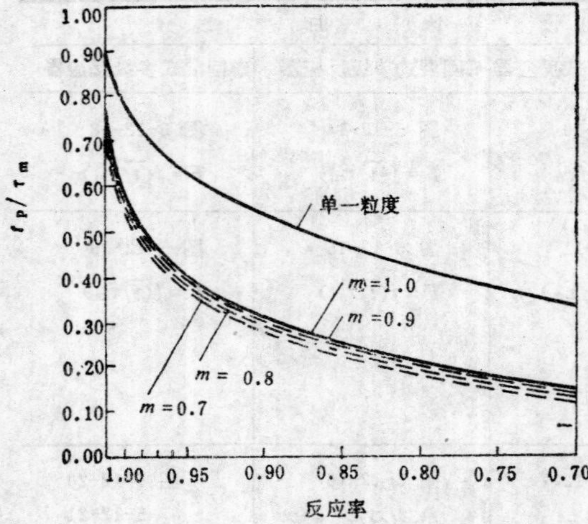

图 5-12-11　活塞流与间歇式反应器效率曲线（适用于表面化学反应速率控制下的转化；半径收缩的颗粒在边界层传质速率控制下的转化，设$R_{ep}<50$）

表中第4种即最后一种传递条件是属于多孔颗粒中的非稳定态扩散。在这种情况下，使颗粒反应完全的时间概念是没有意义的。对一个给定的提取百分率来说，其所需要的时间与R^2成比例。在此情况下，可将提取分率（数）表示为无因次时间参数的函数θ或$\overline{\theta}$。在这里：

$$\theta = D_{有效}t/R^2_{来}\qquad(5\text{-}12\text{-}50)$$

有效扩散系数$D_{有效}$可根据一些半经验关系式进行理论估算，或者根据实验所导出的提取分数、颗粒粒度

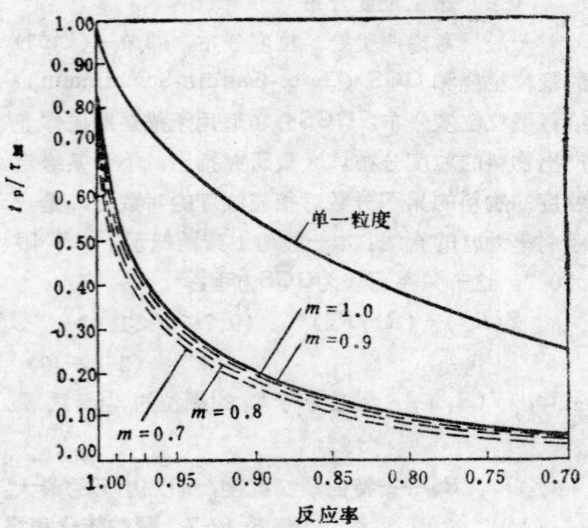

图 5-12-12　活塞流与间歇式反应器效率曲线（适用于在通过反应产物壳的扩散速率控制下的转化）

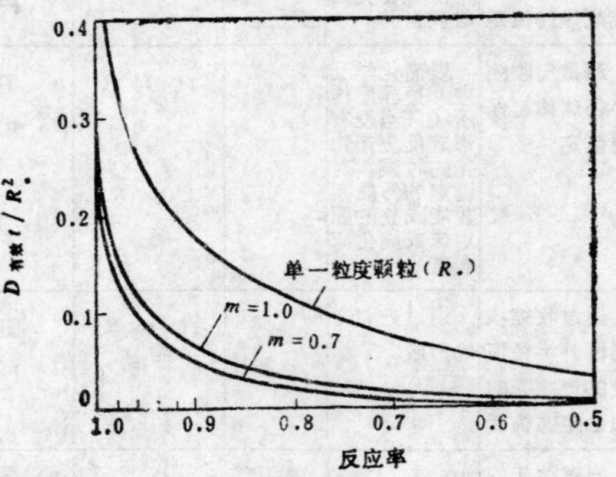

图 5-12-13　孔隙扩散为速率控制时间歇与连续活塞流反应器的效率曲线

和反应时间的关系，通过设计曲线的实验拟合求得。

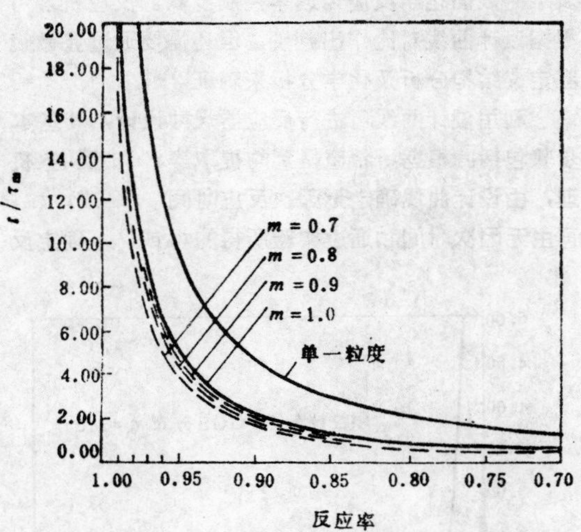

图 5-12-14 单一回混流反应器的效率曲线(适用于边界层传质速率控制下的提取；在内部表面化学反应速率控制下的提取；半径恒定的颗粒在边界层传质速率控制下的转化)

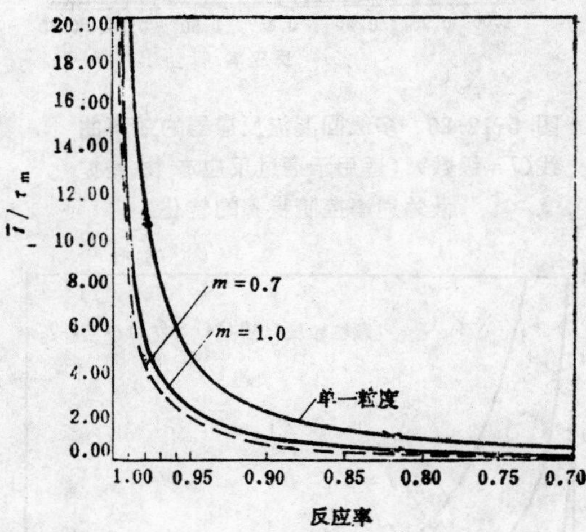

图 5-12-15 单一回混流反应器的效率曲线（适用于表面化学反应速率控制下的转化；半径收缩的颗粒在边界层传质速率控制下的转化）

二、F曲线在过程设计中的应用

利用F曲线可推测反应机理和动力学数据。如

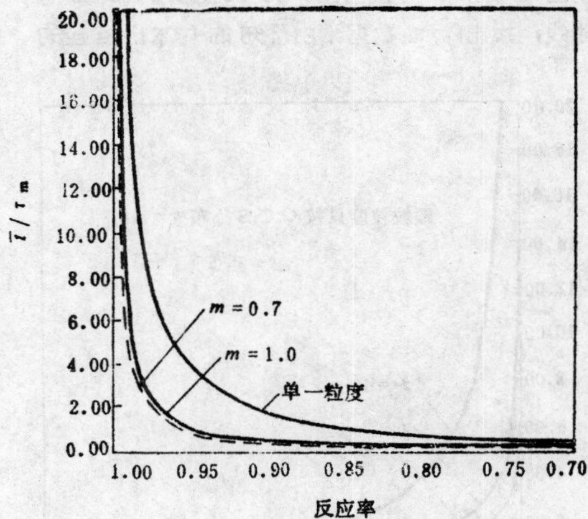

图 5-12-16 单一回混流反应器的效率曲线（适用于通过反应产物壳的扩散速率控制下的转化）

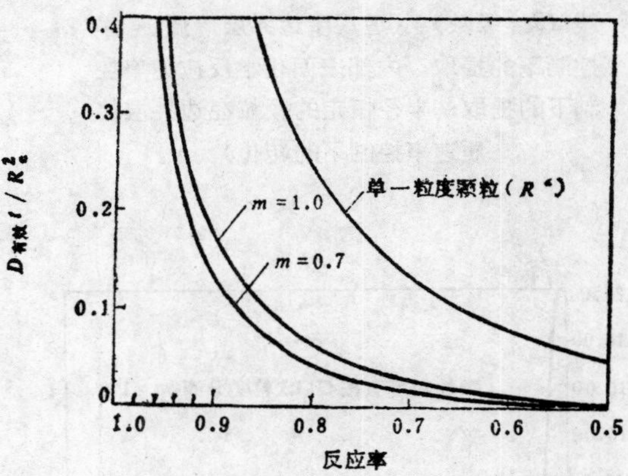

图 5-12-17 孔隙扩散为速率控制时连续流动回混流反应器的提取效率曲线

果速率机理和动力学数据尚在研究之中，那么F曲线的应用就应该从实验室阶段开始。

例 1：在间歇试验中于90°C下浸出严格过筛的100目某矿物精矿，得到如下数据：

浸出时间，min	114	144	192	240
浸出率，%	70	79	91	97

由于浸出速率低，估计只有两种未反应核模型的速率机理，即表面化学反应或产品层壳扩散，试问哪一种速率机理符合试验数据？

解：对一种粒级颗粒来说，间歇式反应器的可能速率机理如图5-12-11和图5-12-12所示。

已知t_p与F，可找出图5-12-11及图 5-12-12 有关曲线，找出t_p/τ_m数据，由已知的 t_p求出相应的τ_m值。

因为由图5-12-11得到的τ_m值较相一致，而从图5-12-12得到的τ_m值不一致，故可认为图5-12-11表示的表面化学反应为速率控制步骤。反应机理可根据设计曲线对比作出判别，但还需要通过显微镜鉴定、结构分析及化学分析来辅证。

利用设计曲线可进行反应器尺寸设计，其基本步骤包括：根据所希望得到的提取率F和反应机理，由设计曲线确定无因次反应时间t_p/τ_m或τ/τ_m；再由无因次时间和通过实验所得的τ_m或$D_{有效}$确定反

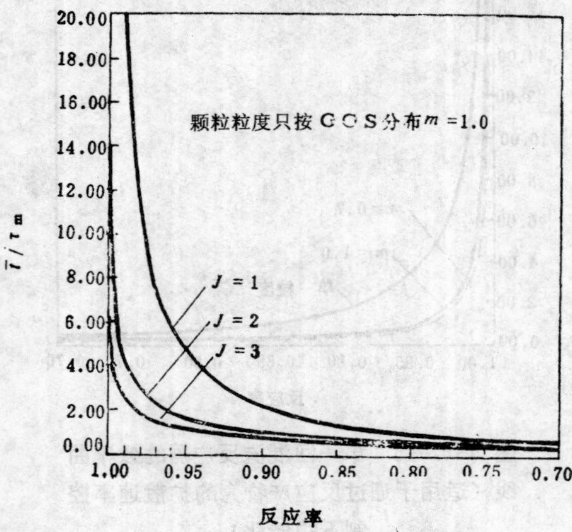

图 5-12-18 多级回混流反应器的效率曲线（J=级数）（适用于边界层传质速率控制下的提取；内部表面化学反应速率控制下的提取；半径恒定的颗粒在边界层传质速率控制下的转化）

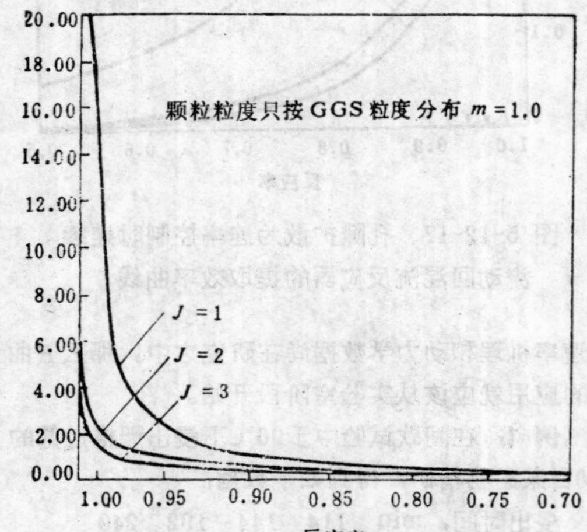

图 5-12-19 多级回混流反应器的效率曲线（J=级数）（适用于表面化学反应为速率控制步骤的转化；颗粒半径收缩，边界层传质为速率控制步骤的转化，设 Re_p <50）

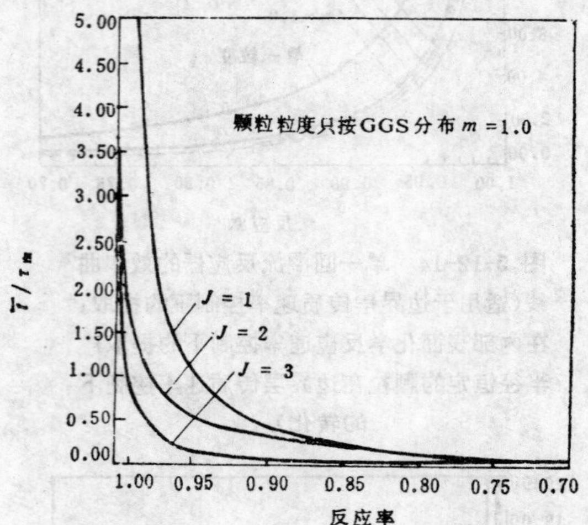

图 5-12-20 多级回混流反应器的效率曲线(J=级数)（适用于通过反应产物壳扩散为速率控制步骤的转化）

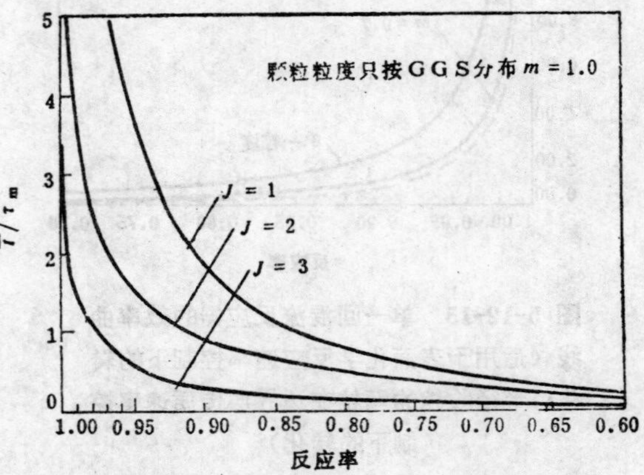

图 5-12-21 在颗粒壳扩散速率控制下直径均匀的颗粒在串联等尺寸理想回混反应器中的化学转化（J=级数）

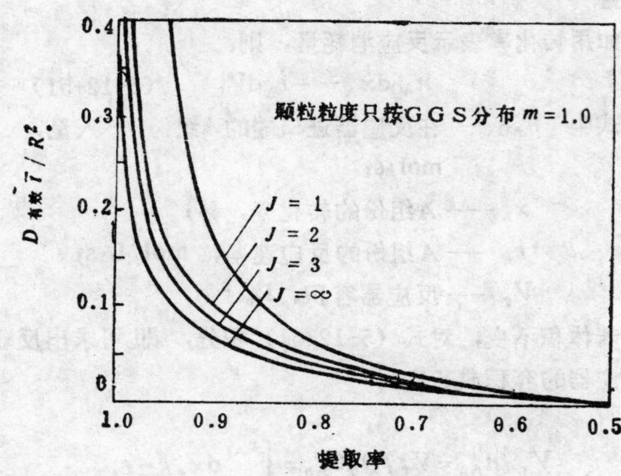

图 5-12-22　孔隙扩散速率控制下多级回混反应器的效率（J = 级数）

表 5-12-8　可能的速率机理曲线数据

已知数据		图 5-12-11		图 5-12-12	
F	t_p	t_p/τ_m	τ_m	t_p/τ_m	τ_m
0.7	114	0.325	350	0.26	438
0.79	144	0.41	351	0.35	411
0.91	192	0.56	343	0.575	334
0.97	240	0.695	345	0.77	312

应颗粒停留时间t_p或平均停留时间τ；再根据t_p或τ和规定的产量，利用$\tau = V_r/Q$确定反应器容积V_r。对一系列的关系进行考查后，可得到经济上最优化的反应器尺寸与提取率的关系。

这些设计曲线允许不同类型反应器的转化—提取效率互相变换，或者将单一粒度的颗粒转换成由细磨而产生的粒度分布。这样，就便于为实现某一给定过程而对不同反应器类型作出成本比较。

例 2：用例1数据计算，当给料细磨到－325目时，为了得到99％转化率，若用尺寸相同的三级串联浸出槽，则所需停留时间为多少？如果矿浆体积流速为1.0m³/min，则每个槽的作业体积多大？

解：100目颗粒的直径为0.147mm，325目颗粒的直径为0.044mm，且$\tau_m \propto R_*$，因而有：

$$\tau_{m325} = \frac{0.044}{0.147}\tau_{m100} = \frac{0.044}{0.147} \times 347 = 103.9\ \text{min}$$

希望$F = 0.99$的三级串联回混反应器可查图5-12-19曲线，查得$\tau/\tau_m = 1.5$，从而：

$$\tau = 1.5 \times 103.9 = 155.85\text{min}$$

体系的体积 = 1.0 × 155.85 = 155.85m³

每个槽的作业体积 = 155.85/3 = 51.95m³

应当指出，不要期望这些设计曲线可用以设计大型的工业生产厂，但这些曲线应当可用以设计半工业性工厂以及规划和评价半工业工厂的试验，同时也有助于对那些与理想活塞流反应器或回混流反应器有所不同的半工业性工厂反应器进行设计、估价和放大。

第五节　在反应技术开发中的应用

一、反应技术开发的方法

欲将已选定的一冶金反应过程开发为工业规模的生产，首先必须设计出符合要求的反应技术方案和反应器。

反应技术方案包括确定反应的技术条件，换热方式，反应器的基本型式，转化率或提取率，搅拌和混合方式，以及监测控制方案等。确定反应技术方案的主要依据是反应过程的动力学特性和反应器的传递过程特性，实现这两者的最佳配合，便是反应技术开发的目标。

反应器的设计是根据技术要求进行的。它的任务是确定反应器的类型、结构特点和尺寸。

放大与进行技术开发是一致的。因为在放大过程中，由于规模的改变，往往需要改变技术措施，甚至调整操作条件。放大的方法一般可分为以下4种。

1．经验放大法

由于对规律认识不深，该法只能进行低倍数的放大。

2．相似模拟法

该法是通过无因次准数进行放大设计。该法已成功地用于许多物理过程，但化学反应过程多不采用此法。

3．部分解析法

该法为半理论半经验的方法，是目前广泛应用的方法。

4．数学模拟放大法

该法是通过数学模型计算进行放大设计。此法由于考察了各参数的定量影响，可作高倍数的放大，是解决复杂化学反应过程的有力手段。该法成功的关键在于数学模型的可靠性。

动力学研究是技术开发的关键之一。通过对关键因素和控制步骤的探索，才能实现反应技术条件的最优化。动力学研究必须在理想反应器（间歇式反应器或流动模式为活塞流或全混流反应器）中进行，以确保动力学结果不因传递现象的差异而失真。

大型冷模试验是技术开发中的另一个重要关键，因为流动、混合、传热、传质等传递现象往往是设计放大中的主要困难。为免除壁效应引起的误差，装置规模必须大到足以消除这些影响，一般认为流化床的直径需在600mm以上，气—液鼓泡塔等需在150～200mm以上。

当工艺试验充分而副反应可以忽略不计时，则专门的动力学研究可以略去。

当有类似性质的物料（流体和固体）在类似的工业装置中运行的操作资料时，则大型冷模试验可以略去。

根据动力学模型和传递模型，并结合一般初步模型的基础，可建立一预测模型，用以指导中间试验，并用中试数据进行校核和修正，然后发展成为可供实际设计用的模型。此外，为了控制的需要，还可另外建立一控制模型。这便是反应工程的一般工作方法。

反应工程的基本思路自始至终是寻求“优化”。为了对比不同工艺流程，常用回收率或单耗作综合指标。由于工程技术上的重大决策往往取决于经济方面的因素，因此，回收率或单耗往往被作为评价反应结果优劣的一个最主要标准。

对一新的反应过程的开发，其最初阶段是对化学反应的发现和认识，然后才进入工程阶段。在工程阶段，开发者首先遇到的问题就是反应器的选型。确定反应器后，接着进入操作条件的选择和反应器的工程设计。反应技术方案和反应器的选型和设计，也为该过程的技术经济评价提供了基础。

二、反应器容积计算的几个实例

1．管式反应器

活塞流可在管式反应器中出现。管式反应器中，自入口至出口，管内的组成连续变化，而在任意截面的半径方向则无组成变化。对一微元厚度，这种活塞流反应体系的物料衡算可表示为：

A组份的流入量＝A组份的流出量＋反应消耗量

如用转化率表示反应消耗量，则：

$$n_{A0}dx_A = -r_A dV_r \quad (5\text{-}12\text{-}51)$$

式中 n_{A0} — 在反应器进口端的A组份流入量，mol/s；

x_A —— A组份的转化率，%；

r_A —— A组份的反应速率，mol/L·s；

V_r —— 反应器容积，L。

若体积不变，对式（5-12-51）积分，即可求出反应器的容积或长度：

$$V_r/n_{A0} = V_r/Q_0C_{A0} = \int_0^{x_{Af}} dx_A/-r_A \quad (5\text{-}12\text{-}52)$$

式中 Q_0——反应器入口端的体积流率，L/s；

C_{A0}——A组份初浓度，mol/L；

x_{Af}——预定转化率，%。

在活塞流体系中，分子从进入装置到流出装置所需的时间称为停留时间，由下式求得：

$$\tau = V_r/Q_0 = V_rC_{A0}/n_{A0} \quad (5\text{-}12\text{-}53)$$

式中 τ —— 停留时间，s。

2．回混式多级反应器

如果连续操作的槽式反应器中有充分的搅拌，则可近似地认为该反应器是完全混合的回混式反应器，这时反应的物料衡算如下：

$$V_r/n_{A0} = X_A/-r_A \quad (5\text{-}12\text{-}54)$$

此式表示反应器内物料减少的量与反应消耗量相等。由于是完全混合，所以该反应器内的转化率是一定的，且与出口转化率相同。如反应过程无体积变化，则平均停留时间可由下式求得：

$$\bar{\tau} = V_r/Q_0 = C_{A0}V_r/n_{A0} = (C_{A0}-C_{Af})/-r_{Af} \quad (5\text{-}12\text{-}55)$$

式中 $-r_{Af}$——槽内A的反应速率，mol/L·s；

C_{Af}——排出时的浓度，mol/L。

若是几个槽串联成多级槽式反应器，则某一槽的停留时间也可由式（5-12-55）求得，即：

$$\tau_1 = V_{r1}/Q_0 = (C_{A0}-C_{A1})/-r_{A1}$$

此处设体积流率为定值。一般对 i 槽的通式为：

$$-1/\tau_i = -r_{Ai}/(C_{Ai}-C_{A(i-1)}) \quad (5\text{-}12\text{-}56)$$

若能确定反应速率和浓度的关系，即可依次求出各槽中的浓度。

多级槽的浓度计算有代数解法和图解法。其中，代数解法的精度较高，但求解步骤繁琐，而图解法精度稍低，但计算简便(图5-12-23～5-12-24)。

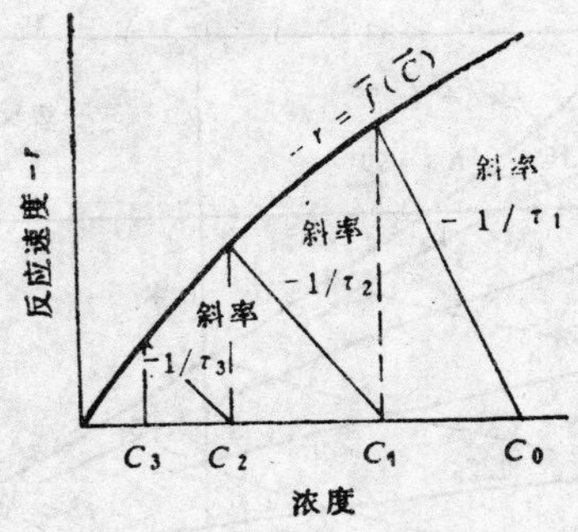

图 5-12-23　3级槽的图解法

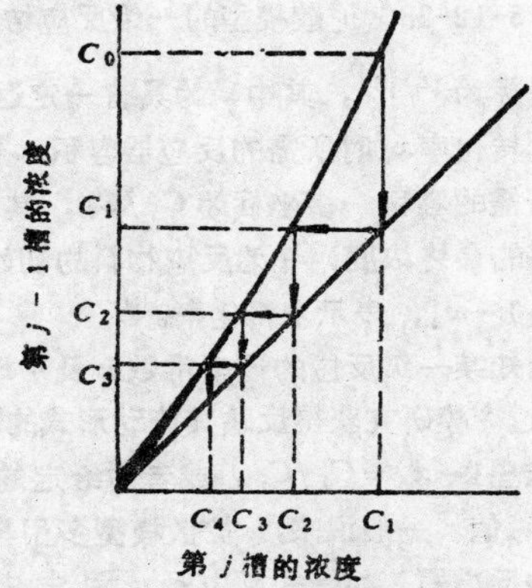

图 5-12-24　多级槽的图解法

在采用图解法计算多极槽中的浓度时首先通过表示第一槽初浓度的点引一条斜率为停留时间负倒数的直线，由此直线与反应速率曲线的交点作一垂直线，则可求得第一槽的出口浓度，继之引一条斜率为第二槽停留时间负倒数的直线，即可求得第二槽出口浓度，以此类推，可求得各级槽的出口浓度。

对各槽容积相等的反应器，其第 j 槽的物料衡算式为：

$$C_{A(j-1)}Q_0=C_{Aj}Q_0-\frac{dC_A}{d\theta}V_r \quad (5\text{-}12\text{-}57)$$

若已知反应速率，则式（5-12-57）的关系可表示为图5-12-24的曲线。在此图上引一对角线，通过纵坐标上表示第一槽浓度的 C_0 点作一水平线与物料衡算曲线相交，由交点作垂线，与横坐标相交的值即为第一槽的排出浓度。浓度为 C_1 的反应液进第二槽，自第二槽继续进行同样的阶梯作图，即可求出第二槽的排出浓度，以此类推。

3. 连续置换反应器

从电解精炼铜过程所产生的阳极泥中可回收硒、碲和贵金属。在回收碲时，碲以碲化铜形式从溶液中析出，其反应为：

$$Te(OH)_6+5Cu+3H_2SO_4$$
$$=Cu_2Te+3CuSO_4+6H_2O$$

回收碲的间歇试验在ϕ30cm的回转筒中进行，研究了充填率、温度、回转速度、H_2SO_4 浓度（pH）、铜颗粒大小及比例等因素的影响。在不变动碲浓度的情况下，得出碲浓度下降与反应时间的关系。图5-12-25是在103°C下析出碲的曲线。通过试验发现最佳操作条件是反应器充填率（即溶液与铜的体积和反应器体积之比）为50%和铜的负荷系数为0.35m³铜团粒/m³溶液。实验结果指出，对溶

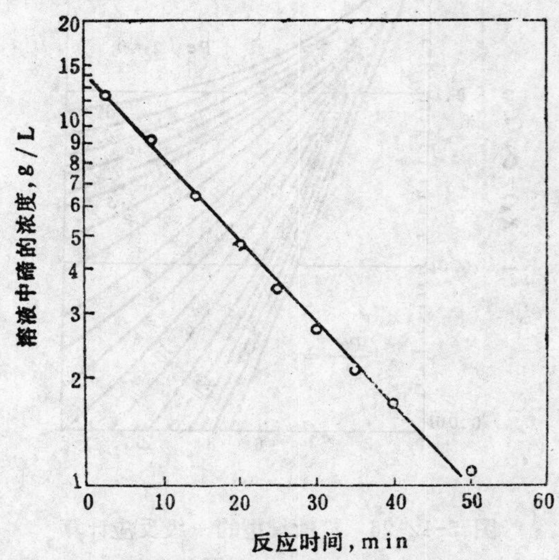

图 5-12-25　在103°C下于回转筒反应器中置换沉淀Cu_2Te

液中碲的浓度而言，上述化学反应属于一级反应，即：

$$\frac{dC}{dt}=-kC \quad (5\text{-}12\text{-}58)$$

式中　C——碲的浓度，g/L；

t——反应时间；

k——速率常数，L/h，k随反应温度而变：

T，℃	70	93	103
k,h^{-1}	0.25	0.32	3.1

为了将间歇试验结果用于连续反应器中，用水

模拟H_2SO_4溶液进行了冷模试验，研究了铜的填充率，回转速度，并注入示踪物得到$C-t$图。整理数据得表明反应器的Peclet准数N_{Pe}为：

$$N_{Pe}=ul/D_e=5.56$$

式中 u——通过反应器的平均流速；

D_e——旋涡扩散率。

根据N_{Pe}准数可看出流动是活塞流还是全混流。若$N_{Pe}\gg 1$，则流动为紊流混合，即全混流，若$N_{Pe}<1$，则越小越接近活塞流。

有了反应动力学的间歇试验及冷模试验的结果，可用图5-12-26～27计算反应容积，设计连续流反应器。图5-12-28是应用扩散模型计算一级反应的结果。

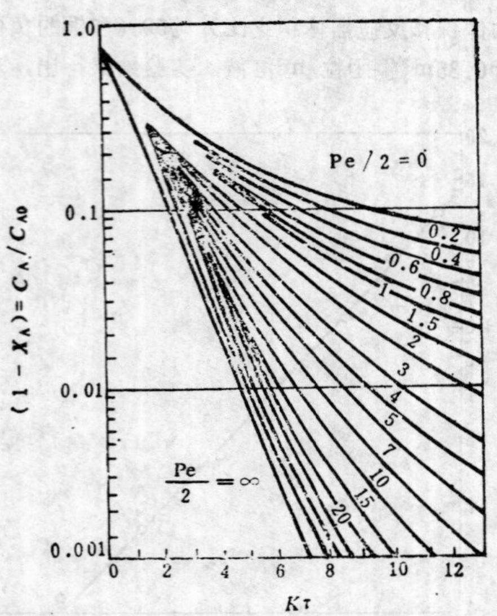

图 5-12-26 扩散模型的一级反应计算线图

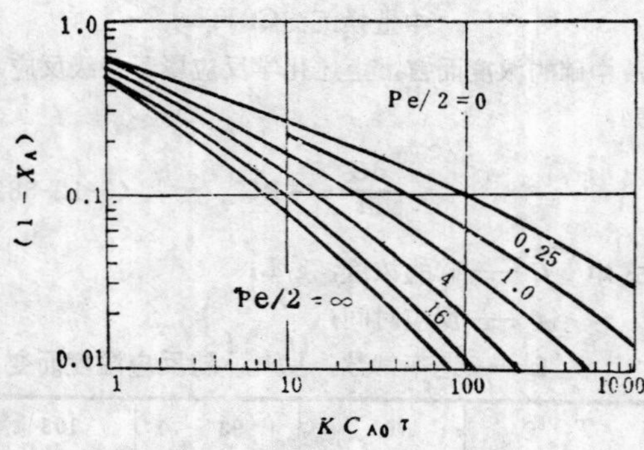

图 5-12-27 扩散模型的二级反应计算线图

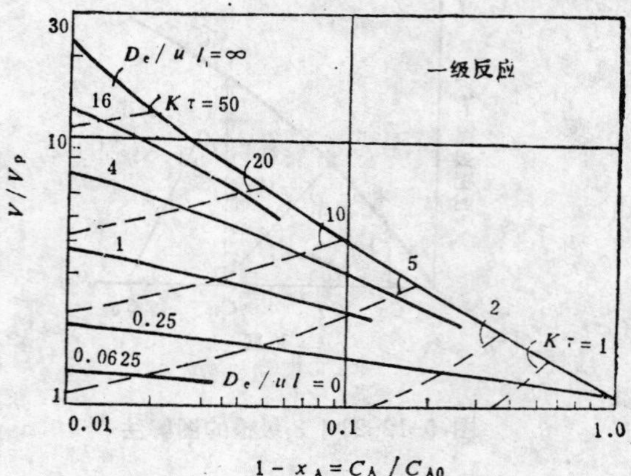

图 5-12-28 扩散模型的一级反应结果

该图纵坐标为V/V_P，其中V为具有一定返混的反应器达到转化率x_A时所需的反应器容积，V_P为活塞流时所需的容积。横坐标为C_f/C_i，其中C_f为反应物料的最终浓度，C_i为反应物料的初始浓度，$C_f/C_i=1-x_A$，表示未转化率。

若已知某一级反应的速率常数k及平均停留时间$\overline{\tau}$，通过冷模研究获得反映其流动形式的N_{Pe}数，从而可求出$1-x_A=C_f/C_i$，或者由给定的C_f/C_i求出V/V_P值。一般说来，扩散模型多用与返混较小的一些反应器，如管式反应器、固定床反应器等。

参考文献

［1］梁宁元等，中国大百科全书，矿冶，中国大百科全书出版社，1984，第734页。

［2］刘今，湖南有色金属，(1985)，№2，48～52。

［3］O. Levenspiel, Chemical Reaction Engineering, Second Edition, New York, 1972.

［4］森山昭，金属（日），47(1977)，№12，61～66。

［5］鞭严，森山昭，冶金反应工程学，科学出版社，1981，第91～92页。

［6］北京大学化学系，化学工程基础，人民教育出版社，1979，第205～221页。

［7］L. D. 贝尼菲尔德，C. W. 兰德尔，废水生物处理过程设计，中国建筑工业出版社，1984，第1～21页。

［8］H. Y. 孙、M. E. 华兹沃尔斯，提取冶金速率过程，冶金工业出版社，1984。

［9］陈甘棠等，化学工程手册，化学工业出版社，1986。

第六篇 稀有金属材料加工

第一章 熔 炼 和 铸 造

编写人 江 河 王华森 张 震 白良鳌

第一节 概 述

生产稀有金属压力加工材或制品，必先制取锭坯。作为半成品锭坯或铸件必须满足以下要求：

（1）化学成分和杂质含量在规定范围内，且均匀分布；

（2）组织均匀，无特异和个别粗大晶粒；

（3）无夹杂、裂纹、缩孔疏松等冶金缺陷；

（4）无折皱和急骤凸凹等表面缺陷；

（5）合理的形状和精确的尺寸。

制取稀有金属锭坯的基本方法有熔炼法和粉末冶金法两大类。熔炼法占主导地位。

一、稀有金属熔铸的冶金特性

稀有金属在熔铸时具有化学活性强，间隙杂质含量对其性能影响敏感和普遍熔点较高等特点。采用通常的耐火材料和熔铸方法很难获得令人满意的稀有金属及其合金锭坯。一些稀有金属在高温下会与耐火材料发生化学反应。

目前，稀有金属的熔铸基本上都是在真空或保护气氛的水冷铜坩埚内进行的，通称为真空熔炼。其主要优点是：

（1）防止了来自大气中的氧、氮、氢等有害气体对金属的污染；

（2）避免使用作为炉衬和坩埚的耐火材料；

（3）为金属材料的提纯提供了有利的动力学和热力学条件；

（4）顺序凝固的熔铸方式有利于不挥发的不溶杂质上浮，并能改善铸锭组织；

（5）熔炼在兼做锭模的坩埚（结晶器）中进行，便于采用热封顶方式补缩，减少冒口切除率。

二、真空熔炼方法及选择

随着科学技术的发展，已有多种真空熔铸方法可用于稀有金属熔铸。其中最普遍的有真空自耗电弧熔炼、电子束熔炼、真空感应熔炼和凝壳炉铸造等。

目前，最大的炼钛真空自耗电弧炉已能生产直径1.5m、单重30t的钛锭，熔炼工艺和设备也日臻完善，是应用最广的一种方法。电子束熔炼炉在热源分布和控制合金化学成分方面取得突破性的进展，适用于熔炼难熔金属和纯金属，在制取钛及钛合金异型锭坯和凝壳铸造方面的应用不断扩大，已投产最大的炼钛用电子束炉功率达3MW。

此外，旋转电极非自耗电弧熔炼、真空-充气保护电渣熔炼、真空等离子弧和等离子束熔炼都已具备工业规模生产稀有金属锭坯的设备和工艺技术。真空感应炉在熔炼中间合金应用较广。改进的真空感应炉凝壳熔炼也用于炼钛。

几种主要的真空熔炼方法特点比较及应用范围见表6-1-1。

表 6-1-1 稀有金属的主要熔炼方法比较

项目		真空自耗电弧熔炼	真空非自耗电弧熔炼	电子束熔炼	真空-充气电渣熔炼	真空等离子束熔炼	真空等离子弧熔炼
使用原材料状态		需要制备自耗电极	海绵状、颗粒、屑等散状料	散状料、棒料均可	需要制备自耗电极	棒料、散状料均可	形状不限
铸锭规格		大型锭易于实现	较小	小	大型锭易于实现	可制取大规格异型锭	较大
比电能消耗 kWh/kg		一次0.6 二次0.8(Ti)	较大	大	小	大	较大
熔炼室压力，Pa		6.650～0.0665	充氩，2660～3990	$1.33\times10^{-1}\sim1.33\times10^{-3}$	充惰性气体，33250～50540	充氩0.133～13.3	充氩，1.33
精炼效果	脱除气体	有限	稍好	最优	有限	良好	有限
	去除挥发杂质	有限	稍好	最优	有限	良好	有限
	去除金属杂质	良好	良好	最优	良好	良好	良好
电极材料污染		无	有	无	无	用钼管做阴极，极少	极少
坩埚材料污染		无	无	无	无，但受电渣纯度影响	无	无
铸锭晶粒度		粗大	粗大	极粗	粗大	粗大	粗大
挥发损失		少量	较多	最多	最少	较多	较多
铸锭表面质量		一般	一般	较好	最好	一般	一般
铸锭断面形状		一般只限圆形	一般只限圆形	圆形，异形	圆形，异形	圆形，异形	圆形，异形
合金成分控制		调整电极成分，易于控制	良好	较困难	调整电极成分，易于控制	良好	良好
熔炼速度控制		可调范围很小	范围较大	范围宽广	范围小	范围大	一般不调节
熔炼周期		最短	较长	最长	较短	较长	短
残料返回使用		很有限	良好	良好	有限	可使100%返回料	良好
炉子效率		高	较低	最低	较高	较低	较高
设备投资		低	较低	最高	低	较高	最低
最宜应用领域		Ti、Zr及其合金	某些钛合金、残料回收	W、Mo、Ta、Nb、Hf、Ti等难溶金属	只有苏联用来熔炼钛及钛合金，产量约占10～15%	Ti、Zr回收及熔炼铀	在钛及钛合金中有应用

三、真空熔炼的热力学

在真空下进行的熔炼过程能强化所有气态生成物的冶金反应；脱气、分解、挥发和脱氧过程在真空下进行得更充分，能获得更好的精炼效果。

1．脱气

除氧外，溶解于稀有金属中的气体杂质都可在熔炼中脱除。

双原子气体在金属中的溶解度与它在气相中的分压的平方根成正比，即

$$N = K_{N_2}\sqrt{p_{N_2}}\ ,\qquad H = K_{H_2}\sqrt{p_{H_2}} \tag{6-1-1}$$

式中 N、H——氮、氢在金属中的溶解度，%；

K_{N_2}、K_{H_2}——氮、氢在金属中溶解的平衡系数；

p_{N_2}、p_{H_2}——氮、氢在气相中的分压。

当温度一定时，K_{N_2}、K_{H_2}均为常数。在熔炼温度下，熔炼真空度愈高，也就是分压值p_{N_2}、p_{H_2}愈低，金属中的氮、氢残留含量也愈低。

2．分解

真空条件下，许多金属的氮化物、氢化物都易于进行分解。最易分解的是氢化物，除TiN、ZrN外的氮化物在真空熔炼时都可分解。分解生成的气体产物通过不同途径逸向气相而被真空机组排出炉外。

一些金属氮化物，氢化物的分解压与温度的关系见表6-1-2和6-1-3。

表 6-1-2 一些金属氮化物分解压与温度的关系

氮化物	熔点 ℃	分解压，Pa			
		133	13.3	1.33	0.133
		温度，℃			
WN		344	296	256	221
MoN		329	283	243	209
NbN	2027	1946	1770	1620	1491
TaN	3070	1921	1746	1599	1460
TiN	2950	2916	2699	2489	2331
ZrN	2985	2603	2390	2205	2046
VN	2050	1242	1170	1024	933
LaN		1998	1851	1716	1608
CeN		2180	1946	1875	1758

3．挥发

在一定的温度下，金属和非金属杂质的挥发去除主要取决于杂质的饱和蒸气压和炉内真空度。

一些纯金属的饱和蒸气压与温度的关系见图6-1-1。从图中可以看出，比稀有金属饱和蒸气压高的铁、硅、铜、铝等杂质在真空熔炼时易于挥发除去，但比基体金属饱和蒸气压低的金属杂质，如锆、钛、铪中的钨、钼、钽、铌则难于除去。挥发是在真空熔炼中去除金属杂质的主要途径，但其不利的一面是伴随有基体金属和合金组元的大量损失。

表 6-1-3 钛、铌、锆、钽的氢化物分解压与温度的关系

温度，℃	分解压，Pa			
	TiH1.957	ZrH1.95	TaH0.74	NbH0.95
50	≈0	≈0	≈0	≈0
100	146.3	372.4	≈0	≈0
200	505.4	558.6	≈0	≈0
300	1449.7	1236.9	4867.8	758.1
400	2021.6	13446.3	14177.8	125818
450		35072.1		160930
500	36669.8	73003.7	26879.3	204554
550	95028.5	117798.1		
600	234638.6		53811.8	
700			86277.1	
800			119899.5	

4．脱氧

主要是通过产生气体产物和分解成易挥发的低价氧化物脱氧。

通过碳脱氧时产生气体产物CO，反应如下：

$$[C]_{(液)} + [O]_{(液)} \rightleftarrows CO_{(气)}$$

平衡时 $$K = \frac{p_{CO}}{a_C \times a_O} = \frac{p_{CO}}{f_c[C] \times f_o[O]}$$

当碳、氧含量都很低时活度系数$f_c = f_o = 1$，则：

$$K = \frac{p_{CO}}{[C][O]}$$

式中 a_C、a_O——分别为碳、氧在液相中的活度；

[O]、[C]——氧、碳在液相中的浓度，%；

p_{CO}——CO在气相中的分压，Pa。

上式中，平衡常数K值一般随温度升高而增加。当温度一定时，K为定值。

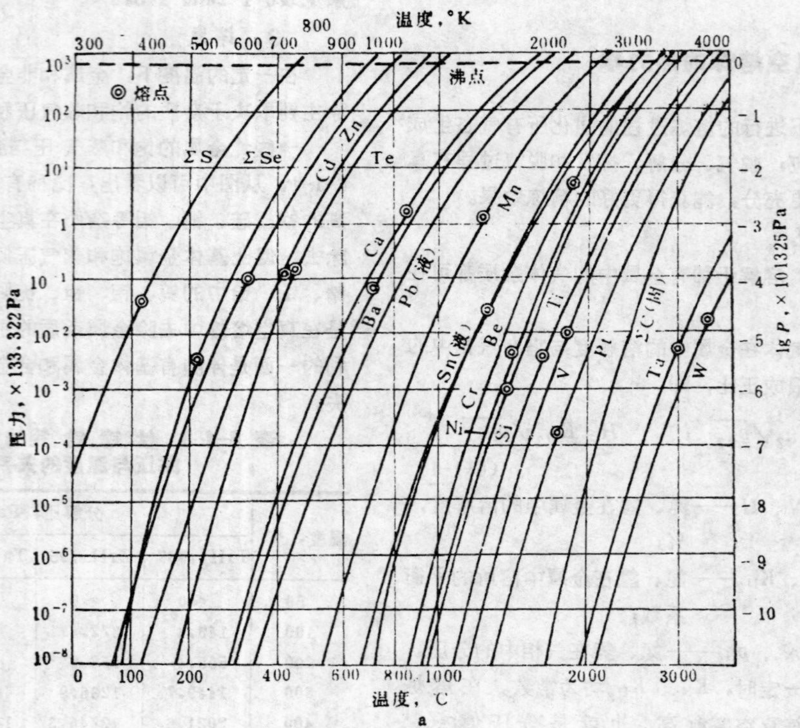

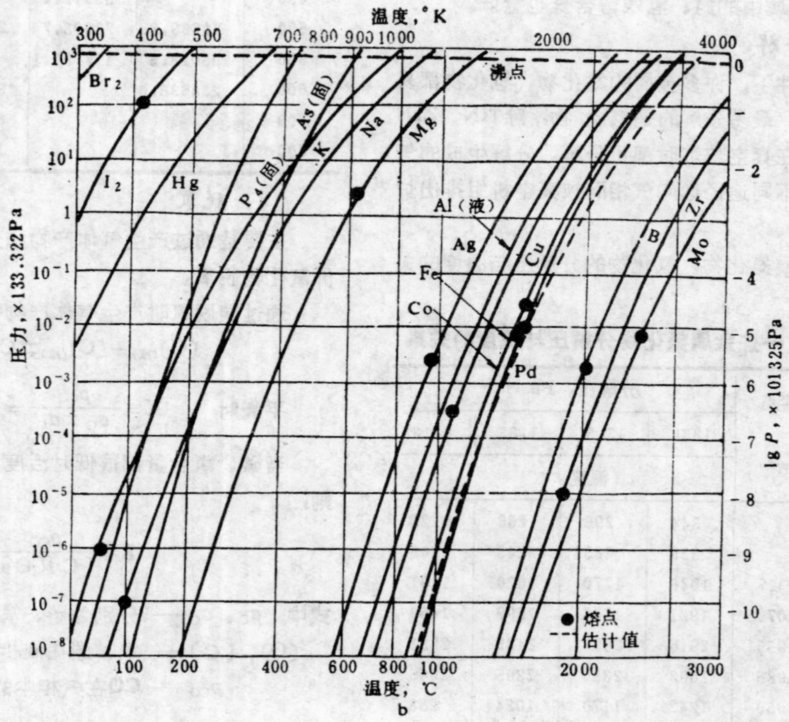

图 6-1-1 金属的饱和蒸气压与温度的关系

表6-1-4列出了当CO在气相中的分压p_{CO}=1.013Pa时某些金属中的碳-氧平衡浓度。从表中可以看出：当气相中CO分压为1.013Pa时，用碳脱去钨、钼、钽、铌中的氧可使氧含量降低至0.006%以下；而对于铪、锆、钛则不仅不能降低，而且会从气相中吸收碳、氧而使碳、氧含量增加。

在一定的温度下，如果某一金属的一氧化物的蒸气压高于其纯金属的蒸气压，则可通过该金属的一氧化物在真空下挥发脱氧。此种脱氧方式虽伴随有较大的金属损失，但对于某些稀有金属中氧的脱除起重要作用。

表 6-1-4 当CO分压为1.013Pa时金属中碳和氧的平衡浓度

金属	氧和碳的平衡含量，%	温度，℃
Ti	>10	2050
Zr	>10	2300
Hf	>10	2800
Be	0.07	1650
V	0.03	2290
Mn	0.025	2000
Cr	0.007	2400
Nb	0.006	2870
Ta	<0.0001	3300
Mo	<0.0001	2800
W	<0.0001	3500
Fe	<0.0001	2000
Co	<0.0001	2000
Ni	<0.0001	2000

一些金属的一氧化物与金属的饱和蒸气压比值列于表6-1-5。由表还可推断出用另一元素对某一金属进行挥发脱氧的可能性。

四、真空熔炼的动力学

1. 杂质在熔池中的扩散速度

如果炉内的真空度足够高，分子的平均自由程等于或大于挥发表面和冷凝表面之间的距离，那么，杂质从熔池中挥发的速度取决于它在熔池中的扩散速度。扩散速度与杂质的扩散系数和熔池的搅拌情况有关。如果熔池有强烈的搅拌，则可以认为除了很薄的界面层外，整个熔池中杂质的分布是均匀的，即只在熔池的表面层存在浓度梯度，如图6-1-2所示。

表 6-1-5 金属的一氧化物与金属的饱和蒸气压比值

能够脱氧	不能脱氧
$\frac{p_{MoO}}{p_{Mo}}=10^{0.5}$	$\frac{p_{TiO}}{p_{Ti}}=1$
$\frac{p_{NbO}}{p_{Nb}}=10$	$\frac{p_{VO}}{p_{V}}=10^{-2}$
$\frac{p_{BO}}{p_{B}}=10^{2}$	$\frac{p_{BeO}}{p_{Be}}=10^{-2}$
$\frac{p_{WO}}{p_{W}}=10^{2}$	$\frac{p_{CrO}}{p_{Cr}}=10^{-4}$
$\frac{p_{ZrO}}{p_{Zr}}=10^{2}$	$\frac{p_{MnO}}{p_{Mn}}=10^{-5}$
$\frac{p_{ThO}}{p_{Th}}=10^{3}$	$\frac{p_{FeO}}{p_{Fe}}=10^{-6}$
$\frac{p_{HfO}}{p_{Hf}}=10^{4}$	$\frac{p_{NiO}}{p_{Ni}}=10^{-7}$
$\frac{p_{TaO}}{p_{Ta}}=10^{5}$	

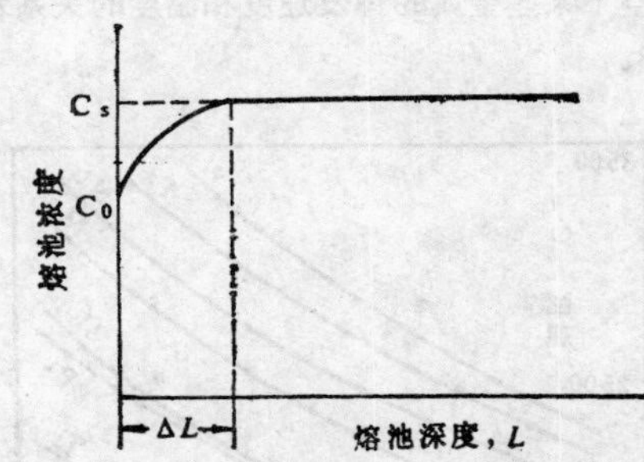

图 6-1-2 熔池表面层中杂质的浓度梯度

由于熔池中杂质挥发而使浓度c_{s_0}降至c_s所需的时间τ（s）可近似地由以下公式求出：

$$\tau=2.303\frac{V\Delta l}{DF}\lg\frac{c_s-c_0}{c_{s_0}-c_0} \quad (6\text{-}1\text{-}2)$$

式中 V——熔池体积，cm³；

F——熔池表面积，cm²；

Δl——扩散层的厚度，cm；

c_s——经τ时间后熔池中杂质的质量浓度；

c_0——熔池表面杂质的质量浓度；

c_{s_0}——熔炼开始时熔池中杂质的质量浓度；

D——杂质在熔池中的扩散系数。

2. 杂质的挥发速度

在压力低于1.33Pa的真空条件下，基体金属的挥发速度可近似地由下式计算：

$$w=4.38\times10^{-4}p\sqrt{\frac{M}{T}} \quad (6\text{-}1\text{-}3)$$

式中 w——挥发速度，g/(cm²·s)；

p——金属的蒸气压，Pa；

T——温度，K；

M——金属的原子量。

对于合金中某一组元的挥发速度则可用上式的推广式近似地求出，即：

$$w_i = 4.38 \times 10^{-4} a_i f_i p_i^{\circ} N_i \sqrt{\frac{M_i}{T}} \tag{6-1-4}$$

式中 w_i——合金元素 i 的挥发速度，g/(cm²·s)；

a_i——挥发系数，对于以单原子挥发的金属元素，$a_i=1$；

f_i——合金元素 i 的活度系数；

p_i°——纯组元 i 的蒸气压，Pa；

N_i——组元 i 的摩尔原子分数浓度；

T——温度，K。

真空下某些金属的挥发速度和温度的关系示于图6-1-3。

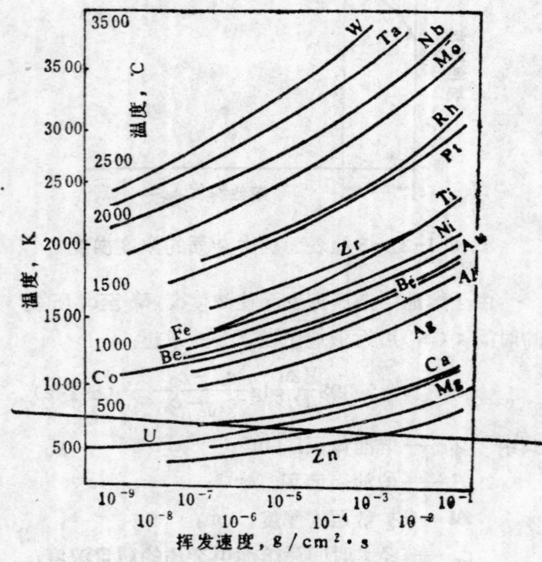

图 6-1-3 真空下某些金属的挥发速度与温度的关系

五、真空熔炼中的真空技术

真空技术发展起来之后，近数十年开始应用于冶金。时间虽短，但解决了大量常压冶金难以解决的问题，已成为金属和金属材料生产及加工处理的重要手段。

（一）真空冶金过程的压力范围

在低于 1 大气压（1.01325×10^5Pa）的负压环境，就是广义的"真空"。

图6-1-4示出了真空冶金工艺所需压强范围、真空系统组成和真空计测量范围。

在真空冶金中，工艺压强、真空系统（泵组）匹配是经济质量的重要构成因素。如果能使工艺过程的压强提高，就会显著降低设备和运转投资，这种情况对于在高真空压强范围下的过程尤其明显。例如，一个过程在1.33×10^{-2}Pa下进行，与在1.33×10^{-3}Pa相比，前者仅需后者抽速的十分之一，还可相应地减少高真空阀门和联接管道。合理的真空泵系统组成，在同一工艺压强条件下与不良的匹配方式相比，在投资和耗能方面相差也是悬殊的。例如当工艺压强为1.33～0.133Pa时，主抽泵采用油蒸气喷射泵，这时其预抽泵可以采用油封机械泵，但是在喷射泵和油封机械泵之间，再增加一级萝茨泵时，则可取得显著的节能效果。

（二）真空系统的概略计算

决定真空系统抽气能力或校核工艺过程真空度的主要因素是工艺过程的压强，材料放气速率，真空室内壁和管道放气速率，漏气率和真空室容积（包括相应管道），即：

$$S = Q/P \tag{6-1-5}$$

式中 S——有效抽气速率，L/s；

Q——系统放气速率，Pa·L/s；

P——工艺过程压强，Pa。

系统放气速率 Q 可用下式求得：

$$Q = Q_C + Q_B + Q_X \tag{6-1-6}$$

式中 Q_C——材料在工艺过程中的放气速率，Pa·L/s；

Q_B——真空室内壁放气速率，Pa·L/s；

Q_X——系统漏泄速率，Pa·L/s。

对于低真空熔炼如钛的真空电弧熔炼、等离子熔炼，或真空烘干等过程，为简化计算，可只取 Q_C，并在实际选用抽气机泵组能力时和材料放气速率波动一起给予安全系数。

例如，在真空自耗电弧一次熔炼钛时有：

$$Q \approx Q_C = \frac{101325\times c_0' v\eta}{60} \tag{6-1-7}$$

式中 c_0'——海绵钛含气量，Pa·L/kg；

v——熔化速度，kg/min；

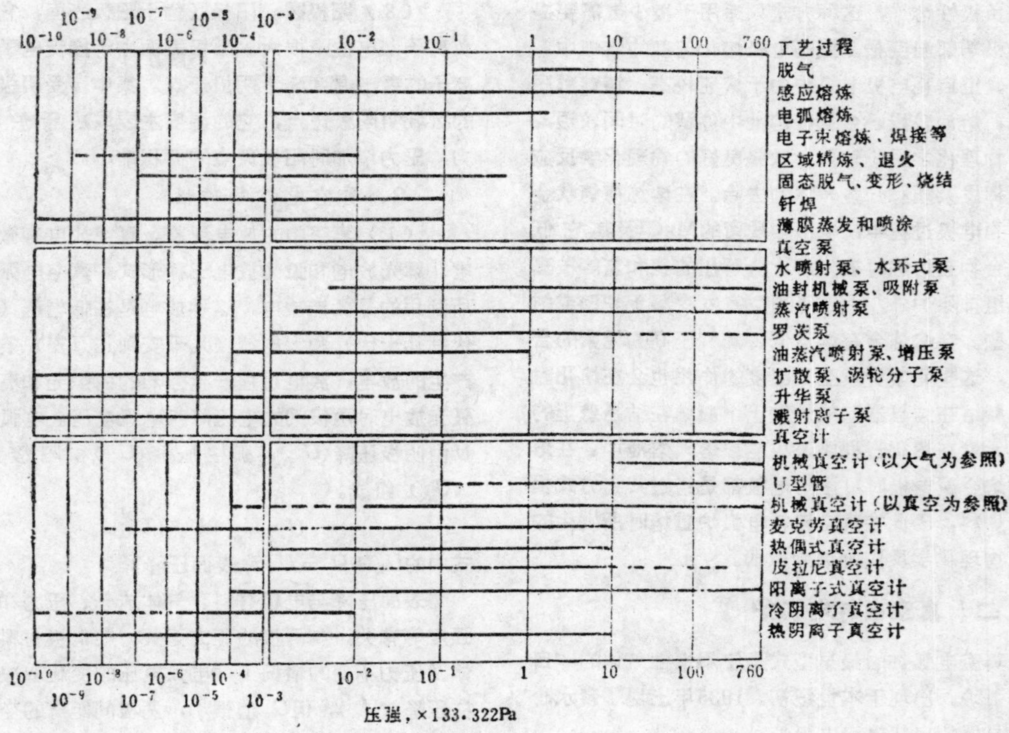

图 6-1-4 真空冶金工艺过程以及各种真空泵和真空计所适用的压强范围

表 6-1-6 一些金属的含气量和熔炼真空度

金属材料	含气量 MPaL/kg	熔炼真空度 Pa	备注
钢	0.01～0.065	0.1333～0.0133	
钼	0.02～0.025	0.0133～0.0666	
海绵钛	0.03～0.101	13.33～1.333	海绵锆含气量取中、下限

η —— 除气程度，一般取0.75。

此时

$$S=\frac{Q}{P}=1266.6c_0\nu/P\ \text{(L/s)} \qquad (6\text{-}1\text{-}8)$$

式中 P —— 熔炼室压强，Pa。

但在高真空压强范围的工艺过程中，容器内表面放气和漏气率则是设计真空系统的重要因素，不能忽略。表6-1-6列出了一些金属在熔炼中的含气量数据。表6-1-7为一些常用真空容器材料的放气速率数据。

表 6-1-7 一些金属在室温下表面放气速率（抽气 2h 后）

金属	铜	镍	铝	铁	钽	铌	钨
放气速率 $cm^3/(cm^2\cdot h)$	5.67×10^{-5}	$2.36\sim2.84\times10^{-5}$	$1.42\sim3.3\times10^{-5}$	0.499×10^{-5}	$1.65\sim3.08\times10^{-5}$	2.13×10^{-5}	0.472×10^{-5}

第二节 真空电弧熔炼

一、真空电弧熔炼原理

真空自耗电弧炉是在真空条件下利用电弧做热源熔炼金属并生产铸锭的设备，它分自耗电极式和非自耗电极式两种。非自耗式的用钨、石墨或水冷铜合金做电极。自耗式的用所生产的金属做电极，熔炼过程中电极本身被电弧熔化滴入水冷结晶器中凝固结晶成锭。在真空自耗电极电弧熔炼中应用直流电源，以电极为阴极，结晶器为阳极的熔炼方式称为正极性熔炼。这种方式应用最广泛，适用于所有金属和合金。以电极为阳极，结晶器为阴极的熔炼方式称为负极性熔炼，这种方式只适用于极少数需要提高电极端部温度借以提高电极熔化速度的熔炼中。

真空自耗电极电弧炉由于熔速较高，铸锭顺序凝固，熔池较浅，金属在熔池中停留的时间较短，冶金物理化学反应较弱，效果良好的物理化学反应是易挥发杂质和一些气体的去除。在熔炼海绵状金属制的电极过程中，电极中残留的MgCl及其它低价化合物在熔炼时被分解，分解出的氯和氢等被真空机组排除炉外，而镁等则挥发冷凝于炉壁或结晶器壁。在熔炼含有熔点低、蒸气压高的元素的合金时，这些元素受真空和温度的作用也会在熔化时挥发凝结在结晶器壁或炉壁上，凝结在结晶壁上的合金元素在熔化过程中又可能被熔入熔池中。在熔炼难熔金属电极时，由于电极都是经过其它方式提纯的炉料，因此在真空自耗电弧炉重熔时所发生的冶金物理化学反应则更为微弱。

二、真空自耗电弧炉

真空电弧炉的最早型式是使用惰性气体的非自耗电弧炉，出现于本世纪初。1935年出现了带水冷铜结晶器的自耗电极电弧炉。

（一）真空电弧的构造和特性

1. 真空电弧的构造

真空电弧熔炼的电弧系真空下的弧光放电，这种放电产生的温度极高，可以熔化象钨这样高熔点的金属。这种电弧主要由阴极斑点、弧柱和阳极斑点构成。

（1）阴极斑点。它位于阴极的表面，由发射电子形成。它有明显的光学边缘。斑点的大小与炉室压力有关，压力越高斑点越小。斑点越大，温度越低。在熔炼过程中阴极斑点在阴极表面游动，它的大小直接反映电弧的稳定性，斑点越小越易游动，电弧越不稳定。斑点的温度与电极材料的熔点和熔化电流密度有关，电极材料熔点越高，熔炼电流密度越大，斑点的温度就越高。

（2）弧柱。它位于阴极和阳极之间，是电弧的主体，温度最高，它实际上是一近于中性的高温等离子体。弧柱的温度很高，它的温度与电极材料、炉内压力和电流密度有关。弧柱的截面积与阴极和阳极表面积有关，但受炉内压力、电流密度和磁场的影响。炉内压力上升时，弧柱截面减小；电流密度越大弧柱的截面越大；熔炼过程中加入纵向磁场可使弧柱截面减小，提高电弧的稳定性。

（3）阳极区。阳极区位于阳极表面，它聚集负离子，电位降很大。阳极表面由于接受电子、负离子的轰击温度高于阴极斑点。集中接受阴极电子的区域叫阳极斑点，它的温度主要取决于炉内压力，压力增加时阳极斑点的面积缩小。

2. 真空电弧的特性

（1）真空中的放电现象。真空放电有微光放电、辉光放电和弧光放电三种形式。真空电弧熔炼所利用的是弧光放电，这种放电是在低电压（十几伏到几十伏）和大电流（几千安到几万安）条件下产生的放电，放电过程产生强烈的白炽光和高温。弧光放电时两极间的电压降叫电弧电压。电弧电压U由阴极压降(U)、弧柱压降(U_e)和阳极压降(U_A)组成。

$$U = U_k + U_e + U_A$$

式中的$U_k + U_A = U_s$称表面压降。

表面压降与电极材料、气体成分、压力和电流强度等有关，与两极的距离无关。在电极材料、气体及压力不变的情况下，电弧电压的变化取决于弧柱压降（U_e），但U_e值很小，两极间距离的变化对电弧电压的影响不显著，不成直线关系(图6-1-5)。

（2）真空电弧特性。真空电弧熔炼时电弧电压（U）主要是极性、电流、电极直径与坩埚直径之比值（d/D）、电极材料和电弧长度的函数。其中电流强度对表面压降（U_s）影响最大，而对弧柱压降（U_e）影响较小。即

$$U = U_0 + aI$$

式中 U_0——电弧电压的不变分量，V；

a——常数；

I——电流强度，I。

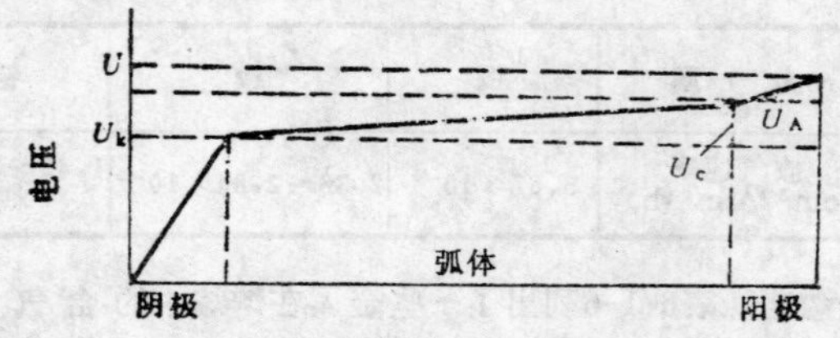

图 6-1-5 电弧电压分布

真空电弧熔炼钛时，在一定的弧长（电极下端与熔池表面间的距离）范围内，弧长每变化10mm引起0.5V的电压变化。不同金属进行真空熔炼时，电弧长度的变化也不同，真空下钛和钢的电弧电压与弧长的特性曲线见图6-1-6。

电弧电压和消耗在阳极的功率受炉内气氛的影响，在相同电流和弧长情况下，电弧电压依氦、氖、氩、氪、氙的次序降低，消耗在阳极的功率也依次降低。

电弧的稳定性还受炉内压力的影响。实验表明，电弧在101325～6666Pa范围内是稳定的；在6666～66.7Pa（50～0.5mmHg）范围内是危险的，有散弧、辉光放电发生，影响安全操作；在66.7Pa(0.5mmHg)以下时弧光放电可以正常进行。钛及难熔金属的真空电弧熔炼常在66.7Pa(0.5mmHg)以下进行，以获得安全操作和良好的铸锭质量。

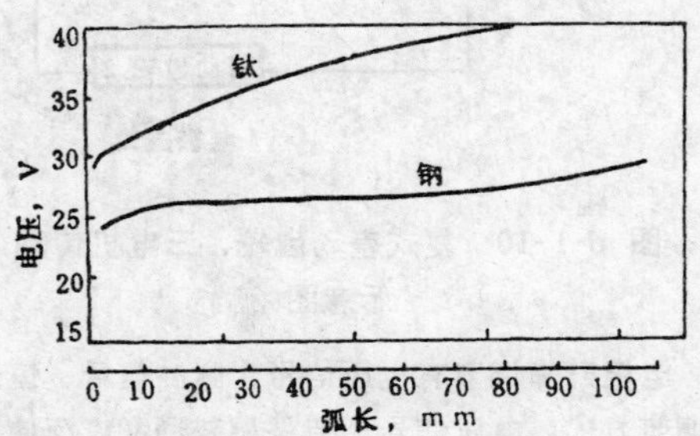

图 6-1-6　真空下钛和钢的电弧电压与弧长的关系

（二）真空自耗电极电弧炉的基本结构

现代应用的真空自耗电极电弧炉有各种结构形式，但均可分解为炉体、真空机组、电源、控制系统、结晶器及冷却套、电极杆及升降机构、搅拌装置、冷却系统和监测系统等几个基本部分。图6-1-7为典型真空自耗电弧炉结构示意图。

（1）炉体。炉体的作用是容纳自耗电极，构成与大气隔离的空间。现代工业规模的自耗炉有固定式，移动式和转动式的结构形式。炉体应能承受电极、电极杆及电极驱动系统等装置的重量，具有良好的气密性，且与结晶器连接方便，便于熔炼操作。

（2）真空机组。真空机组的作用是对密闭的炉体和结晶器造成熔炼所需的真空，既使在炉料大量放气出现辉光放电时也能保证在最短的时间内恢复到正常状态，因此它必须具有足够高的抽气速度。对一定的工业规模的真空自耗炉的真空机组应使炉体在30～45min左右的时间内由大气压抽到所需要的真空度。对于熔炼钛和锆所需的真空度为0.67～1.33Pa（5×10^{-3}～10^{-2}mmHg），而对于熔炼钼、钽和铌等难熔金属所需的真空度一般为0.013～0.13Pa（10^{-4}～10^{-3}mmHg）。真空自耗电弧炉的真空机组通常由油扩散喷射泵和罗茨泵做主泵，旋转式活塞泵和罗茨泵做预抽泵。真空自耗电弧炉用典型的真空机组配置图示于图7-1-8中。

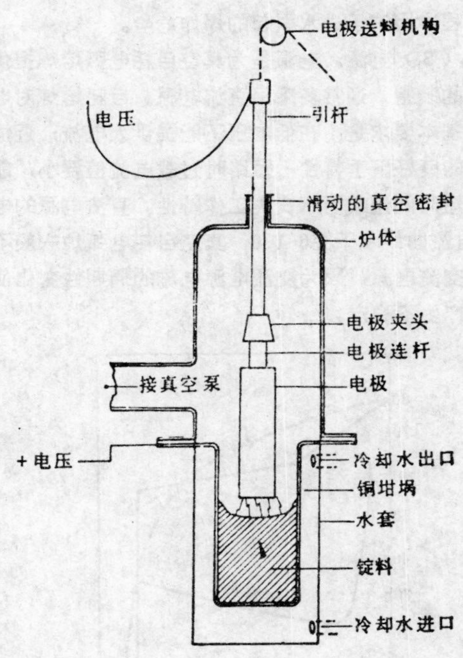

图 6-1-7　真空自耗电弧炉主要特点的示意图

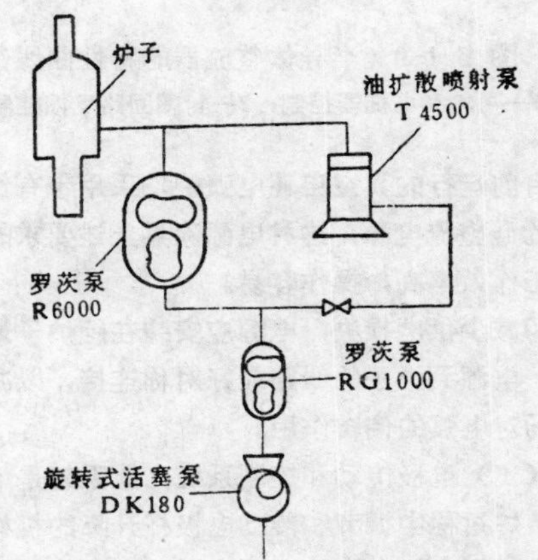

图 6-1-8　生产规模的自耗电弧炉的真空泵布置图

油扩散喷射泵在1.33～0.133Pa（10^{-2}～10^{-3}mmHg）具有较高的抽速，而油扩散泵在此区间的抽速却急剧下降。生产大型钛、锆铸锭的真空自耗电弧炉均配有罗茨泵，这是一种在干性条件下工作的泵，电机功率小，在133～0.133Pa（1～10^{-3} mmHg）的范围内有较大的抽速，抽除氢气的效率很高，即便在炉子进水的情况下也能继续抽气。它启动和停止都很迅速。这种泵几乎可以完全避免熔炼过程中因炉子进水引起的爆炸危险。

（3）电源。电源是为真空自耗电弧熔炼提供能源的装置，通常多采用直流电源。自耗熔炼对电源的基本要求是：在低电压下能提供大电流；近恒电流的良好下垂特性；短路时过载电流值要小；能承受短时间过载而不丧失工作特性。直流电源的电压-电流曲线示于图6-1-9。真空自耗电弧炉一般不采用交流电源，因为交流电源电流的周期性变化使电弧产生不稳定。

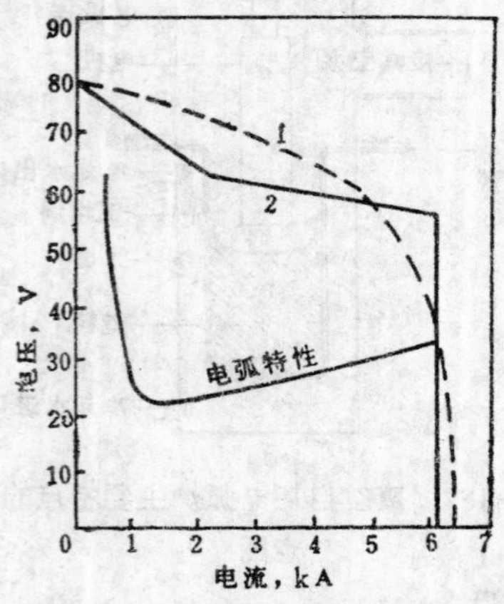

图 6-1-9 半导体整流器的特性曲线
1—可饱和电抗器控制，2—封闭回路反馈控制

目前运行的真空自耗电弧炉均采用带有饱和电抗器的硅整流电源，这种电源除具上述要求的特性外，工作效率高，操作容易。

为减少供电损失，电源应安装在距炉子最近的位置。电源到炉子的线路最好对称连接，以减小线路磁场对电弧的偏转作用。

（4）电极传动和控制系统。此系统是熔炼过程和装炉过程中调节和传动电极杆升降的机构。对此系统的要求是在熔炼过程中调节电极给进速度，以维持正常的弧光放电过程；熔炼过程中发生短路时能在0.2s内迅速提升电极消除短路恢复正常熔炼过程；在发生辉光放电和边弧时迅速下降电极，恢复到正常熔炼过程；在装炉时有较高的提升速度。

电极的传动有直流电动机减速机式和多电动机复差齿轮式。后者由两台转向相反的直流电机和一台交流电机构成，见图6-1-10。在熔炼过程中用两台直流电机传动电极，在发生短路和装炉时用交流电机传动电极。

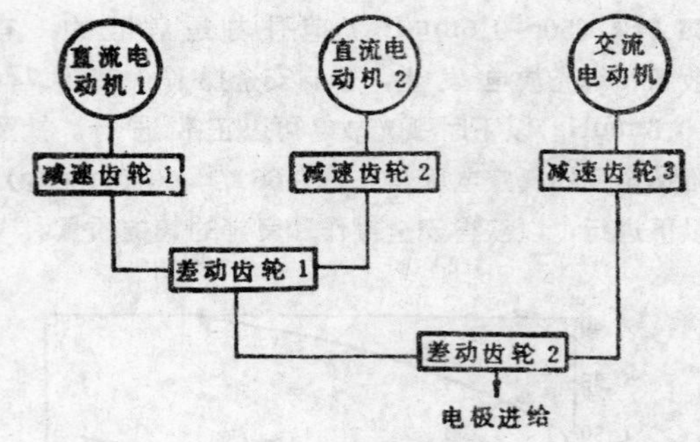

图 6-1-10 复式差动齿轮、三电机传动示意图

电极升降调节有电压信号、脉冲信号、恒速熔炼调节方式。电压信号调节是最普通和广泛使用的方式，其原理图见图6-1-11。这种方式的可靠性差，因为电弧电压与弧长并非呈线性关系，甚至在辉光放电时仍无反应，因此都不单独使用，而与其它方式配合使用。

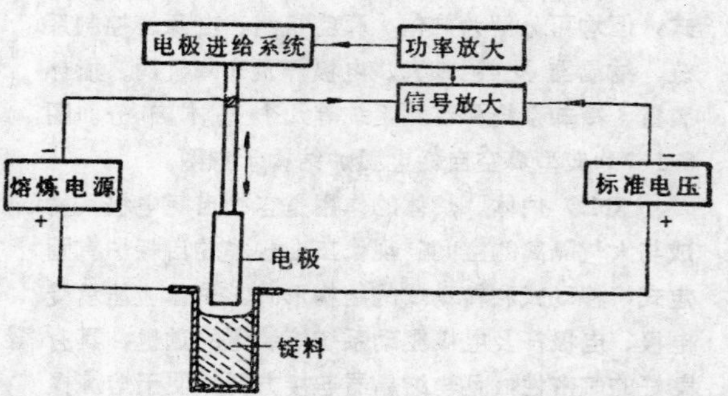

图 6-1-11 简单的“与电压有关的”电极控制系统原理

脉冲信号弧长调节方式的信号取自熔滴下降瞬间造成的电弧电压波动。实验证明电弧电压波动的频率和幅值与弧长成反比，因此这种方式只在熔炼进入正常状态下才有效。对于钛和多数钛合金来说脉冲控制很难实现，因为弧长的变化对电弧电压的影响较大。脉冲控制不宜单独用于真空自耗电弧熔

炼中。

恒速熔炼调节方式早期的是恒热输入，它控制输入的功率恒定，以获得恒速熔炼。但随着熔化过程，电极温度上升及熔速上升，恒热输入只能近似实现恒速熔炼。恒速熔炼技术的最新发展是采用重量传感器，在熔炼过程中连续指示电极的残余重量，再通过电子计算机控制输入功率，实现恒速熔炼。

为了在异常状态下快速调节电极升降速度，在控制系统中常加入手动快速升降按钮，直接控制交流电极升降电机，当弧长恢复正常后再转入选定的电极调节方式。

（5）结晶器及冷却套统。结晶器包括结晶器筒体和底座，它是熔炼和铸锭结晶的空间，它应有良好的导热、导电和密封性。有钢制的或铜制的，熔炼钛、锆及难熔金属用的结晶器通常均由铜制成。冷却套是冷却结晶器的装置，在它的内侧或外侧有磁场线圈。中小型自耗电弧炉的水套通常与结晶器是组装在一起，而大型自耗电弧炉的水套与结晶器是分离的，结晶器与底座先组装好，然后再装入冷却套内。

（6）电极杆及升降机构。电极杆的作用是吊载自耗电极和导电，在正极性熔炼中它为正极。它应能承受自耗电极和辅助电极的全部重量，表面光滑，以便在传送自耗电极时有良好的密封性，不降低炉内的真空度。大型真空自耗电弧炉用的电极杆通常由钢制支撑筒和铜制导电筒组成。支撑筒用于承受自耗电极载荷；导电筒用于传送电能，都带有水冷夹层，以防止因过热损伤。为便于操作电极杆，下端多采用由压力驱动的球壳结构与辅助电极连接。

电极杆的升降是通过丝杠实现的，丝杠由其顶端的双差动齿轮系统或蜗轮蜗杆减速机驱动，也有采用液压方式驱动的。不论何种方式均由传动和控制系统控制。

（7）搅拌装置。此装置由缠绕在水套内层的电源线圈和电源及控制系统构成。现代的线圈一般均可产生800～20000A/m的磁场，为减少发热通常都浸在水中。搅拌装置的作用是：①压缩电弧，在弧长条件下维持正常的弧光放电；②使金属熔池旋转，对熔池产生搅拌作用，改善合金化条件；③防止熔池旋转，产生与电弧固有磁场方向相反的磁场；④使阴极斑点旋转，改善熔池的热量分布；⑤细化晶粒。

现代真空自耗电弧炉的搅拌电源通常同时配备直流和交流两种电源。直流电源可产生不同强度和方向的电流；交流电源可产生不同频率和强度的低周波电流。两种电源由一单独的控制装置控制。

（8）冷却系统。真空电弧熔炼是采用由水冷铜结晶器铸锭的，需要有十分可靠的冷却系统，保证熔炼过程连续供水。冷却系统包括保安水源和供水系统。保安水源应提供含矿物质少的软质净水，以防沉淀堵塞管道导致供水中断。供水系统应保证提供熔炼过程中足够压力和流量的水。保安水源的储水量应保证使铸锭冷却到安全温度以下。冷却系统还要冷却电极杆、电缆、真空机组和炉室。为保持炉室干燥，防止炉室在敞开期间结露和吸潮，可对这部分附加温水系统，水温通常为30～40°C。

（9）监测系统。为减少熔炼过程中可能出现的爆炸所造成的损失，现代真空自耗电弧炉均采用遥控操作，在操作室内配有一系列监测装置，这些装置包括观测装置和计量指示记录及继电保护仪器等。

观测装置包括电视和光学潜望镜。黑白电视不能全面反映炉内熔炼情况，彩色电视目前尚处研制阶段，还不能广泛实际应用。目前，应用最广泛的是由一系列透镜和棱镜组成的潜望镜装置，它可以从炉顶部反映炉内的熔炼情况，操作可以通过在操

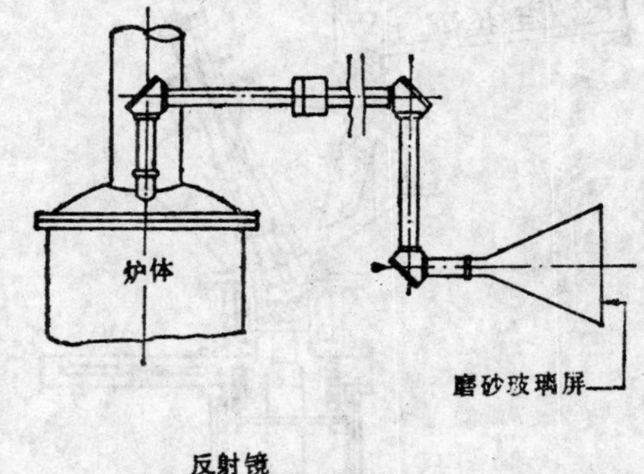

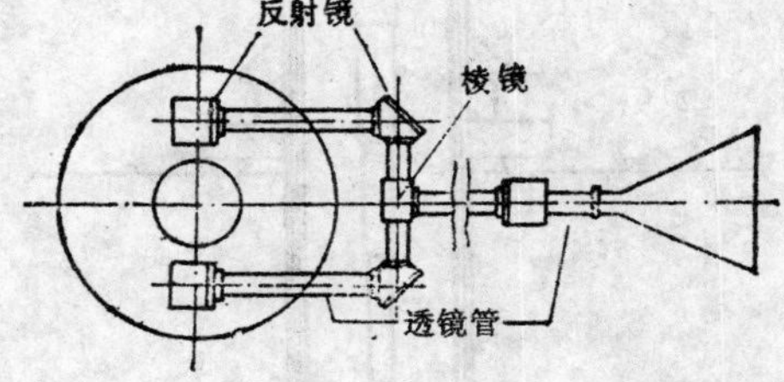

图 6-1-12 把电弧和熔池的镜象投射到控制台的光学系统

作台上的磨砂玻璃上判断熔炼情况。图6-1-12所示为一种常用的光学观测装置。

计量指示记录仪通常包括电流、电压、真空度和电极行程的指示和记录仪，此外还有水温、搅拌电流、真空机组和电源工作状态的指示仪。

继电保护仪器包括水、电方面的各种继电保护仪器及限位开关等。

三、非自耗电极真空电弧熔炼

（一）非自耗电极真空电弧炉的原理与结构

非自耗电极真空电弧炉的原理与自耗电极真空电弧炉的原理相同，均利用电弧热熔化金属铸锭。

从结构上说，非自耗电弧炉与自耗电弧炉基本相似，不同的只有电极、结晶器、拉锭装置及料仓等部分。结构原理见图6-1-13。

非自耗真空电弧炉的电极，早期用钨及钨合金或石墨制成，近年来多用含锆铜合金制成水冷式的。对非自耗电极的要求主要是寿命长，耐冷热疲劳，在高温下具有良好的工作特性，电子逸出功低。为延长电极寿命，现在非自耗电极多采用可旋转方式的。

非自耗真空电弧炉采用开弧熔炼，因此都采用

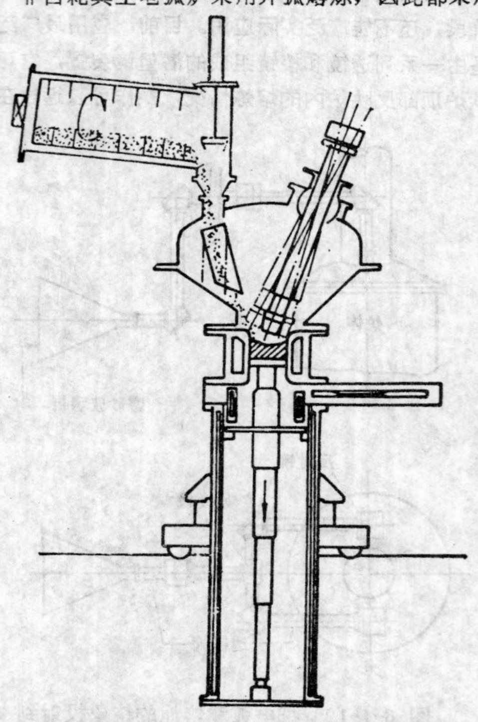

图 6-1-13　非自耗真空电弧炉结构原理示意图

短结晶器和拉锭机构。结晶器都是铜质的，长度最小与直径相等。拉锭机构有机械的也有液压的。

非自耗电极真空电弧炉多以散碎物料作炉料，因此都配备有料仓，料仓的容量要保证容纳一个炉次所需要的物料。为使炉料流动流畅，料仓有内壁带旋叶的旋转料仓，有的料仓带有螺旋送料器，也有的料仓带有电磁振动器。

（二）非自耗真空电弧熔炼的特点

熔炼散碎物炉料，省去了压制电极和拼焊电极设备，可熔化海绵状金属和残料，是一较经济方便的熔炼方法。

现代非自耗真空电弧炉有单极式和三极式的。单极式的非自耗炉炉料直接加入结晶器中被电弧熔化铸锭。此法不能去除非金属杂质，易产生不熔质点，表面也不理想，只能做自耗电极用。三极式非自耗真空电弧炉带有一水冷铜炉床。炉料直接加在炉床上，有两只电极熔化炉床上的物料，被熔化的炉料由炉床溢流到结晶器中被第三只电极加热，再逐渐凝固结晶成锭。在熔化残料时其中残存的硬质合金等高比重质点可沉在炉床底部，而氧化物、氮化物等低密度质点也可在炉床上被去除。这种多极式电弧炉特别适于熔炼残钛炉料和纯钛锭，因为这类炉料没有元素烧损问题。三极非自耗电弧炉能生产圆锭，也能生产扁锭。

第三节　电子束熔炼

一、电子束熔炼原理

电子束熔炼是利用电场加速的高速电子冲击金属炉料，使电子的动能转为热能以熔炼金属的工艺过程。产生电子束的装置叫电子枪。图6-1-14示出了电子束熔炼工艺原理。

电子枪由阴极、阳极、聚束极、聚焦线圈和偏转线圈及电源组成。阴极由电子逸出功小的材料如钽或钨制成。真空中的阴极被加热到电子逸出的温度后发射出的热电子流由电磁聚焦和偏转线圈聚成束流，在高压电场下被加速并以极高的速度冲击炉料或熔池，大部分能量被金属吸收使金属升温以致熔化过热，极少部分能量发射出X射线和二次电子。电子流的速度ν与加速电压U（伏）有关。服从下述规律：

$$\nu = 593\sqrt{U}\text{，km/s}$$

电子枪的功率决定电子束熔炼速度和所熔炼铸

锭的规格。

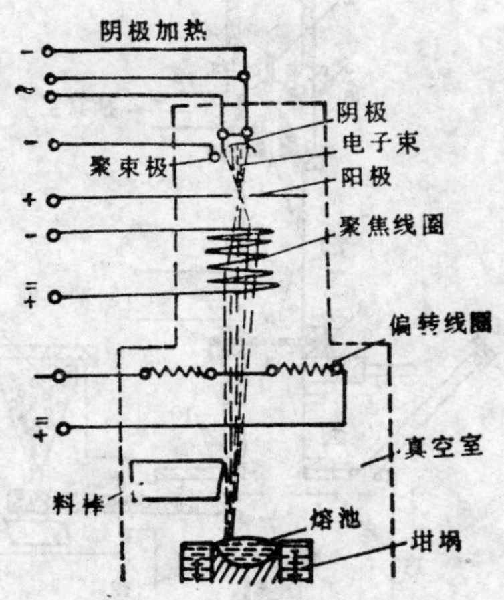

图 6-1-14　电子束熔炼原理示意图

电子束熔炼均在高真空下的水冷铜坩埚或带水冷铜炉床与水冷铜坩埚结构的炉内进行，功率和熔速调节范围大，液体金属可在高温或过热条件下长时间维持，以使很多冶金物理化学反应得以充分进行，达到提纯目的。

电子束熔炼过程的主要冶金化学反应有如下几种：

（1）脱气。由于熔炼在高真空下进行，大多数金属和合金中溶解的氢脱除较彻底，溶解态的氮也很易脱除。

（2）分解。金属中氢化物和大部分氮化物在熔炼中被分解脱除。电子束熔炼钽可使残余氮量低于0.001%；熔炼锆时残余氮量可低于0.0022%；但多次熔炼铪时，残余氮含量反有上升趋势。

（3）脱氧。一般可通过C-O反应和低价氧化物挥发等途径脱除。但钛、锆、铪不能通过C-O反应脱氧，钛亦不能通过低价氧化物脱氧。钨、钼、钽、铌通过碳脱氧的效果很明显。铌以NbO形式脱氧的速度比以CO形式脱氧的速度约快四倍，因此铌原料中氧含量与碳含量之比值对熔炼后的脱氧程

表 6-1-8　电子束熔炼W、Mo、Ta、Nb、Hf的提纯效果

状态	坩埚直径 mm	熔速 kg/h	熔炼功率,kW	熔炼真空度 Pa (mmHg)	比电能 kWh/kg	杂质含量,%×10⁻⁴				挥发损失,%	硬度 HB
						H_2	C	O_2	N_2		
预烧结钨	—	—	—	—	—	1	70	4100	30		
一次熔炼锭	40～50	4	120～160	$1.3\times10^{-2}(1\times10^{-4})$	30～40	1	40	115	11		
二次熔炼锭	40～50	4	120～160	$8\times10^{-3}(6\times10^{-5})$	30～40	1	35	5	2	6	
预烧结钼	—	—	—	—	—	2	170	810	51		
一次熔炼锭	40～60	6～8	50～90	$1.3\sim2.7\times10^{-2}(1\sim2\times10^{-4})$	8.3～11.25	1	64	105	15		
二次熔炼锭	60～80	8～10	70～100	$6.7\times10^{-3}(5\times10^{-5})$	8.75～10	1	25	6	3	6	
预烧结钽							420	1430	260		
一次熔炼	60	15～18	140	$1.3\times10^{-2}(1\times10^{-4})$	7.8～9.5		90	130	20	14.4	
二次熔炼	75	13.7	100～105	$1.3\times10^{-3}\sim9.3\times10^{-3}(1\sim7\times10^{-5})$	7.6		60	40	<20	8.8	66
预烧结铌							430	2190	620		
一次熔炼锭	60	8.9	103	$2\times10^{-1}\sim9.3\times10^{-2}(1.5\times10^{-3}\sim7\times10^{-4})$	11.6		112	405	232	4.8	
二次熔炼锭	70	5.3	78.3	$1.3\times10^{-3}\sim1\times10^{-2}(1\sim8\times10^{-5})$	14.8		70	140	83	3	60.8
预烧结Nb-10W-2.5Zr条							300	3300	500		
一次熔炼锭	60	10.2	76		7.1		30	240	200	8.4	
二次熔炼锭	86	12.2	130		10.6		60	59	58	15.3	
含 3% 海绵铪						18～50	67.4	770	89.3		
一次熔炼锭	84	12～14	42～48	$1.3\times10^{-2}(1\times10^{-4})$	3.2～4	3～10	48	544	56	5	
二次熔炼锭	84	16～18	48～50	$1\times10^{-2}(8\times10^{-5})$	2.7～3.1	4～15	43	528	57	3	170
三次熔炼锭	110	20～24	58～60	$1\times10^{-2}(8\times10^{-5})$	2.5～3.0	2～11	42	377	63	2～3	

度有很大的影响。

一般认为，氧、氮脱除程度在同样的过热条件下主要取决于维持液体状态的时间长短。

（4）金属杂质的挥发。在电子束熔炼温度下，比基体金属蒸气压高的金属杂质，都能不同程度的通过挥发去除。挥发对于提纯是极有利的，但对于合金熔炼，则使合金成分的控制复杂化。另外，也伴随有相当数量基体金属的损失。

（5）非金属不溶杂质的上浮。由下而上的顺序凝固铸锭方式，有利于非金属不溶杂质上浮而富集在铸锭顶部，在切头时去除。

但是电子束熔炼不能象真空感应炉熔炼那样有一个整体熔池，使整个锭内的合金组元和杂质充分反应和均匀化。电子束熔炼只能在料棒的基础上进一步提纯，而对整个铸锭合金成分和杂质含量的均匀化是有限的。

电子束熔炼钨、钼、钽、铌和铪的提纯效果见表6-1-8。

二、电子束熔炼炉

（一）电子枪的种类

电子枪是电子束熔炼炉的主要部件，它的结构决定炉子的整体结构。电子枪根据电子发射系统的结构特点而分为四种类型：近环状阴极枪；远环状阴极枪；平面发射电子枪；远聚焦式电子枪。

环状枪和平面发射电子枪电子束熔炼炉的电子束发射系统与熔炼室同处一个真空室。在熔炼中当熔炼压力高于2.7×10^{-2}Pa时，可能发生辉光放电危及电子枪的工作状态，另外熔炼中的挥发物也污染电子枪的阴极，降低阴极寿命，因此环状枪的寿命短，可靠性差，目前已很少使用。

远聚焦式电子枪的枪室由2～3个分离的真空室组成，且远离熔炼区，这种枪一般不受熔炼挥发物的影响，寿命较高，阴极寿命可达100～150h，这种结构使它的适用范围有所扩大，可熔炼含气量高的材料，是应用较广的一种电子枪。远聚焦电子枪的缺点是枪的结构、真空系统复杂，电能消耗较高。

（二）远聚焦多室式电子束熔炼炉

远聚焦多室式电子束熔炼炉根据电子枪的数量可分为单枪和多枪式二类；根据熔炼方法可分为滴液式和水冷铜床溢流熔炼水冷坩埚结晶式；根据进料方式可分为棒料进料和散碎料进料二类。图6

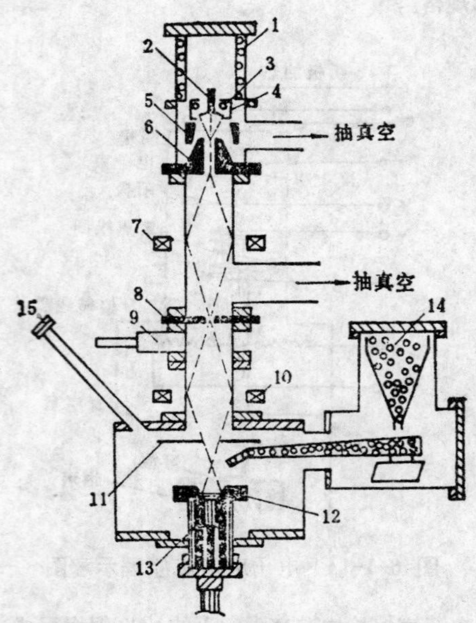

图 6-1-15 远聚焦单枪电子束熔炼炉结构示意图

1—电子枪罩；2—钽阴极；3—钨丝；4—屏蔽极；5—聚束极；6—加速阳极；7—一次聚焦线圈；8—拦孔；9—阀门；10—二次聚焦线圈；11—隔射板；12—坩埚；13—铸锭；14—料仓；15—观察孔

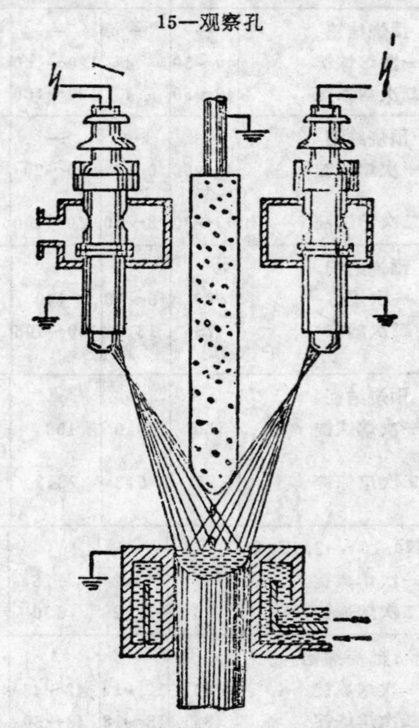

图 6-1-16 远聚焦双枪电子束熔炼示意图

-1-15和6-1-16分别示出了远聚焦单枪电子束炉结构和双枪电子束熔炼的示意图。

料棒垂直进料结构一般用于200kW以下的电子熔炼炉。500kW以上的电子束熔炉多采取棒料水平进料结构。散碎料垂直进料装置曾用于实验设备上，很少使用。水冷炉床溢流熔炼主要为熔炼残钛而设计，它可有效地去除高比重和低比重的金属夹杂。

远聚焦多室式电子束熔炼炉主要由以下部分组成：

（1）炉体。炉体的结构形式与电子枪的类型和数量，原料状态及供料方式有关，有水平式和垂直式二种。为提高铸锭表面质量，大多数电子束熔炼炉采用带回转机构的旋转拉锭装置。熔炼室一般为双壁水冷结构。

（2）坩埚和炉床。主要由冷却水套和铜结晶器组成。坩埚长度一般为铸锭直径的1～1.5倍。

（3）真空系统。真空系统包括真空室和抽气装置。真空室包括电子枪室和炉室。电子枪室通常分为二段和三段，配有独立的抽气装置，电子枪室的压力应保持在2.7×10^{-2}～1.33×10^{-3}Pa之间，低于炉室压力。为防止炉室内的气体流向枪室在电子枪内设有拦孔（气阻）。

炉室内的允许压力与电子枪的结构有关，炉室内的工作压力主要取决于熔炼材料的放气量和熔炼速度，一般在1.33×10^{-2}～1.33×10^{-3}Pa范围内，也可在1.33×10^{-1}Pa下工作。

炉室的抽气装置一般由油扩散泵、机械增压泵（或油增压泵）和机械泵组成，以油扩散泵为主。抽泵时的抽气能力可用如下经验公式计算：

$$S=(100\sim180)N \qquad (6\text{-}1\text{-}9)$$

式中 S——油扩散泵的公称抽速，L/s；

N——炉子额定功率，kW。

图6-1-17所示为200kW电子束熔炼炉的真空系统。

（4）电子束电源系统。主要包括灯丝加热回路，阴极加热回路，电子束加热回路以及聚焦和偏转磁场的激磁回路。

灯丝加热回路用于加热块状阴极的灯丝，一般由单相变压器供给交流电，通过装在变压器一次侧的电位器式饱和电抗器控制其输出功率。

高压直流电是由单相或三相高压变压器经桥式整流器供给直流电，其输出端的负极接到灯丝上，正极接到阳极上。输出端的电压调节是通过装在变压器一次测的调压器或饱和电抗器进行的。

电子加速回路同阴极加速回路一样，高压直流电是通过高压变压器和三相桥式整流器供电。

整流元件通常采用闸流管或硒整流子。

闸流管整流装置控制灵敏，可通过闸流管的瞬时闭锁消除回路，但其寿命较短，造价高，维护也较复杂。可做电子束源的闸流管有ZG—40/15和ZG1—15/15。

硒整流器靠过流继电器消除回路，不如闸流管控制灵敏，但使用寿命长，造价低，维护简单。

电子束加速回路（阳极回路）采用负高压接法，输出端的负极接到阴极上，正极接到加速阳极上。这样，阳极和坩埚等就可以接地了。

为了限制因放电而引起的电子束电流急剧增

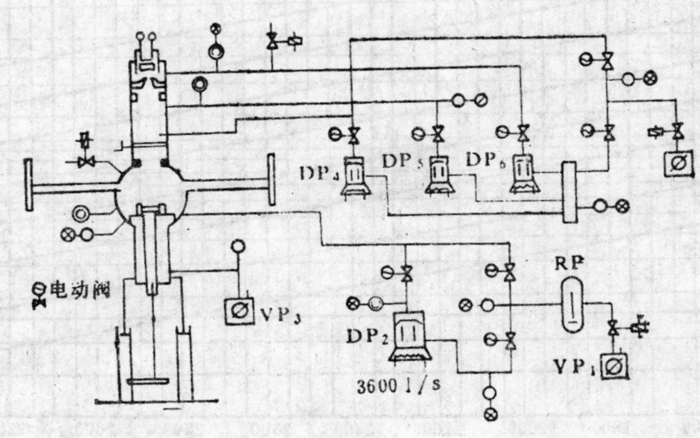

图 6-1-17 200kW电子束熔炼炉真空系统图
VP—机械泵，DP—扩散泵，RP—机械增压泵

加，在阴极回路和阳极回路上，不仅采用饱和电抗器或轭流圈等限制环节，而且还有过流保护环节。

带饱和电抗器的电子束主电源，其加速电压和电子束电流的关系曲线具有电流下垂的特性。

电子束电流系统伴随着熔炼炉的放电，可能在高压回路产生高频冲击波。因为当电子束电流很大和变化非常迅速时，饱和电抗器来不及反应，高频冲击波不能被吸收，在阻抗高的地方将会产生高压击穿现象。为吸收这部分电能，通常在电子枪和其它部位加装电容器和放电间隙。

在聚焦和偏转线圈的激磁回路中，聚焦激磁回路由单相变压器和单相全波整流器供电，用装在变压器和一次测的电位计调节激磁电流。

偏转线圈的激磁回路在多枪系统中可以采用同聚焦激磁回路一样的供电方式，在单枪系统中则通常采用两个垂直相交的偏转磁场，其中一个是直流磁场，另一个是交流磁场。

由单相变压器和全波整流器供电的直流磁场，给电子束恒定的偏转，而由单相变压器供电的 50Hz 的交流电磁场，使电子束摆动。两个磁场叠加的结果，使电子束产生圆形摆动，以均匀地加热熔池。

通过装在变压器一次测的电位计，可以调节偏转和摆动的幅度。聚焦和偏转线圈的激磁回路要求电源电压稳定，其波动值不超过5%。

三、电子束熔炼工艺

（一）熔炼功率的确定

电子束熔炼所需功率与炉料品种、料棒直径、坩埚直径、熔化速度及炉型有关。一般可由下述公式确定：

$$N=(K_1+K_2)\nu\frac{4.187}{60}(c\Delta t+L),\ \mathrm{kW} \tag{6-1-10}$$

式中 N——熔炼功率，kW；

ν——熔化速度，kg/min；

c——材料的平均比热，Cal/(g·°C)；

L——材料的熔化潜热，Cal/(g·°C)；

K_1——工艺系数，与材料的流动性、表面张力和料棒熔滴入液相的时间有关；

K_2——电子束损失系数，与散射电子和二次电子发射有关，(K_1+K_2)一般可取1.5～1.7。

在实际熔炼中，熔炼工艺功率可用图6-1-18确定。从图中可见，对于同种材料，其熔炼功率与铸锭直径的平方成正比；对于同一功率，所能熔炼的铸锭直径的自然对数与材料的熔点成反比。

（二）比电能

熔炼单位重量炉料所需的电子束功率叫做比电

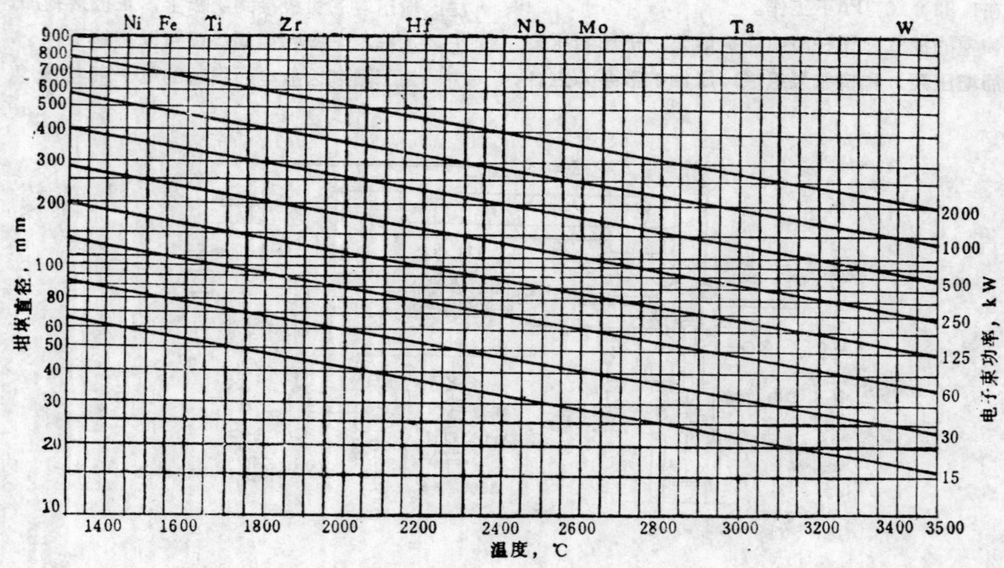

图 6-1-18 电子束熔炼功率与金属熔点和铸锭直径的关系

表 6-1-9 一些金属材料电子束熔炼的比电能范围

金属	W	Mo	Ta	Nb	Ti	Zr	Hf	Cu	Ni	Fe
比电能，kWH/kg	12～32	3～10	6～15	6～14	2～3	2～4	3～10	1～2	1～2	1.2～2

表 6-1-10 纯金属的电子束熔炼工艺参数实例

品种	设备型号	坩埚直径 mm	原料状态	熔次	漏气量 Pa·L/s	真空度，Pa 熔前	真空度，Pa 熔炼	熔炼功率 kW	熔速 kg/h	比电能 kWH/kg	冷却时间 min	成锭率 %
铪	60kW	84	φ74×680海绵压制料棒	1	<0.06	6.67×10^{-3}	1.33×10^{-2}	46～48	12～14	2.5	150	92～94
		84	φ84一次锭	2	<0.06	6.67×10^{-3}	1.07×10^{-2}	48～50	16～18	3.0	180	95
		110	φ64一或二次锭	2或3	<0.06	6.67×10^{-3}	1.07×10^{-2}	58～60	20～24	3.5	210	96
钽	200kW	60	φ45烧结棒	1		6.67×10^{-3}	6.67×10^{-2}	130～140	20～25	5.6～6.5	60	89
	200kW	80	φ60一次锭	2		6.67×10^{-3}	1.33×10^{-2}	180～190	20～25	7.5～9.0	90	94
	120kW	75	φ60一次锭	2	<0.67	6.67×10^{-3}	1.07×10^{-2}	100～110	12～14	8～8.3	90	94
铌	120kW	55	TNb—1条	1	<0.67	6.67×10^{-3}	5.33×10^{-2}	65～70	8～10	7×8.1	90	96
		70	φ55一次锭	2	<0.67	6.67×10^{-3}	1.07×10^{-2}	75～80	10～12	6.7～7.5	90	96
		70	TNb—1条	1	<0.67	6.67×10^{-3}	5.33×10^{-2}	75～80	10～12	6.7～7.5	105	96
		92	φ70一次锭	2	<0.67	6.67×10^{-3}	1.07×10^{-2}	95～100	12～14	7.2～8.0	150	98
	200kW	60	TNb—1条	1		6.67×10^{-3}	6.67×10^{-2}	110～120	10～12	10～11	90	95
		80	TNb—1条	1		6.67×10^{-3}	6.67×10^{-2}	120～130	12～15	9～10	120	95
		130	φ80一次锭	2		6.67×10^{-3}	1.33×10^{-2}	180～190	22～25	7.6～8.2	180	96
钨	200kW	55	钨条	1		6.67×10^{-3}	1.33×10^{-2}	200	8	25		
		80	φ55一次锭	2		6.67×10^{-3}	1.33×10^{-2}	200	8	25		
		85	φ55一次锭	2		6.67×10^{-3}	6.67×10^{-3}～1.33×10^{-2}	200	16.7～13.3	12～15		
钼	200kW	80	烧结条	1		6.67×10^{-3}	6.67×10^{-2}	150	21.5	7～8		90.2～93.3
		135	φ80一次锭	2		6.67×10^{-3}	6.67×10^{-3}	200	25	10		8.7～8.9
		60	烧结条	1		6.67×10^{-3}	0.133	110	13.5	8		—
		90	φ60一次锭	2		6.67×10^{-3}	0.133	160	20	8		—
		86	烧结条	1		6.67×10^{-3}	0.133	160	20	8		—
		135	φ86一次锭	2		6.67×10^{-3}	0.133	200	25	8		—
	120kW	55	烧结条	1	<0.67	6.67×10^{-3}	2.66×10^{-2}	60～65	18～20	2.7～3.0	60	91
		70	φ55一次锭	2	<0.67	6.67×10^{-3}	1.07×10^{-2}	70～75	22～28	3.3～3.5	90	95
		70	烧结条	1	<0.67	6.67×10^{-3}	2.66×10^{-2}	70～75	25～30	2.5～2.6	90	91
		92	φ70一次锭	2	<0.67	6.67×10^{-3}	1.07×10^{-2}	90～95	28～32	2.9～3.2	90	95
	200kW	70	烧结条	1		6.67×10^{-3}	0.107	100～110	25～30	3.7～4.0	90	90
		80	烧结条	1		6.67×10^{-3}	0.107	110～120	25～30	4～4.4	90	90
		110	φ70一次锭	2		6.67×10^{-3}	1.33×10^{-2}	170～180	30～35	5.7～5.1	150	95
		130	φ80一次锭	2		6.67×10^{-3}	1.33×10^{-2}	190～200	30～35	5.7～6.3	180	95

能q，它与熔炼功率N、熔化速度ν的关系如下：

$$q=\frac{N}{\nu} \quad (\mathrm{kWH/kg}) \quad (6\text{-}1\text{-}11)$$

式中 N——熔炼功率，kW；

ν——熔化速度，kg/h。

电子束熔炼一些金属的比电能列于表6-1-9。

（三）熔炼速度

熔炼速度是指单位时间内熔化的炉料量，它与熔炼功率、金属熔点及提纯要求有关，由供料速度控制。

当功率和比电能已知时，棒料供料速度由下式确定：

$$\nu_s=\frac{N\times 1000}{qF\rho\times 60}=16.6\times\frac{N}{qF\rho},\ \mathrm{cm/min} \quad (6\text{-}1\text{-}12)$$

式中 ν_s——供料速度，cm/min；

N——熔炼功率，kW；

q——比电能，kWH/kg；

F——料棒横截面积，cm^2；

ρ——料棒密度，g/cm^3。

在给定的熔速下，供料速度则变为：

$$\nu_s=16.6\times\frac{\nu}{F\rho},\ \mathrm{cm/min} \quad (6\text{-}1\text{-}13)$$

式中 ν——熔炼速度，kg/h。

熔炼功率N、比电能q和熔炼速度是决定电子束熔炼铸锭冶金质量、提纯效果和收得率的基本三要素。

熔炼速度与炉料的杂质含量特别是气体含量、金属的流动性及与坩埚表面的浸润性有关，含气量高时熔炼速度低些。熔炼钛、锆等金属时应采用低功率、高熔速，以防粘坩埚。

表6-1-10列出了一些金属电子束熔炼的工艺参数实例。

（四）熔炼真空度

电子束熔炼时的熔炼真空度除与电子枪结构有关外，主要取决于炉料的物理特性和含气量，为了达到提纯的目的，熔炼一般在5×10^{-2}～1.33×10^{-3}Pa范围进行。采用远聚焦电子枪电子束熔炼钨、钼、钽、铌时，一次熔炼真空度一般为$1.33\times(10^{-2}\sim10^{-3})$Pa，二次熔炼真空度为$1.33\times10^{-3}$Pa。熔炼铪的真空度一般为$1.33\times(10^{-3}\sim10^{-4})$Pa。熔炼钛的真空度一般为$1.33\times10^{-1}$Pa。

（五）熔炼次数

为获得较好的提纯效果和表面质量，均匀成分的铸锭通常需进行二次熔炼，对于某些特殊要求或提纯某些元素时可采用三次熔炼。当与真空自耗电极电弧炉联合生产铸锭时也可只进行一次熔炼。

第四节 真空感应熔炼

一、真空感应熔炼原理

真空感应炉是把感应圈（含坩埚），铸锭模及浇铸机构都装在真空室内进行真空熔炼和浇铸的设备。

真空感应炉与常用的感应炉的原理相同，都利用电磁感应定律和焦耳-楞茨定律产生热能。感应熔炼炉采用的多是无磁感应炉，当变频机产生的交流电通过感应圈时产生交流磁场，交流磁场在炉内的金属炉料中产生感应电动势，因集肤效应产生交流电流，炉料本身的电阻又依焦耳·楞茨定律转换成感应热能，使金属熔化。感应炉依变频机的频率可分为工频、中频、高频炉，真空感应炉多为中频炉。

真空感应熔炼中的冶金物理化学反应与真空自耗电极电弧炉熔炼的冶金物理化学反应基本相同，但比后者更充分，因为真空感应熔炼金属熔池保持的时间长，又可进行搅拌。由于真空感应熔炼都是在有衬坩埚内进行的，不可避免地发生坩埚反应，有可能影响冶金质量，因此对不同金属材料要选择不同的炉衬材料。常用的炉衬材料有氧化铝、氧化镁、氧化钙、氧化锆、氧化硅、石墨，他们有的单独使用，有的结合使用。在稀有金属的真空感应熔炼中，由于其熔点和活性及价值都较高，为防止污染及损失多采用精制刚玉坩埚、石墨坩埚。在这些熔炼过程中当炉料中的一些氧化物可与坩埚中的碳发生反应，从而降低氧含量。当坩埚材料中含有较高的SiO_2或Fe_2O_3时，则会与炉料中的某些元素发生反应生成新的氧化物，玷污炉料。因此在熔炼时要考虑耐火材料的成分，熔炼材料中活性元素的加入顺序和时间。

二、真空感应熔炼的应用及发展

真空感应熔炼在稀有金属生产中多用于生产贵金属及其合金、放射性金属。在钛合金生产中用于制备中间合金，如铝-锡、铝-锡-硅、钛-锡等中间合金。目的是熔铸或重熔再铸成所需规格的锭坯，使用炉料为纯金属或中间合金或回炉料，防止熔炼过程中受到气体玷污。

真空感应熔炼目前不能用于熔炼钛及钛合金，因为它属于活性金属，易与耐火材料发生反应，还没有找到一种与钛不反应的耐火材料。美国矿业局在80年代研究发明了一种感应凝壳熔炼法可熔炼钛及钛合金。它的炉衬是由一圈直立紧密排列的水冷铜栅构成。这种熔炼技术目前还处于研究改进实验的阶段，可用于回收残钛，将来有可能用于工业生产。

第五节　真空等离子熔炼

一、真空等离子熔炼原理

这里所说的等离子熔炼是用真空等离子体作热源的熔炼方法。等离子体由空心热阴极放电产生，放电有等离子束型和等离子电弧（喷枪）型二种方式。等离子枪的工作原理示于图6-1-19。

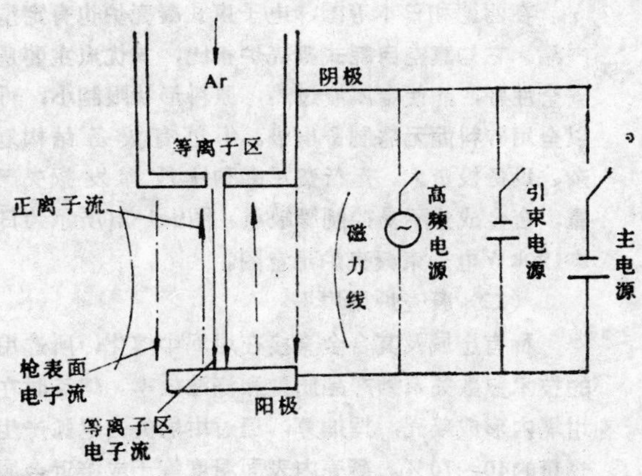

图 6-1-19　等离子枪工作原理

阴极（等离子枪）通常由易于发射电子的管材制成，中间通入氦气或氩气，在阴极与阳极间加一高频电场，放电使气体电离。同时在二极间加直流引束电源，在电场作用下电子流向阳极，正离子轰击并加热阴极，使阴极达到热电子发射状态。热电子在电场作用下使气体电离维持正常放电（自持放电），此时接入主电源切断高频和引束电源。

真空等离子体的工作压力一般在1.3×10^{-1}～13Pa之间。它具有真空排气设备及排气成本低，可稳定地熔炼钛、锆、铌、钼等金属及其合金，电流密度大，调节性好，工作特性稳定等优点，又由于采用低压电流，所以安全，操作方便。

二、真空等离子束熔炼炉

真空等离子束熔炼炉是近十几年出现的新型熔炉，这种设备由等离子枪、电源、料仓及送料机构、结晶器及水冷炉床、拉锭机构、真空室与真空机组、电磁聚焦装置、控制系统及观察监视系统等组成。

等离子枪一般用钽管制阴极，它易于发射热电子，使用寿命长。水冷炉床用铜制成，可凝聚高比重质点，提高铸锭冶金质量。

等离子束炉有单枪式与多枪式之分。单枪式无水冷炉床，炉料直接进入水冷结晶器内被等离子束加热熔化然后凝固。当采用棒状炉料时，炉料被等离子束熔化滴入结晶器内，凝固结晶。多枪式等离子炉有水冷炉床，炉料先进入炉床被等离子束加热熔化，熔融金属液充满炉床后溢流入结晶器内被其上部的等离子枪加热后凝固结晶。炉料中的高比重金属夹杂可在炉床上沉下凝固于炉床底部，达到除去高比重金属夹杂的目的。

等离子束炉由于用钽制作阴极，成本高，使用寿命还不能令人满意，在应用上受到一定限制。

三、真空等离子弧熔炼炉

真空等离子弧熔炼炉的结构基本上与等离子束炉相同，唯一的也是最大的差别是等离子枪的结构不同。等离子弧炉的等离子枪是喷枪式的，通常用无氧铜制成，带有水冷装置，可旋转，成本低，寿命长。为获得好的温度分布效果，等离子枪可进行*X-Y*方向扫描。等离子弧熔炼炉有单枪式和三枪式两种。单枪式适于生产重熔用坯料，三枪式的带有水冷炉床，可直接生产成品圆锭或扁锭。特点与非自耗真空电弧炉相似，但功率可比非自耗电极高。

第六节　凝壳熔炼与铸造

一、凝壳熔铸原理

在真空下的水冷坩埚中熔炼并利用坩埚材料（铜或石墨）的良好导热性使接触坩埚壁的金属液迅速冷凝成壳，将壳内维持的金属液浇注入铸型获取铸件的工艺过程。

凝壳熔铸是至今工业上用于生产稀有金属钛、

锆、钨、钼、钽、铌及其合金铸件唯一方法。它由凝壳熔炼和浇注两大基本作业组成，熔炼方法有自耗电弧、电子束、等离子（弧或束）、非自耗电弧多种方式，而以真空自耗电弧式应用最广。除了生产铸件外，凝壳熔铸亦可用于生产锭坯。

二、凝壳熔铸炉

（一）真空凝壳炉的构造

真空自耗电弧式凝壳炉的结构见图6-1-20。它主要由炉体、电极传动机构、坩埚倾翻机构、真空系统和电源及控制系统组成。中小型炉子的炉体多为卧式圆筒形，设有若干观察孔和一个防爆孔，同时在炉体下部铸型平台进行旋转离心浇注。

自耗电弧式凝壳炉与一般真空自耗电弧炉的不同点主要有：

（1）凝壳炉坩埚带底并能倾翻90～105度，在真空室内可放置铸型；

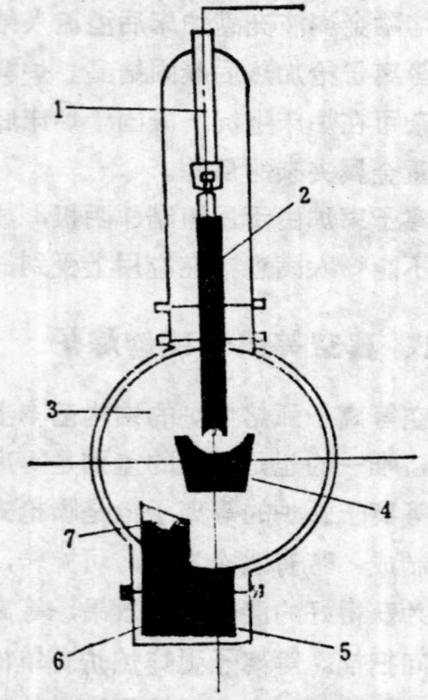

图 6-1-20 凝壳炉结构简图
1—电极杆；2—自耗电极；3—真空室；4—水冷坩埚；5—铸件；6—浇口；7—铸型

（2）凝壳炉内安装有可旋转的离心机构；

（3）凝壳炉电极杆传动机构，安装有快速提升气缸，以迅速将电极残余部分提出坩埚完成倾翻浇注；

（4）在同一容量炉型条件下，凝壳炉配备电源额定电流比真空自耗电弧炉电源额定电流要大一倍以上。

表6-1-11列出了美国的一些真空自耗式凝壳炉主要技术参数。

我国的真空自耗式凝壳炉从容量5kg至500kg的炉型已基本形成系列，某厂的一台ZT-500型凝壳炉主要技术参数如下：

熔池容量	500kg
直流电源	36kA
电源	硅整流机组
工作真空度	1.3～0.8Pa
最大电极尺寸	φ440×1000mm
熔化速度	18～25kg/min
炉子重量	100t

在西德和日本等国，电子束式凝壳炉也有定型产品。它与真空自耗式凝壳炉相比，其优点主要是安全性好，能使金属液过热，原料形状限制小，可以全用碎料而无需制备电极。但也有设备结构复杂、设备投资大、运行费用高和钛液挥发损失严重、合金成分不易控制等缺点。图6-1-21所示为日本120kW电子束凝壳炉示意图。

（二）凝壳炉用坩埚

稀有金属及其合金直接在坩埚中熔化，所选用的技术参数关系到产品质量和浇注效率。熔炼时在坩埚内形成凝壳，据推算，通过坩埚失去电弧产生热量的40～70%。凝壳内表面温度等于或接近金属的结晶温度。

图6-1-22所示为水冷铜凝壳熔炼坩埚。由图看

表 6-1-11 美国真空凝壳炉技术参数

性能	炉型						
	矿务局制	中型实验炉	俄勒岗公司制	法兰克厂制	N.R.C—2078	氦制冷回收炉	最大炉子
容量，kg	25	9	100	50～70	3～7	250	1000
电流，kA	8	6	14	10	4.6	15	30
电压，V	40	45	42	30～32	—	30～40	—
浇注重，kg	7.5	—	88.5	—	6.8	—	—
真空度，Pa	6.65	6.65	—	13.3	—	133～5320	—
电极数目	1	1	1	1	—	1根或4根	—

出，坩埚内层紫铜与水套之间的热力学条件直接影响凝壳的厚度。中小型炉子凝壳重量一般为熔池总重的20～25%。

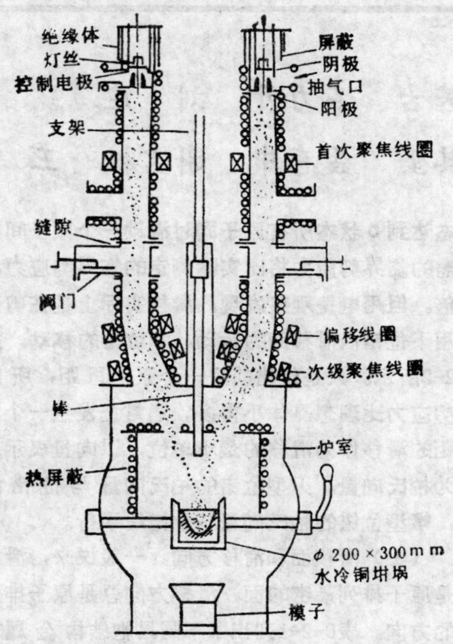

图 6-1-21　日本皮尔斯型电子枪120kW电子束凝壳炉

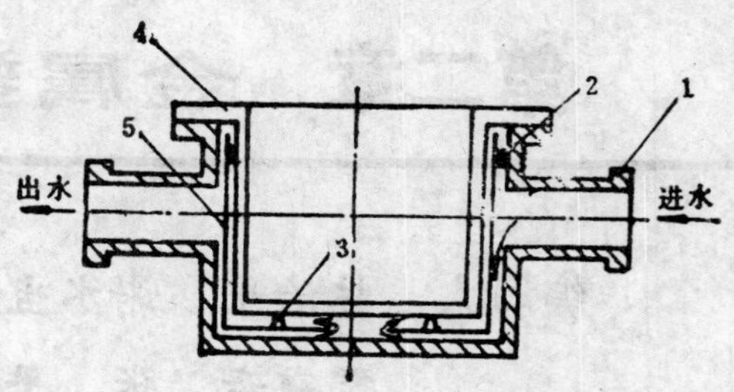

图 6-1-22　水冷坩埚结构简图

1—外壳；2—隔水环；3—支柱；4—紫铜结晶　5—挡水板

铜制坩埚存在被电弧击穿，进而导致冷却水进入熔池发生爆炸的危险。对于大型炉子，为安全起见也有采用石墨坩埚的。但石墨坩埚材料会污染金属，为此有用铜坩埚，而用钠钾共晶合金代替水做冷却剂的。

参 考 文 献

[1]《稀有金属材料加工手册》编写组，稀有金属材料加工手册，冶金工业出版社，1984.

[2]《轻有色金属材料加工手册》编写组，轻有色金属材料加工手册，冶金工业出版社，1980.

[3]《重有色金属材料加工手册》编写组，重有色金属材料加工手册，冶金工业出版社，1980.

第二章　金属塑性成形加工

编写人　林治平　谢水生　盛芳古　石力开　刘　庄

贺毓辛　张　平　金其坚　聂存中　谢宝权　王　鸥

第一节　金属塑性成形加工的物理基础

金属塑性加工是通过加工设备和加工模具对金属施加压力使其产生塑性变形而制成所需形状、尺寸和各种性能的坯料或成品零件的加工方法。金属塑性加工的成败，主要取决于金属的塑性变形能力，其次为加工模具的强度和加工设备所能给出的压力。而塑性变形能力包括塑性和变形抗力两方面。金属能永不变形而不破坏自身完整性的能力，叫塑性，金属抵抗塑性变形的能力叫作变形抗力。掌握金属塑性变形机理，各种因素对塑性变形的影响以及塑性变形对加工制品组织性能的影响等规律，可以为制订最佳利用金属塑性的工艺方案提供必要的理论根据。

一、塑性变形机理

（一）单晶体塑性变形机理

1．滑移

滑移是塑性变形的主要机理。滑移是在应力场作用下晶体的一部分沿一定的晶面和晶向相对于另一部分产生滑动，如图6-2-1所示。如果由图中的a状态达到b状态所有原子同时滑动一个原子间距则所需的临界剪应力将比实际测定的临界剪应力高数千倍。但用电镜观察发现，滑移实际上是在剪应力作用下位错沿滑移面的运动，即位错的移动，如图6-2-2所示。只是位错前进一个原子间距，所以临界剪应力比理想晶体小得多。通常把发生一个原子间距的滑移作为滑移的最小单位，以向量表示之，称为柏氏向量。刃型位错的柏氏向量与位错线垂直，螺型位错的柏氏向量与位错线平行。

（1）滑移面和滑移方向。一般说来，滑移面总是原子排列最密的面，滑移方向总是原子排列最密的方向。表6-2-1列出了不同晶胞结构金属的滑移面及滑移方向。

（2）临界剪应力。要使金属晶体滑移，必需有一定大小的剪应力。通常把塑性变形时作用于滑移方向上的剪应力称为临界剪应力，或临界切应力，用τ_c表示，它主要由滑移面间原子的结合力来决定。不管在哪一个滑移面的滑移方向上滑移，外应力在滑移方向上的分量都必需达到临界剪应力τ_c，这一规律称为临界剪应力定律。试验表明，τ_c与滑移面及滑移方向的取向无关，在一定变形条件下为常数。

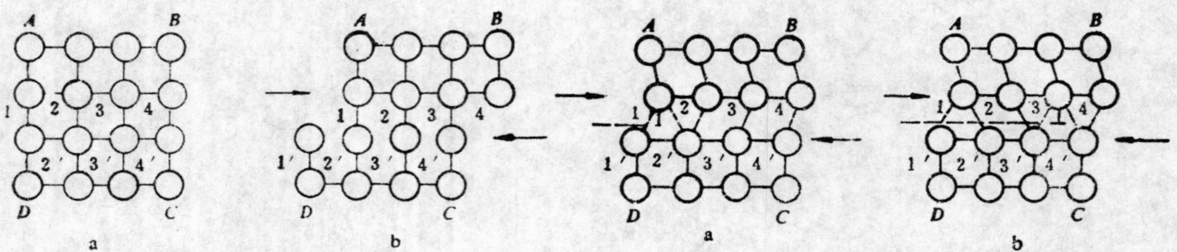

图 6-2-1　单晶体的滑移

a—滑移前原子排列状态；b—滑移后原子排列状态

图 6-2-2　位错的移动

a—位错移动前所处状态；b—位错移动后所处状态

表 6-2-1　滑移面及滑移方向

晶胞结构	金　属	滑 移 面	滑移方向	滑移系数	图　示
面心立方	Cu，Al，Ni Pb，Au，Ag γ-Fe	{1 1 1}	$\langle 1\bar{1}0\rangle$	4×3=12	
体心立方	α-Fe，W，Mo β青铜	{1 1 0}	$\langle \bar{1}11\rangle$	6×2=12	
	α-Fe，Mo W	{2 1 1}	$\langle \bar{1}11\rangle$	12×1=12	
	α-Fe	{3 2 1}	$\langle \bar{1}11\rangle$	24×1=24	
密排六方	Cd，Zn，Mg Ti，Be	{0 0 0 1}	$\langle 11\bar{2}0\rangle$	1×3=3	
	Ti	$\{10\bar{1}0\}$	$\langle 11\bar{2}0\rangle$	3×1=3	
	Ti，Mg	$\{10\bar{1}1\}$	$\langle 11\bar{2}0\rangle$	6×1=6	

（3）滑移带。许多互相平行的滑移层形成的滑移线系，称之为滑移带（图6-2-3）。滑移层的间距大约为50～500Å，每一层的滑移量约为70～2000Å。不同晶体在不同条件下的滑移层间距和滑移量的变化范围很大，而且滑移带的分布也是不均匀的，增加变形程度，将使晶体内的滑移带数目增多，滑移带内的滑移线也增多。

（4）滑移面的转动与复杂滑移。单晶体塑性变形过程中除了滑移面作相对位移外，还有晶体的转动（图6-2-4）和发生复杂滑移。

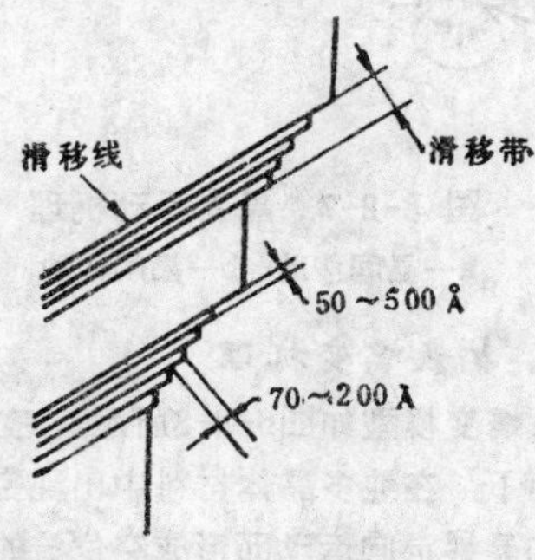

图 6-2-3　滑移带

滑移过程中由于晶体的转动使原来有利于滑移的晶面变成了不利于滑移的晶面，而原来处于不利于滑移的晶面却转到有利于滑移的方向上而参与滑移，出现了图6-2-5所示的复杂滑移现象。

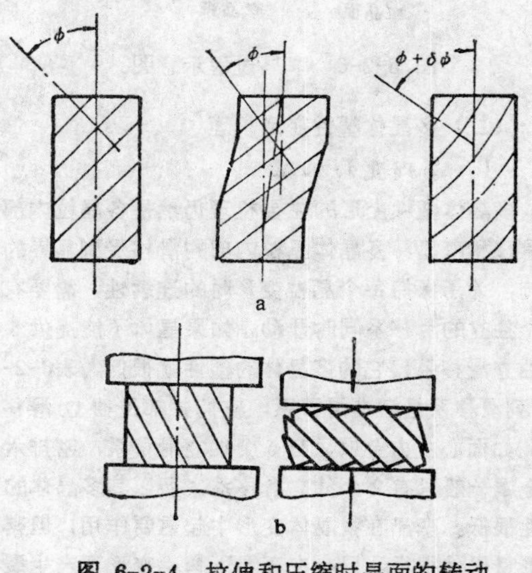

图 6-2-4　拉伸和压缩时晶面的转动

a—拉伸；b—压缩

2．孪晶

孪晶也是单晶体塑性变形的基本机理，即单晶体塑性变形的另一种方式。孪晶变形是晶体的一部分对应于一定的晶面（孪晶面）沿一定方向进行相对移动，原子移动的距离与原子离开孪晶面的距离

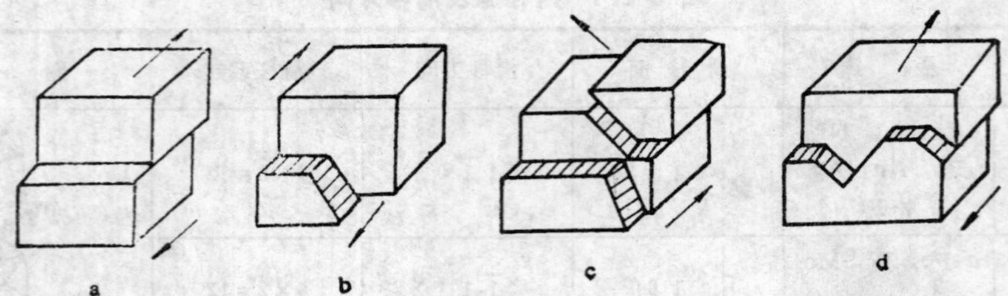

图 6-2-5　复杂滑移

a—单滑移；b—交叉滑移；c—双滑移；d—复杂滑移

成正比。以孪晶面为对称面与未变形部分相互对称，如图6-2-6所示。发生变形那部分晶体称为孪晶带，初期孪晶带是较狭短的一条，随着变形增加，孪晶带不断加宽和变长。

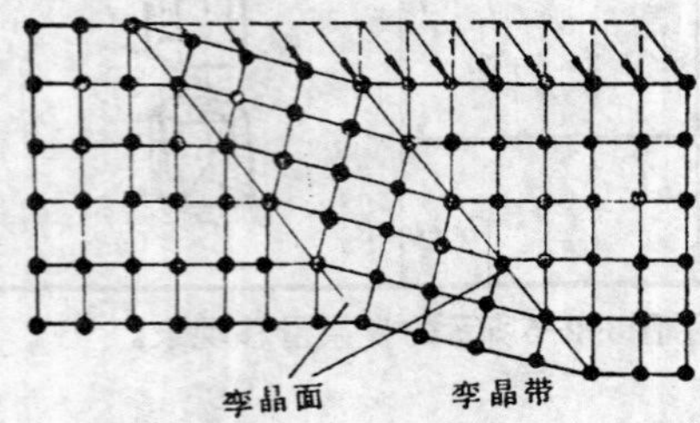

图 6-2-6　孪晶过程示意图

（二）多晶体塑性变形机理

1．晶内变形机理

多晶体塑性变形的主要机理仍然是各晶粒内部的滑移和孪晶。多晶体晶粒内部的滑移受到晶界的影响，为了保持每个晶粒变形时的连续性，需要有5个独立的滑移系同时开动。如果晶体不能提供5个独立滑移系，它的多晶体的塑性就很低。表6-2-1所列滑移系是潜在滑移系，它们并都是独立滑移系。如面心立方金属只有5个独立滑移系；密排六方金属一般只有2个独立滑移系，所以其多晶体的塑性很低。孪晶在多晶体变形中起重要作用，但其变形量仍然很小，只有在高温下孪生变形不产生裂纹时，这种变形机理所引起的变形才有可能在总变形量中占有显著位置。

2．晶界滑动机理

晶界滑动机理有图6-2-7所示的晶间移动和晶间转动两种。晶间移动变形是多晶体晶粒在外力作用下发生相互移动而引起的变形。由于晶间移动会破坏晶界，所以通常只在晶体破坏时才能看到微小的晶间移动。要使晶间移动产生大塑性变形，必需具备两个条件，即晶界破坏能在塑性变形过程中完全或大部分得到恢复及晶界熔点低于晶粒熔点并在接近于晶界熔点温度下塑性变形。

晶间转动是多晶体某些晶粒在外力作用下产生不均匀变形形成一个力偶，使夹在中间的晶粒发生转动并获得有利于滑移变形继续进行的方位的一种变形方式。晶界滑动一般只能在温度高达$T_m/2$（T_m是熔点的绝对温度）时才起作用，所以属于高温度变形机理。

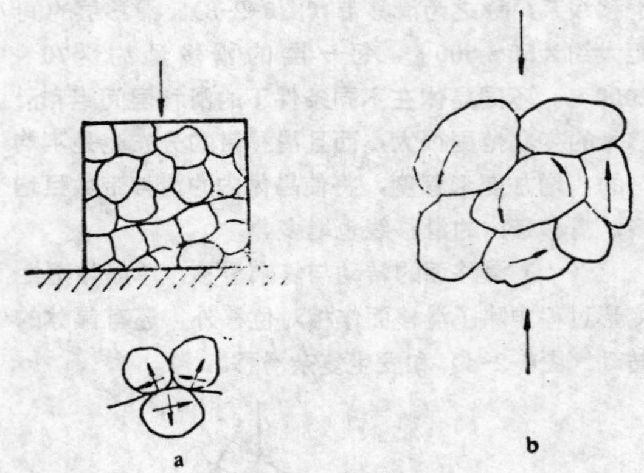

图 6-2-7　晶界滑动机理

a—晶间移动；b—晶间转动

3．扩散蠕变机理

扩散蠕变模型如图6-2-8所示。它是在外加应力场作用下，在纯多晶体材料中出现空位由横向晶界向纵向晶界定向运动而形成空位流的现象。与空位流相对应，出现了原子向相反方向运动的原子流，即自扩散。这种自扩散必然导致晶粒的纵向伸长和横向缩短。由于在恒应力下自扩散也能进行，使晶体随时间的延续而不断变形，所以这种变形机理又称扩散蠕变机理。研究表明，扩散蠕变和晶界滑动是相互联系的，互起调节作用，两者的组合是一种原则上能保证足够大变形而不发生断裂的变形机理。但是，扩散蠕变机理只有在足够高温度下才起作用。

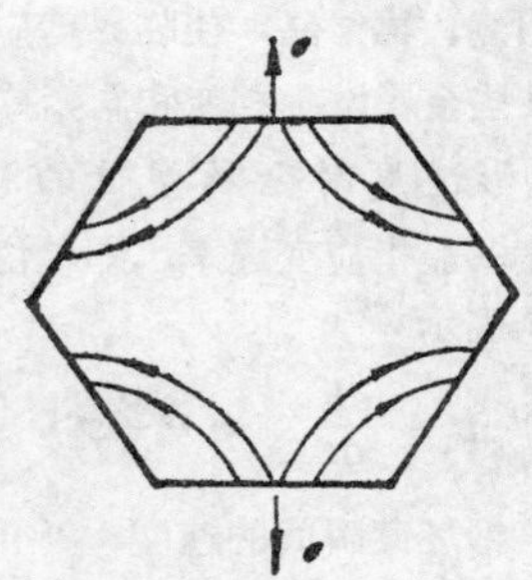

图 6-2-8 在外力作用下晶粒中空位定向位移示意图

二、金属的塑性及其影响因素

(一) 金属塑性的测定方法

1. 用典型的力学实验方法测定

（1）拉伸实验的延伸率 δ（%）和断面收缩率 ψ（%）。这两种指标原则上只能表示材料在单向拉伸条件下的塑性变形能力。

（2）扭转试验。实验时的应力状态接近于纯剪，试样在塑性变形过程中不出现细颈和鼓形，排除了变形不均匀性的影响，因而能为塑性理论的研究提供重要的依据。

（3）冲击试验的冲击韧性 a_K（$N\cdot m/cm^2$）。这种指标表示材料承受冲击载荷的能力，塑性好的材料 a_K 值一般也高。

2. 用模拟工艺条件测定材料在该工艺条件下的塑性

（1）镦粗试验。将原始高度为 H_0、高径比为1.5的圆柱试样置于锻压设备上镦粗，测出试样侧表面出现第一条肉眼能观察得到的裂纹时的高度 H_P，求出此时的相对压缩程度 ε_c：

$$\varepsilon_c=\frac{H_0-H_P}{H_0}\times 100(\%) \qquad (6\text{-}2\text{-}0)$$

作为被镦粗材料的塑性指标，如图6-2-9a所示。这种指标与试验条件（接触摩擦、散热条件、试样尺寸等）有关，所以试验结果必需标明试验条件。

（2）艾力克逊试验。将 ϕ20的球形凸模压入90mm见方的板坯，如图6-2-9b所示。测出出现第一条裂纹时的拉深深度 h（杯件高度）作为该板材的塑性指标（艾力克逊值）。

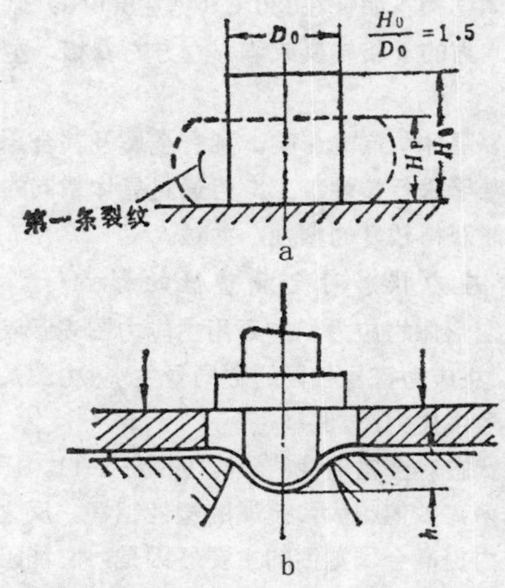

图 6-2-9 镦粗试验（a）和艾力克逊试验（b）

3. 用双指标法测定

要真正了解金属的塑性，必需消除力学状态对塑性的影响，获得某变形条件下与力学状态无关的塑性指标。但是，在一般情况下，要研究任何一个因素对塑性的影响而保持力学状态不变是不可能的，所以提出用双指标法确定近似平均塑性 P 作为材料的塑性指标：

$$P=(\delta_1+\delta_2)/2 \qquad (6\text{-}2\text{-}1)$$

式中 δ_1——拉伸试验断裂瞬间的细颈收缩率；

δ_2——压缩试验出现第一条肉眼能见到的裂纹时的最大压缩率（即 ε_c）

(二) 影响金属塑性的因素

1. 化学成分及相的变化对金属塑性的影响

（1）化学成分的影响。一般情况下稀有金属的杂质含量增大，塑性降低；在高纯状态时，塑性较好，如钨、钼。多晶体中不溶解杂质和第二相的形态和分布影响金属与合金的脆性。

（2）相态的影响。单相组织比多相组织的塑性好。细晶组织比粗晶组织塑性好。

2. 晶体结构及晶体取向对金属塑性的影响

（1）晶体结构的影响。金属的晶体结构不

同，塑性也不一样。一般面心立方晶胞和体心立方晶胞都具有较好的塑性，而密排六方晶胞的塑性较差。许多金属可通过同素异晶转变，获得具有较好塑性的晶体结构。如钛在880°C（锆在860°C）以上会由密排六方的α相转变成体心立方的β相，塑性变好。

（2）晶体取向的影响。稀有金属及其合金大多性脆，难于进行塑性加工。但通过晶体取向的选择，有可能获得较好的塑性，如铍。

3．应力状态对金属塑性的影响

塑性变形体的应力状态可用主应力图表示（图6-2-10）。主应力符号相同的称同号主应力图，反之则称异号主应力图。

应力状态对金属塑性的影响见图6-2-11。压应力个数越多，数值越大，金属的塑性越好。反之亦然。压应力提高金属塑性的主要原因是，它能阻止晶间变形，防止晶界破坏；能抑制各类变形缺陷和组织缺陷的发生和发展；能抵消不均匀变形所引起的附加拉应力。因此，创造一种在压应力状态下的变形条件，是提高金属塑性的重要措施之一。

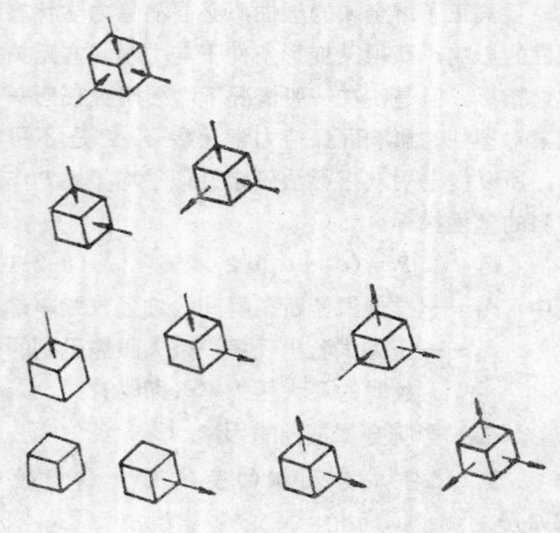

图 6-2-10 主应力图的类型

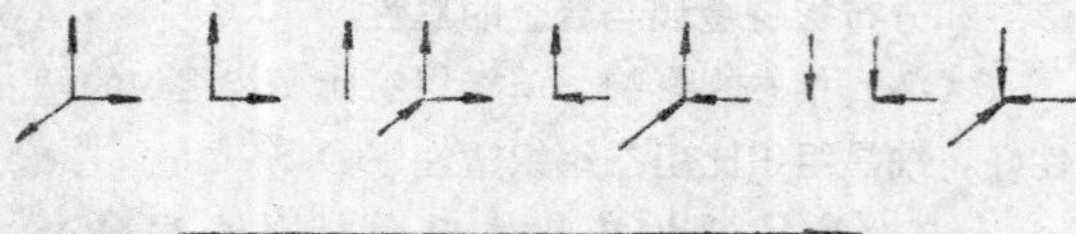

图 6-2-11 应力状态对塑性的影响

4．变形温度对金属塑性的影响

变形温度对金属塑性的影响比较复杂。一般说来金属塑性随温度的升高而变好，但在升高过程中的某些温度区，可能是低塑性区。

变形温度升高使金属塑性变好的原因是：温度升高发生了回复、再结晶，使临界剪应力下降；温度升高可使某些金属发生相变和同素异构转变。

5．变形速度对金属塑性的影响

变形速度一般指应变速率，即单位时间内的应变增量，用$\dot{\varepsilon}$表示

$$\dot{\varepsilon}=\frac{dh}{h}\bigg/dt=\frac{dh}{dt}\bigg/h=\frac{v}{h}\mathrm{s}^{-1} \qquad (6\text{-}2\text{-}2)$$

式中 h—— 锻坯某瞬间的速度；

dh—— 锻坯某瞬间dt内的压下高度；

v—— 锻坯设备的工作速度。

变形速度对金属塑性影响的主要原因是由变形热效应引起的。变形热效应或称温度效应是指塑性变形排出热使变形体温度升高的现象，用α表示：

$$\alpha=\frac{t_d-t_0}{t_0} \qquad (6\text{-}2\text{-}3)$$

式中 t_0——变形前金属的温度；

t_d—— 变形中金属达到的平均温度。

塑性变形时金属所吸收的总能量绝大部分转变成热量。这些热量除部分散发于周围介质外，大部分用于使变形体温度升高，而且变形速度越高，变形时间越短，热量散失机会越少，温度效应也越大。因此，变形速度对塑性的影响和变形温度对塑性的影响趋势相似，如图6-2-12所示。

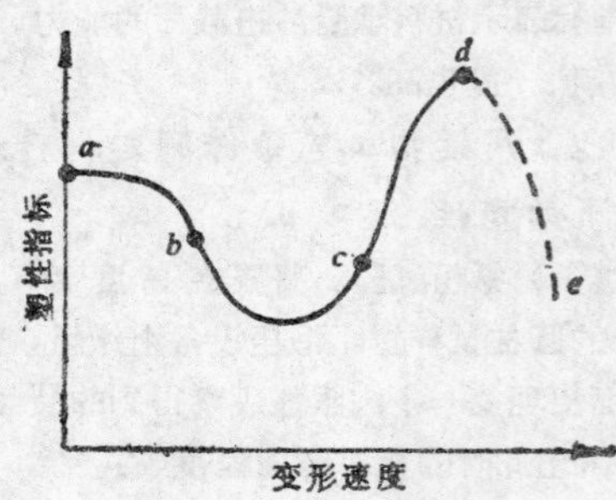

图 6-2-12 变形速度对塑性指标的影响

ab—热效应小，塑性下降；bc—热效应逐步增大；cd—热效应大，塑性提高；de—进入高温脆化区

6．金属组织不均匀和变形不均匀对金属塑性的影响

（1）组织不均匀的影响。金属组织不均匀会导致塑性下降，例如柱状晶体、等轴晶体、细晶、粗晶等同时存在于金属，最易导致晶间开裂，晶界之间也更容易集聚杂质形成低熔点不溶相，引起热脆。如果铸态金属与合金内存在极不均匀的晶粒组织，压力加工时会形成裂缝。

（2）变形不均匀的影响。在实际塑性加工由于外力作用不可能绝对均匀一致，接触面摩擦力的存在会产生大量附加应力以及组织不均匀等都会引起变形不均匀，使金属内部应力分布不均匀，出现拉应力导致晶体开裂，塑性降低。

（3）变形体尺寸的影响。尺寸越大，组织不均匀和变形不均匀越严重，塑性也就越低。

7．周围介质对金属塑性的影响

周围介质主要指与金属直接接触的各种气体，特别是大气内或控制气氛内的气体。在高温下很容易通过氧化、溶解及扩散等方式侵入金属，使金属塑性降低。

如钛、锆等金属在高温下与氧、氮及氢等元素有极强的亲和力，只要在高温下周围介质内含有这类气体，就不仅会迅速在金属表面生成化合物，还会通过溶解扩散，而造成极严重的脆化。除氢以外，这些气体即使在真空下也不能除去，所发生的作用是不可逆的。

（三）提高金属塑性的措施

（1）调整变形合金的化学成分以排除其出现低熔点共晶组织及不熔物的可能性。

（2）提高材料的成分和组织的均匀性，如铸锭的均匀化处理，以使之出现最有利的相态。

（3）合理选择变形温度和变形速度。热塑性加工时，加热温度不能过高，以免晶界处低熔点物质熔化。具有速度敏感性的材料，适于在压力机上塑性成形。如需模锻，最好开始轻击，以后再逐步增大变形量。

（4）选择最有利的变形方式。挤压时金属的塑性比模锻好，模锻又比自由锻好。在自由锻工艺中，型砧拔长和带套圈的镦粗分别比平砧拔长和不带套圈的镦粗更能提高金属的塑性。

（5）改进操作方法及改善变形的不均匀性。例如，塑性差的材料在拔长时应注意选择合适的送进比。送进比太小时，变形集中在上、下部，中心部分锻不透，沿轴向产生拉应力，导致内部产生裂纹。

（6）对于锆、钛等金属，要防止和减少周围有害介质对金属的玷污。如在惰性气氛或真空状态下进行热加工，或采用保护层的方法加工。

（7）减小接触摩擦造成不均匀变形的影响。例如，在挤压钛、锆及其合金时在金属与工具表面涂上润滑剂（玻璃），或在挤压坯料表面加上铜包套，以减小接触摩擦造成的不均匀变形。

三、金属的变形抗力

金属的变形抗力是指金属在一定变形条件（变形温度T、应变速率$\dot{\varepsilon}$和变形程度ε）下抵抗塑性变形的能力，也就是金属的流动应力σ_s或真实应力$\sigma_{真}$。研究表明，变形抗力的大小与金属的物理化学性质（x）和变形条件（T、ε、$\dot{\varepsilon}$）有关，可表达成下式：

$$\sigma_s=\sigma_s(x,\ T,\ \varepsilon,\dot{\varepsilon}) \tag{6-2-4}$$

（一）影响金属变形抗力的因素

1．金属组织成分对金属变形抗力的影响

（1）多相组织由于各相性质不同，引起变形不均匀，所以比单相组织的变形抗力大。

（2）细晶组织的变形抗力比粗晶组织的大，这是因为细晶组织的晶粒总面积大，位错穿过晶界所需的外力也大。但除细晶超塑性外，其塑性好，抗力差。

（3）杂质含量越多，变形抗力就越大。

2．变形程度对金属变形抗力的影响

变形程度对金属变形抗力的影响可用以下4种数学关系式表达：

$$\sigma_s=B\epsilon^n \tag{6-2-5}$$

$$\sigma_s=\sigma_{s_0}+B\epsilon^n \tag{6-2-6}$$

$$\sigma_s=\sigma_{s_0}+A\epsilon \tag{6-2-7}$$

$$\sigma_s=\text{const} \tag{6-2-8}$$

式中 B，A——与金属性质有关的常数，由实验确定；

ϵ——对数应变；

n——硬化指数，由实验确定。

这些公式的应用范围如下：式6-2-5可相当精确地用于体心立方晶格的退火铁、钨、钼等金属；式6-2-6适用于变形过了具有初始屈服应力σ_{s_0}的金属；式6-2-7是式6-2-6的近似表达；式6-2-8适用于纯度很高的在室温下变形不产生硬化的金属，以及热

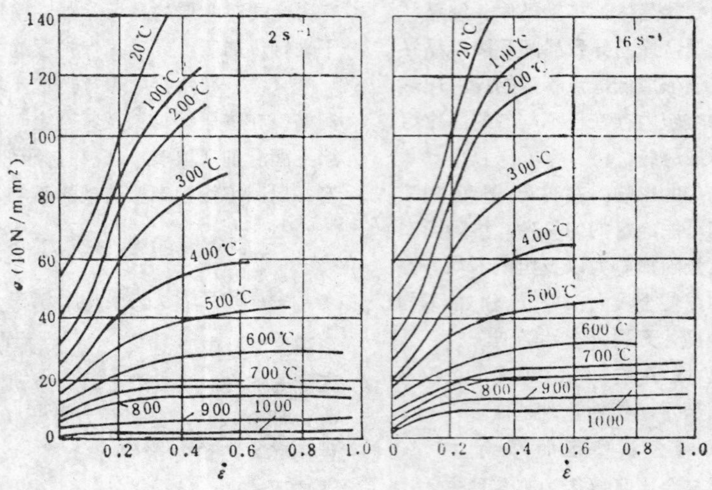

图 6-2-13 锆（99.8%）在压缩时的硬化曲线

态变形时能充分再结晶的材料。

3. 变形温度对金属变形抗力的影响

温度是对变形抗力影响最主要的一个因素。随着温度的提高，各种金属和合金的所有强度指标均降低。图6-2-13表示锆在不同温度下的硬化曲线。

4. 应变速率对金属变形抗力的影响

通常，变形抗力随应变速率的提高而增大，而且在不同变形温度下其影响也不一样。

在冷变形温度范围内，应变速率对变形抗力的影响不很大，当应变速率很高从而引起显著的温度效应时，变形抗力甚至有所下降，如图6-2-14所示。

在热变形温度范围内，应变速率会引起变形抗力的明显增加。变形抗力增加程度与变形温度的关系见图6-2-15。

由于应变速率对变形抗力的影响较大，所以由静载测出的变形抗力值必需用实验定出的速度系数

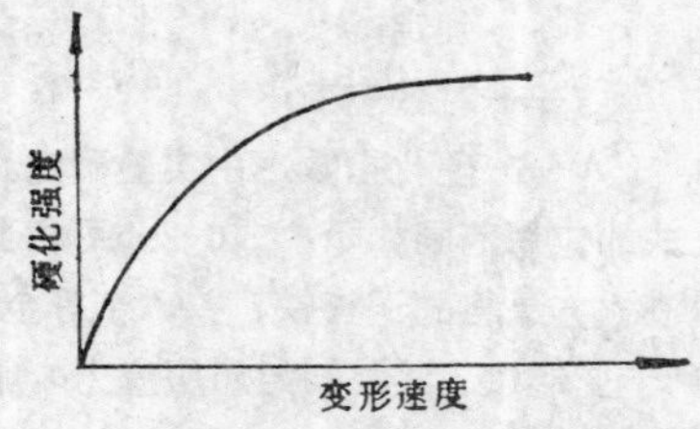

图 6-2-14 应变速率对硬化强度的影响

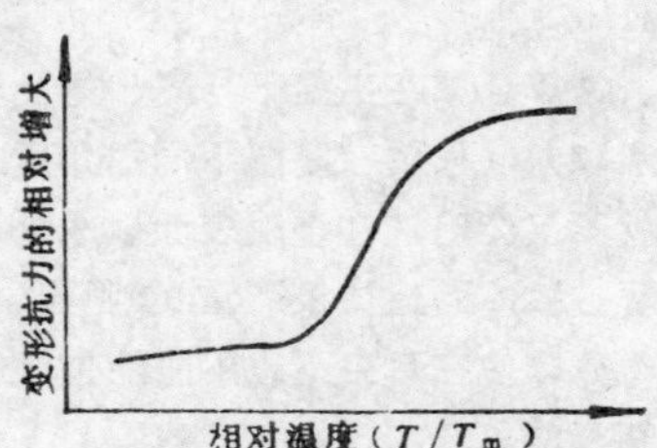

图 6-2-15 变形抗力增加程度与变形温度的关系

w加以修正。表6-2-2列出了苏联古布金推荐的速度系数。

应变速率对变形抗力的影响，可用理论与实践都证明是正确的公式表示，即

$$\sigma_s = c\dot{\varepsilon}^m \qquad (6\text{-}2\text{-}9)$$

式中 c —— $\dot{\varepsilon}=1$时的变形抗力；

m —— 应变速率系数，由实验确定。

当已知某一应变速率$\dot{\varepsilon}_0$下的σ_{s0}时，可根据式6-2-9求任意$\dot{\varepsilon}$的σ_s。此时，式6-2-9可写成：

$$\log\frac{\sigma_s}{\sigma_{s0}} = m\log\frac{\dot{\varepsilon}}{\dot{\varepsilon}_0} \qquad (6\text{-}2\text{-}10)$$

该式又称变形抗力和应变速率的“双重”对数关系。当考虑温度对速度效应的影响时，B.B.维特曼和M.A.致纳井建议用下式确定变形抗力：

表 6-2-2 不同应变速率和变形温度下的速度系数 w

应变速率增大倍数（以$0.1s^{-1}$为基准）	T/T_m			
	<0.3	0.3～0.5	0.5～0.7	>0.7
10倍	1.05～1.10	1.1～1.15	1.15～1.30	1.3～1.5
100倍	1.10～1.22	1.22～1.32	1.32～1.70	1.7～2.25
1000倍	1.16～1.34	1.34～1.52	1.52～2.20	2.2～3.4
从准静速度$0.1s^{-1}$提高到动载	1.10～1.25	1.25～1.75	1.75～2.50	2.5～3.5

注：1. w的下限值用于该温度范围内的较低温度；

2. T为绝对变形温度，T_m为绝对熔化温度。

$$\ln\frac{\sigma_s}{\sigma_{s_0}}=m(T-T_0)\ln\frac{\dot{\varepsilon}}{\dot{\varepsilon}_0} \qquad (6\text{-}2\text{-}11)$$

式中 T——绝对变形温度，K；

T_0——与已知σ_{s_0}、$\dot{\varepsilon}_0$相应的已知绝对变形温度。

（二）测定金属变形抗力的方法

1. 拉伸试验法

拉伸试验法就是利用拉伸试验机绘制真实应力-应变曲线测定金属变形抗力的方法。

拉伸试验法虽然有不存在接触摩擦影响的优点，但也有因出现缩颈而引起不均匀变形的缺点。因此，金属变形抗力的精确值只限于b点以前均匀变形程度较小的范围内，大约在$\epsilon\leqslant0.2$～0.3或ε=25～40%范围内。

2. 压缩试验法

压缩试验法可以测到很大的变形程度，而且压缩时的应力、应变状态与塑性加工时的应力、应变状态很接近。但压缩试验受接触摩擦的影响，试样侧面会出现鼓形，因而所测的应力不是真正的单轴向压应力。所以，压缩试验时必需采取措施消除接触摩擦的影响。

此外，还有近似测定法。此法包括硬化直线法和经验系数法，由于篇幅所限，在此不作详细介绍。

四、极限塑性与超塑性

（一）极限塑性

极限塑性可理解为材料拉伸出现缩颈前的最大均匀变形程度，是反映材料均匀塑性变形能力的指标。

1. 均匀变形时σ与ε和$\dot{\varepsilon}$的关系

在恒定温度条件下，金属的真实流动应力σ与变形程度ε及应变速度$\dot{\varepsilon}$的关系可用下式表达

$$\sigma=B\varepsilon^n\dot{\varepsilon}^m \qquad (6\text{-}2\text{-}12)$$

式中 B——与金属性质有关的常数，其值由实验确定；

n——硬化指数；

m——应变速度敏感性指数（即应变速率系数）。

（1）对于粘性材料，可认为抗力与变形程度无关，式6-2-12可写成

$$\sigma=B\dot{\varepsilon}^m \qquad (6\text{-}2\text{-}13)$$

（2）对于理想塑性体，可认为抗力与变形速度无关，式6-2-12可写成

$$\sigma=B\varepsilon^n \qquad (6\text{-}2\text{-}14)$$

2. 均匀变形的必要条件

均匀变形的必要条件为：

$$\gamma+m\geqslant1 \qquad (6\text{-}2\text{-}15)$$

式中的γ为变形程度与硬化指数的比值。

3. 极限塑性

对于理想粘性物体来说，其m为1时，即这种牛顿粘性材料具有极限的均匀性。对于普通材料，m比n小得多，故均匀变形条件式6-2-15可写成：

$$\gamma=\frac{n}{\varepsilon}\geqslant1 \qquad (6\text{-}2\text{-}16)$$

普通材料的极限塑性总不大于硬化指数值，即极限塑性取决于硬化指数值的大小。

（二）超塑性

当材料的极限塑性很高时，发生缩颈破坏前的均匀变形量极大，接近于无硬化状态，称为超塑性状态。所以，超塑性可理解为金属和合金均匀变形百分之几百或百分之几千而不发生破坏的能力。目

前，超塑性被分为结构超塑性和相变超塑性两类。结构超塑性，是先使金属经过必要的组织机构准备，使其获得晶粒直径在5μm以下的稳定超细晶粒，然后通过控制变形条件（变形温度、变形速度等）达到超塑性，又称恒温超塑性或细晶超塑性。其变形温度通常在$0.5T_{熔}$附近，应变速率在10^{-1}～$10^{-4}min^{-1}$范围内，试样的均匀伸长率可达200～2000%以上。相变超塑性，只有金属出现相变或同素异构转变时才能发生。在载荷作用下，使金属在相变附近反复加热冷却，经过一定次数的循环后产生超塑性，又称动态超塑性或环境超塑性。一般提到的超塑性主要指结构超塑性。

1．结构超塑性的力学特征

金属在超塑性状态下拉伸时，载荷达到最大值后，随应变量的增大载荷缓慢下降，其变形量仍可很大，如图6-2-16a所示。真实应力-应变曲线下降是由于应变增加后应变速率减少的缘故，如果应变速率$\dot{\varepsilon}$在整个拉伸时保持不变，真实应力将保持水平，如图6-2-16b的虚线所示。

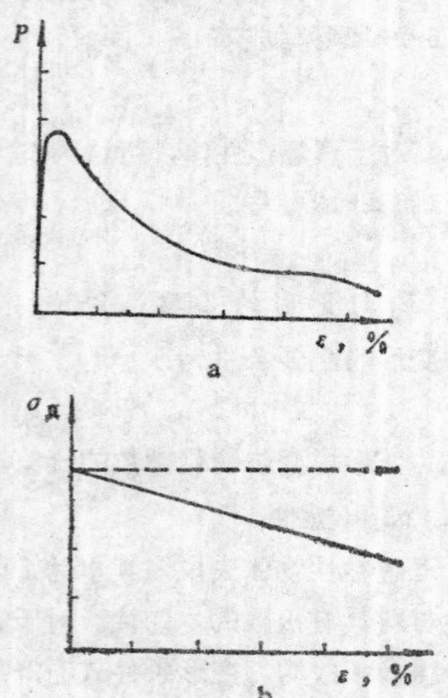

图 6-2-16　金属超塑性拉伸时的拉伸曲线示意图
（拉伸速度和温度为常数）

超塑性的力学特性可用流动方程式6-2-17表达，即

$$\sigma = B\dot{\varepsilon}^{m} \qquad (6\text{-}2\text{-}17)$$

式中m也是超塑性的一个重要指标，可用来表示材料产生缩颈的倾向性。令P、A分别代表拉伸时的瞬时作用力、断面积，则试样断面缩减率$-\frac{dA}{dt}$为：

$$-\frac{dA}{dt} = A\dot{\varepsilon} = A\left(\frac{P}{AB}\right)^{\frac{1}{m}} = \left(\frac{P}{B}\right)^{\frac{1}{m}}\left[\frac{1}{A^{\frac{(1-m)}{m}}}\right] \qquad (6\text{-}2\text{-}18)$$

或

$$-\frac{dA}{dt} \propto \frac{1}{A^{\frac{(1-m)}{m}}} \qquad (6\text{-}2\text{-}19)$$

根据式6-2-18可作出图6-2-17的关系曲线。显然，当$m<1$时，若m值较小，断面收缩速度$\left|-\frac{dA}{dt}\right|$与$A$的关系曲线较陡，这说明拉伸试样如果出现局部收缩，则该处的$\left|-\frac{dA}{dt}\right|$就较大，试样急速产生缩颈以致断裂；反之，若$m$值较大，$\left|-\frac{dA}{dt}\right|$就较小，试样抗缩颈能力就大。当$m=1$时，截面收缩速度与其不均匀性无关。这说明，若$m$值大，则当应变速率变大时，流动应力增加得快。如果超塑性合金试样某处有局部缩小，则该处的应变速率加快，使该处继续变形所需的应力增加，缩颈即被制止，应变就转移到试样的其它部分。因此，m值大，就有出现大伸长率的可能性。超塑性金属的m值约为0.3～1.0，试样的伸长可高达20倍以上。

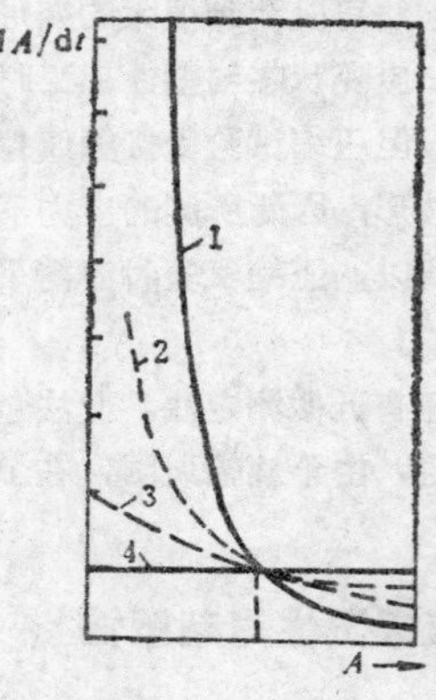

图 6-2-17　不同m值时截面收缩速度与A值的关系

1—$m=\frac{1}{4}$；2—$m=\frac{1}{2}$；3—$m=\frac{3}{4}$；4—$m=1$

超塑性变形时，表示流动应力与应变速率间关

系的式6-2-17可用对数坐标画成图6-2-18所示典型的S形曲线的形式。显然，m为$\log\sigma$-$\log\dot{\varepsilon}$曲线的斜率。由图可知，若把$m \geqslant 0.3$的金属作为超塑性金属，则曲线第Ⅱ区的m值最大，故该区为超塑性区。

各种合金的m值与塑性指标伸长率δ之间的关系如图6-2-19所示。显然，当$m>0.3$时，$\delta>400\sim500\%$。因此，高m值是超塑性的必要条件之一。

m值的测量可在某固定变形程度下的对数曲线上用测量斜率的方法进行；也可用图6-2-20所示的速度突变法测量，即在某一时间间隔内，把试样拉伸速度由ν_1升高到ν_2，载荷也由P_B升高到P_A，于是

$$m=\frac{\log(P_A/P_B)}{\log(\nu_2/\nu_1)} \qquad (6\text{-}2\text{-}20)$$

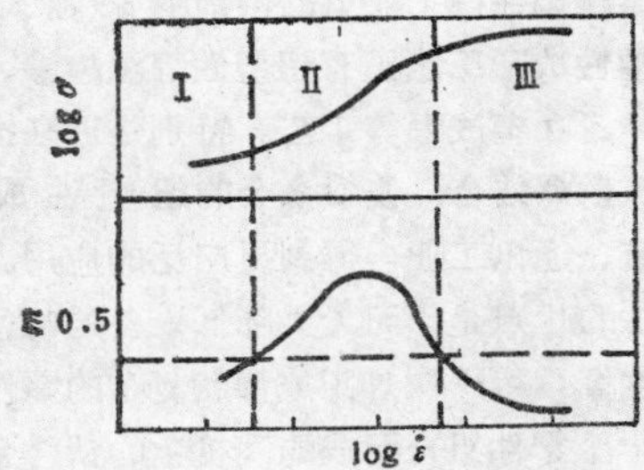

图 6-2-18 超塑性合金的应力、m值与应变速率的关系

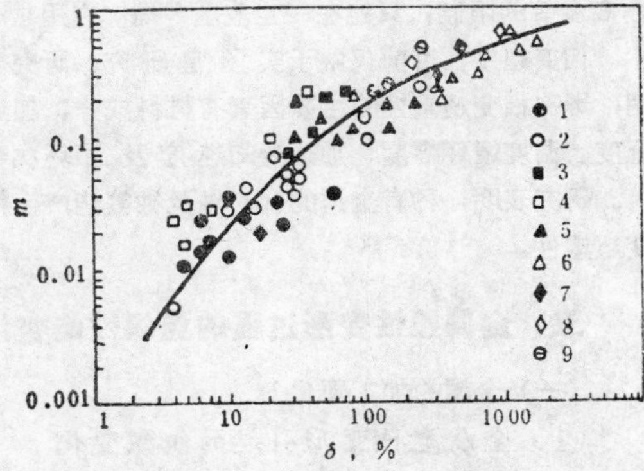

图 6-2-19 各种合金伸长率与m值之间的关系

1—Fe-1.3%Cr-1.2%Mo；2—Fe-1.2%Mo-0.2%V；3—Ni；4—Mg-0.5%Zr；5—Pu；6—Pb-Sn；7—Ti-5%Al-0.25%Sn；8—Ti-6%Al-4%V；9—锆合金-4

式中P_A、P_B是相应于拉伸夹头速度ν_2和ν_1时的载荷，需用外推法求出。

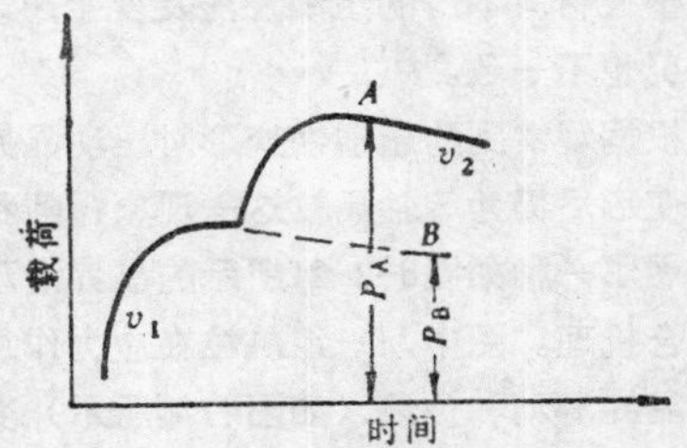

图 6-2-20 用速度突变法测量m值

2．影响金属超塑性的主要因素

（1）变形速度。变形速度是发生超塑性的重要条件，一般只有在$\dot{\varepsilon}=10^{-4}\sim10^{-1}\text{min}^{-1}$范围内才出现超塑性，而且随着$\dot{\varepsilon}$的增加，流动应力增加很快。

（2）变形温度。变形温度对超塑性的影响也很明显，只有在某一温度范围内才出现超塑性现象，一般合金的超塑性温度约为$0.5T_{熔}$。在超塑性温度范围内，随着温度增加，流动应力下降，m的最大值向高$\dot{\varepsilon}$方向移动。

（3）组织结构。发生结构超塑性时要有稳定的超细晶粒，通常用稳定的第二相来阻止晶粒长大，因而第二相必须占有一定的体积比例。当然也有例外情况的，例如：用弥散的氧化物质点或夹杂来阻止晶粒长大；有的纯金属本身就能呈现超塑性。此外，晶粒大小和形状对超塑性也有影响。

3．金属超塑性变形后的显微结构

（1）没有明显的滑移线，晶粒仍然保持等轴晶粒。

（2）晶粒只有很小变形，但随着变形的进行，晶粒会逐步长大，一般说延伸率达500%时，晶粒长大约50～100%。

（3）使变形前的拉长晶粒变成等轴晶粒，变形前的带状组织逐步减弱甚至消失。

（4）有些合金在超塑性拉伸后，内部会出现空穴，但采用超塑性压缩变形，则不会出现。所以，对于这类合金，用拉应力超塑性成形工艺（如胀形）等应持慎重态度。

4．金属超塑性变形机理

金属的超塑性的变形机理比常规金属的变形机

理更复杂，除了晶界滑动和转动外，还有位错运动、扩散蠕变以及有时会产生明显的再结晶等，而且超塑性材料本身的组织性能及发生超塑性的温度等情况也不一致。

根据观察到的超塑性变形时出现晶界滑动，超塑性变形后仍为等轴晶粒这一现象，阿希贝和弗拉尔发展了一种如图6-2-21所示的晶界滑动和扩散蠕变联合机理。图中，一组晶粒在应力作用下，先是通过晶界滑动和扩散（如图右侧所示）变成了中间状态，使晶界面积增加，系统内的自由能增加。接着晶界面积又逐步减少，晶粒沿应力方向有很大变形，但变形后仍然保持等轴晶粒，即图中的终了状态。图6-2-22为超塑性变形机构综合图。在ε较高时，由于晶粒转动受晶粒拉长所阻止，所以以位错蠕变为主。在中间部分，则是两种机构并存的区域。

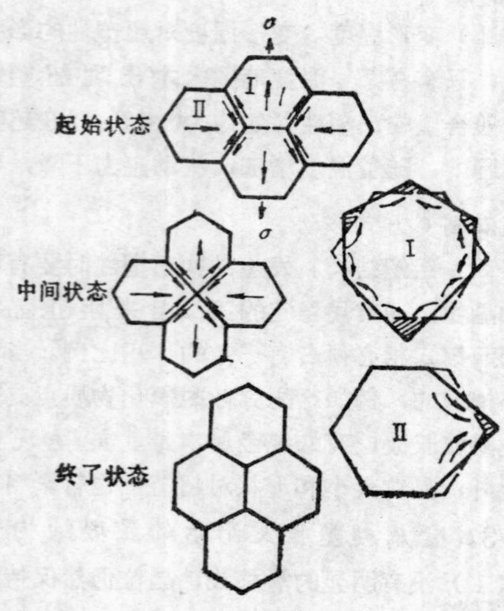

图 6-2-21 晶界滑动和扩散蠕变联合机理

（三）结构超塑性金属和超塑性成形的应用

1．超塑性金属

目前已开发的有一百种以上超塑性金属。在稀有金属范围内。有钛、锆、钨、铍及铀等金属及合金。如Ti-6Al-4V（TC4）两相钛合金，可在$\alpha+\beta$两相区内轧制或锻造，在800°C时晶粒直径小于5μm，在960°C拉伸时延伸率达1000%，m值为0.85。再如Ti-6.5Al-3.5Mo-2Zr合金在900°C时晶粒直径为2.5μm，其m值为0.8，最大延伸率可达

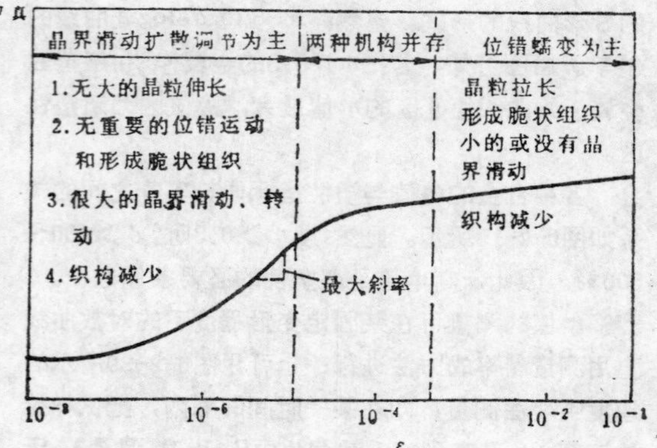

图 6-2-22 变形机构综合图

2837%。

2．超塑性的应用

金属超塑性在工业上已得到越来越广泛的应用。超塑性成形工艺已有超塑性等温模锻、挤压、无模拉伸、吹塑成形等工艺。特别是近来把超塑性成形与扩散焊结合，使钛合金的超塑性成形在航空、宇航、通讯工业中得到更广泛的应用。超塑性成形方法的优点是：可大大降低设备的吨位，成形零件精度高，可一次加工成形状复杂的零件，原来需由几十个零件组合而成的飞机上的钛合金零件，用超塑性成形一次加工即成，大大减轻了构件重量和节约了大量工时。但超塑性成形技术由于受到需恒温条件、要有抗氧化措施、成形速度低、模具需耐高温等的限制，只能在一定范围内推广应用。

相变超塑性目前仅限于实验室研究。研究表明，影响相变超塑性的主要因素有材料成分、加热温度、温度循环幅度、加热冷却速度及循环次数等。研究表明，稀有金属的钛、锆及铀等能产生相变超塑性。

五、金属塑性变形过程的组织性能变化

（一）金属的加工硬化

1．金属塑性变形引起的组织变化

（1）纤维组织。多晶体金属变形时，各晶粒本身沿变形方向伸长。当变形程度很大时，晶粒显著地沿同一方向拉长而形成呈纤维状的晶粒组织，称为纤维组织或显微（微观）组织带状化，如图6-2-23a所示。

（2）变形织构。金属塑性变形时，各个晶粒

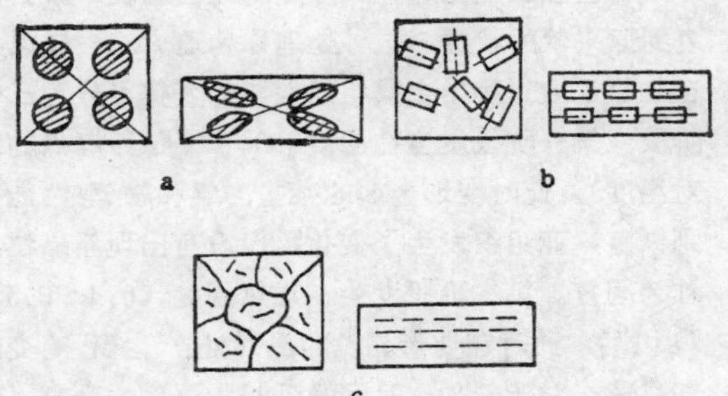

图 6-2-23　纤维组织(a)、变形织构(b)和流线组织(c)示意图

的位向发生移动，使滑移方向逐步趋近于外力方向。当变形程度很大时，各晶粒位向沿金属流动方向逐渐趋于一致，形成晶粒位向一致的组织，称为变形织构，如图6-2-23b所示。有时位向一致，形成变形织构，但晶粒形状没有被完全拉长，不形成纤维组织。

（3）流线组织。多晶体变形时，分布于晶间或晶内的杂质会沿着变形方向被拉长而形成流线，又称宏观组织带状化，如图6-2-23c所示。当试片被腐蚀时，宏观组织带状化可显示出来，在非金属夹杂物含量多时，可用肉眼或在放大倍数不大的显微镜观察到。

（4）亚组织。单晶体或多晶体塑性变形后，晶粒会因变形而碎化成位向差只有10′～15′的亚晶粒，称为亚组织。

2．金属塑性变形引起的物理化学性质变化

（1）密度降低。这是由于晶粒及晶间物质的破坏使金属内部生成大量微小空洞引起的。

（2）导电性和导热性降低。这是因为空洞增加对导电性、导热性的降低大于形成织构对导电性、导热性的增加引起的。

（3）磁性改变。保磁力和磁滞增加两三倍，某些反磁体金属的磁化感应增加，由反磁体变成了顺磁体，而某些顺磁体金属的磁化感应却减小了。

（4）溶解性增加，抗蚀性降低。残余应力愈大，溶解性和腐蚀性也愈大。

3．金属塑性变形引起的机械性能变化

（1）机械性能的异向性。塑性变形所形成的织构、流线和纤维组织使机械性能呈现异向性，顺纤维（或流线）方向的抗拉强度等指标比垂直于纤维（或流线）方向的好。

（2）加工硬化。广义说，加工硬化是塑性变形过程中有关金属机械性能、物理化学性能变化的总称。狭义说，加工硬化是指随着变形程度的增加，所有变形抗力指标（弹性极限、比例极限、屈服极限和强度极限）和硬度升高，塑性指标（相对延伸率、相对收缩率和冲击韧性）降低的现象。

单晶体金属的加工硬化过程通常可分为三个阶段，如图6-2-24所示。第Ⅰ阶段为易滑移阶段，滑移变形与晶体转动同时发生，硬化效应小（即硬化系数θ小），基本上不发生加工硬化，晶体内只有

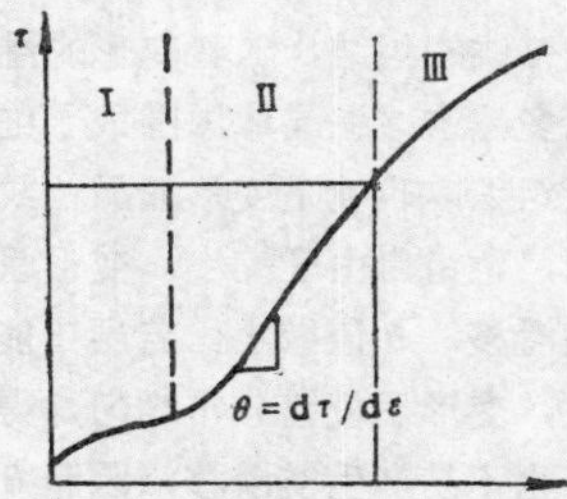

图 6-2-24　单晶体加工硬化的三个阶段

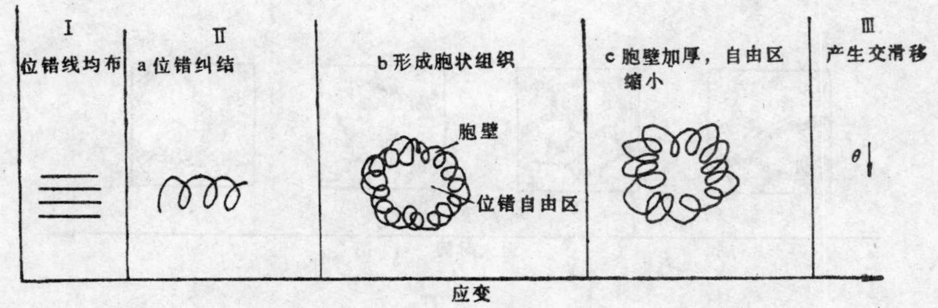

图 6-2-25　高层错能金属的硬化机理

一个滑移系，位错移动不受阻碍，大部分位错从晶内移到表面。第Ⅱ阶段为线性硬化阶段，θ很大，晶体内存在有几个滑移系，并开始发生双滑移，使位错在运动过程中发生交割，加工硬化显著。第Ⅲ阶段为硬化系数θ稍减少阶段，晶体表面出现大量滑移带并有交滑移痕迹。

多晶体金属由于有晶界约束，塑性变形一开始就出现第Ⅱ阶段硬化，然后进入第Ⅲ阶段。

加工硬化现象可用位错论解释，即加工硬化是由于位错运动受阻和位错纠结等因素引起的。即在塑性变形过程中，位错不断增殖，而且边移动边缠结，当遇到相界、晶界等障碍物时，就停止前进并塞积起来。塞积的位错群对位错源有一个反作用力，塞积位错群中位错数越多，反作用力越大，当位错数达到某值时，不增大外力就无法使位错开动。此外，位错增殖会使位错密度增加，而位错交割、攀移、纠结、林位错等又会形成更多妨碍位错运动的因素。这样，随着变形的进行，位错的运动变得更加困难，需要更大的应力才能使位错源继续开动并越过或摧毁障碍物继续前进，亦即需要更大的变形力才能使变形继续进行下去。

对于多晶体金属，若层错能高，则变形以滑移为主，加工硬化机理如图6-2-25所示。变形一开始就出现位错线的纠结，随着变形的继续，纠结的位错越来越多越密，在晶体内围成了细小的粒状组织称为胞状组织，也就是变形亚晶粒或亚组织，然后胞壁加厚，位错自由区缩小。变形量再增大，由于产生了交滑移，θ值减小。若层错能低，则变形以层错为主，变形后位错分布均匀，得不到明显的胞状组织，也不易产生交滑移，因而θ值较大。

（二）冷变形金属加热时的回复与再结晶——静态回复与再结晶

将已加工硬化的金属加热到适当温度，就会恢复到原来软的状态，这种处理称为退火。一般说，在加热退火过程中金属组织性能的变化可分为三个阶段。第一阶段发生在温度$0.3T_{熔}$（$T_{熔}$为熔点的绝对温度），此时变形金属的某些力学和物理性能得到恢复，亚组织发生了变化，但没有出现新晶粒，称为回复。第二阶段发生在加热温度（0.4～0.5）$T_{熔}$以后，此时在变形晶粒的晶界处产生无畸变的新晶核，并随着加热时间的延长和温度的升高，通过成核和长大，直至全部转变为新晶体，加工硬化完全被消除为止，称为再结晶。第三阶段为二次再结晶，是在再结晶完成后继续升温和保温情况下新晶粒迅速吞并长大的过程。

1．回复

（1）回复对组织性能的影响。由于回复时加热温度不高，原子动能增大不多，只是恢复晶格歪扭，不能使晶粒形状、晶向、晶内及晶间物质破碎恢复，因此回复后机械性能（强度、塑性等）变化不大，只是某些物理化学性能（如电阻和抗蚀性等）有较明显的改善。

（2）回复机理。对于高层错能金属（图6-2-26），主要是位错纠结的伸直、互毁和亚晶粒的合并过程。对于低层错能金属，主要是异号位错相消，同号位错进行横向和纵向组合形成位错墙（亚晶界）的过程，亦即如图6-2-27所示的多边化过程。对于具有密排六方晶格的金属，以及只有简易滑移的立方晶格金属，回复机理如图6-2-28所示，不需多边化过程。

2．再结晶

（1）再结晶对组织性能的影响。再结晶不仅恢复晶格歪扭，而且使被拉长的晶粒变成等轴晶粒

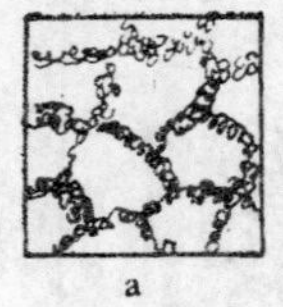

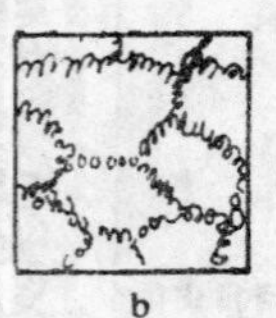

图 6-2-26 高层错能金属回复机理

a—变形后；b—短时间回复，位错互毁；c—长时间回复，亚晶粒长大；d—位错密度减少

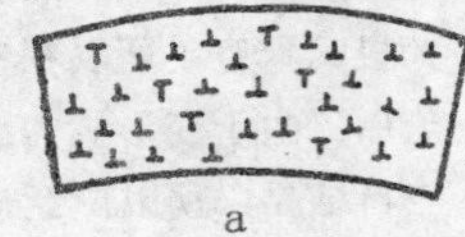
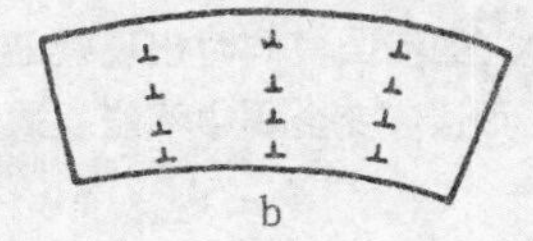

图 6-2-27　位错在多边化过程中的重新分布

a—不稳定的杂乱的位错；b—位错垂直于滑移面排列形成亚晶界

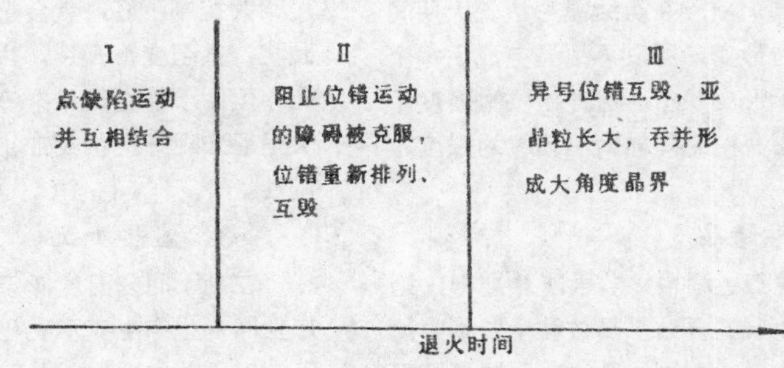

图 6-2-28　不需多边化过程的回复

及微观组织带状化消失。但在有些金属中，塑性变形时形成的变形织构可能被保留下来，甚至形成了新的织构，即再结晶织构。再结晶后的金属，其强度、硬度显著下降，塑性、韧性提高，内应力和加工硬化完全消除，金属恢复到冷变形前的状态。

（2）再结晶成核机理。如果说回复的实质是形成亚晶粒，则再结晶的实质是亚晶粒的合并。在大变形量的金属中，亚晶粒合并成为再结晶核心，即晶核，然后不断成核和晶界迁移，直至新晶粒代替变形后晶粒为止。在小变形量的金属中，再结晶晶核是塑性加工前的已有晶界，晶核成长也是靠晶界迁移完成的。

3．影响再结晶的因素

（1）温度。再结晶是在加热温度达到某定值时才开始发生的，通常把开始发生再结晶的温度称为再结晶温度。再结晶温度也定义为经过70％以上大变形量的金属在均匀温度中保持1h能完全再结晶的最低温度。一般工业用金属的再结晶温度为$(0.4\sim0.5)T_{熔}$。

（2）保温时间。再结晶是在一定速度下进行的，保温时间越长，原子的扩散移动越能充分进行，再结晶温度也就越低。

（3）变形程度。变形程度如果非常小，原动力就非常小，再结晶就不会发生。通常把发生再结晶所必需的最低变形程度称为临界变形程度。变形程度越大，变形金属中的储存能越高，所需的再结晶温度就低。其次，变形程度对再结晶晶粒大小也有影响。变形程度大时，晶核生成得多，所以再结晶晶粒很细。

（4）原始晶粒大小。原始晶粒越粗大，变形阻力越小，变形后的畸变能较小，所需的再结晶温度较高。

（5）金属化学成分。金属的纯度越高，再结晶温度越低。对于合金，其元素成分越复杂，异质原子对位错运动的阻碍越大，再结晶速度越低，因而需要较高的再结晶温度。

（三）热塑性变形中的回复与再结晶——动态回复与再结晶

热塑性变形是指在再结晶温度以上进行的塑性变形，这时金属晶体既发生应变硬化，也发生消除硬化的回复和再结晶。就性质来说，热塑性变形过程的回复与再结晶可分为五种形态，即：动态回复，动态再结晶，静态回复，静态再结晶，亚动态再结晶。其中静态回复与再结晶是在形变终止后利用余热进行的，不需要重新加热。

1．动态回复

当变形温度高于回复温度，变形速度又有足够时间完成回复时，就会发生动态回复。动态回复是通过位错攀移、交滑移和位错结点的脱锚而进行的，因此层错能高的金属，如体心立方金属等，在热加工时容易发生动态回复，亚组织的形貌也较清晰。热塑性加工过程中应变与回复同时出现就避免了冷加工效果的累积，而且形变金属中不能发展成高位错密度。

2．动态再结晶

当变形温度高于再结晶温度，变形速度又有足够时间完成再结晶时，就会发生动态再结晶，其机理与静态再结晶相同。由于在再结晶形核长大期间还同时进行着金属的形变，所以再结晶完成后每个晶粒中心部分仍处于形变状态，这种晶粒的强度、硬度要比静态再结晶获得的同样大小晶粒的强度、硬度高。

3．亚动态再结晶

在动态再结晶进行过程中，若中断热变形，则动态再结晶时尚未生长的再结晶晶核和生长到中途的再结晶晶粒（又称半截再结晶晶粒）会被遗留下来。当有条件发生静态再结晶时，此二者皆无孕育期而开始生长和继续长大，这种再结晶称为亚动态再结晶。

在热变形过程中，动态回复和动态再结晶与加工硬化是同时发生并相互取消的。这是因为多晶体中晶粒数很多，当某些晶粒处于加工硬化过程时，另一些已硬化的晶粒则可能处于软化过程中。例如，在变形开始时，方位最合适的晶粒先发生变形，然后方位不合适的晶粒才逐渐牵连到变形过程中。可以认为，当方位不合适的晶粒开始变形时，已变形了的方位合适的晶粒却发生了再结晶过程。

六、塑性加工的分类

根据塑性加工时变形温度和变形速度条件的差异，塑性加工可分为以下三类：

1．冷加工

在回复、再结晶温度以下变形，位错密度上升，发生加工硬化使金属的强度硬度提高、韧性降低的塑性加工称为冷加工或冷变形。冷加工由于有制件精度高、材料消耗低以及便于实现机械化等优点，所以在工业生产中得到越来越广泛的应用，如冷挤、冷锻、板料冷冲压等，但多工序加工时，需经中间退火。

2．热加工

变形温度超过再结晶温度，变形速度低于再结晶软化速度，再结晶软化占优势因而变形能顺利进行的塑性加工称为热加工。例如，铅的再结晶温度为摄氏零度，所以在室温下的变形也属于热加工。热加工由于变形抗力小，并能破坏铸态组织使之发生再结晶，所以广泛应用于轧制、锻造、挤压等工艺。但是，热加工还存在有表面生成氧化皮、制品精度差等缺点。此外，当加工某些成分复杂的合金时，由于它们的成分复杂，再结晶速度慢，变形速度稍为控制不好，就会超过再结晶速度而出现加工硬化，甚至变形开裂。热加工后没有微观组织带状化，但由于非金属夹杂等沿变形方向排列，所以也会呈现宏观纤维状或带状组织，使机械性能带有异向性。

3．温热加工

在高于回复温度低于再结晶温度下变形时，既产生回复也产生变形硬化，这种加工称为温热加工。对于某些零件，若因塑性差、变形抗力高而无法利用冷塑性加工，而用热塑性变形又因表面氧化严重达不到预定的精度要求时，用温热加工，如温挤、温锻等，比较合适。

以上塑性加工的分类与生产中习惯的称法有些不同。如有的虽然加工温度已高于再结晶温度，也习惯称为温热加工。

第二节 金属塑性成形加工的力学基础

一、力学基础理论

（一）应力

1．外力、内力和应力

外力又称为外作用力，有两类。一类是作用在物体内每一个质点的力叫体力，如重力、磁力和惯性力。另一类是直接作用在物体的外表面，而通过内部组织间接地传递到内部各质点的力叫接触力或表面力，如动力通过工具表面对坯料施加的力或静水压。表面力又可分为分布力和集中力。

在外力作用下，物体内质点之间的相互作用，并保证固体的存在和连续的力称作内力。单位面积上的内力称作应力。

图6-2-29所示为一受力平衡的物体。物体内任意一点Q在法线为N的平面A上的应力为：

$$S=\lim_{\Delta F\to 0}\frac{\Delta P}{\Delta F}=\frac{\mathrm{d}P}{\mathrm{d}F} \qquad (6\text{-}2\text{-}21)$$

式中ΔF为Q点附近一个微小的面积，ΔP是作用在该面积上内力的合力。S是作用在这点上的全应力，可分解一个垂直于A面的正应力σ和另一个平行于A面的剪应力τ。

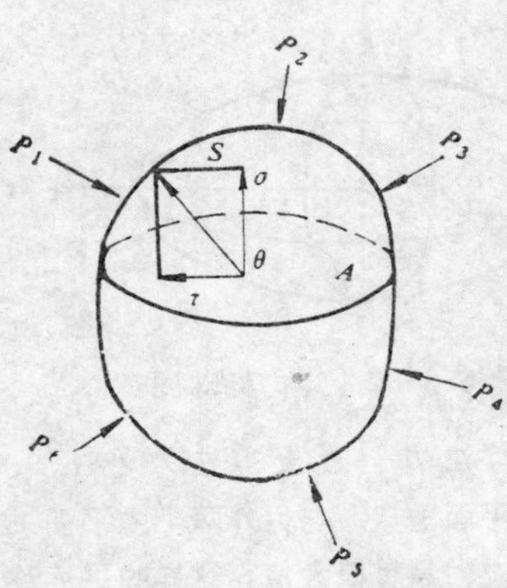

图 6-2-29　面力、内力和应力

2. 一点的应力和应力分量

要完全确定一点的应力必须知道通过这点的三个线性无关的平面上的应力。

最常用的是直角坐标系。在坐标系中物体内任意一点Q，可围绕Q切取一矩形六面体作为单元，其棱边分别平行于三根坐标轴。如果三个垂直的微分面上的应力为已知，则该点的应力就完全确定。如图6-2-30所示，每个微分面上有3个应力分量，共用9个分量表示，第一个下标表示该应力分量的作用面法向，第二个下标表示它的作用方向。两个下标相同的正应力可简写成一个下标。

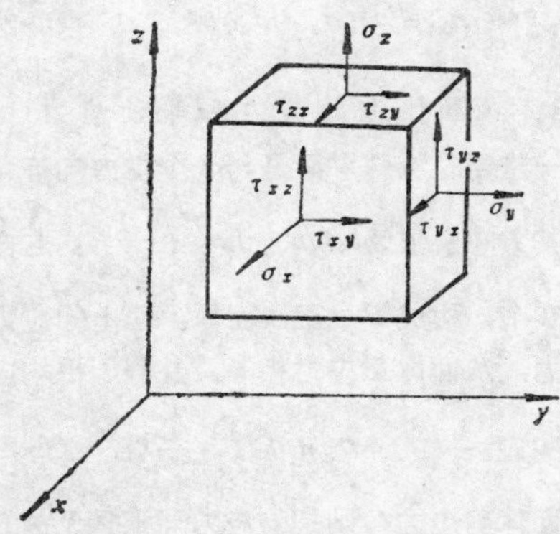

图 6-2-30　在直角坐标系中作用在单元体上的应力分量

正应力规定应力分量与应力所在面的外法线方向相同为正，相反为负。剪应力定为剪应力所在面的外法线方向与坐标轴一致时，剪应力所指方向与坐标轴指向一致为正，相反为负；剪应力所在面的外法线方向与坐标轴方向相反时，剪应力所指方向与坐标轴指向一致为负，相反为正。

由单元体静力平衡可导出剪应力互等定律。

$$\tau_{xy}=\tau_{yx},\ \tau_{yz}=\tau_{zy},\ \tau_{zx}=\tau_{xz} \tag{6-2-22}$$

一点的应力也可用一个二阶对称张量σ_{ij}来表示，叫应力张量。

$$\sigma_{ij}=\begin{bmatrix}\sigma_x & \tau_{xy} & \tau_{xz}\\ \tau_{yx} & \sigma_y & \tau_{yz}\\ \tau_{zx} & \tau_{zy} & \sigma_z\end{bmatrix} \tag{6-2-23}$$

3. 任意截面上的总应力、正应力和剪应力

图6-2-31所示为一单元四面体，其斜截面的外法线n的方向余弦为

$$l=\cos(n,\ x)$$
$$m=\cos(n,\ y)$$
$$n=\cos(n,\ z)$$

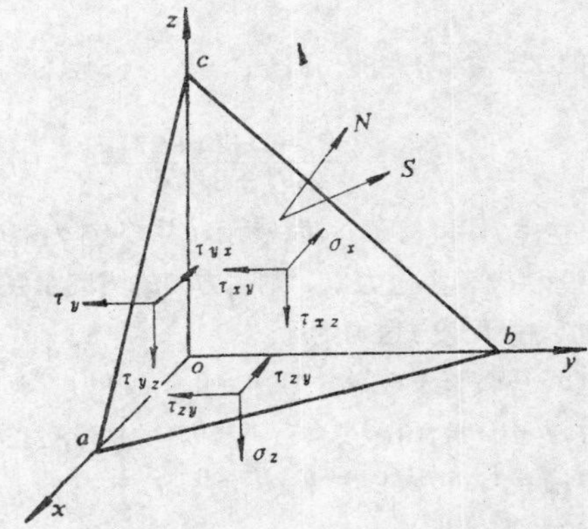

图 6-2-31　作用在单元四面体上的应力分量

根据单元体的平衡，可求出截面上总应力S沿坐标轴的分量为

$$\left.\begin{aligned}S_x&=\sigma_x l+\tau_{yx}m+\tau_{zx}n\\ S_y&=\tau_{xy}l+\sigma_y m+\tau_{zy}n\\ S_z&=\tau_{xz}l+\tau_{yz}m+\sigma_z n\end{aligned}\right\} \tag{6-2-24}$$

斜截面上的总应力

$$S=\sqrt{S_x^2+S_y^2+S_z^2} \tag{6-2-25}$$

斜截面上的正应力为

$$\sigma_n=S_x l+S_y m+S_z n$$

$$=\sigma_x l^2+\sigma_y m^2+\sigma_z n^2+2(\tau_{yz}mn+\tau_{zx}nl+\tau_{xy}lm) \quad (6\text{-}2\text{-}26)$$

斜截面上的剪应力为

$$\tau_n=\sqrt{S^2-\sigma_n^2} \quad (6\text{-}2\text{-}27)$$

4．主平面、主方向、主应力

剪应力为零的截面称为主平面，主平面的法线方向称为主方向，主平面上的正应力称为主应力。变形体内每一点，至少有3个主方向。主应力的值可按下式计算：

$$\sigma_n^3-J_1\sigma_n^2-J_2\sigma_n-J_3=0 \quad (6\text{-}2\text{-}28)$$

式中 J_1、J_2、J_3为不因坐标转动而改变数值，分别称为第一、第二、第三应力不变量，有

$$\left.\begin{aligned}J_1&=\sigma_x+\sigma_y+\sigma_z\\J_2&=-(\sigma_x\sigma_y+\sigma_y\sigma_z+\sigma_z\sigma_x)\\&\quad+\tau_{xy}^2+\tau_{yz}^2+\tau_{xz}^2\\J_3&=\sigma_x\sigma_y\sigma_z+2\tau_{xy}\tau_{yz}\tau_{xz}\\&\quad-\sigma_x\tau_{yz}^2-\sigma_y\tau_{xz}^2-\sigma_z\tau_{xy}^2\end{aligned}\right\} \quad (6\text{-}2\text{-}29)$$

解上面一元三次方程可求得3个实根，即3个主应力值

$$\sigma=\gamma\cos\theta+J_1/3 \quad (6\text{-}2\text{-}30)$$

式中的 $\gamma=\dfrac{2}{3}(J_1^2+3J_2)^{\frac{1}{2}}$；

$$\cos3\theta=\frac{2J_1^3+9J_1J_2+27J_3}{2(J_1^2+3J_2)^{3/2}}$$

主应力用σ_1、σ_2、σ_3表示，并规定$\sigma_1\geqslant\sigma_2\geqslant\sigma_3$。设$\sigma_i$代表主应力值，则主方向的方向余弦($l$, m, m)由下列方程确定：

$$\left.\begin{aligned}&(\sigma_x-\sigma_i)l+\tau_{xy}m+\tau_{xz}n=0\\&\tau_{xy}l+(\sigma_y-\sigma_i)m+\tau_{yz}n=0\\&\tau_{xz}l+\tau_{yz}m+(\sigma_z-\sigma_i)n=0\\&l^2+m^2+n^2=1\end{aligned}\right\} \quad (6\text{-}2\text{-}31)$$

用主应力表示应力不变量时，有着最简单的形式：

$$\left.\begin{aligned}J_1&=\sigma_1+\sigma_2+\sigma_3\\J_2&=-(\sigma_1\sigma_2+\sigma_2\sigma_3+\sigma_3\sigma_1)\\J_3&=\sigma_1\sigma_2\sigma_1\end{aligned}\right\} \quad (6\text{-}2\text{-}32)$$

在主轴坐标系中，一点应力在任意斜截面的全应力矢量 s 端点的轨迹构成一个椭圆，如图6-2-32所示。主应力σ_1，σ_2，σ_3正是椭圆的3个主半轴，椭圆的方程为

$$\frac{S_1^2}{\sigma_1^2}+\frac{S_2^2}{\sigma_2^2}+\frac{S_3^2}{\sigma_3^2}=1 \quad (6\text{-}2\text{-}33)$$

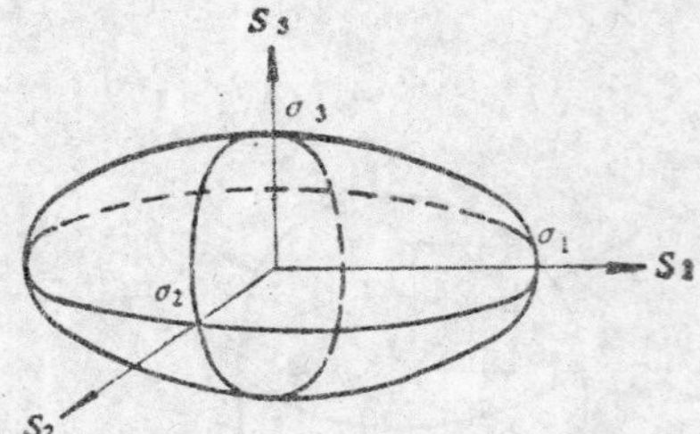

图 6-2-32　应力椭球面

5．主剪应力、最大剪应力

与一个主平面垂直，与另外两个主平面成45°角的平面上剪应力具有极大值。这样的平面称为主剪应力平面，共有12个，构成一个12面体。这些平面上的剪应力称为主剪应力，分别为

$$\tau_{12}=\pm\frac{1}{2}(\sigma_1-\sigma_2)\qquad\tau_{23}=\pm\frac{1}{2}(\sigma_2-\sigma_3)$$

$$\tau_{31}=\pm\frac{1}{2}(\sigma_3-\sigma_1) \quad (6\text{-}2\text{-}34)$$

3个主剪应力中最大的一个叫最大剪应力，如果主应力的关系为$\sigma_1\geqslant\sigma_2\geqslant\sigma_3$，则最大剪应力为

$$\tau_{max}=\tau_{13}=\frac{1}{2}(\sigma_1-\sigma_3) \quad (6\text{-}2\text{-}35)$$

应注意，主剪应力平面上的正应力为

$$\sigma_{12}=\frac{1}{2}(\sigma_1+\sigma_2),\qquad\sigma_{23}=\frac{1}{2}(\sigma_2+\sigma_3),$$

$$\sigma_{31}=\frac{1}{2}(\sigma_3+\sigma_1) \quad (6\text{-}2\text{-}36)$$

6．八面体上的应力和等效应力

另一重要的特殊平面是与3个主方向等角度的平面，其方向余弦为$l=m=n=\pm\dfrac{1}{\sqrt{3}}$。这样的平面共有8个，构成1个正八面体。面上的应力称八面体应力，八面体正应力相等，并等于平均应力。

$$\sigma_8=\frac{1}{3}(\sigma_1+\sigma_2+\sigma_3)=\frac{1}{3}J_1 \quad (6\text{-}2\text{-}37)$$

八面体剪应力τ_8则是与应力球张量无关的量，

$$\tau_8=\pm\frac{1}{3}\sqrt{(\sigma_x-\sigma_y)^2+(\sigma_y-\sigma_z)^2+(\sigma_z-\sigma_x)^2+6(\tau_{xy}^2+\tau_{yz}^2+\tau_{zx}^2)}$$

$$=\pm\sqrt{\frac{2}{3}J_2'} \quad (6\text{-}2\text{-}38)$$

由八面体剪应力τ_8绝对值乘以$3/\sqrt{2}$，得到的量称等效应力，又称为广义应力或应力强度，用$\overline{\sigma}$表示。它不是在某微分面上实际存在的应力，但它能综合反映一点的受力状态。在主轴坐标系中等效应力为

$$\overline{\sigma}=\frac{3}{2}\tau_8=\sqrt{3J_2'}$$

$$=\sqrt{\frac{1}{2}[(\sigma_1-\sigma_2)^2+(\sigma_2-\sigma_3)^2+(\sigma_3-\sigma_1)^2]} \quad (6\text{-}2\text{-}39)$$

通常根据等效应力的变化来判断加载还是卸载。即$d\overline{\sigma}>0$为加载，$d\overline{\sigma}<0$为卸载；$d\overline{\sigma}=0$为中性变载。

7. 应力球张量和应力偏量

球张量又称静水压，是各向相等的应力分量。它只引起弹性体积改变，球张量为

$$\frac{1}{3}\delta_{ij}\sigma_{kk}=\begin{bmatrix}\sigma_0 & 0 & 0\\ 0 & \sigma_0 & 0\\ 0 & 0 & \sigma_0\end{bmatrix} \quad (6\text{-}2\text{-}40)$$

式中 δ_{ij} —张量符号，当$i=j$时，$\delta=1$；当$i\neq j$时，$\delta=0$；

$$\sigma_{kk}=\frac{1}{3}(\sigma_1+\sigma_2+\sigma_3)。$$

应力偏量是引起物体形状改变的部分，它表示为σ_{ij}'

$$\sigma_{ij}'=\sigma_{ij}-\delta_{ij}\sigma_0$$

$$=\begin{bmatrix}(\sigma_x-\sigma_0) & \tau_{xy} & \tau_{xz}\\ \tau_{yx} & (\sigma_y-\sigma_0) & \tau_{yz}\\ \tau_{zx} & \tau_{zy} & (\sigma_z-\sigma_0)\end{bmatrix} \quad (6\text{-}2\text{-}41)$$

应力偏量也有3个不变量，分别为J_1'、J_2'、J_3'

$$\left.\begin{aligned}&J_1'=\sigma_1'+\sigma_2'+\sigma_3'=0\\ &J_2'=-(\sigma_1'\sigma_2'+\sigma_2'\sigma_3'+\sigma_3'\sigma_1')=J_2+\frac{1}{3}J_1^2\\ &J_3'=\sigma_1'\sigma_2'\sigma_3'=\frac{1}{27}(2J_1^3+9J_1J_2+27J_3)\end{aligned}\right\} \quad (6\text{-}2\text{-}42)$$

8. 平衡(运动)微分方程

在笛卡儿直角坐标系中为

$$\left.\begin{aligned}&\frac{\partial\sigma_x}{\partial x}+\frac{\partial\tau_{xy}}{\partial y}+\frac{\partial\tau_{xz}}{\partial z}+f_x=0\\ &\frac{\partial\tau_{yx}}{\partial x}+\frac{\partial\sigma_y}{\partial y}+\frac{\partial\tau_{yz}}{\partial z}+f_y=0\\ &\frac{\partial\tau_{zx}}{\partial x}+\frac{\partial\tau_{zy}}{\partial y}+\frac{\partial\sigma_z}{\partial z}+f_z=0\end{aligned}\right\} \quad (6\text{-}2\text{-}43)$$

式中f_x、f_y、f_z分别为x、y、z方向上单位体积的体积力。

在圆柱坐标系中平衡微分方程形式如下：

$$\left.\begin{aligned}&\frac{\partial\sigma_r}{\partial r}+\frac{1}{r}\frac{\partial\tau_{r\theta}}{\partial\theta}+\frac{\partial\tau_{rz}}{\partial z}+\frac{\sigma_r-\sigma_\theta}{r}+f_r=0\\ &\frac{\partial\tau_{r\theta}}{\partial r}+\frac{1}{r}\frac{\partial\sigma_\theta}{\partial\theta}+\frac{\partial\tau_{\theta z}}{\partial z}+\frac{2\tau_{r\theta}}{r}+f_\theta=0\\ &\frac{\partial\tau_{rz}}{\partial r}+\frac{1}{r}\frac{\partial\tau_{\theta}}{\partial\theta}+\frac{\partial\sigma_z}{\partial z}+\frac{\tau_{rz}}{r}+f_z=0\end{aligned}\right\} \quad (6\text{-}2\text{-}44)$$

在球极坐标系中的平衡微分方程为：

$$\left.\begin{aligned}&\frac{\partial\sigma_r}{\partial r}+\frac{1}{r}\frac{\partial\tau_{r\theta}}{\partial\theta}+\frac{1}{r\sin}\frac{\partial\tau_{r\varphi}}{\partial\varphi}+\frac{1}{r}(2\sigma_r-\sigma_\theta-\sigma_\varphi+\tau_{r\theta}\text{ctg}\theta)=0\\ &\frac{\partial\tau_{r\theta}}{\partial r}+\frac{1}{r}\frac{\partial\sigma_\theta}{\partial\theta}+\frac{1}{r\sin\theta}\frac{\partial\tau_{\theta\varphi}}{\partial\varphi}+\frac{1}{r}[(\sigma_\theta-\sigma_\varphi)\text{ctg}\theta+3\tau_{r\theta}]=0\\ &\frac{\partial\tau_{r\varphi}}{\partial r}+\frac{1}{r}\frac{\partial\tau_{\theta\varphi}}{\partial\theta}+\frac{1}{r\sin\theta}\frac{\partial\sigma_\theta}{\partial\varphi}+\frac{1}{r}(3\tau_{r\varphi}+2\tau_{\theta\varphi}\text{ctg}\theta)=0\end{aligned}\right\} \quad (6\text{-}2\text{-}45)$$

圆柱坐标如图6-2-33所示，球极坐标如图6-2-34所示。

（二）应变

点的应变状态也是二阶对称张量，它与应力张量有许多相似的性质。它和物体中的位移场或速度场有密切联系。

1. 位移、变形、应变

一个运动的物体，如物体内任意两点之间的距离都保持不变时，这物体只有刚性的位移。刚性位移可以是移动，也可以是转动，或两者兼而有之。当连续体内某两点的相对位置在运动中发生改变时，物体内才产生变形。

应变是变形体内一点和另一点之间的相对位移，与刚性位移无关。应变分正应变和剪应变。正应变又称作线应变，正应变以伸长为正，缩短为负。剪应变又称角应变，以直角缩小为正，反之为负。

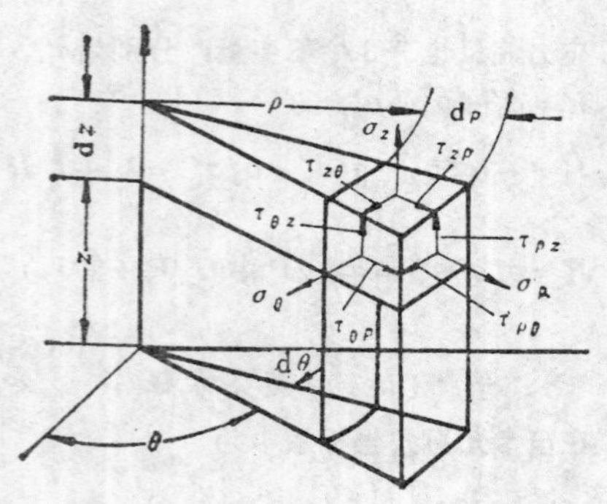

图 6-2-33 圆柱坐标

2. 点的应变状态和应变分量

一点的应变也是一个二阶对称张量，有9个分量：

$$\varepsilon_{ij}=\begin{bmatrix}\varepsilon_x & \gamma_{xy} & \gamma_{xz}\\ \gamma_{yx} & \varepsilon_y & \gamma_{yz}\\ \gamma_{zx} & \gamma_{zy} & \varepsilon_z\end{bmatrix} \tag{6-2-46}$$

式中 ε_x，ε_y，ε_z——正应变分量；

γ_{xy}，γ_{xz}，γ_{yx}，γ_{yz}，γ_{zx}，γ_{zy}——剪应变分量。

又因$\gamma_{xy}=\gamma_{yx}$，$\gamma_{yz}=\gamma_{zy}$，$\gamma_{zx}=\gamma_{xz}$，所以应变张量只有6个独立的分量。

3. 变形的几何方程

变形的几何方程反映了应变和位移的关系，根据是否考虑二次项，可分作小变形和有限变形几何方程两种。

（1）小变形几何方程

$$\left.\begin{aligned}
\varepsilon_x&=\frac{\partial u}{\partial x}, & \gamma_{yz}=\gamma_{zy}&=\frac{1}{2}\left(\frac{\partial w}{\partial y}+\frac{\partial v}{\partial z}\right)\\
\varepsilon_y&=\frac{\partial v}{\partial y}, & \gamma_{zx}=\gamma_{xz}&=\frac{1}{2}\left(\frac{\partial u}{\partial z}+\frac{\partial w}{\partial x}\right)\\
\varepsilon_z&=\frac{\partial w}{\partial z}, & \gamma_{xy}=\gamma_{yx}&=\frac{1}{2}\left(\frac{\partial v}{\partial x}+\frac{\partial u}{\partial y}\right)
\end{aligned}\right\} \tag{6-2-47}$$

式中 u、v、w——坐标x、y、z方向上的位移。

另外有三个转动分量：

$$w_x=\frac{1}{2}\left(\frac{\partial w}{\partial y}-\frac{\partial v}{\partial z}\right),$$

$$w_y=\frac{1}{2}\left(\frac{\partial u}{\partial z}-\frac{\partial w}{\partial x}\right)$$

$$w_z=\frac{1}{2}\left(\frac{\partial v}{\partial x}-\frac{\partial u}{\partial y}\right) \tag{6-2-48}$$

式中w_x为绕x轴的刚性转动，余类推。

（2）有限变形几何方程。当变形量较大时，应变表达式中的二次项不能删去，几何方程应为：

$$\left.\begin{aligned}
\varepsilon_x&=\frac{\partial u}{\partial x}+\frac{1}{2}\left[\left(\frac{\partial u}{\partial x}\right)^2+\left(\frac{\partial v}{\partial x}\right)^2+\left(\frac{\partial w}{\partial x}\right)^2\right]\\
\varepsilon_y&=\frac{\partial v}{\partial y}+\frac{1}{2}\left[\left(\frac{\partial u}{\partial y}\right)^2+\left(\frac{\partial v}{\partial y}\right)^2+\left(\frac{\partial w}{\partial y}\right)^2\right]\\
\varepsilon_z&=\frac{\partial w}{\partial z}+\frac{1}{2}\left[\left(\frac{\partial u}{\partial z}\right)^2+\left(\frac{\partial v}{\partial z}\right)^2+\left(\frac{\partial w}{\partial z}\right)^2\right]\\
\gamma_{xy}&=\frac{1}{2}\left[\frac{\partial v}{\partial x}+\frac{\partial u}{\partial y}+\frac{\partial u}{\partial x}\,\frac{\partial u}{\partial y}+\frac{\partial v}{\partial x}\,\frac{\partial v}{\partial y}+\frac{\partial w}{\partial x}\,\frac{\partial w}{\partial y}\right]\\
\gamma_{yz}&=\frac{1}{2}\left[\frac{\partial w}{\partial y}+\frac{\partial v}{\partial z}+\frac{\partial u}{\partial y}\,\frac{\partial u}{\partial z}+\frac{\partial v}{\partial y}\,\frac{\partial v}{\partial z}+\frac{\partial w}{\partial y}\,\frac{\partial w}{\partial z}\right]\\
\gamma_{zx}&=\frac{1}{2}\left[\frac{\partial u}{\partial z}+\frac{\partial w}{\partial x}+\frac{\partial u}{\partial z}\,\frac{\partial u}{\partial x}+\frac{\partial v}{\partial z}\,\frac{\partial v}{\partial x}+\frac{\partial w}{\partial z}\,\frac{\partial w}{\partial x}\right]
\end{aligned}\right\} \tag{6-2-49}$$

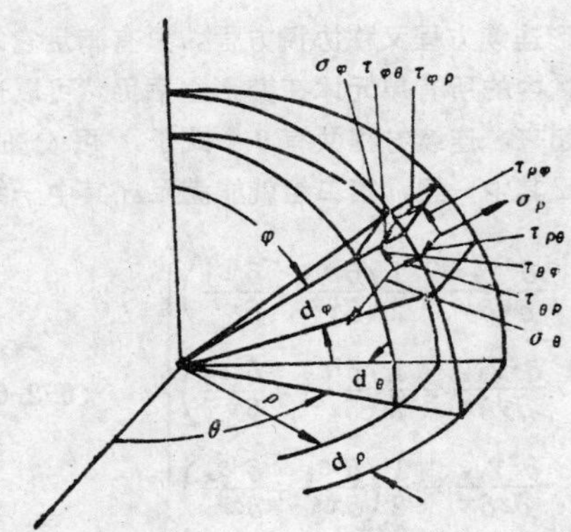

图 6-2-34 球极坐标

4. 任意方向上的正应变和剪应变

设任意方向 n 和正交于 n 的某一方向 t 对坐标轴 x、y、z 的方向余弦分别为 l、m、n 和 l'、m'、n'，则 n 方向的正应变为：

$$\varepsilon_n=\varepsilon_x l^2+\varepsilon_y m^2+\varepsilon_z n^2+\gamma_{yz}mn+\gamma_{zx}nl+\gamma_{xy}lm \tag{6-2-50}$$

n 面上 t 方向的剪应变为

$$\gamma_{nt}=\varepsilon_x ll'+\varepsilon_y mm'+\varepsilon_z nn'+\gamma_{yz}(mn'+m'n)+\gamma_{zx}(nl'+n'l)+\gamma_{xy}(lm'+l'm) \tag{6-2-51}$$

n 面上的总剪应变为

$$\gamma_n=[(\varepsilon_x l+\gamma_{yx}m+\gamma_{zx}n)^2+(\gamma_{xy}l+\varepsilon_y m+\gamma_{zy}n)^2+(\gamma_{xz}l+\gamma_{yz}m+\varepsilon_z n)^2-\varepsilon_n^2]^{\frac{1}{2}} \tag{6-2-52}$$

5. 主应变、应变不变量

变形体内任一点存在 3 个相互垂直的平面。这些平面上只有法线方向的线应变，没有剪应变。这些平面叫主应变平面，平面上的法向应变叫主应变，通常用 ε_1、ε_2、ε_3 表示。计算主应变的公式为

$$\varepsilon_n^3-I_1\varepsilon_n^2-I_2\varepsilon_n-I_3=0 \tag{6-2-53}$$

式中 I_1、I_2、I_3 分别为第一、第二、第三应变不变量。

$$\left.\begin{aligned}I_1&=\varepsilon_x+\varepsilon_y+\varepsilon_z\\I_2&=-(\varepsilon_x\varepsilon_y+\varepsilon_y\varepsilon_z+\varepsilon_z\varepsilon_x)+(\gamma_{xy}^2+\gamma_{yz}^2+\gamma_{zx}^2)\\I_3&=\varepsilon_x\varepsilon_y\varepsilon_z+2\gamma_{xy}\gamma_{yz}\gamma_{zx}-(\varepsilon_x\gamma_{yz}^2+\varepsilon_y\gamma_{zx}^2+\varepsilon_z\gamma_{xy}^2)\end{aligned}\right\} \tag{6-2-54}$$

6. 主要剪应变和最大剪应变

任一点的应变在垂直于一个主应变平面，而与另两个主应变平面成45° 角的面上，剪应变有极大值。该面上的剪应变称作主要剪应变，分别为：

$$\gamma_1=\frac{1}{2}(\varepsilon_2-\varepsilon_3),\ \gamma_2=\frac{1}{2}(\varepsilon_3-\varepsilon_1),$$

$$\gamma_3=\frac{1}{2}(\varepsilon_1-\varepsilon_2) \tag{6-2-55}$$

如 $\varepsilon_1\geqslant\varepsilon_2\geqslant\varepsilon_3$，则 γ_2 为最大剪应变（绝对值）。

7. 八面体的应变和等效应变

与应力相似，和 3 个主应变方向成等角的平面也构成一个八面体，该面上的正应变为

$$\varepsilon_8=\frac{1}{3}(\varepsilon_1+\varepsilon_2+\varepsilon_3)=\varepsilon_0 \tag{6-2-56}$$

该面上的剪应变为

$$\gamma_8=\pm\frac{1}{3}[(\varepsilon_1-\varepsilon_2)^2+(\varepsilon_2-\varepsilon_3)^2+(\varepsilon_3-\varepsilon_1)^2]^{\frac{1}{2}} \tag{6-2-57}$$

将八面体剪应变 γ_8 乘以系数 $\sqrt{2}$，所得之参量叫做等效应变，也称广义应变或应变强度，用 $\bar{\varepsilon}$ 表示。

$$\bar{\varepsilon}=\sqrt{2}\gamma_8 \tag{6-2-58}$$

8. 应变球张量和应变偏量

应变张量可分解为两部分：应变球张量，它和体积改变成比例；应变偏量，反映物体形状的改变。应变球张量为

$$\delta_{ij}\varepsilon_0=\begin{bmatrix}\varepsilon_0&0&0\\0&\varepsilon_0&0\\0&0&\varepsilon_0\end{bmatrix} \tag{6-2-59}$$

式中 $\varepsilon_0=\frac{1}{3}(\varepsilon_1+\varepsilon_2+\varepsilon_3)$。

应变偏量为

$$\varepsilon'_{ij}=\begin{bmatrix}(\varepsilon_x-\varepsilon_0)&\gamma_{xy}&\gamma_{xz}\\\gamma_{yx}&(\varepsilon_y-\varepsilon_0)&\gamma_{yz}\\\gamma_{zx}&\gamma_{zy}&(\varepsilon_z-\varepsilon_0)\end{bmatrix} \tag{6-2-60}$$

应变偏量也有 3 个不变量 I'_1、I'_2、I'_3，分别称作第一、第二、第三应变偏量不变量。

$$I'_1=0$$

$$I'_2=\frac{4}{3}(3I_2+I_1^2) \quad (6\text{-}2\text{-}61)$$

$$I'_3=\frac{1}{27}(2I_1^3+9I_1I_2+27I_3)$$

9．体积应变

体积应变为

$$\Delta=\frac{V_1-V_0}{V_0}\approx\varepsilon_1+\varepsilon_2+\varepsilon_3=\frac{\partial u}{\partial x}+\frac{\partial v}{\partial y}+\frac{\partial w}{\partial z} \quad (6\text{-}2\text{-}62)$$

塑性变形中，体积应变很小，通常忽略不计。

10．应变速度和应变速度张量

单位时间内发生的应变量称作应变速度，记作$\dot{\varepsilon}_{ij}$

$$\dot{\varepsilon}_{ij}=\lim_{\Delta t\to 0}\left(\frac{\Delta\varepsilon_{ij}}{\Delta t}\right)=\frac{\mathrm{d}\varepsilon_{ij}}{\mathrm{d}t} \quad (6\text{-}2\text{-}63)$$

应变速度张量为

$$\dot{\varepsilon}_{ij}=\begin{bmatrix}\dot{\varepsilon}_x & \dot{\gamma}_{xy} & \dot{\gamma}_{xz}\\ \dot{\gamma}_{yx} & \dot{\varepsilon}_y & \dot{\gamma}_{yz}\\ \dot{\gamma}_{zx} & \dot{\gamma}_{zy} & \dot{\varepsilon}_z\end{bmatrix} \quad (6\text{-}2\text{-}64)$$

式中 $\dot{\varepsilon}_x=\frac{\partial \dot{u}}{\partial x}$，$\dot{\gamma}_{yz}=\frac{\partial \dot{w}}{\partial y}+\frac{\partial \dot{v}}{\partial z}$；

$\dot{\varepsilon}_y=\frac{\partial \dot{v}}{\partial y}$，$\dot{\gamma}_{zx}=\frac{\partial \dot{w}}{\partial x}+\frac{\partial \dot{u}}{\partial z}$；

$\dot{\varepsilon}_z=\frac{\partial \dot{w}}{\partial z}$，$\dot{\gamma}_{xy}=\frac{\partial \dot{u}}{\partial y}+\frac{\partial \dot{v}}{\partial x}$。

11．变形连续方程

变形连续方程又称协调方程。只有满足它才能保证物体中的所有单元体在变形之后仍然可以连续地组合起来。连续方程共有6个式子，可分成两组。满足其中一组，第二组就能满足。其中一组为

$$\left.\begin{aligned}\frac{\partial^2\gamma_{xy}}{\partial x\partial y}&=\frac{1}{2}\left(\frac{\partial^2\varepsilon_x}{\partial y^2}+\frac{\partial^2\varepsilon_y}{\partial x^2}\right)\\ \frac{\partial^2\gamma_{yz}}{\partial y\partial z}&=\frac{1}{2}\left(\frac{\partial^2\varepsilon_y}{\partial z^2}+\frac{\partial^2\varepsilon_z}{\partial y^2}\right)\\ \frac{\partial^2\gamma_{zx}}{\partial z\partial x}&=\frac{1}{2}\left(\frac{\partial^2\varepsilon_z}{\partial x^2}+\frac{\partial^2\varepsilon_x}{\partial z^2}\right)\end{aligned}\right\} \quad (6\text{-}2\text{-}65)$$

如果已知位移分量u_i，用几何方程求得的应变分量ε_{ij}自然满足连续方程。如果先用其它方法求得应变分量，则它们必须同时满足连续方程，才能求得正确的位移分量。

（三）金属屈服条件和变形抗力

屈服条件又称屈服准则、屈服判据或塑性条件，它是变形体由弹性变形状态向塑性变形状态过渡的力学条件。

1．最大剪应力屈服条件

又称屈雷斯加屈服条件，当最大剪应力达到某定值时材料就发生屈服。其表达式为

$$\tau_{max}=\frac{1}{2}(\sigma_1-\sigma_3)=\tau_s \quad (6\text{-}2\text{-}66)$$

式中的τ_s只取决于材料在变形条件下的性质。

2．能量塑变条件

又称密席斯屈服条件，当等效应力$\bar{\sigma}$达到某定值时，材料即屈服。其表达式为

$$\bar{\sigma}=\frac{1}{\sqrt{2}}\sqrt{(\sigma_x-\sigma_y)^2+(\sigma_y-\sigma_z)^2+(\sigma_z-\sigma_x)^2+6(\tau_{xy}^2+\tau_{yz}^2+\tau_{zx}^2)}=\sigma_s \quad (6\text{-}2\text{-}67)$$

式中的σ_s只取决于材料在变形条件下的性质。

3．屈服曲面

在以上三个主轴作为坐标系的主应力空间中，L是与3个主轴成等角的射线。以L为轴的圆柱面和与之内接的等边六角柱面，分别为能量塑变条件和最大剪应力屈服条件的屈服曲面，见图6-2-35。对于无加工硬化的材料，某一点的应力如落在屈服曲面内，该点处于弹性状态。如该点的应力落在屈服曲面上，这点处于塑性状态。在二向应力状态下（设$\sigma_3=0$），这两个屈服面与σ_1-σ_2坐标面的交线

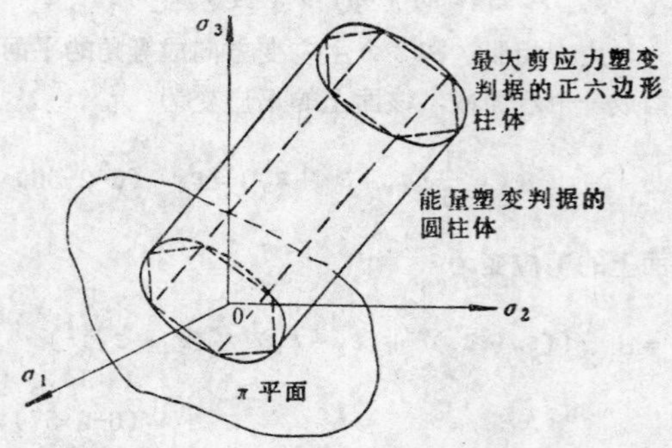

图 6-2-35 塑性条件与屈服面

分别为椭圆和与之内接的六边形，这就是平面应力状态下塑性条件的屈服曲线。由图可见两种塑性条件是非常接近的，它们的最大差别不超过15%。

4．变形抗力

变形抗力是材料抵抗外力使之产生塑性变形的能力。一般材料都具有加工硬化效应，也就是说，材料的变形抗力随着变形量的增加而有所提高。通常材料的变形抗力曲线由拉伸或压缩试验测得。常见的真实应力和应变曲线有图6-2-36所示几种基本类型。

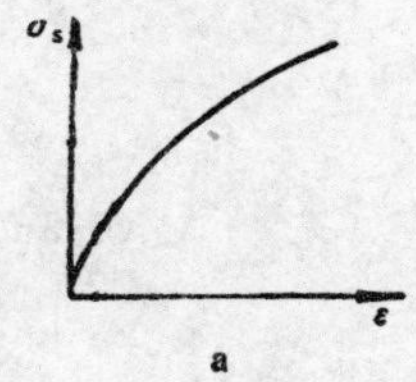

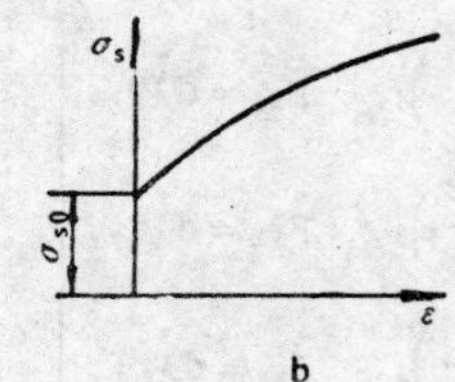

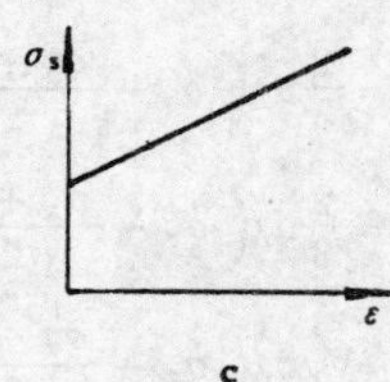

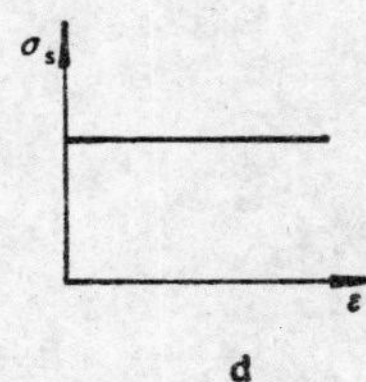

图 6-2-36　其实应力-应变曲线的基本类型

a—$\sigma_s = B\varepsilon^n$；b—$\sigma_s = \sigma_{s0} + B\varepsilon^n$；c—$\sigma_s = \sigma_{s0} + A\varepsilon$；d—$\sigma_s$ = const

（四）应力应变关系

应力应变关系又称本构关系或本构方程。塑性变形时应力应变关系的重要特点是它的非线性和不唯一性。为了便于比较，下面也给出弹性状态的应力应变关系。在塑性状态，假定应变可分为弹性应变和塑性应变两部分，并分别用上角标“e”和“p”来加以区别。

1．弹性状态的应力和应变关系

在弹性状态下应力和应变关系符合于胡克定律，有

$$\left.\begin{aligned}
\varepsilon_x &= \frac{1}{E}[\sigma_x - \gamma(\sigma_y + \sigma_z)]; \quad \gamma_{xy} = \frac{1}{2G}\tau_{xy} = \frac{1+\gamma}{E}\tau_{xy} \\
\varepsilon_y &= \frac{1}{E}[\sigma_y - \gamma(\sigma_x + \sigma_z)]; \quad \gamma_{yz} = \frac{1}{2G}\tau_{yz} = \frac{1+\gamma}{E}\tau_{yz} \\
\varepsilon_z &= \frac{1}{E}[\sigma_z - \gamma(\sigma_x + \sigma_y)]; \quad \gamma_{zx} = \frac{1}{2G}\tau_{zx} = \frac{1+\gamma}{E}\tau_{zx}
\end{aligned}\right\} \qquad (6\text{-}2\text{-}68)$$

式中E为弹性模量，γ为泊松比，G为剪切模量，且有$G = \dfrac{E}{2(1+\gamma)}$。

也可表成如下张量形式：

$$\varepsilon_{ij} = \frac{\sigma_{ij}}{2G} - \delta_{ij}\frac{\gamma}{E}J_1 \qquad (6\text{-}2\text{-}69)$$

或

$$\sigma_{ij} = 2G\varepsilon_{ij} + \delta_{ij}\frac{\gamma}{1+\gamma}J_1 \qquad (6\text{-}2\text{-}70)$$

2．塑性变性的增量理论（流动理论）

材料进入塑性状态后，应力和应变之间不再存在一一对应关系。只能在给定的变形过程和应力应变状态下研究应变增量的变化规律，得出总应力和总应变之间的关系。

（1）应变增量理论。应变增量理论又称列维-密席斯方程。它表示在物体加载瞬时所发生的塑性应变增量和瞬时的应力偏量成比例关系，即

$$\left.\begin{aligned}
d\varepsilon_x^p &= d\lambda\sigma_x' = \frac{2}{3}d\lambda\left(\sigma_x - \frac{\sigma_y + \sigma_z}{2}\right); \quad d\gamma_{xy}^p = d\lambda\tau_{xy} \\
d\varepsilon_y^p &= d\lambda\sigma_y' = \frac{2}{3}d\lambda\left(\sigma_y - \frac{\sigma_x + \sigma_z}{2}\right); \quad d\gamma_{yz} = d\lambda\tau_{yz} \\
d\varepsilon_z^p &= d\lambda\sigma_z' = \frac{2}{3}d\lambda\left(\sigma_z - \frac{\sigma_x + \sigma_y}{2}\right); \quad d\gamma_{zx} = d\lambda\tau_{zx}
\end{aligned}\right\} \qquad (6\text{-}2\text{-}71)$$

式中　$d\lambda$——正的比例常数，$d\lambda = \dfrac{3}{2}\dfrac{d\bar{\varepsilon}^p}{\bar{\sigma}}$，而

$$d\bar{\varepsilon}^p=\frac{\sqrt{2}}{3}\Big\{(d\varepsilon_x^p-d\varepsilon_y^p)^2+(d\varepsilon_y^p-d\varepsilon_z^p)^2+(d\varepsilon_z^p-d\varepsilon_x^p)^2+\frac{3}{2}\left[(d\gamma_{xy}^p)^2+(d\gamma_{yz})^2+(d\gamma_{zx}^p)^2\right]\Big\}^{\frac{1}{2}} \tag{6-2-72}$$

上述应力应变关系式表成张量形式有

$$d\varepsilon_{ij}^p=d\lambda\sigma_{ij}'=\frac{3}{2}\frac{d\bar{\varepsilon}^p}{\bar{\sigma}}\sigma_{ij}' \tag{6-2-73}$$

（2）应变速度理论。又称作圣维南流动方程。如应变增量在很短的时间内进行，则应变增量与时间的比值就等于应变速度。应力应变关系式应表示如下

$$\left.\begin{aligned}\dot{\varepsilon}_x&=d\dot{\lambda}\sigma_x'=\frac{2}{3}d\dot{\lambda}\left(\sigma_z-\frac{\sigma_y+\sigma_z}{2}\right);\quad \dot{\gamma}_{xy}=d\dot{\lambda}\tau_{xy}\\ \dot{\varepsilon}_y&=d\dot{\lambda}\sigma_y'=\frac{2}{3}d\dot{\lambda}\left(\sigma_y-\frac{\sigma_x+\sigma_z}{2}\right);\quad \dot{\gamma}_{yz}=d\dot{\lambda}\tau_{yz}\\ \dot{\varepsilon}_z&=d\dot{\lambda}\sigma_z'=\frac{2}{3}d\dot{\lambda}\left(\sigma_z-\frac{\sigma_x+\sigma_y}{2}\right);\quad \dot{\gamma}_{zx}=d\dot{\lambda}\tau_{zx}\end{aligned}\right\} \tag{6-2-74}$$

式中　$d\dot{\lambda}=\frac{3}{2}\frac{\dot{\bar{\varepsilon}}}{\bar{\sigma}}$。

上式表成张量形式为

$$\dot{\varepsilon}_{ij}=d\dot{\lambda}\sigma_{ij}'=\frac{3}{2}\frac{\dot{\bar{\varepsilon}}}{\bar{\sigma}}\sigma_{ij} \tag{6-2-75}$$

（3）弹塑性应力应变关系。这种关系又称作普朗特-劳斯方程，它没有忽略塑性变形中的弹性变形，在总变形增量中包括弹性变形增量和塑性变形增量两部分，并假定在加载过程任一瞬间，塑性变形增量分量与相应的偏应力分量成比例，即

$$d\varepsilon_{ij}=d\varepsilon_{ij}^p+d\varepsilon_{ij}^e \tag{6-2-76}$$

应力应变关系为

$$\left.\begin{aligned}d\varepsilon_x&=\frac{1}{2G}d\sigma_x'+\frac{1-2\gamma}{E}d\sigma_m+d\lambda\sigma_x';\quad d\gamma_{xy}=\frac{1}{2G}d\tau_{xy}+d\lambda\tau_{xy}\\ d\varepsilon_y&=\frac{1}{2G}d\sigma_y'+\frac{1-2\gamma}{E}d\sigma_m+d\lambda\sigma_y';\quad d\gamma_{yz}=\frac{1}{2G}d\tau_{yz}+d\lambda\tau_{yz}\\ d\varepsilon_z&=\frac{1}{2G}d\sigma_z'+\frac{1-2\gamma}{E}d\sigma_m+d\lambda\sigma_z';\quad d\gamma_{zx}=\frac{1}{2G}d\tau_{zx}+d\lambda\tau_{zx}\end{aligned}\right\} \tag{6-2-77}$$

写作张量形式为

$$d\varepsilon_{ij}=d\lambda\sigma_{ij}'+\frac{1}{2G}d\sigma_{ij}'+\frac{1-2\gamma}{E}\delta_{ij}d\sigma_m \tag{6-2-78}$$

式中的$d\sigma_m$为平均应力的微分

$$d\lambda=\frac{3}{2}\frac{d\bar{\varepsilon}^p}{\bar{\sigma}}$$

由上可以看出普朗特-劳斯方程略去弹性变形部分就得到列维-密席斯方程。

3．塑性变形的全量理论（形变理论）

全量理论中常用的有汉基－伊留辛理论，这种理论认为在小塑性变形和简单加载，且各应力分量按同一比例增加时，应力主轴的方向固定不变，应力和应变之间存在着单值关系。全量理论的一种表达式为

$$\left.\begin{aligned}\varepsilon_x'&=\frac{1}{2G'}\sigma_x';\quad \varepsilon_y'=\frac{1}{2G'}\sigma_y';\quad \varepsilon_z'=\frac{1}{2G'}\sigma_z'\\ \gamma_{xy}&=\frac{1}{2G'}\tau_{xy};\quad \gamma_{yz}=\frac{1}{2G'}\tau_{yz};\quad \gamma_{zx}=\frac{1}{2G'}\tau_{zx}\end{aligned}\right\} \tag{6-2-79}$$

式中的G'是塑性剪切模量，可由材料的σ-ε曲线确定，并有

$$\frac{1}{2G'}=\lambda+\frac{1}{2G} \tag{6-2-80}$$

$$\lambda=\frac{\int C\mathrm{d}\lambda}{C}$$

C是变形过程中的单调增函数，对于理想塑性材料，塑性变形阶段C为常数。

4．应变能（变形功）

（1）弹性应变能。如果弹性变形过程是绝热的，则弹性变形时外力所做的功将全部转化为物体的应变能。单位体积的弹性能A^e为

$$A^e=\frac{1}{2}\sigma_{ij}\varepsilon_{ij} \tag{6-2-81}$$

（2）塑性应变能。物体发生塑性变形时，如果没有其它能量消耗，则外力所做的变形功一部分变成弹性应变能增量全部耗散掉。单位体积的塑性变形功增量为

$$\mathrm{d}A^p=\sigma_{ij}\mathrm{d}\varepsilon_{ij} \tag{6-2-82}$$

对变形过程积分可得单位体积的塑变功

$$A^p=\int\mathrm{d}A^p=\int_0^{\varepsilon}\sigma_{ij}\mathrm{d}\varepsilon_{ij}$$

再对整个变形体积分，得整体的塑变功W^p

$$W^p=\int A^p\mathrm{d}v=\int_v\left(\int_0^{\varepsilon}\sigma_{ij}\mathrm{d}\varepsilon_{ij}\right)\mathrm{d}v \tag{6-2-83}$$

二、金属塑性变形过程的实验分析方法

（一）金相法

金相法是通过观察材料变形后的金相组织来研究塑性变形的一种方法。在冷塑性变形中，晶粒出现破碎，位错逐渐增殖，位错密度增加，从而引起变形材料的组织结构的变化。研究表明，金属的变形程度和金相组织有着相互对应的关系。金属变形过程中各部分变形量是不一致的，变形后各部分的金相组织也就不一致。通过观察变形后的金相组织就能了解到金属的变形情况。

（二）硬度法

硬度法是通过测量变形后的金属硬度来研究变形的一种方法。

金属材料在冷塑性变形过程中通常都存在加工硬化现象。材料的布氏硬度HB和屈服应力σ_s之间存在下列半经验关系

$$\mathrm{HB}=C\sigma_s \tag{6-2-84}$$

式中 C —— 常数。

测量变形后的各点硬度就能确定该点的变形量。因硬度试验本身包含大约8～10%的应变，这种方法一般用于大变形，产生的误差较小。

（三）电测法

电测法是近些年来应用于测定锻压力、能参数的一种方法。这种测量方法首先把被测信号（压力、行程、加速度等）变换为电信号，进行放大，并自动记录下来，再进行人工或直接输给计算机系统处理。

目前最常用的电测系统是电阻应变测量系统。基本原理是，将电阻应变片固定在被测构件或传感器上，变形时，电阻应变片的电阻值发生相应的变化，借助电阻应变仪把电阻变化转换成电流（或电压）变化并进行放大，最后由光线示波器记录测试结果。

（四）坐标网格法

坐标网格法是研究金属塑性变形时广泛应用的一种方法。把毛坯对分成两块试样，其中一块采用机械刻或光刻法刻上网格（正方形或圆形）。根据坯料的尺寸及变形程度的不同，一般方格尺寸约在1～10mm之间。拼合面上涂上润滑油以便分开。光刻法是将试件表面磨光后抛光，清洗后涂上感光膜，然后覆上标准的坐标网底片，经过感光冲洗后，进行腐蚀，即得到精细的坐标网格。有些试件需用低熔点合金将其焊合，变形后再加温熔开。坐标网格法不仅能定性地反映塑性变形物体的应力应变状态，而且能定量地计算整个变形物体的应变及应力分布。

通常试件上刻画具有内切圆的正方形，如图6-2-37 a所示。图中b为无剪应力作用的mn面变形后的坐标网络。图中c为一般情况下单元坐标网格变形后的情况，其中虚线表示进一步变形后的状态。由图可知，变形后正方形成为平行四边形，和原来的正方形的垂直边形成一夹角γ。内切圆变成了内切椭圆，切点不是椭圆的顶点。变形后，设平行四边形的边长为$2a_1$（水平方向）及$2b_1$（垂直方向）；椭圆的长轴为$2r_1$，短轴为$2r$ 。原来主应力σ_1的方向进一步变形时也转了一个角度β，而处于σ_1'的方向（虚线箭头所示）。可按下式计算正方形内切圆变形时的主应变

$$\varepsilon_1=\ln\frac{r_1}{r_0},\quad \varepsilon_2=\ln\frac{r_2}{r_0} \tag{6-2-85}$$

式中的r_1、r_2可直接测出，也可按下式计算出

$$r_1=\pm\sqrt{\frac{1}{2}\left[a_1^2+\left(\frac{b_1}{\sin\gamma}\right)^2\right]+\frac{1}{2}\sqrt{\left[a_1^2+\left(\frac{b_1}{\sin\gamma}\right)^2\right]^2-4a_1^2b_1^2}}$$

$$r_2=\pm\sqrt{\frac{1}{2}\left[a_1^2+\left(\frac{b_1}{\sin\gamma}\right)^2\right]-\frac{1}{2}\sqrt{\left[a_1^2+\left(\frac{b_1}{\sin\gamma}\right)^2\right]^2-4a_1^2b_1^2}}$$

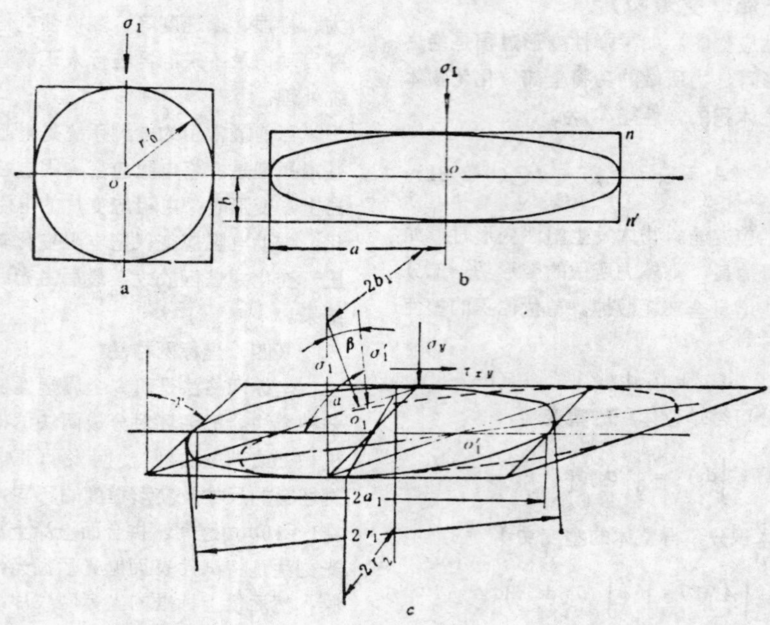

图 6-2-37　单元坐标网格变形后的情况

应力计算时，应先假设在坐标网格这小变形范围内，主应力方向和主应变方向是一致的。即每个单元坐标网格都是由前面单元经小变形得到的。再应用平面问题的微分方程式可导出下列公式：

$$\sigma_x(x_n,\ y_0)=\sigma_x(x_0,\ y_0)-\sum_{i=1}^{n}\frac{\Delta\tau_{xyi}}{\Delta y_i}\Delta x_i$$
$$\sigma_y(x_0,\ y_n)=\sigma_y(x_0,\ y_0)-\sum_{i=1}^{n}\frac{\Delta\tau_{xyi}}{\Delta x_i}\Delta y_i \qquad (6\text{-}2\text{-}86)$$

式中的Δx_i及Δy_i为单元坐标网格的边长

$$\tau=\frac{\mathrm{tg}\gamma}{\varepsilon_1-\varepsilon_2}\tau_{max}$$

应用上式计算，只要知道变形体内某一点的应力，如自由表面某一点的应力，就可求出变形体中任一点的应力。

（五）视塑性法

视塑性法是一种实验与理论计算相结合的方法，可用来确定形体内的应力、应变和应变速率的大小和分布。首先通过实验建立变形体内质点的位移场和速度场，然后借助塑性理论的基本方程，算出各点的应力、应变和应变速率等。这种方法特别适用于稳定流动过程，如挤压、拉拔等工艺。

实验过程是先选定试样的剖分面，该面应能反映金属的流动情况。对于轴对称问题，可取子午面。对于平面应变问题，则取塑性流动平面。将剖分面磨平抛光，对其中一个剖分面刻印坐标网格，网格交点的坐标代表质点的位置。把剖分试样的两半合拢，置于试验模具进行成形。为了确定变形过程中每一质点的流动轨迹，需要将整个变形过程分成若干阶段，每一阶段的变形量应相等。用照像方法，将每一阶段变形后的网格拍摄下来。然后，将这些底片依次重叠起来，判明每一质点在各个阶段的位置，用光滑曲线将这一连串位置连接起来，即获得每一质点在整个变形过程中的流动轨迹，称为流线。由各个质点的流线构成的图形，称为流线图。

设每个阶段的变形时间为Δt，质点在每条流线上两相邻位置间的距离为ΔS，则质点的流动速度为$\Delta S/\Delta t$。Δt越小，所绘制的流线图和速度矢量图就越接近真实情况。对于稳定成形过程，此流线图和速度矢量图能反映任何变形瞬间质点的流动情况。利用速度矢量图可进一步求得变形体各点的应变速率。应变速率分量的计算公式为

$$\dot{\varepsilon}_x=\frac{\partial\dot{u}}{\partial x},\ \dot{\varepsilon}_y=\frac{\partial\dot{v}}{\partial y},\ \dot{\gamma}_{xy}=\frac{\partial\dot{u}}{\partial y}+\frac{\partial\dot{v}}{\partial x} \tag{6-2-87}$$

（六）光塑性法

光塑性法是一种利用偏振光研究塑性变形的实验分析方法。按其目的不同分为两大类：

（1）分析研究塑性变形体中的应力和应变分布；

（2）分析研究塑性流动时伴随发生的各种物理现象，如塑性流动和破坏的机理、残余应力的本质以及疲劳、松弛、蠕变和接触摩擦的本质等。

光塑性法和光弹性法相似，都是以模型材料受力后产生的“人为双折射”现象作为物理基础而建立起来的。但是这两种方法仍有很大的差别。光塑性实验方法到目前为止还是不够成熟的，目前主要用在解决两维问题上。

1．光塑性模型材料

光塑性模型材料必须满足以下特殊条件：

（1）具有较高的塑性；

（2）无论在弹性区还是在塑性区，光学效应和应力（或速度）有完全确定的关系；

（3）能用光学方法确定屈服点、判定弹、塑性变形的界限；

（4）流变特性和实物材料相接近。也就是它的应力一应变曲线或者蠕变曲线和实物材料相近似；

（5）塑性条件（屈服条件）和实物材料相一致；

（6）在塑性变形阶段，泊松系数要与实物材料相同。

光塑性模型材料可分为无定形和晶体光敏材料两类。通常采用聚碳酸脂。

2．光塑性的应力（应变）——光学定律

不同材料光塑性应力——光学定律规律有所不同。聚碳酸脂的光塑性应力——光学定律可以建立如下：

加载后光塑性等色条纹级数n由两部分组成：

$$n=n_{st}+n_{or} \tag{6-2-88}$$

式中　n_{st}——应力条纹级数，由于瞬时弹性变形所产生；

n_{or}——定向条纹级数，由高弹变形所产生。

应力条纹和光弹性一样，有下列关系，

$$n_{st}=\frac{d}{f_e}(\sigma_1-\sigma_2)=\frac{2d}{f_e}\tau \tag{6-2-89}$$

式中　d——模型厚度；

f_e——弹性材料条纹值，可由试验而定；

σ_1、σ_2——某一点的主应力；

τ——某一点的最大剪应力。

定向条纹n_{or}与主应变之差成正比

$$n_{or}=\frac{d}{f_p}(\varepsilon_1-\varepsilon_2)_p=\frac{2d}{f_p}\gamma_p \tag{6-2-90}$$

式中　f_p——塑性材料条纹值，可由试验决定，聚碳酸酯模型用钠黄光照射，$f_p=1336\times10^{-5}\text{mm}/$条；

$(\varepsilon_1-\varepsilon_2)_p$——卸载后的残余主应变差；

γ_p——卸载后的残余主剪应变。

3．应力（应变）实验分析方法

力学量的实验分析可按下列步骤进行：

（1）按一定的加载速度和合适的加载时间间隔施加载荷到所需要的数值，读取模型上一些点的等色线条纹级数n；

（2）在载荷作用下摄取等倾线图；

（3）卸载，读取这些点上瞬时的残余等色线条纹级数n_{or}；

（4）求出主应力差

$$\sigma_1-\sigma_2=\frac{n_{st}}{d}f_e=\frac{n-n_{or}}{d}f_e \tag{6-2-91}$$

（5）参考等倾线图用剪应力差法分离σ_1及σ_2；

（6）残余的塑性最大剪应变为

$$\gamma_p=\frac{n_{or}}{2d}f_p \tag{6-2-92}$$

（七）密栅云纹实验法

密栅云纹实验的基本原理是利用两块印有很密

的栅线板互相重叠后出现明暗相同的条纹来进行应变测量，故命名为“密栅云纹实验”。

实验中，先将一块密栅胶片（称为试件栅）粘贴在试件表面上，或直接在试件表面上刻制一组栅线，它将随着试件变形。再重叠一块不变形的栅片（称为基准栅），它多半是刻印在玻璃板上，两块栅片重叠就产生云纹。当试件栅随试件变形后，栅线的间距（称为节距）发生了变化，云纹也随着增减，倾斜或弯曲。因为云纹的分布和试件的变形情况有着定量的几何关系，从而可以推算出试件各处应变的分布。

最基本的云纹图形有三种：一是“平行云纹”，其特点是云纹与栅线平行，上、下两块栅片每差一根栅线即一个节距时，就出现一条云纹；二是“转角云纹”，它是两栅片节距相等，相互转一角度形成的，其特点是云纹与栅线几乎是垂直的；三是“平行转角云纹”，它是两栅片节距不等又转动一角度形成的。它兼有上述两种云纹的特点，云纹既不垂直又不平行于栅线，而是倾斜一角度。

1．平行云纹与位移、应变的关系

当平行云纹在 f 的范围内变形栅移动了一个节距 a 的距离，在 f 范围内的平均应变为

$$\varepsilon=\frac{a}{f} \qquad (6\text{-}2\text{-}93)$$

式中 a——基准栅和试件栅的原始节距；

f——平行云纹的间距。

2．平行转角云纹与位移、应变的关系

当基准栅和试件栅互相转一角度 α 时，同样会由于光线的遮挡形成云纹，如图6-2-38所示。

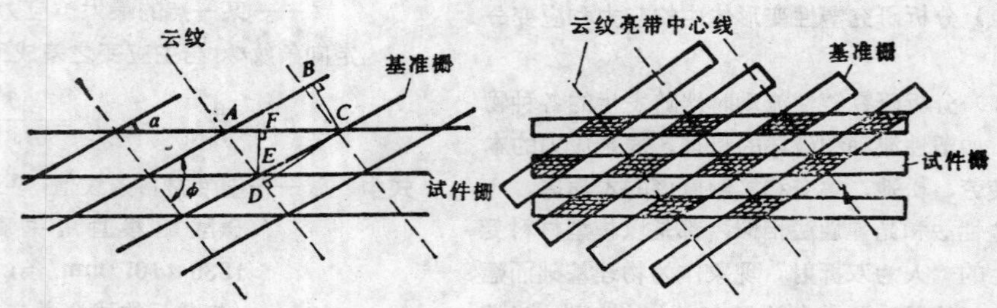

图 6-2-38 平行转角云纹的几何关系

根据几何关系可推出下列关系式

$$f=a\frac{\sin(\phi-\alpha)}{\sin\alpha}=b\frac{\sin\phi}{\sin\alpha}$$

$$\gamma=\frac{\sin(\phi-\alpha)}{\sin\phi}-1 \qquad (6\text{-}2\text{-}94)$$

式中 γ——为角应变；

α——试件栅与基准栅的转角；

ϕ——云纹与基准栅的转角。

第三节 锻造

一、自由锻造

自由锻造是稀有金属开坯及锻制棒材、饼材、环材等的基本方法之一。自由锻造加工的目的是改善金属材料内部组织结构，提高其综合性能；锻制成具有一定形状的产品，为挤压、轧制等工序提供坯料或生产成品材。

自由锻造用的坯料多为铸锭或粉末冶金烧结成的坯料。前者常常具有粗大的柱状晶，而且有害杂质又多聚集在晶界，削弱了晶间强度。后者因不够细密及疏松孔隙多，使材料的塑性降低，容易锻裂。只有通过塑性变形和再结晶的作用才能改善材料性质，这是锻造工艺所要达到的主要目的。

自由锻造有设备、工具简单、成本低，生产灵活性好等优点。但自由锻造人工操作多，劳动强度大，操作技术比模锻要求高。

常用的自由锻造方法有镦粗、拔长、冲孔和扩孔等。

（一）镦 粗

在锻造变形中，凡是使坯料高度减小，横截面增加的工序都叫镦粗。比如用截面较小、高度不太大的坯料制成大截面锻件特别是饼材和环材时，为了提高破坏铸态组织的程度，或得到沿径向和切向较均匀的机械性能，或提高拔长锻造比时通常采用镦粗。

表 6-2-3 镦粗工序的分类

序号	名称		简图	应用举例
1	不带钳把镦粗	平板间镦粗或平砧间镦粗		(1) 锻造圆盘形锻件 (2) 冲孔前的镦粗
		上、下球面镦粗		(1) 镦粗后再拔长，可以防止端面凹入 (2) 冲孔前要求端面平整者
2	带钳把镦粗	平板间镦粗		(1) 拔长前的镦粗，以后拔长应采用宽砧，大压下量，免得端面凹入 (2) 由小截面铸锭锻制大截面锻件
		上、下球面镦粗		拔长前的镦粗，防止以后拔长时端面凹入
3	在漏盘内局部镦粗			用于锻造带凸台的锻件

根据不同的应用，镦粗大体上可分为三类，列表于表6-2-3。

1．镦粗时的变形

镦粗时金属的变形是不均匀的。当毛坯的高度和直径之比H_0/D_0在0.5～0.25范围内时，镦粗后侧面呈鼓形如图6-2-39所示。

2．镦粗时的变形力

（1）为选择水压机吨位需进行变形力的计

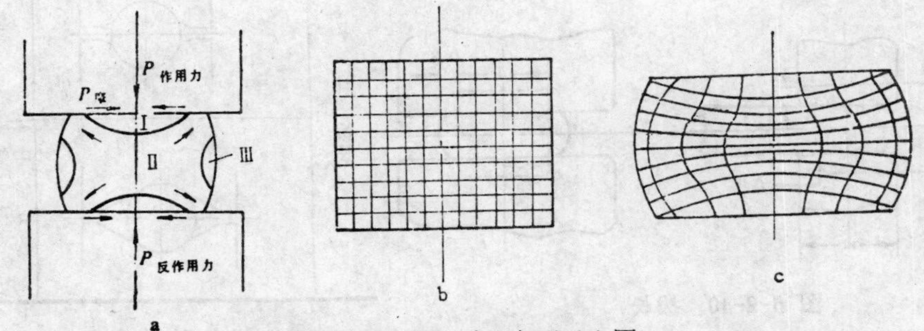

图 6-2-39 镦粗时的变形示意图

a—受力变形情况；b—变形前；c—变形后

I—粘滞区；II—变形较激烈区；III—小变形区

算。常用较方便的公式为：

$$P=\sigma_s\left(1+\frac{\mu}{3}\times\frac{D}{H}\right)F \qquad (6\text{-}2\text{-}95)$$

式中 P—— 变形力，N；

μ—— 摩擦系数热锻时可取0.5；

D—— 镦粗后的直径，cm；

H—— 镦粗后的高度，cm；

F—— 镦粗后的横截面积$\frac{\pi}{4}D^2$，cm²；

σ_s—— 材料的屈服强度，N/cm²。

（2）为选择蒸（空）气锤的大小需计算变形功W为：

$$W=\omega\left(1+\frac{\mu}{3}\times\frac{D}{H}\right)\sigma_s\,\varepsilon_k V \qquad (6\text{-}2\text{-}96)$$

式中 ω—— 变形速度系数，一般取2.5～3.5；

ε_k—— 每次锤击变形程度，取0.025～0.060；

V—— 毛坯体积，cm³。

根据变形功计算锤头落下部分重量为：

$$G=\frac{W}{\eta}\times\frac{2g}{v^2} \qquad (6\text{-}2\text{-}97)$$

式中 G——锤头落下部分重量，kg；

η—— 锤子打击效率；

g—— 重力加速度，9.81m/s²；

v—— 锤子打击速度，m/s。

（二）拔 长

凡是使横截面减小、长度增加的锻造工序就叫拔长，如图6-2-40。拔长中原坯料的截面积F_0和锻件成品截面积F_n之比叫锻比Y：

$$Y=\frac{F_0}{F_n} \qquad (6\text{-}2\text{-}98)$$

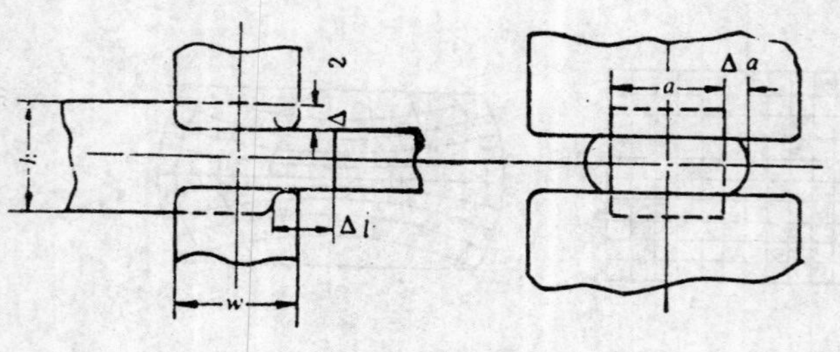

图 6-2-40 拔长

w—砧宽；h—毛坯高；a—毛坯宽；Δh—压下量；Δl—伸长量；Δa—展宽量

1．拔长的分类

拔长有平砧和型砧或摔子拔长之分。所用工具对材料变形、锻件质量影响很大。表6-2-4列出不同工具形状对拔长锻件质量的影响情况。

表 6-2-4 不同工具对拔长锻件质量的影响

名称	砧子和坯料形状简图	适用范围
平砧拔长		塑性稍差的材料尽量不采用
		塑性高或较高的材料
		塑性高或较高的材料，内部组织要求高的锻件
型砧拔长		高塑性或中等塑性材料都适用
		中等塑性或低塑性材料，内部组织要求高的锻件
摔子拔长		低塑性材料，内部组织要求高的锻件
		中等塑性或低塑性材料

2．拔长时的变形

拔长时的变形也是不均匀的。可以把拔长时上、下砧每一个压下看作是两个端面不自由的镦粗，因此，也可把拔长时金属的变形分为Ⅰ、Ⅱ、Ⅲ三个区，如图6-2-41。Ⅰ区变形小，Ⅱ区变形最大，Ⅲ区介于Ⅰ、Ⅱ区之间。一次压缩之后，再翻转90°时Ⅰ区变Ⅲ区，Ⅲ区变Ⅰ区。所以拔长时金属变形比镦粗要均匀些。

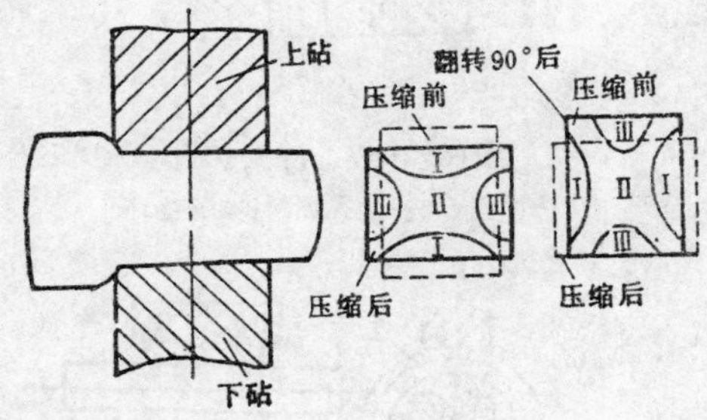

图 6-2-41　拔长时金属的变形

影响拔长工序的最重要工艺参数是砧宽比$\frac{w}{h}$和压下量Δh(图6-2-40)。

砧宽比较小时，相当于镦粗高径比较大的坯料，易出现双鼓形而产生轴向拉应力，形成内部横向裂纹，如图6-2-42所示。当砧宽比接近于1或大于1时易产生内部对角线裂纹，对塑性较低的材料特别敏感，如图6-2-43所示。不同砧宽比对锻件质量的影响，列于表6-2-5中。

压下量Δh的大小对锻件质量的影响也很大：压下量小时，变形只分布于靠近砧面部位，中间变形小，甚至不变形，锻件端部会出现凹坑，而且拔长效率很低；压下量大，有利于提高锻透性，改善金属内部组织，但如果过大，继续锻造时就会形成折叠。

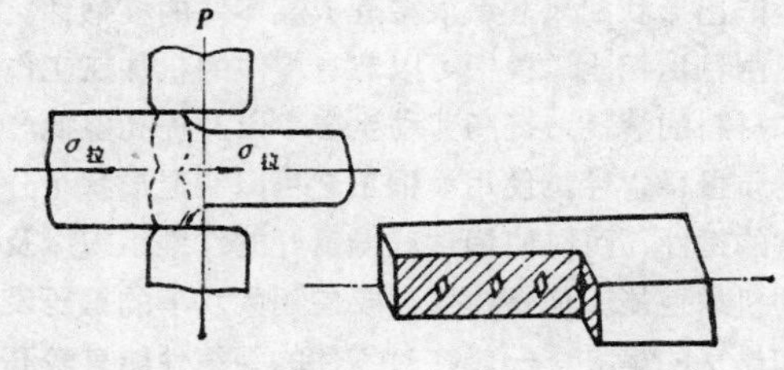

图 6-2-42　内部横向裂纹的形成

3．拔长变形力的计算

拔长变形力P可按下式估算：

$$P=\gamma m\sigma_b aw,\ \mathrm{N} \qquad (6\text{-}2\text{-}99)$$

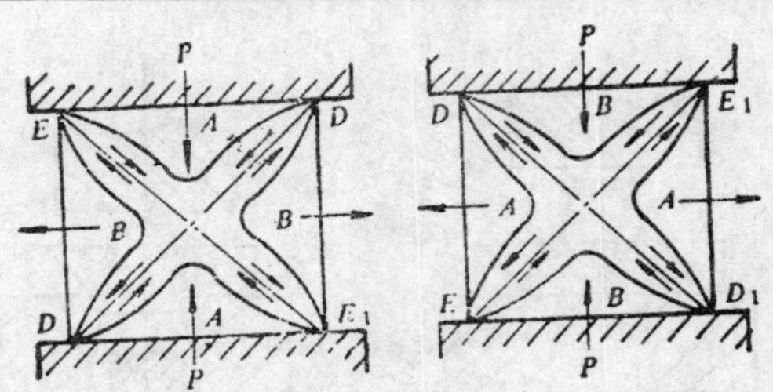

图 6-2-43　内部对角线裂纹产生的原因

式中　γ——变形条件系数，平砧拔长$\gamma=1$，型砧拔长$\gamma=1.25$；

a——坯料的宽度或直径，cm；

w——砧宽，cm；

m——系数，$m=1+\frac{3c-l}{6c}\times\mu\times\frac{w}{h}$，

当$a>w$时，$c=a$，$l=w$

当$a<w$时，$c=w$，$l=a$

μ——摩擦系数，热锻时$\mu=0.5$；

h——拔长前坯料高度，cm；

σ_b——在变形温度下坯料抗拉强度，N/cm²。

（三）冲孔与扩孔

冲孔与扩孔是制造环形零件不可缺少的工序。

1．冲孔

在坯料中制造出透孔或不透孔的锻造工序叫冲孔。常用的冲孔方法有实心冲孔、在垫环上冲孔和空心冲头冲孔等。

（1）实心冲孔如图6-2-44所示。这种冲孔法的特点是芯料损失少。冲孔时，冲头下部的金属被挤向四周，毛坯高度减少，直径增大，上端面凹进，下端面略有突起。

（2）在垫环上冲孔如图6-2-45所示。这种方法适用于冲较薄的坯料，例如锻件高度H和直径D的比值$\frac{H}{D}<0.125$时常用此法。它的特点是冲孔后坯

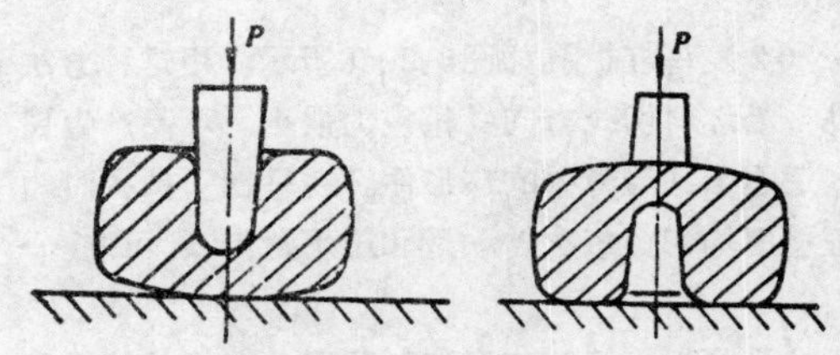

图 6-2-44　实心冲头冲孔

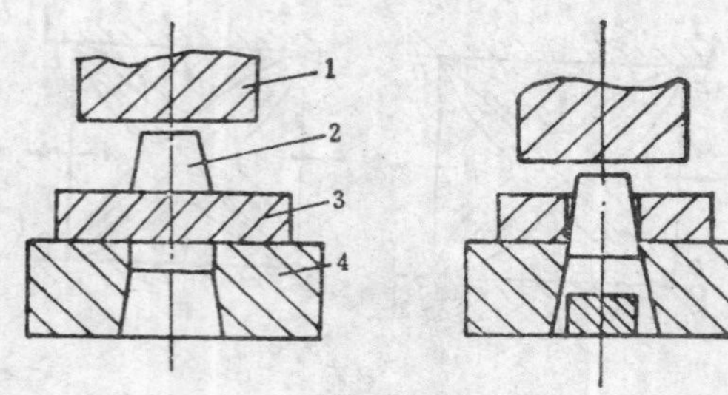

图 6-2-45 在垫环上冲孔

1—上砧；2—冲头；3—坯料；4—垫环

料形状变化小，但芯料损失大。

（3）空心冲头冲孔如图6-2-46所示。这种方法适用于在大坯料上冲较大的孔。如果坯料中心有偏折等缺陷可用此法除掉，如果坯料中心无缺陷，冲下的芯料可以改锻成小锻件。

2．扩孔

减小空心毛坯壁厚而增加其内外径的工序叫扩孔。扩孔方法主要有冲头扩孔和马杠扩孔两种。

（1）冲头扩孔如图6-2-47所示。这种方法扩孔时高度变化很小，但沿切向受拉应力，容易涨裂，每次扩孔量不宜太大。冲孔后可扩孔1～2次，当需多次扩孔时，应中间加热，每加热一次允许扩孔1～2次。此种方法只用于壁厚较厚的锻件。

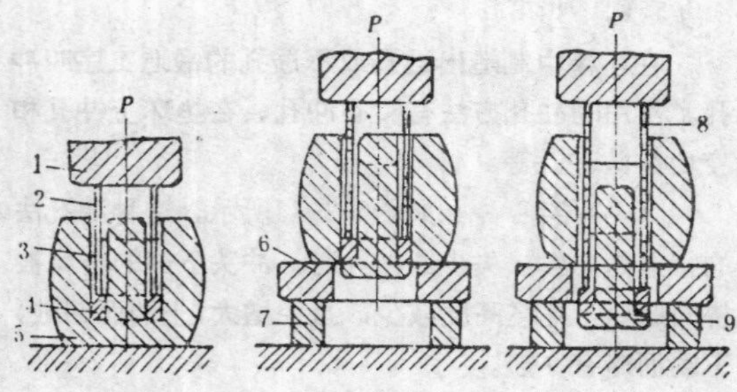

图 6-2-46 空心冲头冲孔

1—上砧；2—第二个上垫；3—第一个上垫；4—冲头；5—坯料；6、7—垫环；8—第三个上垫；9—芯料

（2）马杠扩孔如图6-2-48所示。用这种方法扩孔，沿坯料切线方向受拉应力很小，不易产生裂纹。适用于锻造薄壁的环形件。在马杠上扩孔时为保证壁厚均匀，每次转动量和压下量应尽可能一致。

扩孔是相当于沿环形坯料圆周方向拔长的锻造工序，其锻造比为：

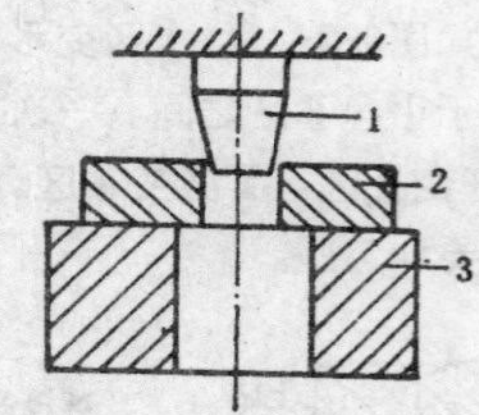

图 6-2-47 冲头扩孔

1—冲头；2—扩孔坯料；3—垫环

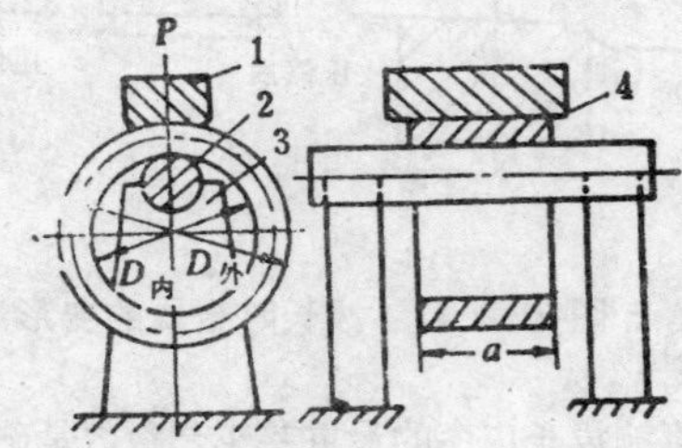

图 6-2-48 马杠扩孔

1—上砧；2—马杠；3—马架；4—扩孔坯料

$$Y=\frac{a_0(D_{0外}-D_{0内})}{a_1(D_外-D_内)} \qquad (6\text{-}2\text{-}100)$$

式中 a_0、a_1——分别为扩孔前与扩孔后环的宽度；

$D_{0外}$、$D_外$——分别为扩孔前与扩孔后环的外径；

$D_{0内}$、$D_内$——分别为扩孔前与扩孔后环的内径。

二、模 锻

模锻是一种批量生产稀有金属锻件的工艺方法，它使金属材料在一定形状的模腔内变形，可以生产出形状和尺寸都很接近成品零件的模锻件。和自由锻造相比，模锻可以节省零件的机加工工作量和材料的消耗，提高劳动生产率以及提高整批产品的质量稳定性。使用模锻工艺可以制造形状十分复杂的锻件，可以使锻件获得良好的纤维组织以及高的机械性能。但是模锻需要使用大功率的锻压设备和昂贵的模具，一般在对零件的组织性能有较高要求而且生产批量比较大时，选用模锻才合适。

稀有金属及其合金中，钛合金模锻件用得最多，其次是钼合金及铌合金模锻件，铍合金模锻件也有少量应用。

模锻使用的设备有：蒸汽-空气锤、高速锤、热模锻压力机、模锻水压机、螺旋压力机和卧式锻压机。这些设备的工作速度如表6-2-6所列。

表 6-2-5　不同w/h对锻件质量的影响

w/h	应力和变形特点	对锻件质量的影响
<0.5	变形集中在上部和下部，中间变形小，并沿轴向受拉应力	中心部分锻不透，并易产生内部横向裂纹
0.5～0.9	中间部分变形大，并受三向压应力状态，有利于塑性变形	有利于改善内部组织，提高锻透性，拔长效果较好
约1或>1	中间变形剧烈，尤其是横断面对角线两侧金属产生强烈的相对运动。外表面受拉应力，尤其是侧面鼓肚部分，边角和靠近砧角处	内部易产生对角线裂纹，外表面易产生横向裂纹和角裂。对塑性较差材料要尽量避免这样的砧宽比

表 6-2-6　模锻设备的工作速度

设备名称	工作速度，m/s
蒸汽-空气模锻锤	6～8
高速锤	20～30
热模锻压力机	0.5～0.8
摩擦螺旋压力机	0.6～1.2
卧式锻压机	0.3～0.8
模锻水压机	0.06～0.3

模锻用的坯料主要是经过预先挤压、轧制或锻造的半成品，有时也使用一些粉末冶金毛坯。

（一）模锻的基本形式及变形特点

模锻的基本形式有两种：开式模锻（产生毛边的模锻），和闭式模锻（不产生毛边的模锻）。

1．开式模锻（即有毛边模锻）

开式模锻的变形过程可以分为四个阶段，如图6-2-49所示。

第一阶段：是自由变形或镦粗变形过程，对某些锻件可能还带有局部压入变形。坯料的高度减小ΔH_1，径向尺寸逐渐增大，直到金属与模腔内壁接触为止。这一阶段所需的变形力不大。

第二阶段：是形成毛边的过程。第一阶段结束时，由于金属的流动受到模壁阻碍，有助于流向模腔的高度方向，同时开始流入毛边槽，形成毛边。当压下量达到ΔH_2时，出现少量毛边，此时所需要的变形力明显增大。

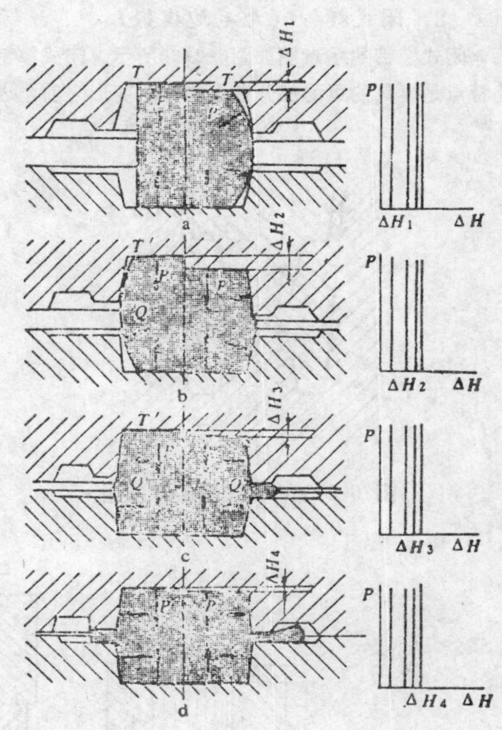

图 6-2-49　开式模锻时金属的流动过程

a—自由变形过程；b—形成毛边过程；c—充满型腔过程；d—挤出多余金属过程

第三阶段：是充满型腔的过程。由于有了毛边的阻碍作用，在变形金属内部形成了更明显的三向压应力状态。在压下量达到ΔH_3的过程中，金属不断流入毛边槽，并逐渐充满模腔。在这一阶段中，毛边厚度逐渐减小，宽度增大，温度下降，变形抗力明显上升，从而造成更大的径向阻力。这促使金属流向模腔难充满的部分，直至最后充满全部模腔。在这个阶段中，所需的变形力急剧上升。

第四阶段：是挤出多余金属的过程。从理论上讲，第三阶段结束时，模锻过程就可以结束了。但由于很难精确地控制坯料的体积，多余的金属是必须的，一般都会出现第四阶段。将多余的金属挤出去，使锻件达到要求的最终高度。这一阶段因为毛边又薄又宽，温度也降低了，金属流出的阻力很大，所需的变形力急剧上升达到最大值。虽然压下量ΔH_4一般很小（约 2 mm），但消耗的能量占整个模锻过程的30～50%。

2．闭式模锻（无毛边模锻）

闭式模锻的示意图如图6-2-50所示。闭式模锻的特点是模具的可动部分在金属开始变形之前已进入模具的不可动部分，形成了封闭的模腔。模具的两部分之间形成的间隙，与变形力作用的方向平行或与作用力成一定角度（等于模锻斜度）。这个间隙的大小在整个变形过程中不变。在模具行程终了时，金属充满模腔。当毛坯体积计算过大或形状尺寸选择不当时，有可能将部分金属挤向间隙，形成纵向毛边。闭式模锻时，由于坯料在完全封闭的状态下变形，从坯料与模壁接触开始，侧向主压应力值就逐渐增大，促使金属的塑性大大提高。同时，由于不形成毛边，金属流线沿着锻件外形分布而不会被切断，锻件的组织和机械性能也比开式模锻的好。

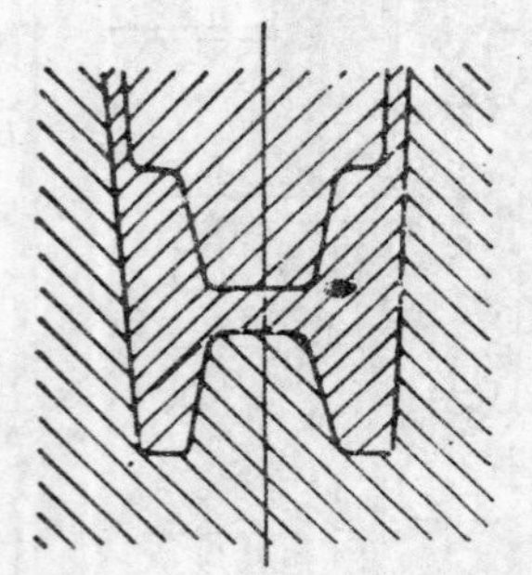

图 6-2-50 闭式模锻示意图

在实际生产中经常使用的几种形式的闭式模锻见图6-2-51。

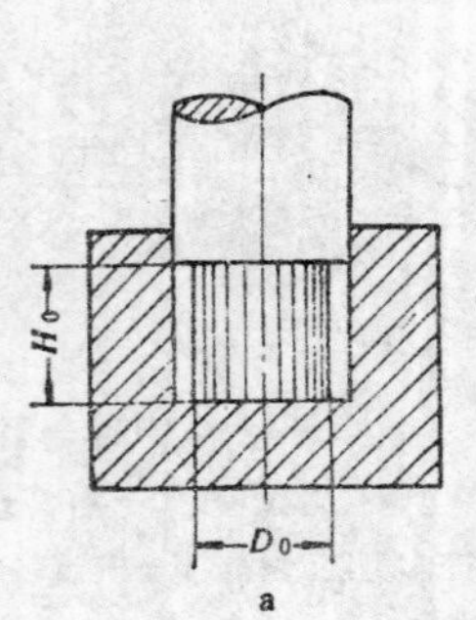

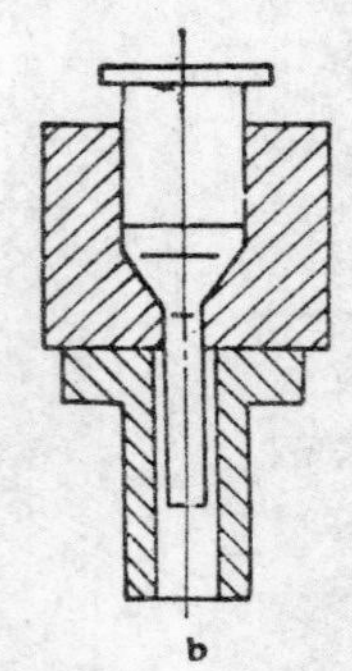

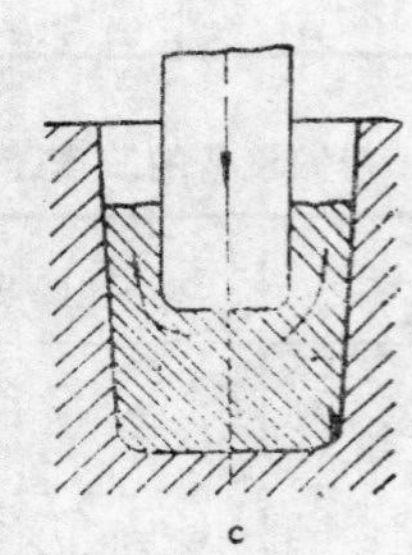

图 6-2-51 几种闭式模锻方法

a—闭式镦粗；b—挤压模锻；c—闭式冲孔

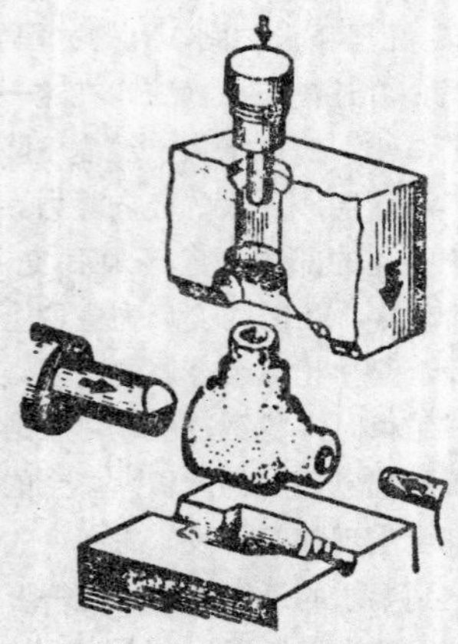

图 6-2-52 多向模锻示意图

近年来得到广泛应用的多向模锻也属于闭式模锻一种。多向模锻时模具具有不只一个分模面。当模具闭合后，几个冲头自不同方向同时或先后对坯料进行挤压，可以获得形状复杂的多分支锻件（图6-2-52）。

（二）锻件图的制定

设计模锻件时，除了考虑锻造材料的工艺特点和物理及力学性质外，要尽量减少制造锻件时的金属消耗，并应合理地选择锻件的结构要素。

1．分模面

分模面的选择原则见表6-2-7。

2．模锻斜度

模锻件上作出模锻斜度是为了脱模方便。模锻斜度可区分为沿零件外形分布的α和沿凹槽内轮廓分布的β。模锻斜度的大小和模腔深度、锻件轮廓形状材料，设备类型及模具特点（有无顶料器）有关。各种材料的模锻斜度如表6-2-8。

表 6-2-7　分模面的选择原则

选择原则	合　理	不　合　理
金属容易充满模腔	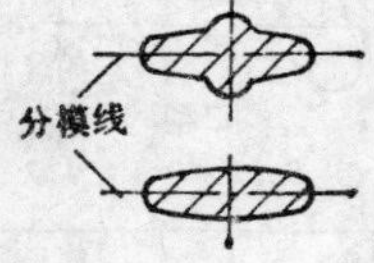 分模线	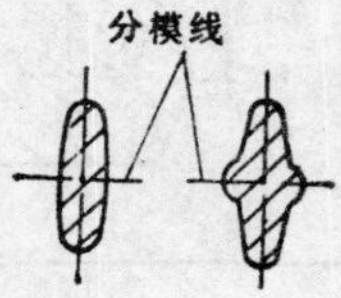 分模线
简化模具制造	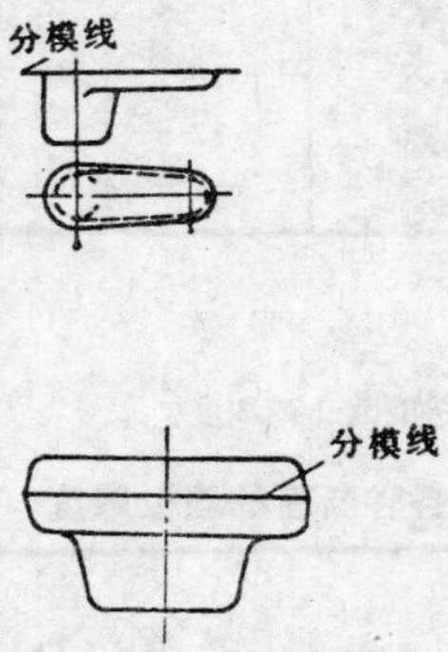 分模线 分模线	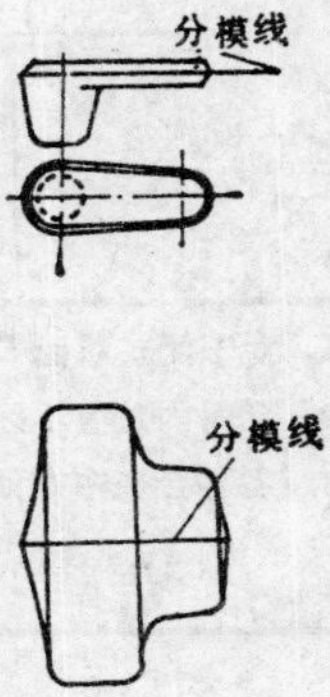 分模线 分模线
容易检查错误	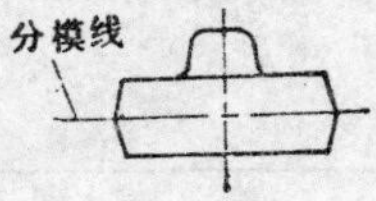 分模线	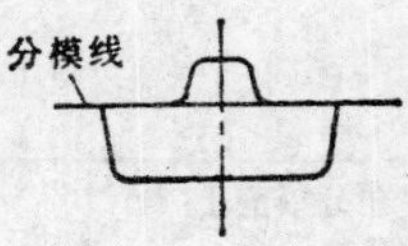 分模线
保证流线分布合理	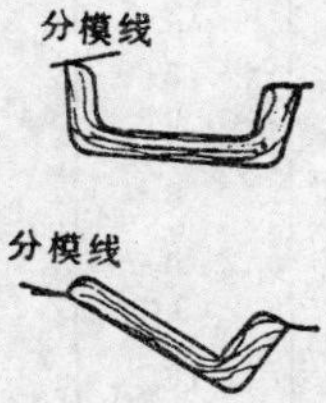 分模线 分模线	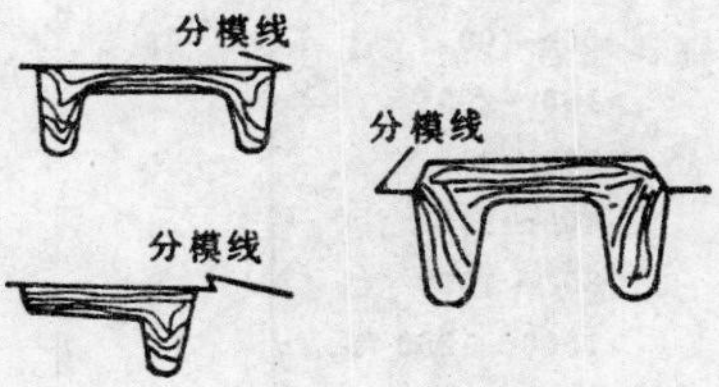 分模线 分模线 分模线

3. 腹板厚度

确定腹板厚度时，要考虑材料的物理性能及工艺性能、腹板的宽厚比、腹板的面积及长宽比。在其他条件相同的情况下，腹板面积愈大，则其厚度应愈大。表6-2-9给出了腹板厚度与模锻件投影面积的关系。

4. 肋及圆角半径

合理的肋厚及圆角半径有利于金属充满模腔、脱模方便和提高模具寿命。圆角半径太小，模具在热处理时和模锻时易产生裂纹和倒塌，锻件上也易产生折叠。表6-2-10、表6-2-11分别列出了肋间距和圆角半径与肋高的关系数据。

表 6-2-8　各种合金锻件的模锻斜度

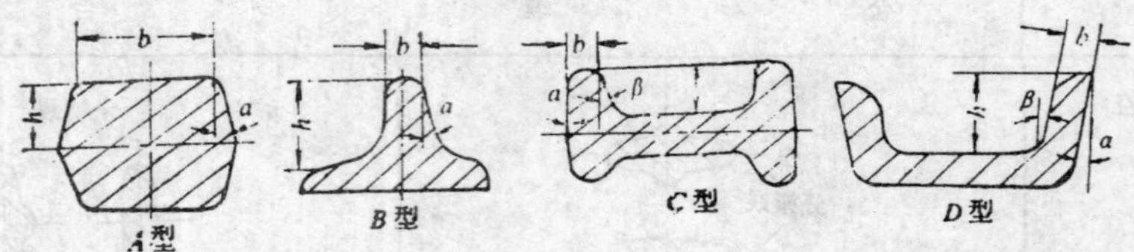

h/b比值	钢及合金钢		钛合金		铝合金		镁合金	
	α°	β°	α°	β°	α°	β°	α°	β°
≤1.5	(5)7	7	7	7	(5)7	7	7	7
>1.5～3	7	7	7	10	7	7	7	7
>3～5	7	7	10	12	7	7	7	10
>5	10	10	12	15	7	10	10	12

注：1. 对于闭式断面D型α=β取5或7度；
2. 括号内数值不经常采用；
3. 各种合金在有顶出器模具内锻造时，模锻斜度为1或3度。

表 6-2-9　各种断面的腹板厚度

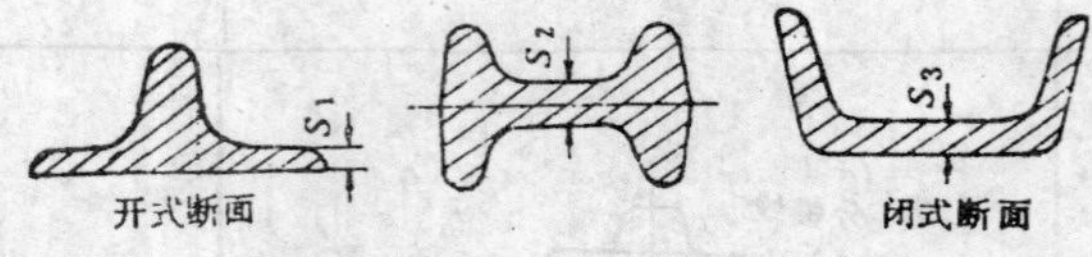

模锻件在分模面上的投影面积 cm²	钢及合金钢钛合金		铝合金		镁合金 MB2		镁合金 MB5	
	S_1	S_2	S_1	S_2	S_1	S_2	S_1	S_2
≤25	1.5	2	1.5	2	1.5	2	1.5	2
>25～50	2	3	2	2.5	2	2.5	2	3
>50～100	3	4	3	3	2.5	3	3	4
>100～200	4	5	4	4	3	4	4	5
>200～400	5	6	5	6	4	5	5	6
>400～800	6	8	6	8	6	6	6	8
>800～1000	8	10	8	8	8	8	8	10
>1000～1250	10	12	8	10	8	10		
>1250～1600	12	14	9	11				
>1600～2000	14	16	10	12				
>2000～2500	16	18	11	14				
>2500～3150	18	20	12	16				
>3150～4000	20	22	13	18				
>4000～5000	22	24	14	18				
>5000～6300			15	20				
>6300～8000			16	21				
>8000			18	22				

注：对于热强钢腹板厚度按钢增加30%。

表 6-2-10　肋间距a

肋　高　h	合金 铝、铜 a_{min}	铝、铜 a_{max}	镁 MA2 BM65-1 MA3 MA5 a_{min}	镁 a_{max}	钛 a_{min}	钛 a_{max}
5 以下			10		10	
5～10	10	35s	12	30s	12	30s
10～16	15		20		20	
16～25	25		30		30	
25～35.5	35	30s	50	25s	45	25s
35.5～50	50		70		60	
50～71	65	25s	100	20s	80	20s
71～100	80					

表 6-2-11　模锻件的连接半径R，过渡半径R_3，圆角$R_1R_2R_4R_5$以及肋宽$2R_1$

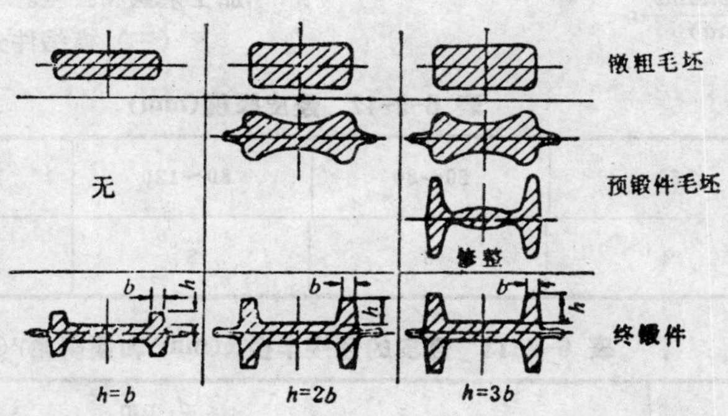

筋高或模膛深度h mm	R mm	合金 R_1 钛合金 铝合金 镁合金 MB2 MB15	镁合金 MB5	镁合金 MB7	R_2	R_3	R_4	腹板厚度或模膛深度S mm	R_5
⩽5	3	1.5	2.0	3.5	2.0	5.0	3	5	2.0
>5～10	4	1.5	2.0	3.5	2.0	5.0	3	5～10	2.0
>10～16	5	2.0	2.0	3.5	3	8	4	10～16	2.5
>16～25	8	2.5	2.5	3.5	4	10	5	16～25	3.0
>25～35.5	10	3.0	3.0	4.0	5	12.5	6	25～35.5	4.0
>35.5～50	12.5	4.0	4.0	5.0	6	15	8	35.5～50	5.0
>50～71	15	5.5	6.0	6.0	8	20	10	50～71	7.0
>71～100	20	7.0	—	—	10	25	12	71～100	10.0

5．冲孔连皮及压凹（图6-2-53）

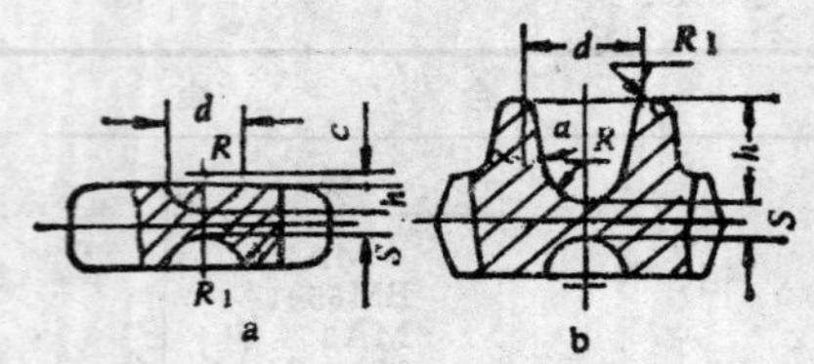

图 6-2-53　模锻件的压凹和连皮

对于不冲孔的压凹，有以下几种情况：

当$h \leqslant 0.45d$时（图中a）：

$S \geqslant 0.1d$；

$c \geqslant 0.078d$；

$$R=\frac{d^2}{8h}+\frac{h}{2};$$

R_1值按表6-2-11确定。

当$0.45d \leqslant h \leqslant d$时（图中b）：

$S \geqslant 0.1d$；

$$R=\frac{d\cos\alpha-2h\sin\alpha}{2(1-\sin\alpha)};$$

α和R_1值按表6-2-8及表6-2-11确定。

当$d<h<2.5d$时（图中c）：

$c=L-0.6d$；

$S \geqslant 0.2d$；

$R=0.2d$；

$R_2=0.4d$；

α和R_1的值按表6-2-8及表6-2-11确定。

对于冲孔的连皮（图中d），连皮形式及厚度按表6-2-12、6-2-13确定。

在制订模锻件图时，还要考虑加上相应的机械加工余量和公差。

（三）模锻件分类和工序选择

表 6-2-12　连皮厚度(mm)

d	<50	50～80	80～120	120～160	160～200
S	4	6	8	10	12

表 6-2-13　连皮的连接半径R(mm)和倾斜角γ(°)

压凹深度h mm		d, mm									
		小于50		50～80		80～120		120～160		160～200	
		R	γ	R	γ	R	γ	R	γ	R	γ
小于15		6		8	1	10	1	12	1	15	1
大于15	小于30	8		10	2	12	2	15	1	20	1
大于30	小于50	10		12	2	15	2	20	2	25	2
大于50	小于80	—	—	15	2	20	3	25	2	30	2
大于80	小于120	—	—	—	—	25	3	30	3	35	3
大于120	小于160	—	—	—	—	—	—	35	3	40	3
大于160	小于200	—	—	—	—	—	—	—	—	50	3

模锻件的外形基本上决定了终锻时金属的流动情况和终锻前的工步选择。模锻件按其外形可以分为两大类，见表6-2-14。

1．饼类

在分模面上的投影为圆形或长度接近宽度的锻件。终锻时金属沿高度、长度及宽度均产生流动。模锻一般采用镦粗-终锻或镦粗-预成形-终锻方式。

2．杆类

锻件的长度与其宽度比较大。这类锻件终锻时金属主要是沿高度与宽度方向流动，沿长度方向流动不显著，接近平面变形状态。因此，当锻件沿长度方向上的断面面积变化较大时，必须采用制坯工序来改变坯料的形状，使坯料沿长度方向上的各横断面面积接近于锻件的相应横断面面积和毛边量之和。当在锤上模锻时，可以在模具的滚压、拔长、弯曲及镦粗模槽中进行制坯。在水压机上模锻时，一般采用自由锻或辊锻等方法制坯。当锻件上的肋比较高时，在终锻前还需要进行预锻（预成形）。对于工字形断面的杆形锻件，典型的模锻工艺是：制坯→预锻（1～2次）→终锻（图6-2-54）。

表 6-2-14　模锻件的分类

类　　　别	简　　　　　　图
饼　　　类	
杆　　　类	

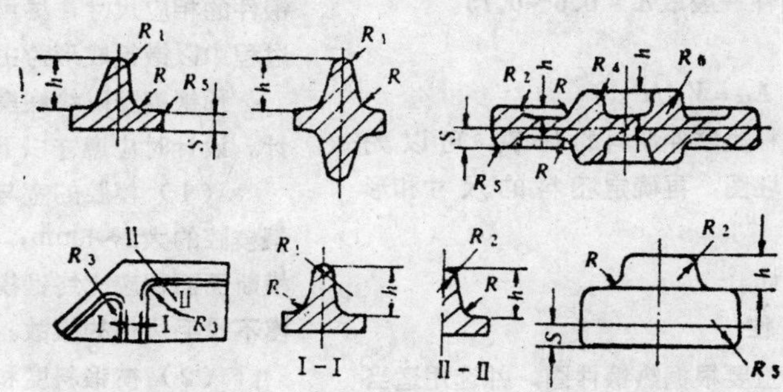

图 6-2-54　工字形断面锻件的模锻过程

（四）模锻坯料尺寸的确定

坯料的体积按下式确定：

$$V_{坯}=V_{锻}+V_{毛} \quad (6\text{-}2\text{-}101)$$

式中 $V_{锻}$——按名义尺寸及正公差之半计算的模锻件体积；

$V_{毛}$——锻件的毛边体积，按下式确定：

$V_{毛}=(F_{桥}+kF_{仓})L$，其中：

$F_{桥}$——毛边槽桥部断面；

$F_{仓}$——毛边槽仓部断面；

k——毛边槽仓部的充填系数、取决于锻件的复杂程度，其值如下：

对于简单几何形状的模锻件，$k=0.25$；

对于中等复杂程度的模锻件，$k=0.50$；

对于复杂几何形状的模锻件，$k=0.75$。

L——毛边槽断面重心的几何周长，计算时可取锻件周长。

闭式模锻时，锻件体积不计人$V_{毛}$。

对于饼类锻件，毛坯的直径一般可取：

$$d_{坯}=(0.75-0.95)\sqrt{V_{坯}}$$

$$L_{坯}/d_{坯}\leqslant 2.5\sim 3$$

对于杆类锻件，毛坯的横断面面积F_0按下式选取：

$$F_0=F_{max}+2(F_{桥}+KF_{仓}) \quad (6\text{-}2\text{-}102)$$

式中 F_{max}——锻件最大断面面积；

$F_{桥}$——毛边槽桥部断面面积；

$F_{仓}$——毛边槽仓部断面面积；

K——毛边槽仓部的充填系数，对于杆类锻件一般取$K=0.6\sim 0.75$。

坯料的长度

$$L_{坯}=V_{坯}/F_0$$

为了精确计算杆类零件坯料的体积，可以先作出锻件的计算毛坯图，再确定坯料的尺寸和形状。

（五）模腔设计

1．终锻模腔

设计终锻模腔主要根据热锻件图，并选用适当的毛边槽型式。

热锻件图按锻件图作出，并计入模锻件冷却时的收缩率，钛合金为0.6～0.7%。

毛边槽的尺寸列于表6-2-15。

其中Ⅰ型适用于只有下型的锻件；Ⅱ型适用于投影面积大、形状复杂的锻件；毛边仓比较大，可以容纳较多的金属；Ⅲ型适用于具有上下模腔的锻件。

毛边槽的主要尺寸是桥部的高度h和宽度b。h增大，阻力减小。h减小，b增大，金属流动阻力增加。

毛边槽的尺寸一般按锻件的尺寸（或重量）、锻件的形状复杂程度以及单位压力凭经验选取。也可以按下式计算：

$$h=1.13+0.89\sqrt{\frac{Q}{5.89}}-\frac{0.0175Q}{5.89} \quad (6\text{-}2\text{-}103)$$

$$b/h=1.25\exp[-1.09(Q/5.89)]+3$$

式中 Q——锻件重量（无毛边），kg。

更简单的计算公式为：

$$h=0.015\sqrt{F} \quad (6\text{-}2\text{-}104)$$

式中 F——锻件在分模面上的投影面积，mm^2。

2．预锻模腔

预锻件设计是模锻工艺的最重要环节之一，预锻的目的在于得到合适的金属分布。预锻件设计合理，在终锻工序中可以得到无缺陷的金属流线和完全充满的锻件，并使毛边的损耗达到最小。

设计预锻件的基本指导思想是：

（1）沿预锻件长度方向上的每一个横截面面积必须等于终锻件的横截面面积及毛边横断面面积之和。

（2）预锻件上各部位的凹人半径（包括内圆角半径）应大于终锻件上相应部位的半径。

（3）在锻造方向上预锻件的尺寸应当大于终锻件的相应尺寸，尽可能做到预锻后的坯料在终锻过程中以镦粗成形为主。

预锻模腔以终锻模腔或热锻件图为基础进行设计。设计时应遵守以下经验准则：

（1）模腔的宽与高。预锻模腔的高度应比终锻模腔的大2～5mm；宽度则比终锻模腔的稍小，横断面面积应比终锻模腔的略大些，这是由于预锻模不设毛边槽的缘故。

（2）模锻斜度和腹板厚度。预锻模腔的模锻斜度一般与终锻的相同，但终锻模中有深的模腔时，预锻模腔的模锻斜度可以取的大一点。当腹板面积小而和它相连的肋又较高时，预锻件上的腹板应取得厚一些。

（3）圆角半径。预锻模腔垂直截面上的圆角半径R'和相邻的模腔深度有关（图6-2-55），可按下式确定：

$$R' = R + C \tag{6-2-105}$$

式中　R——终锻模上相应的圆角半径；

C——经验系数，按表6-2-16选取。

表 6-2-15　毛边槽尺寸

毛边槽编号	主要尺寸，mm					简图
	h	b	B	H	R	
1	3	12	60	12	3	Ⅰ型
2	3	12	80	12	3	
3	3	12	80	15	3	
4	3	12	100	15	3	
5	3	15	60	15	3	
6	3	15	80	15	3	
7	3	15	100	15	3	
8	5	15	80	15	5	
9	5	15	100	15	5	
10	5	15	120	15	5	
11	5	20	150	25	5	
12	5	15	70	15	6	
13	7	15	80	15	8	
14	7	15	100	15	8	
15	8	25	150	25	10	
16	3	15	80	12	3	Ⅱ型
17	3	15	100	12	3	
18	5	15	80	15	5	
19	5	15	100	15	5	
20	5	15	120	15	5	
21	7	15	80	15	8	
22	7	15	100	15	8	
23	7	15	120	15	8	
24	8	25	150	15	10	
25	3	12	60	12	3	Ⅲ型
26	3	12	80	12	3	
27	3	12	80	15	3	
28	3	12	100	15	3	
29	3	15	60	15	3	
30	3	15	80	15	3	
31	3	15	100	15	3	
32	5	15	80	15	5	
33	5	15	100	15	5	
34	5	15	120	15	5	
35	5	20	150	25	5	
36	5	15	70	15	6	
37	7	15	80	15	8	
38	7	15	100	15	8	
39	8	25	150	25	10	

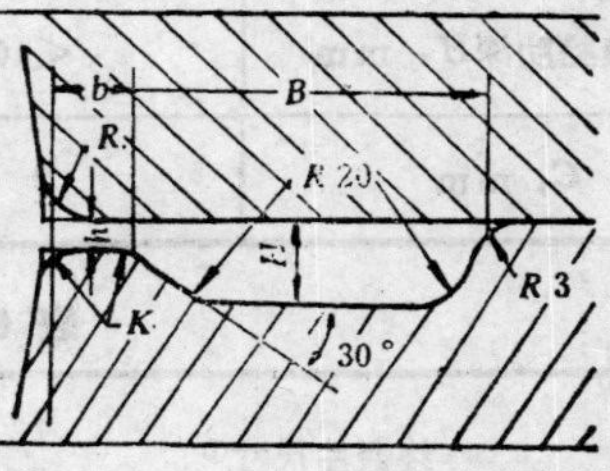

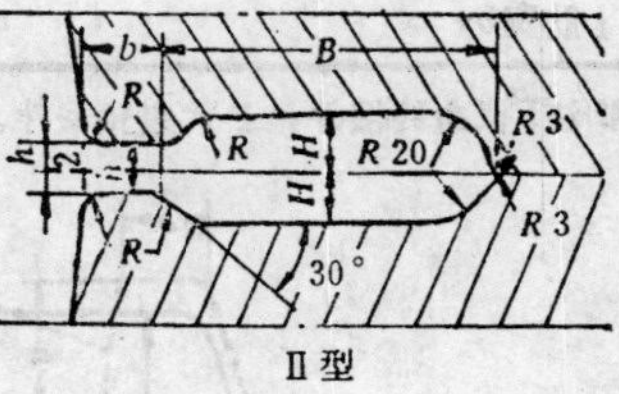

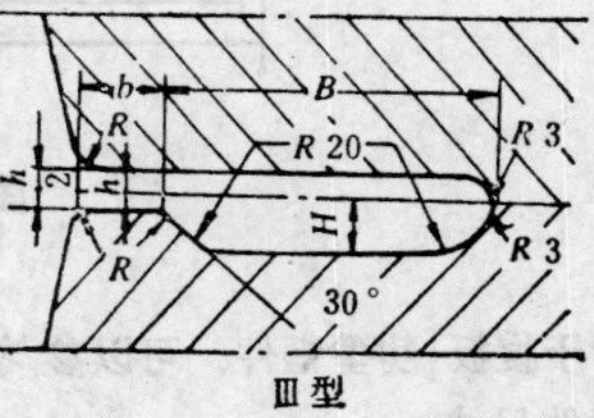

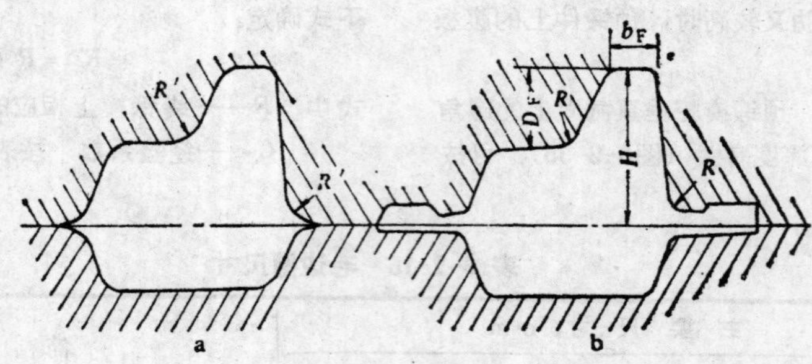

图 6-2-55 预锻模和终锻模上的圆角半径

a—预锻模；b—终锻模

表 6-2-16 系数C和模腔深度H的关系

终锻模腔肋深H，mm	<10	20～25	25～50	>50
C，mm	2	3	4	5

表 6-2-17 终锻件和预锻件的尺寸关系

终锻件尺寸①	预锻件尺寸①	
	铝合金	钛合金
腹板厚度S_F	$S_P\cong(1\sim1.5)S_F$	$S_P\approx(1.5\sim2.2)S_F$
内圆角半径R_{1F}	$R_{1P}\cong(1.2\sim2)R_{1F}$	$R_{1P}\approx(2\sim3)R_{1F}$
外圆角半径R_{2F}	$R_{2P}\cong(1.2\sim2)R_{2F}$	$R_{2P}\approx2R_{2F}$
模锻斜度α_F	$\alpha_P\cong\alpha_F(2°\sim5°)$	$\alpha_P\approx\alpha_F(3°\sim5°)$
肋宽b_F	$b_P\cong b_F-0.79$mm	$b_P\approx b_F-(1.5\sim3.2)$ mm

①脚注F代表终锻件，P代表预锻件。

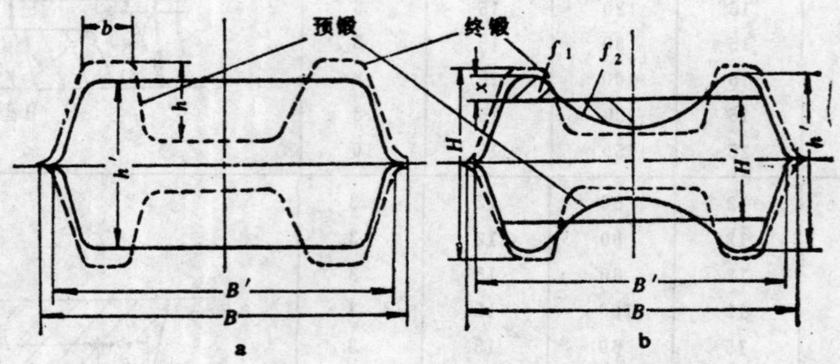

图 6-2-56 工字形横断面预锻件的设计

a—$h<2b$；b—$h>2b$

对于腹板-肋型锻件，可以参考表6-2-17来确定预锻件尺寸。

图6-2-56所示为一个工字形断面的预锻模腔例子。

（六）模锻力计算及设备吨位选择

1．锤上模锻

在双动模锻锤上锻造时，可以按以下经验公式计算所需的模锻锤吨位：

对于饼类锻件：

$$G=K(1-0.005D)\left(1.1+\frac{2}{D}\right)^2\times\times(0.75+0.001D^2)D\sigma_b\ (\mathrm{N}) \qquad (6\text{-}2\text{-}106)$$

对于杆类锻件：

$$G=K(1-0.005D)\left(1.1+\frac{2}{D'}\right)^2$$

$$\times(0.75+0.001D'^2)\left(1+0.1\sqrt{\frac{L}{B}}\right)$$

$$D'\sigma_b(\text{N}) \qquad (6\text{-}2\text{-}107)$$

式中 G——模锻锤落下部分名义重量，N；

D——圆饼类锻件在平面图中的坯料直径，cm；

D'——杆类锻件在平面图中的坯料折算直径(cm)，$D'=1.13\sqrt{F}$；

B——锻件的平均宽度(cm)，$B=F/L$；

F——平面图中模锻件的投影面积，cm²；

L——锻件的长度，cm；

σ_b——模锻终锻温下材料的强度极限，N/mm²；

K——考虑材料性能的系数：对铝、镁、铜合金，K=10～15；对钛合金，K=12～18。

2．水压机上模锻

水压机上模锻所需的变形力按下式计算：

$$P=zmFK \qquad (\text{N}) \qquad (6\text{-}2\text{-}108)$$

式中 P——模锻力(N)；

z——考虑变形条件的系数，其值如下：

自由锻造 $z=1.0$，

模锻外形简单的锻件 $z=1.5$，

模锻外形复杂的锻件 $z=1.8$，

模锻外形很复杂金属流动困难的锻件 $z=2.0$；

m——考虑变形体积影响的系数，有如下对应关系：

模锻毛坯体积(cm²)	m
25以下	1.0
>25～100	1.0～0.9
>100～1000	0.9～0.8
>1000～5000	0.8～0.7
>5000～10000	0.7～0.6
>10000～15000	0.6～0.5
>15000～25000	0.5～0.4
>25000	0.4

F——模锻件（不计毛边）在平面图上的投影面积，cm²；

K——单位压力，N/cm²：

对具有薄而宽腹板的铝、镁和铜合金模锻件，$K=50000$；

钛合金$K=60000$；

一般模锻件中的铝、镁、铜合金，$K=30000$；

钛合金，$K=50000$。

（七）等温模锻和超塑性模锻

1．等温模锻

等温模锻是随着钛合金模锻件在飞机和航天飞行器上的广泛应用发展起来的一种模锻方法、其特点是：

（1）将模具加热到和坯料加热到相同的温度下开始锻造，并在整个模锻过程中保持不变。

（2）采用较低的变形速度，可以大大降低所需的模锻力。图6-2-57示出了变形速度对模锻流动应力的影响情况。从图看出，当水压机速度从21.2mm/s减到0.25mm/s时，流动应力大约下降了70%。

采用等温模锻工艺，可以方便地控制锻件的显微组织及性能，并能生产具有高肋和薄腹板的精密件。等温模锻的缺点是模具及其加热装置比较昂贵。

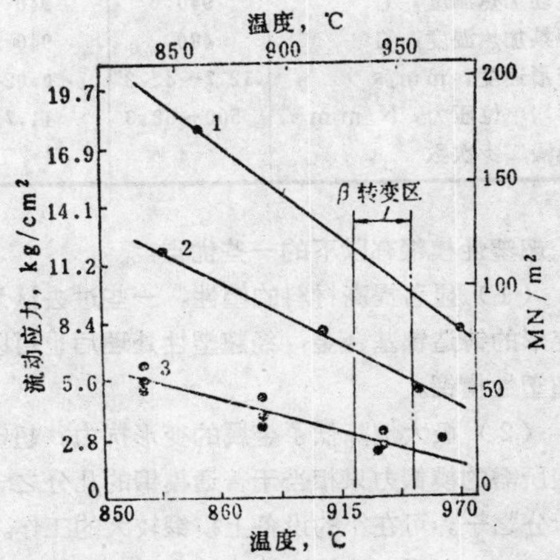

图 6-2-57 在等温模锻条件下变形速度和锻造温度对Tc10钛合金流动应力的影响

1—21.2mm/s；2—3.18mm/s；3—0.25mm/s

2．超塑性模锻

超塑性模锻工艺过程是：首先将能产生超塑性

的合金在接近正常再结晶温度下进行热变形（挤压、轧制、锻造等）以获得具有超塑性的超细的晶粒组织．然后在超塑性变形温度下，在预热的模具中模锻成所需的形状。最后锻件经热处理，以恢复材料的高强度。超塑性模锻时要求坯料在成形过程中保持恒温，所以也是等温模锻。

图6-2-58示出了用普通模锻和超塑性模锻生产钛合金涡轮盘的工艺比较。表6-2-18列出了两种模锻方法的主要工艺参数。

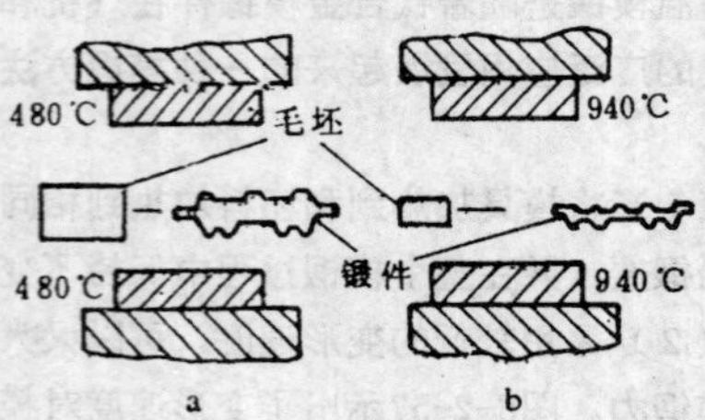

图 6-2-58 两种模锻工艺的比较
a—普通模锻；b—超塑性模锻

表 6-2-18 钛合金涡轮盘锻件两种模锻工艺的比较

工艺参数	普通模锻	超塑性模锻
毛坯加热温度，℃	940	940
模具加热温度，℃	480	940
变形速度，mm/s	12.7～42.3	0.025
平均单位压力，N/mm²	500～58.3	11.7
模锻二步次数	4	1

超塑性模锻有以下的一些优点：

（1）显著提高材料的塑性。一些过去认为不能变形的铸造镍基合金，经超塑性处理后也可以进行超塑性模锻。

（2）极大地降低了金属的变形抗力。超塑性模锻所需的模锻力只相当于普通模锻的几分之一到几十分之一。可在小的设备上模锻较大的工作。

（3）金属充填模腔性能提高，可以使锻件得到精密的尺寸，机械加工量很小甚至可不再加工。与普通模锻相比，金属消耗降低一半以上。

（4）可以在一次模锻中锻成形状复杂、薄壁高肋的锻件。

（5）使锻件获得均匀细小的晶粒组织，因此在产品整体上有均匀的机械性能。

三、旋转锻造

（一）旋转锻造的基本原理

1．工作原理及结构

旋转锻造简称旋锻，是模锻的一种特殊形式。它利用一付或两付（互成直角）锻模围绕坯料轴线进行高速旋转，同时又对坯料进行高速锻打，使坯料变形。其工作原理如图6-2-59所示。

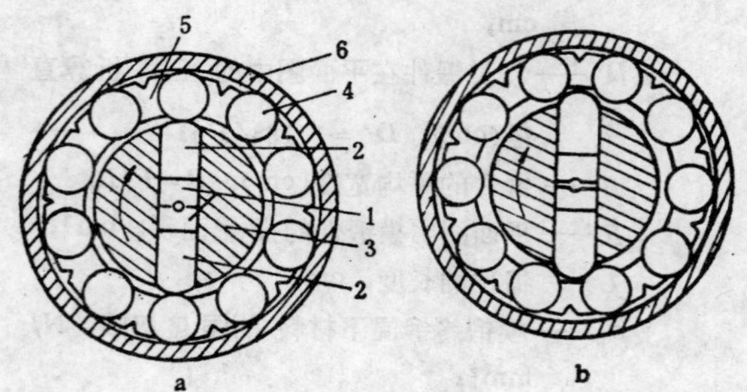

图 6-2-59 旋转锻造工作原理图（一付锻模）

锻模1和位于锻模后面的滑块2，嵌在主轴3的槽内随主轴而旋转。在主轴的周围上，有成偶数的滚柱4，滚柱由夹圈5固定其相互位置，并套在外环6之内。

当主轴旋转时，由于离心力的作用，锻模及滑块同时向相反方向分离，使锻模张开。当主轴旋转到滑块2，锻模1和滚柱4成一直线，即a图位置时，滚柱便压在滑块的圆弧部分上，迫使滑块向内压入，推动锻模向主轴中心方向移动，进行锻压，使坯料变形。当主轴旋转到滑块2处于两个滚柱4之间，即b图的位置时，锻模因离心力而张开，这时，将坯料推向前进，由此，主轴旋转使锻模对坯料周期性的锻压，使坯料变形连续进行。

由于锻模是绕主轴旋转的，所以上述旋锻的锻制件的断面一定是圆形的。还有另一种旋锻机，锻模和滑块不旋转，只在固定槽中做往复运动，而外环及滚柱旋转，如图6-2-60所示。它可以锻打断面对称和不对称的产品，锻制精度高，制品质量好。

2．主要变形参数及计算

旋转时以坯料变化最大的方向为代表计算其变形程度。计算与其他加工方法相同。

断面收缩率（又名加工率）：

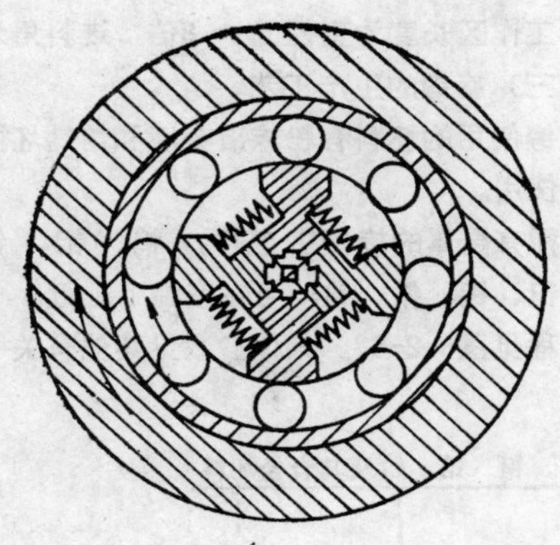

图 6-2-60 锻模不旋转的旋转锻造原理图（两付锻模）

$$\varepsilon=\frac{F_0-F_k}{F_0}\times 100\%\text{或}\quad \varepsilon=\frac{D_0^2-D_k^2}{D_0^2}\times 100\% \qquad (6\text{-}2\text{-}109)$$

延伸系数：

$$\lambda=\frac{D_0^2}{D_k^2}\text{或}\quad \lambda=\frac{L_k}{L_0} \qquad (6\text{-}2\text{-}110)$$

延伸率：

$$\delta=\frac{L_k-L_0}{L_0}=\frac{\Delta L}{L_0} \qquad (6\text{-}2\text{-}111)$$

式中 F_0、D_0、L_0——分别为坯条变形前的断面积、直径和长度；

F_k、D_k、L_k——分别为坯条变形后的断面积、直径和长度。

3．旋转变形的应力状态

旋转锻造机在锻打过程中，被锻压的坯料受到三向压应力的作用是引起金属塑性变形的主应力，而其主变形为径向压缩和轴向延伸，见图6-2-61。由于出现这样的三向压应力，使金属处于塑性变形最理想的条件，因此宜用来使金属粉末烧结块等塑性很低的难变形材料和拉伸粘模严重的钼、铌、锆、铪等稀有金属材料的加工变形。

（二）锻模形状的设计

一付锻模在合并之后，其型面部分的断面应有一定的椭圆度和两侧间隙，如图6-2-62中的a、b所示。以保证锻模在承受高的重复压力时，不致开裂。同时，可保证变形金属有充填的空隙，不致出耳子，使锻造过程正常进行。

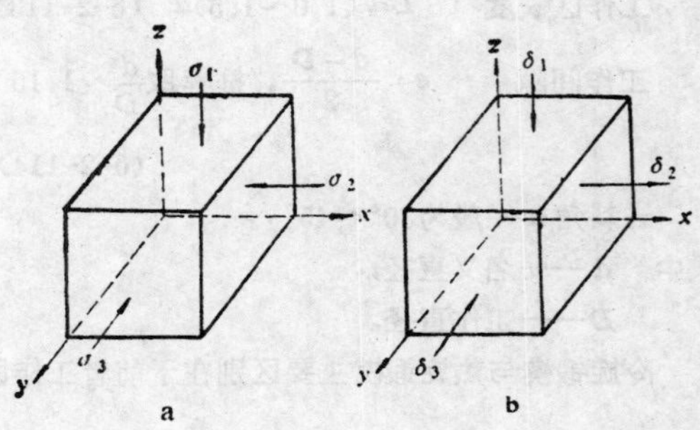

图 6-2-61 旋转锻造主应力及主变形图

a—主应力图；b—主变形图

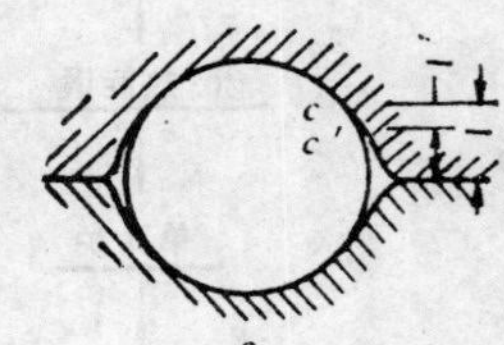

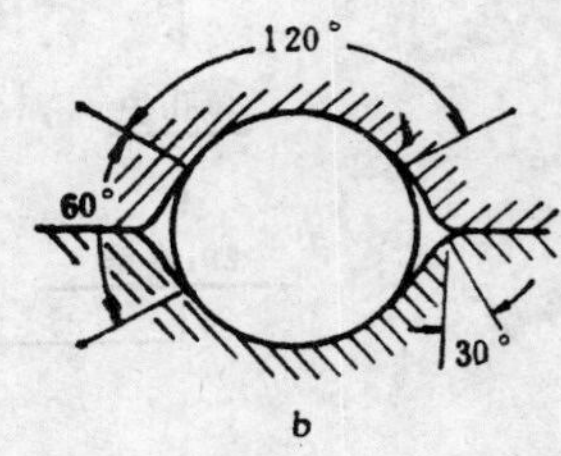

图 6-2-62 锻模型面的椭圆度

a—椭圆度；b—两侧间隙

锻模的椭圆度，取决于锻制品材料的性质、塑性大小、尺寸和进料部分的椭圆度的大小等。一般情况是：加工率大，材料的强度高，模子的椭圆度大；模子进料部分的椭圆度比变形部分大；冷锻实心棒料比冷锻管料时模子椭圆度大。一般，椭圆长轴与短轴之比取1.08～1.5，变化范围很大。

模子的圆锥进料角α和进料部分长度l及坯料锻压前的直径d_1和锻后的直径d，有以下关系：

$$l=\frac{d_1-d}{2\text{tg}\frac{\alpha}{2}} \qquad (6\text{-}2\text{-}112)$$

圆锥进料角α，随坯料直径的大小、道次压缩比、坯料的材料性能及送料方式，变化范围很大，可以从几度到几十度的变化。

热锻时，旋锻模重点尺寸如下：

工作区长度 $L\approx(1.0\sim1.5)d$ (6-2-113)

工作间隙 $e=\frac{d-D}{2}$，推荐取$\frac{d}{D}\approx1.15$ (6-2-114)

进料角 α 一般为30°～45°

式中 d——名义直径；

D——工作直径。

冷旋锻模与热旋锻模主要区别在于前者工作区长，进料角小。如冷锻钽、铌及其合金采用高速钢模，其工作区长度为直径的1～8倍，进料角为7°。

（三）旋锻的生产工艺

旋锻使用的坯料有粉末冶金坯和熔铸坯两种，可选择使用。

在稀有金属的旋锻工艺中，钨、钼、钛须加热，而钽、铌、锆、铪均可在室温下进行。一般的工艺流程见图6-2-63。具体参数见其他有关手册。

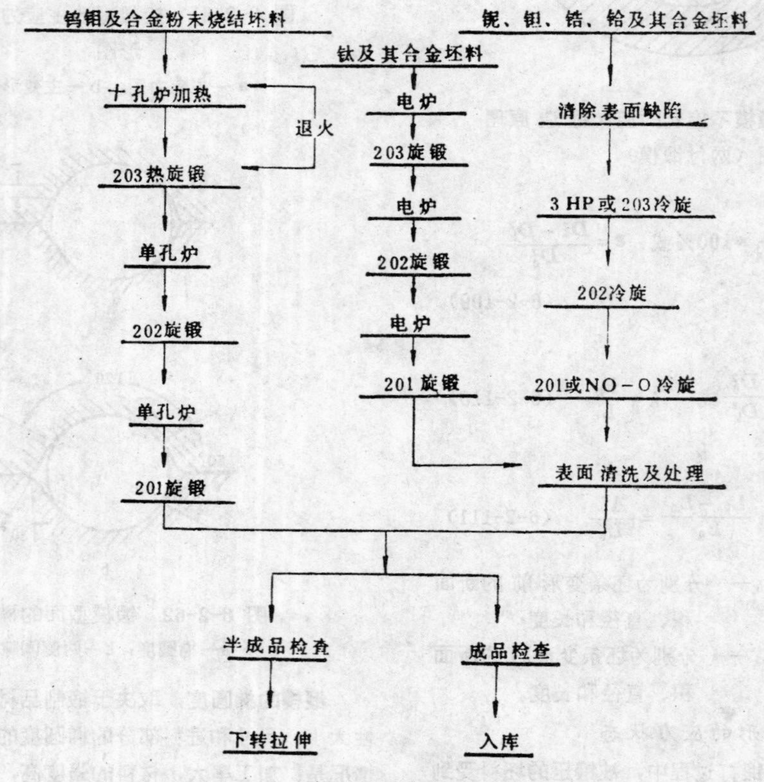

图 6-2-63 旋锻工艺流程图

旋锻作为金属压力加工的一种工艺方法，被广泛用于锻造塑性小的高温难熔粉末烧结材料和拉拔粘模严重的钽、铌、锆、铪等稀有金属材料，以及铝管包覆铝镍粉末之类强度极低的喷涂材料。

热锻可改善粉末烧结体的晶粒组织，使晶粒细化，从而，可以大大提高它的韧性及可加工性能，为以后的拉细工作创造极有利的条件。又因冷锻操作简便，还可以得到很高的表面光洁度；同时，也改善了晶粒组织，提高了材料的强度，所以能冷锻的材料，如钽、铌、锆、铪等多采用冷锻。

旋锻设备基本上分两种：锻模旋转式和锻模不旋转式。从坯料的温度又可将旋锻机分为热旋锻机和冷旋锻机两种。

锻模旋转式的旋锻机，主要是锻压直径 ϕ50mm以下的棒料和ϕ100mm以下 的管料。锻模不旋转式的旋锻机，由于锻模只在主轴槽中往复运动来锻压制件，因此，它不仅可以锻制对称断面的制品，而且还可以锻制不对称断面的制品，应用广泛。

表6-2-19列出几种旋锻机的主要性能。

（四）旋锻特点及制品缺陷

表 6-2-19 旋锻机型号及主要性能

设备型号	主电机功率 kW	主轴转速 r/min	滚柱个数 n	加工直径范围 mm	锤头最大冲程 mm
热锻B203	1.7	572	12	20～6.0	2.0
热锻B202	1.7	950	12	9.5～4.0	2.0
热锻B205	1.7	1200	10	4.4～2.25	2.0
冷锻DH—4	2.2	250	8	25～3.0	2.0
冷锻NO—0	0.4	700	10	5.0～1.0	0.2～1.0
冷锻3HP	2.2	250	10	15～4.0	1.0
美ETNa32	1.0	600	10	9.5～	

1. 旋锻特点

（1）受力状态好。坯料受三向压缩应力的作用，外摩擦力又不大，金属的变形较缓和，所以适合加工高温难熔低塑性的粉末烧结坯料、拉拔粘模严重的材料及铝管包铝、镍粉等强度极低的粉末喷涂材料。

（2）有效地改善金属的组织和性能。旋锻能使具有粗、细晶交叉分布的多孔垂熔坯料的多孔垂熔粗晶组织逐步转变成为致密定向排列的细晶加工组织，使旋锻件的密度、塑性和强度等都有显著提高。

（3）节约金属材料。

表 6-2-20 旋锻制品常见缺陷、产生原因及防止措施

缺陷	产生原因	防止措施
表面横裂	1. 旋锻温度过高 2. 坯条表面吸水或渗水 3. 坯条表层密度不够	1. 适当降低旋锻温度 2. 坯条重熔或采取其它办法处理
纵裂	1. 温度过低 2. 夹料时，速度慢引起坯条温度降低 3. 旋锻加工率过大 4. 设备运转不正常或模孔圆弧半径太大	1. 适当提高温度 2. 钳子夹料要迅速送到机上锻打 3. 打第一根坯条时，把加工率配好 4. 操作前要试车，检查设备和模具
断坯	1. 旋锻温度过低 2. 操作不当或加工率过大 3. 坯条密度不够或不均匀	1. 适当提高旋锻温度 2. 提高操作技术避免加工率过大 3. 坯条返回重熔或报废
内部有分层或裂纹	1. 道次加工率过大 2. 旋锻温度过低 3. 坯条本身有分层、裂纹等隐患	1. 减小道次加工率 2. 适当提高温度 3. 加强检查，发现隐患挑出报废
端头劈裂	1. 退火时，夹头过长 2. 端头加热温度过低 3. 坯条本身有缺陷	1. 退火时，防止夹头过长 2. 注意把端头热透了才能加工 3. 坯条本身端头有劈头时应切除
再结晶不均匀或"夹硬芯"	1. 道次加工率不均匀 2. 退火之前坯料总加工率不够 3. 退火时，再结晶不均匀 4. 坯条本身晶粒不均匀	1. 适当调整好道次加工率 2. 总加工率不够的不能退火 3. 再结晶不均匀的退火棒应重新处理，对晶粒不均匀的坯条应增大总加工率或作其它处理 4. 提高退火温度或延长保温时间
螺旋竹节或表面折叠	1. 加工率过大 2. 进料速度太快	1. 减小道次加工率 2. 进料速度应放慢些

（4）旋锻与其它开坯方法（如轧制和挤压法）相比，还具有设备小巧和操作简单，以及变形能量消耗少等优点。冷旋锻得到较高的表面光洁度和尺寸精度，在某些条件下可以代替车削和磨削加工。

（5）旋锻也有不足之处，主要是道次压缩率和出料速度不高，因而，加工道次繁多，生产周期长，效率低。其次，热旋锻时加热开坯反复次数多，难以保证变形均匀，加热温度（钨、钼垂熔烧结坯）高，金属的氧化挥发损耗和热能的消耗也较大。

2. 制品常见缺陷

旋锻制品常见缺陷有劈裂、脆断、横裂、螺旋竹节、再结晶不均匀等。产生的原因及消除办法见表6-2-20。

第四节 轧　　制

一、轧制工艺

（一）轧制产品规范

稀有金属的轧材分板、带、型材、管材三大类。

1. 板带及箔材

目前国内生产的板带、箔材品种规格如表6-2-21所示。

2. 型材及棒材

钛及钛合金棒的主要规格为φ8～80mm。钨、钼的产品规格主要是φ14～30mm的圆棒。

钛合金型材尚处于研制及小批量生产阶段。

3. 管材

钛及钛合金的轧制管材的品种规格较齐全，如表6-2-22所示。钼、锆、铪也生产一部分轧制管材。

（二）轧制工艺流程

工艺流程取决于产品品种、规格、及对其机械物理性能的要求，也与装备水平及技术水平有关。一项新技术的出现往往可能改变工艺流程，使其更经济、合理。

1. 板、带、箔材的工艺流程（以钛材为例）

表 6-2-21 板、带、箔材品种及规格

金属及合金名称	品　种	规格范围，mm			交货状态
		厚度范围	宽度范围	长度范围	
钨	板　材	3.0～10	50～300	100～500	R
		0.2～3.0	30～200	50～500	R
		0.1～0.2	30～150	50～500	Y、m
	箔　材	0.0075～0.09	20～60	—	Y
钼及其合金	板　材	0.8～4.0	45～400	300～600	R
		0.1～1.0	45～900	100～3000	Y、m
	带　材	0.1～0.5	180～230	1000～4000	Y、m
	箔　材	0.01～0.09	30～200	>500	Y
钽铌及其合金	板　材	3.5～6.0	50～200	100～1000	Y、M
		0.1～3.0	50～350	100～1000	Y、M
	箔　材	0.01～0.09	30～200	≥500	Y、M
钛及其合金	板　材	4.0～40	600～1600	1000～3000	R、M
		0.3～4.0	≤1000	1000～3000	Y、M、C
	带　材	0.10～1.0	100～350	≥500	Y、M
	箔　材	0.002～0.08	50～200	250～500	Y
锆及其合金	板　材	4.0～10	≤1000	1000～3000	R
		0.2～4.0	≤1000	1000～3000	Y、M

注：R——热轧状态；Y——冷轧状态；M——退火状态；m——消除应力状态；C——淬火状态；TA6、TA7、TC3、TC10等合金板材厚度不小于0.5mm。

表 6-2-22 钛及钛合金轧制管材 单位：mm

合金牌号	外径 尺寸	外径 偏差	壁厚 0.3①	0.4	0.5①	0.6	0.8	1.0	1.25	1.5	2.0	2.5	3.0	3.5	4.0①	技术条件
			偏差													
TA1	3～5	±0.15	±0.04	±0.05	±0.06	—	—	—	—	—	—	—	—	—	—	某厂企业标准
TA2	6～10	±0.20	±0.04	±0.05	±0.06	±0.08	±0.10	±0.12	—	—	—	—	—	—	—	YB 767—70
TA3	11～15	±0.25	—	—	—	±0.08	±0.10	±0.12	±0.16	±0.20	—	—	—	—	—	
TC1	16～25	±0.30	—	—	—	±0.08	±0.10	±0.12	±0.15	±0.20	±0.25	—	—	—	—	
TC10	26～29	±0.35	—	—	—	—	—	±0.12	±0.15	±0.20	±0.25	±0.35	—	—	—	
	30～35	±0.45	—	—	—	—	—	±0.12	±0.15	±0.20	±0.25	±0.35	±0.40	±0.50	—	
	36～45	±0.50	—	—	—	—	—	±0.12	±0.15	±0.20	±0.25	±0.35	±0.40	±0.50	—	某厂企业标准
	46～55	±0.60	—	—	—	—	—	±0.12	±0.15	±0.20	±0.25	±0.35	±0.40	±0.50	—	
	56～65	±0.70	—	—	—	—	—	—	—	±0.20	±0.25	±0.35	±0.40	±0.50	±0.60	
	66～80	±0.75	—	—	—	—	—	—	—	±0.20	±0.25	±0.35	±0.40	±0.50	±0.60	
	81～95	±0.80	—	—	—	—	—	—	—	±0.20	±0.25	±0.35	±0.40	±0.50	±0.60	某企业补充标准
	96～110	±0.85	—	—	—	—	—	—	—	—	±0.25	±0.35	±0.40	±0.50	±0.60	
	111～120	±0.90	—	—	—	—	—	—	—	—	±0.25	±0.35	±0.40	±0.50	±0.60	

注：1.供应状态为M； 2.供应长度：500～6000mm。

①为企业补充的规格。

钛及其合金的生产工艺流程如表6-2-23所示。

型材工艺流程也与其它型材产品相似，工艺流程较为简单，故不多述。

2．管材生产工艺流程

稀有金属管材的轧制生产方法与其它金属的管材生产相同，利用不同的方法制备管坯，然后轧制成管材（详见管材轧制）。

（三）轧制工艺参数选择

1．轧制工艺参数选择依据

（1）坯料尺寸选择。当坯料断面与坯料长度一定时，坯料重量与轧机生产率呈一曲线关系（图6-2-64）。曲线的顶点表示坯料重量选择合适的条件下，所能得到的最大生产率。

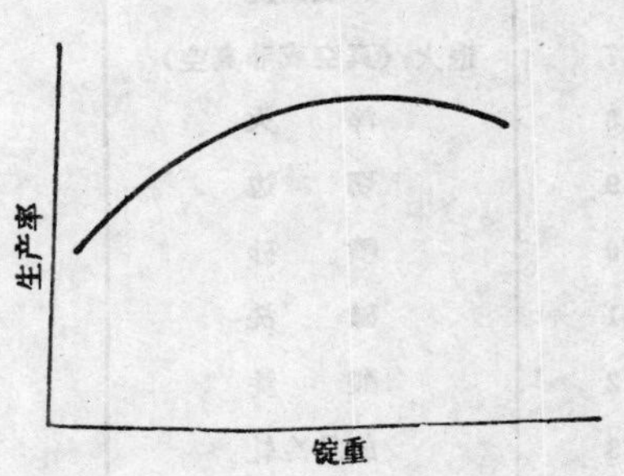

图 6-2-64 轧机生产率与坯料重量的关系

坯料尺寸的选择，在保证一定压缩比的条件下，应充分发挥轧机的能力，合理地选择坯料重量及坯料尺寸（以坯料断面与长度比值表示），使在同样轧制条件下，轧机具有最大的生产能力。

（2）板、带材产品规格与轧辊尺寸的关系。在一定的轧机上，不能生产任意薄的板、带材，有一个最小可轧厚度（h_{min}）。表6-2-24列出了计算最小可轧厚度的经验公式。通用的方法就是利用经验公式来定D/h之值，知道了厚度h而工作辊直径D也就定了。

宽板带生产要求辊身长、辊径大；而薄板带要求辊细而短，所以板带的宽、厚对轧辊要求不同。而不同的轧机都有一个允许的B/h比值，见表6-2-25。

知道了工作辊直径D和B/h值，即可决定辊身长L_r。而L_r又受D的制约，各种轧机的L_r和D的关系见表6-2-26。

为了正确选定工艺参数，使用上述经验方法已不够了，还需用优化理论来指导。

2．轧制工艺参数优化

表 6-2-23 钛及其合金板、带、箔材工艺流程

工序号	工序名称	工艺流程（锻坯或轧制坯）→ 热轧板	冷轧纯钛板	冷轧钛合金板	冷轧TB型钛合金	冷轧带箔材
1	刨铣面	●	●	●	●	●
2	热轧	●	●	●	●	●
3	退火	●		●		
4	淬火				●	
5	喷砂				●	
6	碱洗	●	●	●		●
7	酸洗	●	●	●	●	●
8	剪切下料		●	●	●	
9	热轧		●	●	●	●
10	退火		●	●		●
11	淬火				●	
12	喷砂				●	
13	碱洗		●	●		●
14	酸洗		●	●	●	●
15	中间冷轧		●	●	●	●
16	除油清洗		●	●		●
17	退火（真空或非真空）		●	●		●
18	淬火				●	
19	切边		●	●	●	●
20	喷砂				●	
21	碱洗		●	●		●
22	酸洗		●	●	●	●
23	成品冷轧		●	●	●	●
24	除油清洗		●	●	●	●
25	真空退火		●	●		●
26	淬火				●	
27	喷砂				●	
28	酸洗				●	
29	平整矫直		●	●	●	
30	成品剪切		●	●	●	●
31	取样检查		●	●	●	●
32	包装入库		●	●	●	●

表 6-2-24 最小可轧厚度公式

作者	公式	符号意义
斯通 (Stone)	$\frac{3.58}{E}fDk$	f—摩擦系数 D—工作辊直径 k—轧件的变形抗力 E—轧辊的弹性模数
罗伯茨 (Roberts)	$\frac{1.16}{E}fDk$	
唐-萨克斯 (Tong-Sachs)	$\frac{3.62}{E}fDk$	
科罗辽夫 (Королев)	$\frac{1}{6000}fDk$	
波夫洛夫 (Поврoв)	$\frac{1}{6781}fDk$	
福特-亚力山大 (Ford Alexander)	$\frac{4.13+6.49}{E}fDk$	
连家创	$\frac{4.17+3.3}{E}fDk$	

表 6-2-25 轧机产品厚度及宽度范围

轧机型式	B/h
二辊式	500～2500
四辊式	1500～6000
十二辊式	7000～12000
二十辊式	10000～25000

表 6-2-26 各种轧机辊身长度与辊径的关系

轧机型式	L_r/D
二辊	0.5～3
四辊	2～7
八辊	3～10
二十辊	12～30

（1）板带轧机工作辊径选择。各影响因素与辊径关系如图6-2-65所示，由此可确定工作辊直径的合理范围。

（2）轧制速度的选择见图6-2-66。

（四）轧制加热制度

良好的加热制度应满足下列基本要求：

（1）坯料加热温度要保证轧制在最好温度范围内进行且能保证产品的组织性能。

（2）坯料加热要均匀，内外温差应小于15°C，而且不致因热应力引起缺陷。

（3）加热时要尽量降低烧损，炉内气氛不应导致轧材产生有害的化学成分变化；

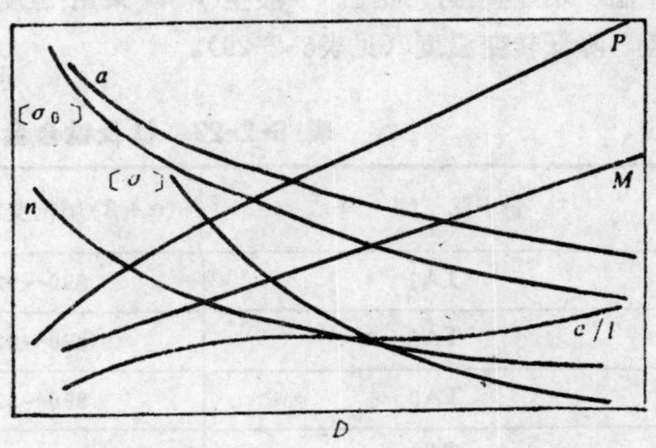

图 6-2-65 辊径选择与各因素之关系

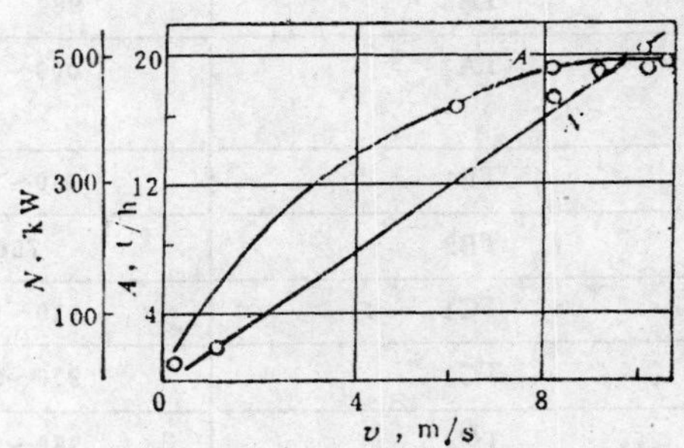

图 6-2-66 生产率A、功率N与速度v的关系

（4）降低能耗也是十分重要的因素。

如钛及钛合金的加热制度为：对于$\alpha+\beta$型合金轧前加热温度应稍低于 $(\alpha+\beta)/\beta$相变温度；α型合金的加热温度在$\alpha+\beta$相区内，β型合金加热温度应高于相变温度，其变形也应在β相区内完成（见表6-2-27）。

钛的导热系数在室温下比钢小，在高温时与钢相近，故在低温时加热要慢，过快会产生微裂纹；到高温时可快些。并要在弱氧化性或中性气氛中进行。不许用氢气加热，不用还原性气氛，以防氢脆。

钨、钼坯料轧制时的加热制度及终轧温度见表6-2-28。从表看出无相变的钨、钼及其合金由于熔点高，变形抗力大，塑性好的范围较窄。加热温度过低，轧制困难，过高会造成氧化和晶粒长大。其存在一塑性-脆性转变温度，该温度与轧制温度有关。钼合金的塑性-脆性转变温度与轧制温度的关系见图6-2-67。

经热轧后的板材，塑性-脆性转变温度远高于室温，不能直接冷加工。一般生产中采用温度过渡，降低转变温度（见表6-2-29）。

（五）压下规程

1. 压下规程制订的依据及内容

表 6-2-27　钛及钛合金坯料轧制时的加热制度和终轧温度

金属牌号	(α+β)/β相变温度，℃	加热温度，℃	终轧温度(不小于)，℃
TA1	890～920	880	700
TA2	890～920	880	700
TA3	890～920	880	700
TA5	960～980	920 (1050～1100)	700 (850)
TA6	980～1000	1010	800
TA7	1000～1020	1010 (1050～1100)	800 (850)
TB1	750～780	950	800
TB2	750	1000	800
TC1	910～930	880	700
TC2	920～940	880	700
TC4	980～990	920 (930～950)	700 (850)
TC5	950～980	920	700
TC6	950～980	920	700
TC7	1010～1030	980	850
TC8	1000～1020	980	850
TC9	1000～1020	980	850
TC10	935	940 (930～950)	750 (850)

注：1.加热时间按1～1.5mm/min的速度计算；2.加热设备为煤气加热炉和箱式电炉；3.（ ）内为角材轧制时的加热温度和终轧温度。

表 6-2-28　钨、钼坯料轧制时的加热制度和终轧温度

金属牌号	坯料尺寸 mm	成品尺寸 mm	坯料来源	加热温度 ℃	第一火保温时间 min	终轧温度 ℃	备注
W1	φ45 23×40	φ15～30 φ14～22	烧　结	1500～1550	90 40～50	1300	1.轧制时采用一火一道次的加热-轧制制度 2.轧制过程中，加热温度可逐渐降低，保温时间可适当减少
	φ40	φ19～25	熔炼挤压	1250～1300	80～90	1100	
Mo1	φ45	φ15～30	烧　结	1450～1500	90	1100～1200	一火轧制数道次
	φ40	φ19～25	熔炼挤压	1150～1200	80～90	—	一火轧成成品

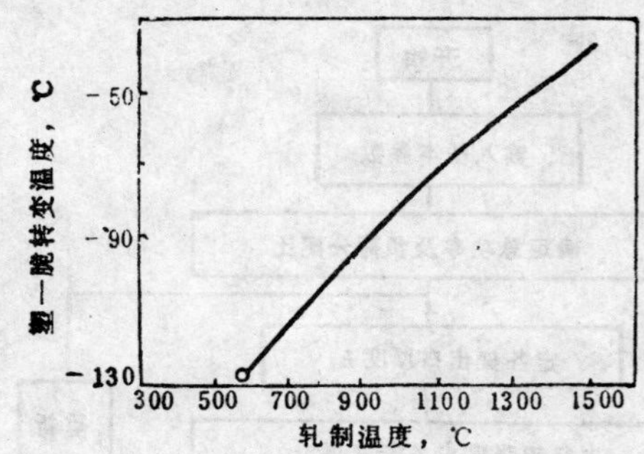

图 6-2-67　轧制温度对钼合金塑性-脆性转变温度的影响（$\varepsilon_{总}=90\%$）

（1）原料尺寸之确定（总加工率之确定）。原料尺寸由产品性能要求和能充分发挥轧机能力来确定。并综合考虑冷、热轧车间的各项指标，使效益最高。对机架数目已固定的连轧机，应当尽可能使各架轧机的能力（电机功率、轧机刚度等）发挥出来。多火轧制时，应尽量减少中间加热次数，降低能耗，节约能源。

（2）道次确定及道次加工率分配。道次及道次加工率的确定，由轧制金属的性质和所使用的轧机来定。金属变形抗力大，塑性差或轧机能力小，道次加工率就小，加工道次也就相应地要多一些。

表 6-2-29　钨、钼及其合金温轧加热制度

金属名称	合金牌号	板坯规格		加热制度		炉内气氛
		轧前厚度，mm	轧后厚度，mm	加热温度，℃	加热时间，min	
钨	W	8.0	3.0	1200～1000	20～10	还原性
		3.0	1.0	900～800	10	
		1.0	0.5	700～600	10	
		0.5	0.2	500～200	—	
钼及其合金	Mo	8.5	1.0～0.8	1200～400	10～3	同　上
		2.5	0.5	600～500	—	
	Mo-0.5Ti	2.5	0.6	700～500	—	

此外，道次加工率分配还需要确保产品质量，尽可能地提高产量减少能耗。

提高产量的途径主要是提高压下量以减少道次和提高轧制速度。要在轧机允许的条件下来实现，称之为限制条件（因素）。故设计压下规程时，要进行限制条件的校核。

为得到板形良好且无横向厚差的板带，以及为使操作稳定和不跑偏，轧辊缝隙一般呈凹形（见图6-2-68）。在这种情况下，为了保证板形质量及

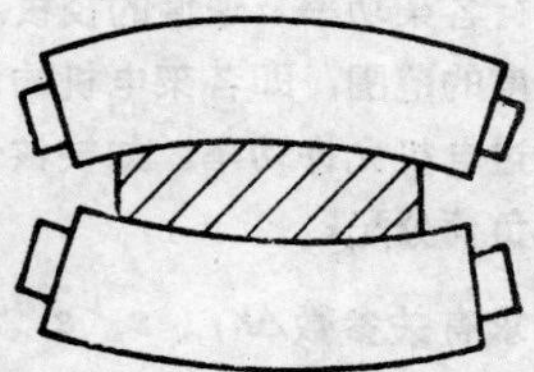

图 6-2-68　轧辊缝隙呈凹形

厚度精度，要使板带断面各部分的延伸率保持一致。如图6-2-69所示，设轧前板带边缘及中部厚度为H和$H+\Delta$，轧后分别为h和$h+\delta$，则

$$\frac{H+\Delta}{h+\delta}=\frac{H}{h}=\mu \qquad (6\text{-}2\text{-}115)$$

由此可得

$$\frac{\Delta}{\delta}=\frac{H}{h}=\mu \quad 或 \quad \frac{\Delta}{H}=\frac{\delta}{h}=板凸度$$

即板凸度保持一定，是保证板形良好的条件。显然，若保证均匀变形，则必须使后一道次轧辊的挠度小于前一道次的挠度，它必然制约着道次压下量的大小。此外，还应注意板带的组织性能和表面质量。

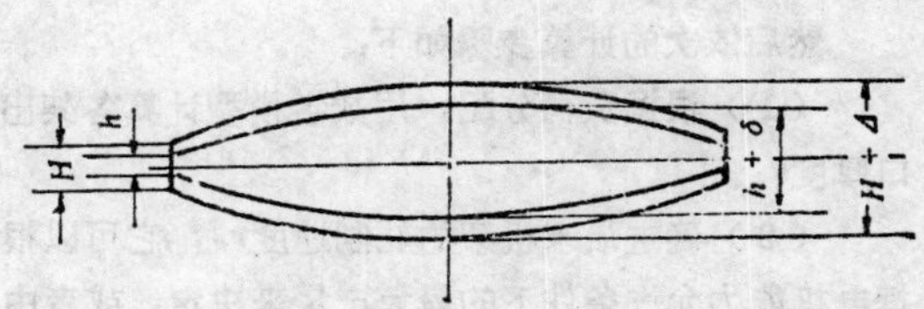

图 6-2-69　轧制前后板带厚度变化

2．压下规程设计

压下规程设计，目前有两种方法，即人工计算法和计算机计算法。

人工计算法的步骤如下：

（1）根据经验先确定坯料尺寸及道次加工率，并排出压下规程。

（2）校核咬入能力，所用公式为

$$\Delta h_{max}=D(1-\cos\alpha_{max})=D\left(1-\frac{1}{\sqrt{1+f}}\right) \quad (6\text{-}2\text{-}116)$$

式中 α_{max}——最大咬入角；

f——摩擦系数。

（3）选择或计算必用的轧制参数。其中包括：选择温降、功率、变形速度、轧制节奏所必需的轧制速度；确定轧制时间，计算各道次轧件温度；计算各道次的变形量（冷轧时还要计算累计变形量），计算变形速度。

（4）用图表或公式定出各道次的变形抗力。

（5）力能参数计算。计算轧制压力、轧制力矩及功率。

（6）设备校核。一般要进行轧辊强度校核，有时还要进行轧辊刚度或疲劳的校核。电机要进行过载及发热的校核。

如果校核不能通过，则需重新排定压下规程，进行计算，然后再经试轧修正，最后编制出压下规程。

计算机计算法的原则与上相同，只是计算用计算机完成，一般热连轧带材的设定计算框图如图6-2-70所示。首先，往计算机内输入原始数据。道次加工率分配可以用由经验建立的图表给定，或者用负荷分配法给定。所谓负荷分配法，即用能耗曲线确定总功率之后，让各架消耗功率相等或各架轧机相对电机容量相等的原则分配各架之变形量，也可按经验用负荷系数进行各架的负荷分配。图6-2-70即用的是负荷分配法。

然后依次的计算步骤如下：

（1）根据负荷分配，用数学模型计算各架出口厚度h_i。

（2）确定最末机架的轧制速度v_n，它可以根据电机能力允许条件下的最大产量来决定，或者由产品要求的终轧温度来确定。

（3）由末架速度和秒流量相等原则算出各架的速度v_i。

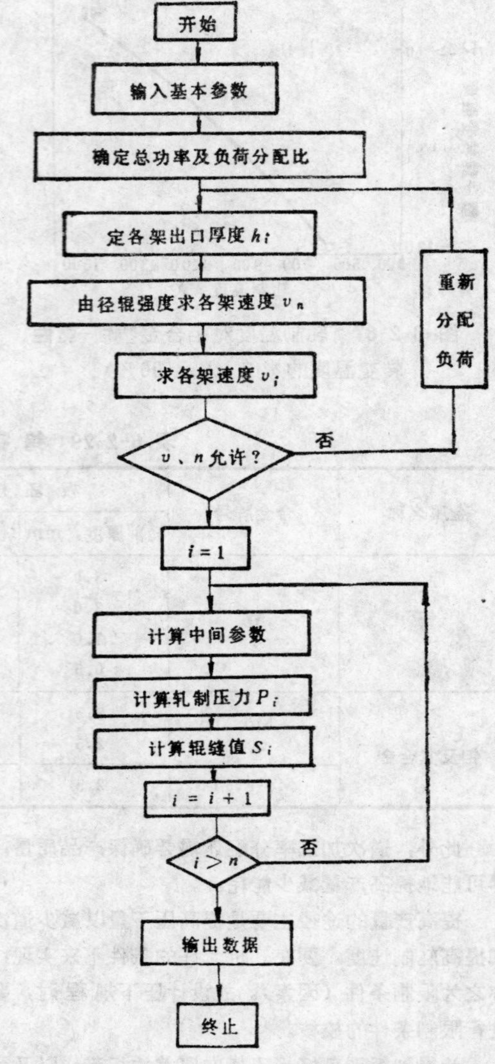

图 6-2-70 热连轧压下规程设定计算流程图

（4）进行各架功率及速度的校核。各架的速度不应超过速度的范围，即各架电机的调速范围。功率则不应超过电机允许功率。如校核未能通过，则需重新进行负荷分配；

（5）计求有关参数Δh_i、ε_i、$\dot{\varepsilon}_i$、t_i等。

（6）确定变形抗力。

（7）计算轧制压力P_i。

（8）计算辊缝S_i。

（9）逐次进行各架参数计算，计算完毕打印输出压下规程表。

显然，用计算机计算大大地节约了人力。同时，还可将计算值直接送至控制系统，设定辊缝值。

表6-2-30和表6-2-31列出了某些金属轧制工艺参数实例。

3．压下规程优化

同一种产品会有用不同的压下规程来生产，要找出其最优规程，仅靠经验已不够了，要有优化理论指导。所谓最优化都是在某一定意义下说的，它和评价标准有关，即首先要确定目标函数。

从数学角度看，最优化问题是求某目标函数的最小值问题。压下规程制订的优化属于多段决策过程优化问题，用动态规划法来求解这种问题，既方便又有效。

图6-2-71所示为用动态规划法选择节能为目标函数的压下规程计算框图。用这种方法实现了在线控制并取得节能3～5%的显著效果。也可采用“板凸度一定”的压下规程计算方法，它是保证产品精度的一种体现方式，从某种意义上说，也是一种优化规程。其计算顺序如下：

（1）由已知成品厚度h_n、板凸量δ、轧辊辊径凸度W、轧辊热凸度y_t及弯辊力J利用已知模型算出成品道次的轧制压力P_n。

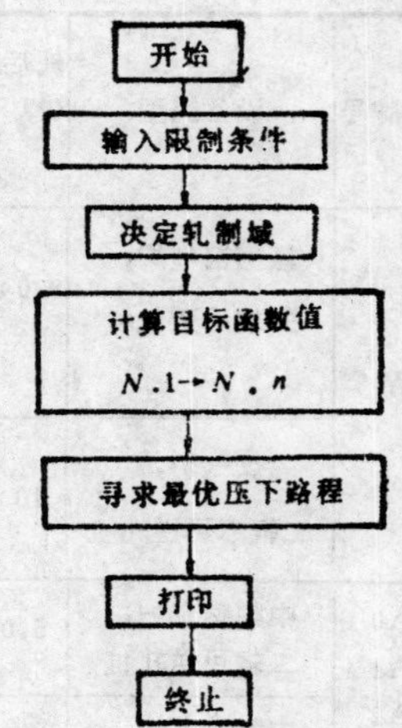

图 6-2-71　动态规划法优化规程计算框图

（2）由P_n及h_n利用数学模型求出压下量Δh_n，从而求出轧前厚度，并进行该道次的咬入、设备强度校核。

（3）再按“板凸度一定”原则求$n-1$道次，

表 6-2-30　稀有金属及其合金板材冷轧工艺参数

金属名称	合金牌号	板坯规格，mm 厚度	板坯规格，mm 宽度	轧制厚度 mm	中间冷轧总加工率 %	成品厚度 mm	成品冷轧总加工率 %	道次加工率 %	备注
钨	W1　W2	0.60～0.65	<50	0.27	<60	0.27	<60	<10	冷轧前板坯预热到100～150℃
钨	W1　W2	0.20～0.25	<200	0.1～0.15	50～60	0.1	<60	<10	轧前板坯预热100～200℃
钛及其合金	TA0	>2.0	>600	—	50～70	>1.0 <1.0	30～50 25～30	<10	
钛及其合金	TA1，TA2，TA3，Ti-2Cu	>2.0	>600	—	30～50	>1.0 <1.0	30～40 25～30	<10	
钛及其合金	TC1，TC2	>2.0	>600	—	25～35	>1.0 <1.0	25～30 20～25	<10 <10	
钛及其合金	TA5，TC3，TC7，TC10	>2.0	>600	—	15～25	>1.0 <1.0	18～22 20～25	<5	第一轧程板坯预热到100～200℃
钛及其合金	TA6，TA7，	>2.0	>600	—	10～20	>1.0 <1.0	14～20 10～14	<5	同　上
钛及其合金	TB1，TB2	>2.0	>600	—	35～60	>1.0 <1.0	35～50 30～35	<10	

表 6-2-31 稀有金属及其合金板坯热轧工艺参数实例

金属名称	合金牌号	设备类型	轧后板材规格（厚×宽×长）mm	板坯类型	加热制度			压下制度			
					加热火次	加热温度 ℃	加热时间 min	轧制道次	道次最大加工率 %	平均道次加工率 %	总加工率 %
钨	W	氢气钼丝炉，二辊可逆轧机	8.0×180×l	粉末烧结坯	1	1550	50	1	27.1	22.0	64
					2	1450	15	1	21.8		
					3	1400	10	1	20.0		
					4	1400	10	1	20.0		
		煤气炉，二辊不可逆轧机	10×370×l	熔炼—挤压—锻造板	1	1300	60	1	28.1	20.3	50
					2	1200	20	1	12.7		
					3	1000	10	1	22.6		
钛及其合金	TA0 TA1 TA2 TA3 TC1 TC2 Ti-25Cu TC3 TC7 TC10 TA5 TA6 TA7 TA8 TB2	中频感应炉，二辊可逆轧机	5.0×640×l	熔炼—锻造坯	1	740～760 840～880	13～15	12	30	20	93.2
		中频感应炉，四辊可逆轧机	8.0×1050×l	熔炼—锻造坯	1	840～880 840～880	28～35	11	37.5	22	93.5
		二辊可逆轧机	10×1700×l	熔炼—锻造坯	1	850～880 880～900 860～880	230～250	11	47.3	27	95.5
		中频感应炉，二辊可逆轧机	6.0×650×l	熔炼—锻造坯	1	910～920 930～950					
		中频感应炉，四辊可逆轧机	7.0×1060×l	熔炼—锻造坯	2	900～920 940～960	30～35	15	28.5	18	95.0
		煤气炉，二辊可逆轧机	10×1700×l	熔炼—锻造坯	2	1000～1020 1100～1120 1000～1050 960～980	240～250	12	30.0	—	95.0

并依次向上计算出各道次的板厚。当向上计算到一定道次时，板形的限制条件放宽了而且要受到力矩条件的限制，故要进行适当调整，使轧制压力不要沿道次急剧变化，对产品质量不致引起不良影响。

（4）计算规程时，温度是设定的，故必须对温度进行校核和逼近计算。

采用以上计算方法的流程图如图6-2-72所示。

随着计算机的普及，今后压下规程计算必然都采取优化计算方法。

（六）孔型设计

稀有金属的型材多是简单断面，其中圆棒最多，角材只有少量，故孔型设计也较简单。

1．孔型设计的内容和原则

将坯料在孔型中经若干道次轧成所需尺寸、形状和性能的产品，为此而进行的变形制度的设计计算叫做孔型设计。

孔型设计包括下面三方面的内容：

（1）孔型断面设计。根据原料和成品的尺寸，断面及性能，确定出变形方式、道次、道次变形量以及孔型形状和尺寸。

（2）孔型配置设计。把孔型合理地配置在轧辊上，使轧件能顺利轧制，以达到优质、高产。

（3）轧辊导卫装置等辅件的设计及配置。

选择合理的孔型系统，在孔型中金属变形应尽量均匀、稳定，孔型应有共用性，尽可能用简单孔型，道次要少，易于调整，是孔型设计遵循的基本原则。

2．孔型的一般概念及构成

孔型是刻在两个轧辊上的轧槽形成的空隙，如图6-2-73所示。其基本概念及构成如下：

（1）轧辊外径D，即轧辊辊身直径；

（2）轧槽深度h_k，从外径辊面到槽底的距离；

（3）辊缝S，两辊外径之间的距离；

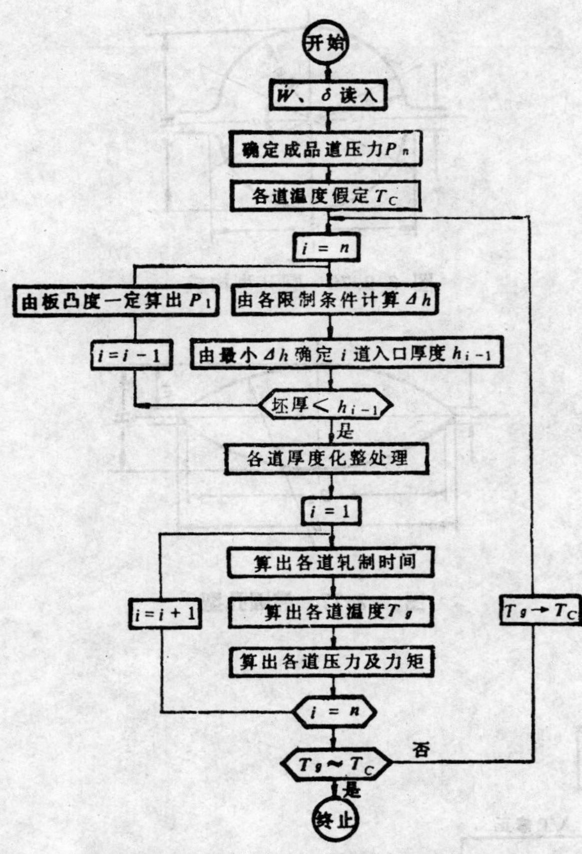

图 6-2-72 单机优化压下规程计算框图

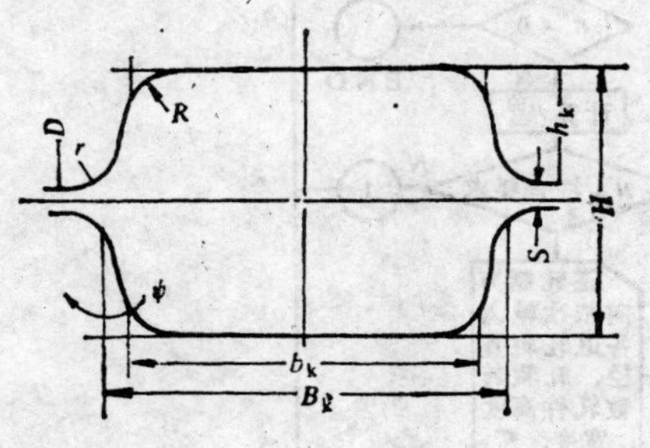

图 6-2-73 孔型的构成

（4）轧辊工作直径D_w，$D_w = D - 2h_k$；

（5）锁口，轧件边缘由一个轧辊换到另一个轧辊的地方；

（6）闭口孔型及开口孔型，辊缝S在孔型周边之外和周边之内者；

（7）压力，上下工作辊径之差，用以控制轧件出口方向；

（8）轧辊中线，上下两轧辊水平轴线间距的等分线；

（9）轧制线，在轧制面垂直方向配置孔型的基准线。若不采用"压力"轧制时，轧制线也就是轧辊中线；

（10）孔型中性线，把孔型面积分为上下相等两部分的水平线；

（11）孔型侧壁斜度y，$y = \text{tg}\psi = \dfrac{B_k - b_k}{2h_k}$，

B_k和b_k分别为轧槽槽口及槽底宽度；

（12）圆角（内圆角半径R，外圆角半径r），正确地选择圆角对提高产品质量和增加轧辊强度有很大作用。

3．稀有金属型材的孔型系统

用于轧制稀有金属的孔型与轧制钢材者类似，但设计时要考虑宽展较大、变形率不宜过大等特点。

（1）菱-方孔型系。菱形孔型的构成如图6-2-74所示。其主要构成尺寸h和b确定之后，可分别计算孔型的其它尺寸。

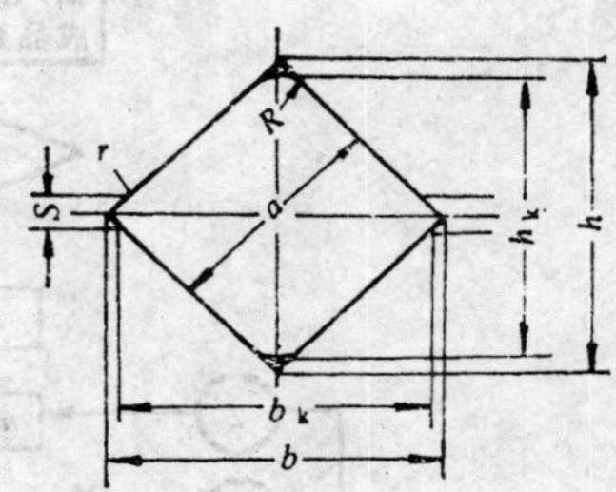

图 6-2-74 菱形孔型

γ_k—上下槽壁夹角，$\tan\gamma_k/2 = h/b$；α—菱孔顶角，$\alpha = 180° - \gamma_k$，α在100～130°，一般可取105°；b_k—轧槽宽度，$b_k = b\left(1 - \dfrac{S}{h}\right)$；$h_k$—孔型高度，$h_k = h - 2R\left(\sqrt{1 + \left(\dfrac{h}{b}\right)^2} - 1\right)$，$R$、$r$—内外圆半径，取$R = r = (0.1 \sim 0.2)b$

方形孔型的构成如图6-2-75所示。轧件边长a确定之后，其它尺寸就可分别计算出来。

孔型的构成高度h和构成宽度b分别为

$$h = (1.4 \sim 1.41)a \qquad b = (1.41 \sim 1.42)a$$

孔型高度h_k和轧槽宽度b_k分别为

$$h_k = h - 0.83R \qquad b_k = b - S$$

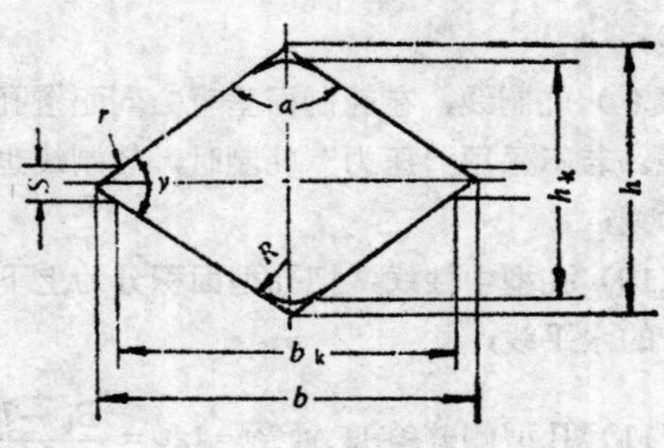

图 6-2-75 方形孔型构成

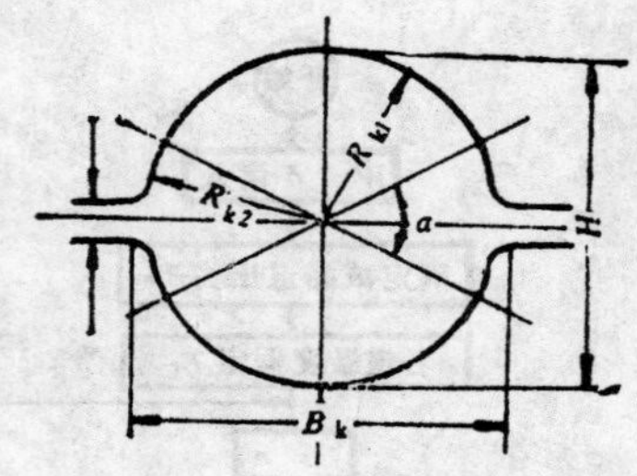

图 6-2-76 圆孔型构成

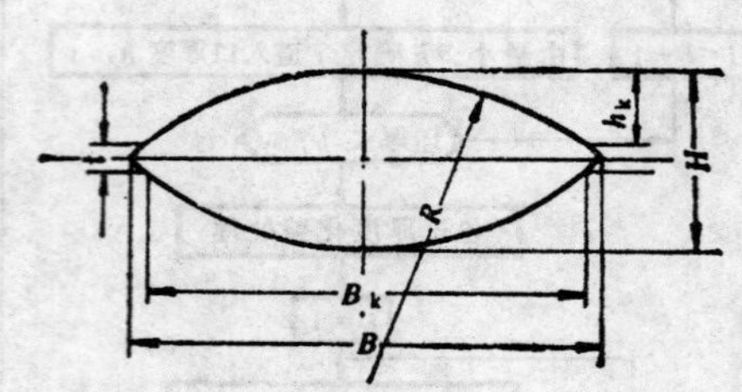

图 6-2-77 椭圆孔型

内外圆角半径取$R=r=0.2a$，辊缝取$S=0.1a$。

菱-方孔型系受顶角限制，延伸系数不能过大，变形比较均匀是它的特点，故对提高轧件的塑性有利，适用于中小型轧机轧制方坯和方材。此外，它有中间方孔并且借助调整辊缝可轧出不同规格的轧件。

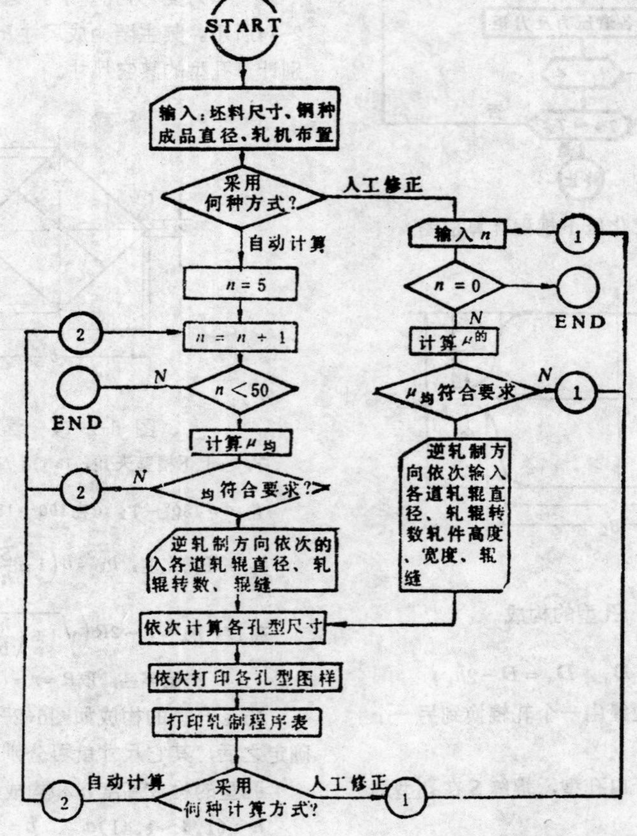

图 6-2-78 孔型设计流程图

（2）箱形孔型（参见图6-2-73）。箱形孔型的高度 h 等于轧后轧件的高度。

孔型槽底宽度b_k比来料宽度B_H略小，取$b_k = B_H - (0\sim6)$mm。孔型槽口宽度比出孔型的轧件宽度B_h略大，即留有展宽余量Δ，$B_k = B_h + \Delta$。孔型侧壁取斜度为20～25%。一般内圆角稍大于外圆角。

这种孔型变形比较均匀，轧制稳定，可轧多种尺寸不同的轧件，共用性强，多用做前面的开坯及中轧孔型。

（3）椭圆-圆孔型系统。此种系统更多地用作成品及成品前孔，故在这里介绍成品孔设计方法。

成品圆孔的构成如图6-2-76所示。

成品圆孔型高度为　$h_k = d$

d 为产品的公称直径。成品圆孔孔型宽度b_k为

$$b_k = (1.02\sim1.03)d$$

成品圆孔型圆弧半径

$$R_{k1} = \frac{1}{2}h_k;\qquad R_{k2} = \frac{1}{2}b_k$$

成品圆孔型圆心角 $\alpha = 60°$。而外圆角 $\gamma = 0.1d$。

成品前椭圆孔如图6-2-77所示。

椭圆孔型的高度、宽度分别为

$$h_k = (0.88\sim0.94)d_{min}$$

$$b_k = (1.32\sim1.43)d_{max}$$

椭圆孔的圆弧半径

$$R_k = \frac{b_k^2 + h_k^2}{4h_k}$$

d_{mi} 及d_{max}表示一组规格中的最小及最大值。

4．孔型设计优化及CAD系统

由上看出，用人工进行孔型设计，必须进行多次、重复的复杂工作，耗费大量时间，还往往得不到最佳效果。为此，国内外已大力开展计算机辅助孔型设计系统的研究，并取得实用性的成果。

下面列举一个计算机辅助孔型设计的最简单例子。用BASIC语言编制孔型设计程序，并运用IBM-PC/XT微机，该系统可在平均延伸系数 $\overline{\mu}$ 的规定范围内用计算机进行多方案孔型设计，结合人工修正，得到合理的孔型，程序框图如图6-2-78所示。

输入的数据有基本数据和工艺参数两类，包括坯料及成品的几何尺寸及钢种，轧机型式及轧辊尺寸、轧制速度等。

孔型设计计算包括确定轧制道次，计算成品孔型尺寸，确定延伸孔型尺寸。

由于宽展影响因素复杂，先按理想孔型充满度来确定宽展，然后用人工修正系统根据经验对孔型进行修正以得到较好的孔型。

国内已建立了适合我国中小型企业和IBM-PC/XT、AT及其兼容机为主的CAD系统，以实现孔型设计、绘图的自动化。

微机CAD工作站硬件配置如图 6-2-79 所示。人们开发了孔型设计-绘图专用软件，以AUTOCAD为图形支撑软件，通过自编的接口程序与高级语言联接，设计计算及优化由FORTRAN语言和BASIC语言编写，形成了孔型图形库、绘图程序及FORTRAN和BASIC语言计算库组成的孔型设计CAD系统。

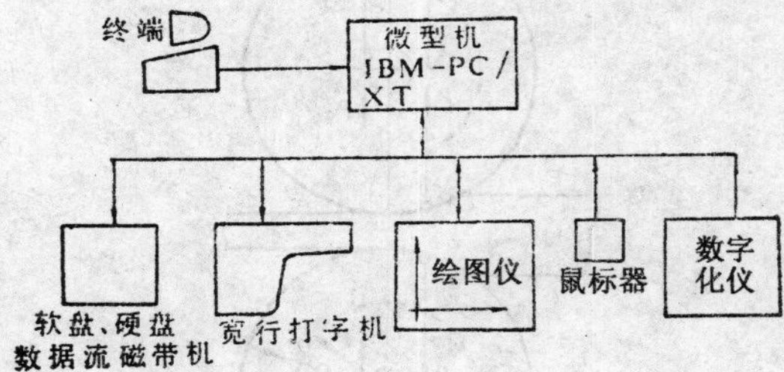

图 6-2-79　CAD硬件系统配置

CAD系统在输入原始资料的基础上，对孔型系的选择、孔型参数计算等都用优化方法进行，而设计方法是采用模拟结构。此外，该程序具有极强的图形编辑功能，在程序计算完毕后，转入AUTOCAD环境下显示、编辑和查询。设计人员可直接通过屏幕对计算生成的图形、数字、文字进行局部或全面修改，可按设计人员的经验直接对图形进行人工优化。最后，还可将图形放大、缩小、移动、擦除、对称考贝、变换线形、倒圆等，操作简便，极适工程应用。

CAD系统的进一步发展是与数控车床相联车削轧辊孔型、轧槽，构成CAD-CAM系统。

二、轧机及轧机自动化

（一）轧机类型及辊系受力分析

1．轧机类型

从轧辊数目来分，有二辊、三辊、四辊及多辊轧机。从轧制运动学分，有纵轧、斜轧、横轧。从轧件运动情况分，有可逆式、非可逆式、串列式、连轧各种机组。轧制稀有金属的轧机需要有更高的刚度和能力。

2. 辊系受力分析

简单的二辊轧制，理想情况下受力，其合力P上下相等方向相反，并平行于两辊连心线。转动一个轧辊的力矩M_1为力P和力臂a的乘积（即$M_1=Pa$）。但实际上，辊径上有摩擦损耗所需的力矩，受力情况如图6-2-80所示。这时转动两个轧辊所需的力矩M为

$$M=2P(a+\rho) \qquad (6\text{-}2\text{-}117)$$

式中 ρ——摩擦圆半径。

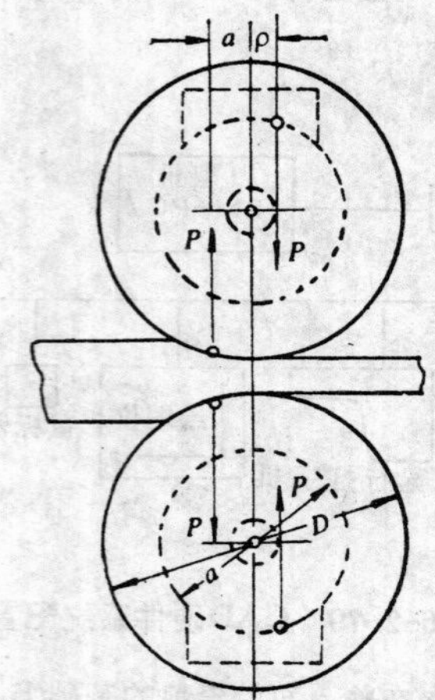

图 6-2-80 考虑轴承摩擦的辊系受力分析

轧辊弯曲和扭转应力的大小与直径的立方成反比。从强度考虑，轧辊直径应大些，但轧辊直径愈大，轧制力愈大，轧辊弹性压扁也愈严重。为解决这一矛盾，出现了具有支撑辊的四辊及多辊轧机及其它新式结构的轧机。

四辊轧机的受力情况因驱动工作辊还是支撑辊而异，图6-2-81所示为驱动工作辊的受力情况。工作辊要克服下列力矩：轧制力矩Pa，使支撑辊转动的力矩P_0a_0，工作辊轴承摩擦力矩$X\rho$。

$$M=Pa+P_0a_0+X\rho \qquad (6\text{-}2\text{-}118)$$

对工作辊来说，可不考虑由轧制力引起的弯曲应力。因由支撑辊承受了轧制力的基本负荷。但随着辊径的减小，工作辊要承受较大的扭转应力，辊

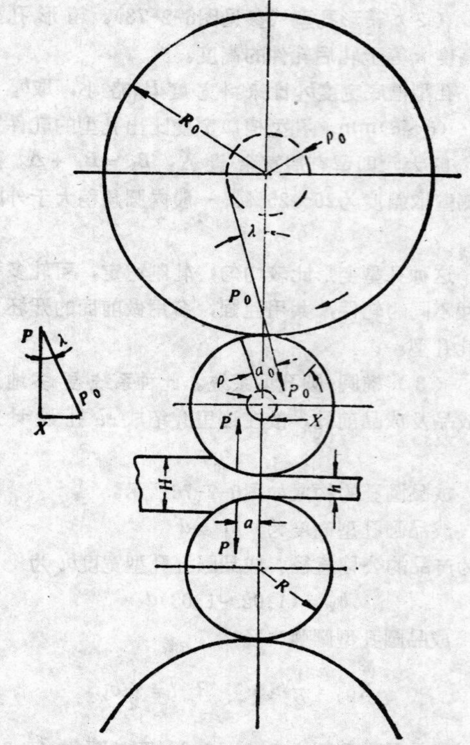

图 6-2-81 四辊轧机受力分析

颈成了轧辊的薄弱环节，必须进行校核。

其它类型辊系受力分析方法与此相同。

（二）轧机弹塑曲线及轧机的刚度

1. 轧制弹塑曲线

一般用弹塑曲线来表示轧件和轧机的相互作用。

（1）轧件的塑性曲线。影响轧制负荷的因素也将影响轧机的压下能力，也就影响了轧件轧制的厚度。表示这一关系的曲线就叫做塑性曲线，如图6-2-82曲线1所示。

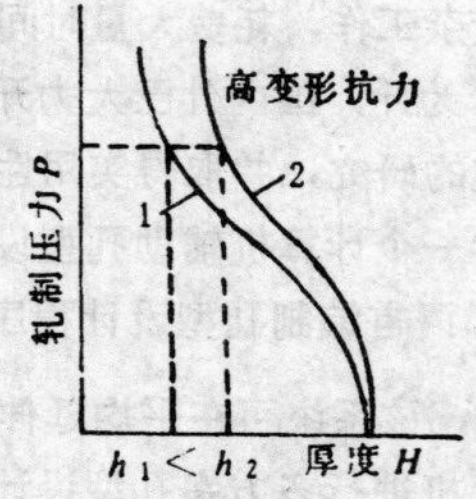

图 6-2-82 轧件塑性曲线和变形抗力的影响

1—塑性曲线；2—金属变形抗力较大的塑性曲线

用它可以表示各轧制影响因素对轧制的影响。如轧制的金属变形抗力较大（曲线2）时则曲线较陡。在同样轧制压力下，所轧成的轧件厚度要厚一些，即$h_2>h_1$。同样，轧件原始厚度越厚，压下量越大；轧件越薄压下量越小，当薄到一定程度，曲线将变得很陡。直到垂直时，此时在轧机上，无论再施多大压力，也不可能使轧件变薄，也就是达到“最小可轧厚度”的临界条件。至于其它一些因素的影响，都可用类似的曲线表示出来。

（2）轧机的弹性曲线。在轧制压力作用下轧辊产生弹性压扁和弯曲，构成了轧辊的弹性变形。如果用轧辊弹性变形与压力绘成图表，则近似地呈直线关系。同样，轧辊轴承及机架等在负荷作用下也要产生弹性变形，也可以作一条弹性曲线。

图6-2-83所示为小型四辊轧机的典型弹性曲线，可近似地视为直线。曲线的斜率对已知轧机则为常数，称为轧机的刚度系数，以K表示。刚度系数的物理意义是使轧机产生单位弹性变形所需施加的负载量。由于曲线下部有一弯曲段，直线已不相交于坐标原点，而相交于S_0处．如图6-2-84所示。

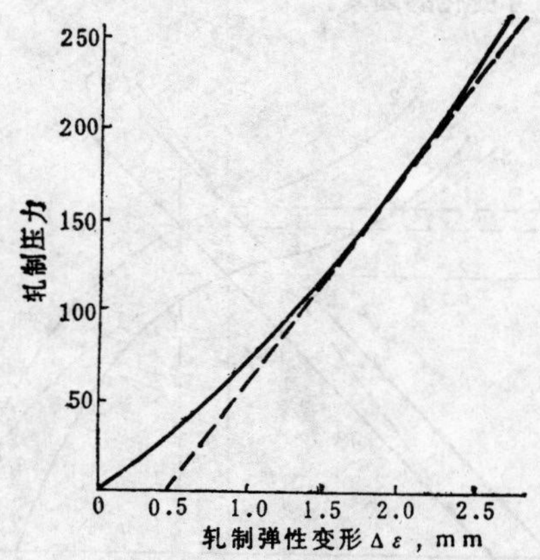

图 6-2-83 小型四辊轧机弹性曲线

此时，

$$轧机变形=S_0+P/K \qquad (6\text{-}2\text{-}119)$$

如果把轧机的辊缝也考虑进去，那么曲线将不由零开始（如图6-2-85）。根据这根曲线，可直接读出在一定辊缝S和一定负荷P下所能轧出的轧件厚度h为

$$h=S+S_0+P/K=S+P/K \qquad (6\text{-}2\text{-}120)$$

式中 S_0——表示弹性曲线弯曲段的辊缝值；

K——轧机刚度系数，可实测或通过轧辊和

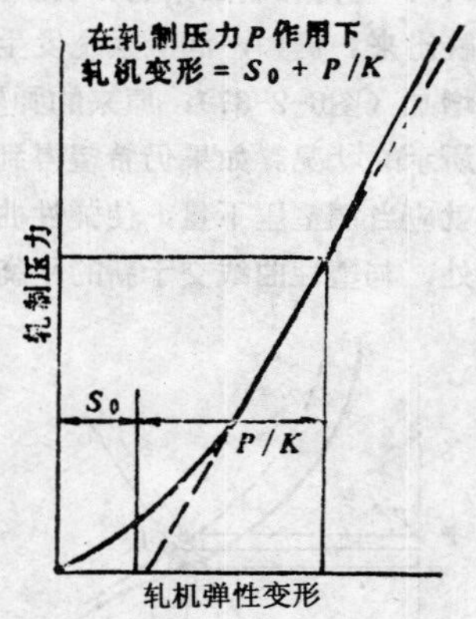

图 6-2-84 由刚度系数计算弹性变形

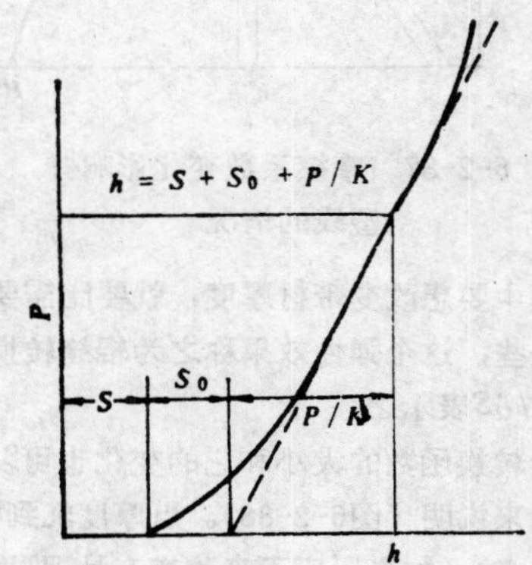

图 6-2-85 轧件尺寸在弹性曲线上的表示

机架的刚度系数K_1和K_2来计算

$$\frac{1}{K}=\frac{1}{K_1}+\frac{1}{K_2} \qquad (6\text{-}2\text{-}121)$$

（3）轧制时的弹塑性曲线。把塑性曲线与弹性曲线画在同一个图上，称为轧制时的弹塑性曲线

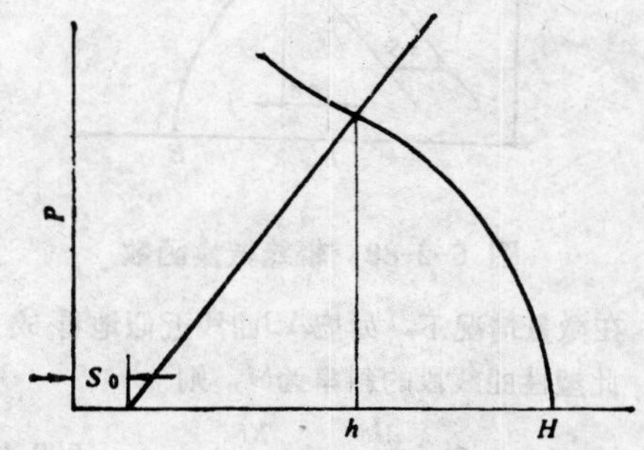

图 6-2-86 轧制弹塑曲线

（图6-2-86）。任何轧制因素的影响，都可用弹塑性曲线反映出来。例如，润滑系统发生故障，致使摩擦系数增加（图6-2-87），原来的弹塑性曲线将变为虚线所示的状况。如果仍希望得到规定的产品厚度h，就应当调整压下量，使弹性曲线将平行左移至链线处，与塑性曲线交于新的平衡点。

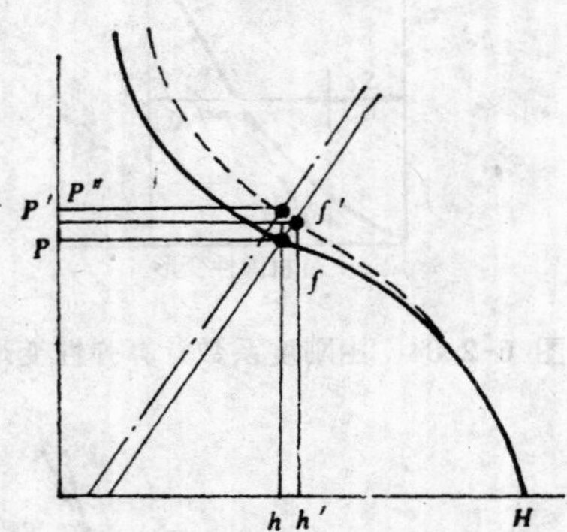

图 6-2-87 摩擦系数变化影响弹塑线的情况

轧制中要想改变带材厚度，就要比需要的厚度多压下一些，这个弹性效果称之为辊缝转换函数，以$\Theta=\partial h/\partial S$表示之。

辊缝转换函数的大小和它的变化也可以借助弹塑性曲线来说明（图6-2-88）。当厚度轧到h，需压力P（A点），如果以压下来改变产品厚度，当压下一个∂S距离时，此时弹性曲线与塑性曲线交于B点。而负荷由A至B增加∂P。

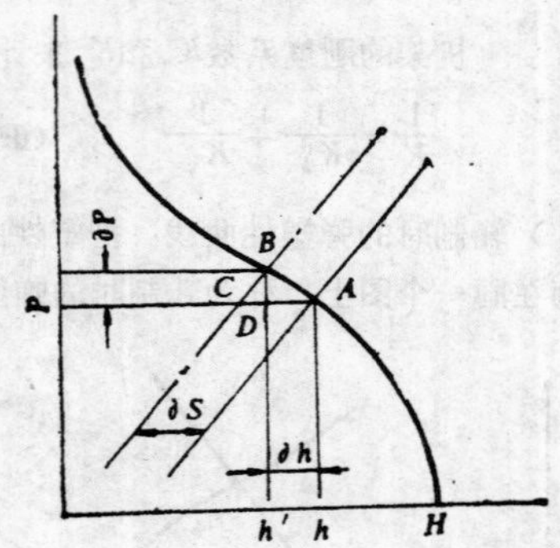

图 6-2-88 辊缝转换函数

在微量情况下，如把AB曲线近似地看成直线段，此塑性曲线段的斜率为M，则

$$\Theta=\frac{\partial h}{\partial S}=\frac{K}{K+M} \qquad (6\text{-}2\text{-}122)$$

如Θ为1/5，则表示压下调整距离∂S应为所需变更厚度∂h的5倍。对于厚而软的轧件，压下移动较少就可调整尺寸偏差。换言之，此时辊缝转换函数$\Theta\approx1$。当轧制薄而硬的轧件，压下调整必须有相当的量才能校正尺寸变化的偏差，当到一定值，如何调整压下螺丝，轧件也不能再受压下，此时$\Theta\to0$。

（4）轧制弹塑性曲线的实际意义为：

1）通过弹塑性曲线可以分析轧制过程中造成厚差的各种原因。如来料厚度不同，材质差异，张力变化，摩擦条件改变及温度波动等都会使所需压力P变化，因而影响了产品厚度。

2）通过对弹塑性曲线分析可以说明轧制过程中的调整原则。如图6-2-89，在同一轧机上，当来料厚为H_1时，在辊缝S_1轧制力P_1下可得到h_1厚成品；当来料厚变为H_2时，必须将辊缝S_1调整到S_2，提高轧制力为P_3，才能保持h_1厚的成品。在连轧或可逆带材轧机上还可通过增加张力使曲线2变成3的形状，保持轧制力不变而得到h_1厚度。以上看出，可通过调整压下螺丝和张力的办法，消除影响轧件尺寸变化的因素。

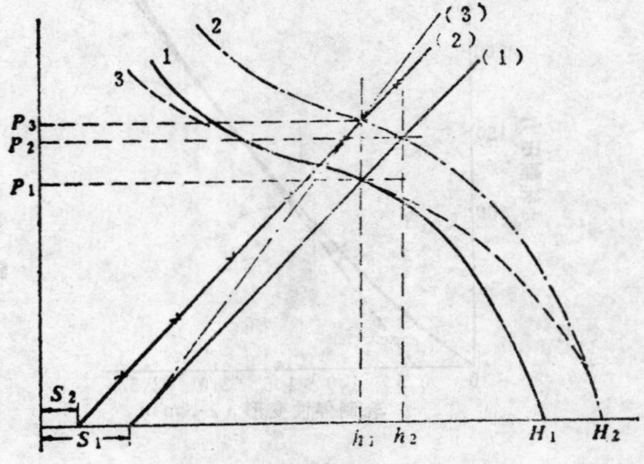

图 6-2-89 轧机调整原则图示

1—料厚H_1、辊缝S_1、轧制力为P_1时的轧件塑性曲线；2—料厚H_2、辊缝S_1、轧制力为P_2时的轧件塑性曲线；3—料厚H_2、辊缝S_2、轧制力为P_3时的轧件塑性曲线；（1）—辊缝S_1、轧制力为P_1时的机架弹跳曲线；（2）—辊缝S_2、轧制力为P_3时的机架弹跳曲线；（3）—辊缝S_1、轧制力为P_3时的机架弹跳曲线

此外，利用弹塑性曲线还可寻求新的调整途径。例如液压新型轧机，可利用改变轧机刚度系数

的方法，以保持恒压力或恒辊缝。曲线3即为改变轧机刚度系数K为K'，以保持轧后产品厚度不变。

3）弹塑性曲线给出了厚度自动控制的基础。根据$h=S+P/K$，调整压下螺丝以改变S和P/K之值，直到要求之厚度值为止。最早的厚度自动控制（亦称AGC）就是根据这一原理设计的。

2．轧机刚度

（1）轧机刚性系数的理论计算。四辊轧机工作机架的弹性变形由以下6部分组成（见图6-2-90）：1）机架的变形f_1；2）压下装置的变形f_2；

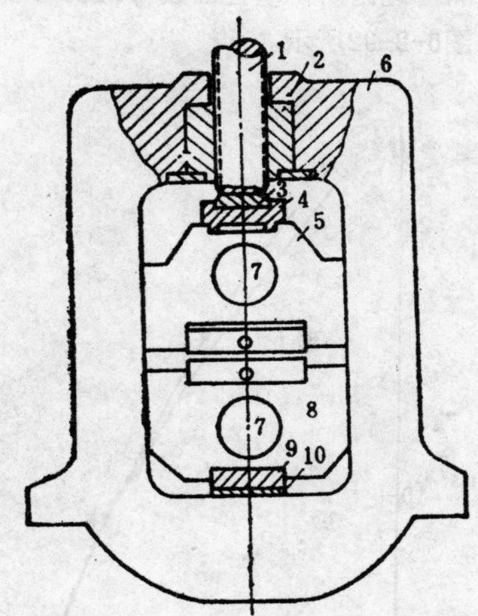

图 6-2-90 轧机结构示意图

1—压下螺杆；2—压下螺母；3—球面垫；4—安全臼；5—上轴承座；6—机架；7—轴承；8—下轴承座；9—锁板；10—垫板

3）辊系的变形f_3；4）轧辊轴承的变形f_4；5）轴承座的变形f_5；6）垫板等的变形f_6。轧机在垂直方向上的总弹性变形等于上述各部分变形之和，即

$$f=f_1+f_2+f_3+f_4+f_5+f_6 \qquad (6\text{-}2\text{-}123)$$

f_1到f_6的计算方法，可参照有关材料力学书籍及有关资料。

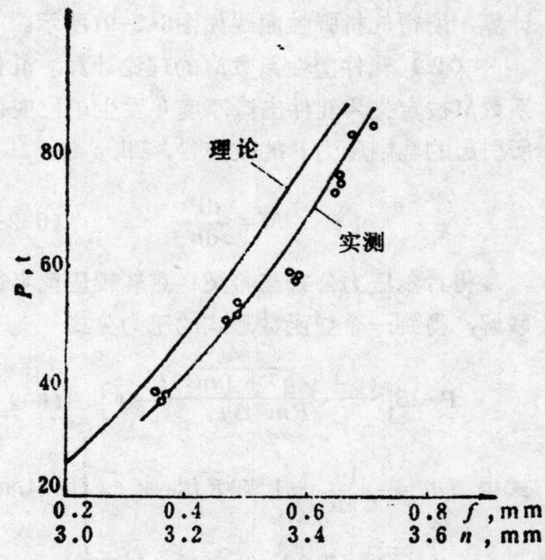

图 6-2-91 轧机弹性曲线

曾采用BASIC语言在TRS—80微机上对$\phi165/\phi400\times350$mm轧机各部变形进行过计算，其结果见表6-2-32。表6-2-33为该轧机变形实测值与计算值比较。

表 6-2-32 $\phi165/\phi400\times350$mm计算结果

轧制压力，t	30	40	50	60	70	80	%
机架变形f_1，mm	0.026	0.034	0.043	0.051	0.060	0.068	10.9
压下装置变形f_2，mm	0.024	0.[illegible]3	0.041	0.049	0.057	0.065	10.3
辊系变形f_3，mm	0.123	0.162	0.200	0.237	0.274	0.310	50.9
轴承及座变形f_4，mm	0.032	0.042	0.052	0.062	0.072	0.081	13.3
垫板等变形f_5，mm	0.034	0.046	0.057	0.068	0.080	0.091	14.6
总变形量f，mm	0.239	0.317	0.393	0.467	0.053	0.615	100

表 6-2-33 机架变形的实测值与计算值比较

轧制压力，t	37.56	38.58	54.58	58.44	75.42	76.85
实测值，mm	0.029	0	0.042	0.044	0.058	0.065
计算值，mm	0.032	0.033	0.047	0.050	0.065	0.066

由轧机刚性系数的定义式

$$K=\frac{dP}{df} \qquad (6\text{-}2\text{-}124)$$

可知，轧机刚性系数等于轧机各部件刚性系数的倒数之和的倒数，即

$$K=\frac{1}{\frac{df_1}{dP}+\frac{df_2}{dP}+\frac{df_3}{dP}+\frac{df_4}{dP}+\frac{df_5}{dP}+\frac{df_6}{dP}} \qquad (6\text{-}2\text{-}125)$$

对$\phi165/\phi400\times350$mm轧机进行了实测和理论计算，所得轧机弹性曲线如图6-2-91所示。

（2）轧件塑性系数M的理论计算。轧件塑性系数M被定义为轧件出口厚度h发生单位变化时，所引起的轧制压力P的改变量，即

$$M=\frac{dP}{dh} \qquad (6\text{-}2\text{-}126)$$

将希尔压力公式与希契科克轧辊压扁半径公式联解，得到一个显函数形式的压力公式

$$P=B\left[\frac{(n+\sqrt{n^2+4mC})^2}{4Rm^2\Delta h}-1\right] \qquad (6\text{-}2\text{-}127)$$

式中 $m=\frac{1}{C_0R}-1.79\overline{K}fn_q\sqrt{\varepsilon}/H$，t/mm³；

$n=\overline{K}n_q(1.08-1.02\varepsilon)$，t/mm³；

$C=\Delta h/C_0$，t/mm；

$C_0=\frac{16(1-\gamma^2)}{\pi E}$，mm²/t；

$n_q=1-\frac{\lambda q_n+(1-\lambda)q_H}{\overline{K}}$；

$\overline{K}$——平均平面变形抗力，t/mm²；

f——摩擦系数；

H——入口厚度，mm；

ε——道次压下率，%；

B——轧件宽度，mm；

R——轧辊半径，mm。

假定式6-2-125中P仅仅是h的函数，其它因子在同一道次中均视为常量，则有

$$M=\frac{dP}{dh}=\frac{Bm_1}{4Rm^3\Delta h^2}\left\{\frac{m\Delta h}{C_0(a_1-n)}[2C(1.02C_0\times mb_1+1.79\sqrt{\varepsilon}fb-2m)-a_1(a_1-n)]-a_1C(1.79\sqrt{\varepsilon}fb_1-m)\right\}+\frac{B_0}{C_0} \qquad (6\text{-}2\text{-}128)$$

式中 $a_1=n+\sqrt{n^2+4mC}$；

$$b_1=\frac{\overline{K}n_q}{H}$$

式6-2-126即为轧件塑性系数M的解析式。

实测与理论所得塑性曲线（$\phi165/\phi400\times350$轧机）如图6-2-92所示。

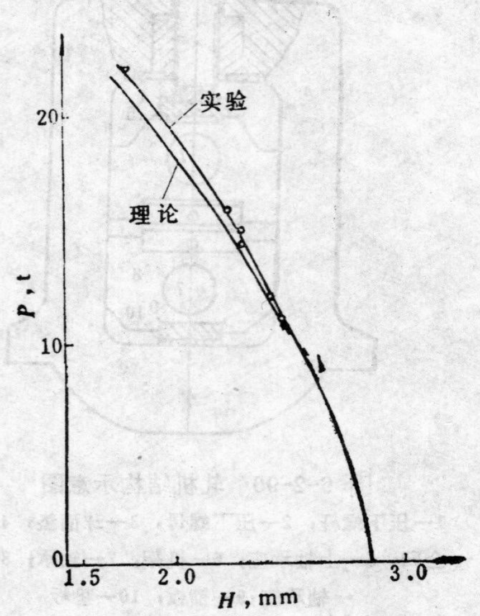

图 6-2-92 轧件塑性曲线

上面轧机强度及刚度计算不仅能找到设备强度、刚度校核的方法，而且成为进行设备参数选择、设备优化及改革的依据。

例如，板带用的HC轧机即为采用中间辊横移来增加辊系刚度；型材轧制用的紧凑轧机，把孔型轧制改为在平辊上轧制，可使轧辊长度大为缩短，从而增加了辊系刚度。

（三）轧机连续化及连轧特点

除紧凑化外轧机趋向连续化，不仅板带而且型线材也开始使用连轧机，它具有更多的优点。

1. 连轧的特点

连轧机各机架顺序排列，轧件同时通过各机架轧制，各机架通过轧件相互联系。

连轧时，轧件在轧制线上每一机架的秒流量维持不变，即

$$B_1h_1\nu_1=B_2h_2\nu_2=\cdots\cdots=B_nh_n\nu_n$$
$$=Bh\nu=\nu=C=\text{常数} \quad (6\text{-}2\text{-}129)$$

式中B、h、ν分别为轧件的宽度、厚度和水平速度，下角注表示轧线上任一横断面；V为秒流量体积。

式6-2-127这个条件一破坏就会造成拉料或堆料，从而破坏了变形的平衡状态，引起事故。

从轧制运动学看，前一机架的轧件出辊速度必须等于后一机架的人辊速度（即$\nu_{hi}=\nu_{hi+1}$）。并且前机架的前张力等于后机架的后张力（即q＝常数）。q为机架间张力，其值可为正、负或零，即有张力或推力；无张力也无推力。

上述的$V=C$、$\nu_{hi}=\nu_{hi+1}$、q＝常数三式即为连轧过程处于平衡状态下的基本方程式。应注意的是，当有外扰或调节量变动时，从一平衡状态过渡到新的平衡状态后，参数变化的规律及其大小和过渡时期的动态特性也随之变化。

2．连轧张力

当前后两机架有连差产生时，则平衡破坏产生张力q，张力是不稳定而逐渐增加的。随着张力的增加，前滑发生变化，使张力增加变缓，这样，直到某一时间，轧制过程又在一定张力条件下达到新的平衡，这种作用称为“张力自动调节作用”（图6-2-93）。但这种“调节”作用是有条件的，即q_0应小于σ_s。新的平衡仍应保持秒流量体积恒等和前后机架间没有速差。

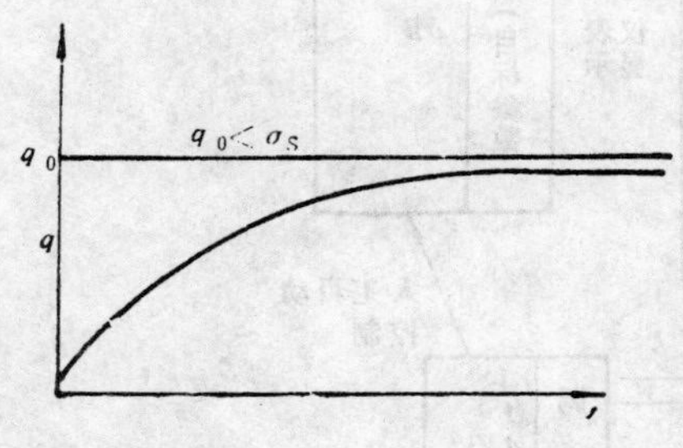

图 6-2-93 张力动态曲线

张力使各参数沿各机架互相影响，而且在各机架之间传递能量，当$q=0$时，连轧各机架都可看成单机架轧机。

3．连轧的综合特性

对由一平衡状态至另一新的平衡状态以及过渡过程的特性要进行研究，其研究方法不外乎数学模拟及物理模拟两种。

数学模拟又分为用数字计算机模拟和用模拟计算机模拟的方法。物理模拟就是在线识别方法，在此不作介绍了。数字计算机模拟连轧综合特性一般有两种解析方法，即影响系数法和直接计算法，前者如下。

根据体积不变条件，如果在速度和厚度上有微小变化并达到新的平衡，则

$$(\nu_1+\Delta\nu_1)(h_1+\Delta h_1)=(\nu_2+\Delta\nu_2)(h_2+\Delta h_2)$$
$$=\cdots\cdots=\frac{V+\Delta V}{B} \quad (6\text{-}2\text{-}130)$$

对于微小的变量，上式可写成

$$\left(\frac{\Delta\nu_1}{\nu_1}+\frac{\Delta h_1}{h_1}\right)=\left(\frac{\Delta\nu_2}{\nu_2}+\frac{\Delta h_2}{h_2}\right)=\cdots\cdots=\frac{\Delta V}{V} \quad (6\text{-}2\text{-}131)$$

上式称作流量方程式。

由上式来说明任何参量变化都将使秒流量发生波动。将厚度和速度的变化与压力、力矩，前滑等物理量联系起来，组成若干组方程以对一些未知量求解。

通常设具有n机座的冷轧机的未知量是：

（1）各机架轧出厚度的n个变量：δh_1，δh_2，……δh_n。

（2）n机架之间的$n-1$个中间张力变量：δq_{12}、δq_{23}……$\delta q_{(n-1)n}$。

（3）产品轧出速度的变化$\delta\nu_n$。

将这些函数式用泰勒级数展开，并取其一次项，使方程式线型化。

根据弹性方程

$$h=S+\frac{P}{K} \quad (6\text{-}2\text{-}132)$$

可知轧件出口厚度为轧制压力的函数，此式的增量形式为

$$\delta h=\delta S+\frac{\delta P}{K} \quad (6\text{-}2\text{-}133)$$

而轧制压力又为一系列因素的函数，在冷轧条件下，其增量形式为

$$\delta P=\frac{\partial P}{\partial h}\delta h+\frac{\partial P}{\partial H}\delta H+\frac{\partial P}{\partial q_H}\delta q_H+\frac{\partial P}{\partial q_h}\delta q_h \quad (6\text{-}2\text{-}134)$$

代人式6-2-131，移项整理得

$$\left(K-\frac{\partial P}{\partial h}\right)\delta h=K\delta S+\frac{\partial P}{\partial H}\delta H+\frac{\partial P}{\partial q_{\mathrm{H}}}\delta q_{\mathrm{H}}+\frac{\partial P}{\partial q_{\mathrm{h}}}\delta q_{\mathrm{h}} \quad (6\text{-}2\text{-}135)$$

对于n机座上述方程可有n个。

用上面导出厚度增量方程的同样方法，可以导出速度增量方程，轧制速度可通过下式与轧制力矩、前滑等参数联系起来

$$v_{\mathrm{h}}=v(1+S_{\mathrm{h}})=v_0(1+zM)(1+S_{\mathrm{h}}) \quad (6\text{-}2\text{-}136)$$

式中 v_{h}——轧机出口速度；

v——轧辊速度；

v_0——轧辊空转速度；

z——电机刚性系数；

M——轧制力矩；

S_{h}——前滑。

用上面同样处理方法，对n机座可建立n个速度增量方程，包括上面n个方程共$2n$个方程，这样$2n$个未知数在$2n$个方程条件下就可求解了。求出这些参量之间变化的内在联系，及其对厚度、张力等的影响程度，最后以影响系数表示出来。

除上面的$2n$个方程外，还有引进n个功率增量方程者由

$$N=M_{\omega}=\frac{2\pi n}{60}M$$微分得

$$\frac{\delta_N}{N}=\frac{\delta_n}{n}+\frac{\delta_M}{M} \quad (6\text{-}2\text{-}137)$$

式中 N——轧制功率；

n——转数；

M——轧制力矩。

此外，尚有把板型等因素考虑进去以扩大参数研究范围，但计算更复杂。

实际上，从一平衡状态到新的平衡状态的过渡过程是需要一定时间的，特别是在穿带及加、减速过程长达10s以上时，这一区间的特性对产品精度的影响是不能忽略的。此外，轧机调整，也需要一定时间，因此必须引入时间的概念对动态特性加以研究；同时，轧机转动惯性的影响，油膜轴承、油膜厚度因速度而变化以及摩擦系数的变化等也都需要考虑。对过渡过程的分析，应用上述类似的分析方法即可。

连轧与单轧最主要不同之点为前者各机架之相互联系及相互影响，用影响系数法即可对其进行分析。至于工艺制订、参数计算、设备的设计、计算、校核都可用前面介绍的方法。

（四）轧机自动化

这里仅介绍广泛使用的厚度自动控制。

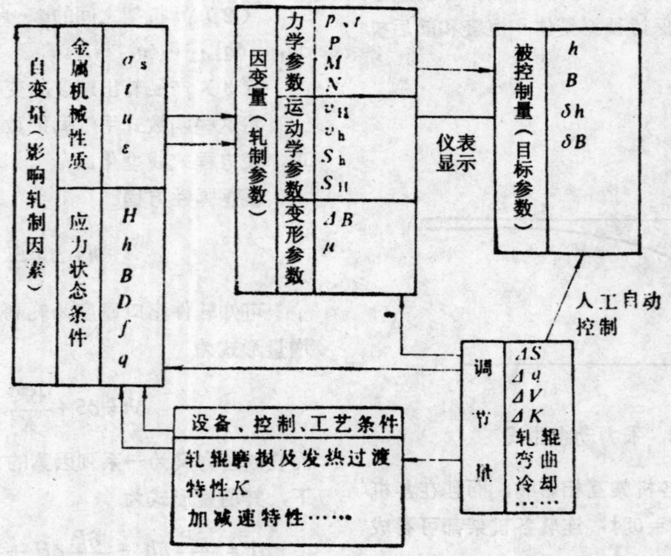

图 6-2-94 影响厚度因素及其调整原则

表 6-2-34 典型过程外扰

外扰	最大幅度	波形
轧件原始厚度（焊缝）	±8%	
轧件原始厚度（头、尾）	±4%	
轧件表面原始粗糙度	—	
产品尺寸（设定误差）	±3%	
机架间张力（设定误差）	±30%	
摩擦系数	±20%	
屈服应力（硬度）	±10%	
轧件退火后原始厚度	±10%	
压下位置（只隙游移）	0.0127mm	
压下位置（支辊偏心）	±0.05mm	
压下位置（液压速度效应）	±0.25mm	
压下位置（热涨等）	+0.5mm	时间
马达速度误差	±2%	时间
参数变化（轧机模数等）		
仪表误差		
来料凸起部	±50%	

1. 厚差的形成

当轧制过程参数变化时，影响轧件产品尺寸变化，可通过调整压下和张力来消除。

轧制因素、轧制设备工艺特征和产品质量间的关系以及轧制调整原则如图6-2-94所示。由图看出，在轧制过程中一些轧制因素变化比较缓慢，可以近似地认为不变；另外一些因素则呈现经常的不规则的变化，虽然有时有一定规律可循，但基

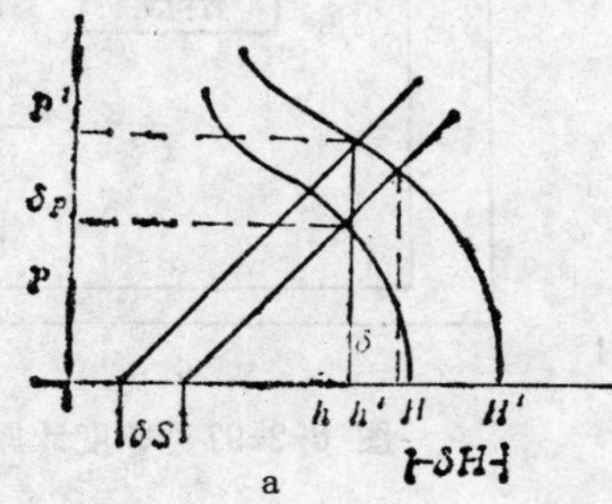

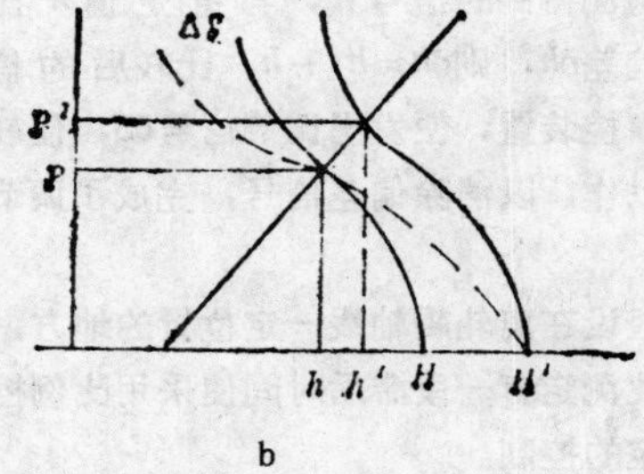

图 6-2-95 板厚调整原理

a—调整压下；b—调整张力

本上是随机性质的，这就是厚差形成原因及调整原则。典型的外扰源（影响厚差因素）及外扰的特性如表6-2-34所示。

2．厚差调整原理

板带轧制的板厚控制基本为调整压下及调整张力两种方法，图6-2-95 a、b分别说明它们的调整原理。

由式6-2-133知辊缝的调整为：

$$\delta h=\frac{1}{K-\dfrac{\partial P}{\partial h}}(K\delta S)$$

令$\dfrac{-\partial P}{\partial h}=M$为塑性系数，则：

$$\frac{\partial h}{\partial S}=\frac{K}{K+M} \qquad (6\text{-}2\text{-}138)$$

上式即为压下厚控方程，它表明，如果要消除厚差δh就需要调节辊缝量δS。同样，张力控制方程为：

$$\frac{\partial h}{\partial Q}=\frac{\dfrac{\partial P}{\partial Q}}{K+M} \qquad (6\text{-}2\text{-}139)$$

速度调整方程为：

$$\frac{\partial h}{\partial v}=\frac{\dfrac{\partial P}{\partial v}}{K+M} \qquad (6\text{-}2\text{-}140)$$

由上面公式可知，轧机刚性系数K越大，塑性系数M越小，辊缝变化对厚差影响大，而调整有效；相反，则调整张力效果好。一般来说，张力厚控用于薄件，压下厚控用于厚件。对于连轧来说，粗调多用压下厚控，而精轧（最后机架）则多用张力厚控。

3．厚控方案及厚控方程

（1）压下厚控。压下厚控有以下几种方式：

1）测厚仪式厚控。其原理图如图6-2-96所示。由测厚仪检测得到的信号h，与给定值h^*比较，如有厚度偏差δh，则$\delta h=h^*-h$，比较后的信号送人到自动厚控装置，便发出调节信号δS，使轧机的压下机构动作，以消除偏差信号，完成了调节的功能。

测厚仪一般设在离轧辊轴线一定位置的地方，这样，厚度变化测定有一段滞后时间使采用比例控制很难进行稳定的控制。

为了改善控制系统的稳定性，可用采样控制。但这种控制方式对厚度的突然变化难以修正，想得到高精度的厚控是不容易的。

2）厚度计式厚控。所谓厚度计式厚控即用辊缝仪测出S，用测压仪测出轧制压力P，再用弹性方程6-2-130求得h，是一种无滞后时间的间接测厚方法。将$h=h^*+\delta h$代人方程得出

$$\delta h=\frac{P}{K}+S-h^* \qquad (6\text{-}2\text{-}141)$$

将上述值分别变换为电量后相加，并通过压下机构调整使输出值为零就能够使厚度偏差达到零。其原理图如图6-2-97所示。

通常由于辊缝零位S无法精确得知，都是把在某一预压力P_0时之辊缝S_0作为基准值。此时，上式成为：

$$\delta h=\frac{P-P_0}{K}+S_0-h^* \qquad (6\text{-}2\text{-}142)$$

这种方法的测厚精度不高，但有可能进行快速反应控制，因此得到广泛应用。

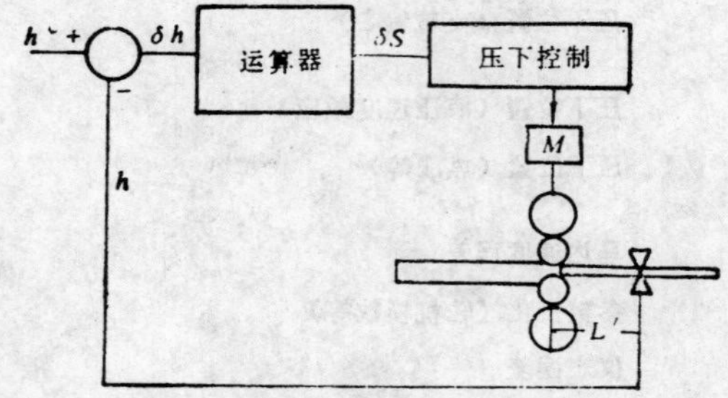

图 6-2-96 测厚仪式厚控原理图

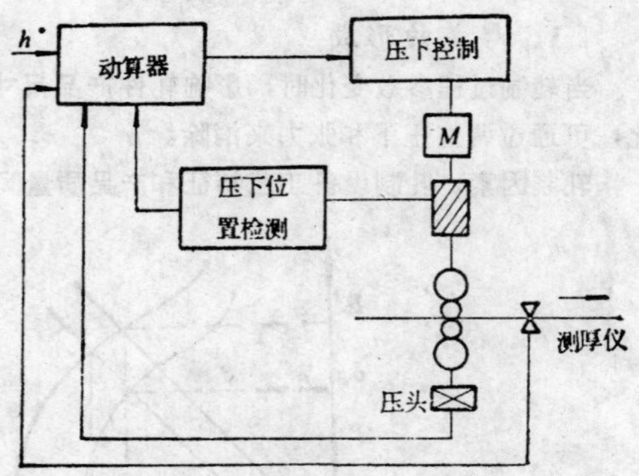

图 6-2-97 厚度计厚控系统

3）厚度计-测厚仪式厚控系统。这种系统是在克服上面厚控系统的缺点而设计的，它的原理为

$$\delta h=h^{*}-\frac{P-P_{0}}{K}-S_{0}-\delta h' \quad (6\text{-}2\text{-}143)$$

上式中$\delta h'$为测厚仪测出的偏差信号。

上面公式中的$\left(\frac{P-P_{0}}{K}+S_{0}\right)$代表实际厚度，而$(h^{*}-\delta h')$代表修正后的给定值，如果二者相同，则$\delta h$为零说明压下量是合适的，不必进行调整。如果给定值大于实测值，则δh为正，代表负偏差，即应使压下上升，反之则使压下下降。这种厚控系统框图如图6-2-98所示。

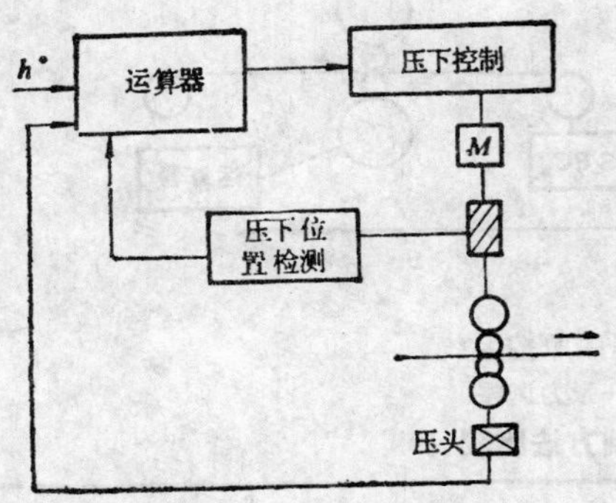

图 6-2-98 厚度计-测厚仪式厚控系统

如果再附加一些校正系统，上式就可写成：

$$\delta h=h^{*}-\frac{P-P_{0}}{K}-S_{0}-\delta h'-\Delta \quad (6\text{-}2\text{-}144)$$

式中Δ为补偿项，例如对油膜厚度的补偿等。

4）测厚仪式预控厚控系统。图6-2-99所示为测厚仪式预控厚控系统的原理图。

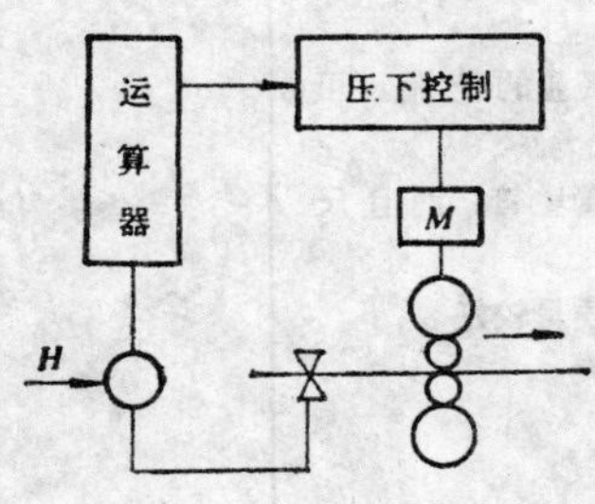

图 6-2-99 测厚仪式预控厚控系统

装置在入口侧的测厚仪测出入口厚差δH，根据

$$\delta S=\frac{\frac{-\partial P}{\partial H}}{K}\delta H \quad (6\text{-}2\text{-}145)$$

对压下进行调整。因为它是预检，故控制应考虑这一预检时间t_L''：

$$t_L''=\frac{L'}{v_H} \quad (6\text{-}2\text{-}146)$$

式中 L'——入口测厚仪至轧辊变形区的距离；

v_H——轧件入口速度。

上述系统的精度取决于使用公式的正确性。显然，这一厚控系统与前面厚控系统不同，输出量h不参予控制过程，因此是一个开环控制系统。一般它可作为预控校正系统，这时公式可写成式6-2-142形式。

（2）张力厚控。其原理如图6-2-100所示，即为反馈张力厚控和预控张力厚控系统原理图。其控制方程分别为：

$$\delta h=\frac{\frac{\partial P}{\partial Q}}{K+M}\delta Q \quad (6\text{-}2\text{-}147)$$

$$\delta Q=\frac{\frac{-\partial P}{\partial H}}{K}\delta H \quad (6\text{-}2\text{-}148)$$

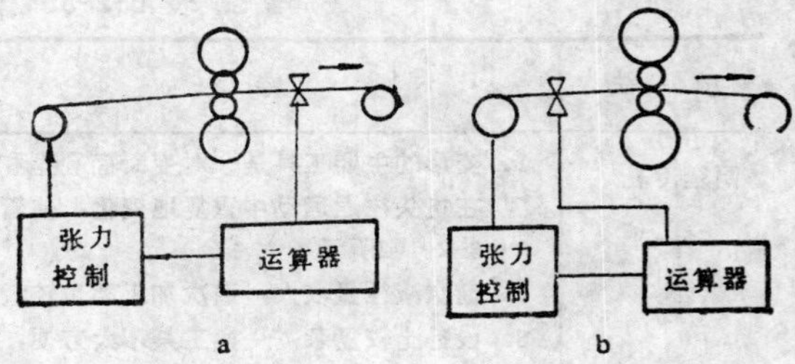

图 6-2-100 张力厚控系统

a—反馈系统；b—预控系统

用改变张力来控制厚度的方法，其反应快且易于稳定，一般采用积分控制方式。即将厚度偏差量对时间进行积分，并根据积分量来调整张力以控制厚度。

张力厚控较适于薄带轧制的情况，此时效果较大，张力控制时张力作为调整量就要在一定的范围内变化，一般可波动15～20%。常采用压下与张力混合控制方式。当张力达到一定限值时，就使用压下控制。

（3）程序厚度控制系统。在升速和降速过程中，由于摩擦系数f随速度变化而变化，使用液膜轴承时油膜随速度而变化，及头尾部失张，会引起产品厚度的变化。在这种情况下，就不能用上面的保持给定值不变的定值调节系统了。可以用实测和统计的方法找出其影响规律，建立起油膜厚度Δ和摩擦系数f随速度变化对厚度影响的关系式：

$$\Delta = f_1(\nu) \tag{6-2-149}$$

$$\delta h_f = f_2(\nu) \tag{6-2-150}$$

式中 Δ——油膜厚度变化；

δh_f——摩擦系数因速度变化对厚度的影响；

ν——轧制速度。

例如，为了求得$\Delta = f_1(\nu)$，可将轧辊压靠到一定程度P_0，然后转动轧辊并改变其速度，就可测出压力变化和速度的关系式$\delta P = f_3(\nu)$，然后根据轧机刚度系数K，推求出油膜厚度Δ与速度的关系：

$$\Delta = \delta P/K = f_1(\nu) \tag{6-2-151}$$

$$\delta P = P_V - P_0 \tag{6-2-152}$$

式中P_V为该轧制速度下测得的压力。

速度对摩擦的影响也可用统计的方法找出它的

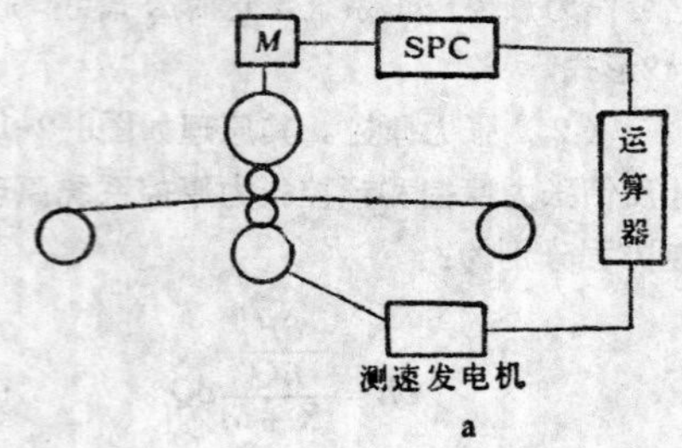

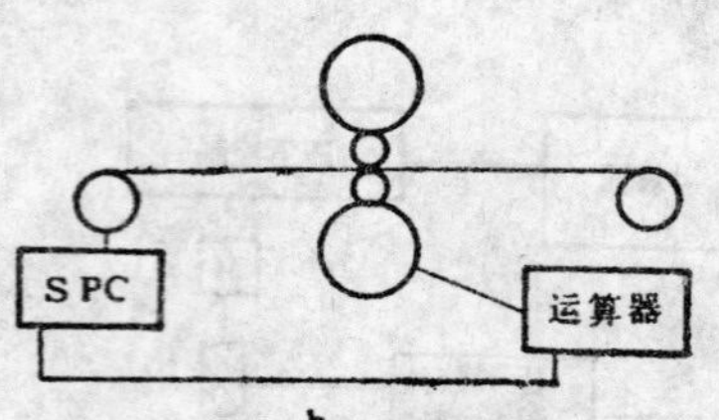

图 6-2-101 速度程序厚控系统

a—压下调整；b—张力调整

表 6-2-35 管材轧制方法比较

方法	特点	应用范围
两辊冷轧	1. 变形的主要工具是一对变断面孔型和锥形芯头，它们之间形成的间隙在机头往返运动中重复地变化，使管材直径减小，壁厚变薄，如图6-2-102所示 2. 道次减径量较大，道次加工率也较大，生产率高 3. 设备比较复杂，更换工具不太方便，工具制造比较复杂 4. 表面光洁度和尺寸精度较多辊轧制差一些	1. TA_1、TA_2、TA_3、TC_1 Ta、Nb、Ta-3Nb、Ta-20Nb的中间产品或成品轧制 2. Zr-2、Zr-4中间产品轧制
多辊冷轧	1. 变形的主要工具是三个或三个以上带有非变断面的孔槽的轧辊和圆柱形的芯头以及支持轧辊的滑道（轧板）。轧辊与芯头之间所形成的间隙，在机头往返运动的过程中，随滑道曲线的变化而变化，使管材直径减小，管壁变薄，如图6-2-103所示 2. 减径量小，减壁量大，可以达到比较大的减壁量与减径量的比值，可以改善Zr-2和Zr-4合金中氢化物的取向 3. 由于轧辊小，弹性变形比较小，可以轧制薄壁管和特薄壁管，而且尺寸精确(±0.02mm) 4. 变形比较均匀，有利于轧制难变形的金属，管材表面质量较好 5. 设备比较简单，工具制造和更换比较方便，灵活性较大 6. 道次变形量小，生产率比较低 7. 轧制厚壁管材时，变形不均匀特别明显	钽、铌、钛、锆、铪及其合金管材的中间产品轧制及成品管材轧制
多辊温轧	除多辊轧机的轧制特点外还有如下特点 1. 由于加热一定的温度，降低金属的变形抗力，提高塑性，可以轧制不易冷轧的合金 2. 由于加热装置的设置，使设备比较复杂	钨、钼及其合金，钛合金(TC10、811等）管材的中间产品和成品的轧制
两辊温轧	通常不外加热源，在轧制时不冷却，由变形热使轧件升温到200～300°C，其它特点同两辊冷轧	一般用于气体含量较高的纯钛管材生产

规律。

随速度变化可以根据所确定的规律用专门的速度程序控制回路来不断调整压下或调节张力，最后使其恒定（图6-2-101），这种系统也叫SPC。

控制方式的选用与工艺特性有着密切的关系。检测方式现在广泛采用的是厚度计式，为提高精度并附加出口测厚加以校正的方法。厚控系统主要为反馈系统。缺点为存在滞后现象。为克服这一缺点，可采用预控厚控系统，然而预控属于开环控制，它不能直接检查效果，易采用反馈和预控相结合的办法，以提高总的控制精度。从目标值的时间性质来讲，一般稳态轧制的自动厚控系统属于定值调节系统，这是最主要的AGC系统。

模拟式的厚控系统，误差较大，精度较差，因而多用数字式逻辑线路的厚控系统，而且更多用直接数字控制仪的厚控系统，即所谓DDC-AGC系统。

轧机自动化发展迅速，除局部环节的自控外，现在把轧制工程作为一个整体系统，进行过程控制。

三、管材轧制

（一）轧制方法

轧制法是生产稀有金属精密、薄壁管材的主要方法之一，常用方法有四种，其特点见表6-2-35。

两辊和多辊（按轧机结构分）冷轧管示意图，见图6-2-102和图6-2-103。

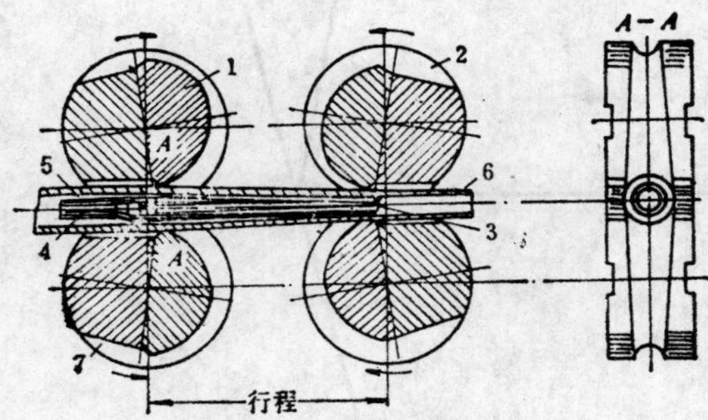

图 6-2-102 两辊轧机轧管示意图
1—孔型；2—送进区；3—芯头；4—芯杆；5—管坯；6—成品管材；7—回转区

（二）轧制力计算

1．二辊冷轧轧制力计算

（1）在某断面上金属对轧辊的总压力计算

$$P_\Sigma=\overline{p}F_\Sigma \qquad (6\text{-}2\text{-}153)$$

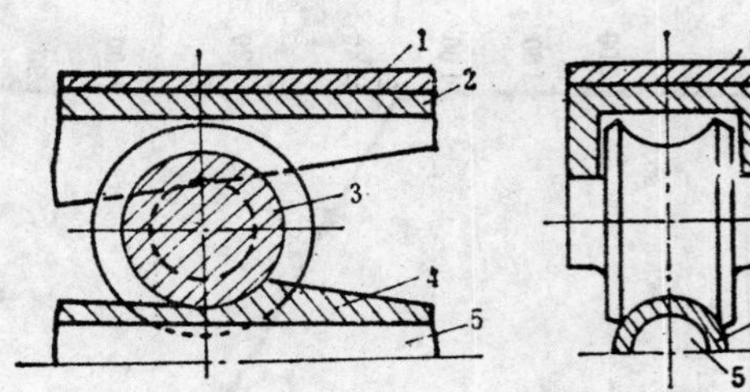

图 6-2-103 多辊轧机轧管示意图
1—调整斜铁；2—滑道（或称轧板）；3—轧辊；4—工作锥（轧制的管材）；5—芯棒

式中 P_Σ——金属对轧辊的全压力；

$\overline{p}$——金属对轧辊的平均单位压力，正、反行程的$\overline{p}$是不同的，

正行程时：

$$\overline{p}_z=\sigma_b\left[n_w+f\left(\frac{t_0}{t_x}-1\right)\times\frac{R_{xd}}{R_c}\times\frac{\sqrt{2R_x\cdot\Delta t_z}}{t_x}\right]$$

反行程时：

$$\overline{p}_f=1.15\,\sigma_b\left[n_w+(2\sim2.5)f\left(\frac{t_0}{t_x}-1\right)\times\frac{R_c}{R_{xd}}\times\frac{\sqrt{2R_{xd}\Delta t_f}}{t_x}\right]$$

F_Σ——金属与轧辊整个接触面上的水平投影，当考虑轧辊弹性压扁时：

$$F_\Sigma=1.41\eta B_x\sqrt{R_{xd}\Delta t}+3.9\times10^{-4}\times\sigma_b R_x\left(\frac{\pi}{4}R_o-\frac{2}{3}R_x\right)$$

n_w——考虑平均主应力影响的系数，取$n_w=1.02\sim1.08$；

f——金属与轧槽表面的摩擦系数；

t_x、t_o——计算断面上管材壁厚与管坯壁厚；

R_c——主动齿轮的节圆半径；

R_{xd}——计算断面上孔槽顶峰处的孔槽半径；

Δt_z、Δt_f——机架正、反行程时计算断面上的管壁压下量：

$$\Delta t_z=0.7\lambda_x m(\text{tg}\alpha-\text{tg}\beta)$$

$$\Delta t_f=0.3\lambda_x m(\text{tg}\alpha-\text{tg}\beta)$$

λ_x——从管坯到计算断面的延伸系数；

m——送料量；

α——计算断面间的轧槽半锥角；

β——芯棒的半锥角；

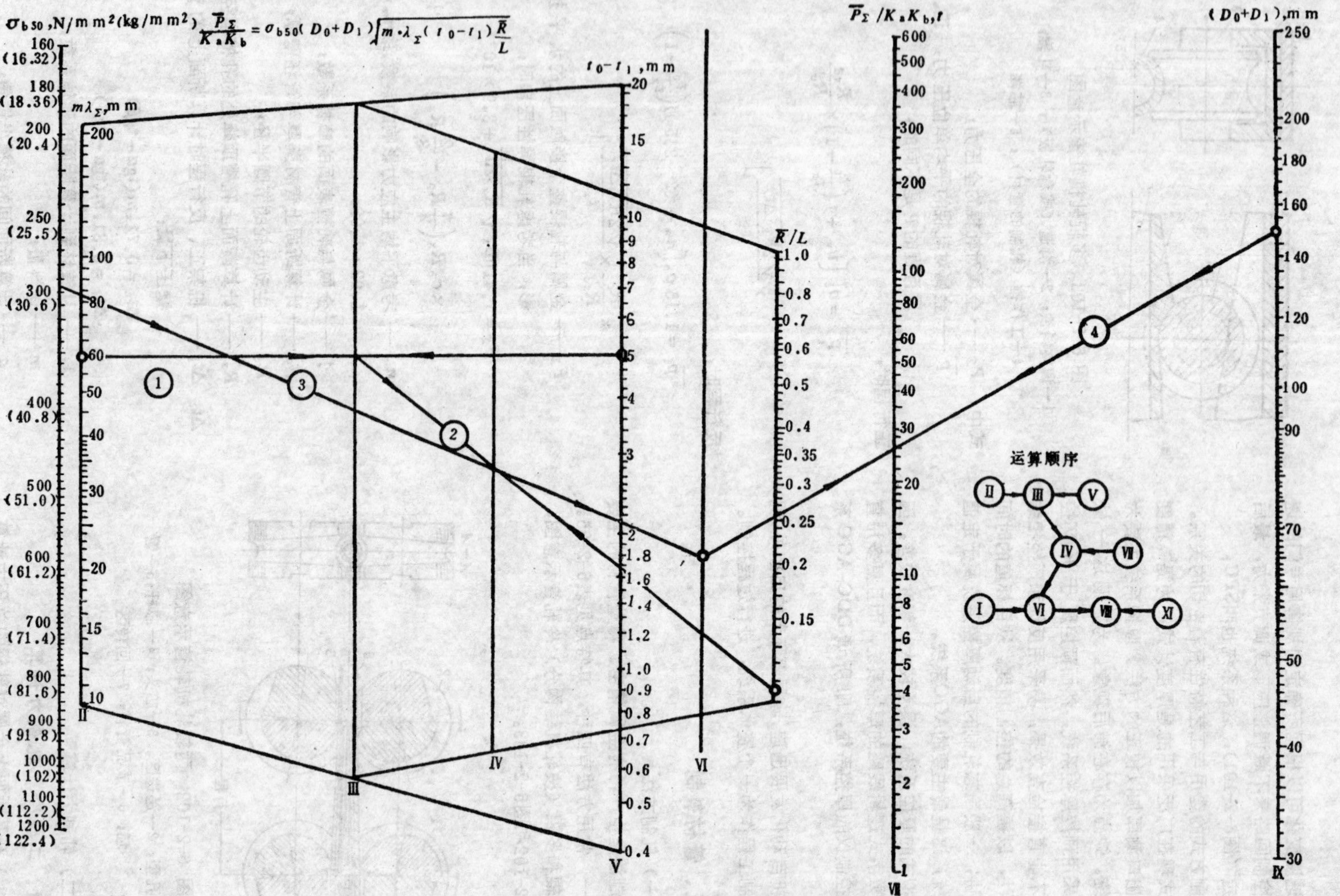

图 6-2-104 确定金属对轧辊总压力的计算图

η——系数，$\eta=1.26\sim1.30$；

B_x——计算断面上的轧槽宽度；

Δt——计算断面上管壁压下量，正行程时用Δt_z，反行程时用Δt_f；

R_x——计算断面上工作锥半径；

R_o——轧辊半径；

σ_b——在该变形程度下被轧金属的抗拉强度。

（2）金属对轧辊的平均总压力计算

$$\overline{P_\Sigma}=K_a K_b \sigma_{b\,50}(D_0+D_1)\times\sqrt{m\lambda_\Sigma(t_0-t_1)\frac{\overline{R}}{L}} \qquad (6\text{-}2\text{-}154)$$

式中 K_a——与金属强度有关的系数，钛的$K_a=1.42$；

K_b——与芯头锥度和不均匀变形有关的系数，当$\mathrm{tg}\beta>0.02$时，$K_b=\sqrt{\frac{\mathrm{tg}\alpha}{0.02}}$；当$\mathrm{tg}\beta\leqslant0.02$时，$K_b=1$；

$\sigma_{b\,50}$——被轧金属冷变形50%的抗拉强度；

D_0、D_1、t_0、t_1——分别为坯料和成品管的外径和壁厚；

λ_Σ——总延伸系数；

$\overline{R}$——轧槽顶部的平均轧辊半径，$\overline{R}=R-0.5(R_0-R_1)$；

R——轧辊半径；

R_0——管坯的外半径；

R_1——轧后管材的外半径；

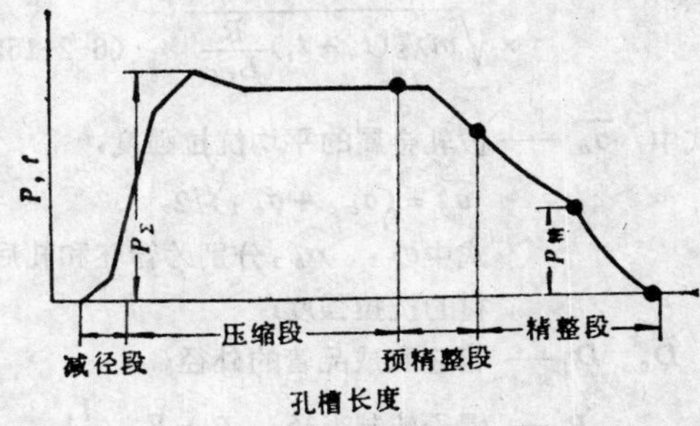

图 6-2-105 总压力沿孔型长度上的分布示意图

表 6-2-36 影响两辊轧机轧制力的因素

影响因素	影响情况
送进量m	送进量在2～10mm/次的范围内，总轧制力与送进量的关系为：$P_2=P_1=\sqrt{\frac{m_2}{m_1}}$。$P_1$、$P_2$分别是送进量为$m_1$、$m_2$时的总轧制力
延伸系数λ	延伸系数在2～8范围内，总轧制力与延伸系数的关系为：$P_2=P_1C\sqrt{\frac{\lambda_2}{\lambda_1}}$。$P_1$、$P_2$分别是延伸系数为$\lambda_1$、$\lambda_2$时的总轧制力，当成品管的壁厚为0.8～1.3mm时，$C=1$
金属的抗拉强度σ_b	总轧制力与被轧金属的抗拉强度成正比，即$P_2=P_1\frac{\sigma_{b2}}{\sigma_{b1}}$，$P_1$、$P_2$分别是轧制抗拉强度为$\sigma_{b1}$、$\sigma_{b2}$的金属时的总轧制力
管材直径D	被轧管材的直径与轧制力的关系近似于$P_2=P_1\frac{D_2}{D_1}$，P_1、P_2分别为轧制管材直径为D_1、D_2时的总轧制力
管壁压下量Δt	压下量Δt与总轧制力的关系近似于$P_2=P_1\sqrt{\frac{\Delta t_2}{\Delta t_1}}$，$P_1$、$P_2$分别为减壁量为$\Delta t_1$、$\Delta t_2$时的总轧制力
润滑条件	改善润滑条件，降低摩擦系数，能降低轧制力
工具形状	1.当$\frac{\overline{R}_{CO}}{L_p}$=常数时，而其它工艺条件相同，那么总轧制力不变 2.$\overline{P}_2=\overline{P}_1\sqrt{\frac{L_{P1}}{L_{P2}}}$，$\overline{P}_1$、$\overline{P}_2$分别是孔型工作段为$L_{P1}$、$L_{P2}$时的平均总轧制力 3.$\overline{P}_2=\overline{P}_1\sqrt{\frac{\overline{R}_{CO2}}{\overline{R}_{CO1}}}$，$\overline{P}_2$、$\overline{P}_1$分别是轧槽顶部轧辊平均半径为$\overline{R}_{CO1}$、$\overline{R}_{CO2}$时的平均总轧制力

L——孔槽变形段的长度（不包括定径带）。

该公式采用图解法计算很方便，见图6-2-104。求出$\overline{P_\Sigma}/K_a K_b$后，再根据$K_a$、$K_b$求出$\overline{P_\Sigma}$。

（3）总压力的分布。金属对轧辊的总压力，轧制时随所轧位置的不同而异，见图6-2-105。

（4）影响两辊轧制力的因素(见表6-2-36)。

2．多辊冷轧的轧制力计算

$$\overline{P_\Sigma}=K\overline{\sigma_b}(D_0+D_1)\times\sqrt{m\lambda_\Sigma(t_0-t_1)\frac{R}{L_{1d}}} \quad (6\text{-}2\text{-}155)$$

式中 $\overline{\sigma_b}$——被轧金属的平均抗拉强度，

$\overline{\sigma_b}=(\sigma_{b0}+\sigma_{b1})/2$，

式中σ_{b0}、σ_{b1}分别为管坯和轧后管材的抗拉强度；

D_0、D_1——管坯和成品管的外径；

R——辊子轧制半径，$R\approx R_1\dfrac{l_1}{l-l_1}$，式中$R_1$为辊子半径，$l$为摇杆总长，$l_1$为摇杆与辊架连杆连接点到摇杆轴的距离；

L_{1d}——压缩锥长度，$L_{1d}=l_H\dfrac{l_1}{l-l_1}$，$l_H$为滑道压缩段长度；

K——系数，$K=1.6\sim2.2$，正常轧制时取1.6，非正常轧制时取2.2；

m——送料量；

λ_Σ——总延伸系数。

该式也可采用图解法计算，但直接计算并不复杂。

（三）冷轧工艺参数的选择

1．变形程度

变形程度的大小依据合金的塑性而定，还必须考虑减径量与减壁量的比值对产品质量的影响。某些金属与合金的冷轧的允许变形程度见表6-2-37。

表 6-2-37 冷轧管材时某些金属所允许的变形程度

合金牌号	道次变形程度		两次退火间的总变形程度	
	加工率，%	延伸系数	加工率，%	延伸系数
Ta、Nb、Ta-3Nb	20～70	1.25～3.33	50～97	2.0～33.3
TA1、TA2	20～70	1.25～3.33	40～75	1.67～4.0
TA3	20～55	1.25～2.14	40～65	1.67～2.75
TC1、TC2	15～35	1.18～1.54	20～45	1.25～1.82
Zr、Zr-2、Zr-4	20～70	1.25～3.33	40～75	1.67～4.0
Hf①	<20	1.25	35	1.54

①Hf的变形程度是指轧制厚壁管时的情况。

2．轧制速度（工作机架的行程次数）

轧制速度依据合金牌号、采用的加工率和设备条件而定。塑性好、加工率小时，在设备条件允许下，可采用较高的轧制速度。也就是提高行程次数，可提高生产率，但会增加磨损、影响产品表面质量。实例见表6-2-38。

3．送进量

送进量的选择依据合金的塑性、加工率、设备负荷、工具形状及对管材表面质量的要求等，实例见表6-2-39。

（四）冷轧的工艺润滑与冷却

冷轧的工艺润滑剂与冷却剂见表6-2-40。

两辊轧机因轧制时变形量较大，如润滑不好，不仅造成表面质量不好，而且可能妨碍轧制过程的进行。表中所列润滑剂并不都理想，有待进一步探索。

（五）冷轧管材的缺陷及消除方法。

常见的缺陷及消除方法见表6-2-41。

（六）管材的温轧

对难以冷轧的稀有金属及其合金，轧制时对管坯连续进行在再结晶温度以下的加热轧制，习惯上称之为温轧。

温轧使用的设备是在冷轧管机的基础上改进，即将机头改成能加热的温轧机头，同时增加了加热装置和冷却系统。

温轧的主要工艺参数见表6-2-42和6-2-43。

表 6-2-38　冷轧管材时工作机架行程次数实例　　单位：次/min

轧机型号	轧制中间产品			轧制成品		
	TA1、TA2 TA3 Zr、Zr-2、Zr-4	TC1、TC2、Hf	Ta、Nb、Ta-3Nb、Ta-20Nb	TA1、TA2、TA3 Zr、Zr-2、Zr-4	TC1、TC2 TA_7、Hf	Ta、Nb、Ta-3Nb、Ta-20Nb
LD-120	80～110	50～80	—	80～100	50～60	—
LG-80	60～70	60～65	—	60～65	60～65	—
LD-60	50～100	50～80	50～90	50～80	50～60	50～70
LG-55	70～90	70～75	—	70～80	70～75	—
LG-30	80～100	80～90	80～90	80～90	80～90	80～90
LD-30	90～100	65～80	90～100	90～100	65～80	65～80
LD-15	80～110	60～90	80～110	80～100	60～80	80～90
LD-8	80～100	60～80	60～80	60～80	60～80	60～70

表 6-2-39　冷轧管材的送进量实例

轧机型号	TA1、TA2、TA3、Zr、Zr-2、Zr-4		TC1、TC2、Hf		Ta1、Ta2、Nb1、Nb2、Ta-3Nb Ta-20Nb	
	轧后壁厚 mm	送进量 mm/次	轧后壁厚 mm	送进量 mm/次	轧后壁厚 mm	送进量 mm/次
LD-120	0.25～2.00 2.10～5.00	2.0～4.0 4.1～6.0				
LG-80	0.75～2.50 2.60～8.00	2.0～5.0 4.1～8.0				
LG-55	0.60～2.50 2.60～6.00	3.0～5.0 4.0～8.0	0.60～2.50 2.60～6.00	2.0～3.0 3.1～4.0		
LG-30	0.40～2.50 2.60～6.00	3.0～7.0 4.0～10.0	0.40～2.50 2.60～5.00	2.0～3.0 3.1～4.0	1.00～2.00 2.10～6.00	2.0～3.0 3.1～5.0
LD-60	0.20～1.50 1.60～4.00	3.0～5.0 4.0～7.0	0.20～2.00 2.10～4.00	2.0～3.0 3.1～4.0	0.20～1.50 1.60～4.00	2.0～3.0 3.1～5.0
LD-30	0.10～1.50 1.60～4.00	2.3～5.0 4.1～8.0	0.10～2.50 2.60～7.00	2.3～4.0 2.3～6.0	0.50～1.50 1.60～4.00	2.3～3.0 3.0～6.0
LD-15	0.10～1.00 1.10～3.00	1.5～4.0 2.6～5.0	0.10～1.00 1.10～3.00	1.5～3.0 2.0～4.0	0.30～1.00 1.10～2.00	1.5～3.0 2.0～4.0
LD-8	0.10～0.50 0.60～1.50	1.5～2.0 2.1～4.0	0.10～0.50 0.60～1.50	1.5～2.0 2.1～4.0	0.20～0.50 0.60～1.50	1.5～2.0 2.0～3.0

表 6-2-40　冷轧管材用的润滑剂和冷却剂

轧机型号		钛、锆、铪及其合金			钽、铌及其合金		
		内表面用润滑剂	外表面用润滑剂①	冷却剂	内表面用润滑剂	外表面用润滑剂	冷却剂
LG 80 LG 55 LG 30	（1）	汽缸油	氯化石蜡和二硫化钼粉	压缩空气（2.5～4大气压）	汽缸油（或30*机油）加适当的煤油	机油加适当的煤油	压缩空气或乳液
	（2）	氯化石蜡	氯化石蜡和滑石粉或用乳液	乳液			
LD-120 LD-60 LD-30	（1） （2）	氯化石蜡 汽缸油	10*～30*机油	10*～30*机油	机油加适当的煤油	10*～30*机油	10*～30*机油
LD-15 LD-8		10*～30*机油					

① 对Zr-2、Zr-4合金在LG型轧机上轧制前，一般先进行酸洗，然后在外表面涂以二硫化钼水剂，凉干后再施用表中的润滑剂（1）。

表 6-2-41 常见的冷轧管材缺陷及消除办法

缺陷名称	产生原因	防止或消除的办法
外表面横向划伤	1. 孔型回转开口度不足 2. 马尔泰盘的位置不正确 3. 孔型开口不圆滑或凸缘太尖锐	1. 增大孔型回转开口度 2. 调整马尔泰盘的位置 3. 修理开口或凸缘
外表面纵向划伤	1. 多辊轧机的轧辊转动不灵活 2. 轧辊、孔型不对称 3. 出料口不光滑	1. 调整轧机，修理铜瓦，调整平衡弹簧 2. 调整孔型 3. 修理出料口
管端开裂	1. 金属塑性差 2. 孔型开口度过大 3. 空减量过大 4. 管坯两端不齐，有严重缺陷 5. 轧辊的间隙过大	1. 减少道次变形量 2. 减少孔型开口度 3. 减少空减径值 4. 切除管坯缺陷，保证两端平齐 5. 更换轧辊轴承，调整间隙
外椭圆度太大	1. 管材不转动 2. 孔型或滑道的精整段太短 3. 轧辊、孔型左右不对称 4. 轧辊、孔型严重磨损 5. 轧辊底槽直径不相同 6. 几块滑道的高度不一致，或调整斜铁的位置各不相同	1. 调整转料机构 2. 增加精整段长度 3. 更换或调整孔型 4. 更换轧辊，挑选底槽直径相同的轧辊 5. 更换滑道，调整斜铁的位置，使各块斜铁的位置相同
外表面粗糙不光滑	1. 润滑剂不适当或润滑剂不清洁 2. 孔型间隙太大 3. 孔型、轧辊粘金属 4. 孔型、轧辊表面粗糙 5. 送进量过大	1. 更换润滑剂、保持润滑剂的清洁 2. 调整轧机，减少孔型间隙 3. 修理或更换孔型、轧辊 4. 减少送进量
内表面擦伤	1. 芯头表面粘金属或有缺陷 2. 管材内表面润滑不良 3. 轧机调整不合理	1. 修理或更换芯头 2. 加强内表面润滑 3. 调整轧机
内表面麻坑	1. 管坯内表面不清洁 2. 马尔泰盘的位置不正确，引起串动 3. 润滑剂不清洁 4. 滑道或孔型曲线不适当，引起局部变形太大而粘结芯头	1. 清理管坯内表面 2. 加强内表面润滑 3. 调整马尔泰盘的位置 4. 改进滑道或孔型曲线设计
环状压痕	1. 轧辊孔型开口不适当 2. 芯头位置过于靠后	1. 修理孔型开口 2. 调整芯头位置
同一横断面上壁厚不均	1. 管坯壁厚偏差太大 2. 管材回转角度不适当 3. 孔型或滑道的预精整段太短 4. 轧制中心线不对 5. 芯头或导向杆弯曲 6. 滑道高度不一样，或轧辊的辊颈直径不一样	1. 改善管坯质量 2. 调整回转角度 3. 增长预精整段的长度 4. 调整轧制中心线 5. 更换芯头或导向杆 6. 更换滑道或轧辊（多辊轧机）
尺寸超差	1. 芯头尺寸不对，或位置不准确 2. 孔型间隙太大或孔型磨损严重 3. 工具制造误差	1. 调整孔型间隙 2. 更换工具

续表 6-2-41

缺陷名称	产生原因	防止或消除的办法
表面裂纹	1. 坯料质量不好 2. 变形量过大 3. 退火不充分或退火温度不均匀	1. 认真修理、检查管坯，提高管坯质量 2. 减少变形量 3. 重新退火
金属或非金属压入	1. 管坯端头有毛刺 2. 孔型、轧辊、芯头上粘有金属 3. 润滑剂不清洁 4. 管坯内、外表面不清洁	1. 清除管端毛刺 2. 经常检查、修理工具 3. 更换润滑剂 4. 擦洗管材内、外表面
波浪	1. 送进量过大 2. 滑道后倒锥的长度太短或锥度太小 3. 孔型精整段磨损成锥形 4. 变形量太大，精整段太短	1. 减少送进量 2. 加大滑道后倒锥的长度或锥度 3. 更换孔型 4. 改进孔型设计
飞边压入	1. 孔型开口太小 2. 孔型某部分磨损严重 3. 送进量过大或送进不均 4. 孔型间隙不合适 5. 管子不回转	1. 加大孔型开口 2. 更换孔型 3. 调整送进机构 4. 调整孔型间隙 5. 调整回转机构

表 6-2-42 温轧管材的加热温度

道次	加热温度，℃		
	Mo-0.5Ti-0.08Zr-0.025C	Mo	TC10
开始1～4道	900～1000	850～880	580～650
最后几道	650～700	550～650	～400

表 6-2-43 温轧管材的加工率①

合金牌号	道次		两次退火间	
	λ	ε，%	λ	ε，%
Mo-0.5Ti-0.08Zr-0.025C	1.15～1.38	13.0～27.5	2.00～2.08	50～52
Mo	1.21～1.85	17.0～46.0	2.70～3.04	63～67
TC10	1.43～2.04	30.0～51.0	～5.0	～80

① 开坯时道次加工率采用下限，然后逐渐增大。

第五节 挤压

一、挤压原理及分类

（一）挤压原理

将预先制备的坯料放入容器（称挤压筒或凹模），施加压力，使材料由容器的开口处被挤出成形的加工方法称挤压。挤压时变形材料的基本应力状态为三维不均匀压应力，应变状态为沿轴向伸长。挤压的基本原理如图6-2-106所示。

（二）挤压的应用范围

（1）各种形状的棒、型和管材的生产；

（2）脆性金属及合金的加工；

（3）中小批量，而废料再加工成本不大的产

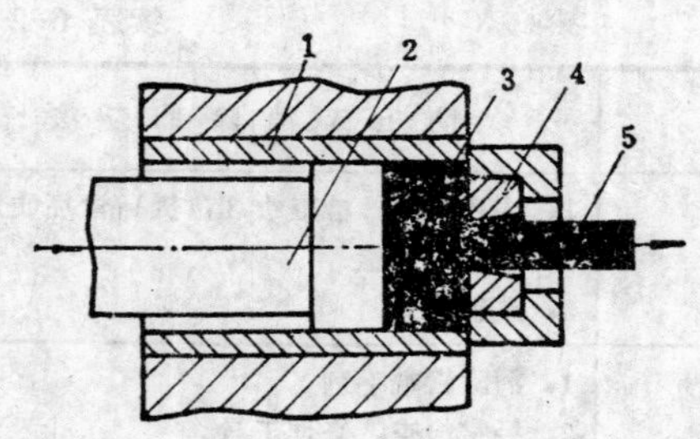

图 6-2-106 挤压原理图

1—挤压筒；2—挤压杆；3—坯料；4—挤压模；5—制品

品的生产；

（4）形状复杂而尺寸精度较高的半成品的加工。

（5）强度低，但又难以用拉伸方法加工的一些金属及合金细线的加工。

（三）挤压制品的种类

1. 按挤压金属分类

决定金属分类的不是工艺条件，而是其生产经济特性和操作条件。通常按金属的挤压温度范围、挤压力、燃烧和爆炸特性、放射性和毒性来分类。根据这些特性金属产品大致可分为：1）各种钢材；2）镍基合金；3）铝和铝合金；4）镁及镁合金；5）钛及钛合金；6）难熔、耐热合金，包括锆、铪、铌、钼、钽、钨等；7）毒性金属，如铍；8）双金属及多金属，如钛铜、钛钢等；9）粉末及颗粒金属。

2. 按产品截面形状及尺寸分类

（1）实芯材。有简单型材（包括圆、方、六角及其它正多边形），双轴对称型材，单轴对称型材，不对称实芯型材。

（2）单孔空芯材。有圆管芯材，双轴对称空芯材，单轴对称空芯材，不对称空芯材。

（3）双孔或多孔空芯材。有双轴对称、单轴对称、不对称之分。

（四）挤压方法的分类

挤压方法根据其不同特点通常分为：

（1）按坯料与挤压筒相对位移的不同分类，有正挤压、反挤压、侧向挤压和多向挤压。

（2）按温度制度的不同分类，有热挤压、冷挤压和温挤压。

（3）按动态载荷的不同分类，有慢速挤压、快速挤压、冲击挤压和爆炸挤压。

（4）其它类型挤压，如阶段断面和渐变断面型材挤压，分流组合模挤压、静液挤压、连续挤压、半连续挤压、有效摩擦挤压等。

二、各种挤压方法

（一）正挤压

正挤压时，金属坯料3，放入挤压筒1，在由挤压杆2沿箭头方向的压力作用下，沿模口4流出，压出成实芯材5（图6-2-106）或沿模子4和穿孔针6组成的环形模口流出，成空芯材5（图6-2-107）。正挤压时，挤压制品的流动方向与挤压杆的运动方向相一致。这种挤压的基本特点是金属坯料相对于挤压筒有明显而必然的位移。正挤压是应用最广泛的挤压方法。

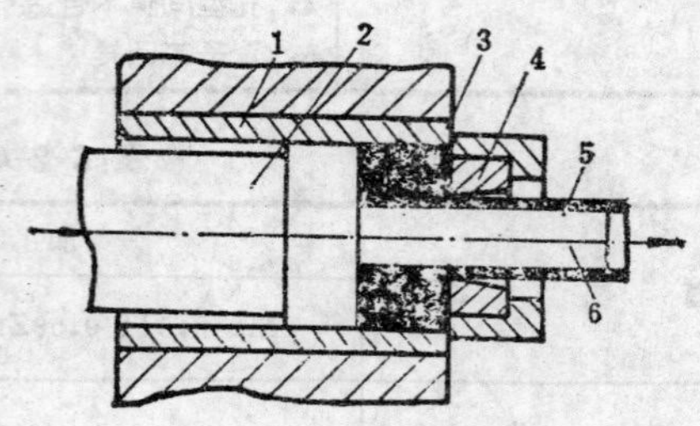

图 6-2-107 空芯材的正挤压

1—挤压筒；2—挤压杆；3—坯料；4—模子；5—挤压管；6—穿孔针

（二）反挤压

如图6-2-108所示，金属坯料3，放入挤压筒1后，在挤压杆运动的作用力下流出成形，得到制品5。挤压实芯材时，金属通过模子4成形（a）；挤压带底筒时，金属通过由挤压垫和挤压筒组成的环状间隙流出（b）；挤压管材和空芯型材时，金属则通过由模子4内壁和穿孔针外表面组成的环状间隙流出成形（c）。反挤压时，挤压制品与挤压杆的运动方向相反。反挤压可在普通挤压机上进行，此时挤压筒通常不动，而挤压杆运动。在专用反挤压机上，通常是挤压杆不动，而挤压筒由主柱塞推向前横梁方向移动。反挤压的基本特点是坯料相对于挤压筒没有明显的位移，这节省了用以克服挤压筒与坯料之间的摩擦所作的附加功，减小了挤压力。金属流动也比较均匀，沿制品长度和断面的组织性能也比较均匀。

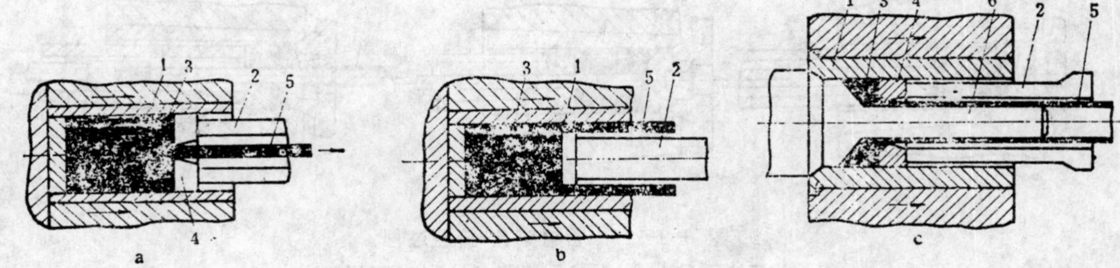

图 6-2-108　反挤压原理图

a—实芯材挤压；b—带底筒材挤压；c—管材和空芯材挤压

1—挤压筒；2—挤压杆；3—坯料；4—模子；5—成品；6—穿孔针

（三）侧向挤压

如图6-2-109所示，侧向挤压时挤压金属的流动方向与挤压杆运动方向垂直。这种方法多用于包覆电缆线挤压，便于连续包覆和电缆芯线的连续运动。也可用于生产空芯材。

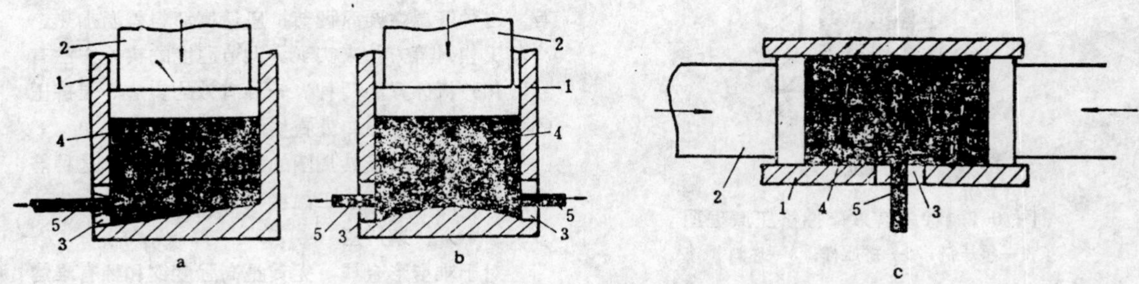

图 6-2-109　侧向挤压原理图

a—单杆单成品挤压；b—单杆双成品挤压；c—双杆单成品挤压

1—挤压筒；2—挤压杆；3—模子；4—坯料；5—成品

（四）联合挤压（复合挤压）

如图6-2-110所示，金属坯料3在挤压杆2作用下，同时或先后通过模子4和挤压垫-模6。金属由两个方向流出成形。这种方法既有正挤压，又有反挤压，故称联合挤压。管材穿孔—挤压过程也属这类方法。如图6-2-111所示，穿孔时金属向反方向流动，为反挤压。穿孔后，金属正挤压成管材。

（五）有效摩擦挤压

如图6-2-112所示，挤压时，挤压筒与挤压杆向同一方向运动，且挤压筒的速度稍高于挤压杆。此时，挤压筒对金属坯料的摩擦力作用方向与挤压力方向相同，成为有利于挤压的有效摩擦，故称有效摩擦挤压。

（六）热挤压

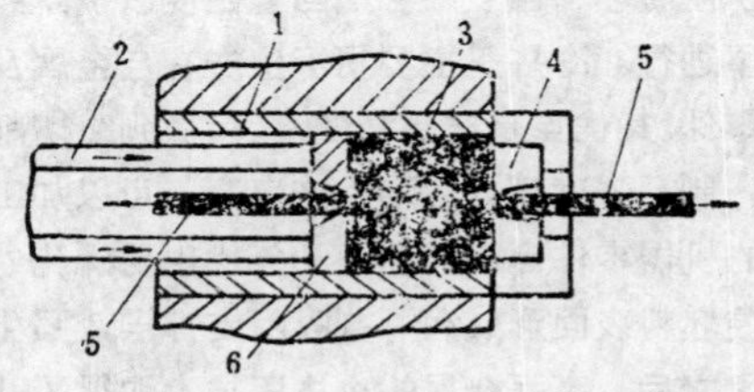

图 6-2-110　联合挤压原理图

1—挤压筒；2—挤压杆；3—坯料；4—挤压模；

5—制品；6—挤压垫-模

金属坯料加热到再结晶温度以上进行挤压称热挤压。热挤压在金属挤压中应用最为广泛。普遍用于轻、重有色金属的管棒型材生产。自从玻璃润滑

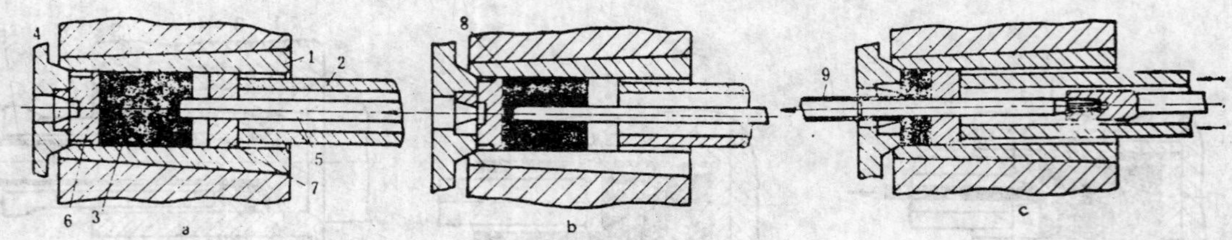

图 6-2-111 管材穿孔-挤压过程

a—正挤压压实；b—反挤压穿孔；c—正挤压管材成形

1—挤压筒；2—挤压杆；3—坯料；4—挤压模；5—穿孔针；

6—端板；7—空心挤压垫；8—穿孔挤压制品；9—制品

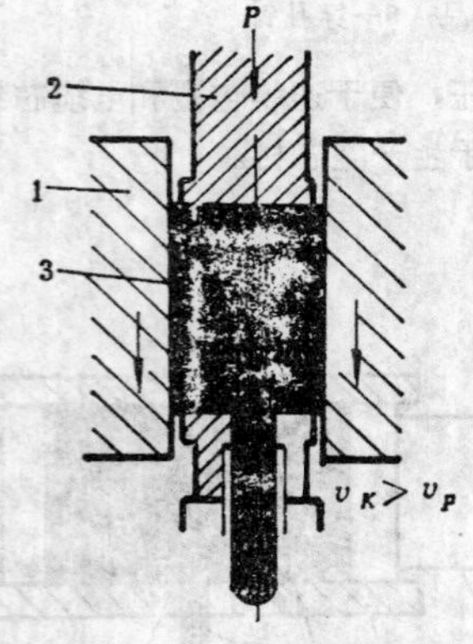

图 6-2-112 有效摩擦挤压原理图

1—挤压筒；2—挤压杆；3—坯料

法用于热挤压成功和推广后，钢和稀有金属的热挤压技术得到了迅速发展。热挤压主要采用液压机，液压机分立式和卧式两种。大型挤压机多为卧式。目前最大的挤压机达200MN。

（七）冷挤压

冷挤压时坯料温度在金属回复温度以下，经常在室温下进行。冷挤压主要用于生产有色金属及钢铁金属零件。其优点是产品精度高，可做到少切削或无切削，制品强度高，劳动生产率高，可以加工复杂形状的机器零件等。20世纪30年代出现磷化处理坯料，使坯料表面形成润滑剂吸附支撑层，强化润滑的技术之后，高强金属的冷挤压技术取得了飞速发展。冷挤压一般采用机械压力机或立式液压机。

（八）温挤压

温挤压时，坯料加热到金属回复温度以上和再结晶温度以下的温度范围。采用温挤压的目的是为了强化润滑、改善脆性金属塑性和适当降低模具的工作压力，而同时又使产品保持精度高、强度大等优点。目前，温挤压还用作形变热处理的重要工序。

（九）等温挤压

等温挤压有两种情况：

（1）在模子出口处温度沿整个制品长度恒等。这种等温主要靠调节挤压速度坯料差温加热、冷却工模具等方法来实现。调节温度的实施方法有经验和分析计算法两种。一种有效的实施等温挤压的方法是在模子出口处直接淬水。

（2）坯料及其周围的模具温度相同。这种等温挤压目前只用于加工温度较低的铝、镁合金。

（十）快速挤压

对于难变形金属，尤其是高强度钢和稀有难熔金属，变形抗力大，难以加工，为了降低材料强度，提高塑性，必须提高挤压温度。但这样的工作条件对模具极不利。为了减少坯料与模具的接触时间，通常采用快速挤压。挤压钛锆及难熔金属的专用挤压机的工作速度一般在300mm/s左右，个别高达500mm/s以上。

（十一）冲挤

这是一种用以由实芯棒或饼材为坯料生产空芯筒、壳的反挤压过程。由于通常采用高速机械压力机，实践中得名“冲挤”。主要用于生产机械零件或零件半成品。冲挤时加工速度很高，可达每秒数米，但一般冷挤压压力机的运动速度为100～400mm/s。

（十二）爆炸挤压

如图6-2-113所示，爆炸挤压是一种采用爆炸物（5）做能源挤压金属的加工方法。这种方法对坯料的加载速度可高达每秒数千米，而持续时间却极短。有两种爆炸挤压方法。一种是爆炸气体直接加载于坯料的接触法（a），另一种是爆炸气体通过工具加载于坯料的间接法（b）。爆炸挤压以其极高的变形速度可以加工一些用普通方法难以加工的难变形材料。与间接爆炸挤压相类似的还有高速锤挤压等。

（十三）振动能挤压

这是一种以不同频率的脉冲加载于挤压坯料上，强化坯料变形的挤压过程。其典型是超声波挤压。振动加载影响变形过程的机理是改变了接触摩擦条件，以及振动能作用于晶格降低了金属变形抗力。带振动载荷的挤压可降低挤压力，还可挤压那些用传统加工易开裂的脆性材料。

（十四）变断面材挤压

为了得到最大程度接近最终零件形状的挤制品，创造了多种类型的挤压和工具。为了生产变断面材，甚至建造了专用挤压机。变断面材有阶段变断面实芯材和空芯材，及逐渐变断面实芯材和空芯材。图6-2-114和6-2-115所示为生产这类特殊型材的典型挤压工具结构。变断面型材主要用于航空航天工业，以铝合金为主。自从钛被广泛用于飞机制造业后，钛及钛合金的变断面材挤压工艺也已被开发并取得了应用。

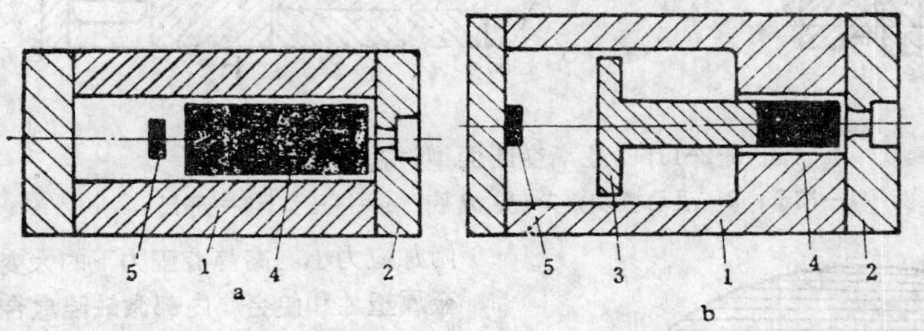

图 6-2-113 爆炸挤压原理图

a—接触法；b—间接法

1—挤压筒；2—模子；3—挤压杆；4—坯料；5—爆炸物

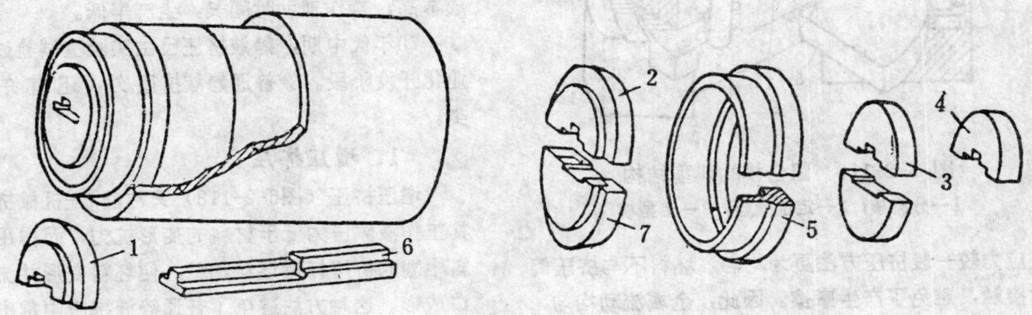

图 6-2-114 阶段变断面型材挤压工具组合

1—上基本断面模；2—上尾端大头断面模；3、4—模垫；5—压型嘴；6—成品；7—下模

（十五）组合模挤压

组合模又称内装穿孔针式模或舌形模，是专门用于挤压复杂空芯型材的模具结构。这类模子的特点是将穿孔针（芯头）与模子装成一个整体。组合模挤压（如图6-2-116所示）时，实芯金属坯料在压力作用下首先被模桥切开成两股或两股以上的金属流。这些金属流沿桥流动，至模腔汇合，并在高温高压下焊合，再通过芯头与模孔间的间隙流出，成为空芯型材或管材。组合模挤压目前被广泛应用于铝合金空芯材的挤压，钛合金的组合模挤压也在苏联得到开发并获得了应用。

（十六）静液挤压

外压力通过流体的传递，作用于坯料，使其流出模口成形的挤压方法称为静液挤压，或称等静压挤压、水静压挤压。普通静液挤压原理如图6-2-117。由于流体传递力的各向同性，坯料所受的三向附加

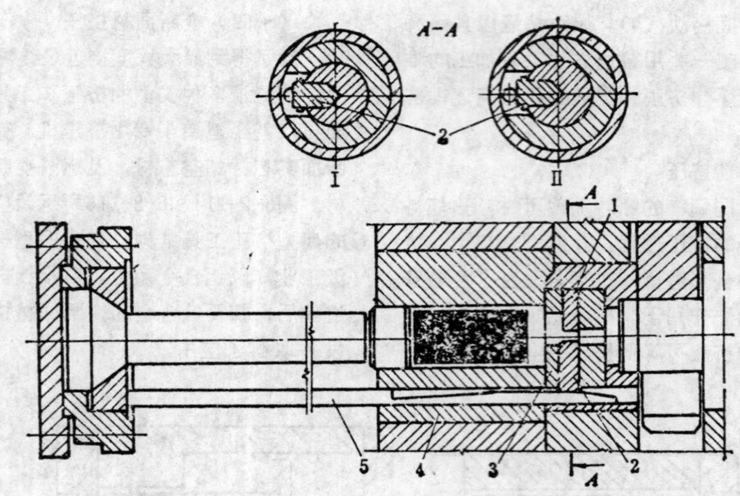

图 6-2-115 逐渐变断面型材挤压工具组合

1—模子；2—活动模块；3—导流腔；4—挤压筒；5—导尺

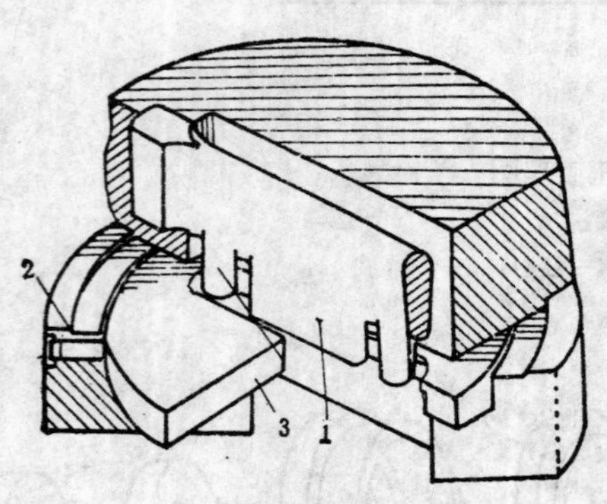

图 6-2-116 组合模的典型结构

1—分流模；2—定位螺丝；3—定型模

压应力较一般挤压方法更为均匀。坯料不与挤压筒体接触，避免了产生摩擦。因此，金属流动均匀，附加应力小。高静液压力下的大变形还有利于提高金属塑性和使金属内部微缺陷愈合。静液挤压尤其适合于加工低塑性金属，其制品的力学性能高于一般加工方法的制品。静液挤压的主要缺点是：由于加载时模具处于高压状态，液压力经常高达一万至数万巴，设备结构及操作复杂，模具寿命短，挤压成本高，操作辅助时间长，生产率低。

70年代中期，静液挤压已由实验室试验进入工业化开发阶段。除普通静液挤压外，还有许多种类。

1. 增压挤压

增压挤压（图6-2-118）又称静液-机械挤压，其工作液体压力低于材料的变形抗力，而作用在坯料尾端的挤压杆对坯料加载，使坯料变形并流出模口成形。这种方法避免了普通静液挤压中常出现的

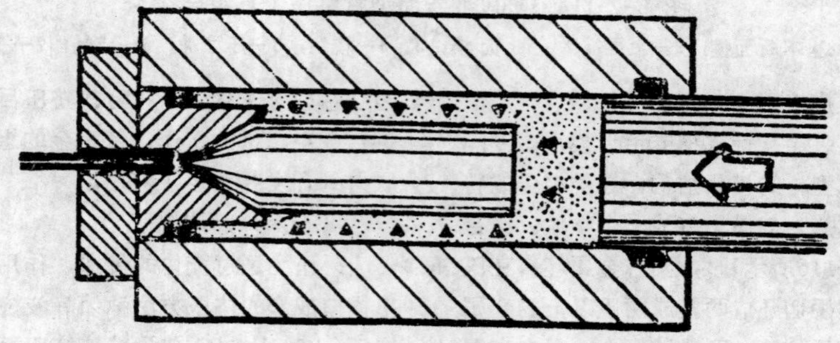

图 6-2-117 普通静液挤压原理图

金属间续流动（称蠕动）现象，以及制品弹射出模口的现象。

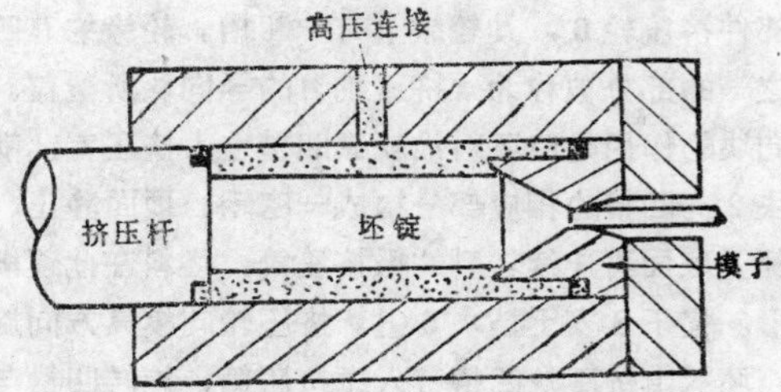

图 6-2-118　静液-机械挤压原理图

2．厚膜挤压

厚膜挤压时坯料与挤压筒之间的液体厚度约为0.25mm，远远小于静液挤压时的液体厚度。所用介质通常为石蜡或粘性流体，挤压前注入挤压筒或涂在坯料上，或两者兼用。这种方法的优点是可以避免液体压缩引起的金属蠕动和挤压到最后出现弹射现象，缺点是坯料与挤压筒壁之间在一定程度上存在着摩擦力。

3．背压静液挤压

背压静液挤压（图6-2-119）时制品不流入大气空间，而是流入压力低于挤压腔压力的压力容器中。这可造成更为均匀的三向压应力状态，特别适用于挤压脆性材料。

4．半连续静液挤压

坯料阶段性地喂入挤压筒后充液加压进行挤压。优点是可以进行无限长料的挤压。

5．连续静液挤压

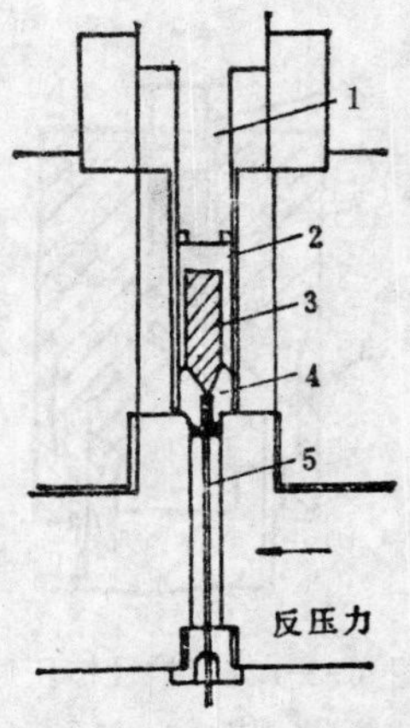

图 6-2-119　背压静液挤压原理图

1—挤压杆；2—高压介质；3—坯料；4—挤压模；5—制品

如图6-2-120所示，连续静液挤压时，坯料连续不断地被送入挤压筒，在筒中的液体高压及推进坯料的轴向推力作用下流出模口成形。坯料送进方式有机械式、粘性流体拖动式和履带式等。

（十七）扩径挤压

普通挤压时制品的直径或外接圆直径小于挤压筒直径。扩径挤压（图6-2-121）时，挤出管材的直径大于挤压筒直径。扩径挤压采用的是分流组合模。金属坯料先被切成几股，后流入模腔，在高温高压下焊合成空芯大管。由此可见，扩径挤压实际上是一种特殊形式的组合模挤压。

（十八）真空及保护气氛挤压

一些特殊材料，如多金属、粉末和颗粒的挤压

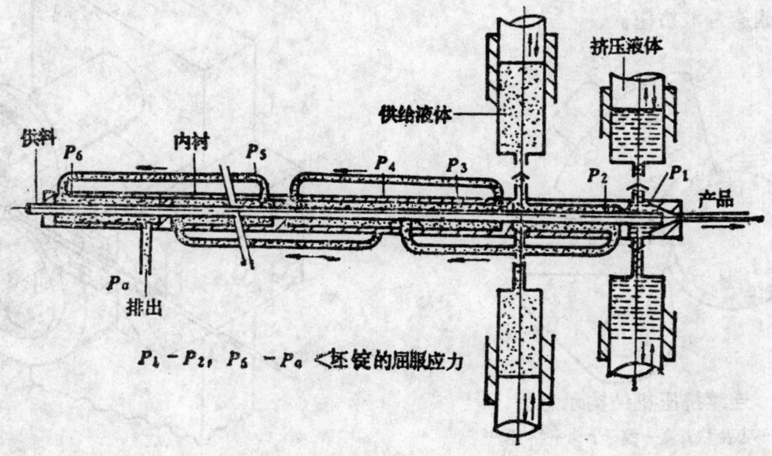

图 6-2-120　连续静液挤压原理图

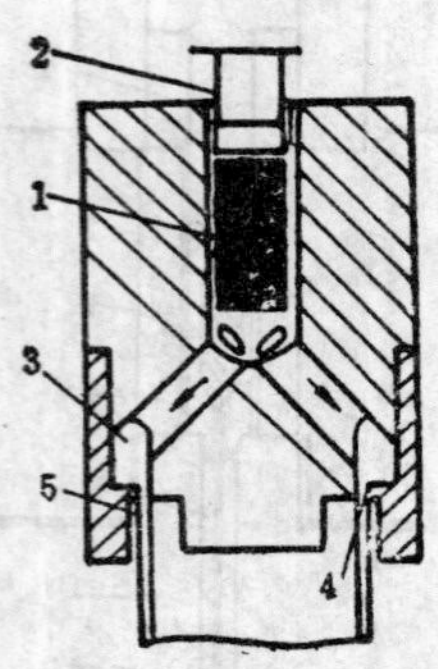

图 6-2-121 扩径挤压原理图

1—坯料；2—挤压杆；3—扩径腔；4—成形腔；5—成品管

必须避免材料与空气的接触。为此，挤压时挤压筒的模口端用软垫或前挤压周期的残料封住。坯料放入挤压筒后，挤压筒的尾端用软垫封住。通过专门设计的通道将挤压筒抽真空后进行挤压。有时挤压筒还充保护气体。这种方法多用于立式挤压机。由于操作比较复杂，实践中较多采用包套挤压，即将坯料放入金属包套中密封或抽真空后加热挤压。

（十九）连续挤压

普通挤压时，坯料是周期性地放入挤压筒后被挤出成形。连续挤压时坯料则被连续不断地送人变形区，并从模口不断地匀速流出成形。显然，这种方法的优点是缩短了辅助操作时间，提高了生产率。70年代以来，连续挤压为人们所大力开发，并获得了工业应用。目前，连续挤压的应用主要在小断面线、型、管材的生产。连续挤压的种类较多，有普通机械挤压，也有静液挤压。

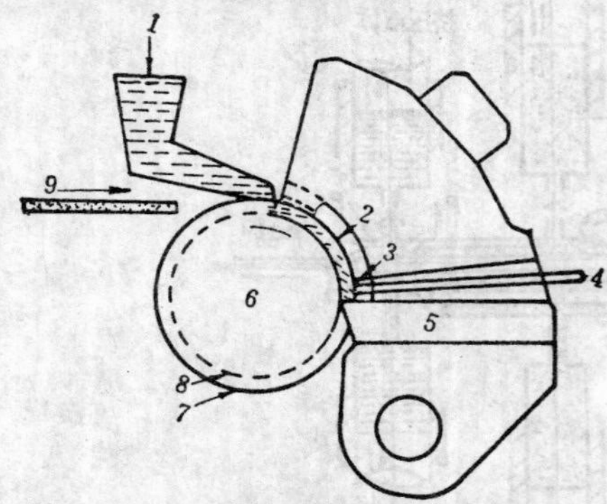

图 6-2-122 连续挤压机结构示意图

1—粒状坯料；2—啮合块；3—模子；4—挤压产品；5—挡料块；6—挤压轮；7—挤压轮面；8—槽根；9—棒状或线状坯料

1．连续挤压成形

连续挤压成形用的挤压机（图6-2-122）的主要部件挤压轮6，其轮缘上有一凹槽。轮缘约有四分之一的部分被称为“挤压靴”的导向块所覆盖。导向块的作用是使坯料沿轮缘凹槽进入挤压室，啮合块2与凹槽的相应部分构成一密闭、顶面静止、两侧及底面可连续转动的微挤压筒，坯料在此逐渐变形。模子3安于档块5上。挤压轮向模具方向旋转，坯料由挤压轮凹槽带入微挤压筒，旋转凹槽与坯料之间的啮合和摩擦使坯料变形，充满挤压筒，并产生高达10GPa的高压和350～450°C的高温。这时，金属受到的压强超过其屈服强度，坯料变形并由模孔流出成形。连续挤压成形可以采用棒材盘卷做坯料，也可与连铸机联合组成连铸连挤生产线。目前这种机械已用于生产铝、铜及其合金的棒、型、管材，成品截面积为35～500mm²。坯料为φ9.5～25mm。生产率可达600kg/h。这种工艺的优点是适用于多品种、少批量生产，出材率高，投资少，对生产小型型材、管材、线材具有特殊意义。

2．轧挤

轧挤是一种将挤压和轧制结合的加工方法。它充分利用了轧制的低摩擦损耗和连续性以及挤压的大变形量。轧挤（图6-2-123）的工作原理是由普通轧机上的两个孔型轧辊组成一个不断向前运动的挤压腔。圆棒坯料进入孔型槽后，就由摩擦拖动向

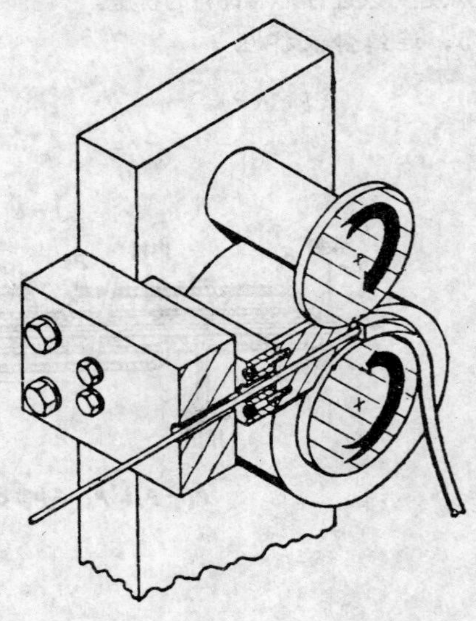

图 6-2-123 轧挤原理图

前。孔型是一个轧辊加工成凹形槽，另一轧辊加工成凸缘，两辊组成的孔型常呈方形，这样可使摩擦拖动更为有效。孔型的边长比坯料圆棒直径小约10%。当棒料抵达模口，并当模口的压力大于金属的流动应力时，金属就流出模口成形。这种工艺实际上属于有效摩擦挤压，可以加工各种金属、粉末、纤维和复合金属，可以进行热加工，也可用板带作坯料加工多股线棒和型材。

3. 连续腔体挤压

如图6-2-124所示，连续腔体通常由四条或两条金属履带拼成。履带则由许多互相匹配精密的扇形块组成，它们在坯料入口处汇合，将坯料夹住，并拖着向前移动送至模口。至模口后扇形块分开并返回至入口重复形成挤压腔。坯料棒材须具有良好的公差以便贴合地送入挤压腔。为增加拖动力，棒材在进入挤压腔前涂上塑料涂层。当棒坯到达模口时，拖动力产生足够的压力使棒坯变形流出模口。在挤压腔与棒坯之间应当有少量的相对位移，以便使摩擦力损失最少。挤压腔中的压力由入口至模端逐渐增加。挤压腔零件的制造精度要求极高，以避免金属从相互匹配的扇形块之间的缝隙中流出。此外，设备还必须具有足够的刚性以产生和承受高压力。

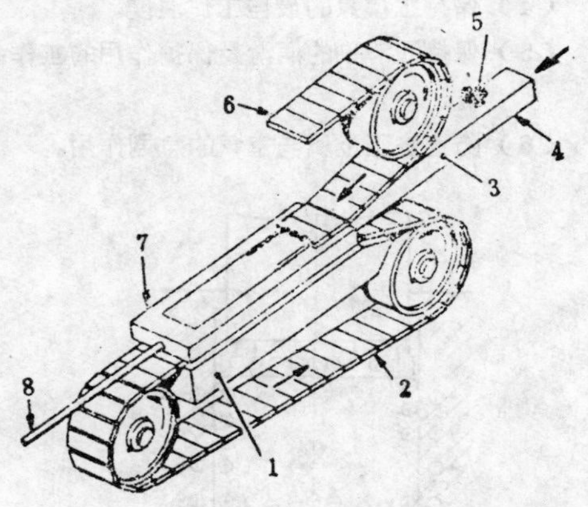

图 6-2-124 连续腔体挤压

1—下板；2—下夹紧履带；3—润滑面；4—原料；5—夹紧面；6—上夹紧履带；7—模子架；8—线材

连续腔挤压的另一种结构形式是被称谓Linex工艺的挤压方法。此时，代替扇形块履带的是两条平板式厦带，而两侧是两块挡板。

4. 连续挤压-拉伸

连续挤压-拉伸实际上是一种连续静液挤压-拉伸方法，结构有多种多样。图6-2-125所示的原理结构是由日本神户钢厂提出的。图中芯轴是传动轴，处于高压液体中，其传动马达在腔外。线坯在入口模处稍经变形后进入液压腔，缠上芯轴后至出口模，线坯在出口模经受大变形并流出高压腔，随后进入第二个高压腔，依此类推。与一般拉伸方法不同的是，这里由芯轴代替了拉伸卷筒作为传动，而且芯轴安放在主变形模具的前端，缠在芯轴上的线材处于高压下。挤压在高压腔中进行。整个机构工作时，腔内高压液体的体积不变，因此，不用泵输送高压液体。所有变形功均由芯轴完成，这与普通拉伸一样。这种静液挤压-拉伸法的每道次加工率一般在65%左右。其便于加工脆性金属和高强度难变形材料。静液挤压-拉伸法目前尚仅处于初始开发阶段。

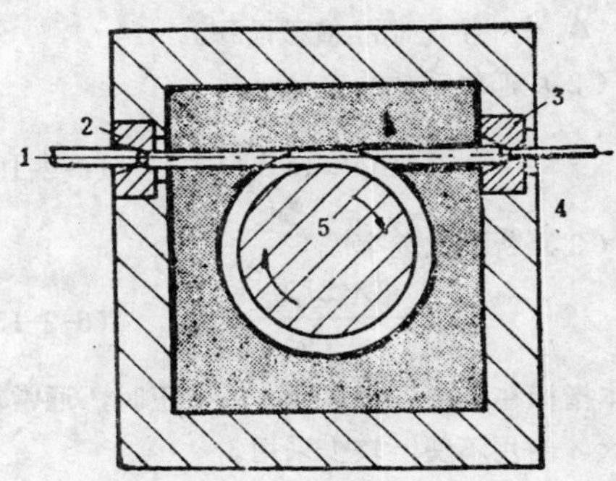

图 6-2-125 连续挤压-拉伸原理图

1—进口；2—小变形模；3—大变形模；4—出口；5—心轴

（二十）无模挤压

如图6-2-126所示，坯料1在夹头3的作用下周期性地压入模子2。当夹头走完一定行程L后，便松开并退回原始状态，挤压周期重新开始。这种方法实际上是一种半连续挤压法，普通挤压中的挤压筒被夹头所代替。其优点是：坯料长度不受限制；避免了坯料与挤压筒的接触，夹头行程短，可避免坯料在进模前弯曲或墩粗。至今，这种方法只在管棒拉伸之前机械捻头上应用，并未在热挤压上得到正式应用，原因是难以得到均匀而快速的坯料加热，而各种夹头的夹紧力都很小，难以保证通常挤压的大变形。

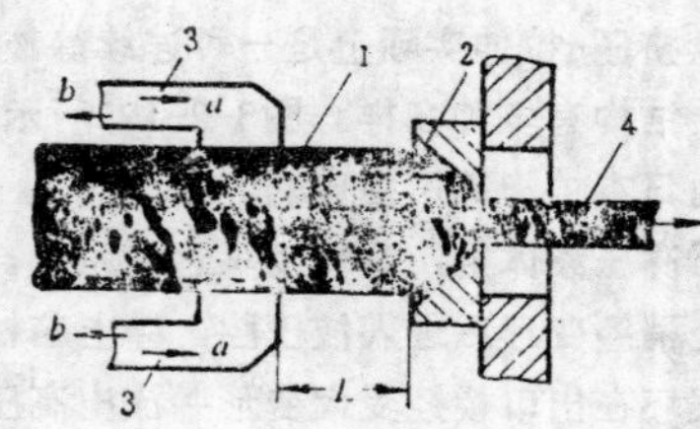

图 6-2-126 无模挤压原理图

1—坯料；2—模子；3—夹钳；4—成品

三、挤压过程及变形指标的确定

1. 挤压时变形指标的确定及挤压过程

（1）挤压比。或称延伸系数，挤压系数，是挤压中常用的指标。

$$\mu = \frac{A_0}{A_1} \tag{6-2-156}$$

中 A_0—— 挤压筒横截面积；

A_1—— 挤压制品横截面积。

（2）延伸系数的自然对数

$$i = \ln\mu = \ln\frac{A_0}{A_1} \tag{6-2-157}$$

（3）断面收缩率

$$\psi = \frac{A_0 - A_1}{A_0} \times \% \tag{6-2-158}$$

本指标在冷挤压时常用。热挤压时，通常加工率较大，使用不便，较少采用。

2. 挤压过程的各个阶段

挤压过程一般可分为填充挤压、稳定流动或稳定挤压及结束三个阶段。

（1）填充。为了便于坯料进入挤压筒，坯料直径比挤压筒内径要小0.5～5mm。因此，当坯料加载时，首先出现坯料墩粗。由于坯料与挤压筒中心的不同心，坯料墩粗时可能出现不均匀变形，并可能压入空气而造成气泡。

（2）稳定挤压。是挤压的基本过程，此阶段大部分金属呈无数同心圆管状层流出模孔，并不相互穿插。因此，此阶段又称平流压出阶段。过程可以认为是稳定的。

（3）结束阶段。当挤压到变形区因挤压筒中残料越来越少而逐渐缩小时，挤压便进入结束阶段。此时，流动状态不断变化，出现金属紊流，形成缩尾。

3. 弹性区

在稳定流动阶段，坯料中的部分区域，如平模附近和挤压垫附近，不发生塑性变形，而只产生弹性变形。这些区域称弹性区。在挤压结束阶段，弹性区因部分金属参加塑性变形流出模孔而变小。弹性区的存在导致产品缩尾及出现层状表面缺陷。

4. 缩尾与分层

（1）缩尾。缩尾是挤压过程特有的一种缺陷，通常产生于挤压结束阶段。有中空缩尾和环形缩尾两种类型。

（2）分层。是一种无固定分布规律的挤压缺陷，大多呈不连续的圆形或弧形的线状薄层，分布在挤压制品的边缘。其生成原因主要是坯锭表面杂物逐渐沿弹性区滑动卷人制品周边。

四、挤压时的温度制度

温度制度的选择是制定工艺的主要条件之一，它直接影响到技术经济指标。

（一）选择温度制度的一般依据

（1）最大限度地降低变形抗力以减少压力模具载荷。

（2）保证最大的流动速度。

（3）不高于导致延性下降的极限温度。

（4）保持工模具的最佳工作温度。

（5）保持润滑剂的润滑及保护作用的工作条件。

（6）防止挤压金属与空气的急剧作用。

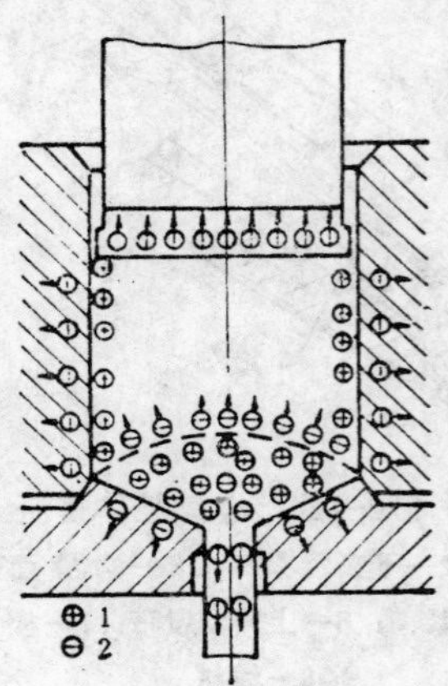

图 6-2-127 挤压时热量的产生和损耗示意图

1—热生成；2—热损耗

（7）保证挤压制品的力学性能。

（二）挤压过程中的热平衡

挤压过程中一方面产生热量，而另一方面又消耗热量（图6-2-127)。产生热量的热源有变形能转化成热能和克服摩擦产生的热。热主要消耗在坯锭与挤压筒、模子、挤压垫、穿孔针等工模具相接触时导热。挤压过程中坯料热量的变化可用如下公式表达：

$$Q=Q_0+\frac{1}{1000}(A_d+A_f)-Q_p-Q_c \tag{6-2-159}$$

式中　Q_0——放入挤压筒前坯锭所具热量，kJ；

A_d——变形功，J；

A_f——克服摩擦所做的功，J；

Q_p——制品带走的热量，kJ；

Q_c——失放于周围介质中的热量，kJ。

（三）变形区的温度分布

1．挤压时变形区温度分布不均

变形区温度分布不均的原因有：

（1）坯锭加热不均匀。

（2）与模具接触导致坯锭表面温度急剧下降。

（3）变形热产生不均匀。由于变形极端不均导致热量产生不均并分布不均。

2．温度场模型实例和温度计算

（1）皮肖普温度场（图6-2-128)。这是一基于滑移线场分析求出铜挤压时的温度场，此时的延伸系数为3，忽略了与外界的热交换。

（2）工程法计算温度场（图6-2-129)。计算公式如下：

$$t=t_0+\frac{AS_t}{c\rho}\left[\frac{\text{tg}\alpha}{\sqrt{3}}+2\sqrt{1+\frac{1}{12}\text{tg}^2\alpha}\ \ln\frac{r_1}{r}\right] \tag{6-2-160}$$

式中　A——功的热当量；

t_0——坯料初始温度，°C；

t——坯料的终了温度，°C；

c——金属的比热，4.184J/(kg·°C)；

ρ——密度，kg/m³；

S_t——变形抗力；

α——中心线与流线之间的夹角；

r_1——变形区半径；

r——变形区任一点至主中心点的距离。

此式为挤压稳定时的计算公式，假设挤压断面为轴对称，未考虑导热的影响。图6-2-129所示为由此公式在假设延伸系数为4时计算出的正挤压和反挤压的温度场（以$AS_t/c\rho$形式表示）。

钛合金挤压温度的提高可近似地用下式计算：

$$\Delta T=q_c M \tag{6-2-161}$$

式中　q_c——稳定阶段的挤压力，MN/m²；

M——考虑单位比压的金属温度提高系数，m²·°C/mN。

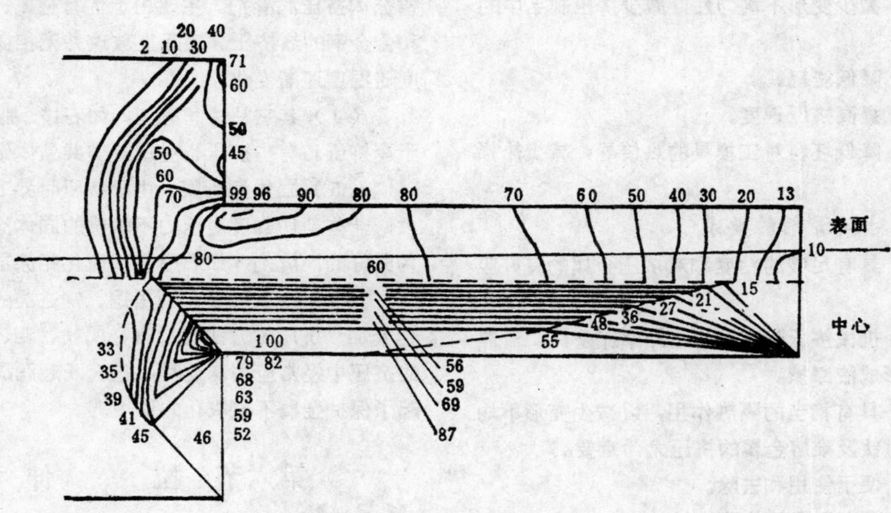

图 6-2-128　皮肖普计算的铜冷挤压温度场

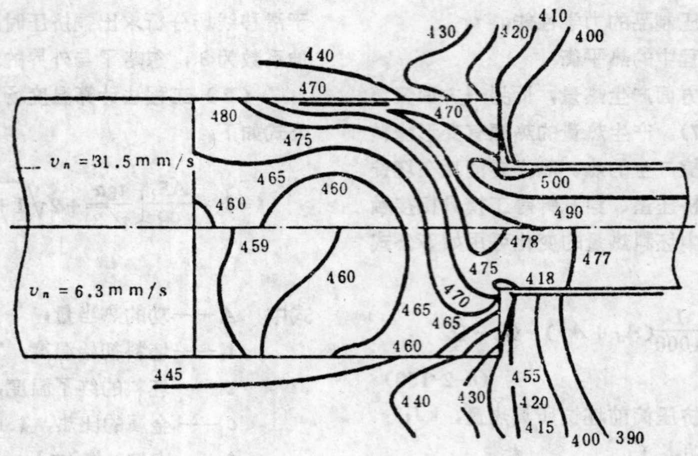

图 6-2-129 由公式计算出的温度场

五、挤压过程的摩擦与润滑条件

（一）挤压过程摩擦的特点

（1）与模具接触表面上的压力可高出变形抗力的3～10倍以上。

（2）由于变形力大，新生面产生剧烈，因此容易粘结模具。

（二）润滑剂

1．润滑剂的作用

（1）使干摩擦转化为过渡摩擦或液摩擦状态。

（2）减少变形不均匀性，减少挤压制品中的残余应力。

（3）降低能耗。

（4）提高挤压速度。

（5）降低坯料对工模具的热传导，减少热损失。

2．对润滑剂的要求

（1）具有足够的粘度和对挤压金属的良好吸附性能。

（2）机械挤压时应保持边界摩擦条件，对静液挤压应形成液摩擦。

（3）具有相当的隔热作用，以减少变形不均匀性，这对钛及难熔金属的挤压尤为重要。

（4）便于使用和去除。

（5）具有良好的热稳定性。

（6）对金属及模具化学稳定，不起腐蚀作用。

（7）无毒。

（8）价格适当。

3．润滑剂的种类

（1）石墨悬浮液兼冷却液。石墨吸附性好，固体润滑剂覆盖坯锭表面可实行边界润滑。缺点是导热率高，使金属表面碳化。常用于铜及碳钢挤压。

（2）油类。动植物及矿物油，加上二硫化钼、氧化铅和石墨等润滑剂及表面活性剂，效果良好。常用于各种热挤压。

（3）玻璃润滑剂。又称相变润滑剂或尤金·雪茹内挤压润滑剂。主要用于稀有金属、难熔金属和合金钢的热挤压。实际上玻璃并无相变，只是粘度随温度逐渐变化。

（4）其它粘性润滑剂。如石蜡、脂肪等常用于冷挤压。有些挤压也应用盐类共晶体做润滑剂。

（5）固体润滑膜。由于挤压时界面压力很大，一些剪切强度对压力不敏感的固体涂层可以作为良好的润滑剂，如石墨和二硫化钼涂层等。

（6）金属包套。利用铜、钢之类的软金属做包套加热挤压的方法在稀有金属锆、钼、钽、铌等的挤压中经常应用。此时，包套既起润滑作用，又起了保护金属不被氧化的作用。

第六节 拉 伸

一、概 述

（一）拉伸法

对金属坯料施加拉力，使之通过模子而获得与模孔几何形状、尺寸和表面质量相同制品的一种塑性成形方法，称为拉伸法或拉拔法。如图6-2-130所示。

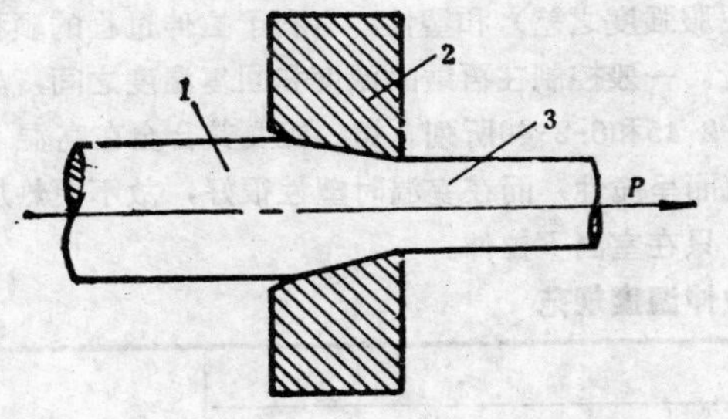

图 6-2-130　拉伸法示意图

1—坯料；2—模子；3—制品

依所使用的工具不同，可用拉伸法拉制各种棒材、型材、线材和管材（空拉、衬拉）。依金属的不同特性，可采用热拉、温拉、和室温拉伸，以满足各种生产工艺要求和不同制品性能的要求。

拉伸坯料，一般可取用经过热态或冷态开坯过的制品，以防止材料在拉伸应力作用下拉断（如粉末冶金制品）。在必要时，也可使用铸件拉伸成材。

（二）变形指数

计算拉伸变形量所使用的变形指数，主要是延伸系数 λ。其次，根据不同的需要与习惯，可采用加工率 ε，延伸率 δ 和断面减缩系数 ψ。这些变形指数间的关系示于表6-2-44中。

（三）拉伸配模设计

表 6-2-44　各种变形参数间的关系

变形参数	符号	变形指标						
		以直径 D_0、D_K 表示	以截面积 F_0、F_K 表示	以长度 L_0、L_K 表示	以延伸系数 λ 表示	以加工率 ε 表示	以延伸率 δ 表示	以断面减缩系数 ψ 表示
延伸系数	λ	$\frac{D_0^2}{D_K^2}$	$\frac{F_0}{F_K}$	$\frac{L_K}{L_0}$	λ	$\frac{1}{1-\varepsilon}$	$1+\delta$	$\frac{1}{\psi}$
加工率	ε	$\frac{D^2-D_K^2}{D_0^2}$	$\frac{F_0-F_K}{F_0}$	$\frac{L_K-L_0}{L_K}$	$\frac{\lambda-1}{\lambda}$	ε	$\frac{\delta}{1+\delta}$	$1-\psi$
延伸率	δ	$\frac{D_0^2-D_K^2}{D_K^2}$	$\frac{F_0-F_K}{F_K}$	$\frac{L_K-L_0}{L_0}$	$\lambda-1$	$\frac{\varepsilon}{1-\varepsilon}$	δ	$\frac{1-\psi}{\psi}$
断面减缩系数	ψ	$\frac{D_K^2}{D_0^2}$	$\frac{F_K}{F_0}$	$\frac{L_0}{L_K}$	$\frac{1}{\lambda}$	$1-\varepsilon$	$\frac{1}{1+\delta}$	ψ

注：表中下角符号 0 表示变形前尺寸，K表示变形后尺寸；F和D表示断面的面积和直径，L表示制品长度。

为了获得制品所需的几何形状、尺寸、表面质量和机械性能而进行的工艺设计（计算），称为拉伸配模设计。通过设计，确定拉伸道次、各道次几何形状和尺寸以及拉伸可靠性等工艺数据。

拉伸配模设计的一般步骤如下：

（1）根据国家标准（或部颁标准与企业标准）、用户要求和车间生产能力，选择坯料形状与尺寸F_0，计算总延伸系数$\lambda_\Sigma\left(=\frac{F_0}{F_K}\right)^2$，并确定加工流程。

（2）查找该合金的机械性能与加工率间的特性曲线，确定获得制品性能的成品拉伸总延伸系数$\lambda_{\Sigma K}$。

（3）根据该合金的两次退火间允许的总延伸系数λ_Σ'，确定中间退火次数N：

$$N=\lg\frac{\lambda_\Sigma}{\lambda_{\Sigma K}}\Big/\lg\lambda_\Sigma' \qquad (6\text{-}2\text{-}162)$$

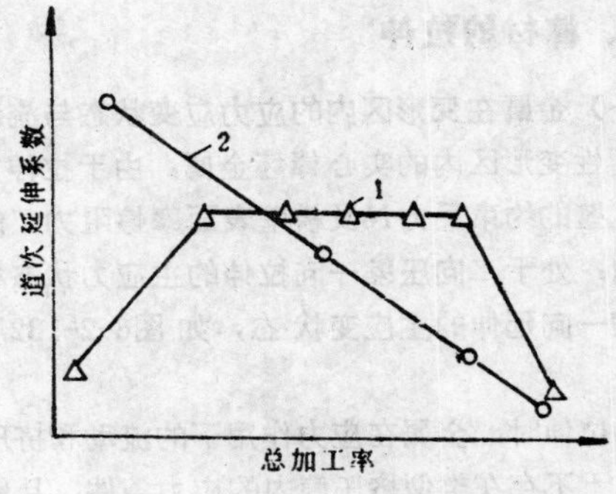

图 6-2-131　道次延伸系数分配方案

1—加工硬化速率低的合金，2—加工硬化速率高的合金

（4）根据该合金的允许道次平均延伸系数$\overline{\lambda}_n$和两次退火间允许的总延伸系数λ'_Σ，初步确定拉伸道次n：

$$n=\lg\lambda'_\Sigma/\lg\overline{\lambda}_n \quad (6\text{-}2\text{-}163)$$

（5）根据该合金的加工硬化速率，预分各道次的延伸系数λ_n。

一般按不同金属特性，有两种预分方案，如图6-2-131所示

（6）校核拉伸力P和各道次的安全系数K。

（四）拉伸坯料的温度

稀有金属的拉伸，除了钨钼及其合金必需加热坯料外，其它均在室温下进行。温度的提高，可降低钨、钼的变形抗力，提高可变形性（抗拉强度与屈服强度之差）和塑性，有利于拉伸过程的顺利进行。一般控制在再结晶温度和回复温度之间，如表6-2-45和6-2-46所列。钽、铌及其合金在高温下吸气而呈脆性，而在室温时塑性很好，故不便热加工，只在室温下拉伸。

表 6-2-45 钨及钨合金拉伸温度规范

拉伸机型号	直径范围 mm	加热温度，℃				备注
		W1、WAl	WTh7、WTh10 WTh15	WRe	WCe	
链式	3.00～1.30	1200～750	1250～800	1280～	1000～800	料温
MB-2500B	1.20～0.70	950～700	1000～750	1200～1100	—	料温
MB-1000B	0.65～0.43	850～600	850～700	1000～900	—	料温
MB-500B	0.40～0.28	750～550	800～600	850～650	—	炉温
MB-300B	0.26～0.10	700～500	750～550	800～600	—	炉温
MB-100B	0.10～0.04	600～450	—	700～550	—	炉温
MB-50B	0.038～0.010	500～400	—	—	—	炉温

表 6-2-46 钼及钼合金拉伸温度规范

拉伸机型号	直径范围 mm	加热温度，℃			备注
		Mo1、Mo2	Mo-W20	Mo-W50	
链式	3.00～1.90	850～650	1200～850	1200～850	料温
MB-2500B	1.80～0.80	850～600	950～800	950～800	料温
MB-1000B	0.72～0.46	650～550	850～700	850～700	料温
MB-500B	0.43～0.30	650～500	750～550	750～550	料温
MB-650B	0.43～0.30	650～500	750～550	750～550	料温
MB-300B	0.28～0.10	600～450	700～500	700～500	炉温
MB-100B	0.12～0.07	500～400	—	—	炉温

二、棒材的拉伸

（一）金属在变形区内的应力应变状态与流动

在塑性变形区内的实心棒坯金属，由于拉伸力P、模孔壁的约束反力N及模壁表面摩擦阻力T的共同作用，处于二向压缩一向拉伸的主应力状态和二向压缩一向延伸的主应变状态，如图6-2-132所示。

圆棒拉伸时，金属在应力作用下的流动和挤压相似。由于不存在类似挤压筒内的应力条件，且轴向主应力σ_l为拉应力，因此拉伸时的流动不均匀性远不及挤压时的复杂。如图6-2-133所示，这种流动不均匀总是中心部分的流动速度较表面周边层的

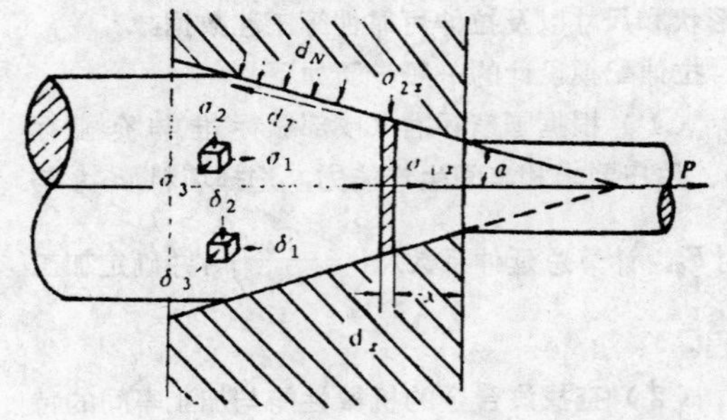

图 6-2-132 拉伸时的受力状态及变形力学图

P—拉伸力；d_N—反作用力；d_T—摩擦力；σ_1—主拉应力；σ_2、σ_3—主压应力

快。变形区入口断面上，中心部分对后刚端作用以迅速向前进入变形区的力，而模孔作用于后刚端以向后的摩擦阻力，致使入口断面的表面周边层的区域内，金属处于三向压缩的工作应力状态。而此处的侧表面为自由表面，因而局部区域内存在着一向压缩二向延伸的应变状态。于是在如图6-2-134所示的A区域内，坯料的径向流动形成为非接触的直径增大区。随着模角、道次延伸系数、接触界面摩擦以及拉伸速度的增加，形成三向压应力区的可能性越大，从而降低制品表面质量和产生金属粉屑。

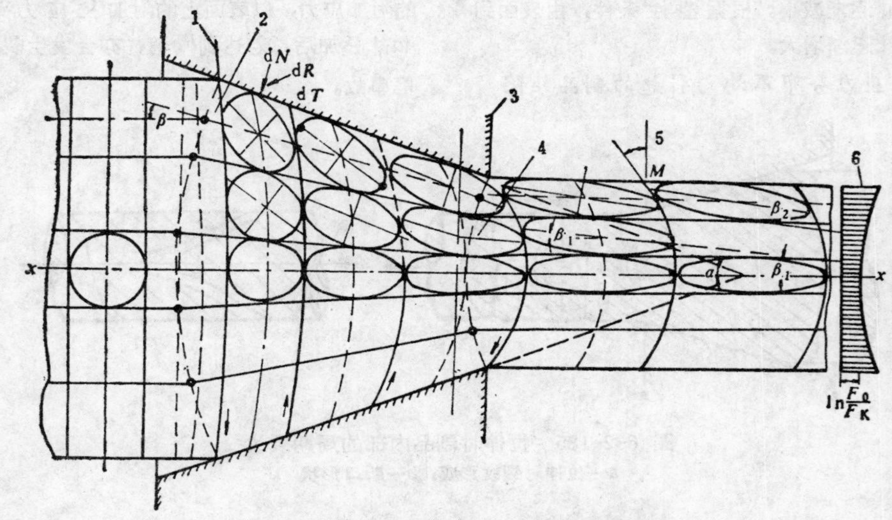

图 6-2-133　拉伸圆棒时的金属流动

1—变形区入口面；2—后端非接触变形区；3—变形区出口面；4—前端非接触变形区；5—M点的切变角；6—各层金属主变形分布图

（二）变形区的金属应力分布

1．应力强度（应力绝对值）沿轴向的分布

变形区的应力分布如表6-2-47所列。

沿轴向上的平均轴向应力强度以出口断面上最大：$|\sigma_l| = \sigma_z = \dfrac{P}{F}$；而坯料不受力，$|\sigma_l| = 0$。根

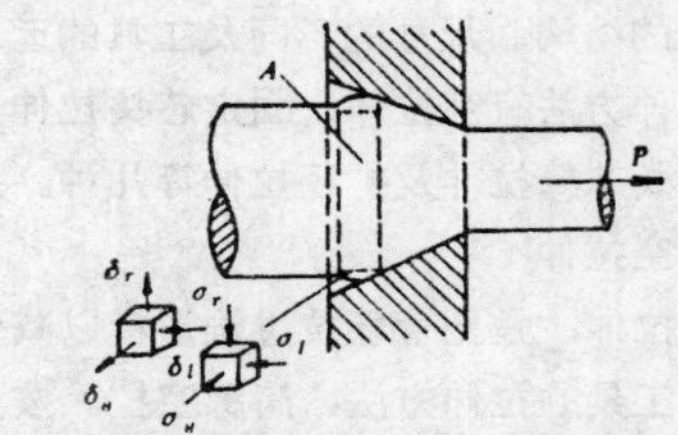

图 6-2-134　非接触直径增大区示意图

表 6-2-47　变形区的应力分布

变形区的位置		应力强度		
		轴向应力$\|\sigma_1\|$	径向应力$\|\sigma_r\|$	周向应力$\|\sigma_\theta\|$
沿轴向上	入口断面 出口断面	O_2 ↘ σ_z	$S_{T入}$ ↖ $S_{T出}-\sigma_z$	$S_{T入}$ ↗ $S_{T出}-\sigma_z$
沿径向上	表面周边区 中心	小 ↘ 大	大 ↖ 小	大 ↗ 小

注：1．沿轴向上和沿径向上，可用塑性方程式$|\sigma_1|+|\sigma_r|=S_T$分别确定$|\sigma_r|$和$|\sigma_1|$；

2．圆棒拉伸变形区内属轴对称变形条件，故$|\sigma_r|\approx|\sigma_\theta|$；

3．用箭头表示应力强度增大趋势。

据塑性条件，由入口到出口，$|\sigma_r|$和$|\sigma_\theta|$均由大变小。

2. 应力强度沿径向上的分布

沿径向上以表面上的径向与周向的应力强度最大。由表面周边区向中心，由于应力场强减弱，$|\sigma_r|$和$|\sigma_\theta|$逐渐减小。根据塑性条件，由表面到中心，$|\sigma_1|$逐渐增大。

3. 应力分布不均匀引起的制品缺陷

据沿断面上的应力分布可知，轴向主应力强度以中心处最大。当$|\sigma_1|\geqslant\sigma_b$时，产生棒材的中心周期裂纹。随着金属被拉出模孔，裂纹有向表面和尾部扩展的趋势。极限情况下，在表面撕裂拉断，断口呈锥形，如图6-2-135所示。流动不均匀引起的附加应力，以表面上的附加拉应力最大。它与$|\sigma_1|$叠加后，若达到σ_b值，亦会发生裂纹和拉断等事故。

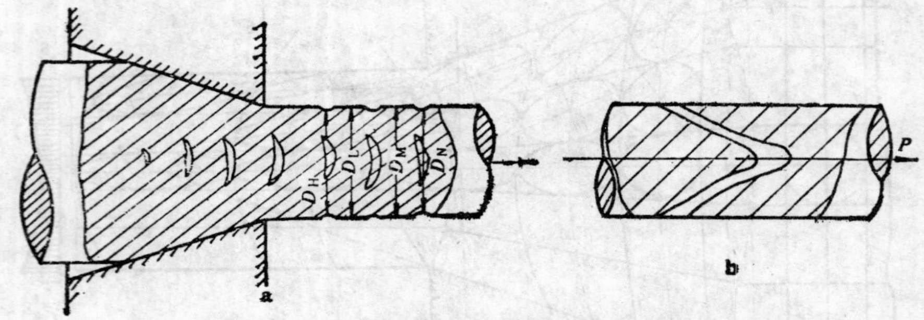

图 6-2-135　拉伸时制品内部的周期裂纹
a—拉伸时裂纹形成；b—断口形状

三、管材的拉伸

使用拉伸法生产管材比较普遍。依管材内有无工具、工具的结构、尺寸的不同及工具的运动状态等，管材拉伸方法有空拉伸、固定芯头拉伸、游动芯头拉伸、长芯棒拉伸及扩径拉伸等几种。

（一）空拉伸

管材空拉伸，是把管坯拉过锥形模以减少其外径而管内无工具的拉伸方法，简称空拉。按其工作特性亦可称为管材无芯头拉伸或减径拉伸。

根据空拉在管材生产工艺中的作用，可将其分为以下几种：

（1）开坯拉伸。充分利用材料（热加工后或退火后）的软状态下的高塑性，以几道次大变形量迅速减径的空拉伸工序。

（2）刨皮预拉伸。这种拉伸方法可为刨皮拉伸工序提供直的硬管。

（3）毛细管拉伸。由于工具设计、制造或操作上的不便，而难以实现芯头拉伸的一种小管或毛细管空拉伸工序。

（4）整径拉伸。将壁厚已符合要求而外径稍大的管材，一道次拉制成成品管材的精加工空拉工序。

（5）成型拉伸。将尺寸经过计算的圆管一道次空拉成异型管材的成型加工工序。

使用空拉伸法生产管材时，可在拉床上生产有限长的直管，亦可在圆盘拉伸机上生产（长度无限的）盘管。

1. 金属在变形区内的应力状态与流动

由于管材内无任何工具，在空拉时的塑性变形区内，金属受模子和夹头的作用力而处于两向（径向、周向）压缩和一向（轴向）拉伸的三向应力状态，因此整个变形区为减径区。内表面为自由表面，径向应力强度$|\sigma_r|$从模管界面上的最大迅速降到内表面上的零值。而周向应力强度$|\sigma_\theta|$则由外表面向内表面逐渐增大。因此，在空拉伸的变形区内，两者总的状态是$|\sigma_\theta|>|\sigma_r|$。

管材空拉时的应变状态，随工艺参数的组合关系不同而异：或是二向压缩一向延伸，或是生产条件下的一向压缩二向延伸。前者的状态，金属在产生轴向流动的同时出现壁厚减薄现象；后者的状态，金属还径向流动而产生壁厚增厚。

空拉时内表面的自由流动不均衡，产生了粗糙无光泽的“桔皮”外观缺陷。显然，变形程度越大，空拉道次越多，桔皮缺陷越严重。

2. 空拉时的壁厚变化规律

空拉时，应力应变状态和壁厚，皆随模子几何形状（α）、管材原始壁厚（t_0）、压缩率大小及摩擦状态而变化。

由图6-2-136(a) 可知：α逐渐增大，壁厚趋于增厚；当增厚值到达最大值时，α的进一步增大会因剪切变形引起的多余功提高而使增厚值减小，甚至产生壁厚减薄现象。一般，管坯壁厚越厚，出口壁厚增厚值越大；当出口壁厚t_K与管坯壁厚t_0之比达到最大值时，出口壁厚增厚值则会随着管坯壁厚进一步增大而减小，甚至产生壁厚$t_K < t_0$的现象。道次压缩率较大时，周向压应力强度提高，而使出口壁厚t_K增厚；若压缩率进一步增大使壁厚增厚值达到极限值后，则会因大的压缩率下轴向拉应力急剧

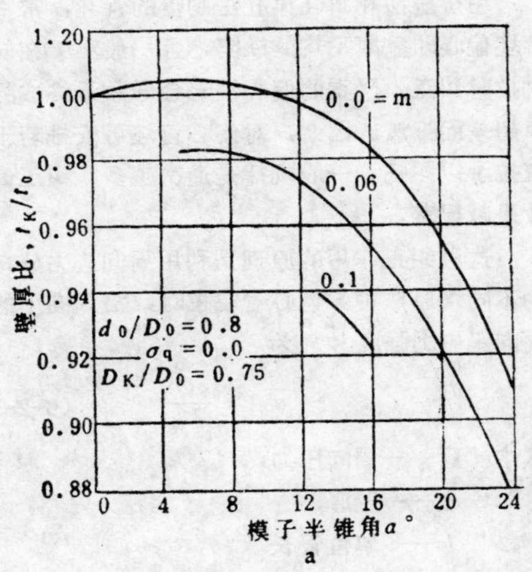

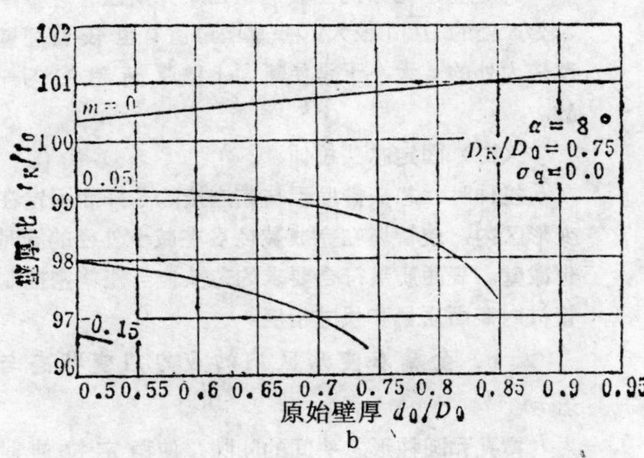

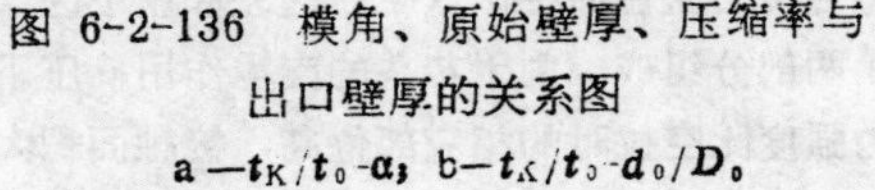

图 6-2-136　模角、原始壁厚、压缩率与出口壁厚的关系图

a—t_K/t_0-α；b—t_K/t_0-d_0/D_0

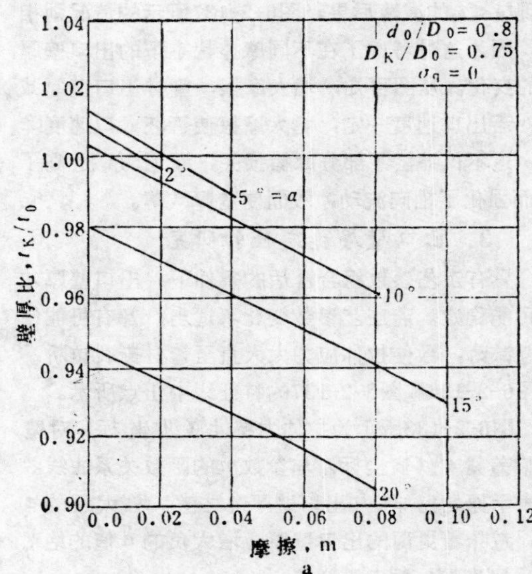

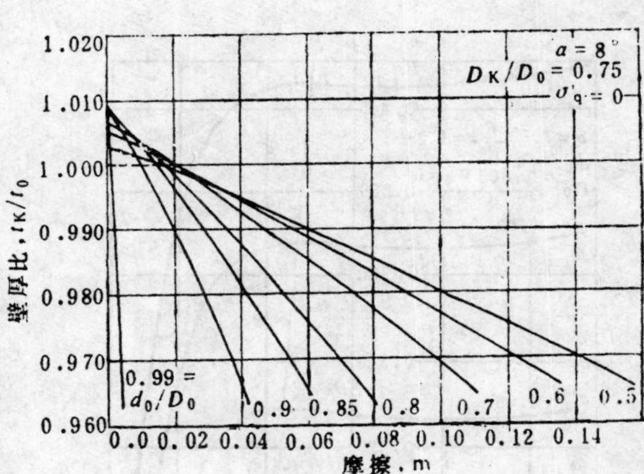

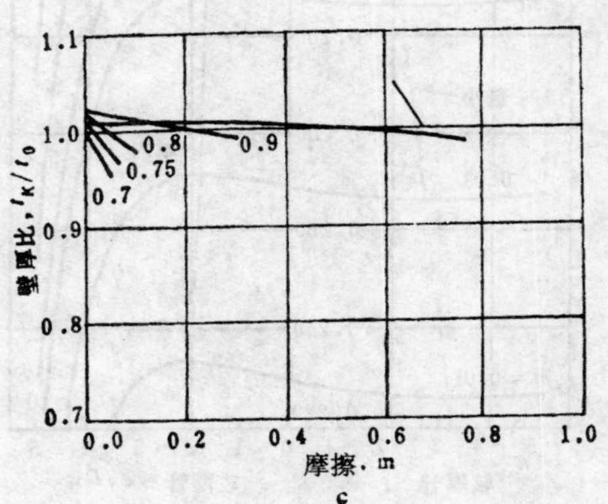

图 6-2-137　摩擦系数与出口壁厚的关系图

a—不同的α；b—不同的t_0；c—不同的R_K/R_0

增大，轴向流动倾向强烈，壁厚增厚值下降，甚至出现$t_K < t_0$的减薄后果。图6-2-137所示的情况则相反，因为这时考虑了在不同摩擦状态下的出口壁厚t_K的变化。从图可知，增大摩擦，管材出口壁厚减薄；若出口速度一定，增大摩擦使管坯入口速度降低，这不仅补偿了部分摩擦损失，而且亦提高了σ_1而强化了轴向流动，故而使壁厚减薄。

3．出口壁厚稳定性的研究

只有工艺参数组合合适的条件下，出口壁厚才有可能稳定。若工艺参数变化不适当，都有可能使管壁减薄，致使拉伸应力太大直至管材撕裂拉断，如图6-2-136和图6-2-137的特征线中止点所示。

图6-2-138所示为拉伸力特性（纵坐标）对壁厚偏差量e（横坐标）与参数m的函数关系曲线。e表示原始壁厚t_0与出口壁厚t_K之差。增大正的e值，意味着更薄的出口壁厚；增大负的e值的绝对值，则壁厚t_K倾向于增厚。

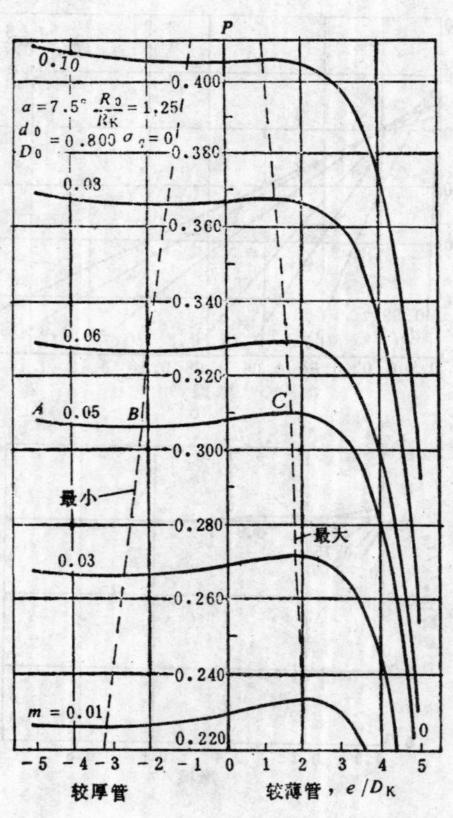

图 6-2-138　动力消耗特性对出口壁厚变化的关系曲线

当拉伸开始，壁厚减小，力P沿AB线下降直到获得B点的稳定壁厚为止。如任一工艺参数暂时变化，都可能使壁厚向B点向左边或右边移动，力也随之增大；一旦工艺参数暂时变化的条件消除，出口壁厚立即恢复到稳定值（B点）。当出口壁厚向B点的右边急剧变化到超过最大力点C时，变形状态则处于非逆转点，其时，变化不再是暂时的，即使此时排除了变化的条件也不能阻止管材继续变薄直至撕裂拉断。最大点C与最小点B间的距离表征了稳定性大小。由图可知，增大摩擦，B、C距离缩短，稳定性降低。

为使空拉有更高稳定性，最好在纵坐标左边的出口壁厚增厚条件下工作。

4．空拉纠正管材偏心的作用

用挤压法和斜轧穿孔法制得的管坯，常常存在管坯偏心即壁厚不均的缺陷，且一般难于在轧管和衬拉时纠正。严重的偏心缺陷会导致最终成品管壁厚超差而报废。因此，对偏心管坯可安排若干道次空拉予以纠正。一般规律是道次越多，纠正偏心的效果越显著。

这种纠正作用的原理是利用周向应力分布不均的不同增厚作用。偏心管空拉时，沿周向上的平均周向压应力强度$|\overline{\sigma}_\theta|$为

$$|\overline{\sigma}_\theta| = \frac{Q}{lt_0} \tag{6-2-164}$$

式中　Q——周向压力；

t_0——壁厚；

l——单位管长。

σ_θ是壁厚增厚的主要能量因素，所以管坯壁厚t_0较小处的$|\overline{\sigma}_\theta|$较大，壁厚增量值$e$也较管坯壁厚较大处的$e$大，于是使断面上壁厚渐趋均匀一致。

（二）固定芯头拉伸

拉伸时，芯头借助于与其连接的芯杆而固定在变形区内，使管坯在完成减径后在减小外径的同时也减壁。表面质量符合要求的芯头应当能精密控制管材内表面质量和尺寸精度。

1．金属在变形区内的应力应变状态与流动

模孔和圆柱形芯头间的间隙，使稳定拉伸时的塑性变形区由减径区（空拉区）和压下区（减壁区）两部分组成。由于芯头的支承作用，压下区的应力强度比空拉时的相应部位高，接触面积大，因

此拉伸应力比空拉时的大，道次加工率则比空拉时小。

较短的减径区不会引起显著的壁厚增量。在压下区，金属向拉伸方向流动。但由于芯头的作用，断面上流动与变形的不均匀性较空拉时有所改善。

2．芯头拉伸时的"震颤"缺陷

夹头牵引装置、芯杆和拉床都是弹性系统。管模间和管芯间的界面上，作用力大小与摩擦状态都难以在拉伸过程中保持不变。所以，芯头也有可能处于非工作状态。其结果，可能在管材内表面上出现光亮与粗糙交替、壁厚的厚薄相间的环状"震颤"或"环节"缺陷。

众所周知，相对滑动界面上的摩擦系数随速度增加而减小。在极限的静止状态下，摩擦系数达最大值。当拉伸开始时，芯头尚未接触管坯，管坯承受逐渐增大的拉力和较大的摩擦阻力而暂时不动，整个拉伸机系统处于弹性延伸的紧张状态。一旦拉伸力大到足以激发塑性变形过程时，管材开始流动并沿模孔滑动实现减径。较大的摩擦系数和拉伸力，使壁厚趋于变薄，不与芯头接触时的内表面具有桔皮的外观。随着速度提高，摩擦系数下降，拉伸力也下降。由于机架弹性延伸的释放，管材由慢速状态差不多瞬时加速到很高速度。在这种条件下，壁厚开始增厚，管材出口内径减小。当管坯内表面接触到芯头才开始带芯头的拉伸过程，管材内表面呈现出光亮外观。但机架弹性变形和拉伸力的弹性松弛作用，又使管材速度减慢甚至停止，拉伸力提高。此时，摩擦系数增大有可能使壁厚再度减薄而导致芯头与管材脱离接触。

芯杆越长，其弹性系统因自重产生弯曲的现象越严重，极易引起芯头离开其平稳位置，产生制品的周期性"震颤"缺陷。所以，生产中，固定芯头拉伸一般只用于在较短拉床上拉制不长的直管。

（三）游动芯头拉伸

管材游动芯头拉伸，是在固定芯头拉伸基础上发展而得的一种较好拉管工艺。可用于高速拉制较长管材，提高成品率。

管材游动芯头拉伸时，游动芯头依靠其自身的形状和管材作用于芯头上的轴向分力的平衡关系，保持在变形区平衡位置上实现稳定的拉伸过程，并可进行盘管拉伸。

1．变形区内游动芯头的稳定条件

变形区内的金属应力应变状态和固定芯头拉伸时相同。

实现游动芯头拉伸的关键是保证压应力轴向分量和摩擦阻力轴向分量之间的准确平衡。这种平衡导致总轴向力的零值和用于送芯头的芯杆内无张力。

如图6-2-139所示，芯头由芯尖Ⅰ、圆锥段Ⅱ和芯体Ⅲ三部分组成。拉伸时，管材作用于圆锥段表面一个正压力N_2和摩擦阻力T_2，作用于芯尖表面一个正压力N_1和摩擦阻力T_1。芯尖控制着管材内径。为了便于脱管，特别在拉制小直径的厚壁管时，芯尖往往不设计成圆柱形而设计成锥度很小的

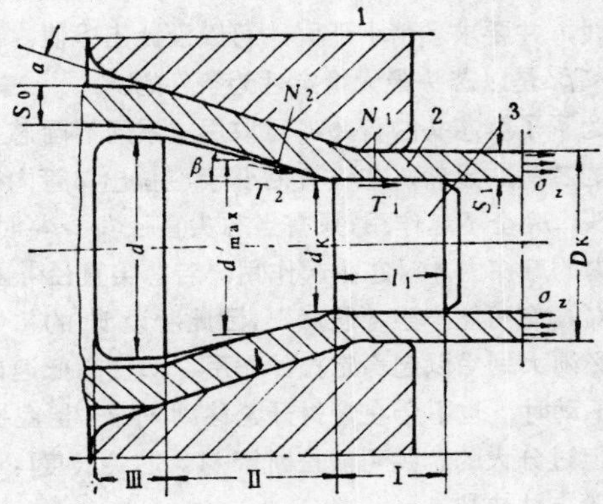

图 6-2-139 游动芯头拉伸时的受力条件

1—模子；2—管材；3—芯体

Ⅰ—芯尖；Ⅱ—圆锥段；Ⅲ—大圆柱段

圆锥形。当正确使用芯头时，要求：

$$N_2\sin\beta-(T_2\cos\beta+T_1)=0 \qquad (6\text{-}2\text{-}165)$$

所以

$$\beta>\rho \qquad (6\text{-}2\text{-}166)$$

式中 β——芯头圆锥段半锥角；

ρ——由摩擦系数确定的摩擦角。

随着芯头长度增加、摩擦系数增大以及芯头半锥角减小，摩擦阻力加大。于是，可根据式6-2-166和生产经验来设计芯头。

如果不能满足上述条件，芯头会在管材作用下不为零值的轴向分力作用下来回游动，并有可能被拉向出口。若芯体Ⅲ直径过小，可能被拉过模子而"消失"，成为空拉；若其直径比模子定径带的大，芯头向前游动时可能挤住管材，使壁厚减薄直至拉断。因此，为防止这种事故，要求所设计的芯头满足第二个条件：

$$\beta \leqslant \alpha \qquad (6\text{-}2\text{-}167)$$

式中 α —模子半锥角。

2．稳定芯头设计

游动芯头用于生产薄壁管材比较容易，生产厚壁管当壁厚过大时，其内径有可能比模孔更小而易于消失。

为得到芯头设计用数据，可采用同样的工艺条件进行空拉，中途停车取下管材，然后纵向切开测量出口管材内径d'_K和变形区锥形段内部半锥角β'。显然，空拉减径时管材内径d'_K稍小于游动芯头拉伸所要求的内径d_K，即空拉试验的出口管壁厚稍大于游动芯头拉伸的值。这个差值可用芯头半锥角β加以控制。根据实验条件所得的如图6-2-136 a 所示的特征线，并要求β稍小于β'，可以设计出β值。选择$\beta<\beta'$是以芯头最大稳定性为条件的。

为了了解芯头的行为，可取用一系列不同芯尖直径的芯头。显然，芯尖直径小于空拉出口管内径的芯头，完全不起作用；只有当芯尖直径$d_K>d'_K$时，管材内的摩擦力才对芯头起作用。若芯尖直径d_K稍大于d'_K，有可能产生"震颤"，因此所设计的芯尖直径必须大到足以起稳定拉伸作用，即使在低速或停滞不动时，也不会在管材开始移动时产生空拉伸。但过分大的芯尖可能拉断管材。芯尖长度l_1可用实验方法校核。

3．正常芯头拉伸时的极限曲线

如图6-2-140所示，横坐标与纵坐标分别表示管坯内径和芯尖直径。标的始值均为零，为实心棒

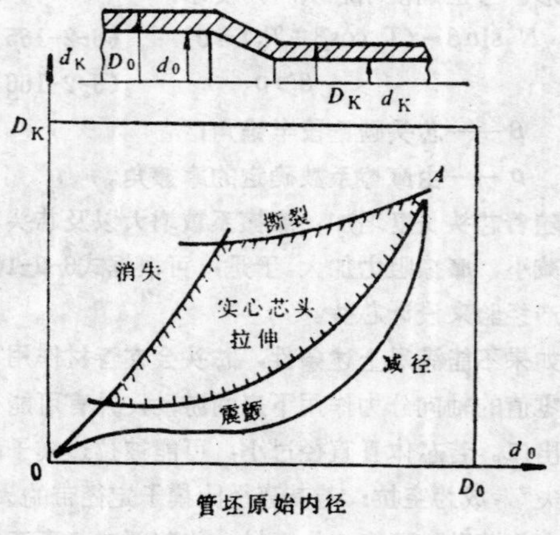

图 6-2-140 假想的正常芯头拉伸极限曲线

拉伸的实验条件，其终值表示出尽可能最薄管材的拉伸条件（$t_0\to0$，$t_K\to0$）。

最低的一条线显示出以所希望的速度空拉时可能得到的内径d'_K。这条线可以用实验法或分析法绘制。若芯头直径比该线对应的值小，则产生空拉过程，芯头不起作用。很薄的管材由于可能撕裂拉断而不能使用空拉法，而且在管材不能空拉的参数范围内永远不可能实现管材拉伸。

在"震颤"区上方，从下数起的第二条线，是为接近零速进行空拉的条件所绘制的。由于较低速度下摩擦较大，出口壁厚在低速下较薄。如果芯头稍微大一点— 在最低的线稍微上面一点，就可能发生"震颤"，因此，芯头直径必须稍微超过倒数第二条线。

最上面的两条线定义为管材撕裂拉断或芯头消失开始之前允许的最大直径。对较薄的管材和芯体直径较大的芯头来说不可能出现芯头消失；若芯尖直径太大，预计会出现撕裂。管材的撕裂极限可经实验确定。无论如何，芯尖直径永不能比图6-2-140中的A点所给出的最大值更大。

上述图6-2-136、6-2-137和6-2-140所示的各曲线，对成功地进行小直径厚壁管的生产是很有参考价值的。

（四）长芯棒拉伸

在管坯内套进长而硬的芯棒并同时拉过模子的拉伸方法，称为长芯棒（杆）拉伸或挤拉伸，如图6-2-141所示。为了退火或更换较小直径的芯棒以继续拉伸，应当脱管。脱管方法有两种。一种采用脱管模在拉床上将芯棒拉出，这种方法只适用于长度小于1～1.5m的管材。另一种采用专用的辗轧机，使管材通过轧辊时获得周向上的微小延伸，而达到使更长的管材脱管的目的。

1．金属在变形区内的应力应变状态与流动

在进行第一道次长芯棒拉伸时，应力应变状态与固定芯头拉伸时基本上相同。出口后的管材与芯棒同速运动，因此，压下区管芯界面上的金属流动速度低于芯棒运动速度。和固定芯头拉伸不同的是，管材内表面承受芯棒的摩擦力与拉伸方向一致的有助于拉伸的动力。于是拉伸条件相同时的拉伸力要比其它衬拉方法的低，据研究认为，拉伸力可能减小了15～20%。

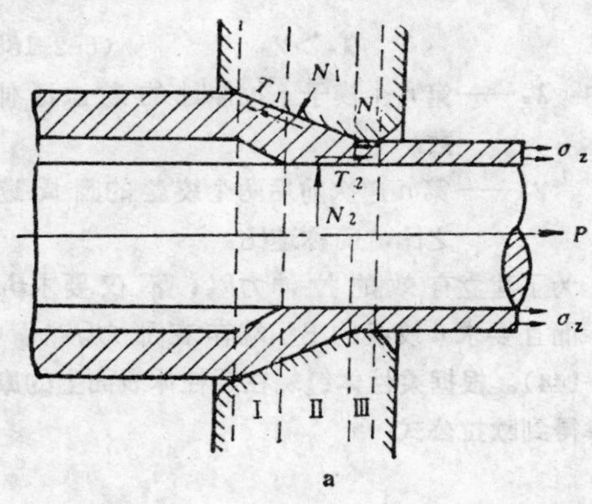

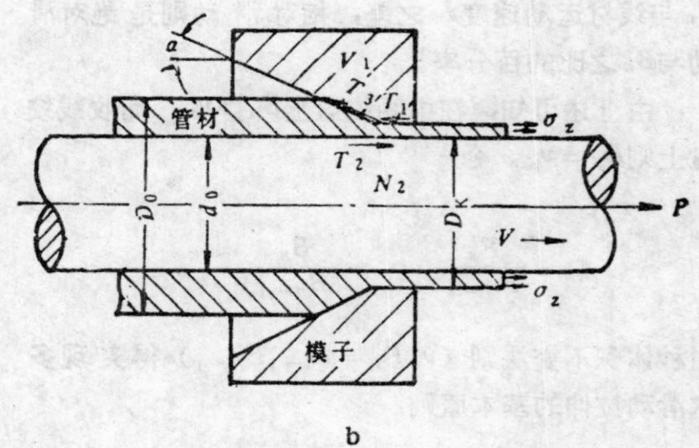

图 6-2-141　长芯棒拉伸时的作用力

a—第一道次；b—其它道次

由于变形区内金属断面上内外受力方向相反，长芯棒拉伸时的流动显然不均匀，内表面层流动高于外表面层。

支持在芯棒上的管材与芯棒同时承受所需的较低的拉伸力，且不大可能出现失稳变扁的缺陷，所以允许长芯棒拉伸时的道次延伸系数较高，一般可达到2.2，最大达到2.95。

2. 长芯棒拉伸的特点与应用

（1）道次延伸系数较大，可减少拉伸道次。特别对拉伸一道次便应退火的高冷硬速率的合金材料管，较为经济。

（2）由于芯棒的支承作用，可使用此法生产用别的衬拉法易于失稳凹陷或撕裂拉断的大直径薄壁管材，如ϕ30～50×0.2～0.3mm的管材。用此法已生产出壁厚薄到0.004～0.01mm的薄壁管。

（3）管材内壁质量与尺寸取决于长芯棒质量和尺寸。使用连续变断面的锥形芯棒，可拉制变壁厚管材。

（4）脱管时，特别是管材壁厚较薄时，常产生一些表面缺陷，脱管方法比较复杂；长芯棒加工困难。这些因素限制了长芯棒拉伸方法的应用范围。

四、线材的拉伸

使线坯通过模孔实现拉伸的方法，称为线材拉伸，亦称为拉线或拉丝。其拉伸过程和棒材相同，如图6-2-142所示。

（一）线材的拉伸过程

图 6-2-142　多次拉伸过程简图

1—放线架；2—拉模；3—中间绞盘；4—拉伸卷筒

1. 线材的一次拉伸过程

一般，粗线拉伸和简单加热拉伸采用一次拉伸，即线坯通过一个模子后卷取。其特点是道次加工率大，生产的线较短，拉伸速度慢，故生产率低。

2. 线材的多次拉伸过程

多次拉伸（图6-2-142），即线坯一次连续通过多个模子后卷取。其特点是总加工率大，拉伸速度快，自动化程度高。拉伸道次可根据被拉伸金属的允许总延伸系数、产品最终尺寸以及所要求的机械性能来确定。连续拉伸道次数通常为2～25。

带滑动的连续式多次拉伸如图6-2-143所示。

在滑动式拉伸机上生产线材时，在各中间绞盘上绕1～4圈的线材与绞盘间均产生滑动。拉伸过程中绞盘各级转数不能自动调整，只有在停机时调整，但不能改变绞盘速比。

带滑动的拉伸过程所使用的滑动指数有绝对滑动和相对滑动。绝对滑动是中间绞盘表面圆周速度

B_n与线材运动速度v_n之差，相对滑动则是绝对滑动与B_n之比的百分率。

由上述可知，在中间绞盘上$B_n>v_n$，而收线绞盘上则$B_K=v_K$。令

$$\lambda_n=\frac{F_n}{F_{n-1}},\ \gamma_n=\frac{B_n}{B_{n-1}}$$

由秒体积不变法则（$v_nF_n=v_{n-1}F_{n-1}$）得实现多次滑动拉伸的基本原则：

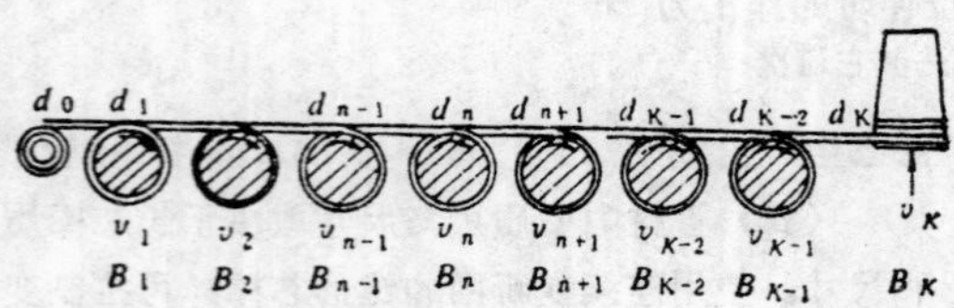

图 6-2-143 带滑动的多次拉伸过程简图

d—线材直径；*v*—线材速度；*B*—绞盘线速度

$$\lambda_n>\gamma_n \qquad (6\text{-}2\text{-}168)$$

式中 λ_n——第n个模子上拉伸时的道次延伸系数；

γ_n——第n道次前后两个绞盘的圆周速度之比，简称速比。

为了建立有效的拉伸力P_n，不仅要求$B_n>v_n$，而且要求n绞盘的出线端存在张力Q_{n+1}（图6-2-144）。根据柔性体缠绕在圆柱体表面上的摩擦定律得到欧拉公式：

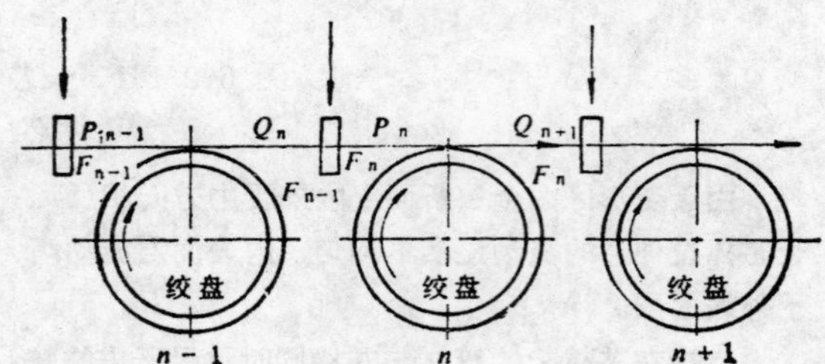

图 6-2-144 带滑动线材拉伸机上确定反拉应力的简图

$$P_n=Q_{n+1}e^{2\pi mf} \qquad (6\text{-}2\text{-}169)$$

式中 m——线材在绞盘上的缠绕圈数，一般$m\leqslant4$；

f——线材与绞盘间的摩擦系数；

$e^{2\pi mf}$可根据表6-2-48查找。

在正常滑动拉伸（$B_n>v_n$）时，第一道次外的各道次必然存在反拉力。一般，反拉力为拉伸力的15%左右。

表 6-2-48 $e^{2\pi mf}$值

m	f				
	0.05	0.075	0.10	0.15	0.20
1	1.37	1.60	1.87	2.57	3.51
1.5	1.60	2.03	2.57	4.11	6.59
2	1.87	2.57	3.51	6.59	12.35
2.5	2.19	3.25	4.81	10.55	23.14
3	2.57	4.11	6.59	16.90	43.38
3.5	3.00	5.20	9.02	27.08	81.31
4	3.51	6.59	12.35	43.38	152.41

缠绕在绞盘上的线材圈数应合理。若圈数过多，就会使滑动困难或完全没有滑动，此时$B_n=V_n$，必使$n-1$道的反拉力提高而导致断线。圈数过少，摩擦力较低，必须增加$n+1$道次的反拉力来实现n道次拉伸，这对稳定拉伸过程也是不利的。

目前，稀有金属线材尚未使用无滑动多次拉伸，在此不详述。

五、超声波技术在拉伸中的应用

超声波振荡技术在拉伸加工中使用如下。

1. 检查制品内部缺陷

可用超声波系统观测到来自金属内部裂纹的反射讯号，确定裂纹的尺寸和深度。当振荡前进并在垂直于裂缝或裂纹表面的方向上反射时，所得到的结果最好。为了探测到倾斜于表面的裂纹，最好放一个适当的楔子到振子下面，以使声波束以一角度传入。

2. 测量管材壁厚

超声波振荡测壁厚技术是以超高频率从管外激发振荡为基础的，并在管外以记录的形式来收集来自内部的反射。生产过程中可联机对周向上与轴向上的壁厚偏差进行测量。

3. 减小工具与制品界面上的摩擦

一般认为，超声波振荡可减小摩擦和改善拉伸制品的表面精度。可将振荡施加给模子、制品或者同时施加给润滑液，使润滑剂更好地渗透进接触界面。润滑剂的振荡，能把变形时产生的碎屑从界面

上清除掉，用环流和过滤的方法进一步清除润滑剂中的这些碎屑。于是，更为洁净的润滑剂起到了降低接触表面的摩擦与磨损作用。

衬拉时发现，超声波振荡对限制“震颤”是很有效的。一般只是在拉伸开始时才使用振荡。此时，摩擦开始降低，且使图6-2-145内从下数起的第二条线下降到更接近于底线。这样一来也就缩小并限制了可能产生“震颤”的范围。

4．清洗

小零件或模子的清洗浴，是把它们浸入到以超声波频率振荡着的清洗液内进行操作的。这种方法对清洗油污很有效。对用刷子和其它方法清洗内表面效果不甚好的短管和小盘管，此法也是很有效的。

5．降低拉伸力

实验发现，拉伸时对模子与芯施加超声波振荡，可以显著降低拉伸力，从而提高道次的加工率。作用于模子上的振荡方向有轴向、径向和周向三种，如图6-2-145所示

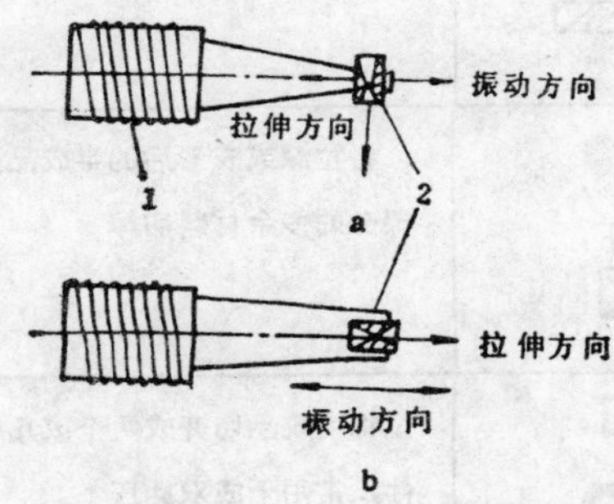

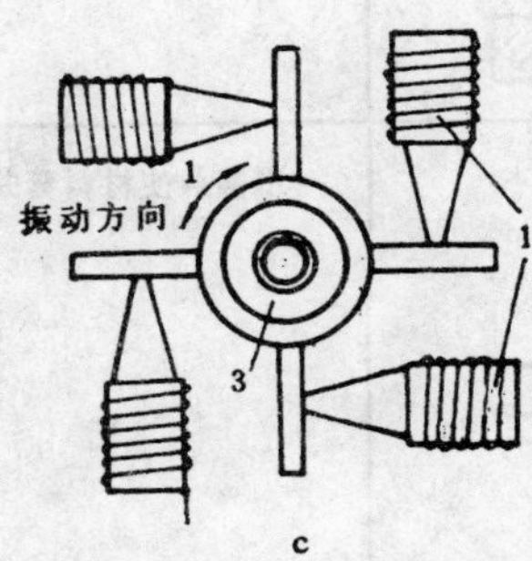

图 6-2-145 拉伸时的模子的振动方式

a—径向振动；b—轴向振动；c—周向振动

1—振子；2—模子；3—带外套的模子

超声波低频振荡时，模子对制品相对移动，但此过程因波长大于模子到绞盘的距离而不带波动性。利用机械振荡器和液压振荡器，可实现低频振荡，但振荡器的功率应保证模子在拉伸力作用下不停止振荡。

使用超声波高频振荡的拉伸，是一种波动过程。能产生共振的各种方法，都可防止制品在拉伸应力显著低于屈服极限条件下，出现“不受控软化”而被拉断的情况。实际上，高频振荡使变形区内金属晶格缺陷接受振动能后，位错势能提高，位错移动所需的剪切应力降低，从而因变形抗力降低而降低了拉伸力。

模子轴向振荡时，无论是低频还是高频，都只有在振动速度显著超过拉伸速度时，由于模子与制品间呈周期的接触与脱离，使摩擦力降低，从而降低了拉伸力，改善制品表面质量和提高模子寿命。当拉伸速度高达2～5m/s时，效果大为降低，甚至可能在拉伸速度与模子振动速度相等时，模子未能与制品接触，使效果消失。

模子径向振荡时，由于模子对制品的锻打作用而大大减少了轴向拉伸力，甚至出现无轴向力的情况。如果振荡器功率足够大，其振荡可强烈到足以产生塑性变形。

模子周向振荡时，随拉伸速度的提高，减小拉伸力的效果降低。

第七节 冲 压

一、概 述

所谓冲压加工通常是指利用模具借助压力机或其它设备对板料施加压力，使之分离或塑性变形，获得一定形状尺寸的零件的一种金属塑性加工方法。毛坯也可以是棒料、管材和型材等。

冲压加工按变形特点可分为剪切分离和变形成形两大类。基本工序如表6-2-49所示。

二、冲 裁

冲裁是直接制取零件或为其它成形工序准备毛坯的基本工序。

(一) 冲裁件的工艺性

冲裁件的工艺性就是冲裁件对冲压工艺的适应性。要生产出高质量合格的冲裁件，冲裁本身必须具有良好的工艺性。

1．冲裁件的形状和尺寸

表 6-2-49 冲压的基本工序

类别	工序		图例	工序性质
分离	冲裁	落料	工件 废料	用模具沿封闭线冲切板料，冲下的部分为工件，其余部分为废料
		冲孔	废料 工件	用模具沿封闭线冲切板材，冲下的部分是废料
	剪切			用剪刀或模具切断板材，切断线不封闭
	切口			在坯料上将板材部分切开，切口部分发生弯曲
	切边			将拉深或成形后的半成品边缘部分的多余材料切掉
	剖切			将半成品切开成两个或几个工件，常用于成双冲压
成形	弯曲			用模具使材料弯曲成一定形状
	卷圆			将板料端部卷圆

续表 6-2-49

类别	工序		图例	工序性质
成形	扭曲			将平板坯料的一部分相对于另一部分扭转一个角度
	拉延			将板料压制成空心工件，壁厚基本不变
	变薄拉延			用减小直径与壁厚，增加工件高度的方法来改变空心件的尺寸，得到要求的底厚、壁薄的工件
	翻边	孔的翻边	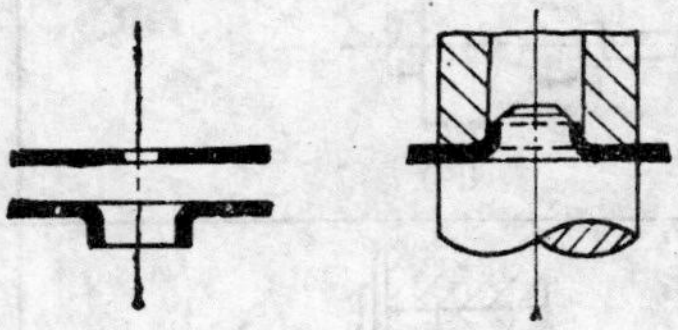	将板料或工件上有孔的边缘翻成竖立边缘
		外缘翻边		将工件的外缘翻起圆弧或曲线状的竖立边缘
	缩口			将空心件的口部缩小
	扩口			将空心件的口部扩大，常用于管子

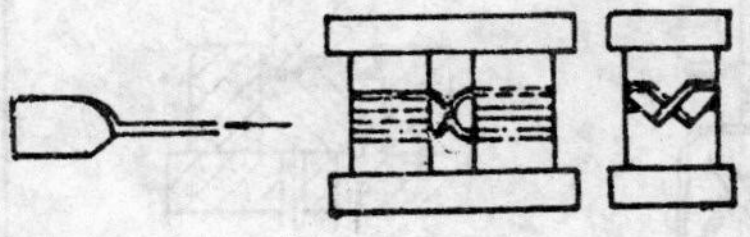

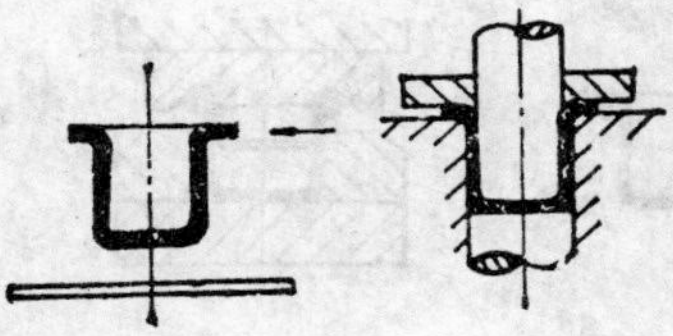

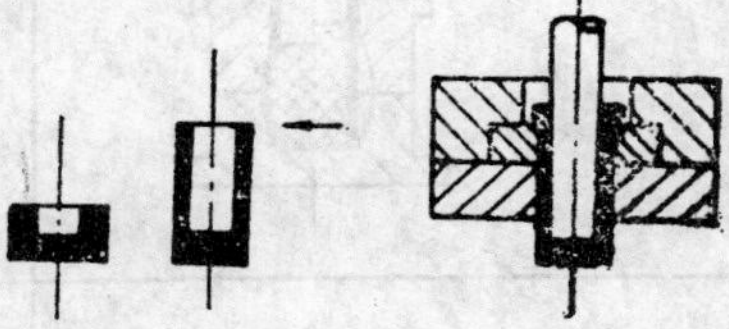

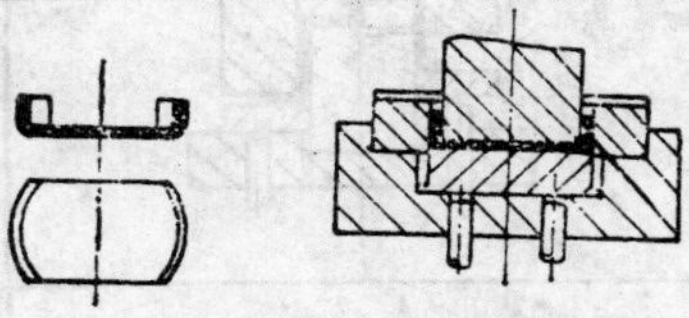

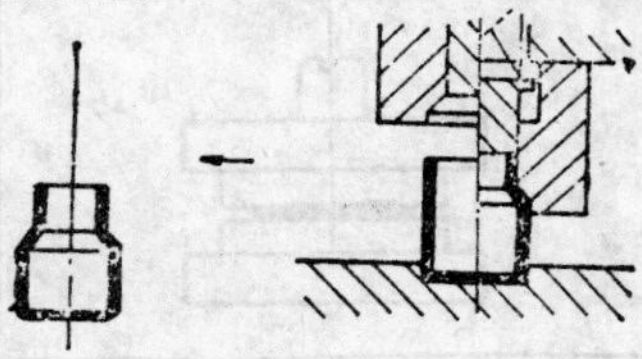

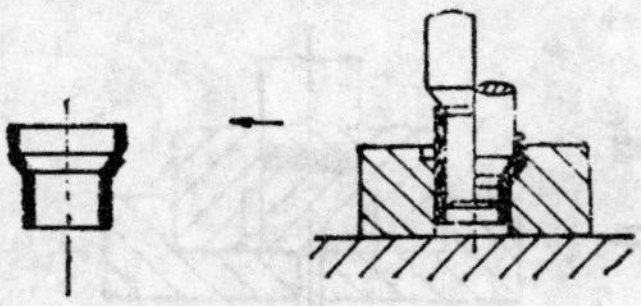

续表 6-2-49

类别	工序	图例	工序性质
成形	起伏	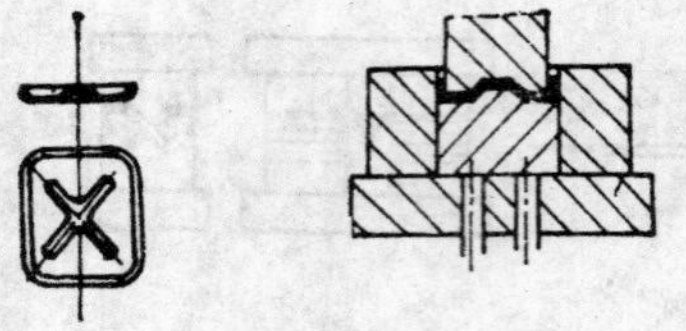	在板料或工件上压出筋条、花纹或文字，在起伏处的整个厚度上都有变薄
	卷边		将空心件的边缘卷成一定的形状
	胀形		使空心件（或管料）的一部分沿径向扩张，呈凸肚形
	旋压	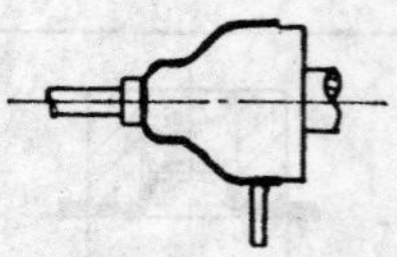	利用赶棒或滚轮将板料毛坯赶压成一定形状（分变薄与不变薄两种）
	整形	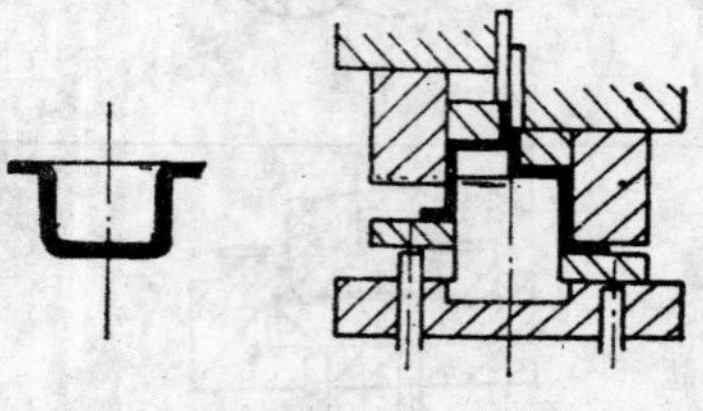	把形状不太准确的工件校正成形
	校平	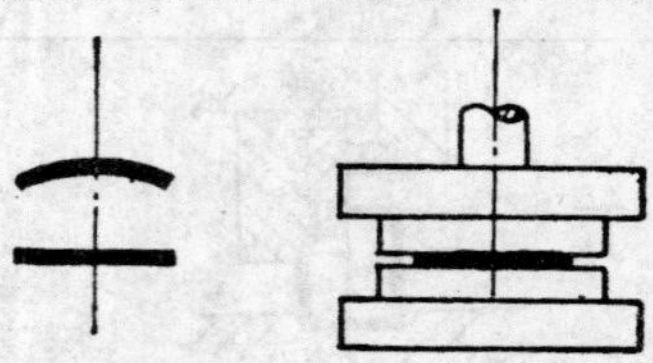	将毛坯或工件不平的面或弯曲予以压平
	压印	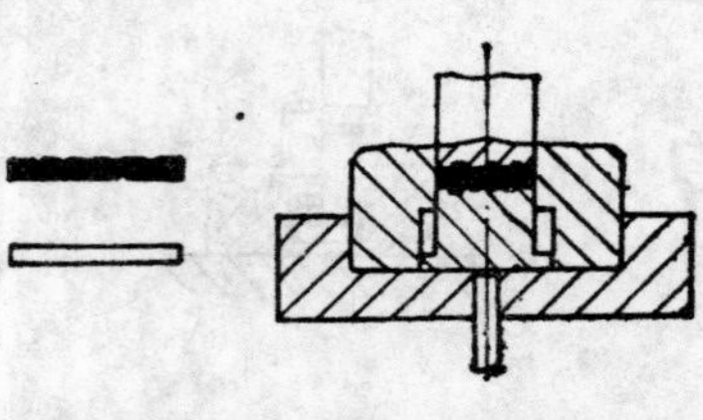	改变工件厚度，在表面上压出文字或花纹

续表 6-2-49

类别	工序		图例	工序性质
成形	挤压	正挤压		凹模腔内的金属毛坯在凸模压力的作用下，处于塑性变形状态，使其由凹模孔挤出，金属流动的方向与凸模运动方向相同
		反挤压		金属挤压过程中，沿凸模与凹模的间隙塑流，其流动方向与凸模运动方向相反
		复合挤压		正挤与反挤的结合

（1）冲裁件的形状尽可能设计成简单、对称，以达到排样时废料最少。

（2）冲裁件的外形或内孔应避免尖锐的清角。除属于无废料冲裁或采用镶拼结构模具外，宜有一定的过渡圆角。

（3）冲裁件的悬臂和凹槽宽度不宜过小。

（4）冲孔的孔径不宜太小，最小孔径值与孔的形状，材料的机械性能、板料厚度有关。

（5）冲裁件的孔与孔之间，孔与边缘之间的距离不应过小。其允许值见图6-2-146。

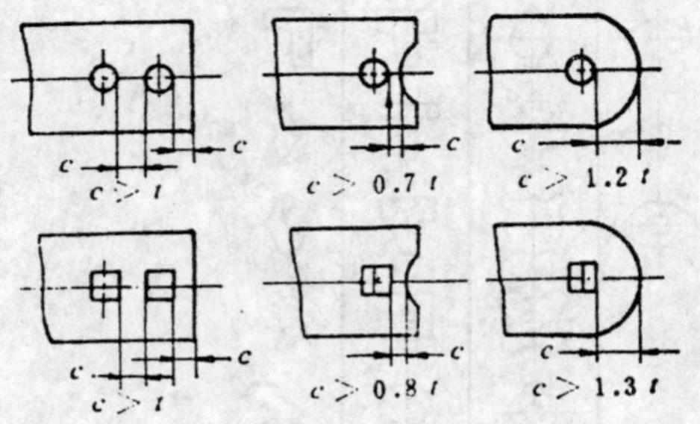

图 6-2-146　孔边距的最小数值

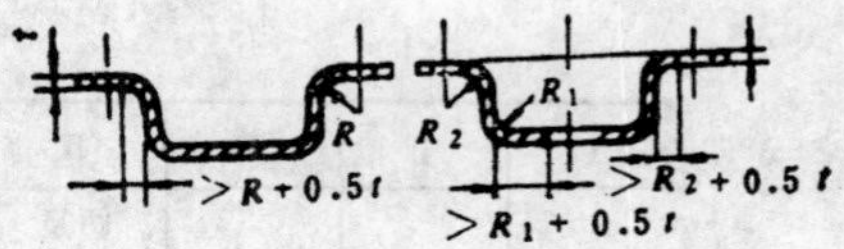

图 6-2-147　弯曲或拉伸件上冲孔的合适位置

（6）在弯曲或拉伸件上冲孔时，孔边与工件直壁之间应保持一定距离，以免冲孔时，使凸模受水平推力而折断或加速磨损，如图6-2-147。

（7）冲矩形孔，若模具加工不用电加工设备，其两端宜用圆弧连接，否则对整体凹模只好进行手工修整。

同理，对于矩形工件两端宜用圆弧连接，其半径应为工件宽度之半。

若采用两侧无废料冲裁，排样如图6-2-148。

无偏差时，$R=\frac{B}{2}$（图中a），为避免因条料出现正偏差时产生凸台(图中b)，最好$R>\frac{B+\Delta}{2}$（图中c）。

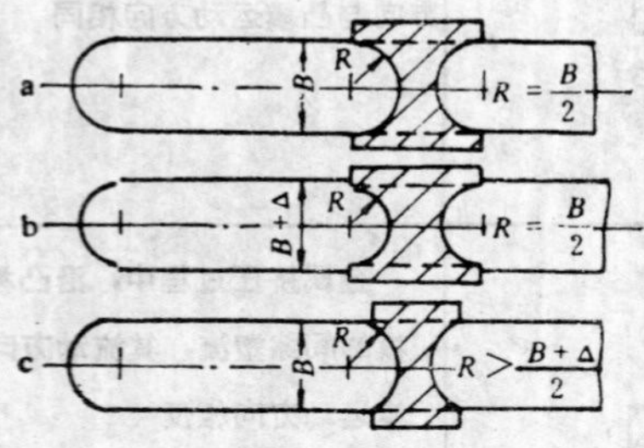

图 6-2-148 工件两端圆弧半径和条料宽度的关系

a—无偏差情况；b—出现正偏差产生凸台的情况；c—采用$R>\frac{B+\Delta}{2}$的情况

2. 冲裁件的精度和光洁度

冲裁件内外形的经济精度不高于GB1800—79IT11级。一般要求落料件精度最好低于IT10级，冲孔件最好低于IT9级，具体数值参见有关手册。

普通冲裁件的粗糙度，一般在12.5μm以下，参见表6-2-50。

冲裁件断面光亮带的宽度取决于材料机械性能，板厚，凸、凹模刃口间隙大小和锋利程度。

（二）排样和搭边

1. 零件外形的分类

排样的方法和零件的外形有关。零件外形大致可分成9大类，如表6-2-51所示。

2. 排样

所谓排样是指冲裁零件在条料、带料或板料上布置的方法。排样的好坏直接影响材料的利用率、模具制造的难易、冲裁件的质量和成本等。在工艺方案确定和模具设计时，如何排样是必须首先加以考虑的重要问题。

常见的排样类型如表6-2-52。

表 6-2-50 一般冲裁件剪断面的近似粗糙度

材料厚度t，mm	≤1	>1～2	>2～3	>3～4	>4～5
粗糙度，μm	3.2	6.3	12.5	25	50

表 6-2-51 零件外形

Ⅰ	Ⅱ	Ⅲ	Ⅳ	Ⅴ	Ⅵ	Ⅶ	Ⅷ	Ⅸ
方形	梯形	三角形	圆及多边形	半圆及山字形	椭圆及盘形	十字形	丁字形	角尺形

表 6-2-52 常见的排样类型

排样类型	排列简图	
	有搭边	无搭边
直排		
单行排列		
多行排列		
斜排列		
对头直排		
对头斜排		

2-53 冲裁金属材料的搭边值（mm）

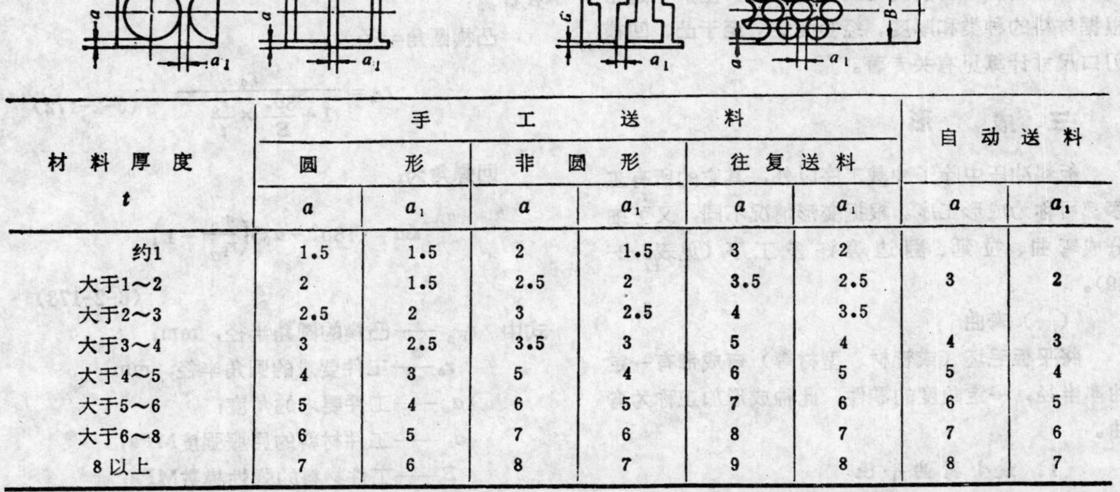

材料厚度 t	手工送料						自动送料	
	圆形		非圆形		往复送料			
	a	a_1	a	a_1	a	a_1	a	a_1
约1	1.5	1.5	2	1.5	2			
大于1～2	2	1.5	2.5	2	3.5	2.5	3	2
大于2～3	2.5	2	3	2.5	4	3.5		
大于3～4	3	2.5	3.5	3	5	4	4	3
大于4～5	4	3	5	4	6	5	5	4
大于5～6	5	4	6	5	7	6	6	5
大于6～8	6	5	7	6	8	7	7	6
8以上	7	6	8	7	9	8	8	7

注：1. 冲非金属材料（皮革、纸板、石棉板等）时，搭边值应乘1.5～2；2. 有侧刃的搭边$a'=0.75a$。

3．搭边值与条料宽度

一般金属材料冲裁时的搭边值见表6-2-53（适用于大尺寸零件）。

4．材料利用率

冲裁时，板料的总利用率$\eta_{总}$由下式计算：

$$\eta_{总}=\frac{n_{总}F}{AB}\times 100\% \qquad (6\text{-}2\text{-}170)$$

式中　$n_{总}$——一张板料上冲裁件总数目；

A, B——板料的长度和宽度，mm；

F——冲裁件的面积，mm^2。

（三）冲裁凸凹模间隙及刃口尺寸设计

1．间隙对冲裁件断面质量的影响

冲裁件的断面正常情况下大致由四部分组成（如图6-2-149），各部分比例大小随材料的种类、厚度、形状和模具不同而异。凸凹模间隙大小对断面的质量影响极大。随间隙的变小，塌角、剪断面及毛刺变小，而剪切面变大。

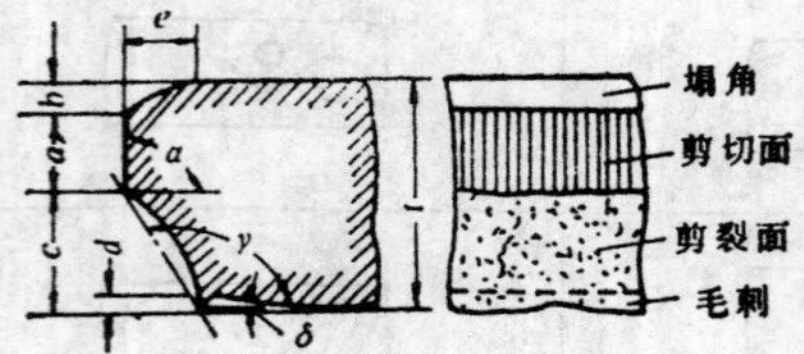

图 6-2-149　剪切断面形状

2．合理间隙值的确定

确定合理的间隙是设计冲裁模、保证冲裁件质量的关键所在，目前尚无统一的方法。生产中通常根据材料的种类和厚度、经验而定。至于凸、凹模刃口尺寸计算见有关专著。

三、成　形

板料冲压中除了冲裁工序以外，其它的所有工序都可称为成形工序。根据变形情况不同，又可细分成弯曲、拉延、翻边等许多工序（见表6-2-49）。

（一）弯曲

将平板毛坯（或管材、型材等）弯成带有一定曲率半径，一定角度的零件，此种成形加工称为弯曲。

1．最小弯曲半径

弯曲半径不能过小，过小将导致弯曲件的开裂。不同材料的最小弯曲半径可参见有关专著。

2．弯曲件的回弹

由于金属板料塑性变形的同时总是伴随有一定量的弹性变形，而且弯曲部分的内外回弹效果叠加，造成弯曲件卸载后有较大的尺寸变化，其中包括角度的变化和曲率的变化。为了提高弯曲工件的精度，必须正确估算回弹值，并在模具设计时给予充分考虑。

回弹与材料的机械性能、厚度、弯曲半径及弯曲力等许多因素有关。理论上要计算回弹值是较困难的，通常按经验值确定，在试模时修正。回弹角用$\Delta\alpha$表示（图6-2-150）：

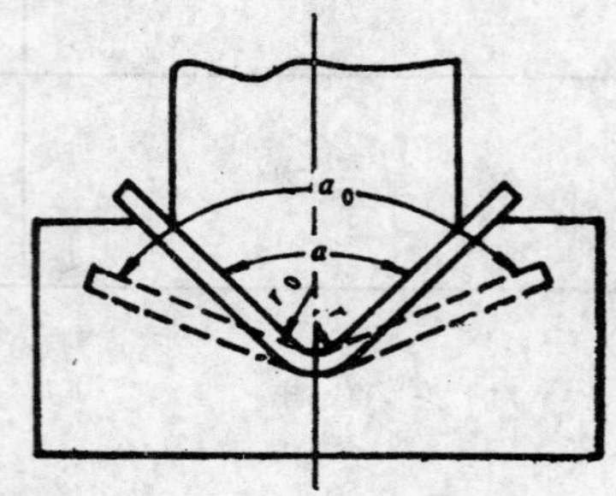

图 6-2-150　弯曲时的回弹

$$\Delta\alpha=\alpha_0-\alpha \qquad (6\text{-}2\text{-}171)$$

式中　α——模具的角度；

α_0——弯曲卸载后工件的实际角度。

当$r/t\geqslant 0$时（图6-2-151），回弹主要取决于材料的机械性能，所以凸模圆角半径和回弹角可按下式计算：

凸模圆角半径为：

$$r_{凸}=\frac{r_0}{1+\frac{3\sigma_s}{E}\times\frac{r_0}{t}} \qquad (6\text{-}2\text{-}172)$$

回弹角为：

$$\Delta\alpha=(180°-\alpha_0)\left(\frac{r_0}{r_{F_2}}-1\right) \qquad (6\text{-}2\text{-}173)$$

式中　r_{F_2}——凸模的圆角半径，mm；

r_0——工件要求的圆角半径，mm；

α_0——工件要求的角度；

σ_s——工件材料的屈服强度MPa；

E——工件材料的弹性模数MPa；

t——工件材料厚度，mm。

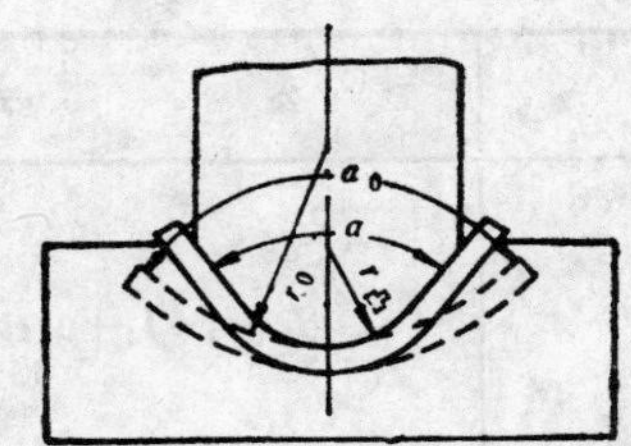

图 6-2-151 弯曲半径较大时（$r/t\geqslant10$）的回弹

3．弯曲件展开毛坯尺寸计算

（1）当圆角半径 $r>\frac{1}{2}t$时，毛坯总长为：

$$L=a+b+c+d+\sum_{i=1}^{n}l_i \qquad (6\text{-}2\text{-}174)$$

各弯曲部分长度为：

$$l_i=\frac{\pi e_i\,\alpha_i}{180°} \qquad (6\text{-}2\text{-}175)$$

中性层弯曲半径为：

$$R_i=r_i+x_i\,t \qquad (6\text{-}2\text{-}176)$$

式中 x_i——中性层内移系数（见表6-2-54）。

（2）当无圆角半径或圆角半径 $r<\frac{1}{2}t$ 时，可按表6-2-55所列公式进行计算。

自由弯曲时的弯曲力

对于V形件弯曲（图6-2-152a）

$$P=\frac{0.6KBt^2\sigma_b}{r+t},\ \text{N} \qquad (6\text{-}2\text{-}177)$$

对于U形件弯曲（图6-2-152b）

$$P=\frac{0.7KBt^2\sigma_b}{r+t},\ \text{N} \qquad (6\text{-}2\text{-}178)$$

式中 P——冲压弯曲结束时的弯曲力，N；

B——弯曲件的宽度，mm；

t——弯曲件材料的厚度，mm；

r——弯曲件弯曲内半径，mm；

σ_b——弯曲件材料的强度极限，MPa；

K——安全系数，通常取$K=1.3$。

图 6-2-152 自由弯曲

a—V形件弯曲；b—U形件弯曲

校正弯曲时的校正弯曲力P等于校正部分投影面积F与单位校正力q的乘积($P=Fq$)。

4．弯曲模工作部分设计

（1）凸凹模间隙

U形件弯曲时，凸凹模间隙（图6-2-153）可按下式计算：

$$z=t+\Delta+ct \qquad (6\text{-}2\text{-}179)$$

式中 z——凸凹模单边间隙，mm；

t——料厚，mm；

Δ——料厚正偏差，mm；

c——系数，由弯曲件高度和弯曲线长度决定，具体可查表6-2-56。

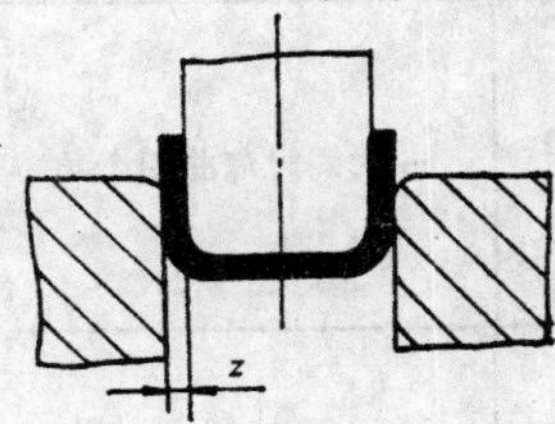

图 6-2-153 弯曲模间隙

表 6-2-54 中性层内移系数x值

r/t	0.1	0.2	0.3	0.4	0.5	0.6	0.7	0.8	1	1.2
x	0.21	0.22	0.23	0.24	0.25	0.26	0.28	0.30	0.32	0.33
r/t	1.3	1.5	2	2.5	3	4	5	6	7	≥8
x	0.34	0.36	0.38	0.39	0.40	0.42	0.44	0.46	0.48	0.50

表 6-2-55　$r<0.5t$的弯曲件毛坯尺寸计算表

序号	弯曲特征	简图	公式
1	弯曲一个角		$L=l_1+l_2+0.4t$
2	弯曲一个角		$L=l_1+l_2-0.43t$
3	一次同时弯曲两个角		$L=l_1+l_2+l_3+0.6t$
4	一次同时弯曲三个角		$L=l_1+l_2+l_3+l_4+0.75t$
5	一次同时弯曲二个角，第二次弯曲另一个角		$L=l_1+l_2+l_3+l_4+t$
6	一次同时弯曲四个角		$L=l_1+2l_2+2l_3+t$
7	分为两次弯曲四个角		$L=l_1+2l_2+2l_3+1.2t$

对于精度要求较高的弯曲件，其凸凹模间隙亦可取$z=t$。

V形件弯曲时，凸凹模间隙完全靠调整压床下死点位置加以控制，无须设计确定。

（2）凸凹模尺寸

1）宽度（图6-2-154）可按表6-2-57所列方法确定。

2）凸凹模的圆角半径

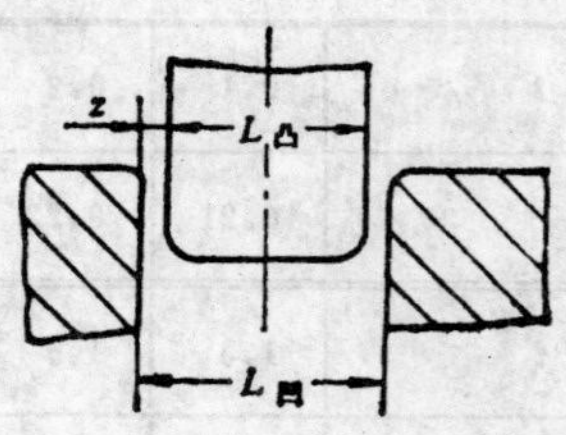

图 6-2-154　弯曲模工作部分尺寸

表 6-2-56 系数 c 的数值

<table>
<tr><td>弯曲件高度</td><td colspan="9">材料厚度 t, mm</td></tr>
<tr><td rowspan="2">h, mm</td><td><0.5</td><td>0.6～2</td><td>2.1～4</td><td>4.1～5</td><td><0.5</td><td>0.6～2</td><td>2.1～4</td><td>4.1～7.5</td><td>7.6～12</td></tr>
<tr><td colspan="4">$B\leqslant 2H$</td><td colspan="5">$B>2H$</td></tr>
<tr><td>10</td><td rowspan="2">0.05</td><td rowspan="3">0.05</td><td rowspan="3">0.04</td><td>—</td><td rowspan="2">0.10</td><td rowspan="3">0.10</td><td rowspan="3">0.08</td><td>—</td><td>—</td></tr>
<tr><td>20</td><td rowspan="2">0.03</td><td rowspan="3">0.06</td><td rowspan="3">0.06</td></tr>
<tr><td>35</td><td>0.07</td><td>0.15</td></tr>
<tr><td>50</td><td rowspan="2">0.10</td><td rowspan="3">0.07</td><td rowspan="3">0.05</td><td>0.04</td><td rowspan="2">0.20</td><td rowspan="3">0.15</td><td rowspan="3">0.10</td></tr>
<tr><td>75</td><td rowspan="3">0.05</td><td rowspan="3">0.10</td><td rowspan="2">0.08</td></tr>
<tr><td>100</td><td>—</td><td>—</td></tr>
<tr><td>150</td><td>—</td><td rowspan="2">0.10</td><td rowspan="2">0.07</td><td>—</td><td rowspan="2">0.20</td><td rowspan="2">0.15</td><td rowspan="2">0.10</td></tr>
<tr><td>200</td><td>—</td><td>0.07</td><td>—</td><td>0.15</td></tr>
</table>

表 6-2-57 凸、凹模工作部分尺寸计算

<table>
<tr><td>工件尺寸标注方式</td><td>工件简图</td><td>凹模尺寸</td><td>凸模尺寸</td></tr>
<tr><td rowspan="2">用外形尺寸标注</td><td>L ± Δ</td><td>$L_{\text{凹}}=\left(L-\frac{1}{2}\Delta\right)^{+\delta_{\text{凹}}}$</td><td rowspan="2">$L_{\text{凸}}$按凹模尺寸配制，保证双面间隙为$2z$或
$L_{\text{凸}}=(L_{\text{凹}}-2z)_{-\delta_{\text{凹}}}$</td></tr>
<tr><td>$L_{-\Delta}$</td><td>$L_{\text{凹}}=\left(L-\frac{3}{4}\Delta\right)^{+\delta_{\text{凹}}}$</td></tr>
<tr><td rowspan="2">用内形尺寸标注</td><td>L ± Δ</td><td rowspan="2">$L_{\text{凹}}$按凸模尺寸配制，保证双面间隙为$2z$或
$L_{\text{凹}}=(L_{\text{凸}}+2z)+\delta_{\text{凹}}$</td><td>$L_{\text{凸}}=\left(L+\frac{1}{2}\Delta\right)_{-\delta_{\text{凹}}}$</td></tr>
<tr><td>$L^{+\Delta}$</td><td>$L_{\text{凸}}=\left(L+\frac{3}{4}\Delta\right)_{-\delta_{\text{凹}}}$</td></tr>
</table>

注：$L_{\text{凸}}$、$L_{\text{凹}}$—弯曲凸、凹模宽度尺寸，mm；

z—弯曲凸凹模单边间隙，mm；

L—弯曲件外形或内形的基本尺寸，mm；

Δ—弯曲件的尺寸偏差，mm；

$\delta_{\text{凸}}$、$\delta_{\text{凹}}$—弯曲凸、凹模制造公差，采用 I T7～I T9级。

当弯曲件内半径 r 大于允许的最小弯曲半径时，取凸模圆角半径$r_{\text{凸}}=r$；反之，需增加整形工序，先取凸模圆角半径稍大于最小弯曲半径 $r_{F_2}>r_{min}$。再整形达到零件要求的圆角半径 r。

凹模的圆角半径一般要大于3mm，可参照表6-2-58选取。

3）凹模深度和V形件凹模底部圆角

凹模深度，可查表6-2-58。

V形件凹模底部可开退刀槽或取圆角过渡，其值$r_{\text{底}}$（见表6-2-58的图）为：

表 6-2-58 凹模圆角半径与凹模深度（mm）

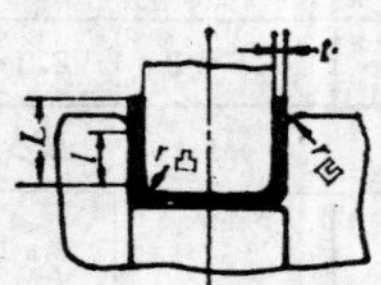
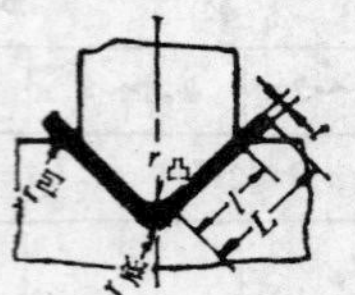

料 厚 t	～0.5		0.5～2.0		2.0～4.0		4.0～7.0	
边 长 L	l	$r_{凹}$	l	$r_{凹}$	l	$r_{凹}$	l	$r_{凹}$
10	6	3	10	3	10	4		
20	8	3	12	4	15	5	20	8
35	12	4	15	5	20	6	25	8
50	15	5	20	6	25	8	30	10
75	20	6	25	8	30	10	35	12
100			30	10	35	12	40	15
150			35	12	40	15	50	20
200			45	15	55	20	65	25

表 6-2-59 影响拉延系数的主要因素

序 号	因 素	对 拉 延 系 数 的 影 响
1	材料性能 (σ_s，σ_b，ψ，g)	材料的机械性能对拉延系数的影响是最基本的，材料塑性好（即g，ψ大），且屈强比小（即σ_s/σ_b小），则m可小些。对于拉延件，一般选用含碳量很低的05，08，10号深拉延钢板或塑性好的铝、铜等有色金属
2	材料的相对厚度 $\left(\frac{t}{D}\right)$	材料相对厚度是m值的一个重要影响因素，t/D大则m可小；反之，m要大，因愈薄的材料拉延时，愈易失去稳定而起皱
3	拉延道次	在拉延之后，材料会产生冷作硬化，塑性降低。故第一次拉延，m值最小，以后各道依次增加。只有当工序间增加了退火工序，才可再取较小的拉延系数
4	拉深方式 （用或不用压边圈）	有压边圈时，因不易起皱，m可取得小些；不用压边圈时，m要取大些
5	凹模和凸模圆角半径 ($r_{凹}$和$r_{凸}$)	凹模圆角半径较大，m可小，因拉延时，圆角处弯曲力小，且金属容易流动，摩擦阻力小。但$r_{凹}$太大时，毛坯在压边圈下的压边面积减小，容易起皱 凸模圆角半径较大，m可小；而$r_{凸}$过小，易使危险断面变薄，严重时还会导致破裂
6	润滑条件及模具情况	模具表面光滑，间隙正常，润滑良好，均可改善金属流动条件，有助于拉延系数的减小
7	拉延速度 (v)	一般拉延速度对拉延系数影响不大。但对于复杂大型拉延件，由于变形复杂且不均匀，若拉延速度过高，会使局部变形加剧，不易向邻近部位扩展，而导致破裂。另外，对速度敏感的金属(如钛合金、不锈钢、耐热钢)，拉延速度大时，拉延系数应适当增加

表 6-2-60 部分稀有金属材料的拉延系数（无凸缘筒形件的拉延）

材料名称	牌号	第一次拉延m_1	以后各次拉延m_n
钼铱合金		0.72～0.82	0.91～0.97
钽		0.65～0.67	0.84～0.87
铌		0.65～0.67	0.84～0.87
钛及钛合金	TA2、TA3、TA5	0.58～0.60	0.80～0.85
		0.60～0.65	0.80～0.85
锌		0.65～0.70	0.85～0.90

$$r_{底}=(0.6\sim0.8)(r_{凸}+t)$$

（二）拉　延

拉延是冲压成形筒形，盆形等空心薄壳零件的一种冲压方法，在生产中广泛的应用。

1．拉延件毛坯计算

普通拉延情况下，认为材料厚度不变，可按等面积展开的办法计算毛坯。

对于盆形零件，由于变形的不均匀性和复杂性，各部分要按变形特点分别展开计算，且要考虑不同部分材料的互相流动和制约作用，对展开的毛坯进行修正，通过试冲最后确定。

对于精度较高的零件，必须拉延后进行修边，在毛坯计算前首先考虑一定的修边余量。

2．拉延系数和拉延次数

拉延系数是指拉延后的筒形件直径与拉延前毛坯或筒形半成品直径的比值，通常用m表示，它是衡量拉延变形程度的重要参数。如图 6-2-155，需多次拉延的圆筒形零件，每次拉延的拉延系数分别为：

第一次拉延　$m_1=\dfrac{d_1}{D}$

第二次拉延　$m_2=\dfrac{d_2}{D}$

…………………

第n次拉延　$m_n=\dfrac{d_n}{D}$

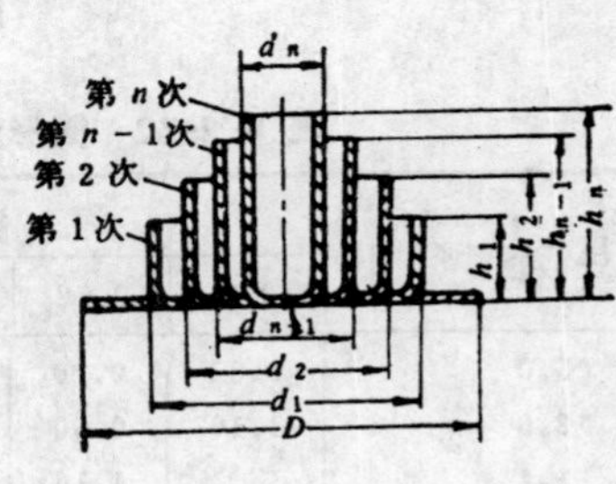

图 6-2-155　筒形件多次拉延

影响拉延系数的因素非常复杂，现就主要因素列表6-2-59供参考。

部分稀有金属材料的极限拉延系数见表 6-2-60。

长径比较大的零件往往需多次拉延成形。拉延次数可按极限拉延系数推算。无凸缘圆筒件拉延次

表 6-2-61　筒形件第一次拉延时的系数K_1值（08～15号钢）

相对厚度$\dfrac{t}{D}\times100$	第一次拉延系数 m_1 0.45	0.48	0.50	0.52	0.55	0.60	0.65	0.70	0.75	0.80
5.0	0.95	0.85	0.75	0.65	0.60	0.50	0.43	0.35	0.28	0.20
2.0	1.10	1.00	0.90	0.80	0.75	0.60	0.50	0.42	0.35	0.25
1.2		1.10	1.00	0.90	0.80	0.68	0.56	0.47	0.37	0.30
0.8			1.10	1.00	0.90	0.75	0.60	0.50	0.40	0.33
0.5				1.10	1.00	0.82	0.67	0.55	0.45	0.36
0.2					1.10	0.90	0.75	0.60	0.50	0.40
0.1						1.10	0.90	0.75	0.60	0.50

注：1．当凸模圆角半径$r_{凸}=(4\sim6)t$时，系数K_1应按表中数值增加5%；

2．对于其它材料，根据材料塑性的变化，对查得值作修正(随塑性减低而增大)。

数可用下式公式近似计算：

$$n=1+\frac{\lg d_n-\lg(m_1D)}{\lg m_n} \quad (6\text{-}2\text{-}180)$$

式中 n——拉延次数，最后取较大的整数；
d_n——工件直径，mm；
D——毛坯直径，mm；
m_1——首次拉延系数；
m_n——其它各次拉延系数。

对于带凸缘的圆筒形工件拉延次数亦可参照最大拉延相对高度数值估算确定。

3．拉延力和压边力计算

拉延力的计算理论公式相当繁杂，生产中常用下列较简捷的经验公式计算无凸缘圆筒形零件的拉延力：

首次拉延时，拉延力 $P=\pi d_1 t\sigma_b K_1$

(6-2-181)

其它各次拉延时，拉延力

$$P=\pi d_2 t\sigma_b K_2 \quad (6\text{-}2\text{-}182)$$

式中 P——拉延力，N；
d_1、d_2——首次拉延及第二次拉延后的圆筒零件直径，mm（按料厚中线计算）；
t——料厚，mm；
σ_b——材料抗拉强度，MPa；
K_1、K_2——系数，见表6-2-61、表6-2-62。

压边力的确定可采用表6-2-63所列公式。

单位压边力可用下列经验公式确定：

$$q=48\left(\frac{1}{m}-1.1\right)\frac{D}{t}\sigma_b\times10^{-5},\ \text{MPa}$$

(6-2-183)

式中 m——各次拉延的拉延系数；
σ_b——材料的抗拉强度，MPa；
t——料厚，mm；

表 6-2-62 筒形件第二次拉延时的系数K_2值（08～15号钢）

相对厚度$\frac{t}{D}\times100$	第二次拉延系数 m_2									
	0.7	0.72	0.75	0.78	0.80	0.82	0.85	0.88	0.90	0.92
5.0	0.85	0.70	0.60	0.50	0.42	0.32	0.28	0.20	0.15	0.12
2.0	1.10	0.90	0.75	0.60	0.52	0.42	0.32	0.25	0.20	0.14
1.2		1.10	0.90	0.75	0.62	0.52	0.42	0.30	0.25	0.16
0.8			1.00	0.82	0.70	0.57	0.46	0.35	0.27	0.18
0.5			1.10	0.90	0.76	0.63	0.50	0.40	0.30	0.20
0.2				1.00	0.85	0.70	0.56	0.44	0.33	0.23
0.1				1.10	1.00	0.82	0.68	0.55	0.40	0.30

注：1．当凸模圆角半径$r_凸=(4\sim6)\ t$，表中K_2值应加大5％；

2．第3、4、5次拉延的系数K_2，由同一表格查出其相应的m_n及$\frac{t}{D}\times100$的数值，但需根据是否有中间退火工序而取表中较大或较小的数值：
无中间退火时，K_2取较大值（靠近下面的一个数值）；
有中间退火时，K_2取较小值（靠近上面的一个数值）；

3．对于其它材料，根据材料塑性的变化，对查得值作修正（随塑性减低而增大）。

表 6-2-63 压边力的计算公式

拉延情况	公式
拉延任何形状的工件	$Q=Fq$
筒形件第一次拉延（用平毛坯）	$Q=\frac{\pi}{4}[D^2-(d_1+2r_凹)^2]q$
筒形件以后各次拉延（用筒形毛坯）	$Q=\frac{\pi}{4}[d_{n-1}^2-(d_{n-1}+2r_凹)^2]q$

表 6-2-64　间隙系数 c

拉延工序数		材料厚度，mm		
		0.5～2	2～4	4～6
1	第一次	0.2(0)	0.1(0)	0.1(0)
2	第一次	0.3	0.25	0.2
	第二次	0.1(0)	0.1(0)	0.1(0)
3	第一次	0.5	0.4	0.35
	第二次	0.3	0.25	0.2
	第三次	0.1(0)	0.1(0)	0.1(0)
4	第一、二次	0.5	0.4	0.35
	第三次	0.3	0.25	0.2
	第四次	0.1(0)	0.1(0)	0.1(0)
5	第一、二、三次	0.5	0.4	0.35
	第四次	0.3	0.25	0.2
	第五次	0.1(0)	0.1(0)	0.1(0)

注：1. 表中数值适用于一般精度（未注公差尺寸的极限偏差）工件的拉延工作；

2. 末道工序括弧内的数字，适用于较精密拉延件（IT11～13级）。

D——毛坯直径，mm。

4. 拉延模工作部分设计

（1）凸凹模间隙。凸凹模单边间隙为

$$z=\frac{d_{凹}-d_{凸}}{2} \qquad (6\text{-}2\text{-}184)$$

1）不用压边圈拉延时

$$z=Kt_{max} \qquad (6\text{-}2\text{-}185)$$

式中　K——系数，一般$K=1～1.1$（最后一次拉延取小值，其它各次拉延取大值）；

t_{max}——板厚最大极限尺寸，mm。

表 6-2-65　有压边圈拉延时单边间隙值

总拉延次数	拉 延 工 序	单边间隙z
1	一次拉延	$(1～1.1)t$
2	第一次拉延	$1.1t$
	第二次拉延	$(1～1.05)t$
3	第一次拉延	$1.2t$
	第二次拉延	$1.1t$
	第三次拉延	$(1～1.05)t$
4	第一、二次拉延	$1.2t$
	第三次拉延	$1.1t$
	第四次拉延	$(1～1.05)t$
5	第一、二、三次拉延	$1.2t$
	第四次拉延	$1.1t$
	第五次拉延	$(1～1.05)t$

注：1. t代表材料厚度、取材料允许偏差的中间值；

2. 当拉延精密工件时，最末一次拉延间隙取$z=t$

2）用压边圈拉延时

$$z=t_{max}+ct \qquad (6\text{-}2\text{-}186)$$

式中　c——系数，由表6-2-64查得；

t——板厚公称尺寸，mm；

其它符号意义同上。

当板厚公差较小或零件精度要求高时，间隙应取较小值，可由表6-2-65中的公式进行计算。

（2）凸凹模工作部分尺寸。最后一次拉延的凸凹模工作部分的尺寸直接影响工件的质量，通常可按表6-2-66所列公式进行计算。其制造公差可查表确定。

表 6-2-66　拉延模工作部分尺寸计算公式

尺 寸 标 注 方 式	凹模尺寸$D_{凹}$	凸模尺寸$d_{凸}$	备　注
标注外形尺寸（图：$D_{-\Delta}$，z，$d_{凸}$，$D_{凹}$）	$D_{凹}=(D-0.75\Delta)+\delta_{凹}$	$d_{凸}=(D-0.75\Delta-2z)-\delta_{凸}$	$D_{凹}$——凹模尺寸； $d_{凸}$——凸模尺寸； D——拉延件外形的基本尺寸； d——拉延件内形的基本尺寸； z——凸、凹模的单边间隙； $\delta_{凹}$——凹模的制造公差； $\delta_{凸}$——凸模的制造公差
标注内形尺寸（图：$d^{+\Delta}$，z，$d_{凸}$，$D_{凹}$）	$D_{凹}=(d+0.4\Delta+2z)+\delta_{凹}$	$d_{凸}=(d+0.4\Delta)-\delta_{凸}$	

（3）凸凹模圆角半径

1）凹模圆角半径。各次拉延时，凹模圆角半径可按下式确定：

$$r_{凹}=0.8\sqrt{(D-d)t}\text{, mm} \quad (6\text{-}2\text{-}187)$$

式中 D——拉延件毛坯直径，mm；

d——凹模内径，mm；

t——板厚尺寸，mm。

2）凸模圆角半径。最后一次拉延，一般要求达零件预定尺寸，所以凸模圆角半径与工件圆角半径相等。若工件圆角半径过小（料厚$t<6$的薄料，$r<(2\sim3)t$；料厚$t>6$的厚料，$r<(1.5\sim2)t$时），则需拉延后增加整形工序。其它各次拉延时，凸模圆角半径为：

$$r_{凸}=(0.6\sim1)r_{凹} \quad (6\text{-}2\text{-}188)$$

（三）翻 边

翻边可分为圆孔翻边和外缘翻边两大类。

1．圆孔翻边

（1）预冲孔和翻边高度计算。平板毛坯预冲孔再翻边（图6-2-156）计算如下：

预冲孔直径 $d=D-2(H-0.43r-0.72t)$ (6-2-189)

翻边高度 $H=\frac{D-d}{2}+0.43r+0.72t$ (6-2-190)

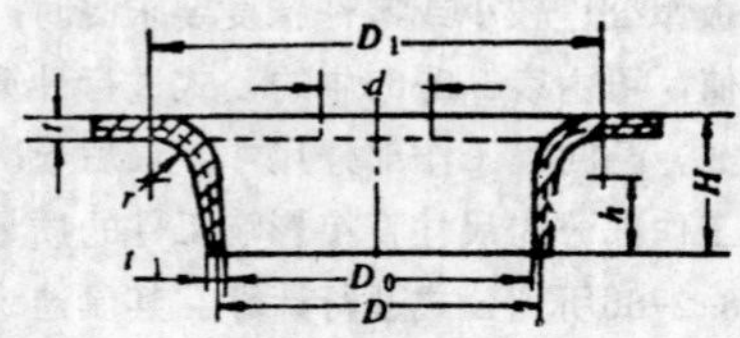

图 6-2-156 平板圆孔翻边

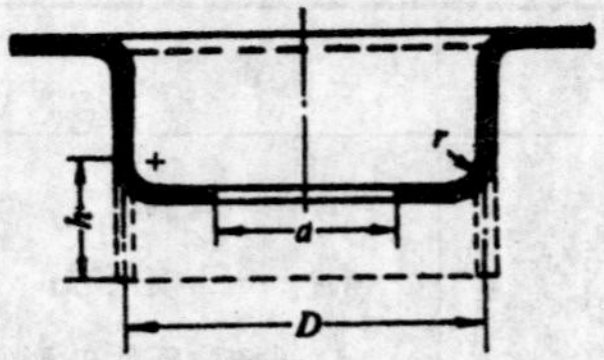

图 6-2-157 拉延件底部冲孔翻边

在拉延件的底部，预冲孔再翻边（图6-2-157）计算如下：

翻边高度 $h=\frac{D-d}{2}+0.57r$ (6-2-191)

预冲孔直径 $d=D+1.14r-2h$ (6-2-192)

（2）翻边系数。翻边的变形程度一般用翻边系数来衡量，其表示式为：

$$K=\frac{d}{D}$$

式中 d——预冲孔直径，mm；

D——翻边后孔的直径，mm（按中线计）。

允许的极限翻边系数取决于材料性质、料厚度、预冲孔尺寸、断面质量及凸模形状等诸方面因素。

（3）翻边力计算。圆柱形凸模翻边时，翻边力近似计算如下：

$$P=1.1\pi t\sigma_s(D-d)\text{, N} \quad (6\text{-}2\text{-}193)$$

式中 σ_s——材料的屈服极限，MPa；

t——料厚，mm；

D——翻边孔直径，mm，

d——预冲孔直径，mm。

若用球形、锥形或抛物线形凸模翻边，翻边力可比上式计算值小。

（4）凸、凹模间隙。通常取单边间隙：

$$z=(0.75\sim0.85)t \quad (6\text{-}2\text{-}194)$$

2．外缘翻边

外缘翻边分两种情况，凸外缘翻边和凹外缘翻边，前者类似于浅拉延，后者类似于孔翻边。

四、金属板料成形性的评价

所谓成形性就是板料对成形加工的适应性，是板料加工性的一种性能指标。

1．成形极限

板料冲压成形时，可能出现两类失稳现象，一是板料受拉发生局部颈缩或开裂；二是板料受压起皱。一旦板料发生失稳，成形过程便不能继续顺利进行，并产生废品。

板料在产生失稳之前所能达到的最大变形程度，叫做板料的成形极限，这种极限因材料种类、变形方式、条件、经历等不同而各异。

一般认为通过拉伸试验所获得的表示板料机械性能的指标，都间接地和金属板料成形性的优劣有关。通过对各种典型的成形方式进行相似性模拟实验，是直接测得成形极限最有效的方法。

2．金属板料成形性的几项重要指标

（1）δ_u。δ_u称为均匀变形的延伸率。它反映了板料发生均匀塑性变形的能力。对于受拉变形方式进行的成形，其成形极限与此指标关系紧密。

δ_u高对冲压成形有利。

（2）σ_s/σ_b。σ_s/σ_b是板料的屈服强度和抗拉强度的比值，称做屈服比。其值愈小，说明材料愈容易发生塑性变形，且变形的范围愈宽，成形极限高。

（3）n值。n值又叫硬化指数。它表示材料发生塑性变形时材料的硬化程度。n值大的材料，在塑性变形时，真实应力增加快，变形区易于不断扩展转移，不会引起局部颈缩，使变形程度加大，提高成形极限。

（4）γ值。它是板料宽度方向应变ε_B和厚度方向应变ε_t的比值，即$\gamma=\dfrac{\varepsilon_B}{\varepsilon_t}$。它反映宽度方向和厚度方向变形的难易程度。在冲压成形时，希望发展宽向的变形，而控制厚向变形，限制板料变薄，防止破裂。

（5）板平面方向性。板平面方向性是指板平面各方向上的性能差异。如上所述γ值对成形性影响较大，所以一般用下式表示板平面方向性：

$$\Delta\gamma=\frac{\gamma_0+\gamma_{90}-2\gamma_{45}}{2} \quad (6\text{-}2\text{-}195)$$

式中 γ_0、γ_{90}、γ_{45}——0°、90°、45°各方向上的γ值。

一般认为$\Delta\gamma$愈小，板料的成形性愈好。

3．常见的模拟试验方法

根据变形性质，冲压生产中的各种成形工序可归成五类，即弯曲成形，拉延成形，翻边成形，局部胀形成形和复杂成形。其中复杂成形是前四类中的某些成形的结合。可对实际成形工序进行模拟试验，以直接测定成形极限，具体方法参见有关资料。

第八节 旋 压

一、概 述

旋压是一种生产薄壁空心回转体零件的工艺方法。旋压时，使用旋轮使平板毛坯或预成形毛坯变形，旋轮和毛坯的接触区很小，材料只在局部发生塑性变形，变形力小，可以用小吨位的设备加工尺寸很大的制品。旋压产品的机械性能好，精度高，尺寸范围广，使用的工模具简单、成本低。但是旋压的生产率比较低，适用于生产小批量、多品种的产品。

根据金属的变形特征，旋压可以分为普通旋压和强力旋压。普通旋压时，毛坯的厚度基本保持不变，只改变毛坯的形状。强力旋压时，毛坯的形状及厚度都发生改变。强力旋压又可分为锥形件强力旋压和筒形件强力旋压（图6-2-158）。

按加工温度，旋压可分为冷旋压、温旋压和热旋压，钛、锆、钼、钨、铌等稀有金属及合金，一般都在加热状态下旋压，以提高材料的工艺塑性和降低变形抗力。

二、普通旋压

普通旋压只改变毛坯的形状，直径减小或增大，而不改变其厚度或只有少许改变。其主要成形方式有拉深旋压，缩径旋压和扩径旋压。其中，拉深旋压是最基本的、应用最广泛的变形方式（图6-2-159）。用平板毛坯通过拉深旋压可以制造各种带底的薄壁空心回转体零件。

拉深旋压时，金属的变形程度可以用拉深系数m来表示：

$$m=d_f/D \quad (6\text{-}2\text{-}196)$$

式中 d_f——旋压后的工件直径；

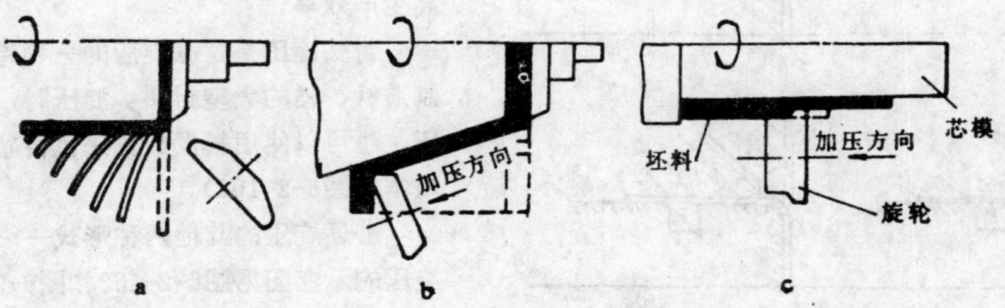

图 6-2-158 旋压原理图

a—普通旋压；b—锥形件强力旋压；c—筒形件强力旋压

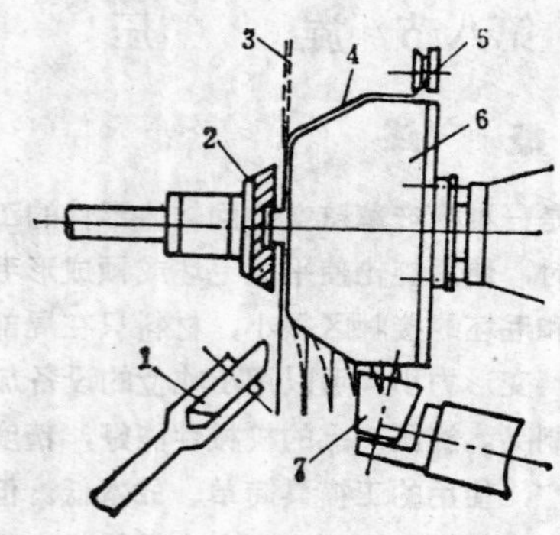

图 6-2-159 拉深旋压

1—旋轮；2—屋顶块；3—毛坯；4—工件；5—切边刀；6—芯模；7—反推支持棍

D——毛坯直径。

如果工件需要分几道次旋压，则各道次的变形程度为：

$$m_1=d_{f_1}/D,\quad m_2=d_{f_2}/D\cdots\cdots$$

$$m_n=d_f/D \tag{6-2-197}$$

每道次的m值可以参照该材料冲压时的深拉延系数来选取。

除个别情况外，一般拉深旋压都需要多道次旋压才能使零件成形。其工艺关键在于合理地选择旋轮的运动轨迹，其中最主要的是旋轮沿工件表面的进给量P和拉深角送进量Δa（图6-2-160）。手工旋压时，旋轮的运动轨迹由操作工手工控制，而在仿形旋压机床上，由靠模板的形状控制。靠模板的基本形状有四种，如图6-2-160所示。

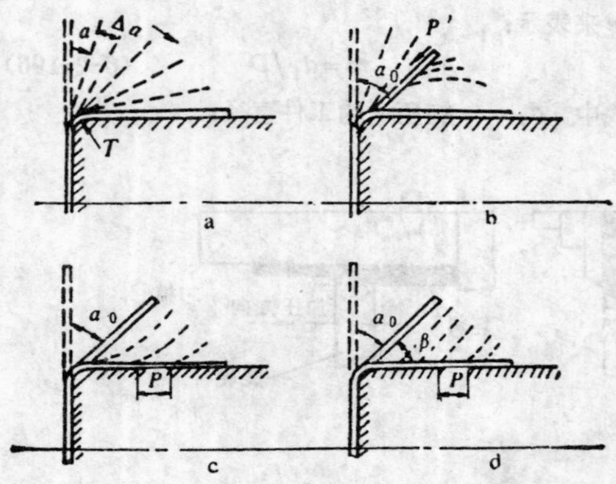

图 6-2-160 四种基本的靠模板形状

a—直线形；b—凸形；c—凹形；d—直线形

与四种基本靠模板相比，采用渐开线模板（图6-2-161）可以得到良好的拉深效果。

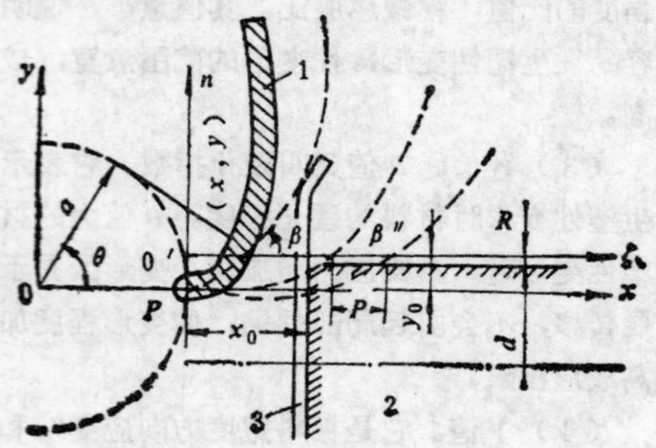

图 6-2-161 渐开线靠模板几何学

1—渐开线形仿形板；2—芯模；3—毛坯

在图6-2-161中，取x轴和芯模的轴线方向一致。渐开线曲线方程为：

$$x=a(\cos\theta+\sin\theta)$$

$$y=a(\sin\theta-\theta\cos\theta) \tag{6-2-198}$$

式中 a——渐开线基圆直径，根据芯模直径来选取，一般可取$a/d\geqslant0.3$。

芯模母线和旋轮运动轨迹的交角β为：

$$\beta=\theta-\mathrm{tg}^{-1}\frac{\sin\theta-\theta\cos\theta}{\cos\theta+\theta\sin\theta-1}+$$

$$+\sin^{-1}\frac{\sin\theta-\theta\cos\theta}{\sqrt{2+\theta^2+2\cos\theta-2\theta\sin\theta}} \tag{6-2-199}$$

x增大时，β可以保持基本不变。

渐开线基点P与芯模的相对位置是很重要的，选择合理的x_0/a，可以避免在旋压时产生折皱。

拉深旋压时，最容易出现的问题是毛坯外缘失稳，产生折皱。这除了采用较小的道次拉深系数m以及加多道次数来避免外，经常采用的方法是在毛坯的背面用反推辊支撑，这样可以减少道次数，提高生产效率。

封头旋压是拉深旋压的一种特殊形式，常用来制造钛、锆的大型封头。旋压时，可以采用芯模旋压，也可以使用辅助旋轮来代替芯模，以减少生产成本（图6-2-162）。

普通旋压的其他两种形式——缩径旋压和扩径旋压的示意图见图6-2-163和图6-2-164。

三、锥形件强力旋压

锥形件强力旋压工作原理如图6-2-165所示，

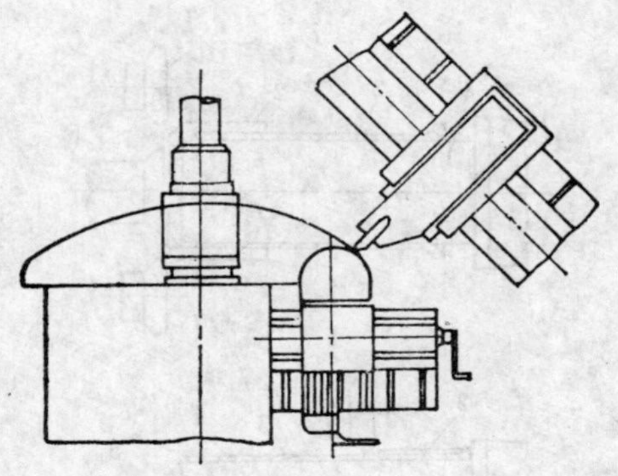

图 6-2-162　借助辅助旋轮来成形封头

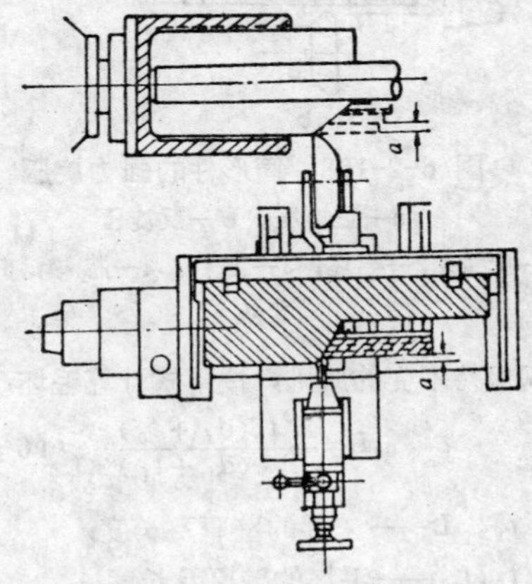

图 6-2-163　缩径旋压

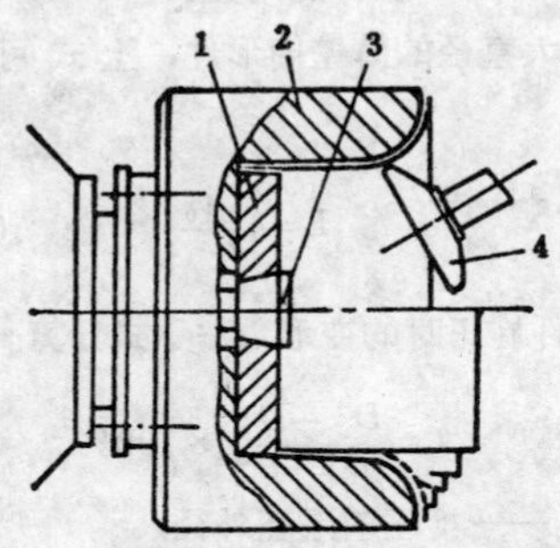

图 6-2-164　扩径旋压

1—支承板；2—外芯模；3—锁紧锥头；4—旋轮

使用这种方法可以加工锥形、抛物线形和半球形等异形件，所使用的毛坯可以是平板毛坯或预成形毛坯。

锥形件强力旋压时，变形区对毛坯未变形部分的影响很小，变形后的凸缘基本上保持未变形时的形状。工件的壁厚t_f和毛坯的厚度t_0及半锥角α之间有以下关系：

$$t_f = t_0 \sin\alpha \qquad (6\text{-}2\text{-}200)$$

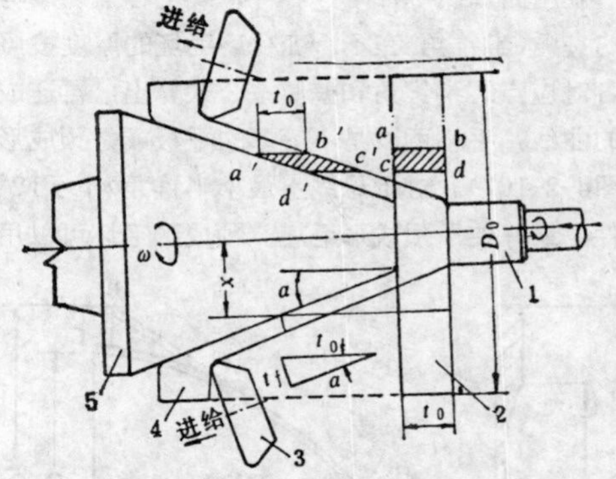

图 6-2-165　锥形件强力旋压

1—尾顶块；2—毛坯；3—旋轮；4—工件；5—芯模

在旋压过程中，材料只发生轴向位移而没有径向位移。毛坯的单元矩形面积$abcd$与变形后的平行四边形面积$a'b'c'd'$相等，它们在相同径向位置上的轴向厚度相等。

锥形件强力旋压时，壁厚的变薄率ψ_t为：

$$\psi_t = \frac{t_0 - t_f}{t_0} \times 100\% = (1-\sin\alpha) \times 100\% \qquad (6\text{-}2\text{-}201)$$

实践表明，在锥形件强力旋压中，一次旋压所能得到的最小半锥角一般不小于12°（铝为10°、不锈钢为15°）、为了得到更小锥角的制品，必须进行二次以上的旋压或采用预成形毛坯。图6-2-166表示由预成形毛坯旋压小锥角制品的情况。此时工件与预成形毛坯之间有如下关系：

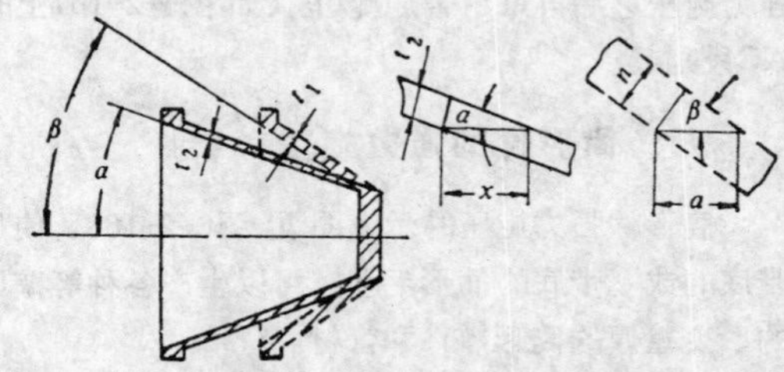

图 6-2-166　小锥角锥形件的强力旋压

$$\sin\beta = \frac{t_1}{t_2}\sin\alpha$$

$$t_2 = t_1 \frac{\sin\alpha}{\sin\beta}$$

式中　t_1——预成形毛坯的壁厚；

t_2——旋压后工件的壁厚；

α——预成形毛坯的半锥角；

β——旋压后工件的半锥角。

旋压曲母线零件时，零件母线上各点切线与轴线的夹角(半锥角)在不断变化，毛坯的厚度按照零件各对应点的半锥角和壁厚按公式算出，再连成圆滑的曲线，毛坯可以是不等厚的平板或是预成形件（图6-2-167）。对于母线上最小半锥角α小于12°的零件，最好使用预成形毛坯。预成形毛坯可以用冲压，爆炸成形或普通拉深旋压方法制造。当旋压半锥角α变化很大的曲母线零件，半锥角α最后趋于0°的半球形零件或带有筒形段的零件时，一般在强力旋压之后再采用普通旋压（如图6-2-167上的AC段）。

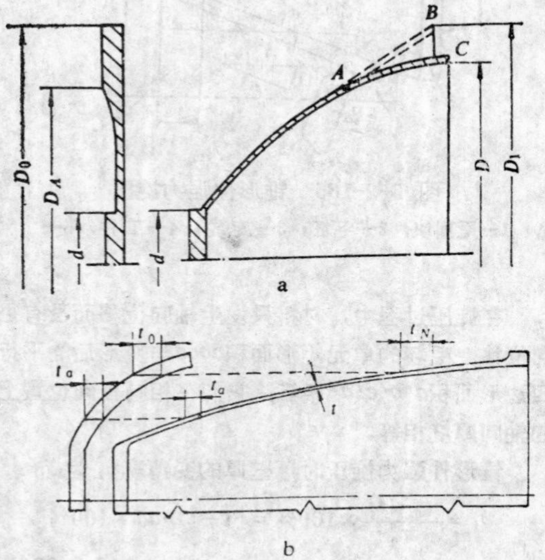

图 6-2-167 曲母线零件的强力旋压

a一不等厚平板的强力旋压；b一预成形件的强力旋压

四、筒形件的强力旋压

筒形件强力旋压的示意图见图6-2-168。使用带底的或不带底的筒形毛坯，可以生产各种等壁厚的、变壁厚的筒形零件和管材。

筒形件旋压可以分为正旋压和反旋压两种。正旋压需要的旋压力较小，工件贴模好，极限减薄率高，可以旋制各种带底的及带底部凸台的等壁厚及变壁厚零件。但工件长度受芯模长度的限制。而反旋压时工件长度基本上不受芯模长度及旋轮纵向行程的限制，可以得到两倍于芯模长度的管材，生产率也较高。

由于筒形件和管材的半锥角等于零，旋压时不符合正弦定律，只能根据材料在旋压时只发生位移而体积保持不变的原则，按下式计算毛坯：

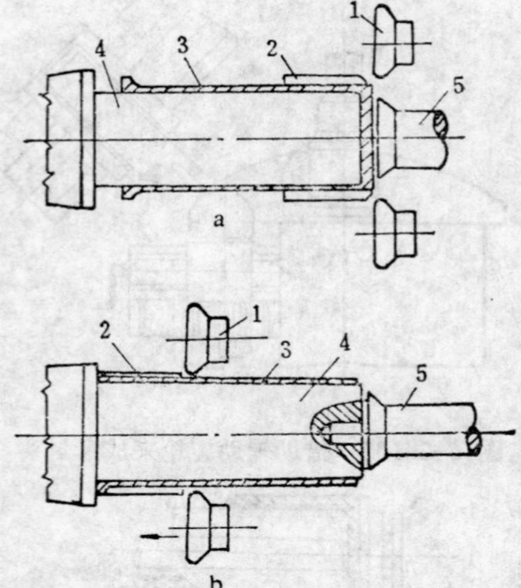

图 6-2-168 筒形件的强力旋压

a一正旋压；b一反旋压

1一旋轮；2一毛坯；3一工件；4一芯模；5一顶紧块

$$L=\frac{L_0 t_0}{t_f}\frac{(d_f+t_0)}{(d_f+t_f)} \qquad (6\text{-}2\text{-}202)$$

式中 t_f，L——工件的壁厚及长度；

t_0,L_0——毛坯的壁厚及长度；

d_f——工件的内径。

对于大直径的薄壁筒形件，上式可近似表示为：

$$L=\frac{L_0 t_0}{t_f} \qquad (6\text{-}2\text{-}203)$$

筒形件旋压时的变形量按下式计算

$$\varphi=\frac{D_0^2-D_f^2}{D_0^2-d_f^2}\times 100\% \qquad (6\text{-}2\text{-}204)$$

式中 D_0——旋压前毛坯外径；

D_f——旋压后工件外径；

d_f——旋压后工件内径(毛坯内径近似看作和工件内径相同)。

筒形件旋压的工具一般都采用旋轮，可以用一个、两个、三个或更多个。为了制造特薄壁的筒形件，特别是小直径的钨钼薄壁管，也广泛使用钢球旋压法（图6-2-169）

使用钢球旋压时，变形区很小，每个钢球承受的变形力很小。这些钢球均匀分布在管子四周，使被旋压材料处于三向不均匀压缩状态，提高了材料塑性，可以得到较大的变形率。另外，这些钢球有效地限制了材料的周向流动，减少管子的扩径，保证了工件的尺寸精度和表面光洁度。

钢球旋压时，钢球直径、壁厚减薄量和咬入角α_p之间有如下关系：

$$\alpha_p = \arccos\frac{d/2-\Delta t}{d/2} = \arccos\frac{d-2\Delta t}{d} \qquad (6\text{-}2\text{-}205)$$

式中 d——钢球直径；

Δt——壁厚减薄量，$\Delta t = t_0 - t_f$。

为了得到良好的表面光洁度，$\alpha_p \leqslant 14°$。

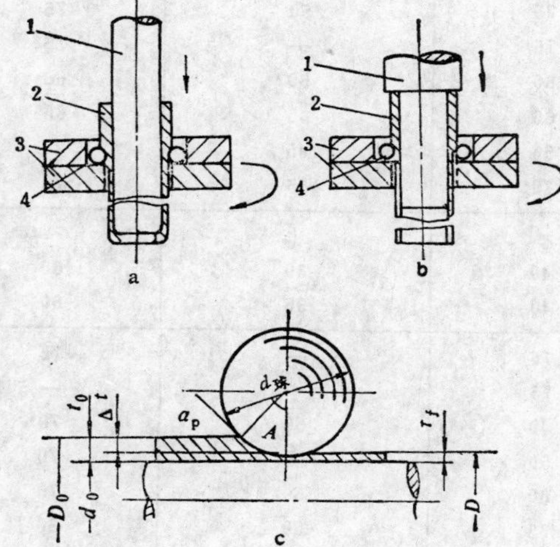

图 6-2-169 管材的钢球旋压

a—正旋压；b—反旋压；c—变形区

1—芯模；2—管坯；3—模环；4—钢球

五、材料的可旋性

材料的可旋性指的是某种金属材料经受旋压变形而不破裂，不产生局部失稳——折皱的能力。目前研究较多的是材料经受强力旋压而不破裂的能力，一般用材料在破裂前所能承受的极限壁厚减薄率来表示：

$$\varphi_{t\,max} = \frac{t_0 - t_{f\,min}}{t_0} \times 100\% \qquad (6\text{-}2\text{-}206)$$

式中 t_0——毛坯壁厚；

$t_{f\,min}$——旋压后材料不破坏时所能得到的最小壁厚。

对于锥形件强力旋压，也可以用获得的最小（极限）半锥角α_{min}来表示，它和极限壁厚减薄率之间的关系为：

$$\varphi_{t\,max} = \frac{t_0 - t_{f\,min}}{t_0} \times 100\% = (1-\sin\alpha_{min}) \times 100\% \qquad (6\text{-}2\text{-}207)$$

材料的可旋性用试验方法决定，常用的材料可

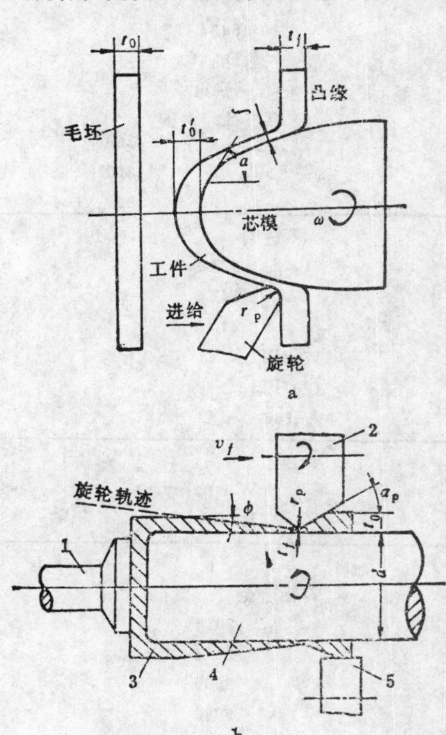

图 6-2-170 可旋性试验装置

a—锥形件；b—筒形件正旋

1—尾顶块；2—旋轮；3—试件；4—芯模；5—平整旋轮

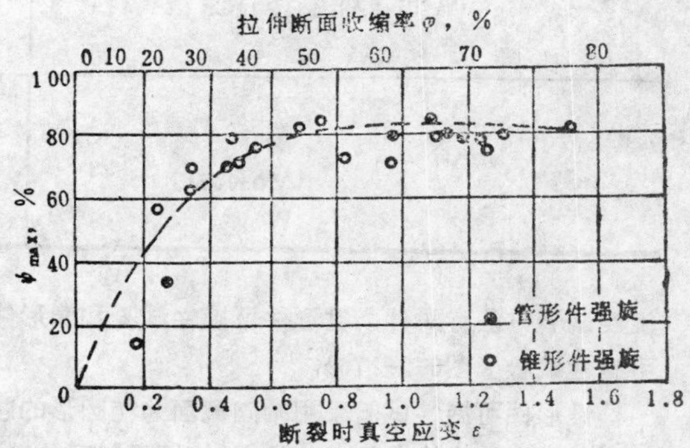

图 6-2-171 极限变薄率$\varphi_{t\,max}$与拉伸断面收缩率φ和断裂真实应变$\bar{\varepsilon}$之间的关系

表 6-2-67 材料的极限变薄率(%)

材料	锥形件	曲线形面锥体	圆筒件
钢			
4130	75	55	75
4340	70	50	75
6434	70	50	75
D6AC	70	50	75
H-11	50	30	60
马氏体时效钢			
250	75	60	85
300	65	50	80
350	50	30	75
不锈钢			
321	75	50	75
347	75	—	75
410	60	50	66
17-4PH	66	45	66
17-7PH	66	45	70
A-286	70	55	70
镍合金			
Waspaloy	40	30	60
Rene	40	35	60
铜	75	—	75
铝合金	75	—	—
2014	40	50	70
2024	50	—	70
3000	60	50	75
5086	65	50	60
6061	50	75	75
7075	65	50	75
钛合金			
纯钛	45	—	65
Ti-6Al-4V	55	—	75
Ti-6Al-6V-2Sn	50	—	70
Ti-3Al-13V-11Cr	30	—	30
6-6-4	50	—	70
难熔合金			
Be	35	—	—
Mo-0.5Ti	60	45	60
W	45	—	—

旋性试验方法有两种：锥形件可旋性试验和筒形件可旋性试验（图6-2-170）。

锥形件可旋性试验采用轴向截面为椭圆形的芯模，芯模上的半锥角是变化的，从旋压开始时的90°变到0°。筒形件可旋性试验时，旋轮的运动轨迹和芯模母线不平行，旋出的工件的壁厚逐渐减小。根据材料试验时发生破裂前的芯模的半锥角α及壁厚可以算出极限壁厚减薄率。表6-2-67列出了一些材料的极限减薄率的国外推荐数据。

材料在强力旋压时极限减薄率与其拉伸试验时的断面收缩率φ之间存在一定关系（图6-2-171）。这个关系可以近似用下式表示：

$$\varphi_{tmax}=\frac{\varphi}{0.17+\varphi}\times 100\% \quad (6\text{-}2\text{-}208)$$

这样，可以由材料的断面收缩率估计材料的可旋性。

第九节　精　　整

一、概　　述

稀有金属工件在加热、成形、热处理、等加工过程中，由于温度分布和塑性变形分布不均匀及剪切、运输和堆放等原因，往往会产生不同程度的弯曲、浪形、歪扭等缺陷，必须通过整形以矫正工件形状并消除其内部的残余应力。

目前广泛用于稀有金属材料生产的为机械矫正，而蠕变矫正仅限于板带材。按工作原理和设备结构不同，机械矫正大致可分为表6-2-68所列的几种基本类型。

由于稀有金属及其合金有的强度高、室温脆性大，有的弹性模量小，因而整形困难得多，且多采用热态或温态整形。

二、压力矫正

压力矫正是利用三点弯曲原理实现的，其变形过程分为弹塑性弯曲和弹性回复两个阶段，如图6-2-172。压力矫正的原则是：要使原始曲率为$\frac{1}{r_0}$的工件得到矫正$\left(即残余曲率\frac{1}{r_s}=0\right)$，必须使反弯曲率$\frac{1}{\rho}$在数值上等于弹复曲率$\frac{1}{\rho_\gamma}$。

反弯曲率可按下式计算：

$$\frac{1}{\rho}=\left[3-\left(\frac{1/\rho_W}{\frac{1}{r_0}+\frac{1}{\rho}}\right)^2\right]\frac{1}{2\rho_W} \quad (6\text{-}2\text{-}209)$$

表 6-2-68　机械矫正的几种基本类型

名称	工作简图	用途	名称	工作简图	用途
多辊矫正	(1) 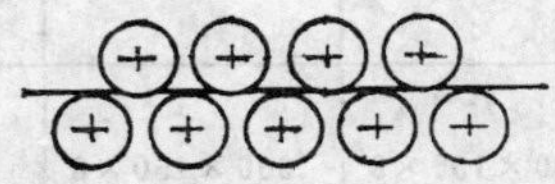	板型材	拉弯矫正	(6) 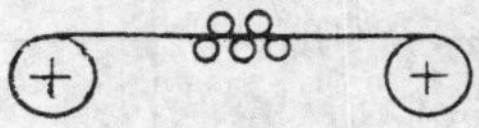	带材
多辊矫正	(2) 	棒管材	扭转矫正	(7) 	型材
压力矫正	(3) 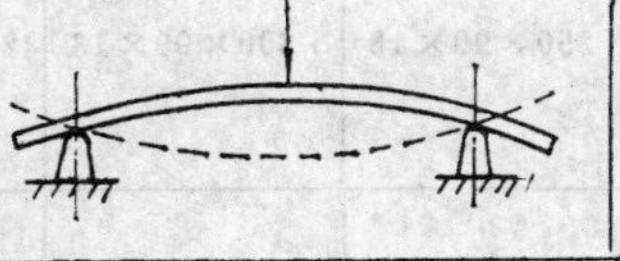	大断面型材	其他	(8) 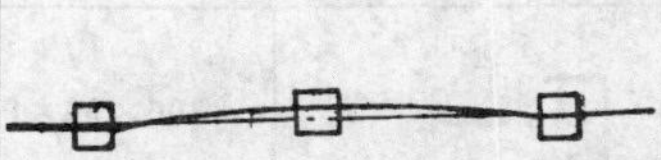	丝材
张力矫正	(4) 	小断面板型材	其他	(9) 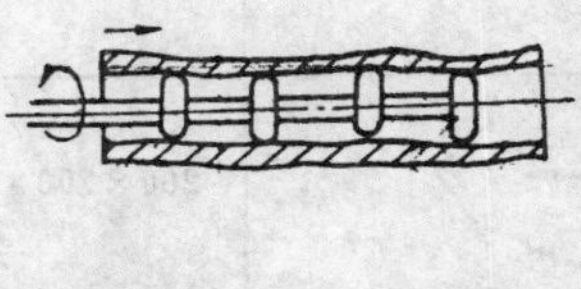	薄壁管材
张力矫正	(5) 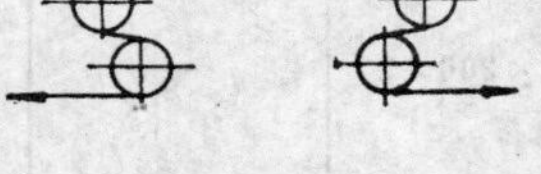	板带材			

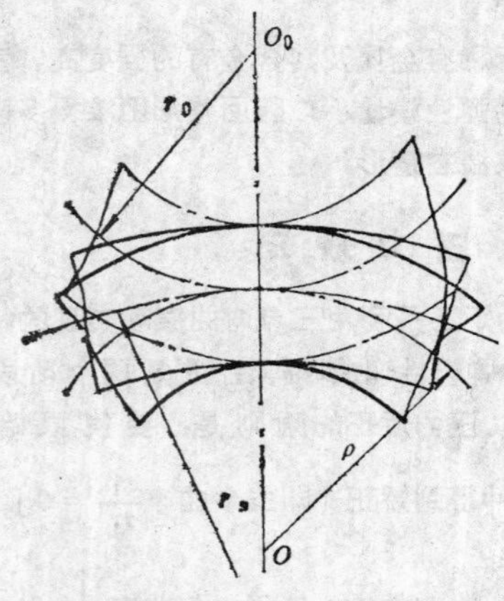

图 6-2-172 板材弯曲时的变形图

式中 $\frac{1}{\rho_W}$为弹性弯曲弹复曲率极限。

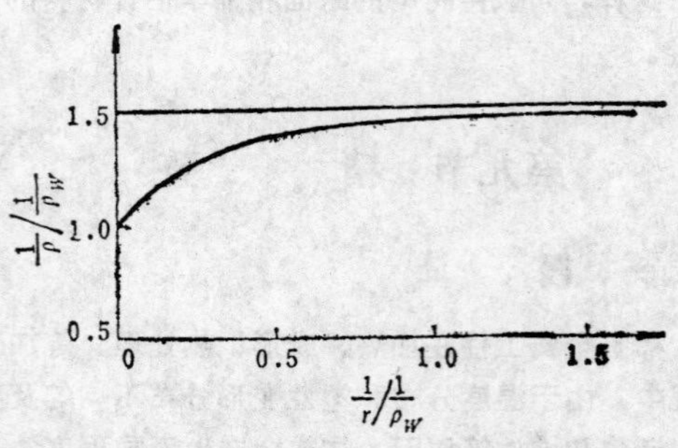

图 6-2-173 1/ r 与1/ ρ 关系曲线

表 6-2-69 压力与可矫正材料尺寸的关系

材料形状及受力方向		压力P（t）×支点距离l（mm）				
		50×650	100×800	150×900	200×1000	300×1000
圆		ϕ100	ϕ150	ϕ175	ϕ200	ϕ240
工字型		150×75×5.5	180×100×6	200×150×9	300×150×8	350×150×9
		300×150×11.5	500×190×11.5	600×190×16	—	—
槽型		150×75×8	180×90×7.5	250×90×13	300×90×13	425×100×10.5
		300×90×9	425×100×15.5	—	—	—
等边角型		130×130×12	200×200×15	200×200×20	200×200×25	200×200×27
		200×200×15	200×200×20	200×200×27	—	—

表 6-2-70　平辊矫正机的分类

方式	分类	工作简图	特点	用途
按辊的排列分类	平行辊列	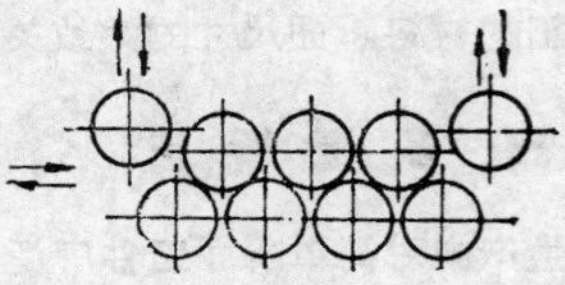	通常辊数为5～13，5～7辊的多用于中板或粗型材，各辊反弯曲率相同，残余曲率较大	4～40mm厚中厚板
	单倾辊列	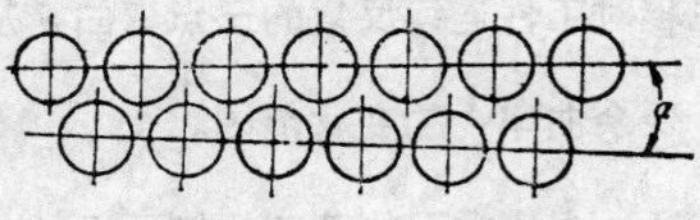	辊数为9～29反弯曲率由大到小，矫正质量较好	4mm以下中薄板
	双倾辊列	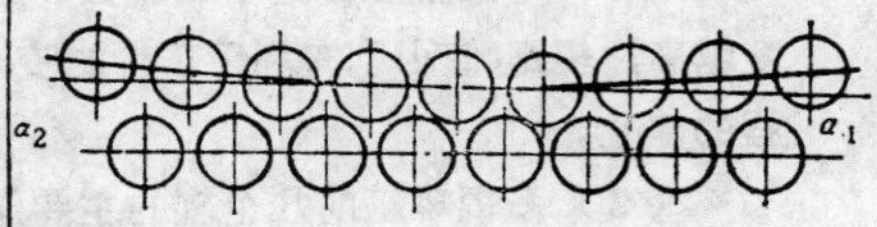	咬入条件好，结构复杂，矫正质量较高，可进行可逆矫正	0.25～2.0mm板带
	不同辊距	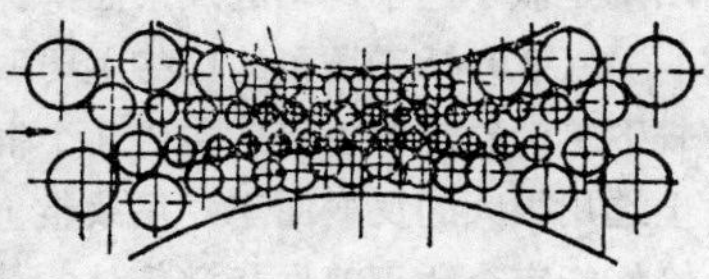	可承受较大的矫正力，矫正质量高，结构复杂，备件多，维修麻烦	较薄的高强度板带
按上辊调整方式分类	单独调整	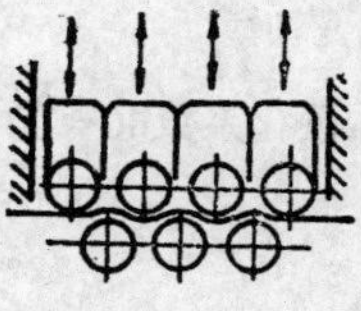	辊数较少，可矫正范围广，适应性强，精度较高，结构复杂	型材
	整体平行调整	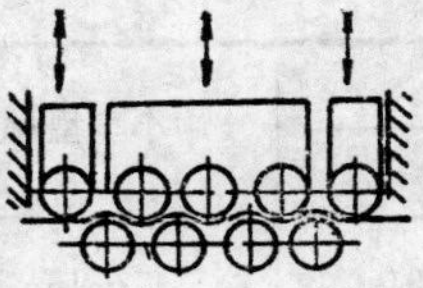	结构简单，残余曲率较大，矫正质量较差	中厚板
	整体倾斜调整	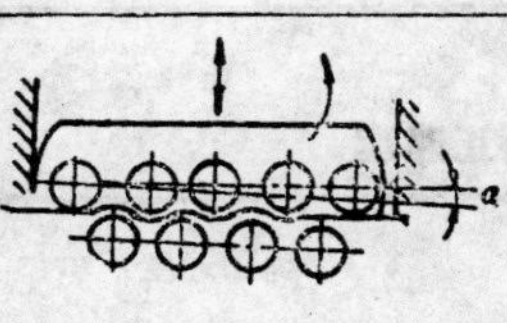	可采取各种矫正方案，调整方便，精度较高，应用广泛	中薄板
	局部倾斜调整	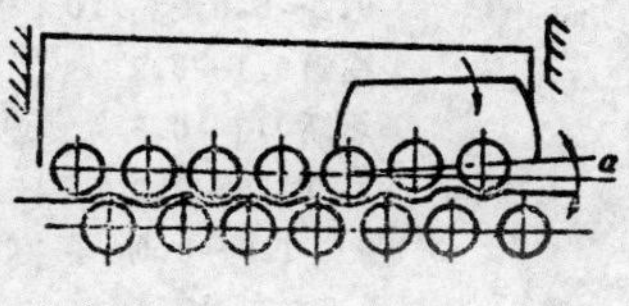	变形量大，矫正质量好	薄板

$$\frac{1}{\rho_W}=\frac{\sigma_s W}{EI} \qquad (6\text{-}2\text{-}210)$$

式中W为工件的弹性断面系数，$W=\frac{4}{h}\int_0^{h/2} z^2 dF$；$I$为工件的截面惯性矩。

为使用方便，$\frac{1}{\rho}$值还可用作图法求得。即：对于一定材料和断面形状的工件，选取若干$\frac{1}{r_0}$值，由式6-2-206作出$\frac{1}{r_0}$与$\frac{1}{\rho}$的关系曲线，如图6-2-173。当$\frac{1}{\rho_W}$和$\frac{1}{r_0}$已知时，可直接从图中查出所对应的$\frac{1}{\rho}$值。

此外，外加的弯曲力矩必须等于被弯工件的内力矩。

弯曲力矩 $$m=\frac{EI}{\rho} \qquad (6\text{-}2\text{-}211)$$

压头压力 $$P=\frac{4m}{l}=\frac{4EI}{l\rho} \qquad (6\text{-}2\text{-}212)$$

反弯挠度（即压头行程的调整量）

$$f=\frac{Pl^3}{48EI}=\frac{l^2}{12\rho} \qquad (6\text{-}2\text{-}213)$$

压力矫正为间断作业的矫正方法，适应性强，调整灵活，但生产率较低，矫正精度较差，操作繁重，因而大多用于矫正大断面或复杂断面的型材，或作为其它矫正方法的辅助矫正。

压力矫正机的型式有立式和卧式之分，驱动方式有机械曲柄式和液压式两种。压力矫正机压力与可矫正的材料断面尺寸的大致关系见表6-2-69。

三、多辊矫正

生产中对简单断面工件广泛采用辊数大于4(通常为5～29辊）的多辊矫正。其工作原理就是通过各辊对工件连续反复的三点弯曲，从而逐步缩小工件残余曲率$\frac{1}{r_i}$的变化范围。

多辊矫正的基本原则可归纳如下：

（1）一般辊径D越小、辊数n越大，矫正精度越高；辊距t值小则有利于工件的咬入及矫正过程的建立。

（2）多辊矫正前几个辊的主要作用是缩小工件沿长度方向残余曲率的差值；后几个辊的主要作用则是减小趋于均匀的残余曲率。

（3）矫正质量的优劣主要取决于合理确定各辊下工件的反弯曲率。在前几个辊（第二、三辊）上选用很大的反弯曲率，后续辊上的反弯曲率则按恰好能完全矫正前面相邻辊处的最大残余曲率来确定。

（4）硬化系数$\eta(=\frac{E'}{E})$越大的材料矫正越困

表 6-2-71 常用辊数

矫正件种类	板材厚度，mm			中小型型材	大型型材
	0.25～1.5	1.5～6	>6		
n	19～29	11～17	7～9	11～13	7～9

表 6-2-72 一般矫正机的矫正速度

矫正件及其规格	矫正速度，m/s
厚度0.50～4.0mm板材	0.1～6.0最高7.0
厚度4.0～30mm板材	冷矫0.1～0.2 热矫0.3～0.6
大型型材	0.25～2.0
中型型材	1.0～3.0，最高8.0～10.0
小型型材（100mm²以下）	5.0左右最高10.0

表 6-2-73　斜辊矫正机的分类

<table>
<tr><th colspan="2">分类</th><th>工作简图</th><th>特点</th><th>用途</th></tr>
<tr><td rowspan="2">多辊式</td><td>辊身长度相同</td><td>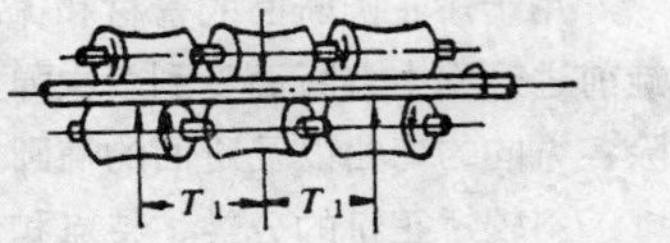

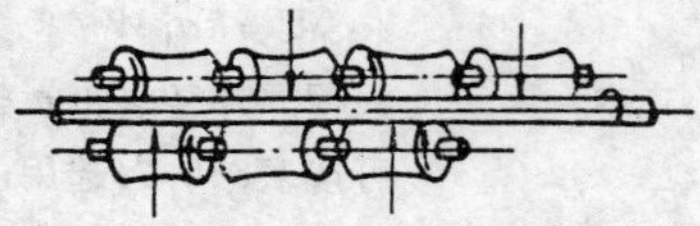</td><td>全为立式，制造简单维修方便，无需导板定位
工作机座刚度较差，观察和换辊较困难</td><td>表面质量要求高，无氧化皮的薄壁管</td></tr>
<tr><td>辊身长度不同</td><td>
</td><td>多为卧式，机架刚度大，换辊简单，易于观察和调整，易去氧化皮
短辊磨损快，要导板，质量差</td><td>大直径、高强度、表面有氧化皮的厚壁管</td></tr>
<tr><td colspan="2">二辊式</td><td>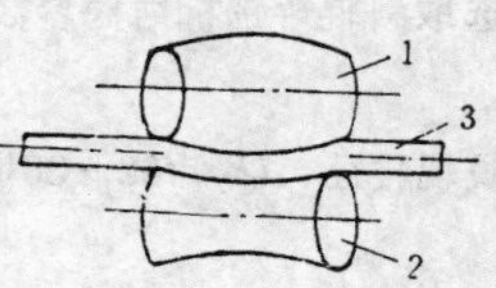
</td><td>矫正精度高，换辊方便，易于维护，易去氧化皮
易于压裂、振动，占场地，辊子磨损快</td><td>精度要求较高的管材</td></tr>
<tr><td colspan="2">滚筒式</td><td>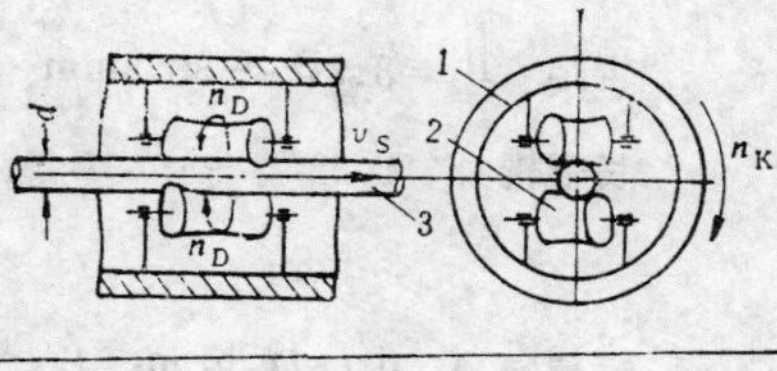
</td><td>细工件运动平稳，不易产生擦伤或扭曲
矫正粗件时，滚筒旋转速度受限</td><td>直径$d<150$mm的细圆棒、管</td></tr>
<tr><td colspan="2">3-1-3式</td><td>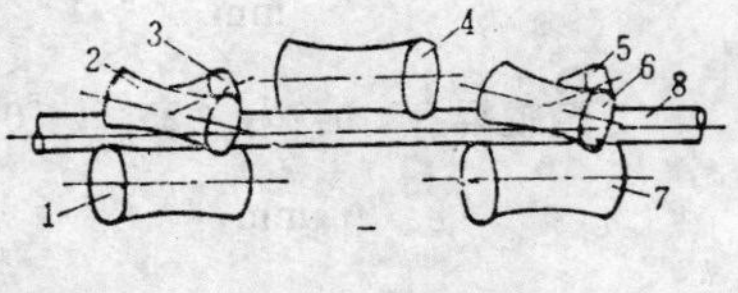
</td><td>夹持稳固，工作平稳，矫正质量高，调整灵活，结构紧凑，体积小，重量轻
在一台矫正机上可矫正的尺寸范围不大 $\left(\frac{d_{max}}{d_{min}}=3.0\sim7.5\right)$</td><td>精整线矫正薄壁管</td></tr>
<tr><td rowspan="2">芯棒式</td><td>偏心式</td><td>见表6-2-68中图（9）</td><td>原理类似丝材矫正</td><td>小口径管</td></tr>
<tr><td>无偏心式</td><td>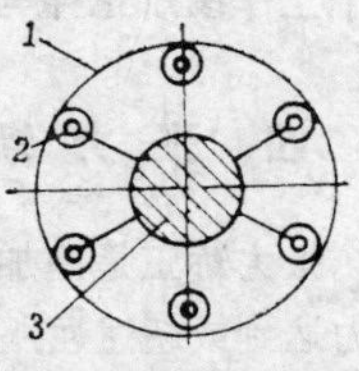
</td><td>可避免$\frac{d}{h}>100$的管材在矫正过程产生局部失稳、折皱或压扁</td><td>大口径薄壁管</td></tr>
</table>

难，要选用较大的反弯曲率和较多的矫正辊数和较小的辊径。

多辊矫正可分为板带型材用的平辊矫正和管棒材用的斜辊矫正两类，见表6-2-68的（1）和(2)。

（一）平辊矫正

平辊矫正机的分类、用途和特点见表6-2-70。

平辊矫正机基本参数可按下列公式确定：

（1）辊距 t。应在满足$t_{min}<t<t_{max}$条件下取最小值，并与矫正机的辊距一致。

最小允许辊距t_{min}取决于接触应力或扭转强度条件，对于板带材矫正机：

$$t_{min}=0.43h_{max}\sqrt{\frac{E_G}{\sigma_s}} \qquad (6\text{-}2\text{-}214)$$

最大允许辊距t_{max}取决于矫正质量和咬入条件。一般只对厚度$h_{min}<4$mm的板带材矫正机进行校核，当$h_{min}>4$mm时t_{max}远大于计算出的t_{min}值

$$t_{max}=0.35\times\frac{h_{min}E}{\sigma_s} \qquad (6\text{-}2\text{-}215)$$

式中 h_{max}、h_{min}——所矫正的板带材厚度；

σ_s——板材的屈服极限；

E_G、E——矫正辊及板材的弹性模量。

（2）辊径D。辊径D可按下式计算，

$$D=\psi t \qquad (6\text{-}2\text{-}216)$$

式中的ψ为比例系数，薄板取0.9～0.95，中板取0.85～0.9，厚板取0.7～0.85，型材取0.75～0.90。

（3）辊数n。选取辊数的原则是在保证矫正质量的前提下使辊数尽量少，常用辊数如表6-2-71。

（4）辊身长度L。辊身长度L决定于板带材的最大宽度b_{max}：

$$L=b_{max}+a\begin{cases}a=50\text{mm} & b_{max}<200\text{mm}\\ a=100\sim300\text{mm} & b_{max}>200\text{mm}\end{cases} \qquad (6\text{-}2\text{-}217)$$

型材矫正机，还要考虑辊身上孔型的数目及布置。

（5）矫正速度ν。单独设置的矫正机，ν决定于生产率以及矫正材的规格和温度；在流水线上的矫正机，ν应可调以便与机组的速度相适应。

表6-2-72给出了一般矫正机的矫正速度。

（二）斜辊矫正

用于矫正圆断面的管材和棒材。被矫正件在螺旋前进过程中各断面受到多次弹塑性弯曲，最终消除各方向的弯曲以及断面的椭圆度。

斜辊矫正机的分类、特点和用途如表6-2-73。

斜辊矫正机的参数选择由作用于矫正辊上的载荷决定。载荷特性的表示式为：

$$U=k\sigma_s W \qquad (6\text{-}2\text{-}218)$$

式中 k——根据内外径之比α确定的断面系数，可按表6-2-74选用；

σ_s——管材的屈服极限；

W——管材断面的弹性断面系数：

$$W=\frac{\pi D^3}{32}(1-\alpha^4) \qquad (6\text{-}2\text{-}219)$$

式中 D——管材的外径；

α——管材的内外径之比。

选取斜辊矫正机结构参数通常按以下统计公式确定：

长辊腰径 $D_y=62-36\lg U+25\lg^2U$，mm (6-2-220)

辊距 $T_1=1.7D_y+4$，mm (6-2-221)

辊距 $T_2=3.2D_y-38$，mm (6-2-222)

长辊辊身 $1.33D_y+15\leqslant L\leqslant1.8D_y+90$，mm (6-2-223)

短辊腰径 $0.65D_y+20\leqslant d_y\leqslant0.9D_y+25$，mm (6-2-224)

短辊辊身 $0.7d_y+25\leqslant l\leqslant0.9d_y+50$，mm (6-2-225)

斜辊矫正机的矫正质量很大程度上取决于矫正辊的辊型，合理的辊型应该是在矫正过程中沿辊子整个工作段矫正件与辊子完全接触。

四、张力矫正

张力矫正是施加拉力使工件伸长至整个断面上应力达到或超过屈服极限σ_s，去除拉力后，弹缩量

表 6-2-74 断面系数

a	0～0.39	0.40～0.59	0.60～0.74	0.75～0.89	0.90～0.99
k	1.7	1.6	1.5	1.4	1.3

相等或接近相等，此时工件变为平直或曲率减小，从而得到一定程度的矫正。

张力矫正适用于下列情况：厚度小于0.6mm的薄板、及浪形和瓢曲严重的板形、异型材及消除或减小工件内部的残余应力。

对于硬化系数η较大的材料和屈服强度σ_s与抗拉强度σ_b很接近的材料及σ_s值较大的材料，不宜采用张力矫正。

张力矫正分钳式和辊式两种。

（一）钳式张力矫正

钳式张力矫正如图6-2-174。这种方法不仅可用于矫正板材和型材的纵向弯曲，而且可以通过夹钳旋转一定角度以矫正工件的扭曲，但由于是单件矫正，生产率低，且两端夹钳处会造成很大一段废料头。

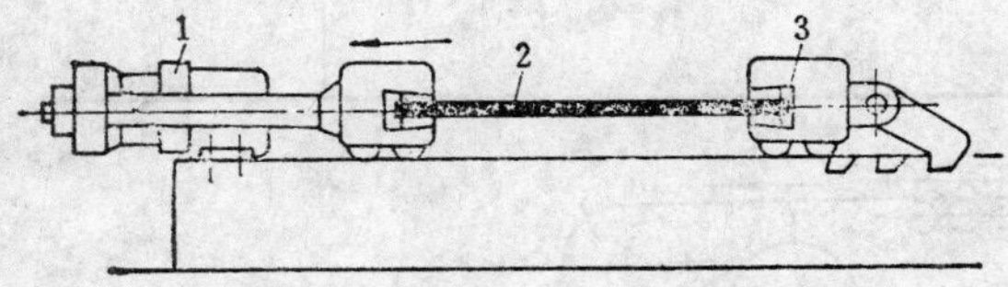

图 6-2-174 钳式张力矫正示意图

1—液压缸；2—板材；3—钳口

对于宽度为b、高度为h的板材，矫正张力T可由下式确定：

$$T = bhE[\varepsilon_s + \eta(\varepsilon_1 - \varepsilon_s)] \qquad (6\text{-}2\text{-}226)$$

式中$E \cdot \eta \cdot \varepsilon_s$和$\varepsilon_1$分别为板材的弹性模量、硬化系数、屈服延伸率和拉伸变形率（一般取0.5～3%）。

（二）辊式张力矫正

辊式张力矫正（如图6-2-175）用于连续矫正带材，具有较高的生产率。矫正张力是通过出口张力辊组与入口张力辊组之间设定的速度差ν_c来产生并调节的。

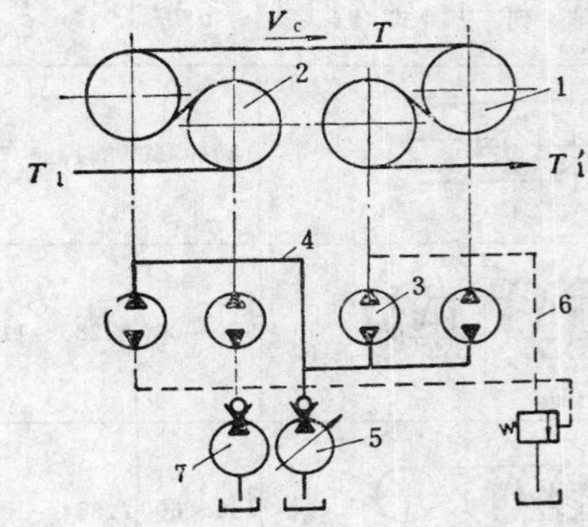

图 6-2-175 封闭回路的液压传动系统简图

1—出口张力辊组；2—入口张力辊组；3—液压马达；4—高压管路；5—变量泵；6—低压管路；7—补给泵

辊式张力矫正的主要参数确定如下：

（1）总包角θ（如图6-2-175）。当开卷机给定初张力T_1时，板带与入口张力辊组形成的张力T为：

$$T = T_1 e^{f\theta} \qquad (6\text{-}2\text{-}227)$$

所需的总包角θ为：

表 6-2-75 张力辊的摩擦系数

辊子表面状态	摩擦系数 f	
	干的	有油的
球墨铸铁	0.15	—
钢（抛光或磨光）	0.15～0.18	—
类似橡胶的塑料涂层	0.18～0.20	0.13～0.15
塑料	0.18～0.25	—
橡胶	0.25～0.28	—
毛料	0.28	0.24

$$\theta=\theta_1+\theta_2=\frac{1}{f}\ln\frac{T}{T_1}\ (弧度)$$

(6-2-228)

其中矫正张力T可按式6-2-226计算，摩擦系数f可按表6-2-75选取。

同理，若卷取机给定初张力T_1'时，板带与出口张力辊组间的总包角θ'为：

$$\theta'=\theta_1'+\theta_2'=\frac{1}{f}\ln\frac{T_1'}{T}\ (弧度)$$

(6-2-229)

（2）矫正速度ν_c。当入口张力辊的辊面速度为ν_1，带材在张力T和初张力T_1作用下的拉伸变形率分别为ε_1和ε_{1_1}时，矫正速度（即出口张力辊的辊面速度）为：

$$\nu_c=\nu_1(1+\varepsilon_1-\varepsilon_{1_1}) \qquad (6\text{-}2\text{-}230)$$

（3）张力辊直径d_z。确定张力辊直径的原则是：最厚带材受到的弯距小于或等于带材的弹性极限弯距，以保证带材绕张力辊时的弯曲变形卸载后能够完全弹复展平。此时

表 6-2-76 张力辊的布置形式和理论包角的数值

排列方式	α°	$\widehat{\alpha}$	排列方式	α°	$\widehat{\alpha}$
	180～450	3.142～7.854		600～900	10.472～15.708
	360～660	6.283～11.519		720～900	12.566～15.708
	450～600	7.854～10.472			

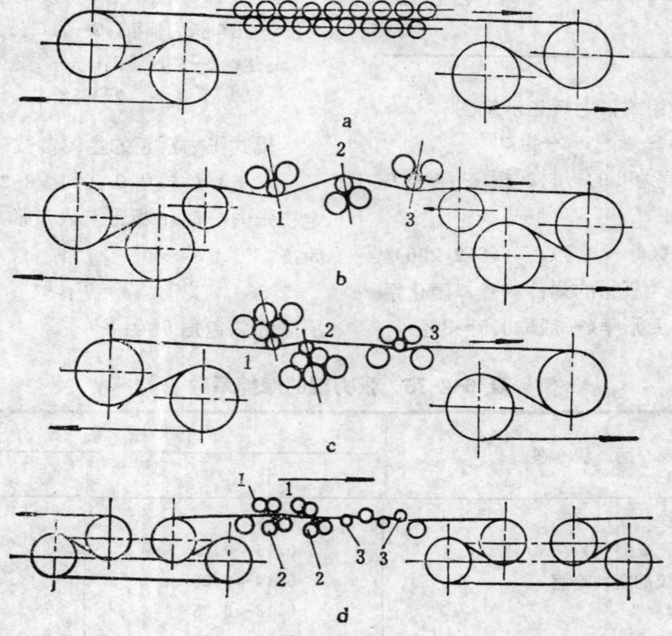

图 6-2-176 连续拉弯矫正机结构形式

$$D_z = \frac{Eh_{max}}{\sigma_s} \qquad (6\text{-}2\text{-}231)$$

（4）张力辊的布置形式与辊数见表6-2-76，表中为理论包角的数值范围，实际使用时应乘以0.8～0.9换算成实际包角。张力辊的辊数主要取决于矫正带材所需的张力值。

五、拉弯矫正

拉弯矫正是在综合多辊矫正和辊式张力矫正特点的基础上发展起来的，目前已广泛用于带材的连续加工作业线。常见的矫正机结构形式见图6-2-176，一般由张力辊组和拉弯机座组成。它的特点有：

（1）适用性强；

（2）可矫正的厚度范围广，0.3～3或1～6mm的带材可在同一设备中矫正。目前最大已可矫正厚10mm，宽3000mm的带材，最大矫正速度达1000m/s；

（3）施加的拉力小$\left(\text{一般拉应力为}\frac{1}{10}\sim\frac{1}{3}\sigma_s\right)$，结构简单，便于维修、操作；

（4）可明显改善退火后带材的机械性能，某些性能的改善效果超过冷平整；

（5）能消除带材的瓢曲，边沿波浪及镰刀弯等三维缺陷，矫正质量高；

（6）用作清洗机组中的机械破鳞装置，采用0.5～1.5%的延伸率，可取得良好的破鳞效果。

张力辊组的组成和作用与张力矫正机相同，张力辊的数目和布置形式取决于带材所需的最大拉伸力以及场地条件。拉弯机座通常由弯曲辊系和矫平辊系组成，前者使带材在张力作用下经过剧烈的反复弯曲弯形，达到工艺所需求的延伸率；后者则将剧烈弯曲后的带材矫平。目前最多的使用4个弯曲辊和6个矫平辊。图6-2-177给出了弯曲辊系的几种常见的布置形式。当被矫带材较厚且屈服极限较低（σ_s = 30～35MPa）时，采用a的形式；反之则采用b～d形式。

拉弯矫正的主要工艺参数是带材延伸率ε，它与出、入口端张力辊组的线速度差成正比，即：

$$\varepsilon = \frac{\nu_2 - \nu_1}{\nu_1} \times 100\% \qquad (6\text{-}2\text{-}232)$$

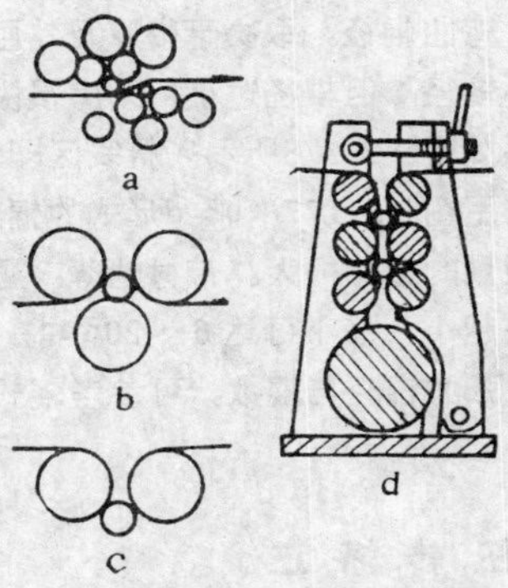

图 6-2-177　几种弯曲辊和矫平辊类型

a—多支承辊辊系；b—Y型浮动辊；c—V型浮动辊；d—U型浮动辊

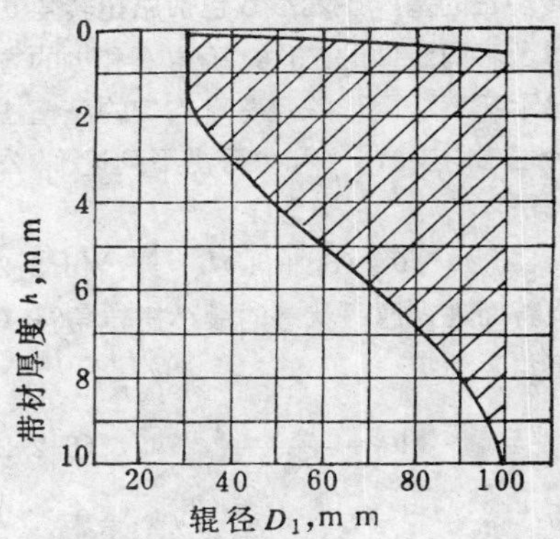

图 6-2-178　弯曲辊直径与带材厚度的关系

表 6-2-77　带材延伸率的选择原则

拉伸弯曲矫正机组的用途	带材延伸率，%
单纯为了矫正带材	0.5～1
用于机械破鳞（去除氧化铁皮）	0.5～1.5
矫正有严重缺陷的带材	⩽1.5
控制和改善带材机械性能	⩾2

ε的变化范围大致在0.5～3%，可参照表6-2-77选取。在这个范围内（ε<3%），张力与延伸率基本成直线关系；在一般拉弯矫正机包角的调整范围（10°～30°）内，延伸率与包角也呈正比关系，因而可以通过采用张力和包角的不同组合来获得相同的延伸率。实践证明，采用大包角小张力的组合方式有利于改善带材的机械性能。

弯拉矫正机的主要结构参数为：

（1）弯曲辊径。取决于带厚及其屈服极限，一般采用小辊径，但辊径过小，则磨损快。辊径与带厚的关系如图6-2-178所示（斜线区即为推荐辊径）对于采用图6-2-177中b～d形式的辊组，减小辊径对矫正质量的影响很大。带材越薄，屈服极限越高，辊径应越小，最小可达6～20mm。

（2）张力辊径与辊数。可参考辊式张力矫正的相应部分。

六、扭 转 矫 正

扭转矫正是一种用以消除工件截面相对于轴线所发生的扭转变形的矫正方法，多用于较大断面异型材的矫正。

扭转矫正的基本工艺参数包括总扭转角θ和扭距m。对于不同断面的工件，确定θ和m的方法也不同。对于任意断面形状且壁厚均匀的薄壁柱形管（假设为理想材料），θ和m可由下列近似公式确定：

$$\theta=(\theta_0+\theta_W)L \qquad (6\text{-}2\text{-}233)$$

其中整个断面进入屈服状态的最小扭转角θ_W（亦即最大弹复角）为：

$$\theta_W=\frac{\tau_s l}{2GA} \qquad (6\text{-}2\text{-}234)$$

扭距m为：

$$m=\frac{4Gh\theta A^2}{l} \qquad (6\text{-}2\text{-}235)$$

式中θ_0、L、h、G、τ_s分别为管材的原始扭转角、管长、壁厚、剪切模量和屈服剪应力，l和A则分别为环形断面的中心线长和中心线所包围的面积。

七、丝 材 矫 正

丝材矫正是使弯曲的丝材通过等距离交错布置且快速旋转的矫正模，经过各方向的反复弯曲而被矫正，丝材矫正的原理如图6-2-179。

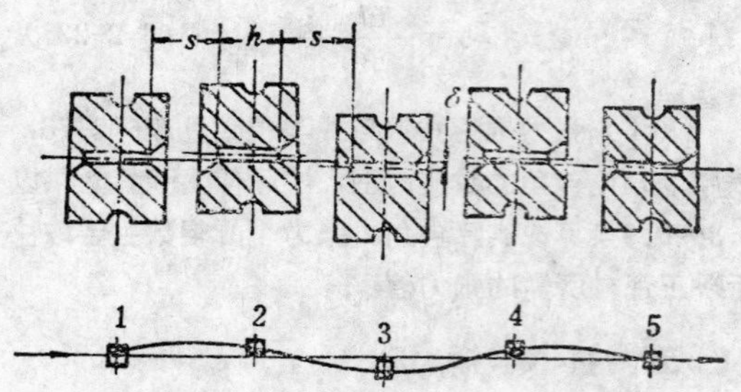

图 6-2-179 丝材矫正机模子布置及原理简图

s—矫直模间距；h—工作区长度；δ—压入量

丝材矫正的主要工艺参数为：

（1）模间距s。取决于原始弯曲曲率和丝径，一般丝径大或原始弯曲曲率小，s值应相应增大，反之应减小。

（2）压入量δ。中间各矫正模模孔偏离中心线的距离定义为压入量δ，其大小根据所需的矫正力P来确定：

$$P=\frac{4\sigma_s I}{s} \qquad (6\text{-}2\text{-}236)$$

式中 σ_s——丝材的屈服极限；

s——模间距；

I——丝材的截面塑性阻力矩，对于直径为d的丝材，有：

$$I=\frac{\pi d^2\delta}{2} \qquad (6\text{-}2\text{-}237)$$

一般丝径越大，所需的矫正力越大，压入量也应相应增加，但过大的压入量会使丝材难以通过，这时就需要适当增大模间距s。

（3）矫正速度v。矫正速度应与模子的旋转速度相匹配。通常为20m/min左右。

稀有金属丝材由于在室温条件下强度高、脆性大，因而必须在其塑脆转变温度以上进行温矫，同时应在通过矫正模之前在丝材表面上涂一层石墨乳润滑剂。

稀有金属丝材的矫正设备与普遍钢铁或有色金属丝材相同，但要求模具硬度高，一般使用硬质合金模或金刚石模。

参 考 文 献

[1] 贺毓辛等，轧制理论文集，塑性加工理论委员会，中国轧钢学会，1985，p. 34～44.

[2] 赵志业等，金属塑性变形与轧制理论，冶金出版社，1980，第7～12章.

[3] Третьяков, И. Я., Механииекие свойства, металлбв и сплавов при. обработке давлением, "Металургия", 1973.

[4]《稀有金属材料加工手册》编写组，稀有金属材料加工手册，冶金工业出版社，1984，第6～7章

[5] 贺毓辛等，中国金属学会优秀论文集，冶金工业出版社，1982，p. 287～298.

[6] 上钢设计院，孔型设计，上海科技出版社，p.286.

[7] 王廷薄等，轧钢工艺学，冶金工业出版社，1982，p. 103～174.

[8] 李国忠、贺毓辛，第一次深加工会议论文，轧钢学会，1986. 10.

[9]《轻金属材料加工手册》编写组，轻金属材料加工手册，冶金工业出版社，1980.

第三章 高 能 加 工

编写人 李正华 裴大荣

金属高能加工是近二十年来才为工业界采用的新技术。它们的共同特点是在大约几微秒至几毫秒的时间内将化学能、电能或机械能作用到被加工金属上，使金属焊接、复合或成形。

第一节 金属爆炸成形

一、基本原理及过程

利用化学能源——炸药爆炸时很短时间内释放的能量进行金属加工的方法，称为金属爆炸加工。金属爆炸加工引人注目之点在于能源不受限制，设备投资少，应用非常广泛。

按照炸药与工件的相对位置（距离），金属爆炸加工可分为接触法和非接触法（或称有距离法）两大类。

爆炸成形属于有距离加工类，它是以炸药为能源，通过空气或其它介质将爆炸能作用在金属坯料上使之成形的方法，称之为爆炸成形。

图6-3-1所示为爆炸拉伸示意图。

坯料1放在凹模2上，然后用压边圈3压紧；4为装水的水圈，注入一定高度的水；然后将炸药包5放在距毛料适当距离的位置；将凹模内的空气通过抽气孔6抽走。引爆后，瞬间即成形出一个与凹模内壁贴合得很好的成形件。

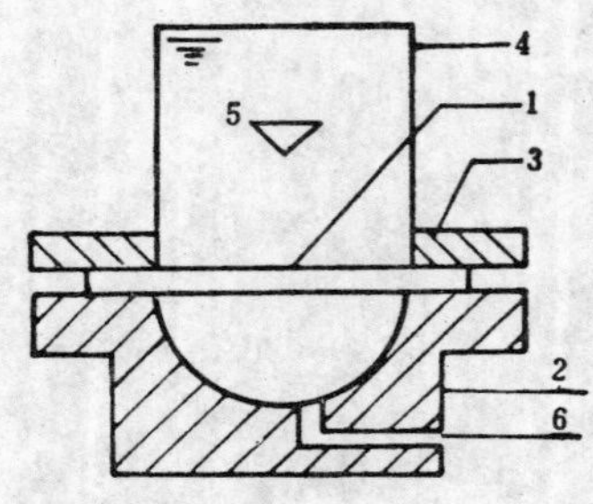

图 6-3-1 爆炸拉伸示意图

1—毛坯；2—凹模；3—压边圈；4—装水的水圈；5—炸药包；6—抽气孔

典型的爆炸胀形及平板爆炸成形，其过程与爆炸拉伸过程相同。

二、压力计算公式

1．冲击波波头最大压力

$$P_m = k\left(\frac{W^{1/3}}{R}\right)^{\alpha} \tag{6-3-1}$$

式中 P_m——冲击波波头最大压力，Pa；
k——常数；
W——药量，kg；
R——空间点与药包之间的距离，m；
α——常数。

2．波阵面上单位面积冲量

$$I = LW^{1/3}\left(\frac{W^{1/3}}{R}\right)^{\beta} \tag{6-3-2}$$

式中 I——波阵面上单位面积冲量；
L——常数；
β——常数。

3．指数衰减时间常数

$$Q_m = I/P_m \tag{6-3-3}$$

式中 Q_m——指数衰减时间常数。

4．水中某点的压力

$$P = P_m e^{-t/Q_m} \tag{6-3-4}$$

式中 P——水中某点的压力，Pa；
e——自然对数底；
t——时间，s。

当使用密度为1.52的梯恩梯炸药时，上述公式中的$k=5.58\times10^7$，$\alpha=1.13$，$\beta=0.89$，$L=0.0588$。梯恩梯的爆炸能量为4.44×10^8 J/kg。

三、模具结构

采用有模爆炸成形时，三种基本模具的结构如图6-3-2所示。

以爆炸拉伸模为例说明模具的结构设计：爆炸

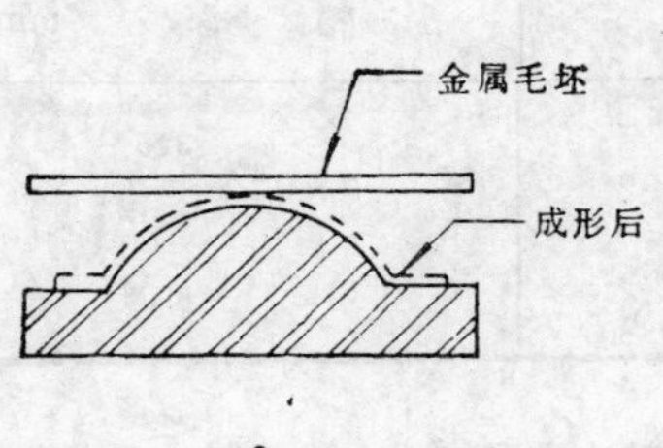

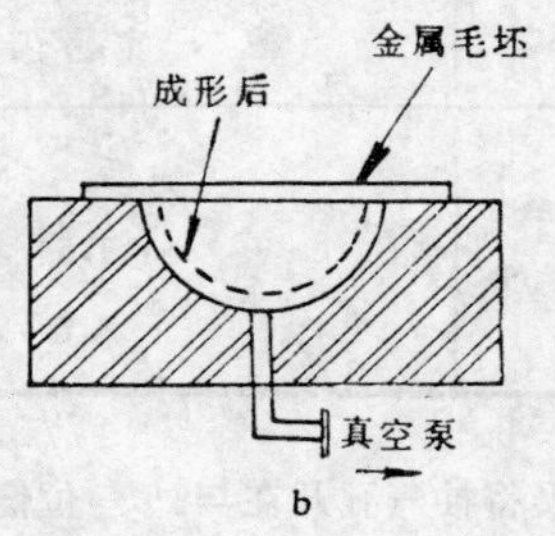

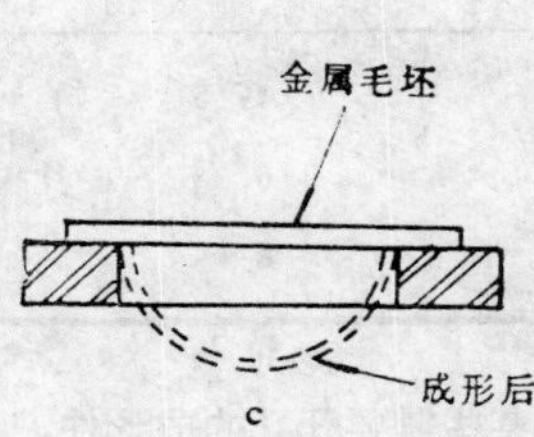

图 6-3-2 三种基本模具结构

a—自然排气模；b—抽真空模；c—惯性模

拉伸模由压边机构和模体两部分组成。

1. 压边形式

（1）惯性压边。将一定重量的压边圈自由地放在坯料上，利用压边圈的重量和作用在它上面的冲击波和介质动压以达到压边之目的。

（2）螺栓压边。压边螺栓强度与刚度按下式计算：

$$d=\left(\frac{K_s P}{\pi\sigma_s n}\right)^{\frac{1}{2}} \qquad (6\text{-}3\text{-}5)$$

式中 d——压边螺栓直径，mm；

K_s——安全系数，一般取5～10，压边圈宽度愈大，则取上限；

n——螺栓数量；

σ_s——螺栓材料的屈服应力；

P——总压边力。

螺栓的弹性变形无疑是影响边皱幅度的重要因素，其弹性变形主要取决于K：

$$K=\frac{AE}{L} \qquad (6\text{-}3\text{-}6)$$

式中 A——螺栓的断面积；

E——螺栓材料的弹性模量；

L——螺栓长度。

夹具的总刚度为nK。

2. 模体

除无模成形外，绝大部分成形件是靠凹模保证成形件形状、尺寸和精度的。凹模分为自然排气，抽真空和惯性模三种。

（1）自然排气爆炸拉深模。如图6-3-3所示，在凹模模体上开有许多小孔，在坯料高速贴模过程中，模腔内的空气由小孔中排出，从而省去了抽真空工序。但这些小孔会削弱模具强度，易在成形件上印出小孔痕迹，甚至成形件出现冲孔。而且这种模体只能放在地面上使用。

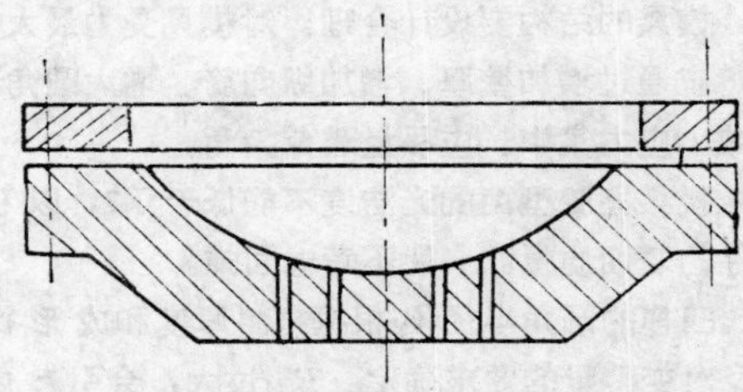

图 6-3-3 自然排气的凹模模体

（2）抽真空模体（图6-3-4）。通常用橡皮作端面与坯料密封材质。其缺点是它对坯料凸缘的摩擦力自始至终都起作用，这就增大了径向拉应力。橡皮槽的尺寸，可根据橡皮的直径与压缩量确定，表6-3-1的数值可供参考。

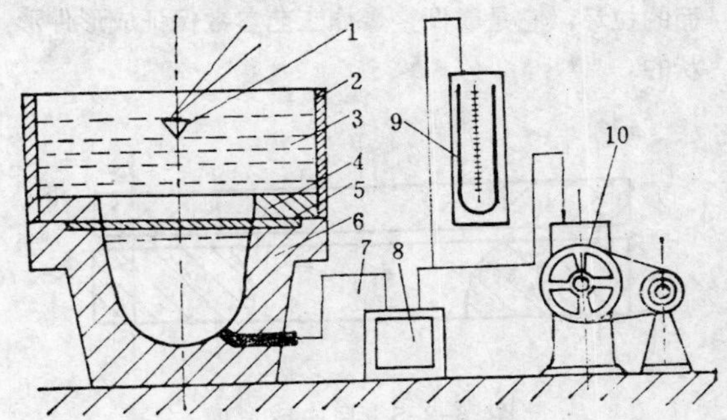

图 6-3-4 模腔抽真空的爆炸成形装置

1—药包；2—护筒；3—介质（水）；4—压边圈；5—毛料；6—凹模；7—真空管道；8—隔水箱；9—真空计；10—真空泵

在模腔上开抽气孔时，可通过减小孔径和正确地选择好开孔位置来减小在成形件表面上形成压

表 6-3-1 橡皮密封槽与直径尺寸的关系

橡皮条直径，mm	槽宽，mm	槽深，mm
4，5	5	3.5
6	6.5	4
8	8.7	6

痕。某些需要开孔的成形件，无疑将抽气孔开在与该孔位置的相应部位，孔径亦可大些，以加快抽气速度。抽气孔的大小应根据材料的厚度和硬度决定。

爆炸模要求较常规冲压模有更好的抗冲击性。小型模具可采用锻钢，大型模具只能采用铸钢或铸铁。模具的结构要设计合理。对模具受力最大的部位，应通过增加壁厚、增加纵向筋、增大圆角半径来减小应力集中。应尽量避免尖角。

模具型腔型面的光洁度不能低于▽7，以保证零件的表面质量。一般不考虑回弹。

凹模的圆角半径R_M根据材料厚度和成形深浅以及对变薄量的要求确定。R_M过大，会引起内皱和严重的圆角脱离，但变薄量小；R_M过小，则情况反之。

大型模具可采用组合焊接模具及分成几块的惯性模体。单个成形件成形还可用冰模，炸后即粉碎，但成形件已成形完毕。

图6-3-5所示为自由成形模，其模体为没有型面的拉环。它是靠调整爆炸工艺参数保证成形件形状的。

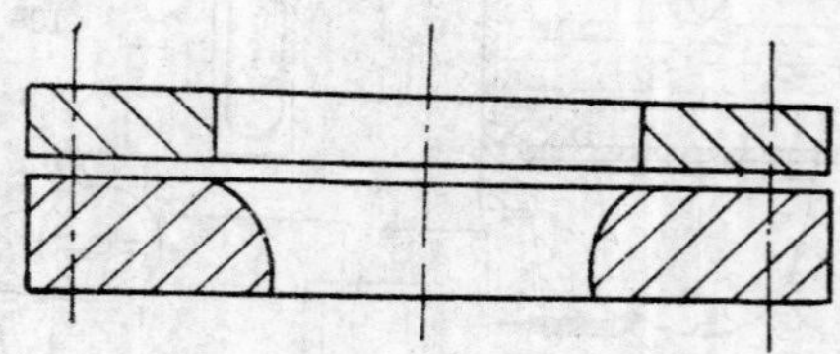

图 6-3-5 自由成形模

生产批量大、要求使用寿命长时，采用金属模具；生产批量小，形状复杂难于机械加工时，采用非金属材料制作模体较适宜。

四、爆炸拉伸主要工艺参数

（1）药形。药形决定冲击波的波形，在低药位情况下就决定了坯料上的载荷分布。常用的有球形、柱形、锥形、环形四种药包，按成形件的具体要求选定。

（2）药位。有时指药包中心距坯料表面的高度，也称吊高。也有时指药包中心距成形件某一基准线之纵向及横向平面距离。相对药位即吊高与模口直径之比可在20～50%的范围内变化。采用环形药包时，变化范围为20～30%。

（3）药量。当药位一定时，药量决定着坯料上载荷的大小。在砂介质中成形低碳钢封头类零件用药量估算公式为：

$$Y/D=44.2\left(\frac{W}{D^2\delta}\right)^{0.78}\left(\frac{D}{h}\right)^{0.74} \qquad (6\text{-}3\text{-}7)$$

式中 Y——顶点挠度，mm；

D——模口直径，mm；

W——药量，g；

δ——坯料厚度，mm；

h——药位，mm。

若采用水介质时为：

$$Y/D=120\left(\frac{W}{D^2\delta}\right)^{0.78}\left(\frac{D}{h}\right)^{0.74} \qquad (6\text{-}3\text{-}8)$$

成形其它材料时，将上式乘以修正系数K：

$$K=\frac{\sigma_{s\,2}}{\sigma_{s\,1}} \qquad (6\text{-}3\text{-}9)$$

式中 $\sigma_{s\,1}$——低碳钢屈服应力；

$\sigma_{s\,2}$——成形零件材料的屈服强度。

也可以粗略地用下式估算用药量：

$$W=(1\sim2)10^{-4}\delta\sigma_0 Y^2 \qquad (6\text{-}3\text{-}10)$$

式中 σ_0——应力，当拉伸深度不大时用σ_s，当拉伸深度很大时用σ_b。

（4）传压介质的边界条件。介质容器护筒对拉伸件的成形深度及外形平滑度有很大影响，因为自筒壁反射的负压会影响作用在坯料上的冲击波强度。

（5）水深。当以水为传压介质时，药包中心至水面的距离影响着药包引爆后气球浮出水面所需的时间和水面负压反射波对坯料的作用，通常选用$\frac{1}{3}\sim\frac{1}{2}$模口直径。

（6）真空度。当模腔具有小于666.61Pa（5mm汞柱高）的真空度时，即可获得外形良好的成形件。

（7）压边力。增大压边力时，使变薄量增加，但有利于防止成形件边缘皱折。爆炸拉伸时所需的预加压边力远远小于按冷压原理所推荐的公式得出的值。

（8）拉伸系数。加大或减小坯料直径以改变拉伸系数，是爆炸拉伸中常用以控制坯料流动的主要措施之一。增大坯料尺寸，变形抗力增加，拉伸系数减少，变薄量增加。药量增大，水流动压的侧向胀形压力增大，从而容易避免内皱。拉伸系数与药量成负六次方的关系〔近似地表示为$(K_1/K_2)^6=W_2/W_1$，K为拉伸系数，W为药量〕。

（9）凹模圆角半径。无凸缘成形件爆炸拉伸时，也可通过调整凹模圆角半径来达到控制坯料流动之目的。一般选用冷冲压推荐的凹模圆角半径R_M值，即取为材料厚度的4.8倍。R_M对成形的影响与拉伸系数的影响相同。

为了提高爆炸成形生产率，已开发出两种新工艺：成组爆炸成形和真空模腔爆炸成形。所谓成组爆炸成形，就是将多件坯料置于爆炸容框中的相应模具上，在一次爆炸操作中成形出多个成形件。所谓真空模腔爆炸成形，就是在成组爆炸的基础上，将坯料或半成品置于由模具与密封橡皮所组成的真空系统中进行爆炸成形。

已有人在总结以爆炸作能源的板金成形机床经验的基础上，提出了用火药作大型锻压设备能源的设想。因为火药能量释放反应形式主要是燃烧，可以精确地控制其速度。已经研制成功了40 t·m模锻火药锤。

第二节　金属爆炸焊接

一、爆炸焊接基本原理及过程

金属爆炸焊接是利用炸药作能源将两种或多种金属材料焊接成一体的金属加工工艺。大面积金属板爆炸焊接技术称为金属爆炸复合，图6-3-6所示为板材爆炸焊接示意图。图6-3-7所示为爆炸焊接过程瞬间示意图。

爆炸焊接属于固态焊，是在压力、塑性形变和

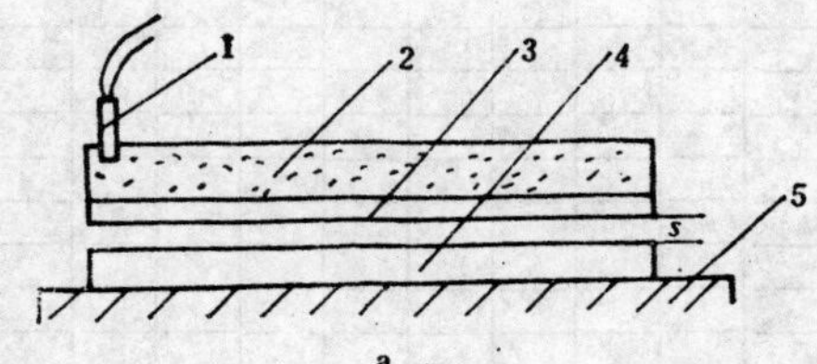

图 6-3-6　金属板材爆炸焊接装置

a—平行法安装；b—角度法安装

1—雷管；2—炸药；3—复层；4—基层；5—砧；s—间距；α—倾角

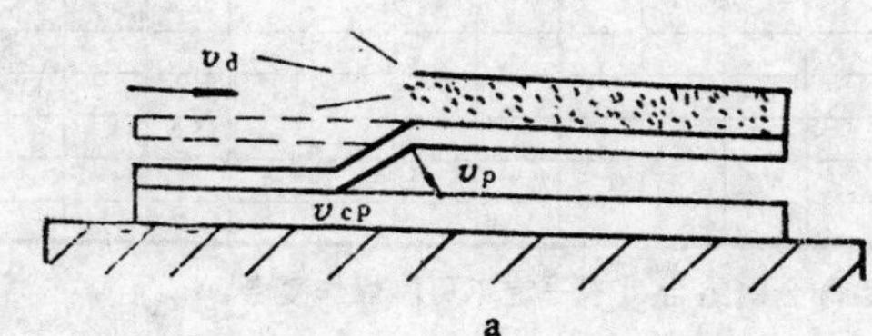

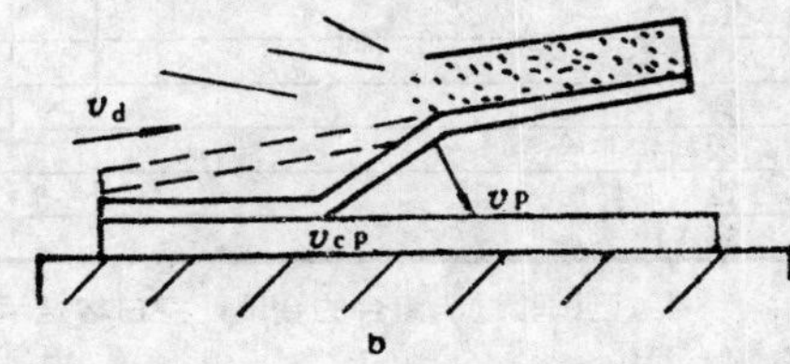

图 6-3-7　爆炸焊接过程示意图

a—平行法安装；b—角度法安装

v_d—爆轰速度；v_{cp}—碰撞点移动速度；v_p—复板速度

热的综合作用下形成具有母材强度的焊缝（通常称为结合区）。由于这种焊接方法能焊接广泛的材料组合和实现大面积板材复合，所以很为人们所重视。表0-3-2列出了可能进行爆炸焊接的金属及合金组合。

金属在爆炸焊接时，形成结合的过程十分复

表 6-3-2 爆炸焊接的

	锌	钯合金	TD镍	钨	镍铬合金	镁	钼	铌和铌合金	铂	银及银合金	金及金合金	钽	海恩钴铬钨系合金6Bⓐ	耐蚀 耐热 镍基 合金 B.C.Fⓐ	锆及锆合金
AISI1004～1020	×					×	×			×		×			
ASTMA-285						×	×			×		×	×	×	×
ASTMA-201						×	×	×		×		×	×	×	×
ASTMA-212						×	×	×		×		×	×	×	×
ASTMA-204														×	×
ASTMA-302														×	
ASTMA-387														×	
AISI4130															
AISI4340															
铁素体不锈钢							×								
300系不锈钢				×			×	×					×		
200系不锈钢															
哈特菲钢(高锰)															
高镍合金钢															
铝及铝合金						×						×			
铜							×			×	×	×			
黄　铜															
镍化亚铜															
青　铜															
镍及镍合金									×		×				
钛及钛合金ⓑ6Al-4V				×											
锆及锆合金															×
耐蚀耐热镍基合金B.C.Fⓒ														×	
耐蚀耐热镍基合金Xⓒ			×								×				
海恩钴铬钨系合金6Bⓒ															
钽												×			
金合金															
银及银合金										×					
铂									×						
铌及铌合金Cb		×						×							
钼					×		×								
镁						×									
镍铬合金					×										
钨				×											
TD镍			×												
钯合金															
锌	×														
因科镍尔合金															×
铅															
35A钛															

注："×"为已试验过能组合的金属，空白格是未进行过试验的金属组合，不一定不可能爆炸复合。

杂。在炸药爆炸作用驱动下，基、复材发生高速倾斜碰撞，碰撞区材料经受瞬时高温高压作用，产生高应变率塑性流动，形成射流；高速运动的射流又与基、复材产生相对运动，引起侵蚀和剪切。形成爆炸焊接必须具备以下条件：（1）在界面上有射流形成；（2）碰撞压力必须超过某临界值，达到原子间结合的时间必须足够长。

二、爆炸焊接工艺参数

影响碰撞区最终状态的爆炸焊接参数为三个动态参数，即复板碰撞速度ν_p，碰撞点移动速度ν_{cp}，碰撞动态角β。

相同或不相同金属组合

钛及钛合金6Al-4Vb	镍及镍合金	青铜	镍化亚铜	黄铜	铜	铝及铝合金	高镍合金钢	哈特菲钢（高锰）	200系不锈钢	300系不锈钢	铁素体不锈钢	AISI4340	AISI4130	ASTMA-387	ASTMA-302	ASTMA-204	ASTMA-212	ASTMA-201	ASTMA-285	AISI1004～1020	Nb	因科镍尔合金	铅	耐蚀耐热钨基合金Xc
	×		×	×	×	×			×	×	×									×	×			
×	×	×	×	×	×	×			×	×	×								×					×
×	×	×	×	×	×	×			×	×								×						×
×	×	×	×	×	×	×			×	×							×							×
×	×		×	×	×	×			×	×						×								×
×	×		×	×	×	×			×	×					×									×
×	×					×			×	×				×										×
										×			×											
										×		×												
											×									×				
×	×			×	×	×	×			×										×				
				×					×															
				×				×																
							×													×				
×	×				×	×														×				
×					×															×				
	×			×																				
			×																					
		×																						
×	×			×	×															×				×
×					×	×														×		×		
																				×				
											×									×				
																								×
																	×			×				
	×																							
	×																							
					×					×														
																				×	×			
×																								
	×																							
																					×			
																				×				
																				×				
																				×				

表6-3-3给出了几种炸药的爆炸常数。

三、爆炸焊接应注意的事项

爆炸焊接要注意以下一些问题。

（1）选择炸药品种。炸药应有合适的爆炸速度。其次，要求炸药有良好的使用性能，随外界条件变化性能不发生严重改变，使用安全，无毒作用。最后，要求供源广，价格便宜。目前，国内较多使用2号硝铵岩石炸药，或制成混合炸药使用。

（2）控制粉末炸药的厚度和密度。要严格控制好粉末炸药的厚度和密度，因为这直接影响着爆炸速度。

表 6-3-3 几种炸药的爆炸常数

炸药	爆炸热 E_0 J/g	格尼能 E J/g	爆速 v_d m/s	炸药密度 ρ_e g/cm³	$\sqrt{2E}$
T.N.T（铸）	277.2	277.2	6700	1.56	3100
T.N.T（粉）	277.2	191.2	4800	1.06	2580
AN达纳炸药（40%）	191.2	57.4	3200	1.25	1400
AN-8%Al	262.9	49.0	2300	1.05	1300
AN-6%柴油	212.7	74.1	2540	0.82	1600
Trimonite No.1	301.1	44.2	3000	1.10	1240

（3）控制初始安装间隙和安装角。要准确地控制初始安装间隙和安装角。对平整度不合格的材料进行校平，把不平度控制在3/1000以内。在两板间中部某些位置支撑合适的支承物，以保证两板间的间隙。

（4）保证表面光洁度。保证基、复材待复合表面光洁。

（5）表面保护。采取有效的表面保护措施，以防止与炸药直接接触的金属表面不致受爆炸损伤。在用高爆速炸药焊接或复合熔点较低、软或厚度太薄的复材时，更有必要在炸药与复层间加上缓冲层。应保证缓冲材料与金属表面良好接触，不得在界面间残留气体。

常用的缓冲层材料有橡皮、沥青、软塑料、马粪纸、油毡、黄干油、水玻璃等。

四、爆炸焊接材料的性能检验

爆炸焊接材料需经过如下的一些性能检验：

（1）超声波检验。用以检查结合面积率。

（2）结合区金相观察和硬度变化情况检查。

（3）结合区的强度检验。

（4）复合材料的机械性能。包括拉伸试验和冲击试验（可以采用常规冲击试验方法进行）。

（5）工艺性能试验。

（6）使用性能检验。包括抗腐蚀性能，疲劳性能及电导性能等。

五、爆炸焊接产品及应用

爆炸复合板材的尺寸和规格允许在很大范围内变动，可以是薄板也可以是大厚板。基、复层厚度比可为100/10～100/20。根据使用要求，可以生产矩形、圆形、梯形、扁形复合板和双层多层复合板。据资料报道，已获得了100层以上的薄材（箔）复合板。此外，还有复合管材、复合棒材及复合材料结构件，如蜂窝结构件、肋增强件、纤维增强件等爆炸焊接产品。作为一种连接方法，爆炸焊接还用于各种金属特别是异种金属的对焊和搭接焊。

可以将复合板进一步冷、热加工成各种规格的薄板。爆炸复合与轧制工艺相结合，是生产贵金属复合材料的有效方法之一。

第三节 爆炸粉末压实及爆炸硬化

一、爆炸粉末压实

爆炸压实法分为间接法和直接压实法两种。使用间接法是将炸药放在活塞之顶部，爆轰后推动上板、活塞，将粉末压实。直接压实法较方便且能获得更高的粉末压实密度。它是将盛有粉末的钢管或铝管塞住，四周布上密度均匀、厚度一致的炸药。引爆炸药后，爆轰波沿管壁以速度v_d传播，给予管壁作用，使之受到压缩，致使内装的粉末也受到同样的作用。一般选用v_d为1700～8400m/s的炸药进行粉末压实。爆炸粉末压实具有以下优点：

（1）能压实用普通粉末压制、烧结技术难以成形的粉末，例如难熔金属及超合金粉末。

（2）可以对金属和非金属复合材料进行压实，以获得性能独特的粉末压实件。

（3）可获得密度极接近材料理论密度的各种粉末制品。

（4）能压实脆性陶瓷材料和塑性材料。

（5）制品的尺寸限制不象一般粉末冶金要求的那样严格。

（6）设备简单，加工费用少。

爆炸法与静压法比，主要特点是爆炸压实不是在整个粉末体内同时发生。当冲击波通过粉末后，粉末才被压实。要求脉冲压力高过被压实材料剪切强度的几倍。高的加载速度和短的加载时间，引起温度瞬间急升，甚至可以超过钨的熔点。图6-3-8所示为圆柱状试样爆炸压实时的冲击波传播情况。冲击波一方面向内心传播，消耗能量；另一方面四周冲击波向试样中心会聚，导致压力和质点速度增加。图中（a）表示自试样表面至中心，压力和质点速度不断衰减，使中心达不到所需要的压实程度。（c）则相反，由于冲击能量过大，在中心收聚时，造成强烈的压力释放，形成中心裂纹。

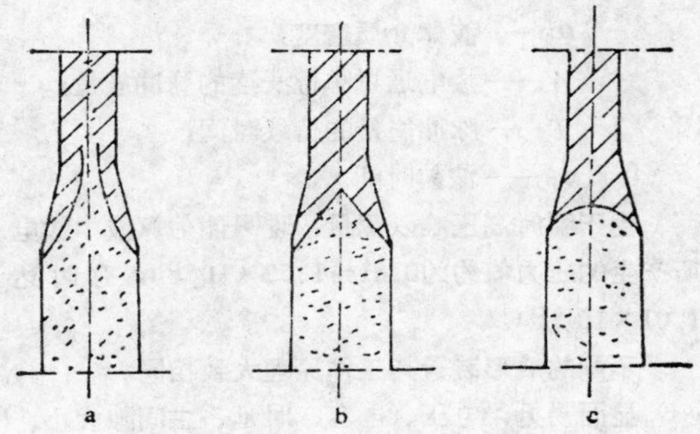

图 6-3-8 圆柱试样压实时的冲击波传播

a—中心达不到所需的压实程度；b—正常压实情况；c—冲击能量过大形成中心裂纹

质量比E/M（E—为炸药量，M—为粉末量）是爆炸压实的主要参数之一，它取决于炸药种类、材质及粉末的状态、类型。通常，铝的E/M取0.2，镍取1.22。

炸药爆速是另一个重要参数，它与质量比及压实密度的关系示于图6-3-9。由图选取获得最大密度的爆速。

爆炸粉末压实的原理可从两方面理解。一方面由于粉末粒子在不连续冲击载荷作用下发生相对运动，相邻质点间出现高速摩擦，粒子的温度升高，粒子间彼此因摩擦而形成焊接。另一方面，当粒子被加速到某一定值时，它们之间便发生高速碰撞，出现类似于爆炸焊接时产生的那种射流现象，增进了粒子间的焊接过程。

尽管爆炸粉末压实法和静态压实法之间有许多不同的特点，但其压力-密度曲线趋势是一致的。图6-3-10给出了两种压实法的压力-密度关系曲线。

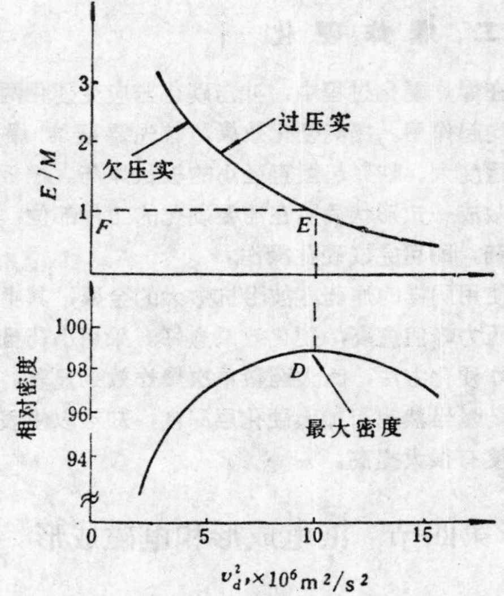

图 6-3-9 爆炸压实参数的确定关系

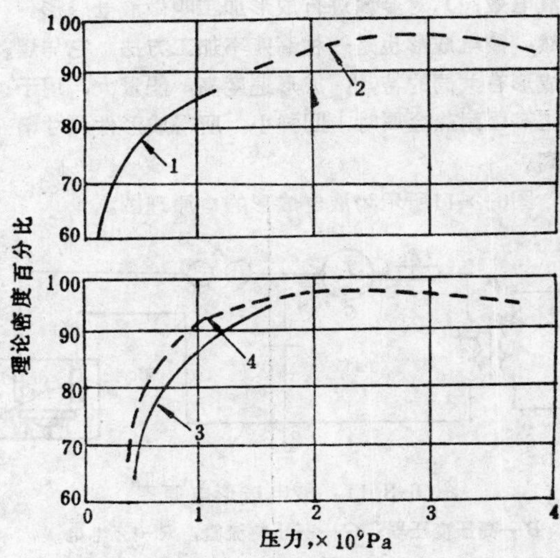

图 6-3-10 爆炸压实与静压实的密度-压力对比

1—2.5μ钨粉静压压实；2—5μ钨粉爆炸压实；3—15μ钼粉静压压实；4—15μ钼粉爆炸压实

爆炸粉末压实由于受试样中冲击波载荷衰减和收聚特点的限制，用于制作旋转体工件是最适宜的。已制成了几米长的压实钨粉棒，其它形状的制品，如管、空心圆锥体、火箭喷嘴、半球及其有波纹表面的圆柱状部件也都能用爆炸粉末压实法制取。

二、爆炸硬化

在爆炸硬化过程中，冲击硬化与应变硬化两种机理均起作用。提高硬化效果，首先要研制爆速高、猛度大、临界起爆直径小的板状炸药。把板状炸药裁成一定形状后贴在需要硬化的工件部位，引爆炸药，即可完成硬化操作。

使用同样的炸药，波阻抗愈大的金属，其中产生的压力峰值愈高，硬化效果愈好。采用小药量分次爆炸硬化方法，比大药量单次爆炸效果显著。加大炸药量当然也可加大硬化层深度，却难以使表面层硬度有很大提高。

第四节 液电成形和电磁成形

一、液电成形

利用液中强电流脉冲放电所产生的机械效应（液电效应）对金属进行成形加工叫做液电成形。显然，液电成形也是一种高能率加工方法，它与爆炸成形有共同的特点：成形速度高，能量大，用于加工高强耐热金属时，回弹小，所得成形件尺寸精度高。

图6-3-11所示为液电成形的电原理图。

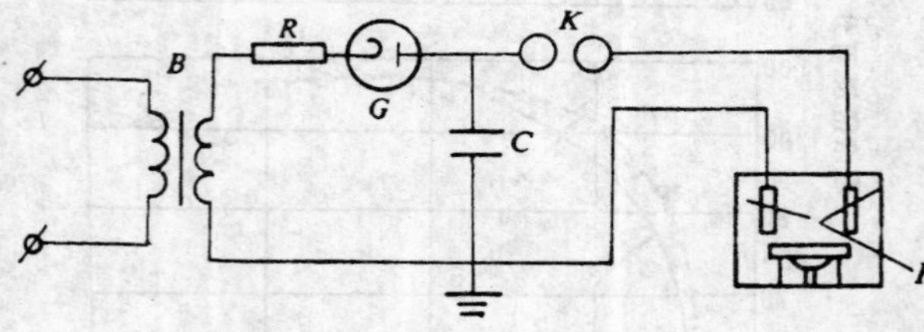

图 6-3-11 液电成形电原理

B—高压变压器；G—高压整流管；R—充电电阻；C—电容器组；K—辅助空气间隙；F—主间隙

从图可知，电路实际上是由一个一般的脉冲电流发生器和一个包含有液体间隙及成形模的放电室组成。当合上电源后，交流电即通过变压器升压，经整流管整流后给电容器充电。此时电容器贮藏的能量为：

$$\omega=\frac{1}{2}CU^2 \qquad (6\text{-}3\text{-}11)$$

式中 ω——电容器的贮能，J；

C——电容，μF；

U——电压，V。

当电容器电压上升到所需值后，点燃辅助间隙，电容器便通过辅助和主间隙放电。如果放电回路参数选得恰当，放电过程可以控制在几微秒到几十微秒内，因此主回路中产生巨大的瞬时功率。只要回路的电阻足够小，大部分能量就集中在液体间隙中发放，形成强有力的冲击波。这种冲击波作用到工件上，便使其成形。液中放电时所产生的最大压力值与放电能量、放电波形及液体本身的特性有关。其关系可以近似地用下式表示：

$$P_{max}=\beta_1\sqrt{\frac{\rho_0 W}{\tau_p T}} \qquad (6\text{-}3\text{-}12)$$

式中 P_{max}—— 冲击波波前最大压力；

β_1——复杂积分函数，对于水介质取0.7；

ρ_0——液体介质密度；

W——放电通过单位长度的脉冲能量；

T——脉冲能量的持续时间；

τ_p——波前时间。

由于瞬时高压难以测量，现只能估算液中放电所产生的压力值约为$0.61\sim1.52\times10^9$Pa，有时达1.01×10^{10}Pa。

不同的成形装置其工作原理大致相同。

显而易见，电压、电容、时延、主间隙大小、电极在液中的位置（水深和吊高）等对工件的变形深度都会有一定的影响。

放电室是液电成形装置的重要组成部分。放电室由水箱、放电电板和模具组成。水箱外壳和上盖板应具有足够的强度，电极要便于调整间隙的大小和吊高。典型的对置型电极结构如图6-3-12。为了充分利用能量，使放电过程趋于稳定，改变电弧通道，控制冲击波的形状和压力分布，提高冲击压力等目的，在电极之间接上金属丝（爆炸丝），便成

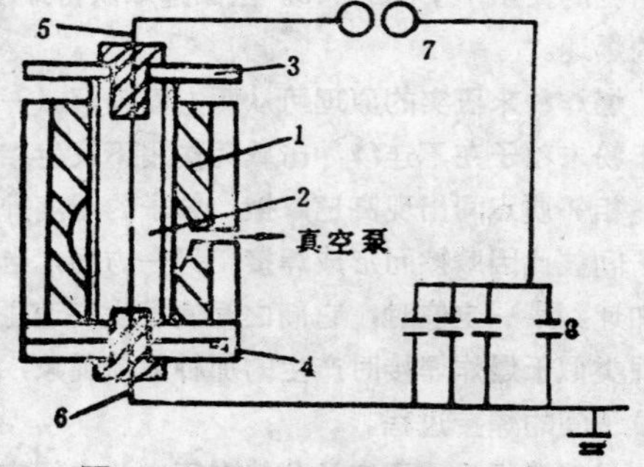

图 6-3-12 对置形电极结构

1—模具；2—被成形的管料；3、4—压板；5、6—对置电极；7—辅助间隙；8—电容器

为线爆炸成形。这是利用脉冲大电流通过细金属丝时将产生高温，并使之气化、爆炸，体积急剧增大从而产生强大的冲击波的原理而设计的。爆炸丝可以是一根或多根，还可做成各种形状。通常采用钢、铝爆炸丝。

随着工业应用范围扩展，现已有了以加工膜片式弹簧元件及板形或胀形零件为主的液电成形机库。

二、电磁成形

电磁成形是利用导体在脉冲磁场受力作用而使工件成形的方法。它具有：模具简单，能在高温下和惰性气体或真空中加工，不需要传压介质，能保护毛料的光洁度，能准确控制能量，操作简单，生产率高等特点。

电磁成形的基本原理如图6-3-13所示。当一闭合回路与交变磁场相切割时，在回路中就产生感应电流，其大小与磁通的变化率和回路的电导成正比。将管状导体放入线圈内部时，相当于闭合回路和脉冲磁场相切割，于是强磁场在工件内产生感应电流，方向与线圈电流方向相反。这一反向电流所产生的反向磁通阻止初始磁通穿过工件，迫使磁力线密集在线圈和工件之间隙内。密集的磁力线具有扩张的特性，因而工件表面各部分都受到沿半径向内的冲击压力。该压力和磁通密度平方成正比，与工件和线圈间的环形面积成反比。

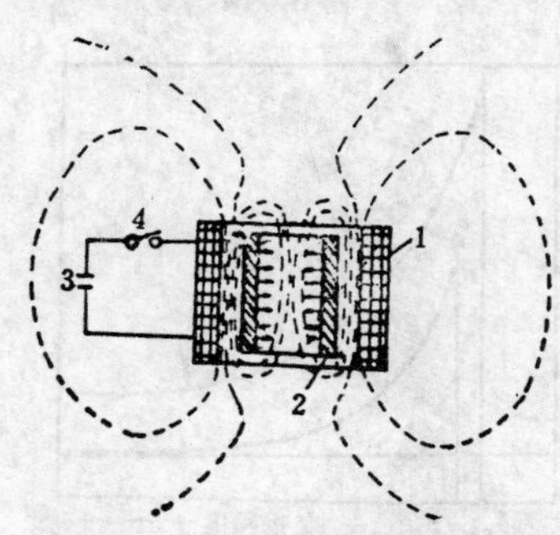

图 6-3-13　电磁成形原理

1—线圈；2—工件；3—电容器；4—开关

如果磁压力达到材料的屈胀应力并在工件内有模具时，则管壁就被压紧在模具上而成形。

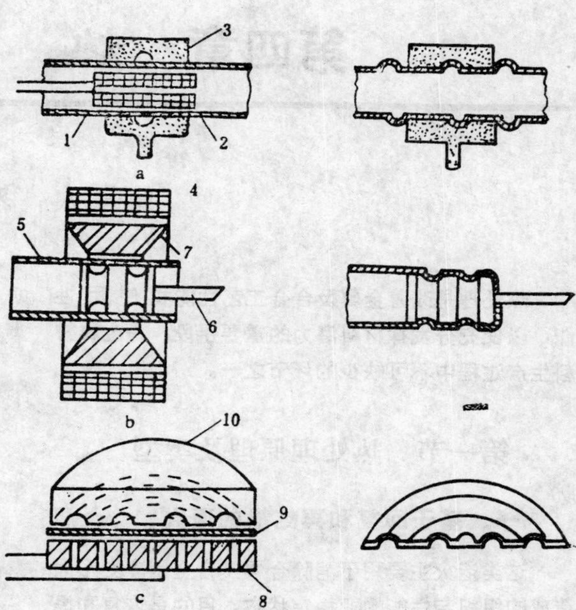

图 6-3-14　电磁成形的基本加工方法

a—胀形加工；b—缩形加工；c—平板加工

1、5、9—工件；2、4、8—线圈；3、6、10—模具；

7—磁通集中器

工件所受的冲击压力仅在线圈磁场增长期间存在。磁力线向工件内扩散，扩散深度为：

$$s \approx (\rho\tau)^{1/2} \tag{6-3-13}$$

式中　ρ ——工件电阻率；

τ ——脉冲磁场的半周期。

如果工件内的模具是导体，当磁力线扩散与之相交时，在模具内会产生涡流，对工件产生不应有的向外压力。为避免这一现象，成形过程必须在磁力线穿透工件以前结束。为此应尽可能减少磁力线的扩散深度，即使工件电阻和脉冲磁场的半周期减少。基本方法如图6-3-14。

参考文献

[1]《稀有金属材料加工手册》编写组，稀有金属材料加工手册，冶金工业出版社，1984.

[2]《轻有色金属材料加工手册》，编写组，轻有色金属材料加工手册，冶金工业出版社，1980.

[3]《重有色金属材料加工手册》编写组，重有色金属材料加工手册，冶金工业出版社，1980.

第四章　热　处　理

编写人　邓至谦

热处理是改善金属及合金工艺性能和使用性能，以便充分发挥材料潜力的重要手段，是金属材料生产过程中不可缺少的环节之一。

第一节　热处理原理及类型

一、基于回复和再结晶的退火

这类退火主要用于消除金属及合金因冷变形而造成的组织与性能的亚稳定状态。目的是恢复和提高金属的塑性，以利于后续工序的顺利进行；满足产品使用性能要求，以获得塑性与强度性能的配合，良好的耐蚀性和尺寸稳定性等等。

（一）回复及再结晶过程

金属经冷变形后，其晶格发生畸变，且产生大量的晶格缺陷，如点缺陷、位错、亚晶界、堆垛层错等，使金属内部能量升高。这部分升高的能量即冷变形储能，它是冷变形金属发生组织变化的驱动力。

1．回复

将冷变形金属在较低温度下加热时，其内部将发生回复过程。回复过程的实质是点缺陷的运动及位错的运动和重新组合。低温回复以前者为主，而在较高温度下，回复过程主要是位错运动及位错重新组合，包括异号位错对消、多边化形成亚晶以及变形胞状亚组织转变成典型的亚晶粒。随着退火温度升高或退火时间延长，多边化和胞状亚组织形成的亚晶会通过亚晶界迁移和亚晶合并的方式逐渐粗化。总之，在回复阶段，晶粒的形状和大小不发生明显变化，但金属微细结构的变化则很明显。

堆垛层错能强烈影响回复阶段位错重新组合的倾向，从而影响金属在回复阶段性能变化的趋势。层错能高的金属（如钨、钼、钽、铌、钛等），其扩展位错窄，易于发生亚晶形成及粗化所必需的交滑移过程。亚晶的形成和粗化消除了亚晶内的位错，使加工硬化大大降低。因此，这类金属及合金在回复阶段明显软化。

2．再结晶

（1）再结晶过程。冷变形后的金属加热到一定温度时，在原来的变形组织中重新产生无畸变的新晶粒，性能也发生明显变化而恢复到完全软化状态，这一过程称为再结晶。

（2）再结晶晶粒大小。晶粒大小及其均匀性是再结晶后的主要组织特征，一般希望退火后得到均匀细小的晶粒。再结晶晶粒大小与下述因素有关：

1）金属的内在因素。一般随合金元素及杂质含量增加，晶粒尺寸减小，因为合金元素会阻碍晶界的迁移，有利于得到细晶粒组织。

2）变形程度。变形程度与晶粒尺寸的关系如图6-4-1所示。

3）退火温度和保温时间。在保温时间相同条件下，退火温度越高，再结晶晶粒越粗。而晶粒尺寸与保温时间的关系有一极限值，如图6-4-2所示。

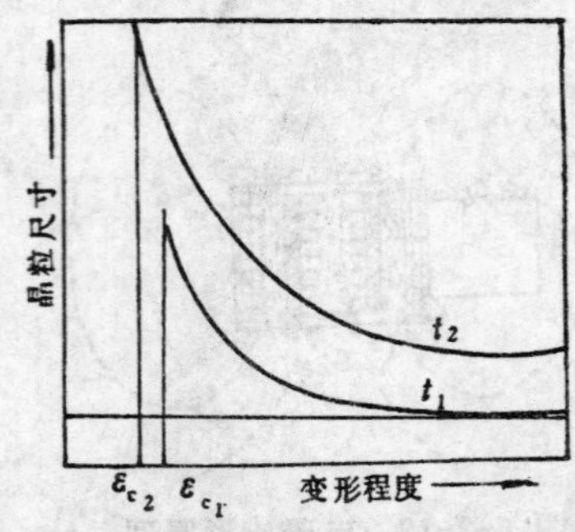

图 6-4-1　变形程度对退火后晶粒尺寸的影响

ε_{c_1}、ε_{c_2}—临界变形程度；t_1、t_2—退火温度（$t_1<t_2$）

综合退火温度和变形程度对晶粒大小的影响，可以得出表征温度-变形程度-晶粒大小三者关系的再结晶图（图6-4-3和图6-4-4）。

（3）再结晶温度。在成分一定的情况下，再结晶温度与变形程度及退火时间有关。

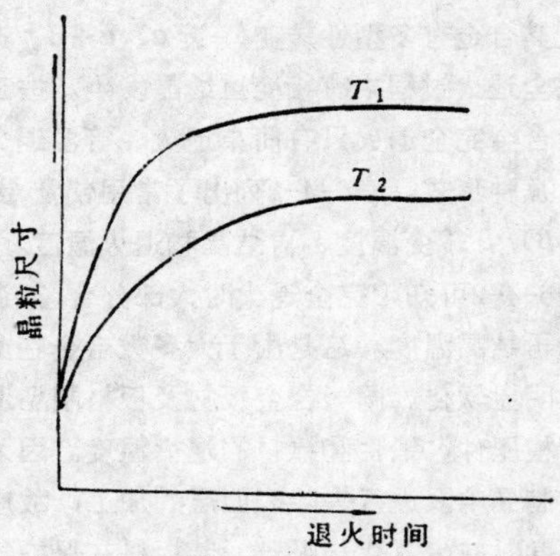

图 6-4-2 在不同温度下退火时晶粒尺寸与保温时间关系示意图

T_1、T_2—退火温度（$T_1 > T_2$）。

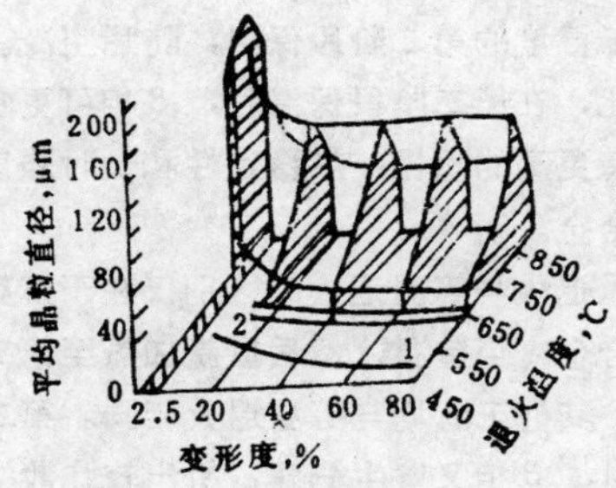

图 6-4-3 工业纯钛的再结晶图

1—再结晶开始温度；2—再结晶终了温度

再结晶温度与变形程度的关系如图6-4-5所示。变形量增加，再结晶温度降低，但有一个极限值t_R。此极限值即为再结晶开始温度，苏联学者称它为"再结晶门槛"。

不同加工率的钨板的再结晶温度列于表6-4-1中。

金属中的杂质和少量合金元素能急剧提高金属的再结晶温度。合金元素对变形钼再结晶温度的影响如图6-4-6所示。

（二）不完全退火

目的是消除在冷加工、冷成型及焊接等工艺过程中产生的应力，有时也称为消除应力退火。退火温度一般在再结晶温度以下50～200℃，在退火过程中只发生多边化过程。但对热处理强化的钛合金，特别是β钛合金，如果变形温度及变形后的冷却速度足够高，则变形的半成品中可能保留一定

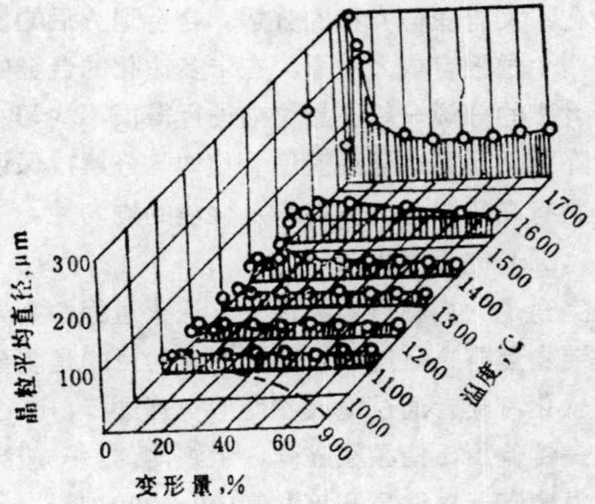

图 6-4-4 钼的再结晶图

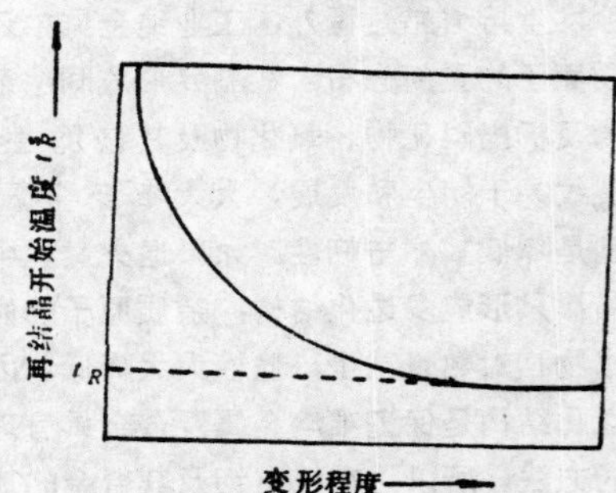

图 6-4-5 变形程度对再结晶开始温度的影响

表 6-4-1 不同加工率的钨板再结晶温度

板厚 mm	加工率 %	再结晶开始温度 ℃	再结晶终了温度 ℃	备 注
10	60	1300～1350	1450～1500	金相法检验
3	70	1250～1300	1450～1500	
1.0	90	1150～1200	1400	
0.5	95	1100～1150	1350	

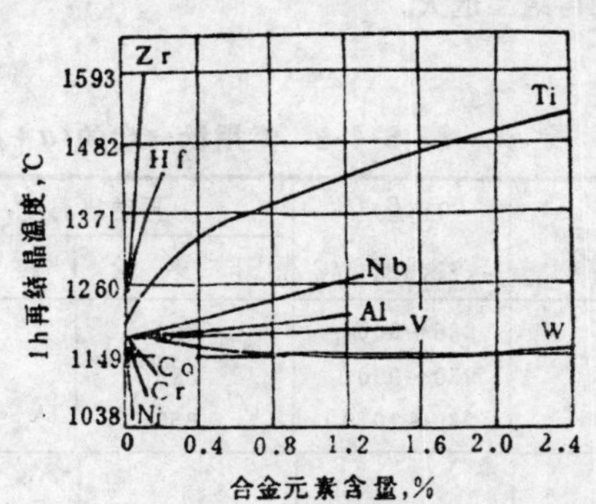

图 6-4-6 合金元素对变形钼（φ12和φ15棒）再结晶温度的影响

量的亚稳β相。在随后的退火过程中，合金既可发生多边化，又有亚稳β相的分解。合金退火后的性能与这两个过程有很大关系。在未多边化的合金中，亚稳β相的分解一般在晶粒内进行得很不均匀，使塑性降低。而多边化后亚稳β相均匀分解，保证了合金具有高的综合机械性能及性能的均匀性。

（三）完全退火

完全退火亦称再结晶退火。退火过程中金属内部主要发生再结晶过程。完全退火的目的是使金属完全软化，或者通过退火和变形交互进行，减小或消除铸锭偏析，使晶粒破碎，组织均匀。一般完全退火温度高于再结晶开始温度100～300°C。

钨、钼及其大部分合金呈冷脆性。在再结晶退火时，除发生再结晶过程外，工业纯金属中还发生间隙杂质原子的重新分布，在晶界形成间隙杂质原子的偏聚及析出碳化物、氧化物及其它脆性化合物，使裂纹易于萌生和发展，大大降低金属的塑性，特别是降低其冲击韧性。如果退火过程中不发生再结晶，只形成多边化结构，杂质原子的偏聚程度和析出物相对数量减少，脆性大大降低。因此，形成多边化结构是保证难熔金属及合金具有理想综合性能的方法。所以，在钨、钼及其合金的加工过程中，一般采用不完全退火。

对于再结晶后发生冷脆的合金，可按下述原则选择退火种类：

（1）退火后若进行热加工，则选择完全退火。

（2）退火后若进行冷加工或温加工，则进行不完全退火。

最终退火类型的选择与制品工作温度有关：

（1）若工作温度高于再结晶温度，则最终退火应选用再结晶退火。

（2）若工作温度低于再结晶温度，则可选用不完全退火或根本不需进行热处理。

钛及其合金有多型性转变，近α、α+β、近β合金在完全退火过程中有相变重结晶发生。按工艺特征，钛合金完全退火只有简单退火、等温退火和双重退火几种形式。表6-4-2列出了常用钛及钛合金的(α+β)/β转变温度、再结晶和退火温度。

由表6-4-2可知，完全退火时大部分合金退火温度低于再结晶温度。这是由于大多数合金在此温度下可以明显软化。同一合金板材及板材制品退火温度低于模压件，锻件和棒材的退火温度。因为板材及板材制品难以进行去除表面层的加工，故应降低退火温度以减少氧化与吸气。若板材在保护气氛或真空中退火，则退火温度可与锻件相同。

等温退火及双重退火适用于α+β合金。

合金等温退火时，首先加热至较高温度保温，以进行多边化或再结晶。然后炉冷或转入另一炉中进行较低温度的第二阶段保温，随后空冷。与简单退火相比，在第二阶段保温时，β相可更加稳定，故可保持更高的塑性，热稳定性和长时强度，适用于耐热合金。

双重退火与等温退火的区别仅在于，第一阶段保温后合金冷至室温，然后重新加热至第二阶段温度保温，其他工艺均与等温退火相同。第二阶段加热保温时，β相又发生分解，析出较弥散的α相，使合金部分强化。因此，双重退火后的性能与简单退火及等温退火后的性能有所不同。

二、基于固态相变的热处理

（一）基本原理

所谓固态相变，通常是指那些在转变过程中不

表 6-4-2 常用钛合金的(α+β)/β转变温度、再结晶温度及退火温度

合金牌号	(α+β)/β 转变温度，°C	再结晶温度，°C 开始	再结晶温度，°C 终了	完全退火温度，°C 板材及板材制品	完全退火温度，°C 棒、锻、压模件	不完全退火温度 °C
TA1	885～900	600	700	520～540	670～690	445～485
TA7	950～990	880	950	700～750	800～850	550～600
TC4	980～1010	850	950	750～780	750～800	600～650
				等温退火或双重退火		
TC8	980～1020	900	980	第一阶段920～950	第二阶段570～600	—

仅有组织变化，而且有晶格类型变化，或（和）有序度变化，或（和）相组成物化学成分变化的固态转变。而回复和再结晶过程不属于固态相变。

在稀有金属及合金的热处理过程中所发生的固态相变有以下几种类型：

1．多型性转变

从一种晶体结构转变为同一成分的另一种晶体结构称为多型性转变，也称作同素异构转变。这种转变常发生于纯金属、金属间化合物以及某些固溶体中。表6-4-3为常压下一些金属在不同温度下的晶体结构。由表可知，在高温下，体心立方结构往往是稳定结构，而在低温下，则是面心立方晶格或密排六方晶格稳定。

表 6-4-3　一些金属在不同温度下的晶体结构

金　属	晶体结构	稳定的温度范围，°C
βCo	面心立方	>400
αCo	密排六方	<400
βLi	体心立方	>78(K)
αLi	密排六方	<78(K)
γU	体心立方	>775
βU	正　方	660～775
αU	正　交	<660
βZr	体心立方	>865
αZr	密排六方	<865
βTl	体心立方	>234
αTl	密排六方	<234
βTi	体心立方	>882.5
αTi	密排六方	<882.5

在稀有金属中，钛和锆都可能发生多型性转变。如纯钛在882.5°C时发生下述多型性转变：

$$\underset{\text{（密排六方）}}{\alpha} \underset{}{\overset{882.5°\text{C}}{\rightleftarrows}} \underset{\text{（体心立方）}}{\beta}$$

因此，纯钛自高温缓冷至882.5°C时，β相即转变成α相。而β→α转变所需的过冷度很小。冷却速度从4°C/s增至1000°C/s，转变发生的温度只是从882.5°C降至850°C。当冷速超过200°C/s时，则发生马氏体相变，形成α′六方马氏体。

由于纯钛有多型性转变，所以钛合金一般也有这一转变。钛合金中的多型性转变温度（$\alpha \rightleftarrows \beta$或$\alpha+\beta \rightleftarrows \beta$的转变温度）对合金成分极为敏感。同一合金，由于炉次不同，或成分上的波动，其β转变温度可能相差5～70°C，一般相差40°C左右。在制定钛合金热加工工艺时，必须考虑这一点。

2．共析转变

所谓共析转变是由一种固溶体中同时析出两种（对于二元系）或两种以上（对于多元系）固相的反应。

钛与铬、锰、铁、钴、镍、铜、硅等元素组成共析型相图。在一定的成分和温度范围内发生共析反应：

$$\beta \longrightarrow \alpha + \text{Ti}_x M_y$$

3．马氏体相变

马氏体相变是固态相变中重要的一类，属无扩散型相变，是一种不变平面应变，相变结果产生表面浮凸，马氏体与母体之间保持一定的位向关系，马氏体内往往有亚结构。

马氏体相变发生在M_s（马氏体相变开始温度）至M_f（相变终了温度）之间的一段温度范围内。M_s点越低，相变阻力越大。M_s点主要决定于合金元素的含量。钛合金中的M_s点随β稳定元素含量的增加而降低。M_s点越高，淬火到室温所得到的马氏体量就越多，反之则越少。若M_s点低于室温（为钛合金中含β稳定元素很多时），淬火到室温将得不到马氏体。

另外，M_s点的高低往往影响马氏体的形态。

4．脱溶

合金自高温淬火后得到过饱和固溶体或得到晶体结构与高温相不同的某种亚稳相（为钛合金中的马氏体相和ω相），在随后加热（时效）时，发生分解，析出第二相。这种分解过程都属于脱溶转变。

（1）脱溶过程。在大多数合金中，在析出平衡的脱溶产物之前，往往还经历一系列复杂的中间过渡阶段。即使是同一成分的合金，加热温度不同时，也可能有不同的析出过程。

脱溶时不直接析出平衡相，是因为平衡相与整体之间往往形成非共格界面，界面能大。而亚稳定的脱溶产物则往往与基体完全共格或部分共格，界面能小。在相变初期，界面能小的相形核功小，容易形核。所以往往首先析出形核功最小的过渡结构，再演变成平衡稳定相。

（2）脱溶对合金性能的影响。时效过程中，由于脱溶而析出第二相质点，阻碍位错运动，因而使合金的强度和硬度提高，这就是时效强化。当时效时间超过某一极限值时，随时效的延长，强度和硬度下降，这种情况称为过时效（见图6-4-7）。

时效强化效果与脱溶相的体积分数及脱溶相的弥散度有关。通常，在其他条件相同时，脱溶相的体积分数越大，强度也越高。脱溶相质点越弥散，对位错运动的阻碍作用越强，其强化效果就越大。一般情况下，单相固溶体合金具有较好的耐蚀性。脱溶时，由于脱溶相与基体之间往往存在一定的电极电位差，产生微电池作用，加快合金腐蚀。特别是发生局部脱溶时，某些部位（如晶界，滑移面等）会发生优先腐蚀，对材料的使用性能影响更大。

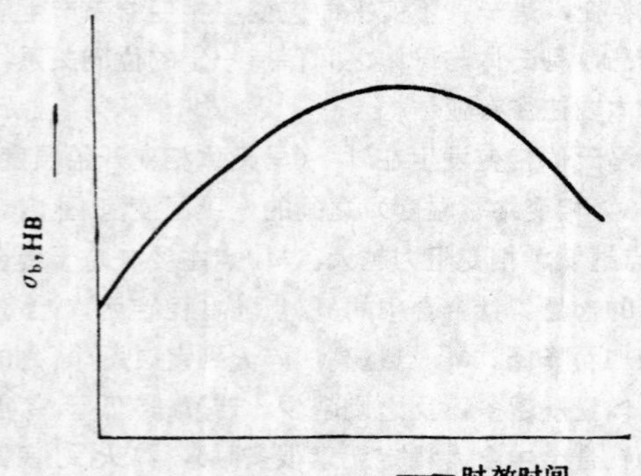

图 6-4-7 时效强化示意图

（二）基于固态相变的退火——钛合金β退火

钛合金退火时，一般在α或α+β相区加热。若加热温度超过β相变点，β晶粒将迅速长大，使合金塑性变坏，故通常不采用β退火。但近年来发现，某些α合金和α+β合金在β相区加热后空冷，在粗大的β晶粒上析出了针状（或片状）α相，这种组织使合金的断裂韧性大大提高（见表6-4-4），可使断裂韧性提高15～20%，同时也提高了合金的屈服极限。

（三）淬火和时效

在稀有金属合金中，采用淬火、时效强化热处理的，主要是α+β和β钛合金，某些锆合金也利用固溶处理（淬火）或淬火加时效来改变其性能。

工业用钛合金相图如图6-4-8表示。合金自β相区缓冷时，可分别得到α、α+β或β组织。当冷却速度相对变化时其组织形态也有所不同。加热后空冷时α相呈针状，炉冷时α相呈片状。

1．钛合金淬火时的相变

自β相区快冷（淬火）时，根据合金成分的不同，β相可以转变成α′（或α″）马氏体，ω相或过冷β等亚稳相。

表 6-4-4 β退火对Ti-6Al-4V合金断裂韧性的影响

退火规程	$\sigma_{0.2}$,MPa	K_{1c},MN/m$^{3/2}$
970℃空冷+700℃炉冷	842	70.8
1025℃炉冷+970℃空冷+700℃空冷	873	81.5
850℃,6h空冷	800	46.1
1050℃,1h空冷	1080	68.9
750℃空冷	827	79.0
900℃+1050℃炉冷	798	101

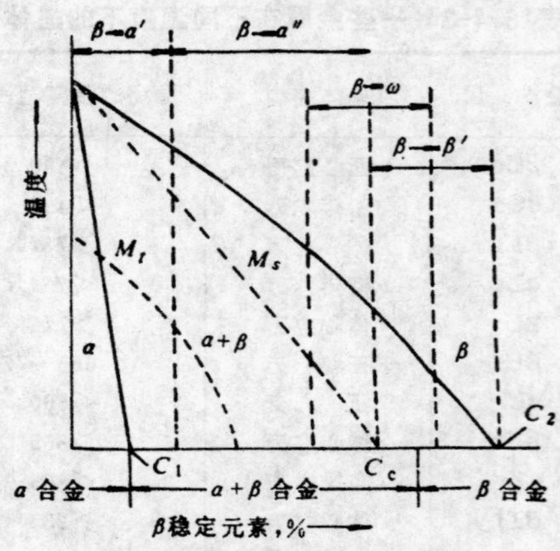

图 6-4-8 钛合金中的相变

（1）马氏体相变。当β相中的β稳定元素含量较少时，高温β相快冷可发生β→α′转变。α′与α一样具有密排六方结构，但它是β相通过共格切变形成的过饱和α固溶体。α′称为六方马氏体。

六方马氏体α′有两种形态。β稳定元素含量较少时，α′在电镜下呈板条状，当β稳定元素较多时，α′呈针状。

（2）ω相变。当合金成分处于临界浓度C_c附近时，在β相淬火过程中会有部分β相转变成ω相，即β→ω。ω相为六方晶格，其点阵常数大于β相，但仍与β相保持共格联系。ω相极细，高度弥散而密集，只有在电镜下才能观察到颗粒状ω相的存在。由于只有部分β相转变成ω相，故ω相总是与β相共存。

ω相硬而脆，少量ω相可提高强度，塑性也不致太差。当ω相的体积分数很大时，虽然合金的强度、硬度和弹性模量大大提高，但塑性急剧下降，

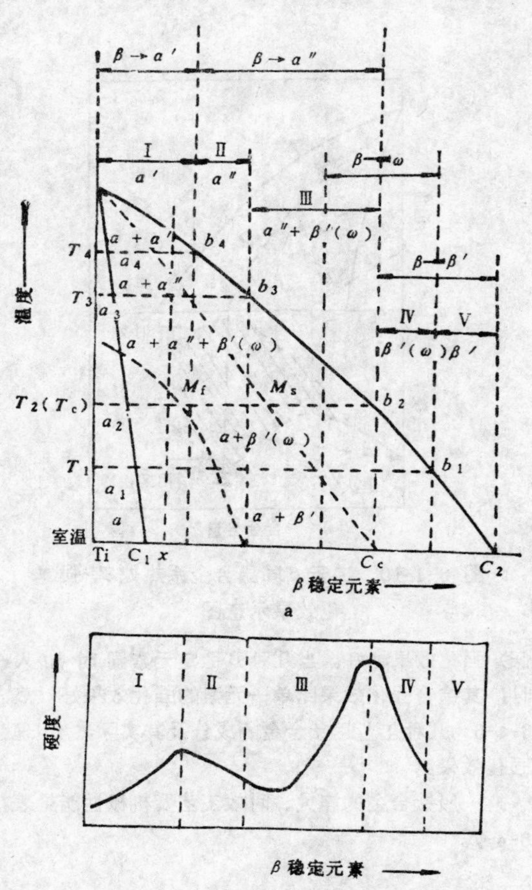

图 6-4-9　淬火钛-β稳定元素合金 的 亚稳相图（a）及合金自β相区淬火后硬度与成分的关系（b）

甚至塑性等于零，这就是所谓“ω脆性”。因此不希望合金中出现ω相。但ω相变速度很快，浓度在C_c附近的合金，即使以最大的冷却速 度 将β相 淬火，仍会形成一定数量的ω相。

（3）亚稳β相（β′）的形成。当β稳定元素含量较高时，淬火后将保留β相结构，称为β′相。它实际上是过冷的β相属于无多型性转变的淬火，即固溶处理。高度合金化的β′相在随后时效时可使合金显著强化。

2. 淬火钛合金的亚稳相图

含β稳定元素的钛合金淬火时，其淬火组织与合金成分及淬火温度之间的关系示于图 6-4-9。此图称为淬火合金的亚稳相图。

3. 淬火亚稳相在加热时的变化

钛合金淬火所得到的α′、α″、ω和β′都是亚稳定相。一旦加热（时效），这些相即发生 分 解（脱溶），分解的最终产物与相图上的平衡组织相对应。对于含有同晶型β稳定元素的合金，其分解产物为α+β。若合金有共析反应，即 $\beta\to\alpha+Ti_xMe_y$（化合物）反应，则分解后的最终组织为$\alpha+Ti_xMe_y$。

即α′、α″、ω、$\beta'\xrightarrow{加热}\alpha+\beta$（或$\alpha+Ti_xM_y$）在分解过程中的某一阶段，可以获得弥散的（α+β）相，使合金显著强化，这就是钛合金淬火时效强化的基本原理。

表6-4-5列出了钛合金淬火亚稳相在加 热（时效）时的一般分解反应。

表 6-4-5　钛合金淬火亚稳相的分解

相　变	反　应　过　程	说　　明
α 分解	$\alpha'\to\alpha+\beta$或$\alpha'\to\alpha+$化合物	Ti-β同晶系合金 Ti-β共析型合金
α″分解	$\alpha''\to\alpha''_{贫溶质}+\alpha''_{富溶质}\to\alpha''_{贫溶质}+\beta$ $\alpha''\to\beta$	当$M_s\gg$室温时，时效过程中发生Spinodal分解和马氏体的逆转变 当$M_s=$室温时，α″以正常方式分解
ω相转变	贫溶质ω相→1α+2α	1α和2α为β相具有不同位向关系的α相
β′分解	1）$\beta\to\beta_{富溶质}+\beta_{贫溶质}$ $\to\omega\to\alpha+\beta$ 或$\beta\to\beta_{富溶质}+\beta_{贫溶质}$ $\to\alpha''\to\alpha+\beta$ 2）$\beta'\to\alpha_2+\beta$ $\beta'\to\beta_2+\beta$	ω为等温转变产物，称为等温ω相 α″为等温马氏体 α_2为有序化合物 β_2为有序化合物

4. 钛合金的淬火时效

淬火时效为强化热处理。钛合金中只有$\alpha+\beta$合金和β合金才进行淬火——时效处理。

合金中β稳定元素含量越高，淬火后亚稳β相就越多，时效强化效果也就越大。当成分为临界浓度C_c时，淬火获得全部亚稳β相，因而时效强化效果最好。β稳定元素含量进一步增加时，由于β相稳定性增大，时效时析出的α相量减少，强化效果反而下降，见图6-4-10。

不同合金元素对热处理强化效果的影响也不同，一般是稳定β能力越强的元素（其临界浓度越低）强化效果越好。当几种β稳定元素同时加入时，其综合强化效果比单一元素的强化效果好。表6-4-6为几种工业用钛合金的成分及其实际热处理强化效果。

一般钛合金的淬火、时效工艺及机械性能见表6-4-7。

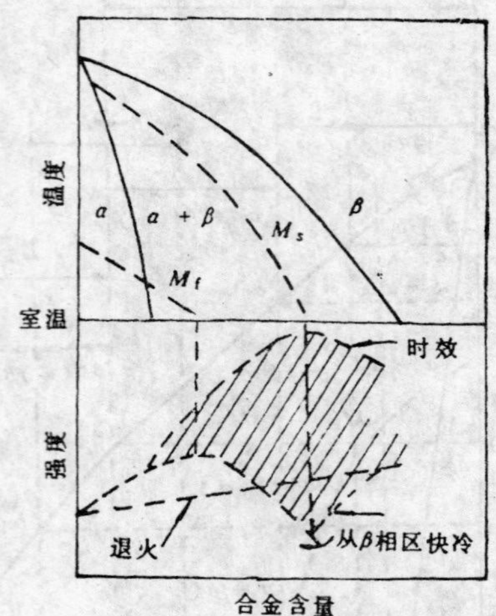

图 6-4-10 二元β同晶合金系热处理强化效果示意图

表 6-4-6 几种钛合金的热处理强化效果

合金	强度极限，MPa		热处理强化效果① %
	退火	淬火时效②	
Ti-6Al-4V	932	1079	～16
Ti-6Al-3Mo-0.5Si	980	1177	20
Ti-5.5Al-3Mo-1V	883	1177	33
Ti-13V-11Cr-3Al	868	1304	50

①强化效果$=\dfrac{\sigma_{b\,时效}-\sigma_{b\,退火}}{\sigma_{b\,退火}}\times100\%$；

②淬火时效工艺按一般手册推荐。

表 6-4-7 一些钛合金的淬火时效工艺及机械性能

牌号	合金成分	淬火温度 ℃	时效		机械性能			半成品类型
			温度 ℃	时间 h	σ_b MPa	δ %	ψ %	
TC4	Ti-6Al-4V	900～950	450～550	2～4	1098	8～9	20～25	棒材
	Ti-6Al-6V-2Sn	840～885	540～620	4～8	1177	8	20	棒材
	Ti-7Al-4Mo	930～960	540～650	4～24	1098～1236	>8	>20	棒材
BT3-1	Ti-6Al-2.5Mo-2Cr-0.2Si-0.5Fe	860～920	500～620	1～6	1138～1177	10～12	32～48	模锻件
BT8	Ti-6Al-3.5Mo-0.3Si-0.5Zr	920～940	500～600	1～6	1177	6	20	模锻件
BT9	Ti-6Al-3Mo-0.3Si-2Zr	920～940	500～600	1～6	1177	6	20	模锻件
IMI230	Ti-2Cu	250	400＋470	24＋8	785	24	—	棒材
Ti 679	Ti-2.25Al-11Sn-5Zr-1Mo-Si	900(空冷)	500～510	24	1079～1138	16～17	30	棒材
BT15	Ti-3Al-7Mo-11Cr	780～900	480～500＋500～570	15～25 0,25	1275～1569	3～8	—	板材
B120VCA	Ti-13V-11Cr-3Al	760～790	430～540	20～100	1177～1275	4	—	板材

表 6-4-8 钛合金的最佳形变热处理与普通热处理后的性能对比

合金成份	热处理工艺	室温性能					450°C高温瞬时			450°C持久强度	
		σ_b MPa	δ %	ψ %	a_K kgf·m/cm²	σ_{-1} MPa	σ_b MPa	δ %	ψ %	应力 MPa	破坏时间 h
Ti-6Al-2.5Mo-2Cr-0.3Si-0.5Fe (BT3—1)	850°C淬火，550°C5h时效	1128	10	48	3.8	549	755	15	46	677	73
	850°C形变热处理①，500°C5h时效	1432	10	45	3.2	598	902	13	67	677	163
Ti-6Al-4V	880°C淬火，590°C2h时效	1138	15	43	—	490	729	18.5	63.5	735	110
	920°C形变热处理，590°C2h时效	1373	12	50	3.6	579	966	15	63	735	120
Ti-4.5Al-3Mo-1V	880°C淬火，480°C12h时效	1142	10	37	4.5	579	829	15	67	588	24
	850°C形变热处理，480°C12h时效	1245	10	39	4.5	608	883	17	65	588	86

① 各合金的形变热处理为加热保温40min、变形50～70%后水冷。

在稀有金属合金中，除钛合金进行淬火时效处理外，锆合金也常进行淬火（固溶处理）或淬火加时效处理。

三、形变热处理

形变热处理是将塑性变形与热处理时的相变强化相结合，使成型工艺与获得最终性能统一起来的一种综合工艺。

（一）高温形变热处理

高温形变热处理是在再结晶温度以上进行热变形，随后直接淬火并时效。

进行高温形变热处理必须满足以下三个条件：

（1）热变形过程中不发生动态再结晶；

（2）热变形后不发生静态再结晶；

（3）淬火后得到过饱和固溶态。

钛合金在热变形过程中及热变形后勿发生回复过程而形成稳定的亚晶组织，不易于发生再结晶，所以具备进行高温形变热处理的基本条件。要求得到过饱和固溶体是为了保证随后时效时产生足够大的强化效应。

对于$\alpha+\beta$钛合金，理想的高温形变热处理规范是在$\alpha+\beta$区上限温度范围（850～920°C）变形40～70%，从变形温度淬火并时效。一些合金的最佳形变热处理工艺及其所得机械性能与常规热处理的比较见表6-4-8。

（二）低温形变热处理

钛合金的低温形变热处理是淬火后在低于再结晶温度、β相相当稳定的条件下进行塑性变形（冷变形或温变形），然后时效。淬火后的冷变形或温变形使淬火得到的亚稳相（常为亚稳β相）的分解明显加速，从而在保证足够塑性的同时使合金剧烈强化。

一般，β合金及低合金化的$\alpha+\beta$合金低温形变热处理时，理想的冷变形程度为40～50%，所得到的强化达147～245MPa，且强化效果随β相含量的增加而增大。对于低温下塑性不高的$\alpha+\beta$合金，理想的变形程度较低。

与高温形变热处理相比，低温形变热处理可获得更高的强度，但塑性一般较低。另外，热稳定性不高，在不太高的强度下加热时，其强度会有所下降，故低温形变热处理适用于非耐热合金。而高温形变热处理能保证钛合金具有更高的热稳定性。

在某些情况下，可将高温形变热处理和低温形变热处理组合进行，即所谓综合形变热处理。另外，还有所谓预形变热处理，它与高温形变热处理的区别仅在于将热变形工序与淬火加热工序分开。这两种形变热处理工艺也可获得良好的效果。

（三）获得双重组织的形变热处理

通过热处理和塑性变形的不同组合，可使合金获得一种双重组织。所谓双重组织也是由两相组成，但其中的第二相体积分数（f）相当大，一般约为0.5。另外，第二相不是以弥散状态存在，而是两相相间排列。两相均可同时塑性变形且均可发生再结晶。具有双重组织的合金，在常温下屈服强度高且有优良的韧性，在高温下呈现超塑性。因此，获得双重组织已成为金属材料强韧化的手段之一。

四、循环热处理

循环热处理是将金属和合金在相变点温度附近循环加热和冷却，借以改变合金的组织状态，达到改善合金性能的目的。

钛及钛合金的循环热处理目前正处于发展之中。钛在$\alpha \rightleftharpoons \beta$多型性转变时的体积效应比钢小（约为0.17%），故其相变硬化小，不能引起再结晶。但是，钛合金中形成不同的亚稳相、金属间化合物（Ti_3Al、$TiCr_2$）和氢化物（TiH_2），它们的比容大小亦各异。因此，可根据钛合金的成分，在某一相变基础上选择其循环热处理规程。有些文献指出，钛合金常采用基于$\beta \rightarrow \alpha$（α'、α''）多型性转变的循环热处理，而铸态钛合金的循环热处理一般是基于$\beta \rightarrow Ti_3Al$转变。图 6-4-11 所示为几种循环热处理工艺规程示意图。

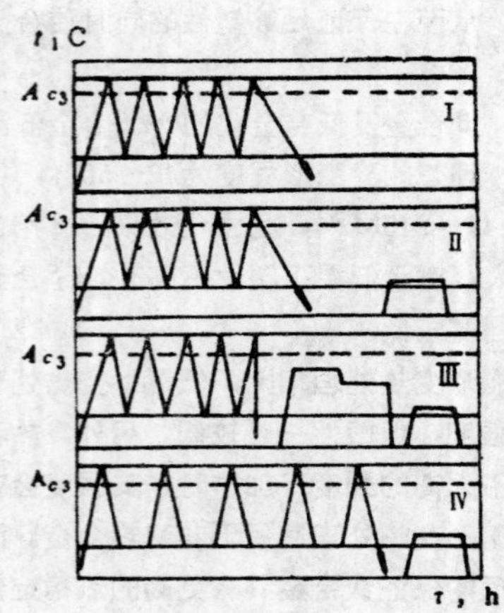

图 6-4-11 钛合金循环热处理及其随后热处理规程图

I—循环热处理（中间冷却-空冷，最终冷却-炉冷）；

II—循环热处理（中间冷却-空冷，最终冷却-炉冷）+时效（对于马氏体类型合金）；

III—循环热处理（中间冷却和最终冷却均为空冷）+强化处理（对于过渡型合金）；

IV—循环热处理（中间冷却-炉冷、最终冷却-空冷）+时效（对于伪α合金）

五、表面热处理

表面热处理是改善金属及合金表面性能的热处理方法。对难熔金属合金而言，研究较多的是化学热处理，近些年来也开始采用激光技术使钛合金表面改性。

（一）化学热处理

对钛、钨、钼、钽、铌等金属及合金，化学热处理可大大改善其耐磨性，热强性等性能。

1. 渗氮（氮化）

钛合金氮化的Ti-N 相图如图6-4-12所示。

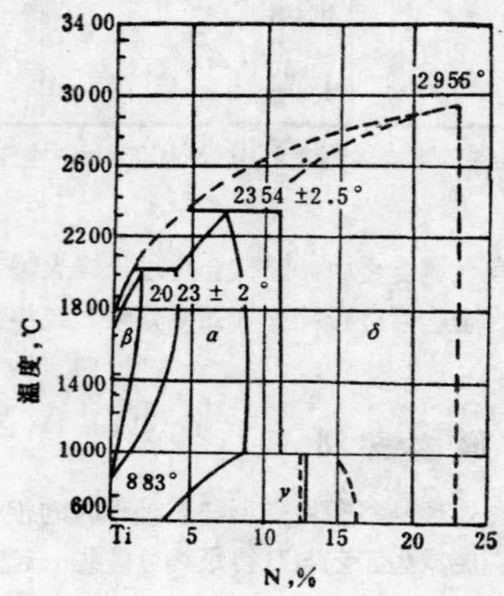

图 6-4-12 Ti-N 相图

钽及其合金以及铌及其合金的氮化工艺，渗层结构和性能分别示于表6-4-9和表6-4-10。

2. 渗硼

难熔金属渗硼后，在其表面形成硼化物。根据渗硼方法和渗硼工艺的不同，渗硼层的相组成可能有所差异。如钼渗硼后其渗硼层可能由Mo_2B、MoB、MoB_2、Mo_2O_5等的单相或多相所组成；钨的渗硼层可能由W_2B和W_2B_5等相组成。渗硼后表面形成的硼化物具有很高硬度（表6-4-11），因而大大提高其耐磨性。

3. 渗硅

渗硅可提高金属和合金的耐蚀性、热稳定性和耐磨性。钛渗硅后其在80%H_2SO_4溶液中的耐蚀性明显改善。另外，钼和钨表面的硅化物层可保护其基体金属在1700°C以下免于氧化。钽以及钛、锆渗硅后，亦可使其不受氧化的温度分别提高到1100～1400°C和800～1100°C。

表 6-4-9　钼及其合金的氮化工艺、渗层结构和性能

序号	氮化工艺 方法	氮化工艺 气氛	t ℃	τ h	表面氮化物区的相组成	显微硬度H_{50} MPa	氮化物层的厚度 μm
1	辐射加热	氨	900～950	1～6	MoN、Mo_2N	12000～18000	5～20
			950～1130	1～6	Mo_2N	20000	20～80
			>1130	1～6	—	2500～5500	—
2	接触电加热	氨	800～950	2	MoN+Mo_2N	15000～20000	10～20
			950～1400	2	Mo_2N	18000～20000	20～110
			>1400	2	—	2500～6000	—
3	在辉光放电中（工作室压力，$P=3.9\times10^2\sim32.5\times10^2$Pa；电压，$U=450\sim670$V）	氨	900～1100	1～3	Mo_2N(MoN)	18000	4～30
		氮	800～1000	1	Mo_2N(MoN)	14000～15000	6～8
			>1150	1	—	3000～8000	150
4	同上	氮	1300	6	—	3200	250

表 6-4-10　铌及其合金的氮化工艺(3h)、渗层的结构和性能

氮化工艺 方法	氮化工艺 气氛	t ℃	表面氮化物区的相组成	显微硬度 HV	氮化物区的厚度 μm
辐射加热	氨	1000～1200	Nb_2N	1400～1600	2～12
	氮	1000～1200	Nb_2N	1500～1600	1～4
接触电加热	氨	1200～1400	NbN+Nb_2N	1800～1900	12～90
	氮	1200～1400	NbN+Nb_2N	1800～1900	4～75

表 6-4-11　经1300℃、渗入5h后硼化物层各基本相的显微硬度

相	H_{100}，MPa 试验值	H_{100}，MPa 计算值	相	H_{100}，MPa 试验值	H_{100}，MPa 计算值
TiB_2	34900	33000	TaB_2	25000	25000
ZrB_2	21000	22500	MoB	22100	21000
HfB_3	27400	29000	W_2B	22000	24000
VB_2	27800	28000	WB	34000	37000
NbB_3	26100	26000			

硅化物层的厚度和结构决定于渗入条件、温度、持续时间以及粉末状混合物的特性(见表6-4-12)。二氧化物是渗层中的主要相。

4．渗碳

难熔金属渗碳是为了提高表面硬度，耐磨性，耐蚀性及获得特殊的电化学和电物理特性。

试验表明，钛、锆、铪、钼渗碳时，在表面形成TiC、ZrC、HfC和Mo_2C单相碳化物层。而铌、钽、钨的渗碳层则由两部分组成：内部是Me_2C（Nb_2C、Ta_2C、W_2C），而外部是MeC（NbC、TaC、WC）。随着渗碳温度提高，形成相的成分接近于化学计量的成分。

一般优质渗碳层的厚度≤50～70μm。

在密封的金属料罐内用木炭装填料对钛进行渗碳时，渗碳部件的外层基本上由碳化钛组成，过渡区由球状的碳化钛中的固溶体析出物组成，而中心

表 6-4-12 在粉末状混合物中渗硅的温度和持续时间对金属和合金渗层的厚度和结构的影响

材料	混合物的成分，%	化学热处理规范 t,℃	化学热处理规范 τ，h	渗层厚度h μm	渗层结构
Mo	$Si+3NH_4Cl$	900	4	50	$MoSi_2$、Mo_5Si_3
		1000	4	110	
		1100	4	127	
		1200	4	165	
	60Si、37粘土熟料$+3NH_4Cl$	1100	6～8	110～120	$MoSi_2$
Mo+0.5%Ti+0.01%C	$90Si+10Al_2O_3$，在H_2+HCl流中	950～1040	—	—	$MoSi_2$、Mo_5Si_3
		1050～1150	—	—	
МЧ1	$Si+2NH_4Cl+5KF+5NaF+2K_2SiF_6$	1050	3	33～39	
	$Si+4KCl+5.5KBr+6.3KI$	1050	3	23～28	$MoSi_2$、Mo_5Si_3
	$Si+C_2H_4Cl_2$或$Si+CCl_4$	1050	3	38～42	
W	$Si+10NaF+5NH_4Cl$	1010～1065	4～8	<40	WSi_2、W_5Si_9
Ti	$Si+3NH_4Cl$	900	4	46	$TiSi_2$、TiSi
		1000	4	56	
		1100	4	70	
Ta	$Si+3NH_4Cl$	1000	4	120	$TaSi_2$
		1100	4	180	
		1200	4	300	
Nb	20Si+中性氧化物$+NH_4Cl$	1100～1200	5	50～70	$NbSi_2$

表 6-4-13 钛在木炭中的渗碳规范对渗层的厚度和机械性能的影响

化学热处理规范 t ℃	化学热处理规范 τ h	渗层厚度 μm	显微硬度，HV 表面	显微硬度，HV 深100μm处	显微硬度，HV 深200μm处	σ_b MPa	δ %
850	8	106	4500	640	240	464	30.8
	16	86	3200	550	355	403	20.0
	24	85	3200	575	430	413	12.5
	48	140	3200	705	540	464	10.8
900	8	183	1500	880	540	444	19.5
	16	143	1500	720	490	413	6.0
	48	157	1500	760	555	496	8.0
950	8	87	3200	585	405	458	6.0
	16	88	3200	530	460	407	—
	24	172	3200	740	545	418	6.0
	48	205	3200	760	605	255	4.0

部分是晶粒较细的片状组织。其工艺与性能见表6-4-13。

（二）激光处理

利用激光改善难熔金属及其合金的表面组织、成分和性能的方法，已越来越引起重视。研究较多的是表面熔化和表面合金化技术。

表面熔化是用大功率连续激光器对试样扫描。扫描前试样表面经激光抛光或喷砂处理，在某些情况下亦用DAG石墨涂覆以改善能量耦合。为了防止氧化和污染，扫描过程应采用氩气等惰性气体保护。表面熔化所形成的熔化区，主要是大致垂直于熔化区界面的柱状晶，其枝晶网胞约 0.5～5μm。柱状晶宽度和枝晶网胞尺寸均随扫描速度（亦即冷却速度）的增加而减小。

对于某些近α和α+β钛合金，熔化区由马氏体组成，这种马氏体比常规淬火材料的马氏体更细。

在热影响区中，原始组织中的α相或α'相在快速加热时转变为β相，然后在冷却过程中形成马氏体。

表面合金化一般是在经预先处理的试样表面涂覆或镀覆所需元素或含该元素的溶液，然后用激光进行处理（一般多次重复扫描），以形成钛与某元素的化合物。例如在经喷砂处理的Ti-6Al-4V合金表面上，涂上一层以甲醇稀释的石墨粉，然后在氩气保护下以2kWCO_2连续激光器扫描，使表面熔化。经8次涂料和熔化以后，合金表面形成一层TiC，从而大大提高合金的表面硬度和耐磨性。如果以氮进行合金化，亦可不必预先涂层，在激光熔化的同时通过保护气体中心喷嘴输入氮气即可。研究表明，以此方法对工业纯钛进行合金化处理后，表面层形成TiN，其硬度接近或大于1000HV。

除钛及其合金外，对锆合金的激光处理也进行了探索。试验表明，用高能激光束迅速扫描锆合金表面，可使脱溶产物部分溶解，从而改善α Zr合金制品抗高温蒸气腐蚀的能力。

第二节 热处理工艺基础

一、加热方法及设备

（一）电阻炉或燃料炉加热

这是应用最广泛的加热方法。由电热体或燃料产生的热量通过对流和辐射传递给被加热的金属。电阻炉及燃料炉有钟罩式、井式和连续贯通式等多种。

（二）感应加热

感应加热的优点是：（1）热效率高（可达70%）；（2）加热速度快；（3）装置紧凑、轻便；（4）可明显改善劳动条件及工业卫生条件。

感应加热适用于处理大批量生产的形状较简单的零件、毛坯和半制品，但由于有集肤效应，金属制件的温度不均匀，对于需要整体均匀加热的制件，应适当降低感应器频率（中频、工频），以利于制件各部分（表层和心部）温度一致。

（三）接触电加热

接触电加热是将电极直接与被处理的金属制品紧密接触，通以大电流，依靠制品本身的电阻发热使制品加热至所需温度。钨、钼材料生产中所用的垂熔炉是接触电加热的典型例子。

接触电加热的主要优点是：（1）热效率高，可达93%；（2）加热迅速均匀；（3）劳动生产率高；（4）与电阻炉比较，可减少电能消耗60%以上；（5）劳动条件及工业卫生条件好。此法的局限性有：（1）只能用于处理不变断面制品，且制品要足够长，长度与直径比应大于30；（2）制品断面积大，则需电流大，加热时间长。为保证必须的加热温度及加热速度，需使用大功率装置，这在生产中往往受到具体条件限制。

由于接触电加热均匀，迅速、金属氧化少，晶粒不易长大，故用来加热棒材、型材、管材及线材时具有最高生产率，可以推广应用。

二、热处理加热气氛

（一）气体与稀有金属的作用

气体进入金属的基本过程是分解→吸收→扩散。气体分子首先在金属表面离解成原子，形成原子吸附层，并被金属吸收，然后气体原子再向金属深处扩散。

进入金属中的气体可能溶解于金属而形成固溶体，也可能与金属形成化合物，或者聚集于金属内部的不完整处。

当气体与金属形成固溶体时溶入金属中的双原子气体的量随温度及该气体平衡气压的升高而增大。

若温度一定，则双原子气体在金属中的溶解度（平衡浓度）为

$$C = K\sqrt{P} \qquad (6\text{-}4\text{-}1)$$

式中的P为平衡气压，K为常数。

许多气体都可溶于固态金属，尤其是氢。

气体与金属是否生成化合物，与化合物的分解压有关。当气体介质中某气体的分压大于该气体与金属的化合物的分解压，便会生成化合物；否则不生成化合物；当气体分压一定时，其金属化合物的分解压越大，化合物越难以生成。稀有金属氧化物的分解压都小于大气中氧的分压，因而易于生成。

与氧相比，氮与金属的作用较弱。在稀有金属氮化物中，钼的氮化物分解压较大，热力学稳定性差，故不易生成；锆、钛的氮化物分解压最小，它们的氮化物最稳定，最易于生成。

氢与许多金属作用都会生成氢化物。ⅢB族金属（如钪、钇）吸氢最多（按一个金属原子的吸氢量计算），它们生成MeH_3型氢化物。族数增大，

吸氢量减少。ⅣB族金属（钛、锆等）生成 MeH_2 型氢化物，ⅤB族金属（钒、铌、钽）生成MeH型氢化物，而ⅥB族金属（铬、钼、钨）吸氢很少，故这些金属热处理时可用氢气作为保护介质。

（二）气体对稀有金属性能的影响

1. 氧和氮的影响

氧和氮进入金属时，主要是以形成氧化物或氮化物的形式集中在金属的表层，有时也可能与金属形成固溶体，结果在金属的一定体积范围内形成吸气的过渡层。这样，整个吸气层就包括两部分：化合物层和过渡层。

由于金属吸气层的硬度较高，可用测量硬度（显微硬度）的方法确定吸气层的厚度。吸气层一般很薄，但对金属的性能有重要影响：

（1）在冲压、拉伸、弯曲及其它塑性加工时，吸气层的存在会导致产生显微和宏观裂纹；

（2）吸气层一般会明显降低金属制品的塑性；

（3）吸气层可能成为制品使用过程中疲劳破坏、腐蚀破坏或其它迁延性破坏的“催化剂”；

（4）在许多情况下，吸气层会降低金属的耐蚀性。

为了消除吸氧层、吸氮层的不利影响，对某些金属的薄制品（如钛、锆薄板），必须采用机械方法或化学方法将其去除。

但在某些情况下，氧化物层，氮化物层对金属的使用性能也有好的影响，例如可提高某些金属制件的耐磨性等。此外，如果氧化层致密，则相当于给金属覆上一层保护膜，可防止金属继续氧化。

2. 氢的影响

氢原子扩散渗入金属的能力极高，它不仅仅是存在于表层，而且将渗入金属制品的深处。

金属吸氢总是有害的，氢会强烈降低金属的冲击韧性和破断强度，促使金属腐蚀破坏，即导致金属氢脆。

（三）热处理时采用的保护气氛

氧、氮、氢对钛危害很大，所以在钛材热处理时应设法与之隔绝。常用的保护气体是氩气，使用时应充分清除其中的杂质、水蒸气、二氧化碳等氧化性组分之后才能使用。

钛及其合金也常在真空中热处理，真空度一般为 1.33×10^{-3}Pa。

在工业生产中，可运用碱洗-酸洗去除氧化膜，故较厚的钛材常常是在大气下进行热处理，以提高生产率，降低成本和方便操作。

锆、钽、铌及其合金与钛类似，通常也是在纯净的氩气保护下或在高真空下进行热处理。钨、钼及其合金吸氢量很少，故氢气或以氢为基的气体可作为它们的热处理保护性气体，也可在高真空下热处理。

除上述保护性气氛外，用于压力加工工序前的热处理可使用包覆层或涂层，而此种涂层还可用作加工时的润滑剂使用。

保护性包覆层或涂层应满足下述要求：

（1）在工作温度下能完全阻碍或大大减弱气体元素向金属中渗透；

（2）与金属能牢固结合，处理后易分离；

（3）包覆层的成分不向金属内部扩散；

（4）在热处理或热压力加工温度区间具有一定的塑性和韧性；

（5）与周围炉气不作用或作用微弱；

（6）成分中无有毒成分（铅、钍、铍等的氧化物）。

包覆层或涂层材料由基体材料及辅助材料组成。基体材料有玻璃质材料（珐琅、硅酸盐玻璃等），陶瓷材料（Al_2O_3、ZrO_2、MgO等），金属及金属间化合物。辅助材料主要是粘土及其它粘性物质和表面活性物质。

为防止钛合金氧化，可采用玻璃涂层或金属包覆。锆、铪可采用玻璃涂层保护加热。钽、铌坯料加热亦可采用金属包套（不锈钢、低碳钢）或玻璃涂层保护。

三、冷却介质及冷却过程

稀有金属材料热处理后一般在空气中冷却及水中冷却，个别情况下可用油冷、风冷或随炉冷却。

（一）水中冷却

金属材料在水中的冷却过程大致分为三个阶段，如图6-4-13所示。

（二）在空气中冷却

制品在空气中冷却时通过对流和辐射进行散热，其冷却速度随制品温度降低而平滑减小。冷却过程中无冷却速度的明显变化，其冷却特性曲线如图6-4-14所示。

空气的冷却能力较水弱得多，若用压缩空气，空气与水混合喷雾则具有较强的冷却能力。

空气是无需成本的淬火介质，而且操作十分简

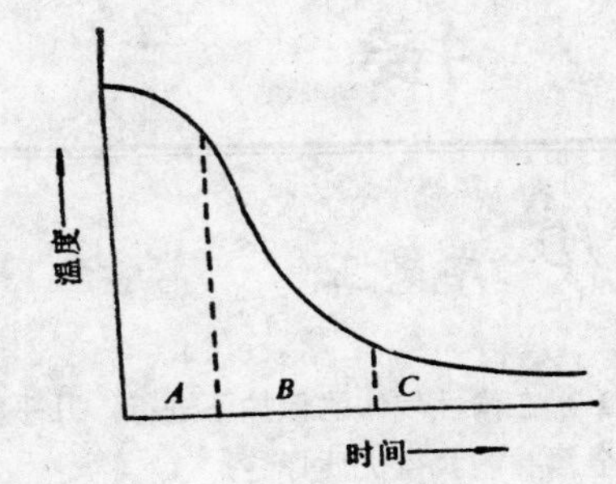

图 6-4-13 水的冷却特性曲线

A—蒸汽膜冷却阶段；B—沸腾冷却阶段；C—对流传热阶段

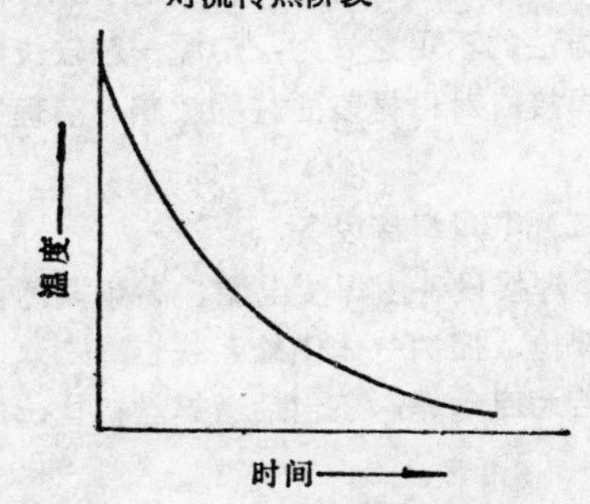

图 6-4-14 空气的冷却特性曲线

便，因此很多稀有金属材料热处理后在空气中冷却。若系淬火冷却，则只有过冷固溶体稳定性很高的合金才能在空气中冷却。

四、热处理时的变形和开裂

金属在热处理加热和冷却过程中通常会产生内应力，若在热处理后仍有部分应力保留在金属中，这种应力称残余应力。热处理时的内应力和热处理后的残余应力可能导致金属制品变形和出现裂纹。

热处理变形和裂纹是热处理实践中应尽量防止的疵病，而为了避免变形和裂纹，关键问题是设法减小内应力，并将其控制在一定的允许范围之内。

参 考 文 献

[1] 《稀有金属材料加工手册》编写组，稀有金属材料加工手册，冶金工业出版社，1984.

[2] 《轻有色金属材料加工手册》编写组，轻有色金属材料加工手册，冶金工业出版社，1980.

[3] 《重有色金属材料加工手册》编写组，重有色金属材料加工手册，冶金工业出版社，1980.

第五章 焊　　接

编写人　邹茉莲　杜诚修　卓忠王

稀有金属的焊接与通常的焊接一样，是通过对金属的加热、加压及熔化等，使两个分离的金属表面原子接近至晶格距离，并形成结合力，从而形成不可拆卸的金属连接接头的一种工艺方法。根据其过程的特征，可分为三大类，即熔化焊（包括钨极惰性气体保护焊即TIG焊、熔化极气体保护焊即MIG焊、埋弧焊、等离子弧焊，电子束焊及激光焊）、压焊（包括电阻焊、冷压焊，气压焊，摩擦焊，高频焊，爆炸焊，扩散焊及超声波焊）及钎焊（包括炉中钎焊、浸沾钎焊、感应钎焊、火焰钎焊、盐浴钎焊、超声波钎焊，电子束钎焊及接触钎焊）。

第一节 熔 化 焊

一、TIG焊接

（一）TIG焊接原理及特点

TIG焊接是在氩或氦等惰性气体保护下，用钨作电极，利用钨极与工件间产生的电弧进行熔化焊接的一种方法。图6-5-1所示为TIG焊接原理图。

TIG焊接中，首先由喷嘴通以保护气体，并由高频振荡器产生高频高压交流电，使钨极与工件之间的气体电离而引燃电弧，利用该电弧的热能使工件加热而实现焊接。焊接始终在惰性气体的保护下进行，必要时，可以添加填充焊丝。该工艺的特点如下：

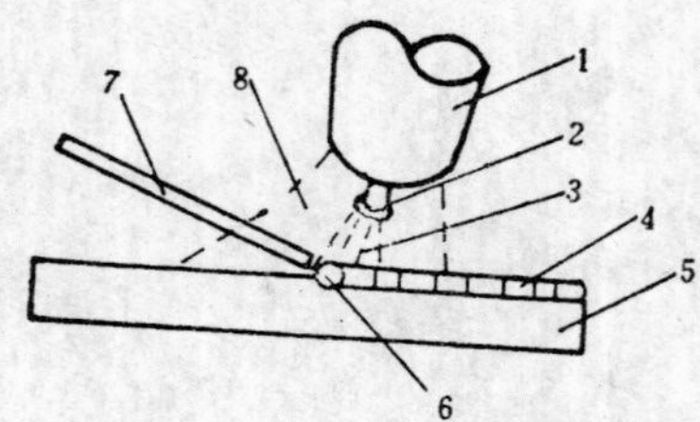

图 6-5-1　TIG焊接原理图

1—喷嘴；2—钨极；3—电弧；4—焊缝；5—工件；6—熔池；7—填充焊丝；8—保护气

（1）在惰性气体的保护下进行，几乎能焊接所有的金属并能获得优质焊缝；

（2）焊接中钨极消耗极少，无飞溅，过程稳定，焊缝外观良好；

（3）由于电弧稳定，特别适于焊接薄板。

该方法的不足之处为：熔深一般较浅，难以进行高速焊接；对母材表面脏物敏感，清理条件要求较高。

（二）TIG焊接设备

TIG焊接设备由焊接电源、高频振荡器及控制装置、焊枪、保护气体供给系统、冷却水循环装置组成。若为自动焊，还包括送焊丝机构、焊接小车等。

1．焊接电源

TIG焊接可用具有陡降外特性的直流电源或交流电源。手工直流TIG焊接时，常用一般的直流弧焊机，钨极接电源负极，采用接触引弧。用交流TIG焊接或直流TIG自动焊接时，则要选用专用焊机，以保证引燃电弧，导通保护气及电弧稳定燃烧等。

2．高频振荡器和控制装置

高频振荡器用于引燃电弧，可以串联或并联在焊接回路中，电弧一旦引燃，必须及时切断高频回路。TIG焊接用的振荡器，输出电压为2000～3000V，频率为150～260kHz。

TIG焊接的程序控制要求如下：焊前先通保护气体以及接通高频；然后电弧引燃，接通焊接电源，同时切断高频回路；焊接结束时要有电流衰减以填满弧坑，改善焊接接头性能；熄弧后一段时间，再切断气路。各程序应由控制装置自动切换。

3．焊枪

TIG焊接用焊枪应能可靠夹持钨极并能随意调节钨极的位置。并具有相应的喷嘴，能使保护气体呈层流形式喷出，必要时焊枪应有冷却水套，以防止焊枪过热。

（三）TIG焊接工艺及应用

表 6-5-1 钨极的容许电流值

钨极直径 mm	焊接电源及钨极的容许电流值，A			
	交流		直流反极性	直流正极性
	纯钨	含钍钨	纯钨，含钍钨	纯钨，含钍钨
0.5	5～15	5～20	—	5～20
1.0	10～60	15～80	—	15～80
1.6	50～100	70～150	10～20	70～150
2.4	100～160	140～235	15～30	150～250
3.2	210～250	225～325	25～40	250～400
4.0	200～275	300～425	40～55	400～500
4.8	250～350	400～525	55～80	500～800
6.4	325～475	500～700	80～125	800～1100

表 6-5-2 钛合金焊接条件举例

板厚 mm	剖口形状	层数	剖口尺寸			钨极直径 ϕ mm	电流 I A	氩气流量，l/min			喷嘴直径 mm
			间隙 b mm	根高 d mm	剖口角 α °			$Q_{正}$	$Q_{反}$	$Q_{拖}$	
0.5	对接	1	—	—	—	0.8	20～30	6～8	15～18	20～30	6.4
	弯边对接	1	—	—	—	0.8	25～35	8～12	15～18	20～30	
0.8	对接	1	—	—	—	0.8	30～40	8～12	16～20	20～30	8.0
	弯边对接	1	—	—	—	1.2	30～40	8～12	16～18	20～30	
1.5	对接	1	—	1	—	1.6	50～60	11～15	20～25	20～35	9.6
	搭接	1	—	1.5	—	1.6	50～60	11～15	20～25	20～35	
3.0	V型剖口	2	—	1.5	45—60	2.4	70～100	11～15	25～35	30～40	9.6
	角接	1	—	3		2.4	90～120	11～15	25～35	30～40	
5.0	V型剖口	3	0—2	1.5	45—90	3.2	100～130	12～16	25～35	30～40	9.6
	角接	2	—	5		3.2	110～140	12～16	25～35	30～40	
10.0	X型剖口	表 2 里 2	0—2	1.5	60—90	3.2	120～150	12～16	25～35	30～40	9.6

注：$Q_{正}$—喷嘴的氩气流量；$Q_{反}$—焊缝反面的氩气流量；$Q_{拖}$—尾拖罩中的氩气流量。

表 6-5-3 钛合金焊接区颜色和保护效果的关系

焊接区颜色	银白色	橙黄色	蓝紫色	青灰色	白色氧化钛粉末
保护效果	最好	良好	较好	不良	最坏

1. 钨极的选择

常用的钨极有两种：纯钨极和含1～2%钍的钨极。最近，加铈的钨极已大量应用。钨极的容许电流值随其直径和极性的不同而有显著的差异（见表6-5-1）。

2. 各种材料的焊接

表6-5-2列出了钛合金的焊接条件（直流正接）。工件正面、反面以及加热超过400°C的区域均要通保护气体。通常，需要在焊枪后方加拖罩等辅助装置。

锆、钼、铌、钽及其合金等稀有金属材料也可采用TIG焊，采用直流正接，焊接区的保护措施与钛合金焊接相同。

在焊接钛、锆、铌等稀有金属时，可采用观察焊接区的颜色来判断气体的保护效果，见表6-5-3。

二、MIG焊接

（一）MIG焊接原理和特点

MIG焊接是一种熔化电极式的气体保护焊。用氩、氦或它们的混合气体作为保护气体，以金属焊丝作为电极，靠电弧热的作用使焊丝不断熔化并由送丝机构送入焊接区而完成焊接。MIG焊接采用直流反接，其基本原理见图6-5-2。

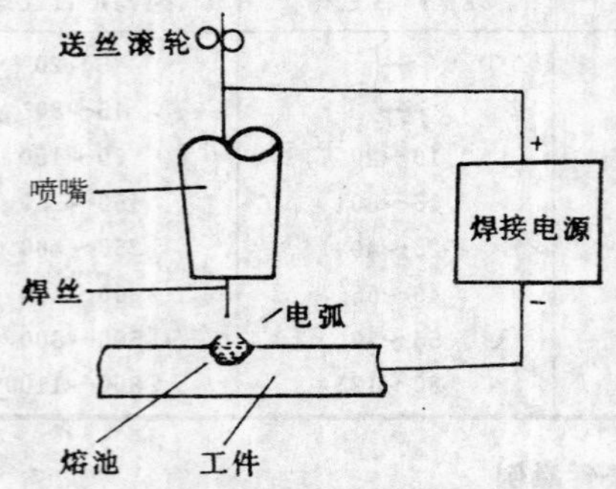

图 6-5-2 MIG焊接原理图

MIG焊接的特点如下：

（1）使用惰性气体保护，可以获得优质焊缝；

（2）可以采用细焊丝、大电流，焊接电弧稳定，飞溅少，焊接效率高。适合全位置焊接；

（3）不需要预热，可改善劳动条件，减小焊接变形，特别适合于中、厚板材的焊接。

（二）MIG焊接设备

MIG焊接设备由焊接电源、送丝机构、焊枪、保护气体供给系统、水冷系统、焊接小车、控制系统等组成。

1．焊接电源

目前，MIG焊均采用直流电源。使用细焊丝时，采用等速送丝系统，配用平特性电源；使用粗焊丝时，则采用均匀调节式送丝系统，配用下降特性电源，以保证有稳定的焊接过程。

2．送丝机构

根据焊接时所用焊丝的直径，可分为等速送丝或均匀调节式送丝系统。

3．焊枪

MIG焊接用焊枪的设计原理同TIG焊接。但MIG焊接中电弧功率及焊接金属熔池的体积较大，故焊枪喷嘴口径要较大，枪体必需有水冷系统。在大口径的焊枪中常增加一个气体分流套，使保护气体分成内外两层，内层气流保证电弧有足够的挺度，外层气流则能扩大保护范围，增强保护效果。

（三）MIG焊接工艺及应用

1．MIG焊接规范参数的选择

MIG焊接的关键参数为焊接电流和电弧电压。一般电弧电压要尽量低些，以保证保护良好和过程稳定。而MIG焊接电流值不能过小，宜于选用电流密度较大，使焊丝熔滴呈亚射流或射流过渡的电流值。

采用氩气作保护气体时，流量的范围为30～60L/min。

2．焊丝获得射流过渡特性的临界电流值

MIG焊中常采用射流过渡的熔滴过渡形式，随着焊接电流而变化。焊丝一般接正极，当焊接电流超过一定值后，焊丝熔滴会形成高速的细滴，称为射流熔滴过渡。金属熔滴由大滴转变为细滴射流的电流称为临界电流，不同金属材料的临界电流值不同。焊丝直径越细，形成射流过渡的临界电流值也越小。

3．应用举例

焊接钛等稀有金属时，也可采用氩、氦混合气体，采用富氦混合气体时，可以提高焊接速度。也可以加入脉冲而形成脉冲MIG焊。

三、等离子弧焊接

（一）等离子弧焊接的原理及特点

等离子弧焊接是利用压缩的等离子弧作为热源的非熔化极气体保护焊。由水冷喷嘴拘束，使弧柱横截面压缩，而形成高能量密度、高温的电弧即等离子弧。

等离子弧的产生方式有转移型和非转移型（见图6-5-3）。转移型等离子弧在电极和工件之间燃

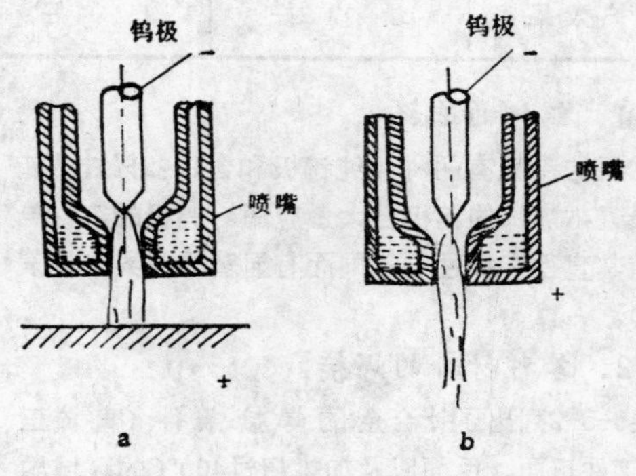

图 6-5-3 等离子弧的两种基本形式

a—转移型；b—非转移型

烧，水冷喷嘴不接电源，仅起冷却拘束作用；而非转移型等离子弧则在电极和喷嘴之间燃烧，水冷喷嘴即是电弧的一极，又起冷却拘束作用。也可同时存在，称为混合型等离子弧，即先引燃非转移型电弧，后转移为转移型电弧。

电极均采用钨极，喷嘴用水冷钢套。焊接电源应具有陡降外特性，一般采用直流正接（钨棒接负极）。

等离子弧焊接具有热源集中、熔深大、热影响区小、可以提高焊接速度等优点，但是，等离子弧焊的关键零件——喷嘴较易损耗，焊接条件也较难掌握。

（二）等离子弧焊接设备

设备包括焊接电源、等离子弧发生器、供气系统、控制系统及冷却水循环系统等。

1．焊接电源

焊接电源具有下降或垂直陡降的外特性。用纯氩作离子气时，空载电压只需65～80V；用氩＋氢混合气体时，需110～120V。

大电流等离子弧焊接都采用转移型弧，用高频引弧。小于30A的微束等离子弧焊接采用混合型弧，用高频或接触短路回挑引弧。一般要用两个独立的电源，非转移弧（亦称维弧）电源的空载电压应为100～150V，转移弧电源的空载电压约为80V左右。

等离子弧焊接一般要以电流衰减法熄弧，因此，要求电源有电流衰减控制装置。

2．等离子弧发生器

等离子弧发生器用来形成等离子弧，也称为焊炬或焊枪。图6-5-4所示为等离子焊枪喷嘴的基本形式。

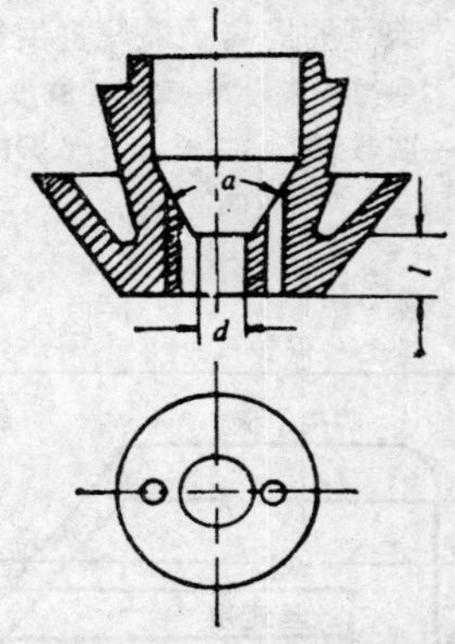

图 6-5-4 等离子弧焊接喷嘴的基本形式

d—喷嘴孔径；l—喷嘴孔长度；α—锥角

表 6-5-4 喷嘴孔径与许用焊接电流

喷嘴孔径，mm	0.6	0.8	1.2	1.4	2.0	2.5	2.8	3.0	3.5
许用电流，A	≤5	1～25	20～60	30～70	40～100	约140	约180	约210	约300

表 6-5-5 喷嘴的主要参数（焊接用）

孔径 mm	孔道比 l/d	锥角 α	备注
1.5～3.5	1.0～1.2	60°～90°	转移型弧
0.6～1.2	2.0～6.0	25°～45°	混合型弧

表6-5-4和表6-5-5分别列出了等离子弧焊接用喷嘴孔径与许用电流和喷嘴的主要参数。

3．供气系统

等离子弧焊供气系统分别供给离子气和保护气，有时焊道反面也要求供给保护气体。图6-5-5所示为等离子弧焊机的典型供气系统。

4．控制系统

等离子弧焊机控制系统一般由高频引弧器、焊接小车和送丝控制电路、衰减控制电路及程序控制电路组成。图6-5-6所示为典型的等离子弧焊程序控制图。

（三）等离子弧焊接的工艺特点和适用范围

1．小孔型等离子弧焊接

此种焊接的基本特点是：等离子弧将工件完全熔透，并在等离子流力作用下形成一个穿透工件的小孔，熔化金属被排挤在小孔周围，随着等离子弧的移动，熔化金属沿着电弧周围的熔池壁向熔池后

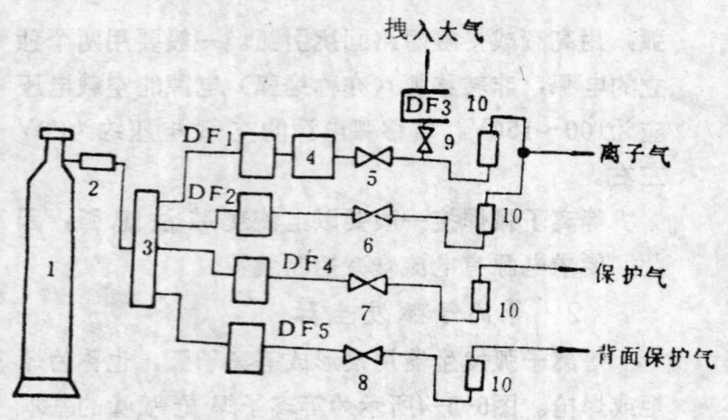

图 6-5-5 典型的等离子弧焊机供气系统

1—氩气瓶；2—减压表；3—气体汇流排；4—储气筒；5～9—调节阀；10—流量计；DF—电磁气阀

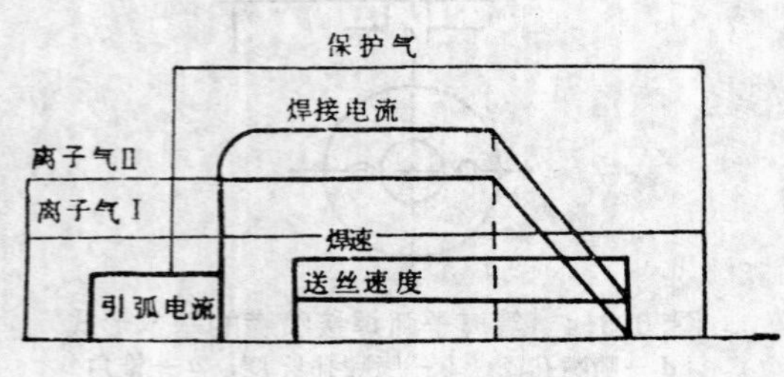

图 6-5-6 等离子弧焊接典型程序控制

方移动，使小孔随着等离子弧向前移动。100～300A电流的等离子弧焊接一般都用小孔型焊接。其参数如下：

（1）离子气流量。增加离子气流量可以使等离子流力和熔透能力增大，但流量过大时会使小孔直径过大而不能保证焊缝成形；

（2）焊接电流。电流过小，小孔直径减小甚至不能形成小孔；电流过大，小孔直径过大，熔池塌落，不能形成稳定的小孔焊接过程；

（3）焊接速度。其他条件一定时，焊接速度增加，使焊接输入热减小，熔孔直径减小。焊接速度过高会导致小孔消失，甚至引起焊缝产生咬边、气孔等缺陷；

（4）保护气体流量。保护气体流量不能过大，过大会导致气流紊乱，影响电弧稳定性和保护效果；

（5）喷嘴离工件表面距离。一般应取3～5mm。

小孔型等离子弧焊接最适用于焊接中厚度的板材，它能一次焊透3～10mm的钛合金板。表6-5-6所列为等离子弧焊接参考规范

2．熔入型等离子弧焊接

当等离子弧的离子气流量减小、小孔效应消失时，等离子弧仍可用于焊接。与TIG焊接相似，此

表 6-5-6 等离子弧焊接参考规范

板厚 mm	焊接速度 mm/min	焊接电流 A	电弧电压 V	气体流量，L/h 种类	离子气	保护气
3.175	608	185	21	Ar	224	1680
4.218	329	175	25	Ar	504	1680
10.00	254	225	38	75He-25Ar	896	1680
12.70	254	270	36	50He-50Ar	756	1680
14.20	178	250	39	50He-50Ar	840	1680

法适用于焊接薄板、多层焊缝的盖面焊缝和角焊缝。

3．微束等离子弧焊接

15A以下的熔入型等离子弧焊接称为微束等离子弧焊接。它采用非转移弧和转移弧混合型电弧。由于非转移电弧和喷嘴的拘束作用同时存在，使等离子弧很稳定，可以焊接金属箔。但必须注意工件的装配和表面处理。

此外，还有脉冲等离子弧焊接和熔化极等离子弧焊接等新工艺，其中熔化极等离子弧焊接可视作等离子弧焊接和MIG焊接的结合。

四、电子束焊接

（一）真空电子束焊接原理

电子束焊接是利用从阴极发射的电子，经过高压阳极加速，并由电磁透镜聚束，而形成高速而密集的电子束，轰击金属表面所产生的能量加热金属，使金属结合的一种焊接方法。图6-5-7所示为真空电子束焊接原理图。

（二）真空电子束焊接分类及工艺特点

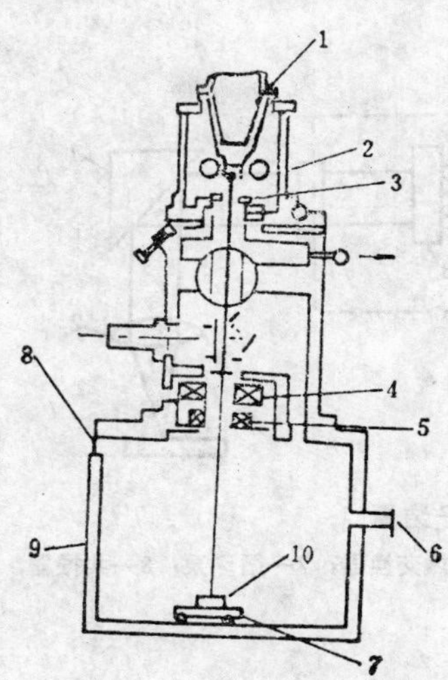

图 6-5-7 真空电子束焊接原理图

1—电子枪；2—阴极；3—阳极；4—聚焦透镜；5—偏转线圈；6—排气装置；7—工作台；8—观察孔；9—真空室；10—工件

根据电子束加速电压的大小，可分为高压（加速电压大于60kV）、中压（加速电压为40～60kV）和低压（加速电压小于40kV）真空电子束焊接。

若按工作室真空度的大小又可把电子束焊接分为高真空、低真空和非真空电子束焊。

工作室真空度在1.3×10^{-1}～1.3×10^{-4}Pa（10^{-3}～10^{-6}乇）之间进行焊接的方法称高真空电子束焊，具有以下优点：

（1）能获得最大的熔化深度和最狭的熔化宽度，因此，焊接应力变形最小；

（2）适于焊接化学性能活泼的金属，并能得到优质焊缝；

（3）电子枪与工件的距离较远，便于观察焊接过程及焊接开敞性较差的接头。

但由于工作室要抽真空，限制了高真空电子束焊的生产率；并且，工作室不能过大，焊件的尺寸受到限制。

工作室真空度在1.3×10^{-1}～3.3×10^{3}Pa（10^{-3}～25乇）之间进行焊接的方法称为低真空电子束焊接。与高真空电子束焊接相比，低真空电子束焊接中电子束直径较粗、电子束的能源密度较小，故所得的焊缝稍宽，熔深也要浅些。

非真空电子束焊接的主要优点在于焊接不在一个密闭的真空室中进行，生产率较高，成本较低，焊件的尺寸也不受限制。但焊缝熔深较小，熔宽较大，电子枪与工件的距离较小。

在非真空电子束焊接中，焊接速度增加时，熔化深度迅速下降；电子束功率增加时，则熔化深度也增加；电子枪与工件的距离越远，熔化深度越小；当焊接气氛不同时，焊缝熔深也不同，采用氦气保护时熔深较大，氩气保护时熔深较小，焊接气氛为大气时，熔深居中。如要求一定的熔深和适度的电子枪-工件的距离，则最好采用氦气保护下非真空电子束焊接。很多金属均能采用非真空电子束焊接。

五、激光焊接

（一）激光焊接的原理及特点

当某些物质原子中的电子，在一定条件下受激发而跃至较高能级，所激发电子能量转换而辐射出光能，若把光能聚焦至10^{4}W/cm^{2}以上时，就可以对金属进行焊接或切割。换言之，就是当光子轰击金属表面而形成蒸气时，蒸发的金属可防止剩余能量被金属反射掉，如果被焊金属有良好的导热性，就可以得到一定的熔化深度，金属即被焊接。

激光焊接的特点如下：

（1）激光是一种高能源密度的热源；

（2）可以对较远处的工件进行非接触加工；

（3）适宜进行自动化控制；

（4）不需特殊的防护和真空室；

（5）能源密度高，焊接热影响区极小，并能连接各种稀有金属及异种金属材料；

（6）适于焊接微器件及精密零件。

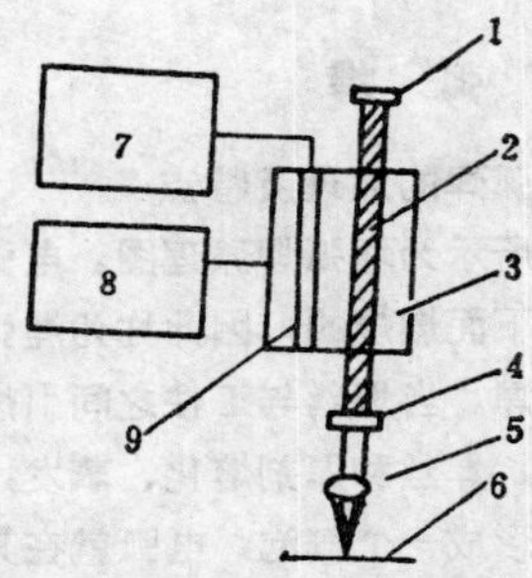

图 6-5-8 固体激光装置

1—反射镜；2—晶体；3—激光室；4—透镜；5—聚焦镜；6—工件；7—电源；8—冷却系统；9—光源

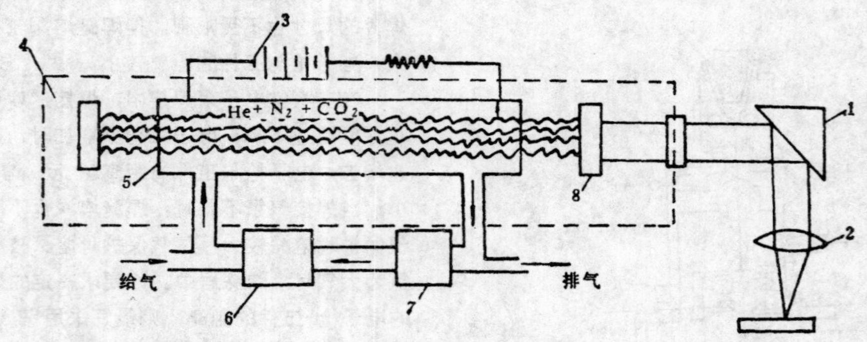

图 6-5-9 CO_2气体激光装置

1—反射镜；2—聚焦镜；3—电源；4—激光器；5—共振器；6—热交换器；7—循环泵；8—共振器

（二）激光焊接设备及应用

激光焊接设备包括激光器、电源、反射镜，聚焦镜等光学系统，以及冷却系统和气路系统。图6-5-8和6-5-9分别为固体激光装置和CO_2气体激光装置各组成部分的示意图。

采用激光可以焊接各种金属，脉冲激光焊可以焊接铜、镍、铁、锆、钽、钛、钴、铝及它们的合金；采用连续脉冲焊，除铜、铝以外，上述各金属也能很好地被焊接。

表6-5-7所列为CO_2激光焊接Ti-6Al-4V的对接接头参考焊接规范。

表 6-5-7 Ti-6Al-4V对接焊参考规范

板 厚 mm	焊接速度 m/min	激光输出功率 kW
3.0	6.8	10
6.25	1.25	5.5
13.0	0.6	10

六、埋 弧 焊

（一）埋弧焊的原理及特点

图6-5-10所示为埋弧焊原理图。电弧是掩埋在颗粒状的焊剂下面燃烧的，因此称为埋弧焊，亦称焊剂层下自动焊。当焊丝与工件之间引燃电弧时，电弧热使工件，焊丝和焊剂熔化、蒸发，金属和焊剂的蒸发气体形成一个气泡，电弧就在其中燃烧。气泡上方由一层熔渣所覆盖，这层渣膜隔绝了空气，又使弧光深埋渣中有利于操作。在焊剂、焊渣的保护下，高温下的焊接电弧、熔池金属和焊缝金属都能得到良好的保护。因此，选择合适的焊剂焊

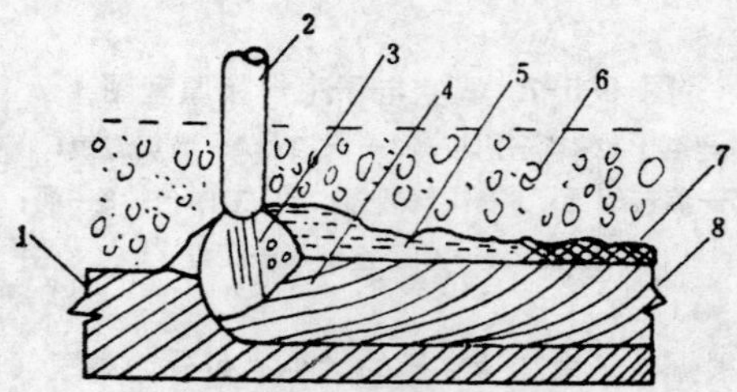

图 6-5-10 埋弧焊原理图

1—工件；2—焊丝；3—电弧；4—熔池金属；5—熔渣；6—焊剂；7—渣壳；8—焊缝

接稀有金属，可以获得优质焊缝。

埋弧焊的主要优点为：

（1）焊接是在熔渣保护下进行的，焊接参数可以自动调节保持稳定，因此所得的焊缝质量好；

（2）由于电弧在焊剂、熔渣下燃烧，热效率高，可用较短的焊丝导电长度和高密度的大电流，因此，焊丝熔化率和电弧吹力均较大，可用很大的焊接速度，从而获得高的生产率；

（3）无弧光辐射，焊接烟尘少，过程自动化等都改善了劳动条件。

但埋弧焊只适用于平焊，焊接直缝或环缝等规则长焊缝，并不宜焊接薄板。

（二）埋弧焊设备

埋弧焊设备由机械、电源和控制系统三部分组成。

1. 机械部分

由送丝机构、焊接小车、机头调节机构、导电嘴、焊丝盘和焊剂漏斗等组成。

送丝机构包括送丝传动系统、送丝滚轮和矫直

滚轮等。焊接小车一般由直流电动机拖动，并装有离合器。机头调节机构可以使焊机机头在各方向移动，并能自由转动，以适应焊接各种类型的焊缝。导电嘴是使电流能很好通过焊丝的零件。

2. 焊接电源

稀有金属埋弧焊接电源宜采用直流反接。电源应具有下降型外特性，空载电压约为70～80V。

3. 控制系统

该系统包括电源外特性控制、送丝和小车的拖动控制、引弧和熄弧的自动控制等。

（三）埋弧焊接工艺及应用

1. 焊剂的选择

焊接钛及其合金时，所用的焊剂不能含有氧化物，主要由氟化物和氯化物组成。如由79.5%CaF_2、19%$BaCl_2$和1.5%NaF组成或由87%CaF_2、10%$SrCl_2$和3%LiCl组成等。

这些由氟化物和氯化物组成的焊剂在焊接过程中形成的熔渣能有效地隔绝大气对焊接金属的作用，熔渣本身也不会对高温下的钛及其合金产生有害影响，因而能获得优质焊缝。

焊剂的组成物质要求采用化学纯，并用干法制造，即焊剂要经过熔炼、粉碎、过筛。焊剂要过30目/cm^2和200目/cm^2两种筛，不能过粗或过细，使用前应烘干。

2. 埋弧焊接工艺应注意的问题

钛和钛合金焊丝的电阻系数较大，因此，焊丝外伸长度应控制在适宜的范围，焊丝外伸长度与焊丝直径的匹配关系如表6-5-8所示。

表 6-5-8 焊丝外伸长度与焊丝直径的关系

焊丝直径，mm	2.0～2.5	3～4	5
焊丝外伸长度，mm	14～16	17～19	20～22

为了防止外伸钛焊丝受热后与大气作用，应使焊剂高度高于焊丝外伸长度。

第二节 压 焊

一、电 阻 焊

（一）电阻焊的原理与特点

电阻焊是利用电流通过焊件和焊件接触处所产生的热量，使焊件接触处温度升高到接近熔点或在接头区域内局部熔化，并在接头处对焊件施加一定的压力，从而达到金属连接的一种焊接方法。

根据焦耳-楞次定律，电阻焊时焊件中产生的热量可由下式而定：

$$Q = I^2Rt \qquad (6\text{-}5\text{-}1)$$

式中 Q —— 焊件中产生的热量，J；

I —— 焊接电流，A；

R —— 焊件和电极间焊接回路中的有效电阻，Ω；

t —— 焊接时间，s。

焊接时所产生的热量，一部分用于焊接工件，一部分损失于周围介质和飞溅等。

在接通电流之前，必须先对焊件施加压力，使两块分离的金属紧密接触，此阶段称为预压。在两焊件紧密接触的条件下通以焊接电流，焊接时间一般很短，因此，焊接电流值很大，在此瞬间，焊件接触处局部达到熔融状态，然后进入锻压阶段。焊件在一定压力下冷却，直至获得足够强度的焊接接头。

焊接过程中，焊接电流过小，接触区不能产生足够的热量，达不到焊接要求。随着焊接电流的增大，焊接接头强度逐渐增加，但电流过大，会引起焊接区过热，产生较大变形，甚至产生熔融金属逸出金属表面、金属组织恶化、焊接区残留气孔等，使接头强度降低。若焊接时间过长，则热量损失增加。对焊件所施加的压力可以防止焊件过热，防止焊接区疏松或裂纹，保证焊件锻压效果。典型的焊接程序中，对焊件所施加的压力是恒定的，实际上，根据不同的焊接要求，压力是可以变化的。

此外，焊件的表面状态，电流波形以及电极的材料、形状等也会影响焊接质量。

与电弧焊相比，电阻焊有以下特点：

（1）焊接时不需要任何焊接材料；

（2）焊接区的温度低，且由于是局部加热，焊接变形、应力较小；

（3）施加压力，使接头金属组织较致密；

（4）焊接电流很大，焊机的功率大；

（5）程序控制使机械较复杂，焊机较贵；

（6）焊接生产率高。

由以上特点可知，电阻焊宜用于大量生产的焊件，电阻焊很容易实现自动化。

（二）电阻焊的种类

按接头型式可把电阻焊分为：点焊、缝焊、凸焊和对接焊。

图6-5-11所示为点焊、缝焊示意图。点焊的接头型式为搭接，搭接的两块金属板放在上、下电极之间，在电极的作用下对焊件加压，并通以焊接电流，由电阻热使焊接区加热至局部熔融，随之冷却形成焊点而连接焊件。焊点的直径一般在3～25mm之间。

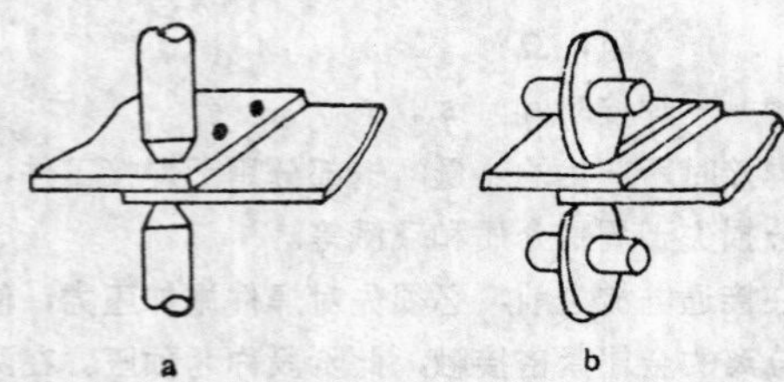

图 6-5-11 点焊、缝焊示意图

a—点焊，b—缝焊

凸焊是点焊的变种，先在一个焊件上冲出凸起部分，当焊件上的凸起部分与另一焊件相接触，通以电流使凸起部分被加热，随之加压，使凸起部分压平，同时完成两焊件的焊接过程。

当点焊机的电极代之以焊接滚盘时，即为缝焊（或称滚焊）。缝焊中，焊件由滚盘加压压紧，电流通过滚盘而导通，滚盘开始旋转，而使焊件移动，从而获得一条连续的气密性良好的焊缝。

对接焊又分为闪光对焊和电阻对焊两种。闪光对焊过程是：先由接有电源的夹头夹紧工件，并接通焊接电源；随之，焊件由夹头的移动而接近，直至两端面接触，一些接触点很快被加热至熔化，并以火花形式射出液体金属微粒，在顶端继续靠近时，新的接触点又会被熔化并强烈加热焊件顶端；当焊件从顶端起逐渐向焊件中加热至足够深度时，迅速加上压力，同时切断电源，挤压焊件而形成接头。

图6-5-12所示为电阻对焊示意图。焊件由夹具固紧，由移动夹头移动焊件，使两焊件互相抵住并加以压力，然后接通电源，从而在焊件的接触处由于流过大电流而被加热，当焊件端部具有足够温度时，焊件在压力作用下完成塑性状态下的连接，然

表 6-5-9 闪光对焊各种材料组合的焊接性

	钨	钼	铌合金	镁合金	钛合金	镍合金	铜合金	铝合金	不锈钢	炭素钢
炭素钢	✓	✓	✓		✓	✓	✓		✓	✓
不锈钢	✓	✓	✓		✓	✓	✓		✓	
铝合金				✓		✓	✓	✓		
铜合金		✓	✓	✓	✓	✓	✓			
镍合金	✓	✓	✓			✓				
钛合金					✓					
镁合金				✓						
铌合金			✓							
钼		✓								
钨	✓									

注：✓为可以焊接。

后切断电源。

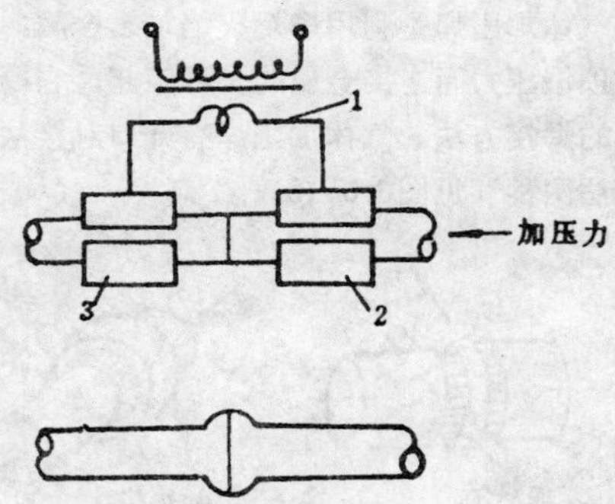

图 6-5-12　电阻对焊示意图

1—焊接变压器；2—可移动电极；3—固定 电 极

（三）电阻焊的设备及应用

电阻焊设备由以下三个主要部分组成：

（1）焊接电源，即焊接变压器和包括电极在内的焊接二次回路；

（2）机械系统，它由机架和夹持工具、施加压力的辅助装置组成；

（3）控制系统，由它精确控制焊接的起始时间和持续时间，调节焊接电流的大小等。

大多数电阻焊机采用单相交流电源。它具有简单、经济、易维修等优点，缺点是会引起电力网路的不平衡；同时，由于焊机固有的感抗较大，因而功率因数较低，能源损耗较大。

还有一种次级整流电阻焊机，它比单相交流电阻焊机好，其特点如下：

（1）焊接电流不经过零点，适于焊接一般有色金属、耐热合金、钛、锆等；

（2）直流电对机臂伸长和伸入机臂中的磁性材料不敏感，焊接质量稳定；

（3）次级回路无感抗，同样的焊接电流所需要的次级电压大幅度降低，输入功率也较小；

（4）焊机的功率因数可高达90～95％；

（5）当为三相次级整流式时，电网负载可获得真正的三相平衡。

缺点是次级整流管价格高，在控制线路中必须增加保护措施。

此外，还有三相低频电阻焊机和电容储能电阻焊机。三相低频电阻焊机使用低频电流，焊机感抗

表 6-5-10　各种金属的冷焊性能

Mg	Ti	Cd	Be	Pt	Sn	Pb	W	Zn	Fe	Ni	Au	Ag	Cu	Al	
✓															Mg
	✓								✓				✓	✓	Ti
		✓			✓	✓									Cd
													✓		Be
				✓	✓	✓		✓		✓	✓	✓	✓	✓	Pt
					✓	✓				✓		✓	✓	✓	Sn
						✓		✓		✓	✓	✓	✓	✓	Pb
													✓		W
								✓	✓	✓	✓	✓	✓	✓	Zn
									✓	✓			✓	✓	Fe
										✓	✓	✓	✓	✓	Ni
											✓	✓	✓	✓	Au
												✓	✓	✓	Ag
													✓	✓	Cu
														✓	Al

注：✓可以冷焊。

较小，可提高焊机的输出功率，也可以达到网路平衡的效果。缺点是低频式变压器较大，控制线路较复杂。而电容储能电阻焊机是单相或三相电源经过整流后，由电容储能，焊接时使电容的储能迅速释放。适于焊接小型件、薄件或导热良好的金属。

稀有金属钛、钽等多种材料均可采用电阻焊。表6-5-9列出了闪光对焊各种材料的焊接性。

二、其他压焊

(一) 冷　焊

室温下对金属施加压力，使金属产生变形而达到金属连接的一种工艺方法称为冷焊。

一般情况下，纯金属比合金易于实现冷焊，能形成固溶体的金属也比较容易进行冷焊，熔点低的面心立方金属冷焊性能也较好，见表6-5-10。

（二）气体加压焊

气体加压焊是利用焊炬火焰加热金属，并施加一定顶锻压力而连接金属的一种工艺，它属于高温加压的焊接方法。气体加压焊有开口对接法和闭合对接法两种（见图6-5-13）。

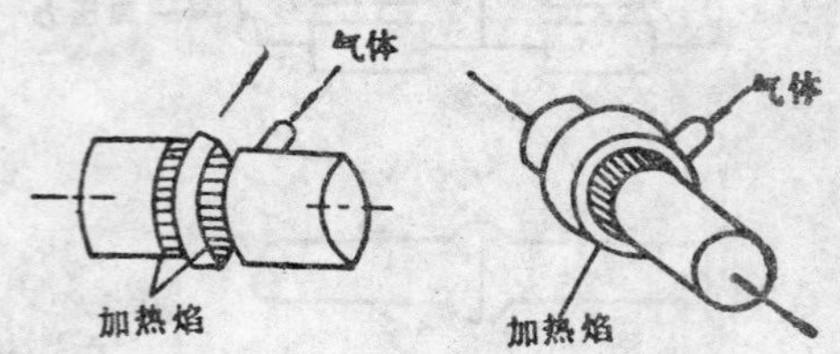

图 6-5-13　气体加压焊示意图

a—开口对接法；b—闭合对接法

（三）摩擦焊

摩擦焊是一种固相焊接方法，它利用金属对接

表 6-5-11　各种材料的摩擦焊接性

	锆合金	U	W	钛合金	Ti	Ta	不锈钢	银合金	Ag	镍合金	Ni	钼合金	镁合金	Cu-Ni合金	Cu	Co	铝合金	Al
Al	✓			✓	✓		✓				✓		✓		✓		✓	✓
铝合金							✓×								✓×		✓	
Co																✓		
Cu	✓							✓							✓			
Cu-Ni合金					✓									✓				
镁合金													✓					
钼合金												✓						
Ni							✓				✓							
镍合金							✓			✓								
Ag							✓											
镁合金								✓×										
不锈钢	✓×			✓×	✓×		✓											
Ta						✓												
Ti					✓													
钛合金				✓														
W			✓															
U		✓																
锆合金	✓																	

注：✓焊接性良好，✓×可以连接。

端面相对运动产生的摩擦热，在加压条件下完成金属的连接。

各种材料的摩擦焊接性见表6-5-11。由表可知，钛、锆、钽等多种稀有金属均可以采用摩擦焊。

（四）高频焊

利用高频电流所产生的热进行焊接的工艺方法称为高频焊。根据高频电流的输入方式，可以分为感应高频焊和电阻高频焊两种。前者由感应线圈导入高频电流，后者则由接触导入高频电流。

当焊件中通过高频电流时，高频电流的集肤效应和邻近效应使焊件表层区域受到高密度的电流作用，从而加热焊件到焊接温度，此时，施加一定格压力，即完成焊接过程（见图6-5-14）。

高频焊不仅能焊接一般钢材、不锈钢、黄铜、铝合金等，也能焊接工业纯锆、锆合金、工业纯钛、钛合金等。在焊接钛、锆等化学性能活泼的稀有金属时，则需要加惰性保护气体以防止大气污染加热区金属。

（五）扩散焊接

扩散焊接是在真空或保护气氛的保护下，使平整光洁的焊接表面，在温度和压力的同时作用下，发生微观塑性流变后相互紧密接触、原子相互扩散，经一定时间保温（或利用中间扩散层及过渡液相加速扩散过程），使焊接区的成分、组织均匀化，达到完全的冶金连接过程。

扩散焊接头有同类材料组合、异种材料组合及同类、不同类材料加中间扩散层组合四种类型。一

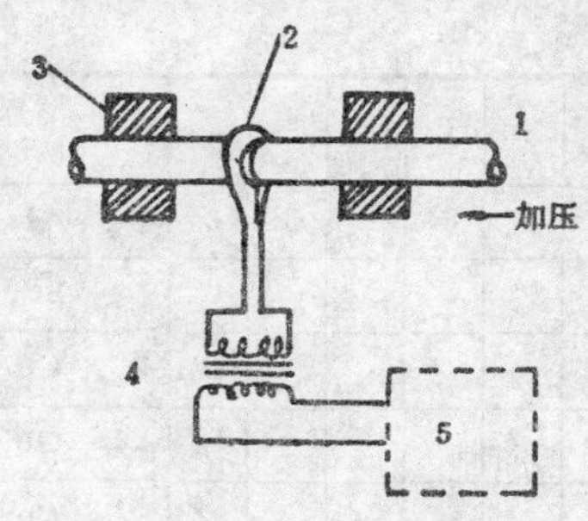

图 6-5-14 高频焊原理图

1—工件；2—感应线圈；3—夹头；4—高频变压器；5—电源

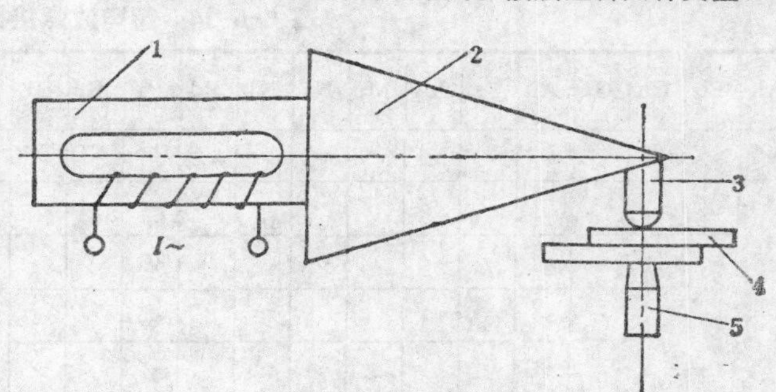

图 6-5-15 超声波焊接方法示意图

1—换能器；2—变幅杆；3—上声极；4—焊件；5—下声极；I～—振荡电流及直流磁化电流

表 6-5-12 真空扩散焊规范实例

被焊材料	中间层合金	温度 ℃	压力 ×10⁶Pa	时间 min	真空度 Pa
铝+锆	—	540	154～350	15	—
钼+钼	—	1100	160～400	5	0.0133
钼+铜	—	800～850	20	10～15	0.133
钼+钼	钽	915	68.6	20	—
钼+钼	钛	900	70～87.5	10～20	—
铍+铍	—	1000	3	15～20	0.0133
铌+铌	—	1200	70～100	180	0.000133
铌+铌	锆	871	—	—	—
钽+钽	钛	870	70	10	—
钨+钨	铌	930	70	20	—
钛+铜	—	860	5	15	—
钛+不锈钢	—	770	—	10	—
Ti6Al4V+Ti6Al4V	—	900	2	60	—
Zr—2+不锈钢	—	1010	—	80	—
AISI410+AISI410	Ni +9～10%Be	1204	0.07	5	—

些材料的扩散焊工艺见表6-5-12。

气体等静压扩散焊又称气压焊，其工艺参数随材料而异，如表6-5-13所示。

等静压扩散焊最适于脆性材料、陶瓷等的焊接。但气体等静压扩散焊设备比较特殊，价格昂贵，操作也较复杂，一般不采用。

（六）超声波焊接

超声波焊接是一种固相焊接方法。焊件被夹在

表 6-5-13 气体等静压扩散焊工艺参数

被焊材料	温度 ℃	压力 $\times10^6$Pa	时间 h	表面状态
铍+铍	815～870	70	4	磨光
钼+钼	1427	70	3	HNO_3腐蚀
铌+铌	1149～1316	70	3	HNO_3+HF腐蚀
钽+钽	1258	70	3	—
锆+锆	843	70	3～4	—

表 6-5-14 超声波焊接材料范围

Al	Fe	Cu	Ge	Au	Fe	Mg	Mo	Ni	Nb	Pd	Pt	Re	Si	Ag	Ta	Sn	Ti	W	U	Zr	
✓	✓	✓	✓	✓	✓	✓	✓	✓		✓	✓		✓	✓	✓	✓	✓		✓	✓	Al
	✓	✓			✓												✓				Be
		✓		✓	✓	✓		✓			✓	✓		✓	✓		✓			✓	Cu
				✓							✓										Ge
				✓	✓			✓			✓		✓	✓			✓	✓		✓	Au
					✓		✓	✓			✓	✓		✓	✓		✓	✓	✓	✓	Fe
						✓								✓			✓				Mg
							✓	✓							✓		✓	✓		✓	Mo
								✓	✓		✓	✓		✓	✓		✓	✓			Ni
									✓						✓						Nb
										✓				✓							Pd
											✓		✓								Pt
															✓		✓				Re
															✓						Si
														✓	✓					✓	Ag
															✓		✓	✓			Ta
																✓					Sn
																	✓	✓			Ti
																		✓			W
																			✓	✓	U
																				✓	Zr

注：✓表示可以互相连接的金属及其合金。

上下声极之间，若上声极用来向工件输入超声频率（16～18kHz）的弹性振动能量，而下声极用来施加静压力如图6-5-15所示。表6-5-14列出了超声波焊接材料范围。

第三节 钎 焊

一、钎焊原理和特点

钎焊是利用熔点比焊件低的钎料和焊件一起加热到钎焊温度，在焊件不熔化的情况下，钎料熔化润湿钎焊表面，并依靠钎料和焊件的扩散形成钎焊接头。钎焊温度高于450°C的称硬钎焊，低于450°C称软钎焊。

与熔化焊比较，焊件加热温度较低，其组织和机械性能变化小，变形也较小，因而精度高，接头光滑平整，外表美观；有些钎焊方法可一次钎焊多接头、多工件，生产率高；可以钎焊异种材料。

钎焊不足之处是接头强度一般较低，耐热能力较差。

二、钎焊接头设计

钎焊接头的基本形式如图6-5-16所示，可分为对接接头、斜接接头及搭接接头。由于钎料强度比焊件低，所以钎焊多采用搭接接头。为使钎焊接头与母材等强度，搭接接头长度l可按下式计算：

$$l=\delta\frac{\sigma_b}{\sigma_\tau},\quad \text{mm} \qquad (6\text{-}5\text{-}2)$$

式中 σ_b——钎焊母材的抗拉强度，Pa；

σ_τ——钎焊接头的抗剪强度，Pa；

δ——工件厚度，mm。

在实际生产中搭接长度通常为母材厚度的2～3倍，对于薄件可以取4～5倍，但搭接长度很少超过15mm，因难获得完满的焊缝。

搭接间隙是影响钎缝致密性和接头强度的关键因素。间隙太小，妨碍钎料流入；间隙过大，破坏接头毛细作用，钎料不能填满间隙。异种材料搭接须考虑在钎焊温度下二者不同的膨胀系数对钎焊间隙的影响。

常用典型接头形式如表6-5-15所示。

三、钎 料

钎料熔点低于450°C称软钎料，高于450°C称硬钎料。

钎料供应状态有丝、片、铸条、粉及膏状。为了便于钎焊进行，可将钎料制成各种专用的圈、环和片等形状。

常用的钎料列于表6-5-16至6-5-20中。

钎焊钼和钨等难熔金属的钎料很多，根据用途可分为高温用、宇航及航空构件用、电器构件用及电器接点用，其钎料的熔点从618°C到2996°C，有纯金属也有合金可根据需要选用。

四、钎焊方法

按热源及加热方式钎焊可分为火焰钎焊、电阻钎焊、感应钎焊、炉中钎焊等。也有用钨极氩弧、真空散焦电子束、红外线及其它热源进行钎焊的。

（一）火焰钎焊

火焰钎焊是采用可燃气体与氧或空气的混合物燃烧所形成的火焰进行加热的钎焊方法。常用氧-乙炔焰，可达3150°C，实际钎焊不须如此高温，可用压缩空气代替氧气，用其他可燃气体代替乙炔。火焰钎焊可以使用普通的气焊焊炬，也可采用专门的钎焊焊炬，其特征是具有不集中的火焰，有时还可装多焰喷嘴，以形成均匀加热的柔性火焰。

这种方法设备简单、通用性好，但生产率低。适用于钎焊某些限于工件形状、尺寸及设备等原因不能用其他方法钎焊的工件。火焰钎焊需用钎剂。对于钛、锆和铍等活性金属，要求采用特殊的钎剂。铍有毒不应进行火焰钎焊。还可钎焊贵重金属触点。

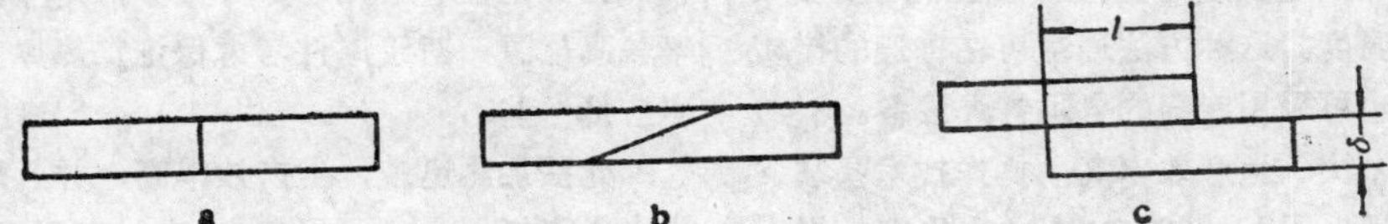

图 6-5-16 钎焊接头基本形式

a—对接接头；b—斜接接头；c—搭接接头

表 6-5-15 典型钎焊接头形式

接头型式	简图	接头型式	简图
平表面搭接接头	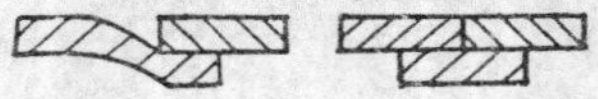	T型接头	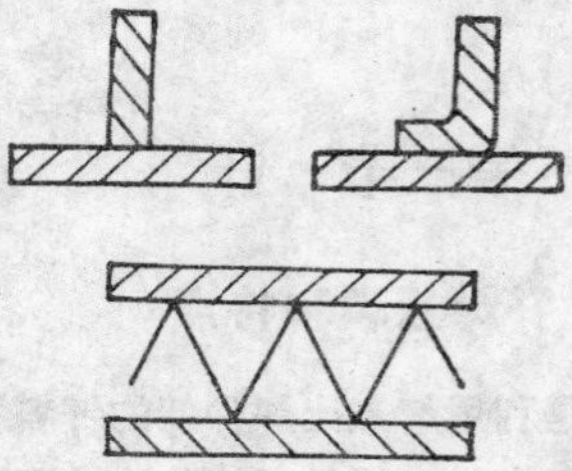
法兰接头	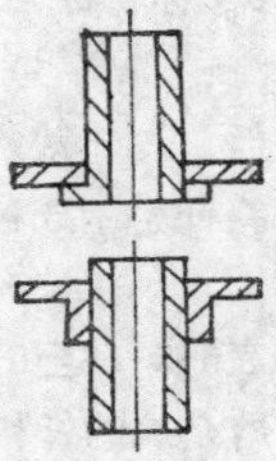	薄壁锁边接头	
容器封头	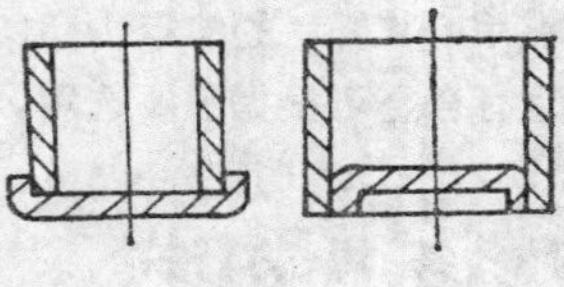	紧配合接头	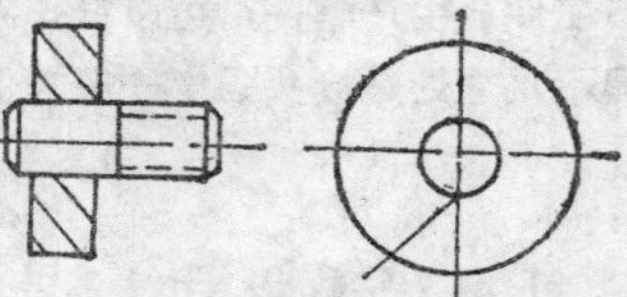 槽(0.2～0.3mm)
角接头		管接头	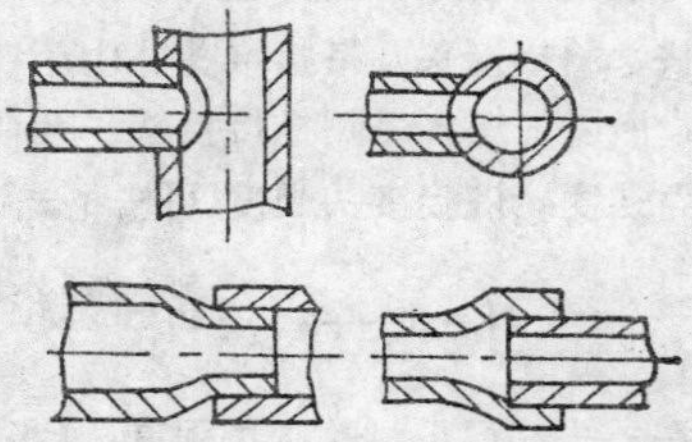
带排气孔接头	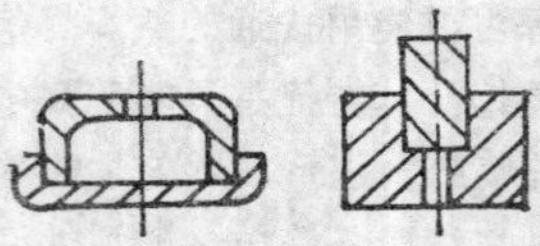	线接头	

（二）电阻钎焊

钎焊时依靠电流通过钎焊区域时所产生的电阻热来加热母材及熔化钎料。按加热方式不同，可分为在焊件的钎焊面通低压电产生的电阻热直接加热，也可用焊件或碳电极通电散出的电阻热间接加热钎焊处至钎焊温度。这种方法通常可在普通的接触焊机上进行，也可采用专门的电阻钎焊设备。

电阻钎焊加热快、生产效率高，操作技术易掌握，钎焊接头面积小于65～380mm²时，经济效果最好。特别适于钎焊某些不允许整体加热的工件。

（三）感应钎焊

是依靠工件在交流电的交变磁场中产生感应电流的电阻热来加热的钎焊方法。钎焊用的感应加热装置，通常由交流电源、感应器和电容器组成。交流电源按其频率不同可分为高频、中频和工频三种，工频电流直接用于钎焊很少，对于薄件采用频率较高电源，对于厚件考虑保证加热厚度，采用频率应低一些。

此法加热迅速，生产效率高，并且焊件表面氧化比火焰钎焊少，可局部加热，变形小，接头洁净，易满足电子、电器工业要求。钎料需预先放置，一般须用钎剂，否则应在保护气体或真空中钎

表 6-5-16 钎焊钛及钛合金的银基材料

系 统	钎料组成，%	熔点，℃	钎焊温度，℃	特 性
纯 银	100Ag	960	980	塑性尚可，接头强度较低，耐蚀性及抗氧化性较差，钎焊温度偏高
银 铜	Ag-7.5Cu Ag-28Cu	830～890 780	920 830	加入铜可降低熔点，但使接头变脆，且与钎焊方法及规范有关
	Ag-20Cu-3Ni	780～820	900	加镍可抵消铜的有害影响，但说法不一
	Ag-15Cu-16Zn-24Cd Ag-16Cu-16Zn-18Cd	620 635	650 700	钎焊温度低
	Ag-13Cu-10Sn	720	760	钎焊温度低
银 锰	Ag-15Mn	970	980	与纯银比，稍硬化，润湿性差，但接头高温性好
银 锌	Ag-20Zn-10Cd	730	840	铜有害，被除去
银 铝	Ag-5Al Ag-12.5Al Ag-33Al Ag-50Al	780～825 566～580 566～600	902	熔点低，有足够塑性
	Ag-5Al-0.5Mn	780～825	930	提高银铝钎料耐蚀性
	Ag-2～5Al-2～4Sn			接头脆性小
含 锂	Ag-3Li Ag-7.5Cu-0.2Li Ag-28Cu-0.2Li	600～670 780～890 765	800 920 830	
	Ag-9Pd-9Ga		900～913	有较高疲劳强度、抗氧化和耐腐蚀性能

表 6-5-17 钎焊钛及钛合金的钛、锆基钎料

钎 料 组 成 ， %	熔点，℃	特 性
Ti-48Zr-4Be Ti-15Ni-15Cu	940 970	比银基钎料有较好耐热性及耐蚀性，但加工性能差，一般以粉末状态使用

表 6-5-18 钎焊钛及钛合金的铝基材料

钎 料 组 成 ， %	钎焊温度，℃	特 性
Al-4.8Si-0.2Fe-0.2Ni Al-1.2Mn	610～688 675	润湿性好，塑性较好，耐蚀性比银基钎料好，但不如钛、锆基钎料

表 6-5-19 铌钎焊用钎料

钎料组成，%	钎焊温度，℃
48Ti-48Zr-4Be	1049
75Zr-19Nb-6Be	1049
66Ti-30V-4Be	1270～1310
67Ti-33Cr	1440～1480
73Ti-13V-11Cr-3Al	1571～1590
80V-20Ti	1730

焊。因加热时间短，宜采用熔化温度范围小的钎料。特别宜于钎焊小型对称零件，对钛、锆、铍使用惰性气体或真空感应钎焊效果尤佳。钎焊铍一般在纯净的氩中进行，但设备费用较大，复杂和尺寸大的焊件钎焊困难。

（四）炉中钎焊

炉中钎焊是利用加热炉来加热焊件的钎焊方法。目前广泛采用容易控制和调节的电炉，虽然设备费用较大，但加热均匀，变形小，同时可焊多缝

表 6-5-20 钽钎焊用钎料

钎料组成，%	钎焊温度，℃	适用母材
Ti-25～34Cr	1480	Ta-30Nb-7.5V
Ti-30～40V-4～5B	1320	Ta-10W，Ta-8W-2Hf、Ta-30Nb-7.5V
Hf-7～10Mo	2100	Ta-10W、Ta-8W-2Hf
Hf-40Ta	2180～2200	Ta-10W、Ta-8W-2Hf、Ta-30Nb-7.5V
Hf-19Ta-25Mo	2180～2200	Ta-10W、Ta-8W-2Hf、Ta-30Nb-7.5V

和多工件，易于机械化和自动化，适于大批量生产，成本低，所以应用广泛。按钎焊时炉中的气氛不同可分为空气炉中钎焊，还原性气氛炉中钎焊，惰性气氛炉中钎焊，真空炉中钎焊。

空气炉中钎焊采用特殊钎料，配以合适的钎剂，可钎焊钽和铌。

还原性气氛炉中钎焊不用钎剂，可用银-铜钎料钎焊钨-铜电极头。也可钎焊钨、钼等金属。

惰性气氛炉中钎焊通常在容器中进行，可钎焊钛、锆、铍、钨、钼、钽和铌等金属。

真空炉中钎焊是在真空条件下进行钎焊，是一种比较新的钎焊方法。所得钎焊接头光亮致密，具有良好的性能。可以钎焊用其它方法难以钎焊的金属和合金。不需钎剂。

第四节 焊接技术的新发展

一、焊接新工艺

（一）联焊工艺

所谓联焊，就是把两种焊接方法结合起来使用，利用各自的优点，以期达到提高生产率和改进质量的目的。

1．等离子-熔化极气体保护焊

等离子-熔化极气体保护焊目前有两种形式，一种为分离式等离子-熔化极气体保护焊炬，另一种为水冷铜嘴作电极等离子-熔化极焊炬。

（1）原理。图6-5-17所示为分离式等离子-熔化极气体保护焊炬原理图。等离子气为氩气，在焊炬的钨极与工件之间产生等离子弧。等离子由喷嘴引出送到焊丝周围，为防止空气侵入，在等离子周围有保护气体氩气或氦气。由高频发生器引燃等离子弧。

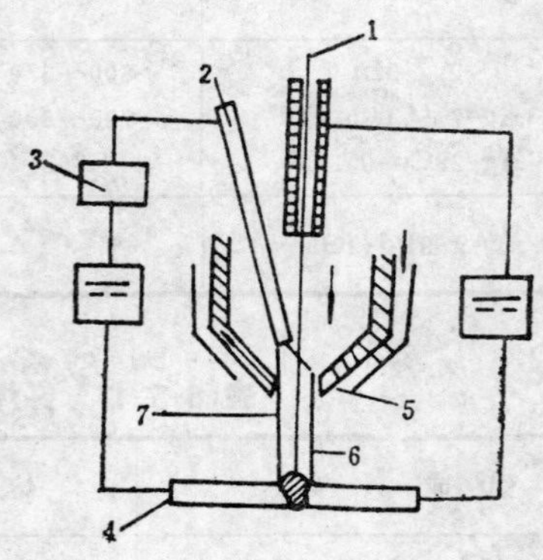

图 6-5-17 分离式等离子-熔化极气体保护焊炬原理图

1—焊丝；2—钨极；3—高频发生器；4—工件；5—喷嘴；6—熔丝金属；7—等离子弧

水冷铜嘴作电极等离子-熔化极焊炬是水冷铜嘴兼作等离子弧的一个电极，去掉了钨极，等离子电流由喷嘴传导，等离子弧建立在喷嘴与工件之

间。焊接时熔化极气体保护电弧首先引燃，接着等离子弧就在等离子喷嘴上自行引燃。该方法的优点是焊枪简单，体积较小，不需要高频引弧装置，缺点是引燃电弧时易产生飞溅。

（2）熔化特点。等离子-熔化极气体保护焊，由于焊丝通过喷嘴在等离子气流里伸向工件，使得可用的焊接参数范围得到了扩大。如果用小电流粗颗粒过渡时，不会是象小电流熔化极保护焊那样，产生不规则的电弧力对过渡造成干扰；还可增加焊丝杆的伸出长度，获得很高的熔化速度而不产生金属飞溅，使焊缝成形得到改善。除了焊丝电流外，还有等离子电流这就增加了熔深，使焊缝成形也获得改善，该方法对焊接稀有金属是很适宜的。

2．非熔化极-熔化极气体保护焊

该方法是传统熔化极气体保护焊接方法的一种改良形式。采用平特性电源施焊，当板厚为6.3mm时，可不开坡口且一次焊道即成。当板厚为12.5mm时，开60°V型坡口，一次焊道也能完成。该方法还具有焊接熔深大，焊接速度快的特点。

3．气-渣联焊

气-渣联焊是一种气和渣联合保护自动立焊的方法，采用管状焊丝和气体保护进行焊接。焊接时采用明弧，熔池表面存在一层薄的熔渣，用水冷铜滑块强制焊缝成形。

（1）原理。见图6-5-18。

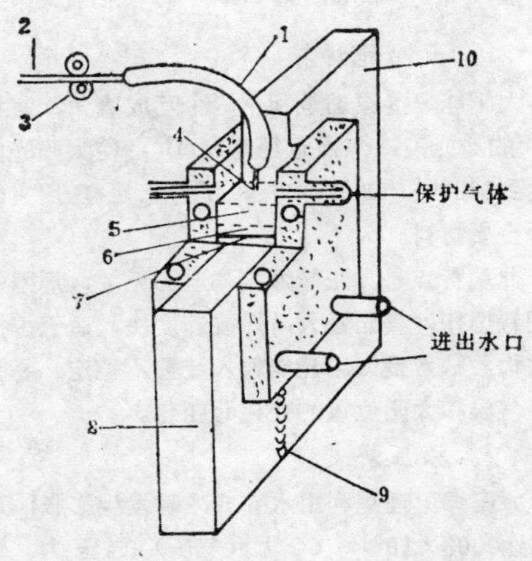

图 6-5-18 气-渣联焊原理

1—导电嘴；2—管状焊丝；3—送丝轮；4—熔渣；5—熔融金属；6—正在凝固金属；7—已凝固金属；8—焊件2；9—焊缝；10—焊件1；

（2）特点。气-渣联焊熔敷速度快，容易引弧，焊接过程中断后可重新引弧焊接，接弧处不容易产生缺陷。

4．电弧-激光联焊

电弧与激光同时作用于焊件的一种综合方法，其示意图见图6-5-19。钨极电弧可置于工件下方，也可置于工件上方。钨极接负，工件接正。激光束是由75mm长的KCl透镜，通过直径为3mm铜孔聚焦而成，正面用氦气保护，背面通氩气保护。焊接速度的提高是通过加大电弧的电流来实现的，当钨极电弧与激光束处于工件同侧时，电弧电流在50A情况下，焊速则可提高50%。

此种焊接方法具有焊速高、电弧稳定、焊道根部窄、无咬肉、焊缝质量高等特点，适于焊接有色、稀有金属材料，亦能焊接黑色金属材料。

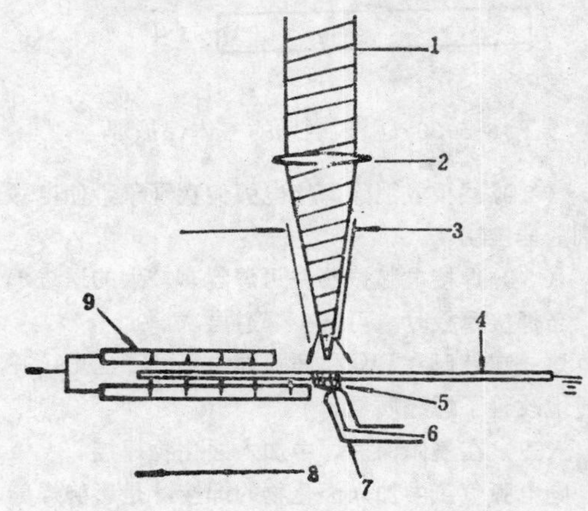

图 6-5-19 电弧-激光联焊示意图

1—激光束；2—75mmKCl透镜；3—氦气；4—工件；5—电弧；6—钨极；7—氩气；8—焊接方向；9—氩气保护喷嘴

（二）在熔焊方法中引入磁控装置

在传统的电弧方法中，通过外加磁场来控制熔池金属和熔渣的流动速度和方向，可以改善焊缝质量。

1．电弧磁控原理

焊接电弧是气体放电而产生的弹性气体载流体。在磁场中，焊接电弧也象载流导体一样受磁场给予的电磁力的作用，从而产生方向位置的变化。

2．磁控装置

磁控装置是把绕有线圈的4柱铁芯装在焊嘴上，然后接通交（直）流电，于是喷嘴周围便产生了一个交（直）变磁场。

图6-5-20示出了钨极氩弧焊上引入的磁控装置示意图。调节磁场强度和振荡频率即可获得所需要的电弧特性。

引入磁控装置可具有如下三个特点：

（1）由于电磁对熔池的搅拌作用，可使焊缝组织细化，同时有利于气孔的排除，提高焊缝性能。

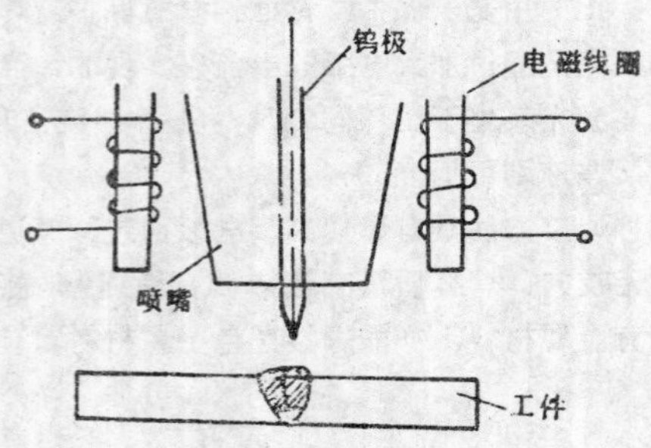

图 6-5-20 引入磁场的气体保护焊

（2）减少或消除焊接电弧偏吹现象，使电弧达到最佳控制。

（3）焊接电弧振荡许可焊丝有较大的送进速度，当焊接厚板时，可减少焊道层次。

这一工艺已在TIG和埋弧焊中得到了应用，并明显地改善了焊缝质量。

（三）在气体保护焊中加入卤化物焊接

向电弧气氛中加入卤化物的焊接，是影响焊缝金属组织和致密性的高效手段。

电弧气氛中加入不形成渣相的卤化物熔剂，可导致焊缝铸造区的缩小和电弧放电的"压缩"效应，随着电弧放电截面缩小，弧柱温度和电流密度提高，熔化加速，焊接过程可在能量集中且快速冷却条件下进行，从而保证显著地改变焊缝的形状、热影响区的宽度以及初生组织的晶粒度。此外，由于卤化物，特别是金属氟化物和氯化物与焊口边缘及焊丝金属表面吸附水分的反应，能减少焊缝金属的气孔。

往电弧中加入卤化物的方法，通常是向承受电弧放电作用的焊口边缘正面涂敷一薄层活性无氧熔剂。此法已成功地用于钛及其合金的焊接中。

（四）双弧等离子焊接

向高温等离子弧自动送进通电的焊丝，由焊丝再产生一个电弧，把这两个电弧合为一体的焊接方法就叫双弧等离子焊。

1．双弧等离子焊原理

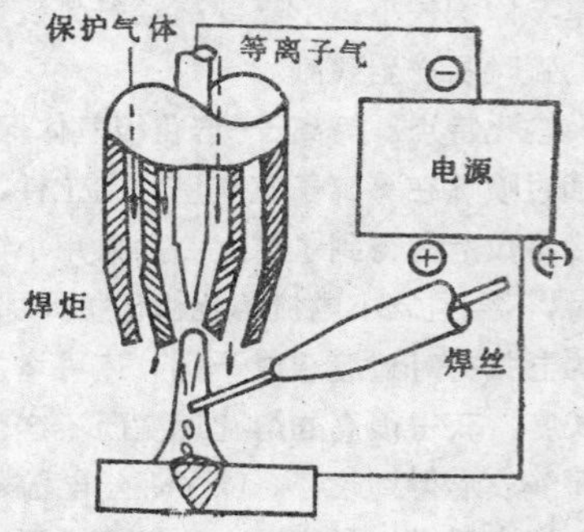

图 6-5-21 双弧等离子焊原理示意图

如图6-5-21所示，通电焊丝在等离子弧中产生的电弧使焊丝熔化，在等离子射流的作用下，焊丝的熔融金属过渡到熔池内。

2．双弧等离子焊工艺特点

双弧等离子焊除具有普通等离子弧焊的特点外，还由于等离子电流和焊丝电流分别调整，所以焊道堆高和焊缝熔深都能自由调节，适合于多层焊和高速焊。又因焊丝的熔融金属是在等离子射流的作用下过渡，所以不发生飞溅。另外，双弧等离子焊炬和普通等离子焊炬的构造是相同的，只要焊丝不通电便可进行小孔等离子焊接。双弧等离子焊接方法，已开始用在厚钛板的焊件上。

二、焊接新方法

1．太阳能焊接

太阳能焊接原理是利用两个互成直角，直径为1.5m的集光镜，焦点直径为16mm，使太阳光能密度达到1000～1500W/cm²，其能量足够用来熔化多种金属材料。

此法特点是太阳能焊接与电磁无关，周围气氛可任意选择，集光量大，焊接速度快，适于焊接大型结构。缺点是太阳光能输入装置不稳定，易受季节、气候和太阳位置的变化而变化。

2．冰压焊

冰压焊原理是利用水变成冰时发生膨胀，可产生高达2.03×10^9Pa（2万大气压）的压力。这种压力可用于同类金属和异种金属的压焊。

苏联研制了一种冰压装置，只用相当一个鸡蛋大小的一杯水，便可产生2.03×10^9Pa（2万大气压）。该装置为厚壁管状，膨胀力集中于一端，变成喷嘴形状，由多段增压组成，可获得5.07×10^9～1.01×10^{10}Pa（5～10万大气压）。

冰压焊特点是设备体积小，结构简单，成本低，安全可靠，但不易在大型设备上采用。

3. 爆炸喷涂

其原理是利用氧-乙炔混合气体经火花点燃后产生的爆炸力，将难熔合金粉末以超声速度从枪口喷出，涂在工件表面上。

爆炸喷涂具有比氮化或等离子喷涂效果更佳，改善工件的耐磨和耐蚀性能的优点。涂层厚度一般为25μm，如果需要厚些，可多喷几层。

喷涂前工作表面需要清洗、除垢，喷涂后如需较高的表面光洁度，可采用金刚石砂轮抛光。

4. 能量束焊接

能量束焊接原理是用射频以无柱电离气流的形式传送能量的一种方法。它以高压、射频释放的等离子流传送和聚集射频能量。所用气体可任意选择。焊接稀有金属时，应选择氦气或氩气。

能量束焊接用途广泛，可用于硬钎焊、熔化焊、表面合金化、切割、渗碳和热处理。易焊厚件，且焊缝平滑，无需填充金属，焊后无需处理。

三、机器人焊接

焊接机器人已开始用于点焊和电弧焊，焊接机器人有机床式和手臂式。

机床式焊接机器人的轨迹定位精度高，但其有效工作空间小，主要用于焊接精密焊件。

手臂式焊接机器人轨迹定位精度不高，但有效空间大，灵活性强，目前应用较广。

定位精度对点焊来说应为±1mm，弧焊应达到±0.5mm，钨极氩弧焊应达到0.01～0.1mm。机器人的运动系统至少应有5～6个自由度，以完成空间焊缝轨迹和其相适应的焊枪姿态运动。该运动由位置控制器、微型电子计算机和电源所组成的控制装置完成。

目前应用于生产的机器人多采用示教方式，即通过人工示教，逐点把焊缝位置，焊枪姿态和焊接参数记人微计算机内，从而得到一个焊件的完整焊接程序。示教完成后，按下电钮即能再现示教的全部焊接操作。

近年来，新一代焊接机器人的机械结构主要朝向组合化、标准化和通用化方向发展，以扩大通用面和降低成本。研制出一种高精度的触觉和视觉联合系统，视觉系统代替眼睛，确定焊缝宏观方位，触觉系统确定焊缝的精确轨迹，进而取代目前采用的人工示教。同时对焊接机器人的焊接智能也开始了研制。

焊接机器人具有极大的应用潜力，它可以完成一个熟练焊工的工作，动作准确，生产率高，日夜工作，并能在恶劣条件下工作，特别是在人不能达到的地方，采用机器人焊接，既安全又可靠。

参 考 文 献

[1] 《稀有金属应用》编写组，稀有金属应用（上），冶金工业出版社，1973.

[2] 《稀有金属应用》编写组，稀有金属应用（下），冶金工业出版社，1985.

[3] 郝世海等，稀有金属合金加工，(1979)，№3.

[4] 魏海荣，稀有金属合金加工，(1979)，№4.

[5] 航空材料焊接手册，国防工业出版社，1978.

[6] 姜焕中，焊接方法及设备，机械工业出版社，1981.

第六章 粉末冶金

编写人　　黄国伟　曾德麟　凌兴珠

第一节　概　　述

粉末冶金是制取金属粉末，以及将金属粉末或金属粉末混合料经过成形、烧结制造金属材料或制品的冶金技术。粉末冶金又是一种新的金属加工方法。

传统的粉末冶金工艺，包括了粉末制造、成形和烧结三个基本工序。但近代粉末冶金的发展早已突破了传统的工艺而日趋多样化。图6-6-1所示为各种粉末冶金工艺流程的示例。

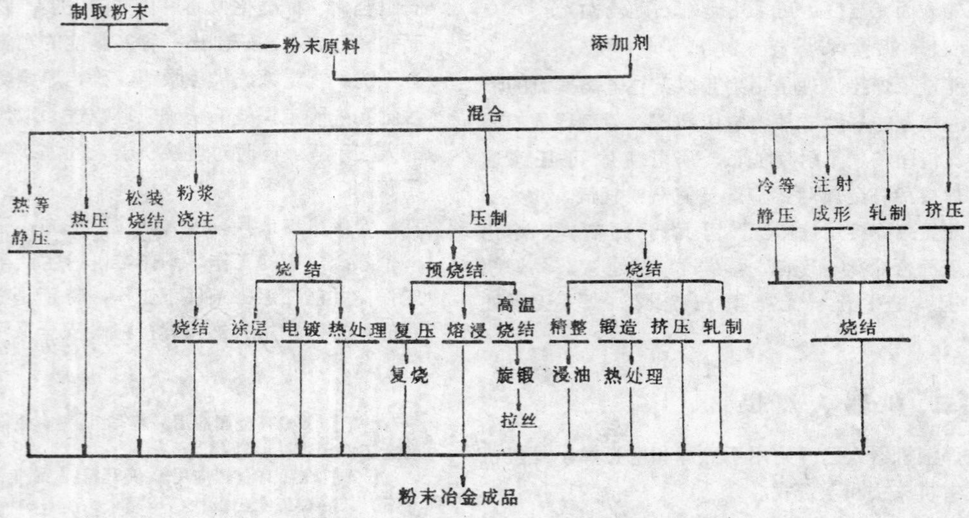

图 6-6-1　粉末冶金材料和制品的工艺流程示例

一、粉末冶金的特点

与熔铸法比较，粉末冶金具有如下技术经济特点。

（1）能生产熔铸法无法生产的材料和制品：

1）能够在金属熔点以下，从矿石中制取金属粉末；

2）能够将金属或金属氧化物与非金属混合粉末在其熔点以下还原-化合，生产难熔金属化合物；

3）能够控制制品的孔隙度，生产金属过滤器及发汗冷却材料；

4）能够将熔点相差很大的各种金属和非金属按比例组合，生产各种特殊性能的材料；

5）能够生产各种复合材料；

6）采用粉末冶金雾化制粉与快冷技术（冷却速度$10^4 \sim 10^6$°C/s以上）相结合，可制取微晶或非晶态金属和合金粉末。

（2）能提供性能优于熔铸法的材料和制品：

1）粉末冶金法制备的加工锭坯比熔铸锭坯晶粒细，加工性能好；

2）粉末合金材料不存在成分偏析、晶粒粗大等缺点，具有更好的机械性能及高温性能。

（3）具有显著的经济效益：

1）粉末冶金是一种少切削、无切削的金属加工工艺，材料利用率高（见图6-6-2）；

2）制品生产工序少，可批量生产，能耗少（见图6-6-2）。

当然，粉末冶金也有不足之处，如成本高，制品的大小和形状受到限制，烧结制品塑性比较差等。

二、稀有金属粉末冶金材料制品的应用

稀有金属大多熔点高、活性大，采用粉末冶金是生产稀有金属材料和制品的重要方法。稀有金属粉末应用见表6-6-1。

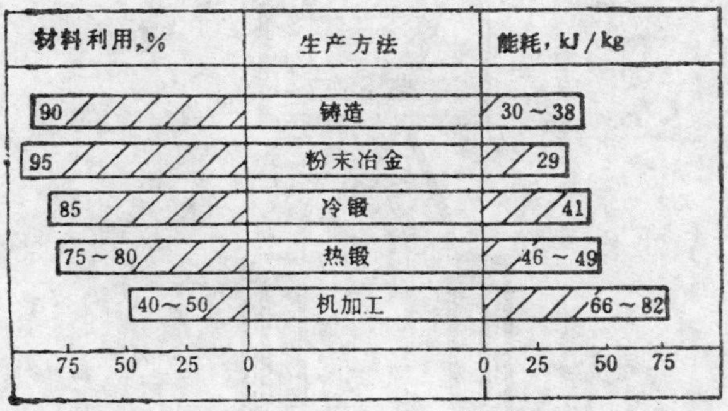

材料利用,%	生产方法	能耗，kJ/kg
90	铸造	30～38
95	粉末冶金	29
85	冷锻	41
75～80	热锻	46～49
40～50	机加工	66～82

图 6-6-2　粉末冶金与其他加工方法的材料利用率和能耗对比（能耗包括从矿石到半成品所需的能源）

三、粉末冶金的发展及趋势

自本世纪50～60年代开始，粉末冶金新工艺新技术大量涌现，从新的制粉方法、新的成形方法，直到各种粉末热成形方法。粉末冶金技术的发展，扩大了粉末冶金制品尺寸和重量，提高了粉末制品的性能，进一步增加了粉末冶金的技术经济效益和扩大了产品的应用范围。

由于粉末冶金新工艺、新技术的开发应用，使得粉末冶金已经大量进入了高性能高技术材料领域。其中典型的代表是粉末高性能合金及特种陶瓷材料。例如用于F-15、16、18飞机的粉末高温合金涡转盘，与铸锻产品比较节省材料50～60%，降低成本50～80%。再有航空用粉末钛合金、铝合金

表 6-6-1　稀有金属粉末冶金材料制品应用领域

应用领域	采用粉末	应用领域	采用粉末
1.火箭、导弹		7.石油工业	
火箭、喷管	钨、钽、钼	汽油合成	铂、铼
陀螺元件	铍、钛	氢化裂解	铂
热屏蔽	钨、铼	烯的氢化	铂
鼻　锥	铍、钛、钼	氢提纯	钯、钽
控制隔舱	铍	石油采掘与勘探	碳化钨
2.航空工业		8.冶金机械	
机舱框架	钛	模　具	钨、钼
方向舵	铍	量　具	碳化钨
压气机转子	钛、铍	炉子加热元件	钨、钼、钽
压气机定子	钛、铍	热电偶	钨、钼、铼
3.电子工业		刀　具	钨、钽、铌
电子管元件	钨、钼、钽、铼	9.原子能工业	
接触器	钨、钼、铼	反射层	铍
消气剂	锆	控制棒	铪
薄膜电阻	钯	燃烧容器	钽
电解电容器	钽	核燃料回收	钨、钛
4.催化剂		屏蔽材料	钨
氢　化	铂、钨、钼、铼	10.化学工业	
脱　氢	铼	容　器	钽
氢和氧的反应	钯	过滤器	钨、钽、钼、钛
5.电火花加工		11.日用品	
电　极	钨	钢笔尖	锇、铱、铼，钽
6.医　药		白炽灯	钨
镶　牙	钽	12.军　械	
外科植入物	钽、锆	穿甲弹	钨
外科矫形	钽、钛	弹　壳	钛
放射性屏蔽	钨	反坦克导弹喷管	钽

等。

人们预言，90年代后陶瓷材料将是继金属材料、高分子材料之后，成为第三大材料体系。而近代特种陶瓷材料的开发以及在现代技术、现代工程中巨大应用潜力，是与粉末冶金工艺技术的进展紧密相关的。采用新的制粉、成形及热致密化工艺，有可能精确调节与严格控制陶瓷材料的电学、光学、力学与化学性能，或使这些性能组合起来，从而挖掘、发挥陶瓷材料众多的宝贵特性，同时也能克服和改进陶瓷材料的脆性与加工性能，使能达到实用要求。最有代表性的成就是最近开发的钡-钇-铜-氧系新型高温超导材料，其临界转变温度达到了近100°K，充分显示了陶瓷材料的巨大应用潜力。

第二节 粉末制取方法

制粉方法可分为物理法和物理-化学法两大类，前者只改变原材料的聚集状态，后者原材料化学成分及聚集状态都发生变化。工业上应用的方法有化学法，液体金属雾化法，电解沉积法和机械破碎法四种。合金粉末通常采用雾化法和机械法制取。

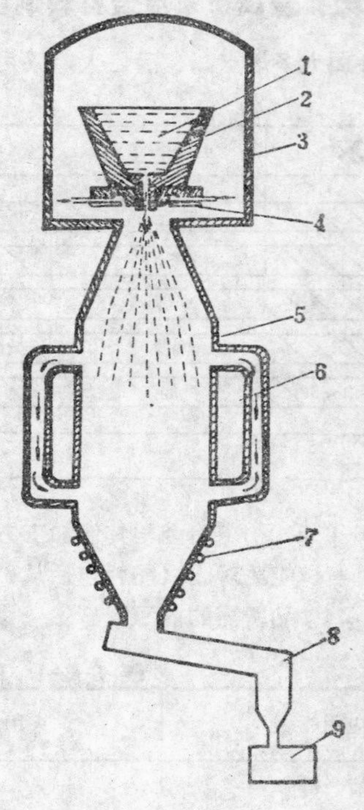

图 6-6-3 氩气喷雾装置示意图

1—熔体；2—坩埚；3—真空室；4—喷嘴；5—冷却塔；6—气体循环冷却；7—水冷；8—输送管；9—料箱

一、物理-化学法

稀有金属大多熔点高、活性大，通常都是先从矿石中制取纯化合物，再从化合物提取金属。金属产品多呈粉末或多孔海绵状态，因此对于稀有金属来说，制取粉末与提取冶金往往结合在一起。表6-6-2列出了制取稀有金属粉末常用的物理-化学方

表 6-6-2 制取稀有金属粉末的物理-化学方法

方法	基本原理	制取的粉末	粉末形状	原料
氢还原	$MeO + H_2 = Me + H_2O$ $Meh + H_2 = Me + 2Hh$	W、Mo、Re	多孔海绵状	氧化物、卤化物
碳还原	$MeO + C = Me + CO$ $Me_xO_y + yMe_mC_n = (xn + ym)\ Me + ynCO$	W、Nb	多孔海绵状	氧化物、碳黑碳化物
金属热还原	$Meh_x + \frac{x}{n}[Me'] = Me + \frac{x}{n}[Me']h_n$ $K_xMeF_y + (y-x)[Me'] = Me + (y-x)[Me']F + xKF$ $MeO + Ca(或CaH_2) = Me + CaO(+H_2)$	Ti、Zr、Hf、V、Nb、Ta、Th、U、Be	不规则形状、多孔海绵状	卤化物、氧化物、氟络盐(Ta、Nb、Zr)
熔盐电解	用金属氧化物、金属氟络盐与碱金属卤化物组成的熔盐在700～800°C下电解沉积制取粉末	Ta、Nb、Zr、V、Hf、Ti、Th、Be	多角形到树枝形状	金属氯化物

注：Me—制取的金属元素；h—代表卤族元素，[Me']—代表Na、Ca、Mg，x、y、m、n—代表系数。

表 6-6-3　制取难熔金属粉末的方法和条件

金　属	粉末制取方法	实　施　条　件
钨	三氧化钨用氢还原： $WO_3+H_2 \rightarrow WO_2+H_2O$ $WO_2+2H_2 \rightarrow W+2H_2O$	在管炉或回转炉中进行，分二阶段还原：细粉—— 一次还原温度为620～670℃，二次还原温度为800～870℃；粗粉—— 一次还原温度为720～750℃，二次还原温度为850℃～900℃
钼	三氧化钼用氢还原： $MoO_3+H_2 \rightarrow MoO_2+H_2O$ $MoO_2+2H_2 \rightarrow Mo+2H_2O$	在管炉或回转炉中分二阶段还原：采用很干燥的氢气，一次还原温度为450～550℃，二次还原温度为900～1100℃，推舟速度～20mm/min，如还原不充分，可在1000～1100℃下补充第三次还原
钽（铌）	氟钽酸钾钠热还原： $K_2TaF_7+5Na \rightarrow Ta+5NaF+2KF$	过程在铁坩埚中进行，表面用氯化钠层覆盖。反应过程放出大量的热量，但为激发反应，开始阶段将配料局部加热到450～500℃。过程完毕后，先破碎，然后将粉末用冷水、热水冲洗并用稀盐酸去碱及除铁 制取铌粉原理过程基本同钽，但反应过程放热量不够，需将装料坩埚置于电炉中预热至600℃并在900～1000℃保持1～1.5h
	在熔融盐（55%KCl、27.5%KF、17.5%K_2TaF_7）中添加2.5～3.0% Ta_2O_5进行电解。阴极产物进行研磨分级，并在真空中热净化	由镍铬钢坩埚，阳极固定及提升装置，喂料和隔热装置等组成的电解装置中进行电解，五氧化二钽通过空心阳极周期地自动加到电解槽中，阴极电流密度为50A/dm²，阳极为120～160A/dm²，温度68～720℃，待阴极沉积物达2/3坩埚容积时，将沉积物在带有空气分级的封闭球磨机中研磨，先在氩气中加热到1000℃熔去粉末中的电解质，然后在真空中（1.33×10^{-1}～1.33×10^{-2}Pa）去除残留电解质及挥发杂质，最后粉末再进行研磨
铌（钽）	五氧化二铌碳热还原： $Nb_2O_5+5NbC \rightarrow 7Nb+5CO$ 随后将产物进行氢化和破碎成粉末 氯化铌用氢还原： $2NbCl_5+5H_2 \rightarrow 2Nb+10HCl$ 还原在800～900℃于铌粉末颗粒沸腾层上进行，随后在真空或氩气中脱氢气	将碳化铌粉与五氧化二铌粉（按反应式多加3～5%）球磨混合在压力100～150MPa下压成块，置于真空感应碳管炉中加热到1700～1900℃，在炉内压力达到1.33～0.133Pa时过程结束 在装有粒度30～50μm铌粉的反应器中通入氢气（或加氩气混合气体）流造成沸腾层，往沸腾层通入$NbCl_5$蒸气，在铌粉表面，氯化铌被还原并沉积，铌粒长大，粒度达200～400μm
铼	高铼酸钾用氢还原： $KReO_4+3\frac{1}{2}H_2 \rightarrow Re+KOH+3H_2O$	分二次还原，一次还原温度为500～550℃，经多次水清洗去KOH后在900～1000℃下最后还原。当粉末中含钾量超过0.006%时，烧结铼条相对密度达不到70%
	高铼酸铵用氢还原： $NH_4ReO_4+3\frac{1}{2}H_2 \rightarrow Re+NH_4OH+3H_2O$	分二阶段进行，先在氢气中350℃干燥，随后在氢气中于900～950℃下还原。此法是用于制取压力加工锭坯的纯铼粉末常用方法，粉末粒度1.0～2.5μm

法，表6-6-3列出了稀有难熔金属粉末的制取方法及工艺条件。

二、雾　化　法

液体金属雾化法又称喷雾法，它是借助机械力的作用，将熔融金属或合金液流击碎而制得粉末的。这是制取球形粉和各种预合金粉末的主要方法。图6-6-3所示为氩气喷雾装置示意图。

液体金属的粉碎凝固的基本方法如下：

（1）用高压介质的动能粉碎（气体或水雾化）；

（2）含可溶气体的金属液流进入低压真空室释放（真空雾化）；

（3）离心力分散（旋转电极、坩埚、电子束雾化等）；

稀有金属及合金的熔炼和雾化制粉过程通常在

真空或惰性气体介质中进行，表6-6-4列出了各种雾化方法，其中旋转电极法及电子束旋转法都要经过二次熔化。

（一）旋转电极法（REP）基本原理

旋转电极法（图6-6-4）是将经过一次熔炼的合金棒作为阳极，通过与之相对应的固定钨阴极之间所产生的直流电弧作用，使合金棒端头熔化，同时以极高的速度（可达10000～20000r/min）旋转，在离心力作用下，熔融金属呈球形液滴向电极四周飞溅，并在飞行过程中被冷凝成粉末，落到箱底。

REP法避免了熔炼时炉渣和耐火材料的污染，而且雾化过程不受有害气体的污染。然而钨阴极会使合金粉末受到污染。

PREP法的等离子枪由钨阴极和铜喷嘴阳极及两极间流经的氦气构成，利用氦等离子弧使合金棒熔化。氦气流阻止了合金粉到达钨阴极表面，避免了钨的腐蚀和粉末被污染。

（二）REP粉末性能及控制

REP法雾化的粉呈球形颗粒，粉末颗粒直径d可由下式确定：

$$d=\frac{3.464}{\omega}\left(\frac{\gamma}{D\rho}\right)^{\frac{1}{2}} \tag{6-6-1}$$

式中 ω——电极转速，r/s；

γ——表面张力；

ρ——颗粒密度；

D——电极直径。

粉末的平均粒度d_{50}可由下式大致确定：

$$d_{50}=\frac{K}{\omega\sqrt{D}} \tag{6-6-2}$$

式中 K为与合金材料和电弧强度有关的常数。

由上式，可根据所需粉末的粒度要求，预先选定制粉的条件。

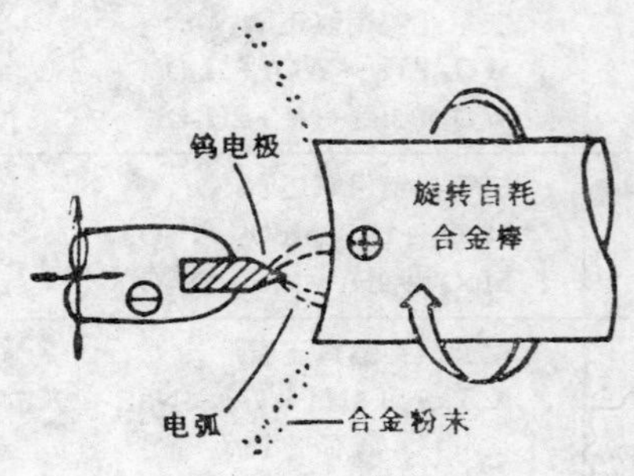

a

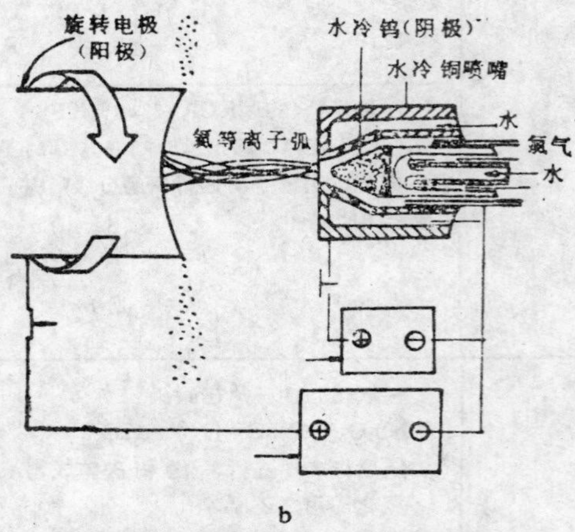

b

图 6-6-4 旋转电极法原理示意图

a—旋转电极法；b—等离子旋转电极法

（三）REP的应用

REP制粉过程不受外来污染，是生产高纯金属合金粉末（特别象钛等这样的活性金属）较理想的

表 6-6-4 制取金属粉末的雾化方法

步骤	方法					
	惰性气体雾化法	真空(可溶气体)雾化法	旋转电极法(REP)	等离子旋转电极法(PREP)	电子束旋转法(EBRP)	强制对流冷却离心雾化法(RSR)
熔炼 I	VIM，陶瓷坩埚	VIM，陶瓷坩埚	VIM，VAR，ESR	VIM、VAR，ESR	VIM，VAR，EBM，ESR	VIM，陶瓷坩埚
熔炼 II	—	—	氩弧	等离子体	电子束	—
熔体粉碎系统和环境	喷嘴，氩气流	溶有氢的液流在真空中释放，$Ar+H_2$混合气体	旋转自耗电极，Ar或He气	旋转自耗电极，Ar气	旋转圆盘在真空中	旋转圆盘，强制He气对流冷却

注：VIM—真空感应熔炼；VAR—真空氩弧熔炼；ESR—电渣熔炼；EBM—电子束熔炼。

方法。但REP法成本较高（经二次熔化），粉末呈球形，不宜采用普通冷压成形，通常作为热等静压或其他热成形法的原料，用来制造各种特殊用途（宇航构件、人体植入物等）的"近形"制品。

三、机械粉碎法

此法靠冲击、滑动和研磨等机械力作用，将物料粉碎而制得粉末。粉碎物料时所需能量主要被消耗在金属变形及生成热上，而消耗在使金属碎化所做的功上较小。因此研磨设备的有效利用系数都是很小的。但设备及其操作较简便，所以仍然广泛使用。

机械粉碎方法很多，主要有破碎、球磨、棒磨、研磨及自研磨。根据物料粉碎的最终程度，可分为粗碎与细碎两大类。各种破碎研磨设备的粉碎物料能力如图6-6-5所示。

机械粉碎法既是一种独立的制粉方法，又广泛用作其他制粉方法的补充工序。

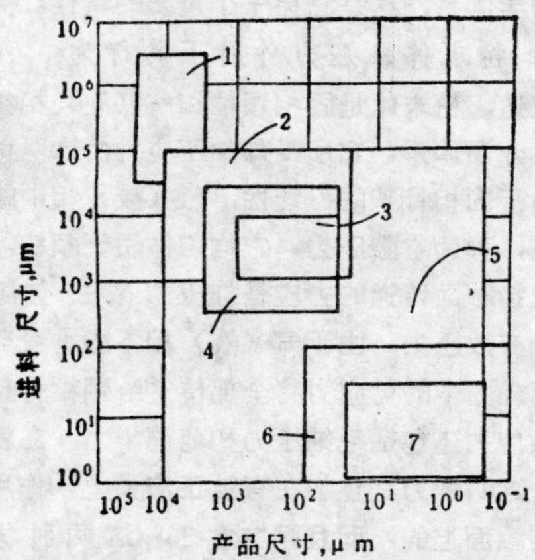

图 6-6-5 各种破碎设备的破碎物料的能力

1—颚式和锥形破碎机；2—辊轧机和研钵；3—锤磨机；4—球磨、棒磨机；5—振动球磨机；6—搅动球磨机；7—冷气流粉碎

（一）球　磨

1．球磨物料过程及基本规律

球磨机靠装有金属球体的圆筒转动，在球体下落时粉碎物料。球磨粉碎物料的作用取决于球和物料的运动状态（图6-6-6）：

（1）球磨机载荷和转速都不大，研磨体只产生滑动（图中a）。物料研磨只发生在筒壁和球体表面。

（2）当载荷较大，会发生滚动研磨（图中b），球体随圆筒上升到自然坡角度后滚下（泻落），物料主要靠球的摩擦作用破碎。

（3）随转速提高，球在离心力作用下升到一定高度，靠重力下落（抛落）。物料主要靠球体下落的冲击作用被粉碎，其效果最好（图中c）。

（4）继续增加转速，离心力大于球体重力，球随筒体一起回转不下落，物料停止研磨（图中d）。这时转速称作临界转速。

临界转速与圆筒直径D有关，由下式计算：

$$n_{临界}=\frac{42.4}{\sqrt{D}} \tag{6-6-3}$$

显然，要粉碎物料，球磨机转速必须小于临界转速。

2．球磨过程的参数及控制

（1）球磨筒转速。当球筒转速为0.7～$0.75n_{临界}$时，球体发生抛落，适于较粗物料的破碎；转速为$0.6n_{临界}$时，球体泻落，适于研磨较细的物料。

（2）球筒、球体与物料关系。一般取球体与球筒体积比（称装填系数）为40～50%，物料与球筒体积比10～20%，球体与物料重量比为2.5/1时，研磨效果最好。

（3）球体与球筒几何尺寸。球筒直径与长度比$D/L>3$时，可保证球体的冲击作用，适于硬脆物料的研磨；$D/L<3$时只发生摩擦作用，适于较细

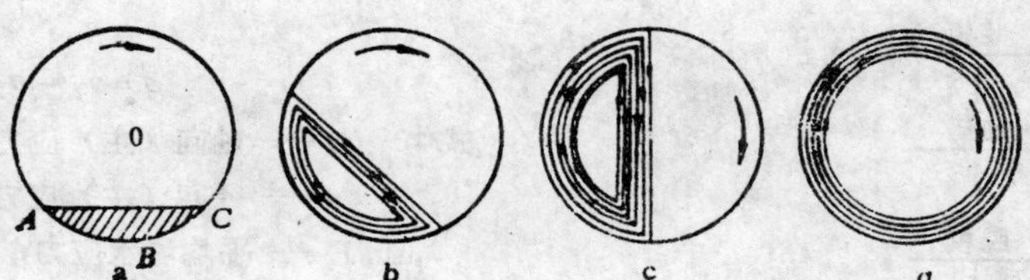

图 6-6-6 在球磨机中球体运动示意图

a—滑动制度；b—滚动制度；c—自由下落制度；d—在临界转速时球体的运动

或塑性物料研磨。球的直径d与球筒直径D通常取$d\leqslant\left(\frac{1}{18}-\frac{1}{24}\right)D$，一般是大小球配合使用。

（4）研磨介质。研磨可以干磨（在大气、真空或惰气中）或湿磨（各种液体）。根据被研磨物料，选用合适介质。通常湿磨比干磨好。湿磨可减少物料被氧化，防止金属颗粒的再聚集与长大，减少成分偏析及粉尘飞扬。

用于湿磨的液体介质，必须与物料不发生显著的化学反应，沸点低（便于脱除），表面张力小等，应根据被研磨的物料选定。

此外，物料的性质（塑性、脆性），研磨时间等对研磨效果也有很大的影响，例如钽、铌、钛等金属采用氢化变脆，便于磨碎。

（二）其他机械粉碎法

其他机械粉碎法包括振动球磨、行星球磨和搅动球磨等，在此不再详述了。

第三节 粉末成形

一、模压成形

粉末压制成形是广泛使用的方法之一，又称为密实或固结（包括烧结），制得的坯件既有各种零件，也有锭坯及棒、板、线的半成品。模压成形是压制成形中的主要方法：以粉末为原料，放在钢制模具中，借助压力机对模具冲头施压使模腔内粉末收缩，成为具有一定形状和强度的坯件。

图 6-6-7 粉末模压成形工艺流程

（一）模压工艺

粉末模压成形的工艺流程如图6-6-7所示。

（二）压制过程原理

粉末在压制过程的致密化是在外力作用下，颗粒发生位移、填充孔隙和本身变形、破断等一系列变化的结果。

1. 粉末体的力学特性

粉末体是一种典型的松散介质，是由大量颗粒和颗粒之间大大小小的空隙所组成的非连续体系。空隙中充满气体和液体。

粉末体受自身重力的作用，堆积体积一定，取决于颗粒的大小和分布，颗粒的形状和表面状态。堆积性是粉末体的重要特性之一。

由于实际粉末的颗粒形状不规则，颗粒之间容易形成拱桥和空腔，堆积密度远远达不到均匀球形粉的程度。但振动或外压力可破坏拱桥，空腔被颗粒填充，堆积密度提高。因此，粉末体又是一个不稳定的力学体系，这是它另一个重要的特性。

2. 粉末体在压力作用下的行为

如前述，粉末体是固相颗粒和气（液）相组成的非连续介质体系。它所受外加压应力由这两种相承担，由于固相骨架的忍让性，气（液）相中的压力将增高，称为空隙压力，它均匀作用于颗粒。因此，颗粒接触面传递的力应是外压力减去空隙压力，称为有效压力。由于气（液）相不能承受剪应力，因而外力中的剪应力将全部传递给颗粒骨架。

有效应力还包括毛细压力和范德华力，在粉末体系内，这两种力是叠加在有效正应力上，作用于颗粒的接触面上的，而且颗粒愈细，这两种力愈大。

模压时，粉末体受轴向压力和径向力（侧压力）作用，用简单的几何体，如圆柱体描述应力状态，则总应力不变量为：

$$P=\frac{1}{3}(\sigma_A+2\sigma_R) \quad (6\text{-}6\text{-}4)$$

$$q=\sigma_A-\sigma_R \quad (6\text{-}6\text{-}5)$$

式中 σ_A——轴向（主）应力；
σ_R——径向（主）应力；
P——平均静水应力；
q——平均偏应力。

显然，等静压制时，$P=\sigma_A$（外力），$q=0$；模压时，由粉末径向受模壁约束，通常认为径向应力

σ_R与轴向应力σ_A成正比，比例系数$K_0=0.5\sim0.7$，即

$$P=\sigma_A(1+2K_0)$$

$$q=\sigma_A(1-K_0)$$

$$q/P\approx0.75 \qquad (6\text{-}6\text{-}6)$$

模压时，K_0被称为侧压系数，它是一个随粉末类型和压制压力而变化的常数。

松散粉末在刚性模内压制或水静压制条件下的变形行为很早就有人作过定性的描述，并提出三个变形阶段：第一阶段发生颗粒重堆积和再排列；第二阶段是颗粒本身发生弹性和塑性变形，而塑性粉末比脆性粉末的塑性变形更明显；第三阶段是变形后变脆的颗粒或陶瓷等脆性粉末在压力作用下出现断裂，形成碎片，这时致密化不再增加。通常，这三个阶段是相互重叠的。用定量金相方法研究压制过程，发现颗粒的重排、相互滑过同本身变形从一开始就同时出现，对球形粉末，颗粒滑动和作径向移动的行为直到相对密度为80%才结束，而对复杂形状粉末，在更高密度下仍存在颗粒间的滑过。

3. 压制过程的定量描述

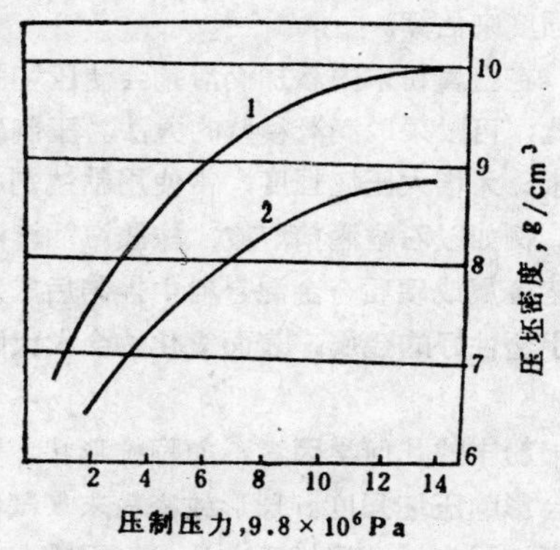

图 6-6-8　密度-压力曲线

1—规则形状钨粉；2—不规则形状钨粉

粉末压坯的密度随压制压力升高而增加。图6-6-8所示为钨粉压坯密度与压制压力的变化曲线。模压时，压坯内密度和压力的分布不均匀，故图中采用名义或平均压力（模冲压力）和压坯的平均密度值。准确的密度-压力关系应以水静压制的实验数据为基础。在相等的单位压力下，水静压制的平均密度高于模压的。此外，压制密度还与粉末颗粒形状（图6-6-8）和粒度大小有关（表6-6-5）。

4. 压坯孔隙的变化

压坯密度随压制压力而增大意味着压坯内孔隙度减低。随着压力升高，孔隙是按一定尺寸级别逐渐消失的，不断地由上一级尺寸缩小到下一级。

多孔粉末（如还原粉）压制时，存在两种孔隙度：颗粒内孔隙度（Ⅰ-孔隙）和颗粒间孔隙度（Ⅴ-孔隙）。多数情况下，Ⅰ-孔比Ⅴ-孔小得多，常常相差一个数量级。在较高压制压力下，Ⅴ-孔的尺寸和孔隙度的减小比Ⅰ-孔快得多。

5. 压坯中应力和密度的分布

沿一个方向压缩钢模内的粉末（图6-6-9），由于粉末只能沿压力方向运动，所以仅在高度上被压缩，而粉末体在水平方向仍是松散的。要使粉末在侧向压缩，必须施加侧压力。因此，钢模压制的压坯内，应力的传递和分布是不均匀的。

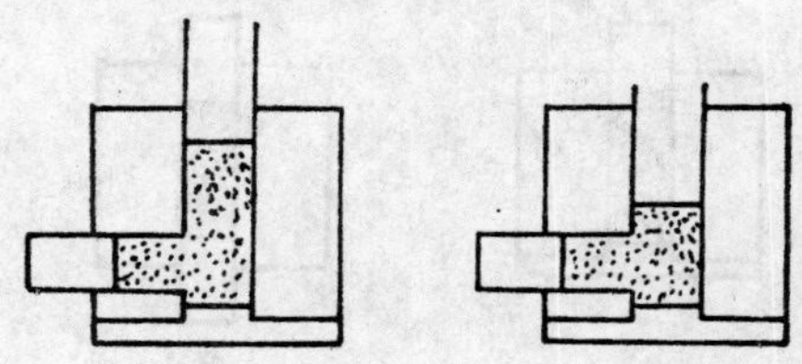

图 6-6-9　带侧凸边压模压坯密分布

压坯密度显然是由粉末被压缩的程度所决定的。装粉高度H_0与压坯高度H之比称为压缩比，通常在钢模压制时为2～3。压制不等高的压坯，单轴

表 6-6-5　钨棒的压制密度（g/cm³）

压制压力，×10⁶Pa	细　粉　末	粗　粉　末
122.5	8.9	10.0
166.6	9.5	10.5
196.0	9.9	10.9
278.3	10.9	11.4
371.4	11.5	11.8
426.3	11.8	12.0

压缩的模冲移动距离虽然一定，但在变截面处压缩比是不同的，这样，在压坯的两个不等高的断面上，密度也是不同的（图6-6-10）。

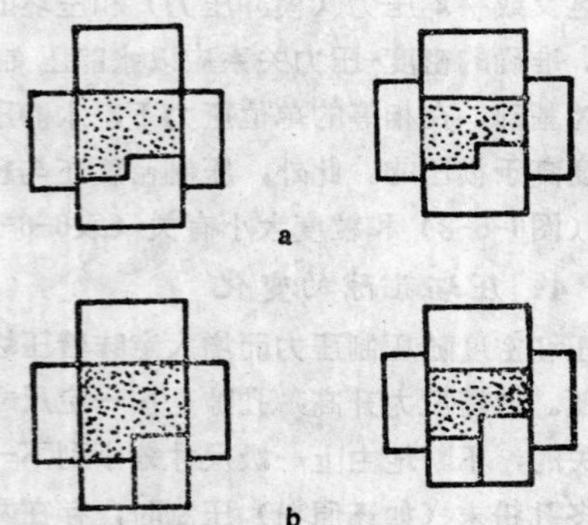

图 6-6-10　不等高压坯的密度分布

a—单下模冲；b—双下模冲

即使是简单压坯（图6-6-11），例如正方柱体或圆柱体，由于粉末与模壁和粉末之间的摩擦力的作用，压坯内的密度也是不均匀的。通常，同运动模冲接触的面或粉末层沿压制方向移动距离最大的部位密度最高。模压使用润滑剂能改善应力和密度的分布。

图 6-6-11　单轴压制时压坯的密度分布

a—上方压制；b—上下同时压制

6．压坯强度及成形剂

压坯强度是指冷压粉末毛坯的机械强度，测定压坯强度的方法见国标GB5160—85，即用矩形压坯试样的横向断裂测定压坯强度。

压坯强度达到4.9×10^6Pa（0.5kg/mm²）就可以自由地搬动，而低于这个数值容易在脱模时由于弹性应力松弛而造成产品分层或强度不足。

对压坯强度存在两种理论解释：一是颗粒冷焊或摩擦焊理论，二是颗粒间机械自锁理论。

压坯强度随压制压力或密度升高而增大，对于不规则形状的钨粉压制特别明显（图6-6-12）。但当压力很高或压制速度极高时，由于压坯内包裹进空气而使压坯强度达不到预期的值高，而且容易出现分层等缺陷。

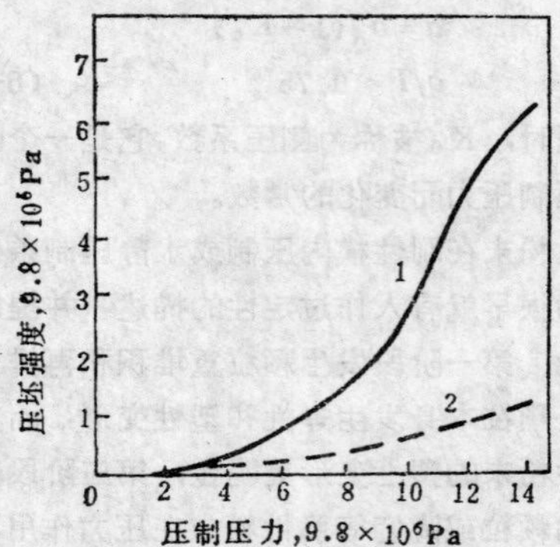

图 6-6-12　钨粉压坯强度随压制压力的变化

1—不规则形状；2—规则形状

通常，粉末颗粒愈软或塑性愈好，压坯强度也愈高。所以退火的金属粉末的压坯强度高。对两种性质不同金属粉末的混合粉，压坯强度取决于其中的塑性金属粉，可以根据加和原理由各元素粉的压坯强度来估算。

在金属粉末内添加润滑剂会使压坯强度降低，为此，可以采取润滑模壁的方法。压制硬质或脆性粉末，为增大压坯强度，常使用粘结剂，又称成形剂。例如以石蜡酒精溶液，橡胶汽油溶液等加入到难熔金属或硬质合金混合料中拌匀后蒸发掉溶济。对于塑性好的金属，表面氧化物会大大降低压坯强度。

粉末的几何学因素，如颗粒形状、颗粒内孔隙也会影响压坯强度。球形致密粉末（气体雾化粉）的压坯强度低，用模压方法成形困难；水雾化不规则致密粉具有中等压坯强度；氧化物还原粉末和电解退火粉末具有不规则形状或大量内孔隙，压制后的压坯强度最高。压坯强度随颗粒内孔隙的增加而增大，随内隙尺寸的减小而增大。另外，细粉末和具有高比表面积的粉末的压坯强度高，但压缩性变差。因此，凡对粉末压缩性不利的几何学因素均能提高压坯强度。

（三）压制工具系统

粉末钢模压制是在包括压机、模具及附属于它的机构（装粉、脱模和转移压坯等）在内的一整套工具系统内进行的。

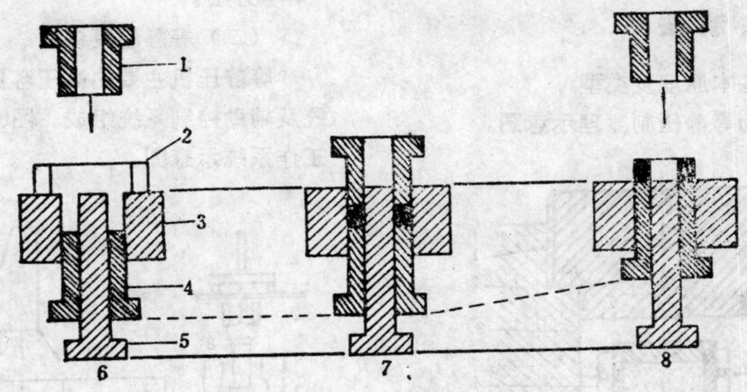

图 6-6-13 单面压制模动作程序

1—上模冲；2—加料器；3—模子；4—下模冲；5—芯杆；6—装料位置；7—压制位置；8—出坯位置

压制工具系统和模具的选择和设计，在很大程度上是由压制零件的几何形状和精度决定的。

单平面薄件，从一个方向(上或下)压制，在压制方向上密度变化不大。零件高度不超过7.5mm的：单平面厚零件，采用双面加压(上和下)压制，最高密度在上和下面，最低密度在零件中部；双平面和多平面任意厚度的零件，采用双面加压，需用分离的模冲并控制每个压制平面的装粉高度和压制密度。

1. 压模系统

简称压模，一般包括阴模（有时加模套），模冲、模垫和芯杆。按照零件类别有以下几类：

（1）单面压制模具。阴模、芯杆和模冲之一（常为下模冲）不动，由压机驱动动（上）模冲向下压缩粉末。脱模时，上模冲回升，借下模冲上升将压坯推击阴模，这时芯杆仍不动，压坯同阴模与芯杆同时脱离。有些压机可以设计成芯杆在脱模时随同压坯一道自由向上浮动。图6-6-13所示为单面压制模动作程序示意图。

（2）双面压制模具。动作是上下模冲由压机驱动以相等的速度作相对运动，使零件的上下两面同时受压，此时阴模和芯杆均保持在原位置。同样，芯杆也可设计成浮动的，脱模仍由下模冲向上推击压坯。

（3）浮动压制模具。阴模装在一种称为“屈服机械”如弹簧之上，或以气浮或液压机械代替弹簧，能够灵活调节阻力（屈服力）。当上模冲进人阴模压缩粉末时，粉末同模壁间的摩擦力迫使阴模向下浮动，这同下模冲向上运动的效果一样，粉末受双面加压。压制完成后，阴模向上移动回到装粉位置，由下模冲向上推出压坯。芯杆可以设计成固定的或浮动的。

（4）拉下式双面制压模具。同样是应用浮动模的原理，但是成形零件最低面模冲是不动的，而阴模的浮动是强制的。阴模和其他的辅助下模冲和芯杆在压制开始至脱模完成这段时间内是向下移动的。

2. 粉末压机

粉末冶金压机一般分为机械式或液压式，也有机械、液压和气动联合驱动的系统。

对压机的要求有：

（1）粉末压机的框架一般是直的，不采用“C”型框架；

（2）粉末压机常带下缸甚至侧缸，以供从上下两面加压；

（3）粉末压机应具有足够的持续功率；

（4）粉末压机必须具备可随意调节装粉高度的机构，并附加自动装粉机械，并同压制和脱模动作相协调；

（5）粉末压机设计的安全可靠性高。

机械压力机吨位一般在500 t以下。标准液压机吨位一般在50～1250 t之间，特殊用途的液压机的吨位可达到5000 t。液压机通常能生产尺寸较高的零件，而且比具有相等行程的机械压机的设计更经济。液压机的装粉高度可达到380mm，而机械压机只有180mm。机械压力机效率可达到650件/h，比液压机高1.5～5倍。但是压制尺寸高的零件，速度最好放慢，因为压制时间长便于包藏在粉末中的空气逐渐溢出完全。液压机的驱动马达的功率大，为机械压机的1.5～2倍。

二、等静压制法

（一）等静压基本原理及类型

图6-6-14所示为等静压制原理示意图。

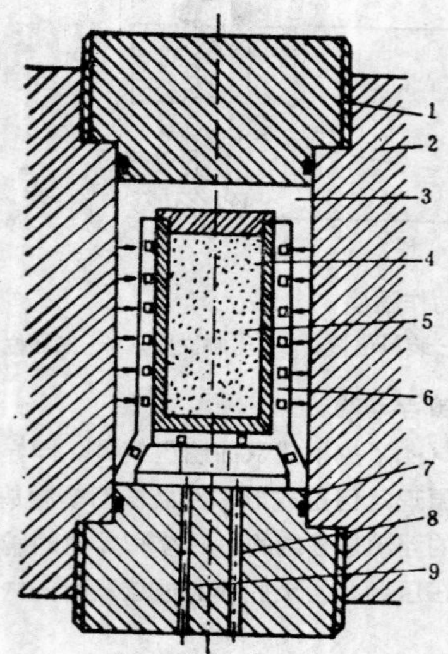

图 6-6-14 等静压制原理示意图

1—上端盖；2—高压筒体；3—加压流体；4—弹性模套；5—粉末；6—穿孔金属套；7—下端套；8—流体入口；9—流体出口

在相同比压条件下，等静压比刚性模压法可以获得更高的压坯密度和强度（图6-6-15）。

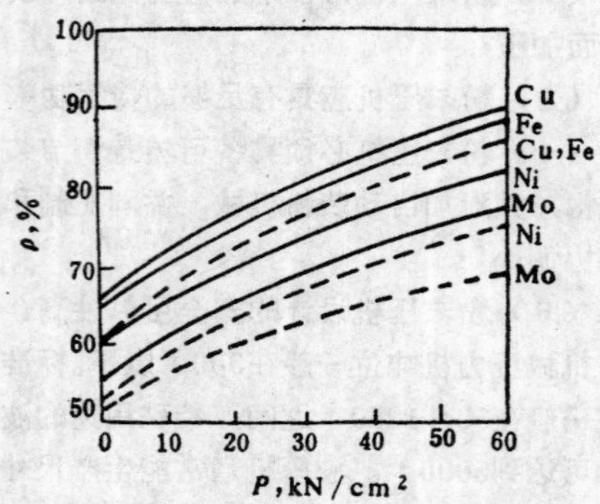

图 6-6-15 压坯密度与压力关系

实线—等静压；虚线—刚模压制

等静压制按其工作温度分有冷等静压（室温）、温等静压（80～250°C）和热等静压（可达2200°C以上）三种类型。

冷等静压按其模袋及作业特点，有湿袋式模具和干袋式模具两种类型。此外近年来还发展了一种ISO方法。

（二）等静压设备

等静压机主要由高压容器、液体输入、加压系统及辅助控制系统组成。图6-6-16所示为等静压机工作系统示意图。

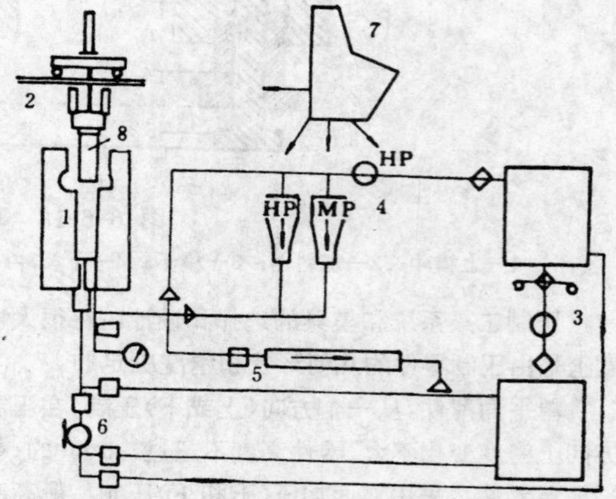

图 6-6-16 等静压机工作系统示意图

1—高压缸体；2—机械升降机械；3—储液箱；4—高压泵动单元；5—压力释放系统；6—流体输入系统；7—控制台；8—模具

1．高压容器

由缸体及与它相匹配的端盖两部分组成。

（1）缸体。缸体设计时，四周器壁承受的最大工作应力必须低于缸体材料最大拉伸应力的1/3、缸体材料通常采用Cr-Ni-Mo钢或Cr-Ni-Mo-V高合金钢，常用的结构有单层壁、多层壁（热套）和钢丝预紧缠绕筒体三种形式。钢丝缠绕式筒体最安全，钢丝按最佳预紧系数缠绕在筒体上，能保证筒体在承受最大工作应力时仍处于压应力和压应变状态。

（2）端盖。端盖与缸体常用的连接形式有三种：框架式，螺纹式和销杠式。框架式的端盖相当于一个大的活塞，端盖承受的轴向压力由压在缸体上的框架承担，框架通常用预应力钢丝缠绕，底座可造成移动式的，能够配几个缸使用。适于大型等静压机采用。其缺点是造价高，多占工作场地。螺纹式结构靠螺纹丝扣将端盖与缸体连结，采用断开式，减少端盖启闭时间。螺纹式端盖最大优点是经济，目前广泛采用，特别适于实验型设备。销杆式靠横过缸体与端盖的销杆来连接，比螺纹式更经济，操作简便，但承受压力不高，目前多用在塑料工业中。

2．液压系统

等静压机液压系统（图6-6-17）主要由增压机构、驱动机构和供（回）油机构三部分组成。当缸内装料后，压力介质借助泵1，通过V_2、V_4阀注入缸内，并经V_7、V_9构成回路，完成溢流工作。然后由定时器向V_7发生信号，使V_7关闭，缸内形成低压。这时高压机构1开始工作，在驱动机构3的增压泵P_2作用下，压力倍增器2使液体不断被压，通过V_3阀使缸内压力达到预定要求时，增加机构3才停止工作。压制完成后，由卸压定时计向卸压阀发出信号，按预定速度卸除缸内压力。缸内液位，由入口6经V_7、V_8阀引入的压缩空气来降低。目前可制造压力高达1000MPa、缸体内径1～4m、内腔高达3m的大型等静压机。

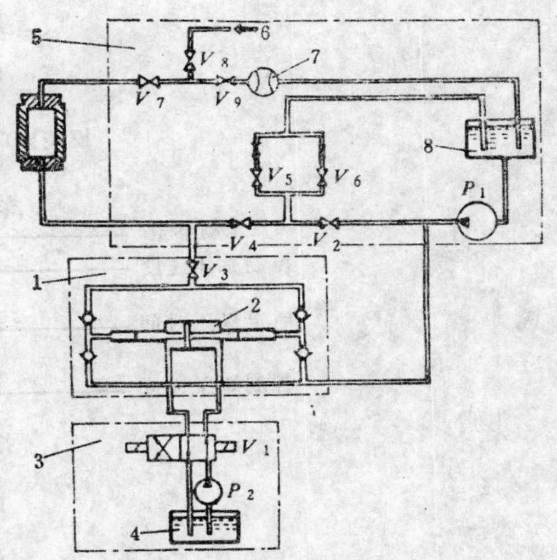

图 6-6-17　等静压机液压系统示意图

1—增压机构；2—压力倍增器；3—液体驱动机构；4—油箱；5—供油机构；6—空气入口；7—流量计；8—水乳液箱；V_1～V_9—阀门；P_1～P_2—泵

（三）等静压生产工艺

1．模具

（1）模具材料。塑性模具通常采用橡胶、塑料等有机材料制造。表6-6-6列出了各种包套材料的应用效果。

（2）模具设计。对于简单形状坯件，可根据粉末在预定压制条件下的压缩比大小来计算确定模套尺寸。对带内外台阶等较复杂形状坯件的模套，通常要经多次试模才能达到尺寸要求。由于弹性模特性，即使对流动性很好的粉末，坯件尺寸工差也只有±3％，因此，压制坯件通常都要进行少量的车削加工，才能达到尺寸精度要求。

在压制中，对模具的设计和装配采取某些改进措施，如采用金属型模，保证坯件高的光洁度；改进端头密封方式，避免介质渗漏污染等。

2．等静压制工艺流程

等静压工艺流程见图6-6-18。

表 6-6-6　各种包套材料应用效果

材料种类	模袋制造方法	等静压方式			
		湿袋		干袋	
		A	B	A	B
天然和合成橡胶	浸渍	2～3	0～2	0	0
天然和合成橡胶	热模（塑）法	2～3	1～3	2～4	1～2
氯丁橡胶	浸渍	2	0～2	0	0
氯丁和腈橡胶	热模（塑）法	2～4	1～3	3～4	1～2
硅橡胶	模压	0～1	0	0	0
聚氯乙烯	浸渍	1～2	1～2	0	0
聚氨脂-单元	热模（塑）法	2～3	1～2	0～2	0～1
聚氨脂-二元	冷模（塑）法	1～2	0～1	0～1	0
聚氨脂-三元	热模（塑）法	3～4	3～4	3～4	3～4

注：A—流动性好，喷雾干燥的酥脆性粉末；

B—流动性差，不规则形状，金属和粘性粉末；

0—不适用；1—差；2—可以；3—好；4—极好。

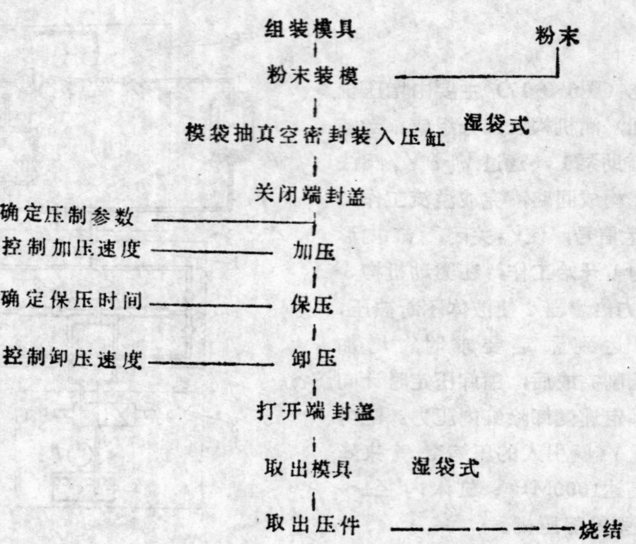

图 6-6-18 等静压制工艺流程

三、粉末轧制

（一）粉末轧制基本原理

粉末轧制原理见图6-6-19。

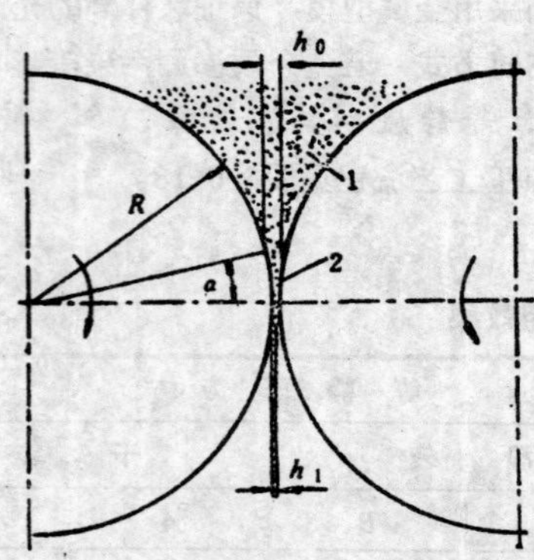

图 6-6-19 粉末轧制原理示意图

1—粉末变形区；2—粉末压实区

粉末靠自身重量，连续不断地进入两个反向转动的轧辊之间，依靠轧辊压力被轧制成板带生坯。随后将生坯料进行烧结和复轧，制成具有一定机械强度的多孔或致密板带材。

粉末轧制不同于致密金属轧制，轧制时，粉末原料必须靠自重或外力作用供给变形区。在压实区内，单位轧制力开始时缓慢增加（图6-6-20），由于粉末颗粒间存在相对运动，粉体密度和体积不断变化，轧制过程中单位轧制力到压实区出口处达最高值。粉末轧制遵守轧制前后重量相等的原理。

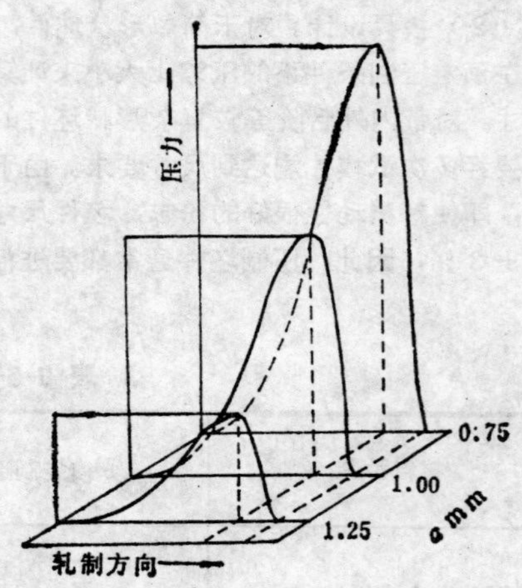

图 6-6-20 粉末轧制中辊缝（a）与压力关系

粉末轧制中带坯密度、厚度与粉末松装密度关系，可用下式表达：

$$\gamma=\gamma_0\left(1+\frac{R\alpha^2}{h}\right) \qquad (6\text{-}6\text{-}7)$$

式中 γ——粉末带坯密度；

γ_0——粉末松装密度；

R——轧辊半径；

h ——粉末带坯厚度；

α ——咬入角度。

咬入角α随不同的粉末及轧制条件变化，在控制一定的轧制参数条件下，利用上式可估算带坯密度和厚度。

（二）影响轧制过程的主要参数

1．粉末特性

（1）粉末松装密度。粉末带坯的密度和厚度随粉末松装密度增大而增加。

（2）粉末流动性。轧制速度必须与粉末流速相匹配，如果辊面线速度大于粉末流向变形区速度，则不能获得连续带坯。此外，在相同轧制条件下，粉末带坯厚度和密度随粉末流动性增加而增大。

（3）粉末压缩性和成形性。在相同轧制条件下，粉末压缩性愈好，带坯密度愈高；粉末成形性愈好，带坯机械强度愈高。

2．轧制条件

（1）辊径。粉末带坯密度和厚度均随辊径增大而增加，如图6-6-21所示。在相同咬入角α和压缩比$\left(\frac{h_0}{h_1}=\frac{H_0}{H_1}\right)$条件下，辊径大，轧制带坯的厚度也要大；同样，如果轧制带坯厚度相同，则大辊轧制的带坯密度必然比小辊径的要高。

（2）辊缝。带坯厚度随工作辊缝的增加而加大；带坯的密度与强度随之降低。

（3）轧制速度和供料厚度。带坯的密度和厚度随轧制速度的提高（相同供料条件）而降低，随供料厚度的增加而提高（图6-6-22）。

（4）辊面状态。粗糙辊面使粉末咬入量增大，提高了带坯的密度和厚度。

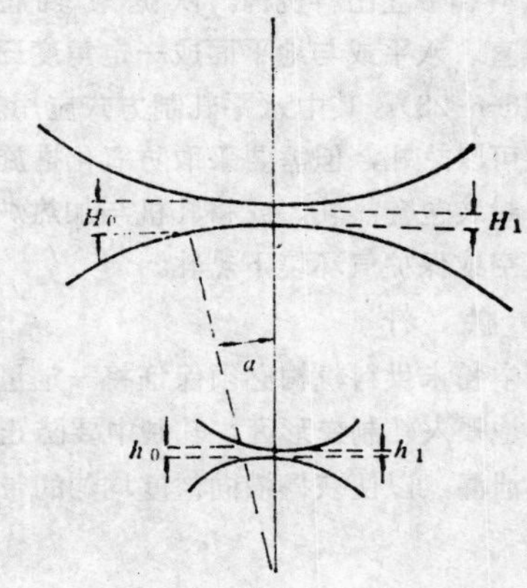

图 6-6-21　辊径大小与带坯厚度关系

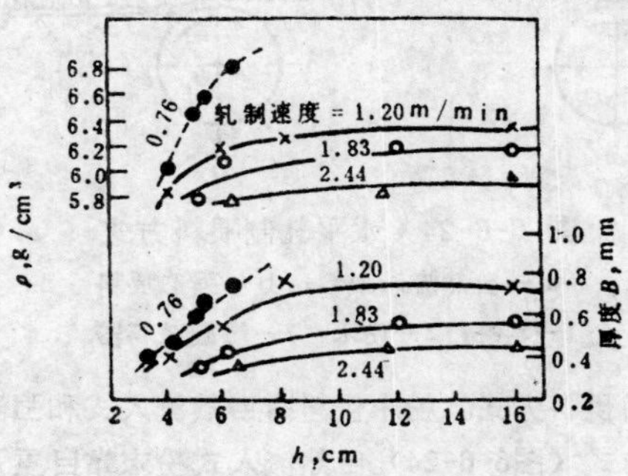

图 6-6-22　进料料柱高度h对带坯性能影响

（5）轧制气氛。粉末轧制时，气体介质粘度愈大，带坯厚度和密度减小；并且，粉末带坯密度和厚度随粉体压强增大而增加。轧制气氛对细粉影响更大。

（三）粉末轧制工艺

粉末轧制设备与普通轧制设备相似，只是增加

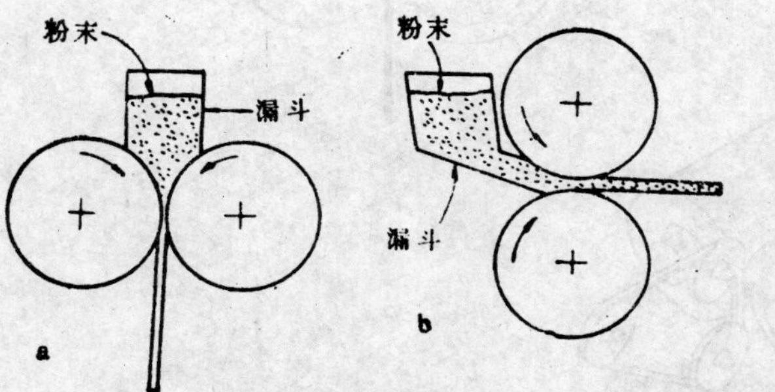

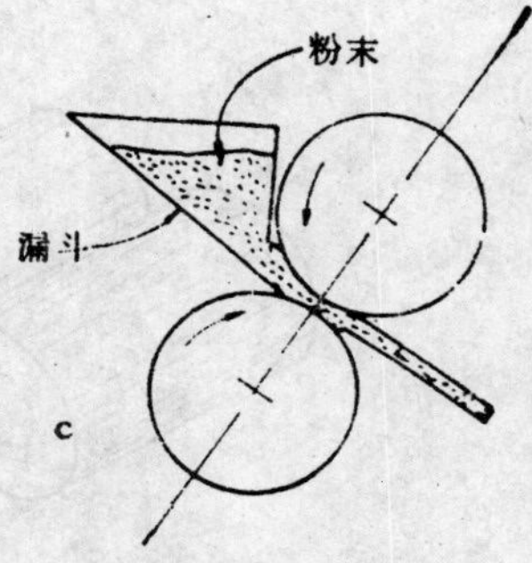

图 6-6-23　典型的轧辊位置图

a—水平位置；b—垂直位置；c—与地平面成角度放置

了粉末供料和带坯出料机构。依据轧辊位置的不同，有垂直、水平或与地平面成一定角度三种轧制方式（图6-6-23）。其中水平轧制方式应用较多。金属粉末也可以热轧，但需要采取防氧化措施，方法是将粉末封装包套热轧，或将轧机与加热炉整个密封，在真空或保护气环境下热轧。

1. 供 料

轧制中粉末供料机构必须保证将一定量的粉末连续均匀地喂入轧制变形区。轧制中要防止粉末从辊缝端头泄漏，以便获得横向密度均匀的带坯。

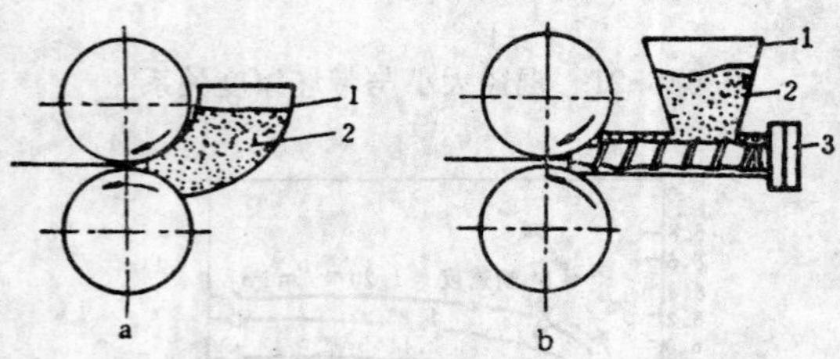

图 6-6-24 水平轧制喂料方式

a—自然流入喂料；b—强迫喂料

1—料斗；2—粉末；3—螺旋送料器

（1）供料方式。粉末供料有自然流入式和强制式两种方式（图6-6-24）。自然流入式粉末靠自重及与转动轧辊面之间摩擦力进入压实变形区。在相同条件下，水平方向轧制的带坯密度或厚度比垂直方向的小。进料速度靠漏斗中粉末料柱高度来控制，垂直喂料也可以用活动闸门来调节进料速度，灵活性更大。强制式喂料，粉末靠外力进入压实区，采用螺旋送料器供料。强制式喂料可获得密度、厚度较大的带坯，也允许增加轧制速度。

（2）防止粉末泄漏机构。图6-6-25示出了防止粉末从辊缝端头泄漏的三种机构示意图。图中 a 为实际应用中最简单的框式机构，即将漏斗端板底部做成与辊颈相匹配的圆弧状，直接插入两辊颈之间。图中 b 是用两个法兰分别固定于一个轧辊的两头端面上，法兰与工作辊同步运转。图中 c 是通过辊外滑轮组，将一个连续运动的V形带压在辊缝端头，阻止粉末泄漏。

2、粉末轧制成形及带坯烧结

粉末轧制带材，包括粉末轧制和带坯烧结两个主要工序。基本上分为连续生产和间歇式生产两种，如图6-6-26所示。连续式（图中 a）把轧机和炉子（包括冷轧机、退火炉）连成一线。连续式生产率高，但必须使各工序达到同步要求，炉子必须采用连续带式加热炉。间歇式轧制和烧结可分别独立进行，灵活性大，也不一定采用连续式炉。

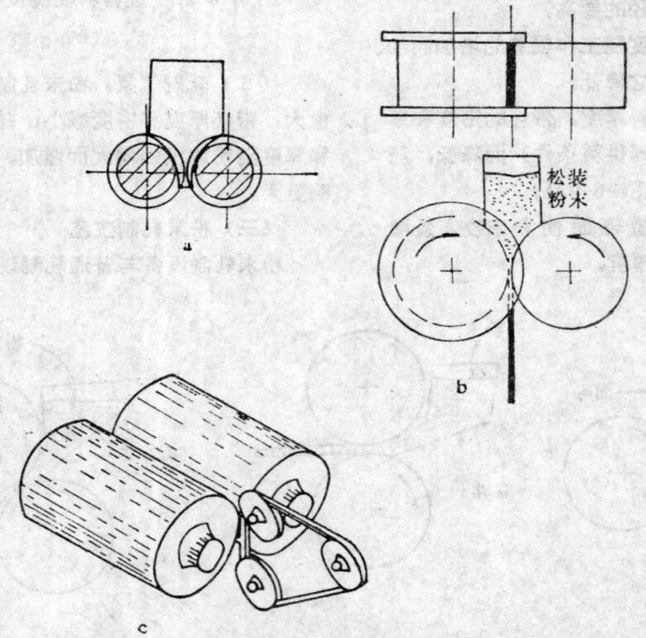

图 6-6-25 防止粉末泄漏三种机构示意图

a—侧档板式；b—可动法兰式；c—带式档板

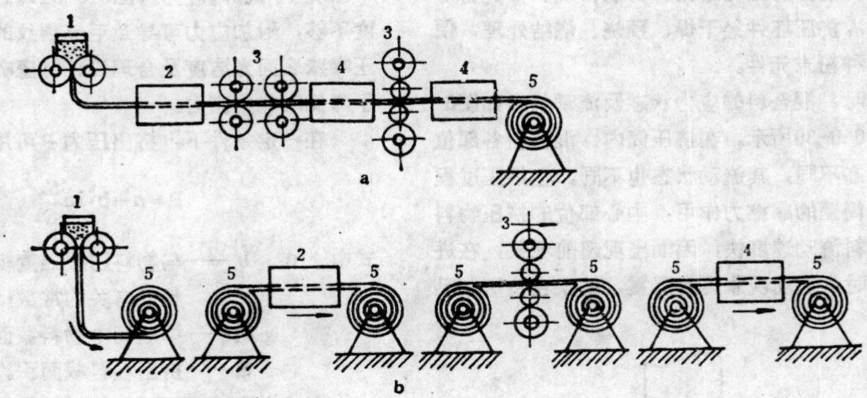

图 6-6-26 粉末轧制生产连续式（a）和间歇式示意图（b）

1—轧制；2—烧结；3—冷轧；4—退火；5—带卷

（1）粉末轧制成形。粉末轧制速度较低。轧制时，粉体内大量气体随着粉体被压缩形成逆气流，将阻碍漏斗内粉末向变形区流动。轧制速度愈高，反向气流愈强，因此粉末轧制速度不能过大。

目前轧制带坯的厚度一般不超过10mm，板材宽度可达1～1.5m，决定于轧辊直径及宽度。辊径与带坯厚度比值通常为100～300比1。在轧机已定的情况下，可采取以下方法扩大带坯厚度：采用强制喂料，增加轧辊表面粗糙度，降低轧制速度，在氢、氮等粘度较小的气体或真空中轧制等。其中强制喂料措施效果显著。

粉末轧制法便于生产多层复合板带材（图6-6-27），其优点是：各层成分和厚度易于控制；层间界面结合牢固，不存在常规轧制的双金属带材易于分层所造成的废品。粉末轧制还可用粉末与钢带共同轧制，生产衬钢背的粉末带坯。

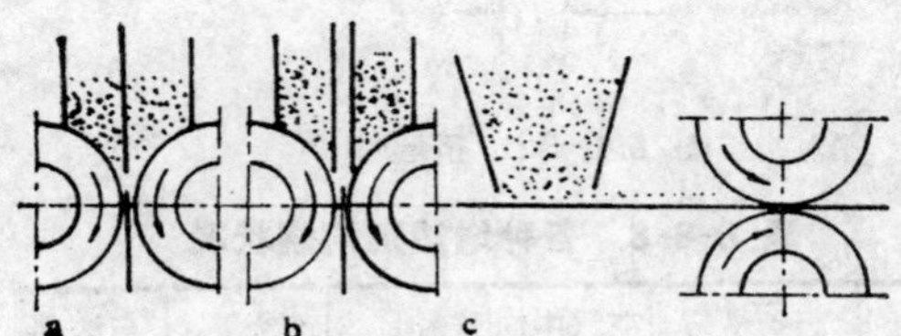

图 6-6-27 粉末轧制多层复合带坯示意图

a—双层；b—三层；c—衬钢背粉末带材

（2）粉末生坯烧结。原理及设备与其他粉冶制品基本相同，但带坯较薄，能很快达到均温，烧结时间比一般制品短。还可以在一定范围内提高烧结温度，以进一步缩短烧结时间。表6-6-7列出了某些金属合金粉末带坯烧结制度。

表 6-6-7 某些金属合金粉末带坯烧结制度

带坯材料	烧结气氛	烧结温度，℃	烧结时间，min
钛	真空、Ar、He	1100～1300	5～66
钼	真空、Ar、H_2	1550	3
铌	真 空	2000～2050	240
不锈钢	真空，高纯H_2	1250～1300	10
Ag-W50	H_2	1000～1050	120～180
Cu-W50	H_2	1000～1050	120～180

四、粉末增塑挤压

（一）粉末增塑挤压基本原理

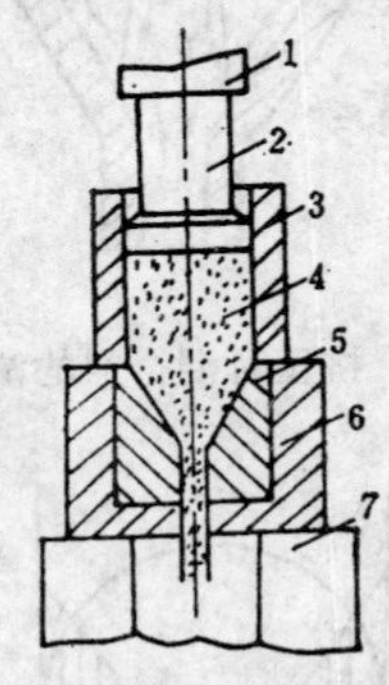

图 6-6-28 挤压原理示意图

1—压机柱塞；2—冲头；3—挤压筒；4—混合料；5—挤压嘴；6—压嘴套；7—垫块

如图6-6-28所示，将加有增塑剂的粉末混合料置于挤压筒中，通过加压冲头作用，混合料从模孔挤出成形。根据挤压嘴结构，可获得线、棒、管等细长坯件。挤压坯件经干燥、预烧、烧结处理，便可制成各种粉末元件。

挤压时，混合料的应力状态及流动状态如图6-6-29和图6-6-30所示。在挤压筒内，混合料各部位的受力状态不同，其流动状态也不同。在挤压过程中，由于筒壁的摩擦力作用，中心部位的挤压物料比外层物料流动速度快，因而出现超前现象，在进入挤压嘴时，超前现象更为严重，结果在挤压制品中出现了附加内应力（图6-6-31）。如果物料粘结强度不够，附加应力可导致毛坯裂纹的形成。提高挤压嘴壁表面光洁度及合理设计挤压嘴角度，将有助于降低附加内应力。

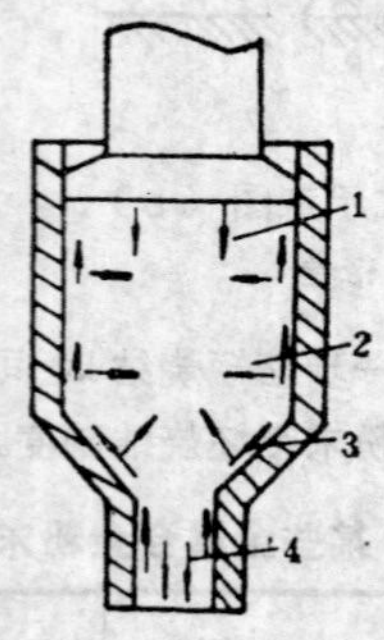

图 6-6-29 混合料应力状态

1—轴向压应力；2—径向压应力；3—模壁摩擦力；4—拉应力

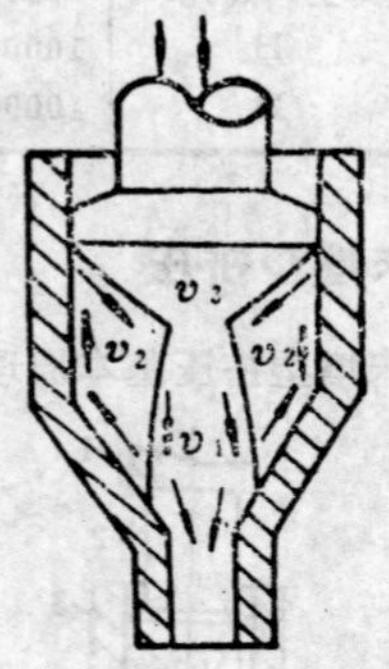

图 6-6-30 挤压时混合料的流动状态

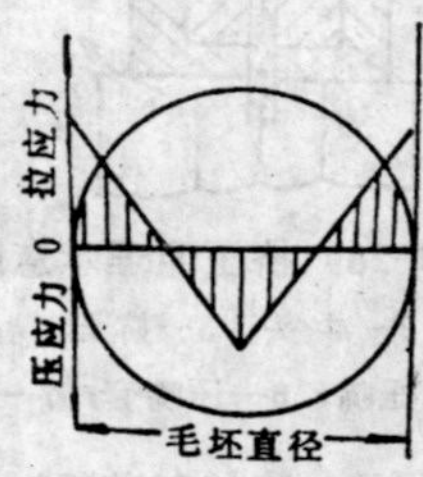

图 6-6-31 毛坯中的轴向附加应力

在一定条件下，挤出压力P可用下式表达：

$$P=a+b\cdot\ln\frac{S_0}{S} \qquad (6-6-8)$$

式中 a、b——与物料屈服强度模具形状和表面状况有关的常数；

S_0——挤压筒中物料截面积；

S——挤出坯料截面积。

上式说明，对于一定物料，如模具形状和表面状况均保持不变时，挤出压力P与变形度（S_0/S）的对数成线性关系。

（二）粉末增塑挤压生产工艺

1. 模具设计

粉末增塑挤压压力低，模具由挤压筒和挤压嘴组成（图6-6-32），设计中挤压面积减缩比通常取90%以上，挤压嘴定径带长度L，根据压嘴孔径d的大小，一般取$L=(3-5)d$。压嘴锥角α常用45°～60°。

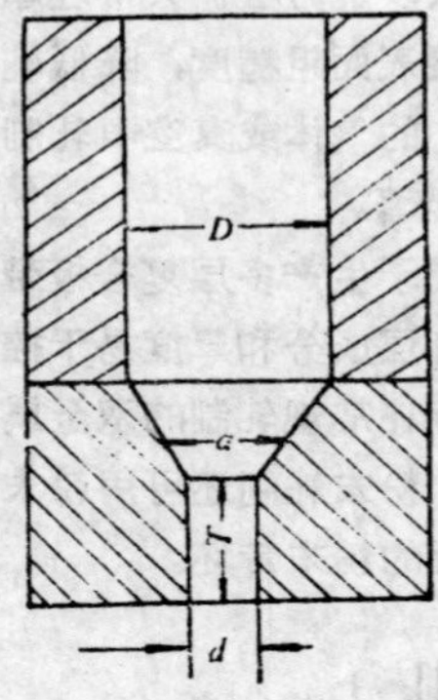

图 6-6-32 挤压模具

表 6-6-8 各种增塑剂灼烧状况

种类	空气中灼烧温度，℃	残渣含量，%	碳含量，%	与溶剂比例
淀粉	450	2.45	6.7～6.8	4/1
树脂	450	0.58	1.1～1.2	4/1
橡胶汽油溶液	200	0.94	1.5～1.6	10/1
石蜡汽油	260	0	0	2/1
石蜡	400	0	0	—
酚醛树脂汽油液	430	—	5.0～5.2	10/1

用于挤压管坯的模具，要保证芯棒与模嘴有很高的同心度，以便使管坯挤出速度沿整个环缝均匀一致。此外，要求筒壁及模嘴表面具有较高硬度及光洁度，挤压嘴表面通常加工成▽9以上。

2．增塑剂

要求增塑剂本身有较高的拉伸强度、耐压强度和适当的粘度，与粉末粒子表面粘结力强且不与粉末作用，烧结中能全部挥发或仅残留不严重影响制品性能的杂质。表6-6-8列出了某些增塑剂及其灼烧状况，其中石蜡常优先选用。增塑剂的加入量一般为混合料总量的48～50%（体积）。为改善溶融石蜡与固体粉末粒子间相互粘附性能，常常添加少量表面活性物质，如蜂蜡、油酸。

3．工艺参数及控制

粉末增塑挤压工艺流程见图6-6-33。

（1）掺合与预挤压。掺合目的是使增塑剂与粉末料均匀混合，通常在加热状态下进行。为使粉末混合料进一步混匀，掺合后的混料在挤压前必须经过预挤工序。在预挤过程中同时可排除残留在粉料浆中的气体，否则挤压管坯将产生变形，表面鼓泡，甚至发生分层与断裂。

（2）挤压。挤压可在油压机或专用挤压机上进行。挤压中需要控制以下参数：

1）挤压温度。用石蜡增塑剂，一般控制在35～50°C间，对大直径厚壁管坯的挤压温度可取低一些；

2）压缩比。通常取90%以上；

3）挤压速度。可调节的范围较大，以挤压毛坯不出现缺陷为原则。

（3）脱除增塑剂和烧结。增塑剂在挤压坯件

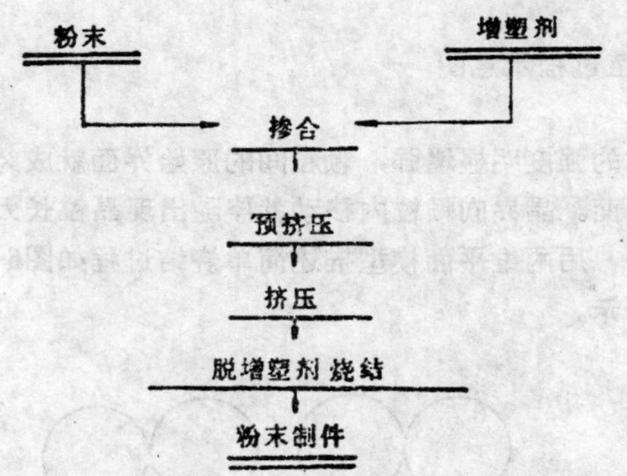

图 6-6-33　粉末增塑挤压工艺流程

表 6-6-9　填料粒度对多孔钛性能影响

粉末粒度，μm	填料粒度，μm	钛管性能	
		最大孔径，μm	相对透气度，$l/(cm^2\ min\cdot mmH_2O)$
<20	<4	25.0～27.6	$(1.6～1.7)\times10^{-3}$
	90～270	37.2～42.3	$(1.9～2.5)\times10^{-3}$
	270～450	46.4	$(2.4～3.3)\times10^{-3}$
20～40	<4	46.0	2.5×10^{-3}
	90～270	53.2	2.4×10^{-3}
	270～450	180～201	8.5×10^{-3}

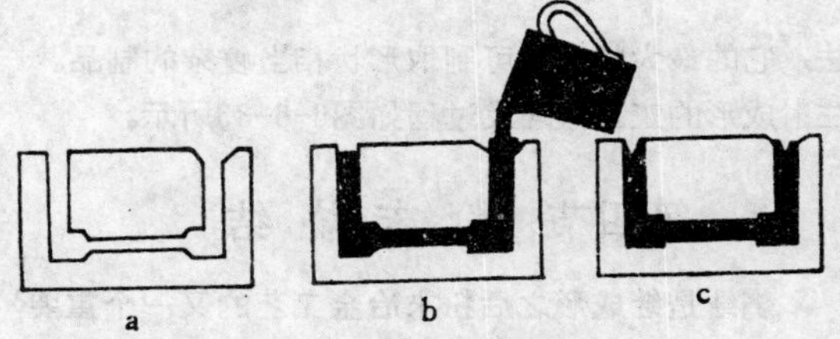

图 6-6-34　实心件浇注

a—石膏模；b—浇注；c—静置吸水

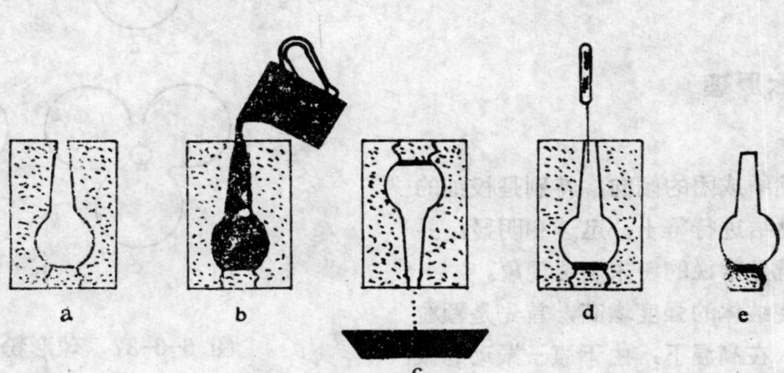

图 6-6-35　空心件浇注

a—石膏模；b—浇注；c—排液；d—修整顶部；e—坯件

中高达50%（体积）左右，在烧结初期必须先进行脱除，并注意保持坯件形状。为此，要将坯件四周充满填料，并采取合适的升温制度。要求填料具有一定的强度，合适的粒度，在高温下不与坯件发生作用。例如烧结钛用电熔氧化锆砂。表6-6-9列出了填料氧化锆砂的粒度对多孔钛管性能影响。实践中取填料与粉末相近的粒度合适。

五、粉浆浇注

粉浆浇注的工艺原理及流程如图6-6-34和图6-6-35所示。

六、注射成形

注射成形是最近15年来所开发的粉末成形方法，它的最大特点是可制取形状相当复杂的制品。注射成形的工艺原理及过程如图6-6-33所示。

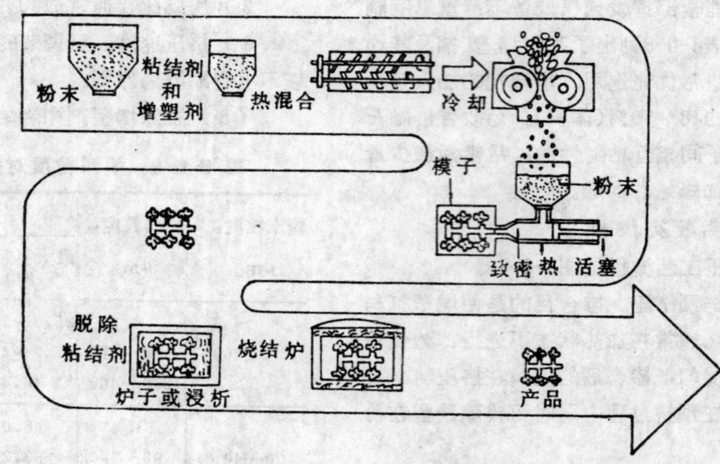

图 6-6-33 注射成形法工艺过程示意图

第四节 粉末烧结

烧结是继成形之后粉末冶金工艺的又一个重要工序。在多数情况下，烧结后得到最终产品，但有时还需要复压、锻造、浸渍、机加工或热处理等补充工序，以满足对产品的性能和精度的更高要求。

一、烧结基本原理

（一）烧结现象

粉末有自发地粘结成团的倾向，特别是极细的粉末，在高温下，粘结进行得十分迅速和明显，并伴有明显收缩。这就是常说的粉末烧结现象。

烧结后，粉末烧结体的强度增高，首先是颗粒间的联结强度提高。在高温下，由于原子振动的振幅加大，颗粒接触面上有更多的原子进入原子引力场，这时颗粒之间形成粘结面，并随着烧结的继续，粘结面不断扩大，形成所谓烧结颈，这时烧结体的强度明显增强，颗粒间的原始界面就成为晶粒界面。晶界向颗粒内移动就伴随出现晶粒长大。

用两维平面模型描述简单烧结过程如图6-6-37所示。

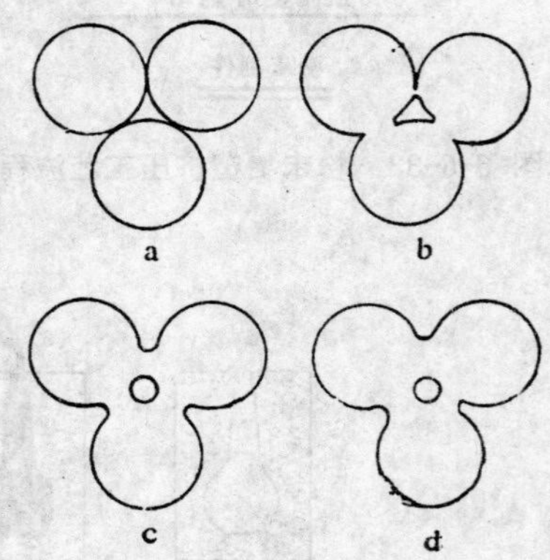

图 6-6-37 球形粉末的烧结模型

a—烧结开始颗粒的原始接触；b—烧结前期的烧结颈形成；c、d—烧结后期的孔隙球化

（二）烧结机构

1．粘性流动或塑性流动

有人认为烧结过程中烧结颈部由表面张力产生的表面应力（$\sigma=-\gamma/\rho$）使高温加热的金属粒子的颈部可能产生粘性流动。其实质是在应力作用下，原子在空位之间的移动。也有人将烧结的粘结阶段看成在表面张应力作用下的塑性变形，多了一项金属的屈服应力。还有人用扩散蠕变的理论说明烧结的塑性流动等，得出各种不同的粘性或塑性流动的速度方程，得出烧结颈与烧结时间为指数函数关系（$x^2\propto t$或$x^4\propto t$）。

2．蒸发-凝聚

根据物质表面原子蒸发的动力学，假定物质从平衡蒸气压P_1的表面蒸发，并在邻近的表面（蒸气压为P_2）凝聚的速率为：

$$G=K(P_1-P_2) \qquad (6\text{-}6\text{-}9)$$

式中的K仅由温度决定。

3．扩 散

扩散流动是最重要的烧结物质迁移机构，它建立在晶体空位理论上。在小孔隙（相对于大孔隙）、位错及颗粒的凹面下，都有剩余空位浓度存在，空位扩散将由上述地区向大孔隙、颗粒的凸面或晶体的其他正常位置进行。这些扩散会导致小孔隙收缩或消失，大孔隙更长大，孔隙球化和晶界迁移等发生，结果是烧结体发生收缩，甚至烧结颈界面由于晶界的移动而消失。

当粉末很细时，表面层原子的扩散可以在比体扩散低得多的温度下发生。粉末的极大表面积和高的表面能是粉末的烧结现象，包括表面原子扩散的热力学本质，颗粒粘结首先在表面原子层内发生的。表面扩散比体积扩散更容易发生。

表面扩散也在孔隙表面层下发生，以此解释了孔隙的球化。

二、单元系金属粉末烧结

纯金属和有固定成分的化合物或均匀固溶体的粉末，都属于单元系粉末。单元系烧结是在固态下进行，过程中不出现新的相，也无凝聚态的变化，故又称为单相烧结。

（一）烧结坯尺寸和密度的变化

压坯在烧结后会产生体积胀大（压制压力极高时）或收缩；同时，由于挥发物质的烧除和表面氧化物的还原，压坯重量会减小。通常情况下，单相粉末压坯烧结后总是出现收缩和密度增大。

收缩是用烧结前后尺寸的变化与原压坯尺寸的比值表示，称相对收缩率。测量等温烧结收缩，是把压坯快速升温到烧结温度，保持预定时间后快速冷却至室温，测量尺寸的变化来计算收缩率。一般收缩是随烧结温度增高和随时间延长而增大的。但烧结开始的收缩速率大，但延续一段时间后，收缩速率降低，而且烧结温度愈高，降低愈快。实际上，提高烧结温度比延长烧结时间更容易获得高的烧结密度。并且细粉末的致密化速率高于粗粉末。

影响单相金属粉末压坯烧结致密化的其他因素是压坯原始密度或压制压力。压制压力愈高，烧结收缩愈小，或者说，由压坯到烧结坯的密度变化愈小。

就单元系金属粉末烧结而言，出现收缩的情况往往多于膨胀，而且存在以下规律：温度高、烧结时间长、粉末细、压坯密度低，收缩就大；体心立方金属（钨、钼等）同面心立方金属（铜、镍等）相比较，在相同条件下，前者的收缩要大。

烧结过程也有出现膨胀和密度降低的情况，原因为：

（1）压制内应力的消除；

（2）气体和润滑剂的挥发阻碍收缩，故升温快易造成膨胀；

（3）材料与烧结气氛反应，生成的气体使闭孔内压力增高，阻碍孔隙收缩；

（4）烧结温度过高和时间过长引起晶粒显著长大；

（5）同素异晶转变的体积效应。

（二）显微组织变化

1．孔隙变化

烧结过程孔隙由连通的向隔离的转化和隔离孔隙不断球化、收缩是孔隙形态变化的两个最明显的标志。随着烧结时间延长，总孔隙数量减少，平均孔径增大。而且烧结温度愈高，上述过程愈快。烧结后期，可以看到许多分散的隔离孔隙存在。孔隙主要分布在晶粒内。

2．再结晶与晶粒长大。

在烧结致密化的同时，还发生金属的回复，再结晶及晶粒长大现象。固相烧结材料的再结晶存在两种基本形式：颗粒内再结晶；颗粒间聚集再结晶。

粉末烧结材料，由于孔隙和第二相杂质的作用，再结晶的发生比致密金属困难，孔隙和杂质的质点起着钉扎晶界运动的作用，使得烧结组织的晶粒细小，而且再结晶后的晶粒没有明显的取向性。

三、烧结工艺

(一) 活化烧结

1. 添加化学活性金属

严格说，凡降低烧结过程活化能的任何方法，都属于活化烧结范畴，活化烧结通常添加某些金属活化剂（如钯和镍）。

添加活化金属的量相当于在粉末颗粒表面覆盖一个原子层厚。超过这个限度，不但收不到进一步活化的效果，而且还会使效果降低。

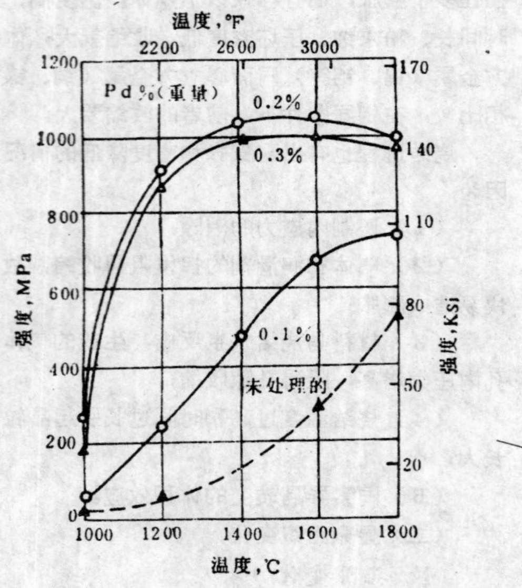

图 6-6-38 Pd活化烧结0.8μm钨粉的抗压强度-温度曲线

从图6-6-38看出，钯的加入量为0.2%时，在约1500°C烧结可获得最高的强度。图6-6-39表明，两种粒度的钨粉，在镍含量达最佳值时，烧结密度不再增加。选择适宜的金属添加剂原则如下：

（1）能形成熔点较低的相；

（2）对基体金属有高的溶解度或相反溶解度极低；

（3）活化金属在烧结过程能在烧结金属晶粒间的界面上偏聚，这层起着加速烧结的高扩散性层的作用。通常是活化金属能降低基体金属的液相线和固相线，图6-6-40所示就是一种理想的活化烧结系统的状态图。

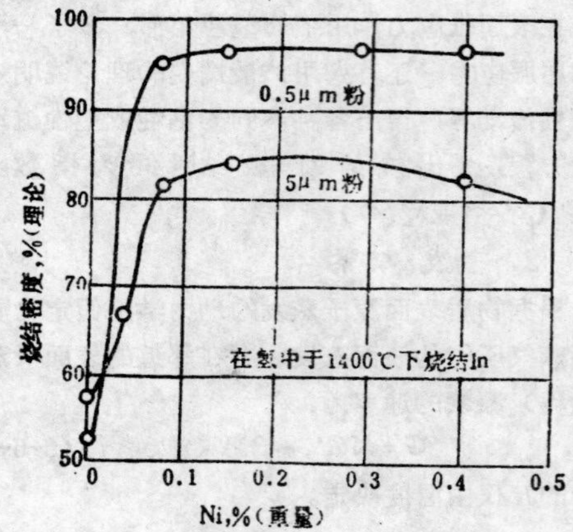

图 6-6-39 镍活化烧结钨的密度与镍含量的关系

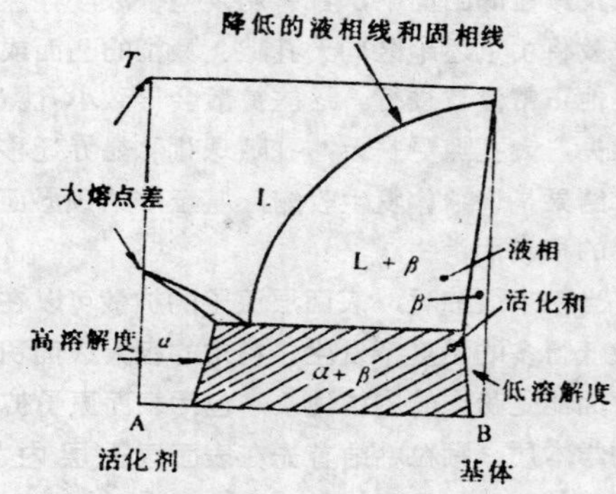

图 6-6-40 活化剂金属与基体金属形成的理想相图

2. 受气氛控制的活化烧结

1949年有人做了低温湿氢一次烧结钼坯的试验，把烧结温度降至1500～1700°C，使氢气露点为20～40°C，钼坯在这种气氛下于钼丝炉内烧结2～3h后，密度可达到10g/cm³。由于烧结温度大大降低，钼坯晶粒细化，可以直接进行旋锻或轧制等加工。

湿氢活化烧结是通过氧化-还原反应，让更多的活性钼原子参与烧结的物质迁移过程，使钼粉能在600～700°C的低温开始出现再结晶。氧化-还原反应增加了粉末表面新还原出来的钼活性原子的数量，从而加快扩散，促进再结晶形核和晶粒成长，因此可能在远低于钼的熔点温度下引起钼坯收缩，完成致密化。

烧结钨粉压坯时，在氢气氛中加入少量HCl蒸气也能收到活化烧结的效果。氢化锆、氢化钛在真空下脱氢烧结也属于活化烧结的范围。氢化钍、氢化铀等也会出现类似的活化烧结现象。

（二）液相烧结

混合粉末压坯在烧结温度下有明显数量的液相存在的烧结过程称液相烧结。液相湿润固相颗粒和液相能溶解少量固相物质是液相烧结的重要条件。液相烧结的致密化和晶粒长大、组织形成等过程进行极快，烧结往往在几十分钟甚至几分钟内就完成，并能达到极高的相对密度。

（三）真空烧结

真空实际上是一种低压或减压气体，这些气体对所有烧结材料都是中性的。由于真空烧结条件下，不存在金属与气体间的反应，也没有吸附气体和不受封闭于孔隙内气体的影响，所以不论是在固相或液相状态下烧结，真空对致密化都会收到明显的效果。

真空下，当许多物质及其氧化物的饱和蒸气压高于真空炉的剩余压力时，它们可以迅速从烧结坯内挥发和排出，这时真空对金属起着净化和还原作用。据计算，1.33×10^{-7}Pa（10^{-5}mm水柱）的真空度，其还原能力相当于只含10^{-6}杂质的高纯氢。

真空烧结可以降低在其他保护气氛下烧结的温度，通常降低100～150°C，这对于提高烧结炉寿命，降低电能消耗和减少晶粒长大均有利。

真空能促使含碳材料脱碳和液相烧结时金属挥发，这些影响在配制粉末混合料时必须考虑。

（四）电火花烧结

又称电火花放电烧结或压力活化烧结，它是利用粉末颗粒之间放电产生的高温和外应力同时作用的一种特殊烧结方法。这一方法已应用在铍、钛、难熔金属和金刚石制品的生产上。

电火花烧结机的原理如图6-6-41所示。

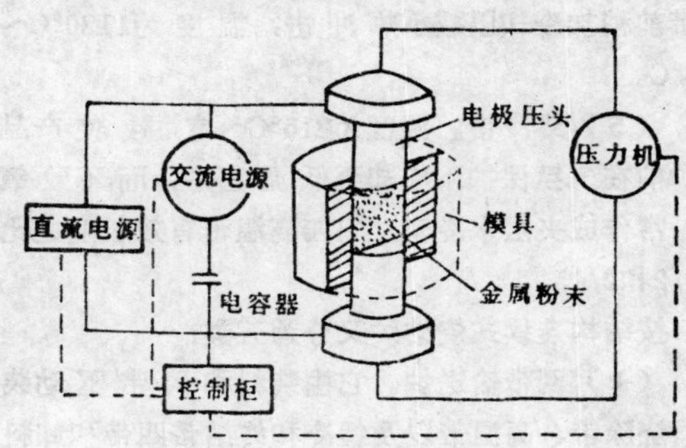

图 6-6-41 电火花烧结原理

四、烧结炉和烧结气氛

（一）烧结炉

生产用的烧结炉分为连续式炉、间歇式炉和真空炉三大类。按作业要求，需保证烧除（或脱蜡）、烧成、冷却三个环节按顺序完成。

1. 连续式烧结炉

如图6-6-42所示，连续式烧结炉根据作业（工艺）的要求，分为五带：

（1）烧除（脱蜡）带。此带主要是排除压坯中润滑剂或成形剂，最高温度为420°C；如果压坯密度高，排除润滑剂困难，有时将温度定为650°C。为减少加热速度快引起热应力，烧除带可分区控制温度。

（2）预热带。此带温度为650°C～1050°C，作用是还原粉末表面氧化物，使合金元素扩散，完成初期烧结的物质迁移过程和致密化。

（3）高温带。温度为1040～1120°C时采用Ni-Cr-Al或康泰尔合金丝的发热体，温度为1150°C

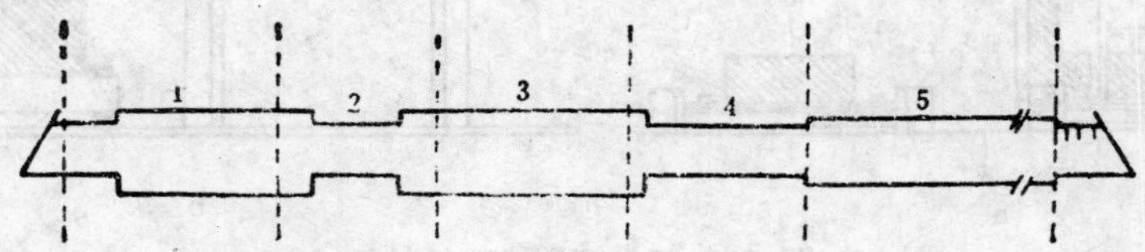

图 6-6-42 连续式烧结炉温区划分

1—烧除区；2—预热区；3—高温区；4—缓冷区；5—水冷区

时采用SiC棒发热体，更高温度(1290～1650°C)一般要用钼丝发热体，当采用电加热元件时，一般采用马弗炉膛（刚玉等耐火材料）。

（4）缓冷带。紧接高温带，为产品在进入终冷带前稍加冷却以减小热冲击，温度为1120°C～815°C。

（5）终冷带。温度为815°C～室温，使产品出炉前在气氛保护下冷却至低温出炉，而不致氧化。常作成夹层水冷套，它与高温带有效长度之比为2/2和2/15。

按结构连续式烧结炉又分为五类：

（1）网带输送炉。它由装料和网带驱动装置、烧除带、高温带以及缓冷和终结带四带和卸料装置等六个部分组成。网带速度可以调节。由于受网带（康泰尔合金）的温度限制，炉子最高工作温度为1125～1150°C。这种炉子具有中等生产能力。

（2）弓背式烧结炉。是网带式烧结炉的一种改进，适合于低露点高纯气氛和减少气体消耗。该炉最高工作温度1150°C，取决于网带的材料。如果把烧除炉分开配置、与弓背炉联结使用，可以保持高温带的气氛纯净。

（3）推舟式烧结炉。烧结产品是搁在专门制造的烧舟或陶瓷板上，沿着静止的炉底移动。通常，这种炉子比前述网带式炉的产量低，它可以是手工操作，或液压、机械式推进。推舟方式可以是间歇的或连续的。最高工作温度为1650°C。

（4）滚筒底式烧结炉　装产品的烧舟靠炉底的滚筒驱动连续通过烧结炉。这种炉型可以造成比普通输送带式炉更长和更宽，使装舟量增大，生产能力大大提高。而且，可以设计成适合快速进炉和出炉，使炉门开启时间缩短，气氛消耗减少。炉子最高工作温度受滚筒合金材料的限制，可达到1150°C。该炉的缺点是难以准确控制炉中气氛。

（5）步进梁式炉。步进梁式炉最高工作温度为1650°C，产品是搁在陶瓷板上，炉底中部是一个可移动的梁系统，梁可以提升超出炉底面，也可以降下低于炉底面，并能够沿水平方向移动。依靠梁的周期运动，使载产品的一组陶瓷板同时间断地通过炉子各带。该炉可设计成全陶瓷结构，工作温度允许高，产品装载量也很大，这是前面几种炉子所没有的优点。

2. 间歇式烧结炉

间歇式烧结炉如图6-6-43所示。钟式炉炉底固定在车间地面上，产品搁在工件座上，外用一个耐热合金的内罩盖严，可往罩内通入保护气体。外罩可提升起来，并罩住内罩和炉底。

升降式炉不同于钟式炉，外炉罩高过地面，而炉底和产品座用一内罩盖住并安置在炉下面的轨道

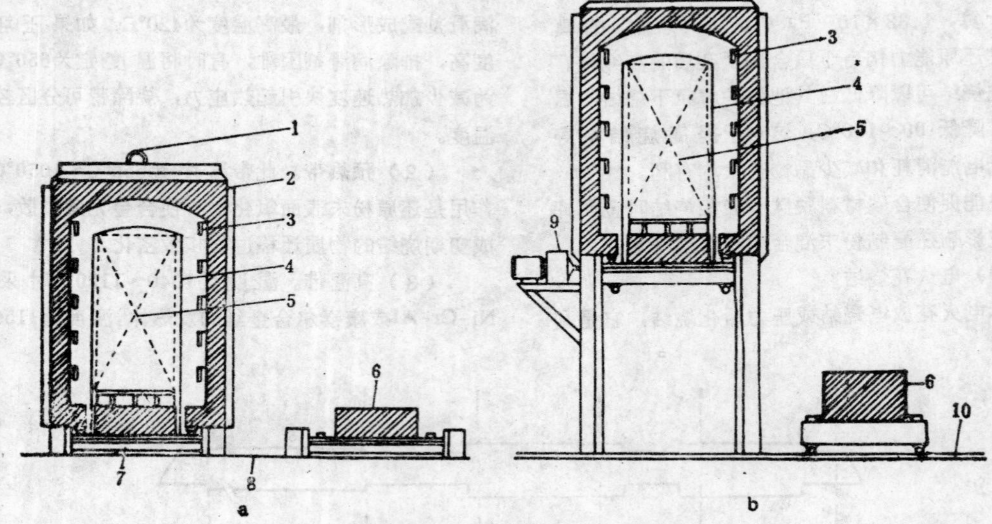

图 6-6-43　间歇式烧结炉

a—钟式炉，b—升降式炉

1—吊环，2—炉钟罩，3—加热元件，4—烧结罩，5—工作负载，6—空载炉底，7—炉底，8—车间地面，9—升降机传动装置，10—轨道

车上，提升机构可将炉底、内罩和产品一道升起装入炉内。

类似钟罩炉的电阻烧结炉，可用于难熔金属（钨、钼、钽、铌等）的高温烧结。由于钨（钼）坯是条形，悬垂在炉内直接通入低压大电流进行烧结，这种炉又称为垂熔烧结炉。钟罩是由通冷却水的夹层套构成。

目前真空烧结主要采用间歇式炉，包括真空垂熔炉（烧结钽、铌条）。真空炉可根据需要设计成各种工作温度的，最高可达到2760°C。在许多情况下，炉子设计成用氮或氩等惰性气体反充炉内增强导热，以缩短冷却时间。

近年来，已有连续式真空烧结炉出现，将真空烧结室与气氛下脱蜡或排润滑剂等炉区联结起来，并且可以方便地调节温区和冷却速度，从而大大地减少工序和提高生产效率。

（二）烧结气氛

1. 气氛的作用与要求

使用的气氛必须满足以下要求：

（1）防止空气进入烧结炉内，并能均匀有效地传热；

（2）利于排出烧结产品中的润滑剂；

（3）能还原粉末颗粒表面的氧化物；

（4）有时要求控制产品的含碳量及脱去产品中的碳；

（5）有时要控制产品在冷却过程中有一定的氧化。

为了保持在高温下不与空气接触，必须让气氛维持一定的压力和流量，以防止空气从炉口渗入。另外，气氛也保证产品在炉内各温带中均匀加热和冷却。

气氛的另一重要作用是烧除粉末压制中加入的碳氢化物（润滑剂等），要求在烧结前的低温带完成。控制气氛中有少量氧化性成分，如水蒸气和二氧化碳，会有助于烧除的进行而又不使产品氧化或脱碳。

气氛对表面氧化物的还原作用是在炉子预热带内完成。纯净的粉末表面能改善烧结时颗粒间的粘结和改善液相烧结或熔浸时液相对固相的湿润性，从而加快烧结致密化过程。

气氛的脱碳反应主要是在烧结高温带和缓冷带进行，并且脱碳的程度和深度是取决于气氛的露点或水气含量、温度，时间以及烧结产品的孔隙度大小。

气氛能有效地将热从产品传至炉壁，加快冷却。热辐射在低于700°C以下不是主要的，而传导传热取决于气氛的导热性。对流传热是靠气体在冷热物体间的循环和流动，加快气流循环将加快冷却。

2. 气氛的分类

烧结气氛的选择取决于烧结材料的性质和气氛的成本。粉末冶金用烧结气氛可以有吸热性气体、放热性气体、分解氨气、氢气、真空和惰性气体等。对于稀有金属（如难熔金属）和放射性金属来说，主要应用含氢气体，真空和惰性气体。

（1）氢气。它是所有烧结气氛中最轻的气体。标准纯氢的纯度为5个“9”，工业氢气纯度不低于99.95%，含水8ppm（露点-68°C），含氧1ppm。

氢是还原性极强的气体，在露点-40°C以下时基本上不具有脱碳性能，而且导热率也高。

（2）分解氨。使用催化剂使冶金级合成氨加热分解为氢和氮的混合气，含75% H_2，25% N_2。分解氨是一种纯净、干燥而稳定的气体，其标准露点低于-51°C，残留氨常低于250ppm。

（3）惰性气体。惰性气体氮、氩、氦常用于稀有金属特别是活性金属粉末的制造、输送、储存、封装等过程。氩、氦又是热等静压制工艺中采用的加压介质。惰性气体又可作为烧结稀有金属材料的真空炉的反充冷却介质。

氩、氦是一种稀有的气体，从空气中分离出来，价格昂贵。

氮气是用冷冻或非冷冻方法直接从空气中制取的，价格较便宜。氮常以分子而不是原子的状态存在，所以对于许多活性不十分高的金属来说仍是惰性的。由于氮气密度与空气相近，能有效地防止空气进入炉内，保护烧结产品不与有害气体接触。氮气氛烧结时不能起到还原和调节碳含量的作用，为此，常常往氮气中加入一些活性气体，如氢以增强其还原性。

3. 使用气氛的安全措施

烧结气氛中有许多成分是具有毒性、窒息性和可燃性的，爆炸、着火和中毒是最大的危害，在生产和使用时必须注意安全。当可燃性气体与空气混合后，在有限空间里聚集，常有发生燃烧、爆炸的可能。一氧化碳、氨和甲烷等气体会使人中毒窒、息而致死。

表6-6-10列举了常用烧结气氛中各成分的特性。

当可燃性气体在空气中聚集到一定浓度就会引起自燃或爆炸（见表6-6-11）。为保证烧结操作的安全，用气设备和系统设计、操作和维修必须避免爆炸性气体在空间聚集，故要求环境通风良好。

表 6-6-10 气氛中各成分的潜在危害和作用

气体种类	危害			作用与性质
	可燃	有毒	窒息	
N_2			✓	惰性
H_2	✓		✓	强还原性
CO	✓	✓		渗碳性和中等还原性
CO_2		✓	✓	氧化和脱碳性
CH_4	✓		✓	强渗碳性和脱氧
NH_3	✓	✓		强氮化性
甲醇	✓	✓		产生CO和H_2

注：✓为危害。

表 6-6-11 各种气体发生爆炸的浓度范围

气体	在空气中浓度，%
H_2	4～74
CO	12.5～74
CH_4	5.3～14
NH_3	15～28
甲醇	6.7～36

通常要足够流量的气氛通过炉子的装料或卸料门，并与空气混合，在炉口均匀和完全燃烧掉。为防止打开炉门，点火不及发生爆炸，操作工人要戴面罩、手套和穿防火衣。

第五节 热致密化工艺

广为使用的传统的压制烧结工艺虽优点很多，但产品尺寸受限制并残留有孔隙，其机械性能比相应铸锻产品差。

为获得全密实高性能粉末冶金材料和制品，人们采用了各种热致密化工艺方法。这些工艺方法可归结为将烧结锭坯进行压力加工和将粉末同时加热加压。稀有金属加工材生产中采用的方法是将粉末烧结锭坯，通过各种压力加工方法，使之达到理论密度（图6-6-44），来提高它的机械性能。而将粉末同时加热加压，以获得全致密粉末制品的热成形方法，又统称粉末热固结技术。

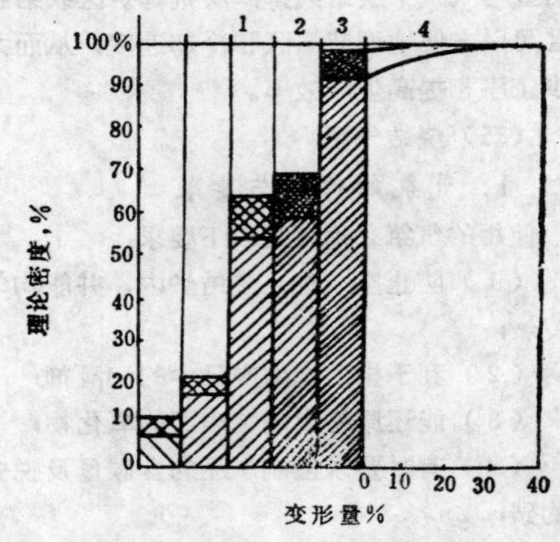

图 6-6-44 W、Mo、Ta烧结锭坯加工过程中密度变化

1—压制；2—预烧结；3—烧结；4—加工

一、热压

（一）热压基本原理

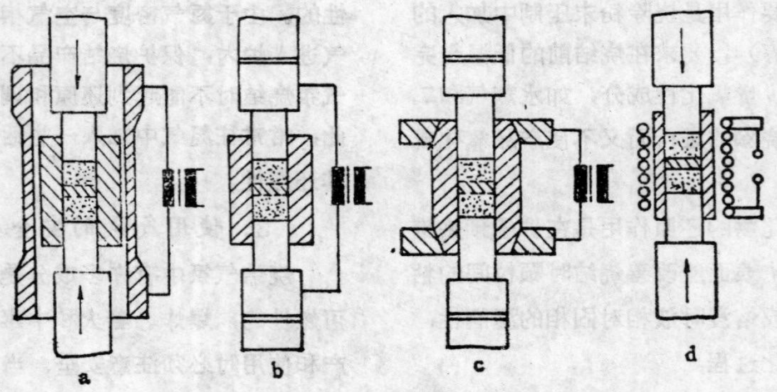

图 6-6-45 热压机原理示意图

a—电阻间接加热；b—电阻直接加热；c—电阻直接加热；d—感应加热

热压是发展应用较早的一种粉末热固结技术，它是将粉末装在压模内同时加热加压获得全密实粉末制品的一种热成形方法。热压和加压烧结两者不尽相同。加压烧结是用粉末压坯作工件，在缓慢的静压力作用下通过一个加热周期获得制品，其重点放在热的调节控制上，可成批生产。热压则以粉末作工件，压力是最重要的控制参数，一次只生产单个或几个制品。

热压时，粉末在一定温度和压力同时作用下，可以达到全致密。通常热压温度约为0.5～0.8 $T_{绝对熔点}$，压力为冷压的1/10～3/4，比冷压烧结的都低，热压周期也不长（几分钟到几十分钟），但可获得无孔隙的粉末制品。粉末热压时的致密化过程，主要是通过塑性流动、蠕变和扩散来完成的。其致密化过程大致包括：1）低温时的热压初期阶段，在压力作用下，粉末颗粒相互靠近，发生相对滑移、变形和破碎，致密化速度较大；2）随着温度的提高，塑性流动成为致密化过程的主要机制，此时若有液相出现，则会增加扩散速率、加速致密化过程；3）在热压后期，制品趋近终极密度阶段，受扩散控制的蠕变成为主要机制。

（二）热压机

热压机主要由加热机构、加压机构以及温度压力测量控制等辅助系统所组成，真空热压机还包括了抽真空和（或）惰性气体供给系统。

热压机的加压系统通常采用液压机构，也可采用气压加压机构。加热系统可采用电阻加热和感应加热，其加热原理如图6-6-45所示。

（三）热压生产工艺

1. 模具

（1）模具材料。有金属和非金属两大类。金属模具采用钨、钼、TZM钼合金及各种耐热钢等制作，非金属模具主要用石墨。金属模比石墨模承受压力高，不存在高温渗碳问题，但金属模高温下易变形，使用温度不能过高（一般低于600°C），除非采用水冷，降低模具温度。因此热压中主要采用石墨模具材料。

石墨品种很多，目前多采用电极级石墨块。

为改进石墨模具使用性能，还可采取以下措施：

1）石墨表面经定向结晶处理，即将碳氢化合物在1900～2200°C真空中分解出来的碳，沉积于石墨基体上，提高石墨表面的致密度（孔隙率接近于零）、抗氧化性和导热性；

2）在石墨表面涂层，可防止制品粘结，减少石墨磨损和氧化损失；

3）在石墨模壁衬垫合适的难熔金属箔材，阻止热压中石墨的渗碳作用。

此外，近年来还发展了由多种材料加工的组合模具，这些模具成本低（只更换内衬），承受压力高，电能利用率好，温度分布均匀。

（2）模具设计。压模设计要求如下：

1）模具具有足够强度，对热压中有液相出现的加压材料，模具壁厚应相应增加；

2）应尽量使压模的压力和温度分布均匀；

3）石墨模具会导致制品表面渗碳，其厚度约为0.5～2mm，设计时应根据制品性能及公差，确定足够的加工余量；

4）在保证上述要求的前提下，尽可能减少压模体积及装料脱模和模具加工的方便。

例如热压硬质合金制品时，石墨模具的尺寸可按下确定（图6-6-46）：

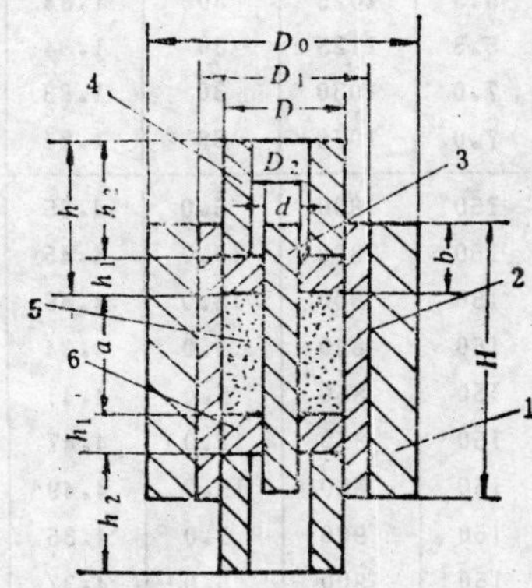

图 6-6-46 热压模设计示意图

1—外套；2—衬套；3—芯轴；4—上冲头；5—混合料；6—下压环

①模套（外套与衬套）的高度$H=(3.0\sim3.2)a+2b$，外径$D_0=2D$（a为制品高度）；

②冲头截面积$S=P/\sigma$，长度$h=H-a/2+b$，内径$D_2=\sqrt{D^2-4S/\pi}$（P为最大压力，σ为石墨抗压强度）；

③衬套厚度(D_1-D)一般取8～10mm；

④压环厚度一般取15～20mm。

特殊几何尺寸制品的模具有：

1）长制品。将外模套中部截面积减少或制成二段，以减少压模中部与两端头的温差；

2）薄壁圆筒制品，可按制品尺寸的不同，采用不同方案；

3）矩形薄板制品，可在内套上钻孔，防止制品周围因温度过低而欠烧；

4）内外带锥度的制品。

2. 热压工艺参数及控制

热压主要工艺参数为温度、压力及保温保压时间。表6-6-12列出了上述参数对热压铍、钛制品密度的影响。

表 6-6-12 热压铍、钛时的温度、压力、保持时间对制品密度影响

热压材料	P,MPa	T，℃	t,min	d,g/cm³	$d_理$，%
铍	3.5	960	30	1.64	88.8
	3.5	1000	30	1.68	91.1
	3.5	1050	15	1.60	86.8
	3.5	1100	15	1.67	90.4
	3.5	1115	30	1.84	99.2
	5.3	1075	30	1.84	99.2
	5.3	1125	30	1.84	99.2
	7.0	1030	30	1.83	98.7
	7.0	1070	30	1.84	99.2
钛	150	800	5.0	4.35	96.7
	150	800	10.0	4.45	98.9
	150	800	15.0	4.48	99.5
	150	850	1.0	4.34	96.4
	150	850	5.0	4.41	98.0
	150	850	10.0	4.47	99.4
	150	850	15.0	4.49	99.7
	150	900	1.0	4.35	96.7
	150	900	5.0	4.37	97.1
	150	900	10.0	4.50	100

热压中温度与压力矩虽为函数，但热压温度不能低于热压材料的再结晶温度。表6-6-13、表6-6-14分别列出了钨、钼、WC-Co硬质合金及某些金属化合物热压制度。其中保温保压时间将根据制品大小而调整。

热压周期虽然不长，但过程中温度、压力及其相互关系，必须调节控制好，特别是要避免在无压力或压力不够的情况下加热，防止压力滞后，否则制品在高温下会产生自由收缩，使表面出现环状或纵向裂纹等缺陷。

二、热等静压制

（一）热等静压制基本原理

热等静压制是近20年开发的粉末热成形方法，它是将封装包套的粉末在高温下通过气体介质所施加的各向均等的压力作用，使粉体热固结成致密制品。图6-6-47所示为热等静压制系统示意图。其原理与热压法基本相同。但其制品密度更高，晶粒更细，性能更好。

（二）热等静压设备

热等静压机的主体结构由高压缸体、框架与加热炉体所组成。高压缸体及框架结构与冷等静压机相同。

加热炉根据发热体在缸内位置，分辐射型和对流型两种类型。辐射型的加热元件装在工件四周，以高温辐射为主加热，把炉子造成有两个或多个电阻加热区间，每一区间的温度可单独控制，使炉温均匀并延长高温区带。对流型的加热元件装在工件下面，借气体压力介质对流作用加热工件，这种结构可增加缸体有效工作空间，并避免进出料时工件与发热体可能发生的碰撞。对流型加热炉又分为自然对流式和强迫对流式两种，后者在发热体下部增装了一风扇（由磁力驱动），可促进对流作用，使加热和冷却周期缩短。表6-6-15列出了热等静压加热炉使用的各种加热元件及其优缺点。目前所有热等静压机均采用冷壁设计，即缸体内的加热炉与缸壁之间用绝热系统隔开，缸筒体及上、下端盖外部用水冷套冷却。

表 6-6-13 W、Mo及WC-Co合金热压制度

材料名称	热压制度			孔隙率，%
	温度，℃	压力，MPa	时间，min	
W	2400～2500	22～25	10	0.5～2
Mo	1700～1800	20～22	8～10	0.5～1.0
97WC-3Co	1550～1600	10～15	1～30	0.001～0.01
(92～94)WC-(6～8)Co	1350～1400	7～12	1～30	0.001～0.01

表 6-6-14　某些金属化合物热压制度

化合物名称	TiC	WC	TiN	TaN	TiB_2	Mo_2B_5	$TiSi_2$	$MoSi_2$
热压温度，℃	2500	2330	2450	2330	2330	2330	1400	1950
压力，MPa	12	12	12	12	12	12	25	25
时间，min	2	5	15	5	5	5～7	2	10
残余孔隙率，%	0.4～1	0	1～2	0	0.6～1	0.5～1	0.2～1	0

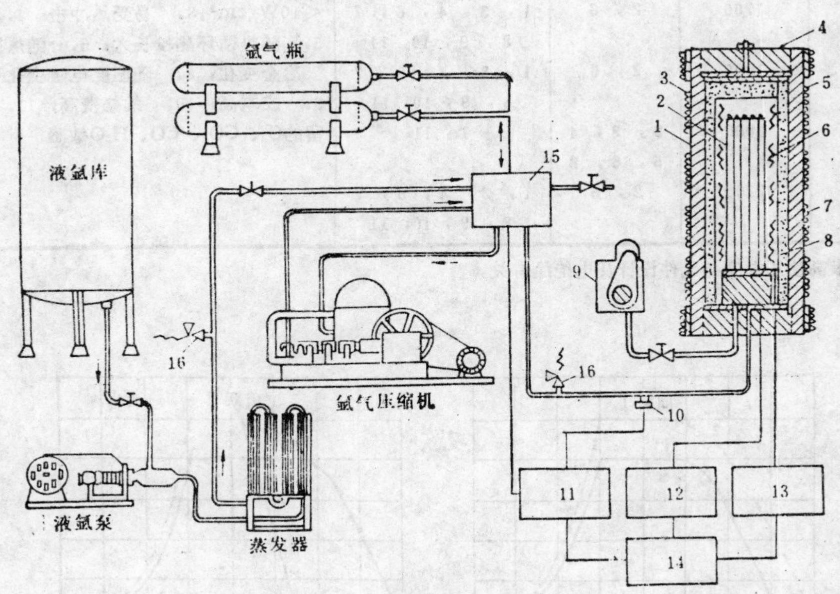

图 6-6-47　热等静压制系统示意图

1—高压缸；2—工件；3—水冷套管；4—上端盖；5—隔热屏；6—加热元件；7—热电偶；8—电源接头；9—真空泵；10—压力转换器；11—压力控制器；12—电调节器；13—接口；14—计算机；15—压力控制箱；16—过压释放阀

热等静压机的附属机构由气体系统、电气系统、水冷系统及测试控制系统组成。压力介质常用氩、氦、氮等隋性气体，以氩气使用最多。热等静压工作压力通常在30～300MPa范围内，常用100MPa。

目前热等静压机最高工作温度可达2200°C以上，工作压力达320MPa，已有了双“2200”的定型设备，即温度2200°C、压力220MPa（2200大气压）的等静压设备。

（三）热等压生产工艺

1．热等压工艺流程

热等静压工艺流程基本上有两种，即粉末包套法和预烧法。粉末包套法生产工序多、费用高，主要用于制取材料价值高的近形制品。预烧法用粉末烧结坯作工件，不用包套，但要求烧结坯件具有高的密度（一般超过95％理论密度），不允许存在贯通的开孔隙，否则达不到密实要求。近年来发展了将烧结与热等静压合为一体的工艺流程，（称为烧结-热等静压工艺制度，即将热等静压机先作为烧结炉，随后作热等静压机使用，从而减少了生产工序，节省设备投资、降低了能耗。

此外也有采用先包套在较低温下压制，然后脱除包套高温下再压制的工艺流程，以避免粉末与包套材料高温下作用。

2．热等压工艺制度

热等压工艺制度如图6-6-48所示。

（1）升温升压制度。指温度与压力随时间的变化关系，有以下三种制度：

表 6-6-15 热等静压加热炉用发热元件及比较

发热体材料	最高使用温度①，℃	优点	缺点	注释
镍铬合金	1175	1，7	2，3，4，5 6，7，10	优点：1. 可用于多种气体；2. 比功 >10 W/cm^2；3. 允许温度快速循环变化；4. 元件可自支取；5. 随热循环变化，晶粒不长大；6. 高温时强度尺寸稳定；7. 成本低；8. 维修费低 缺点：1. 只能在真空或惰气中用；2. 比功 <10W/cm^2；3. 易受热冲击；4. 需要支持；5. 随热循环晶粒长大；6. 随热循环变脆；7. 冶金变化；8. 随温度电阻变化可超过5/1；9. 成本高；10. 维修费高；11. 对气体中残留的O_2、CO_2、CO、H_2O敏感
Fe-Cr-Al合金	1285	1，7	2，3，4，5 6，7，10	
碳化硅	1650	1，4 5，8	2，3，7，9	
钼	1700	2，6	1，3，4，6，7 8，9，10，11	
钨	1900	2，6	1，3，4，6，7 8，9，10，11	
石墨	3000	2，3，4 5，6，8	1，11	
钽	2200	2，6	1，3，4，6，7 8，9，10，11	

① 达到的最高使用温度与元件设计及电绝缘有关。

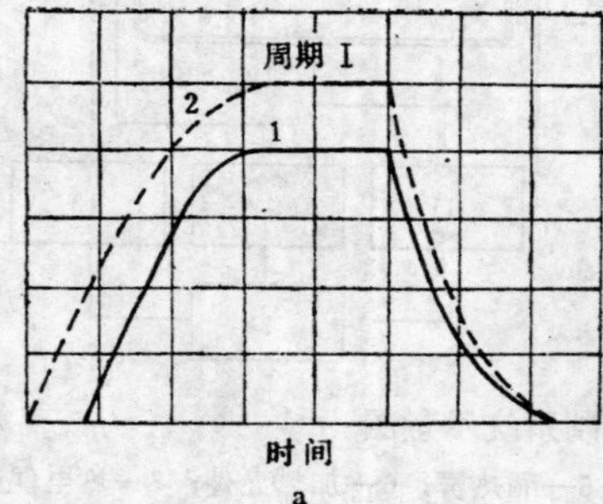

a

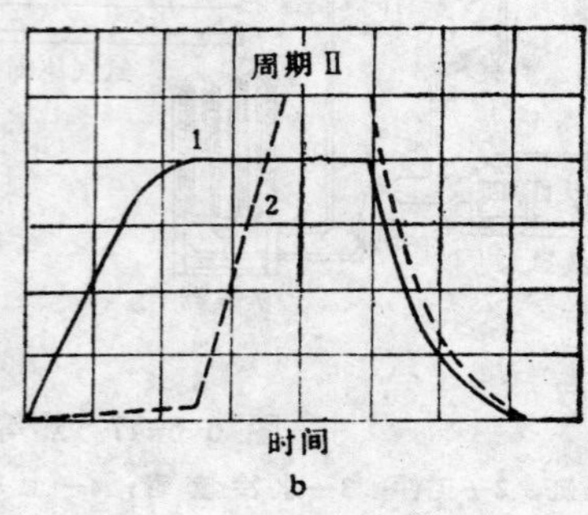

b

图 6-6-48 热等静压工艺制度

a—先升压后升温；b—先升温后升压

1—温度；2—压力

表 6-6-16 某些粉末热等静压的典型工艺参数

材料	温度，℃	压力，MPa	保持时间，h
Ta	1370～1600	70～140	1～3
Nb	1150～1425	70～105	1～3
W	1400～1700	70～210	1～1.5
Mo	1150～1425	70～105	1～3
Re	1480～1650	70～210	1～3
WC Co	1320	100	1～3
WC	1600	70～100	0.5～3
Al_2O_3	1350	150	3
Si_3N_4	1760	260～400	1～2

表 6-6-17　金属与玻璃包套材料及使用特性

包套材料	适应的粉末	使用温度，°C	连接方法
钢（中低碳钢）	高速钢，超合金	⩽1400	TIG、MIG、气焊
镍	钛、陶瓷、铁氧体	⩽1430	TIG、MIG、气焊
钛	硬质化合物	⩽1700	TIG
不锈钢（18-8）	不锈钢	⩽1350	TIG、MIG
钼	钼、钨、Si_3N_4	1450～2200	TIG、电子束
铅-碱玻璃	金属、陶瓷	410～630	热连接
硼硅玻璃	金属、陶瓷	500～900	热连接
硅酸铝玻璃	金属、陶瓷	700～900	热连接
高硅氧玻璃	金属、陶瓷	890～1600	热连接
石英玻璃	金属、陶瓷	1130～1600	热连接

注：TIG—钨电极隋性气体保护焊；MIG—金属隋性气体保护焊。

1）先升压后升温制度。如图6-6-48a所示，装载后在升温前，先把缸体内压力加到最终压力的1/4～1/3范围内，然后升温到所需温度，缸体内的压力在升温过程中借助气体介质的热膨胀而达到最终工作压力。特点是允许使用出口压力较低的压缩机，节约投资与能耗。

2）先升温后升压制度。装载后抽空充氩，氩气压力在0.7～7MPa范围（仅起气体保护作用），在低压下先升温到所需工作温度，然后再依靠压缩机将缸体内压力升到工作压力（图6-6-48b）。这种工艺制度适用于玻璃包套的工件，可防止玻璃包套的破裂。另外，采用这种制度来加工某些材料，使其压坯件的烧结和热等静压两工序合为一体进行，从而提高设备效率，降低能耗。

3）热装载制度。工件在另外的加热炉中先预热，并在热状态下装到刚出料后尚保持高温的热等静压缸体中，然后再升温升压进行热等静压制。

热装载制度是近年来发展的工艺制度，其主要特点是充分发挥热等静压机的使用效率，省掉通常生产周期中每次所需抽真空、充氩洗炉和加热冷却的时间，大大缩短了热等静压工作周期，提高设备生产率。

（2）工艺参数。表6-6-16列出了某些稀有金属及陶瓷等材料的典型工艺参数。

3. 包套材料

包套是热等静压中封装粉末的特制容器，常用包套材料有金属与玻璃两大类，近年来开发了陶瓷包套材料。表6-6-17列出了常用的金属与玻璃包套材料及其使用特性。

（1）金属包套。目前应用最广。

（2）玻璃包套。灵活性大，可吹制或模铸包套，易于抽空、封焊和连接，在热等静压后工件冷却时自行脆裂被脱除；且热塑性好，可把一个形状复杂的粉末坯件装入一简单形状的玻璃套中进行热等静；碎玻璃能重熔返复使用。缺点：性脆，易损坏，只能用于先升温后升压制度；且粉末焊件单重不能过大。总的来说，玻璃包套适用性大，金属、陶瓷等大部分粉末及其压坯都可采用。

（3）陶瓷包套。具有在高温下能很好保持包套几何形状的能力，是制取形状复杂的近形制品的一种理想的包套材料。陶瓷包套制作是先用铝模注蜡后复型蜡模件，然后用陶瓷粉浆浇注法并经干燥、焙烧制成陶瓷包套（蜡模芯加热熔掉）。陶瓷包套虽很坚硬但仍是多孔体，必须将其放到填装有第二种加压介质（常用Al_2O_3细粉）的大金属箱中。金属箱体也必须经过抽空封口，才能装入高压缸体中。

参 考 文 献

[1] Klar etc, Metals Handbook, Vol. 7, Powder Metallurgy, ASM, 1984.

[2] F. V. Lenel, Powder Metallurgy Principles and Applications, MPIF, 1980.

[3] Klar, Powder Metallurgy, Applications, Advantages. and Limitations, ASM, 1983.

[4] P. J. James, Isotatic Pressing Technology, London, 1983.

[5] Chanani etc, Powder Metallurgy of Titanium Alloys, AIME, 1980.

[6] 株洲硬质合金厂著，硬质合金生产，冶金工业出版，1974.

[7] 郭栋等著，金属粉末轧制，冶金工业出版社，1984.

第七篇 稀有金属生产中的环境保护与综合利用

第一章 稀有金属与环境

编写人 俞集良

第一节 环境中的稀有金属

一、环境中稀有金属的来源

由于稀有金属的工业应用尚不十分广泛，从工业生产中释入环境的稀有金属数量现在仍然非常有限，因而在大气和水域中通常仅有微量的稀有金属分布。一般大气中所含稀有金属浓度以元素计仅在10^{-10}～10^{-11}g/m³之间。并且城市空气中的稀有金属含量明显高于郊区，如在南太平洋无人区空气中的含钒浓度仅相当于居民区空气中的千分之一。河流中稀有金属的含量虽不十分均匀，一般也仅在10^{-7}～10^{-8}g/L之间，但在受严重污染的河流中，亦可能含有相当高浓度的稀有金属，如在一有色金属矿山附近的河水中曾检出高于一般河流浓度千倍以上的铊，可见工业区大气及水域中稀有金属含量的增高主要来自人为的环境污染。

矿物燃料（如煤及石油）中均含有微量的稀有金属，而在燃料燃烧后的灰分中稀有金属有很大的富集。由于全世界矿物燃料的消耗量巨大，每年随燃料燃烧而进入大气中的稀有金属数量相当可观。仅据对美国进行的一项统计表明，每年由矿物燃料燃烧而带入大气环境中的钛高达7万吨之多，钒、锂、铷等也均在万吨以上，其余如钼、锆、镧、铈、钇、镓等亦各达数千吨。实际上矿物燃料的燃烧已成为进入环境中的稀有金属最主要的工业来源。

稀有金属冶金工业（包括矿物的采、选、冶和加工制造）构成了进入环境中的稀有金属的第二个最主要工业来源。此外，还有少量稀有金属产生于

表 7-1-1 进入环境的稀有金属来源

进入环境中的稀有金属	工业来源，%			
	稀有金属冶炼	矿物燃料燃烧	化学工业	其他工业
铍	3.64	93.59	微	2.77
钛	12.00	85.60	2.40	
钒	0.45	97.28	0.02	2.15
钼	33.60	64.50		1.90
硒	10.?9	65.86		

化学工业和其他工业。根据有关文献统计，进入环境的各种稀有金属工业来源在总量中所占的百分比见表7-1-1。

但在稀有金属冶金工业中，稀有金属排放物的产率远高于矿物燃料燃烧过程。因此在稀有金属冶金工业中产生的高浓度排放物，对局部环境可能有较为严重的影响。

二、污染环境的稀有金属有害物质

各种稀有金属的性质有很大差异，但大都具有一定的毒性，其中有一些还是剧毒元素。不同稀有金属元素对环境可能产生的影响也有很大差别。然而迄今为止，稀有金属的生产和应用仍然有限，对人类生活环境的关系尚不甚密切，因此对稀有金属元素的毒性和影响也很少受到应有的重视，表7-1-2中列出了一些有关文献中认为较有影响的毒性稀有金属：

从表7-1-2可见，铍、钒及硒普遍被列为毒性金属。

稀有金属有害物质对人类生活环境影响的大小，不仅决定于其本身的毒性。而且与一些其他因素如生产和应用量的大小有关。根据稀有金属毒性、在自然界存在的丰度以及其溶解度，综合分析了稀有金属对水域环境的影响，结果见表7-1-3。

从表7-1-3可见，大多数稀有金属可归入危险性较小的Ⅱ类。

按各种稀有金属动物急性毒性试验的半致死量（LD_{50}）大小，将稀有金属的毒性进行分类，并和其他金属的毒性相比较，结果见表7-1-4（括号内为非稀有金属）。

由表7-1-4可见，各稀有金属的毒性有很大差别。其中以铍、钒、铀及一些稀散金属的毒性较强。在环境中被认为是危害物的稀有金属及其化合物见表7-1-5。

上述对稀有金属毒性的分类，主要依据是稀有金属的化学毒性，而很少涉及其放射性。在稀有金属中，除天然放射性金属铀、钍和镭以外，还存在一些稀有金属如钒、铷、铟、镧、铈、钕、钐、钆、铪、镥和铼等的天然放射性同位素（表7-1-6）。天然放射性同位素及其衰变产物的毒性分组见表7-1-7。

表 7-1-2 毒性稀有金属

稀有金属名称	列入有关文献中的毒性金属资料来源							
	1	2	3	4	5	6	7	8
铍	×	×	×			×	×	×
钒	×	×	×	×				×
锆	×							
钨	×							
钼	×	×	×					
银							×	×
铟				×		×		
铊							×	
硒	×	×		×			×	
铀					×			
钍					×			
镭					×			

注：1—车间空气中有害物质（《工业企业设计卫生标准》TJ 36-79）；2—地面水中有害物质(同上)；3—美国环境质量会议(CEQ)毒性物质；4—美国环保局(EPA)毒性物质；5—高毒性放射性同位素(《放射防护规定》GBJ8—74)；6—美国职业安全和健康管理机构(OSHA)毒性物质；7—美国重点控制的水污染物；8—日本大气保全局环境有害无机物质。

表 7-1-3 对稀有金属毒性影响的综合分类

Ⅰ. 无危险	Ⅱ. 有毒但很难溶或很稀少	Ⅲ. 很毒并较易于接触
锂、铷	钛、锆、铪、钨、铌、钽、铼、镓、镧、锇、铑、铱、钌	铍、硒、碲、钯、银、铂、金、铊

表 7-1-4 金属毒性分类

毒性分类	LD_{50}, mg/kg	试验方法	稀有金属
高毒性	1～10	口服	(砷$^{3+}$)，(黄磷)，硒$^{6+}$，碲$^{6+}$，铊$^{1+}$
		静脉注射	碲，铍，(镉)，(铬$^{6+}$)，(汞)，(铅)，(硫$^{2+}$)，铀$^{6+}$，钒$^{5+}$
中等毒性	10～100	口服	(镉)，(铜)，(氟)，(汞)，(铅)，(锑)，铀，钒
		静脉注射	(金)，(钡)，(钙)，铈，(钴)，(氟)，镓，(钾)，(镁)，(锰)，钼，铌，(镍)，镨，(铂)，(锑)，(锡)，钽，钍，(锌)
低毒性	100～1000	口服	(铝)，(硼)，(钡)，(铁)，铟，钼，钽，钍，钨，(锌)，锆
		静脉注射	(硼)，(铬$^{3+}$)，锗，镧，锂，铼$^{7+}$，(锶)，钇，(锌)
较无害	>1000	口服	(溴)，(氯)，铯，(碘)，(钠)，铷，(钙)，(钾)，镧，铼$^{7+}$，(锶)
慢性毒性强			(镉)，(汞)，(铅)，铊

表 7-1-5 稀有金属及其化合物毒性分类

稀有金属危害物	毒性分类	稀有金属危害物	毒性分类
铍	1，2	氢化锂	2，3，4
氯化铍	1	次氯酸锂	1，2，4
铍化合物	1	过氧化锂	2，3，4
铍铜合金	1	钼（粉）	1，5
氟化铍	1	三氧化钼	1，5
氢化铍	1	钼酸及钼酸盐	1
氢氧化铍	1	钼酸钠	1，5
氧化铍	1	羰基钼	1
雷酸金	3	镍化合物	1
氯酸金	3	硒	1
铪	2	氟化硒	1
铟	1	硒酸及硒酸盐	1
铟化合物	1	亚硒酸及亚硒酸盐	1
锂	2，4	硒酸钠	1
氢化锂铝	2，3，4	四氯化硅	1，4
溴化锂	2，3，4	乙炔银	1，3
硅锂铁	2	叠氮银	1，3
银化合物	1	钨及钨酸盐	1
硝酸银	1，5	羰基钨	1
收敛酸银	1，3	硝酸氧铀	1，2，3
四氮烯银	1，3	硝酸铀	1，2，3
六氟化碲	1，4	三氯氧钒	1，4
铊	1	五氧化钒	1，5
铊化合物	1	四氯化钒	1，4
硫酸亚铊	1	四氧化钒	1，5
硫酸铊	1	三氧化钒	1，5
钍（粉）	2	硫酸氧钒	1，5
钛（粉）	2	锆（粉）	2
硫酸钛	1，5	四氯化锆	1，4
四氯化钛	1，4	苦氨酸锆	2

注：1—毒性；2—易燃性；3—爆炸性；4—腐蚀性；5—刺激性。

表 7-1-6　铀、钍系以外的稀有金属天然放射性同位素

同位素	半衰期，年	丰度，%	辐射类型	比放，Bq/g元素
钒-59	6×10^{14}	0.25	β，γ，e	1×10^{-3}
铷-87	4.7×10^{10}	27.85	β	9.3×10^{2}
铟-115	6×10^{14}	95.72	β	1.9×10^{-1}
镧-138	1.1×10^{11}	0.089	β，γ，e	7.8×10^{-2}
铈-142	5×10^{15}	11.07	α	2.1×10^{-3}
钕-144	5×10^{15}	23.85	α	4.4×10^{-3}
钐-147	1.06×10^{11}	14.97	α	1.25×10^{3}
钐-148	1.2×10^{18}	11.24	α	8.3×10^{-2}
钐-149	4×10^{14}	13.84	α	3×10^{-1}
钆-152	1.1×10^{14}	0.2	α	1.5×10^{-1}
铪-174	4.3×10^{15}	0.18	α	3×10^{-3}
镥-176	3.6×10^{14}	2.59	β，γ	5.4
铼-187	7×10^{10}	62.93	β	6.4×10^{2}

表 7-1-7　天然放射性同位素及其衰变产物毒性分组

分组	同位素
极毒组	钋-210，铀-232，镭-226，镭-228，锕-227，钍-228，钍-230，镤-231
高毒组	铅-210，铋-210，镭-223，镭-224，钍-227，钍-232，钍-234，钍（天然），铀-234，铀-235，铀-238，铀（天然）
中毒组	铅-212，铋-212，氡-220，氡-222，锕-238
低毒组	铷-87，铟-115，钕-144，钐-147，铼-187，钍-231

表 7-1-8　主要的非稀有金属有害物质

主要有害化学物质	产　出　过　程
二氧化硫，硫酸及硫酸盐，硫化物	辉钼矿的氧化焙烧；硫酸法处理铍、锂、铯、铀、钛、锆、稀土及铌矿物；钒渣的芒硝焙烧；铟、锗烟尘的硫酸法回收；湿法过程的酸浸；中和，酸化，反萃，离子交换树脂及萃取剂的再生，金属和半导体材料的酸洗等
氯、盐酸、氯化物、氯酸和次氯酸盐	钛、钽、铌、稀土、锆和铀等矿物的氯化；锂矿物的氯化钙焙烧和钒渣的氯化钠焙烧；白钨及锗精矿的盐酸分解；铟渣的氯化锌处理；三氯氢硅及硅烷的合成；钛、锆、钽、铌，稀土和锂等氯化物的精馏还原和熔盐电解；四氯化锗和三氯氢硅的蒸馏提纯；湿法过程中的酸浸，酸化，中和，反萃，以及再生和酸洗等过程
氟、氢氟酸、氟化物、硅氟酸及硅氟酸盐	含氟稀有金属矿物的分解，钽、铌矿物的氢氟酸分解，氟化法处理铍矿物及硅氟酸钾烧结锆矿物；铍、锆、铀、稀土等氟化物的还原；钽、铌的氟酸盐熔盐电解，铀氟化物的精馏，金属和半导体材料的酸洗和蚀刻等
硝酸、氮氧化物	辉钼矿的硝酸氧化，铀、稀土等生产过程中的酸溶，硝酸体系萃取和硝酸盐的精制等
氢氧化钠、碳酸钠	钨、锆、钽、铌和稀土等矿物的烧结和碱分解；锗精矿及富锗烟尘的碱处理；镓酸钠的水溶液电解以及湿法过程中的碱溶，中和，反萃，碱洗，离子交换树脂和萃取剂的再生
氢氧化铵	湿法过程的中和、反萃和铵盐的制取
氰氢酸、氰化物	黄金矿物处理，辉钼矿的浮选
砷、磷、砷化物及磷化物	含砷、磷的矿物处理；砷化镓、磷化铟等的制备及半导体掺杂过程
汞	黄金矿物处理；镓的电解和稀土的汞齐还原
重金属	含重金属的稀有金属矿物处理，稀散金属的回收，铜和锌粉还原等
煤油及有机溶剂	稀有金属湿法冶金中的溶剂萃取

三、稀有金属生产中的其他有害物质

在稀有金属生产中，危害环境的污染物并不仅限于毒性稀有金属。由于稀有金属品种繁多，生产流程复杂，在生产中需使用大量化工原料，并排放出多种有害化学物质污染物（表7-1-8）。这些普通的化学污染物并非稀有金属生产工业所独有，在本篇中将不包括与处理这些化学物质污染物有关的内容。

第二节 稀有金属的毒性

一、稀有轻金属的毒性

稀有轻金属铍、锂、铷、铯实际上属于两类性质不同的元素。属于Ⅱa族的铍与属于Ⅰa族的锂、铷、铯在毒性上有很大的差异，如铍是一个高毒性金属，而锂、铷、铯则仅具有低毒性。

1. 铍的毒性

除铍的工业矿物绿柱石不易分解以外，几乎所有已知铍化合物均被证实可能引起中毒。通常可溶性铍化合物能导致急性肺炎，不溶性铍化合物可导致慢性肺部病症（铍肺），但铍的毒性作用亦不仅限于肺部，也有可能引起皮肤、肝、脾、肾、淋巴结及中枢神经系统等全身性疾病。

铍主要由呼吸道进入机体引起中毒。其毒性大小取决于吸入铍的数量、浓度和暴露的时间。慢性铍病甚至可潜伏数年之久。铍不仅会造成职业性危害，亦可影响附近居民健康，曾有报道距铍厂1.2km范围内发现居民中毒的病例。

铍化合物动物试验的结果（表7-1-9）表明，铍化合物静脉注射具有高毒性，而口服铍化合物则仅具有中等毒性。动物试验发现，铍可致癌，但对美国铍工厂的调查并未发现呼吸道癌症增加的情况，因而铍对人类致癌的证据一般认为尚不够充分。

铍对水生生物危害的研究尚不充分，有人认为水中铍浓度在0.005mg/L以下时对水体自净不产生影响。铍对植物可能也有害。

2. 锂、铷、铯的毒性

锂进入机体一般引起虚弱、食欲下降、眩晕和震颤等症状，其毒性可影响中枢神经系统、胃及胃肠道；铷、铯则可引起神经肌肉应激性过高。氢化锂可引起自然发火并刺激鼻咽及皮肤，氢氧化锂对机体有腐蚀作用，而氧化锂、溴化锂、碳酸锂和氯化锂则具有刺激性。

锂、铷、铯对水生生物有害。氯化锂浓度为100mg/L时可对淡水鱼类产生毒害作用。锂可在土壤中积累，在氯化锂浓度为1.2～4.0mg/L时，可对作物产生毒害作用。

二、稀有难熔金属的毒性

稀有难熔金属包括钛、锆、铪、钒、铌、钽、钨及钼，其中以钒的毒性较显著，其余一般均仅有中等毒性或低毒性。

1. 钒的毒性

钒为毒性金属，吸入相当低浓度的钒（<1mg/m³）即可对机体产生有害影响。钒的毒性作用是多方面的，它能引起血液循环、神经系统和代谢方面的变化，并可导致一系列的呼吸系统疾病。

表 7-1-9 铍化合物毒性试验

铍化合物	半致死量(LD_{50}),mg/kg		铍化合物	半致死量(LD_{50}),mg/kg	
	口 服	静脉注射		口 服	静脉注射
氯化铍	86～92		硫酸铍	80	0.5～7.2
氟化铍	96～100	1.8	氢氧化铍		3.8

表 7-1-10 锂、铷、铯化合物毒性试验

化合物	半致死量(LD_{50}),mg/kg		化合物	半致死量(LD_{50}),mg/kg	
	口 服	静脉注射		口 服	静脉注射
碳酸锂	710		氯化铷		1200
氯化锂		1100	氯化铯		1500

表 7-1-11　钒化合物的毒性试验

钒化合物	半致死量（LD_{50}）、mg/kg		钒化合物	半致死量（LD_{50}），mg/kg	
	口　服	静脉注射		口　服	静脉注射
五氧化钒	23	1～2	四钒酸钠		6～8
三氧化钒	130		二氯化钒	540	
偏钒酸铵		1.5～2	三氯化钒	350	
正钒酸钠		2～3	四氯化钒	160	
偏钒酸钠	100		氯化氧钒	160	
焦钒酸钠		3～4	硫酸氧钒		18～20

各种钒化合物的毒性有很大差异，一般是钒的化合价增高，其化合物毒性也增大。此外，钒化合物毒性亦取决于悬浮微尘的细散度及其在生物介质中的溶解度。在各种钒化合物中，五氧化钒及偏钒酸盐均为高毒物质，而金属钒则被认为无毒。动物试验结果（表7-1-11）表明，五氧化钒在静脉注射时具有高毒性，而口服时则仅具有中等毒性。对五氧化钒工业的调查表明，当空气中钒浓度为0.018～0.925mg/m³时，工人出现眼、鼻、喉及呼吸道刺激症状并发现绿舌苔。

钒对农作物及水生生物有害。当钒浓度为10～20mg/L时可影响大豆、亚麻的生长，46～62mg/L时可使甜菜受害。钒浓度为10mg/L时即可影响水体的自净功能。

2．钛、锆、铪的毒性

钛、锆、铪均仅有低毒性。动物试验表明，口服钛化合物未见明显的毒性，但吸入或接触四氯化钛却可引起角膜及皮肤灼伤、鼻咽道刺激、支气管炎及肺炎，吸入二氧化钛可导致类似尘肺的疾病。口服锆化合物仅有低毒性，接触或吸入锆化合物可引起锆肉芽症或呼吸道刺激。铪的毒性与锆相似，而且较锆为低。动物试验表明，口服铪化合物达10000mg/kg亦未发现毒性作用。锆化合物毒性的动物试验结果见表7-1-12。

钛、锆的碳化物、氯化物、硼化物和硅化物的毒性一般要比相应的氧化物大。

钛、锆均对水生生物有害。钛对藻类的毒性剂量为2mg/L，锆在软水中对鱼类的毒性剂量为14mg/L。在硬水中则为115mg/L。钛含量为0.5mg/L时即可抑制水体的自净作用。

3．钨、钼的毒性

动物口服过量钼表现为生长不良、贫血、厌

表 7-1-12　锆化合物的毒性试验

锆化合物	半致死量（LD_{50}），mg/kg		锆化合物	半致死量（LD_{50}），mg/kg	
	口　服	静脉注射		口　服	静脉注射
醋酸锆	1660		氧化锆		>400
四氯化锆	260～660		硝酸锆	853	
氯化氧锆	990～1536		硫酸锆	1253	
锆氟酸钾	975～2000				

表 7-1-13　钨、钼化合物的毒性

钨钼化合物	半致死量（LD_{50}），mg/kg		钨钼化合物	半致死量（LD_{50}），mg/kg	
	口　服	腹腔注射		口　服	腹腔注射
钨酸钠	300	600～1000	钼酸钙	101	
钼酸钠		1850～3500	钼酸铵	333	
三氧化钼	125	400			

表 7-1-14 钽、铌化合物毒性试验

钽铌化合物	半致死量 (LD_{50})，mg/kg		钽铌化合物	半致死量 (LD_{50})，mg/kg	
	口 服	腹腔注射		口 服	腹腔注射
氯化钽	1000	40	铌酸钾	3000	225
氧化钽	8000		铌酸钠		50
钽氟酸钾	2500	375	氯化铌		40

食、腹泻、运动失调和呼吸困难。钼对嘌呤新陈代谢的影响已有报道。在摄入高钼量地区曾出现痛风病和尿酸增加的现象。钨酸钠可引起虚弱、腹泻和呼吸中枢麻痹。某些钨、钼化合物的粉尘可引起呼吸道刺激和尘肺病。羰基钨可导致肺炎。

钨、钼高价氧化物的毒性大于其低价氧化物的毒性，而其硒化物、碲化物和羰基盐则具有较大的毒性。

高浓度钼对家畜有害，实际上所有家畜均对钼过敏，而这种过敏症系由摄入含过量钼的牧草所引起的。钨、钼对水生生物有害。0.1mg/L的钨或5mg/L的钼即可影响水体的自净作用。钨可在农作物中积累，因而不能用含钨的水灌溉农田。含量为46～62mg/L的钨可使甜菜受害。钼浓度为10～20mg/L时可影响亚麻和大豆的生长；25～35mg/L时可使棉花受害；40mg/L时可危害甜菜，100mg/L时可使燕麦枯黄。

4. 钽、铌的毒性

对钽、铌毒性的研究非常有限。吸入某些钽化合物可引起支气管炎和轻微的肺部病变。铌对人体的某些酶素有抑制作用，因而能影响机体的正常代谢过程。

钽化合物难溶于水，口服钽化合物毒性不大，而溶于水的钽化合物如氯化钽和磷酸钽钾则有低毒性作用。

三、稀土金属的毒性

由于稀土金属的化学性质十分相近，因而其毒性也都大致相同。吸入稀土及其化合物可导致肺部的变化，吸入钇族元素可导致肺部形成结节及弥散性的纤维化效应，而铈及镧的作用较钇为弱。引起血凝能力的降低则是稀土金属毒性的另一特征。

表 7-1-15 稀土化合物的毒性试验

稀土化合物	半致死量 (LD_{50})，mg/kg			稀土化合物	半致死量 (LD_{50})，mg/kg		
	口 服	腹腔注射	静脉注射		口 服	腹腔注射	静脉注射
醋酸镧	10000	475		氯化铽	5100	550	
氯化镧	4200	370		硝酸铽	>5000	480	
硝酸镧	4500	450		氯化镝	7650	585	
氧化镧	10000			硝酸镝	3100	310	
硫酸镧	5000			氯化钬	7200	560	
氯化铈		350	50～60	硝酸钬	3000	320	
硝酸铈	4200	470	4.3	氯化铒	6200	535	35.8～52.4
氯化镨		360		硝酸铒		225	
硝酸镨	3500	290	7.4～77.2	氯化铥	6250	485	
氯化钕	3250	600	70	硝酸铥		225	
硝酸钕		270	6.4～66.8	氯化镱	6700	395	
氯化钐	>2000	585		硝酸镱	3100	250	
硝酸钐	2900	315		氯化镥		315	
氯化铕	5000	550		硝酸镥		290	
硝酸铕	>5000	320		氯化钇		450	
氯化钆	>2000	550		硝酸钇		350	
硝酸钆	>5000	300		氧化钇		500	

各种稀土化合物具有不同的毒性作用，其氟化物可引起肺炎，其氯化物吸入肺中具有中等毒性。稀土硝酸盐与稀土氯化物相同，其作用仅限于吸收的部位，但能在器官内迅速扩散而表现出一般的毒性。稀土醋酸盐则具有高稳定性，吸入后在器官内不起变化而排出。其他一些稀土化合物的毒性则按氧化物、六硼化物，硫化物的顺序而逐一减弱。在各稀土元素中，钇族元素较铈族元素更具毒性，而铈族元素的混合物又较单一元素的毒性明显，可导致肺炎和溃疡的结合效应及化脓性支气管炎等症状。

稀土化合物毒性的动物试验结果（表7-1-15）表明，口服稀土化合物的毒性甚低，亦有认为即使长期口服稀土也不产生毒性问题，静脉注射仅有硝酸盐表现较高的毒性，亦观察到可溶性非常高的硝酸盐在肺中沉积变为不溶性化合物并在肺中长期残留。而不溶性化合物的沉积更为明显，因而吸入稀土化合物有使之在肺中大量蓄积而引起病理变化的可能。稀土氧化物、氟化物侵入皮肤和粘膜、眼角膜的情况下也可能存在慢性中毒问题。

稀土气溶胶可对上呼吸道产生影响，在稀土工业工人中曾诊出咽炎、喉炎和鼻炎等症，多年吸入微粒铈尘亦发现出肺尘聚集。此外，还发现有红血球、血红蛋白和血小板降低。

稀土对水生生物有害，铈的氯化物对鱼类的一天致死浓度为190mg/L，而对藻类最小毒性浓度，铈为0.14mg/L，镧为0.15mg/L。

四、稀贵金属的毒性

稀贵金属的毒性特点是：元素态均无明显毒性，但其化合物则大多数毒性较强。

银及其盐类一般都具有杀菌作用。水溶性银化合物如硝酸银具有局部腐蚀作用。吞咽大量可溶性银盐，可引起口腔刺激和出血性胃炎。氧化银、过氯酸银可强烈刺激皮肤、眼膜及呼吸器官。长期吸入氟化银对齿质及骨骼有害。二氟化银、亚砷酸银及银的有机化合物如烷基银等具有剧毒，丙银胺、氮化银、叠氮银及乙炔银则易引起爆炸。银盐亦可经呼吸道吸收。人体长期接触银盐可导致银质沉着病；动物长期接触银盐会发生贫血和生长延缓。银对水生生物有害，使鱼类致死的浓度为0.005mg/L。

可溶性金盐中有些具有强毒性。金的有机化合物如烷基化合物等毒性很强。金的氧化物、氢氧化物、氯化物等可与氨作用生成爆炸性极强的化合物。

铂族元素的粉尘可刺激支气管及肺。大多数铂族元素的化合物可引起皮炎及哮喘，如制造铂黑或氯化铂铵等可溶性铂盐时，粉尘浓度为0.002～0.01mg/m³时可引起哮喘。四氧化锇在常温下有相当高的挥发性，可引起眼粘膜刺激和头痛、哮喘等症状。

稀贵金属毒性的动物试验结果见表7-1-16。

表 7-1-16　稀贵金属化合物毒性试验结果

稀贵金属化合物	半致死量（LD_{50}），mg/kg			
	口　服	皮下注射	腹腔注射	静脉注射
硝酸银	50		0.13	
氯化金		1.5		
氯化钯				18.6

五、稀散金属的毒性

在稀散金属中，硒、碲、铊具有高毒性，镓、铟、锗、铼的毒性则较低或近似无毒。

1．锗的毒性

在锗化合物中，仅氢化锗有较明显的毒性，但在工业上尚无中毒的报道。四氟化锗及四氯化锗能刺激皮肤、粘膜及眼睛，二硫化锗的水溶液可立即水解产生硫化氢而导致硫化氢的毒性效应。

2．镓的毒性

镓化合物口服一般无明显毒性效应。吸入镓可对肾、肝有毒性作用。食人砷化镓可导致周围神经炎。氟化镓能腐蚀齿质和骨骼而导致氟沉积症。磷化镓具有磷化合物的一般毒性。

3．铟的毒性

铟仅在动物试验静脉注射中表现高毒性。口服铟化合物因吸收少而毒性不大，但吸入铟则有相当严重的毒性作用，可引起肝、心、胃中毒。可溶性铟化合物毒性大于不溶性铟化合物。三氯化铟可腐蚀眼睛粘膜和对皮肤产生弱刺激。

4．铊的毒性

铊及其化合物具有剧毒。有认为口服铊有高毒性，而吸入铊则有中等毒性。摄入铊盐可引起急性或致死性中毒。急性铊中毒主要表现为肠胃炎、虚脱、周围神经炎。慢性铊中毒的主要特征则表现为

表 7-1-17 稀散金属化合物毒性动物试验结果

稀散金属化合物	半致死量（LD_{50}），mg/kg		稀散金属化合物	半致死量（LD_{50}），mg/kg	
	口服	静脉注射		口服	静脉注射
铊化合物	1000		氧化铊	39	
镓	110～121①		硫酸铊	15.8～25	
硝酸铟	3.25		亚碲酸钠	6	3
氯化铟		0.64①	亚硒酸钠	7	
乙酸亚铊	32				

① 动物试验最小致死量（MLD）。

视力模糊和脱发。铊离子可通过皮肤接触引起中毒，长期接触低剂量的铊可在体内产生铊的累积效应。

铊对水生生物有害，对鱼类的毒性浓度为10～60mg/L。当铊浓度为102mg/L时对甜菜有轻度的毒害作用。

5．硒、碲的毒性

硒为人体及多种动物所必需的微量元素。但过量硒则可引起中毒。动物试验结果表明，口服或吸入过量的硒均具有中等毒性。碲的毒性与硒一样而较弱。硒烟尘、二氧化硒和硒化氢等均可引起眼、鼻、喉和肺部刺激，慢性硒中毒可引起呼吸器官和肺部炎症。二氯氧化硒有强烈的腐蚀性，0.005mL即可严重腐蚀皮肤。六氟化硒、氟氧化硒、硒化氢以及多种金属的亚硒酸盐及硒酸盐等均有剧毒。人口服亚硒酸盐1g即可引起中毒死亡。硒化氢的毒性高于硫化氢。

土壤中若硒含量大于0.5ppm或植物中硒含量大于5ppm，即有引起动物中毒的危险。长期摄食高硒牧草的家畜，可引起慢性硒中毒。一般认为食物中硒浓度为5mg/L是毒性和非毒性的分界线。

硒对鱼类有毒，2mg/L的亚硒酸钠可在18～46d内使鲫鱼致死。水中硒浓度大于0.05mg/L时，可在土壤中累积，从而使饲料作物中的硒含量达到使动物中毒的程度，因而不能用含硒的水灌溉农田。

碲化氢与硒化氢一样能刺激皮肤，并与砷化氢一样有溶血作用，但因其较不稳定能遇水分解，工业上无中毒报道。亚碲酸钠比亚硒酸钠具有更大的毒性，而碲酸钠的毒性则只有亚碲酸钠的十分之一左右。氧化碲烟雾可使人恶心、头痛、眩晕和陷入昏睡。碲及其化合物的急性中毒主要影响肝，肾，神经系统，肺和呼吸道。与硒不同，没有证据表明碲是人或动物所必需的元素。浓度为0.5mg/L的亚碲酸钠和碲酸钠，可使水体自净作用停滞。

6．铼的毒性

从表7-1-4可知，铼属于较无害一类的元素。未见有关铼的毒性报道。

六、稀有放射性金属的毒性

稀有放射性金属的毒性通常具有双重性，即化学毒性和放射毒性。

1．铀的毒性

可溶性铀盐的化学毒性可引起肾的损害，而易受其放射性损害的部位则有骨髓、生殖腺、眼球及循环系统等。许多铀化合物可引起全身中毒。铀可通过摄入、吸入或与可溶性铀盐接触而为机体所吸收。摄入铀化合物时，肠道吸收的铀随铀化合物的溶解度而变化，但即使是可溶性铀化合物，也只有小部分被吸收。吸入不溶性铀盐可在肺中长时间停

表 7-1-18 铀化合物的毒性比较

铀化合物	毒性	铀化合物	毒性
UO_2，U_2O，UF_4	毒性弱	$Na_2U_3O_7$	毒性强，小剂量有毒
UO_3，UO_4	毒性小，大剂量有毒	UF_6	剧毒
$UO_2(NO_3)_2$，U_2O_5	中等剂量有毒		

留而造成肺的局部损伤。蓄积于体内的铀绝大部分沉积于骨骼之中，水溶性铀化合物的毒性要大于难溶或不溶性铀化合物，而正六价铀化合物则比正四价铀化合物毒性强。铀化合物毒性比较见表7-1-18。

铀对鱼类和水生生物有害。铀浓度为0.5mg/L时可使淡水鱼的繁殖力降低。

2．钍的毒性

钍与铀相似，其毒性主要来自放射性，而化学毒性的作用较小。钍可在机体内长期停滞而导致严重的病症，并可致癌。容易受钍损伤的部位包括骨骼、肝、肺、吸收器官及皮肤等。

钍对水生生物有害。氯化钍对鱼类的致死浓度在暴露一天的情况下为18mg/L。钍浓度为0.4～0.8mg/L时即对某些藻类有致死作用。钍化合物对农作物的毒性较小。

3．镭的毒性

镭的毒性主要表现在放射性危害。吸入或摄入镭及镭化合物或受其辐照，可引起皮肤病害、肺癌、骨髓性肉瘤、骨炎及白血病等。镭可在水生生物中浓集。藻类浓集镭-226可达500～1000倍，鱼类亦可达数百倍。镭亦可在植物中浓集，对农作物造成放射性污染。

表 7-1-19 放射性金属化合物毒性试验结果

放射性化合物	半致死量（LD_{50}），mg/kg			
	口服	腹腔注射	静脉注射	支气管注入
硝酸钍	200～1800	650～1050	20	37
氯化钍	3400	1180	21～32	
氧化钍				37
六水硝酸双氧铀			0.1～1	

第三节 环境标准

一、水质标准

1．地面水中稀有金属的最高容许浓度

中、美、苏关于地面水体中稀有金属的最高容许浓度见表7-1-20。

2．农、牧、渔业用水中稀有金属的最高容许浓度

中、美、澳关于农业灌溉水、畜牧饮用水和渔业用水中稀有金属的最高容许浓度见表7-1-21。

3．饮用水中稀有金属的最高容许浓度

世界卫生组织及中、美、苏三国规定的饮用水中稀有金属的最高容许浓度见表7-1-22。

4．海水中稀有金属的浓度标准

列入我国《海水水质标准》中的唯一稀有金属是硒，其浓度标准见表7-1-23。

5．排放水中的稀有金属最大容许浓度

美、苏、印度及新加坡等国排放水质标准中的稀有金属最大容许浓度见表7-1-24。

二、大气质量标准

1．车间及居民区空气中稀有金属含量的最高容许浓度

中、美、日、苏关于车间内部及居民区空气中稀有金属含量的最高容许浓度见表7-1-25。

表 7-1-20 地面水中稀有金属的最高容许浓度

稀有金属	最高容许浓度，mg/L			稀有金属	最高容许浓度，mg/L		
	中国	美国	苏联		中国	美国	苏联
铍	0.0002		0.0002	银		0.05	
氢氧化锂			5①	硒	0.01	0.01	0.001
钒	0.1		0.1	二氧化硒			0.01①
钛			0.1	碲			0.01
四氯化钛			1	碲酸钠			0.01①
钨			0.1	锗化合物			100①
钼	0.5		0.5	天然铀			0.6①
铌			0.01①	铀		5	0.5①
硝酸镧			0.01①	钍化合物			0.1①

① 为建议标准

表 7-1-21 农、牧、渔业用水中稀有金属的最高容许浓度

稀有金属	最高容许浓度，mg/L					
	农业灌溉水			畜牧饮用水		渔业用水
	中国	美国		美国	澳大利亚	中国
		无限期用于各种土壤	20年用于细土壤			
铍		0.1	0.5			0.002
锂		0.5	2.5			
钒		2	10	0.1		0.1
钼		0.01	0.05		2.0	
硒	0.01	0.02	0.02	0.05	0.02	0.01

表 7-1-22 饮用水中稀有金属的最高容许浓度

稀有金属	最高容许浓度，mg/L				
	世界卫生组织	中国	美国	欧洲	苏联
硒	0.01	0.01	0.01	0.01	0.001
银			0.05	0.01	
镭-226，Bq/L	0.11		0.11		
镭-226＋镭-228，Bq/L			0.18		

表 7-1-23 海水中硒浓度标准

类别	硒浓度标准，mg/L	适用范围
第一类	0.01	适用于保护海洋生物资源和人类的安全
第二类	0.02	适用于海水浴场及风景游览区
第三类	0.03	适用于一般工业用水、港口区域和海洋开发作业区

表 7-1-24 排放水质标准中的稀有金属最大容许浓度

稀有金属	最大容许浓度，mg/L							
	美国①				苏联②	印度	新加坡	
	1	2	3	4			下水道	航道
铍					0.01		5	0.5
氯化锂					1000			
钒化合物					5			
硝酸镧					1.0			
硒	0.05	0.1	0.02	0.01	0.01	0.05	10	0.01
碲酸钠					25			
银					0.4		5	0.1

① 1为允许排入雨水道的水质标准，2为工业废水排入污水管道的最大容许浓度；3及4为排入地下的水质标准，其中3为排入积石层上3.048米，4为排入积石层内或不足3.048米以上时的水质标准；

② 为污水中无机物不破坏生化过程时的最高容许浓度。

表 7-1-25 车间及居民区空气中稀有金属含量的最高容许浓度

稀有金属及其化合物	最高容许浓度，mg/m³						
	中国	美国		日本		苏联	
		车间内	居民区	车间内	居民区	车间内	居民区
铍及其化合物，以铍计	0.001	0.002	0.01×10^{-3}	0.002	0.01×10^{-3}	0.001	0.01×10^{-3}
氢化锂		0.025	0.002②	0.025			
氟化锂						1①	
氢氧化铯		2					
二氧化钛		10	0.15②	15		10	
钛，不溶性		10①	0.1②				
碳化钛						10	
四氯化钛						1	
硅化钛						4	
氮化钛						4	
硼化钛						2①	
锆及其化合物，以锆计	5	5		5		5	
锆氟酸盐						1	
氮化锆						4	
碳化锆						5	
硼化锆						2①	
锆酸钙尘						2①	
铪		0.5	0.01②	0.5			
氮化铪						5①	
碳化铪						5①	
钨，可溶性化合物		1					
不溶性化合物		5				6	
钨及碳化钨	6						
硅化钨						6	
硫化钨						10①	
硒化钨						2①	
碲化钨						0.01①	
羰基钨						2	
碳化钨						6	
钼，可溶性化合物	4	5	0.05②	5		4	
可溶化合物气溶胶						2	
不溶性化合物	6	10	0.15②	10		6	
硫化钼						6	
碳化钼						6	
硼化钼						4①	
硅化钼						4①	
硒化钼						4①	
碲化钼						0.1①	
羰基钼						2	
五氧化钒，尘	0.5	0.5	0.005③	0.5		0.5	0.001
烟	0.1	0.05	0.001③	0.1		0.1	
钒铁合金	1	1		1		1	
氯化钒						0.5	
三氧化钒						0.5	
碳化钒						4	
钒酸盐						0.5	

续表 7-1-25

稀有金属及其化合物	最高容许浓度，mg/m³						
	中国	美国		日本		苏联	
		车间内	居民区	车间内	居民区	车间内	居民区
钒酸铵						0.5①	
钽		5	0.05②				
钽氧化物						10	
铌						10①	
氮化铌						10	
硒化铌						4①	
硼化铌						10①	
钇		1	0.01②	5			
铈族氧化物，难溶化合物						6①	
氧化钆						5①	
氧化镝						5①	
镧系元素		0.15①	0.01②				
银、金属		0.1	0.001②				
可溶化合物		0.01		0.05			
铂，金属		1					
可溶性化合物		0.002	0.0001②	0.002			
铑，金属		1					
可溶性化合物		0.001					
不溶性化合物		0.1					
四氧化锇		0.002	0.00001②	0.002			
四氢化锗		0.6					
四氯化锗						1	
二氧化锗						2	
锗						2	
铟及其化合物，以铟计		0.1	0.001②			0.1	
铊，可溶性化合物		0.1	0.001②			0.1	
溴化铊						0.01	
碘化铊						0.01	
硒及其化合物，以硒计		0.2	0.005②	0.1			
硒化氢		0.2		0.2			
六氟化硒		0.2				0.4	
二氧化硒	0.1					0.1	
无定形硒						2	
碲		0.1	0.005②	0.1		0.1	
六氟化碲		0.2				0.4	
碲化铋		10					
碲化铋（含硒）		5					
铼						4①	
硅烷		7					
三氯氢硅	3					1	
四氯化硅						5①	
铀		0.2					
铀，可溶性化合物		0.05①	0.001②			0.015	
不溶性化合物		0.25	0.01②			0.075	
钍						0.05	

① 有关文献中的建议值；② 以每周 5 个工作日、每工作日 8 h 加 1 h 进出时间计的城市工业区空气中稀有金属最高容许浓度的文献建议值；③ 实际上与美国居民区空气中浓度标准相同。

表 7-1-26 大气环境中稀有金属的长期标准

大气中稀有金属浓度，mg/m³		平均时间，h	制定标准国家
铍	0.00001	24	南斯拉夫，以色列
五氧化钒	0.002	24	苏联、东德、保加利亚
	0.003	24	捷克，南斯拉夫

表 7-1-27 废气中铍的排放标准

标准名称	排放的有关规定
中国《十三类有害物质的排放标准》	排气筒高度45～80m，排放浓度以铍计为0.015mg/m³
美国国家标准	每天24h向大气排放出的铍量不得超过10g，30d周期内向大气中排放的总铍量应使厂外空气中的平均铍浓度不超过0.01×10^{-3}mg/m³
英国有关规定	排放点最高容许铍浓度为0.1×10^{-3}mg/m³

表 7-1-28 中国规定的天然放射性同位素的最大容许浓度

放射同位素		露天水源中限制浓度	工作场所空气中最大容许浓度	放射同位素		露天水源中限制浓度	工作场所空气中最大容许浓度
名称	符号	Bq/L	Bq/L	名称	符号	Bq/L	Bq/L
铷	^{87}Rb	3.7×10^{2}	2.6	锕	^{227}Ac	22.2	7.4×10^{-5}
铟	^{115}In	1.1×10^{3}	1.1		^{228}Ac	1.1×10^{3}	7.4×10^{-1}
钕	^{144}Nd	7.4×10^{2}	3×10^{-3}	钍	^{227}Th	1.1×10^{2}	7.4×10^{-3}
钐	^{147}Sm	7.4×10^{2}	2.6×10^{-3}		^{228}Th	74	2.2×10^{-4}
铼	^{187}Re	1.5×10^{4}	18.5		^{230}Th	18.5	7.4×10^{-5}
铅	^{210}Pb	3.7×10^{-1}	3.7×10^{-3}		^{231}Th	2.6×10^{3}	37
	^{212}Pb	1.9×10^{2}	7.4×10^{-1}		^{232}Th	3.7×10^{-1}	7.4×10^{-5}
铋	^{210}Bi	3.7×10^{2}	2.2×10^{-1}		^{234}Th	1.85×10^{2}	1.1
	^{212}Bi	3.7×10^{3}	3.7	钍	Th(天然)	3.7×10^{-1}	7.4×10^{-5}
钋	^{210}Po	7.4	7.4×10^{-3}			0.1mg/L	0.02mg/m³
氡	^{220}Rn		11.1	镤	^{231}Pa	11.1	3.7×10^{-5}
	^{222}Rn		1.1	铀	^{234}U	37	3.7×10^{-3}
镭	^{223}Ra	3.7	7.4×10^{-3}	铀	^{235}U	37	3.7×10^{-3}
	^{224}Ra	11.1	2.6×10^{-2}	铀	^{238}U	0.05mg/L	0.02mg/m³
	^{226}Ra	1.1	1.1×10^{-3}	铀	U(天然)	0.05mg/L	0.02mg/m³
	^{228}Ra	1.1×10^{-1}	1.5×10^{-3}				

表 7-1-29 美国规定的天然放射性同位素的最大容许浓度

放射性同位素			最高容许浓度，Bq/L			
			工作场所		非限制区	
名称	符号	状态	空气中	水中	空气中	水中
铷	^{87}Rb	可溶	18.5	1.1×10^{5}	7.4×10^{-1}	3.7×10^{3}
		不溶	2.6	1.8×10^{5}	7.4×10^{-2}	7.4×10^{3}
铟	^{115}In	可溶	7.4	1.1×10^{5}	3.3×10^{-1}	3.3×10^{3}
		不溶	1.1	1.1×10^{5}	3.7×10^{-2}	3.3×10^{3}
钕	^{144}Nd	可溶	3×10^{-3}	7.4×10^{4}	7.1×10^{-4}	2.6×10^{3}
		不溶	1.1×10^{-2}	7.4×10^{4}	3.7×10^{-4}	3×10^{3}
钐	^{147}Sm	可溶	2.6×10^{-3}	7.4×10^{4}	7.4×10^{-5}	2.2×10^{3}
		不溶	1.1×10^{-2}	7.4×10^{4}	3.3×10^{-4}	2.6×10^{3}
铼	^{187}Re	可溶	3.3×10^{-2}	2.6×10^{6}	11	1.1×10^{5}
		不溶	18.5	1.5×10^{6}	0.74	7.4×10^{4}
铅	^{210}Pb	可溶	3.7×10^{-3}	1.5×10^{2}	1.5×10^{-4}	3.7
		不溶	7.4×10^{-3}	1.8×10^{5}	3×10^{-4}	7.4×10^{3}
	^{212}Pb	可溶	7.4×10^{-1}	2.2×10^{4}	2.2×10^{-2}	7.4×10^{2}
		不溶	7.4×10^{-1}	1.8×10^{4}	2.6×10^{-2}	7.4×10^{2}
铋	^{210}Bi	可溶	2.2×10^{-1}	3.7×10^{4}	7.4×10^{3}	1.5×10^{3}
		不溶	2.2×10^{-1}	3.7×10^{4}	7.4×10^{3}	1.5×10^{3}
	^{212}Bi	可溶	3.7	3.7×10^{5}	1.1×10^{-1}	1.5×10^{4}
		不溶	7.4	3.7×10^{5}	2.6×10^{-1}	1.5×10^{4}
钋	^{210}Po	可溶	1.8×10^{-2}	7.4×10^{2}	7.4×10^{-4}	25.9
		不溶	7.4×10^{-3}	3×10^{4}	2.6×10^{-4}	1.1×10^{3}
氡	^{220}Rn	可溶	11.1	—	3.7×10^{-1}	—
		不溶	—	—	—	—
	^{222}Rn	可溶	3.7	—	1.1×10^{-1}	—
		不溶	—	—	—	—
镭	^{223}Ra	可溶	7.4×10^{-2}	7.4×10^{2}	2.2×10^{-3}	25.9
		不溶	7.4×10^{-3}	3.7×10^{3}	3×10^{-4}	1.5×10^{2}
	^{224}Ra	可溶	1.8×10^{-1}	2.6×10^{3}	7.4×10^{-3}	74
		不溶	2.6×10^{-2}	7.4×10^{3}	7.4×10^{-4}	1.85×10^{2}
镭	^{226}Ra	可溶	1.1×10^{-3}	14.8	1.1×10^{-4}	1.1
		不溶	1.8×10^{-3}	3.3×10^{4}	7.4×10^{-5}	1.1×10^{3}
镭	^{228}Ra	可溶	2.6×10^{-3}	29.6	7.4×10^{-5}	1.1×10^{3}
		不溶	1.5×10^{-3}	2.6×10^{4}	3.7×10^{-5}	1.1×10^{3}
锕	^{227}Ac	可溶	7.4×10^{-5}	2.2×10^{3}	3×10^{-6}	74
		不溶	1.1×10^{-4}	3.3×10^{5}	3.3×10^{-5}	1.1×10^{4}
	^{228}Ac	可溶	3	1.1×10^{5}	1.1×10^{-1}	3.3×10^{3}
		不溶	0.74	1.1×10^{3}	2.2×10^{-2}	3.3×10^{3}
钍	^{228}Th	可溶	3.3×10^{-4}	7.4×10^{3}	1.1×10^{-5}	2.6×10^{2}
		不溶	2.2×10^{-4}	1.5×10^{4}	7.4×10^{-6}	3.7×10^{2}
	^{230}Th	可溶	7.4×10^{-5}	1.8×10^{3}	3×10^{-6}	74
		不溶	3.7×10^{-4}	3.3×10^{4}	1.1×10^{-5}	1.1×10^{3}
	^{232}Th	可溶	1.1×10^{-3}	1.8×10^{3}	3.7×10^{-5}	74
		不溶	1.1×10^{-3}	3.7×10^{5}	3.7×10^{-5}	1.5×10^{3}
	^{234}Th	可溶	2.2	1.8×10^{4}	7.4×10^{-2}	7.4×10^{2}
		不溶	1.1	1.8×10^{4}	3.7×10^{-2}	7.4×10^{2}
	Th(天然)	可溶	1.1×10^{-3}	1.1×10^{3}	3.7×10^{-5}	37

续表 7-1-29

放射性同位素			最高容许浓度，Bq/L			
			工作场所		非限制区	
名称	符号	状态	空气中	水中	空气中	水中
	Th（天然）	不溶	1.1×10^{-3}	1.1×10^{4}	3.7×10^{-5}	3.7×10^{2}
镤	^{231}Pa	可溶	3.7×10^{-5}	1.1×10^{3}	1.5×10^{-6}	33.3
		不溶	3.7×10^{-3}	3×10^{4}	1.5×10^{-4}	7.4×10^{2}
铀	^{234}U	可溶	2.2×10^{-2}	3.3×10^{4}	7.4×10^{-4}	1.1×10^{3}
		不溶	3.7×10^{-3}	3.3×10^{4}	1.5×10^{-4}	1.1×10^{3}
	^{235}U	可溶	1.8×10^{-2}	3×10^{4}	7.4×10^{-4}	1.1×10^{3}
		不溶	3.7×10^{-3}	3×10^{4}	1.5×10^{-4}	1.1×10^{3}
	^{238}U	可溶	2.6×10^{-3}	3.7×10^{4}	1.1×10^{-4}	1.5×10^{3}
		不溶	3.7×10^{-3}	3.7×10^{4}	1.8×10^{-4}	1.5×10^{3}
	U（天然）	可溶	2.6×10^{-3}	1.8×10^{4}	1.1×10^{-4}	7.4×10^{2}
		不溶	2.2×10^{-3}	1.8×10^{4}	7.4×10^{-5}	7.4×10^{2}

表 7-1-30　电离辐射的最大容许剂量当量和限制剂量当量

受照射部位		职业性放射性工作人员的年最大容许剂量当量，Sv/年	放射性工作场所相邻及附近地区工作人员和居民的年限制剂量当量，Sv/年	广大居民的年限制剂量当量，Sv/年
器官分类	名称			
第一类	全身，性腺，红骨髓，眼晶体	5×10^{-2}	0.5×10^{-2}	0.05×10^{-2}
第二类	皮肤，骨，甲状腺	30×10^{-2}	3×10^{-2}	1×10^{-2}
第三类	手，前臂，足、踝	75×10^{-2}	7.5×10^{-2}	2.5×10^{-2}
第四类	其它器官	15×10^{-2}	1.5×10^{-2}	0.5×10^{-2}

注：表内所列数据均指内、外照射的总剂量当量，不包括天然本底照射和医疗照射。

表 7-1-31　环境空气中放射性的限制浓度

天然放射性同位素	比值	
	放射性工作场所相邻及附近地区	广大居民区
^{226}Ra、^{228}Ra	1/30	1/200
其它天然放射性同位素	1/30	1/100

表 7-1-32　放射性废水、废气排放标准

排放物	排放地点	相当于露天水源或相应地区空气中限制浓度
低放射性废水	本单位下水道	不超过限制浓度的100倍
	本单位总排出口	不超过限制浓度
	排放口下游最近取水区	不超过限制浓度①
放射性气体及气溶胶	所在地区空气	不超过限制浓度（每周平均浓度）

① 在设计和控制排放量时，应取10倍的安全系数。

2．大气环境中稀有金属含量标准

一些国家制定的大气环境中稀有金属含量的长期标准，见表7-1-26。

3．含稀有金属废气的排放标准

在废气排放标准中，仅有一些国家对铍的排放浓度作了专门规定（见表7-1-27）。

三、放射性防护标准

1．露天水源及工作场所空气中天然放射性同位素最大容许浓度

中国及美国规定的露天水源及工作场所空气中天然放射性同位素最大容许浓度见表7-1-28及表7-1-29。

2．电离辐射的最大容许剂量和限制剂量当量

职业工作人员的年最大容许剂量当量和邻近地区工作人员、居民及广大居民的年限制剂量当量见表7-1-30。

3．环境空气中放射性的限制浓度

放射性工作场所相邻及附近地区及广大居民区空气中的放射性限制浓度为放射性工作场所空气中的最大容许浓度乘以表7-1-31中比值。

4．放射性排放标准

我国《放射性防护规定》中有关放射性废水、废气排放的标准见表7-1-32。

参 考 文 献

[1] 山県登，微量元素——環境科学特論，産業図書，東京，1977，p 35—59.

[2] Sittig, M, Toxic Metals, Pollution Control and Worker Protection, Noyes Data Corp. Park Ridge, NJ, 1976.

[3] Sittig, M, Environmental Sources and Emissions Handbook, Von Nostrad Reinhold Co. NY, 1975.

[4] Brodsky, A. B, CRC Handbook of Radiation Measurement and Protection, Section A, V. 1, CRC Press Inc, 1978.

[5] 放射防护规定，GBJ 8-74.

[6] 蝈口博，公害与毒物，危险物，无机篇，安家驹译，化学工业出版社，1981.

[7] Friberg, L. et al, Handbook on the Toxicology of Metals, Elsevier/North, Holland, Biomedical Press, Amsterdam 1979.

[8] Prakhnova, 1. T, Envircmental Hazards of Metals, Translated by J. K. slep. Consultants Bureau, New York, 1975.

[9] 中华人民共和国卫生部，工业企业设计卫生标准，TJ 36—79.

[10] Homer, H. W, Parker, P. E., Air Pollution, Prentice-Hall Inc. Englewood Cliffs, N. J. 1977.

第二章　稀有金属污染物的处理

编写人　俞集良

第一节　从水中除去稀有金属污染物

一、水溶液中稀有轻金属的净化

1. 铍的净化

在用硫酸法制取氧化铍的工厂中，通常采用生产过程中的副产铝铵矾作絮凝剂。将其加入废液中并经石灰中和沉淀和砂滤后，滤液中的含铍量可降至0.005mg/L以下。对于含铍0.5mg/L以上的废水，用该法可使净化率达99%以上。其他处理含铍废水的方法还有活性炭吸附、生化和离子交换等方法。用活性炭吸附作石灰沉铍后的二级处理，仅可使净化率自99.4%提高至99.5%；生化处理则限于废水中含铍浓度不大于0.01mg/L的情况；而离子交换法则因为费用太高，一般仅适于小量处理的场合。各种从水溶液中除铍的方法见表7-2-1。

2. 锂、铷、铯的净化

锂、铷、铯属于低毒性元素。对含有这些元素的废水中一般可采用中和及稀释的方法加以净化。

二、水溶液中稀有难熔金属的净化

1. 钒的净化

从水溶液中除钒的方法见表7-2-2

采用生化法除钒，在钒浓度较低时有效，但钒浓度为20～50mg/L时对微生物有致毒作用。因此在进入生化处理设施的废水中钒含量不应超过5mg/L。采用石灰沉淀法除钒效率较低。采用活性炭吸附法除钒时，活性炭的吸附能力随溶液中残留钒的浓度减少而降低，当残留钒为1mg/L时，活性炭的吸附能力仅为0.16gV/kg。用溶剂萃取法除钒时，由于出现乳化层和相界面的固体沉淀而不易操作，并且该法价格较高，尚不适于工业应用。采用硫酸亚铁沉淀除钒时，硫酸亚铁的加入量与除钒效率的关系见表7-2-3。

2. 钛的净化

从水溶液中除钛的方法见表7-2-4。

3. 锆、铪的净化

对从水溶液中除锆的方法没有系统的报道。对锆浓度达0.5mg/L的溶液可用腐植酸沉淀，亦可用氢氧化铁或氢氧化铝共沉淀。胶体锆可用有机腐质，浮游生物和含硅物质吸附。对金红石氯化过程中生成含锆3.5%并以氯化物或氯氧化物形式存在的泥浆，可在用pH≤0.5的水洗涤后再进行石灰处理，使锆成为不溶性的氧化锆。锆厂中洗涤四氯化锆尾气的废水及铪分离过程产出的废水在沉淀池中中和沉淀，可使所有氧化锆均进入固体废料中，铪随锆一并进入沉淀渣。

表 7-2-1　从水溶液中净化除铍

净化方法	工作条件	未净化水中含铍量 mg/L	净化后水中含铍量 mg/L	净化率，%
砂滤	20mm慢砂滤	0.05～0.2	0.002	>96
沉降	铜尾矿池	0.025	0.005	80
	钼尾矿池	0.13	0.02	85
	铅锌尾矿池	0.19	0.01	95
沉淀过滤	加石灰	0.1	<0.001	99.4
	加氯化铁	0.1	0.006	94
	加铝矾	0.1	0.002	98
	加氯化铁、硅藻土过滤层	10	0.002	99.98
逆渗透		0.0034	<0.0005	>85
活性炭吸附	氯化铁或铝矾预处理	0.1	0.001	98.9

表 7-2-2　从水溶液中净化除钒

净化方法	工作条件	未净化水中钒含量 mg/L	净化后水中钒含量 mg/L	净化率，%
沉淀—过滤	加硫酸亚铁	50	1～2	>96
	加氯化铁	0.5	0.014	97.2
	加铝矾	0.5	0.03	94
	加石灰	0.5	0.215	57
活性炭吸附	石灰预处理	0.5	0.05	91
氯化	加次氯酸钠	150～1500	<1.5	99～99.5
	加氯镁泥渣	880	50	>90
还原中和	加亚硫酸钠	270	5	98.33
溶剂萃取		0.1～0.3	0.003	>97
离子交换		150～1500	<0.15	99.9

表 7-2-3　除钒时硫酸亚铁加入量

硫酸亚铁加入量，kgFe/kgV		pH 值		残留钒量，mg/L
V^{4+}	V^{5+}	V^{4+}	V^{5+}	
2.5	1.5	7.5～9	6～10	5
5.5	4	7.5～9	6～10	1～2
10倍化学计算量		9	9	未检出

表 7-2-4　从水溶液中除钛

净化方法	工作条件	未净化水，mg/L	净化水，mg/L	净化率，%
沉淀—过滤	加氯化铁	0.5	0.065	87
	加铝矾	0.5	0.022	95.8
	加石灰	0.5	0.022	95.5
活性炭吸附	石灰预处理			95.7

表 7-2-5　从水溶液中除钨

净化方法	工作条件	未净化水中钨含量 mg/L	净化后水中钨含量 mg/L	净化率，%
中和沉淀	加石灰	0.5～3.75	0.03	>94
离子交换		0.5～3.75	0.02～0.03	98.5
	螯合离子交换剂，pH1.05	WO_3　0.3	WO_3 0.015	99.5

表 7-2-6　从水溶液中除钼

净化方法	工作条件	未净化水中钼含量 mg/L	净化后水中钼含量 mg/L	净化水，%
沉淀—过滤	加石灰或铝矾	0.5	0.5	0
	加氯化铁	0.6	0.192	68
活性炭吸附	氯化铁预处理	0.6	0.12	80
离子交换		22.0	0.29	94

表 7-2-7　从水溶液中净化除银

净化方法	工　作　条　件	未净化水中银含量 mg/L	净化后水中银含量 mg/L	净化率,%
沉降	加硫化物	0.05	0.01	80
沉降一过滤	加石灰	0.5	0.015	97.1
	加氯化铁	0.5	0.009	98.2
	加铝矾	0.6	0.015	96.9
	加黄原酸淀粉	0.054	0.003	99.9
生化		0.28	0.07	78
活性炭吸附		0.06	0.005	92
置换	加锌丝或铁丝			95
逆渗透		0.014	0.001	92
电解		5000	100～500	>90
离子交换	阳离子交换树脂			85.8
	阳离子及阴离子交换树脂			91.7

4. 钨的净化

含钨酸性废水及洗水中除钨的方法见表7-2-5。

5. 钼的净化

从水溶液中除钼的方法见表7-2-6。

用常规的石灰处理法不能除去钼。采用连续逆流离子交换法时，用铵型离子交换树脂，在流量约8m³/min的条件下可除去废水中的钼。

6. 钽、铌的净化

没有单独从废水中除去钽、铌的报道。对萃取法分离钽、铌的废水，在加热情况下用氢氧化钙处理，可除去氟、硫酸根和磷酸三丁酯，并回收氨，而钽、铌亦同时除去。

三、水溶液中稀土金属的净化

对含稀土废水中的三价稀土离子可用碱金属碳酸盐处理。用该法处理时，以碳酸盐离子与稀土离子之比为2～4加入碳酸钠或碳酸钾，当pH＝7～8时，效果最好。用此法处理含硝酸镧溶液，可使滤液中的含镧量降至0.5mg/L。亦可用离子交换法除去溶液中的稀土金属。如含三价钇、铕的酸性溶液通过磺化苯乙烯二乙烯基苯阳离子交换树脂，可从溶液中除去钇、铕。亦可用季胺强碱苯乙烯阴离子交换树脂或N，N，N，N-四磷酸甲基二乙烯三胺螯合树脂从水溶液中除去稀土。

四、稀贵金属的净化

在稀贵金属中，唯一在水质标准中被列为有害物质的是银，其他稀贵金属因其高价值一般只从水溶液中回收，而不涉及净化问题。

在一项净化含银水溶液的综合试验中，用砂滤及石灰沉淀处理后再经离子交换，以除银率累计为砂滤11.6%，石灰沉淀97%，阳离子交换98.8%，阴离子交换99.4%。一项研究表明，用磨细的汽车废轮胎加石灰可除去包括银在内的重金属。当废水中银浓度为100mg/L，pH6～11时，用该法可将含银量降至0.1mg/L，净化率达99.9%。

表 7-2-8　从水溶液中净化除铊

净化方法	工　作　条　件	未净化水中铊含量 mg/L	净化后水中铊含量 mg/L	净化率，%
砂滤		0.022	<0.01	>55
沉降	加石灰	0.016	<0.01	>37
沉淀一过滤	加石灰	0.5	0.2	60
	加硫酸铁	0.5	0.35	30
	加铝矾	0.5	0.365	31
活性炭吸附	石灰预处理	0.5	0.1	80
生化	活性污泥	0.047	0.029	38

表 7-2-9 从水溶液中净化除硒

净化方法	工作条件	未净化水中硒含量 mg/L	净化后水中硒含量 mg/L	净化率，%
沉降	铜尾矿池	0.32	0.007	98
	铅、锌尾矿池	0.14	0.01	93
	加石灰及聚合物	0.02	0.01	50
沉淀过滤	加石灰	0.5	0.325	35
	加硫酸铁	0.1	0.025	75
	加铝矾	0.5	0.26	48
活性炭吸附	加石灰预处理	0.5	0.025	95
生化	活性污泥			80～85
	活性污泥加物理化学法			90～93
逆渗透	醋酸纤维隔膜，13.3kg/cm²	0.1	0.003	97
离子交换	阳离子交换树脂	0.1	0.0875	12.5
	阴离子交换树脂	0.0875	0.002	98
超滤		20	2.2	89

五、稀散金属的净化

1．铊的净化

水溶液中除铊的方法及效果见表7-2-8。

据报道，进入酸性溶液中的亚铊离子可在高pH值下由于离子交换作用而被悬浮于水中的粘土除去。

2．硒的净化

从水溶液中净化硒的方法见表7-2-9。

据报道，废水中的硒亦可用金属锌粉作还原剂加以去除。

3．其他稀散金属的净化

水溶液中的铟可以氢氧化物或硫化物的形式沉淀。

水溶液中的锗可用氢氧化铁、氢氧化铝或磷石膏吸附沉淀。每克吸附剂以二氧化锗计的吸附容量分别为：氢氧化铁16mg，氢氧化铝17mg，磷石膏120mg。亦可用离子交换法除去水溶液中的锗。

六、稀有放射性金属的净化

从水溶液中除去铀、钍、镭的方法分别见表7-2-10～7-2-12。

采用钠型强酸树脂为带磺化基团的聚苯乙烯-乙二烯基苯交联基体处理含镭-226为0.74Bq/L的废水，其净化率可达99%，甚至在树脂已为水中硬度及钡所饱和的情况下，亦可将镭除至低于饮用水的允许含量。

表 7-2-10 从水溶液中除去铀和钍

净化方法	工作条件	未净化水，mg/L	净化水，mg/L	净化率，%
中和沉淀	pH＝8，加PHP絮凝剂	铀1.4～1.58	0.11	>90
		钍4.7～72.5	未检出	～100
萃取	硝酸溶液中TBP萃取	铀30～40	<0.5	>88
		钍60～150	<0.5	>99
	伯胺萃取	钍10～12	0.1	>99
	P204＋TBP萃取	铀23～30	<0.3	>98
		钍4.75～6.6	<0.25	>95
离子交换	中和沉淀＋锰矿柱吸附	铀0.08	0.025	70
		钍0.2	0.044	80
	粘土＋明矾	铀<0.12	0.032	74
		钍<0.12	<0.033	79

注：用活性炭-金属钛复合吸附剂除铀净化率可近似100%。

表 7-2-11　从水溶液中除镭

净化方法	工作条件	未净化水，Bq/L	净化水，Bq/L	净化率，%
中和沉淀	pH＝8	18.5～37	$(18.5\sim37)\times10^{-1}$	>90
	pH＝8，氯化钡载带	18.5～37	$(18.5\sim37)\times10^{-2}$	>99
		总α　5	4×10^{-2}	>99
		可溶4.4	$<3.3\times10^{-2}$	>99
	两次中和，氯化钡载带	18.5～37	$(18.5\sim37)\times10^{-3}$	99.9
	加氯化钡及PHP絮凝剂	133～2770	0.9～9.25	>99
离子交换	锰矿砂，pH6～7.5	α　3.4×10^{4}		97.5
		β　1.9×10^{4}		93.5
	沸石，pH8	α　3.4×10^{4}		97.0
		β　1.9×10^{4}		88.8
	磺化煤，pH4～7	α　3.4×10^{4}		97.7
		β　1.9×10^{4}		92.2
	离子交换树脂	总　35	2.66×10^{-1}	99
		可溶3.4	$<3.7\times10^{-2}$	>99
反渗透	醋酸纤维素（脱盐率60%）①	14.4		92.3

①预计采用脱盐率为70%的醋酸纤维素对镭的净化率可达99%以上。

表 7-2-12　各种除镭方法比较

方　法	最大料液浓度 Bq/L	脱除率 %	方　法	最大料液浓度 Bq/L	脱除率 %
膜选择萃取	55.5	99.7	含锰丙烯纤维	4.6	96.0
反渗透	28	99.4	碱石灰软化	1.3	85.0
硫酸钡共沉淀	11.1	可变	曝气	0.18	18.0
离子交换	3.7	95.0	海绿石砂滤	0.37	50.0

表 7-2-13　放射性废水的蒸发处理

废水名称	来　源	污染物形式	污染物浓度，Bq/L	处理方法
磷酸盐沉淀池水	氢氧化钠回收过程	悬浮粒子 溶解的磷酸盐	7×10^{2} 1.1×10^{2}	蒸发入大气
钍沉淀池水	独居石溶解过程	悬浮物 可溶物	$(3.3\sim7.4)\times10^{4}$ $(1.4\sim2.7)\times10^{3}$	蒸发入大气
钍厂生产废水	溶剂萃取，草酸钍沉淀及涤气器排水			加石灰处理过滤后在贮存池中蒸发

一种从铀矿废水中除镭的新方法是在流化床中加入氯化钡，直接在自由排出的颗粒物料表面沉淀镭-226，其除去率可达90～95%，而接触时间仅20s，远远低于现有沉清池及机械系统所需的时间。

此外，由于废水中所含天然放射性核素一般是不挥发性的，因此可采用蒸发的方法处理放射性废水，使其得到有效净化和浓缩。特别在可以利用自然蒸发条件的场合，蒸发可以作为一种有效而经济的净化方法。利用蒸发处理放射性废水的实例见表7-2-13。

第二节　气体中稀有金属污染物的净化

在稀有金属工厂中，废气净化系统应能保证净化后气体中的有害物质含量低于容许浓度。对于稀有金属污染物，一般均采用两级净化。粗净化的净化系数通常为10^2。精净化对放射性稀有金属尤为必要，其总净化系数可为10^6～10^{10}，但必需净化的程度则取决于气体中有害金属的性质及其容许浓度。

当生产过程中的气体产物带有大量贵重物料时，一般采用干式粗净化设备，如旋风收尘器、袋滤器、金属陶瓷过滤器和金属网过滤器，以收集纯贵重物料。当气体中的贵重物料含量少时，可采用湿式粗净化设备，洗液可以返回生产过程，精净化则可以采用玻璃纤维过滤器或高效粒子过滤器。

一、气体中稀有轻金属的净化

1．铍的净化

控制空气中铍污染物的一般方法有：

（1）直接从完全或局部密闭的污染源中抽出污染气体；

（2）串联使用一级或二级空气净化设备，前者主要除去反应气体中较大颗粒，而后者则对较小粒子进行高效净化；

（3）使用高效湿式收尘器或涤气塔以除去气体中的湿的或易吸潮的或腐蚀性的污染物；

（4）用织物过滤器对干尘粒作高效除尘。

铍工厂气体净化设备的效率见表7-2-14。

一般湿法过程采用的净化设备由文氏管-冲击式涤气器或文氏管-文氏管涤气器组合，净化效率多在70～99.5%之间。火法过程采用旋风除尘器或文氏管涤气器等与电收尘器、织物过滤器串联使用，其效率可达99%以上。

所有经过各种气体净化设备处理的尾气最后可通过一超滤器排入烟囱。

2．锂的净化

在锂生产过程中一般多采用湿式收尘。在硫酸法制取锂盐的工厂中，主要的环境保护问题为控制其生产过程中散发的酸雾，而不是低毒性的稀有金属。锂工厂气体净化设备的效率见表7-2-15。

二、气体中稀有难熔金属的净化

1．钒的净化

从空气中除钒一般首先采用旋风除尘，以除去部分小于10μm米的粒子。如加入氯化镁之类的添加剂，则可形成大粒子以提高旋风收尘的效率。旋风收尘后可用织物过滤器或电收尘作两级净化。钒工厂气体净化设备的效率见表7-2-16。

2．钛的净化

用75～95%的硫酸对钛铁矿氯化产生的废气进行淋洗，然后用水洗涤，可以在排入大气时不致产生烟雾。将钛铁矿氯化产出的废气在排放之前用蒸汽处理，亦可改善其作业条件。在用一般方法净化四氯化钛废气时，曾发现在废气排风机上有胶状物质堆积，并最终导致风机堵塞，这种胶状物质主要由废气中残余金属卤化物水解生成。在洗涤阶段前用蒸汽处理废气可以避免胶状物质的生成。

在一个耐酸容器中向废气通入蒸汽，蒸汽的压力和温度并无特殊要求，蒸汽可由几条带喷嘴的管路通入，以达到与废气充分接触，含有蒸汽的废气经过一对流填料涤气塔，使蒸汽冷凝并与金属卤化物水解产物一并排出。

表 7-2-14 铍工厂气体净化设备

生产过程	气体净化设备	净化效率，%
矿石装卸，破碎研磨	织物过滤器	99
烧结炉	湿式喷淋涤气器或文氏管涤气器	80
浸出过滤	湿式喷淋涤气器或文氏管涤气器	80
氢氧化铍包装	织物过滤器	99
氢氧化铍干燥、煅烧	湿式喷淋涤气器及织物过滤器	99
氟化铍分解	文氏管-冲击式涤气器及湿式电收尘	95
还原炉	脉冲袋式除尘器及冲击式涤气塔	99.8
机械加工、金属粉末处理	小直径旋风加石棉助滤织物过滤器	99.9
焊接、热处理	带助滤剂的织物过滤器	99.9
各种实验室排气罩	粗过滤器加高效粒子过滤器	99.95
氧化铍陶瓷制造	玻璃纤维或金属网预过滤器	95
	静电收尘	97
	高效粒子过滤器	99.97

表 7-2-15　锂工厂气体净化设备

生产过程	净 化 设 备	净化效率 %
锂矿开采	湿式喷淋收尘	
锂矿物晶型转化焙烧	自激式湿法收尘器	>98
硫酸化焙烧	湿式涤气器	
混合碱干燥	旋风收尘器及喷淋涤气器	99

表 7-2-16　钒工厂气体净化设备

生产过程	净化设备	净化效率，%
钒尘，10μm粒子	旋风收尘	70～85
5μm粒子	旋风收尘	50～65
发电厂极细的钒尘	电 收 尘	<99.1

采用蒸汽处理的方法可使金属卤化物水解产生的物质具有较小的粘性。加入的蒸汽量应可使废气中所有的金属卤化物水解，一般为废气中残余四氯化钛水解化学计量的1～10倍。在蒸汽处理前后均应使废气在220°C以上，以保证水解产物进入涤气塔，并在塔中除去。可使用任何一种使水气密切接触的涤气塔和填料。涤气塔中加入的水量应足以除去废气中所有金属卤化物的水解产物及氯气等有害组分，一般为1kg废气加入15～20kg水。

在处理二氧化钛水合物煅烧过程中的废气时，采用喷淋塔与电收尘不能完全除去废气中的气溶胶，因此可将废气通入由两滤室串联组成的过滤器中净化，过滤介质采用防水材料，如用硅树脂处理过的玻璃毛或合成的疏水纤维。在第二滤室的上部同气流并行的方向进行喷淋，以洗下气溶胶和气体组分。钛工厂气体净化设备的效率见表7-2-17。

表 7-2-17　钛工厂气体净化设备

生产过程	净化设备	净化效率，%
发电厂	电收尘	95～99
酸性转炉	电收尘	95～99
氧气顶吹转炉	电收尘	99.8
焚化炉	织物过滤器	95～99
钛铁矿焙烧炉	金属陶瓷过滤器	98～100
	文氏管涤气器	>94
氯化炉	两级挡板涤气器	99

3. 锆、铪的净化

锆、铪的性质及冶炼工艺均与钛相似，故从空气中除去锆、铪的净化方法与钛相同。

在生产硅镁锆合金的工厂中，采用湿法涤气器的净化效率可达99%。在氧化锆型砂的生产中，可采用织物过滤器或涤气器对气体进行净化。织物过滤器对细尘及雾状粒子均可达到最大的净化效果。

在燃煤工厂中采用由高效率机械收尘、电收尘及湿式涤气器串联的收尘装置，使锆在各收尘设备烟灰中的浓度逐步降低。锆在各收尘器烟灰中的分配比为：机械收尘器80%；电收尘～2%；飞灰3%；涤气器出口飞灰0.2%；涤气器泥浆4%。

4. 钨、钼的净化

钨、钼的净化可采用一般的气体净化设备，如矿物破碎可采用织物过滤器收尘；矿物焙烧过程烟气可采用织物过滤器或旋风收尘-电收尘的组合装置捕集钨、钼的氧化物及矿物尘粒。钼铁系统排气经旋风收尘后返回使用。化工系统制取钼产品的排气则用湿式涤气器除去其中的钼化合物及其他组分。

5. 钽、铌的净化

钽、铌由于其低毒性，没有关于从气体中净化钽、铌的报道。

钽、铌生产中的主要有害物质为天然放射性金属钍、铀及其衰变产物、氟化氢和氯等。在处理或回收气体中的这些有害物质时，钽、铌化合物亦被同时除去。

三、气体中稀土金属的净化

从空气中除去稀土金属可以采用一般的净化除尘设备。但一般稀土矿物中常含有一定量的天然放射性金属铀、钍及其衰变产物，因此稀土生产中产生的烟、尘或气溶胶亦常带有放射性。除去这些放射性尘粒的方法应与处理放射性金属相同，即采用具有高效率和较少维修的净化设备，如采用以羊毛毡或合成纤维毯过滤介质的反吹过滤器，其效率可达99.946～99.996%。

从稀土金属生产废气中除去铀、钍、镭等放射性金属可参阅有关放射性金属净化一节。

四、气体中稀贵金属的净化

鉴于稀贵金属的高价值，应尽最大可能从含有稀贵金属尘粒的气体中回收稀贵金属。为此应采用高效的精净化设备或采用特殊的净化方法。一种从气体中回收铂或铂-铑合金的方法是：使气体在600～800°C温度下通过一表面物质为氧化镁的固体透气层，然后将氧化物溶于基本不溶解铂及铂-铑合金的酸性溶剂之中，残渣则用以回收铂或铂-铑合金。

五、气体中稀散金属的净化

对从空气中除去稀散金属的研究主要集中于毒性较大而又易于挥发的硒和碲。

1. 硒的净化

从空气中除去含硒的尘粒可采用一般的工业收尘设备，如织物过滤器、湿式涤气器或静电收尘器等。有时硒化合物如二氧化硒以气态形式存于烟气之中，应在除尘之前先行冷却。

在烧煤的发电厂中，可用电收尘除去废气中的硒，硒的沉淀率只为29～60%。

在有色冶炼厂中，阳极泥氧化焙烧炉、熔炼炉、分银炉和精炼炉的含硒烟气经过电收尘、文氏管涤气器、电除雾器净化，然后再排入烟囱。熔炼炉、分银炉、精炼炉系统的文氏管涤气器洗液可作为焙烧炉系统文氏管涤气器的补充液。亦可将含氧化硒的烟气经涤气器和电除雾器处理，或烟气冷却后用织物过滤器净化。

2. 碲的净化

在一项研究中，将含六氟化碲和氟的废气通过一活性氧化铝流化床以除去大部分的氟，然后再由一活性氧化铝填料层以除去六氟化碲。

六、气体中放射性金属的净化

从空气中除去放射性金属应采用高效率而维修较少的设备。除去高毒性气溶胶一般宜采用二级或多级净化。为减少维护工作，可在效率较低的收尘设备中除去大部分尘粒。典型的安排为用一湿式涤气器如离心涤气器以冷却气体并除去大部分粒子，后接一干式过滤器如玻璃纤维过滤器以除去剩余粒子的大部分，最后用一高效的纸过滤器以完成最后的净化。

通常用于净化放射性金属的方法有：

（1）用溶液吸收气体或气溶胶；

（2）用固体吸收气体或气溶胶；

（3）采用填料过滤器过滤气体；

（4）用超细合成纤维过滤器过滤气体；

（5）高空大气扩散；

（6）上述各种方法的配合使用。

各种净化含放射性金属气体的设备及其净化效率见表7-2-18。

氡常用活性炭之类的吸收剂吸收，并用高空稀释的方法排放。

气体过滤常采用玻璃棉、人造丝、橡皮屑之类的填料和带滤布的超细纤维过滤器。这种过滤器在气溶胶放射性为3.7×10^{-2}Bq/L时可连续工作3～6个月。

粉尘过滤常用带滤布的框式过滤器。当粉尘浓度大于0.5mg/m³时，可用填料过滤器预过滤，α放射性可从10^{2}Bq/L净化到10^{-2}Bq/L。

液体洗涤主要采用泡沫涤气塔以除去可溶性气体和其中的悬浮固体，捕集微尘并使之成为浆液。湿式涤气器对净化放射性气体相当有效。但放射性粒子进入洗涤液有可能造成二次污染，并且还存在着放射性悬浮粒子难于分离的问题。此外也还可能存在设备腐蚀和维修的问题。湿法净化放射性气体，不能保证高效除去小于10μm的粒子，用冷凝水蒸汽

表 7-2-18 净化含放射性金属气体的设备

放射性气体种类	净化设备或方法	净化效率，%
粒径大于20μm的放射性尘粒	旋风除尘器	60～90
非粘结性的放射性尘粒	织物过滤器	99
含量小于50g/m³的尘粒	金属陶瓷过滤器	99.9～99.99
	金属网过滤器	99～99.9
含量小于2g/m³的尘粒	水膜除尘器	>90
含量小于40g/m³的尘粒	泡沫除尘器	95～99
粒径为20～0.05μm的尘粒	电收尘	95～99
工业废气	框式过滤器	99.99
排风净化	框式过滤器	99.9
进风净化	框式过滤器	99

的方法易于将粒子从1μm加大至5μm蒸汽消耗为0.1kg/kg气体。

反吹织物过滤器通常用于气体含尘率低和非粘结性尘粒的场合，并可获得高净化效率。

金属陶瓷过滤器和金属网过滤器适用于高温干法净化，可以避免织物过滤器定期更换滤布的困难和温度的限制。根据金属陶瓷的成分，金属陶瓷过滤器可在1000°C以下进行工作。金属网过滤器可在500°C以下和腐蚀性介质中工作，阻力比金属陶瓷过滤器低，气体允许负荷大。

第三节　固体废物处理

一、化学毒性固体废物

具有较强化学毒性的稀有金属固体废物在暂不能加以回收利用时，一般可采用掩埋的方法处置（见表7-2-19）。

目前采用的处理含铍废料的方法如下：

（1）在工厂自备的或在隔离区内的渣坑中掩埋；

（2）含铍的放射性废料在混凝土中封装并加以掩埋；

（3）在政府管理的放置毒性物料的地点掩埋；

（4）在废矿坑内存放；

（5）在工厂自备的装置中焚烧；

（6）在渣坝中存放。

在运送和最后处理过程中，含铍废料必须装在塑料或金属容器中，并加以密封，以防止散发出铍污染物。铍废料焚烧时，可采用湿式涤气器作空气冷却和污染粒子的预收尘，并用高效过滤器作为有效的二级收尘。含铍废料在掩埋时应在塑料容器中封装并放入金属桶中。掩埋必需选择在日后不致露出废料的地点。掩埋地区应设置表明专供含铍废料处置的标志。

二、天然放射性元素固体废物

对在稀有金属生产中产出的含有天然放射性元素铀、钍及其衰变产物的固体废物，当其总α比放射性大于规定标准时，应按放射性固体废物处理。含有天然放射性的固体废物处置方法见表7-2-20。

处理放射性废水所产生的沉淀物一般亦可送至尾矿坝澄清，并将清液返回生产过程以重复使用。

所有放射性废物在排放或进行最终处置之前，均应尽量减少其所含的放射性及其排放量。在排放或处置时亦应提供尽可能减少放射性物质的扩散或渗漏的妥善措施。如铀水冶厂废矿浆在送到尾矿坝之前用石灰中和至pH10～10.5，可将其含铀量从5mg/L降低到0.01～0.02mg/L，镭含量从1.85×10^2Bq/L降低到3.7～7.4Bq/L。

此外，为堆存、运输和最终处置的方便，对部分放射性较高的固体废物可进行固化处理。固化处

表 7-2-19　某些稀有金属固体废物的掩埋处置

稀有金属物质	推荐的掩埋处置法
碳酸铍、氯化铍、氧化铍、硒酸铍及铍粉	废料必需采用焚烧和收尘的方法转化为化学惰性的氧化物
硒化镍	用胶包裹后排放于化学废料掩埋场
硒粉	排放于化学废料掩埋场
五氧化钒	排放于工业废料掩埋场
钽、硅	排放于生活废料掩埋场

表 7-2-20　放射性固体废物处置

处置法	处置物料	处置法内容
堆　存	比活度<2×10^4Bq/kg	应有防止扬散、流失的措施
	比活度$(2\sim7)\times10^4$Bq/kg	应建坝存放
	比活度>7×10^4	应建库或在废矿坑中存放，存放处应作防渗处理
尾矿坝排放	放射性矿浆	应远离居民区并有防渗和防止尾矿扬散的措施
掩　埋	比放>3.7×10^5Bq/kg	应用专门的容器封装，掩埋地点应远离居民区
焚　化	可燃性放射性废物	应有专用焚化炉，气体净化设施

表 7-2-21 稀土放射性渣固化处理

放射性渣	比重	压缩比	减重比	抗压强度,kg/cm²	浸出率
酸溶渣	2.6～2.8	3～4	1.6～1.7	102～136	较低
废水渣	1.8～2.0	6～7	2.4～2.6	51～85	很低

理的方法有水泥固化、沥青固化和塑料固化等。对稀土生产中产出的部分放射性渣所进行固化处理的试验结果见表7-2-21。

三、固体废物的利用

固体废物中稀有金属组分及其他有价物质应尽量加以综合回收，以使这些有用资源能得到最大限度的利用，并同时可以将最终排放的固体废物中的化学毒性和放射性减少至最低限度。对于最终排放的弃渣也可以考虑用于建筑材料或铺填道路等方面，以尽可能减少无用弃渣的堆存量。

对含有剧毒化学物质或放射性的固体废物的利用必须持十分慎重的态度，以防止毒性物质对环境造成二次污染。

美国放射性控制计划管理部门会议组成了的一个专门评价天然产生放射性核素污染的小组。经过调查研究，该小组建议对天然产生铀系衰变放射性物料的采矿、选矿、加工和粉碎等作业在拥有、使用和贮存这些放射性物料时须经特许。特许内容包括：

（1）限制这些物料用于道路结构、其他室外应用以及管理部门规定的其他用途；

（2）禁止将这些物料用于可能导致放射性渣存在于住宅下面、建筑中或其内部的任何目的。

特许应用的范围还包括磷酸盐工业及其他明显具有放射性特征的工业如锆冶炼厂和稀土选矿厂及冶炼厂也应取得特许，以对天然产生的放射性物料进行充分的安全管理。

参考文献

[1] Peoples, J. F. *et al* Control Techniques for Beryllium Air Pollants, US EPA, 1973.

[2] Sittig, M., Pollutant Removal Handbook, Noyes Data Corp. Park Ridge, NJ. 1973.

[3] De Renzo, D. J., Pollution Control Technology for Industrial Wastewater, Noyes Data Corp. Park Ridge, N. J, 1981.

[4] Enderlin, W. I., US DOE Rep. PNL-2593, 1978.

[5] Pover, P. W., How to Dispose of Toxic Substance and Industrial Wastes, Noyes Data Corp, Londen, 1976.

[6] Pattersen, J. W., Industrial Wastewater Treatment Technology, 1985.

第三章　稀有金属生产中的综合利用

编写人　俞集良

第一节　综合回收稀有金属

一、稀有轻金属的回收

1. 从混合碱中回收铷、铯

锂盐生产中副产的混合碱为含钾、钠、锂、铷、铯的碳酸盐。从中回收铷、铯的方法见表7-3-1。此外，亦可将混合碱直接用于磁流体发电。

表 7-3-1　从混合碱中回收铷、铯

回收方法	处理过程	回收产品
氯锡酸盐法	向溶液中通二氧化碳沉淀钾后加盐酸转化为氯化物溶液，再加四氯化锡分别沉淀铷、铯	氯化铷、氯化铯、副产碳酸钾
铁氰化物法	加亚铁氰化钠及氯化锌先后沉淀铷、铯	碳酸铷、碳酸铯铷、铯化合物
溶剂萃取法	用BAMBP等溶剂分别萃取	

2. 铍生产残料回收

含铍残料的回收方法见表7-3-2。

表 7-3-2　从铍生产残料中回收铍

回收原料	处理过程	回收产品
金属铍残料	用真空熔铸炉重熔	再生金属铍
铍青铜残料	加硼砂重熔	再生铍青铜

二、稀有难熔金属的回收

1. 钒的回收

从钛、铀生产中回收钒的方法见表7-3-3。

2. 钛的回收

从钒、钛、锆、钽、铌生产中回收钛的方法见表7-3-4。

表 7-3-3　从钛、铀生产中回收钒

回收原料	处理方法	回收产品
金红石氯化渣	加水浸出，浸出液稀释加热至90°C，通入氯气氧化，加硫酸冷却后调pH值至1.0，用Alamine336-异癸醇-煤油溶液萃取，氢氧化铵-氯化铵反萃。	反萃液用以回收五氧化钒
钛铁矿氯化渣	用热水浸出后用盐酸再浸出，加压水解沉淀钽、铌、钛、锆，浸出液处理同上	五氧化钒
含钒铀矿碳酸钠熔融浸出液	加硫酸沉淀	五氧化钒

续表 7-3-2

回收原料	处理方法	回收产品
烷基磷酸共萃液	用酸反萃，酸性溶液加氯酸钠氧化，中和至pH0.8～1.0，或用碱反萃，碱性及中性反萃液调pH至2.5～3	钒酸钠
叔胺-异癸醇萃余液	加铁粉还原溶液中的铁，加氨使pH＝2.0，用双二乙基已基磷酸-异癸醇萃钒	硫酸反萃液用以回收五氧化钒

表 7-3-4 自钒、钛、锆、钽、铌生产中回收钛

回收原料	处理方法	回收产品
水浸提钒渣	经焙烧还原、酸浸除铁、酸浸液萃铼后的萃余液中水解沉淀钛	人造金红石
钛氯化渣	水洗分离碳和二氧化钛，泥浆中的四氯化钛则加以蒸发冷却回收	返回氯化或制取人造金红石
低沸点馏出液	再精馏分离四氯化钛和四氯化硅	返回生产过程
锆生产中钛渣	用硫酸处理回收二氧化钛	二氧化钛
钽铌生产中的高钛炉渣	用电炉熔炼分离出含钽、铌的合金，炉渣用以回收钛	钛精矿

3．锆的回收

从钛、铀生产中回收锆方法见表7-3-5。

表 7-3-5 自钛、铀生产中回收锆

回收原料	处理方法	回收产品
含水残渣	加浓硫酸碎解可溶出86～96％的锆	硫酸锆溶液
钛氯化渣	用水或水及盐酸浸出钒后加压水解，再用氢氟酸-盐酸溶解，萃取分离钽、铌、锆	锆化合物
铀萃余液	用三脂肪胺-混合醇萃锆、碳酸铵反萃、煮沸过滤	锆精矿（二氧化锆70％）

4．钨的回收

黑钨细铌的回收方法见表7-3-6。自钨及钽、铌生产中回收钨的方法见表7-3-7。

表 7-3-6 黑钨细泥的回收

原矿品位（WO_3），％	处理方法	产品品位（WO_3），％	回收率，％
0.3	全浮选流程	40～50	70
	离心机浮选流程	48.2	59.5
	分支粗选分速精选流程	23.4	70.2
0.08	粗、精浮选和磁选	31～25	
废弃尾矿	浮选和磁选	19～21	

表 7-3-7　钨及钽铌生产中回收钨

回收原料	处理方法	回收产品
砷　渣	氢氧化钠分解、滤液进行离子交换	白钨、三氧化钨
浸出渣	硝酸或盐酸浸出，沉淀用碳酸钠再浸出	钨酸钠
氨溶渣	碱压煮	三氧化钨
白钨分解母液	石灰中和生成二次白钨，用盐酸处理	粗钨酸
沉淀细粒钨酸	热水洗涤，氢氧化钠溶解，加热沸腾	钨酸钠
钽铌萃取残液	加灼烧石英砂生成硅酸及硅氟酸，残液中的钨酸盐与硅酸生成络酸沉淀并被热硫酸分解成钨酸沉淀，用氨溶解	钨酸铵

5．钼的回收

钼的回收方法见表7-3-8

表 7-3-8　钼的回收方法

回收原料	处理方法	回收产品
钼酸沉淀母液	用氨浸渣处理以生成难溶的钼酸钙沉淀，排放液残钼0.1 g/L,钼回收率大于70%	钼酸钙
含钼稀溶液	用活性碳吸附，解吸后可将钼富集至38g/L，用碱性离子交换树脂吸附钼，从母液中转移到洗提液中，钼的回收率达95～96%	含钼溶液
钼加工废水	用离子交换树脂吸附，解吸液中钼可富集到42g/L	含钼溶液
铀、钼叔胺共萃液	在反萃或从反萃液中沉淀铀时分离钼，或用仲胺萃取钼，碱性反萃液可用氯化钙沉淀钼酸钙，或用磷酸并调pH至1.5～1.0后加热沉淀磷钼酸铵	钼酸钙或磷钼酸铵
	用活性炭吸附含铀溶液中的钼，用氢氧化钠淋洗后可获得含钼达20g/L的淋洗液	含钼溶液

6．钽、铌的回收

从钛、钨生产废渣中回收钽、铌方法见表7-3-9。

表 7-3-9　自钛、钨生产中回收钽、铌

回收原料	处理方法	回收产品
高钛炉渣	加入铝粒、石灰石和重晶石在电弧炉中熔炼，产出含少量钛的钽铌合金，进入合金的钽、铌分别占总钽、铌量的95%和96%；合金经氧化焙烧产出钽铌精矿	钽铌精矿
钛含水残渣	加入98%浓硫酸，矿浆温度上升至120～130℃并保持沸腾状态，使含水残渣碎解，铌的溶解率可达85～95%	
钛氯化渣	金红石氯化渣用水浸出过滤，钽、铌水解沉淀物溶于盐酸或氢氟酸中，用仲胺萃取盐酸反萃钽、铌	钽、铌氧化物
钨浸出渣	硫酸化后浸出钽、铌，加热溶液沉淀钽铌精矿，并用氢氧化钠或碳酸钠浸洗除钨	钽铌精矿
仲钨酸铵母液	用氢氧化钠沉淀，盐酸分解	粗钽铌氧化物

三、稀土金属的回收

1．钪的回收

从钛、钨、铀生产中回收钪的方法见表7-3-10。

表 7-3-10 从钛、钨、铀生产中回收钪

回收原料	处理方法	回收产品
钛白水解废酸	P_{204}-煤油萃取，反萃、沉淀和酸溶后再行萃取，三次萃取后的反萃沉淀物酸溶、沉淀和灼烧，氧化钪回收率在60%以上	氧化钪，纯度大于99.9%
钨渣	钨渣用盐酸浸出，用腐植酸沉淀腐植酸钪，再用稀盐酸溶解和草酸沉淀，沉淀率95%，精矿品位为44%	氧化钪精矿
	盐酸溶解、萃取除铁、锰后用 P_{204}-煤油萃取钪，草酸沉淀，反萃后的氢氧化钪用草酸提纯后可制得99～99.9%的氧化钪产品或将除铁、锰后的钪溶液分级沉淀富集、离子交换、草酸沉淀	氧化钪，纯度为99～99.9%
铀DDPA萃取液	氢氟酸反萃并沉淀钪、钍，回收产品含有10%的氧化钪	氧化钪和氧化钍混合物
铀的胺溶剂萃余液	从含 5ppm钪的萃余水相中用伯胺萃取，酸化氯化钠溶液反萃，加氨沉淀	粗氧化钪
铀EHPA萃取液	碳酸盐反萃时进入含铁滤饼，用硫酸重溶，在活性炭催化下用二氧化硫还原铁，伯胺萃取，盐酸反萃，再经离子交换，溶剂萃取，沉淀煅烧，自含钪0.14%的铁渣到氧化钪，回收率达90%	氧化钪，99.9%

2．其他稀土金属的回收

其他稀土金属的回收方法见表7-3-11。

表 7-3-11 其他稀土金属的回收

回收原料	处理方法	回收产品
稀土氯化冷凝物	在氯化铵溶液中溶解，调节酸度至0.7N，加氯化钡及 3 号凝聚剂除钍，滤液用硫酸钠沉淀稀土复盐	稀土复盐
稀土废水渣	热水洗涤，碱分解以及盐酸优溶，碱饼用以回收钍及氯化稀土	氯化稀土
稀土钽铌矿物氢氟酸分解渣	碱转化，硝酸溶解，TBP萃取稀土，反萃液沉淀稀土	稀土氧化物
稀土优溶渣	硝酸全溶，用TBP萃取分离钍、铀及稀土	混合稀土
含稀土废水	加碳酸钠调节pH7～8沉淀稀土	稀土碳酸盐

四、稀贵金属的回收

从除铜、铅阳极泥以外的其他有色冶金废渣中的回收稀贵金属方法见表7-3-12。

表 7-3-12 稀贵金属的回收

回收原料	处理方法	回收产品
湿法炼铜浸出渣	氯化钠浸出-置换流程回收金	金
锌浸出渣	用赤铁矿法将金银富集于铜精矿	贵金属精矿
火法炼锌铅泥	氯化铁浸出-置换流程回收银	粗海绵银
镍阳极泥	二次电解阳极泥后热滤脱硫或加压浸出，水溶液氯化，在渣中富集贵金属	贵金属精矿

续表 7-3-12

回收原料	处理方法	回收产品
二次铜镍合金	盐酸-硫酸浸出-萃取脱硫，富集贵金属	贵金属精矿
银电解液	加热浓缩焙解浸出硝酸银，滤渣用硫酸浸出，滤出钯银粉，电解产出电银和黑钯粉	电银、黑钯粉
银阳极泥	二次电解提银，产出黑金粉，电解回收金	电　金
金电解废液	加氯化亚铁还原沉淀金粉，溶液用锌置换	铂钯精矿
金阳极泥	铂族金属聚积至一定程度时提取铂族金属	贵金属精矿

五、稀散金属的回收

稀散金属一般均为有色冶金副产物，如镓产于氧化铝生产母液；铟、硒、碲、铊产于铜、铅阳极泥；锗产于锌浮渣和烟尘；铼产于钼烟尘及母液。除这些主要的稀散金属生产原料外，对其他一些回收稀散金属的原料处理方法见表7-3-13。

表 7-3-13　稀散金属的回收

回收原料	处理方法	回收产品
水浸提钒渣	水浸提钒渣含镓0.012～0.015%，经还原焙烧和预酸浸除铁、盐酸浸镓、萃取、电解，镓总回收率可达64.4%	金属镓，99.99%
锌浸出渣	黄铁钾矾法、赤铁矿法、回转窑挥发或高压浸出	镓、锗、铟精矿
锌冶炼铜镉渣	置换或萃取	铟及铊精矿
锌焙烧烟尘	酸浸沉淀氯化复盐	铊 精 矿
铅电解液	脱铅盐酸沉淀，酸浸，置换	铊 精 矿
铜烟气洗涤酸	萃取	高铼酸盐
铝精炼阳极合金	酸溶，沉淀	镓 精 矿
钼循环吸收液	氯化钾沉淀结晶	高铼酸钾
锡反射炉烟尘	熔炼二次烟尘，沉淀锗、铟精矿	锗、铟精矿
铜鼓风炉烟尘	高温焙烧挥发，浸出，置换铜镉，沉淀	铼、铊精矿

六、放射性金属的回收

从冶炼废渣中回收放射性金属的方法见表7-3-14。

表 7-3-14　放射性金属的回收

回收原料	处理方法	回收产品
锆冶炼铀渣	盐酸溶解，N_{235}或TBP萃取，氨水沉淀	重铀酸铵
铀萃余液	TBP萃钍，氨水沉淀	氢氧化钍
铪萃余液	伯胺萃取，氨水沉淀	氢氧化钍
氯化炉渣	硫酸或硝酸 盐酸混酸浸出，浸出液用于提取钍、铀浓	钍、铀化合物
稀土优溶渣	硝酸全溶，TBP萃取分离稀土、铀、钍	重铀酸铵、硝酸钍
稀土废水渣	热水洗涤，碱分解，碱液回收铀，碱饼盐酸优溶回收钍及稀土	钍、铀原料
粗磷酸三钠	重溶，加锌粉、硫酸亚铁及石灰水沉淀铀，硝酸溶解后用TBP萃取	重铀酸铵
黑钨酸分解废液	仲辛醇萃铁，P_{201}-TBP-煤油协萃铀，钍、铀，钍萃取率均达98～100%	重铀酸铵、氧化钍
钽铌矿氢氟酸分解渣	碱转化，硝酸溶解，用TBP萃取分离稀土及钍、铀	重铀酸铵、硝酸钍

七、半导体金属的回收

半导体金属的回收方法见表7-3-15。

表 7-3-15 半导体金属的回收

回收原料	处理方法	回收产品
三氯氢硅氢还原尾气	−85°C深冷	三氯氢硅
三氯氢硅冷冻液及氯化液	粗馏、精馏提纯高沸成分	四氯化硅
锗碱性腐蚀液	氯化铵沉淀	锗酸盐
锗酸性腐蚀液	硼砂和氨水沉淀，或加氨水和丹宁沉淀	锗化合物
锗切削油	脱油磨细、碳酸钠焙烧、氯化蒸馏	四氯化锗
锗研磨料	烘干磨细、氯化蒸馏或在蒸馏前加碳酸钠焙烧	四氯化锗
锗酸盐溶液	中和加丹宁沉淀	锗精矿
锗屑	汽油清洗、高温通氯	四氯化锗

第二节 稀有金属废料回收

一、稀有轻金属废料回收

金属铍废料经真空熔铸，铍青铜废料经再熔化，可作为再生金属铍和再生铍青铜回收。

二、稀有难熔金属废料回收

1. 钒废料回收

钒废料回收的方法见表7-3-16。

表 7-3-16 含钒废料的回收

回收废料	处理方法	回收产品
金属钒废料	脱脂后进行电解精炼，电解质为 $KCl-LiCl-VCl_2$，温度615°C，钒回收率88～93%	金属钒大于99.9%
钒催化剂废料	焙烧后于200°C下用氨水压煮，析出钒酸钠结晶，干燥煅烧	五氧化钒
	用氢氧化钠或碳酸钠在焙烧后进行浸出，于滤液中通氨与二氧化碳沉淀钒酸铵	钒酸铵
钒钼催化剂废料	焙烧后用氢氧化钠浸出或用水蒸气-氯化钠焙烧，从浸出液中萃取钒、钼，并沉淀钒后以五氧化钒回收	五氧化钒
含钒的废钴钼及镍钼催化剂	碳酸钠焙烧、浸出液净化后分别沉淀钒酸铵和钼酸，沉淀钼后溶液中的残余钼及钒用溶剂萃取	钒酸铵或五氧化钒

2. 钛、锆废料回收

钛、锆废料的回收方法见表7-3-17。

表 7-3-17 钛、锆废料回收

回收原料	处理方法	回收产品
钛废料	将一种溶剂（如三氯乙烷）汽化并与钛废料混合，冷凝含油蒸汽并滤去冷凝的溶剂，用盐酸-氢氟酸混酸浸出除去氧化物，水洗，干燥，真空熔铸	金属钛锭
锆废料	氢脆粉碎后，压成自耗电极用于电弧熔炼	金属锆

续表 7-3-17

回收原料	处理方法	回收产品
锆废料	氧化废料用热的氟化铵除去表面污染层，生成的锆氟酸铵可溶解并转化为氧化锆	氧化锆
	筛分为铁、硅、铝所污染的锆废料，初步分离后用稀盐酸浸洗，并用一溶剂（如四氯化碳）除去切屑油，用含1％氟化铵的硝酸溶液洗去表层的氧化锆，然后回收金属锆或氧化锆	金属锆或氧化锆

3．钨、钼废料回收

钨、钼废料回收工艺见表7-3-18。

表 7-3-18　钨、钼废料回收

回收废料	处理方法	回收产品
碳化钨基硬质合金	冷流法，锌溶法	硬质合金原料
	浸出研磨法	碳化钨
	氯化—分馏—氢还原法	金属钨
	电解法（阳极溶解）	钨酸、仲钨酸铵
	硝酸钠/碳酸钠法	钨酸钠
	氧化—碱浸法	三氧化钨
	硫酸法	三氧化钨
	电溶法脱钴	碳化钨
钨金属残料	电解法	钨酸、仲钨酸铵
	氯化—分馏—氢还原法	金属钨
	氧化—碱浸法	三氧化钨
钨钼丝	分选，氢脆，磨细，溶钼，滤出钨粉后沉钼	粗钨粉，氧化钼
钨铼及钼铼合金	氧化挥发钼及铼，分离三氧化钨，二次低温挥发，分离钼，铼	三氧化钨、氧化钼、氧化铼
钨钢废料	与苏打共熔或用热氢氧化钠溶液处理，净化后沉淀人造白钨矿	人造白钨矿
钍钨废料	电解法（阳极溶解）	钨酸、仲钨酸铵
磨削钨尘	磁选后用硫酸处理	钨精矿
钼废料	空气氧化挥发后溶于氨水	钼酸铵
	硝酸加热氧化，沉淀钼酸，加氨制取钼酸铵，母液中残钼用离子交换或萃取法回收	钼酸铵
钨催化剂	脱硫焙烧，碳酸钠压煮，净化沉淀	人造白钨矿
镍钨铝催化剂废料	氢氧化钠碱浸，滤液加氯化钙沉淀，渣用以回收镍、铝	合成白钨矿
钼催化剂废料	盐酸溶解，氨沉淀，母液用吸附法回收钼	再生催化剂
镍钼铝催化剂废料	焙烧后氯化，通空气脱氯或用水解法生成三氧化钼、氯化残渣用以回收镍、铝	三氧化钼
钴钼及镍钼催化剂废料	碳酸钠焙烧，浸出液净化后沉钒，沉淀钼酸，萃取回收母液中残余钼、钒	三氧化钼
钒钼催化剂废料	焙烧后用氢氧化钠浸出或用水蒸气-氯化钠焙烧，从浸出液中萃取钒、钼	三氧化钼

4．钽、铌废料回收

钽、铌废料的回收方法见表7-3-19。

表 7-3-19 钽铌废料回收

回收废料	处理方法	回收产品
钽制品、碳化钽及氧化钽	氢氟酸溶解，沉淀，盐酸溶解，再次沉淀和用氢氟酸溶解、三次沉淀钽，草酸溶解，蒸煮，过滤，干燥，煅烧	氧化钽
钽、铌电容	用王水溶解，灼烧或破碎后分离包复树脂，溶去金属导线及极板膜，在氢气中用融溶钙或镁脱氧，溶去氧化物后磨粉，或在脱氧前氢脆和磨粉	钽粉，铌粉
铌废料	氢脆后粉碎，在真空中烧结或熔化	铌

三、稀土金属废料回收

稀土金属废料的处理方法列于表7-3-20。

表 7-3-20 稀土金属废料回收

回收废料	处理方法	回收产品
废荧光粉	用药剂及矿物酸除去污染物	再生荧光粉
	矿物酸溶解，净化，加溴酸沉淀，热分解	稀土氧化物
	溶于硝酸，加双氧水氧化，阳离子交换树脂吸附钇、铕，稀盐酸洗出杂质后用浓盐酸洗出钇、铕，草酸沉淀、干燥煅烧	
	硝酸溶解，氨水沉淀后硝酸重溶，草酸沉淀后干燥煅烧	氧化钇，氧化铕
	加过量盐酸和过氧化氢转化，草酸沉淀后干燥煅烧	氧化钇，氧化铕
钐钴合金废料	盐酸溶解、草酸沉淀、氢氧化钠及草酸洗涤、干燥煅烧	氧化钇，氧化铕
	盐酸溶解，加盐酸羟胺，用D_2EHPA及煤油萃取，盐酸反萃，草酸沉淀，干燥煅烧	氧化钐
含氧化钐废料	加锌合金压团，于真空下加热蒸发钐，冷凝捕集	氧化钐
磁泡存贮器废料	磨细后于120°C干燥，加热至600°C挥发杂质，在盐酸中沸腾溶解，双氧水氧化，草酸沉淀，干燥煅烧	氧化钆

四、稀贵金属废料回收

稀贵金属废料的处理工艺列于表7-3-21。

表 7-3-21 稀贵金属废料回收

回收废料	处理方法	回收产品
银触头	氰化钠溶解，锌粉置换，碳酸钠溶解，电解	电银99.9%
电子工业含银废料	硝酸溶解，氯化钠沉淀，锌粉还原	粗银98%
	直接电解	电银99.3%
废显影、定影液	硫化钠沉淀，碳酸钠溶解、电解	电银
	铁或锌粉置换	粗银
	直接电解法	电银95%
	连二亚硫酸钠还原	粗银96%
氧化银电池	硝酸溶解，氯化物沉淀，锌粉置换	粗银
	灼烧后用稀硫酸浸出锌，在有氧化剂存在的情况下硫酸溶铜，银渣熔炼	粗银98%

续表 7-3-21

回收废料	处理方法	回收产品
废感光材料	烧灰后，加苏打和硼砂熔铸，电解	电银
	含氰及硫酸盐离子的碱液处理，电解	电银
	用氢氧化钠及亚硫酸钠处理，硼氢化钠还原	粗银
	盐酸处理，锌粉置换	粗银
	蛋白酶溶解明胶层，电解	电银
银饰废料、碎银、银粉、旧银币	硝酸溶解，氯化物沉淀，锌粉置换	粗银
	浓硫酸浸出，滤出不溶物后水稀释滤液沉淀硫酸银，稀氨水溶解，氢还原，过程中产出废液可用氢硼化钠、硫化氢或硫化钠回收银	金属银
含银非金属废料	用2～10%硫酸溶液与1～5%无水铬酸溶液处理，氯化物沉淀，还原	粗银
金、银废电镀液	离子交换吸附，灼烧离子树脂，硝酸溶解，滤液沉淀氯化银，不溶渣用王水溶解、回收金、铂	氯化银、金、铂
含金银屑料	硝酸溶解，滤液沉淀氯化银、滤渣用王水溶解过滤，中和，二氧化硫或硫酸亚铁等还原	氯化银，粗金
金银合金废料	王水溶解，滤液还原回收金，滤渣用碳酸钠及硝酸溶解沉淀氯化银，不溶物再用王水溶解回收金	氯化银，粗金
含金、银稀溶液	旋转圆筒电极电积法	电金，电银
含金废料	熔化水淬成粒，盐酸和氯气浸出，沉淀，氰化钠溶解，活性炭吸附，解吸后沉淀或在氰化物溶解后直接电解	高纯金99.99%，粗金或电金
	在硫脲及亚硫酸钠电解液中电溶并为亚硫酸钠还原，沉淀用硝酸溶解，王水再溶解，二氧化硫或硫酸亚铁还原金	金粉99.9%
含铜金废料	熔化水淬成粒，硝酸溶解，滤渣洗涤后加王水溶解，还原沉淀	金粉
含金屑料	王水溶解，中和，还原	金粉
含金非金属废料	碎瓷等物料用硫脲、硫酸和硫酸高铁浸出，离子交换，灼烧离子交换树脂以回收金	粗金
金-铂废喷头及含金-铂废料	王水溶解，还原，过滤，滤液回收金，滤渣用氨水沉淀回收铂	粗金、粗铂
半导体工业含金废料	切断、粉碎后用王水或氰化物溶解回收金，或用含5%氯化钾的溶液溶解金、萃取回收金，含微量金的洗液则用离子交换树脂吸附回收金	金粉
铂、钯催化剂废料	预处理后用王水溶解，滤液用还原法回收铂、钯	粗铂、粗钯
	硫酸或氢氧化钠溶解，滤出粗铂或粗钯，或用氯化法或合金化法分离出铂化合物或铂合金	粗铂、粗钯
	钯废催化剂可用硫酸、硝酸或盐酸溶解，铜粉还原，滤渣用王水溶解，沉淀	粗钯
铂-铑合金废催化剂	王水溶解，中和，滤液用氯化铵或氨沉淀回收铂，滤渣用盐酸溶解，还原回收铑	铂、铑
铂-铑合金废料	酸溶，滤渣用王水溶解，过滤后从溶液中回收铂，从不溶渣中回收铑	铂、铑
铂废料	王水溶解，滤液用锌或铝粉还原沉淀粗铂，铂坩埚废料在王水溶解前用氢氟酸预溶出钠、硅的氟化物	粗铂
铱废料	锡熔蚀，铱锡合金粉溶于王水，亚硝酸法络合水解，水合联氨还原，溶解，提纯	铱粉99.99%

续表 7-3-21

回收废料	处理方法	回收产品
铂铼废催化剂	煅烧破坏有机物，盐酸-硝酸溶解，阴离子交换吸附铂，用稀盐酸洗涤灼烧树脂以回收铂，吸附铂后的溶液加硝酸二次阴离子交换吸附铼	铂、铼
铼钼废料	氢还原，盐酸-硝酸溶解钼，锡碎化法熔蚀废料，盐酸除锡，王水溶解，提纯	铼
含铂铑非金属废料	磨粉后与白云石及纯碱混合焙烧，盐酸浸出或用重力选矿富集、盐酸浸出提纯	铂、铑
含贵金属陶瓷	挥发贵金属氧化物，氢还原	铂族金属
含钌废料	浸入氟硼酸溶液转化为氟化钌，再转化为三氯化钌	α-三氯化钌

五、稀散金属废料回收

稀散金属废料的回收工艺列于表7-3-22。

表 7-3-22 稀散金属废料回收

回收废料	处理方法	回收产品
磁泡存贮器废料	磨细加热分解杂质，盐酸沸腾溶解草酸沉钆后，溶液调至pH＝12电解	电镓99.99%，含钆小于0.3ppm
铟铅合金或铟锌合金	氢氧化钠及硝石加热处理，选择氧化回收铟，合金中有锡、砷、锑等杂质时用氯或氯化剂处理含铟熔体，以氯化物形态回收铟	铟或氯化铟
铟屑	鼓风炉处理后用化学法和电冶金法回收	铟或电铟
硒废料	机械方法预处理压实后蒸馏提纯，产出金属用亚硫酸钠溶解，滤液沉淀、蒸馏提纯	高纯硒
硒催化剂	溶液与汞盐接触，不溶性汞-硒化合物沉淀分别回收汞、硒	硒
	用铜和其他B族金属作负载金属，	硒
	与氨水或碱金属氢氧化物或过氧化氢溶液接触，从富硒的水相中回收硒	硒
	与氯化铜生成铜-硒化合物沉淀	硒
静电复印设备废料	将涂复物料浸入碱金属氰化物溶液中，用酸沉淀硒，或用高压水剥下硒或硒合金，或用有机溶剂溶解而与杂质分离	硒
	用分馏法与各种污染物分离	硒99.999%
含铼废液	加入一正电性大于铜的金属粒子沉淀铼，同时加入铜或银族载体金属负载铼共沉淀	铼盐

六、放射性金属废料回收

放射性金属废料的回收方法见表7-3-23。

表 7-3-23 放射性金属废料回收

回收废料	处理方法	回收产品
钍钨废料	制成阳极在氢氧化钠溶液中电解，氢氧化钍进入沉淀	氧化钍
金属铀废料	脱脂后加入氟化钡-氟化锂-氟化铀熔盐中电解产出金属	金属铀
含铀矿山浸出水及矿井水	用离子交换法可自含量仅为几个ppm的矿井水中回收铀	铀盐

七、半导体金属废料回收

半导体金属废料的回收方法见表7-3-24。

表 7-3-24　半导体金属废料回收

回收废料	处理方法	回收产品
锗废料	预处理后加盐酸及氧化剂或在高温下通干燥氯气氯化	四氯化锗
废锗二极管	轧碎过筛，筛下物磨细至100目，加碱粉焙烧，氯化提纯	四氯化锗
废锗三极管	脱管帽，用酸浸泡，分开管座，镓、铟等进入溶液，锗片高温通氯、提纯	四氯化锗

第三节　稀有金属生产中副产品的回收

一、稀有轻金属生产中副产品回收

铝铵矾、镁还原渣是在硫酸法制取氧化铍及镁还原法制取金属铍生产过程生成的废料，锂渣则产自石灰法制取锂盐的过程。对这些副产品的回收利用方法见表7-3-25。

表 7-3-25　稀有轻金属生产中副产品回收

回收原料	回收方法	副产品及用途
铝铵矾	配制成5%溶液	废水絮凝剂
镁还原渣	用氢氟酸浸出杂质，洗涤，烘干，煅烧	工具级氟化镁
	用硫酸及氢氟酸-硫酸两次酸浸及多次水洗后烘干煅烧	光学级高纯氟化镁
锂渣	配入高炉水渣及石膏煅烧，或与石灰石、铁粉、萤石配合煅烧	无熟料水泥或锂渣水泥
	加石灰石、矾土和石膏煅烧成熟料，再配入适量石膏，或用以制作TS速凝剂	早强水泥或早强喷射混凝土
	盐酸酸化，蒸发干燥，其中性渣再经酸化处理或干燥后磨细，或经盐酸酸化后热水洗涤过滤烘干粉碎	氯化钙及活性白土、造纸填料或白炭黑
	代替石灰石，降低玻璃熔化温度并改善其抗内压和热稳定性能	玻璃添加剂

二、稀有难熔金属生产中副产品回收

1. 钛、锆生产中副产品回收

钛、锆生产中副产品的回收方法列于表7-3-26。

表 7-3-26　钛锆生产中副产品回收

回收副产原料	回收方法	副产品及用途
氯化镁渣	电解回收氯及镁	氯，镁
含氯废气	溶剂吸收或活性炭、硅胶吸附后解吸	氯
含氯化氢废气	水吸收或氯化亚铁溶液吸收	稀酸或氯化铁
氯化物废渣	氧化焙烧回收稀盐酸，或与尾气喷入炉内燃烧，吸收生成的盐酸气，金属氧化物残渣则用于炼铁	稀盐酸，氧化铁
	加氧化铁及氧进行两次氧化焙烧	氯及氧化铁
	用氢还原为铁粉	氯化氢及铁粉

续表 7-3-26

回收副产原料	回　收　方　法	副产品及用途
精馏馏出液	再精馏回收四氯化钛后并回收四氯化硅	四氯化硅
含铜钒废液	直接电解或用铁置换后硫酸溶解	粗铜或硫酸铜
钠渣	加热过滤回收	液钠、氧化钠
废硫酸	硫酸法制取二氧化钛的废酸用石灰石中和	石膏建筑材料
废氨或氨水	冷凝、蒸发冷凝或用水吸收	氨水或制化肥
碱分解洗液	液相蒸压，并加入石英砂和液碱	泡化碱商品

2．钨、钼生产中副产品的回收

对辉钼矿焙烧生成的二氧化硫以及对钨、钼生产中其他副产品的回收见表7-3-27。

表 7-3-27　钨、钼生产中副产品回收

回收副产原料	回　收　方　法	副产品及用途
二氧化硫	软锰矿吸收，脱硫效率为95%	硫酸锰
	纯碱吸收，脱硫效率为88～90%	亚硫酸钠
	氧化氮一硫酸法，尾气SO_2浓度小于0.05%	70～75%硫酸
	石灰一亚硫酸钙法	半水亚硫酸钙
含氨酸性废水	用氨水中和，滤液蒸发结晶	氯化铵
废盐酸	石灰中和	氯化钙
含锡白钨中矿	氧化焙烧，盐酸分解，钨酸氨溶或碱溶后过滤，或碳酸钠高压浸出	锡精矿
氨气	蒸发冷凝或水吸收	氨水
氢气	干燥、净化	氢
碱性浸出液	加硫酸冷却结晶	硫酸钠

3．钽、铌、钒生产中副产品的回收

钽、铌、钒生产中副产品的主要回收工艺见表7-3-28。

表 7-3-28　钽、铌、钒生产中副产品回收

回收副产原料	回　收　方　法	副产品及用途
提钒沉淀废液	加碳酸钠沉淀铬以回收氧化铬，滤液蒸发结晶硫酸钠	氧化铬及硫酸钠
钽铌萃取残液	加入石英砂，过滤后加硫酸钠沉淀，母液用氢氧化钠中和	硅氟酸钠、硫酸钠
	用氨中和后过滤，制取冰晶石后的母液蒸发结晶	冰晶石、硫酸铵
	蒸发浓缩，冷凝	氢氟酸、硫酸
	稀释，氨中和，空气氧化，滤液蒸发结晶，加热分解后用水吸收	氟化铵、硫酸铵
钽铌沉淀母液	蒸发结晶，水溶后通氨或将结晶物加热升华后用水吸收	氟化铵
	加硫酸及氯化钠溶液沉淀	冰晶石、硫酸铵

三、稀土金属生产中副产品回收

稀土金属生产中副产品回收方法见表7-3-29。

表 7-3-29 稀土金属生产中副产品回收

回收原料	回收方法	副产品及用途
独居石碱分解液及洗液	蒸发结晶重溶后除去放射性金属，再重结晶或用石灰水沉淀，母液中的氢氧化钠则返回使用	磷酸三钠或磷酸钙、氢氧化钠返回使用
浓硫酸焙烧尾气	冷凝后再用水吸收，吸收的混酸加石英砂及硫酸钠	硫酸、硅氟酸钠
稀土复盐碱转化上清液	冷却结晶或加入氢氧化钠析出结晶	硫酸钠
电解尾气	氢氧化钠吸收	次氯酸钠

四、半导体金属生产中副产品回收

半导体金属生产中副产品回收工艺见表7-3-30。

表 7-3-30 半导体生产副产品回收

回收原料	回收方法	副产品及用途
氯化氢废气	多晶过程中产出的氯化氢用水吸收，汽提还原过程产出的氯化氢经水解净化以除去四氯化硅，用高沸液体吸收或活性炭吸附以除去氯烷	纯氯化氢
氩废气	升压并使可燃成分氧化为二氧化碳后经碱洗除去，残存的氧和氢反应生成水并经吸收后深冷分离	再生氩，返回使用
氢废气	深冷分离出三氯氢硅及四氯化硅，使氯化物水解并溶去生成的氯化氢，经碱液洗涤后的氢用催化剂和硅胶处理，再经分子筛和过滤器净化	再生氢，返回使用

参 考 文 献

[1] Sittig, M., Resource Recovery and Recycling Handbook of Industrial wastes, Noyes Data Corp. Park Ridge, N. J, 1975.

[2] Sittig, M., Metal and Inorganic Waste Reclaiming Encyclopedia, Noyes Data Corp. Park Ridge, N. J, 1980.

第四章　稀有金属生产的环境管理及改进措施

编写人　俞集良

第一节　环境管理

一、铍工厂的环境管理

1．美国铍工厂的环境管理

美国国家职业安全与保健研究院对铍工厂环境管理建议如下：

（1）应采取各种措施（包括报警器、淋浴和清洗装置、全面罩或供气的呼吸器、铍的灭火剂等）以应付铍污染物大量释出的情况；

（2）应采用适当的通风方法以减少空气中的铍浓度和防止铍尘及雾的局部聚集；

（3）室内不能进行干扫，应重视溢出物的清理和设备的定期检修；

（4）铍废料在密封容器中收集，铍屑应返回使用或埋存；

（5）仅允许工作需要的人员进入铍区，所有进入铍区的人员均应按规定要求穿着防护服；

（6）应对所有工作人员进行有关维修、清扫和呼吸器及防护服的使用等方面的专门训练；

（7）对所有工作人员进行全面的病史调查和体检，每年一次身体检查；

（8）所有含铍和铍化合物的运输和贮存容器均应有警告标记，并注明使用时必要的防护措施，在铍区入口以及易于产生铍及铍化合物污染的地方应设置警告标志，禁止接近；

（9）当铍超过允许浓度时，必须使用呼吸保护设备，并应根据铍尘浓度及实际情况而选用适当的呼吸器；

(10) 防护服在每个工作班后进行更换，污染防护服的存放、运送和处理均应密封在不回收的容器内，并加上易于识别的标记，脱下防护服前应用真空除尘，并只允许在更衣室内脱下防护服；

(11) 告知每一工作人员铍的危害性、过暴露的征兆和相应的应急措施以及预防的方法；

(12) 禁止在铍区制作食物或进食，工作服与家庭服应分开存放，下班后必须淋浴方可更换家庭服，浴室应设于清洁区与污染区之间；

(13) 至少每季度从工作人员的呼吸区取样一次并计算其计时重量和高峰值，并告知工作人员取样的结果，当平均值和高峰值超过规定标准时，应进行以30天为一周期的取样、测定和记录，直到连续二个周期的结果均达到标准为止。

2．日本铍工厂的环境管理

日本的“特定化学物质障害预防规则”中对铍及含铍物质制造的许可标准规定如下：

（1）铍及含铍物质的烧结及煅烧设备应置于与其他作业区隔离的室内场所，并加局部排风装置；

（2）铍及含铍物质的制造设备（烧结、煅烧设备、电弧炉等制造铍铜设备和自氧化铍制造高纯氧化铍设备除外）均应采用密闭结构；

（3）处于密闭状况的设备在运行中需检查其内部状况时，应使之便于对其内部进行观察；

（4）制造及处理铍及含铍物质的作业场所的地面及墙壁应采用不透性材料建造；

（5）对以熔融状铍及含铍物质制造合金的电弧炉等设备，应在下述作业点设置局部排风装置：a.在电弧炉上进行作业，b.从电弧炉放出金属熔液，c.抽出熔融状铍及含铍物质气体，d.熔融铍的除浮渣，e.熔融铍的铸造作业；

（6）因电弧炉电极插入部分间隙较小，应采用砂封；

（7）铍及含铍物质的输送、搬运应采取使操作者身体与铍及含铍物质不直接接触的方法；

（8）处理粉状铍及含铍物质（除输送、搬运作业外）时应在隔离室内进行远距离操作；

（9）在进行粉状铍及含铍物质的计量、装料、出料、包装等作业而又对实行上述规定有明显困难时，可采取操作者身体不与铍及含铍物质直接接触的方法，且在该作业场所设置环绕式或箱式通风罩等局部排风装置；

(10) 在进行铍及含铍物质的制造及其有关处理作业时，为防止含铍粉尘散发和对操作者的污染，应按规定的必要作业规程进行操作：a.铍的加、出料，b.含铍物料的运输，c.铍及含铍物质的空气输送装置的检查，d.滤布式收尘器的滤布更换，e.采样及为此而使用的器具处理，f.在异常事态发生的场合所采取的紧急措施，g.防护器具的装置、检查、保管和修理，h.其他防止铍尘散发的必要措施；

(11) 操作者在从事铍及含铍物质处理作业时，应穿戴工作服及防护手套。

3．苏联铍工厂的环境管理

苏联的“铍和铍化合物工作的卫生规章”及“铍和铍合金工作的工业卫生安全技术条例”的要点概括如下：

（1）所有处理铍的作业及试验室工作均应在具有独立通风设施的隔离场所中进行，并必须进行70次换气和保持不大的负压，厂区空气必须经过特殊过滤后方可排入大气，作业区应按设备区、检修区和操作区进行三区布置，在一般车间内禁止装置处理铍及其化合物的设备；

（2）所有可能引起气溶胶释入空气中的作业均必须密闭和机械化，并进行局部排风，在开口处风速应不小于1m/s；

（3）所有与干燥的铍及其化合物粉末有关的作业均必须在密闭的手套箱内进行，并必须保持0.117～0.245Pa的压力；

（4）加工铍及其合金的设备应保持密闭并设置局部排风，其局部排风口的风速应为10～15m/s；

（5）盛有少量铍及其化合物的密闭容器可存放在普通仓库中，未包装的铍锭及其合金应在单独的仓库中存放；

（6）生产厂房的墙壁、地面应易于清扫，地面应使用接缝最少的大型面材，墙壁应贴塑料或刷耐酸漆直至天棚，所有工作用具应有光滑的表面，各种被污染的废物均应置于密闭的容器中；

（7）所有排风管路均应设置专门的取样装置，所有生产车间和实验室均应定期进行空气取样检查和定期检查过滤器工作效率及排入大气的空气清洁程度；

（8）所有生产人员均必须严格遵守有关个人卫生的各项规定并定期接受医务检查。

二、稀有难熔金属工厂的环境管理

1．钒工厂的环境管理

日本“特定化学物质等障害预防规则”中将五氧化钒列为第二类管理物质，其生产设备应采用密闭方式并应设置局部排风装置。

日本“劳动安全卫生法”中适用于五氧化钒制造厂的规定有：

（1）制造和管理的作业需经主任选定；

（2）厂区和产品应有明显的标志；

（3）新工人在参加工作时须进行劳动生产教育。

日本劳动省“重油锅炉清扫作业中预防五氧化钒等的危害”的主要内容如下：

（1）在清扫前应使锅炉及烟道内充分换气；

（2）清扫作业应带软管面具或防尘面具及不透性防护手套；

（3）清扫前应首先进行给湿抑尘；

（4）禁用喷灯以防止有害物质的散发；

（5）作业终了以及显然受到污染的场合，应进行洗漱，有异常症状出现时应中止作业；

（6）保持清洁，如家庭服及工作服分别存放，吸烟及进食前应进行洗漱等；

（7）进行卫生教育，预防危害以及学习防护工具的使用及检修方法等；

（8）作业中或作业后有表现异常的症状应立刻接受诊治处置。

2．粉末冶金工厂的环境管理

稀有难熔金属的粉末冶金工厂的环境管理工作根据有关文献，可大致归纳如下：

（1）粉末冶金工厂条件的根本改善必须要求生产厂房及设备符合现代卫生要求，生产过程应实现机械化和自动化；

（2）必须装置局部排风设备以排除可燃性气体产物和自炉口逸出的气体，所有产生粉末的过程均应密闭并装设局部排风装置；

（3）球磨、振动磨及其他研磨机械和混合设备的加料、卸料口及与之连接的运输管路必须密闭并装设局部排风装置，称量工作应自动化，原料分级用的振动筛及其他设备应与破碎及研磨设备联锁；

（4）粉末物料应用汽油、酒精等作塑化剂，并在带有自动配料器的密闭混合器中进行混合，准备好的混合料应放入密闭容器中，并在带有通风装置的专用柜内贮存；

（5）所有配料和中间产品的检测、清理以及向舟皿装料等工作均应在排风罩下进行，并在具有自动将舟皿倾倒到振动筛上的装置的专用风罩下进行卸出成品的工作，在振动筛上分离制品、用油或硫浸渍制品、硬化和其他作业均应在带排风装置的专门防护罩中进行；

（6）应用湿法进行烧结制品加工，机床应装有局部排风装置和金属碎屑防护罩，通过罩上开口处的风速不低于1m/s；

（7）人工清理制品的工作台必须装有通风罩，抽气速度不小于1m/s，在压机台工作面一侧至少保持0.6m/s的抽气速度；

（8）对暴露于粉尘的工人应提供防尘呼吸器；

（9）应将设备合理联接配置，组成一个能大量减少粉尘的密闭流水线；

（10）应用真空-空气系统以解决粉尘散发问题，并用空气分离法避免粉尘进入工作室；

（11）应最大限度减少卸料时物料的下落高度，卸料口应降至接受容器的底部，并能随装料高度的增加而升高，吸气管亦同时向上移动，金属粉末的包装最好采用具有旋转叶片加料器的包装机，或使用包装毒性物料的包装机；

（12）对产生粉尘的物料运输应采用气动输送，并以真空气动输送最为有效，以消除粉末自管路不密封处进入工作室的可能性。

3. 钛工厂的环境管理

苏联“海绵钛和钛粉生产安全技术规程”中对海绵钛及钛粉的生产安全措施有详细的规定，其中与环境保护有关的主要内容有：

（1）工艺及通风设备和管路等应采取防腐措施；

（2）四氯化钛有关的设备应密封，并应有紧急存放产品的措施，操作人员必要时应使用呼吸保护装置；

（3）取样和检测管口必须有完全密闭的开关，并设在通风柜内；

（4）输送氯、氢及其他毒性和爆炸性气体的设备和管路应符合易燃、毒性和液化气体安全规程的要求；

（5）物料输送应机械化，采用气动输送时所有设备均应密闭，其控制应尽量自动化；

（6）毒性粉尘的输送、称量与包装作业应密闭和机械化；

（7）集中排风设备必须有100%的备用；

（8）净化设备的送风机应与排风机联锁；

（9）不允许废气从烟道及设备漏入生产厂房；

（10）在氯化、还原、真空蒸馏和钛粉生产车间不允许空气再循环，并应有事故排风装置。

三、稀土金属工厂的环境管理

根据有关文献，处理含放射性物质稀土矿物时的防护措施要点可归纳如下。

厂房的卫生要求：

（1）不同劳动条件的厂房应进行隔离，并应使各生产厂房根据工艺流程的要求互相连通；

（2）为消除放射性微粒、射气、萃取剂蒸汽和其他毒性物质散布到其他厂房的可能性，应合理配置设备和采取消除地面及其他表面所吸附污染物和防止污染空气进入相邻厂房的措施；

（3）进行稀土精矿、盐类和化合物加热（干燥、煅烧）的厂房应有足够高度，并配备能保证厂房通风和造成正常气候条件的设备；

（4）厂房所有内部结构均应光滑和易于清扫，并必须按清洗和消除放射性污染的要求选择地面材料和涂层。

放射性原料、稀土精矿和渣的存放要求：

（1）放射性原料、稀土精矿和渣应存放于与生产厂房和辅助厂房的工作场所相隔离的专用仓库中，库房结构应易于消除放射性污染并配备抽风系统，仓库应尽可能远离生产厂房，并最好配置在生产厂房的背风面；

（2）在生产厂房内可配置贮存室以贮存少量的放射性原料，所有这些原料均应贮存于配备有局部抽风装置的贮斗、贮柜及其他容器内；

（3）当贮存应加埋藏的γ辐射渣时，应将其贮存于屏蔽墙的后面；

（4）贮存室的装修应便于清扫，室内应定期进行清扫，并检测辐射水平和分析存在射气及其衰变子体的空气；

（5）仓库工作人员及埋藏渣料人员应戴防

尘、防毒口罩和进行个人健康检查。

对作业及设备的卫生要求：

（1）在处理含尘空气时，应采用密封设备和安全罩，并采取预先润湿被处理物料的措施，为防止射气逸出，安全罩口的抽气速度应为1～1.5m/s，在粉尘严重的地方应采用手套箱；

（2）所有气体和尘源的上部应配置局部排风装置，厂房应装设全面顺流式机械抽风装置；

（3）在有粉尘飞扬和放射性污染的处理过程中，应采用连续作业，并实现自动化和采用合理的运输方式；

（4）设备应配置安全罩，并应合理贮存原料、产品及渣，以防止厂房空气受到射气污染；

（5）确定放射性物质污染区的大小和污染程度，进行及时有效的净化和表面清除放射性的工作。

剂量检测要求：

（1）系统检测α放射性微粒在空气中的浓度；

（2）测定放射性气体及其衰变产物的浓度；

（3）系统检测外部β辐射和γ辐射水平；

（4）检验污水成分；

（5）系统检测工作表面、专用工作服和工作人员手部的污染度；

（6）检测厂房空气中酸、碱、蒸汽、萃取剂和其他毒性物质的浓度；

（7）检测稀土精矿放射性同位素成分及原料各处理阶段放射性物质的分布；

（8）测定卫生防护区和居民区空气中放射性微粒浓度，测定表面污染度和分析生产污水放射性物质及毒性物质含量。

操作规程和个人预防：

（1）处理干燥粉状产品的各工序及装卸原料时应采取最大可能的预防措施，以防止粉尘的产生和扩散，在作业前应对通风装置、设备和安全罩等的运行情况进行检查；

（2）磨矿前应普遍进行润湿，与被污染的设备、包皮和器皿等接触的各辅助工序应按防尘条件进行安排；

（3）当场送放射性溶液时必须防止毒性蒸汽及气体溢入厂房；

（4）对有钍微粒生成的作业应在通风柜内进行；

（5）只能在已清除放射性的设备上进行焊接作业；

（6）禁止在车间吸烟和带入及存放食物；

（7）所有作业人员应有专用工作服和个人防护用品；

（8）组织医学预防和对工作人员进行定期身体检查。

四、放射性金属工厂的环境管理

1. 放射性物质表面污染控制水平

放射性物质表面污染控制要求列于表7-4-1。

表 7-4-1　放射性物质表面污染控制水平

污染的表面	放射性物质污染，粒子数/($100cm^2\cdot 2\pi\cdot min$)	
	α	β
手、皮肤、内衣、工作袜	100	1000
工作服、手套、工作鞋	500	5000
设备、地面、墙壁	3000	30000

2. 放射性工作场所的通风

不同级别工作室的换气次数见表7-4-2。

表 7-4-2　室内换气次数

级　别	每小时换气次数
甲　级	6～10
乙　级	4～6
丙　级	3～4或自然通风

产生放射性气体、气溶胶或粉尘的工作场所，应根据工作性质配备必要的通风橱、操作箱等设备。通风橱操作口的截面风速应不小于1m/s，密闭操作箱内压力应保持在98～196Pa。

3. 放射性废水的贮存和处理

应设专用下水道和用于贮存、处理放射性废水的设施。在放射性废水与非放射性废水汇合处和总排出口，应设置监测井或采样孔。

第二节　环境质量评价与监测

一、环境质量评价

为使稀有金属工厂对环境的影响降至最低限度，必须进行环境质量评价。环境质量评价内容包括：

（1）污染源的调查与评价；

（2）环境污染现状的评价；

（3）环境自净能力的确定与评价；

（4）对人体健康及生态系统影响的评价；

（5）环境经济学的评价。

对污染物的评价标准可以是污染物的排放标准（等标指数或等标排放量）或毒性标准（毒性指数），其含义如下：

等标指数＝污染物实测浓度/污染物排放标准

等标排放量＝等标指数×污染物排放量

毒性指数＝污染物实测浓度/毒性标准

毒性标准是根据毒理学试验所得的急性中毒数据（急性致死量或半致死量）以及计算求出的慢性中毒阈剂量。

大气质量评价标准应采用"大气环境质量标准"中规定的浓度限值。对标准中没有规定的污染物可参照有关标准如"居民区大气中有害物质的最高容许浓度"等进行评价。水环境质量评价标准则可根据不同情况选用"地面水中有害物质的最高容许浓度"或"农田灌溉水质标准"、"渔业水质标准"等专业环境质量标准，以及"放射防护规定"中的有关规定。

对于表示多项污染物对环境产生综合影响程度的综合指数，可以分指数为基础，用各种计算方法（如迭加法、算术平均法、加权平均法、均方根法及几何均值法等）求得，并计算出各污染源的评价指数百分率，以确定主要的污染源，或用求出的总环境质量指数对厂区环境质量进行评价。

实际上在稀有金属工厂中，除少数剧毒的稀有金属以外，主要的污染源往往是一些排放量较大的有害化学物质（见表7-1-8）。

二、环境监测

稀有金属工厂环境监测的主要任务为：

（1）对有关污染源所排出的污染物以及环境中的大气、水、土壤和生物体的污染现状进行常规监测；

（2）提供环境质量和预测的必要数据，使环境管理工作不断完善；

（3）检查净化装置的效率，正确评价净化装置的性能。

环境监测的主要内容包括：

（1）大气污染监测；

（2）水体污染监测；

（3）土壤污染监测；

（4）生物体中污染物的监测。

在对环境进行监测时，应采用统一的监测分析方法。在我国的"污染源统一监测分析方法"中唯一被列入的稀有金属是铍（见表7-4-3）。

此外，在《环境污染分析方法》（无机物分析）一书中列入了水和土壤中铍、钒、钛、钨、钼、稀土、铊、硒、碲、银、铀、钍等12种稀有金属污染物的分析方法，可作选用分析方法时的补充资料。

表 7-4-3 铍的统一监测分析方法

废水中铍的分析方法	测定范围，g	废气中铍的分析方法	测定范围，mg/m^3
铍试剂Ⅲ法	0.2×10^{-6}	铍试剂Ⅲ比色法	0.01～20
铬菁R比色法	0.05×10^{-6}		

在稀有金属生产中，还排放出大量的化学有害物质（见表7-1-8），这些重要的污染源也是稀有金属工厂中环境监测的主要对象。

第三节 改善稀有金属工厂环境

一、流程闭路

改善稀有金属工厂环境的最根本措施在于使生产流程闭路，即不再向外界排放污染物。

局部的流程闭路并不乏实例，如在烧绿石浮选精矿浸出过程中，所有废液，包括尾气净化的废水，均用石灰中和处理后全部返回生产过程；在含钒磁铁矿硫酸钠焙烧转化流程中，产出的含硫酸钠废水返回到精矿的制团过程；在氯化法制取钛白工业中，四氯化钛氧化过程所放出的氯气也返回作为氯化剂重新应用；在半导体硅生产过程中，还原尾气中的氢气经过净化回收重新用于多晶硅生产，而氯化氢则经净化吸收后，采用气提法制成100%的氯化氢，返回生产过程。

流程闭路不仅可给企业带来相当大的经济效益，更重要的是：唯有流程闭路才能从根本上消灭污染物的产生。因此在稀有金属生产中应尽量使工艺流程闭路。

二、减少污染物的产生

在流程尚难实现完全闭路的情况下，应力图减少生产过程中污染物的产生。减少污染物可有多种方法，如加强设备的密封，提高作业的自动化和机械化水平，改进工艺过程和生产方法，提高原料质量和改进环境管理等。

1. 加强设备密封及提高作业的自动化和机械化水平

加强设备的密封与提高作业的自动化及机械化水平是缺一不可的两个方面。事实上，设备密封性的加强必然要求相应提高自动化和机械化的水平，而在提高作业自动化和机械化水平之后，若不同时加强设备的密封性，则对减少污染将没有多少实际效果。

2. 改进流程

改进流程往往可以减少污染。例如，传统的辉钼矿焙烧过程会产生大量的二氧化硫污染物，若采用石灰焙烧法改进传统的焙烧过程，使焙烧过程中形成不挥发的硫酸钙，从而可避免二氧化硫污染物的产生。然而，流程的改进往往取决于技术、经济和环境保护等各方面的因素。

3. 精简作业

精简作业往往可起到减少污染源的作用，例如将团块氯化改为沸腾氯化就可以减少几道原料准备工序，从而也就减少了一些污染源。

4. 提高原料品位

提高原料品位可以减少产出污染物的数量。例如将二氧化钛96%的人造金红石代替二氧化钛仅为85～86%的钛渣，则可使钛的回收率提高2.5%而产出的渣量可以减少50%。

5. 减少辅助材料用量

减少辅助材料用量与提高原料品位具有相同的意义。例如，在绿柱石的熔化过程中如不使用石灰石熔剂，则每处理1t绿柱石要少产出1.2t浸出渣。

6. 改善环境管理

只有完善的环境管理才能使以上各种措施能收到应有的效果。

三、加强副产品回收

对暂时尚不能返回生产流程加以重复利用而又不能控制其排放的污染物，应尽量作为副产品加以综合回收，以减少最终排放到环境中的废料。

稀有金属由于其原矿成分复杂，生产过程中加入的辅助原料数量较多，因而可加以回收利用的副产品多种多样，并且具有较大的经济价值。

四、改进净化方法

暂时无法回收的废料中的有害物质，必须经过充分净化。对稀有金属污染物的净化技术的研究目前尚不完善，问题存在甚多。稀有金属工厂的环境污染在相当大程度上乃由于采用的净化措施不足或净化技术不够完善所致。在净化技术上，效率差别很大，如不同除镭方法的效率可自18.0%到99.7%。由此可见，在稀有金属生产中，对污染物净化技术的研究有待于进一步加强。对那些毒性较强和数量较大的稀有金属污染物来说，采用新的高效净化技术尤为重要。

参 考 文 献

[1] 环保工作者实用手册编写组，环保工作者实用手册，冶金工业出版社，1987.

[2] Андреева, О. С. и др., Редкоземельные Элетента Редиационно-Гигиеническое Аспесты, Атомиздат. Москва, 1975.

[3] Brakhnova, I. T., Environmental Hazards of Metals, Translated by J. K. Slep, Consultants Bureau, New York, 1975.

[4] Правила Безопасности при производстее губчатого Титана и титановых порошков, Москва, Металлургия, 1979.

第八篇

稀有金属腐蚀与表面技术

第一章　腐蚀与防护

编写人　曹剑明

金属的腐蚀普遍地存在于生产和日常生活之中。稀有金属是重要的结构材料，也是黑色金属和有色金属的合金化元素。因此，稀有金属材料的腐蚀问题是非常引人注目的。

本章主要介绍金属腐蚀的类型，稀有金属材料在主要腐蚀环境中的腐蚀数据和金属材料防腐的主要途径。

第一节　腐蚀的分类及其机理

一、腐蚀的定义

腐蚀科学是一门涉及多种学科的边缘科学。对腐蚀的定义众说纷纭，其中较普遍被人接受的是美国材料与试验协会在ASTMG15—79中对腐蚀所下的定义：腐蚀是指材料(通常指金属材料)及其环境间产生的化学和电化学反应使材料变质和性能变差。

钢铁设备在大气中生锈、船舶在江湖河海中腐蚀，地下金属管道破裂和穿孔，化工厂中金属容器和构件的毁损，核反应堆中锆合金包套的破裂等，都是腐蚀造成的结果。

二、腐蚀的危害

金属材料腐蚀造成的损失可分为直接经济损失和间接经济损失。例如，化工厂中金属管道因腐蚀穿孔需要更换新管道，不仅要消耗材料和人工，而且会造成生产中断。而物料由蚀孔中泄漏，尤其是贵重物料的流失，则损失更大。因腐蚀而外泄的物料还会污染环境，影响生态平衡，反过来又给人们的生活和生产活动产生影响。这些间接的损失，往往是无法精确统计的。

发达工业国如美、英、日、苏、西德、澳大利亚等，都进行过全面的或部分的腐蚀损失调查，发表过各种专门调查报告。这些调查结果引起了政府部门和工业界的高度重视。例如，美国1975年因腐蚀造成的直接经济损失为700亿美元，占国民经济总产值的4.2%；1982年的腐蚀损失为1260亿美元。其他国家的腐蚀调查结果表明，腐蚀损失约占国民经济总产值的2%至3.5%。据美国统计，腐蚀每年所造成的损失，几乎等于交通事故、火灾、洪水、风灾、地震等所造成的经济损失的总和。

我国尚未开展过全面的腐蚀损失调查，但仅对化工和冶金部门的调查就可发现，腐蚀造成的损失是十分惊人的。例如10个化工企业的腐蚀损失为这些企业总产值的3.97%，鞍钢1979年腐蚀损失为1亿元，约占总产值的1.6%。据估计，我国的腐蚀损失约占工业总产值的3%左右。1987年我国工业总产值为13780亿元，若按3%计算，一年的腐蚀损失为413亿元。若加上农业方面的腐蚀损失，则数字更加惊人。

我国有色金属工业生产过程中存在的腐蚀问题同样十分严重。由于有色金属的选冶加工过程比黑色金属要复杂得多，需要大量使用酸、碱、盐类和其他化学药品，以及需要高温、高压等条件，因此设备的腐蚀问题既严重又复杂，目前虽然未作过较系统全面的普查工作，但从宏观情况看，腐蚀损失的比例不亚于化工行业。

全世界每年因自然灾害所造成的经济损失要比腐蚀的损失小得多。但许多人对腐蚀造成的经济损失和危害却缺乏深刻印象。这是因为腐蚀过程往往是每时每刻都在进行的缓慢过程（有时也会是快速的，如应力腐蚀破裂），容易为人们所忽视，未能采取有效措施来解决问题。

三、腐蚀的基本类型及其破坏形式

对金属材料腐蚀类型的划分有若干种。根据腐蚀介质的温度，可分为高温腐蚀和常温腐蚀；根据介质的形态，可分为干腐蚀和湿腐蚀；根据腐蚀过程中金属与介质相互作用有无电流产生，可分为化学腐蚀和电化学腐蚀。

腐蚀破坏的形式可粗分为两大类，即均匀腐蚀和局部腐蚀。均匀腐蚀是金属表面被腐蚀的速度大致相同。而局部腐蚀是指金属表面局部区域发生腐蚀，或局部区域腐蚀速度远大于其他区域。局部腐蚀的危害性比均匀腐蚀要大得多。

局部腐蚀又分为若干类型，如电偶腐蚀或双金属腐蚀；点蚀；缝隙腐蚀；晶间腐蚀；选择性腐蚀；应力腐蚀破裂；氢损伤；磨损腐蚀；细菌腐蚀等。

下面对局部腐蚀主要类型的含义和特点作一简要介绍。

1. 电偶腐蚀或双金属腐蚀

在同一介质中不同金属有着不同的电极电位。它们相互接触或用导线连接后就构成了一个原电池。电位较负的金属为阳极，电位较正的金属为阴极。这种偶接，加速了处于阳极地位的金属的腐蚀，而另一金属则腐蚀较小或不腐蚀。腐蚀的原动力就是两种金属间的电位差。一般来说，如果两种金属间的电位差愈大，则电偶腐蚀就愈严重些。当然，这种腐蚀还与两种金属的面积比，电偶间的距离，环境介质的性质和浸蚀性，阴极极化程度等有关。例如，如果阳极大于阴极，则电偶腐蚀比较缓慢，反之，电偶腐蚀就会迅速进行。

2. 点蚀（又称孔蚀）

金属的某些局部因腐蚀产生深而圆的小孔（点），其深度尺寸比直径尺寸大得多，有时甚至会完全穿透，这就是点蚀。点蚀是破坏性和隐患最大的腐蚀形态之一。它使设备穿孔破坏，而腐蚀失重却仅占整个设备重量的极小部分。检查蚀孔是很困难的，因为蚀孔通常很小，又往往被腐蚀产物覆盖。定量测定和比较点蚀程度较困难。点蚀通常需要一段很长的孕育期，由数日至数年不等，取决于金属和腐蚀介质的种类。然而点蚀一旦开始，蚀孔就会以不断增加的速度发展。

3. 缝隙腐蚀

浸在腐蚀介质中的金属材料，在其缝隙和隐蔽区域常发生强烈的局部腐蚀。这类腐蚀与缝隙中、孔穴中以及垫片螺帽等与金属的接触面中积存少量静止溶液有关。因此统称这种腐蚀形态为缝隙腐蚀。缝隙腐蚀的必要条件是“缝隙”和“缝隙”中的静止溶液。一条缝隙要成为腐蚀发生的部位，必须是溶液能进入，但又同时窄到能维持溶液滞留的区域。缝隙腐蚀是由缝隙内外金属离子或氧浓度的差别所引起的。但在发展过程中，由于缝隙内酸度增加等原因，使腐蚀加速进行。

4. 晶间腐蚀

晶间腐蚀发生在金属晶粒边界上。晶间腐蚀的发生是因为晶界区存在某些杂质或某一元素的富集或贫化，因而其活性比晶粒本身高，优先遭到腐蚀。不正确的热处理、焊接等都有可能是晶间腐蚀的起因。由于晶界遭受腐蚀，晶粒间的结合力显著降低，组织变得松弛，使金属的机械强度降低。

5. 选择性腐蚀

选择性腐蚀又称选择性浸出，即腐蚀发生时某一元素从合金中消失，导致材料性能蜕变。最突出的例子是黄铜(Cu-Zn合金)选择性脱锌。其他一些合金也有类似现象，如铝青铜脱铝，硅青铜脱硅，Co-W-Cr合金脱钴等。

6. 应力腐蚀断裂

在张应力和某种特定腐蚀介质共同作用下引起金属材料的破裂，称为应力腐蚀断裂。金属材料发生应力腐蚀断裂时，大部分表面实际上不遭受腐蚀，只有一些细裂纹穿透内部。破裂现象能在常用的设计应力范围内发生，因此危害严重。影响应力腐蚀断裂的重要变量是温度、溶液成分、合金成分、应力和金属结构等。应力腐蚀断裂通常有孕育期。一旦到达某种程度，则裂纹发展迅速，造成破裂或断裂。

7. 氢损伤

金属材料由于有氢存在或因与氢反应而引起的机械破坏，通称为氢损伤。氢损伤包括氢鼓泡、氢脆等。氢鼓泡是指氢进入金属内部产生鼓泡和局部变形。氢脆是由于氢进入金属内部引起材料韧性和强度下降。

8. 磨损腐蚀

磨损腐蚀是由于腐蚀性流体和金属表面间的相对运动而引起的金属破坏或腐蚀。通常这种相对运动的速度较快，因而同时还包括机械磨耗或磨损的作用，尤其是流体中含有固体颗粒时，更是如此。流速、湍流或冲击、材料的化学成分、硬度、耐蚀性和冶金过程等都是影响磨损腐蚀的因素。磨损腐蚀的一种特殊形式是空泡腐蚀，即在流体运动过程中金属材料表面的流体中产生蒸气泡并随之破灭，破灭过程中释放能量，使金属表面膜遭到破坏，遭到破坏或变得粗糙的区域又成了形成新空泡的核心，反复循环，从而在金属表面某些部位形成凹坑或穿孔。

第二节　稀有金属腐蚀数据

一、铍的耐蚀性能

铍在室温空气中易氧化生成氧化膜。氧化膜在400°C以下能起保护作用。因此纯铍在冷水和热水中具有抗蚀性。铍易溶于冷的稀硝酸和热的浓硝酸中，溶于任何浓度的盐酸和硫酸之中。铍可与热的稀碱溶液和浓碱溶液作用，但耐氨水腐蚀。

铍耐液态金属腐蚀。

铍在纯水和液态金属中的腐蚀情况见表8-1-1～8-1-2。

氧化铍在核反应堆中用作减速剂。氧化铍具有良好的高温稳定性能，在高温液态金属和气体中稳定。

二、钛的耐蚀性能

近二十年来，对钛和钛合金的性能包括腐蚀性能的研究日益深入，获得了很有价值的数据。这里只选用钛和钛合金的部分主要腐蚀性能数据。

表 8-1-1　铍在纯水中的腐蚀速度

温度，°C	试验类型	充气	最大点蚀深度 mm	腐蚀速度 mm/a
30	静止	未	0	<0.0025
70	静止	未	0.072	0.04
80	静止	未	0.1	<0.08
90	静止	未	0.12	0.8
70	静止	充	0.04	0.0025
80	静止	充	0.027	0.0025
90	静止	充	0	0.0025
70	动态	未	0	0.0025
80	动态	未	0	0.012
90	动态	未	0	0.015

表 8-1-2　铍在液态金属中的稳定性

液态金属	温度，°C		
	300	600	800
Bi	良好	良好	良好
Bi-Pb	良好	良好	有限制
Bi-Pb-Sn	良好	良好	—
Ga	良好	良好	差
Pb	良好	良好	有限制
Li	良好	良好	差
Mg	良好	良好	—
Hg	良好	良好	良好
K	良好	有限制	有限制
Na	良好	良好	有限制
Na-K	良好	良好	有限制
Sn	良好	—	—
Sn-Pb	良好	良好	—

钛之所以具有优异的耐蚀性能，与其表面能自发生成一层氧化膜分不开。钛的氧化膜虽然很薄，但很稳定，仅与少数介质发生作用。在部分遭受破坏后，只要有氧或水蒸汽存在，氧化膜可以自行愈合。

钛耐天然水、海水的腐蚀。在氧化性酸中钛的耐蚀性优良。对浓度为20～70%，温度直至315°C的硝酸，都可以用钛设备处理。在低浓度还原性酸中钛亦耐蚀。但氢氟酸即使浓度很低也腐蚀钛。钛不耐红烟硝酸的腐蚀，尤其是当红烟硝酸中水含量低于1.5%和NO_2含量超过2.5%时，在这种环境中钛能产生自燃反应。钛不耐浓度较高的还原性酸（HCl，H_2SO_4，H_3PO_4）腐蚀。但只要有少量高价重金属离子（例如Fe^{3+}、Cu^{2+}）存在，就能使腐蚀速度大大降低。此外，溶解的氧、氯、硝酸

表 8-1-3 钛在不同浓度和温度硝酸中的腐蚀率

酸浓度 %	35°C mm/a	60°C mm/a	100°C mm/a	165°C mm/a	190°C mm/a	200°C mm/a	270°C mm/a	290°C mm/a
5	0.002	—	0.015	—	—	—	—	—
10	0.004	0.012	0.023	—	—	—	—	—
20	0.0045	0.017	0.0038	—	—	—	—	0.36
30	0.0069	0.022	0.10	—	1.5	3.5	—	—
40	0.0058	0.0175	0.05	—	2.8	5.0	—	—
50	0.0058	0.010	0.18	—	2.8	—	—	—
60	0.0071	0.008	0.05	—	1.5	—	—	—
65	—	—	—	0.08	—	—	—	—
69.5	0.011	0.0079	0.019	—	—	—	1.2	—
70	—	—	—	—	0.38	—	—	1.1
98	0.002	—	—	—	—	—	—	—

表 8-1-4 钛对硫酸溶液的耐腐蚀性(自然通气)

浓度，%	温度，°C	腐蚀速率，mm/a
1	室温	0.0025
1	60	0.008
1	沸腾	9
2	60	0.008
3	室温	0.005
3	60	0.013
4	60	1.7
5	室温	0.0025～0.2 (钝性界线)
5	60	4.8
5	沸腾	24
10	室温	0.25
40	室温	1.8
60	室温	0.6
80	室温	15

表 8-1-5 钛对盐酸溶液的耐蚀性(通气)

浓度，%	温度，°C	腐蚀速率mm/a
0.5	35	0.001
0.5	100	0.009
1	35	0.003
1	60	0.004
1	100	0.46
2	60	0.016
2	100	6.9
5	35	0.009
5	60	1.07
7.5	35	0.28
10	35	1.07
10	60	6.8
15	35	2.4
20	35	4.4
37	35	15

根、铬酸根或其他氧化性基团的存在，也能起相同作用。钛在一些酸中的腐蚀情况见 表 8-1-3～10。

钛在常温氢氧化钡、氢氧化钙、氢氧化镁和氢氧化钠的饱和溶液中不腐蚀。在 28%NH_4OH 中也耐蚀。钛材在沸腾的 10%KOH 溶液中耐蚀。但若温度和浓度升高，腐蚀就会增大。

钛在碱溶液中的耐蚀性见表8-1-11。

钛耐氯化物溶液的腐蚀。但在氯化铝、氯化钙和氯化锌溶液中耐蚀性较差。在某些条件下，钛会产生缝隙腐蚀，此时溶液的pH值通常在0.5 至 9之间。 pH＞9 时未观察到缝隙腐蚀。但在高温条件下，在pH10乃至更高时也有断裂发生， 这 可能是氢脆引起的断裂。因此在偏碱性的溶液中钛的使用温度不应超过93°C。但在碱性溶液中若有氯酸盐和次氯酸盐存在，能起缓蚀作用。

钛耐有机化合物的腐蚀，但在温度高到足以使有机物分解时，则要注意可能产生的氢脆。许多有机化合物能吸附在钛表面起缓蚀剂的作用。

钛在有机酸中具有相当的耐蚀性。但此耐蚀性还取决于环境是还原性还是氧化性的。只有几种有机酸腐蚀钛，即甲酸、草酸、三氯乙酸和磺酸等。

钛对有机酸的耐蚀性见表8-1-12。

钛和钛合金对应力腐蚀断裂相对不敏感。近年来也曾发现过钛发生应力腐蚀断裂的例子。能引起钛发生应力腐蚀断裂的介质有：红烟硝酸，$N_2O_4+O_2$，液态金属镉、汞，甲醇和高级醇， 高温干燥氯化钠，海水等。醇中存在卤素离子有加速开裂

表 8-1-6 钛对磷酸溶液的耐蚀性

浓度，%	温度，℃	腐蚀率，mm/a
1	100	0.003
1	沸腾	0.25
2	100	0
2	沸腾	0.86
3	100	0.99
5	35	0.0033
5	60	0.06
5	100	2.36
5	沸腾	3.5
10	35	0.005
10	60	0.09
10	100	5.00
20	35	0.015
20	60	0.33
20	100	17.4
30	35	0.018
30	60	1.50
30	100	26.4
40	35	0.33
50	35	0.46
60	35	0.56
70	35	0.66
80	35	0.74
85	35	0.76

的作用。而红烟硝酸中水的存在（>2%）有抑制应力腐蚀开裂的可能。

钛和钛合金在一定条件下能产生氢脆。当氢进入钛并且浓度超过100～150ppm时，就会析出氢化物相而引起氢脆。钛在高温碱性溶液中能吸收氢。在酸性介质中，如果氧化膜不稳定，在钛表面产生的氢也能进入钛中。现有数据表明，只有当温度高于75°C时，氢才能扩散进入钛，而低于75°C时，氢脆不易产生。

表 8-1-8 在硫酸溶液中氧化剂或重金属离子对钛腐蚀的影响

添加剂	硫酸浓度 %	温度，℃	腐蚀率 mm/a
硫酸铜 0.25%	5	95	0
0.5%	5	95	0.010
0.1%	5	95	0.010
0.25%	30	37	0.06
0.25%	30	95	0.09
0.5%	30	37	0.06
1.0%	65	38	0.08
硫酸铁 2g/L	10	沸腾	0.13
铁 16克/升	20	沸腾	0.13
硫酸铁 7～8%	17	100	0.13
0.5% CrO_3	5	95	0
0.5% CrO_3	30	95	0
5% MnO_2	40	室温	0.015
钛 4.8g/L	40	100	钝性
硝酸10%	90	室温	0.46
30%	70	室温	0.63
70%	30	室温	0.10
90%	10	65	0.010
氯饱和的硫酸	45	室温	0.0025
	62	室温	0.0015
	10	190	0.05
	20	190	0.33

三、锆的耐蚀性能

锆在多数化学溶液（包括无机酸、熔融碱、碱溶液和多数有机酸和盐溶液）中是耐蚀的。锆在空气、蒸汽、二氧化碳、二氧化硫、氮气和氧气中直至400°C，都具有优异的抗氧化性能。该性能取决于锆暴露在空气中表面形成的氧化膜的完整性。锆在氢氟酸、湿氯、浓硫酸、王水、氯化铁（$FeCl_3$）

表 8-1-7 高价金属离子对钛耐蚀性影响

缓蚀剂离子	在沸腾5%(重量)HCl中不同缓蚀剂离子浓度对钛耐蚀性的影响，mm/a			在沸腾10%(重量)H_2SO_4中不同缓蚀剂离子浓度对钛耐蚀性的影响，mm/a		
	0ppm	100ppm	500ppm	0ppm	100ppm	500ppm
Fe^{3+}	29.0	0.025	0.020	>76.2	0.208	0.069
Cu^{2+}	29.0	0.033	0.030	>76.2	0.419	0.361
Mo^{6+}	29.0	0.000	0.000	>76.2	0.001	0.000
Cr^{6+}	29.0	0.000	0.000	>76.2	0.001	0.001
V^{5+}	29.0	0.020	0.008	>76.2	0.005	0.005

表 8-1-9 在盐酸溶液中氧化剂或重金属离子对钛腐蚀率的影响

添加剂		盐酸浓度 %	温度 ℃	腐蚀率 mm/a
硫酸铜	0.05%	5	40	0.04
		5	95	0.09
	1.0%	5	40	0.03
		5	95	0.09
	0.05%	5	沸腾	0.06
	0.5%	5	沸腾	0.08
	0.05%	10	66	0.03
	1.0%	10	66	0.017
	0.05%	10	沸腾	0.28
	0.5%	10	沸腾	0.28
CrO_3	0.5%	5	95	0.025
	1%	5	95	0.025
$NaClO_3$	2.5%	10	80	0.01
	5%	10	80	0.008
Ti^{4+}	1.0g/L	10	沸腾	0
	5.76g/L	20	沸腾	0
HNO_3	1.0%	5	95	0.09
	5.0%	5	95	0.025
	3.0%	8.5	80	0.05
	5.0%	1	沸腾	0.08
王水1HNO_3：3HCl			室温	0
			80	0.86
氯气饱和的盐酸		3	190	0.025
		5	190	0.025
		10	190	28.4
氯气200ppm		36	室温	0.43

表 8-1-10 在磷酸溶液中氧化剂或重金属离子对钛腐蚀率的影响

添加剂		磷酸浓度 %	温度，℃	腐蚀率 mm/a
0.05%	铁离子	50	60	0.15
0.0025%	铜离子	50	60	0.18
0.05%	银离子	50	60	0.13
0.10%	汞离子	50	60	0.13
3%	硝酸	81	90	0.38

和氯化铜（$CuCl_2$）溶液中会发生腐蚀。

溶液中若含少量氢氟酸，甚至只有1ppm，锆也会明显腐蚀，而其他氢卤酸不腐蚀锆。锆在沸腾

表 8-1-11 钛在碱溶液中的耐蚀性

碱	浓度 %	温度 ℃	腐蚀率，mm/a
氢氧化铵	28	室温	0.0025
氢氧化钡	饱和	室温	0
氢氧化钙	饱和	室温	0
	饱和	沸腾	0
氢氧化镁	饱和	室温	0
氢氧化钾	10	沸腾	0.13
	25	沸腾	0.3
	50	室温	0.010
	50	沸腾	2.7
13%氢氧化钾+13%氯化钾		29	0
氢氧化钠	10	沸腾	0.02
	28	室温	0.0025
	40	80	0.13
	50	38～57	0.00025～0.013
	50	60	0.013
	73	130	0.18
	50～73	190	1.09
	饱和	室温	0
10%氢氧化钠+15%氯化钠		82	0
50%氢氧化钠+游离氯		38	0.023
60%氢氧化钠+2%次氯酸钠+微量氨		129	0

的20%和45%HBr中腐蚀速度小于0.13mm/a，在80°C5%HI和85%乙酸混合液中腐蚀速度小于0.025mm/a。锆在各种浓度盐酸中耐蚀性优异。

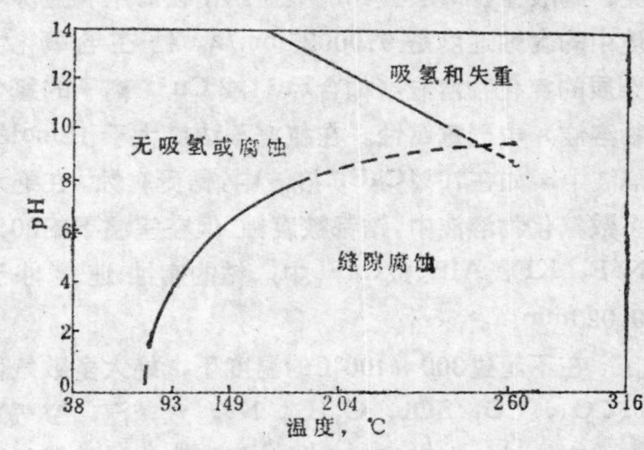

图 8-1-1 温度和pH值对饱和盐水中工业纯钛缝隙腐蚀的影响

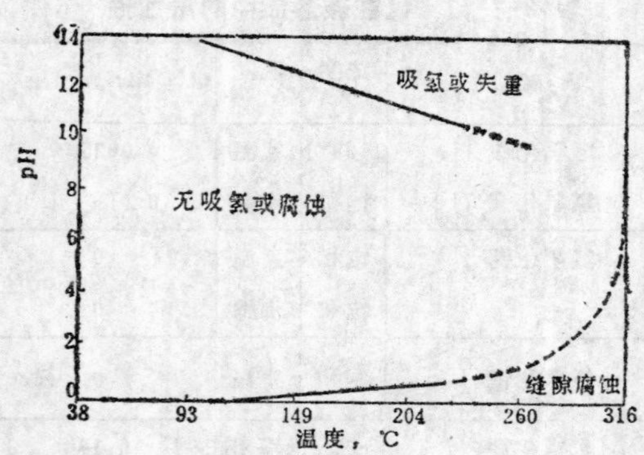

图 8-1-2　温度和pH值对Ti-Pd合金在饱和NaCl溶液中缝隙腐蚀的影响

但在有氧化性杂质（如硝酸、Fe^{3+}、Cu^{2+}）存在的盐酸中，锆会发生点蚀或脆断。

锆焊区的腐蚀性能关系到锆材结构件的使用寿命和生产成本。锆焊区若碳和铁含量高，并暴露于150°C的33%盐酸中，能产生晶间腐蚀。采用更高纯度的锆或对焊区作退火处理，能使选择性腐蚀得到缓和。在50%沸腾 H_3PO_4 溶液中锆焊区优先腐蚀，而750°C真空退火0.5小时能显著降低焊区选择性腐蚀。若40%或50%沸腾H_3PO_4中存在氟离子（5ppm），能使锆焊区的腐蚀速度超过25mm/a。

在浓度65～75%硫酸中，杂质（Cu^{2+},Fe^{3+}, NO_3^-，Cl^-等，200ppm）能使锆的腐蚀速度加快。但若硫酸浓度低于65%，则杂质对锆的腐蚀影响不大。如在60%硫酸中，上述杂质浓度增加1%，锆的腐蚀速度也小于0.13mm/a。

锆在几乎所有碱溶液中都耐蚀，与镍相似。

锆在绝大多数盐溶液中耐蚀，包括氢卤酸的盐类、硝酸盐、碳酸盐和硫酸盐。锆在海水和盐雾环境中的腐蚀速度是0.00025mm/a。锆在含氧化性杂质的氯化物溶液（如含Fe^{3+}或Cu^{2+}离子的氯化物溶液）中严重腐蚀。在氯离子浓度大于12mol的溶液中，如在70%$CaCl_2$溶液中，锆受腐蚀。在绝大多数氟化物溶液中，锆都被腐蚀。但在室温下的20% NaF，KF，AlF_3或CaF_2中，锆的腐蚀速度小于0.025mm/a。

在不超过300～400°C的温度下，绝大多数气体（CO_2，CO，SO_2，C_3H_8，N_2，水蒸汽，空气）不会腐蚀锆。在300°C时，锆与氢反应生成氢化物。当温度超过500°C时，锆在空气中迅速氧化。在温度低于425°C情况下，锆在空气、热水和蒸汽中无明显腐蚀。锆在360°C热水或蒸汽中可以应用，甚至能承受含350ppm氯离子和碘离子或100ppm氟离子或10000 ppm SO_4^{2-}的苛刻条件。锆在1000°C NH_3中是

表 8-1-12　钛对有机酸的耐蚀性

酸	浓度 %	温度 ℃	腐蚀率 mm/a
醋酸	99	沸腾	0.0025
己二酸	67	240	0
苯甲酸	饱和	室温	0
丁酸	100	室温	0
柠檬酸（自然通气）	50	35	0
	50	60	0.0002
	50	100	0.0013
柠檬酸（通气）	50	100	0.0025
	50	沸腾	0.13～1.3
	62	150	腐蚀
甲酸（通气）	25	100	0.001
	50	100	0.00
	90	100	0.0013
甲酸（不通气）	10	沸腾	0
	25	沸腾	2.4
	50	沸腾	7.6
乳酸	50	100	0.008
	100	沸腾	0.008
苹果酸＋马来酸＋富马酸（反丁烯二酸）	—	200	0.06
草酸	0.5	60	2.39
	1	35	0.15
	1	60	4.5
	1	100	21.0
	5	35	0.13
	10	60	11.4
丙酸	蒸气	190	溶解（快速）
硬脂酸	100	180	0.0025
琥珀酸	100	185	0
丹宁酸	25	100	0
酒石酸	50	100	0.013
对苯二酸	77	225	0
一氯醋酸	30	80	0.02
	100	沸腾	<0.013
二氯醋酸	100	100	<0.013
	100	沸腾	0.007
三氯醋酸	100	沸腾	14.55
羟基醋酸		40	0.0025

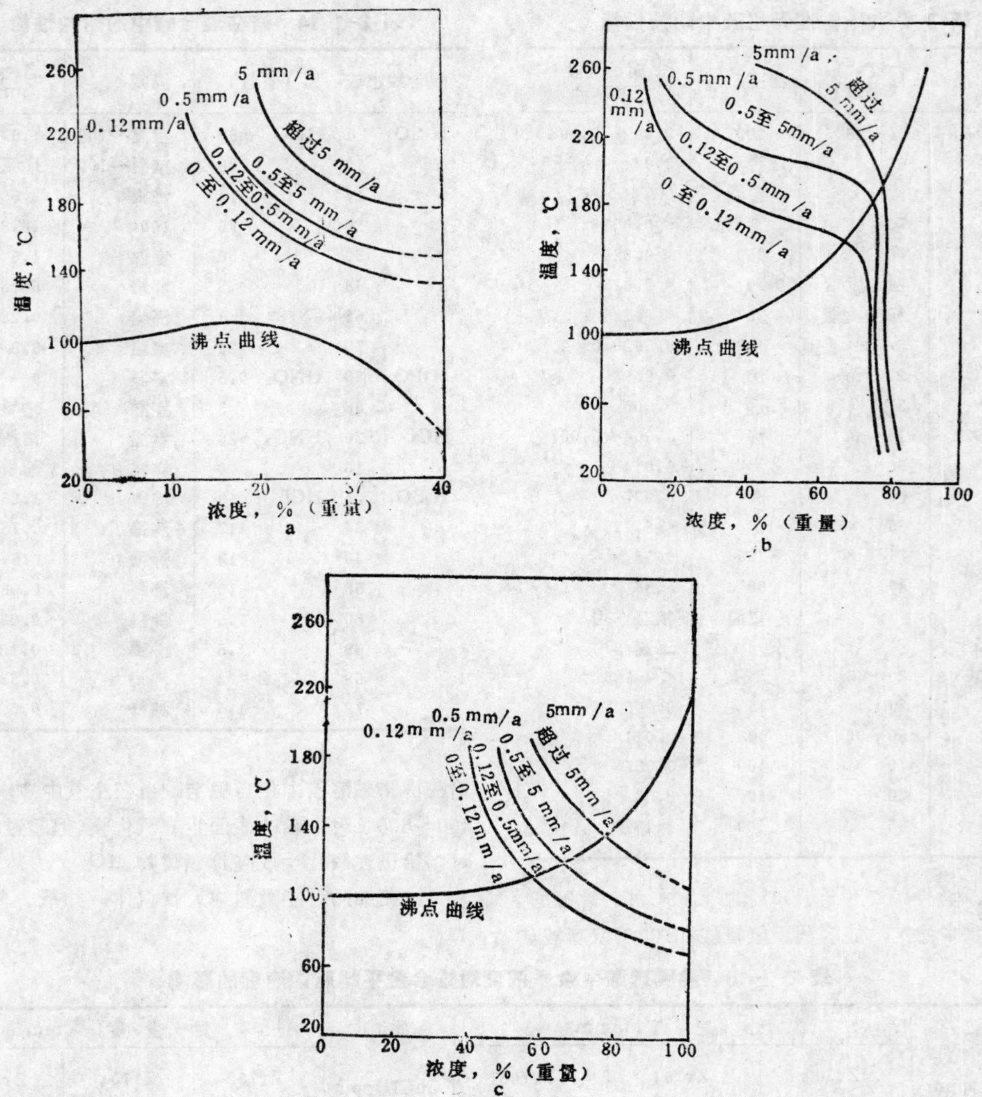

图 8-1-3 锆在无机酸中的腐蚀曲线

a—硫酸；b—磷酸；c—盐酸

稳定的。锆在中温区（200～400°C）与卤素迅速起反应生成卤化物。锆在50°C干燥氯气中耐蚀。但锆在湿氯气中的腐蚀速度可达5mm/a。

锆在液态金属中的腐蚀需小心对待。因为锆的腐蚀速度与液态金属中的痕量气体杂质（氧、氢）关系很大。在液态铅（600°C）、锂（800°C）、汞（100°C）、钠（600°C）中，锆的腐蚀速度小于0.025mm/年；但在液态锌、铋和镁中锆迅速腐蚀。

锆在碘蒸汽环境中的应力腐蚀断裂是核反应堆燃料包套所遇到的严重问题，已广泛予以研究。锆在含少量HCl的甲醇中亦存在应力腐蚀断裂。当在甲醇中加入0.4%（体积）HCl时，锆的应力腐蚀断裂敏感性最大。当有足够量水存在时，可避免应力腐蚀开裂。

锆在一些酸性介质中的腐蚀曲线及耐蚀性能见图8-1-3及表8-1-13～8-1-17。

四、铪的耐蚀性能

铪耐蚀性能良好，在100°C以下不与任何浓度

表 8-1-13　锆在无机酸中耐蚀性能

介　质	浓度，%（重量）	温度，°C	腐蚀速度 mm/a
HNO_3	10～65	100	0.002～0.006
	65	沸	0.07
	浓	室温	0
	70～98	沸腾	<0.025
	70	250	<0.025
	白色发烟	70	<0.025
	红色发烟	25	<0.125
HCl	5～20	100	0.002～0.02
	20	沸	0.009
	37	沸	0.005
H_2SO_4	10～40	沸	0.004～0.007
	50	沸	0.014
	60	沸	0.027
	65	沸	<0.125
	75	100	0.55
	80	60	5.35
王水		室温	相互作用
氢氟酸			迅速作用
氢溴酸	20～45	沸腾	<0.125
H_3PO_4	20	35	0.005
	50～60	60	0.011
	70	100	0.007
	80	100	0.63
	85	100	1.1

表 8-1-14　锆在混合酸中的耐蚀性能

混合酸组成，%（重量）				温度，°C	腐蚀速度 mm/a
H_2SO_4	1	HNO_3	99	室温～100	1.5×10^{-3}
	10		90	室温～100	增重
	14		14	沸腾	2.5×10^{-3}
	25		75	100	10.8
	50		50	室温	1.6×10^{-2}
	68		5	沸腾	50.8
	68		1	沸腾	0.28
	75		25	室温	6.6
H_3PO_4	88	HNO_3	0.5	室温	0
	88		5	室温	增重
HCl	20	HNO_3	20	室温	溶解
	10		10	室温	溶解
H_2SO_4	7.5	HCl	19	沸腾	1.25×10^{-2}
	34		17	沸腾	0.75×10^{-2}
	40		14	沸腾	0.5×10^{-2}
	56		10	沸腾	0.05
	60		1.5	沸腾	0.025
	69		1.5	沸腾	0.13
	69		4	沸腾	0.38
	72		1.5	沸腾	0.5

的盐酸、硝酸和浓度低于50%的硫酸作用。铪在室温的王水中稳定，能溶解于氢氟酸和100°C浓硫酸。

铪在沸腾碱溶液中相当稳定。当在空气中加热到400～600°C时，铪的表面生成氧化膜。但超过800°C时，铪迅速氧化生成高价氧化物HfO_2。

铪在加热时能激烈地吸收气体，如氧、氢和氮等。

表 8-1-15　沸腾硫酸中杂质浓度对锆合金平均腐蚀速度的影响

杂质浓度 $FeCl_3$，ppm	腐蚀速度，mm/a Zr702	Zr704	Zr705	杂质浓度 $CuCl_2$，ppm	腐蚀速度，mm/a Zr702	Zr704	Zr705
在60%H_2SO_4中							
1000	0.02	0.03	0.15	1000	0.02	0.02	0.09
10000	0.11	0.34	0.91	10000	0.02	0.02	0.24
在65%H_2SO_4中							
200	0.07	0.07	0.36	200	0.05	0.06	0.46
1000	0.04	0.03	0.33	1000	0.05	0.05	0.20
10000	0.03	0.03	0.33	10000	0.06	0.06	0.10
在70%H_2SO_4中							
10	0.30	0.46	1.8	10	0.16	0.12	4.9
100	0.28	0.36	2.1	100	1.1	5.6	7.4
200	0.17	0.14	1.5	200	3.7	6.1	2.6
1000	0.33	0.51	3.8	1000	0.69	0.81	6.8
10000	1.1	1.4	8.3	10000	0.91	0.99	3.5

表 8-1-16　锆在有机介质中的腐蚀速度

介　　质	浓度，重量 %	温　度，℃	腐蚀速度，mm/a
醋　酸	5～99.5	35～沸腾	$<1.75\times10^{-3}$
冰醋酸	99.5	沸腾	0.75×10^{-3}
盐酸苯胺	5～20	35～100	$<0.25\times10^{-3}$
氯乙酸	100	沸腾	$<0.25\times10^{-3}$
柠檬酸	10～50	35～100	$<5\times10^{-3}$
二氯乙酸	100	沸腾	0.5
甲　酸	10～90	35～沸腾	$<5\times10^{-3}$
乳　酸	10～85	35～沸腾	$<2.5\times10^{-3}$
草　酸	0.5～25	35～100	$<1.25\times10^{-2}$
酒石酸	10～50	35～100	$<1.25\times10^{-3}$
丹宁酸	25	35～100	$<2.5\times10^{-3}$
三氯乙酸	100	沸腾	>1.25
尿素反应器	尿素58 $NH_3$17 $CO_2$15 H_2O10	193	$<2.5\times10^{-3}$

表 8-1-17　能使锆产生应力腐蚀断裂的环境

环　境　介　质	试 验 方 法
甲　醇	U形弯曲
甲醇+0.4%HCl	U形弯曲
乙醇+0.4%HCl	U形弯曲
甲醇+0.4%HCl+3%H_2O	U形弯曲
甲醇+1%H_2SO_4	U形弯曲
甲醇+1%HCOOH	U形弯曲
$NaNO_3$水溶液，pH6	慢应变速率
甲醇+1%I_2	张力，U形弯曲
25%$FeCl_3$	张力
90%HNO_3	U形弯曲
80%HNO_3	U形弯曲
70%HNO_3	慢应变速率

表 8-1-18　铪在高温水中耐蚀性能

样品号	试 验 条 件	试样表面情况		增　重
		试验前	试验后	mg/(dm)^2
1	温度336±3°C	光亮	干涉色	2.9
2	14MPa的饱和水，	光亮	干涉色	3.3
3	时间21天	光亮	干涉色	3.4

铪耐高温水、氨和钠的腐蚀，主要用作反应堆控制材料。

铪在高温水中的耐蚀性质见表8-1-18。

表 8-1-19　钒的耐蚀性能

介　　质	温度，℃	腐蚀速度，mm/a	
		轧制材	退火材
盐酸10%，充气	70	0.022	0.022
20%，充气	70	2.1	1.35
20%，无空气	70	3.67	1.65
37%，静止	室温	0.85	0.77
硫酸10%，充气	70	0.195	0.18
10%，无空气	70	0.11	0.11
10%	沸腾	0.98	1.08
硝酸（稀至浓）	室温	溶解	溶解
磷酸85%	沸腾	溶解	溶解
5%$FeCl_3$+10%NaCl	室温	21.5	22.5
20%NaCl盐雾	室温	无反应	无反应
海　水	常温	—	0.075
工业大气	常温	—	生锈

五、钒的耐蚀性能

钒耐水、海水、碱溶液和硫酸等介质的腐蚀。氢氟酸、硝酸、热浓硫酸、王水以及熔融的碱能溶解钒。钒能耐600°C高温氧化，但温度超过700°C时氧化迅速增加。在300°C以上，氧、氮和氢能迅速使钒脆化。在一定条件下，钒能耐液态金属腐蚀。

钒的耐蚀性能见表8-1-19～8-1-20。

六、铌的耐蚀性能

铌的耐蚀性能良好，常温下耐各种无机酸的腐

表 8-1-20 钒在液态金属中的耐蚀性能

液态金属	温度，℃	腐蚀情况
Na	500	耐蚀性能好，腐蚀速度0.2mg/cm²·月
55.5%Bi-44.5%Pb	665	耐蚀性能好（静态试验500小时）
52%Bi-32%Pb-16%Sn	665	同 上
52.3%Bi-21.9%In-25.8%Pb	665	同 上
49.5%Bi-21.3%In-17.6%Pb-11.6%Sn	665	同 上
57.5%Bi-25.2%In-17.3%Sn	665	同 上
55.5%Bi-44.5%Pb	497	动态试验，试样增重耐蚀性尚好
52%Bi-32%Pb-16%Sn	665	动态试验，腐蚀速度20mg/cm²·月

表 8-1-21 铌在无机酸中的耐蚀性能

介质和浓度	温度，℃	腐蚀速度，mm/a	附注
HNO_3 6%～浓	100	0	
35%	200	0	
50%	200	0	
70%	200	0	
浓	100	0	
HCl 稀	100	0	
20%	沸	0.189	
37%	24	0.0025	
37%	100	0.17	
浓	100	0.10	铌脆化
王水	100	0.02	
H_2SO_4 10%	100	0.006	
20%	21	0	
25%	21	0	
98%	21	0.0004	
浓	21	0.00051	
25%	100	0	
50%	80	0.003	
50%	沸	0.0239	
70%	80	0.003	
70%	沸	0.17	
95%	49	0.02	
95%	100	0.475	
95%	143	4.5	铌脆化
98%	100	0.475	
浓	50	0.0032	铌脆化
浓	100	0.076	铌脆化
浓	150	0.085	铌脆化
浓	175	迅速溶解	
氢氟酸	20～100	迅速溶解	
硝酸＋氢氟酸	20～100	迅速溶解	
H_3PO_4 85%	100	0.0825	
85%	150	0	
85%	210	0.0132	

表 8-1-22 钽在化学介质中的腐蚀速度

化学介质	温度，℃	腐蚀速度，mm/a
醋酸	100	可忽略
$AlCl_3$，10%	100	同上
NH_4Cl，10%	100	同上
HCl，20%	21	同上
20%	100	同上
浓	21	同上
浓	100	同上
HNO_3，20%	100	同上
70%	100	同上
65%	170	<0.025
H_3PO_4，85%	25	可忽略
85%	100	同上
H_2SO_4，10%	25	同上
40%	25	同上
98%	25	同上
98%	50	同上
98%	100	同上
98%	200	0.075
98%	250	迅速
发烟15%SO_3	23	0.013
发烟15%SO_3	70	迅速
王水	25	可忽略
湿氯	75	同上
海水	25	同上
草酸	21	同上
草酸	96	0.0025
NaOH 5%	21	可忽略
5%	100	0.018
10%	100	0.025
40%	80	迅速
HF 40%	25	迅速

蚀。但温度升高，耐蚀性下降，并易产生氢脆。在100°C浓盐酸、硫酸、磷酸中都变脆。铌在碱溶液中耐蚀性不好。铌在液态金属中耐蚀性较好。但当液态金属中存在氧时，腐蚀速度增加。铌能抗540 °C过热蒸气的长期腐蚀。

七、钽的耐蚀性能

钽是非常耐蚀的金属，在大多数化学介质中，钽几乎和铂一样耐腐蚀。温度在150°C以下，钽对一切浓度的硝酸（包括发烟硝酸）、98%的硫酸、85%的磷酸和王水中都耐蚀。对于温度高于190°C浓度70%的HNO_3，温度超过180°C85%的H_3PO_4，温度超过175°C98%的H_2SO_4，钽都会产生腐蚀。

发烟硫酸在室温下就腐蚀钽。氢氟酸、无水的HF和含F^-的酸性介质将迅速腐蚀钽。商业磷酸可能腐蚀钽，是由于存在少量氧化性杂质（超过4ppm）。热的草酸是唯一腐蚀钽的有机酸。

熔融的氢氧化钠、氢氧化钾、焦硫酸盐能溶解钽。钽在室温下同样能遭受浓碱溶液腐蚀。但对稀的碱溶液耐蚀性尚好。钽对人体介质完全耐蚀。

在常温下，钽对各种气体介质有很好的抗氧化性能。但在高温则与气体起反应。HF和SO_3在100°C时即可腐蚀钽。钽与大部分气体直至300～400°C才起反应。当温度升高，气体（氧、氮、氯、氯化氢和氨）浓度增加时，氧化则更迅速。通常钽迅速失效的温度在500～700°C之间。

表 8-1-23 钽在液态金属中的耐蚀性

介质	温度，℃	耐蚀性
55Bi-44.5Pb	1000	溶解
K	300	良好
	600	良好
Ca	300	良好
	600	良好
Mg	600	良好
Na	300	良好
	600	良好
Sn	1740	溶解
Hg	300	良好

表 8-1-24 钨在各种介质中的耐蚀性能

介质	温度，℃	耐蚀性能
空气或氧气	400	开始氧化，增重
氢气	所有温度	不反应，极耐蚀
氮气	<1500	不反应
	>1500	形成氮化物
水蒸汽	700	开始氧化，增重
CO_2	1200	被氧化
CO	1400	碳化，渗碳
氟	室温	形成氟化物，不耐蚀
氯	250～300	起反应，腐蚀
溴	250	起反应，腐蚀
碘	红热(800)	起反应，腐蚀
H_2S	红热(1200)	表层起反应
钠	600	不作用
钠钾混合	600	不作用
NaOH(存在氧化剂)	熔融	极不耐蚀
NaOH10%	20	不作用，极耐蚀
H_2SO_4（稀）	100	微弱作用，耐蚀
H_2SO_4（浓）	20	耐蚀
	100	尚耐蚀
HCl（浓）	20	不作用，极耐蚀
	100	轻微作用，耐蚀
HCl10%	100	0.15mm/a
HNO_3（浓）	100	很缓慢作用，耐蚀
王水	100	不耐蚀，生成WO_3
HF	100	缓慢作用
$HF+HNO_3$	20	很快作用，不耐蚀
$H_3PO_4$10%	100	耐蚀
硫，干燥	赤热	不耐蚀
碳	1200	开始渗碳

表 8-1-25 钼在无机酸中的腐蚀速度

介质	浓度，%	温度，℃	腐蚀速度，mm/a	附注
盐酸	5	室温	0.01	通入空气
	5	60	0.028	
	5	60	0.035	通入空气
	20	室温	0.003	通入空气
	20	60	0.035	通入空气
	20	沸点	0.022	
	37	室温	0.004	通入空气
磷酸	10	室温	0.006	通入空气
	10	100	0.06	
	10	沸点	0.032	
	50	室温	0.006	通入空气
	50	100	0.037	
	50	沸点	0.037	
	85	室温	0.005	
	85	100	0.007	
	85	沸点	0.035	
硫酸	10	50	0.005	含有N_2
	10	50	0.035	通入空气
	10	50	0～0.227	含有O_2
	10	沸点	0.165	
	10	200	0.020	
	40	50	0.018	
	40	50	0～0.023	通入空气
	40	50	0～0.035	含有O_2
	40	沸点	0.038	
	75	50	0.018	
	75	50	0～0.005	通入空气
	75	沸点	0.75	
	95	50	0.003	
	95	沸点	0.005	通入空气，溶解

钽耐反应堆液态金属冷却剂的腐蚀。

钽的在一些介质中的耐蚀性能见表8-1-22～8-1-23。

八、钨的耐蚀性能

钨耐酸、碱和液态金属的腐蚀（表8-1-24）。

九、钼的耐蚀性能

钼的耐蚀性能优良，能耐酸、碱和液态金属的腐蚀，但在氧化性酸和氧化剂中不耐腐蚀。钼在高温下容易氧化，在700°C左右生成MoO_3，具有挥发性，使腐蚀加剧。

钼在硫酸、盐酸、氢氟酸、醋酸、乳酸、甲酸、草酸和酒石酸中耐蚀性良好。但钼不耐硝酸腐蚀。含2%硝酸的溶液就能使钼在室温下或高温下溶解。冷的浓硝酸可对钼起钝化作用，这可能是在钼表面可生成MoO_3的缘故。

钼在NaOH、KOH等强碱溶液中稳定。但溶液中存在氧化剂时，钼可能发生腐蚀。

钼与氢在高温时不起反应。但在空气中加热至400°C时，钼迅速氧化。

钼在液态金属铋、钠、铀-铋合金等中有良好耐蚀性，且抗辐照性能优良，所以钼被广泛用于核工业中。

钼在无机酸及液态金属中的耐蚀性见表8-1-25～26。

表 8-1-26 钼在液态金属中的耐蚀性

液态金属	温度，℃	耐蚀性能
Bi	至1430	良好
52Bi-32Pb-16Sn	至800	同上
Bi-U	至800	同上
Pb	至1200	同上
44.5Pb-55.5Bi	至1100	同上
Li	至900	同上
Mg	至1000	同上
Mg-Li-Al	在钼坩埚中熔融	同上
Mg-Th	至900	同上
Mg-Th-Zr	至900	同上
Mg(25～67%Sn)	在钼坩埚中熔融	同上
Hg	室温～600	同上
K，Na	至1200	同上
Na（含氧）		中等
Zn	480	中等
Li	900～1000	差
Sn	1000～1500	差
Al，Fe，Co，Ni，Sn	熔融	差

十、稀贵金属的耐蚀性能

稀贵金属的耐蚀性是极其优良的。稀贵金属在主要腐蚀介质中的耐蚀等级参见表8-1-27。

金的耐蚀性非常好。在大气和水中极其稳定。在任何温度下均不与氧化合。在中等温度的硫酸、硝酸、盐酸、磷酸和氢氟酸中耐蚀。金耐碱溶液腐蚀，在熔碱中亦耐蚀。金在王水和含氧化剂的碱金属氰化物溶液中溶解。

银的耐蚀性稍次于金。除硝酸、氢溴酸、浓硫酸和王水外，银在大多数无机酸包括氢氟酸中均耐蚀。银在熔融苛性碱和碱的水溶液中有特别优良的耐蚀性。银在某些盐类中不稳定，如过硫酸盐、硫代硫酸盐、铵盐、铁盐、铜汞氯化物和氰化物。银在大多数气体中耐蚀，但硫化氢能使银表面生成暗色的硫化物而失去光泽。银不耐汞的腐蚀。银在主要化学介质中的腐蚀数据见表8-1-28。

铂对大部分酸、碱和其他化合物都高度耐蚀，并具有优良的热、电稳定性，高度抗氧化性和高温抗腐蚀性。在常温下，铂不被硫酸、硝酸、磷酸和氢卤酸所腐蚀。但温度升高，在单一酸中有轻微腐蚀。铂在王水中和含氧或氧化剂的碱金属氰化物溶液中被腐蚀。铂的合金铂铑、铂铱、铂钌等具有极好的高温抗氧化性能。

钯耐硫酸、磷酸和盐酸的腐蚀。但钯能溶于王水和硝酸。在氢溴酸中腐蚀也严重。钯在空气中400°C开始氧化。在常压下PdO于870°C发生分解。钯在熔融的碱中轻微腐蚀。但在熔融碱金属氰化物中迅速腐蚀。钯在大多数盐溶液中稳定，但在$FeCl_3$溶液中腐蚀并随温度升高而加剧。钯在卤素中遭到程度不同的腐蚀。钯在含硫气氛中会变暗。钯会被有机物气氛污染，表面形成有机聚合物层。除银之外的稀贵金属加入钯中，能提高钯的耐蚀性。

铱、锇、钌、铑的化学稳定性都很好。其中铱和铑对酸的稳定性最佳。铑耐各种无机酸、无机混合酸、碱和各种化学试剂的腐蚀，仅在热的浓硫酸和硫氰酸钠中才缓慢腐蚀。钌不受普通酸腐蚀，但可溶解于王水、碱性次氯酸盐溶液、浓氢氧化钠溶液和过氧化钠溶液。钌在某些熔融碱、盐中受浸蚀，如在氢氧化钾与亚硝酸钾或亚氯酸钾的熔融混合物中。锇在次氯酸盐溶液或亚氯酸钾的中性或酸性溶液中溶解。锇也为熔融碱、盐所浸蚀，如氢氧化钾、硝酸钠和硫酸氢钾。锇和钌容易氧化，生成易挥发且具有毒性的氧化物，如OsO_4。铱是稀贵金属中唯一能够在空气中使用到高于2000°C的高温热电偶材料。铑在空气中加热会形成氧化铑薄膜。

表 8-1-27 贵金属的耐腐蚀性

腐蚀介质	温度 ℃	Au	Ag	Pt	Pd	Rh	Ir	Os	Ru
浓H_2SO_4	室温	A	B	A	A	A	A	A	A
过硫酸	100	A	C	A	C	B	A	A	A
	250	A	C	B	B	A	A	B	A
$H_2S_2O_4$比重1.4	室温	A	—	A	C	—	—	—	—
比重1.4	100	A	—	C	D	—	—	—	—
H_3PO_4	室温	—	—	A	A	A	A	—	A
	100	A	—	A	B	A	A	D	A
$HClO_4$比重1.6	室温	A	—	A	A	—	—	—	—
	100	A	—	A	C	A	—	—	A
HNO_3 0.1mol/L	室温	A	B	A	A	A	A	—	A
1mol/L	室温	A	B	A	B	A	A	—	A
2mol/L	室温	A	B	A	C	A	A	B	A
70%	室温	A	—	A	D	A	—	C	A
	100	A	D	A	D	A	A	D	A
95%	室温	B	—	A	D	A	A	D	A
烟	室温	B	D	A	D	A	A	D	A
王水	室温	D	D	D	D	A	A	D	A
	沸腾	D	D	D	D	A	A	D	A
HF40%	室温	A	—	A	A	A	A	A	A
HCl36%	室温	A	B	A	A	A	A	A	A
36%	100	A	D	B	B	A	A	C	A
HBr比重1.7	室温	—	—	B	D	B	A	A	A
比重1.7	100	—	—	D	D	C	A	C	A
HI比重1.75	室温	—	—	A	D	A	A	B	A
比重1.75	100	—	—	D	—	A	A	C	A
冰醋酸	100	—	—	A	A	A	A	—	A
F_2	室温	—	—	B	—	—	—	—	—
Cl_2干的	室温	B	—	B	C	A	A	A	A
湿的	室温	B	—	B	D	A	A	C	A
过饱和的	室温	—	—	A	A	A	A	—	A
	100	—	—	A	D	—	—	—	—
Br_2干的	室温	D	—	C	D	A	A	D	A
湿的	室温	C	—	C	D	A	A	B	A
饱和的	室温	D	—	A	B	A	D	—	B
62%	室温	A	—	B	D	B	A	A	A
	100	—	—	D	D	C	A	C	A
水	室温	—	—	A	B	A	A	—	A
I_2干的	室温	A	—	A	A	A	A	B	A
湿的	室温	A	—	A	B	B	A	A	A
酒精	室温	B	—	A	B	B	A	—	A
S_2	100	A	—	A	A	A	A	A	A
Hg	室温	D	—	—	—	—	—	—	—
H_2S	室温	A	—	A	A	A	A	A	A
NaClO溶液	室温	—	—	A	C	B	—	D	D
	100	—	—	A	D	B	B	D	D
KCN溶液	室温	D	—	A	C	—	—	—	—
溶液	100	D	—	C	D	—	—	—	—

续表 8-1-27

腐蚀介质	温度 ℃	Au	Ag	Pt	Pd	Rh	Ir	Os	Ru
$HgCl_2$溶液	100	—	—	A	A	A	A	A	—
$CuCl_2$溶液	100	—	—	A	B	—	—	—	—
$CuSO_4$溶液	100	—	—	A	A	A	A	A	—
$Al_2(SO_4)_3$溶液	100	—	—	A	A	A	A	—	A
$FeCl_3$溶液	室温	B	—	—	C	A	A	C	A
	100	—	—	—	D	A	A	D	A
K_2SO_4溶液	—	—	—	B	C	C	A	B	B
NaOH溶液	—	A	A	A	A	A	A	A	A
KOH溶液	—	—	—	A	A	A	A	A	A
NH_4OH溶液	—	A	A	A	A	A	A	A	A
熔融硫酸钠	—	A	D	B	C	C	—	B	B
熔融苛性钠	—	A	A	B	B	B	B	C	C
熔融苛性钾	—	—	—	B	B	B	B	C	C
熔融过氧化钠	—	D	A	D	D	B	C	D	C
熔融碳酸钠	—	A	A	B	B	B	B	B	B
熔融硝酸钠	—	A	D	A	C	A	A	D	A
存在氧的HCN溶液	—	B	—	—	—	—	—	—	—
存在氧的Na_2S	室温	D	—	—	—	—	—	—	—

注：A—不腐蚀；B—轻微腐蚀；C—腐蚀；D—强烈腐蚀。

到600°C以上氧化过程显著，氧化速度随温度升高而加剧。当温度高于氧化物分解温度时，铑的损失量几乎成直线增加。

第三节 腐蚀控制因素

腐蚀破坏的形式很多，引起金属材料腐蚀的影响因素也很复杂，因此，腐蚀控制方法和防护技术多种多样，比较粗略地可划分为三个方面，即改进材质，采用防护技术和进行正确的设计与制造。

一、改进材质

在一定的腐蚀介质和条件因素之下，金属材料的自身因素，如组份、结构、表面状态、形变和应力等，是决定其耐蚀性能好坏的最主要因素。通过材质的合金化，选择正确的热处理制度和用物理或化学方法对金属材料作表面改性处理，都可以达到改善材料耐蚀性的目的。

1. 研制耐蚀合金

通过冶金工作者的努力，已研制出多种耐蚀金属材料，并探索出提高合金耐蚀性的一些基本规律。例如，加入大量比较稳定的金属元素，可提高合金总的热力学稳定性；对于腐蚀过程为阴极控制的金属材料，可添加能减少微阴极面积，或者能提高阴极超电压的合金元素；对阳极控制的腐蚀系统，可向合金中加入直接阻滞阳极过程的合金元素；添加能提高阳极钝性的合金元素，使合金易于钝化，等等。在提高稀有金属材料耐蚀性的努力中，运用上述规律，已成功地研制出多种牌号的钛合金、锆合金。例如，为改善工业纯钛在还原性酸中的耐蚀性能，可加入能提高钛合金阳极钝化性能的合金元素（Mo，Ta，Nb，Zr，Cr），或者加入能提高钛合金阴极极化效果的合金元素（Pd，Pt，Ru，Rh等）。由此获得的Ti-32Mo，Ti-0.2Pd，Ti-0.8Ni-0.3Mo等合金的某些耐蚀性能都超过工业纯钛。

2. 选择正确热处理制度

合金的微观组织结构（如晶粒大小、晶粒取向、位错排列、沉淀相、晶界、杂质和缺陷等）、表面状态（氧化膜或钝化膜、划伤、刻痕和光洁度等）和内应力等都受合金热处理制度的影响。因此，合金的热处理制度直接影响合金的耐蚀性能。在合金成分已定的前提下，选择最合适的热处理制度，是使材料具有最佳耐蚀性能的控制方法之一。

二、采用防护技术

目前常用的防护技术主要有电化学保护、缓蚀

表 8-1-28 银在化学介质中的腐蚀速度

介质与浓度	试验温度，℃	腐蚀速度，mm/a	备注
硫酸10%	沸	0.0075	
20%	沸	0.015	
60%	沸	0.09	
85%	沸	不宜用	
盐酸 5%	35	0.0075	不充入空气
5%	100	0.036	不充入空气
15%	20	0.046	不充入空气
25%	20	0.1	
35%	20	0.15	
35%	100	不宜用	
磷酸 5%	100	0.003	
45%	100	0.007	
70%	100	0.0025	
85%	100	0.0036	
氢氟酸40%	110	0.1	
100%	38	0.046	
氢溴酸任何浓度	—	不可用	
王水	—	腐蚀不大	
醋酸99.5%	沸	0.01	
硝酸	—	不宜用	
乳酸50%	沸	0.51	
苯酚95%	沸	0.05	
氢氧化钠 70%	110	0.0036	
熔融	400	0.015	
氢氧化钾 熔融	400	0.089	
氯化铝 30%	100	0.018	
溴 无水	20	0.018	
溴	>100	不可用	
溴	20	0.028	
氯 气体	100	0.1	
氯水	20	0.001	
碘	20	不宜用	

剂应用、介质处理和金属表面涂层等。单一或联合采用这些防护技术，能使腐蚀速度大幅度下降，甚至不产生腐蚀。

1. 电化学保护

电化学保护包括阴极保护和阳极保护。对稀有金属而言，阴极保护可能引起氢脆，故不常用。这里只介绍阳极保护。

阳极保护是一种较新的防腐技术，它是将处于具有腐蚀性的电解质溶液中的金属设备与外加直流电源相连，在一定电位下进行阳极极化，如果金属在此电位下建立起钝态，并能维持钝态，则阳极溶解过程将受到抑制，金属腐蚀速度将显著降低。工业纯钛在还原性酸中耐蚀性较差，若采用阳极保护，腐蚀速度可大大降低（表8-1-29）。

阳极保护的基本原理是对金属进行阳极极化，使其由活性溶解区进入钝化区，对不能建立钝态并维持钝态的金属—介质体系，是不能采用阳极保护技术的。由图8-1-4可见，阳极保护的主要参数是致钝电流密度、维钝电流密度和钝化区电位范围。

致钝电流密度（$I_{致钝}$）与金属材料性能、腐蚀介质成分、温度、浓度、酸度等有关。还受致钝时间影响。适当延长建立钝化的时间，可减小致钝电

表 8-1-29 阳极钝化对钛腐蚀速度的影响

酸%（重量）	温度 ℃	阳极钝化电压 V（氢标）	腐蚀速度，mm/a 外加电压	腐蚀速度，mm/a 不加电压
40H_2SO_4	60	2.1	0.005	55
40H_2SO_4	90	1.4	0.070	63
40H_2SO_4	114	2.6	1.80	340
60H_2SO_4	60	1.7	0.035	23
60H_2SO_4	90	3.0	0.10	16
80H_2SO_4	60	1.0	1.03	144
98H_2SO_4	60	1.0	1.33	—
37HCl	60	1.7	0.068	141
60H_3PO_4	60	2.7	0.018	6
60H_3PO_4	90	2.0	0.50	50
60H_3PO_4	沸	2.7	1.30	161
50甲酸	沸	1.4	0.083	6
25草酸	90	1.6	0.038	38
25草酸	沸	1.6	0.250	175

流密度。但电流密度不能小于某极限值，否则即使延长通电时间，也无法建立钝化。

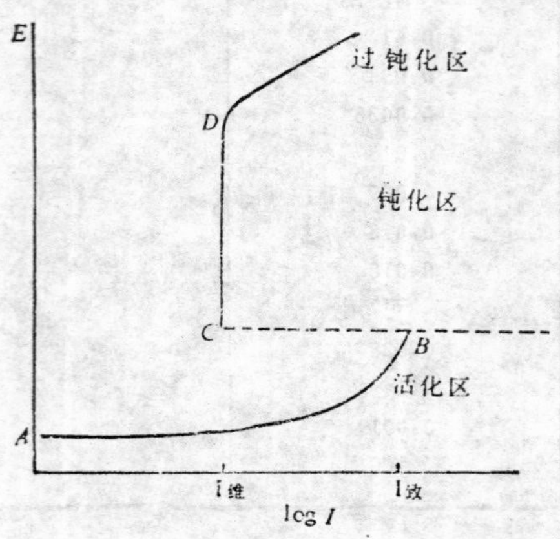

图 8-1-4 阳极极化曲线示意图

维钝电流密度（$I_{维钝}$）代表金属在阳极保护条件下的腐蚀速度。维钝电流密度越小，设备腐蚀速度越小，保护效果越好，耗电量也越小。

钝化区电位范围主要取决于金属材料和腐蚀介质的成分、温度、浓度、酸度等因素。钝化区电位范围越宽越好。电位范围宽可避免因电压波动而进入活性溶解区的危险，同时也可降低对控制设备和参比电极的要求。

阳极保护的辅助阴极材料有：铂、镀铂电极、金、钽、钼、银、高硅铸铁、石墨、镍铬合金、碳钢等。

阳极保护通常适用于酸贮槽、含碱溶液反应器，热交换器等。对于强氧化性腐蚀介质，由于强氧化性利于生成钝化膜，可优先考虑采用阳极保护。

2. 缓蚀剂应用

如果在腐蚀性环境介质中添加少量某种物质能防止或降低金属腐蚀速度，则该物质就称缓蚀剂。添加缓蚀剂是控制腐蚀的重要方法之一。

缓蚀剂的类型和成分很多。多数缓蚀剂是根据实际经验发展起来的。缓蚀剂作用机理研究还不深透。缓蚀剂按照作用机理可划分为阳极抑制型、阴极抑制型和混合抑制型；按照所形成的保护膜特征可划分为氧化膜型、沉淀膜型和吸附膜型缓蚀剂；根据化学成分可划分为无机缓蚀剂和有机缓蚀剂；根据使用时的相态可划分为气相、液相和固相缓蚀剂。

影响缓蚀作用的因素有：缓蚀剂浓度、介质温度、介质流速、金属材料的种类和性质等。在一定条件下，不同类型的缓蚀剂配合使用可增加缓蚀效果，即所谓协同效应。

缓蚀剂广泛适用于各种金属材料设备、管道、阀门等。缓蚀剂保护投资少，效益大，操作简便，易于控制。但缺点是某些缓蚀剂可能会影响产品的纯度、对环境产生污染或对人体有毒。

对于一次通过的非循环系统，采用缓蚀剂是不现实的。缓蚀剂用量不足时反能加速腐蚀，在应用时应予考虑。

3. 介质处理

对金属设备所处的环境介质进行适当处理，消除或降低其腐蚀性，这也是控制腐蚀的方法之一。介质处理通常包括除去介质中的有害成分（如溶解氧或氧化剂），调节介质的pH值，改变气体介质中的水分含量，降低介质的温度等。如钛合金在干燥氯气中有自燃的危险，若增加氯气中的水蒸汽含量，则钛设备即可安全使用。

4. 金属表面覆盖层

用耐蚀性较强的金属或非金属覆盖耐蚀性较差的金属，将基体金属与腐蚀性介质隔离，同样可达到防腐蚀的目的。

几乎所有的金属元素及其合金都可用作金属覆盖层。获得涂层的方法有：电镀、喷镀、化学镀、热浸镀、渗镀、辗轧及衬里等。

根据覆盖层金属与基体金属之间的电位关系，可分为阳极覆盖层和阴极覆盖层。若阳极覆盖层电位比基体金属负，在腐蚀性介质中覆盖层金属为阳极，基体金属为阴极，当覆盖层穿孔或有裂纹时，覆盖层金属优先溶解而使基体金属得到保护。但若阴极覆盖层电位比基体金属正，则一旦覆盖层破裂，基体金属将遭受严重局部腐蚀，这是应该避免的。

稀有金属中的钛、锆、铪、钽、铌、钨、钼、稀贵和稀土金属由于其耐蚀、难熔、耐磨、高度化学稳定性或其他特殊性能，常用作钢铁材料、非金属材料、陶瓷材料等的表面覆盖层材料。除了使用单一金属外，还发展了金属化合物和金属间化合物，例如TiC，TiN，Ta—W，Mo—Si，W—C 等为涂层材料。

非金属覆盖层分为衬里和涂料两类。衬里是在金属表面衬以橡胶、塑料、玻璃钢、耐酸瓷板、辉绿岩板、石墨、玻璃等。涂料包括各种干性油基漆、树脂基漆等。

无论是金属或非金属表面覆盖层，都要求覆盖层在介质中耐蚀，与基体材料结合牢固，附着力好，厚度均匀，覆盖层完好，无针孔、龟裂、鼓泡等，或者这些缺陷率很低，并有良好物理和机械性能。

三、设计与制造

金属部件和设备的耐蚀性能，不仅与材料、环境介质有关，还受设计与制造工艺的影响。不正确的设计和制造工艺常常引起机械应力、热应力、液体滞留、固体颗粒沉积或聚积、金属表面膜破裂、局部过热、形成电偶电池、缝隙存在、散杂电流流过等。这些都能引发金属设备的腐蚀或加重腐蚀过程，所以选择正确的设计与制造工艺，也是腐蚀控制的重要内容。

1. 防腐设计的一般原则

在工程设计中，除了考虑材料的机械性能之外，还应考虑材料在所处介质体系中的耐蚀性能，进行合理选材，以避免选材不当而造成腐蚀。设计人员除了根据腐蚀数据手册来衡量材料的耐蚀性优劣之外，还应尽量搜集与选用材料和环境介质有关的资料、事故分析报告等，进行充分比较分析，确定设计的依据。

在设计实践中，应依据腐蚀与防护的基本原理，遵循以下原则。

（1）材料的相容性。在设计中不仅要考虑各个部件的自身功能要求，还应考虑在整个设备或系统中各种材料之间的相容性，例如不同金属直接接触引起的电偶腐蚀、材料之间的电位差、阳极和阴极的相对尺寸之比、温度梯度和温度分布等。

（2）考虑结构的几何因素。结构的几何因素包括零部件形状、布局和相对位置等。要使结构形式尽量简单，防止残留液和沉积物造成的腐蚀。应尽量采用焊接构件而不用铆接结构，避免造成缝隙腐蚀。容器不要直接安置在多孔性基座上，可在罐体上加裙式支座，以避免缝隙腐蚀等。

（3）力学因素。应力腐蚀破裂、氢脆、腐蚀疲劳和磨蚀都是在一定的应力条件下发生的。在设计时应考虑腐蚀因素与力学因素的共同影响。力学因素包括材料的残余应力、外载应力、装备应力、热应力、震动和冲击等。设计中应尽量避免力学因素作用。

2. 机械加工的影响

金属设备在加工制造过程中，加工工艺（如焊接、铸造、冷热作成形）和表面状态都将对设备的耐蚀性产生影响。稀有金属材料在焊接过程中应避免吸收气体，防止氧化，防止产生缝隙和孔洞，尽量减小热影响区等。铸造和冷热作成型要有严格的工艺制度，防止出现缺陷、夹杂、成分不均和过高残余应力等。

金属设备表面应力求平整光洁、无擦伤、无划痕和无污物。表面状态愈好，则腐蚀愈不易发生。稀有金属表面氧化膜的完整性对耐蚀性尤为重要。如钛材表面若划伤，则容易成为腐蚀的起源点。

3. 选择合理工艺流程

工业生产，尤其是化工、冶金、石油炼制和轻工等领域，金属设备接触的介质差别很大，工艺流程也千差万别。腐蚀是否发生和腐蚀的程度如何与工艺流程密切相关。不合理的工艺流程和设备配备，很可能造成难于解决的腐蚀问题。因此，在制定工艺流程时，应充分考虑工艺流程引起的腐蚀问题和防护措施。在不影响产品质量和经济效益的前提下，应尽量采用流程简单、介质腐蚀性低的工艺方案。

参 考 文 献

[1] Laque, F. L., Corrosion Resistance of Metals and Alloys, Reinhold Publishing Corporation, 1963.

[2] 钛的耐蚀性能编写组，钛的耐蚀性能，北京有色金属研究总院，1977.

[3] 姆·钠.福金等著，丁振彧译，钛和钛合金在化学工业上的应用，上海科学技术文献出版社，1981.

[4] Industrial Applications of Titanium and Zirconium, ASTM STP 728, *ed by* Kleefisch E. W., American Society for Testing and Materials 1981.

[5] Industrial Applications of Titanium and Zirconium: Third Conference, ASTM STP 830, American Society for Testing and Materials, 1984.

[6] 贵金属材料加工手册编写组，贵金属材料加工手册，冶金工业出版社，1978.

[7] 兰州化学工业公司化工机械研究所组织编写，耐腐蚀金属材料，燃料化学工业出版社，1973.

[8] 《汇编》编写小组，核反应堆用材料性能资料汇编，原子能出版社，1974.

[9] 左景伊，腐蚀数据手册，化学工业出版社，1982.

第二章　表面处理技术

编写人　周　立　杨遇春

第一节　概　述

稀有金属及其合金、金属间化合物因具有一系列独特的性质而在新技术、高技术的发展中占有重要地位。但大部分稀有金属产品价格偏高，因此，降低成本是扩大稀有金属产品应用领域的一个重要问题。表面处理技术在这方面存在着巨大的潜力。例如，在常用金属表面上涂敷厚度仅为数百微米的稀有金属（包括合金、金属陶瓷及化合物）涂层，即可以低廉的成本大大强化与改善常用金属的性能。如工具钢表面涂敷氮化钛涂层，其使用寿命可延长3～8倍，而氮化钛的用量则极其有限。此外，在耐热合金表面涂敷金属陶瓷涂层，不仅可增加其耐热性能，还可以改善其抗腐蚀性能。

用激光加热进行表面淬火的特点是能量集中，加热层薄，非自身冷却，因而淬火变形很小，无需淬火介质，有利于环境保护，便于实现自动化。用激光、电子束进行表面加热，可以通过熔化-结晶过程，熔融合金化-结晶过程，熔化-非晶态过程，使硬化层的结构与性能发生很大变化。

利用离子注入技术向材料表面层注入离子，可以得到过饱和固熔体和亚稳态、非晶态以及一些特殊的化合物层，能够改变材料的摩擦系数，增加表面硬度，提高其耐磨性、抗蚀性，延长工件的使用寿命。

近代高技术的发展，要求在分子、原子水平（数埃到数千埃）上人为地控制材料的聚集状态并加以复合，以得到性能特殊的新的功能材料——杂化材料（Hybrid Materials）。为了使材料具有新的功能，也为了使异种分子之间具有尽可能大的接触界面，往往需要将一种或两种成分制成薄膜（厚度在1μm以下）或微粒等。最近一二十年来迅速发展的气相沉积技术是薄膜强化新工艺的重要组成部分。在所获得的透明导电薄膜、各向异性导电薄膜、非线性光学薄膜、传感器薄膜、磁性薄膜、超晶格薄膜以及最近研制成功的液氮温区超导薄膜等中，有相当一部分是稀有金属薄膜和半导体材料薄膜，它们都是高技术所必需的材料。

近年来，表面科学与表面分析技术的进展推动了表面处理技术的进步。人们对于表面的了解进入到原子级的水平，对金属材料的腐蚀，催化等性质也有了比较深入的了解。用以测定物质表面或吸附表面物质的几何结构、电子结构和振动结构的各种表面能谱仪有了迅速的发展。此外，采用分子束外延技术，已研制出能满足高速集成电路设计、制造要求的具有高电子迁移率的多层结构，并由此生产出了性能良好的激光器和光探测器，使光学通讯系统得到改善。这些例子都说明表面处理技术在今后高技术、新技术以及所需材料的发展中所占有的重要地位。

第二节　光亮化、化学抛光和电解抛光

光亮化浸渍、化学抛光和电解抛光这三个过程可归纳为化学抛光（包括光亮化浸渍）和电解抛光两个类别。化学抛光是通过使用适当的溶液进行短时间浸渍或喷淋（即喷射抛光），以改进基材表面的微平滑性和光亮度的过程。电解抛光是将基材放入一个连通外部电源的电解质中，通过阳极溶解以改进其微平滑性和光亮度的过程。

一、化学抛光和电解抛光的机制

化学抛光和电解抛光的机制相似，都决定于溶液对材料外表面的抛光能力，并且在蚀刻过程中不发生腐蚀凹痕，溶液组分也不进入基材内。

微细抛光过程往往伴有基材表面的光亮化，这是由基材与抛光液组分生成复杂化合物后分解并溶解于抛光液所造成的。当基材金属浸入抛光液中时，金属的原子离子化，随其浓度的增加，在金属表面形成一粘性膜，此膜在微凹陷处的厚度大于微突出处，因而微凹陷处的溶解反应比较慢，从而消除了外部的不平整处而趋于平滑。此外，还有另一现象发生，即由于粘性膜比抛光液有较大的比重，因而在基材表面和抛光液的界面处发生对流湍流，

使基材界面的粘性膜消失，抛光得到进一步加强。这样消除了引起光散射及产生暗面的微细凹凸不平，从而产生光亮而有光泽的表面。

电解抛光过程是基材表面的阳极化和被溶解过程，可认为是电解沉积的反过程。由于在电沉积过程中表面突出处沉积层较厚，所以反过来，在电解抛光过程中表面突出处也就溶解得较快。

二、化学抛光和电解抛光对基材性质的影响

使用化学、电化学清洗，酸洗或活化等法先将油脂从基材表面去掉，再除去锈皮、氧化物。

化学和电解抛光对基材物理性质的影响表现在如下五个方面：

（1）改进基材表面的化学性质，与其它产生光亮表面的方法（如机械抛光或真空蒸发）相比，可得到最大的光反射系数；

（2）改善磁导率和减少磁滞损失（涡流）；

（3）改善高频电流流过时表面层的电导率，即改善所谓集肤效应；

（4）减小所谓冷发射效应[1]

（5）在基材上得到一个机械洁净且无张力的表面。

上述效应中的后4种是电解抛光所独有的效应。

三、化学抛光和电解抛光的一般用途

化学抛光和电解抛光既可以作为进一步电镀预处理的一部分，也可以作为表面精整的最后工艺。

电解抛光远较溶解过程容易，所以这种工艺技术除用以微细抛光和光亮化外，还可作为阳极化加工使用，特别用于去毛刺、磨、钻以及切割与加工。

四、化学抛光和电解抛光工艺

根据处理工件的不同，化学和电解抛光工艺可以分为下列技术：

（1）在溶液（电解质）中；

（2）在熔盐电解质中，这种工艺的机制与上述电解抛光的机制相似，但导体则处于高温（如Ni在120～140°C，Ge及Pt在440～660°C，Au及Pd在950～1039°C）之下，虽然较难控制，但工艺灵活而快速；

（3）在高温气流中，如半导体材料的单晶片用有载带气体的HI气流进行气流抛光；

（4）使用短时间浸渍（30～180s），如浸入（3～10min）、喷射及刷镀电抛光。

五、影响抛光工艺的因素

1．基材的初始状态

基材的初始状态包括粗糙度、晶粒度、工件的形状尺寸等。溶解25.4μm的表层，其微粗糙度大致可减少50%，平整度一般反比于金属的晶粒度。

2．抛光液的组分与其溶解基材的能力

抛光液由几种不同的酸组成（如硫酸、磷酸、铬酸、盐酸、硝酸、醋酸等），这些酸都应是非爆炸性的。也可以是一些盐的混合物（如NaCl，KF，NaF，$MgCl_2$），以用于锗及锆的电解抛光。用于抛光液的这些酸，可以呈水溶液状态，也可以是其有机溶液（如甲酸、甘油、乙二醇）；还可以加入一些正电性离子。例如在一种铝的抛光液中加入少量的铜，使铜沉积到铝上形成外加局域阴极，以促进反应的进行。此外，加入一些氧化剂，可起到去极化剂的作用。

六、抛光工艺条件

1．外部电流

基本参数为：溶解阳极电位（电镀过程中则为沉积阴极电位），阳极电流密度与电压（8～24V）。

在电解抛光工艺过程中，控制最佳的阳极电流密度，能得到最佳的电解抛光结果。电镀则与此相反，需用较高的电流密度，因为较低的电流密度时容易发生腐蚀。

2．电解质温度

每个抛光金属电解质系统都有一定的最佳操作温度范围。如温度低于这个范围将引起电解质粘度的增大，阻碍被溶解产物向电解质中扩散，同时也有碍于被抛光基材补充新鲜电解质。高于这个温度范围，将产生相反的不利影响。

3．电解抛光的持续时间

电解抛光的持续时间决定于基材的初始状态、电解质的组分和其它因素。电解抛光时间过长，不

[1] 金属于1.3×10^{-3}Pa（10^{-5}mmHg）且发生阳极化的情况下，可在室温下发射电子。

仅不能改善表面质量（如平滑性），有时还会损坏表面。一般是电解抛光时间随电流密度的增加而减少。

4．搅拌

搅拌可起到下列作用：

（1）减少或消除基材表面上所不希望被溶解材料的溶解；

（2）使微凹处新鲜电解抛光电解质的补充情况得以改善；

（3）促使排出抛光基材凹点等处产生的气泡；

（4）防止基材的局部过热，这不仅要求经常搅拌电解质，还需移动抛光基材，以改善抛光效果。超声波的应用是非常有效的，特别是在电解质溶液所溶解的金属已经饱和不易移动的情况下。

5．阴极材料

阴极表面必须比被电解抛光基材的表面大许多倍。根据所用电解质，需用不同的材料作为阴极，如表8-2-1所列。

表 8-2-1 用于电解抛光的阴极材料

电解质类型	阴极材料
酸性：	
$HClO_4$	耐酸钢，铅，铜
H_3PO_4	耐酸钢，铅，石墨，铜，黄铜
HNO_3	耐酸钢，镍
H_2SO_4	耐酸钢，石墨，铅
H_2SO_4-H_3PO_4	铅，石墨，耐酸钢
H_2SO_4-CrO_3-H_3PO_4	铅，耐酸钢
HF	耐酸钢，铅，石墨，银
中性	锌，铅，银
碱性	碳钢
通用	铂

七、金属的化学抛光与电解抛光

从理论上讲，所有金属、合金与具有金属类型（如Si）的元素，当其以不含有夹杂物的固相存在时，都可进行化学或电解抛光。

通常对不含夹杂物的纯金属或单相合金进行化学抛光和电解抛光，都可以得到很好的结果。如果基材由多相构成，其抛光效果决定于合金的组分。

一般说来，在进行化学抛光和电解时，应考虑有两种情况，即阳极第二相与阴极第二相。若第二相对于基本相是阳极，则主要是第二相溶解，而当第二相对于基本相是阴极时，则基本相溶解而产生所不希望的结果。

在目前的工业生产中，有下列合金使用电解抛光，即铝合金、黄铜、铍铜、低合金钢、高温合金、镍银和压铸合金。近来，能进行抛光的材料已扩展到一些具有结晶结构的化合物，如BaF_2、CaF_2、蓝宝石（Al_2O_3）、CdS、PbSe、$PbSe_{1-x}$ Tl、LiF、Sn_xPb_{1-x}及尖晶石等。

化学抛光和电解抛光的限制是具有孔穴或微凹处合金的溶解，以及形状复杂工件的不均衡溶解。

八、展　　望

化学抛光特别是电解抛光进一步发展的方向为：

（1）更为广泛地应用各种类型的搅拌手段（其中包括超声波）及不同波形电流（如交流或脉动电流），在处理多相、多组分合金的情况下应用防止生成孔穴的新型抑制剂；

（2）更为广泛地应用于稀有金属与新合金；

（3）抛光与其它技术（如电镀）相结合，如稀土铁氧体在380～425°C用H_3PO_4抛光；钴稀土合金粒子在含有HNO_3^-、HNO_3、H_3PO_4和冰醋酸与水，或在CrO_3、HNO_3、H_2SO_4与水的溶液中进行抛光都有较好的效果。

第三节　化学、电化学机械加工及阳极化机械加工

一、化学、电化学机械加工

化学加工（Chemical machining）又称化学研磨，系用化学溶剂有控制地溶解基材的过程，以使基材形成所需外形及形状，或使基材减少重量。电化学加工系将导体基材有控制的溶解使之阳极化的过程，使基材通过电解质流而与一定形状的阴极修整器分离，以产生所需外形及形状，或用于减少重量。

电化学加工和阳极化机械加工技术都是以电化学溶解过程为基础的。这二种工艺过程是相互联系的，可对金属与合金进行加工。

某一特定材料的化学加工受溶液组成、温度和时间的影响。通常在使用包括NaCl或其它盐类（如Na_2SO_4和$NaClO_3$）在内的电解质时，需添加抑制剂。酸或碱电解质只用于特殊有限的工艺。最终精整决定于原来微粗糙度和晶粒度。公差可达到25～50μm。采用化学加工时的材料减重速率低于电化学加工（25～50μm/min），也较难控制，在对大异型件进行减薄与浅加工时受到一定限制。

电化学加工除受与化学加工相同的一些关键参数的影响外，还受电流种类（一般为直流，但最近也用脉动电流）、电流密度、电压（小于30V）和电极间给定距离下电解质流动速率的控制。

在电化学加工过程中，基材溶解速率正比于所加电流密度，并且和阴极修整器与阳极间一定位置的距离有关，溶解速率随此距离变化而有所不同。这样，即有一个与阴极外形相似但反向的形状或外形生成。此工艺还可用于切割，研磨，钻孔和制作具有高精度（±50μm）复杂外形的部件。

二、阳极化机械加工

这种技术把电化学溶解与电腐蚀结合起来，通过加工，将基材上一些不需要的部分除去。

阳极化机械加工以连接外部电源的加工工件为阳极，修整器本身为阴极，并用一层电解质将二个电极隔开。电解质为液相、熔融相或离子化气相。此工艺的机制和条件如下。

1．机制

在低的电流密度下，电化学反应引起阳极基材溶解，这个过程与电抛光和电化学抛光相似。在高的电流密度下，基材表面的加工则是通过加热电蚀，使凸出处从移动的工件上除去（约为0.03～0.05mm/min）。其反应产物是非良导体使电极绝缘，从而使工艺过程终止。因此，快速移动工件不仅可以从事基材的一般加工，还可以作为连续除去反应产物的手段。快速溶化过程可以防止金属结构的变化。

2．影响工艺的因素

（1）在实际工作中使用水玻璃（硅酸钠的溶液）作电解质，这是由于它的导电性、粘度（决定于组分的比重）适宜，并以胶体状态存在。也可以使用聚乙二醇、聚丙二醇、甲基纤维素、聚醋酸乙烯酯、甘油、山梨糖醇和聚烷基乙醚等其它电解质。电解质所提供的一个薄层可以防止电极短路，此层的厚度取决于工件承受的压力；

（2）阴极修整器一般是用导电性基体（如铜、黄铜、青铜、铸铁）或含有0.3～20%（体积）的烧结碳化物与硬物质（如金刚石微粒、石墨或再结晶SiC的弥散粒子）所制成；

（3）可用直流、交流或脉冲电流。电流密度与电压可以在广泛范围内变化（如3～28V，0.1～500A/cm^2），取决于加工工艺（如搪磨、切割、钻孔等）；

（4）加工参数为修整器压力和移动速度。修整器压力取决于电解质层厚度及其导电性，还可通过调节电流密度与所需除去金属的厚度来改变修整器压力。修整器的移动速率（5.25m/s）在一定条件下引起上层发热和材料结构的变化。

转动和摇动修整器的其它参数，如速率、频率，也必须考虑。

三、应用范围及限制

从理论上讲，能够进行化学、电化学抛光的金属及其合金，都能进行化学、电化学及阳极化加工。但实际上，电化学及阳极化机械加工只用于所谓“难加工”的金属、合金及金属陶瓷，其中包括锰钢、抗蠕变合金、耐热合金（如Rene 41，Wasploy）、难熔金属及其合金、超合金以及轻金属合金、有色金属合金。与这些技术相应的加工工艺有粗修整、精修整、研磨、磨光、珩磨、划线、缕蚀、切割、磨尖、钻孔、压型或仿形加工。

实际上，化学加工、电化学加工及阳极化加工

均受下列因素限制。

（1）未加控制或控制不当的工艺条件能够产生晶间渗透或优先腐蚀。因此该工艺比其它单项加工生产手段需要更严格的控制；

（2）必须考虑金属与合金对氢的吸收；

（3）与其它的加工精整工艺相比，基材表层的轻度退火（深度2.5～100μm）可能会引起疲劳强度的降低，但随后的喷丸加工处理将使其恢复到初始的疲劳强度；

（4）除在特殊情况下必须采用这种工艺外，必须将其与其它加工工艺作经济上的比较后方可采用。

第四节 电 镀

电镀工艺包括电镀、刷镀、电成型及电泳。这4种技术可以分成3类：电镀和刷镀、电泳及电成型。

表 8-2-2 难熔金属熔盐电沉积镀层

金属	电解质		
	氯化物	氟化物	氧化物
钛	*M*	*M*	—
钒	—	*M*	—
铬	*M*	—	—
锆	*A*=(Zr−Al)	*M* *C*(ZrB_2)	—
铌	—	*M* *A*($NbBi_3$) *C*(NbxGey)	—
钼	*M* *A*(Mo−Ni) *C*(Mo_2C)	*M*	*M*
铪	—	*M* *C*(HfB_2)	—
钽	—	*M* *A*($TaNi_3$) *C*(Ta_2C)	—
钨	—	*M*	*M*

注：*M*为金属沉积层；*A*为合金沉积层；*C*为化合物沉积层。

一、电镀和刷镀

刷镀是一种电化学过程，系将电解质用所谓刷涂方法涂于基材上以生成一个附着沉积层，此沉积层具有不同于基材的性质或尺寸。

电镀是在电解质中进行的一种电化学过程，即在基材上生成一层与基材性质或尺寸不同的附着沉积层，以达到装饰、抗蚀、提高表面硬度和耐磨性能、提高导电和导磁性能或耐高温等目的。

电镀或生成电沉积镀层的方法，根据电镀液的种类，可分为水溶液电镀、非水溶液电镀与熔盐电镀3种。其中，以水溶液电镀应用最为广泛，熔盐电镀与难熔稀有金属镀层联系最紧密。

（一）水溶液电镀

通常都采用水溶液作电镀液。凡能从其金属盐的水溶液被还原的金属几乎都采用水溶液电镀。在用于电镀的金属中，只有10种达到了工业规模。电镀中最常用的金属是铬、镍、铜、锌、铑、银、镉、锡和金，不常用的有铁、铯、铂和钯，极少用的是铱、钌和铼。含铁、镍、钴的钨合金、TiC-Ni和Al_2O_3-Cr金属陶瓷都可以从电镀槽中沉积出来。含硼化锆和硼化钨、氮化锆和碳化钼的铬基金属陶瓷可电镀在难熔金属和石墨基材上。

被沉积金属的重量与外加电源间的基本关系可用法拉第第一定律与法拉第第二定律表示：

（1）沉积金属的重量正比于通过电解质的电量；

（2）通过一定电量时所沉积金属的重量正比于每一金属的电化当量。

然而实际上由于部分电流消耗于如排出氢气等方面，因而电流效率较理论值为低。

水溶液电镀的基本过程是将浸在金属盐溶液中的基材作为阴极，与镀层成分相同或相近并能够均匀溶解的材料作阳极，接通直流电源后，基材上即会沉积出金属镀层。在使用不溶性阳极的情况下，将

表 8-2-3 熔盐电沉积镀层的常用熔盐溶剂

氟化物	氯化物	氰化物	含氧盐
Flimk (LiF-NaF-KF) LiF-NaF NaF-KF LiF	LiCl-NaCl NaCl-KCl $AlCl_3$-NaCl-KCl $SnCl_2$-KCl $ZnCl_2$-KCl	NaCN KCN NaCN-KCN	$CaCl_2$-$CaWO_4$ $CaCl_2$-$CaMoO_4$ K_2ZrF_6-1%(重量)Al_2O_3

靠电解质提供金属离子。水溶液电解质中常含有氢离子，因此氢与金属有可能共沉积而导致氢脆或呈氢气形态而排出。同样，当电解质中含有其它金属离子时，则可能生成合金沉积物。

（二）熔盐电镀

从熔盐中电沉积制取镀层的方法可使镀件表面具有被镀金属（如难熔金属及某些贵金属）的优异性能，而且由于基材与被镀金属之间能够形成具有多种新奇性能的表面合金层，从而为制取新材料提供了一条新途径。

熔盐电镀已用于镀钌、铂和铼。这项工艺的进展有可能导致以工业规模在基材上生长锆、铪、钒、铌、钽、钼和钨等难熔金属镀层。

熔盐电镀除电镀液为熔盐外，其原理与水溶液电镀相同。

熔盐电镀与熔盐电化学表面合金化的区别在于

（1）在整个镀层厚度内电镀层的成分是恒定的；

（2）熔盐电镀的速度取决于电流，受离子在熔体中的扩散制约，而与基体的性质或固态中的扩散速度无关；

（3）原则上熔盐电镀的镀层厚度是没有限制的，但在实际工艺中由于厚度增加，表面粗糙程度相应增加。

熔盐电化学表面合金化过程存在电化学和固态扩散合金化两种作用。在熔盐中使用活性较强的金属（被沉积金属）作阳极，活性较弱的金属（基材）作阴极，当阴、阳极连成回路时则形成一个自发原电池。阳极在熔盐中不断溶解，并在阴极表面放电析出，同时于高温下向内部扩散形成固溶体或金属间化合物表面合金层。在工艺实践中可通过施加外电压来加速合金化的速度。

（三）电镀的应用范畴及限制

理论上只要涂层能保持固态而不分解（如分解为粉末），并与基材有一定的粘着力，就可以沉积。可电镀沉积的物质包括：

（1）全部金属和具有金属形态的元素及合金；

（2）在水溶液及非水溶液电解质中金属及其合金与无机或有机粒子混合物的共沉积；

（3）化合物。

在电镀沉积后两种材料时，同时伴有电泳现象。

电镀工艺已在稀有金属中获得应用。如在金属钛上电镀铂，可以增加其反射能力，减少孔隙度并增大粘着力。钛电镀铂过程是在含有二硝基二氨络铂、NH_4NO_3、Na_2NO_3和NH_4OH的电解质中进行，电流（交流）密度为5～12A/dm²，温度为70～80°C。在钛、锆、铌、钒、钼等稀有金属上进行电镀的通用方法是使用镍或铁的中间层（厚度2～3μm），以保证与基材良好的结合。在金属镁上电镀锂，是在含有LiCl的KCl电解质中，以镁作阴极，500°C下进行熔盐电镀。镀锆也是于惰性气氛下在熔盐中进行的。

实际上，电镀工艺的应用也受到一些限制，如形状不规则工件的电镀层厚度不均匀；盲孔、窄缝电镀困难；氢脆问题；在非水电解质中进行一些金属的电镀时，电流效率低；在熔盐中高温电镀可能导致被涂基材结构的变化；镀槽尺寸限制了工件的大小；大量操作与工艺参数的控制；以及一些基材进行电镀时需要进行特殊、复杂的热处理等。

（四）电镀技术的发展方向

电镀技术的发展方向包括：广泛应用各种类型的电流与超声波以及新型的化合物作为电解质组分，以改善电镀沉积层性能，满足技术上的特殊要求；增大电镀沉积速率；对于所谓“难镀”金属进行非水电解质电镀；更广泛应用于新型合金以及混合物的电镀；研制能够生成定向特性镀层的电镀电解质与电子计算机程序控制；电镀技术与其它表面精整技术的更广泛结合应用。

二、电　泳

电泳除用于沉积某些金属及其合金外，还适用于金属与其它无机物材料和细的有机物粒子的共沉积。

这种共沉积工艺是基于电镀与电泳的结合。电泳能在电解质中进行，也能在气相中进行。

电泳的机制可以描述为：一个分散的固体相（如无机物粒子或胶粒）在浸入电解质的同时，发生电动力学现象。胶粒或分散的无机物粒子能吸收电解质中存在的其它分子或离子。被吸收的离子得到正的或负的电荷，并与所谓的电动电位有关。当接通外加电源时，带有电荷的粒子向电性相反的极方向移动（例如电镀那样）。还曾发现，分散粒子与被其吸收的分子及离子所得到的电荷取决于粒子的大小，而不决定于被吸收的离子量。因此，电泳过程中可以传输比法拉第定律更多的物料。

三、电 成 型

(一) 工艺特点

虽然电成型与电镀都是以电沉积为基础，但它们间存在三个基本差别：

(1) 电成型的沉积层不需要粘着到基材（模型、型芯或模板）上，因而可以在严格控制的情况下，直接在导体材料（如低熔点合金、锌、铝等）和非导体材料（如塑料、木材等）上成型。对于非永久性模型可以用机械的或熔解、熔化等方法除去。

制备非导体模型材料时，可用特定的清洗方法和预处理工艺，使基材成为导体。一般使用非催化沉积（如喷涂银），并加有含粘合剂的石墨粉，或加有含粘合剂的金属粉。

(2) 电成型的目的是仿制特殊工件并以尽可能高的精度保持模型材料的形状。因此，电成型的沉积层必须保持一定的结构特性，并解决内应力、硬度低以及氢脆等问题。

(3) 除非别无其它工艺选择，否则必须同其它生产此工件的工艺在成本上进行比较。

(二) 应用范围及限制

从理论上讲，能在水溶液、非水电解质甚至熔盐中进行电镀的金属、合金及其复合材料都能采用电成型工艺。目前已能用电成型工艺将某些稀有金属及合金制成箔、条、带材，例如已成功地将难熔金属及其合金制成涡轮叶片、喷嘴隔膜及导弹鼻锥。

电成型的应用和所用材料的量，受到下列有关因素的限制。

(1) 成型基材应不与电解质反应，并能保持其尺寸稳定性，同时要求成型基材有一个较小的线热膨胀系数，因此使熔盐电解质的应用受到极大限制。

(2) 被复制的工件必须没有深的或狭窄的凹槽与突出的锐角，因而在电成型的设计方面存在一些限制。

(3) 工件的仿制经常需要相当的厚度，高的内应力扩展可能引起裂缝或散裂，工艺过程缓慢（以天计），且需要严格的控制。

(三) 电成型技术的发展方向

进一步应用超声波，磁场以及可以使用多种形式电源，制造有助于电成型过程中气体进入电解质、强化电解质流动的新型设备，促使电成型向减小内应力及沉积新型金属及合金的方面发展。

第五节 无电镀覆

无电镀覆亦称化学镀，是指以化学及特殊还原为基础用于沉积（无外加电源）的过程。此过程与化学气相沉积相似，但沉积系在液体（溶液）中进行。

无电镀覆通常包括自催化镀层、无催化置换镀层和无催化接触镀层3种。因为这3种方法都在溶液中进行，故无电镀覆亦可叫做浸液镀层。

一、自催化镀层

自催化镀层是借助待沉积金属或合金的催化作用控制液相中的化学还原反应从而沉积金属涂层的过程。自催化镀层不需要外部电源，反应只限制在具有催化作用的金属表面（包括被沉积金属本身）上进行，在溶液的主体部位及容器器壁反应不会自发产生。沉积过程为自催化过程。

自催化还原在液相（在镀液或在一些情况下使用喷淋）中进行。能实现自催化的金属有限，所以可通过敏化及活化基材而促使其进行，或在难镀的基材上先行沉积催化金属的中间层薄膜。反之亦然，在需要选择区镀层的情况下，在基材的特定部分退敏也是可能的，如用紫外线照射。

同其它镀覆方法比较，自催化镀层有如下优点：

(1) 可以在由金属、非金属、半导体和非导体等基材构成的工件上镀覆金属；

(2) 不管制件的几何外形如何复杂，都能获得厚度均匀的镀层；

(3) 可获得任意厚度的镀层，甚至可以电成型；

(4) 镀层致密，孔隙小；

(5) 镀层的物理性质（硬度、磁性、矫顽力和抗张强度）和化学性能极好，如具有较高的硬度。

自催化镀层的工艺过程包括预处理，敏化，自催化镀与后处理。

自催化镀层的预处理与电镀预处理基本相似，包括去油，酸洗，中间冲洗以及需要时进行喷砂、表面粗化等。

敏化是指在自催化镀前对没有催化性能的金属进行敏化或活化，例如可用$SnCl_2$敏化及用$PdCl_2$

活化。

自催化镀层在水溶液或非水溶液中进行，溶液组成包括：作为沉积金属补充源的化合物、还原剂（如第二胺基硼烷，次磷酸盐，甲醛，氰硼化物，联氨）、络合剂（金属的补充源）、控制过程pH值的缓冲剂，以及稳定剂、亮化剂、增速剂等。如自催化镀镍的电解液含有氯化镍、次磷酸钠和一种以上的羟基酸例如乳酸和羟基乙酸，操作温度65～100°C。次磷酸钠是应用最广的还原剂。

自催化镀层的后处理包括中和与冲洗镀液：低温下加热（温度范围325～800°C，决定于基材），以提高镀层的粘着力、硬度。

（五）应用及限制

目前采用自催化镀层工艺已获得镍、钴、铜、金、银、钯等金属（都含有磷或硼、如镍中含5～15%磷）镀层；镍与钴、铁、锌、铼及钨的共沉积镀层和镍在细丝复合体（其尺寸为1～10μm）上的沉积层。

另一方面，就能够实现镀层的基材而言，在理论上凡使用其它技术生成自催化金属的中间层薄膜，或者进行敏化及活化后的所有金属及合金都可镀覆涂层。

稀有及有色金属铂、钯、铑、钌、锇、铱、银、金、钨、钼、钒、钛、铼等都可以在非水溶液中进行自催化沉积。用自催化工艺将金属及非金属粒子共沉积的镀层、具有良好的抗磨损及耐摩擦的性能。复合物的共沉积被认为是自催化镀层的一种新的生产方法。

自催化镀层受下列限制：

（1）成本高，如还原剂次磷酸钠价格昂贵；

（2）不能用于对磷或硼敏感的金属所制作的工件，因为磷及硼将在自催化镀层时共沉积；

（3）生成的镀层不能抗冲击和应力，并且对于同时出现的升温与磨损的耐抗力低；

（4）只限用于沉积过程容易控制的几种金属与合金。

二、无催化置换镀层

无催化置换镀层是在一种适当的溶液中，主要通过电负性低的基材金属的置换作用，生成电负性高的沉积层的过程。这种方法是基于一种金属具有在溶液中置换另一种金属的能力，使基材溶解，并且按化学计量被沉积层所置换。在基材被覆盖后，此置换镀层反应停止进行，因而沉积层非常薄（10～200μm），这使此方法的应用受到限制。另一方面，基材被溶解的量极少，实际上可以忽略不计。

此工艺过程受下列因素影响：

（1）在特定的镀液中，基材与金属沉积层的电位差将引起海绵状沉积层的产生，所以二者的电位差不能过大；

（2）镀液的成分和组分浓度；

（3）工艺条件，如温度与搅拌，在防止生成海绵状、低密度、粘着力差的沉积层起着重要作用。

从理论上讲，在适当溶液中稳定的任何金属或合金（不包括碱金属），如果基材惰性较小，都能进行沉积。例如可将锡沉积在铝合金活塞上。黄金和其它一些贵金属也往往采用无催化置换技术。

三、接触镀层

接触镀层系不使用外加电源，将工件浸入于溶液中与另一金属进行接触所进行的一种沉积过程。

该工艺是将基材（如锌）用一铝丝（接触金属）悬挂于溶液中，此溶液含有将被沉积金属（如锡）的化合物。这种方法基于接触金属（铝）与基材（锌）在电解质中产生一个内部的电偶，提供了沉积所需电位（电子流动）。

此方法与无催化置换镀层不同，是用接触金属代替基材溶解。在沉积金属离子的过程中，接触金属与基材都被镀覆。在接触镀层时，须选择电动序（对于金属与合金）靠近阳极一端的金属作为接触金属（如镁、铝或锌）。接触金属还须比将从溶液中沉积的金属离子有较强的生成离子（溶解）的倾向。接触镀层能够进行更快、更厚的镀层，而这正是无催化置换方法所不能得到的。

由于在接触金属表面被覆盖后沉积过程即告终止，所以接触镀层工艺在实际中只限于铜、金、锌的镀层。

可以预见，当特殊多孔接触“电极”发展后，接触镀层工艺将获得更广泛的应用，因为这一工艺将能够改变溶解过程，而不致引起共沉积和镀层表面的粗化。

第六节 热浸沉积

热浸沉积是一物理化学过程，即将经过预处理（如用水洗、酸洗，进行或未进行预涂层）的基材

（呈固态）浸入熔融的金属或合金中一定时间后以得到涂层。

涂层的基材（指金属或合金）基本上由三层组成：

（1）外侧（或顶部、外层）纯涂层；

（2）中间扩散的化学结合组分(如 MxNy)；

（3）纯基材材料。

涂层的时间为0.5～5min，厚度为0.00127～0.00762mm。

热浸沉积技术受下列因素的限制：表面张力、粘着力、涂层金属或合金与基材熔点间的温度差、基材对加热的反应、涂层厚度、基材形状（小缝隙的部件不能涂层）、热浸槽尺寸。

曾经将热浸涂层技术应用于稀有金属及其合金。如将锌热浸涂在铌或铌基合金上，然后经过处理生成锌-铌合金涂层。在真空下的熔盐熔池中，在钨、钼等难熔金属或石墨上进行了锡的热浸涂层；或在含有铬的铜熔池中，在钨、钼、钽、铌及其合金上生成铬层，过量的铜用酸除去。此外，还可用热浸涂层法使金属-纤维复合材料得以结合。

第七节 机械镀层及包覆结合

使用压力成形的涂层技术，可分为机械镀层（亦称扩散渗镀或冲击镀层）与包覆结合两种。

一、机械镀层

机械镀层是通过机械手段（包括进行粘着涂层金属细粉的压制）进行粘着金属的一种涂层。它通过施以冲击力或离心力使沉积层与基材粘合。

此工艺是在装有下列物质的旋转的圆筒、滚筒或离心机内进行。

（1）被涂覆工件，如铆钉，螺栓，防松垫圈，弹簧等，尺寸不得大于10～12mm×125～150mm，且其重量不能大于250g；

（2）涂层金属细粉；

（3）冲击介质，一般为玻璃、陶瓷的球形物，或者瓷球；

（4）化学促进剂，用以保持适当的非氧化化学状态和适当的粘度，减震及防止工件间彼此碰撞损伤。

工艺的第一阶段是对工件进行清洗以除去氧化膜。旋转则为涂层材料提供了充分的机械能量，冲击介质对基材撞击使基材的小孔和凹处消失。在工艺继续进行过程中，涂层厚度增加，涂层厚度范围一般为2.5～50μm。通过冶金结合可使镀层与基材适度粘结。此工艺不会引起氢脆，并且可以通过转化涂层等进一步处理。

机械镀层工艺的关键参数为：被镀层工件的尺寸与重量，涂层材料粘度，容器旋转速度与溶液成分。

从理论上讲，凡符合下列判据的金属与合金，都可使用机械镀层工艺：

（1）能生成细粉状；

（2）在液态载体浆液中能够保持稳定状态（无氧化、溶解等）；

（3）较基材材料有更好的塑性。

机械镀层技术可应用于稀有金属及其合金。

二、包覆结合

包覆结合是将二种或二种以上（相似或不相似）预先清洗过的金属或合金在特定条件下加压进行结合的物理过程。包覆金属可以固体状态使用，也可以粉末状态（甚至浆状）使用。

根据加工过程，包覆结合可以分为以下几种：

（1）冷轧及热轧结合，用于带、箔、板；

（2）挤压结合，用于管、棒、丝及型材；

（3）爆炸结合，用于板、管、导管、罐以及其它的飞机、发动机和航天结构件；

（4）上述方法与其它工艺的结合，如电镀与挤压，电泳沉积与轧制的结合等。

三、爆炸结合

爆炸结合是包覆结合的一种，通常是将一层起爆药均匀地放于一种或二种包覆金属（涂层）的外侧表面，利用爆炸产生的高压使包覆金属与基材金属进行冶金结合。爆炸结合所用炸药及其混合物有二种：

（1）具有低至中等爆炸速度范围（524～4572m/s）的黄色炸药，阿乌图炸药，硝酸铵等；

（2）具有高爆炸速度（4572～7620m/s）的三硝基甲苯（T.N.T），导火索等。

为了防止包覆金属表面损伤，通常用聚乙烯或水的减震层将爆药与包覆金属隔开。基材金属平行或呈斜角排列。爆炸开始后，冲击波将以高达7200m/s的速度传播，瞬时产生的气体可形成5.59×

10^5Pa（5.7kg/m^2）的高压力。此压力使包覆金属与基材金属相撞击，发生所谓"喷射效应"，最后完成冶金结合。

爆炸包覆结合受下列因素影响：

（1）包覆金属（涂层）与基材金属的物理与机械性质，以及它们的尺寸（45cm^2至9.3m^2）；

（2）冲击速度。

冲击速度取决于炸药的爆炸速度，一般不应超过包覆与基材金属内最大声速的120%，以使其产生冶金结合，并且应避免相同时间内的金属冲击损伤。若在特殊情况下需使用更高速度的爆炸，则需有一些附加的试验，以防止金属冲击损伤。

一般来说，凡塑性足以经受冲击波及其引起撞击的所有金属及合金都能进行相似的及不相似的金属间的包覆结合。不相似的金属系指在硬度、延伸率及熔点上差异较大的金属。延伸率不小于5%的金属与合金都能进行爆炸包覆结合。对于每种特定金属及合金的延伸率需要测试确定。

爆炸结合产品的尺寸被限制约200m^2以内，并且其形状通常被限制为简单的几何形状（如平板、管、圆锥体或圆筒）。包覆金属的厚度不应超过50mm。

炸药爆炸所产生的相当可观的噪音，需要特殊场所及厂房结构。

曾经使用这种技术在铝上包覆Al-In合金层，并将之热轧在铝的两侧，而后在真空中加热。也可以在碳钢上包覆耐热或抗腐蚀钢，并在钢中间夹以钛、锆、钽、铌或铬中间层，以防止包覆层的碳化。由一种碳钢或低合金钢与另一种包覆层所构成的包覆钢（包覆层可以是铬、镍、铜、铌、钽或锆）可用轧制结合或爆炸焊接结合。在包覆层中装有碳的引燃元素，其在包覆层中可呈碳化物而置换碳，以防止热处理时碳的扩散。引燃元素可以用钛、铌、钽或铬。用于涡轮机叶片的涂层或包覆层的材料由A_xB_y金属间化合物组成，其中"A"为铍、铝、钪、钇、镧系元素、硅、钛、锆、铪、钍、钒、铌或钽；"B"为钌、铑、铱或铂，x与y的比值为1～5间的整数。

第八节 扩散涂层

一、原　理

扩散涂层为通过加热，在基材上沉积一种或几种合金涂层的技术。扩散涂层是为了在基材上生成扩散饱和层，利用化学-物理过程，特别是通过热反应或电化学反应，使涂层元素在基材上进行有目的的沉积。涂层元素通过化学反应或溶解，由固、液或气相进入基材。进入基材的元素从较高浓度的区域向浓度较低的区域扩散，过程中发生原子的转移。扩散使涂层元素在基材的浓度趋于均匀与稳定。在这个过程中，扩散涂层材料的扩散元素向较低浓度的基材扩散，其量等于扩散涂层的扩散元素进入基材的量与基材扩散元素进入涂层的量之差。因此，其量与浓度梯度成正比（或者浓度随与基准界面距离x而减小）。此关系可用斐克（Fick）第一定律来表示：

$$Y=-D\Delta C \quad 或 \quad Y=-DdC/dx \qquad (8\text{-}2\text{-}1)$$

式中　Y——扩散元素量，g/(cm^2·s)；

D——扩散系数；

C——单位长度减小的浓度；

x——与界面距离，cm。

D决定于原子从一个位置跃迁到另一个位置的频率ν_0与其原子直径a，因此：

$$D=a^2\cdot\nu_0 \qquad (8\text{-}2\text{-}2)$$

扩散元素在时间t内的浓度变化，可用斐克第二定律来表示：

$$dC/dt=d/dx(DdC/dx) \qquad (8\text{-}2\text{-}3)$$

扩散系数与温度间关系服从于阿伦尼乌斯定律：

$$D=D_0e^{-(Q/RT)} \qquad (8\text{-}2\text{-}4)$$

式中　D_0——频率因素（$=a^2\cdot\nu_0$），cm^2/s；

Q——激活能，cal/(g·atom)；

R——通用气体常数；

T——温度，K。

在下列情况下扩散系数增大：

（1）增加扩散温度；

（2）在基材的结晶结构（包括缺陷较少晶格）中增加空位和其它缺陷；

（3）减小待扩散元素的原子半径，增加其浓度；

（4）降低扩散激活能；

（5）在整个扩散系统中外加能量补充源，以促进扩散原子和基材中原子的移动。

二、扩散涂层方法

扩散涂层所用的各种方法包括以下几方面：

（一）预处理

工件清洗后可能还需经预处理，以除去钝化基材上的氧化物层，或者用磷酸盐等将其进行置换。在一些方法（如溅射）中，氧化物可在辉光放电涂层过程中除去。

（二）扩散涂层工艺

元素能从固相、液相及气相向基材扩散。

1．固相扩散

用于固相涂层的粉末混合物、浆膏、悬浮体（包含有固体物料）一般由下列组分所构成：

（1）元素或其化合物的粉末，如硼酸盐、碳化物或氧化物；

（2）防止结块与粘结的惰性组分；

（3）作为还原剂或能对其氧化物还原的活化剂、如钙、镁、锆、铝、钛、硅、硼、铬、铌、锰、钒、钨、钼等；

（4）在使用浆膏、溶液或有机溶液悬浮液情况下的惰性粘合剂。

有时还加一些其它组分，如Fe-Al（其中一种须是氧化物），以产生放热反应，起到提供一个外加短时间热源的作用，以加速扩散反应。

2．液相扩散

液相扩散涂层有用电解与不用电解之分。

应用电解的工艺包括：

（1）在熔盐的混合物中，以石墨或其它惰性（热稳定性的）材料用作阳极，工件作为阴极；

（2）在覆盖有熔盐的熔融金属中，熔融的金属作为阳极，工件作为阴极。

不用电解的工艺包括：

（1）在熔盐的混合物中；

（2）在熔融的金属中，使用或不使用熔盐层，用于生成一个特定扩散涂层的热浸过程；

（3）在含有待扩散元素的水溶液（如NH_4OH）或有机溶液（如石油）中。

3．气相扩散

（1）在气体混合物中将被扩散元素的气态化合物还原扩散；

（2）在氯化氢及氢气气氛中，气体混合物通过扩散的炽热金属；

（3）含有被扩散元素的气体与悬浮体的混合物；

（4）已在氢气气氛中用扩散元素饱和的陶瓷与气体的混合物。

过程所用温度范围为400～2500°C，决定于扩散元素、工艺条件与激活能；时间变化则取决于所需涂层厚度。

扩散工艺的后处理取决于对产品的要求。如可以随后进行附加硬化或精整（如退火，淬火等操作）。

（三）涂层材料

理论上讲，凡符合下列条件的元素都能用作扩散材料。

（1）在扩散温度下，扩散材料源比基材有较低的蒸气压力（因为在扩散过程中，二者处在相同的温度下）；

（2）扩散材料源，不论是否添加其它金属、合金或盐，都必须能够熔化，并在扩散温度下不使基材结构发生所不希望的改变；

（3）扩散涂层能保持固态，既不破裂（成为粉末），也不与基材材料的未扩散饱和部分分开。

（四）限制因素

扩散涂层受下列因素的限制：

（1）冶金可溶性与稳定性；

（2）在加热与冷却阶段（特别是此阶段在液相进行时）基材的结构变化；

（3）基材尺寸与重量的变化；

（4）进行扩散涂层工件的设计限制（如扩散材料源的难以进入，锐边引起的问题，或工件的复杂形状所导致的扩散涂层的深度不均匀等结果）；

（5）槽、反应器或炉子的尺寸。

三、应用范畴

扩散涂层可用于：

（1）一步或多步过程，如第一步在较低温度下扩散，第二步在较高温度下扩散，或者首先扩散一种组分，其次再扩散第二种组分；

（2）一种或多种组分同时扩散，其中，单组分如铝、硼、铬等，二组分如铝-（硼、铬、硅、钛、钒、锆）、硼-（铬、铜、钼、磷、硅、钛、钨、锆）、铬-（碳、锰、钛）硅-（铬、钼、钛、钨、锆）。

扩散涂层技术在稀有金属材料的生产中已获得广泛的应用。例如，用卤化物为激活剂，采用循环变化惰性气体及还原气体压力的固态扩散法，可在工件上获得铝、铬、钛、锆、钽、铌、钇、硼、硅或稀土的扩散涂层。在铌上可获得由粉末状铬、钴、铼、锗、钼、铂、铼、硅、钒或钨生成上的扩散涂层。在含有BCl_2、$TiCl_4$、氮气、氢气的气氛中，可在钛或锆、铪上获得硼化物、硼氮化物或硼氮碳化物的扩散涂层。

四、发展趋势

扩散涂层技术将在下列领域中获得更广泛的应用：

（1）以金属氧化物为扩散涂层源；

（2）高频感应和其它新加热技术的应用，如激光辐照；

（3）超声波技术的应用；

（4）多组分扩散涂层；

（5）扩散涂层与其它技术的结合（如电镀，真空沉积，自催化及化学气相沉积）；并随后加热，以生成新的扩散涂层系列。

第九节 离子注入

离子注入技术也称离子束注入或离子束掺杂。离子注入是利用加速离子进行轰击，使一种离子进入非晶或结晶固体的过程。高能离子也可以引起被轰击基材（靶子）与注入层界面发生离子混合。因此，用直接注入法或离子束混合法都有可能使物体表面改性。在这两种情况下都会有反冲、级联碰撞和辐照诱发过程。所以用离子加工得到的表面，其化学组成和显微结构并不严格地符合热力学定律，因而用这种工艺可能得到独特的表面化学组成和显微结构。

一、离子注入过程

此过程系在真空中（$10\sim10^{-2}$Pa）进行，用低能量（keV）至高能量（MeV）使特定元素的离子加速，并以适当的浓度注入固态物体内。离子注入过程基本上受下列参数所控制：离子束能量，离子束剂量（强度），离子特性（原子序数，原子半径，电离电位，最大电离截面），基体结构（如结晶取向）和基体温度。一些基体（如硅）在高剂量的离子（如铝、砷、锗、铅、钯、铂、钛）注入后，也能生成厚达100～200μm的注入层。

已设计出具有多种束流强度，纯度，以及防止电磁干扰等特性的加速器。用于注入离子源的材料列于表8-2-3a。

对于在限定部位进行离子注入，可以应用非接触式金属掩模（如用钼、钽、钨箔制成）或“接触式掩模”，如SiO_2、Si_3N_4、Al_2O_3、光刻胶，甚至可用各种技术沉积的金属，如铝、镍、钼、钯、金等。

离子注入伴有基体溅射现象，溅射随轰击离子的原子序数增大而增加。在离子注入过程中，在固态表面层将发生一些损伤，这是由于零星的离子与固体表面间的弹性碰撞所引起的。热处理（退火）可使晶体结构完整化。低熔点金属（如铝、锗、硅）的原子可从上述损伤中恢复，较高熔点金属(如铂、铱、钼、钨）则较难。在一些情况下，轰击离子后会发生自扩散，有的还会发生副反应。

二、应用及限制

从理论上讲，除了钷、钋、砹、钫、镤和原子序数大于92的元素外，其余元素（包括其放射性同位素）的离子都可以用于离子注入。但是，离子注入也受到一些限制，如用此技术处理的表面尺寸，加速器及其相关设备与扩散等方法相比费用昂贵且技术复杂等。

随着新型加速器（如带有多离子束枪）的制成与发展，离子注入技术将不仅用于半导体、集成电路和固体装置方面，也将用于电子学包括电子光学的全部领域，以及可用于超导材料、物理（如用于超精密的磁相互影响）、化学（如放射性同位素用于热化学中，或用于表面的化学转换现象）、冶金（如用于生成亚稳表面层）等领域。此外，利用离子注入技术，可制备具有特殊性质（如电学、光学、发光、耐腐蚀与磨损、摩擦、增加硬度）表面的研究工具。例如，经离子注入后材料的耐磨性有很大改进，甚至当很浅的离子注入层因磨损和摩擦被除去后，所注入的B^+、C^+和N^+仍然能起着有益的作用。马氏体钢切削工具经注入高熔点金属后生成一表面镀层，此镀层进一步反应可以生成碳化物、氮化物或硼化物而使硬度增加。将钯注入钛中可以大大改进钛对硫酸的耐腐蚀性能，使其腐蚀速率降至原来的千分之一。注入钙、钠、铈、镱、碲、铝、铟、镍、铋等都可以改进钛的耐腐蚀性。这种用离子注入方法加入抗腐蚀元素的添加量可以超过正常平衡固熔体的量。将能量1.4MeV的金离子注入到99.99%铂箔表面，可以得到Pt-15%（原子）Au合金。离子注入技术还应用于半导体硅和非晶硅材料。

表 8-2-3a 离子注入源

注入离子	原子序数	原子量	源(元素或化合物)	注入离子	原子序数	原子量	源(元素或化合物)
As	33	74.9216	GaAs As AsH_2 As_2O_3 Cd_3As_2 $AsCl_3$	Er	68	167.26	$ErCl_3$ $Er_2O_3+CCl_4$ Er ErF $ErBr_3$ ErI_3
Be	4	9.0122	Be	Eu	63	151.96	$Eu_2O_3+CCl_4$ Eu $EuCl_3$ $EuCl_2$
Bi	83	208.9806	Bi $BiCl_3$ $BiBr_3$ BiI_3	Gd	64	157.25	$GdCl_3$ $Gd_2O_3+CCl_4$ Gd GdF_3 $GdBr_3$ GdI_3
B	5	10.811	BCl_3 B BF_3 B_2H_6	Ga	31	69.72	Ga $GaCl_3$ GaN $Ga_2O_3+CCl_4$
C	6	12.0112	CO CO_2 CS_2 CCl_4 $CaCO_3$ $BaCO_3$	Ge	32	72.59	Ge $GeCl_4$ GeH_4 GeS_2
Ce	58	140.12	$CeCl_3$ Ce $CeBr_3$ CeO_2+CCl_4	Hf	72	178.49	HfO_2+CCl_4 Hf $HfCl_4$
Cs	55	132.9055	CsCl Cs CsF CsBr CsI	Ho	67	164.9303	$Ho_2O_3+CCl_4$ Ho $HoCl_3$
Cr	24	51.996	$CrCl_3$ $Cr_2O_3+CCl_4$ Cr $CrBr_3$	In	49	114.82	In $InCl_3$ $InBr_3$
				Ir	77	192.22	Ir
				La	57	138.9055	$LaCl_3$ $La_2O_3+CCl_4$ La $LaBr_3$
Dy	66	162.50	$DyCl_3$ $Dy_2O_3+CCl_4$ Dy DyF_3 DyI_3	Li	3	6.939	LiCl Li LiF LiI

续表 8-2-3a

注入离子	原子序数	原子量	源(元素或化合物)
Lu	71	174.97	$LuCl_3$ $Lu_2O_3+CCl_4$ Lu
Mo	42	95.94	MoO_2+CCl_4 MoO_3+CCl_4 Mo $MoCl_5$ MoO_3
Nd	60	144.24	$Nd_2O_3+CCl_4$ Nd $NdCl_3$
Ni	28	58.71	$NiCl_2$ Ni
Nb	41	92.9064	Nb
N	7	14.0067	N
Os	76	190.2	Os OsO_4
O	8	15.9994	CO_2 O
Pd	46	106.4	Pd
Pt	78	195.09	Pt
Pr	59	140.9077	$PrCl_3$ $Pr_2O_3+CCl_4$ Pr
Re	75	186.2	Re Re_2O_7 $Re+O_2$
Rh	45	102.9055	Rh
Rb	37	85.4678	RbCl Rb RbF RbBr RbI
Ru	44	101.07	Ru RuF_5
Sm	62	150.35	$SmCl_3$ $Sm_2O_3+CCl_4$ Sm $SmCl_2$
Sc	21	44.9559	$ScCl_3$ $Sc_2O_3+CCl_4$ Sc
Se	34	78.96	CdSe Se H_2Se SeO_2 ZnSe PbSe
Si	14	28.086	$SiCl_4$ Si SiH_4 SiS_2
Ag	47	107.870	Ag AgCl AgBr
Ta	73	108.9479	$Ta_2O_5+CCl_4$ Ta TaF_5 $TaCl_5$ $TaBr_5$ TaI_5
Te	52	127.60	Te CdTe TeF_6 $TeCl_2$ $TeCl_4$ TeO_2 ZnTe
Tb	65	158.9254	$TbCl_3$ $Tb_2O_3+CCl_4$ Tb
Tl	81	204.37	Tl TlF TlCl TlBr
Tm	69	168.9342	$TmCl_3$ $Tm_2O_3+CCl_4$ Tm
Ti	22	47.90	$TiCl_4$ TiO_2+CCl_4 Ti TiI_4

续表 8-2-3a

注入离子	原子序数	原子量	源(元素或化合物)
W	74	183.85	WO_3+CCl_4 W WF_6 WO_3
V	23	50.9414	VF_3 $VOCl_3$ V
Yb	70	173.04	$YbCl_3$ Yb_2O_3 Yb
Zn	30	65.37	ZnS Zn ZnSe ZnTe $ZnCl_2$
Zr	40	91.22	ZrO_2+CCl_4 Zr ZrF_4 $ZrCl_4$

第十节 喷涂与爆炸镀层

使用喷涂进行沉积有三种基本方法：火焰喷涂，等离子喷涂及电弧喷涂，目的都是使被喷涂的熔融的粒子与基材进行冶金结合。这三种喷涂方法还可用于生产粉末材料的混合物（用作喷涂沉积的材料）。

还有一种与此有关的沉积技术是爆炸镀层（或被称作爆炸喷涂或爆炸结合），用该法获得的冶金结合强度可高达200MN/m²，而孔隙率小于2%。

一、火焰喷涂

火焰喷涂是一种在气体火焰中将待沉积金属、合金或其粉末进行熔化，再将熔化粉粒在压缩气流中喷涂到基材上生成粘着涂层的工艺。

由于可以使用金属或合金丝或粉进行沉积，所以火焰喷涂又分为丝材燃烧喷涂及粉末燃烧喷涂。

在火焰喷涂过程中，需将所用材料在混合气体中加热。这些混合气体包括：氧燃料（内含氧与氢）及煤气，乙炔，丁烷，戊烷等。然后将材料的粒子或液滴用高压空气加速，并在流动或半熔融状态下以50～100m/s的速度喷涂在基材上。

一般使用的氧—炔焰温度低于3000°C。在此温度下，燃烧过程（产生CO_2和H_2O）与吸热的分解反应同时进行，限制了温度的进一步升高，因此不能达到一些金属、合金及化合物的熔点。

火焰喷涂工艺由下列各步骤所构成：

（1）基材的预处理，包括清洗（去油脂），喷砂（用砂、金刚砂等），以使基材表面清洁并粗糙，从而改善涂层的粘着力；

（2）预热，均匀预热基材至接近200°C；

（3）喷涂；

（4）后处理，如用硅脂等封涂多孔涂层，及熔化、加压或烧结，其中，变化熔化时间及温度，可以增加涂层的密度，改善其粘着力，甚至可将涂层扩散到基材中。

火焰喷涂工艺受下列参数控制：

（1）设备构造；

（2）火焰喷涂温度与所沉积材料的熔点；

（3）涂层材料与基材的性质。

在理论上，下列材料，只要在氧-燃料火焰中不分解，都能用火焰喷涂法沉积：

（1）可以线材或粉状形式生产的全部金属及合金；

（2）任何一种能同基材产生化学或冶金结合的合金、化合物及复合材料；

（3）上述材料的混合物，包括添加的材料，可以引起吸热反应，以使材料粒子达到较高的能量水平，得以改进结合强度。

在实际中，火焰喷涂受下列因素的限制：

（1）火焰温度和空气压力，一般5×10^5Pa（5atm）和钼的喷涂温度（其熔点为2620°C）是本方法的应用上限；

（2）涂层厚度，一般为0.127～2.54mm，在特殊情况下可达12.7mm；

（3）涂层的孔隙度，一般为10～20%，熔化处理后也只能部分地减小；

（4）气流中含有的氧，限制了材料沉积的数量，特别是使硼化物，碳化物，氮化物和硅化物受到限制，因为这些化合物在高温下通过氧化气氛时将改变性质。

火焰喷涂在稀有金属及其合金化合物中已获应用。如铝、铜、钴、钼、镍、铌、钽、钛、钖、钒、钨或其合金的芯粒，以及陶瓷、WC、Cr_3C_2、TiC、Al_2O_3、ZrO_2、TiO_2、Cr_2O_3、$MgZnO_4$、硅硼酸盐、玻璃、BN、ZrB_2、CaF_2、硅酸铬等，都能用火焰喷涂沉积在钢、钛、铝等上面。

二、等离子弧喷涂

等离子弧喷涂是一种将待沉积的材料（如金属、合金的粉、丝、棒）在等离子弧中熔化，然后将熔融的粒子喷涂在基材上，使基材表面生成一粘着涂层的工艺。

等离子喷涂所用的最普通的材料是粉末和丝、棒材。在等离子喷涂过程中，取代火焰喷涂中氧-燃料火焰热源的是喷涂枪（阴极）中心电极的电源（10～50kW），它作为阳极起喷嘴作用并产生电弧等离子体。喷涂材料被送入等离子体中，熔化后喷涂到基材上。可以使用几种等离子生成气体（或者它们的混合物），其压力变化范围为$3.4\sim27\times10^5$Pa(3.4～27atm)。所得到等离子体温度取决于电源功率。例如，氩（48kW——14450°C），氦（50kW——20000°C），氢（62kW——5100°C），氮（60kW——7340°C）。

等离子弧喷涂的温度远高于火焰喷涂法，可以达15000°C以上，因而可以使任何一种金属或非金属熔化。

在进行等离子弧喷涂时，首先应对基材进行预处理，包括清洗（去油），喷液处理，开槽等，以使基材表面粗化等。预处理的目的主要是为了保证涂层的良好粘着。预处理后应立即进行喷涂涂层，如放置几小时后再喷涂，即会有不利的结果。在控制气氛下等离子喷涂所用的技术包括：

（1）通过调节氮或氧的流量，改变涂层材料；

（2）热活化基材，以增加涂层的粘着强度，还可有减少或除去可挥发氧化物（如钨）的改进效果；

（3）后处理，如封孔或热处理以增加涂层的密度，减少张力以及完成表面的老化。

等离子喷涂工艺一般要比火焰喷涂复杂得多，并受下列因素控制。

（1）设备结构因素，其中包括：

a．生成等离子体质量；

b．在毫秒时间内加热，熔化与喷涂粒子的速度；

c．电极功率特性；

b．冷却系统的类型；

e．在工艺室（如果需要时）内控制气流的类型。

（2）基材的形状和断面因素，这是因为内表面对喷涂引起的负残余应力晶格变化更为敏感。

（3）喷涂材料因素，包括：

a．使用形式为粉末时包括粉末的类型、粒度、形状、孔隙度、熔点、导热性与流动性；

b．使用形式为线材或棒材时包括金属及合金的类型、熔点、导热性。线材及棒材的一种代用品是将粉末与塑性载体（如聚乙烯或异丁烯）的混合物挤压成线材或棒材使用。

（4）工艺参数因素，主要有：

a．温度；

b．喷涂材料的压力与速度。

上述各因素均影响涂层质量，特别是影响基材的结合特性与低孔隙度。

从理论上讲，凡能够制成粉末、线材、棒材而又不分解的材料都可以用于等离子喷涂。这些材料包括：金属、合金及化合物（如金属铍化物，硼化物，碳化物，氟化物，硅化物和钛酸盐），复合材料及其混合物。尽管等离子弧能产生极高的温度，但改变设备及工艺条件后，此方法还能用于低熔点材料如环氧树脂，尼龙，聚乙烯等塑料涂层。

实际中，等离子喷涂为下列因素所限制：

（1）涂层孔隙度变化于6～12%之间；

（2）相当低的结合强度（20～30MN/m²）；

（3）预处理时间周期短，而其又是涂层粘着性能与喷涂工艺的先决条件；

（4）与其它喷涂方法相比，价格方面的可行性。

等离子喷涂工艺已获得实际应用。如通过等离子喷枪将WCl_6制成钨膜，在由硼、硅、碳纤维或有硼涂层的SiC纤维构成的钛基纤维复合带上用等离子喷涂法喷涂铝或镁，在钨表面用等离子喷涂法喷涂碳化钛粉末，还可以在钛、铬及锆的硼化物上进行镍、镍-磷、钴-磷及铜的涂层。将等离子喷涂的涂层再进行热处理，可以增加强度及增进涂层与基材的结合，并使涂层的孔隙度减小。

三、电弧喷涂

电弧喷涂是一种基于将金属或合金丝在电弧中熔化，然后将熔化的粒子喷涂到基材上以产生粘着涂层的工艺。

在这种喷涂方法中，熔化金属的热源是喷枪中二个丝电极间产生的电弧（一般所用的电源功率为24～35V和75～200A）。装入电弧枪中的丝电极将在枪内熔化。

若丝电极与基材为相同材料（金属或合金），则这种技术可以按照常规电弧工艺设计。若丝电极与基材为不同材料，如两种不相似的金属，将产生一个合金涂层。这种技术与第一种相同材料的工艺相比，被称为“膺合金工艺”。

在生成电弧后，丝电极（它本身是沉积金属的来源）被熔化，熔化的粒子被枪喷涂在基材上，并生成涂层。

现在设计的低温等离子体电弧喷涂技术是当接触点处具有一定的电流密度时，二丝电极的高温导致附近压缩空气的离子化，从而形成等离子体。电流（电子）从一个丝电极（阴极）流向另一个丝电极（阳极），而同时正离子则从阳极流向阴极。高温（在电流为260～280A时达6000°C）引起丝电极的熔化，熔化的粒子被流速为100～150m/s的压缩空气喷涂到基材上生成涂层。

电弧喷涂工艺受下列参数所控制：

（1）设备的结构及所用电极丝的类型；

（2）电功率特性（直流，交流）；

（3）压缩空气的压力和其它气体的含量(氧、氮、氢、二氧化碳、水蒸气及其它化合物)；

（4）弧温度，电极熔点及其连续性；

（5）被沉积的金属，它不仅取决于喷涂粒子的粒度，还受电压、温度和气体压力的影响，此外还决定于所用电极丝的直径（例如在1.5～3mm之间）。

理论上，凡借提高温度和增加粒子的速度能够实现喷涂的全部金属及合金丝材，特别是一些火焰喷涂法所不能喷涂的熔点较高的金属、合金及化合物，都可以用此法进行喷涂。

本工艺在实际上受下列参数控制：

（1）提高温度与增加粒子速度会产生一些相反的效果，如可能会促进喷涂粒子的氧化过程；

（2）只能采用丝材形式的金属及合金，而且必须在达到熔点前是稳定的；

（3）虽然涂层离子本身十分均匀，但往往还存在一些其它粒子，如纯金属、有氧化表面的金属、金属氧化物及其混合物；

（4）相当低的结合强度；

（5）涂层孔隙度（6～12%）及所达到的结合强度（34.3N/mm²或350kg/cm²）接近等离子喷涂法所得的涂层。

四、爆炸涂层

爆炸涂层是一种基于利用气体爆炸的高动能，使粉状无机材料在基材上产生粘着层的工艺。

首先将爆炸用气体混合物（如氧与乙炔，或氧及空气与甲烷或丙烷）经过一个阀系统装入到钢管（枪）中，而将被沉积的粉末混合物置于另一容器内，并将其送入到靠近枪密闭端的载带气体（一般用氮）中。氮从气源导入到靠近阀门的枪内，以保护其避免遭受爆炸而引起的热腐蚀。爆炸气体混合物用放电（火花栓）引燃，燃烧气体沿枪管（约为1.5～2m长，直径为1.5～2cm）膨胀，不断增速并导致发生爆炸，产生速度为2000～4000m/s的冲击波，并高速传递给粉末粒子，使其在枪的开口端的速度达到100～600m/s。

爆炸涂层的一重要特性与温度有关。例如氧-乙炔气爆炸后温度为4400°C，并沿水冷枪管温度线性下降。尽管这个温度足以熔化粒子的外表面，甚至可熔化熔点较低粒子的全部，但基材的温度不会超过200°C。

爆炸涂层工艺由预处理（包括去油、喷砂）、爆炸过程、喷砂、打磨（如果需要）及后处理组成。工艺基本上受爆炸设备（如枪管长度）、爆炸气体成分、欲沉积粉末组成和粒度、基材、枪管至基材距离等参数控制。

在爆炸温度下稳定的全部粉末状无机材料（包括金属、合金、陶瓷、金属陶瓷以及其混合物），都可以用爆炸镀层法生成粘着涂层。但实际上，此工艺基本上受下列因素所限制：

（1）基材硬度，不应超过50～60RC（洛氏硬度单位）；

（2）非金属基材，除非其上沉积有中间层，否则由于表面腐蚀而不能涂层；

（3）单次爆炸的沉积速率，在直径约25mm的面积上为6～8μm；

表 8-2-4 爆炸温度、速度、压力与爆炸气体组分的关系

组 分	温 度，℃	爆炸速度，m/s	压 力，MPa
$C_2H_2+O_2$	5550	2960	4.3
CH_4+2O_2	4080	2300	2.7
CH_4+3O_2	3570	2150	2.3
$C_2H_2+10O_2$	3550	1850	2.2
$H_2+0.5O_2$	3450	2800	1.8
H_2+O_2	3200	2300	1.7
CH_4+O_2	2930	2500	3.3
$H_2+0.5O_2+2N_2$	2700	2050	1.6
H_2+3O_2	2300	1700	1.4
$CH_4+2O_2+8N_2$	2170	1720	1.8

（4）涂层厚度0.1～0.5mm，在一些情况下可以达到0.8mm；

（5）涂层的结合强度可以达到200MN/m²；

（6）涂层工件尺寸一般不能超过直径2.5m，长度10m；

（7）由于爆炸引起的噪声，需要隔音室。

爆炸涂层与等离子喷涂相比，且有一系列优点。实际上爆炸涂层可以沉积任何具有预定性质的单层或多层涂层。爆炸涂层的应用领域不只限于硬化、耐磨损、耐摩擦、热润滑和耐腐蚀涂层等方面，而且在以下方面将获得发展：

（1）提供具有特殊电、磁性质的基材；

（2）电力元件（石英）的整流（连接或偶联），由于具有定向孔隙现象，没有任何其它技术（如焊接、扩散焊接等）能够提供可与之相比拟的质量；

（3）产生具有塑性而又容易除去的涂层，如应用于Cu-Ni-Sn合金，由于其剪切应力为涂层所负载，因而能离开基材金属而不受损伤；

（4）用于叶片与发动机主体间的填充与密封涂层；

（5）用于电化学系统的不溶性阳极、阴极（如Ti）或中间层（如MnO_2），在分开的电极部件间生成一个低阻接点，这种涂层电极电位与涂层阴极电位没有差别，因而可使腐蚀损失减少5～15%。

此外，用爆炸法产生的涂层，还用作电化学过程的催化剂。

第十一节 物理气相沉积

一、概 述

以气相沉积为基础的技术，可分为真空蒸发、阴极溅射、离子镀与化学气相沉积。其中真空蒸发、阴极溅射和离子镀涉及物理过程，统称作物理气相沉积。

真空蒸发、溅射与离子镀的差别示于图8-2-1。温度（°C）与元素蒸气压的关系列于表8-2-5。

二、真空蒸发

（一）工艺

真空蒸发是在真空中（一般为10^2～10^{-2}Pa）将蒸发体于高温下蒸发、凝结于室温或较低温度下的基材形成涂层的物理过程。将用作沉积蒸发源的固态或液态材料经预处理后加热，然后使其凝结到基材上。在这个过程中，被加热的材料（蒸发体）以原子或分子的形式离开表面，而凝结到低温或相当低温度的基材上。

高纯度以至超高纯度的涂层以0.3～36μm/h的较低速率进行沉积，能够生成单晶、多晶、非晶及外延结构。

1. 蒸发源

蒸发源支撑蒸发体，并在其熔化前供给热量，但能够升华并达到所需蒸气压力（1.3Pa）的材料（如镉、铬、钼、钯、钒、硅）只需要直接加热，而不需用一个单独的蒸发源。蒸发源必须具有微小

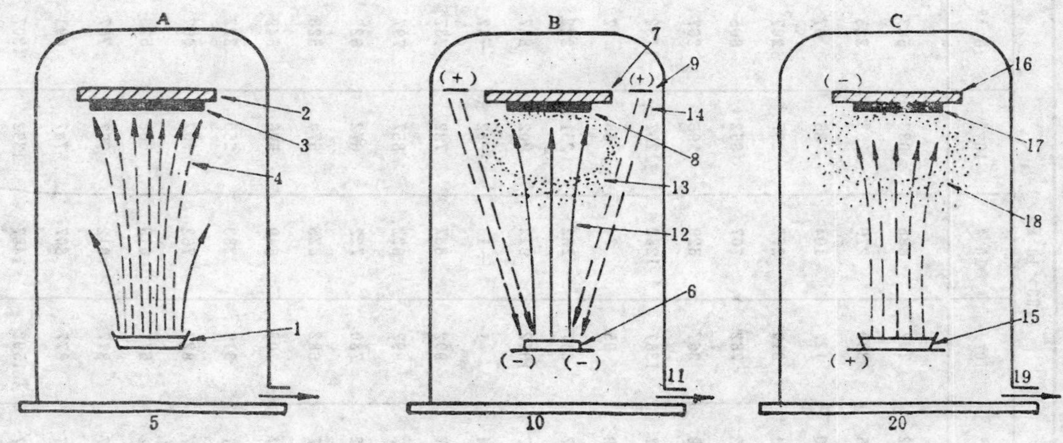

图 8-2-1 真空蒸发、溅射与离子镀的工艺差别

A—真空蒸发；B—溅射；C—离子镀

1—加热蒸发物；2—未加热基材；3—沉积层；4—蒸发原子；5—真空室；6—与荷载—5kV高压的阴极连结的未加热的蒸发物（靶）；7—加热的接地基材；8—沉积层；9—阳极；10—真空室；11—惰性或反应气体；12—蒸发原子；13—辉光放电；14—正离子；15—与带高压相接的加热的蒸发物；16—未加热基材—载带0.5～5kV负电压的阳极；17—沉积层；18—辉光放电；19—惰性或反应气体；20—真空室

的蒸气压力和离解压力，以能在操作的真空条件下不致合金化或发生化学反应而沾污蒸发体。蒸发源的类型有以下几种。

（1）用具有高熔点、低蒸气压的难熔金属所制成的各种形状的线（丝）材，如以钨、钽、铂、镍作为蒸发体时，可以在1000°C以下蒸发。蒸发体可以固定在丝上，甚至电镀在丝上。丝通常用于小量（1g以下）的蒸发体。

（2）用具有或没有氧化物(如Al_2O_3，BeO)涂层的难熔金属制成的箔材（舟状或罐形），用于几克级量的蒸发体。

（3）使用容纳几克或更多量蒸发体的坩埚。其构成为：

a. 用于支撑熔化金属的难熔金属；

b. 用于支撑被辐照加热坩埚的难熔氧化物（如BeO，Al_2O_3，SiO_2）；

c. 用于支撑被高频感应加热的金属、合金及其它被蒸发材料的硼化物，碳化物，氮化物和硅化物；

d. 用于支撑被感应及电阻加热的蒸发金属的碳制品。

2. 加热方式

用于蒸发的加热(供给能量)方式有以下几种。

（1）电阻加热，用于能升华金属的丝，箔和难熔金属坩埚或石墨坩埚。

（2）辐照加热，用于难熔金属丝或难熔氧化物坩埚。

（3）用一个钨丝（阴极）加热到2500°C，然后以5～10kV负载加速，进行电子束轰击。电子束聚焦到蒸发体表面以进行加热。所用电子束装置为电子枪。电子束蒸发可以分为三种类型：

a. 工作加速电子枪，其电场保持在丝/蒸发体工作阴极/阳极之间；

b. 表面加速电子枪，此装置有被隔开的阳极；

c. 弯曲电子枪，此装置使用一个横场，以使电子束弯曲聚焦。

（4）高频（或称射频）感应加热，用于绕有一个高频交流激活线圈的坩埚，蒸发体用感应交流加热。此方法的另一个特点是飘浮高频感应加热，该处蒸发体在一个线圈产生的电磁场中自由转向，因而可以不用支撑物。对于为防止支撑物沾污的高纯物质沉积，必须使用这种装置。

表 8-2-5 不同真空度下元素的熔点

元素	符号	熔点，℃	真空度，1.33×10^2Pa										
			1	10^{-1}	10^{-2}	10^{-3}	10^{-4}	10^{-5}	10^{-6}	10^{-7}	10^{-8}	10^{-9}	10^{-10}
Aluminum	Al	659～660.3	1557	1367	1217	1082	972	887	812	742	686	633	587
Antimony	Sb	630.5～630.7	757	612	533	475	416	383	345	309	279	253	225
Arsenic	As	815～817	372	317	277	237	204	174	150	127	104	85	67
Barium	Ba	710～725	852	711	610	527	462	402	354	310	272	237	207
Beryllium	Be	1237～1283	1557	1377	1227	1097	997	907	832	762	707	652	605
Bismuth	Bi	271.0～271.3	897	777	672	587	517	459	409	367	329	295	267
Boron	B	2030～2075	2507	2247	2027	1867	1707	1582	1467	1367	1282	1207	1132
Cadmium	Cd	320.9	392	320	265	217	177	146	119	95	74	55	37
Calcium	Ca	837～850	802	689	597	522	459	405	357	317	282	251	222
Cerium	Ce	795～802	2167	1907	1697	1522	1377	1252	1157	1052	972	902	837
Cesium	Cs	28.4～28.7	280	209	155	114	78	49	24	1	−16	−32	−47
Chromium	Cr	1837～1903	1737	1552	1397	1267	1157	1062	977	902	837	782	737
Cobalt	Co	1493～1495	1907	1687	1517	1382	1257	1157	1067	992	922	857	797
Copper	Cu	1083～1083.6	1617	1417	1257	1132	1027	937	852	780	722	672	622
Dysprosium	Dy	1407～1500	1437	1262	1117	997	897	817	747	682	625	574	528
Erbium	Er	1497～1529	1527	1332	1177	1052	947	852	777	708	649	596	549
Europium	Eu	822～826	827	708	611	532	466	409	361	319	283	250	222
Gadolinium	Gd	1312～1314	1682	1487	1327	1192	1077	977	897	827	762	707	657
Gallium	Ga	29.8	1472	1282	1132	1007	907	817	742	677	619	568	523
Germanium	Ge	937.2～937.4	1777	1557	1397	1257	1137	1037	947	877	812	757	707
Gold	Au	1064.4～1064.7	1767	1567	1397	1252	1132	1032	947	877	807	747	691
Hafnium	Hf	2200～2247	2967	2657	2397	2177	1997	1897	1707	1592	1487	1392	1307

续表 8-2-5

元素	符号	熔点，℃	真空度，1.33×10^2Pa										
			1	10^{-1}	10^{-2}	10^{-3}	10^{-4}	10^{-5}	10^{-6}	10^{-7}	10^{-8}	10^{-9}	10^{-10}
Holmium	Ho	1461～1474	1527	1332	1177	1052	947	852	777	708	649	596	549
Indium	In	156.2～156.6	1247	1082	947	837	742	664	597	539	488	443	404
Iridium	Ir	2410～2442	3087	2767	2497	2287	2107	1947	1807	1687	1577	1482	1392
Lanthanum	La	916～926	2177	1927	1727	1562	1422	1297	1192	1102	1022	947	882
Lead	Pb	327.4～327.5	977	832	713	625	547	485	429	383	342	307	273
Lithium	Li	180.5	747	677	537	467	404	350	306	214	235	207	129
Lutetium	Lu	1652～1668	1997	1757	1572	1412	1277	1167	1072	880	912	847	787
Magnesium	Mg	648.3～649.5	605	509	439	377	327	282	246	214	185	159	137
Manganese	Mn	1241～1247	1217	1062	937	837	747	675	611	554	505	416	422
Mercury	Hg	−38.9	125	80	46	16	−7	−27	−44	−59	−72	83	93
Molybdenum	Mo	2617～2620	3117	2787	2527	2307	2117	1957	1822	1702	1592	1497	1417
Neodymium	Nd	1020～1021	1727	1497	1302	1167	1047	947	862	797	727	672	622
Nickel	Ni	1453～1455	1907	1697	1527	1382	1262	1157	1072	997	927	872	817
Niobium	Nb	2458～2478	3177	2897	2657	2447	2277	2127	1987	1967	2689	1662	1572
Osmium	Os	3000～3075	3527	3187	2917	2687	2487	2307	2157	2017	1897	1787	1692
Palladium	Pd	1550～1552	1877	1647	1462	1317	1192	1082	992	912	842	777	722
Phosphorus	P	44.1～44.2	261	220	185	157	129	108	88	69	54	39	24
Platinum	Pt	1769～1772	2587	2317	2097	1907	1747	1612	1492	1382	1292	1207	1132
Potassium	K	63.2～63.7	345	267	208	161	123	91	65	42	21	3	−13
Praseodymium	Pr	931～935	1847	1617	1427	1277	1147	1042	947	867	797	732	677
Rhenium	Re	3180	3807	3407	3067	2807	2587	2387	2217	2077	1947	1827	1722
Rhodium	Rh	1960～1969	2457	2247	2037	1857	1707	1582	1472	1367	1277	1197	1122

续表 8-2-5

元素	符号	熔点，℃	真空度，1.33×10^2Pa										
			1	10^{-1}	10^{-2}	10^{-3}	10^{-4}	10^{-5}	10^{-6}	10^{-7}	10^{-8}	10^{-9}	10^{-10}
Rubidium	Rb	38.7～38.9	295	227	173	129	94	63*	39	16	−2	−19	−33
Ruthenium	Ru	2310～2500	2857	2587	2347	2147	1987	1847	1717	1607	1507	1422	1337
Samarium	Sm	1072～1082	987	847	742	653	580	517	465	415	371	335	300
Scandium	Sc	1538～1541	1797	1562	1377	1232	1107	1007	917	837	772	710	656
Selenium	Se	217～220	363	297	243	199	164	133	107	83	63	44	28
Silicon	Si	1410～1423	2057	1817	1632	1472	1337	1237	1147	1067	992	927	872
Silver	Ag	961.3～961.9	1332	1162	1027	922	832	752	685	626	574	527	486
Sodium	Na	97.8	441	357	289	235	93	155	123	97	74	55	37
Strontium	Sr	769～770	732	627	537	465	404	353	309	273	241	210	185
Tantalum	Ta	2996	3707	3357	3057	2807	2587	2407	2237	2097	1957	1847	1747
Tellurium	Te	449.5～450	518	493	374	323	280	242	209	181	155	132	112
Terbium	Tb	1352～1360	1847	1617	1427	1277	1147	1042	947	867	797	732	677
Thallium	Tl	303～303.5	827	706	609	530	463	407	359	319	283	254	226
Thulium	Tm	1545	1097	462	847	757	680	609	552	503	458	418	382
Tin	Sn	231.9～232	1612	1412	1247	1107	997	897	807	747	682	627	579
Titanium	Ti	1650～1670	2177	1937	1737	1577	1442	1327	1227	1137	1062	992	927
Tungsten	W	3390～3430	3907	3537	3227	2977	2757	2567	2407	2247	2117	1997	1877
Vanadium	V	1880～1900	2287	2047	1847	1687	1547	1432	1332	1237	1162	1092	1022
Ytterbium	Yb	814～824	787	647	557	482	417	365	317	279	247	215	187
Yttrium	Y	1500～1530	2082	1832	1632	1467	1332	1217	1117	1032	957	887	827
Zinc	Zn	419.6	487	408	344	292	247	209	177	148	123	101	81
Zirconium	Zr	1850～1855	2977	2657	2397	2177	1937	1837	1702	1582	1482	1392	1307

（5）爆炸发热，激光束照射或电容/电池辉光放电产生的蒸发。

3．蒸发体补充方式

蒸发体补充方式可以分为：

（1）直接蒸发，由单蒸发源蒸发；

（2）双源蒸发或多源蒸发，用二个或二个以上的蒸发源进行蒸发，用于合金，化合物及混合物的沉积，或多层沉积；

（3）间歇蒸发，蒸发体（如化合物）间歇补充到坩埚中；

（4）急骤蒸发，用于金属，合金，化合物或混合物的蒸发，多系在较高的真空（1.3×10^{-2}～1.3×10^{-4}Pa）下进行。

4．其它蒸发方式

除上述蒸发方法外，还有下列3种蒸发方法。

（1）反应蒸发，即在真空室中，惰性气体（如氩）被与蒸发体反应的气体所取代，如同氧生成氧化物；同CH_4生成碳化物；同氮生成氮化物及同H_2S生成硫化物。

（2）等温扩散蒸发，即蒸发体的凝结与扩散同时发生。蒸发体与带有石英垫片的基材放入真空室中，组成一个密闭系统，加热到规定温度后，在等温状态下保持一定时间，结果产生沉积和扩散。这种方法只能用于蒸发体与基材能够互溶，并且蒸发体比基材更容易挥发的情况，例如$Cd_xHg_{1-x}Te$的生成。

（3）准平衡蒸发，即在真空室的密闭系统中，得到特定的温度梯度情况下，蒸发体凝结到基材上，如镉、硒、碲及CdS的沉积。

（二）限制因素

真空蒸发法受到下列因素的限制：

（1）在一定真空度和温度下材料的蒸发能力；

（2）蒸发体的挥发性；

（3）真空度；

（4）沉积层厚度；

（5）基材的形状及真空室尺寸。

（三）应用

使用导电材料、介质材料、磁性材料和半导体材料都可以应用真空蒸发工艺获得淀积的薄膜。该工艺在微电子技术中，主要用于制作有源元、器件的接触及金属互连、高精度低温变系数薄膜电阻器、薄膜电容器等。薄膜磁性元件、声表面波器件、薄膜超导元件等的薄膜皆可用本法获得，还可以在钛制人体骨架上淀积出与人体组织相容的涂层。

三、溅　射

溅射是指真空中辉光放电等离子体中的离子与作为固体靶的蒸发体的表面撞击引起蒸发体原子发射凝结到基材上形成镀层的过程。

（一）工艺

溅射工艺由以下步骤所组成：

二极溅射在真空度范围10^2Pa～1Pa进行，三极溅射在真空度范围1Pa～10^{-1}Pa或更高真空下进行。在真空室的两极间（外加有1～5kV）电场引起残余气体的电离，并发生辉光放电。电子被阳极吸引，而正离子射向靶阴极上同时在两极间生成电流，沉积材料的原子或原子团被溅射。这些原子凝结到被加热的基材上而沉积。

溅射可以分为以下几种基本方法。

1．直接溅射

如上所述。

2．高频溅射

用于不导电材料，包括化合物。靶阴极与带有变极装置的高频发生器连接，离化出来的正离子射向靶材，随后改变极性，电子中和离子所带的正电荷，消除基底积累的电荷。

3．反应溅射

原理与前述的反应蒸发相同。使用一种能进行反应的气体代替惰性气体，能够用以沉积碳化物，氮化物，氧化物和硫化物。

4．其它

另外还有二种相当新的生成氧化物的方法——等离子氧化和气态阳极化，这二种方法和溅射法一样也在辉光放电中进行。

等离子氧化和气态阳极化都是在真空中用氧等离子体进行的，并在辉光放电过程中发生氧化。然而在氧化过程中至少有二种差别：

（1）对进行氧化的基材不外加电位；

（2）对进行氧化的基材外加电位。

情况（1）是在辉光放电下进行，所以称之为等离子体氧化。而情况（2）是基材被外加电位成为阳极，因而被称为气态阳极氧化或等离子阳极氧化。这个系统是基于外加1kV电位于一电极（阴极），在二个电极间产生辉光放电，同时无反应金属板作为阳极，将基材置于辉光放电区域时，由于辉光放电等离子体氧化，而在基材（未外加电位）上生成氧化物薄膜。

在等离子体阳极氧化中，将一外加直流电位（如对Al为0.5～10V）加到基材上，将之作为外加电极（相对于放电阳极的正电荷），能产生比等离子体氧化更厚的氧化膜。

除这二种应用等离子体的方法外，将等离子体先用微波激发，而后再加以更高的电位（50V），这种技术叫做高频等离子体激发氧化。

（二）设备

溅射设备基本可分为4种类型。

1．直流二极

真空室内有二个电极，蒸发体靶固定到连有一个直流电源（2～4kV）的阴极上，而基材固定到阳极上。

2．高频二极

连用一个高频交流发生器。

3．三极

靶（作为一个独立阴极）插入到用下列方法生成的等离子体中：

（1）钨丝加热到2800°C产生电子；

（2）阳极；

（3）线圈产生一个磁场，宜加在电场上。

4．磁控（直流，高频交流）

除靶外，其它设备与二极溅射相同，靶是永磁的，并可消除由于电子轰击到基材上所引起的不希望的加热。

几种溅射方法的比较见表8-2-6。

表 8-2-6 几种溅射方法比较

溅射方法	理论上可沉积的材料	基材	沉积速率 μm/h
直流二极（1）	所有导体：金属，合金① 以及一些导电性差的化合物①，如碳化物②、硝酸盐②、氧化物②、硫化物③（但不包括绝缘材料）	导体与绝缘材料⑤	1～5
高频二极（2）	（1）中所列所有导体，所有绝缘材料①，如Al_2O_3，SiO_2等介电体⑤	导体与绝缘材料⑤	较高
高频三极（3）	主要为导体材料	导体与绝缘材料⑤	0.4～4
直流或高频磁控	（1）中所列所有导体材料化合物，混合物，导体与绝缘介电材料，但铁磁性材料除外④（如Fe，Ni，Co）	所有材料，包括对于热及其它损伤（如回火钢，塑料，半导体）敏感材料	20～120

① 在给定温度下真空中热稳定；② 通过反应溅射；③ 通过固态物质的反应溅射或直接溅射；④ 系指常规操作情况；⑤ 限制因素是反应真空度与温度。

四、离子镀

（一）工艺过程

离子镀是将蒸发与溅射结合起来的工艺过程，它利用高的直流电压或高的射频电压离化蒸发体，加速离化原子在基材上的沉积过程，而基材作为阴极处于高压放电状态。为进行溅射，蒸发体及基材皆与直流或高频交流电源连接。在离子镀工艺中，基材连接到一个用0.5～5kV（与地绝缘）极化的阴极上，蒸发体固定到阳极上，而被溅射的蒸发体（靶）则一般连接到阴极上，在阳极与阴极间（压强为10^2～10^0Pa）形成的电场，引起辉光放电，并产生等离子体，被加热的蒸发体射出的气化原子只有部分（1～5%，有些方法可达20～40%）离化，这些正离子被吸附到负的基材上，并凝结为沉积层。其余的95～99%蒸发原子（未离化）散布在真空室中，也有的凝结到基材和真空室的壁上。沉积速率范围为2～12μm/h。离子镀的加热和离化方法有：

（1）电阻加热；

（2）电子束轰击；

（3）高频感应加热；

（4）辅助电极；

（5）高频感应离子化，以增加离子化蒸发

量；

（6）高频极心基材，用于非导体基材，如在溅射中那样；

（7）其它，例如空心阴极离子镀，电弧离子镀。

（二）应用范畴

理论上，能够使用真空蒸发沉积的材料都可以用离子镀沉积。例如用离子镀已生产了镀铝的飞机紧固件。该工艺在成本上可与大多数普通方法竞争，且产品中没有氢脆发生。

第十二节 化学气相沉积

一、工艺过程

化学气相沉积是基于可挥发性化合物（气态）在加热的基材表面反应并淀积成固体薄层或薄膜的工艺过程。

化学气相沉积的气化方法如下。

（1）将化合物在单独的气化器中气化，然后直接或混合其它气体后通入到已排除空气、并放有加热基材的预清洗过的反应室中，在化学反应过程中生成沉积涂层。随着沉积涂层的不断加厚，不断补充新的反应气体到反应室，并将反应副产物排除。沉积涂层可以是金属，合金，化合物及混合物。用该法获得的涂层厚度均匀，为其它电镀方法所不及。按照反应发生的类型，气体组成可以是单一的一种挥发性化合物（如分解法），也可以是挥发性化合物与其它反应性或惰性气体（如He，Ar等）的混合物（如还原法）。

（2）将含有化合物的溶液、浆剂用浸渍、刷镀或喷涂方法涂覆到基材上，然后在控制的气氛下加热。

二、工艺方法

1．分解

（1）单独加热，对金属氢化物，羰基物，酯类或其它有机金属化合物等可采用低温加热（数百摄氏度），也可称为热解：

$$MeX \xrightarrow{加热} Me + X$$

对金属卤化物，含氧化合物等可采用高温加热（上千摄氏度）。

（2）真空中辉光放电。

2．还原

（1）金属卤化物（MeX）在氢气或汞、锌等活性金属的蒸气（作为还原剂）中加热：

$$2MeX + H_2 \xrightarrow{加热} 2Me + 2HX$$

（2）金属卤化物同含有氢、硼、碳、氮、氧或硅化合物的气体反应，可生成并沉积上硼化物、碳化物、氮化物、氧化物或硅化物：

$$MeX_4 + 3\frac{1}{2}H_2 + B \xrightarrow{加热} MeB + 7HX$$

$$MeX_4 + 2H_2 + C_xH_y \xrightarrow{加热} MeC + 4HX + (CH)$$

$$MeX_4 + 2H_2 + \frac{1}{2}N_2 \xrightarrow{加热} MeN + 4HX$$

$$MeX_4 + 2H_2 + 2CO_2 \xrightarrow{加热} MeO_2 + 4HX + 2CO$$

$$Me + 2H_2 + SiX_4 \xrightarrow{加热} MeSi + 4HX$$

3．置换

（1）气体混合物同基材反应：

$$Me_xX_4 + 2H_2 + Me_y \xrightarrow{加热} Me_x + Me_y + 4HX$$

（2）气体混合物同已真空沉积到基材上的一些活性金属涂层（如Al，Ca，Mg）反应。此反应受到基底材与将要沉积的金属合金化能力的限制。

4．歧化

此反应基于在较低温度下，较高价态更为稳定，因而当一加热气体通过较低温度区时发生沉积：

$$3Me^{I}X \longrightarrow 2Me + Me^{III}X_3$$

5．聚合

此反应基于无机与有机单体气体生成聚合物涂层的能力。与热聚合无关，此过程可以在紫外线辐照、电子束或辉光放电下进行。

三、应用范畴

（1）包括稀土元素和锕系元素的全部金属所生成的、具有挥发性或者能够气化的化合物。这些化合物必须同其它气体能够进行反应，或者能够在加热基带上分解，以生成一个沉积涂层。

（2）合金并包括合金化的金属组分，能够生成可挥发或气化的化合物。

表8-2-7列出了生成溴化物、碳化物、氮化物、氧化物及硅化物沉积涂层的元素。它们基本上都是通过分解、还原及置换而实现沉积的。

表 8-2-7 可进行化学气相沉积的材料

化合物	生成化合物的元素
溴化物	Al, Ba, Be, Ca, Ce, Cr, Co, Dy, Er, Eu, Gd, Hg, Ho, Fe, La, Lu, Mn, Mo, Nd, Ni, Nb, Pr, Pm, Sm, Si, Sr, Ta, Tb, Th, Tm, Ti, W, U, V, Yb, Zr
碳化物	Be, B, Ce, Cr, Gd, Hf, La, Mo, Nb, Si, Ta, Th, Ti, W, U, V, Zr
氮化物	Al, Ba, Be, B, Ca, Ce, Cr, Gd, Ga, Ge, Hf, Fe, La, Li, Mg, Mn, Mo, Nb, Sc, Si, Sr, Ta, Th, Sn, W, U, V, Y, Zr
氧化物	Al, Be, B, Cr, Ge, Hf, In, Fe, Pb, Mn, Ru, Nb, Si, Ta, Th, Sn, Ti, V, Zr
硅化物	Al, As, Ce, Cr, Co, Cu, Dy, Er, Eu, Gd, Ge, Hf, Ho, Fe, La, Lu, Mn, Mo, Na, Ni, Nb, Pr, Pm, Re, Ru, Sm, Ag, Ta, Tb, Th, Tm, Ti, W, U, V, Zr

化学气相沉积技术在稀有金属的涂层方面已获得广泛的应用。如利用硼、铌、硅、钽、钛、锡或锆的二烃基酰胺化物的热分解，将其氮化物沉积到基材上；用$ThCl_4$或YCl_3的气体同氧反应分解，得到含有15%Y_2O_3的ThO_2，被连续沉积到ZrO_2基带上；用含量为4～99%的金属粉（铬，铜，铱，金，铁，钼，镍，铂，铑，银，钍，钨，锆或其合金）及1～96%（重量）的玻璃粉或陶瓷粉作成浆状，而后加热沉积到陶瓷基材上。自润滑材料的涂层，可用化学气相沉积法（热分解）将MoS_2粒子沉积到金属上，还可进一步烧结成为致密材料。也可以将含有硫化物、硒化物的溶液喷涂到加热的基材上，生成硫化物或硒化物涂层。

四、发展趋势

化学气相沉积技术将在以下方面获得进一步广泛应用：

（1）电子薄膜（如硅沉积在蓝宝石上）、光学薄膜以及耐热薄膜、抗磨损薄膜等其它一些领域；

（2）多孔材料涂层，包括陶瓷、复合材料、粉末及粒状基材的包涂；

（3）其它方法不能达到的工件遮蔽区域的涂层；

（4）不同性质的沉积层与基材的结合，例如高温合金的抗氧化涂层，以及用其它技术不能进行的空气中或水中活性材料的涂层；

（5）不能被污染的材料的涂层；

（6）在液氮温区具有超导性的超导薄膜。

化学气相沉积技术的进一步发展趋势为：

（1）有机金属化合物的应用，如金属有机化合物的化学气相沉积（MOCVD）；

（2）使用溶液、浆膏等作为金属或化合物的原料，将其连续加热蒸发；

（3）用超声波作为生成具有一些新特性沉积层的一个手段；

（4）使用等离子技术的化学气相沉积（PCVD）。

第十三节 转化涂层与着色

一、转化涂层

（一）原理

转化涂层（Conversion Coating）为用化学或电化学处理金属表面并生成含有此金属化合物的表面层，如金属锌上的铬酸盐涂层及钢上的氧化镉涂层。金属及合金包括烧结材料所生成的转化涂层是腐蚀的产物。

转化涂层是一种致密的、实际上不溶性的、非粉末钝态保护层。它是基材涂层的离子与由化学或电化学所提供的化合物其组分在低于200°C的温度下生成的。这种化合物可以是液相、熔盐或浆状，也可以是气相。过程可以包括外加封孔及着色操作。这个层的钝性也可意味着所生成的层起阻挡腐蚀作用，并使其溶解速率减慢。

转化涂层基本上可分为二类：氧化物涂层与其

它转化涂层。前者将在第十四节单独叙述，后者一般由基材金属氧化物与铬酸盐、磷酸盐、硼酸盐、氟化物、硅酸盐、硫化物或它们中几种结合在一起所构成（甚至包括H_2O，如$Zn_3(PO_4)_2\cdot 4H_2O\cdot Cr_2O_3\cdot xH_2O$等）。

上述二类的基材金属都是用生成层中的一种组分与氧或由化学及电化学过程的化合物所提供的其它组分如酸根、盐基进行处理。

（二）转化涂层的特性

转化涂层与金属基材的结合是化学结合，具有特殊的物理化学、化学吸附及粘合的表面性质，并能进一步封孔、润滑、着色与对各种物质的吸附或吸收。

转化涂层在下列物理特性方面有其特色。

（1）厚度（重量）。对于不同转化涂层处理方法，转化层有不同的厚度。对于磷酸盐涂层，所生成薄膜的厚度为1～5μm（重量大致为20～50mg/dm²）或更厚（5～20μm，重量大致为50～400mg/dm²）。对铬酸盐涂层，其厚度范围为0.15～1μm（重量分别为15～100mg/dm²）。

（2）不同组分的薄膜或涂层具有不同的非晶或结晶结构。

（3）涂层结晶间的超微孔隙或裂隙造成了多孔性。孔隙数目较少与孔隙尺寸较小的涂层具有较好的粘合性。当外边再加一个涂层如油漆或其它有机材料时，它们具有较高的保护性。孔隙度的增加将促进侵蚀介质的转移并加快腐蚀过程。

（4）转化涂层的颜色决定于基材金属本身及其预处理、组分、所用电介质溶液的温度、涂层结晶结构的相组分，以及所加的特定不溶性着色剂。

此外，转化涂层还具有下列性质：

（1）介电特性；

（2）热及化学稳定性；

（3）硬度与耐磨性；

（4）涂层对熔融金属的防湿润能力；

（5）通过转化涂层对红外吸收的增加；

（6）控制金属表面对太阳光谱反射及吸收能力。

（三）转化涂层工艺

转化涂层工艺由下列工序所构成。

（1）预处理，包括下列工序：

a　金属表面的预加工，如喷砂，刷洗，抛光；

b　去油及用化学或电化学处理进行清洗；

c　酸洗及每道工序后的冲洗。

（2）化学及电化学处理，即用浸渍、喷涂或刷洗等方法在酸、碱溶液或电解质中进行化学及电化学处理。但在一些处理中，溶液能够生成转化涂层而不需预处理。例如磷酸溶液能与铁反应并转化为磷酸盐涂层，而无需先行去油，酸洗。

所用溶液一般由含涂层组分、反应加速剂（减少表面暴露时间以免导致氢脆）和一种浸润剂所构成。例如在磷酸盐处理时，使用铁、锰、锌、钙的磷酸盐（为了得到结晶型或较厚转化涂层）及钠、钾、铵的磷酸盐（用于产生非晶型及薄膜）。反应加速剂可以分为4类：

a．氧化剂，如硝酸盐，亚硝酸盐，H_2O_2，氟化物，氯酸盐，次氯酸盐，高锰酸盐，过硫酸盐等；

b．还原剂，如硫化物，Zn粉，亚磷酸及其盐类等；

c．具有比铁更高正电性金属的化合物，如铜、镍、银、汞、钴、钨、钼、金、铂等金属的化合物；

d．含氮或不含氮的有机化合物，如苯胺，吡啶，萘、甲醛等。

（3）后处理，如干燥，封孔，染色等。

（四）主要工艺参数

（1）基带金属及其合金组分与进行预处理相关的其表面状态；

（2）处理溶液的成分，组分，浓度和pH值；

（3）工艺条件，如温度与时间，在电化学处理过程中，包括电参数以及使用超声波时的超声波参数。

（五）应用范畴及限制

理论上，全部金属与合金在固态下（包括粉末，烧结材料或金属陶瓷）均能获得一定类型的转化涂层（如氧化物，磷酸盐，氟化物，铬酸盐等），但下列情况是例外：

（1）锂、钠、钾、铷、铯等能生成可溶性盐的金属；

（2）铼、钌、锇等能生成可溶性氧化物的金属；

（3）汞、钙、钡等能生成粉末状氧化物或其它盐类的金属。

限制因素为不相适应的粘结力，在处理液中的溶解度，涂层为粉末状以及氢脆。

（六）发展趋势

应用新的化合物与超声波技术将促使转化涂层应用领域的扩大，如不仅可将其作为腐蚀防护措施（作为油漆和有机涂层的衬底涂层），还可利用其介电性、抗磨损、耐摩擦性等方面的性质。

二、着 色

着色是使金属、合金、陶瓷、金属陶瓷获得所希望颜色的过程。所获得的颜色与反射光线波长有关（0.38μm的紫色至0.76μm的红色）。通常光线进入基材的深度接近波长的一半，因此当沉积一层极薄的透明薄膜能产生所谓干扰色。

（一）工艺分类

着色有二种基本方法。

（1）用化学、电化学或热化学过程使基材转化为一种化合物，如氧化物、铬酸盐，磷酸盐，或者是其它转化涂层。它们可以是有色的，或者随后用染料饱和后而着色的。这包括应用适当方法，如阳极氧化生成无色氧化物（能吸收染料，如铝）、有色氧化物（如铜、铁、锡）；在空气、水或熔盐中热氧化，以及包括应用转化涂层等方法转化为其它盐类。

（2）在基材上用适当技术沉积一种金属或合金的薄膜（其厚度可达12μm），而此薄膜有所希望的颜色，或者用上述第一种方法随后着色。所用的这种技术有：

（1）无电方法，包括：

a. 自催化镀层（例如铬、钴、铜、金、镍、钯、铂、铑）；

b. 无催化镀层（如铝上镀锌）；

c. 接触镀层（例如铝上镀金、锡）。

（2）电镀（例如砷，铬，黄铜，青铜，金，铂黑，铑黑，银，锡）；刷镀（例如有机金属化合物在乙酸中电解）。

（3）真空蒸发（例如铝、铜、金、镍）。

对以上两种着色方法，可只用其中一种，也可两种兼用。

此外，对较厚沉积层的着色，可采用无机搪磁或其它有机涂层方法。

（二）工艺步骤

（1）预处理，包括去油，酸洗，抛光（机械，化学或电化学），除去抛光介质及清洗。

（2）应用所选择方法着色，例如浸渍，擦拭或喷涂。

（3）后处理，包括浸渍，干燥（用压缩空气，热空气，溶剂），抛光（或刷洗及打砂等），随后进行清洗与干燥，加油（例如用水置换溶液），上腊，着色及封孔。

产生的颜色和色度，决定于下列参数：基材类型及其精整度，着色方法，处理剂的组分、含量、温度，工艺过程持续时间，电流密度等。

第十四节 阳极氧化

一、原 理

阳极氧化是将金属或合金作为电池阳极通以电流进行阳极化处理，以生成一层粘着氧化膜的过程。阳极氧化又称作阳极化。

阳极化过程中发生的典型反应如下：

在阳极 $Me + nH_2O = MeO_n + 2nH^+ + 2ne$

在阴极 $2ne + 2nH_2O \rightleftharpoons nH_2 + 2nOH^-$

二、工 艺

在通以直流、交流、或者直流叠加交流的情况下，阳极氧化在电解质中进行。

1. 电解质

电解质一般使用酸性（如铬酸、草酸，磷酸或硫酸）或碱性（如氢氧化钠）水溶液，同时还加入如硼酸盐、酸式硫酸盐、碳酸盐、铬酸盐、柠檬酸盐或磷酸盐。也可使用熔盐（如$NaNO_2$与$NaNO_3$的混合物）或有机电解质（如乙醇）。

2. 阳极氧化方式

阳极氧化有二种方式：等离子—电解质方法与固态阳极化方法。在采用等离子—电解质方法时，是基材浸渍在电解质中作为阳极，而阴极则放在电解质的上面。固态阳极化方法则是二种金属组成的系统中加一小的直流电位。其中，一种金属将被氧化（如已有一个氧化物初始层的铝），另一种金属（如铅或锡沉积到Al_2O_3上）与溶解在其中的氧直接接触。当对这二种金属加一个小的直流电位时，它们起电极作用，被氧化金属荷载电，而后在其上面进一步生成氧化物。实际上，可用辉光放电等方法进行初始氧化物的生成，而蒸发到上边的金属用干燥的氧气饱和，起“氧储存器”的作用，然后从真空系统中取出这二种金属。铝加的直流电位为0.5～15V。

3. 氧化层类别

氧化物沉积层分为二类，即在基材上的极薄且无孔沉积物形成一个隔层，其外侧是多孔氧化物层。隔层的有限厚度范围为0.01～0.1μm，此厚度决定于实际中的外加电位，其比例为13～14Å/V。多孔沉积层厚度变化范围为10～100μm（甚至1mm）。一般说来，氧化物沉积层的厚度（或重量）决定于电解质的组分、pH值、温度、外加电位、电流密度以及基材结构。

此外，阳极氧化物可以用无机或有机染料着色，并用防腐蚀剂（如油，腊或石墨）、润滑剂（如MoS_2）或光敏材料进行封孔或直接注入。

三、金属的阳极氧化处理及限制因素

理论上，在电解质中稳定的金属、合金以及氧化物都可以用此方法生成氧化物涂层。在实际应用中的限制因素为：

（1）多孔基材的玷污；

（2）由于阳极化，使工件尺寸改变；

（3）当不能封孔时，氧化物沉积层的孔隙问题。

四、应用

阳极氧化技术在稀有金属中已获得应用。如铌、铬、钼、钨、钛、钒的表面可以沉积生成Si_3N_4，AlN；多孔钽块的表面阳极可生成一个介电层，而后用硝酸锰涂层沉积，并在NO_2气氛中加热至250°C复合，使锰转化为氧化锰。

第十五节 非金属涂层

一、搪瓷涂层

搪瓷过程是将液态化的金属氧化物与其它无机化合物的混合物于500～1000°C下涂于具有预涂层的基材上。涂层厚度一般不大于400μm，并可进行一次或多次涂层。

根据所需性质，如耐蚀（耐酸、耐碱）、耐热、抗热冲击、耐磨损等，以及不同的涂层厚度要求与基材性质，可采取不同的搪瓷组分。所用的金属氧化物包括：SiO_2，Al_2O_3，B_2O_3，Fe_2O_3，ZrO_2，SrO_2，TiO_2，Cr_2O_3，ZnO，MgO，CoO，Co_2O_3，Ni_2O_3，NiO，Sb_2O_3，K_2O，MnO_2，Na_2O，BaO，CaO，CuO以及PbO，NiO，MoO_3，Li_2O，P_2O_5。可添加或不添加着色剂（氧化物）及其它化合物，如KCl，KBr，KI，NaF，CaF_2，AlF_3，Na_3AlF_6及Na_2SiF_6。

搪瓷化的方法包括通过浸渍、直接结合、喷涂、电泳、或真空搪瓷法，将搪瓷材料敷于基材上，随后进行干燥。

可在用油、气、电或红外辐照加热的炉内进行搪瓷涂层与基材的熔合。“熔合”系指所用温度正好使搪瓷涂层熔化，并且足以使涂层与基材间产生牢固的结合。

用于熔合的密闭炉还可以采用高频加热甚至电磁加热等方法，这样可以只使材料的上层加热至足够温度实现搪瓷熔合。此外，也可使搪瓷在工件部分区域局部熔合，随后熔合中间裂缝而代替搪瓷一次全部熔合。

此工艺基本上受下列条件所控制：基材的结构与类型、基材的预处理、搪瓷材料的组分及可湿润性、熔合温度与时间。

此外，基材的关键参数是它的可湿润性、粘着性及热膨胀系数。可湿润性可以通过添加一般搪瓷组分（如Ni_2O_3，KCl，KBr，KI，NaF，Na_2SiO_3，ZnO，MnO_2，V_2O_5）而得到改善，也可以通过清洗（如使用超声波）而得到改善。粘着性取决于基材本身的氧化，以及生成氧化物的结构、成分。热膨胀系数变化范围为250×10^{-7}～360×10^{-7}，关键是工件的曲率半径应不小于3mm左右。

搪瓷制品的数目很大，而基材的数目则有限，如铝、镁、钼和钛。

搪瓷技术的进一步发展，将是采用价格便宜、耐腐蚀性好的材料，以及扩大在工业中的新用途。

使用本工艺的限制因素是搪瓷化工件的形状与尺寸受到一定限制。

搪瓷技术是一种早已广泛使用的工艺，但也在发展一些新的工艺。如在低铅含量的玻璃上沉积几层$Gd_3Fe_5O_{12}$以得到无裂纹石榴石膜；锻造钛合金的叶片与轮盘以获得硅硼酸盐搪瓷的保护、润滑涂层；使用氧化钕得到宝石状搪瓷等。

二、油漆涂层

油漆对金属来说是使用最广泛的一种保护涂层，凡是要求具有防水、无孔隙、能焊接、有磁性吸引力的金属表面，几乎有一半以上都是涂以油漆涂层。

颜料对干燥后的油漆涂层的物理性质及化学性质均有影响。着色剂主要影响外观，包括不透明性。颜料含量高的油漆通常是无光粗糙的涂层，适合做面漆。着色剂通常是一种无机盐，这些盐类在空气及水中具有稳定的色泽，如白色着色剂(TiO_2，ZnO，$CaPbO_4$)，蓝色着色剂（CoO)，红色着色剂（CdSe，Pb_3O_4)，黄色着色剂($PbCrO_4$，CdS)，橙色着色剂($BaCrO_4$)，黑色着色剂（Fe_3O_4）等。还可以加入金属粉末如铝、锌等，使油漆具有反射性。添加填料可以增加干燥油漆膜的重量，在上漆时能提高成膜参数。填料包括粘土、白垩粉、炭黑、重晶石等。在底漆中添加防腐性颜料，可改善基材金属的抗腐蚀性能，如铬酸锌、铝酸钙用于有色金属的抗腐蚀。

常规的油漆喷涂工艺要求具有粘度均匀的油漆射流和良好的卫生条件，而且只能喷上一层比较薄的涂层。热喷法或无空气喷枪法可以得到比较厚的涂层；静电喷涂法所得涂层非常均匀，而且操作过程可以自动化；电泳喷涂可获得均匀的涂层，还可以提供强大的喷射动力。

三、塑料涂层

塑料涂层也是一种有机涂层，但其不能用载色体或溶剂来涂覆。目前在金属基材表面所用涂层塑料有聚乙烯，苯乙烯，苯乙烯—丁二烯共聚物，热固性丙烯酸聚合物，聚酯，聚酰胺（如尼龙），环氧树脂，聚胺酯和氟烃化合物（如聚四氟乙烯）。所用工艺主要有：喷涂法，塑料层压涂层及辉光放电聚合物涂层等。

参考文献

[1] George J. Rudzki, Surface Finishing Systems-Metal and Non-Metals Finishing Handbook Guide,(1983).

[2] 材料耐磨抗蚀及表面技术丛书编委会主编，材料耐磨抗蚀及其表面技术概论，(1986).

[3] 王尧祖等译，D. R. 盖布着，金属表面处理与防护原理，(1984).

[4] 上海市机械工程学会表面处理学组主编，表面处理新工艺，(1980).

[5] Mark, H. F. *et al*., Kirk-Othmer Encyclipedia of Chemical Technology (3rd.) John Wiley & Sons, New York, 1982, Vol. 20, p. 41—42.

[6] *Ibid*, 1979, Vol. 8, p. 826—869.

[7] *Ibid*, 1981, Vol. 14, p. 691.

[8] *Ibid*, 1981, Vol. 15, p. 266—267.

[9] 中国大百科全书，电子学与计算机Ⅱ，中国大百科全书出版社，北京，1986. p. 966.

第九篇 稀有金属分析与测试

第一章　化学成分分析

编写人　王馨泽　吴辛友　陈家英　施庆章
高英奇　钱勇之　安　平
刘泳洲　袁汉章　杨邦俊　陆蕙娟　刘崇嗣　祝孝丰

第一节　概　述

一、化学成分分析的意义和内容

化学成分分析是科学研究和工农业生产的眼睛，是稀有金属生产和科研必不可缺的重要环节。化学成分分析涉及的范畴包括确定物质组成及各种组分的含量、形态、价态和结构等诸多方面。

化学成分分析的工作内容广泛，包括样品的制备、传送、保存，测试方法和步骤的选定，图谱的识读，数据的处理，以及标准样品的制备和应用，标准分析方法的研究、制定和选用，标准参考数据谱图的收集和比对，计算机技术的应用，仪器的研制和改进，以及仪器的调试校正、维修保养等实验室管理。

二、化学成分分析方法分类

化学成分分析技术一般分为元素分析、状态分析、表面分析和观察解析等几大类。在各类技术中又可以细分为不同的方法（参见表9-1-1），每种方法均有对应的仪器设备。

三、化学成分分析的基本过程

化学成分分析主要是元素分析，测定物质中各组分的含量。化学成分分析过程，通常包括以下几个步骤。

（一）制样与取样

在实际工作中，被测物质常常是大量的，实验时所称取的分析试样只是几克、几百毫克乃至更少，而分析结果必须能代表全部被测物质的平均组成，因此必须正确地采取具有代表性的“平均试样”。

根据分析对象是气体、液体或固体，试样的采取与制备方法各不相同，具体步骤应依试样的性质、均匀程度、数量等因素进行选择，国家标准和部颁标准均有详细规定。制备粉末试样一般分为破碎、过筛、混匀、缩分四个步骤。对于金属试样，首先应将表面擦洗干净，削去氧化表皮，在型材、锭材的任一边的中线（母线）上钻孔，其深度至纵轴，分别在两端中部选取，为防止样品氧化，必须限制切削速度，加工后样品经冷却后，收集于清洁的容器内。

表 9-1-1 化学成分分析方法分类概要

类	别	主要方法	理论依据
元素分析	化学分析法	重量法、滴定法、催化法	纯化学反应
	电化学分析法	极谱法、库伦法、电位法、电解法、电流滴定、电位滴定、离子选择电极法	电化学
	分子光谱分析法	吸光光度法、荧光分光光度法、红外光谱法、磷光（发光）光谱法、喇曼光谱法	分子光谱学
	原子光谱分析法	原子发射光谱法、高频电感耦合等离子体-发射光谱分析法（ICP-AES）、原子荧光光谱法(AFS)、高频电感耦合等离子体-原子荧光光谱法(ICP-AFS)、原子吸收光谱法（AAS）	原子光谱学
	X射线分析法	X射线荧光光谱法（XFS）、能量色散X射线能谱法(EDX)	X射线光谱学
	放射化学分析法	同位素稀释分析法（IDA）、中子活化分析（NAA）、带电粒子活化分析（CPAA）、离子束分析	核物理、核化学
	质谱分析法法	火花源质谱分析（SSMS）	质谱学
状态分析		X射线衍射分析（XDS） 傅立叶变换红外光谱法（FT-IR） 高效（或高压）液相色谱法（HPLC） 气相色谱质谱分析法（GC-MS） 液相色谱质谱分析法（LC-MS） 高分辨电子能量损失谱法（HRELS） 激光（探针）喇曼光谱法（L(P)RM） 穆斯堡尔能谱法 核磁共振（NMR） 光声光谱法（PAS） 程序升温气相色谱法（PTGC） 反应液相色谱法（RPLC） 薄层色谱法（ILC）	
表面分析		俄歇电子能谱（AES） 光电子能谱法（ESCA） 辉光放电发射光谱法（GDS） 离子散射能谱法（ISS） 扫描俄歇显微探针（SAM） 二次离子质谱法（SIMS） 紫外光电子能谱法（UPS） X射线光电子能谱法（XPS）	
观察解析		分析电子显微镜（AEM） 超高压电子显微镜（HVEM） 低能电子衍射法（LEED） 扫描型透射电子显微镜（STEM）	

分析测试的试样量一般需要20～50g。试样最后的粒度应便于溶解，对于某些较难溶解的试样往往需要研磨至能通过100目甚至200目的细筛。

（二）试样分解

分析测试方法，特别是化学分析，通常要求将试样分解后转入溶液中再进行测定。应根据试样性质和实验要求采用不同的分解方法。常用的试样分解方法为溶解和熔融。

溶解法是将试样溶于水、酸、碱或其它溶剂。最常用的是酸溶法。常用的溶剂有盐酸、硫酸、硝酸、磷酸、高氯酸、氢氟酸、王水、逆王水以及氢氟酸与硝酸、氢氟酸与硫酸、氢氟酸与盐酸等混合酸。

熔融法是将试样与固体熔剂混合，于高温下加热熔融至红色透明，使欲测组分转变为可溶于水或酸的化合物。最常用的是碱熔法。常用的熔剂有氢氧化钠、氢氧化钾、过氧化钠、碳酸钠、碳酸钾、焦硫酸钾、硫酸氢钾等，有时也常用混合熔剂，如碳酸钠与硼砂、碳酸钠与硝酸钾、碳酸钠与氧化镁、氯化铵与硝酸铵等。

（三）测定

根据被测组分的性质、含量和对分析结果准确度的要求，同时考虑实验室的实际可能，选择最合适的化学分析或仪器分析方法进行测定。应当熟悉各种方法的灵敏度、选择性和适用范围，以便正确选择适宜的分析方法。

对于试样中其它组分和外来因素的影响和干扰应设法消除，以保证测定结果的准确性和可靠性。消除干扰的方法主要用分离和掩蔽这两种方法。常用的分离方法有沉淀、萃取、色谱等。常用的掩蔽方法有沉淀掩蔽法、络合掩蔽法和氧化还原掩蔽法等。有些选择性高的方法可不经分离或掩蔽直接进行测定。

（四）计算结果

根据试样的质量、测量所得的数据及分析过程中有关反应的计量关系，计算试样中有关组分的含量。

四、分析误差及有效数字

在分析过程中由于试样品种繁多、操作过程复杂，不能得到确切无误的真值，而只能对它作出相对准确的估价。误差是客观存在的，判断分析结果的准确和可靠通常用准确度和精密度表示。

（一）准确度

准确度是指实验值与真值相符的程度，通常用误差表示。误差愈小，分析结果愈准确，准确度即愈高。误差分为绝对误差和相对误差。绝对误差表示实验值与真值之差。相对误差是指误差在真实结果中所占的百分率。相对误差能反映误差在真实结果中所占的比例，这对于比较各种情况下测定结果的准确度更为方便。

（二）精密度

精密度是指在相同条件下各次实验值彼此间相符的程度，常用偏差表示。偏差愈小，精密度愈高。偏差也有绝对偏差和相对偏差之分。

绝对偏差 $d = x - \overline{x}$

相对偏差 $\frac{d}{\overline{x}} \times 100\%$

式中 d ——单次测定结果的绝对偏差；

x ——单次测定结果；

$\overline{x}$ ——n 次测定结果的算术平均值。

为了更好说明分析结果的精密度，常用算术平均偏差 $\overline{d}$ 表示，即

$$\overline{d} = \frac{\Sigma |d|}{n}$$

用数理统计方法处理数据时，常用标准偏差来衡量精密度。标准偏差又称为均方根偏差，当测量次数为 n 时，单次测量的标准偏差（S）可按下式计算：

$$S = \sqrt{\frac{\Sigma(x - \overline{x})^2}{n-1}} = \sqrt{\frac{\Sigma d^2}{n-1}}$$

单次测量结果的相对标准偏差称为变动系数（ν），由下式表示：

$$\nu\% = \frac{S}{\overline{x}} \times 100\%$$

用标准偏差表示精密度比用平均偏差好，因为它包含了偏差的分散因素。对较大的偏差有更高的敏感性，能更好地反映实际的精密度，应用更加广泛。

精密度是保证准确度的先决条件。准确度高一定需要精密度高，但精密度高不一定准确度高，精密度低说明所测结果不可靠。为此必须了解误差产生的原因及减少的方法以提高分析结果的准确性。

（三）误差来源

产生误差的原因很多，一般分为系统误差和偶然误差。

（1）系统误差。由某种固定的原因所造成的

误差，当重复测量时，它会重复出现。系统误差的大小、正负是可以测定的，所以又称可测误差或确定误差。其产生的原因有方法误差、仪器和试剂误差、操作误差。可以通过做空白试验、校正仪器及做对照试验等消除这类误差。

（2）偶然误差。由一些难以控制的不固定的偶然原因造成的误差，偶然误差是可变的，时大时小，时正时负，因此又称为随机误差或非确定误差。进行多次重复测定时，就会发现数据的分布符合一般的统计规律。在分析测定中一般要进行多次测定，以消除偶然误差。

（四）有效数字

有效数字是指实际能测得的有实际意义的数字，包括全部可靠数字以及一位不确定数字在内的有意义的数字的位数。如0.5020有四位有效数字。有效数字的记录和运算规则如下。

（1）记录的测量数据只应保留一位不定数字。

（2）采用“四舍六入五单双”法弃去多余数字。

（3）几个数相加减时，它们的和或差的有效数字的保留，应以小数点后位数最少的数字为根据。

（4）几个数相乘除时，有效数字的位数应以相对误差最大或有效数字位数最少的数为标准。

（5）在倍数或分数关系以及计算百分率而乘以“100%”时，这些数值的有效数字可视为无限的。

第二节 器皿、纯水和试剂

一、器 皿

表 9-1-2 器皿的种类及用途

种类和材料		性质	主要用途
无机非金属器皿	（1）软质玻璃（普通玻璃）	由SiO_2、CaO、K_2O、Al_2O_3、B_2O_3、Na_2O等原料制成，有一定的化学稳定性、热稳定性和机械强度，热膨胀系数大，易破裂	多制成不需加热的仪器，如试剂瓶、漏斗、干燥器、量筒、玻璃管等
	（2）硬质玻璃（硼硅玻璃）	由SiO_2、K_2CO_3、Na_2CO_3、$MgCO_3$、$Na_2B_4O_7\cdot10H_2O$、ZnO、Al_2O_3等原料制成，耐温、耐腐蚀、耐电压及抗击性能好，热膨胀系数较小	制成加热的玻璃仪器，如烧杯、烧瓶、试管、蒸馏瓶等
	（3）瓷器皿	耐高温，热膨胀系数为$3\sim4\times10^{-6}$，对酸碱稳定性较玻璃器皿好，不能与HF或碱性熔剂接触和熔融	制成坩埚、燃烧管、瓷舟、蒸发皿、过滤坩埚、研钵等
	（4）石英器皿	除HF外，不与其它酸作用，高温时与磷酸、碱及碱金属碳酸盐作用侵蚀快，可进行酸性熔融，1700℃以下不软化，热膨胀系数小，脆性大，价格较贵	制成蒸馏器、吸光光度分析用比色皿等
	（5）玛瑙研钵	贵重矿物，硬度较大，化学稳定性好，不能与HF接触	研磨样品和化学物质
	（6）石墨坩埚	耐高温，2500℃也不熔化，耐腐蚀性强，化学稳定性好，良好导电性，热膨胀系数小，但耐氧化性能差	石墨坩埚、石墨电极
金属器皿	（1）镍坩埚	熔点1450℃，有良好的抗碱性，碱熔温度不宜超过700℃，不能用酸性或含硫化物熔剂熔融	用于碱熔分解试样
	（2）铁坩埚	使用与镍坩埚相同，但没有镍坩埚耐用，价格低廉，使用前应进行钝化处理	用于碱熔分解试样

续表 9-1-2

种类和材料		性质	主要用途
金属器皿	（3）铂器皿	熔点1774°C，可耐1200°C高温，化学性质稳定，多数化学试剂对它无侵蚀作用，耐HF性能好，导热性好，质软，价格昂贵。高温下不能在还原气氛下工作	坩埚、铂皿、铂钳、铂电极、铂铑热电偶。铂坩埚适用HF溶样、酸性熔剂及碳酸盐熔融，可作沉淀灼烧称量
	（4）金器皿	熔点较低（1063°C），不能耐高温，不受碱、HF侵蚀，不能与NH_4NO_3、王水接触	可代替铂坩埚熔样
	（5）银器皿	熔点低（960°C），不适于作沉淀灼烧称量	同镍坩埚用于碱熔
	（6）锆器皿	熔点高(1850°C)	锆坩埚用于碱熔
	（7）刚玉器皿	熔点高（2045°C），硬度大，对酸碱有一定的耐腐蚀性	刚玉坩埚用于碱熔，可代替镍坩埚
塑料器皿	（1）普通塑料	用聚乙烯或聚丙烯等热塑而成，低密度（0.92）聚乙烯熔点约108°C，高密度（0.95）聚乙烯熔点约135°C，聚丙烯塑料比聚乙烯硬，熔点约170°C，最高可用温度约130°C。化学稳定性和机械性能好，室温下不受浓盐酸、HF、H_3PO_4或碱液侵蚀，但受有机溶剂侵蚀	可代替某些玻璃、金属和木制品，塑料容器宜于贮存纯水、标准溶液和试剂溶液，特别适用于痕量分析
	（2）聚四氟乙烯	化学稳定性和热稳定性好，是已知耐热性最好的有机材料，加热温度可达250°C。耐腐蚀性好，对于浓酸、浓碱、强氧化剂皆不发生作用，具有优良的绝缘和介电性能	制成烧杯、蒸发皿、坩埚，可代替铂坩埚作HF分解试样

二、纯 水

（一）纯水质量标准

表 9-1-3 国际标准化组织（ISO）纯水标准（DIS3696—1983）

规定特性	一级水	二级水	三级水
pH值，25°C	—	—	5.0～7.5
电导率，$\mu s \cdot cm^{-1}$（25°C）	0.1	1	5
电阻率，$M\Omega \cdot cm$（25°C）	10	1	0.2
最大耗氧量，$mg \cdot L^{-1}$	—	0.08	0.4
最大吸光度（254nm，1cm比色皿）	0.001	0.01	—
硅含量（SiO_2最大含量），$mg \cdot L^{-1}$	0.02	0.06	—

（二）纯水制备技术

表 9-1-4 纯水制备技术

类别	纯水制备方法或性能
预处理	沉淀、过滤、电解及电渗析等
蒸馏	一般蒸馏、亚沸蒸馏。操作简单，可除去离子和非离子杂质，不适于用水量大、纯度要求较高的分析
离子交换	复床法，水纯度：电阻率为$5\times10^5\Omega \cdot cm$，微碱性 混床法，水纯度：电阻率为$(5～10)\times10^5\Omega \cdot cm$，pH≈7 联合法，水纯度：电阻率为$(5～15)\times10^5\Omega \cdot cm$，pH≈7
反渗透	能除去90%盐分、99%细菌、颗粒和有机物，已成为纯水的主处理系统
超过滤	膜过滤，能除去亚微粒、胶体、细菌和多种有机物，常用作终点过滤器

现代高纯水制备技术已发展为工业化的净化系统，包括各种预处理、反渗透、脱气处理、紫外线消毒、去离子化、超过滤、检验控制等单元组合，以适应痕量分析和电子工业需求。

（三）水质纯度检验

（1）测量电阻率。调节水温为25±1°C，用水质纯度测定仪或电导仪测量。各种水的电阻率列于表9-1-5。

表 9-1-5 各种类型水的电阻率

类型	电阻率（25℃）MΩ·cm	分析用途	相当于ASTM纯水级
自来水	0.01	一般洗涤	无级
一次蒸馏水	0.35	一般化学分析	四级
三次蒸馏水	1.5	一般化学分析	三级
28次蒸馏水	16	高纯痕量分析	一级
复床离子交换水	0.25	一般化学分析	四级
混床离子交换水	12.5	高纯痕量分析	二级
高纯水	10～18	高纯痕量分析	一级
理论纯水	18.3		

（2）测量pH值。于25±1°C时以标准缓冲溶液调整酸度计pH为5.0～8.0，用玻璃电极和甘汞参比电极测量纯水pH值。

（3）酸性高锰酸钾法测定氧化物质。取100或1000mL水样加入10mL硫酸（98g/L）、1.0mL $KMnO_4$(0.01 moL/L)、煮沸5 min，测定所消耗的氧化剂量，计算水中氧量（mg/L）。

（4）测量吸光度。先以1cm比色皿，于254nm处调节水样吸光度为0，再以2cm比色皿于相同条件下测量同一水样的吸光度。

（5）测定硅量。取250～500mL水样于铂皿中蒸至20mL左右，移入塑料杯中在磁力搅拌下依次加入0.5mL氢氟酸（400g/L）、40mL硼酸（50g/L）、5mL钼酸铵（40g/L）、5mL酒石酸（80g/L）、5mL亚硫酸钠还原液。再将试液移至100mL容量瓶，稀释至刻度摇匀，放置2～3h。用1cm比色皿、以20mL纯水的试剂空白溶液作参比于810nm处测量吸光度。

三、标准试剂

（一）标准试剂的分类

国际纯化学和应用化学协会（IUPAC）将化学标准分为六级，见表9-1-6。

表 9-1-6 IUPAC化学标准分类

级别	标准
A 级	原子量标准
B 级	和A级最接近的基准物质（Ultimate Standard）
C 级	含量为(100±0.02)%的标准试剂
D 级	含量为(100±0.05)%的标准试剂
E 级	以C或D级试剂为标准进行对比测定所得的纯度或相当于这种纯度的试剂，比D级的纯度低
F 级	以D级试剂为标准进行对比测定来决定标准值的标准试剂、标准溶液或相当于它们的试剂，其精确度比E级低

（二）标准溶液的配制方法

（1）直接配制法。准确称取一定量的基准物质，溶解后移入容量瓶中，用水稀释至刻度。然后根据称取的基准物质的质量和容量瓶的体积可以直接算出溶液的精确浓度。

（2）间接配制法（或标定法）。先配制一种近似于所需浓度的溶液，再用基准物质或已知准确浓度的标准溶液精确地标定它的精确浓度。

（三）稀有金属标准溶液

此类标准溶液常用于化学分析、光谱分析和电化学分析等方面，其浓度以物质B的质量浓度ρ_B表示，单位为g/L（mg/mL）。浓度低于0.1mg/mL的标准溶液，应在使用前配制或稀释。储存液如有混浊或有沉淀生成，应予以重新配制。其标准溶液的配制方法见表9-1-7。

表 9-1-7 稀有金属的标准溶液（浓度为1mg/mL）

类别	元素	配制方法
稀有轻金属	Li	称取7.920g硫酸锂（Li_2SO_4）或6.178g氯化锂（LiCl），溶于少量水中，移入1L容量瓶，稀释至刻度，摇匀
	Rb	称取1.415g氯化铷（RbCl），溶于少量水中，移入1L容量瓶，稀释至刻度，摇匀
	Cs	称取1.267g氯化铯（CsCl），溶于少量水中，移入1L容量瓶，稀释至刻度，摇匀
	Be	称取1.0000g金属铍，用（1+1）盐酸或硫酸于砂浴上加热分解，分解完全后，冷却移入1L容量瓶，稀释至刻度，酸度为1～2%，摇匀

续表 9-1-7

类别	元素	配制方法
稀有难熔金属	Ti	称取1.6683g二氧化钛（TiO_2），加2g焦硫酸钾熔融，冷却，以0.5mol/L硫酸溶解，移入1L容量瓶，以0.5mol/L硫酸稀释至刻度，摇匀
	Zr	称取3.5328g氯化锆酰（$ZrOCl_2\cdot 8H_2O$），加入40～50mL10%盐酸，溶解后移入1L容量瓶，以10%盐酸稀释至刻度，摇匀
	Hf	称取1.1793g二氧化铪（HfO_2），加4g焦硫酸钾熔融，以100mL2moL/L盐酸浸出，加热至溶解，移入1L容量瓶，以2mol/L盐酸稀释至刻度，摇匀
	V	称取2.2963g钒酸铵（NH_4VO_3），溶于加几粒氢氧化钠的100mL水中，以（1+1）硫酸中和至酸性，移入1L容量瓶，稀释至刻度，摇匀
	Nb	称取1.4305g五氧化二铌（Nb_2O_5），加3g焦硫酸钾熔融，加几滴硫酸继续熔融至清亮，冷却，以4%草酸铵浸出，冷却移入1L容量瓶，以4%草酸铵稀释至刻度，摇匀
	Ta	称取0.5g五氧化二钽（Ta_2O_5），配制方法同铌，1mL～0.5mgTa_2O_5
	Mo	称取1.8398g钼酸铵〔$(NH_4)_6Mo_7O_{24}\cdot 4H_2O$〕，以少量水溶解，移入1L容量瓶，稀释至刻度，摇匀
	W	称取1.794g钨酸钠（$Na_2WO_4\cdot 2H_2O$），以少量水溶解，移入1L容量瓶，稀释至刻度，摇匀
稀土金属	Sc	称取0.1534g三氧化二钪（Sc_2O_3），溶于10ml 2mol/L盐酸，移入100ml容量瓶，稀释至刻度，摇匀
	Y	称取1.2699g氧化钇（Y_2O_3），溶于30ml（1+1）盐酸，移入1L容量瓶，稀释至刻度，摇匀
	La	称取1.1728g氧化镧（La_2O_3），溶于50ml（1+1）盐酸，移入1L容量瓶，稀释至刻度，摇匀
	Ce	称取3.0983g硝酸铈，〔$Ce(NO_3)_3\cdot 6H_2O$〕，溶于加入2ml浓硝酸的水中，移入1L容量瓶，稀释至刻度，摇匀
	稀土	根据不同稀土矿中稀土分量之间比例配制
贵金属	Pt	称取0.1000g金属铂，王水溶解，加入0.2g氯化钠，水浴蒸干两次，加30ml(1+2)HCl溶解，移入100ml容量瓶，稀释至刻度，摇匀
	Ru	称取32.88mg氯亚钌酸铵〔$(NH_4)_2Ru(H_2O)Cl_5$〕，加10mL盐酸、50mL水，温热溶解，冷却移入100mL容量瓶，稀释至刻度，摇匀，1mL～0.1mgRu
	Rh	称取38.56mg氯铑酸铵〔$(NH_4)_3RhCl_6\cdot 1\ 1/2\ H_2O$〕，溶于1mol/L盐酸，移入500mL容量瓶中，用1mol/L盐酸稀释至刻度，摇匀。1mL～20μgRh
	Pd	配制方法同Pt
	Os	称取23.08mg氯锇酸铵〔$(NH_4)_2OsCl_6$〕，配制同钌，1mL～0.1mgOs
	Ir	称取22.94mg氯铱酸铵〔$(NH_4)_2IrCl_6$〕，溶于1mol/L盐酸中，移入500mL容量瓶，用1mol/L盐酸稀释至刻度，摇匀，1ml～20μgIr
	Au	称取1.0000g纯金，加10ml王水，水浴加热溶解，加2g氯化钾、167ml浓盐酸，使酸度保持2mol/L，移入1L容量瓶，用饱和氯水稀释至刻度，摇匀
	Ag	称取1.5748g硝酸银，溶于100mL水，移入1L容量瓶，稀释至刻度，摇匀
稀散金属	Ge	称取1.0000g金属锗，加20～30mL6%H_2O_2，水浴加热溶解，加入少量氢氧化钠可加速其溶解，溶完后加几毫升热水，以（1+1）盐酸中和并过量几毫升，煮沸除去H_2O_2，冷后移入1L容量瓶，稀释至刻度，摇匀
	Ga	称取1.0000g金属镓，加20～30mL（1+1）盐酸，滴加几滴硝酸，水浴加热溶解，冷却后移入1L容量瓶，稀释至刻度，摇匀
	In	称取1.0000g金属铟，加20～30mL（1+1）盐酸，水浴加热，完全溶解后冷却，移入1L容量瓶，稀释至刻度，摇匀
	Tl	称取1.0000g金属铊，加20mL（1+1）硝酸溶解后，移入1L容量瓶，稀释至刻度，摇匀
	Se	称取1.0000g硒，加入20mL（1+1）盐酸，水浴加热溶解，滴加几滴硝酸，溶解后移入1L容量瓶，稀释至刻度，摇匀
	Te	称取1.0000g碲，加入20～30mL浓盐酸、数滴浓硝酸，水浴加热溶解，移入1L容量瓶，稀释至刻度，摇匀

续表 9-1-7

类别	元素	配制方法
稀散金属	Re	称取1.0000g金属铼，加入20mL（1+1）盐酸，滴加H_2O_2使铼分解，加少许水加热煮沸除去H_2O_2，冷却移入1L容量瓶，稀释至刻度，摇匀
半导体	Si	称取2.1393g二氧化硅于铂坩埚中，加10g无水碳酸钠熔融完全，热水浸出，加热至澄清，冷却，移入1L容量瓶，稀释至刻度，摇匀
	As	称取1.3203g三氧化二砷（预先干燥冷却）溶于20mL10%氢氧化钠稍热溶解，移入1L容量瓶，水稀至200mL，加2滴酚酞，以盐酸中和至中性并过量2滴，稀释至刻度，摇匀
放射性金属	U	称取2.1092g硝酸铀酰〔$UO_2(NO_3)_2\cdot 6H_2O$〕，溶于少量水中，加入10ml浓硝酸，移入1L容量瓶，稀释至刻度，摇匀
	Th	称取1.1379g二氧化钍（ThO_2），加10mL盐酸、少量氟化钠、加热溶解，加2mL高氯酸，蒸干后，加2mL盐酸，水浴蒸干，加20mL2%盐酸、微热，冷却后用2%盐酸移入1L容量瓶中，稀释至刻度，摇匀

四、常用酸碱的浓度及配制

（一）常用酸的不同浓度配制

表 9-1-8 酸的浓度及配制

酸类	密度 $g\cdot cm^{-3}$	质量百分浓度，%	物质的量浓度 $mol\cdot L^{-1}$	配置溶液的浓度 6moL·L^{-1}	2moL·L^{-1}	1moL·L^{-1}	0.5moL·L^{-1}	配制方法
				配制1L溶液所需浓酸体积，ml				
盐酸	1.18～1.19	36～38	12	500	167	83	42	量取所需浓酸加水稀释至1L
硝酸	1.39～1.40	65～68	15	400	134	67	34	同上
硫酸	1.83～1.84	95～98	18	334	112	56	28	量取所需浓酸在不断搅拌下缓慢加入适量水中,冷却，稀至1L
磷酸	1.69	85	15	400	134	67	34	量取所需浓酸加入适量水中稀释至1L
冰乙酸	1.05	99.9	17	353	118	59	30	同上
高氯酸	1.68	70	12	500	167	83	42	同上
	1.54	60	9	667	222	111	56	
氢氟酸	1.13	40	22.5	267	89	44	22	同上
氢溴酸	1.49	47	9	667	222	111	56	同上
氢碘酸	1.50～1.55	45.3～45.8	5.55	—	360	180	90	同上

（二）常用碱的不同浓度配制

表 9-1-9 碱的浓度及配制

碱类	相对分子质量	溶解度	配制溶液的浓度 6mol·L^{-1}	2mol·L^{-1}	1mol·L^{-1}	0.5mol·L^{-1}	配制方法
			配制1L溶液所需浓碱，g				
氢氧化钠	40.00	129(40℃) 347(100℃)	240	80	40	20	称取所需试剂，溶解于适量水中，搅拌，冷却后以水稀至1L
氢氧化钾	56.11	136(40℃) 178(100℃)	339	113	56.5	28	同上

续表 9-1-9

碱　类	相对分子质量	溶解度	配制溶液的浓度				配　制　方　法
			$6mol\cdot L^{-1}$	$2mol\cdot L^{-1}$	$1mol\cdot L^{-1}$	$0.5mol\cdot L^{-1}$	
			配制1L溶液所需浓碱，g				
氨　水①	35.00	—	400mL	134mL	67mL	34mL	量取所需浓氨水，加水至1L
氢氧化钡 [$Ba(OH)_2\cdot 8H_2O$]	315.48	3.89(20℃) 101.4(80℃)	饱和溶液的浓度 $C\approx0.2mol/L$，配制0.5mol/L溶液所需试剂				配成饱和溶液，或称取适量固体加水配成一定体积
氢氧化钙	74.08	0.165(20℃) 0.077(100℃)	饱和溶液的浓度 $C\approx0.02mol/L$				配成饱和溶液

① 氨水密度为0.90～0.91，含NH_3量约28.0%，物质的量浓度C约为15mol/L。

五、缓冲溶液

分析化学中广泛应用酸碱缓冲溶液。酸碱缓冲溶液是一种能对溶液的酸度起稳定（缓冲）作用的溶液。一般是由浓度大的弱酸及其共轭碱或弱碱及其共轭酸所组成的，如HAc-NaAc、NH_3-NH_4Cl等。

（一）pH标准试剂

pH基准试剂相当于IUPAC的C级，以无接界电池的双氢电极测定pH，方法的准确度为±0.005pH。pH标准试剂相当于IUPAC的D级，用有接界电池的双氢电极测定pH，方法的准确度为±0.01pH。七个pH标准试剂列于表9-1-10。

（二）标准缓冲溶液

表 9-1-10　pH标准试剂

名　　称	浓度 C_B，$mol\cdot L^{-1}$	pH(25℃)	使用温度范围t，℃
四草酸钾	0.05	1.680	0～45
酒石酸氢钾	饱和水溶液	3.559	25～45
邻苯二甲酸氢钾	0.05	4.003	5～45
磷酸二氢钾	0.025	6.864	5～45
磷酸氢二钠	0.025	6.864	5～45
硼　砂	0.01	9.182	10～45
氢氧化钙	饱和水溶液	12.462	0～45

注：配制时应用无二氧化碳的纯水作溶剂。

标准缓冲溶液用于作测量溶液pH的参照标准。它是一系列标准溶液，其pH值范围从1.0至13.0，在1.0至10.0范围每隔0.1就有一个标准溶液，在10.0至13.0范围每隔0.2就有一个标准溶液。配制此类标准溶液的方法见国家标准GB604—77(1978)。

常用缓冲溶液列于表9-1-11。

（三）常用缓冲溶液

常用缓冲溶液列于表9-1-11。

表 9-1-11　常用缓冲溶液

缓冲溶液	酸的存在形式	碱的存在形式	pK_a
氨基乙酸-HCl	$^{+}NH_3CH_2COOH$	$^{+}NH_3CH_2COO^-$	2.35(pK_{a1})
一氯乙酸-NaOH	$CH_2ClCOOH$	CH_2ClCOO^-	2.86
邻苯二甲酸氢钾-HCl	$C_6H_4(COOH)_2$（苯环邻位—COOH、—COOH）	$C_6H_4(COO^-)(COOH)$（苯环邻位—COO⁻、—COOH）	2.95(pK_{a1})

续表 9-1-11

缓冲溶液	酸的存在形式	碱的存在形式	pK_a
甲酸-NaOH	HCOOH	$HCOO^-$	3.76
HAC-NaAC	HAc	Ac^-	4.74
六次甲基四胺-HCl	$(CH_2)_6N_4H^+$	$(CH_2)_6N_4$	5.15
NaH_2PO_4-Na_2HPO_4	$H_2PO_4^-$	HPO_4^{2-}	7.20(pK_{a_2})
三乙醇胺-HCl	$^+HN(CH_2CH_2OH)_3$	$N(CH_2CH_2OH)_3$	7.76
三(羟甲基)氨基甲烷-HCl	$^+NH_3C(CH_2OH)_3$	$NH_2C(CH_2OH)_3$	8.21
$Na_2B_4O_7$-HCl	H_3BO_3	$H_2BO_3^-$	9.24(pK_{a_1})
$Na_2B_4O_7$-NaOH	H_3BO_3	$H_2BO_3^-$	9.24(pK_{a_1})
NH_3-NH_4Cl	NH_4^+	NH_3	9.26
乙醇胺-HCl	$^+NH_3CH_2CH_2OH$	$NH_2CH_2CH_2OH$	9.50
氨基乙酸-NaOH	$^+NH_3CH_2COO^-$	$NH_2CH_2COO^-$	9.60(pK_{a_2})
$NaHCO_3$-Na_2CO_3	HCO_3^-	CO_3^{2-}	10.25(pK_{a_2})

六、有机试剂

有机试剂是用于元素和化合物的定性定量测定以及用于分离、浓缩、掩蔽等目的的有机化合物，它广泛应用于重量分析、滴定分析、光度分析以及其它仪器分析。据估计，应用于分析化学的有机试剂已超过3000种。下面仅就常用指示剂分述如下。

(一) 酸碱指示剂

酸碱指示剂一般是弱的有机酸或有机碱，其中酸式及其共轭碱式具有不同的颜色。常用酸碱指示剂见表9-1-12、9-1-13。

表 9-1-12 常用pH指示剂

名称	指示剂本身性质	颜色 酸性介质	颜色 碱性介质	pH 变色范围	指示剂溶液配制方法
百里酚蓝	酸性	红	黄	1.2～2.8	100mg指示剂溶于4.3mLNaOH (0.05mol/L) 中，再以水稀释至250mL 1g指示剂溶于1L乙醇 (20%) 中
甲基黄(二甲黄)	碱性	红	黄	3.0～4.0	1g指示剂溶于1L乙醇 (90%) 中
溴酚蓝	酸性	黄	蓝紫	3.0～4.6	100mg指示剂溶于3mLNaOH (0.05mol/L) 中，再以水稀释至250mL 1g指示剂溶于1L乙醇 (20%) 中
甲基橙	碱性	红	橙黄	3.1～4.4	1g指示剂溶于1L水中
溴甲酚蓝	酸性	黄	蓝	3.8～5.4	100mg指示剂溶于2.9mLNaOH (0.05mol/L)中，以水稀释至250mL， 1g指示剂溶于1L乙醇 (20%) 中
甲基红	碱性	红	黄	4.4～6.2	2g指示剂溶于1L乙醇 (60%) 中
石蕊	酸性	红	蓝	5.0～8.0	5～10g指示剂溶于1L水中
对硝基酚	一	无	黄	5.6～7.6	1g指示剂溶于1L水中
苯酚红	碱性	黄	红	6.8～8.0	100mg指示剂溶于5.7mLNaOH (0.05mol/L) 中，以水稀释至250mL
中性红	碱性	红	琥珀黄	6.8～8.0	1g指示剂溶于1L乙醇 (60%) 中

续表 9-1-12

名称	指示剂本身性质	颜色		pH变色范围	指示剂溶液配制方法
		酸性介质	碱性介质		
酚酞	酸性	无	深红	8.2～10.0	1g指示剂溶于1L乙醇（60～90%）中
茜素黄	酸性	黄	紫	10.1～12.0	1g指示剂溶于1L水中
硝胺	碱性	无	棕红	10.8～13.0	1g指示剂溶于1L乙醇（60%）中

表 9-1-13 常用酸碱混合指示剂

混合指示剂组分	体积比	变色点 pH	颜色		备注
			酸性介质	碱性介质	
甲基黄（0.1%）乙醇溶液 次甲基蓝（0.1%）乙醇溶液	1+1	3.25	蓝紫	绿	pH3.4，绿 pH3.2，蓝紫
甲基橙（0.1%）水溶液 靛蓝（二磺酸）（0.25%）水溶液	1+1	4.1	紫	黄绿	—
溴百里酚绿（0.1%）乙醇溶液 甲基红（0.2%）乙醇溶液	3+1	5.1	酒红	绿	—
溴甲酚绿钠盐（0.1%）水溶液 氯酚红（钠盐）（0.1%）水溶液	1+1	6.1	黄绿	蓝紫	pH5.4，蓝绿 pH5.8，蓝 pH6.0，蓝，微紫 pH6.2，蓝，紫
中性红（0.1%）乙醇溶液 次甲基蓝（0.1%）乙醇溶液	1+1	7.0	蓝紫	绿	pH7.0，蓝紫
甲酚红钠盐（0.1%）水溶液 百里酚蓝（钠盐）（0.1%）水溶液	1+3	8.3	黄	紫	pH8.2，玫瑰 pH8.4，紫
百里酚蓝（0.1%）乙醇(50%)溶液 酚酞（0.1%）乙醇（50%）溶液	1+3	9.0	黄	紫	黄到绿再到紫
百里酚酞（0.1%）乙醇溶液 茜素黄（0.1%）乙醇溶液	2+1	10.2	黄	紫	—

（二）金属指示剂

在络合滴定中，常用一种能与金属离子生成有色络合物的显色剂指示滴定过程中金属离子浓度的变化，这种显色剂称为金属离子指示剂，简称金属指示剂。在实际工作中往往以实验方法来选择指示剂。常用金属指示剂有铬黑T（EBT）、二甲酚橙（XO）、PAN〔1-(2-吡啶偶氮)-2-萘酚〕、酸性铬蓝K、钙指示剂、邻苯二酚紫、PAR〔1-(2-吡啶偶氮)-2,4-苯二酚〕、甲基百里酚蓝等。

（三）氧化还原指示剂

在氧化还原滴定过程中借氧化还原作用发生颜色变化指示化学计量的物质称为氧化还原指示剂。

氧化还原指示剂有自身指示剂、能与氧化剂还原剂产生特殊颜色的指示剂、本身发生氧化还原的指示剂等三种类型。表9-1-14列举了一些常用氧化还原指示剂。

表 9-1-14 常用氧化还原指示剂

指示剂	氧化还原电位（$[H^+]=1mol/L$）V	颜色变化	
		氧化态	还原态
次甲基蓝	0.36	蓝	无色
二苯胺	0.76	紫	无色
二苯胺磺酸钠	0.84	紫红	无色
邻苯氨基苯甲酸	0.89	紫红	无色
邻二氮菲-亚铁	1.06	浅蓝	红
硝基邻二氮菲-亚铁	1.25	浅蓝	紫红

（四）吸附指示剂

沉淀滴定法利用吸附指示剂确定化学计量。常用吸附指示剂见表9-1-15。

表 9-1-15 常用吸附指示剂

指示剂	被测离子	滴定剂	滴定条件
萤光黄	Cl^-	Ag^+	pH7～10（一般为7～8）
二氯萤光黄	Cl^-	Ag^+	pH4～10（一般为5～8）
曙红	Br^-、I^-、SCN^-	Ag^+	pH2～10（一般为3～8）
溴甲酚绿	SCN^-	Ag^+	pH4～5
甲基紫	Ag^+	Cl^-	酸性溶液
罗丹明6G	Ag^+	Br^-	酸性溶液
钍试剂	SO_4^{2-}	Ba^{2+}	pH1.5～3.5
溴酚蓝	Hg_2^{2+}	Cl^-、Br^-	酸性溶液

第三节 分离富集技术

干扰组分的分离，微量组分的富集及微量组分与基体的分离，是分析化学中为改善分析结果的精密度和准确度，降低检出限，扩大测定方法的应用范围的重要手段。分离富集技术在痕量分析中起着重要作用。为了测定高纯物质中含有微克级(μg/g)、皮克级（pg/g）的杂质元素，必须进行有效的分离富集，以确保分析结果的准确度和可靠性。

在实际应用中，应根据样品的性质与纯度，杂质元素的性质与含量，以及分析的要求确定是富集单一元素还是多种元素，根据分析的对象所要求的精密度和准确度以及采用何种测定方法等因素来选择不同的分离富集技术。

鉴于萃取、离子交换、沉淀等分离方法的原理已在第六篇中做了详尽阐述，本节仅列举分离实例提供参考。

一、溶剂萃取分离法

该法利用与水不相溶的有机试剂同试液一起振荡，一些组分进入有机相，另一些组分仍留在水相，从而达到分离和富集的目的。溶剂萃取分离法实例见表9-1-16和表9-1-17。

表 9-1-16 基体的萃取分离

基体	杂质元素	水相	有机相
Ga，Tl，Au	Ag，Al，Bi，Ca，Cd，Co，Cr，Cu，Hg，Mg，In，Mn，Ni，Pb，Pd，Pt，Sn，Zn	6～8mol/L HCl	乙醚，异丙醚
In，Tl，Au	Ag，Al，Bi，Cd，Co，Cr，Cu，Hg，Mg，Mn，Ni，Pb，Pd，Pt，Zn	1～5mol/L HBr	乙醚，异丙醚
Re	Al，As，Ba，Be，Co，Cr，Cu，Mg，Mn，Ni，Pb，Zn	HF	乙醚
Ta，Nb	Ag，Ba，Cd，Cr，Fe，Ga，In，Sr，Ti，W	HF	乙醚
Ag	Bi，Cd，Co，Cr，Cu，Fe，Mn，Ni，Pb，Zn，As，Ir，Mo，Rh，Sb，Se，Te	HNO_3	O-异丙基N-甲基硫代氨甲酸盐
CeO_2	La，Pr，Nd	10mol/L HNO_3	二(2-乙基己基）磷酸-CCl_4
Mo	Ag，Al，Ba，Bi，Ca，Cd，Co，Cr，Cu，Fe，Mg，Mn，Ni，Pb，Sb	6mol/L HCl	乙醚
Pa	Cu，Ni，Pb，Cd，Zn，	0.3～0.4mol/L HBr + 5～6mol/L H_2SO_4	环己酮
Pu	Ce，Dy，Er，Gd，Sm	4mol/L HNO_3	20%三十二胺-芳香烃混合溶剂
Pu，U	Al，Cd，Co，Cr，Cu，Fe，Mn，Mo，Ni，Am	7mol/L HNO_3	磷酸三丁酯

续表 9-1-16

基体	杂质元素	水相	有机相
U	Ag, Be, Bi, Ca, Cd, Co, Cr, Cu, Fe, Mg, Ni, In, Mn, Mo, Nb, Pb, Sb, Sn, Ti, V, Zr	5～6mol/L HNO_3 + NH_4F	磷酸三丁酯
Y, Y_2O_3	Al, Ca, Co, Cr, Cu, Fe, Mg, Ni, Pb, Si	0.1mol/L HNO_3	三-异戊基氧化膦-CCl_4
Y, Y_2O_3	Ba, Bi, Ca, Cd, Co, Cr, Cu, In, Mg, Mn, Ni, Pb, Sb, Zn	15mol/L HNO_3	磷酸三丁酯
Y	La, Ce, Nd, Pr	0.5mol/L HCl	2-乙基己基磷酸

表 9-1-17 杂质元素的萃取分离

杂质元素	基体	萃取剂	水相	有机相
Ag, Al, Au, Bi, Cd, Co, Cu, Fe, Ga, Hf, Hg, In, La, Mn, Mo, Ni, Pb, Pd, Pt, Sb, Sc, Sn, Th, Ti, Tl, U, V, Y, Zn, Zr	Se	双硫腙＋8-羟基喹啉	2.5mol/L HCl, pH10	环己烷
Zr, Hf	U	8-羟基喹啉	pH4.5～11.3	$CHCl_3$
Ag, Al, Au, Bi, Cd, Co, Cu, Fe, In, Mn, Ni, Pb, Tl, Zn	V	8-羟基喹啉-二乙基二硫代氨基甲酸钠	pH7.5～8.0	$CHCl_3$, CCl_4
Al, Fe	V, Ti	8-羟基喹啉	pH8.0～10.7	$CHCl_3$
Bi, Cd, Cu, Pb, Zn	V	双硫腙	pH2.0	CCl_4
Bi, Cd, Cu, Fe, Mn, Pb, Zn	碱金属	二乙基二硫代氨基甲酸钠	pH7.5	$CHCl_3$
Nb, Ta, Zr, Ti, Sn	碱金属	8-羟基喹啉＋铜铁试剂	20%HCl, $H_2C_2O_4$	$CHCl_3$＋丁醇
As, Au, Sn, Mn, Cd, Cu, Ni, Mo, Sb	Be	二乙基二硫代氨基甲酸钠	10～12mol/LHCl, 1mol/L HCl, 3mol/L HCl	$CHCl_3$
Cd, Cu, Fe, Mn, Ni	GaP	二乙基二硫代氨基甲酸钠	pH6	$CHCl_3$
Bi, Cd, Co, In, Ni, Mn, Pb, Sb, V, Zn	Nb, Ta	二乙基二硫代氨基甲酸钠	pH6, HF, 酒石酸	$CHCl_3$
Ag, Au, Bi, Cd, Co, Cu, Fe, In, Mn, Ni, Pb, Se, Ti, Zn	Ta, Nb	二乙基二硫代氨基甲酸钠	pH6.0～6.5	$CHCl_3$或CCl_4
Ag, Bi, Cd, Co, Cu, Hg, Zn	GaAs	双硫腙	pH8～10	CCl_4
Cu, Ni, Pb, Zn	W	双硫腙	pH9.2	$CHCl_3$
Bi, Pb	Te	双硫腙	pH10	$CHCl_3$
Bi, Cd, Cu, Pb, Tl, Zn	Re	双硫腙	pH各种数值	$CHCl_3$, CCl_4
Al, Bi, Co, Cu, Fe, Mn, Ni, Pd, Zn	Ag, LiF	N-苯甲酰基-N-苯基羟胺	pH6～9	$CHCl_3$

二、离子交换分离法

离子交换分离法是利用离子交换剂与溶液中的离子之间所发生的交换吸附反应进行分离的方法。用于带相反电荷离子之间的分离及带相同电荷或性质相近的离子之间的分离。离子交换分离法实例见表9-1-18。

表 9-1-18 元素的离子交换分离

元素	离子交换剂及其离子形式	淋洗剂
Li-Na以及许多其它元素	AG—50W—X8 (H^+)	1mol/L HNO_3-80%CH_3OH：Li
Li-Na-K-Rb-Cs	BiO—R_{ex}40 (H^+)	1mol/L HCl-80%C_2H_5OH：Li；0.2mol/L HCl：Na；0.7mol/L HCl：K，Rb；4mol/LHCl：Cs

续表 9-1-18

元素	离子交换剂及其离子形式	淋洗剂
Ag-Au	Dowex50—X4 (H^+)	9mol/L $HBr+Br_2$：Ag；0.5mol/L HBr：Au
Be-Mg-Ca-Sr-Ba-Ra	Dowex50 (NH_4^+)	0.55mol/L乳酸胺，pH5，$t=78$℃：Be；1.5mol/L乳酸胺，pH7，$t=78$℃：Mg、Ca、Sr、Ba、Ra
Be，Mg，Ca，Sr，Ba+许多其它元素	Dowex50W—X4 (H^+)	0.25mol/L NH_4SCN-20%二甲基亚砜-0.01mol/L HCl：Be
La-Nd-Eu-Y-Yb	Dowex1—X4 (α-羟基异丁酸根)	0.02mol/La-羟基异丁酸在CH_3OH-H_2O，25%H_2O的混合液中：La；35%H_2O的混合液中：Nd；57.5%H_2O：Eu；72.5%H_2O：Y；100%H_2O：Yb
La-Lu-Sc	Dowex1—X8($H_2PO_4^-$)	0.5mol/L H_3PO_4：La；1mol/L H_3PO_4：Lu；3mol/L H_3PO_4：Sc
Sc-La+稀土元素	Dowex50W—X2(H^+)	10mol/LHBr：La+稀土元素；4mol/LHBr：Sc
稀土元素-U-Th	Dowex1—X10(NO_3^-)	8mol/LHNO_3：稀土元素U；0.2mol/LHNO_3：Th
稀土元素-U	Dowex1—X8(Cl^-)	CH_3COOH (90%)-浓HCl(10%)：稀土元素；0.5mol/LHCl：U
La-Th-Pa-U	Dowex1—X8(SCN^-)	1.5mol/LNH_4SCN-0.5mol/LHCl：La；8mol/L HCl：Th；8mol/LHCl+0.005mol/LHF：Pa；1mol/L $HClO_4$：U
Am(Pa,U)-Th-Pu-Np	Dowex1 (NO_3^-)	8mol/L HNO_3：Am(Pa、U)；12mol/LHCl：Th；12mol/LHCl-0.1mol/LNH_4I：Pu；4mol/LHCl：Np
Al-Ga-In-Tl	Dowex1—X8(Br^-)	7mol/LHBr：Al；2mol/L HBr：Ga；0.1mol/L HBr：In；50%Na_2SO_3：Tl
Ti-Zr	KU—2(H^+)	1mol/LHCl：Ti；4mol/LHCl：Zr
Zr-Hf	Zerolit225(H^+)	1mol/LH_2SO_4：Zr；3mol/LH_2SO_4：Hf
Pa-Nb-Ta	Dowex1 (Cl^-、F^-)	9mol/L HCl-0.004mol/L HF：Pa；9mol/LHCl-0.18mol/LHF：Nb；1mol/LHF-4mol/LNH_4Cl：Ta
U-W-Mo	Dowex1—X10 (Cl^-)	0.5mol/LHCl-1mol/LHF：U；7mol/LHCl-1mol/LHF：W；1mol/LHCl：Mo
Se-Te	AnexSX8 (Cl^-)	6mol/LHCl：Se；1～2mol/LHCl：Te
Se-Te	KU—2 (H^+)	0.1mol/LHCl：Se
Mn-Re-Tc	Dowex1-X8 (SCN^-)	0.5mol/LHCl-0.025mol/LNH_4SCN：Mn；0.5mol/LHCl-0.5mol/LNH_4SCN：Re；4mol/LHNO_3或0.5mol/L$HClO_4$：Tc
Pt-Pd-Rh-Ir	Dowex50 (H^+)	试样从$HClO_4$中蒸发出来，H_2O：Pt；0.05～0.5mol/LHCl：Pd；2mol/LHCl：Rh；4～6mol/LHCl：Ir
Pt-Pd	磺基胍离子交换剂	0.5mol/LHCl：Pt；3mol/LHCl：Pd

三、沉淀分离法

沉淀法常用于基体分离，而共沉淀法常用于杂质元素分离。沉淀分离法的应用实例见表9-1-19、9-1-20。

表 9-1-19 基体的沉淀分离

基体	杂质元素	沉淀形式	沉淀条件
Mo	Ag，Al，Ba，Bi，Ca，Cd，Co，Cr，Cu，Fe，Mg，Mn，Na，Ni，Pb，Sb，Sn，Ti，V，Zn	α-安息香肟盐	1.5～2mol/LHNO_3+HCl
Pt	Al，Cr，Fe，Mn，Ni，Pb	金属	HCOOH，pH2
Ag	Cd，Co，Cu，Ni，Zn，Cr，Fe，Mn	AgCl	1mol/LHNO_3
Tl	Pb，Bi，Cd，Co，Cu，Fe，Th，Ni	碘化铊	—
Zr	Ag，Al，Ba，Bi，Ca，Cd，Co，Cr，Cu，Fe，In，Mg，Mn，Ni，Sb，Ti，V，Zn	四扁桃酸盐	2.5mol/LHCl
Te	Ag，Au，Ga，Co，Cu，Fe，In，Ni，Pb，Zn	水合金属氧化物	—

表 9-1-20　杂质元素的共沉淀分离

杂质元素	基体	收集剂（载体）	沉淀剂
Au, Hg, Pt, Rh	Ag	S	$(NH_4)_2S+HNO_3$
Ag, Au, Cd, Co, Cr, Cu, Mn, Ni, Pb, Sn, Pb	Ga, As, Ga, As	Bi+C	KOH
Al, Fe, Mg, Mn	W	Cu	8-羟基喹啉
稀土元素，Sc	与U, Zr, Th分离	Fe	$(NH_4)_2CO_3$
Al, Au, Bi, Fe, Pb	Ag	La	氨水
V	Mo	Mo	PO_4^{3-}
Pb	Tl	Sr	SO_4^{2-}
Ag, Be, Cd, Co, Cr, Cu, Ga, Ge, Mo, Ni, Pb, Sn, Ti, V, Zn	各类材料	Al, Fe	8-羟基喹啉+琥乙酰替萘胺-〔2〕-单宁酸
Ag, Al, Bi, Co, Cr, Cu, Fe, Mo, Ni, Pb, Sn, Ti, V, Zn	各类材料	In	8-羟基喹啉+琥乙酰替萘胺-〔2〕-单宁酸
Cu, Fe, Mn, Ni, Pb, Sn, Zn	碱金属的硝酸盐和卤化物	Al	8-羟基喹啉+琥乙酰替萘胺-〔2〕-单宁酸
Bi, Fe, Mo, Nb, Sn, Ta, Ti, V, W, Zr	In	Cu	铜铁试剂

四、挥发分离法

挥发分离法利用物质挥发性的差异进行分离。挥发分离法应用实例见表9-1-21和表9-1-22。

五、电解分离法

该法利用电解作用进行分离，由于各种金属离子具有不同的析出电位，因此，控制电极电位进行电解，就可以选择性地将某些离子从溶液中析出而达到分离的目的。

析出所用的阴极有汞、铂、银、碳等。其中汞电极由于氢的超电压最大，而且在酸性溶液中也有许多元素能在汞电极上析出，因而用途最广。电解分离法的应用实例见表9-1-23。

表 9-1-21　基体的挥发分离

基体	杂质元素	介质	挥发形式
Si, $SiCl_4$, SiO_2, $SiHCl_3$	Ag, Al, Bi, Ca, Cd, Co, Cr, Cu, Fe, In, Mg, Mn, Ni, Pb, Sn, Ti, Tl, Zn	$HF-HNO_3-HClO_4$ $HF-H_2SO_4$ 乙腈+HF	SiF_4
Ge, GeO_2	Ag, Al, Au, Ba, Bi, Ca, Cd, Co, Cr, Cu, Fe, Ga, In, Mg, Mn, Mo, Ni, Pb, Sb, Sn, Ta, Tl, Ti, V, Zn	$HCl\ HNO_3-HClO_4$ $HCl-HNO_3$ HCl	$GeCl_4$
As, As_2O_3	Ag, Au, Cd, Co, Cr, Cu, Mn, Ni, Pb, Zn, Bi, Fe, Al, Ca, Mg	$HCl-HNO_3-HBr$	$AsBr_3$
In	Ag, Al, Au, Bi, Cd, Co, Cr, Cu, Fe, Mn, Ni, Pb, Te	HBr	$InBr_3$
InP	Ag, Ca, Cd, Mg, Mn, Ni, Pb, Zn	HBr	$InBr_3$, pH_3
Se, SeO_2	Ag, Al, Ba, Bi, Ca, Cd, Co, Cu, Fe, Ga, In, Mg, Mn, Ni, Pb, Te, Tl	$HNO_3-H_2SO_4$	氧化物
Se, SeO_2	Cd, Cu, Fe, Ga, Pb, Te, Tl	HBr	溴化物
Re	Co, Be, Mg, Mn, Tl, Al, Cu, Mo, Pt, Ni, Ba, Fe	HNO_3-HClO_4	氧化物
GaAs	Ag, Al, Ba, Ce, Cr, Cu, Fe, Ge, In, Mg, Mn, Ni, Pb, Sb, Si, Sn, Sr, Ti	氩气氛下，在碳电极上蒸发	GaAs
Tl	Ag, Al, Au, As, Bi, Cd, Co, Cu, Fe, Ga, In, Ni, Pb, Sb, Sn, Te	真空挥发	$TlNO_3$
Ti	Al, Bi, Ca, Cd, Cr, Mg, Mn, Ni, Pb	处于氯气流中挥发	$TiCl_4$
Ti, TiO_2	Al, Ca, Cr, Cu, Fe, Mg, Mn, Ni, Pb, Sn	处于氟化氢气流中挥发	TiF_4

表 9-1-22　杂质元素的挥发分离

杂质元素	基体	挥发形式
C	Si, Ge	CS_2
As	Ge	AsH_3
Os	Pt	OsO_4
Si	U, Pu	SiF_4
Cr	Ti	CrO_2Cl_2

表 9-1-23　元素的电解分离法

在电极上析出的元素	与之分离的元素	电极
Cd, Co, Cu, Fe, Ni, Pb	V	汞电极
Ag, Au, Bi, Cd, Co, Cr, Cu, Fe, Ga, Ge, , In, Ir, Mo, Ni, Pb, Pd, Pt, Re, Rh, Tl, Zn	Be, Sr, Ti, V, U, Zr	汞电极
Cd, Co, Cu, Fe, Ni, Pb	U	汞电极
Co, Cu, Fe, Ni	Nb, Ti	汞电极
Ag, Cu	Pb, Zn	碳电极

第四节　重量分析

一、重量分析的基本原理

重量分析法是经典的定量分析方法之一，是根据称量反应生成物的质量来确定物质含量。该法以沉淀反应为基础，将被测组分转变为难溶化合物的形式沉淀下来，然后将沉淀分离、干燥、灼烧、称量，再求出被测组分的含量。

重量分析法直接用分析天平称量而获得分析结果，不用基准物质（或标准试样）进行比较，其准确度较高，为某些精确分析工作所采用，亦用于确定基准物质或标准试样的组成及校对其它分析方法。由于操作繁琐、费时，不适于低含量物质的测定。重量分析一般适用于含量在1%以上的试样。

二、稀有金属化合物的溶度积

表 9-1-24　稀有金属化合物的溶度积 K_{sp}（18～25°C）

化合物	K_{sp}	化合物	K_{sp}	化合物	K_{sp}
AgBr	5×10^{-13}	Ag_2MoO_4	2.8×10^{-12}	$Au(OH)_3$	5.5×10^{-46}
$AgBrO_3$	5.3×10^{-5}	Ag_3PO_4	1.4×10^{-16}		
AgCN	1.4×10^{-5}	Ag_2S	6.0×10^{-50}	$Be(NbO_3)_2$	1.2×10^{-16}
Ag_2CO_3	8.1×10^{-12}	AgCNS	1.0×10^{-12}	$Be(OH)_2$	6.0×10^{-22}
$Ag_2C_2O_4$	3.5×10^{-11}	Ag_2SO_4	1.4×10^{-5}		
AgCl	1.8×10^{-10}			$Ce_2(C_4H_4O_6)\cdot9H_2O$	9.7×10^{-20}
$Ag[Co(NO_2)_6]$	8.5×10^{-21}	AuBr	5.7×10^{-17}	$Ce_2(C_2O_4)_3\cdot9H_2O$	3.0×10^{-26}
Ag_2CrO_4	1.1×10^{-12}	$AuBr_3$	4×10^{-36}	$Ce(IO_3)_3$	3.2×10^{-10}
$Ag_2Cr_2O_7$	2.0×10^{-7}	$Au_2(C_2O_4)_3$	1×10^{-10}	$Ce(IO_3)_4$	5.0×10^{-17}
$Ag_3[Fe(CN)_6]$	1.0×10^{-22}	AuCl	2×10^{-13}	$Ce(OH)_3$	6.3×10^{-22}
$Ag_4[Fe(CN)_6]$	8.5×10^{-45}	$AuCl_3$	3×10^{-25}	$CePO_4$	1.0×10^{-23}
AgI	8.3×10^{-17}	AuI	1.6×10^{-23}	Ce_2S_3	6.0×10^{-11}
$AgIO_3$	3.0×10^{-8}	AuI_3	1×10^{-46}	$Ce(SeO_3)_3$	3.7×10^{-25}

续表 9-1-24

化合物	K_{sp}	化合物	K_{sp}	化合物	K_{sp}
$CsBF_4$	2.0×10^{-5}	K_2PtF_6	2.9×10^{-5}	ScF_3	4.2×10^{-18}
$Cs_3[Co(NO_2)_6]$	5.7×10^{-16}	$KReO_4$	1.9×10^{-3}	$Sc(OH)_3$	2.0×10^{-30}
$CsMnO_4$	8.3×10^{-5}	K_2SiF_6	8.7×10^{-7}	$Sm(IO_3)_3$	6.5×10^{-12}
$Cs[PtCl_6]$	3.6×10^{-8}	K_2TiF_6	5.0×10^{-4}	$Sm(OH)_3$	1.3×10^{-24}
$Cs[PtF_6]$	2.4×10^{-16}	K_2ZrF_6	5.0×10^{-4}	$SrMoO_4$	2.0×10^{-7}
Cs_2SiF_6	1.3×10^{-5}	$K_4[UO_2(CO_3)_3]$	6.0×10^{-5}	$Sr(NbO_3)_2$	4.2×10^{-18}
Cs_2SnCl_6	3.6×10^{-8}	Li_3PO_4	3.9×10^{-9}	$SrSeO_3$	8.0×10^{-7}
$Dy_2(CrO_4)_3\cdot10H_2O$	1.0×10^{-8}	$LiUO_2AsO_4$	1.5×10^{-19}	$SrSeO_4$	4.0×10^{-5}
$Dy(IO_3)_3$	1.2×10^{-11}	$MgSeO_3$	1.3×10^{-5}	$SrWO_4$	1.7×10^{-10}
$Dy(OH)_3$	8.0×10^{-24}	$MgSeO_3\cdot6H_2O$	4.4×10^{-6}	$Tb(IO_3)_3$	7.8×10^{-12}
$Er_2(C_2O_4)_3$	1×10^{-25}	$(NH_4)_2IrCl_6$	3.0×10^{-5}	$Tb(OH)_3$	1.3×10^{-23}
$Er(IO_3)_3$	3.9×10^{-11}	$(NH_4)_2PtCl_6$	9.0×10^{-6}	$Te(OH)_4$	3.0×10^{-54}
$Er(OH)_3$	4.1×10^{-24}	Na_2SiF_6	2.8×10^{-4}	$Th(C_2O_4)_2$	1.1×10^{-25}
$Eu(IO_3)_3$	4.8×10^{-12}	$Nd(IO_3)_3$	1.2×10^{-11}	ThF_4	5×10^{-26}
$Eu(OH)_3$	8.9×10^{-24}	$Nd(OH)_3$	3.2×10^{-22}	$Th(HPO_4)_2$	1×10^{-21}
$Ga_4[Fe(CN)_6]_3$	1.5×10^{-34}	$PbMoO_4$	1×10^{-13}	$Th(IO_3)_4$	3×10^{-15}
$Ga(OH)_3$	7.0×10^{-36}	$Pb(NbO_3)_2$	2.4×10^{-17}	$Th(OH)_4$	2×10^{-45}
$Ga(Ox)_3$	8.7×10^{-33}	$PbSe$	1×10^{-38}	$Th_3(PO_4)_4$	3×10^{-79}
$Gd(IO_3)_3$	7.4×10^{-12}	$PbSeO_3$	3×10^{-12}	$Ti(OH)_4$	1×10^{-40}
$Gd(OH)_3$	1.3×10^{-27}	$PbSeO_4$	1.4×10^{-7}	$TiO(OH)_2$	1×10^{-29}
$HfO_2\cdot xH_2O$	4.0×10^{-26}	$PbWO_4$	8.4×10^{-11}	$TlBr$	3.8×10^{-6}
$Ho(IO_3)_3$	2.0×10^{-11}	$Pd(OH)_3$	1.0×10^{-31}	$TlBrO_3$	8.5×10^{-5}
$Ho(OH)_3$	5.0×10^{-23}	$Pd(OH)_4$	6×10^{-71}	$Tl_2C_2O_4$	2.0×10^{-4}
$In_4[Fe(CN)_6]_3$	1.9×10^{-44}	$Pr(IO_3)_3$	1.7×10^{-11}	$Tl_3[Co(NO_2)]_6$	1.1×10^{-15}
$In(OH)_3$	1.3×10^{-37}	$Pr(OH)_3$	8.3×10^{-23}	Tl_2CrO_4	9.8×10^{-13}
$In(Ox)_3$	4.6×10^{-32}	$PtBr_4$	3.0×10^{-41}	TlI	6.5×10^{-8}
In_2S_3	5.7×10^{-74}	$PtCl_4$	8.0×10^{-29}	$TlIO_3$	3.1×10^{-6}
$In_2(SeO_3)_3\cdot6H_2O$	4.0×10^{-33}	$Pt(OH)_2$	1.0×10^{-35}	$Tl(OH)_3$	6.3×10^{-46}
Ir_2O_3	2.0×10^{-48}	PtS	8×10^{-73}	$Tl(Ox)_3$	4.0×10^{-33}
IrO_2	1.6×10^{-72}	$Ra(IO_3)_2$	8.7×10^{-10}	Tl_3PO_4	6.7×10^{-8}
IrS_2	1.0×10^{-75}	$RaSO_4$	4.2×10^{-11}	Tl_2PtCl_6	4.0×10^{-12}
$KAu(SCN)$	6.0×10^{-5}	$Rb_3[Co(NO_2)_6]$	1.5×10^{-15}	Tl_2S	5.0×10^{-21}
K_2GeF_6	3.0×10^{-5}	Rb_2PtCl_6	6.0×10^{-8}	$Tl_2S_2O_3$	2.7×10^{-7}
K_2HfF_6	2.0×10^{-3}	Rb_2PtF_6	7.7×10^{-7}	$Tl_2(SeO_3)_3$	2.0×10^{-39}
K_2IrCl_6	6.8×10^{-5}	Rb_2SiF_6	5.0×10^{-7}	$TlVO_3$	1.0×10^{-5}
K_2PdCl_4	1.3×10^{-5}	Rb_2TiF_6	5.5×10^{-5}	$Tl_4V_2O_7$	1.0×10^{-11}
K_2PdCl_6	6.0×10^{-6}	$Rh(OH)_3$	1×10^{-23}	$Tm(IO_3)_3$	4.4×10^{-11}
K_2PtCl_4	8.0×10^{-3}	$Ru(OH)_3$	1×10^{-38}	$Tm(OH)_3$	3.3×10^{-24}
K_2PtBr_6	6.0×10^{-5}			$U(HPO_4)_2$	1.6×10^{-27}

续表 9-1-24

化合物	K_{sp}	化合物	K_{sp}	化合物	K_{sp}
$U(OH)_4$	1.0×10^{-45}	$(UO_2)_3(PO_4)_2$	2.1×10^{-47}	$Y(OH)_3$	5.0×10^{-24}
UO_2CO_3	1.8×10^{-12}	UO_2SeO_3	3.8×10^{-11}		
$(UO_2)_2[Fe(CN)_6]$	7.1×10^{-14}			$Yb(IO_3)_3$	6.2×10^{-11}
UO_2HAsO_4	3.2×10^{-11}	$V(OH)_2$	4.0×10^{-16}	$Yb(OH)_3$	2.5×10^{-24}
UO_2HPO_4	2.1×10^{-11}	$V(OH)_3$	4.0×10^{-35}		
UO_2KAsO_4	2.5×10^{-23}			$ZnSe$	1×10^{-31}
UO_2KPO_4	7.8×10^{-24}	$VO(OH)_2$	7.4×10^{-23}	$ZnSeO_3$	2.6×10^{-7}
UO_2NaAsO_4	1.3×10^{-22}	$(VO)_3(PO_4)_2$	8.0×10^{-25}		
$UO_2NH_4AsO_4$	1.7×10^{-24}			$ZrO_2\cdot xH_2O$	1.1×10^{-54}
$UO_2NH_4PO_4$	4.4×10^{-27}	$Y_2(C_2O_4)_3$	5.3×10^{-29}	$ZrO(H_2PO_4)_2$	2.3×10^{-18}
$UO_2(OH)_2$	1.4×10^{-21}	YF_3	6.6×10^{-13}		

注：表中O_x为8-羟基喹啉，$H_2C_4H_4O_6$为酒石酸。

三、常用沉淀剂

表 9-1-25 重量分析中常用的沉淀剂

沉淀剂	沉淀条件	定量沉淀的元素及离子
氨水	预先除去S^{2-}组，B和F	Be、In、La、Sc、Th、Zr、Ti、RE
硫化氢	0.2～0.5mol/L酸度	Au、Ge、In、Mo、Pt、Rh
磷酸氢二胺	酸性介质	Zr
硝酸银	稀硝酸溶液	Mo^{6+}、V^{5+}
草酸	稀酸溶液	Ag、Au、La、Sc、Th、Zr、RE
六次甲基四胺	参看氨水	参看氨水
联苯胺	微酸性（盐酸）	W
辛可宁	硝酸溶液	W
铜铁试剂	盐酸或硫酸溶液	Ga、Nb、Th、Ti、U、V、Zr、
丁二肟	稀硝酸溶液	Pd
8-羟基喹啉	乙酸-乙酸钠缓冲液	In、Mo、Ti、U
8-羟基喹啉	氨性溶液	Mo、Ti、Be
对羟基苯胂酸	稀酸溶液	Ti、Zr
硝酸试剂	稀硫酸溶液	ReO_4^-、W
苯胂酸	酸性溶液	Nb、Ta、Th、Zr
吡啶-硫氰酸盐	稀酸溶液	Ag
喹哪啶酸	稀酸溶液	U
丹宁	酒石酸氨性溶液	Be、Ge、Nb、Ta、Th、Ti、U、W、Zr
氯化四苯胂	中性或酸性溶液	Re、Tl
四苯硼化钠	微酸性溶液（乙酸）	Tl^+、Cs

表 9-1-26 稀有元素的均相沉淀方式和类型

沉淀元素	均相沉淀方式	沉淀类型	沉淀条件
Ag	试剂合成	苯并三唑盐	HNO_2+邻苯二胺
	阳离子释放	氯化物	EDTA+NH_3水(pH>10)+NH_4Cl，加热
Be	水解	磷酸盐	EDTA+$(NH_4)_2HPO_4$+CCl_3COOH，煮沸15min

续表 9-1-26

沉淀元素	均相沉淀方式	沉淀类型	沉淀条件
Ce	氧 化	碘酸铈（Ⅳ）	$Ce^{3+}+(NH_4)_2S_2O_8$（或$KBrO_3$）
Ga	提高pH	碱式硫酸盐	尿素$+H_2SO_4$
In	水 解	喹哪啶盐	8-乙酰氧基喹哪啶，pH4～5，80℃
La	水 解	草酸盐	$(CH_3)_2C_2O_4$，pH1～2
Mo	水 解	硫化物	CH_3CSNH_2
Pd	试剂合成	糠醛二肟盐	糠醛$+NH_4OH$
Ra	提高pH	铬酸盐	尿素$+Cr_2O_7^{2-}$
	水 解	硫酸盐	$(CH_3)_2SO_4$
RE(稀土)	阳离子释放	草酸盐	$Na_2C_2O_4+EDTA$
Th	提高pH	碱式甲酸盐	尿素＋甲酸
	水 解	草酸盐	$(CH_3)_2C_2O_4$
Ti	甲酸盐的缓冲作用	碱性硫酸盐	H_2SO_4＋甲酸盐
U	溶剂挥发	8-羟基喹啉盐	8-羟基喹啉，丙酮，EDTA，pH5.8
	试剂合成	1-亚硝基-2-萘酸盐	2-萘酚、$NaNO_2$、HAC、5℃
W	络合物分解	钨 酸	分解$[WO_2Cl_4]^{2-}$或$[WO_3(C_2O_4)]^{2-}$
Zr	氧 化	砷酸盐	亚砷酸盐$+HNO_3$
	阳离子释放	磷酸盐	$EDTA+H_2O_2+Na_2HPO_4$
	水 解	磷酸盐	$(CH_3)_3PO_4$或$(C_2H_5)_3PO_4$

四、稀有金属的均相沉淀

均相沉淀法是使加入的试剂不与溶液中的离子直接产生沉淀，而是通过一个缓慢的化学反应过程在溶液内部产生沉淀剂，使沉淀均匀而缓慢地形成，避免局部过浓现象，从而易于获得颗粒粗大的晶形沉淀。均相沉淀法是控制沉淀条件的较好方法，其沉淀方式和类型见表9-1-26。

五、稀有金属的重量测定法

表 9-1-27 稀有元素的重量测定法实例

元 素	沉淀剂	测定操作	干扰离子或消除方法	称量形式
Ag^+	盐 酸	试液中加1%HNO_3，加沉淀剂，加热至70℃，放置后过滤，用0.06%HNO_3洗涤，130～150℃干燥	Bi、CN^-、Cu^+、Hg^{2+}、Pb、$S_2O_3^{2-}$、Tl和Sb干扰	AgCl
Au^+	氢 醌	取试液（1mol/LHCl），加沉淀剂，煮沸，过滤，热水洗涤，900℃灼烧		Au
Au^{3+}	苯硫酚	取试液（0.1～0.6mol/LHCl），加沉淀剂，沸水浴保温2h，过滤，105℃干燥		C_6H_5SAu
Be	氨 水	试液加EDTA，煮沸，加NH_4Cl，用NH_3水调pH8.5，过滤，用2%热NH_4NO_3洗涤，1000℃灼烧	用EDTA掩蔽Al、Cu、Fe、Zn等干扰	BeO
Cs	四对氟代苯硼化钠	试液（0.1mol/LHCl）加热至70℃，加沉淀剂，放置1h，再在水浴上放置1h，过滤，100℃干燥1h	Ag^+、Tl^+干扰，K^+、NH_4^+不干扰	$Cs[B(C_6H_4F)_4]$
Ga^{3+}	铜铁试剂	试液（14%H_2SO_4）冷至0℃，加沉淀剂，过滤，用含沉淀剂的硫酸液洗涤，1000℃灼烧	Fe、Ti、Zr和V	Ga_2O_3

续表 9-1-27

元 素	沉淀剂	测 定 操 作	干扰离子或消除方法	称量形式
Ge	钼酸铵(Ⅰ)和8-羟基喹啉(Ⅱ)	试液加沉淀剂Ⅰ，加稀硫酸，加沉淀剂Ⅱ，放置12h，过滤，用含沉淀剂的稀盐酸洗涤，110℃干燥		$(C_9H_7ON)\cdot H_4GeMo_{12}\cdot O_{40}$
	丹 宁	试液300ml(0.035mol/L草酸)，加沉淀剂，过滤，5%NH_4NO_3洗涤，900℃灼烧		GeO_2
In^{3+}	氨 水	试液(HNO_3性，无Cl^-)煮沸，加沉淀剂，过滤，5%NH_4NO_3洗涤，1200℃灼烧	AsO_4^{3-}、PO_4^{3-}、VO_4^{3-}等干扰	In_2O_3
	8-羟基喹啉	试液（乙酸，pH3～4）加热至70～80℃，加沉淀剂，过滤，水洗，110～115℃干燥	Al、Cu、Fe、Ga、干扰	$In(C_9H_6ON)_3$
Ir^{3+}或Ir^{6+}	硫基苯并噻唑	试液（乙酸＋乙酸铵缓冲液）加沉淀剂，煮沸，过滤，用2%乙酸＋2%乙酸铵洗涤，在600℃的氢气中灼烧		Ir
	氯化铵	试液加热，加沉淀剂和氯酸钾，过滤，用NH_4Cl洗涤，在600℃的氢气中灼烧		Ir
La及稀土	饱和草酸溶液	试液（0.3mol/LHCl）加热至60～70℃，加等体积沉淀剂，过滤，用1%草酸洗涤，在700～800℃灼烧	Y、Sc、Th同时沉淀；Ti、Ta、Nb用H_2O_2掩蔽	La_2O_3
Li	磷酸氢二钠	试液（碱性）加沉淀剂，蒸发，溶于氨水，过滤，800℃灼烧		Li_3PO_4
MoO_4^{2-}	乙酸铅	试液（乙酸性）加乙酸铵，煮沸，加沉淀剂，过滤，用2%NH_4NO_3洗涤，600℃灼烧	Al、As、Cr、Fe、Si、Sn、V W等易水解元素及PO_4^{3-}、SO_4^{2-}有干扰	$PbMoO_4$
	铜试剂	试液（5～10%H_2SO_4）加沉淀剂，冷至5～10℃，过滤，用0.1%沉淀剂洗涤，500～550℃灼烧	Nb、Ta、Pd、Si、W有干扰	MoO_3
Nb^{5+}（或Ta^{5+}）	丹 宁	铌、钽氧化物，用$KHSO_4$熔融，溶于饱和草酸，＋盐酸＋水的混合液（3＋1＋10）中，过滤，滤液中加NH_4Cl、酒石酸、EDTA。用NH_3水调节pH 5～6，加沉淀剂，煮沸，放置30min后过滤，用NH_4Cl＋EDTA液洗涤，900℃灼烧		Nb_2O_5或Ta_2O_5
	苯砷酸	试样用焦硫酸钾熔融，酒石酸浸取，加盐酸，加热，加沉淀剂，过滤，用$(NH_4)_2CO_3$洗涤，1000℃灼烧		Nb_2O_5或Ta_2O_5
Os^{4+}	巯萘剂	试液（酸性）煮沸，加沉淀剂，过滤，用0.6%HCl洗涤，在800℃氢气中灼烧		Os
Pd^{2+}	碘化钾	试液（中性或HNO_3性）加沉淀剂煮沸，过滤，热水洗涤，<360℃干燥	Ag、Pb、Hg_2^{2+}、Tl干扰	PdI_2
	丁二肟	试液（盐酸性）加热，加沉淀剂，放1h，过滤，热水洗涤，<171℃干燥	Au及Pt族元素干扰	$Pd(C_4H_7O_2N_2)_2$
Pt^{4+}	苯硫酚	试液加沉淀剂，煮沸，过滤，水洗，900℃灼烧		Pt

续表 9-1-27

元素	沉淀剂	测定操作	干扰离子或消除方法	称量形式
Rb^+	氯化亚锡饱和溶液	试液加热，加煮沸的沉淀剂，放置4h，过滤，110℃干燥		$Rb_2[SnCl_6]$
Rh^{3+}	三氯化钛	试液(硫酸性)加沉淀剂，过滤，2% H_2SO_4洗涤，在800℃氢气中灼烧		Rh
ReO_4^-	硝酸试剂	试液 (0.03mol/LHAC)，加沉淀剂，加稀H_2SO_4，加热至80℃，冷至0℃，放置2h，过滤，用含沉淀剂的水洗涤，110℃干燥	NO_3^-、ClO_3^-、ClO_4^-、WO_4^{2-}有干扰	$C_{20}H_{16}N_4\cdot HReO_4$
	氯化四苯砷	取试液(0.5mol/LNaCl)加热，加沉淀剂，过滤，用冰水洗涤，110℃干燥		$(C_6H_5)_4AsReO_4$
Ru^{3+}或Ru^{5+}	巯萘剂	试液加沉淀剂，煮沸，过滤，热水洗涤，在800℃氢气中灼烧		Ru
SeO_3^{2-}	盐酸肼	试液 (5mol/LHCl) 加沉淀剂，加热90℃，放置4h，过滤，用水和乙醇洗涤，110℃干燥		Se
Te	氯化四苯钾或氯化四苯磷	试液 (5mol/LHCl) 加沉淀剂，过滤，用水和乙醇洗涤，105℃干燥		$[(C_6H_5)_4As]\cdot TeCl_6$ $[(C_6H_5)_4P]\cdot TeCl_6$
Th^{4+}	草酸	试液 (HCl性) 煮沸，滴加沉淀剂，放置12h，过滤，用2.5%草酸及1.2% HCl 洗涤，750℃灼烧	稀土元素、碱土金属、PO_4^{3-}有干扰	ThO_2
Ti^{4+}	铜铁试剂	试液(盐酸或硫酸性)冷至10℃，加沉淀剂，过滤，用1%HCl＋沉淀剂洗涤，800～1000℃灼烧	Zr、Hf、Fe^{3+}、V、Sn^{4+}、W有干扰	TiO_2
	8-羟基喹啉	试液＋酒石酸1g、乙酸钠1g、冰乙酸1.5ml，加沉淀剂，加热至100℃，过滤，热水洗涤，110℃干燥		$TiO(C_9H_6ON)_2$
Ti^+	铬酸钾	试液＋氨水，加热至80℃，加沉淀剂，过滤，用1%铬酸钾及50%乙醇洗涤，<745℃灼烧	Pb、Ag、Hg	Tl_2CrO_4
UO_2^{2+}	氨水或吡啶	试液 (酸性) 煮沸，加沉淀剂至甲基红指示剂变黄，过滤，用2%NH_4NO_3和热水洗涤，750～900℃灼烧	F、PO_4^{3-}、CO_3^{2-}酒石酸、柠檬酸有干扰	U_3O_8
	8-羟基喹啉	试液加乙酸缓冲液，加EDTA，煮沸，加沉淀剂，过滤，热水洗涤，110℃干燥		$UO_2(C_9H_6ON)_2\cdot(C_9H_7ON)$
VO_3^{3-}，VO_3^-	铜铁试剂	试液〔硫酸性 (20%)〕冷至10℃，加沉淀剂，过滤，用0.1%H_2SO_4和沉淀剂洗涤，<658℃灼烧	Zr、Hf、Fe^{3+}、V、Sn^{4+}、W干扰	V_2O_5
WO_4^{2-}	浓HNO_3	试液(碱性)加浓HNO_3蒸发，加NH_4NO_3，放置过夜，用5%HNO_3及0.5%NH_4NO_3洗涤，沉淀溶于氨水，滤液蒸发，800℃灼烧		WO_3
	辛可宁	试液 (碱性) 加硝酸和沉淀剂，加热，过滤，稀氨水洗涤，沉淀溶于氨水后再沉淀	As、Mo、Nb、Sb、Si、Sn、Ta、F^-、PO_4^{3-}干扰	WO_3

续表 9-1-27

元素	沉淀剂	测定操作	干扰离子或消除方法	称量形式
Zr^{4+}	苯胂酸	试液〔盐酸性(10%)〕加 3% H_2O_2，加沉淀剂，煮沸，过滤，用1%HCl和0.1%沉淀剂洗涤，<1000℃灼烧		
	磷酸氢二铵	试液〔硫酸性（10%）〕煮沸，加沉淀剂，加热至50℃，放置24h，过滤，用5%NH_4NO_3洗涤，>800℃灼烧	Hf、Nb、Ta、Th干扰；Ti加H_2O_2消除	ZrP_2O_7

第五节 滴定分析

一、滴定分析的基本原理

滴定分析法原称容量分析法，是用一种已知准确浓度的标准溶液（称为滴定剂）滴加到被测物质的溶液中，直到所加的标准溶液与被测物质按化学计量定量反应为止，然后根据标准溶液的浓度及其用量计算被测物质的含量。滴定分析法以化学反应为基础，根据滴定反应的类型，一般分为酸碱滴定法、氧化还原滴定法、络合滴定法和沉淀法。根据滴定方式，一般又可分为直接滴定法、返滴定法、置换滴定法和间接滴定法几种。

滴定分析法比重量分析法简便、快速，应用范围广，适于测定含量 1 %以上的常量组分，有时也可以测定微量组分。测定的相对误差一般为0.2%左右。因此，滴定分析法在稀有金属和科研中具有很大的实用价值。

二、滴定分析中常用的基准物质

滴定分析中标准溶液浓度的准确度与基准物质有着直接的联系。能用于直接配制或标定标准溶液的物质，称为基准物质或标准物质，常用的基准物质有纯金属和纯化合物，它们的含量一般在99.9%以上。详见表9-1-28。

表 9-1-28 常用的基准物质

基准物质	相对分子质量	处理与保存
碳酸钠 (Na_2CO_3)	105.9890	500～650℃干燥40～50min，置于干燥器中冷却
邻苯二甲酸氢钾($KHC_8H_4O_4$)	204.229	100～120℃干燥恒重，置于干燥器中冷却
重铬酸钾 ($K_2Cr_2O_7$)	249.192	研细，110～120℃干燥3～4h，置于干燥器中冷却
三氧化二砷 (As_2O_3)	197.8414	105℃干燥3～4h，置于干燥器中冷却
溴酸钾 ($KBrO_3$)	167.004	105℃以下干燥至恒重，置于干燥器中冷却
碘酸钾 (KIO_3)	214.005	120～140℃干燥1.5～2h，置于干燥器中冷却
草酸钠 ($Na_2C_2O_4$)	134.000	150～200℃干燥1～1.5h，置于干燥器中冷却
氯化钠 (NaCl)	58.4432	500～650℃干燥40～50min，置于干燥器中冷却
氟化钠 (NaF)	41.998	500～650℃干燥40～50min，置于干燥器中冷却
硝酸银 ($AgNO_3$)	169.873	硫酸干燥器中干燥至恒重
碳酸钙 ($CaCO_3$)	100.09	120℃干燥至恒重，置于干燥器中冷却
氧化锌 (ZnO)	81.37	800℃灼烧至恒重，置于干燥器中冷却
氧化镁 (MgO)	40.304	800℃灼烧至恒重，置于干燥器中冷却
锌 (Zn)	65.38	用盐酸(1+3)、水、丙酮依次洗涤，置于干燥器中干燥
铜 (Cu)	63.546	用2%冰乙酸、水、乙醇、甲醇依次洗涤，置于干燥器中干燥

三、滴定分析中常用的标准溶液

常用标准溶液的配制与标定见表9-1-29。

表 9-1-29 滴定分析中常用标准溶液的配制和标定方法

序号	滴定方法	标准溶液	配制方法	标定方法
1	酸碱滴定法	碳酸钠 0.05mol/L	准确称取碳酸钠5.3000g，溶于水，移入1L容量瓶中，用水稀至标线	
2		盐酸0.1mol/L	取9ml浓盐酸于1L容量瓶中，用水稀至标线，摇匀	准确称取碳酸钠0.2000g，溶于50mL水中，加3滴靛蓝二磺酸钠（0.25%）和3滴甲基橙（0.05%）指示剂，用配制好的盐酸溶液滴至溶液由蓝绿色变为紫色即为终点
3		硫酸0.05mol/L	取3mL浓硫酸于预先加有200ml水的1L容量瓶中，加水至标线，摇匀	同上
4		硝酸0.1mol/L	取6.3mL浓硝酸于1L容量瓶中，用水稀至刻度，摇匀	取25mL配制的硝酸溶液，加水至50mL，加酚酞3滴，用0.1mol/L NaOH标准溶液滴至粉红色，在30s内不退即为终点
5		氢氧化钠 0.1mol/L	将氢氧化钠配制成饱和溶液，贮存于聚乙稀瓶中，密封放置至溶液清亮，取清液5mL，加1L不含CO_2的水	准确称取邻苯二甲酸氢钾0.6000g溶于50mL水中，煮沸，加3滴酚酞，用配制的氢氧化钠溶液滴至粉红色在30s内不退即为终点
6	氧化还原法	重铬酸钾 0.02mol/L	准确称取重铬酸钾5.8838g，溶于水中，移入1L容量瓶中，稀至标线，摇匀	
7		亚砷酸钠 0.05mol/L	准确称取三氧化二砷4.9460g，碳酸钠15g，用150mL温水溶解，加0.5mol/L$H_2SO_4$25mL，移入1L容量瓶中，用水稀至标线，摇匀	
8		草酸钠 0.05mol/L	准确称取草酸钠6.7000g，溶于水中，移入1L容量瓶中，稀至标线，摇匀	
9		碘酸钾 0.02mol/L	准确称取碘酸钾4.2800g，溶于水中，移入1L容量瓶中，稀至刻度，摇匀	
10		高锰酸钾 0.02mol/L	称取3.3gMnO_4，溶于1L水中，微沸20min，冷却后于暗处密闭保存数日，将溶液倾出，经玻璃坩埚过滤，滤液保存于棕色瓶中	移取25mL草酸钠（含0.0060g草酸钠/mL）标准液于250mL烧杯中，加H_2SO_4（1+1）10mL，用水稀至150mL，加热至约80℃，用配好的$KMnO_4$溶液滴定至溶液呈浅粉红色不退即为终点

续表 9-1-29

序号	滴定方法	标准溶液	配制方法	标定方法
11	氧化还原法	硫代硫酸钠 0.1mol/L	称取26g硫代硫酸钠及0.2g无水碳酸钠，溶于100mL水中，微沸10min，冷却，用新煮沸过的冷蒸馏水稀至1L	准确称取重铬酸钾0.2000g置于500mL锥形瓶中，用25mL煮沸过的冷蒸馏水溶解，加2g碘化钾和20mL2mol/LH_2SO_4，搅匀后于暗处放置10min，加250mL水，用配制的硫代硫酸钠溶液滴至近终点时，加3mL0.5%淀粉指示剂，继续滴至由蓝色变为亮绿色为终点，同时作空白试验校正结果
12		碘液0.1mol/L	称取13g再升华的碘片及35g碘化钾，溶于100mL水中，加3滴盐酸及900mL水，摇匀，溶液保存于棕色瓶中	准确称取三氧化二砷0.2000g，加25mL水和5mL1mol/L氢氧化钠溶液，温热溶解，冷却，加3滴1%酚酞指示剂，用1mol/LH_2SO_4中和，加40mL饱和碳酸氢钠溶液及3mL0.5%淀粉指示剂，用配制的碘液滴至溶液呈淡蓝色为终点
13		硫酸亚铁 0.1mol/L	称取28g硫酸亚铁（$FeSO_4\cdot7H_2O$）溶于300mL2mol/LH_2SO_4中，加水700mL，混匀	吸取25mL配制的硫酸亚铁溶液，加25mL煮沸过的冷水，用$KMnO_4$标准溶液滴定至粉红色保持30s不退即为终点
14		硫酸亚铁铵 0.1mol/L	称取40g硫酸亚铁铵〔$FeSO_4\cdot(NH_4)_2SO_4\cdot6H_2O$〕溶于300mL 2mol/L硫酸中，加700mL水，混匀	标定方法同上
15		硫酸高铁铵 0.1mol/L	称取48g硫酸高铁铵〔$FeNH_4(SO_4)_2\cdot12H_2O$〕，加水500mL，慢慢加入浓硫酸50mL，加热溶解，冷却，用水稀至1L	取配制的硫酸高铁铵溶液25mL，加10mL盐酸(1+1)，加热至近沸，滴加40%氯化亚锡溶液至无色，冷却，加10mL饱和氯化汞溶液，搅匀，加10mL硫-磷混酸（$H_2SO_4+H_3PO_4+H_2O=15+15+70$），用水稀至100mL，加4滴0.5%二苯胺磺酸钠指示剂，用重铬酸钾标准溶液滴至紫色为终点
16		硫酸高铈 0.1mol/L	称取40g硫酸高铈或67g硫酸高铈铵，加30mL水及28mL浓硫酸，再加300mL水，加热溶解后，再加650mL水，混匀	准确称取草酸钠0.2000g，溶于70mL水中，加4mL 2mol/L硫酸及10mL浓盐酸，加热至70℃左右，用配制的硫酸高铈溶液滴定至溶液呈淡黄色为终点
17		钒酸铵 0.1mol/L	称取11.7g偏钒酸铵（NH_4VO_3）溶于100mL水中，用硫酸（1+1）中和至酸性，用水稀至1L	吸取10mL配制的钒酸铵溶液加30～40mL硫酸（1+1），用水稀至100mL，加3滴0.2%苯代邻氨基苯甲酸指示剂，用硫酸亚铁标准溶液滴定至溶液由紫红变为无色或淡黄绿为终点
18	沉淀滴定法	氯化钠 0.1mol/L	准确称取氯化钠5.8440g，溶于水中，移入1L容量瓶中，用水稀至标线	

续表 9-1-29

序号	滴定方法	标准溶液	配制方法	标定方法
19	沉淀滴定法	硫氰酸钠 0.1mol/L	称取8.2g硫氰酸钠，溶于1L煮沸的冷水中	准确称取硝酸银0.6000g溶于100mL水中，加1mL饱和硫酸高铁铵指示剂及5mL浓硝酸，用配制的硫氰酸钠溶液滴至溶液呈淡棕色在30s内不退为终点
20		硝酸银 0.1mol/L	称取17.5g硝酸银溶于水，稀至1L，保存于棕色瓶中	准确称取氯化钠0.2000g，溶于70mL水中，加10mL3%糊精溶液及3滴0.5%萤光素乙醇溶液，用配制的硝酸银溶液滴至溶液呈粉红色为终点
21		硝酸汞 0.1mol/L	称取17g硝酸汞〔$Hg(NO_3)_2\cdot0.5H_2O$〕溶于100mL水中，加2mL浓硝酸，溶完后移入1L棕色瓶中，用水稀至1L	吸取25mL氯化钠标准溶液于300mL锥形瓶中，加5mL硝酸（1+1），加10滴亚硝酰铁氰化钠（10%）指示剂，用配制的硝酸汞溶液滴定至白色沉淀不消失为终点
22	络合滴定法	锌0.05mol/L	准确称取锌3.2690g，加25mL水和10mL浓盐酸溶解，移入1L容量瓶中，稀至标线，摇匀	
23		钙0.05mol/L	准确称取碳酸钙5.0050g，加20mL水，滴加盐酸（1+1）至完全溶解后再过量10mL，煮沸除去CO_2，冷却，移入1L容量瓶中，稀至标线，摇匀	
24		EDTA 0.05mol/L	称取20g乙二胺四乙酸二钠盐(EDTA)溶于水中，稀至1L	吸取锌标准溶液25mL，用水稀至100mL，加10%氨水至pH～8，再加10mL氨性缓冲液(pH＝10.1)，加四滴0.5%铬黑T指示剂，用配制的EDTA溶液滴定至溶液由紫色变为深蓝色为终点，同时作空白试验

四、滴定法在稀有金属分析中的应用实例

表 9-1-30 酸碱滴定法实例

测定元素	主要操作步骤
CeO_2	试液用硫酸酸化，煮沸除去CO_2，在碱石灰管保护下冷却，用碱中和至甲基红变黄，加0.5～0.7g甘露醇后用标准碱液滴定至酚酞变红色，此操作反复进行，直至加入甘露醇后红色不退为终点
SiO_2	试样碱溶后，用热水浸取，加浓HNO_3，使酸度为3mol/L，加氯化钾至饱和，加氟化钾溶液，静置10～15min，过滤，沉淀及滤纸移入原烧杯中，加氯化钾-酒精溶液及溴百里酚蓝和酚酞指示剂，用标准碱液滴至紫色，加沸水，再加指示剂，用标准碱液滴至红色
W^{6+}	试样分解后加浓HNO_3，使钨成钨酸沉淀，并蒸发至25～30mL，加动物胶及热水在70～80℃保温30min，过滤，洗涤，沉淀移入原烧杯中，加水煮沸，加酚红，加过量标准NaOH溶液，煮沸，用标准酸滴至橙色，加适当过量的$BaCl_2$溶液，煮沸，再加标准NaOH溶液0.5mL，用标准酸继续滴至黄色

表 9-1-31 氧化-还原滴定法实例

测定元素	主要操作步骤	反应式	干扰情况
Au	试样用王水和逆王水处理后，用含活性炭的纸浆吸附，过滤，灰化后，加4滴25%NaCl溶液和2mL王水，加热溶解，加5mL7%醋酸，0.2gNH_4F，2mL2%EDTA，0.5gKI，淀粉为指示剂，用$Na_2S_2O_3$标准溶液滴定	$Au+4HCl+HNO_3\longrightarrow HAuCl_4+NO+2H_2O$ $AuCl_4^-+3I^-\longrightarrow AuI+I_2+4Cl^-$	经王水处理和活性炭吸附，大量干扰元素如As、Se、Te、Cu、Fe、V、Mn、Cr等已分离
Ce^{4+}	向含Ce^{4+}的200mL溶液中，加10mL浓H_2SO_4，2g$(NH_4)_2S_2O_8$，少许$AgNO_3$，煮沸，冷却，加已知过量的$FeSO_4$标准溶液，用$KMnO_4$标准溶液滴定	$Ce^{4+}+Fe^{2+}\longrightarrow Ce^{3+}+Fe^{3+}$	
	向含Ce的样品中，加1mL浓HNO_3，5mL$HClO_4$，10mLH_3PO_4，加热冒烟，冷却，加H_2SO_4煮沸，冷却，以苯基邻氨基苯甲酸为指示剂，用亚铁标准液滴至紫色	$Ce^{4+}+Fe^{2+}\longrightarrow Ce^{3+}+Fe^{3+}$	
Eu^{3+}	含铕的盐酸溶液通过Jones还原器，流出的还原液收集在事先充满CO_2气的烧瓶中，加2mL10%NH_4CNS，用$FeCl_3$标准溶液滴定	$2Eu^{3+}+Zn\longrightarrow 2Eu^{2+}+Zn^{2+}$ $Eu^{2+}+Fe^{3+}\longrightarrow Eu^{3+}+Fe^{2+}$	
Mo	向含Mo的1mol/LH_2SO_4试液中加$KMnO_4$溶液至淡红色，然后通过锌汞齐还原器，流出液收集在加有过量$Fe_2(SO_4)_3$的标准溶液中，加H_3PO_4，用$KMnO_4$标准溶液滴定	$2MoO_4{}^{2-}+3Zn+16H^+\longrightarrow 2Mo^{3+}+2Zn^{2+}+8H_2O$ $Mo^{3+}+3Fe^{3+}+4H_2O\longrightarrow MoO_4{}^{2-}+3Fe^{2+}+8H^+$ $5Fe^{2+}+MnO_4{}^-+8H^+\longrightarrow 5Fe^{3+}+Mn^{2+}+4H_2O$	As、Cr、Fe、Nb、Sb、Ti、U、V、W、NO_3^-有干扰
Nb	含Nb溶液通过锌汞齐还原器，流出液收集在盛有过量$Fe_2(SO_4)_3$的溶液中，加H_3PO_4，用$KMnO_4$标准溶液滴定	$Nb^{5+}+Zn\longrightarrow Nb^{3+}+Zn^{2+}$ $Nb^{3+}+2Fe^{3+}\longrightarrow Nb^{5+}+2Fe^{2+}$ $5Fe^{2+}+MnO^-{}_4+8H^+\longrightarrow 5Fe^{3+}+Mn^{2+}+4H_2O$	Ta不干扰
Re	含Re的稀H_2SO_4试液，除去空气后，注入隔绝空气的锌汞齐还原器中，流出液通入盛有过量$Fe_2(SO_4)_3$的液面下，加入H_3PO_4，用$KMnO_4$标准液滴定二价铁	$ReO_4+8H^++4Zn\longrightarrow Re^-+4Zn^{2+}+4H_2O$ $Re^-+8Fe^{3+}+4H_2O\longrightarrow ReO^{4-}+8Fe^{2+}+8H^+$ $5Fe^{2+}+MnO_4^-+8H^+\longrightarrow 5Fe^{3+}+Mn^{2+}+4H_2O$	因Re^-是强还原剂，故Cr、Fe、Mn、Nb、V、W及其它重金属不能存在
	把Re的固体试样加到过量的$Ce(SO_4)_2$标准液中，煮沸，冷却，以1，10-二氮菲亚铁络合物为指示剂，用硫酸亚铁铵标准液滴定	$Re_2O_3+8Ce^{4+}+5H_2O\longrightarrow 2ReO_4^-+8Ce^{3+}+10H^+$ Ce^{4+}(过量)$+Fe^{2+}\longrightarrow Ce^{3+}+Fe^{3+}$	还原性物质有干扰
SeO_3^{2-}	酸性试液，加过量$KMnO_4$标准液，用$FeSO_4$或草酸钠标准液回滴过量的$KMnO_4$	$5SeO_3^{2-}+2MnO_4^-+6H^+\longrightarrow 5SeO_4^{2-}+2Mn^{2+}+3H_2O$ $MnO_4^-+5Fe^{2+}+8H^+\longrightarrow Mn^{2+}+5Fe^{3+}+4H_2O$	Te同时被测定
	酸性试液加过量KI，用$Na_2S_2O_3$标准液滴定析出的I_2	$SeO_3^{2-}+4I^-+6H^+\longrightarrow 2I_2+Se+3H_2O$ $I_2+2S_2O_3^{2-}\longrightarrow 2I^-+S_4O_6^{2-}$	
Ti	含稀H_2SO_4和HCl的试液通过锌汞齐还原器，流出液收集在过量的$Fe_2(SO_4)_3$标准液中，用$KMnO_4$标准液滴定形成的亚铁	$2Ti^{4+}+Zn\longrightarrow 2Ti^{3+}+Zn^{2+}$ $Ti^{3+}+Fe^{3+}\longrightarrow Ti^{4+}+Fe^{2+}$ $5Fe^{2+}+MnO_4^-+8H^+\longrightarrow 5Fe^{3+}+Mn^{2+}+4H_2O$	As、Cr、Fe、Mo、Nb、Sb、Sn、U、V、W干扰

续表 9-1-31

测定元素	主要操作步骤	反应式	干扰情况
Tl	含一定浓度的 HCl 试液，用$Ce(SO_4)_2$滴定至出现黄色Ce^{4+}为终点，或用1，10-二氮菲亚铁络合物为指示剂	$Tl^+ + 2Ce^{4+} \longrightarrow Tl^{3+} + 2Ce^{3+}$	As、Bi、Cd、Cr、Cu、Fe、Pb、Sb、Se、Sn、Te和Zn<100mg不干扰
U^{4+}	含铀的1mol/L H_2SO_4试液，加$KMnO_4$至粉红色不退，溶液通过锌汞齐还原器，向收集的还原液中通入空气把U^{3+}氧化为U^{4+}，用$KMnO_4$标准液滴定；或在50℃时，以1，10-二氮菲亚铁络合物为指示剂，用$Ce(SO_4)_2$标准液滴定	$nUO_2^{2+} + mZn + 4nH^+ \longrightarrow (n-x)U^{3+} + xU^{4+} + mZn^{2+} + 2nH_2O$ $4U^{3+} + O_2 + 4H^+ \longrightarrow 4U^{4+} + 2H_2O$ $5U^{4+} + 2MnO_4^- + 2H_2O \longrightarrow 5UO_2^{2+} + 2Mn^{2+} + 4H^+$	NO_3^-和能被还原的金属（Cr、Fe、Mo、V、W等）都必须除去
V^{5+}	含钒试液，加HF和H_2SO_4，加热，加$KMnO_4$溶液至红色不退，过量的$KMnO_4$用$NaNO_2$除去，再用尿素除去过量的$NaNO_2$，以二苯胺磺酸钠为指示剂，用$FeSO_4$标准液滴定	$5VO^{2+} + MnO_4^- + H_2O \longrightarrow 2Mn^{2+} + 5VO_2^+ + 2H^+$ $5HNO_2 + 2MnO_4^- + H^+ \longrightarrow 2Mn^{2+} + 5NO_3^- + 3H_2O$ $2HNO_2 + (NH_2)_2CO \longrightarrow 2N_2 + CO_2 + H_2O$ $VO_2^+ + Fe^{2+} + 2H^+ \longrightarrow VO^{2+} + Fe^{3+} + H_2O$	Cr、Fe、W不干扰
W^{6+}	矿样溶解后，过滤，取滤液，加H_2SO_4酸化，加锌粒，待锌粒作用完后，立即用$KMnO_4$标准液滴定	$2WO_4^{2-} + Zn + 8H^+ \longrightarrow 2WO_2^+ + Zn^{2+} + 4H_2O$ $5WO_2^+ + MnO_4^- + 6H_2O \longrightarrow 5WO_4^{2-} + Mn^{2+} + 12H^+$	被Zn还原的Cr、Fe、Mo、V有干扰

表 9-1-32 沉淀滴定法实例

元素	滴定剂	沉淀组成	指示剂	方法提要
Ag^+	KSCN	AgSCN	铁铵矾	测定宜在0.8mol/LHNO_3中进行，Hg^+、NO_2^-、Pd^{2+}、SO_4^{2-}等有干扰
MoO_4^{2-}	$Pb(NO_3)_2$	$PbMoO_4$	四碘荧光素	溶液由橙色转变为暗红色为终点
TeO_3^{2-}	$AgNO_3$	Ag_2TeO_3	溴酚蓝	在pH0.5～10.3进行滴定，与Ag^+形成络合物及难溶盐的离子不应存在

表 9-1-33 EDTA络合滴定法实例

元素	指示剂	主要滴定条件和情况
Ag^+	红紫酸铵	加过量EDTA，硼酸作缓冲液（pH8.5），用$AgNO_3$标准液回滴，玫瑰红变紫色
	铝试剂（用亚甲蓝作屏蔽）	乙酸-乙酸钠作缓冲液（pH4.4），煮沸，直接滴定，红变蓝紫
Au^{3+}	铬黑 T	氨性缓冲液（pH10），加抗坏血酸和$K_2[Ni(CN)_4]$，加过量EDTA，放置15min，用锰盐滴定过量EDTA，终点时蓝变红
Li	红紫酸铵	用经典方法从NaCl和KCl中分离出LiCl，再沉淀为AgCl，与$[Ni(CN)_4]^{2-}$交换，用EDTA滴定释放的Ni^{2+}，终点时紫色变玫瑰红
Mo^{5+}	铬黑 T	pH4～5，酒石酸络合钼，过量EDTA用铜盐回滴到紫色荧光熄灭，Mo/EDTA = 2/1

续表 9-1-33

元素	指示剂	主要滴定条件和情况
Pd^{2+}	铬黑T	pH10的氢氧化钾溶液，加过量EDTA，锌盐回滴，黄变红
	邻苯二酚紫	pH<5，硝酸性，加过量EDTA，铋盐回滴，黄变紫
Pt^{2+}	二甲酚橙	pH5.4～6，加过量EDTA，煮沸20min，冷却，锌盐回滴，黄变红
Pu^{3+}	茜素S（用亚甲蓝屏蔽）	pH2.5～3.0、盐酸性，加过量EDTA，用钍盐回滴，黄变红
	水杨酸	pH2.5，加过量EDTA，铁盐回滴，黄变红紫
Pu^{4+}	偶氮胂I	0.1～0.2mol/LHCl或HNO_3，直接滴定，蓝紫变粉红
RE^{3+}和Y^{3+}	甲基百里酚蓝	六次甲基四胺(pH6)，直接滴定，蓝变黄
	PAR	六次甲基四胺(pH6)，直接滴定，红变黄
	二甲酚橙	吡啶+乙酸盐(pH5～6)或六甲基四胺(pH6)，热溶液直接滴定，红变黄
Sc^{3+}	甲基百里酚蓝	pH2.2，硝酸性，直接滴定，蓝变黄
	二甲酚橙	乙酸盐缓冲液（pH2.2～5)，直接滴定，红变黄
Th^{4+}	PAN	pH2～3.5，硝酸性，直接滴定，红变黄
	钍试剂	pH1～3，硝酸性，直接滴定，紫变黄
	二甲酚橙	pH1.7～3.5，硝酸或乙酸盐缓冲液，直接滴定，红变黄
Ti^{4+}	邻苯二酚紫	pH5～7，加过量EDTA，铜盐回滴，黄变深蓝
	二甲酚橙	pH2，加过量EDTA，用铋盐回滴，柠檬黄变桔红
Tl^{+}	二甲酚橙	将Tl沉淀为$Tl_2Ag[Co(NO_2)_6]$，溶于HNO_3，调pH显微酸性，加六次甲基四胺，加热至80℃，直接滴定，红紫变黄
Tl^{3+}	PAR	pH>1.7，热溶液直接滴定，红变黄
	偶氮胂I	pH1.7，直接滴定，蓝变红
U^{4+}	钍试剂	pH1～1.8，30℃直接滴定，玫瑰红变橙黄
	二甲酸橙	pH2～3，乙酸，煮沸，加过量EDTA，用钍盐回滴，黄绿变红
	偶氮胂I	pH1.7，直接滴定，蓝变红
UO_2^{2+}	PAN	pH4.4，六次甲基四胺，加异丙醇使占总体积的67%，80～90℃时直接滴定，红变黄
VO_2^{+}	二甲酚橙	0.03mol/L $HClO_4$，煮沸，冷却，直接滴定，红变黄
Zr^{4+},Hf^{4+}	络黑T	0.2～2mol/LHCl，100℃直接滴定，蓝紫变红
	二甲酚橙	1mol/LHNO_3或0.05～3mol/LH_2SO_4，90℃时直接滴定，红变黄

第六节 原子吸收分光光度分析

一、原子吸收分光光度分析的基本原理

利用待测元素的基态原子蒸气对该元素特征光辐射的吸收，在一定浓度范围内原子蒸气对光的吸光度与蒸气中自由原子的数目成比例，根据与已知浓度标准的比较，求得待测元素的含量。在火焰中或在石墨炉原子化器中待测元素的化合物受高温热作用原子化为自由原子，其基态原子与激发态原子的数目由玻尔兹曼分布定律决定。原子蒸气对特征辐射的吸收符合朗伯定律

$$I = I_0 \exp(-K_\nu L) \qquad (9\text{-}1\text{-}1)$$

式中 I ——通过长度为L原子蒸气的透射光强；

I_0——从光源发出的特定频率为ν的光强；

K_ν——在该频率的吸收系数。

在实际工作中，因为原子吸收线的宽度约为0.001nm，不能用普通分光光度计进行测定。但可应用比吸收线半宽窄得多的锐线光源来测定吸收线中心频率（ν_0）的吸收系数K_0，称为峰值吸收系数。根据9-1-1式，吸光度A应为：

$$A = 0.4343 K_0 L \qquad (9\text{-}1\text{-}2)$$

或

$$A = 0.4343 \times \frac{2}{\Delta\nu_D}\sqrt{\frac{\ln 2}{\pi}} \times \frac{\pi e^2}{mc} f N_\nu L \qquad (9\text{-}1\text{-}3)$$

式中$\Delta\nu_D$为锐线光源发射线的多普勒半宽，e为电子电荷，m为电子质量，c为光速，f为振子强度，N_ν为单位体积中能够吸收该频率光的基态原子数。可知，在一定条件下，原子蒸气的吸光度与待测元素的原子总数成正比，此即原子吸收分光光度分析的定量基础。

二、原子吸收分光光度计的构造

原子吸收分光光度计主要由光源、原子化器、分光系统和检测系统四大部分组成，如图9-1-1所示。

光源的作用是产生待测元素的特征辐射。为了使光源的光与火焰发射信号相分离，通常将光源调制成脉冲信号。可采用脉冲供电方式或直流供电机械切光方式进行调制。通常用空心阴极灯作为锐线光源。对于个别元素，如磷、砷、硒和铅等也可用无极放电灯作为光源。

原子化器是使样品中待测元素转化为参与原子吸收的基态原子蒸气的系统。通常应用的原子化器有火焰原子化器、石墨炉原子化器和测汞用的冷吸收管等。预混合型原子化器主要由燃烧器、雾室、雾化器和供气系统组成，如图9-1-2。。常用的雾化器为同轴气动式，配有文丘里管和撞击球。所用气体为空气-乙炔或N_2O-C_2H_2等。各种火焰的特性如表9-1-34所示。石墨炉原子化器的示例如图9-1-3所示。

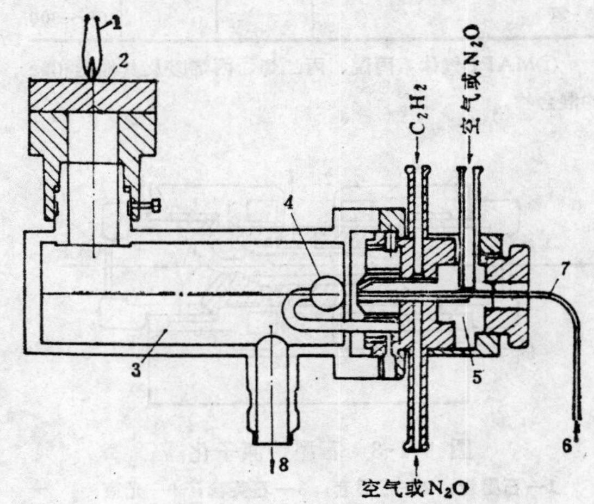

图 9-1-2 预混合型火焰原子化器

1—火焰；2—燃烧头；3—雾室；4—撞击球；5—雾化器；6—样品溶液；7—毛细管；8—废液

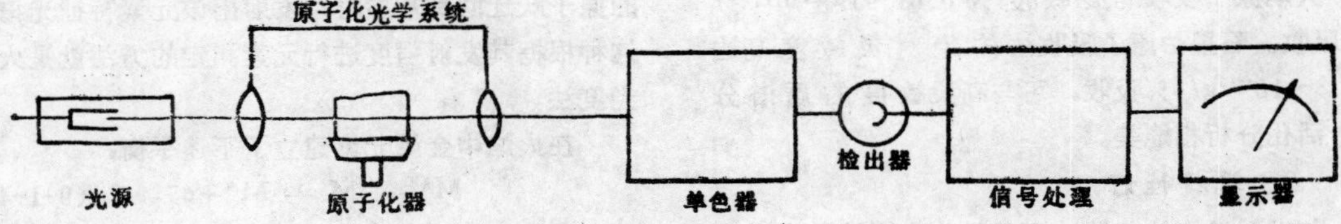

图 9-1-1 原子吸收分光光度计示意图

表 9-1-34 各种火焰的特性

火焰组成	燃烧速度 $cm \cdot s^{-1}$	最高温度，℃ 计算值	测量值
空气-氢	320	2100	2045
空气-丙烷	43	1925	1925
空气-煤气	55	1840	1840
空气-乙炔	170	2290	2275
空气-氰	90		2603
氧-氢	1190	2815	2660
氧-丙烷	390	2835	2850
氧-煤气			2720
氧-乙炔	1130	3060	3140
氧-氰	140	5025	4640
50%氧+50%氮-乙炔	640	2815	
一氧化二氮-氢	390	2660	2650
一氧化二氮-乙炔	285	2950	2800
一氧化二氮-60%丙烷+40%丁烷	300		2550
一氧化二氮-MAPP气体①	140		2750
氧化氮-乙炔	87	3090	3090
氩-氢			300～800

①MAPP气体系丙烷、丙二烯、丙烯以及其他饱和烃的混合物。

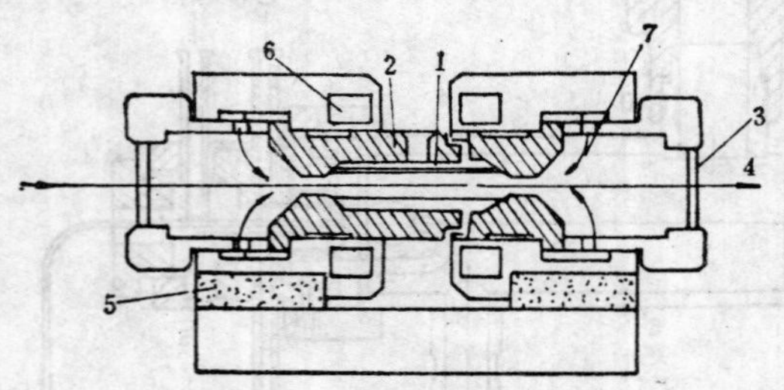

图 9-1-3 石墨炉原子化器

1—石墨管；2—石墨套；3—石英窗；4—光束；5—绝缘子；6—冷却水；7—惰性气体（Ar）

三、原子吸收分光光度法的主要特点

1．灵敏度高

火焰原子吸收的灵敏度为 $0.01 \sim 1\mu g \cdot mL^{-1}$/1%吸收。石墨炉原子吸收法的绝对灵敏度高达 $10^{-10} \sim 10^{-13}g$/1%吸收，可与高灵敏度的质谱分析、活化分析相媲美。

2．选择性好

与发射光谱法相比，原子吸收光谱法具有谱线简单、选择性好和不易受激发条件影响等优点。消除干扰的方法也较为方便，通常无需采用冗长的化学分离步骤。

3．测定快速

化学处理和操作简便，因此分析速度快。最近已有应用微处理机自动程序控制的仪器出现，与自动进样器、电传打印器等相配合，可在半小时内测定50个样品中6个元素的含量。

4．精密度好

在适宜的测定范围内，一般仪器测定误差可控制在1～2%的范围内。性能良好的仪器可控制在0.1～0.5%。

5．应用广泛

空气-乙炔火焰可测定30余种元素，N_2O-乙炔火焰可使测定元素增加到70余种，见图9-1-4。利用间接法还可测定一些非金属元素和有机化合物。这种方法适宜测定的样品也非常广泛。既可测定微量和痕量元素，也可分析常量元素。此外，石墨炉原子吸收法可用于分析微升量或微克量的样品。

四、原子吸收分光光度法的灵敏度和检出限

表9-1-35列出了几种原子光谱分析方法检出限的比较。表9-1-36列出了火焰原子吸收分光光度法的灵敏度和检测限，供测定稀有金属参考。

第七节 火焰光度分析

一、火焰光度分析的基本原理

用火焰作为激发光源的原子发射光谱法称为火焰光度法。与电弧和火花光源相比，火焰温度较低，一般只能激发低电离能的元素，如碱金属和碱土金属元素。但火焰的稳定性好，因此这种方法一直延用至今。

当将样品溶液雾化送入火焰后，样品中金属元素的化合物迅速经历干燥、熔融、气化及热分解等过程，最终成为受热激发的原子、离子。当激发态的原子跃迁回到基态时，发射出该元素特征光谱。这种根据其发射强度进行元素测定的方法就是火焰光度法。

在火焰中金属元素建立了下述平衡：

$$M^{*} \rightleftharpoons M \rightleftharpoons M^{+} + e^{-} \quad (9\text{-}1\text{-}4)$$

（Ⅰ） （Ⅱ）

通常，在激发平衡中，M^*浓度高则谱线强度大，因此，应提高激发温度。但提高温度受到第二

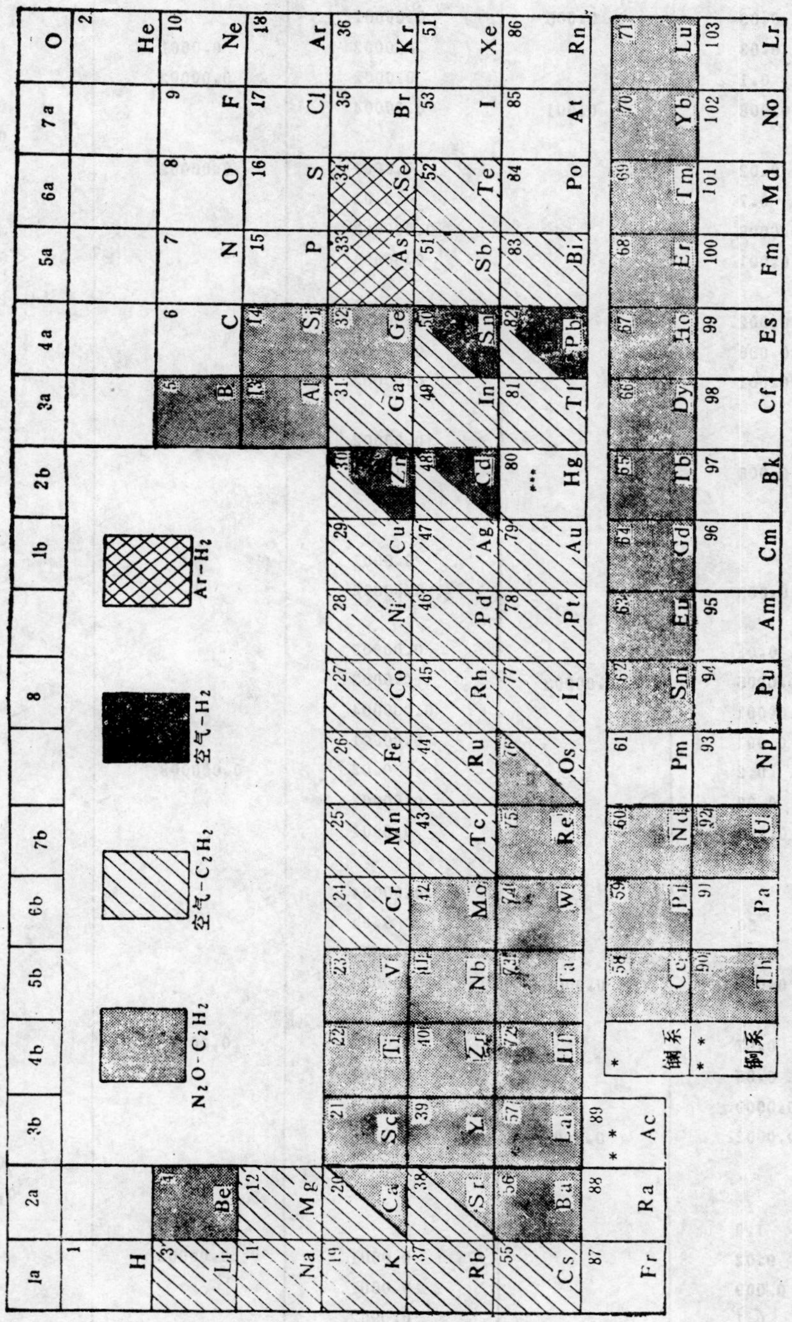

1a	2a	3b	4b	5b	6b	7b		8		1b	2b	3a	4a	5a	6a	7a	O
1 H																	2 He
3 Li	4 Be											5 B	6 C	7 N	8 O	9 F	10 Ne
11 Na	12 Mg											13 Al	14 Si	15 P	16 S	17 Cl	18 Ar
19 K	20 Ca	21 Sc	22 Ti	23 V	24 Cr	25 Mn	26 Fe	27 Co	28 Ni	29 Cu	30 Zn	31 Ga	32 Ge	33 As	34 Se	35 Br	36 Kr
37 Rb	38 Sr	39 Y	40 Zr	41 Nb	42 Mo	43 Tc	44 Ru	45 Rh	46 Pd	47 Ag	48 Cd	49 In	50 Sn	51 Sb	52 Te	53 I	51 Xe
55 Cs	56 Ba	57 La	72 Hf	73 Ta	74 W	75 Re	76 Os	77 Ir	78 Pt	79 Au	80 *** Hg	81 Tl	82 Pb	83 Bi	84 Po	85 At	86 Rn
87 Fr	88 Ra	89 ** Ac															

* 镧系	58 Ce	59 Pr	60 Nd	61 Pm	62 Sm	63 Eu	64 Gd	65 Tb	66 Dy	67 Ho	68 Er	69 Tm	70 Yb	71 Lu
** 锕系	90 Th	91 Pa	92 U	93 Np	94 Pu	95 Am	96 Cm	97 Bk	98 Cf	99 Es	100 Fm	101 Md	102 No	103 Lr

注：*** 测Hg 用无火焰法

图 9-1-4 应用火焰原子吸收光谱法可测定的元素

表 9-1-35 原子光谱分析方法检出限（μg/mL）的比较

元素	火焰原子吸收光谱法 (FAAS)	火焰发射光谱法 (FAES)	石墨炉原子吸收光谱法 (GFAAS)	Hg/氢化物发生法 (Hg/HG)	感耦等离子体发射光谱法 (ICP-AES)
Al	0.03	0.005	0.00001		0.02
Sb	0.03		0.0002	0.0001	0.04
As	0.1		0.0002	0.00002	0.02
Ba	0.008	0.001	0.00004		0.0002
Be					0.0005
Bi	0.02		0.0001	0.00002	0.05
B	0.7		0.02		0.004
Cd	0.0005		0.000003		0.002
Ca	0.001		0.00005		<0.0005
Ce					0.05
Cr	0.002		0.00001		0.005
Co	0.006		0.00002		0.006
Cu	0.001		0.00002		0.002
Ga					0.05
Ge			0.00002		0.05
Au	0.006		0.0001		0.01
I					0.1
In					0.05
Ir			0.0001		0.05
Fe	0.003		0.00002		0.003
La					0.01
Pb	0.01		0.00005		0.05
Li	0.0005	0.00003	0.0003		0.002
Mg	0.00001		0.000004		<0.0005
Mn	0.001		0.00001		0.0005
Hg	0.2		0.02	0.000008	0.05
Mo	0.03		0.00002		0.005
Ni	0.004		0.0001		0.01
Nb	1.0				0.02
Pd			0.00004		0.05
P	50		0.04		0.05
Pt	0.04		0.0002		0.05
K	0.002	0.0005	0.00002		0.2
Se					0.001
Se	0.07		0.0005	0.00002	0.05
Si	0.06		0.0001		0.009
Ag	0.0009		0.000005		0.005
Na	0.0002	0.0005	<0.0005		0.05
Sr					0.0005
S					0.05(6)
Ta	1.0				0.02
Te	0.02		0.0001	0.00002	0.05
Tl	0.009		0.0001		0.05
Sn	0.1		0.0002		0.03
Ti	0.05				0.001
W	1.0				0.02
U	11.0				0.05

续表 9-1-35

元 素	火焰原子吸收光谱法 (FAAS)	火焰发射光谱法 (FAES)	石墨炉原子吸收光谱法 (GFAAS)	Hg/氢化物发生法 (Hg/HG)	感耦等离子体发射光谱法 (ICP-AES)
V	0.04	0.01	0.0002		0.005
Y					0.002
Zn	0.0008		0.000001		0.001
Zr	0.4				0.004

表 9-1-36 火焰原子吸收分光光度法的灵敏度和检出限

元素	分析线, nm	振子强度	光 源	火 焰	灵敏度 μg·mL⁻¹/1%	检出限 μg·mL⁻¹	直线浓度上限 μg·mL⁻¹
Ag	328.07	0.51	H	A-C	0.05	0.005	15
	328.07	0.51	H	A-A	0.06	0.002	4
	338.29	0.25	H	A-C	0.15		
	338.29	0.25	H	A-A	0.2		
As	188.99		H	A-H	1		
	188.99		E	Ar/H_2		0.1	
	193.70	0.095	H	A-H	0.9		
	193.70	0.095	E	A-A	0.8	0.2	50
	193.70	0.095	H	Ar/H_2	0.2	0.05	
	193.70	0.095	E	N_2/H_2	0.75	0.1	
	193.70	0.095	H	N_2分离N-A	2.0	1.0	
	197.20	0.07	H	A-H	1.2		
	197.20	0.07	E	A-A	1.6		
	197.20	0.07	E	Ar/H_2		0.2	
Au	242.79	0.03	H	A-C	0.3		
	242.79	0.03	H	A-A	0.18	0.01	20
	267.59	0.19	H	A-C	1.3		
	267.59	0.19	H	A-A	0.4		
Be	234.86	0.24	H	N-A	0.025	0.001	2
	234.86	0.24	H	O_2/A	0.2		
Ce	520.0		H	N-A	30		
	569.7		H	N-A	39		
Cs	455.54		V	A-C	0.15		
	852.11	0.8	V	A-C	20		
	852.11	0.8	E,V	A-A	0.2	0.005	15
	852.11	0.8	V	A-H	0.2		
Dy	404.60		H	N-A	1.0		
	416.80		H	N-A	6.2		
	418.68		H	N-A	1.1		
	419.49		H	N-A	1.5		
	421.17		H	N-A	0.85	0.05	20
	421.17		Xe	O_2/A		0.5	
Er	381.03		H	N-A	8.0		
	386.28		H	N-A	2.3		
	389.27		H	N-A	4.0		

续表 9-1-36

元素	分析线，nm	振子强度	光 源	火 焰	灵 敏 度 μg·mL⁻¹/1%	检出限 μg·mL⁻¹	直线浓度上限 μg·mL⁻¹
Er	390.54		H	N-A	19		
	393.70		H	N-A	7.2		
	400.80		H	N-A	0.95	0.04	40
	400.80		Xe	O_2/A		1	
	415.11		H	N-A	2.3		
	460.70		H	N-A	22.8		
Eu	311.14		H	N-A	8.3		
	321.06		H	N-A	6.6		
	321.28		H	N-A	8.3		
	333.43		H	N-A	11		
	459.40		H	N-A	0.55	0.02	50
	462.72		H	N-A	3.0		
	462.72		Xe	O_2/A		0.4	
	466.19		H	N-A	3.0		
Ga	245.01		H	A-A	28		
	250.02/07		H	A-A	22		
	287.42		H	N-A	1.3	0.05	100
	294.42/36		H	N-A	1	0.3	
	403.30		H	A-A	6.2		
	417.12		H	A-A	3.7		
Gd	368.41		H	N-A	18		
	378.31		H	N-A	18		
	405.36		H	N-A	21		
	405.82		H	N-A	20		
	407.87		H	N-A	16	1.2	1000
	407.87		Xe	O_2/A		6	
Ge	259.25	0.37	H	N-A	4.3		
	265.16	0.84	H	N-A	1.5	0.1	250
	270.96	0.43	H	N-A	5.2		
	275.46			N-A	6.2		
Hf	286.64		H	N-A	15	2	500
	286.64		H	N_2-O_2-A	30		
	289.83		H	N_2-O_2-A	70		
	296.49		H	N_2-O_2-A	80		
	307.29	0.02	H	N-A	14		
	307.29	0.02	H	N_2-O_2-A	25		
	368.32		H	N_2-O_2-A	80		
Ho	405.39		H	N-A	19		
	410.38		H	N-A	1.1	0.04	100
	412.72		H	N-A	20		
	416.30		H	N-A	2.4		
	416.30		H	O_2/A		2	

续表 9-1-36

元素	分析线，nm	振子强度	光源	火焰	灵敏度 $\mu g \cdot mL^{-1}/1\%$	检出限 $\mu g \cdot mL^{-1}$	直线浓度上限 $\mu g \cdot mL^{-1}$
In	256.02		H	A-A	11		
	275.39		H	A-A	26		
	303.94	0.36	H	A-A	0.7	0.02	50
	325.61	0.37	H	A-A	0.9		
	410.48	0.14	H	A-A	2.6		
	451.13		H	A-A	2.8		
Ir	208.88		H	A-A	3		
	237.28		H	A-A	20		
	254.40		H	A-A	34		
	263.94/97		H	A-A	8	0.6	600
	266.48		H	A-A	15		
	284.97		H	A-A	18		
	292.48		H	A-A	29		
La	357.44		H	N-A	110		
	364.95		H	N-A	140		
	392.76		H	N-A	150		
	403.72		H	N-A	200		
	407.92		H	N-A	200		
	418.73		H	N-A	50		
	494.98		H	N-A	53		
	550.13	0.15	H	N-A	35	2	2500
Li	323.26	0.03	H	A-C	15		
	670.78	0.71	H	A-A	0.035	0.0003	2
	670.78	0.71	H	A-P	0.03		
Lu	298.93		H	N-A	55		
	328.17		H	N-A	100		
	331.21		H	N-A	11		
	335.96		H	N-A	6	0.7	500
	337.65		H	N-A	12		
	356.78		H	N-A	12.6		
	451.86		H	N-A	66		
Mo	311.21		H	A-A	9.1		
	313.26	0.20	H	A-A	0.5	0.2	60
	313.26	0.20	H	N-A	0.5	0.02	40
	315.82		H	A-A	2.8		
	317.03	0.12	H	A-A	0.9		
	319.40		H	A-A	1.4		
	320.88		H	A-A	4.8		
	379.83	0.13	H	A-A	1.1		
	386.41		H	A-A	1.4		
	390.30		H	A-A	2.2		
Nb	334.37		H	N-A	20		1000
	334.91	0.09	H	N-A	24		
	334.91	0.09	H	N_2-O_2-A	27		
	358.03	0.12	H	N-A	22		
	358.03	0.12	H	N_2-O_2-A	27		

续表 9-1-36

元素	分析线，nm	振子强度	光源	火焰	灵敏度 $\mu g\cdot mL^{-1}/1\%$	检出限 $\mu g\cdot mL^{-1}$	直线浓度上限 $\mu g\cdot mL^{-1}$
Nb	405.89	0.19	H	N-A	35		
	407.97		H	N-A	28		
Nd	463.42	0.08	H	N-A	10	1	1000
	471.90		H	N-A	73		
	489.69		H	N-A	48		
	492.45	0.09	H	N-A	20		
Cs	283.86		H	A-P-B	19		
	290.91/97		H	A-A	3		
	290.91/97		H	N-A	1.0	0.08	200
	290.91/97		H	A-P-B	17		
	305.87		H	A-A	5		
	305.87		H	N-A	2		
	305.87		H	A-P-B	20		
	323.22		H	A-P-B	26		
	326.23		H	A-P-B	38		
Pd	244.79	0.074	H	A-A	0.3	0.03	
	247.64	0.1	H	A-A	0.25	0.02	15
	247.64	0.1	H	A-P	0.2	0.02	
	276.31	0.071	H	A-A	1.0		
Pr	491.40		H	N-A	19		
	495.14		H	N-A	13	5	400
	504.55		H	N-A	42		
	513.34		H	N-A	23		
Pt	217.47		H	A-A	3.3		
	262.80		H	A-A	5.3		
	265.95	0.12	H	A-A	2	0.05	75
	306.47		H	A-A	4.6		
Rb	420.19		E	A-A	6.0		
	780.02	0.80	E	A-A	0.05	0.002	5.0
	794.76	0.40	E	A-A	0.1		
Re	345.19	0.06	H	N-A	33		
	346.05	0.2	H	N-A	12	0.5	1000
	346.47	0.13	H	N-A	20		
Rh	328.06		H	A-A	15		
	339.69	0.53	H	A-A	0.7		
	343.49	0.73	H	A-A	0.35	0.004	50
	350.25	0.47	H	A-A	1.35		
	350.73	0.47	H	A-A	8		
	365.80	0.82	H	A-A	1.75		
	369.24	0.58	H	A-A	0.6		
	370.09	0.72	H	A-A	2.9		
Ru	349.89	0.1	H	A-A	0.30	0.07	50
	372.80	0.09	H	A-A	0.25		

续表 9-1-36

元素	分析线，nm	振子强度	光源	火焰	灵敏度 μg·mL⁻¹/1%	检出限 μg·mL⁻¹	直线浓度上限 μg·mL⁻¹
Sb	206.84	0.1	H	A-A	1.0	0.5	
	217.58	0.04	H	A-A	0.5	0.04	40
	231.15	0.03	H	A-A	1.4	0.5	
Sc	326.99		H	N-A	2.0		
	390.75		H	N-A	0.7		
	391.18		H	N-A	0.4	0.02	25
	402.04		H	N-A	1.2		
	402.37		H	N-A	0.9		
	405.46		H	N-A	1.7		
Se	196.09	0.12	E	A-A	0.5	0.2	50
	196.09	0.12	E	Ar/H_2	0.4	0.1	
	203.99	0.26	E	A-A	1.5		
Si	250.69	0.20	H	N-A	3.1		
	251.43	0.54	H	N-A	3.8		
	251.61	0.26	H	N-A	1.2	0.02	150
	288.19		H	N-A	50		
Sm	429.67		H	N-A	8.5	2	500
	476.03		H	N-A	29		
	511.72		H	N-A	55		
	520.06		H	N-A	25		
	528.29		H	N-A	50		
Ta	255.94		H	N-A	40		
	260.86		H	N-A	34		
	265.33		H	N-A	43		
	265.66		H	N-A	40		
	271.47	0.65	H	N-A	16	1	1000
	275.83		H	N-A	50		
	277.59		H	N-A	58		
Tb	390.13		H	N-A	12		
	406.16		H	N-A	14		
	410.54		H	N-A	28		
	431.88		H	N-A	9		
	432.65		H	N-A	7	0.6	400
	433.84		H	N-A	16		
Tc	261.42/59		H	A-A	3		60
Te	214.28		H	A-A	0.2	0.03	25
	225.90		H	A-A	7.5		
	238.58		H	A-A	25		
Th	324.58		H	N A	850		
Ti	318.65		H	N A	3.0		
	319.19		H	N-A	2.6		
	319.99		H	N-A	2.0		

续表 9-1-36

元素	分析线，nm	振子强度	光 源	火 焰	灵 敏 度 μg·mL⁻¹/1%	检 出 限 μg·mL⁻¹	直线浓度上限 μg·mL⁻¹
Ti	335.46		H	N-A	2.9		
	337.15		H	N-A	2.0		
	364.27	0.25	H	N-A	1.8		
	365.35	0.22	H	N-A	1.6	0.04	200
	374.11		H	N-A	2.6		
	375.29		H	N-A	2.5		
Tl	237.97		E	A-A	3.4		
	258.01		E	A-A	12		
	276.79		E	A-A	0.5	0.01	20
	377.57		E	A-A	1.4		
Tm	371.79		H	N-A	0.35	0.01	40
	409.42		H	N-A	0.6		
	410.58		H	N-A	0.5		
	418.76		H	N-A	0.67		
	420.37		H	N-A	1.1		
U	348.94	1.2	H	N-A	300		
	351.46	1.2	H	N-A	140		
	356.66	1.9	H	N-A	105		
	358.49	2.1	H	N-A	50	30	2500
	394.38	0.94	H	N-A	250		
V	305.63		H	N-A	3.3		
	306.05		H	N-A	2.8		
	306.64		H	N-A	2.9		
	318.34/40		H	N-A	1.3	0.04	150
	318.54		H	N-A	1.0	0.02	
	318.54/53		H	N-A	6.2		
	437.92		H	N-A	4.4		
W	255.14	0.8	H	N-A	5.3	1	1000
	268.14		H	N-A	24		
	272.44		H	N-A	50		
	283.14		H	N-A	45		
	287.94		H	N-A	60		
	289.65		H	N-A	50		
	294.44		H	N-A	12		
	294.65		H	N-A	35		
	400.87		H	N-A	18	3	
	430.21		H	N-A	60		
Y	407.74	0.27	H	N-A	5.7		
	410.24	0.21	H	N-A	1.8	0.05	200
	412.83	0.18	H	N-A	5.4		
	414.29	0.20	H	N-A	11		
Yb	246.45		H	N-A	1.6		
	267.20		H	N-A	10		
	346.44		H	N-A	0.8		

续表 9-1-36

元素	分析线，nm	振子强度	光源	火焰	灵敏度 $\mu g \cdot mL^{-1}/1\%$	检出限 $\mu g \cdot mL^{-1}$	直线浓度上限 $\mu g \cdot mL^{-1}$
Yb	398.80		H	N-A	0.1	0.005	10
Zr	298.54		H	N-A	37		
	301.18		H	N-A	34		
	302.95		H	N-A	37		
	354.77		H	N-A	29		
	360.12		H	N-A	10	1	800
	362.39		H	N-A	40		

注：(1)H—空心阴极灯，E—无极放电灯，V—金属蒸气放电灯，Xe—氙弧灯；

(2)A-A—空气-乙炔，A-C—空气-煤气，A-H—空气-氢，A-P—空气-丙烷，N-A—N_2O-C_2H_2，A-P-B—空气-丙烷-丁烷，N_2-O_2-A—氮-氧-乙炔，N_2分离N-A—氮气分离N_2O-C_2H_2（以上为预混火焰），Ar/H_2—氩（引进空气）-氢，N_2/H_2—氮（引进空气）-氢，O_2-A—氧-乙炔，O_2/H_2—氧-氢（以上非预混火焰）；

(3)灵敏度以能产生1%吸收的被测元素浓度表示，检出限以能产生二倍噪声大小的信号所对应的物质浓度表示；

(4)直线浓度上限指的是吸光度与浓度成正比区间的最高浓度，一般为灵敏度值的50～100倍。

种平衡（Ⅱ）即电离平衡的限制。

在第二种平衡中，平衡常数K为

$$K=\frac{[M^+][e^-]}{[M]}=\frac{\alpha^2}{1-\alpha}p \qquad (9\text{-}1\text{-}5)$$

式中 α— 电离度；

p— 火焰中金属蒸气的分压。

电离度与金属的电离电位有关，且随温度增加而增大。因此，在实际分析中应考虑火焰温度和电离的影响。

二、火焰光度计的构造

火焰光度计通常由燃料气体和助燃气体压力调节与流量计、雾化器、燃烧器、光学系统、检测器、指示和记录系统几部分组成。火焰光度计的示意图如图9-1-5所示。

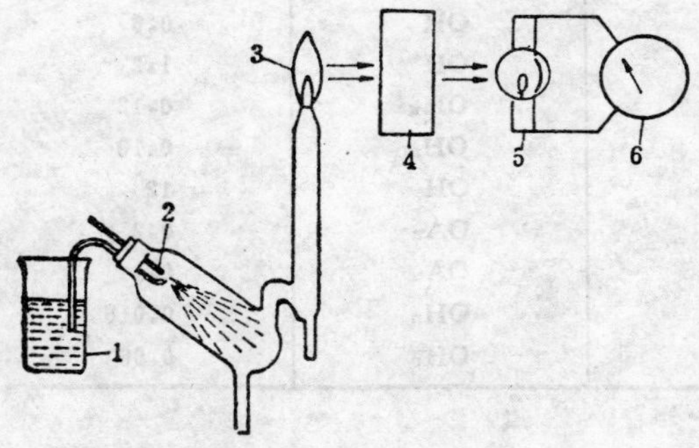

图 9-1-5 火焰光度计示意图

1—待测溶液；2—雾化器；3—火焰；4—光选择器（滤光片或单色器）；5—光电元件；6—检测器

雾化器和燃烧器等组成雾化燃烧系统。有两种类型，一种是带有雾室的层流雾化燃烧系统；另一种是如图9-1-6所示的直接喷雾的全消耗型紊流雾化燃烧系统。后一种类型在火焰分光光度计上应用较为广泛。

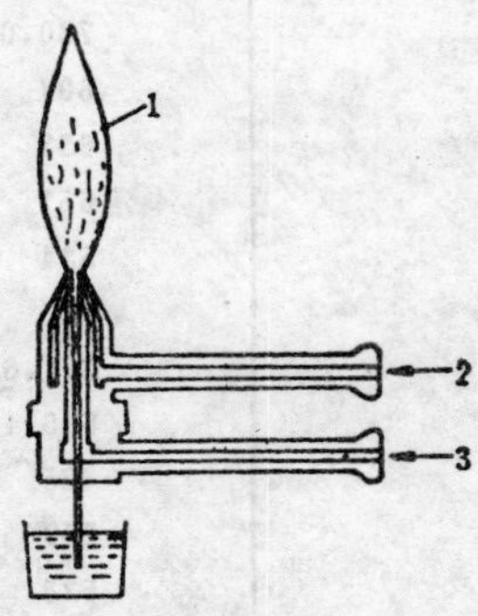

图 9-1-6 全消耗型紊流雾化燃烧系统

1—火焰；2—氢气；3—氧气

如果应用单色器作光选择器，再配备适当的检测系统则称为火焰分光光度计。因其与原子吸收分光光度计在结构上有很多相同的部分，因此多数商品仪器常制成火焰发射-原子吸收分光光度计出售。

三、火焰光度分析的应用

火焰光度分析的测定元素、测定波长和灵敏度

表 9-1-37 火焰光度分析的测定波长和灵敏度

元素	波长 nm	发光型(1)	火焰型(2)	灵敏度(3)
Ag	328.0	L	OH	1.0
	338.3	L	OH	0.6
Cs	455	L	OH	2.0
	852	L	OH	0.5
	894	L	OH	0.5
Dy	526	B	OH_n	0.11
	571	B	OH_n	0.08
Er	546	B	OH_n	0.10
Eu	459.4	L	OH_n	0.05
Ga	417.2	L	OA	0.5
	403.3	L	OA	1.0
Gd	462	B	OH_n	0.1
	568	B	OH_n	0.14
Ho	532	B	OH_n	0.11
	559	B	OH_n	0.05
In	410.2	L	OH	0.14
	451.1	L	OH	0.07
La	437	B	OA	0.7
	567	B	OA	0.6
	741	B	OA	5.0
Li	670.8	L	OA	0.067
	610.4	L	OA	4.4
Lu	466	B	OH_n	0.05
Nd	555	B	OH_n	0.2
	702	B	OH_n	1
Rb	420.2	L	OH	4.1
	780.0	L	OH	0.6
Sc	604	B	OH_n	0.012
Sm	623	B	OH_n	0.25
	651	B	OH_n	0.25
Tb	534	B	OH_n	0.14
Ti	518	B	OH	10
Tl	377.6	L	OH	0.6
	535.1	L	OH	1.2
Tm	485	B	OH_n	0.12
	557	B	OH_n	0.10
V	523	B	OH	12
Y	597	B	OA_n	0.2
	618	B	OA_n	0.1
Yb	398.8	L	OH_n	0.016
	555.6	L	OH_n	0.06

注：1. B—谱带，L—原子线，I—离子线；

2. OH—氧-氢焰，AH—空气-氢焰，OA—氧-乙炔焰，n—指使用有机溶剂时的焰型；

3. ppm/%T。

等如表9-1-37所示。

第八节 原子发射光谱分析

一、原子发射光谱分析的基本原理

利用试样在激发光源作用下原子或离子所发射的特征光谱线的波长或强度，检测元素的存在及其含量的方法，称作原子发射光谱分析。

1860年由本生和基尔霍夫阐明了光谱定性分析规律，指出只要在待测物质所发射的原子光谱中发现了某元素的特征光谱线，就可以肯定该待测物质中存在此元素。1930年由沙义伯和罗马金同时提出光谱定量分析规律，即沙义伯-罗马金经验公式

$$I = ac^b$$

或

$$\lg I = b\lg c + A \qquad (9\text{-}1\text{-}6)$$

式中 I —— 光谱线强度；

c —— 光谱线对应元素的气态原子浓度；

b —— 与元素的气态原子浓度有关的自吸常数。

当气态原子浓度很低时，$b \leqslant 1$；当浓度提高时，$b < 1$而愈来愈偏离1。a或A是与许多因素有关的常数。沙义伯-罗马金公式中的常数很难计算，在实际工作中必须利用标准样品绘制校准曲线，来求取试样中待测元素的浓度。当光源不稳定时，a和b变化较大，可以采用内标法，即在样品中加入固定量的内标元素，利用分析线和内标线的相对强度$R = I_{分}/I_{内}$代替I。此时如果内标元素与待测元素蒸发性质相似，内标线与分析线激发性质相近，以分析线对相对强度求得的结果更为准确，部分补偿了光源的不稳定性。

原子发射光谱分析的过程包括制样（试样处理和标样制备）、发光（样品的原子化和原子的激发发光或原子电离后激发发光）、分光（把光分解为光谱）、测光（测量谱线强度）和计算(数据处理)五个基本环节。其中发光使用各种激发光源，分光使用光谱仪，测光使用光谱检测装置。

二、原子发射光谱分析的仪器结构及其主要型号

发射光谱仪的仪器结构包括激发光源、分光装置和检测装置三大部分。激发光源用于使样品蒸发、激发而发光，其种类较多，有电弧光源、火花光源、等离子体光源、空心阴极光源、辉光放电光源、激光光源等。各种激发光源的适用范围和分析性能比较，如表9-1-38所示。

分光装置用于将光源发出的复合光分解成光谱，以便选出特征谱线进行检测。它由准光、色散和成像三个系统构成。准光系统将激发光源在光谱仪入口狭缝上形成的光通过准光镜准直为一束平行光，照射在色散元件上。色散系统由光栅或棱镜或干涉计元件构成，使复合的平行光束中不同波长的光线沿不同角度分散，称之为色散。成像系统使色散后沿不同角度射出的不同波长的平行光束重新聚焦为谱线，进入检测装置进行光谱检测。

检测装置分为目视、摄谱和光电检测三种。目视检测是用出口狭缝在成像系统的焦面位置上分出

表 9-1-38 各种激发光源的适用范围和分析性能比较

激发光源种类	适用的试样状态					适用的分析任务					分析性能比较			
	块状	粉末	溶液	溶液残渣	气体	常量分析	微痕量分析	微区分析	表层分析	碱金属测定	可测定的元素种类	检出限①	精度	操作手续
火焰光源			适用				适用			适用	少	低	好	简单
电火花光源	适用			适用		适用					多	高	好	简单
电弧光源	适用	适用		适用			适用				多	低	差	简单
直流等离子体			适用				适用				多	低	中	简单
高频等离子体			适用				适用				多	低	好	简单
微波等离子体				适用	适用		适用				多	低	差	较繁
空心阴极光源	适用			适用			适用				多	低	中	较繁
辉光放电光源	适用					适用			适用		多	高	好	较繁
激光光源	适用							适用			多	高	差	简单

①检出限低表示检出能力强。

表 9-1-39 常用的摄谱仪及其性能

国 别	厂 家	型 号	倒数线色散率 nm/mm	波长范围 nm	仪器焦距 mm	光栅刻线密度 线/mm
中 国	北京光学仪器厂	WSP—1	0.45	200～800	1800	1200
中 国	北京光学仪器厂	WP—075	0.74	200～600	750	1800
中 国	北京第二光学仪器厂	WP—1（原WPG—100）	0.8	200～800	1050	1200
中 国	上海光学仪器厂	31WⅠ	0.8	200～600	1050	1200
中 国	上海光学仪器厂	31WⅡ	0.4	200～1000	2100	1200
民主德国	蔡司（Zeiss）公司	PGS—Ⅱ	0.37	200～1000	2075	1300
民主德国	蔡司（Zeiss）公司	Q—24	0.39～3.2	200～400		（棱镜）
日 本	岛津制作所	GE—340	0.25	200～1000	3400	1200
日 本	岛津制作所	GE—100	0.83	200～800	1000	1200
美 国	贾雷尔·阿什(Jarell-Ash)公司	3.4m	0.25	200～1000	3400	1200
苏 联	国立光学仪器公司	ДФС—13	0.2	200～1000	4000	1200
苏 联	国立光学仪器公司	ИСП—30	0.39～3.2	200～400		（棱镜）

所要的谱线，在狭缝后面安置一个目镜，供人眼观测谱线颜色和强度。此种检测装置目前只用于极少数专门场合。摄谱检测是在成像系统的焦面位置上放置一块感光板，记录下光谱的影像，成为谱板。光电检测是在成像系统的焦面位置上设置出口狭缝（单道或多道），狭缝后面安置光电倍增管，将光谱线的光信号转换为电信号，而后放大测量。

通常分光装置和检测装置合装成一台整机，称为光谱仪，是成套发射光谱仪器的主机。激发光源作为配套附件，可以安装在光谱仪上，也可以单件与光谱仪连用，一台光谱仪通常带几种不同用途的激发光源。采用目视检测的光谱仪，称为看谱镜或分光计，目前在我国还有少量生产。采用摄谱检测的光谱仪，称为摄谱仪，是我国目前发射光谱分析常用的仪器，其附件除激发光源外，还有识谱用的光谱投影仪和测量谱板上谱线黑度用的测微光度计。采用光电检测的光谱仪，称为光电光谱仪，又分为单道测量的扫描单色仪和多道测量的光量计。摄谱仪和光电光谱仪的主要类型和性能列于表9-1-39、9-1-40中。

三、原子发射光谱分析的试样制备

光谱定量分析的试样制备方法分为粉末法、金属块法、溶液法和预富集法等几类，现简述如下：

（1）粉末法。试样制备成粉末，置于石墨电极小孔中作为电弧放电的一个电极，用另一根石墨电极作为对电极，采用直流或交流电弧光源进行激发，常称为粉末电弧法。适合于该法的试样种类有：1）岩石矿物；2）金属氧化物或盐类；3）非金属物料；4）溶液试样蒸干而成为氧化物或盐类；5）试样经过化学处理后将待测元素富集于碳粉收集剂中。

（2）金属块法。将金属试样制备成块状或棒状，而后将金属块或棒作为一个电极，与棒状辅助电极一起用火花光源或小电流交流电弧激发。如果两个电极都是棒状，常称“点点法”；如试样电极为块状，常称“点面法”。棒状辅助电极通常用光谱纯的石墨、铜、铝、银等制成。

（3）溶液法。将试样制备成溶液状态，而后用电感耦合高频等离子体（ICP）光源进行激发。溶液法制样的优点是：标准样品容易配制，分布均匀，分析精确度高。

（4）预富集法。在稀有金属的光谱分析中，经常采用预富集法除去或部分除去基体，使杂质得到预富集。预富集法的作用是：1）增加取样量，降低痕量元素的相对检出限；2）除去光谱复杂的基体，免除干扰；3）预先除去有毒的基体，如铀、钍、钚、铍、砷等；4）不再需要用比试样更高纯的基体物质来制备标准样品。表9-1-41列举了按杂质和基体分离的原理分类的稀有金属光谱分析常用的预富集方法。部分稀有金属在纯度光谱分析中经常采用的杂质预富集方法，如表9-1-42所示。

四、原子发射光谱分析的数据处理

在采用摄谱法记录光谱时，光谱被拍摄在感光板上，经过显影和定影，得到谱板，谱板上谱线的

表 9-1-40 常用的光电光谱仪及其性能

国别	厂家	型号	通道数	倒数线色散率 nm/mm	光栅刻线密度 线/mm	仪器焦距 mm	配用光源
中国	北京第二光学仪器厂	WZG—200	23	0.44	1152	2000	高压、低压火花
中国	北京第二光学仪器厂	7502	48	0.55	2400	750	高频等离子体
中国	沈阳分析仪器厂	WGD731	12	0.39～3.2	（棱镜）		低压火花，交流电弧
中国	沈阳分析仪器厂 北京第二光学仪器厂	WLP—8	12	0.8	1200	1050	低压火花，交流电弧
中国	上海光学仪器厂	WGD—150	20	0.58	1150	1500	高压、低压火花
日本	岛津制作所	GQM—75	75	0.52	2400	750	高、低压火花交、直流电弧
日本	岛津制作所	GVM—100	60	0.46	2160	1000	高低压火花，交直流电弧，高速光源
日本	岛津制作所	ICPQ—1000	60	0.46	2160	1000	高频等离子体
日本	岛津制作所	ICPS—50	单道	1.2	1800	500	高频等离子体
美国	ARL公司	3510ICP	单道	0.46	2160	1000	高频等离子体
美国	ARL公司	3580ICP	60	0.46	2160	1000	高频等离子体
美国	Jarrell-Ash公司	750Atomcomp	80	0.54	2400	750	控波光源，火花，电弧
美国	Jarrell-Ash公司	Atom Scan 2000	单道	0.54	2400	750	高频等离子体
美国	Jarrell-Ash公司	ICAP—9000	50	0.54	2400	750	高频等离子体
美国	Spectrometrics公司	SpectraspanⅢ	20	0.06	中阶梯	750	直流等离子体
美国	Spectrometrics公司	SpectraspanⅣ	20	0.1	中阶梯	750	直流等离子体高频等离子体
美国	Perkin-Elmer公司	ICP/5000	单道	0.72	2880	408	高频等离子体
美国	Baird-Atomic公司	Plasma Spectromet	20	0.66	1700	1000	高频等离子体
英国	Rank Hilger公司	E1000	60	0.29	2255	1500	电弧，火花，高频等离子体
法国	Johin Yvon公司	JY—38VHR	单道	0.1	3600	1000	高频等离子体
法国	Johin Yvon公司	JY—48	48	0.2	2160	1000	高频等离子体，火花

表 9-1-41 光谱分析常用预富集方法(按富集原理分类)

富集方法 分组	相的体系		转化成产生相的物质和方法			
	初始相	产生相	基体转化		杂质转化	
			不用试剂	用试剂	不用试剂	用试剂
1	固体	气体	基体升华	反应气氛中基体升华	杂质蒸发	反应气氛中杂质蒸发
2	固体	液体	熔融分解	溶解	定向结晶，区域熔化	杂质浸出
3	液体	气体	稀液蒸发浓缩	除去基体易挥发化合物	杂质蒸馏	杂质化合物蒸馏
4	液体	液体	—	萃取基体	—	萃取杂质
5	液体	固体	基体结晶	基体化合物沉淀，电解，离子交换	—	用收集剂共沉淀，电解，离子交换，吸附

表 9-1-42 部分纯稀有金属的杂质预富集方法

主体物质	分离对象	杂质富集方法
金属锂	杂质	二流腙、二乙基二硫代氨基甲酸、8羟基喹啉和氯仿萃取杂质
金属铍	主体	用氯仿萃取碱性醋酸铍
金属镓	主体	用异丙醚或乙醚从盐酸溶液中萃取氯化镓
砷化镓	主体	挥发卤化砷，用醚类从盐酸溶液中萃取镓
锑化镓	主体	用二氯乙醚从氢溴酸中萃取锑和镓
磷化镓	杂质	用氯仿萃取杂质的二乙基二硫代氨基甲酸盐
金属铟	主体	用异丙醚或乙醚从氢溴酸溶液中萃取溴化铟
锑化铟	主体	用乙醚从5mol 氢溴酸中萃取锑和铟
砷化铟	主体	挥发卤化砷，用醚类从氢溴酸中萃取溴化铟
金属铊	主体	用乙醚从盐酸中萃取氯化铊
高纯硅	主体	用氢氟酸和硝酸处理，挥发四氟化硅
金属锗	主体	用盐酸和硝酸处理，挥发四氯化锗
金属钛	主体	用氯气氯化，挥发四氯化钛
金属锆	主体	用氯气氯化，挥发四氯化锆
金属锆	主体	用异戊醇浮选锆与苦杏仁酸的沉淀物
高纯砷	主体	挥发卤化砷
高纯锑	主体	挥发卤化锑
金属钒	主体	用氯气氯化，挥发五氯化钒
金属铌	主体	用磷酸三丁酯从硫酸中萃取铌
金属钽	主体	用环己酮从氢氟酸和硫酸中萃取钽
金属钨	主体	升华三氧化钨
金属铼	主体	升华七氧化二铼

黑度S与发光源中的光谱线强度I之间存在复杂的函数关系，这种关系通常用乳剂特性曲线来表示。感光板乳剂特性曲线如图9-1-7所示。中间直线部分称为正常曝光部分，可以用下式表示：

$$S=\gamma \lg I-i \tag{9-1-7}$$

式中γ称为感光乳剂的反衬度。正常曝光部分的黑度一般在0.40至1.90之间，视乳剂而异。下部为曝光不足部分。对于稀有金属光谱分析来说，常常要分析含量很低的痕量元素，这些元素的谱线黑度很低，就落在这段曝光不足部分。上部称为曝光过度部分，在光谱定量分析中一般尽量不用。

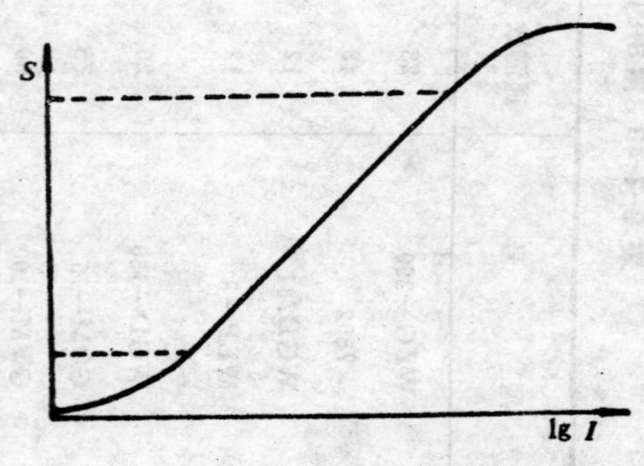

图 9-1-7 乳剂特性曲线

制作乳剂特性曲线的方法很多，其中较常用的是利用阶梯减光器使一组已知强度比率的谱线曝光在感光板上，得到一组相应的黑度，再利用测微光度计测出它们的黑度值，作为纵坐标，用相应的已知强度比率的对数值为横坐标，绘成乳剂特性曲线。然后在特制的光谱计算板上，利用该曲线将样品中分析线和内标线的黑度值换算成分析线对强度比对数值$\lg R$，或是只将分析线的黑度值换算成强度对数值$\lg I$。然后根据标准样品的分析线对强度比对数值$\lg R$或分析线强度对数值$\lg I$和标样的对应浓度值C绘制成$\lg R-\lg C$或$\lg I-\lg C$工作曲线，再根据工作曲线从试样的分析线对强度比对数值$\lg R$或分析线强度对数值$\lg I$查出试样中对应的浓度值C来。

在采用光电法记录光谱时，光谱线强度通过光电倍增管转换为光电流，而后对电容器充电，再测量电容器上的电压（称为“积分”），经放大和模数转换后变为数字信号记录下来，由电子计算机自动根据预先贮存的工作曲线换算为浓度打印出来。

对于光谱定性分析，则需要将谱板在光谱投影仪上对照印刷好的元素光谱图目测查找各待分析元素的若干条灵敏谱线，来判断该元素存在与否，也可根据数条灵敏程度不同的谱线的黑度粗略地估计其存在量的多少，分为定性估计的“大，中，少，微，痕”等量级。

五、原子发射光谱分析的特点及其应用

原子发射光谱分析是一种强有力的元素分析手段，它具有下列特点：

（1）可以测定的元素种类多。原则上每种元素都可以用原子发射光谱法测定，但实际中大多数非金属元素用原子发射光谱法测定时需要特殊的设备，因此通常只用该法测定全部金属元素和硼、硅、磷、砷、硒、碲等少数非金属元素，也就是通常可以测定各种稀有金属中约70种元素。

（2）能进行多元素同时测定。原子发射光谱法对一份试样可以同时测定几种或十多种元素，甚至可以同时测定二三十种元素。

（3）检出限低。对大多数元素来说，100mg试样中直接光谱测定的检出限可达到10ppm以下。如果采用分离主体的化学光谱法，由于增加了试样量，同时又大大降低了光谱背景，因此检出限可进一步降低到0.1ppm以下。

（4）选择性好。一个元素往往有好多条灵敏的原子光谱线，全部受其它元素干扰的可能性很小，因而光谱测定时一般不需分离干扰元素。

（5）有多种试样激发方法，因而可直接分析金属块、粉末、溶液等不同物态的试样。

（6）试样处理一般比较简便。

（7）仪器操作易于快速分析和自动化。

（8）各种光源的检测能力和测定精度差别较大。目前电弧光源的测定精度较差，不适合于高精度分析。

原子发射光谱分析技术与其它一些常用的元素分析技术之间各项分析性能的比较，大体上可参考表9-1-43。

原子发射光谱分析在稀有金属工业中的用途十分广泛，主要的有以下几个方面：

（1）定性分析。目前对未知试样的定性分析，一般都采用中型摄谱仪的原子发射光谱分析。

（2）稀有金属岩石矿物的光谱定量分析。

（3）稀有金属冶炼过程中原料、中间产品和成品的光谱定量分析。

表 9-1-43　各种元素分析技术的性能比较

分析技术	适用浓度范围	测定元素的种类	多元素同时测定可能性	检出限 ppm	精度% (RSD)	设备费用
化学法	100～0.1%	大多数	不能	100～1000	1～5	小
X射线光谱法	100～0.1%	原子序≥9	能	100～1000	1～5	大
气体分析法	1000～1ppm	H、O、N、C、S	不能	0.1～10	5～10	中
极谱法	1000～1ppm	大多数	不能	0.1～10	1～5	中小
吸光光度法	1000～1ppm	大多数	不能	1～10	1～5	中小
火焰光度法	1000～1ppm	碱金属，碱土族元素	不能	0.1～10	1～5	中小
火焰原子吸收法	1000～1ppm	全部金属元素和部分非金属元素	不能	0.1～10	1～5	中小
直接光谱法	1000～1ppm	全部金属元素和部分非金属元素	能	0.1～10	1～10	中
化学光谱法	1000～1ppb	全部金属元素和部分非金属元素	能	0.001～0.1	3～20	中
石墨炉原子吸收法	1000～1ppb	全部金属元素和部分非金属元素	不能	0.001～0.1	3～20	中
质谱法	1000～1ppb	全部元素	能	0.001～0.1	10～50	大
中子活化法	1000～1ppb	大多数	不能	<0.001～10	1～5	极大

（4）稀有金属纯度的光谱定量分析。

（5）稀有金属合金的光谱定量分析。

（6）稀有金属化合物的光谱定量分析。

（7）半导体材料的光谱定量分析。

（8）稀有金属工业中有关原材料的分析。

（9）稀有金属工业中环境物质的分析。

第九节　原子荧光光谱分析

一、原子荧光光谱分析的基本原理

气态原子吸收了具有特征波长的光辐射，被激发至高能态，然后跃迁至某一低能态，而发射出的特征光谱就是原子荧光光谱。这时原子荧光谱线I_f的强度为：

$$I_f = \phi f_s \left(\frac{\Delta\Omega}{4\pi}\right) I_a \qquad (9\text{-}1\text{-}8)$$

式中　ϕ——荧光量子效率；

f_s——原子化器衰减系数；

$\Delta\Omega$——测量方向的立体角；

I_a——吸收强度。

根据原子吸收理论，吸收强度I_a可表示为：

$$I_a = \frac{\pi e^2}{me} \times \frac{N_a V_f \alpha\beta}{e_f q} f I_0 c \qquad (9\text{-}1\text{-}9)$$

式中　e——电子电荷；

m——电子质量；

c——光速；

f——原子的振子强度；

e_f——原子在原子化器中的扩散系数；

q——样品蒸气流速；

N_a——阿佛加德罗常数；

V_f——溶液提升量；

α——分子离解效率；

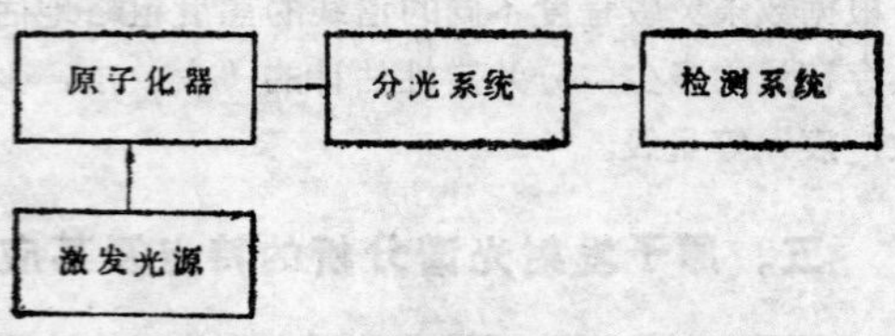

图 9-1-3　原子荧光光谱仪示意图

表 9-1-44　原子荧光光谱分析的检出限（ng/mL）①

	FAFS	ICP-AFS		FAFS	ICP-AFS
Ag	0.13	0.1	Pt	150	200
As	1000	60	Rb		10
Au	5	2	Re		1000
Be	8	0.4	Rh	3000	0.4
Ce	500		Ru	5000	30
Dy	500	200	Sc	10	20
Er	500		Se	1500	25
Eu	20	60	Si	550	300
Ga	500	10	Sm	150	10000
Gd	800		Sn	1000	20
Ge	600	80	Sr	30	0.6
Hf	100000		Ta		2000
Ho	150		Tb	500	
In	200	4	Te	50	50
Ir	4000	500	Ti	4000	70
Li		0.4	Tl	100	15
Lu	3000		U		20000
Mo	200	20	V	250	60
Nb	2000	2000	W		600
Os		2000	Y		700
Pd	40	4	Yb	10	3
Pr	3000		Zr		5000

①除汞以外，激发光源均为空心阴极灯。

β——原子化效率；

I_0——入射光强度；

c——样品溶液浓度。

将式9-1-9代入式9-1-8得：

$$I_f=\phi f_s\left(\frac{\Delta\Omega}{4\pi}\right)\times\frac{\pi e^2}{mc}\times\frac{N_a V_f\alpha\beta}{e_f\cdot q}fI_0c=ac \quad (9-1-10)$$

其中 $a=\phi f_s\left(\frac{\Delta\Omega}{4\pi}\right)\times\frac{\pi e^2}{mc}\times\frac{N_a V_f\alpha\beta}{e_f q}fI_0$

这就是原子荧光光谱分析的定量基础。

二、原子荧光光谱仪的构造

原子荧光光谱仪由激发光源、原子化器、分光系统和检测系统四部分组成，整个仪器的构造框图见图9-1-8。

可用作激发光源的有空心阴极灯、无极放电灯、激光、金属蒸气放电灯以及其它各种连续光源。其中最常见的是空心阴极灯。

目前原子荧光仪器所用的原子化器有火焰原子化器、无火焰原子化器以及近年来出现的电感耦合等离子体原子化器。后者由于具有基体干扰少、线性范围宽、猝灭效应低以及灵敏度较高等特点，因而受到分析工作者的重视。

原子荧光仪器的分光系统有色散型和非色散型两种。目前原子荧光的商品仪器多为非色散型仪器。

检测系统除为了进行多元素同时测定附加了一些必要的电路以外，其余均与原子吸收分光光度计相近。

目前国产的原子荧光仪器有单道原子荧光光度计和双道原子荧光光度计。

三、原子荧光光谱分析的特点

（1）灵敏度较高。除少数难熔元素的检出限较差以外，其余元素的检出限均与ICP-发射光谱和火焰-原子吸收法相当或优于这两项技术。

火焰原子荧光（FAFS）和电感耦合等离子体-原子荧光（ICP-AFS）的检出限见表9-1-44。

（2）谱线简单。绝大多数元素不存在光谱干扰，因此仪器可采用非色散型分光系统，使仪器价格比较便宜。

（3）线性范围宽。一般比原子吸收法宽1～2个数量级。

（4）便于制造多元素仪器，使分析效率大大提高。

四、原子荧光光谱分析的应用

表 9-1-45 原子荧光应用情况

应用方面	被分析物质	测定元素
金属及合金	铝合金	Cu, Fe, Mg, Mn, Ni, Zn, Co, Bi
	青铜	Zn, Cd, Fe, Mn, Cr, Cu, Ca
	锌合金	Cd, Fe, Mg, u, Cr, Ca
	镍基合金	As, Bi, Pb, Se, Te
	金属锌	Ag
	金属铅	Ag
高纯物质	高纯铜	Zn
	铀钍	Cd
	石墨	Cd, Hg, Mn, Tl
化工材料	碳化硅	Cu
	锂铷铯盐	Li, Na, Ca, Mg, Mn, Sr, Zn, Co
环境保护	废水	Hg, Fe, Ni, Mn, Cr, Sr, Ba, Li, K
	水	Cu, As, Hg, Ca, Mg, Co, Fe, Mn, Ni, Zn, Au, Cr
	废渣	Hg
地质	土壤	Ca, Cu, Mn, Mg, Zn, Se
	岩矿石	Hg, Tl, Bi, As, Sb, Au, Li, Na, Ca, Be, Zn, Ag

第十节 吸光光度分析

一、吸光光度分析的基本原理

吸光光度法又称为分光光度法，简称光度法，是一种用作物质成分的定性定量分析的测试技术，主要有目视比色法、光电比色法和紫外-可见吸光光度法等。光辐射经波长选择器得到适宜的波带。根据物质的特征吸收光谱，检测吸光物质对确定波带光能的吸收，即可得到所测物质的定性、定量结果。吸光光度法所用的仪器是分光光度计，简称光度计。

吸光光度分析的基本原理是朗伯-波格定律和比尔定律。

（一）朗伯-波格定律

表明在溶液浓度一定时，光吸收与通过的光程的关系。当入射光的波长、吸光物质的浓度和温度一定时，溶液的光吸收程度与通过的光程成正比。当一束平行的、强度为I_0的单色光（入射光），以垂直于界面的方向入射通过一具有平面的平行表面、并且是均匀的、各向同性的、不发光也无散射作用的吸光介质，同时，通过的光程为b，则透射光强度I由下式表示：

$$I = I_0 e^{-kb} \qquad (9\text{-}1\text{-}11)$$

式中 e —— 自然对数的底；

k —— 线性吸收系数。

（二）比尔定律

表明当入射光的波长、通过的光程和溶液的温度一定时，光的吸收程度与溶液的浓度成正比。在其它因素为确定值的情况下，平行单色光束的强度，随着吸光物质的浓度增加而按指数形式减小。其表达式为：

$$I = I_0 e^{-k_m \rho} \qquad (9\text{-}1\text{-}12)$$

或

$$I = I_0 e^{k_\varepsilon c} \qquad (9\text{-}1\text{-}13)$$

式中 k_m、k_ε —— 吸收系数，在给定实验条件下为常数；

ρ —— 质量浓度，g/L；

c —— 物质的量浓度，mol/L。

（三）朗伯-比尔定律

朗伯-波格定律和比尔定律相结合，常称为朗伯-比尔定律，简称比尔定律。表明当一束单色光通过均匀溶液时，其吸光度与溶液的浓度和通过的光程的乘积成正比。$\lg\frac{I_0}{I}$表示光的吸收程度，称为吸光度，以A表示。则表达式为：

$$I = I_0 \times 10^{-ab\rho} \qquad 即\ A = \lg\frac{I_0}{I} = ab\rho \qquad (9\text{-}1\text{-}14)$$

或

$$I = I_0 \times 10^{-\varepsilon bc} \qquad 即\ A = \lg\frac{I_0}{I} = \varepsilon bc \qquad (9\text{-}1\text{-}15)$$

式中 a —— 质量吸收系数；

ε —— 摩尔吸收系数。

二、目视比色法和光电比色法

目视比色法是以眼睛观察比较溶液颜色深浅以确定物质的含量。常用的目视比色法借助于与一系列标准溶液进行比较以测定试样的浓度，故又称标准系列法，该法设备简单，操作简便，但标准色阶不稳定，有主观误差，准确度较差，相对误差约为5～20％。

光电比色法是利用光电效应借光电比色计进行测量，其原理与目视比色法不完全相同，光电比色法是比较有色溶液对某一波长的吸收情况，而目视比色法是比较透过光的强度。光电比色法用光电池

表 9-1-46 分光光度计的主要类型

分类	类型	特性或用途
测量波长	可见分光光度计 紫外-可见分光光度计 红外分光光度计	用于无机物和有机物含量的测定 同上 用于分子结构的研究
单色器	棱镜分光光度计 光栅分光光度计	
单色光束	单光束分光光度计 双光束分光光度计	通用型 消除光源波动等误差，自动连续绘出吸收光谱
单色光波长	单波长分光光度计 双波长分光光度计	通用型 能绘制导数吸收光谱，直接分析混合组分，提高测量的选择性和灵敏度，扩大使用范围
记录方式	非自动记录分光光度计 自动记录分光光度计 微机控制的自动记录分光光度计	通用型 自动改变测量波长和记录吸光度，能进行反应动力学等分光光度的研究 按给定程序运转，具有广泛的动态范围，贮存功能和数据处理能力，能自动稳定光束，自动校正基线和自检故障，进行常速和高速光谱扫描和n阶导数光谱扫描，自动显示和打印试样浓度结果，能进行多元素联测

代替人的眼睛进行测量，避免了人的主观误差，提高了准确度；当有其它有色物质共存时，可以采用适当的滤光片和参比溶液来消除干扰，从而提高了选择性。

所用的光电比色计通常由光源、滤光片、比色皿、光电池和检流计等五部分组成。光源发出的光通过滤光片和比色皿后，照射到光电池上产生的光电流引起检流计的光标移动，在标尺上读取吸光度。

三、吸光光度法和分光光度计

吸光光度法的基本原理与光电比色法相同，其差别是所用仪器获得单色光的方法有所不同。分光光度计是用棱镜或光栅等作分光器，可以获得波长范围很窄的单色光，而光电比色计是采用滤光片。因此，吸光光度法可以得到精确的吸收光谱曲线，通过选择合适的波长可使偏离比尔定律的程度大为减少，标准曲线直线部分范围更大，这样分析的灵敏度、准确度都较高。利用吸光度的加和性，可以同时测定两种或两种以上的组分。

分光光度计实际上由分光计和光度计组成，主要包括光源、单色器、吸收池、接受器和测量设备五个部分。分光光度计种类型号很多，结构、性能各别，应根据不同的实验目的选用不同型号的仪器。分光光度计的主要类型见表9-1-46。

现将常用的721型和751型分光光度计介绍如下：

1. 国产721型分光光度计

这是目前使用普遍的一种简易型单光束分光光度计，它较72型分光光度计有了很大改进，仪器体积小，稳定性和灵敏性均有提高。仪器的组成部分及结构见图9-1-9。光学系统采用自准式光路、单光束，测量波长为360～800nm，光路图见图9-1-10。

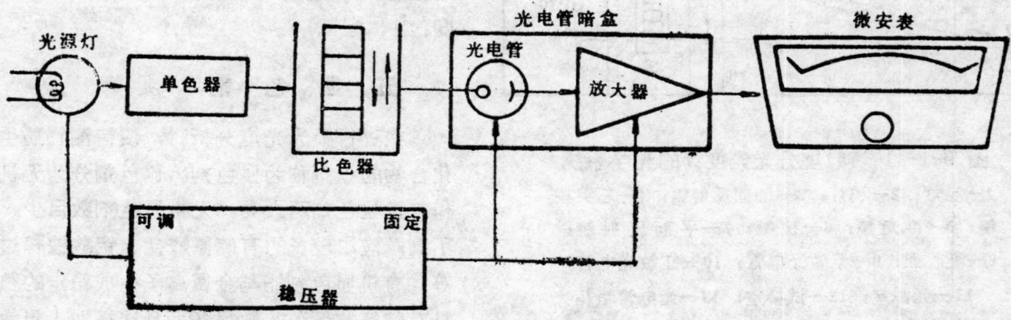

图 9-1-9 721型分光光度计结构

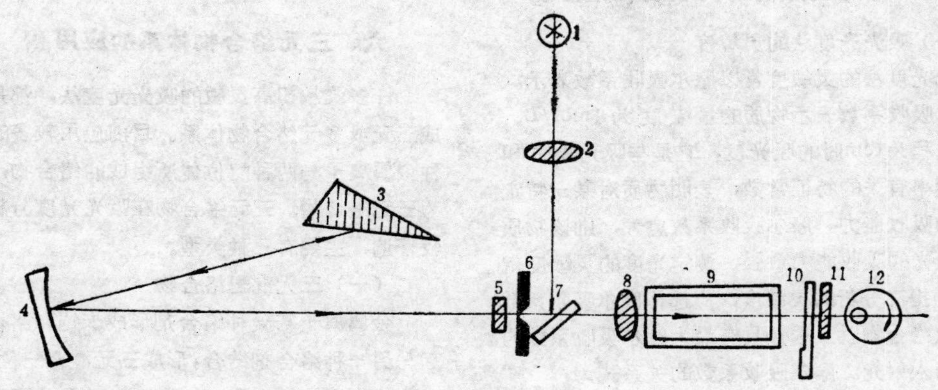

图 9-1-10 721型分光光度计的光学系统

1—光源，12V、25W；2—聚光透镜；3—色散棱镜；4—准直镜；5—保护玻璃；6—狭缝；7—反射镜；8—聚光镜；9—吸收皿；10—光门；11—保护玻璃；12—光电管

2．国产751型分光光度计

751型分光光度计是紫外、可见和近红外分光光度计，波长范围为200～1000nm。仪器备有钨灯和氢灯，在200～320nm内测量时用氢灯，在320～1000nm内测量时用钨灯。用石英棱镜作单色器，用光电管作光接受器。组成光电管阴极的材料不同，对不同波长的光电灵敏度便不同，采用紫敏（锑铯阴极）和红敏（银氧铯阴极）两个真空阴极管，使用的波长范围分别为200～625nm和625～1000nm。751型分光光度计的光学系统见图9-1-11。

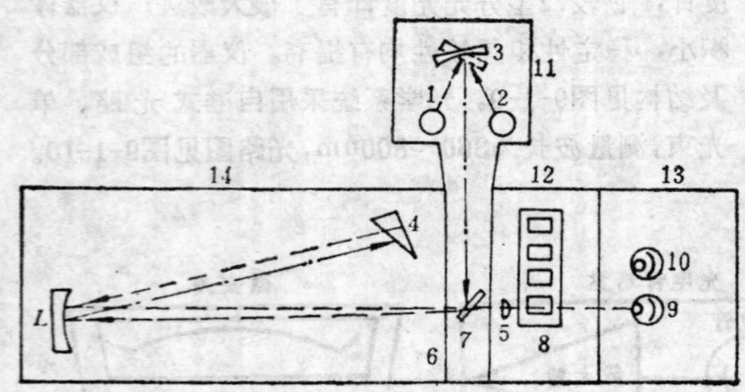

图 9-1-11 751型分光光度计的光学系统

1—氢灯；2—钨灯；3—凹面反射镜；4—石英棱镜；5—准光镜；6—狭缝；7—平面反射镜；8—吸收皿；9—紫敏光电管；10—红敏光电管；11—光源室；12—试样室；13—光电管暗箱；14—单色器

四、吸光光度分析的灵敏度和精密度

（一）吸光光度法的灵敏度

吸光光度法的灵敏度常以摩尔吸收系数表示。所谓摩尔吸收系数表示物质的量浓度为1mol/L、通过的光程为1cm时的吸光度，它是与吸光物质和入射光频率有关的特征常数，表明物质对某一特定波长光的吸收能力。摩尔吸收系数愈大，则该物质对某波长光的吸收能力愈强，测定光度的灵敏度就愈高。为提高分析的灵敏度，应选择摩尔吸收系数大的有色络合物以及选择具有最大摩尔吸收系数的波长作为入射光。摩尔吸收系数的关系式为：

$$\varepsilon=\frac{A}{bc} \qquad (9\text{-}1\text{-}16)$$

式中 ε —— 溶液的摩尔吸收系数，$L\cdot cm^{-1}\cdot mol^{-1}$；

A —— 溶液的吸光度；

b —— 通过溶液的光程，cm；

c —— 溶液的物质的量浓度，$mol\cdot L^{-1}$。

（二）吸光光度法的精密度

吸光光度法的精密度受化学和物理多种因素的影响，其误差来自测定方法和测量仪器两方面。方法本身的误差包括显色反应的再现性。稳定性以及共存离子的影响等。测量仪器的误差包括仪器的质量与吸光度读数等引起的误差。一般说来，透光度为0.2～0.65（或吸光度为0.7～0.2）时相对误差较小，约为3～4%。吸光光度法的相对误差包括透光度读数引起的误差约为5%。

显色反应条件的选择主要包括显色剂的用量、溶液的酸度、显色温度和时间、共存离子的影响以及所使用的溶剂等。仪器测量条件应选择待测溶液的最大吸收波长，控制适宜的吸光度数值以及选择适宜的参比溶液，以提高分析的灵敏度和准确度。

五、显 色 剂

在进行吸光光度分析时，使待测物质生成有色化合物的试剂称为显色剂。显色剂分为无机显色剂和有机显色剂两大类。无机显色剂数目少，灵敏度不高，应用较多的有硫氰酸盐、钼酸铵和过氧化氢等。有机显色剂能与金属离子生成稳定的螯合物，具有特征的颜色，数目多而且选择性、灵敏度都较高。有机显色剂大都是含有生色团和助色团的化合物。常用的有机显色剂列于表9-1-47。

六、三元络合物体系的应用

许多灵敏和高灵敏的吸光光度法，都是基于形成三元或多元络合物体系。目前应用较多的是由一种金属离子与两种配位体所组成的络合物，一般称为三元络合物。三元络合物在吸光光度分析上应用较普遍，主要有三种类型。

（一）三元混配络合物

金属离子与一种络合剂形成未饱和络合物，然后与另一种络合剂结合，形成三元混合配位络合物，简称三元混配络合物。例如钒、H_2O_2、PAR形成（1+1+1）的有色络合物。Ti^{4+}、H_2O_2和二甲酚橙在pH0.6～2酸性溶液中形成（1+1+1）络合物。

表 9-1-47 常用有机显色剂及其应用实例

有机试剂	测定元素	测定条件与萃取剂等	测定波长 λ nm	摩尔吸收系数或测定范围
丁二酮肟	Re^{7+}	1mol/L $HClO_4$	440	0.04～4μg/mL
二乙基二硫代氨基甲酸钠	Ag^{+}	pH2.6～5.0，CCl_4萃取	340	5.4×10^3，2～40μg/mL
	Au^{+}	pH8.5～9.5	420	4～970μg/mL
钛铁试剂	Ta^{5+}	pH6.5，ZcPh存在	345	6.5×10^3
	Ti^{4+}	pH4.3～9.6	410	0.3～3ppm
铋试剂Ⅱ	Te^{4+}	3mol/L HCl，$CHCl_3$萃取	400	8.0×10^4
磺基水扬酸	Be^{2+}	pH9.2～10.5	317	0.1～1ppm
对亚硝基二甲胺基苯	Ir^{4+}	pH7.2～7.3	530	1.9×10^4，1.5～10ppm
	Pd^{2+}	pH2.0～2.5	535	8.6×10^4
	Pt^{4+}	pH2.0～3.0	550	6.2×10^4
4-(2-噻唑偶氮)-间苯二酚(TAR)	Ga^{3+}	pH5.0～5.2	525	3.5×10^4，0.1～1.6ppm
	In^{3+}	pH5.2～5.3	530	2.8×10^4，$<$2ppm
	Ru^{4+}	pH5.0～7.2	570	5.1×10^4，0.1～0.6ppm
	Tl^{3+}	pH1.0～2.0	520	2.0×10^4，$<$9ppm
4-(2 吡啶偶氮) 间苯二酚(PAR)	Ga^{3+}	pH6.0～8.0	504	1.0～10^5
	In^{3+}	pH7.0	510	8.6×10^4
	Nb^{5+}	pH5.0，H_2O_2作次级配体	590	2.2×10^4，0.1～1ppm
	Ta^{5+}	pH6.0～8.0	515	2.0×10^4
	Ti^{4+}	pH7.9，H_2O_2作次级配体	510	5.1×10^4
	V^{5+}	pH4.5～6.5	550	3.6～10^4
荧光镓试剂	Ga^{3+}	pH1.5	490	2.1×10^4
	Sc^{3+}	pH5.0～5.3	530	1.0×10^4
银试剂	Ag^{+}	0.05mol/L HNO_3	595	2.3×10^4
	Au^{3+}	0.12mol/L HCl，异戊醇萃取	562	0.03～0.3ppm
	Pt^{4+}	pH2.0～4.0	590	0.5～6ppm
1,10-二氮杂菲	Ce^{4+}	Fe^{2+}-1,10-二氮杂菲	505	1.1×10^4
1-(2 噻唑偶氮) 2 萘酚(TAN)	Os^{4+}	pH6.7	560	1.5×10^4，0.6～10ppm
	U^{6+}	pH6.0～9.0，$CHCl_3$萃取	590	2.4×10^4
双硫腙	In^{3+}	pH9.0，$CHCl_3$萃取	510	8.7×10^4
	Pt^{2+}	酸性(HCl)，CCl_4萃取	490	3.2×10^4

续表 9-1-47

有机试剂	测定元素	测定条件与萃取剂等	测定波长λ nm	摩尔吸收系数或测定范围
甲基荧光酮	Mo^{6+}	pH1.5～2.3	510	2.5×10^4，0.8～3ppm
	Sb^{3+}	pH2.0	495	2.8×10^4
	Ti^{4+}	pH1.7～2.1，动物胶	520	6.0×10^4
1-(2-吡啶偶氮)-2-萘酚（PAN）	Ga^{3+}	pH3.6～5.0，$CHCl_3$萃取	550	2.2×10^4
	Nb^{5+}	pH2.0，24%甲醇液，$CHCl_3$萃取	550	4.0×10^4
	稀 土	pH8～10，乙醚、苯或CCl_4萃取	530	$(6.2\sim7.8)\times10^4$
2-(2-吡啶偶氮)-5-二乙氨基苯酚(DEPAP)	Ga^{3+}	pH5.0	550	9.6×10^4，0.2～0.8ppm
	Pa^{2+}	$CHCl_3$萃取	560	4.7×10^4
镓试剂	Ga^{3+}	pH3.6	600	2.5×10^4，0.25～0.5ppm
偶氮氯膦 I	Th^{4+}	pH1.3	600	6.4×10^3
	U^{6+}	pH5.2	605	2.3×10^4
亚甲蓝	Ge^{4+}	0.02～0.1mol/L HCl，苯萃取	670	1.0×10^5
	Re^{7+}	pH4.0～5.0，CH_2Cl_2萃取	645	1.1×10^5，0～2ppm
溴邻苯三酚红（BPR）	Nb^{5+}	pH6.0	610	4.8×10^4
	稀 土	pH6.0～7.5	665	0.5～4 ppm
	W^{6+}	1～1.3mol/LHCl，ZePh存在	621	6.5×10^4
苯基荧光酮	Ge^{4+}	1～1.5mol/LHCl，CTMAC存在	505	1.7×10^4
	In^{3+}	pH5.5，40%C_2H_5OH存在	545	7.0×10^4
	Ti^{4+}	pH2.0～2.3，动物胶保护	540	7.4×10^4
	Zr^{4+}	0.2～0.3mol/L HCl	535	0～2ppm
水杨基荧光酮	Hf^{4+}	pH～2.0，40%C_2H_5OH，动物胶	510～530	2.7×10^4
	Ta^{5+}	0.1mol/L HCl，动物胶	530	3.5×10^4
	Ti^{4+}	pH2.0，动物胶	570	9.0×10^4
	W^{6+}	pH2.0，7% C_2H_5OH	530	2.6×10^4
邻苯二酚紫（PV）	Ga^{3+}	pH5.4～6.5，正丁醇萃取，CPB存在	600	8.7×10^4
	Nb^{5+}	pH0.8～1.6，CPB	565	5.3×10^4
	Ti^{4+}	pH3.3～3.5	690	0.06～0.71 ppm
铍试剂Ⅳ	Be^{2+}	pH5.0～7.0	530	～0.02ppm
氯代磺酚S	Nb^{5+}	3mol/L HCl	650	3.3×10^4
硝基磺酚S	W^{6+}	0.1～0.75mol/LHCl，H_2O_2存在	640	3.8×10^4
偶氮氯膦Ⅲ	稀 土	pH1.8～4.0	675	$(4.0\sim7.0)\times10^4$
	Sc^{3+}	pH2.0～3.0	690	1.2×10^4

续表 9-1-47

有机试剂	测定元素	测定条件与萃取剂等	测定波长 λ,nm	摩尔吸收系数或测定范围
偶氮胂Ⅲ	稀　土	pH3.2～5.5，丁醇萃取，二苯胍存在	655	$(4.5\sim7.1)\times10^4$
	Th^{4+}	3mol/L HCl	665	1.2×10^5
	U^{4+}	0.1～10mol/L HCl	670	1.3×10^5
铬天青S（CAS）	Be^{2+}	pH4.3～5.2，ZePh存在	605	1.1×10^5
	Ga^{3+}	pH4.7～6.0，CTMAB存在	640	1.1×10^5
	In^{3+}	pH5.2～6.2，CTMAB存在	630	1.2×10^5
	Th^{4+}	pH4.5，CTMAB存在	635	1.5×10^5
	U^{6+}	pH4.0～5.5，CTMAC存在	625	1.0×10^5
罗丹明6G	Ge^{4+}	3.7～4.3mol/L HCl	546	9.1×10^4
甲基紫	Au^{3+}	pH1（HCl），$C_2H_2Cl_2$萃取	600	1.2×10^5
	Ge^{4+}	0.2～0.4mol/LHNO₃，钼酸铵存在	590	9.0×10^4，0.5～8ppm
	Ta^{5+}	pH2.3，苯萃取，HF存在	605	$7.5\sim10^4$
结晶紫	Au^{3+}	0.5～0.6mol/L HCl，甲苯萃取	580～590	0.1～1 ppm
	Mo^{6+}	1.5～2.0mol/L H_2SO_4，NaCNS苯萃取	605	8.2×10^4
	Re^{7+}	pH3～7，苯或甲苯萃取	615	6.7×10^4
	Ta^{5+}	酒石酸-HF存在，苯萃取	500	6.6×10^4
	Tl^{3+}	0.05～0.2mol/L HCl，苯或甲苯萃取	595	5～50ppm
亮绿	Se^{6+}	pH3.9	630	0.02～0.8ppm
	Tl^{3+}	约4mol/L HCl，甲苯萃取	640	1.0×10^5
罗丹明B	Au^{+}	0.5mol/L，异丙醚萃取	565	9.7×10^4
	Ga^{3+}	6mol/L HCl，苯萃取	560	2.0×10^4
	Ge^{4+}	0.75～1.5mol/LHCl，正丁醇-乙醚萃取	576	1.3×10^5
二甲酚橙（XO）	Be^{2+}	pH5.6～6.2	495	0～0.24 ppm
	Hf^{4+}	0.8mol/L $HClO_4$	535	3.5×10^4
	U^{4+}	pH3.5～3.7，抗坏血酸存在	568	5.1×10^4
	Zr^{4+}	0.5mol/L HCl或$HClO_4$	535	3.4×10^4
偶氧氯膦 DAL	稀　土	正丁醇萃取	670	$(1.8\sim8.0)\times10^4$

注：ZePh——氯化十四烷基二甲基苄基胺，CTMAC——氯化十六烷基三甲铵，CPB——溴化十六烷基吡啶，CTMAB——溴化十六烷基三甲铵。

表 9-1-48 胶束增溶吸光光度法应用实例

元素	显色剂	表面活性剂	适宜pH	组成比	λ_{max} nm	摩尔吸收系数 ε	测定范围	应用
Be	CAS	CTMAC	5.3~5.6	1/2	619	9.1×10^4	6×10^{-7} mol/L	
	CAS	CTMAB	9~10		510~530	3.3×10^4	0~20μg/50mL	矿石
	ECR	CTMAB	8.2~8.3	1/3/3	600	8.5×10^4	0.5~3.5μg/50mL	铍青铜
	ECR	CPB	4.3~6.0	1/2/2	590	9×10^4	0.2~7μg/50mL	矿石
	ECR	ZePh	6.7~7.2	1/2	595	1.0×10^5	0.018~0.055μg/mL	
	CBG	CTMAC	5.5	1/2	626	9.3×10^4	0.012~0.12ppm	
Ga	CAS	CTMAC	4.4~4.8	1/4	618	1.2×10^5	6×10^{-6} mol/L	
	CAS	CPB	4.9~5.3	1/2/4	640	1.0×10^5	8.7~87μg/25mL	磷化镓
Ge	苯芴酮	ZePh	0.4~2.4 mol/L HCl		500	1.4×10^5	0~10μg/25mL	矿石
	苯芴酮	TritonX-100	H_2SO_4	1/2	503	1.3×10^5	0.05~0.3ppm	阳极泥
	PV	CTMAB	0.5mol/L HCl	1/2	655		0.1~1.0ppm	
In	CAS	CPB	6.0	1/2/2	630	7.5×10^4	8.7~87μg/25mL	
	ECR	CTMAB	5.2		585	10.1		
	PV	动物胶	5.3~5.6	1/2	595		0.1~0.7μg/mL	
Mo	苯芴酮	CTMAB	0.38mol/L HCl	1/2	520	1.0×10^5	0~16μg/50mL	矿样，标钢
	PV	ZePh	2.7~5.7	1/1/1	690	4.2×10^4	0~30μg/50mL	多金属矿物
	PR	CTMAB	2.5~5.5	1/2/2	570	5.3×10^4	0~100μg/50mL	矿石
Mo	BPR	CPB	0.1~0.3 mol/LHCl	1/1/1	630	4.3×10^4	0~30μg/25mL	矿石
Nb	PV	CPB	0.8~1.6	1/4	565	5.3×10^4	0.2~2.0μg/mL	
Os	PDTC	Triton X-100	0.7~1.5		300	2.5×10^4	0~200μg/20mL	
Pd	CBG	CTMAC	3.2~3.8	1/3	670	1.0×10^5	0.04~14ppm	
	Qnph	CTMAB-MC	4.7~5.5	2/3/2	625	1.3×10^5	1~16μg/10mL	钯黑，钯石
	PR	CTMAB	6.8~7.6	1/1/3	640		0.05~6.8ppm	
Rh	ECR	CPB	3.2~3.8	1/2/4	630	1.2×10^4	10~160μg/50mL	
Ru	CAS	CPB	稀HCl		615			
Ta	PV	CPB	1.2~1.4 mol/L HCl		605~610		4.5~45μg/25mL	
	BPR	CTMAB	3.5~4.2		620	1.1×10^5	0~60μg/50mL	
	苏木精	CPB	0.08mol/L HCl		605	1.2×10^5	0.4~2.0μg Ta_2O_5/mL	矿石
Te(Ⅱ)	PDTC	Triton X-100	0.9~1.2	1/2	300	4.2×10^4	3~90μg/20mL	
Te(Ⅳ)	DHFI	CTMAB	4		535	9.8×10^4	$0.16\sim3.2\times10^{-6}$ mol/L	
	DHFIE	CTMAB	4		535	1.1×10^5	$0.16\sim3.2\times10^{-6}$ mol/L	
	SFI	CTMAB	4	1/2/2	535	1.1×10^5	$0.16\sim3.2\times10^{-6}$ mol/L	
Th	CAS	CTMAB	4~6	1/5/20	635	1.5×10^5	0.09~0.47μg/mL	
	XO	CTMAB	2.5	1/2/20	600	5.5×10^4	0.04~4.0ppm	独居石
	TAMAP	CPC	4.3~4.8	1/3/1	570	8.6×10^4	0~2.4μg/mL	

续表 9-1-48

元 素	显色剂	表面活性剂	适宜pH	组成比	λ_{max} nm	摩尔吸光系数 ε	测定范围	应 用
Ti	PV	动物胶	3.3～3.5	1/2	690		0.06～0.7μg/mL	
	BPR	CTMAB	2.0	1/3/3	630	3.9×10^4	0～40μg/50mL	钢铁，矿石
	苏木精	CTMAB	3.0～4.0		655	3.5×10^4	0～70μg/100mL	钢，合金
U	CAS	CTMAB	4.3～7.0	1/2/2	625～630	9.0×10^4	0.09～2.3μg/mL	
	PR	CTMAB	5.6	1/2/4	620	3.3×10^4	0.24～19ppm	
	BPR	CTMAB	5.0～7.0	1/2/2	635	2.6×10^4	0.1～6.0μg/mL	矿 石
	AG	CTMAB	4.3	1/2/4	650	2.2×10^4	.25～500μg/50mL	
V	HL	CTMAB	4～5	1/2/4	630	2.2×10^4	9～90μg/50mL	
W	PR	CTMAC	4.7	1/1	576	6.0×10^4	0～1.8μg/mL	
	BPR	ZePh	1～1.3mol/L HCl	1/1	621	6.5×10^4	2～35μg/25mL	
	榕 因	CTMAB	1.2～2.5	1/1	595～600	6.0×10^4	$0.3\sim80\times10^{-6}$ mol/L	
Zr	BPR	ZePh	0.18～0.28 mol/LHCl		639	3.7×10^4	3～40μg/25mL	
	PV	动物胶	4.9～5.7	1/2	650	3.26×10^4	0～2μg/mL	
	TAMAP	ZePh	3.7～4.5	1/4	595	10.5×10^4	0～0.4μg/mL	
Sc	CAS	CTMAB-乙醇	5.2～6.4	1/2/4	613	2.4×10^5	0～5μg/25mL	矿 石
	CAS	CPB-乙醇	5.3～6.5	1/2/4	615	2.3×10^5	0～5μg/25mL	钇钪铁氧体
	ECAB	CTMAB	5.0～6.0	1/2	650	9.9×10^4	0.18～0.35ppm	
	CBG	CTMAC	5.2～5.8	1/3	644	1.6×10^5	0～3.2μg/mL	
RE	CAS-Phen	DDMAA	8～11		638	1.6×10^5	0～16μg/25mL	轻稀土中测重稀土
	ECR-Phen	CTMAB	9.5		613～614	$1.0\sim1.3\times10^5$	0～15μg/25mL	混合稀土中测钇组
	XO	CPC	5.5		630		0～30μg/25mL	矿石中稀土总量
	GTB	CTMAB	7.5～8.5	1/2/4	646	3.3×10^4	0.05～3.0μg/mL	镧组存在下测钇组
	苯基荧光酮-Phen	CTMAB	0.2～1.4mol/L NH_4OH	1/2	587～593	$9.8\sim13\times10^4$	0～25μg/25mL	钇钪混合物
Y组	XO	CPC	4.0	1/1/3	610	4.5×10^4	15～150μg/25mL	轻稀土存在下
La	XO	CPB	7.5	1/2/4	625	9.2×10^4	0.08～0.8ppm	
Y	MXB	CTMAC	6.6～9.3	1/2	631～634	6.5×10^4	0～1.8μg/mL	
Ce	MXB	CPC	7.6～9.8		645		5.0～35μg/10mL	
Er	MTB	CTMAB	6.5	1/2/4	642	4.8×10^4		镧混合物
Nd	榕 因	CTMAB	7.8～8.1	1/2/4	615	2.2×10^4	$0\sim4\times10^{-6}$mol/L	钇混合物
Sm	半酚酞络合剂S	CTMAB	6.5	/1/2/2	610	2.6×10^4	0～3μg/mL	
Pr	邻甲酚酞络合剂S	CTMAB	8.0～9.0	1/2/2	620	7.2×10^4	0～1μg/mL	铕-镥混合物
Ho, Tm	GCR	CTMAB	8.0～9.0	1/2/4	616～620		0～1.7μg/mL	镧混合物

表 9-1-49 稀有元素的吸光光度分析实例

元素	显色剂	最大吸收波长，nm	摩尔吸收系数	测定范围 $\mu g \cdot mL^{-1}$	测定条件	干扰元素
Ag	银试剂	595	2.3×10^4		0.05mol/L HNO_3	Au^{3+}、Hg^{2+}、Pd^{2+}
	乙基紫	610	1.0×10^5	0.1～1	0.05mol/L H_2SO_4，KBr存在，甲苯萃取	Bi
Au	甲基紫	600	1.2×10^5		pH1（HCl），C_2HCl_3萃取	
	银试剂	562		0.05～0.6	0.1mol/L HCl	Pd^{2+}、Ag^{+}、Fe^{3+}
Be	铍试剂Ⅱ	620(630)		0.02～0.6	pH12～13，EDTA存在	
	铬天青S	615	5.2×10^4	0.01～0.3	pH6.5，EDTA存在	
Ce	亚甲蓝	510	9.5×10^3	1～10	pH9.6，苯萃取	Mn、NH_4^+、NO_3^-、Cl^-
Ga	PAR	513	1.1×10^5	0.04～0.6	pH6.0±0.5，ZePh存在，$CHCl_3$萃取	Nb^{5+}、Sc^{3+}、Sn^{4+}
	丁基罗丹明B	565	9×10^4		6～6.5mol/L HCl，甲苯萃取	Au^{3+}、Fe^{3+}、Sb^{5+}、Tl^{3+}
Ge	苯基荧光酮-CTMAB	514	1.3×10^5	0.02～0.16	1.2mol/L HCl	Sn^{4+}、Sb^{5+}、Fe^{3+}、Ti^{4+}
	钼酸铵-硫酸亚铁	800	1×10^4	0.4～4	0.05～0.1mol/L H_2SO_4	Bi^{3+}、Fe^{3+}、Pb^{2+}、Si^{4+}、V^{5+}
Hf	二甲酚橙	535	4.9×10^4	0.28～10	5mol/L $HClO_4$，H_2O_2存在	Zr
	偶氮胂Ⅲ	665	9.5×10^4		9mol/L HCl	Th^{4+}、U^{4+}、F^-、P^{5+}、$C_2O_4^{2-}$
In	结晶紫	610	9.3×10^4	0～1.5	0.75mol/L H_2SO_4，苯萃取	Au、Cd、Cu、Pb、Sb
	PAR	510	4.3×10^4		pH6	Zn^{2+}、Pb^{2+}、Cr^{3+}、Al^{3+}、Sn^{4+}、Cd^{2+}、Cu^{2+}、Mn^{2+}
Ir	$SnCl_2$-HBr	402	5×10^4	0.5～3	1mol/L HBr	Co、Cu、Fe、Ni、Pd等
	4,4′,4″—六甲基三氨基三苯甲烷	590	4.8×10^4	0.5～4	pH3.6～3.9，$HClO_4$-H_3PO_4-HNO_3	Au^{3+}Ru、Fe^{3+}
La	二甲酚橙	610	2.5×10^4	0.8～4	pH8.6，CPB存在	RE、Be、In
	偶氮氯膦Ⅲ	675	1.6×10^5		pH2.5～3.5，氯化二苯胍存在	Dy、Sc、Y、Yb
Li	钍试剂	480	6.0×10^3	0.1～1	0.4%KOH，丙酮存在	Al、Cd、Ca、Co、Cr等
Mo	二硫酚	675	2.0×10^4	0～5	1.2～2.4mol/L HCl，CCl_4萃取	W
	苯基荧光酮-CTMAB	520	1×10^5		0.38mol/L HCl	W、Sn、Ta、Nb、Ti等
Nb	氯代磺酚S	650	3.3×10^4	0～2	3mol/LHCl，EDTA存在	Mo、Zr
	PAR	550	3.9×10^4	0.06～2.4	pH5～6，EDTA，酒石酸存在	Ta^{5+}、U^{6+}、V^{5+}
Os	邻氨基苯甲酸	460	2.3×10^4	2～6	pH5.5～6.5	Au^{3+}、Al、Bi、Pt^{4+}等
	二苯基卡巴脲	560	3.1×10^4		$CHCl_3$萃取	Ru^{3+}
Pd	双硫腙	640	5.7×10^4	0.2～2	HCl介质，$CHCl_3$萃取	Au、Hg、Ag、Cu

续表 9-1-49

元素	显色剂	最大吸收波长，nm	摩尔吸收系数	测定范围 $\mu g \cdot mL^{-1}$	测定条件	干扰元素
Pt	双十胱烷基二硫代乙二胱胺（LLO）	515	2.8×10^4	0.5～5	6～10mol/LHCl，$CHCl_3$萃取 $SnCl_7$存在	Te、NO_3^-
RE（稀土）	偶氮氯膦Ⅲ	660	6.3×10^4		pH1～2，正丁醇萃取	
	偶氮硝羧	730	1.0×10^5		pH2～4	Ca、Ba、Sr
Re	二苯基卡巴脲	540		0.01～0.1	8mol/LHCl，$CHCl_3$萃取	Cu、V、Se、Mo
	亚甲蓝	658	1×10^5		0.5mol/LH_2SO_4，$C_2H_4Cl_2$萃取	ClO_4^-，NO_3^-
Ru	对亚硝基二甲苯胺	510	6.1×10^4	0.3～1.1	pH4.4	Ir、Os、Ru、Pd
	孔雀绿	627	3.4×10^5	0～0.2	0.65mol/LHCl，二异丙醚萃取	In、Pt
Sc	二甲酚橙	555	2.9×10^4	0.1～2	0.01mol/L $HClO_4$	Fe、Th、F^-、PO_4^{3-}
	铬青R	590	1.5×10^5		pH6.2，CTMAC存在	Al、Be、Cu、Fe、Ga
Se	2，3-二氨基萘	380	2.5×10^4	0.08～3.2	pH2，EDTA、F^-、草酸存在	Sn^{2+}
Si	钼酸铵	812	2.3×10^4	0.03～1.2	1.8mol/LH_2SO_4异戊醇萃取	
Ta	邻羟基苯基荧光酮	505	2.1×10^5		pH1.5～1.7，安替比林、草酸盐存在，$CHCl_3$萃取	
Te	溴化钾-丁基罗丹明B	566	9.6×10^4	0.2～4	5～6mol/LH_2SO_4苯萃取	Hg、In、Sb
Th	二甲酚橙	578	9.3×10^4		pH2.5～3.6，1-丁醇萃取	Ga、Ti、Cu
	偶氮胂Ⅲ	665	1.3×10^5	0.05～1.8	4～10mol/LHCl、草酸、盐酸羟胺	Hf、Zr、Nb、U、Ti
Ti	KSCN	417	7.8×10^4	0.02～0.6	3～5mol/L H_2SO_4	Mo
	二磺基苯基荧光酮	620	1.2×10^5	0～0.4	pH1，CPB存在	Fe、Mo、V^{5+}、W
U	偶氮胂Ⅲ	670	1.3×10^5	0.05～0.8	6mol/L HCl	Fe^{3+}、Zr、Hf、Th
	PAR	530	3.9×10^4	0.15～6	pH8	Cr^{3+}、Fe^{3+}、V^{5+}、Zr
V	PAR	585	1.1×10^5	0.05～0.5	pH4.6～5.1，结晶紫存在，苯-MIBK萃取	
W	二硫酚	640	2.3×10^4	0.2～8	0.1～0.4mol/LHCl，盐酸羟胺存在，乙酸乙酯萃取	Ag、Bi、Cu、Mo、Hg
	二羟基荧光黄	515	1.2×10^5		HCl介质，CTMAB存在	
Y	二甲酚橙-CPB	600	8.7×10^4		pH8.6	稀土、Be、In
	偶氮胂M	640	7.5×10^4	0.04～0.6	pH3.0	Cu、Pb、Th、Ba、Sr、Ca
Zr	偶氮胂Ⅲ	665	1.5×10^5	0～0.8	2mol/L HCl	Hf、Th、U
	偶氮氯膦Ⅲ	675	2.1×10^5	0～0.25	2mol/L HCl，异戊醇萃取	Th、U
	苯基荧光酮		1.4×10^5		pH2	选择性较高

注：ZePh——氯化十四烷基二甲基苄基胺；CTMAB——溴化十六烷基三甲基胺；CPB——溴化十六烷基吡啶；CTMAC——氯化十六烷基三甲基胺；MIBK——甲基异丁基酮。

（二）离子缔合物

金属离子先与络合剂生成络阴离子或络阳离子，再与带相反电荷的离子借静电引力而生成离子缔合物，主要应用于萃取光度法。

作为离子缔合物的阳离子部分，有碱性染料、邻二氮菲及其衍生物、安替吡啉及其衍生物、氯化四苯钾（或磷、锑）等；作为阴离子部分有X^-、SCN^-、ClO_4^-、无机杂多酸和某些酸性染料等。

（三）金属离子-络合剂-表面活性剂体系

金属离子与显色剂反应时，加入某些长碳链的季铵盐、动物胶或聚乙烯醇等表面活性剂，可以形成胶束状化合物，颜色向长波方向移动(红移)，灵敏度有显著提高，这种方法称为胶束增溶吸光光度法。

表面活性剂分为阳离子、阴离子和非离子表面活性剂。常用的表面活性剂有溴化十六烷基吡啶（CPB）、氯化十六烷基吡啶（CPC）、溴化十六烷基三甲铵（CTMAB）、氯化十六烷基三甲铵(CTMAC)、DTM-溴化羟十二烷基三甲基铵（DTM）、溴化十四烷基吡啶（TPB）、氯化十四烷基二甲基苄基胺（ZePh）及乳化剂OP等。

胶束增溶吸光光度法在稀有元素分析中应用较普遍，表9-1-48列举了部分实例。

七、吸光光度法的特点及应用

吸光光度法主要应用于物质中低含量或痕量组分的测定，其特点是：

（1）灵敏度高。适于测定$1.00\sim1\times10^{-3}\%$低含量组分。若结合分离富集等其他手段，可测定含量低达$10^{-4}\sim10^{-5}\%$的组分。

（2）准确度较高。一般比色法的相对误差为5～10%，吸光光度法为2～5%。这样的误差能满足微量组分测定的要求。如用精密的分光光度计测量，相对误差还可减少至1～2%。

（3）应用广泛。几乎所有无机离子都可直接或间接应用比色法或吸光光度进行测定。吸光光度法常用于低含量组分的测定，但采用示差光度法或改进所用仪器等，同样可以测定某些含量较高的组分。

（4）操作简便快速，仪器设备简单。近年来由于一些灵敏度高、选择性好的显色剂、掩蔽剂等试剂问世，常可不经分离而直接进行光度测定，方法更为简捷。

吸光光度法在稀有金属中应用非常广泛，分析应用实例见表9-1-49。

第十一节 红外吸收光谱分析

一、红外吸收光谱分析基本原理

红外光是指波长0.8至1000μm或12500至10 cm^{-1}的光，其中使用较多的是2.5～25μm的中红外光谱。当以红外光照射分子时，由于红外光能量的大小与分子中原子振动能级在数量上相当，故能引起分子中原子振动能级跃迁而产生红外吸收光谱，简称红外光谱。红外光谱与物质结构有关，具有分子偶极矩改变的振动可产生红外光谱。同一种化学键或基团，在不同化合物的红外光谱中，往往表现出大致相同的吸收峰位置，称为化学键或基团的特征振动频率，因此可利用红外光谱进行化合物鉴定，进行定性和定量分析。

二、红外分光光度计的结构

目前多采用双光束光学零位平衡型红外分光光

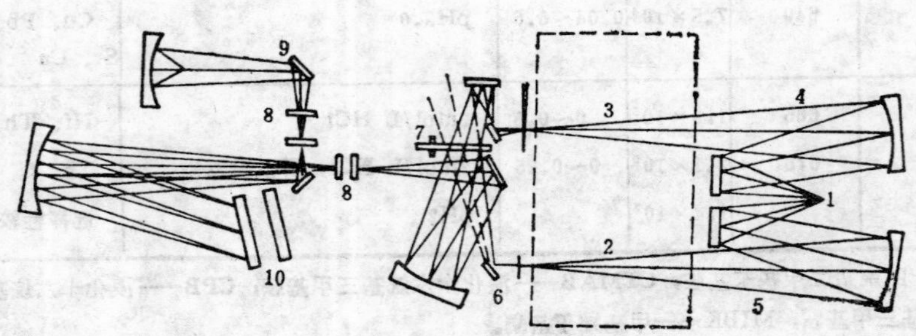

图 9-1-12 红外分光光度计光路图

1—光源；2—样品池；3—参比池；4—参比光束；5—样品光束；6—光梳；7—扇形镜；8—滤光片；9—检测器；10—光栅

度计。红外分光光度计的光路图如图9-1-12所示。

近年来迅速发展了基于干涉调频分光的傅里叶变换红外光谱仪，具有较高的分辨能力和极快扫描速度，波长覆盖面可达远红外区，为红外光谱的应用开辟了新的领域。对于一些环境有害气体的分析也有各种非色散型红外分析器。

三、红外光谱法的应用

红外光谱法可用于检验化合物中存在的基团，鉴定化合物，推断化合物结构和进行化合物的定量分析。由于原子及单原子离子不吸收红外光，故不适于用红外光谱研究无机化合物的阳离子，而仅能研究阴离子的晶体振动所形成的红外吸收光谱和一些吸收红外光后发生偶极矩变化的气体分子。一般无机物的红外谱图较有机化合物简单，仅显现几个宽吸收峰。一些应用非色散型红外分析器测定环境污染气体的示例列于表9-1-50。

表 9-1-50 应用红外分析器分析污染气体示例

测定成分	用于固定发生源	用于汽车废气	用于环境大气
SO_2	0～50ppm～0～3000ppm		
NO	0～50ppm～0～1000ppm	0～500ppm～0～10000ppm	
CO	0～50ppm～0～2000ppm	0～50ppm～0～12%	0～20ppm～0～200ppm
碳氢化物（以CH_4或C_6H_{14}计）	0～200ppm～0～10000ppm	0～1000ppm～0～10000ppm	
CO_2	0～1000ppm～0～20%	0～500ppm～0～16%	0～500ppm～0～1000ppm
HCl	0～1000ppm～0～5000ppm		
HCN	0～200ppm～0～2000ppm		
$COCl_2$	0～200ppm～0～1000ppm		
NH_3	0～500ppm～0～10000ppm	0～500ppm～0～1000ppm	

第十二节 分子荧光分光光度分析

一、分子荧光分光光度分析的基本原理

某些有机化合物或无机化合物的分子受到近紫外照射时，吸收其辐射能而生成寿命10^{-9}～10^{-6}s的激发分子，可以激发至电子能级的第一激发态（或更高激发态）的任一振动能级。在溶液中这种激发态分子易与溶剂分子发生碰撞，以热的形式损失其振动能，而后下降至电子能级第一激发态的最低振动能级（无辐射跃迁）。然后再以辐射形式跃迁至电子能级基态的任一振动能级，即产生荧光。

在低浓度时，分子荧光强度I_f与荧光量子效率ϕ、激发光强I_0及溶液的吸光度A成正比，即

$$I_f = 2.303K''\phi I_0 A = K\phi I_0 A \quad (9\text{-}1\text{-}17)$$

式中 K和K''——常数。

在实验条件固定的条件下，荧光强度I_f与溶液浓度c的关系曲线为一直线，因此可以进行定量分析。

二、荧光分光光度计的构造

荧光分光光度计多采用两个光栅单色器，其典型构造如图9-1-13所示。利用这类仪器可以方便地得到荧光激发光谱和荧光反射光谱。前者是指发射单色器的波长不变，而激发单色器进行波长扫描所得到的某波长的荧光强度随激发波长变化的曲线；后者是指激发单色器固定时，发射单色器进行波长扫描所得到的荧光强度随荧光波长变化的曲线。一般所说的荧光光谱实际上仅指荧光发射光谱。荧光分光光度计需要较强的激发光源，通常采用在波长250～600nm光谱区有很强连续辐射的氙灯。用可调谐染料激光器作为激发源的仪器称为激光荧光光谱仪，可得到更好的效果，分析结果的精密度和准确度均有显著改善。

三、分子荧光光谱法的特点及应用

分子荧光光谱法的主要优点是具有很高的检出能力，其检出限比紫外可见吸收法低2～4个数量级。另外，选择性好控制，激发光源的波长和强度可

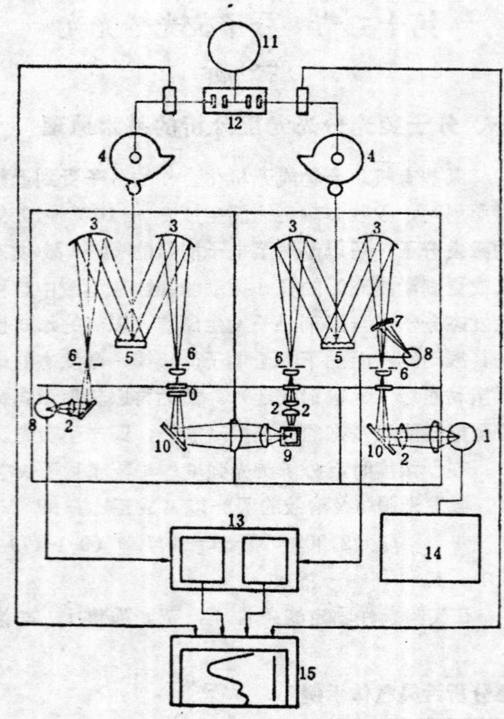

图 9-1-13 荧光分光光度计原理图

1—光源；2—聚光镜；3—聚光反射镜；4—凸轮；5—衍射光栅；6—狭缝；7—石英片；8—光电倍增管；9—样品池；10—反射镜；11—波长驱动马达；12—扫描速度转换开关；13—放大器；14—灯电源；15—记录器

以使得只有某几种物质产生荧光。能用荧光法测定的无机化合物多是一些具有惰性气体结构（反磁性）的无色的、倾向于生成无特征吸收络合物的金属离子，这对吸收光谱法常常是一个有益的补充。这种方法对于稀土元素和某些稀有金属的分析特别有效。表9-1-51列出了分子荧光法测定无机离子的例子。

第十三节 电化学分析

一、电位法

（一）电位滴定法

1. 原理

在滴定分析中将滴定体系组成一个电化学电池（例如用惰性铂电极与参比电极），测量滴定过程中电池电动势的变化，并以其突变来确定终点，即为电位滴定法。根据能斯特（Nernst）方程并结合滴定分析的要求，电位滴定的基本公式可写成：

$$dE=\frac{0.059}{n}\mathrm{d}\log a_{M^{n+}} \qquad (9\text{-}1\text{-}18)$$

式中 $a_{M^{n+}}$——被滴定的参与电极反应的M^{n+}离子的浓度。

2. 经典的E-V（滴定）曲线

3. 确定终点的方法

（1）绘制E-V曲线，由电位突变来确定终点（见图9-1-14）。

（2）绘制$\frac{\Delta E}{\Delta V}-V$曲线，由曲线的最高峰来

表 9-1-51 用分子荧光法测定无机离子的示例

元素	试剂	定量条件	测定荧光波长 nm	定量范围 ppb	主要干扰元素
Be	2-甲基-8-羟基喹啉	pH8, $CH\text{-}Cl_3$萃取	500	20～500	Fe, Sn, Cd, In
Ce	$HClO_4^-$ (Ce^{3+})	0.7mol$HClO_4$·(Ti^{3+})	350	4～200	Fe, Cu
Eu	BFA-TOPO	pH4.5, C_6H_2萃取	612	15～85	Fe, Cu, Ni
Ga	罗丹明-B（蓝光碱性蕊香红）	6mol/LHCl_6H_6, C_6H_6萃取	585	～50	Sb, Fe, Au, Tl
	2-甲基-8-羟基喹啉	pH4, $CHCl_3$萃取	495	4～100	Fe, V, Cu
In	罗丹明-3B	2mol/LHBr-H_2SO_4, C_6H_6萃取	588	20～600	
La	5,7-二氯-8-羟基喹啉	pH9.7, $CHCl_3$萃取	540	50～1500	Al, Fe, Lu
Sb	罗丹明-B（蓝光碱性蕊香红）	1.5molHCl, $(C_3H_7)_2O$萃取	570	～20	
Sc	5,7-二氯-8-羟基喹啉	pH9.5, $CHCl_3$萃取	530	50～1000	Fe, Al, Y, La
Se	2,3-二氨基萘	0.1mol/LHCl, C_6H_{12}萃取	520	1～5	Fe
Tl	罗丹明-B（蓝光碱性蕊香红）	1mol/LHCl, C_6H_6萃取	585	2～20	Sb, Au, Fe
U	NaF-K_2CO_3-Na_2CO_3	650°C熔融	540	30～500	Fe, Zn, Ni, Co
Y	5,7-二氯-8-羟基喹啉	pH9.5, $CHCl_3$萃取	530	4～200	Sc, Lu, Fc, Ti
Zr	黄烷醇	0.23mol/L$HClO_4$	460	20～200	Hf, Sn, Fe

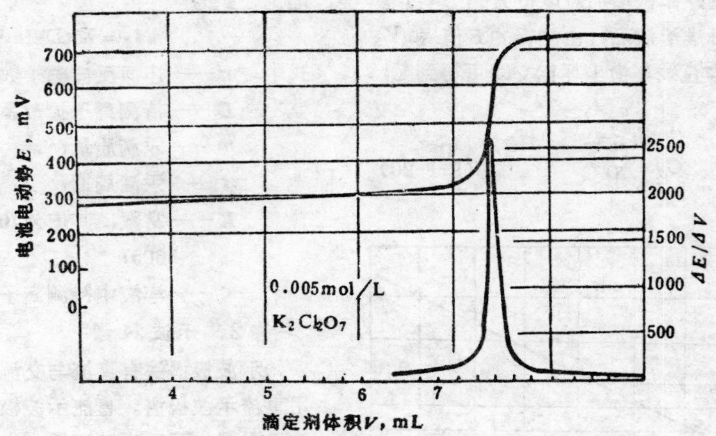

图 9-1-14　图示法两种滴定曲线

确定终点，此法比较准确（见图9-1-14）。

（3）二级微商法，不经绘图仍可求得终点，$\frac{\Delta E}{\Delta V}$曲线的最高峰对应于二级微商$\frac{\Delta^2 E}{\Delta V^2}$为零的位置，即为滴定终点。

4．电位滴定法的应用

此法的优点是可在浑浊、有颜色及非水溶液中进行。而且能在同一杯溶液中连续测定几种离子。电位滴定的终点是用电位突变来确定，所以比较准确。

（二）离子选择电极法

离子选择电极是一种有选择性地测定溶液中某一特定离子活度的化学敏感器。测定pH值的玻璃电极就是一种氢离子选择电极。目前已有数十种阳离子及阴离子选择电极。

1．原理

将离子选择电极插入含有待测元素离子的溶液中构成一个半电池，它的电极电位与离子活度之间的关系，在无干扰离子情况下可用能斯特方程来表达。如果与一恒电位的参比电极组成一个电池，然后测定电池的电动势就可以计算出该金属离子的活度（浓度）。这种利用一次测量电池电位的方法，称为直接电位法。测量时使用离子计或pH计。

2．定量方法

（1）标准曲线法。配制与试液组分相似的标准系列以其电位读数对浓度在半对数坐标纸上作图，在相同条件下对试样进行测量，从曲线上读出含量，如图9-1-15所示。

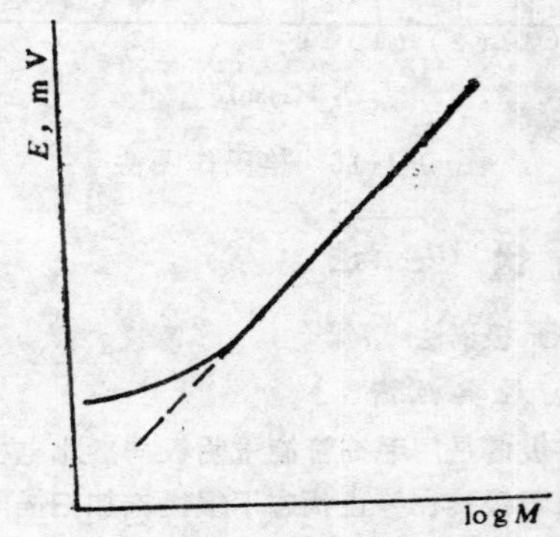

图 9-1-15　膜的能斯特响应

（2）标准加入法。将一定量小体积（V_S）的标准液加到已知体积（V_X）的试液中，根据加入标准前后的电位变化（ΔE）来计算试样中待测离子的浓度，如图9-1-15所示。当$V_S \ll V_X$时，可按下式计算：

$$c_X = \frac{c_S V_S}{V_X}(10^{\frac{\Delta E}{S}} - 1)^{-1} \quad (9\text{-}1\text{-}19)$$

式中　c_X——待测离子的浓度；

c_S——加入标准液的浓度；

S——斜率。

（3）格氏作图法。这是一种多次标准加入法（图9-1-16），优点是免去了计算的麻烦。该法连续分次向试液中加入标准溶液，用$(V_X + V_S) \times 10^{\pm E/S}$对$V_S$作图（指数的正负分别代表阳离子与阴离子，一价离子斜率为58mV，二价为29mV）。格氏设计了一种图纸，横坐标为V_S，纵坐标为反对数坐标E（已校正好体积增加对电位E的影响）。这样可根据加入标准溶液后，由测得的E值和V_S值直接作图，外推直线与横坐标相交即可得到V，然后用下式计算：

$$C_X = \frac{C_S V}{V_X} \qquad (9\text{-}1\text{-}20)$$

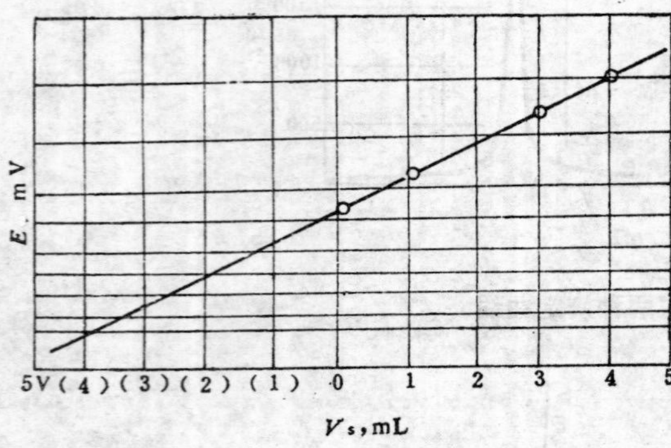

图 9-1-16 格氏作图法

二、伏 安 法

（一）极谱法

1．经典极谱

经典极谱是用毛细管滴汞阴极与参比电极（或大面积汞阳极）在静止状态下缓慢施加扫描电解电压获得如图9-1-17的电流电压（$I-E$）曲线(极谱图）。i_d是由于浓差关系扩散到汞阴极上的离子还原而产生的，故称为扩散电流，它是极谱定量分析

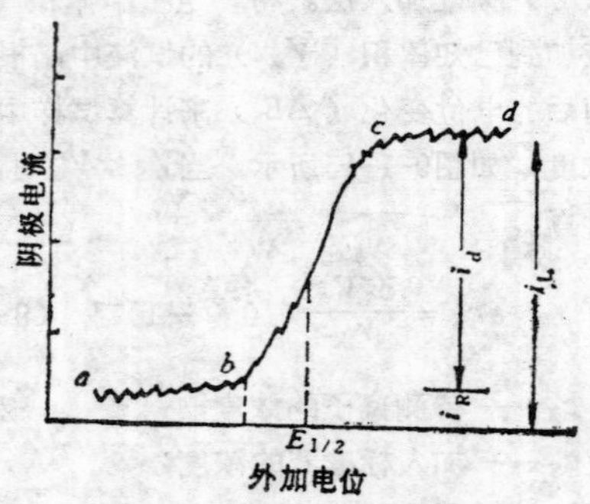

图 9-1-17 经典极谱图

i_d—扩散电流；i_L—极限电流；i_R—残余电流

的基础。在i_d的一半处的电位称为半波电位$E_{1/2}$。不同的离子在不同的溶液中有它固定的$E_{1/2}$，故半波电位是极谱定性分析的依据，在极谱分析中常用标准曲线法和标准加入法计算待测离子的含量。i_d的理论公式为

$$i_d = KnD^{1/2}m^{2/3}t^{1/6}c \qquad (9\text{-}1\text{-}21)$$

式中 n——还原反应电子数；

D——待测离子扩散系数；

m——汞滴质量；

t——汞滴周期；

K——常数，其值为706，记录时取平均值605；

c——溶液中待测离子的浓度。

2．示波极谱

示波极谱法有直流与交流两种。在分析中多使用直流示波极谱。直流示波极谱一般是指单扫描示波极谱，如图9-1-18所示。当滴汞面积生长到一定程度时，将一锯齿形脉冲电压加到电解池两极上进行电解，这样就可在同一汞滴上得到整个电流-电压曲线。单扫描示波极谱法计算与经典极谱同。

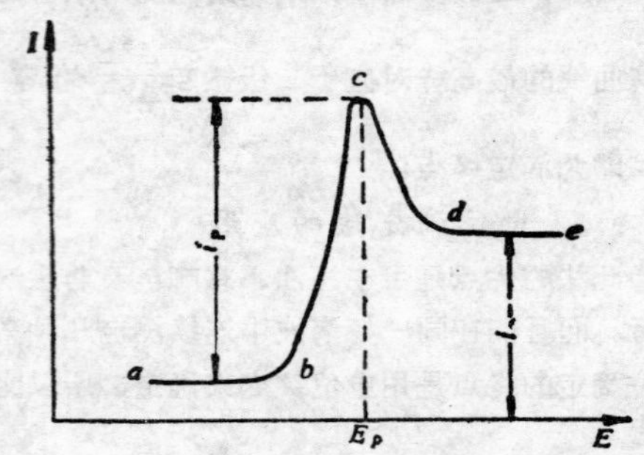

图 9-1-18 单扫描示波极谱的$I-E$曲线

i_p—峰电流；i—极化电流；ab—基线；de—波尾；c—波峰

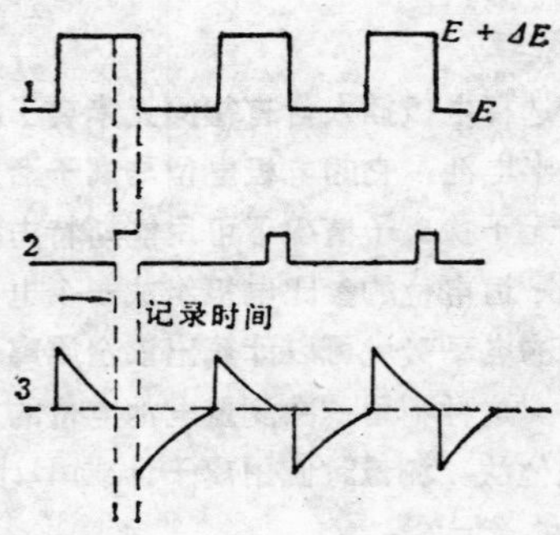

图 9-1-19 方波极谱原理

1—方波电压；2—门路作用；3—充电流i_C对时间的关系

3．方波极谱及脉冲极谱

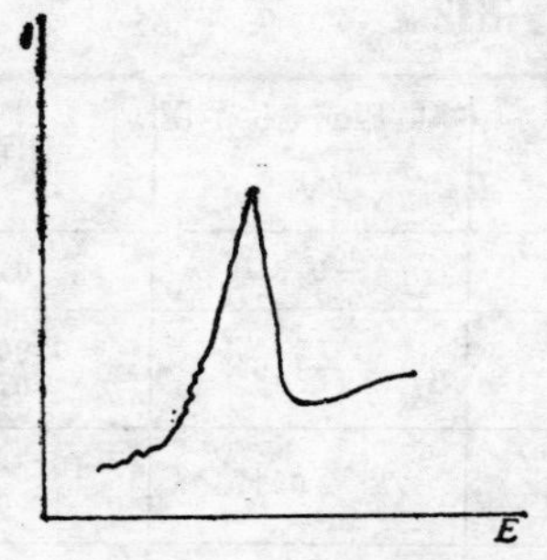

图 9-1-20　方波极谱

（1）方波极谱。如果迭加在直流电压上的交流电压是矩形波，那就是方波极谱，其原理及图形见图9-1-19、9-1-20。方波极谱的优点是能够避免电容电流，使灵敏度提高。方波电压可连续或脉冲施加。

（2）脉冲极谱。当汞滴生长到一定面积时加上一个阶梯形增大的脉冲极化电压，或者在滴汞电极的直流极化电压上迭加一个恒定大小的脉冲极化电压，然后记录由脉冲极化电压所引起的法拉第电流，见图9-1-21、9-1-22。前一种方式得到的是与经典极谱图一样的谱图，称常规脉冲极谱图。后一种所得到的谱图如导数极谱波，称为差分或微分脉冲极谱。方谱与脉冲极谱也是以标准曲线与标准加入法来计算试样含量。

（二）催化极谱法

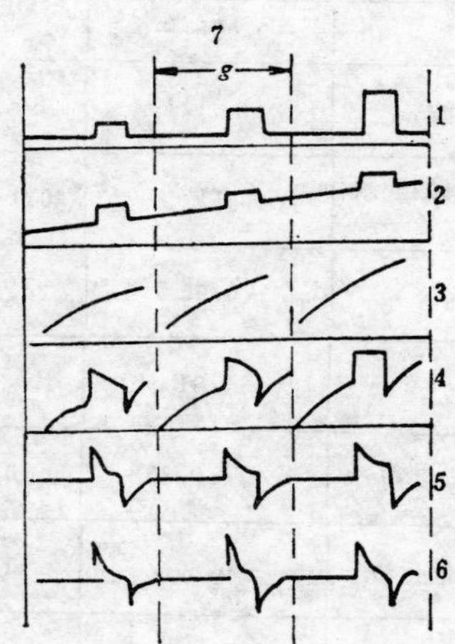

图 9-1-21　脉冲极谱电解电压和电流的关系

1—常规脉冲电解电压；2—微分脉冲电解电压；3—底电流；4—电解池电流；5—法拉第电流；6—双层电容充电电流；7—滴汞周期

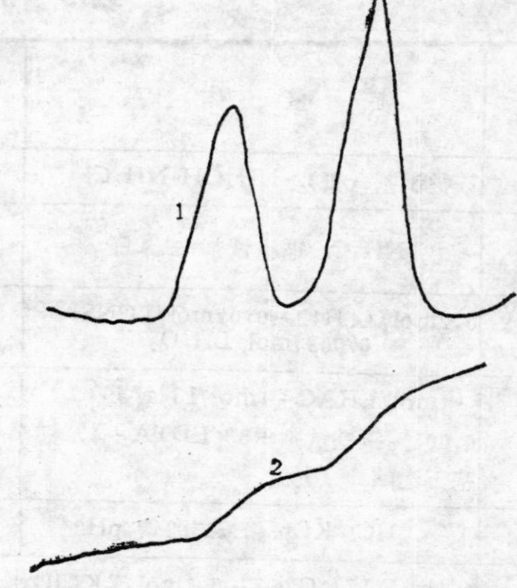

图 9-1-22　脉冲极谱图形

1—微分（差分）脉冲极谱图；2—常规脉冲极谱图

在极谱分析过程中，底液中某种物质（催化剂）的催化作用，引起在特殊电位处出现的极谱波。由于催化剂的化学和电极反应，产生的催化电流比同浓度催化剂的扩散电流大。在一定范围内，催化电流的大小与催化剂浓度呈线性关系。而出现催化电流的特殊电位（通常是峰电位）则与催化剂的性质有关。这是催化极谱法的定量与定性基础。表9-1-52列出了一些稀有元素的极谱催化波。

（三）卷积（微分）极谱

半微分与多次微分电分析法是近年来提出的一种新的分析技术。它是在线性扫描伏安法的实验条件下绘制电流对时间的半微分（或多次微分如1.5次和2.5次）值 e 对电极电位 E 的关系曲线为基础的一种新的电分析方法。

（四）溶出伏安法

溶出伏安法具有较高的灵敏度，不需特殊仪器，只把一简单的装置连接在各种极谱仪上即可。该法系将试液在一定条件下进行预电解，使待测成分富集于指示电极上，然后反向加扫描电压，利用伏安法进行测定。溶出伏安法有阳极溶出与阴极溶出两种。对阳极溶出伏安法测定分为两步，第一步是将待测离子在一定的电位下电解富集于静汞（如悬汞）、镀有汞膜的玻碳或其它固体电极上。第二步是在反向正扫描电压下将金属（汞齐）溶出，并测定溶出时的电压-电流曲线。表9-1-53列出了阳极溶出法测定稀有金属的一些例子。

表 9-1-52 一些稀有元素的极谱催化波

元素	底液体系	催化波类型	峰电压或电位范围 V	测定灵敏度
铍	铍试剂（Ⅲ）-NH_4OH-NH_4Cl	络合吸附波	−0.8	0.001μg/L
钪	NH_4Cl-铜铁试剂-二苯胍	催化波	−1.5	0.0065～0.065μg/mL
铀	0.2mol/L[H^+]−0.02mol/LCNS−0.0024mol/LH_2O_2	过氧化氢催化波	−0.175	4×10^{-7}～1×10^{-5}mol/L
铀	1mol/LHAC+1mol/LNaAC+0.001%铜铁试剂+5%EDTA+4%氨基三乙酸	络合吸附波	−0.44	8.5×10^{-6}～8.5×10^{-8}mol/L
锆	HCl-KCl-邻苯二酚紫，pH2	吸附波	−0.5	0～7μg/L
钛（Ⅳ）	0.1mol/L$H_2C_2O_4$−0.1mol/L$KClO_3$−0.1mol/L$(NH_4)_2SO_4$，每mL含0.04mg铁		−0.34	1×10^{-9}mol/L
钒	0.2mol/LNaH_2PO_4−0.05mol/LH_2O_2，pH5	H_2O_2催化波	−0.1～0.3	10^{-8}mol/L
	0.0025mol/L苦杏仁酸-0.4mol/L氯酸钠，pH2.7	吸附催化波	−1.15	10^{-7}mol/L
铌	硫磷混酸+3%苦杏仁酸+1.2%氯酸钾（水浴加热）		$E_{1/2}=-0.96$	0.001μg/mL
	8mol/LHCl-0.06mol/L羟胺	羟胺将Nb^{5+}还原至Nb^{4+}后络合还原波		10^{-8}mol/L
	$KClO_3$-EDTA		−0.9～−1.5	10^{-8}mol/L
	0.08mol/L苦杏仁酸-0.5mol/L$KClO_3$-0.05mol/L四甲基溴化铵	吸附催化波	−1.32	10^{-9}mol/L
	硫酸-盐酸-盐酸羟胺	平行催化波	−0.05～−0.5	2mg/mL
钽	0.1mol/LEDTA−10^{-4}mol/LH_2PtCl_6，pH3.5	Pt表面平行催化波	−1.1	5×10^{-6}mol/L
	4%草酸-0.14%H_2O_2	$(TaO_3C_2O_4)^-$氧化得草酸亚汞的催化波	0开始	0.1～2mg/25mL
硒	亚硫酸钠-碳酸钾或NH_4OH-NH_4Cl	HgSc吸附膜（吸附峰）	−0.95	0.02μg/mL
	0.1mol/LNH_4Cl-NH_4OH，含胱氨酸	氢催化波	−1.81	10^{-4}mol/L
	邻苯二胺—乙酸—乙酸钠，pH4～5（有Ga存在）	Ga催化生成苯茎硒胞反应	−0.85	0.005μg/mL
	Na_2SO_3-KIO_4-EDTA-NH_4Cl-NH_4OH	$SeSO_3^{2-}$-IO_4^-的吸附催化波	−0.60	10^{-8}mol/L
	Na_2SO_4-NH_4OH，pH9～11	吸附波	−0.95	0.005μg/mL
碲	NaCl-H_2SO_4-盐酸羟胺-Cu^{2+}	Te-Cu催化波	−0.75～1.10	3×10^{-8}mol/L
	NaCl-H_2SO_4-盐酸羟胺-Re	平行催化波	−0.60～−0.95	10^{-8}mol/L
	Na_2SO_4-NH_4OH，pH9～11	吸附波	−1.21	0.005μg/mL

续表 9-1-52

元素	底液体系	催化波类型	峰电压或电位范围 V	测定灵敏度
钼	$KClO_3$-H_2SO_4-苦杏仁酸	平行催化波	−0.30	6×10^{-10}mol/L
	酒石酸钠-硫酸-氯酸钾	平行催化波	−0.1～−0.5	8×10^{-8}mol/L
钨	0.2mol/LH_2SO_4−0.008mol/L苦杏仁酸-0.41mol/L$KClO_3$	平行催化波	−0.82	10^{-8}mol/L
钨钼连测	1～1.5mol/L硫磷混酸-0.3%苦杏仁酸-饱和$KClO_3$	平行催化波	−0.24（Mo） −0.88（W）	Mo<10μg/50mL W<60μg/mL
铼	20%H_2SO_4-2%Na_2SO_4-0.14%抗坏血酸-1%硫酸羟胺-Te（110μg/50mL）	Re与羟胺催化碲的还原波	−0.90（Ag阳极）	2×10^{-8}mol/L
钌	3.25～4mol/LHCl,0.00005mol/L硫脲	络合氢催化波	0.5～0.9	0.01μg/mL
铑	0.1mol/LHCl	氢催化波	−1.0～−1.3	7×10^{-7}mol/L
	0.1mol/LHAC-0.1mol/LNaAC-0.005mol/L$(CH_2)_6N_4$,pH5.4（通CO_2）	络合氢催化波	1.25～1.5	10^{-10}mol/L
	0.5mol/LHAC-NaAC-0.03mol/L邻苯二胺-0.003mol/LEDTA	氢催化波	−1.45（Ag电极）	0.0002μg/mL
	1.5mol/LHCl-0.001mol/L$(CH_2)_6N_4$	络合氢催化波	−0.85～−1.10	0.00000μg/mL
钯	0.1mol/LNaOH-1×10^{-3}mol/L 1,2环已烷二酮二肟	络合吸附催化波	−1.02	5×10^{-8}mol/L
铱	0.07mol/L硫脲-0.2mol/LKI-2mol/LHCl	氢催化波	−0.9	10^{-9}mol/L
	5×10^{-5}mol/L硫脲-0.2mol/LKI-0.6mol/LHCl-0.03%抗坏血酸	氢催化波	−0.9	5×10^{-11}mol/L
	1.5mol/LHCl-0.00005mol/L硫脲-0.2mol/LKI及Te(0.5μg/10mL)	络合催化波	0.5～0.9	0.00005μg/mL
铂	0.5mol/LHAC-NaAC-0.075mol/L邻苯二胺 0.03%EDTA	氢催化波	−1.4（石墨电极）	0.01μg/mL
	1.5mol/LH_2SO_4−1.5%NH_4Cl−0.001mol/L$(CH_2)_6N_4$−0.0025%硫酸肼	表面吸附波	−1.0	0.00005μg/mL
	1.5mol/LH_2SO_4−1.5%NH_4Cl−0.001mol/L$(CH_2)_6N_4$−0.0025%硫酸肼	表面吸附波	Pt约0.95 Rh约1.20	Pt5×10^{-5}μg/mL Rh−5×10^{-6}μg/mL

三、电位溶出分析

电位溶出分析具有较好的选择性、相当高的精确度与较高的灵敏度，如果使用计算机灵敏度则更高。电位溶出分析整个过程分为两个步骤，第一步是在某一恒电位下将待测离子的一部分电积于固体电极上；第二步是“溶出”，这一步骤与溶出伏安法不同，它是以化学方法将“电积”在电极上的金属溶解下来，如加入$KMnO_4$等氧化剂。由测量氧化所需的时间来代替溶出伏安法中的氧化电流来计算含量，如果被测物质含量很低或氧化剂较浓，溶出时间过短，可将电位溶出时间曲线输入计算机，再以放慢了的速度在记录器中显示出来，这样就可提高灵敏度。

表 9-1-53　阳极溶出法测定稀有元素的一些例子

元素	底液	预电解电压 V	灵敏度	备注
Be	0.2mol/L HCl	−0.3	2×10^{-8}mol/L	静汞电极，导数示波极谱
Re	3.8mol/L H_2SO_4或4mol/LH_3PO_4	−0.95	1×10^{-9}mol/L	静汞电极，示波极谱
Se	0.3mol/L H_2SO_4加Cu^{2+}	−0.3	1×10^{-6}mol/L	静汞电极，向量极谱
In	0.01mol/L KCl加2×10^{-5}mol/LBi^{3+}	−1.6	0.0001ppm	石墨镀汞电极，直流极谱
Tl	0.02mol/L EDTA-NaOH	−1.1	10^{-8}mol/L	铂镀汞电极，直流极谱

注：参比电极使用饱和甘汞电极。

四、库仑分析

库仑分析是一种准确度很高的绝对分析方法。以前多用于确定基准物质的纯度，近年来还用于环保分析。

（一）原理

库仑法是利用测量电解时消耗的电量来代替称重或滴定消耗的标准溶液，根据法拉第定律，1克当量的物质在电极上反应就有96493库伦的电量通过电解池。

$$W=\frac{Q}{96493}\times\frac{M}{n} \qquad (9\text{-}1\text{-}22)$$

式中　W——欲测物质的克数；

n——电子转移数；

$\frac{M}{n}$——待测物质的克当量。

（二）控制电流库伦分析——库仑滴定

恒电流库仑分析多用作次级库仑滴定（因为在初级库仑上不易保证电流效率100%，例如水也会电解）。库仑滴定的关键在于准确地测量滴定到终点所需的时间。指示终点的方法一般有化学指示剂、电位法与双铂（或双银）极电流法。双铂或双银的双金属法，是用一小电压（约50～100mV）来极化两相同金属电极，至电流突然改变时就能准确指示终点。如测定Cl^-时，第一对银电极作为发生电极，在恒电流下（1～10mA），阳极上产生Ag^+（电生滴定剂）与Cl^-反应，产生沉淀。另外再用第二对银电极作为终点指示。在第二对银电极上加0.1V电压，当第一对银电极的阳极上产生的Ag^+与溶液中的Cl^-反应到达终点前，第二对银电极的电流是很小的，但一过终点，过量的Ag^+在第二对银电极的阴极上产生去极化，电流突然增加，指示终点已到达。由滴定的时间和恒定电流值的乘积便可计算出反应的库仑数（电量），以此计算出Cl^-的含量。其它指示终点的方法还有电导法和分光光度法等。

库仑滴定所依据的化学反应有中和、沉淀、氧化还原和络合反应等。电生滴定剂有Ag^+、卤素、Sn^{2+}、Cr^{2+}、CN^-、Tl^{3+}等20多种。有机滴定剂有硫代乙醇酸、硫代乙二醇等。非水介质的库伦滴定有碘量法、铈量法等。

库仑滴定的优点可免去配制标准溶液与滴定操作。可以使用难以配制标准液的物质如Mn^{2+}及强还原剂Cr^{2+}等。库仑滴定对试剂纯度要求不高，干扰杂质可通过先加入不计量的少许待测物然后预滴定到终点，再加入试样进行测定，与其它方法相比，库仑法是最准确的分析方法之一。

表9-1-54列出了一些稀有元素的极谱行为。

第十四节　X射线荧光光谱分析

一、X射线荧光光谱分析的基本原理

用X射线照射物质时，除发生散射和吸收现象外，还产生次级X射线，即荧光X射线。荧光X射线的波长只取决于原子的种类，故根据荧光X射线波长即可确定物质中元素组分，根据荧光X射线的强度就能定量确定元素含量。

在X射线管内，当电子以很高的速度碰撞物质，加速电压提高到超过靶元素的激发电压时，就会产生靶元素的特征X射线。其机理为：当电压增加到某一临界值时，高速运动的电子将金属靶原子的内层轨道上的电子逐出，原子处于受激状态。这时内层轨道上的空穴由外层轨道电子所填充，从而产生特征X射线。从图9-1-23可以看到电子轰击铑靶时，发射出的K系和L系特征X射线谱叠加在铑靶的连续X射线谱上。这种电子跃迁为选择定则所

表 9-1-54　一些稀有元素的极谱行为

元素	底液	半波电位，V	备注
铍（Ⅱ）	氯化铍或硫酸铍	−1.8	前有氢波
铈（Ⅲ）	0.1mol/LLiCl或N(CH$_3$)Br	−2.0	
（Ⅳ）	0.1mol/LNa$_3$—柠檬酸，0.1mol/LNaOH	−0.3	波不宜分析
		−0.4	
		−0.6	
		−0.8	
	12mol/LHCl	>0	
		−0.68	
	7.3mol/LH$_3$PO$_4$	>0	
铯（Ⅰ）	0.1mol/LN(CH$_3$)$_4$Cl或N(CH$_3$)$_4$OH	−2.09	
铕（Ⅲ）	0.1mol/LNH$_4$Cl或HCl	−0.67	
	0.1mol/LEDTA，pH6～8	−1.17	可逆波
	0.1mol/LEDTA，0.2mol/LNaOH	−1.22	可逆波
镓（Ⅲ）	2mol/LHAC-2mol/LNH$_4$OAC	不还原	
	1mol/LNH$_3$-1mol/LNH$_4$Cl	−1.6	
	0.1mol/LKCl	−1.1	良好波，不可逆
	0.001mol/LHCl	−1.2	良好波
锗（Ⅱ）	6mol/LHCl	−0.45	
（Ⅳ）	0.1mol/LNH$_3$	−1.72	
		−1.90	
铟（Ⅲ）	2mol/LHAC-2mol/LNH$_4$AC	−0.71	可逆良好波
	1mol/LKCl或0.1mol/LKI	−0.60，−0.53	可逆波
铱（Ⅳ）	1mol/LNaF，0.01%动物胶	−1.4	贫乏波
锂（1）	0.1mol/LN(C$_4$H$_9$)$_4$OH		
	0.1mol/LN(C$_2$H$_5$)$_4$OH（在50%乙醇中）		
钼（Ⅵ）	2mol/LHAC-2mol/LNH$_4$AC	−0.6	
	0.1mol/L柠檬酸钠，pH7	−1.11，−0.93	
	0.3mol/LHCl	−0.26	波不能完全展开
	12mol/LHCl	>0	十分贫波
	7.3mol/LH$_3$PO$_4$	−0.49	
	12mol/LH$_2$SO$_4$	−0.13	
		−0.22	
	0.1mol/L酒石酸，pH2	−0.5	
钕（Ⅲ）	0.1mol/LKCl，LiCl或0.002mol/LH$_2$SO$_4$	−1.183	前有金波
铌（Ⅴ）	0.1mol/LKCl，pH2.6	−1.28	
	0.3mol/L柠檬酸钾，pH6.8	−1.73	
	0.9mol/LHNO$_3$	−0.70	可能是NO_3^-接触波

续表 9-1-54

元素	底液	半波电位，V	备注
锇（Ⅵ）	饱和$Ca(OH)_2$	－0.4，－1.16	
（Ⅷ）	0.5醋酸盐缓冲液，pH4.7	＞0	
钯（Ⅱ）	2mol/LHAC，2mol/LNH_4AC	－0.6	
	1mol/LNH_3-1mol/LNH_4Cl	－0.75	
铂（Ⅱ）	1mol/L KCl	－0.1，－0.98	前为吸附波，后为脱吸
（Ⅳ）	0.004mol/L柠檬酸，0.045mol/LNa_2HPO_4，pH7	＞0	平滑良好波
镭（Ⅱ）	稀KCl	－1.84	相当良好的波
铼（Ⅲ）	2mol/$LHClO_4$	－0.28	不可逆，另－0.46V处有波
（Ⅳ）	2.4mol/LHCl	－0.53	
（Ⅶ）	2mol/LKCl	－1.43	
	4mol/$LHClO_4$	－0.38	接触催化波
铑（Ⅲ）	1mol/LNH_4Cl	－0.93	
	1mol/$LKNO_3$或0.5mol/LK_2SO_4	－0.96	
铷（Ⅰ）	0.1mol/$LN(CH_3)_4OH$.	－2.03	
钌（Ⅴ）	1mol/$LHClO_4$	＞0，＋0.20	
钐（Ⅲ）	0.1mol/$LN(CH_2)_4I$，0.0005mol/LH_2SO_4	－1.8，－1.96	
钪（Ⅲ）	0.1mol/LLiCl或KCl（含少量HCl）	－1.80	
硒（－Ⅱ）	0.05mol/LNH_3-1mol/LNH_4Cl	－0.84	形成HgSe
	1mol/LHCl	－0.49，－0.1	形成HgSe
（Ⅴ）	0.1mol/LNH_3-0.1mol/LNH_4Cl	－1.64	
锶（Ⅱ）	0.1mol/$LN(C_2H_5)_4I$	－2.11	
钽（Ⅴ）	0.9mol/LHCl	－1.16	
	0.1mol/L酒石酸钾 pH3～5	－1.57	
碲（Ⅱ）	0.1mol/LNH_3，1mol/LNH_4Cl	－1.11	
（Ⅳ）	1mol/LNH_3，1mol/LNH_4Cl，pH9.4	－0.67	
（Ⅵ）	醋酸盐缓冲液，pH5.6	－1.18	
钛（Ⅳ）	0.2mol/LHAC	－0.85	贫波
		＞0	
钨（Ⅵ）	10mol/LHCl	－0.60	良好波
铀（Ⅳ）	1mol/LHCl	－0.89	
（Ⅵ）	0.5mol/$L(NH_4)_2CO_3$	－0.83	
钒（Ⅴ）	1mol/LNH_3	－0.96	
镱（Ⅲ）		－1.41	
锆（Ⅳ）		－1.15	

决定。莫塞莱发现，随着元素的原子序数增加，特征X射线有规律的向短波方向移动，即各种元素的

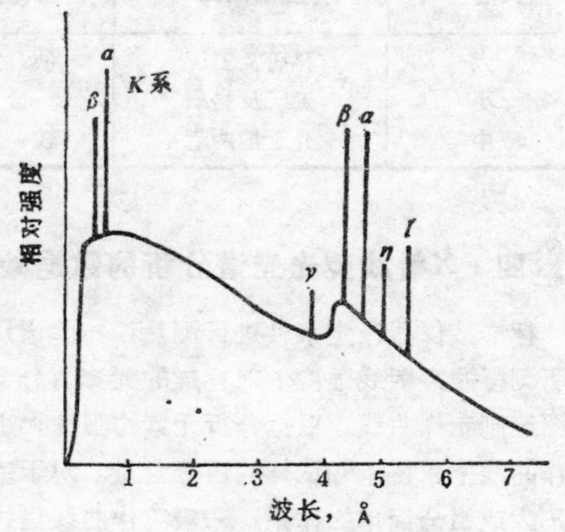

图 9-1-23　铑靶X射线管的强度分布

原子序数和它们特征X射线的波长倒数平方根成线性关系：

$$\sqrt{\frac{1}{\lambda}}=C(z-\sigma) \qquad (9\text{-}1\text{-}23)$$

式中　C——常数；

σ——屏蔽常数。

莫塞莱定律奠定了X射线光谱作为元素分析的基础。

X射线束通过物质时强度减少，这主要由于X射线被物质吸收与散射所引起的。散射系数是由相干散射和非相干散射两项组成。X射线与其它电磁辐射一样，同样遵守吸收定律。X射线穿过物质的强度I与入射X射线强度I_0和物体的厚度X之间关系如下：

$$I=I_0e^{-\mu\rho x} \qquad (9\text{-}1\text{-}24)$$

式中　μ——质量吸收系数，cm^2/g（可从表中查到）；

ρ——密度；

x——物质厚度。

自样品出射的X射线是多色射线束，分离成可测量的单一特征谱，有如下三种方法：

（1）利用衍射晶体将X射线束按其波长在空间展开，称为波长色散光谱法（WDS）；

（2）利用半导体探测器和多道分析器将X射线束按其能量展开，叫做能量色散光谱法（EDS）；

（3）使用平衡滤光片，优先吸收分析元素的特征X射线，称作非色散法。

对于波长色散光谱法，当X射线通过原子规则排列的晶体时，就会产生衍射。只有在光程差为波长的整数倍时，光的振幅才能互相叠加。因此波长λ，晶格常数d和衍射角θ之间的关系服从布喇格方程：

$$n\lambda=2d\sin\theta \qquad (9\text{-}1\text{-}25)$$

式中　n——衍射级数，通常为1，2，3。

经晶体分光后只有满足布喇格方程的X射线被分析晶体所衍射。因此当晶体转动时，不同波长的X射线，将被一一衍射至不同的方向，用探测器接收这部分X射线。根据波长-2θ表，确定样品的成分，即为定性分析。再根据用已知标样测得的元素含量与谱线强度间关系绘制工作曲线。由未知试样的强度从工作曲线上求得元素的百分含量，即为定量分析。

二、X射线荧光光谱分析的仪器结构与型号

通常X射线光谱仪分为X射线荧光光谱仪（波长色散），X射线能谱仪（能量色散）以及非色散X射线分析仪三大类。

X射线荧光光谱仪主要由X射线发生器、分光系统、计数记录系统组成。X射线发生器包括高压电源和X射线光管。分光系统包括试样室、准直器、分光晶体、测角器。计数记录系统是由线性放

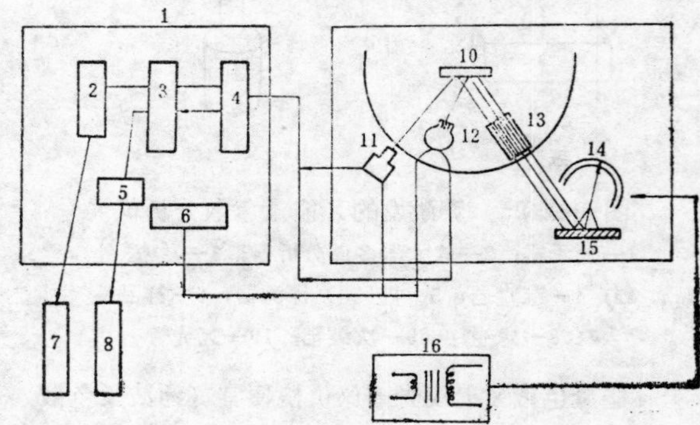

图 9-1-24　X射线荧光光谱仪结构示意图

1—记数记录装置；2—定标器；3—波高分析器；4—放大器；5—比率计；6—高压电源；7—打字机；8—记录仪；9—分光装置；10—分光晶体；11—闪烁记数器；12—正比计数器；13—狭缝；14—X射线管；15—样品；16—X射线高压电源

表 9-1-55 波长色散谱仪的比较

仪器类型	检测限	测量速度	灵活性	应用范围	价格
顺序（单道）型	1～3ppm	单元素测量	大	科研及工厂	便宜
多道型	5～10ppm	多元素快速分析	小	工厂及科研	贵
复合型	介于两者	介于两者	中	介于前两者	较贵

大器、脉冲高度分析器、定标器、计数率计或积分器、记录器以及包括计算机在内的数据处理系统，参见图9-1-24。

关于顺序式X射线荧光光谱仪与多道X射线荧光光谱仪的比较，前者适用于试样品种繁杂、样品数量又不多的用户。后者更适合于试样品种固定、试样量大的用户，其比较如表9-1-55。

X射线能谱仪由试样室、激发源（小功率X射线管、放射性同位素源等）、硅（锂）和锗（锂）探测器、多道分析器以及包括计算机在内的数据处理系统，见图9-1-25。

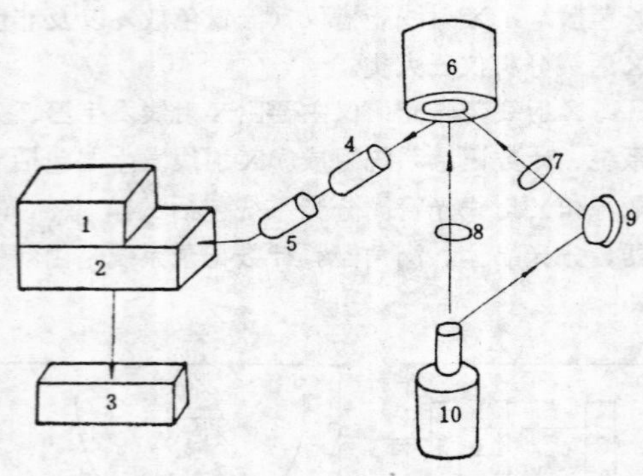

图 9-1-25 管激发的X能量色散分析仪

1—显示器；2—放大器多道分析器；3—数据处理；4—准直器；5—硅(锂)探测器；6—样品；7、8—滤光片；9—次级靶；10—X光管

能量色散X射线光谱仪价格便宜（为波长色散谱仪的1/3），可同时测定样品中几乎所有的元素，现已成为X射线光谱仪商品市场上的主要商品，但在准确度和轻元素测定方面还不如波长色散。

三、X射线荧光光谱分析的试样制备

X射线荧光光谱分析方法与制样技术密切相关，下面把分析对象与通常采取的制样手段组合列于表9-1-56。

四、X射线荧光光谱分析的数据处理

标样按仪器设定条件进行测量，扣除谱线重叠后所测得的X射线强度 I 对标样的元素百分含量W作图绘制工作曲线。根据分析元素的强度大小，从工作曲线上求得未知试样的百分含量。对于基体变化不大或组分简单的体系，一般工作曲线呈线性关系$W=aI+b$或二次方程式曲线关系$W'=aI^2+bI+c$，式中 a、b、c 为常数。对基体复杂的体系可采用薄试样法，内标法，标准加入法，康普顿散射法，稀释-重元素吸收法，双倍稀释法来克服基体效应的影响。

在X射线荧光光谱分析中，也可利用数学方法来校正元素间的基体效应。目前主要有三种方法。

（1）经验系数法。主要是确定共存元素的影响系数α_{ij}，它是定量地表示一种化合物或混合物中共存元素 j 对被测元素 i 所发射的X射线强度影响大小的一种系数。当前至少有三种求法：1）二元及三元标准法；2）回归法；3）理论计算法。其中回归法应用最多，但需要较多的标准样品。它是基于一系列标样，按一个数学模式回归演算来计算影响系数，其准确度为±0.1%。目前提出的模式很多，见表9-1-57。

（2）基本参数法。将X光管的光谱分布，质量吸收系数和荧光产额代入理论强度公式，使用一个纯元素标样，在中型计算机上用迭代法直接计算含量，其相对误差大约为2～3%。由于基本参数本身数值不够精确，以及只使用纯元素标准，分析误差较大。但是在标准样品难以解决的样品分析中，该法仍有一定的使用价值。

（3）基本参数与经验系数结合法。只要输入待分析元素的谱线与仪器条件，一个标样的含量和强度，以及未知试样的强度，计算机首先就选择一套模拟标样，采用基本参数法计算出模拟标样强度，并绘制工作曲线，再用一个标样来修正工作曲线。然后就用这一套模拟标样的含量和强度代入经

表 9-1-56 试样制备

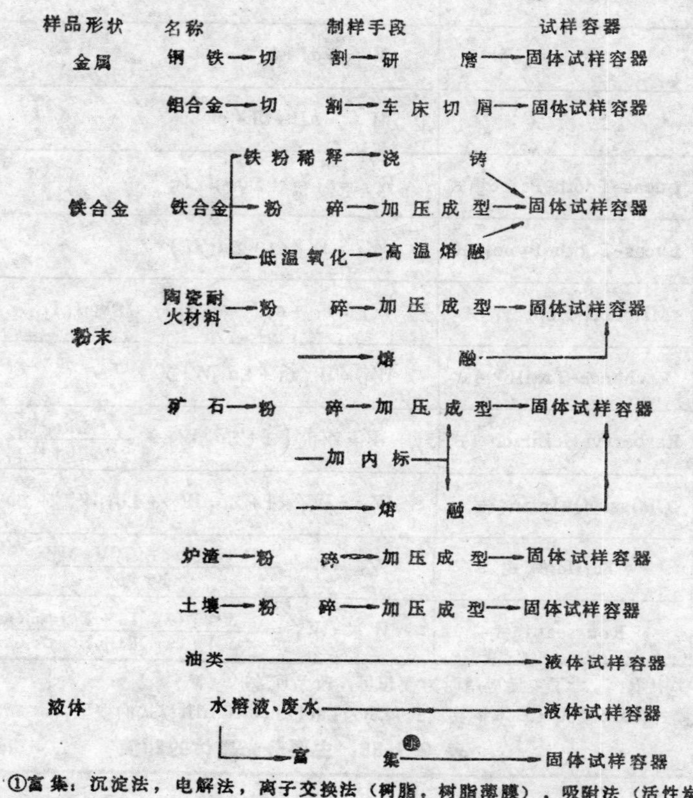

①富集：沉淀法，电解法，离子交换法（树脂，树脂薄膜），吸附法（活性炭）

验系数法中的L-T方程，回归求取α系数，未知试样的实际强度回代求出含量。分析主成分的变异系数可达1.2%，分析次要成分的变异系数可达1.6%。NRLXRF程序要求中型计算机处理，它经修改和简化后的XRF-11程序可以在32K的微处理机上进行计算，该程序目前已成为唯一的实验室程序。

五、X射线荧光光谱分析的特点及其应用

X射线荧光光谱法是一种快速、准确、对样品无损的分析检验方法。它能分析周期表上从硼到铀的所有元素，含量范围从ppm到100%，其测定的相对偏差从90～0.02%。不管是定性还是定量，均可分析固体、粉末、液体、矿浆以及气体样品。

稀有金属的化学性质极其相似，用化学法分析这些元素较为困难，而X射线谱与元素的化学性质几乎无关，且干扰较少，因此很多稀有元素，如锆、铪、铌、钽、铀、钍、钨、钼、稀土元素以及铂族元素等都能用X射线荧光光谱法准确、快速地测定。其主要应用如下：

（1）工业控制。目前国外普遍采用本法作快速的产品质量管理，流程控制分析，以及原材料的检验。目前已成功地应用载流X射线荧光光谱法连续自动测定了矿浆中钼的品位。此外，还用于稀有金属冶金流程中锆铪比率，铌钽比率等分析，以及核燃料生产过程中铀、钍分析，裂变产物中钚的分析等。

（2）稀土元素分析。本法对稀土元素常量范围的分量测定具有独特的优点，已在稀土分离富集的工艺流程控制分析中被广泛采用。如与其它富集方法相配合，分析灵敏度可提高一、二个数量级。

（3）稀有合金分析。以采用本法较为简便，快速。其制样手段大部分采用金属固体法。其中对镍钨合金，Ti-6Al-4V，锆及锆合金，以及钨钼硬质合金的分析已分别成为美国和日本及国际标准化组织（ISO）的标准分析方法。也有少数制样时采

表 9-1-57 经验系数法的主要数模

类型	模式	公式
无校正	一次式	$W_i' = aI + b$
	二次式	$W_i' = aI^2 + bI + c$
强度型	Lucas-Tooth-Price模式	$W_i = a_i I_i + \Sigma a_{ij} I_i I_j$
	Lucas-Tooth-Pyne模式	$W_i = W_i'(1 + \Sigma a_i I_i)$
	Mitchell-Hopper模式	$W_i = c_i + a_i I_i + \Sigma a_j I_j + \Sigma b_{ij} I_i I_j$
浓度型①	Lachance-Traill②模式	$W_i = W_i'(1 + \Sigma a_{ij} W_j)$
	Rasberry-Heinrich模式	$W = W_i'\left(1 + \Sigma a_{ij} W_j + \frac{\Sigma b_{ij} W_j}{1 + W_i}\right)$
	Claisse-Quintin模式	$W_i = W_i'(1 + \Sigma a_j W_j + \Sigma a_{ij} W_j^2 + \Sigma a_{jk} W_j W_k)$
	Tertian模式	$W_i = W_i' \frac{[1 + \Sigma(a_{ij} + b_{ij} W_i) W_j]}{1 + \varepsilon_i}$
	Rousseau模式	$W_i = W_i' \frac{\Sigma W_i(\lambda_k)[1 + \Sigma c_j \beta_{ij}(\lambda_k)]}{\Sigma W_i(\lambda_k)[1 + \Sigma c_j \delta_{ij}(\lambda_k)]}$

①原始公式中均用R_i，为了实际应用时方便起见，改为W_i'；

②De Jongh模式和JIS模式（日本钢铁模式）均为Lachance-Traill模式的变型。

表 9-1-58 主要分光晶体的2*d*值

晶体名称	分子式	衍射面	2*d*，Å	适用元素范围
氟化锂	LiF	220	2.848	>Ti
氟化锂	LiF	200	4.0273	>K
锗	Ge	111	6.532	P、S、Cl
锑化铟	InSb	111	7.481	Si
季戊四醇	PET	002	8.742	Al、Si
磷酸二氢铵	ADP	101	10.642	Mg
邻苯二酸氢铊	TAP	001	25.750	F、Na、Mg
多层晶体	W/C		≈40	O、F、Na、Mg
多层晶体	W/C		≈160	C、N、O

表 9-1-59 全反射单色器

镜面材料	适用元素范围
硼	C、B
石墨	C、B
金属铌	C、B
金属钼	C、B
氟化锂	C、B
石英	C、B
金属金	C、B

用硼砂熔融法和溶液法实现了例如钨钼合金、钼铁合金、钨铁合金、铌钽铁合金、贵金属合金、永磁合金、超导合金及其涂层以及稀散合金中主成分的分析。

（4）半导体材料分析。半导体元件的涂层厚度和组分现已广泛地采用X射线光谱法测定。以同步辐射作为激发源不经任何化学处理的检测限为0.1ppb。该法可用于超大规模集成电路连结技术中痕量元素的分析。

主要分光晶体的$2d$值及全反射单色器分别列于表9-1-58和表9-1-59。

第十五节 质谱分析

高纯金属、半导体材料、稀土产品等常用质谱仪作分析工具。质谱分析具有分析速度快、灵敏度高和多元素分析的特点。质谱分析除广泛用于杂质分析外，还具有能进行结构分析、显微图象分析的优点。本节仅就质谱仪器在杂质分析中的应用作一概要介绍。

一、质谱分析的基本原理

（一）质谱仪器

用于无机分析的质谱仪器由离子源、质量分析器、离子接收系统三部分组成。它们分别起着将试样电离、使离子按不同质荷比分离和接收记录离子的作用。现以无机质谱分析最主要的仪器——双聚焦火花源质谱为例简要介绍仪器的组成与原理。离子源采用的是高频火花源，由扇形静电场和90°磁场组成双聚焦离子光学系统，离子大多采用离子感光板记录。图9-1-26示出了仪器原理图。

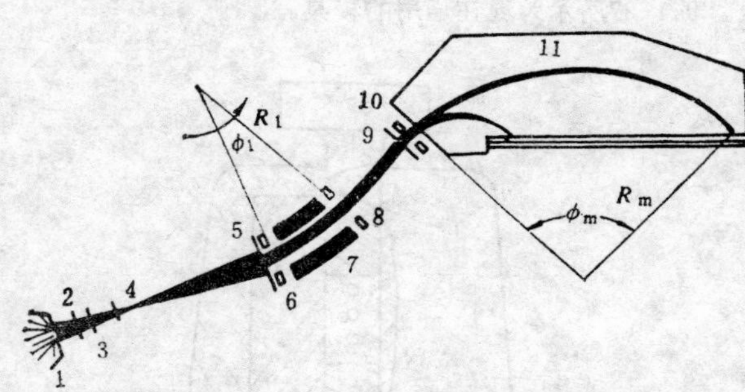

图 9-1-26 双聚焦火花源质谱仪原理图

1—打火电极；2—加速电极；3—地电极；4—主缝；5—α缝；6，8—电屏蔽；7—偏转电极；9—β缝；10—磁屏蔽；11—磁场

由图可见，在离子源内试样被加在其上的高频火花所电离。被电离的带电离子在加速电压作用下进入静电场。离子通过电荷收集器而进入磁分析器。离子在罗伦兹力作用下，不同质量带不同电荷的离子其旋转半径不同，在磁场中实现了质量分离，按质荷比分别聚焦成不同的离子束。离子束打在磁场出口处的离子感光板上被潜像记录下来。干板经暗室处理就得到显示主体与杂质元素的质谱线。

（二）定性分析

在质谱干板上的每一条谱线都对应着某种状态的离子。如单电荷离子、多电荷离子、多原子离子、分子离子、同位素离子、转换电荷离子等等。能进行定性判别的一般是单电荷的多原子离子与同位素离子。在仪器分辨本领已知条件下，排除了谱线干扰，在某一确定的m/e比位置上有谱线存在且符合同位素丰度比，则可判定相应元素存在。分子谱线，尤其是碳氢化合物的存在常常给人以假像。但分子谱和碳氢化合物形成的谱线与单质元素不同，这些谱线基本不存在二次离子谱线（即双电荷离子）。经过鉴别真伪的核定之后，根据谱线的位置即可进行定性分析，断定被分析试样的组成。

在实际分析中常常是预先测出质谱干板上各段的实际分辨本领，根据质量数表事先计算出某一试样中各元素不受干扰，或有条件待定的谱线位置。并用表列方式排出，待谱板摄出后，只要观察相应位置有无谱线即可报告某一元素的存在，达到迅速准确定性的目的。

（三）定量分析

质谱定量分析大致可分为标样法、绝对定量法、同位素稀释法。以上三种方法在使用干板作离子强度记录时都有一个把黑度转化成元素含量的问题。由此就派生出一些定量方法的不同叫法。下文以标样法为例简要说明质谱定量方法的要点。

杂质元素的含量由下式计算：

$$C_X=\frac{E_{标}}{E_X}\times\frac{X_{标}}{100}\times\frac{I_{标}}{I_X}\times\frac{S_{标}}{S_X}\times\frac{A_X}{A_{标}}\times\frac{M_X}{M_{标}}\times10^6\text{ppm，摩尔原子} \qquad (9\text{-}1\text{-}26)$$

式中 $E_{标}$与E_X——分别为标准和待测元素某一同位素谱线在干板上产生同一黑度所对应的曝光量；

$X_{标}$——作为标准的元素在此化合物中的百分数；

$I_{标}$与I_X——标准和待测谱线同位素丰度；

$S_{标}$与S_X——标准与待测元素对应的一价离子谱线的相对灵敏度；

$A_{标}$与A_X——标准与待测元素谱线的成像面积；

$M_{标}$与M_X——标准与待测元素多价离子谱线的强度比。

由计算待测元素含量公式可知，要进行定量计算需要事先进行离子感光板的乳剂特性校准曲线，测出在相同条件下标准与待测元素相对于某一元素（通常选用铁元素）的相对灵敏度和多价离子谱线的强度比。

由于待测元素的含量范围很宽，其对应黑度不一定正好在谱板黑度的线性范围内。与光谱分析中数据处理方法一样，对处于线性范围及其两端的分析数据的处理将采用丘吉尔校准乳剂特性的双谱线法或史爱特尔黑度法。

火花源双聚焦质谱仪分析试样时每次取样量仅为毫克量级，要求标样应比化学法标样或光谱分析用标样具有更好的均匀性。制造适于质谱分析的标样十分困难，曾用光谱标样作相对灵敏度的测定研究，但离广泛应用尚有一定距离。

粉末、溶液试样中杂质元素的相对灵敏度测定取得了满意的结果，这是用标样或配标样的方法实现的。具体做法是：对标样进行分析，因某一待测元素的含量已知，按公式9-1-25可计算出$S_{标}/S_X$值。如令$S_{标}$为1，则可计算出任一待测元素的相对灵敏度S_X值。

相对灵敏度S应理解为包含电离效率、传输效率、成像效率等诸因素的总的相对校正系数。

相对灵敏度S是否存在浓度效应、基体效应尚无定论。在定量分析中尽可能选用与测定试样相一致的标样以避免分析误差。影响S的因素很多，故S必须在所用的仪器上求得，他人的数据无法借用。相对灵敏度S是没有通用性的。

同位素稀释法是质谱分析特有的定量方法。可在一些专著中找到该方法详细而完善的论述。

二、质谱分析的试样制备

火花源双聚焦质谱仪由于是把待分析试样作为电极使用，这就对试样制备提出了特殊要求。第一，试样必须是导体；第二，试样要作成一定的形状并具有一定的强度；第三，避免加工过程中对试样的污染。

（一）固体试样制备

固体试样一般需加工成2mm见方长20mm的棒状。金属材料采用铣床或车床加工，半导体材料用切片机加工。成形后的试样要在清洁室内经过去油和酸洗除掉表面污物。要十分注意制样过程中的玷污，尤其是高纯半导体材料、清洗中使用的器皿、试剂，都会成为污染源，影响分析结果。

为使非导体固体试样变成导体可采用真空溅射、真空镀膜或高纯辅助电极的办法来实现。显然采用这些办法要预先对引入的辅助材料作分析，其中的杂质浓度至少比试样小一个数量级才能采用。

对于熔点很低的固体材料，在分析时要用低温冷冻装置降低试样电离时电极的温度，不然，随着火花放电时间的延续，电极受热熔化使分析不能进行。

（二）液体试样制备

在火花源双聚焦质谱仪上，不能对液体试样作直接分析。常将液体试样转移到导体的平头电极上，待其水分蒸发后对残渣进行分析。或用液体蒸干后的残渣与导电粉末混合，或把液体直接加入导电粉末中混匀制成电极。

对于液态金属试样如金属镓，则用模具辅助成型，并在液氮温度下冷冻成固体。放入离子源后必须用液氮冷冻装置维持其低温状态以便于打火曝光。采用辅助电极难于作高纯分析。

液体试样制样过程中还要防止有机物或有机试剂的引入，有机物会形成大量谱线，造成对分析线的干扰。

（三）粉末试样制备

粉末试样一般都用加压成型的办法来制备。图9-1-27所示为现在通用的模具。

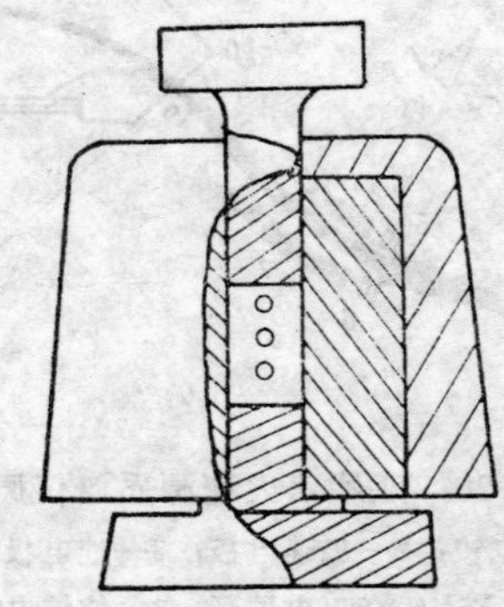

图 9-1-27 通用模具

从图可见模具由模芯、模芯套、上模、下模、模壳等五部分组成。除模芯是选用聚乙烯外其余全部用工具钢制造。待压粉末装入模芯的横洞中，加压后即可压成ϕ2mm的柱条。

制备不导电的氧化物试样时，有时要混入一定比例的高纯石墨粉或高纯金属粉。

粉末试样制样时最容易受污染，应严格用对待高纯试样的办法来处理。

当采用混入其它材料制备试样时，每种材料的重量、混匀的程度都将影响分析结果的准确性。

三、影响质谱分析精度的因素

概括起来有以下四方面，即制样、摄谱、干板处理和数据处理。

（一）制样

除称量、研磨混匀、基体、辅料选用等因素以外，最大的危险来自环境、试剂、试样保存、转移等过程中的玷污。固体试样外界条件的玷污尚可通过预曝光，剥蚀掉一层试样来达到清洁试样的目的，然而对于溶液、粉末试样就会造成难以察觉的影响。制样过程的影响是分析方法中的一个共性问题。

（二）摄谱

火花源双聚焦质谱的摄谱过程很复杂，火花放电条件如脉冲频率、脉冲宽度、高频电压的变动都会影响分析结果。在曝光时磁场电流、电场电压、加速电压的不稳定性会使谱线变宽或使谱线移位。而造成测量误差。甚至试样的形状、打火间隙、试样打火时离S_1缝的远近等都是引入误差的因素。因此在摄谱时保持打火条件的一致性是消除误差的重要条件。电学条件的固定是较易做到的，而机械调节因素的控制很难保持一致，这些因素造成的影响在痕量分析中是允许的。在摄谱中，如仪器上没有配置斩波器则在小曝光量摄谱时会引入较大的误差。为了准确地摄制小曝光量谱线，只能降低脉冲频率或降低高频高压，这就破坏了摄谱条件的一致性、电学条件的变化会引起元素产生单电荷离子机率的变化，从而影响分析结果。如果不用这个办法而是采用偏离电极位置的办法来摄制小曝光量谱线，则极难精确控制曝光量，同样会引入误差。斩波器的使用是消除摄谱过程误差的最好方法。

（三）干板处理过程

影响干板处理的条件主要是显定影时间与温度、显定影液的药力程度。它们的影响表现在不同干板所记录的一批试样之间。如果每块干板都摄有校准线，通过校准线的核对可消除干板处理条件不一引入的误差。

（四）数据处理

在谱线定性的准确性与谱线干扰的定量扣除上问题居多。其次才是谱线强度的测量误差和较正因素的多少上。虽然数据处理繁杂，但是只要认真细致就能把测量误差控制在分析所要求的范围内。

四、质谱分析特点与应用

火花源双聚焦质谱仪在直接测量的分析仪器中是灵敏度较高的仪器之一。可以分析周期表中几乎所有的元素，一次摄谱可作60个以上元素的全分析。分析灵敏度在ppm与ppb之间，如采用电子计算机自动测量谱线，一天内就能报出分析结果。

质谱分析具有快速、灵敏、多元素分析的特点，每次分析所需试样不多，特别适于做高纯半导体和高纯金属中的杂质分析和其它痕量分析。由于在火花源质谱分析中，各元素的相对灵敏度仅为3～5倍，差别不大。所以工艺流程的控制分析无需作方法可以直接分析，既省时间，还可免去方法实验的消耗。

质谱分析方法主要应用于痕量分析上，不适合作高含量的杂质分析。在采用感光板作检测时，分析误差一般在20%左右。如采取措施可把分析误差减少到5～10%。当采用电记录方式时，分析误差还可进一步得到改善。

第十六节　核技术分析

核技术分析主要分为活化分析和离子束分析两大类。活化分析包括中子活化分析、r光子活化分析、带电粒子活化分析及瞬发辐射活化分析等。离子束分析包括核反应分析、质子X荧光分析、背散射、沟道效应等。低能离子散射、次级离子质谱和低能电子衍射——俄歇电子谱等也属于离子束分析技术。

一、活化分析基本原理

活化分析是用一定能量和流强的中子（包括热中子、共振中子和快中子），带电粒子（质子、氘、氦-3、氦-4以及重离子等）或者高能r光子轰击待测样品，然后测定由核反应生成的放射性核素衰变时放出的缓发辐射或者直接测定核反应中放出的瞬发辐射，从而实现元素的定性和定量分析。

核反应中，生成的放射性核素的净生长速度与两个因素有关。一个是发生核反应的速度，另一个因素是生成核的衰变速度，从而可以导出活化过程中放射性核素的强度$A_{t'}$：

$$A_{t'}=f\sigma N(1-e^{-\lambda t})e^{-\lambda t_1} \quad (9\text{-}1\text{-}27)$$

或 $$A_{t'}=6.023\times10^{23}Qf\sigma\frac{W}{M}\left(1-e^{-\frac{0.693t}{T_{1/2}}}\right)e^{-\frac{0.693t_1}{T_{1/2}}} \quad (9\text{-}1\text{-}28)$$

表 9-1-60 活化分析常用的地质标准参考物

提供机构	标准参考物 SRM
地质SRM	白金矿石PTA—1，PTC—1，PTM—1，硫化物SU—1，正长岩SY—2，辉长岩MRG—1，超镁铁质岩UM—1，2和4
法国岩石学与地球化学研究中心	玄武岩B，闪长岩DR—M，花岗岩GR、GA、GH
日本地质调查局	玄武岩JB—1，花岗闪长岩JG—1
美国劳伦斯实验室	陶器SP—1
美国地质调查局	玄武岩BCR—1，辉绿岩W—1，纯橄榄岩DTS—1，花岗岩G—1和G—2，花岗闪长岩GSP—1

式中 Q——靶核的天然丰度；

f——入射粒子通量；

λ——衰变常数；

σ——核反应截面，即发生所需核反应的几率；

W——靶元素重量；

M——靶元素原子量；

$T_{1/2}$——核素半衰期；

t——照射时间；

t_1——冷却（即衰变）时间。

式9-1-26为最基本的活化方程式，只要测出A_t，便可计算出样品中所含元素的重量W。所以从原理上讲，活化分析是一种绝对测量法。放射性原子的生成速度由$f\sigma N$决定，参见式 9-1-26。σ是粒子能量的函数，所以需要用能量一定的照射离子。粒子流f又都很难测准。由于这些核参数在精确度上尚不能满足要求，在实际工作中，通常均采用相对法，即取标准（含有已知量待测元素）和试样在相同条件下进行照射和测量，这样便可消除由于核参数引入的不确定度，通过下式就可计算样品中待测元素的含量$W_{样}$。

$$\frac{A_{样t'}}{A_{标t'}}=\frac{W_{样}}{W_{标}} \qquad (9\text{-}1\text{-}29)$$

二、中子活化分析

（一）试样制备

1. 取样方法

对高纯材料、矿石等块状固体，可直接用铝箔包装照射，也可以粉末形式照射。液体样品必须装在容器内，最好选用高纯石英、聚四氟乙烯等材料制成的容器。对于水样可采用冷冻样品的办法将样品立即用干冰使其急速冷冻。粉末样品如土壤、矿样、石英砂、化学结晶物等可直接在照射容器中称重送入堆内照射。

2. 样品前处理

是指照射之前，用某些物理或化学方法对样品进行处理。常用的几种前处理方法有蒸发、冷冻干燥、低温灰化、预浓集法（如活性炭吸附法，离子交换树脂预浓集法）、预分离法（离子交换法、纸上色层法、沉淀法、萃取法以及电解法等）。

（二）标准

活化分析通常都采用相对法来计算元素含量，所用标准有单个标准、混合标准、标准参考物质等类型。

1. 由已知量的各元素或化合物制备标准

若用化合物，它必须具有化学计量性（即组成确定）和辐射稳定性，这种标准可以配制成多种混合标准，如测定岩石中稀土元素，可以配制成一个含有多种元素（浓度已知）的溶液。这些元素在标准溶液中必须以适当比例存在，以使它们的放射性大小为同一数量级。

2. 用各种树脂（包括天然和人工）作为基体

如酚醛树脂，加入各种混合标准，成为均匀的"真溶液"，在特定条件下制成坚硬固体进行照射。树脂标准几何形状严格，机械和辐射强度高，放射性强度小，特别适合于挥发性元素如硒、锑、汞和溴等的分析。

3. 标准参考物质

随着痕量元素分析水平的不断提高，要求对各种复杂试样实现常量与痕量组分的同时测定，通常采用的分析标准不能得到准确的结果。此外，不同实验室不同分析方法之间常常出现不一致的结果，采用标准参考物（SRM）能够提高分析结果的可靠性，在制定标准方法时也为各实验室之间的相互比较提供了一把统一检验的尺子。

SRM既用于实验室之间进行相互比较，又用来检查分析方法的可靠性。在活化分析中，直接用SRM作多元素照射标准，既简单又准确。表9-1-60列举一些在活化分析中常用的地质标准参考物及有关提供机构。

（三）放射化学分离

1．放射化学分离

这是50年代活化分析中必不可少的一个重要步骤，到60年代由于锗（锂）探测器的出现以及计算机的发展，仪器中子活化分析得到了迅速发展。目前，仍以放射化学分离手段为主，生物和环境科学的发展提出了痕量分析课题，由于基体复杂，不破坏法难以胜任；另外，为了提高分析灵敏度、准确度，亦需采用放化分离不可。如测定砷中铜，仪器法灵敏度为10^{-10}g/g，而放化分离中子活化法灵敏度可达10^{-11}g/g。

2．亚化学计量法

该法是将稳定同位素加入到照射后的被测放射性同位素中，使其稀释，然后取出比化学计量少的一部分进行测量，利用简单的数学公式求出样品中被测元素的含量。亚化学计量法可避免产额测定及省去标准的配制，提高分析的选择性和准确度，常可简化分离步骤，易于自动化，可用于常规分析。用亚化学计量法可测定的元素大约有40余种。

（四）14MeV快中子活化分析（FNAA）

它是一种快速、准确和非破坏性的定量分析方法，由高压倍加器加速的氘子打在氚靶上，通过T(D,n)α反应，产生的14MeV中子，这种单色中子在活化分析中占有相当重要的地位。

14MeV中子引起的重要反应是（n,2n）、（n,p）和（n,α）反应，它是活化分析中开展较早、技术较为成熟、设备简单便于普及的一种手段，它对一些轻元素有较高的活化截面，而这些元素正是热中子活化分析中不十分灵敏的部分。

（五）核辐射测量

由于射线能量和半衰期是放射性核素的特征，因此通过测定核素的半衰期或放出的能量，便能作出定性鉴定，而测定射线强度，便可进行定量分析，这就需采用核辐射测量仪器。

核辐射探测仪器可分成下列几类：

（1）属气体电离作用的有G-M计数管，正比计数管，电离室等。

（2）属固体电离作用的有锗（锂）、硅（锂）、金硅面垒型，高纯锗等半导体探测器。高纯锗探测器的分辨率和探测效率与锗（锂）探测器相媲美，其某些性能优于锗（锂），有取代锗（锂）探测器的趋势。

（3）属荧光作用的有NaI(Tl)，液体闪烁计数器，ZnS等。

（4）属化学作用的有自射线照相法，核乳胶等。

（六）活化分析的特点

（1）灵敏度高。活化分析对大约80多种元素的分析灵敏度在10^{-6}～10^{-13}g之间，目前已有通量高达10^{15}～10^{16}中子/(cm^2·s)的核反应堆（如美国的ATR堆和VVR—S堆），灵敏度可提高1～2个数量级。

（2）准确度高、精密度好。准确度在10%左右，精密度在5%以内。

（3）可测定化学性质相类似的元素。

（4）可进行多元素同时测定。

（5）非破坏分析。由于高分辨率、大体积同轴锗（锂）探测器及与计算机相连的多道γ-谱仪的应用，出现了不破坏试样的仪器中子活化分析新技术，可自动分析和处理数据，大大提高了分析速度。

（6）可实现自动化，进行在线分析。

活化分析的缺点是：一般说来，只能分析元素的含量，不能测定元素的化学状态和结构；活化分析的设备较复杂，再加上国内辐照装置不普遍，故分析费用较贵，周期较长。

三、带电粒子活化分析

（一）原理

将待分析的试样放在各种加速器的束流中照射，各种带电粒子（p，D，T，^{3}He，^{4}He）即会与核试样进行核反应，形成复合核而处于激发态，复合核放出各种粒子而从激发态返回到基态，同时形成新的产核。根据测量核反应过程中放出的粒子（瞬发法）或测量产核在衰变过程中放出的粒子（延迟法）而进行微量元素分析的方法称为带电粒子活化分析法（CPAA）。

（二）试样的处理方法

适用于带电粒子活化分析的样品主要为金属，合金及其氧化物。样品对着照射粒子的那一面必须仔细抛光和清洗（可以用方机械法，也可用化学腐蚀方法来抛光）。由于实验室环境中碳、氮、氧、氟的浓度相当高，很容易玷污待测样品，只能在样品照射之后，腐蚀除去。

（三）几种主要的带电粒子反应

主要有质子反应，氘（^{2}H）反应，α粒子反应，^{3}He反应，氚（^{3}H）反应和重离子反应。

（四）带电粒子活化分析的标定方法

标定方法有平均截面法，等效厚度法和厚靶产额法。

（五）带电粒子活化分析的特点

带电粒子在物质中的射程很短（≤200μm），适宜作表面分析，分析对象主要是轻元素（Z≤10），反应产物大部分是β^{+}放射体，在作多元素分析时，一般采用混合衰变曲线分解法，测定方法采用β^{+}符合谱术（相加符合或γ-γ符合）。

（六）带电粒子活化分析在稀有金属中的应用

（1）半导体材料硅、锗、砷化镓中痕量轻元素（碳、氢、氧、氮）分析；

（2）高纯材料的表面分析；

（3）金属中气体的分析；

（4）深度分布的分析，如分析铌和锗表面层氧的深度分布。

四、离子束分析

（一）质子激发x荧光分析（PIXE）

1. 基本原理

用加速器产生的高速质子轰击样品，会造成原子内壳层的电离而产生空穴，外层电子以一定的几率跃迁填补空穴，发射确定能量的特征x射线，测量X射线的能谱，根据特征X射线的能量和峰面积，即可知道样品中含有什么元素及含量多少。

2. 仪器

高分辨率硅（锂）半导体探测器和多道γ-谱仪及计算机系统。

3. 优点

多元素（Z≥13）同时分析；灵敏度高，相对灵敏度可达10^{-6}～10^{-7}；取样量少；对样品无损伤；能进行表面分析；能进行外束分析，故适用于液体样品，也特别适合分析珍贵的历史文物，也非常适合环境样品的分析。

（二）同位素源激发x射线分析

1. 基本原理

在同位素源发出的低能光子轰击下，被测样品中各种元素的原子受激，发射出特征x射线、分析x射线能谱，可以测定样品中各元素的含量。在定量分析中要根据被测样品的厚度而采用不同的定量方法。

2. 优点

与质子激发x射线分析相比，设备简单，操作方便，使用经济，有利于推广。束流稳定。在环境科学，生物医学，地质，冶金，考古等许多领域得到广泛应用，可用作常规分析。

3. 仪器

（1）放射源，如^{241}Am、^{238}Pu、^{109}Cd、^{55}Fe。

（2）探测器，如硅（锂）半导体探测器。

（3）能谱分析系统。

（三）背散射（RBS）

1. 基本原理

当能量为1～3MeV的$^{4}He^{+}$离子束或能量为几百KeV的质子束打到样品靶上，入射离子与靶原子核发生库仑相互作用，其中部分入射离子就会发生大角度散射，即背散射。

背散射的能谱可以用金硅面垒半导体探测器进行测量，由背散射能谱即可知道样品中含有什么元素，并可算出元素含量或元素组成比例，薄层厚度或元素的深度分布等信息。

2. 特点

在数千埃深度范围内，离子背散射是一种很好的分析手段，分析精度约±5%，它不需要标准样品就能给出定量分析结果。快速、简单、准确可靠。它不仅能比较直观地给出杂质元素含量随深度分布的图象，而且测量时对样品无损。背散射对轻元素氢、碳、氧、氮等不灵敏，但它有较好的深度分辨，特别适用于分析轻元素基体中的重元素。

（四）沟道效应

1. 基本原理

如果靶物质是单晶体，由于原子规则排列，入射离子和晶体之间的相互作用就会具有强烈的方向性，入射束如果沿着晶轴或者晶面方向射入。极大多数的入射粒子将沿着沟道方向振荡通过，离子与靶原子间的近距相互作用，如背散射，核反应，质子X荧光等产额会剧烈下降，这种现象就是沟道效应。

沟道效应同背散射技术结合具有许多优点，如当待分析晶体表面的杂质元素的原子量比基体的小时，应用一般的背散射技术是很不利，如果采用沟道技术，将入射束与晶轴对准，则基体元素的背散射产额大大下降，杂质的背散射峰就能很清楚地显

表 9-1-61 金属中气体分析方法分类一览表

分析方法	O、H、N、C	反应机理	最小检出浓度ppm	检测方法	备注
真空 热抽取法—/熔融法— 高频/脉冲	✓ ✓ ✓ ×	$MeO_x + xC \rightarrow Me + xCO$ $MeH_x \rightarrow Me + x/2H_2$	1	检测所放出的气体：麦氏计法，微压法(H_2、N_2、CO)，库仑法(CO)，电导法(CO)，红外线吸收(CO)，气相色谱-热导法(H_2、N_2、CO)质谱法，光谱法(H_2、N_2、CO)	表9-1-62列出分析各种金属中气体的适用方法
惰气 热抽取法—/熔融法— 高频脉冲，直流电弧，悬浮	✓ ✓ ✓ ×	$MeN_2 \rightarrow Me + x/2N_2$	1		
氢还原法	✓ × × ×	$MeO + H_2 \rightarrow Me + H_2O$	0.1	费氏滴定法	适用金属见表9-1-62
凯氏蒸馏法	× × ✓ ×	$MeN + nH^+ \rightarrow Me^{n+} + NH_4^+ + nH$	5～0.5	容量法，比色法	适用金属见表9-1-62
氧燃烧法	× ✓	$MeC_x + xO_2 \rightarrow Me + xCO_2$	0.1	气体容量法，电导法，红外线吸收法，气相色谱法，库仑法	适用金属见表9-1-62
放射化法 —快中子活化法(14MeV)	✓ × × ×	$O^{16}(n,p)N^{16}$，$T_{1/2}$约7.5″ 测量N^{16}放射性强度，求氧；	1～0.001		举例说明反应机理；适用金属见表9-1-62
放射化法 —带电粒子或γ光子活化法	✓ (✓) ✓ ✓	$O^{16}(^3He,p)F^{18}$，$T_{1/2}$约112′测量F^{18}强度，求氧；$O^{16}(\gamma,n)O^{15}$，$T_{1/2}$约2.05″；测量O^{15}强度，求氧			
放射化法 —其它方法					
发射光谱法	✓ (✓) ✓ ✓		10		适用金属见表9-1-62
火花源质谱法	✓ × ✓ ✓		0.1		适用金属见表9-1-62
离子探针	✓ ✓ ✓ ✓	离子探入→光子射出	10～1		
俄歇分析	✓ × ✓ ✓	电子探入→电子射出	100		分析10至100μm直径表面
微探针	✓ × ✓ ✓		50～20		分析<1μm直径表面
红外吸收	✓ × × ✓		0.01		适用于半导体，硅、锗
内耗	✓ (✓) ✓ ✓		0.1		丝状样品，只适用体心立方体的金属
其它方法：同位素释法、固体电解质法（液态金属中氧）、真空蒸馏法、汞齐法、硫化和氯化法等等。					适用金属见表9-1-62

注：表中✓表示适用；×表示不适用。

表 9-1-62 金属中气体分析的适用方法

适用方法	待测元素 氧	氢	氮	碳
	被分析金属和材料			
真空熔融法	Li,Na,K,Be,Ba,Y,Sc,Ti,Zr,Hf,V,Nb,Ta,Cr,W,Mo,Mn,Re,Co,Ni,Pt,Cu,B,Al,Ga,In,Si,Ge,Sn,Bi,La,Ce,Pr,Nd,Sm,Gd,Tb,Dy,Ho,Er,Lu,Tn,U,As,Ga	Li,Be,Sc,Y,Ti,Zr,Hf,V,Nb,Ta,Cr,Mo,W,Mn,Re,Co,Ni,Pt,Cu,Ag.Zn,Cd,B,Al,Ga,Si,Ge,Sn,Pb,Sb,Bi,Ga,Tb,Dy,Ho.Er,Lu,Th,U,Pu	Sc,Y,Nb,Ta,Cr,Mo,Re,Co,Ni,Cu,Sn,La,Pr,Nd,Gd,Tb,Dy,Ho,Er,Lu,Th,U,Pu	
真空热抽取法	Nb,Ta,W,Mo	Be,Al,Ag,Cr,Sc,Mn,Y,V,Co,Ni,Cu,Ti,Zr,钛合金,锆合金,Hf,Ta,Nb,W,Mo,Th,U,镧系,Ca,Sr,Ba	Mo,Ta	
惰气熔融法	Be,Sc,Y,钛及其合金,锆及其合金,Hf,V,Nb,Ta,Cr,Mo,W,Mn,Ru,Co,Ni,Pt,Cu,Ag,Cd,Al,Ga,In,Si,Ge,Pb,As,La,Ce,Pr,Nd,Sm,Gd,Sm,Nd,Tb,Dy,Ho,Er,Lu,Th,U,Np,Pu,Cm,Ba,B,Mg,Sn,一些高含量氧化物,一些氮化物,一些碳化物,一些卤化物和硫属化合物等	钛及其合金,锆及其合金,Hf,V,W,Ta,Nb	Sc,Y,Ti,Zr,Hf,V.Nb,Ta,Mo,W,Co,Ni,Cu,Si,La,Nd,Gd,Tb,Dy,Ho,Er,Lu,Ac,Th,U,Pu,一些氮化物	
惰气热抽取法		钛及其合金,锆及其合金,铝及其合金,Ni		
氢还原法	Mo,W,Re,Cu,Ag,Au,Zn,Sn,Pd,As,Bi,Se,Te,Pb			
凯氏蒸馏法			Li,Na,K,Be,Mg,Ca,Sr,Ba,Sc,Y,钛及其合金,锆及其合金,Hf,V,Nb,Ta,Cr,Mo,W,Mn,Cu,Zn,Cd,Al,Sn,Pd,Sb,Bi,La,Pr,Nd,Ga,Tb,Dy,Ho,Er,Lu,Th,U,Pu	
氧燃烧法				Li,Na,K,Be,Hf,钛及其合金,锆及其合金,Nb,Ta,Cr,Mo,W,Re,Co,Ni,Cu,Zn,Si,Ge,Sn,Pb,As_2U,Pu
放射化法	Li,Na,K,Rb,Cs,Be,Mg,Ba,Y,Ti,Zr,Nb,Cr,Mo,W,Re,Cu,Au,Zn,Cd,Al,Sn,Bi,Sm,Th,Pu,Am	Zn,Cd,Sn,Pb,Sb,Bi	Be,Al,Am	Na,Mg,Cs,Zr,Nb,Ta,Cr,Mo,W,Cu,Au,Al,In,Pb,Am
其他方法 (a)汞齐法,(b)蒸馏法,(c)光谱法,(d)化学法,(e)红外吸收法,(f)火花源质谱法	Li(d),Na(a),K(a),Cs(b),Be(d),Mg(b,d),Ca(b,d),Sr(b,d),Ba(b,d),Ti(d,c)Zr(d,c),Hf(d),V(d),Nb(d),Ta(d),Cr(c,d)W(d),Ag(d),Zn(d),Cd(d),Al(d),Si(d,e),Ge(d,e),Pb(d),As(d),St(d),Bi(d)	Na(a),K(a),Mg(d),Ca(d),Sr(d),Ba(d),Ti(c,d),Zr(c,d),Hf(c,d),Ta(d),Cr(c,d),Mo(d),Zn(d),Cd(d),Al(d),Sn(d),Pb(d),Sb(d),Bi(d)	Li(b),Na(d),Be(f)	Si(e),Ge(e)

表 9-1-63 国内外的金属中气体分析商品仪器

仪器名称	气氛	测定元素	灵敏度	分析范围	试样重量，g	加热方式（最高工作温度）	分析时间 min	析出气体的检测法	备注
脉冲加热气相色谱仪（大连电子仪器二厂）	Ar	H O	0.5ppm 5ppm	H0.0005～0.1% O0.001～50%	体积最大直径<9mm，最小厚度不低于1mm	脉冲加热（3000℃）	H2～3 O3～5	气相色谱-热导池	H<10%，O在0.002%以下为±2ppm，其余为±10%
脉冲一库仑定氧仪（上海第二分析仪器厂）	Ar	O	0.5μg	0.0005%～0.2%，0.2～50%	最大2g	脉冲加热（3000℃）	3min之内	库仑滴定法（CO转化为CO_2）	±2ppm或氧含量的±2%
脉冲红外定氧仪（北京分析仪器厂）	Ar	O	约1μg	0～200ppm	0.4	脉冲加热（3000℃）	<2	红外分析器（CO）	±5%氧含量
库仑定碳仪（上海第二分析仪器厂）	O_2	C	10ppm	0.0025～2.0%	1～0.25	1kVA小高频感应炉或管式碳阻炉（1400～1600℃）	<90～180s	库仑分析器（CO_2）	≤±5%～≤±2%
定氢仪（美国力可公司）	Ar	H	0.01ppm	0.1～20ppm	2～7	脉冲加热（2500℃）	3	气相色谱仪-热导池	±0.1ppm或3%氢含量，视何者大而定。全自动化
定氢仪（美国力可公司）	N_2	H	0.001ppm	0.001～1000ppm	1～12.99	4.5kW小高频感应炉（1900℃）	2.5～3	气相色谱仪-热导池	准确度±0.03ppm，（1g试样）全自动化
定氧仪（美国力可公司）	Ar	O	0.1ppm	0.00001%～6%	1	脉冲加热（>2700℃）	0.5	红外分析器	准确度±0.0001或±1%，微机处理
氧氮联测仪（美国力可公司）	He	O N	0.1ppm	O0.1ppm～0.2% N0.1ppm～0.1% 0.01～0.5%	1	脉冲加热（>2700℃）	O1/4 N0.5	O红外分析器 N气相色谱仪-热导池	O±2ppm或±1%，N±1ppm或±1%，±2ppm或±1%，全自动化，微机处理

续表 9-1-63

仪器名称	气氛	测定元素	灵敏度	分析范围	试样质量，g	加热方式（最高工作温度）	分析时间，min	析出气体的检测法	备注
定氮仪（美国力可公司）	He	N	0.1ppm	0.1ppm～0.5%	1	脉冲加热（>2700℃）	40s	气相色谱仪-热导池	准确度±1%，微机处理
碳、硫测定仪（美国力可公司）	O_2	C S	0.1ppm	C 0～3.5%(1g)，0～0.7%(0.5g)，0～99.9%(0.25～0.1g) S 0～0.35%(1g)，0～0.7%(0.5g)，0～1.4%～99.9%(0.25～0.1g)	1～0.1	2.2kW小高频感应炉（1800～2000℃）	0.5	红外分析器	C<0.1%±0.0002或±0.5% S<0.01%±0.0002或±5%。 全自动化，微机处理
氧氮联测仪（西德利保海洛斯公司）	He	O N	0.1ppm	O 2000ppm(0.5g) N 4000ppm(0.5g)	0.5～2	脉冲加热	测量周期1min，分析周期40s	O红外分析器 N气相色谱-热导	精度±2ppm或±1%相对，视何者大而定。全自动化
真空熔融气体测定仪（西德利保海洛斯公司）	真空	O N H CH_4	O、N1ppm H0.1ppm	O.N0～2000ppm H0～200ppm		真空脉冲加热（>2800℃）	5	气相色谱-热导	全自动化
核燃料残留气体测定仪（西德利保海洛斯公司）	超高真空	总气体含量	分辨率10^{-3}Ncm^3	O 0.1Ncm^3 O 2Ncm^3		10kW高频感应炉（1950℃）			适用于UO_2或PuO_2中总残留气体含量。 全自动化
表面碳的快速测定仪（西德利保海洛斯公司）	O_2	表面碳	0.01 μg·mc^{-2}	O 20μg·cm^{-2}		快速加热炉	2～3	红外分析器	±0.02或±1%相对值μg·cm^{-2}。 适用于Cu表面和焊料间表面碳分析

续表 9-1-63

仪器名称	气 氛	测定元素	灵敏度	分析范围	试样质量，g	加热方式(最高工作温度)	分析时间，min	析出气体的检测法	备 注
定氢仪 (法国阿达梅尔公司)	N_2	H	0.01ppm	0.01～100ppm， 0.1～1000ppm	15	1.5kW小高频感应炉 (>1900℃)	2～3	气相色谱-热导	±2%相对值。全自动化
氧氮联测仪 (法国阿达梅尔公司)	He	O N	O 2μg N 1μg	O 1～1000ppm N 1～100ppm 10～70000ppm	10mg～3g	脉冲加热 (3000℃)	5	气相色谱-热导	±1%。全自动化
氧氮联测仪 (日本堀场制作所)	He	O N	0.1ppm	O 0～0.2% N 0～0.5%	0.5±0.1	脉冲加热 (3000℃)	约40s	O红外分析器 N热导	Cv≤2% 全自动化
碳硫测定仪 (日本堀场制作所)	O_2	C S	0.1ppm	C 0～0.01/0.1/10% S 0～0.01/0.1/10%	0.5	1.3kW小高频感应炉	约0.5	红外分析器	Cv≤2% 全自动化
氢还原法定氧仪 (西德)	载气Ar 反应气H_2	O	20ppm 分辨率	0～20%		管式炉 (1150℃)	约20	费氏滴定法	±5%
快中子活化法定氧仪 (日本芝浦电力公司)		O	10ppm		金属、板材、粉末或液体	14MeV中子发生器	数 秒		±5%

表 9-1-64 国内外一些金属中气体分析的标准方法

名称及编号	元素	使用方法	单位	备注
钛及钛合金分析方法 YB769—70	O、N、H	O 真空—微压法 N 蒸馏—滴定法 H 真空—微压法	冶金工业部组织	1971年
海绵钛化学分析方法	O、N	O 真空微压法 N 蒸馏—比色法	冶金情报标准所组织，抚顺铝厂起草	1975年
钨化学分析方法 YB895—77	O、N、H	O 真空—色谱法 N 蒸馏奈氏剂比色法 H 真空—色谱法	冶金情报标准所组织，株洲硬质合金厂起草	1978年
钼化学分析方法 YB896—77	O、N、H	同 上	同 上	1978年
钽铌化学分析方法 YB942—78	O、N、H	O 真空—色谱法 N 蒸馏比色或滴定法 H 真空—色谱法	冶金情报标准所组织，宁夏有色金属研究所起草	1978年
钨钼化学分析国际方法 真空色谱法	O、N	O 真空—色谱法 N 蒸馏奈氏试剂法	株洲硬质合金厂起草，国标审定会资料	1982年
钛及钛合金国标方法 O BS—83044 H BS—83063	O、H、N	O 惰性气氛—电量法（高频加热） H 真空—色谱法 N 蒸馏—奈氏试剂法	宝鸡有色金属研究所起草，国标审定会资料	1983年
钛及钛合金国标方法 C BS—83055	C	管式炉燃烧电量法	同 上	1983年
钨钼化学分析国标方法	C	管式炉燃烧电量法	株洲硬质合金厂起草，国标审定会资料	1982年
锆及锆合金化学分析标准方法 ASTM E146—83	H	高频炉加热—真空热提取微压法	美国试验与材料学会标准 ASTM	1984年
	O	惰性气氛熔化—高频加热—铂助熔剂—电导法		
	N	蒸馏—奈氏剂比色法		
	C	管式炉或高频加热燃烧—电导法		
钛及钛合金化学分析标准方法 ASTM E120—83	O	真空熔化—高频加热—铂助熔剂—微压法或真空熔化—高频加热—锡助熔剂—真空微压法	美国试验与材料学会标准 ASTM	1984年
	N	蒸馏—奈氏剂比色法		
电子镍化学分析标准方法 ASTM E107—83	C	高频加热燃烧—真空微压法	美国试验与材料学会标准 ASTM	1984年
	H、O、N	真空熔化—微压法		

续表 9-1-64

名称及编号	元素	使用方法	单位	备注
铜、钨和铁粉的氢损标准检测方法 E159—68(1979)	氢损	试样在管式炉通氢加热，Cu、W粉为875°C，Fe粉1150°C	同上	1984年
单晶硅的填隙原子氧标准检测方法 ASTM F121—83	填隙原子O	红外分光光度法：在300k波长9.0498μm，在77k波长8.8684μm	美国试验与材料学会标准 ASTM	1984年
单晶锗的填隙原子氧标准检测方法 ASTM F122—74(1980)	填隙原子O	红外分光光度法：11.7μm红外线透射度	同上	1984年
硅的取代原子碳标准检测方法 ASTM F123—83	取代原子C	红外分光光度法：测单晶或多晶硅中C：室温下200ppba，77k100ppba	同上	1984年
14MeV中子活化法和直接计数技术检测氧含量 ASTM E385	O	14MeV中子活化法	同上	1978年
低熔点高蒸气压金属中氧含量分析标准方法 DIN 17656	O	氢还原—费歇尔滴定法：约～1150°C，适于金属Cu、Zn、Sn、Pb、Bi及其合金，Ag、Au、Pd、Se、Te、As等	德国工业标准 DIN	1985年
钽中氢的测定方法 JIS H1696—1976	H	真空加热定容测压法	日本工业标准 JIS	1976年
钽中氧的测定方法 JIS H1695—1976	O	(1)真空加热定容测压法 (2)真空熔化定容测压法 (3)惰性气氛电量法	同上	1976年
钽中氮的测定方法 JIS H1685—1976	N	蒸馏奈氏剂比色法	同上	同上
钽中碳的测定方法 JIS H1681—1976	C	管式炉加热：(1)凝缩气化法；(2)电导法；(3)电量法	同上	同上
锆及锆合金中氢的测定方法 JIS H1664—1966(1975)	H	真空高温加热抽取法-微压法	同上	1975年
锆及锆合金中氧的测定方法 JIS H1665—1966(1975)	O	真空熔化-微压法	日本工业标准 JIS	1975年
锆及锆合金中氮的测定方法 JIS H1653—1971	N	蒸馏-滴定法	同上	1971年
锆及锆合金中碳的测定方法 JIS H1663—1975	C	管式炉加热： (1)重量法； (2)凝缩气化法	同上	1975年

续表 9-1-64

名称及编号	元 素	使用方法	单 位	备 注
钛中氧的测定方法 JIS H1620—1973	O	(1)真空熔化定容测压法 (2)惰性气氛熔化电量法 (3)惰性气氛熔化电导法 (4)惰性气氛熔化电谱法	同 上	1973年
钛中氢的测定方法 JIS H1619—1973	H	(1)真空加热定容测压法 (2)高温真空熔化定容测压法（同时可测氧） (3)真空加热气体容量法	同 上	1973年
钛中氮的测定方法 JIS H1612—1973	N	(1)蒸馏-中和滴定法 (2)蒸馏-比色法	同 上	1973年
钛中碳的测定方法 JIS H1617—1973	C	管式炉加热： (1)中和滴定法 (2)电导法 (3)电量法	同 上	1973年

现出来。

2. 应用

沟道效应可用于研究晶格的辐射损伤，可研究各种注入离子在半导体中的退火行为，还可用于测量异质外延硅层的缺陷密度，深度分布以及研究晶体表面结构等。

第十七节 金属中气体元素分析

一、金属中气体分析方法分类

本方法系按使用方法分类，今将主要分析方法列表说明，见表9-1-61。并列出分析金属中氧、氢、氮和碳的适用方法，见表9-1-62。

二、金属中气体分析商品仪器

今将国内外的常用的有关商品仪器列表说明，见表9-1-63。

三、金属中气体分析的标准方法

金属中气体分析的标准方法见表9-1-64。

第十八节 色谱分析

一、概 述

色谱法是一种物理及物理化学分离分析技术。它是基于被分离的物质在固定相和流动相构成的体系中具有不同的分配系数，当两相作相对运动时，被分离的物质在两相间进行反复多次的分配，由于分配系数不同，物质的移动速度也不同，从而达到分离的目的。采用各种类型的检测器，可对物质进行分析测定。作为一种分离技术，色谱法与经典的蒸馏、结晶、沉淀、萃取等法相比，具有分离效率高、分析速度快、灵敏度高、样品用量少和自动化程度高等特点。色谱仪具有结构简单、操作方便、适用面广（具有多种分离柱和检测器）等特点。

二、色谱法的分类

色谱法的分类见表 9-1-65。

三、色谱法分离原理

构成色谱分离的两个主要因素是固定相和流动相。色谱分离的过程就是被分离的物质在固定相和流动相中不断反复分配的过程。色谱分离的效果取决于溶剂效率和柱效率。溶剂效率与待分离物质在两相中平衡时的分配系数、各种物质（包括待分离物质、固定相以及流动相）的分子结构及性质有关，它是色谱分离的热力学基础。因此，表征色谱分离中溶剂效率的主要参数是分配系数和保留值。柱效率是指在色谱分离中由动力学因素所决定的色

表 9-1-65 色谱法分类

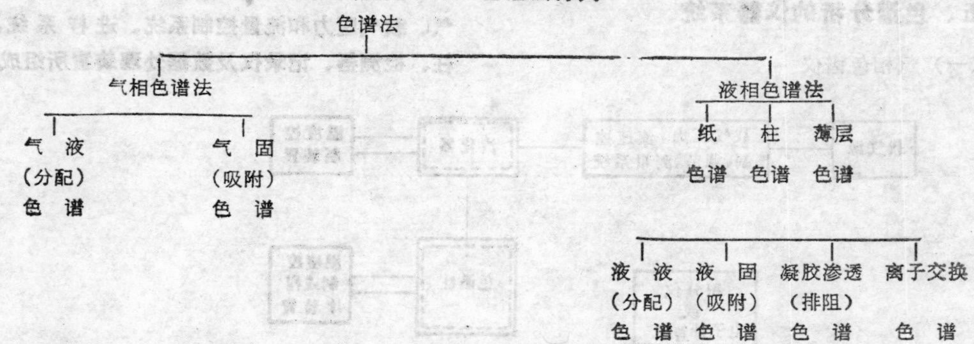

谱分离效率，通常用理论塔板数（n），有效理论塔板数（$n_{有}$）或理论塔板高度（H）来表示。这些参数许多已在第六篇提取冶金的有关部分内作了充分阐述，这里仅介绍个别重要参数。

1．保留值

表示被分离物质在色谱柱中停留时间的数值，通常用将物质带出色谱柱所需时间或所需载气（液）的体积来表示。

2．色谱图

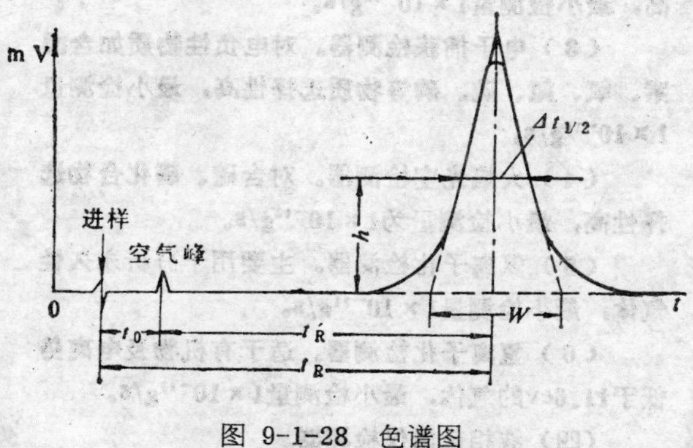

图 9-1-28 色谱图

色谱图中死时间（dead time）t_0为惰性物质通过色谱柱所需的时间。气相色谱中指从进样到空气峰顶点的时间，液相色谱中指溶剂分子的洗脱时间。使惰性物质通过色谱柱所需流动相的体积为死体积V_0，保留时间 t_R 为被分析物质从进样开始到柱后出现浓度极大点的时间。在一定的固定相和特定的操作条件下，任何物质都有一确定的保留时间，可作为定性分析的依据。

3．分辨率 R

是定量描述混合物中相邻两组分在色谱柱中分离情况的主要指标，它等于相邻两组分色谱峰保留值之差与两个组分色谱峰基线宽度W总和之半的比值

$$R=\frac{t_{(R_2)}-t_{(R_1)}}{(W_1+W_2)/2}$$

式中$t_{(R_1)}$和$t_{(R_2)}$分别为两组分的保留时间，W_1、W_2为相应组分的峰宽，与保留值单位相同。分辨率标志着色谱柱对被分离物的分离效能。$R\geqslant1$时，两个峰有比较明显的分离；$R=1.5$时，两个峰完全分离。

四、色谱柱和固定相

色谱柱是色谱仪的核心部分，分离过程即在色谱柱中进行。气相色谱柱柱材料为玻璃、铜、不锈钢及聚四氟乙烯，形状有直管型、盘管型、螺旋型和U型。气相色谱柱主要分为填充柱和毛细管柱两大类。液相色谱柱柱材料为玻璃管、内壁经抛光或精整的不锈钢管和内壁涂敷聚四氟乙烯的不锈钢管。液相色谱柱最好为直管形柱，柱长一般为10～100cm，内径2～6mm。气相色谱固定相有：（1）吸附剂，包括分子筛、硅胶、氧化铝、活性炭及石墨化炭黑，主要用来分离永久性气体H_2、O_2、N_2、CO、CO_2等；（2）载体，气液色谱固定相均利用载体承载固定液，载体基本上分为两大类，一种是硅藻土型载体如白色硅藻土、红色硅藻土；另一种是非硅藻土型载体如玻璃微球、聚四氟乙烯，根据被分离组分的性质，采用不同的固定液如极性固定液，非极性固定液氢键型固定液均匀地涂在载体表面；（3）高分子聚合物固定相；（4）化学键合固定相。液相色谱固定相有：（1）吸附色谱和分配色谱的填充物硅胶、氧化铝和聚酰胺；（2）化学改性载体，是在硅胶和氧化铝表面上的羟基上键合有机化合物使其性质发生改变；（3）离子交换剂；（4）排阻色谱法用固定相、凝胶。

五、色谱分析的仪器系统

（一）气相色谱仪

主要由气路系统，包括流动相供给源——载气、载气压力和流量控制系统、进样系统、色谱柱、检测器、记录仪及数据处理装置所组成。

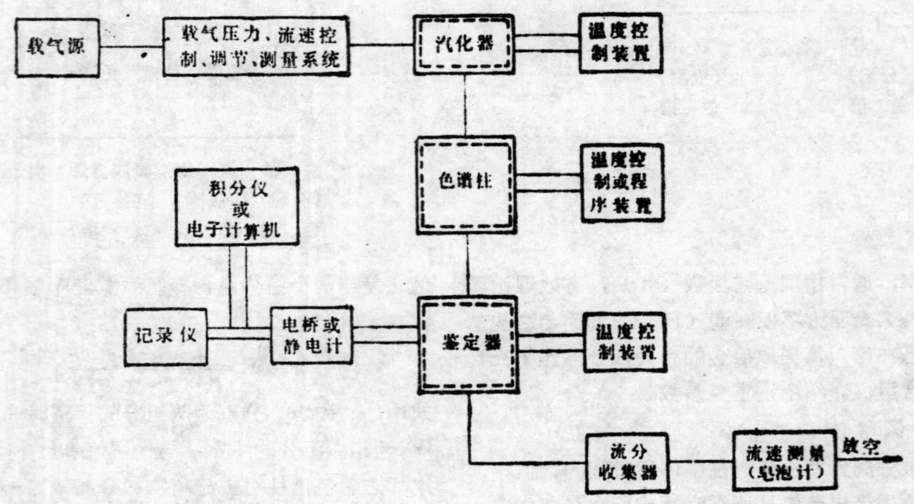

图 9-1-29 气相色谱仪的典型流程图

（二）高速液相色谱仪

主要由流动相贮液槽（包括梯度洗脱装置）、高压输液泵、进样装置、分离柱、检测器、记录仪及数据处理装置组成。

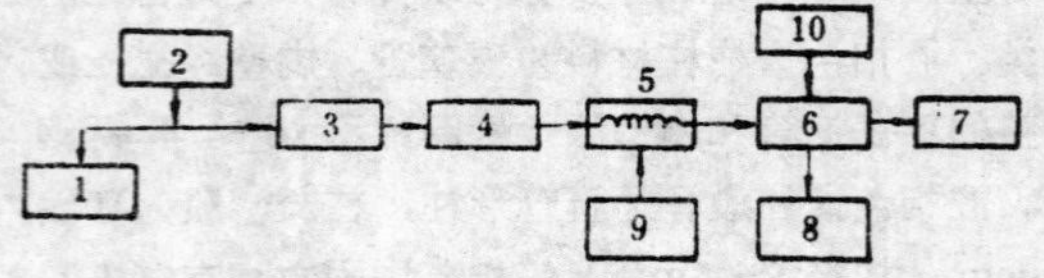

图 9-1-30 高速液相色谱仪结构方块图

1—溶剂（流动相）贮槽； 2—梯度洗提装置； 3—高压泵； 4—进样器； 5—色谱柱； 6—检测器； 7—记录仪或数据处理装置； 8—组分收集器； 9、10—温控装置

（三）气相色谱仪检测器

经色谱柱分离后的被测组分，依次进入检测器，将分离结果转换成电信号，并用记录仪记录下来，得到色谱图。对检测器的要求是灵敏度高，稳定性及重现性好，线性范围宽，噪音低，选择性好，响应快，使用寿命长。常用的检测器有：

（1）热传导检测器。为通用型检测器，可检测有机物和无机气体，最小检测量2×10^{-9}g/s。

（2）氢火焰离子化检测器。对烃类选择性高，最小检测量1×10^{-12}g/s。

（3）电子捕获检测器。对电负性物质如含卤素、氧、氮、硫、磷等物质选择性高，最小检测量1×10^{-14}g/s。

（4）火焰光度检测器。对含硫、磷化合物选择性高，最小检测量为1×10^{-12}g/s。

（5）氦离子化检测器。主要用于分析永久性气体，最小检测量1×10^{-11}g/s。

（6）氩离子化检测器。适于有机物及电离势低于11.6ev的气体，最小检测量1×10^{-13}g/s。

（四）液相色谱仪检测器

有灵敏度高、测量精密度和稳定性好的紫外及可见光检测器及示差折光检测器，氢火焰离子化检测器，荧光检测器，电导检测器等数种。

六、色谱的定性及定量分析

（一）定性分析

（1）直接用保留值定性。在一定的固定相和一定的操作条件下，任何物质都有一确定的保留值（t_R或V_R），所以在相同操作条件下，分别测定标准物和未知物各色谱峰的保留时间（t_R）或相应的保留体积（V_R），比较保留值，以此来进行定性分析。但在一根色谱柱或一种检测器上，用保留值定性并不一定可靠，因为有时几种不同物质可能在同一色谱柱上测得相同的保留值，这时可采用双柱法对数作图进行定性。

（2）利用保留值的经验规律定性。当标准物质不易得到时，可利用碳数规律和沸点规律进行定性。

（3）利用保留指数、反学反应、选择性检测器、色谱-质谱联用、色谱-红外光谱联用进行定性分析。

（二）定量分析

（1）定量进样法。适于能准确测量进样量的测定。设样品的进样量为m，样品中某组分的含量为m_i，则该组分的百分含量为：

$$P_i\ \% = \frac{m_i}{m} \times 100\% = \frac{u_2 F_c A_i}{u_1 S_i m} \times 100\% \tag{9-1-30}$$

式中　S_i——检测器的灵敏度；

A_i——组分 i 的峰面积；

u_1——记录纸移动速度；

u_2——记录仪灵敏度；

F_c——载气流速。

（2）归一化法。该法进样量不必准确测定，但样品中所有组分都必须能测出峰面积。使用面积归一化法进行定量测定，其优点是比较准确，进样量的多少与结果无关，仪器与操作条件稍有变化时，对结果影响较小，且比内标法更方便。设样品的总量为m，各组分的含量为m_i（$i=1$、2、3、……），第i个组分的百分含量为：

$$P_i\ \% = \frac{m_i}{m} \times 100\% = \frac{A_i / S_i'}{\sum_{i=1}^{n} A_i / S_i'} \times 100\% \tag{9-1-31}$$

（3）内标法。将一定量的纯物质作为内标物加入样品中，测定内标物和某几个组分的峰面积和相对应答值，就可以求出这几个组分在样品中的含量。要求内标物既能和样品互溶又能和各组分在色谱图上分开，并位于欲测定组分峰的中间，该法的优点是定量比较准确又不象归一化法要受一些条件限制。设内标物与样品的重量比为 k，则组分 i 的百分含量为：

$$P_i\ \% = \frac{A_i / S_i'}{A_s / S_i'} \times k \times 100\% \tag{9-1-32}$$

参考文献

[1] 杭州大学、成都科学技术大学，分析化学手册（第一至第四分册），化学工业出版社，1979～1984.

[2] 中南矿冶学院，化学分析手册，科学出版社，1982.

[3] 日本分析化学会，分析化学数据手册，地质出版社，1982.

[4] 毛家骏、祝大昌等编译，无机痕量分析中的分离和预浓集方法，复旦大学出版社，1985.

[5] 罗兰S·杨，无机分析中的分离方法，上海科学技术文献出版社，1984.

[6] 陈永兆，络合滴定，科学出版社，

[7] 邓勃，原子吸收分光光度法，清华大学出版社，1982.

[8] 钱振彭、黄本立等，发射光谱分析，冶金工业出版社，1979.

[9] 李果，吴联源、杨忠涛，原子荧光光谱分析，地质出版社，1983.

[10] 陈国珍等，紫外-可见光分光光度法，原子能出版社，1983.

[11] 董庆年，红外光谱法，化学工业出版社，1979.

[12] R. A. 德斯特，离子选择电极，科学出版社，1976.

[13] R. Jenkins et al., Quarotitatire x-ray Spectrometry, Marcel Dekker, New York, 1981.

[14] D. 德索埃脱等，中子活化分析，原子能出版社，1978.

[15] 柴之芳，活化分析基础，原子能出版社，1982.

[16] L. M. 墨尔尼克等，金属中气体元素的测定，冶金工业出版社，1987.

[17] 中国科学院大连化学物理研究所，气相色谱法，科学出版社，1972.

第二章 稀有金属材料性能测试和组织结构分析

编写人 徐 伟 张金波 赵锡民 贺履平 郭一玲
陈洪育 冯玉萍 贾厚生 丁瑞鑫 刘安生 刘少锋
李玉珍 林乐耘

第一节 概 述

本章主要介绍稀有金属材料力学性能和物理性能测试、X射线晶体结构分析、光学和电子显微分析以及俄歇电子能谱表面分析等。

力学性能测试是稀有金属材料常规检测的重要方面，它包括拉伸、扭转、硬度、冲击、蠕变、持久、疲劳和断裂韧性等性能的测试，这些性能的测试方法一般已有国家标准试验方法，所用的测试设备日趋自动化和多功能化。根据新材料发展的需要，又发展为不同条件下进行各种力学性能的试验，如除室温下进行的测试外，又有高温、超高温、低温、超低温下进行的力学性能试验。

物理性能测试是对材料固有属性的测试，也是为满足材料使用条件对某些特定的物理性能的要求所必须进行的测试方法。高技术和尖端科学技术的发展，对稀有金属材料提出越来越高的要求，尤其是对材料物理性能方面提出更严格的要求，所以常常需要测定各种稀有金属材料的密度、电阻、热电动势、热膨胀、弹性、比热、导热、热辐射、熔点、内耗等等物理性能。

材料的组织结构分析，部分用于稀有金属材料的常规检验，更多的是用来进行稀有金属新型材料的开发研究，用以分析材料性能优劣的原因和探测材料微观组织结构的奥秘。在稀有金属材料组织结构分析中，应用最广泛的是X射线结构分析，它的主要手段是X射线衍射仪。近代衍射仪用电子计算机进行自动控制和数据处理，可以进行自动更换试样、自动检索、自动绘制极图、自动进行结构分析和打印出测试结果。稀有金属材料普遍需要金相显微镜来观察显微组织，光学金相显微镜受可见光波长和衍射效应的限制，观察的物体分辨本领不够高，极限分辨率约200nm左右，放大倍数限制在2000倍左右，但由于它非常方便和较为实用，目前在稀有金属材料的测试和研究中仍得到广泛的应用。近代光学金相显微镜增添多种功能的附件，形成大型综合仪器，可进行偏振光、相衬、干涉、暗场、显微硬度、高温、低温、拉伸、压缩等观察。金相显微分析的定量化和自动化，形成了定量金相显微分析技术，可以电视显视扫描图象、光电测量、电子计算机处理数据、自动测绘和记录，把金相显微分析技术推进到新的高度。

近代新兴的电子显微分析技术，使材料组织结构的分析进入了新的境界。电子显微分析用的电子束波长（0.0037nm左右）比可见光波长（550nm左右）要小五个数量级，所以电子显微镜的分辨率比光学金相显微镜高得多，已达毫微米级，甚至在某些条件下可以分辨原子。近代电子显微镜正向综合型多功能大型仪器发展，透射电子显微镜（TEM）和扫描电子显微镜（SEM）组合在一起，形成扫描透射电镜(STEM)。分析型电子显微镜(ATEMS)是透射电镜基础上兼有扫描(SEM)、探针(EPMA)和能量损失谱仪（EELS)，组成多功能的综合型大型分析仪器。它可以对同一试样进行显微组织形貌、微区晶体结构、微区化学成份和微区电子结构等多种参数的分析。大型电子显微镜又配置了高温台、低温台、拉伸台、气氛室、离子注入室等实验附件，可模拟实验条件下进行微观组织结构的动态观察和分析。而且，近代电子显微镜还向超高压、超高分辨率和超高真空发展，形成了高压透射电镜（HVEM)、超高分辨透射电镜（URTEM）和超高真空透射电镜（UVTEM）等新系列。还利用新

表 9-2-1　近代显微镜的分类

光　源（激发源）	照射方式	物理效应	主要成像信息	显微镜名称	符　号
光束	静止	反射或吸收	光　子	光学显微镜	OM
	扫描	光声效应	声　子	光声显微镜	SPAM
电子束	静止	透射或衍射	透射和衍射电子	普通透射电镜	OTEM
		透射或衍射	透射和衍射电子	高压透射电镜	HVEM
	扫描	透射或衍射	透射和衍射电子	扫描透射电镜	STEM
		散射和原子电离	二次电子	表面扫描电镜	SEM
		热弹性效应	声波	扫描电子声学显微镜	SEAM
离子束	扫描	溅　射	二次离子	二次离子显微镜	SLMSM
声束	扫描	反射和透射	声波	扫描声学显微镜	SAM
		声光效应	光子	扫描声光显微镜	SLAM
电场	静止	场蒸发效应	正离子	场离子显微镜	FLM
	扫描	隧道效应	隧道电流	扫描隧道显微镜	STM

技术和新材料发展了超导透射电镜（SLTEM）和场电子枪透射电镜（FEGTEM）。

人们又把金相显微镜、电子显微镜、离子显微镜、声光显微镜统称为近代显微镜，其分类列于表9-2-1。高压透射电镜在稀有金属材料研究中得到重要的应用，因为它对试样具有高透过的能力，对钨、钼、钽、铌、稀土等重稀有金属材料微观组织结构的观察更有成效和更为方便。

稀有金属材料表面分析常用的仪器是俄歇电子谱仪（AES），除此以外，还有X射线光电子谱仪（XPS）、化学分析电子能谱仪（CAES）和二次离子质谱仪等。

第二节　力学性能测试

材料的力学性能测试是一种应用十分广泛的常规测试项目。各种力学性能一般都有标准的试验方法。标准中严格规定了试样的形状、尺寸、试验机结构、测量方法、计算公式和允许误差。这些规定同样适合于稀有金属材料的力学性能测试。但在某些条件下对稀有金属材料也有一些特殊的规定和要求。稀有金属材料常用的力学性能测试方法有：拉伸试验、扭转试验、硬度试验、冲击试验、蠕变和持久强度试验、疲劳试验和断裂韧性试验等。

一、拉伸试验

拉伸试验是科研和生产上使用最广泛的力学性能试验方法之一。中国和其他一些国家已经制定了有关拉伸试验的标准方法。试验过程是在等横截面试样的两端缓慢地施加轴向拉伸负载，引起试样沿轴向伸长，试验一般进行到试样被拉断为止。通过与试样轴相连的拉力传感器和试样等横截面工作部分的变形传感器，测出试样在拉伸过程中受到的拉力和产生的变形，所得信号经相应的处理后用X-Y函数记录仪记录出拉伸试验的应力 σ-应变 ε 曲线图。根据 $\sigma-\varepsilon$ 曲线图，按照标准方法计算出试验材料的各项拉伸力学性能指标：弹性模量 E、比例极限 σ_p、屈服强度 $\sigma_{0.2}$、抗拉强度 σ_b、延伸率 δ 和断面收缩率 ψ 等。拉伸试验可以在常温、高温和低温等不同温度条件下进行，测试出材料在不同使用温度条件下的各项拉伸力学性能指标。

（一）试样

为了避免试样在形状和尺寸上的差异对材料力学性能指标产生影响，按照中国国家标准《GB228—87》规定的统一形状和尺寸加工拉伸试样。试样分成比例的和非比例的两种。其中比例试样适用于一般的结构材料，试样工作部分的尺寸应符合 $l_0=K\sqrt{F_0}$ 公式的要求。式中 l_0 为原始标距长度，F_0 为原始横截面面积，短试样系数 $K=5.65$，长试样系数 $K=11.3$。非比例试样适用于薄板、细丝等小横截面材料，其试样的原始标距长度和横截面面积之间没有一定的函数关系，一般取 l_0 为50mm的倍数。

利用非比例试样测出的延伸率和比例试样的延伸率无法比较。

（二）试验设备

1．拉力试验机

国标《GB228—87》规定，各种类型的拉力试验机均可在拉伸试验中使用，但要求拉力试验机的测力示值误差不大于±1%，加、卸载应平稳，夹持装置应保证试样单一轴向受力，在满负载作用下要有足够的刚度。常用的拉力试验机有下列几种：油压式拉力机、机械式拉力机、电子测力拉力机和电子液压伺服拉力机。油压式拉力机和机械式拉力机是40、50年代开发的产品。这两种拉力机可测试的力性指标少、人工操作测试误差大，但由于结构简单、使用方便、价格低廉，目前仍在中国的一些工厂、企业中广泛应用。电子测力拉力机和电子液压伺服拉力机是60、70年代开发的产品，它们的共同特点是自动化程度高、测试范围广、测试性能全、能自动绘制拉伸应力-拉伸应变曲线，可以适应各种试验条件，正在逐步取代老式拉力机。80年代生产的新型拉力机采用了微电脑控制试验条件和数据处理，达到了试验过程全部自动化，排除了人工操作带来的测试误差。

2．变形测量装置

早期的拉伸变形测量装置为光学马丁式引伸计和机械式千分表引伸计。这两种引伸计读数测量时载荷需保持相对稳定，因此试验不能连续进行，测试过程也很复杂。目前常用的电测拉伸变形装置为差动变压器式引伸计和应变片桥式引伸计。这两种引伸计的共同特点是操作方便、量程和放大倍数可调，适合不同试验条件的要求，便于自动记录。

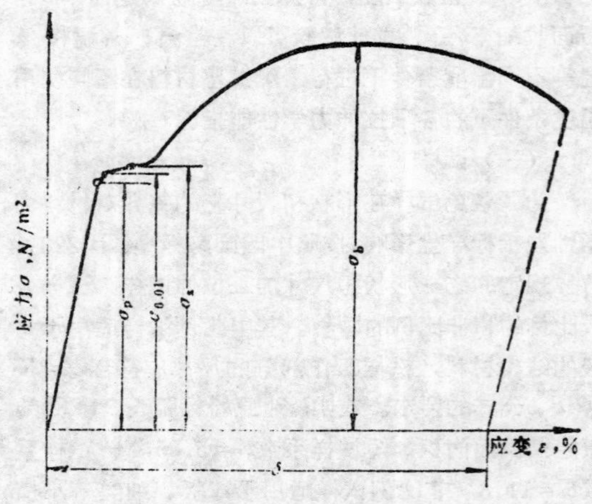

图 9-2-1 一般结构材料的拉伸应力σ-拉伸应变ε曲线图

（三）拉伸应力σ-拉伸应变ε曲线图

拉伸试验时，把缓慢施加的轴向拉伸负载和由此引起的试样工作部分的伸长在$x-y$函数记录仪上同步记录下来，称为负载（P）-伸长（Δl）曲线。用试样原始截面除以拉伸负载便可得出拉伸应力，即$\sigma=P/F_0(\mathrm{N/m^2})$，用试样原始标准除以伸长量则得到拉伸应变，即$\varepsilon=\Delta l/l_0$。经过上述坐标转换后，即得出拉伸应力σ-拉伸应变ε曲线图。

图9-2-1所示为一般结构材料的典型$\sigma-\varepsilon$曲线。除断面收缩率外，其他拉伸力学性能指标都可以在$\sigma-\varepsilon$曲线中表示。

（四）拉伸力学性能指标

（1）弹性模量E。在弹性范围内应力与应变的比值，即$\sigma-\varepsilon$曲线中直线段的斜率，

$$E=\frac{Pl_0}{F_0\Delta l}$$

（2）规定比例极限σ_p。拉伸曲线上σ_p的切线与应力轴间夹角的正切值较弹性直线之值增加50%时，该点称规定比例极限σ_p。

（3）规定残余伸长应力$\sigma_{0.01}$。拉伸过程中当残余应变量达到0.01%时的应力称规定残余伸长应力$\sigma_{0.01}$。

（4）屈服强度$\sigma_{0.2}$。拉伸过程中当残余应变量达到0.2%时的应力称屈服强度$\sigma_{0.2}$。

（5）屈服点σ_s。拉伸过程超出弹性范围后，应力不增加或开始下降而应变继续增长时的恒定、最大或首次下降后最小的应力分别称为屈服点σ_s、上屈服点σ_{su}或下屈服点σ_{sL}。当材料同时具有上、下屈服点时，应测其下屈服点并以σ_s表示。

（6）抗拉强度σ_b试样拉断前的最大应力称抗拉强度σ_b。

（7）延伸率δ。试样拉断后标距长度的增量与原始标准长度的百分比，$\delta=\frac{l-l_0}{l_0}\times100\%$。

（8）断面收缩率ψ。试样拉断后缩颈处横截面积的最大缩减量与原始横截面的百分比，

$$\psi=\frac{F_0-F}{F_0}\times100\%。$$

（五）真实拉伸应力-拉伸应变曲线

拉伸应力是试样单位截面上的内力，用原始横截面F_0除以拉伸载荷P得到的应力称条件拉伸应

力，即$\sigma=\frac{P}{F_0}$。在实际拉伸过程中，试样的横截面随拉伸伸长逐渐缩小，拉伸过程中的真实应力应该是试样的瞬时横截面F除以拉伸载荷P，即$S=\frac{P}{F}$。$S>\sigma$。根据前面讲的断面收缩率的定义$S=\frac{\sigma}{1-\psi}$。这表明，拉伸过程中出现缩颈后，随着ψ值的增长，S与σ的差值逐渐增大。

除拉伸应力不固定外，真实拉伸应变与条件拉伸应变亦不相同。拉伸过程中，试样的原始标距l_0除以绝对伸长Δl称条件拉伸应变ε，试样的瞬时长度l除以绝对伸长Δl称真实拉伸应变e，$e=\ln(1+\varepsilon)$。

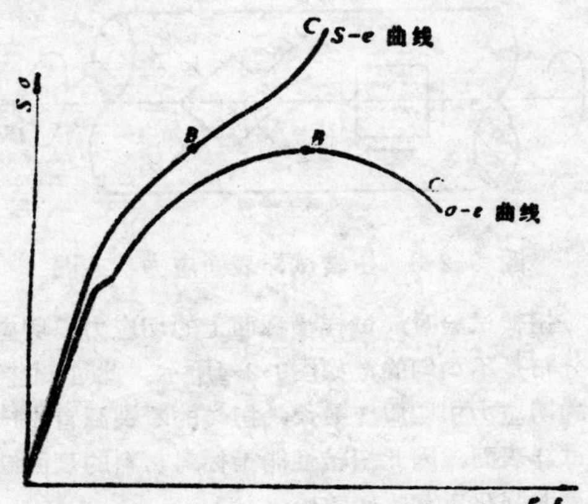

图 9-2-2 真实应力-真实应变曲线与条件应力-条件应变曲线比较

从图9-2-2中可以看出，拉伸的均匀变形阶段，即出现缩颈之前，$S>\sigma$，$e<\varepsilon$，S-e曲线可以近似地用指数函数$S=Ke^n$描绘。n称形变强化指数，亦称加工硬化指数。试样出现缩颈后，缩颈区处于三向应力状态。真实拉断应力按公式9-2-1计算：

$$S_F=\frac{\sigma}{1-\psi}\times\frac{1}{\left(1+\frac{2R}{r_F}\right)\ln\left(1+\frac{r_F}{2R}\right)} \tag{9-2-1}$$

式中 S_F——真实应力；

r_F——试样缩颈的半径；

R——试样缩颈的曲率半径。

（六）高温拉伸试验

对于在高温环境工作的材料，测定其高温拉伸力学性能是非常重要的。高温拉伸试验应按照《YB941-78》金属高温拉伸试验法进行，主要测定材料在高于室温时的弹性模量、屈服强度、抗拉强度、延伸率、断面收缩率等性能指标。

高温拉伸试样工作部分的几何尺寸与室温拉伸试样相同，其他部分的几何尺寸应根据高温夹具和高温引伸计的要求加工制造。对高温拉力机的要求与室温的相同，但需配备安装试样方便的管式加热炉、测温和控温辅助设备。加热炉中心部分均温带的长度应不小于试样原始标距长度的2～2.5倍。试样装入炉膛后，应在1h内使试样加热到要求的试验温度。拉伸试验前，应保温15min以上，保温时的温度梯度和温度波动应符合中国《YB941-78》标准中的有关规定。高温拉伸试验一般是在大气气氛下进行。若炉子发热体或拉伸试样在高温下易氧化，则试验应在真空或保护气氛环境中进行。若试验温度要求很高，也可以采用试样直接通电方式加热。拉伸负载用电子测力环在炉外测量、试样的伸长量用高温引伸计测量。当试验温度不很高时，如600°C以下，可以把引伸计按装在试样的工作部分，与试样一起放入炉中直接测试高温拉伸伸长量。一般情况下，通过安装在试样工作部分两端的引伸杆，把伸长量引伸到高温区外测试。取得的高温拉伸负载和高温拉伸伸长信号经相应的处理后，用$x-y$函数记录仪记录出高温拉伸应力σ-高温拉伸应变ε曲线图。按照高温拉伸标准方法计算出材料的各项高温力学性能指标。

（七）低温拉伸试验

稀有金属在超导、宇航和热核物理领域的应用中，不少是在低温条件下工作的。这些材料的低温力学性能数据在低温工程设计中是不可缺少的。目前中国正在拟定金属材料的低温拉伸试验方法。

低温拉伸试验是测试材料在低于室温条件下（4.2K～室温）的弹性模量、屈服强度、抗拉强度、延伸率、断面收缩率等力学性能指标。低温拉伸试验要在配备有低温容器的专用电子测力拉力机上进行。低温容器按试验温度和致冷方法的不同而采用不同结构。室温～－35°C可以采用氟利昂致冷，低温容器一般为箱式。室温～－70°C采用酒精加干冰制冷，试样需浸泡在低温溶液中。室温～－196°C采用液氮致冷，低温容器为广口杜瓦瓶，随试验温度不同致冷方法分喷液式和浸泡式两种。－196°C～

$-269°C$采用液氦致冷，低温容器为双层金属杜瓦瓶，致冷方法分喷液式和浸泡式两种。深低温拉伸费用贵，致冷时间长，为了提高经济效益，一般多采用多试样拉伸方法，即一次试验测试3～12根试样的力学性能。低温测温和控温元件有下列几种：玻璃温度计，铜-康铜热电偶，铁-金铁热电偶，铂热敏电阻，碳电阻和半导体测试元件等。

低温拉伸负载用电子测力环在低温容器外测量，低温拉伸伸长量用低温应变片桥式引式计在低温容器内直接测量。取得的低温拉伸负载和低温拉伸伸长信号经相应的处理后用$x-y$函数记录仪记录出低温拉伸应力σ-低温拉伸应变ε曲线图。参照拉伸标准方法计算出材料的各项低温力学性能指标。

二、扭转试验

扭转试验是一种常规的力学性能试验方法，用于测试材料在切应力状态下的力性指标。苏联和中国已经制定了金属材料扭转试验标准方法。扭转试验过程是在试样两端缓慢地施加扭转力矩，使试样工作部分的横截面受到切应力。切应力沿横截面半径的分布是不均匀的，试样表面处的切应力最大。当最大切应力超出扭转强度后，试样被扭断，扭转试验结束。扭转试验过程中，利用扭力矩传感器和扭角仪同步测出试样所受扭转力矩和产生的扭转角信号，经相应的处理后用x-y函数记录仪记录出扭力矩M-扭转角φ曲线，再通过坐标转换绘制出试样表面最大切应力τ-切应变γ曲线。利用实验曲线可以计算出材料的剪切模量G、条件扭转比例极限$\tau_{0.015}$、条件扭转屈服极限$\tau_{0.3}$、扭转强度τ_b和残余剪切变形量$\Delta\tau$等力性参数。

（一）试样

按照中国国家标准，试样的横截面为圆形，工作部分有两种标准尺寸：$\phi10\times50$mm和$\phi10\times100$mm，试样端部和过渡部分的几何形状和尺寸可以根据扭转试验机夹头的要求和扭角测试仪的结构进行设计。

（二）测试设备

扭转试验可以在各种类型的扭力机上进行，要求扭力机的加载、卸载过程平稳，左右夹头保持同心，扭转力矩的示值误差不大于±1%。目前中国使用的扭力机一般采用机械式传动，通过杠杆系统和度盘测量和显示扭转力矩。这种类型的扭力机不能自动记录实验曲线。现在一些测试单位已经在扭力机上安装了电子扭力环测试扭力矩，或者利用电子拉力环通过杠杆系统测试扭力矩，再通过安装在试样工作部分的电子式扭转角测试仪测试扭转角。实现了扭转实验过程中扭力矩-扭转角曲线的自动记录。

（三）扭转试验中的应力分布

圆柱形试样受到扭力矩后，试样表面的应力状态如图9-2-3所示，其最大切应力和最大正应力的绝对值相等。当最大切应力大于材料的剪切强度时，材料呈切断，断面垂直于试样的轴线。若最大正应力大于材料的抗拉强度时，材料呈正断，断面和试样轴线呈45°夹角。

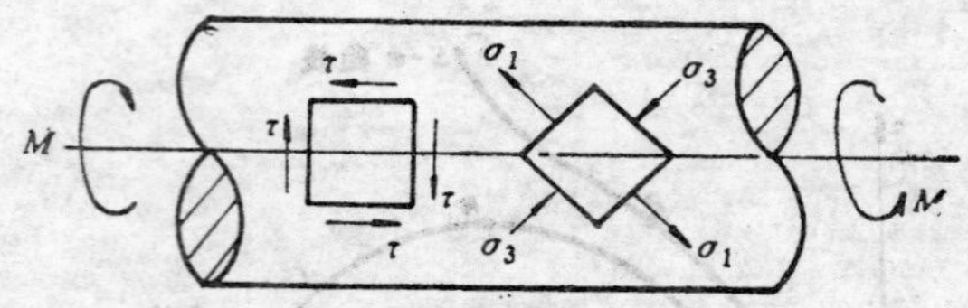

图 9-2-3 扭转试样表面应力状态图

扭转试验时，试样横截面上的切应力和切应变的分布是不均匀的，如图9-2-4所示。此时试样表面的切应力和切应变最大，扭转的断裂源首先产生于试样表面，因此扭转性能指标对材料的表面缺陷和表面强化工艺比较敏感。

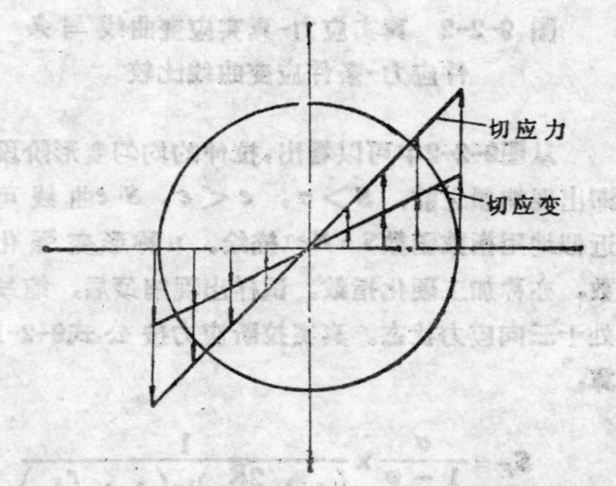

图 9-2-4 切应力和切应变沿横截面分布图

（四）切应力-切应变曲线和性能指标

扭转试验过程自动记录的扭力矩-扭转角曲线经坐标系变换后，可以转变为切应力-切应变曲线，见图9-2-5。切应力τ与扭力矩M的关系式为：

$$\tau=\frac{M}{W},\ \mathrm{Pa} \qquad (9\text{-}2\text{-}2)$$

式中W为试样的截面系数，圆形截面的$W=\frac{\pi d_0^3}{12}$，d_0为原始直径。切应变γ与扭转角φ的关系式为：

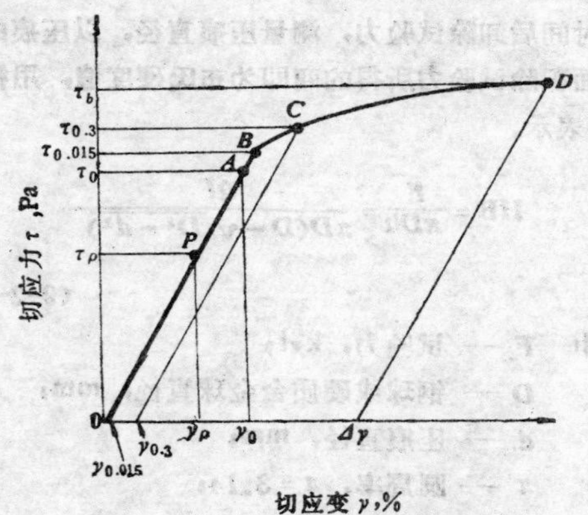

图 9-2-5　一般金属材料的切应力τ-切应变γ曲线图

$$\gamma=\frac{\varphi d_0}{2l_0}\times 100\% \qquad (9\text{-}2\text{-}3)$$

式中　φ——扭转角，用弧度表示；

l_0——试样工作部分的原始长度。

（1）剪切模量G。图9-2-5所示的$0A$线段为材料的弹性阶段，在弹性范围内材料的切应力τ和切应变γ成正比，其比例系数G称材料的剪切弹性模量。

$$G=\frac{\tau_p}{\gamma_p}\ 或\ G=\frac{32M_p l_0}{\pi\varphi_p d_0^4} \qquad (9\text{-}2\text{-}4)$$

式中τ_p和γ_p为弹性线段上任意点P的切应力和切应变；M_p和φ_p为该点的扭力矩和扭转角。

（2）条件扭转比例极限$\tau_{0.015}$。扭转过程中，当剪切应力超过弹性极限后，其残余剪切变形量（$\Delta\gamma$）达到0.015%时的切应力值称条件扭转比例极限$\tau_{0.015}$，即图9-2-5中B点对应的应力值。

（3）条件扭转屈服强度$\tau_{0.3}$。扭转过程中，当残余剪切变形量$\Delta\gamma$达到0.3%时的切应力值称条件扭转屈服强度$\tau_{0.3}$，即图9-2-5中C点对应的应力值。

（4）扭转强度τ_b。试样扭断前所承受的最大剪切应力称扭转强度τ_b，即图9-2-5中D点对应的应力值。

（5）残余剪切变形$\Delta\gamma$。试样扭断后不可回复的剪切变形称残余剪切变形：

$$\Delta\gamma=\frac{\Delta\varphi d_0}{2l_0}\times 100\% \qquad (9\text{-}2\text{-}5)$$

式中$\Delta\varphi$为试样扭断后的残余扭转角。

（五）真实切应力-真实切应变曲线

在扭转力性指标的计算公式中，取横截面系数$W=\frac{\pi d_0^3}{16}$，此公式是根据切应力的弹性状态推导得出的。当切应力高于弹性极限后，在试样中产生塑性切应变时，$W=K\frac{\pi d_0^3}{16}$，$1\leqslant K\leqslant 1.33$，$K$并且是残余应变量$\Delta\gamma$和加工硬化指数$n$的函数。因此在弹性极限后，取$W=\frac{\pi d_0^3}{16}$计算的切应力高于真实切应力，故称条件切应力。

在苏联扭转试验标准方法中，所用的真实扭转切应力τ_t的计算公式：

$$\tau_t=\frac{4}{\pi d_0^3}\left(3M+\frac{dM}{d\varphi}\right) \qquad (9\text{-}2\text{-}6)$$

式中　$dM/d\varphi$——M-φ曲线上测试点的斜率。

可以认为式9-2-6中

$$K=\frac{4}{3M+dM/d\varphi}$$

中国有人按照金属材料加工硬化规率推导出试样产生残余切应变时的截面系数：

$$W=\frac{\pi d_0^3}{16}\left[\frac{4}{3+n}\left(\frac{\gamma}{\gamma_0}\right)^n-\frac{1-n}{3+n}\left(\frac{\gamma}{\gamma_0}\right)^{-3}\right] \qquad (9\text{-}2\text{-}7)$$

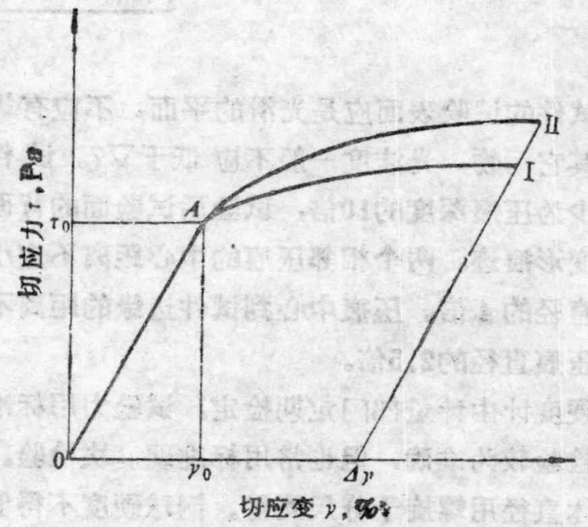

图 9-2-6　扭转试验的真实切应力与条件切应力对比图

Ⅰ—真实切应力；Ⅱ—条件切应力

式中 n—— 加工硬化指数；

$\frac{\gamma}{\gamma_0}$—— 测试点切应变与弹性极限处切应变的比值。

根据绘制的$0\leqslant n\leqslant 1$范围内的一组K值函数图，可以计算出测试曲线上各点的真实切应力值。

图9-2-6所示为按上述方法绘制的真实切应力与条件切应力对比图。$0A$段为材料的弹性阶段，在弹性极限内真实切应力与条件切应力相等。弹性极限后材料产生塑性切应变，此时真实切应力低于条件切应力。试样扭断时的真实切应力值理论上与纯剪切试验中的剪切强度一致。

三、硬度试验

硬度试验在科研和生产上广泛应用，它不破坏工件，简单易行，硬度值能反映金属材料组织结构的变化。稀有金属材料测试中应用最多的是布氏、洛氏和维氏硬度。

（一）布氏硬度试验

布氏硬度试验是一种常用的测试硬度的方法。布氏硬度的压痕面积大，能在较大范围内反映金属材料各组成相综合影响的效果，数据稳定，重复性好，适用于钨、钼、钽、铌、钛等稀有金属及其合金硬度的测定。适合测定的硬度值在650HBW或450HBS以下。

布氏硬度试验是以规定大小的试验力将一定直径的淬火钢球或硬质合金球压入试件表面，保持规定时间后卸除试验力，测量压痕直径，以压痕的球形面积除试验力所得的商即为布氏硬度值，用符号HB表示。

$$HB=\frac{F}{\pi Dh}=\frac{2F}{\pi D(D-\sqrt{D^2-d^2})} \tag{9-2-8}$$

式中 F—— 试验力，kgf；

D—— 钢球或硬质合金球直径，mm；

d—— 压痕直径，mm；

π—— 圆周率，$\pi=3.14$；

h—— 压痕深度，mm。

在实际试验中，根据试验力、压头直径及压痕直径在布氏硬度表中查出硬度值。布氏硬度的表示方法如下：

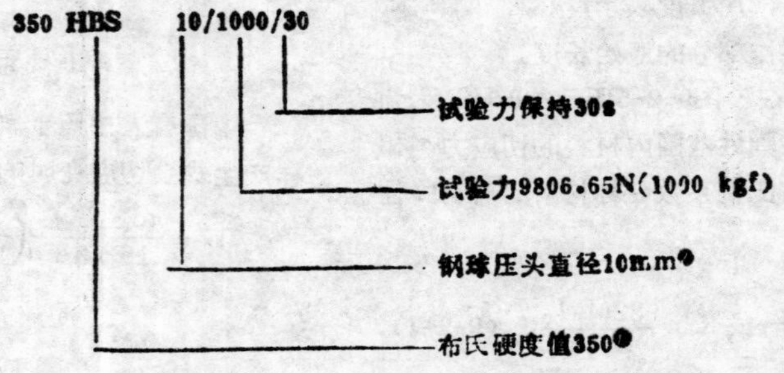

试件的试验表面应是光滑的平面，不应有氧化皮及其它污物，光洁度一般不应低于▽7。试件厚度至少为压痕深度的10倍，试验后试验面的背面无可见变形痕迹。两个相邻压痕的中心距离不应小于压痕直径的4倍。压痕中心到试件边缘的距离不应小于压痕直径的2.5倍。

硬度计由计量部门定期检定。试验力用标准测力计检验较为准确，但也常用标准硬度块检验。压头球体直径用螺旋千分尺测量。钢球硬度不得低于850HV10，硬质合金球不得低于1500HV。

布氏硬度计因施加试验力的方式不同分为液压式、杠杆式和弹簧式等。杠杆式结构简单，液压式稳定快速，应用普遍。近年来一些厂家多采用光栅测量数码显示技术测量压痕和计算硬度值。

（二）洛氏硬度试验

洛氏硬度试验系静态力压入并以压痕深度表示硬度值的一种试验方法。操作简便，快速，压痕小。是测定碳化钨等硬质合金硬度值常用的方法。但对组织不均匀材料所测硬度值的分散性较大。中国的洛氏硬度试验法规定了A、B、C三种标尺，

---

❶ 硬质合金压头用W表示；

❷ 布氏硬度值单位为$9.8N/mm^2(kgf/mm^2)$，但不进行换算。

而其他国家和国际标准（ISO）标尺数已扩大为4～9种。

洛氏硬度计有两种压头，一种是120°顶角的金刚石圆锥压头，另一种是直径1.588mm钢球压头。在初负荷P_0作用下压头压入试件深度h_0，在总负荷（P_0+P_1）作用下压入深度（h_0+h_1），卸除主负荷P_1只保留初负荷P_0，压痕深度残余增量为e。

洛氏硬度值按式9-2-9和9-2-10计算：

$$HRA \cdot C = 100 - e \qquad (9\text{-}2\text{-}9)$$

$$HRB = 130 - e \qquad (9\text{-}2\text{-}10)$$

式中　e——压痕深度残余增量，以0.002mm为一个洛氏硬度单位。

洛氏硬度试验规范按表9-2-2所示。

表 9-2-2　洛氏硬度试验规范

标　尺	测量范围	初负荷P_0,N(kgf)	主负荷P_1,N(kgf)	压头类型
HRA	60～85	98.1（10）	490.3（50）	金刚石圆锥体
HRC	20～67	98.1（10）	1373（140）	同上
HRB	25～100	98.1（10）	882.6（90）	钢球

试件的试验表面应有较高的光洁度，仲裁时不应低于▽7。试样或试验层厚度不应小于10倍压痕深度残余增量，试验面的背面不得有可见的变形痕迹。两个相邻压痕的中心距离或压痕中心到试样边缘的距离一般不小于3mm，特殊情况下可减小，但不得小于压痕直径的3倍。

（三）维氏硬度

维氏硬度也是用静态负荷压入法进行试验。压痕是方锥形，轮廓清晰，可用螺旋测微器测量压痕对角线长度，读数较精确。测量范围广，比洛氏硬度测量更薄的金属材料，如适合于测定TiC、TiN等在硬质合金上的渗覆层的硬度值。

维氏硬度计的压头是金刚石正四棱锥体，相对面夹角136°。测定硬度时以选定的负荷将压头压入试件表面，保持规定时间后卸除负荷，测量压痕对角线的长度。按式9-2-11计算维氏硬度值。

$$HV = \frac{2P\sin\frac{136^\circ}{2}}{d^2} = 1.8544\frac{P}{d^2} \qquad (9\text{-}2\text{-}11)$$

式中　P——负荷，N；

d——两压痕对角线d_1和d_2的算术平均值，

$$d = \frac{1}{2}(d_1 + d_2),\ \text{mm};$$

136°——压头顶端两相对面的夹角。

在实际测试中按试验负荷的大小及压痕对角线的长度在表中直接查出维氏硬度值。维氏硬度表示方法如下：

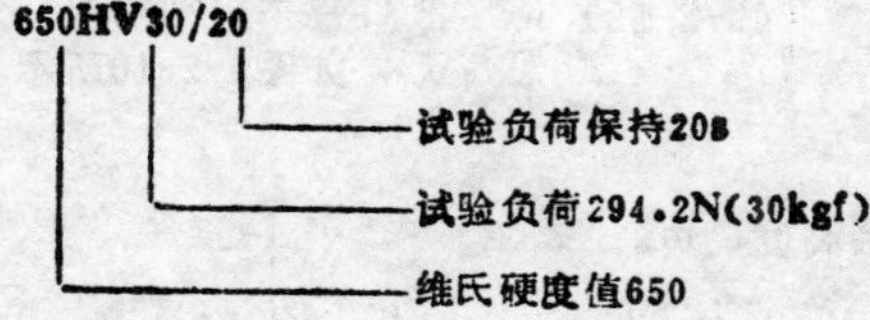

试件的试验表面不得有氧化皮及其它污物，应光洁，光洁度不应低于▽9。试样或试验层厚度至少应为压痕对角线平均长度的1.5倍，试验面的背面不应有可见的变形痕迹。对稀有金属，压痕中心到试样边缘的距离或两个相邻压痕的中心距应不小于两压痕对角线平均值的5倍。一个压痕两条对角线的长度差不得大于短对角线长度的2%。

维氏硬度按试验负荷的大小分为：（1）维氏硬度（HV5～HV100）；（2）低负荷维氏硬度（HV0.2～HV5）；（3）显微维氏硬度（低于HV0.2）。

（四）显微维氏硬度试验

显微维氏硬度是试验负荷不超过1.96N(200gf)的维氏硬度试验。试验原理与维氏硬度相同。它主要用于测定金属材料各组成相的硬度。要求试样制成金相样品。

（五）克努普硬度试验

克努普硬度的压头不是正四棱锥体，而是长棱锥，其压痕如图9-2-7所示。试验时将克努普硬度压头装到维氏硬度计上即可。

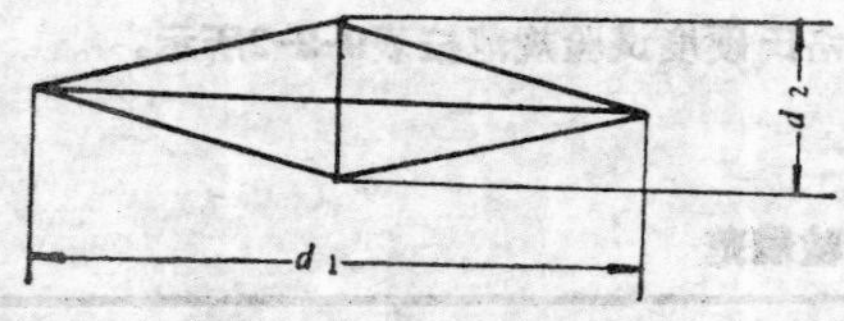

图 9-2-7 克努普硬度压痕

四、冲击试验

冲击试验是在快速加载条件下测定材料抵抗冲击能力的一种动态力学试验方法。冲击韧性对材料的品质、宏观缺陷及微观组织变化敏感，因此，生产上常用来评价金属材料的冶金质量、加工工艺及测定有关金属材料的韧性-脆性转变温度。

冲击韧性对冲击试样缺口的深浅、缺口根部的锐度敏感。缺口越深其根部越尖锐，冲击韧性值就越低。因此，不同类型试样的冲击韧性无可比性。为使冲击韧性具有可比性，中国规定了“V形缺口”和“U形缺口”两种标准试样。

冲击试验按冲击方式分为简支梁弯曲冲击，轴向拉伸冲击和扭转冲击等。常用的是简支梁弯曲冲击，现简要介绍其试验原理。将试样置于冲击试验机的试样支座上，然后下放摆锤，冲击试样缺口的背面，一次冲断试样，测量试样在冲击负荷作用下折断时的吸收功，其值按式9-2-12计算：

$$A_K = G(H-h) \qquad (9\text{-}2\text{-}12)$$

式中 G —— 摆锤重量，kg；

H —— 摆锤扬起高度，m；

h —— 冲击试样后摆锤的剩余高度，m。

冲击韧性按式9-2-13计算：

$$a_K = \frac{A_K}{F} \qquad (9\text{-}2\text{-}13)$$

式中 F —— 试样缺口处的净横截面积，cm^2。

冲击试验机的试样支座及摆锤刃应符合图9-2-8的规定：

测试时应使测量值在试验机标准冲击能量10～80%的范围之内。试样尺寸量具精度不低于0.02mm。试样缺口对称面与试样支座对称面的偏差不应超过0.2mm。

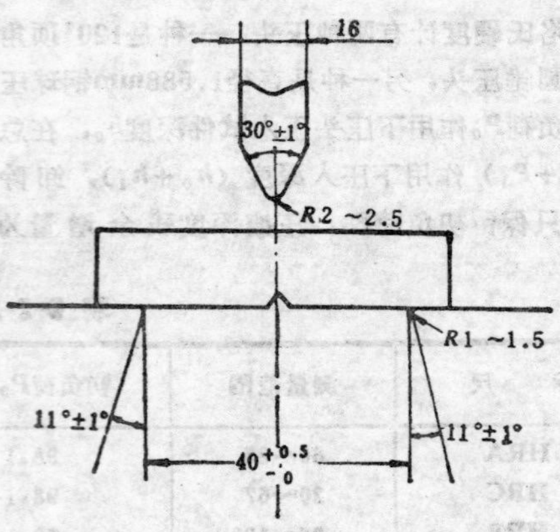

图 9-2-8 弯曲冲击的试样支座及摆锤刃

五、蠕变和持久强度试验

（一）蠕变试验

蠕变试验是在恒定温度和给定负荷下测定金属试样缓慢连续变形随时间变化的长时静态力学试验方法。变形随着时间的变化过程——蠕变过程，通常用蠕变曲线表示，如图9-2-9所示。图中δ_q是加载引起的试样瞬时伸长率，如果所加应力超过材料在相应试验温度下的弹性极限，则δ_q中包括弹性和塑性两部分伸长率。蠕变曲线分三个阶段：Ⅰ为减速蠕变阶段，在该阶段，形变增加了蠕变阻力；Ⅱ为恒速蠕变阶段，形变硬化增加的蠕变阻力与回复降低的蠕变阻力持平；Ⅲ为加速蠕变阶段，该阶段试样出现缩颈或空洞，裂纹等，蠕变速度急剧增加，直至试样断裂。标准试样的横截面为圆形或矩形，如图9-2-10所示。

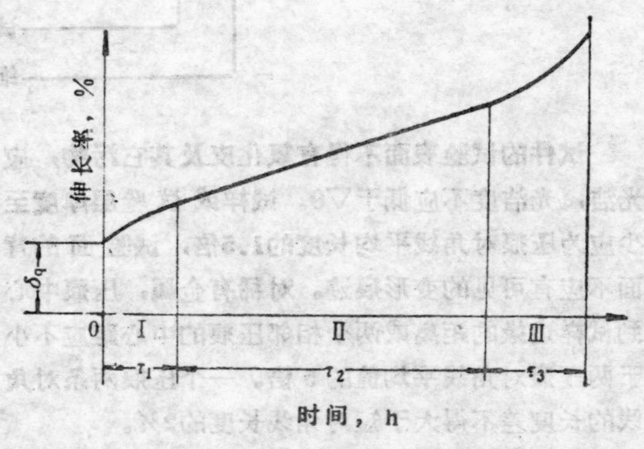

图 9-2-9 蠕变曲线

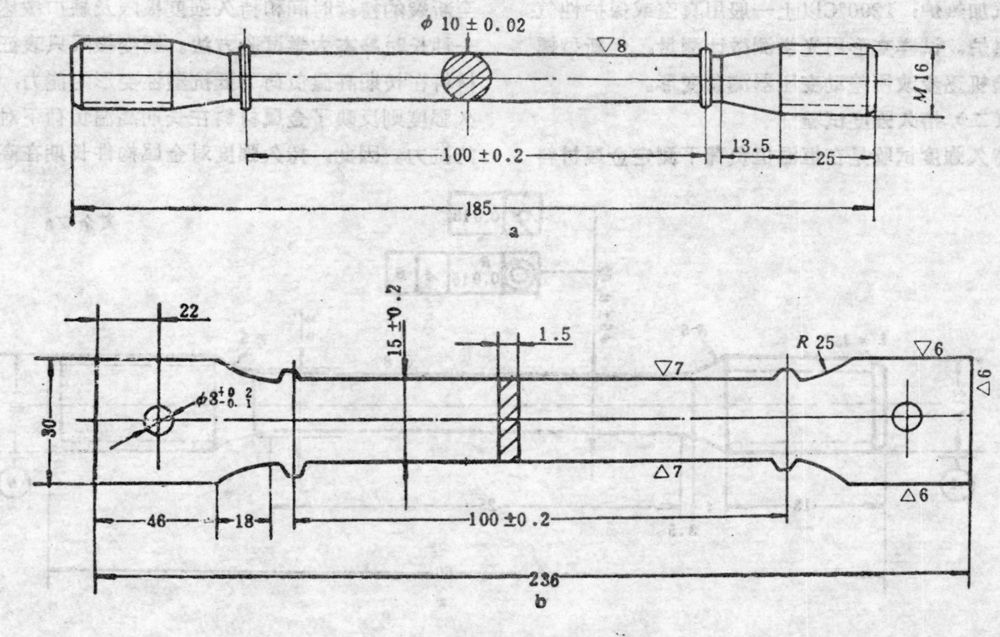

图 9-2-10　蠕变试样

a—圆棒试样；b—板状试样

用分级加载方法作出加载曲线，求出弹性变形及起始塑性变形，如图9-2-11所示。

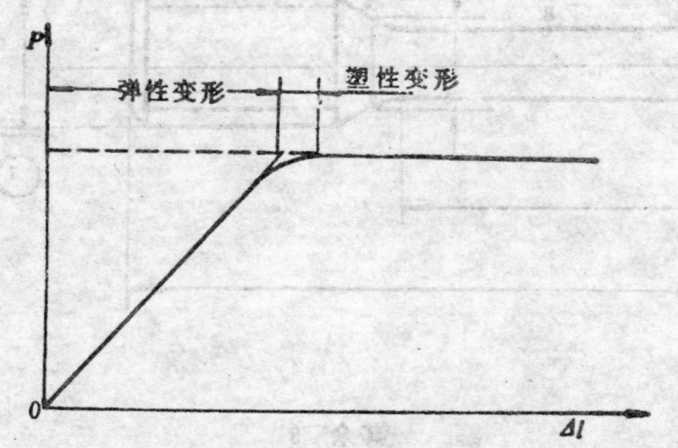

图 9-2-11　加载曲线

测定蠕变极限，至少用 4 个试样在恒定温度和不同应力水平下进行蠕变试验测定变形（或应变）随时间的变化关系。于是得到一组蠕变曲线，如图9-2-12所示。求出 4 个蠕变速度 $\dot{\varepsilon}_4=\mathrm{tg}\alpha_4$，$\dot{\varepsilon}_3=\mathrm{tg}\alpha_3$，$\dot{\varepsilon}_2=\mathrm{tg}\alpha_2$，$\dot{\varepsilon}_1=\mathrm{tg}\alpha_1$。于是获得 4 个数据点：$(\sigma_4, \dot{\varepsilon}_4)$、$(\sigma_3, \dot{\varepsilon}_3)$、$(\sigma_2, \dot{\varepsilon}_2)$、$(\sigma_1, \dot{\varepsilon}_1)$。将这 4 个点画在对数坐标纸上，就得到了应力-蠕变速度曲线（$\lg\sigma$-$\lg\dot{\varepsilon}$）。用内插或外推法可求出规定蠕变速度的应力，即为蠕变极限。例如，规定蠕变速度为1×10^{-5}%/h，外推得蠕变极限 $\sigma^t_{1\times10^{-5}}=$ 40N/mm²。标准中规定，外推时间应不超过最长试验时间的10倍。蠕变极限的表示方法是以伸长率确定蠕变极限时，用$\sigma^t_{\delta_z/\tau}$或$\sigma^t_{\delta_s/\tau}$表示。脚标 t 为试验温度，δ_z为总伸长率，τ为试验时间，δ_s为塑性伸长率。以恒定蠕变速度确定蠕变极限时，用$\sigma^t_{\dot{\varepsilon}}$表示，$\dot{\varepsilon}$为恒定蠕变速度。

蠕变试验机多用杠杆加载，有单台单试样式，多试样式，还有组合式等。工作温度，1200°C以下

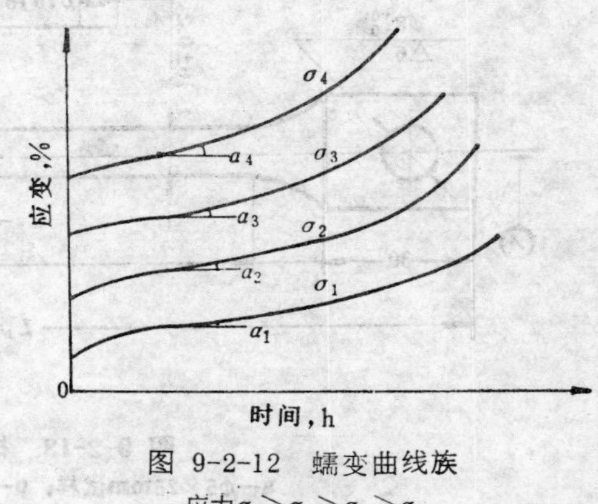

图 9-2-12　蠕变曲线族

应力$\sigma_4>\sigma_3>\sigma_2>\sigma_1$

用空气加热炉；1200°C以上一般用真空或保护性气体加热炉。试样变形用光学测微计测量，但新型蠕变试验机逐步改用差动变压器测量变形。

（二）持久强度试验

持久强度试验是在恒温恒负荷下测定金属材料至断裂的持续时间和持久强度极限及缺口敏感性的一种长时静态力学试验方法。蠕变极限只表征金属材料在长期高温负荷下抵抗塑性变形的能力，而持久强度则反映了金属材料在长期高温负荷下对断裂的抗力。因此，持久强度对金属构件长期在高温负

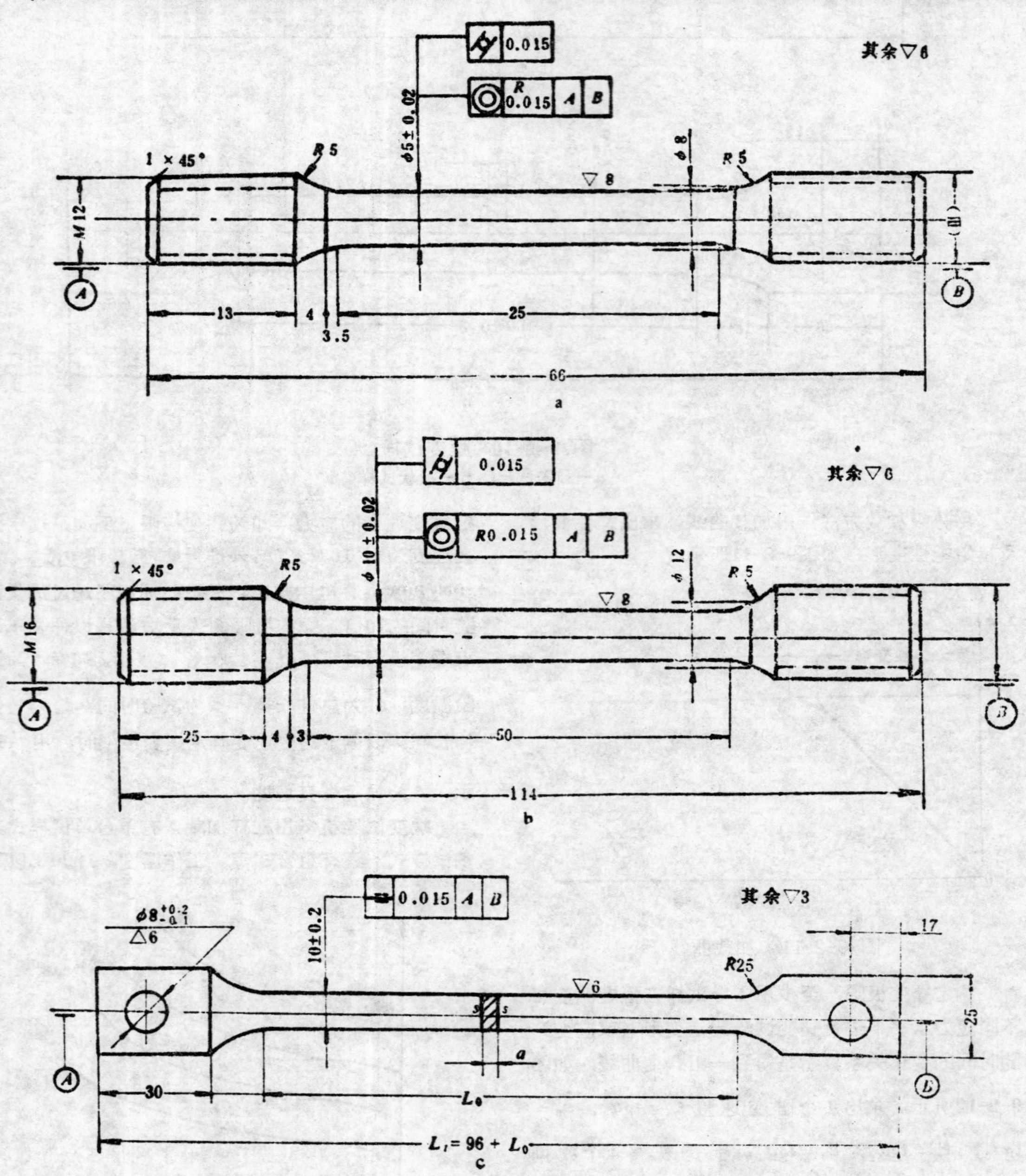

图 9-2-13 标准试样的形状尺寸

a—ϕ5×25mm试样；b—ϕ10×50mm试样；c—板状试样

荷下的使用寿命是重要的。

标准试样的形状尺寸如图9-2-13所示。圆形横截面缺口试样如图9-2-14所示。

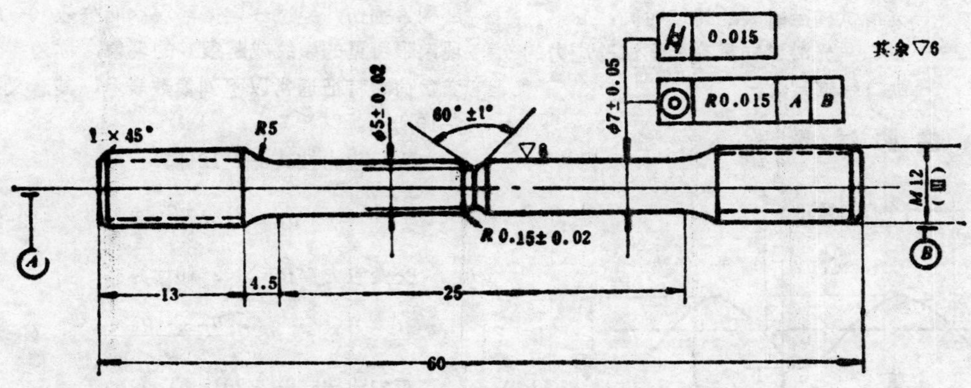

图 9-2-14 圆形横截面缺口试样（应力集中系数K_t=4.09）

表 9-2-3 允许的温度波动和梯度

试验温度，℃	温度波动，℃	温度梯度，℃
≤600	±3	3
>600～900	±4	4
>900～1200	±5	5

试样的制备不得影响材料的性能，尽量避免冷作硬化和过热。矩形横截面试样一般保留材料的原表面，并避免损伤和弯曲。测径和测厚的量具精度不低于0.01mm，测长和测宽的量具精度不低于0.02mm。试样加热炉的均温带不小于试样计算长度的两倍。试验过程中试样计算长度内的温度波动和梯度应符合表9-2-3的规定。测温热电偶应保证长期使用稳定。热电偶工作端绑在光滑试样计算长度的两端或缺口试样的缺口处，并与试样表面紧密接触。热电偶应屏蔽。

持久强度极限：恒定温度下，试验达到规定时间而试样不断裂的最大应力。通常在应力-断裂时间曲线上用内插或外推法测定。测定应力-断裂时间曲线至少5个应力水平且每个应力水平3个试样。测得的数据用最小二乘法回归成直线绘制在对数坐标上。在双对数坐标上应力与时间关系并非全呈线性，而有转折，这与材料高温组织稳定性及试验温度高低有关。求持久强度极限的外推时间不应超过最长试验时间的10倍。

伸长率按式9-2-14计算：

$$A=\frac{L_u-L_0}{L_0}\times 100\% \qquad (9\text{-}2\text{-}14)$$

式中 L_u——试样断裂后在室温测定的试样标距的长度，mm；

L_0——试样原始计算长度，$L_0=5.65\sqrt{S_0}$，mm；

S_0——试样计算长度内原始横截面积，mm²。

断面收缩率按式9-2-15计算：

$$Z=\frac{S_0-S_u}{S_0}\times 100\% \qquad (9\text{-}2\text{-}15)$$

式中 S_u——试验后在室温测定的试样最小横截面积，mm²。

缺口敏感系数按式9-2-16和9-2-17式计算：

$$K_\tau=\frac{\sigma'}{\sigma} \qquad (9\text{-}2\text{-}16)$$

式中 σ'——缺口试样的试验应力，N/mm²；

σ——光滑试样的试验应力，N/mm²；

K_τ——缺口与光滑试样至断裂具有相同持续时间的缺口敏感系数。

$$K_{\sigma}=\frac{\tau'}{\tau} \qquad (9\text{-}2\text{-}17)$$

式中 τ' —— 缺口试样至断裂的持续时间，h；

τ —— 光滑试样至断裂的持续时间，h；

K_{σ} —— 缺口与光滑试样具有相同试验应力的缺口敏感系数。

六、疲劳试验

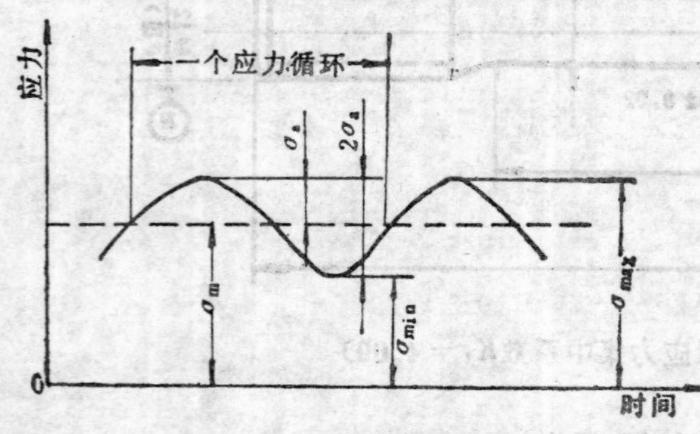

图 9-2-15 疲劳应力循环

许多机件是在交变负荷下工作的，所谓交变负荷是指负荷的大小或者大小和方向都随着时间作周期性变化的负荷。机件在交变负荷作用下，产生局部积累损伤，经过一定循环周次而失效（一般指出现肉眼可见的裂纹或断裂）的现象，称为疲劳。交变负荷之特征通常以下列参数表示，其意义如图9-2-15所示。

平均应力按式9-2-18计算：

$$\sigma_m=\frac{\sigma_{max}+\sigma_{min}}{2} \qquad (9\text{-}2\text{-}18)$$

交变应力幅按式9-2-19计算：

$$\sigma_a=\frac{\sigma_{max}-\sigma_{min}}{2} \qquad (9\text{-}2\text{-}19)$$

应力比按式9-2-20计算：

$$R=\frac{\sigma_{min}}{\sigma_{max}} \qquad (9\text{-}2\text{-}20)$$

应力循环类型不同，其参数亦不同。特征参数

表 9-2-4 交变应力类型及其特征参数

序号	应力谱	循环名称	最大应力σ_{max} 最小应力σ_{min}	特征参数		
				平均应力σ_m	应力幅σ_a	应力比R
1		不对称 循环拉伸	$\sigma_{max}>0$ $\sigma_{min}>0$	$\sigma_m>0$	$\sigma_a\neq0$	$0<R<1$
2		脉动 循环拉伸	$\sigma_{max}>0$ $\sigma_{min}=0$	$\sigma_m=\frac{1}{2}\sigma_{max}$	$\sigma_a=\frac{1}{2}\sigma_{max}$	$R=0$
3		不对称 拉压	$\sigma_{max}>0$ $\sigma_{min}<0$	$\sigma_m>0$	$\sigma_a\neq0$	$-1<R<0$
4		对称拉压 全反复	$\sigma_{max}=-\sigma_{min}>0$ $\sigma_{min}<0$	$\sigma_m=0$	$\sigma_a=\sigma_{max}$ $=\|\sigma_{min}\|$	$R=-1$
5		不对称 拉压	$\sigma_{max}>0$ $\sigma_{min}<0$	$\sigma_m<0$	$\sigma_a\neq0$	$-\infty<R<-1$
6		脉动 循环压缩	$\sigma_{max}=0$ $\sigma_{min}<0$	$\sigma_m=\frac{1}{2}\sigma_m$	$\sigma_a=\frac{1}{2}\|\sigma_{min}\|$	$R=-\infty$
7		不对称 循环压缩	$\sigma_{max}<0$ $\sigma_{min}<0$	$\sigma_m<0$	$\sigma_a\neq0$	$0<R<+\infty$

与循环类型的关系列于表9-2-4中。

金属试样所承受的交变应力与断裂周次之间的关系通常用σ-lgN疲劳曲线来描述，如图9-2-16所示。图中水平部分所对应的应力σ_r称为疲劳极限。

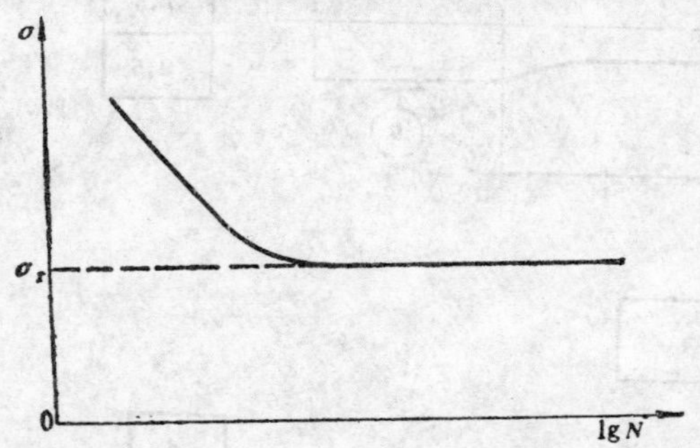

图 9-2-16　疲劳曲线

当应力低于σ_r时，应力交变无数次也不发生疲劳断裂。有些稀有金属材料的疲劳曲线没有水平部分，随着疲劳周次的增加应力一直下降。因此，对具有这种特征的稀有金属材料规定的循环周次N_0所对应的应力作为"条件疲劳极限"，以符号σ_{N_0}表示，如图9-2-17所示。

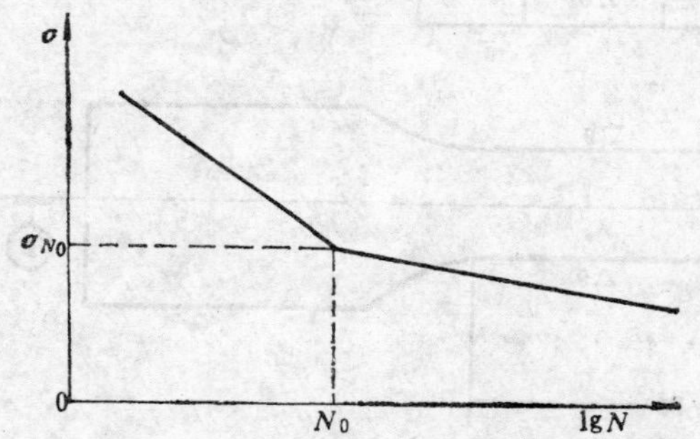

图 9-2-17　稀有金属材料的疲劳曲线

疲劳极限可用多种加载方法测定，但常用的是全反复循环加载法（表9-2-4之4）。应力比$R=-1$，疲劳极限用σ_{-1}表示。

疲劳试验是一种动态力学试验方法。通常分为：（1）高周疲劳断裂应力交变周次常在10^7数量级以上；（2）低周疲劳，断裂应力交变周次一般低于10^2～10^5。如图9-2-18所示。

（1）高周疲劳。用一组标准试样在几级不同的应力水平作试验，将所得的若干组试验数据，(σ_i，N_i）以最佳拟合法绘制成σ-lg$N$曲线，在该曲线图上可得出疲劳强度极限。

旋转弯曲疲劳及轴向疲劳试样如图9-2-19所示。

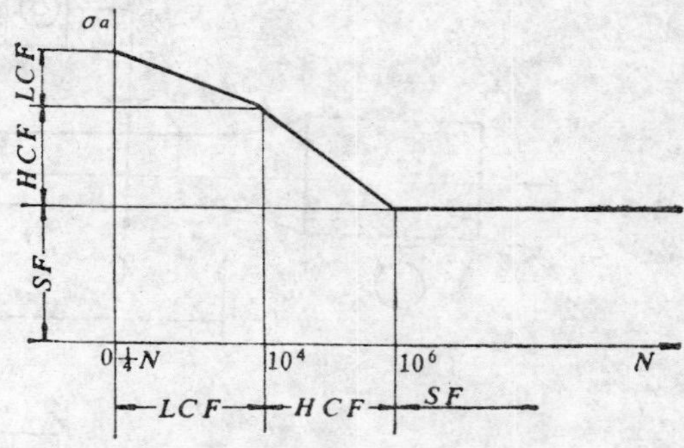

图 9-2-18　Wöhler坐标图

LCF—低周疲劳区；*HCF*—高周疲劳区；*SF*—亚疲劳区

（2）低周疲劳。低周疲劳试验一般每一个周期的应力-应变曲线呈闭合滞后回线，如图9-2-20所示。但有些材料在低周疲劳的前期由于产生"循环硬化"或"循环软化"，致使滞后回线不闭合，如图9-2-21所示。应变恒定，形变抗力随循环次数增加的现象称为"循环硬化"，形变抗力降低的现象称为"循环软化"。经过一定循环次数之后，形变抗力趋于稳定，于是得到相应的闭合滞后回线。将不同应变幅的稳定滞后回线的顶端连接起来，便可得到循环应力-应变曲线，如图9-2-22所示。循环应力-应变曲线低于材料的单次加载曲线为"软化"，高于单次加载曲线为"硬化"。

轴向等幅低周疲劳试样如图9-2-23所示。

在规定的应力或应变下测定试样达到失效的循环次数对比试验一般不少于三个试样。作$\Delta\varepsilon_t/2$(或$\Delta\sigma/2$)-$2N_f$曲线试验时一般要12～15个试样。选定几个应力或应变点分别测定失效循环次数N_f，用双对数坐标绘出$\Delta\varepsilon_t/2$-$2N_f$、$\Delta\varepsilon_e/2$-$2N_f$及$\Delta\varepsilon_p/2$-$2N_f$曲线，如图9-2-24所示。在该曲线上可求出疲劳延性指数c、疲劳强度指数b、疲劳延性系数ε_f'及疲劳强度系数σ_f'。图中$\Delta\varepsilon_t$为真实总应变范围，$\Delta\varepsilon_t=\varepsilon_{max}-\varepsilon_{min}$；$\Delta\varepsilon_p$为塑性真应变范围；$\Delta\varepsilon_e$为弹性真应变范围，$\Delta\varepsilon_e=\Delta\sigma/E$。$\Delta\varepsilon_t=\Delta\varepsilon_p+\Delta\varepsilon_e$。疲劳延性指数$c$是$\Delta\varepsilon_p$-$2N_f$的斜率；疲劳强度指数$b$是$\Delta\varepsilon_e$-$2N_f$的斜率；疲劳延性系数$\varepsilon_f'$是$\Delta\varepsilon_p$-$2N_f$在$\Delta\varepsilon/2$轴上的截距；疲劳强度系数$\sigma_f'$是$\Delta\varepsilon_e$-$2N_f$在$\Delta\varepsilon/2$轴上的截距。

循环应变硬化指数n'是lg($\Delta\sigma/2$)-lg($\Delta\varepsilon_p/2$)曲线的斜率。

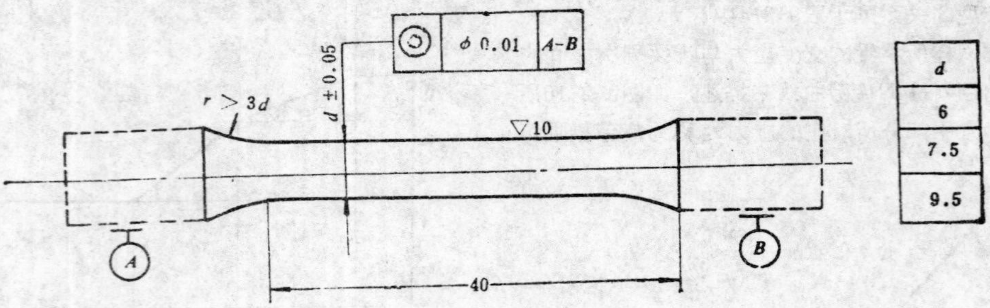

a

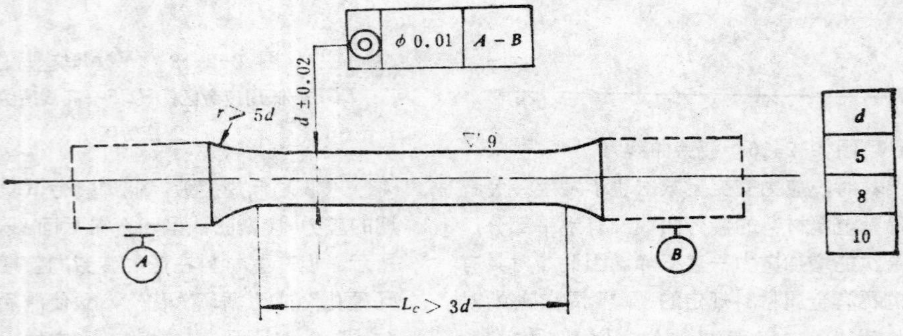

b

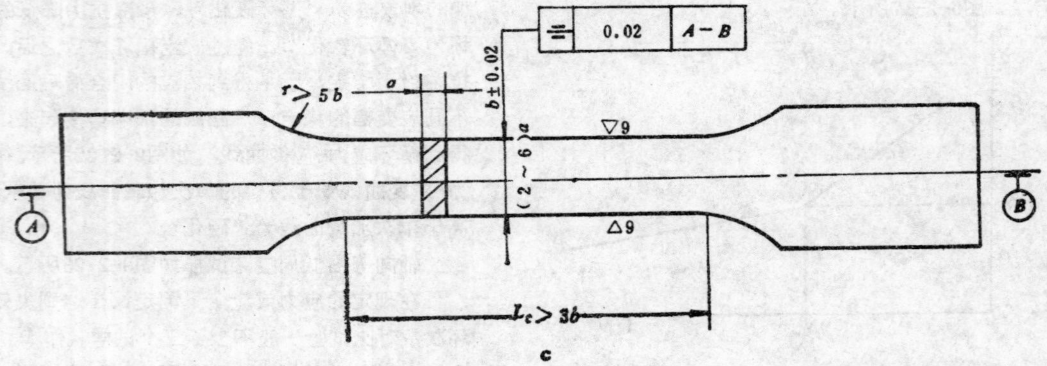

c

图 9-2-19　高周疲劳试样

a—旋转弯曲疲劳试样；b—轴向疲劳圆截面试样；c—轴向疲劳矩形截面试样

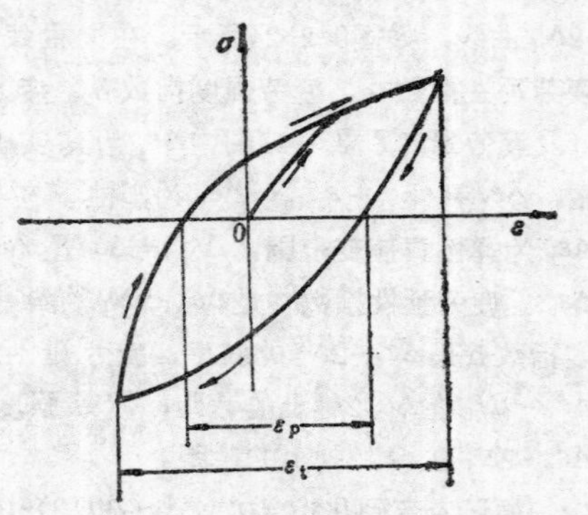

图 9-2-20　低周疲劳 $\sigma-\varepsilon$ 闭合滞后回线

ε_p 恒定的低周疲劳，材料的行为常以Manson-Coffin公式来表述（9-2-21式）：

$$N^K \Delta\varepsilon_p = C \tag{9-2-21}$$

式中　N——破坏的循环次数；

K——材料常数；

C——材料常数；

$\Delta\varepsilon_p$——恒定塑性应变幅。

对式9-2-21取对数得式9-2-22：

$$K\lg N + \lg(\Delta\varepsilon_p) = \lg C \tag{9-2-22}$$

式9-2-22是一条以 K 为斜率 $\lg C$ 为截距的直线。

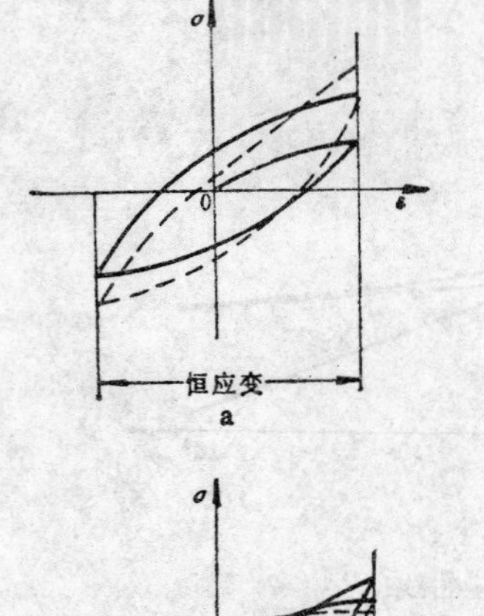

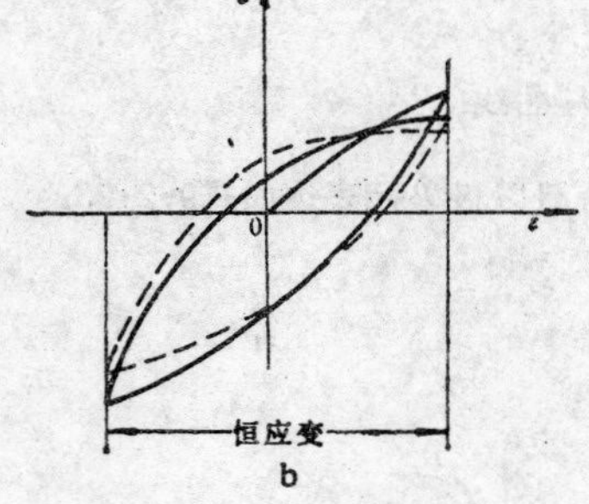

图 9-2-21　不闭合滞后回线

a—循环硬化；b—循环软化

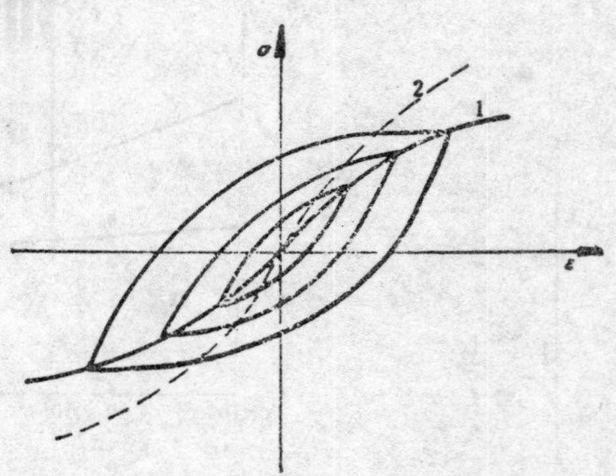

图 9-2-22　循环应力-应变曲线及单次加载曲线

1—循环应力-应变曲线；2—单次加载曲线

七、断裂韧性试验

对工程事故的调查发现，构件断裂时的工作应力远低于材料的屈服强度。试验研究表明，低应力

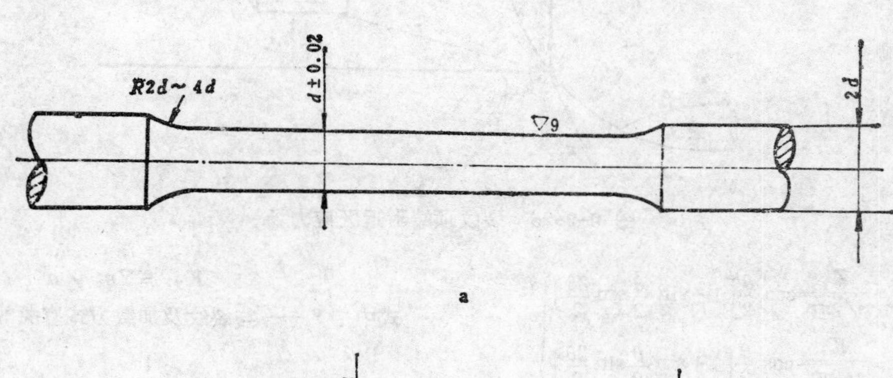

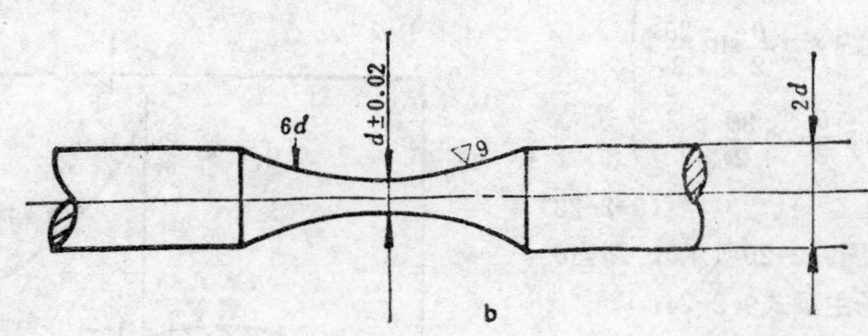

图 9-2-23　低周疲劳试样

a—圆形等横截面光滑试样；b—圆形变横截面光滑试样

脆断是由裂纹失稳扩展引起。构件中的裂纹和孔洞、夹杂、位错及空穴集聚等类缺陷是在材料的冶炼、加工和构件制作、运输及安装等过程中产生的。

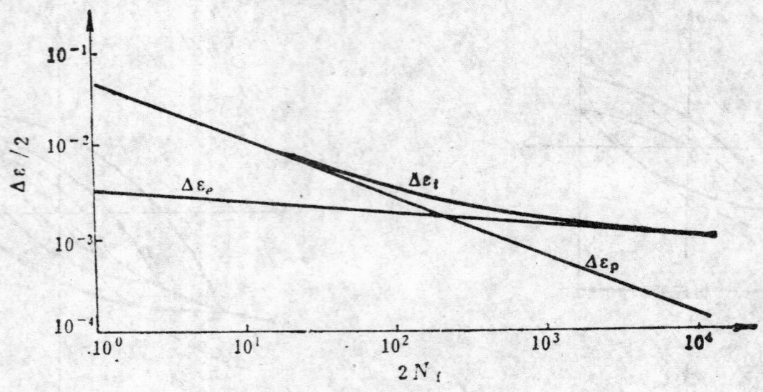

图 9-2-24 $\Delta\varepsilon/2$-$2N_f$ 曲线

从材料含裂纹这一事实出发，对裂纹顶端附近区应力应变场的研究得到任一点（如图9-2-25）的应力分量以极坐标表达如式9-2-23：

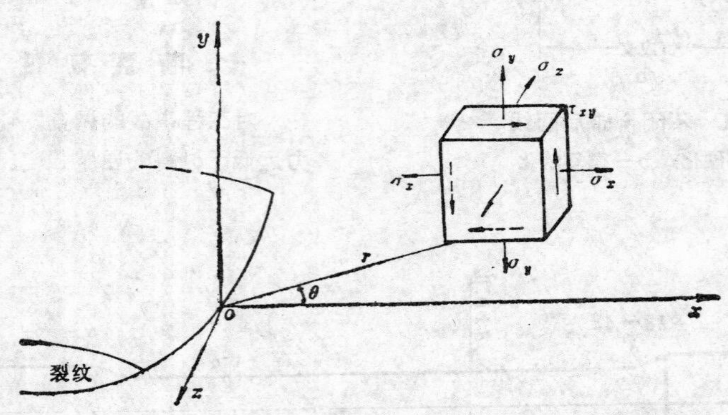

图 9-2-25 裂纹顶端附近区应力场

$$
\left.\begin{aligned}
\sigma_x &= \frac{K_1}{\sqrt{2\pi r}}\cos\frac{\theta}{2}\left[1-\sin\frac{\theta}{2}\sin\frac{3\theta}{2}\right]\\
\sigma_y &= \frac{K_1}{\sqrt{2\pi r}}\cos\frac{\theta}{2}\left[1+\sin\frac{\theta}{2}\sin\frac{3\theta}{2}\right]\\
\tau_{xy} &= \frac{K_1}{\sqrt{2\pi r}}\sin\frac{\theta}{2}\cos\frac{\theta}{2}\cos\frac{3\theta}{2}
\end{aligned}\right\} \qquad (9\text{-}2\text{-}23)
$$

在裂纹延长线上（如图9-2-26所示），即当$\theta=0$时，由式9-2-23得应力场主项式9-2-24：

$$\sigma_y=\sigma_x=\frac{K_1}{\sqrt{2\pi r}},\ (r\ll a) \qquad (9\text{-}2\text{-}24)$$

其中

$$K_1=Y\sigma\sqrt{a} \qquad (9\text{-}2\text{-}25)$$

当外应力σ达到临界值σ_c时，裂纹失稳扩展，于是K_1也达到临界值K_{Ic}，故有：

$$K_{Ic}=Y\sigma_c\sqrt{a} \qquad (9\text{-}2\text{-}26)$$

式中 Y——与裂纹及加载方式有关的试样形状因

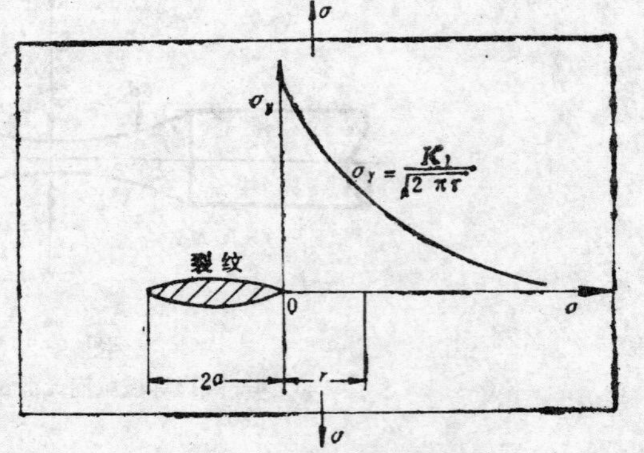

图 9-2-26 张开裂纹延长线上应力场主项

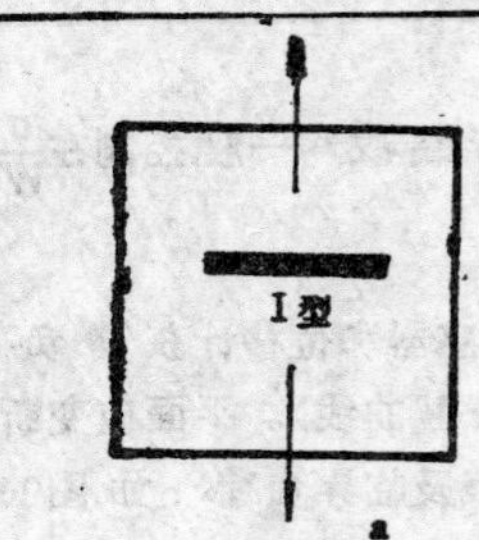

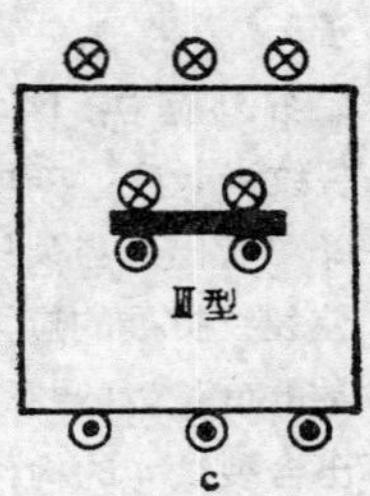

图 9-2-27 裂纹三种基本组态

a—I型即张开型；b—II型即滑开型；c—III型即撕开型

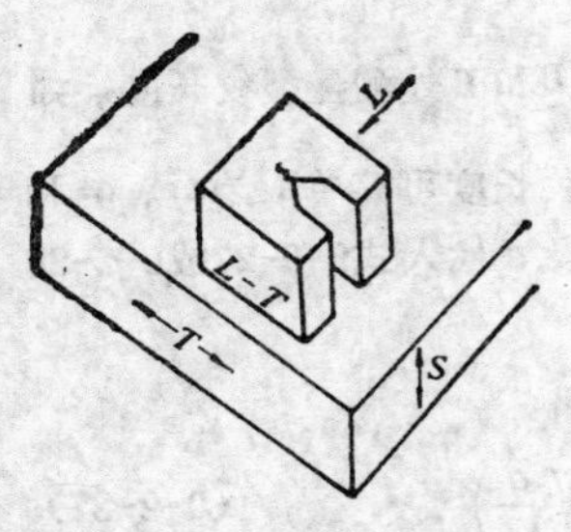

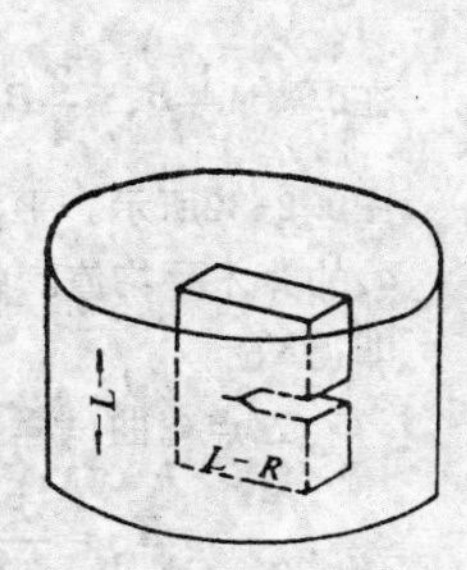

图 9-2-28 试样取向标记

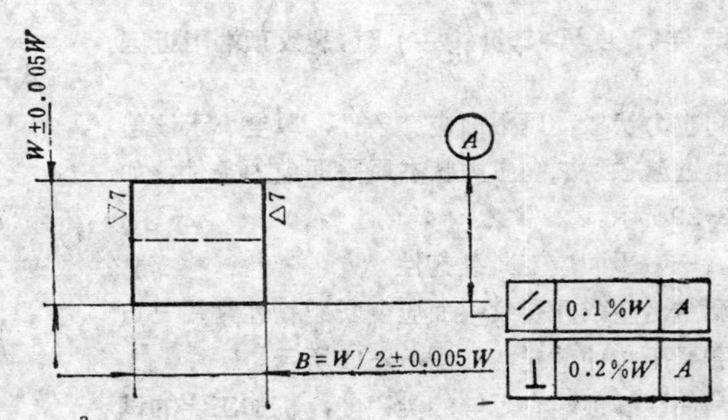

图 9-2-29 断裂韧性与试样厚度的关系

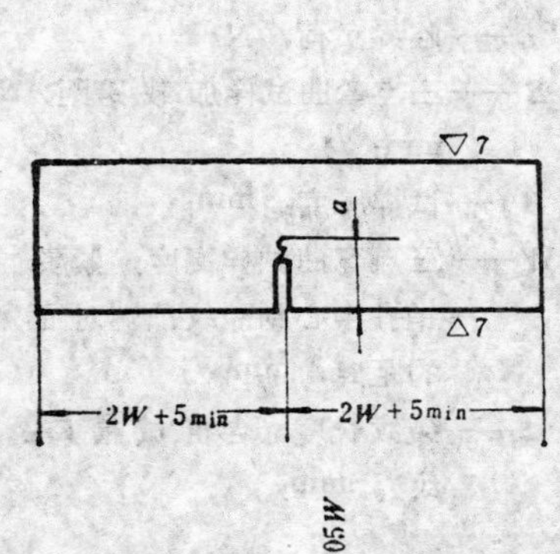

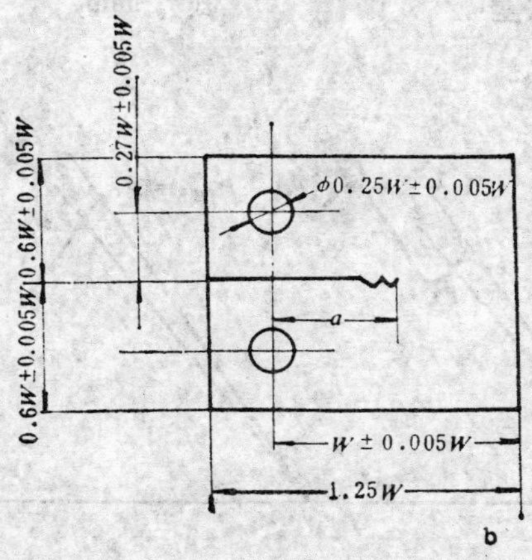

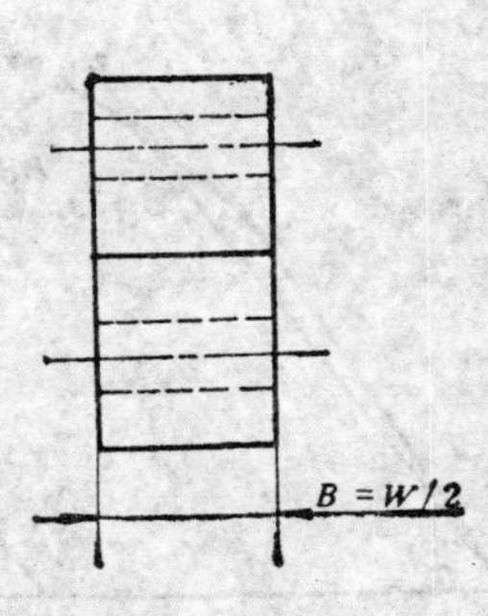

图 9-2-30 平面应变断裂韧性试样

a—三点弯曲试样；b—紧凑拉伸试样

子；

σ_c —— 临界外应力，N/mm²；

a —— 裂纹半长度，mm。

由式9-2-26可看出，当裂纹尺寸一定时，断裂韧性值越大，使裂纹扩展的应力就越大。断裂韧性是抵抗裂纹扩展的度量。如果试验测定出K_{Ic}，则可按式9-2-26算出含裂纹a的构件的临界外应力σ_c，从而确定构件的安全承载能力；反之，可在已知的工作外应力下确定允许的裂纹尺寸，建立材料的质量检验标准。此外，根据试验测定的裂纹扩展速率可估算承受疲劳载荷构件的寿命。

裂纹与外力作用方式的关系有三个基本组态，如图9-2-27所示。其中Ⅰ型最危险，极易引起裂纹失稳扩展，导致低应力脆断。因此，对Ⅰ型加载研究最多。

断裂韧性对材料加工方向敏感，因此，对断裂韧性试样需标明取样方向。常用两个英文字母标记，第一个字母表示裂纹平面的法线方向，第二个字母表示予期裂纹的扩展方向，如图9-2-28所示。

试样厚度$B \geqslant 2.5\left(\frac{K_{Ic}}{\sigma_s}\right)^2$时，裂纹顶端附近区为三向应力状态，属平面应变条件，厚度小于该值时，由过渡态到二向应力状态属平面应力条件，如图9-2-29所示。

（一）平面应变断裂韧性

测定Ⅰ型张开裂纹平面应变断裂韧性常用三点弯曲和紧凑拉伸试样，如图9-2-30所示。

为使裂纹顶端有足够的尖锐度，机加工完的试样需在高频疲劳试验机上预制疲劳裂纹。裂纹长度a（包括机械切口及疲劳裂纹）一般控制在$\frac{a}{W}=0.45 \sim 0.55$范围内。

在测试中通过负荷传感器和位移计获得负荷-裂纹张开位移曲线（即$P-V$曲线）。平面应变断裂韧性三种典型的$P-V$曲线及临界负荷P_Q如图9-2-31所示。作直线2并使其斜率比直线1小5%且交$P-V$曲线得P_5，a情况$P_Q=P_5$，b情况P_Q为P_5前的峰值，c情况$P_Q=P_{max}$。对拉断试样的裂纹平面，在$0B$、$\frac{1}{4}B$、$\frac{2}{4}B$、$\frac{3}{4}B$和B处测量裂纹长度，如图9-2-32所示。平均裂纹长度可简单取为a_2、a_3和a_4的算术平均值。将P_Q及a代入式9-2-27或9-2-28即得K_Q

三点弯曲试样：

$$K_Q=\frac{P_Q S}{BW^{\frac{3}{2}}}f\left(\frac{a}{W}\right) \tag{9-2-27}$$

紧凑拉伸试样：

$$K_Q=\frac{P_Q}{BW^{\frac{1}{2}}}F\left(\frac{a}{W}\right) \tag{9-2-28}$$

式中 P_Q —— 临界负荷，N；

S —— 三点弯曲试样加载跨距，$S=4W$，mm；

B —— 试样厚度，mm；

W —— 三点弯曲试样高度；紧凑拉伸试样销孔中心到裂纹顶端对面试样边缘的距离，mm；

a —— 裂纹长度（含机械槽口及疲劳裂纹），mm；

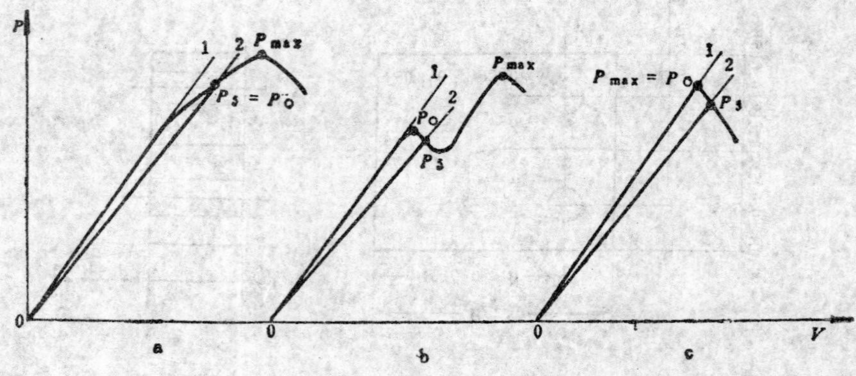

图 9-2-31 $P-V$曲线及P_Q的确定

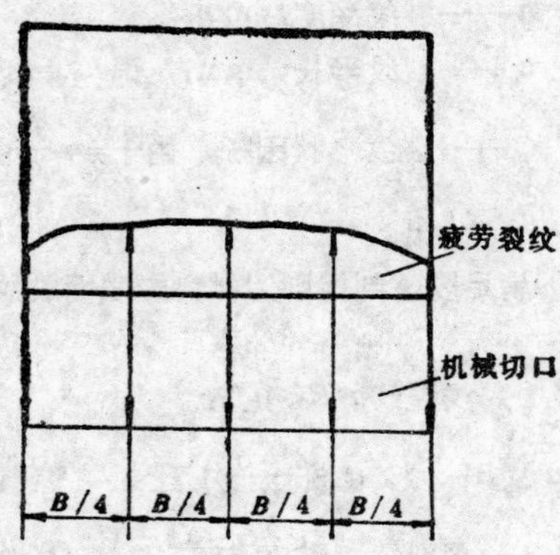

图 9-2-32　裂纹长度测量位置

$f\left(\frac{a}{W}\right)$、$F\left(\frac{a}{W}\right)$——试样形状因子。

实测的K_Q满足以下判据则为材料常数——平面应变断裂韧性K_{Ic}：

（1）$P_{max}/P_Q \leqslant 1.10$；

（2）a、B、$(W-a) \geqslant 2.5\left(\frac{K_Q}{\sigma_s}\right)^2$；

（3）疲劳裂纹断面倾角不超过10°；疲劳裂纹长度不小于平均裂纹长度的5%和1.3mm；试样表面上的裂纹长度不小于平均裂纹长度的90%；任意二个裂纹的长度差不超过平均裂纹长度的5%。

（二）平面应力断裂韧性

航天和航空领域广泛采用的薄壁材料（如钛板、铝板及铝锂合金板材等）常在平面应力状态下工作。测定这类材料的平面应力断裂韧性多用中心穿透裂纹试样，单销或多销加载，如图9-2-33所示。

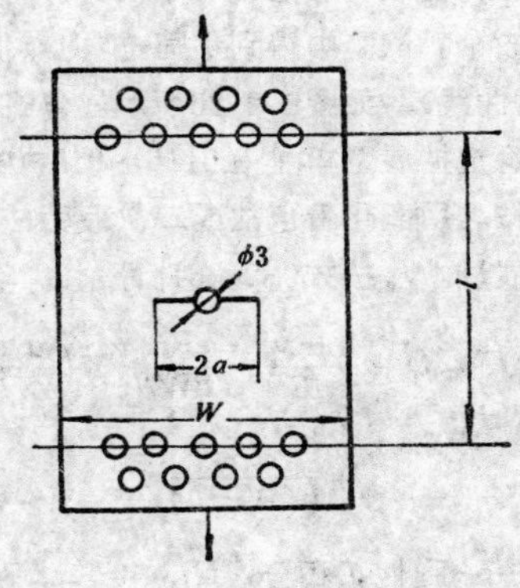

图 9-2-33　中心穿透裂纹多销加载试样

间接测量法：用小试样测出裂纹顶端临界张开位移δ_c，按式9-2-29计算平面应力断裂韧性K_c：

$$K_c = \sqrt{E\sigma_s\delta_c} \qquad (9\text{-}2\text{-}29)$$

式中　E——材料的弹性模量，N/mm²；

σ_s——材料的屈服强度，N/mm²；

δ_c——裂纹端点临界张开位移，mm。

直接测量法：用较大试样测量，K_c表达式为：

$$K_c = F\left(\frac{2a_c}{W}\right)\sigma_c\sqrt{\pi a_c} \qquad (9\text{-}2\text{-}30)$$

式中　σ_c——临界应力，$\sigma_c = \frac{P_c}{BW}$，N/mm²；

P_c——临界载荷，N；

B——试样厚度，mm；

W——试样宽度，mm；

a_c——临界裂纹有效半长（含初始裂纹半长、一侧塑性区等效扩展量及一侧裂纹真实扩展量）；

$F\left(\frac{2a_c}{W}\right)$——宽度修正因子，查有关表或按式9-2-31计算：

$$F\left(\frac{2a_c}{W}\right) = \left[1 - 0.025\left(\frac{2a}{W}\right)^2 + 0.06\left(\frac{2a}{W}\right)^4\right]\sqrt{\sec\frac{\pi a}{W}} \qquad (9\text{-}2\text{-}31)$$

关键问题是确定临界点的有效裂纹长度$2a_c$及相应的临界应力σ_c（或临界载荷$P_c = \sigma_c BW$）。可用以下方法确定临界点：

（1）直接测量法。用两部同步照像机拍照裂纹长度及载荷随时间变化的照片，用以确定P_c及相应的$2a_c$。

（2）COD法。根据实测$P-\delta$曲线上确定的临界点$\left(\frac{BE\delta}{P}\right)_c$，在实验标定的柔度曲线$\left(\frac{BE\delta}{P}\right)$-$\left(\frac{a}{W}\right)$上查出$\frac{a_c}{W}$，再求出$a_c$。

（3）R阻力曲线法。作$\left(\frac{BE\delta}{P}\right)$-$\left(\frac{2a}{W}\right)$标定曲线，从$P-\delta$曲线偏离直线的弯曲点得（$P_i$，$\delta_i$），算出$\left(\frac{BE\delta}{P}\right)_i$，由$\left(\frac{BE\delta}{P}\right)$-$\left(\frac{2a}{W}\right)$上查出相应的$\left(\frac{2a}{W}\right)_i$，计算与$P_i$相应的$a_i$，将$a_i$和$\sigma_i = \frac{P_i}{BW}$代入式9-2-

32得：

$$R_i = \frac{W}{E}\sigma_i^2 \tan\frac{\pi a_i}{W} \qquad (9\text{-}2\text{-}32)$$

作$R-a$阻力曲线，如图9-2-34所示。R阻力曲线与G扩展力曲线之切点即临界点，由式9-2-33求K_c：

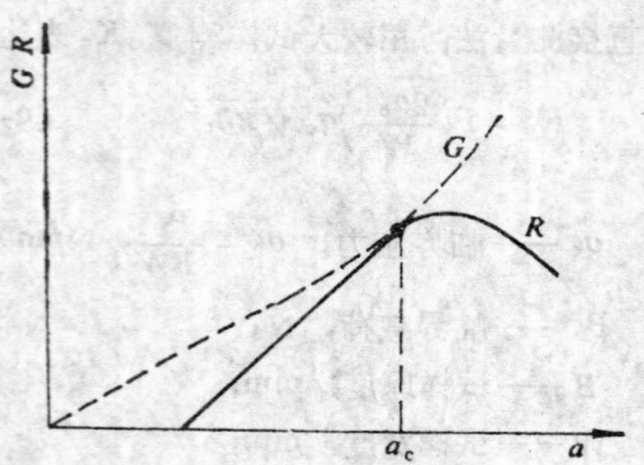

图 9-2-34 R-a阻力曲线

$$R_c = G_c = \frac{K_c^2}{E} \qquad (9\text{-}2\text{-}33)$$

（三）表面裂纹断裂韧性

低应力脆断事故常常是由表面裂纹扩展引起的。表面裂纹断裂韧性$K_{\text{I}E}$与$K_{\text{I}c}$的测试原理相似。试样如图9-2-35所示。

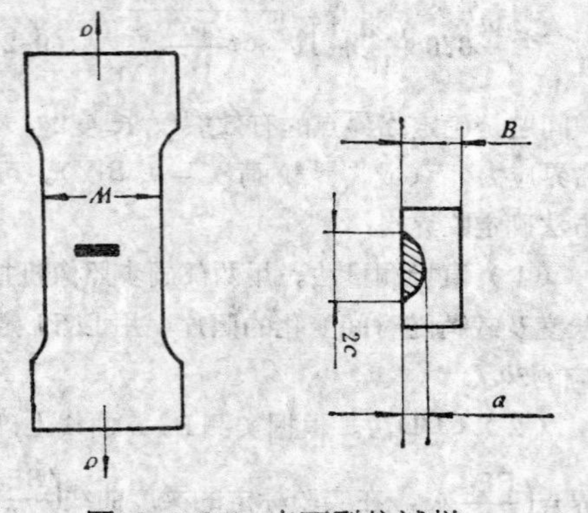

图 9-2-35 表面裂纹试样

将试样拉断后得到最大载荷P_{max}，代入式9-2-34求出净截面平均应力σ_N：

$$\sigma_N = \frac{P_{max}}{BW - \frac{\pi ac}{2}} \qquad (9\text{-}2\text{-}34)$$

按欧文公式9-2-35近似计算K_Q：

$$K_Q = \frac{1.1\sigma_N\sqrt{\pi a}}{\sqrt{Q}} \qquad (9\text{-}2\text{-}35)$$

式中 B——试样厚度，mm；

W——试样宽度，mm；

a——裂纹深度，mm；

c——裂纹半长，mm；

Q——裂纹形状因子，由$\frac{1}{\sqrt{Q}}-\frac{a}{c}$曲线上查出。

K_Q满足以下判据则为材料的表面裂纹断裂韧性$K_{\text{I}E}$：

（1）浅裂纹$a/B<0.5$：

$a.(B-a)\geqslant 0.5\left(\frac{K_Q}{\sigma_s}\right)^2$；

（2）深裂纹$a/B>0.5$：

$B\geqslant 0.25\left(\frac{K_Q}{\sigma_s}\right)^2$，$(B-a)\geqslant 0.1\left(\frac{K_Q}{\sigma_S}\right)^2$；

（3）$\sigma_N/\sigma_s\leqslant 0.9$；

（4）$2c/W<\frac{1}{3}$；

（5）欧文塑性区尺寸

$$r_y = \frac{1}{4\sqrt{2\pi}}\left(\frac{K_Q}{\sigma_s}\right)^2\leqslant\frac{1}{10}(B-a)。$$

（四）用J_R阻力曲线确定断裂韧性

平面应变条件要求试样厚度$B\geqslant 2.5\left(\frac{K_{\text{I}c}}{\sigma_s}\right)^2$。高强度材料的$K_{\text{I}c}$低，$\sigma_s$高，易取得满足上述条件而厚度小的试样。但中低强度材料由于$K_{\text{I}c}$高σ_s低，故满足尺寸条件的试样厚度就要很大，甚至有的材料无法制备标准大试样，有的材料即使能截取大试样，但材料用量很大。这对某些稀有金属可能是不允许的。此外，试样大了之后，试验机的吨位也要相应增加。为了避免这些情况，可用小试样J_R阻力曲线法求得断裂韧性。一般常用三点弯曲试样。

作J_R阻力曲线一般需5～8个试样，有效数据点不能少于5个。试验中得到负荷-施力点位移曲线（即$P-\Delta$曲线），如图9-2-36所示。停机点的控制应使裂纹稳定扩展量Δa能在0.15～0.5mm范围内较均匀分布。用氧化着色法或二次疲劳法等留印裂纹稳定扩展量。J_R按式9-2-36计算：

$$J_R = J_e + J_p = \frac{1-\nu^2}{E}\left[\frac{P_s}{BW^{1/2}}Y\left(\frac{a}{W}\right)\right]^2 + \frac{2U_p}{B(W-a)} \qquad (9\text{-}2\text{-}36)$$

式中 J_e——弹性J积分，N/mm；

J_p——塑性J积分，N/mm；

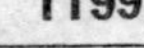

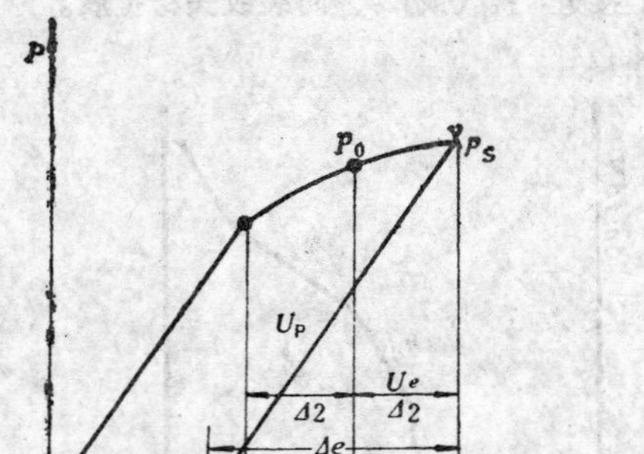

图 9-2-36　$P-\Delta$曲线

P_s —— 停机点负荷，N；

E —— 弹性模量，N/mm^2；

ν —— 泊松比；

B —— 试样厚度，mm；

W —— 试样高度，mm；

a —— 裂纹长度，mm；

U_P —— 塑性形变功，N—m；见9-2-37式；

$Y\left(\frac{a}{W}\right)$ —— 试样几何形状因子。

$$U_P = U_{总} - U_e = \frac{1}{2}P_e\Delta_1 + \frac{1}{3}\Delta_2(P_e + P_S + 4P_0) - \frac{1}{2}P_s\Delta e \qquad (9\text{-}2\text{-}37)$$

裂纹稳定扩展量的测量如图9-2-37所示，按式9-2-38a计算：

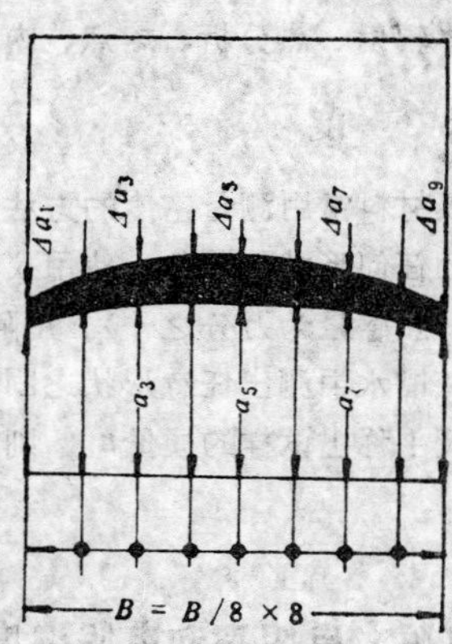

图 9-2-37　a及Δa的测量

$$\Delta a = \frac{1}{5}(\Delta a_3 + \Delta a_4 + \Delta a_5 + \Delta a_6 + \Delta a_7) \qquad (9\text{-}2\text{-}38a)$$

裂纹长度按式9-2-38b计算：

$$a = \frac{1}{3}(a_3 + a_5 + a_7) \qquad (9\text{-}2\text{-}38b)$$

将所得诸点（J_{R_i}，Δa_i）绘在J_R-Δa坐标图上，对有效数据点按最小二乘法作直线回归，如图9-2-38所示，得回归方程9-2-39a：

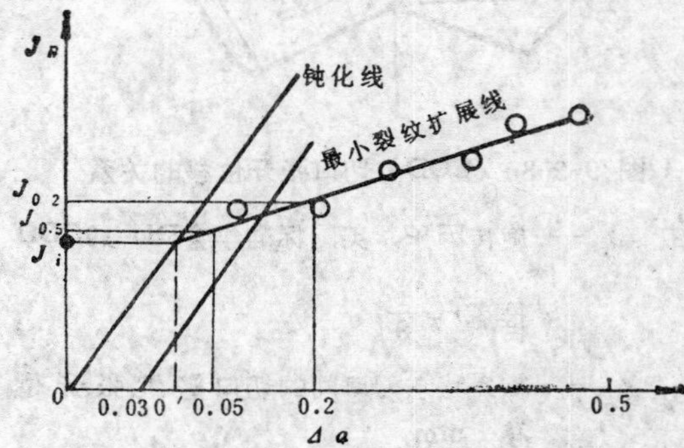

图 9-2-38　J_R阻力曲线

$$J_R = a + b(\Delta a) \qquad (9\text{-}2\text{-}39a)$$

在阻力曲线上可得到如下指标：

（1）表观启裂韧度J_i；

（2）条件启裂韧度$J_{0.05}$；

（3）条件断裂韧度$J_{0.2}$；

（4）启裂韧度——$\Delta a < 0.05$mm发生失稳断裂时的J_R值。

在一定条件下可按式9-2-39b计算$K_1(J)$：

$$K_1(J) = \sqrt{\frac{EJ_R}{1-\gamma^2}} \qquad (9\text{-}2\text{-}39b)$$

试验点的有效性条件：

（1）$J_R \leqslant (b/t)\sigma_s$，其中$b = W - a$，$t$：钢25，钛合金40，铝合金60；

（2）$\Delta a_{max} = 0.5$mm；

（3）最小裂纹扩展线右侧的有效试验点不应少于5个。

（五）裂纹端点张开位移COD的临界值δ_c

用三点弯曲小试样在全面屈服条件下间接测定COD，如图9-2-39所示：

平面应变条件临界值按式9-2-40计算：

$$\delta_c = \delta_e + \delta_p = \frac{1}{2}\frac{K_1^2(1-\nu^2)}{E\sigma_s} + \frac{r(W-a)}{r(W-a)+a+h}V_P \qquad (9\text{-}2\text{-}40)$$

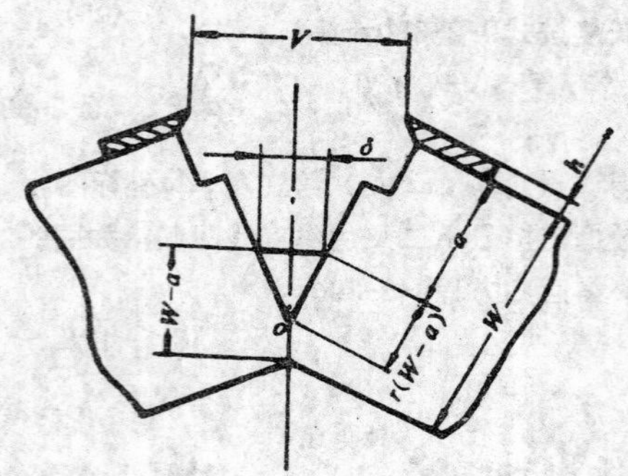

图 9-2-39 COD与切口张开位移的关系

式中 r——旋转因子，英国标准学会DD-19COD推荐$r=\frac{1}{3}$；

V_P——临界状态刀口间的切口塑性张开位移，mm；

W——三点弯曲试样高度，mm；

σ_s——屈服强度，N/mm²；

ν——泊松比；

K_1——Ⅰ型加载应力场强度因子，见式9-2-27，N/mm³/²；

a——裂纹长度，mm；

h——引伸计刀口厚度，mm；

E——弹性模量，N/mm²。

（六）裂纹扩展速率

有裂纹的构件，其工作应力虽然低于材料的疲劳极限，但在交变负荷作用下，疲劳裂纹亚临界扩展，仍能导致构件断裂。因此，对这类承受交变负荷的构件需测定裂纹扩展速率da/dN，以估算其寿命。

裂纹扩展速率有多种表达式，其中帕里斯（Paris）式较简单常用：

$$\frac{da}{dN}=C(\Delta K)^n \qquad (9\text{-}2\text{-}41)$$

式中 ΔK——应力强度因子范围，$\Delta K=K_{max}-K_{min}$，N/mm³/²；

C——材料常数；

n——材料常数，一般可取$n=2\sim7$。

式9-2-41的对数坐标图如图9-2-40所示。图中ΔK_{th}称为门槛值。外加应力强度因子$\Delta K<\Delta K_{th}$时裂纹不扩展，当$\Delta K=\Delta K_{th}$时裂纹扩展速率急剧增加，$\Delta K>\Delta K_{th}$时由指数方程9-2-43来描述。

当K_{max}接近K_{Ic}（或K_c）时裂纹失稳扩展。

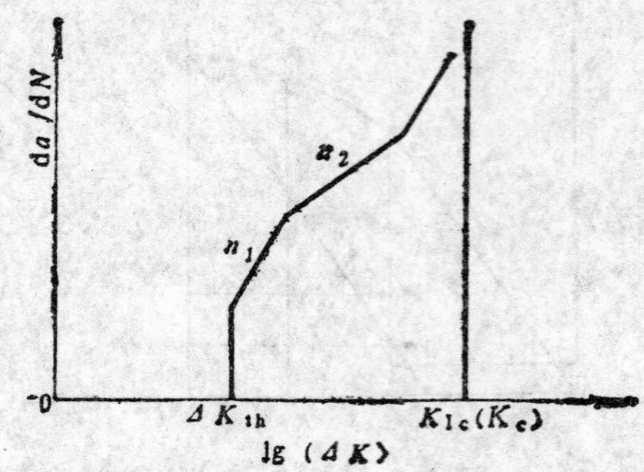

图 9-2-40 $\frac{da}{dN}$-ΔK曲线

第三节 物理性能测试

金属材料的物理性能是材料在热、电、光、声、磁等物理因素作用下的性状。它们是表征材料本质的物理量，是材料的固有属性。材料在服役期间会遇到各种各样的物理环境，特别是稀有金属材料常服役于特殊的物理条件，因此它们必须具有特定的物理性能，才能满足使用要求。因此，必须对材料某些特定的物理性能进行专门测试，否则不能保证产品质量，甚至会在使用期间造成严重的事故。用于尖端科学技术领域（如宇航）的稀有金属材料，要求进行极高温、深低温下的物理性能测定。目前稀有金属材料物理性能开展的测试项目有：密度、电阻、热电动势、热膨胀、弹性、比热、导热、热辐射、热分析、熔点、内耗等。

一、密 度

稀有金属材料常用测量密度的方法为流体静力学法。试样为任何形状的固体，使用仪器为精度较高的天平（一般感量为万分之一）。用阿基米德浮力定律，在蒸馏水中测出任意形状之固体试样的体积V，再用天平称出试样的质量m，则求得试样的密度$\rho=\frac{m}{V}$。

二、电阻、电阻率和电阻温度系数

材料的电阻R是材料对电子在其内流动的阻力。稀有金属材料的电阻是其最重要的物理参数之一。电阻率ρ是单位长度，单位横截面积之导线的电阻。它由金属的内部结构决定，是材料的基本属性，不随试样的形状而变化。电阻是温度的函数，随温度的升高而增加，一般按下述规律变化：

$$R_t = R_0(1+\alpha t) \qquad (9\text{-}2\text{-}42)$$

式中 R_t——在温度t°C时材料的电阻；

R_0——温度为0°C时材料的电阻；

α——电阻温度系数，表示电阻随温度增长之速度。

稀有金属材料经常需要测量电阻R、电阻率ρ、电阻比r、电导率ζ、电阻温度系数α、电阻-温度特性曲线和接触电阻等。

电阻测量的试样一般为线材，但也可为条、带材或细棒材。最常用的测量方法是电桥法和电位差计法，包括直流和交流两种形式，基本上采用接触法测量。另外，还有非接触法测量，如涡流法。

测量电阻的主要仪器有：单双臂电桥、高阻和低阻电位计、电流表和电压表、数字欧姆表、数字电压表、专用或精密电桥等。在稀有金属测量中最常用的电桥或电位计的精度多为$1\sim5\times10^{-4}$。

中国对一些专用材料，已建立了标准测试方法。如GB764—65电线电缆导电线芯电阻测量方法、YB798—71有色金属铜镍合金电阻系数测试方法，YB799—71电阻温度系数测试方法；GB1424—78贵金属及其合金电阻系数测量方法；YB929—78纯铂丝电阻比ω（100°C）测量方法；YB932—78贵金属及其合金材料电阻随温度变化的测量方法。

电桥法分为单电桥和双电桥两种，双电桥法比单电桥法精度高。图9-2-41和图9-2-42示出了单、双电桥的原理图。

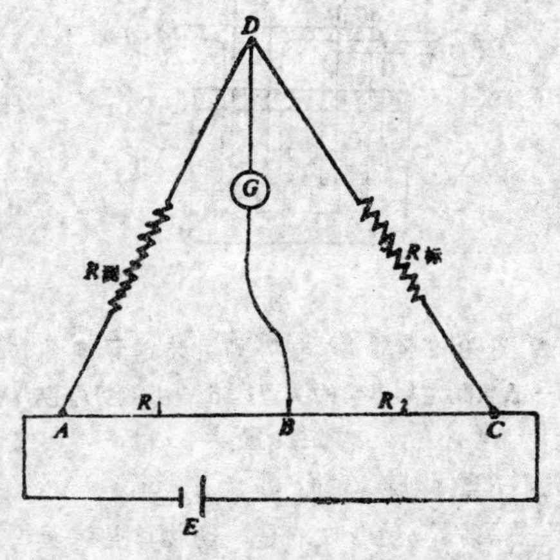

图 9-2-41 单电桥原理图

图9-2-41中AC是锰铜刻度弦杆，B是可动触头，G是桥流计，E是直流电源，$R_测$是被测电阻，$R_标$是标准电阻，$R_测$与$R_标$的数量级要相同。测量时，将B移动，使G指零，这时，$V_{AB}=V_{AD}$，$V_{CD}=V_{CB}$，由欧姆定律可推出

$$R_测=\frac{R_1}{R_2}R_标 \qquad (9\text{-}2\text{-}43)$$

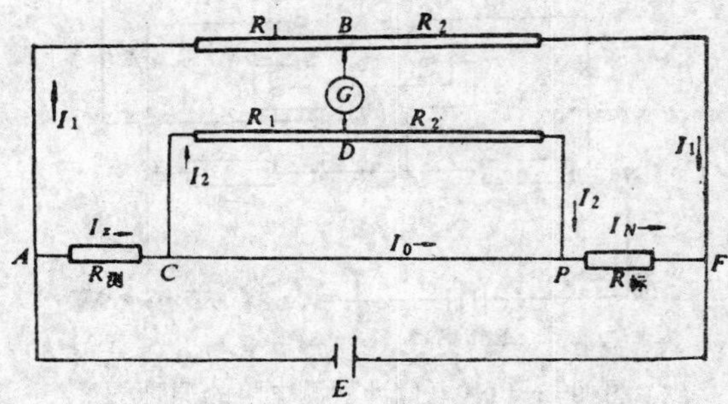

图 9-2-42 双电桥原理图

图9-2-42与图9-2-41不同之处在于在图9-2-42中检流计G有两个触动接头，在两个相同的锰铜刻度弦杆上滑动，当检流计G指零时，$V_{AB}=V_{AD}$，$V_{FD}=V_{FB}$。由克希霍夫定律，汇于一点的多支电流其和为零，可知$I_x=I_2+I_0$，$I_N=I_2+I_0$，即$I_x=I^N$。由欧姆定律推得：

$$\frac{V_测}{R_1}=\frac{V_标}{R_2}$$

因为$V_测=I_xR_测$，$V_标=I_NR_标$，且$I_x=I_N$，则有

$$\frac{R_测}{R_1}=\frac{R_标}{R_2}$$

所以与单电桥一样。然而双电桥的优点是：检流计G不是直接取到$R_测$及$R_标$，而是通过大电阻R_1及R_2联接的，因而提高了电桥的精确度。

电位计法的原理如图9-2-43，因为电位计测量电压的精度很高，所以此法的精度高于电桥法。其测量方法如下：在$R_标$上测出电压$V_标$后，再在$R_测$上测出电压$V_测$，由于$R_标$与$R_测$是串联在同一回路内，所以通过它们的电流相等，即

$$\frac{V_标}{R_标}=\frac{V_测}{R_测}$$

由此可得：

$$R_测=\frac{V_测}{V_标}R_标 \qquad (9\text{-}2\text{-}44)$$

电阻是材料组织结构的敏感性能。在稀有金属

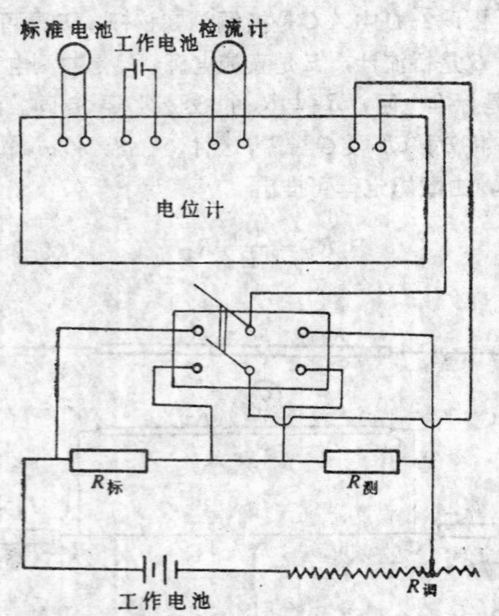

图 9-2-43 电位计法测电阻的原理图

材料，如超导材料、导电材料、接点材料、传感材料、精密合金等的研制和生产中，电阻测量得到广泛的应用。

三、热 电 势

如图9-2-44所示，不同金属A及B两端点相接，二接触点加热至不同的温度T_1和T_2，这里$T_1>$

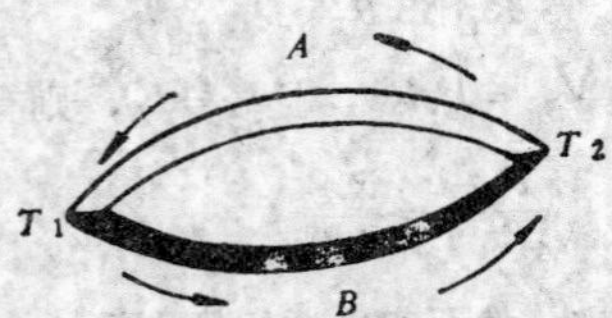

图 9-2-44 闭合线路中热电势的产生

T_2，则在电路中会出现电动势，并产生热电流，其方向如图9-2-43所示。在此情形下，热端电流从A金属流向B金属，冷端则由B金属流向A金属。一般来说，热电流的方向与相接触的金属有关。热电动势的符号按下法决定：若在热电偶AB中，在热端电流由A到B，则金属B的热电动势对金属A来说是正的。

纯金属之间的热电势按如下次序排列，其中任一后者的热电动势对前者为负：硅，锑，铁，钼，镉，钨，金，银，锌，铑，铱，铊，铯，钽，锡，铅，镁，铝，石墨，汞，铂，钠，钯，钾，镍，钴，铋。

图9-2-45a所示为低温测定热电势的设备。由小电炉O将热引入试棒，而以铜块S引出，铜块S与试样的接触面间放一薄的云母片。铜块S置于冰水恒温槽中。两个热电偶T_0分别焊在铜环K_1、K_2上，K_1、K_2牢固地安在试样上。这些热电偶的冷端也处于0°。试样两端温度为T和$T+\Delta T$。测量两热电偶的铂丝间的热电势，这个热电势相当于试样和铂丝间的温度差ΔT时的热电势，若注意到热电势的相加性，这是容易理解的。在ΔT为20°和热电势等于10^{-5}V/°C（伏特/度）的情况下，测量准确度可达到0.2%。但该设备只适用于测量较大的热电势值。在小热电势值情况下，须考虑试样和铜环间的接触所引起的不利影响。

为测量很小的热电势值，可以利用图9-2-45b所示的设备。该设备的重要特点是G_1和G_2两线是由和试样P同一材料制成的。试样P和G_1、G_2紧压入铜块T_1和T_2，但以云母片与后者绝缘。热由铜块T_1吸入（$\Delta T=T_1-T_2$）。温度差T_1-T_2用示差热电偶测量。电势差以仪器ΔE测量。所有冷端都置于0°的恒温槽T_0中。当$\Delta T=30°$和$E=3\times10^{-7}$V/°C（伏特/度）时，测量准确度为±1%。

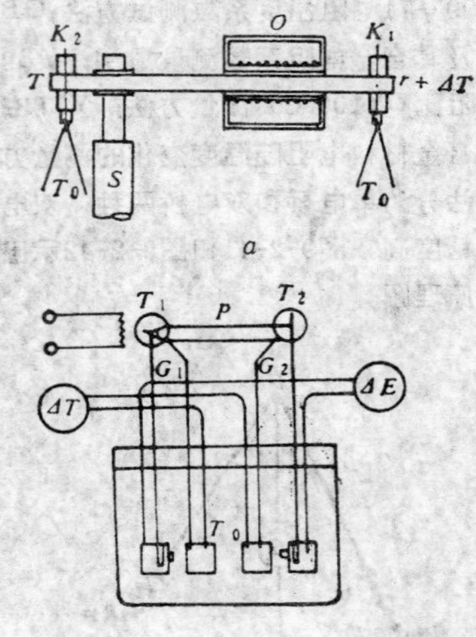

图 9-2-45 热电势测量装置示意图

a—低温测定热电势的装置；b—小值势电势测定装置

四、热 膨 胀

受热膨胀，受冷收缩是一切物体普遍具有的特性。当金属材料的组织结构发生变化时，还会产生异常的膨胀效应。对金属材料，常用平均线膨胀系数来表征其热膨胀大小。平均线膨胀系数被定义为：金属受热后，温度升高一度时，在一个方向上长度的相对变化量。线膨胀系数用公式表示为：

$$\overline{\alpha}=\frac{L_T-L_0}{L_0(T-T_0)} \qquad (9\text{-}2\text{-}45)$$

式中 $\overline{\alpha}$——平均线膨胀系数；

L_0---温度为T_0时的试样的长度；

L_T——温度为T时的试样的长度。

测量热膨胀系数的方法有光学的、电学的、力学的等。稀有金属材料最常用的是光学方法。用光学杠杆法，将微小的膨胀量ΔL放大，放大倍数一般约为200倍。另一种更精密的方法是激光干涉法。通过等厚干涉条纹的变化，测出线膨胀系数；对于1000°C以上的高温膨胀系数的测量方法，可在试样上作上两个标记，将它们之间的距离当作L_0，将试样安装在带玻璃窗口的真空容器内，对试样直接通电加热，当试样温度稳定后，用光学垂高计，测量两个标记间的间距，这时，它们的距离即为L_T，由此可算出金属材料的高温热膨胀系数。用电学方法测量金属的热膨胀系数有电容法和电感法等。其原理是利用试样的热膨胀，推动一对感应线圈（差动变压器）或一对平板电容，由于电感电容的变化，可产生电信号，这些电信号的大小就对应于膨胀量ΔL，将电信号放大，可推动记录仪器工作，记录下试样的膨胀曲线。用力学方法测量热膨胀是最古老的方法，它是用一支千分表，直接观察和记录试样的热膨胀量。

中国最早的热膨胀测量标准是YB665-69，绝对误差$\leqslant 0.2\times10^{-6}$/°C，以后又有YB841—75。1983年制定了《金属材料热膨胀特性参数测量方法》（国家标准），适用的温度范围为－195°C至1000°C。该方法等效于美国国家和美国材料及试验学会标准ANSI/ASTME228—71。

五、热 分 析

热分析是在升温或降温过程中，从试样的物理性质变化来研究材料的方法。广义来说，热分析包括一切热物理性质的测量方法。稀有金属材料的热分析，则只包括测量试样在升、降温过程中的热量变化和重量变化。常使用差热分析（DTA）、差示扫描量热法（DSC）和热重分析（TG）等方法。用热分析来进行熔点的测定、相转变温度及转变热自由能的测定、相图制作、动力学参数测定以及时效析出、脱溶分解、氧化、还原、磁性转变、热处理过程、晶化过程、玻璃转变等的研究，还可用以进行矿物鉴别、纯度测定等等。

热分析用的试样大多为粉末，也可用小圆柱试样。

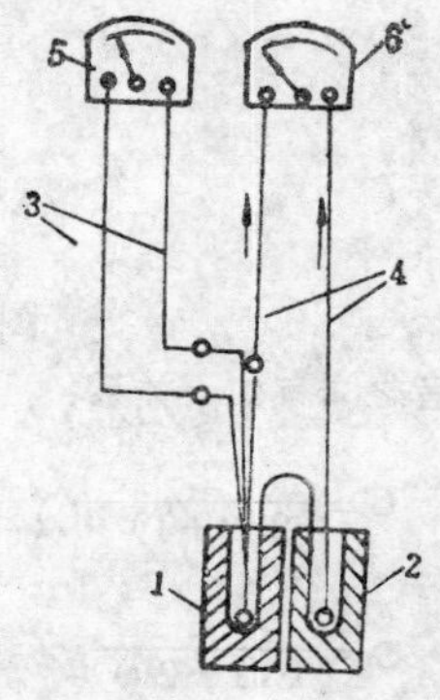

图 9-2-46 示差热分析（DTA）原理示意图

1—标准试样；2—被测试样；3—测温热电偶；4—示差热电偶；5—温度计；6—示差计

标准试样应采用在测量温度区间内无热变化的物质，或者采用在测量温度区间内已知热变化的物质，其热容量、粒度大小都要尽可能地和被测试样接近。示差热电偶为两付热电偶，把它们的一对相同电极的偶线连接起来（并连接法）。这样连接起来的两付热电偶，当它们的两个热端温度相同时（一个测量标准试样，一个测量被测试样），另外两条（图9-2-46中的4）热电偶中不会有电压输出，所以示差计的表头指示为0。降温过程中，标准试样无热量放出或吸收热量，而被测试样发生吸热或放热时，两付热电偶的热电势就不同，因此线4的两端就有电压差，这讯号在示差计6中便可记录下来。

中国1978年已制定了热分析标准试验方法，如GB—78热分析测量贵金属共晶合金熔流点的方法、YB/Z热分析术语定义。

六、弹 性 模 量

弹性模量实质上是杨氏模量（E）、剪切模量（G）和体积模量（D）的统称。一般杨氏模量可在拉伸-形变图上求得。剪切模量用扭转方法测量。体积模量用压缩方法测量。工程上应用最广泛的是

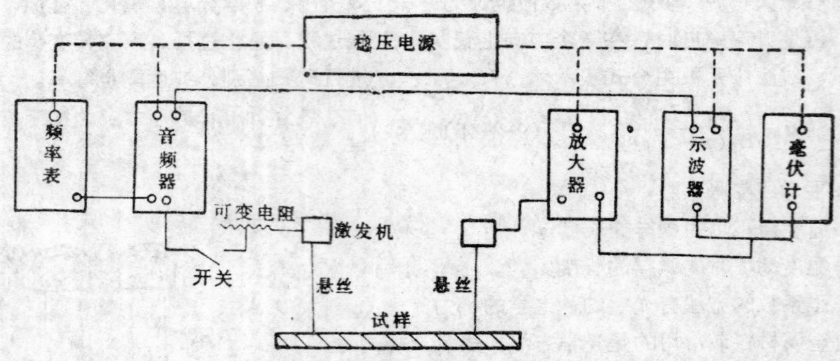

图 9-2-47　谐振法测量杨氏模量方框图

杨氏模量，三者之间有如下关系：

$$G=\frac{E}{2(\nu+1)} \qquad (9\text{-}2\text{-}46)$$

$$D=\frac{E}{3(1-2\nu)} \qquad (9\text{-}2\text{-}47)$$

式中　ν——泊松比；

E——杨氏模量。

杨氏模量测试方法是根据胡克定律。在材料拉伸试验时测得的弹性变形阶段的应力-应变曲线图的直线斜率就是该材料的杨氏模量。这种方法称为静力法，在国外一直沿用。如美国ASTM（ASTM 111—61,83年版）的室温杨氏模量标准试验方法，规定材料可以有四种形式的杨氏模量，即零点切线模量，定点切线模量，割线模量及弦模量。近代电子技术的发展，动力法测试杨氏模量的水平越来越高。动力法又可分为谐振法（又称共振法）、脉冲法、大应变测量法以及X射线法，中子散射法等方法。其中应用最广泛的是谐振法。动力法测杨氏模量发展迅速，其原因是对静力法而言，它具有下述优点：（1）试样制备比较容易，试样形状与尺寸允许有较多的变化，一般试样为棒状，也可以是条状或其他形状；（2）测量精度比较高；（3）测量过程比较容易；（4）可以充分利用现代电子技术；（5）可以获得通常静力法所得不到的某些材料的弹性常数；（6）用相同的设备可获得滞弹性数据或者同时得到弹性与滞弹性数据。此外，静力法由于受检测条件限制，极不容易精确得到材料在极低温和高温条件下的杨氏模量值。动力法的缺点是不易于标准化。

图9-2-47为谐振法测量杨氏模量方法的示意图。激发机把音频振动器的电振动变为机械振动，加于试样上。接收机把试样的机械振动变为电振动，经过放大器到示波器的X输入端和毫伏表上。同一频率的讯号，直接从音频器加到示波器的Y输入端，当改变频率时，可以找出共振峰。

这种动态横向机械振动共振方法的原理是：在只有横向振动，外力不大（胡克定律适用范围内），二节点基音共振的情况下，利用牛顿第二定律，得运动方程：

$$\frac{\partial^4 y}{\partial x^4}=-\frac{P}{EK^2}\frac{\partial^2 y}{\partial A^2} \qquad (9\text{-}2\text{-}48)$$

式中　$K^2=\frac{1}{A}\int y^2\mathrm{d}A$；

P——圆柱体重量。

在两端自由的边界条件下，即

$$\left.\begin{aligned}\left.\frac{\partial^2 y}{\partial x^2}\right|_{x=0}&=0 \quad \left.\frac{\partial^2 y}{\partial x^2}\right|_{x=l}=0\\ \left.\frac{\partial^3 y}{\partial x^3}\right|_{x=0}&=0 \quad \left.\frac{\partial^3 y}{\partial x^3}\right|_{x=l}=0\end{aligned}\right\} \qquad (9\text{-}2\text{-}49)$$

在求解过程中得到杨氏模量E为：

$$E=1.6067\times10^{-12}\left(\frac{L}{d}\right)^4\frac{m}{L}\nu^2 \qquad (9\text{-}2\text{-}50)$$

式中　E——杨氏模量，GPa；

m——试样质量，g；

L——试样长度，cm；

γ——基音共振频率，次/s；

d——试样直径，cm。

对于矩形截面试样，有如下公式：

$$E=0.94645\times10^{-12}\frac{L^3m}{bh^3}\nu^2 \qquad (9\text{-}2\text{-}51)$$

式中　b—试样宽度；

h——试样高度。

七、比 热

测量比热用的试样随方法而异，可以是粉末，也可以是特定形状或任意形状的固体。

测量比热的方法主要有卡计法、绝热法和脉冲法。卡计法是一种传统的方法，一般来说测出的结果比较稳定，精度较高。但卡计法测量的是相当宽的一个温度区间的平均比热，材料的比热是随温度而变化的，工程上要的是材料的真比热，即在某一温度下材料的比热，这是卡计法的一个缺点。其次，卡计法是使试样从炉中自由落入卡计中，这个过程有热量散失，温度越高，损失热量越多。绝热法是用电子学手段，使试样的环境温度时时跟踪试样温度，这样试样与周围环境没有热交换，从而实现绝热测量。绝热法测得材料的比热是真比热，这是它的最大优点。缺点是精度差，因为毕竟环境与试样之间会有热交换，随着温度的升高，绝热的实现困难更大。在低于500°C时，可用差示扫描量热计（DSC）来测量比热。

高温（1000°C以上）比热测量，多用卡计法和脉冲法进行。如上所述，温度愈高，卡计法的热损愈大，所以目前国际上采用脉冲法来测量高温比热。脉冲法又分为激光脉冲法和直接通电脉冲加热法两种。

脉冲电流法是对试样通以大的脉冲电流，直至把试样在瞬间熔化，自动记录试样上的脉冲电流强度和电压降。因为试样是在很短的一瞬间熔化的，在这样短的时间内（10^{-3}s）可认为电能是全部用来加热试样，来不及向外散热，所以可把这一过程看作是准绝热过程。从而由电流、电压、试样熔化温度等算出比热来。这一方法的优点是自动化程度高，测量速度快，缺点是精度不高，同时测得的是相当宽的温度区间的平均比热。

激光脉冲法是将激光脉冲的能量射到试样上，测出试样的温升，从而算出比热来。

图9-2-48a和图9-2-48b所示分别为绝热法和通电脉冲法的原理图。由图可知，如示差热电偶（T_{Th}）永远指示为零，则加热体（Q_c）的能量（$0.24IV\Delta t$）全部用于给试样升温（ΔT），由此可求出比热（c_p）为：

$$c_p = \frac{0.24IV\Delta t}{m\Delta T} \qquad (9\text{-}2\text{-}52)$$

式中 I——加热体Q_c中的电流；

V——加热体Q_c中的电压；

Δt——试样升温ΔT时所用的时间；

m——试样质量；

ΔT——在Δt时间内试样的温升。

八、热 导 率

高热导率和高电导率都是金属材料的特征。若物体中两点间有温度差，则有热能从一点向另一点传递，热导率就是表征材料这种传导热能的本领。

在固体中分出相距 l 的两平行平面，并在其上

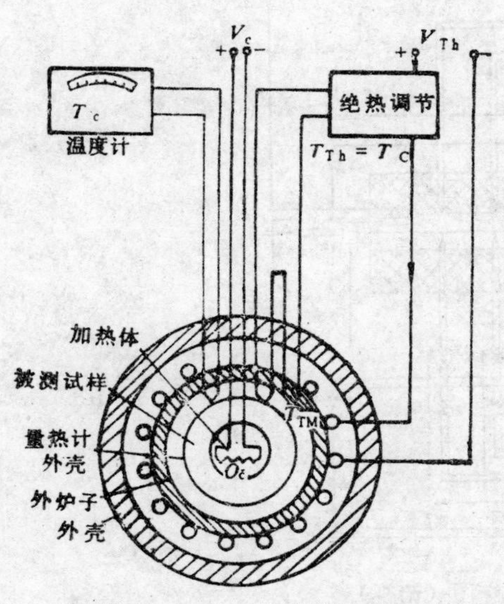

图 9-2-48 测量比热示意图

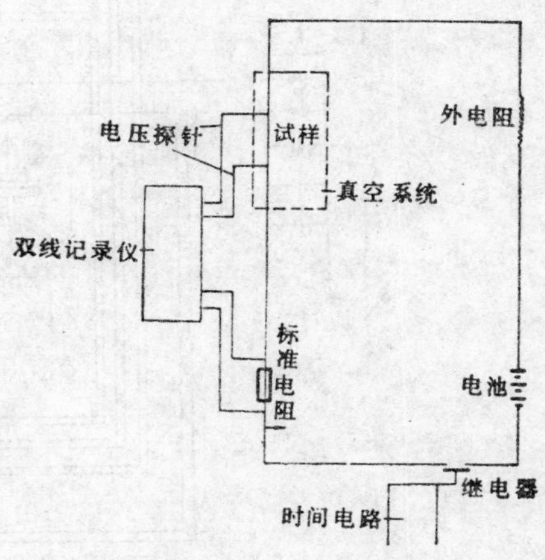

图 9-2-49 导热率测量示意图

取面积为S的两截面（图9-2-49），若在一个截面上保持温度t_1，而另一截面上保持温度t_2，并且$t_1>t_2$，则热能按箭头方向移动，l愈小，截面S和温度差t_1-t_2及时间τ愈大，则经时间τ所流过的热量也愈大。

$$Q=\lambda S\frac{t_1-t_2}{l}\tau \qquad (9\text{-}2\text{-}53)$$

式中 λ——材料常数，它与材料本质有关。

使式9-2-53右项S、l、τ和t_1-t_2皆等于1，则λ是以经过物体中1cm²的截面积，长度为1cm、温度为1°C、时间为1s的热量来量度。λ叫做材料的热导率。热导率与温度有关，我们定义的是在温度区间t_1-t_2的平均值，所以在给定温度下真空热导率λ_t应以无限小温度差（dt）和无限小长度(dl)的微分式来表示。

$$Q=\lambda_t S\tau\frac{dt}{dl} \qquad (9\text{-}2\text{-}54)$$

测量热导率λ的方法很多，分为稳态法和非稳态法两大类，下面分别介绍。

（一）稳态纵向热流法

当棒状试样中通以直流电流时，产生的焦耳热沿棒状试样的轴向向两端传导，不考虑试样在径向方向与周围介质的热交换，则得热平衡方程：

$$\gamma\left(\frac{dV}{dx}\right)^2+\frac{d}{dx}\left(\lambda\frac{dt}{dx}\right)=0 \qquad (9\text{-}2\text{-}55)$$

这方程的解为：

$$\frac{\lambda}{\gamma}=\frac{V^2}{2T} \qquad (9\text{-}2\text{-}56)$$

式中 λ——热导率；

V——试样中点和端点间的电压降；

T——试样工作区段的温度梯度；

γ——电导率。

当考虑在试样和周围介质之间有热交换时，热平衡方程则为：

$$\gamma\left(\frac{dV}{dx}\right)^2+\lambda\frac{d^2t}{dx^2}+\frac{\alpha\rho}{S}(t_0-t)=0 \qquad (9\text{-}2\text{-}57)$$

式中 α——热交换系数；

ρ——试样断面周长；

t_0——环境温度；

S——试样截面面积。

这方程的解为：

$$\frac{\lambda}{\gamma}=\frac{V^2}{2(\Delta_1-\varepsilon N)} \qquad (9\text{-}2\text{-}58)$$

若t_2和t_{02}为试样工作区段通电前后在中点的温度，t_1、t_3和t_{01}、t_{03}为试样工作区段通电前后在两端点的温度，t_2'和t_{02}'为炉子中点温度，t_1'、t_3'和t_{01}'、t_{03}'为炉子工作部分两端点的温度，式9-2-58中的Δ_1、ε、N为这些温度的函数：

$$\Delta_1^0=t_{02}-\frac{t_{01}+t_{03}}{2};\quad \Delta_2^0=t_{02}'-\frac{t_{01}'-t_{03}'}{2};$$

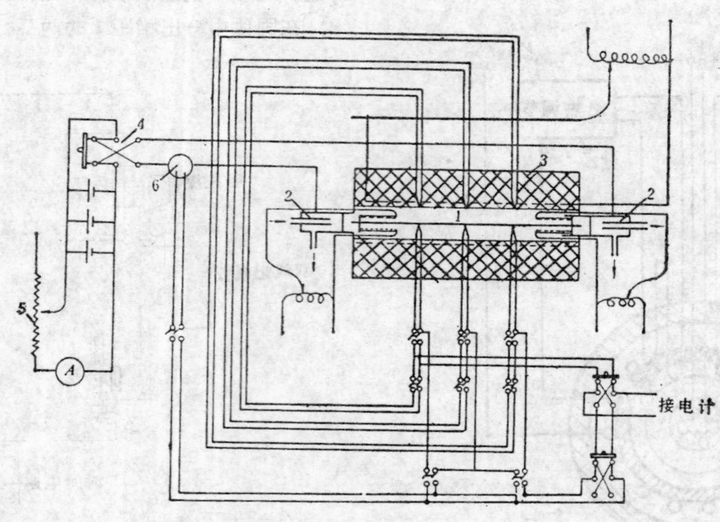

图 9-2-50 纵向稳态法设备示意图（俯视）

1—试样；2—水冷电极；3—对开电炉；4—换向开关；5—可变电阻；6—标准电阻

$$\Delta_1=t_2-\frac{t_1+t_3}{2}；\ \Delta_2=t_2'-\frac{t_1'+t_3'}{2}；$$

$$N_0=t_{0\ 2}'-t_{02}+\frac{\Delta_1^0}{6}-\frac{\Delta_2^0}{6}；$$

$$N=t_2'-t_2+\frac{\Delta_1}{6}-\frac{\Delta_2}{6}；$$

$$\varepsilon=\frac{\Delta_1^0}{N_0}。$$

在图9-2-50中，由电位计测出各温度及电压降、电流，就可按式9-2-58算出导热率 λ。

（二）非稳态法（激光脉冲法）

用一束均匀强度的激光脉冲，射到被测试样正面，从焊在试样背面上的热电偶测出试样受到激光脉冲的照射后的升温过程（图9-2-51），求出材料的热扩散率 α：

$$\alpha=0.139\frac{L^2}{t_{1/2}} \qquad (9\text{-}2\text{-}59)$$

式中　L——试样厚度；

$t_{1/2}$——试样背面温度上升至半高度所需的时间。

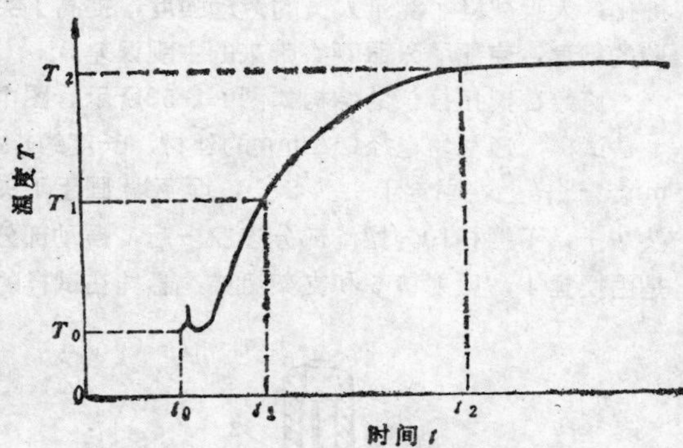

图 9-2-51　时间-温升动态曲线

T_0——激光脉冲辐照前样品原始温度；

T_2——激光脉冲辐照后样品背面温升达到的最高温度；

T_1——激光脉冲辐照后样品背面温升达到最高温度之半；即

$$T_1-T_0=\frac{1}{2}(T_2-T_0)；$$

t_0——激光脉冲刚辐照样品的起始时间；

t_2——激光脉冲辐照样品使样品背面温升至最高点时的时间；

$t_{1/2}$——激光脉冲辐照样品使样品背面温升至半高度所需时间，即

$$t_{1/2}=t_1-t_0$$

热导率由下式求出：

$$\lambda=\alpha c\rho \qquad (9\text{-}2\text{-}60)$$

式中　c——试样的比热；

ρ——试样的密度。

九、热辐射率

热交换以传导、对流、辐射三种方式进行。由于（1）辐射能量以温度的五次方成正比地增加，随着温度的提高，热辐射相对于传导和对流来说对热交换所起的作用越来越大；（2）大气层之外，几乎是绝对真空，热交换只能以辐射的方式进行，故为提高空间材料的使用温度和高温下的使用寿命，对材料的热辐射性质的研究很重要。

标识材料热辐射本领的参数是半球全辐射率（黑度），被定义为：物体单位面积，单位时间向整个半球空间辐射的全部波长的能量与同温度下绝对黑体单位面积、单位时间向整个半球空间辐射的全部波长的能量之比。由克希霍夫定律可知，任何实际物体的黑度都小于1。

影响材料黑度的因素很多，主要有温度、化学成分、内部结构、表面状况等等。热辐射就其本质来说是由于材料内部的荷电质点在温度的作用下发生振荡所辐射的电磁波，所以如果材料本身对它所辐射的能量不是完全透明的话，黑度还是其厚度的函数。此外，在空间材料的使用中，由于微小流星质点对材料表面的碰撞等原因，空间环境对材料表面的黑度也有影响。在一般测定黑度的实验中，表面性质的影响最不容易确定，往往由于材料表面处理不尽相同，不同作者对同一种材料所得的数据是很分散的。

测定黑度的方法有下列三种：

1. 反射法

将已知强度为E的能量，入射到试样表面上，然后测定反射能量E_R，如果试样对入射能量不透明，或者已知试样对入射能量的透射率为α，由热力学第一定律和克希霍夫定律可知试样之黑度ε：

$$\varepsilon=1-\frac{E_R}{E} \qquad (9\text{-}2\text{-}61)$$

或

$$\varepsilon=1-\alpha-\frac{E_R}{E}$$

反射法主要用来测量反射率，对黑度较小或透明试样，都不很适用。

2．比较法

比较法是测出试样表面单位面积、单位时间向整个半球空间辐射的全部波长的能量与同温度下人造黑体单位面积，单位时间向整个半球空间辐射的全部波长能量之比。在某些情况下（如强烈氧化之粗糙金属表面），试样表面的热辐射遵从余弦定律，我们称这种表面为朗贝尔面。对于这样的表面，可用法线方向辐射能量之比代替整个半球空间辐射能量之比。除表面遵从朗贝尔定律外，比较法的测量是比较麻烦的。

3．绝对法

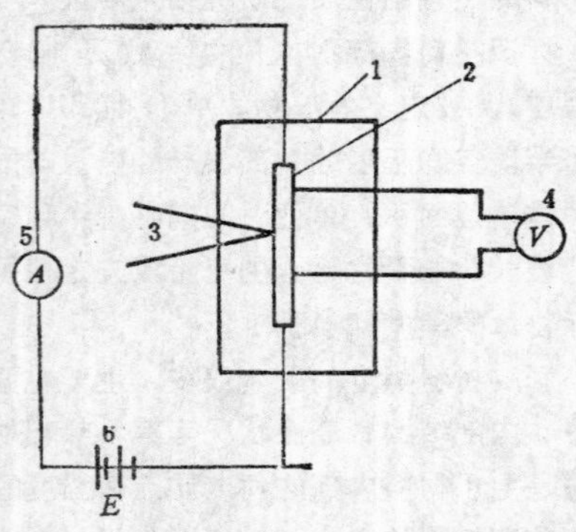

图 9-2-52 绝对法测量原理图

1—炉子；2—试样；3—热电偶；4—电压表；5—电流表；6—电源

绝对法（或称卡路里法）。根据斯蒂芬-波尔兹曼定律，物体辐射的全部热能 $E=\varepsilon\sigma T^4$，测出 E、T，即可求出 ε。这里 ε 为物体的黑度，σ 为常数，T 为物体表面的绝对温度。

图9-2-52示出绝对法测量 ε 的原理。

由电流强度 I、电压 V、试样温度 T 和水冷外套温度 T_0、试样被测区段的表面积 f 及斯蒂芬-波尔兹曼常数 $\sigma=5.709\times10^{-12}\mathrm{J\cdot cm^{-2}\cdot s^{-1}\cdot k^{-4}}$（即 $\sigma=5.709\times10^{-5}\mathrm{erg\cdot cm^{-2}\cdot s^{-1}\cdot k^{-4}}$）可得：

$$\varepsilon=\frac{IV}{f\sigma(T^4-T_0^4)} \qquad (9\text{-}2\text{-}62)$$

十、内耗

一个振动着的音叉，即使置于真空中，其振幅也会逐渐变小，最后停止振动，如果用精确的测温设备来测量其温度，会发现它的温度升高。这就是说，振动的机械能转变成热能而消耗掉了。这是由于物体内部发生了某种变化，从而消耗能量，我们把这种物体内在能量的消耗，称之为内耗。

内耗的研究对稀有金属材料有重要的意义。由于金属材料在热处理过程和时效过程中会发生内部结构的变化，而内耗正是反应内部结构变化的敏感变量。所以用内耗方法来研究金属在热处理和时效过程中发生的相变、沉淀析出、再结晶等就特别有利。此外，一般在研究扩散现象，测量扩散系数 D 时，由于低温下原子跳动的频率非常低，如跳动频率每秒一次，要扩散0.1mm的距离，就需要300a的时间，故通常研究扩散都要在高温条件下进行。但用内耗方法可以研究金属的疲劳等。总之，内耗是研究金属材料的重要手段之一。

测量内耗的方法很多，基本上可分为强迫振动法和自由振动法两类。自由振动法中又以扭摆法最普遍，下面只介绍扭摆法。

扭摆法是1947年中国物理学家葛庭燧在美国进行研究工作时，发明的一种方法，用于低频测量，在此方法原理的基础上，仪器进一步电子化和计算机化，大大减轻了测量人员的劳动强度，提高了实验的精度，克服了人眼观察带来的主观误差。

原始葛氏扭摆仪的结构如图9-2-53所示。图中1是试样，通常为直径1～2mm的丝材，长度约150mm。试样上端固定于夹头2上，而下端固于下夹头3上，下摆杆10与摆动部分连在一起，摆动部分是由摆锤4，反射镜5和支架组成，悬挂在试样的

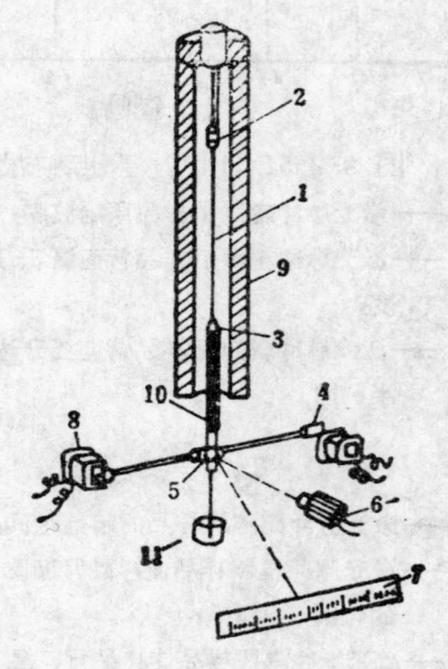

图 9-2-53 扭摆仪示意图

下端，摆动频率可由摆锤间的距离而变化，一般频率可变化的范围为0.1～10Hz（赫芝）。光线从光源6射到反射镜5后反射到灯尺7上。测量时使电磁铁8激发扭摆振动，磁铁吸引摆锤使试样产生一定的扭转应变。断开电流后，电磁铁8不再吸引摆锤，摆锤回复原位后继续向相反方向扭转试样，于是试样与摆锤一起作周期性的振动，灯尺上的光点反应出这一振动和衰减过程。这种衰减是由试样的内耗产生的，振动的振幅将逐渐变小，直至停止。假设第一次的起始振幅为A_0，第$n+1$次振动后的振幅为A_n，则内耗Q^{-1}值可按下述公式求出：

$$Q^{-1}=\frac{1}{n\pi}\ln\frac{A_0}{A_n} \qquad (9\text{-}2\text{-}63)$$

上述原始葛氏扭摆，被称为正摆，其缺点是试样受的拉应力较大，用强度高的材料或在低温下进行实验时，下夹头以下的仪器部分的重量对试样所产生的拉应力对实验结果的影响不算很大；对于强度低的材料或在高温下进行实验时，对结果会有较大的影响。因此有人提出了“倒摆”。如图9-2-54所示。

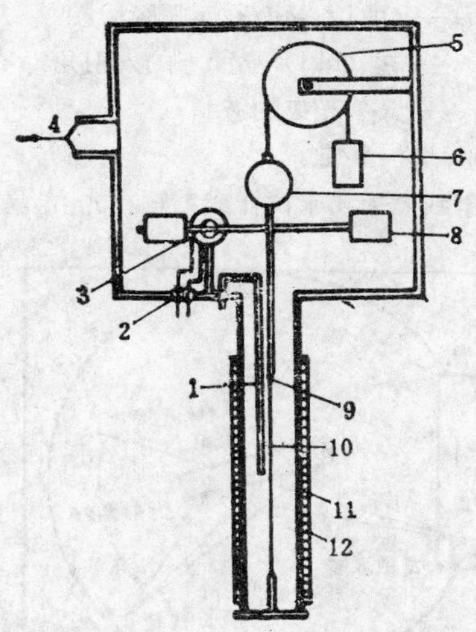

图 9-2-54　倒置扭摆仪示意图

1—测温热电偶；2—导线抽头；3—电磁铁；4—真空系统；5—动滑轮；6—对重；7—镜子；8—摆锤；9—夹头；10—试样；11—加热炉丝；12—炉壳

十一、熔点

测量熔点一般采用热分析方法。但对于稀有金属中的难熔金属材料，由于热分析炉温升不到材料的熔点，因此采用黑体法。黑体法是中国在70年代研究难熔金属时创造的一种测量方法，其原理如下：

将试样制成圆柱形，在试样中央打一小孔，孔的深度大于或等于孔的直径的5倍。此小孔即可当作黑体，将试样置于真空水冷外套中直接通电加热，用高精度显微光学高温计观察小孔底部并测量其温度。逐步升高试样温度，光学高温计跟踪测温，直到小孔内开始熔化，这时测得的温度即为熔点。用多种纯金属如铁、铜、钨等制成试样，对这个方法进行了校验，其精度可达±10°C左右。

第四节　X射线结构分析

一、X射线的性质

（一）X射线及其谱

当一束快速移动的电子轰击一个原子时，如在此撞击中一个电子完全停下来，则它的能量全部转变为电磁辐射，发射出一个X线光量子。实际在一个X光管内，只有很小一部分电子的能量可以转变为电磁辐射，大多数电子在反复地碰撞时以发热的形式消耗其大部分能量。由X射线管中发出的各种波长的X射线，构成连续X射线谱，发出的具有一定波长的X射线，称为特征X射线，它迭加在连续X射线谱上。X射线的波长短，波长范围约为10～0.001nm，具有很大的能量。在X射线晶体结构分析中使用的X射线波长为0.25～0.05nm，用于金属材料探伤的波长为0.1～0.005nm或更短。X射线的波长愈短，穿透能力愈强。一般称波长短的X射线为硬X射线，波长较长的X射线为软X射线。

（二）X射线的吸收和光电效应

当较低能量（10～500keV）的光子射入材料时，一个光子与物质的原子相互作用时，光子将其全部能量给与一个内层轨道电子，这个光子整个被吸收。获得了光子能量的电子脱离原子而运动，称之为光电子，失去电子的原子即被电离，这种现象称为光电效应。光电效应发生的几率随着物质原子序数的增大而急剧增加。随着射线光子波长的增大即光子能量的减小而增大。图9-2-55为光电效应示意图。

（三）康普顿-吴有训散射效应

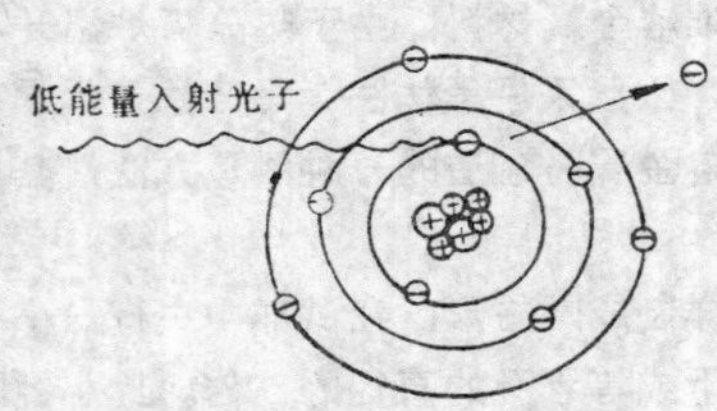

图 9-2-55　光电效应示意图

散射效应是光子与原子的电子间的一种弹性相互作用。当光子与原子中的价电子发生弹性碰撞时，光子失去部分能量，并偏离原入射方向，沿新的方向前进，称为散射线。电子获得光子失去的能量，并与入射光子的方向成小于90°角方向射出，称为反冲电子。上述现象称为康普顿-吴有训散射效应。图9-2-56为该效应的示意图。散射线在各方向的强度，因入射光子能量大小而异。当射线能量增大时，散射线越来越集中于入射方向。

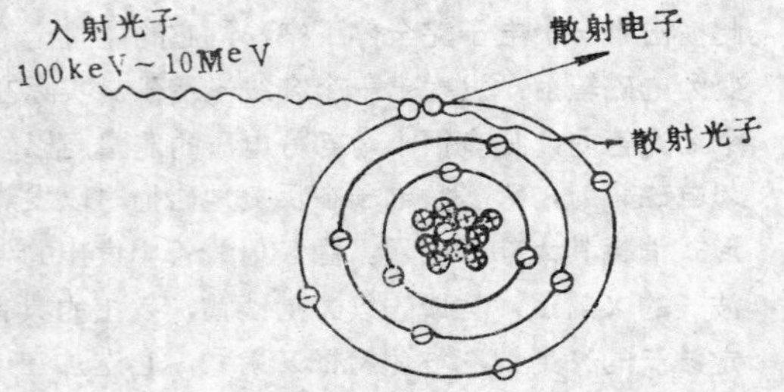

图 9-2-56　康普顿-吴有训散射效应示意图

（四）电子对生成效应。

能量大于1.021MeV的光子与物质的原子相互作用，产生电子——正电子对。射线穿透单位厚度的物质，因生成电子对而使射线强度减弱的吸收系数χ由下式表示：

$$\chi = KNZ^2(h\nu - 1.022) \quad (9\text{-}2\text{-}64)$$

式中　K——常数；

N——单位体积内物质的原子数；

Z——物质的原子序数；

$h\nu$——入射光子的能量，MeV。

当入射光子能量足够大时，电子对生成效应将成为入射线强度减弱的主要原因。

（五）X射线衰减规律

设强度为I_0的X射线穿过厚度为d的物质后的强度为I，则

$$I = I_0 e^{-\mu d} \quad (9\text{-}2\text{-}65)$$

式中　e——自然对数的底；

μ——线衰减系数，cm^{-1}。

不同的射线和不同的材料，其μ值不同。通常在许多表格中列出的是质量衰减系数μ_m，

$$\mu_m = \frac{\mu}{\rho} \quad (9\text{-}2\text{-}66)$$

μ_m和X射线波长λ及吸收体原子序数Z的关系式为：

$$\mu_m = K\lambda^3 Z^3 \quad (9\text{-}2\text{-}67)$$

式中　K——取决于材料比重的比例常数。

由式9-2-67可知，X射线的波长越长，吸收体的原子序数越大，X射线的衰减也越快。

（六）X射线的衍射效应

当一束X射线通过某晶体的原子三维点阵时，每个原子产生散射波，当满足下列布拉格方程时，这些散射波相互加强而产生一衍射束。这就是相干散射使X射线产生的衍射效应，它是晶体结构分析的基础。

$$2d_{hkl}\sin\theta = n\lambda \quad (9\text{-}2\text{-}68)$$

式中　d_{hkl}——（hkl）晶面的面间距；

θ——在（hkl）晶面上的入射角；

λ——入射光束的波长；

n——整数。

当X射线照射粉末试样或细颗粒的结晶材料

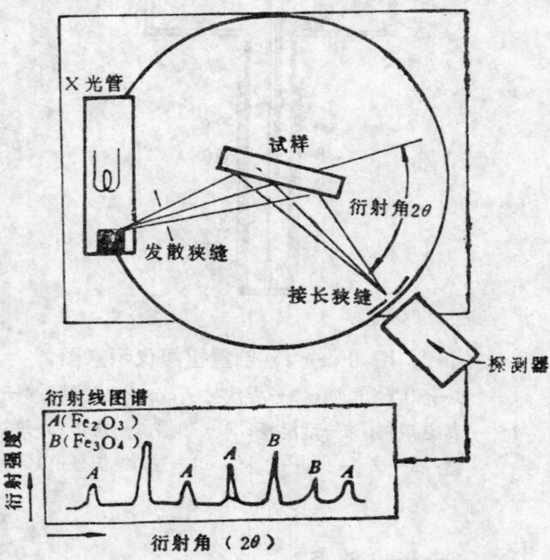

图 9-2-57　X射线衍射仪原理图

时，它有足够多的晶粒满足布拉格方程的要求而产生由不同晶面衍射光束组成的衍射谱。

根据衍射效应制成的衍射仪是晶体结构分析的重要手段，其构造原理如图9-2-57所示。

二、X射线晶体结构分析方法及其在稀有金属材料中的应用

（一）稀有金属材料物相的定性定量分析

用德拜法或衍射仪法测得某一物相的衍射谱，计算出特定一组晶面间距d_i及其相对应的衍射强度I_i，与《X射线粉末数据卡片》中相应的标准X射线数据d_i'及I_i'相比较，就可以进行材料的物相定性分析，标准数据卡片由国际粉末衍射标准联合委员会出版，简称JCPDS卡片。这些卡片现已有35000种物质的数据，可以人工检索，也可用电子计算机快速方便地检索。

准确的物相定性分析是定量分析的先决条件。虽然在某种条件下可以只对待分析的物相进行定量，而不必弄清其他不需分析物相是否存在，但至少要证实所测量的衍射线没有其他未知的谱线的重叠才可以进行定量分析，而大多数情况下是要对试样中的所有物相进行分析（包括非晶体物相是否存在）。定量分析是靠比较被测物相的某条或几条衍射线的积分强度来进行的。基于这原理，最早的定量分析方法是把被测衍射线的积分强度与被测物相标准试样的相应同名衍射线积分强度进行比较，所以称之为标准试样法。如果加入另一已知含量的参考物相以消除吸收系数的影响，则称之为内标法。内标法在稀有金属中应用的典型例子是Mg_2Si中自由硅的测定。如难以找到标准试样，则可用理论计算所要求的几条衍射线的积分强度，以此为标准，或用其他方法，如用吸收系数法，经过求解联立方程，可不用标准试样进行定量分析。理论计算法应用的典型例子是α-Ti及β-Ti的定量分析。

稀有金属材料物相的定量分析应用得很有成效的例子不少，如成功地用绝热法测定钛白中金红石或锐钛相的含量；用标准试样法或无标样法测定变价态的蓝色氧化钨相的含量；用无标样法测定锆铝消气剂中锆铝各相的含量；用无标样吸收系数法方便可靠地测定钛汞齐中各钛汞相及低价氧化钛中各物相的含量。

（二）晶体点阵常数的测定

测定晶体点阵常数的方法有德拜法和衍射仪法。点阵常数测定中的影响因素很多，仪器的误差又较大，中国和美国都有人专门在研究精确测定点阵常数的方法。中国科研人员已对多晶硅点阵常数和在液氦温度下多晶硅的异常膨胀现象成功地进行了精确的测定。衍射仪法测定点阵常数便于与计算机相连，进行自动测量与数据处理。

在稀有金属材料研究中，常需要测定某些结晶物质的点阵常数，用以研究这些材料的密度，尤其是当这些结晶物质呈粉末或多孔状用其他方法难以测定其密度时，测定点阵常数来推断它的密度更为实用。点阵常数的测定，还可以用来分析材料的膨胀系数，研究材料中的点阵缺陷以及固溶体的固溶度等。

（三）单晶体取向的测定

X射线测定晶体取向的方法有衍射仪法和劳埃照相法。劳埃法只能测定晶体的大致取向，准确度约2°；衍射仪法能较精确地测定晶体的取向，可准确到<0.02°。劳埃法所需设备比较简单，在一般工作中，照相底片和入射线相互垂直，试样放在底片前或后方3～5cm处。在实验布置上又分穿透法和背射法，用穿透法时，试样在光栏与底片之间，X射线穿过晶体而产生衍射，此法只适用于对X射线能穿透过的试样。厚块或吸收系数大的试样只能用背射法。在背射法中，照相底片置于光栏和试样之间，它对试样厚度及吸收系数都没有限制，因而应用广泛。

在稀有金属材料研究中常需要测定单晶体或金属（合金）中晶粒的轴取向，用以研究晶体的力学、磁学、电学、声学、化学等性能，因为这些性能都与晶体的取向有关。

（四）多晶材料中晶粒度及其分布的测定

X射线衍射法测定材料晶粒度有下列优点：

（1）每个晶粒中可能由于以前的加工形成了许多亚晶粒，其取向相近，用金相法难以分辨，应用X射线法可以测出亚晶粒的平均尺寸及其分布。

（2）试样制备比较方便，块状试样不需要抛光，粉末试样不需要分散。

（3）所得结果是试样被照射体积内的统计平均值，一般衍射仪照射表面积为15×20mm²，而用其他方法照射面积一般为视场的一个不到1mm²的区域，很难得到宏观的统计结果。

晶粒度在10～100μm时，用照相法得到的衍射线环呈不连续状，由许多斑点组成，每个小斑点是

由某一个晶粒的{hkl}晶面组反射的X射线所形成，斑点的大小与晶粒的大小成一定的比例，呈线性关系。对于特定的材料及给定的试样至底片距离，事先拍摄一系列不同晶粒度标准样品的X射线图，绘出晶粒度与衍射斑点大小的关系直线，就可对被测试样的晶粒度进行测定，还可以根据某一衍射环上衍射斑点数目的多少来测定这个尺寸范围内的材料的晶粒度。因为，对于某种晶体类型的晶粒来说，它能够形成衍射斑点的数目N，应当和受到照射试样体积V内的晶粒数n，该个晶型的多重性因数P及产生衍射的几率成正比。假设晶粒为立方形，其每边之长为L，则晶粒度为：

$$L=\left(\frac{VP\cos\theta\Delta\theta}{2N}\right)^{1/3} \qquad (9\text{-}2\text{-}69)$$

式中的$\Delta\theta$与针孔光栏的大小、X射线焦点大小等有关，约为$\frac{1}{4}^{\circ}$左右。

晶粒度在1μm或<1μm时的测定方法与上述不同，因为它的衍射线环完全连续而并不展宽，因此当衍射线环非常明锐而连续时，表明试样的晶粒度是在微米量级。当晶粒度或亚晶粒度在0.1μm或更小时，由于每一个晶粒中晶面数目减小，使得衍射线条宽化。如λ是所用单色X射线的波长，θ为入射角，D为垂直于这组反射面方向晶粒的尺寸，则衍射线条在其强度顶峰值宽度一半地方的宽化程度β（角度以弧度表示）与D有下列关系：

$$D=\frac{K\lambda}{\beta\cos\theta} \qquad (9\text{-}2\text{-}70)$$

式中　K——常数，通常等于1。

晶粒度D的测定方法最通用的是近似函数法、方差法及傅里叶级数法，测得亚晶粒的平均尺寸。近年来又有测定亚晶粒度分布的新方法，该方法是不作函数假定的傅里叶变换法。测定亚晶粒度的方法也适用于测定晶格畸变（即Ⅱ类内应力）。晶粒度、亚晶尺寸和第Ⅱ类内应力与材料的性能密切相关，所以晶粒度的测定在稀有金属材料的生产检验和研究中得到重要的应用。

（五）多晶材料中晶粒的织构和极图的测定

多晶材料的织构又称择优取向，织构又有丝织构和板织构之分。丝织构材料的晶体学特点是各晶粒的某一个或几个晶体学方向平行于试样的某一特定方向（通常是丝轴方向或晶体生长方向），其他晶体学方向则以此特定方向为轴呈对称分布。例如测得的钨丝是具有<110>丝织构。这表示丝中所有晶粒的〈110〉方向都平行于丝轴方向。而板织构的晶体学特点是各晶粒的某一个或几个晶体学平面平行于试样的某一特定平面（通常是轧面），一个或几个晶体学方向平行于试样的某一特定方向（如轧向）。例如测得锆板的板织构为{0001}〈$10\bar{1}0$〉。这表示锆板中所有的{0001}平面都平行于轧面，全部〈$10\bar{1}0$〉方向都平行于轧向。织构的表示方法有正极图法、反极图法和三维取向分布函数图法三种。

正极图是描述多晶体各晶粒的某一(hkl)晶面的极点在极射赤面投影图上的分布情况。用这种极点的分布来描述材料的织构，称为(hkl)正极图。测定时多以轧面与赤面投影面重合，轧向与投影面的“北极点”重合。(hkl)正极图表示(hkl)极点在此参考面上的投影。

反极图是描述各晶面法向相对于参考轴分布的极射赤面投影图。当选择试样表面法向作为参考轴时，反极图即表示各晶面法向相对于试样表面法向的取向分布，或几率密度。

三维取向分布函数图是描述多晶体在空间的取向分布。它是在试样上取一外形直角坐标，同时在多晶材料的各个晶粒上都取同一晶体学直角坐标，考察这两类坐标之间的交角的分布。正极图和反极图只显示晶体三维空间中晶粒取向的二维投影，不能表示出取向分布的全部信息。而三维取向分布函数图则是取α、β、γ三个尤拉角构成的一个三维直角坐标系，构成尤拉空间。在尤拉空间中定义晶体三维取向分布函数，就能确切地表示出材料的各向异性与晶体取向的关系。

中国用X射线与金相法联合测定了锆合金中的氢化物的分布，配合工艺研究，改变氢化物的分布状态，使氢化物从径向分布变为周向分布，从而延长了锆合金包套管在原子能反应堆中的使用寿命。对钛合金织构的研究，也取得了良好的成效，使工艺上采用交叉轧制的方法，获得了理想的(0002)织构，从而提高了强化效果，显著提高了钛合金的强度。

（六）小角度散射法测定微粒子的粒度

X射线小角度散射与大角度散射不同，但和可见光的衍射现象却很相似。当一束光线穿过一个含有不透明粒子的介质时，在入射线束周围会产生一圈衍射光线的圆环，如同大气中的水滴会产生月晕。这是因为，衍射光线的强度在入射方向最强，并随衍射角的增加逐渐降低，直到衍射角为ε时，衍射强度为零，从而形成圆环。其关系式为：

$$\varepsilon=\frac{\lambda}{d} \qquad (9\text{-}2\text{-}71)$$

式中　λ——入射光线的波长；

d——介质中不透明粒子的粒径。

在X射线小角度散射情况下，也能推导出式9-2-71，其中d也相当于试样中所含粒子的大小。但要想产生小角度散射斑点，并具有可以测量的强度，试样中粒子应在几个到几十个纳米的数量级。

小角度散射与布拉格衍射的区别有：

（1）布拉格衍射是以面间距d及波长λ在符合反射条件时，于一特定θ角才有选择反射。而且假定晶粒点阵是完整的，参与衍射的原子是规则排列的：全部原子有等同周期。但小角度散射是一粒子中的原子散射叠加和各粒子间散射的相干结果。并假定试样中粒子相距很远，呈无规则分布。

（2）按布拉格衍射原理建立的测定晶粒度的谢乐线宽法，测得的是晶粒或亚晶粒的大小，而小角度散射测得的是颗粒大小，和它的内部结构无关。

在稀有金属材料研究中，小角度散射常用来分析和测定尺寸在几十个纳米以下的超细粉末粒子的粒度。

（七）非晶态材料原子近邻结构的测定

稀有金属及其合金也组成各种非晶态材料。非晶材料的原子无规则排列，难以确切测定其位置，但可以某一原子i为参考点，与i原子相距r处，单位体积中的原子数目（即r处的原子密度）$\rho(r)$是可以确定的。于是$4\pi r^2\rho(r)dr$代表试样中以i原子为参考点时，在以r为半径，dr为厚度的球壳内所包含的原子数目，用此数值分布来表示此非晶材料的结构特征：称此分布函数为原子径向分布函数。对于一个具体的同原子或多原子的非晶材料的径向分布函数都可以用X光方法进行测定，并与设计的非晶材料模型相比较，从而判断非晶材料原子的近邻结构，例如曾用此方法测定了锗酸铋非晶体中原子的近邻结构。

除上述方法以外，不少稀有金属材料需要在高温或低温下测定晶体结构，进行相变研究。不少稀有金属在高温下易被氧化，需在较高的真空或严格的保护气氛的条件下测定。目前高温衍射仪的最高温度可达2500°C。低温衍射仪的最低温度可达4.2K。人们用低温衍射仪系统地研究了TiNi形状记忆合金的低温马氏体相变；用高温衍射仪成功地研究了变价态的蓝色氧化钨的高温相变动力学过程。

近几年来，X射线在材料表面结构分析上得到成功的应用，可测定5nm表层的晶体结构。X射线还可显示组织形貌，但应用有一定局限性，目前用来观察近完整晶体的缺陷取得较好的效果。

第五节　光学金相显微分析

一、光学金相分析技术

光学金相分析是一种利用放大镜、低倍显微镜、金相显微镜等仪器，进行观察、分析、鉴别金属组织和缺陷的方法。它广泛用于冶金、机械制造和一切与生产和使用金属材料有关的部门，进行金属材料的质量检验，也广泛用于工厂和研究单位金属材料组织与性能关系的研究。成为提高产品质量，开发和研究新材料不可缺少的重要手段。

（一）低倍组织分析检验

它是借助肉眼、放大镜、低倍显微镜对金属试样进行观察。分析和检验其内部结晶组织和缺陷的方法。分析检验的内容主要包括：

（1）铸态的结晶组织，如铸件的芯部到边部的晶粒大小、形状和分布。

（2）金属加工制品的加工流线和结晶组织。

（3）金属内部的缺陷，如铸件的缩孔、疏松、气泡、偏析、白点、夹杂和各种裂纹；加工制品中的分层、缩尾、折叠、流纹不顺等；焊接件的焊缝结晶组织和缺陷。

（4）断口结晶组织的观察、硫印试验、车削发纹检验等。

常用的低倍浸蚀剂可从金相浸蚀剂手册上查得。

（二）金相显微分析和检验

它是利用光学金相显微镜观察、分析和检验金属材料显微组织的方法。金相分析的主要内容包括：

（1）金属晶粒组织的大小、形态、分布和取向；

（2）析出物（或第二相）的形态、数量、尺寸大小、分布和取向；

（3）夹杂物的形态、颜色、数量、尺寸和分布；

（4）亚结构、滑移带、孪晶和位错；

表 9-2-5 显微组织显示方法

化学着色法	又称化学浸蚀法，将试样浸入特殊的化学着色剂内，这时除产生腐蚀作用外，主要通过化学置换反应或沉积，在试样表面形成薄膜，不同相产生不同膜厚，而呈现不同色彩
热染法	置试样于炉中低温加热，不采取特殊保护措施，使磨面形成一层氧化薄膜，由于不同相的氧化速度不同，所以膜厚和颜色也不一样，形成各种色彩或衬度
气相沉积法	采用某些盐类在真空下蒸发沉积于表面，形成薄膜，扩大各相反光能力的差别，增加衬度

（5）各种缺陷的形貌、尺寸、分布和部位。

1．金相试样的制备

根据分析和检验的要求，选取有代表性的试样，截取试样时要避免试样过热或变形，以保证组织的原始性。金相试样的大小，以便于握持、易于磨削、便于观察为宜，细小的试样或不规则的试样可采用夹具或镶嵌，镶嵌材料有热凝性塑料（胶木粉）、热塑性塑料（聚氯乙烯）、冷凝性塑料（环氧树脂加固化剂）。

先用砂纸将试样打平，然后按砂纸粒度，由粗到细的顺序磨平试样，也可在洒有金钢砂粉的蜡盘上研磨。研磨试样时力求使试样受力均匀，压力适中，每换一道砂纸时，要清洗和变换研磨方向，直到将上道磨痕磨掉为止。

研磨好的试样再进行抛光，以消除试样上细的磨痕和变形层，获得光滑的镜面，常用的抛光方法有机械抛光、电解抛光、化学抛光或这几种方法综合运用，即所谓复合抛光。

机械抛光常用的织物有帆布、海军呢、金丝绒等。常用的抛光剂有氧化铝粉、氧化铁粉、氧化铬粉和金刚石粉，还有金刚钻研磨膏（是专用的极好的抛光磨料）。电解抛光是靠电化学的阳极溶解作用使试样平整，电解液依试样材质而定，电解抛光时要严格控制电解液成分、温度、极间电压、电流密度等条件，以获得优质抛光试样。化学抛光方法简便、速度快，但不易掌握和选择合适的化学抛光剂。综合抛光法，如机械—化学抛光法，也得到应用，运用得当可获得较高的效率和较好的抛光质量。

2．显微组织显示

显示组织的方法主要有化学浸蚀、电解浸蚀和着色显示。

（1）化学浸蚀。化学浸蚀是利用试样磨面上不同相的化学性质的差异，在浸蚀剂作用下腐蚀成凸凹不平的表面，在显微镜下显示出各自不同的形貌。

常用的化学浸蚀剂有各种有机酸、无机酸以及各种碱类、盐类等。化学浸蚀有浸泡法、擦拭法和交替抛光浸蚀法。

（2）电解浸蚀。电解浸蚀的原理和电解抛光相同，只是前者在电压较低的条件下进行，试样表面产生腐蚀而不发生抛光作用。

电解浸蚀剂及浸蚀的规范可参照有关金相浸蚀剂手册。

（3）着色显示。着色显示又称缀饰显示，是用化学或物理方法使抛光的金相试样表面形成一层薄膜或覆盖物。该层薄膜或覆盖物的厚度与基底相的化学成分或晶体单位向有关，由于光学干涉现象而产生不同颜色，这就有利于观察、鉴别。

各种显微组织显示方法如表9-2-5所示。

二、金相显微镜及其应用

（一）金相显微镜

是研究金属内部组织的，用可见光作为照明光源的显微镜。按其结构形式可分为台式和卧式两种。随着科学技术的发展和研究内容的扩大，特殊金相技术和设备如偏光，相衬、干涉、高温、低温、附加塑性变形装置、附加显微硬度装置，带有电子计算机的图象分析仪等都已获得应用。

1．金相显微镜的结构

金相显微镜由照明系统、放大系统、显微镜体（包括试样台）和摄象部分四部分组成。

照明部分的光源有四种：（1）钨丝灯和碘钨灯；（2）碳弧灯；（3）锆弧灯、钨弧灯、汞、碘灯；（4）氙灯。氙灯光强大，色温和光源稳定，寿命长。常用的为钨丝灯、碘钨灯和氙灯。

金相显微镜的光程图如图9-2-58所示。

放大系统是决定显微镜质量的关键部分。它由物镜、目镜及转向和反射镜组成。显微镜的放大率为：

$$M_{显}=L/f_{物}\times 250/f_{目}=M_{物}M_{目} \quad (9\text{-}2\text{-}72)$$

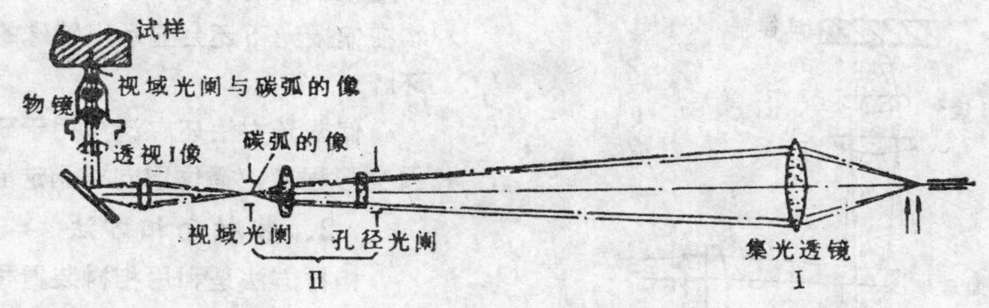

图 9-2-58　金相显微镜光路示意图

式中　L——光学镜筒长度，mm；

250——明视距离，mm；

$M_{目}$、$M_{物}$——分别为目镜和物镜的放大率，mm。

$f_{目}$、$f_{物}$——分别为目镜和物镜的焦距，mm。

物镜是决定显微镜质量的主要光学部件，物镜上刻有性能指标。物镜可分为干系物镜和油浸物镜两大类，油浸物镜上刻有"油"或"oiL"等字样。

物镜的鉴别率指物镜所能清晰分辨出物体相邻两点的最小距离。物镜的数值孔径表示物镜的集光能力，用NA表示。一般来说，显微镜的有效放大倍数$M_{显}$=（500～1000）NA。

物镜的垂直鉴别率又叫景深，表示物镜对试样磨面上高低不平组织的清晰显象能力。

物镜有消色差物镜（Achromatic），半复消色差物镜（Semi-Apochro matic），复消色差物镜（Apochromatic），平面消色差物镜等。

目镜的作用是将经过物镜放大的实象再行放大，有些目镜除起放大作用外，还能校正残余象差。

目镜按结构型式分负型目镜、正型目镜、补偿型目镜、放大型目镜、测微目镜等五种。

2．照明方式

金相显微镜的照明方式有明场垂直照明，明场斜照明，暗场照明等三种，参见表9-2-6，图9-2-59和9-2-60。

（二）特殊金相方法

金相分析是用金相显微镜通过对试样表面反射光的强弱或色彩的变化来观察和鉴别组织。当试样是多相组织，而且各相之间反光能力（即反射系数）相近，色彩无甚差别时，采用一般金相显微镜明场观察则难以鉴别。为了提高衬度，即增加试样不同相，甚至不同晶粒的反射光强度以识别不同组织或晶粒及其他显微组织细节，除运用各种浸蚀和着色技术来改进试样表面状态以显示其差别外，还采用特殊金相方法，通过特殊的光学系统或附件以获得良好衬度，显示出组织的细节和差别。这种方法除斜照明，暗场照明等方法外，还有偏光、相衬、干涉等金相方法。

1．偏振光方法

偏振光附件是采用两个尼科耳棱镜或二色性晶

表 9-2-6　金相显微镜照明方式分类

名　称	照明方式	特　点
明场垂直照明	（1）孔径光栏位于光轴中心 （2）光线垂直均匀照在试样表面	（1）一般可清晰显示组织 （2）衬度低、缺乏立体感
明场斜照明	（1）孔径光栏偏离光轴中心 （2）平行光倾斜照在试样上	（1）增加衬度和立体感 （2）适于观察表面浮雕
暗场照明	（1）环形光束通过抛物形反射镜，反射到试样表面 （2）散射光进入物镜成象	（1）图象的明暗对比与明场正好相反 （2）衬度好

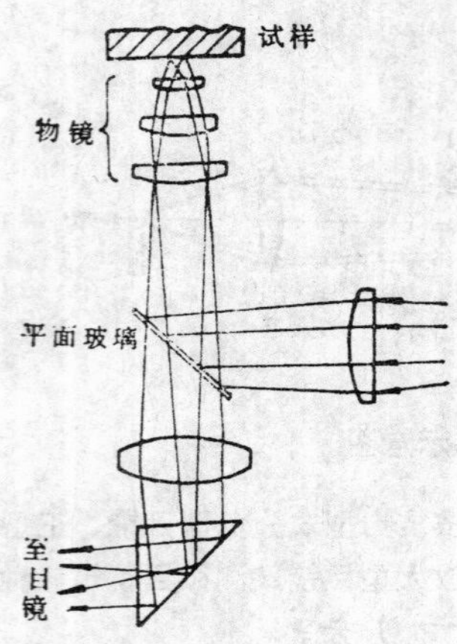

图 9-2-59 垂直照明光程图

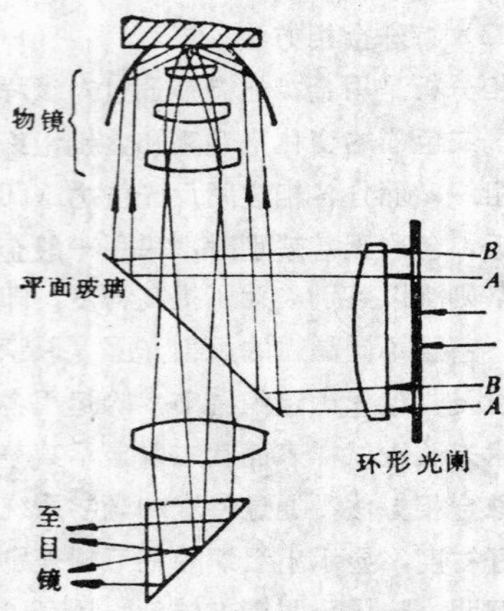

图 9-2-60 暗场照明光程图

体偏振片，称为起偏器和检偏器。通过起偏器将入射光改变为偏振光，经物镜进入试样，反射后的光线经检偏器进行检偏，以测定偏振面的旋转程度，通过目镜进行观察。起偏器与检偏器二者可相互转动，使二者的光学振动面从相互平行转至相互垂直的正交位置。

偏振光方法可用于：（1）研究各向异性材料；偏振光能使晶粒的明暗差别更加显著，增加映象衬度，有利于研究组织细节；（2）研究各向同性材料：用深浸蚀的方法显露不同晶粒的不同晶面或采用阳极化处理的方法，在试样表面形成一层氧化膜，借助偏振光观察氧化膜或不同晶面的各向异性；（3）研究非金属夹杂：非金属夹杂在偏振光下能显现出其透明度和固有色彩，可以用偏振光来鉴定夹杂物的各向同性和各向异性。球形透明夹杂物在偏振光下还会显示出特殊的黑十字现象和等色环。

偏振光方法还广泛应用于研究材料的塑性变形及变形程度，择优取向和测定晶粒位向。

2．相衬金相方法

相衬方法是利用相衬装置和附件使金相试样中不同相的反射光线发生干涉或叠加，将有位相差的光转变为有强度差的光，从而提高衬度以鉴别难以用其他方法分析的显微组织细节。相衬装置主要由环形光栏和相板组成。环形光栏用于将直接反射光和散射光分开，相板上有相环，与环形光栏的象重合，对反射光起移相作用。相衬装置按移相情况的不同可分为“负相衬”和“正相衬”。

一般认为，试样表面两相高度差在100～1500Å范围内，采用相衬法较为适宜。相衬方法在金相研究中用于：（1）观察塑性变形后表面滑移带；（2）观察固溶体基体上的时效析出和偏析；（3）显示形变合金、形变马氏体的亚晶界；（4）鉴别试样表面的微小高度差；（5）增加映象衬度，观察组织细节。

相衬装置的示意图如图9-2-61所示。

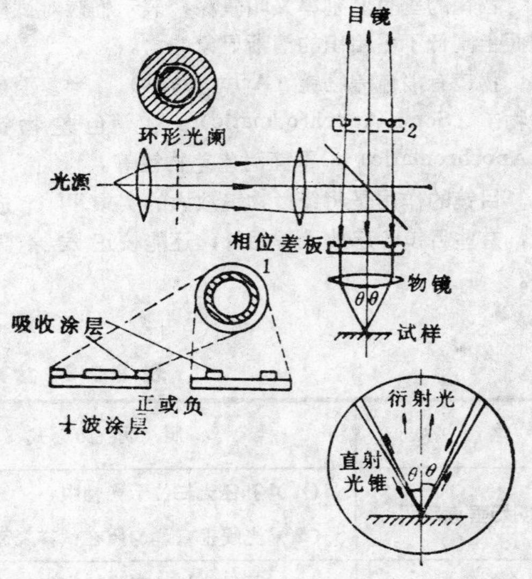

图 9-2-61 相衬装置示意图

3．干涉金相技术

干涉显微镜利用两束光之间的干涉原理，将来

表 9-2-7　基本符号及其定义

符号	量纲	定　　义
P	—	表示点的数目，可以是被测对象点数，也可以是测量用点数。
P_P	mm^0	点的分数，落在测量对象上的点数除以总的点数，即平均每一个测量用点有多少几率落在测量对象上
P_L	mm^{-2}	每单位测量用线长度上的点（相截的点）数
P_A	mm^{-2}	每单位测量用面积上的点数
P_V	mm^{-3}	每单位测量用体积中的点数
L	mm	表示线的长度
L_L	mm^0	线的百分数。在单位长度测量用的线上测量对象占的长度
L_A	mm^{-2}	每单位测量用的面积上的线长度
L_V	mm^2	每单位测量用的体积中的线长度
A	mm^2	测量对象或测量用的平面积
S	mm^0	内界面积（可以不是平面）
A_A	mm^{-1}	面积百分数。每单位测量用的面积上测量对象所占的面积
S_V	mm^{-1}	每单位测量体积中具有的表面积
V_V	mm^0	体积百分数，在单位测量用体积中，测量对象占的体积
V	mm^3	三维的测量对象的体积或测量用的体积
N	—	测量对象的数目
N_L	mm^{-1}	每单位测量用线长度上遇到测量对象的数目
N_A	mm^{-2}	每单位测量用面积上遇到测量对象的数目
N_V	mm^{-3}	每单位测量用体积中包含测量对象的数目
$\overline{L}$	mm	平均截线长度，等于L_L/N_L
$\overline{A}$	mm^2	平均截面积，等于A_A/N_A
$\overline{S}$	mm^2	平均相界面积，等于S_V/N_V
$\overline{V}$	mm^3	测量对象的平均体积，等于V_V/N_V

自单色光源的起始光束通过半透明的平面镜光束分离器分成两束等分的光束，一束在试样上聚焦，另一束则在光平面的参考面（比较板）上聚焦，两条反射光束又通过光束分离镜，重新合成并一起经过目镜。多光束干涉显微镜是把透明的参考面放在试样上面并与试样严格平行。当一束垂直入射的单色光从干涉系统反射出时，反射光束包含了某一指定点的多级反射的光线。相的差别越大反射级别也越多。干涉金相技术可用来测量经过塑性变形的晶体中的滑移台阶，试样或零件的表面光洁度，表面薄膜或镀膜的完整度以及气相沉积薄膜的厚度。

三、定量金相及图像分析仪

(一) 定量金相

定量金相学就是从二维金相试样截面（或薄膜投影）上的组织形貌的分析和计算来确定三维形貌及其定量关系的理论和方法。又称体视金相学。

描述组织的几何参数有点、线、面、体、个数这几种，基本符号及定义列于表9-2-7。

自1848年起，在体视学的发展过程中，逐步建立起一系列二维组织参数与三维空间参数的关系式如式9-2-73、9-2-74、9-2-75、9-2-76，可作为定量金相学的基本公式：

$$V_V = A_A = L_L = P_P \qquad (9\text{-}2\text{-}73)$$

$$S_V = \frac{4}{\pi}L_A = 2P_L \qquad (9\text{-}2\text{-}74)$$

$$L_V = 2P_A \qquad (9\text{-}2\text{-}75)$$

$$P_V = \frac{1}{2}(L_V S_V) = 2P_A P_L \qquad (9\text{-}2\text{-}76)$$

表9-2-7和上列公式中的三维参数是用于评价材料组织特征的重要数据，但无法直接测量。图9-2-62中示出了直接测量参数与计算量的关系，也表明三维参数可由二维测量参数求得的途径。

这些基本参数的测量通常是借助于显微测试目镜、投影屏及照片来完成的，常用的基本测量方法有三种。

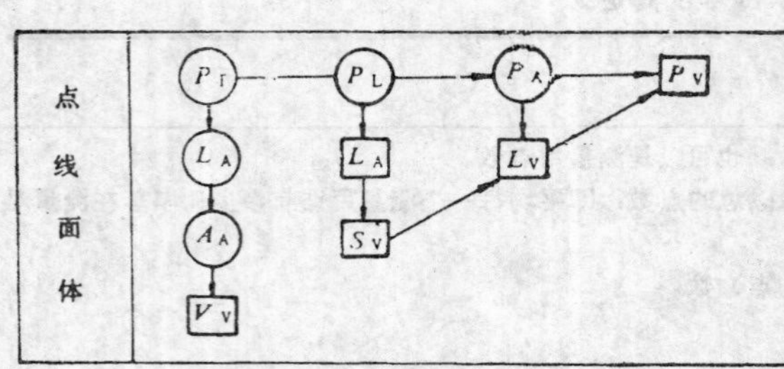

各定量参数之间的关系

图 9-2-62 各定量参数之间的关系❶

（1）面积测量法。对被测物可用求积仪直接测量，也可以从照片上剪下来称重量后换算求得。测量的参数为相或组织的相对含量A_A。

（2）截线法。用测微标尺测出被测相的截线长度，再与测试线段总长度比较，可求L_L、P_L、N_L。

（3）点分析法。用网格或点阵模板，数出落在被测相上的点数，计算其与点阵总点数的比率，可测得P_P。

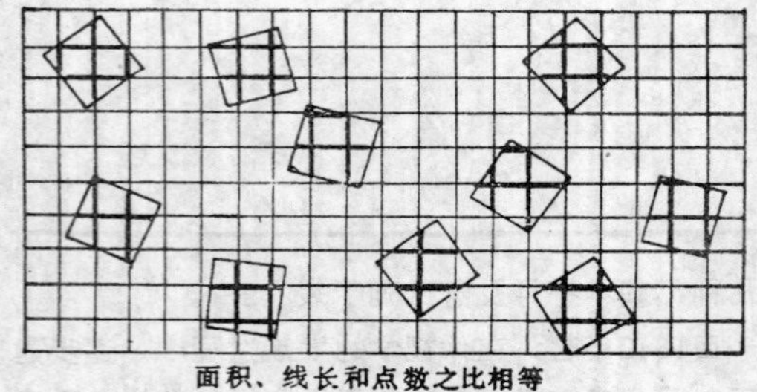
面积、线长和点数之比相等

图 9-2-63 联合测试法示意图

在实际测量中常采用联合测试法，同时测量P_P，L_L更为有效，图9-2-63所示模型既可作为联合测量法的实例，又可用以证明公式$A_A = L_L = P_P$的有效性。

上述基本公式及测量方法，共同的前提条件是要求取样的随机性、组织的均匀性，结果是统计平均的。如果组织是有方向性的，则需要特殊处理，以保证满足前提条件。

（二）图象分析仪

图象分析仪是将显微镜技术、视频技术与电子计算机综合起来的新型仪器，使定量金相技术建立在准确、迅速自动化的基础上。

1．图象分析仪的一般原理及仪器结构

图象分析仪由以下部分组成（图9-2-64）。

（1）输入系统，包括成象系统及扫描系统。1）成象系统。由光学显微镜及宏观装置（照片、底板），提供光学图象；2）扫描系统。由高分辨率的电视摄象机，实现光电转换（A/D转换），将图象的光学信号变成脉冲电压模拟信号。另一功能是将图象分解成点阵化的象点（象素），并按扫描顺序逐点给出灰度值，产生由象点组成的数字图象（即二值化图象），作为进一步处理的数据源。

（2）中心处理系统，由以下部分组成。1）视频信号预处理：使图象增强反差、校正阴影、消除噪声等；2）检测器（灰度鉴别器或称门限控制器）：对预处理后的信号与设置的门限值进行比较，根据待测基相与基底图象上灰度的差别，进行

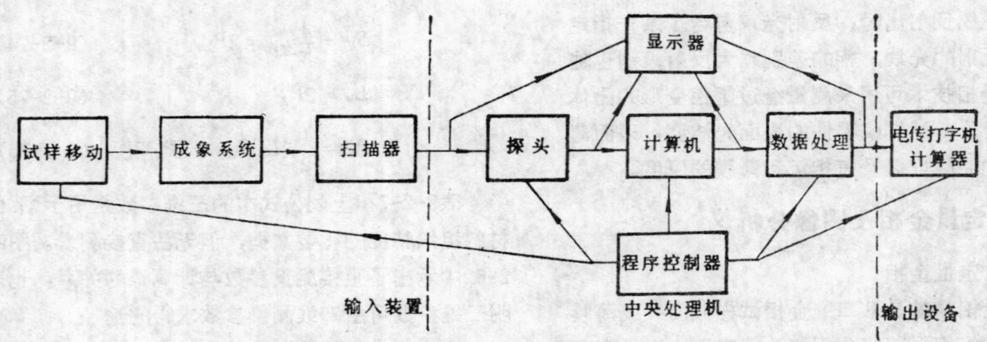

图 9-2-64 图象分析仪的原理及结构

❶ 圆内系直接测量参数，方框内则是计算量。

标白，使之与基底图象分离，实现被测量基象的选取；产生二值化的数字图象，即检测视频信号供分析检测；3）图象变换：对数字图象进一步处理，以提高清晰度，图象内容取舍，补充，反相等效果，为测量提供高质量、符合测量目的的图象；4）测量与分类：将选取的待测目的物的标白图象（二值化数字图象）输入电子计算机，按预定程序进行几何参数、物理特性（光学参数）结构特征的快速测量及相应的数据处理，并由分类/收集器对图象按其几何、结构、灰度特征进行排列、比较归类等。5）显示系统（监视器）：使操作者进行人机对话、对检测过程及测量结果进行监视。

（3）输出系统。测量结果由显示器（荧光屏）显示或电传打字机输出。

2．图象分析仪的测量功能

图象分析仪测量的基本参数有面积、周长、垂直和水平投影、垂直和水平Feret径、截距、端点计数、角度、曲率半径、光密度等，并可用这些基本参数做基础进行不同形式的组合。

目前图象分析仪的功能开发已达到了相当方便、精确、快速的程度，特别是出现了真彩色扫描装置，提高了仪器的分辨率和测试质量，从而扩展了应用范围，在生物、医学、塑料、化工、石油、地质、陶瓷等众多领域都得到广泛应用。

第六节 透射电子显微分析

一、透射电子显微分析原理

（一）衍射衬度象成像原理

当一相干电子束投射到试样表面时，如果试样足够薄，电子束将穿过试样。由于试样中原子晶格势场的作用，形成衍射束。这样，在物镜的后焦面上形成衍射花样，如图9-2-65。每一个衍射斑点都包含有晶体材料中某一特有的结构信息。原则上，可以使用透射束或任何一个（或几个）衍射束成像。电子显微镜中，在物镜的后焦面上装有光栏，让透射束穿过光栏孔成像，则在象平面上获得明场象。显然，透射束是从入射束中扣去反映材料的组织结构的衍射束的信息。因此，明场象也反映了样品组织结构的全貌。如果让某衍射束通过光栏孔成像，就获得反映该结晶学信息的暗场象。同时，还可以按电子衍射花样来计算晶体的结构。电子衍射也是遵循$L\lambda=Rd$关系式，其中L是镜筒常数，λ是电子波长，R是衍射斑点（或环）至透射束斑中心的距离，d是产生该衍射束的晶面簇的晶面间距。

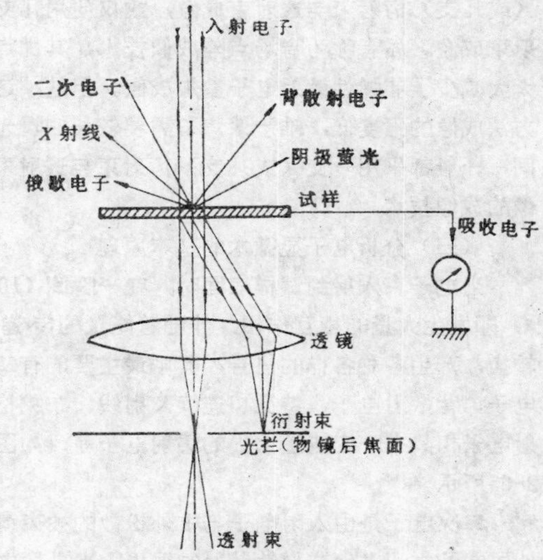

图 9-2-65 电子束与固体试样相互作用的原理图

上面介绍的明场象和暗场象是由衍射衬度产生的，叫做衍衬象。常规透射电子显微技术能同时获得材料在极微小区域中的组织和晶体结构的信息。因此它是材料科学的重要研究工具。

当电子束透过样品，特别是非晶样品时，还要产生非弹性散射，原子序数愈大，散射愈强，形成所谓的质量衬度。这种衬度总是或多或少地叠加在衍射衬度象上。

（二）位相衬度成像原理

电子衍衬象的分辨率最高只能达到1～1.5nm。如果要想获得小于1～1.5nm的象的细节，必须利用位相衬度成像。当电子束进入薄试样时，由于晶格势场的作用，使离开试样的电子束在各点间具有微小的位相差。物镜的球差C_S和欠焦效应Δf与附加的相位移$\chi(\beta)$的关系，对于很小的孔径角来说，

$$\chi(\beta)=-\frac{2\pi}{\lambda}\left(C_S\beta^4-\frac{1}{2}\Delta f\beta^2\right) \quad (9\text{-}2\text{-}77)$$

式中 β——半孔径角；

λ——入射电子的波长；

C_S——物镜的球差系数；

Δf——物镜的欠焦量。

$\exp[-i\chi(\beta)]$为衬度传递函数。由于β很小

(～10^{-3}弧度)，欠焦量Δf起主要控制作用。因此，在相位衬度成像中，采用合适的欠焦量Δf是十分重要的。在拍摄高分辨像时，可以使用一支(或几支)衍射束与透射束成像，或仅使用几支衍射束成像。后者称为暗场点阵成像技术，其优点是大大减少了非弹性散射电子参加成像。但是，这种方法成像的强度低，难于聚焦和需要较长的曝光时间，一般都采用一支(或几支)衍射束与透射束成像的成像技术。

(三) 分析电子显微术的基本原理

当电子束入射到试样表面时，在一瞬间(10^{-12} s)即发生大量的相互作用，伴随着能量的传递和转换，产生各种各样的信号，其中最主要的有二次电子、背散射电子、特征和连续X射线、布喇格衍射电子和具有一定能量损失的透射电子等，如图9-2-65所示。

二次电子是由入射电子与核外松散的被束缚的外层电子之间发生非弹性散射的结果，当外层电子获得一定能量而逃逸出表面就能被我们所探测到。由于试样本身的强烈吸收，二次电子只能反映试样表层10nm的薄层区域的情况。二次电子的量与入射电子相对于试样的夹角有很大的关系，形成表面形貌(凹凸)反差。因此，它反映了试样表面的形貌，而且它的空间分辨率很高，可达3nm。

背散射电子是由经典的弹性散射(卢瑟福散射和多重散射)产生的。背散射电子象的反差取决于试样表面凹凸和平均原子序数两个因素。如果采用P-N结检测器，就可以分别得到单一的形貌象和成分象。

入射电子将以两种方式激发X射线。一种是入射电子在原子核的库仑势场作用下失去能量而发射出连续的X光谱，称之为轫致辐射。这种连续X射线谱，增加了分析的背底，降低了探测的灵敏度和分辨率。另一种是入射电子撞击出K、L或者M能级上的内层电子，使原子处于激发或者电离状态，外层电子跃迁到内层的空位而回到基态，产生特征X射线。对于不同的元素，特征X射线是不同的。用硅(锂)接受器的能谱装置(EDS)，就可以分析微区的成分。

但随着被分析元素的原子序数减小，X射线产额急剧下降。现在发展了超薄窗口和无窗口的探测器，超薄窗口可以分析到碳元素。

近年已经商品化的电子能量损失谱(EELS)具有分辨率优于能谱，并且可以测量轻元素(分析到锂)的优点。其工作原理是，当电子穿过试样时，入射电子将经受弹性散射，即有能量损失。这种能量损失是一次过程，其中的电离损失峰是内壳层电子直接被激发或电离的过程。可以利用电离损失峰作元素分析，元素的电离散射截面随原子序数减小而迅速增大。因此，它适合作轻元素分析。另外，利用其精细结构还可以作能带结构、近邻原子距离、性质等方面的研究。

当一束会聚电子束AA'投射到试样时，聚焦斑的直径是SS'(图9-2-66)，通过第二聚光镜光栏的选择，可以使分析区域很小，在物镜后焦面上将形成明场会聚盘和暗场会聚盘。会聚的电子束没有固定的相位关系，一般可以近似地看做完全非相干的，所以衍射盘中的细节相应于由取向变化引起的摆动曲线。在会聚束衍射中，很容易激发高阶劳厄带。因此，通过全图的对称性，暗场盘和高阶劳厄带线的分析就可以确定晶格常数、晶体的点群和空间群，从而可以确定晶体结构。

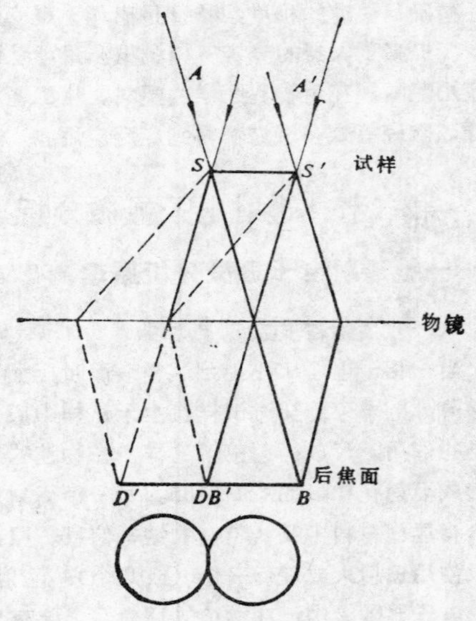

图 9-2-66 会聚束电子衍射示意图

上面的讨论表明，一台近代分析型电镜，可以用来观察材料表面的形貌、内部的组织，确定微区的结构和分析微区的化学成分。因此，有人把分析型电镜看做是一个分析实验室。

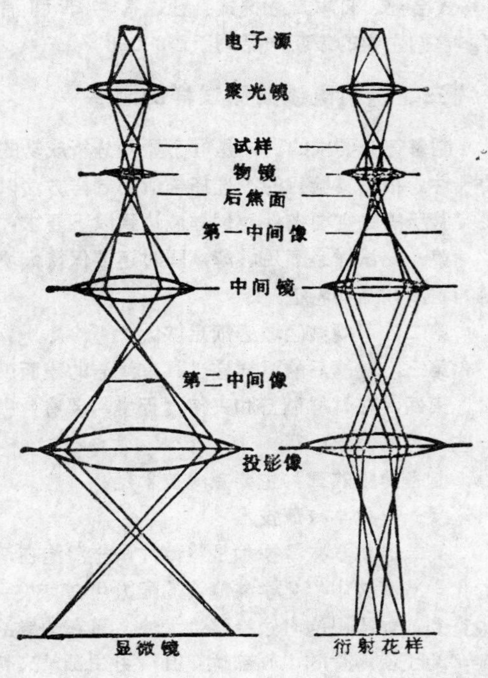

图 9-2-67 电子显微镜光路原理图

二、透射电子显微镜

(一) 透射电镜的类型、特点及发展趋势

透射电镜的主体由照明系统（电子枪和聚光镜）、试样室、成象系统、观察室、照象系统、真空系统、控制系统、高压和稳流电源等几个部分组成。其光路原理图如图9-2-67所示。

按加速电压、分辨率和放大倍数等特点，透射电镜分为四类：

1. 普通透射电子显微镜

这种电镜具有零点几个纳米的分辨本领，加速电压通常为100～200kV，放大倍数为几十万倍，一般均配有双倾测角台。因此，可用这种电镜观察材料的组织、分析缺陷，还可以分析微米级范围的结构。

2. 高分辨电子显微镜

目前商品化的高分辨电镜的分辨率达0.14nm（晶格分辨率）和0.2～0.3nm（点分辨率），已被广泛用于观察晶格象、结构象和原子象，以及用于观察各种晶体缺陷、界面和畴结构的原子组态。

3. 分析型电子显微镜

表 9-2-8 几种主要的电子显微镜

生产厂家	型号	主要指标			主要附件	注
		分辨率（TEM），nm	加速电压，kV	放大倍数，倍		
日本电子株式会社	JEM-1200 EX(1200FX)	0.14（晶格） 0.3（点～点）	10～120	50～1200000	F型可带X射线能谱和电子能量损失谱	E型为高分辨型，F型为分析型
	JEM-2000 EX(2000FX)	0.14（晶格） 0.28（点～点）	20～200	50～1000000	同 上	同 上
	JEM-4000 EX(4000FX)	0.14（晶格） 0.19（点～点）	100～400	80～1200000	同 上	同 上
日本日立株式会社	H-7000	0.2（晶格） 0.35（点～点）	20～125	1000～600000	同 上	
	H-800	0.14（晶格） 0.3（点～点）	35～200	1000～1000000	同 上	
荷兰菲利浦公司	EM-12	0.14/0.2（晶格） 0.3/0.34（点～点）	20～120	50～730000/1200000	同 上	
	EM-13	0.14（晶格） 0.23/0.2（点～点）	50～300	50～870000/1350000	同 上	

在透射电子显微镜的主体上，安装扫描附件（STEM）、X射线能谱（EDS）和电子能量损失谱附件，就可以对材料进行组织、结构和成分的微区分析，也可以安装二次电子、背反射电子接收探头，获得二次电子象和背反射电子象。这就是近代的分析型电子显微镜。

最近，日本电子公司还生产出高分辨的分析型电镜。

4. 高压电子显微镜

通常，把加速电压大于500kV的电镜称为高压电子显微镜。目前，在世界上大约仅有53台。高压电镜有以下几个特点：

（1）可以观察原样。最大可观察厚度，铜约为2μm，铝约为2μm，硅约为9μm。这种电镜不仅使试样制备简单，更重要的是使观察结果能真实代表大块材料的组织和结构。特别适宜对一些微米级尺度的沉淀物、半导体界面上的微沉淀和微缺陷、位错胞结构等的观察。

（2）可进行动态观察，即是在可控制条件下（温度、应力、磁场、各种气氛以及它们的综合作用下），观察材料内部组织和结构的变化。

（3）可用于核工程材料的辐照性能的研究。

（4）高压电镜的电离损伤小，是研究有机材料的有效工具。

另外，还有专门的透射扫描电镜，但由于过于专门化，生产和使用都不多。

在电子显微镜的发展中，除了继续提高和改善电镜的分辨率外，还把电镜的操作调整和数据定量处理计算机化作为它重要的发展方向之一。另外，有的厂家还大力发展高性能的综合性电镜，例如发展高分辨率的分析型电镜。鉴于高压电镜很贵，近年来还发展了300～400kV的高分辨分析型电镜。

当前，电子显微技术发展的一个重要趋势是分析型电子显微技术，特别是轻元素分析技术。目前已能分析几个到零点几纳米区域的组成，鉴别0.5nm区域中的元素；并且能用会聚束技术分析1～2nm区域的结构。电子显微技术发展的另一个分支是高分辨技术，目前已观察到单个空位、层错、畴界面、表面处的原子组态等高分辨象。这两个方面正日益显示着在材料科学中的重要意义。

（二）透射电镜的主要型号、性能及生产厂家

目前世界上生产透射电镜的厂家主要有日本电子株式会社、日本日立株式会社、荷兰菲利浦公司。它们主要的最新产品列于表9-2-8。

三、透射电镜薄膜试样的制备

制备符合要求的试样是电子显微分析成功的必要条件。根据实验目的，选择合适的制样方法以满足实验所需的主要条件。试样应达到以下要求：

第一，试样必须足够薄，同时还要保持大块材料的组织和结构特征；

第二，可观察区域必须足够大；

第三，减薄后的试样应当具有清洁的表面；

第四，在试样制备和夹持过程中，要避免引人一些人为的假象；

制备薄膜的三种主要减薄技术是：

（一）化学减薄技术

简单的化学减薄技术是将薄片试样浸泡在适当的化学减薄液中，化学减薄液的配方可在有关手册中查到。如果浸泡时边缘浸蚀太快，可在边缘涂上漆。为了使薄片的中心部位穿孔，可用镊子夹持薄片，使之一半浸入溶液中，取出后清洗，再转90°浸入溶液。这样直到中心部位穿孔。另一个方法是先在薄片的中心处“成窝”，这也有利于中心部位减薄穿孔。

比较理想的方法是化学喷射减薄技术。这样就可以做到在指定部位减薄。

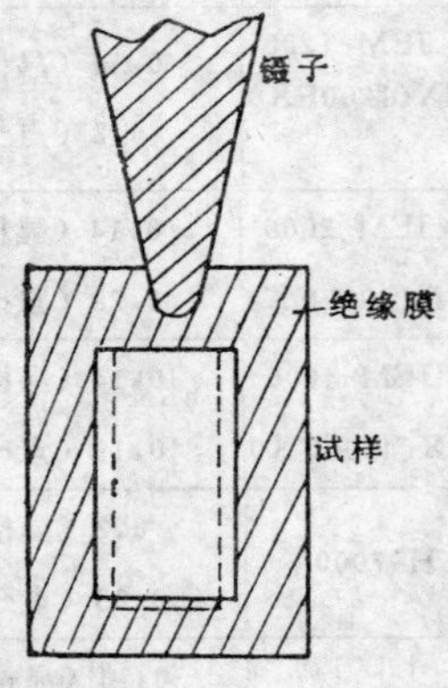

图 9-2-68 窗口法涂敷绝缘膜示意图

用化学减薄技术时，首先要注意选择合适的减薄抛光液，同时，要控制好溶液的温度。化学减薄技术具有速度快、方法简便等优点，特别适用于半导体材料、陶瓷和其它不导电材料的试样制备。但本

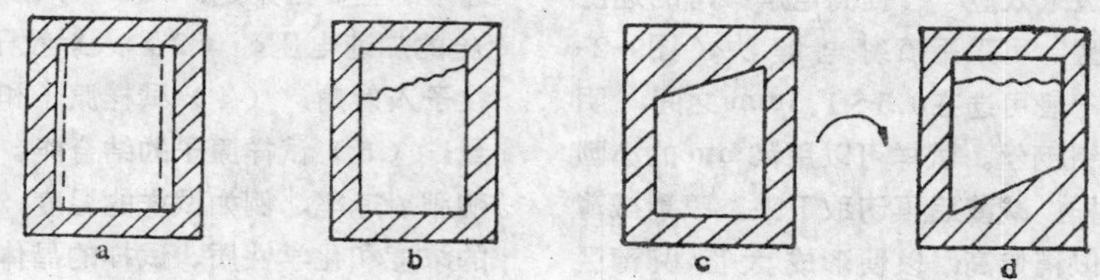

图 9-2-69 “窗口”法抛光程序

a—原始的窗口形状；b—第一次穿孔；c—将穿孔处用绝缘漆涂敷；d—倒置后抛光到第二次穿孔

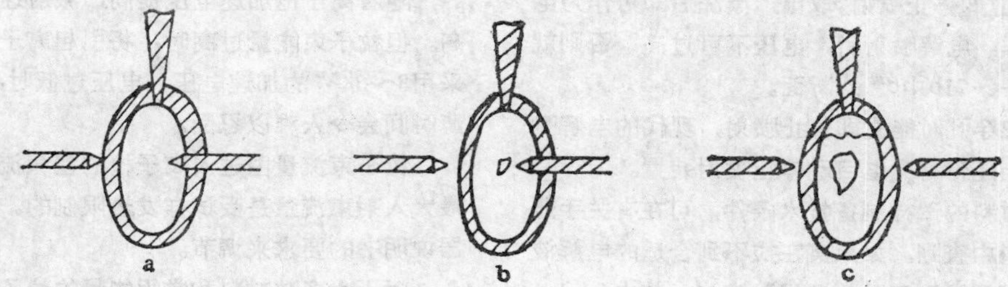

图 9-2-70 点阴极电解抛光技术

a—除阴极顶点外都涂上绝缘漆；b—在两个阴极之间穿孔；c—在圆形窗口的边缘穿第二个孔

方法的缺点是难于控制。因此，常常采用化学减薄技术来进行厚试样的初始减薄。

在配制化学减薄抛光液时，必须按该药品规定的使用方法进行操作，避免发生危险。

（二）电解减薄技术

“窗口”法是最常用的电解减薄技术之一。这种方法是将薄片试样两面的边缘部分都涂上抗酸（或碱）的漆（或有机膜）（如图9-2-68）。留出0.5～2cm²面积的“窗口”。并且，使竖直边在试样两面不一致。在夹持试样的镊子的下端，也同样涂敷抗酸绝缘层。试样作为阳极。阴极可采用不锈钢或铂片，其面积应大于“窗口”面积。电解液和抛光条件可在有关手册中查到。

将试样电解直到出现穿孔，穿孔通常出现在试样的上部。立即取出试样漂洗、干燥。然后涂上绝缘漆，将穿孔边缘封住（如图9-2-69c）。待漆干之后，再将试样倒过来，进行第二次抛光。一直继续到第二次穿孔（图9-2-69d）。

重复以上过程，直到穿孔的边缘显出犬牙状。将这种犬牙状部分取下，固定在铜网上，就可供电镜观察。

另一种常用的电解法是点阴极法（又称Bollmann法）。这种方法是用绝缘漆将试样的窗口涂成圆形，作为阳极，而阴极则采用点阴极。除阴极的顶尖处外都涂上绝缘漆（图9-2-70a）。开始，将阴极放在仅离试样1mm处。穿孔通常是出现在两个阴极之间（图9-2-70b）。然后，将点阴极移到距试样约10mm处，并且继续进行减薄。第二次穿孔通常出现在圆形窗口的边缘（图9-2-70c）。电镜试样从两个穿孔之间的细颈处切取即可。

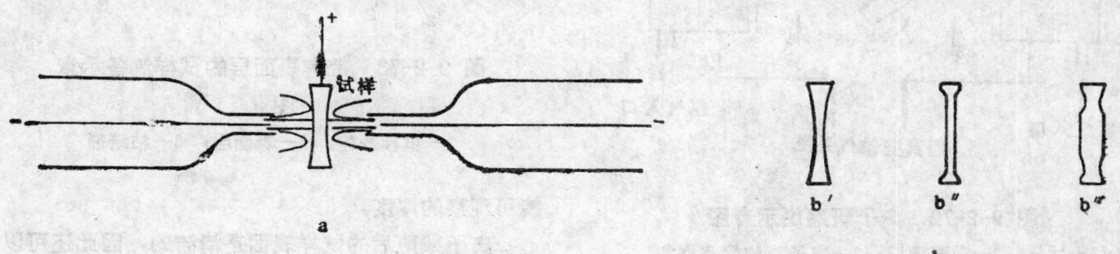

图 9-2-71 电解喷射抛光

a—喷射电解法；b—形成薄区的断面形状

为了防止“边缘效应”，提高电解减薄的速度和获得大面积薄区，可采用喷射电解法（图9-2-71a）。喷口直径一般可选在0.5～1.5mm之间，阴极可用铂丝或不锈钢丝。试样可以用φ3mm的小圆片，或用大片试样，减薄后再切取下来。喷射减薄时，开始电压可以稍偏高，以便形成大面积薄区（如图9-2-71b）和加快减薄速度。稍降低电压减薄，减薄的断面形状如图9-2-71b中的b′，直到穿孔。此时，立即停止喷射，取出，漂洗后即可作为电镜观察试样。电解喷射时，电压不可过高，否则就会形成图9-2-71b中b‴的断面。

为了使穿孔时能立即停止喷射，现代的电解喷射减薄仪上还带有光电自动停止喷射装置。

各种材料的试样制备技术条件，可在有关手册或文献资料中查到。如果实在找不到合适的电解液时，可以试用下列四种“通用”溶液。其中（1）、（2）、（3）主要用于金属和合金的电解减薄技术，而4可用于氧化物、陶瓷和玻璃的化学抛光：

（1）1～20%的高氯酸和酒精混合液。

（2）5～20%高氯酸和醋酸混合液。

（3）铬酸和醋酸混合液（即将 CrO_3 溶解在醋酸中）。

（4）热的浓正磷酸。

（三）离子减薄技术

当高速粒子（离子）打到试样表面时，其动量传递给试样原子，它又将能量传递给邻近原子，发生级联反应。当级联反应的原子达到试样表面，而且其能量又高于表面结合能时，就发生溅射效应。离子减薄仪的示意图如图9-2-72。一般来说，每一个入射粒子能从试样表面打出几个原子。影响溅射速率的主要因素是：（1）入射粒子的速度，即离枪的加速电压；（2）入射粒子的流量；（3）粒子入射角；（4）试样原子和入射粒子的相对质量；（5）试样原子的结合能。还有一些因素也影响溅射速率，例如试样的温度、试样室中残余气体的浓度和化学性质、试样的晶体学特征、入射粒子和试样之间的化学相互作用，以及试样受污染情况等。

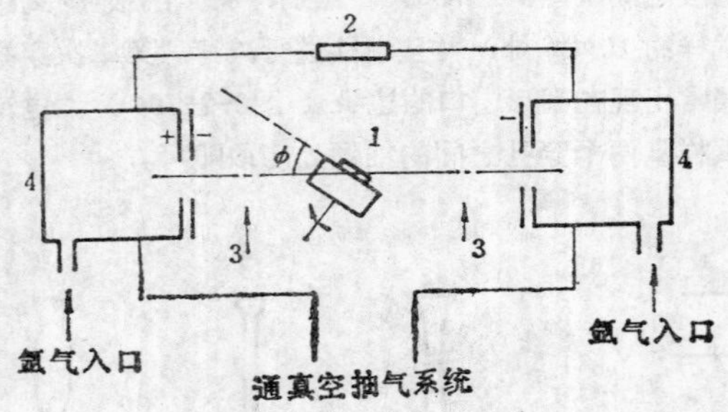

图 9-2-72 离子研磨仪示意图

1—试样，2—观察窗口，3—离子束流探测器（有的设备能自由升起和下降），4—离子枪

随着离子枪加速电压提高，溅射速率迅速提高。但粒子束能量过高时，将引起离子损伤。通常采用3～6kV的加速电压。电压过低时，冗长的减薄时间会令人难以忍受。

粒子束流量由进入离子枪的氩气流量来调节。最大入射束流量是受试样发热限制的。通常可按仪器说明书的要求来调节。

对于大多数材料和常用能量的粒子，最大溅射速率的入射角为10°～30°之间。为了获得大面积的薄区和减小离子损伤在试样表面引起的“表面结构”，通常采用约15°左右的入射角。

由于离子减薄技术的减薄速率低，每支枪为1～15μm/h范围内。所以，减薄前试样的初始厚度应尽可能薄，最好是30μm以下。

目前本技术已成功地用于半导体、陶瓷材料、矿物、玻璃、碳纤维等材料。特别是对于一些具有极薄层的试样，要观察其横断面的组织和结构时，用离子束减薄技术是很成功的。如图9-2-73所示，将两个同样材料的试样用环氧树脂从表面对粘起来。然后，用机械方法研磨到30～50μm。用超声波切割器切成φ3mm的圆片。再用离子束减薄到电镜可观察的厚度。

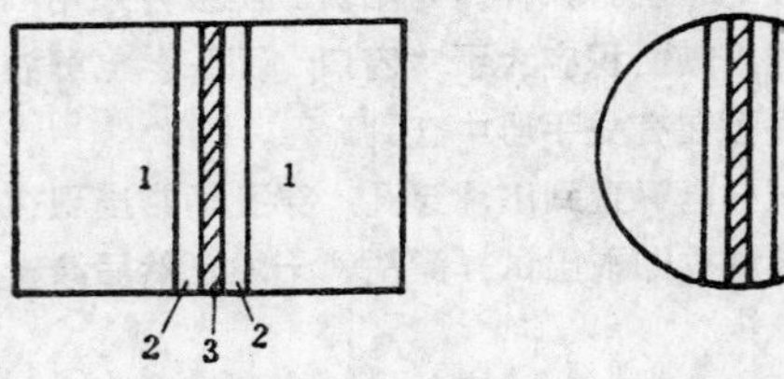

图 9-2-73 带有表面层的试样制备示意图

1—试样基体，2—表面层，3—粘结剂

离子减薄后的试样表面是清洁的，因此还可以用离子减薄技术来清洁用其他方法制得的试样表面和观察时已污染的表面。但此时，宜采用低电压和

低入射角，避免产生任何离子损伤。

四、透射电子显微分析的特点及应用

（一）衍衬图象

在电子显微技术中，产生象衬有衍射衬度和相位衬度两种重要机制。当我们只关心材料中≥1.5nm的组织和结构状况时，衍射衬度是主要机制：而且它也是最重要和广泛使用的衬度机制。用这种方法，不必在最高分辨本领的状态下操作电镜就可得到大量关于材料的组织、结构和缺陷方面的信息。当我们研究≤1nm的结构信息时，相位衬度是主要机制，在晶格和原子分辨的层次显示材料的结构缺陷特征。

衍射图像的成象原理已在前面叙述。完整晶体双束动力学的基本方程为

$$\frac{d\phi_0}{dZ}=\frac{i\pi}{\zeta_0}\phi_0+\frac{i\pi}{\zeta_g}\phi_g\exp(2\pi iS_gZ) \tag{9-2-78}$$

$$\frac{d\phi_g}{dZ}=\frac{i\pi}{\zeta_g}\phi_0\exp(-2\pi iS_gZ)+\frac{i\pi}{\zeta_0}\phi_g \tag{9-2-79}$$

方程将透射束振幅ϕ_0和衍射束振幅ϕ_g联系起来。根据本方程，可以从理论上计算完整晶体中的各种衬度特征。考虑到缺陷引起的位相因子修正后，还可以推出含有缺陷的动力学方程，计算缺陷像。

衍射图像的解释并不是那样直接了当的。在衍射衬度像中经常观察到只与薄膜试样的厚度均匀性、弯曲情况有关，而与材料本身的组织结构无关的衍衬花样，主要有

（1）等厚条纹。它是由于试样厚度不均匀造成的。在试样厚度为$\left(n+\frac{1}{2}\right)\zeta_g$处，透射强度为零，强度随厚度变化是以消光距离为周期。

（2）弯曲消光轮廓。当薄晶体受到一个大半径的弯曲时，同一族{hkl}晶面的两边产生反射引起的衬度。倾动试样时，弯曲消光轮廓缓慢地扫过视野。

（3）弯曲轮廓。当试样在相当窄的范围内产生弯曲时，在明场像上出现一些散漫的暗条纹，当试样倾动一个小角度时，这些条纹就很快扫过视场。从弯曲轮廓的一侧到另一侧，偏离参量S发生变号。

（4）弯曲中心。当试样弯曲成近似球面状，入射电子束平行于某些简单的晶体学方向，激发出多束衍射束时，就出现几条弯曲轮廓相交的弯曲中心。可用这种弯曲中心束比较操作反射对晶体缺陷成像的影响。

了解各种消光条纹的本质以后，就可以利用衍衬原理解释反映材料组织、结构和缺陷的各种衬度像。在衍衬分析中最基本的参量有：第一个是入射电子束在晶体坐标中的方向B；第二个是衍射矢量g；第三个是衍射晶面偏离严格布喇格反射位移的值——偏离参量S_g。通常，把这三个量称为衍射条件。在进行衍衬分析时，一般采用双束或系列反射条件。衍射衬度取决于衍射条件。因此，单独一张衍衬图象是没有什么价值的。在拍摄一张或几张衍衬图像的同时，必须在同一区域拍摄对应的一张或几张衍射花样。

衍衬图像揭示了材料中组织结构和缺陷。因此，它是电子显微分析的基本方法。

（二）选区电子衍射-微区结构分析

电子显微技术的最大特点就是可以将微区的组织和结构结合起来分析。微区结构的分析就是借助于选区电子衍射花样，在标准型电子显微镜中最小的选区电子衍射区域约为1μm。对于1000kV的高压电镜，最小选区可达25nm。而对于近代的分析型电镜，可进行几个纳米级的微束电子衍射。

确定电子衍射谱中各衍射斑点的指数就相当于确定二维倒易点阵平面上各倒易阵点的指数。其标定原理是：

（1）单晶电子衍射谱相当于一个倒易点阵平面，如电子束的入射方向与晶体的〔uvw〕方向平行，产生的衍射斑点的指数（hkl），或者说倒易点阵的指数hkl，遵从晶带定律$hu+kv+lw=0$。

（2）各衍射斑点到中心透射斑点的距离R与晶面间距d的倒数，或者说与倒易矢量的长度g成正比，即$R=L\lambda g$。通过测量R，计算出一系列g。而这些g值的内在关系由晶体的点阵类型所决定。在有关书籍中列出了各种晶格类型的g的关系式。

（3）两个不同方向的倒易矢量确定一个倒易点阵平面。标定时首先选择最短的倒易矢量$\vec{g}_1$及不与其同方向的次最短的矢量$\vec{g}_2$，第三个倒易矢量$\vec{g}_3=\vec{g}_2-\vec{g}_1$。倒易平面上的其他倒易矢量即为$\vec{g}(m,n)=m\vec{g}_1+n\vec{g}_2$。因此，只要标定了电子衍射花样

中距中心斑点最近和次近邻的两个斑点。标定的方法是倒易阵点作图法或约化胞的方法。在标定时，要考虑高阶劳厄衍射和二次电子衍射效应。

对于环状衍射花样，可以根据环的半径。以及各环间距值间的规律来标定。

考虑到孪晶、两相间的取向关系和长周期结构的晶体学特征，可以对其复杂电子衍射谱进行标定。

(三) 弱束象和高阶明场象

衍衬分析中，通常采用双束条件成像，即在严格布喇格条件 ($S=0$) 下成像，这样的像称为强束像。然而，这种强束技术不能被用来很好地研究细小沉淀物和缺陷（位错、层错、位错环等）的小于10nm 的细节，例如在强束成像技术中，位错像的宽度为$\frac{\xi_g}{3}\sim\frac{\xi_g}{5}$ (ξ_g为消光距离)。在这种情况下，必须采用高分辨衍衬技术，即弱束技术和高阶明场象技术。

弱束技术就是用偏离布喇格位置较远的微弱的衍射束形成中心暗场象。例如使衍射条件处于3g位置，用衍射 g 成像。弱束成象条件通常选为：

(1) 使偏离参量值 (S_g) $\geqslant 0.2\text{nm}^{-1}$。偏离参量值$S_g$愈大，分辨率愈高。当选的$S_g$足够大时，分辨率可达1nm。但$S_g$过大，强度就更低了，实验上变得难以观察和记录。

(2) 参量 $|W|=|\xi_g S_g|\geqslant 5$。这样，像的衬度和宽度就不随它在薄膜中的深度变化，对衍衬像的解释是极为有利的。

(3) 未激发系列或非系列的强反射。即不使厄瓦尔德 (Ewald) 球与倒易点相交，而是从某倒易点外侧通过。

弱束技术具有分辨率高、像衬度好等优点。但它不能用来观察相当厚的试样，因为偏离参量 S 相当大时，反常透射变得很弱，强度很低，难以观察和记录。如果使高阶衍射斑点处于布拉格反射位置，用透射束形成明场像，就能有效地改进像的分辨率。一般可以使像的分辨率提高 4 倍。这就是高阶明场像技术。高阶明场像技术具有强度大、分辨率高和操作简单等优点，但其像的衬度差。在进行高分辨衍衬分析时，需要根据研究工作的要求和实验条件来选择采用弱束技术或高阶明场像技术。

(四) X 射线能谱分析——微区成分分析

照明电子束引起试样原子内层空穴后，外层的一个电子填充空穴的同时发出标识X光。当 L_3、L_2、M_3、M_2壳层电子填充到K层空穴时发出的X光有K_{α_1}、K_{α_2}、K_{β_1}、K_{β_2}等。K_{α_1}最强，K_{α_2}次之，两者的波长很相近，在不能区分时统称为 K_α。L空穴被填充时发出L_{α_1} (最强)、L_{β_1}、L_{β_2} 等。M空穴被填充时发出 M_α 等。测量标识谱的能量值，就可以从有关的表中查出被测元素是什么。新近生产的能谱仪的计算机将自动给出被测元素的符号。

目前，用得较多的薄试样X光定量分析方法是：

1. 元素间强度比值法

A、B两种元素的成份C_A、C_B

$$\frac{C_A}{C_B}=\frac{I_A}{I_B}k_{AB} \tag{9-2-80}$$

式中，I_A、I_B是A、B两种元素的标识强度比，k_{AB}是相关系数。

首先测定已知成分合金试样中不同的元素（设为X）相对于某一特定元素（设为S_i）的K_{XSi}值，即：

$$k_{XSi}=\frac{C_X}{I_X}\Bigg/\frac{C_{Si}}{I_{Si}} \tag{9-2-81}$$

可得

$$k_{AB}=k_{ASi}/k_{BSi} \tag{9-2-82}$$

然后，在同样实验条件下测量未知试样中A、B元素的I_A/I_B，由此，可以利用此k_{AB}值得出 C_A/C_B。本方法的优点是准确度较高，但需要事先制备已知成分而且微观上是均匀的许多合金试样。

2. 无标样法

无标样法是用理论或经验公式计算 k_{AB}值，然后测出A、B两种元素的标识谱强度，即可求出A、B两种元素的成分C_A、C_B。

尽管透射电镜中采用的是薄试样，但它对X光仍然是有吸收的，考虑吸收时，其计算公式为：

$$\frac{I_A}{I_B}=\frac{C_A}{C_B}\times\frac{1}{k_{AB}}\times\frac{(1-e^{-\mu_A\rho t\csc\psi})/\mu_A}{(1-e^{-\mu_B\rho t\csc\psi})/\mu_B}$$

$$=\frac{C_A}{C_B}\times\frac{F_{AB}}{K_{AB}} \tag{9-2-83}$$

式中μ_A、μ_B 试样中A、B元素标识谱的质量吸收系数；ρ_t 是试样的质量厚度。

近来生产的X射线能谱仪中，都具备定性和定量分析程序。但由于一些参量，例如试样厚度，目前还不易测准。因此，其定量分析的准确程度不太

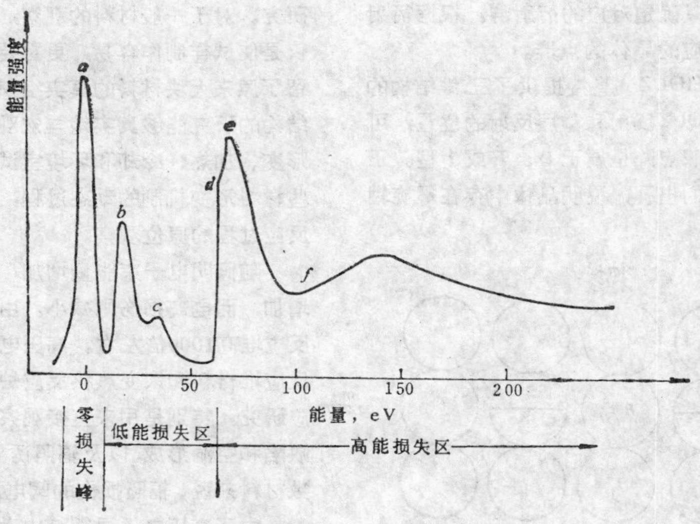

图 9-2-74　硅膜的电子能量损失谱示意图

高。对100nm直径的电子束其探测极限为0.2%（重量），而对于10nm直径的电子束为3%（重量）。透射电镜的能谱成分分析具有空间分辨率高的优点，最高可达几个纳米。同时还可以进行组织观察和结构分析。因此，它愈来愈普遍地被材料科学工作者采用。

（五）电子能量损失谱——微区轻元素分析

电子能量损失谱(EELS)可用来作元素分析，由于轻元素电离散射截面大，所以，它更适宜作轻元素分析。

图9-2-74所示为硅膜的电子能量损失谱图。横坐标为损失的能量值E，纵坐标是电子信号的强度。通常可将其分成零损失、低能损失和高能损失区域三个部分。零损失峰主要用于鉴别仪器是否调整正常和仪器的分辨率值（图9-2-74峰a）。

低能损失峰（图9-2-74中的峰b、c）可用于薄试样的厚度测量。

在高能损失区域，谱线的主要特征是平滑下降的“本底”和重叠在本底上的内壳层电子电离的“吸收边”——“电离损失峰”（如图9-2-74中峰e）。电离损失峰的始端等于内壳层电子电离所需的能量。从有关表中可查出对应的元素。在电离损失峰阈值附近，谱形的精细结构与试样的能带结构有关，即与其化学和晶体学状态有关。在高于电离损失峰几百个电子伏特范围内，谱线有微弱的振荡，称之广延精细结构。现在，有人用它来研究非晶态和短程有序材料。

目前，用电子能量损失谱来进行定量分析还是比较困难的，原则上可以用下列公式求得。引起电离损失峰的某个元素的量为：

$$N\approx\frac{I_{K}(\Delta,\beta)}{I_{C}(\Delta,\beta)}\times\frac{1}{\sigma_{K}(\Delta,\beta)}\quad(9\text{-}2\text{-}84)$$

式中$I_K(\Delta,\beta)$是扣除本底后，在半散射角β内，能量损失窗口从E_K到$E_{K+\Delta}$内的积分强度；$I_C(\Delta,\beta)$是在半散射角β内，从零损失至Δ的能量窗口内的积分强度；$\sigma_K(\Delta,\beta)$是入射电子激发K壳层电子的部分散射截面，它是K壳层电子得到的能量在E_K至$E_{K+\Delta}$散射到0至β角的非弹性微分散射截面的积分。$\sigma_K(\Delta,\beta)$值可由计算得到。

（六）会聚束技术

会聚束技术主要用于极微小区域(<100nm)，例如微沉淀的晶体结构测定。这种技术是在晶体的一些重要晶带轴方向成会聚束衍射花样。通过会聚盘的全图和盘中的花样细节的对称性来确定晶体的点群和空间群，从而通过其对称性和晶格常数的测定，确定其晶体结构。

从有关资料可以查到衍射群的对称性和31种衍射群的图像。从实际摄得的会聚束衍射照片可以直接看出其全图和明场盘内部细节的对称性。然后，将一般位置的暗场盘和特殊位置的暗场盘与31个衍射群的暗场对称性进行对比，即可获得该会聚束衍射的暗场对称特征。再找出其正负暗场盘之间的对称性。这样，就可以确定对应的衍射群。根据衍射群，就可以找到相应的晶体的点群。

高阶劳厄带（HOLZ）直接提供了三维结构的空间信息。比较HOLZ反射和零层反射的位置，可以确定单胞的布喇菲点阵是属于*P*、*F*或*I*型。正负暗场盘中消光带的出孔，说明晶体中存在螺旋轴

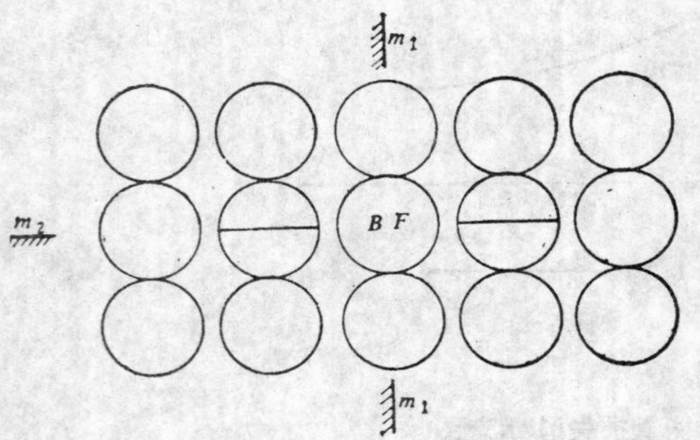

图 9-2-75　螺旋轴或滑移面引起的正负暗场盘中一条消光黑带

和滑移面。它与会聚电子衍射图样的对称关系是m_1或m_2（图9-2-75）。m_1表示消光是由垂直于带轴的螺旋轴引起的，m_2表示消光是由平行于带轴的滑移面引起的。通过比较分析，可以确定晶体的空间群。

首先，可以按通常的衍射标定方法标定衍射盘。然后，比较明场盘中的HOLZ线和衍射盘，从一阶到高阶标定HOLZ线。

在采用会聚束技术时，试样厚一点为好，原子序数低的试样应在100nm以上。会聚束衍射的高阶劳厄带效应对应力场很敏感，引起强度减弱、位置移动、对称破缺，所以测定晶体点群和晶格常数，需要完整的试样。在测定晶体的对称性时要注意避开有应力或其他缺陷的区域。试样以平坦为好，弯曲太大和楔形角度大的薄膜都不太适合。

（七）高压电子显微技术

高压电子显微镜的成像原理和分析技术类似于普通电子显微术。但由于照明电子束能量高，与试样作用时，动力学效应强烈，多束效应明显。在衍射分析时，常用系列反射条件代替双光束条件。同时，在电子衍射谱中，极易出现高阶衍射斑点。

高压电镜具有可观察的厚度大的优点，适合于一般电镜中难以透过的重稀有金属（钨、钼、钽、铌、铀等）及其合金和化合物、陶瓷材料等的观察研究。对于一般材料的观察，可观察厚度的提高不仅是使试样制作容易，更重要的是，这种厚试样保留了原来大块材料的真实组织和结构，使微观组织结构的研究能够真实地与宏观性能联系起来。使用形变、加热、冷却和环境室试样台，就可以研究某些材料形变机制的动态过程，进行合金相变过程和反应过程的原位观察。

随照明电子束能量增加，位移损伤的可能性也增加，而电离损伤则减小。由于电子束通量比原子反应堆高1000倍左右。高压电镜已被广泛用来进行反应堆材料和聚变热核反应炉第一壁材料的辐照效应研究。特别是用来直接观察研究辐照过程中晶格缺陷和空洞形成、以及辐照诱导沉淀过程。对绝大多数材料来说，辐照损伤的阈电压值为100～1200kV。

由于高压电子显微镜中动力学效应强烈，采用多束成像技术、临界电压成像技术、高阶明场象技术，均能增加图象的强度，或者提高象分辨率，改善衬度。

第七节　电子探针和扫描电子显微分析

一、电子探针和扫描电子显微分析原理

用聚焦到1μm左右（或更小）的高能电子束照射试样，被激发区产生特征X射线，由于其波长和强度与元素相关，可以利用它来进行微区成分的定性和定量分析，这就是电子探针分析。同电子探针的主体结构中各组成部分相似，若将高能电子束的束斑再缩小到几个纳米，在扫描线圈的控制下，利用二次电子和背反射电子探测器接收到的信息来调制阴极射线管的电子束亮度，对试样进行逐行扫描，并使之与阴极射线管的行扫同步，这就构成了扫描电子显微镜分析，它可对微区进行组织的形貌分析。电子探针和扫描电子显微镜的原理、构造和作用相似，目前两者有统一的趋势。如日本电子制造的JSM—840型扫描电镜和日本岛津制造的EPM—810Q型电子探针都具有很好的双重功能。

电子探针微区成分的定性和定量分析分为波谱仪和能谱仪两种。波谱仪具有良好的光谱分辨本领和峰背比，可分析的元素范围广，当前可从原子序数4的铍到原子序数92的铀。能谱仪可分析的元素从超轻元素碳、氮、氧一直到铀，分析速度快，适合于进行成分的快速分析。所以，同时配有波谱和

能谱仪的扫描电镜，是一种更方便、更实用的分析仪器。

波谱进行成分定性和定量分析的原理，是以莫基来定律为基础的。依据该定律：

$$\sqrt{\frac{c}{\lambda}}=k(z-\sigma) \qquad (9\text{-}2\text{-}85)$$

式中 λ——元素特征X射线的波长；

c——光速；

k和σ——常数；

z——发射入波长X射线的元素的原子序数。

因此，只要测出特征X射线的波长，就可以确定被激发物质中所含的元素，特征X射线波长是采用面间距为已知的晶体作分光晶体。根据布喇格定律：

$$\lambda=2d\sin\theta \qquad (9\text{-}2\text{-}86)$$

式中晶面间距d为已知，则测得特征X射线与已知晶体晶面的夹角，就可以求出特征X射线的波长λ，从而定出试样所含的元素。如果在与特征X射线成2θ的方向放一个X射线探测器，检测X射线的强度，经过修正计算，可求得元素的相对含量。

扫描图像的显示，是由探测器接收信号并转换成图像信号，经电子线路处理后去控制显像管的栅极，用以调制显像管的亮度变化。显像管中的阴极射线束与电子光学系统中的电子探针是同步扫描的。所以，当探针在试样上扫描时，在显像管荧光屏上按先后扫描次序形成一系列的不同亮度的像元，构成一幅图像，而这图像对应着试样上被扫描区域的显微组织的形貌。

二、电子探针和扫描电子显微镜

电子探针和扫描电镜都由下列基本部分构成：（1）电子光学系统（2）试样室；（3）信号的接收与转换系统；（4）信息的显示系统。电子探针与扫描电镜组合在一起时，其构成的原理图如图9-2-76所示。

由于试样室要安装能谱、波谱或电子衍射的附件，物镜工作距离必须作较大的变化。当安装低能电子能谱仪时，则仪器的真空系统要保证达到$1.3\times10^{-7}\sim1.3\times10^{-8}$Pa（即$10^{-9}\sim10^{-10}$托）的真空度。

不同类型的信号需要不同的探测器来接收，各种探测器具有不同的应用范围。表9-2-9所列系各种信号的常用探测器及其应用范围。

电子探针和扫描电镜有单功能的，也有多功能的；有比较简单的台式扫描电镜，也有比较大的自动化程度较高的扫描电镜。后者微处理机软件功能比较完备，能自动聚焦、自动消像散，操作简便，检测速度高。现代的扫描电镜配备有场发射电子枪，具有超高分辨率。表9-2-10列出了国内外电子探针和扫描电镜的概况，其中包括一般的仪器，也有最新的先进设备。

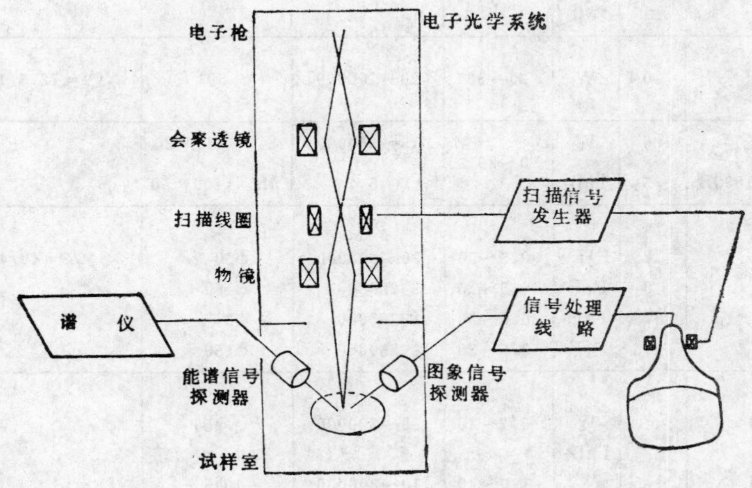

图 9-2-76 扫描电镜结构原理图

表 9-2-9　各种信号最常用的探测器

信号类型	常用的探测器	在SEM中的应用范围
二次电子	闪烁计数器	观察试样表面形貌，进行断口分析
背散射电子	P-N结硅探测器	原子序数衬度：试样成分图像 形貌衬度：试样形貌图像 电子通道衬度：晶体结构
吸收电子 （试样电流）	微电流计	试样成分或形貌
俄歇电子	能量分析器 （圆筒形或球形）	试样成分
X射线	能量色散谱仪（硅(锂)探测器）波长色散谱仪（各种分析晶体与正比计数器）	试样成分
阴极发光	光子计数器 显微镜	试样微区发光特性 某些材料的化学成分
电动力	电流放大器 （电压放大器）	半导体材料和积成器件的检测与失效分析
电子光声信号	超声波探测器	试样表层下材料的结构、成分以及各种损伤

表 9-2-10　国内外扫描电子显微镜概况

一些厂家扫描电镜的技术参数							
厂家及仪器型号	分辨率		加速电压 kV	放大倍数	样品尺寸 mm	样品台运动	估计价格
	分辨率 nm	电子枪类型					
新跃 DXS-10	10	W	20～30	20～100000	50	$x/y=12.5/12.5$	5.95万人民币
中国科学院仪器厂 KyKy Amray-1000B	6 5	W haB₆	0～30	15～250000 5×	S：②φ38×20 M：③100×50		
HITACHI							
S-800	2	F·E①	0.5～30	20～300000	φ50	$x/y/2=40/40/35$	180000美元
S-806	6	F·E	0.5～25	约250000	φ150		
S-900	0.8	F·E	0.5～30	约800000	φ3		
S-570	2.5	F·E	0.5～30	约250000	φ150		50000美元
JEOL							
JEM-840	4 3	W LaB_6	0.2～40	10～300000	φ50		
JEM-880	1.5		1.0～40	10～300000	φ5		
JEM-880F	0.	F·E					

①　场发射；②　标准型；③　最大尺寸。

表 9-2-11　扫描电镜试样的制备

制备阶段	制备内容	所用设备和材料	说　　明
毛样准备阶段	从材料上切取适合SEM观察的试样	锯、火花切割机、金刚石切割机	火花切割用在精密材料或极硬材料，金刚石切割用在断口
	电镀（保护试样在研磨中倒边）	直流电源	常用的是镀铜或镀镍等
	将试样装进装台盒以备抛磨抛光	低熔点合金或环氧树脂封固试样	将试样装入铜环后，用低熔点金属熔化，固定
试样抛光阶段	研磨出金相平面	SiC砂纸，磨盘	
	机械抛光	金刚石抛光膏	用于原子序数衬度试样
	电解抛光	电解抛光仪	制备电子通道衬度试样
	化学腐蚀	腐蚀剂见另表6	制备形貌衬度试样
装进仪器前的准备	除去抛光盒除去封固材料		如果需要或可能，尽可能将抛光盒除去，如果试样用环氧树脂封固，尽量除去环氧树脂
	去　磁		对铁、钴试样
	清洗试样	有机溶剂清洗 超声波清洗	
	喷涂导电薄层	喷涂仪	喷碳、喷金属
	装入试样盒		

三、试样制备

扫描电子显微分析用的试样可分为两大类，即金相试样和断口试样。电子探针分析用的试样要求作成金相试样，但同扫描电镜要求有些矛盾，前者希望浅腐蚀，而后者为显示形貌希望深腐蚀。腐蚀后两者都要求将腐蚀介质或腐蚀过程中形成的氧化物严格清洗掉。

（一）金相试样的制备

电子探针和扫描分析用金相试样的腐蚀剂可用光学金相显示显微组织的腐蚀剂。仅有少数为除去一种相组织而保留另外相组织以便作三维图像扫描观察的腐蚀，使用的腐蚀剂需另行配制。表9-2-11列出了试样制备的步骤、方法和所用的设备材料。

（二）断口试样的制备

1．现场断口的保护

材料在发生断裂过程中，往往受到高温、化学介质以及应力的作用，断口容易被脏物或腐蚀产物所污染。为保护断口，应及时清洗除去污染物，待断口干燥后，马上涂上防锈油，最后涂上一层醋酸纤维。醋酸纤维不与断口表面起反应，而又容易用有机洗涤剂完全清洗掉，不妨碍在扫描电镜中进行高放大倍数的观察。如有醋酸纤维胶带，使用时向胶带一面喷上丙酮使胶带软化后，把胶带紧贴在断口上，待硬固后，胶带撕下时可以粘附断口上的一些碎片或腐蚀产物，这些，又可以供分析，可进一步为搞清断裂原因增加有益的信息数据。

2．观察前断口试样的清洗和制备

切取电镜观察试样后，用有机溶剂彻底地清洗掉醋酸纤维保护层，如果断口上还有脏物，可在热水中用软鬃毛刷轻轻刷洗，然后将试样放入有机溶剂中用超声波清洗。有些氧化物污染物与断口粘结得很牢固，用超声波清除不了，而它在扫描电镜中又不导电，影响显微图象的观察。这时可用醋酸纤维胶带粘剥离掉它们，然后用超声波在丙酮溶液中清除残留在断口上的醋酸纤维，如氧化物颗粒一次清除不尽，可反复上述处理过程，直到清除为止。最后用蒸馏水及2-丙酮反复漂洗几次，使断口完全清洁之后，才能把试样装入电镜中进行观察。

一般常用的断口保护剂有醋酸纤维素、醋酸纤

维素胶带、真空油脂等。常用的断口洗涤剂有石油醚、丙酮、甲醇、2-丙酮等。

此外，电子探针和扫描显微分析用试样要有良好的导电和导热性，对不导电的材料需要表面喷涂一层几十纳米厚的导电薄膜，如碳、铝、铬、金等。试样固定在试样台使用导电胶，它是由下列成分配制而成：环氧树脂25%、固化剂10%、粒度小于5μm的石墨65%。小试样需要镶样时，可用纯锡、低熔点伍德合金材料（锑铋铅锡合金）等，有磁性的样品要去磁才能观察，以防极靴磁化。

四、电子探针和扫描电镜分析的特点及应用

（一）分辨率

电镜的分辨率受探针束斑的直径、入射束在试样内的漫散程度、噪音大小等因素制约。在扫描电子显微图像中，以二次电子象的分辨率最高，它代表扫描电镜的分辨本领。

二次电子有入射束直接在试样中产生的SE_1、试样中的背反射电子在试样中激发出的SE_2、背反射电子在极靴表面激发出的SE_3以及物镜光栏散射出的SE_4。这四种二次电子中，只有SE_1反映试样表面的信息，其余都形成干扰图像分辨率的噪音，如果极靴表面吸收二次电子的保护物质失效，则SE_3可高达10～50%；如果物镜光栏被严重污染，则SE_4可达10%甚至更高，这必将严重影响图像的分辨率。SE_2的漫散宽度虽随电子束电压而变化，但在入射斑附近，SE_2所占的比例是可忽略不计的。二次电子图像的分辨率是由SE_1的尺寸决定，所以通常用该直径d表示二次电子图像的分辨率。而SE_1的尺寸又几乎等于入射束，即探针的直径。该直径d有下列关系式：

$$d=\left(\frac{RT}{\pi j_0 e}\right)^{3/8}(4C_S)^{1/4}V^{-3/8}i^{3/8} \quad (9\text{-}2\text{-}87)$$

式中 V——加速电压；

C_S——球差系数；

i——探针电流；

j_0——电子枪亮度参数。

所以，二次电子像的分辨率随加速电压的升高而增加，一般观察时使用较高的电压，推荐用范围为10～30kV。球差对分辨率有不利的影响。而球差系数C_S与物镜光栏孔径D和工作距离W_d有下列关系：

$$C_s \propto \left(\frac{D}{W_d}\right)^3 \quad (9\text{-}2\text{-}88)$$

所以宜选用较小的孔径光栏和较近的工作距离。减小探针电流也有利于提高分辨率，提高电子枪亮度，也有利于分辨率的提高，场发射电子枪的亮度最大，六硼化镧次之，发卡式钨丝最小。在同一加速电压条件下，场发射电子枪的分辨率最好。

2. 图像衬度

图像的自然衬度C_1可表示为：

$$C_1=\frac{S_2-S_1}{S_2}(S_2>S_1) \quad (9\text{-}2\text{-}89)$$

式中S_1和S_2为试样上任意两点发射的信号强度，实际应用中，图像是在荧光屏上显示出来，其显示衬度C_2可表示为：

$$C_2=\frac{B_2-B_1}{B_2}(B_2>B_1) \quad (9\text{-}2\text{-}90)$$

式中B_1与B_2为荧光屏上任意两点的亮度，它们与S_1和S_2分别对应或成比例关系，或处理成非比例关系。

物体的衬度要在图像上显示，要求探针电流i必须达到或超过临界值i_β，i_β的表示式为：

$$i_\beta \geqslant \frac{k}{C^2 t_f \varepsilon} \quad (9\text{-}2\text{-}91)$$

式中 t_f——帧扫描时间；

ε——探测器收集信号的效率，二次电子的收集效率接近1，背散射电子的收集效率小于1，其值与探测器的几何形状及大小有关；

k——常数，当象元数为10^6时，$k=4\times10^{-12}$，象元小于10^6，则k小于4×10^{-12}，在日常工作中，是将式9-2-91制成诸模图。若已知衬度C从图中即可找出合适的探针临界电流值和相应的帧扫描时间。

扫描电子显微图像的衬度内容丰富，根据显微分析特点和要求，可以选择不同的成象衬度。

（1）背散射电子的图像衬度。当观察抛光试样的显微组织时，常使用背散射电子图像，图像的衬度由原子序数衬度、通道衬度和阴影衬度构成。

背散射电子产额（或称背散射系数）η与物质的原子序数Z有关，化合物或固溶体的平均背散射系数$\overline{\eta}$为：

$$\overline{\eta}=\Sigma C_i \eta_i \quad (9\text{-}2\text{-}92)$$

式中 C_i与η_i——分别为元素的浓度和背散射系数，图像的衬度可表示为：

表 9-2-12　某些元素对之间的原子序数衬度

元素对	衬度，%	临界电流，mA	探针直径，nm
Al-Si	6.7	3.5	170
Cu-Zn	2.6	24	440
Pt-Au	0.41	950	2700
Al-Cu	49	0.066	23
Al-Au	69	0.034	17

$$C_3=\frac{\overline{\eta_2}-\overline{\eta_1}}{\overline{\eta_2}}(\overline{\eta_2}>\overline{\eta_1}) \qquad (9\text{-}2\text{-}93)$$

表9-2-12给出了两个纯元素对之间的自然衬度及在表中所给定的条件下，将元素对的图像显示出来所必须的临界探针电流及相应的探针直径。

背反射电子的电子通道衬度也称衍射衬度，根据晶粒的不同取向将产生衍射衬度的变化，可观察和测定晶粒尺寸和形态，用来研究冷加工材料的恢复和再结晶过程，研究材料的形变和相变。利用电子通过花样测定晶体取向。

背散射电子的阴影衬度是由于背散射电子的能量接近入射电子能量，从试样中发射出来后按直线传播，试样表面高低不平形成类似于可见光的阴影衬度（或称为形貌衬度）

（2）二次电子的图像衬度。二次电子图像主要用在断口形貌的观察和抛光试样显微组织的研究。前者用二次电子的形貌衬度来显示图像，后者利用二次电子的原子序数衬度或试样经腐蚀后形成的形貌衬度。此外，二次电子的电压衬度可用来观察半导体材料及集成电路的图像；二次电子的磁衬度可用来研究磁畴组织。

当电子探针在试样表面扫描时，随试样表面形貌的变化电子束的相对入射角不断改变，二次电子的产额也不断变化，从而形成了二次电子的形貌衬度。

二次电子的总产额δ_t为：

$$\delta_t=\delta_{SE_1}(1+\beta\eta) \qquad (9\text{-}2\text{-}94)$$

式中　η——背散射系数；

β——近似常数。

$\beta=\delta_{SE_2}/\delta_{SE_1}$，它反映电子的背散射效应对二次电子产额的贡献，$\eta$随原子序数变化，$\delta_{SE_1}$也随原子序数有一定的变化。所以，在某些条件下，可形成二次电子的原子序数衬度显微图像。利用二次电子的原子序数衬度作图像分析时，要求试样严格抛光以获得平整的表面，防止表面显微起伏引起二次电子产额较大的变化，产生形貌衬度。

为了获得良好衬度的扫描电子显微图像，宜采用较低的电子加速电压，例如检验半导体材料的表面抛光质量时，加速电压宜小于2000eV；检查硅表面的吸气情况时，加速电压宜在200～1000eV范围。

电子探针和扫描显微分析在稀土对改进冷轧钢板性能的研究中得到成功的应用。通过分析，获知未加稀土的钢板中，存在富铝、铝-钙、铝-硅、铝-硅-钙、硫化锰五种夹杂，并测得其尺寸和面积分布，从而断定硫化锰夹杂是主要影响因素。进一步观察和分析加入稀土后夹杂物的类型、尺寸和分布。从而弄清了稀土的作用是把长条形的硫化锰变成球状稀土硫氧化合物和稀土氧化物。稀土和硫的比例影响着夹杂物形成的体积百分比，稀土与硫的比例高，形成稀土氧化物的百分比大；稀土与硫的比例低，残存大量硫化锰夹杂。适宜的稀土硫比（如2/1），能使硫化锰夹杂明显减少，从而改善冷轧钢板的性能。

第八节　俄歇电子能谱表面分析

当原子的内壳层（如K层）电子被具有一定能量的入射电子束（或X射线）撞出时，原子处于激发态。此时即是俄歇电子（E_A）发射过程的始态。在随即发生的退激发过程中，处于较高能级（例如L能级）的电子返回低能级，伴之以俄歇电子或特征X射线的发射（见图9-2-77）。假定俄歇电子也是从L能级发出的，发射出的俄歇电子具有一定的动能E，其大小由下式给出：

$$E_{KL_1L_2}=E_K-E_{L_1}-E_{L_2}-\phi \qquad (9\text{-}2\text{-}95)$$

式中　E_K、E_{L_1}、E_{L_2}——跃迁所涉及的原子能级的束缚能；

ϕ——金属电子逸出功，实际

使用中它通常被仪器的校准所补偿；

$E_{KL_1L_2}$——所发射俄歇电子的动能，即接收到的俄歇电子所带有的特征能量，它与入射电子束能量无关。

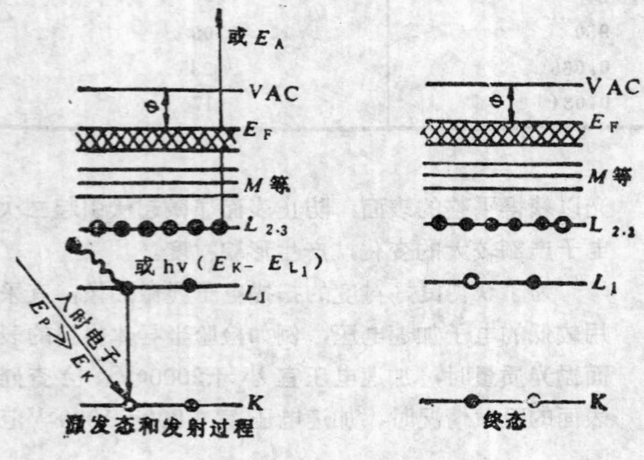

图 9-2-77 固体中俄歇过程的图示

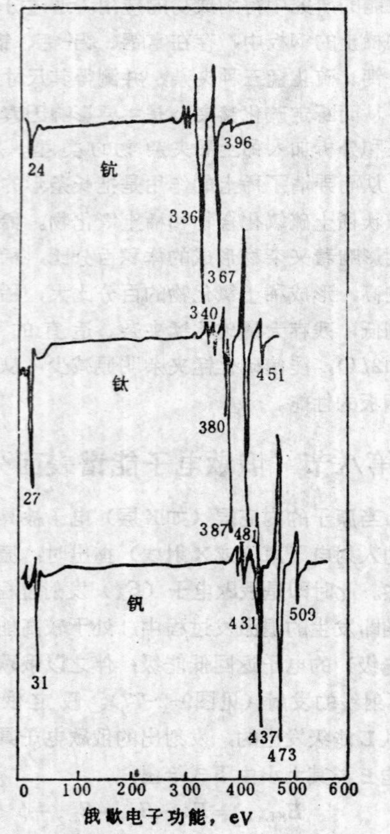

图 9-2-78 钪、钛、钒的LMM三重谱线及低能$M_{2,3}$VV谱线

在9-2-95式中，E_{L_1}和E_{L_2}两个束缚能会由于俄歇发射过程出现空穴而与正常状态下的原子的束缚能发生较大偏差。为寻求与实验结果吻合的俄歇能量表达式，常通过实验确定束缚能及增加一些修正项的方法得到半经验公式。

一、俄歇电子谱线的命名及主要特征

俄歇电子发射过程涉及原子的三个能级，对谱的命名有不同方式。常用的方式为j-j耦合式，它对能级的命名延用了X射线光谱中的K、L、M、N……，表示原子能级的主量子数1、2、3、4……。对于L以上的较高能级，通过先将个别电子的轨道角动量与自旋角动量耦合起来的方式（称为内量子数），来确定影响俄歇电子能量的亚能级个数，并用下角标1、2、3……来注明。例如对L能级，

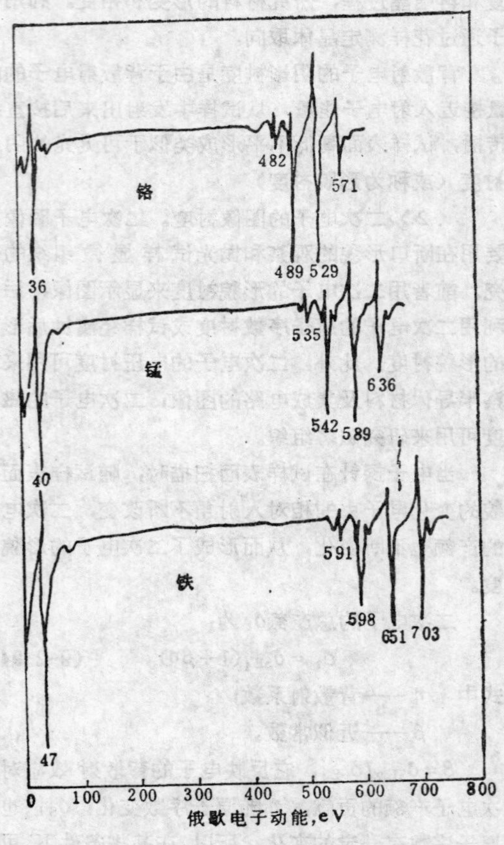

图 9-2-79 铬、锰、铁的LMM三重谱线及低能端的$M_{2,3}$VV谱线

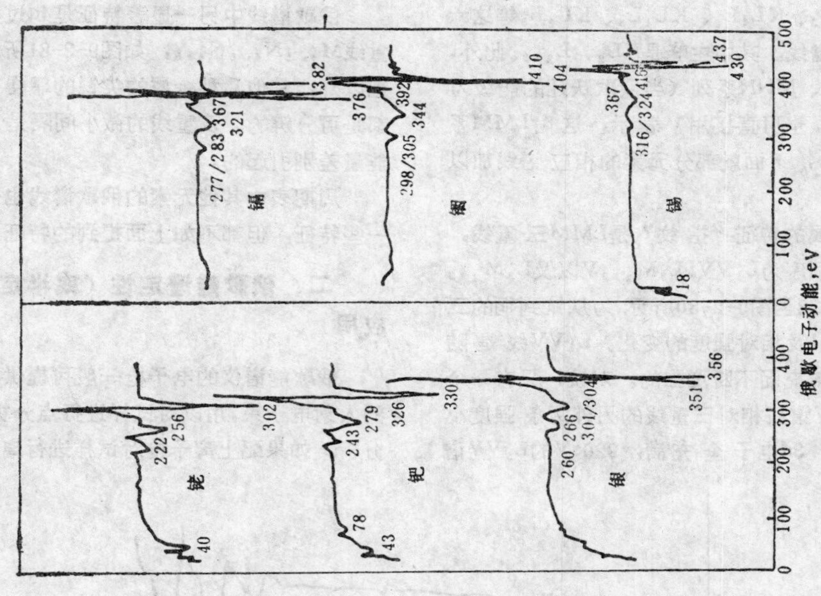

图 9-2-81　第五周期部分过渡金属的 $M_{4,5}N_{4,5}N_{4,5}$ 的紧并双重线

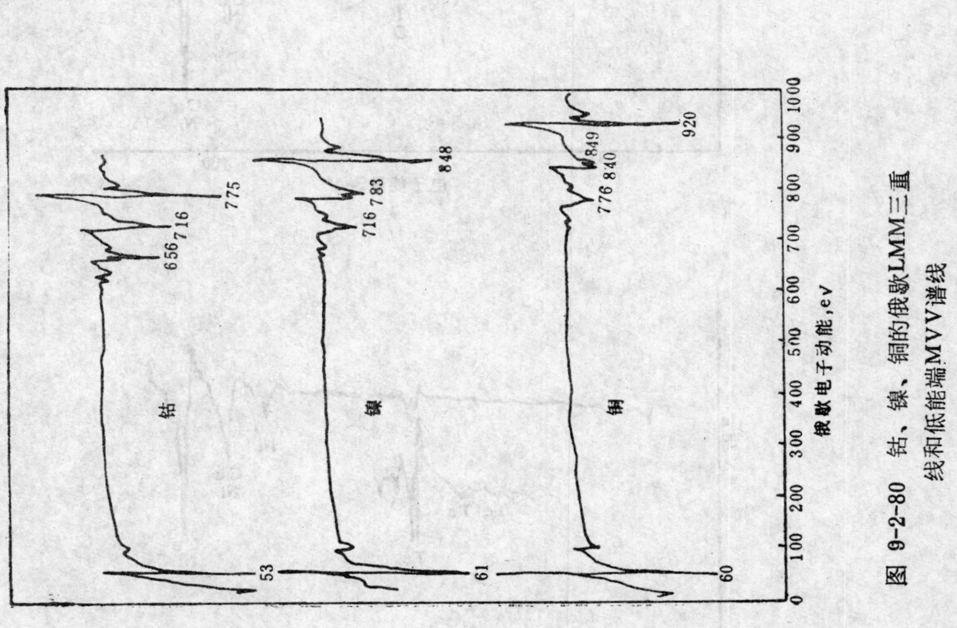

图 9-2-80　钴、镍、铜的俄歇LMM三重线和低能端MVV谱线

用j-j耦合方式确定了影响俄歇电子能量的亚能级有L_1、L_2、L_3，则预见KLL系的俄歇电子有KL_1L_1、KL_2L_2、KL_3L_3、KL_1L_2、KL_1L_3、KL_2L_3等这六条特征能量的谱线。其中主峰是$KL_{2,3}L_{2,3}$。此外，还有LMM系列、MNN系列（当俄歇跃迁的能级为价壳层能级时，也可直接用V表示，这时LMM系列可写作LVV），下面就部分元素的相应谱线加以介绍。

3d过渡金属的特征"指纹"是LMM三重线，按能量下降的顺序为L_3VV，$L_3M_{2,3}V$以及$L_3M_{2,3}M_{2,3}$。图9-2-78至图9-2-80所示为从钪到铜的三重谱线的能量以及相对强度的变化。L_3VV线是随3d电子的逐渐填充而不断增强的。对钪，只有一个3d电子，396eV谱线相对三重线的另外两条强度小得多；而对铜，3d电子全充满，920eV的L_3VV谱线已成为三重谱线中的最强者。这几种金属的低能端的MVV谱线也标在图中。

俄歇谱线中另一显著特征是4d过渡金属中的双重线$M_{4,5}N_{4,5}N_{4,5}$，如图9-2-81所示。除了铑和钯以外，其他几种金属的尖锐的靠得很紧的双重线都是可分辨的。双重线的微小间隔是由M_4和M_5的能量差别引起的。

周期表中其他元素的俄歇谱线也可以按组找到一些特征，但都不如上面提到的特征那样明显。

二、俄歇能谱定性（或半定量）分析及应用

俄歇能谱仪的电子枪一般可提供束斑小于1μm的入射电子束，用以对试样进行点分析、线分析和面分析。如果配上离子枪对试样进行离子轰击，逐层

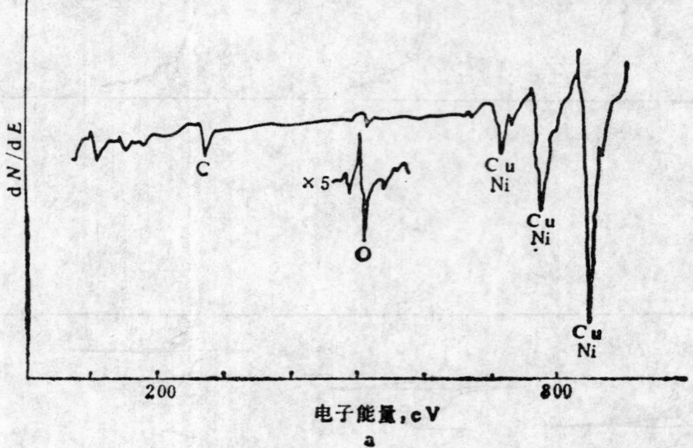

a

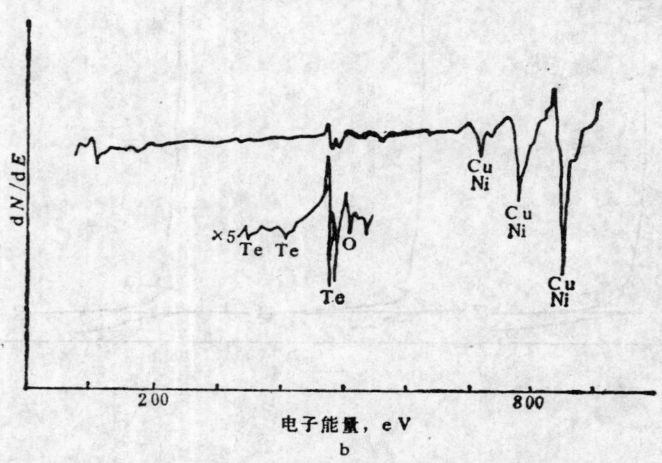

b

图 9-2-82 白铜合金（70Cu-30Ni）断裂表面的俄歇电子谱

a—"好"材料；b—"坏"材料

剥离，便可进行深度分析。

电子束斑越小，分析的空间分辨率越高，这对要求空间分辨率高的一些特殊问题（如元素的晶界偏析、用面扫描探测表面合金元素的不均匀分布等）是非常重要的。但束斑聚得很小时，要同时保证束流足够大是很困难的。没有足够大的电子束流对材料进行激发，探测灵敏度将得不到保证。比较好的商品仪器，号称束斑可达50nm以下，电子束流保证在10^{-9} A。实际上在这种验收指标下的俄歇信号灵敏度是很差的。实际使用时，只有束流达到10^{-7} A以上，才能保证对一般稀有金属元素有10^{-3}（原子百分比）的探测灵敏度。此时束斑直径已达几百纳米。

俄歇分析的重要辅助手段是真空破断装置。它能在真空室中破断试样，从而得到待分析的新鲜表面（或界面）。作为点分析并使用真空破断装置的实例是，从工程现场取到不同的B_{30}白铜（70Cu-30Ni）合金制成破断试样，对不同批的出厂材料称为“好”材料和“坏”材料。破断后，扫描电镜显微术显示，“好”材料是穿晶断裂，而“坏”材料则主要是沿晶断裂。两种材料的俄歇点分析谱图见图9-2-82。在“坏”材料的沿晶断裂区发现了硒和碲。两种材料的元素体分析表明，“坏”材料中碲的含量比“好”材料高出40倍以上。

作为俄歇深度分析，这里主要介绍溅射速率和择优溅射的关系。

如果已知溅射速率，而且该速率保持恒定，则试样深度变化可写成简单形式：

$$z=\dot{z}t \qquad (9\text{-}2\text{-}96)$$

$\dot{z}$称为溅射速率，它可以通过溅射产额来计算，也可以利用已知厚度的薄膜试样，测量溅射剥蚀它所需要的时间来对它进行标定。标定的实验工作常在氧化钽（Ta_2O_5）薄膜上进行，因为这种膜的厚度很好控制。不难想到，这样标定出的溅射速率对其他金属材料来说只能是一个近似值。溅射速率对不同的材料，甚至同一材料的不同的结构和成分分布都不是相同的。要想准确地得到所研究材料的溅射速率，或者直接对它进行标定，或者在文献中查到它的溅射产额，用下式计算：

$$\dot{z}=\frac{M}{\rho N_A e}Sj_p \qquad (9\text{-}2\text{-}97)$$

式中　M——原子质量；

ρ——密度，kg/m^3；

N_A——阿伏加德罗常数；

e——1.6×10^{-19}，As（安培秒）；

S——溅射产额，原子/离子；

j_p——入射离子流密度，A/m^2。

由于不同材料具有不同的溅射速率，深度分析时，常会发生择优溅射现象。比如，对于一个合金元素分布均匀的二元合金，由于合金元素和基材的溅射产额不同（假定溅射产额不依赖于含量），随着溅射，产额低的组分，其表面浓度要上升，用AES或XPS探测这时的浓度分布就会与原始分布不一致。在这种情况下，配合这两种方法（俄歇电子能谱或X射线光电子能谱）的离子溅射深度分析会把试样中合金元素的均匀分布分析成具有浓度梯度的分布。但是随着低产额组元的表面浓度逐渐增加，该组元在溅射出的离子中占的比例便会增大。当溅射掉的离子中两组元的离子数量之比等于这两种组元的体浓度之比时，表面浓度达到稳态而不再改变，就满足

$$\frac{C_S^A}{C_S^B}=\frac{S^B C_b^A}{S^A C_b^B} \qquad (9\text{-}2\text{-}98)$$

式中　S——溅射产额；

C——浓度；

上标A、B——分别代表两组元；

下标S、b——分别代表表面和体内。

上述公式所表示的物理图像是：随着溅射，离开表面的物质与材料体内合金化状态保持相同的浓度比，在它们之间的表面，浓度比与它们不同，但却是稳定不变的。该表面以溅射速率运动，使试样不断减薄，溅射产额高的组元在该表面中是贫化的。

半定量元素分析的相对灵敏度因子法，精确度不太高，但十分方便，因此应用广泛，成为俄歇定量分析水平的代表。在测定了各种元素的最大峰强度（用纯元素标样测，以微分谱的峰对峰高度来表征）后，选一种元素（例如银的MNN）为标准，其灵敏度因子$S=1$，即可得到其他元素的相对灵敏度因子。在合金的成分分析中，如测得各合金元素的俄歇主峰的强度，则每种合金元素的浓度为：

$$C_X=\frac{I_X/S_X}{\sum\limits_{a}(I_a/S_a)} \qquad (9\text{-}2\text{-}99)$$

式中　I——俄歇峰对峰高度；

C —— 浓度；

S ——相对灵敏度因子；

X ——所求浓度的合金元素；

a ——该合金中包含的主要合金元素的序号；

$\sum_a$ ——对所有欲分析元素的I_a/S_a项求和。

上式中消去了涉及仪器性能的实验参数因子，是要求所有灵敏度因子及俄歇峰强度的测量都在同一实验条件下进行，如入射电子束能量及其他仪器实验参数等。这个方法忽略了背散射因子和俄歇电子逃逸深度随材料的变化，即认为所有元素的俄歇信号强度都仅仅是一次入射电子束所激发的俄歇电子以及从相同的深度区域逸出的俄歇电子的贡献。

三、俄歇能谱定量分析

俄歇电子能谱定量分析，虽然还不太成熟，但近年来人们做了大量工作，建立了各种俄歇定量分析的物理模型来简化理论处理，并通过实验进行验证。随着工作的不断深入，原来认为十分困难和不太实际的定量分析工作现已取得很大进展。

假定在俄歇能谱探测的表面区（0.5～2nm），材料的化学成分是三维均匀的，并把能够激发俄歇电子的电子束流分为两项，即

$$I_P(EZ)=I_P+I_B(EZ) \qquad (9\text{-}2\text{-}100)$$

式中 I_P ——入射电子束流；

I_B ——背散射电子束流；

E —— 能量；

Z ——试样深度。

在这样的假设下，垂直入射的电子束在发射角θ_0处从试样表面能够接收到的俄歇电子的电流强度为：

$$I_{i,uvw}=\overline{n_i}\,\lambda(E_{i,uvw})\gamma_{i,uvw}\cos\theta_0 I_P\sigma_{i,u}(E_P)\{1+\gamma_i(E_P,E_u)\} \qquad (9\text{-}2\text{-}101)$$

式中 u —— 电离能级；

uvw —— u能级电离后发生的一种俄歇电子发射；

γ —— 俄歇电子发射几率；

σ —— 电离截面；

i —— 所分析的元素；

λ ——俄歇电子非弹性散射平均自由程；

$(1+\gamma)$——背散射因子，通常以R表示；

$\overline{n}$ —— 表面区的平均原子浓度。

根据式9-2-100作定量分析，需要测定电离截面与E_P的关系。通过实验测定，发现当E_P/E_K（E_K是内层电子的结合能）从1增加时，σ也迅速从零增加，直到E_P/E_K接近3时达最大值，此后一次束能量在很大范围内增加也不再引起σ的明显变化。这个测量结果与理论计算结果基本一致。

把许多实验数据汇集在一起，得到了图9-2-83所示的"普适逃逸深度曲线"。不难看出，从各种纯元素试样中激发的不同能量的俄歇电子，其逸出深度随基体的变化不是很大。在动能为50eV附近，

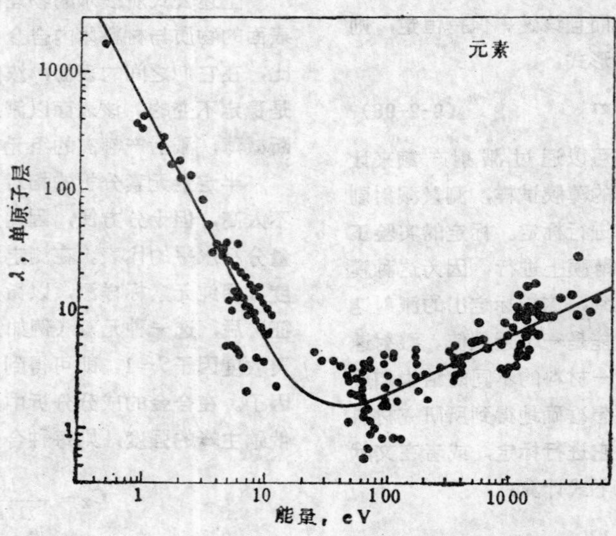

图 9-2-83 逃逸深度对电子能量的依赖关系"普适曲线"

逸出深度不足两个单原子层（不到1nm）。在这个能量的两边，小到10eV，大到1000eV，电子逃出深度也只是增加到3nm左右。一般认为，逃逸深度在金属中是0.5～2nm，在氧化物中为1.5～4nm。西(Seah)和登奇(Dench)在这些实验数据的基础上提出了很有用的经验公式。其中包括：

$$\lambda = 538E^{-2} + 0.41(aE)^{1/2} \quad (9\text{-}2\text{-}102)$$

$$\lambda = 2170E^{-2} + 0.72(aE)^{1/2} \quad (9\text{-}2\text{-}103)$$

式中　E——相对于费米能级的电子能量，eV；

a——单位原子层的厚度，mm。

式9-2-101适用于元素，式9-2-102适用于无机化合物。

定量分析中要进行背散射效应的校正，经过标样验证，用计算数据校正后，可使定量分析的误差缩小到百分之几以内。

如果使用已知元素浓度的标样，式9-2-100中的电离截面和跃迁几率对试样和标样可认为是不变的，试样中所分析元素的浓度相对于该元素在标样中的浓度可写成：

$$\frac{\overline{n_i}}{\overline{n_{std}}} = \frac{I_i(1+r_i^{std})\lambda^{std}}{I_i^{std}(1+r_i)\lambda} \quad (9\text{-}2\text{-}104)$$

这时的定量分析只需要考虑基体对背散射系数和逃逸深度的影响。

四、俄歇电子能谱仪

俄歇谱仪的主要部件有电子枪、离子枪、电子检测器、操作自动化及数据处理系统、真空系统以及电子能量分析器。电子枪通常用LaB_6作阴极灯丝，具有一组会聚透镜、一组物镜和偏转板。通过控制系统使电子束的束压、束流及束斑可调，并可以在试样的一定范围内扫描，离子枪用来作深度分析的溅射刻蚀，通常用氩离子枪。电离室内氩气压力通常为666.61×10^{-5}Pa左右，用电子碰撞电离的方法产生氩离子。氩离子引出电离室后用聚焦透镜加速。

电子能量分析器是电子能谱的心脏。俄歇谱仪上通常都使用筒镜分析器（CMA），其工作方式见图9-2-84。

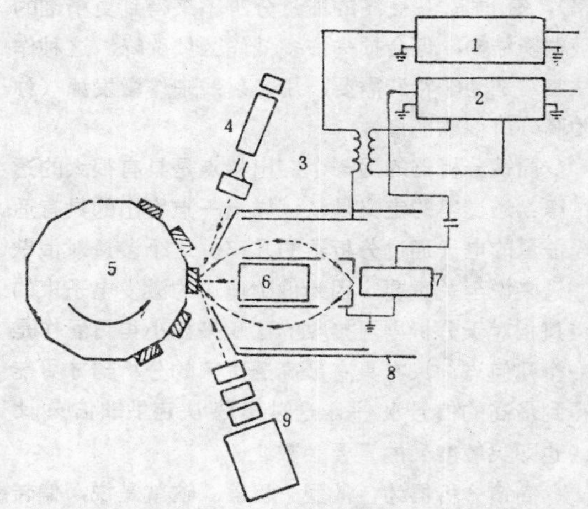

图 9-2-84　俄歇谱仪上筒镜分析器的工作方式

1—X-Y记录仪或示波器；2—锁相放大器；3—扫描电源；4、6—电子枪；5—旋转式样品台；7—电子倍增器；8—磁屏蔽；9—溅射离子枪

筒镜分析器内装一个电子枪，电子枪的光轴与筒镜的对称轴一致。筒镜由外筒和内筒组成。电子束聚焦到试样表面很小的一点上，该点位于筒镜电子光学系统的光源点。从激发点发出的电子先以放射状轨迹运动，随后到达并通过内筒上带网的光栏，进入内外筒之间的空间。在外筒上加有负电位，可使电子偏转，并使某个能量范围之内的电子通过内筒上的第二个光栏，最后会聚并通过筒镜分析器上的一个很小的出口光栏。允许通过的电子能量E正比于加在外筒上的电压V。其他所有参数都随内筒半径r_1而定。

调节筒镜分析器的光栏可以控制透过的电子能量范围$\Delta E/E$，从而改变能量分辨率$R=\frac{\Delta E}{E}$。光栏调得越小，半高宽分辨率$\Delta E/E$就越高。但ΔE过小，会降低仪器的探测灵敏度。俄歇电子能谱的灵敏度取决于仪器所能达到的信噪比。在决定信噪比的诸参数中，ΔE以这样的规律起作用：当ΔE远远大于俄歇峰的自然宽度时，ΔE的增大会降低信噪比；当ΔE远远小于俄歇峰的自然宽度时，ΔE的增大可加大信噪比。可见，当把分析器的能量窗口ΔE调到差不多等于俄歇峰的自然宽度时，可达最大信噪比。典型俄歇峰的自然宽度为3～10eV，因此在整个谱的范围内要保持最佳的平均信噪比。能量分辨率能达到0.5%左右就算最好的了。这时低能端达不到最佳信噪比，但有较高的绝对分辨率ΔE。在高能端则因使ΔE接近俄歇峰的自然宽度而具有高灵敏度。这正是俄歇分析所希望的（因为对重元素，俄歇发射几率远小于特征X射线的发射几率)。有时也用更高的能量分辨率来得到更精细的俄歇峰结构，但会损失许多低能区俄歇峰。这种作法常常是为了特殊需要，用X射线来作激发源（称为高分辨俄歇能谱)。

筒镜分析器的另一个突出特点是具有很大的透过率。透过率的定义是从试样上一点发出的具有适当能量的电子通过分析器的几率。这个参量对俄歇能谱来说至关重要。因为俄歇能谱的激发电子束的束斑相对于分析器可接收的面积来说小得可看作是一个几何点，只有具有最高透过率的分析器才可能得到最高的信号水平。透过率是决定俄歇信噪比（也即灵敏度）的重要参数之一。

筒镜分析器为色散型分析器。这就是说，偏转静电场的作用是使电子能量散开，每一给定的静电场都使得一个很小的能量范围的电子得到测量。如图9-2-84所示，对电子的测量是由电子倍增器来完成的，锁相放大器将电子能量的积分谱转换成微分谱，最后在X-Y记录仪或计算机终端上显示出来。

因为俄歇电子能谱法对表面非常灵敏，所以超高真空系统是该仪器的基本要求。其极限真空度要求达到1.333×10^{-8}Pa(10^{-10}托)。如真空度降到1.333×10^{-4}Pa，只需1s内，试样表面即可吸附一个原子单层。即使在133.3×10^{-10}Pa(10^{-10}托)的超高真空中，在30min之内也会在活性表面上吸附相当数量的碳和氧，几乎接近一个原子单层。真空泵的种类，主要有扩散泵、离子泵、涡轮分子泵以及钛升华泵。

当前国内外的市售表面分析仪器大都是多功能谱仪。美国公司和日本电子的谱仪都以俄歇为主，使用筒镜分析器，真空也属于无油系统，即用离子泵、涡轮分子泵等。法国RIBER公司的谱仪以二次离子质谱为主，俄歇作为主要附件。近年来开发了新的能量分析系统，技术指标有很大提高。英国两家公司的谱仪都使用半球型能量分析器，能量分辨率较高，主要功能为XPS。俄歇能谱的灵敏度较差。真空泵为油扩散泵。

参考文献

[1] 金属机械性能编写组编，金属机械性能，机械工业出版社，1978.

[2] 褚武杨，断裂力学基础，科学出版社，1979.

[3] 中国金属学会和中国有色金属学会编，金属材料物理性能手册，第一册，冶金工业出版社，1987.

[4] 王英华，X光衍射技术基础，原子能出版社，1987.

[5] 郭可信、叶恒强、吴玉琨，电子衍射图在晶体学中的应用，科学出版社，1983.

[6] P. 赫什等，薄晶体电子显微学，科学出版社，1983.

[7] J.I. 盖尔斯坦，扫描电子显微技术和X射线显微分析，科学出版社，1988.

[8] D. Briggs and M.P. Seah ed., Practical Surface Anatysis by Auger and X-ray Potoelectron Spectroscopy, John Wiley & Sens Ltd., 1983.

第三章 无 损 检 测

编写人 朱福彧 冯玉萍 杜 华 华霞飞 李家伟

无损检测技术是一种利用现代物理学、电子学知识和技术，在不影响材料和零件使用的前提下检查其内、外部有无缺陷，评定金属组织、物理和力学性能并据以作出质量评价的技术，它受到各国的普遍重视，广泛用于检测各种金属及其合金。

无损检测技术所包含的检测手段不下数十种，本章仅介绍最常用的超声波检测，涡流检测，X射线检测和渗透检测等。

第一节 超声波检验

一、概 述

超声波检验是利用材料及其缺陷的声学性能差异对超声波传播的影响来检验材料的一种无损检测方法。现在广泛采用的是观察声脉冲在材料中反射情况的超声脉冲反射法。还有观测穿过材料后入射波幅度变化的穿透法等。

超声波在介质中传播时有多种波型，检验中最常用的为纵波、横波、表面波和板波。用纵波探测金属铸锭、坯料、中厚板、大型锻件和轧制件中的夹杂物、裂缝、缩孔、分层等缺陷；用横波探测管材中的周向和轴向裂缝、划伤、焊缝的气孔、夹渣、裂缝、未焊透、未熔合等缺陷；用表面波探测形状简单的工件表面缺陷；板波可探测薄板中的缺陷。

由于吸收和散射等原因，超声波在材料中传播强度会衰减。测量超声波在合金材料中的衰减可以无损地了解材料组织的均匀性。测量超声纵波和横波在材料中的传播速度也可测定材料的杨氏模量和切变模量。

与其它无损检验方法相比，超声波检验方法的优点是：（1）穿透能力强，探测深度可达数米；（2）灵敏度高，可发现与直径十分之几毫米的空气隙反射能力相当的反射体；（3）在确定反射体的位向、大小、形状及性质方面较为准确；（4）仅需从一面接近被检验物；（5）可立即提供检验结果；（6）操作安全，设备简便。缺点是：（1）必须由有经验的人员谨慎操作；（2）对粗糙、不规则、小、薄或非均质材料难作检验；（3）对所发现的缺陷作十分准确的定性定量表征有困难。

二、超声波检验

（一）超声波检验原理

凡是能将其它形式能量转换成超声振动能量的方法都可用来产生超声波。在超声检测中目前最常用的是利用某些晶体或多晶陶瓷的电-声、声-电转换效应，即压电效应。当这种晶体通过纯机械作用使之在厚度方向伸长（或缩短）时，在晶体表面就会产生电荷；反之，在这种压电晶体的电极面上施加高频交变电压时，晶体就会按电压的交变频率和大小在厚度方向上伸长或缩短而产生机械振动，从而辐射出超声波。

有超声波分布的空间称超声场。超声场中各点的声压是不同的。

在一种介质中传播的超声波在前进的道路上碰到另一种声阻抗介质的界面，部分能量被反射回来。用换能器通过声-电转换效应将反射回来的超声波接收并变成电脉冲信号，在显示屏上显示出来或作其它处理，就会得到介质声学性能差异的信息。这是反射法检验的基本原理。如果用换能器接收透过的超声波能量，就是穿透法检验的基本原理。

（二）超声波检验的重要物理量和公式

超声波检验的重要物理量和公式列于表9-3-1，某些金属材料中的声速、声阻抗列于表9-3-2。

三、探伤系统

超声波检测用于检验材料及工件的缺陷，俗称探伤。探伤系统包括探伤仪，探头（换能器），连接电缆及耦合剂，以及为了评价这些部分组合性能的试块。液浸（或水浸）探伤系统还要求有适当的探头架，自动化探伤则要求有适当的传动装置。

表 9-3-1　超声波检验的重要物理量及公式

名称	物理量		符号及公式	说明
超声波	声速		c	纵波声速用c_l表示
	频率		f	横波声速用c_t表示
	波长		λ	
超声场	声压		p，$p=\rho cu$	ρ　为介质密度
	声强		I，$I=\frac{1}{2}\frac{p^2}{\rho c}$	u　为介质质点振动速度
	声阻抗		Z，$Z=\rho c$	D　为圆盘状声源（通常指圆形晶片）的直径
	分贝数		(dB)，$(dB)=10\lg\frac{I_1}{I_2}=20\lg\frac{P_1}{P_2}$	
	近场长度		N，$N=D^2/4\lambda$	N　为圆盘源辐射的纵波近场长度
	扩散角		θ_0，$\theta_0=\sin^{-1}\left[1.22\frac{\lambda}{D}\right]$	θ_0　为圆盘源辐射的纵波扩散角
	声平面波由一种介质垂直界面入射到另一种介质	声压反射率	r，$r=P_r/P_0=Z_2-Z_1/Z_2+Z_1$	Z_1　为介质Ⅰ声阻抗
		声压透射率	t，$t=p_t/p_0=2Z_2/Z_1+Z_2$	Z_2　为介质Ⅱ声阻抗
超声波传播的行为	声平面波由一种介质倾斜入射到另一种介质，在界面处发生波型转换	Descaites 定律	$\frac{\sin\alpha_L}{c_{L1}}=\frac{\sin\gamma_L}{c_{L1}}=\frac{\sin\gamma_S}{c_{S1}}=\frac{\sin\beta_L}{c_{L2}}=\frac{\sin\beta_S}{c_{S2}}$	α_L—纵波入射角 γ_L—纵波反射角 γ_S—横波反射角 β_L—纵波折射角 β_S—横波折射角 c_{L1}—介质1中的纵波声速 c_{S1}—介质1中的横波声速 c_{L2}—介质2中的纵波声速 c_{S2}—介质2中的横波声速

（一）探伤仪——脉冲反射式超声波探伤仪

超声波探伤仪种类繁多，可归纳为连续波探伤仪和脉冲波探伤仪两大类。它们有单通道的，也有多通道的。目前广泛使用的是单通道探伤仪。

脉冲波探伤仪通过探头发射脉冲超声波。如图9-3-1所示，用同步电路产生的同步脉冲信号来协调发射电路、时基电路等工作。当稍加延迟的同步信号馈至发射电路时，立即产生一个上升时间很短、脉冲很窄、幅度很大的电脉冲-发射脉冲。它加到探头上激励探头产生脉冲超声波。超声波透过耦合剂射入工件。在工件内传播的超声波，当遇到声学性能不同的介质面时，即产生反射。反射波经探头接收后转变成电脉冲，经放大器放大(检波)后送至示波管Y轴进行显示；另一方面，当同步脉冲馈至时基电路时，立即产生一个线性较好的锯齿波加到示波管X偏转板上，产生一个从左至右的水平扫描线(时基线)。扫描光点的位移与时间成正比，故可对缺陷定位。荧光屏上显示的波高与探头接收到的超声波声压成正比，因此可按波高对缺陷定量。

有关探伤仪性能的指标很多，对这些指标的要求及其测试方法，国家标准ZBY830—84《A型脉冲反射式超声波探伤仪通用技术条件》有详细说明。

1．缺陷的显示方式

（1）A型显示。这是在示波管荧光屏上显示，横坐标代表超声波的传播时间，纵坐标代表反射脉冲高度，见图9-3-2。反射脉冲显示分两种，

表 9-3-2 某些金属材料中的声速、声阻抗

金属名称	ρ g/cm³	c_l m/s	c_t m/s	ρc_l ×10⁶ g/(cm²·s)	ρc_t ×10⁶ g/(cm²·s)
铝	2.7	6260	3080	1.69	—
		6320			
锌	7.1	4170	2410	2.96	—
锑	6.7	—	—	—	—
铱	22.4	—	—	—	—
镉	8.6	2780	1500	2.40	—
银	10.5	3600	1500	3.80	—
			1590		
金	19.3	3240	1200	6.26	—
康铜	8.8	5240	2640	4.60	—
锡	7.3	3320	1670	2.42	—
(汞)	13.6	1460	—	1.98	—
		1450			
铋	9.6	2180	1100	2.14	—
	9.8				
钨	19.1	5460	2620	10.42	—
	19.3			10.5	
超硬合金	11～15	6800～7300	4000～4700	7.7～10.2	—
钽	16.6	—	—	—	—
铁	7.7	5850	3230	4.50	—
		5900			
铸铁	6.9～7.3	3500～5600	2200～3200	2.5～4.2	—
钢	7.7	5880～5950	—	4.53	—
铜	8.9	4700	2260	4.18	—
黄铜	8.54	4640	2050	3.96	—
		3830		3.30	
铅	11.4	2170	700	2.46	—
		2160			
铂	21.4	3960	1670	8.46	—
镍	8.8	5630	2960	4.95	—
锰(镍)铜	8.4	4660	2350	3.90	—
德(洋)银	8.4	4750	2160	4.00	—
铀	18.7	3370	1940	6.30	3.63
黄铜(70:30)	8.6	4700	2100	4.06	1.83
锗	5.32	5944	3555	3.16	1.89
硬铝	2.79	6320	3130	1.71	0.85
锆	6.44	4650	2250	3.00	1.45
不锈钢 302(18-8)	8.03	5660	3120	4.55	2.50
不锈钢 410(13Cr)	7.67	7390	2990	5.67	2.29
钛	4.58	5990	2960	2.74	1.35
镁	1.54	5770	3050	1.00	0.53
	1.70				
莫涅耳合金	8.90	5350	2720	4.75	2.42
铍	1.82	12890	8880	2.41	1.66
锰	8.4	4660	2350	3.9	—
氧化铝	3.7～3.9	10000	—	3.7～3.9	—

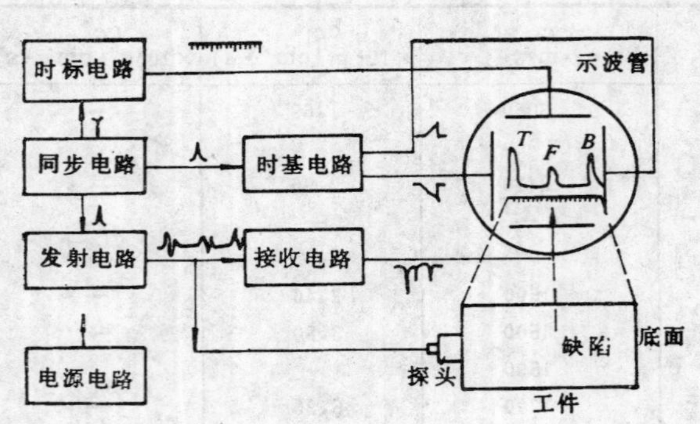

图 9-3-1 脉冲反射式超声波探伤仪原理图

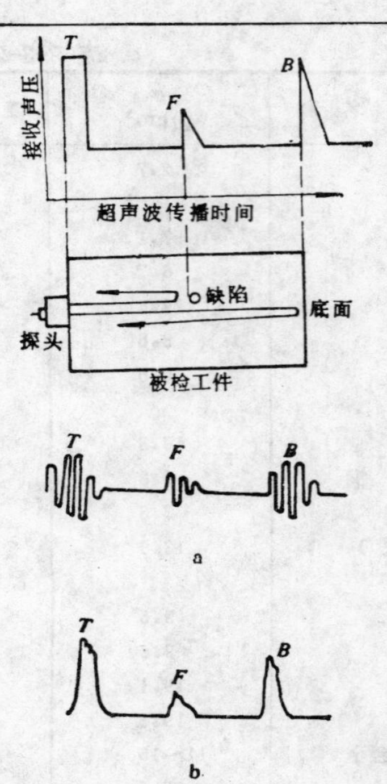

图 9-3-2 A型显示原理及波形显示方式

a—射频显示；b—视频显示

一是不检波显示（射频显示），它能较真实地反映超声脉冲在介质中的传播情况，常用来分析探测过程中一些缺陷波和杂波的波形特征；另一种是检波显示（视频显示），这种显示的图形清晰、简单，容易判断，更为常用。

（2）B型显示。将A型显示波形输入示波管控制栅，对水平扫描线进行亮度调制。垂直扫描与

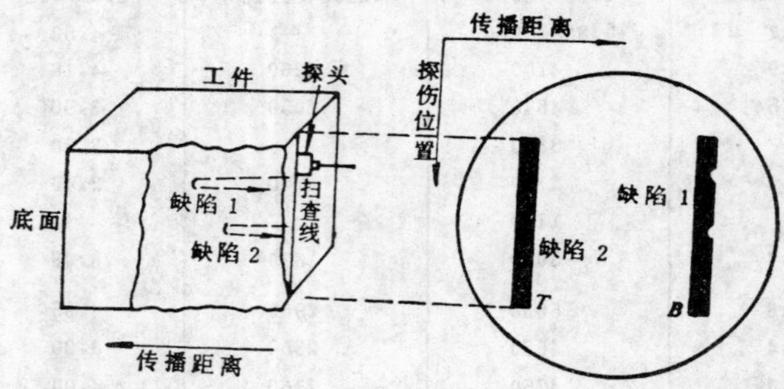

图 9-3-3 B型显示原理图

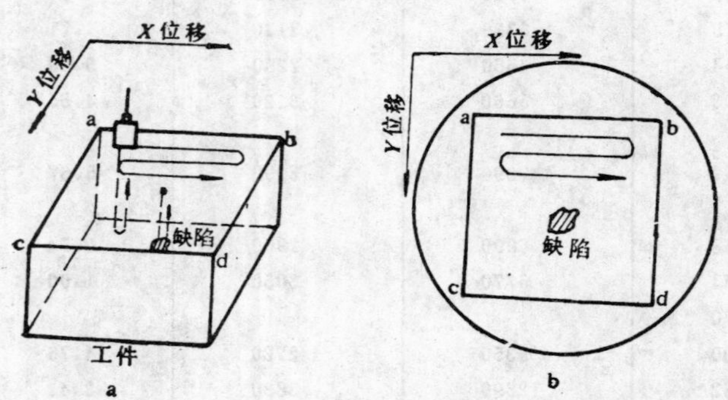

图 9-3-4 C型显示原理图

a—探头在探伤面上位移；b—荧光屏上亮点位移及缺陷显示

探头在工件的扫查线同步。荧光屏上探头扫查线与时基线组成直角坐标，以亮点（或暗点）显示缺陷，如图9-3-3所示。B型显示可以把缺陷在一个垂直断面上的分布情况显示出来，比较直观。

（3）C型显示。这种显示方式是荧光屏上的直角坐标与探伤面上的直角坐标相一致，探头在探伤面上的位移与荧光屏上亮点的位移同步，探头所在位置下面如有缺陷，则在荧光屏上显示出一个暗点或亮点，如图9-3-4所示。

2．国产探伤仪

国产探伤仪有多种型号，最主要的是CTS系列，它们均属脉冲反射式A型显示超声波探伤仪。近年来，也生产C型显示探伤仪，但型号单一。

不同型号探伤仪除有不同功能外（如距离振幅电子校正，波门跟踪，带有计算机接口等），根据检验工件不同，还具有不同的性能，如探测频率，衰减范围，动态范围，垂直线性，同步频率，探测深度，水平线性等，因此它们的特点和使用范围也不同。如CTS-12型，是电子管式的，专用于薄壁管材自动探伤，具有自动记录和报警系统。又如CTS-24型，是一种高精度、多功能通用型探伤仪，属晶体管式，带有数字式测厚，计算机接口，双路报警闸门等，探伤结果可作数据处理。

（二）探头——换能器

探头是用于发射和接收超声波的，是实现电信号与声信号相互转换的器件。

1．探头的种类

根据产生超声波波型的不同，探头可分为纵波探头（亦称直探头），横波探头（亦称斜探头），表面波探头和板波探头。根据探伤方法区分，有接触探伤用探头和水浸探伤用探头。还有的探头其发射与接收功能分别由两个晶片担当，称双晶探头（亦称TR探头）。另外还有聚焦探头，可变角探头及专为某种探伤用的专用探头。

2．探头的基本形式和结构

（1）纵波探头（图9-3-5 a）。用于发射和接收纵波。它由保护膜、压电晶片、阻尼块、外壳、电器插件组成。有的纵波探头还带有有机玻璃延迟块。

有的压电晶片是用压电单晶体如石英，酒石酸钾钠，硫酸锂，铌酸锂等制作；有的是用如锆钛酸铅等压电陶瓷制作，各有各的优缺点。保护膜有陶瓷、钢、塑料等几种。阻尼块的作用是吸收向后发射的声波并阻尼晶片的振动，通常是用钨粉和环氧树脂制作。外壳的作用是支持、容纳、保护上述各类器件，通常亦作为接地电极使用。

（2）横波探头（图9-3-5 b）。通常是指应用

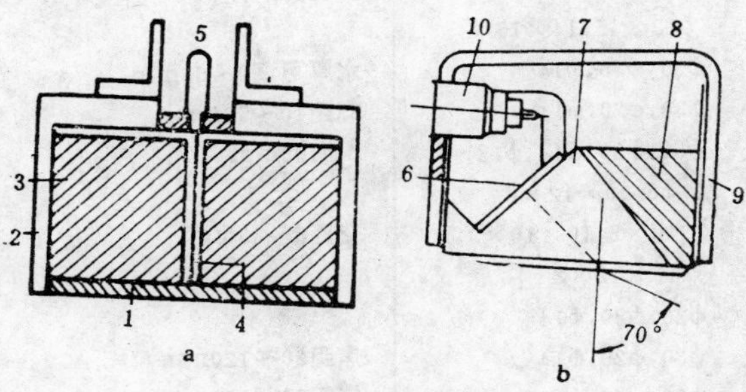

图 9-3-5　探头的基本结构

a—纵波探头；b—横波探头

1—压电晶片；2—金属外壳；3—阻尼块；4—引线；5—插头；6—压电晶片；7—透声楔块；8—吸收剂；9—外壳；10—插头

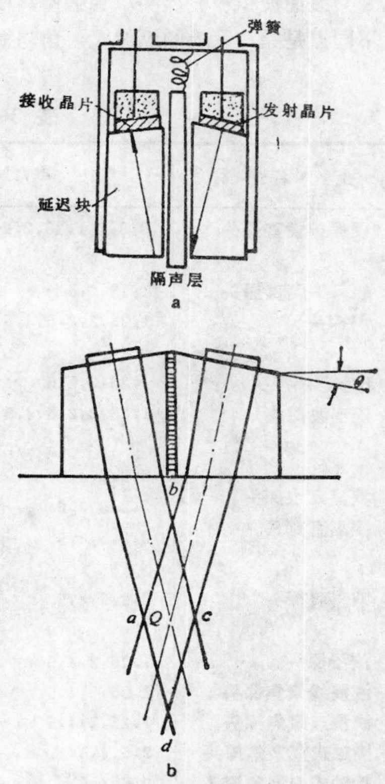

图 9-3-6　双晶片直探头结构及声场菱形区

a—双晶片直探头结构；b—声场菱形区

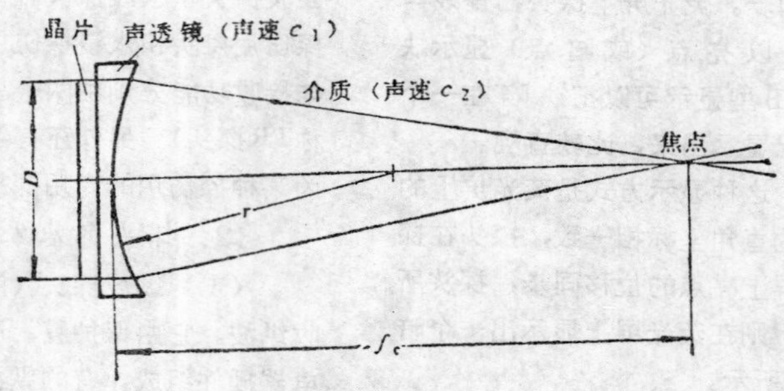

图 9-3-7 凹面声透镜及声束聚焦

波型转换得到横波的探头。它的晶片是按一定角度与探测面倾斜放置的，以便发出的纵波斜射到工件表面，通过波型转换在工件内产生横波。为此在晶片之前必须配有透声楔，后者一般用有机玻璃制成。为了吸收透声楔所产生的波经多次反射所形成的干扰杂波，要设置声陷阱，如吸收剂等。有些横波探头没有阻尼块或只使用很弱的阻尼块。

（3）表面波和板波探头。其结构与横波探头类似，不同点是晶片发射的纵波入射角与横波探头不同。

（4）双晶片直探头（图9-3-6）。在一个探头中有两个晶片，分别用作发射和接收超声波。两个晶片之间用隔声层隔开。为使发射声束和接收声束有一交叉区域，两晶片相互之间有一4°～7°的倾角。这种探头均配有延迟块。根据声程几何作图，可以找出两晶片声轴交点及有效声束交叉所形成的菱形区。只有声程交点处的声场探伤时灵敏度最高。

表 9-3-3 国产探头的主要规格

探头名称		频率，MHZ	晶片尺寸，mm	备注
ZY	硬保护膜直探头	0.8,1,1.25,2,2.5,4,5,10,	φ30,φ25,φ20,φ14,φ12,φ8,φ6	
ZR	软保护膜直探头	1.25,2.5	φ30,φ25,φ20,φ14	
X	斜探头	1.25,2,2.5,4,5	7×9,10×10,10×12,12×15,14×16,20×20	入射角30°,40°,50°K1,K1.5,K2,K2.5,K3折射角60°,70°
XK	K字形斜探头	1.25,2,2.5	φ20,φ14,φ12	同上
Xb	表面波探头	1.25,2,2.5,4,5	8×8,10×10,10×12 12×15,14×16	横波折射角90°
Zch	充水探头	2,2.5,4,5	φ30,φ20,φ14	水厚可调0～65mm
Sch	双晶充水探头	2,2.5,4,5	φ30,φ20,φ14	交距10～50mm
SZ	双晶直探头	2,2.5,4,5	φ30,φ20,φ14,φ12,φ8,10×12×2	2～100mm
SX	双晶斜探头	2,2.5,4,5	7×9×2,10×10×2,10×12×2	交距5～40mm
Y	液浸探头	1.25,2,4,5	φ30,φ20,φ14	
Yxj	液浸线聚焦探头	1.25,2,4,5	φ30,φ20,φ14	焦距20～120mm
Ydj	液浸点聚焦探头	1.25,2,4,5	φ30,φ20,φ14	焦距20～100mm
Jzi	接触式直聚焦探头	2.5,4,5	φ30,φ25,φ20,φ14	焦距15～120mm
Jxi	接触式斜聚焦探头	2.5,4,5	8×8,10×12	焦距15～100mm
B	板波探头	1.25,1.5,2,2.5,3,4,5	16×20,20×30	板厚0.5～4mm
Zx	小角度探头	1.25,2,2.5,4,5	φ30,φ20,φ14	2°～10°
KB	可变角探头	1.25,2,2.5,4,5	10×12,12×15	入射角可调0～80°

同样，也有双晶斜探头。

（5）液浸聚焦探头（见图9-3-7原理图）。在普通直探头晶片之前配上一个凹面声透镜，只要声透镜材料的声速大于耦合用液态介质声速，就可使声速聚焦，这与几何光学原理相似。

声透镜材料是用有机玻璃或环氧树脂及其它材料加工而成，其几何参数如下：

当入射声束为平面波时，球面和柱面透镜都有：

$$f_c=\frac{r}{1-(c_2/c_1)} \qquad (9\text{-}3\text{-}1)$$

$$d_{-6dB}\approx\lambda\frac{f_c}{D} \qquad (9\text{-}3\text{-}2)$$

$$l=4\lambda\left(\frac{f_c}{D}\right)^2 \qquad (9\text{-}3\text{-}3)$$

式中　r——透镜的曲率半径，

d_{-6dB}——聚焦声柱直径；

l——焦柱长度；

D——探头晶片直径，通常亦指声透镜直径；

λ——介质中声波波长；

f_c——焦距。

3．国产探头

国产探头种类繁多，主要规格如表9-3-3所列。

（三）试块

脉冲反射法超声波探伤的基本探测对象是缺陷回波的位置及幅度，测量有一个参考标准。要想定量的测定及以后的验证、复查、仲裁等必须用试块作为比较的依据。根据需要，试块上作有各种已知的特征，例如试块本身有特定的尺寸，其上有某种尺寸的平底孔、凹槽、狭缝等。

试块有以下用途：（1）确定合适的探伤方法。要想探测工件某一部位有无缺陷，就可以应用在某个部位带有某种人工缺陷的试块来摸索合适的探伤方法。一般说来，所摸索的规律适用于与试块材质、尺寸相同的工件。（2）确定探伤灵敏度及评价缺陷大小。大多数探伤仪都有较大的灵敏度调整范围，以便探测不同种类、不同厚度的工件。采用带有各种人工缺陷的试块，其缺陷反射波的幅值就定量的表示了探伤灵敏度。（3）校验探伤系统。

试块分为标准试块与对比试块两种，二者之间没有本质差异，前者只是指它的材质、形状、几何尺寸、性能等是由权威机关规定的。凡是由国际组织通过的称国际标准试块；凡是由某一国家权威机

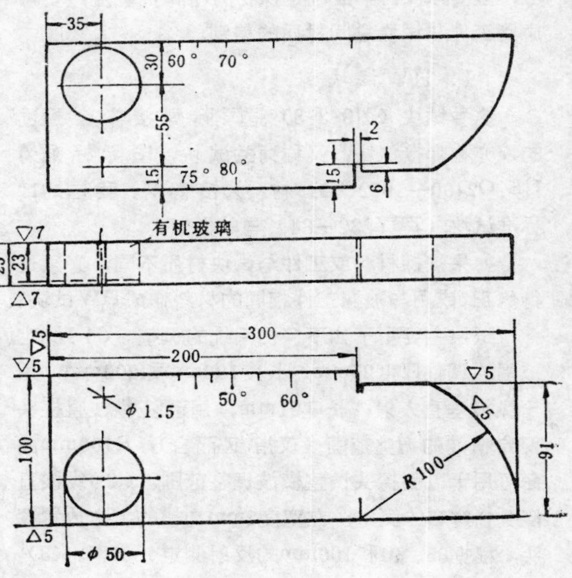

图 9-3-8　IIW试块

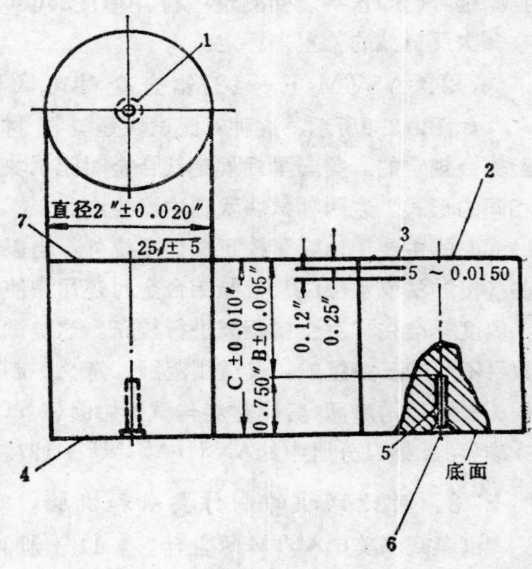

图 9-3-9　ASTM E—127铝合金对比试块

1—孔A，底面平坦度直径每1/8″不大于0.001″、孔直径为±0.0005″以内；2—这个编号是用孔径的1/64″的倍数、声束路程的0.01″的倍数来表示的；3—探伤面；4—这些面的平坦度不大于0.0002″平行度不大于0.001″；5—孔对于探伤面以不大于0°～30′垂直，是笔直的，对中心轴不大于0.010″；6—平盖孔直径0.250″，深度0.064″

关通过的称国家标准试块。下面介绍两例作为参考，但实际探伤中欲确定探伤方法和灵敏度，要考虑到工件与试块之间材质的差别。

1. IIW试块

这种试块（图9-3-8）是国际焊接学会通过的，亦称焊接试块，又称荷兰试块，国际标准为I.S.O2400—1972(E)。材料为镇静钢。我国的1#标准试块（ZBY232—84）与其类似。

如果被探材料或工件与试块材质不同，必须进行修正，或用与被探工件相同的材料作成IIW试块，

试块主要用于如下探伤系统的调整。(1)测定范围的调整厚度25mm、长度100mm和200mm，用于纵波垂直入射；长度91mm，用于以纵波直探头测定横波的调整范围（仅指钢而言）；R100mm曲面可用于以斜探头调整横波调整范围。(2)纵波直探头分辨率的测定，在宽度2mm沟槽的上方放置探头，根据85、91和100mm的反射测定分辨率。(3)斜探头入射点的测定，由R100mm的曲面测定入射点。(4)探头入射角的测定，折射角为35°～76°时由ϕ50mm孔测定，折射角为74°～80°时由ϕ1.5mm孔测定。(5)水平线性测定，利用厚度25mm，观察多次反射波的位置来标定。

2. ASTM E—127铝合金对比试块

如图9-3-9所示，这种对比试块是美国材料试验协会规定的。美国军标规定钛合金对比试块采用相同的形式。这两种试块我国均能生产。

它的主要用途除了校正探伤系统外，当以纵波法（接触法或水浸法）检验铝合金时还用来使检验灵敏度标准化和对金属距离进行校正。这类试块由数目不等的三组组成。其适用范围、意义、制作规程、校验等请参阅《美国材料与试验协会(ASTM)标准年鉴》第11分册中的ANSI/ASIME—127。

3. 对比试块的制作要求和校验

请参阅《美国ASTM标准年鉴》11分册中的ANSI/ASIME—127和E-428。

（四）探伤系统的校验

探伤系统组成之后，需要评价和校验下列功能特性：水平范围和线性，垂直范围和线性，入射面和背面的分辨率，灵敏度和噪音，刻度增益旋钮的准确度等。整个系统及其部件更广泛更精密的测量通常需要使用试验室技术和电子仪器，如示波器和信号发生器等，但是在工厂和外场条件下，较为通用的仍是用标准试块评价。评价校验方法及各具体工件的探伤标准都有例行规定。有关这方面的内容可参阅《ASTM标准年鉴》第11分册中的E—317《不用电子测量仪器评价超声脉冲回波检验系统功能特性的标准推荐实施法》及有关的国家标准。

四、几种冶金产品的超声波探伤方法

（一）超声波探伤中应注意的几个主要技术问题

1. 频率的选择

频率高时，波长短，声束窄，扩散角小，能量集中，因而发现缺陷能力强，分辨力好，缺陷定位准确。但扫查空间小，声能衰减大，穿透力差。

频率低时，波长短，声束宽，扩散角大，能量不集中，因而发现小缺陷能力差，分辨力差。但扫查空间大，声能衰减小，穿透力强。

接触法探伤中，对晶粒细小的材料，通常选择2.5～5MHz；对晶粒粗大、超声散射较强的材料，通常选用0.5～1MHz。

2. 探头的选择

主要是选择频率、晶片尺寸和角度等方面。频率选择如上所述。

探头晶片尺寸大，发射能量大，扩散角小，扫查空间大，近场长度长（近场不能用来探伤），发现远距离小缺陷的能力强。

探头型式（指角度）选择与探伤波型选择有关。采用纵波还是横波，主要考虑因素是使声束传播方向与缺陷表面垂直。探测近表面缺陷时，多采用双晶片直探头；对薄壁管焊缝探伤，多采用双晶片斜探头。

3. 探测面状况

探测表面光洁，入射到工件中的超声能量多，探测灵敏度高。但粗糙度小于$\lambda/10$时，灵敏度提高就不十分明显，比较理想的探测面粗糙度为Ra不大于6.3μm。

4. 耦合剂

要求具备下列性质：(1)有足够的浸润性，容易附着在工件表面；(2)声阻抗大，尽量与被检工件材料的声阻抗相近；(3)对人体无害，对工件无腐蚀作用，容易清洗；(4)来源方便，价格合适。

常用的耦合剂为机油、变压器油、水等。

5. 补偿

被检工件表面粗糙度与试块比较相差很大，或探测面有曲率时，应根据探伤标准的规定进行补偿。

6．工件界面的影响

声束倾斜入射界面时，会发生波型转换。如果这种转换发生在被检工件界面，会使荧光屏上出现许多干扰波。波型转换会使反射波中包含许多变型波成分，使原来的声束指向性、灵敏度受到影响，还会产生波的叠加和干涉。这些都会给判伤增加困难。例如直探头探测棒材时，会由于“透镜”的会聚及发散作用，使声场不均匀（图9-3-10），判伤不准；会由于柱面回声产生迟到波（图9-3-11），易产生误判。

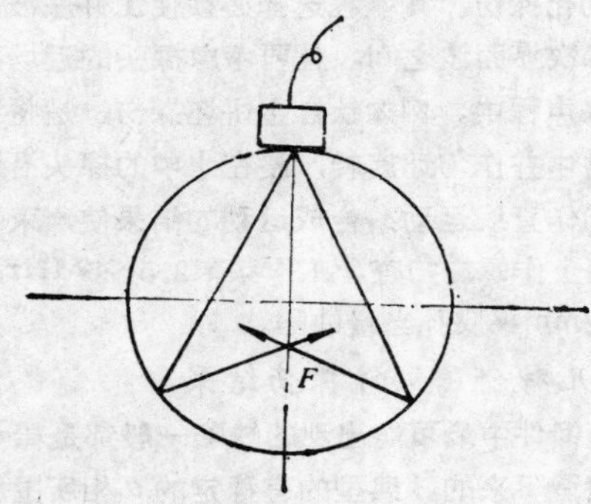

图 9-3-10 “透镜”的发散及会聚作用使“F”点声场最强的情况

7．宽脉冲与窄脉冲的选择

窄脉冲的纵向分辨率比宽脉冲高，窄脉冲有利于消除干涉现象。宽脉冲容易产生干涉现象。

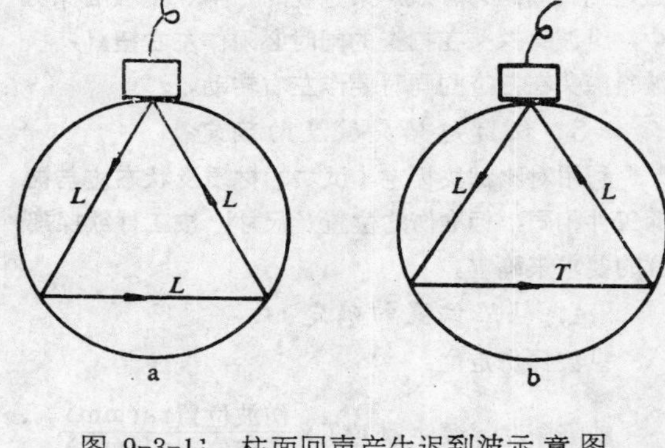

图 9-3-11 柱面回声产生迟到波示意图

a—纵波-纵波-纵波；b—纵波-横波-纵波

此外，要注意外界高频信号的干扰。

（二）锻件探伤

锻件超声探伤所用的方法是超声探伤中最基本的方法。

1．波型选择

纵波探伤（图9-3-12a）主要目的是检验锻件内部与探测面平行的缺陷，如夹层、氧化皮、裂纹等。

横波探伤（图9-3-12b）主要目的是检查内部或近表面裂纹、夹渣等，对垂直于探测面方向的缺陷敏感。

2．探头的移动方式

为了不漏检，探头要在探测面上作⊏⊐形扫

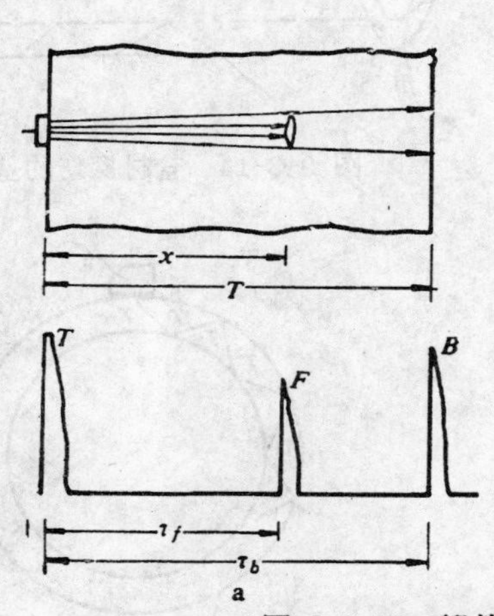

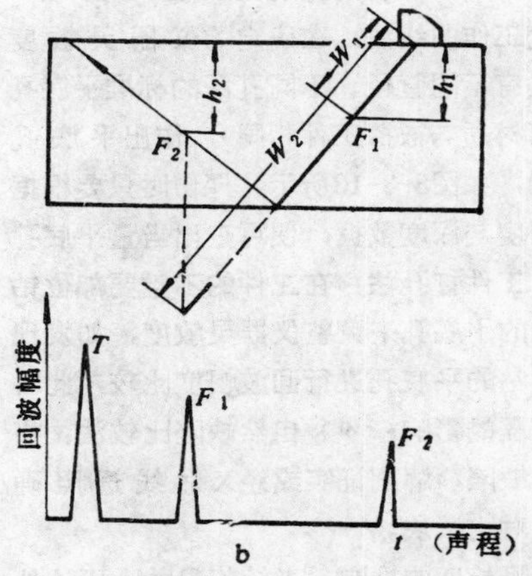

图 9-3-12 锻件超声探伤示意图

a—纵波法；b—横波法

查，扫查间距为有效声束宽度的一半。接触法探伤中，纵波直探头在扫查的同时必须作左右扭动，横波斜探头在扫查的同时要作左右转动。

3．仪器起始灵敏度的确定

利用对比试块标定。试块的材质及状态应与被探工件相同，标准伤的位置及尺寸，按工件欲探部位的要求来确定。

4．缺陷位置的确定

纵波探伤定位：

$$缺陷深度=锻件厚度T\times\frac{伤波位置\tau_f\ (mm)}{底波位置\tau_b\ (mm)}$$

横波探伤定位：

对缺陷1的情况

缺陷深度$h_1=W_1\cos\beta$；

缺陷距探头的水平距离$l_1=W_1\sin\beta$

对缺陷2的情况

缺陷深度$h_2=W_2\cdot\cos\beta-(n-1)\cdot D$

$(n=1,3,5\cdots\cdots)$

或 $h_2=n\cdot D-W_2\cdot\mathrm{ocs}\beta(n=2,4,6\cdots\cdots)$

缺陷距探头的水平距离$l_2=W_2\cos\beta$

上式中W_1和W_2为伤波位置（由标定好的荧光屏声程读出）；β为折射角；D是材料厚度；n为厚度方向声程次数。

5．缺陷大小的确定

（1）当量面积的确定。一般用于尺寸小于该处波束截面的缺陷。

1）试块对比法：将反射回来的伤波幅度与试块上相同声程标准平底孔的反射波幅度相比较。2）回波幅度工作曲线法：在确定的仪器灵敏度下，在一批具有不同直径、不同孔深的标准平底孔对比试块上（材质与被探工件相同），作出平底孔回波幅度曲线，如图8-3-13所示。探伤时只要根据缺陷回波的幅度与深度数据，便可查出当量平底孔的大小。3）工件打孔法：在工件的不重要部位钻一个标准规定的平底孔来调整仪器灵敏度，如发现缺陷可以与已钻的平底孔进行回波幅度比较，此时要严格考虑声程的影响；4）自然缺陷比较法：将探伤中发现的缺陷，解剖证实或经X射线透照确认，以此作为对比试块。

（2）缺陷长度的推定。当缺陷尺寸大于该处声束截面时，可推定缺陷的长度，方法是半波高度法，又称-6dB法。

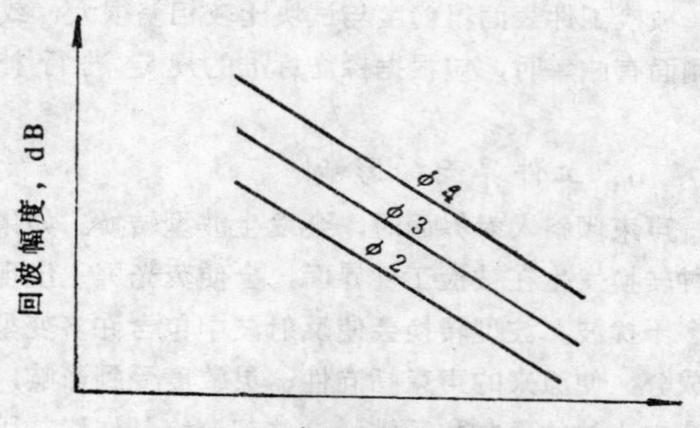

图 9-3-13 回波幅度工作曲线示意图

6．水浸法探伤

当锻件形状规则时，例如方坯或饼坯，可实现水浸法自动化探伤。其水程选择必须使工件底波出现在一、二次界面波之间，且要考虑探头的近场区应包含在水声程中。例如钛合金饼坯探伤，是将饼坯放一水槽中并作匀速旋转，浸在水中的探头沿饼坯直径方向作直线运动，合成运动的结果使声束在饼坯探测面上作螺旋扫查。工作频率2.5～5MHz，可发现ϕ1.2mm平底孔当量缺陷。

7．几种金属锻件探伤结果

钛合金锻件中最可能出现的缺陷一般都是棒料和坯料中遗留下来的、典型的有稳定的α相所围绕的孔洞及外来夹杂物等。对于用作航空发动机钛合

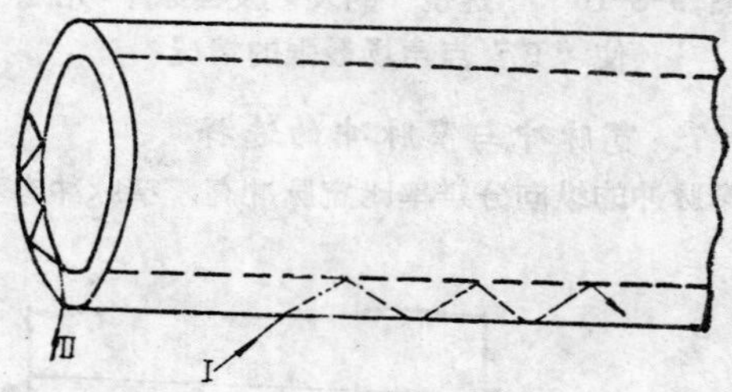

图 9-3-14 管材探伤的基本方式

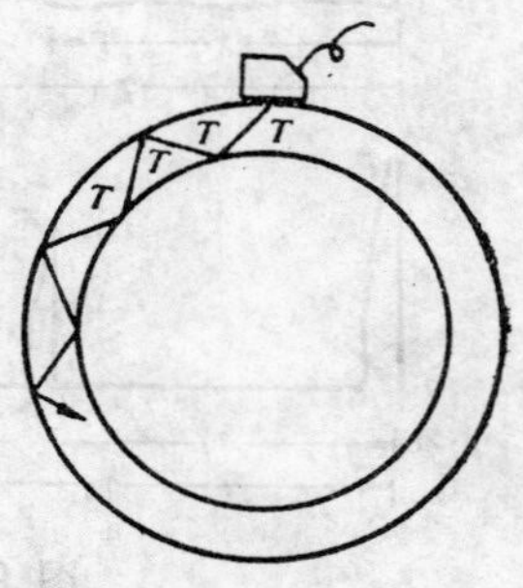

图 9-3-15 探测轴向伤的横-横波型模式

金压气机盘这类要求极严格的锻件，其 α 相围绕的小孔洞在使用过程中会萌生裂纹。所以超声探伤采用的灵敏度要求很高，对比试块的平底孔直径有时要小至0.4mm。

钛合金锻件超声检验中的一个特殊问题是，在某种情况下合金组织状态（例如钛合金锻材沿流线分布的粗晶带）会引起幅度很高的“草状杂波”，难以与真正的缺陷信号相区别，因此需要特别小心。为抑制掉这种干扰信号，经常采用聚焦探头。

直径0.3m、长度1m以上的锆锭，在经机加工过的表面上可用1MHz的超声波进行检查。最好采用双晶探头，以发现近表面缺陷。

直径约为100mm的铪锭坯，在表面经机加工后可用5MHz的超声波以水浸法检查。

（三）管材探伤

由于生产工艺不同，无缝管材表面缺陷主要有划道、裂缝、折迭、翘皮、横裂等，内部缺陷主要有裂纹、夹杂、分层等。

1．探伤的基本方式

如图9-3-14所示的探伤的基本方式Ⅰ是用横波检验周向伤，方式Ⅱ是用横波检验轴向伤。耦合方式有接触法和液浸法。前者设备简单，操作容易，但灵敏度低，分辨力较差，探头磨损严重，探伤速度慢。多用于尺寸大、规格杂、批量少的检验。后者通常使用聚焦探头，所以灵敏度高，分辨力好，多用于自动化检验，探伤速度快，但要求的设备复杂、精度高。

2．波型选择

探测周向伤，选用横波，与一般横波探伤法相同。

探测轴向伤，尽管利用不同的入射角可得到折射纵波、横波、表面波、板波，最为常用的是在管内激发出横波，且以横波形式多次反射，如图9-3-15所示。理论计算表明，这种模式可探的管壁最大厚度 $t/D\leqslant 20\%$（t 为管壁厚度，D 为管外径）。

3．管材轴向伤的接触法检验

这种检验方法通常是手动的，为使探头接触稳定，需使探头的接触面与管材的曲面重合，故采取图9-3-16所示的措施。接触法一般适用于直径大于40mm的管材。若管径大于500mm，也可用平探头。

探头入射角 α 的选用原则是：

$$\sin^{-1}\left(\frac{c_{L_1}}{c_{L_2}}\right)\leqslant\alpha\leqslant\sin^{-1}\left(\frac{c_{L_1}}{c_t}\times\frac{r}{R}\right) \tag{9-3-4}$$

式中　c_{L_1}——探头楔块中纵波声速；

c_{L_2}——管材中纵波声速；

c_t——管材中横波声速；

r——管的内半径；

R——管的外半径。

横波探伤最为不便的是没有底波供作参考，因之近年来又发展了一些特殊的探伤方式，如图9-3-17、图9-3-18所示。

4．管材轴向伤水浸法检验

（1）探伤方式。如图9-3-19所示，探头与管材均浸在水中，二者相对转动。调节偏轴距 x 来调节入射角 α，以保证是以折射横波模式探伤。

为提高灵敏度，采用聚焦探头。聚焦探头有两种，即“点聚焦”和“线聚焦”。当探头与管材的相对旋转速度相同时，“线聚焦”扫查面积大，可较快的实现对管材的百分之百扫查。“点聚焦”则慢一些，但灵敏度高。“线聚焦”只适用于探测长度大于声束焦线长度的缺陷。

（2）工艺参数的选择

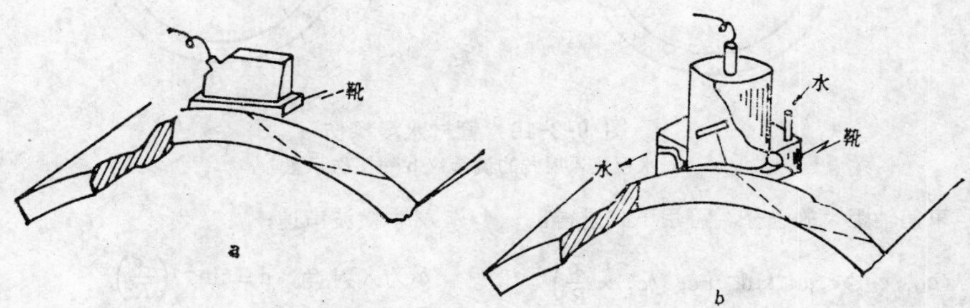

图 9-3-16　管材的接触法检验

a—环氧树脂靴块；b—薄水层耦合

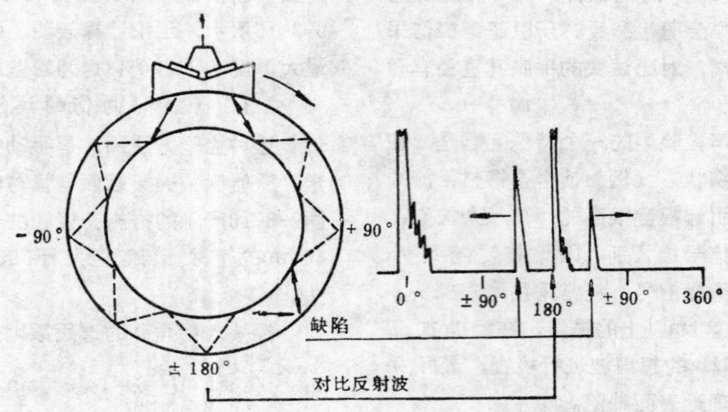

图 9-3-17 管材的双发双收方式探伤及伤波波形

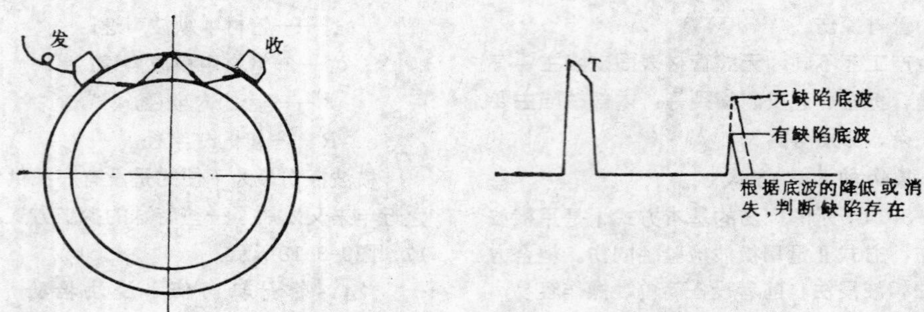

图 9-3-18 管材的单发单收方式探伤及伤波波形

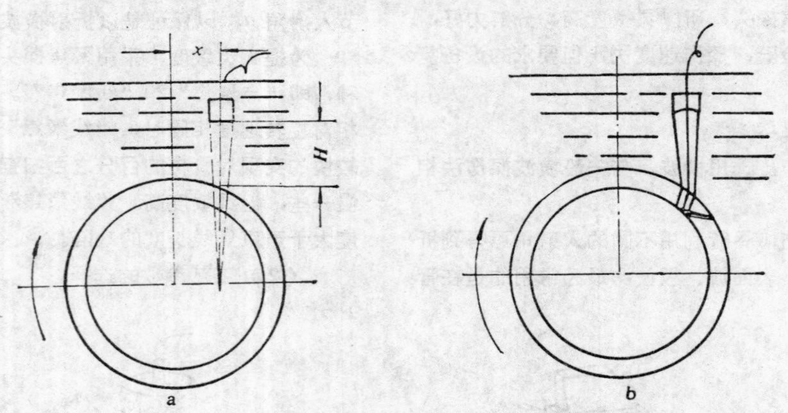

图 9-3-19 管材水浸探伤

a—水程及入射角的调节；b—探伤示意

1）声束偏轴距x的选择。可用下式求得：

$$\sin^{-1}(c_{L_1}/c_{L_2})\leqslant\alpha\leqslant\sin^{-1}\left(c_{L_1}/c_t\times\frac{x}{R}\right) \quad (9\text{-}3\text{-}5)$$

式中c_{L_1}与c_{L_2}是水中及管材中纵波声速，c_t是管材中横波声速；

α为入射角，$\alpha=\sin^{-1}\left(\frac{x}{R}\right)$。

2）水声程H的选择。当声束焦点落在与声束中心轴相垂直的管径上时，是探头与管间的最佳距离配置，如图9-3-19 a 所示，此时$H=F-\sqrt{R^2-x^2}$（F是探头焦距）。实际探伤中可以采用简易的办法选择H，即使第一、二次界面波均能在荧光屏上出现，并能在这两次界面波之间分辨出二次以上的伤波。

5. 伤的标定

无论是接触法还是水浸法探伤，都是按照标准规定，由被探管材中取出一段作标准管，标准管的内外壁根据要求刻有标准伤。调节α角使内伤与外伤的回波幅值大致相同。管材探伤只是判定合格或不合格，而不确定缺陷的具体大小。

6. 管材的自动化探伤

水浸法可使探伤较容易实现自动化，其方式是：1）探头作直线运动，管子旋转；2）管子作直线运动，探头（包括水箱）旋转。探伤速度$v=sn$（s是声束对管材表面螺旋扫查之间距，n是探头相对管材的转速），s应取有效声束尺寸的一半。

声耦合有两种方式，一是喷水式，多用于大口径管材探伤；一是局部水浸式，多用于小口径管材探伤。

旋转探头自动探伤的电信号耦合有多种方式，有效而常用的是电容耦合和电刷耦合。

为了提高探伤速度，人们还采用多探头多通道装置。探头以一定的形式排列，各个探头声束扫查螺距相互衔接起来，达到声束百分之百覆盖探伤面，如图9-3-20、图9-3-21所示。

7. 锆2合金管超声检验

用旋转多探头（局部水浸式）对锆2合金管探伤，聚焦探头，频率为10MHz，可发现深度0.05mm的当量缺陷。

（四）棒材超声检验

各种棒材的常见缺陷按部位可分为三类：表面缺陷（主要有裂纹，暴裂，折迭，结疤，划伤等）；近表面缺陷（主要是裂纹）；内部缺陷（主要是中心裂纹，残余缩孔，非金属夹杂等）。缺陷大部沿轴向分布，沿径向有一定深度。

1. 接触法纵波探伤

目的是探测内部缺陷。采用弧面探头，增大入射面接触部分。探伤中要特别注意因透镜效应和柱面回声所造成的灵敏度不均匀及迟到波的影响（见本节有关部分内容）。

一般来说，检验ϕ150mm以上大规格棒材，可

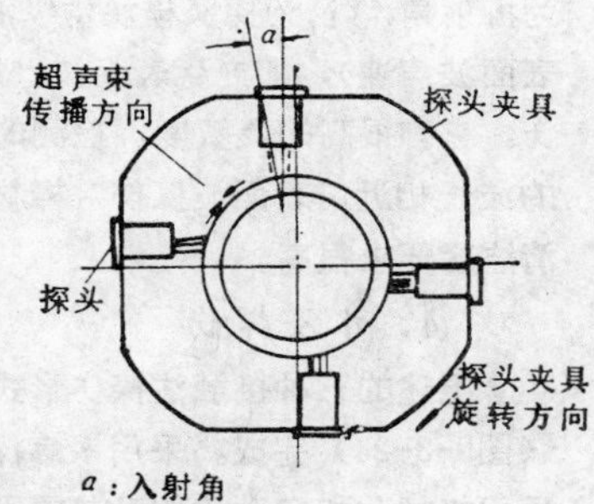

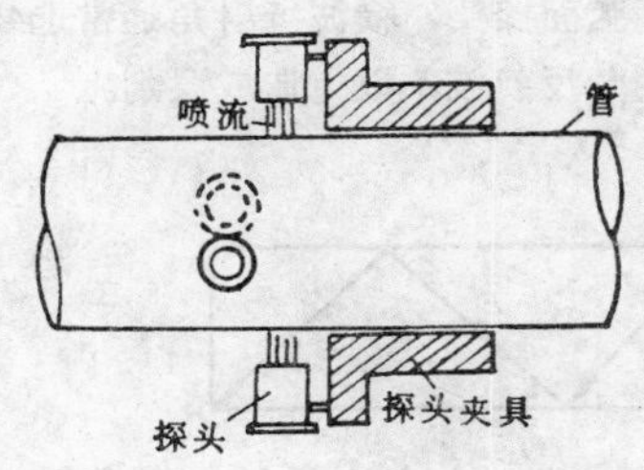

图 9-3-20　旋转多探头（喷水式）探伤示意图

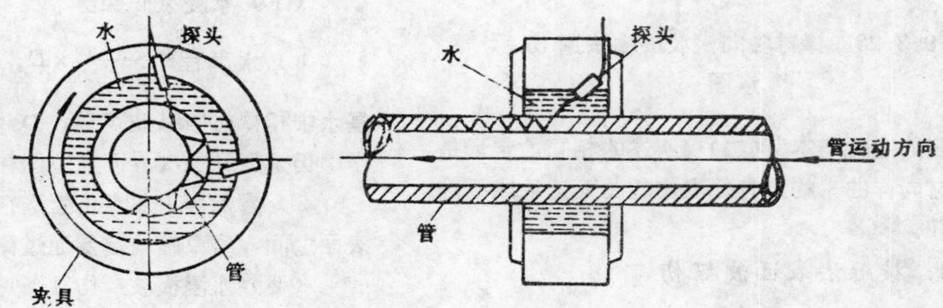

图 9-3-21　旋转多探头（局部水浸式）探伤示意图

选用ϕ20mm晶片的探头，检验ϕ50～ϕ150mm的棒材，可选用ϕ10～ϕ14mm晶片的探头。对小直径棒材，要选用高频率探头和窄脉冲探伤仪，通常选用角度为7°～14°的双晶探头。

缺陷的定位与本节（二）·4所阐述相同，定量采用曲率相同的曲面试块对比。若用平面试块，必须事先作出平面试块与曲面试块的对比曲线，以补偿曲面的影响。

2．接触法横波探伤

（1）周向探测方式（图9-3-22）。目的是检测表面和近表面的各种轴向缺陷。探头的楔块要加工成圆弧面，且要尽量增大棒材内的横波折射角度。随着探头相对棒材作周向运动，荧光屏上的缺陷波在一定范围内移动。缺陷的定量用刻有标准伤的标准棒对比，判定是合格或不合格。

（2）轴向探测方式（图9-3-23)。目的是探测表面和近表面及内部的径向伤，这种方式对裂纹尤为敏感。采用弧面探头，横波折射角通常选45°。探伤中要注意端角反射波，以免造成误判。

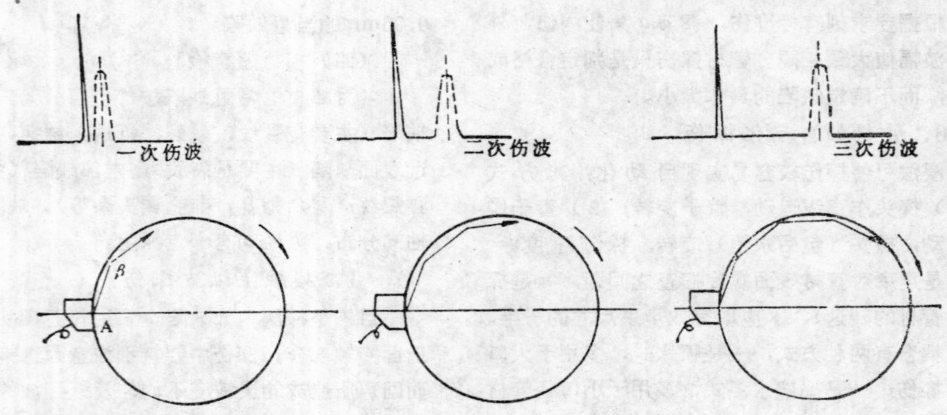

图 9-3-22 棒材周向横波接触法探伤示意图

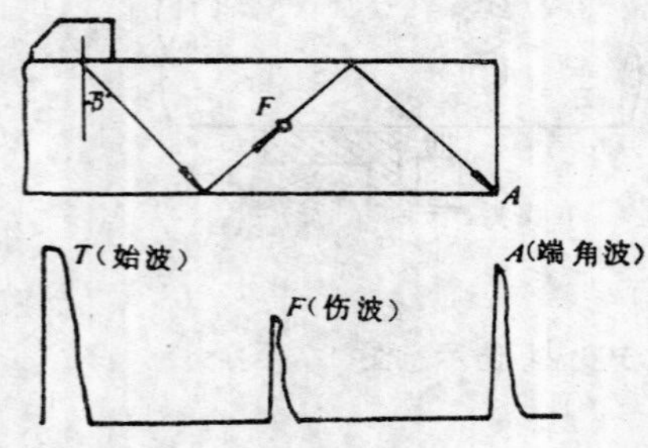

图 9-3-23 棒材轴向横波接触法探伤示意图

缺陷的定位与本节(二)·4所述的相同，定量是以与棒材同样曲率的刻有标准伤的曲面试块或标准棒作比较。

3．接触法表面波探伤

当入射角α选为$\frac{\sin\alpha}{c_{L_1}}=\frac{\sin\beta}{c_R}$，且$\beta=90°$时（$\beta$为折射角，$c_{L_1}$为探头楔块中纵波声速，$c_R$为棒材表面波声速)，即产生表面波，从而实现表面波探伤。它有很高的灵敏度，检测的最小深度与所选用的波长相近。表面波探伤对棒材的表面光洁程度和清洁度要求很高。

4．水浸探伤

上述的三种接触法探伤形式都可以用水浸法（图9-3-24）完成。采用聚焦探头来提高灵敏度，采用机械化和自动化传动装置则提高了探伤的可靠性和速度。缺陷的标定是用刻有人工伤的标准棒。下面介绍几个探伤工艺参数的选择原则。

（1）水浸纵波探伤

1）水声程$H>\frac{c_{L_1}}{c_{L_2}}\times D$。其中$c_{L_1}$，$c_{L_2}$分别是水中和棒材中纵波声速，$D$为棒材直径。实际操作中仍是调到二次界面波位于棒材底面波之后。

2）聚焦声束焦点位置选在棒材中心至棒材下表面之间，声束轴一定要通过棒材中心（对中）。

（2）水浸横波探伤

1）偏轴距x的选择原则与管材相同，尽量使折射角相对地大一些。

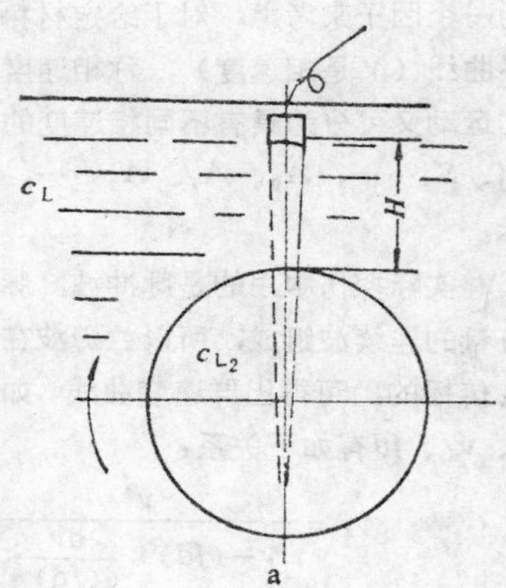

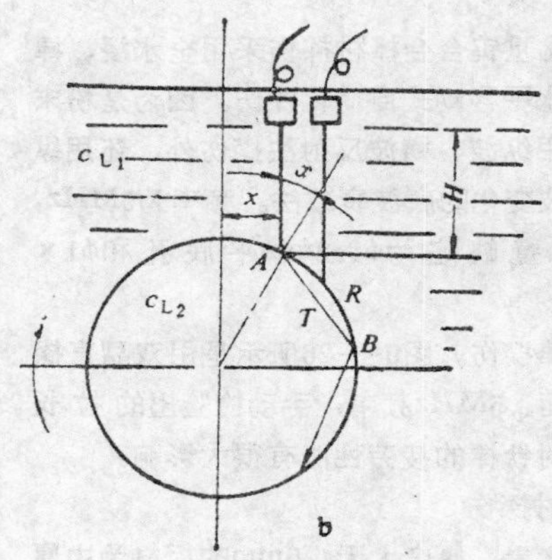

图 9-3-24　棒材水浸探伤示意图

a—棒材水浸法纵波探伤原理；b—棒材水浸法横波（或表面波）探伤原理

2）水声程H的选择应使缺陷波在二次界面波之前出现。如图9-3-24所表明的那样，欲观察一次缺陷波，取$H > c_{L_1}/c_{t_2} \times H'$，欲观察二次缺陷波，取$H > c_{L_1}/c_{t_2} \times 2H' \cdots\cdots$。式中$c_{t_2}$是棒材中横波声速，$H'$是AB二点间之折射声程。

$$H' = 2R\cos[\sin^{-1}(c_{t_2}/c_{L_1} \times \sin\alpha)] \tag{9-3-6}$$

式中的R为棒材半径。

自动化探伤，所取H可以观察多次缺陷波，从荧光屏上看，缺陷波好象从后向前滚动。

3）聚焦声束焦点位置应选在与声束轴线垂直的棒材直径上。

（3）水浸法表面波探伤。聚焦声束焦点位置选择在棒材表面上。水声程的选择服从焦距选择。焦距选择的原则是力求获得良好的聚焦效果，尽量增大焦柱的长度，一般选15～30mm。

5．棒材自动化探伤

自动化探伤是水浸法探伤的应用和发展，具体形式分：

（1）全水浸式。棒材完全浸入水中并由传动装置驱动旋转。探头架装在特制的小车上沿棒材轴向水平移动。根据需要可以任意调节探头相对棒材的位置，而且能使探头相对棒材机械跟踪，以保证良好的对中和水声程恒定不变，且保证入射角恒定不变。

（2）局部水浸式。探头架与水箱配置在一起构成探伤区，被检棒材由滚道传送通过探伤区以实现全长检验。运动方式有探头旋转棒材直线前进，探头不动棒材旋转前进和探头直线前进棒材旋转。同样可以采用喷水式，也可以采用多通道。

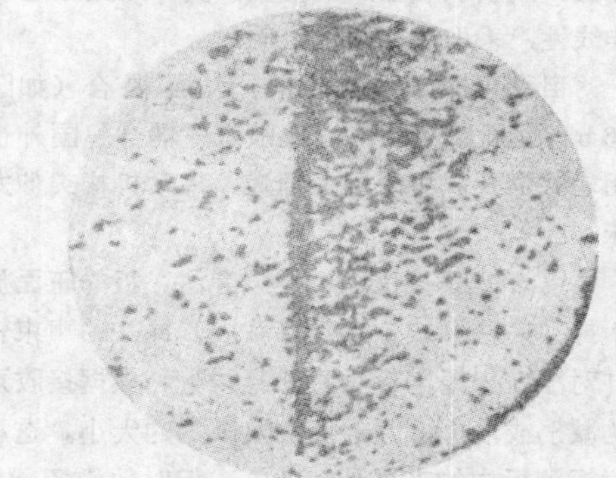

图 9-3-25　超声波检验出的钨合金棒中之缺陷

横剖面，×30，裂纹深度1.2～2.8mm

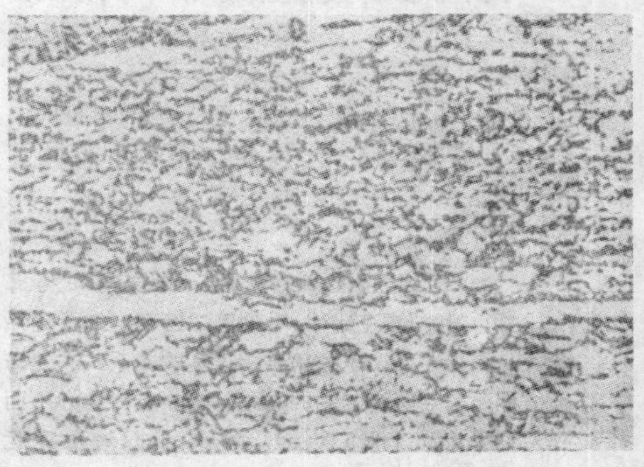

图 9-3-26　超声波检验出的拉长α相

6．几个实例

（1）高比重钨合金棒材探伤采用全水浸、棒材旋转、探头水平移动式自动化探伤。因为是粉末冶金材料，除用纵波、横波反射法探伤外，还用纵波检验观察底波变化的底波衰减法。频率为5MHz，可探测最小当量缺陷为ϕ1.2mm平底孔和ϕ1×1.2mm柱面孔。

（2）钛棒探伤。图9-3-26所示是用双晶直探头、弧形接触面、5MHz频率，手动检验出的拉长α相，这种相对钛棒的疲劳性能有很大影响。

（五）板材探伤

从探伤角度看，厚度大于4.5mm的板材为中厚板，小于者为薄板。

1．中厚板探伤

通用的方法有三种。

（1）纵波反射法。近表面缺陷用双晶直探头。深层缺陷辅以纵波直探头，为克服近场区的非线性，采取水柱延迟。

自动化探伤多采用薄水层耦合（如图9-3-16b，但靴底为平的）或喷水式耦合。国外也有采用轮式探头。可采用多通道，传动机构类似龙门刨床。

（2）垂直透射声波强度法。板的正面放置发射探头，背面放置接收探头，二探头的声束轴一致并对准在一条与板垂直的直线上。根据接收声强度的减弱或消失，判定伤位及缺陷的大小。这种方法对探测板中的夹层是有效的，但对数量多、尺寸小的夹杂物不可靠。其耦合方式与前述的纵波反射法相同以实现自动化探伤。

（3）横波探伤及板波探伤（即下节的兰姆波探伤）。横波探伤，用来探测垂直或近似垂直于板面的缺陷，特别是裂纹。可实现自动化探伤。

板波探伤对于检测较薄板材中心的点状缺陷，例如弥散的小夹杂物十分有效，但较难实现自动化。

2．薄板探伤

（1）兰姆波（板波的一种）探伤。H.兰姆（Lamb）利用虎克定律、牛顿第二运动定律及边界条件，得出了连续波频率与相速度的关系式。兰姆波方程可分为两个独立的方程，一个相对中心平面作对称型运动（用S表示），另一个作反对称型运动（用A表示）。如果将频率f与板厚d的乘积作为一个因子来考虑，对于给定材料，可作出fd-ν关系曲线（ν是相速度），称相速度曲线。每种型式的运动又可分为具有不同相速度的模式，如S_0、S_1、S_2……，A_0、A_1、A_2……，如图9-3-27所示。

实际探伤中用的是脉冲波。脉冲波由不同频率分量的连续波组成，所以兰姆波在板中是以群速度ν_g传播的，可得出群速度曲线，如图9-3-28所示。ν、ν_g、fd有如下关系：

$$\nu_g=\frac{\nu^2}{\nu-(fd)\times\dfrac{d\nu}{d(fd)}} \qquad (9\text{-}3\text{-}7)$$

为在板中激起兰姆波，常采用声波倾斜入射，入射角θ应满足$\sin\theta=\nu_L/\nu$关系式，式中ν_L为纵波在第一介质中的传播速度，ν为第二介质中（板中）

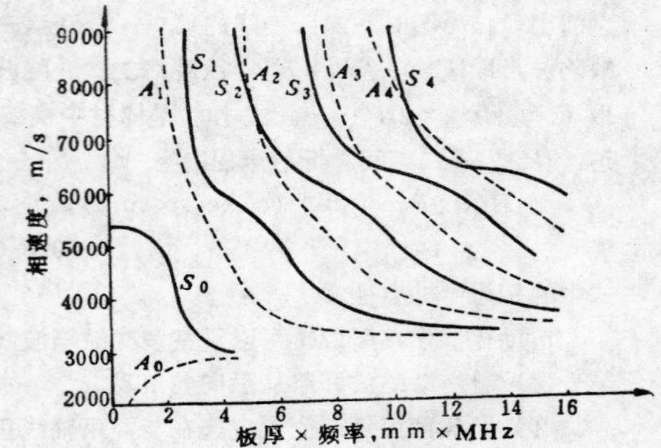

图 9-3-27 钛合金TC4的相速度曲线
纵波速度为6130m/s，横波速度为3150m/s

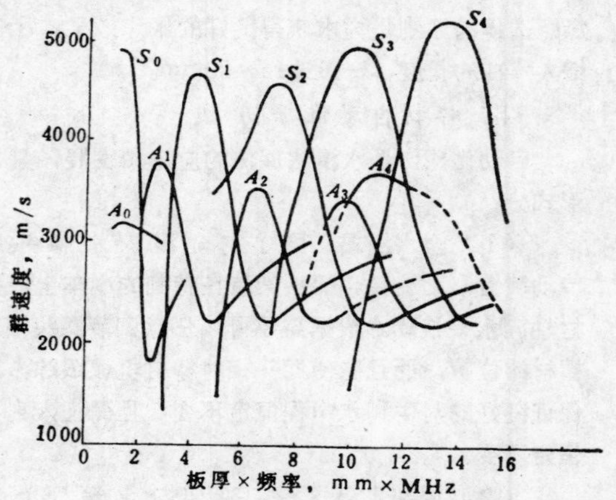

图 9-3-28 钛合金TC4的群速度曲线
纵波速度为6130m/s，横波速度为3150m/s

兰姆波的相速度。

这样，对于给定的材料，当fd一定时，可通过不同的入射角在板中获得相应模式的兰姆波。薄板兰姆波探伤时选择何种兰姆波至关重要。为发现距板面不同深度的缺陷，有必要采取一种以上的模式。例如对Pt-Ir_{25}铂铱合金板（厚度0.9mm），常采用以2.5MHz的探头芯装在48°的有机玻璃斜楔块上在板中激发A_1模，又以4.5MHz的探头芯装在32°40′的有机玻璃斜楔块上在板中激起S_2模，分两次探伤效果较好。图9-3-29所示即为发现缺陷的一例。

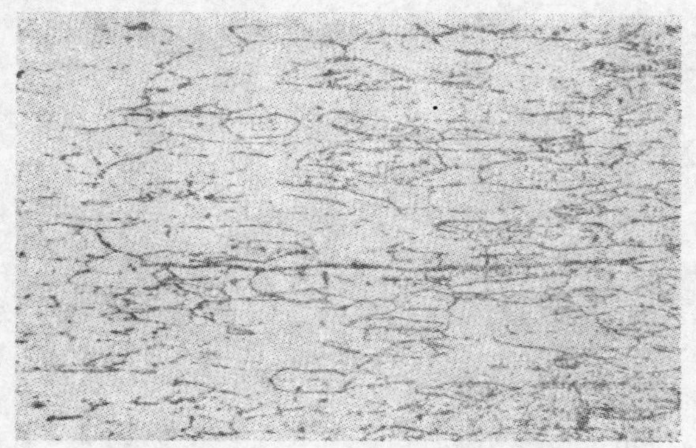

图 9-3-29　兰姆波探伤所发现Pt-Ir_{25}板的缺陷

薄板中的缺陷一般沿轧制方向延伸，所以兰姆波的入射方向通常垂直于轧制方向。可在板上钻一穿孔及一平底浅孔（深度为板厚的1/10）以调整灵敏度及确定一次探测的有效距离，孔径根据对质量的要求确定。检查前应将板面擦洗干净，避免油滴、污物等产生反射信号而引起误判，另一方面却可用油滴或手指压按法确定波的反射点位置。对于给定的材料和选定的模式，兰姆波反射波高仅取决于缺陷与板面的距离及缺陷迎波面的形态，与缺陷面积大小并无一定关系。此外，检查时不仅要注意始脉冲和板端反射波之间是否出现缺陷波，还要注意板端反射波形状及位置有无变化，否则也会造成漏检。

兰姆波探伤只扫查一面即可，不必再扫查反面。

（2）穿透反射法。如图9-3-30所示，这种探

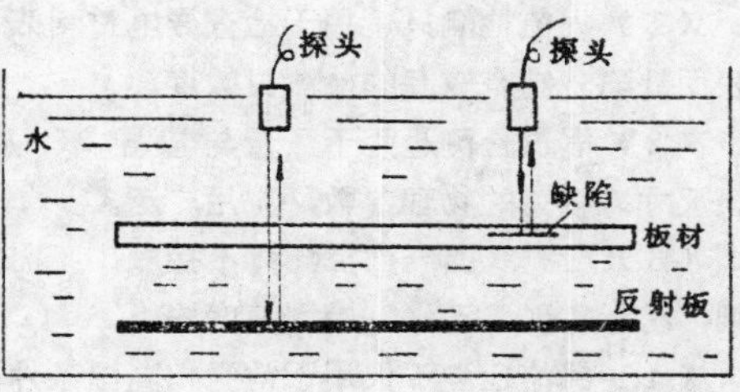

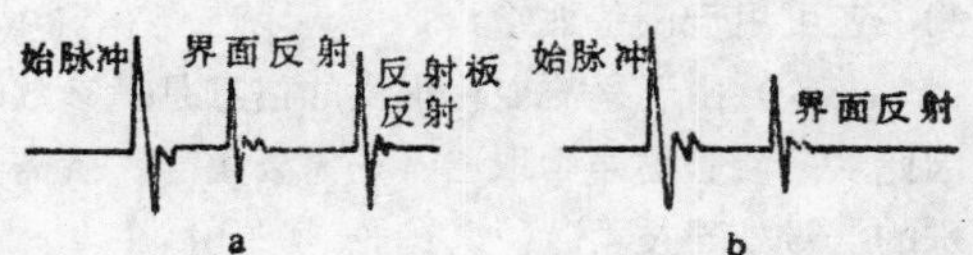

图 9-3-30　薄板的穿透反射法超声探伤
a—无缺陷时波形；b—有缺陷时波形

表 9-3-4　涡流检测应用范围

检测分类	目　的	线圈类型	被检材料形状	用　途
探　伤	检出缺陷	穿过式 探头式 内插式	管、棒、丝材 管、棒、板、球、焊缝等 管、内孔	生产过程、质量管理和设备维修、检验
材质检验	混料分选 状态鉴别	穿过式 探头式	管、棒、丝及形状规则零件、 板、零件	质量管理
材质检验	电导率	探头式	板、棒	合金状态鉴别
膜厚测定	涂层厚度测量	探头式	板及各种零件	非金属磁性膜层及金属材料上非金属涂层厚度测量
尺寸测量	尺寸、形状变化	穿过式 探头式	管、棒、丝 板、带	检测及自动控制

伤方式对检查板中有无较大面积夹层尤为有效。

第二节 涡流检测

一、概　　述

涡流检测是以电磁感应原理为基础的一种无损检测方法。当金属等导体接近通以交变电流的线圈时，便在导体中产生涡旋状电流，称为涡流。涡流的大小、分布不仅与材料的电导率、磁导率等材质、形状有关，而且与材料有无缺陷等因素有关。因此涡流检测可用于探伤、测厚、电导率、磁导率以及与材料电磁性能有关的参数测量及分选等。应用范围见表9-3-4。

涡流检测有以下特点：

（1）涡流检测只适用于检查导电材料表面及近表面缺陷。它有较高的检测灵敏度。

（2）涡流检测也用于测量与电导率、磁导率、尺寸等有关的物理参数，应用广泛。

（3）检测线圈与被检测体不接触，不需要耦合剂，易于实现自动化，检测速度快。

（4）涡流检测不仅用于常温和高温条件下检测，还可用于设备维修。

（5）由于涡流变化提供的信息是多参数的，因此从多参数信号中取出某一需要信号，就需要特殊的信号处理技术。

（6）适于异型材料和小零件检测，但检测效率低。

二、基本概念

1．趋肤效应

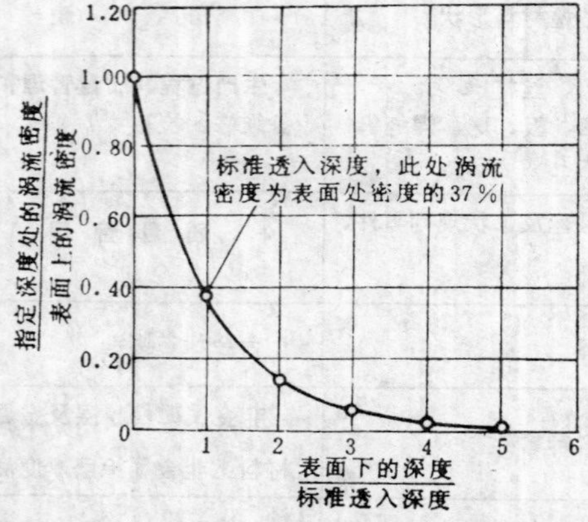

图 9-3-31　透入导体的涡流密度与深度的关系曲线——趋肤效应

当交流电流通过导体时，随着电流频率的增加，导体横截面各处的电流密度不同，表面最大，越往中心越小，这种现象称为趋肤效应。图9-3-31为趋肤效应示例。

2．渗透深度

为定性地描述趋肤效应的大小，通常引用标准渗透深度的概念。

标准渗透深度也叫趋肤深度。导体中涡流密度下降到表面电流密度的$\frac{1}{e}$（约为36.8%）处的深度，称为标准渗透深度。以δ表示。

$$\delta=(\pi f\mu\sigma)^{-\frac{1}{2}} \tag{9-3-8}$$

式中　f——频率，Hz；

μ——磁导率，H/m；$\mu=\mu_0\mu_r$，$\mu_0=4\pi\times10^{-7}$H/m，μ_r为相对磁导率；

σ——电导率，$1/(\Omega\cdot m)$；

δ——渗透深度，m。

上式还可写成

$$d_s=\frac{5.033}{\sqrt{\mu_r\sigma f}}=5.033\sqrt{\frac{\rho}{\mu_r f}} \tag{9-3-9}$$

式中　d_s为标准渗透深度，cm；ρ为电阻率，$\mu\Omega\cdot$cm；μ_r为相对磁导率（非磁性材料为1）；f为检测频率，Hz。σ为电导率，$1/\mu\Omega\cdot$cm。

表 9-3-5　非磁性金属材料的电阻率ρ、渗透深度δ和频率f的关系

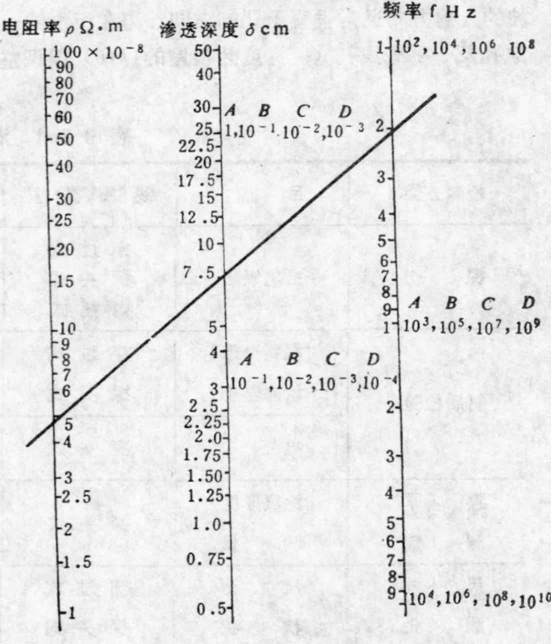

分析此式可知：渗透深度d_s取决于被检材料的电磁特性及激励频率。μ、f、σ越大，标准渗透深度越小；f大时，在导体表面有较高的检出灵敏度。f减小时，虽可获得较大的渗透深度，但检出灵敏度下降。因此，涡流检测只适用于导体表面及近表面检测。

如果标准渗透深度大于被检测试样的厚度，则涡流可反映出材料的厚度。因此涡流检测可用于厚度测量。

表9-3-5列出了非磁性金属材料的电阻率ρ、渗透深度δ和频率f的关系。

三、线圈的阻抗图

当交流电在线圈中流动时，对交流电流的总的抵抗称为阻抗（Z），它由交流电阻（R）和感抗（X_L）组成。

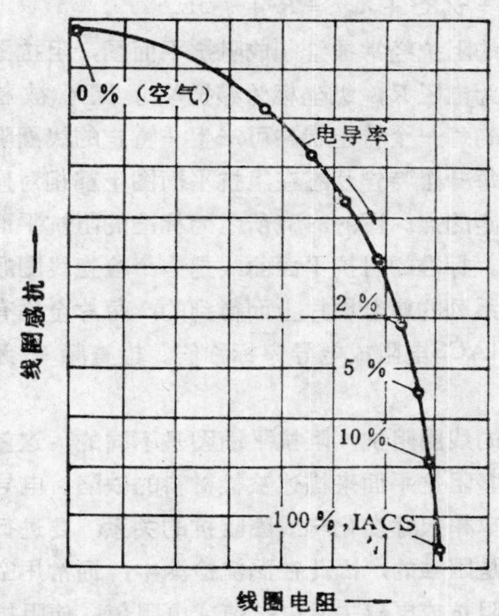

图 9-3-32 标准的阻抗平面曲线

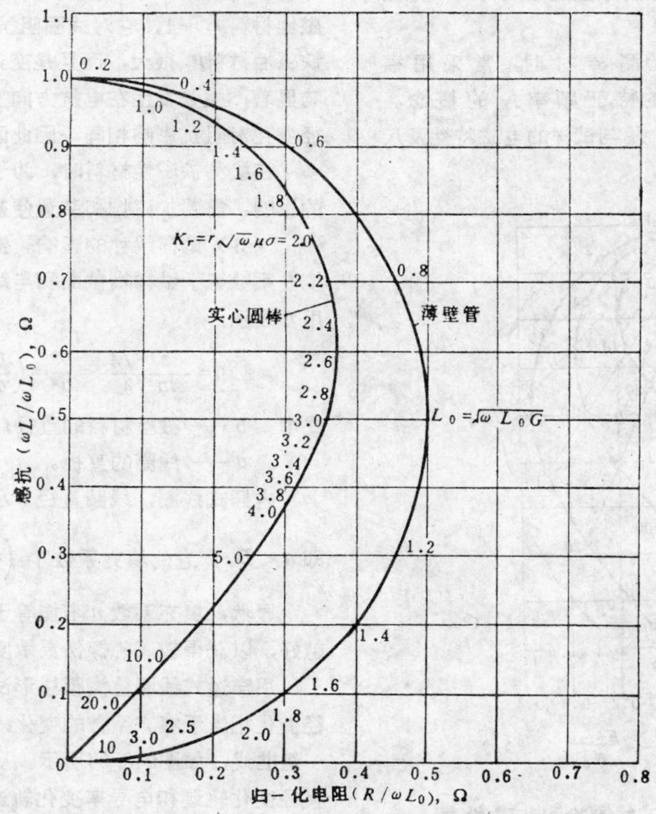

图 9-3-33 环绕在非铁磁材料的金属实心圆柱体上的一长线圈的归一化阻抗图以及薄壁管的阻抗图

k——对于导电材料的电磁波传播常数，即$\sqrt{\omega\mu\sigma}$；r——导电圆棒的半径，m；ω——2πf；f——频率；$\sqrt{\omega L_0 G}$——对于简化电路的与$\sqrt{\omega\mu\sigma}$相当的量；μ——棒的磁导率，若棒为非磁性材料时，其值为$4\pi\times10^{-7}$H/m，σ——棒的电导率，Ω·m；1.0——线圈的占空系数

$$Z=\sqrt{R^2+X_L^2}=R+\vec{j}\omega L。$$

线圈的阻抗经常被绘制成阻抗平面图，阻抗图的横坐标为电阻R，纵坐标为感抗X_L。因为被检测的材料的每一个特定状态可产生一特定的线圈阻抗，所以每一个特定状态在阻抗平面图上都相对应于一个特定的点。图9-3-32所示为标准的阻抗平面曲线示例。标准的阻抗平面曲线是一个检查线圈顺次放在一系列的厚金属片上而得到的，每片金属有着不同的IACS电阻或电导率标称值。检查频率为100kHz。

不同的线圈阻抗，阻抗平面图是不同的，这就需要用许多阻抗平面来描述被检材料的缺陷、电导率、磁导率和尺寸变化与线圈阻抗的关系，要进行相互比较是困难的，因此在涡流检测中，通常用空心线圈的阻抗或电感去除电抗值或电阻值，使阻抗归一化，这样绘制的阻抗图称为归一化阻抗图，如图9-3-33所示。归一化阻抗图上的曲线可适用范围广泛的各种状态。

用穿过式检测线圈检测棒材时，常采用福尔斯特（Förster）提出的特征频率f_g的概念。特征频率也叫介限频率，f_g与试样的电磁特性及尺寸变化有关，所以阻抗图也往往采用f/f_g作为参变量，如图9-3-34所示。

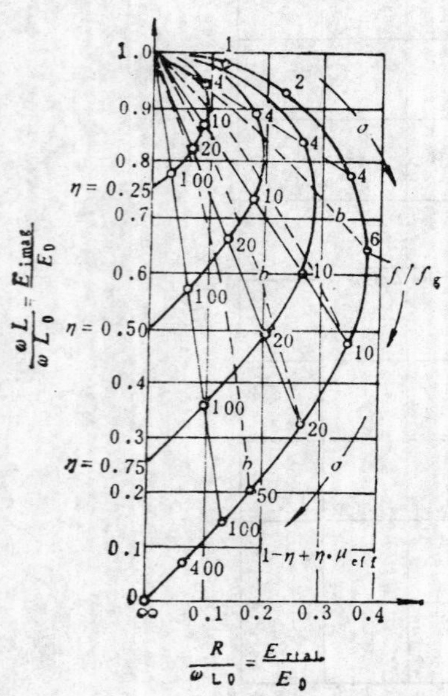

图 9-3-34 用穿过式线圈检测非磁性棒材（$\mu=4\pi\times10^{-7}$H/m）的阻抗图

$\eta=\left(\frac{b}{a}\right)^2$填充系数；$\sigma$—电导率；$\mu_{eff}$—有效磁导率

对于棒材 $f_g=\dfrac{5066}{\mu_r\sigma D^2}$ (9-3-10)

式中σ的单位为$1/(\mu\Omega\cdot cm)$；D的单位为mm。

上式还可写成 $f_g=\dfrac{8604}{\mu_r\sigma D^2}$

式中σ的单位为%IACS；D的单位为mm。

影响线圈阻抗的因素有被检材料的电导率、磁导率、试样尺寸、缺陷及线圈与被检试样间的距离等。

（1）电导率的影响。电导率σ的变化，影响f/f_g，也就是影响f_g值。从图9-3-34中可看出σ的变化效应是发生在曲线的切线方向。根据电导率的差异会引起检测线圈阻抗变化的原理，可将涡流检测用于材质分选和热处理状态鉴别等。

（2）磁导率的影响。磁导率$\mu=\mu_0\mu_r$，非铁磁性材料$\mu_r\approx1$，它对线圈阻抗是没有影响的；但铁磁性材料μ_r很大，而且是变化的；对线图阻抗影响显著，主要发生在电抗方向上，磁导率和试样直径变化对阻抗影响相同，因此区别二者是困难的。

在检测铁磁性材料时，为了消除μ_r变化带来的影响，需要加磁饱和装置使被检材料磁化。

（3）试样尺寸的影响。穿过式线圈的线圈的填充系数等于试样横截面积与线圈横截面积之比，用η表示：

$$\eta=\frac{\pi b^2/4}{\pi a^2/4}=\frac{b^2}{a^2}=\left(\frac{b}{a}\right)^2 \quad (9\text{-}3\text{-}11)$$

式中 b——被检材料的直径；

a——线圈的直径。

内插式线圈，线圈直径a小于管的内径D_i，即$a<D_i$，它的填充系数$\eta=\left(\frac{a}{D_i}\right)^2$。

显然，填充系数η不能等于1，但希望η越大越好，以获得较高的探伤灵敏度。

用穿过式线圈检测圆柱形试样时，被检试样直径变化相当于填充系数的变化，在阻抗图上可作出一组曲线，如图9-3-34所示。从图可知，被检材料直径变化轨迹和电导率变化轨迹之间存在夹角α，因此可用相敏技术将二者区分开。

（4）提离效应的影响。当使用探头式线圈时，线圈从被检材料表面移开，其阻抗发生变化的效应称为提离效应。它的影响相当于穿过式线圈的

表 9-3-6　检测线圈种类、型式

方式 分类	绝对式	自比差动式	比较式	用途特点
穿过式（DD）	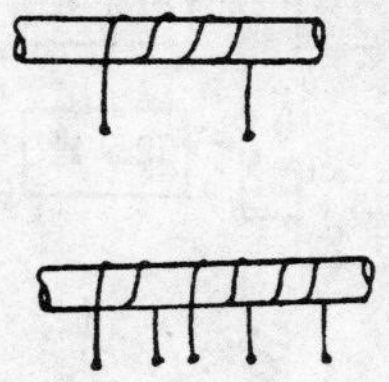	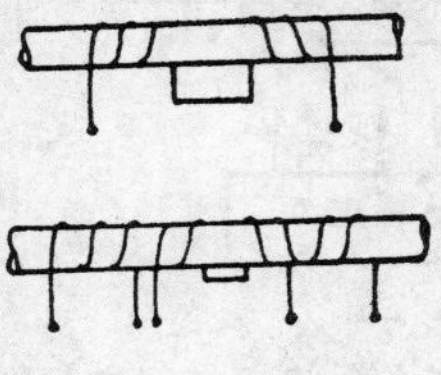	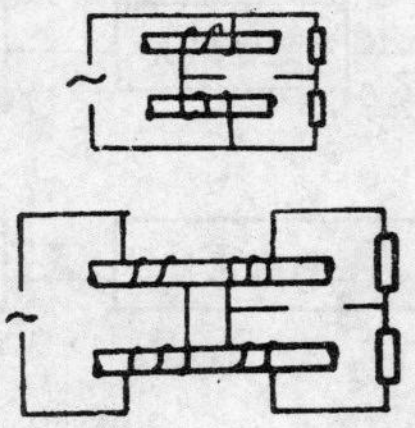 ~	用于管、棒、线材，零件探伤；速度快，易实现自动化检测，制造容易
内插式（ID）	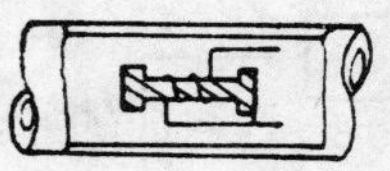	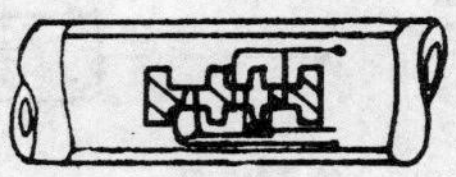		管、孔、内壁探伤，制造容易
探头式	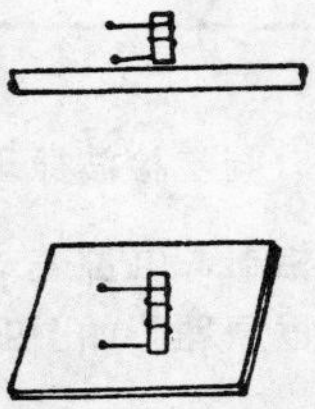	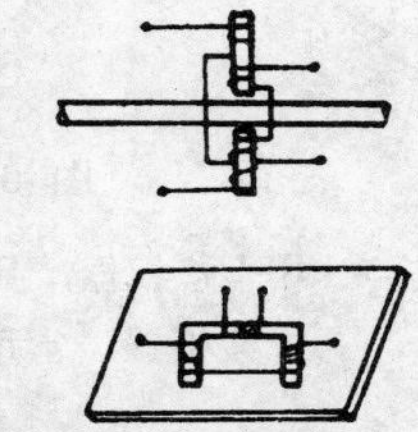		管、棒、球体，板及复杂部件探伤，测厚、电导率测量等，灵敏度高，制造困难

填充系数。

（5）缺陷的影响。缺陷对线圈阻抗的影响，可以看作是电导率和试样几何尺寸变化的综合结果。

（6）边界效应的影响。当检测线圈到达被检试样的端部时，由于涡流没有路径可流动而发生畸变，其结果产生被称为“边缘效应”的干扰信号，因此要注意这个效应的存在。

四、涡流检测系统

手动检测系统由检测仪器和检测线圈组成。

自动检测系统一般由检测仪器、检测线圈、传送装置，打标器和记录仪等部分组成。

检测铁磁性材料时，还包括磁饱和装置和退磁装置。

（一）检测线圈

检测线圈按其结构型式可分为以下几类：

（1）环绕式线圈。也叫外穿过式线圈，围绕被检材料，它允许被检材料连续地从其中心通过，其特点是能一次检测材料的整个圆周。连续检验时，速度高，在管、棒、线材探伤中，大量采用这种线圈。

（2）内插式线圈。能检测管、孔的内壁或试件凹进部分，它能一次检测被检材料的整个圆周。可用于冷凝器管的在役检查。

（3）探头式线圈。也叫表面线圈，只能检测探头下小块面积，检测面积小。检测时，必须沿着被检材料表面进行扫描，检测速度慢。为提高检测效率，需采用多个探头同时工作。它的特点是检测灵敏度高。

扇形线圈也叫马鞍形线圈，用于焊缝探伤。此外还有混合式线圈等。

检测线圈按线圈个数分为单线圈和多线圈。按比较方式分为绝对线圈，自比式线圈和他比式线圈。表9-3-6列出检测线圈种类、型式。

（二）探伤仪

1．涡流探伤仪的组成

（1）激励单元。包括振荡器和功率放大器。

（2）放大单元。包括具有选频特性的多级放大器，为使信号电平工作在线性区，其前端加一具有零电势补偿作用的平衡器。

（3）信号处理单元。包括相敏检波器、滤波器，幅度鉴别器等。

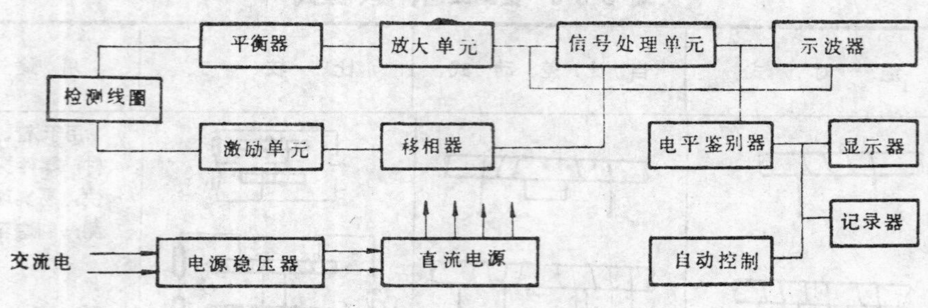

图 9-3-35 涡流探伤仪方框图

（4）信号报警、显示及记录单元。包括报警器，荧光屏伤形显示，打标器及记录仪等。

涡流探伤仪方框图如图9-3-35所示。

2．各单元作用及工作原理

（1）激励单元：给检测线圈以交变电压，以产生交变磁场。

（2）平衡器：有手动和自动平衡两种，用以抵消检测线圈的不平衡电势。新型的涡流探伤仪已采用电子式自动平衡电路，它的响应速度快寿命长。

（3）放大器。是各种电子元器件组成的放大器，可将检测线圈接收的信号放大。为有效地选定需要的信号，一般采用选频放大器，以达到抑制噪声的目的。图9-3-36所示为选频放大原理图。

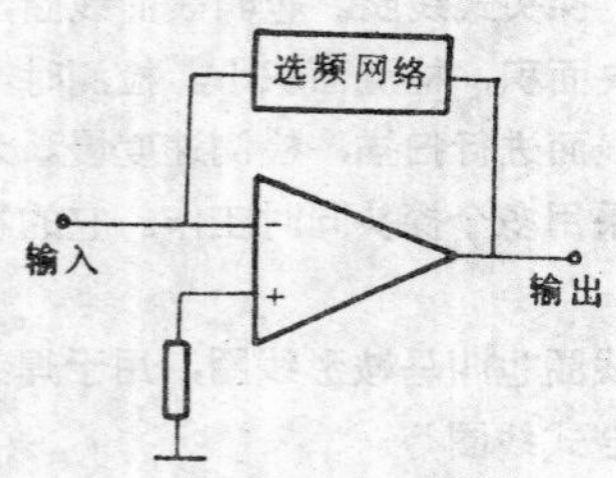

图 9-3-36 选频放大原理图

（4）相敏检波器。从检测线圈阻抗图可知，缺陷产生的信号和其它因素产生的信号，在一定条件下，相位是不同的。利用这个相位上的差异来抑制干扰因素的方法称为相位分析法或阻抗分析法。在相位分析方法中，同步检波器或者能起到与同步相敏检波作用相同的部分是不可缺少的。同步检波原理示于图9-3-37。

（5）移相器。将某一给定电压转动一个固定相角的装置称为移相器。移相器主要有四种类型：

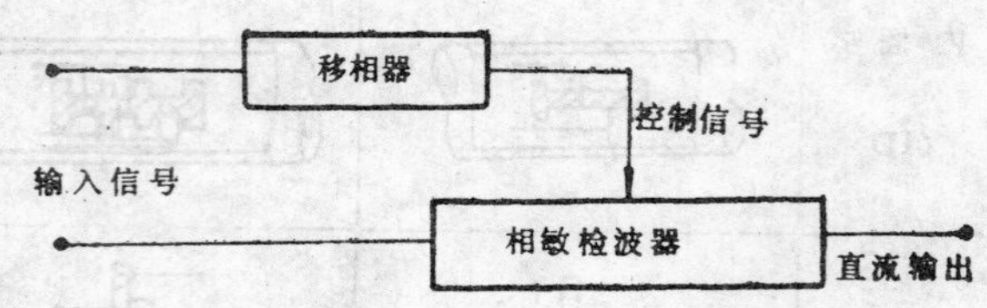

图 9-3-37 同步检波原理图

R-L移相器，R-C移相器，电位差式移相器及旋转式移相器。常用移相器原理图如图9-3-38所示。

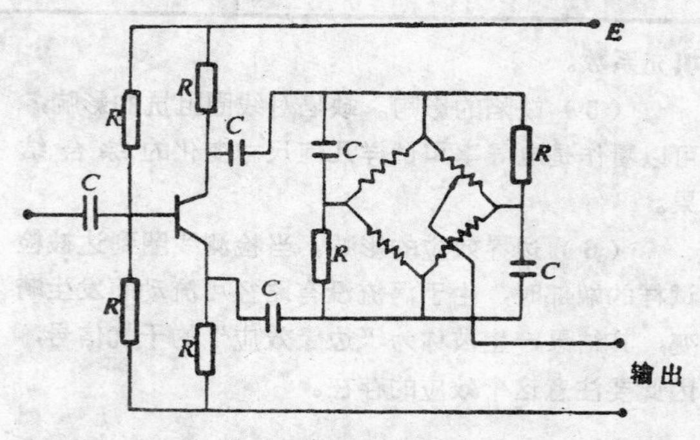

图 9-3-38 移相器原理图

（6）滤波器。具有让某一频率信号通过，而另一部分频率信号受到较大衰减的功能。常用滤波器有RC滤波器及LC滤波器等。涡流探伤仪中所采用滤波器原理如图8-3-39所示。

（7）幅度鉴别器。是一个双向切除低电平噪声电路，它允许幅值高于抑制电平的信号通过，而低于抑制电平的信号不被输出，因而通过抑制电平的调整，抑制低电平噪声信号，提高缺陷信号的信噪比。原理如图9-3-40所示。

（8）显示器。配有电表、阴极射线管、报警器、打标器、记录仪等，阴极射线管显示方式有失

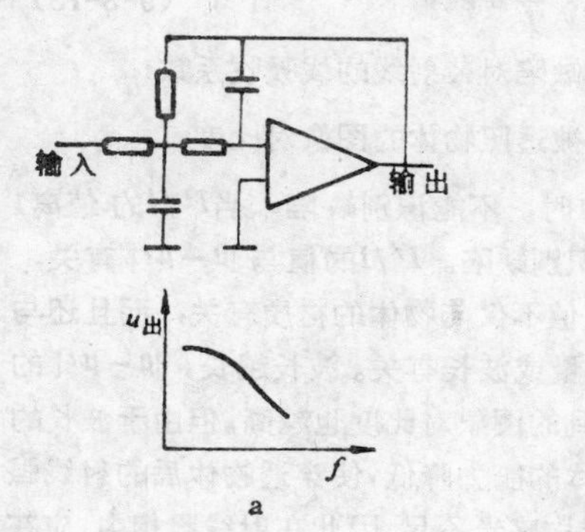

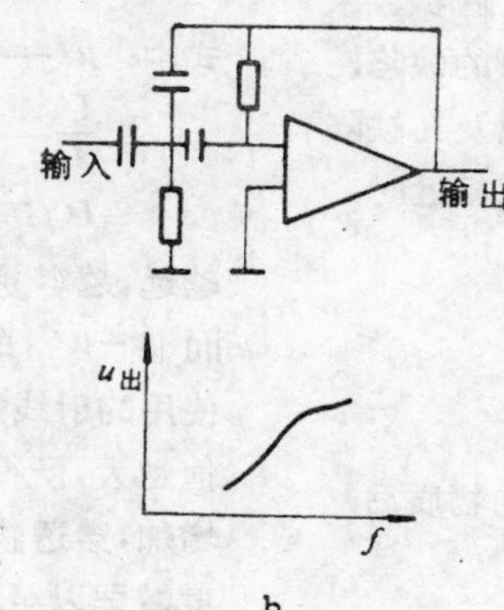

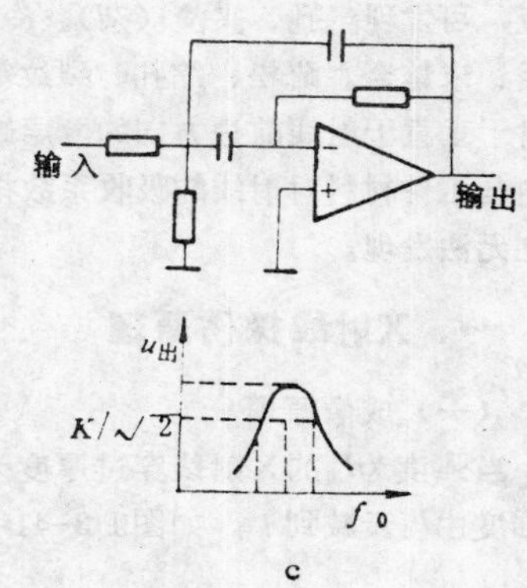

图 9-3-39　滤波器原理图

a—低通滤波器；b—高通滤波器；c—带通滤波器

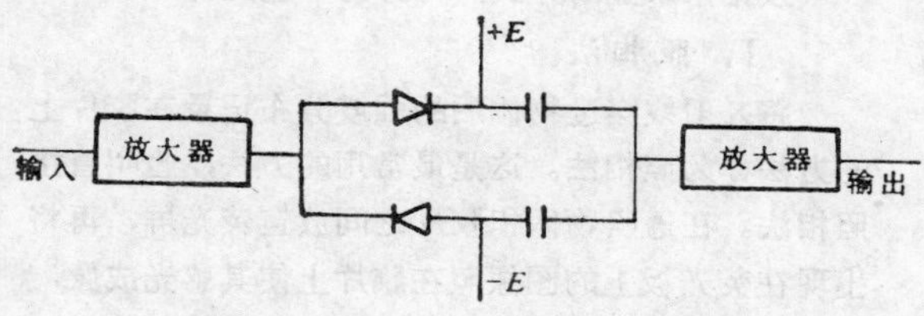

图 9-3-40　幅度鉴别器原理图

量光点法，椭圆法，线性时基法等。

3．多频涡流探伤仪

它用几个频率同时工作。根据不同频率对不同参数变化获得多个测量结果，并进行模拟或数值运算，提取所需信号，抑制干扰信号，可以取得单频涡流探伤法所不能取得的检测结果。目前多频涡流检测技术已广泛用于核电站蒸汽发生器管道的役前和在役检查。

五、对比试样

1．使用对比试样的目的

（1）调整仪器的各种使用参数，确定检测条件及报废电平。

（2）探伤装置的调整及测试，如调整及测试灵敏度、灵敏度余量、分辨率、重现性等。

（3）用作判废或验收标准。

对比试样的材料应与被检材料的材质、性能、牌号、规格等完全相同。对比试样的管理及保养应注意防止弯曲、压叠，除锈蚀不能用表面研磨或加热方法。对比试样的材质、尺寸、人工缺陷的大小等应作简明标记。

2．标准人工缺陷

标准人工缺陷的形状、大小及加工方法等应根据有关标准制作，或者供需双方协商确定。对比试样用人工缺陷的种类有槽、钻孔，有时也采用自然伤等。对比试样的具体要求，一般在检测标准中规定。

六、涡流检测标准化

为推广涡流检测，许多国家对涡流试验方法进行了标准化工作。这对保证涡流检测结果的可靠性和实施检测方法的一致性具有重要意义。涡流检测标准，主要是对试验中的下述项目作原则的规定：

（1）试验件（材料，形状，尺寸）；

（2）试验原理、方法；

（3）试验术语的定义；

（4）标准试件（包括人工缺陷的形状、大小及加工方法）；

（5）设备和检测线圈；

（6）仪器的调整及试验步骤。

涡流检测标准很多，有检测方法和探伤标准，有各种产品的检测标准，在这些标准中有国标、企业专业标准、厂标等。

第三节　X射线探伤

X射线可以用于稀有金属材料的探伤，它的适用范围较广，可以探较厚工件，也可探很薄很小的工件，对工件表面光洁度、工件形状没有特殊要求。X射线探伤可以发现表面及内部缺陷。检验的结果直观、可靠，并可用底片作永久性记录。X射线探伤最适合于焊缝、铸件及一些非金属材料、构件的检查，可发现气孔、夹渣（杂）、冷隔、偏析、未焊透、未熔合。疏松、缩孔、裂纹等类型的缺陷，但对于垂直于射线前进方向的薄层缺陷以及在缺陷材料与工件材料对射线的吸收系数相同或相近时，往往无法发现。

一、X射线探伤原理

（一）成像原理

当强度为I_0的X射线穿过厚度为d的物质后，其强度由I_0衰减到I，如图9-3-41所示。

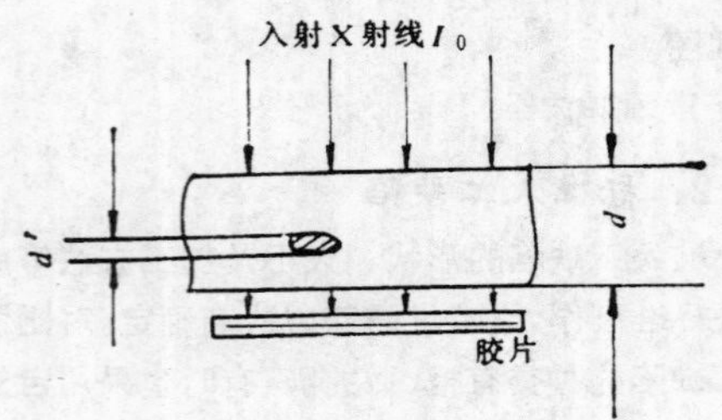

图 9-3-41 成像原理示意图

如果物体中有厚度为d'的缺陷存在，则通过缺陷后的射线强度I'为：

$$I' = I_0 e^{-\mu(d-d')-\mu'd'} \quad (9\text{-}3\text{-}12)$$

简化后得：

$$\frac{I'}{I} = e^{-(\mu-\mu')d'} \quad (9\text{-}3\text{-}13)$$

式中 μ'——缺陷对X射线的线吸收系数；

$\frac{I'}{I}$——被透照物体的图像对比度。

当$I'/I=1$时，不能识别缺陷；当I'/I的值离1越远，越容易识别缺陷。I'/I的值与$|\mu-\mu'|$有关，而$|\mu-\mu'|$的值不仅与物体的材质有关，而且还与使用的射线能量或波长有关。波长越长，$|\mu-\mu'|$的值越大，所得到的图象对比度也越高。但由于波长的增加，穿透物体的能力降低，使穿透物体后的射线强度减弱以至胶片感光不足。因此在射线照相中，应在满足胶片有足够曝光的条件下，尽可能降低管电压，使射线的波长尽可能长以便获得满意的探伤结果。

（二）X射线探伤显示方法

按记录或显示方式，可分为下述几种：

1. 照相法

将X射线穿过物体后的强度分布记录在胶片上的方法称为照相法。这是最常用的方法，也叫直接照相法。在透照物体和胶片之间放置荧光屏，再将出现在荧光板上的图像照在胶片上使其感光成像。这种方法叫间接照相法。

2. 实时成像法

用中间体（如荧光板、X射线像变换板，像增强器等）将透射的X射线变成可见像，再经放大，用肉眼观察或用电视摄像机摄下，通过监视器进行

放射线源
试验体
X射线胶片
a

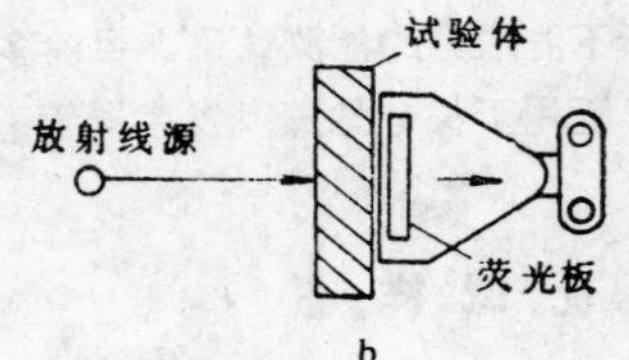

放射线源
试验体
肉眼
电视摄像机
荧光板
c

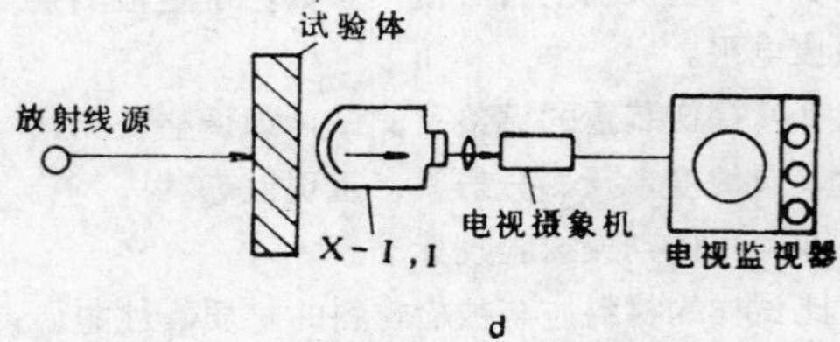

图 9-3-42 X射线试验分类

a—直接照相法；b—间接照相法；c—实时成像法：X射线→光→肉眼透视法、荧光板；d—实时成像法：X射线→光电子→光→电信号→光透视法X射线荧光倍增管+电视

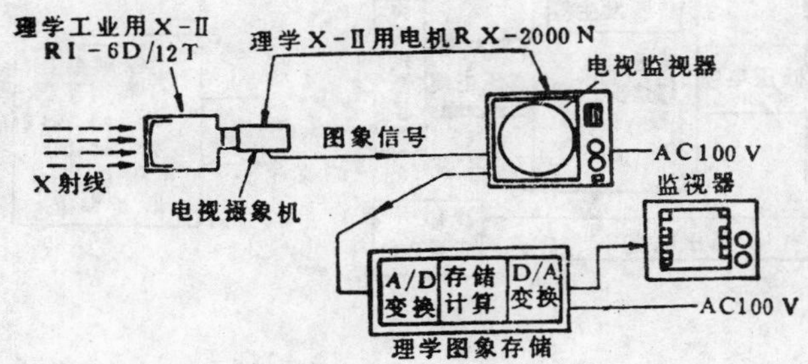

图 9-3-43　理工用X射线电视、图像存贮处理系统

观察的方法称为实时成像法。

X射线试验法的分类见图9-3-42。

3．图像处理技术

随着电子技术的发展，图像处理技术已成功地应用于工业X射线电视检测系统，把X射线电视装置的探伤灵敏度提高到几乎与底片相等的程度。其工作原理是电视图像信号经A/D模拟-数字转换器将电视信号转换成数字，经自动积分处理、存贮、比较放大后由D/A数字-模拟转换器将数字还原成电视图像输出至监视器。图9-3-43所示为日本理学工业电视图像处理系统框图。

中国研制成功的图像处理装置，其丝型透度计灵敏度、对厚20～40mm的钢，可将2%提高到1%。而且图像稳定，便于观察。还能采取图像对数变换，减影处理，与二值化等微机技术，进一步识别缺陷。

二、X射线探伤设备

（一）X射线发生器

X射线发生器也叫X射线管头，由X射线管和防护件及其外部金属壳等组成。携带式X射线探伤机的管头中通常还装有高压发生器。其结构如图9-3-44所示。

X射线管有玻璃X射线管、陶瓷X射线管和金属陶瓷X射线管。X射线管的阴极由钨丝绕制而成，阳极为金属靶。X射线管的真空度为133.3×10^{-5}～133.3×10^{-7}Pa。使用最广泛的500kV以下的X射线发生器，是采用高压变压器产生高压，再加到X射线管的两端。灯丝溢出的电子在电场作用下飞向阳极，并被加速，高速运动的电子撞击阳极靶，产生X射线。

阳极发射电子，其数量决定灯丝电压。X射线管产生X射线的量主要决定于从阴极飞向阳极的电子流，即管电流。而X射线穿透能力的大小主要决

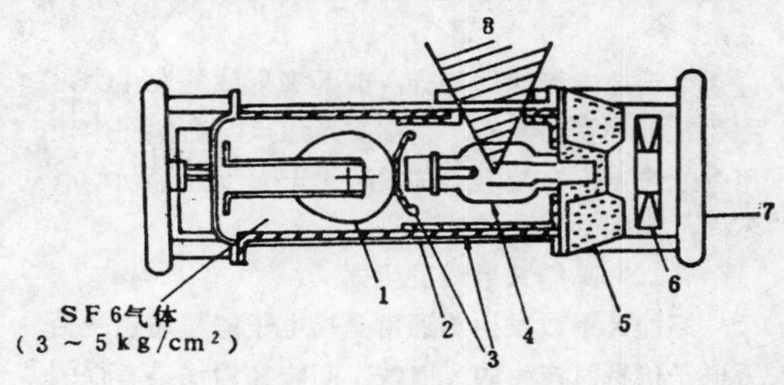

a

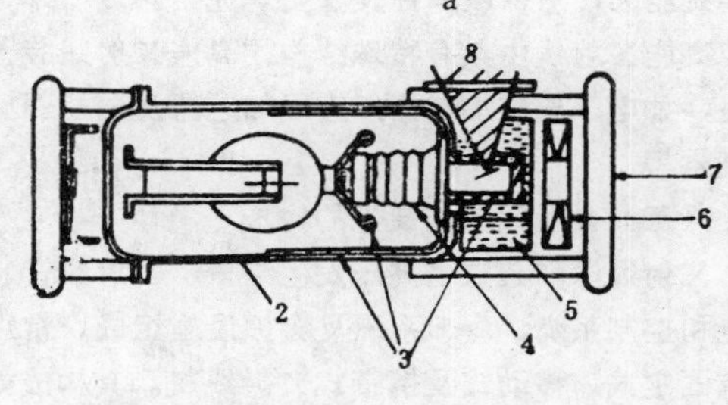

b

图 9-3-44　X射线发生器的典型性构造

a—玻璃X射线发生器；b—陶瓷X射线发生器
1—高压发生器；2—主体套；3—遮蔽铝；4—X射线管；5—散热器；6—冷却风扇；7—把手；8—X射线

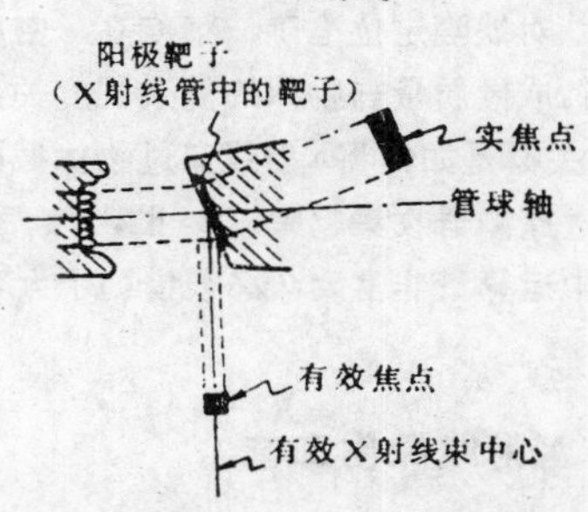

图 9-3-45　实际焦点和有效焦点

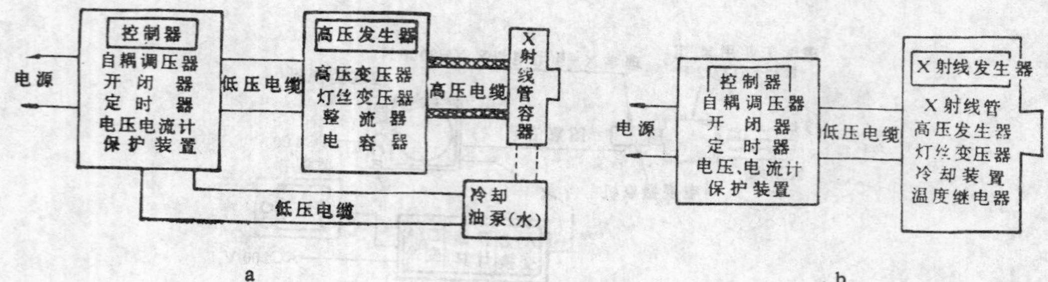

图 9-3-46 X射线装置构成

a—固定式X射线装置构成；b—便携式X射线构成

定于飞向阳极靶电子的运动速度，即决定于X射线管的管电压。管电流与灯丝温度有关，通常用管子的毫安数表示，辐射束的强度和毫安数大致呈正比关系。

电子撞击靶的那部分，成为X射线的发生源，称为X射线管的焦点，也称实际焦点。在探伤中使用有效焦点，有效焦点与实际焦点大小及形状均有不同，如图9-3-45所示。

（二）高能X射线发生器

高能X射线发生器通常是指电子能量超过一百万电子伏特时产生的X射线。高能X射线具有很强的穿透能力，可探测厚件及重金属元素。

高能X射线由具有特殊结构的高能X射线装置产生，如电子感应加速器，直线加速器及电子回旋加速器等。

（三）X射线探伤装置的构成

X射线探伤装置由高压发生装置、X射线管、供电和控制系统、冷却系统及防护设施组成。常用的有固定式，移动式及携带式X射线机。其构成如框图9-3-46所示。

（四）新型的X射线检测技术——层析照相（CT）的工业应用

CT是 Computed tomography的缩写。译为层析照相。其成像的特点是能提供物体截面图像，图像清晰，对缺陷定位准确，精度高，密度分辨率可达0.5%，成像质量与物体的复杂程度关系不大。CT技术的关键是如何将X射线穿过物体截面后的投影数据通过探测器收集起来，存贮，然后重建图象。过程中运算量非常大，必须借助于大容量计算机。

三、X射线探伤工艺

获得符合要求令人满意的X射线照相底片，要掌握好以下环节：射线源的选择，曝光量的控制，源到胶片之间距离的选定，底片的暗室处理及散射线的屏蔽等。

（一）X射线源

应根据探伤要求选择射线源，一般X射线机的参考应用范围列于表9-3-7。

表 9-3-7 一般X射线机的参考应用范围

最高管电压，kV	增感屏	应用范围及大致厚度极限
50	不用	金属薄件，适当厚度的铍，石墨，塑料，铝等
150	铅箔或不增感	铝：127.0mm(5″)，钢：25.4mm (1″)
	荧光屏	钢：38.1mm$(1\frac{1}{2}″)$
300	铅箔	钢：76.2mm (3″)
	荧光屏	钢：101.6mm(4″)
400	铅箔	钢：88.9mm$(3\frac{1}{2}″)$
	荧光屏	钢：114.3mm$(4\frac{1}{2}″)$
1000	铅箔	钢：127.0mm (5″)
	荧光屏	钢：203.2mm (8″)
2000	铅箔	钢：406.4mm (16″)
8～25MeV	铅箔	钢：406.4mm (16″)
	荧光增感屏	钢：508mm (20″)

（二）曝光量及曝光曲线

1．曝光量

射线作用于记录胶片上的总量，即是射线辐射强度及其作用时间的乘积。通常以毫安-分表示。使用金属增感屏或不使用增感屏时，当曝光量E

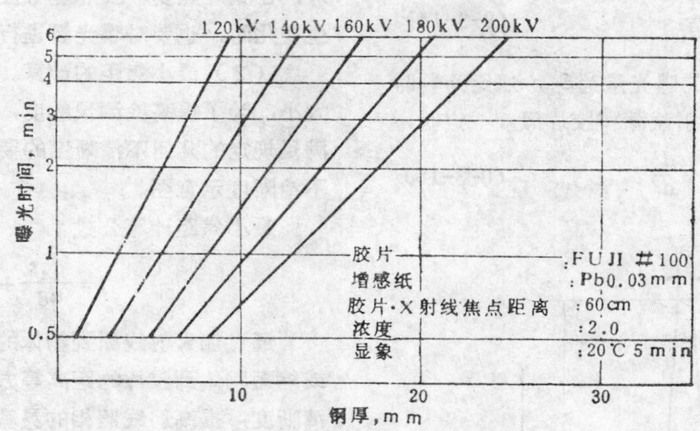

图 9-3-47 参考曝光曲线

胶片为富士100#，增感屏铅为0.03mm，底片黑度为2.0，焦距为60cm

表 9-3-8 各种金属的射线照相的等效系数

金属	X射线，kV					X射线，MeV			γ射线			
	50	100	150	220	400	1	2	4～25	铱-192	铯-137	钴-60	镭
镁	0.6	0.6	0.05	0.08								
铝	1.0	1.0	0.12	0.18					0.35	0.35	0.35	0.40
2024铝合金	2.2	1.6	0.16	0.22					0.35	0.35	0.35	
钛			0.45	0.35								
钢		12.0	1.0	1.0	1.0	1.0	1.0	1.0	1.0	1.0	1.0	1.0
18-8不锈钢		12.0	1.0	1.0	1.0	1.0	1.0	1.0	1.0	1.0	1.0	1.0
铜		18.0	1.6	1.4	1.4			1.3	1.1	1.1	1.1	1.1
锌			1.4	1.3	1.3			1.2	1.1	1.0	1.0	1.0
黄铜①			1.4	1.3	1.3	1.2	1.2	1.2	1.1	1.1	1.1	1.1
因康镍合金		16.0	1.4	1.3	1.3	1.3	1.3	1.3	1.3	1.3	1.3	1.3
锆			2.3	2.0		1.0						
铅			14.0	12.0		5.0	2.5	3.0	4.0	3.2	2.3	2.0
铀				25.0				3.9	12.6	5.6	3.4	

① 不含锡或铅，含有上述随便哪一种元素时，吸收当量则大于该值。

一定时，辐射强度 I （单位mA）和曝光时间t成反比关系，即$E=(\mathrm{mA})_1t_1=(\mathrm{mA})_2t_2$。

2．曝光曲线

曝光曲线是表示某种材料在不同厚度时需用的射线曝光量的图表。是射线检测中选择曝光参数的实用工作曲线。

曝光曲线是通过实验找出受检材料在焦距、胶片型号、增感方式、暗室处理条件，底片黑度等不变情况下，管电压、曝光量与受检材料厚度之间的关系曲线。图9-3-47曝光曲线示例。

在实际照相中，这些被固定的条件往往根据需要适当地改变，因此对从曝光曲线上查出的曝光量也要进行相应的修正。

（1）材料的等效系数。在实际工作中，随机给出的往往只是钢铁材料的曝光曲线。当透照其他材料时，需用等效系数将待检材料的厚度换算成钢铁材料的等效厚度，再按等效厚度选取曝光参数。表9-3-8给出几种常用材料的等效系数。

（2）距离平方反比定律。当管电压、管电流一定时，胶片上接受的射线强度与焦距平方成反比。

若离射线源d_1处的辐射强度为I_1，离射线源d_2处的辐射强度为I_2，当射线源一定时，

$$\frac{I_1}{I_2}=\frac{d_2^2}{d_1^2} \qquad (9\text{-}3\text{-}14)$$

若焦距为d_1时需要的曝光量为E_1，焦距为d_2时需要的曝光量为E_2，当射线源和胶片黑度一定时，

$$\frac{E_1}{E_2}=\frac{d_2^2}{d_1^2} \qquad (9\text{-}3\text{-}15)$$

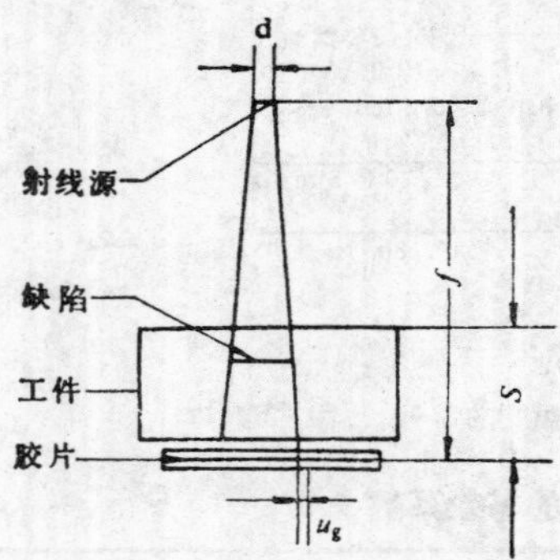

图 9-3-48 几何不清晰度示意图

u_g—几何不清晰度，mm；d—射线源尺寸，mm；S—射线透过工件上表面到胶片的距离，mm；f—射线源焦点至胶片的最小焦距

除了因材料和焦距不同需要对曝光量进行修正外，在底片黑度、胶片型号及胶片与增感屏组合发生变化时，也要对曝光量进行修正。

（3）最小焦距的计算。任何射线源都有一定大小，为了提高检测灵敏度，焦点、焦距的配置应满足规定的几何不清晰度的要求。图9-3-48为几何不清晰度示意图。

最小焦距计算公式

$$f=\frac{d_2 s}{ug}+s \qquad (9\text{-}3\text{-}16)$$

通过加大射线源到物体的距离、减小焦点尺寸或缩短物体到胶片的距离等方法，可以减小几何不清晰度，提高射线照相的灵敏度。

（三）胶片选择

胶片是照相法的记录介质，因此选择合适的胶片是保证达到检测灵敏度的重要因素之一。胶片的特性参数与底片黑度有直接关系。

1. 照相底片黑度

底片乳胶变黑的定量测量称为黑度。它通常用黑度计直接测量。透射黑度由下式确定：

$$D=\log\frac{I_0}{I} \qquad (9\text{-}3\text{-}17)$$

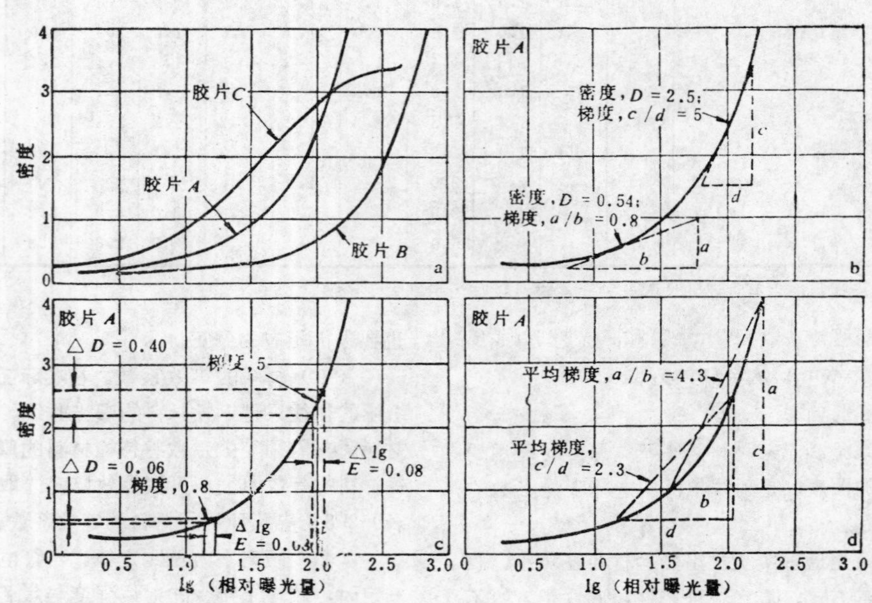

图 9-3-49 X射线胶片的特性曲线

a—包于两层铅屏之间的三种工业X射线胶片对X射线曝光的典型特性曲线；b—在图a中胶片A的曲线上两点的梯度评定；c—用图b中所确定的两个梯度值定出的黑度差（ΔD），相应的相对曝光量相差20%（$\Delta\lg E=0.08$）；d—在两个黑度区间中测定的A胶片之平均梯度

式中 I_0——入射到胶片的光强；

I ——透过胶片的光强。

底片黑度值一般控制在1.5～3.5之间。

2. 胶片的特性曲线

将给定类型的照相胶片所用的曝光量与最终黑度之间的关系用曲线表示称为该类型胶片的特性曲线。也叫H-D曲线、D-log$E$曲线或感光曲线。特性曲线是用黑度对相对曝光量的对数作图而制成的。如图9-3-49所示。它决定着胶片的类型、梯度，感光速度和黑度。

胶片的感光速度

胶片的感光速度与一定的辐射强度在胶片上产生某一特定黑度所需的时间呈反比关系，曝光时间越短，胶片感光速度越快。

胶片的梯度

胶片的梯度又称为胶片的对比度，是射线底片上相邻区之间的黑度差。被照射物体的对比度与胶片的梯度是组成射线照相对比度的两个因素。胶片的梯度是从特性曲线上给定黑度处测定该曲线的斜率而确定的。斜率$G_D=\mathrm{tg}\theta$，曲线上各点的G_D值不同，一般说黑度在1.5～3.5之间曲线为直线，该直线的斜率称为平均斜率。平均斜率高的胶片，显示缺陷的能力强，底片分辨率也高。

胶片的粒度

所有胶片都有一定的粒度等级。一般情况下，慢速胶片比快速胶片粒度小。

由于射线照相的灵敏度不仅与胶片本身特性有关，而且与被照射材料的类型、厚度以及射线源的辐射能量，屏蔽方法等有关，因此选择胶片时要根据实际需要综合考虑。

（四）增感屏

一种用来缩短射线照相曝光时间和提高照相效果、贴附在X射线胶片上的增感材料薄片或薄膜。

当其他条件不变时，不使用增感屏与使用增感屏二者之间所需曝光量之比称为增感系数，它是增感屏的一个重要参数。

$$增感系数=\frac{无增感时所需曝光量}{有增感时所需曝光量} \qquad (9\text{-}3\text{-}18)$$

增感屏有荧光增感屏，金属增感屏及金属荧光增感屏三种。增感效果最好的是荧光增感屏，但是

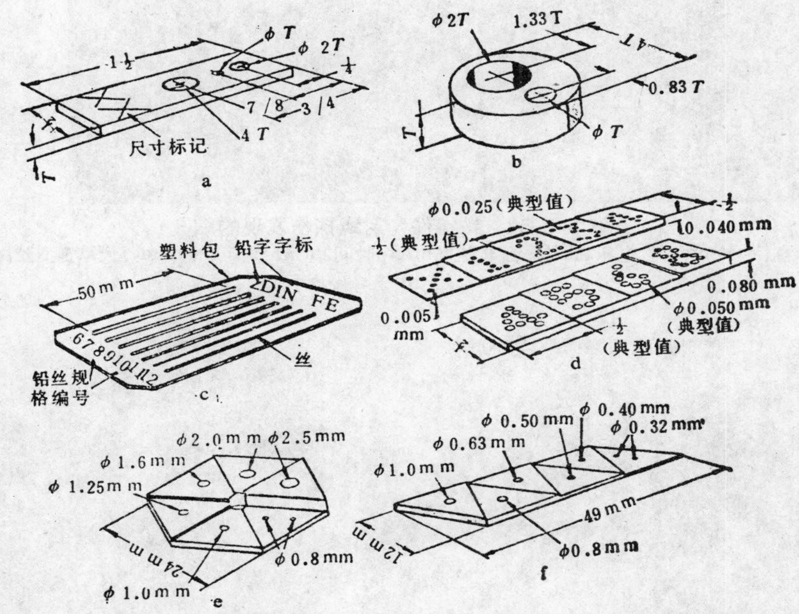

图 9-3-50 几种常用透度计（像质指示器）的形状

a—板厚0.13～0.13mm的矩形片型透度计(ASTM-ASME标准)；b—厚度为4.5mm或更大的圆片型透度计（ASTM-ASME标准）；c—典型的丝型透度计（西德工业标准DIN 54109）；d—英国焊接研究协会采用的方阶多级楔型透度计（BWRA标准）；e、f—法国海军采用的六角形、长条形的三角阶多级楔型透度计（AFNOR标准）

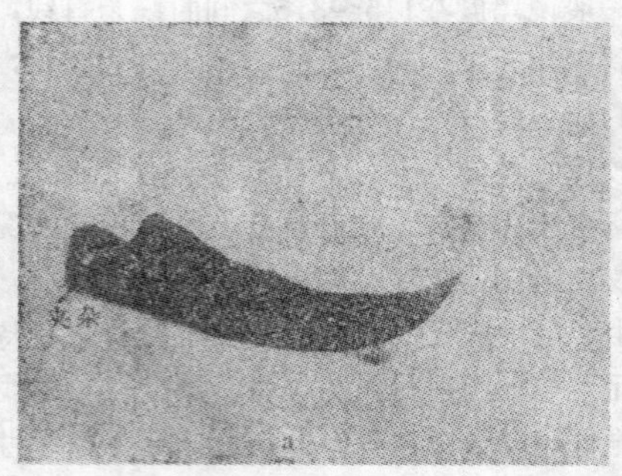

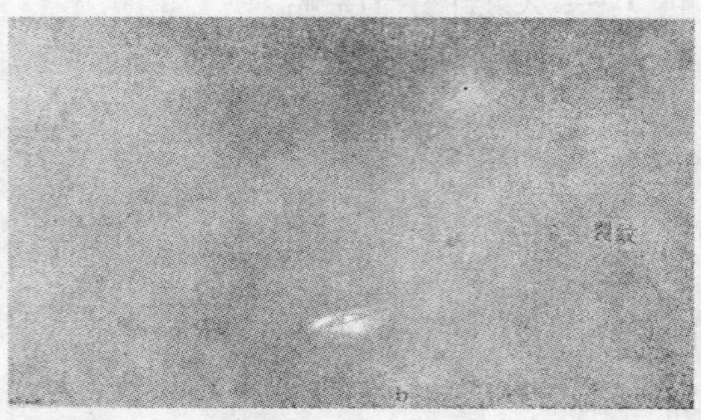

图 9-3-51 铍真空热压件X射线探伤发现的缺陷

a—高密度夹杂；b—纵向裂纹材料厚度100mm，管电压：50kV，管电流25mA，时间3min，焦距1200mm，天津Ⅲ型胶片

图 9-3-52 铍铸件X射线探伤发现的缩孔

直径φ90mm，管电压45kV，管电流25mA，时间2min，焦距1200mm，天津Ⅲ型胶片

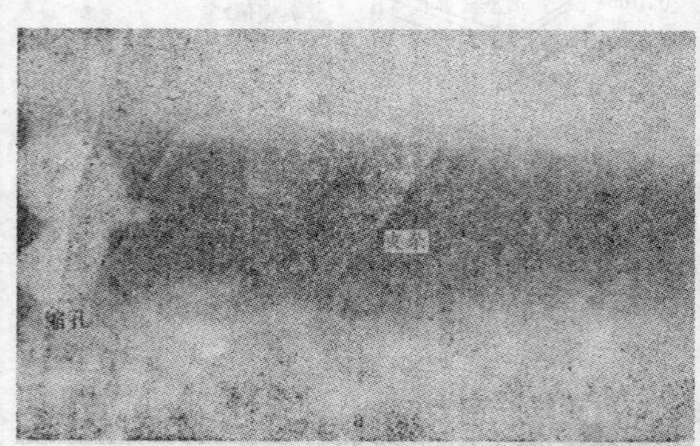

图 9-3-53 钛试样X射线探伤发现的缩孔、气孔、夹杂

a—铸件（半径$R=30$mm，管电压160kV，管电流5mA，时间5min，焦距850mm）；
b—焊接件（材厚5mm，管电压100kV，管电流2mA，时间3min，焦距800mm，天津Ⅲ型胶片）

灵敏度低；金属增感屏灵敏度高，但增感效果差。金属荧光增感屏的性能居中，使用时根据需要选择。

（五）透度计

也叫像质计：根据显示在射线照片上的图像情况，来判断射线照片最终质量的器件。它是测定射线照相灵敏度的主要依据和工具。

透度计有线型、槽型和块型，如图9-3-50所示。使用哪种透度计一般在检测标准中规定。我国国家标准（GB3323）规定使用线型透度计。

采用线型透度计时，射线照相灵敏度是指可发现的最细丝径与受检材料的厚度之百分比。

$$K=\frac{\phi}{d}\times 100\% \qquad (9\text{-}3\text{-}19)$$

式中 ϕ——可发现的最细丝径；

d——被检材料在透射方向上的厚度。

（六）底片的暗室处理

暗室处理是探伤工艺的重要一步，暗室处理合适与否对底片质量影响很大，因此应予足够的重视。必须按胶片说明规定的显影、定影、水洗和干燥要求仔细操作，严格控制。

（七）评片

评片包括：对底片质量合格与否给予评定；对缺陷进行定性、定量和定位；对透照工件按质量检验标准评定等级；写出探伤报告。

图 9-3-54 锆焊接件X射线探伤发现的气孔

管电压82kV，灯丝电流0.14mA，焦距100.6mm，试验设备为M12S 160微焦点工业电视系统

评片人员应掌握探伤过程和质量验收标准，了解工件形状、材料、表面状况以及制造工艺的有关情况。评片应在适宜的观片条件下进行。

评片应由取得Ⅱ级及Ⅱ级以上射线探伤资格的人员进行。

四、检测实例

铍、钛、锆试样的X射线探伤发现的缺陷示例。

五、射线防护

射线防护是射线探伤工作人员必须十分注意的问题。为了避免射线对人体健康的危害，必须严格遵守国家有关规定。

第四节 渗透探伤

一、概 述

渗透探伤是利用毛细现象，将容易识别的渗透液渗入材料表面的缺陷中，使缺陷显现出来，再用

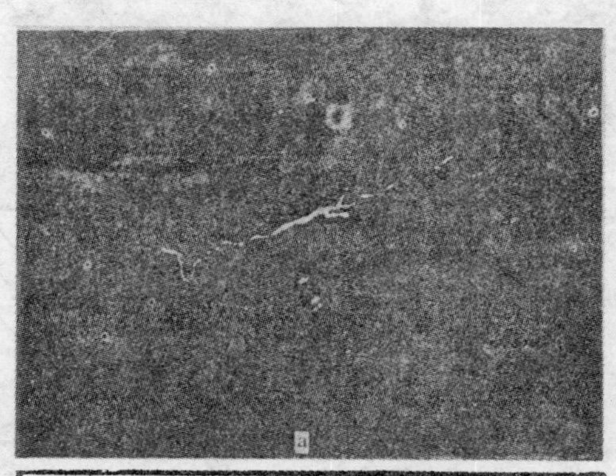

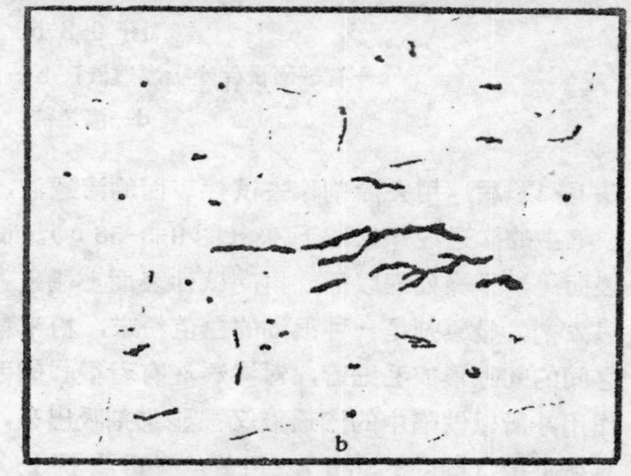

图 9-3-55 渗透探伤缺陷的显示

a—荧光探伤；b—着色探伤

肉眼观察判断的一种探伤方法。

渗透探伤包括荧光探伤和着色探伤，其基本原理相同，区别主要是前者的渗透液中加入了荧光颜料，需在紫外线灯下观察，缺陷显示为黄绿色的明亮迹象，如图9-3-55 a 所示；后者的渗透液中一般加入红色颜料，在自然光或一般灯光下观察，缺陷显示为红色迹象，如图9-3-55 b 所示。

渗透探伤适用的测试材料广泛。可以检测各种金属材料，如碳素钢与合金钢，奥氏体不锈钢，铜合金，铝合金，镁合金，锌合金，钛合金，锆合金等；还可以检测各种非金属材料，如玻璃，陶瓷和塑料等。渗透探伤的灵敏度高，可以检测出1μm甚至更微细的缺陷。所需的设备一般不复杂，检测效率高，成本低。对试件可以整体检验，也可以局部检验，可以单件检验，也可以成批检验，而且不受试件的形状、大小、材料组织、化学成分以及缺陷形状和方位的影响。一次就可以直观地检查出试件表面的裂纹、针孔、气孔、折叠、分层、疏松以及冷隔等缺陷。对操作场地适应性好，有水电的地方可以采用荧光探伤；无水电以及现场检验，可以采用着色探伤。由于渗透探伤有这些优点，在航空、航天、高压容器以及其它许多方面得到了广泛地应用。

渗透探伤的应用也有一定的局限性：它只能检查出表面为开口性且内部有空隙的缺陷；不能确定缺陷的深度和大小；试件表面的粗糙度对探伤灵敏度影响较大，灵敏度随粗糙度值增高而降低；现在还不能完全实现自动化检验；检测结果与操作人员的技术水平和操作经验关系较大；一般多孔性材料不适宜采用渗透探伤。

渗透探伤中要注意技术安全与防火。

二、渗透探伤的原理

将有缺陷的试件（图9-3-56 a）涂上渗透液，或将试件浸在渗透液中，由于毛细管现象，渗透液会渗入缺陷中去（图9-3-56b）。待渗透液充分渗入缺陷以后，用去除剂除去试件表面的渗透液，而缺陷中的渗透液却保留下来（图 9-3-56 c）。试件表面经过干燥处理以后，再向试件表面上覆上一层显象剂。显象剂是一种很细的白色粉末，粉末颗粒之间的间隙形成毛细管，对渗透液有着很强的毛细作用，所以缺陷中的渗透液又被显象剂吸出来，并有所扩散（图9-3-56 d）。用着色渗透液探伤（即着色探伤）时，在缺陷处显示出鲜红色的迹象；用荧光渗透液探伤（即荧光探伤）时，于暗室中在紫外线灯光照射下，渗透液中的荧光染料由于光激发光原理，被激发出明亮的黄绿色荧光而显示出缺陷（图9-3-56 e）。

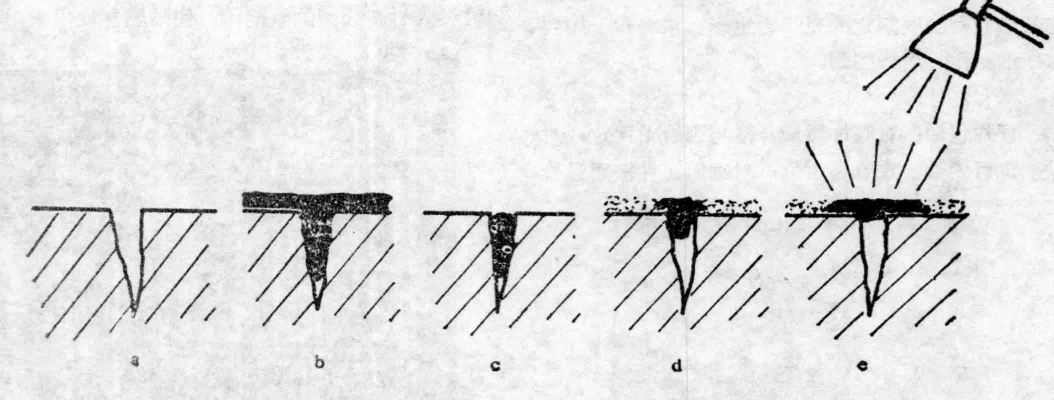

图 9-3-56　渗透探伤原理示意图

a—有缺陷试件涂上渗透液；b—渗透液渗入缺陷；c—渗透液保留在缺陷中；d—渗透液扩散；e—被激发显示缺陷

三、渗透探伤用材料和设备

（一）渗透探伤所用材料

渗透探伤用的主要材料统称为渗透探伤剂。渗透探伤剂包括渗透剂（即渗透液）、去除剂和显象剂三种材料。

1．渗透剂

又称渗透液。按显色方法的不同一般分为荧光渗透液和着色渗透液。荧光渗透液和着色渗透液，按去除它们的方法不同，又均有自乳化型（即水洗型）、后乳化型和溶剂去除型三个类型。

自乳化型渗透液中含有乳化剂。乳化剂能使油质的渗透液与水生成稳定的乳浊液，所以能直接被水洗去。

后乳化型渗透液中不含有乳化剂。涂有后乳化型渗透液的试件，浸过乳化剂以后，渗透液才能被水洗去。

溶剂去除型渗透液只能用专用的溶剂去除。

此外，有一种反应型渗透液，本身无色，在使用专用的显像剂后，它与显象剂发生化学反应而变为红色或其它的颜色。这种反应型渗透液有水洗型和溶剂去除型两种，国内已有生产，但使用的还不够广。

还有一种自显像渗透剂，不用显像剂即可显像。

2．去除剂

去除剂是用以清除试件表面上残留渗透液的材料。自乳化型渗透液的去除剂是水。后乳化型渗透剂的去除剂是乳化剂和水。溶剂去除型渗透液的去除剂是溶剂。

3．显像剂

显像剂的作用是使试件的表面缺陷显像。常用的显像剂有三个类型：

（1）干粉型显像剂。呈白色粉末状，密度很小。多为轻金属氧化物，为氧化镁、氧化锌等。着色探伤不使用干粉型显像剂。

（2）水湿型显像剂。是将干粉型显像剂分散在水中制成。

（3）快干型显像剂（又称非水湿型）。是将干粉显像剂分散于易于挥发的溶剂中制成。主要用于溶剂去除型渗透液的探伤。

现将渗透探伤剂综合在表9-3-9中。

表 9-3-9　渗透探伤剂

渗透液		去除剂	显象剂
荧光渗透液	自乳化型	水	干粉型，水湿型
	后乳化型	乳化剂，水	干粉型，水湿型
	溶剂去除型	溶剂	快干型
着色渗透液	自乳化型	水	水湿型
	后乳化型	乳化剂，水	水湿型
	溶剂去除型	溶剂	快干型

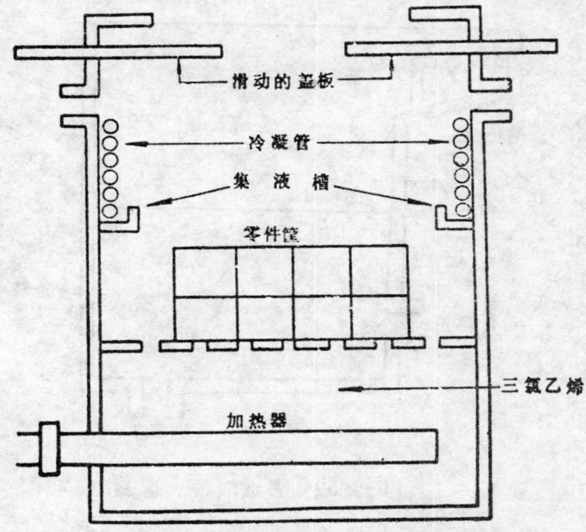

图 9-3-57　三氯乙烯蒸气除油装置示意图

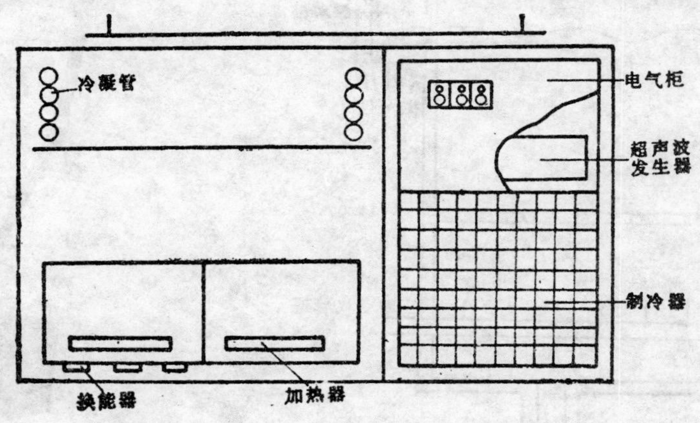

图 9-3-58　清洗机示意图

4. 辅助材料

渗透探伤用的辅助材料主要是试件的预清洗用材料和探伤后用的清洗材料。预清洗材料用于探伤前除净试件上的油污等污染物。如用蒸气除油机清洗试件，清洗剂一般用三氯乙烯，用它除油效果最佳。如不用蒸气除油机除油，清洗剂应该用汽油、丙酮等溶剂。一般情况下不用水剂清洗剂，因为水剂清洗剂中的各种添加剂会在试件上形成一层保护膜，它能封闭微小缺陷的开口，或者减小缺陷的开口，从而造成漏检或降低探伤灵敏度。

试件在探伤后用的清洗材料，功用是洗去残留在试件上的渗透液和显像剂。只要能达到洗涤干净而又不腐蚀试件的目的，对使用的清洗剂不作限制。

（二）渗透探伤设备

预清洗设备有三氯乙烯蒸气除油装置（图9-3-

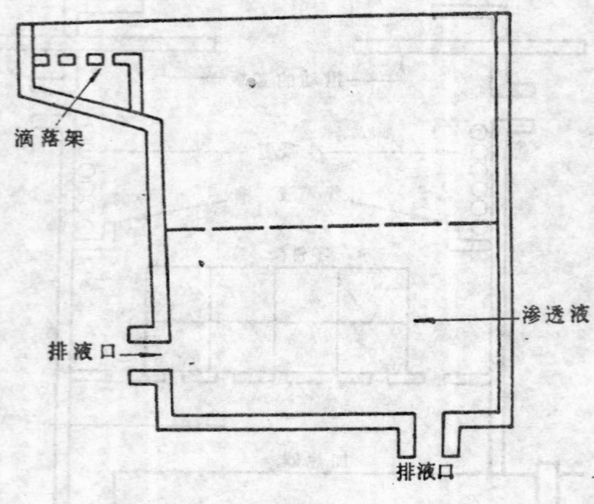

图 9-3-59 渗透液槽示意图

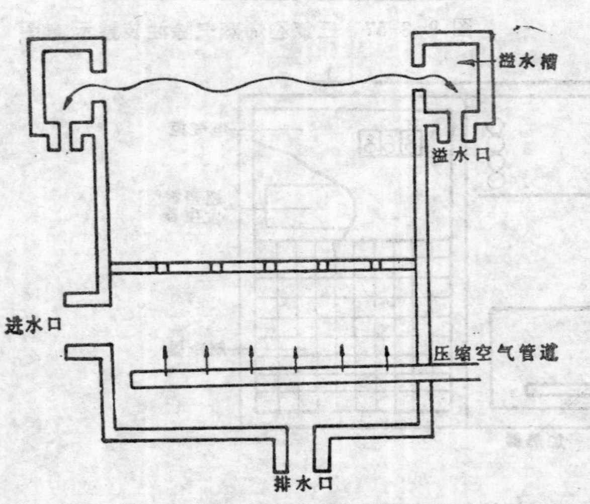

图 9-3-60 水洗槽示意图

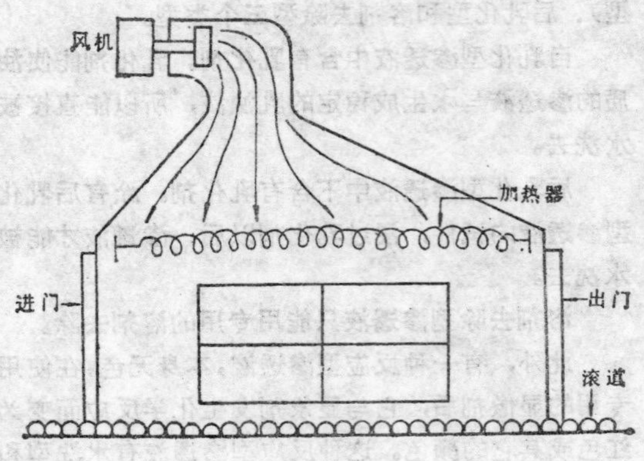

图 9-3-61 热空气循环干燥箱示意图

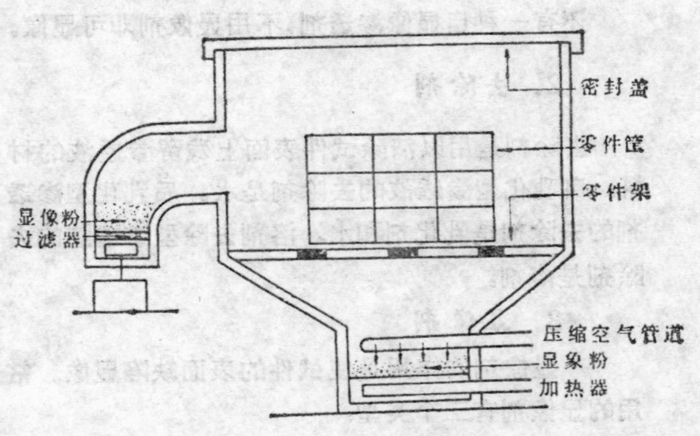

图 9-3-62 尘爆式显象箱示意图

图 9-3-63 紫外线灯

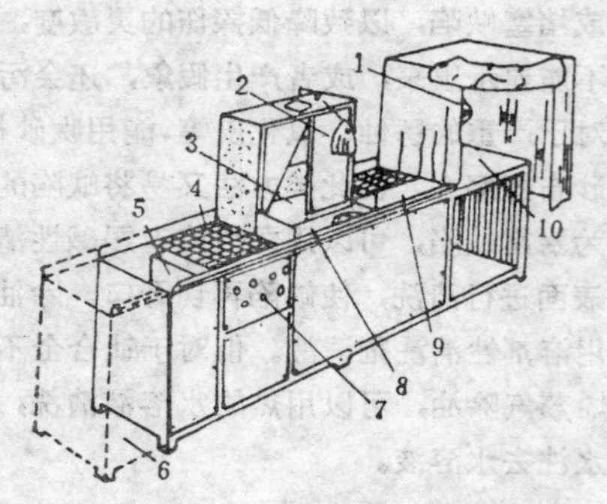

图 9-3-64　整体式手工操作渗透探伤装置

1—检查用紫外灯；2—清洗确认用紫外灯；3—干燥室；4—排液架；5—渗透槽；6—补助槽；7—操作盘；8—清洗槽；9—显像槽；10—检查台

57），超声波清洗器或者二者结合在一起的清洗机（图9-3-58）。

直接用于探伤的设备有渗透液槽（图9-3-59），水洗槽（图9-3-60），乳化剂槽，干燥箱（图9-3-61），显象箱（图9-3-62）以及紫外线灯（图9-3-63）等。

这些设备可以是各式各样的，其形状和大小可以自行设计制造，有的可以选购，如清洗机和紫外线灯等。

全部设备可以组成一个探伤流水线。流水线又能设计成手工操作的（图9-2-6）4或自动化的（图9-3-65，图9-3-66）。流水线可以排成一字型、圆型或者U字型（图9-3-67）。

国内外广泛地应用着一种便携式渗透探伤装置，即喷罐式探伤装置（图9-3-68）。这种装置是将渗透剂、去除剂和显象剂分别装于特制的喷罐

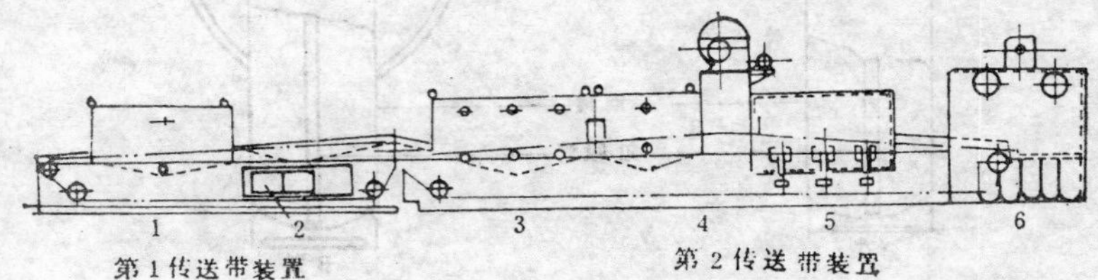

图 9-3-65　渗透探伤自动线示意图

1—渗透装置；2—操作台；3—清洗装置；4—显象装置；5—干燥装置；6—检查室

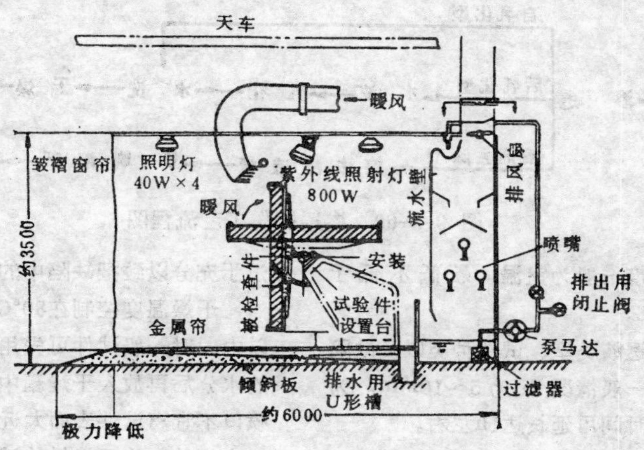

图 9-3-66　同工位多工步自动探伤装置

中。罐内同时装有易挥发性液体，当按下开关按钮时，借助挥发出气体的压力探伤剂即从喷口喷出。依工艺程序使用不同的喷罐，即可非常方便地达到探伤的目的。这类喷罐探伤装置，多为着色探伤用，最适宜对试件进行局部探伤或现场探伤。图9-3-68所示为国产HD-Ⅱ型着色喷罐探伤器。

四、渗透探伤工艺

图9-3-69所示为渗透探伤的工艺流程图。它给出了使用不同渗透液探伤的全过程。

预处理的目的是清除试件表面的涂层、氧化皮、型砂、锈蚀以及油污等覆盖物。这些覆盖物会

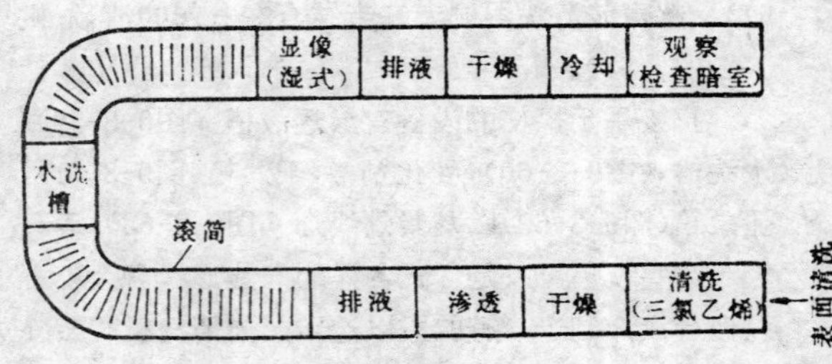

图 9-3-67　渗透探伤U型流水线

掩盖或堵塞缺陷，以致降低探伤的灵敏度，甚至使缺陷不能显示出来，或者产生假象，还会污染渗透液。对于严重的锈蚀、氧化皮等，能用吹砂机去除，或用砂布打磨去。但此类方法又易将缺陷的开口闭塞。为暴露缺陷，可以用弱酸或者弱碱性清洗液对试件表面进行清洗，使缺陷再现开口。除油污时一般要用溶剂性清洗剂清洗。但对于钛合金不宜用三氯乙烯蒸气除油，可以用热的水溶液清洗，之后再用热水洗去水溶液。

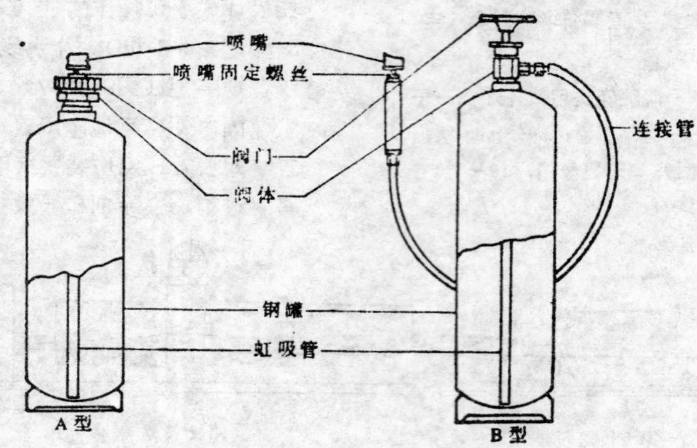

图 9-3-68　喷罐探伤装置示意图

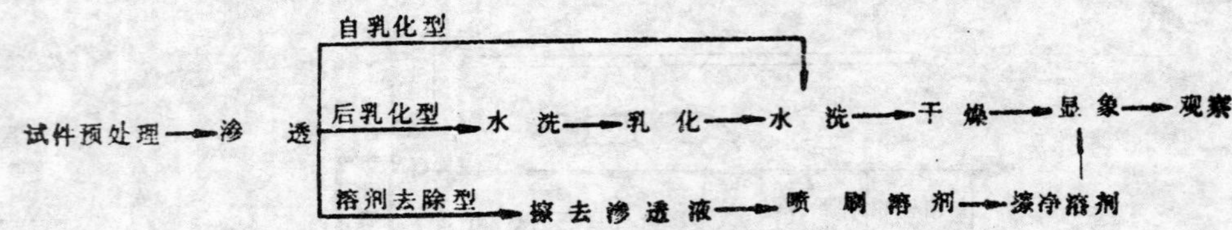

图 9-3-69　渗透探伤工艺流程图

渗透液的工作温度一般为室温，最低不低于5°C，最高不超过40°C。

渗透的时间随渗透液类型、试件种类以及缺陷性质的不同而不同，一般情况下为5～10min。为发现微细缺陷，渗透时间可延长达1h左右。

试件浸乳化剂的时间与滴落乳化剂的时间的总和称为乳化时间，根据不同情况可控制在十几秒钟至两分钟之内，最长一般不超过4min。

水洗时的水温一般以35°C为宜，最高不要超过40°C，而最低亦不应低于16°C。

用喷枪喷水清洗时，喷口距试件表面30cm，水压在2.5MPa/cm²左右。

必须防止清洗不够及过洗。所谓过洗就是清洗过于充分以致把缺陷中的渗透液也洗去了。

干燥温度控制在80°C以内，时间控制在10min以内。对一般试件可先用干净的压缩空气吹去大量的水分后再放入干燥箱中干燥。但吹压缩空气时，喷口不宜离试件表面太近，压力不超过15MPa/cm²。对大型的和表面粗糙的试件，在水洗之后允许对试件在热水中进行“热浸”，水温不超过80°C，时间为数秒钟，目的在于加速试件表面干燥。

显像时间一般为5～10min。

荧光探伤用的紫外线灯所发出的紫外线的波长，要求在3300～3900Å的范围内，其中间波长为3650Å。紫外线的强度，在离开灯40cm处一般为1000μW，或再高。

表 9-3-10 渗透液的选择

试件及条件	渗透液类型	灵敏度	渗透液举例			
			牌号	产地	牌号	产地
粗糙表面，如一般的锻、铸、焊件毛坯，大批量探伤	自乳化型荧光或着色渗透液	低	ARDROX970—P1	英国	FA-1	中国
光亮铸件、钢锻件、冲压件，大批量探伤	自乳化型荧光渗透液	中	ARDROX970—P4	英国	FA-2	中国
板材、焊接件、校正件、聚集而靠近的缺陷，大批量探伤	自乳化型荧光渗透液	中	ARDR970—P5	英国		
精密铸造件、精密非旋转机加工件、冲压件，大批量检验	自乳化型荧光渗透液	中	ARDROX—985P10	英国		
粗糙度值低的表面、微小缺陷、磨削裂纹，大批量检验	后乳化型荧光渗透液	高	ARDROX985—P1 OD—6000	英国 日本	FB-2 FB 3	中国 中国
粗糙度值低的表面，高应力、交变应力试件、关键件，大批量检验	后乳化型荧光渗透液	超高	ARDROX985—P3	英国		
大型试件的局部检验	溶剂去除型荧光或着色渗透液 喷罐探伤		ARDROX985-P3(T) 金晴牌喷罐装置 HD—Ⅱ型喷罐装置	英国 中国 中国		
有水、有电	荧光探伤					
无水、无电	溶剂去除型着色探伤 喷罐探伤					

五、渗透液的选择

上面我们介绍了各种渗透检验的基本工艺。然而，具体选择哪种方法，则要根据多种因素综合考虑。这些因素是试件的类型，如锻、铸、焊以及机加工件；试件的工作条件，如工作应力的大小、重要性等，试件表面的粗糙度；试件的尺寸、批量；探伤的工作条件，如有无水、电和暗室；最后结合渗透剂的性能来选择渗透液。渗透液一经选定，整个探伤工艺就基本确定了。

一般说来后乳化型渗透液的探伤灵敏度高于其它型的灵敏度。一些工业发达国家按探伤灵敏度把渗透液分为低级、中级、高级和超高级四个等级。在中国，目前的品种还不齐全。表9-3-10列出的渗透液可供选择时参考。

六、渗透探伤的质量控制

渗透探伤质量控制的目的是：（1）达到预期的探伤灵敏度，即保证能查出不允许的最小缺陷；（2）保证探伤的可靠性。探伤系统如材料、设备以及操作都应具有相当的稳定性，以这种稳定性来保证重复检验时缺陷的再现性；（3）使探伤系统与试件具有相容性，探伤剂不得损伤试件。

影响探伤质量的因素有工艺、设备，探伤剂和人员的技术水平等。

质量控制的具体内容、标准和方法，在专业技术书籍或者企业的技术文件中会根据情况作出规定。探伤工作者要熟悉和遵守这些规定。下面概要介绍一些具有一般性的重要问题。

（一）标准试样

标准试样是人工制造的缺陷样品，有铝合金板淬火裂纹试样（图9-3-70 a），有镀铬板压裂试样（图9-3-70 b），还有其它形式的试样。标准试样的缺陷图形要有复制板或照片保存。也可以从产品中选择具有代表性的缺陷件作为标准试样，对缺陷

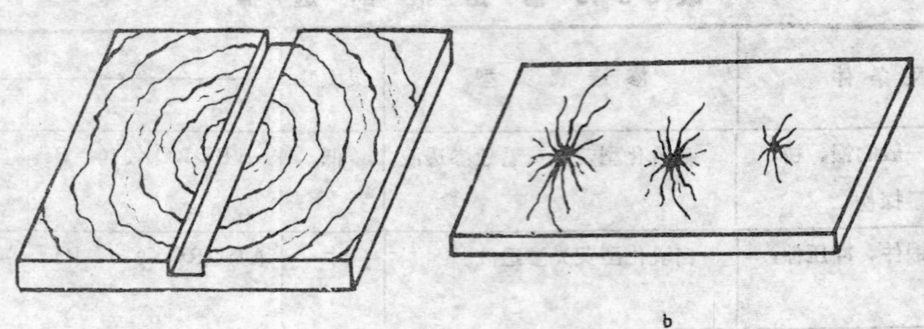

图 9-3-70 标准试样

a—铝合金板淬裂纹试样；b—镀铬板压裂试样

的数目、尺寸、位置和性质都要作详细的记录。

标准试样可以用于渗透探伤工艺过程的质量控制。把标准试样与每班第一批试件一起按正常工艺同步探伤，最后将标准试样的检查结果和它的复制板或照片或记录仔细对照，达到一致时，才能认定本次探伤有效并继续把探伤工作进行下去。如果标准试样上的缺陷不能完全重现，说明探伤过程出了毛病，应该立即检查问题出在哪个环节。存在的问题可能是操作不当，渗透时间过短，过洗，过乳化，温度过高，干燥时间太长，渗透液失效，显像剂不良，紫外线灯能量降低过多等等。在找到原因并加以解决后，探伤工作才能继续进行。

用标准试样还可以检查旧渗透液的显象强度和灵敏度。在如图9-3-70这种试样的两部分，分别渗透新旧渗透液，经过处理以后，比较两部分的荧光亮度或着色强度，就能看出旧的渗透液显象能力减弱程度，以此作为判断是否应该更换渗透液的依据之一。

（二）探伤剂的质量控制

渗透剂的质量是保证渗透探伤质量的重要因素之一。渗透液的质量标准包括若干个理化性能指标，如显象强度（荧光强度及着色颜色强度）、腐蚀性，水分、粘度、表面张力、稳定性、水洗性以及毒性等等。渗透液被用过一段时间以后，某些性能指标会下降，例如荧光亮度就会下降。所以有关技术人员要根据具体情况作出规定，对渗透液的某些理化指标进行入厂复检和定期的检验。其中以显象强度和腐蚀性最为重要。

渗透液中的硫、氯、钠等化学成分是导致金属腐蚀的主要因素，所以要限制这类化学成分的含量。镍和钛对硫很敏感，易产生晶间腐蚀。氯会加重腐蚀效应并引起钛的脆化。为防止渗透液对金属试件的腐蚀，对渗透液进行有针对性的腐蚀试验，是很必要的。

显象剂在使用过程中会逐渐受到渗透液的污染，严重时会使试件上出现伪缺陷。粉末型显象剂保护不好会吸湿凝块，降低显象能力。

乳化剂使用时间长了，其乳化作用也会下降。

至于设备，有些也有类似问题。如紫外线灯，随着使用时间的增长，其发光强度会逐渐减弱。

所以，对渗透探伤用的材料、设备进行周期性的保养和检定，是渗透探伤中质量控制的重要内容。表9-3-11所列是一般情况下进行周期检定的一个实例。

表 9-3-11 渗透探伤材料设备检定周期

项 目	检验周期
标准试样	每 班
水 温	每 班
荧光强度	每 周
着色颜色强度	每 周
显象剂污染	每 周
乳化剂水洗性	每 周
除油剂酸值	每两天
压缩空气清洁度	每 班
紫外线灯发光强度	每 月
设备维护	每 周
紫外线强度检测仪	半 年
设备、场地文明整洁	每 班

七、比较先进和特殊的渗透探伤法

（一）静电喷涂法

一般的浸渗、刷涂或喷涂方法，渗透液损失多，污染环境有害健康。静电喷涂法没有这些缺点。静电喷涂法是从喷枪喷出带高压负静电的渗透液雾，试件接地。由于静电吸引，渗透液无遗漏地被吸附在试件上。静电喷涂也适合于喷涂显象剂。

图9-3-71 a 和图9-3-71 b 所示为非静电喷涂和静电喷涂两种方法的对比。

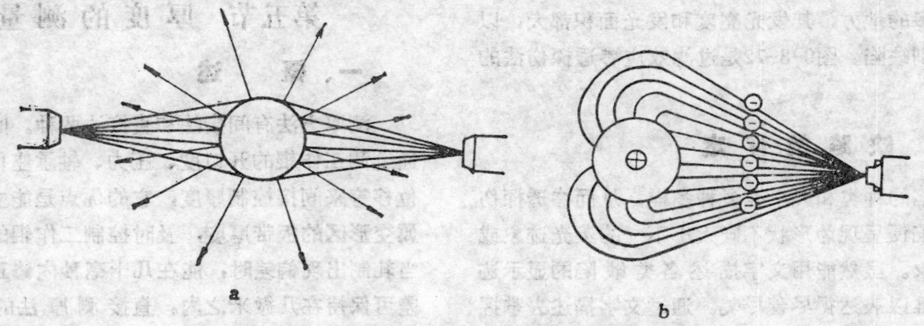

图 9-3-71 非静电喷涂与静电喷涂法示意图

a—非静电喷涂；b—静电喷涂

（二）水基渗透液渗透探伤

用水基渗透液探伤，设备更为简单，操作方便，成本低。除可用于一般的渗透探伤外，还用于加载闪烁法渗透探伤和对导弹的液氧容器的检验。

（三）加载闪烁渗透探伤

加载闪烁渗透探伤法是对试件施加一个工作应力的载荷，并有一定的周期性，边加载，边渗透，边观察。在有缺陷处可以明显地看到缺陷显像痕迹的闪烁，如同眨眼一般，如图9-3-72所示。此法用水基渗透液并免去显象工序。闪烁法的探伤灵敏度高，受操作人员技术水平的影响小。对查出高温条件下工作的部件或大应力部件的初期微小裂纹非常有效。缺点是要设计制造专用的加载装置。

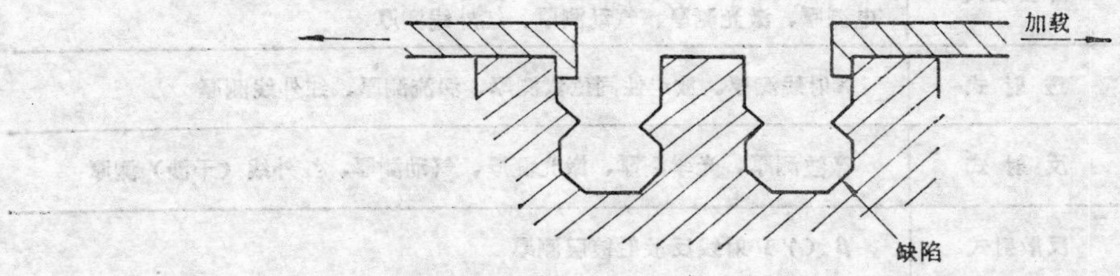

图 9-3-72 叶片的沟槽根部的加载闪烁渗透探伤

（四）过滤效应渗透探伤

一般的渗透探伤法不能检查多孔性的材料。而用过滤效应渗透探伤法，使用得当，就可以检查多孔性材料，如水泥构件，耐火材料和碳构件等。这类材料中缺陷的大小要比自身众多的孔隙大得多。在渗透液中加入大小和数量适当的荧光微粒，形成

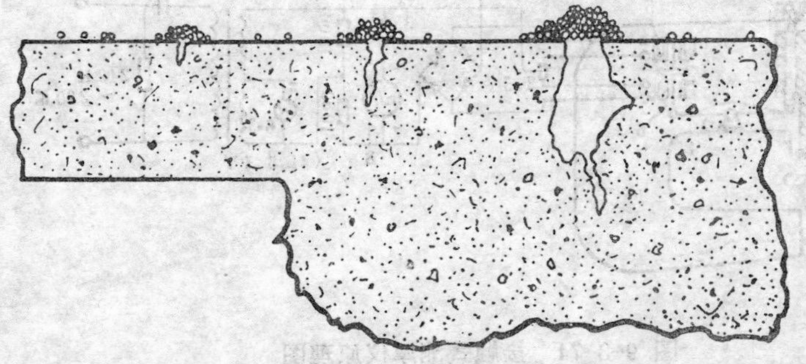

图 9-3-73 过滤效应渗透探伤示意图

悬浊荧光微粒渗透液。渗透时，缺陷处比一般表面吸收渗透液的速度快得多，从而造成渗透液向缺陷处快速流动，带动荧光微粒向缺陷处聚集。荧光微粒聚集多的地方，其发光亮度和发光面积都大，以此来识别缺陷。图9-3-72是过滤效应渗透探伤法的示意图。

八、缺陷的评定

缺陷的种类和大小有多种多样，从而渗透探伤中的缺陷便呈现为形状不同大小不一的荧光迹象或颜色迹象。虽然能用文字描述各类缺陷的显示迹象，但难以表达得尽善尽美。通过文字描述去掌握如何观察和判断缺陷，常常是很不够的，主要应该通过实践学习掌握。通常用肉眼发现了缺陷以后，还常要借助放大镜再仔细观察，最后作出判断。必要时还可借助其它检测手段辅助检查。

试件的合格标准与报废标准，在不同的工业部门，对不同的产品是不完全相同的。探伤工作者应该熟悉和执行本部门、本产品的探伤标准。

第五节 厚度的测量

一、概　述

测厚方法有间接法和直接法两种。间接测厚是通过测工作辊的开口度、压力、轴承座位移和轧辊位移等来间接控制厚度，它的优点是能立即测出金属变形区的板带厚度，及时控制工作辊的开口度。当轧制出现偏差时，能在几十毫秒内修正，厚度偏差可保持在几微米之内。直接测厚法的优点是方便，但其测点距金属变形区较远，调节的延迟时间较长，容易造成超差。测厚方法分类如表9-3-12所列。

接触式测厚的测速一般较慢，不适用于快速生产线，非接触式测厚不磨损材料，适用于自动生产

表 9-3-12 测厚仪分类

按测头与被测带材之间的关系区分	接触式	飞测千分尺、超声测厚仪
	非接触式	X射线测厚、放射性同位素测厚、微波测厚、涡流测厚、光学测厚、光电测厚、激光测厚、气动测厚、红外线测厚
按测量媒介与被测带材之间的关系区分	透射式	X射线测厚、放射性同位素测厚、涡流测厚、红外线测厚
	反射式	微波测厚、光学测厚、激光测厚、气动测厚、红外线（干涉）测厚
	反散射式	β（γ）射线反散射镀层测厚
	X射线荧光	X射线荧光镀层测厚
	透射一反散射	超声测厚

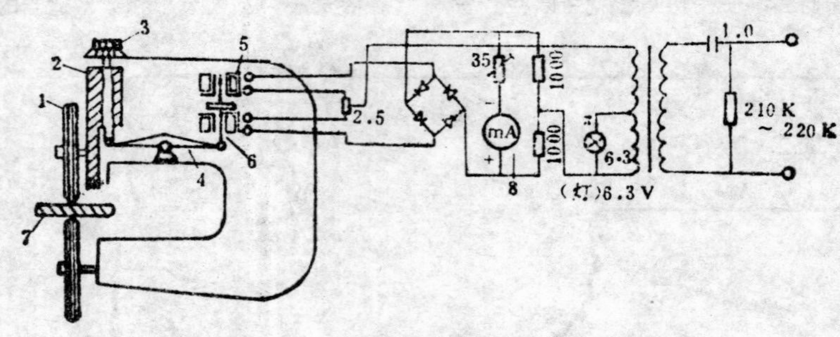

图 9-3-74 接触式测厚仪原理图

1—接触滚轮；2—活动滑板；3—千分螺杆；4—杠杆；5—差动变压器；6—变压器中间衔铁；7—被测带材；8—相对于给定厚度的偏差

线。

目前，冷轧加工中用得较广泛的是射线（X、β、γ）测厚和飞测千分尺，其次是超声和涡流测厚。近几年，气动和微波测厚也有少量应用。

二、厚度测量的基本工作原理

（一）飞测千分尺的工作原理

由振荡器产生的交变电压加到以测头线圈为一臂的电桥上，当无材料时，电桥输出为零，有材料时，线圈的电感量发生变化，电桥就有电压输出。其原理图如图9-3-74所示。

为了提高测量精度，现多用膨胀系数小的钢作测量部件，用曲率半径很小的球状钻石作传感器。

（二）超声测厚仪的工作原理

1．脉冲反射法的工作原理

脉冲反射法是测量脉冲通过材料时所需的时间，再根据超声在试样中的传播速度，求出试样的厚度。计算公式为：

$$d=\frac{ct}{2} \tag{9-3-20}$$

式中　t——从发射到接收之间的时间间隔；

d——试样厚度；

c——材料的纵波速度。

测厚原理图及电路方框图如图9-3-75及9-3-76所示。脉冲反射式超声测厚仪由于有一定的盲区，所以仅适用于较厚的材料，精度约为±0.1mm。

2．水浸式超声测厚仪的原理

换能器产生的超声脉冲，通过耦合液层从试件上、下表面反射回来，由同一换能器接收，并由带宽放大器把接收信号放大，经过电子仪器处理，最后由厚度显示器显示出试件的厚度。仪器的方框图如图9-3-77所示。

3．共振式超声测厚仪的原理

共振式超声测厚仪是采用连续波，当工件的厚

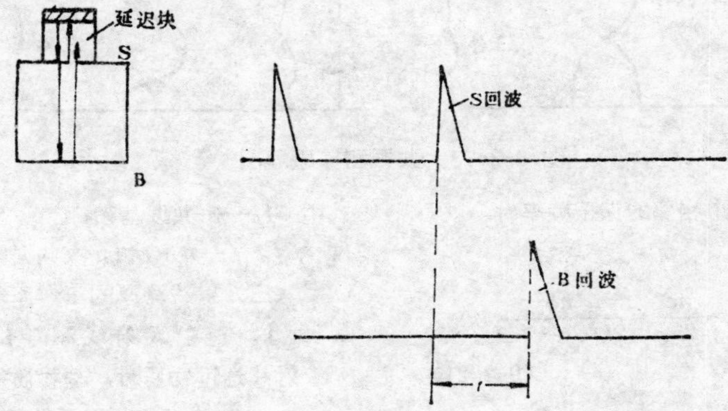

图 9-3-75　脉冲反射法超声测厚原理

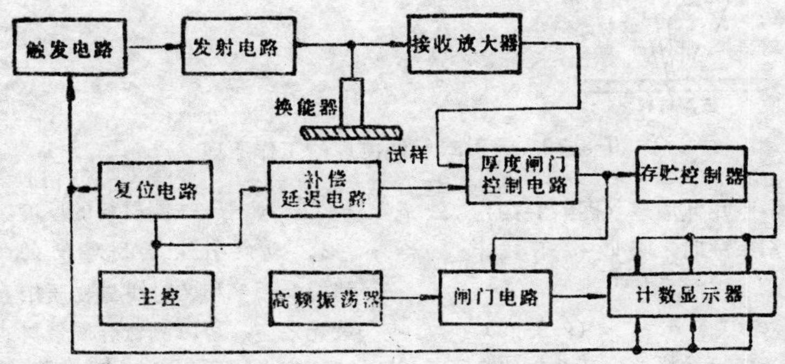

图 9-3-76　数字式超声测厚仪方框图

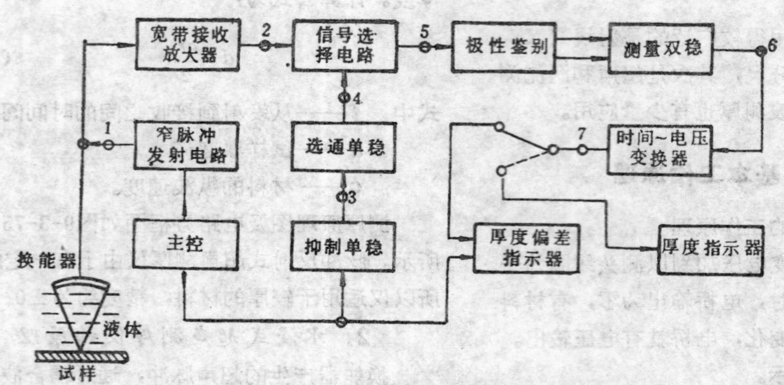

图 9-3-77 水浸超声测厚仪方框图

度为超声波波长的$\frac{1}{2}$或整数倍时，入射波与反射波同相，在工件中产生驻波，引起共振。当测试频率为谐振频率的整数倍时，也会产生谐振。共振测厚原理如图9-3-78所示。

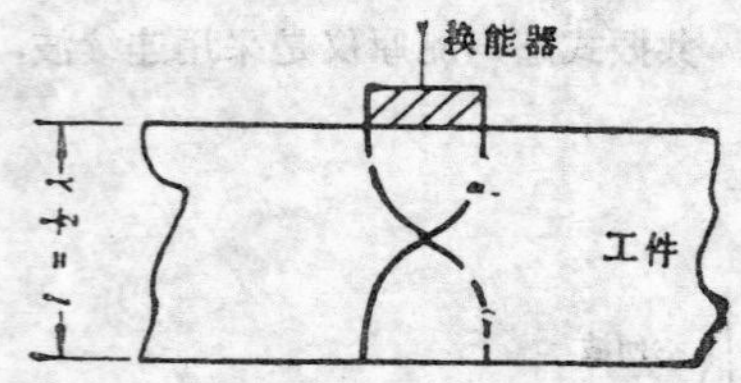

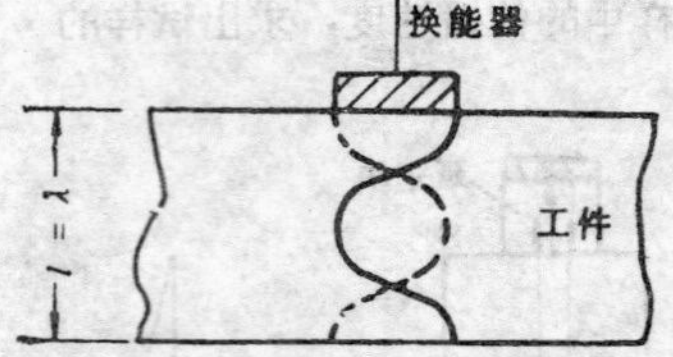

图 9-3-78 共振测厚原理图

如果已知共振的两个相邻的谐振频率时，就可用下式求出其厚度：

$$d=\frac{n\lambda}{2} \text{或} \ d=\frac{nc}{2f_0}=\frac{nc}{2(f_{n+1}-f_n)} \quad (9\text{-}3\text{-}21)$$

式中 f_0——共振基频；

f_{n+1}、f_n ——$n+1$和n次共振频率。

（三）射线测厚的工作原理

1．透射式射线测厚仪的工作原理

射线透过物质时，与物质相互作用，一部分被吸收，一部分穿过物质，利用此原理（图9-3-79）来测量材料的厚度。在窄束源时，吸收按下式计算：

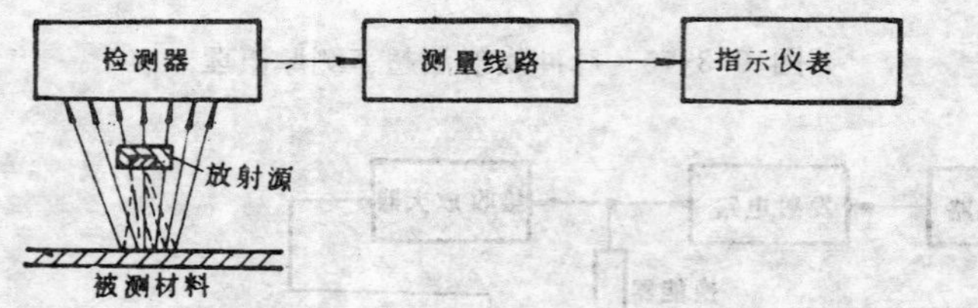

图 9-3-79 透射式射线测厚的工作原理

$$I=I_0e^{-\mu x} \quad (9\text{-}3\text{-}22)$$

式中 I_0、I——分别为透过材料前、后的射线强度；

μ—— 线性吸收系数；

x ——被测材料的厚度。

2．反散射涂层测厚仪的工作原理

利用β、γ和X射线与物质相互作用的散射效应和荧光效应，可以测量金属带材的镀层厚度（图9-3-80）。本方法可测量任何镀层与基体的组合，只要两种材料的原子序数之差在20%以下就可测量。

β射线反散射按下式计算：

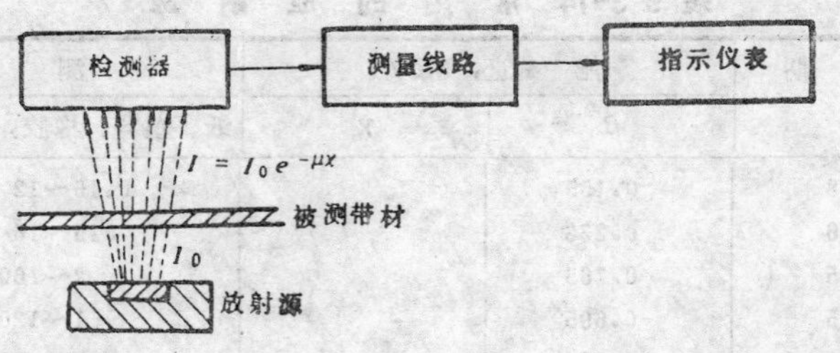

图 9-3-80 反散射式测厚仪原理图

$$I=I_0(1-e^{-\mu_s T}) \qquad (9\text{-}3\text{-}23)$$

式中 I_0、I——分别为饱和反散射以上及饱和反散射以下时的β射线反散射强度；

μ_s——镀层的质量吸收系数；

T——镀层厚度。

（四）涡流测厚仪的工作原理

涡流测厚仪的工作原理如图9-3-81所示。金属导体在交流电磁场的作用下，在导体中能感应出涡流，交变电磁场通过金属材料后的磁场强度可按下式计算：

$$H_d = H_0 e^{-\frac{d}{\theta}} \qquad (9\text{-}3\text{-}24)$$

式中 H_0、H_d——分别为透过材料前、后的磁场强度；

d——金属材料厚度；

θ——磁场的渗透深度。

磁场渗透深度θ可用下式计算：

$$\theta=\frac{1}{2\pi}\sqrt{\frac{\rho}{\mu f}\times 10^5} \approx 50.3\sqrt{\frac{\rho}{\mu f}},\ \text{cm} \qquad (9\text{-}3\text{-}25)$$

式中 ρ——被测金属的电阻率$\Omega\cdot mm^2/m$；

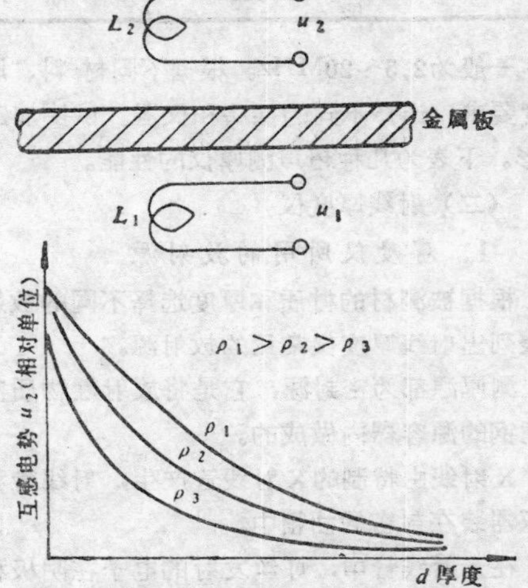

图 9-3-81 涡流测厚仪原理图

μ——相对导磁率（非导磁材料$\mu=1$）；

f——测试频率（赫兹），Hz。

三、厚度测量系统和装置

（一）脉冲超声波测厚仪

它由探头、仪器和标准试块三部分组成。探头

表 9-3-13 超声测厚仪性能

型号	测量范围，mm	精度或分辨率，mm	方式
CCH-5	3～25	±0.15	接触方式
CCH-10	1.5～49.9 50～99.9	±0.1 ±0.2	接触方式
WM-2	1.5～200	±0.1mm	接触方式
5223/5224（美国）	0.12～9.999	0.001	延迟线或水浸
CL204（西德）	0.25～9.999	±0.003	接触方式
UTM20（日本）	1.5～99.9	±(1%+0.1)	接触方式

表 9-3-14 常用的放射源

放射性同位素	半衰期	能量，MeV		测量范围	
	a	β	γ	纸、塑料、橡胶，mg/cm^2	铁、铜mm
^{14}C	5568	0.155		0.15～12	
^{147}Pm	2.6	0.233		0.5～16	
^{204}Te	3.5	0.765		2～160	
^{85}Kr	10.5	0.695		1～120	
^{90}Sr	19.9	2.27		8～600	0～0.6
^{241}Am	481		0.06	400～3500	0～6
^{137}Cs	33		0.66		4.5～100
^{60}Co	5.3		1.1～1.3		24～55

频率一般为2.5～20MHz。根据不同材料、厚度和精度要求，选择不同的探头和仪器。试块加工成阶梯形。下表为几种超声测厚仪的性能。

（二）射线厚度仪

1．厚度仪所用的放射源

根据被测材的材质和厚度选择不同的放射源。下表列出射线厚度仪常用的放射源。

测厚源都为密封源，它是将放射性物质密封在不锈钢的源容器内做成的。

X射线由特制的X射线管产生，射线管和高压变压器装在封密的油箱中。

在X射线管中，灯丝发射的电子在阴极和阳极之间数千伏高压的作用下，以高速轰击阳极靶，在阳极靶的表面和近表面打出多种波长的X射线。示意图如图9-3-82所示。

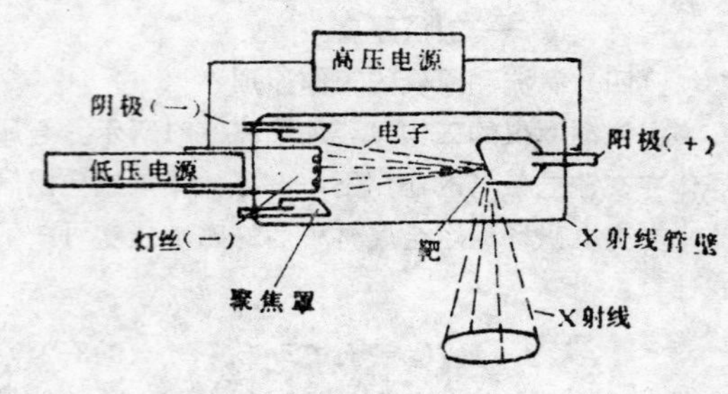

图 9-3-82 X射线管及其电源示意图

表 9-3-15 几种射线厚度计的性能

型号	射源	测量范围，mm	测量误差	采样时间，s	漂移	显示方式	备注
SMB—B	X	0.1～0.19 0.2～0.49 0.5～1.0	±1.5μm ±(0.5%＋0.5μm) ±(0.5%＋2μm)	(0.05～0.1) ×1，×2，×4，×8	±(0.5～1%) /8h	偏差数显	
PHX—1	X	0.1～1.9	±1%＋3μm	0.6	<0.5%设定值 /8h	偏差数显	
XCR—1	X	1～9.999	<10.5＋20μm	<0.05±0.02	20μm/8h	偏差显示	
QNT—1	γ	0.2～2.5	<±(2%＋ 0.01mm)	0.5	±(1%＋ 0.01mm)	偏差显示	
SY	γ	0.2～1.5	<±0.01mm	0.5	±0.01mm/8h	数显	
SCS—35	β	20～100g/m^2	±0.3%	<5	<0.5%/8h	偏差指示	
RCT	β	0.03～0.5	⩽±2μm	0.05～1	<±(0.05%＋ 2μm)/8h	数显、打印	带微机
Tosgage164A	γ	0～8	⩽±(0.05%＋ 1μm)	0.05～1	±(0.05%＋ 2μm)/24h		带微机

表 9-3-16 电离室的性能

型号	外形尺寸，mm	窗直径，mm	灵敏度	测量对象	工作电压，V
QHD-Ⅵ	ϕ107×116	ϕ98	6×10^{-5}A/R/h	^{241}Am，X射线	−500
QHD-1360	ϕ148×112	ϕ38×7	4.74×10^{-8}A/R/h	^{241}Am，X射线	−800
QHD-Ⅶ	ϕ80×100	ϕ60		^{85}Kr，^{90}Sr	−500
DLS-301	ϕ154×175	ϕ40×7	1×10^{-10}A/mci	β源	−400

表 9-3-17 各种测厚仪的比较

方法	通用性	测量范围，mm	精度，mm	响应时间 s	优点	缺点
飞测千分尺	较薄的金属带材	0.1～3	±0.003～0.01	几十毫秒	结构简单，成本低，使用方便，无材质补偿，无辐射防护	会划伤带材，测量架安装精度要求高，带材波动会引进较大误差
超声	测量声衰减不太大的金属和非金属工件	1.5～100	±0.1～0.2		可从工件单面测量被测件的厚度	需耦合液，很难进行在线检测
射线	金属或非金属带材、管材	0～0.6(^{90}Sr) 0～8(^{241}Am·X射线) 4.5～100(^{137}Cs)	±0.002～±0.01	0.05～1	非接触，使用方便，速度快，易于实现自动化	需注意辐射防护，材质影响大，油、乳化液等有影响，有统计涨落
电感	非磁性有色材	0.1～1	0.01	0.5	结构简单，成本低，使用维修方便	材料温度变化和化学成分变化引起的误差大
微波	任何一种金属板材	0.5～400	±0.01～0.2	0.02～0.2	响应时间快，噪声极小	水、乳化液有一定影响，板倾斜影响较大，测量架的热变形会带进误差
气动	各种金属薄带材及非金属薄膜	0.05～0.5	±0.5%	0.03	不损伤带材，与材质无关，反应快，精度高	需气源，环境温度不能太低，气隙开口度小

X射线的强度可用调节高压来控制，X射线管管压的调节最好能满足下式：

$$I=I_0e^{-\mu T}=\text{常数}$$

式中 I_0、I——分别为透过物体前、后的射线强度；

μ——物体的吸收系数；

T——物体的厚度。

当被测板厚减小时，用降低管压的办法使μ值相应增大，因而μT的乘积仍在最佳区域内。

2. 射线测厚仪的构造与性能

仪器由放射源、探测器、前置放大器、主放大器、补偿电路、数模转换及显示电路组成。有的还包括微型计算机、打印机和记录仪等。

用微机进行自动检测的厚度仪，其精度和稳定度等技术指标都有很大提高。表9-3-15列出了几种射线测厚仪的性能指标。

3. 探测器

射线测厚仪所用的探测器有光电倍增管和充气电离室，充气电离室的测量范围大，稳定性高，有很长的使用寿命，现在国内外多数采用电离室。常用的几种性能如表8-3-16所列。

（三）电感测厚仪

电感测厚仪包括探头和仪器两部分。探头由激励线圈和接收线圈组成。激励线圈选择较粗的高强漆包线绕制，接收线圈选用很细的线绕制。为了增强磁感应强度，将线圈放在罐形铁氧体磁芯内，目前电感测厚仪的性能如下：

测量范围：0.1～3.0mm；误差＜0.01mm；分辨极限0.001mm；输出信号幅度0.000～1.000V；滞后反应＜0.5s；时间漂移＜0.003mm/8h。

四、各种测厚仪的比较

各种测厚仪的比较列于表 9-3-17。

五、现状与发展动向

目前，在冷轧机上，实际使用的以X射线测厚仪和镅测厚仪占多数。电感测厚、接触式测厚仪在低速轧机上有少量应用。最近几年，微波测厚和气动测厚也有一些使用，但尚存在一些问题有待解决。

从发展趋势看，由于镅测厚仪结构简单，使用方便，成本低，仪器性能好，将会有更广泛的应用。

随着微机的广泛应用，也将会有更多用微机控制的高精度测厚仪用于生产。

参 考 文 献

[1] 《超声波探伤》编写组，超声波探伤，电力工业出版社，1980.

[2] 日本非破坏检查委员会，超声波探伤B，吉林科技出版社，1985.

[3] J. 克劳特克默，H. 克劳特克默，超声波检测技术，广东科技出版社，1984.

[4] 《超声波探伤技术及探伤仪》编写组，超声波探伤技术及探伤仪，国防工业出版社，1979.

[5] 日本非破壊検查協会，非破壊検查便覧（新版），日刊工業新聞社昭和53年4月出版发行.

[6] 日本东芝公司，测厚仪样本，1985.

[7] 日本非破壊検查協会，磁性探伤与渗透探伤.

[8] 美国军标手册-无损检测方法标准手册（上册），MIL-HDBK-333(USAF) 1974-04-10.

[9] 美国金属学会，金属手册第11卷(第八版)，无损检测与质量控制，机械工业出版社，1988年

第十篇 稀有金属材料的应用及发展

第一章　稀有金属材料的应用及发展概况

编写人　陈福昌

当前，传统金属材料在国防建设、尖端科学技术等的发展中的地位已不能完全满足需要，代之而起的是具有优异性能和特殊功能的新型材料。新型材料是指那些新近发展或正在发展的具有优异性能的材料，如形状记忆合金、超导材料、光导纤维、新型结构材料等。这些材料大多以稀有金属为基或以稀有金属为其主要组份。因此，稀有金属材料已经成为各项新技术发展的物质基础。

1. 稀有金属材料的发展特点

稀有金属材料的发展特点如下。

（1）功能材料发展迅速。随着研究工作的深入和应用领域的扩大，功能材料将具有很大的发展潜力。功能材料具有独特的用途，是科学、技术、工程的关键材料。它的发展将促进工业和科技的进步。

（2）传统合金材料向标准化、系列化、纯化、微量多元化、均匀化、高性能化、性能综合化和深度加工等方向发展。超轻合金、高温合金、高强合金、耐蚀合金的新品种不断涌现。在相当长的时期内，合金材料仍将是材料工业的基础。

（3）新材料品种的开发和应用有大的发展。目前已得到应用并显示出其特色的新材料有：超微粉末、薄膜、纤维等低维材料，复合材料（金属-金属、金属-非金属、颗粒和纤维强化），金属间化合物基材料，单晶、非晶、微晶材料，层状化合物，多芯多孔材料，浆料，膏料等。

（4）材料制备过程在高真空、超高压、高温、低温、高纯、急冷等条件下采用了定向结晶，单晶拉制，复合、表面改性，高能加工，分子束外延，薄膜制造，机械合金化等新技术。传统材料的加工技术正在向大型化、高速化、连续化、自动化、精密化的方向发展。计算机在材料研究和制造过程中得到广泛应用。

（5）新型材料的研究与开发应用是当代科学技术多学科多部门相互交叉、渗透的结果，并在其发展过程中接受和采用了多种学科的最新成就。新型材料的发展又推动了材料科学和工程的进步。

（6）材料的表面科学和技术有很大进展。通过材料表面改性，使材料既有基体的力学性能，又有新形成表面的耐蚀、耐磨、抗高温、高导电或绝缘、高反射或高吸收等各种有用性能。利用表面技术还可以制造薄膜、超晶格、复合等新型材料。表面技术效益明显、用途广泛。

（7）材料设计、合金设计的研究有了较大进展，并取得了一定成果。随着科学技术和生产的发展，传统的材料研制方法如试验评价法、统计法等

表 10-1-1 稀有金属材料的功能

功能分类	相关功能
绝缘性	高绝缘，强感应，压电，热电，离子导电
半导体性能	整流，放大，振荡，光传导，发光，光接收，光检测，存贮
金属功能	超导，超塑性，抗震，形状记忆，发射电子
光学功能	发光，透射，反射，吸收，导光，双折射，偏振光，调制，光弹性，光磁
磁功能	软磁性，硬磁性，磁致伸缩，磁致冷
机械性能	耐磨，切削，润滑
热功能	耐热，绝热，热传导
化学功能	载体，触媒，贮氢，耐蚀
核功能	辐照特性，抗膨胀，抗辐照损伤

表 10-1-2 稀有金属作为功能材料的主要应用领域

元素	特种合金	形状记忆合金	贮氢合金	电子光学材料 半导体材料	电池材料	磁性材料	超导材料	原子能核聚变材料	精密陶瓷材料	催化材料
B									○	○
Ba						○			○	○
Bi							○		○	○
Co	○			○		○				○
Cr	○		○			○				○
Ga				○			○		○	
Ge				○			○			
Li	○				○			○	○	
Mn					○	○				
Mo	○						○			○
Nb	○						○		○	
Ni	○	○	○	○	○	○				○
铂族										○
稀土	○		○	○		○			○	
Si				○			○	○	○	○
Sr						○			○	
Ta	○								○	
Ti	○	○	○	○			○	○	○	○
V	○						○			○
W	○			○						○
Zr/Hf	○						○		○	

注：○为该元素的主要应用领域。

已不能适应发展的要求。材料科学与工程在自己的发展过程中积累了大量的经验、数据和资料。在此基础上，采用模式识别技术。把材料性能作为泛函，利用材料和相图数据库和电子计算机的快速计算和逻辑判别能力进行材料和合金设计，可求出具有指定性能的合金成分及处理工艺。

（8）应用基础理论的研究工作进一步深化，并和工程技术紧密结合。如杂质行为研究（氢在钛中的合金化作用），半导体材料的缺陷研究，马氏体相变研究，超塑性机制研究，稀土作用机理研究等，都为材料的发展奠定了基础。基础研究（如断裂，钾泡强化，防护机制）和工程技术紧密结合，解决了稀有金属应用的很多实际问题。

（9）材料性能的检测、分析和评价都有了新的进展，并发展了很多新方法、新设备。对材料微观结构的研究可达原子级水平，元素定量分析的检测极限可达10^{-9}级。不同“场”（温度、应力、电、磁、无重力……）下及非平衡条件下的性能研究不断开发着材料新的性能，从而开拓了新的研究和应用领域。

2．稀有金属材料的地位及用途

稀有金属材料具有常用金属所不及的多种优异的物理、化学、力学、工艺等性能以及综合使用性能，能够满足信息技术、空间探索、海洋开发、能源利用以及相关产业发展的需要，是开发新技术的物质基础。因而，稀有金属材料在高技术开发及前沿科学研究中占有特别重要的地位。例如美国在1987年把碳纤维和陶瓷纤维、化合物半导体材料、大直径悬浮区熔硅材料、高级结构（高温）陶瓷、压电及其它换能器和传感器材料、半导体注入激光器、供结构及电子应用的金刚石薄膜，以陶瓷复合体为基的高临界温度超导体、大直径微电子电路级直拉硅圆片及磁记录和光记录介质等10种材料列为重点高技术材料，其中主要为稀有金属材料或使用稀有金属的材料。稀有金属材料的功能见表10-1-1，稀有金属作为功能材料的主要应用领域见表10-1-2。

3．稀有金属材料的发展方向

稀有金属材料的发展有以下几个方向。

（1）加强研究和推广应用，改进工艺，降低成本，积极开发新材料、新品种，为新技术革命和尖端科学及技术服务。

（2）研究开发性能指标更高，技术上先进，经济上合理的军工材料和加工制造工艺。

（3）以集成电路材料为代表的电子信息材料在相当长的时期内都将是发展重点。基础材料硅将进一步向大直径无缺陷的方向发展，化合物半导体和超晶格材料也将有大的进展。

（4）能源材料的研究和应用将出现新局面。超导材料是优先考虑的发展重点，将继续向高临界温度、高临界电流密度、高临界磁场的方向努力。薄膜和线材的制造工艺将是重点课题。太阳能电池材料，高效电池材料，贮氢材料，磁流体发电材料将要有大的发展。

（5）大力开展新型稀有金属材料的研究开发工作。金属基增强增韧复合材料、非晶微晶材料、超微细粉、记忆合金、超塑合金、金属间化合物材料、生命科学材料、传感材料和各种功能材料及具有独特性能（超硬，耐磨，高耐蚀，抗高温，强磁，高导，绝缘，高催化，高吸收，高反射，抗辐射，高阻尼，抗低温等）的材料都要有新的进展。

（6）为发展稀有金属材料，要加强工艺、设备的研究，重视分析测试工作。

（7）重视基础研究和基础工作，其中包括：

a．开展材料设计（有称材料合成）及合金设计的物理—化学基础研究和方法研究，开展相图计算和相图测定及相图应用的研究。

b．重视材料制造工艺的基础理论研究，这些研究包括。传统工艺改进和提高的基础工作，新工艺、新设备的基础工作和有关过程的物理—化学研究，高技术和极限条件下（宇宙环境、高能高速、超高压、超高真空、高速冷却等）制造和加工材料的机理研究；

c．加强表面科学与技术的研究和应用，包括表面、界面的结构、性质及对材料性能影响的研究，表面技术（PVD、CVD、MOCVD、MBE、涂覆、扩散、溅射、注入）的开发应用；

d．组织、结构与材料性能关系的研究，包括材料中杂质原子及微量元素的行为，合金化元素的作用及机理，缺陷的形成原因及对性能的影响，相变的类型、过程、影响因素及对组织结构和性能的影响，亚稳态、非晶态材料的形成、结构、稳定性和性能，低维材料（如超微粉末、纤维、薄膜）和各向异性材料的结构和性能；

e．材料的强化、韧化、超塑性和材料的损毁过程（断裂、腐蚀、磨损、老化）的测定、评价和机理研究；

f．材料性能的测定、表征、评价、开发和应用，特别要注意研究不同“场”下、极限条件下及使用环境下的性能研究、测定，重视新性能的开发应用。

参考文献

[1] 贾厚生，有色金属材料进展，全国第二届有色金属应用技术交流会特邀报告，1987年11月.

[2] 师昌绪，材料科学与工程，(1987)，№1.

[3] Kelly A., Materials Science and Engineering, (1987), Vol. 85, №1—2.

[4] 中国有色金属工业总公司科技部，有色金属与功能材料，(1987)，

第二章　电子信息材料

编写人　万　群　杨遇春　杨谨福　葛英才　杨英岑

第一节　电子材料

一、大规模和超大规模用半导体材料

集成电路（单片集成电路）是在半导体基片上做成元件、器件，并相互连线而构成的微型化电路或系统。元器件分为有源器件和无源器件两大类。有源器件中以金属氧化物半导体（MOS）晶体管和双极晶体管最重要，它们把硅集成工艺分成两个分支：MOS集成电路和双极型集成电路。此外，电荷耦合型（CCD）集成电路也是一个重要分支。就单位面积上的元件数或集成度而言，集成电路的发展已经历了小规模集成电路（SSI）、中规模集成电路（MSI）、大规模集成电路（LSI）和超大规模集成电路（VLSI）4代（表10-2-1），其中以MOS电路发展最快。近年来又出现了第五代超超大规模集成电路（ULSI）。

现在绝大多数的集成电路都是用硅材料制成的。据估计，硅材料在集成电路中的用量约占半导体硅总用量的80%以上。最近开始研究试制用砷化镓制做供特殊用途的电路。

硅集成电路所使用的衬底是晶向一定的单晶硅片，这要求硅片具有极高的纯度和结晶完整性。从70年代开始，硅片的直径不断增大，目前直径为100mm（厚0.5mm）的硅片已占统治地位。

单晶硅主要采用直拉和区熔技术生长。大多数集成电路硅片是由直拉晶体生长的。直拉单晶中结合的氧有利于形成起吸杂中心作用的二氧化硅沉淀。所有先进的MOS集成电路都是由取向为（100）的硅片制造的，这是因为（100）硅-二氧化硅界面能优化MOS器件的电性能。对双极型电路，采用（111）取向和（100）取向的单晶皆可，依应用而定。

（一）硅材料的基本要求

1．电学参数和晶向

电路的不同设计，对硅材料电学性能有着不同的要求，而电路的类型又决定了它所要求的硅材料的性能只能在一定范围内变化。集成电路对硅材料的要求见表10-2-2。

2．尺寸

根据集成电路厂的实践，一个硅圆片上至少要能做250块电路才在经济上是合理的。因此，随着管芯面积的增大，要求硅单晶及硅片的直径增加。硅片直径与投资效率的关系见表10-2-3。

硅片尺寸受到拉晶设备、制片设备及集成电路制造设备的限制。目前已拉制出直径为250mm的单晶硅。

3．硅片中杂质的含量

（1）氧在硅中的作用十分复杂，不同的状态可以起到不同的作用（见表10-2-4）。因此，不但要控制氧的含量，还要控制氧存在的形态。

硅片氧含量的径向不均匀度则要求不大于5%。热处理后，不同单晶的含氧量不同，有低氧（20～26ppma），中氧（26～32ppma）和高氧（32～36ppma）三种类型。

表 10-2-1　不同集成度DRAM的主要参数

集成度参数	ULSI	VLSI	LSI	MSI
元件数，片	10^7～10^9	10^5～10^7	10^3～10^5	10^2～10^3
线宽，μm	<1	1～3	3～5	5～10
芯片面积，mm^2	50～100	25～50	10～25	10
结深，μm	0.1～0.2	0.2～0.5	0.5～1.2	1.2～2

表 10-2-2　不同类型集成电路对硅衬底的电学参数及晶向的要求

电路类型	型号	晶向	电阻率，Ω·cm	电阻率不均匀度	少子寿命，μs
MOS	*p*	(100)	8～15，20～80	严格(<8～10%)	>50
CMOS	*n*或*p*	(100)	4～15	严格(<8～10%)	>50
双极	*p*	(111)	8～15	不严格	不很严格
CCD	*p*	(100)	15～25	很严格（<5%）	>50

表 10-2-3　硅片直径与投资效率

序号	项目＼直径	100mm	125mm	150mm	200mm
1	设备投资	1	1.25	1.5	2
2	厂房面积	1	1.25	1.5	2
3	人数	1	1	1	1
4	管芯数	1	1.56	2.25	4
5	单位芯片投资	1	0.8	0.67	0.5
6	人均芯片数	1	1.56	2.74	4

表 10-2-4　氧对MOS器件性能的影响

氧在硅中的形态	对晶体的作用	对器件工艺的影响	作用的利弊
沉积态	二次缺陷	载流子的复合与产生	弊
		硅片翘曲	弊
		本征吸杂	利
	潜在缺陷	扩大离子注入的损伤	弊
		载流子的产生与复合	弊
溶解态	位错的钉扎	抑止翘曲	利
施主态	热施主 新施主	电阻率不稳定	弊

（2）碳含量高会形成碳条纹，并能促进某些缺陷的产生和缩短晶体的少子寿命等。但碳含量在一定范围内又有可能抑止缺陷的产生。总的来说，集成电路要求硅片中的碳含量小于1ppma，对超大规模集成电路而言，应小于0.1～0.5ppma。

（3）重金属是影响器件，特别是集成电路功能的有害杂质。一般在硅中常检测的重金属杂质有：Au、Cu、Ni、Cr、Mn、Zn、As、Sb、Pb等，这些杂质的含量应小于0.1ppba。

4．缺陷

由于硅单晶的生长已普遍使用无位错工艺，因此在原生单晶中的缺陷主要是微缺陷，但经热处理后，又可能产生微沉积物和氧化层错。随着集成电路的集成度的提高，元件尺寸的减少，布线密度的增加，对缺陷的尺寸与密度则要求更为严格。如果缺陷的尺寸大于元件尺寸的1/10，则认为是有害的。缺陷种类及对器件的影响见表10-2-5。

（二）硅片的几何尺寸要求

1．硅片几何参数的标准

为了实现晶体拉制设备、制片设备、器件制造设备的分工并能相对独立地发展，制定硅片尺寸的标准是完全必要的。这些尺寸涉及到硅片的直径、厚度、主参考面位置及长度、副参考面位置及长度等。对硅片的弯曲度、翘曲度、总厚度公差（或斜度）也有基本要求。现在全世界都使用美国SEMI研究所（Semiconductor Equipment and Material Institute）的标准。该标准的主要数据见表10-2-6。表中硅片的直径与厚度的关系为：

表 10-2-5 硅中的缺陷及其影响

种类	来源	对材料性质的影响	对器件性质的影响
层错	氧化 外延生长	沉积中心 影响扩散分布	增六结漏电 软击穿 寿命劣化
位错	机械或热应力 杂质构成的晶格失配 漩涡缺陷	沉积中心 影响扩散分布 滑移线	增大结漏电 寿命劣化 电流增益劣化
氧杂质	晶体生长	形成沉积物 造成热施主 形成氧化层错	增大结漏电 寿命劣化 增加施主
碳杂质	晶体生长	形成沉积物 漩涡缺陷的来源 氧化层错的来源	增大结漏电 寿命劣化
金属杂质	晶体生长 加工引入	形成沉积物 影响扩散分布	增大结漏电 寿命劣化

$$\Delta = kD^N$$

式中 k——常数；

Δ——硅片厚度，μm；

D——硅片直径，mm；

N——当$D\leqslant 100$mm时为1，当$D>100$mm时为0.5～0.7。

2．硅片的平整度

抛光片或外延片的平整度对集成电路生产是至关重要的。因为它严重地影响光刻的结果，从而决定电路的成品率。随着集成度的提高，对平整度的要求愈加严格。但同时，随着集成度的提高，又要求硅片直径增大。这样就给抛光片、外延片的生产带来愈来愈大的困难。硅片生产的发展方向，一是改进抛光工艺，以改善大直径硅片的平整度；一是从150mm硅片开始，采用分步式光刻技术，其特点是要求局部的平整度要好。现将不同集成度对硅片平整度的要求列入表10-2-7。

3．硅片表面的缺陷

硅片表面的缺陷取决于几方面的因素：晶体生长的原生缺陷；晶体热处理所产生的缺陷；抛光过程的损伤；是否进行吸杂处理以及吸杂的方法。一般硅片表面的缺陷分为两大类，一类为直观的缺陷，另一类为经热氧化后观察的层错密度。

直观的缺陷为崩边、划痕、凹坑、桔皮等。这些缺陷一般要求没有，或减少到最低限度。

现代的抛光工艺一般能使氧化层错密度控制在500个/cm²以内。因此，对一般性集成电路，要求氧化层错不大于500个/cm²，而超大规模集成电路或更高集成度的集成电路则要求氧化层错不大于100个/cm²。

表 10-2-6 SEMI标准中不同直径硅片的几何尺寸要求

几何精度 \ 标称直径	50mm	75mm	100mm	125mm	150mm	200mm
直径，mm	50.42～51.18	75.57～76.83	99.5～100.50	124.5～125.5	149.5～150.5	199.5～200.5
厚度，μm	254～304	356～406	500～550	600～650	650～700	700～750
主参考面长，mm	14.23～17.52	19.05～25.4	30～35	40～45	55～60	①
副参考面长，mm	6.35～9.65	9.66～12.7	16～20	25～30	35～40	①
弯曲度，μm	⩽38	⩽40	⩽40	⩽40	⩽60	⩽65
翘曲度，μm		⩽40	⩽40	⩽40	⩽60	⩽75
总厚度公差，μm	⩽12	⩽25	⩽25	⩽25	⩽25	⩽75

① 参考面已改成圆豁。

表 10-2-7 DRAM集成度与平整度要求

集成度	元件尺寸，μm	光刻方式	总平整度，μm	局部平整度①
1K	8～10	接触式	10～20	
4K	5～7	接触式，投影式	10～15	
16K	3～5	接触式，投影式	6～10	
64K	2～3	接触式，投影式	4～6	
256K	1.5～2	分步投影式	1.5～3.5	1.5～2
1M	1.0～1.5	分步投影式	<2	1.0～1.5

① 局部平整度单位为$\mu m/20\times20mm^2$，对150mm硅片，周边5mm除外，对⩽125mm硅片，周边3mm除外。

二、微波通信用半导体材料

化合物半导体与信息技术息息相关，但其中与微波通信有关的只有GaAs和InP。

（一）微波用半导体材料的分类

微波通信包括厘米波通信和毫米波通信。微波除用于通信外，在雷达、导航、射电天文等诸多方面均有应用。在60年代以前，微波振荡、检波、变频等都借助于电真空器件。由于隧道二极管、甘氏二极管、变容二极管、雪崩二极管以及后来的场效应晶体管的发明，在微波技术的大多数领域内，电真空器件已由半导体器件所取代。半导体器件体积小，重量轻，能耗小，寿命长，工作可靠，特别适用于空间技术与军工技术。这也正是化合物半导体材料从60年代以来日益受到重视，并在国际半导体材料市场上供需量日益增长的原因。

微波半导体材料按组成分类，目前主要有GaAs（砷化镓）和InP（磷化铟）两种；按形态分类，目前有单晶和外延片（包括气相外延片、液相外延片和各种多层结构）两种。

微波半导体材料总的分类情况见图10-2-1。

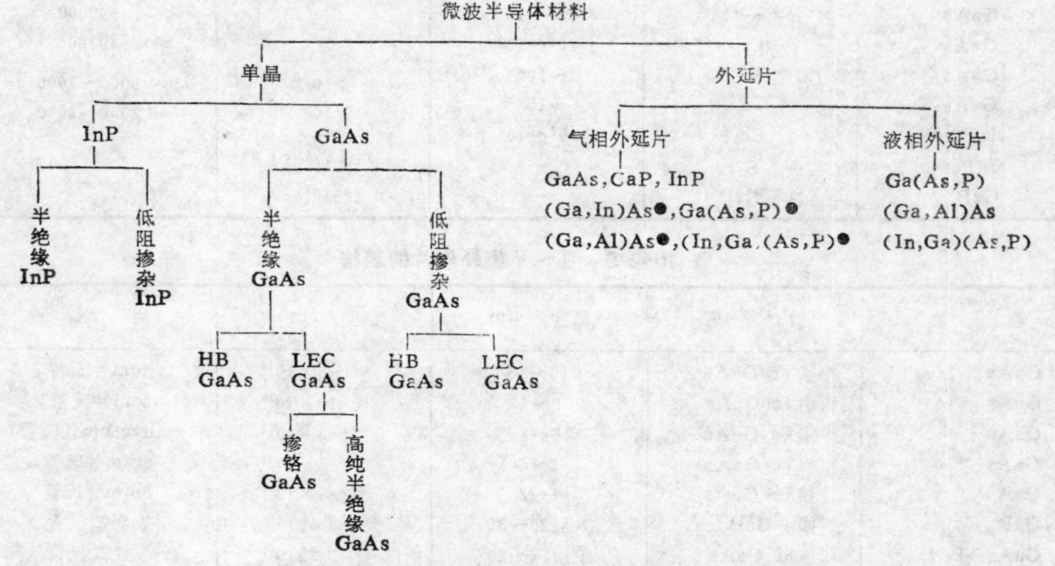

图 10-2-1 微波半导体材料的分类

（二）化合物半导体的生产工艺。

1. 直拉法（CZ法）

直拉法是生长半导体化合物单晶的主要方法，其主要设备是已标准化的单晶炉。单晶炉的主要参数为：炉膛尺寸，坩埚尺寸，籽晶杆行程，加热方式（电阻式、射频式），耐压情况（常压、高压）等。

● 多元固溶体化合物多采用金属有机化学气相沉积（MOCVD）或分子束外延（MBE）工艺。

化合物半导体材料都有很高的分解压（熔点下），因此通常都要采用高压单晶炉（HPLEC法）。高压单晶炉通常都要能经受14.7MPa(150kg/cm²)或更高的压力。为了减少分解，熔体上面还要有一个B_2O_3覆盖层。当拉制高纯高阻GaAs时，为了避免硅的玷污，还要使用热解氮化硼（PBN）坩埚。

2．水平区熔法（HB法）

直拉法拉出的单晶有正圆形截面，均匀性好，宜于标准化生产线使用，但设备较昂贵。对于分立器件用的GaAs材料，有时不需要特定的圆形截面，为了降低成本，亦可使用水平区熔单晶。这种单晶在非标准区熔炉中的石英舟中生长，截面大体呈半圆形，截面积可作到20cm²以上。

用HB法生长的高阻半绝缘GaAs，只能用作分立器件。用HB法生长的掺硅低位错单晶，在激光器和发光二极管方面有一定的需求。

3．气相外延工艺（VPE工艺）

气相外延是通过一些特定的化合物(如$AsCl_3$、PCl_3、AsH_3、PH_3）与镓、铟之类的金属通过气相输运而达到单晶生长的一种薄膜生长工艺。用这种方法可生长GaAs、InP及其某些固溶体。用于生长薄膜的衬底可起籽晶作用，同时起机械支撑作用，或起欧姆接触作用，而生长的外延层构成器件的有源区。根据器件物理的要求，外延层可做成各种不同的厚度（0.1～20μm不等）和各种不同的电学性能（$n=10^{13}\sim10^{18}cm^{-3}$，μ希望尽量高)。

4．液相外延工艺（LPE工艺）

液相外延是利用镓、铟之类的低熔点金属作溶剂，使溶于其中的GaAs、AlAs、InP等半导体物质通过液相输运以达到单晶生长的一种薄膜生长工艺。液相外延片的晶体缺陷较少，适用于激光器、发光二极管之类器件。液相外延在批量生产方面逊于气相外延，有被MOCVD工艺取代的趋势。

表 10-2-8　Ⅲ～Ⅴ族单晶的规格

名　　称	掺 杂 剂	电阻率，Ω·cm	n，cm^{-3}	μ，$cm^2/(V\cdot s)$
GaAs	—	$\sim10^8$		约6000
GaAs	Cr	$10^7\sim10^8$		约4000
GaAs	Si	$\sim10^{-2}$	$>10^{18}$	2000～3000
GaAs	Te	$\sim10^{-2}$	$>10^{18}$	2000～3000
InP	Fe	$10^6\sim10^7$		
InP	S	—	约10^{17}	
GaP	S	—	约10^{17}	

表 10-2-9　Ⅲ～Ⅴ族外延片的规格

名　　称	衬　　底	厚度，μm	浓度，cm^{-3}	用　　途
GaAs	掺Te-GaAs	15～18	$5\sim8\times10^{14}$	5cm甘氏管
GaAs	掺Te-GaAs	9～12	$8\sim10\times10^{14}$	3cm甘氏管
GaAs	掺Te-GaAs	6～8	$1\sim3\times10^{15}$	1.25cm甘氏管
GaAs	掺Te-GaAs	3～5	$5\sim7\times10^{15}$	8mm甘氏管
GaAs	掺Te-GaAs	1～2	$7\sim9\times10^{15}$	6mm甘氏管
GaP	掺S-GaP	n层20～30	约10^{19}	发光二极管
$GaAs_{0.6}P_{0.4}$	掺Si-GaAs	p层 4～20	约10^{17}	发光二极管
$GaAs_{0.35}P_{0.65}$	掺S-GaP			发光二极管
$GaAs_{0.14}P_{0.86}$	掺S-GaP			发光二极管
$Ga_{0.7}Al_{0.3}As$	掺Si-GaAs			激光器
$Ga_{0.47}In_{0.53}As$	InP			探测器
GaInAsP	InP			激光器
GaAs	SI-GaAs	0.2	$1\sim2\times10^{17}$	MESFET管

注：发光二极管及激光器所需外延材料的外延层至少由两层构成（如表中GaP所示），各层参数由用户提供。

表 10-2-10 1986年化合物半导体产量及产值

品名	产量，t/a	产值，亿美元
砷化镓	25～32	1.0～1.28
磷化镓	15～20	0.45～0.6
磷化铟	2	0.2

表 10-2-11 化合物半导体产值增长趋势

（以亿美元计）

品名	1986年	1990年	1995年
砷化镓	0.94	3.13	6.8
磷化镓	0.6	0.6	1.5
磷化铟	0.2	0.5	0.9

表 10-2-12 阴极和热电子材料性能及应用范围

材料		性能	应用范围	备注
热阴极材料	铈钨阴极	电子逸出功2.8 eV，比钍（3.5eV）低，且无放射性	铈蒸气压高，要求在充气条件下使用	组成：$CeO_2$1.5～2.0wt%，W＞97.9wt%
	LaB_6	电子逸出功（2.87eV）低，发射电流密度（65A/cm²）高，熔点（2500℃）高，寿命比钨阴极高20倍以上	广泛应用于大功率电子束焊接机、透射电镜，是优良的低温、高电流密度热电子发射材料	用元素合成、硼热法等方法制成多晶粉末，热压成形后用电弧悬浮区熔法或金属熔剂法制成LaB_6单晶
	镍基合金（阴极基底材料）	发射电流密度高，寿命长	氧化物阴极，采用含钨、锆、铼、镁、钙等一种或数种元素的镍合金为基底金属	如镍钨镁（35%W，0.02～0.15%Mg）、镍钨钙（3～4%W，0.07～0.17%Ca）、镍钨锆（2～2.5%W，0.08～0.15%Zr）等
次级发射阴极材料	纯铂或Cu-Be合金	次级发射系数稳定，耐电子、离子轰击性能良好	电子倍增器，正交场放大管	大功率器件用纯铂，中小功率器件用Cu-Be合金
光电阴极材料	Ag-O-Cs	光谱响应波长在8000Å以上	供特殊用途使用的透明和半透明光电阴极	
	Cs_3Sb和多碱阴极	$Na_2KSb:Cs$和K_2CsSb等三碱和双碱阴极及Cs_3Sb的量子效率高，室温热离子发射低	摄象管	
	Ⅲ～Ⅴ族光电阴极	将Cs吸附在GaAs上即获得负电子亲合势，故又称负电子亲合势材料，与普通光电阴极的区别在于有效逃逸深度比之长约3个数量级，因而灵敏度高	制作光电倍增管，用于彩色电视，激光探测，天文测量、微光夜视等方面	
热子材料	W-Mo合金丝超细钨丝	间热式阴极的加热体，熔点高，蒸发率低，电阻率高，高温强度好		钨丝中钨不少于99.9%，杂质含量SiO_2＜0.05%，Fe_2O_3 + Al_2O_3＜0.03%，Mo＜0.01%，CaO＜0.01%，标准直径5～8μm
	W-Re丝	高温性能点焊性能好		

5. 有机金属气相外延（MOCVD工艺）

MOCVD工艺与VPE工艺的不同之处有二：一是所用原料气均为金属烷类，如AsH_3、$Ga(CH_3)_3$、$In(C_2H_5)_3$等，因而避免了氯化物对器皿、管道的腐蚀作用；二是以热分解反应代替一系列复杂的化学反应，从而简化了机理，也使外延重复性大大改善。目前MOCVD法已成为普遍采用的外延片生长工艺。该工艺的特点是宜于批量生产和宜于生长薄层和多层结构。该工艺对生产当前一些尖端产品（如超晶格、量子阱结构）颇具优势，是亟待大力开发的一个工艺。

6. 分子束外延工艺（MBE工艺）

MBE工艺是一个较为精密、较为复杂的工艺。与MOCVD工艺比较，它的设备投资大约要高出三倍左右，并且在批量生产方面也有一定困难。但这一工艺特别易于控制薄膜生长的进程，可以实现单原子层生长，因而比MOCVD工艺能生长出更为复杂的多层结构。但截至目前为止，MBE工艺还只是停留在实验室阶段。

（三）化合物半导体材料的规格、品种及应用

单晶直径与位错密度依用户要求而定。Ⅲ～Ⅴ族单晶的规格见表10-2-8。

外延片的位错密度及迁移率与用户商定。Ⅲ～Ⅴ族外延片的规格见表10-2-9。

（四）微波半导体材料的市场

根据GaAs的电子转移效应已研制出一系列的甘氏管，并早在10年前就形成了新的微波工业，如由GaAs制成的入侵警报器甘氏管83年的世界销售量即已达到2000万美元。GaAs的电子迁移率比硅快五倍以上，由其制成的器件的工作频率已扩展到60GHz的微波区（硅器件的最高频率为4GHz），并且功耗低、噪声小，因此GaAs比硅更适合于制备单片微波集成电路。这种电路在相控阵雷达、电子对抗、战术导弹、电视卫星接收、微波通信、超高速计算机等方面有广泛的应用前景。全世界1983年GaAs微波集成电路的销售量为7000万美元，1984年为1.2亿美元。

三、电真空材料

电真空器件是电子设备中与半导体器件互为补充，并行发展的重要部件。半导体器件与电真空器件相比，具有体积小、重量轻、耗电少、起动快、寿命长、可靠性高等优势，但在微波、大功率方面，目前尚还不能与电真空器件相比。电真空器件的功率一般要超过半导体器件三个数量级以上。

电真空器件种类繁多，电真空材料的分类也非常复杂。按材料在器件中的功能可分为阴极和热子材料、栅极材料、封接材料、焊料、吸气材料及结构材料等。

1. 阴极、热子材料

直热式阴极、次级发射阴极及场致发射阴极可直接采用金属或合金做电子发射材料。间接式阴极用金属或合金做阴极的基底金属。阴极材料对器件的性能、寿命和可靠性影响极大。阴极和热电子材料的性能及应用范围见表10-2-12。

2. 栅极、阳极材料

栅极和阳极要受到高速电子的轰击和阴极的热辐射，所用材料要求逸出功大和高温性能好，并要有良好的导电、导热性能。栅极要求有良好的形状稳定性。钛可用于栅极，因其首次发射低而具有独特的优点。钨、钼是传统的栅极材料，为抑制其热电子发射和二次电子发射，可采用稀有金属合金铂化锆（$ZrPt_3$）、锆硅（Zr_5Si_3）合金粉、碳化钽、碳化铌作抑制栅极发射的材料。

阳极材料可根据其承受功率密度的大小，散热方式和工作温度等条件进行选择。稀有金属中的钽、钼可作阳极材料；锆、钛可作阳极表面涂敷材料。

3. 封接材料

封接材料是与玻璃、陶瓷等介质相封接的金属材料。其在一定温度范围内必须具有与介质相近的热膨胀系数或低的弹性模量和屈服强度。稀有金属中的钨、钼可与玻璃封接，钛可与陶瓷封接。

4. 电真空器件用焊料

此类材料要求蒸气压低、放气量小、熔流点间隔小，对常需焊接的材料有良好的浸润性，并易于加工成形。钯银铜能钎焊无镀层的钼、铌和不锈钢；铟银铜可用于阶梯焊接中的末次焊接。此外，钛银铜、钛、锆、铟均可用作焊料。

5. 吸气材料

吸气材料在电真空器件中用以吸收器件内的残余气体和零件放出的气体。吸气材料必须化学活性大、蒸气压低。锆铝、锆硅、锆石墨是常用的吸气

表 10-2-13 电阻器用的电阻材料及性能特点

类别	电阻材料	工艺特点	性能特点
金属膜精密电阻器	氮化钽膜	用反应溅射法制备	电阻温度系数小(可达$25\times10^{-6}/℃$),稳定性好,适于制作平面化片状电阻器
	氮化钛膜	在氮、氩气氛中以反应溅射法制备	其薄膜电阻为10～100Ω/□,电阻温度系数$100\times10^{-6}/℃$
耐高温大功率金属膜电阻器	铼膜	用铼浆料以丝网印刷到绝缘基片上经烧结制成平面形电阻	超薄铼膜是优良的高阻材料,其薄膜电阻值为80Ω～50kΩ/□
热敏电阻器	$BaTiO_3$	$BaTiO_3$中掺入Cd、Na等而后烧结制成	当温度达到居里点时,$BaTiO_3$由四方向立方晶系转化,电阻率跃迁几个数量级,为正温度系数热敏电阻
	TiB_2	TiB_2中加入少量TiN	可制成使用温度大于600℃的高温热敏电阻
	Ge	锗单晶掺入不同种类和数量的杂质,为负温度系数热敏电阻材料	掺杂后电阻率为0.01～50Ω·cm。其材料常数B值可在1000～6000K之间任意改变。锗热敏电阻稳定性高,广泛用于温度测量和红外探测等
光敏电阻	CdS		光谱响应波长0.5～0.8μm(常温)
	Se		光谱响应波长0.7μm
	PbS		光谱响应波长1～3μm
	InSb		光谱响应波长5～7μm
	Ge:Au		光谱响应波长10μm
	HgCdTe		光谱响应波长8～14μm

材料。

6. 结构材料

电真空器件的结构材料包括管壳、支撑零件和电极连接零件等所用的金属材料。这类材料应具有一定的机械强度,良好的导电、导热性能,在工作温度和烘烤温度下有足够低的饱和蒸气压,并具有良好的化学稳定性和热稳定性,以及良好的加工性和可焊性。稀有金属中的钼、钽、铌、镍钼铁合金等常应用于阴极支撑筒。微波管的慢波结构和热屏常采用钼。行波管的螺旋线夹持杆使用热解氮化硼。

四、电阻器材料

稀有金属主要供制备某些薄膜电阻器,具有小型化、高可靠性的特点,有良好的应用前景。电阻器所用材料及性能见表10-2-13。

五、电容器材料

稀有金属主要用于以固体为介质的陶瓷电容器和电解电容器中。

1. 陶瓷电容器

这种电容器以陶瓷为介质,主要选用材料为TiO_2和$BaTiO_3$。陶瓷电容器结构简单,价格低廉,电容量范围宽,耗电较少,电容量温度系数可根据要求在很大范围内调整,广泛应用于电子设备中。

$BaTiO_3$陶瓷电容器可制成独石型陶瓷电容器。其结构是在介质层间插入电极层组成,经压制、烧结成密实的独石块。由于电极埋置在陶瓷中,能制得尺寸小、容量大、可靠性高、损耗低的电容器。介电层可薄至μm级,层数可多至40～50层。这种电容器对材料的纯度要求高,粒度要求均匀。

生产的方法用湿式合成法可生产出粉末粒度比较均匀的$BaTiO_3$粉末。今后的发展方向是研制纯度高、颗粒尺寸小于1μm的精细颗粒陶瓷。精细陶瓷在烧结时收缩率稳定,烧结时间短,生产成本低。除$BaTiO_3$材料外,对$LiNbO_3$、$LiTaO_3$、$PbTiO_3$等也进行研究。除烧结方法外,还进行了真空淀积和溅射等工艺。

2. 电解电容器用稀有金属

应用于电解电容器中的稀有金属主要有以下几

种。

（1）钽。钽在电容器中作正极。因钽和作为介质的氧化钽的化学稳定性很高，用其制成的电容器漏电流很小，贮存性能好，可靠性高。钽电容器根据工作电解质的不同可分为固体电解质钽电解电容器和非固体电解质钽电解电容器；根据正极形状又可分为烧结式、箔式和丝式等。

（2）铌。铌在电解电容中作正极。铌比重为钽的二分之一，氧化铌介质的介电常数比氧化钽的大。虽然氧化铌的工作电场强度略低于氧化钽，但用相同重量的铌和钽制成电容器后，铌电容器的标称电容量与工作电压值的乘积要比钽电容器大一倍。在粉粒度与箔厚度相同的条件下，铌或氧化铌的化学稳定性略低于钽和氧化钽，而优于铝和氧化铝。

（3）钛。钛在电解电容器中作正极，金属钛比重小。用特殊的电化学方法形成氧化钛介质，其介电常数在电解电容器中居首位。氧化钛的工作电场强度较低。钛电解电容器的性能比钽电解电容器差，制造工艺较复杂，但钛资源丰富，价格较低。

（4）钽-铌合金。钽-铌合金由粉烧结成多孔性的整体，在电容器中作正极。介质是用电化学的方法在正极表面形成一层Nb_2O_5氧化膜，其介电常数为41。工作电解质可用固体或非固体。

钽-铌合金电解电容器的性能略低于钽电容器，而优于钽电解电容器。由于铌资源丰富，钽-铌电容器正在取代钽电容器。

除在陶瓷电容器和电解电容器中应用稀有金属外，还采用真空蒸发或溅射工艺等制成氧化铌、氧化钽、氧化钇、氧化铪、钛酸钡等薄膜电容器，成为薄膜集成电路的重要元件之一。

将稀有金属中的钽、铌、钛等应用于电容器制备，有助于提高电容器的主要参数水平、可靠性和恶劣环境适应性，并对电容器向小型化、片状化、微型化发展起到主要作用。

第二节 信息记录及存储材料

一、磁记录材料

磁记录是将随时间变化的信号作用于磁头，使磁介质磁化，再利用磁介质剩磁的分布将信号记录下来的过程。除磁头外，涂布在磁带、磁盘和磁鼓上用于记录和存储信息的磁性材料即为磁记录介质。磁记录介质和磁头使用的材料即为磁记录材料。

对磁记录介质的要求是：矫顽力较高，饱和磁化强度大，矩形比高，磁滞回线陡直，温度系数小，老化效应小。对磁头材料的要求是：最大磁导率和起始磁导率高，饱和磁化强度大，矫顽力小，剩余磁化强度低，耐磨损，机械加工性好等。

常用的磁记录介质有氧化物和金属两类。氧化物中主要有γ-Fe_2O_3、CrO_2、钡铁氧体等。金属系的磁记录介质主要为铁、钴、镍的合金粉末及磁性合金薄膜。

常用的磁头材料，特别是录音、录码和电子计算机用的磁头材料，多为坡莫合金。坡莫合金是一种镍铁合金，以含镍78%左右的78坡莫合金为主体。

二、磁存储材料

1．矩磁铁氧体材料

此类铁氧体的磁滞回线为矩形。在作为存储材料（磁芯）使用时，要求剩磁与最大磁感应强度之

表 10-2-14 与稀有金属相关的薄膜磁性材料

材料	成分	应用
Vicalloy Ⅱ（V-Fe-Co）	13V%，35Fe%，52Co%	磁记录
MnAlGe		热磁或居里点写出
MnGaGe		热磁或居里点写出
RECo(Fe)非晶合金	不定	泡畴和磁光器件
添加钛钴的钡铁氧体	$BaCo_{0.5}Ti_{0.5}Fe_{11}O_{19}$	磁记录
氧化铬	CrO_2+Sb	磁记录
稀土正铁氧体	$REFeO_3$	泡畴器件
稀土铁石榴石	$RE_3Fe_5O_{12}$	微波、磁光器件、泡畴器件
钇铁石榴石	$Y_3Fe_5O_{12}$	

表 10-2-15　熔剂法生成的各种石榴石特性

	切割法	B_s 10^{-4} Wb/m²	$(TC)_m$ %/°C	t μm	H_{col} 10^3A/4π·m	$(TC)_h$ %/°C	d_{col} μm	πl μm	ε_W 10^{-3}J/m²	K_u 10^{-1}J/m³	μ_W $4\pi\cdot10^{-5}$ m²/A·s
S_1 $Er_2Tb_1Al_{1.1}Fe_{3.9}O_{12}$	I	136	−1.8	17.0	32	−3.4	7.0	4.0	0.19	2.2×10^4	55
S_2 $Gd_{2.34}Tb_{0.66}Fe_5O_{12}$	Ⅱ	137	+3.2	15.0	75	+7	7.5	4.8	0.23	3.3×10^4	120
S_3 $Gd_{0.95}Tb_{0.75}Er_{1.3}Al_{0.5}Fe_{4.5}O_{12}$	I	181	+1.2	11.5	140	+2.5	3.0	1.1	0.083	4.4×10^3	60
S_{4a} $Eu_1Er_2Ga_{0.7}Fe_{4.3}O_{12}$	I	247		18.0	182	~0	5.0	2.0	0.31	6.2×10^4	165
S_{4b} $Eu_2Er_1Ga_{0.7}Fe_{4.3}O_{12}$	Ⅲ	196	+0.1	17.1	145	~0	5.5	2.3	0.22	3.0×10^4	200
S_5 $Y_2Gd_1Al_{0.8}Fe_{4.2}O_{12}$	Ⅱ	328	+0.38	13.3	262	+1.6	2.5	0.66	0.18	2.0×10^4	180
S_6 $Y_{1.8}Eu_{0.2}Gd_{0.5}Tb_{0.5}Al_{0.6}Fe_{4.4}O_{12}$	Ⅲ	450	0	19.0	370	~0	3.0	0.70	0.36	7.9×10^4	186
S_7 $Eu_{1.5}Gd_{1.5}Al_5Fe_{4.5}O_{12}$	I	219	+0.9	16.0	160	+2	6.0	5.6	0.29	5.1×10^4	180
$S_{7'}$ $Eu_{1.9}Gd_{1.1}Al_{0.5}Fe_{4.5}O_{12}$	Ⅲ	160	+0.5	22.0	57	+1	6.0	2.1	0.14	1.2×10^4	2020
X $Ca_2Bi_1V_1Fe_4O_{12}$	—	55	−0.18	25.0	10	~0	20.0	15.0	0.13	1.0×10^4	1100
Y $Pr_1Gd_2Ga_{0.5}Fe_{4.5}O_{12}$	Ⅲ	152	−2.0	18.0	97	−3.7	8.0	4.7	0.27	4.6×10^4	425

注：B_s 为饱和磁感应强度；$(TC)_n=\Delta Ms/(Ms\Delta T)$（室温附近）；$t$为板厚；$H_{col}$为磁泡畴的消失磁场；$(TC)_h=\Delta H_{jcol}/(H_{col}\Delta T)$（室温附近）；$d_{col}$为在$H_{col}$时的磁泡畴的直径；$\pi l=\pi W_0\varepsilon_w/I_s^2$（$l$为特征长）；$\varepsilon_w=dA^{1/2}K_u^{1/2}$（畴壁能）；$K_u$为各向异性常数；$\mu_w$为迁移率。

比接近于1。

2．*薄膜存储材料*

磁性薄膜存储器是用坡莫合金等薄膜作为存储介质的器件。膜厚一般为数百埃至数微米。该存储器主要是利用薄膜的单轴各向异性，根据沿易磁化轴磁化强度向量的不同取向来记录二进制信息的“0”或“1”。

薄膜存储器与磁芯存储器相比具有磁化强度向量反转速度快，读出时不破坏存储信息及居里点高，温度特性好等优点。与稀有金属有关的薄膜材料见表10-2-14。

制备薄膜主要有真空薄膜法、溅射（阴极溅射、磁控溅射、反应溅射）、化学气相沉积(CVD)、电镀和化学镀等方法。

3．*磁泡材料*

磁泡是一种小而稳定的圆柱状磁畴（典型直径为1～4μm）。某些磁性材料的薄膜或薄片具有垂直于膜面的单轴各向异性和一定的饱和磁化强度$4\pi M_s$值。若无外加磁场，则磁性薄膜中存在的是条状畴或蛇形畴。如在垂直于薄膜的方向外加磁场，条形畴即收缩，当各向异性场$H_A\geqslant4\pi M_s$时，条形畴收缩为圆柱状，即所谓磁泡或泡畴。这种材料就称作磁泡或泡畴材料。

已发现的磁泡材料有稀土正铁氧体、磁铅石型铁氧体、石榴石型铁氧体以及非晶态磁泡材料(Gd-Co，Gd-Fe薄膜)。石榴石型铁氧体或稀土铁石榴石的磁泡泡径小，迁移率高，其外延薄膜已成为当前应用最广的磁泡材料。

目前主要以钆镓石榴石（GGG)为衬底，采用液相外延法制备各种单晶薄膜形态的磁泡材料。用助熔剂法、直拉法可制备体单晶，但不易制得无缺陷的薄片。

为了能够以合理的价格批量生产泡畴存储器件，磁泡材料必须满足以下条件：

（1）应为单晶薄膜，薄膜中没有妨碍磁泡畴移动的缺陷；

（2）饱和磁矩必须低，使磁泡有足够的尺寸以便于进行处理；

（3）矫顽力尽可能小，畴壁迁移率尽可能大；

（4）磁畴的存储密度必须大于1.5×10^5bit/cm^2；

（5）各向异性场H_K必须大于$4\pi M_s$。

熔剂法生成的各种石榴石的性能参数见表10-2-15。

磁泡最重要的应用是大容量存储器，可用以制备10^7～10^8比特容量的存储器。

磁泡器件是大规模集成磁性器件。它没有机械运动部分，信息存储是非易失性的。它既可以完成存储，又可以实现逻辑功能，还具有高密度、小体积和高可靠性等优点。近几年磁泡器件发展很快，已在空间系统、智能终端、电话系统和微处理机方面获得了应用。

第三节 光电子与激光材料

光电子学是光学与电子学在工艺上相结合的产物，是电子学的重要分支。它以电磁谱光学部分辐射的产生、调制、传输、接受、识别、转换和应用为主要研究与开发对象。能实现上述功能的光电子材料主要有激光材料、发光管光源材料、光导纤维、光电子检测材料、光调制材料和光电子集成电路及集成光路材料等。

一、激光材料

（一）激光及激光器

激光是一种新型光源。它的出现给整个科学技术领域带来了深刻的变革。在光纤通信系统中，它把无线电频率下的传统电子学概念引伸到光频波

表 10-2-16 固态激光器典型的基质材料

激活离子	典型的基质	波长，μm	备注
Cr^{3+}	蓝宝石	0.6943	粉红色红宝石
Cr^{3+}	蓝宝石	0.7009，0.7041	红色红宝石
Co^{2+}	MgF_2，ZnF_2	1.75，1.80，1.99，2.05	声子辅助
Ni^{2+}	MgF_2	1.62	
Pr^{3+}	$CaWO_4$	1.0468	
Nd^{3+}	$CaWO_4$，CaF_2，YAG，玻璃	1.04～1.07	在1.06μm附近有数条近侧谱线
Nd^{3+}	$CaWO_4$，玻璃	1.34～1.39	有数条谱线
Sm^{2+}	SrF_2	0.6969	20K或更低
Sm^{2+}	CaF_2	0.7083	20K或更低
Dy^{2+}	CaF_2	2.36	
Ho^{3+}	CaF_2	0.5512	
Ho^{3+}	$CaWO_4$，$MoWO_4$，CaF_2，玻璃	2.05～2.07	有数条近侧谱线，与基质有关
Ho^{3+}	YAG	2.09～2.12	有数条近侧谱线
Er^{3+}	$CaWO_4$、CaF_2	1.61	
Er^{3+}	YAG	1.654～1.660	
Er^{3+}	CaF_2	2.69	
Tm^{2+}	CaF_2	1.116	在20K连续输出
Tm^{3+}	$CaWO_4$，$Ca(NbO_3)_2$	1.91	
Tm^{3+}	SrF_2	1.97	
Yb^{3+}	YAG	1.0296	

段，形成了现代光电子学体系。激光器主要由工作物质（基质和激活离子）、激发源和共振腔组成。根据基质或激光材料的不同，激光器被分为多种不同类型。主要有固体（包括玻璃态）、半导体、液体（包括染料）和气体等体系。半导体激光材料主要用于光纤通信；红宝石、YAG主要用于激光测距；使用激光窗口材料的CO_2大功率激光器则主要用于材料加工和焊接。

（二）激光材料现状

1. 固体激光器材料

固体激光器系由含有激活离子的玻璃态或晶态材料构成。晶态物质一般具有良好的热性能和机械强度。目前已有三百余种掺入激活离子（稀土或过渡金属）的氧化物和氟化物晶体实现了激光振荡。玻璃态物质易制成均匀的大尺寸材料，但热性能较差，不适于在高平均功率下工作。固态激光器典型的基质材料见表10-2-16。目前常用的固态激光材料有以下几种。

（1）稀土离子激光晶体和钕玻璃。技术上最重要的四能级激光晶体都采用钕作激活离子。在$CaWO_4$等常用的基质材料中，钕浓度介于0.5～2.0%之间，并以掺钕钇铝石榴石(Nd^{3+}：$Y_3Al_5O_{12}$)效果最好。Nd：$Y_3Al_5O_{12}$或Nd：YAG约含2% Nd^{3+}，是一种阈值低、散热性能好的材料，适于制造连续、高重复频率及脉冲等不同模式的激光器。

钕在130余种基质中起激活离子的作用。NdP_5O_{14}、$LiNdP_4O_{12}$、$NdAl_3(BO_3)_4$、$K_3Nd(PO_4)_2$等以钕作为激光晶体组分的材料适于制造光抽运、低阈值的微小型激光器。最近出现的工作波长为1054nm的六铝酸钕镧（LNA或$La_{1-x}Nd_xMgAl_{11}O_{19}$），解决了因钕含量低而使输出功率受到限制的问题，从而使大功率输出（数百至数千瓦）的小型固态激光器的生产获得成功，为激光在汽车工业中的应用开辟了新途径。

Ho^{3+}、Er^{3+}和Tm^{3+}也是应用较广泛的稀土激活离子。含高浓度Er^{3+}和Ho^{3+}的$Y_3Al_5O_{12}$、$KY(WO_4)_2$和$YAlO_3$晶体，在室温下能有效地发射2.6～3μm的远红外激光，亦有良好的应用前景。

除上述有序结构的氧化物晶体与无序结构的复合氧化物晶体外，有序结构的氟化物和无序结构的混合氟化物是另一大类激光晶体，其中研究较充分的有$LiYF_4$(YLF)和$K_5NdLi_2F_{10}$，后者适于制造低阈值的微、小型激光器，前者已获得锁模激光运转。

钕玻璃是掺钕硅酸盐、磷酸盐、硼酸盐玻璃的统称，玻璃中掺钕量可达6%。工作波长为1.06μm时，在许多要求大功率输出的用途中，钕玻璃激光器可与红宝石激光器媲美。目前常用的是钡晜玻璃（K_2O-BaO-Sb_2O_5-SiO_2）和锂-镁-铝硅酸盐玻璃。

钕激光材料的主要优点是效率比红宝石高，这是因为它属于四能级材料，在基态之上的激射能级较低。

（2）过渡金属离子激光晶体。以Cr^{3+}、Co^{2+}、

表 10-2-17 激光材料及激光管的输出特性

类型	波长 μm	典型功率 mW	最大功率 mW	量子效率 %	器件效率 %	T_0 ℃	$T_{最大}$ ℃	I_0 mA
GaAlAs/GaAs								
LED	0.85	10	200		45			
LD	0.85	5～10	200	50～70	40	120～150	150(连续) 276(脉冲)	4.5
LD(量子阱)	0.85			80		200		2.5
LD(相控阵)	0.85		2600	60				
GaInAsP/InP								
LED	1.3	1						
LD	1.3	5～10	140	50～70	43	50～70	142(连续)	5.5
LD	1.55	5～10	40	40～60		40～60	115(连续)	12
LD(单模)	1.3	5～10	60	30(每个面)				
LD(单模)	1.55	5～10	20	20(每个面)				

注：LED—发光二极管，LD—激光二极管。

Ni^{2+}、V^{2+}、Ti^{3+}作激活离子的基质晶体构成了另一大类实用的激光晶体。

Ti^{3+}是一种可调谐的激活离子，蓝宝石(Ti^{3+}:Al_2O_3)已实现在660～980nm的波长下连续激射，量子效率为62%。用热交换器法（HEM）已生长出最大直径为32cm、重达50kg的晶体，直径为6mm、长达20mm的激光棒。Ti^{3+}：Al_2O_3具有极高的增益截面（$10^{-19}cm^2$）。

红宝石（Cr^{3+}：Al_2O_3）是一种应用颇广的常见激光晶体，峰值功率大于10^9W，但晶体生长困难（2040°C），抽运阈值高。金绿宝石（Cr^{3+}:$BeAl_2O_4$）调谐范围为701～818nm，连续输出可达30W，脉冲平均输出功率35kW，具有阈值低、功率高、能在室温及高重复率下工作等优点。

（3）石榴石型激光晶体。目前已获得30余种$A_3B_5O_{12}$型即石榴石型基质晶体。生长大尺寸石榴石晶体工艺已相当成熟，掺铬亦比较简单，因此近年来出现了$Gd_3Sc_2Ga_3O_{12}$（GSGG）、$Gd_3Ga_5O_{12}$（GGG）、$Y_3Ga_5O_{12}$（YGG）、$La_3Lu_2Ga_3O_{12}$（LLGG）等多种掺铬可调谐激光晶体。这种激光晶体能产生连续激射，适于Cr^{3+}的可调谐运转。在掺钕和铬的Nd：Cr：GGG激光晶体中，钕的浓度为YAG中的3倍，且晶体规格大，质量高，适于制造高输出的方形激光器，在金属加工方面可与CO_2激光器竞争。

（4）色心激光器。色心激光晶体是一种在碱金属卤化物晶体内（如LiF、KCl、NaF）存在F_2^+、F_2^-、F_A(Ⅱ)和F_B(Ⅱ)心的晶体，可调谐，能在0.8～3.3μm的宽调谐范围内工作。但在这种激光晶体中，只有LiF晶体的工作温度为室温，目前正在寻找室温性能稳定、调谐范围宽的色心晶体。

2．半导体激光材料

在正向偏置下利用半导体p-n结结区附近大量非平衡载流子的注入而产生粒子数反转以实现激光振荡的激光器具有结构紧凑、简单的特点。在这种激光器中半导体材料起着工作物质的作用。这种注入激光器实际上是一种改型的发光管，最先由GaAs制造，线性尺寸约1mm，结区$10^{-4}cm^2$，结厚数μm。目前主要采用三层结构的双异质结（DH），即外侧为宽带隙半导体，中间一层为窄带隙半导体（有源层）。这种结构有利于实现室温连续激射。根据所需波长，利用公式$\lambda(\mu m)=\frac{1.24}{E_g}$选取有源层材料（式中λ为波长；$E_g$为能隙）。

在目前研制的半导体激光材料体系中，短波长(0.7～1.0μm)材料以（Ga，Al)As（有源层）GaAs（衬底)为主，长波长、(1.10～1.6μm)材料/以（Ga，In）(As，P)/InP（衬底）为主。

激光材料及激光管的输出特性见表10-2-17。

3．气体激光器材料

利用气体或蒸气作工作物质产生激光的器件叫气体激光器。其中大功率CO_2激光器已进入实用阶段。就材料而言，局部经受高密度能量辐照的激光窗口材料业已成为此类激光器大功率化的关键。激光器要求窗口材料吸收系数应尽可能低，线热膨胀系数小，抗张力大和纵弹性模量小，以保证不产生机械损伤。目前较理想的材料有CdTe、GaAs、KRS-5（TlBrI）等，其中以ZnSe和KCl最有希望。

10.6μm用透明材料的性能见表10-2-18。

表 10-2-18　10.6μm用透明材料的性能

材　料	透射波长 μm	吸收系数 (10.6μm)，cm^{-1}	折射率 (10.6μm)	线热膨胀系数 10^8/°C	纵弹性模量 10^{10}Pa	抗拉强度 10^7Pa
Ge	1.8～23	1.2×10^{-2}	4.02	5.7	10.3	9.31
CdTe	0.9～30	$2.5\times10^{-4}(1\times10^{-7})$①	2.69	5.9	2.3	3.1
GaAs	0.9～18	5×10^{-3}	3.30	5.7	8.48	13.8
ZnSe	0.5～22	$4\times10^{-4}(2\times10^{-4})$①	2.40	8.5	6.72	5.52
NaCl	0.2～18	1.3×10^{-3}	1.52	44	4.0	0.39
KCl	0.2～24	7×10^{-5}	1.47	36	3.0	0.44
KBr	0.2～30	$1.5\times10^{-5}(2\times10^{-7})$①	1.54	42	2.7	0.33
KRS-5	0.5～40	$5\times10^{-4}(5\times10^{-7})$①	2.56	58	1.6	2.6

① 固有吸收。

4. 液体激光器材料

按工作物质的性质，有无机液体激光器与有机液体激光器之分。前者采用诸如溶解在氧氯化硒溶剂内的钕及Nd^{3+}：$POCl_3$作工作物质，后者则多以有机染料产生激射，常把铕结合到螯合物分子内，如铕的β-二酮螯合物。

（三）激光器的应用和发展

当前，各类激光器的应用不断扩大，已形成相当可观的激光工业。其中，低功率以YAG激光器为主，高功率以CO_2激光器为主。

CO_2激光器的主要用途是材料加工，其次为医学、军事系统。应用中要解决的主要问题是提高工作效率（输出功率5～20kW的已达到16%）和功率输出的稳定性，但延长输出反射镜的寿命也至关重要。

YAG、红宝石、钕玻璃及YLF激光器几乎有一半是供军事用途。目前已出现平均功率400瓦的YAG激光器。

半导体激光器由于工艺上的进展，室温连续工作时间已达10^4～10^5h。结构上的改进也使半导体激光器的阈值电流密度从同质结的$10^{4\sim5}A/cm^2$、单异质结的$10^{3\sim4}A/cm^2$下降到$10^{2\sim3}A/cm^2$。目前已成商业产品的已有0.78μm（可见光）、0.85μm（短波长）和1.55μm（长波长）激光管。其中，0.78μm管主要用于激光电视唱盘，其次用于激光印刷机和光盘存储器；0.85μm管主要供局部地区网络（LANs）通信用；1.3μm管主要供长距离光纤通信网络使用。

目前半导体激光器正在向超长波长和更短波长两个方向发展。前者是为适应超长波长光纤（2～6μm）开发必然要走的一步，后者则对激光的民用推广很关键。因此，寻找ZnSSe/GaAs等Ⅱ～Ⅵ族发蓝光的短波长材料，以及开发$Pb_{1-x}Sn_xSe$等三元铅盐化合物等长波长材料，应是今后材料研究的

表 10-2-19 Ⅲ～Ⅴ族化合物衬底①

	E_g，eV	T_g，℃	a，Å	生长技术	大小，cm²	位错密度，cm⁻²	价格，美元/g
GaP	2.25	1480	5.450	CZ或GF	10～20	10^4	15～20
GaAs	1.43	1240	5.653	CZ或GF	10～20	10^2～10^4	5～10
GaSb	0.69	712	6.095	LE	3～5	10^3	20
InP	1.28	1070	5.869	LE	5～15	5×10^3～10^5	50
InAs	0.36	943	6.058		2～7	10^3	30～35
InSb	0.17	523	6.479	CZ或BR	3～5	10^2～10^5	10～25

① 引自1980年版"Display Devices"一书，表中GF为梯度冷凝法，BR为布里支曼法。

表 10-2-20 发光管的制作与特性

发光管	制造方法		发光特性			量子效率	发光效率
	衬底	p-n结	颜色	峰值波长，nm	视感度，lm/W	%	lm/W
$GaAs_{0.6}P_{0.4}$	GaAs	VPE+扩散	红	650	70	0.2	0.14
$GaAs_{0.65}P_{0.35}$:N	GaP	VPE+扩散	红	630	180	0.2	0.36～0.72
$GaAs_{0.75}P_{0.25}$:N	GaP	VPE+扩散	橙	610	350	0.2～0.3	0.7～1.05
$GaAs_{0.15}P_{0.85}$:N	GaP	VPE+扩散	黄	588	520	0.15～0.3	0.78～1.56
GaP:Zn，O	GaP	LPE	红	700	20	2～4	0.4～0.8
GaP:N	GaP	LPE	绿	565	650	0.3～0.45	1.95～2.93
GaP	GaP	LPE	纯绿	555	680	0.2	1.36
$Ga_{0.65}Al_{0.35}As$	GaAs	LPE	红	660	40	2～4	0.34～1.6
SiC	SiC	LPE	纯蓝	480	136	0.005	0.68×10^{-2}
GaN	蓝宝石	VPE (MIS)	蓝	490	150	0.02	0.3×10^{-1}

一个重要方面。

二、发光管光源材料

发光二极管（LED）是一种结型发光器件。当$p-n$结正向偏置时，电子和空穴分别注入p区和n区。如电子与空穴在结附近复合，则能量将以辐射复合发光的形式释放，其发光波长为

$$\lambda(\mathrm{nm})=\frac{hC}{E_g}=\frac{1239.8}{E_g\,(\mathrm{eV})}$$

式中 h——普朗克常数；

C——光速；

E_g——能隙。

可根据通信或显示应用感兴趣的波长选择能隙E_g值适宜的半导体发光管材料。

供通信用的发光管能把频率调制到数10MHz甚至1000MHz，与光纤耦合的耦合系数通常为百分之几，入纤功率可达80μW，在某些场合下可取代短波长激光管。但和激光管比，发光管发射功率低，而且是非相干光，光谱宽度宽，因此只适用于中短距离小容量通信。

在选择发光管材料时，除能隙为主要考虑因素外，还要考虑能否获得合理的效率、制造的难易、形成p-n结的能力等因素。硅和锗是间接跃迁型半导体，辐射复合效率低，不能制造发光管。在光谱可见区发射辐射，要求半导体的能隙必须大于1.8eV。具备这个特征而又能形成$p-n$结的材料有GaP、GaAsP、GaAlAs、GaN和SiC等。在显示应用方面，以GaP和$GaAs_{1-x}P_x$最为重要，目前工业用发光管几乎都是由以GaAs和GaP为衬底的GaP和GaAsP外延薄膜制造的。在光纤通信应用方面，则要求材料具有高亮度和快的响应时间，即主要为双异质结构，如$Al_xGa_{1-x}As/GaAs$和$Ga_xIn_{1-x}P_yAs_{1-y}/InP$系统。现将有关材料及其性能列于表10-2-19。

一般采用气相外延（VPE）和液相外延(LPE)制备发光管管芯。合成GaAsP皆采用气相外延，但欲获取性能最佳的GaP和AlGaAs器件，则采用液相外延。水平气相外延仍广泛用于某些研究和小规模生产，但垂直气相外延具有同时处理许多衬底的能力，能降低晶片的生产成本，已受到商业上的广泛注意。由于经济原因，多片外延已用于商品生产。日本采用控制温差的液相外延法，制成了在20mA电流下能发射5000mcd的红色发光管。目前单异质结（在GaAs衬底上）发光管和双异质结发光管的生产技术已经建立。高亮度、快速响应的发光管，如2000mcd的发光管已经投产。一些发光管的制作与特性见表10-2-20。

目前，发光管已能提供红、橙、黄及绿色光源、蓝色光源也即将取得成功。发光管正在向可见光全色谱的方向发展。发光管的使用寿命已达10^5h（低于25°C且亮度下降50％以前的使用时间），主要在家用电器、声象设备、照相机、电气设备、办公设备、工业机器和机器人等方面大量应用。指示灯、数码显示和阵列显示方面目前正在迅速用高亮度发光管进行更新。户外显示的用途也在增长，如安装在东京市中心银座的发光管显示设施高7.5m，长9.2m，采用了5万个发光管。这套设施耗电4.6kW，只为白炽灯耗电量（250kW）的1/50。

发光管作为光通信光源在多模光纤通信中具有广泛的用途。采用$Ga_{0.35}Al_{0.65}As$红外发光管和塑料纤维（或多组元玻璃纤维）的短距离光纤通信，在接近650nm的波长下具有低的损耗，已引起人们的格外注意。GaAs红外管在价格、可靠性、使用简便等方面优于激光管，在短波光纤通信中将发挥一定的作用。目前通信用发光管的调制速度已提高到30～100兆比/段的水平，并已生产出千兆比/段的超高速管。这类发光管的室温平均寿命已达10^6～10^8h一般被用作局部地区网络和数据库的光源。

在发光管的应用中，显示应用占绝对优势。以日本为例，其发光管的年产量增长率高达60～70％，其中绝大部分为民用。日本1983年显示用发光管的产量为27.4亿个，产值为936亿日元。而通信发光管的需要量相对要少得多，但需求的增长速度却很快。

三、光导纤维

光导纤维通常由折射率高的纤芯及折射率低的包层组成。用光纤传输信息具有容量大、传输损耗小、不受干扰、节省材料等优点。

光导纤维可分为玻璃纤维及塑料纤维；传光与传象纤维；芯-包型纤维和自聚焦纤维。芯-包型纤维根据折射率分布可分为突变型（SI）和渐变型(GI)光纤；根据传输模式可分为单模光纤和多模光纤。通常芯径为入射波长数倍的为单模光纤，比入射波长大许多倍的为多膜光纤。

光纤的主要参数为传输损耗、数值孔径（NA）

表 10-2-21　损耗为10dB/km的光纤所允许的杂质浓度

元　素	浓度，ppb	元　素	浓度，ppb
铁	20	锰	100
铜	50	镍	20
铬	20	钒	100
钴	2		

表 10-2-22　光纤材料传输损耗的实验观察值与理论预测值的比较

光纤材料	光学损耗①，dB/km	
	实验值	理论值
SiO_2	0.16 (1.55)	～0.1 (1.55)
GeO_2	4 (2.0)	0.1 (2.5)
氟化物	0.9 (2.5)	0.001(3.5)
硫属化物	35 (2.5)	0.05 (5)
塑　料	20 (0.7)	

① 括号内的数值为波长（μm）。

和带宽。传输损耗主要来源于光纤中的杂质，尤其是过渡金属离子和—OH基在光通信感兴趣的波长范围内有强烈吸收。为使损耗低于20dB/km，杂质含量必须低于n×10ppb。目前已能将这些杂质的含量降至1ppb以下。此外，由于材料不均匀性而造成的瑞利散射也产生吸收损耗。非晶固体的散射损耗与入射波长四次幂的倒数成正比，波长越长，损耗越低。

损耗为10dB/km的光纤所允许的杂质浓度见表10-2-21。光纤材料传输损耗的实测值与理论值的比较见表10-2-22。

数值孔径（NA）决定于纤芯与包层间的折射指数差：

$$NA=\sqrt{(n^2_{纤芯}-n^2_{包层})}$$

较大的NA允许较多的光进入纤芯。增加纤芯掺杂量可增大NA，但会增强瑞利散射。突变型光纤以纤芯为50μm、包层125μm、NA0.2为宜。

带宽是衡量光纤通信传输能力的尺度。多模光纤存在模色散只适用于短距离通信。单模光纤无模色散具有高带宽，适用于高速、大容量、远距离通信。

表 10-2-23　MCVD和VAD工艺水平比较

方　　法	最高沉积速率，g/min	沉积效率，%	拉丝长度，km
MCVD	2.3	50 (SiO_2)，15(GeO_2)	40
VAD	9	70	300

对中继距离为10km、在50Mbit/s带宽下工作的长距离光纤，要求：损耗≤5dB/km，色散≤2ns/km，NA=0.2，芯径=50μm，纤维直径=100μm，强度=6.9×10^8Pa。

石英光纤有多种制造方法。欧美及我国主要采用改进的化学气相沉积法（MCVD），其沉积速率较CVD法快100倍以上。该法简便实用，已成为常规的光纤生产方法。日本则开发气相轴向沉积工艺（VAD）。该法回收率高，可制成2500g(可拉制芯径50μm的光纤580km）的大型预制件，且可用低纯原料。轴向侧向等离子体沉积法(ALPD)也是一种能实现工业生产的方法。MCVD法和VAD法的工艺水平比较见表10-2-23。

石英光纤是当前光通信所应用的唯一商品化材料。一般采用$SiCl_4$或硅烷等挥发性化合物进行氧化或水解，通过气相沉积获得低损耗石英光纤。康宁玻璃厂等以合成$SiHCl_3$产生的$SiCl_4$(约占30%）副产物为原料，不仅用精馏法易除去铁、镍、铜等杂质，且显著降低了成本。在制备预制件时，可根据传播模式对折射指数断面分布的要求，加入挥发性氯化物作掺杂剂。用锗可提高折射指数，用硼则可降低折射指数。最新动向是采用氟，如加入CF_4或CCl_2F_2可降低包层折射指数。加入磷(如$POCl_3$)可降低石英光纤的熔点。在用高纯$SiCl_4$(99.9999%）生产光纤芯料时加入百分之几的$GeCl_4$（或锗烷），可获得纤芯与包层折射指数呈突变（SI型）和渐变（GI型）的光纤。

石英光纤在1.3～1.5μm的区域内损耗和色散最低，目前已把损耗降低到0.15dB/km，接近理论极限0.1dB/km，但传输距离不超过200km。利用散射损耗与波长四次方成反比的关系制备长波长光纤，损耗会进一步下降。目前，各发达国家着眼于2～30μm新的传输波段，对卤化物、硫属化物和重

表 10-2-24 红外光纤的性能及应用

材料	性能和工艺水平	应用
TlBr晶态光纤	透过波长20～30μm，5～8μm时损耗最低，本征损耗系数10^{-8}～10^{-11}/cm	
TlBr、TlI多晶光纤	4.0～5.5μm时损耗最低，达0.01dB/km	
KRS-5(TlBr-I)、KRS-6(TlCl-Br)	KRS-5在10.6μm的最低损耗为350dB/km，KRS-6为1dB/km 以KRS-6作包层，KRS-5作芯线，可获得损耗为0.2dB/km，NA为0.96的光纤(在10.6μm)	作为非通信光纤，在外科手术、激光材料加工、军事应用等短距离应用中受到重视
BeF_2光纤	红外区的本征损耗为石英的1/6，可拉制透过2μm波段的光纤	有可能将光信号无中继传输数百、甚至上千公里
ZrF_4光纤	主成分为ZrF_4（60～70mol%），以少量其它氟化物如LaF_3等为稳定剂或改性剂。透射范围从7～8μm（红外）延伸到0.2～0.3μm（近紫外），理论损耗为0.001 dB/km（2.55μm），已拉出Zr-Ba-Gd-3.1AlF_3（纤芯）/Zr-Ba-Gd-5.5AlF_3（包层）光纤和Zr-Ba-La-Li-Pb（纤芯）/Zr-Ba-La-Al-Li（包层）光纤，损耗分别为8.5（2.1μm）和6.8（2.55μm)dB/km	理论损耗为0.001dB/km，比最好的石英光纤低两个数量级，有希望用于横跨大洋的无中继通信，受到电信和军事部门重视
硫属玻璃纤维	由砷、锗、锑与硫属元素硫和硒构成。已拉出在CO和CO_2激光波长下损耗为数百dB/km的纤维	主要用途是传输能量
GeO_2光纤	抽成丝后最小损耗约为4dB/km（2μm）	可用作红外光纤、非线性光纤及光信号的放大，80Ge-10ZnO-10K_2O空心纤维供CO_2激光器传输用

金属氧化物等红外光纤做了大量的开创性工作。红外光纤的性能及应用见表10-2-24。

光纤通信技术已进入全面推广应用阶段，随着短波长（0.8～0.9μm）通信系统的日臻完善，正在向1.0～1.7μm的长波长方向发展。研制长波长光纤材料，特别是带宽更宽的非石英光纤，实现大

表 10-2-25 光电子检测器件使用的重要材料体系

晶体	器件	波长，μm	工作温度，K
Si	Pin，APD	0.8～0.9	300
Ge	APD	1.2～1.5	300
(In，Ga)(As，P)/InP	Pin，APD	1.0～1.6	
(Al，Ga)(As，Sb)/GaSb	Pin，APD	1.0～1.8	
(Hg，Cd)Te/体单晶	Pin，APD	1.0～10.0	77

表 10-2-26 InGaAs APD的典型特性

击穿电压V_B V	0.9V_B下的暗电流I_D nA	量子效率 %	倍增系数M	-3dB截止频率f_c MHz	M=10时的过剩噪声系数x
100	10～50	75～85	>30	1000	5.0～6.5

表 10-2-27 InGaAs Pin光电管的典型特性

暗电流 I_D pA	量子效率 η %	-3dB截止频率f_c GHz	在5V下的电容C pF
50	80	>1	0.9

容量多路通信，具有重大战略意义。

四、光电子检测材料

光电子检测器件——本征光电管（Pin）和雪崩光电管（APD）的作用是把光纤通信系统及其它光电子系统中的光信号还原为电信号。其中，Pin只完成光电转换，而APD则还具有放大功能。器件的特性决定所用材料，即在短波长区使用硅，长波长区使用锗、Ⅲ～Ⅴ及Ⅱ～Ⅵ族化合物。由硅制成的APD和Pin光电管，性能和重复性好，价格低廉，已实现商品生产。锗APD是1.3～1.5μm波段唯一商品化的产品，已用于实验性光纤通信。InGaAs/InP雪崩管在倍增系数为10时过剩噪声系数为5，响应特性平稳（<1000MHz时），能满足长距离、高比特率传送系统的需要，已有商品出售。HgCdTe是最重要的红外检测材料，在中、远红外区的军事和民用用途中应用颇广（如军事侦察卫星）。

长距离大容量光纤通信要求检测器件具有高的响应速度或量子效率，低的暗电流与结电容，以及高带宽。雪崩管还要求有高倍增和低过剩噪声。一般Pin管制造容易，而APD则因要求内部增益以给出更高的灵敏度和更佳的高频行为，对材料的纯度和质量要更严格，制造也更困难。

检测器件的主要参数是响应灵敏度、响应速度和噪声。

除硅、锗外，InGaAs/InP是最有希望的光电检测材料。采用氯化物输运VPE技术制成的InGaAs/InP Pin管在反向偏压为5V时暗电流极低（50pA），量子效率达80%，可靠性极好。雪崩管要求沉积在<100>InP衬底上的InP和InGaAs液相外延层的净载流子浓度分别低达$1\times10^{15}/cm^2$和$3\times10^{14}/cm^2$，低温（77K）迁移率大于60000$cm^2/(V\cdot s)$。在1.3～1.55μm波长范围内，可使用HgCdTe。目前已能生产ϕ40mm的$Hg_{0.4}Cd_{0.6}Te$锭条，其位错密度低达$10^3/cm^2$，可用以制造高比特率接收器等器件所需的雪崩管。

五、光调制材料

借改变信息载体——光的振幅、频率、相位等参数实现信息传输的方法叫光调制。光调制中以电光调制应用最广。凡存在电光、声光、磁光效应且又能制成相应调制器件的材料即为光调制材料。

利用晶体在外电场作用下折射指数的变化进行调制的称电光调制。用作电光调制器的主要材料为$LiNbO_3$、ZnO和GaAs。$LiNbO_3$光学质量优异，首先获得工业应用。而ZnO和GaAs则是近年来才出现的电光调制材料。一些电光调制材料的主要参数及性能见表10-2-28和表10-2-29。

通过声波感生机械应变能引起折射指数变化从而实现光束的调制和偏转的材料称为声光调制材料。声光调制器的优点是光损耗小，不易失调，驱动功率低。声光调制材料的一些性能见表10-2-30。

能产生法拉第效应即外磁场使偏振光方向发生旋转的材料称磁光调制材料。磁光调制器主要由磁光材料圆柱体组成，如掺镓钇铝石榴石（Ga:$Y_3Al_5O_{12}$）。亦有使用外延生长在{1, 1, 1}Gd_3

表 10-2-28 外电场为10000V/cm时典型材料的光电常数r'和折射指数的变化

材料	相对介电常数	λ, μm	n'	r', 10^{-12}m/V	Δn ($E=10^4$V/cm)	$V_{\lambda/2}$ V
$LiNbO_3$	28	0.6328	2.203 (n_e)	30 (r_{33})	1.6×10^{-4}	1970
GaAs	12.3	0.9	3.6 (n)	1.2 (r_{14})	2.5×10^{-5}	16100
ZnO	8.2	0.6328	2.015 (n_e)	2.6 (r_{33})	1.1×10^{-5}	29700

表 10-2-29 某些电光材料及其主要性能

材料	化学式	电光常数，10^{-6}m/V	半波电压，V	备注	
石英	SiO_2	0.2×10^{-6}	30000	可用于远红外	
钽酸锂	$LiTaO_3$	21.7×10^{-6}	2500	双折射可忽略。在600°C退火可减轻光学损伤	
铌酸锂	$LiNbO_3$	18.0×10^{-6}	2900	双折射明显，超过160°C会受到光学损伤。可用于＞4μm的波长	
铌酸锶钡	$Sr_{0.75}Ba_{0.25}Nb_2O_6$	1380	50	双折射可忽略。不会产生光学损伤。很难生长	
铌酸钠钡	$Ba_2NaNb_5O_{15}$		1500	双折射显著。不会出现光学损伤，很难生长	
铌酸钾锂	$K_6Li_4NbO_3$		930		
铌酸钾锶	$KSr_2Nb_5O_{15}$	130	400		
铌钽酸钾(KTN)	$KTa_{0.65}Nb_{0.35}O_3$		300	混晶，难生长好	皆为立方晶体，没有天然的双折射
碲化锌	ZnTe		2700		
硫化锌	ZnS	2×10^{-6}	10400		
硒化锌	ZnSe	1.6×10^{-6}	7100		
钛酸钡	$BaTiO_3$	10^{-4}	1760		

表 10-2-30 声光调制器使用的介质材料及性能

材料	波型	折射指数	500MHz时的声学衰减，dB/cm	声速 V_a 10^5cm/s	M_2（与熔凝石英的比值）	Δn $P_a/A=100W/cm^2$
TeO_2	横波	2.27	4.9	0.617	525	1.3×10^{-4}
$PbMoO_4$	纵波	2.39	3.3	3.66	23.7	62×10^{-4}
$LiNbO_3$	纵波	2.2	0.05	6.57	4.6	5.8×10^{-5}
熔凝石英	纵波	1.46	3.0	5.96	1.0	2.7×10^{-5}

Ga_5O_{12}衬底上的$Y_3Ga_{1.1}Sc_{0.4}Fe_{3.5}O_{12}$波导膜制造磁光波导调制器。$Y_3Ga_{0.75}Sc_{0.5}Fe_{3.75}O_{12}$、$Gd_{1.5}Pr_{1.5}Fe_5O_{12}$和$BiGd_2Fe_5O_{12}$等是很有前途的磁光材料。

铌酸锂是极有前途的电光、声光调制材料，其生产工艺最成熟。其体单晶用直拉技术生长，工业上得到的晶体ϕ＞50mm，已拉出ϕ75mm的单晶。将Ti扩散到$LiNbO_3$中能制造优质电光薄膜波导调制器，功耗较体调制器低2～3个数量级。

六、光电子集成电路和集成光路材料

目前，各种中、小容量，中、短距离的光纤通信网络迅速普及，标志着以分立器件为基础的光通信方式已进入实用阶段。但是对高可靠、低成本光通讯和数据处理系统的迫切需要，使人们对在同一个半导体或电介质衬底上实现光学器件的集成（集成电路）或者光学器件与电子电路的单片集成（光电子集成电路）产生了浓厚的兴趣。薄膜工艺和精细加工技术的进展为光电子集成电路（OEICs）或集成光路（OICs）的开发铺平了道路。

集成光路最基本的元件是平面波导。所谓波导系指用以约束和传导光波的结构。用于这方面的材料包括非晶介电膜、绝缘晶态波导层和半导体波导三种类型。

集成光路现处于光电子集成即光学元件与电子元件集成在一起的阶段。集成光路感兴趣的波长范围为0.1～10.0μm，受激光波长和材料性质制约。单片集成光路的关键是薄膜生长工艺和衬底的选择。

1. 衬底

要求衬底材料在可见和近可见区对光透明，光学质量优异；易与电子电路接口；能产生光并对之能进行检测；对光有开关和调制功能，电光优值和光弹性优值高；适于制造薄膜介电波导。GaAs、$Ga_{1-x}Al_xAs$和$GaAs_{1-x}P_x$基本上能满足上述要求。集成光路使用的衬底材料见表10-2-31。

表 10-2-31 集成光路使用的衬底材料

无源衬底（不产生光）	有源衬底（能产生光）
石英	GaAs
铌酸锂	$Ga_{1-x}Al_xAs$
钽酸锂	$GaAs_{1-x}P_x$
TaO_5	$Ga_{1-x}In_xAs$
Nb_2O_5	
硅	其它Ⅲ～Ⅴ和Ⅱ～Ⅵ族直接跃迁型半导体

2. 半导体波导

可采用组成可调的三元化合物体系来生长禁带宽度、晶格常数和折射指数可控的外延层，以实现激光管、检测器、光波导的单片集成。由于GaAs衬底较易得到，且$Ga_{1-x}Al_xAs$价格较低廉，目前主要集中研究$Ga_{1-x}Al_xAs$/GaAs体系，并已试制出多种$Ga_{1-x}Al_xAs$单片光电子电路，但仅达到小规模（SSI）集成的水平。为开拓1.3μm的领域，以采用$In_{1-x}Ga_xAs_{1-y}P_y$/InP四元系较为理想。预计InP器件（分立的和集成的）将在高速通信系统中占主导地位。

3. 非晶介电薄膜波导

集成光学的未来在很大程度上决定于低损耗波导。一般来说，非晶金属氧化物薄膜损耗最低，波导结构最牢固。可应用的材料有SiO_2、Nb_2O_3、Ta_2O_5和V_2O_5等。GeO_2薄膜波导具有较理想的损耗和色散特性。

4. 绝缘晶体波导

在绝缘晶体波导中以$LiNbO_3$应用较宽。利用钛内扩散法和氧化锂外扩散法已用$LiNbO_3$制成工作性能极好的波导光路。

目前光电子集成电路进展迅速，已趋向商品化。而全光学的集成光路却开发缓慢，但已接近在同一衬底上完成波导、开关、调制、检测等功能。美、日、英正在稳步解决光路工艺问题。

参 考 文 献

[1] 考尔，电子管材料和工艺，莫纯昌等译，上海科学技术出版社，1965.

[2] 电真空材料手册编写组，电真空新型材料，第四机械工业部标准化所，1980.

[3] Encyclopedia of Materials Science and Engineering, Vol. 1, ed. by M. B. Bever, Pergamon Press, Oxford, pp. 433～435.

[4] Encyclopedia of Chemical Technology, 3rd. Ed, ed. by H. F. Mark *et al*, John Wiley & Sons, New York, pp. 686～705.

[5] B. A. Lengyel, Laser, 2rd. Ed., Wiley-Interscience, New York, 1971, p. 56.

[6] Proceedings of SPIE-Intern. Soc. Opt. Engng., Vol. 736, ed. by Steve Guch, Jr., John Eggleston New slab and Solid-State Laser Teohnologies and Application, 1987, pp. 22～28.

[7] P. Henderson *et al*., *Contemporary Physics*, (1988), №3, 235～272.

第三章　能　源　材　料

编写人　　黄和玉　孟斌　孙白石　任学佑

第一节　核能材料

原子核变化过程中释放的巨大能量叫核能。核能除在军事上以原子弹和氢弹等形式释放外，还能利用受控核裂变及受控核聚变来获得。当前，聚变堆仍处于研究阶段，但裂变堆即通称的原子能反应堆已实现商品化。目前全世界已有许多裂变堆在运转。裂变反应堆可根据中子能量分为热中子堆、中能中子堆和快中子堆；按用途又可分为动力堆、生产堆、研究堆和特种用途堆等。稀有金属材料在反应堆中有重要用途。

一、核燃料

最重要的天然核燃料是铀。但天然铀(含0.71%铀-235)要转化为金属铀、铀合金、氧化铀或其它形式的化合物后才能制成燃料元件。

为防止铀在辐照下的体膨胀，常用钼、锆和铌与铀形成铀合金。如液态金属冷却快中子增殖堆中，添加了3wt%的钼以形成铀-钼合金。

铀-锆合金已用于高温水冷堆及压水堆。铀-铌合金的耐蚀性强，在中子辐照下比较稳定，已在海军反应堆上使用。也有使用铀-钛合金、铀-钚-钛合金和铀-钚-钼合金作燃料元件。

二、结构材料

反应堆的结构包括燃料包套和其它结构部件，如压力容器、各种管路系统、控制棒导管、热交换器、冷却剂冷凝装置和堆芯的支板等。选择这类材料时所考虑的因素是材料的性能。稀有金属中铍、钛、钒、钼、钨、钽、铌和锆均可用作反应堆的结构材料。锆是核领域中性能好、应用广的金属结构材料。

1．燃料包套材料

包套的作用是不让燃料接触冷却剂，要求包套材料能抗冷却剂腐蚀；不穿透裂变物质；与燃料有很好的适应性。几种燃料包套材料的性能见表10-3-1。

表 10-3-1　作包套用的几种材料的性能比较

性能		锆	铌	铍	氧化铍
密度，g/cm^3		6.5	8.57	1.85	3.03
熔点，℃		1845	2415	1283	2520
热中子吸收截面，b		0.18	1.10	0.0095	0.0074
散射截面，b		8.0	5.0	7.0	—
耐蚀性	对NaK	良	良	良	良
	对CO_2	不良	良	良	良
	对H_2O	良	良	良	良

锆具有优良的核性能，热中子吸收截面很小，在高温水和水蒸气中抗蚀性优良，机械性能和加工性能亦佳。因此锆合金被广泛用作燃料包套材料。工业规模生产的锆合金主要有以Zr-2和Zr-4为代表的Zr-Sn系和以Zr-2.5Nb为代表的Zr-Nb系两个系列。其中Zr-2和Zr-4合金是应用最多的锆合金。

锆-2合金的强度和耐蚀性均较理想，但合金中的镍吸氢。锆-4合金中增加了铁含量而减少了镍，吸氢量仅为锆-2的一半左右。锆-2用于沸水堆，Zr-4用于压水堆。Zr-2.5Nb在延性大略相同的情况下，高温强度与持久强度比锆-锡系合金约高10%。可用作反应堆包套材料的锆合金还有Zr-1.0Nb，Zr-3.0Nb-1.0Sn。

铍的熔点和弹性模量较高，抗疲劳强度好，中子吸收截面小，中子散射性能等核性能较理想，对气体冷却剂有较高的化学稳定性，适于作气冷动力堆的包套材料。曾使用铍作改进型气冷堆的包套材料，用铍管包套UO_2团粒。但铍在600°C的高温时显示有一定的脆性。铍延性差，加工比较困难，而且有毒，要采取防护措施。

钒对快中子的裂变吸收截面低，非弹性散射截面小，熔点高，富有延展性，对各种金属熔体有良

表 10-3-2 典型的中子吸收材料及特性

元素	原子质量或同位素	中子截面，b			应用形式
		热中子能谱	快中子能谱	反应产物	
B	10.82(天然)	755	0.4	^{7}Li, ^{4}He	B_4C粉或团粒
	^{10}B	3813	2.2		B和B_4C弥散在金属和陶瓷中
In	114.82	196	0.3	^{114}In, ^{116}In	Ag-15In-5Cd
Sm	150.35(天然)	5600	0.6	^{148}Sm, ^{153}Sm	
	^{149}Sm	40800	1.6	^{153}Eu	Sm_2O_3团粒及在核燃料中的弥散体
	^{152}Sm	224	0.3		
Eu	152.0(天然)	4300	2.2	^{154}Eu, ^{155}Eu	Eu_2O_3团粒及在合金中的弥散体
	151Eu	7700	2.8	^{156}Eu, ^{156}Eu	EuB_6团粒
	153Eu	450			
Gd	157.26	46000	0.4	^{156}Gd, ^{158}Gd	GdO_3团粒及在燃料中的弥散体
Dy	162.5	950	0.3	^{165}Dy, ^{166}Ho	Dy_2O_3团粒及在燃料中的弥散体
Hf	175.58	105	0.4	^{175}Hf, $^{177\sim181}Hf$	金属铪
Ta	183.86	19.2	0.8	^{182}Ta, ^{182}W	金属钽

好的稳定性，故适于作快中子反应堆的包套材料。已在唐瑞快中子增殖堆中用作燃料棒的内包套（外包套为铌）。

包套材料一般应具有尽可能低的中子吸收截面。热中子堆的实用上限为0.2bar 故仅限于使用铝、镁、锆和铍作包套材料。不锈钢已广泛用于对截面要求不太高的快堆中。钒合金也已取得应用。钼、铌和钽等难熔金属尽管有人使用过，但因其具有高的共振截面，不宜制作包套。

2. 反应堆其它结构部件用材料

反应堆的输送管道、隔离器、压力管等除广泛使用锆合金外，在一些特殊场合还使用若干稀有金属作结构材料。如利用钽在高温下抗液铅和氟化盐腐蚀性能好的特点，用以制造液态金属容器、熔盐容器及作高温释热元件的扩散壁等结构材料。Ti-5Al-2.5Sn和Ti-6Al-4V可用以制造核火箭中在液氦（4.2K）和液氢（20K）温度下工作的容器。钒可用以制备作堆芯支承件。以外，可用于反应堆的结构材料还有BeO、ZrO_2、SiO_2和$ZrSi_2$等。

三、控制材料

借吸收中子控制核反应，使反应堆在一定电功率下安全运转或停堆的材料叫做控制材料。控制材料要求具有很高的中子吸收截面，适宜的机械强度，高的热稳定性和辐照稳定性，良好的热传导性和良好的抗蚀性。对热中子（<1eV)，控制材料的截面应大于1000bar；对快中子（>0.1MeV)，截面1bar即可。有关控制材料参见表10-3-2。

工业轻水堆主要用Ag-In-Cd或B_4C作控制材料；Ag-15In-5Cd是压水堆常用的控制材料；沸水堆用B_4C作控制材料。对使用期限长的沸水堆，控制材料可用成本高的铪。铪的优点是它的中子俘获反应大多数都可产生一种控制能力高的同位素。快堆的控制材料主要使用B_4C团粒（不锈钢包套），也可用Eu_2O_3、EuB_6和钽代替。

四、减速和反射材料

减速剂的主要功能是通过弹性散射，降低裂变反应产生的高能中子的能量。反射剂是指能把逃逸的中子反射回到堆芯热中子再生区的材料。减速剂和反射剂都要求具有良好的散射性能和低的中子吸收截面。除轻水、重水、石墨外，符合上述要求的主要是铍、氧化铍、氢化锆和碳化铍。

铍具有低中子吸收截面和高中子散射截面，原子量低，熔点高，比热高，在水中具有极好的抗腐蚀性能，适于作减速剂和反射剂材料。缺点是成本高、塑性差、有毒性及在高温辐照下膨胀。

氧化铍、碳化铍和稀有金属氢化物也可作减速和反射材料。氧化铍尤其适于作高温气冷堆的减速剂。氧化铍可作熔盐均质反应堆中的减速棒。适于作减速和反射材料的氢化物有氢化锆、氢化钛和氢化钇，其中氢化锆应用较广。铍的碳化物陶瓷也能起到减速作用。

五、冷却材料

要将核裂变反应中产生的大量热量传送给锅炉

表 10-3-3　聚变堆用的主要材料

主要部件	主要材料
结构（第一壁材料等）	铌合金
减速剂	Li、Li_2BeF_4
反射剂	Li、Li_2BF_4、$LiF\cdot PcF_2$、Li_2O
再生区	Li、Li_2BeF_4、$LiF\cdot BeF_2$、Li_2O
冷却剂（要求低熔点高沸点）	Li、熔盐形式的$LiF\cdot BcF_2$或Li_2BeF_4、Li_2O、LiAl
磁体系统	Nb_3Sn、V_3Ga、NbTi
屏蔽　要求衰减一次γ和X射线	W
要求产生很少的二次γ射线	Li、Pb、Li_2BeF_4

表 10-3-4　第一壁材料与冷却剂及再生区材料实现相容性的温度范围

第一壁材料	冷却剂与再生区材料	温度范围，℃
铌合金	熔融$LiF\cdot BcF_2$	600～1000
钒合金	Li_2BcF_4	600～700
钛合金	Li_2O（固态）、H_2O	650～750

表 10-3-5　有前途的第一壁材料的性能比较

性能	材料			
	铌	钼	钒	钛（或钛合金）
热中子吸收截面，b	1.1	2.4	4.7	5.6
辐照膨胀率	低	低	低	低
衰变热产生	高	适中	低	低
熔点，℃	2415	2617	1736	1725
热传导	高	高	高	高
热扩散率	高	高	高	高
热膨胀	低	低	适中	适中
机械强度	适中	高	高	高
延性	低	适中	适中	适中
耐锂腐蚀	高	高	低	适中
氚及氢扩散	高	低	很高	高

或涡轮机，必须采用热传递性能极高的介质作冷却剂。冷却剂的功能是消除或利用反应堆中的热。除钠和钠-钾合金外，稀有金属锂是反应堆冷却剂的主要候选材料。锂的化合物Li_2BeF_4被选作再生区的冷却剂。

六、屏蔽材料

反应堆屏蔽的目的是防止容器和冷却剂等升温；保护生物或人体的安全；保护电磁或电子仪器。屏蔽的作用是降低快中子的能量，吸收中子和衰减γ-射线。钽和钨的密度及熔点很高，可作为屏蔽材料使用，其主要作用是减弱和吸收γ射线。此外也用钛和锆的氢化物及钛的碳化物作屏蔽材料。

七、冷凝器材料

目前核发电站趋向使用钛管冷凝器。采用全钛冷凝器的沸水堆和压水堆已经受到全世界的注目。这种冷凝器管抗海水腐蚀能力强，但成本高，热导性差，故设计的管壁都很薄（0.5～0.7mm）。人们都用缝焊管，而不用无缝管。要求用钨极惰性气体保护焊接，在氩气氛中退火，以防止氧化。日本、法国、瑞典和美国都广泛采用焊接钛管。

八、聚变堆用的主要材料

锂（锂-6）是聚变堆必不可少的核燃料。锂的储量比铀大，价格低，无裂变产物，无污染。对聚变堆来说，结构材料是极为重要的，其中尤以第一壁材料最为重要。铌合金是理想的第一壁材料。第一壁材料的选择和性能比较见表10-3-3、10-3-4、10-3-5。

第二节 太阳能材料

太阳能是巨大而又洁净的自然能源。估计地球上每年接收到的太阳能高达1.8×10^{18}kWh，是目前世界能量消耗的一万多倍。

利用太阳能材料，可将太阳能转换成热能、电能或化学能而加以利用。主要的转换方式有光-热转换；光-热-电转换；光-电转换；光-电化学转换。

光-电转换、光-电化学转换及光-热-电转换中使用的材料，主要是由稀有金属及其化合物构成的半导体材料。

一、太 阳 电 池

太阳电池能将太阳辐射能直接转换成电能，且无污染，不需常规燃料，使用寿命长。自单晶硅太阳电池用作电源电池以来，太阳能电池得到了迅速发展。表10-3-6列出了太阳电池供电系统发展概况。

太阳电池是以光生伏打（简称光伏）效应为基础，直接把光能转换成电能的器件。半导体材料太阳电池的光能转换成电能的效率最高。

按基体材料可分成硅、砷化镓、硫化镉和碲化镉等太阳电池。

太阳电池在光照下输出功率与入射光功率之比称为光电转换效率，是衡量电池质量的最重要的一个参数，用以下公式表示

$$\eta=\frac{P_m}{AP_{in}}=\frac{V_mI_m}{AP_{in}}=\frac{V_{oc}I_{SC}FF}{AP_{in}}$$

式中 η——光电转换效率；

P_m——电池最大输出功率；

A——电池有效面积；

P_{in}——电池单位面积上入射光功率；

V_{oc}——开路电压；

I_{SC}——短路电流；

FF——填充因子（曲线因子）。

二、重要太阳电池及其材料

太阳电池的基体材料应具备：禁带宽度与太阳光谱相匹配；光吸收系数高；少子扩散长度和寿命长；表面复合速度小；性能稳定；价廉易得。表10-3-7列出了太阳能电池用半导体材料的有关参数。

（一）硅太阳电池及材料

1．单晶硅

单晶硅电池的制备工艺已臻成熟，因成本昂贵，主要用于空间及特殊场所。硅片是硅太阳电池的基础材料。它是用工业硅先提纯成多晶硅，再用区熔法或坩埚直拉法制成单晶硅棒。经切割、研磨、抛光和表面处理，制成0.2～0.5mm厚的硅片。再扩散制结，蒸镀上、下电极及减反射膜。单晶硅太阳电池的效率一般为10～12%，最高达20.9%。详见表10-3-10。

2．多晶硅

多晶硅材料的组织结构和性能直接影响电池效率，主要有晶粒尺寸、形态、晶界及有害杂质含量及分布状态。表10-3-8列出了基体硅的允许杂质量。

浇铸多晶硅首先大量用于生产多晶硅太阳电池。浇铸法或定向凝固法均能控制多晶硅晶粒的尺寸和排列，并能制成大面积锭。浇铸法的单位时间产量比直拉法高5～10倍，售价约低30%。用浇铸

表 10-3-6 太阳电池供电系统发展概况

年 度	边远地区独立供电系统，MW(峰值)	民用供电系统 MW(峰值)	商业、工业、机关、学院供电系统，MW(峰值)	中心电站 MW(峰值)	年总量 MW（峰值）
1980	2.245(69.1%)	0.01(0.3%)	0.95 (29.2%)	0.045 (1.4%)	3.25(100%)
1985	70 (53.9%)	20 (15.4%)	25 (19.2%)	15 (11.5%)	130 (100%)
1988	320 (18.8%)	430 (25.3%)	600 (35.3%)	350 (20.6%)	700 (100%)
1990	900 (11.2%)	1700(21.3%)	3000 (37.5%)	2400 (30.0%)	8000(100%)

表 10-3-7　太阳电池常用半导体材料的有关参数

半导体材料		禁带宽度，eV		迁移率(300K)，$cm^2/(V\cdot s)$①		能带②
		300K	0K	μ_n	μ_p	
	Ge	0.66	0.74	3900	1900	I
	Si	1.12	1.17	1500	450	I
Ⅳ～Ⅳ	α-SiC	2.996	3.03	400	50	I
Ⅲ～Ⅴ	AlSb	1.58	1.68	200	420	I
	GaSb	0.72	0.81	5000	850	D
	GaAs	1.42	1.52	8500	400	D
	GaP	2.26	2.34	110	75	I
	InSb	0.17	0.23	80000	1250	D
	InAs	0.36	0.42	33000	460	D
	InP	1.35	1.42	4600	150	D
	β-ZnP	1.33				D
	Zn_3P_2	～1.6				
Ⅱ～Ⅵ	CdS	2.42	2.56		50	D
	CdSe	1.70	1.85			D
	CdTe	1.56			100	D
Ⅰ～Ⅵ	Cu_2S	1.2				D
	Cu_2Se	1.4				I
Ⅰ～Ⅲ～Ⅵ	$CuInSe_2$	1.01				D
	$CuInS_2$	1.5				D
	$CuInTe_2$	0.9				I
Ⅳ～Ⅵ	PbS	0.41	0.286	600	700	I
	PbTe	0.31	0.19	6000	4000	I

①　最纯和最完整材料的漂移迁移率；

②　I为间接跃迁，D为直接跃迁。

法生产的110×110×0.4mm多晶硅片制成100×100mm的太阳电池，效率为11～14%。

带状硅或薄膜硅制作太阳电池无需切片，硅的利用率超过60%。这二种硅材料的制备方法大致可分为二类。一类不用衬底，另一类用衬底。前者是以硅本体作为基体，从熔融硅中直接引出单晶，多晶硅带或硅薄膜。主要有定边喂膜法（已进入大量生产阶段）、毛细作用成形法、蹼状法、带带法、水平拉法、边缘支承直拉法。使用衬底的制备方法是在衬底上从熔融硅中引出硅膜，或用化学气相沉积法、液相外延法、电子束溅射法、分子束外延沉积硅膜。此外还有陶瓷衬底法、反滴落拉引法等。带硅电池的效率已大于10%。薄膜硅太阳电池的效率较低。

硅片、带硅和薄膜硅太阳电池的特性和效率列于表10-3-10、表10-3-11。

3. 非晶硅（无定形硅）

非晶硅（a-Si:H）具有长程无序、短程有序的结构。它具有光吸收系数高、禁带宽度（1.5～2.0 eV）合适、沉积温度低（约300°C）、工艺和设备较简单以及易于大面积化等特点。80年代以来，a-Si太阳电池的开发、生产和应用极为迅速。

表 10-3-8　基体硅中允许的杂质含量

杂　　质	允许含量，个/cm^3
Ta、Mo、Nb、Zr、W、Ti、V	$<10^{12}$
Co、Cr、Mn、Fe	10^{14}

a-Si:H膜的制备工艺有辉光放电等离子体法（工业生产方法），光化学气相沉积法，高硅烷化学气相沉积法，溅射法等。为提高a-Si电池的效率和稳定性，已研制了多种带隙的非晶硅合金，如a-

SiC:H、a-SiN:H、a-SiGe:H、a-SiSn:H和微晶硅等，并且制成了不同带隙的高效多结a-Si太阳电池。a-Si太阳电池的效率已达13%，详见表10-3-11。按理论推算，单结a-Si电池的极限理论效率为13～15%，多结a-Si电池为20～25%。

（三）化合物半导体太阳电池及材料

化合物半导体大多是直接跃迁型材料。太阳电池常用的化合物半导体材料有GaAs、CdS、CdTe、InP、$CuInSe_2$等，大多制成多晶薄膜型电池。

薄膜太阳电池常用的半导体薄膜的典型特性及制备技术列于表10-3-9。

1．砷化镓

GaAs的抗辐照性能好、能承受高温、电池效率高，适于在空间按聚光方式使用。多晶有关参数见表10-3-9。电池结构有单晶均质电池、多晶薄膜电池、异质面电池、MS和MIS电池。电池效率已达23%。

2．硫化镉

Cu_xS/CdS太阳电池已研究和应用了20多年。它具有面积大、重量轻、可挠性好、工艺简单、成本低等优点，但稳定性较差，电池效率为8～12%。如在CdS中掺入锌，则可提高电池的开路电压。

3．碲化镉

CdTe是制备高效薄膜电池的优良材料，以CdS作为CdTe电池的异质面，可提高电池的效率。用丝网漏印法制备的CdS/CdTe电池，效率已达12.8%，且稳定性良好。

4．二硒化铟铜

多晶$CuInSe_2$/CdS的理论效率为19%，现已达12%。

5．磷化铟

单晶InP电池的转换效率已达15%，多晶薄膜电池则为5.7%。

6．其它化合物半导体

CdSe、Cu_xSe、Se、WSe、Zn_3P_2、Cu_2O等均是薄膜太阳电池材料。材料及电池性能见表10-3-9、10-3-11。此外，有机太阳电池的效率已达7.8%。

7．高效多结电池

根据半导体材料对太阳光谱分段吸收的特点，可将光伏性能良好及相匹配的材料组成多结电池。如a-Si结/$CuInSe_2$结串联太阳电池的效率已达13.1%。按理论计算，GaAs与最匹配的材料组成多结电池，在相当于1000个太阳的聚光条件下，电池的理论效率可达52%。又如，Ge/$Ga_{1-x}In_xAs$/$Ga_{1-x}In_xP$/$Cd_{1-x}Zn_xS$/ITO电池的AMI理论效率为33%，在100个太阳的聚光条件下则为40%。

（四）光电化学电池及材料

光电化学电池（PEC）是利用半导体电极与电解质形成结，又称液体结太阳电池。它能将光能直接转换成电能或化学能，或设有第三电极贮能，即可直接贮能。电极半导体材料的光响应和稳定性对PEC系统的性能起决定作用。性能稳定、带隙极低的材料有CdX(X=S、Se、Te)，GaY(Y=P及As)，WX_2(X=S及Se)及MoX_2(X=S及Se等)。

这类电池有三种：

（1）电化学光伏电池（再生式液结电池），如n-$GaAs_2Ru$（单晶）$10.8FK_2Se+0.1FK_2Se_2+1FNaOH|C$电池，效率可达14%，其它如$n$-CdS、$n$-CdSe、$n$-CdTe、$n$-$MoS_2$、$n$-$MoSe_2$、$p$-GaP等的单晶、多晶和薄膜均可作为电极材料；

（2）光电解电池，它把光能直接转换成化学能，如n-$TiO_2|OH^-|H^+|Pt$电池可将水直接分解成氢和氧，但效率只有1.4～2%；

（3）光（生）化学电池，效率约为0.03%。

（五）减反射膜材料

半导体材料的折射率和反射率都较大，因而在太阳电池的表面需覆盖透明减反射膜。已实用的减反射膜材料有SiO_x、CeO_x、TiO_x、Ta_xO_y和Nb_xO_y等。ITO（InO_2+SnO_2）减反射膜是优良的窗口材料，能大幅度提高光的利用率。

三、热电转换材料

热电直接转换发电的理论早已确立，但因转换效率低而未能实用。有太阳能温差电元件发电、太阳能热电子发电和太阳能磁流体发电等。前者是将太阳光聚集，产生温差后直接转换成电能，与热电偶原理相似。采用有效、大面积的温差电偶阵列具有电流大、电压小的特点。PbTe、$PbSe_2$、SnTe、Bi_2Te_3、Sb_2Te_3、Ag_2Te、GeTe、GeSi、InPbAs等半导体材料的电子传导速度大、导热性较小，是热电元件材料。太阳能温差电元件的热电转换效率小于5%，如将不同的温差电偶串联，其转换效率可望达到14%左右。

表 10-3-9 薄膜太阳电池常用半导体薄膜的典型特性及制备工艺

材料	沉积技术	衬底温度 ℃	晶 性	晶粒度 μm	载流子迁移率 $cm^2 \cdot V^{-1} \cdot s^{-1}$	载流子浓度 cm^{-3}	电阻率 Ωcm	要 点
Si	CVD	600～750	P，取向〈110〉→〈100〉→〈111〉	0.03			10^6	晶向随温度而改变；导电率、类型随掺杂而定
		>900	P	1～5				外延生长在再结晶冶金级Si上，T_s = 1150℃
	蒸 发	≥500	P，〈111〉面垂直于衬底	0.5～5	0.3	10^{16}	10^3	纤维柱状晶粒
	溅 射	800～900	P		16	10^{20}	3×10^{-3}	T_s <800℃时为非晶态
		>900	P，〈111〉取向		256	10^{17}～10^{18}	～10^{-1}	
	SOC		P，〈110〉织构	约1000				沉积在铝红柱石上
	TESS		P	1～5				沉积在铝红柱石上，柱状晶粒
	电沉积		P	约100				沉积在Ag，Ta，Mo或石墨上
	EHD	低 温	P	约 2				高T_s时，晶粒尺寸约为30μm
GaAs	CVD	约700	P，取向	5～10		5×10^{16}～10^{17}		晶向取决于砷化氢的浓度
	MoCVD		P，闪锌矿型	200～500		6×10^{16}		
CdS	蒸 发	200～250	P，取向，c轴与衬底垂直，纤维锌矿型，柱状晶粒	1～5	0.1～10	10^{16}～10^{18}		室温< T_s <150℃时为闪锌矿型
	SP	300～350	P，取向，纤维锌矿型	0.1～1.0	1～5(退火)	10^{18}	10^{-5}～10^7	闪锌矿型结构
							10^{-1}～1（退火）	在一定条件下，光电导率为10^4～10^6，再结晶粒度为4μm
	溅 射	300～500	P，取向，柱状晶粒	≤1			10^8	
	溶液生长法		P，闪锌矿型，纤维锌矿型或混合型	约0.1			10^7～10^9	光电导率约达10^4～10
	丝网漏印法		P	10			10^{-2}	
	CSVT		E		241		10^{-3}～1	电性能取决于T_s
	CVD		E		100～150		10～100	
CdTe	蒸 发	150～250	P，六角形					T_s = 室温时为立方体形
	溅 射	约100	P，（立方体形+六角形）				10^6～10^8	双源Cd及CdTe靶，T_s ≈20℃为六角形，T_s ≈350℃为立方形
	蒸气输运	500～600	P	20～50	20～30	3×10^{13}	10^5	
	CSVT		P	20～50	10^{-3}～1	5×10^{15}		在单晶CdTe上外延生长
	丝网漏印法		P，立方形	约10			10^{-1}～1	
	热壁外延法	约500	P	54～69	10^{17}			

续表 10-3-9

材 料	沉积技术	衬底温度 ℃	晶 性	晶粒度 μm	载流子迁移率 $cm^2V^{-1}s^{-1}$	载流子浓度 cm^{-3}	电阻率 Ωcm	要 点
$CuInSe_2$	蒸发(单源)	220～250	P，〈001〉取向时，薄膜厚度>1500Å	约0.5	～10	10^{17}～10^{19}	10^{-2}～10^{2}	ρ取决于T_s，ρ、μ又取决于源材料中的过量Se
	蒸发(双源)	300～340	P	1～2		$3～4\times10^{16}$	～10^{2}	T($CuInSe_2$源)＝1150℃ T(Se源)＝200℃；ρ取决于T(Se源)
	闪 蒸	450	P	0.1				T(Se源)≃1350℃
	蒸 发	200	A				$2～8\times10^{6}$	T(源材料)≃1300℃
	SP	约350	P，闪锌矿型				2	结构取决于T_s
	溅 射		P，黄铜矿型	约1	6		0.3～2	
	分子束外延	300	$CuInSe_2$ (112)‖CdS (0001)					T(Cu源)≃1030℃ T(In源)≃850℃ T(Se源)＝200℃
InP	蒸 发	约225	P	>1	约25	2×10^{16}		双源
	CVD	<550	P，无规则取向	⩽1	～10	10^{15}～10^{17}	10～100	T_s≈600℃时晶向为〈110〉
	MOCVD	500～700	E		3100	>10^{16}		沉积在GaAs:Cr衬底上
	PRD	280	E	40				T_s≈380℃时为不良外延
CdSe	蒸 发	200～500	P，(60%六角形，40%立方形)			10^{20}	<10^{7}	T_s＝室温时为六角形，CdSe(0001)‖Al_2O_3(0001)的外延T_s约为580℃；CdSe/Ge≃300～450℃
	溅 射	<400	P，〈0001〉晶向				10^{7}～10^{9}	(0001)CdSe‖(0001)氧化铝的外延T_s>400℃
	SP	200～300	P，六角形					
	溶液生长		P，(立方形＋六角形)	0.05～0.2	1～10	5×10^{17}～5×10^{18}	10^{8}～10^{9}	达到高光电导率
$Cu_{1.8}Se$	蒸 发	150～275	P，面心立方体	约1	10	2×10^{21}		
Cu_2S	化学镀	>90(溶液温度)	P，取向，c轴垂直于衬底，曲线	1～3	1～5	10^{19}～10^{20}	10^{-1}～10^{-2}	晶粒尺寸和取向取决于CdS晶粒尺寸和取向；易变的化学计量比
	固态反应	200(反应温度)	P，取向，c轴垂直于衬底，平面	1～3	1～5	10^{19}	10^{-1}	良好的化学计量比
	蒸 发	100～120	P				200～400	化学计量比是2
	溅 射	150	P				10～100	
	SP	约150	P	0.1～0.2				不良的化学计量比
Zn_2P_2	蒸 发	约200	P，取向	1～2	10～40		约10^{5}	T_s>200℃时，高度取向
	CVD	600			10～12		200～400	

注：CVD——化学气相沉积，SOC——陶瓷衬底法，TESS——热膨胀剪应力法，EHD——电流体动力学工艺，SP——喷射热解法，CSVT——密闭空间气相输运法，MOCVD——金属有机化学气相沉积法，PRD——平面反应沉积，P——多晶，E——外延。

表 10-3-10 片或体太阳电池的光电特性

电池材料	结构	类别	光电性能 V_{oc} V	J_{sc} mA/cm²	FF, %	η, %	测试条件	电池面积 cm²	要点
硅									
Si (S)	Si-np结($n^+/n/p^+$)	同质结	0.60	37.1	77.5	17.2			TiO_2、SiO_2、ZrO_2AR涂层
Si (S)	Si-pn结	同质结	0.5～0.57	23～27		8～12	100mW/cm² 25℃	4～25	
Si (P)	Si-pn结	同质结	0.590	26	74	13	AM1	2	RTR法制硅带
Si (P)	Si-pn结	同质结	0.560	24	74	11～12 10.1 9	AM 1	4 4 4	SOC法制硅带
Si (P)	Si-pn结	同质结	0.563	28.8	74	12	100mW/cm²	4	SiOAR涂层，定向凝固硅片
Si (P)	Si-pn结	同质结	0.557	22.38	74	9.2	100mW/cm²	56.25	SiOAR涂层，定向凝固硅片
Si (P)	Si-pn结	同质结	0.604	36	78.2	17	AM 1	4	
Si (P)	Si-pn结	同质结	0.601	34.6	77.9	16.2	100mW/cm² 25℃	4.03	Ta_2O_5AR涂层
Si (P)	Si-pn结	同质结	0.584	31.3	77.1	14.1	100mV/cm² 25℃	100	Ta_2O_5AR涂层
Si (S)	SiO/Ag(g)/SiO_2/p-Si	CIS结	0.621	36.5	81	18.3			
Si (S)	TiO_x/Ti(t)/SiO_x/p-Si	CIS 结	0.550	33.0	65	11.7			
Si (S)	Ta_2O_5/Al(t)/SiO_x/p-Si	CIS 结	0.595	30.2	73	13.2			
Si (S)	ITO/SiO_x/p-Si	CIS 结	0.522	28.1	79	11.9			离子束沉积ITO膜
砷化镓									
GaAs (S)	p-GaAs/n-GaAs	同质结	0.90	22	70	13～14	AM1		
GaAs (S)	GaAs-$n^+/p/p^+$(聚光19倍)	同质结	1.05	480	83	22	AM1	0.5	
GaAs (S)	p-GaAlAs/GaAs-pn	异质面	0.976	27.8	76	21.9	AM1	0.1	TiO_2AR涂层
GaAs (S)	p-GaAlAs/GaAs-pn	异质面	1.0	29.8	83	18.3	AM0	4.0	
GaAs (S)	p-GaAlAs/GaAs-pn	异质面	1.012	30.5	81.8	18.7	AMO, 25.6℃	4	Si_3N_4 AR涂层，MoCVD法制GaAs
GaAs (S)	GaAS/AlGaAsBSF结构($n^+/p/p^+$)	异质面	1.01	25.6	86	22.2	AM1	0.54	
GaAs (S)	Ta_2O_5/Ag(t)/Sb_2O_5/n-GaAs	CIS结	0.795	25.6	81	15.3			Ta_2O_5AR涂层
GaAs (S)	Ta_2O_5/Ag(t)/SiO_2/n-GaAs	CIS 结	0.740	25.6	81	15.3			Ta_2O_5AR涂层
其它化合物半导体									
InP (S)	p-InP/n-CdS	异质结	0.790	18.7	75	15.0			SiO_x AR涂层
InP (P)	p-InP/n-CdS	异质结	0.46	13.5	68	5.7			SiO_x AR涂层
InP (S)	MgF_2/ITO/P_2O_5/p-InP	CIS 结	0.760	21.6	65	14.4			MgF_2AR涂层，离子束沉积ITO
InP (S)	Au(t)/P_xO_y/n-InP	CIS 结	0.460	17.2	76	6.0			无AR涂层
CdTe (S)	p CdTe/n-CdTe/n-CdS	异质结	0.670	20.4	60	10.5			无AR涂层
CdTe (S)	ITO/Te_2O_3/p-CdTe	CIS 结	0.820	14.5	55	8.0			射频溅射ITO膜，无AR涂层
CdTe (S)	p CdTe/n-CdZnS	异质结	0.790	12.7	64	7.8			ITOAR涂层
CdTe (S)	n CdTe/p CuTe	异质结	0.75			≤7.5			无AR涂层
$CuInSe_2$ (S)	p-$CuInSe_2$/n-CdS	异质结	0.49	38	60	12			SiOAR涂层

续表 10-3-10

电池材料	结构	类别	光电性能 V_{oc} V	J_{SC} mA/cm²	FF, %	η, %	测试条件	电池面积 cm²	要点
$CuInSe_2$(S)	ITO/CuO/p-C $InSe_2$	CIS结	0.50	30.2	55	8.3			电子束蒸发ITO,无AR涂层
Cu_2S(P)	n-CdZnS/p-Cu_2S	异质结	0.64	12.7	62.3	6.9			无AR涂层

注：CIS结——导体-绝缘体-半导体结，g——栅型金属势垒，t——透明金属势垒，BSF——背电场，AR——减反射膜，EFG法——定边喂膜法，WEB法——膜状法，RTR法——带带法，SOC法——陶瓷衬底法，ITO——氧化锡铟。

表 10-3-11 薄膜太阳电池的光电特性

电池材料	结构	类别	光电性能 V_{oc},V	J_{SC} mA/cm²	FF, %	η, %	测试条件	电池面积 cm²	要点
Si	Si-pn	同质结	0.582	28.3	73	12	AM1	4	Si_3N_4AR涂层
	Si-pn	同质结	0.595	23.1	72	9.93	AM1	28	Si_3N_4AR涂层，TESS法沉积Si
	Si-pn	同质结	0.56～0.58	19～22	75	9	AM1	30	SnO_2AR涂层，CVD沉积Si
	Si-pn	同质结	0.58	15.2	67	5.9	100mW/cm²	8.3	无AR涂层，CVD沉积Si
GaAs	GaAs-pn	同质结	0.91	10.3	82	15.3	AM1	0.5	SiO + MgF_2AR涂层
	p-GaAlAs/pn-GaAs	异质面	0.99	24.5	74	12.8	128mW/cm²	0.29	无AR涂层，MOCVD法制GaAs
	n-GaAs/n^+-GaAs/石墨	MOS结	0.56	22.7	67	8.5	AM1	9	CVD法
	GaAs/I-M	MIS结	0.57	19.2	60	6.5	AM1	9	
CdTe	p-CdTe/n-CdTe	同质结	0.75	9.8	63	6	77.2		
	p-Cu_xTe/n-CdTe	异质结	0.50	15	45	5～6	50		蒸发法
	n-CdS/p-CdTe	异质结	0.75	17.0	62	10.5	AM2		升华法
	n-CdS/p-CdTe	异质结	0.78	—	61	12.8	AM1	0.78	丝网印刷法
	n-CdS/p-CdTe	异质结	1.48	—	53	9.3	AM1	100	丝网印刷法
CdSe	Au/Sb_2Se_3/n-CdSe	MIS结	0.55～0.6	20	40～50	>5	AM1		蒸发法
	CdSe/ZnSe/Au	异质结	0.60	20	45	5.0	100	0.01	
$Cu_{2-x}Se$	p-$Cu_{2-x}Se$/n-CdS	异质结	0.475	18.7	0.63	5.38	—	1.0	蒸发法
	p-$Cu_{2-x}Se$/n-CdS	异质结	0.46	11.6	62	3.3	AM1		蒸发法
$CuInSe_2$	p-$CuInSe_2$:Cu/p-$CuInSe_2$/n-CdS/n^+-CdS:In	异质结	0.396	39	63	9.53	AM1	1.0	蒸发法，SiO_x AR涂层
	p-$CuInSe_2$/n-ZnCdS	异质结	0.418	36.3	65	10	—	1.0	蒸发法
	p-$CuInSe_2$/n-CdS	异质结	0.431	38.96	63.1	10.6	AM1	1.09	
	$Cd_{0.8}Zn_{0.2}S/CuInSe_2$	异质结	0.437	38.50	65.31	11	AM1	1.0	
$ZnIn_2Se_4$	n-CdS/p-$ZnIn_2Se_4$	异质结	0.27	16	31	1.5	AM1		蒸发法
Zn_3P_2	Mg/Zn_3P_2	肖特基结	0.43	16.8	50	4.3		1.0	
InP	p-InP/n-CdS	异质结	0.4～0.46	13.3	68	4.9	AM2		CVD法,无AR涂层
	p-InP/n-CdS	异质结	0.46	15.4	68	5.7	AM2	0.25	CVD法，SiOAR涂层

续表 10-3-11

电池材料	结构	类别	光电性能					电池面积 cm²	要点
			V_{oc}, V	J_{SC} mA/cm²	FF, %	η, %	测试条件		
InP	n-InP/p-Cu_xSe/C	异质结	0.40	—	31	2.8	AM1	0.52×10^{-2}	CVD及蒸发法
InSe	InSe/Bi	肖特基结	0.35	3	40	1.3	70	—	
Cu_2O	Cu/p-Cu_2O	肖特基结	0.37	7.7	57	1.6	AM1	1	
a—S	Ag/nia-Si/Pa-SiC/绒面TCO/玻璃	异质结	0.869	18.9	70	11.5	AM1	1.0	
	玻璃/绒面TCO/pa-SiC/ina-Si/Ag	异质结	0.915	18.1	70.5	11.7	AM1(100)	1	1986年，三洋电机，p层光CVD
	Ag/ITO(nμC-Si)ip(a-Si)/溅射SS/有机聚合物膜	异质结	0.890	16.2	62	8.9	AM1	1.0	
	陶瓷	异质结	0.87	14.0	70	8.52	AM1	1.0	
	玻璃/TCO/p层超晶格/ina-Si/Me	超晶格	0.872	17.3	69.4	10.5	AM1	1.0	1986年，三洋，p层超晶格结构a-SiC:H(25Å)/a-Si:H(25Å)
	ITO/$(pin\text{-}aSi)_2$/p(a-Si)/i-aSiGe/n(a-Si)/SS	3结	2.33	6.19	67.7	9.6	100	100	1986年，三菱，p，n层为微晶硅
	a-Si:H:F/a-Si:H:F/a-SiGe:H:F	3结	2.58	7.0	72	13	100	1	
	玻璃/绒面TCO/p(a-SiC)in(a-Si)/Al	组件	12.1	17.0	66.2	9.72	100	100	由14个电池串联，集成型
	Me/ni(a-Si)/p(a-SiC)/SnO_2/玻璃	组件	48.7	890 mA	50	6.7		3200	组件

注：MOS结——金属-氧化物-半导体结，MIS结——金属-绝缘体-半导体结，TCO——透明电导氧化物，TESS法——热膨胀剪应力法，MOCVD——金属有机化学气相沉积法，CVD——化学气相沉积法。

第三节 贮氢材料

氢是未来二十一世纪理想的干净能源之一。使用氢能的一个重要问题是氢的贮存。氢以气态或液态贮存和运输，既不经济，也不安全。60年代末发现，一些金属如钒、铌、钛等及其合金，不仅能吸附氢，而且可将氢气分子分解为氢原子，形成金属氢化物，因此这类金属及其合金可被用作贮氢原料。一些合金的氢化物用作贮氢材料更为理想，这类合金一般至少含一种与氢亲合力强的元素，即周期表中Ⅱ～Ⅴ族元素和一种与氢亲合力弱的元素，即周期表中Ⅵ～Ⅶ族元素，如LaNi5、TiFe、Mg2Ni

表 10-3-12 一些金属氢化物的含氢量及离解温度

金属氢化物	氢原子，$\times10^{22}/cm^3$	氢，wt%	1×10^5Pa下的离解温度，K
固体氢（10K）	4.3	100	—
液态氢（20K）	4.2	100	20
气态氢（1.4×10^7Pa）	0.8	100	—
$LaNi_5H_6$	5.4	1.4	285
$CaNi_5H_5$	4.7	1.5	323
MgH_2	6.5	7.7	551
$Mg_2NiH_{3.9}$	5.3	3.5	530
$FeTiH_{1.95}$	6.1	1.9	263

以及多元合金等。

利用金属氢化物贮存和运输氢具有贮氢密度大、压力低、运输方便、使用安全等优点（见表10-3-12）。此外，金属氢化物还具有将氢的化学能转变为机械能或热能的能力，因此又是一种可用于能量转换的新型功能材料。

金属氢化物种类很多，按金属品种可分为稀土系（如$LaNi_5$）、钛系（如TiFe）、镁系（如Mg_2Ni）及锆、钒、铌等金属系。研究得较多并有实用价值的贮氢合金只有稀土系、钛系和镁系金属氢化物。

一、贮氢材料的贮氢原理

一些金属及合金具有在低温下吸氢，并在较高温度下放氢的性能。这些金属及合金在适当的温度、压力下同氢按下式进行反应：

$$Me + X/2H_2 = MeH_x + \Delta H$$

$$AB_n + X/2H_2 = AB_nH_x + \Delta H$$

式中　A——稀土元素；

B——过渡金属。

在上述反应中，降低温度或提高氢的压力可使反应向吸氢方向进行，反之则放氢。因此，人们可以利用影响反应平衡的因素——温度和氢压来控制氢的吸附和释出。

二、几种典型贮氢合金

1．稀土系合金

一些AB_5型的稀土系合金（A为稀土元素，B为过渡金属）与氢发生可逆反应，具有优良的贮氢特性。这类合金的代表是$LaNi_5$，它能在环境温度下可逆吸、放氢气，具有吸氢量大、耐中毒等优点，在室温下可与氢迅速反应生成$LaNi_5H_6$，其含氢量为1.37wt%，反应生成热为－30145J/molH。$LaNi_5H_6$经分解反应，放出0.2～0.3MPa压力的氢而变为$LaNi_5H_{0.5}$。$LaNi_5$是较理想的贮氢材料，它的缺点是比重较大，价格较高。

为降低稀土合金贮氢材料的成本，研究了用混合稀土代替镧，用钙、钛部分取代混合稀土，以及用铝、钴、铬、锰、铜、硅等部分取代镍的一系列贮氢合金，如图10-3-1所示。

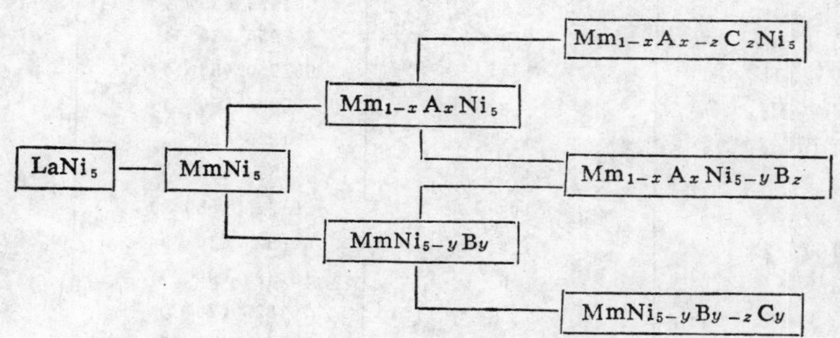

图 10-3-1　$MmNi_5$系贮氢合金

Mm—混合稀土；A—钙、钛；B—铝、钴、铬、锰、硅；C—铝、钴、铜、铁、锰、硅、锆

2．钛系合金

这类贮氢材料是钛与其它过渡金属如铁、钴、铬等生成的化合物。这类化合物属低温氢化物，吸氢能力大于稀土合金，氢的放出率高，价格低。缺点是活化较困难，易中毒。TiFe是钛系合金的典型代表。TiFe的吸氢能力可达1.8wt%，并在室温下即可快速释放氢气。原料的质量、TiFe的生产方法以及混入的杂质对TiFe合金的贮氢性能均有很大影响。

为改善TiFe合金的贮氢性能，研制出用锰、铝、锆、镍、钒等部分取代铁的一系列TiFe多元合金。例如，添加少量锰便可改善TiFe的活化性能，提高其抗中毒能力。

3．镁系合金

虽然MgH_2的含氢量可高达7.6wt%，但因释氢温度高（在一个大气压下为287°C），反应速度慢，故无使用价值。镁基合金Mg_2Ni在高于200°C温度下与氢反应生成Mg_2NiH_4，其生成、分解动力学性能较纯镁有很大提高，但含氢量却下降了一半，为3.16wt%。用铝或钙取代Mg_2Ni中的部分镁，制得的合金$Mg_{2-x}Me_xNi$（Me为铝或钙，$X=0.01\sim0.1$），其分解反应速度比Mg_2Ni高40%以上。另一类镁镍合金是用钒、铬、锰、铁或钴部分取代Mg_2Ni中的镍，此类合金可用$Mg_2Ni_{1-x}Me_x$表示（Me为上述金属中的一种，$x=0.01\sim0.5$）。该种合金的氢化、分解反应速度均好于Mg_2Ni。

将高温氢化物（如镁基合金氢化物）与低温氢化物（如稀土镍、铁钛合金氢化物）掺合在一起，

表 10-3-13 金属氢化物性能表

金属氢化物	含氢量，wt%	离解压，Pa	生成热，J/molH
MgH_2	7.6	101325（290℃）	−74525
$Mg_2NiH_{4.0}$	3.6	101325（250℃）	−64476.7
$La_2Mg_{17}H_{17}$	2.4	506625（30℃）	1
$CaNi_5H_{4.0}$	1.2	40530（30℃）	−33494.4
$LaNi_5H_{6.0}$	1.4	405300（50℃）	−30145
$MmNi_5H_{6.3}$	1.4	3445050（50℃）	−26376.8
$MmCo_5H_{3.0}$	0.7	303975（50℃）	−40193.3
$Mm_{0.5}Ca_{0.5}Ni_5H_{5.0}$	1.3	1925175（50℃）	−31819.7
$Mm_{0.9}Ti_{0.1}Ni_5H_{4.5}$	1.1	2735775（50℃）	−30982.3
$MmNi_{4.5}Mn_{0.5}H_{6.6}$	1.5	405300（50℃）	−17584.6
$MmNi_{2.5}Co_{2.5}H_{5.2}$	1.2	607950（50℃）	−35169.1
$MmNi_{4.5}Al_{0.5}H_{4.9}$	1.2	506625（50℃）	−23027.4
$MmNi_{4.5}Cr_{0.3}H_{6.3}$	1.4	1418550（50℃）	−25539.5
$MmNi_{4.5}Si_{0.5}H_{3.8}$	0.9	2127825（50℃）	−27632.9
$MmNi_{4.5}Cr_{0.25}Mn_{0.25}H_{6.9}$	1.6	506625（50℃）	−29726.3
$Mm_{0.5}Ca_{0.5}Ni_{2.5}Co_{2.5}H_{4.5}$	1.1	911925（50℃）	−34750.4
$MmNi_{4.5}Al_{0.45}Ti_{0.05}H_{5.3}$	1.3	303975（30℃）	—
$MmNi_{4.7}Al_{0.3}Ti_{0.05}H_{5.6}$	1.3	607950（30℃）	—
$MmNi_{4.5}Mn_{0.45}Zr_{0.05}H_{5.2}$	1.2	607950（50℃）	−33075.7
$MmNi_{4.5}Mn_{0.5}Zr_{0.05}H_{2.0}$	1.6	405300（50℃）	−33075.7
$MmNi_{4.7}Al_{0.3}Zr_{0.1}H_{5.0}$	1.2	911925（30℃）	−39355.9
$LaNi_{4.6}Al_{0.4}H_{5.5}$	1.3	202650（80℃）	−38099.9
$TiFeH_{1.9}$	1.8	1013250（50℃）	−23027.4
$TiFe_{0.85}Mn_{0.15}H_{1.9}$	1.8	506625（40℃）	—
$TiCo_{0.5}Mn_{0.5}H_{1.7}$	1.6	101325（90℃）	−46892.2
$TiCo_{0.5}Fe_{0.5}H_{1.2}$	1.1	101325（70℃）	−42286.7
$TiFe_{0.46}Nb_{0.04}H_x$	—	911925（60℃）	—
$TiFe_{0.8}Be_{0.2}H_{1.34}$	1.4	253313（50℃）	−15323.7J/gH
$TiFe_{0.8}Ni_{0.15}V_{0.05}H_{1.6}$	1.6	101325（79℃）	−45217.4
$TiMn_{1.5}H_{2.47}$	1.8	506625～810600（20℃）	−28470.2
$Ti_{0.8}Zr_{0.2}Mn_{1.8}Mo_{0.2}H_{3.0}$	1.7	202650～607950（20℃）	−29307.6
$Ti_{0.9}Zr_{0.1}Mn_{1.4}V_{0.2}Cr_{0.4}H_{3.2}$	2.1	810600～911925（20℃）	−29307.6
$Ti_{0.8}Zr_{0.2}Cr_{0.8}Mn_{1.2}H_{3.0}$	1.8	506625（20℃）	−28888.9
$TiCr_{1.8}H_{3.6}$	2.4	202650～5066250（−7.8℃）	—
$Ti_{1.2}Cr_{1.2}Mn_{0.8}H_{3.2}$	2.0	709275（−10℃）	−25539.5
$Ti_{1.2}CrMnH_{3.4}$	2.1	506625（−10℃）	−24702.1
$Ti_{0.75}Al_{0.25}H_{1.5}$	3.4	101325（100℃）	−47310.8
$Ti_{0.96}Fe_{0.94}Zr_{0.04}Nb_{0.04}$—H	1.8	182385（30℃）	−31819.7
$TiFe_{0.9}Al_{0.1}H_{1.3}$	1.3	364770（50℃）	−15072.5J/gH
$TiFe_{0.8}Mn_{0.18}Al_{0.02}Zr_{0.05}H_{2.0}$	1.9	557288（80℃）	—
$TiFe_{0.8}Mn_{0.2}Zr_{0.05}H_{2.2}$	2.0	557288（80℃）	—
VH_2	3.8	810600（50℃）	−40193.3
$V_{0.8}Ti_{0.2}H_{1.6}$	3.1	303975～1013250（100℃）	−49404.2

研制出贮氢量又大、释氢动力学性能又好的镁基贮氢合金，如Mg-10Mm和Mg-5Mm-5Ni（Mm代表铈混合稀土，数字表示元素的原子百分含量)。这种合金有可能用于机动车辆上。

最近，非晶贮氢合金引起了人们的重视。

三、贮氢材料的应用

1．贮存氢气

用于贮氢材料的贮氢罐多为不锈钢或铝合金制造的容器。贮氢罐内的贮氢材料主要是稀土镍系和钛系合金。贮氢罐可为研究室、气相色谱分析、电子工业等领域提供氢源。大中型贮氢装置的容积由数十至数百立方米不等。日本川崎重工业公司制出可贮175立方米的贮氢装置，使用1000kg富镧稀土镍铝合金。美国MPD公司正在设计制造可容TiFe系合金1800kg的大型固定式贮氢装置，目的是用来为燃氢机动车辆加氢。

为了大量运输氢气，日本岩谷产业公司和美国MPD公司研制成功商业用金属氢化物集装箱。一辆4.5t卡车可载6个这种集装箱，一次可运送420m³氢，运送效率比高压瓶高50%，运输成本降低30%，且容器内氢气压力只有2MPa左右。

2．燃氢汽车

氢的燃烧过程完全，热效高（燃烧1g氢可释放142351J热，为汽油的3倍)，无污染。汽油中加入5%的氢，可节省汽油25～35%，提高发动机效率10%。

3．分离氢和制取超纯氢

利用稀土或钛系贮氢合金选择吸氢的特性，可有效地分离和回收混合气体中的氢，也可从工业纯氢气中制取超纯氢，纯度可高于99.9999%。利用金属贮氢材料也可使氢与同位素氘和氚分离。

4．贮热、空调和制冷

利用金属与氢相互作用的热效应可以进行贮热、采暖、空调、制冷及能量转换。

5．调节电力系统负荷

将用电低峰时过剩的电力用于电解水，并将得到的氢用贮氢材料存起来，需要时使其分解放氢，再通过燃料电池转变为电流补充到电网中去。贮氢材料在调节电站负荷的应用中具有效率高、安全可靠、投资少等优点。

6．电池材料

稀土系和钛系贮氢合金可用作以氢为燃料的电池材料。用$LaNi_5$、TiFe等氢化物作阳极的氢-空气燃料电池，其效率约为30%。

7．其它用途

金属氢化物还用来建造太阳能-氢-金属氢化物贮热节能系统，制作传感器，在有机化合物的氢化反应中用作催化剂。还进行了燃氢运输工具的试验。此外，$LaNi_5$、FeTi、TiMn已用于气相色谱仪和原子钟上。

金属氢化物的性能见表10-3-13。

第四节 其它能源材料

一、固态离子导电材料

离子导电率大于10^{-2}S/cm、活化能小于0.5eV的离子导体称之为固态离子导体。这是一类具有高电导率的离子导电固体，又叫做固体电解质、超离子导体、快离子导体。此类导体和电子导体不同，在传递电荷的同时还伴随有物质迁移。

固态离子导体内含有大量缺陷，在迁移离子的亚晶格内迁移离子位置的数目大于迁移离子数目，这些离子都能参加迁移过程，而使载流子数目大大增加。

固态离子导体主要分为具有萤石型结构的氧化物、银和铜的卤化物或硫属化物及具有β-氧化铝结构的氧化物三大类。此外，锂离子导体也很重要。按载流子分类的典型固体电解质见表10-3-14。主要的萤石型氧离子导体有ZrO_2、ThO_2、HfO_2、CeO_2、Bi_2O_3。

1．氧离子导体的用途

氧离子导体的用途有以下几种。

（1）氧分析器。用于氧分析器的典型浓差电池为$Pt[O]_{钢液}|ZrO_2+CuO|Cr_2O_3\cdot Cr|Pt$。钢液定氧探头采用$ZrO_2$-9mol%MgO（抗热震性好)、$ZrO_2$-15mol%CaO（电性能好)；铜液定氧探头采用ZrO_2-15mol%MgO(抗蚀性好)、ZrO_2-11mol%CaO（高温并在普通气氛下使用)、ZrO_2-6mol%Y_2O_3、ZrO-8mol%Y_2O_3、ThO_2-5mol%Y_2O_3（低温范围内电性能好，并可在普通气氛下使用)。

（2）氧泵。用于氧泵的氧离子导体有ZrO_2-9mol%Y_2O_3、ZrO_2-8mol%Y_2O_3、ZrO_2-7.5mol%CaO。

（3）高温燃料电池。用于高温燃料电池的氧

表 10-3-14　典型固体电解质

载流子	固体电解质
H^+，H_3O^+	$H_3Mo_{12}PO_{40}\cdot 30H_2O$，$H_2W_{13}PO_{10}\cdot 29H_2O$,$HUO_2PO_4\cdot 4H_2O$,$ZrO(H_2PO_4)_2\cdot 3.6H_2O$,$SrCe_{0.95}Y_{0.05}O_3$
Li^+	Li_3N,Li-βAl_2O_3,$Li_{11}Zn(GeO_4)_6$:LISICON,LiI,Li_5AlO_4,α-Li_2SO_4
Na^+	$Na_2Zr_2PSi_2O_{12}$:NASICON,Na-βCa_2O_3
K^+	$K_{1.4}Al_{0.6}Ti_{7.2}O_{10}$
NH_4^+	NH_4-βAl_2O_3
Cu^+	$Rb_2Cu_{10}IrCl_{12}$
Ag^+	α AgI，$RbAg_4I_5$
Ca^{2+}	CaS
O^{2-}	ZrO_2（掺CaO,Y_2O_3,MgO等）,CeO_2（掺Gd_2O_3,Y_2O_3等）,$CaTi_{0.95}Mg_{0.05}O_{3-a}$,$CaTi_{4.5}Al_{0.5}O_{3-a}$,$Bi_{1.5}W_{0.24}O_2$
F^-	LaF_2（掺SrF_2）
Cl^-	$CsPbCl_4$,$CsSnCl_3$
Br^-	$CsPbBr_2$

离子导体有ZrO_2-Y_2O_3-YbO_3。由ZrO_2+CaO固体电解质组成电池可测定离子活度，控制空气/燃料比，能提高燃料效率。

铈系氧离子导体可在氧压为15个大气压的高压下使用，如$(Ce_2O_3)_2(Gd_2O_3)_{0.4}(MgO)_{0.1}$可用作$H_2O_2$燃料电池的电解质。

此外用$Sr_xLa_{1-x}MnO_3$、$Sr\frac{1+x}{2}La\frac{1-x}{2}Co_{1-x}Fe_xO_3$、$SrFeO_3$等传导$O^{2-}$及电子的混合导体为催化剂，可消除有害成分CO及$NO_x$，其价格较贵金属催化剂便宜。用$ZrO_2+Y_2O_3$为固体电解质可在高温下电解水蒸气，电解时无液相，不发生气泡，因而电压损失小，制氢成本比常用方法降低四分之一。钇系氧离子导体在高氧分压下为p型半导体，在低氧分压下为n型半导体，可用于氧或氢的气体电极。

2．氟离子导体的用途

氟离子导体可用于离子选择电极，其材料有LaF_3+Eu、LuF_3。LaF_3+EuF_2可用于气体探测器，离子测定范围分别为10^{-6}、$10^{-5}\sim10^{-2}$mol/LF^-。

3．锂离子导体的用途

锂离子导体固体电解质如Li_3N、LiI、LiBr、Li_3AlO_4等，可望用于小型电池、高能量电池、电化学器件等方面。

4．质子导体的用途

质子导体中以钼和钨的杂多酸的电导率为最佳，可望在低温（200～400°C）燃料电池上取代氧离子导体。

非晶态固体电解质较结晶态的电解质电导率高，其质地均匀，没有晶界面阻抗，易于制成各种形状。如$LiNbO_3$晶态时的室温电导率为10^{-20}s/cm，而非晶态时可高达2×10^{-6}S/cm。

离子插入化合物固体电解质是很好的电子导体，可作为电池或电化学器件中的电极材料，主要有TiS_2、VS_2、MnO_2、WO_3、V_6O_{13}等骨架结构化合物。

总的说来，固体离子导体是一个很活跃的研究领域，近二十年有了显著发展，但在理论方面尚有许多难点有待解决。

二、电池材料

不经中间机械转换过程将一定形式的能量直接转换为电能的装置叫做电池。电池可分为：

（1）利用电化学反应将化学能直接转换成电能的化学电池；

（2）由外部连续供给作用物质（燃料）与氧或空气进行电化学反应的燃料电池；

（3）利用光伏效应、塞贝克效应等物理效应将光能、热能等物理能直接转变为电能的装置，如太阳能电池、温差电池等。

化学电池中若反应为不可逆或不能再生的称为原电池或一次电池。由外部供给电能可再生的可逆电池称为蓄电池，或二次电池。

电池主要性能参数有：

（1）额定容量，即额定条件下电池应放出的最低容量，与电极活性物质用量有关；

（2）额定电压又称标称电压，为电池在常温下的典型工作电压；

（3）充放电速率、储存寿命和循环寿命等。

电池主要由正、负极和电解质组成。正、负极活性物质是参加产生电动势反应的物质，正极活性物质为氧化剂，负极活性物质为还原剂。与稀有金属有关的正极活性物质包括TiO_2、V_2O_5、Nb_2O_3、MoO_3、WO_3等氧化物，MoS_2、TiS、VSe_2等硫属化物以及Ag_2MoO_4、Ag_2WO_4等。负极活性物质有Ca、Mg、Zn、U、Ti、Li-Pb、Li-Si、Li-Mg、Li-B、Li-Al合金等。

稀有金属合金及其化合物在储备电池、熔盐二次电池及燃料电池中有许多用途，但真正在电池体系中获得重要应用的是锂。

三、锂电池材料

锂电池是70年代发展起来的一种以锂为负极的新型高能化学电源。按其电解质的不同，可分为高温熔盐锂电池、有机电解质锂电池、无机电解质锂电池、固体电解质锂电池和锂-水电池等几种。根据用途可分为微型锂电池、贮能锂电池和动力锂电池三大类。而根据电池的充放电性能又可分为原电池（一次电池，不能充电）和蓄电池（二次电池，可多次充电）两大类。

锂电池工作电压高、比能量大、储存寿命长、高低温性能好，已有多种进入市场，但多数限于微功耗和轻负载的使用场合。

已达到商品化生产阶段的锂电池参见表10-3-15。不同电化学系统理论比能量与等效重量关系曲线见图10-3-2。

随着微电子技术的发展，预计锂电池在微型电池国际市场中所占的比重将明显增加，并有占据主导地位的趋势。锂原电池今后的主要目标是提高大电流放电性能和进一步解决使用不当时的安全问题。二次锂电池虽已初步商品化，但电性能、寿命及价格尚需进一步改善。

表 10-3-15　商品锂电池

种　类	主要用途	情　况	电池系列	备　注
非水电池（3V系列）	民　用	广泛商品化	Li/MnO_2	自1978年投入使用达到商品化以来，已广泛在微电子设备等方面使用
			$Li(CF)_n$	1980年批量生产，用于电子浮标、袖珍式液晶显示计算机及电子手表
	特殊应用	部分商品化	Li/SO_2	贮存寿命为10a，可用于应急设备、航标、计算机和摄影机，用它作二次电池，比能量比铅酸电池高5～8倍。
	军事应用		$Li/SOCl_2$	比能量为0.317kW·h/kg，贮存寿命10a，预计为20a用于心脏起搏器
	民　用		Li/Ag_2CrO_4	现已大量生产
			Li/V_2O_5	
非水电池（1.5V系列）	普通干电池	部分商品化	Li/CuO	加入$CuFeS_2$作去极剂，可克服放电时初始电压下跌的问题
	代替银和汞电池		Li/FeS_2	
固体电解质电池	起搏器	商品化	Li/I_2 Li/PbI_2	
二次锂电池	微电子技术及特殊用途	部分商品化	Li/活性炭	负极为锂合金，可充放电1000次
			Li/TiS_2	Li-Al合金为负极，TiS_2作正极，可充放电1000次
			全固态二次锂电池	以Li_3N为固态电解质，Li-Al为负极，TiS_2或V_6O_{13}为正极

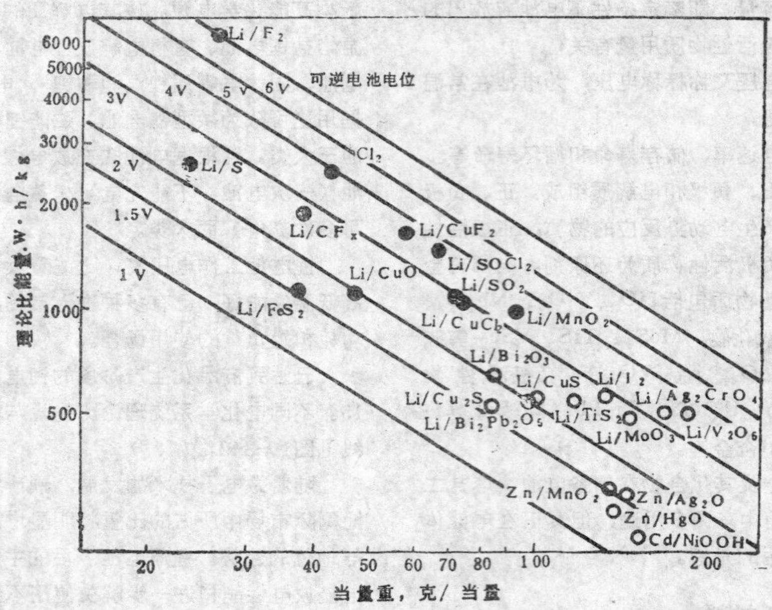

图 10-3-2 不同电化学系统理论比能量与等效重量关系曲线

表 10-3-16 锂为负极对不同正极的电化学性质

正 极	正极重量当量 gm/V当量	正极体积当量 cm³/V当量	电池反应产物	开路电压 V	比容量 Ah/cm³	能量密度 Wh/cm³
CuS	95.6	20.78	Li_2S+Cu_2S	2.20	0.79	1.74
Cu_2S	79.6	14.21	Li_2S+Cu	1.82	0.99	1.79
Ag_2S	123.9	16.91	Li_2S+Ag	2.07	0.90	1.85
PbS	119.6	15.95	Li_2S+Pb	1.79	0.93	1.66
CdS	72.2	15.00	Li_2S+Cd	1.54	0.96	1.40
HgS	116.3	15.05	Li_2S+Hg	2.03	0.96	1.94
ZnS	48.7	11.88	Li_2S+Zn	1.24	1.08	1.34
TaS_2	61.3	—	Li_2S+Ta	1.38	—	—
TiS_2	28.0	8.70	Li_2S+Ti	1.23	1.24	1.51
TiS_2	112.0	34.8	Li_xTiSi_2	2.14	0.56	1.20
FeS_2	30.0	6.00	Li_2S+Fe	1.84	1.41	2.59
CuO	39.8	6.21	Li_2O+Cu	2.34	1.39	3.25
Cu_2O	71.5	11.92	Li_2O+Cu	2.24	1.08	2.41
Ag_2O	115.9	16.22	Li_2O+Ag	2.92	0.92	2.70
PbO	111.6	11.71	Li_2O+Pb	2.02	1.09	2.19
Pb_3O_4	85.7	9.42	Li_2O+Pb	2.20	1.20	2.63
PbO_2	59.8	6.38	Li_2O+Pb	2.43	1.38	3.36
CdO	64.2	9.24	Li_2O+Cd	1.83	1.21	2.21
Bi_2O_3	77.7	8.73	Li_2O+Bi	2.14	1.23	2.64
MnO_2	86.94	17.30	$LiMnO_2$	3.50g	0.89	3.10
ZnO	40.7	7.26	Li_2O+Zn	1.35	1.32	1.78
V_2O_5	181.9	54.20	LiV_2O_5	3.50g	0.40	1.40

四、磁流体发电材料

磁流体发电（MHD）设备的基本工作原理是法拉第磁感应定律。它与普通发电设备不同之处在于是由导电的高温燃气而不是普通发电机中的金属导体切割磁场发电。它是将2700°C高温的等离子体在强磁场（约5T）的发电通道中以高速（约1200 m/s）流过，并将由电磁感应产生的电流由电极输出的一种发电方式。

MHD设备工作温度为1700～2000°C以上，条件是苛刻的。

MHD最大的研究课题是通道用电极材料的选择。电极材料需保证能获得1～10A/cm²的工作电流密度，至少为数10V的阴极电压降及5000h的工作寿命。

MHD电极可分为高温陶瓷电极、水冷金属电极和其它特种电极。

（一）MHD发电通道用电极材料

苏联的试验表明，燃气和燃油磁流体发电设备的通道前部宜用金属电极，中部用复合材料电极，后部用高温陶瓷电极。

1．高温陶瓷电极

某些陶瓷材料具有一些特殊性，如能承受一定高温，对其它元素的作用有较好的稳定性并具有高的电导率，故可选作磁流体发电机电极。符合这些要求的材料有以下几种。

（1）氧化物陶瓷电极。氧化物陶瓷电极材料有氧化锆。实际应用时要加入适量的碱土类（镁、钙）或稀土类（钇、铈）氧化物烧结成稳定型氧化锆。尽管这使其耐热性稍有降低，但抗K^+离子的腐蚀能力有所提高。还有采用稀土氧化物作为稳定剂。例如，加入Nd_2O_3或Dy_2O_3稳定的氧化锆，其比电阻与金属化石墨相当，并且和作为极间绝缘材料的Al_2O_3制品一样，具有很好的稳定性，不致引起绝缘的恶化。除氧化锆外，还有稀土铬酸盐。它在温度为1400°C时电导率竟达到0.85s/cm，作为电极材料比较理想。纯铬酸镧不易烧结且强度低，在高温下铬的挥发比较激烈，因此多采用掺锶或钙的亚铬酸盐，如La0.84Sr0.16CrO_2（室温电阻率为0.01Ω·cm）。(ZrO_2)0.65 (CeO_2)0.25 (CaO) 0.10为较好的高温陶瓷电极材料。

（2）非氧化物陶瓷电极。属于非氧化物陶瓷电极的有：

a）碳化硅基陶瓷电极。碳化硅常温电阻率为0.01Ω·cm，1500K时的电阻率为0.008Ω·cm，随温度升高而下降。加入5～10%钼、钛、铬等金属，可提高碳化硅热电子发射能力。特别是加钼的碳化硅电极具有耐高温、耐高速气流冲刷的性能。硫化硅电极要求在2000K以下的温度范围内使用。

b）硼化物陶瓷电极。可作MHD发电机使用的硼化物陶瓷电极有：ZrB_2、HfB_2、TiB_2等。它们在高温下的强度高，耐热冲击和耐冲蚀性能好。硼化锆的电阻率随温度升高而下降。3000°C，14μΩ·cm；1000°C，40μΩ·cm；200°C，100Ω·cm。硼化物抗氧化性差，掺杂20%YB_4可防止氧化。氧化性能改善后，可成为供选用的高温电极材料。

其它非氧化物陶瓷电极材料还有$MoSi_2$、ZrC等。

（3）金属陶瓷，如SiC-Ti、Cr-MgO等。

2．金属电极

美国AVCO发电机采用水冷金属壁（铜块内有水通道），通道用白金或不锈钢（通道前部），阴极为Cu-W合金（Cu30%，W70%）。

3．复合材料电极

采用不同形式的铜合金框（带圆孔或蜂窝状孔等），内部充填高温陶瓷捣打料，其所占面积约为总表面积的80～90%。在金属框和陶瓷捣打料之间可涂一层常温导电糊状物（如In_2O_3质材料），以改善界面导电性能。代表性的高温陶瓷捣打料有ZrO_2-CaO+ZrO_2+磷酸、ZrO_2-Y_2O_3+ZrO_2+In_2O_3+磷酸，(La、Ca)CrO_3+ZrO_2-Y_2O_3+磷酸、$BaZrO_3$+$BaAl_2O_4$。

就燃煤磁流体发电装置而言，煤渣对阳极主要是氧化反应，对阴极主要是煤渣沉积在相邻电极间，产生极化，使阴、阳极间短路。

美国AVCO发电机用铂电极，输出功率为55 kW，可连续工作1000h，据其推测电极可用5000～8000h。

燃煤用陶瓷及金属陶瓷电极的材料有ZrO_2-Y_2O_3-SiC、$LaAlO_3$、Cr_2O_3-TiO_2、SnO_2-CeO_2、ZrO_2-炭纤维及80%InCoNi +10%Al+10%(La、Ca)CrO_3等。除MgO-Ni、Cr和MgO-SiC（尤其是用于阴极）外，效果较好的为ZrO_2-Y_2O_3-SiC材料。

（二）MHD发电通道用绝缘材料

在燃油、燃气通道中采用MgO、Al_2O_3、BN和锆酸钡水泥（密度为4200kg/m³，耐压强度～500 kg/cm²）作绝缘材料。在有煤渣的情况下可用Sialon系材料作绝缘材料。

表 10-3-17 MHD发电机用耐火材料耐蚀性

耐高温材料	用途	耐蚀性	
		K_2CO_3	K_2SO_4
ZrO_2（CaO稳定化）	电极	中	稍大
ZrO_2（CeO稳定化）	电极	稍大	非常大
BeO	绝缘壁	中	中
$LaCrO_3$	电极	中	中
$SrZrO_3$, $CaZrO_3$	绝缘壁	中	中

（三）燃烧室用内衬材料

燃气和燃油条件下，用MgO烧结材料，也有用ZrO_2质（如 ZrO_2-CaO、ZrO_2-In_2O_3）、电熔MgO质等充满捣打料以及铝锆酸钡水泥。

燃煤条件下，苏联Y-02设备，用整体SiC质内衬，Y-25设备上用SiC充填的内衬。

（四）超导磁体

采用NbZr、NbTi、Nb-48%Ti和NbTiZr。

参考文献

[1] *Ullmanns Encyclopädie der technischen chemie*, Band 24, Verlag Chemie, 1983, Weinheim, S, 681—702.

[2] Encyelhpedia of Materials Science and Engineering, Pergamon, Oxford 1986.

[3] Mark, H. F. *et al.*, Kirk-cthmer Encyclopedia of Chemical Techndogy, Vol 21, 3rd Ed, A Wiley-interscience Publication, New york, 1983 pp.294—339.

[4] E. Sabisky *et al.*, Proc. Rec, 18th IEEE Photorcl., Special. Conf. 1985, Las Vegas.

[5] Michatl L. P. *et al.*, *Int. J. Hydrogen Energy*, 9(1984), №1—2, 138.

[6] Ishikwa H *et al.*, *J. Less-Common Metals*, **107**(1985), №1, 105—110.

[7] 吉材昌弘，化学と工业，**10**(1984)，№22, 103.

[8] Gahano, J. P., Lithium Batteries, Akademic Press, London, 1983.

第四章 结构材料

编写人 申 林

第一节 耐腐蚀材料

一、稀有金属在化学工业中的耐蚀应用

1. 钛在化学工业中的应用

稀有金属在化学工业中用作耐蚀结构材料，发展很快，其中钛的应用最广泛，也较成熟。

钛具有极高的活性，暴露在任何含氧介质中，立即会形成一层薄而坚固的氧化膜。钛的钝性取决于这一层氧化膜的存在，所以它在氧化性介质中的耐蚀性比在还原介质中要好得多。钛中加入贵金属、钼、镍等或使用阳极钝化技术，可使其耐蚀性能显著改善。

钛在化学工业中的应用见表10-4-1。

2. 锆在化学工业中的应用

锆具有优异的耐蚀性能，愈来愈多的化工企业对它产生了兴趣。锆在大多数无机酸、有机酸、强碱和某些熔盐中都有优良的耐腐蚀性能。在化学工业中，锆主要用做换热器、洗提塔、反应容器、泵、阀和管道等，其应用情况见表10-4-2。

3. 钨钼钽铌在化学工业中的应用

在氧化剂不存在的情况下，钨和钼在很宽的温度和浓度范围内对无机酸和有机酸的耐腐蚀性能极佳。钨比钼的耐蚀性能更好。钨和钼在耐氢氟酸和酸性氟化物的腐蚀方面比钽和铌好。

钼通常在300°C以下可代替钨用于化工过程。钼能耐几乎所有浓度和温度的盐酸腐蚀。由于硫酸的氧化性质，钼在沸腾的75%硫酸中，或在温度较低但浓度更高的硫酸中有耐蚀性。

一般情况下，钼在高温和高浓度还原性酸中使用。通常在工艺中使用的钼制件是由实心加工棒材车削而成。这些较小的零件被用作腐蚀率极低的阀座、阀调整、泵密封和垫等。有时钼还可用作耐蚀、耐磨零件。

钽和铌对还原酸分别有优异的和良好的耐蚀性能，并能耐氧化酸的腐蚀。铌的耐蚀性与锆相似。

除了强碱溶液、氟、酸性氟化物、发烟硫酸和游离的SO_3外，钽能耐300°C以下所有工艺介质的腐蚀。铌和钽的热传导率很高，因而铌和钽特别适于用作热交换器及盘管、插入式加热器、壳管热交换器、冷凝器和浓缩器等热交换装置。此外，铌和钽还用作吸收器、喷雾器、反应器、热阱、隔膜等。

钽制设备除供高温下硫酸的浓缩和回收之用外，还用于与氯、溴、碘及其化合物接触的作业中。在卤化合物或其它试剂的卤化合物中使用的钽设备约占钽设备的1/4，有的装置已连续使用了40年。钽设备使用实例见表10-4-3。

二、稀有金属在冶金过程中的耐蚀应用

（一）钛在冶金过程中的应用

在冶金过程，尤其是在湿法冶金过程中，使用许多腐蚀介质。钛对这些介质的耐蚀性远优于不锈钢和耐酸钢。在冶金过程中使用钛，不仅能够提高设备的使用寿命，提高劳动生产率，改善产品质量，延长设备检修周期，节省维修费用，而且可减少对环境的污染，使设备简化，操作简便，并提高机械化和自动化程度。

1. 钛在铜冶炼中的应用

钛在绝大多数铜电解液中和硫酸生产中具有较高的耐蚀性能。

在铜冶炼各生产工序使用的钛设备有电解槽、电解液供应槽，泵、洗涤塔、阴极种板、圆桶阴极、热交换器、过滤器、管道、阀门、阳极泥搅拌器、结晶器、真空蒸发装置、加热器、贮酸槽等。

2. 钛在镍钴冶炼中的应用

镍钴湿法冶金溶液的腐蚀性很强，有很高的酸含量（pH＝0.5～5）及活性离子（SO_4^{2-}达到120～175克/升，Cl^-达到30～45克/升）。

在镍钴冶炼中应用的钛设备有各种过滤设备、

表 10-4-1 钛作为耐腐蚀材料在化学工业中的应用

应用部门	应用形式	应用情况及用量	应用效果
氯碱工业	涂钌钛阳极、钛板材	世界氯气的生产有30%使用了涂钌钛阳极。资本主义国家的氯碱工业1978年使用900吨钛阳极，日本1976年更换石墨电极使用了1000 t 钛板，苏联氯气生产的设备和管道约有1/4使用了钛材	钛阳极耗电量少，寿命长，产品质量高，消除了铅和沥青的污染
	钛热交换器 泵、阀门、电解槽衬里、管道		大大简化氯气的冷却和干燥过程
纯碱生产	蒸馏冷凝器	生产纯碱时用钛管代替铸铁管	延长了设备使用寿命，使生产能力提高25%
	换热器、钛泵、钛阀门	国外纯碱工业中已大量使用钛换热器、钛泵、钛阀门	较铝、铸铁、不锈钢耐蚀，使用寿命显著提高
尿素生产	尿素合成塔衬里	日本神户制钢到1976年为止已制造衬钛尿素合成塔（年产尿素48万 t）60余台。我国亦制成年产24万 t 尿素的衬钛合成塔	腐蚀率比18-12型不锈钢低，不存在焊缝的晶间腐蚀与选择腐蚀，允许工作温度比不锈钢高10～15℃，提高了尿素转化率
化工和石油化工	容器和冷凝管	在硝酸生产中用于盛放170℃的70%浓硝酸，用钛冷凝管处理工作温度185℃的67%HNO_3	使用4年未发现明显腐蚀
	结构材料	除海上石油和天然气开采外，还使用钛质反应器、蒸馏装置、三废处理设备、阀门、泵、管道等，每年用钛材数千吨	

表 10-4-2 锆作为耐蚀材料在化学工业中的应用

应用部门	应用形式	应用情况及用量	应用效果
硫酸工业和应用硫酸的化工过程	内衬、管道、阀门、蒸发器	适于处理40～60%的浓H_2SO_4，制备H_2O_2时在浓度80%的热硫酸中成功地使用了锆	锆于室温下在75% H_2SO_4中的腐蚀率小于0.02mm/a 在印染过程中用锆管代替铅锑管作水解薄膜蒸发器，耐蚀性提高了数10倍
盐酸和其它无机酸	锆泵密封、换热器、搅拌浆	锆在所有浓度盐酸中的腐蚀率低于0.04mm/年，于热盐酸循环的偶氮染料偶合反应中应用了15年。锆在250℃的所有浓度的硝酸中腐蚀速率小于0.0254mm/a	在核燃料再处理的硝酸溶液中用锆作结构材
涉及强碱溶液和盐溶液的化工过程		锆耐碱性溶液和熔融强碱的浸蚀，耐NaOH腐蚀的性能优于镍，适于在强酸和强碱中交替使用	在$ZnCl_2$中，锆比钛有较佳的耐蚀性
尿素生产		锆抗有机酸腐蚀，20多年前已用于尿素生产装置	

表 10-4-3　使用钽设备实例

产　　品	作　　业	钽　设　备	备　　注
氯化铝	浓缩	插入式加热器、冷凝器	HCl回收冷凝器
王　水	矿石溶液、不锈钢酸浸	插入式加热器、热交换器、酸浸槽盘管	
二氯甲苯	甲苯氯化	HCl吸收器	副产品HCl回收
溴	除氯和有机物进行净化	盘管、冷凝器、成套净化装置	
有机溴化物	溴化	冷凝器、特殊无水HBr加热器	分馏和副产物冷凝器
铬、锆、钛	制备超纯金属碘化工艺	反应器	
氯苯 氯代苯，对二氯苯	氯化器作业，HCl吸收	冷凝器、吸收器	副产品HCl回收
铬酸	加热溶液	盘管，热交换器	
氯乙烷	乙醇氯化	特殊HCl反应器，无水HCl装置	
二溴化乙烯	乙烷气稳定器，乙烯溴化	冷凝器、溴装置	
氯化铁	溶解、浓缩	插入式加热器，壳管热交换器	
发烟硫酸	蒸馏	并联插入式加热器，冷凝器	
卤素（除氟）	氯溴碘发生器和回收装置	插入式加热器、盘管、冷凝器、调节件、热阱	
氯化氢	生产、提纯和回收氯化氢的工艺	插入式加热器、热交换器、盘管、冷凝器、HCl吸收器、酸冷却器、气体冷却器、氯灯、汽提塔、热阱	
碘	从酸性盐水中回收	盘管	
异丙基乙醇	硫酸浓缩	并联插入式加热器	
盐酸酸浸	热酸浸槽	盘管	
硝酸	蒸馏、回收	插入式加热器 单级和多级冷凝器	
磷酸	浓缩	插入式加热器	钽仅能用于氟含量10ppm以下
酸浸溶液	加热酸浸槽	盘管	钽可用于HCl、HNO_3及其混合酸
人造丝	粘胶丝工艺	插入式加热器、喷丝头、热阱	
硫酸	浓缩和回收		

高压釜、热交换器、蒸发器、反应器、槽、萃取器、泵、各种阀门、风机、种板、氯喷射泵等。

3．钛在铅锌锑冶炼中的应用

铅、锌冶炼厂可使用钛制的风机、通风管道、节流阀及湿式收尘器等。

4．钛在汞冶炼中的应用

汞的生产流程是冷凝系统中从焙烧汞蒸气回收汞。冷凝系统工作介质为硫酸蒸气和稀硫酸，温度30～200°C。通过比较可知，钛冷凝器的使用寿命是钢冷凝器的25～30倍。

5．钛在钛镁冶炼中的应用

在高钛渣氯化和钛镁生产烟气净化中使用钛最有效果，使用的钛设备有风机、阀门、管道、捕集器、烟筒、泵、三通、循环槽、洗涤塔等。

6．钛在半导体材料制备中的应用

生产高纯金属和半导体材料，通常在含有王水、盐酸、硫酸和氢氟酸的蒸气介质中进行。生产镓及化合物的通风设备最好用钛制设备。硅和锗生产中可使用钛制的螺旋水滴捕集器、水封槽、洗涤塔和容器等。

（二）钼在冶金中的应用

1．炼锌厂设备

Mo-30W合金对熔融锌（尤其是高纯锌）有极好的腐蚀性能，可制备输送锌用泵的零件，如轴、叶片、泵体、提升器和排出管，并可制造各类控制锌流量的精密阀门。

2．铸造工具

钼合金的热强度、高温机械性能和耐蚀性能都很好，在温度剧烈变化条件下不易产生破裂，适用于制作铜、铝、锌等合金的铸模和要求严格的型芯及压

表 10-4-4 钛和钛合金在造纸介质中的耐蚀性能

车间	设备	介质	合金牌号	腐蚀速率 mm/a	耐蚀等级 ГОСТ13819—68
炉气工段	炉气管道	O_2 9～10%，SO_3 0.4～0.8%，40～45°C	BT1—0	0.0020	1
制酸车间	酸槽浓缩塔	水溶液：SO_3 3～4%，$(NH_4)_2O$ 0.9～1.1%，40°C	BT1—0 OT4	0.0002 0.0015	1 2
漂白液车间	二氧化氯反应器	H_2SO_4 900～450 g/L，$NaCl_3$ 670～1.5g/L，$NaHSO_4$ 0～250 g/L，SO_2 8～10%，35°C	BT1—0 OT4—1	0.0036 0.0021	2 2
	2#反应器	溶液：$NaClO_3$ 400～3.5 g/LHCl350 g/L，NaCl70～80g/L，48～55°C	BT1—0	0.0021	2
	捕集器	水溶液：ClO_2 10～15g/L，SO_2，Cl_2，20°C	BT1—0 OT4	0.0008 0.0000	1 1
精馏车间	溚油过滤器	溚油半成品：树脂酸35～45%，油脂酸46～57%，中性物 8～9%，水 2 %，80～100°C	BT1—0 OT4	0.0005 0.0008	1 1
蒸煮车间	蒸煮锅	SO_2≯7%，SO_3≯4.5%，CaO0.6%，NaO0.4%，NaO 4%，≯150°C	BT1—0	0.0019 0.0033	2
	蒸煮酸槽	SO_2总含量 3.5%、游离量2.0%，CaO0.8%，Na_2O 0.6%，20～30°C	BT1—0	0.0001	1
漂白车间	1#真空吸滤槽	水溶液：CN_2 170 g/L，5°C，pH值2.7	BT1—0 OT4	0.0000 0.0000	1 1

横嵌入件。

三、稀有金属在造纸和纺织业中的应用

（一）钛在造纸和纺织中的应用

1. 钛在造纸业中的应用

钛和钛合金在造纸工艺介质中有良好的耐蚀性能，是造纸业的理想结构材料（表10-4-4）。

2. 钛在纺织业中的应用

聚酯纤维（涤纶）俗称“的确良”，其原料之一为对苯二甲酸。这种原料是在180～250°C、30～100大气压和溴化物接触剂的条件下合成的，合成反应器由钛衬里的钛钢复合材料制成，其直径5.3m，高28m。使用这种设备自1977年到1984年无明显腐蚀。

亚氯酸漂白适于一切纤维。制造一台亚漂机需要2.5t钛材。亚漂机的反应箱、轧辊、浸渍槽和交卷辊等都要钛制作。

（二）锆在纺织业中的应用

锆在人造丝厂得到应用。锆可用作油箱盘管，壳管热交换器，热虹吸管、蒸发器、卡口加热器和人造丝丝囊等。例如，在蒸气压力为239000Pa，温度为373K，管中流体含5%硫酸、3%硫酸锌、6%硫酸钠的条件下，用锆盘管代替铅盘等，使用寿命在10年以上。

第二节 航空航天材料

一、航空用稀有金属

1. 钛在飞机上的应用

钛在飞机上主要用作发动机的叶片、圆盘、各种导管、转动和固定零件等和机身上的龙骨、蒙皮、机翼、支架和其它零件。

在当前可供作航空发动机零件的材料中钛是最佳的材料之一。在500°C以下的工作温度范围，钛合金的比强度最好；钛合金室温下的比屈服强度在现用的材料中最高，其值最高可达23.4，等于其它类型材料的2～2.5倍；在500°C温度下，钛合金的比持久断裂强度也比常用的耐热高温合金优越。钛合金的这些优异强度特性，使钛在新设计的高推重比航空燃气涡轮发动机中比重越来越大。

钛合金已广泛用于现代航空发动机的风扇和压气机部分。低温使用最广的是Ti-6Al-4V，此外还有IMI550、Ti-5Al-2Sn-2Zr-4Cr-4Mo和Ti-6Al-2Sn-4Zr-6Mo。

近α-Ti合金则在高温下使用，如IMI685合金可用于RB211、RB199和SNECMA53等发动机的高压气机盘和叶片。IMI829是专门为航空发动机研制的最新合金，已用于RB211-535发动机，供波音757用。

钛在飞机机体中主要用作防火壁、发动机短舱、蒙皮、骨架、纵梁、舱盖、速动制动闸、紧固件、支柱、起落架梁、前机轮、隔柜盖板、襟翼滑轨、复板和液压导管等。一般使用可焊的纯钛IMI230和Ti-6Al-4V制成民用飞机的中舱壁、除冰装置和空调导管以及军用飞机的流线型罩子、骨架和壳体。工业纯钛管用于空调和其它低压部位，而IMI325（Ti-3Al-2.5V）管用于高液压系统。形状复杂的高应力结构件如机翼箱选用Ti-6Al-4V合金制作，有一些零件用强度更高的$\alpha+\beta$合金Ti-662（Ti-6Al-6V-2Sn-0.5Cu-0.5Fe）制造。用钛合金锻件代替钢锻件能大大减轻飞机机体的重量。为了提高钛在飞机制造中的利用率，近几年来发展了许多新工艺，如粉末冶金、等温锻件、热等静压成型、超塑成形及扩散焊接等。这些新工艺可节约钛材30～40%。

2. 铍在飞机上的应用

铍的比重是钢的25%，比热是钢的4倍，热导率是钢的5倍。因此，用铍代替钢作飞机的制动器能大大减轻飞机的重量。用铍制备飞机的制动器已用于美国的C-5A运输机，S-3A反潜机和F-14战斗机中。C-5A的铍制动器是由直径508mm、高1016mm的热压铍锭经机械加工制成的。一架C-5A飞机需要24个圆盘铍制动器，重约338kg。使用铍后，每架飞机可减重682kg。

铍在飞机中还用作防护板、机翼箱、方向舵、扭矩管、天线罩、喷气发动机零件、压力舱、散热器、航空螺栓、紧固件、太阳能面板和光学镜等。F-4战斗机上的铍舵重17kg，比铝舵（28.6kg）轻40.6%。一架超音速运输机的方向舵如改用铍舵（219kg），每架飞机可减重139kg。此外，还用铍板制作飞机天线罩支架，用铍-铝合金制作机身腹部的安定面。

3. 锂在飞机上的应用

锂在飞机上的应用是通过制备成铝-锂合金材实现的。铝-锂合金重量轻、强度高、耐腐蚀，是飞机未来的主要结构材料。铝-锂合金通常是在铝

中加入2～3%锂。用它制造飞机，可使机体重量减轻10～20%，而且坚固耐用。注册的2090铝-锂合金比广泛应用的7075合金轻7～9%。

二、火箭、导弹和宇宙飞行器用稀有金属

1. 钛在火箭、导弹和宇宙飞行器上的应用

钛和钛合金在火箭、导弹和宇宙飞行器中用作人造卫星外壳、载人宇宙飞船船舱的蒙皮和骨架、主起落架、登月舱及推进系统、压力容器、燃料贮箱、火箭发动机壳体、喷管等。

“水星”号飞船重2t，其主要结构材料为钛材，钛约占整个船舱结构重量的80%。飞船压力舱的内蒙皮使用工业纯钛薄板，厚度为0.25mm，缝焊而成。船舱的骨架使用了Ti-5Al-2.5Sn钛合金，环绕船舱的一部分骨架环使用了Ti-6Al-4V钛合金，并将纯钛内蒙皮板焊在骨架上。

“双子星座”宇宙飞船使用了三种钛合金：Ti-8Mn、Ti-5Al-2.5Sn、Ti-6Al-4V。此外，还使用Ti-7Al-4Mo作飞船的主起落架，Ti-13V-11Cr-3Al作乘员空调用的氧气瓶。

“阿波罗”飞船和火箭结构共使用了68t钛加工材。飞船的全部托架、夹具和紧固件都是用钛制成的。飞船的指挥舱、机舱和登月舱用钛共重为1190kg。

航天飞机的内部结构和蒙皮也采用了较多的钛合金。

导弹和宇宙飞行器的压力容器（贮存压缩气体和液体推进剂）材料要求在常温及低温下具有足够的强度、韧性及抗震等性能。在这方面使用最多的是Ti-6Al-4V，其次是Ti-5Al-2.5Sn。这两种钛合金在很大温度范围具有较大的比强度，良好的抗蚀性、塑性、低温韧性和焊接性能。一般采用热处理状的Ti-6Al-4V为最多。提高超纯级钛合金的纯度，有助于增加其室温强度和改善其低温机械性能。目前，这两种超纯级钛合金是制造火箭与导弹液态氢压力容器的最佳材料，超过了奥氏体不锈钢、铝合金和镍合金。

钛在火箭导弹和宇宙飞行器上还被用作固体燃料火箭发动机壳体、液体燃料火箭发动机燃烧室壳体、发动机喷管和喷管延伸段等部件。

2. 铍在火箭、导弹和宇宙飞行器上的应用

金属铍比铝轻，坚似钢，比弹性模量大，热膨胀适应性好，热容量大，因此在航天工业中不仅是良好的热屏蔽材料，同时也是许多构件的理想材料。例如美国的“水星”号和“双子星座”号载人宇宙飞船的热屏蔽就使用了铍材。“民兵”洲际导弹的转接壳体用铍代替铝后，重量减轻了15kg。“阿吉纳”宇宙飞船末级火箭上的前端框架用铍代镁后，重量减轻9kg。

卫星上用的一些主要部件，如圆锥体、旋转臂、反转平台、电源转换装置、超高频螺旋天线和天线支座等，都是用铍制作的。另外，在卫星上还采用了一些其它的铍装置，如散热器、反射镜、平衡环、准直仪和光具座等。

铍在轨道飞行器上的应用包括：飞行体结构的外壳和框架；空气动力表面的安定面、舵、副翼，热防护系统。

铍的比刚度是铝、镁、钛合金的6倍以上，因此是惯性导航系统最为理想的材料。国外普遍用铍

表 10-4-5　难熔金属在动力装置上的应用

动力装置	零部件	工作温度，℃
燃气涡轮（包括高马赫数的）	叶片、燃烧室和部件、排气管和部件、喷射燃烧器	1100～1370
超声速冲击发动机	核部件、燃烧器和火焰稳定器、扩散器、尾部整流器	1100～1400
火箭发动机		
液体火箭发动机	推进剂和涡轮泵、非再生冷却的燃烧室和喷管	1000～3600
固体火箭发动机	喷管、推力矢量控制装置、增压管	2200～3600
空间飞行器、电推进器	电离表面	1100～1370

表 10-4-6　钨、钼、钽、铌及其合金的应用实例

材　　料	涂　　层	型　　号	零　部　件
钨		民兵	一、二、三级发动机喉衬
		气象火箭	头锥
渗银钨		北极星A3	喷管喉衬
		国际通讯卫星Ⅱ、Ⅲ、Ⅳ	远地点发动机喉衬
钼	硅化物 氧化锆	阿金纳8096发动机	喷管外部加强件
		阿波罗服务舱和登月舱	R-4D发动机燃烧室
		土星S-ⅣB	辅助推进发动机喉衬
TZM钼合金	硅化物	X-20	前缘、地面、控制翼
		阿塞特	头锥裙部、前热防护板
		雷达目标再入飞行器	头锥尖部
钽			电解电容器
		斯纳普-8	汞气锅管
Ta-10W钽合金	Sn-Al	阿吉纳二次推进系统	燃烧室
C-103铌合金	硅化物	大力神ⅢC过渡级	
	NAA85	阿波罗服务舱发动机	
	铝化物	阿波罗月舱下降发动机	喷管延伸段
C-103铌合金	R512E	阿吉纳副推进系统	燃烧室、喷管
SCb-291铌合金	R512E	民兵ⅢMK12姿控发动机	推力室
Cb-1Zr铌合金	R512E	民兵Ⅲ12姿控发动机	喷注器
		海神末级助推控制系统	燃气发生器导管组件
Cb-1Zr铌合金	Ti-Cr-Si	阿塞特	后前缘
Cb-5Zr铌合金	LB-2		前上体、后热防护板
Cb-752铌合金	LB-2	助推滑翔再入飞行器	
Cb-752铌合金	Ti-Cr-Si	航天飞机和再入飞行器	螺接件
C-129Y铌合金			
T-222钽合金	Si/WSi_2		
T-222钽合金		空间核能源系统	液态金属容器
FS-85铌合金			

制作陀螺、稳定平台、常平架等。

铍有良好的吸热能力，且线膨胀系数与硅相差不大，因此铍与硅结合面间的应力比较小。波音公司在设计的139.5m²的折叠式太阳能电池系统中，采用铍作翼梁后，大大减轻了系统的重量和挠曲。

3. 钨、钼、钽、铌在火箭导弹和宇宙飞行器上的应用

导弹用涡轮喷气发动机的特点是工作时间短，一次使用，但要求性能高、重量轻、体积小。提高发动机进口温度，可以降低比燃料消耗，提高推力与重量比，因而是提高涡轮发动机性能的主要途径。采用难熔金属及合金制造涡轮发动机部件，则

可将燃气涡轮的进口温度提高到1200～1370°C或更高。曾使用带涂层的钼和铌制造涡轮零件、部件，其中包括定子、涡轮叶片、静叶片固定环、燃烧室、推力换向零件、尾喷管零件、部件等。

钨、钼、钽、铌在固体火箭发动机上主要用作喷管、套管、金属套、出口锥套等。在液体火箭发动机中，难熔金属只用于一些靠辐射冷却的小型制导发动机喷管。难熔金属在动力装置上应用的零件和温度范围如表10-4-5所示。

钨、钼、钽、铌作为高温结构材料使用时，主要用作高速飞行器承受气动热的部件，如鼻锥、前缘、蒙皮、蜂窝夹层结构和发动机隔热屏等。在这些制件中，重返大气层运载器气动加热严重，但持续时间短，可通过在难熔金属上加涂层保护的方法解决。钨、钼、钽、铌及其合金在火箭导弹和宇宙飞行器上应用实例详见表10-4-6。

第三节 海洋材料

海水淡化设备中盐水加热器和蒸发器的钛制管道、管板、热导管和多级闪蒸装置中放热、加热部分的钛制管道，在高速和静态海水（在0～15.24m/s的流速）中能耐任何形式的腐蚀。在36.58m/s的通畅流动条件下，钛制设备的平均腐蚀速率仅约1mg/(dm²·d)。

钛和钛合金可用于舰船中如下几个主要方面：要求高比强度的结构件，如深潜器壳体，水翼艇水翼，水翼艇、滑行艇、气垫艇的艇体等；承受空腐蚀和腐蚀疲劳的构件，如高速艇的螺旋桨、轴、桅杆等；易受腐蚀而不易保护的构件，如球阀、海水淡化装置、热交换器等；要求具有特殊性能的构件，如要求声学性能、无磁性、耐发动机高温废气腐蚀物件等。

钛在舰船上还用作鞭状天线、海水管系、阀门、燃气透平叶片、鱼雷部件、重型索具、锚、桅杆、浮标、消音器和船用武器等。

第四节 兵器材料

钛和钛合金是常规兵器的一种新型材料。在无后座力炮上曾用Ti-6Al-6V-2Sn-0.5Fe-0.5Cu制作炮管、药室、喷管及发射活塞，后改用Ti-6Al-4V-2Sn钛合金制作炮管，用Ti-6Al-4V、Ti-7Al-4Mo和Ti-5Al-1.5Fe-1.4Cr-1.2Mo钛合金分别制作药室、喷管和发射活塞，使炮重减轻了1/3。用钛合金制作野炮的大架，比钢轻42%。T227型81mm迫击炮和155mm迫击炮的座板使用钛及Ti-6Al-4V，减轻了重量，增加了射程，提高了机动性。

钨基高比重合金用于作反坦克穿甲弹的弹芯材料。这种合金以钨为基（90～98%），并加入镍、铁、铜和其它组元，一般采用粉末冶金工艺制得。该合金的特点是比重高、强度大、导热性好、膨胀系数低并兼有良好的机械加工性能。高比重钨合金可分为两大类，即W-Ni-Cu系和W-Ni-Fe系。

钛合金是一种良好的装甲材料。用Ti-6Al-4V-2Sn-0.5Fe-0.5Cu和Ti-6Al-4V可锻制坦克履带或坦克负重轮。

此外，钛合金还用作坦克的其它零件如主动轴、悬挂臂、拖杆、拉力轴、前轮辐等。

用Ti-4Al-3Mn合金爆炸成形制出M-1型标准钢盔，重量只有0.794～1.02kg。在避弹效果相同的情况下，钛盔比标准钢盔轻0.45kg。

第五节 医用材料

植入人体内的金属须满足以下要求：

（1）在人体内为惰性物质，耐腐蚀性强，不被人的体液所变；

（2）对人体组织无刺激，无毒害，无炎性反应，无过敏反应，无异物巨细胞反应；

（3）具有较好的强度、韧性、耐疲劳、耐磨等机械性能，能承受人体产生的各种机械作用力；

（4）对生物组织亲合性好，固着紧密；

（5）便于进行消毒灭菌处理；

（6）加工制作容易，价格便宜，利于推广。

一些稀有金属材料可以满足上述这些医用要求。

1．牙科用稀有金属材料

铸造牙科材料有Au/Ag-Pb合金、Ag合金、14KAu合金及Co-Cr合金等。矫正牙齿用线材使用Ni-Cr合金、Co-Cr合金和Ni-Ti合金等。采用有记忆功能和超弹性的Ni-Ti合金丝作牙齿矫形器，可使疗程缩短50～75%，复诊间隙时间延长1～1.5倍。

2．整形外科用稀有金属材料

钛、锆、铪、钒、铌、钽等金属因表面可自然形成致密牢固的氧化物层，具有化学惰性和抗腐蚀作用，因而具有优异的生物相容性。

人造钛骨头已在国内外广泛应用，所用钛材有纯钛、Ti-6Al-4V、Ti-4Al和Ti-2Al-1.5Mn钛合金等。已经在人体内获得应用的人造钛骨头有髋关节、膝关节、肘关节、肩关节、掌指关节、下颌骨、椎骨、股骨等。Ni-Ti合金是有代表性的形状记忆合金，耐蚀性与纯钛大致相同，耐磨性比纯钛高10%，具有延性，是人造关节有希望的材料。

钽具有极佳的成形性和耐蚀性。钽主要用作外科手术线，U形环及可弯性板材。在腭骨植入中，生物相容性有特殊的作用，因为口窝内的植入件向外突出，容易感染。有人在60个病人身上植入100多个钽腭骨，结果只有两个植入件必须在两年以后重新取出。铌已被用作骨髓内的钉子。

3. 心血管方面应用的稀有金属

用钛材可制造心瓣。选用钛是因为钛在人体内有极高的抗蚀性，同时还能适用任何杀菌方法。用Ti-6Al-4V钛合金制成心脏架和用钛制成血管吻合轮在医疗中得到应用，取得很好效果。

参 考 文 献

[1] Kleefisch E. W., Industrial Applications of Titanium & Zircorium, Third Conference, CTP 830, 1984.

[2] Mortimer Schnssler, *Int. J. Refract & Hard metals* 2(1983), №2, 67.

[3] Яременко Л. С. идр., Цветн мемаллы, (1976), №5, 50.

[4] Packwood R. E., Titanium for Engrgy and Industrial Applications, 1982, pp. 285—291.

[5] 稀有金属应用编写组，稀有金属应用，上册，第二版，冶金工业出版社，1984.

[6] 宁夏有色金属研究所，铍的应用，冶金工业出版社，1975，第19—20页.

[7] Marder J. M., *J. Met.* 36(1984), №6, 45.

第五章 新兴材料

编写人 周立 申林 钱用之 张平
千东范 邢肇杰 古伟良

第一节 复合材料

复合材料是两种或多种材料组成的多相材料，一般由一种或多种起增强作用的材料（增强材料）和一种起粘结作用的材料（基体）结合而成。这种材料具有良好的使用性能。通常使用的基体材料有塑料、树脂、橡胶、金属和陶瓷；而增强材料通常为玻璃纤维、碳纤维、硼纤维或金属丝等，有时也采用颗粒或粉末增强材料。

在现代复合材料发展中，纤维复合材料的发展最为迅速和活跃。纤维复合材料的发展和应用在一定程度上代表着复合材料的发展方向。按构成基体的材料，复合材料可分为非金属基复合材料和金属基复合材料两大类。复合材料按性能又可分为功能复合材料和结构复合材料两类。前者处于开始研制阶段，已经大量研究和应用的主要是结构复合材料。

40年代至今，已发展了三代复合材料。其中，第一代是玻璃钢（玻璃纤维增强塑料），第二代是碳纤维增强塑料，第三代是纤维增强金属。第一代和第二代复合材料都是以树脂为基体，其主要缺点是不耐高温。金属基复合材料具有横向机械性能及层间剪切强度高，工作温度高，坚硬耐腐，稳定耐久等优点，并具有导电导热等金属特性。比较成熟并获得应用的金属基复合材料有硼纤维增强铝及其合金，正在研究的有硼纤维或碳纤维增强钛及其合金、钨丝或钼丝增强高温合金、石墨纤维增强铝及其合金、氧化铝增强镍基合金等。目前，金属基复合材料产品处于发展阶段，已有产品用于航空航天或其它尖端技术领域。

复合材料在一定程度上克服了原有材料的缺点，如金属不耐腐蚀，有机高分子材料不耐高温，陶瓷材料很脆等。因此，复合材料的综合性能一般都超过单一材料。制备复合材料的关键是选择增强材料，其弹性模量和抗拉强度都需超过基体。另一方面，基体在抗腐蚀性、韧性等方面又弥补了增强材料的缺点。复合材料具有人工设计的性能。

复合材料与金属材料相比较，具有重量轻、热膨胀系数小、高强度、高刚性和耐疲劳等一系列优异特性。表10-5-1列出了常用工业合金与复合材料的性能比较。复合材料具有优异的机械性能。其比弹性模量为7000～10000km，约是工业合金的2～3倍。铝基、镁基和钛基复合材料的强度和持久强度是相应金属合金的2～3倍。

复合材料具有良好的抗疲劳性能。复合材料在破坏前有明显的预兆。此外，复合材料还具有良好减震性能和成型性能，适于整体成型，因而制造工艺简便，省时省工。

常用的增强材料有碳纤维、石墨纤维、硼纤维、玻璃纤维、碳化硅纤维和金属纤维等。它们的特点见表10-5-2。

复合材料，尤其是先进的复合材料，都是随航空、航天和现代科学技术的发展而发展起来的高技术材料。

在飞机上使用复合材料，一般比使用金属件减轻重量15～20%。70年代后期，美国在民用飞机上大量采用复合材料，比使用金属材料节约20～38%的重量。

导弹与火箭的减重效益非常高。法国在战略和战术导弹中普遍用复合材料制作固体发动机壳体。固体火箭结构的80%为复合材料。

复合材料比强度大、热膨胀系数小、尺寸稳定，特别适合用作卫星和航天飞机的结构材料。例如“哥伦比亚”号航天飞机的机头和主翼前沿采用了耐烧蚀的碳/碳复合材料，经受住了重返大气层时最高达1650°C的温度。

表 10-5-1　工业合金和复合材料的性能比较

材　料	密　度 kg/m³	抗拉强度 MPa	屈服强度 MPa	弹性模量 MPa	比　强　度 km	比弹性模量 km
工业合金						
钢	7800	1300	450	2×10^5	16.6	2560
钛合金	4500	1100	530	1.15×10^5	24.4	2560
铝合金	2800	550	150	7×10^4	19.6	2500
复合材料						
硼—铝	2600	1300	600	2.2×10^5	50.0	8460
硼—镁	2200	1300	500	2.2×10^5	59.0	10000
铝—碳	2200	900	300	2.2×10^5	45.0	10000
铝—钢	4500	1700	350	1.1×10^5	37.0	2440
碳塑料	1400	1000	400	1.8×10^5	71.0	12850
硼塑料	200	1200	400	2.7×10^5	60.0	13500
无机纤维塑料	1350	600～2500	240	$(3\sim9)\times10^4$	44～185	2220～6660

表 10-5-2　常用增强纤维的特性

纤　维		直　径 μm	密　度 kg/m³	抗拉强度 MPa	抗拉强度 kgf/mm²	弹性模量 GPa	弹性模量 kgf/mm²×10³
硼系（气相沉积法）	B/W（W丝沉积B）	100,140	2460	3432	350	392	40
	B/C（C纤维沉积B）	100,140	2230	3236	330	363	37
	BorSiC(B/W覆盖SiC)	100,145	2580	2942	300	392	40
	B/W覆盖B_4C	145	2270	3923	400	363	37
碳化硅系	SiC/W（气相沉积法）	100,140	3160	3089	315	422	43
	SiC/C（气相沉积法）	100	2070	3236	330	392	40
	SiC（沥青系烧结法）	10～15	2550	2452	250	177	18
氧化铝系	住化铝（住友化学）	9	3200	2452	250	245	25
氧化硅系	Astroquartz（美）	10	2200	4119	420	686	70
玻　璃	E玻璃	10	2540	2452	250	75.5	7.7
	S玻璃	10	2480	3432	350	87	8.9
金　属	铍	75	1840	1300	133	221	22.5
	钼	25	10200	2200	224	358	36.5
	钢	75	7200	4100	418	200	20.4
	钨	25	19400	4000	408	407	41.5

汽车工业是复合材料的另一个潜在的大用户。减轻汽车的重量，可显著提高单位油耗的行程。

此外，复合材料在体育和娱乐用器械、医疗器械方面也有潜在的应用市场。

国外在继续提高玻璃钢性能的同时，大力研究先进复合材料，即碳纤维或硼纤维增强树脂。近期的主要目标是扩大品种，提高性能，降低成本和扩大应用。未来15年金属基复合材料的发展是降低成本，提高在飞行器上的结构效率和耐热性能（450°C）。

近来美国研制的一种隐形飞机，是由电磁波吸收涂料与复合材料形成一个整体，内含有高损耗粘结树脂掺杂半波长导电纤维，这样组合的结构型吸波材料的成本与重量都有所降低。

预料在未来，陶瓷复合材料、功能复合材料等也将有较大发展。

第二节　超导材料

超导电性系指在某一特定的温度下电阻全部消失的现象。一般说来，它是金属态的一种性质。现有元素的1/4和一千种以上的合金与化合物是超导体。每种超导体都在各自的特定温度以下才呈现超导电性，这个温度被称作临界温度T_c。当温度高于T_c，超导体的性能与正常金属完全相同。随着温度的降低，超导体的电阻也随之减小，达到T_c时，其电阻突然为零，并且在低于T_c时电阻都保持为零。超导体中过去T_c最高的是Nb_3Ge，为23.6K。最近研制出（$YBa_2Cu_3O_{7-x}$）及〔$(Ba, Sr)_xLa_{2-x}CuO_{4-y}$〕的$T_c$可达到40～100K以上。翁纳斯（Onnes）在1911年发现超导电性以后，很快就发现超导体在通入大于I_c的电流，或施加大于H_c的外磁场时，超导电性即被破坏。I_c被称为临界电流；H_c被称为临界磁场。临界磁场与临界温度一样，是材料的一特征值，并且是临界温度的函数。

$$H_c(T)/H_c(O)=1-(T/T_c)^2$$

临界电流I_c为温度、外加磁场与样品尺寸的函数。零电阻率的后果是使超导体内的电场E处处为零。超导体处于超导态时，其磁场全部从超导体内被排出，即磁感应强度也为零，这就是所谓的迈斯纳（Meissner）效应。在超导体表面磁感应强度不是陡降为零，而是在表面的特定距离（即穿透深度λ）呈指数减小。

超导体有两类。超导体界面能为正，且金兹堡-朗道参量$k<1/\sqrt{2}$的叫第一类超导体，只有一个临界场H_c。超导界面能为负，且金兹堡-朗道参量$k>1/\sqrt{2}$的叫做第二类超导体，有两个临界场，即H_{c1}和H_{c2}。除T_c、H_c等参数外，I_c是一个重要参数。临界电流密度J_c是由钉扎力的大小所决定的。通过测量钉扎力的量值可得知临界电流密度J_c：

$$J_c\times B=F_p\text{（每单位体积）}$$

钉扎是由晶体点阵缺陷，如出现在深度冷加工材料中的位错、杂质或第二相的脱溶物等引起的。钉扎力是一种阻止磁通运动的反抗罗伦兹的力。磁通钉扎越强，磁滞回线的面积越大，并且可能直接与材料的临界电流有关。通过实验可以得出下列结论。

（1）强磁通钉扎需要有与材料整体超导性质有差异的区域，差异越大，钉扎作用越强。这种区域可能比整体材料有更强的超导性质（如有较高的T_c和H_c）。

（2）借助脱溶、粉末冶金、位错胞结构或中子照射可有效地产生这种区域。

（3）在这些区域占有一定的体积分数的情况下，结构分割越细，钉扎作用就越强，在大多数情况下，钉扎作用正比于单位体积的界面面积；

（4）实用超导铌合金中的钉扎来源于位错胞结构。延性铌基合金经深度冷加工（约99.995%的面积缩减率）能产生直径小至约0.1μm的位错胞结构。J_c与位错胞结构的直径成反比。在约400°C连续退火，可以使位错重新排列，扩大胞和胞壁间超导性质的差别，以增大钉扎强度。这种处理的另一优点是减少了冷加工对铜基体的影响，因而减小了铜的电阻率。

（5）A15化合物的钉扎是通过细晶粒与脱溶物产生的。现已能通过基材，或借助氧、氮等元素的引入造成脱溶物，从而得到高的临界电流密度。A15化合物的晶粒间界作为钉扎中心，比在合金中更为有效。

一、实用超导材料

1．铌钛合金

在工作磁场低于8T，温度低于5K的情况下，一般都选用铌基塑性合金超导体。这种导体容易制造，又具有优越的机械性能。最早出现的商用超导材料是单芯Nb-25（重量）Zr和Nb-33（重量）Zr，但这些合金棒材在拉伸过程中表面容易严重擦伤，且加工困难，工作磁场也被限制在5～6T的范围，后为铌钛合金取代。

1964年，美国西屋公司首先研制了铌钛合金超导体。它的T_c比铌锆合金低19.5K，但具有优良的可加工性，上临界磁场在4.2K为11.7T，高于铌锆合金。目前，铌钛固溶合金和一些铌钛三元合金几乎已完全取代铌锆合金，占世界超导材料总产量的90%。但是，铌锆合金在低磁场下有较好的载流能力，因此还有可能用于超导输电电缆的故障电流分流和开关方面。

随着多芯超导体的出现，提高可塑性和加工性能对超导体的设计和制造是极为重要的。英国帝国金属工业公司是第一个实现在铜中嵌镶铌钛芯丝，并以商品化生产多芯组合导体的厂家。这种组合导体以及后来发展的铝稳定的及带有冶金屏蔽（铜镍或类似的电阻组元）的组合导体，对于塑性差的铌锆合金来说是不可能实现的。现在工业生产的铌钛合金主要是Nb-46（重量）Ti。铌钛合金的最大临界电流密度J_c(4.2K，3T）为$5\times10^5A/cm^2$。但工业生产最佳的临电流密度则只能达到此上限值的70%左右。当磁场高于8T时，必须在低于4.2K时才能获得$10^5A/cm^2$以上的临界电流密度。添加第三组元，如Zr以及其它间隙元素，可以得到很细的晶粒结构，从而提高其临界电流密度。概括说来，铌钛合金的冶金过程导致最小胞状位错结构的试样产生较高的临界电流密度，而脱溶性热处理将进一步提高低场（<5T）的J_c。在铌钛合金中添加Zr，一般说来会导致更细的结构，因而有较高的J_c值。组分接近于Nb-10%Ta（重量）40%Ti（重量）的合金可产生高的上临界磁场（>12T）。添加间隙元素如碳、氮、氧，通常可以减少达到给定J_c所要求的脱溶热处理时间，但使该合金迅速硬化，对进一步加工不利。

在生产铌钛合金前要选择合理的铜/超比。普通金属（如铜、铝）与超导体合金结合在一起，可以提高稳定性。分立的超导体合金及周围的填充材料中的热容或储能应足够大。此外，对于组合编织带、电缆或绞缆中多芯线的耦合以及其它一些有关参数，应作合理的选择。

2．A15型超导体

A15型超导体具有高的上临界磁场（数10T）和高的T_c、H_{c2}和J_c，对高强度磁场十分重要。但A15化合物性脆，加工困难，而且有时在理想配比组分下为亚稳态。因此，A15化合物作为导体用于产生磁场和电能输送还存在一些技术问题。目前已经获得实际应用的A15型超导体为Nb_3Sn和V_3Ga带材和线材。一般说来，Nb_3Sn比V_3Ga应用更广，这主要是由于其前者具有较高的T_c（分别为18.2K与15.0K），以及锡比镓价格低的缘故。但V_3Ga在高场下J_c较高，故仍然在应用。

Nb_3Sn与V_3Ga超导体带材和线材现在有几种加工工艺方法。

（1）液相溶质扩散法。这种方法是A15化合物导体最早使用的一种方法，已经用于工业规模生产适用于高场磁体的Nb_3Sn带。该法是将一薄铌带（约25μm厚）在熔融锡浴中镀以锡层，而后在真空或惰性气氛中于930～1100°C下热处理，在铌带的两侧生成Nb_3Sn膜。锡在铌带上的保留数量是控制交流损耗的重要参数。为了提高J_c，在铌带中添加ZrO_2，并在锡浴中添加铜或铅。ZrO_2脱溶可以减小Nb_3Sn膜的晶粒尺寸，而添加铜或铅则可以提高Nb_3Sn膜的生长速率。用此法可生产适于磁体制造的长的带材。为了保护带材和提高其机械强度，可用不锈钢将整个带材包起来。此种工艺所生成的Nb_3Sn层厚度约为2μm。典型的商品带材可以围绕1cm的半径弯曲，而超导性能不被破坏。V_3Ga带也曾采用钒带镀镓制作。

（2）化学气相沉积法。用此种方法可以生产Nb_3Sn带材。在金属锡及金属铌的上面通过氯气，在800～900°C时产生气态的氯化铌及氯化锡，再用氢还原金属氯化物，而沉积Nb_3Sn在加热的基带上。基带一般是铌、不锈钢或镍基合金。在反应器中通以不同的气体杂质，如O_2、CO_2或CH_4，可以提高J_c。为了提高稳定性，需要在Nb_3Sn沉积带上蒸发或电镀高纯铜层。

（3）固态扩散法（青铜法）。该法可用于制造Nb_3Sn和V_3Ga多态导体，近些年来得到广泛的发展。这种工艺是在锡或青铜锭上钻孔，并插入铌棒或钒棒以制成初始组合体，再经拉伸或挤压加工成棒状。此种棒可以直接拉伸成线，或者将几根棒聚束于青铜管中拉伸。为了有利于装管，常将单根棒经六角拉模使之呈六角形。按照使用的要求，拉成组合线后还要进行机械扭转，使芯丝成螺旋形，使其能在变化的磁场中具有稳定性。组合线经过几小时的热处理后形成A15化合物。Nb_3Sn和V_3Ga的热处理温度一般分别约为700°C和600°C。该法的缺点是镀层的厚度不均匀，铜基体中锡（或镓）含量的变化影响A15化合物的生成与超导性质，并可导致基体发脆，影响线材的机械加工。因此要求青铜中锡（或镓）的含量高些，可分别为9.1%Sn（原子）与19.9%Ga（原子）。较高的锡（或镓）含量能保证化合物的迅速生成，也有利于J_c的提高。采用青铜法拉制A15多芯导体的一个重要因素是线材的全电流密度问题。A15多芯组合导体中A15与普通金属（如青铜基体等非超导组分）比约为1：3，而在大磁体系统所用的组合导体中要求二者的比例更大。这种工艺的优点是只需使用一般加工设备即可，而且热处理温度比液相法低。

（4）对固态和液相溶质扩散工艺的改进。有人对青铜法作了进一步的改进。一种改进方法是将Nb-Sn-Cu合金从液态迅速淬火（约1000°C/s），然后再制造成多芯线。这种方法有两个关键参数：铌含量与淬火速度。其中，铌含量必须大于15%（体积），以能得到足够体积的铌芯丝，并保证芯丝的连续性；同时还需要足够快的淬火速度，以能产生细而均匀的组织。用该法制得的成品临界电流密度能达到多芯Nb_3Sn组合线商品的最好水平。另一种改进方法是用冷等静压将铌粉压成圆柱体，并在约2000°C真空中烧结，使孔隙率减少到25%左右；将这种压块在750°C熔融的锡浴中浸渍，用锡连接内部的空隙网路；采用铌管与铜或蒙乃尔管双层包套，再拉伸成线材。所得线材最后在950°C热处理2min，以生成Nb_3Sn。这种线材的T_c值约18K，略高于青铜法的17.5K。第三种方法为原位法，系采用Cu-Sn延性合金粉末与Nb-Al合金粉末混合烧结，T_c为17.7K，J_c 4.2K，在自场下可达$10^4A/cm^2$。

青铜法Nb_3Sn多芯导体在实际应用中存在的重要问题是机械强度和在应变下超导性质的退化。由于A15化合物的脆性，因而在对其进行冶金处理、编织、绞缆和磁体绕制时，都必须规定容许的应变极限。提高Nb_3Sn导体制造过程中青铜与铌之比，可以提高容许应变极限，但这又将降低导体的全临界电流密度。有人提出，在Cu-Sn中添加少量铍，其容许应变极限可有较大的提高。

二、多元氧化物新型超导材料

在A15金属间化合物中，Nb_3Ge超导薄膜的T_c为23.2K，已达液氢沸点（20K）。由于A15型结构超导体的T_c已难于提高，于是人们转而在多元氧化物中寻找高T_c材料。1986年在所谓2-1-4型化合物La_2CuO_4中掺入锶获得了$T_c\approx40K$的$La_{1.85}Sr_{0.15}CuO_4$新型超导体。1987年研制成第二类高温超导体，即所谓1-2-3型化合物$RBa_2Cu_3O_{7-x}$，式中R为钇、钪、镧、钕、铕、钆、镝、钬、铒、镱及镥。其中以$YBa_2Cu_3O_{7-x}$最为典型，其T_c为95K。1-2-3型化合物实际上是一种钇、钡、铜、氧原子彼此隔开的链状化合物，具有存在氧空位的三层钙钛矿结构。

1988年又制成第三类120K的新材料，这就是铋锶钙铜氧和铊钡钙铜氧。

日本研制的铋系材料的组成中，Bi：Sr：Ca：Cu为1：1：1：2，其多晶薄膜的T_c为100K，临界电流密度J_c为10万A/cm^2（77K）。而美国在铋锶钙铜氧中还加入了铝，获得的T_c为120K。这种新材料使用的是廉价的普通铋，并且允许组成的精确比率有较大变化。就稳定性而言，1-2-3型化合物中的氧易于从晶格中逃逸破坏超导性，而这种铋系化合物甚至加热到接近它的熔点900°C，仍能保留晶格中的氧。铋系材料的制造方法简单，性能重现性和稳定性好，但不易获得单一的纯化学相。

另一种120K新材料是$Tl_2Ba_2Ca_2Cu_3O_{10}$，其转变温度约为125K，在已知体材料中转变温度最高。

这两种化合物可归纳到$(A^{III}O)_2A_2^{II}Ca_{n-1}Cu_nO_{2+2n}$的化合物（式中$A^{III}$为Bi或Tl，$A^{II}$为Ba或Sr，$n$为连续堆积的Cu-O面的数目）系列中。现在可以肯定在体相中n可以达到3。一般的趋势是T_c随着n值的增加而增加。虽然在体材料中尚未制成$n>3$的Tl相或$n>2$的Bi相，但通过交互生长，这两个体系的n均可达到5。因此预计$Bi_2Sr_2Ca_{n-1}Cu_nO_{4+2n}$系的$T_c$约为120K，$Tl_2Ba_2Ca_{n-1}Cu_nO_{4+2n}$的$T_c$约为140K。影响$T_c$的另一个因素是Cu的平均氧化态。按通式$(A^{III}O)_2A_2^{II}Ca_{n-1}Cu_nO_{2+2n}$，Cu只能以$Cu^{II}$存在。但这些材料中由于过剩的氧（例如$Bi_2Sr_2CaCu_2O_{8+y}$）、阳离子短缺（例如$Tl_{2-x}Ba_2CaCu_2O_8$）等因素，总是存在$C_{u}^{III}$。目前主要问题是制备$n$等于或大于5的体相。最近在多相样品中观察到了在240K附近电阻有2～3个数量级的陡降，而且这种陡降可以重复，因此寻找室温超导并非不可能。

高T_c超导材料在实际应用中会遇到1T（10^4G）的外磁场，由于它们的电阻随外磁场而增高，故要求临界电流密度为$10^5A/cm^2$。最初在$Sr_xLa_{2-x}CuO_{4-x}$中获得的J_c很小，只有数百mA/cm^2。目前已在1-2-3型化合物的体单晶中获得了$10000A/cm^2$的临界电流密度，在1-2-3型化合物薄膜内获得了10^5～$10^6A/cm^2$的临界电流密度。估计在实际应用中膜材将首先取得突破。

三、超导材料的应用

超导材料的应用范围基本上分为三类：

1. 超导体用于产生高磁场

所谓高磁场不仅表现在磁场强度，也表现在所

表 10-5-3　几种典型超导材料的主要性能

名称	T_c，K	H_{c2}，T		J_c，A/cm² (42K)				
		0K	4.2K	5T	8T	10T	15T	17.5T
Nb-66(原子)%Ti	8～11	12～15	10～12	$(1\sim3)\times10^5$	$(4\sim8)\times10^3$			
Nb-25～40(原子)%Ti	10～11	12	8	1×10^5				
Nb-75(原子)% Ti-5(原子)%Zr	9～10		12.5	1.3×10^5				
Nb_3Sn	18.1～18.5	25～28	22～25	$(5\sim10)\times10^5$		$(3\sim5)\times10^5$	$(10.5\sim1)\times10^5$	$(1\sim3)\times10^4$
V_3Ga	14.6～16.8	23～28	20～22	$(3\sim5)\times10^5$		$(2\sim5)\times10^5$	$(1\sim2)\times10^5$	8×10^4
Nb_3Ga	23.2	38	36					
$Pb_{1.0}Mo_{5.1}S_6$	14.4	60	51					
$YBa_2Cu_3O_{9-x}$	～95	(180)						

产生磁场的体积。

2. 超导体用于电力输送电缆

超导电缆目前尚不能取代架空输电线，但为改善环境或其它理由而敷设的地下大功率密度输电线使用超导电缆，则可表现出某些经济上的优点。这种电缆所需要的超导材料与磁体所需要的材料非常相似，但在用于交流输电时则还要求能将交流损耗减至最小。

3. 超导体用于电子线路

一种装置是利用超导态—正常态转变作为一个开关，但这与薄膜晶体管相比，其性能还达不到要求。而另一种利用超导体约瑟夫逊效应的装置，却使人们产生极大的兴趣。所谓约瑟夫逊效应是指被弱链（弱链是一层极薄的约20Å的氧化物势垒，与一层非超导金属或超导体的窄桥）弱耦合在一起的两个超导体的电流以振荡方式变化，其临界电流值取决于在弱链内的局域场强。这个效应能够用来作为高灵敏度安培计、高斯计、伏特计以及逻辑和存储元件的理论基础，并且正在被用作电压标准以至高速电子计算机等方面。

四、技术及经济市场展望

如表10-5-4所示，在新型氧化物超导体出现以前，从超导材料的用量来看，最重要的应用是用于产生磁场，首先是在物理实验室中产生以研究为目的的磁场。小型超导磁体一向是产生数千Oe(1Oe＝79.6A/m)以上（目前最高为18～20万Oe）磁场的标准方法。超导磁体可为核磁共振（包括医疗用人体成象核磁共振）和高压电子显微镜提供高分辨率、高稳定性磁场。高能粒子加速器需要的高磁场，离子束偏转和聚焦，以及大的气泡室，都使用超导磁体。磁流体发电技术及热核聚变发电，都要求大磁场，这只有超导磁体才能提供。此外，在超导输电以及量子干涉器、高精度仪表等方面，超导体也将产生重大影响。

1986年液氮温区超导体Y-Ba-Cu-O的出现，将对工业发展以至社会产生极其重大的影响，甚至将导致一次新的工业革命。最近国外有人分析了超导技术应用前景，指出超导在以下几个方面获得应用的可能性。一是击落洲际导弹的轨道炮，即使用

表 10-5-4　日本对超导材料需求投资（亿日元）

应用领域	1986～1990年	1991～1995年	1996～2000年
磁流体发电	2.0	120.0	180.0
电机	3.0	6.6	14.1
高能物理	100.0	500.0	
输电		296.0	499.0
贮电	117.0	234.0	390.0
核聚变	25.0～50.0	200.0	500.0～700.0
总计	263.0	753.0	1426.0

超导技术储存强大电能，并在瞬间放出所产生的强大脉冲电流，以击落洲际导弹；二是制造高速电子计算机，计算速度可比现有电子计算机高10倍，而耗能则仅为其十分之一；三是制造极强磁场，可用以制造比目前强度及磁场体积大得多的超导磁体；四是制造新型粒子加速器，磁场强度增加一倍，就可使加速器的尺寸缩小一半；五是制造磁浮列车，可使目前已达到时速500km的磁浮列车进入商业应用。六是利用超导薄膜器件对于红外辐射非常灵敏的特点，用以测出敌方卫星的位置；七是使未来海洋船只获得新的推进方式，即船上安装的超导磁体产生强大的磁场，迫使海水进入推进管，并高速从尾部喷射出来，船依靠这种动力即可平稳而又迅速前进；八是大大改变电力工业的面貌，仅美国采用超导输电，每年可节约100亿美元。

美国战略分析公司1986年对超导市场进行了预测，并断言，随着超导技术的开发与发展，必将对超导材料不断提出新的要求，促使其向前发展。

第三节 超塑性材料

超塑性材料是指金属材料在特定条件下，能表现出异常高的延伸率的材料。所谓特定条件是指材料的成分、组织及转变能力（相变、再结晶及固溶度变化等）及变形温度和速度等外在因素。简单地说，就是在一定的条件下，材料的延伸率超过百分之一百或几百的金属材料就可称为超塑性材料。

金属材料在超塑状态下，除具有异常高的延伸率这一特点外，其强度较低，极易加工。

关于产生超塑性的机理，至今还没有一个公认的完整的解释。对微细晶粒超塑性材料曾提出过晶界滑移和附随现象、伴有扩散的晶界滑移、伴有位错的晶界滑移导致塑性变形等理论，对相变超塑性材料亦有内部应力说、位错蠕变说等理论。

超塑性材料在拉伸时，一般没有或很少有应变硬化，变形应力可用牛顿粘性流动方程式表示：

$$\sigma = K\dot{\varepsilon}^m \quad (10\text{-}5\text{-}1)$$

式中 σ——流变应力；

K——常数；

$\dot{\varepsilon}$——真应变速率；

m——应变速率敏感性指数。

该式说明$\dot{\varepsilon}$是控制材料σ的一个因素。将上式取对数变换后得知：若材料呈超塑态，其截面的减小速率与m值有关，可用m值来衡量材料超塑性的大小。实验证明，金属材料的总延伸率往往随着m值的增大而增加。m值较大时，在超塑条件下材料形成局部细颈的可能性大大减少。一般金属合金$m \leqslant 0.2$，而超塑性材料$m = 0.3 \sim 0.9$。由此可见，m值是衡量材料超塑性的重要参数。

超塑性材料分为两大类：微细晶粒超塑性材料和相变超塑性材料。一般提到的超塑性材料多指前一种。此外，还可单提出一种属于微细晶粒超塑性材料的临时性超塑性材料。

微细晶粒超塑性材料产生超塑性的首要条件是材料必须具有等轴的微细晶粒组织（10μm以下），并在成形期间保持其稳定性。该材料的成分及超塑特性见表10-5-5。

相变超塑性材料以能进行相变为特征，目前主要为铁合金。稀有金属中只有工业纯钛及钛合金属于这类材料。

临时性超塑性材料指在一定条件下出现短时的细而稳定的等轴晶粒组织，从而显示出超塑性的材料。这种材料实际上是微细晶粒超塑性材料的一种，但很有实际意义。

具备微细化处理并表现出微细晶粒超塑行为的材料主要有共晶合金和共析合金和粉末烧结合金等数种。对共晶合金，为使其成为微细组织，多在共晶温度以下通过对铸锭限时加热进行均质退火，在形成等轴晶粒后急速冷却，以达到细化目的。共析合金型材料较少，可通过淬火处理，或热加工处理等方法得到细化晶粒组织而显示超塑性。

对其它材料可采用添加晶粒细化元素和加工热处理的方法，也可采用微细粉末烧结法或快速凝固法等方法来获得细晶组织而使材料显示出超塑性。

相变超塑性材料不需预先的组织处理和细晶，而是在材料的相变条件下给予一定的负荷而产生超塑性。可根据相图直接选择相变超塑性材料，不需其他处理。

临时性超塑性材料，如钛、锆等合金，强冷加工后，在再结晶温度时会出现晶粒度小于1μm的临时性细晶组织，从而显示出超塑性。

超塑性材料应用的最大领域为塑性加工。利用超塑性材料的变形抗力低和塑性好的特点，可制成各种用途的结构材料。

（一）用于塑性加工

1．用于真空成形和气压成形

表 10-5-5 一些微细晶粒材料在超塑状态下的特性

合金基体	合金元素的含量	牌号	强度极限 MN/m²	最大应变速率 s^{-1}	超塑温度 ℃	应变速度敏感性系数 m_{max}	最大延伸率 δ_{max}%	晶粒尺寸 μm
Al	6%Cu, 0.5%Zr	Supral100	20	10^{-3}	390	0.55	1600	6
	10.7%Zn,0.9%Mg,0.4%Zr	—	—	—	550	0.9	1550	—
Be	—	—	16	9.6×10^{-5}	650	0.5	220	5~10
Fe	0.13~0.34%C,0.5~1.5% Mn, 0.1%V	—	7~12	5×10^{-5}~10^{-4}	800~900	0.55~0.47	270~380	2~4
Fe	18%Cr, 10%Ni, 0.7%Ti	X18H10T	80	4×10^{-3}	780	0.50	280	2
	4%Ni, 3%Mo,1.6%Ti	K1970	12.6	2×10^{-4}	960	0.53	450	5
	34%Ni,12.7%Cr,3.1%Ti, 1%Al, 1%Mn	36HXTIO	80	1.6×10^{-4}	900	0.41	360	0.8
Mg	1.5%Mn, 0.3%Ce	MA8	20	8.3×10^{-3}	400	0.38	310	10
	6%Zn, 0.6%Zr	MgZK-60	4	2.2×10^{-2}	270	0.48	1700	0.55
Ni	15%Co,9.5%Cr,5.5%Al, 5%Ti, 3%Mo, 1%V, 0.015%B	IN-100	—	—	1037		1330	0.1~1
	同上 (ПМ)	同 上	5	5×10^{-4}	1093	0.45~0.55	1000	1~1.5
	17%Co, 15%Cr 5.3%Mn,4.3%Al,3.4%Ti, 0.05%Zr, 0.02%B (ПМ)	Udimet700 (PM-ATS 380)	37.5	7×10^{-3}	1000	0.4~0.5	700	1~2
	17%Co,15.5%Cr 5%Mo, 4%Al,	Astrotoy	77	1.1×10^{-2}	1037	0.68	1335	0.1~1
	3.5%Ti, 0.025%B		17	1.2×10^{-3}	1037	—	1275	0.1~1
	10.5%Cr,8.5%Co,5.4%Mo, 5%Al,4%W,3%Ti,0.3%Fe 4.5%Mo, 2.3%Nb 0.9%Ti, 0.05%Zr 0.01%B (ПМ)	ЖС6КП (PM-ATS 290)	13	2×10^{-4}	1087	0.66	500	<1
	19%Cr, 13.5%Co 4%Mo, 3%Ti 1.4%Al, 0.08%Zr, 0.005%B	Waspaloy	112	1.1×10^{-2}	982	—	695	0.1~1
	39%Cr, 8%Fe 2%Ti, 1%Al		21	2.7×10^{-3}	980	0.5	960	3
	8%Ta, 6%Cr 6%Al, 4%W 4%Mo, 2.5%Nb 0.75%Zr (ПМ)	TAZ-8A	6.9	4.3×10^{-4}	1038	—	>600	—
	工业纯	BT1-0	9(0)	1.8×10^{-3}(0)	880(0)	0.47(0)	>96(0)	5~10
Ti	4%Al, 3%Mo, 1%V	BT14	12	4.2×10^{-4}	840	0.82	950	5~10
	5%Al, 2.5%Sn	1M1317	4.5	6×10^{-5}	1100	0.72	450	2~3
	5.5%Al, 2.5%Mo, 2%Cr, 1%Fe	BT3-1	6	7×10^{-4}	940	0.87	950	2~5
	5.5%Al, 2.5%Mo 2%Cr, 1%Fe	BT3-1	28(0)	$.8\times10^{-3}$(0)	960(0)	0.62(0)	>96(0)	5~10
	6%Al, 4%V	1M1318	3.5	1.5×10^{-4}	960	0.85	1000(0)	2~3
	6%Al, 5%V	BT6	2.5	1.8×10^{-3}	870	0.8	1250	5~10
	6.5%Al,3.5%MO,2%Zr	BT9	15	10^{-3}	900	0.8	2837	2.5

续表 10-5-5

合金基体	合金元素的含量	牌号	强度极限 MN/m²	最大应变速率 s^{-1}	超塑温度 ℃	应变速度敏感性系数 m_{max}	最大延伸率 δ_{max}%	晶粒尺寸 μm
	7.9%Al，1%Mo		110	1.1×10^{-2}	926	0.43	394	—
	1%V		435	1.2×10^{-3}	926	—	370	—
	7.5%Mo，2.5%Al，1%Cr	BT22	14	4×10^{-4}	860	0.56	—	10
	7.5%Mo，2.5%Al，1%Cr	BT22	22(0)	2×10^{-3}(0)	860(0)	0.67(0)	>96(0)	10
U	7.5%Nb，2.5%Zr	Mulberry	10	10^{-4}	635	0.5	670	1～5
W	22%Re	—	42	3.3×10^{-5}	2000	0.8～0.27	260	30
Zr	1.5%Sn，0.2%Fe，0.1%Cr	Zircalloy4	—	—	900	0.5	400	12
	2.6%Nb，0.11%O	—	15	1.2×10^{-4}	760	0.6	430	5

注：1.(0)者为镦粗试验数据，其余为拉伸试验数据；2.(ПМ)者为粉末烧结材料，其余为冶炼→轧或挤→预成形的材料。

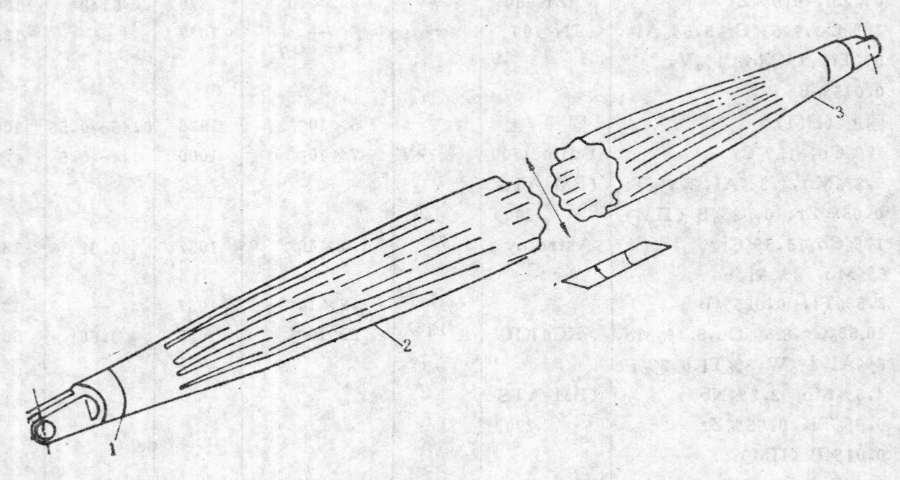

图 10-5-1 气压成形的钛合金撑杆

1—电子束焊缝；2—波纹，半径2.03mm(0.08″)，壁厚0.25mm(0.01″)；3—壁厚0.63mm(0.025″)

主要利用超塑性材料变形抗力低的特点，采用阳模法或阴模法进行真空或气压成形，以生产薄的或较浅的一些零件，或者生产厚板及管材的成形件（见图10-5-1）。

2．用于热压加工

利用模具和气压机制造不适合气压成形的变形抗力较高的超塑性材料制品、厚壁件及高精度制品。

3．用于深冲加工

利用超塑性材料深冲时没有各向异性、二次深冲性好的特点制造杯状容器等深冲件。

4．用于无模拉伸

采用感应线圈进行局部加热，使变形部分在超塑状态下进行拉制，主要用于高熔点及不易产生孔洞的材料的成形。如图10-5-2所示的钛合金型材。

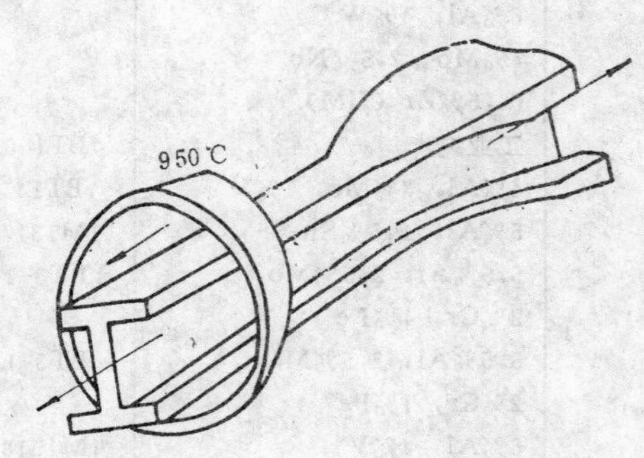

图 10-5-2 无模拉制钛“工”字型材

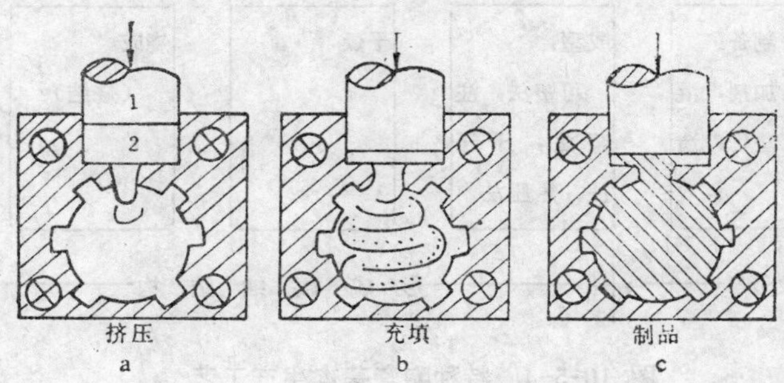

图 10-5-3　压接加工原理及制品

a—挤压；b—充填；c—制品

1—柱塞；2—坯料

5．用于挤压加工

材料在压应力作用下，可得到大加工率和复杂形状的整体制品，甚至可挤出带腿的制品，并可代替精密铸造。

6．用于模锻加工

利用超塑性材料变形抗力低易变形、充填性好的特点，可进行模锻加工。近年来，钛合金的超塑性模锻已得到很大发展，已制出飞机的大梁、隔框、加强板、起落架前轮、风扇叶片、翼肋、涡轮盘、带径向叶片的整体涡轮等产品。

（二）用于压接加工

利用超塑性材料在低应力下易焊合的特点可进行压接加工。可使用粒料、粉料及废料，可单个或多个制品同时成形，也可将超塑性材料与其它材料压接在一起，制得复合材制品。

（三）用于粉末加工

超塑性材料粉末用热等静压或锻造等方法可制出高精度制品。超塑性材料粉末也可作为制备金属—SiC纤维复合材以及弥散强化复合材的结合剂。

（四）制造模具

将超塑性材料在超塑条件的低变形速度下加工成模具，用以在非超塑性的高变形速度下对软质材料进行成形加工。

（五）用于超塑性成形/扩散焊接(SPF/DB)

将超塑性成形和扩散焊接组合在一起的加工方法是制造钛合金结构件的先进工艺。该法主要是利用了钛合金的超塑温度和扩散焊接温度差不多的特性。该法已用于钛合金结构件的生产，已有三种普通的结构类型。用该方法可使过去需要用紧固件连接的结构件一体化。

超塑性材料可进行复杂形状制品的一体化成形，以代替精密铸造。压接加工又可利用废料、粒料及粉料，可大大节省原材料。如生产钛合金的飞机隔框，用普通模锻锻件重158.8kg而用超塑性模锻锻件只重22.7kg。钛合金涡轮盘锻件，用普通锻要四步，而超塑性锻只要一道工序即可，大大减少了锻件的机加工量。

此外，超塑性材料变形抗力小，可采用小设备加工大制品，既减小了设备投资，又可节省能源。

第四节　特种陶瓷材料

特种陶瓷是指与普通陶瓷不同的陶瓷材料。特种陶瓷具有现代科学技术所需要的各种特殊性能，是现代技术所不可缺少的材料。特种陶瓷又称作精细陶瓷、高性能陶瓷或高技术陶瓷。

特种陶瓷的基本生产工艺如图10-5-4。

特种陶瓷的性能是通过陶瓷材料的致密化和控制粒径、纯度及晶界来提高的。大多数陶瓷器件的原料为高纯微细粉末，通常为获得高密度的烧结体，要求粉料的粒径越小越好（通常为几微米）。粉末愈细愈有利于元素的表面扩散和晶界扩散，因而也愈容易烧结。

制造特种陶瓷原料粉末的方法大致分两类，一类是将块状物质粉末化，另一类是使元素的原子、分子经反应后生成核，然后成长为粉末。目前第二类方法用得比较多。特种陶瓷原料粉末的主要生成方法如表10-5-6所示。

目前日本的特种陶瓷工业在世界上已处于领先地位。日本1980年特种陶瓷的销售额大约为20亿美元（美国为16亿美元），接近全世界特种陶瓷市场销售额的一半。目前在特种陶瓷销售方面，日本超过美国的产品有磁性材料、压电材料、热敏电阻和

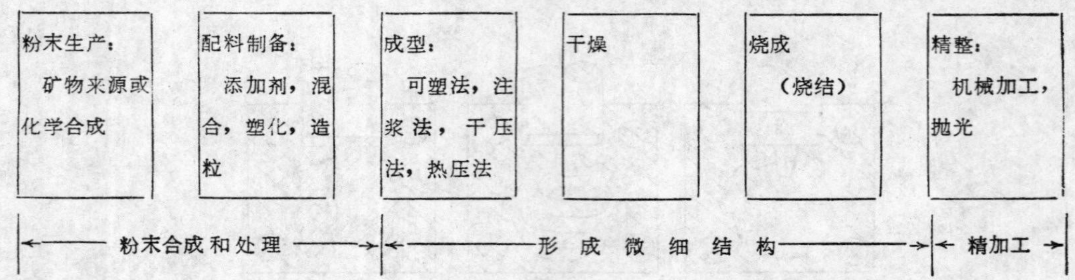

图 10-5-4　特种陶瓷基本生产工艺

表 10-5-6　特种陶瓷原料粉末的主要生成方法

生成体系	由固相生成的体系	由液相生成的体系	由气相生成的体系
生成方法	机械粉碎法 固相反应法 热分解法 固相化学处理法 还原法 火花放电法	化学反应沉淀法 熔体喷雾法 电解法 胶体化学法 低温化学合成法	真空或低压蒸发凝结法 化合物热分解法

表 10-5-7　1980年全世界和日本特种陶瓷市场销售额（百万美元）

产　　品	全世界	日　本
陶瓷粉	250	130
集成电路封装/基材	880	540
电容器	750	325
压电体	325	295
热敏电阻/可变电阻	200	125
铁氧体	480	380
气体/湿度敏感元件	45	5
半透明陶瓷	45	20
切削工具		
碳化物　金属陶瓷	1000	120
带涂层的　碳化物	25	5
结构陶瓷（　热耐磨）	250	120
总　　计	4250	2065

注：不包括纤维、核燃料、火花塞。

集成电路衬底，而美国超过日本的产品有切削刀具、气敏传感器和湿度传感器。1980年世界和日本的特种陶瓷市场销售额见表10-5-7。

日本从事特种陶瓷生产的厂家大部分是知识密集型的高技术公司。日本科学技术厅把特种陶瓷列为日本正在开发的十二种尖端材料中优先的一种。

美国发展特种陶瓷的重点是军用发动机。近年美国正研制一种利用陶瓷材料铁氧体吸收电波的飞机，可使飞机不被雷达发现。

我国近年来对特种陶瓷材料的开发很重视。已研制成功可供陶瓷发动机使用的结构陶瓷材料部件、多种压电陶瓷、铁电陶瓷、陶瓷涂层以及与声学技术有关的陶瓷材料。

特种陶瓷的应用如表10-5-8所示。

ZrO_2和TiO_2是与稀有金属工业密切有关的材料。它们制成陶瓷材料后的特性和用途如表10-5-9、10-5-10所示。

第五节　形状记忆合金

形状记忆合金是指在高温下形成一定形状后进行记忆处理，在低温下变形，只要不加热就能保持其变形状态，而加热温度一旦超过某一界限，应变突然消失，又回到高温下成形形态的一类合金。这类合金所表现的上述效应称作形状记忆效应。形状记忆效应是一种可逆的马氏体相变过程。热弹性马氏体是合金具有超弹性效应和形状记忆效应的基础。形状记忆合金的主要参数为马氏体转变起始温度M_s和母相转变起始温度A_s。M_f和A_f分别为马氏体和母相转变的终了温度。

形状记忆效应又分为单程形状记忆和双程形状记忆。单程形状记忆在降温时不能恢复低温相形

表 10-5-8 特种陶瓷的材质和用途

大分类	小分类	化合物		用途
氧化物	单一氧化物	BeO		高热导陶瓷，透光性陶瓷
		ZnO		变阻器，气体传感器
		ZrO_2		高温发热体，传感器（温度，氧），机械部件，拉丝模，刀具
	复合氧化物	PLZT，$(Mn,Zn)Fe_2O_4$		光闸，图像存贮器，显示装置，磁头，记忆元件
非氧化物	氮化物	Si_3N_4		发动机部件，热交换器件，耐热耐蚀材料，耐磨材料
		AlN		耐热耐蚀材料，金属熔池材料，热传导材料
		BN	六方晶	耐热材料，润滑材料，电绝缘材料，半导体中硼扩散
			立方晶	研磨材料
		TiN		切削工具
	碳化物	SiC		与Si_3N_4类似，发热体
		WC		切削工具，拉丝模，耐磨材料
		TiC		切削工具，拉丝模，耐磨材料
		B_4C		研磨材料，中子控制材料
	硅化物	$MoSi_2$		发热体
	硼化物	LaB_6		热电子发射材料
		TiB_2		磁流体发电用电极材料
	硫化物	CdS		光电元件
		ZnS		半导体

状；而双程形状记忆则在冷却到 M_s 以下时又可恢复到低温相形状，但通常降温时只能部分恢复低温相形状，故又称部分可逆形状记忆效应。有一种升温时恢复高温相形状，降温时变为形状相同而取向相反的温相形状的记忆效应称作全程记忆效应的钛镍合金。这是一种特殊的双程记忆效应，仅在富镍的钛镍合金中出现。

呈现形状记忆效应的合金必须具备：

（1）相变为热弹性马氏体相变；

（2）母相为有序结构；

（3）形变是通过李生而不是滑移发生的，为使相变全过程可逆地进行，马氏体亚结构必须为李晶或堆垛层错。

形状记忆合金兼有感温和驱动双重功能，不仅可用作感温元件，而且也可用作感温-驱动元件。自1963年在钛镍合金中发现形状记忆效应以来，形状记忆合金引起了全世界的关注。1975年以后世界各国相继开展了对形状记忆合金的应用研究，并使形状记忆合金在电子、电气、汽车、机械、能源、宇航、医疗等领域开始得到应用，有些产品已经达到

表 10-5-9 ZrO_2陶瓷材料的特性和用途

特性		化合物和形态		用途
电性能	强介电性	PZT	烧结体	高容量电容器
	强介电性	PLZT	烧结体	图像显示元件，光贮存器
	压电性	PLZT	烧结体	点火元件，超声波元件，滤波器
	热电性	PLZT	烧结体	红外检出元件，温度传感器
	半导体	$(Zr,Ca)O_2$ （立方）	烧结体	
	高离子导电性	$(Zr,Ca)O_2$ （立方）	烧结体	
光性能	装饰性	$(Zr,Y)O_2$ （立方）	单晶	宝石
	装饰性	$(Zr,V)SiO_4$	粉体	蓝色颜料
	装饰性	$(Zr,V)O_2$	粉体	黄色颜料
	装饰性	$(Zr,Pr)SiO_4$	粉体	黄色颜料
	装饰性	$(Zr,Fe)SiO_4$	粉体	桃色颜料
	光稳定性	ZrO_2		光学玻璃添加剂
热性能	耐热耐蚀性	$(Zr,Ca)O_2$（立方）	烧结体	陶瓷器，耐火材料，坩埚
	耐热耐蚀性	Al_2O_3-ZrO_2-SiO_2		玻璃熔解槽
	耐热耐蚀性	ZrO_2-SiO_2		玻璃熔解槽
	隔热性	$(Zr,Ca)O_2$（立方）	纤维	隔热材料
强度	强韧性	PSZ	烧结体	机械部件，切削工具
	强韧性	Al_2O_3-ZrO_2（单斜）	烧结体	机械部件，切削工具
硬度	耐磨性	ZrO_2		玻璃研磨材料
化学性能	耐碱性	ZrO_2	粉末	耐碱性玻璃纤维
	离子交换性	$Zr(HPO_4)_2 \cdot nH_2O$	粉末	离子交换体，人工透析
	离子交换性	$ZrO(OH)_2 \cdot nH_2O$	粉末	离子交换体，脱臭剂
	离子交换性	$Na_xZr_2Si_xP_{3-x}O_{11}$	粉末	离子交换体，催化剂

表 10-5-10 TiO_2陶瓷材料的特性和用途

特性		化合物和形态		用途
电性能	绝缘性	$K_2Ti_6O_{13}$ 烧结体，	纤维	电气绝缘板，电线被覆
	绝缘性	TiO_2	纤维	电气绝缘板，电线被覆
	介电性	TiO_2	烧结体	电容器（温度补偿用）
	介电性	$Ba_2Ti_9O_{20}$	烧结体	微波电路元件
	强介电性	$BaTiO_3$	烧结体	高容量电容器
		$SrTiO_3$	烧结体	高容量电容器
	强介电性	PZT	烧结体	图像显示元件，光贮存器
		PLZT	烧结体	图象显示元件，光贮存器
	压电性	PZT		点火元件，超声波元件，滤波器
	热电性	$PbTiO_3$，PZT		红外检出元件，温度传感器

续表 10-5-10

特性		化合物和形态		用途
电性能	半导性	TiO_2	微粒	光催化剂，感光剂
	半导性	$(Ba,Nd)TiO_3$	烧结体	自控阻抗发热体
	超导性	$LiTi_2O_4$	单晶	磁浮
	高离子导电性	$K_xMg_{x/2}Ti_{8-x/2}O_{16}$	单晶	固体电解质，电力贮藏
光性能	装饰性	TiO_2	粉体	白色颜料
	装饰性	$(Sb,Ti)O_2$	粉体	黄色颜料
	装饰性	TiO_{2-x}	粉体	黑色颜料
	装饰性	TiO_2	单晶	宝石
	装饰性	$MgTiO_3$	单晶	宝石
热性能	耐热性	TiO_2	纤维	耐热材料
	隔热性	$K_2Ti_6O_{13}$	烧结体，纤维	隔热材料，耐热材料
强度	补强性	$K_2Ti_6O_{13}$	纤维	塑料或金属的增强，摩擦材料
化学性能	离子交换性	$K_2Ti_4O_9$	纤维	阳离子交换材料
	离子交换性	$K_2Ti_2O_5$	纤维	阳离子交换材料
	离子交换性	$TiO_2\cdot nH_2O$	纤维	阳离子交换材料，催化剂，载体

表 10-5-11 几种特种陶瓷的需求及其预测

材料种类	单位	1980年需求	1985年需求	1990年需求预测
Si_3N_4	t	10	600	12000
SiC烧结体	t	30	900	18000
SiC纤维	t	0.2	10	500
ZrO_2烧结体	t	0	20	100
BN	kg	1.56	63	1160
金刚石烧结体	kg	0.3	14	142

工业生产规模、其中美国、日本尤为突出。我国于80年代初开始对形状记忆合金进行应用研究，目前已能小批量生产各种规格的钛-镍和铜-锌-铝板、棒、丝、管。我国目前形状记忆合金的应用水平，在工业方面处于试用阶段，在医学方面处于世界领先地位。

一、形状记忆合金制造工艺

(一) 钛镍形状记忆合金

1．熔铸

化学成分对钛镍合金相变点影响很大，镍含量波动0.1wt%，相变点就要变化10K。因此要求准确地控制合金的化学成分。工业上通常用石墨坩埚进行真空感应熔炼，用填料法控制化学成分。其优点是铸锭成分均匀，只要控制好工艺参数，即可获得含碳量低于0.05%的优质锭。也可采用先真空电弧熔炼后真空感应熔炼的二次熔炼法。用该法获得的铸锭含碳量少，但成本高。近来开始采用的等离子熔炼是一种较理想的熔炼方法。

2．加工

钛镍合金在高于673K的温度下强度明显下降，塑性明显增高，因此只要控制好温度，挤压、锻造、轧制、旋锻、拉丝等热加工都容易进行。钛镍合金的加工硬化快，冷加工较难。但只要控制好加工率，多进行中间退火，冷加工也能够进行。

钛镍合金的切削性能相当差，特别是钻孔太难。切刀应采用超硬质合金（碳化钨），切削速度要适中，过快过慢均不可取。

钛镍丝材加工工艺流程如下：

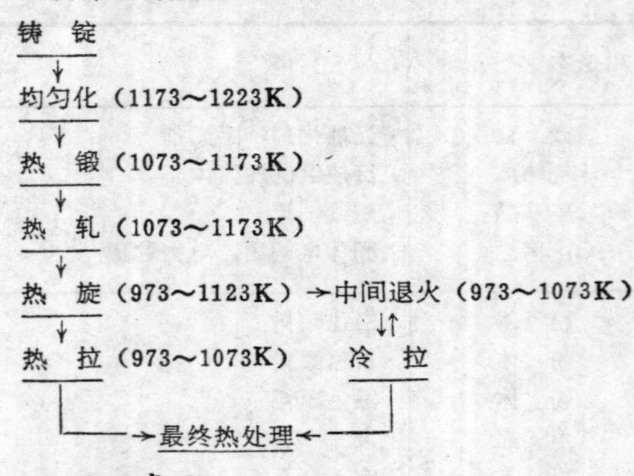

3. 成形

形状记忆合金在工业应用方面以弹簧元件最多。通常采用自动卷绕机将形状记忆合金卷成所需形状和尺寸。钛镍合金丝回弹大，需要进行强力成形。

4. 形状记忆处理

固定所成形的形状要进行一定的热处理。

单程记忆处理一般可分为：

（1）中温处理，即在冷加工状态下成形，在673～773K下保温3600s，工业上多半采用此法；

（2）低温处理，即在高于1073K的温度下退火后成形，在473～573K下保温若干小时；

（3）时效处理，即成形后在1073～1273K下进行固溶处理，在673K左右的温度下时效若干小时。

全程记忆处理一般采用强制时效。如含有50.5～52原子％镍的钛镍合金在1073～1273K温度下进行固溶处理，给予适当应变（$\varepsilon \approx 1.3\%$），固定其应变后在673～773K温度下进行时效。

（二）铜基形状记忆合金

铜基形状记忆合金热加工较容易，冷加工很困难。铜锌铝合金通过$\alpha+\beta$区退火可进行冷加工。

二、形状记忆合金性能

（一）形状记忆合金及其特性参数

见表10-5-12。

（二）实用形状记忆合金性能

现已发现的形状记忆合金中最有实用价值的只有钛镍合金和铜锌铝合金，而目前应用最广泛的实

表 10-5-12 呈现形状记忆效应的合金及其特性

合金	成分，％（原子）	M_s点 K	A_s-M_s，K	结构变化	有无序结构	体积变化	等价点阵对应数	等价惯习面数
Ag-Cd	44～49Cd	80～220	15	B2→2H	有序	−0.16	6	24
Au-Cd	46.5～50Cd	300～370	15	B2→2H	有序	−0.41	6	24
Cu-Zn	38.5～41.5Zn	90～260	10	B2→M9R	有序	−0.50	12	24
Cu-Zn-X (X=Si,Sn,Al,Ga)	百分之几X	90～370	10	B2→9R,M9R DO_3→18R,M18R	有序	—	12	24
Cu-Al-Ni	28～29Al，3～4.5Ni	130～370	35	DO_3→2H	有序	−0.30	6	24
Cu-Sn	15Sn	150～300	—	DO_3→2H，18R	有序	—	6	24
Cu-Au-Zn	23～28Au，45～47Zn	80～310	6	Heusler→18R	有序	−0.25	12	24
Ni-Al	36～38Al	90～370	10	B2→3R	有序	−0.42	3	24
Ti-Ni①	49～51Ni	220～370	30	B2→单斜	有序	−0.34	12	24
Fe-Pt	25Pt	140	4	$L1_2$→有序BCT	有序	0.8～−0.5	12	24
In-Tl	18～23Tl	330～370	4	FCC→FCT	无序	−0.20	4	4
In-Cd	4～5Cd	290～420	3	FCC→FCT	无序		4	4
Mn-Cu	5～35Cu	20～450	25	FCC→FCT→BCT	无序	—	4	4
Fe-Pd	30Pd	170	—	FCC→FCT	无序	—	4	4
Fe-Ni-Ti-Co	33Ni，4Ti，10Co②	133	20	FCC→BCT	局部有序	0.4～2.0	12	24
Cu-Al-Be	9Al，1Be②	310	2	—	—	—	—	—
Ti-Mo-Al	13Mo，3Al②	—	—	—	—	—	—	—
Ti-Al-Sn-Zr-Mo	6Al，2Sn，4Zr，6Mo②	—	—	—	—	—	—	—

①还有以Fe、Co、Cu代Ni，以Al代Ti的TiNi合金；②％（重量）。

表 10-5-13 实用形状记忆合金的物理机械性能

合金	熔点 K	密度 t/m^3	弹性模量 GPa	比热 kJ/kg·K	潜热 J/mol	电阻率 $10^{-8}\Omega\cdot m$	导热系数（室温） W/m·K
TiNi	1553①	6.45①	82①	0.46	$-1548\pm84$②	80①	10
CuZnAl	1230④	7.94④	70④	0.39	−?97	9④	120

合金	膨胀系数 $10^{-6}/K$	磁化系数 (77～823K) $10^{-6}H/m$	弹性常数 GPa	弹性各向异性 $A=2C_{44}/(C_{11}-C_{12})$	抗拉强度 MPa	延伸率 %	疲劳强度 MPa
TiNi	10.4①	0.8～1.4	$C_{11}=162.44$ $C_{44}=34.77$	2.1①	1000③	60③	480 (2.5×10^7)
CuZnAl	18.0④	无磁	$C_{11}=130\pm1.0$ $C_{44}=86\pm1.0$	14.8④	700	8	250(1×10^4)

①Ti-50.0原子%Ni；②Ti-50.2原子%Ni；③Ti-50.6原子%Ni；④Cu-25.9Zn-4.0%(重量)Al。

表 10-5-14 实用形状记忆合金的记忆特性

合金	M_s点 K	反复记忆寿命 次	可恢复应变量，%			极限使用温度，K		温度滞后 K
			最大	反复次数少	反复次数多	有载短时间	无载长时间	
TiNi	326①	$>10^5$	8	6	2	A_f+60	523	293～303
CuZnAl	313②	$<10^4$	4	2	0.5	A_f+30	363	278～283

① Ti—49.93%（原子）Ni；② Cu—25.9Zn—4.04Al（重量%）。

际上只有钛镍合金一种。这两种合金的性能及记忆特性见表10-5-13、10-5-14。

三、形状记忆合金应用

(一) 工业应用

1. 单程形状恢复的应用

形状记忆合金制品中用量最多的是利用单程记忆效应的管接头。用钛镍合金做成的套管特别适用于有限空间中的导管连接。此外还可用以制造记忆铆钉、网状天线、接线柱、夹子等。

2. 可逆形状恢复的应用

最引人注目的应用是利用双程记忆效应的热机。形状记忆合金在温水和冷水的温差下能产生强大的力。因此可用形状记忆合金制造遇热水就可进行高速旋转的发动机，称为热机。热机按结构可分为偏心曲柄型和涡轮型两种。热机的热效率低，但可将废热、地热、太阳热等低级热能转换为机械能。目前热机还处在试制阶段。

另外还有利用全程记忆效应的火警器。

3. 反复形状恢复的应用

形状记忆合金兼有感温和驱动双重功能，材料本身就构成感温驱动器，用作热敏元件大有前途。

最常用的反复形状恢复元件是由单程记忆弹簧和偏动弹簧组合而成。这种热敏元件可应用于各种控制装置上，如空调用恒温器、温室窗户自动开闭器、干燥箱闸门自动开闭器、汽车风扇离合器，电子灶气流调节器、冷热两用空调机活板驱动器、咖啡壶流水口开闭器、机车疏水阀驱动器等。

近来形状记忆合金在机器人上的应用研究很盛行。例如用钛镍细丝和偏动弹簧做成超微型机械手驱动器，靠加热冷却时钛镍丝伸缩力控制机械手动作。

4. 超弹性的应用

超弹性材料有如下特点：可恢复拟弹性应变高达20%；纯弹性应变高达1.5%；应力—应变曲线呈非线性；能量密度高达42MJ/m³。利用这些特点制造的产品有塑料镜片框架、胸罩芯线、特殊弹簧、贮能装置等。

表 10-5-15 超细粉末制取方法

类别	制取方法	主应适用范围	工艺梗概	粒度	工艺特点
物理方法	机械粉碎	硬度较低的金属或合金	在保护气体中球磨	<1μm	收得率很低
物理方法	超声粉碎	W、$MoSi_2$、SiC、TiC、ZrC、(Ti, Zr)B_2	在45个大气压的N_2气氛中以19.4～20kHz、25 kW的超声波粉碎	0.5～4.7μm	易混入杂质，粉粒易凝结，生产效率不高
物理方法	雾化法	Al	用高压气体将金属熔液击成粉末	<10μm	较难获得1μm以下的超细粉
物理方法	圆盘甩粉		高频熔化液流落到高速旋转圆盘上，用液N_2等强制冷却，圆盘转速<1000r/min	<1μm	收得率低
物理方法	双辊、三辊雾化		双辊以相反方向旋转		1μm以下的收粉率低
物理方法	线爆法（电动力学法）	Cu、Mo、Ti、W、Fe-Ni	φ1mm线材通以10～25 kW高压电	0.05～0.5μm	
物理方法	电分散法	Ag，Au，Pt，W	在液(气)体中使金属间产生电弧高温蒸发，然后冷凝	<0.[illegible]μm	效率低，粒度难于控制
物理方法	物理气相沉积(PVD)	从Al到W的各种金属、合金、金属间化合物	设备与真空镀膜类似，用惰性气体吹走金属蒸气，在收集器中冷凝		可使用多种热源如电子束、电弧、激光等，以等离子体应用最广
物理方法	真空油面蒸发法(VEROS)		使金属蒸气沉积在旋转的油面上，随油的流动收集在容器中，用蒸馏或离心法从油中获取	30Å	粒度分布集中，颗粒分散性好
化学方法	气体还原法		固体金属盐在熔点以下的温度用H_2和CO还原	0.1～50μm	生产效率高，所得金属粉易二次凝聚
化学方法	液相法 直接沉淀法	$BaTiO_3$粉	$Ba(OC_3H_7)_2$和$Ti(OC_5H_{11})_4$溶入异丙醇或苯，加水水解	50～100Å	
化学方法	液相法 共沉淀法	多元系氧化物如Y_2O_3-ZrO_2	从混合金属盐溶液中制取成分均匀的混合物，再热分解	0.02μm	
化学方法	液相法 纯盐水解	单一复合高纯氧化物	金属纯盐溶于酒精		
化学方法	溶质蒸发法		将溶液变成小液滴，以喷雾法进行溶质蒸发，又分为冷冻干燥、喷雾干燥、瞬时溶质蒸发或金属盐热分解		消除了沉淀法易混入杂质及需水洗、过滤的缺点

续表 10-5-15

	制取方法	主要适用范围	工艺梗概	粒度	工艺特点
化学方法	气相法		原料为金属卤化物、氢氧化物、丙基化合物及金属蒸气，勿需破碎		所得粉末纯度高、凝聚性小
	热分解法（羰基法）		金属羰基盐在CO中热分解		生产效率高
	汞齐法		汞阴极、目的金属为阳极	0.01～1μm 树枝状单晶粉	
	电解法	Fe，Co，Ni			
化学物理方法		高纯金属粉末	采用电弧等离子体使金属熔化，用过饱和氢使熔体雾化或气化		

记忆合金贮能装置很有开发价值。富镍的钛镍合金能量密度高达42MJ/m³，比普通弹簧约高40倍，能有效地贮存机械能。用钛镍合金弹簧制造的制动性贮能装置安装在汽车上，制动时把加速动能贮存在钛镍弹簧上，起动或加速时再释放出来，可以大量节省汽油。

（二）医学应用

钛镍合金不仅具有形状记忆效应和超弹性功能，而且在动物体组织中耐蚀性非常好，其生物相容性几乎同不锈钢和钴铬合金相同，故已成为医学专用功能材料。

钛镍记忆合金医学应用实例非常多，如血栓过滤器、脊柱矫形棒、牙齿矫形丝、人工牙根、脑动脉瘤夹、接骨板、髓内针和髓内钉、人工关节骨头、结扎线、骑缝钉、避孕器、颅骨修补盖板、股骨头帽、人造心脏用人造肌肉、人造肾脏用微型泵等。

第六节　超细粉末

超细粉末是八十年代初期发展起来的新兴材料。一般都把颗粒尺寸小于1μm至1nm的粉末群体称作超细粉末。超细粉末由于具有表面效应、体积效应和粉末之间的相互作用等特殊功能，目前已获得越来越广泛的研究和应用。

粉末颗粒愈小，比表面就愈大。由于表面原子的能态高，所以粉末愈细，其表面原子所产生的效果愈大。当超细粉末粒度的数量级达到Å时，金属中构成导带的价电子数也在急剧减小，故而导带能级呈断续状态。这种现象称为“体积效应”，它对材料的导电、超导、电子比热和磁性等性能都有一定的影响。

相邻“超细”粉末间的相互作用，对粉末群体的性能会产生很大的影响。由金和锗的交互蒸发制备的超细粉末具有超导电性，就是这种影响的最好例证。

一、工艺过程

超细粉末制造方法按工艺过程可分为三大类，参见表10-5-15。

二、发展现状

由于超细粉末具有各种特殊的功能，不少国家都争相在超细粉末的研究中投入了很大的人力和物力。目前，日本在超细粉末研究和应用方面处于领先地位。日真空冶金株式会社已用超细粉末批量生产出半导体工业、电子工业、航天工业等所需的各种金属和氧化物、碳化物、硼化物超细粉末。日京都陶瓷公司用超细粉末制出了汽车用陶瓷发动机。美国B-1B轰炸机的“隐身”材料也是采用了微波吸收性能好的超细粉末。

近年来，美国、西欧已把超细粉末列入星球大战计划及尤里卡计划。

我国以超细金属粉末为主要成分，已研制成具有实用价值的新型微波吸收材料。我国制备的氮化钛粉和日本同类产品性能相近。1985年，我国还成功地用超细陶瓷粉制成涡流室嵌块。

三、性能和应用

超细粉末的表面效应、体积效应及相互作用，使其具有某些特殊的功能。例如，随着粉末尺寸的减小，超导临界温度T_c逐渐提高。用蒸发法制得粒径为100Å的铝粉，其T_c值为大块铝的1.4～1.5倍。

按超细粉性能特点，其用途可分为以下四方面。

1．粉末冶金

在金属粉末制品中加入适量同类或异类金属的超细粉末，可以大大降低烧结温度。如超细钛粉可在800°C烧结；钨粉中加入0.1～0.5%的超细钛镍粉，可使烧结温度从原来的3000°C降到1200～1300°C。

以Al_2O_3、WC等超细粉注入铝粉末冶金部件，可制出高强铝合金。

2．磁体

目前，超细磁粉除了用以制作高档录音、录像带（盘）高频芯外，还有希望用于制作高H_c特殊用磁卡，电磁屏蔽，还可与合成纤维等混合，制造防静电织物。

3．电子学

超细银粉配浆料可作导电糊、导电薄膜。

4．其它用途

3000Å的镍粉低温烧结触媒，可用于各种有机试剂的氢化反应。以气体蒸发法制得的超细铂粉用树脂乳化，涂在金属网或发泡金属支持体上烧结还原活化，可用于N_2H_4、CO等有害气体完全氧化分解，以起到去除这些气体的作用。

100Å以下的超细粒子比血液中的血球还小，注人人体可以治病。

薄膜、厚薄、集成等技术的引入，使金属和无机物超细粉在各种温度、湿度、气、光、热等传感器方面获得了极好的应用。

超细银粉具有极好的低温导热性，将其涂复烧结体用于制冷机的热交换器，可加强表面传热效果，使制冷达到0.002K。

超细氧化物、氮化物、碳化物是工业、医学和科研中大有发展前途的新材料群，可用以制成优质的刀具和轴承、各种电子产品的良好绝缘体、宇宙飞行器、汽车发动机等理想的绝热材料、医用优质人造骨骼和高级牙齿填充物。

超细粉还用于制造化学试剂及导电塑料。

表 10-5-16 高温等离子法制取超细粉的适用范围

制造方法	适用范围
等离子蒸发法	Fe，Fe-Al，Ni-Al，Nb-Si，V-Si、Nb Ce、Cr-Si、Mo Si、W C超细粉
反应性等离子蒸发法	TaC、TiC、SiC、B_4C、TiN、TaN、AlN、Si_3N_4、Fe、B、SiO_2、TiO_2等超细粉
等离子化学沉积法	TaC、TiC、SiC、B_4C、TiN、TaN、AlN、Si_3N_4、Fe、B、SiO_2、TiO_2、MgO、Al_2O_3-Cr_2O_3、Al_2O_3-SiO_2、Al_2O_3-TiO_2、TiBxNy等超细粉

四、发展趋势

超细粉在向纯度高、品种范围广、产量大、成本低的方向发展。高温等离子法可以制备更高熔点的金属及精密陶瓷的超细粉，已引起各方面的广泛关注（表10-5-16）。

能制备各种金属超细粉，且生产效率高的活性氢一熔融金属反应法已被广泛采用。

由于超细粉的结构特点和各种特殊功能之间的关系尚不清楚，今后必然要加强这方面的基础理论研究。此外，还要广泛开发超细粉的新用途，如原子能工业的控制棒、吸收棒中超细粉的使用，以及在微波吸收和生物工程上的应用等。

直接把SiO_2超细粉制成光导纤维或把各种超细粉直接制成复合材，也是超细粉工业降低成本、提高效益的最佳途径之一。

第七节 非晶态材料

非晶态材料是原子以小于15Å的短程有序排列的不呈现晶体结构的材料。把金属或合金的熔体高速冷却，使其液态结构保持下来，而没有足够的时间结晶，就可以获得非晶态材料。一般来说，合金要获得非晶结构需要大于10^5°C/s的冷却速度；纯金属要获得非晶态需要10^6～10^9°C/s的冷却速度。

表 10-5-17 非晶材料制取方法

工艺方法	适用范围	工 艺 梗 概	冷却速度，℃/s
气水雾化	合金制粉	高压惰性气体使合金熔液形成液滴，再以高压水二次破碎并冷却	10^4～10^6
旋转雾化	合金制粉	熔融金属或合金落到高速旋转的圆盘上，液滴沿切线方向射出，在氦气流中强制冷却	10^5～10^6
旋转水（或油）法	合金制粉	将合金置于旋转液层上方使之熔化，用旋转的厚液层破碎熔融的金属流	10^4～10^5
超声雾化	合金制粉	超声发生器与液态金属接触，以液氮冷却或以8.3MPa的氩气高速冲击金属流	10^4～10^6
单辊、双辊或三辊雾化	合金制粉	双辊雾化，辊速200r/min三辊雾化，楔形辊置于两辊下方，用液氮冷却	10^4～10^6
电动力学雾化	合金制粉	在毛细管发射极内的合金熔体表面施加数千伏的电压，使熔体喷射成小液滴而凝固成粉	10^7（粉粒小于0.01μm时）
熔液提取法	合金制粉	高速旋转的带缺口轮与合金熔池上表面接触	10^5～10^6
等离子雾化	合金制粉	由锥形阳极、环形阴极、等离子源（氩）、粉末源和枪体水冷部分构成	10^3～10^6
	非晶合金丝	轧辊制丝法（类似非晶带材制备）或旋转水纺丝法（与旋转水雾化法原理相同）	
单 辊 法	非晶带材	熔液靠惰性气体喷在单辊表面，速冷成薄带	10^5～10^6
双 辊 法	非晶带材	熔体处于高速相对旋转的双辊上方，喷到双辊表面速冷	10^5～10^6

注：除注明粉末尺寸之外，均指材料至少一维尺寸约40μm时的冷速。

最易获得非晶态（即玻璃态）的合金通常是共晶成分，这不仅是因为共晶成分合金的熔点低，更在于共晶温度以上的单相液体和刚好在共晶温度以下的两个固相之间有着巨大的结构差别。

一、基本工艺过程

获取非晶态合金或金属的工艺方法见表10-5-17。以急冷法制取非晶至少在一维具有大的冷速。

大体积非晶合金的制备工艺是正在探讨的问题。目前主要是以非晶粉末或由非晶带材破碎成的粉末为原料，采用热压、热挤、热等静压等爆炸成型多种成型手段将其加工成材。但应注意，加热的温度不应超过其玻璃态合金晶化的温度。采用物理形核方法也有可能在较小的过冷条件下制取大体积非晶态合金。

目前非晶带最宽可达300mm，厚度小于100μm。

二、性能和应用

非晶态合金由于短程有序、长程无序的特点而具有一些特殊的物理、化学性能，如易磁化、塑性好、耐磨、耐蚀、高强等。某些非晶态合金具有很小的电阻温度系数和很小的线胀系数，声波通过它们可传播极长的距离。低温时某些非晶态材料可呈超导态。

（一）非晶带材的应用

铁基和镍基等非晶带材在变压器铁芯、磁头、电源高频开关、传感器、换能器、磁屏蔽材料和弹性材料以及精密电阻合金、高阻材料、低电阻温度系数材料等领域具有广泛的用途。

在超导材料方面，利用非晶带的高强和适当的塑性，解决了缠绕高场超导体的脆断问题。

晶态A-15型超导体受中子辐照时，超导转变温度T_c迅速下降。而非晶态A-15型超导体由于其原子结构的无序性，T_c值不受中子辐照的影响。

镍基非晶钎料可代金基钎料；铜基非晶钎料可代替银基钎料。

非晶硅多用于太阳能电池。

（二）圆截面非晶合金丝的应用

非晶丝因强度高，无加工硬化，可作陶瓷等脆性材料的增强纤维。利用非晶丝的高弹性模量、耐蚀性、因瓦特性（居里点以下热膨胀系数极小）、艾林瓦特性（常温附近杨氏模量和剪切弹性模量不随温度变化），可用其制作弹簧、悬丝、应变仪等。

利用非晶丝的耐蚀、高强、电磁特性，可将其制成用以净化水，油的磁过滤器。

非晶合金丝可用于制作催化剂和贮氢材料，其效果比非晶带好。

（三）粉末态非晶材料的应用

以粉冶成型的方法可制备较大尺寸的非晶零件。部分晶化的非晶零件可具有更高性能。由于粉末态非晶材料比表面大，用于催化剂效果更佳。非晶粉还可用作复合材的强化相以及作防腐、耐磨涂层。

三、发展趋势

目前在非晶态材料的研究、制造和应用上已取得了很大的进展，但还要做大量的理论和实验工作来改善非晶态材料产品质量的均匀性和稳定性。要在保证非晶态材料优异的物理、化学性能的基础上尽量降低成本，不仅需要进一步完善制造非晶态材料的设备和工艺，而且有待于降低合金厚料的成本。

虽然用热处理的方法能部分解决因非晶态材料结构弛豫造成对其各种物理、化学、机械性能的影响，但为保证由非晶态材料制成的部件能长期正常工作，还要对非晶态材料的磁稳定性、热稳定性与组织结构的关系（包括时间因素在内）做深入的探讨，包括研究非晶态材料部分晶化后某些性能得到改善的机理。

在使非晶软磁材料在工业上逐步取代工业上硅钢和坡莫合金的同时，应大力开发非晶态合金作为功能材料的应用领域，如贮氢材料、催化剂材料、形状记忆合金、非晶半导体材料、延迟线材料、磁致伸缩材料等。

目前只利用了金属-金属型非晶合金的因瓦-艾林瓦特性，今后应对该系非晶态合金如Cu-Zr、Fe-Zr、Co-Zr等加强研究，并注意其实用特性的开发。也应研究开发非晶态永磁合金，如RE-Fe-B、Al-Ni-Co等。

为了获得尺寸大的非晶态零件，非晶粉末的制备及成型将会受到重视。

非晶态复合材料也是今后的一个重要发展方向，包括多层复合非晶带的制备以及非晶态的带、粉、丝作为强化相加入其它基体的复合材料。

以激光、等离子喷涂等手段使零件表面非晶化，同样也将扩大非晶态材料的应用领域。

参考文献

[1] Herman F.M. *et al*., Kirk-Othmer Encyclopedia of Chemical Technology, Vol. 6, 3rd Ed' John Wiley & Sons, New York, 1978, pp. 683—700.

[2] Шалин Р.Е. *Металловедение и термическая обработка металлов*, (1981), №6, 3.

[3] 古田敏康，强化プラスチックス，27(1981)，№6, 20.

[4] Martin Grayson, Encyclopedia of Composite Materials and Components, John Wiley & Sons, New York, 1983, p. 375.

[5] セラミシクス，19(1984)，№6, 463—483.

[6] 金属材料研究，第12卷，第2期，1986, 4, 41—52.

[7] 日本の科学と技術，82/セラシックス，27—33.

[8] S. Takayama, *J. Materials Seience*, 11 (1976), 164~185.